AF307408

THEORETISCHE BIOCHEMIE

PHYSIKALISCH-CHEMISCHE GRUNDLAGEN DER LEBENSVORGÄNGE

VON

HANS NETTER

O. Ö. PROFESSOR DER PHYSIOLOGISCHEN CHEMIE
AN DER UNIVERSITÄT KIEL

MIT 243 TEXTABBILDUNGEN

SPRINGER-VERLAG

BERLIN · GÖTTINGEN · HEIDELBERG

1959

ISBN-13:978-3-642-92766-9   e-ISBN-13:978-3-642-92765-2
DOI: 10.1007/978-3-642-92765-2

Alle Rechte, insbesondere das der Übersetzung in fremde Sprachen, vorbehalten

Ohne ausdrückliche Genehmigung des Verlages ist es auch nicht gestattet, dieses Buch oder Teile daraus auf photomechanischem Wege (Photokopie, Mikrokopie) zu vervielfältigen

© by Springer-Verlag OHG. Berlin · Göttingen · Heidelberg 1959

Softcover reprint of the hardcover 1st edition 1959

Die Wiedergabe von Gebrauchsnamen, Handelsnamen, Warenbezeichnungen usw. in diesem Werk berechtigt auch ohne besondere Kennzeichnung nicht zu der Annahme, daß solche Namen im Sinn der Warenzeichen- und Markenschutz-Gesetzgebung als frei zu betrachten wären und daher von jedermann benutzt werden dürften

Vorwort

Biologische Strukturen und biologische Funktionen sind nur für unsere schematisierende Analyse verschiedene Aspekte der lebenden Objekte. Der beschreibende Biologe empfindet ihre scheinbare Gegensätzlichkeit auch kaum. Derjenige aber, welcher sich bemüht, die physikalischen und chemischen Grundvorgänge in seine Analyse des Lebendigen einzubeziehen, wird dabei immer die molekularen Feinheiten der biologischen Strukturen mit den sich an ihnen vollziehenden chemischen Wandlungen und physikalischen Vorgängen verbinden müssen. Insbesondere dem Biochemiker wird es bei der gedanklichen Verarbeitung seiner zahlreichen Einzelbefunde zunehmend bewußt, daß die Verfolgung des Weges von der chemischen Reaktion zum Verständnis ihrer biologischen Funktion eine Integration bedeutet, welche nur mit den Hilfsmitteln der physikalischen Chemie verstanden werden kann. Ihre Durchführung gedanklich vorzubereiten, für sie die wissensmäßigen Voraussetzungen zu schaffen und ihre Gestaltung an einigen Hauptproblemen zu umreißen, wird hier als Aufgabe einer „Theoretischen Biochemie“ angesehen. In ihr erfahren die aus der physikalischen Chemie — von NERNST (1893) „Theoretische Chemie“ genannt — kommenden und zuerst von HÖBER (1902) für den Gebrauch durch den Physiologen gesichteten Gedankengänge eine synthetisierende Vereinigung mit dem Wissensgut der deskriptiven und dynamischen Biochemie.

Die vorliegende Darstellung nimmt auf die besondere Situation der Mediziner und Biologen Rücksicht. Sie setzt die Grundzüge der modernen Biochemie voraus; aber sie führt in diejenigen Gebiete der physikalischen Chemie ein, die für den angesprochenen Kreis bedeutungsvoll sind. Die Behandlung des Stoffes muß, um den Anforderungen der Benutzer zu genügen, im Vergleich zu früheren Darlegungen vertieft werden, ohne dabei den Sinn für elementare Gedankengänge und Zusammenhänge verlorengehen zu lassen. Das Buch ist nicht nur zur Einführung oder zur Auffrischung physikalisch-chemischen Wissens bestimmt, sondern es ordnet es zum Gebrauch für diejenigen, welche sich um den wissenschaftlichen Ausbau biologischer oder medizinischer Teildisziplinen bemühen. Dabei ist sich der Verfasser durchaus des Wagnisses bewußt, welches darin liegt, auch geschlossene Darstellungen vom Mechanismus der wichtigsten biologischen Grundleistungen geben zu wollen; nur die weitere Entwicklung wird zeigen, wie weit dabei die Grenzen der erforderlichen Vorsicht überschritten wurden. Zu bedauern ist, daß es aus Gründen des Umfangs nicht möglich war, eine Reihe von Gegenständen zu behandeln, die in diesen Rahmen gehört hätten, z. B. die Grundlagen der Photochemie.

Ehe ich die „Theoretische Biochemie“ den Lesern übergebe, danke ich allen, welche mir ihre Vollendung ermöglichten, in erster Linie meinen Mitarbeitern. Unter ihnen hat Herr Dr. OHLENBUSCH das Werk durch fruchtbare Diskussionen während der Jahre der Niederschrift am meisten gefördert. Er und Herr Doz. Dr. KELLER haben sich auch durch kritisches Lesen der Fahnenkorrektur verdient gemacht. Mein Dank gilt auch den übrigen jungen Kollegen und Helfern

— besonders Frau GERECKE —, die die Zusammenstellung des Registers und die Kontrolle des Literaturverzeichnisses vornahmen. Für stimulierendes Interesse danke ich manchem Fachkollegen, in erster Linie Herrn Prof. TH. BÜCHER-Marburg.

Der Springer-Verlag hat für gute Ausstattung gesorgt und ist meinen Wünschen immer entgegengekommen. Ihm gebührt ebenfalls mein Dank.

Zum Schluß widme ich das Buch meiner Frau; sie hat mit mir wie kein anderer die Belastung getragen, welche das Heranreifen eines solchen Werkes mit sich bringt.

Kiel, Weihnachten 1958   H. NETTER

Inhaltsverzeichnis

Zweiter Teil: **Dynamik**

Schlußkapitel

Vom Sinn der physikalisch-chemischen Analyse biologischer Erscheinungen

Es ist Aufgabe der physikalischen Chemie, Zustände und Vorgänge an der Materie unter Berücksichtigung ihres atomaren und molekularen Aufbaus und seiner Umwandlungen zu beschreiben und zu deuten. Ihr so gesehener Gegenstand kennt daher in dem Bereich der materiell, d. h. unseren Sinnesorganen direkt oder indirekt zugänglichen Welt keine Grenzen. Die Übermittlung des Wissensgutes aus ihrem Bereich, welches für den Biochemiker, Biologen und Mediziner von besonderer Bedeutung ist oder es zu werden verspricht, erfordert dennoch einige Worte der Begründung. Denn es soll versucht werden, ihren Inhalt der Denkweise des Biologen zugänglich zu machen, nicht etwa, weil ihre Gesetze auch im Bereich des Lebendigen gelten, sondern weil die biologischen Probleme niemals ohne ihre sinnvolle Anwendung einem kausalen Verständnis zugänglich gemacht werden können. Diese Betrachtungsweise ist *für die biologische Kausalanalyse essentiell.*

Obwohl dieser Satz ohne Kenntnis der einzelnen Fragen nicht ausreichend begründet werden kann, liegt mindestens den meisten von ihnen ein summarisch leicht zu formulierendes Problem zugrunde. Es ist das der *Beziehungen zwischen Struktur und Vorgang.* Ihre Gesetze gibt die physikalische Chemie, soweit sie sich auf das Verhalten der Molekeln und Atome oder ihrer Kollektive beziehen. Aber auch die Regelmäßigkeiten im biologischen Geschehen lassen sich in allen Fällen auf die Wechselwirkung zwischen dem biomorphologischen Grob- und Feinbau und den sich an ihm vollziehenden Vorgängen zurückführen. Mindestens können sie unter Berücksichtigung dieser Zentralfrage geordnet werden.

Offenbar pflegt jedoch jene Wechselbeziehung *vom Biologen zunächst mit durchaus anderen Begriffen* als denen der physikalischen Chemie beschrieben zu werden. Denn es ist zweifellos etwas ganz Verschiedenes, wenn z. B. die Funktionen des Nervensystems auf Grund von allgemeinen empirischen Gesetzen über die Nerventätigkeit mit der anatomischen Anordnung der Leitungsbahnen im Zusammenhang gesehen werden, als wenn etwa die Geschwindigkeit einer chemischen Reaktion unter dem Einfluß von Katalysatoren, Druck, Temperatur usw. untersucht wird. Die Verschiedenheit in der analytischen Forschung auf beiden Gebieten ist im Grunde aber nur in der unterschiedlichen Kompliziertheit der gegebenen Erscheinungen, nicht jedoch in der gedanklichen Methode zu sehen. Will der Naturwissenschaftler die aus einzelnen Abläufen zusammengesetzten biologischen Phänomene analysieren, so wird er vom Ganzen kommend die funktionsbestimmenden Bausteine herauszulösen haben. In dem Maße, wie er sich dabei vom komplexen biologischen Grundphänomen entfernt, nähert er sich solchen Teilvorgängen, welche aus der Wechselwirkung der molekularen Feinstruktur mit den sich an ihr vollziehenden chemischen Reaktionen verstanden werden können. Damit aber analysiert er diese Geschehnisse als physikalischer Chemiker.

Diese Ableitung fordert das *Primat physikalisch-chemischer Anschauung* in der biologischen Kausalanalyse. Sie beansprucht dagegen nicht, das einzig mögliche Prinzip biologischer Forschung zu sein. Die vergleichend morphologischen, systematischen, psychologischen und ökologischen Wissenschaften können ihm als gleichberechtigte Wege verglichen werden. Wird aber irgend eine Lebenserscheinung in Abhängigkeit von den Gesetzen der Physik oder denen der chemischen Vorgänge betrachtet, dann muß geprüft werden, wie weit die soeben abgeleitete Forderung nach dem Primat der physikalisch-chemischen Betrachtung zwingend ist. Dazu müssen wenigstens drei Voraussetzungen gegeben sein.

Zunächst müßte tatsächlich ein *fließender Übergang* zwischen der beschriebenen, zergliedernden Analyse von oben und der aufbauenden von unten, d. h. der von den molekularen Dimensionen aus entgegenkommenden bestehen. Das würde bedeuten, daß die physikalisch-chemischen Gesetze bzw. die zu ihnen führenden Gedankenoperationen auch innerhalb des Bereiches der Lebenserscheinungen ihre volle Gültigkeit behalten, so komplex oder so klein die hier zu analysierenden Systeme auch sein mögen. Die allgemeine Physiologie und Biochemie liefern keinen Befund, der nicht mit dieser Voraussetzung übereinstimmt. Deduktiv und induktiv muß also die Möglichkeit abgelehnt werden, daß das Materielle irgendwo im Lebendigen in einen Bereich gelange, in welchem die Gesetze der exakten Naturwissenschaften nicht mehr gelten oder an Bedeutung verlieren. Die moderne physiologische Forschung basiert auf der Gültigkeit dieses Satzes.

Er allein sagt aber noch nichts über die Bedeutung und Notwendigkeit bestimmter Vorgänge für die biologische Leistung aus. Hier muß festgestellt werden, daß das *Leben eine dynamische Erscheinung* ist. Diese Dynamik bewirkt in der Ruhe die Erhaltung eines Zustandes der Arbeitsfähigkeit und während der Tätigkeit die Abgabe von Arbeit, also von Energie in irgendeiner physikalisch bekannten Form. Der dynamische Zustand der Mechanismen und der von ihnen nicht zu trennenden Strukturen wird aber ausschließlich durch die Bereitstellung und dauernde Zuführung chemischer Energie erhalten, welche durch die Umsetzung der Bau- und Betriebsstoffe freigemacht wird. Die physikalische Chemie hat die Aufgabe, die Wandlungen der chemischen Energien im Zusammenhang mit den sie steuernden Strukturen zu analysieren. Zusammenfassend muß hier daher zweitens ausgesprochen werden, daß jeglicher *biologischen Leistung*, ob sie einfach oder kompliziert erscheint, *chemische Umsetzungen zugrunde liegen*.

Für die Biologie ist aber zweifellos entscheidend die Neubildung des Organismus, seine Erhaltung und die der Arbeitsfähigkeit seiner Organe. Auf Grund des erstgenannten Prinzips vom kontinuierlichen Einbau der Vorgänge könnte erwartet werden, daß sich die durch chemische Energie unterhaltenen Elementarmechanismen zu solchen Funktionseinheiten höherer Ordnung zusammenfügen lassen, welche mit den wesentlichen biologischen Phänomenen ohne weiteres identisch werden. Würde diese dritte Forderung erfüllt sein, dann wäre Biologie nur höhere, aber doch angewandte physikalische Chemie. Zu dieser Frage kann nicht abschließend Stellung genommen werden. Denn das, was über die Summierung der einzelnen Mechanismen hinausgeht, ist die lebendige und sich selbst erhaltende Organisation der arbeitenden und strukturschaffenden Vorgänge, und es ist mindestens mit den Mitteln der exakten Naturwissenschaft zur Zeit nicht zu entscheiden, ob dieses Prinzip der *Zusammenfassung physikalisch-chemischer Mechanismen zu höher organisierten Funktionseinheiten* durch die uns heute geläufigen und in ihrer Entwicklung übersehbaren Lehren der physikalischen Chemie erfaßbar ist. Allerdings geben die Gesetze über die stationären Zustände (Fließgleichgewichte) Anhaltspunkte für die Möglichkeit einer exakten

Analyse auch der höheren Funktionsabläufe (Kap. X). Läßt man aber den Begriff der höheren Organisation beiseite und untersucht, ob es möglich ist, bekannte aus dem Verbande des Organismus gelöste Mechanismen aneinander zu reihen, dann ergeben sich keine grundsätzlichen Schwierigkeiten. So ist es z. B. gelungen, vier und mehr einzelne, durch die entsprechenden Biokatalysatoren gesteuerte Reaktionen in der Art aufeinander folgen zu lassen, daß Reaktionszüge realisierbar wurden, welche sich auch in der lebendigen Substanz mit der entsprechenden Reihenfolge der Schritte vollziehen (s. S. 484). Die Koppelung erfolgt dabei unter Berücksichtigung der chemischen Reaktions- und Energielehre. Das heißt, die Zusammenschaltung im Experiment und in vivo kann grundsätzlich nur unter Beachtung der einmal gegebenen und unabänderlichen chemischen und physikalischen Eigenschaften der Stoffe erfolgen.

Dieses nach der ersten Voraussetzung selbstverständliche Gesetz läßt sich schon aus einer allgemeinen Betrachtung über den *Mechanismus der Zellvorgänge* entnehmen. Das Protoplasma, in dem sich diese Vorgänge vollziehen, ist ein wäßriges System aus organischen Stoffen, einschließlich Fermenten, und Elektrolyten. Die besondere Molekülform der Baustoffe, speziell der Eiweißkörper und Lipoide, bietet die Grundlage für die in ihrer Form sehr mannigfaltige ultramikroskopische und mikroskopische Feinstruktur der Zelle. Sie ist für den Aufbau des Protoplasmas bezeichnend. Sie ist es aber in dem soeben abgeleiteten Sinne auch für dessen Funktion. Denn die Zellstruktur gibt den sich an ihr abspielenden Vorgängen das charakteristische Gepräge. Dabei mögen Veränderungen des ultramikroskopischen Feinbaus beteiligt sein. Sie werden mitbestimmt durch die Einwirkung der *Elektrolyte*, die allgemein *in den Dienst der Regulation von Zellvorgängen* gestellt sind: je nach Art und Konzentration schützen sie vor Veränderung der Struktur oder befördern sie.

Die *hochpolymeren Stoffe*, die für die Architektonik und für die äußeren und inneren Zelleistungen verantwortlich sind, erfüllen diese Aufgabe, solange sie nicht selbst tiefgreifenden strukturchemischen Veränderungen unterliegen. Auf der anderen Seite aber sind sie unter den Bedingungen des Zellebens chemisch hochempfindliche Stoffe. Sie können jederzeit durch Einwirkung der spezifisch auf sie eingestellten organischen Reaktionsbeschleuniger, *der Fermente*, zu wichtigen Zwischen- und zu weniger bedeutsamen Endstufen umgebildet oder abgebaut werden. Auch diese fermentative Wirkung unterliegt dem regulierenden Einfluß der Elektrolyte. Durch sie und durch organische Hilfsstoffe, Cofermente u. a. wird die Zelle zu einem feinregulierten und leicht *regulierbaren, polyvalenten katalytischen System*. Eine besondere Konzentrierung wichtiger Fermente der Oxydation findet sich an den aus Lipoiden und Fermenteiweißen aufgebauten Mitochondrien. Sie sind als Polyenzymsysteme anzusehen.

Sie dienen zur Bereitstellung der Energie, welche das komplizierte Geschehen des Zellgetriebes in Gang setzt. Die chemische Spannkraft ist vor allem in den meistens wenig zur Architektur der Zelle beitragenden Kohlenhydraten und Fetten gespeichert. Sie wird beim Abbau dieser Stoffe schrittweise freigegeben und ermöglicht jeden Lebensvorgang. Die den einzelnen Schritten zugehörigen Stoffe sind der Biochemie in den letzten Jahren weitgehend zugänglich geworden. Dabei wurde vor allem erkannt, daß die bei der Gärung und der Verbrennung freigewordene Energie zur Bildung der sog. *energiereichen Phosphat- und Thioverbindungen* verbraucht wird. Diese letzteren wiederum speisen gewissermaßen als das Kleingeld der Zelle bei ihrer Aufspaltung die einzelnen Mechanismen in Plasma und Kern. Die Bildung jener energiereichen Bindungen erfolgt zur Hauptsache nicht im Kern, sondern im Plasma und an den Mitochondrien.

Trotz dieser Fortschritte ist es aber auch heute keineswegs möglich, den Weg der Energie durch die physiko-chemischen Mechanismen der Zelle ohne Lücke zu verfolgen. Gelänge das, dann wäre ein tiefer Einblick in das Lebensgeschehen getan. Zugleich würde man dann den Mechanismus der Energieübertragung in dem Struktursystem vor Augen haben; man sähe auch die Regulationen, welche die ursprünglich chemischen Leistungen und ihre physikalischen und chemischen Effekte durch den Feinbau der Zellen beherrschen. Solche Regulationen mögen etwa der Unruhe einer Taschenuhr vergleichbar sein, welche die Kraftleistung der Feder in geregelter Stärke auf die ineinandergreifenden Zahnräder überträgt. Auch dieses Bild führt zu dem Problem, dessen Lösung die Zellphysiologie in erster Linie fordert: Erkenntnis der Beziehungen zwischen physikalischer Struktur und den sich an ihr abspielenden Stoffwechselprozessen.

Die ganze Kette der *Mechanismen* zu verfolgen, wird jedoch ein schwer erreichbares Ziel sein; und würde schon jedes Glied bekannt sein, das Lebewesen würde doch in der *Eigengesetzlichkeit ihrer Zusammenfassung* mehr als die Summe der einzelnen Vorgänge sein. Auf höherer Ebene wäre es etwa dem Atom vergleichbar, das mehr ist als Elektronen und Kern, mehr durch die Quantengesetze, die beide zusammenfügen. Aber wie diese Gesetze nicht ohne Kenntnis von dem Verhalten der Einzelteilchen erkannt werden können, so kann man die Besonderheit der biologischen Organisation nur dann voll herausarbeiten, wenn man neben dem Wissen von den rein biologischen Vorgängen über ein umfassendes Verstehen der charakteristischen chemischen Lebensmechanismen und ihrer Verknüpfungen in der Zelle und im Gesamtorganismus verfügt. Das Naturganze kann aber durch letztere allein nicht erfaßt werden, sondern nur durch sie im Verein mit den biologischen Gesetzen, nach denen sie sich selbst erhalten, teilen, fortpflanzen, anpassen. Leben kann nur im Gegensatz zum toten Stoff definiert werden. Diesen assimiliert es aber wiederum in steter Wechselwirkung und macht ihn sich dadurch direkt oder indirekt mehr oder weniger untertan. Die Einzelvorgänge am oder im Leben sind physikalisch-chemischer Natur. Von der Perspektive des für sich alleine toten Materials, das sich fließend in das Leben einbaut, herrschen die physikalisch-chemischen Gesetzmäßigkeiten wie — vom Lebensganzen aus gesehen — die lebende Materie den biologischen Gesetzmäßigkeiten untergeordnet ist.

Es wird oft nicht ausreichend berücksichtigt, daß der Lebensvorgang *beiden Betrachtungsweisen* unterworfen werden muß, soll er mit den zur Verfügung stehenden Hilfsmitteln der Naturforschung uns in seinem Wesen näher gebracht werden. Diese Situation erinnert an die Entwicklung der modernen Mikrophysik: gleichberechtigt steht für die Beschreibung der Elektronenvorgänge die Wellen- neben der Korpuskularauffassung; beide haben ihren Gültigkeitsbereich, und unserer hergebrachten Denkweise erscheint es noch schwierig, beide gleichzeitig als richtig anzusehen, obwohl nach den vorliegenden Erfahrungstatsachen ein anderer logischer Ausweg nicht gegeben ist.

Während aber die Sicherheit, mit der in der Physik nach der einen Auffassung vorgegangen wird, mit der Sicherheit der Angaben nach der anderen Betrachtung durch die exakte Beziehung der sog. Unschärferelation verknüpft ist, läßt sich eine präzisierte Komplementaritätsbeziehung für die Biologie nicht aufstellen. Sie müßte über die banale Erkenntnis hinausführen, daß das typisch Biologische, welches durch biologische Gesetze erfaßt wird, zurücktritt, wenn die Naturvorgänge mit physikalisch-chemischer Methodik zergliedert werden. Trotzdem können die Vorgänge nur durch solche Methoden nach Ablauf, Beeinflußbarkeit und Einbau in das Gesamtgeschehen den uns zur Zeit gegebenen Verständnismöglichkeiten angepaßt werden.

Die Abgrenzung zwischen beiden Betrachtungsweisen ist sicherlich als das Hauptproblem einer theoretischen Biologie zu präzisieren. Die Aufteilung der biologischen Forschung in zahlreiche Einzeldisziplinen erschwert sie im Vergleich zur Lage, aus der heraus die theoretische Physik die analoge Problemstellung gemeistert hat. Ob aber die Lösung des alten Mechanismus-Vitalismus-Streites wirklich durch Herausstellung eines exakten Gesetzes, bzw. einer übergeordneten Erkenntnis in ähnlicher Weise wie die Schlichtung der Newton-Huygens-Gegensätzlichkeit durch die de Brogliesche Materiewellen-Gleichung und die Heisenberg-Relation möglich ist und eine entscheidende Förderung unserer Wege zur Erkenntnis biologischen Geschehens bedeutet, das ist eine Frage, die nur nach tieferer Erkenntnis vom Wesen des Lebendigen beantwortet werden kann, als sie mit unserer heutigen Denkweise erschlossen wird.

Unabhängig aber von diesen allgemeinen Überlegungen kommt der chemischen und der physikalisch-chemischen Erforschung von Einzelvorgängen und zusammenfassenden Regulationen für die biologische Gesamterkenntnis noch aus einem schwerwiegendem technischen Grunde entscheidende Bedeutung zu. Er leitet sich aus der Kleinheit jener Organisationszentren ab, welche für sich selbst lebensfähig sind. Der Feinbau von Kleinlebewesen oder Strukturen überhaupt läßt sich einigermaßen abbildungsgetreu nur bis zu der Größenordnung der halben Wellenlänge des benutzten Lichtes, also etwa bis zu einem zehntausendstel Millimeter lichtoptisch auflösen. Weil es nun Lebewesen von dieser und noch geringerer Größe gibt, muß sich also das Leben schon in den *Dimensionen jenseits der Sichtbarkeitsgrenze* abspielen können. Ja, man kann weitergehen und sagen, daß es grundsätzlich aus den Bereichen weit jenseits dieser Grenzen stammt. Diejenige Wissenschaft aber, welche sich mit der Anordnung der Materie in diesen Dimensionen befassen muß, ist die *Chemie*. Ihr Gegenstand und der der *physikalischen Chemie* ist aber auch die Lehre von der Verwandlung der Materie. Und da der Betrieb fast jeglicher Vorgänge im Bereich des Lebendigen durch den Umsatz von Stoffen ermöglicht wird, kann sowohl Vorgang wie Struktur in den kleinen Dimensionen, aus denen das Leben kommt, nur mit Hilfe jener Wissenschaften zugänglich gemacht werden. Sie *müssen* also die Aufgaben der Morphologie und der Physiologie, d. h. der *Gestalts- und Geschehenslehre, im Bereich des unsichtbar Kleinen übernehmen.* Um sich vorstellungsmäßig dieser Größenordnung anzunähern, mag das Beispiel eines roten Blutkörperchens herangezogen werden.

Es sind Scheiben von etwa einem vierzehnhundertstel Zentimeter Durchmesser (7 μ), von denen die 5 Liter menschlichen Blutes etwa 25 Billionen enthalten. Ein solches Körperchen besitzt rund 300 Millionen Hämoglobinmoleküle mit einem größten Durchmesser von gut 5 mμ oder 50 Å. Auf ein derartig großes Molekül — rund 4000mal schwerer als das des Wassers — kommen etwa 100 Moleküle anderer gelöster Bestandteile und dazu etwa 30 000 Wassermolekeln. Über die Form der großmolekularen Grundelemente und die Gesetze ihrer Verknüpfung wird später soweit Auskunft gegeben werden, daß rohe Bilder des protoplasmatischen Aufbaues begründbar erscheinen.

Die Erkenntnis, daß die Lebensvorgänge sich in den auch für das bewaffnete Auge unsichtbar kleinen Räumen abspielen, zu denen der Weg nur mit den indirekten Methoden der chemischen und physikalisch-chemischen Forschung gangbar ist, zwingt am nachdrücklichsten dazu, ihn zu beschreiten.

Der theoretische und praktische Biologe, der Arzt und der Landwirt müssen sich über die Natur ihrer Eingriffe in den Lebensprozeß, welche sie zu vollziehen beruflich angehalten sind, klar werden, um sie mit der Verantwortung vornehmen zu können, welche die Allgemeinheit auf Grund der wissenschaftlichen Erkenntnis ihrer Zeit verlangen kann. „Wer das Gesetz der Phänomene kennt, gewinnt dadurch nicht nur Kenntnisse, er gewinnt auch die Macht, bei geeigneter

Gelegenheit in den Lauf der Dinge einzugreifen und sie nach seinem Willen und seinem Nutzen weiterlaufen zu lassen. Er gewinnt die Einsicht in den zukünftigen Verlauf dieser selben Phänomene" (HELMHOLTZ, GOETHEREDE 1892).

Die nun im folgenden zu betrachtenden physikalischen Zustände und Vorgänge sind einerseits davon abhängig, ob die Moleküle wie in den Flüssigkeiten oder dem Gas frei beweglich, oder ob sie wie in Filmen, Grenzschichten oder Festkörpern eine gradweise beschränkte Bewegungsfähigkeit besitzen. Werden hierbei Vorgänge beschrieben, die sich in einer mehrphasigen Anordnung, also einer solchen mit Grenzflächen wie flüssig-gasförmig, flüssig-flüssig oder flüssig-fest abspielen, so spricht man im Gegensatz zu denen in einer Phase, also zu den *homogenen*, von den Vorgängen im *heterogenen System*.

Die Beteiligung der Moleküle an dem Geschehen hängt einerseits oft nur von ihrer Zahl, häufig auch von ihrer Größe, Form oder ihrer elektrischen Ladung ab; im anderen Fall aber steht es im Zusammenhang mit einer Verwandlung am Molekül unter Beteiligung seiner Valenzkräfte, also mit irgendeiner chemischen Reaktion. Zweifellos werden die Gesamtvorgänge in der belebten Substanz durch chemische Reaktionen in Gang gesetzt. Für die Untersuchung der Einzelvorgänge ist es aber zweckmäßig, das Geschehen ohne Energielieferung durch einen chemischen Vorgang von dem mit einer solchen abzutrennen. Erstere werden unter ,,Statik" den letzteren unter ,,Dynamik" gegenübergestellt werden. Das Verhältnis beider zueinander, nämlich der Vorgänge mit statischem und dynamischem Gleichgewicht, wird in einem ,,synthetischen" Schlußabschnitt am Ende des II. Teiles als wesentlich für die Abläufe in der lebenden Substanz berücksichtigt werden.

Erster Teil

Statik

I. Teilchen und Kräfte in molekularen Dimensionen

Dimensionen von Atom und Kern

Die Physik der atomaren Dimensionen hat von der Kenntnis der Elementarteilchen und der zwischen ihnen wirkenden Kräfte auszugehen. Die Materie ist aus geladenen und elektrisch neutralen Teilchen aufgebaut. Vorgänge an den Ladungsträgern äußern sich häufig in meßbaren elektrischen Erscheinungen. Umgekehrt führt eine sinngemäße Deutung der letzteren zu einem Bild vom Aufbau der Atome und der Kräfte, welche sie in den Molekülen zusammenhalten. Bekanntlich hat die Elektrizität atomistische Struktur, sie besteht aus unteilbaren Einheiten, *Elementarladungen* genannt. Ihre Größe ist für die negative und positive Einheitsladung gleich und beträgt $e_0 = 4,802 \cdot 10^{-10}$ elektrostatische oder $1,602 \cdot 10^{-20}$ elektromagnetische Einheiten $= 1,60 \cdot 10^{-19}$ Coulomb. Beide Einheiten sind durch einen Faktor miteinander verbunden, welcher den Wert der Lichtgeschwindigkeit $(c = 3 \cdot 10^{10}$ cm sec$^{-1})$ besitzt, d. h. 1 eme $= 3 \cdot 10^{10}$ ese und 1 Coul $= 3 \cdot 10^9$ ese.

Beim negativ geladenen Elektron und bei dem positiven Positron ist diese Ladung mit der Masse $5,46 \cdot 10^{-4}$ verknüpft, wenn die des H-Atoms gleich $1,00813$ gesetzt wird. Während aber die Elektronen bei verschiedenartigen Prozessen als freie Teilchen in Erscheinung treten, ist das Positron nur äußerst schwer von der Masseneinheit abzutrennen, mit der verbunden es das positiv geladene Proton aufbaut. Dessen Masse ergibt sich als Differenz derer von H und e zu H$^+ = 1,0076$. Am Kernaufbau ist außerdem das ungeladene Neutron mit der Masse $n = 1{,}00898$ beteiligt. Dagegen enthält der Kern keine freien Elektronen. Sie befinden sich nur in der *Atomhülle*. Ihre Anzahl ist hier dem Gehalt des Kernes an Protonen, d. h. der Atomnummer oder der Ordnungszahl (Z) gleich. Das unveränderte Atom ist also elektrisch neutral. Die Anordnung der Elektronen in der Atomhülle bestimmt die chemischen Eigenschaften des Elementes direkt. Ihr Aufbau macht die Grundvorgänge bei der chemischen Bindung verständlich. Da nun aber von der Anzahl der Elektronen ihre Verteilung in der Atomhülle abhängt, ist auch die Zahl der positiven Ladungen des Kerns, d. h. seiner Protonen, für jene Eigenschaften verantwortlich. Außer ihnen bestimmen die im Kern vorhandenen Neutronen das Gewicht der Atome. Daher ist zunächst auf die Größe, den Aufbau und die Verwandlungsmöglichkeit der *Atomkerne* einzugehen.

Das relative Gewicht der Atome wird neben der *Kernladungszahl*, d. h. der Ordnungszahl, dem Symbol des Elementes hinzugefügt, so daß sich z. B. für das Lithium mit $Z = 3$ und dem Atomgewicht 7 folgende Schreibweise ergibt: $^7_3$Li.

Das absolute Gewicht eines einzelnen Atoms erhält man dadurch, daß man das Atomgewicht durch die *Loschmidtsche Zahl* ($N_L = 6{,}02 \cdot 10^{23}$) teilt. Denn das Atomgewicht ist jene Verhältniszahl, welche angibt, wievielmal schwerer die gleiche Zahl von Atomen ist, wie sie in einer gegebenen Gewichtsmenge, etwa 1 g oder einem Mol Wasserstoff (genauer $^1/_{16}$ Mol O_2) vorliegt. Eine H_2-Molekel wiegt $2/N_L$, ein H-Atom $1/N_L = 1{,}66 \cdot 10^{-24}$ g, ein Ca-Atom z. B. mit dem Atomgewicht 40 auch 40mal soviel usw. *Die Radien* der beteiligten Atome ergeben sich aus den Atomabständen, welche bei kristallisierten Verbindungen z. B. auf röntgenspektrographischem Wege erhalten werden können. Sie geben jene Entfernung vom Atommittelpunkt an, bis zu der eine Annäherung anderer Atome infolge der gegenseitigen Abstoßungskräfte durch die gleichmäßig negativ geladenen Elektronen der Atomhüllen verhindert wird. Diese Radien liegen in der Größenordnung von 10^{-8} cm $= 1$ Å (vgl. Tabelle 11). Demgegenüber ist der aus dem Wirkungsbereich eines Elektrons abgeleitete Durchmesser dieses Teilchens mit $3{,}74 \cdot 10^{-13}$ cm sehr klein. Seine Masse ergibt sich aus dem oben angegebenen Gewichtsverhältnis zum Wasserstoffatom und aus dessen Gewicht je Einzelatom zu $5{,}46 \cdot 10^{-4} \cdot 1{,}66 \cdot 10^{-24} = 9{,}108 \cdot 10^{-28}$ g $= m_e$.

Der größte Teil des *Atomvolumens* ist leer. Die Masse des Atoms ist auf den Kern konzentriert. Unter dem Kernradius wird jener Abstand vom Mittelpunkt verstanden, in dem das Coulombsche Abstoßungsgesetz versagt, aber Kernkräfte wirksam werden, welche sogar die gleich geladenen Protonen zusammenhalten. Dieser „Radius" ist ebenfalls von der Größenordnung 10^{-13} cm. Er wächst mit der dritten Wurzel aus dem Atomgewicht. Das bedeutet, daß die *Packungsdichte der Neutronen und Protonen* für alle Kerne etwa den gleichen *sehr hohen Wert* hat. Da der Radius des Kerns rd. 10000mal kleiner als der des Atoms und die Atommasse praktisch nur in ihm vereinigt ist, liegt sie in einem Raum konzentriert, der $(10^4)^3 = 10^{12}$fach kleiner ist als das Atomvolumen. Die Dichte im Kern ist dementsprechend ebensovielmal größer als die des Gesamtatomes.

Die äußerst dichte Packung der Protonen und Neutronen kann nur dadurch erreicht werden, daß die elektrostatischen Abstoßungskräfte zwischen den positiven Elementarteilchen durch besondere Anziehungkräfte der auf das allerdichteste aneinander angenäherten Bausteine überkompensiert werden. Die anziehenden *Nahwirkungskräfte* zwischen Protonen und Neutronen machen sich nur im Bereich von 10^{-13} cm bemerkbar und klingen mit weiterer Entfernung äußerst schnell ab. Sie sind kräftig, aber so kurzreichend, daß sie sich kaum von einem Proton über das benachbarte Neutron hinaus erstrecken. Daher herrscht auch bei großer Zahl von Elementarteilchen eine ziemlich gleichbleibende Dichte im Kern.

Die Coulombschen Abstoßungskräfte werden aber bei größerer Zahl nur dann genügend aufgewogen und somit ein stabiler Kern erreicht, wenn sich mehr Neutronen als Protonen am Kernaufbau beteiligen. Aus diesem Grunde ist bei den Elementen mit mittlerer und hoher Atomnummer das Atomgewicht, d. h. die Summe von Neutronen und Protonen, meistens erheblich größer als der doppelten Ordnungszahl entspricht. Auch in den Kernen der leichteren Elemente kann schon der Gehalt an Neutronen bei gleichbleibender Protonenzahl wechseln, ohne daß die Kernstabilität dadurch gefährdet ist; z. B. existiert ein Lithiumkern mit 2, 3 und einer mit 4 Neutronen bei je 3 Protonen, allerdings ist der letztere instabil.

Isotope und Kernreaktionen

Da einerseits nun beide Bestandteile das Gewicht bestimmen, andererseits die Protonen über die Zahl der Elektronen in der Atomhülle die chemischen Eigenschaften festlegen, entstehen durch wechselnden Neutronengehalt bei ungeänderter Protonenzahl verschieden schwere Elemente gleicher chemischer Eigenschaften, *die Isotope*. Es sind Stoffe gleicher Ordnungszahl, aber wechselnden Atomgewichtes.

Demgegenüber enthalten *die Isobaren* die gleiche Summe der Kernbestandteile, also gleiches Atomgewicht, nun aber bei wechselndem Protonengehalt, also anderer Ordnungszahl. Sie haben daher trotz gleichen Atomgewichtes andere chemische Eigenschaften. Die leichten Elemente haben im allgemeinen nur wenige Isotopen, höhere mit gerader Kernladung oft mehr als die mit ungerader; hier können die Unterschiede bis zu 10 Einheiten des Atomgewichtes betragen.

Tabelle 1. *Die stabilen Isotope wichtiger Elemente*

Element	Ordnungszahl Z	Massenzahl M	Relative Häufigkeit in %	Element	Ordnungszahl Z	Massenzahl M	Relative Häufigkeit in %
H	1	1	99,985	S	16	32	95,1
		2	0,015			33	0,7
C	6	12	98,9			34	4,2
		13	1,1			36	0,016
N	7	14	99,62	Cl	17	35	75,4
		15	0,38			37	24,6
O	8	16	99,76	K	19	39	93,2
		17	0,04			40	0,012[1]
		18	0,20				$(-\beta;\ \text{K})$
F	9	19	100			41	6,8
Na	11	23	100	Ca	20	40	96,92
Mg	12	24	78,6			42	0,64
		25	10,1			43	0,13
		26	11,3			44	2,13
P	15	31	100			46	0,003
						48	0,18

[1] Halbwertszeit $1{,}05 \cdot 10^9$ a. — K bedeutet Verwandlung unter K-Einfang.

Die *natürlich vorkommenden Elemente* enthalten meistens *mehrere stabile Isotope* (s. Tabelle 1). Aus diesem Grunde ist ihr Atomgewicht nicht ganzzahlig. Es gelingt, diese Isotopen z. B. im geladenen Zustand durch ein magnetisches Feld mit Hilfe des *Massenspektrographen* zu trennen und mit einem Massenspektrometer getrennt quantitativ zu bestimmen. Hierbei geben die Massenzahlen jene Stellen an, welche bei konstantem Magnetfeld dem Relativgewicht entsprechen, das sich als Summe aus Protonen und Neutronen ergibt, wie $H = 1$, $D = 2$, $T = 3$, $Li = 6$, $Li = 7$, $F = 19$, $Ne = 20$ usw.

Wird das Atomgewicht der isolierten Isotopen genauer untersucht, so ist auch sein Wert (Massenwert) nicht ein ganzes Vielfaches des Protonen- oder Neutronengewichtes, sondern es ist fast stets kleiner *(Massendefekt)*. Dieser Massenverlust wird um so größer gefunden, je höher das zugehörige Atomgewicht ist. Wenn man annimmt, daß die Kernbestandteile sich austauschen können, und daß auf diese Weise leichtere oder schwerere Atome gebildet werden, dann ist der Massenverlust bei einem solchen Vorgang nicht ohne weiteres verständlich. Dennoch steht er in direktem Zusammenhang mit den Energieumsetzungen bei *Kernreaktionen*. Solche Reaktionen sind seit RUTHERFORD in steigendem Maße untersucht worden.

Sie *führen zu Elementenumwandlungen*, wie die Folgeprodukte des radioaktiven, d. h. des spontanen Zerfalls bestimmter relativ instabiler schwerer Kerne zeigen. In einer derartigen Zerfallsreihe trifft man wieder auf instabile, d. h. weiter radioaktiv zerfallende, oder auch auf völlig stabile Elemente. Von hoher Bedeutung für die biologische Technik sind die Isotope biologisch interessierender Elemente geworden, welche durch künstliche Kernumwandlungen gewonnen werden können. Dabei können stabile und instabile, d. h. wieder radioaktive Kerne entstehen. Künstliche Umwandlungen treten dann ein, wenn an sich stabile Kerne durch Strahlung oder Partikelchen genügend hoher Energie getroffen werden.

Man kann die Anzahl der stattgehabten Kernreaktionen mit der der eingestrahlten Teilchen bzw. Lichtquanten vergleichen und gewinnt dabei ein Maß für die Häufigkeit der Reaktion. Es wird als „Wirkungsquerschnitt" bezeichnet. Seine Einheit ist das „Barn" (10^{-24} cm^2).

Für alle Kernreaktionen gilt — allerdings unter Vernachlässigung des Massendefektes — das Gesetz der *Erhaltung der Massenzahlen*, also: $M_1 + M = M_2 + M_3$, und das Gesetz der *Erhaltung der Kernladungs-Summe*: $Z_1 + Z = Z_2 + Z_3$.

Eine typische Reaktion ist die Erzeugung von Neutronen aus Beryllium mit doppelt positiv geladenen He-Teilchen (α-Strahlenbeschuß):

$$\mathrm{^{9}_{4}Be} + \mathrm{^{4}_{2}He^{2+}} = \mathrm{^{1}_{0}}n + \mathrm{^{12}_{6}C} \quad (\alpha - n \text{ bzw. } \alpha, n\text{-Prozeß}).$$

Sie zeigt die Regel, daß nach Eindringen eines Geschosses in den Kern ein anderes, in diesem Fall ein Neutron (n), ihn wieder verläßt. Danach läßt sich die vorstehende Reaktion als α, n-Prozeß bezeichnen. Da 5 Einwirkungsmöglichkeiten in Betracht kommen (α, n, p, d, γ-Strahlen), ergeben sich 20 Zweierkombinationen. Von ihnen sind die meisten verwirklicht[1]. Die Massenveränderung entsteht dabei durch die Differenz der eintretenden und austretenden Korpuskeln bzw. des Gewichtes der beteiligten Strahlen (s. S. 10).

So entspricht (α, p) einer Tritriumanlagerung, (α, n) einer solchen von $^{3}_{2}$He; (α, d) würde einer Aufnahme von Deuteronen gleichkommen. Diese zerfallen aber unter Positronenabgabe und entsprechender Verminderung der Ordnungszahl um 1. Der Vorgang (p, n) führt umgekehrt zu einer Erhöhung der Atomnummer um eine Einheit ohne Änderung des Atomgewichtes, während (p, γ) Atomgewicht (M) und Z um 1 erhöht. Positronenabgabe erfolgt im übrigen leicht, wenn das Verhältnis der Protonen zu den Neutronen im Kern zunimmt, d. h. hauptsächlich bei (p, n)-, (γ, n)-, (n, $2n$)-, (p, γ)-, (d, n)-Prozessen. Nehmen die Neutronen zu und gefährden dadurch die Kernstabilität, dann wird aus dem Neutron unter Elektronenausstrahlung ein Proton gebildet. Diese Prozesse erfordern weniger Energie als die Abtrennung der Neutronen bzw. Protonen. Neben diesen beiden Strahlungen werden bei Kernumwandlungen häufig γ-Quanten ausgesandt. Sie entsprechen der Energieabgabe aus kurzlebigen (10^{-3} sec) angeregten Kernzuständen. Zum Teil kann man sie als eine durch den elastischen Stoß der Geschosse hervorgerufene Umordnung der Kernbestandteile ansehen. Die kinetische Energie würde dabei zunächst aufgenommen und bei der Rückordnung zum stabilen Zustand als γ-Strahlung wieder abgegeben.

Zur Systematik der Kernreaktionen

In der mit Klammern versehenen Kombination gibt das erste Zeichen die Art des Beschusses, das zweite die bei der Reaktion ausgesandten Teilchen bzw. die Strahlung an.
(α, d), (α, p), (α, n), (α, γ);   (d, α), (d, p), (d, n), (d, γ);   (p, α), (p, d), (p, n), p, γ);
(n, α), (n, d), (n, p), (n, γ);   (γ, α), (γ, d);   (γ, p), (γ, n).
(α, α), (d, d), (p, p), (n, n) (Kernanregung durch unelastische Stöße).
(α, $2n$), (d, $2n$), (n, $2n$), (n, p, $2n$), ($2n$ Umwandlungen), außerdem:
(α, $3\alpha n$), (d, $\alpha p n$); (d, αn); (p, pn); (n, αn); (e, ne); dazu Kernspaltungen und Absplitterungen (Spallationen).

Da die Abgabe der Elektronen aus dem Kern erfolgt, wird bei einer Umwandlung unter *β-Strahlung* die positive Kernladung und damit die Ordnungszahl *Z um eine Einheit erhöht*, d. h. das Element in das nächst höhere im periodischen System verwandelt. *Positronenabgabe vermindert* die Ordnungszahl *um*

---

[1] p bedeutet Protonen-, d Deuteronenbeschuß.

eine und die Aussendung von α-*Teilchen um 2 Einheiten*. Die chemischen Eigenschaften ändern sich dementsprechend (radioaktive *Verschiebungssätze*; FAJANS, SODDY). Positronenabgabe erfolgt nach Umwandlung eines Protons in ein Neutron. Statt aber Positronen auszusenden, kann der Kern ein Elektron zunächst aus der kernnahen K-Schale einfangen, wobei ein „Neutrino" abgegeben wird. Die Auffüllung aus den höheren Schalen führt zur Aussendung der zugehörigen Röntgen-K-Quanten (γ-Strahlung; *K-Einfang*, K-Effekt). Der Folgekern hat dasselbe Gewicht aber eine um 1 erniedrigte Ordnungszahl ($^{40}K \rightarrow \,^{40}A + \gamma$; $^{48}V \rightarrow \,^{48}Ti + \gamma$; $^{86}Rb \rightarrow \,^{86}Kr + \gamma$).

Die stärksten Wirkungen entfalten die relativ langsamen *Neutronen*, weil sie sich erstens längere Zeit als schneller fliegende in der Nähe der Kerne aufhalten, dann aber besonders, weil sie keine Ladung tragen. Aus diesem Grunde entsteht bei Annäherung an den positiv geladenen Kern keine Coulombsche Abstoßungskraft, welche das Eindringen verhindert und nur durch hohe kinetische Energie der sehr schnell bewegten geladenen Teilchen überwunden werden kann. Erst nach Überschreiten des sichernden Potentialwalles kommen die anziehenden Kernkräfte zur Wirkung, so daß sich nunmehr eine Kernreaktion vollziehen kann.

Die Beschleunigung der positiv geladenen Protonen ($^{1}_{1}H^{+}$, *p*), Deuteronen ($^{2}_{1}D^{+}$, *d*) und α-Teilchen ($^{4}_{2}He^{2+}$, α) erfolgt mit Hilfe von schrittweise oder kontinuierlich zu sehr hohen Werten ansteigenden elektrischen Feldern (im Cyclotron und anderen Instrumenten). Neutronen (*n*) entstehen nur durch natürliche oder künstlich induzierte Kernprozesse. Große Mengen liefern die *Kernreaktoren* (Uranmeiler, „pile"). Die Geschwindigkeit der so entstehenden Neutronen ist für die Auslösung neuer Kernreaktionen gewöhnlich zu groß. Man verringert sie daher z. B. durch Schichten von Kohlenstoff, Paraffin, schwerem Wasser oder Beryllium. Durch die Zusammenlagerung mit Protonen zu Deuteronen tritt bei Verwendung von Wasserstoff allerdings ein beachtlicher Verlust an Neutronen ein. Wirksame γ-Strahlen können bis heute ebenfalls nur durch Kernumsetzungen erhalten werden.

Die *Energieumsetzungen bei den Kernreaktionen* sind sehr groß. Sie sind besonders gut durch die genaue Bestimmung der Massenzahlen zu verfolgen. Denn der *Massendefekt ist ein Maß für die „Kernbindungsenergie"*, d. h. für jene Energie, welche bei der Bindung der Kernbestandteile frei wurde. Nach dem *Einsteinschen Gesetz* über die Äquivalenz von Masse und Energie gilt:

$$W = m \cdot c^2 \tag{1}$$

wobei *c* die Lichtgeschwindigkeit mit $3 \cdot 10^{10}$ cm sec^{-1} bedeutet. Danach entspricht der Zerstrahlung eines g Masse eine Freimachung von Energie im Werte von $(3 \cdot 10^{10})^2 = 9 \cdot 10^{20}$ erg bzw. $2{,}15 \cdot 10^{10}$ kcal oder $2{,}5 \cdot 10^7$, also 25 Millionen Kilowattstunden (s. S. 379). Der Verlust beim Zusammentritt von 2 g Wasserstoff und 2 Neutronen zu Helium beträgt 0,03032 g, entsprechend $6{,}5 \cdot 10^8$ kcal oder 0,75 Millionen Kilowattstunden:

$$2\,H \qquad + 2n \qquad = He$$
$$(2 \cdot 1{,}00814) + (2 \cdot 1{,}00895) = (4{,}00386) + (0{,}03032).$$

Die freigemachte Zerfallsenergie kann als sehr kurzwellige Strahlung (γ-Quant) oder als kinetische Energie der entstehenden Zerfallsprodukte (Neutronen, Deuteronen, α, β-Teilchen) auftreten und so bei geeigneten Bedingungen leicht als Wärme gemessen werden.

α-Strahlen als Heliumteilchen der Masse 4 werden z. B. vom Radium mit der Geschwindigkeit $c/20 = 1{,}5 \cdot 10^9$ cm/sec^{-1} ausgesandt. Sie tragen daher eine Energie von $^1/_2$ mv$^2 = ^1/_2 \cdot 4 \cdot 1{,}5^2 \cdot 10^{18}$ erg $= 1{,}07 \cdot 10^8$ kcal. Diese Zahl entspricht nach EINSTEIN in Übereinstimmung mit der Erfahrung dem Massenverlust durch die kinetische Energie der α-Teilchen von $1{,}07 \cdot 10^8/2{,}15 \cdot 10^{10} = 0{,}005$ Masseneinheiten. Wegen der langen Lebensdauer kann die halbe Größe dieses Verlustes erst nach 1590 Jahren in Erscheinung treten.

Es existieren *auch energiebindende („endotherme") Kernprozesse*, bei denen ein Massenzuwachs gegenüber der Summe der in Reaktion tretenden Teilchen erfolgt. Die Bildung von ^{17}O aus $^{14}N + \alpha$ verbraucht z. B. die kinetische Energie der α-Teilchen (Rutherford 1919).

Ein weiteres Beispiel ist die Verwandlung des schweren Wasserstoffes unter Einwirkung von γ-Strahlen. Dabei entsteht ein gewöhnliches Wasserstoffatom und ein Neutron:

$$^{2}_{1}D + \gamma = \,^{1}_{1}H + \,^{1}_{0}n$$
$$(2{,}01473) + (0{,}00239) = (1{,}00814) + (1{,}00898).$$

Aus den Massenzuwachs von 0,00239 Masseneinheiten ergibt sich die notwendige Energie der γ-Strahlung zu

$$0{,}00239 \cdot 2{,}15 \cdot 10^{10}/6{,}06 \cdot 10^{23} = 8{,}5 \cdot 10^{-17} \text{ kcal}$$

bzw.

$$8{,}5 \cdot 10^{-17} \cdot 4{,}18 \cdot 10^{10} = 3{,}55 \cdot 10^{-6} \text{ erg je Einzelteilchen.}$$

Bei kernphysikalischen Vorgängen wird die Energie gewöhnlich im elektrischen Maß, d. h. als Produkt von Elektrizitätsmenge und Spannung angegeben und auf die Elementarladung bezogen. 1 eV (Elektronenvolt) ist demnach:

$$1 \text{ eV} = 1{,}6 \cdot 10^{-12} \text{ erg} = 3{,}82 \cdot 10^{-23} \text{ kcal};$$
$$1 \text{ MeV} = 1{,}6 \cdot 10^{-6} \text{ erg} = 3{,}82 \cdot 10^{-17} \text{ kcal};$$

bzw.

$$1 \text{ eV} \cdot N_L = 1 \text{ eV}_{\text{mol}} = 23{,}07 \text{ kcal (vgl. S. 462).}$$

Der Energieaustausch im Elementarakt erfolgt nur in Energiequanten. Für den Energieinhalt der Lichtquanten, Photonen, gilt:

$$W_\lambda = h \cdot \nu = \frac{h \cdot c}{\lambda}; \quad \text{bzw.} \quad \lambda = \frac{h \cdot c}{W_\lambda}, \tag{2}$$

wo λ die Wellenlänge in cm und h das Plancksche Wirkungsquantum mit $6{,}6 \cdot 10^{-27}$ erg $\cdot$ sec ist. Mit dem soeben gefundenen Wert von $W = 3{,}55 \cdot 10^{-6}$ erg ergibt sich für die Wellenlänge der γ-Strahlen so direkt: $\lambda \leq 5{,}56 \cdot 10^{-11}$ cm. Die Wellenlänge des γ-Quantes darf somit nicht größer sein, wenn es die zuletzt genannte Kernreaktion ermöglichen soll. Denn der Energieinhalt der Photonen nimmt mit ihrer Wellenlänge ab. Er muß für derartige Kernreaktionen außerordentlich groß, d. h. die Strahlung sehr kurzwellig sein (s. S. 17). Das eben genannte γ-Quant ist 1millionenfach energiereicher als ein Quant des grüngelben Lichtes der Wellenlänge 556 m$\mu = 5{,}56 \cdot 10^{-5}$ cm. Um Kernreaktionen bei stabilen Elementen auszulösen, sind etwa im gleichen Verhältnis höhere Energiebeträge notwendig als für das Ingangbringen photochemischer Reaktionen, welche sich ja nur an den Hüllenelektronen abspielen.

Keineswegs alle im Vorstehenden erwähnten Reaktionen führen zu instabilen Kernen, sondern es werden auch stabile Isotope gebildet. Daher ergibt sich die Frage nach den Stabilitätsregeln für die Atomkerne. Sie muß hier unerörtert bleiben. Es sei aber abschließend darauf hingewiesen, daß sich sämtliche radioaktiven Umwandlungen, sei es bei natürlichen oder künstlich aktiv gemachten Elementen, nach einem einfachen statistischen Zerfallsgesetz vollziehen: nach der *logarithmischen Abklingungskurve* (vgl. Reaktion 1. Ordnung, s. S. 537). Unter der Voraussetzung, daß ein genügend großes Kollektiv, d. h. hier eine ausreichende Zahl von Atomen vorliegt, ist der Verlauf dieser Kurve unabhängig von der Menge der gegebenen Substanz. Sie wird nur durch eine Größe bestimmt: die *Halbwertszeit*, d. h. die Zeit, nach der die Hälfte der vorgegebenen Substanz zerfallen ist. Diese für die „Lebensdauer" charakteristische Zeit ist neben der Strahlungsart der erzeugten instabilen Isotopen in der Tabelle 2 mit aufgeführt worden. Sie gibt im übrigen die wichtigsten künstlichen Isotope an, welche in die *biologische Technik als „tracer"* Eingang gefunden haben.

Tabelle 2. *Künstlich radioaktive Elemente für Indicatorzwecke*
(nach SCHUBERT)

Ordnungs-zahl (Kernladung)	Symbol des radioaktiven Isotops mit Massenzahl	Halbwertszeit	Strahlung	Günstige Erzeugungsmethoden (Kernreaktionen)
1	^{3}H	12 a	$-\beta$	^{9}Be $(d, 2\alpha)$; ^{6}Li (n, α); ^{2}D (d, p)
6	^{11}C	20,4 min	$+\beta, \gamma$	^{10}B (d, n); ^{11}B (p, n); ^{10}B (p, γ)
	^{14}C	5570 a	$-\beta$	^{14}N (n, p); ^{13}C (n, γ)
7	^{13}N	9,9 min	$+\beta, \gamma$	^{12}C (d, n)
11	^{22}Na	3 a	$+\beta, \gamma$	^{24}Mg (d, α)
	^{24}Na	14,8 h	$-\beta, \gamma$	^{23}Na (d, p); ^{23}Na (n, γ)
12	^{27}Mg	10 min	$-\beta, \gamma$	^{26}Mg (d, p); ^{26}Mg (n, γ)
15	^{32}P	14,3 d	$-\beta$	^{32}S (n, p); ^{31}P (d, p); ^{34}S (d, α)
16	^{35}S	87,1 d	$-\beta$	^{35}Cl (n, p)
17	^{34}Cl	33 min	$+\beta$	^{35}Cl $(n, 2n)$
	^{36}Cl	10^6 a	$-\beta$	^{35}Cl (n, γ)
	^{38}Cl	37 min	$-\beta, \gamma$	^{37}Cl (d, p); ^{41}K (n, α)
19	^{42}K	12,5 h	$-\beta$	^{41}K (n, γ); ^{41}K (d, p)
20	^{45}Ca	152 d	$-\beta$	^{44}Ca (d, p); ^{44}Ca (n, γ); ^{45}Sc (n, p)
25	^{56}Mn	2,59 h	$-\beta, \gamma$	^{55}Mn (d, p); ^{55}Mn (n, γ); ^{56}Fe (n, p)
26	^{59}Fe	47 d	$-\beta, \gamma$	^{58}Fe (d, p); ^{59}Co (n, p)
29	^{64}Cu	12,8 h	$+\beta, -\beta,$ K	^{63}Cu (d, p); ^{63}Cu (n, γ); ^{64}Zn (n, p)
53	^{131}J	8 d	$-\beta, \gamma$	^{130}Te (d, n)

Das Einheitsmaß für den radioaktiven Strahlungsstrom ist 1 Curie $= 3{,}7 \cdot 10^{10}$ Zerfalls-akten in der Sekunde bzw. $3{,}7 \cdot 10^{10} \cdot 1{,}6 \cdot 10^{-19} = 5{,}92 \cdot 10^{-9}$ Coul/sec $= 5{,}92 \cdot 10^{-9}$ Ampere. Ein mC (Millicurie), μC (Mikro-C) und nC (Nano-C) entspricht $3{,}7 \cdot 10^7$, $3{,}7 \cdot 10^4$ und 37 aus-gesandten Elementarladungen je sec.

Grundsätzliches zur Tracermethodik

Eine Voraussetzung für die *Anwendung der Tracer* ist die nahezu sicher-stehende Tatsache, daß die Organismen bei dem chemischen Einbau keine Unterscheidung zwischen den verschieden schweren Isotopen eines und des-selben chemischen Elementes treffen können. Mit einer gewissen Einschränkung für den schweren Wasserstoff gilt das gleiche auch von ihrer Verteilung auf verschiedene Organe und Zellen. Bei kleinen Atomen zeigt sich auch in vitro ein auf ihrer unterschiedlichen Größe beruhender Einfluß auf die Reaktions-geschwindigkeit (Isotopieeffekt). Der größte Unterschied ist beim Wasserstoff vorhanden, und zwar zwischen $^1_1$H und $^3_1$T, der geringste in dieser Gruppe zwischen $^2_1$D und $^3_1$T. Bei ^{14}C und ^{12}C ist er schon sehr gering. So ergibt sich aus Versuchen über die Decarboxylierung von einseitig ^{14}C-Carboxyl-markierter Malonsäure, daß die Bindung ^{12}C—^{12}C um etwa 6% schneller als ^{14}C—^{12}C aufgespalten wird (M. HELLMANN 1952).

Grundsätzlich lassen sich mit der Isotopenmethode Fragen von dreierlei Art beantworten. 1. Es kann die Geschwindigkeit des Austausches oder des Ein-baues und Abbaues von Elementen, Ionen oder Molekeln bestimmt werden. Die entsprechenden Formulierungen werden im Abschnitt über Kinetik be-sprochen. 2. Es wird der chemische Weg von einzelnen Stoffen oder von Ele-menten und Atomgruppen in ihnen während des Aufbaues oder des Abbaues im Stoffwechsel und ihr Übergang auf verschiedene Organe verfolgt. Die Bio-chemie benutzt diese einzigartige Methode mit hervorragendem Erfolg (vgl. Lehrbücher der physiologischen Chemie). 3. Es werden die Gleichgewichte der Verteilung markierter Stoffe wie des Wassers (s. S. 59), der Glucose oder anderer Stoffe untersucht, für die der Organismus über ein gemeinsames Sammelbecken (pool) verfügt. Seine Größe ist auf diese Weise meßbar.

Für die Analyse von Stoffen, welche in kleinen Mengen anfallen, hat sich ein ähnliches Beimischungsverfahren wie das zuletzt genannte bewährt *(Isotopenverdünnungsmethode)*. Man füge z. B. einem Rohextrakt eine Menge a einer markierten Aminosäure mit der auf die Mengeneinheit bezogenen, d. h. spezifischen Aktivität s_a hinzu. Die gesuchte Gesamtmenge der gleichen Substanz sei x. Der „Tracer" wird ihr beigemischt, d. h. durch sie verdünnt und zusammen mit ihr isoliert, z. B. also niedergeschlagen. Daraufhin wird die spezifische Aktivität aus einer beliebigen, aber bekannten Substanzmenge des Niederschlages im Zählrohr bestimmt. Diese muß zwar rein sein, aber sie braucht nur einen zunächst nicht bekannten Bruchteil der insgesamt vorhandenen Substanz auszumachen. Ihre Menge ergibt sich dann aus der auf die Gewichtseinheit bezogenen Aktivität (s) des Niederschlages auf Grund der Überlegung, daß die spezifische Aktivität (s) um so kleiner wird, je stärker die zugegebene Istotopenmenge a durch x verdünnt wurde:

$$\frac{s_a}{s} = \frac{a + x}{a}; \quad \text{bzw.} \quad s_a \cdot a = s(a + x) \quad \text{und} \quad x = a\left(\frac{s_a}{s} - 1\right). \tag{3}$$

War von der gesuchten Aminosäure am Anfang nichts vorhanden $(x = 0)$, dann ist die spezifische Aktivität des Niederschlages (s) gleich der der Tracer-Substanz (s_a), d. h. nur sie wurde niedergeschlagen bzw. in anderer Weise isoliert.

So wichtig die Tracer-Methodik für die Biochemie geworden ist, so wenig bestehen andererseits Anhaltspunkte dafür, daß *Kernreaktionen im normalen Ablauf der Lebensvorgänge* irgendeine Rolle spielen. Auch der schwachen β-Strahlung des K-Isotopes ^{40}K, kommt nach unserer heutigen Auffassung keine physiologische Bedeutung zu (NETTER 1938). Das gleiche gilt für ^{14}C.

Eine einfache quantitative Überlegung ergibt dazu folgendes. Die 175 g Kalium des 70 kg schweren Menschen enthalten $2,1 \cdot 10^{-2}$ g ^{40}K (Tabelle 1). Hiervon zerfallen unter β-Strahlung $4,8 \cdot 10^3$ Atome/sec, von ^{14}C etwa $3 \cdot 10^3$/sec, insgesamt $7,8 \cdot 10^3$/sec oder $3 \cdot 10^7$mal mehr im Jahr, d. h. $2,3 \cdot 10^{11}$/a. Da die Zahl der Zellen im Körper mit rd. $2,3 \cdot 10^{14}$ angesetzt werden kann und die der Makromolekeln (Proteine) mit $6,9 \cdot 10^{22}$, d. h. $3 \cdot 10^8$ je Zelle, ergibt sich, daß eine Zelle im Durchschnitt alle 1000 Jahre $(2,3 \cdot 10^{14}/2,3 \cdot 10^{11})$ durch die von den Körperbestandteilen ausgehende Strahlung getroffen wird und ein einzelnes Eiweißmolekül nur einmal in $3 \cdot 10^{11}$ Jahren

Kalium zerfällt nicht nur unter β-Strahlung in ^{40}Ca, sondern in sehr viel geringerem Maße auch durch K-Einfang in Argon (^{40}A). Man hat die hierauf beruhende γ-Strahlung des ganzen Menschen in einer entsprechenden Apparatur gemessen und für den Mann 61 und die Frau 51 Zerfallsakte je sec registriert. Die erste Zahl entspricht einem K-Gehalt von 200, die zweite von 170 g, gleichmäßig auf die geometrische Form des Menschen verteilt (ANDERSON und Mitarbeiter 1956).

Atomhülle, Quantenzahlen

Der *Aufbau der Atomhüllen* und ihr Verhalten ist bestimmend für alle chemischen Vorgänge, d. h. für das Knüpfen und Lösen von Bindungen der Atome untereinander.

Eine vergleichende Betrachtung der Elemente lehrt, daß sich ihre physikalischen und chemischen Eigenschaften mit steigender Atomnummer periodisch wiederholen. MENDELEJEFF und LOTHAR MEYER zeigten, daß sie nach ihrem Verhalten in 8 Gruppen einzuteilen sind, in denen ihre Wertigkeit gegenüber Wasserstoff von 0—4 wächst, um dann bis zur 7. Gruppe wieder auf 1 gefallen zu sein. Diese Eigenschaft kehrt in 2 kleinen und 4 großen Perioden, und zwar in letzteren 2fach wieder. Man hat im Anschluß an das Bohrsche Atommodell gelernt, diese Regelmäßigkeit der Eigenschaften mit den Gesetzlichkeiten in der Anordnung der Elektronen der Atomhüllen zu verknüpfen. Danach bewegt sich eine bestimmte Anzahl von Elektronen auf verschiedenen Schalen oder Hüllen, welche den Kern in wechselndem Abstand umgeben. Der *Elektronenkatalog des periodischen Systems* (s. Tabelle 128) zeigt diesen stufenweisen Aufbau, in dem sich die mit K, L, M, N, O, P, Q bezeichneten Schalen von innen her folgen. Die in ihnen vorhandenen Elektronen tragen die *Hauptquantenzahl* (n) 1 für die K-,

2 für die L-, 3 für die M-Schale usw. Durch die Schalenzugehörigkeit sind die Elektronen aber nicht ausreichend charakterisiert. Die *Neben- oder Drehimpulsquantenzahl l* unterteilt sie in die s, p, d, f-Elektronen. Da l für die s-Elektronen den Wert 0, für p 1, für d 2, für f 3 besitzt, kann es Werte bis $l = n-1$ annehmen. In diesem Bild gibt $(l+1)/n$ das Verhältnis der kleinen zur großen Ellipsenachse der Bahnen. Danach sind nicht alle s-Bahnen Kreise, obwohl die „Ladungswolken" aller *s-Elektronen* im Gegensatz zu den übrigen keine Richtung bevorzugen, also *sphärisch symmetrisch verteilt* sind. Die Ladungsverteilung bei den p-Bahnen kann man sich *in 3 senkrecht zueinander orientierten Kugelzonen* angeordnet denken. Damit ergeben sich p_x-, p_y-, p_z-Elektronen (Tabelle 3).

Diese 3 Zustände werden durch eine neue *Quantenzahl, die magnetische* (m) bestimmt. Sie kann die Werte $+l$, $-l$ und jeder dazwischen liegenden ganzen Zahl annehmen und sie beträgt z.B. bei $n = 2$ für $p_z = 0$, $p_x = -1$, $p_y = 1$.

Auf jeder s-, p_x-, p_y- oder p_z- und auf jeder der insgesamt 5 d- und 7 f-Bahnen können sich nun nur je 2 Elektronen befinden. Diese müssen aber eine entgegengesetzt gerichtete „Eigenrotation" (Drall, Spin) aufweisen. Dadurch, daß der Spin zweier Elektronen dem Bahnimpuls entgegengesetzt oder gleichgerichtet sein kann, verdoppelt sich die Zahl der nach den 3 Quantenzahlen (n, l, m) möglichen Elektronenzustände

Tabelle 3. *Quantenzahlen der Elektronen*

Schale	n	Bahn	l	m	s	Zahl der Elektronen	
						in der Bahn	in der Schale
K	1	s	0	0	$\frac{1}{2}$	2	2
			0	0	$-\frac{1}{2}$		
L	2	s	0	0	$\frac{1}{2}$	2	
			0	0	$-\frac{1}{2}$		
		p	1	0	$\frac{1}{2}$		
			1	0	$-\frac{1}{2}$		
			1	1	$\frac{1}{2}$	6	8
			1	1	$-\frac{1}{2}$		
			1	-1	$\frac{1}{2}$		
			1	-1	$-\frac{1}{2}$		
M	3		usw.				

(*sog. Spinquantenzahl*, s: $+\frac{1}{2}, -\frac{1}{2}$). Sie sind abgesättigt, wenn sie mit 2 Elektronen entgegengesetzten Spins besetzt sind. Die Spinrichtung wird durch senkrecht stehende Pfeile angegeben. So enthalten das C-, N- und O-Atom folgende Elektronenanordnungen im unangeregten, d.h. im Grundzustand:

↑↓	↑↓	↑	↑	
$1s$	$2s$	$2p_x$	$2p_y$	$2p_z$

$(1s^2\, 2s^2\, 2p^2)$ C

↑↓	↑↓	↑	↑	↑
$1s$	$2s$	$2p_x$	$3p_y$	$2p_z$

$(1s^2\, 2s^2\, 2p^3)$ N

↑↓	↑↓	↑↓	↑	↑
$1s$	$2s$	$2p_x$	$2p_y$	$2p_z$

$(1s^2\, 2s^2\, 2p^4)$ O

Mit steigender Ordnungszahl werden die neuen Elektronen so angelegt, daß begonnene Schalen schrittweise in der Reihenfolge ansteigender Quantenzahlen aufgefüllt werden. Das bedeutet, daß sich die kernnäheren, d.h. energieärmeren Bahnen zunächst ausbilden. Dabei ergeben sich dann besonders stabile Anordnungen, wenn die s- und p-Elektronenplätze besetzt sind, d.h. wenn eine 8-Elektronenzahl in der aufgefüllten Schale erreicht ist, z. B.

↑↓	↑↓	↑↓	↑↓	↑↓
$1s$	$2s$	$2p_x$	$2p_y$	$2p_z$

$F + 1e \rightarrow F^-$

↑↓	↑↓	↑↓	↑↓	↑↓
$1s$	$2s$	$2p_x$	$2p_y$	$2p_z$

Ne

Die Summe der $2s$- und $6p$-Elektronen wird als das *Elektronenoktett* bezeichnet. Dieses entspricht einer nach außen abgeschlossenen, d. h. einer Konfiguration, wie sie bei den Edelgasen vorliegt („Edelgaskonfiguration").

In den großen Perioden findet nach Erreichung dieses Zustandes die schrittweise Bildung der je 10 Übergangselemente oder der 14 Lanthaniden durch Anlegen der $3d$ und $4d$ und der $4f$-Elektronen statt. Sie beginnt aber nicht vom Stadium der Edelgase aus, sondern erst dann, wenn schon Elemente mit zwei Elektronen der folgenden Hauptschale vorliegen, d. h. mit Sc, Y, La und Ac in der 3. Gruppe.

Die Elektronen einer noch nicht abgeschlossenen Außenschale, also im wesentlichen die s- und p- und nur gelegentlich die d-Elektronen, bestimmen die Wertigkeit und die chemische Reaktionsfähigkeit der Elemente. Sie kann erst dann in ihrem Wesen verstanden werden, wenn zuvor das Bild von der *Natur der Elementarteilchen und ihrer Wechselwirkungen* noch weiter vertieft wird. Dazu muß zunächst auf das Wesen der Bohrschen Theorie eingegangen werden.

Sein Modell setzt stillschweigend voraus, daß die Bestandteile des Atoms sich einmal grundsätzlich wie isolierbare Korpuskeln der Makrophysik verhalten, andererseits fordert es aber, daß sich die Elektronen nur auf energetisch zugelassenen Bahnen bewegen dürfen, welche der Bedingung stationärer Zustände genügen. Diese kommen in der *Ganzzahligkeit der erwähnten Quantenzahlen* zum Ausdruck. Für die Hauptquantenzahl n kommt sie folgendermaßen zustande. Der Drehimpuls einer Kreisbewegung ist die Bewegungsgröße $m \cdot v$ multipliziert mit dem Bahnradius a_n. Die physikalische Dimension des Drehimpulses ist danach mit $g \cdot cm^2 \cdot sec^{-1}$ die einer Wirkung, wie es auch für das Wirkungsquantum h mit der Dimension $erg \cdot sec = g \cdot cm^2 sec^{-2} \cdot sec$ zutrifft. BOHR fordert nun, daß der Drehimpuls für einen Umlauf (2π) den Wert eines ganzen Vielfachen von h besitzt, so daß gilt:

$$2\pi \cdot m \cdot v \cdot a_n = n \cdot h. \tag{4}$$

Daraus folgt für den Bahnimpuls:

$$m \cdot v = \frac{n}{a_n} \cdot \frac{h}{2\pi} \quad \text{und für den Drehimpuls:} \quad m \cdot v \cdot a_n = n \cdot \frac{h}{2\pi}. \tag{4a}$$

Die Dimensionen der zugelassenen Kreise werden hiermit durch die *Plancksche Konstante h* festgelegt, d. h. durch eine Größe, welche der klassischen Physik völlig fremd ist.

Für die kreisenden geladenen Teilchen ergibt sich aus der Masse des Elektrons (m) und dem Radius (a) die Fliehkraft zu: $m \cdot v^2/a$; sie würde kompensiert durch die Coulombsche elektrostatische Anziehung mit $Z \cdot e^2/a^2$, wo Z die Ordnungszahl bedeutet, für H also gleich eins ist. Gleichsetzung beider Ausdrücke ergibt:

$$m \cdot v^2 = Z \cdot e^2/a. \tag{4b}$$

Mit Hilfe von a aus der Impulsgleichung (4a) erhält man hieraus für die Geschwindigkeit in der n-ten Bahn:

$$v_n = \frac{2\pi Z \cdot e^2}{n \cdot h}. \tag{4c}$$

Einsetzen in die vorige Gleichung zeigt, daß nur Bahnen möglich sind, deren Radien wie die Quadrate von n wachsen, denn

$$a_n = \frac{n^2 h^2}{4\pi^2 Ze^2 m}. \tag{4d}$$

Danach ist für $n=1$, d. h. für Wasserstoff in unangeregtem Grundzustand, $a_n = 0{,}529$ Å und $v_1 = 2187$ km/sec. Mit steigendem n nimmt v ab. Dennoch sind die kernferneren Bahnen mit höherem n energiereicher; schließlich erfolgt bei weiterer Entfernung unter Aufbietung der „Dissoziationsenergie" die vollständige Abtrennung des Elektrons. Das entstehende Proton ist energiereicher; es verliert von seiner Energie umgekehrt durch Einfangen des Elektrons. Diese Energieabnahme $(-W)$ ist um so größer, je kleiner n ist, d. h. je kernnäher das Elektron kreist, je stabiler also das Atom ist. Aus v_n ergibt sich für die kinetische Energie (T) des Elektrons in der n-ten Bahn mit Hilfe von (4b):

$$T = \frac{1}{2}\, m\, v_n^2 = \frac{Z\, e^2}{2\, a_n}\,. \tag{4e}$$

Die potentielle Energie ist nach Coulomb: $V = -\dfrac{Z \cdot e^2}{a_n}$, die Gesamtenergie ($W$) ist dann mit (4d)

$$W = T + V = \frac{Z \cdot e^2}{2\, a_n} - \frac{Z \cdot e^2}{a_n} = - \frac{Z \cdot e^2}{2\, a_n} = -T = - \frac{2\,\pi^2\, m\, Z^2\, e^4}{n^2\, h^2}\,. \tag{4f}$$

Die Energie wird also bei gleichbleibendem Element, d. h. konstantem Z, nur durch den Wert von n festgelegt. Differenzen von verschiedenen Energiezuständen im Atom (Δ_E) sind somit der Differenz der reziproken Quadrate von n proportional, z. B. für $n = 1$, und $n = 2$ gilt:

$$\Delta_E = K_R \cdot Z^2 \cdot \left(\frac{1}{1} - \frac{1}{2^2}\right) = h \cdot \nu, \quad \text{bzw.} \quad \frac{1}{\lambda} = R \cdot Z^2 \cdot \left(\frac{1}{n_1^2} - \frac{1}{n_2^2}\right). \tag{4g}$$

Hier ist: die

$$\text{Rydberg-Konstante: } R = \frac{K_R}{h \cdot c} = \frac{2\,\pi^2\, m\, e^4}{h^3 \cdot c} = 109\,737{,}31 \text{ cm}^{-1}\,.$$

Vorstehende Formulierung beherrscht die Wechselwirkung der Materie mit der Energie, welche sie als Strahlung aufzunehmen oder abzugeben in der Lage ist. Sie bringt zum Ausdruck, daß sich der Vorgang nur in Quanten vollzieht, d. h. daß die Energie nur in diskreten Bündeln getauscht wird, welche durch die Wellenzahl ν festgelegt sind (s. S. 500). Die verschiedenen Energiezustände, zwischen denen der in Form von Strahlung erfolgende Energieübergang stattfindet, heißen *Spektralterme*.

Materiewellen

Die schrittweisen Verfeinerungen des Bohrschen Modells, welche sich z. B. in der Einführung der einzelnen Quantenzahlen widerspiegeln, waren nicht in der Lage, den Widerspruch zu beseitigen, der in der gleichzeitigen Verwendung klassischer und quantenphysikalischer Vorstellungen besteht. Es hat sich gezeigt, daß die Forderung nach einer doch immer auf unseren Erfahrungen im Makroskopischen begründeten Vorstellbarkeit für die inneratomaren Prozesse ganz fallen gelassen werden mußte. Man hat dafür in einem widerspruchsfreien System von Gleichungen einen Ersatz gefunden, der heute besser als jede plastische Vorstellung in der Lage ist, die Tatsachen auf Grund weniger Annahmen zu beschreiben. Jeder zu ihnen führende Ansatz muß zwei grundsätzliche Erkenntnisse berücksichtigen: den *Wellencharakter der Grundbestandteile* und den *Verlust ihrer Individualität im atomaren Bereich*. Es ist nämlich nicht nur praktisch, sondern grundsätzlich unmöglich, das Schicksal eines Elementarteilchens, z. B. eines einzelnen Elektrons, mit aller Schärfe im Atom zu verfolgen. Auch seine schonendste Beobachtung bedeutet einen störenden Eingriff. Geschwindigkeit und Ort des einzelnen Teilchens würden durch diejenigen Photonen verändert werden, mit Hilfe derer jene Größen beobachtet werden sollten. Heisenberg hat gezeigt, daß das Plancksche Wirkungsquantum der Beobachtungsmöglichkeit feste Grenzen setzt, und daß mit der Genauigkeit einer Impulsbestimmung die des Ortes leidet und umgekehrt. Infolgedessen muß man sich auf eine statistische Methode beschränken, d. h. man wird nur Wahrscheinlichkeitsbereiche für die Orte und die Geschwindigkeitsänderungen angeben können. Die Unmöglichkeit der gleichzeitigen *Orts- und Bewegungsbestimmung* der Teilchen im Atom beruht auf ihrem *Wellencharakter*. Daß die Elementarteilchen durch ihren meßbaren Impuls Corpuscularcharakter tragen, aber gleichzeitig auch Wellenerscheinungen zeigen, ist eine Tatsache, welche durch folgende kühne Überlegungen zwar verständlich, aber nicht anschaulich gemacht werden kann. Vergleicht man nämlich nach DE BROGLIE die Einsteinsche Energiegleichung für die Masse (1) und die Plancksche für die Photonen (2) miteinander, d. h. setzt man:

$$W = m \cdot c^2 = \frac{h \cdot c}{\lambda}, \quad \text{so folgt: } m \cdot c = \frac{h}{\lambda} = p \qquad (5)$$

für den Impuls der Photonen, welche sich mit Lichtgeschwindigkeit fortbewegen. Der Impuls der Lichtteilchen (Photonen) wird im Comptonschen Rückstoßeffekt oder beim Lichtdruck quantitativ verfolgt. Formal und tatsächlich hindert nun nichts daran, auch den Impuls der Elektronen in jene Gleichung einzusetzen, welche ihnen dann gleichzeitig auch eine bestimmte Wellenlänge zusprechen würde. Diese muß, da ihre Masse gegeben ist, von ihrer Geschwindigkeit (v) abhängen. Nach DE BROGLIE hat man dem geradlinig bewegten oder dem kreisenden Elektron eben jene Wellenlänge zuzuordnen, welche sich aus seinem Impuls ($m \cdot v$) ergibt: $\lambda = \frac{h}{m \cdot v}$. Nun ist aber die Geschwindigkeit der Fortpflanzung der Materiewellen nicht grundsätzlich gleich der des Lichtes. Sie mag den Wert u besitzen, dann ist die Schwingungszahl je sec (v):

$$v = \frac{u}{\lambda} \quad \text{und} \quad \lambda = \frac{u}{v} = \frac{h}{m \cdot v}. \qquad (6)$$

Die *Fortpflanzungsgeschwindigkeit gleicher Phasen* (u) *der zugehörigen Wellenlänge* λ *ist danach derjenigen der bewegten Materie* (v) *umgekehrt proportional.* Nur bei Photonen haben beide (u und v) den gleichen Wert und denselben wie die Lichtgeschwindigkeit. Nach der Relativitätstheorie besteht zwischen diesen Größen die Beziehung: $v \cdot u = c^2$, denn: $p \cdot u = m \cdot v \cdot u = mc^2$.

Elektronen werden im elektrischen Feld beschleunigt. Ihre Geschwindigkeit ergibt sich durch die Gleichsetzung der elektrischen und der Bewegungsenergie:

$$V \cdot e = \frac{1}{2} m v^2 \quad \text{zu} \quad v = \sqrt{\frac{2V \cdot e}{m}}, \qquad (7)$$

d. h. sie ist der Wurzel aus der durchlaufenen Spannung (V) proportional. Die Wellenlänge wird wie die Geschwindigkeit durch das elektrische Gefälle bestimmt. Einsetzen der Elektronengeschwindigkeit (v) in die de Broglie-Gleichung (6) ergibt λ, die dem Elektron zugeordnete Wellenlänge. Um auf elektrostatische Potentialeinheiten umzurechnen, ist die Spannung in Volt durch 300 zu teilen. So ergibt sich für 100 V eine Wellenlänge von 1,22 Å und für 10000 V eine solche von 0,12 Å. Hier ist die Massenzunahme des Elektrons, die bei sehr starker Annäherung an die Lichtgeschwindigkeit erfolgt, noch nicht zu berücksichtigen. Die erste Zahl liegt in der Größenordnung der härtesten Röntgenstrahlen. Entsprechend beschleunigte Elektronen geben daher nach Durchgang durch dünne Materieschichten grundsätzlich die gleichen Interferenzbilder wie die Röntgenstrahlen der korrespondierenden Wellenlänge (*Elektronenbeugung*; DAVISSON und GERMER). Die zweite Zahl gibt die theoretische Auflösungsgrenze des *Elektronenmikroskopes* bei den gewöhnlich verwendeten Spannungen von einigen 10^4 V an.

Die *Wellennatur* kommt nicht nur den Elektronen zu. Sie ist durch entsprechende Beugungsversuche der elektrisch beschleunigten Teilchen für *Protonen, Helium- und Lithium-*Ionen bewiesen worden. λ ist bei diesen Materiewellen natürlich um so viel kleiner, wie die Masse des bewegten Teilchens größer als die des Elektrons ist.

Aus der de Broglieschen Beziehung ließ sich nun folgendes Resultat zur Erklärung der Bohrschen Bahnen leicht entnehmen. Man stelle sich vor, daß die Materiewellen mit sich selbst so zur Interferenz kommen, daß stehende Wellen gebildet werden. Dazu muß die Wellenlänge und die Bahnlänge so aufeinander abgestimmt sein, daß Wellenberg auf Wellenberg trifft, also keine Auslöschung der Welle möglich ist. Auf diese Weise entstehen die stabilen Elektronenzustände der Hauptbahnen $(n = 1, 2, 3 \ldots)$ (Abb. 1).

Die Bedingung für einen stabilen Wellenzug ist dann mit (6): $n \cdot \lambda_n = \dfrac{n \cdot h}{m \cdot v} = 2 \pi \, a_n$. Drückt man hierin a_n aus, dann ergibt sich mit Hilfe von v aus (4c) für den Radius der n-ten Bahn mit (4d) das gleiche *Resultat* wie mit der ursprünglichen Bohrschen Theorie, aber

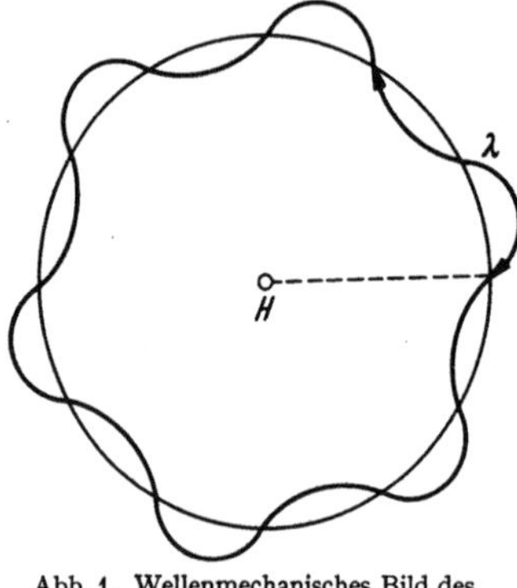

nunmehr unter der ganz allgemeinen *Annahme, daß die Materie in stabilen Zuständen stehende Wellen bildet.* Eine sehr leistungsfähige Modellvorstellung, die sich auch auf den Zustand der Elektronen in mehratomigen Molekeln ausdehnen läßt, geht dementsprechend von einem Raum bestimmter Länge (L) aus. In ihm erfahre die „Kathodensubstanz" Verdichtung und Verdünnung, d.h. das Elektron schwinge in stehenden Wellen der Länge $\dfrac{\lambda}{2} n = L$. Die Grundschwingung mit $n = 1$ ist am energieärmsten mit der größten möglichen stationären Wellenlänge. Sie ist jene, bei der die Knoten nur an beiden Enden des gestreckt gedachten Schwingungsraumes liegen. Die Energie ist proportional zu n^2 (Abb. 2).

Abb. 1. Wellenmechanisches Bild des Wasserstoffatoms

Alle derartigen *stabilen Wellenzustände* sind *durch* ihren eindeutig fixierten *Energiegehalt ausgezeichnet.* Die Energie einer Welle mit der Schwingungszahl v gehorcht der allgemeinen Quantenbedingung: $W = h \cdot v$. Man hat also einem solchen Partikelzustand mit bestimmtem v eine Welle zuzuordnen, welche sich mit einer gewöhnlich von Punkt zu Punkt variablen Geschwindigkeit und daher auch nach (6) mit wechselnder Wellenlänge fortpflanzt. Der Grund für die hierin zum Ausdruck kommende inhomogene Beschaffenheit des Raumes ist

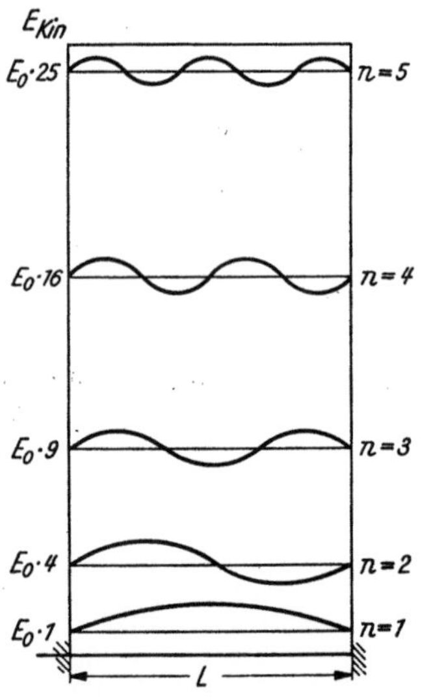

Abb. 2. Quantenmäßig mögliche Schwingungen des Elektrons und ihre Energiewerte. Die stationären Zustände besitzen n-fache Schwingungszahlen der Grundwelle (SCHEIBE 1955)

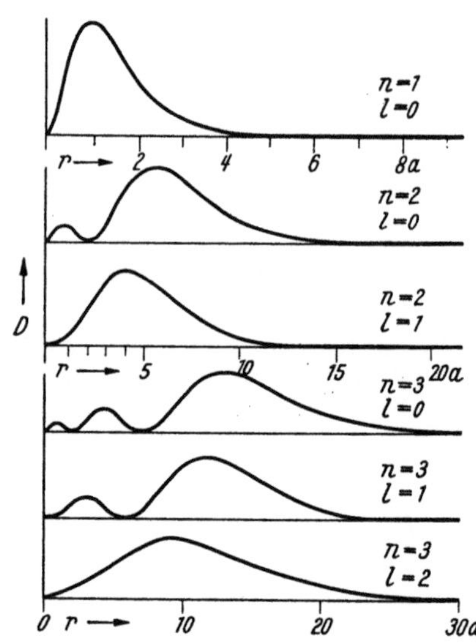

Abb. 3. Ladungsverteilung im H-Atom bei verschiedenen Quantenzuständen; a = Radius des 1. Bohrschen Kreises $(n = 1)$

die Ladung, d.h. es sind die mit den Raumkoordinaten (x, y, z) wechselnden Coulombschen Kräfte mit der potentiellen Energie V. Der *Zusammenhang zwischen der Gesamtenergie W, der potentiellen V und der Wellengeschwindigkeit u bildet die Grundlage für die allgemeine Wellengleichung.*

Sie liefert die Amplituden der Wellen in Abhängigkeit von den Raum- und Zeitkoordinaten, und sie weist die Eigentümlichkeit auf, daß sie nur für bestimmte Energiewerte $W_1, W_2, W_3 \ldots$ Wellen von zeitlich konstanter Amplitude, also stehende Wellen, ergibt. Diese *Eigenwerte W* gehören zu den stabilen Zuständen. Ihnen liegen Wellenbewegungen zugrunde, die an beliebigen Stellen x, y, z des Raumes die Frequenz: $v_n = W_n/h$ und die Amplitude $\psi_n (x, y, z)$ besitzen. ψ wird als Wellenfunktion bezeichnet: $\psi_1, \psi_2 \ldots \psi_n$ heißen die *Eigenfunktionen*.

Die Bedeutung der Eigenwerte geht aus dem Gesagten hervor: sie liefern die stabilen Elektronenzustände, welche den einleitend besprochenen Quantenzahlen n, l, m entsprechen. Der im chemischen Zusammenhang wichtige physikalische Sinn der Eigenfunktion liegt darin, daß ψ^2 *ein Maß für die Elektronendichte am Ort* $(x\ y\ z)$ ist. Wird die Wellengleichung für die lineare Ausbreitung des Lichtes benutzt, dann ist auch in der klassischen Wellenoptik das Quadrat der Amplitude (ψ^2) die meßbare Intensität bzw. die Dichte der Photonen in der Entfernung x. Hier handelt es sich um ein Kollektiv von Photonen; bei den diskreten Zuständen im Atom, d.h. bei den Eigenwerten, bedeutet das zugehörige ψ^2 dann nur noch die Wahrscheinlichkeit, in dem betrachteten Raumelement das Elementarteilchen anzutreffen. ψ^2 *ist so die „Wahrscheinlichkeitsdichte"*. Es ist zu beachten, daß sie in dem entsprechenden Abstand etwa in Form der Kurven D in Abb. 3 um den Höchstwert streut. Die Stelle des Maximums von ψ^2 kann weiterhin als der Elektronenort angesprochen werden.

Wenn U die Amplitude bedeutet, lautet die eindimensionale zeitunabhängige Amplitudengleichung (E. Schrödinger):

$$\frac{d^2 U}{d x^2} + \frac{8 \pi^2 m}{h^2} (W - V) = 0. \qquad (7)$$

Unter Einbeziehung der 3 Raumkoordinaten (x, y, z) wird sie:

$$\nabla^2 \psi + \frac{8 \pi^2 m}{h^2} (W - V) = 0. \qquad (7a)$$

Hier ist:

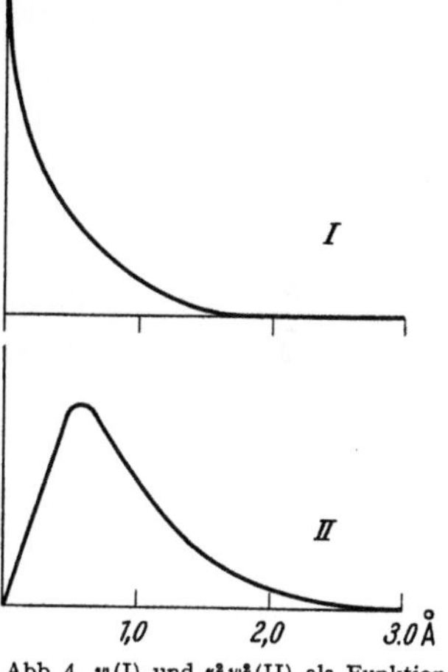

Abb. 4. ψ (I) und $r^2 \psi^2$ (II) als Funktion des Kernabstandes im Grundzustand des H-Atoms

$$\nabla^2 \psi \equiv \frac{d^2\psi}{d x^2} + \frac{d^2\psi}{d y^2} + \frac{d^2\psi}{d z^2} \quad \text{(Mit dem Laplace- oder Nabla-Operator: } \nabla \text{)}.$$

Vorstehende *Wellengleichung* gestattet, Systeme mit einem oder wenigen Elektronen vollständig zu berechnen. Für das Wasserstoffatom braucht nur $V = - e^2/a_n$ gesetzt zu werden. Aber schon mit dieser Substitution erfordert die Lösung einen gewissen Rechenaufwand. Für die angeregten Elektronenzustände, also — im alten Bild gesprochen — für ihr energetisches Verhalten auf kernfernen Bahnen, ist sie vollständig durchführbar. Man erhält für die Energie bei $n = 1$ das Resultat der Gl. (4d u. 4f); ψ hat für den Grundzustand $(n = 1, l = 0, m = 0)$ den Wert $1/\sqrt{\pi} \, (1/a)^{\frac{3}{2}} \cdot e^{-r/a}$. Für $n = 2$ wird der Ausdruck bei der s-Eigenfunktion wenig komplizierter. Dagegen treten *bei den p-Zuständen Winkelfunktionen als Ausdruck des Verlustes der kugelsymmetrischen Ladungsverteilung* hinzu. Sie sind bei der Untersuchung der gerichteten Valenz, d.h. der Ursache der Valenzwinkel zu berücksichtigen (s. S. 29).

Untersucht man die Wahrscheinlichkeitsdichte ψ^2, dann kommt der Raum einer Kugelschale zwischen $r + \Delta r$ in Betracht; er ist: Kugeloberfläche im Abstand r multipliziert mit Δr. Die Wahrscheinlichkeit, das Elektron in ihm anzutreffen, ist der Raumgröße und ψ^2 proportional; sie ist: $4 \pi r^2 \cdot \Delta r \cdot \psi^2$. Es ist also $r^2 \cdot \psi^2$ als Funktion von r zu untersuchen. Dabei ergeben sich für das Elektron der 1., 2. und 3. Schale die Kurven der Abb. 4.

Vom Wesen der chemischen Bindung

Die Außenelektronen sind entscheidend für das Zustandekommen und die Natur der chemischen Bindung. Die zu bindenden Atome treten grundsätzlich über die sog. Valenzelektronen miteinander in Beziehung. Dabei können diese den beiden Partnern gleichmäßig angehören, anteilig sein, oder es werden eines oder mehrere Elektronen völlig aus dem Bereich eines Atoms in den eines anderen abgezogen. Im ersteren Fall entsteht die *homoiopolare, kovalente oder Atom-Bindung*, im zweiten Fall die *heteropolare, elektrovalente* oder *Ionenbindung*. Auf diese Weise liefert die Elektronentheorie der Valenz eine zwanglose Interpretation des seit langem bekannten Unterschiedes beider Bindungsarten. Zwischen ihnen existieren jedoch zahlreiche Übergänge.

$$\text{H}^{\bullet} + {\cdot}\overset{\cdot\cdot}{\underset{\cdot\cdot}{\text{Cl}}}{:} \;\rightarrow\; \text{H} : \overset{\cdot\cdot}{\underset{\cdot\cdot}{\text{Cl}}}{:}$$

homoiopolar,
Anteiligwerden der Bindungselektronen

$$\text{H}^{\bullet} + {\cdot}\overset{\cdot\cdot}{\underset{\cdot\cdot}{\text{Cl}}}{:} \;\rightarrow\; \text{H}^{+} + {:}\overset{\cdot\cdot}{\underset{\cdot\cdot}{\text{Cl}}}{:}^{-}$$

heteropolar,
Übertreten der Bindungselektronen

Für das Verständnis beider Bindungstypen hat sich die Lewis-Kosselsche *Oktett-Theorie* als äußerst fruchtbar erwiesen. Nach ihr entstehen dann stabile Zustände, wenn die Zahl der Außenelektronen um je ein Atom durch Herübertreten oder Anteiligwerden auf 8 aufgefüllt werden kann, denn 8 ist die Zahl der Elektronen in einer abgeschlossenen Schale mit Edelgaskonfiguration. Nur die K-Schale, welche allein für H_2 und He in Frage kommt, ist schon mit 2 Elektronen abgesättigt. Die kovalente Bindung entspricht dem, was der Chemiker im praktischen Gebrauch durch die Strichvalenz darstellt. Sie wird durch ein *Elektronenpaar* gebildet. Wenn dabei elektrisch neutrale Bindungen geschaffen werden, entstammen die Partner je aus einem der beiden verbundenen Atome. Die Zahl derartiger von einem Atom ausgehender Elektronenpaarvalenzen wird im Gegensatz zur Zahl der Ladungsüberschüsse an einzelnen Ionen („Wertigkeit") als *Bindigkeit* bezeichnet. Beispiele sind:

Hier bedeuten die Striche am N- oder O-Atom je ein unverbundenes sog. „*freies*" *Elektronenpaar*. Freie Elektronenpaare können ebenfalls zur Auffüllung auf stabile Elektronenanordnungen benutzt werden (s. S. 38).

Die einfachste chemische Bindung liegt in dem *Wasserstoffmolekülion* vor (H_2^{+}); es entsteht bei elektrischen Entladungen im Wasserstoffgas und ist nur spektroskopisch feststellbar. Der Abstand der Wasserstoffkerne und ihre Dissoziationsenergie sind gut bekannt. Das einzige vorhandene Elektron übernimmt hier die Bindung zwischen 2 Protonen, es liegt eine 1-Elektronenbindung vor.

In die Wellengleichung sind nun die potentiellen Energien für die Wechselwirkung der 3 Partner einzusetzen, hier also des Elektrons mit Proton a und Proton b und die entgegengesetzt gerichtete zwischen a und b. Die Gleichung ist noch ohne Näherungsverfahren lösbar und ergibt 2 Lösungen für ψ. Sie werden ψ_S und ψ_A, die *symmetrische und antisymmetrische Funktion* genannt. Ihr Auftreten ist folgendermaßen zu verstehen.

Das Elektron gehöre in einem bestimmten Moment dem Proton a an, die Wahrscheinlichkeitsdichte würde ψ_{I}^{2} sein. Es ist grundsätzlich unentscheidbar, ob es aber nicht ebenso dem Kern b zugehört und entsprechend ψ_{II}^{2} gilt; beide

Strukturen sind äquivalent. Die Wahrscheinlichkeit ist für beide gleich:

$$\psi^2 = \tfrac{1}{2}\,\psi_I^2 + \tfrac{1}{2}\,\psi_{II}^2. \tag{8}$$

Die Wellenfunktion selbst aber kann nun lauten:

$$\psi_S = (\psi_I + \psi_{II})/\sqrt{2} \quad \text{oder} \quad \psi_A = (\psi_I - \psi_{II})/\sqrt{2}; \tag{8a}$$

beide ergeben quadriert den gleichen Wert für ψ^2, wenn man die Glieder $\pm 2\psi_I \cdot \psi_{II}$ vernachlässigt. Dazu ist man bei großem Kernabstand berechtigt, da der Wert des einen Faktors dann gegen Null geht. Damit ist aber auch die Aufenthalts-

wahrscheinlichkeit des Elektrons in der Mitte zwischen beiden Kernen sehr klein. Rücken die Kerne zusammen, dann sind die ψ-Werte ungleich voneinander; nur in der Mitte ist: $\psi_I = \psi_{II} = \psi_M$ und damit wird:

$$2\psi_S^2 = (\psi_I + \psi_{II})^2$$
$$= (2\psi_M)^2 = 4\psi_M^2$$

oder

$$2\psi_A^2 = (\psi_I - \psi_{II})^2 = 0.$$

Addition von $\psi_I^2 + \psi_{II}^2$ hätte nur $2\,\psi_M^2$ ergeben. Die Addition von ψ führt also zu einem hohen Wert der Wahrscheinlichkeitsdichte zwischen den Kernen, die Subtraktion zum Gegenteil.

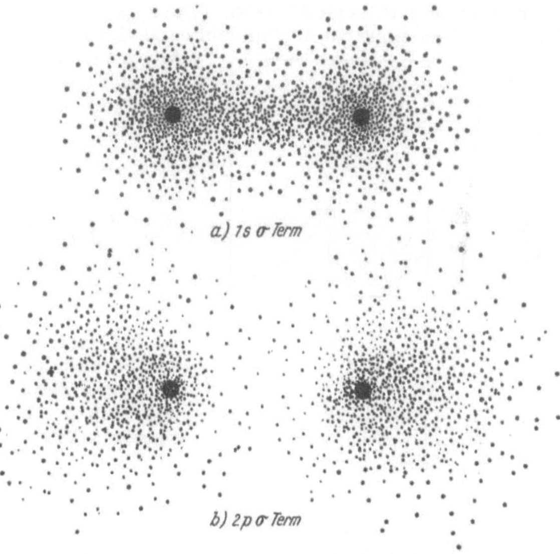

Abb. 5a u. b. Elektronendichte des H_2-Molekülions im bindenden (a) und nichtbindenden (b) Zustand

Es entsteht ein bindender (symmetrischer) und ein lockernder Zustand (asymmetrischer). Der durch diese Aufspaltung entstandene ψ_A-Zustand ist energiereicher. Dem Elektron kommt hier eine $2p$-Eigenfunktion zu, d.h. es verhält sich wie ein $2p$-Elektron (Abb. 5).

Die Bedeutung der beiden Funktionen zeigt sich bei der Untersuchung der Werte und des Vorzeichens für die Gesamtenergie W. Jene können mit Hilfe von ψ für den Abstand r vom Kern aus der Wellengleichung durch Integration erhalten werden. Ihr charakteristischer Verlauf ist in Abb. 6 dargestellt. Sie zeigt, daß die antisymmetrische Funktion nur positive Energiewerte, d. h. Abstoßung der Kerne ergibt. Sie ist weiterreichend als die nach klassischer Rechnung für die 3 Komponenten resultierende rein elektrostatische Coulombsche Abstoßungsenergie. Dagegen liefert ψ_S negative Abstoßungsenergie, also Anziehung, mit einem Minimum von 41 kcal pro Mol bei 1,21 Å als Ergebnis einer Näherungsrechnung für die Bindungsenergie. Gemessen wurde als tatsächlicher Kernabstand 1,06 Å. Er ist größer als im H_2-Molekül (0,74 Å) und entspricht etwa dem doppelten Radius der ersten Bohrschen Bahn im Wasserstoffatom. Im Gebiet zwischen den Kernen hat also das Elektron eine sehr hohe Aufenthaltswahrscheinlichkeit, und diese *Erhöhung der Elektronendichte zwischen den zu bindenden Atomen ist allgemein das Wesen der homoiopolaren Bindung.* Je höher die Wahrscheinlichkeitsdichte zwischen den Kernen ist, um so stabiler und energiereicher ist die Bindung.

Die bei verschiedenen Kernabständen (r) vorliegende Gesamtenergie wird für beide Zustände nach folgenden Ansätzen berechnet:

$$W_S = W_0 + \frac{e^2}{r} + \frac{C+J}{1+\Delta} \simeq Q + J \left.\vphantom{\frac{C+J}{1+\Delta}}\right\}$$
$$W_A = W_0 + \frac{e^2}{r} + \frac{C-J}{1-\Delta} \simeq Q - J, \quad \text{wo} \quad Q = W_0 + \frac{e^2}{r} + C \text{ ist.} \qquad (8\,\text{b})$$

Hier bedeutet W_0 die Energie bei Normalbindung (Grundzustand), das zweite Glied die positive Coulomb-Abstoßungsenergie beider Kerne, C die negative Coulomb-Anziehung zwischen einem Proton, z.B. beim Abstand r_B, und dem H-Atom (Elektronen-Wechselwirkung) und J das ebenfalls negative Austauschintegral. Es nimmt bei Annäherung der Kerne endliche Werte an und entspricht der Größe der Resonanzenergie. Δ ist das Überlappungsintegral. Bei H_2^{2+} ist es klein gegenüber 1 und den beiden zuletzt genannten Größen.

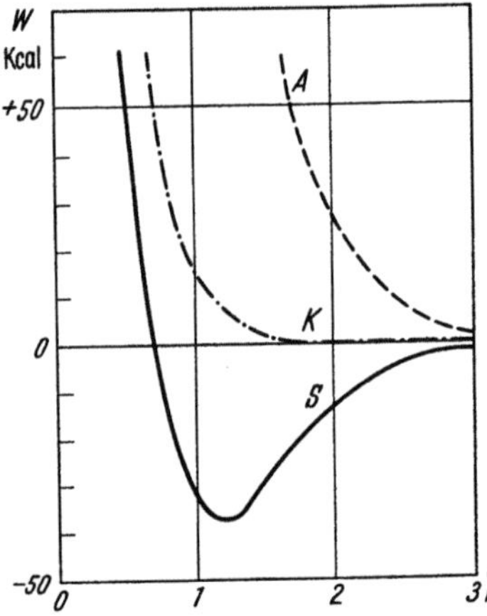

Abb. 6. Energie des H_2^+-Ions als Funktion des Kernabstandes. S symmetrisch; A asymmetrisch; K reine Coulomb-Energie. $K = Q$ in (8b)

$$dv = 4\pi r^2 \cdot dr;$$
$$C = -\int \frac{e^2}{r_B} \psi_I^2 \cdot dv; \quad \Delta = \int \psi_I \cdot \psi_{II} \cdot dv \left.\vphantom{\int}\right\}$$
$$J = -\int \frac{e^2}{r_B} \psi_I \cdot \psi_{II} \cdot dv = \frac{1}{2}\Delta W. \qquad (8\,\text{c})$$

Im Bindungsabstand sind das 2. und 3. Glied in den Formeln für die Gesamtenergie einander entgegengesetzt gleich. Das ist nur für W_S möglich, denn hier muß der letzte Term negativ werden, im Gegensatz zu W_A, weil immer gilt: $|J| > |C|$.

Über die Festigkeit der Bindung läßt sich allgemein folgendes aussagen. Die zwischen A und S bestehende Energiedifferenz ist aus den zugehörigen Frequenzen berechenbar. Da A energiereicher ist, muß hier nach $W = h \cdot \nu$ die höhere Wellenzahl vorliegen; und die Energiedifferenz zwischen A und S ist daher:

$$\Delta W = h(\nu_A - \nu_S) = W_A - W_S. \qquad (9)$$

Bei größerer Entfernung vom Kern haben beide Zustände der einzelnen Partner die gleiche Wahrscheinlichkeit; im Bindungsabstand, d.h. bei eingetretener Bindung, aber liegt allein der symmetrische vor. Ein Mischzustand von $A:S = 1:1$ würde die halbe Summe des Energiegehaltes beider, d.h. $\frac{1}{2}(W_A + W_S)$, besitzen. Tatsächlich ist bei der Bindung nur S, also die Komponente mit dem niedrigeren Energiewert, vorhanden; d.h. *bei dem Bindungsvorgang ist ein Energieverlust* von (vgl. Abb. 7)

$$\tfrac{1}{2}(W_A + W_S) - W_S = \tfrac{1}{2}(W_A - W_S) = \tfrac{1}{2}\Delta W \qquad (9\,\text{a})$$

eingetreten. Es ist der Wert der Bindungsenergie und damit desjenigen Anteils der chemischen Bindung, welcher nicht als rein elektrostatische Wechselwirkung beschreibbar ist und nur auf der Basis der Wellenmechanik zugänglich wird. Hierbei betätigt sich die sog. Austauschkraft, d.h. die Wechselwirkungsenergie zwischen den Zuständen $H_a^+ H_b$ und $H_a H_b^+$. Die Resonanz zwischen diesen beiden völlig äquivalenten Formen überwindet die Abstoßungskraft der Kerne und kommt in der symmetrischen Funktion ψ_S zum Ausdruck. Die aus ihr berechnete Energie liegt um die eben abgeleitete Größe der Bindungsenergie unter der für

eine der beiden gleichen Strukturen erwarteten klassischen, hier negativen
Anziehungsenergie. Der sich zwischen den formulierbaren Grenzen durch die
oscillatorische Austauschvernähung einstellende stabile Zustand ist um die sog.
Resonanzenenergie ärmer, d.h. stabiler als der jener Grenzen.

Eine sinnfällige *Analogie zur Resonanz* läßt sich aus den Grundtatsachen
der Schwingungslehre herleiten. Man gehe von 2 *Pendeln* aus. Einem großen
Kernabstand entspricht eine schwache Koppelung ihrer Schwingungen und
umgekehrt. Bei geringer Koppelung kann eine gegenseitige Frequenzänderung
vernachlässigt werden. Wenn nun stationäre Zustände, d.h. stehende Schwingungen erzeugt werden sollen, müssen die gekoppelten 2 Pendel genau gleichzeitig durch die Nullstellung schwingen. Das ist bei gleicher Länge und daher
gleicher Frequenz nur möglich, wenn die maximale Elongation für beide gleich-

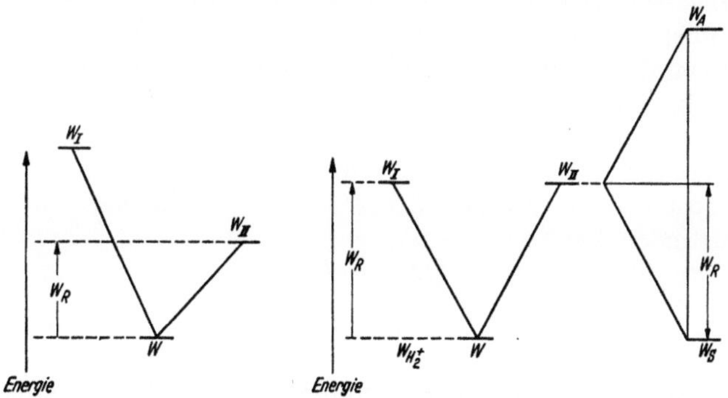

Abb. 7. Schema zur Resonanzenergie (W_R); W_A Energie des asymmetrischen, W_S des symmetrischen Zustandes

zeitig auf derselben (*S*) oder der Gegenseite (*A*) gelegen ist. Gibt man der Maximal-
amplitude den Wert 1 und bezeichnet die Richtung mit $+$ oder $-$, so ist der
Faktor -1 für den asymmetrischen Zustand erklärt.

Verringert man den Kernabstand, d.h. wird etwa durch einen Gummifaden
stärker gekoppelt, dann treten immer Frequenzänderungen gegenüber ν_0 ein.
Es hängt nun von der Bewegungsrichtung ab, ob die Schwingungszahl zu- oder
abnimmt. Entgegengesetzte Richtung führt zur Frequenzsteigerung und damit
zum erhöhten Energiegehalt der Schwingung. Das Verhalten entspricht der
asymmetrischen Funktion ψ_A. Gleichgerichtete Anfangsschwingungen veranlassen langsamere Bewegung mit einer Frequenzminderung gegenüber ν_0.
Dieser Fall ist dem energieärmeren symmetrischen Zustand vergleichbar. Umgekehrt verstärken symmetrische Schwingungen die Koppelung (KOSSEL).
Geht man weiterhin von dem Ruhezustand eines Pendels aus, dann wird die
Bewegung des einen auf das zunächst ruhende unter Verlust der eigenen Bewegung übertragen; das nun schwingende gibt aber seine Energie wieder auf
das erste, das erneut bewegt wird, ab usw. Die Frequenz dieses Wechsels ist
der Differenz der Schwingungszahlen beider gleich ($\nu_A - \nu_S$), und sie entspricht
so dem doppelten Energieverlust beim Übergang in den energieärmsten, sog.
Resonanzzustand.

Diese *Verstimmung durch die Koppelung, d.h. die Frequenzänderung gegen-
über dem Zustand bei großem Kernabstand, ist über* $W = h \cdot \dfrac{\Delta \nu}{2}$ *das Maß für die
Bindungsenergie;* denn um die Kerne wieder voneinander zu entfernen, müßte
der Energiegehalt wieder im gleichen Ausmaß vergrößert werden. Die Bedingung
für das Eintreten der Resonanz, bzw. des Austausches ist, daß die *möglichen*

Strukturen die gleiche Zahl freier Elektronen aufweisen und die gleiche Anordnung der Kerne besitzen. Außerdem müssen die *Molekeln möglichst planar gebaut* sein, um die Resonanz voll zur Auswirkung gelangen zu lassen. Die *Energie der Gesamtstruktur ist dann immer geringer als die der Grenzzustände.* Das Molekül wird durch den Elektronentausch, d.h. die Austauschkräfte, stabilisiert. Diese Feststellung entspricht der Grundvorstellung von der quantenmechanischen Resonanz und der durch sie zustande kommenden Bindung oder deren weiterer Stabilisierung.

Diese Aussagen gelten auch für ungleiche Kerne. Die Theorie zeigt, daß $\psi = a \cdot \psi_1 + b \cdot \psi_2 \dots$. Ist a/b sehr groß oder sehr klein, dann ist 1 stabiler als 2 oder umgekehrt. Sind aber a und b von gleicher Größenordnung, also beide Zustände etwa gleich wahrscheinlich, so sind auch beide gleichzeitig verwirklicht, d.h. der *Normalzustand liegt zwischen ihnen.* Mit Hilfe von ψ ist die Berechnung der Energie möglich. Sie ist um den Wert der Bindungs- bzw. sog. Resonanzenergie niedriger als die der Grenzstruktur (1 bzw. 2) mit dem geringsten Energiewert (s. Abb. 7). Die soeben beschriebene Austauschkraft bestimmt vor allem die Festigkeit der gewöhnlichen *Haupt-, d.h. der Elektronenpaarvalenz.* Für die H_2-Molekel ergeben sich als wichtigste die folgenden beiden Anordnungen, bei denen der Tausch der mit 1 und 2 bezeichneten Elektronen an den Protonen a und b stattfinden kann:

$$H_a^1 H_b^2 \leftrightarrow H_a^2 H_b^1 .$$

Im Gegensatz zum Austausch eines Elektrons beim H_2^+-Ion findet hier in der Hauptsache ein *gleichzeitiger Wechsel der beiden Elektronen* statt.

Weil die Wahrscheinlichkeit eines Doppelereignisses dem Produkt der Einzelwahrscheinlichkeiten gleich ist, besteht auch die Wellenfunktion des Molekülsystems jetzt aus der Summe der Produkte der einzelnen Eigenfunktionen. Die Funktion selbst:

$$\psi = a \cdot \psi_a^1 \cdot \psi_b^2 \pm b \cdot \psi_a^2 \cdot \psi_b^1 \tag{9b}$$

läßt sich wieder wie (8) in eine asymmetrische ψ_A und symmetrische ψ_S aufteilen. Dabei nehmen die Normierungsfaktoren a und b für das H_2-Molekül in beiden Zuständen jeweils untereinander gleiche Werte an. Auch der reine Coulomb-Effekt liefert hier einen geringen positiven Beitrag zur Bindung. Die gegenüber dem H_2^+-Ion verstärkte Anziehung beruht auf dem Austausch zweier Elektronen, der hier zwischen völlig gleichen Strukturen stattfindet. Die Dissoziations- bzw. Bindungsenergie beträgt 108,7 kcal, der Kernabstand 0,74 Å.

Wegen der Existenz von ψ_A und ψ_S können sich zwei einzelne Wasserstoffatome beim Zusammenstoß ganz verschieden verhalten. Treffen sie asymmetrisch zusammen, dann stoßen sie sich gegenseitig ab; im symmetrischen Zustand jedoch vereinigen sie sich zur Molekel. Nun werden aber die Elektronenanordnungen in allen Verbindungen und in den Atomen des periodischen Systems durch das *Ausschließungsprinzip* (Pauli-Verbot) beherrscht: es können sich nicht auf gleichem Niveau, das durch die Quantenzahlen n, l, m bestimmt ist, 2 Elektronen gleicher Zustände befinden. Sie müssen sich dann durch das Vorzeichen des Spins unterscheiden; d.h. die Bildung der homoiopolaren Bindung kommt nur durch ein Paar von Elektronen zustande, deren Spinachsen gleichzeitig auch antiparallel sind, also verschiedenes Vorzeichen besitzen. Umgekehrt gehören zu den antisymmetrischen Zuständen parallele, d.h. Spins mit der gleichen Richtung. Zieht man also ihre Vorzeichen mit heran, so ergibt sich das Gesetz, daß nur diejenigen Kombinationen möglich sind, bei denen insgesamt ein asymmetrischer Charakter herauskommt, d.h. *zu symmetrischen Zuständen gehören antiparallele Spins, zu asymmetrischen aber parallele.*

Die Kombination von 2 Möglichkeiten der Spineinstellung mit der symmetrischen und asymmetrischen Ortsfunktion ergibt einen bindenden energiearmen (Singulett) und drei angeregte nicht bindende und energetisch nahezu gleichwertige Zustände (Tripletts). Es gibt aber auch Anregungen des Grundzustandes, bei denen die zur Erreichung des Triplettzustandes erforderliche Energie noch nicht aufgenommen wird.

Rechnerisch wird die 2-Elektronenbindung grundsätzlich wie die mit einem Elektron behandelt. Es wird aber hier durch Addition der mit den Normierungsfaktoren multiplizierten *Produkte der Wellenfunktion für beide Atome* die Gesamtfunktion ermittelt (Linear-Kombination). Sie bedeutet eine Lösung, wenn die Faktoren (a, b) so gewählt werden, daß ψ zu einem Energieminimum, d. h. zur Bindung in einem bestimmten Abstand führt. Hierbei werden a und b durch Variationsrechnung in einem Näherungsverfahren bestimmt (Atom-Bahn-, LACO-Methode, linear-combination-*atomic-orbital*). Bei der Molekular-Bahn (*molecular-orbital*)-Methode wird die Berechnung wieder *für ein bindendes Elektron* zwischen zwei verschiedenen Atomen nach einem prinzipiell gleichen Prinzip durchgeführt. Für die Molekeln ergeben sich so verschiedene miteinander zu verbindende Ansätze. Für eine einzelne Atombindung ist sie einfacher formulierbar als:

$$\psi = \psi_A + c \cdot \psi_B \,.$$

Trägt eine Bindung polaren Charakter, dann weicht der Koeffizient c von 1 ab. Für die bindenden Eigenfunktionen von HCl gilt z. B.

$$\psi = \psi_{H,1s} + c \cdot \psi_{Cl,3p} \qquad (s,\, p,)\text{-}\sigma\text{-Bindung (s. S. 26)}.$$

c ist hier größer als eins, d. h. der Energiewert des Bindungselektrons ist im Bereiche um das Chloratom größer als in dem des H-Atoms. Damit ist auch seine Aufenthaltswahrscheinlichkeit hier geringer. Weil der Energiewert der betrachteten Elektronen im unverbundenen Zustand für beide etwa gleich groß ist, kann ein entsprechender bindender Austausch erfolgen. Die höhere und durch die inneren Elektronen keineswegs voll abgeschirmte positive Kernladungszahl aber ist die Ursache für die größere elektronenanziehende Wirkung, d. h. die sog. Elektronegativität des Cl-Atoms, welche in dem Faktor c ihren Ausdruck findet.

Die Mehrfachbindung

Das Quadrat der Wellenfunktion ergibt für die *H_2-Molekel* ähnliche Verteilungskurven der *Elektronendichte*, wie es beim H_2^+ beschrieben wurde (s. Abb. 6). Die Wahrscheinlichkeitsdichte ist für das H-Atom kugelsymmetrisch verteilt (*s*-Funktion). Der *s*-Austauscheffekt zeigt sich im Verlust der Kugelsymmetrie und in der symmetrischen Verlagerung der Dichtefunktion um die Verbindungslinie der Kerne. Dabei fließen als Ausdruck der Bindung die *Wahrscheinlichkeitsfelder für beide Elektronen* ineinander, sie *überlappen sich*. Die Überlappungsgröße wird als Überlappungsintegral (s. S. 22) ausgewertet. Da die *Wahrscheinlichkeitsdichte für die p-Elektronen nicht symmetrisch* verteilt ist (s. S. 19), ergeben sich für sie andere Bilder. Sie stimmen darin überein, daß die Dichte vom Kern als Knotenpunkt ausgehend räumlich um eine Richtung nach Art einer Birne symmetrisch angeordnet ist. Auch zwischen *p*-Funktionen und noch ausgesprochener zwischen *p*- und *s*-Funktionen können sich Überlappungen, d.h. Bindungszustände ausbilden. Dabei ist es natürlich auch wieder notwendig, daß die *p*-Funktionen, welche zur Überschneidung kommen sollen, symmetrische Eigenfunktionen ψ_S und entgegengesetzte Spins besitzen. Ist nun durch eine *p-s*-Bindung oder durch eine *s-s*-Bindung die Verbindungslinie

der Kerne fixiert, dann sind es auch die Dichteverteilungen der übrigen Valenzelektronen. Dabei können sie selber durch Bindungen zu weiteren Kernen
abgesättigt sein. Ist ein einzelnes jedoch frei, dann liegen freie Radikale vor.
Die Spins dieser Elektronen sind also nicht in der Molekel abgesättigt (vgl.
Paramagnetismus, S. 36). Eine Doppel- oder Dreifach-Bindung dagegen ent-

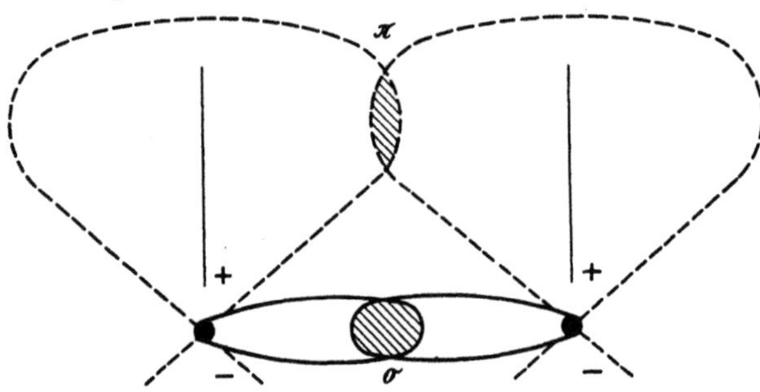

steht, wenn je ein oder
zwei p-Elektronen an
den Kernen zu beiden
Seiten einer schon vor-
handenen Bindung paar-
weise unverbunden mit
anderen Elektronen vor-
liegen. Die Verteilungs-
funktion dieser p-Elek-
tronen ist dann sym-
metrisch um eine Senk-
rechte zur Verbindungs-
linie der Kerne. Liegen

Abb. 8. Zur Doppelbindung; Wahrscheinlichkeitsräume der σ-Elektronen ———,
der π-Elektronen -----; Austausch- und Überlappungsgebiete schraffiert

sie mit entgegengesetztem Spin in gleicher Ebene, dann überlappen sie sich
ebenfalls, d.h. die Bindung wird verstärkt (Doppelbindung) (Abb. 8).

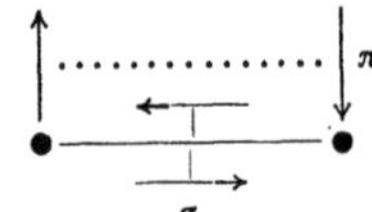

Elektronen, bei denen der Austausch direkt in der Verbindungslinie der Kerne
erfolgt, heißen σ-Elektronen, die entsprechenden Bindungen σ-*Bindungen*. Voll-

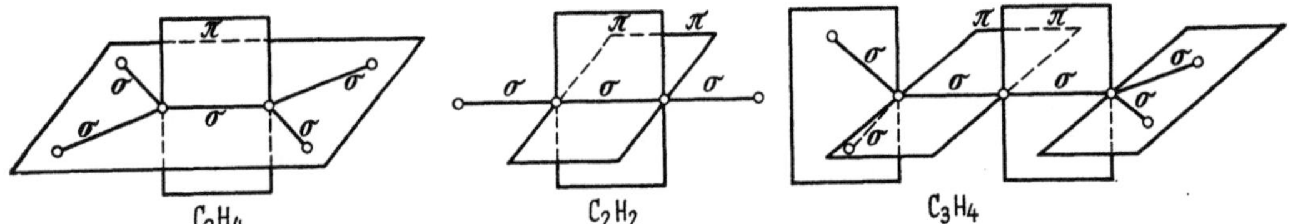

Abb. 9. Ebenen der π- und σ-Bindungen beim Äthylen, Acetylen und Allen

zieht sich eine Wechselwirkung parallel zu ihr verschoben und senkrecht zur
Symmetrieachse der p-Funktionen, dann heißen die im Austausch stehenden
Elektronen die π-Elektronen und die entstehende Bindung eine π-*Bindung*.
Diese erfolgt also nur zwischen p-Elektronen. Wird die Bindung durch zwei p-Elek-
tronen übernommen, deren gemeinsame Achse die Verbindungslinie der Kerne
ist, dann spricht man von einer (p, p) σ-Bindung. Am häufigsten ist die gemischte
(p, s) σ-Bindung realisiert. Wenn zwischen 2 Atomen schon eine σ-Bindung
vorliegt, ist die 2. und 3. immer eine π-Bindung zwischen π-Elektronen. Beim
Bestehen zweier π-Bindungen zwischen den gleichen Kernen, d.h. bei einer
dreifachen Bindung stehen die beiden Ebenen, in denen die π-Elektronenwechsel-
wirkung stattfindet, senkrecht zueinander. Dasselbe gilt auch für die benachbarten Doppelbindungen wie im Allen (Abb. 9) und dem ähnlich aufgebauten
Keten:

$$CH_2{=}C{=}O \quad \text{und} \quad CO_2\,(O{=}C{=}O).$$

Diese Vorstellung von der π-Bindung erklärt zwei *wesentliche Eigenschaften der
Doppelbindung*. Da die Bindungskräfte in einer Ebene liegen, *verhindern sie*

die freie Drehbarkeit, welche sich bei Liganden um eine gewöhnliche, z.B. C—C-Bindung, vorfindet. Sie schafft dadurch die Möglichkeit zur Cis-Transisomerie. Es handelt sich dabei um eine Fixierung der Molekel zu einer höheren Ordnung, welche mit der größeren Energie der Doppelbindung zusammenhängt. Der π-Anteil entspricht allerdings nicht ganz der Stärke einer weiteren σ-Bindung, d.h. die Energie der Doppelbindung besitzt nicht den zweifachen Wert einer einfachen (s. Tabelle 13). Auch der Kernabstand ist nicht entsprechend stark im Vergleich zu dem einer Einfachbindung vermindert; bei C$=$C beträgt er z.B. immer noch 87% der Länge einer C—C-Bindung. Das ist ein Ausdruck der geringeren Koppelungsstärke der π-Bindung. Auf dieser Tatsache beruht die zweite charakteristische Eigenschaft der Doppelbindung, ihre *Additionsfähigkeit:* die π-Bindung ist leichter zu entkoppeln. Dabei werden die Elektronen zunächst senkrecht zur Richtung der Hauptbindung frei, um dann mit den hinzutretenden Liganden, z.B. Br$_2$ oder H$_2$, echte σ-, d.h. p, p- oder p, s-Bindungen einzugehen. Der π-Teil der Doppelbindung kann also als verborgene Verbindungsbereitschaft angesehen werden.

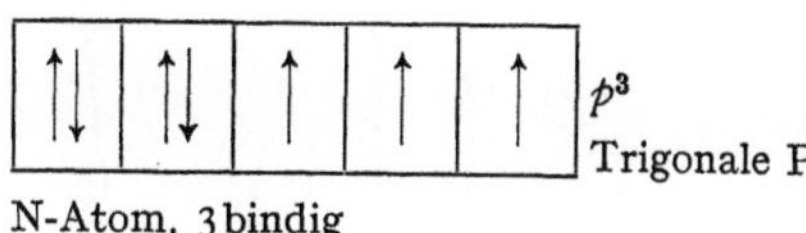

C-Atom, 4 bindig
N$^+$-Ion, 1 wertig, 4 bindig

N-Atom, 3 bindig
O$^+$-Ion, Oxonium

C$^+$-Ion, 1 wertig, 3 bindig

Bindungselektronen bei C-, N-, Oxonium-, Ammonium- und Carbeniumbindungen (vgl. Tabelle 5)

Anhangsweise sei hier erwähnt, daß sich auch an identischen oder ähnlichen Strukturen eine gewisse *Resonanz zwischen einem Elektronenpaar und einem Einzelelektron* ausbilden kann (s. S. 37).

I A: .B (3-Elektronenbindung, nach
II A. :B Pauling: A$\cdots$B): I $\leftrightarrow$ II

Die Bindungsenergie erreicht hier bei guter Äquivalenz der Strukturen etwa den halben Wert der gewöhnlichen kovalenten Bindung. Sie erklärt in einzelnen Fällen die Stabilität monomerer Verbindungen, z.B. bei :N$\equiv$O: statt :$\dot{\text{N}}$=$\ddot{\text{O}}$:, während NO$_2$ zum N$_2$O$_4$ dimerisiert. Vgl. auch:

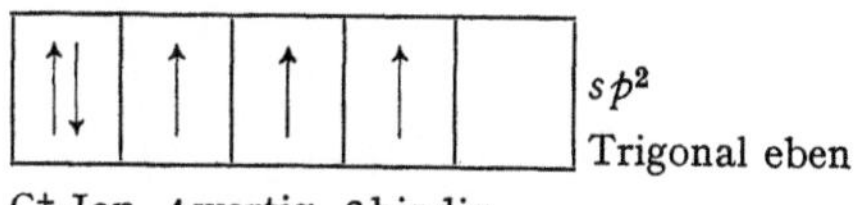

Bei der Darstellung der Elektronenpaarvalenz wurde bisher nur der Fall berücksichtigt, daß die Elektronen von je einem Partner stammen. Tatsächlich ist aber auch die Möglichkeit gegeben, daß sie beide *nur von einem Teilhaber mit einem freien Elektronenpaar* kommen. Das trifft dann zu, wenn dadurch bei dem anderen eine Auffüllung zu einer stabileren, d.h. also meistens einer Oktettstruktur erfolgen kann. Auch auf diese Weise entsteht eine echte kovalente Bindung, die gelegentlich auch als koordinative von der zuerst betrachteten abgegrenzt wird. Als Beispiel seien die Aminoxyde, die Sulfoxyde und die Sulfone formuliert.

Auf dem gleichen Mechanismus beruht auch die Bildung der Ammonium-, und Sulfonium-Salze (vgl. Oxonium- und Phosphonium-Verbindungen):

$$\begin{array}{l}a\\b\\c\end{array}\!\!>\!N| + \overset{e}{\overset{\frown}{C_2H_5}}I = \left[\begin{array}{l}a\\b\\c\end{array}\!\!>\!N \to C_2H_5\right]^+ I^-; \quad \begin{array}{l}R\\R\end{array}\!\!>\!\overset{-}{S} + (CH_3)_3O^+X^- = \left[\begin{array}{l}R\\R\end{array}\!\!>\!\overset{-}{S} \to CH_3\right]^+ X^- + (CH_3)_2O$$

Der hierbei benutzte Pfeil deutet an, daß die Elektronenpaare des Stickstoffs, bzw. des Schwefels zur Auffüllung des Sauerstoff- bzw. Kohlenstoffoktetts dienen. Obwohl also bei dem einen Partner wie NH_3 die 8-Elektronenzahl schon erreicht ist, kann er doch durch Teilnahme seines freien Elektronenpaares, z.B. am Sauerstoffoktett noch weitere Bindungen eingehen, welche sich in ihrer Natur nicht grundsätzlich von der kovalenten Bindung unterscheiden. Dennoch erfolgt bei der Herstellung dieser Bindung immer eine *Störung der Ladungsverteilung um die beiden beteiligten Atome*. Denn da das abgegebene Elektronenpaar beiden zugehört, hat z.B. das N-Atom an Elektronenladung verloren und ist dadurch positiviert. Das Sauerstoffatom, welches ebenfalls vorher elektrisch neutral war, wird dagegen durch teilweise Übernahme des Elektronenpaares negativ. Die Bindung trägt also gleichzeitig polaren Charakter. Eine Aufhebung der Polarität liegt in der Grenzformel für das Ion der Salpetersäure vor. Hier haben die 5 Elektronen des zentralen N-Atoms, vermehrt um das eine Elektron vom H^+, je ein Elektronenpaar

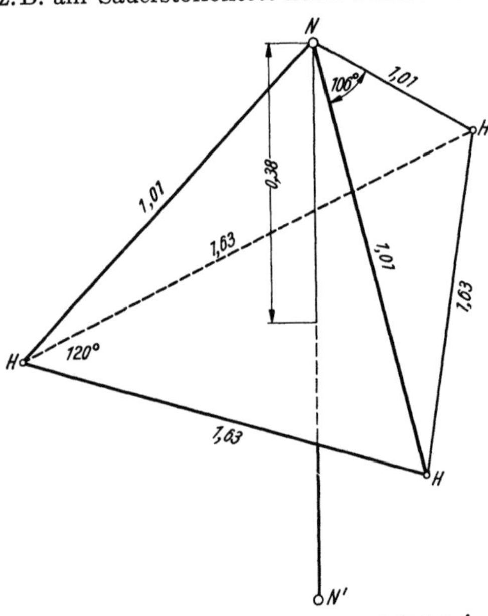

Abb. 10. Lage der Atomkerne in der NH_3-Molekel; Maße in Å

an die drei O-Atome abgegeben. Dadurch wird der Stickstoff 5fach positiv; diese „Ladungszahl" wird aber durch die drei 2fach negativen O-Atome übertrumpft.

$$NO_3^-: \left[\begin{array}{c}:\ddot{O}: (-2)\\ \ddot{}\\ N\,(+5)\\ (-2)\,\ddot{\underset{..}{O}}.\quad.\ddot{\underset{..}{O}}.\,(-2)\end{array}\right]^- \binom{3 \times -2}{1 \times +5}; \quad HNO_3: \; H:\ddot{O}:\overset{+}{N}:\ddot{O}:^{-} \;\; \text{bzw.:} \; H-\overset{-}{O}-\overset{+}{N}-\overset{-}{O}|^{-}$$

Umgekehrte Verhältnisse zeigen sich beim Übergang vom Ammoniak zum Ammoniumion. Hierbei erfolgt die Anlagerung eines Protons an das freie Elektronenpaar des Stickstoffatoms. Es entstehen vier gleichwertige Bindungen um das vorher 3wertige Atom. Die positive Ladung gehört dem so entstandenen Ion gemeinsam an und ist nicht genauer um den N-Kern zu lokalisieren.

$$H\,\overset{..}{\underset{\overset{\textstyle ..}{H}}{\overset{\textstyle \overset{..}{N}}{:}}}\,H + H^+ \to \left[\begin{array}{c}H\\ H:\ddot{N}:H\\ \ddot{H}\end{array}\right]^+$$

Die *räumliche Anordnung der Atome* ist natürlich im NH_3 und NH_4^+-Ion deswegen verschieden, weil das freie Elektronenpaar zum N-Atom gehört und nicht einem Liganden gleichgesetzt werden kann. Der Stickstoff befindet sich an der Spitze einer flachen 3seitigen *Pyramide* (Abb. 10), durch dessen Basis er im übrigen unter Aussendung einer Linie mit einer Frequenz von $2{,}387 \cdot 10^{10}$ Hz (fernes Ultrarot von $\lambda = 1{,}2658$ cm) zu einer analogen Lage hin- und herschwingt. Beim NH_4^+ sind dagegen die vier gleichwertigen Bindungen symmetrisch im Raum um das zentrale N-Atom verteilt. So entsteht ein *Tetraeder* mit 4 Liganden wie beim C-Atom, die alle im Idealfall untereinander den gleichen Winkel von $109°28'$ bilden. Die Tetraederform gibt grundsätzlich die Möglichkeit zur Bildung von Spiegelbildisomerie am asymmetrischen N^+-Atom. Bei der Pyramide mit gegebenem Valenzwinkel am N bestimmt dieser die Pyramidenhöhe.

Das Valenzwinkelproblem

Die Tatsache, daß sich bei verschiedenen Bindungen definierte *Winkel zwischen den Bindungsrichtungen* einstellen, ist von Bedeutung für die Gestalt

Tabelle 4. *Valenzwinkel in organischen Verbindungen*

Am	Verbindung	Winkel	Am	Verbindung	Winkel
O	H_2O	105°	C(Br, Br)	H_2CBr_2	125°
	F_2O	100°	C(Cl, Cl)	$HCCl_3$	116°
	Cl_2O	115°			
	$(CH_3)_2O$	111°			
S	H_2S	92°	C(C, C)	H_6C_3	60°
	Cl_2S	103°			
N	H_3N	106°	C(C, C)	H_6C_6	120°
			C	O_2C	180°
C	H_4C	109,5°	C	Alkane	109,5°

Glykokoll: C(O, O) 122°; C(O, C) 119°; C(C, N) 112°

der entstehenden Molekeln. Daß sie nicht für alle Liganden gleich sind, ist nur zum Teil ein Ausdruck dafür, daß die *Substituenten* selber gewisse *Wechselwirkungen* aufeinander ausüben (vgl. Tabelle 4). Denn es ergibt sich, daß die an einem gemeinsamen O- oder C-Atom gebundenen Wasserstoffkerne nicht nur aus elektrostatischen Gründen gegenseitig abgestoßen werden. Es kommt bei größeren Atomen der Effekt einer gleichgeladenen Hülle hinzu und die wichtige Tatsache, daß der bei einem großen Teil der Elektronen, jedoch nicht bei den Valenzelektronen vorhandene parallele Spin in den Hüllen beider Atome nach dem Paulischen Prinzip mit der abstoßenden antisymmetrischen Funktion verknüpft ist (vgl. ARTMANN).

Die *gerichtete Bindung beruht* hauptsächlich *auf der Winkelabhängigkeit der p-Eigenfunktionen*, d.h. der p-Elektronen (s. S. 19). Die rechnerische Auswertung zeigt nun weiter, daß den verschiedenen Elektronenkonfigurationen entsprechende Ebenen oder räumliche Anordnungen zugehören, wie sie die Tabelle 5 angibt. Hingewiesen sei z.B. auf das H_2O und NH_3. Das Elektronenschema der O- und N-Atome (s. S. 14) läßt verstehen, daß 2 bzw. 3 Elektronen vom Wasserstoff zur Erzeugung der Elektronenpaarbindung mit den p-Elektronen zusammentreten. Im unbeeinflußten Zustand stehen die Ebenen der Häufigkeitsverteilung für die p-Funktionen senkrecht aufeinander (s. S. 14). Es wären also Valenzwinkel von 90° zu erwarten. Der zusätzliche Abstoßungseffekt der H-Atome weitet jedoch diese Winkel zu den in der Tabelle 4 angegebenen Werten auf. Herausgegriffen sei weiter das Verhalten des Kohlenstoffs.

Er hat die Elektronenformel $2s^2$, $2p^2$ (s. S. 14) und könnte daher mit den beiden allein verfügbaren freien p-Elektronen nur 2 Valenzen betätigen und etwa CH_2 analog zum H_2O bilden. Denn die zwei $2s$-Elektronen sind untereinander durch den antiparallelen Spin abgesättigt, während sich die zwei $2p$-Elektronen unabgesättigt auf dem p_x- und p_y-Niveau befinden. Tatsächlich findet nun unter Änderung des Grundzustandes eine Umgruppierung (Hybridisierung) zu $2s$, $2p^3$ statt, d. h. das eine s-Elektron der L-Schale wird zum dritten p-Elektron derselben Schale ($n = 2$). Diese sog. angenäherte s-p-Entartung tritt deswegen besonders leicht ein, weil die $2s$- und $2p$-Elektronen beim C-Atom zufällig nahezu die gleiche Energie besitzen. Es betätigt vier praktisch gleichwertige Valenzen, mit deren Hilfe vier gemischte σ-Bindungen entstehen, da nunmehr vier ungepaarte Elektronen verfügbar sind. Die gleichmäßige Verteilung der Bindungen im Raum führt für sp^3 zum Tetraeder. Geht nun wie bei einer Doppelbindung noch eine π-Bindung vom C-Atom aus, welche mit der σ-Bindung in einer Ebene liegt, dann sind 2 Elektronen frei (sp^2). Sie gehen die beiden anderen Bindungen am Atom ein, welche nun beide nach Tabelle 5 mit der Doppelbindung in einer Ebene liegen und die gemeinsame Fläche der 3 Richtungen $=C<$ regelmäßig zu 3 Winkeln von $2/3\,\pi = 120°$ aufteilen. Auch bei den übrigen Atomen sind

Tabelle 5. *Räumliche Bindungsverteilung und Elektronenanordnung* (nach HARTMANN)

Koordinationszahl	Elektronen-Konfiguration	Symmetrie des Systems
2	sp, dp p^2, ds, d^2	linear angular
3	sp^2, dp^2, d^2s, d^3 dsp d^2p, p^3	trigonal eben unsymmetrisch eben trigonale Pyramide
4	sp^3, d^3s dsp^2, d^2p^2 d^2sp, dp^3, d^3p d^4	Tetraeder tetragonal eben irreguläres Tetraeder tetragonale Pyramide
5	dsp^3, d^3sp $d^2sp^2, d^4s, d^2p^3, d^4p$ d^3p^2 d^5	Bipyramide tetragonale Pyramide pentagonal eben pentagonale Pyramide
6	d^2sp^3 d^4sp, d^5p d^3p^3	Oktaeder trigonales Prisma trigonales Antiprisma

die in der Tabelle 5 dargestellten Elektronenkonfigurationen für die Ausbildung der gerichteten Valenz entscheidend und damit für den räumlichen Aufbau der entstehenden Verbindungen.

Die polarisierte Bindung und das Dipolmoment

Auch unter Nichtberücksichtigung der Elektronenarten ergibt sich nun für die Doppelbindung folgendes. Nur bei symmetrischem Bau der Molekeln liegen die 4 Valenzelektronen auch in der Mitte zwischen den zwei C-Atomen. Jegliche Substitution ist von Einfluß auf ihre Verteilung. Immer ist diese Verteilung ausgesprochen asymmetrisch, wenn die Bindung zwischen zwei verschiedenen Kernen stattfindet, denn ihre elektronenanziehende Kraft ist verschieden. Man kann die *Atome nach ihrer Elektronegativität abstufen* und z. B. der Tabelle 11a entnehmen, daß ein Carbonyl: $>\overset{+}{C}=\overset{-}{O}$ eine *elektrisch polarisierte Doppelbindung* besitzen muß, wobei die Elektronendichte am O-Atom größer als am C-Atom ist. Hier ist nicht eine freie Ladung entstanden: denn das Elektron rückt nur einem Kern näher als dem anderen, ohne jedoch ganz in das Oktett eingebaut zu werden. Das ist aber bei der *vollständig polarisierten Doppelbindung* oder der sog. semipolaren Bindung der Fall. Als Beispiel diene die Formulierung der undissoziierten Salpetersäure (s. oben), welche in der Bindung zum rechtsstehenden O diesen Typ und in der zum untenstehenden den anderen zeigt. In jener Bindung sind ein Stickstoffkation und ein benachbartes Sauerstoffanion nicht nur elektrostatisch koordiniert, sondern auch noch durch eine Kovalenz miteinander verbunden.

Der Grad der Polarisation bestimmt unter anderem den Ablauf der Addition an die Doppelbindung. So wird der Sauerstoff in einer Carbonylgruppe dem Angriff eines Protons wegen seiner Negativierung leicht unterliegen und ebenso der positivere Kohlenstoff freie Anionen wie z. B. Cyanid anlagern. Im allgemeinen dürfte hier wegen der stärkeren Tendenz des Sauerstoffes, negativ zu bleiben, die Anlagerung des Cyanids der primäre Vorgang sein (s. S. 48).

Der polare Charakter von Bindungen und Molekeln ist nun aber keineswegs auf die Doppelbindung beschränkt. Allgemein sind *polare Körper solche elektrisch neutralen Gebilde, bei denen die Schwerpunkte der positiven und negativen Molekülladungen nicht zusammenfallen,* sondern in einem endlichen Abstande voneinander liegen. Daher ist ein einzelnes Atom niemals polar, ebensowenig wie es Molekeln des gleichen Elementes oder zweier Atome gleicher Elektronegativität sind. Die Ursache ist nicht das Vorliegen freier Ladungen, sondern die unsymmetrische Verteilung der Elektronen. Die Molekel besitzt als Zeichen dieser Asymmetrie ein elektrisches Dipolmoment (μ_e). Man stelle sich vor, daß z. B. in einer gasförmigen HCl-Molekel das Cl-Atom eine negative, das H-Atom eine positive Einheitsladung trage, und daß beide durch die elektrische Anziehungskraft zusammengehalten würden. Das *elektrische Moment ist Ladungsunterschied mal Abstand.* Die Entfernung zwischen beiden Kernen beträgt nach Tabelle 12 1,29 Å, d. h. $1{,}29 \cdot 10^{-8} \cdot 4{,}8 \cdot 10^{-10} = \mu_e = 6{,}15 \cdot 10^{-18}$ cm · ese = 6,15 D. Die *Einheit des Dipolmomentes ist $1 \cdot 10^{-18}$ cm · ese* und wird als 1 *Debye (D)* bezeichnet. Das gemessene Dipolmoment hat aber für HCl nur 1,02 D und damit nur rund 17% des Wertes, welcher für komplette Ionisierung errechnet worden war. Er ist ein Ausdruck für die ungleiche Ladungsverteilung der durch kovalente Bindung zusammengehaltenen Molekel. Im allgemeinen werden bei kovalenten Bindungen nicht mehr als 20% des für volle Ionisation errechneten Dipolmomentes gefunden.

Die Dipolmomente werden *aus den Werten für die Dielektrizitätskonstante (ε)* der betreffenden Stoffe abgeleitet. Diese selbst wiederum wird aus Kapazitätsmessungen an Kondensatoren gewonnen, zwischen deren Platten sich einmal das Vakuum und im anderen Fall der betreffende Stoff als „Dielektrikum" befindet. Die Kapazität ist um so größer, je niedriger die Spannung ist, welche eine gegebene Ladungsmenge erzeugt[1]. Sie ist: Kapazität = Ladg./Pot. Nun ist: Pot. = Ladg./Strecke. Damit folgt: Kapazität = Strecke; d. h. die Kapazität hat die Dimension einer Strecke[2]. Stehen sich jeweils gleichviele Einheitsladungen, d. h. gleich große Elektrizitätsmengen gegenüber, dann wird ein um so geringeres Potential zwischen den Platten bestehen, je größer ε ist. Das Dielektrikum steigert also die Kapazität in dem Maße, wie es die Spannung vermindert. ε ist nun die Verhältniszahl, welche angibt, wieviel mal kleiner unter gleichen übrigen Bedingungen das Potential mit dem Dielektrikum als im Vakuum ist (Tabelle 6). ε gibt damit an, um wieviel die Kraft zwischen

Tabelle 6. *Dielektrizitätskonstanten bei 20° C.*

HCN (fl)	95	Pyridin	12,5
H_2O	80,3	Anilin	6,8
Ameisensäure	48	Eisessig	6,2
Nitrobenzol	36	Chloroform	4,8
Methanol	34	Äther	4,3
Äthanol	26	Benzol	2,3
NH_3 (fl — 50° C)	22,7	Pentan	1,8

---

[1] Hydrodynamisches Beispiel: die gleiche Flüssigkeitsmenge drückt um so stärker auf die Unterlage, steigt also um so höher, je kleiner der Querschnitt des Gefäßes ist.

[2] Coul/Volt = Farad (F); 1 F = 10^6 μF = $9 \cdot 10^{11}$ cm.

2 Ladungen durch das Dielektrikum vermindert wird. Diese selbst ist:

$$K = \frac{e_1 \cdot e_2}{d^2 \cdot \varepsilon} \, \text{dyn} , \tag{10}$$

wenn $e_1 \cdot e_2$ das Produkt der gegenüberstehenden elektrostatischen Ladungseinheiten und d der Abstand in cm ist (Coulomb-Kraft).

Die Verminderung der Kraft beruht auf der *dielektrischen Polarisierbarkeit des Mediums*, d.h. auf der Fähigkeit der Materie, im elektrischen Feld (ese $\cdot$ cm^{-2}) Veränderungen in der Lage der Molekeln oder ihrer elektrisch geladenen Elementarteilchen zu erfahren. Liegt ein polarer Bau der Molekel vor, dann erfolgt eine Orientierung in der Richtung des Feldes, d.h. ihr positiver Teil dreht sich aus der unregelmäßigen Lage heraus zur negativen Kondensatorplatte. Man spricht von der *Richtungs- oder Orientierungspolarisation der permanenten oder vorgebildeten Dipole*. Dieser *Ausrichtung* durch die elektrische Kraft wirkt *die Wärmebewegung entgegen*. Die gleiche Ladung der Platte wird also bei höherer Temperatur eine geringere Ausrichtung erzwingen: die Polarisation und damit auch der Wert von ε nehmen ab. Diese Temperaturabhängigkeit besteht aber nur bei vorgebildeten Dipolen und nur in dem Maße, wie die Gesamtpolarisation (P) durch die Orientierungspolarisation bestimmt wird. Der temperaturabhängige Teil gestattet daher die Ermittlung von μ_e. Die gegen die Valenzkräfte im Felde erzwungene Verschiebung von Elektronen oder auch von Atomkernen ist dagegen praktisch unabhängig von der Wärmebewegung, d.h. der Temperatur. Sie ist als eine Deformation der Elektronenhülle anzusehen und findet auch in völlig apolaren Körpern statt. Das dabei entstehende, sog. *induzierte Dipolmoment* (μ_i) wächst mit der angelegten Feldstärke E und der elektrischen Nachgiebigkeit, d.h. der Polarisierbarkeit der Molekeln (α):

$$\mu_i = \alpha \cdot E \quad \text{und} \quad \alpha = \frac{\mu_i}{E} . \tag{11}$$

Sie steht bei dipollosen Stoffen in relativ einfacher zahlenmäßiger Beziehung zur hier temperaturunabhängigen Dielektrizitätskonstanten.

Bezieht man nämlich die Gesamtpolarisation auf ein Mol, so ergibt sich für die molekulare Polarisation:

$$P_M = \frac{\varepsilon - 1}{\varepsilon + 2} \cdot \frac{M}{\varrho} = 2,53 \cdot 10^{24} \left(\alpha + \frac{2,42 \cdot 10^{15}}{T} \cdot \mu_e^2 \right) . \tag{11a}$$

Wird ε bei zwei verschiedenen Temperaturen gemessen, dann erhält man α und μ_e. Um Einflüsse der polarisierten Molekeln aufeinander zu vermeiden, müssen derartige Messungen im Gaszustand oder in verdünnten Lösungen mit apolaren Lösungsmitteln vorgenommen werden. Ist die Löslichkeit in ihnen jedoch zu gering, so müssen wie z.B. bei den Aminosäuren und Eiweißen, andere, meistens indirekte Methoden zur Anwendung kommen (S. 169).

Bei sehr raschem Wechsel der Feldrichtung, also im Wechselfeld, kann eine Orientierungspolarisation nicht eintreten, da die Molekülbewegung dann dem Feldwechsel nicht mehr zu folgen vermag (vgl. S. 306). Auch die schnell schwingende elektromagnetische Strahlung, also das Licht, könnte daher zur Untersuchung allein der induzierten Polarisation benutzt werden. Das wird dadurch ermöglicht, daß die klassische Lichttheorie einen wichtigen Zusammenhang zwischen dem Brechungsindex (n) für eine Substanz und ε bietet. Er lautet: $n^2 = \varepsilon$. Mit Hilfe von Gl. (11a) erhält man dann die Molekularrefraktion.

$$R_M = \frac{n^2 - 1}{n^2 + 2} \cdot \frac{M}{\varrho} = 2,53 \cdot 10^{24} \alpha . \tag{12}$$

Wird α auf diese Weise gewonnen und in Gl. (11a) eingesetzt, dann benötigt man zur Messung des Dipolmomentes den Wert von ε nur für eine Temperatur. Sowohl α wie P_M besitzen die Dimension eines Volumens, denn ε ist eine Verhältniszahl und $\dfrac{M}{\varrho} = \dfrac{m}{m/l^3} = l^3$. Für α gilt das gleiche:

$$\alpha = \frac{\mu_i}{E} ; \quad \text{Dim}\,\alpha = \left[\frac{\text{ese} \cdot l}{\text{ese} \cdot l^{-2}} = l^3 \right] . \tag{13}$$

$\dfrac{n^2 - 1}{n^2 + 2}$ gibt als *Faktor den Bruchteil des Molvolumens, der von den Molekeln wirklich eingenommen wird* (vgl. S. 75).

Alle *nicht völlig symmetrisch gebauten Molekeln ergeben ein* wechselnd starkes *Dipolmoment*. Einige Beispiele sind in Tabelle 7 aufgeführt. Nur bei relativ einfachen Stoffen ist dessen Beziehung zur Konstitution leicht zu übersehen. In solchen Fällen hat umgekehrt seine Bestimmung die Entscheidung zugunsten verschiedener Formulierungen ermöglichen können. Sind die Momente für bestimmte Atomgruppierungen bekannt, und treten diese in eine rgrößeren Molekel auf, dann ist es oft möglich, sie bei bekannten Winkeln vektoriell, d.h. so zu addieren, wie man aus Einzelkräften über das Kräfteparallelogramm die gesuchte Diagonale gewinnt. Das gelingt bei gesättigten aliphatischen Verbindungen in der Regel, bei ungesättigten und aromatischen seltener, jedoch

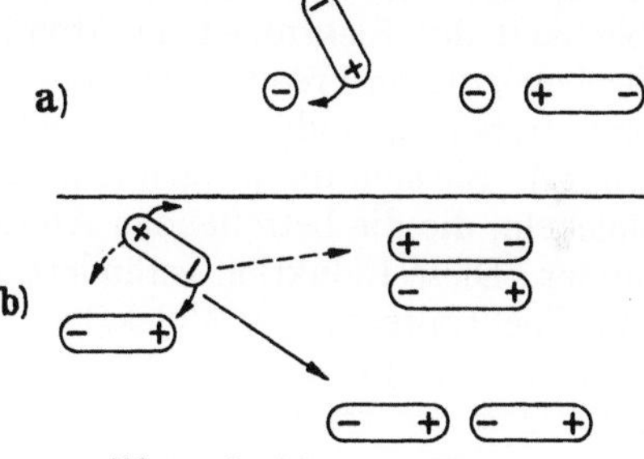

Abb. 11. Ausrichtung von Dipolen

Tabelle 7. *Dipolmomente in D (Debye-Einheiten)*

Benzol	0
Tetrachlorkohlenstoff .	0
Chloroform	1,05
Methanol	1,68
Wasser	1,85
Harnstoff	8,6
Glykokoll	15
Eiweiße	200—1200

gelegentlich wie bei 2fach substituierten Benzolen. Resonanzfähige Strukturen können dabei interferieren. Bei größeren Molekeln, besonders den Eiweißen, ist keine Addition mehr möglich; dennoch hat die Berücksichtigung der beobachteten Momente auch hier zur Klärung wichtiger Fragen des Aufbaus beigetragen (s. S. 169 und 306).

Polare Molekeln beeinflussen sich untereinander. Einmal können sie sich auf Grund des „elektrostatischen Effektes" anlagern, und zwar unter Verstärkung oder Abschwächung des Momentes. So entstehen durch Kettenbildung verlängerte Dipole mit vergrößertem Moment und durch Anlagerung die Quadrupole mit verkleinertem μ (vgl. Abb. 11). Diese Bilder geben unter anderem die Grundlage zum Verständnis der *Molekülassoziation in Flüssigkeiten.* Sie selbst hängt oft von der Konzentration ab. Natürlich treten freie Ionen immer sehr leicht in Wechselwirkung mit Dipolen. Die hohe Löslichkeit der Elektrolyte in Wasser bietet das allgemeinste Beispiel dafür.

Dispersionskräfte (van der Waals-Kräfte)

Wichtig ist weiter, daß vorgebildete Dipole auf geringe Entfernung hin ein genügendes Feld erzeugen, um in Nachbarmolekeln neue Dipole zu induzieren („*Induktionseffekt*"). Auch diese Wechselwirkung ist der *Ausdruck einer schwachen Bindung,* welche man dem Bereich der Kohäsionskräfte zuordnen kann. Schließlich aber entsteht bei der Annäherung jeder apolaren Molekel an eine andere gleichartige in beiden eine Elektronenverschiebung, d.h. ebenfalls je ein induziertes Moment. Es wächst mit der Polarisierbarkeit α der Molekel. Die quantitative Erfassung dieses Effektes ist nur von der optischen Seite aus möglich. Denn die Elektronen und Kerne sind als schwingungsfähige Gebilde mit — je nach dem Molekülbau unterschiedlichen — Eigenfrequenzen durch Licht verschiedener Wellenlänge anzuregen, d.h. die Molekel ist durch kurzwellige elektromagnetische Schwingungen polarisierbar. Daß α mit dem Brechungsindex in Beziehung steht, wurde weiter oben erwähnt. Die Änderung von n mit der benutzten Wellenlänge des Lichtes heißt Dispersion. Durch die quantenmechanische Theorie der Dispersion ist auch der Induktionseffekt apolarer Stoffe in einfachen Fällen zu beherrschen. Die so entstehende Kraft heißt daher *Dispersionskraft.*

Die zuletzt genannten Wechselwirkungen werden auch *van der Waals-Kräfte* genannt, weil sie die Erklärung für das *a*-Glied in der gleichnamigen Gleichung (s. S. 110) für reale Gase geben. Denn diese Größe *a* ist verantwortlich für die zwischenmolekularen Anziehungskräfte, welche den Gasdruck auch bei Edelgasen gewissermaßen von innen heraus erniedrigen. Der Zusammenhalt der apolaren Paraffinketten wird ebenfalls durch derartige Kräfte gewährleistet. Sie halten auch Kristalle mit Molekülgittern zusammen. Allgemein werden sie als Kohäsionskräfte bezeichnet.

Die London-van der Waalsschen Dispersionskräfte hängen nur von der Verschieblichkeit der Elektronen im Atom, d.h. von dessen Polarisierbarkeit, und von der bevorzugten Frequenz ab, mit der die Ladungen der beiden in Resonanzbindung tretenden induzierten Dipole schwingen (Londonsche Dispersionsfrequenz, v). Sie sind im übrigen unabhängig von den chemischen Eigenschaften der Molekeln, die die betreffenden Atome enthalten, ebenso von ihrer Richtung zueinander. Diese Induktion verändert auch nicht den Grundzustand der Atome oder die Spektralterme der Molekeln. Da diese Kräfte weitgehend unspezifisch sind, treten sie zwischen allen Atomen auf, welche einen genügend kleinen Abstand besitzen. Sie tragen daher — obwohl sie zwischen zwei herausgegriffenen Atomen nur gering sind — wesentlich zum Zusammenhalt der Teilchen in kondensierten Phasen bei.

Für die Londonsche Attraktionsenergie zwischen 2 Atomen vom Abstand r gilt:

$$V_A = - \frac{\frac{3}{4}\,\alpha^2\,h\,v}{r^6}.\tag{14}$$

Wenn der Abstand von der Größenordnung der Wellenlänge der Dispersionsfrequenz wird (~ 1000 Å), fällt die Attraktionsenergie stärker ab.

Die Tabelle 8 gibt eine *Zusammenstellung der verschiedenen Bindungen*. Sie enthält die Typen, die Kräfte und die Größenordnung der Bindungsenergie. In der vorletzten Spalte ist besonders das Verhalten der Kräfte zu beachten, welche mit dem Abstand der Atome voneinander nach verschiedenen Potenzen abnehmen. Danach klingen die van der Waals-Kräfte mit seiner 7. Potenz ab; einer Verdoppelung des Abstandes entspricht eine Verminderung der Kraft anf den 128. Teil! Charakteristisch ist auch die geringe Energie der Bindung. Mit ihr geht eine Vergrößerung der Atomabstände einher, die sich bei Vergleich der Atomradien für die van der Waals-Bindung mit der kovalenten ergibt (s. Tabelle 11).

Es ist vorteilhaft, vorstehende Tabelle durch einige weitere quantitative Überlegungen zu ergänzen. Zu diesem Zwecke sei die *Coulombsche Kraft* bei der Ion-Ion-Wechselwirkung im Abstande 3 Å (r_1) berechnet. Sie beträgt für einwertige Ionen:

$$\left(\frac{4{,}77 \cdot 10^{-10}}{3 \cdot 10^{-8}} \right)^2 \mathrm{dyn} = 2{,}53 \cdot 10^{-4}\ \mathrm{dyn}.$$

3 Å entspricht etwa dem Abstand der am nächsten stehenden Cl- und K-Ionen in einem KCl-Kristall. In der 10fachen Entfernung, d.h. bei 30 Å (r_2) ist die Kraft 100fach kleiner, also $2{,}53 \cdot 10^{-6}$ dyn.

Von großem Interesse ist stets die *Arbeit, welche gewonnen wird, wenn entgegengesetzte Ladungen sich nähern*, oder welche aufzubringen ist, wenn sie auf einen bestimmten Abstand getrennt werden sollen. Arbeit ist Kraft mal Weg: $A = K \cdot r$. Während der Veränderung

Tabelle 8. *Art und Größe molekularer Wechselwirkung*

Bindungsart	Beteiligte Teilchen	Kraftgesetz	Bindungsenergie in kcal pro Mol
Kovalenz Elektrovalenz	Atom — Atom Ion — Ion	$\dfrac{e \cdot e'}{r^2}$	10—100 etwa 100 in Kristall; < 5 gelöst (in H_2O)
Elektrostatischer Effekt	Ion — Dipol	$\dfrac{e \cdot \mu'}{r^3}$	1—5
	Dipol — Dipol	$\dfrac{\mu \cdot \mu'}{r^4}$	
Induktionseffekte	Ion — induzierter Dipol	$\dfrac{\alpha \cdot e^2}{r^5}$	0,2—2
	Dipol — induzierter Dipol	$\dfrac{\alpha \cdot \mu^2}{r^7}$	
	vorübergehend induzierte Dipole aufeinander	$\dfrac{\alpha^2}{r^7}$	

r ist der Abstand der Ladungsschwerpunkte, e die Elementarladung, α die Polarisierbarkeit und μ das Dipolmoment der Partner.

des Weges ändert sich aber auch die Kraft und zwar nach dem Coulomb-Gesetz. Daher gilt für sehr kleine Wege:

$$dA = K \cdot dr = \frac{e^2}{r^2}\, dr.$$

Die endliche Arbeit, welche beim Durchschreiten der Strecke von r_2 nach r_1 gewonnen wird, ist:

$$A = e^2 \int_{r_1}^{r_2} \frac{dr}{r^2} = e^2 \int_{r_1}^{r_2} r^{-2} \cdot dr = -\frac{e^2}{r_2} + \frac{e^2}{r_1} = e^2 \left(\frac{1}{r_1} - \frac{1}{r_2} \right).$$

Bei dieser Integration wurde die Regel benötigt, daß:

$$\int x^n \cdot dx = \frac{x^{n+1}}{n+1} + C.$$

Da $\left(\dfrac{1}{3} - \dfrac{1}{30} \right) \dfrac{1}{10^{-8}} = 0,3 \cdot 10^8,$ folgt $A = 6,83 \cdot 10^{-12}$ erg.

Wäre r_2 unendlich, d.h. das Ion von einem Bereich außerhalb der Wechselwirkung angezogen oder nach dorthin entfernt worden, so würde ein unwesentlich größerer Arbeitsbetrag, nämlich $7,6 \cdot 10^{-12}$ erg, gewechselt. Bezieht man nicht auf ein einzelnes Ion, sondern auf ein Mol bzw. ein Val, so ist dieser Wert mit N_L zu multiplizieren; um ihn weiterhin in kcal auszudrücken, ist er durch $4,19 \cdot 10^{10}$ zu teilen (s. S. 379).

$7,6 \cdot 10^{-12} \cdot 6,03 \cdot 10^{23} / 4,19 \cdot 10^{10} = 112$ kcal/Mol ist dann die Energie, welche zur Entfernung der entgegengesetzt geladenen Ionen vom Abstande 3 Å bis $r = \infty$ im Vakuum aufzubieten wäre. Im Kristall ist der Betrag von ähnlicher Größenordnung, allerdings multipliziert mit einem nach dem Gittertyp verschiedenem Faktor (MADELUNG).

In wäßriger Lösung liegen dagegen kompliziertere Verhältnisse vor; immer aber ist dabei zu bedenken, daß allein die hohe Dielektrizitätskonstante des Wassers den Wert der Kraft auf etwa den 80. Teil herabsetzt.

An dieser Stelle sei auf die Tabellen verwiesen, welche die *Energie der kovalenten einfachen und mehrfachen Bindungen* für wesentliche Atome geben. Sie werden aus thermochemischen Daten (atomaren Bildungswärmen der Moleküle) unter Berücksichtigung des weitgehend gültigen Gesetzes der Additivität der Bindungen berechnet (s. S. 387). Außerdem werden die *Radien der betreffenden Atome* gebracht. Aus ihnen ist durch einfache Addition unmittelbar der Abstand der miteinander verbundenen Atomkerne zu entnehmen, d.h. die Länge der Bindung. So mißt eine unbeeinflußte Doppelbindung $C = O$: $0,67 + 0,57 = 1,24$ Å, eine gewöhnliche $C-O$-Bindung: $1,42$ Å [nach (16)].

Die hier gegebenen Zahlen sind im wesentlichen aus den Röntgenstrahl- oder Elektronenbeugungsbildern abgeleitet und unter anderem von PAULING zusammengestellt worden. Sie bilden die Grundlage für die Maße der Kugel- und Kalottenmodelle, mit Hilfe derer man das räumliche Verhalten, gegenseitige Beeinflussung von Atomen oder Atomgruppen usw. bei großen Molekeln mit Vorteil studieren kann (Stuart- und Briegleb-Kalotten, vgl. Abb. 212b).

Paramagnetismus von Ionen und Molekeln

Atome sind Systeme von elektrischen Ladungen. Unter ihren Trägern sind die Elektronen in kreisförmiger Bewegung und damit einem Kreisstrom vergleichbar. Ein stromdurchflossener Leiter aber erzeugt ein *magnetisches Moment*. Es hat für eine Windung den Wert des *Produktes aus Stromstärke und umflossener Fläche*. Aus der Umlaufzeit und der Ladung des Elektrons ergibt sich die Stromstärke I, aus dem Radius der Bohrschen Bahn die Fläche, auf die die magnetische Einheit der Atome bezogen wird. Sie heißt das *Bohrsche Magneton* (μ_B).

Das Produkt aus der Ladung des Elektrons und seiner Umlaufzeit $\dfrac{e_0 \cdot v}{2\pi a_n}$ würde die Stromstärke im üblichen Maß ergeben, wenn $v = c$, d.h. die Umlaufgeschwindigkeit der des Lichtes gleich wäre. I ist daher um so geringer, je kleiner v im Verhältnis zu c ist. Mit der Fläche vom Radius der ersten Bohrschen Bahn ($a^2 \pi$) und nach Einsetzen von $a \cdot v$ aus der Impulsgleichung (4) wird:

$$\mu_B = \frac{a^2 \pi \cdot e_0 v}{2\pi a \cdot c} = \frac{e_0\, a v}{2c} = \frac{e_0 \cdot h}{4\pi m c} = 9{,}27 \cdot 10^{-21}\ \text{Gauß} \cdot \text{cm}^3, \qquad (15)$$

$$\mu_M = \mu_B \cdot N_L = 5564 \cdot \text{Gauß} \cdot \text{cm}^3. \qquad (15\,\text{a})$$

Wird e_0 in eme angegeben, dann fällt c aus der Gleichung heraus, da 1 eme $= 3 \cdot 10^{10}$ ese (s. S. 6).

Es muß an dieser Stelle als besonders wichtig betont werden, daß auch das magnetische Spinmoment, welches man dem Eigendrehimpuls des Elektrons zuordnen muß, dem Betrage nach einem Bohrschen Magneton, also der Grundeinheit des Bahnmomentes gleich ist. Dieses letztere beträgt l Magnetonen, wobei l die Neben(Impuls-)Quantenzahl des betreffenden Elektrons ist (s. S. 14). Das Spinmoment ist immer einem Magneton gleich, nur kann die zugrunde liegende Eigenrotation zwei verschiedene Richtungen im Vergleich zu der des Bahnimpulses einnehmen. Es kommt dann alleine zur Geltung, wenn die Wirkungen der einzelnen Bahnmomente des Atoms sich gegenseitig aufheben. Aus der Einstellung eines Röhrchens mit der Substanz im konstanten Magnetfeld bzw. aus der Kraft, mit der es hereingezogen oder aus ihm herausgestoßen wird, ergibt sich Stärke und Art des Magnetismus. Die aus der Einstellkraft abzuleitende Aufnahmefähigkeit des Stoffes für die magnetischen Kraftlinien wird auf das Mol bezogen und als molare Suszeptibilität (χ_M) bezeichnet.

Die Einstellung in der Richtung auf die Pole *(Paramagnetismus)* interessiert für Konstitutionsfragen mehr als die Querstellung im Feld *(Diamagnetismus)*. Letzterer kommt jedem Körp erzu, auch wenn er darüber hinaus ein permanentes paramagnetisches Moment besitzt. Der paramagnetische Anteil ist dabei stets größer. Der diamagnetische ist von der Temperatur unabhängig, der *Paramagnetismus* ist dagegen *der absoluten Temperatur* — aus dem gleichen Grunde wie bei μ_e — *umgekehrt proportional*. Aus dem bei T gemessenen χ_M erhält man über:

$$\mu_B = 2{,}84 \sqrt{\chi_M \cdot T} \qquad (15\,\text{b})$$

das paramagnetische Moment in Magnetonen.

Nun ist der Anteil der kreisenden Elektronen *(Bahnmoment)* an der Erzeugung des Paramagnetismus oft recht gering. Dieser wird fast ausschließlich durch den Elektronenspin veranlaßt. Je ein Paar der s, p, d, f Elektronen gleicher Hauptquantenzahl, d.h gleicher Schalenzugehörigkeit, trägt entgegengesetzten Spin ($\uparrow\downarrow$). Solche Elektronenpaare bringen keinen Paramagnetismus hervor, da die Spinmomente entgegengesetzt gleich sind und sich daher aufheben. Aus dem gleichen Grunde sind die Elektronenpaare kovalenter Bindungen magnetisch indifferent. Dagegen erzeugen freie Einzelelektronen, welche sich in einer nicht abgesättigten Schale befinden, wegen des nicht neutralisierten Spins den atomaren permanenten Paramagnetismus *(Spinmoment)*. *Freie Radikale* tragen ebenfalls Einzelelektronen mit nicht abgesättigtem Spin und sind daher *paramagnetisch*. Als Beispiel für einfache paramagnetische Molekeln seien ClO_2 und O_2 genannt.[1] In beiden Gasen liegt die seltene 3-Elektronenbindung vor: $O \vdots\vdots O$,

Tabelle 9. *Magnetische Momente der Metall-Ionen der Eisengruppe* *

Ion	Ungepaarte d-Elektronen	Magnetisches Moment (in Bohrschen Magnetonen)	
		berechnet	gefunden
K^+ Ca^{2+} Sc^{3+} Ti^{4+} V^{5+} Cr^{6+} Mn^{7+}	0	0	0
Ca^+ Sc^{2+} Ti^{3+} V^{4+} Cr^{5+} Mn^{6+}	1	1,7	1,7
Sc^+ Ti^{2+} V^{3+} Cr^{4+} Mn^{5+}	2	2,8	2,8
Ti^+ V^{2+} Cr^{3+} Mn^{4+}	3	3,9	3,9
V^+ Cr^{2+} Mn^{3+}	4	4,9	4,8
Cr^+ Mn^{2+} Fe^{3+}	5	5,9	5,9
Mn^+ Fe^{2+}	4	4,9	5,2
Fe^+ Co^{2+}	3	3,9	4,4
Co^+ Ni^{2+}	2	2,8	3,2
Ni^+ Cu^{2+}	1	1,7	1,8
Cu^+ Zn^{2+}	0	0	0

* Aus HOLLEMANN-WIBERG, ergänzt.

elektronenmäßig geschrieben: $:\overset{\cdot}{O}:\overset{\cdot\cdot}{O}:$. Jedes O-Atom trägt also ein unpaares Elektron und gibt so Veranlassung zu einem Paramagnetismus. Auf dieser Eigenschaft beruht eine magnetische Methode zur Bestimmung des Sauerstoffs (H. REIN). CO ist diamagnetisch.

Am *häufigsten tragen die unkompensierten d- und f-Elektronen zur Erzeugung des Spinmagnetismus bei*. Denn mit wachsender Ordnungszahl werden auch hier wie bei den p-Elektronen zunächst die freien angelegt (Hundsche Regel), so daß also die ersten 5 von den insgesamt 10 d-Elektronen freie sind. Das 6. ergibt mit einem der schon vorhandenen das erste, das 7. das zweite d-Paar usw. Mit jeder Paarbildung vermindert sich die Zahl der freien Elektronen um 1, bis bei 10 wieder das Spinmoment 0 vorliegt. Wird umgekehrt das 10. d-Elektron z.B. bei der Bildung von Cu^{++} ($3d^9$) über Cu^+ ($3d^{10}$) aus Cu ($3d^{10}\,4s^1$) verbraucht, dann ist das 9. d-Elektron frei ($n = 1$). Das Spinmoment von n unpaaren Elektronen beträgt: $\sqrt{n(n+2)}$ Magnetonen; für $n = 1$ sind es also $\sqrt{3} = 1,73$ Magnetonen usw. Hiermit wird schon das Gesamtmoment erfaßt, wenn wie bei den Ionen der Übergangselemente bis zum Cu das Bahnmoment vernachlässigt werden kann. Magnetische Messungen können somit also *Auskunft* geben *über den Elektronenzustand etwa eines Zentralatoms in einer Komplexverbindung oder über die Wertigkeit von Ionen*, z.B. auch in wäßriger Lösung. Tabelle 9 gibt eine Übersicht für die 10 Übergangselemente der ersten großen Periode und erläutert damit die Möglichkeit und Leistungsfähigkeit magnetochemischer Messungen. Hinzugenommen ist das Verhalten des Ca mit seinem seltenen einwertigen Ion und das der Nachbarelemente.

Für die Biochemie ist neben dem Cu das *magnetische Verhalten der Fe-Verbindungen* von besonderem Interesse. Das Fe-Atom hat zwei $4s$- und sechs $3d$-Elektronen, davon vier ungepaart ($1s^2\,2s^2\,2p^6\,3s^2\,3p^6\,3d^6\,4s^2$). Die gleiche Zahl an $3d$-Elektronen enthalten auch die 2-wertigen Fe^{2+}-Ionen. Es fehlen hier

---

[1] s. S. 27.

nur die zwei $4s$-Elektronen $(n = 4)$. Im Fe^{3+} sind darüber hinaus die $3d$-Elektronen um eines vermindert $(\dots 3d^5)$. Die fünf verbliebenen sind unpaar $(n = 5)$. Statt der hiernach zu erwartenden 5,9 Magnetonen hat das Methämoglobin (Hämiglobin, Ferri-Hb) mit 3-wertigem Fe 5,8, während *Hämoglobin* (Fe^{2+}) 5,4 *statt 4,9 Magnetonen besitzt.*

Das Schema der Elektronenstruktur des Fe (Tabelle 10) zeigt nun, daß die beim K begonnene $N(4)$-Schale bis zum Krypton noch Platz für weitere 4 Elektronenpaare besitzt, wenn man von den Fe^{2+}- oder Fe^{3+}-Ionen ausgeht. Außerdem können weitere 4 Elektronen von Fe^{2+} und fünf von Fe^{3+} zur Absättigung der $3d$-Elektronen aufgenommen werden. Das sind nochmals je 2 Elektronenpaare. Zusammen mit dem für $4s$ und den dreien für $4p$ können daher *insgesamt 6 Elektronenpaare eintreten.* Das entspricht sechs koordinativen Kovalenzen. Fe hat die *Koordinationszahl 6.* In analoger Weise ergibt sich, daß Cu^{2+} mit 27 Elektronen

Tabelle 10. *Schema der Elektronenverteilung für Fe*

	$1s$	$2s$	$2p$	$3s$	$3p$	$3d$	$4s$	$4p$
Fe	↑↓	↑↓	↑↓↑↓↑↓	↑↓	↑↓↑↓↑↓	↑↓↑↑↑↑	↑↓	00 00 00
Fe^{2+}		18 Argon-Schale				↑↓↑↑↑↑	00	00 00 00
Fe^{3+}		18 Argon-Schale				↑↑↑↑↑	00	00 00 00

36 Krypton-Schale

durch Aufnahme von 4 Elektronenpaaren mit 35 e die Kryptonschale (36 e) nahezu und Cu^+ (28 e) sie mit 4 Paaren vollkommen erreicht. Die Koordinationszahl des Cu beträgt daher 4. Allgemein bestimmt sie die Zahl der möglichen Liganden in Komplexverbindungen.

So tritt z.B. aus 6 Cyanid-Anionen: $[:C \equiv N:]^-$ je ein freies Elektronenpaar an das zentrale Fe^{2+}-Ion und bildet so das komplexe Anion $[Fe^{+2}(CN)_6^{-6}]^{4-}$. Damit wird für das Fe die Elektronenzahl $24 + 12 = 36$ erreicht, während das Fe in dem dementsprechend auch weniger stabilen Anion $[Fe^{+3}(CN)_6^{-6}]^{3-}$ mit $23 + 12 = 35$ der Zahl des Kryptons (36) nur nahe kommt. Hier fehlt ein d-Elektron. Das dazugehörende ist natürlich unpaar. Die Hexacyanoferrat (III)-Salze ergeben daher im Gegensatz zu Hexacyanoferrat (II)-Salzen Paramagnetismus mit 1,7 Magnetonen (experimentell 2,3). Gegenüber den freien Kationen hat danach der Paramagnetismus um den $n = 4$ entsprechenden Wert abgenommen. Diese Abnahme geht auf die Absättigung der vier unpaaren $3d$-Elektronen durch die koordinative kovalente Komplexbindung zurück. Es erfolgt hier also eine Elektronenübertragung aus den Liganden auf das zentrale Kation *(Durchdringungskomplex)*. Weitere Beispiele sind die Amminverbindungen, welche das freie Elektronenpaar am N im Ammoniak zur Bindung benutzen. $[Cu(NH_3)_4]^{2+}$; $[Cu(NH_3)_4]^+$; Tetramminkupfer (II)-, $(n = 1)$- und Tetramminkupfer (I)-Ionen $(n = 0)$. $[Co(NH_3)_6]^{3+}Cl_3$; Hexammin-Kobalt (III)-Chlorid. Dieses ist nicht paramagnetisch, denn Co^{3+} besitzt 24 Elektronen: $24 + 6 \cdot 2 = 36$! Neben den Durchdringungskomplexen existieren die *Anlagerungskomplexe.* Sie kommen durch Ion-Dipol oder Ion-Ion-Kräfte, d.h. durch elektrostatische Nebenvalenzen zustande. Zu den Ion-Dipol-Komplexen gehören Hydrate, Ammoniakate, Alkoholate u. a. Die Zahl der angelagerten Dipole richtet sich hier eher nach den Größenverhältnissen der Partner. Je nachdem, ob dabei tetraedrische, oktaedrische oder Würfelformen entstehen, ergeben sich auch jetzt „Koordinationszahlen" von 4,6 oder 8. Die Ion-Ion-Anlagerungen sind hier meistens stabiler. Weil jetzt im Gegensatz zu den Durchdringungskomplexen die *Elektronenanordnung des Zentralions nicht verändert* wurde, behalten diese die ihnen auch im freien Zustande gleicher Wertigkeit zukommenden magnetischen Eigenschaften bei. So hat das Ion $[Fe^{3+}F_6^-]^{3-}$ die 5,9 Magnetonen des 3-wertigen Eisens. Die magnetischen Messungen können daher bei Komplexen der Übergangsmetalle zwischen den ionischen und kovalenten Bindungen entscheiden.

Gelegentlich können sie auch zur *Aufklärung der räumlichen Anordnung* von Komplexen herangezogen werden. Ni^{2+} hat im koordinativ 4-wertigen Durchdringungskomplex mit $3d^8\,4s^2\,4p^6$ noch zwei ungepaarte $3d$-Elektronen ($n=2$). In diesem Zustand betätigt es sp^3-Bindungen, d.h. es hat Tetraeder-Struktur (Tabelle 5). Es kann aber auch im 4-wertigen Komplex mit dsp^2-Bindungen vorkommen und muß nun *planar* sein. Dann besitzt es zehn $3d$-Elektronen, so daß es wegen ($n=0$) nicht paramagnetisch ist ($3d^{10}\,4s^2\,4p^4$). Für $Zn\,(3d^{10}\,4s^2)$ sind mit $Zn^{2+}\,(3d^{10})$ die Elektronen- und Bindungsformeln bei der Koordinationszahl 4: $4s^2\,4p^6$; sp^3: Tetraeder, und $4s^2\,4p^4\,4d^2$; sp^2d: planar.

Das magnetische Moment von Fe^{3+}-Aminosäure-Komplexen mit 4,2 Magnetonen $n=3$ spricht dafür, daß sich die analytisch festgestellten 4 Liganden *in einer Ebene mit dem Fe* befinden. Denn es liegen bei drei ungepaarten d-Elektronen und vier kovalenten Bindungen $2\cdot 3d$, $2\cdot 4s$ und $2\cdot 4p^2$ Bindungselektronen am Fe^{3+} vor. Also besteht $3d\,4s\,p^2$-Bindungsstruktur. Nach Bielig (1955) besitzt das aus Fe^{2+} beim Einbau in dem Komplex durch Luftoxydation entstehende Fe^{3+} auch im Ferritin die gleiche Struktur:

$$\begin{array}{c}
| \\
-N- \\
\cdots HO : \ddot{F}e : OH \cdots \\
-\ddot{N}- \\
|
\end{array}$$

Die *koordinativ 6-wertigen Fe-Komplexe haben mit $3d^2\,4sp^3$ Oktaeder-Struktur* (s. Tabelle 5). Das trifft auch für die diamagnetischen Hämochromogene zu. Das Schema Abb. 12 des Pyridin-Hämochromogens demonstriert gleichzeitig die Gleichwertigkeit aller sechs koordinativen Bindungen.

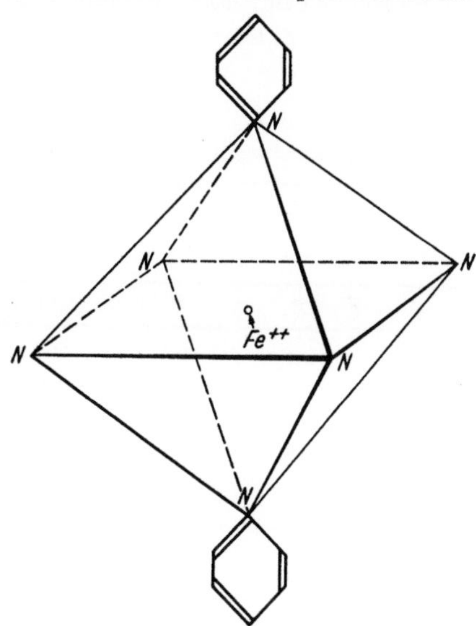

Abb. 12. Oktaedrische Anordnung der 6 Liganden am Fe-Atom im Pyridin-Hämochromogen

Im Gegensatz zu dem erwähnten Hb oder Met-Hb sind nun das *oxygenierte $(O_2\text{-})Hb$ und das Carboxy-(CO-)Hämoglobin diamagnetisch*. Wie soeben gezeigt, ist dann der ionische Charakter eines elektrostatischen Anlagerungskomplexes verschwunden und eine Molekel mit den Eigenschaften der Durchdringungskomplexe entstanden. Denn bei solchen mit 2-wertigem Fe ist wie im $[Fe(CN)_6]^{4-}$ $n=0$. Hier wird das Fe also unter Aufnahme der Elektronenpaare der Liganden kovalent, d.h. fester als im Hämoglobin gebunden.

Auch die Sauerstoffmolekel hat ein Elektronenpaar zur Herstellung der kovalenten Bindungen an das Fe abgegeben. Dabei hat es seinen eigenen Paramagnetismus verloren (s. S. 187). Keinesfalls hat die O_2-Molekel ein Elektron vom Eisen abgezogen, es also oxydiert, wie es bei der Met-Hb-Bildung geschieht. Es bleibt daher die Wertigkeitsstufe des Fe unverändert. Auch im reduzierten Hb findet eine Neutralisierung der Ladung des Fe^{2+} statt, denn die $-N:Fe$-Bindung trägt entsprechend der Stellung beider Atome in der Elektronegativitätsskala etwa zu 50% polaren Charakter. Vier halbe negative Ladungen am N-Atom stehen also den zwei positiven des Fe gegenüber. Nach dem *Paulingschen Prinzip des Ladungsausgleiches* entstehen so stabile Verbindungen. Da im Oxyhämoglobin das Fe nach dem Elektronenschema d^2sp^3 sechsfach kovalent gebunden ist, kommt ihm ebenfalls die Oktaeder-Struktur zu. Sie wird nach Pauling folgendermaßen formuliert:

$$\underset{N}{\overset{N}{\diagup}}\text{Globin}{-}Fe : {-}O{=}\bar{O}| \leftrightarrow \underset{N}{\overset{N}{\diagup}}\text{Globin}{-}Fe : {=}O{-}\bar{O}|$$

(Am Fe sind nur die $3d$-Elektronen punktiert.)

Auch die *Hämochromogene sind diagmagnetisch* (Abb. 12). Entsteht aber bei 3wertigem Fe, d.h. bei *Methämoglobin* in seinen CN-, Azid(HN_3-) u. a. Verbindungen der kovalente *Durchdringungskomplex*, dann bleibt wie beim

$[Fe^{+3}(CN)_6^{-6}]^{3-}$ mit einem ungepaarten Elektron ein *Paramagnetismus*, der nur wenig größer als der erwartete von 1,73 Magnetonen ist.

Bei alkalischem Met-Hämoglobin ist er allerdings stärker, etwa $n = 3$ entsprechend. Hier ist danach der Durchdringungskomplex nicht vollständig ausgebildet. Eine Analyse der Frage, ob in diesem Fall nur 5 statt 6 Bindungen kovalent oder ob alle Valenzen als Zwischenzustände zwischen Ko- und Elektrovalenz anzusehen sind, oder ob gar drei d-Elektronen ungepaart blieben, aber dafür schon zwei $5s$-Elektronen angelegt wurden, kann hier nicht diskutiert werden (vgl. HARTMANN 1957).

Mesomere Grenzzustände, Radikale

Es ist wichtig, noch allgemein auf das Zustandekommen von *Zwischentypen chemischer Bindungsarten* einzugehen. Schon bei der Besprechung der kova-

Tabelle 11a, b und c (nach PAULING)

a) Elektronegativität im relativen Maß

C	N	O	F
2,5	3,0	3,5	4,0
Si	P	S	Cl
1,8	2,1	2,5	3,0
H	Br	J	(Fe)
2,1	2,8	2,4	(1,5)

b) Atomradien bei kovalenter Einfachbindung

C	N	O	F	
0,77	0,74	0,74	0,72	Å
Si	P	S	Cl	
1,17	1,10	1,04	0,99	Å
H	Br	J		
0,37[1]	1,14	1,33		Å

c) Atomradien bei: I, Doppelbindung; II, van der Waals-Bindung

	H	C	N	O	P	S	F	Cl	Br	
I		0,67[2]	0,61	0,57	1,00	0,95				Å
II	1,2	1,6	1,5	1,4	1,9	1,85	1,35	1,80	1,95	Å

[1] $\frac{1}{2}$ des spektroskopisch gewonnenen Wertes für H_2.
[2] $\frac{1}{2}$ der Dreifachbindung $-C\equiv C-$ ist 0,60 Å.

lenten Bindung wurde darauf hingewiesen, daß reine Kovalenz nur zwischen gleichen Elementen möglich ist. Denn anderenfalls werden die Bindungselektronen mehr zu dem einen oder anderen Partner, nämlich zu dem mit größerer Elektronegativität hinübergezogen. Dadurch entsteht aber eine Polarisierung der Bindung. Sie verursacht ihrerseits durch die elektrostatische Gegenkraft gegen die relative Abtrennung der Elektronen, d.h. durch die Anziehung der entgegengesetzten Ladungen, eine Verkürzung der Abstände. In dieser *Verkleinerung der Bindungsabstände* gegenüber denen bei der reinen kovalenten Bindung zwischen gleichen

Tabelle 12. *Kovalente Atomabstände in Å*

H−O	0,98	C−C	1,54
H−S	1,35	C−O	1,42
H−Cl	1,29	C−N	1,47
H−Br	1,45	C−S	1,81
H−N	1,02	C−F	1,36
H−C	1,10	C−Br	1,89

Atomen kommt die relative Elektronegativität (s. Tabelle 11a) der vereinigten Elemente zum Ausdruck. Der Abstand zwischen den Atomen A und B (a_{AB}) läßt sich aus den kovalenten Radien für Einfachbindung (r_A, r_B) und den zugehörigen Elektronegativitäten x_A, x_B nach folgendem empirischen Ansatz berechnen:

$$a_{AB} = r_A + r_B - 0,09 \cdot (x_A \sim x_B)\,\text{Å}, \tag{16}$$

wobei mit dem Zeichen $\sim$ der Unterschied zwischen x_A und x_B ohne Rücksicht auf das Vorzeichen gemeint ist. Auf diese Weise erhält man vorstehende *Atomabstände* (Tabelle 12 nach PAULING).

In vielen Fällen ergeben nun aber die Röntgen- und Elektronenstrahlenbeugungsbilder oder spektroskopische Daten noch kürzere Atomabstände. Die Ursache hierfür ist meistens die *Mesomerie.* Man kann auch von nicht lokalisierter Valenz sprechen. Sie kommt dadurch zustande, daß einzelne *Valenzelektronen* an einzelnen Atomen oder Atomgruppen nicht fixiert sind, sondern *ihren Ort in der Molekel wechseln können.* Es handelt sich um die gleiche Eigenschaft, welche die quantenmechanische Austauschkraft bei der Kovalenz bedingt. Jetzt aber werden durch Übertragung eines Elektrons auf ein anderes Atom der Molekel „elektromere" Formen gebildet, welche sich im formelmäßig beschreibbaren Grenzzustand nur durch 1-wertig positive und negative Aufladungen wiedergeben lassen. Die *Abgabe der Elektronen* erfolgt entweder *aus den freien Elektronenpaaren oder den p-Elektronen einer π-Bindung,* z.B.

$$\overset{\ominus}{|\underline{O}}-\overset{\oplus}{C}\!\!\begin{array}{c}\diagup NH_2\\ \diagdown NH_2\end{array}\qquad O=C\!\!\begin{array}{c}\diagup NH_2\\ \diagdown NH_2\end{array}\qquad |\overset{\ominus}{\underline{O}}-C\!\!\begin{array}{c}\diagup \overset{\oplus}{NH_2}\\ \diagdown NH_2\end{array}\qquad |\underline{\overset{\ominus}{O}}-C\!\!\begin{array}{c}\diagup NH_2\\ \diagdown \overset{\oplus}{NH_2}\end{array}$$

Dabei entstehen zwitterionische Formen, welche z.B. beim Harnstoff die Fähigkeit zur Salzbildung verstehen lassen:

$$^-OUrN^+ + HNO_3 \rightarrow HOUrN^+NO_3^- ; \qquad 2\,^-OUrN^+ + Hg(NO_3)_2 \rightarrow Hg(OUrN)_2^{2+}(NO_3)_2^{2-}.$$

Andere mesomere Grenzformen sind:

$$O=C=O\,;\qquad |\overset{\oplus}{O}\!\!\equiv\!\!C-\underline{\overset{\ominus}{O}}|\leftrightarrow|\underline{\overset{\ominus}{O}}-C\!\!\equiv\!\!\overset{\oplus}{O}|\,;\qquad \overset{\displaystyle O}{\underset{-O\diagup\;\diagdown O^-}{\|}}C \leftrightarrow O=C\!\!\begin{array}{c}\diagup O^-\\ \diagdown O^-\end{array}\leftrightarrow {}^-O-C\!\!\begin{array}{c}\diagup O^-\\ \diagdown O\end{array}$$

Man sieht, daß das elektronenaufnehmende Atom eine Kovalenz einbüßt und eine negative Überschußladung erhält, während das abgebende Atom unter Vermehrung einer kovalenten Bindung positiviert, d.h. kationisch wird. Beim Harnstoff spielt sich dabei folgendes ab:

$$:O\!:\!C\!\!\begin{array}{c}\diagup \ddot{N}\!:\!\begin{array}{c}H\\ H\end{array}\\ \diagdown \ddot{N}\!:\!\begin{array}{c}H\\ H\end{array}\end{array} \overset{\ominus}{\longleftrightarrow} :\overset{..}{O}\!:\!\overset{..}{C}\!\!\begin{array}{c}\diagup \overset{\oplus}{N}\!:\!\begin{array}{c}H\\ H\end{array}\\ \diagdown \overset{..}{N}\!:\!\begin{array}{c}H\\ H\end{array}\end{array}$$

Die elektromeren Zustände sind von Bedeutung für das Verhalten der Doppelbindung bei Olefinen, Aromaten und Heterocyclen. Oft kann der Reaktionsablauf nur mit ihrer Hilfe verstanden werden. Vor allem aber werden die gefundenen Bindungsabstände, die Bindungsenergien und die Stabilität mancher Verbindung weitgehend durch die Möglichkeit des Auftretens derartiger Formen bestimmt. Denn nach der vor allem von PAULING eingeführten Vorstellung sind die einzelnen Zustände nicht ohne Beziehung zueinander, vielmehr stehen sie in Resonanz. Schon INGOLD und ROBINSON führten den Begriff der „Mesomerie" ein. Er sollte ausdrücken, daß die Molekeln sich „zwischen den möglichen Zuständen" befänden, und PAULING zeigte, daß sich die oben erwähnten quantenmechanischen Gesetzmäßigkeiten der Resonanz (s. S. 22) auf die elektromeren Formen anwenden lassen. Auch hier zeigt es sich, daß dabei eine *Stabilisierung* eintritt, *welche einen bestimmten Zwischenzustand zwischen den möglichen Formen gewährleistet.* Die Resonanz ist um so besser möglich, je ähnlicher die an ihr beteiligten Partner sind. Je größer sie aber ist, um so höher ist die Stabilität der Molekeln („Mesomere Resonanzverfestigung"). Aus den gegebenen Formulierungen für Harnstoff folgt, daß die beiden elektromeren Formen völlig symmetrisch sind und daher untereinander gute Möglichkeiten zum Resonanzaustausch geben.

Es läßt sich abschätzen, wie weit sie beide neben der üblichen Formulierung im Harnstoff vorliegen, d.h. in welchem Prozentsatz Doppelbindungscharakter zwischen C und N vorhanden ist. Dazu geht man von der gefundenen Bindungslänge (l) aus und vergleicht sie mit der für eine Kovalenz unter Berücksichtigung der Elektronegativitäten (Tabelle 11 a) erwarteten bei der Einfachbindung (l_e). Liegt ein Zwischenzustand vor, dann ist sie kürzer, erreicht aber nicht den Wert für eine unbeeinflußte Doppelbindung (l_d). Der Prozentsatz der vorhandenen Doppelbindung bzw. der elektromeren Form ist dann nach PAULING:

$$P = \frac{100 \cdot (l_e - l)}{2l + l_e - 3l_d} \, . \tag{17}$$

Für Harnstoff würde mit $l = 1{,}37$, $l_e = 1{,}47$ und $l_d = 1{,}28$ der Anteil der polarisierten Form P zu 27% gefunden. In guter Übereinstimmung damit ergibt sich 74% Doppelbindungscharakter zwischen C und O, wenn man für $C = O$ setzt $l_d = 1{,}23$ Å.

Tabelle 13. *Bindungsenergien in kcal/Mol* (nach PAULING)

C—C	59		C=C	102
C—H	87,3		C≡C	125
C—O	70,0		H—H	103
C=O	152 (Keton)		H—N	83,7
	149 (Aldehyd)		N—N	25
C—N	48,6		N≡N	170
C=N	105		O—H	110
C≡N	144 (HCN)		O—O	35
C—S	54		O=O	96
C=S	103		S—H	87,5
			S—S	64

Bei diesen halbquantitativen Überlegungen ist zu berücksichtigen, daß nicht ein Hin- und Herpendeln von der einen zur anderen Grenzformel erfolgt, sondern daß ein stabiler, formal nicht angebbarer Zwischenzustand vorliegt. Er ist um so stabiler, je ähnlicher sich die Strukturen und je mehr planar sie sind. Das Schema (s. S. 23) bringt zum Ausdruck, daß die Resonanzenergie dann am größten ist. Um ihren Wert ist der *Zustand energieärmer als der energieärmste Grenzzustand.*

Wird durch irgendeine Veränderung an der Molekel diese Resonanzfähigkeit, d.h. *die Zahl und Ähnlichkeit der möglichen Grenzstrukturen herabgesetzt, so ist die Molekel instabiler, aber energiereicher,* und zwar um den Wert der so ausgeschalteten Abgabe von „*Sonderenergie*". Wird die Veränderung an der Molekel aufgehoben, z.B. eine Säureanhydridbindung aufgespalten, dann wird diese Sonderenergie aus der energiereichen Form freigemacht und damit der ursprüngliche Zustand wieder hergestellt. Dieses wichtige Prinzip spielt eine besondere Rolle bei den biologischen Energieübertragungen (s. S. 489). Es ist mit Hilfe der Mesomerievorstellung zu erfassen.

Allgemein ist die Größe der Sonder- oder Resonanzenergie mit Hilfe der Bindungs-(Trennungs-)energien der Tabelle 13 zu berechnen. Summiert man diese für sämtliche Bindungen der Molekel, dann erhält man die erwartete atomare Bildungswärme. Mit ihr wird dann die experimentell gefundene Bildungswärme der entsprechenden Stoffe verglichen, d.h. jene Energie, welche bei der Bildung der Verbindung aus den Atomen frei wird. Wie diese aus der Verbrennungswärme zu entnehmen ist, wird erst später besprochen (s. S. 386). *Liegt Mesomerie vor, dann ist die atomare Bildungswärme immer größer als die aus den Valenzenergien ohne Annahme solcher Zustände berechnete.* Man würde also zur Trennung in die Atome eine größere Energiemenge benötigen, nämlich die stabilisierende Sonderenergie. Die Bezeichnung „Sonderenergie" ist zu bevorzugen, weil sie eine theoretische Deutung nicht zum Ausdruck bringt.

Die Bildung des Benzols aus den Elementen diene als Beispiel. Bei der Zusammenfügung eines Mols der gasförmigen Substanz aus den Elementen werden 1048 kcal frei (s. S. 387). Addiert man nach Tabelle 13 die Bindungsenergien von sechs C—H-, drei C—C- und drei C=C-Bindungen, dann erhält man 1007 kcal. Die Differenz von 41 kcal (39 nach PAULING) ist jene Energie, um die das Benzol stabiler ist, welche also mehr benötigt wird, um die Verbindung in die Atome zu zerlegen. Dieser Betrag wurde bei der Bildung mehr als erwartet abgegeben. Um ihn ist die Verbindung energieärmer, als es die Additivitätsregel der Bindungen verlangt. Die Tabelle 14 bringt die Sonderenergien für einige Stoffe.

Bei gesättigten aliphatischen Verbindungen gilt die Additivität für die Bindungsenergie weitgehend. Auch isolierte Doppelbindungen stören diese Regel nicht. Dagegen ist das bei mehreren und vor allem *konjugierten Doppelbindungen* der Fall. Die rechnerische Behandlung führt hier zu folgender Vorstellung über das Verhalten der bei der Doppelbindung beteiligten π-Elektronen: sie bilden ein System, welches nicht lokalisiert sondern über die konjugierten C-Atome verteilt ist. Dadurch wird die Wechselwirkungsenergie dieser Elektronen *(Koppelungsenergie)* insgesamt größer, als der Energie der gleichen Zahl von isolierten Doppelbindungen entspricht. Unter letzterer ist in diesem Zusammen-

Tabelle 14. *Sonderenergien in kcal/Mol*

Acetamid	21	Benzol . .	39
Butadien 1,3	3,5	Phenol . .	46
Crotonaldehyd . . .	2,4	Anilin . .	45
Essigsäure	14	Pyridin . .	43
Essigsäureanhydrid .	30	Naphthalin	75
Kohlendioxyd . . .	33	Furan . .	23

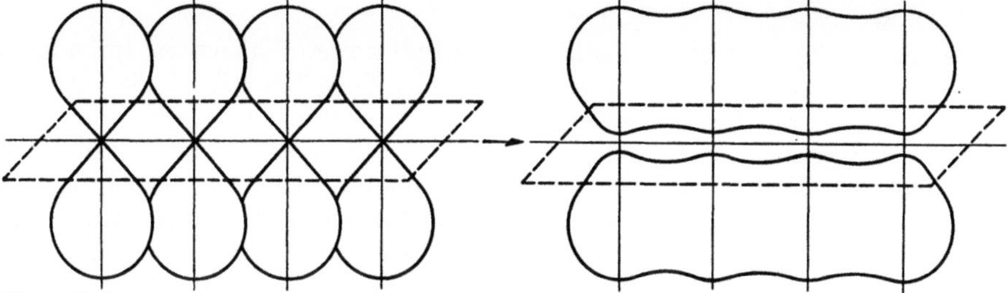

Abb. 13. Wechselwirkung der π-Elektronen beim Butadien; an den Knotenstellen in der Ebene befindet sich je ein C-Atom

hang natürlich nur der Zuwachs gegenüber einer Einfachbindung zu verstehen. Gleichzeitig wird aber der Unterschied zwischen den Bindungen verwischt, wie folgende Schreibweisen für das Butadien darstellen:

$$CH_2=CH-CH=CH_2 \quad \text{und} \quad CH_2\text{····}CH\text{····}CH\text{····}CH_2.$$

Die Konjugation durch die 2 Paar π-Elektronen führt zu einer Verstärkung der Einfachbindung um ein Inkrement, das nicht das halbe für eine Doppelbindung erreicht. Die Bindungsstärke läßt deshalb hier auch noch eine freie Drehbarkeit in der Mitte zu. Dagegen ist die Energieabnahme der eigentlichen Doppelbindungen gering. Die Ladungswolken der vier auf die Molekel verteilten π-Elektronen treten in Wechselwirkung und bilden ein gemeinsames System mit erniedrigter Energie, so daß durch die Koppelung insgesamt eine *Zunahme der Stabilität für die Gesamtmolekel* erfolgt (s. Abb. 13). Sie ist aber nicht unter allen Umständen vorhanden, denn eine Doppelbindung führt zu einer Schwächung der übernächsten Einfachbindung (O. SCHMIDT).

Bei konjugierten Dreifachbindungen wie im Diacetylen beteiligen sich 8 π-Elektronen am gemeinsamen System, so daß die Wechselwirkung hier doppelt so groß wird wie im Butadien. Sie vollzieht sich wieder in zwei senkrecht aufeinander stehenden Ebenen (s. S. 26). Bemerkenswerterweise zeigt auch die Methylgruppe im Propin (Methylacetylen: $H_3\equiv C-C\equiv CH$) eine ähnliche, wenn auch erheblich geringere verfestigende Wirkung auf die Gesamtmolekel wie eine Dreifachbindung. Diese sog. ,,Hyperkonjugation" kommt dadurch zustande, daß sich in der Nachbarschaft von Mehrfachbindungen den σ-Bindungen im CH_3 ein gewisser Anteil an π-Bindungen überlagert[1]. H_3 verhält sich hier zu einem kleineren Prozentsatz wie ein Pseudoatom, welches der Molekel Elektronen zur Verfügung stellen kann. Dabei tritt

---

[1] BECKER 1955.

für diesen Anteil unter Verlust der Tetraederform (s. S. 30) ein sp^2- oder sp-Zustand am C-Atom ein. Dieser Effekt äußert sich besonders in der Reaktionsfähigkeit methylsubstituierter aromatischer Verbindungen.

Die Zunahme der Bindungsenergie in *konjugierten Systemen* kann wiederum *auf die Resonanz* zwischen der Grundformel und elektromeren Formen *zurückgeführt* werden. Die Doppelbindung würde dabei im Butadien z.B. in die Mitte rücken können:

$$\overset{\ominus}{C}H_2-CH=CH-\overset{\oplus}{C}H_2 \leftrightarrow \overset{\oplus}{C}H_2-CH=CH-\overset{\ominus}{C}H_2.$$

Hier fehlen dem positiven C-Atom 2 Elektronen am Oktett. Durch nucleophil wirkendes Natrium können sie unter Bildung eines Di-Na-Salzes aufgenommen werden:

$$\left[\overset{\ominus}{C}H_2-CH=CH-\overset{\oplus}{C}H_2\right]^{2-} Na_2^+.$$

Dieses Wechseln der Doppelbindungen ist im *aromatischen System* unter gegenseitiger Aufhebung der dabei entstehenden Polaritäten in idealer Weise möglich. Man pflegt dementsprechend die Resonanz zwischen den Benzolformeln folgendermaßen darzustellen:

(a) ⬡ ↔ ⬡   (b) ⬡   bzw. ⬡ 6π

Außer der in (a) gegebenen existieren noch drei weitere Valenzstrukturen mit je einer diametral durch den Ring verlaufenden Bindung (DEWAR). Alle 5 Formen überlagern sich zu einer einheitlichen Struktur, symbolisiert durch (b).

Im aromatischen Zustand bilden die 6π-Elektronen wie im Butadien ein nun über den Ring verteiltes besonders stabiles System mit paarweise antiparallelem Spin. Dabei stehen die Doppelbindungen senkrecht zur Ringebene, während die σ-Bindungen in ihr liegen und untereinander und mit der Ebene der π-Bindung wie beim Äthylen (s. Abb. 9) den Winkel von 120° bilden.

Bei kondensierten Ringen ist die Zahl der π-Elektronen kleiner als die der $C-C(\sigma-)$ Bindungen. Das ist bei den 5-gliedrigen *Heterocyclen* nicht der Fall. Obwohl nun diese nur 2 Elektronenpaare aus den beiden Doppelbindungen zu den insgesamt 5 Bindungen beibringen, können hier die freien Elektronenpaare des N, O oder S — allerdings nun unter Positivierung dieser Atome — zur Festigung des Ringes beitragen. Daher werden wieder 6π-Elektronen zu einem stabilisierenden System vereinigt.

Hierfür bietet die Stabilität des Imidazolringes ein biochemisch wichtiges Beispiel. Von den kondensierten stickstoffhaltigen Ringen ist das Benzimidazol fester als der Purinring, und dieser wieder ist stabiler als das Pteridin. Die Abgabe des Elektronenpaares aus dem *N im Pyrrol* erschwert die Anlagerung eines weiteren Protons, d.h. die Basendissoziation; aber sie erleichtert die Dissoziation des an ihm schon vorhandenen Wasserstoffkernes. Er hat daher *saure Funktionen*, welche z.B. bei der Komplexbildung mit dem Fe im Hämin in Erscheinung treten. Dagegen hat der *doppeltgebundene Stickstoff im Imidazol seine Basenfunktion weitgehend erhalten*, weil sich sein freies Elektronenpaar nicht an der Ausbildung des 6π-Elektronensystems beteiligt. Für das Imidazolkation existieren zwei elektromere Resonanzformen, welche die Gleichwertigkeit beider N-Atome illustrieren.

Pyrrol   Imidazol   Imidazolium

Bei beiden Heterocyclen ist nach der positivierenden Abgabe des Elektronenpaares die negative Ladung hauptsächlich in der Nachbar (α-) Stellung des Heteroatoms zu lokalisieren. Daher wird hier die Anlagerung von positiven (elektrophilen, kationoiden) Gruppen bevorzugt.

An dieser Stelle seien auch die Resonanzstrukturen substitutierter Pyridine am Beispiel des Nicotinsäureamids gebracht.

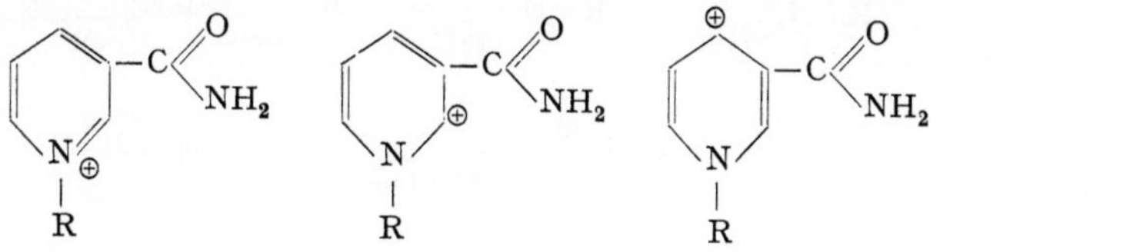

In der rechts stehenden Formel ist die Polarität am größten. Diese Form reagiert daher bevorzugt bei der Anlagerung nukleophiler (anionoider) Reagentien, wie Alkoholgruppen oder einfach Hydroxylamin oder Blausäure $H_2N \cdot OH \to \overset{\ominus}{N}H \cdot OH + H^+$ nach[1]:

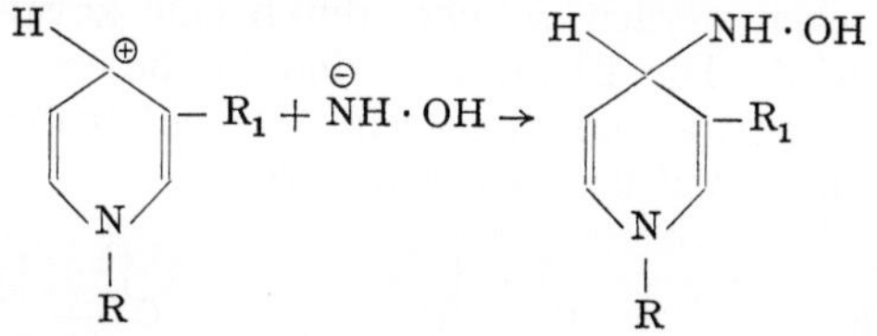

Auch die freien *Elektronenpaare von Substituenten* am Benzolring müssen mit seinem π-Elektronensystem in Wechselwirkung treten, soweit die Symmetrieachse ihrer Verteilungsfunktion senkrecht zur Ringebene steht. Weil sie dabei zum Ringe hinübergezogen werden, wird dieser negativiert. Diese Negativierung läßt sich in folgenden möglichen Grenzstrukturen darstellen.

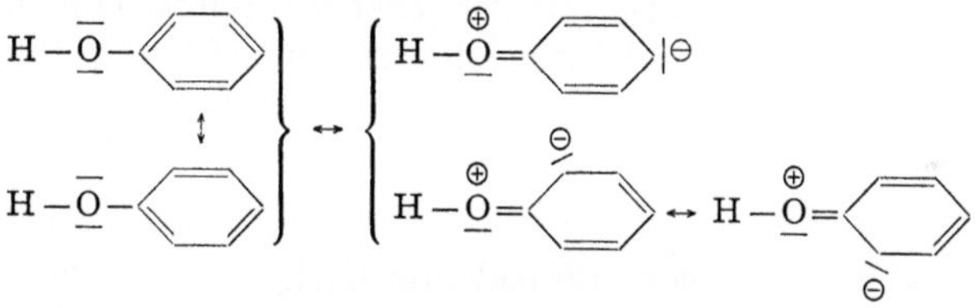

Sie veranschaulichen die Ladungsverschiebung, welche doppeltgebundene polare Substituenten zur *o*- und *p*-Stellung des Ringes hin veranlassen. Im gegebenen Beispiel des Phenols führt die Wechselwirkung zwischen den Strukturen zu einer Stabilisierung um 7 kcal gegenüber dem Benzol (vgl. Tabelle 14).

Beim Phenolat-Ion, das ohnehin einen Überschuß von 1 Elektron am O-Atom besitzt:

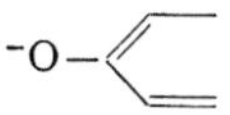

wird ihr Eintreten in das Ringsystem besonders leicht vonstatten gehen. Daher ist dieses Ion entsprechend stabiler und bildet sich leichter als bei gewöhnlichen OH-Gruppen. Dagegen erschwert die Abziehung des freien Elektronenpaares vom N im Anilin

die Aufnahme des Protons durch den Stickstoff, d.h. die Basenfunktion (s. S. 148).

Ähnlich wie beim Sauerstoff kann sich auch ein freies Elektronenpaar vom Halogen, z.B. im Chlorbenzol, unter Positivierung des Chlors und unter Ausbildung einer Doppelbindung mit den π-Elektronen des Ringes koppeln. Auch dabei werden die *o*- und *p*-Stellungen negativiert, so daß der Eintritt positiver Substituenten (wie NO_2) an dieser Stelle gefördert

[1] Yarmolinsky 1956, Wallenfels 1958.

wird. Umgekehrt werden z. B. von der Nitrogruppe unter Positivierung an der *p*- und *o*-Stellung Elektronen des Ringes abgezogen. Dabei wird nunmehr an jenen Orten der Eintritt negativer Gruppen erleichtert und der positiver (elektrophiler) in meta-Stellung bevorzugt.

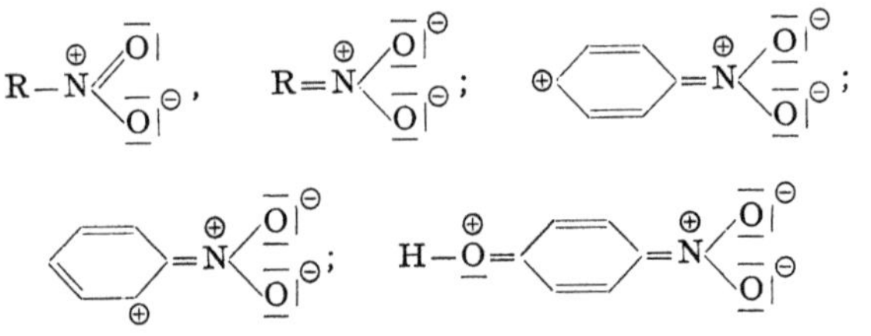

$$R-\overset{\oplus}{N}\overset{\bar{O}|}{\underset{\underset{O|}{\ominus}}{\diagdown}}\text{,}\qquad R=\overset{\oplus}{N}\overset{\bar{O}|^{\ominus}}{\underset{\underset{O|}{\ominus}}{\diagdown}}\text{;}\qquad \oplus\!\!-\!\!\bigcirc\!\!=\!\!\overset{\oplus}{N}\overset{\bar{O}|^{\ominus}}{\underset{\underset{O|}{\ominus}}{\diagdown}}\text{;}$$

$$\bigcirc\!\!=\!\!\overset{\oplus}{N}\overset{\bar{O}|^{\ominus}}{\underset{\underset{O|}{\ominus}}{\diagdown}}\text{;}\qquad H-\overset{\oplus}{O}=\!\!\bigcirc\!\!=\!\!\overset{\oplus}{N}\overset{\bar{O}|^{\ominus}}{\underset{\underset{O|}{\ominus}}{\diagdown}}$$

Bei allen soeben beschriebenen Vorgängen tragen die π-Elektronen zur Bindungsverfestigung bei, wenn sie antisymmetrischen Spin haben. Ist dieser jedoch parallel, dann wirken sie lockernd auf die Haupt (σ-)Bindung. Ihr Abstand vergrößert sich. In diesem angeregten Zustand kann die Molekel schon als eine Art Doppelradikal angesehen werden, welches durch eine kovalente Einzelbindung zusammengehalten wird. Die Elektronen sind in diesem Fall ungepaart; die Verbindung muß daher paramagnetisch sein. Das gilt ganz allgemein für freie Radikale, d.h. getrennte Valenzelektronenpaare.

Doppelbindung: $-C\!\!\overset{\uparrow\cdots\cdots\downarrow}{=\!=\!=}\!\!C-$ $-C\!\!\overset{\uparrow\vdots\ \ \vdots\uparrow}{=\!=\!=}\!\!C-$

       Grundzustand (Singulett)   angeregt (Triplett)

Es kann auch eine σ-Bindung aufreißen. Das wird möglich sein, wenn die Koppelung der dadurch freiwerdenden Elektronen mit den π-Elektronen der Molekülteile so stark ist, daß sie mit der jener σ-Bindung kommensurabel wird. Befinden sich z.B. an einem elektronenliefernden C-Atom 3 Benzolringe, dann ist jene Koppelung sehr eng. Daher wird die Bindung zu einem zweiten etwa gleich besetzten C-Atom so stark gelockert, daß Triphenylmethylradikale des Typs:

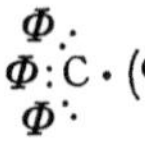

$$\overset{\Phi\cdot}{\underset{\Phi\cdot}{\Phi\!:\!C\,\cdot}}\quad (\Phi \text{ bedeutet } C_6H_5)$$

mit einem Elektronenseptett und ebener, nicht tetraedrischer Struktur (sp^2) entstehen. Derartige *freie Radikale* sind oft gefärbt. Sie lassen sich außer durch die Farbintensität auch durch die Stärke ihres Paramagnetismus bestimmen. Ihre Stabilität erhalten sie dadurch, daß das unpaare Elektron der ganzen Molekel angehört und sich nicht nur am Methyl-C-Atom befindet; sondern in den formulierbaren Grenzzuständen kann es sich auch in den *p*- oder den 2*o*-Stellungen des chinoid zu schreibenden Ringes mit doppelt gebundenem Kohlenstoffatom aufhalten, z.B.

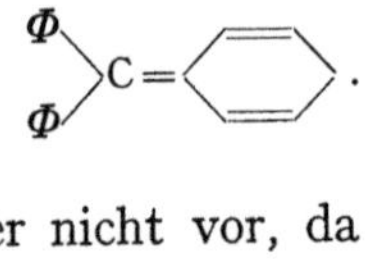

$$\overset{\Phi}{\underset{\Phi}{\diagup\!\!\diagdown}}C=\!\!\bigcirc\!\!\cdot$$

Eine freie Ladung liegt hier nicht vor, da die Gesamtzahl der Elektronen gleich der Summe der Ordnungszahlen aller Atome ist. Außerdem gibt es aber auch *Radikalionen*, bei denen diese Gleichheit nicht vorhanden ist.

Freie Radikale beider Arten treten im übrigen *als Übergangskörper* bei vielen chemischen Reaktionen auf, speziell auch *bei Oxydoreduktionen* ringförmiger Stoffe, bei denen die Aufnahme oder Abgabe von Elektronen gewöhnlich in einzelnen Schritten erfolgt (Semichinonionen, Biradikale, Biradikaloide, s. S. 460).

Reaktionsmechanismen

Organische Reaktionen vollziehen sich immer über Zwischenstufen, welche in der gewöhnlichen summarischen Schreibweise nicht zum Ausdruck gebracht werden können. Da außer bei einfachen Additionen mindestens vorübergehend die Trennung einer Bindung erfolgen muß, ergeben sich für diesen Schritt folgende Möglichkeiten:

1.　　$A:B \longrightarrow A^{\cdot} + B^{\cdot}$　(Radikale);
2. a) $A:B \longrightarrow A:^- + B^+$　(Kryptoionen),
　 b) $A:B \longrightarrow A^+ + B:^-$.

Bei 1. reißt die Elektronenpaarbindung so auf, daß beide Abschnitte die den Atomen zukommenden Elektronen behalten: es entstehen freie Radikale, die mindestens an der Trennungsstelle ungeladen sind. Bei 2. übernimmt der anionische Partner beide Elektronen, so daß der zurückbleibende kationisch wird.

Als Beispiel für 1. sei die Spaltung der Cl_2-Molekel durch Licht genannt, mit der Chlorierungsreaktionen von Paraffinen und Äthylenen eingeleitet werden. Der Spaltung folgt die Anlagerung des Chlors in einer Kettenreaktion:

$$Cl^{\cdot} + CH_2{=}CH_2 \rightarrow Cl{-}CH_2{-}CH_2^{\cdot};$$

$$Cl{-}CH_2{-}CH_2^{\cdot} + Cl_2 \rightarrow ClCH_2{-}CH_2Cl + Cl^{\cdot}.$$

Allgemein kann der bei Substitutionen hinzutretende Partner die Stelle höchster Elektronendichte angreifen: *elektrophiles, kationoides Agens.* Die Orte geringster Elektronendichte reagieren mit *nucleophilen, anionoiden Agentien.* Es ist dabei nicht erforderlich, daß die Reaktionsorte völlig ionisiert sind. Eine polarisierte Bindung oder eine Polarisierung beim Aktivierungsvorgang genügt für die Einleitung der Reaktion. Sie kann sich als monomolekulare elektrophile (S_{E_1}) oder nucleophile (S_{N_1}) oder je als bimolekulare (S_{E_2}, S_{N_2}) Substitution vollziehen, z. B.:

a)　$\overset{a}{\underset{c}{\overset{\diagdown}{\underset{\diagup}{b{-}}}}}C{-}Br \rightarrow \overset{a}{\underset{c}{\overset{\diagdown}{\underset{\diagup}{b{-}}}}}C^+ + Br^-;$　$\overset{a}{\underset{c}{\overset{\diagdown}{\underset{\diagup}{b{-}}}}}C^+ + OH^- \rightarrow \overset{a}{\underset{c}{\overset{\diagdown}{\underset{\diagup}{b{-}}}}}C{-}OH;$　(S_{N_1})

OH^- ist nucleophil.

Die Bildung des Carbeniumions ist geschwindigkeitsbestimmend, denn die Gesamtreaktion verläuft kinetisch monomolekular (s. S. 536).

b)　$Br{-}\overset{a\diagdown\ \diagup b}{\underset{|}{\underset{c}{C}}} + OH^- \rightarrow Br\cdots\overset{a\diagdown\ \diagup b}{\underset{|}{\underset{c}{C}}}\cdots OH \rightarrow \overset{a\diagdown\ \diagup b}{\underset{|}{\underset{c}{C}}}{-}OH + Br^-$　(S_{N_2}, vgl. S. 607)

(optische Umkehrung!)

c)　$Cl{-}Cl \rightarrow Cl^- + Cl^+;$　$Cl^- + Cl^+ + HC_6C_5 = C_6H_5Cl + H^+Cl^-$　(S_{E_2}).

An der *olefinischen Doppelbindung* erfolgt nach 1. eine radikalische Anlagerung. Sie kann aber durch ionische Reagentien auch nach Mechanismus 2. substituiert werden. Ionische Vorgänge werden vor allem dann bevorzugt, wenn die Doppelbindung selbst durch unsymmetrische Substitution in ihrer Nachbarschaft schon polarisiert ist. Ein ionisches Reagens kann bereits in der polarisierten Br_2-Molekel vorliegen, welche durch polare Lösungsmittel oder durch Metallionen erzeugt wird:

$$CH_2{=}CH_2 + Br^- {-} Br^+ \rightarrow {}^+Br\overset{\diagup CH_2}{\underset{\diagdown CH_2}{|}} + Br^- \rightarrow Br{-}CH_2{-}CH_2{-}Br.$$

Die so nach S_{N_2} gebildete Bromoniumverbindung ist in der Lage, auch andere negative Reste anzulagern:

$$^+Br \overset{CH_2}{\underset{CH_2}{\diagdown | \diagup}} + O \overset{H}{\underset{R}{\diagup \diagdown}} \rightarrow BrCH_2 \cdot CH_2 - O - R + H^+.$$

Die Substitution an einer unsymmetrischen Doppelbindung erfolgt nach den Ladungsregeln. Danach tritt der negative Rest an das wasserstoffärmere C-Atom:

$$\underset{CH_3}{\overset{CH_3}{\diagdown \diagup}} C = CH_2 \leftrightarrow \underset{CH_3}{\overset{CH_3}{\diagdown \diagup}} \overset{+}{C} - \overset{-}{C}H_2 \underset{OH^- \quad H^+}{} \rightarrow \underset{CH_3}{\overset{CH_3}{\diagdown \diagup}} C \overset{OH}{\underset{CH_3}{\diagup \diagdown}}$$

Die *Carbonylgruppe* ist stark polarisiert; das besonders nucleophile CN^- wird daher zunächst an die Carbeniumform angelagert. Die Geschwindigkeit wächst mit der CN^--Konzentration, also mit dem pH:

$$>C^+ - O^- + CN^- \underset{(a)}{\longrightarrow} >C \overset{O^-}{\underset{CN}{\diagup \diagdown}} \underset{(b)}{\overset{H^+}{\longrightarrow}} >C \overset{OH}{\underset{CN}{\diagup \diagdown}} \text{ (Cyanhydrin).}$$

Im Gegensatz zum Anion wird die Anlagerung eines nucleophilen Moleküles durch Basen nicht beschleunigt. Bei der *Aldolkondensation* wird ein Proton aus dem Aldehyd abgespalten, so daß diese Reaktion wieder durch OH^- katalysiert wird:

$$CH_3C \overset{O}{\underset{H}{\diagup \diagdown}} \rightleftharpoons CH_3 - \underset{H}{\overset{O^-}{\overset{|}{C}^+}} + {}^-CH_2 \cdot C \overset{O}{\underset{H}{\diagup \diagdown}} \rightarrow$$

$$CH_3 \cdot \overset{O^-}{\overset{|}{C}H} - CH_2 - C \overset{O}{\underset{H}{\diagup \diagdown}} \overset{H^+}{\longrightarrow} CH_3 - CHOH - CH_2 - C \overset{O}{\underset{H}{\diagup \diagdown}}.$$

Die Acyloinkondensation, speziell die Benzoinbildung, wird durch CN^- katalysiert. Der Verlauf kann unter Benutzung des ersten Schrittes (a) bei der Cyanhydrinbildung folgendermaßen dargestellt werden:

$$R - \underset{CN}{\overset{O^-}{\overset{|}{C}}} - H \rightleftharpoons R - \underset{CN}{\overset{OH}{\overset{|}{C}^-}} + {}^+\underset{H}{\overset{O^-}{\overset{|}{C}}} - R \rightarrow \left[R - \underset{CN}{\overset{OH}{\overset{|}{C}}} - \underset{H}{\overset{O^-}{\overset{|}{C}}} - R \right] \rightarrow R - \underset{}{\overset{O}{\overset{||}{C}}} - \underset{H}{\overset{OH}{\overset{|}{C}}} - R + CN^-.$$

Die Claisen-Kondensation zwischen Carbonsäureestern mit Alkali vollzieht sich ähnlich. Biologisch wichtig ist neben der Carboxylaktivierung mit Acyl-CoA auch die Aktivierung der benachbarten Methylgruppe, z.B. in der aktiven Essigsäure bei der Citronensäurebildung mit Oxalessigsäure (a) oder bei der Bildung des Acetacetyl-CoA [(b); vgl. Lynen (1953)]:

a)
$$\underset{(+)H - \overset{(-)}{C}H_2 \cdot CO - S - \overline{CoA}}{\overset{CH_2 \cdot COOH}{\overset{|}{(-)O \cdots \overset{(+)}{C} - COOH}}} + H_2O \rightarrow \underset{CH_2 \cdot COOH}{\overset{CH_2 \cdot COOH}{\overset{|}{HO - C - COOH}}} + HS\overline{CoA}$$

b)
$$\underset{(+)H - \overset{(-)}{C}H_2 \cdot CO - S - \overline{CoA}}{\overline{CoA} - S - \overset{O}{\overset{||}{\overset{(-)}{C}^{(+)}}} - CH_3} + H_2O \rightarrow CH_3 \cdot CO \cdot CH_2 \cdot CO \cdot S \cdot \overline{CoA} + HS - \overline{CoA}.$$

Die Wasserstoffbrückenbindung

Bei den bisher genannten Typen chemischer Bindung waren stets die Elektronen die bindenden Elementarteilchen. Zum Abschluß soll aber noch ein Hinweis auf die *Bedeutung des Wasserstoffatoms bei den Bindungserscheinungen* gegeben werden. Dabei soll zunächst klar gestellt sein, daß eine Verschiebung eines einzelnen H-Atomes innerhalb der Molekel streng von der der Elektronen, d.h. der Mesomerie abzutrennen ist. Sie heißt *Tautomerie* und soll hier ebensowenig wie andere Isomerieerscheinungen berührt werden. Nur ist es vom biochemischen Gesichtspunkt aus sinnvoll, schon an dieser Stelle die energetischen Verhältnisse bei der Keto-Enol-Tautomerie zu streifen.

Als Beispiel diene die *Bildung der Enolform des Pyruvates:*

$$CH_3-CO-COOH \rightarrow H_2C=C(OH)-COO^-.$$

Hierbei geht folgende Umwandlung vor sich:

$$H\!\!>\!\!C-C\!\!\Big<^{\displaystyle O} \rightarrow \;\;>\!\!C=C\!\!\Big<^{\displaystyle O-H}$$

(a)   (b)

Setzt man die Trennungsenergie für die Bindungen zwischen den ausgeschriebenen Atomen aus Tabelle 13 ein und summiert sie, so erhält man für die Ketoform (a) 298 und für die Enolform (b) 282 kcal. Die Enolform muß also um 16 Calorien weniger stabil, d.h. um soviel energiereicher sein. Wegen dieses großen Energieunterschiedes kommt freies Pyruvat praktisch nur in der Ketoform vor. Besteht aber, wie bei der Enolform der undissoziierten Acetessigsäure:

$$CH_2-C(OH)=CH-C\!\!\Big<^{\displaystyle O}_{\displaystyle OH},$$

die Möglichkeit zur Bildung von konjugierten Doppelbindungen, dann erfolgt auch bei ihr eine Energieabgabe durch die Stabilisierung des π-Elektronensystems. Daher wird der Energieunterschied zwischen beiden Formen geringer, so daß nun größere Anteile auch in der Enolform vorliegen können. Die tatsächlich vorhandene Energiedifferenz bestimmt nach:

$$\Delta G = -RT \ln K \quad \text{(s. S. 418)}$$

die Gleichgewichtskonstante für die Keto-Enolumwandlung. Eine ähnliche Resonanzmöglichkeit ist auch bei der undissoziierten Enolbrenztraubensäure gegeben, so daß sich hier die oben für das Pyruvat errechnete Energiedifferenz ebenfalls verringert; sie wird zu 9Kal geschätzt.

Bei der Erörterung der bindenden Elementarteilchen muß nach der Besprechung jener Isomerien noch abschließend auf die Wichtigkeit der *Wasserstoffbrückenbildung* hingewiesen werden. Es handelt sich um eine schwache, aber relativ weitreichende Bindung, welche durch einen Wasserstoffkern übernommen wird. Im Grunde liegt hier ein elektrostatisches Geschehen, unterstützt durch Austauschkräfte, vor, das im Effekt so beschreibbar ist, als ob zwei mehr oder weniger elektronegative Atome um das Proton in Konkurrenz treten. Die Erscheinung wird nur zwischen den stärker elektronegativen Atomen wie F, N, O, Cl beobachtet (s. Tabelle 11a). Die Fähigkeit zur Brückenbildung fällt in der Reihenfolge: $F > O > N$, Cl (vgl. BRIEGLEB 1949).

Da F in der Elektronegativitätsreihe obenan steht, bildet dieses Element auch die kürzesten und stabilsten Wasserstoffbrücken, wie z.B. im F...H...F⁻ H⁺. Dabei stellt man sich vor, daß der Wasserstoff zwischen zwei freie Elektronenpaare der zu verbindenden Atome tritt.

Dieser Vorgang ist für das Zusammentreten der Molekeln in vielen assoziierenden Flüssigkeiten verantwortlich zu machen (H_2O, Alkohole usw. „*Zwischenmolekulare H-Brücken*"). Bedeutungsvoll ist auch die Assoziation von Carbonsäuren zu dimeren Formen, welche im Gaszustand und in wenig dissoziierenden Flüssigkeiten (Methanol, Paraffin, CCl_4 u. a.) fast ausschließlich vorliegen. Sie ist wie folgt zu formulieren:

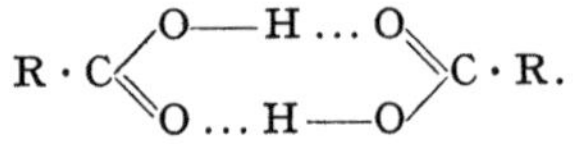

$$R \cdot C \Big\langle \begin{matrix} O\text{---}H \ldots O \\ O \ldots H\text{---}O \end{matrix} \Big\rangle C \cdot R.$$

Wichtig für die Formen der Molekeln sind aber in erster Linie die *innermolekularen H-Brücken*. Für die Aufrechterhaltung der Gestalt von Makromolekeln sind sie entscheidend (s. S. 344 ff.), indem sie Schräg- und Querverbindungen zwischen bestimmten Gruppen einzelner Hauptvalenzketten schaffen. Bei einfacheren Molekeln sind sie für das Zustandekommen einer bestimmten Art von sog. Scherenverbindungen verantwortlich zu machen. Unter „Chelaten" versteht man allgemein innerkomplexe Salze (organische Molekelverbindungen). Bei ihnen wird das Zentralatom von den mehrzähligen Liganden wie von einer Krebsschere (chele = Krebsschere) umfaßt. Solche Zentren sind oft Metallatome wie in den Porphyrinverbindungen, den Cu-Seignette-, den Cu-Aminosäuren-, den Fe-Phenanthrolin-, den Ni-Dimethylglyoxim- oder den Ca-Citrat- oder Ca-Trilonkomplexen.

Tabelle 15. *Trennungsenergien und Länge von Wasserstoffbrücken*

Bindung	Substanz	Å	kcal/mol
F...H...F	$(HF)_2$	2,26	10
O...H...O	H_2O	2,76	4,5
O...H...O	Essigsäure	2,76	7,3
N...H...N	NH_3	3,38	1,3
C...H...N	$(HCN)_2$		3,3
O...H...N	Peptide	2,85	s. S. 345

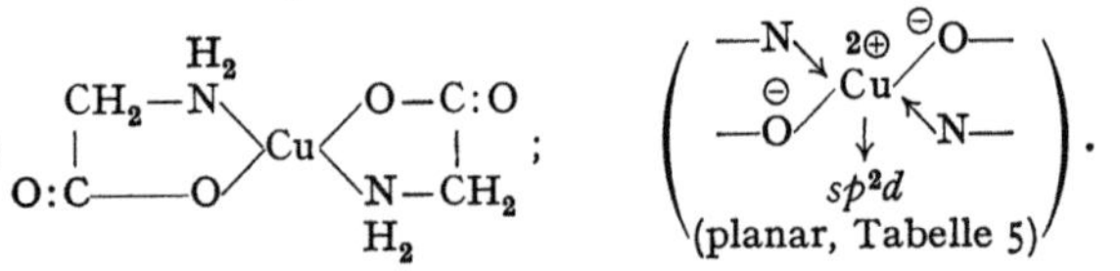

Daß Chelate auch durch Resonanz stabilisiert werden können, soll am Cu^{2+}-Salz des Enol-Acetylacetons $(CH_3 \cdot COH = CH \cdot CO \cdot CH_3)$ gezeigt werden. Nach CALVIN lassen sich die beiden Chelatringe mit je 3 Doppelbindungen formulieren, so daß wie beim Benzol ein 6-Ringsystem mit 6π-Elektronen resultiert:

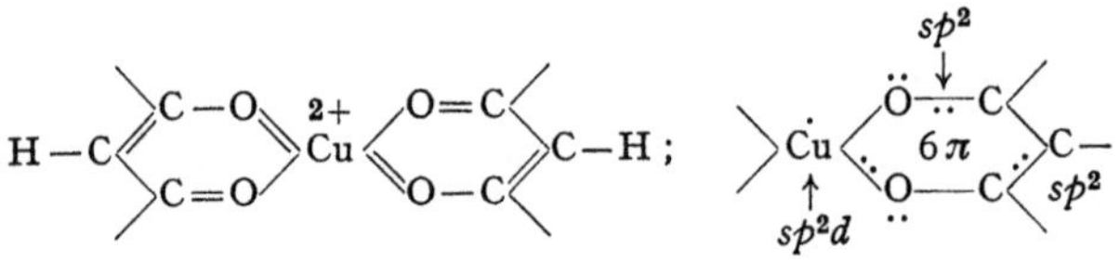

In diesem Komplex ist die Elektronenformel des Cu^{2+}:

$$18 + 3d^9\,4s^2\,p^4\,d^2 \ (35\,e).$$

Aber auch der Wasserstoff einer H-Brücke kann als ein solches Zentralatom und zwar mit der Koordinationszahl 2 angesehen werden. Als Beispiel für eine einfache Chelatbildung durch eine H-Brücke sei der Salicylaldehyd angeführt:

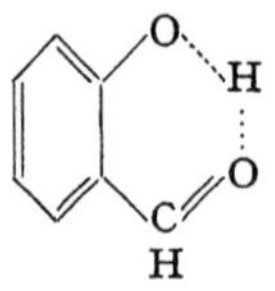

Der Nachweis der Wasserstoffbindung erfolgt zum Teil durch röntgenographische Bestimmung der Abstände zwischen den verbundenen Atomen. Am besten gelingt er spektroskopisch, besonders gut im ultraroten Licht und vor allem, wenn dabei OH-Gruppen im Spiele sind. Die Energiewerte können als Dissoziationsenergie bei Sprengung der Brücken gewonnen werden. Im übrigen läßt sich ihre Größenordnung in guter Übereinstimmung mit jenen Werten aus der elektrostatischen Wechselwirkung der Dipolmomente bei den gefundenen Abständen errechnen (vgl. S. 35). Die obenstehende Tabelle bringt einige Angaben über die Länge und Energie der Wasserstoffbrücken (Tabelle 15). Auf die Natur der sog. Einschlußverbindungen (Chlathrate) wird an anderer Stelle eingegangen.

II. Wasser, Diffusion, Osmose

Wasser als Milieu und Lösungsmittel

Die Bedeutung des Wassers für die Organismen wird vielleicht am eindringlichsten durch die Tatsache demonstriert, daß die Organe zu einem sehr hohen Prozentsatz, ja einige Lebewesen, wie der frühe Embryo oder die Qualle, zu über 95 % aus Wasser bestehen (Tabelle 16 und 17). Es tritt als Endprodukt der biologischen Verbrennung organischer Stoffe auf und spielt eine Rolle bei hydrolytischen Spaltungen und zahlreichen anderen chemischen Reaktionen. Denkt man weiter an den Harn oder Schweiß, welche Abfallprodukte aus dem Organismus herausschwemmen, oder erinnert man an die Körpersäfte, die Material von Organ zu Organ tragen, so erkennt man sogleich seine Aufgabe, auch als *Vehikel* zu dienen. Es ist aber vor allem auch *Lösungsmittel* für zahlreiche Stoffe, die in den Zellen vorhanden sind und hier reagieren. In der Tat läßt sich keine Flüssigkeit finden, welche das Wasser auch nur annähernd in dieser Funktion ersetzen könnte. Es ist auffallend und erklärt sich wohl aus der Allgemeinheit seines Vorkommens, daß seine hervortretenden *Eigenschaften als Milieu* für die physikalischen und chemischen Vorgänge im Organismus nur selten zusammenfassend gewürdigt wurden. Erst L. I. HENDERSON wies 1913 in einer grundlegenden Studie darauf hin, wie entscheidend die biologischen Mechanismen durch die nun einmal gegebenen und anschließend zu erörternden physikalisch-chemischen Eigenschaften des Wassers bestimmt werden.

Tabelle 16. *Wassergehalt einiger Organe und Gewebe in Prozent* (nach LEHNARTZ)

Zahnschmelz	0,2	Haut	72,0
Zahnbein	10,0	Muskel	76,0
Skelet	22,0	Blut	79,0
Elastisches Gewebe .	50,0	Lunge	79,1
Knorpel	55,0	Herz	79,3
Leber, Rückenmark,		Bindegewebe . .	80,0
Gehirn	70,0	Niere	83,0

Wichtige physikalische Eigenschaften und Assoziationsstruktur des Wassers

Beschäftigen wir uns hier nur kurz mit seinem thermischen Verhalten und vergleichen wir es mit dem anderer Stoffe! Die *Wärmekapazität oder spezifische Wärme* gibt an, wieviel Calorien zur Steigerung der Temperatur eines cm³ um 1° benötigt werden. Wenn man die Erwärmung bei 15° C vornimmt, ist sie definitionsgemäß für das Wasser gleich eins. Alle anderen festen Körper oder Flüssigkeiten bis auf Ammoniak haben eine wesentlich kleinere Kapazität, d.h. sie gebrauchen eine geringere Wärmemenge, um eine gleiche Temperaturerhöhung zu erfahren. Aus diesem Grunde unterliegen die *Ozeane nur geringeren Temperaturschwankungen* und, da die *Gewebe* zum großen Teil aus Wasser bestehen, wird bei Produktion einer gewissen Wärmemenge ihre Temperatur um sehr viel weniger steigen, als wenn irgend ein anderer Stoff ihr Hauptbestandteil wäre. Im letzteren Falle würde daher bei gleicher Calorienproduktion die Temperaturzunahme um soviel größer sein, wie die Wärmekapazität (Tabelle 80, S. 385) des Milieus kleiner ist. Da das Wasser die weitaus größte Kapazität besitzt, müßte eine Überhitzung der Muskulatur z. B. nach Arbeit eintreten, auch wenn die Wärmeregulationsmechanismen im gewohnten Umfang eingesetzt würden.

Zur Erreichung des gleichen Zweckes, d. h. der *Vermeidung lokaler Temperaturerhöhungen*, eignet sich das Wasser auch hervorragend durch seine *Wärmeleitfähigkeit*, die zwar kleiner als bei Metallen, aber um einen Faktor von 2—4 wesentlich höher ist als bei den meisten anderen Flüssigkeiten. Auf diese Weise fördert es den Temperaturausgleich in Zellen und Geweben, bei denen er wegen des Vorhandenseins von Membranen und Strukturen nicht durch Flüssigkeitszirkulation erfolgen könnte (Tabelle 16). Auch die Wärmemenge, die benötigt und der Umgebung entzogen wird, um das Wasser in Dampfform zu verwandeln (Ver-

Tabelle 17. *Wassergehalt des Menschen während verschiedener Entwicklungsstadien* (Angabe in Gewichtsprozenten[1])

Embryo im 2. Monat .	97%
Embryo im 3. Monat .	94%
Embryo im 4. Monat .	92%
Embryo im 5. Monat .	85%
Embryo im 6. Monat .	74%
Neugeborener	66—74%
Erwachsener.	58—67%

Tabelle 18. *Wärmeleitfähigkeit bei 20° in* $kcal/m \cdot grad \cdot h$

Silber . . .	360	H_2O	0,514
Kupfer . . .	330	NH_3	0,425
Platin . . .	60	H_2SO_4 . . .	0,270
Stahl . . .	10—50	Glycerin . .	0,245
Quecksilber .	7,5	Paraffin . . .	0,107
Kohle . . .	etwa 0,8	Benzol . . .	0,130
Glas	etwa 0,8	Brombenzol .	0,095
Schnee (0°) .	1,9	Frigen (CF_2Cl_2)	0,062

dampfungswärme für 1 g bei 100° 539 cal, bei 37° 580 cal, für 1 Mol, also molare Verdampfungswärme, bei 100° 9700 cal = 9,7 kcal), ist hier fast doppelt so hoch wie beim Ammoniak und noch wesentlich größer im Vergleich mit anderen Flüssigkeiten. Es wird also durch Verdampfung des Wassers an der Oberfläche eines Organismus diesem die größte Wärmemenge entzogen, die überhaupt durch Verdunsten irgendeiner Flüssigkeit abgeführt werden könnte.

Auch biologisch kommt gelegentlich die *Schmelzwärme* in Betracht. Um 1 g Eis bei 0° in Wasser zu verwandeln, ist die Zuführung einer Wärmemenge von 80 cal notwendig; für die Verwandlung eines Mols (= 18 g) werden 1,44 kcal benötigt (molare Schmelzwärme). Die gleiche Menge wird bei dem umgekehrten Vorgang frei und läßt z. B. bei der Untersuchung der Gefrierpunktserniedrigung einer Lösung die Temperatur der unterkühlten Flüssigkeit während des Gefriervorganges solange in die Höhe schnellen und auf der Gefriertemperatur verbleiben, bis der Prozeß beendet ist und eine weitere Abkühlung durch die umgebende Kältemischung erfolgt. Ein diphasisches System aus *Wasser und Eis* ist so gesehen als *guter Thermostat* wirksam. Denn eine Temperaturveränderung findet erst dann statt, wenn entweder alles Eis durch die Wärmezufuhr geschmolzen oder alles Wasser durch den Wärmeentzug gefroren ist. Im Bereich der Gefriertemperatur wird Wärmezufuhr oder -entzug so zunächst nur von geringen Temperaturveränderungen begleitet, eine Tatsache, welche z. B. das Durchfrieren großer Wassermassen wie Binnengewässer nur langsam zustande kommen läßt. Im gleichen Sinne wirkt die Anomalie im *Temperaturgang der Dichte*. Anstatt bei Erwärmung kontinuierlich abzunehmen, steigt diese zunächst und zeigt oberhalb der Gefriertemperatur bei 4° ein Maximum. Es bedingt, daß das sich in seiner Temperatur dem Gefrierpunkt annähernde Wasser unter 4° leichter wird und nach oben steigt, so daß auch die Eisbildung hier zunächst erfolgt. Die hierbei freiwerdende nicht unbeträchtliche latente Schmelzwärme verlangsamt die weitere Eisbildung natürlich ebenfalls. Bei der Verwandlung in Eis dehnt sich Wasser um fast 10% aus, seine Dichte wird entsprechend geringer.

Auffallend ist auch die *Lage des Gefrier-* (0°) *und Siedepunktes* (100°), welche der Celsiusskala als *Fixpunkte* dienen. Ihre Temperatur steigt bei gleichen Verbindungstypen mit dem Molekulargewicht an. Ein Vergleich mit den Wasser-

---

[1] Nach MARX 1935.

stoffverbindungen der gleichen Gruppe des periodischen Systems (H_2S, H_2Se, H_2Te), läßt jedoch für H_2O etwa einen Schmelzpunkt von $-150°$ und einen Kochpunkt von $-80°$ erwarten. Ihr in Wahrheit viel höherer Wert drückt aus, daß sich das Wasser wie ein Stoff mit höherem Molekulargewicht als 18 verhält. Hierfür bietet die Annahme einer Aneinanderlagerung der Molekeln (sog. Schwarmbildung) eine Erklärung, und es sprechen auch zahlreiche andere Erfahrungen dafür, daß die einzelnen *Wassermolekeln zu größeren Komplexen miteinander assoziiert* sind.

Nur diesem Assoziationsbestreben, welches in seinen physikalisch-chemischen Besonderheiten zum Ausdruck kommt, ist es zu verdanken, daß das Wasser unter den seit Jahrmillionen herrschenden Druck- und Temperaturbedingungen als flüssige Phase auf der Erdoberfläche vorhanden ist. Nur so konnten Ozeane entstehen, und nur im *flüssigen* Wasser konnte sich das Leben entwickeln.

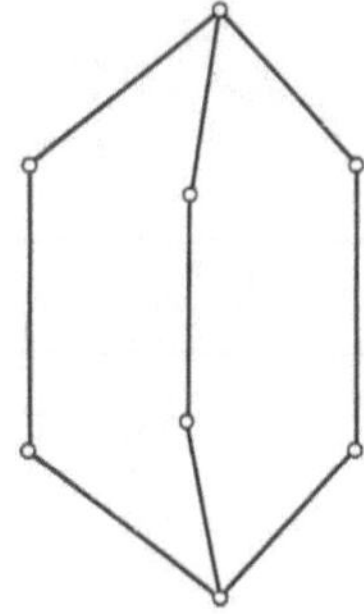

Abb. 14. Achteraggregate im Wasser nach A. Eucken   Abb. 15. Raumerfüllung eines Achteraggregates im Wasser

Die verschiedenen Anomalien finden ihre meistens sogar quantitative Erklärung in der Schwarm-Bildung und -Lösung unter verschiedenen Bedingungen, besonders bei Änderungen der Temperatur. Die große Wärmekapazität, ihre Temperaturabhängigkeit, die Wärmeleitfähigkeitszunahme mit der Temperatur und die Dichtevermehrung bei Wärmezufuhr bis 4° kommen so z. B. durch Sprengung der Molekülschwärme zustande. Um diesen Vorgang zu verstehen, muß auf die *verschiedenen Assoziationskomplexe* des Wassers eingegangen werden.

Man kennt sechs *verschiedene Eisarten*, welche in verschiedenen Temperatur- und Druckbereichen stabil sind. Bei hoher Kompression entsteht sehr festgepacktes Eis, dessen Volumen noch kleiner ist, als es der dichtesten Kugelpackung entsprechen würde. Dem gewöhnlichen bei niederem Druck stabilen Eis I wird eine Tridymit-Struktur zugeschrieben, d. h. eine Gitteranordnung, welche der ebenso genannten des Quarzes gleicht. Bei einer derartigen Anordnung steht der Sauerstoff im Zentrum einzelner Tetraeder, deren 4 Ecken mit Wasserstoff besetzt sind. Über ihn nehmen jene die Verbindung zu den Nachbartetraedern auf. Diese Anordnung ist relativ weiträumig. Eine ähnliche Struktur wird auch dem sperrigen Anteil des Wassers (Wasser I) zugrunde gelegt. Es hat daher eine geringere Dichte als das mit der dichtesten Kugelpackung (Wasser III) oder das in seinem Dichtewert dazwischenliegende Wasser II vom Quarzittypus. Nach Eucken und seiner Schule ergeben sich durch die Auswertung der Temperaturabhängigkeit der spezifischen Wärme, der Leitfähigkeit und der Kompressibilität Anhaltspunkte für die Art der vorliegenden Assoziate. Danach wäre das Wasser I der älteren Bezeichnungsweise ein *8faches Aggregat.* Der symmetrisch gezeichnete Ring der Abb. 14 und 15 liegt nicht in einer Ebene, sondern besitzt Wannenform. Aus solchen Gebilden kann man sich Züge der Tridymit-Struktur aufgebaut denken, bzw. jene sind Bruchstücke der letzteren. Es ist nicht unwahrscheinlich, daß die am reinsten Wasser noch zu beobachtenden Ultraviolettbeugungserscheinungen (UV-Tyndall-Kegel) auf diese Aggregate zu beziehen sind. Auch ergibt die Auswertung von Beugungsbildern der Röntgenstrahlen bei sehr kühlem Wasser etwa eine gleiche Elektronendichteverteilung in kleinsten Räumen, wie sie beim Eis vorliegt. Sie ändert sich aber schnell mit wachsender Temperatur, d.h. mit dem Verschwinden der sperrigen Struktur. Auch das Verhalten des Ultrarot-Spektrums kann zur Aufklärung der Assoziationsstruktur des Wassers herangezogen werden. Es verschieben sich z.B. bestimmte kurzwellige Adsorptionsbanden (um 1 μ gelegen) als Ausdruck der Entpolymerisierung mit der Temperatur. Im übrigen scheinen im Wasser Zweier- und Viereraggregate vorzuherrschen. Die bei einzelnen Temperaturen vorhandenen Anteile lassen sich den Daten EUCKENs entnehmen (Tabelle 19). Da sie relativ kleine Hohlräume bilden, ist der Raumbedarf der Aggregate mit 2—4 Wassermolekeln geringer und für sie untereinander praktisch gleich groß, während die eisartigen ein um 10% größeres Volumen einnehmen.

Das Mischungsverhältnis der verschiedenen Polymeren wird nun weiter durch Druck, elektrische und auch Grenzflächenkräfte erheblich beeinflußt. Daß genügende Drucksteigerung durch Zusammenschieben des Gitters eine Verwandlung der weiträumigen Form in die dichtere bewirken muß, ist leicht einzusehen, auch ohne daß an dieser Stelle auf die Anwendung der Regel vom beweglichen Gleichgewicht (s. S. 428) eingegangen zu werden braucht. Die Verflüssigung von Eis unter Druck und die Regelation nach Entlastung sind ein Ausdruck dieses Vorganges.

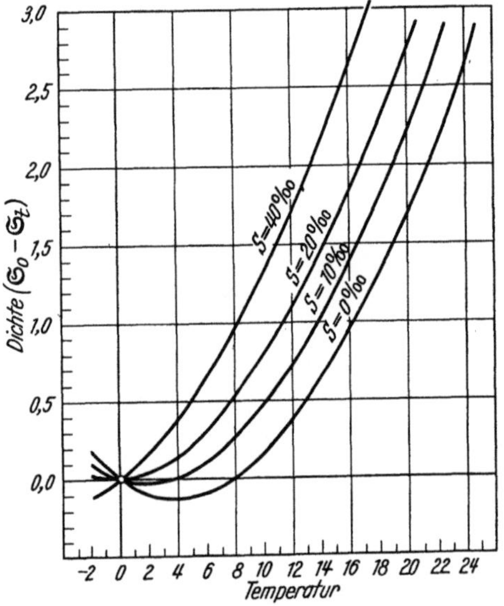

Abb. 16. Dichte des Wassers bei verschiedenem Salzgehalt (S in ‰-Chlorid) nach KALLE

Tabelle 19. *Relative molare Anteile (Molenbrüche) der bei verschiedenen Temperaturen vorhandenen Aggregate des H_2O*

Temperatur	γ_1	γ_2	γ_4	γ_8
0°	0,05	0,350	0,300	0,300
25°	0,09	0,449	0,305	0,154
50°	0,139	0,511	0,282	0,082
100°	0,261	0,544	0,1834	0,0116

Temperatursteigerung über 0° führt zu einem schnellen Abschmelzen der Tridymitreste, welche als Packungen von Achteraggregaten auch dann zunächst noch vorhanden sind. Damit verschwinden die weiträumigen Teile schnell. Das Wasser wird dichter, bis nach 4° die normale Volumenausdehnung Platz greift. Wasser besitzt also zunächst noch einen quasi-Eis-Charakter. Dessen Strukturelemente nehmen zwar an Menge schnell ab, aber sie erhalten sich noch weit über 4° hinaus. So kommt es, daß z.B. die Kompressibilität erst bei 40° ihr Minimum zeigt.

Das *Dichtemaximum* bei 4° ist nun in seiner Lage *vom äußeren Druck abhängig*. Denn dessen Erhöhung vermindert den Anteil der sperrigen Komponente und verschiebt damit das Dichtemaximum gegen 0° oder hebt es ganz auf. In ähnlicher Weise wie der Druck wirkt der Zusatz von Elektrolyten. Die dabei elektrostatisch erfolgende Anlagerung von hauptsächlich monomeren Wassermolekeln an die Ladungsträger (Elektrostriktion, s. S. 150) führt zur Ausbildung einer ersten dichten Schicht recht fest zusammengelagerter Wasserteilchen. Sie geht daher mit einer Kontraktion des Gesamtwasservolumens einher und ist somit einer inneren Drucksteigerung gleichzusetzen. Dadurch erfolgt eine Verschiebung im Gleichgewicht der verschiedenen Aggregate in Richtung auf das monomere Wasser. Hierbei ist vor allem wieder die Abnahme der Achteraggregate von Bedeutung. Den Effekt zeigt Abb. 16 an einem biologisch interessierenden Beispiel, das gleichzeitig in der unteren Kurve den Temperatureinfluß auf die Dichte des reinen Wassers gibt.

In ähnlicher Weise lassen sich auch die übrigen Anomalien verstehen. Umgekehrt kann aus ihrem Ausmaß auf die zugrunde liegende Ursache geschlossen und oft eine quantitative Angabe über Menge und Art der Polymeren gemacht werden.

Die *Ursache der Assoziationserscheinungen* selber muß aus dem Aufbau des monomeren Moleküls selbst abgeleitet werden. Aus einer größeren Zahl von Befunden, welche teilweise später noch herangezogen werden, ergibt sich, daß die Wassermolekel nicht symmetrisch aufgebaut ist, wie es der Anordnung H—O—H entsprechen würde. Vielmehr ist sie gewinkelt. Es besteht zwischen den beiden Wasserstoff- und dem Sauerstoffatom als Scheitel ein *Valenzwinkel von 105°* (vgl. S. 29).

Der Abstand zwischen den O- und H-Kernen ist 1,11 Å, da nach Tabelle 11 b der Atomradius für Einfachbindung bei Sauerstoff 0,74 und für Wasserstoff 0,37 Å beträgt. Für die Größe der Wassermolekel ergibt sich damit, daß sich bei der erwähnten tetraedrischen Anordnung in der Eis- oder quasi-Eis-Struktur die Mittelpunkte der Sauerstoffatome nicht näher als 2,76 Å kommen können. Wenn sie sich aber so weit angenähert haben, liegt irgendwo auf ihrer Verbindungslinie ein Wasserstoffatom, welches die Brücke zwischen ihnen herstellt (Wasserstoffbrücke).

Diese ganze Molekel befindet sich in Rotation. Eine solche muß auch für die einzelnen Molekeln in den größeren Komplexen angenommen werden. Darauf deutet z.B. hin, daß das Eis praktisch die gleiche Dielektrizitätskonstante (s. S. 31) wie das Wasser besitzt. Die Rotationsfrequenzen sind groß gegenüber der Zahl der Zusammenstöße bei der thermischen

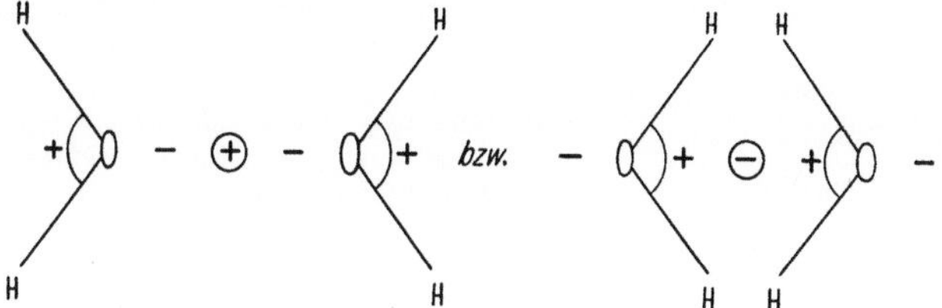

Abb. 17. Einstellung einer H_2O-Molekel gegenüber einer Ladung

Bewegung der Teilchen. Die einzelnen Molekeln nehmen daher praktisch *im Zeitmittel einen kugelförmigen Raum* ein. Das gilt natürlich nicht mehr für die geometrische Form der Aggregate.

Betrachtet man nun eine einzelne Wassermolekel als Kugel mit dem Radius von 1,38 Å, so läßt sich ein Schätzwert für die durchschnittliche Erfüllung eines zur Verfügung stehenden Raumes (V) mit dem reinen Volumen der Molekeln erhalten. Nach der bekannten Kugelinhaltsformel ergibt sich für 1 Teilchen 11 Å³. Ihre Zahl ist je Mol, d.h. für 18 g H_2O, gleich der Loschmidtschen Zahl N_L. Für 1 Liter ist die Anzahl 1000/18 = 55,6mal größer als $6,06 \cdot 10^{23}$. Multiplikation dieser Zahlen führt zu einem reinen Molekelvolumen (V_K) von 370 cm³ im Liter H_2O. Die durchschnittliche *Packungsdichte von 37%* ist ein Ausdruck der weiträumigen Anordnung, welche ausführlich erörtert wurde. Die dichteste kubische sowohl wie hexagonale Anordnung gleich großer sich berührender Kugeln ergibt eine Packungsdichte von 72%. Diese Packungen sind enger als die einfache tetraedrische oder die einer aus Würfeln des Volumens V aufgebauten Masse, die jeweils eine Kugel vom Volumen V_K eingeschlossen enthalten. Hier ergibt sich bei einem Radius von 1:

$$\frac{V_K}{V} = \frac{4 \cdot \pi}{3 \cdot 8} = \frac{\pi}{6} = 0,52,$$

d.h. eine Raumerfüllung von 52%. Das Wasser ist also noch erheblich weiträumiger.

Die beiden zuvor genannten Besonderheiten, die Winkelung der einzelnen Molekel und die Wasserstoffbrücke zwischen zweien, sind für die Eigenschaften des Wassers von wesentlicher Bedeutung. Die erstere ist die Ursache für seine *Dipolnatur.* Polare Stoffe richten sich im elektrischen Feld von benachbarten gleichartigen oder ungleichartigen Dipolen oder in dem von Ionen aus. Auf diese Weise können ketten- oder kugelförmige Schwärme oder auch nur Zweieraggregate entstehen (s. S. 33). Es handelt sich hier nicht um stöchiometrisch faßbare Bindungen, sondern um mehr oder weniger feste, von der Wärmebewegung abhängige Anlagerungen oder nur um eine Ausrichtung entfernter liegender Molekeln.

Da das Wasserstoffatom immer positiver als das des Sauerstoffs ist, ergibt sich die in Abb. 17 dargestellte Verteilung und *Einstellung gegenüber einer* positiven und negativen *Ladung*, welche sich in einer wäßrigen Lösung befindet. Es ist danach verständlich, daß freie Ladungen immer von Wasser-Dipolen umgeben sein werden, also hydrophil sind. Die Polarität der kleinen Wassermolekel ist mit $\mu_e = 1{,}84$ D nicht gering (s. Tabelle 7). Sie ist die Ursache für die hohe Dielektrizitätskonstante (s. S. 31) und die große Oberflächenspannung (s. S. 217) des Wassers.

Die Bildung der verschiedenen Zweier-, Vierer- und Achteraggregate des Wassers ist nun aber nicht ohne weiteres auf die Dipoleigenschaften seiner Molekeln zurückzuführen. Die so

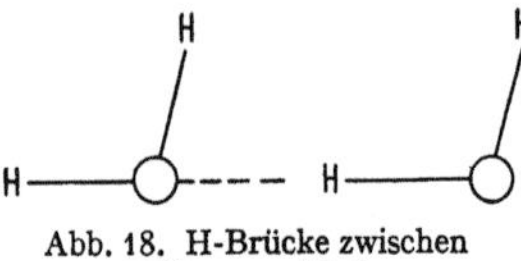

Abb. 18. H-Brücke zwischen 2 Wassermolekeln

entstehenden Schwärme wären viel zu locker und vorübergehend. Bei einer beständigen Assoziation muß eine Abstandsverkleinerung zwischen den Molekeln stattfinden, welche mit einer Stabilisierung, also gewissermaßen einem Einschnappmechanismus, einhergeht. Dazu eignen sich aber keine diffus verteilten, sondern nur auf der Oberfläche der Molekeln lokalisierte Bindungspartner. Zu ihnen gehören trotz des durch sie zum Ausdruck kommenden Asymmetriecharakters auch die elektrischen, d.h. Dipoleigenschaften nicht, bzw. nicht allein. Ein lokalisiertes Kraftzentrum wird dagegen durch die im Augenblick gegebene Lage des Wasserstoffatoms auf der Oberfläche einer Molekel, wie z.B. des Wassers, gegeben. Diese Atome sind so zur Ausbildung der *Wasserstoffbrücken* (s. S. 49) befähigt. Die Assoziation zu höheren Aggregaten scheint nur bei Flüssigkeiten vorzukommen, welche den Wasserstoff in einer solchen Form tragen, daß er zur Bildung jener Brücken befähigt ist. Das Verhalten der wasserähnlichen Lösungsmittel H_2F_2, NH_3, HCN wird so verständlich. Besonders interessiert die Fähigkeit der OH-Gruppe zur Brückenbildung. Findet sie wie bei der Assoziation des Wassers zwischen 2 Sauerstoffatomen statt, so pflegt man sie folgendermaßen darzustellen: $O-H\ldots O$.

Eine einfache Zweierassoziation mit einer H-Brücke zeigt Abb. 18, während Abb. 19 darstellt, daß eine Wassermolekel bei tetraedrischer Anordnung wie in der Tridymitstruktur vier derartige Brücken unterhält. Auf Grund der Tabelle 19 ergibt sich, daß Wasser bei 50° im Durchschnitt pro Molekel noch etwa 1,7 H-Brücken bildet, während bei 0° im Wasser 2,45 und im Eis 4 vorliegen. Bei Wasser von 100° kommen immer noch 1,1 Wasserstoffbrücken auf eine Molekel.

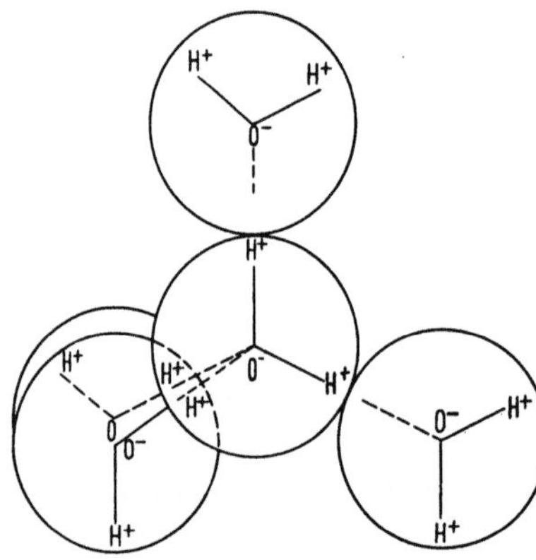

Abb. 19. Tetraedrische Koordination von Wassermolekeln nach BERNAL und FOWLER

Die Grundeigenschaften der Wassermolekel — Polarität und Fähigkeit zur H-Brückenbildung — lassen nun auch eine weitere sehr bedeutungsvolle „Eignung" des Wassers als Milieu verstehen: seine hervorragenden *Eigenschaften als Lösungsmittel.*

Es gibt nur wenige Substanzen — und für den Biologen gar keine —, die in dieser Hinsicht mit ihm verglichen werden könnten. Die Betrachtung kompliziert zusammengesetzter Körperflüssigkeiten wie des Blutplasmas und des Harnes lehrt die Mannigfaltigkeit der Stoffklassen kennen, die wasserlöslich sind.

Trotzdem ist es noch nicht gelungen, die Löslichkeit einzelner Stoffe quantitativ aus der Molekularstruktur abzuleiten. Immerhin ergeben sich gewisse Gesetzmäßigkeiten, z.B. sind die reinen Kohlenwasserstoffe, also die CH_2-Ketten, praktisch unlöslich in Wasser, aber sie mischen sich gut untereinander und mit vielen organischen Lösungsmitteln. Das gleiche gilt für den Benzolring, das Cyclohexan, die gesättigten oder ungesättigten polycyclischen Verbindungen. Einführung von OH-, NH_2-, CO-, CHO-, COOH- und SO_3H-Gruppen erhöht die Löslichkeit in Wasser zum Teil sehr stark, so daß man sagen kann, daß diese Gruppen mehrere CH_2-Glieder in das Wasser schleppen. Je länger aber die C-Kette wird, um so geringer wird auch in diesen Verbindungen die Löslichkeit, bis sie bei einer bestimmten C-Atom- oder Ringzahl nahezu verschwindet. Hiernach muß man von wasseraffinen Gruppen diejenigen trennen, die es nicht sind, dafür aber häufig die Löslichkeit in organischen Lösungsmitteln und Ölen bedingen. Erstere steigern den hydrophilen, letztere den hydrophoben Charakter. Grundsätzlich ist für die Löslichkeit die angedeutete *Wechselwirkung mit den entsprechenden Lösungsmitteln, die Solvatation,* entscheidend.

Auffallend ist nun, daß ganz allgemein mit der Einführung der wasseraffinen Radikale polare Gruppen in das Molekül gebracht werden, während die CH_2-Glieder und die CH_3-Reste apolar sind. Damit ist zugleich eine gewisse Erklärung der beschriebenen Regelmäßigkeiten gegeben, denn die so eingeführten polaren Gruppen werden nach den gegebenen Regeln die H_2O-Dipole orientieren und anlagern und damit die Wasserlöslichkeit der gesamten Molekel steigern. Aus diesem Grunde haben auch alle Elektrolyte eine mit gewissen Eigenschaften wechselnde Wasseraffinität. Allgemein werden also *polare Stoffe in polaren Lösungsmitteln löslich* sein. Jedoch ist diese Regel nur bedingt umkehrbar; sie kann nicht beanspruchen, die ganzen Löslichkeitsverhältnisse zu beherrschen, zumal auch der Anteil der H-Brücken bei diesen Vorgängen noch nicht quantitativ zu übersehen ist.

In jedem Fall aber findet eine Wechselwirkung mit dem Medium statt; sei es in der beschriebenen Weise als Form der *Solvatation,* beim *Wasser Hydratation* genannt, oder sei es, daß eine stöchiometrisch definierte Wasseranlagerung nach der Art der Komplexverbindungen vorliegt. Es handelt sich also stets um Betätigung von Affinitäten zum Lösungsmittel.

Die Tatsache des Zusammenhaltens der Stoffe z. B. im Kristall zeigt, daß die einzelnen Moleküle oder Ionen aufeinander Kraftwirkungen ausüben. Lösen sie sich auf, so ist damit gesagt, daß sie mit größerer oder ungefähr gleicher Energie in das Kraftfeld der Lösungsmittelmoleküle gezogen als sie im ursprünglichen Verband zurückgehalten werden.

Stark verdünnte, sog. ideale Lösungen, bei denen man von der Wechselwirkung der gelösten Teilchen absehen kann, zeigen eine Reihe von recht einfachen Gesetzmäßigkeiten, die sich zwanglos aus der kinetischen Theorie und den Gasgesetzen ergeben. Ehe sie besprochen werden, sei zur Systematik wäßriger Lösungen vorausgeschickt, daß die gelösten Stoffe in dreierlei Zustandsformen aufzutreten pflegen.

Sie können erstens in echter molekularer Zerteilung, also als einzelne ungespaltene Molekeln vorliegen (*Nichtleiter*lösungen). Zweitens können sich die Teilchen in zwei oder mehr positiv und negativ geladene und Ionen genannte Molekülabschnitte zerteilen (Leiter, *Elektrolyte*). Drittens können mehr oder weniger große Molekülaggregate vorhanden sein. Überschreiten diese eine gewisse Größe, so bezeichnet man sie wie auch sehr große nicht aggregierte Molekeln (Makromolekeln) als *Kolloide.* Am unkompliziertesten verhalten sich die Nichtleiterlösungen, und daher lassen sich bei ihnen die Gesetze der Lösungen am einfachsten darstellen.

Im *schweren Wasser* tritt an Stelle des gewöhnlichen Wasserstoffes mit der Masse 1 sein um 1 Neutron schwereres Isotop (Deuterium, D) ein. Das so gebildete Deuteriumoxyd unterscheidet sich vom gewöhnlichen schon durch physikalische Eigenschaften. Sein Schmelzpunkt liegt bei 3,8°, der Siedepunkt bei 101,42°. Seine Dichte ist 1,1056 bei 20°, das Dichtemaximum liegt bei 11,6°.
Seine Oberflächenspannung ist ein wenig geringer (67,8 gegen 72,7 dyn/cm), ebenso sein Brechungsindex (*D*-Linie 1,328 28 gegen 1,333 bei 20°). Es ist dem gewöhnlichen Wasser im Verhältnis 1 : 5000 beigemischt. Seine Bestimmung geschieht am leichtesten durch Präzisionsmessung des spezifischen Gewichtes, wozu eine nach dem Prinzip des Cartesianischen Tauchers ausgearbeitete Schwebemethode am häufigsten benutzt wird.

In nicht allzu großen Mengen verhält sich das *schwere Wasser biologisch* indifferent. Es verteilt sich sehr schnell mit dem gewöhnlichen im Körper und wird entsprechend seinem Anteil am Körperwasser wieder ausgeschieden. Ersetzt man das H_2O jedoch weitgehend oder vollständig durch D_2O, dann treten schwere Störungen wohl aller Funktionen auf, was zum großen Teil darauf beruhen mag, daß das Ionenprodukt (s. S. 151) des D_2O 6mal geringer ist als das des Wassers ($K_{D_2O} = 0,16 \cdot 10^{-14}$). Außerdem verlaufen die Reaktionen in schwerem Wasser oder mit schwerem Wasserstoff in der Regel langsamer als mit gewöhnlichem (BONHOEFFER). Salze lösen sich ein wenig schlechter in D_2O als in H_2O. Es selbst diffundiert auch langsamer. In reinem D_2O tritt die Hämolyse um 50% verlangsamt ein (PARPART, BROOKS 1935).

Ähnlich liegen die Verhältnisse bei der Verwendung von tritiumhaltigem Wasser. Das Tritiumatom ($T = {}^3H$) enthält außer dem Proton 2 Neutronen; es wird durch Deuteronenbeschuß von Beryllium erhalten. Eine knappe Stunde nach Injektion von HTO hat es sich gleichmäßig über das gesamte Körperwasser des Menschen verteilt.

Die Zusammensetzung des Wassers aus den 18 verschiedenen Isomeren mit den isotopen Elementen H, D, T, ${}^{17}O$, ${}^{16}O$, ${}^{18}O$ ist nicht ganz konstant. Je weniger schwer ein Isotop ist, um so leichter verdampft es oder die aus ihm aufgebauten Verbindungen. Das gewöhnliche Wasser ist am flüchtigsten. Daher können sich die schweren Arten in Verdampfungsrückständen, Mutterlaugen von Mineralien usw. anreichern.

Verteilung des Wassers im Körper

Die Gesamtmenge des in den Organismen vorhandenen Wassers wird für die Individuen auf einem mittleren Wert gehalten. Im allgemeinen sind um so geringere Schwankungen mit dem Leben verträglich, je höher organisiert das Lebewesen ist. Der erwähnte Mittelwert ist im übrigen nach Art und Alter der Lebewesen verschieden.

Funktionell wichtig ist die *Verteilung des Wassers* auf verschiedene Körperabschnitte. Wenn man Tiere mit einem Zirkulationssystem betrachtet, läßt sich ziemlich allgemein ein *Drei-Kammersystem* für das Vorkommen des Wassers erkennen (H. SCHADE). Es findet sich im Blut, im extracapillaren Flüssigkeitsraum und in den Zellen der Organe. Die Zusammensetzung der Flüssigkeit in diesen 3 Abschnitten ist grundsätzlich voneinander abweichend. Der Unterschied in der Art der gelösten Salze ist besonders für die Zellen und die gesamte extracellulare Flüssigkeit auffallend. Denn in den Zellen finden sich hauptsächlich Kalium und Phosphate; letztere sind frei oder in verschiedenartiger organischer Bindung zugegen (Gewebesalze), während das die Zellen umgebende innere Milieu (milieu intérieur) die Säftesalze enthält, die hauptsächlich aus Natrium- und Chlorionen gebildet werden (Abb. 20).

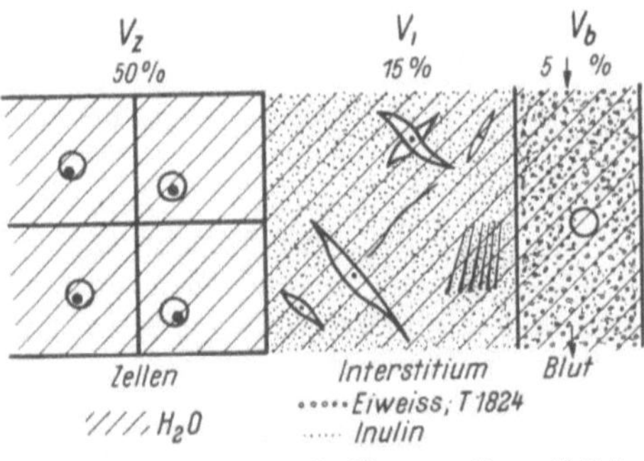

Abb. 20. *Dreikammersystem der Wasserverteilung.* V_z Zellraum; V_i interstitieller Raum; V_b Blutraum· $V_i + V_b$ extracellularer Raum (*EZ*)

Die Aufrechterhaltung dieses Unterschiedes in der Verteilung der einfachen Ionen ist eine *Leistung der Zelle*, die durch eine besondere funktionelle Feinstruktur der Zellmembran ermöglicht wird. Die Differenz in dem Gehalt an Salzen ist für die Blut- und Zwischenzellflüssigkeit gering. Dagegen besitzen diese beiden Flüssigkeiten einen sehr unterschiedlichen Eiweißgehalt. Verglichen mit dem Blutplasma kann sogar die Zwischenzellflüssigkeit in erster Annäherung als eiweißfrei angesehen werden. Die Erklärung für diesen Unterschied ist einfacher zu geben, denn die Wandung der Capillaren ist für die im Vergleich zu den Ionen riesenhaften Molekeln der Eiweiße praktisch nicht mehr durchlässig. *Die genannten Räume werden also durch Membranen recht verschiedener Durchgängigkeit voneinander getrennt.*

Daß man die *Verteilung des Wassers* auf diese Abschnitte während des Lebens für Tier und Mensch bei verschiedenen Körperzuständen *bestimmen* kann, beruht auf den hervorgehobenen Eigenschaften der Trennwände. Zu jenem Zweck werden indifferente Stoffe in genau bekannter Menge (g) verabreicht, ihre definitive Verteilung auf die einzelnen Abschnitte abgewartet und dann ihre Konzentration (c) in der Blutflüssigkeit bestimmt. Sie ist dem zur Lösung dienenden Volumen (V_z, V_i, V_B) umgekehrt proportional.

Verteilt sich der Prüfstoff auf das ganze Körperwasser in gleicher Konzentration, so gilt für c in g/L:

$$c = \frac{g}{V_z + V_i + V_B} \, .\tag{1a}$$

Um den Gesamtwassergehalt so zu prüfen, benutzt man Deuteriumoxyd oder Tritiumoxyd, welche sich schnell dem gewöhnlichen Wasser beimischen. Verwendung von Antipyrin gibt annähernd gleiche Resultate. Gelangt der Stoff nicht in die Zelle, aber gleichmäßig in die beiden anderen Räume, dann gilt:

$$c = \frac{g}{V_i + V_B} \, .\tag{1b}$$

In diesem Fall verwendet man gewöhnlich das relativ niedrig molekulare Fructosepolysaccharid Inulin (M etwa 5000) oder den Polyalkohol Mannit, das Disaccharid Saccharose, auch Rhodanide oder Thiosulfate. Für sie alle bedeutet die Capillarwand kein entscheidendes Hindernis, während sie nicht oder nur äußerst langsam in die Zellen eindringen. Am einwandfreisten dürfte die Verwendung von Inulin sein. Rhodanid gibt zwar praktisch die gleichen Werte; aber wohl nur deshalb, weil sich 2 Effekte gegenseitig annähernd kompensieren. SCN^- wird nämlich vom Albumin des Plasmas gebunden und gibt dadurch einen zu kleinen Wert für den extracellularen Gesamtraum. Andererseits geht es in kleineren Mengen in die Körperzellen hinein (vgl. S. 693) und vergrößert damit den gesuchten Wert. Die Bestimmung des Lösungswassers im Blutplasma endlich geschieht unter Verwendung geeigneter Stoffe, die die Blutbahn nicht verlassen können und für die daher gilt:

$$c = \frac{g}{V_B} \, .\tag{1c}$$

Hierfür hat sich vor allem der Farbstoff Evans blue (T 1824) eingebürgert.

Gute Ergebnisse erhält man auch mit reinjizierten Erythrocyten, welche in vitro mit ^{24}Na, ^{32}P oder ^{42}K kurzzeitig inkubiert wurden. Nach ihrer Verteilung wird die Strahlung einer Blutprobe bestimmt. (vgl. HEINZ und NETTER 1956).

Die so gewonnenen Normalwerte für die gesuchten Volumina beim Menschen sind im Schema (Abb. 20) angegeben und betragen etwa für V_z 50, für V_i 15, für V_B 5%, zusammen 70% des Körpergewichtes. Wachsende Menge an Depotfett bedingt natürlich einen geringeren Prozentwert des Wassergehaltes. So findet man durchschnittlich für Männer 62% und für Frauen gleicher Altersstufe 52% des Gewichtes. Wird aber auf den fettfreien Körper bezogen, dann ergibt sich bei fast allen erwachsenen Säugetieren ziemlich konstant ein Gesamtwasserwert von 71% (McCANCE).

An dieser Stelle sei den Ausführungen über den *Wasserwechsel in der Niere* vorgegriffen, welche zum Abschluß dieses Kapitels gegeben werden. Man stelle sich vor, ein Stoff sei mit der Konzentration c_p im Plasma gelöst. Er gehe in einen an ihm zunächst leeren Flüssigkeitsraum V_u über und befinde sich hier in der Konzentration c_u (Konzentration im Urin). Dann ist die in einer bestimmten Zeit übergetretene Menge des Stoffes: $V_u \cdot c_u$. Betrachtet man sie allein, so gilt ganz allgemein die Proportion (Abb. 21):

$$\frac{c_u}{c_p} = \frac{V_p}{V_u},\tag{2}$$

denn die Konzentration ist immer dem Volumen umgekehrt proportional, in dem eine bestimmte Stoffmenge gelöst ist. V_p ist nun hier das Volumen an Plasma, in dem die entfernte Menge mit der Konzentration c_p vorhanden war. Es ist:

$$V_p = \frac{c_u \cdot V_u}{c_p}.\tag{2a}$$

V_u ist immer wesentlich kleiner als V_p, da in den Nierentubulis eine sehr starke *Rückresorption des Wassers* aus dem primären Ultrafiltrat des Glomerulus erfolgt.

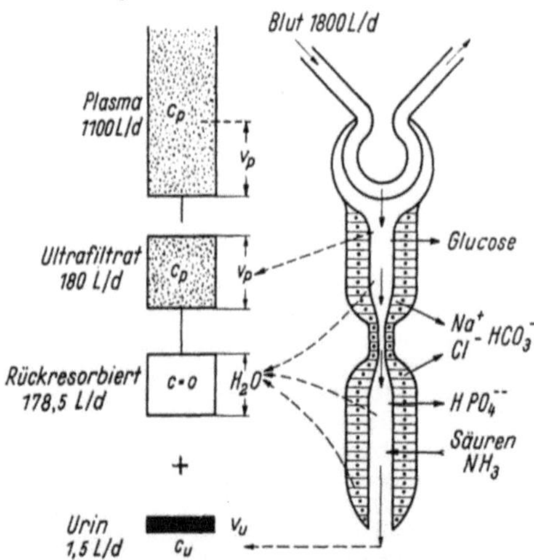

Abb. 21. Schema der Wasser- und Ionenbewegungen in der Säugerniere. Die aus dem Blut verschwundene Menge eines Stoffes von der Konzentration c_p ist immer der im Harn erscheinenden gleich: $c_p \cdot V_p = c_u \cdot V_u$

Entsprechend ist c_u stets größer als c_p, es sei denn, daß der betreffende Stoff vollständig oder weitgehend zurückaufgenommen würde wie Glucose, Na$^+$, Cl$^-$, K$^+$, HPO$_4^{2-}$, HCO$_3^-$, SO$_4^{2-}$ (Schwellenstoffe). Sei nun V_u die pro min gelieferte Urinmenge, dann gibt V_p das Volumen an Plasmaflüssigkeit, in dem die pro min ausgeschiedene Substanzmenge gelöst war. V_p heißt in der Nierenphysiologie die *Clearance*; sie gibt die durch die Nierentätigkeit in der Zeiteinheit von dem betreffenden Stoff gereinigte „Menge" der Blutflüssigkeit an (vgl. H. W. Smith).

Gelangt jene Substanz nun mit dem gebildeten Ultrafiltrat in den Urin, ohne irgendwie zurückresorbiert oder zusätzlich sezerniert zu werden, dann muß V_p auch gleichzeitig mit dem Volumen des gereinigten Plasmas *die Menge an Ultrafiltrat des Glomerulums* („Primärharn") angeben. Unter der Bedingung nämlich, daß der entfernte Stoff nicht wieder irgendwie mit dem Blut in Beziehung tritt, er also nur in der Richtung zu den Sammelröhren abgeführt wird, entspricht die von dem Stoff gereinigte Plasmamenge auch der Ultrafiltratmenge. Denn jener ist in beiden Flüssigkeiten zunächst in gleicher Konzentration vorhanden und wird nur durch die Ultrafiltration und durch sie dann vollständig entfernt. Stoffe, welche dieser Bedingung genügen, sind Inulin und mit geringerer Sicherheit Kreatinin. Man benötigt also zur Bestimmung der Größe des Ultrafiltrates außer der Kenntnis der Urinmenge pro min auch die der Konzentration des Stoffes im Plasma und im Urin.

Für solche Stoffe, welche mit Hilfe des Tubulusapparates dem Blut teilweise zurückgegeben werden wie Harnstoff, ist V_p kleiner, für solche, welche hier zusätzlich sezerniert werden, größer als die Ultrafiltratmenge. Das letztere trifft bis zu einem gewissen Grade auch für das Kreatinin zu. Bei p-Aminohippursäure (PAH) ist die in die Tubulis hinein sezernierte Menge so groß, daß im Verein mit der Ultrafiltration das gesamte die Niere durchströmende Blutplasma von diesem Stoff gereinigt wird. Die in üblicher Weise mit PAH bestimmte Clearance ergibt infolgedessen die in der Zeiteinheit durch die Niere geflossene Plasmamenge (PFl). Damit diese maximale Tubulusleistung jedoch erreicht wird, darf c_p für den Prüfstoff einen gewissen Wert nicht überschreiten. PFl ist etwa 740 cm³/min (vgl. Abb. 22).

Das Verhältnis der Clearance für die einzelnen Stoffe zur Clearance für Inulin, der sog. Exkretionsindex (EI), sagt daher etwas über das Schicksal jener im Tubulusapparat aus. Liegt EI über 1, dann werden sie zusätzlich sezerniert, ist er kleiner als 1, so verschwindet ein Anteil von ihnen aus dem Tubuluslumen, d.h. sie werden zusätzlich, eventuell wie die Schwellenstoffe unterhalb ihrer Schwellenkonzentration vollständig zurückresorbiert (Glucose, Sulfat).

Das gesamte im Organismus vorhandene Wasser steht nun nicht jedem wasserlöslichen Stoff völlig uneingeschränkt als Lösungsmittel zur Verfügung. Ein Teil ist als *Hydratationswasser an Makromoleküle*, die zumeist den hydrophilen Kolloiden angehören, so *gebunden*, daß dieser Wassermantel teilweise als nichtlösend anzusehen ist. Dieses Hydratationswasser hat infolge seiner Fixation einen geringeren Dampfdruck. Außerdem hat es eine gesteigerte Dichte, ist also durch die Bindungskräfte stärker komprimiert. Eine Hydratationszunahme führt daher zu einer dilatometrisch feststellbaren Abnahme des Gesamtvolumens. Je nach der Methodik der Bestimmung und dem kolloidalen Zustand der Stoffe sind die Mengen des Hydratationswassers recht verschieden groß gefunden worden. Im Durchschnitt bindet etwa 1 g Stärke 0,8 g, 1 g Albumin und Globulin 1,3 g Wasser. Von dem so beschriebenen Hydratationswasser ist das nur mechanisch fixierte abzutrennen, welches in dem Filzwerk der vernetzten fadenförmigen Makromoleküle wie in den Poren eines Schwammes festgehalten wird. Dieses Wasser verhält sich in bezug auf seinen Dampfdruck und sein Lösungsvermögen wie freies Wasser (vgl. S. 325 ff.).

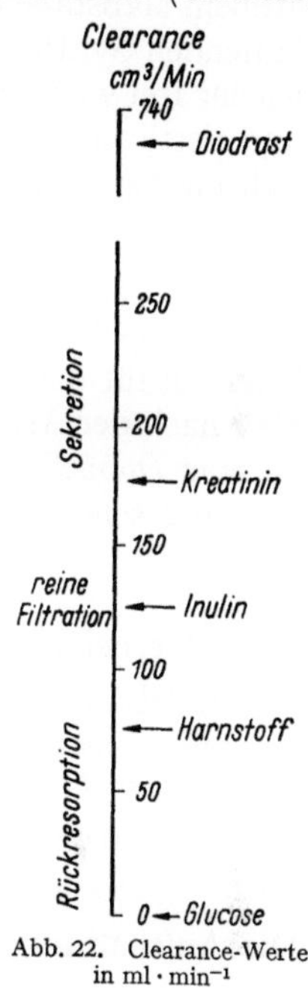

Abb. 22. Clearance-Werte in ml · min⁻¹

Daß das gebundene Wasser nichtlösend sei, ist aber nur sehr bedingt zutreffend. Man muß zwischen einem Hydratations- und einem nichtlösenden Raum unterscheiden, wie besonders WEBER[1] gezeigt hat. Der nichtlösende Anteil ist kleiner als der erstere bzw. er kann ihn als Grenzwert erreichen, d.h., nicht das gesamte im Hydratationsmantel von völliger Freiheit bis zu totaler Fixierung zunehmend festgelegte Wasser ist zur Aufnahme anderer Stoffe ungeeignet; vielmehr dringen die Stoffe entsprechend ihrer Wasseraffinität wechselnd tief auch in den Hydratationsraum ein, so daß der nichtlösende Raum für jeden Stoff einen anderen Wert besitzt. Die Immobilisierung zum gebundenen Wasser muß dynamisch aufgefaßt werden, d.h., die Moleküle des Hydratationswassers befinden sich im ständigen Austausch mit denen des freien Wassers. Der *Anteil des nichtlösenden Wassers* (Gebundenes Wasser) *ist in den Organismen relativ gering*, soweit es sich um die Löslichkeit niedrig molekularer Stoffe und einfacher Ionen handelt. Er wird von Bruchteilen von 1% bis zu höchstens 10% schwanken; so werden z.B. für den quergestreiften Muskel von HILL höchstens 4% angegeben. Trotzdem würde die Tatsache, daß ein noch deutlich größerer Teil als Hydratationswasser im genannten Sinne anzusprechen ist, sich in einer Verminderung der Austauschgeschwindigkeit des Wassers äußern

<hr>

[1] WEBER und STÖVER.

müssen. Nur kann dieser Faktor bei wohl allen lebenden Systemen nicht bemerkt werden, weil durch die Zellmembranen ein weiteres Hindernis gegenüber den Wasserbewegungen gesetzt wird, welches sehr viel größer ist als die in dauerndem Austausch mit dem freien Wasser vor sich gehende Wasserbindung.

Wasser als Partner biochemischer Reaktionen

Ein gewisser Teil des in den Organismen vorhandenen Wassers hat Funktionen, die nicht mit seiner Lösungsmittel- und Vehikelnatur zusammenhängen. Denn es nimmt oft *an chemischen Reaktionen direkt teil.* So wird es in großem Maßstabe bei der *Hydrolyse* festgelegt, wie es bei den entgegengesetzt verlaufenden Synthesen von hochmolekularen Strukturbildnern und Energiereserven wieder frei wird. Ein Beispiel ist die Spaltung der Eiweißkörper, Kohlenhydrate und Fette unter der Einwirkung der Enzyme des Verdauungskanals. Es handelt sich hierbei mehr oder weniger um typische Gleichgewichtsreaktionen nach dem Schema

$$\text{a)} \qquad R_1 - R_2 + H_2O \rightleftharpoons R_1H + R_2OH.$$

Der Energiebedarf für den Ablauf des Vorganges in der einen bzw. die Energielieferung für den in der Gegenrichtung ist hier im allgemeinen nicht sehr groß, aber nach der Art der Bindungen recht verschieden. Die *Anlagerung* von Wasser *an eine Doppelbindung* oder der umgekehrte Vorgang ist je nach der Lage der Bindung schon mit größeren Energieänderungen verknüpft:

$$\text{b)} \qquad -CH{=}CH{-} + H_2O \rightleftharpoons -CH_2-CHOH-.$$

Auch hierbei wird die Wassermolekel aufgespalten.

Findet aber die *Spaltung* in der Weise statt, daß dabei *die Ionen* des Wassers entstehen, dann ist der Energiebedarf bzw. der Wärmeumsatz größer. Letzter beträgt pro Mol Wasser 13,6 kcal. Sie werden bei der Vereinigung der beiden Ionen zu Wasser als Neutralisationswärme frei:

$$\text{c)} \qquad 2H_2O \rightleftharpoons H_3O^+ + OH^-.$$

Die Aufspaltung dagegen des Wassers *in die Elemente* nach

$$\text{d}_1) \qquad 2H_2O = 2H_2 + O_2$$

erfordert die beträchtliche Energie von 56,6 kcal pro Mol H_2O. Umgekehrt wird bei der Knallgasreaktion:

$$\text{d}_2) \qquad 2H_2 + O_2 = 2H_2O$$

die gleiche Energiemenge, bzw. eine Wärmemenge von 68 kcal zur Verfügung gestellt.

Die zuerst genannte Spaltung des H_2O (d_1) vollzieht sich als Grundvorgang z.B. bei der pflanzlichen *Assimilation des Kohlendioxyds* unter dem Einfluß der Lichtenergie, während der umgekehrte Vorgang (d_2) sich ständig als chemischer Hauptprozeß bei der *Zellatmung* in Pflanze und Tier abspielt. Hierbei entsteht das Wasser unter dem Einfluß des Sauerstoffes aus den oxydablen, d.h. wasserstoffhaltigen Kohlenstoffverbindungen. Bei der Untersuchung des Wasserwechsels darf das auf diese Art gebildete Wasser keineswegs vernachlässigt werden. In der Bilanz des Wasserwechsels erscheint dieses „Oxydationswasser" mit der Ausfuhr neben dem unverändert den Körper durchfließenden Nahrungsflüssigkeiten. Es ist aber in seinem Anteil aus der Wasserbildungsgröße der einzelnen Nahrungsstoffe zu entnehmen. Da bei ihrer Verbrennung im Körper von je 100 g aus Fett 107 g, aus Kohlenhydraten 55 g und aus Eiweiß 43 g Wasser gebildet werden, ist die Menge des Oxydationswassers nicht gering; sie liegt beim Erwachsenen zwischen 250 und 500 g pro Tag und spielt so eine bedeutende Rolle im Wasserhaushalt (vgl. Tabelle 20). Man hat Anhaltspunkte dafür, daß der Wasserbedarf einiger Tiere, wie der Mehlmotten, fast vollständig durch die Oxydation sehr wasserarmer Nahrung (Holz usw.) gedeckt werden kann (Tinea, Tineola, Anobiidae, Ptinidae usw.).

Bilanzmäßig entsteht das Wasser durch die Vereinigung des aus den Nahrungsstoffen disponibel gemachten Wasserstoffes mit dem durch die Atmung zugeführten und durch die Atmungsfermente aktivierten Sauerstoff. Im Grunde wirkt es aber auch bei der Zellatmung mit, indem es sich zunächst an Doppelbindungen anlagert, dann den Sauerstoff in der Verbindung hinterläßt, welche den Wasserstoff durch Dehydrierung abgibt. Der so abgegebene

Tabelle 20. *Oxydationswasser, Wärmebildung und Sauerstoffverbrauch* (SCHMIDT-NIELSEN)

	O_2-Verbrauch in l pro g Nährstoff	H_2O-Bildung in g pro g Nährstoff	O_2-Verbrauch in l pro g gebildetes H_2O	H_2O-Bildung in g pro l O_2-Verbrauch	Calorienbildung pro g Nährstoff (kcal)	H_2O-Bildung in g pro kcal	O_2-Verbrauch in l pro kcal
Stärke	0,828	0,556	1,499	0,671	4,182	0,133	0,198
Fett	2,019	1,071	1,885	0,530	9,461	0,113	0,213
Eiweiß (in vivo)	0,967	0,396	2,441	0,410	4,316	0,092	0,224

Wasserstoff geht ebenfalls in der beschriebenen Weise an den Sauerstoff der Atmungsluft. Daher ergibt sich die Notwendigkeit, bei summarischer Betrachtung nicht die einfache Formulierung zu wählen:

$$(CH_2O) + O_2 = CO_2 + H_2O,$$

sondern zu schreiben:

$$(CH_2O) + H_2O + O_2 = CO_2 + 2H_2O.$$

Für die oxydative Verbrennung von $^1/_6$ Glucose = 30 g (CH_2O) sind dann 18 g H_2O notwendig. Sie treten in die chemischen Prozesse der Oxydation ein und werden nach ihrer Beendigung wieder zusammen mit dem reinen Oxydationswasser frei gemacht. Die Oxydation der Glucose erfordert daher 18/30, d.h. 60% ihres Gewichtes an *Ergänzungswasser für den oxydativen Abbau.* In diesem Ergänzungswasser sind 53% als Sauerstoff und 6,7% als Wasserstoff vorhanden; die Größe des Ergänzungswassers beträgt beim Fett für 100 g 217 und für Protein 130 g Wasser. Bei normaler Kost werden also vom Menschen etwa 600—700 g Wasser mit in die chemischen Vorgänge hineingezogen, ohne daß sie als Oxydationswasser in Erscheinung treten.

Wasserbewegungen im Körper und Wasserwechsel

Es wird nun niemals möglich sein, das unbeteiligt durch den Organismus transportierte oder das in ihm chemisch entstandene oder für chemische Vorgänge verbrauchte Wasser voneinander zu trennen, denn die Molekeln verteilen sich durch den ganzen Organismus wie in einem großen Becken, in dem nicht nach dem vergangenen oder zukünftigen Schicksal der einzelnen Teilchen gefragt werden kann. Dennoch ist es nicht abwegig, den eben beschriebenen *Wasserstoffwechsel,* d.h. seine Beteiligung an den chemischen Prozessen, dem *Wasserwechsel* gegenüberzustellen. Unter letzterem ist dann die Bilanz und die Beschreibung der Wege des nicht chemisch verwandelten Wassers durch den Körper zu verstehen. Der Unentbehrlichkeit des Wassers als Reaktionsmilieu steht die Notwendigkeit des dauernden Wechsels durch die Organismen gegenüber. Sie wird besonders durch die Verwendung als Vehikel für die Stoffwechselanfangs- und endprodukte verdeutlicht: alle Zellen leben im Wasser, und zwar im fließenden (HOPPE-SEYLER). Diese Bewegung des Wassers ist für die Erhaltung der Zellen grundsätzlich notwendig, da nur durch eine derartige Spülung eine Abführung der Stoffwechselendprodukte gewährleistet wird, und es scheint so zu sein, daß aus diesem Grunde ein Stillstand des Säftestroms in den Organen — für kürzere Zeiten jedenfalls — schädlicher ist als ein gleichlanger O_2-Mangel (OPITZ und SCHNEIDER).

Die *Größe dieses Wasserwechsels*, die unter den verschiedensten Umständen stark schwanken kann, zeigt bei vergleichend physiologischer Betrachtung besonders Beziehungen zur Intensität des Stoffwechsels. Man wird daher eine ähnliche Abhängigkeit von der Körpergröße erhalten, wie sie das Rubnersche Oberflächengesetz für den Grundumsatz zum Ausdruck bringt: der Umsatz pro kg und Std ist um so größer, je größer die zugehörige Oberfläche, je kleiner also das Tier ist, so daß 1 kg Maus nicht nur mehr Energie umsetzt als 1 kg Elefant, sondern auch mehr Wasser wechselt. Denn zu einem kg Maus gehört sehr viel mehr Körperoberfläche als zu einem kg Elefant. Ein genaues Parallelgehen zwischen Wasser- und Stoffumsatz besteht allerdings durchaus nicht allgemein, sowohl für die individuellen und zufälligen Schwankungen in der Nahrungsaufnahme als auch beim Vergleich der durchschnittlichen Aufnahmegrößen einzelner Tierarten (vgl. HEINZ und NETTER 1956, SCHÜTTE).

Immerhin kann für die Größe des Wasserwechsels in ml pro Std folgende Beziehung zum Körpergewicht in g für die Warmblüter extrem verschiedener Körpergrößen aufgestellt werden: $ml/h = 0{,}01 \cdot g^{0{,}88}$. Für wirbellose Wassertiere von den Ziliaten bis zu den Krabben gilt: $ml/h = 0{,}016\, g^{0{,}75}$ (ADOLPH 1943).

In keinem Fall ergibt sich ein genauer Parallelismus zur Oberfläche, denn sonst müßte der Exponent des Gewichtes 0,67 lauten. Die Oberfläche ist nämlich: $O = K \cdot \sqrt[3]{g^2} = K \cdot g^{2/3}$, wobei K von der Dichte und geometrischen Form des Körpers abhängt. Für eine Kugel der Dichte 1 folgt aus ihrer Inhalts- und Oberflächenformel: $K = 4{,}83$. Bei gestreckten Formen wächst K.

Die Größe des Wasserwechsels wird durch Vergleich der Einfuhr mit der um den Anteil des Oxydationswassers vermehrten Ausfuhr gefunden. Die Wasserabgabe erfolgt durch den Urin, die Faeces, den Schweiß und als Wasserdampfverlust von der Haut *(perspiratio insensibilis)* und den Lungen aus. Durchschnittlich kann damit gerechnet werden, daß $^1/_4$ bis $^1/_3$ der Wasserabgabe in Dampfform vor sich geht. Hierbei beteiligen sich je nach Luftfeuchtigkeit, Temperatur und Atmungsgröße die Lunge und die Haut etwa zu gleichen Teilen. Gegenüber Wassermangel sind die einzelnen Arten zweifellos sehr verschieden resistent. Allgemein bedeutet ein *Leben ohne Wasserzufuhr die härteste Hungerbedingung*. Der Mensch ist ihr gegenüber besonders empfindlich. Es wird angegeben, daß eine Verminderung seines Wasserbestandes um 11%, die nach etwa 6—7 Tagen Flüssigkeitskarenz eintritt, nicht mehr mit dem Leben verträglich sei. Im Gegensatz dazu wurde Nahrungskarenz, bei der man von sehr gutem Körperzustand ausging, bis zu 60 Tagen ertragen. Bei einem Gewichtsverlust von 8%, wie er durch starkes Schwitzen erreichbar ist, erlischt der Speichelfluß. Gleichzeitig tritt eine vollkommene Intoleranz gegen Hitze auf. Geringere Verluste gehen mit vermehrter Atmung und Herzfrequenz bei herabgesetzter Zirkulationsgröße einher. Herabsetzung der Schilddrüsentätigkeit kann die Toleranz ein wenig steigern. Nach GAMBLE benötigt der Erwachsene während völliger Nahrungskarenz eine tägliche Wasserzufuhr von durchschnittlich 535 g (1944). Zugabe von salzreichem Meerwasser vermehrt die Wasserausscheidung und bietet keinen Vorteil gegenüber dem alleinigen Genuß des salzarmen Wassers. Eiweißgabe steigert den Wasserbedarf, weil die vermehrte Bildung von Harnstoff mehr Lösungswasser zu seiner Ausscheidung benötigt. Da Glucose den Eiweißumsatz einschränken kann, wirkt ihre Zugabe wassersparend.

Niedere Tiere sind dem Wassermangel gegenüber oft wesentlich widerstandsfähiger. Daß sich z. B. Tiere der Moosfauna *(Tardigraden, Rotatorien, Protozoen)* in völlig eingetrocknetem Zustand ihre Lebensfähigkeit sehr lange bewahren können, ist bekannt. Sie werden aus dem *latenten Leben* der Trockenstarre durch Herbeiführung ausreichenden Wassergehaltes ihrer Zellen zum normalen Leben erweckt. Bemerkenswerterweise können sich die wieder in Gang kommenden chemischen Zellvorgänge zu einem geregelten Lebensspiel zusammenfinden. Erstaunlich ist, daß bestimmte Würmer (Chinesischer Blutegel) durch Trocknen an der Sonne auf $^1/_5$ ihres Gewichtes einschrumpfen und nach einigen Tagen durch Befeuchten wieder zum Leben gebracht werden können. Einige Pflanzen können die Trockenstarre sehr lange überleben. Ein bekanntes Beispiel hierfür bietet die Rose von Jericho (Anastatica, Asteriscus, Doradilla). Hier werden in erstaunlich kurzer Zeit nach Befeuchtung der trockenen Pflanze grüne Blätter entfaltet.

In solchen Fällen kann die Resistenz gegenüber dem Wassermangel nicht mit der Heranführung von *Wasser aus Speichern* erklärt werden. Dieser Vorgang spielt aber sicher bei vielen Pflanzen und auch höheren Tieren eine bedeutende Rolle. Bei letzteren braucht es nicht wie bei Wüstenkakteen oder anderen *Xerophyten (Mesembryanthemum)* in besonderen Speicherorganen abgelagert zu sein. Vielmehr wird hier das Wasser aus den für das Durchhalten der Organismen *weniger wichtigen Organen entzogen* und so z.B. bevorzugt aus *Muskeln* und *Bindegewebe* dem Blut zugeführt.

Das Fettgewebe, welches häufig als indirekter Wasserspeicher angesehen wurde, kommt praktisch nicht als solcher in Frage. Fett liefert zwar pro g mehr Wasser als die anderen Nahrungsstoffe, aber es gebraucht auch wesentlich mehr Sauerstoff als z.B. das Kohlenhydrat zur Wasserbildung (Tabelle 20). Es ist also energetisch betrachtet ein schlechter Wasserspender. Die Frage, ob eine Steigerung der Oxydationen im Tierkörper durch Wassermangel hervorgerufen wird, ist bisher offen. Auch das Fett des Kamelhöckers dient nur als Energiereservoir und ist als Wasserspeicher unter den in der Wüste herrschenden Bedingungen belanglos. Bei der Wiederauffüllung der Wasserspeicher nach erstaunlich lange ertragenen Arbeitsund Durstbedingungen findet man an diesen Tieren eine sehr schnell wieder eintretende Straffung der Haut, welche fast ödematösen Eindruck macht. Die Wiederherstellung des Höckers erfordert jedoch längere Zeit, da hierzu Fett gebildet und eingelagert werden muß.

Bei niederen Wirbeltieren *(Amphibien)* kann auch das Blut eingedickt werden. Umgekehrt werden bei einer Überbelastung mit Wasser Muskulatur, Bindegewebe und bei Fröschen auch das Blut zur vorübergehenden Aufnahme des Wassers benutzt. Beim höheren Tier ist nicht damit zu rechnen, daß durch Wasserverarmung des Organismus auch seine lebenden Zellen merklich wasserärmer werden, so daß Rückwirkungen auf die Intensität der *Stoffwechselvorgänge* nicht zu erwarten sind. Dagegen zeigt sich bei niedriger organisierten Lebewesen eine starke *Abhängigkeit* dieser Vorgänge *von dem Wassergehalt*. So produzieren nach JOST 1 kg lufttrockene Gerstensamen (10—12% H_2O) pro kg und 24 Std 0,35 mg CO_2, frisch geerntete mit einem Wassergehalt von 19—20% 3,6 mg, also das zehnfache. Die geringe Atmung der lufttrockenen Körner dürfte für die jahrelang anhaltende Keimfähigkeit verantwortlich sein. Von Haferkörnern sind z.B. nach 10 Jahren noch 50% keimungsfähig. Bei weiterem scharfen Eintrocknen wird diese Keimfähigkeit stark herabgesetzt.

Niedere Pflanzen wie Flechten, Moose, Baumfarne, sind unter für die Wasseraufnahme ungünstigen äußeren Umständen in der Lage, den notwendigen Bedarf durch die Aufnahme des Wasserdampfes aus der Luft zu decken; sie sind hygroskopisch, d.h. sie können das Wasser in einer Art Quellungsvorgang so fixieren, daß sein Dampfdruck weit unter dem der umgebenden Atmosphäre liegt. Dieser Mechanismus scheint auf die erwähnten Lebewesen beschränkt zu sein.

Der intensive Wasserwechsel, welcher durch die Organismen hindurch stattfindet, macht besondere *Einrichtungen für seine Bewegung* innerhalb des Körpers erforderlich. Sie sind sehr mannigfaltig: kaum ein Organ ist, von der pulsierenden Vacuole der Infusorien angefangen, daran unbeteiligt. Doch steht allen voran das *Blutgefäßsystem*, welches durch die Arbeit des Herzens nicht nur die Zirkulation in den Gefäßen, sondern den damit zusammenhängenden wichtigen außercapillaren Flüssigkeitswechsel zustande bringt. Im arteriellen Teil der Haargefäße verläßt ein gewisser Anteil der Plasmaflüssigkeit die Blutbahn, umspült die Gewebezellen und kehrt im venösen Schenkel der Capillaren in den Blutstrom zurück (vgl. Abb. 34, S. 106). Durch diesen Vorgang wird die Zuführung der gelösten Nahrungsstoffe zu den Zellen und die Abführung der Stoffwechselendprodukte unterstützt. Der Weg vom Blut zur Zelle führt durch den extracellularen Raum! Die Flüssigkeitsmenge, welche in dieser Weise die Blutbahn verläßt und zu ihr zurückfließt, muß für den Menschen auf 50—70 Liter pro Tag veranschlagt werden (s. S. 107).

Die Sichtung der im Blut gelösten Stoffe bei der *Tätigkeit der Niere* ist ebenfalls mit einer sehr intensiven Flüssigkeitsbewegung verknüpft. Sie steht dem extracapillaren Wechsel gegenüber und ermöglicht die Reinhaltung des „mileu intérieur" von Stoffwechselprodukten. Bei diesem Sichtungsprozeß werden z.B. beim Menschen 100—125 ml in der Minute oder etwa 150—180 Liter einer von Blutkörperchen und Eiweiß freien Flüssigkeit pro Tag in den Glomerulis der Niere aus dem strömenden Blut abgepreßt (s. S. 60).

Da die Nieren in der gleichen Zeit von etwa 1800 Liter Blut oder etwa 1100 Liter Plasmawasser durchflossen werden, bedeutet diese Zahl eine Abgabe von annähernd 20% des Wassers aus der Blutflüssigkeit. Aus den Nierenkanälchen wird die in dieser Art ultrafiltrierte Flüssigkeit zu etwa 99% zurück aufgesaugt. Daher werden nur rund 1% des zunächst durch Ultrafiltration erhaltenen „Primärharnes" als Harn entleert. Dieser Wasserentzug allein entspricht einer Konzentrationserhöhung der im Ultrafiltrat vorhandenen — und weiter nicht aktiv transportierten — Stoffe auf etwa das hundertfache!

Im Vergleich zur Niere spielt die *Flüssigkeitsverschiebung in allen tätigen Organen*, besonders in den Muskeln und Drüsen, eine mengenmäßig geringere, aber für das Geschehen im Körper nicht weniger wichtige Rolle. Sehr beachtenswert ist auch die Tatsache, daß durch die Tätigkeit der Verdauungsdrüsen große Mengen, z.B. beim Menschen pro Tag gegen 7—10 Liter Flüssigkeit, in den Darm abgesondert werden, die bald darauf wieder durch die Darmwand aufgesaugt und dem Flüssigkeitsbestande des Körpers erneut einverleibt werden (intestinaler Wasserkreislauf, H. SCHADE).

Die *Kräfte*, die das Wasser in der beschriebenen Art zum Austausch bringen, sind zum Teil die von außen auf die Flüssigkeit einwirkenden mechanischen Kräfte wie der Blutdruck in den Capillaren und die Gegenspannung im Gewebe *(Gewebespannung)*. Vor allem aber sind diese Kräfte *in der Flüssigkeit selber gelegen*. Sie stehen im Zusammenhang mit der Eigenbewegung der im Wasser gelösten Teilchen. Diese kommt in einem der einfachsten physikalischen Grundvorgänge zum Ausdruck: in der Diffusion.

Diffusion

Daß Gase und Dämpfe sich auch bei unbewegter Luft schnell ausbreiten, lehrt die alltägliche Erfahrung. Die nähere Beschreibung dieses Vorganges stellt fest, daß sie ausnahmslos von höherem Druck, d.h. höherer Konzentration, zu niederem wandern. Dabei findet nach dem Gesetz der Unabhängigkeit der Partialdrucke keine Beeinflussung der *Gleichverteilung* durch ein anderes Gas statt. Je nach seiner Dichte muß jedoch das Fremdgas die *Geschwindigkeit* der Diffusion eines zweiten Gases herabsetzen. Denn zunehmender Gasdruck vermindert die mittlere freie Weglänge der Molekeln. Das Ziel ist stets die Erreichung einer maximalen Verdünnung der Teilchen durch gleichmäßige Ausfüllung des erreichbaren Volumens. Die Diffusion der Gase geht mit sehr hoher Geschwindigkeit vor sich. Sie kommt durch die gleichförmige thermische Bewegung der Molekeln zustande, und daher steigt ihre Geschwindigkeit mit der Temperatur.

Weil nun in den *Lösungen* die Teilchen nicht nur mit ihresgleichen, sondern auch noch mit den Molekülen des Lösungsmittels zusammenstoßen, ist hier die mittlere freie Weglänge und dementsprechend die *Diffusionsgeschwindigkeit wesentlich geringer* als bei den Gasen. Zur Veranschaulichung der in Betracht kommenden Unterschiede sei folgendes Beispiel angeführt. Füllt man die eine Hälfte eines 40 cm langen Zylinders mit Lösung oder einem Gasgemisch, die andere mit Wasser oder einem der beiden Gase, so ist z.B. von einer Harnstofflösung erst in $3^1/_2$ Tagen $^1/_3$ in das Wasser diffundiert, während Wasserstoff in Sauerstoff dazu nur 44 sec gebraucht. Man kann diese enorme Verzögerung der

Diffusion in Flüssigkeiten gegenüber Gasen (wie die in Gasen gegenüber dem Vakuum) auch als durch eine starke Reibungskraft hervorgerufen auffassen, die dem thermischen Diffusionsdruck entgegenwirkt. NERNST (27) hat die Größe dieser *Reibungswiderstände* aus dem Verhältnis der treibenden Diffusionskraft zur tatsächlich gemessenen Diffusionsgeschwindigkeit berechnet und gefunden, daß, um 1 Mol Rohrzucker (342 g) mit der Geschwindigkeit von 1 cm/sec im Wasser zu verschieben, eine Kraft von $6{,}7 \cdot 10^9$ kg (fast 7 Milliarden kg) Gewicht erforderlich ist. Daß diese Kraft soviel größer als bei Verschiebung von 1 Mol nicht gelösten Rohrzuckers in Wasser ist, wird durch die innige Durchmischung bei molekularer Zerteilung verständlich.

Diese Widerstände werden allgemein mit steigender Temperatur geringer. Würden sie konstant sein, dann müßte die Diffusionsgeschwindigkeit wie der treibende Druck nach dem Gay-Lussacschen Gesetz mit der absoluten Temperatur ansteigen. In Wahrheit findet man, daß sie schneller anwächst, als dieses Gesetz erwarten läßt, und man erklärt dies durch die gleichzeitig erfolgte Abnahme der Reibungskräfte. Diese finden in der inneren Reibung (s. S. 307) der Lösungen (η_1, η_2) bei den betreffenden Temperaturen (T_1, T_2) ihren Ausdruck. Da sie mit steigender Temperatur abnimmt, ist die Quotient η_2/η_1 ein Maß für diese Abnahme. Seien D_1 und D_2 die Diffusionsgrößen bei den beiden Temperaturen, dann gilt die Beziehung:

$$\frac{D_1}{D_2} = \frac{T_1}{T_2} \cdot \frac{\eta_2}{\eta_1}. \tag{3}$$

Sie bringt zum Ausdruck, daß die Diffusion nur dann nach GAY-LUSSAC mit der Temperatur proportional steigen würde, wenn die innere Reibung bei T_1 und T_2 gleichgeblieben wäre.

Es ist vorauszusehen, daß die treibende Kraft und damit die *Diffusionsgeschwindigkeit von der Art des Stoffpaares*, das die Lösung bildet, *abhängig* sein wird. Als Maß für die Geschwindigkeit des Vorganges dient der Diffusionskoeffizient, der sich aus der Formulierung des allgemeinen Gesetzes ergibt, daß die Moleküle von höherer zu niederer Konzentration wandern. *Konzentrationen* bedeuten letztlich wie die Gasdrucke unter vergleichbaren Bedingungen Angaben über die Zahl der gelösten oder verteilten Teilchen in einer Einheit des Lösungsmittels oder des Lösungsraumes. Bezieht man auf den Lösungsraum, dann ist die Dimension der Konzentration $m/l^3 = m \cdot l^{-3}$ (vgl. S. 69).

Irreversibilität und statistischer Charakter der Diffusion

Die verschiedenen Konzentrationsmaße brauchen hier noch nicht besprochen zu werden, da es zunächst nur darauf ankommt, die Bewegung der Teilchen von höherer zu niederer Konzentration verständlich zu machen. Diese im Effekt einsinnig ausgerichtete Wanderung der Diffusionsfront eines gelösten Stoffes folgt aus der maximal unregelmäßigen Geschwindigkeit der Molekeln. Für das einzelne Teilchen ist auch die Richtung der Diffusionsbewegung unbestimmt und unbestimmbar. Das Geschehen ist nur am Kollektiv zu beobachten und nach statistischen Gesetzen zu deuten. Die Verteilung bei der Diffusion folgt den Regeln der Wahrscheinlichkeitsrechnung. Der Vorgang, der eine maximale Zerstreuung anstrebt, ist als solcher statistisch irreversibel, d. h. eine spontane Konzentrationssteigerung ist maximal unwahrscheinlich, wie es der freiwillige Übergang von Wärme von einem kälteren auf einen wärmeren Körper ist. *Die Irreversibilität und der statistische Charakter der Diffusion* stehen auch im engsten Zusammenhang. Obwohl die Einzelteilchen keine Richtung bevorzugen, vollzieht sich die Diffusion doch in einer bestimmten Richtung. Der scheinbare Widerspruch dieser Aussage erklärt sich folgendermaßen:

Betrachtet man die Grenzflächen der Lösung gegen das Lösungsmittel im horizontalen Diffusionszylinder, dann bewegt sich vom Querschnitt aus die Hälfte der Teilchen in die Lösung, die Hälfte in das Lösungsmittel, von einem neuen Querschnitt des Lösungsmittels aus wieder die Hälfte der hineingelangten Moleküle nach rechts, die andere nach links; sie wandern also zum Teil zurück, und zwar werden es um so viel weniger tun, je verdünnter die betrachtete Stelle noch ist. In dieser Weise findet die Anreicherung der einzelnen Volumenelemente statt, in die man sich die Kammer senkrecht zur Diffusionsrichtung unterteilt denken muß. Ihr Inhalt errechnet sich aus einer infinitesimalen Strecke in eben jener Richtung und aus der Querschnittsfläche. Die Zahl der sich in ihr anhäufenden Molekeln ergibt sich als Differenz der ein- und der austretenden Teilchen. Daß im Effekt um so mehr von ihnen das Volumenteilchen verlassen, je weniger zurückkommen, d.h. je ärmer das Nachbarelement ist, erscheint selbstverständlich. Die Anhäufung wird also um so größer, je höher die Konzentration des Nachbarelementes auf der einen und je geringer die auf der anderen Seite ist (vgl. Tabelle 21). Der Diffusionsstrom muß andererseits um so geringer sein, je weiter die Raumabschnitte voneinander entfernt sind. Denn würde man diese größere Entfernung durch neue Volumenelemente unterteilen, dann wäre bei gleichbleibendem Konzentrationsunterschied in den Ausgangsräumen der in den benachbarten neuen Räumen geringer. Unter der Annahme, daß das Gefälle durch den Diffusionsvorgang nicht verändert würde, wäre die durch einen Querschnitt tretende Menge (n)

$$n = -\, \mathrm{const}\, \frac{c_1 - c_2}{x_1 - x_2}\,, \tag{4}$$

wo c_1 (c_2) die Konzentration im Abstande x_1 (x_2) ist.

Exakt kann aber nur in dem unendlich kleinen Abstand dx die unendlich kleine Konzentrationsdifferenz dc für die kleine Zeit dt aufrecht erhalten werden, so daß für die durch den Querschnitt q diffundierte Menge gilt:

$$dn = -\, D \cdot q \cdot \frac{dc}{dx} \cdot dt \quad \text{(1. Ficksches Diffusionsgesetz 1855).} \tag{4a}$$

Hier sagt das negative Vorzeichen aus, daß sich die Diffusion von höherer zu niedrigerer Konzentration vollzieht, d.h. der Konzentrationsgradient in der Diffusionsrichtung negativ ist. Diese Beziehung ist der Grundgleichung der Wärmeleitung analog. Sie ist das Momentangesetz für den Fluß in der Richtung der x-Achse. Hier ist D der *Diffusionskoeffizient. Er gibt diejenige Stoffmenge an, welche beim Konzentrationsunterschied eins pro Längeneinheit eins in der*

Tabelle 21. *Diffusionsschema*

Räume	x				
	5	4	3	2	1
$t = 0$	0	10	100	1000	1000
	5	50	5 / 500	50 / 500	500 / 500
$t = 1$	5	50	505	550	1000
	←5	←45	←450	0	0

In den numerierten Volumenelementen des gleichen Querschnittes und der Strecke dx befinden sich bei $t = 0$ die angegebenen Molekelzahlen. Wandern sie sprungweise je zur Hälfte nur in die Nachbarräume, dann befinden sich dort die bei $t = 1$ angegebenen Zahlen. Summarisch durch die Querschnitte getreten sind die unten stehenden Molekeln. Es sind um so mehr, je größer der Konzentrationsunterschied in den Räumen ist.

Zeiteinheit den Querschnitt eins passiert. Er ist für verdünnte Lösungen eine von der Konzentration unabhängige Stoffkonstante. In konzentrierteren Lösungen zeigen sich Abweichungen.

Der Diffusionskoeffizient; Permeabilitätskonstante von Membranen

Bevor die Wege zur Ermittlung des Diffusionskoeffizienten diskutiert werden, sei eine *Vorbemerkung über den physikalischen Begriff der Dimension* und über das Rechnen mit ihm eingeschaltet. Physikalische Größen und abgeleitete Konstanten lassen sich auf 4 Fundamentalbegriffe zurückführen, die der Masse (m), der Länge (l), der Zeit (t) und der Temperatur (T). Die Dimension gibt an, in welchem Verhältnis die genannten Grundeinheiten zueinander stehen, wenn aus ihnen eine abgeleitete Größe gebildet wird. Zahlen sind dimensionslos. Ebenso sind es Quotienten gleicher Dimensionen wie z.B. die Winkelfunktionen als Verhältniszahlen zweier Streckenlängen. Nur dimensionsgleiche Ausdrücke lassen sich addieren oder quantitativ vergleichen. Infinitesimale Größen haben die gleiche Dimension wie die entsprechenden endlichen Größen. Auf der Verwendung der Einheiten g, cm, sec, beruht das CGS-System.

Das *Rechnen mit Dimensionen* kann beachtliche Erleichterungen bieten. Sind z.B. die Dimensionen beiderseits des Gleichheitszeichens nicht dieselben, so ist eine gewonnene Beziehung physikalisch und mathematisch nicht korrekt. Umgekehrt läßt sich auch ohne eingehendere mathematische Analyse mit Dimensionsüberlegungen die allgemeine Form einer gesuchten Beziehung geben. Ein Beispiel dafür bietet das Umgehen mit dem Diffusionskoeffizienten. Seine Dimension ist die folgende. Die Konzentration hat als Menge pro Volumen (l^3) die Dimension: $[c] = m/l^3$. Hiermit folgt aus: (4a)

$$D = \frac{dn \cdot dx}{q \cdot dt \cdot dc}; \quad [D] = \frac{m \cdot l \cdot l^3}{l^2 \cdot t \cdot m} = l^2 \cdot t^{-1}. \tag{5}$$

D wird allgemein als cm² pro sec oder Tag angegeben; dabei muß aber beachtet werden, daß nunmehr auch l^3 als cm³ zu verwenden ist, d.h. die Konzentration muß also als mol/ml eingesetzt werden.

Die Voraussetzung eines *konstanten Konzentrationsgefälles* ist bei der *Diffusion durch Membranen* aus nicht zu niedrigen Konzentrationen (c_1) für kürzere Zeiten annähernd erfüllt, wenn das Auftreten von Konzentrationsveränderungen an der Membran durch Rühren der Lösungen vermieden wird. Ist die Diffusion durch engporige Membranen sehr stark verzögert, dann genügt dazu schon der Ausgleich durch den reinen Diffusionsvorgang. Für die Durchtrittsgeschwindigkeit gilt:

$$\frac{n}{t} = D q \frac{c_1 - c_2}{d}. \tag{6}$$

Ist nun die Membrandicke d nicht genau feststellbar, dann erhält man:

$$\frac{n}{t} = P \cdot q \cdot (c_1 - c_2). \tag{6a}$$

In der neuen Konstanten P ist die Dicke d mitenthalten. Sie gilt also nur für vergleichende Untersuchungen an gleichen Membranen oder Zellen. P heißt die Permeabilitätskonstante (COLLANDER u. a.). Sie gibt die Zahl von Molen an, welche in einer Sekunde die Zelloberfläche passieren, wenn die Konzentrationsunterschiede beiderseits 1 Mol pro Liter betragen. Da $P = D/d$, ist die Dimension von P: $[P] = l^2/l \cdot t = l/t$. P ist also eine Geschwindigkeit. Betrachtet man außerdem auch noch die wirksame Porenfläche in der Membran als unbekannt, dann ergibt sich mit der neuen Membrankonstanten aus (6)

$$M_k = \frac{d}{q} : \quad D = M_k \cdot \frac{n}{t\,(c_1 - c_2)} \, . \tag{6b}$$

Würde sehr wenig Substanz in das reine Lösungsmittel übertreten oder c_2 in Membrannähe annähernd gleich 0 gehalten werden, dann ergäbe sich:

$$D = \frac{M_k \cdot n}{t \cdot c_1} \, . \tag{6c}$$

Die Konstante M_k fällt mit steigender Durchlässigkeit der benutzten Membran.

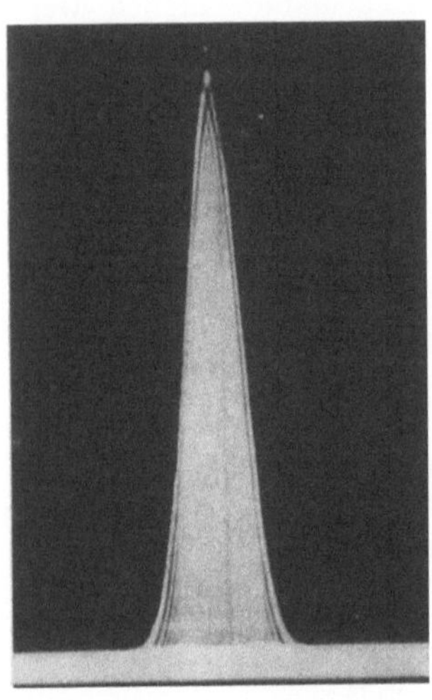

Abb. 23. Schlierenaufnahme des Indexgradienten bei der Diffusion von 0,75 % Saccharose gegen aqua dest. (s. Anh. II)

Die Möglichkeit, die Konzentration c_2 an der Membran praktisch auf 0 zu halten, ist in dem *Verfahren von* NORTHROP *und* ANSON (1929) verwirklicht worden. Eine Glasglocke ist nach unten durch eine poröse Glassinterplatte abgeschlossen. Sie taucht in das reine Lösungsmittel ein, welches sich unter der Platte befinden muß. Verfügt diese über eine ausreichend geringe Durchlässigkeit, dann kann die durchgetretene Substanz wegen der größeren Dichte der entstandenen Lösung so rasch nach unten absinken, daß sich in unmittelbarer Nähe der Membran nur noch freies Lösungsmittel befindet. Voraussetzung ist die erschütterungsfreie Aufstellung der Apparatur. Weil bei relativ hohen Anfangskonzentrationen diese durch den geringen, aber genau bestimmbaren Stoffübertritt praktisch nicht geändert werden, gibt die Methode exakte Werte. Zunächst wird unter Verwendung einer Eichsubstanz mit bekanntem D die Zellkonstante M_k für die betreffende Temperatur bestimmt. Zu diesem Zweck empfehlen die Autoren $2n$ NaCl-Lösung. Bei Untersuchung einer Substanz ergibt sich aus dem analysierten n das unbekannte D aus (6c) über dem Wert von M_k. Die Methode ist praktisch und theoretisch einfach zu handhaben. Sie läßt sich auf Stoffe mit großem und relativ kleinem Molekulargewicht anwenden und auch dann durchführen, wenn nur geringe Substanzmengen vorliegen. Denn es bedarf nur einer einfachen Rechenoperation, um auch eine Konzentrationsänderung der Ausgangslösung zu berücksichtigen. Hierzu muß die Gl. (6c) in differentieller Form geschrieben, unter Berücksichtigung der Volumina integriert und nach D aufgelöst werden. Ist das Volumen oben und unten gleich (v), so ergibt sich:

$$D = \frac{v \cdot M_k}{2t} \cdot \ln \frac{c_0}{c_0 - 2c} \, , \tag{7}$$

wo c_0 die Anfangskonzentration oben und c die untere zur Zeit t bedeutet.

Da keine Substanz verloren gegangen ist, läßt sich aus den beiderseitigen Endkonzentrationen auch die Ausgangskonzentration entnehmen. Dieses Vorgehen ist dann von Bedeutung, wenn schnell diffundierende Stoffe benutzt werden und nach Einstellung eines mittleren Diffusionsgefälles in der Membran bei $t = 0$ die untere Lösung gegen reines Wasser ausgetauscht wird.

Außer diesen einfachen Folgerungen aus dem Diffusionsgesetz gibt es je nach den Bedingungen des Experimentes eine Anzahl von Lösungen (STEFAN 1879) der allgemeinen Fickschen Differentialgleichung, die es ebenfalls erlauben, D aus bestimmten Versuchsdaten zu berechnen. Die meisten experimentellen Anordnungen stimmen darin überein, daß nach Beendigung des Diffusionsversuches die Konzentration in mehreren von der Anfangsgrenze verschieden weit entfernten Schichten gemessen wird (GRAHAM 1850). Die Messung wird mit optischen Methoden vorgenommen (Polarimetrie, Interferometrie, mikroskopische Colorimetrie, Schlierenoptik, Abb. 23), oder sie erfolgt durch chemische

Analyse der Flüssigkeiten verschiedener Abschnitte, die den einzelnen Diffusionsapparaten durch sinnreiche Vorrichtungen entnommen werden können. Bei den heutzutage wohl fast ausschließlich benutzten optischen Methoden handelt es sich oft darum, den Brechnungsindex zu bestimmen. Er ist der Konzentration proportional. Seine Messung kann durch Interferometrie erfolgen. Besonders zweckmäßig sind die Schlieren- und die Skalenmethoden geworden (vgl. S. 740f.), denn sie beide ergeben auf photographischem Wege direkt die Gradientenkurven (Abb. 25).

Gelegentlich kann man mit Vorteil von der Erfahrung Gebrauch machen, daß sich die Diffusion in dünnen Gallerten praktisch mit gleicher Geschwindigkeit wie im freien Wasser vollzieht (VOIGTLÄNDER, FÜRTH 1930). Natürlich ist dieses Verfahren nicht für sehr große, insbesondere Fadenmoleküle, geeignet. Für Hämoglobin mit $M = 68000$ erhält man aber noch brauchbare Werte (RITTINGHAUS 1950), wenn man aus wäßriger Lösung in einen Agarzylinder diffundieren läßt und in ihm die Konzentrationszunahme an verschiedenen Stellen mißt. Ähnlich wie die mikroskopische Colorimetrie ist diese Methode auf die Diffusion gefärbter Stoffe beschränkt.

Konzentrationskurven bei Diffusionssystemen

Der Verlauf einer *Konzentrationskurve* bei idealer Diffusion wird in der Abb. 24 dargestellt. Der Punkt $x = 0$ auf der Abszisse gibt die Trennlinie zwischen der rechts liegenden Lösung und dem links gelegenen Lösungsmittel an. Die Ordinate entspricht den auf die Ausgangswerte als Einheit bezogenen relativen Konzentrationen in verschiedenen Abständen rechts und links von der Trennlinie. Grenzt sie gleiche Volumina nach beiden Seiten ab, so sieht man, daß der Zunahme links eine gleiche Abnahme der Konzentration rechts für die gleichen Abstände entspricht, d.h. die Änderung der Konzentration mit der Strecke erfolgt symmetrisch. Sie ist am stärksten bei $x = 0$. Mit wachsender Zeit werden die Konzentrations-Strecken-Kurven immer flacher und nach Erreichung des Diffusionsausgleiches finden sich in beiden Räumen die gleichen Konzentrationen. Läßt man aus einem Raum mit konstantem c_0 diffundieren, dann wird der Vorgang nur durch den linken unteren Teil der Abb. 24 dargestellt. Allerdings muß nun der Wert der Ordinaten verdoppelt werden.

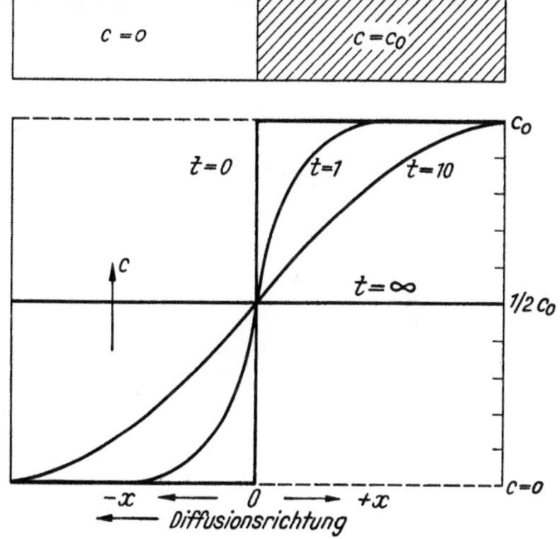

Abb. 24. Diffusion aus einem Zylinder (rechts) in einen gleich großen (links). Bei $t = 0$ entspricht die Konzentration rechts dem Ordinatenwert c_0 und links dem Wert $c = 0$. Nach dem Ausgleich beträgt sie in beiden Räumen $c = c_0/2$. In der Zwischenzeit nehmen sie bei den entsprechenden Abständen $+ x$ und $- x$ die Werte von Kurven der eingezeichneten Art an

Weiterhin ist zu beachten, daß das Integral (Abb. 24) der Kurven beiderseits von $x = 0$, d.h. der Flächeninhalt zwischen ihr und der Abszissen unten bzw. oben rechts und links, gleich groß sein muß und der bis zu dem Zeitpunkt t durch Diffusion bewegten Substanzmenge n entspricht. Man erhält unter Einsetzung der so durch Integration einer solchen Kurve gewonnenen Substanzmenge n für D:

$$D = \frac{\pi \cdot n^2}{4 c_0^2 q^2 \cdot t} \, . \tag{8}$$

Die gleichen Verhältnisse lassen sich durch die *Konzentrationsgradientenkurven* zur Darstellung bringen (Abb. 25). Man erkennt nun, daß dieser Gradient (dc/dx) symmetrisch nach beiden Seiten abfällt, und zwar in der Glockenform einer Verteilungskurve nach GAUSS. Sie spiegelt damit den statistischen Charakter des Geschehens wider. Die absoluten Werte der Gradienten nehmen mit der Zeit ab. Jedoch ist jetzt das Integral der Kurve, d.h. der Flächeninhalt zwischen ihr und der Abszisse, von der Zeit unabhängig und ein Maß für die verwendete Ausgangskonzentration c_0, bzw. für die im Versuch benutzte Stoffmenge (s. S. 267).

Die *Zeitabhängigkeit der* soeben beschriebenen *Konzentrationsverteilung erlaubt eine Bestimmung des Diffusionskoeffizienten.* Jedoch erfordert seine rechnerische Ermittlung eine eingehendere Behandlung, als sie hier gebracht werden kann. Daher soll nur der Weg zur Gewinnung einiger wichtiger Formulierungen angedeutet werden.

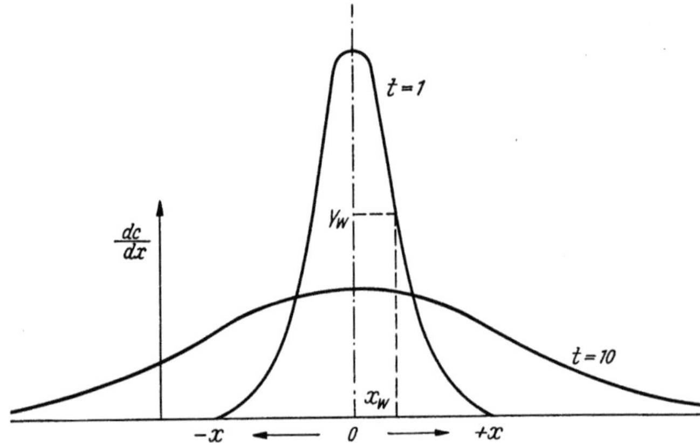

Abb. 25. Konzentrationsgradienten (dc/dx) in den Abständen $+x$ und $-x$ bei idealer Diffusion. Die Kurven werden mit zunehmender Zeit flacher. x_w, y_w sind die Koordinaten der Wendepunkte für die Kurve bei $t=1$

Wenn der Querschnitt festgelegt ist, enthält die Grundgleichung (4a) immer noch 4 Variable. Ihre Zahl kann durch Eliminierung von n mit Hilfe des *zweiten allgemeinen Fickschen Diffusionsgesetzes* auf drei herabgesetzt werden. Denn n ist durch das 1. Gesetz mit c verknüpft. Die neue Beziehung lautet:

$$\left(\frac{dc}{dt}\right)_x = D \left(\frac{d^2c}{dx^2}\right)_t \quad \text{(Laplace)} \tag{9}$$

und sagt damit aus, daß die zeitliche Konzentrationsänderung in einem gegebenen Abstand x über die Konstante D der Änderung des Konzentrationsgradienten in der Richtung x zur Zeit t proportional ist. Für die übrigen beiden Koordinaten des Raumes gilt der analoge Zusammenhang. Aus der Ableitung von (9) aus (4a) ergibt sich, daß D für beide Gleichungen identisch ist. Diese Differentialgleichung 2. Grades muß vor ihrer praktischen Verwendung integriert werden. Dabei ergeben sich je nach den Grenzbedingungen *verschiedene Lösungen.* Ihre Gewinnung geht im wesentlichen auf die Arbeit von STEFAN (1879) zurück.

Für die *Diffusion aus einem Raum genügender Länge* mit der Konzentration c_0 in einen gleichartigen, mit reinem Lösungsmittel gefüllten hinein lassen sich relativ einfache Gleichungen finden. Unter der Bedingung, daß an den entfernten Enden des „halb unendlichen" Körpers noch keine Konzentrationsverschiebung durch die Diffusion eintritt, gilt für die Konzentration c an der

Stelle x in der Diffusionsrichtung:

$$\frac{c}{c_0} = \frac{1}{2}\left(1 - \Phi(v)\right) = f\left(\frac{x}{2\sqrt{Dt}}\right) = f(v).\tag{10}$$

Für das jeweilige Konzentrationsverhältnis im Ausgangsraum, d.h. entgegen der Diffusionsrichtung, ist statt des Minuszeichens ein Pluszeichen in (10) zu setzen. Wird die Konzentration in dem Ausgangsraum während der Diffusionszeit auf dem Wert c_0 gehalten, dann ist das Konzentrationsverhältnis:

$$\frac{c}{c_0} = 1 - \Phi(v).$$

Hier ist

$$\Phi(v) = \frac{2}{\sqrt{\pi}} \int_0^v e^{-v^2} \cdot dv \tag{10a}$$

das Gaußsche Wahrscheinlichkeitsintegral. Seine Zahlenwerte sind für verschiedene Werte von v aus entsprechenden Tabellen zu entnehmen. Mit ihrer Hilfe erhält man nach (10)

Tabelle 22. *Das Wahrscheinlichkeitsintegral der Funktion:* $v = x\left(2\sqrt{Dt}\right)^{-1}$

c/c_0	$\Phi(v) =$ $1-2\cdot(c/c_0)$	v	$\dfrac{1}{4v^2}$	$\log\dfrac{1}{4v^2}$
0,05	0,9	1,1631	0,1848	0,26670-1
0,10	0,8	0,9062	0,3046	0,4835-1
0,15	0,7	0,7329	0,466	0,6679-1
0,20	0,6	0,5951	0,706	0,84876-1
0,25	0,5	0,4769	1,099	0,04100
0,30	0,4	0,3701	1,827	0,26130
0,35	0,3	0,2725	3,37	0,52730
0,40	0,2	0,1791	7,79	0,89152
0,45	0,1	0,0889	31,7	1,50056

auch die einem gegebenen Verhältnis c/c_0 zugehörenden Werte von v. Sie sind in der Tabelle 22 gleichzeitig mit der Größe $1/4v^2$ angegeben, denn aus dieser ist D auf folgende Weise zu errechnen. Es ist $v = \dfrac{x}{2\sqrt{Dt}}$. Nach Quadrieren ergibt sich:

$$D = \frac{x^2}{t} \cdot \frac{1}{4v^2}.\tag{10b}$$

Aus der Strecke x, für die das zu der Zeit t beobachtete Verhältnis c/c_0 gilt, läßt sich hiernach D leicht entnehmen. Umgekehrt muß die Strecke, nach der ein bestimmtes Konzentrationsverhältnis beobachtet wird, mit dem Quadrat der Zeit zunehmen, d.h. der Quotient $x^2 \cdot t^{-1}$ ist konstant [vgl. (17b)].

Die Leichtigkeit, mit der die *Gradientenkurve* (25) mit Hilfe optischer Verfahren (s. S. 740) experimentell zu erhalten ist, macht ihre *Auswertung* zum Zwecke der Bestimmung des Diffusionskoeffizienten wünschenswert. Allgemein gilt für die Diffusionsanordnungen mit halbunendlichen Bedingungen:

$$y = \frac{dc}{dx} = \frac{c_0}{2\sqrt{\pi Dt}} \cdot e^{-\frac{x^2}{4Dt}}.\tag{11}$$

Der Maximalwert liegt bei der Trennlinie, d.h. bei $x = 0$, so daß, da

$$e^{-0} = 1, \quad \text{folgt:} \quad \left(\frac{dc}{dx}\right)_{\max} = \frac{c_0}{2\sqrt{\pi Dt}} = y_m, \quad \text{bzw.} \quad D = \frac{c_0^2}{4\pi t y_m^2}.\tag{11a}$$

Hier ist c_0 gleich der zwischen der Kurve und der X-Achse eingeschlossenen Fläche.

Ein anderes Verfahren bestimmt D aus der Abszisse des Kurvenwendepunktes (x_w) auf Grund der hier nicht abzuleitenden Beziehung:

$$D = \frac{x_w^2}{2t}.\tag{11b}$$

x_w kann wiederum leicht dadurch erhalten werden, daß die Wendepunktsordinate (y_w) einer Gaußschen Kurve mit den Maximalordinaten folgendermaßen verbunden ist. Mit y_m

[Gl. (11a)] und $(x_w)^2 = 2\,D t$ wird für y_w aus Gl. (11):

$$y_w = y_m \cdot e^{-1/2} = \frac{y_m}{\sqrt{e}} = 0{,}606\,y_m. \tag{11 c}$$

Bei eingehenderer Analyse der Gradientenkurve gelingt es, D auch aus jedem beliebigen Punkt ohne Kenntnis der Konzentrationswerte zu erhalten. Will man aber außerdem die Konzentrationen aus dieser Kurve ermitteln, so ist sie bis zu dem gewünschten x-Wert zu integrieren.

Ergibt nun die Auswertung eines Diffusionsversuches eine *symmetrische Glockenkurve*, so kann geschlossen werden, daß die *diffundierende Substanz einheitlich* ist. Bei Hochpolymeren z.B. würde sie dann einen einheitlichen Dispersitätsgrad aufweisen, also monodispers sein und nicht aus mehreren unabhängig voneinander diffundierenden Komponenten bestehen. Abweichungen von der Verteilungskurve, welche meistens in einer Überhöhung in der Achsennähe bestehen, zeigen eine Inhomogenität des diffundierenden Materials an. Bei einer Wechselwirkung der Teilchen untereinander ergeben sich unsymmetrische Kurven.

Moleküldimensionen und Diffusionskoeffizient

Die Tabelle einiger Diffusionskoeffizienten (Tabelle 23) zeigt die großen Unterschiede ihrer Werte und läßt die allgemeine Regel erkennen, daß die *Diffusion um so langsamer* vor sich geht, *je größer die Moleküldimensionen* sind. Nach einer von EXNER für absorbierte Gase und von EULER für gelöste Stoffe gefundenen empirischen Regel ist der Koeffizient der Wurzel aus dem Molekulargewicht (M) umgekehrt proportional, so daß gilt:

$$D = \frac{\text{const}}{\sqrt{M}}. \tag{12}$$

Diese Beziehung scheint nur für relativ niedrig molekulare Stoffe zuzutreffen. Umgekehrt läßt sich aus der Konstanten, die nach OHOLM nicht weit vom Mittelwert 7,0 (20° C) abweicht, mit Hilfe der Diffusionskonstanten das M einer in Wasser gelösten Substanz ermitteln.

Tabelle 23. *Diffusionskoeffizienten* (größtenteils bei 25°)

Substanz	M	$D \cdot \sqrt{M}$	$D \cdot \left(\dfrac{\text{cm}^2}{\text{Tag}}\right)$	$M\,R_D$	V	$D \cdot \sqrt[3]{V}$
Methylalkohol .	32	6,68	1,18	8,2	42,8	4,13
Äthylalkohol .	46,1	6,45	0,950	12,78	62,4	3,77
Harnstoff . . .	60,1	7,92	1,022	13,67	59,2	3,99
Azetamid . . .	59,1	6,92	0,90	14,87	68,7	3,68
Propylalkohol .	60,1	6,59	0,85	17,52	81,3	3,68
Allylalkohol . .	58,1	6,52	0,855	16,85	74,1	3,59
Glycerin . . .	92,1	6,53	0,68	20,63	87,8	3.02
Butylalkohol .	74,1	6,54	0,76	22,19	102,0	3,55
Alloxan. . . .	142	6,72	0,563	25,36	117,8	2,76
Amylalkohol .	88,1	7,13	0,76	28,62	124	3,79
Pentaerythrit .	136,1	6,87	0,589	31,42	152,2	3,14
Glucose. . . .	180,1	6,58	0,49	37,54	178,8	2,76
Mannit	182,1	6,54	0,485	39,06	189,8	2,79
Lactose . . .	342,2	7,58	0,41	70,35	338,8	2,86
Rohrzucker . .	342,2	7,38	0,399	70,35	338,8	2,78
Raffinose . . .	504,2	6,85	0,305	103,72	498,8	2,42

Theoretisch *verständlicher* als die *Zuordnung der Diffusionsgeschwindigkeit zum Gewicht der Moleküle erscheint es, sie mit ihrer Größe in Beziehung zu setzen.* Dementsprechend findet man, daß die Diffusionskoeffizienten sich auch umgekehrt wie die Molekularvolumina anordnen. Man versteht hierunter den von einem Mol eingenommenen Raum (Molvolumen, V). Er ergibt sich aus der Dichte (ϱ)

$$\varrho = \frac{M}{V} \tag{12a}$$

als

$$V = \frac{M}{\varrho}; \tag{12b}$$

ebenso gilt für das Atomvolumen (V_a)

$$V_a = \frac{A}{\varrho}, \tag{12c}$$

worin A das Atomgewicht bedeutet. Nun ist ϱ stark temperaturabhängig, und wenn nach Beziehungen zwischen der Konstitution verschiedener Substanzen und ihrem Molvolumen gesucht wird, so müssen sie bei miteinander vergleichbaren Temperaturen (in „übereinstimmenden Zuständen") untersucht werden. Daher wird V nach KOPP aus dem spezifischen Gewicht der Flüssigkeit beim Siedepunkt bestimmt. Es ergibt sich das Gesetz, daß das Molekularvolumen in guter Annäherung gleich der Summe der Atomvolumina ist.

Zur Berechnung des V in ml gab KOPP folgende Zahlen:

$$V = 11,0 \cdot k + 7,8 \cdot O_1 + 12,2 \cdot O_2 + 55 \cdot h + 22,8 \cdot cl + 22,6 \cdot s.$$

Die Buchstaben k, O_1, O_2, h, cl, s bedeuten die Anzahl der C-, $-$O-, $-$H-, $-$Cl- und S-Atome. Beim Sauerstoff wird der einfach gebundene 0 von dem Carbonylsauerstoff ($C = 0$) unterschieden. Letzterer beansprucht ein größeres Volumen. V ist noch auf mehreren anderen Wegen bestimmbar, so vor allem aus dem Lichtbrechungsvermögen (Refraktion) der betreffenden Substanzen. Es sind nämlich die sog. *Atomrefraktionen* und die sich aus ihnen ebenfalls durch Addition ergebenden *Molekularrefraktionen* (MR_D) ein Maß für den von den Atomen bzw. Molekülen eingenommenen Raum (s. S. 33).

Bei relativ großen Molekülen besteht außerdem folgende einigermaßen gut verifizierte Beziehung zwischen dem Molekülradius (r) und D.

Ihre Ableitung geht davon aus, daß eine treibende Kraft (K_r) in einem Milieu mit relativ großer innerer Reibung eine gleichförmige mittlere Geschwindigkeit (v) der freien Teilchen erzeugt, welche sie bewegt. Sie ist jener Kraft über einen Faktor proportional (s. S. 293), der $1/f$ genannt sei. Sein reziproker Wert f besitzt die Dimension der inneren Reibung (η) (s. S. 308) multipliziert mit einer Strecke:

$$\frac{dx}{dt} = v = \frac{1}{f} \cdot K_r; \quad [f] = \frac{[K_r]}{[v]} = \frac{m l t^{-2}}{l t^{-1}} = m t^{-1}; \quad [\eta] = m l^{-1} t^{-1}. \tag{13}$$

Der Reibungswiderstand, den ein kugeliges Teilchen mit dem Radius r in einer Flüssigkeit erfährt, ist nach dem Stokes-Kirchhoffschen Gesetz:

$$f = 6 \pi \eta r. \tag{13a}$$

Die treibende Kraft multipliziert mit der Streckenlänge x ergibt die Differenz der treibenden thermischen Energien im Abstande x. Umgekehrt wird K_r als Gradient jener Energien erhalten. Nun kommen die Energien eines Mols gelöster Stoffe über RT proportional dem Logarithmus ihrer Konzentrationen (sog. chemische Potentiale, μ, s. S. 95) zur Wirkung. Aus $\mu = \mu_0 + RT \ln c$ wird $d\mu/dc = RT/c$ und

$$K_m = \frac{d\mu}{dx} = \frac{d\mu}{dc} \cdot \frac{dc}{dx} = \frac{RT}{c} \cdot \frac{dc}{dx}, \quad \text{bzw.:} \quad K_r = \frac{RT}{N_L c} \cdot \frac{dc}{dx}. \tag{14}$$

Hier ist K_m die Kraft pro Mol und K_r die Kraft pro Molekül. Damit wird nach (13):

$$v = \frac{dx}{dt} = - \frac{RT}{N_L \cdot c \cdot f} \cdot \frac{dc}{dx}, \tag{14a}$$

wobei das Minuszeichen wiederum die Bewegung zu abnehmender Konzentration bezeichnet. *Die Geschwindigkeit wächst also mit der Triebkraft und fällt mit wachsendem Reibungswiderstand.*

Die übergetretene Menge (n) ist nun immer das Produkt aus der Geschwindigkeit, der Zeit, dem Querschnitt und der Konzentration. Einsetzen vorstehender Beziehung (14a) und Vergleich mit der Fickschen Diffusionsgleichung (4a) ergibt:

$$dn = v \cdot q \cdot c\,dt = -\frac{RT}{N_L \cdot f} \cdot q \frac{dc}{dx} \cdot dt = -D \cdot q \frac{dc}{dx} \cdot dt$$

und

$$D = \frac{RT}{N_L \cdot f} = \frac{RT}{N_L \cdot 6\pi\eta r} \quad \text{(E\scriptsize{INSTEIN}, S\scriptsize{UTHERLAND} 1908).}$$

$$\left.\rule{0pt}{3em}\right\} \quad (15)$$

Die oben beschriebene Abhängigkeit des Diffusionskoeffizienten von der inneren Reibung und der Temperatur findet in dieser Gleichung ebenso ihren Ausdruck wie die Tatsache, daß sein absoluter Wert durch die Teilchengröße bestimmt wird. Hiernach läßt sich aus D und η der Molekülradius und daraus unter Voraussetzung kugeliger Teilchen bei bekanntem spezifischem Gewicht einer Substanz ihr Molekulargewicht auf folgende Weise berechnen (R. O. Herzog).

Da das Molekularvolumen für N_L Molekeln angegeben wird, gilt für das Volumen eines Teilchens mit dem Radius r und der Dichte ϱ:

$$\frac{V_m}{N_L} = \frac{M}{\varrho \cdot N_L} = \frac{4}{3}\pi r^3, \quad \text{daher:} \quad r = \sqrt[3]{\frac{3M}{4\pi\varrho N_L}}. \tag{16}$$

Einsetzen dieses Wertes von r in (15) liefert die gesuchte Beziehung zwischen D und dem Molekulargewicht. Dabei kann für wäßrige Lösungen $\eta = 0{,}01$ g $\cdot$ cm^{-1} $\cdot$ sec^{-1} gesetzt werden. Für die Eiweißkörper gilt außerdem annähernd $\varrho = 1{,}33$. Bei 20° liefert das Einsetzen zusammen mit den Konstanten aus (15):

$$D = 3{,}2 \cdot 10^{-5} \cdot M^{-1/3}\,\text{cm}^2 \cdot \text{sec}^{-1}, \quad \text{bzw.:} \quad \log D = -0{,}33 \log M - 4{,}49,$$

d.h. *zwischen den Logarithmen von M und D besteht eine geradlinige Beziehung.* Sie ist bei vielen Eiweißen verwirklicht, besteht aber nicht bei Abweichungen von der Kugelgestalt (s. S. 301).

Die Diffusion im Gewebe

Der *Diffusionsvorgang* ist wohl einer der wichtigsten und universellsten physikalisch-chemischen Prozesse, die sich in Zellen und Geweben abspielen, denn nur durch ihn wird der *Stofftransport* innerhalb der Zellen und der lebensnotwendige Materialaustausch mit ihrem Milieu oder den Körpersäften *ermöglicht.* Und wenn in ihnen die Geschwindigkeit der freien Diffusion auch häufig durch Regulationseinrichtungen für die Stoffbewegungen herabgesetzt ist, so ist es doch von Interesse, aus den Diffusionskoeffizienten Folgerungen über die *Schnelligkeit derartiger Vorgänge* in den biologischen Dimensionen abzuleiten.

Betrachten wir mit Jacobs den Verteilungszustand von einer Million Zuckermolekülen in einem Diffusionszylinder mit dem Einheitsquerschnitt. Sie sollen sich zunächst in einer unendlich dünnen Schicht am Boden der Gefäße befinden. Eine Stunde nach Beginn der Diffusion von hier aus bietet sich folgendes Bild (Tabelle 24). Die verschiedenen Entfernungen, die zurückgelegt sind, folgen wie die freien Weglängen dem Verteilungsgesetz, also einer Wahrscheinlichkeitskurve (Verlauf wie Abb. 25). Der durchschnittliche Abstand aller Teilchen vom Boden ist aber nach dieser Zeit noch relativ klein: er beträgt 1,3 mm. Die Zeit bis zur Erreichung eines anderen mittleren Abstandes wächst mit dem Quadrat dieses Abstandes, so daß also die durchschnittliche Entfernung von 1,3 cm nach 100 Std, die von 1,3 m erst in 110 Jahren erreicht wäre. Umgekehrt würde der gleiche Transport bis zu 13 μ, also dem Durchmesser großer Zellen entsprechend, $^1/_3$ sec gebrauchen, die Breite der Bakterien (1,3 μ) würde in $^1/_{300}$ sec überwunden sein, die vermutliche Dicke der Plasmamembran, falls sie keinen Widerstand böte, in $^1/_{30000}$ sec. *Allgemein wird z.B. die Zeit vom Hinzufügen einer Substanz zu einem Organ bis zum Ausgleich durch Diffusion mit dem Quadrat der Gewebsdicke wachsen.* In der *cellularen* Größenordnung kann also der Stoffaustausch durch Diffusion *immer mit genügender Geschwindigkeit* vor sich gehen; *die quadratische Abhängigkeit der Verteilungsgeschwindigkeit von der Wegstrecke erfordert* jedoch *bei größeren Dimensionen die Existenz eines Systems zur mechanischen Stoffkonvektion* (Kreislauf- und Lymphapparat).

Die oben beschriebene Verteilung der Molekülzahlen (z) auf die verschiedenen Abstände (a) wird durch folgende Beziehung geregelt:

$$z = z_0 \cdot \Phi\left(\frac{a}{2\sqrt{Dt}}\right). \qquad (17)$$

Tabelle 24. *Verteilungszustand von Zuckermolekülen im Diffusionszylinder nach 1 Std* (nach JACOBS)

Abstand vom Gefäßboden	Anzahl Moleküle nach 1 Std
Über 7 Millimeter . . .	20
Zwischen 6—7 mm . . .	240
Zwischen 5—6 mm . . .	2100
Zwischen 4—5 mm . . .	12640
Zwischen 3—4 mm . . .	53100
Zwischen 2—3 mm . . .	155800
Zwischen 1—2 mm . . .	319210
Zwischen 0—1 mm . . .	456890
Summe	1000000

Hier ist z_0 die Anfangsmenge; a ist in cm anzugeben, für D ist 0,33 cm$^2 \cdot d^{-1}$ gesetzt und Φ ist wieder das Gaußsche Wahrscheinlichkeitsintegral.

Das Klammerglied bringt die quadratische Beziehung zwischen der Strecke und der Zeit zum Ausdruck. Die Gl. (17) selbst folgt aus der für den genannten Fall gültigen Lösung des zweiten Diffusionsgesetzes:

$$c = \frac{z_0}{2\sqrt{\pi Dt}} \cdot e^{-\frac{x^2}{4Dt}}. \qquad (17\,\text{a})$$

Der Weg zur Gewinnung der Menge im Abstand a durch Integration über die bei verschiedenen x-Werten bis a vorhandenen Konzentrationen soll hier nicht wiedergegeben werden. Dagegen sei der vorstehenden Gleichung noch folgende Aussage entnommen. Wie die Abb. 24 zeigt, verebbt der Diffusionsstrom mit seiner Ausbreitung; d.h. die in jedem Abstand erreichte Konzentration muß einen von der Zeit abhängenden Maximalwert erreichen. Durch Differenzieren von c nach der Zeit und Nullsetzen des erhaltenen Differentialquotienten bekommt man aus Gl. (17a) diese Maximumzeit (t_m) für den Abstand x in der Diffusionsrichtung zu:

$$t_m = \frac{x^2}{2D} \quad \text{(vgl. S. 73).} \qquad (17\,\text{b})$$

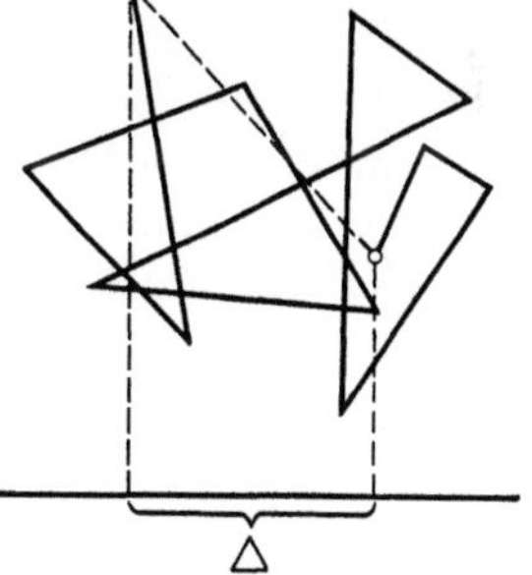

Abb. 25a. Mittlere Verschiebung eines freien Teilchens bei der Molekularbewegung

Daß eine *quadratische Beziehung zwischen der erreichten Strecke und der Zeit* bestehen muß, ergibt sich schon aus der Dimension des Diffusionskoeffizienten. Sie ist $l^2 \cdot t^{-1}$. Aus $l^2 = [D] \cdot t$, folgt daher: $l = \sqrt{[D] \cdot t}$.

In die Sprache der kinetischen Theorie übersetzt heißt das (Abb. 25a), daß die mittlere Verschiebung (Δ) eines Teilchens der Quadratwurzel aus der Beobachtungszeit proportional ist, während der von ihm in derselben Zeit durchlaufene Zickzackweg mit gleichförmiger Bewegung zurückgelegt wird und ihr daher direkt proportional geht. Es ist aber zu beachten, daß nur die Hälfte dieser mittleren Verschiebungen eine positive Komponente in der Diffusions-richtung hat. Betrachtet man dementsprechend die Verteilung eines Teilchens nach beiden Seiten, so wird die Bewegungsgröße ohne Beachtung des Vorzeichens der x-Richtung den doppelten Wert haben, also auch $2D$ statt D zu setzen sein. Daher wird die Beziehung $\Delta = \sqrt{2Dt}$ verständlich. Eine exakte Ableitung dieses Ergebnisses würde eine eingehendere wahrscheinlichkeits-theoretische Betrachtung erforderlich machen. Aber auch ohne sie durchzuführen, kann leicht eingesehen werden, daß die gleiche „makroskopische" Diffusionskonstante auch für die Molekularbewegung eines herausgegriffenen Teilchens gelten muß. Sie kann es allerdings nur dann, wenn eine Voraussetzung gegeben ist: die Zahl der Zusammenstöße, also auch die der räumlich maximal ungeordneten Einzel-wege zwischen jenen, muß sehr groß sein. Das ist bei endlicher Beobachtungs-zeit immer der Fall. Die quadratische Abhängigkeit der Verschiebungsgröße von der Zeit ist seit PERRIN durch häufige und sehr exakte, meistens ultramikro-skopische Beobachtungen an Ultrateilchen für die Brownsche Molekularbewe-gung ausnahmslos bestätigt worden.

Zur Feststellung der Geschwindigkeit physiologischer Austauschvorgänge müssen nun die *Diffusionskoeffizienten* für wichtige Stoffwechselprodukte *im Gewebe* bekannt sein. HILL (1928) und Mitarbeiter bestimmten sie für Milchsäure und organisches Phosphat, die bei der Muskeltätigkeit frei werden und bei Abwesenheit von Sauerstoff hinterher fast ausschließlich durch Diffusion aus dem Muskel verschwinden. Es wird die nach verschiedenen Zeiten ausgetretene Gesamtmenge festgestellt und aus ihrer Summe und der im Muskel gefundenen Endkonzentration c_0 der Wert von D errechnet. Aus einer Oberflächenausmes-sung des Muskels ergibt sich die durch die Querschnittseinheit übergetretene Menge n (Dimension: g/cm²). Sie muß zur Konzentration g/cm³ und der Beob-achtungszeit t in folgender Beziehung stehen. n muß c direkt proportional sein:

$$\left[\frac{\text{g}}{\text{cm}^2}\right] = \{K\} \cdot \left[\frac{\text{g}}{\text{cm}^3}\right]; \quad \{K\} = [\text{cm}] = \sqrt{[D \cdot t]}, \tag{18a}$$

$$[\text{g}] = \left[\frac{\text{g}}{\text{cm}^3}\right] \cdot [\text{cm}^2] \cdot \sqrt{[Dt]} \tag{18b}$$

ist dann die nach Dimensionsüberlegungen zu erwartende allgemeine Beziehung. Sie sagt aus, daß die übergetretene Menge der Wurzel aus der Zeit proportional ist. Der spezielle Ausdruck ergibt sich aus der Form des Diffusionskörpers. Wie HILL zeigte, gilt auch für den Muskel die von STEFAN für einen sog. halbunend-lichen Zylinder abgeleitete Gleichung

$$n = 2\,c_0 q\,\sqrt{D \cdot t/\pi}. \tag{18c}$$

Die mit ihrer Hilfe berechneten Diffusionskoeffizienten sind für die genannten 2 Stoffe über 100mal kleiner als bei freier Diffusion, und man hat in diesem Unter-schied einen Ausdruck für ihre Verzögerung durch die Muskelmembran zu sehen.

Allerdings kann man aus diesen Experimenten keine genauen Zahlenwerte über die Permeationsgeschwindigkeit ableiten. Denn einmal sind die Grenzschichten der Muskeln in derartigen Versuchen erfahrungsgemäß nicht mehr völlig intakt, und zweitens ist die effektiv austauschende Fläche sicher größer als eingesetzt wurde. Zweifellos wird sich daher die Permeation dieser Stoffe im ruhenden Gewebe noch wesentlich langsamer vollziehen, wenn man sie auf die Größe der wirklich passierten Oberfläche berechnet.

Löslichkeit und Diffusion der Atemgase

In scharfem Gegensatz zu diesen Verbindungen steht das Verhalten der Gase: die Diffusionsverzögerung, die sie im Gewebe erfahren, ist — wohl wegen ihres niedrigen Molekulargewichtes — relativ gering. Gerade also die Stoffe, welche wie CO_2 und O_2 unter Umständen sehr plötzlich und in großen Mengen gebraucht oder schnell entfernt werden müssen, können fast ungehindert passieren. Die freie Diffusion der in Wasser gelösten Gase (Tabelle 26) ist etwa von der Größenordnung, wie es dem Molekulargewicht nach zu erwarten ist.

Die von KROGH (1929) für die Gasdiffusion im Gewebe gefundenen Konstanten (Tabelle 25) sind mit den Koeffizienten der freien Diffusion nicht ohne weiteres zu vergleichen, da sie für einen Druckunterschied der Gase von einer Atmosphäre bestimmt sind. Dieser Differenz entspricht ein um so höherer Konzentrationsunterschied, je größer die Löslichkeit des betreffenden Gases im Wasser ist.

Hier ist der geeignete Ort, um allgemein auf das *Lösungsvermögen der Flüssigkeiten für Gase* einzugehen. Es wird unter bestimmten Druck- und Temperaturbedingungen festgestellt und auf die Volumeneinheit eines ml Flüssigkeit bezogen. Neben einer Stoffkonstanten ist bei gegebenem *T der Druck* des betreffenden Gases *über der Lösung* der Faktor, welcher über die aufgenommene Molekelzahl *entscheidet*. Steht ein Gemisch von Gasen mit der Flüssigkeit im Gleichgewicht, so wird die gelöste Gasmenge nur durch den Teildruck des zugehörigen Partners im Gasraum bestimmt *(Henry-Dalton-Gesetz von der Unabhängigkeit der Partialdrucke)*. Auch die gelösten Gase üben in der Flüssigkeit einen Druck aus. Er ist von der durch die Volumeneinheit gelösten Gasmenge abhängig und damit auch vom äußeren Druck des Gases (p). Im Lösungsgleichgewicht sind beide Drucke einander gleich. Die Zahl der Gasteilchen im gegebenen Gasraum, d.h. die Gaskonzentration in ihm (c_G), ist dem Gasdruck ebenso proportional wie die Konzentration des in der Flüssigkeit gelösten Gases (c_{fl}), so daß gilt:

$$c_{fl} = \varphi \cdot p \quad \text{und} \quad c_G = \gamma \cdot p.$$

Wenn $\varphi/\gamma = \beta$ gesetzt wird, ergibt sich:

$$c_{fl}/c_G = \beta, \quad \text{bzw.} \quad c_{fl} = \beta \cdot c_G. \tag{19}$$

Das bedeutet, daß die *Konzentration in der Flüssigkeit linear mit der im Gasraum ansteigt*. Die beide Größen verbindende Konstante β ist außer von den Stoffpartnern noch von der Temperatur abhängig. Mit vorstehender Formulierung wird auf der Gültigkeit des allgemeinen und gleichlautenden *Verteilungssatzes* von HENRY und NERNST aufgebaut (s. S. 98).

Tabelle 25. *Diffusionskonstanten* (K_k)

O_2-Gas bei 20° C durch 1 μ Dicke pro cm² und Minute bei 1 Atm. Druckunterschied (nach KROGH)

	ml O_2	$K_k \cdot 10^5$
Durch Wasser	0,34 cm³	3,4
Durch 15% Gelatine .	0,28 cm³	2,8
Durch Muskel	0,14 cm³	1,4
Durch Bindegewebe .	0,115 cm³	1,15
Durch Chitin	0,013 cm³	0,13

Tabelle 26. *Diffusionskoeffizienten für verdünnte wäßrige Lösungen*

Substanz	M	Temperatur °C	$D \cdot 10^5$ (cm²/sec)	$D \cdot 10^3$ cm²/min	D cm²/Tag
Wasserstoff* . .	2	21	5,2	3,1	4,5
Stickstoff* . . .	28	22	2,02	1,21	1,75
Sauerstoff*. . .	32	18	1,98	1,19	1,71
Kohlensäure*. .	44	20	1,77	1,06	1,53
Ra-Emanation .	222	—	0,95	0,57	0,82

* Aus: International Critical Tables, Bd. 5, S. 63; McGraw-Hill, New York 1929).

Nun wird die Menge des aufgelösten Gases allgemein in ml unter Normalbedingungen (0° und 760 mm Hg) angegeben, und der *Bunsensche Absorptionskoeffizient* (α) liefert jenes Volumen, welches die bei $t°$ und 760 mm gelöste Menge bei gleichem Druck und 0° einnehmen würde. Verdoppelt sich der Druck, so löst sich zwar die doppelte Teilchenzahl auf, aber da das Gasvolumen gleichzeitig durch die Druckerhöhung auf die Hälfte verkleinert wird, bleibt das *aufgelöste Gasvolumen unabhängig von dem* über der Flüssigkeit herrschenden *Druck*, wenn es selbst unter diesem Druck gemessen und so als α angegeben wird. Will man die Volumina wie üblich unter reduzierten Bedingungen erhalten (V_{red}), dann ist, wenn p den Partialdruck angibt,

$$V_{\text{red}} = \frac{\alpha \cdot p}{p_0} = \frac{\alpha \cdot p}{760} \, . \tag{19a}$$

Die gesuchte Menge in ml, welche im Volumen von 100 ml aufgelöst ist, V_{red} mal 100, gibt die *Volumenprozente*. Angaben in dieser Form werden häufig verwendet. α nimmt mit zunehmender Temperatur und mit der Ionenstärke der Lösung (s. S. 137) relativ stark ab. Es muß für biologische Flüssigkeiten besonders ermittelt werden.

Folgendes *Beispiel* diene zur Erläuterung: Für Plasma beträgt die Löslichkeit der CO_2 bei 37°: $\alpha = 0,51$ gegenüber $0,545$ für reines Wasser. Für O_2 ist α bei 37° in H_2O 0,024. Bei einem Hg-Druck von 40 mm sind danach in 1 ml Serum: $\dfrac{0,51 \cdot 40}{760} = 0,027$ ml CO_2 gelöst. Das entspricht 2,7 Vol.-% Gas, bezogen auf das Flüssigkeitsvolumen. Mit $\alpha = 0,51$ ergibt sich dann:

$$Vol\text{-}\% = \alpha \cdot p \cdot 0,1315 = p \cdot 0,067 \, . \tag{19b}$$

Die *Molarität des gelösten Gases* errechnet sich folgendermaßen: Da das Mol unter Normalbedingungen 22,4 Liter einnimmt, beträgt die molare Konzentration eines reinen Gases bei 0°, d.h. bei $T_0 = 273°$: $c_G = 1/22,4 = 0,0446$ Mol/Liter, bei 760 mm und T ist sie $c = 0,0446 \, T_0/T$ Mol/Liter. Die molare Konzentration eines gelösten Gases ist:

$$c_{\text{fl}} = V_{\text{red}}/22,4 = 0,01 \text{ Vol.-}\%/22,4 = \alpha \cdot p \cdot 5,88 \cdot 10^{-5} \text{ Mol/Liter} \, .$$

Für obiges Beispiel ist $c = 1,2 \cdot 10^{-3}$ Mol/Liter $= 1,2$ mMol/Liter. Ersichtlicherweise nimmt die Molarität mit p in einem Maße zu, welches durch α bestimmt wird. Die molare Konzentration im Gasraum mit dem Partialdruck p ist:

$$c_G = \frac{0,0446 \cdot p \cdot T_0}{p_0 \cdot T} = p \cdot 5,88 \cdot 10^{-5} \cdot \frac{T_0}{T} \text{ Mol/Liter} \, .$$

Hiermit ergibt sich:

$$\beta = \frac{c_{\text{fl}}}{c_G} = \frac{\alpha \cdot T}{T_0} \, . \tag{19c}$$

Zurückkehrend zur Frage der auf $1' = 60$ sec bezogenen Kroghschen Konstanten (K_k) läßt sich nunmehr verstehen, daß der Diffusionskoeffizient aus K_k entnommen werden kann, wenn man α für die betreffenden Bedingungen kennt. Da das O_2-Konzentrationsgefälle um so größer wird, je mehr sich löst, muß bei gleicher transportierter Menge das D um so kleiner ausfallen, je größer der Diffusionsgradient tatsächlich ist. Daher gilt: $D = \dfrac{K_k}{60\,\alpha}$. Mit dem Wert von $\alpha = 0,03$ für O_2 bei 20° erhält man so aus den Kroghschen Konstanten für Wasser $D = 1,9 \cdot 10^{-5}$ cm² sec⁻¹ und für den Muskel $D = 0,78 \cdot 10^{-5}$ cm² · sec⁻¹. Nach der letzten Zahl, welche mit 0,67 cm²d⁻¹ gleichbedeutend ist, würde die Verteilung des Sauerstoffs in den Organen rund mit der Geschwindigkeit des Glycerins in wäßriger Lösung vor sich gehen; und da dessen Koeffizient etwa doppelt so groß ist wie der des Rohrzuckers, so ist die nach einer bestimmten Zeit im Gewebe zurückgelegte Strecke noch um $\sqrt{2} = 1,4$mal größer als in dem oben gewählten Rohrzuckerbeispiel.

Beim Vergleich mit CO_2 zeigt sich, daß die Diffusion wegen der etwa *20mal größeren Löslichkeit auch* trotz des etwas höheren Molekulargewichtes *entsprechend 20mal mehr Substanz bewegt.* Da die beiden Gase in vivo meistens in Mengen von etwa gleicher Größenordnung transportiert werden, stellt im allgemeinen die *Geschwindigkeit* des erreichten *Sauerstofftransportes einen limitierenden Faktor* für biologische Vorgänge dar. Zahlreiche Einrichtungen dienen der Hebung seiner Austauschgeschwindigkeit und erreichen das durch die Erhöhung seiner Spannung im Gewebe. Andererseits ist aber auch für CO_2 ein geschwindigkeitsbestimmender Faktor durch die relative Langsamkeit der Reaktion $CO_2 + H_2O = H_2CO_3$ gegeben. Ihr wird durch die Tätigkeit eines besonderen Fermentes, der *CO_2-Anhydratase,* begegnet, welches den Reaktionsablauf um 2—3 Zehnerpotenzen beschleunigen kann.

O$_2$-Spannungsgefälle im Gewebe; die Grenzschnittdicke

Für das Problem der Sauerstoffversorgung ist es von Bedeutung zu wissen, *bis in welche Tiefe des Gewebes hinein die Diffusion genügende Mengen von O$_2$ liefern kann.* Die Entfernung von der Austauschfläche, normalerweise also der Capillarwand, bis zu jenem Punkt, bei dem sich der Gasdruck auf einen bestimmten Wert, z.B. auf 0, verkleinert hat, wird um so geringer sein, je größer der Verbrauch des Organes an Sauerstoff ist; und sie wird um so größer werden, je höher die Ausgangskonzentration, d.h. der Sauerstoffdruck des Blutes, und die Diffusionskonstante ist. Man hat Anhaltspunkte dafür, daß während der Ruhe nur so viele Capillaren geöffnet sind, daß nirgendwo im Gewebe die Sauerstoffspannung den Nullwert erreicht, sondern meistens wesentlich darüber liegt. Wenn bei dem gesteigerten Umsatz während der Tätigkeit des Muskels dasselbe Ziel innegehalten werden soll, dann gelingt das nur, da weder die Diffusionskonstante noch die Gasspannung im Blute wesentlich geändert werden können, durch Vergrößerung der Austauschfläche und Verringerung des Capillarabstandes von der Gewebsmitte, d.h. durch Öffnung neuer Capillaren. Für den *Zustand, in dem Sauerstoffbedarf und Lieferung sich die Waage halten* (steady state), ist diese Entfernung von dem Capillarmittelpunkt aus von KROGH am Muskel gemessen worden. Er findet den „Aktionsbereich" der Capillaren in der Ruhe zu etwa 100 μ, den bei maximaler Durchblutung ungefähr zu 10 μ; hier hat sich ihre Zahl einer 10fachen Steigerung des Sauerstoffverbrauches entsprechend auf das 100fache vermehrt.

Die quantitativen Überlegungen KROGHs beschreiben den *Spannungsabfall* des Sauerstoffs *in einem um die Capillare zu denkenden Gewebszylinder.* Er wächst mit dessen Sauerstoffverbrauch, ist aber um so geringer, je größer die Diffusionskonstante im Gewebe ist. Wie er außerdem von dem Capillarradius und dem des Gewebszylinders abhängt, ist von KROGH (1929) aus den Diffusionsgesetzen abgeleitet worden (vgl. [1]). An dieser Stelle soll nur das vereinfachte Ergebnis gebracht werden, welches den Druckabfall (Δp) bis zur Peripherie des Zylinders mit dem Radius R liefert. Der letztere liegt in der Größenordnung von $20 \cdot 10^{-4}$ cm. Der Zylinder selbst wird durch eine ihn zentral durchziehende Capillare versorgt, deren Radius hier vernachlässigt wird (etwa 3 μ), obwohl er die Größe der Diffusionsoberfläche bestimmt. Der Druckabfall des Sauerstoffs ergibt sich so zu:

$$\Delta p \approx A \cdot R^2 \cdot \frac{K_1}{K_k} \,\mathrm{mm\,Hg}. \tag{20}$$

Hier ist K_1 eine Konstante und A die Größe des O$_2$-Verbrauches in ml pro ml Gewebe und Minute. Der Einfluß des Zylinderradius und damit der Capillar-

---

[1] OPITZ u. SCHNEIDER

versorgung wird neben der Bedeutung von A evident. Der Ausfall einer Capillare würde so in der Richtung der Mittelpunkte beider benachbarter Zylinder den Radius verdoppeln und damit den Druckabfall vervierfachen.

Der durchschnittliche Zylinderradius wird aus der mit morphologischen Methoden erhaltenen *Capillarlänge* (L) pro ml Gewebe abgeleitet. Die hervorragende Gewebscapillarisierung ergibt sich aus folgenden Zahlen. L beträgt beim Herzen 14000, im ruhenden Muskel unter 2000, im rhythmisch tätigen über 6000, im Gehirn maximal etwa 1400 m/ml Organ. Die Versorgung mit Capillaren scheint dabei, jedenfalls in verschiedenen Gehirnarealen, weniger der Zellzahl oder -größe als vielmehr dem Gehalt an Mitochondrien und Oxydationsfermenten (Cytochrom-c) zu entsprechen. Da nun

$$\pi R^2 L = 1 \text{ (in ml)}, \quad \text{ist } R = 0{,}564 \sqrt{\frac{1}{L}} \text{ cm}.$$

Hiermit ergibt sich z.B. für das Gehirn: $R = 1{,}5 \cdot 10^{-3}$ cm $= 15\,\mu$. Zieht man hiervon den Capillarradius ab, so beträgt die Breite des Zylinderringes in diesem

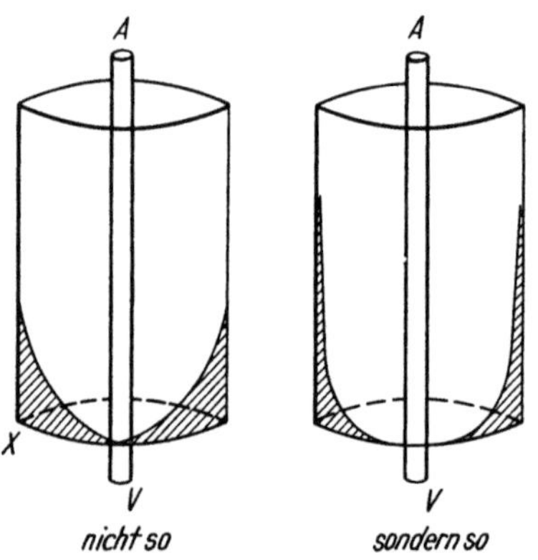

Abb. 26. Sauerstoff-Mangelzonen eines Gewebszylinders, entworfen nach OPITZ

Falle $12\,\mu$. Nach dem Kroghschen Ansatz wird er durch *Querdiffusion* vom Zentrum aus versorgt. Die niedrigste Ausgangsspannung an der Oberfläche der Capillare befindet sich an ihrem venösen Ende, so daß sich von der Zylinderperipherie dieses Teiles aus die ersten Schäden oder Reaktionen auf O_2-Mangel bemerkbar machen müssen (tödliche Ecke).

OPITZ hat erkannt, daß sich bei der hohen arteriovenösen Spannungsdifferenz an der kleinen Strecke der Capillarlänge von höchstens $^1/_2$ mm auch eine *Längsdiffusion* neben der in der Querschnittsrichtung bemerkbar machen muß. Ihre Theorie ist auf seine Veranlassung von R. BECKER und ausführlicher von THEWS entwickelt worden. Sie ergibt allgemein einen um so höheren Anteil des Ausgleichs in der Längsrichtung des Zylinders, je größer der Druckgradient in dieser Richtung ist. Je kürzer also die Capillare bei gleicher arteriovenöser Spannungsdifferenz ist, um so höher ist die Beteiligung der Längsdiffusion.

Die Bedeutung des Gradienten bei gleicher Capillarlänge zeigt folgender Versuch. Mangelerscheinungen, d.h. Beginn der tödlichen Ecke, erscheinen bei gleich niedriger Spannung an der Stelle (x) der Abb. 26. Sie tritt nun aber nicht immer bei der gleichen venösen Spannung ein. Liegt hohes arterielles p vor, dann ist die Längsdiffusion mit zu berücksichtigen, d.h. es wird eine etwas niedrigere venöse Spannung vertragen als bei erniedrigter arterieller Ausgangsspannung *(arterielle Hypoxie)*. Aus dem in einem solchen Versuch durch die Längsdiffusion erzielten Spannungsgewinn von 2 mm Hg errechnet OPITZ auf Grund der Formeln von THEWS eine Capillarlänge von $360\,\mu$. Umgekehrt würde zu einer Zylinderlänge von $90\,\mu$ ein Spannungsgewinn von 6 mm Hg gehören. Im übrigen wirkt die Längsdiffusion nivellierend in dem Sinne, daß der Mangel sich nicht nur am venösen Ende, aber dort näher an die Capillare herangreifend erstreckt: die Mangelzone wird jetzt mehr in die Peripherie des Zylinders gedrängt, aber natürlich auch am venösen Teil stärker in Erscheinung treten.

Im ganzen wird durch gute Capillarisierung der *Sauerstoffdruck* an allen Punkten der Gewebe *weit über einen kritischen Wert* gehalten, der beim Gehirn um 30 mm Hg liegt. Bei Organen, deren Versorgung sich stellenweise dem für sie charakteristischen niedrigsten Grenzwert annähert, scheint durch abwechselndes Öffnen oder Schließen der feinsten Gefäße dafür gesorgt zu sein, daß die gefährdeten Stellen dauernd abwechseln.

WARBURG, MEYERHOF, GERARD, HILL haben die *Reichweite der Sauerstoffversorgung im steady state* für Nerven, Muskeln oder Gewebsschnitte zunächst unter der Bedingung aufgehobener Zirkulation berechnet. Die Beziehung der Zeit, nach der durch Diffusion ein bestimmter Abstand erreicht wird, zu dieser Strecke ergibt sich aus der Dimensionsgleichung:

$$[l] = \sqrt{\{D\} \cdot [t]}\,.$$

Andererseits wird die Zeit, nach der eine gegebene Menge soweit hineingelangt ist, daß ihre Konzentration auf einen bestimmten Wert, z. B. auf Null, gesunken ist, um so länger sein, je größer die Anfangskonzentration (c_0; $[m \cdot l^{-3}]$) und um so kleiner, je größer der Verbrauch (A; $[m \cdot l^{-3} \cdot t^{-1}]$) ist:

$$[t] = \{K\}\frac{c_0}{A}; \quad [t] = \{K\}\frac{m\,l^{-3}}{m\,l^{-3} \cdot t^{-1}} = \{K\} \cdot t\,.$$

Sie muß unter der Bedingung des steady state der Konzentration nämlich deswegen direkt proportional sein, weil hier, wie in den Membranversuchen, das Konzentrationsgefälle aufrechterhalten bleibt und sich nicht vermindert, wie in den geschilderten Muskelversuchen von HILL, bei denen die Stefansche quadratische Beziehung zwischen übergetretener Menge und der Zeit gilt. Kombinierung der letzten Dimensionsgleichungen liefert:

$$[l] = \sqrt{\frac{\{K\} \cdot \{D\} \cdot c_0}{A}}\,. \tag{21}$$

Je nach der Form des Körpers hat K einen anderen Wert, der sich für ihn durch Integration einer Beziehung zwischen der nach FICKs Gleichung eindiffundierten Menge und der entsprechenden Größe des Sauerstoffverbrauches ergibt. Ein Zylinder z. B. von der Höhe 1 und dem Radius r mit dem Inhalt πr^2 und der Mantelfläche $2\pi r$ verbraucht in der Zeiteinheit $A\pi r^2$ Sauerstoff; es diffundiert vom Mantel aus in der gleichen Zeit hinein:

$$D \cdot 2\pi r\frac{dc}{dr};$$

wenn Zufuhr und Verbrauch gleich sind, gilt:

$$D \cdot 2\pi r\frac{dc}{dr} = A\pi r^2 \quad \text{oder} \quad \frac{dc}{dr} = \frac{Ar}{2D}\,.$$

Die Integration zwischen den Werten 0 und r für den Radius ergibt:

$$\left.\begin{aligned} \int dc &= \frac{A}{2D}\int_0^r r \cdot dr; \quad c = \left[\frac{A}{4D} \cdot r^2 + C\right]^{r=r} - [0 + C]^{r=0} = \frac{Ar^2}{4D}; \\[2ex] r &= \sqrt{\frac{4c_0 \cdot D}{A}} \quad \text{(MEYERHOF 1927)}. \end{aligned}\right\} \tag{21 a}$$

Für die Kugel hat K den Wert 6 (E. N. HARVEY) und für ein planparallel begrenztes Gewebestück nach WARBURG den Wert 8. Die sich im letzten Fall

ergebende Größe von r heißt die Grenzschnittdicke; sie beträgt z.B. für Lebergewebe in reinem O_2 etwa $^1/_2$ mm und darf bei Atmungs- und Stoffwechselversuchen an Gewebeschnitten nicht überschritten werden, wenn die Sauerstoffversorgung im ganzen Schnitt ausreichend sein soll (WARBURG 1923).

Wenn man für c_0 die Ausgangsspannung des O_2 in mm Hg (p) einsetzt, ist
auf den Normaldruck zu beziehen und die Kroghsche Konstante zu benutzen.
Für eine einseitig offene Fläche ist dann:

$$r = \sqrt{\frac{2D \cdot c_0}{A}} = \sqrt{\frac{2K_k \cdot p}{760\,A}} = 2{,}08 \cdot 10^{-4}\sqrt{\frac{p}{A}}\ \text{cm}$$

(mit $K_k = 1{,}64 \cdot 10^{-5}$ für $37°$). Bei bekanntem Sauerstoffverbrauch kann so die
Reichweite der Diffusion von einer Fläche aus übersehen werden, wenn die
Ausgangsspannung bekannt ist. Umgekehrt kann z.B. aus der Breite eines
in der Nachbarschaft einer anoxischen Partie beobachteten Walles von erhaltenem Gewebe der Sauerstoffverbrauch dieses Teiles berechnet werden. Für
die nach Gefäßausfall noch intakt bleibende Schicht um den mit Blut von normalem pO_2 gefüllten linken Ventrikel ($280\,\mu$ nach LINZBACH) errechnete
OPITZ so einen O_2-Verbrauch von der Größenordnung des ruhenden Muskels.

Auch die *Kugelformel* läßt eine interessante zellphysiologische Anwendung
zu. OPITZ und SCHNEIDER haben z.B. die Ansätze von JACOBS und von THEWS
benutzt, um die Geschwindigkeit der Aufsättigung mit Sauerstoff in einer Kugel
von Zelldimensionen zu berechnen. Dabei war vorausgesetzt, daß zur Zeit
$t = 0$ sämtlicher gelöster Sauerstoff etwa mit der Zelltätigkeit explosiv verbraucht sein würde. Es zeigte sich, daß eine Kugel vom Radius $10\,\mu$ in 48,4,
eine solche mit $5\,\mu$ in 13 msec zu 99,6% mit Sauerstoff aus der niedrigen Umgebungsspannung von 30 mm Hg wieder aufgesättigt wird. Die Sättigungszeit
ist von dieser Spannung übrigens wenig abhängig, außerdem bemerkenswert
kurz und wohl praktisch immer ausreichend, um bei einer Entladungsfrequenz
von 20 Hz noch keine Sauerstoffschuld eintreten zu lassen.

Wie THEWS 1956 zeigte, beträgt die *Aufsättigungszeit* einer $4\,\mu$ dicken Schicht von 7%
Serumeiweißlösung nur 0,01 sec, wenn von 100 mm O_2 ausgegangen wird und ein Anfangs-
partialdruck in der Lösung von 40 mm O_2 bestanden hat. Wählt man als Modell der Alveolar-
membran die $1\,\mu$ dicke Schicht einer 30%igen Eiweißlösung mit dem zugehörigen Diffusionskoeffizienten von $0{,}9 \cdot 10^{-5}$ cm^2 sec^{-1}, so findet man unter den gleichen Bedingungen wie
für die eben betrachtete Plasmaschicht eine Aufsättigungszeit von nur 0,0014 sec. Um aber
das Hämoglobin eines Erythrocyten von 68% (entsprechend 40 mm O_2) auf 98% durch
O_2 mit 100 mm Hg aufzusättigen, wird eine Zeit von 0,088 sec benötigt. Hierbei ist der
Widerstand einer Zellmembran nicht in Rechnung gestellt. Die wesentlich längere Zeit
für die Durchsättigung einer Hb-Lösung beruht auf der chemischen *Bindung des diffundierenden Sauerstoffes* (KREUZER 1953, THEWS 1957), d. h. auf einem Verbrauch (V). Schon
in mäßig konzentrierten Hb-Lösungen, sicher aber in denen der 35% Hb enthaltenden roten
Blutzellen tritt der O_2-Verbrauch im Stoffwechsel (A) gegenüber dem durch Oxygenation
des Speichers weit zurück.

Für diese Fälle ist die 2. Differentialgleichung der Diffusion (9) nicht ohne weiteres gültig
und folgendermaßen zu erweitern:

$$\frac{dc}{dt} + V + A = D\frac{d^2c}{dx^2}. \tag{22}$$

Vernachlässigt man A und berücksichtigt, daß die Oxygenation selbst eine Funktion der
Diffusion, d.h. von dc/dt abhängig ist, so erhält man

$$\frac{d\left(c + 1{,}34\,\dfrac{\text{Hb}}{100}\cdot\dfrac{s(c)}{100}\right)}{dt} = D\,\frac{d^2c}{dx^2}, \tag{22a}$$

wo Hb die Hb-Konzentration, 1,34 die Hüfnersche Sättigungszahl und $s(c)$ die Sättigungs-funktion des Hb mit O_2 bedeutet. Setzt man für s die Gleichung für die O_2-Dissoziations-kurve ein, so ist wegen ihres exponentiellen Charakters eine geschlossene Integration nicht mehr möglich. THEWS hat aber gezeigt, daß man durch die Einführung geeigneter Ersatz-geraden für $s(c)$ deswegen bedriedigende Lösungen erhalten kann, weil sie zur Form

$$\frac{dc}{dt} = D' \frac{d^2c}{dx^2}$$

führen. Der scheinbare Diffusionskoeffizient D' ist hier für die verschiedenen Sättigungs-grade und Hb-Konzentrationen durch Näherungsverfahren zu ermitteln.

Es ergibt sich, daß nicht die Überwindung der Capillarwandung durch Diffusion, sondern vielmehr die Aufsättigung des Hb im Erythrocyten bestimmend für die Geschwindigkeit des Gasaustausches ist. Die notwendige Kontaktzeit zur Sättigung des Blutes in den Lungen-capillaren wird zu 0,1 sec berechnet (THEWS 1957).

Besondere Diffusionsprobleme

Natürlich ist nicht nur die Diffusionsgeschwindigkeit des Sauerstoffs für den Ablauf der biochemischen Reaktionen bestimmend. Auch für die Nahrungs-stoffe, die Stoffwechselendprodukte, Arzneimittel und Inkrete u. a. ergeben sich im Organismus häufig kompliziertere *Probleme der Stoffverteilung*, bei denen Diffusions- und Permeabilitätsfragen und die der Organaktivität ineinander spielen. Immer aber wird bei ihrer Analyse auf die Grundgleichung der Diffu-sion zurückzugreifen sein. Als Beispiel dafür sei zunächst die Untersuchung des zeitlichen Verlaufes der Konzentrationsänderung im Blut unter folgenden Umständen angegeben.

Wenn ein Stoff in das Zwischengewebe injiziert wurde, so wird er von hier mit einer gewissen Geschwindigkeit, die seiner Konzentration proportional sein mag, resorbiert; oder, wenn er in seröse Höhlen gegeben wurde, dann gelangt er von dort mit einer durch seine Konzentration und durch die Permeabilität der serösen Membranen festgelegten Geschwindigkeit in das Blut. Er wird aus ihm durch die Nierentätigkeit häufig so entfernt, daß die ausgeschiedene Menge der Blutkonzentration proportional gesetzt werden kann, und nicht der Konzen-trationsdifferenz zwischen Blut und Harn. Unter solchen Umständen wird sehr häufig nach einiger Zeit ein bestimmtes *Konzentrationsmaximum im Blut* erreicht. Die Auflösung der sich für diesen Fall aus dem Diffusionsgesetz er-gebenden Differentialgleichungen lehrt, daß der zeitliche Konzentrationsablauf im Blut der Gleichung einer aperiodischen gedämpften Schwingung folgt (HEINZ, EICHLER 1945, DOST u. a., s. S. 542f.). Dabei ergibt sich, daß der Zeitpunkt des Maximums im Blut unabhängig von der Anfangskonzentration und der Gesamt-menge des verabreichten Stoffes ist. Er wird vielmehr bestimmt durch die Geschwindigkeitskonstante für seine Resorption und Ausscheidung und durch die Volumina der zugehörigen Flüssigkeitsräume. Umgekehrt läßt sich aus dem Ablauf der Konzentrationskurve der Wert jener Konstanten errechnen. Ein Konzentrationsmaximum tritt im Blut auch auf, wenn die Konstante für den Einstrom nach hier (k_1) größer als die für den Ausstrom (k_2) ist, und es wird um so früher erreicht, je größer k_1 gegenüber k_2 ist (vgl. S. 543).

Ein weiteres Beispiel ergab sich bei dem Studium des Salzsäurebildungs-vermögens im Magen. TEORELL gab zur Neutralisierung der gebildeten Säure 0,2 molare Glykokollösung in das Magenlumen. Bestimmte man die während des Versuches sezernierte Flüssigkeitsmenge und verglich sie mit der gleich-zeitig abgegebenen Salzsäure, dann schien ihre ursprüngliche Konzentration im Magensekret etwa 4fach höher zu sein als normalerweise (sog. *primäre*

Acidität). Die HCl wäre also ebenso viel konzentrierter gewesen, als der Gesamtkonzentration an Salzen in den Körpersäften entspricht. Nach den Berechnungen
und Modellexperimenten von HEINZ wird aber ein derartig konzentrierter Magensaft gar nicht abgegeben. Vielmehr findet eine Sekretion mit isotonischer Konzentration statt, der sich ein *Diffusionsstrom von HCl aus den Belegdrüsen überlagert*.
Glykokoll diffundiert nämlich seinem Molekulargewicht entsprechend so schnell in
die Drüsenschläuche, daß es in unmittelbarer Nähe der Belegzellen schon die HCl
bindet und daher hier bereits ein sehr hohes Konzentrationsgefälle für die Säure
aufrecht erhält. Die Aminosäure wird dabei selbst aus ihrer „zwitterionischen"
Form in die „kationische" verwandelt (s. S. 167). Sie hat daher in der Tiefe des
Grübchens ihre höchste Konzentration, während die des unverbundenen Glykokolls und der Salzsäure auf Null sinken. Damit wird das Gefälle für das Entgegenwandern der beiden Reagenten und der Gradient für das Ab-
wandern des neutralisierten Restes aufrechterhal-
ten. Letzteres wird durch den Sekretstrom wesentlich unterstützt (Abb. 27).

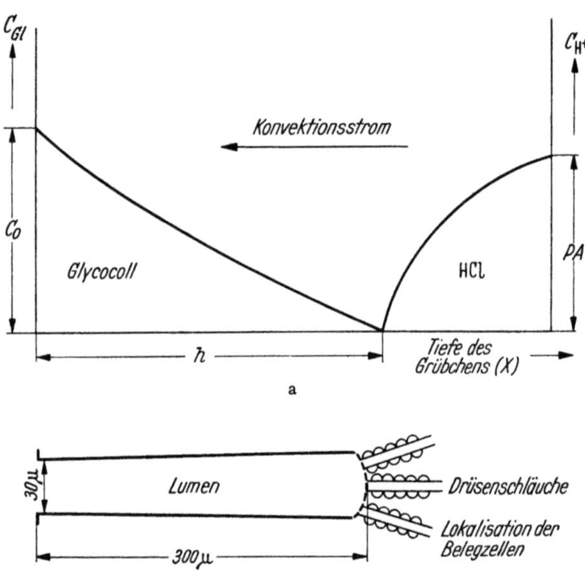

Abb. 27a u. b. Diffusionstheorie der primären Acidität nach E. HEINZ 1951.
a Schema der H$^+$-Bindung durch Glycin; b Schema eines Magengrübchens

Die *rechnerische Theorie* wird den Tatsachen völlig gerecht. Der Schnittpunkt der Gradienten, an dem also
die beiden Reaktionspartner praktisch verschwinden, ist
einem Ansatz von JACOBS für die Diffusion gegen einen Kon-
vektionsstrom mit Hilfe der Versuchsdaten zu entnehmen.
Er liegt bei kräftiger Sekretion noch im hinteren Drittel der
etwa 300 μ langen Grübchen, noch tiefer natürlich bei geringerer Drüsentätigkeit. Immer aber
bleibt der Gradient so groß, daß er die Höhe der Salzsäureabgabe bestimmt. So ergibt es
sich, daß der überlagerte Diffusionsstrom innerhalb weiter Grenzen von der Geschwindigkeit
des Sekretionsstroms, also der Konvektion, unabhängig ist. Die durch Diffusion heraus-
geholten Mengen bleiben also gleich, obwohl sie sich je nach Sekretionsgeschwindigkeit auf
ein kleineres oder größeres Sekretvolumen verteilen. Zwischen diesem und der Konzentration
der zusätzlich hineindiffundierten HCl besteht daher eine einfache inverse Beziehung.

Man erkennt aus diesen Beispielen, welche Bedeutung die quantitative Untersuchung der Diffusion für die Probleme der Permeabilität, des Zellstoffwechsels
und der Capillarphysiologie besitzt.

Osmotischer Druck

Die Diffusionserscheinungen lassen sich, wie der vorige Abschnitt zeigte, für Gase und
Lösungen gleichartig behandeln. Die Unterschiede, welche sich finden, kommen nur in der
Größe der Diffusionsgeschwindigkeiten zum Ausdruck. Die Geschwindigkeit wird durch das
Verhältnis der treibenden zur Reibungskraft bestimmt, und wenn die Diffusionsverzögerung
in Lösungen durch das Anwachsen der Hemmungskraft erklärt wurde, dann lag darin stillschweigend die *Voraussetzung, daß der Diffusionsdruck bei gleicher Konzentration und Temperatur in Gasen und Lösungen die gleiche Größe besitzt.* Wie weit trifft das zu?

Kolligative Eigenschaften und Trennung der Komponenten

Diese Frage führt zur Besprechung der gemeinsamen *(kolligativen) Eigen-schaften* von Lösungen, welche die Grundlage für eine allgemeine Theorie der *Mischphasen (Lösungen)* bieten oder in ihr zu berücksichtigen sind. Betrachtet man nur eine Phase, also ein homogenes System, so kann sie als reine Substanz wie etwa Wasser oder Alkohol vorliegen. Solche reinen Lösungsmittel sind bio-logisch kaum gegeben. Enthalten sie nun noch irgend einen oder mehrere Stoffe gelöst, dann spricht man von *Mischphasen mit einer entsprechenden Zahl von Komponenten.* Hierbei wird die Menge oder die Konzentration der Hauptphase, also des Lösungsmittels, mit dem Index 1 bezeichnet, so daß für die Mengen der Stoffe in der Mischphase, ausgedrückt in Molen gilt: $n_1, n_2, n_3 \ldots n_i$ und für die molaren Konzentrationen der Partner $m_1, m_2 \ldots m_i$. Die kolligativen Eigen-schaften werden nun im wesentlichen durch die Zahl der frei beweglichen Teilchen in der Mischphase bestimmt. Es ist für ihre Analyse wichtig, in der durch die gleichartige Symbolik nahegelegten Weise die einzelnen Komponenten einschließ-lich des Lösungsmittels als gleichwertige freie Teilhaber des Systems aufzufassen. Das ist besonders für die Behandlung des osmotischen Druckes wertvoll, denn gerade hier läge es nahe, zwischen dem gelösten und dem freien Lösungsmittel strenge Unterschiede zu machen, weil die osmotischen Erscheinungen in *Anordnun-gen* zutage treten, *welche beide Komponen-ten getrennt zur Wirkung kommen lassen.*

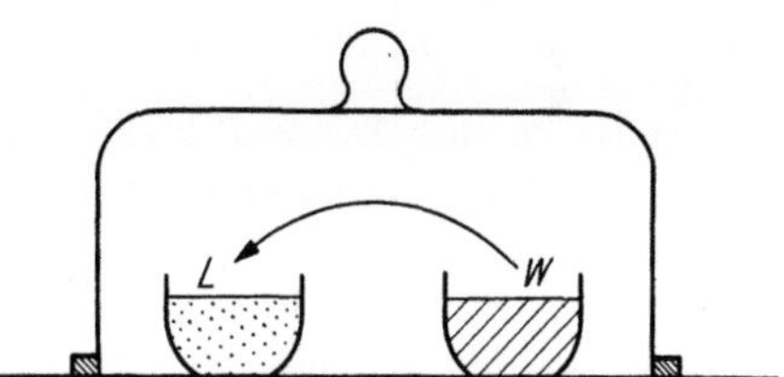

Abb. 28. *Zur isothermen Destillation. L* Lösung; *W* destilliertes Wasser

Es mögen sich z. B. zwei Schälchen in einem gemeinsamen abgeschlossenen Dampfraum befinden (Abb. 28). Das eine sei mit destilliertem Wasser, das andere mit einer Lösung, z. B. 1 *m* Rohrzucker gefüllt. Dann besteht auch bei konstant gehaltener Temperatur kein Gleichgewicht zwischen den Flüssigkeiten und dem Gasraum. Die Möglichkeiten für einen Stoffausgleich sind dadurch gegeben, daß das Wasser einen endlichen Dampfdruck besitzt. Wassermolekeln können also in den Raum übertreten, verdampfen, oder sie können sich auf der Oberfläche der Flüssigkeiten kondensieren. Den gelösten Teilchen ist aber der Übertritt in den Gasraum praktisch vollkommen verschlossen. Dieser Raum ist also nur durchlässig für das Lösungsmittel Wasser: er verhält sich demnach wie eine halbdurchlässige Trennungsschicht. Tatsächlich wandert das Wasser auch einsinnig durch den Dampfraum in das Schälchen mit der Lösung hinein. Liegen zwei verschieden konzentrierte Lösungen vor, so findet die Wasserbewegung in diesem Prozeß der „isothermen Destillation" solange statt, bis die konzentrierte so weit verdünnt und die verdünntere so weit konzentriert ist, daß gleiche Konzentrationen vor-handen sind, d. h. bis Gleichgewicht vorliegt. Daraus ist 1. zu schließen, daß die Wasserteilchen aus der verdünnten Lösung leichter als aus der konzentrierten in den Dampfraum übergehen, und 2., daß grundsätzlich eine Wasserbewegung dann beobachtet werden muß, wenn halbdurchlässige Trennschichten Lösungen verschiedener Konzentrationen abgrenzen.

Empirische Gesetze

Osmose ist danach Bewegung oder — genauer ausgedrückt — *Diffusion des Lösungsmittels.* Sie wird am leichtesten in Systemen mit „semipermeablen" Membranen zu beobachten sein, also solchen, welche das Lösungsmittel, nicht aber den gelösten Stoff hindurchtreten lassen. Dabei ist es aber letzten Endes gleichgültig, welcher Partner der Lösung an Molarität überwiegt. Die osmotische Bewegung kommt immer in Anordnungen mit auswählender Durchlässigkeit gegenüber einem Partner zustande. Da aber meistens die Molekülzahl und das Permeationsvermögen durch Membranen oder Lufträume bei einer Komponenten weitaus überwiegt, wird praktisch dieser Stoff — oft jener mit der kleinsten Molekel — als „Lösungsmittel" die osmotischen Vorgänge bestimmen. Der volle osmotische Effekt tritt hierbei nur dann in Erscheinung, wenn die Membranen den genannten Bedingungen in praktisch idealer Weise genügen.

Ferrocyankupfer besitzt, wie M. TRAUBE zeigte, diese Fähigkeit; man erhält um Tropfen einer Kupfersulfatlösung herum beutelförmige Niederschlagsmembranen aus diesem Material, wenn man sie langsam in eine Ferrocyankaliumlösung hineinfallen läßt (Traubesche Zellen). Eine für Diffusionsversuche aber erst wirklich brauchbare Membran stellte sich PFEFFER dadurch her, daß er einen porösen Tonzylinder als Niederschlagsbett für das Membranmaterial benutzte. Mit Vorteil lassen sich hierzu auch weitporige Kollodiumhülsen verwenden. Sie oder die Zylinder werden zur Membranbildung mit Kupfersulfat gefüllt und in Blutlaugensalzlösung gestellt. Die ausgewaschene Tonhülse (Pfeffersche Zelle) wird dann mit der Lösung gefüllt, mit einem Quecksilbermanometer oder einem Steigrohr armiert und in das Lösungsmittel hineingestellt. Es entwickelt sich darauf im Innern ein Druck, der die Tendenz des Lösungsmittels, in die Hülse einzudringen, anzeigt. Flüssigkeitsbewegungen durch Membranen werden sei altersher Endosmosen genannt; den sie verursachenden Druck bezeichnete man daher als osmotischen Druck, den beschriebenen Apparat als Osmometer. Werden exakt semipermeable Membranen benutzt, dann ist der gemessene Druck für ein und dieselbe Lösung bei gleicher Temperatur eine genau bestimmbare und reproduzierbare Größe.

Physikalisch betrachtet ist der osmotische Druck jene *mechanische Kraft*, welche in einer osmotischen Zelle auf der Seite der konzentrierteren Lösung angebracht werden müßte, *um die Wasserbewegung zu verhindern*. Dieser Druck würde also das System im Gleichgewicht halten. Eine solche Definition geht von der Erfahrung aus und ist für die Theorie der osmotischen Lösungsmittelbewegung entscheidend.

Zu seinen osmotischen Untersuchungen ist PFEFFER ursprünglich durch einige *pflanzenphysiologische Überlegungen* veranlaßt worden. Sie hatten zu der *Erkenntnis* geführt, *daß das Wasser in den Zellen mit einer Kraft von mehreren Atmosphären festgehalten wird*. Zum Beispiel sieht man bei der Mimose oder bei den Staubfäden von Kornblumen Bewegungen dadurch zustande kommen, daß auf bestimmte Reize hin Wasser aus den Zellen in die Intercellularräume austritt. Die hierdurch eintretende Erschlaffung der Zellen erklärt die beobachteten Bewegungserscheinungen. Zog PFEFFER nun z.B. die erschlafften Staubfäden wieder zu ihrer ursprünglichen Länge aus, so zeigte es sich, daß dazu die erstaunlich hohe Kraft von 3 Atm · cm² aufzuwenden war. Mit derselben Kraft aber mußte dann auch vorher der Zellinhalt mit seinem normalem Wassergehalt von innen her gegen das ihn umhüllende Widerlager gedrückt haben. Diese im Pflanzenreich sehr allgemeine Art der *Festigung von Organen durch Wasserfüllung (Turgor, Turgescenz)* der Zellen *erklärte nun* PFEFFER im Anschluß an DUTROCHETS Osmoseversuche *durch den osmotischen Druck ihres Inhaltes*, welcher so lange den Einstrom von Wasser veranlaßt, wie die Nachgiebigkeit der relativ festen Zellhüllen ihn gestattet. Ferner erkannte er, daß die älteren osmotischen Untersuchungen deswegen nicht zu Druckwerten der erwarteten Größe geführt hatten, weil sie nicht mit semipermeablen Membranen angestellt worden waren.

Ihre besondere Bedeutung gewannen seine Untersuchungen deswegen, weil sie so systematisch angelegt und so exakt ausgeführt waren, daß VAN'T HOFF aus den von ihm gefundenen Zahlen mit großer Sicherheit drei Gesetze ableiten konnte, die als „*Theorie der Lösungen*" zusammengefaßt wurden (1887).

1. Bei unveränderter Temperatur ist der *osmotische Druck um so höher, je größer die Konzentration des gelösten Stoffes ist*, und er ist daher dem Volumen, in dem eine gegebene Menge gelöst ist, umgekehrt proportional (Boyle-Mariottesches Gesetz):

$$p = k \cdot c; \quad (p \cdot v = k). \tag{23}$$

Ordnet man die Volumina, die z.B. 1 Mol Rohrzucker enthalten, als Abszisse dem osmotischen Druck als Ordinate zu, dann zeigt die Hyperbel (Abb. 29a) die Gültigkeit des Boyle-Mariotteschen Gesetzes auch für die Lösungen an.

2. Bei unveränderter Konzentration *steigt der osmotische Druck* linear *mit wachsender Temperatur an*, d.h. es gilt das 1. Gay-Lussacsche Gesetz (Abb. 29b). In der Formel:

$$p_t = p_0 \,(1 + \alpha\, t) \tag{23a}$$

hat α nach PFEFFERS Untersuchungen auch für Lösungen den Wert 1/273. Der Druck ist demnach auch hier der absoluten Temperatur proportional. Aus beiden Gesetzen läßt sich wie bei den Gasen die „Gasgleichung" ableiten:

$$p \cdot v = R \cdot T; \quad p = c \cdot R \cdot T. \tag{23b}$$

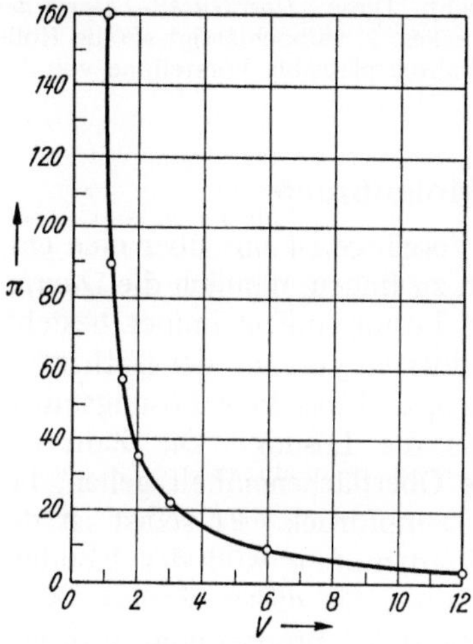

Wenn nun der Gasdruck einer gegebenen Konzentration denselben Wert wie der osmotische Druck einer gleich konzentrierten Lösung haben würde, so wäre das nur dann möglich, wenn R in beiden Fällen dieselbe Größe besäße. Gerade

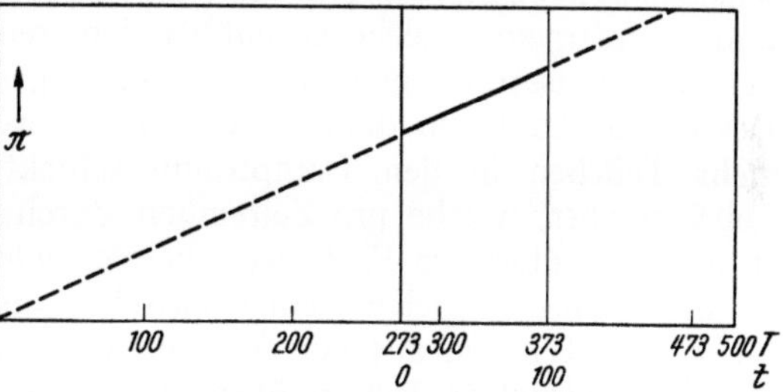

Abb. 29a. Osmotischer Druck (π) und Verdünnung bei Rohrzuckerlösungen (nach PFEFFER)

Abb. 29b. Osmotischer Druck und Temperatur (T und t)

aber dieses Ergebnis konnte VAN'T HOFF aus PFEFFERS Zahlen für den osmotischen Druck von Rohrzuckerlösungen entnehmen. Er konnte sie in folgender Formel zusammenfassen:

$$\pi = c \cdot 22{,}3 \left(1 + \frac{1}{273}\, t\right).$$

Ist ein Mol in einem Liter ($v_0 = 1$) vorhanden, also $c = 1$, dann ist bei $0°$ C: $\pi_0 = 22{,}3$; also

$$R = \frac{p_0 v_0}{273} = \frac{22{,}3 \cdot 1}{273} = 0{,}0817 \text{ Liter-Atmosphären} \cdot \text{grad}^{-1} \text{mol}^{-1}. \tag{23c}$$

R hat demnach den gleichen Wert wie die Gaskonstante ($0{,}0821$ Liter-Atmosphären · $\text{grad}^{-1}\text{mol}^{-1}$).

3. Die formale Gültigkeit der Gasgesetze und die zahlenmäßige Übereinstimmung des Druckes für Gase und gleich konzentrierte Lösungen zeigt, daß ebenso wie bei den Gasen bei gleichem osmotischen Druck und gleicher Temperatur gleiche Mengen von gelösten Molekülen in der Raumeinheit vorhanden sind (Avogadro van't Hoffsches Gesetz). Auch der osmotische Druck wird daher außer durch die Temperatur *ausschließlich durch die Zahl der in der Volumeneinheit gelösten und freibeweglichen Teilchen bestimmt*, und *die Teilchenzahl ist für ein gegebenes Gewicht der Substanz naturgemäß um so kleiner, je größer deren Molekulargewicht ist.* Daher *tragen in einem Gemisch mit niedrigmolekularen Stoffen diejenigen mit sehr großem Molekül relativ wenig zum osmotischen Druck bei.* So wäre z.B., um mit einem Eiweißkörper vom M 60000 den gleichen Druck wie mit einer gegebenen Harnstofflösung (M 60) zu erzeugen, ein bei an sich gleicher Molarität (c)

1000fach höherer Prozentgehalt nötig. Nach allem übt also ein Mol Teilchen pro Liter einen osmotischen Druck von 22,4 Atm. (0° C) aus.

Jener Druck hat also mindestens in verdünnter Lösung die gleiche Größe, wie er ihn im Gaszustand unter gleichen Volumen- und Temperaturbedingungen erzeugen würde. Daraus ist zunächst nicht mehr zu folgern als, daß das Lösungsmittel den frei gelösten Körpern als Raum zur Ausführung ihrer thermischen Bewegungen genau so dient wie der Gasraum. Man hat auch oft die Folgerung gezogen, daß diese Bewegungen des Gelösten die Verdünnungstendenz verständlich machen. Sie ihrerseits bewirke jene Volumenvergrößerung, d. h. Wasseranziehung, welche in allen Systemen mit semipermeablen Trennwänden allein möglich ist und sich bis zur Erreichung des Gleichgewichtes vollzieht. Diese *„Überdruck"-Theorie der Osmose verkennt* 1. die wahre Natur des osmotischen Druckes, 2. vernachlässigt sie die Rolle der Lösungsmittelaktivität, und 3. gibt sie keine physikalisch plausible Vorstellung von der Natur der Lösungsmittelbewegung.

Dampfdruckerniedrigung, Molenbruch

Der Weg zum Verständnis aller osmotischen Vorgänge ist nur über eine entscheidende kolligative Eigenschaft aller Lösungen zu finden, nämlich die *Dampfdruckerniedrigung*, welche gegenüber dem reinen Lösungsmittel immer besteht. Schon die Wasserbewegung in dem eingangs geschilderten Vorgang der isothermen Destillation kann nur dadurch verstanden werden, daß das freie Lösungsmittel mehr Teilchen in den Dampfraum schickt als die Lösung. Die Zahl der Teilchen aber, welche pro Zeiteinheit durch die Oberflächeneinheit gehen, bestimmt den über der Flüssigkeit herrschenden Dampfdruck. Er selbst ist der Ausdruck eines Gleichgewichtes zwischen der Verdampfung und der Kondensation von Teilchen aus der Dampfphase. Die Intensität dieses Vorganges ist dem Dampfdruck (p_0 bzw. p) über eine Stoffkonstante (c_k) proportional, während die Verdampfung über die Konstante c_e durch die in der Flüssigkeitseinheit vorhandene relative Molekelzahl (γ_1) des verdampfenden Stoffes bestimmt wird. Es ist also:

$$\gamma_1 \cdot c_e = c_k \cdot p. \tag{24a}$$

Für das reine Lösungsmittel ist $\gamma_1 = 1$; dann gilt hier:

$$c_e = c_k \cdot p_0, \quad \text{bzw.} \quad p_0 = \frac{c_e}{c_k}, \tag{24b}$$

wo p_0 der Dampfdruck über dem reinen Lösungsmittel bei der betreffenden Temperatur ist.

Nunmehr werden n_2-Mole eines gelösten Stoffes zu den n_1-Molen hinzugefügt, welche in den 1000 g des Lösungsmittels vorhanden sind. Für Wasser mit $M_1 = 18$ ist $n_1 = 1000 : 18 = 55,5$. Nach Hinzufügen von n_2-Molen erhält man die Konzentration m_2 in Mol/1000 g oder die *Kilogramm-Molarität* (englisch: molal, molality). Aus ihr ist das Verhältnis der beiden Molmengen in der Lösung zu entnehmen. Wichtiger noch ist das Verhältnis der einzelnen Molbeträge n_1 oder n_2 zu der gesamten Molzahl der Mischphase ($n_1 + n_2$). Es heißt der *Molenbruch* und ist die wichtigste physikalische Meßgröße für die Analyse der Mischphasen (engl.: mole-fraction). Der Molenbruch des Lösungsmittels ist γ_1, der der gelösten Anteile $\gamma_2, \gamma_3 \cdots \gamma_n$.

$$\gamma_1 = \frac{n_1}{n_1 + n_2 \cdots + n_n}; \quad \gamma_2 = \frac{n_2}{n_1 + n_2 \cdots + n_n} \quad \text{und} \quad \gamma_1 + \gamma_2 + \gamma_3 \cdots + \gamma_n = 1. \tag{25}$$

Es ist leicht zu entnehmen, daß im Fall einer einfachen Lösung: $\gamma_1 = 1 - \gamma_2$. Zweitens ist wegen $n_2 = 0$ für das reine Lösungsmittel stets $\gamma_1 = 1$, ein Verhalten, welches in Gl. (24b) bereits Verwendung fand. Im übrigen ist γ_1 für alle idealen

Lösungen der Aktivität a_1 des Lösungsmittels gleichzusetzen. Im Gegensatz zur Liter-Molarität ist die kg-Molarität und der Molenbruch einer gegebenen Lösung nicht von der Temperatur abhängig.

Das Dampfdruckgleichgewicht für eine Lösung der kg-Molarität m_2 ist jetzt leicht folgendermaßen zu formulieren:

$$p = \frac{c_e}{c_k} \cdot \gamma_1.$$ (25 a)

Das Verhältnis des Dampfdruckes der Lösung zu dem des Lösungsmittels ist dann:

$$\frac{p}{p_0} = \gamma_1 = a_1$$ (25 b)

und die relative Dampfdruckerniedrigung beträgt:

$$\frac{p_0 - p}{p_0} = \frac{\Delta p}{p_0} = 1 - \gamma_1 = \gamma_2;$$ (25 c)

d.h. *die relative Dampfdruckerniedrigung ist dem Molenbruch des Gelösten gleich und* damit auch bei relativ kleinen $(m_2 < 1)$ Konzentrationen *der Molarität des Stoffes proportional* (RAOULT 1886). Die Erniedrigung selbst ist: $p_0 - p = \gamma_2 \cdot p_0$.

Für eine 1-molare wäßrige Lösung ist: $\gamma_2 = 1 : 56,5 = 0,0177$. p_0 ist für 0, 25, 37, 100°; 4,58, 23,75, 47,06 und 760 mm Hg. Δp ist dann für eine 1 m-Lösung in entsprechender Reihenfolge: 0,081, 0,42, 0,833, 13,45 mm Hg. Diesen Zahlen ist zu entnehmen, daß eine direkte Messung der Dampfdrucke nur bei höheren Temperaturen und bei relativ hohen molaren Konzentrationen für die Bestimmung des osmotischen Druckes von Bedeutung sein kann.

Es muß aber festgehalten werden, daß in den Lösungen grundsätzlich eine *Verminderung der Lösungsmittelaktivität* vorliegt, welche unter anderem in der Dampfdruckerniedrigung zum Ausdruck kommt. Bei ihrem Zustandekommen spielen spezifische Affinitätskräfte in erster Linie keine Rolle; entscheidend ist das Zahlenverhältnis der vorhandenen Molekeln, welches durch den Molenbruch γ_1 angegeben wird. Er kann als unmittelbares Maß für das Diffusionsbestreben des Lösungsmittels angesehen werden. Wasser einer 0,1 kg-molaren Lösung enthält auf 555 eine gelöste Molekel, welche im gleichen Verteilungsverhältnis an die Oberfläche gelangt, aber dort nicht verdampft. In einer 1 kg-molaren Lösung ist das Verhältnis 10:555, d.h. von 1000 an die Oberfläche bewegten Molekeln sind im ersten Fall 1,8 im zweiten 17,7 gelöste und 998,2 bzw. 982,3 verdampfungsfähige Wassermolekeln.

Bei Verwendung der Liter-Molarität (englisch: molar, molarity) ergeben sich insbesondere beim Vorliegen hoher Konzentrationen etwas andere Verteilungsverhältnisse, da in diesen Lösungen der Wassergehalt nicht mit 1 kg pro mol festgelegt ist. Diese namentlich in der analytischen Chemie oft verwendete *Liter-Molarität* (c_2) gibt die Molarität in dem Lösungsraum von 1 Liter an. Der dabei vorhandene Wassergehalt richtet sich nach der Temperatur und dem molaren Eigenvolumen der Partner in der Lösung, also praktisch nach der Größe der Volumenkontraktion beim Lösungsvorgang. Die genannten Größen bestimmen die von der Temperatur abhängige Dichte der Lösung (ϱ). Zum Beispiel ist die Dichte einer 30%igen Rohrzuckerlösung 1,11265. Bei einem M_2 von 342,2 bedeutet dieser Prozentgehalt ein c_2 von $300/342,2 = 0,877$. In einem Liter der Lösung sind $1112,65 - 300 = 812,6$ g = 45,1 Mole Wasser vorhanden. Eine gleich zusammengesetzte Lösung würde auf 1000 g Wasser $1000/812,6$mal mehr Zucker enthalten, nämlich 370 g, und damit die kg-Molarität von $370/342 = 1,08 = m_2$ besitzen.

Ähnliche Berechnungen ergeben für Rohrzucker bei $c_2 = 2$ mol/Liter 316 Wassermolekeln auf 20, bei $c_2 = 1$ mol/Liter 447 Wasserteilchen auf 10 und bei $c = 0,1$ mol/Liter 543 Teilchen auf eine Zuckermolekel. In einem idealen osmotischen System hat man aber nur die Aktivitätsunterschiede des Wasser, d.h. die seiner Molarität und nicht die der gelösten Teilchen zu beachten. Würde man nun z.B. eine 2-molare Lösung gegen eine 0,1-molare schalten, dann bestünde ein Unterschied in der Molarität des Wassers von $(54,3 - 31,6) = 22,7$ mol/Liter. Dieser Wert müßte durch die Membrandicke (x) geteilt werden, um das Konzentrationsgefälle (dc/dx) in mol/cm zu erhalten, welches die Geschwindigkeit der osmotischen Wasserbewegung nach den Diffusionsgesetzen bestimmt.

Thermosmose

Da die Dampfdruckunterschiede für diese Vorgänge entscheidend sind, die Drucke selber aber in ihrer Größe durch die thermische Bewegung bestimmt werden, gilt das bisher Besprochene nur unter *streng isothermen Bedingungen*. Tatsächlich gibt es einige Fälle, in denen die durch Temperatureinflüsse bedingte Druckänderung jene weit überragt, welche durch die Unterschiede im Molenbruch des Wassers hervorgerufen wurden. Es werde z.B. die gleiche Lösung auf zwei verschieden temperierte Räume verteilt, welche durch eine semipermeable Membran getrennt sind (ERNST 1952). Dann nimmt zwar der osmotische Druck in der wärmeren — nach dem Gay-Lussac-Gesetz (23 a) — mit der absoluten Temperatur zu, ihr Dampfdruck deswegen aber nicht ab, sondern meistens ebenfalls zu. Es erfolgt somit auch der Einstrom des Wassers — entsprechend der durch den Dampfdruck gekennzeichneten Differenz in der Aktivität des Wassers — in die kältere Lösung, d.h. in die mit dem geringeren osmotischen Druck (sog. *Thermosmose*). Zum Beispiel wird die Wasserdampfspannung von 55,32 mm Hg bei 40° durch eine fast blutisotonische (10%) Rohrzuckerlösung nur um 0,33 mm verringert, während die Temperatursteigerung um nur 1° sie schon um 3,02 mm Hg erhöht. Wird eine ständige Temperaturdifferenz zu beiden Seiten der Membran aufrecht erhalten, so tritt tatsächlich auch bei isotonischen Lösungen eine Flüssigkeitsströmung in dem erwarteten Ausmaß von der wärmeren nach der kälteren Seite hin auf, also praktisch eine Konzentrierung der kälteren Lösung, d. h. der mit geringerem aktuellem osmotischem Druck. Die Wanderung des Gelösten in einer örtlich verschieden temperierten Lösung wird *Thermodiffusion* genannt. Sie vollzieht sich in der Lösung von der wärmeren zur kälteren Stelle.

Wegen des großen Einflusses auch geringer Temperatursprünge hält ERNST es für möglich, daß sie für das Zustandekommen von Flüssigkeitsbewegungen in vivo und für die Aufrechterhaltung und Erzeugung von Unterschieden im osmotischen Druck in den Geweben von Bedeutung sein können.

Wir schließen hier folgende Überlegung an. Sie geht von der willkürlichen Annahme aus, daß durch den Stoffwechsel in der Zelle bei 38° (10°) ein Temperaturgefälle von innen nach außen in der Höhe von $1/_{10}$° aufrecht erhalten werden könnte. Die Dampfspannung des Wassers beträgt bei 38° (10°) 49,69 (9,204) mm Hg, bei 38,1° (10,1°) 49,96 (9,266) mm Hg. Die Differenz für 0,1° ist also 0,27 (0,0617) mm Hg. Die Dampfspannungsverminderung für eine $1/_3$ molare Lösung, welche etwa der osmolaren Zusammensetzung der Körpersäfte entspricht, ist bei 38° (10°) 0,297 (0,55) mm Hg; die einer 0,302 (0,374) molaren betrügen wie oben ebenfalls 0,27 (0,0617) mm Hg. *Das osmotische Gleichgewicht wird also dann eintreten, wenn die molare Gesamtkonzentration auf der Seite der um 0,1° wärmeren Lösung um 0,302 (bzw. 0,374) molar höher ist als auf der um 0,1° kälteren Außenseite.* Denn jetzt würde auf beiden Seiten der gleiche Dampfdruck vorhanden sein. Da nun für einen osmotischen Überschuß in dieser Höhe keine Anhaltspunkte bestehen, dürfte auch ein Temperatursprung von 0,1° in ruhenden Organen unwahrscheinlich hoch sein. Es ist anzunehmen, daß der Temperaturausgleich stets entscheidend schneller vonstatten geht als die Wasserbewegung (vgl. SPANNER).

Für die osmotischen Vorgänge in tätigen Organen, vielleicht auch poikilothermen Tieren im kälteren Milieu, muß der geschilderte Effekt diskutiert werden. ERNST entnimmt z.B. seinen Modellversuchen, daß bei einem Temperaturgefälle von 0,04° pro 10 µ durch eine Oberfläche von 1,5 m² ein Flüssigkeitstransport von 1 Liter pro Tag aus isotonischen Lösungen in die kältere hinein zustande kommen kann. Er verweist in diesem Zusammenhang darauf, daß die genannte Fläche etwa $1/_6$ der Gesamtoberfläche aller menschlichen Parotis-(Ohrspeicheldrüsen-) Zellen entspricht. Für die Anwendung dieser Überlegungen auf die Nierenfunktion liegen in der Literatur zur Zeit noch keine Ansatzpunkte vor.

Besonders ausgesprochen zeigen sich *Temperaturdifferenzen an der Haut*. Sie sind für die *perspiratio insensibilis* entscheidend. Dabei ist es einerlei, ob die Abgabe durch einen Dampfraum erfolgt, oder ob die Haut direkt an eine Flüssigkeit mit dem zugehörigen Dampfdruck angrenzt. Wenn der theoretisch nach Temperatur- und osmotischer Druckhöhe zu fordernde Dampfdruck dem im Dampfraum gleich ist, wird auch ohne dazwischengeschalteten Dampfraum eine gleiche Geschwindigkeit des Wasserübertrittes gefunden (PINSON 1952). Diese selbst ist im Vergleich zur Verdampfung an einer freien Wasseroberfläche sehr gering. Sie beträgt bei 33° Hauttemperatur in der Stunde höchstens 6 mg pro cm², ist aber meistens viel geringer. Für den Menschen wird sie mit 500—900 g pro Tag angegeben. Ist die Epidermis bei Erkrankungen abgelöst, dann findet die Evaporation mit hoher Geschwindigkeit statt. So konnte bei Pemphiguserkrankungen ein extrarenaler Gewichtsverlust von 750 g pro Stunde beobachtet werden. Die Haut ist das wichtigste *Schutzorgan gegen die Abdunstung* des Wassers aus den Geweben. Sie läßt auch Wasser bei direkter Berührung nur sehr langsam und keineswegs nach den Gesetzen der isothermen Osmose hindurchtreten, denn nach ihnen müßten Säugetiere in Süßwasser schwellen und im hypertonischen Seewasser schrumpfen. Eine entsprechende Gewichtsabnahme ist aber im Seebad nicht feststellbar. Die Haut der Säuger verhält sich so, als ob sie nur Wasserdampf entsprechend dem Temperaturgefälle, d.h. praktisch von innen nach außen, mit geringer Geschwindigkeit passieren ließe.

Es ist nicht mit Sicherheit gelungen, den *Anteil der Schweißdrüsen* an der Perspiration festzulegen. Wahrscheinlich ist jedoch, daß er sehr gering ist, und daß die Abgabe durch das Epithel erfolgt. Es dürfte eine stark sperrende Schicht aufweisen, welche nur für Wasserdampf durchgängig ist. Vielleicht ist sie an der Übergangsstelle der sauren verhornten äußeren Schicht zur lebenden an jener Stelle gelegen, wo die Reaktion des isoelektrischen Punktes der Eiweiße erreicht wird. Denn in diesem Zustande sind sie am dichtesten.

Vergiftung mit Atropin schaltet die Tätigkeit der Schweißdrüsen aus, läßt aber die Perspiration in ihrer Größe unbeeinflußt. Im ganzen besteht also eine physikalische Barriere, die das Wasser kaum und Wasserdampf stark verzögert durchtreten läßt. Ihr steht eine tiefer gelegene, durch physiologische Faktoren regulierende gegenüber. Sie ist für den Wassernachschub bis zu den lebenden tiefen Epidermisschichten verantwortlich und großen Schwankungen unterworfen. Einschränkung der Durchblutung und Herabsetzung der Hauttemperatur verringern die Nachlieferung des Wassers und damit auch die Größe der Perspiration.

Aus dem langsamen Absinken einer Temperaturdifferenz erklärt sich die den Tod noch etwas überdauernde Wasserabgabe aus Warmblüterleichen. Die dauernde Wasseraufnahme aus dem Süßwasser bei praktisch fehlender Temperaturdifferenz beim Kaltblüter (Frosch) erfolgt dagegen unter den Bedingungen der isothermen Osmose.

Osmotische Arbeit; chemische Potentiale

Die vorstehenden Überlegungen und Versuche geben nicht nur eine Erklärung für die Dampfdruckerniedrigung und ihre Bedeutung, sie machen vor allem auch die Ursache der osmotischen Strömung durch Membranen verständlich. Ist die Diffusion des Gelösten verhindert, dann wird sich das Wasser unter isothermen Bedingungen nur auf Grund seiner verminderten Teilchenzahl, also seiner Konzentration, in einem Konzentrationsgefälle von der verdünnten zur konzentrierten Lösung bewegen; denn es besteht hier, wie es schon das Verhalten des Molenbruches aussagt, ein umgekehrtes Gefälle wie für die gelösten Teilchen. Das Gelöste ist so, wie es die Bedingungen des Experimentes mit Hilfe der semipermeablen Wände festlegen, bei einer reinen Osmose nie diffusionsaktiv.

Sie erfolgt vielmehr als *Ausgleich der thermodynamischen Aktivitäten des Lösungsmittels durch dessen Diffusion*. Die Lösungen üben dabei für sich allein betrachtet keineswegs irgendeinen Druck aus, jedoch *benötigt* man einen Druck π, um die osmotische Bewegung zu verhindern.

Es ist nun zu fragen, wie der schon eingangs so definierte *Druck mit der Größe der Dampfdruckerniedrigung in Beziehung* gesetzt werden kann. Mit der Einführung des Begriffes „Druck" ist auch der Hinweis auf seine Fähigkeit zur Arbeitsleistung enthalten. Bei dieser Leistung findet ein Druckausgleich und mit ihm verknüpft eine Verdünnung der Lösung statt, d.h. eine Verminderung der osmotischen Energie, die dabei in andere, in diesem Fall in mechanische, übergeht. Umgekehrt kann man sich auch eine verdünnte Lösung durch Herunterdrücken einer Membran mit semipermeablen Eigenschaften, also durch Kompressionsarbeit,

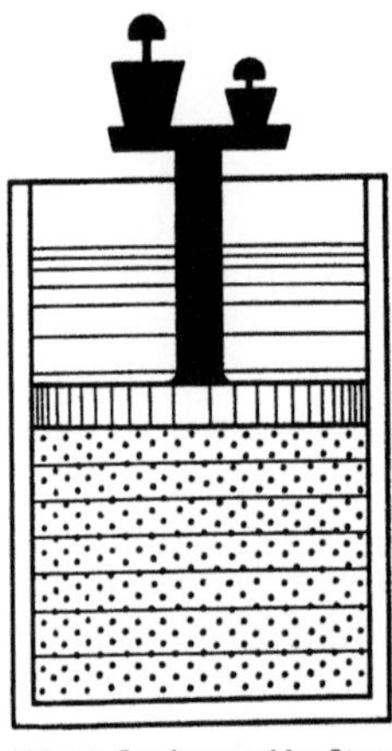

Abb. 30. Semipermeabler Stempel und osmotische Arbeit

konzentrierbar denken. Hierbei würde das Lösungsmittel gegen den osmotischen Druck abgepreßt werden müssen. *Verdünnungen gehen dementsprechend stets mit Arbeitsleistung, Konzentrierungen unter Arbeitsaufwand einher.*

Der Arbeitsgewinn der bei Temperaturkonstanz vor sich gehenden (isothermen) Volumenvergrößerung gegen einen konstanten Druck ergibt sich als das Produkt aus der Schwere eines auf den „osmotischen" Stempel gesetzten Gewichtes und der gehobenen Strecke. Das Gewicht ist gleich dem Gewicht pro Flächeneinheit mal Flächengröße, d.h. Druck mal Fläche. *Die geleistete Arbeit ist:* gehobene Strecke mal Fläche mal Druck, also gleich dem Produkt: gewonnenes *Volumen mal Druck* (Abb. 30).

Nun ist aber der Druck während der Ausdehnung nicht konstant, sondern er sinkt mit steigender Verdünnung, also steigendem v, ab. Ausdehnung und Druckverlust sind also miteinander verbunden. Das Volumen kann daher nur für eine infinitesimale Druckänderung als gleichbleibend betrachtet werden, so daß für die hierbei gewonnene kleine Arbeit gilt:

$$-dA = v \cdot dp. \tag{26}$$

Die Abhängigkeit des Volumens vom Druck wird durch das Gasgesetz bestimmt:

$$v = \frac{RT}{p}, \quad \text{hiermit ist:} \quad -dA = RT\,\frac{dp}{p}. \tag{26a}$$

Will man aus dem Differential dA die endliche Arbeit erhalten, so muß integriert werden:

$$-A = RT \int \frac{dp}{p}.$$

Die Lösung dieses allgemeinen Integrals lautet:

$$-A = RT \ln p + C. \tag{26b}$$

Zum Druck p_1 (p_2) gehöre die Arbeit $-A_1$ $(-A_2)$. p_1 sei größer als p_2. $-A_1$ ist dann die Arbeit, welche durch Verdünnung von einem zunächst nicht näher festgelegten höheren, aber für beide Arbeiten gleichen Anfangsdruck gewonnen würde. Das gleiche gilt für $-A_2$. Die Differenz beider Arbeiten, d.h. das bestimmte Integral zwischen p_1 und p_2:

$$-A = RT \int_{p_2}^{p_1} \frac{dp}{p}$$

entspricht der mit der Ausdehnung von v_1 auf v_2 verbundenen *Arbeit, wobei gleichzeitig der Druck von p_1 auf p_2 fällt.* Die Auflösung des Integrals ergibt:

$$-(A_1 - A_2) = RT \ln p_1 - RT \ln p_2 = RT \ln \frac{p_1}{p_2} = -A. \tag{26c}$$

Unter den Bedingungen einer idealen Lösung können nun die Drucke (p) den Konzentrationen gleichgesetzt werden, so daß man erhält:

$$-A = RT \ln \frac{c_1}{c_2}. \tag{26d}$$

Hiermit wird diejenige *Arbeit* angegeben, welche gewonnen wird, wenn *ein Mol Teilchen von der Konzentration c_1 auf die Konzentration c_2 sinkt.* Handelt es sich um n_2 Mole, so ist der entsprechende Ausdruck mit n_2 zu multiplizieren, um die im gegebenen Fall tatsächlich unter Idealbedingungen zur Verfügung gestellte Energie zu erhalten.

Natürlich sind die Drucke nach dem Boyle-Mariotteschen Gesetz den Volumina umgekehrt proportional. Daher gilt:

$$-A = RT \ln \frac{v_2}{v_1}. \tag{26e}$$

Diese häufig angewandte Beziehung erfaßt den *Arbeitsgewinn bei reversibler und isothermer Ausdehnung eines Gasvolumens,* bzw. die *zur Gaskompression* unter gleichen Bedingungen *aufzuwendende Arbeit.*

Die grundlegende Gleichung der isothermen Expansion eines Mols wurde als die Differenz zweier Ausdrücke von der Form (26b):

$$-A_1 = \mu_1 = \mu^0 + RT \ln p_1 \quad \text{und} \quad -A_2 = \mu_2 = \mu^0 + RT \ln p_2$$

gewonnen. Der Schreibweise:

$$\mu = \mu^0 + RT \ln p \quad \text{bzw.:} \quad \mu = \mu^0 + RT \ln a \tag{27}$$

kommt eine sehr hohe Bedeutung zu. Hier ist a die *Aktivität* des Gelösten.

Man nennt μ bzw. μ_1 und μ_2 das *chemische Potential* der Stoffe. Für die Berechnung von Zustandsänderungen und von Übergängen von Stoffen aus einer in eine andere Phase oder in einen anderen Zustand ist die Benutzung jener Größe erforderlich. Um ihre Anwendung zu unterbauen, sollen der eingehenderen thermodynamischen Ableitung der zugehörigen Begriffe vorausgreifend hier einige Leitsätze gegeben werden (vgl. S. 415).

Das *chemische Potential bezieht sich auf ein Mol des Stoffes* mit dem Index 1, 2, ... Die zugehörige Energiegröße G wächst mit der Menge des bei dem Vorgang bewegten oder in seinem Zustand veränderten Stoffes (n_1, n_2, ...). Sie ist daher mit ihr durch die Beziehung: $G_1 = \mu_1 \cdot n_1$, bzw. $G_2 = \mu_2 \cdot n_2$ usw. verbunden. Die Gesamtenergie ist dann:

$$G = \mu_1 \cdot n_1 + \mu_2 \cdot n_2. \tag{27a}$$

Werden nur differentielle Änderungen der Mengen n_1 oder n_2 vorgenommen, so läßt sich auf thermodynamischem Wege ableiten, daß:

$$dG_1 = \mu_1 \cdot dn_1, \quad \text{und} \quad dG_2 = \mu_2 \cdot dn_2$$

und die Gesamtänderung:

$$dG = \mu_1\, dn_1 + \mu_2\, dn_2 \qquad (27\,\mathrm{b})$$

ist.

Die Differenzierung von (27a) hätte aber nun ergeben müssen:

$$dG = \mu_1 \cdot dn_1 + n_1 \cdot d\mu_1 + \mu_2 \cdot dn_2 + n_2 \cdot d\mu_2.$$

Da die thermodynamische Ableitung verbindlich ist, folgt, daß die in ihr nicht vorhandenen Glieder vorstehender Gleichung verschwinden; daher gilt:

$$n_1 \cdot d\mu_1 + n_2 \cdot d\mu_2 = 0. \qquad (28)$$

Diese Gibbs-Duhem-Gleichung setzt das chemische Potential einer Komponenten in Beziehung zu dem einer anderen des gleichen Systems:

$$d\mu_1 = -\frac{n_2}{n_1} \cdot d\mu_2. \qquad (29)$$

So wird also z.B. das Potential des Wassers über den Quotienten der molaren Mischung vom Potential des gelösten Stoffes abhängen. Die osmotischen Erscheinungen geben ein Beispiel für diese Abhängigkeit.

μ selbst besteht aus zwei additiven Größen. Das *Grundglied* μ^0 entspricht offensichtlich der Integrationskonstanten C der Gl. (26b). Es ist für qualitativ gleichartig aufgebaute und sich im gleichen Zustand befindende Systeme gleich. Es pflegt für bestimmte Standardzustände (s. S. 416) angegeben zu werden. Verschiedene Stoffe haben verschiedene μ^0-Werte, verschiedene Konzentrationen der gleichen Stoffe im gleichen Lösungsmittel die gleichen.

Die *Konzentration der Stoffe wird* neben dem Grundglied μ^0 *durch den* zweiten, den *logarithmischen Term wirksam.* Diese Tatsache ist fundamental wichtig. Für den Druck $p = 1$ verschwindet das logarithmische Glied (da $\log 1 = 0$!). Man erhält dann allein die Standardgröße μ^0. Der Druck kann in idealen Lösungen der Konzentration gleichgesetzt werden, in realen der Aktivität (a). Diese selbst ist eine Größe, welche in fester Beziehung zur Konzentration steht. Sie wächst und fällt mit ihr, wenn auch nicht proportional (s. S. 137). Entscheidend ist es, schon hier festzuhalten, daß die *Arbeitsfähigkeit stofflicher Ungleichgewichte durch den Logarithmus der Aktivität ihrer Partner bestimmt* wird. Oft ist es zweckmäßig, die Konzentration in Molenbrüchen auszudrücken. Dann erhält μ^0 einen anderen Wert. Es ist jetzt das Potential eines Mols der reinen Phase. Denn unter dieser Bedingung ist $\gamma_1 = 1$. Daraus folgt, daß das *chemische Potential in einer Mischphase immer kleiner ist als im reinen Stoff*, da in einer Lösung der Molenbruch aller Komponenten unter 1 liegt.

Die Namengebung der chemischen Potentiale soll zum Ausdruck bringen, daß *sämtliche Vorgänge der chemischen Reaktionen oder der Verteilung* von Stoffen *auf Intensitätsunterschieden, „Potentialen", beruhen.* Sie veranlassen den Ausgleich chemischer Spannungen — entsprechend dem Fließen des elektrischen Stromes, des Wassers oder Gases oder der Wärme in einem bestehenden Spannungs-, Druck- oder Temperaturgefälle. Dieser Übergang findet so lange statt, bis das Potential überall gleich geworden ist. Es ist so ein Maß für das Bestreben einer Substanz, bei gegebener Konzentration in einer Phase (') in eine angrenzende ('') überzugehen, zu entweichen. *Im Gleichgewicht müssen* daher die *chemischen Potentiale der beteiligten Partner in den angrenzenden Phasen gleich sein.* Diesem Gesetz unterstehen nicht nur die eigentlichen chemischen Reaktionen, sondern auch die Vorgänge der Verteilung, Lösung, Sättigung usw. $\mu' = \mu''$ *muß daher als die Gleichgewichtsbedingung gelten.* (Exakter Beweis, s. S. 415.)

Bei dem freiwillig erfolgenden Übertritt von einer Phase in die andere wird nun eine *Arbeit* freigemacht. Sie ist pro Mol des übergetretenen Stoffes *der Differenz seiner chemischer Potentiale in den beiden Phasen gleich*. Handelt es sich um zwei *stofflich gleichartig zusammengesetzte Phasen mit verschiedener Konzentration des gelösten Stoffes*, dann ist diese Differenz:

$$-A = \mu_1 - \mu_2 = \mu^0 + R\,T \ln c_1 - \mu^0 - R\,T \ln c_2 = R\,T \ln \frac{c_1}{c_2}\,. \tag{30}$$

Die Verwendung des chemischen Potentials liefert also in sehr einfacher Weise die oben abgeleitete Aussage (26d) über die Größe der Konzentrationsarbeit.

Es liege nun eine Substanz gelöst *in zwei verschiedenen Lösungsmitteln* vor. Dann ist auch bei gleicher Konzentration ihr Potential verschieden, ein Ausdruck für die verschieden starke „Entweichungstendenz" aus den Lösungen. Das ist nur möglich, wenn nunmehr auch μ^0 in beiden Phasen verschieden ist. Es gilt daher:

$$\mu_2' = \mu^{0\prime} + R\,T \ln c_2' \quad \text{und} \quad \mu_2'' = \mu^{0\prime\prime} + R\,T \ln c_2''\,. \tag{31}$$

Die Differenz beider und damit die beim Übertritt zu gewinnende Arbeit ist pro Mol:

$$-A = \mu^{0\prime} - \mu^{0\prime\prime} + R\,T \ln \frac{c_2'}{c_2''}\,. \tag{31a}$$

Jetzt ist also die einfache Gl. (30) um ein additives Glied erweitert, welches aus der nunmehr von Null verschiedenen Differenz der μ^0-Werte besteht. War die Ausgangskonzentration in beiden Phasen gleich, dann fällt das logarithmische Glied fort, so daß der Arbeitswert allein durch die Differenz der Grundpotentiale μ^0 bestimmt wird. Die beiden vorstehend herausgegriffenen Beispiele sind für Berechnung elektromotorischer Kräfte wichtig (s. S. 128).

Oft ist es notwendig, die Änderung der chemischen Potentiale für *Reaktionen* kennenzulernen, *an denen mehrere Stoffe beteiligt sind*. Die Berechnung der freien chemischen Energie beim allgemeinen Formelumsatz:

$$a \cdot A + b \cdot B = c \cdot C + d \cdot D$$

ergibt sich nun ebenfalls als Differenz zwischen den addierten Potentialen der Ausgangs- und Endstoffe zu:

$$\left.\begin{aligned}
-A = {}& a \cdot \mu_A^0 + R\,T \ln [A]^a + b \cdot \mu_B^0 + R\,T \ln [B]^b - \\
& - [c \cdot \mu_C^0 + R\,T \ln [C]^c + d \cdot \mu_D^0 + R\,T \ln [D]^d] \\
= {}& \mu_{ABCD}^0 + R\,T \ln \frac{[A]^a \cdot [B]^b}{[C]^c \cdot [D]^d} = R\,T \ln K - R\,T \ln \frac{[C]^c \cdot [D]^d}{[A]^a \cdot [B]^b}\,.
\end{aligned}\right\} \tag{32}$$

Hier ist

$$\mu_{ABCD}^0 = a \cdot \mu_A^0 + b \cdot \mu_B^0 - c \cdot \mu_C^0 - d \cdot \mu_D^0$$

eine Konstante, für die auch der mit $R\,T$ multiplizierte Logarithmus der Konstanten K (*Gleichgewichtskonstante als Quotient der Gleichgewichtskonzentrationen*, s. S. 553) gesetzt werden kann. Man überzeugt sich leicht davon, daß, wie später dargelegt wird, K die Gleichgewichtskonstante sein muß. Denn, wenn die Anfangs- $(A, B, \ldots)$ und die Gleichgewichtskonzentrationen übereinstimmen, sind beide mit entgegengesetztem Vorzeichen versehene Glieder rechts gleich, d.h. sie heben sich auf und die Reaktionsarbeit wird, wie es im Gleichgewicht sein muß, gleich Null. Die stöchiometrische Reaktionszahl $(a, b, c, \ldots)$ ist als Exponent zu schreiben.

Als letztes Beispiel soll noch die Gleichgewichtseinstellung bei dem zuvor besprochenen Fall der *Verteilung eines Stoffes zwischen zwei verschiedenen Phasen* herangezogen werden. Im Gleichgewicht mit $A = 0$ müssen, da in ihm die μ_2-Werte gleich sind, die Konzentrationen in den Phasen wegen $\mu^{0\prime} = \mu^{0\prime\prime}$ ungleich sein. Für sie ergibt sich nach Gleichsetzen der rechten Seite vorstehender Gl. (31a):

$$\ln \frac{c_2'}{c_2''} = \frac{\mu^{0\prime\prime} - \mu^{0\prime}}{RT} = \text{const}. \tag{33}$$

Wenn hiernach $\ln \dfrac{c_2'}{c_2''}$ konstant ist, muß es auch das Verhältnis der Konzentrationen c_2'/c_2'' selbst unabhängig von ihren absoluten Werten sein:

$$\frac{c_2'}{c_2''} = e^{\frac{\mu^{0\prime\prime} - \mu^{0\prime}}{RT}} = \exp\left(\frac{\mu^{0\prime\prime} - \mu^{0\prime}}{RT}\right) = C_{\text{HN}}. \tag{33a}$$

(Henry-Nernstscher Verteilungssatz, C_{HN} der Verteilungskoeffizient (s. S. 209).

Diese Einführung in die Anwendung der chemischen Potentiale machte nur Gebrauch von den Konzentrationswerten. Tatsächlich sind die Energieänderungen aber noch von verschiedenen anderen „Zustandsvariablen" abhängig, deren Werte hier als konstant vorausgesetzt wurden und daher für die *Energieänderungen* nicht berücksichtigt zu werden brauchten. Es handelt sich um die Druck-, Temperatur-, Volumen-, Oberflächenänderungen und solche des elektrischen Potentials. Ihre Energiewerte sind, wie bei späterer Gelegenheit zu zeigen ist, *den chemischen Potentialen additiv hinzuzufügen*, um die Gesamtenergieänderungen zu erhalten. Die sehr allgemeine Anwendbarkeit und die Bequemlichkeit der Handhabung des „chemischen Potentials" berechtigen zu seiner Einführung schon an dieser Stelle, bei der es sich zunächst nur um die Berechnung der Größe der Konzentrationsarbeit handelte.

Konzentrationsänderungen werden auch in den Organismen dauernd erzeugt und durch den Stoffwechsel der Zellen aufrechterhalten, und nur die Ruhe des Todes führt gleiche Stoffverteilung herbei. Speziell aber zur Leistung von *Konzentrationsarbeit* differenziert sind die Organe der *Sekretion* und *Resorption* und unter diesen vor allem *die Niere*. Die angeführte Formel gestattet, die von ihnen an den einzelnen Stoffen geleistete Arbeit zu berechnen.

Soll sie in Calorien angegeben werden, so muß R, das ja als Produkt aus Druck und Volumen eine Arbeitsgröße ist $\left(R = \dfrac{p \cdot v}{T}\right)$, ebenfalls in Wärmeeinheiten ausgedrückt werden; man findet, wenn 0,0821 Liter-Atmosphären in Meterkilogramm ($= 0{,}0821 \cdot 10{,}33$ mkg) umgerechnet (s. S. 379), und diese nach dem mechanischen Wärmeäquivalent (1 cal $= 0{,}427$ mkg) in kleine Calorien verwandelt werden:

$$R = \frac{0{,}0821 \cdot 10{,}33}{0{,}427} = 1{,}986 \approx 2 \text{ cal pro Mol und Grad} \tag{33b}$$

Theorie des osmotischen Druckes

Die Möglichkeit, eine *Arbeit* zu berechnen, welche bei der Überführung einer gegebenen Stoffmenge aus einem Zustand mit höherem Druck oder höherer Aktivität in einen mit niedrigerer gewonnen wird oder beim umgekehrten Vorgang aufgebracht werden muß, bietet ein sehr bedeutsames Hilfsmittel für zahlreiche quantitative physikalisch-chemische Überlegungen. Insbesondere erlaubt sie unabhängig von der Überdrucktheorie (s. S. 90) die *Berechnung der Größe des osmotischen Druckes*. Dazu geht man am einfachsten wieder vom chemischen Potential aus, berücksichtigt aber weiterhin, daß beide Lösungen unter verschiedenem Druck stehen. Im Gleichgewicht müssen die Summen der mechanischen Energien

$(p \cdot V)$ und die der chemischen, d.h. der chemischen Potentiale, beiderseits einander gleich sein. Seien μ, p und a die Größen für das reine Lösungsmittel, μ_1, p_1 und a_1 die für das Lösungsmittel in der Lösung und werde sein Molvolumen beiderseits $= V$ gesetzt, dann ist:

$$\mu_1 + p_1 V = \mu + p \cdot V, \quad \text{bzw.} \quad \mu^0 + RT \ln a_1 + p_1 V = \mu^0 + pV, \quad (34)$$

da $a = 1$ und $\ln 1 = 0$. Es folgt:

$$p_1 - p = \pi = -\frac{RT}{V} \ln a_1 = -\frac{RT}{V} \ln \gamma_1 = -\frac{RT}{V} \ln (1 - \gamma_2) \quad (34\text{a})$$

als die *Beziehung zwischen dem osmotischen Druck und der Lösungsmittelaktivität* in der Mischphase. Denn der Druck ist grundsätzlich aus der Arbeit mittels Division durch das Volumen zu erhalten. Als V ist das Molvolumen, also für Wasser 18 ml, einzusetzen. Man ist bei dieser Ableitung von der Tatsache ausgegangen, daß der Unterschied der chemischen Potentiale des Wassers durch die entgegengesetzt gerichtete mechanische, ebenfalls auf ein Mol bezogene Druck-Volumen-Arbeit ausgeglichen wird, so daß im Gleichgewicht gilt:

$$\mu - \mu_1 = (p_1 - p) \cdot V = \pi \cdot V. \quad (34\text{b})$$

In realen Lösungen ergeben sich für alle Teile der Mischphase Abweichungen: das Molvolumen eines Partners in der Lösung ist konzentrations- und druckabhängig, d.h. das Daltonsche Gesetz der Unabhängigkeit jener Größen ist nicht mehr voll gültig. Zum Beispiel ist das Gesamtvolumen nicht gleich der Summe der Molvolumina V_1, V_2 ... in reiner Phase multipliziert mit ihren Anteilen an der Gesamtphase (n_1, n_2 ...). Das gleiche gilt für die Summe der Drucke. Man bezeichnet die für den Mischungszustand tatsächlich gültigen *molaren Größen* als die *partiellen* und spricht so z.B. vom *partiellen Molvolumen*. Die Tatsache, daß beim Lösungs- oder Mischungsvorgang Zunahmen oder Abnahmen des Gesamtvolumens erfolgen, erfordert die Berücksichtigung der partiellen Größen, welche zunächst nur experimentell aus der Änderung des Gesamtvolumens (dV) bei der Zugabe einer bestimmten Menge dn eines Partners bestimmt werden können. Das Verhältnis beider

$$\frac{dV}{dn_1} = \left(\frac{\partial V}{\partial n_1}\right)_{n_2, n_3, T, p} = V_1 \quad (35)$$

ist das partielle Molvolumen des Stoffes mit dem Index 1. Die Angabe n_2, n_3, T, p bedeutet, daß diese Größen bei Bestimmung des partiellen Differentialquotienten, d.h. des partiellen Molvolumens unverändert gehalten werden. Multipliziert man diese Volumenkoeffizienten mit den molaren Anteilen des Partners, dann erhält man das reale Gesamtvolumen der Lösung:

$$V = \left(\frac{\partial V}{\partial n_1}\right) \cdot n_1 + \left(\frac{\partial V}{\partial n_2}\right) \cdot n_2 \ldots . \quad (35\text{a})$$

Die partiellen molaren Volumina sind natürlich auch als die Quotienten der jeweils für die Zusammensetzung gültigen chemischen Potentiale und vorgenommener kleiner Druckänderungen zu gewinnen: $(\partial \mu_1 / \partial p) = V_1$ (s. S. 4/5). Bei realen Lösungen ist die Änderung des chemischen Potentials pro Mol, durch welche eine gleiche Druckänderung verursacht wird, sowohl von der Konzentration wie von der Druckhöhe abhängig. Die Beachtung der partiellen molaren Größen ist unter anderem besonders für die Untersuchung der Makromoleküle wichtig geworden.

Für *niedrig molekulare Stoffe* lassen sich die osmotischen Vorgänge ausreichend mit Hilfe der zuvor abgeleiteten Beziehung beschreiben. Sie selbst ist auch anschaulich auf folgende Weise gewinnbar.

Wir betrachten dazu den eingangs geschilderten 2-Schälchen-Versuch (s. Abb. 28), schließen aber die Lösung in ein Säckchen aus semipermeablem Material ein und messen die Druckentwicklung in seinem sich durch Wasseraufnahme ausdehnenden Raum. Jedoch soll diese Ausdehnung nur infinitesimal sein, da das Säckchen starr ist. Das herübergetretene Volumen des Wassers (V) möge gleich dem molaren sein, also 18 ml betragen. Dann ist die geleistete Arbeit bei der Überführung dieser Menge Lösungsmittel: $-A = \pi \cdot V$, wo π den entwickelten hydrostatischen, d.h. wieder den osmotischen Druck angibt. Bei diesem Transport wurde aber nun das Wasser aus einem Zustand mit dem Dampfdruck p_0 der reinen Phase in den der

Lösung mit p gebracht. Dabei wird pro mol transportierten Wassers die Arbeit:

$$-A = RT \ln \frac{p_0}{p}$$

gewonnen. Beide Formulierungen sind verschiedene Ausdrucksweisen für den gleichen Prozeß. Setzen wir sie einander gleich, so ergibt sich sofort eine Beziehung zu den Molenbrüchen der Lösung:

$$\pi \cdot V = RT \ln \frac{p_0}{p} = -RT \ln \frac{p}{p_0} = -RT \ln \gamma_1 = -RT \ln (1 - \gamma_2); \text{ vgl. (25b)}.$$

Sie ist identisch mit Gl. (34a).

Nun ist γ_2 stets klein gegenüber 1; unter dieser Voraussetzung gilt:

$$\ln (1 - \gamma_2) = -\gamma_2, \quad \text{d.h.:} \quad \pi = \frac{RT}{V} \cdot \gamma_2 = \frac{RT}{V} \cdot \frac{n_2}{n_1 + n_2}.$$

V ist M_1/ϱ_1; für wäßrige Lösungen also bei 4° genau gleich 18. Ist n_2 klein gegen 55,5, dann ist:

$$\pi = \frac{RT \varrho_1 \cdot n_2}{18 \cdot 55,5} = \frac{RT \varrho_1 \cdot n_2}{1000} = RT \varrho_1 m_2 \simeq RT \cdot c_2 \quad \text{(van't Hoffsches Gesetz)}. \quad (36)$$

Man erhält demnach das van't Hoffsche Gesetz, ohne die Gültigkeit der Gasgesetze für die Lösungen vorauszusetzen.

Wird hier R in Liter-Atmosphären, d.h. mit dem Wert 0,0821 eingesetzt, dann erhält man π in Atmosphären. Will man den osmotischen Druck in mm Hg ausdrücken, dann ist $R = \dfrac{22,4 \cdot 760}{273} = 62,4$ Liter $\cdot$ mm Hg oder $6,24 \cdot 13,56 = 84,8$ Liter $\cdot$ cm Wassersäule pro Mol und Grad. Hiermit ergibt sich z.B. der Wert π einer Rohrzuckerlösung, welche aus 11,4 g und 100 g Wasser besteht oder 10,37 g im Raum von 100 ml enthält und welche $^1/_3$ molar ist, zu $0,333 \cdot 293 \cdot 84,8 = 8300$ cm Wassersäule bei 20° $(= 8,3$ technische Atmosphären). Eine Prüfung auf die Dimension vorstehender Größen liefert:

$$\text{Mol} \cdot \text{Liter}^{-1} \cdot \text{Grad} \cdot \text{Liter} \cdot \text{cm} \cdot \text{Mol}^{-1} \cdot \text{Grad}^{-1} = \text{cm}.$$

Würde man bei 20° C eine 11,4%ige Lösung eines Stoffes vom Molekulargewicht 114000 verwenden, dann wäre seine Konzentration $m_2 = 0,001$, und man müßte ein π von $0,001 \cdot 84,8 \cdot 293$, d.h. von 24,8 cm Wasser erwarten. Der osmotische Druck von hochmolekularen Stoffen wie Eiweißen und technischen Polymeren wird sich also im direkten osmotischen Versuch bei geeigneter Anordnung gut messen lassen, während bei Stoffen mit Molekulargewichten unter einigen Tausend zu hohe Drucke auftreten würden, so daß indirekte Methoden heranzuziehen sind. Diese benutzen fast alle die Dampfdruckerniedrigung über der Lösung. Indem man sie mißt, bestimmt man gleichzeitig a_1, die Aktivität des Lösungsmittels; a_1 ist wiederum mit a_2, der Aktivität des Gelösten, durch Gl. (29) verbunden.

Direkte Bestimmungen der Dampfspannung haben in die biologische Methodik keinen Eingang gefunden, wohl aber hat die Verfolgung der *isothermen Destillation* zum Ausbau brauchbarer Bestimmungsmethoden geführt. Nach BARGER (1915) werden in eine Glascapillare nacheinander Tropfen einer Lösung bekannten und unbekannten osmotischen Druckes eingesaugt, die Capillare zugeschmolzen und die Länge der einzelnen Flüssigkeitssäulen mikroskopisch gemessen. Nach einiger Zeit sind die Tropfen mit höherem Druck auf Kosten ihrer Nachbartropfen gewachsen; um so mehr, je größer der Druckunterschied ist. Isotonische Tropfen verändern ihre Lage nicht. Obwohl YAMAKAMI zeigte, daß die Zunahme nur zum geringeren Teil durch Destillation, in der Hauptsache aber durch Osmose in der Benetzungshaut der Capillarwand erfolgt, ist das Verfahren doch, besonders in der von RAST angegebenen Form verwendbar. Allerdings werden die Resultate durch die Gegenwart capillaraktiver Stoffe beeinflußt (HARGITAY).

Wie beim Verdampfen der Umgebung Wärme entzogen wird, so wird umgekehrt bei der Kondensation Wärme frei *(Kondensationswärme)*. Die Messung dieser bei der isothermen Destillation auftretenden Wärmen gelingt durch die *Hillschen Präzisionsthermosäulen* mit hoher Genauigkeit. Sie kann bei jeder beliebigen Temperatur erfolgen (s. u.) (1930). Zwei mit den zu vergleichenden Lösungen getränkte Filtrierpapierblättchen werden auf beide Seiten der Differentialthermosäule gelegt; der resultierende Galvanometerausschlag wächst mit dem Unterschied der Dampfspannungen. Die bei diesem eleganten Verfahren benötigten Flüssigkeitsmengen sind sehr gering, die Resultate sehr gut.

Am einfachsten gelingt die Messung der Dampfdruckerniedrigung auf indirektem Wege durch Bestimmung der sog. *Fixpunktsverschiebungen*, also der Verschiebung des Gefrier- und Siedepunktes. Das Sieden beginnt bei derjenigen Temperatur, bei der der Dampfdruck einer Flüssigkeit gleich dem auf ihr lastenden Atmosphärendruck ist. Da die Dampfspannung einer Lösung geringer als die vom reinen Lösungsmittel ist, wird sie über jener erst bei höherer Temperatur dem Atmosphärendruck gleich werden: Siedepunktserhöhung der Lösung gegenüber dem Lösungsmittel. Sie ist proportional der Dampfspannungserniedrigung und so auch dem osmotischen Druck. Die durch 1 Mol mit 1000 g Wasser gelöster Substanz hervorgerufene Erhöhung heißt molare *Siedepunktserhöhung;* sie beträgt 0,52° C.

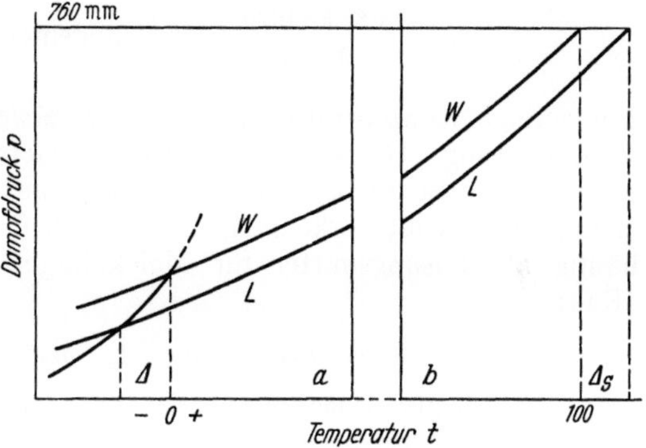

Abb. 31 a u. b. Zustandekommen der Gefrierpunktserniedrigung (a) und der Siedepunktserhöhung (b)

Von *praktischer Wichtigkeit für den Biologen ist die Messung der Gefrierpunktserniedrigung (Kryoskopie)*. Bei der Temperatur des Gefrierpunktes bestehen Wasser und Eis nebeneinander. Wenn sie beide unter sich im Gleichgewicht stehen, muß die Dampfspannung über dem Wasser und dem Eis gleich sein, denn sonst würde Verwandlung beider ineinander stattfinden. Der Dampfdruck des Eises (E) fällt mit fallender Temperatur steiler ab als der über unterkühltem Wasser. Der Schnittpunkt beider Kurven entspricht dem Gefrierpunkt. Die Dampfdruckkurve der Lösung (L) liegt tiefer als die des Lösungsmittels. Daher schneidet sie die Kurve des Eises bei niedrigerer Temperatur (Abb. 31). Da die Dampfdruckerniedrigung dem osmotischen Druck proportional ist, ist es auch die Gefrierpunktsdepression (Δ), die bei einer einfach molaren Konzentration eines Nichtleiters 1,85° beträgt (Δ_m, molekulare Erniedrigung). Danach ist die molare Konzentration einer unbekannten Lösung mit der Erniedrigung Δ_L:

$$m_2 = \frac{\Delta_L}{1,85} = 0,54 \cdot \Delta_L. \tag{37}$$

Die Methode mißt den osmotischen Druck bei der Gefriertemperatur; für andere Temperaturen ist die Umrechnung nach dem Gay-Lussacschen Gesetz vorzunehmen. Bei Elektrolytlösungen nimmt der Druck aber in der Regel stärker zu, als diesem Gesetz entspricht.

Die Geräte für die Kryoskopie (Beckmann-Apparate) richten sich in ihrer Ausführung nach dem zur Verfügung stehenden Flüssigkeitsvolumen, das auch bei Benutzung von Thermosäulen statt der Beckmann-Thermometer nicht weit unter 1 ml heruntergehen kann. *Für äußerst kleine Flüssigkeitsmengen* haben WIRZ, W. KUHN und HARGITAY (1951) ein sinnreiches Verfahren angegeben, welches auf einer optischen Eigenschaft der Eiskristalle beruht: sie sind doppelbrechend (s. S. 367). Man läßt gefrieren und bestimmt die Temperatur, bei der die Doppelbrechung mikroskopisch sichtbarer kleinster Eiskristalle verschwindet. Hierzu genügen Flüssigkeitsmengen zwischen 10^{-6} bis 10^{-7} ml.

Häufig wird die Gefrierpunktmessung zur Bestimmung des Molekulargewichtes unbekannter Substanzen benutzt. Sei a die MengeLösungsmittel in g ($a = M_1 \cdot n$), in der b Gramm der Substanz mit unbekanntem M_2 aufgelöst sind, dann gilt, da m_2 die Molzahl g/M_2 im kg Lösungsmittel ist:

$$m_2 = \frac{b \cdot 1000}{M_2 \cdot a};$$

und mit Gl. (37) ergibt sich:

$$\Delta_L = \frac{1{,}85\, b \cdot 1000}{M_2 \cdot a} \quad \text{bzw. allgemein:} \quad M_2 = \frac{\Delta_m \cdot b \cdot 1000}{\Delta_L \cdot a}. \tag{37a}$$

Für geringe Konzentrationen oder *höher molekulare Stoffe* sind die Δ-Werte in Wasser gering. Die Erniedrigungen des Gefrierpunktes werden um so größer, je größer die Schmelzwärme des Lösungsmittels wird. Tabelle 27 zeigt die Beziehungen und läßt erkennen, warum z.B. Campher in der organischen Chemie häufig als Lösungsmittel für Molekulargewichtsbestimmungen benutzt wird (RAST).

Tabelle 27. *Molare Erniedrigung (Δ_m) des Erstarrungs-(Schmelz-) Punktes T_s.*
L gibt die molare Schmelzwärme. $\Delta_m = \dfrac{R T_s^2 \cdot M_1}{1000 \cdot L}$ (vgl. S. 738).

	Schmelzpunkt in °C	Δ_m	L in kcal	M_1
Wasser.	0,00	1,86	1,44	18
C_1 Tetrachlorkohlenstoff .	−24,7	29,8	0,04	154
C_2 Essigsäure	17	3,9	2,63	60
C_6-Benzol	5,45	5,07	2,35	78
Resorcin	110	6,5	—	110
C_7 Benzoesäure	122,5	8,79	4,00	122
C_{10} Camphen	49	31,1	0,74	136
iso-Camphan	65	44,5	1,70	138
Campher	178,4	40,0	1,63	152
C_{13} Benzophenon	48,1	9,8	4,00	183

Der osmotische Druck hochmolekularer Stoffe

Für Eiweiße und viele andere empfindliche höher molekulare Stoffe sind die genannten organischen Lösungsmittel mit hohem Δ_m nicht zu verwenden. Dafür gelingt es jedoch hier, mit Hilfe der *direkten Osmometrie* das Molekulargewicht, bzw. zunächst den osmotischen Druck zu messen. Die Voraussetzung ist, daß Membranen geeigneter Durchlässigkeit zur Verfügung stehen. Sie ist für Eiweiße leicht zu erfüllen, da Kollodium- oder Cellophanmembranen bei genügender Wasserdurchlässigkeit zuverlässig dicht für Eiweißkörper zu sein pflegen. Sie werden als Hülsen (SÖRENSEN 1919, PAULI 1934, WEBER 1949, H. B. BULL 1941 u. a.) oder als flache Membranen (KROGH 1927, HEPP 1936, LINDERSTRÖM-LANG 1949, G. V. SCHULZ 1936) benutzt. Ein Beispiel für ein „Onkometer" der letzteren Form gibt Abb. 32. Hier wird die Größe des von außen anzulegenden Soges in cm Wasser bestimmt, welcher die membranwärts gerichtete osmotische Bewegung des Ultrafiltrates in der Capillare äquilibriert. Die Bewegung des Meniscus wird mikroskopisch verfolgt. Bei der Berechnung ist eine Korrektur für den Einfluß der Oberflächenspannung des Wassers in der Capillare einzuführen, welche zusätzlich einen Sog im Sinne des capillaren Anstieges der Flüssigkeit bewirkt (s. S. 217). Der osmotische Druck von konzentrierteren Lösungen bei Nichtleitern, Hochpolymeren oder Eiweißstoffen zeigt charakteristische Abweichungen

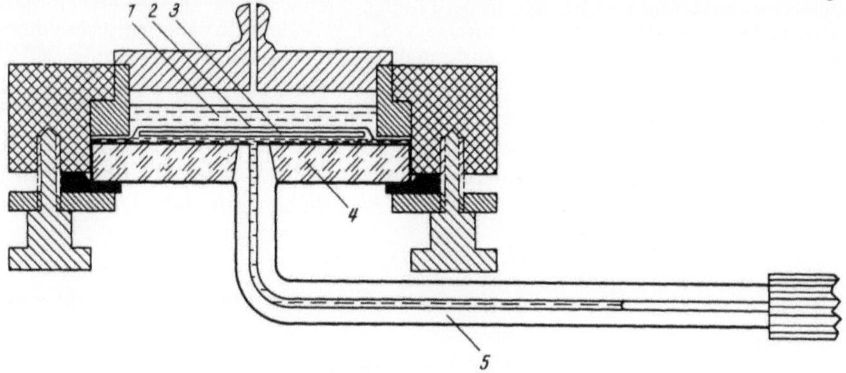

Abb. 32. Kolloidosmometer nach HEPP: *1* Meßgut, *2* Membran, *3* Filterseide, *4* Glasplatte, *5* Meßcapillare

vom van't Hoffschen Gesetz. In allen 3 Fällen wächst der Druck mit der Konzentration stärker, als einer einfachen Proportionalität entspricht (Abb. 32a).

Errechnet man die Druckwerte *bei relativ niedrig molekularen Nichtleitern* aus der vorliegenden kg-Molarität und nicht — wie es früher üblich war — aus der Liter-Molarität, dann sind hier die Abweichungen für Lösungen bis $m_2 < 1$ nicht erheblich, während sie z.B. bei Rohrzucker, bezogen auf c_2 schon bei geringeren Konzentrationen $(0,1 < c_2)$ beachtlich werden (vgl. S. 90). Die Ursache für dieses Verhalten wird zum Teil in der Hydratbildung des Gelösten zu suchen sein. Sie verringert das freie zur Lösung zur Verfügung stehende Wasser, d.h. sie vermindert die Diffusionsaktivität des Lösungsmittels.

Bei hochmolekularen Stoffen wie *Eiweißen und anderen Kolloiden* ist dieser Effekt neben

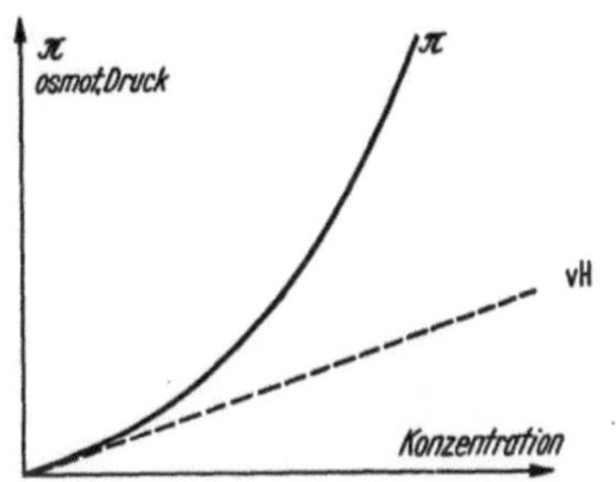

Abb. 32 a. Konzentrationsabhängigkeit des osmotischen Druckes von Proteinlösungen.———Ideales Verhalten nach dem van't Hoffschen Gesetz

anderen wesentlich stärker. Hier werden die Abweichungen schon bei geringen molaren — allerdings erst höherprozentigen — Konzentrationen bedeutend. WO. OSTWALD (1929) versuchte die vorliegenden Beziehungen durch eine „Solvatatationsgleichung" zu beherrschen, welche hier in der von McMILLAN und MAYER (1945) verallgemeinerten Form wiedergegeben sei:

$$\pi = \varrho_1 \cdot R T \left(\frac{c}{M_2} + B \cdot c^2 + C \cdot c^3 + \cdots \right) = R T \varrho_1 \cdot c \left(\frac{1}{M_2} + B \cdot c + C \cdot c^2 + \cdots \right). \quad (38)$$

Man erkennt, daß die höheren Potenzglieder in verdünnter Lösung so geringe Werte haben müssen, daß sie vernachlässigt werden können, und daß andererseits die Abweichungen von der Linearität dann merklich werden, wenn die Faktoren *B, C ... (Virialkoeffizienten)* neben *c* eine bestimmte Größe erreichen. Formal treten also diese Abweichungen durch Wirksamwerden der Potenzglieder einer allgemeinen Reihe auf.

Die Interpretation der den Kurvenverlauf bestimmenden Virialkoeffizienten hat energetische und statistische Anteile zu berücksichtigen. Die energetischen können, je nachdem, ob Aggregationsbestreben oder Abstoßung der Teilchen besteht, zur Verkleinerung oder Vergrößerung von B beitragen. Der statistische führt nur zur Vergrößerung, da die Zahl der möglichen Teilchenanordnungen in einer Lösung bei Makromolekeln immer geringer als bei kleinen Molekeln ist. Eine Attraktion der Teilchen kann so durch den statistischen Effekt kompensiert werden, und eine Abstoßung den letzteren vergrößern. Eine solche Vergrößerung von B bedeutet praktisch auch eine Vergrößerung des von den Teilchen im statistischen Durchschnitt beanspruchten Raumes in der Lösung. Vernachlässigt man die etwa durch eine elektrische Doppelschicht oder die Ionenwolke (s. S. 137) bedingte Erweiterung jenes Volumens, dann führt die statistische Mechanik zu formulierbaren Angaben über die Größe des Wirkraumes.

In vorstehender Gleichung bedeutet c die Substanzmenge in g, gelöst nicht in 1000, sondern in 1 g Wasser. Dementsprechend ist der jeweilige (s. S. 100) Wert von R hier mit 1000 zu multiplizieren. Für B gilt nach Zimm auf Grund statistischer Überlegungen für gelöste kugelförmige Teilchen mit dem Durchmesser d:

$$B = 2\pi d^3 N_L / 3 M_2^2. \tag{38a}$$

Da $d^3 = 8r^3$, ergibt sich aus Gl. (16) unter Einsetzen von $\varrho_2 = 1{,}33$ für Eiweißkörper (vgl. S. 290):

$$d^3 = 1{,}43 \cdot M_2 / N_L;$$

und hiermit folgt für $B = 3{,}0 / M_2$. Dieser Wert ist von ϱ_2 abhängig. Die statistische Mechanik liefert für anders geformte Teilchen abweichende Werte der Faktoren B, C usw. Zum Beispiel gibt Zimm für starre Stäbchen mit der Länge l:

$$B = \pi d l^2 N_L / 4 M_2^2. \tag{38b}$$

Vergleicht man nun die Gleichung:

$$\pi_r = RTc\left(\frac{1}{M_2} + \frac{3c}{M_2}\right) = \frac{RTc}{M_2}(1 + 3c) \quad \text{mit} \quad \pi_i = \frac{RTc}{M_2}, \quad \text{d.h.} \quad \frac{\pi_r}{\pi_i} = 1 + 3c,$$

so ergibt sich in 1-, 7-, 8- und 10%iger Lösung bei 25° eine Erhöhung gegenüber der einfachen Formel von 3%, 21%, 24% und 30%. Die zugehörigen Werte für einen Eiweißkörper mit M_2 von 70000 finden sich in der Tabelle 28. In

Tabelle 28. *Nach Formel (38) errechneter osmotischer Druck für eine Substanz mit $M_2 = 70\,000$ bei 25°*

		c	0,01	0,07	0,08	0,1
$B = 0$		Atm.	0,0035	0,0245	0,0280	0,0350
		cm H_2O	3,6	25,3	29,0	36,2
$B = 3$		Atm.	0,0036	0,0297	0,0347	0,0455
		cm H_2O	3,7	30,6	36,0	47,1
		%	1	7	8	10

der *Blutflüssigkeit* liegen Proteinkonzentrationen von 7—8% vor. Ihr M_2 ist zum überwiegenden Teil in der Größenordnung von 70000 anzusetzen. Der gemessene „*kolloidosmotische*" *Druck* (KOD) liegt mit etwa 33—36 cm Wasser bzw. mit 24—26 mm Hg etwas höher als der nach vorstehender Formel berechnete. Der Grund für diese weitere Erhöhung ist in dem Donnan-Effekt zu sehen, auf den erst später (s. S. 321) eingegangen werden kann.

Eliminiert man die Größe dieses Effektes rechnerisch oder schaltet man ihn dadurch aus, daß man bei Säuregraden mißt, bei denen er nicht in Erscheinung tritt, z.B. am IP (für Hämoglobin bei 6,8), dann läßt sich das Molekulargewicht hier aus vorstehenden Formeln entnehmen. Man schreibt die Gleichung unter Benutzung von $A = RT/M_2$ und $B^x = B \cdot RT$ in der Form:

$$\frac{\pi}{c} = RTBc + \frac{RT}{M_2} = B^x \cdot c + A \quad [\text{cm}^2 \sec^{-2}]. \tag{38c}$$

Der Verlauf des sog. reduzierten osmotischen Druckes π/c würde, wenn die höheren Glieder der Gl. (38) vernachlässigt werden können, bei Zuordnung zur Konzentration eine gerade Linie mit dem Ordinatenabschnitt A ergeben. Aus A ist unmittelbar das Molekulargewicht zu entnehmen und aus der Neigung der Geraden (B^x) *der 2. Virialkoeffizient*

B. Bei Eiweißlösungen ist aber die Linearität nicht immer gegeben. Eine Extrapolation auf π/c bei $c = 0$ liefert aber gute M_2-Werte.

B ist nicht identisch mit dem *Nichtlösenden- oder Wirkraum bei Proteinen (b')* oder dem van der Waalsschen Kovolumen für Gase ($b = 4$). Dennoch gestattetdie Formulierung, bei der der Gesamtraum der Lösung um das nichtlösende Volumen $b' \cdot c$ vermindert wird, eine gute Beschreibung der Meßdaten (ADAIR 1930, WEBER-STÖVER 1933, G. V. SCHULZ 1947, HEINZ und NETTER 1949 u.a.). Danach ist:

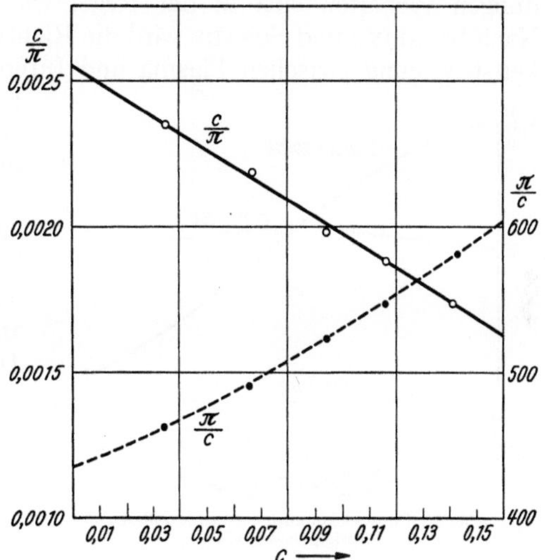

Abb. 33. Kolloidosmotischer Druck von Hämoglobinlösungen bei pH 6,8 und 16° C; für $c = 0$ wird $c/\pi = 1/A = 0,00257$. Mit $RT \cdot 1000 = 2,45 \cdot 10^7$ und $M_2 = RT/A$ ist $M_2 = 63\,000$. Angabe von π in cm H$_2$O. Mit dem Wert 0,00595 für die Neigung der Geraden b'/A wird $b' = 2,32$ (Daten von KANIG)

$$\left.\begin{aligned}\pi &= \frac{A \cdot c}{1 - b' \cdot c} \\[2mm] \text{bzw.}\quad \frac{c}{\pi} &= -\frac{b' \cdot c}{A} + \frac{1}{A} \cdot\end{aligned}\right\} \tag{39a}$$

Bei $c = 0$ ist der Ordinatenwert für $c/\pi = 1/A$. Hiermit ist b' wieder aus der Neigung der Geraden zu erhalten, wenn c als Abszisse benutzt wird. A ergibt das Molekulargewicht in üblicher Weise. Wenn hier für c/π Linearität vorliegt, kann sie für π/c nicht gegeben sein, obwohl die Abweichungen oft gering sind. SCHULZ rechnet bei durchschnittlichen Eiweißkonzentrationen mit einem Wert für b' von 2,25. Vergrößerung des Hydratationsvolumens müßte b' steigern, eine Teilchenassoziation es herabsetzen. Für gestreckte Makromolekeln ist wegen der erleichterten Packungsdichte eine Verkleinerung von b' zu erwarten (G. V. SCHULZ). b' fällt mit der Konzentration etwas ab. Bei konstantem B ergibt sich schon mit alleiniger Gültigkeit vorstehender Gleichungen aus diesen, wenn $B = x/M_2$ gesetzt wird:

$$b' = \frac{x}{1 + x \cdot c} \quad [\text{g}^{-1}\text{cm}^3]. \tag{39b}$$

Hiermit würde b' von $b' = x = 3$ in starker Verdünnung auf 2,91 bei 1% ($c = 0,01$ g/ml) und 2,31 bei einer 10%igen Proteinlösung, also anfänglich nur sehr wenig sinken (vgl. Abb. 33). Tatsächlich ist b' keine Konstante!

Empirisch ergibt sich der KOD aus dem Proteingehalt des Plasmas nach einer bewährten Formel von SCATCHARD (1944). Sie lautet:

$$\text{KOD} = \frac{268\,(1 - 0,64\,g)\,c}{1 - (0,4 + 0,9\,\text{pH})\,c}\ \text{mm Hg}.$$

In ihr bedeutet c den Proteingehalt in g/ml und g das Verhältnis der Globulinkonzentration zu der des Gesamteiweißes. Ist Q das Albumin-Globulinverhältnis, dann ist $g = (Q + 1)^{-1}$. Die Globulinfraktion beteiligt sich relativ wenig an der Erzeugung des KOD.

Die *Bedeutung des kolloidosmotischen Druckes für die osmotischen Vorgänge im Organismus ist von* STARLING *1896 erkannt worden.* Er bemerkte, daß nur dann Flüssigkeit in den Glomerulumschlingen aus dem Plasma abgepreßt werden kann, wenn der mittlere Blutdruck in den Capillaren über dem Wert des Kolloiddruckes der Blutflüssigkeit liegt. Denn in den Capillaren ist ein natürliches Osmometer für die Eiweiße gegeben. Seine Bedeutung liegt in der Regulierung der Wasserverteilung zwischen Blut und Geweben (SCHADE). Ihre Wandungen verhalten sich in der Regel wie eiweißdichte Kollodiummembranen. Nach STARLING und SCHADE wird die Richtung und Geschwindigkeit der Flüssigkeitsbewegung zwischen Plasma und Interstitium durch 3 Faktoren bestimmt.

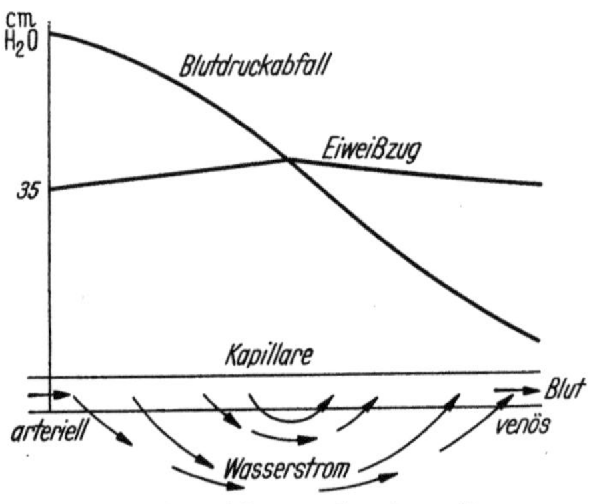

Abb. 34. Zustandekommen des extracapillaren Flüssigkeitswechsels

1. Die *hydrostatischen Drucke* beiderseits der Capillarwand, 2. die *kolloidosmotischen Drucke* auf beiden Seiten und 3. die *Durchlässigkeitseigenschaften* der Capillarwand. Da die Eiweiße durch jene Wandung zurückgehalten werden, wirkt sich hier nur der KOD aus. Alle anderen gelösten und kleinmolekularen Teilchen passieren frei bzw. werden in ihrer Diffusion nur wenig beschränkt, so daß sie auch nicht oder nur vorübergehend Veranlassung zu Flüssigkeitsbewegungen geben können. Im Anfangsteil der Capillare ist der von innen auf die Wand wirkende Blutdruck wesentlich höher, im venösen aber immer tiefer als dem KOD entspricht. Die Capillaren sind auch der praktisch einzige Teil des Kreislaufsystems, dessen Wandungen eine beachtliche Wasserdurchlässigkeit besitzen. Solange nun der Blutdruck die kolloidosmotische Zugkraft übertrifft, wird er eiweißfreies Ultrafiltrat aus der Capillare herausdrücken.

Im venösen Schenkel, in dem der Kolloiddruck höher als der Capillardruck ist, wird demgegenüber die Gewebeflüssigkeit osmotisch in das Zirkulationssystem eingesaugt. Auf diese Weise wird der extracapillare Flüssigkeitswechsel unterhalten (s. S. 65). Verringerung des Kolloiddruckes im Verhältnis zum Blutdruckabfall in den Capillaren und Steigerung ihrer Durchlässigkeit für Eiweiße (Histaminwirkung u. a.) führen zum Übertritt von Flüssigkeit aus der Blutbahn in das Gewebe (Ödem, Quaddelbildung, Abb. 34).

Zusammengefaßt handelt es sich also um den *Antagonismus des auspressenden Blutdruckes und des einsaugenden Kolloiddruckes.* PAPPENHEIMER hat diese Vorstellungen quantitativ unterbaut. Er findet, daß die Größe des Wasserwechsels mit der arterio-venösen Druckdifferenz wächst. Gleichgewicht zwischen austretenden und eintretenden Wassermengen, „isogravimetrischer Zustand" (PAPPENHEIMER 1948), kann dennoch bei sehr verschiedenen Paaren des arteriellen und venösen Druckes erreicht werden. Der in Durchströmungsversuchen an Säugetierbeinen nach dieser Vorstellung wirksam gefundene effektive Kolloiddruck π_e beträgt 95% des im Osmometer gemessenen Druckes. Er kann aus der angelegten Druckdifferenz und der Größe des Wasserübertrittes, d.h. der Gewichtsveränderung der mit Blut durchströmten isolierten Extremität abgeleitet werden. Daß der effektive KOD um ein wenig kleiner als der osmotisch bestimmte gefunden wird, dürfte seinen Grund in der Zusammensetzung der extracapillaren Flüssigkeit haben. Denn sie ist namentlich in unmittelbarer Nähe der Capillaren nicht als völlig eiweißfrei anzusehen, so daß der effektive KOD der Differenz der Kolloiddrucke auf beiden Seiten entspricht.

Das Ausmaß der Filtration in der einen oder anderen Richtung $(\pm F)$ ist über den Filtrationskoeffizienten (K_f) der Differenz zwischen dem mittleren Capillardruck (P_c) und dem effektiven KOD (π_e) proportional:

$$\pm F = K_f \cdot (P_c - \pi_e). \tag{40}$$

Bei Säugetieren (Katze, Hund) ergibt sich für den Koeffizienten ein Mittelwert von $K_f = 0{,}015$ g/min/mm Hg/100 g Gewebe. Bei bekannter Oberfläche der Capillaren lassen sich aus dieser Zahl Schlüsse auf ihre Membraneigenschaften ziehen (s. S. 675). Im übrigen entnimmt man ihr für eine mittlere Druckdifferenz von 10 mm Hg und für ein Muskel- und Organgewicht von 35 kg eines 70 kg schweren Menschen eine capillare Filtratmenge von etwa 75 Litern pro Tag. Möglicherweise ist aber K_f für den Menschen noch etwas, vielleicht $^1/_3 - ^1/_2$mal kleiner als beim Hund. Denn auch der Ruhestoffwechsel der Muskulatur ist bei größeren Tieren entsprechend kleiner (s. S. 391).

Diese *Filtratmenge* reicht nun nicht entfernt aus, um mit Hilfe der in ihr gelösten Stoffe den Bedarf der Gewebe zu decken, wie folgende Betrachtung für den Menschen lehrt. Der Zuckergehalt des Blutes beträgt 0,1 %, d.h. ein Liter enthält 1 g Glucose. Das abgepreßte Ultrafiltrat soll die gleiche Konzentration besitzen. Die im Tag durch den Kreislauf bewegte Blutmenge macht etwa 7000 Liter aus, der Zuckerbedarf 300—600 g. Unter der unwahrscheinlichen Voraussetzung, daß sämtlicher Zucker aus dem Ultrafiltrat verbraucht würde, müßten im Tag 300—600 Liter eiweißfreier Flüssigkeit aus dem Blut abgepreßt werden. Wenn man obige Annahme und den vorausgesetzten Ruhezustand berücksichtigt, ergibt sich, daß der extracapillare Flüssigkeitswechsel mit 50 bis 75 Litern pro Tag etwa nur für den 5.—20. Teil der peripheren Versorgung aufkommen kann (PAPPENHEIMER). Alles übrige gelangt durch Diffusion an sein Ziel! Der Kolloiddruckantagonismus selbst steht im Dienst der Wasserregulation, hauptsächlich zur Verhinderung des Wasserverlustes aus der Blutbahn. Wasserdichte Capillarwände, welche die gelösten Stoffe in genügender Menge passieren lassen, sind mit den Baumitteln der Organismen nicht herstellbar. Außerdem muß auch eine gewisse Menge an Wasser gewechselt werden (s. S. 63).

Unter dem Gesichtspunkt der notwendigen Abstimmung des Kolloiddruckes auf den capillaren Blutdruck wird auch die folgende Tatsache verständlich (HEINZ und NETTER 1949). *Frei* im Plasma vorhandene respiratorische Farbstoffe besitzen nämlich im Gegensatz zum Hämoglobin, das in den Erythrocyten *eingeschlossen* ist, ein sehr hohes Molekulargewicht. Diese Stoffe müssen in sehr großen Mengen zugegen sein, um den Sauerstofftransport in genügender Höhe zu ermöglichen. Besäßen sie aber ein relativ niedriges Molekulargewicht wie das eingeschlossene Hämoglobin (MG = 68000), dann würde ihre hohe Konzentration im Plasma einen so hohen Kolloiddruck erzeugen, daß zur Aufrechterhaltung des Wassergleichgewichtes an der Capillare ein unwahrscheinlich hoher Blutdruck benötigt würde. Frei gelöstes Hämocyanin aber hat z.B. eine so große Molekel, daß es osmotisch praktisch unwirksam ist (S. 312).

Osmotischer Druck in Zellen und Geweben

Mit der Darstellung der an der Capillarwand wirksamen osmotischen Kräfte ist zwar die S. 65—66 aufgeworfene Frage nach dem Wesen des extracapillaren Flüssigkeitswechsels beantwortet, dessen Ausmaß viele andere Wasserbewegungen in den Schatten stellt. Aber damit ist noch kein Einblick in das *osmotische Verhalten der Zellen und Gewebe* gegeben. Denn dieses wird in erster Linie durch den osmotischen Gesamtdruck der intra- und extracellularen Lösungen bestimmt. Der Totaldruck setzt sich entsprechend dem Daltonschen Gesetz der Unabhängigkeit der Partialdrucke aus der Summe der Teildrucke der einzelnen Partner einer Lösung zusammen. Grundsätzlich kann ein verschiedenes Permeationsverhalten der Komponenten zu sehr unterschiedlichen osmotischen Vorgängen führen. Ein Beispiel bietet der soeben besprochene Teildruck der Kolloide, der ja nur dadurch osmotisch wirksam wird, daß die Capillaren eiweißdicht sind, aber alles übrige passieren lassen und sich somit wie eine Meßanordnung zur Ermittlung eines bestimmten osmotischen Partialdruckes verhalten. Dieser Druck ist mit $^1/_{30}$ Atm. im Vergleich zu etwa 7 Atm. sehr klein. Er kommt nur für etwa $^1/_2\%$ des Totaldruckes auf. Man könnte ihn daher für die Beschreibung der *osmotischen Vorgänge* dann vernachlässigen, wenn diese tatsächlich *durch den Gesamtdruck beherrscht* würden. Die osmotischen Grundexperimente lehren, daß diese Voraussetzung für die Zellmembranen in erster Annäherung zutrifft.

Unter diesen Umständen ist auch ein relativ einfaches Verhalten der Zellen und Gewebe zu erwarten. Wie bei einer osmotischen Zelle wird die Geschwindigkeit und Richtung der Wasserbewegung durch den Unterschied im osmotischen Druck, d.h. durch den Gradienten der Lösungsmittelaktivität bestimmt. Die Wanderung des Wassers findet also stets von der verdünnteren, *hypotonischen* Lösung in die konzentriertere *(hypertonische)* Lösung statt. Zwischen isotonischen oder isosmotischen Lösungen erfolgt bilanzmäßig kein Wassertransport, da die Bewegung in beiden Richtungen mit gleicher Geschwindigkeit verläuft. Es ist von Vorteil, die osmotische Konzentration irgendeiner Lösung mit der molaren eines reinen Nichtleiters zu vergleichen, und man spricht in diesem Zusammenhang in der angelsächsischen Literatur von „Osmolen" und „*Osmolarität*". Die osmolare Konzentration ist also jene, welche den gleichen osmotischen Druck besitzt, wie die ideale Lösung eines Nichtleiters bei der angegebenen Konzentration sie haben würde. Die Zweckmäßigkeit dieser Bezeichnung ergibt sich besonders für Elektrolytlösungen. In ihnen kann der osmotische Druck je nach dem Typ der Dissoziation vielfach größer sein, als nach der Molarität zu erwarten ist. Ihre osmolaren Konzentrationen sind also entsprechend höher als ihre molaren. So ergeben sich z.B. bei einer 0,1 molaren Konzentration für einige Salze folgende Osmolaritäten:

KCl 0,186; NaCl 0,187; $MgCl_2$ 0,266; $CaCl_2$ 0,260 (vgl. S. 116). Der osmotische Druck in Zellen und Körpersäften wird in der Regel auch ganz überwiegend durch Elektrolyte erzeugt. Doch spielt die Natur der osmotisch wirksamen Stoffe bei den folgenden Überlegungen noch keine entscheidende Rolle.

Schon an einer einfachen *Traubeschen Zelle* zeigen sich osmotische Wasserbewegungen. Sie werden durch das osmotisch einströmende Wasser gedehnt und die dadurch entstandenen Risse werden durch neue Niederschlagsbildung semipermeablen Materials (Ferrocyankupfer) wieder verklebt. Auf diese Weise kommt das sog. Wachstum dieser Zellen zustande. Auch die lebenden Zellen verhalten sich nun im osmotischen Versuch mit weitgehender Annäherung wie ideale semipermeable Osmometer: je nachdem sie in hypertonisches oder hypotonisches Milieu hineingebracht werden, schrumpfen oder schwellen sie; hierbei finden die Volumenveränderungen ausschließlich durch den osmotischen Wasserwechsel statt, es sei denn, daß dem Inneren durch sehr stark hypertonische Lösungen auch noch Quellungswasser entzogen werde. In allen Lösungen, die dem Zellinhalt isotonisch sind, bewahren sie ihr Volumen.

Das beste Beispiel für den osmotischen Wasserentzug durch hypertonische Lösungen bietet die *Plasmolyse* (DE VRIES, Abb. 213), welche bei sehr vielen Pflanzenzellen in allen Einzelheiten zu beobachten ist. Sie demonstriert das

Schrumpfen des Protoplasmas und die Verkleinerung der Zellsaftvacuole oft in sehr gut meßbarer Weise (Tradescantia, Spirogyra, Allium u. a.). Auch bei tierischen Knorpelzellen ist die Zellretraktion von dem vorgebildeten natürlichen Widerlager der Knorpelsubstanz gut zu verfolgen (MOND 1929). Die roten Blutzellen zeigen unter diesen Bedingungen eine Fältelung ihrer Membran, welche als Stechapfelform bekannt ist. Die roten Zellen bieten weiterhin auch das beste Beispiel für die osmotische Wasseraufnahme aus hypotonischen Lösungen. Ihre Volumenvergrößerung ist nach scharfem Abzentrifugieren in geeichten Capillarröhrchen (Hämatokrit, HAMBURGER 1898) oder mit Hilfe optischer Verfahren sehr genau zu verfolgen. Erreicht sie einen gewissen Wert, dann verliert die Membran ihre normalen Filtereigenschaften. Das Hämoglobin verläßt die Zelle, es tritt *Hämolyse* ein. Alle übrigen Zellen verhalten sich grundsätzlich gleichartig. Die Semipermeabilität ist also eine allgemeine Eigenschaft. Trotzdem sind die Wege, auf denen sie erreicht wird, sehr verschiedenartig, und sie erfordern eine ausführliche Besprechung (s. S. 684f.). Niemals aber ist die Zellwand wie eine einfache Niederschlagsmembran aufgebaut.

Das „als Ob-Verhalten" der Zellen als Osmometer ist auch durch quantitative Versuche gut zu stützen. Dazu ist es nötig, die Volumenveränderung in anisotonischen Lösungen zu messen. Das gelingt mit Hilfe der *Plasmometrie* (HÖFLER 1918) bei Pflanzenzellen und mit der Hämatokritmethode bei roten Blutkörperchen, Seeigeleiern und anderen nicht zu Geweben verbundenen Zellen. Das Ergebnis ist eindeutig. Die Volumenveränderung in Lösungen mit verschiedenem osmotischen Druck *gehorcht dem Boyle-Mariotteschen Gesetz* (LUCKÉ 1932).

Allerdings muß dabei noch eine Größe berücksichtigt werden: das Volumen der nichtlösenden und nichtwäßrigen Strukturen in der Zelle; der *nichtlösende Raum* (POLANYI 1920). Er muß vom Gesamtvolumen der Zelle als konstante Größe in Abzug gebracht werden, wenn man das schwellungsfähige Volumen erhalten will, welches allein in die Volumen-Druck-Beziehung eingeht. Sie lautet dann:

$$A = (V - a) \cdot \pi = (V_n - a) \cdot \pi_n; \quad \text{bzw.} \quad a = \frac{V_n \cdot \pi_n - V \cdot \pi}{\pi_n - \pi}. \tag{41}$$

Hier ist a das nichtschwellungsfähige Volumen und A eine Konstante, die sich mit der oben in gleicher Weise bezeichneten deckt (38c). Voraussetzung ist immer, daß der osmotische Druck des Zellinnern gleich dem äußeren (s. S. 111) geworden ist. Sie kann für die üblichen Objekte als praktisch gegeben betrachtet werden. Natürlich hat a auch für das Normalvolumen V_n der Zelle in ihrer Umgebung mit dem Normaldruck π_n den gleichen Wert. Das Volumenkorrektionsglied a wirkt sich praktisch also so aus, daß das einfache Boyle-Mariottesche Gesetz gilt, wenn man den horizontalen Hyperbelast nicht zur π-Achse asymptotisch werden läßt, sondern zu einer Parallelen im Abstande a von der π-Achse (Abb. 35). Für den Ordinatenabschnitt über a gilt dann, daß das Produkt aus Ordinaten und Abszissenwert konstant ist. Die Zellen gehorchen diesen Gesetzen im allgemeinen gut. Nur gelegentlich treten in höheren Konzentrationen Abweichungen auf, die zum Teil darauf beruhen, daß ihre Strukturen hier auch noch Quellungswasser abgeben.

Gl. (41) ist nun formal identisch mit der oben gegebenen Beziehung zwischen π und c für hochmolekulare Stoffe (38c). Setzt man nämlich dort: $c = 1/V$, dann folgt die jetzt besprochene Formel unmittelbar. Diese formale Übereinstimmung besagt jedoch nicht, daß die Größe a die gleiche physikalische Interpretation erfordert, obschon sie in beiden Fällen Beziehungen zur Raumerfüllung oder zum Wirkraum der Makromolekeln zeigt. Und in diesem Zusammenhang kann sie auch mit der Größe b in der van der Waalsschen Gleichung für reale

Gase verglichen werden. Hier ist b das vierfache Eigenvolumen der vorhandenen Gasmolekeln, und es hat sich für sie gezeigt, daß man eine gute Annäherung an die gegebenen Verhältnisse bekommt, wenn das Gasvolumen um b vermindert wird. Daß andererseits der Druck auch um eine bestimmte Größe (a/V^2) vermehrt werden muß, steht hier nicht zur Diskussion. Aus den Volumenänderungen bei Schwellungsversuchen läßt sich nun mit Hilfe von Gl. (41) der *Wert für den nichtschwellenden Raum* leicht entnehmen (Abb. 35). Er beträgt z.B. für Seeigeleier (12%), für Erythrocyten (EGE, 45%), für markhaltige Froschnerven (NETTER, 40%).

Ein eingehenderes Studium hat ergeben, daß die Größe des nichtlösenden Raumes bei den Erythrocyten schwankt; insbesondere ist er in NaCl-Lösungen geringer als im Serum. Die Ursache hierfür ist nicht geklärt. Nach PONDER muß man annehmen, daß das hochkonzentrierte *Hämoglobin* sich im Erythrocyten kurz vor dem *Übergang zur Kristallisation* befindet. In dieser parakristallinen Form soll sich die feuchte Hämoglobinphase wie bei einem echten Kristall nicht oder wenig an der Schwellung beteiligen. Dementsprechend hämolysieren z.B. die Rattenerythrocyten in der Kälte nicht (PONDER 1945). Diese Hypothese hat jedoch schon deswegen keine allgemeine Gültigkeit, da die Schwellung unter CO_2 bei Körpertemperatur den Gesetzen des osmotischen Druckes weitgehend folgt (water shift).

Da sich bei den einfachen osmotischen Systemen von der Größenordnung der Zellen das Wassergleichgewicht innerhalb kurzer Zeit einstellt, kann auch mit der Genauigkeit, mit welcher die Volumenmessungen möglich sind, der *osmotische Druck des Zellinnern* festgelegt werden. Er ist der Osmolarität bzw. dem Außendruck gleich, bei dem das normale Zellvolumen erhalten bleibt. Denn die Zellen bewahren in allen Lösungen, welche mit ihrem Inhalt isotonisch sind und deren Teilchen die Zellmembran nicht

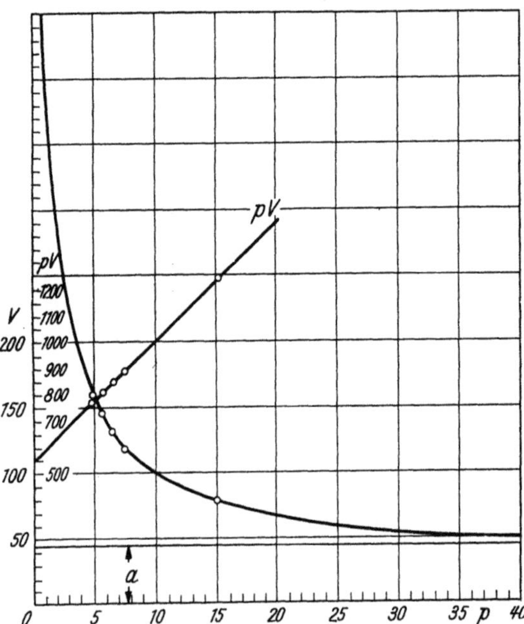

Abb. 35. Volumenkurve der Erythrocyten (nach EGE). Ordinate: Relatives Volumen (V); in 10% Saccharoselösung als Norm (= 100%). Abscisse: Relativer osmotischer Druck als %-Gehalt der Saccharoselösung. Aus $\pi \cdot (V - a) = K$ folgt: $\pi \cdot V = K + a \cdot \pi$; aus der $\pi \cdot V$-Linie ergibt sich (für $p = 0$) $K = 550$ und $a = \dfrac{\pi \cdot V - 550}{\pi} = 45$ als Neigung der Geraden, bzw. als nichtschwellendes Volumen in % ($\pi = p$ in der Abb. 35).

passieren, ihr Volumen. Man hat so eine Methode zur Hand, um festzustellen, welche Konzentrationen verschiedenartiger Substanzen nicht nur mit der Zellflüssigkeit, sondern auch unter sich isotonisch sind. Wichtig ist, daß es gelingt, auf diese Weise Aussagen über den osmotischen Druck im Innern der Zellen zu machen.

Sie können jedoch nur dann verbindlich sein, wenn folgende zwei *Voraussetzungen* erfüllt sind. Zunächst darf der den osmotischen Druck in der Außenlösung erzeugende *Prüfstoff die Zellmembran praktisch nicht passieren*.

Diese Bedingung ist seltener befriedigend erfüllt, als angenommen wird. Selbst die oft benutzten Neutralsalze wie NaCl oder $NaNO_3$ dringen aus reiner Lösung langsam ein. Dieser Vorgang läßt sich durch Hinzufügen von Calciumsalzen allerdings weitgehend herabsetzen (NETTER 1923). Am besten geeignet sind Rohrzuckerlösungen, um z.B. eine beständige Plasmolyse zu erreichen. In Lösungen von langsam eindringenden Stoffen geht die anfänglich eingetretene Plasmolyse im Laufe von Minuten bis zu wenigen Stunden wieder zurück (Deplasmolyse). Sie ist dann gut zu beobachten, wenn die Außenlösung etwa die plasmolytische Grenzkonzentration (FITTING 1915) besitzt oder nur wenig konzentrierter ist. Zur Hauptsache ist der Rückgang der Plasmolyse, d.h. die wiedererfolgte Zunahme des Volumens, auf das entsprechend schnelle Eindringen der Substanz zurückzuführen. Denn sie steigert den

osmotischen Druck der Zelle im gleichen Maß, wie sie eindringt. Die so erfolgte Zunahme des
Druckes wird im Laufe von Stunden geringer. Wieweit diese Erscheinung auf einer Abnahme
der Durchlässigkeit oder auf einer Schädigung beruht, welche Zellinhaltsstoffe frei werden
läßt (Exosmose), muß von Fall zu Fall entschieden werden. Fest steht, daß das Eindringen
von Stoffen anfänglich mit dieser Methode quantitativ zu verfolgen ist (s. Kapitel: Permeabilität), und daß der osmotische Druck des Innern bei langsam eindringenden Stoffen
immer so nahe der plasmolytischen Grenzkonzentration gelegen sein muß, daß er ihr praktisch
gleichgesetzt werden kann.

Die zweite Voraussetzung für die Abschätzung der osmotischen Binnen-
konzentration ist nun die *Annahme eines osmotischen Gleichgewichtes zwischen der
Zelle und ihrer Umgebung.* Bei Geweben mit niedrigem Stoffumsatz wie bei vielen
Pflanzenzellen und den roten Blutkörperchen kann man tatsächlich ein solches
Verhalten zugrunde legen. Es mehren sich aber in den letzten Jahren die Befunde,
welche eine derartige einfache Auffassung über die Verteilung des Wassers für
zahlreiche Organe nicht mehr zu erlauben scheinen. Schon bei Protozoen und
Pflanzen, aber auch bei Amphibien und Warmblütern scheint das Zellinnere
einen merklich höheren Druck als die Umgebung besitzen zu können, auch wenn
jede Schädigung durch den Versuch abzulehnen ist. Bei Infusorien dient die
pulsierende Vacuole der dauernden Ausscheidung von Wasser. Wird ihre Tätigkeit durch Cyanid gelähmt, dann schwillt der Zelleib durch osmotische Wasseraufnahme (KITCHING 1954).

Ganz zweifellos sind beim Säugetier die Zellen der Niere in der Lage, osmotische Arbeit zu leisten. Und wenn sie eine Konzentrierung der sie umgebenden
Lösungen vornehmen, ist damit zu rechnen, daß sie auch in ihrem Innern einen
höheren osmotischen Druck erzeugen. Er bewirkt einen Einstrom von Wasser und
damit auch eine Konzentrationssteigerung in der umgebenden Flüssigkeit. Eine
solche kann sich aber nicht erhalten, wenn nicht für eine Abführung des Wassers
aus dem System gegen die osmotischen Kräfte gesorgt wird. Das bedeutet, daß
Wasser in einer Richtung aktiv unter Aufbietung von Energie fortgeführt werden
müßte. Wieweit eine derartige aktive Wasserbewegung durch Aufrechterhaltung
geringer Temperaturdifferenzen (s. S. 92) oder durch andere Mechanismen erreicht werden kann, wird an anderer Stelle besprochen werden (s. S. 287 u. 730).

Hier muß die grundsätzliche Möglichkeit eines solchen Vorganges erwähnt werden. Man
glaubte bisher, ihn für die Organe deswegen nicht zu benötigen, weil die Nierentätigkeit
für die Aufrechterhaltung eines konstanten osmotischen Druckes der Körpersäfte sorgt,
mit denen die übrigen Zellen sich in einem annähernden osmotischen Gleichgewicht befänden. Daß sie sich aber dennoch die Fähigkeit zum aktiven Wassertransport, welche Einzellern und Nierenzellen sicher zukommt, bewahrt haben und sie auch ausüben, wird von
einigen Autoren (PICHOTKA 1952, AEBI 1952, OPIE 1948) als feststehend angesehen. Wahrscheinlich ist jedoch andererseits, daß die Abweichungen in der Richtung der Hypertonie
bei ihnen unter physiologischen Umständen nicht groß sind (BURCK). Soweit das Gegenteil
auf Grund von Gefrierpunktsmessungen im Gewebe angenommen wurde, ist die Begründung
durch Modellversuche an Polyakrylsäuregelen entkräftet worden. W. KUHN (1956) zeigte, daß
trotz normaler Dampfspannung dann eine Erniedrigung des Gefrierpunktes bis zu 2° C eintritt, wenn die Ausbildung der Eiskriställchen durch die Fasern des Gelgerüstes verhindert
wird. Eine Tensionsbeeinflussung durch die Capillarität (s. S. 218) spielt keine Rolle gegenüber
dem Faktor der Netzdichte im Gel.

Außerdem führt der Verlust der Semipermeabilität wegen des Donnan-Effektes (s. S. 273)
an den strukturfixierten Proteinanionen zum Einstrom von Salz und damit ebenfalls zur
Steigerung des osmotischen Druckes. Alle Versuche an Gewebeschnitten, welche einen
aktiven Wassertransport zu beweisen scheinen, sind daher mit großer Vorsicht zu bewerten.

Osmotische Versuche und Gefrierpunktsbestimmungen ergeben für *Pflanzen
und niedere Tiere* in Süßwasser und auf dem Festlande *Drucke von wenigen
Atmosphären,* welche noch dazu je nach Trockenheit und Salzgehalt der Umgebung Schwankungen zeigen. Der Gefrierpunkt des Amphibienblutes liegt bei
—0,4°. Dagegen zeigen die Pflanzen und die wirbellosen Tiere im Meer Δ-Werte,

welche sich praktisch mit denen des umgebenden Wassers decken. (Für Ostsee $\Delta = 1{,}3°$, für Ozean und Mittelmeer bis $\Delta = 2{,}4°$.) Bei künstlichen Änderungen im Salzgehalt des äußeren Milieus machen auch ihre Körpersäfte alle diese Schwankungen, gemessen an ihrem Δ-Wert, mit.

Das Problem der Osmoregulation

Dagegen haben zahlreiche Gefrierpunktsmessungen immer wieder gezeigt, daß der osmotische Druck in den Körpersäften *höher organisierter Tiere mit erstaunlicher Konstanz aufrecht erhalten* wird. Der Gefrierpunkt des Säugetierblutes wird zwischen $-0{,}56°$ und $-0{,}58°$ angegeben. Das entspricht einer rd. $\frac{1}{3}$ molaren Nichtleiterkonzentration oder der eines volldissoziierten binären Salzes von $\frac{1}{6}$ Mol/Liter. Tatsächlich haben auch die binären Elektrolyte den weitaus größten Anteil an der Erzeugung des osmotischen Druckes der Körpersäfte. Wenn man berücksichtigt, daß die Nahrungsaufnahme zur Resorption sehr niedrig molekularer Stoffe führt und andererseits stark wechselnde Mengen an Flüssigkeit genossen werden, muß von einer empfindlich reagierenden *Osmoregulation* gesprochen werden. Es kommt hinzu, daß bei jeglicher *Tätigkeit* hochmolekulare Körper wie Glykogen oder einfachere, aber auch ungelöste und daher ebenfalls osmotisch unwirksame Stoffe wie Fette, in sehr zahlreiche Teilchen kleinmolekularer Abbauprodukte, z. B. Milchsäure oder Essigsäure, zerlegt werden. Daraus muß eine beträchtliche und im tätigen Organ auch stets beobachtete Steigerung der osmotischen Konzentration resultieren. Man muß sich z. B. vergegenwärtigen, daß der vollständige anaerobe Abbau einer dem Muskelinnern entsprechenden 0,4%igen Glykogenlösung zur Bildung einer 0,45%igen Milchsäurelösung führen würde. Damit wäre aus einer osmotisch praktisch unwirksamen Substanz eine $\frac{1}{20}$ osmolare Lösung entstanden. Der damit zustande kommende Wassereinstrom führt zu einem vermehrten Lymphabfluß aus den arbeitenden Organen und wird sehr schnell ausgeglichen. Für die Konstanthaltung von Δ kommen außerdem folgende Faktoren in Frage.

Aufgenommene Flüssigkeit verläßt die Blutbahn sehr rasch; sie geht vorübergehend in das Gewebe, da die Ausscheidung durch die Niere gewöhnlich längere Zeit beansprucht als die Resorption aus dem Darm. Die zunächst einsetzende Verdünnung der Bluteiweiße setzt deren osmotische Zugkraft für Wasser an der Capillarwand herab, so daß der etwa gleichgebliebene capillare Blutdruck dessen vorübergehende Bewegung in die Gewebe vollziehen muß (s. S. 106). Der fortschreitenden Nierentätigkeit entsprechend wird das Wasser im Laufe weniger Stunden wieder abgegeben (Wasserstoß zur Nierenfunktionsprüfung).

Das wichtigste kleinmolekulare Stoffwechselendprodukt ist die *Kohlensäure*. Ihrer geregelten Entfernung dient die Atmung. Der Unterschied an Gesamt-CO_2 am arteriellen und venösen Blut kann nur beim Abstrom aus stark arbeitender Muskulatur Δ-Werte von $0{,}01°$ überschreiten lassen. Das andere Endprodukt — Wasser — kommt für eine Erhöhung des Druckes nicht in Betracht und praktisch auch nicht für dessen Erniedrigung.

Dadurch daß die *Leber* die gelösten resorbierten Stoffe auf ihrem Wege aus dem Darm sichtet, wirkt sie einer Steigerung des osmotischen Druckes von seiten der Resorption her entgegen. Sie deponiert dabei Glucose zu Glykogen oder verwandelt Aminosäuren in die hochmolekularen Eiweiße. Auch die Flüssigkeitsausscheidung in den Darm hinein wird bei einigen Wirbellosen, wie den Regenwürmern, in den Dienst der Osmoregulation gestellt.

Das *wichtigste osmoregulatorische Organ sind die Nieren* oder die entsprechenden Nephridialorgane der Wirbellosen. Nur die geregelte Ausscheidung des beim

Säugetier im Vergleich zum Blut gewöhnlich — und oft stark — hypertonischen Harnes kann die osmotische Konstanz der Körpersäfte gewährleisten. Dabei kann der hypertonische Urin des Menschen durchaus die Δ-Werte etwa des Meerwassers erreichen. Die bei Trockeneiweißkost beobachtete maximale Harnstoffkonzentration kann allein schon ein Δ von ungefähr 1,8° bewirken. Der Rest entfällt auf die Salze, d.h. vor allem Chloride und Phosphate, neben sehr vielen anderen Stoffen. Bei Ratten, welche unter gleicher Diät gehalten werden, konnte der Harnstoffgehalt des Urins bis zu 14%, bei jugendlichen sogar bis zu 16% ansteigen. Das Wüstenkänguruh liefert einen 15fach hypertonischen Urin mit $\Delta = 10°$ (vergl. HEINZ u. NETTER 1956).

Die Zellen und Körpersäfte der *im Süßwasser lebenden Tiere* sind im Vergleich zu ihrem äußeren Milieu stets hypertonisch. Andererseits ist ihre Körperoberfläche meistens gut für Wasser durchlässig. Um durch ein cm^2 Froschhaut einen ml Wasser bei einem Druckunterschied von 1 Atm. zu treiben, werden bei 2° 160 Tage, bei 22° 22 Tage benötigt. Alles Wasser des Froschkörpers wird danach in etwa 2 Tagen durch osmotisch eingedrungenes Wasser ersetzt. Wenn die Tiere sich trotzdem im Gleichgewicht befinden, so ist das nur durch aktives Herausschaffen des hineingelangten Wassers möglich; d.h. die Tiere produzieren beim Aufenthalt im Süßwasser relativ große Mengen eines verdünnten, also gegenüber den Körpersäften hypotonischen Urins. Dasselbe ist bei den am Lande lebenden Wirbeltieren nach dem Genuß großer Mengen von Wasser der Fall. Süßwasserhaie liefern etwa 50mal mehr Urin pro kg und Tag, als es bei den Meeresselachiern geschieht. Das Problem der aktiven Herausschaffung von Wasser tritt schon bei den Einzellern auf. Es ist gar kein Zweifel daran, daß die pulsierende Vacuole von Amöben und Ciliaten diesem Zwecke dient (s. S. 111).

Das *Vermögen zur Osmoregulation ist in der Tierreihe eher als das zur Wärmeregulation erworben worden.* Wirbellose Meerestiere haben einen osmotischen Druck, der dem des Wassers gleich ist ($\Delta \approx 2,4°$) und mit ihm schwankt. Sie sind poikilosmotisch (HÖBER 1926). Interessanterweise verstehen es die Knorpelfische schon zum Teil, den Salzgehalt im Blut herabzudrücken, aber noch nicht den osmotischen Gesamtdruck, der dann durch eine auffallend hohe Konzentration z.B. von Harnstoff noch auf der Höhe von dem des Meereswassers bleibt. Die Fähigkeit zur Regulation macht sich bei den *Ganoiden* bemerkbar und wird bei den Knochenfischen weiter herausgearbeitet. Sie gewinnen in wechselnder Güte die bei den *Amphibien* voll ausgebildete Fähigkeit, von den Schwankungen des sie umgebenden osmotischen Druckes unabhängig zu werden (*Homoiosmie*, HÖBER).

Daß Homoiosmie angestrebt wird, ist verständlich; denn bei unvorhergesehenen Volumenänderungen der Zellen muß sich auch die Konzentration ihrer Inhaltsstoffe verändern. Da von ihr die *Reaktionsgeschwindigkeit* abhängt, kann eine derartige Änderung nicht gleichgültig sein. Es ist zu beachten, daß auch Temperaturänderungen sich auf die Reaktionsgeschwindigkeit auswirken, so daß der *Vergleich* der osmotischen *mit den Wärmeregulationsvorgängen* naheliegt (S. 392).

Nicht osmotisch regulierte Tiere zeigen häufig auch bei verwandten Klassen recht *unterschiedliche Empfindlichkeit gegenüber osmotischen Druckschwankungen des Milieus*. Dieses Verhalten ist z.B. für ihre Fähigkeit, im Brackwasser zu leben, von großer Bedeutung. Man spricht von steno- und euryhalinen Formen, je nachdem ob schlechte (Flußkrebs) oder gute (Taschenkrebs, Wollhandkrabbe) Anpassungsfähigkeit vorliegt. Schon die Protozoen zeigen sie. So kann der im Froschdarm schmarotzende Ciliat Opalina ranarum stufenweise in Süßwasser übergeführt werden, ohne daß dabei eine Volumenänderung der Tiere eintritt.

Bei diesen Tieren ist keine pulsierende Vacuole oder ein nephridienartiges Organell vorhanden. Besondere Beispiele für die Unabhängigkeit der Lebensfunktionen vom osmotischen Außendruck bilden der Meeres-Teleostier Fundulus und der zu den Knorpelfischen gehörende Aal. Seine Jugendform, der Glasaal, lebt stenohalin im Meer. Die geschlechtsreife Form jedoch steigt für längere Zeit in die Süßwasserflüsse hinein. Nach KROGH ist ihre Körperoberfläche sehr wenig für Wasser durchgängig. Er schätzt den Wert 1 ml/cm²atm auf 5 Jahre. Außerdem verfügen die Kiemen über die Fähigkeit zur Ausscheidung erheblicher Salzmengen (A. KEYS 1931). Diese Beispiele zeigen den komplexen Charakter der Anpassungsfähigkeit. Unter den Biologen haben sich KROGH, HARNISCH (1951), SCHLIEPER (1933) u. a. dieser theoretisch wie praktisch wichtigen Fragen angenommen.

III. Die Elektrolyte

Allgemeines

Schon eine flüchtige Betrachtung der Zusammensetzung von Zellen und Körpersäften zeigt, daß der *osmotische Druck im Organismus zum allergrößten Teil durch Elektrolyte gedeckt wird;* d.h. aber weiterhin, daß die im Protoplasma gelösten Teilchen bis auf wenige Prozent Träger freier elektrischer Ladungen sind. Es kann kein Zweifel darüber bestehen, daß die Elektrolyte nur wegen dieser Eigenschaft ihre Aufgabe im Lebensprozeß erfüllen, nämlich die, zahlreiche physikochemische Vorgänge zu regeln oder erst zu ermöglichen. Wenn auch die Effekte dieser einzelnen Prozesse sich sehr verschieden gestalten mögen: soweit Ionen an ihnen beteiligt sind, beruht deren Wirksamkeit im wesentlichen auf folgenden Grundvorgängen. Durch Konzentrationsveränderungen einer Ionenart können andere entstehen oder verschwinden, es kann Aufladung von Material zustande kommen oder sie kann verkleinert werden, es können Ionen wandern oder ihre Wanderung kann verhindert werden. Nur die Mannigfaltigkeit der Systeme, in denen sich diese Dinge vollziehen, bedingt die Verschiedenartigkeit vieler einfacher physikochemischer Prozesse, deren Zusammenwirken in der Zelle das bunte *Bild* ihres Betriebes schafft.

Die *Bildung von Ionen* aus Molekeln, Atomen oder Radikalen geschieht *durch Verlust oder Aufnahme von Elektronen.* Ein *Kation* ist ein Atom oder eine Atomgruppe, das Elektronen abgegeben, ein *Anion* eines, das ein oder mehrere Elektronen aufgenommen hat. Das einfachste Kation ist das aus dem Wasserstoffatom durch Abgabe des Elektrons entstandene Proton (H^+) bzw. das Wasserstoffion (H_3O^+ aus $H^+ + H_2O$). Die Tendenz zur Bildung der Ionen aus den Atomen wird durch die Lewis-Kosselsche Theorie vom Aufbau der heteropolaren Moleküle auf das Bestreben zur Ausbildung der stabilen Achterschale im Ring der Außenelektronen gedeutet (vgl. S. 14).

So hat Na von seinen 11 Elektronen, denen die 11fache positive Kernladung zur Neutralisierung gegenübersteht, 2 in der Innen-, 8 in der abgeschlossenen Neonschale und eines in dem neu anzulegenden Elektronenniveau außerhalb dieser Schalen. Durch Abgabe dieses Außenelektrons wird die Achterkonfiguration erreicht, dafür aber eine positive Kernüberschußladung, d.h. ein Kation, erhalten. Umgekehrt besitzt Cl von seinen 17 Elektronen 2 + 8 in der Helium- und Neonschale und 7 in der Außenschicht, so daß dieser noch eines zur Ergänzung auf die Achteranordnung (Argon 18) fehlt. Diese Lücke wird bei der Bildung des Cl⁻-Anions mit seiner einfachen negativen Überschußladung durch ein z.B. im NaCl vom Na stammenden e^- aufgefüllt. (Heteropolare oder Ionenbindung, s. S. 20.)

Die Zahl der aufgenommenen oder abgegebenen Ladungseinheiten bestimmt die *Wertigkeit.* Zweiwertig ist also ein Kation, das wie das Ca^{++} 2 Elektronen in der Außenschale besaß und sie abgegeben hat, entweder an 2 Atome mit je 7 Außenelektronen wie Cl, ($CaCl_2$) oder an ein Radikal wie bei $CaSO_4$.

Neben dem Elektron ist auch das *Proton* besonders zum Austausch befähigt. Seine Abgabe oder Aufnahme bestimmt die Säure- oder Basendissoziation *(Protolyse, protolytische Systeme)*. Das Proton ist in der undissoziierten Säure durch Vermittlung eines Valenzelektronenpaares gebunden. Nur in völlig symmetrisch gebauten apolaren Verbindungen gehören die Elektronen den einzelnen Partnern gleichmäßig an. Liegt ein asymmetrischer Bau vor, so ist auch die Verteilung der Valenzelektronen auf einzelne Molekülabschnitte verschieden. Dasjenige Atom, in dessen Bereich sich die Bindungselektronen häufiger aufhalten, wird negativ gegenüber dem anderen Bindungspartner und umgekehrt (vgl. Dipole usw. S. 30). Auf diese Weise ergibt sich auch eine verschiedene Festigkeit der Bindung des Wasserstoffkernes. Namentlich dann, wenn er von einer Doppelbindung noch durch ein weiteres Atom getrennt ist, jene sich also in 3,4-Stellung zu ihm befindet, ist seine Bindung gelockert. Er ist dann um so leichter als Proton abgebbar, je stärker sein Elektron durch benachbarte (X) elektronegative, d.h. Elektronen anziehende Gruppen von ihm abgezogen wird. Die Säuregruppe

$$\underset{\substack{3\quad 2\quad 1}}{X-\overset{\overset{\textstyle O_4}{\|}}{C}-O-H} \;\rightarrow\; X-\overset{\overset{\textstyle O}{\|}}{C}-O^- + H^+$$

wird durch restlose Herüberziehung des Elektrons vom H-Atom zum Anion und gibt damit das Proton frei. Dieses wird seinerseits durch einen im weiteren Sinne als Base (BRÖNSTEDT) wirksamen Stoff, wie z.B. in diesem Fall das Wasser, *zum H_3O^+, dem Wasserstoffion,* gebunden.

Auch bei den anorganischen Säuren spielt sich grundsätzlich der gleiche Vorgang ab. Die Ähnlichkeit ist insofern oft sehr weitgehend, weil bei vielen, wie den Sauerstoffsäuren, HNO_2, HNO_3, H_3PO_4, H_2SO_4 u. a. sich die Doppelbindung ebenfalls in 3,4-Stellung zum dissoziablen Wasserstoff befindet.

Dissoziation, osmotischer Druck und Leitfähigkeit

Beide Reaktionen nun, die der *Abgabe und Bindung des Protons, sind reversibel,* und *der Grad der Aufspaltung* der Säure, *der Dissoziationsgrad,* wird vom Verhältnis der Geschwindigkeit der beiden Reaktionen abhängen. Es ist unmittelbar einleuchtend, daß dieser Grad der Dissoziation, der bei den einzelnen Stoffen zwischen 0% und 100% schwanken kann, für das chemische und physikalische Verhalten der Elektrolytlösungen ausschlaggebend ist. Man versteht unter Dissoziationsgrad α das Verhältnis der vorhandenen Ionen zur Summe von Ionen und undissoziiertem Molekülteil, also z.B.

$$\alpha = \frac{[\text{Acetat}]}{[\text{Essigsäure}] + [\text{Acetat}]}. \tag{1}$$

Er wechselt mit der Art und der Konzentration der Ionenbildner, ist abhängig von der Gegenwart anderer Elektrolyte und von der Natur des Lösungsmittels. Für seine quantitative Bestimmung eignen sich besonders drei Methoden, auf die zunächst einzugehen ist.

Obwohl schon RAOULT bemerkt hatte, daß die *Elektrolyte einen zu hohen osmotischen Druck liefern,* rühren die ersten quantitativen Untersuchungen über diese Erhöhung von dem Botaniker DE VRIES her, der mit der Plasmolysemethode (vgl. S. 108) untereinander isotonische Lösungen verschiedener Stoffe ermittelte. VAN'T HOFF bestimmte die Gefrierpunktsdepression von Salzlösungen. Die Ergebnisse beider Autoren führten zu ungefähr gleichen Zahlen. Wenn Δ_n die nach der molaren Konzentration erwartete Erniedigung ist, wurde ein i-mal größeres Δ

gemessen als für einen Nichtleiter:

$$\Delta = \Delta_n \cdot i \qquad (2)$$

(van't Hoffscher Faktor i). Wenn vollständige Dissoziation vorhanden ist, müßte bei einem in zwei Ionen zerfallenden Molekül (1,1-wertig, 2,2-wertig, binärer Elektrolyt) der doppelte Wert gefunden werden.

Ist nun das Kation z.B. 2-wertig, das Anion 1-wertig (2,1-Wertigkeit des Salzes), dann wäre das 3fache zu erwarten, da einem Teilchen der 2-wertigen zwei der 1-wertigen Ionen gegenüberstehen. Bei 3,1-Wertigkeit käme das 4fache heraus usw. i würde also die ganzzahligen Werte (n) 2, 3, 4 usw. annehmen müssen.

Dividiert man Δ durch die Konzentration, bei der es gemessen wird, dann erhält man die *molare Erniedrigung* für das Salz, also diejenige, welche auftreten würde, wenn es in molarer Konzentration vorläge und dabei denselben Dissoziationsgrad behalten hätte; Division dieses Wertes durch den für Nichtelektrolyte (1,86) ergibt i. Die Ergebnisse zeigen, daß i praktisch keine ganzzahligen Werte erreicht, d.h., daß die Dissoziation nicht vollständig zu sein scheint. Es sei n die Zahl der beim Zerfall eines Moleküls sich bildenden Ionen. Würden die Teilchen eines Mols von einem Nichtleiter den Druck 1 erzeugen, dann wäre er für die gleiche Konzentration eines Elektrolyten i, und er würde sich zusammensetzen aus der Zahl der Ionen $\alpha \cdot n$ und der der nicht dissoziierten Reste $1 - \alpha$.

$$i = 1 - \alpha + \alpha n, \qquad (2a)$$

$$\alpha = \frac{i - 1}{n - 1} = f_0. \qquad (2b)$$

$i - 1$ ist nun die gemessene Erhöhung des osmotischen Druckes über den Wert für Nichtelektrolyte und $n - 1$ die für 100% Dissoziation erwartete Erhöhung; α ist also das Verhältnis der gemessenen Erhöhung zu der, welche bei vollständiger Dissoziation auftreten sollte.

Mit steigender Verdünnung wächst α und nähert sich dem Wert 1, also der vollständigen Dissoziation. Dabei zeigen sich aber *zwei Typen:* erstens diejenigen Stoffe, welche bei höherer Konzentration schon relativ stark gespalten sind; zweitens: diejenigen, bei denen die Spaltung erst mit zunehmender Verdünnung deutlich in Erscheinung tritt.

Zu einem ähnlichen, aber nicht identischen Resultat führen auch die Untersuchungen über das *Leitvermögen* der Salzlösungen. Da die Elektrolyte deswegen den Strom leiten, weil die Ionen ihre Ladungen zu den Elektroden transportieren, wird das elektrische Leitungsvermögen bei gleicher Konzentration der Salze um so größer sein, je mehr Ionen vorhanden sind, je größer α also ist.

Ionenfreie Flüssigkeiten sind Isolatoren; der Stromtransport in Lösungen geschieht nur durch Ionen im Gegensatz zur metallischen „Elektronen-Leitung".

Die Abscheidung und Entladung eines 1-wertigen Kations und Anions geht mit der Wanderung eines Elektrons im Draht zur Kathode einher. Dabei wird eine Elementarladung bewegt. Bei der Elektrolyse eines Mols eines binären Elektrolyten werden demnach $e_0 \cdot N$ Ladungen $= 1,60 \cdot 10^{-19} \cdot 6,06 \cdot 10^{23} = 96490$ Coulomb transportiert. Diese Zahl wird als *elektrochemisches Äquivalent* oder ein Faraday (F) bezeichnet. Ein F ist daher mit einem Mol 1-wertiger Kationen oder einem Mol 1-wertiger Anionen verbunden. Ist das Ion 2-, 3-, n-wertig, dann wird die gleiche Menge schon durch $\frac{1}{2}$, $\frac{1}{3}$, $1/n$ Mol getragen.

Die in der Zeiteinheit durch den Querschnitt des Stromkreises transportierte Elektrizitätsmenge ist die Stromstärke, und sie ist bei gleicher angelegter Spannung um so größer, je größer das Leitvermögen der Lösung, bzw. je kleiner ihr

Widerstand ist. Diese Proportionalität, d.h. das Ohmsche Gesetz, ist bei Lösungen auch für sehr schwache Spannungen oder große Widerstände exakt gültig.

Die *Leitfähigkeit ist der reziproke Wert des Widerstandes* (W), und eine Leitfähigkeitsmessung besteht daher in einer Widerstandsmessung eines bestimmten Flüssigkeitskörpers.

Sie wird in der Brückenschaltung nach WHEATSTONE vorgenommen (Abb. 36). Zur Vermeidung einer gegenelektromotorischen Kraft, welche durch Besetzung der Elektroden mit Gasblasen oder Abscheidung entladener Ionen zustande kommt (galvanische Polarisation), benutzt man möglichst sinusförmigen Wechselstrom von Tonfrequenz. Aus dem gleichen Grunde bestehen die Elektroden aus platinierten Pt-Platten. Um die Spannungsgleichheit der durch die Brücke verbundenen Punkte der Brückenzweige festzustellen, wird die in ihr dann herrschende Stromlosigkeit mit Hilfe eines geeigneten Telephons, eines Wechselstromgalvanometers oder Kathodenstrahloscillographen festgestellt.

Bringt man eine leitende Lösung in einem Glasgefäß isoliert zwischen die Kondensatorplatten eines Hochfrequenzschwingkreises oder in die Höhlung einer ihm zugehörigen Induktionsspule, dann findet eine exakt meßbare Verstimmung des Kreises statt. Diese „Dämpfung" steht in gesetzmäßigem Zusammenhang mit der Leitfähigkeit der Lösung. Auf diesem Prinzip besteht die kontaktlose Leitfähigkeitsmessung (CRUSE 1954).

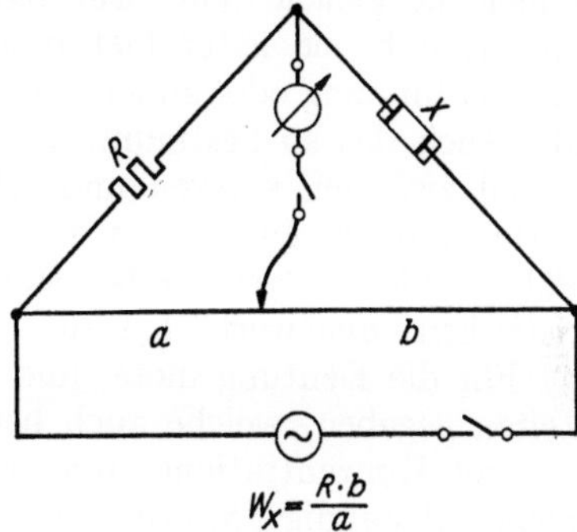

$$W_x = \frac{R \cdot b}{a}$$

Abb. 36. *Brückenschaltung.* X Leitfähigkeitszelle, R Widerstand in der Größenordnung dessen von X; a, b abgegriffene Teile des Gleitdrahtes: bei Nullstellung gilt: $W_x = R \cdot b/a$. $(\sim)$ und $\varnothing$ können vertauscht werden

Die Leitfähigkeit eines Flüssigkeitswürfels von 1 ml ist natürlich für eine gegebene Lösung konstant. Sie heißt die spezifische Leitfähigkeit $\varkappa$ $[\Omega^{-1} \cdot cm^{-1}]$. Haben die Elektroden in x nun weder den Querschnitt 1 cm² noch den Abstand 1 cm, dann ergibt die Messung:

$$\frac{1}{w} = L = \frac{\varkappa}{C_w}. \tag{3}$$

Hier ist C_w eine für alle Messungen gültige Konstante des Gefäßes, die durch Eichung ermittelt wird und die Widerstandskapazität heißt. $L \cdot C_w = \varkappa$ ergibt die spezifische Leitfähigkeit, welche von der Zusammensetzung der Lösung und der Temperatur abhängig ist. Im übrigen wächst sie mit der Konzentration der Ionen, mit ihrer Ladungszahl (z), d.h. der Wertigkeit, und mit ihrer individuellen Wanderungsgeschwindigkeit im elektrischen Einheitsfeld, d.h. der absoluten Ionengeschwindigkeit. L wird in reziproken Ohmen (mho) angegeben.

Die Konzentration der Ionen hängt nun von der des Elektrolyten und seinem Dissoziationszustand ab. Wäre die Ionenbeweglichkeit bei gleicher Temperatur unabhängig von der Konzentration, dann müßte sich ein Einfluß der Verdünnung auf α, wie er in den osmotischen Messungen zutage tritt, auch aus Leitfähigkeitsdaten ergeben. Um das zu prüfen, muß der Begriff der molaren (Λ_m) und der äquivalenten (Λ) Leitfähigkeit eingeführt werden. Es ist die spezifische Leitfähigkeit des molaren, bzw. des äquivalenten Gewichts. Da aber dieses Gewicht bei einer molaren Lösung in 1 Liter gelöst ist, kann das für 1 ml geltende spezifische Leitvermögen nur $^1/_{1000}$ des molaren betragen. Es ist daher, um Λ zu erhalten mit 1000 zu multiplizieren. Bei Λ und Λ_m handelt es sich natürlich um Rechengrößen, welche aus Messungen bei beliebigen Konzentrationen c nach dem Ansatz:

$$\Lambda_m = \frac{1000 \cdot \varkappa}{c}, \quad \text{bzw.} \quad \Lambda = \frac{1000 \cdot \varkappa}{c \cdot Z_e} \Omega^{-1} \cdot cm^2 \tag{4}$$

ermittelt werden. Hier ist die elektrochemische Wertigkeit (Z_e) das Produkt aus der Zahl und der Wertigkeit einer Ionenart in dem betreffenden Salz; für $AlCl_3$ als z. B. 3. Für binäre Salze mit 1-wertigen Ionen ist $Z_e = 1$ und Λ und Λ_m daher identisch.

Anschaulich ist nun Λ_m die Leitfähigkeit eines Moles Salz, welches sich zwischen den Elektrodenplatten vom Abstand 1 cm befindet und zu der betreffenden Konzentration (c) aufgelöst ist. Der Raum zwischen den Platten würde dann für eine molare Lösung 1 Liter, für $^1/_{10}$ molare 10 Liter usw. betragen. Die Größe der flüssigkeitsbedeckten Platten wäre im 1. Fall 1000 cm², im 2. Fall 10000 cm² = 1 m². Wenn die also jeweils gleiche Salzmenge den Strom gleich gut leiten würde, müßte die Stromstärke bei gleicher an die Platten gelegter Spannung in beiden Fällen die gleiche sein. Tatsächlich ist sie aber bei der verdünnteren Lösung größer, d. h. sie leitet hier besser. Die molare Leitfähigkeit wächst also mit der Verdünnung oder anders ausgedrückt: $\varkappa$ fällt langsamer als die Konzentration ab. Auch das so bestimmte α wächst mit steigender Verdünnung. Der Unterschied zwischen starken und schwachen Elektrolyten zeigt sich hier ebenfalls darin, daß die Zunahme von α bei letzteren wesentlich stärker ist. In beiden Fällen jedoch strebt Λ bei starker Verdünnung einem für das Salz charakteristischen Grenzwert (Λ_∞) zu.

Für die Deutung dieses und des osmotischen Verhaltens sind zwei Möglichkeiten gegeben, welche auch beide verwirklicht sind: entweder es sind in den höheren Konzentrationen weniger Ionen vorhanden, also die Dissoziation ist hier nicht vollständig *(Schwache Elektrolyte)*, oder sie ist zwar vollkommen, aber die freie Beweglichkeit der Ionen ist in den höheren Konzentrationen herabgesetzt *(Starke Elektrolyte)*. Rein formal sollen zunächst beide Fälle so zusammengefaßt werden, als ob ein Wert für α unter 1 auch bei den starken Elektrolyten ein Ausdruck für die bei endlicher Konzentration vorliegende Herabsetzung ihrer Dissoziation wäre. Dann würde Λ_∞ die äquivalente Leitfähigkeit für 100% Dissoziation $(\alpha = 1)$ sein, und das bei anderen Konzentrationen gemessene Λ müßte dem Dissoziationsgrad bei dieser Verdünnung (α) proportional sein. Es gilt dann:

$$\Lambda : \Lambda_\infty = \alpha : 1 \quad \text{oder} \quad \alpha = \frac{\Lambda}{\Lambda_\infty} = f_\lambda. \tag{5}$$

Die so ermittelten Dissoziationsgrade stimmen mit den auf osmotischem Wege gefundenen nur angenähert überein. Die Übereinstimmung war ein wesentliches Argument für die Arrheniussche Theorie von der Existenz freier Ionen in der Lösung, wie die Abweichungen eine ständige Forderung nach einer neuen Elektrolytlehre darstellten, die, wie sich später zeigte, nicht ohne Berücksichtigung der individuellen Größe der Ionen und ihrer Ladung möglich war.

Die Leitfähigkeit zeigt anders als der osmotische Druck, der jedenfalls in stärkeren Verdünnungen nur durch die Teilchenzahl pro ml bestimmt wird, bei gleicher Konzentration und gleichem α für verschiedene Elektrolyte verschiedene Werte. Ursache ist die *verschiedene Eigenbeweglichkeit* der einzelnen Ionenarten. Die Leitfähigkeit des Elektrolyten setzt sich nach dem Kohlrauschschen Gesetz der „unabhängigen Ionenwanderung" additiv aus den Eigenleitfähigkeiten der Ionen (Ionenleitfähigkeit des Anions + Ionenleitfähigkeit des Kations) zusammen. Auch die Ionenbeweglichkeitswerte streben für unendliche Verdünnung einem Grenzwert zu $(l_{-\infty}; l_{+\infty})$.

Aus ihnen setzt sich für den Fall $\alpha = 1$, also für unendliche Verdünnung, die molare Leitfähigkeit zusammen:

$$\Lambda_\infty = l_{+\infty} + l_{-\infty}. \tag{6}$$

Für die Leitfähigkeit der Elektrolyte bei endlichen Konzentrationen ergibt sich in erster Annäherung:

$$\Lambda = \alpha\,(l_{+\infty} + l_{-\infty}). \tag{6a}$$

Die Schwierigkeiten der klassischen Theorie zeigen sich deutlich darin, daß dieses Gesetz nicht ausreichend erfüllt ist: die Äquivalentleitfähigkeiten der Ionen müssen empirisch für einzelne Konzentrationen bestimmt werden, sie ergeben dann addiert die molare Leitfähigkeit:

$$\Lambda = l_{+c} + l_{-c} \tag{6b}$$

oder in anderer Schreibweise:

$$\Lambda = u + v. \tag{6c}$$

Die Ionenleitfähigkeiten können nicht ohne weitere Angaben aus den allein meßbaren molaren Leitfähigkeiten ermittelt werden, da mit dieser Größe nur

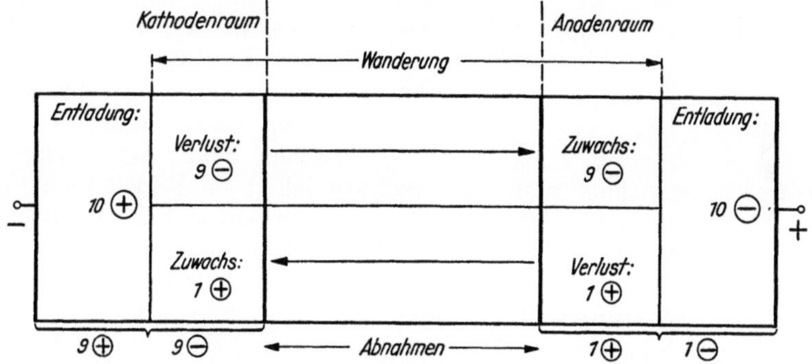

Abb. 37. Zahlenbeispiel zur Hittorf-Methode; Bild nach Durchgang von 10 Ladungseinheiten. $v:u = 9:1$; bzw. $n = 9/(9+1) = 0{,}9$

die Summe der Ionenbeweglichkeiten gegeben ist. Die Werte für die Summanden ergeben sich mit Hilfe des Verhältnisses der Wanderungsgeschwindigkeiten der beteiligten Ionen aus den sog. *Überführungszahlen* (HITTORF, transference numbers, τ). Diese werden experimentell aus den bei der Elektrolyse in den Elektrodenräumen auftretenden Konzentrationsänderungen bestimmt. Die Konzentrationsabnahmen in den Elektrodenräumen verhalten sich wie die Geschwindigkeiten der von ihnen fortgewanderten Ionen, also wie $u:v$. Am Stromdurchgang beteiligen diese sich entsprechend ihrer Geschwindigkeit. Die von ihnen insgesamt transportierte Elektrizitätsmenge ist proportional der Summe $u + v$. Dabei trägt das Anion den Anteil:

$$v/(u + v) = n = \tau_- $$

und das Kation:

$$u/(u + v) = 1 - n = \tau_+; \quad \tau_- + \tau_+ = 1. \tag{7}$$

Diese sich zu eins ergänzenden Quotienten heißen die Überführungszahlen des Anions (n) und des Kations ($1-n$). Würde eine Ionenart extrem langsam wandern, dann müßte die andere den Stromtransport zwischen den Elektroden nach der erfolgten Abscheidung gleicher Äquivalente an beiden praktisch allein übernehmen (Abb. 37).

Aus den experimentell ermittelten Überführungszahlen und den ebenfalls experimentell bzw. durch Extrapolation zu gewinnenden Werten für $\Lambda = u + v$ und $\Lambda_\infty = u_\infty + v_\infty$ sind die angeführten Zahlen für die Ionenleitfähigkeit u und v durch Einsetzen in (6c) leicht zu erhalten (Tabelle 29).

Der Einfluß der Temperatur auf die Überführungszahlen ist meistens geringer als der auf die Äquivalentleitfähigkeit.

Die unterschiedliche Geschwindigkeit der einzelnen Ionen hängt außer von ihrer individuellen Größe von der wechselnden Ausbildung ihres Hydratationsmantels ab. Dessen Einfluß macht sich vor allem in der Reihe der Alkalimetalle geltend (s. S. 272 und 355). Da Temperaturerhöhung eine Erschwerung der Hydratation bewirkt, geht mit ihr auch eine entsprechende Zunahme der Ionenbeweglichkeit einher. Für die auffällig hohe Beweglichkeit der Wasserstoff- und Hydroxylionen sind besondere „Sprungvorgänge" verantwortlich zu machen, welche durch die Assoziationsstruktur des Wassers ermöglicht werden (s. S. 150 u. 532).

Tabelle 29. *Werte der Ionenleitfähigkeit u und v bei 18° in $\Omega^{-1} \cdot cm^2$*

Ion	Ver-dünnung ∞	0,001	0,01	0,05	0,1
		Grammäquivalent im Liter			
H^+	315	311	307	301	294
Li^+	33,4	32,5	30,8	28,8	27,5
Na^+	43,5	42,4	40,5	37,9	36,4
K^+	64,6	63,3	60,7	57,2	55,1
$\frac{1}{2}\,Mg^{2+}$	45	42	37	31	28
$\frac{1}{2}\,Ca^{2+}$	51	48	41,9	35,2	32,0
OH^-	174	171	167	161	157
Cl^-	65,5	64,0	61,5	57,9	55,8
$\frac{1}{2}\,SO_4^{2-}$	68,3	63,8	55,5	45	40
NO_3^-	61,7	60,4	57,6	53,3	50,8

Leitfähigkeit ist transportierte Ladung · Geschwindigkeit im elektrischen Feld. Als *absolute Ionengeschwindigkeit* bezeichnet man die Geschwindigkeit im Feld 1 V/cm (für Anionen V, für Kationen U). Würde 1 Mol bei 1 cm Abstand der Elektroden und dem Feld 1 V/cm 96 500 Coul pro sec durch den Querschnitt von einer Seite zur anderen tragen, dann wäre die Geschwindigkeit der Ionen 1 cm/sec und die Stromstärke 96 500 Ampere. Gleichzeitig wäre $\Lambda = 96\,500$. Bei $\Lambda = 1$ wäre die Geschwindigkeit: $^1/_{96\,500}$ cm/sec. Die Werte von Λ sind daher durch F zu teilen, um die absolute Ionengeschwindigkeit im Einheitsfeld in cm/sec zu erhalten:

$$U = u/F; \quad V = v/F \quad \text{bzw.} \quad U = u \cdot 1{,}05 \cdot 10^{-5} \quad \text{und} \quad V = v \cdot 1{,}05 \cdot 10^{-5} \; (cm^2 \, sec^{-1} \, V^{-1}).$$

Cl-Ionen wandern demnach z. B. im Felde von 1 V/cm bei 18° in 0,1 mol Lösung ($v = 55{,}8$) mit der Geschwindigkeit von $5{,}8 \cdot 10^{-4}$ cm bzw. 5,8 µ pro sec. Sie legen also in dieser Zeit eine Strecke zurück, die etwa dem Durchmesser eines roten Blutkörperchens entspricht.

Potentiometrische Bestimmung von Elektrolytaktivitäten

Als dritte Methode zur Ermittlung des Dissoziationsgrades kommt die *Potentialmessung an geeigneten galvanischen Elementen* in Betracht. Galvanische Elemente („Ketten") sind Vorrichtungen, welchen an Stellen von Spannungsdifferenzen für eine gewisse Zeit ein elektrischer Strom entnommen werden kann, ohne daß gleichzeitig die Zufuhr irgendwelcher Energie in das stromliefernde System erfolgt. Ihr Wesen ist es also, eine Spannung ableitbar zu halten. Auch Thermoelemente sind dazu in der Lage, aber sie benötigen die Aufrechterhaltung einer Temperaturdifferenz an den „Lötstellen", d.h. die Zufuhr thermischer Energie während der Entnahme. *Galvanische Elemente* dagegen *verwandeln chemische Energie in elektrische*. Das heißt während der Energieentnahme ändert sich die Zusammensetzung des Elementes im Sinne eines Ausgleiches anfänglich gegebener stofflicher Unterschiede an seinen beiden Polen. Solche Unterschiede können nur beim Vorhandensein verschiedener Phasen bestehen. Durch ihre Trennflächen muß ein Transport der spannungserzeugenden und stromliefernden Elektrizitätsträger, der Ionen, erfolgen. Er findet senkrecht zur Fläche, d.h. in der Richtung von einem Pol zum anderen statt.

Bei galvanischen Elementen im engeren Sinne sind mindestens zwei *metallische Phasen* beteiligt, welche durch mindestens eine *elektrolythaltige Flüssigkeit* miteinander verbunden sind. Die notwendige Asymmetrie in der Zusammensetzung kann entweder durch Verwendung verschiedener Metalle oder durch Benutzung zweier verschieden zusammengesetzter Elektrolytlösungen oder häufig durch beides erreicht werden. In den metallischen Phasen findet der Elektrizitätstransport grundsätzlich als Leitung durch Elektronen statt. Sie bewegen sich entgegen der Stromrichtung im Draht oder durch das Meßinstrument vom negativen, d.h. Elektronen abgebenden (der Anode) zum positiven Pol des Elementes (Kathode). Diese Art des Transportes ist ein Beispiel dafür, daß die Bewegung von Elektrizitätsträgern nur eines Ladungsinnes durch den Querschnitt möglich ist, ohne daß dabei in den Lösungen des Elementes das Grundgesetz der Elektrolytlösungen verletzt wird: das der *Elektroneutralität*. Es fordert, daß die Summe aller

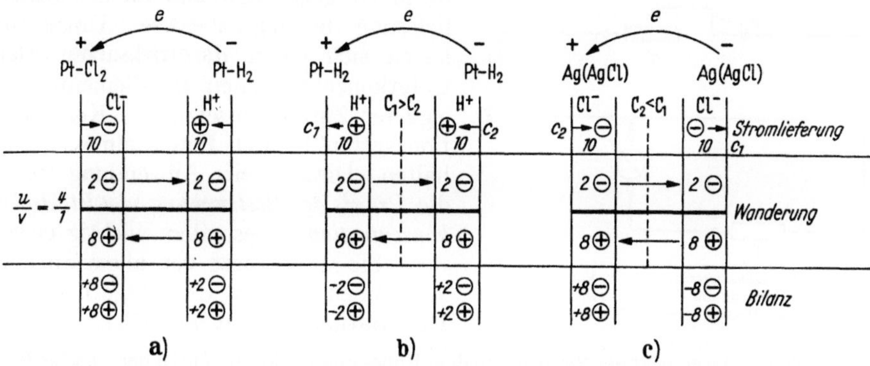

Abb. 38a—c. Stromentstehung, Ionenbewegung und Elektroneutralität bei galvanischen Elementen. a Anode reversibel für Kationen, Kathode für Anionen; Kette ohne Überführung (Chlor-Knallgas) mit Neubildung von Elektrolyt aus Cl_2 und H_2. b Elektroden reversibel für Kationen, c effektiv reversibel für Anionen (Elektroden 2. Art). b und c sind Konzentrationsketten mit Ausgleich der Elektrolyte, dessen Geschwindigkeit bei b der Überführungszahl des Anions, bei c der des Kations entspricht

freien positiven Ladungen der aller negativen gleich ist, d.h. die addierte Zahl aller Anionenäquivalente genau so groß ist wie die aller Kationenäquivalente.

Die Wahrung dieses Gesetzes ist dadurch möglich, daß die auf der einen Seite verschwundenen Elektronen der anderen wieder hinzugefügt werden. Gleichzeitig fließt in der flüssigen Phase der *Strom der Kationen und Anionen in entgegengesetzter Richtung* und mit unterschiedlicher, der Ionenbeweglichkeit entsprechender Geschwindigkeit. Er wird beiderseits von den spannungserzeugenden Ionenübergängen durch die Phasengrenzen in Gang gesetzt. Dabei entspricht die Zahl der an der Anode entladenen Anionen- bzw. entstandenen Kationen-Äquivalente genau der an der Kathode abgelieferten positiven Ladungen bzw. der der hier in Lösung gegangenen Anionen. Sie werden durch die aus dem Schließungsdraht von der Anode kommenden Elektronen neutralisiert (Abb. 38).

Soweit bei der Stromlieferung metallische Phasen beteiligt sind — und das trifft für die bisher abgehandelten Elemente zu —, liegt ihr eine einfache chemische Reaktion zugrunde, die der Ionenerzeugung oder der Entionisierung durch den entsprechenden Elektronenübergang. Beide Vorgänge finden stets gleichzeitig statt. Sie ordnen im übrigen die verantwortlichen chemischen Reaktionen den *Oxydations- bzw. Reduktionsprozessen zu;* denn Elektronenaufnahme bedeutet Reduktion, ihre Abgabe Oxydation (s. S. 439 f.). Als Beispiel seien die Vorgänge genannt:

$$- \{Zn \rightleftharpoons Zn^{2+} + 2e^- \rightleftharpoons 2e^- + Cu^{2+} \rightleftharpoons Cu\} + .$$

Sie spielen sich in den beiden Elektrodenräumen des Daniell-Elementes ab und
lassen sich zusammenfassen zu:

$$Zn + Cu^{2+} \rightleftharpoons Zn^{2+} + Cu.$$

Bei der Stromlieferung läuft die Reaktion freiwillig nach rechts, d.h. die Tendenz,
in Ionenform überzugehen, ist beim Zn deutlich stärker als beim Cu. In geeigneter Elektrodenanordnung ist das entstehende Potential ein direktes Maß für
die Stärke jenes Vorganges, d.h. für den Unterschied im Ionisierungsbestreben
beider Metalle und somit für ihre Elektronenaffinität oder die Ionisierungsarbeit.
Man kann daher *chemische Affinitäten, d.h. die freie Energie chemischer Reaktionen
elektrometrisch ermitteln.*

Die Potentiale galvanischer Elemente sind nun eindeutig abhängig von der
Konzentration oder genauer gesagt von der elektrochemischen Aktivität (a) der
in ihnen gegebenen und an der Strom-
lieferung beteiligten Salze. Umgekehrt
lassen sich daher die wirksamen Elektrolytkonzentrationen in Elementen geeigneter Zusammensetzung („Konzentrationsketten") durch Potentialmessung erhalten. Diese zweite Anwendung ist für
die *Praxis der Bestimmung von Elektrolytkonzentrationen* besonders wichtig geworden. Sie interessiert vor allem auch im
Zusammenhang mit der Frage nach dem
Dissoziationszustand der Salze.

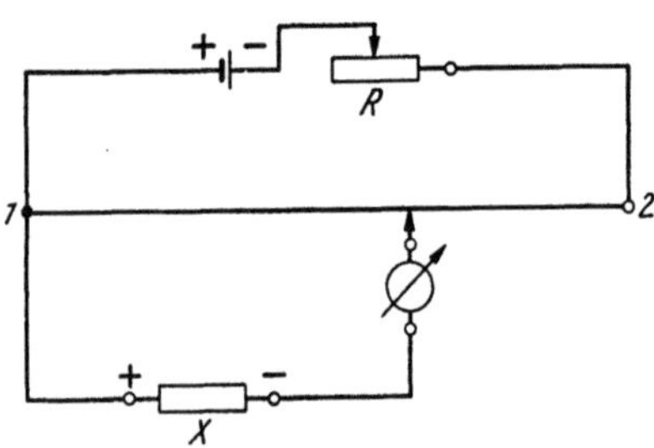

Abb. 39. *Potentiometerschaltung.* R Vorschaltwider-
stand zur Einstellung der Größe des zwischen 1 und 2
angelegten Potentialabfalles

Für den Biologen liegt der Vergleich zu dem Ruhe- und Aktionspotential der verschiedenen
Organe nahe, und er ist, seitdem die Experimente des Arztes GALVANI die tierische Elektrizität
und die galvanischen Elemente kennen gelehrt hatten, oft herangezogen worden. Dennoch
konnten die *bioelektrischen Erscheinungen* im Grundzug erst dann aufgeklärt werden, als man
in der Lage war, Elemente ohne Metalle zusammenzustellen. Auf sie wird an anderer Stelle
eingegangen (s. S. 253 und 281).

Die Potentiale aller solcher Elemente überschreiten 1 V nur unwesentlich,
liegen aber oft viel tiefer. Eine mit der Messung verbundene Entnahme von Strom
ändert nun besonders bei kleinen Elementen die Elektrolytzusammensetzung,
d.h. die potentialbestimmende Konzentration schon merklich. Daher hat eine
ideale *Potentiometrie* die Stromentnahme möglichst gering zu halten. Das gelingt
schon mit der gewöhnlichen Potentiometerschaltung (Abb. 39). Denn die Stelle,
bei der die zu messende Spannung (x) der am Potentiometer entnommenen
entgegengesetzt gleich ist, bei der also im x-Zweig kein Strom fließt, ist von dem
Widerstand in diesem Zweig unabhängig. Daher kann durch Verwendung eines
hohen Widerstandes der während des Einkompensierens durch x fließende Strom
sehr klein gehalten werden. Praktisch gleich null ist die Stromentnahme in allen
jenen Instrumenten, bei denen die Pole an das Gitter einer Elektrometerröhre
angelegt werden (Röhrenpotentiometer). Diese Instrumente eignen sich zur Messung von Elementen mit sehr hohem Widerstand (z.B. Glaskette!).

Wenn man nun durch Potentialmessung an geeigneten Elementen die theoretische Arbeitsfähigkeit der zugrunde liegenden Reaktionen bestimmen will, dann
ist eine Bedingung zu erfüllen. Sie müssen *vollkommene elektrochemische Wandler*
sein, d.h. die Überführung von chemischer in elektrischer Energie muß reversibel
vorgenommen werden können. Das bedeutet, daß durch Anlegung einer entgegengesetzt gerichteten Spannung an die Pole des Elementes der freiwillige Prozeß der
Stromlieferung unter Verwandlung von zugeführter elektrischer Energie in

chemische wieder in entgegengesetzte Richtung zurückgeführt werden kann (Prinzip des Akkumulators). Unter dieser Bedingung wird die ursprüngliche chemische Zusammensetzung, welche vor der Stromentnahme bestand, wieder hergestellt. Durch Anbringen der entgegengesetzt gerichteten, aber gleich großen Spannung, wie sie das Element liefert, wird dann jeglicher chemische Prozeß verhindert, so daß auch kein Strom fließt. Im übrigen muß auf beiden Seiten dieses Umkehrpunktes der gleiche Quotient zwischen chemischem Umsatz und angelegtem bzw. erzeugtem Potential bestehen. Dabei ist auf Konstanthaltung der Temperatur („Isothermie") zu achten. Liegt keine Reversibilität vor, dann arbeitet die Vorrichtung nicht verlustlos, denn die Tatsache, daß irreversible, d.h. nicht zurückverwandelbare Anteile bestehen, bringt ja schon zum Ausdruck, daß sie für die eigentlich betrachtete Arbeit zu Verlust gehen. Es ist bemerkenswert, daß gerade galvanische *Elemente* häufig *als ideal reversibel arbeitende Vorrichtungen* angesehen werden können, und die oft auch vorhandenen irreversiblen Anteile (z.B. Diffusionsprozesse) vernachlässigbar klein sind.

Im Prinzip ist nämlich der *eigentliche Elektrodenvorgang* leicht *umkehrbar* zu gestalten. Die Elektroden mit der sie umgebenden Elektrolytlösung heißen *Halbelemente*. Nur durch geeignete Zusammenschaltung zweier Halbzellen ist ein Element aufzubauen. Gemessen wird also immer die Differenz der Potentiale zweier Halbelemente. Das an einer einzelnen Elektrode vorhandene Potential ist als solches nicht direkt meßbar und daher in seiner absoluten Höhe nicht mit Sicherheit bekannt. Die Elektroden selber sind dann „unpolarisierbar", d.h. reversibel und in ihrer spannungserzeugenden Qualität nicht zu verändern, wenn das ableitende Metall in eine Lösung mit Metallionen der gleichen Art eintaucht, wie Ag/Ag^+ oder Cu/Cu^{2+}. Es findet hier keine qualitative Veränderung der Elektrodenoberfläche beim Stromdurchgang oder der Stromlieferung statt. Und die durch Ausscheidung oder Bildung von Metallionen grundsätzlich eintretende Konzentrationsänderung *(Konzentrationspolarisation)* um die Elektroden läßt sich durch geringe Stromentnahme beliebig bis praktisch unendlich klein halten. Der stromliefernde Vorgang besteht immer in einem Übertritt der gleichartigen Ionen in das Metall auf der einen Seite (+) und dem Austreten der entsprechenden Ionen aus dem Elektrodenmetall auf der anderen Seite (−). Zwei Typen von Halbzellen sind praktisch besonders wichtig. Von ihnen sei zunächst auf die Gaselektroden eingegangen.

Man betrachte eine *Reaktion, bei der bilanzmäßig kein Metall beteiligt* ist, wie: $H_2 + Cl_2 = 2H^+ + 2Cl^-$. Der sich hier vollziehende Elektronenübergang ist elektrisch meßbar, wenn ein indifferentes, d.h. selbst nicht in Ionen übergehendes *Edelmetall „zur Ableitung"* benutzt wird und, von je einem der Gase umgeben, gleichzeitig in die Lösung taucht:

$$+ \{Cl_2 - Pt/HCl/Pt - H_2\} - .$$

Jetzt fließen die Elektronen im Schließungsdraht von der Wasserstoff- zur Chlorelektrode, wobei sich H-Ionen an der Anode und Cl-Ionen an der Kathode bilden. Die Potentialhöhe hängt von dem Druck der Gase und der Aktivität der schon vorhandenen HCl-Lösung ab. Die Umsetzungen finden also auch an der Grenzfläche des Metalls zur Flüssigkeit statt, die unter dem entsprechenden Druck der Gase steht. Ohne den Mechanismus dieses Vorganges zu diskutieren, läßt sich leicht feststellen, daß das Metall sich so verhält, als ob es Ionen der entsprechenden Gasart liefern könnte. Unter diesen „*Gaselektroden*" beansprucht die *Wasserstoffelektrode* besonderes Interesse. Ist das mit Pt-Schwarz elektrolytisch überzogene (platinierte) Pt mit trockenem H_2-Gas vom Druck einer Atm.

umgeben, die Flüssigkeit mit dem Gas entsprechend gesättigt und besteht sie weiter aus einer n-HCl-Lösung, so spricht man von der *Normal-Wasserstoffelektrode*. Auf diese Elektrode werden die Potentiale aller übrigen reversiblen Metallelektroden bezogen. Man mißt z.B. das Potential der Elemente:

oder

a) $- \{Pt - H_2/n\ HCl/n\ CuSO_4/Cu\} +$

b) $+ \{Pt - H_2/n\ HCl/n\ ZnSO_4/Zn\} -$.

Besitzt die Aktivität der Elektrolyte in der Lösung um die Elektrode den Wert 1, dann werden die Normal- bzw. bei 25° die *Standardpotentiale* gewonnen. Sie stufen sich in der bekannten *Spannungsreihe* ab. Das Vorzeichen ist auf die Metallelektrode bezogen. Die in der Tabelle 30 wiedergegebene Abstufung läßt folgende Schlüsse zu:

Tabelle 30.
Spannungsreihe der Elemente (25° C)

Li/Li^+	$-3{,}02$	Co/Co^{2+}	$-0{,}28$
K/K^+	$-2{,}92$	Pb/Pb^{2+}	$-0{,}12$
Ca/Ca^{2+}	$-2{,}76$	Cu/Cu^{2+}	$+0{,}34$
Na/Na^+	$-2{,}71$	Cu/Cu^+	$+0{,}53$
Zn/Zn^{2+}	$-0{,}76$	Ag/Ag^+	$+0{,}79$
Fe/Fe^{2+}	$-0{,}44$	Hg/Hg_2^{2+}	$+0{,}80$

a) Das Potential ist um so negativer, je stärker die Tendenz des Metalles ist, Ionen zu bilden. Sie ist also bei Li am größten. Es ist das unedelste Metall. Diejenigen mit positivem Vorzeichen sind edler als der an der n-Pt-Elektrode zur Ionenbildung aktivierte Wasserstoff.

b) Wenn die Pt-Elektrode gegenüber dem Metall negativ ist, fließen während der Stromentnahme Elektronen von ihr ab, d.h. es bilden sich hier Wasserstoffionen aus H_2-Gas. Bei positivem Vorzeichen fließen ihr Elektronen zu, d.h. Wasserstoffionen werden beim Stromfluß entladen, wobei H_2-Gas entsteht (s. S. 441).

c) Bei veränderter Aktivität der Elektrolyte an den Elektroden wird die Potential-Höhe und -Richtung gesetzmäßig geändert und damit auch der Vorgang der eben genannten Bildung von H_2-Gas oder H^+-Ionen (s. u.). Befindet sich die H_2-Elektrode z.B. in neutralem Wasser, dann werden z.B. alle Potentiale der Spannungsreihe um 0,41 V (s. S. 445) negativer und der Umkehrpunkt des Vorzeichens daher etwa beim Potential des Cd unter Standardbedingungen liegen. Um in wäßriger Lösung aus H^+-Ionen Wasserstoff frei zu machen, muß das Potential des Metalles, welches dabei in Ionen übergeht, negativ bzw. zur Überwindung von oft vorhandenen Reaktionshemmungen genügend stark negativ sein. Das wird entweder durch Benutzung der Alkalimetalle erreicht oder bei weniger negativen Standardpotentialen durch stark saure Reaktionen. Denn dadurch wird der Umkehrpunkt nach der positiven Seite der Skala verschoben, so daß das Metall wie etwa Zn dem H_2 gegenüber stärker negativ wird.

d) Durch Kombination der in der Spannungsreihe stehenden Halbelemente miteinander entstehen Elemente, deren Potentialrichtung und Höhe sich ohne weiteres als Differenz der Standardpotentiale ergibt. Haben z.B. die Aktivitäten der Cu- und Zn-Elektrode, die kombiniert werden, den Einheitswert, dann beträgt die Spannung des so entstandenen Elementes bei 25°:

$$+ 0{,}345 - (-0{,}762) = 1{,}007\ V\ (Cu\ +).$$

e) Kombiniert man die n-H_2-Elektrode mit einer Wasserstoffelektrode, welche in eine Lösung einer anderen Säurekonzentration eintaucht, dann gibt das Potential ein direktes Maß für die Aktivität der Säure (Gaskettenmessung s. S. 153). Eine Veränderung des Wasserstoffdruckes um die Elektrode bewirkt ebenfalls eine Potentialveränderung (s. S. 127 und 153).

Elektroden zweiter Art

Feste anionenbildende Phasen mit Elektronenleitfähigkeit, die den Metallen entsprechen würden, sind praktisch nicht realisierbar. Dennoch existieren Elektroden, welche wie die Metalle für Kationen im Effekt *für Anionen reversibel sind*. Es handelt sich um *die sog. Elektroden 2. Art*. Als Beispiel diene die Ag—AgCl- und die Kalomel-Elektrode.

$$Ag(AgCl)/Cl^- \quad \text{und} \quad Hg(Hg_2Cl_2)/Cl^-.$$
$$\text{fest} \qquad\qquad\qquad \text{fest}$$

Der zugrunde liegende Vorgang ist auch bei diesen Elektroden der reversible Übergang des Metalls in sein Ion. Das Potential an der Grenzfläche wird daher wie stets von der Metallionenkonzentration bestimmt. Aber die letztere wird hier mit Hilfe eines Kunstgriffes durch die Anionenkonzentration festgelegt. Man sättigt nämlich die Elektrodenflüssigkeit mit einem sehr schwer löslichen Salz, das aus dem betreffenden Metallion und dem zu bestimmenden Anion aufgebaut sein muß, wie es bei AgCl oder Hg_2Cl_2 zutrifft. Da die Quecksilber-, Silber- und Cadmiumsalze vieler Anionen, speziell der Halogene, Azide, Sulfate schwer, teils sehr schwer löslich sind, ist die Aktivität der zuletzt genannten Anionen für die Potentialhöhe verantwortlich. Durch sie wird nämlich die Konzentration der Metallionen zwar recht klein gehalten, aber auf einen genau definierten Wert eingestellt. Dieser liegt um so niedriger, je höher die Konzentration des Anions ist. Denn in Gegenwart des schwer löslichen Salzes als festen Bodenkörpers gilt für die betreffende Temperatur der Satz von der Konstanz des Löslichkeitsproduktes (L, s. S. 196), z. B.:

$$[Ag^+] \cdot [Cl^-] = 0{,}99 \cdot 10^{-10} \quad \text{oder} \quad [Hg_2^{2+}] \cdot [Cl^-]^2 = 10^{-18}.$$

Mit wachsender Cl^--Ionenkonzentration fällt also die der Ag- bzw. Hg_2-Ionen. Damit wächst wiederum der Potentialsprung an der Elektrodengrenze. Somit wirkt sich die Vermehrung der Anionen nicht nur dem Sinne nach wie eine Verminderung der Kationen aus, sondern sie bewirkt sie auch tatsächlich als potentialbestimmender Vorgang. Unter den Elektroden 2. Art wird die *Kalomelelektrode* am häufigsten benutzt. Dabei unterscheidet man je nach der Konzentration des Elektrolyten (KCl) die 0,1 n, die 1 n und die gesättigte ($n = 4{,}81$) Kalomelelektrode. Sie ist für die Meßtechnik sehr wichtig geworden, da sie ein sehr konstantes, sich leicht einstellendes und wenig störbares Potential besitzt. Sie eignet sich daher als unpolarisierbare Bezugselektrode für die Zusammenstellung geeigneter Elemente oder zur Ableitung von Spannungen an Membranen und anderen Systemen, z. B. den Organen oder Zellen. Ihr positives Potential gegenüber der n-H_2-Elektrode ändert sich mit der Temperatur in der nachfolgend angegebenen Weise:

Potential der gesättigten n und $n/10$ Kalomelelektrode:

gesättigt	$245{,}8 - 0{,}65\,(t-25)$
n	$284{,}7 - 0{,}26\,(t-25)$
0,1	$337{,}6 - 0{,}07\,(t-25)$

$\left. \right\}$ mV

Über das entsprechende Löslichkeitsprodukt steht es allgemein in einfacher Beziehung zu den Standardpotentialen für den elektrischen Grundvorgang an dem entsprechenden Metall, hier also am Hg.

Durch Zusammensetzung von zwei derartigen Elektroden lassen sich besonders stabile, d. h. in ihrem Potentialwert sehr genau reproduzierbare Elemente zusammenstellen, welche z. B. auch für die Eichung bei der Potentiometrie unentbehrlich sind *(Normalelemente)*. Sehr oft gebraucht wird das Weston-Element:

$$+ \; Hg/Hg_2SO_4/CdSO_4/Cd \; -.$$

In ihm vollzieht sich der Vorgang:

$$- \{Cd + Hg_2^{2+}SO_4 = Cd^{2+}SO_4 + 2\,Hg\} +.$$

Da hiernach der Umsatz nur zwischen Metall und schwerlöslichen Salzen mit Bodenkörper stattfindet, ist er von den Konzentrationen praktisch unabhängig. Das Potential beträgt:
$1{,}0183 - 0{,}00004\,(t^0 - 20)$ V.

Die Zusammenstellung einer gewöhnlichen reversiblen Metallelektrode und einer solchen 2. Art kann bei geeigneter Wahl zu einem Element mit nur einer gleichartig zusammengesetzten Flüssigkeit zwischen den Metallen führen, z.B.

$$+ \{Ag(AgCl)/HCl/H^2 - Pt\} -.$$

Es ist bequemer zu handhaben als die entsprechende Kette mit der Cl_2-Gaselektrode (S. 123) und hat mit ihr den großen Vorteil gemeinsam, *keine Grenzfläche zwischen zwei Flüssigkeiten* aufzuweisen. Denn die an diesen zusätzlich entstehenden Diffusionspotentiale lassen sich theoretisch nur in Grenzfällen exakt beherrschen und beeinträchtigen daher den Genauigkeitsgrad der Messung unter Umständen entscheidend (s. S. 133). Auch die *Ketten ohne Überführung*, d.h. ohne Flüssigkeitsgrenze, zeigen gewisse Diffusionsvorgänge, nämlich das Konzentrationsgefälle des schwerlöslichen Salzes, welches von der Elektrode 2. Art aus beginnt. Es läßt sich aber praktisch und theoretisch zeigen, daß die äußerst geringen Konzentrationen des gelösten Anteiles überhaupt keinen Einfluß auf das Meßergebnis haben. Daher werden an den Elementen dieses Typus die exaktesten Angaben über die Standardpotentiale von Elektroden und mit ihrer Hilfe über die elektrochemische Aktivität von Elektrolytlösungen gewonnen.

Quantitative Theorie galvanischer Elemente

Die *quantitative Theorie der Elemente* hat die Größe des Potentials mit der elektrochemischen Aktivität der beteiligten Ionen oder Ionenbildner in Beziehung zu setzen. Die Aktivität steht in engem Zusammenhang mit der Konzentration der Ionen und kann bei stark verdünnten Lösungen ihr gleich gesetzt werden. Auf die Abhängigkeit beider wird weiter unten eingegangen. Die Berechnung des Potentials wird dadurch ermöglicht, daß ideale Reversibilität, d.h. verlustloser Übergang von freier chemischer Energie in elektrische für beide Richtungen vorausgesetzt werden kann. Deswegen muß auch die bei einem bestimmten Formelumsatz freigewordene *chemische Energie*, d.h. die Differenz der chemischen Potentiale, *der dabei bewegten elektrischen Energie exakt gleich sein*. Andererseits ergibt sich die *elektrische Energie* (A_e) als das Produkt aus der Spannung (E) und der bewegten Elektrizitätsmenge. Wenn man einen molaren Formelumsatz in einem so großen Element voraussetzt, daß durch ihn keine merkliche Konzentrationsänderung bewirkt wird, dann ist:

$$-A_e = z \cdot F \cdot E, \tag{8}$$

wobei z wieder die Zahl der dabei beteiligten elektrochemischen Äquivalente angibt. Die elektrische Energie ist nun der chemischen gleichzusetzen.

Die freie *chemische Energie ergibt sich unter Benutzung der Ausgangskonzentrationen mit Hilfe der Energiegleichung* (II, 32) *aus der Formulierung der Reaktion, welche der Stromlieferung zugrunde liegt*. So ist für die vorstehende Kette zu schreiben:

$$\tfrac{1}{2} H_2 + AgCl \rightleftharpoons H^+ + Cl^- + Ag.$$

Daraus folgt mit Gl. (II, 32):

$$-A = RT \ln K - RT \ln \frac{a_{H^+} \cdot a_{Cl^-} \cdot a_{Ag}}{(p_{H_2})^{\frac{1}{2}} \cdot a_{AgCl}}. \tag{8a}$$

Weil nun die Aktivitäten der Gase mit dem Druck 1 Atm. und die der festen reinen Substanzen definitionsgemäß gleich eins zu setzen sind, ergibt sich für den Umsatz von links nach rechts:

$$-A = RT \ln K - RT \ln a_{\mathrm{H}^+} \cdot a_{\mathrm{Cl}^-} = F \cdot E = -A_e \qquad (8\,\mathrm{b})$$

bzw. mit $E_0 = \dfrac{RT \ln K}{F}$:

$$E = E_0 - \frac{RT}{F} \ln a_{\mathrm{H}^+} \cdot a_{\mathrm{Cl}^-}. \qquad (8\,\mathrm{c})$$

Setzt man $a_{\mathrm{H}}^+ = a_{\mathrm{Cl}}^-$, dann erhält man mit: $a_{\mathrm{H}^+}^2 = a_{\mathrm{Cl}^-}^2 = a_{\mathrm{HCl}}^2$ das Quadrat der mittleren Aktivität der HCl. Die Gleichung:

$$E = E_0 - \frac{RT}{F} \ln a_{\mathrm{HCl}}^2 = E_0 - \frac{2RT}{F} \ln a_{\mathrm{HCl}} \qquad (8\,\mathrm{d})$$

zeigt, daß die *Potentialmessung unmittelbar nur die mittlere Aktivität des Elektrolyten* liefert.

Wenn die Aktivität der HCl den Wert 1 besitzt und das logarithmische Glied somit fortfällt, ist das gemessene E_0 gleich dem Standardpotential der Ag/AgCl-Elektrode (0,2224 V). Fällt a_{HCl} unter diesen Wert, dann steigt das Potential E, da das 2. Glied positiv wird. Das umgekehrte ist bei Aktivitäten über 1 der Fall.

Stände nun der H_2 nicht unter dem Einheitsdruck, sondern unter $p_2 = a_{\mathrm{H}_2}$, dann müßte, um der Gleichung zu genügen, auf der rechten Seite von (8a) das Glied:

$$-RT \ln \frac{1}{(a_{\mathrm{H}_2})^{\frac{1}{2}}} \quad \text{bzw.} \quad +\frac{RT}{2} \ln p_2 \quad \text{und daher in (8c):} \quad +\frac{RT}{2F} \ln p_2$$

hinzugefügt werden. Für $a_{\mathrm{H}_2} = 1$ fällt es fort. Die Anwendung der wichtigen Gl. (II, 32) führt also in überaus einfacher Weise zur Beherrschung des Druck- und Aktivitätseinflusses auf die Potentiale.

Analoge Betrachtungen gelten für die Kalomelelektrode in einer solchen Zelle ohne Überführung. Schaltet man sie gegen die n-H_2-Pt-Elektrode, dann vollzieht sich unter Transport von $2F$ ($n = 2$):

$$\mathrm{H}_2 + \mathrm{Hg}_2\mathrm{Cl}_2 \rightleftharpoons 2\,\mathrm{H}^+ + 2\,\mathrm{Cl}^- + 2\,\mathrm{Hg}.$$

Danach ist für die n-H_2-Elektrode, d.h. für $[\mathrm{H}^+] = 1$:

$$E = E_0.$$

Alle vorstehend beschriebenen Zellen arbeiten sehr präzise. Die Auskunft, welche sie über die mittleren Aktivitäten liefern, kann aber nur mit Hilfe der entsprechenden Standardpotentiale gegeben werden. Es lassen sich nun auch exakt arbeitende Ketten ohne Überführung zusammenstellen, für deren Berechnung keine Standardpotentiale benötigt werden. Das trifft für die *Doppelketten ohne Überführung* (HELMHOLTZ) zu, z.B.:

$$+ \text{Pt-}\mathrm{H}_2/\mathrm{HCl}/(\mathrm{AgCl})\mathrm{Ag} - \mathrm{Ag}(\mathrm{AgCl})/\mathrm{HCl}/\mathrm{H}_2\text{-Pt} -.$$
$$\qquad a_1 \qquad\qquad\qquad\qquad a_2$$

Bei dieser Doppelkette gilt die angegebene Richtung für $a_1 > a_2$. Denn es ist, wie oben abgeleitet, das Potential der rechten Kette größer als das der linken, so daß deren Stromrichtung mit dem negativen Pol am Pt überwiegt. ΔE, das Potential dieser Kette ergibt sich jetzt als:

$$\Delta E = E_0 - \frac{RT}{F} \ln a_2^2 - \left[E_0 - \frac{RT}{F} \ln a_1^2 \right] = \frac{2RT}{F} \ln \frac{a_1}{a_2}. \qquad (9)$$

Das Standardpotential verschwindet also: dafür ist E nun proportional dem Logarithmus des Quotienten der beiden Aktivitäten. Wird eine als bekannt vorausgesetzt, dann ist dadurch die zweite festgelegt. *Auch bei diesem Verfahren muß daher eine Bezugsgröße willkürlich eingesetzt werden.*

In der beschriebenen Doppelkette treibt die rechte Hälfte offenbar die linke an und zwar gegen ein elektrisches Potential, welches von der Elektrolytaktivität links abhängt. Dabei wird rechts Wasserstoff am Pt in H^+-Ionen verwandelt, während gleichzeitig in äquivalenter Menge Cl^--Ionen aus AgCl frei gemacht werden. Die Konzentration an HCl wird so in der schwächeren Lösung erhöht, während, wie leicht zu zeigen ist, sich links das Gegenteil vollzieht; es verschwindet hier HCl in der gleichen Menge, wie sie rechts entsteht. Der *stromliefernde Vorgang* besteht also summarisch betrachtet in einem *Ausgleich der Konzentrationen des bewegten Elektrolyten.* Die freiwerdende „osmotische" Mischungsarbeit ist leicht aus (9) zu entnehmen. Da aber die Arbeit von 2 Teilchen, den völlig getrennt wandernden H^+- und Cl^--Ionen, geleistet wird, ist sie auch doppelt so groß wie bei einem undissoziierten Stoff. Es gilt daher mit $z = 1$:

$$-A_0 = -F \cdot E = 2RT \ln a_1/a_2. \tag{9a}$$

Derartige *Elemente, die ohne Berücksichtigung von Standardpotentialen* lediglich *durch Einsetzen der Konzentrationsquotienten berechenbar sind, heißen Konzentrationsketten.*

Bei den *einfachen* Konzentrationselementen grenzen im Gegensatz zur Doppelkette die verschieden konzentrierten Lösungen aneinander oder sie müssen durch Flüssigkeitsbrücken bzw. durch Flüssigkeiten zusätzlicher Elektroden miteinander verbunden werden. Es handelt sich also um *Ketten mit Überführung.* Wenn über das Diffusionspotential bestimmte Angaben vorliegen oder es vernachlässigbar klein gehalten werden kann, ist die Anordnung und Berechnung einfach. Als Beispiel diene:

$$
\left.
\begin{array}{ll}
+ \; Ag/AgNO_3/AgNO_3/Ag- & \quad a \\
c_1 c_2 & \\
+Pt\text{-}H_2/HCl/HCl/H_2\text{-}Pt- & \quad b \\
\phantom{+Pt\text{-}H_2/}c_1 \; c_2 & \\
+ \; Cu/CuSO_4/CuSO_4/Cu- & \quad c \\
c_1 c_2 & \\
+ \; Ag(AgCl)/KCl/KCl/(AgCl)Ag- & \quad d \\
c_2 \; c_1 &
\end{array}
\right\}
\tag{10}
$$

Die Konzentration c_1 sei jeweils größer als $c_2 (c_1 > c_2)$. Die Anordnung dient in allen Fällen zur Messung des Verhältnisses der Elektrolytaktivitäten in den Lösungen der Konzentration c_1 und c_2.

Zur Berechnung sei die Kette (10b) herausgegriffen und das Potential an der Berührungsgrenze zwischen c_1 und c_2 zunächst vernachlässigt. Die elektromotorische Kraft entstehe also wie üblich nur als Differenz der Elektrodenpotentiale. Die Kette ist im Gegensatz zu den bisher besprochenen beiderseits für das gleiche Kation und nur für dieses reversibel, hier also für H^+-Ionen. Dann ist die Differenz der chemischen Potentiale für diese Ionen wieder der elektrischen Arbeit gleichzusetzen:

$$E \cdot F = \mu_H^0 + RT \ln a_{H_1} - \mu_H^0 - RT \ln a_{H_2} = RT \ln \frac{a_{H_1}}{a_{H_2}}, \tag{10a}$$

$$E = \frac{RT}{F} \ln \frac{a_{H_1}}{a_{H_2}}. \tag{10b}$$

Wenn in dieser Gleichung nun die Einzelionenaktivitäten für die Lösungen c_1 und c_2 erscheinen, so muß doch auch hier bedacht werden, daß aus dem gemessenen

Potential grundsätzlich nur ihr Quotient abgeleitet werden kann. Die Aktivität müßte also unter Verwendung plausibler Annahmen wieder für ein Einzelion willkürlich festgesetzt werden.

Die vorstehende, oft mit dem Namen von NERNST verknüpfte Formel ist von ihm auf Grund seiner Vorstellungen von dem *elektrolytischen Lösungsdruck der Metalle* in der *osmotischen Theorie der Stromentstehung* entwickelt worden. Der Lösungsdruck ist die mit dem Edelmetallcharakter abnehmende Tendenz, positive Ionen in die umgebende Lösung zu schicken. Die *Elektrode wird* dabei negativ zurückbleiben, und sie wird *um so negativer sein, je mehr Ionen sie abgab.* In die Lösung *wird sie um so mehr hineinsenden, je verdünnter diese ist.* Der *osmotische Druck der Lösung wirkt also dem Lösungsdruck des Metalls entgegen.* Bei Stromentnahme wird in der konzentrierten Lösung Metallion an der Elektrode niedergeschlagen und durch die im Draht entgegenfließenden Elektronen neutralisiert. In der verdünnteren geht die gleiche Zahl an Metallionen in Lösung, nachdem die Atome ihr Elektron abgaben, das im Draht dem positiven Pol zufließt. Insgesamt findet so eine Konzentrierung auf der verdünnteren Seite und eine Verdünnung der konzentrierteren statt. Es wird hierbei eine osmotische Arbeit abgegeben, deren Größe von der bewegten Stoffmenge und dem Verhältnis seiner Konzentrationen, genauer dem der durch sie bestimmten Aktivitäten abhängt. Wird ein Ionenäquivalent von der Aktivität a_1 auf a_2 verdünnt, dann ist die Arbeit: $-A_0 = RT \ln a_1/a_2$ wieder der elektrischen gleichzusetzen. Dabei wird gleichfalls das Resultat (10b) erhalten.

In den Formulierungen über die Potentialbildung tritt gewöhnlich der *Ausdruck $RT/z \cdot F$* auf. Um ihn *auszuwerten*, ist R im elektrischen Energiemaß auszudrücken. Da 1 cal = 4,184 Joule = 4,184 Wsec (s. S. 379) und $R = 1,986$ cal·grad^{-1} (s. S. 98) ist: $R = 1,986 \cdot 4,184 =$ 8,31 Wsec·grad^{-1}. Weil die Verwendung dekadischer Logarithmen im allgemeinen bevorzugt wird, muß berücksichtigt werden, daß $\ln x = 2,303 \cdot \log x$ bzw. $\log x = 1/2,303 \ln x = 0,4343 \ln x$ ist[1]. In Verbindung mit dekadischen Logarithmen ist es zweckmäßig, $2,303 \cdot RT/F$ in einem von der Temperatur abhängigen Ausdruck (F_N, Nernst-Faktor) zusammenzufassen. Da $W = V \cdot Amp = V \cdot coul \cdot sec^{-1}$, ist seine Dimension:

$$\frac{V \cdot coul \cdot sec \cdot grad}{coul \cdot sec \cdot grad} = V.$$

Sein Zahlenwert für 25°, d.h. für $T = 298°$: ist $2,303 \cdot 8,31 \cdot 298/96\,500 = 0,0591$ V = 59,1 mV (Milli-Volt). Die Werte von F_N für andere Temperaturen (T) sind: $F_N = \dfrac{59,1 \cdot T}{298}$ mV.

Unter Vernachlässigung des Diffusionspotentials lautet also die Formel für die Konzentrationskette mit 1wertigen Ionen bei 25°:

$$E = 59 \cdot \log \frac{a_1}{a_2}\ \text{mV}. \tag{11}$$

Da $\log 10 = 1$, folgt das Verhältnis $a_1 : a_2 = 10 : 1$, d.h. für die Stufe einer Zehnerpotenz, der Potentialwert von 59 mV; bei 100 : 1 bzw. 1000 : 1 beträgt er 2×59 bzw. 3×59 mV usw.

Ist a_1 bekannt, so ergibt sich a_2 unmittelbar aus dem gemessenen Potential. Wenn $a_1 = 1$ gesetzt werden kann, ist:

$$E = 59 \cdot \log \frac{1}{a_2} = 59 \cdot (-\log a_2) \quad \text{und} \quad -\log a_2 = p_{a_2} = \frac{E}{59}. \tag{11a}$$

Der *negative Logarithmus der gesuchten Aktivität* (p_a) wird also in einfacher Weise durch Potentialmessungen an Konzentrationsketten erhalten, deren eine Lösung die Aktivität des Einheitswertes besitzt.

Der von NERNST eingeführte anschauliche Begriff des *Lösungsdruckes* hat die Theorie der galvanischen Elemente wesentlich gefördert. Seine *Formulierung*

---

[1] $e^{2,303} = 2,718^{2,303} = 10$. Beachte auch die Schreibweise: $e^x = \exp(x)$.

für eine einzelne reversible Metallelektrode gelingt *mit Hilfe des chemischen Potentials* folgendermaßen.

Das zwischen der festen und flüssigen Phase austauschbare Teilchen ist das Metallion, denn das Metall ist als Ionengitter mit vagabundierenden Elektronen anzusehen. Jene finden sich also in ihm vorgebildet und mit einer bestimmten Kraft festgehalten. Das chemische Potential des Ions im Metall ist dem Grundwert μ_f^0 für die reine metallische Phase (s. S. 96) gleich. Ist das der Lösung zukommende μ_{Me}· kleiner als μ_f^0, dann muß, um Gleichheit beider Potentiale, d.h. Gleichgewicht, zu erreichen, μ_{Me}· erhöht werden. Das ist nur möglich durch Erhöhung der Me·-Ionenkonzentration, welche durch Abgabe aus dem Metall erfolgt. Sie geschieht unter Zurücklassung der zugehörigen Elektronen. Das Umgekehrte gilt für den Fall:

$$\mu_f^0 < \mu_{Me}· \, .$$

Die Differenz beider Potentiale gibt die Arbeit, welche für den Übertritt eines Mols Me·-Ionen aus dem Metall heraus in die Lösung mit der Aktivität a_{Me}· oder umgekehrt frei wird. Sie beträgt:

$$\Delta\mu = \mu_f^0 - \mu_{Me·}^0 - RT \ln a_{Me}· \quad \text{bzw.} \quad \Delta\mu = -\Delta\mu^0 + RT \ln a_{Me}· . \tag{12}$$

Hier ist $\Delta\mu^0$, die konstante Differenz der von der Konzentration unabhängigen Grundpotentiale, ausschlaggebend für die Größe des Lösungsdruckes (D_N). Er selbst wird als Logarithmus der fiktiven Gleichgewichtsaktivität $(\Delta\mu = 0)$ eingeführt und ist:

$$\ln D_N = \frac{\Delta\mu^0}{RT} . \tag{12a}$$

Da sich aber für das Standardpotential einer Einzelelektrode aus (13) mit $a = 1$ ergibt:

$$E_0 = -\frac{\Delta\mu^0}{z \cdot F}, \quad \text{so folgt:} \quad \ln D_N = -\frac{E_0 \cdot z \cdot F}{RT} \quad \text{bzw.} \quad \log D_N = -\frac{E_0 \cdot z}{0{,}059} . \tag{12b}$$

Hiernach gewinnt man aus den Standardpotentialen einiger Metalle die Werte der Tabelle 31 für den „Lösungsdruck".

Tabelle 31. *Aus den Standardpotentialen (E_0) berechnete Lösungsdrucke einiger Metalle*

	Ca/Ca^{2+}	Zn/Zn^{2+}	Pb/Pb^{2+}	H/H$^+$	Cu/Cu^{2+}	Cu/Cu$^+$	Ag/Ag$^+$	Hg/Hg$_2^{2+}$	Au/Au$^+$
E_0	$-2{,}76$	$-0{,}76$	$-0{,}126$	0	$+0{,}345$	$+0{,}53$	$+0{,}80$	$+0{,}80$	$+1{,}5$
$\log D_N$	94	26	$4{,}3$	0	$-11{,}7$	-9	$-14{,}5$	-29	-25
D_N	10^{94}	10^{26}	$10^{4,3}$	1	$10^{-11,7}$	10^{-9}	$10^{-14,5}$	10^{-29}	10^{-25}

Die Unterschiede der so berechneten Lösungsdrucke sind enorm. Sie *geben eine Vorstellung von der Abstufung des Edelmetallcharakters.* Vor allem erlauben sie aber, das *Potentialverhalten an metallischen Mischelektroden* zu übersehen. So zeigt sich, daß die Tendenz, aus einer Au/H$_2$-Elektrode Wasserstoffionen in Lösung zu schicken, 10^{25}fach höher ist, als Goldionen abzudissoziieren. In der Mischung zwischen einem Edelmetall mit einem nichtedlen wird also das elektrochemische Verhalten meßbar nur durch das unedlere bestimmt. Das gleiche gilt für die Legierungen und Amalgame. Es läßt sich z. B. leicht ableiten, daß der Quotient des Lösungsdruckes beider Partner auch die Gleichgewichtseinstellung zwischen den Ionen in der metallischen und wäßrigen Phase festlegt. So wäre das Verhältnis der Hg^{2+}- zu den Zn^{2+}-Ionen in Zinkamalgam 10^{55}mal größer als das gleiche Verhältnis in der angrenzenden wäßrigen Lösung. *Amalgame können* also *als reversible Elektroden für die im Quecksilber gelösten Metalle angesehen* werden, sobald sie genügend weit in der Skala unterhalb des Quecksilbers stehen.

Mit dem Ionenübergang an der Elektrode wird Ladung bewegt, also elektrische Energie abgegeben, welche von der bewegten Elektrizitätsmenge und dem Potential zwischen dem Metall und der Lösung, $\Delta\psi$, abhängt und wiederum der bei dem Vorgang abgegebenen chemischen Energie $(-\Delta\mu)$ gleich sein muß, so daß gilt:

$$z_+ \cdot F \cdot \Delta\psi = -\Delta\mu;$$

$$\Delta\psi = \frac{-\Delta\mu}{z_+ \cdot F} = -\frac{\Delta\mu^0}{z_+ \cdot F} + \frac{RT}{z_+ \cdot F}\ln a_{\mathrm{Me}^\cdot} \quad \text{bzw.} \quad \Delta\psi = \mu_{\mathrm{Es}} + \frac{F_N}{z_+}\cdot\log a_{\mathrm{Me}^\cdot}. \left.\right\} \quad (13)$$

Man erhält so mit $\Delta\psi$ *das Einzelpotential einer Elektrode.* Seine Richtung wird durch das Vorzeichen von μ_{Es}, d.h. durch den Lösungsdruck bestimmt: das Metall ist negativ, wenn $\mu_f^0 > \mu_{\mathrm{Me}^\cdot}$ bzw. Null für den Fall, daß $a_{\mathrm{Me}^\cdot} = 1$ und $\mu_f^0 = \mu_{\mathrm{Me}^\cdot}^0$. Sind beide Grundpotentiale annähernd gleich, dann ist die Aktivität der gelösten Metallionen von großem Einfluß auf den Ladungssinn. Ihre Erhöhung positiviert das Metall.

Der Potentialunterschied $\Delta\psi$ ist nun aufzufassen als die Differenz zwischen dem elektrischen Potential an der Oberfläche der metallischen und dem an der Oberfläche der wäßrigen Phase: $\Delta\psi = \psi_{\mathrm{Me}} - \psi_L$. Diese Potentiale entstehen an den beiden Grenzen durch den Übertritt der Me$^\cdot$-Ionen. Ohne ihn wären die Ladungen beiderlei Vorzeichens ausgeglichen. $\Delta\psi$ ist das Potential der durch den *Übergang sehr weniger Ladungen erzeugten elektrischen Doppelschicht* (HELMHOLTZ, s. S. 255 ff.).

Durch ihn wird das Gesetz von der Elektronenneutralität der Lösungen in einem schmalen Saum unterbrochen. Dabei entstehen aber durch $\Delta\psi$ sofort starke elektrostatische Zugkräfte, welche einen weiteren Übertritt der Ionen in senkrechter Richtung zur Fläche verhindern. Erst die Ableitung des Potentials, d.h. die Entnahme von elektrischer Energie, ermöglicht einen chemisch feststellbaren Übergang, dessen Ausmaß von der entnommenen Wsec-Zahl abhängt.

$\Delta\psi$ ist nicht direkt an einem Element meßbar. In einer Konzentrationskette mit Überführung wird dagegen die Differenz beider $\Delta\psi$-Werte ($\Delta\psi_1$ für $a_{1\mathrm{Me}^+}$; $\Delta\psi_2$ für $a_{2\mathrm{Me}^+}$) als Potential der ganzen Zelle erhalten:

$$E = \Delta\psi_1 - \Delta\psi_2 = F_N \log \frac{a_{1\mathrm{Me}^+}}{a_{2\mathrm{Me}^+}}.$$

Die Größe des Lösungsdruckes, die in der Konstanten μ_{Es} enthalten ist, erscheint nicht in der Formel für diese Elemente.

Die Diffusionspotentiale

In einer gewöhnlichen Konzentrationskette sind nun grundsätzlich *3 Einzelpotentiale* zu berücksichtigen, denn der Differenz der *beiden Elektrodenpotentiale* ist das *Diffusionspotential* (E_D) an der Grenze der Flüssigkeiten hinzuzufügen. Diffusionspotentiale sind ableitbare elektrische Spannungen, welche bei der Diffusion von Elektrolyten auf Grund der unterschiedlichen Beweglichkeit von Anion und Kation entstehen. Nur in einem infinitesimal kleinen Zeitteilchen können die einzelnen Ionen ihrem Diffusionskoeffizienten und Konzentrationsgefälle entsprechend unabhängig voneinander wandern. Da sie es aber wegen ihrer verschiedenen Ionenbeweglichkeit unterschiedlich schnell tun, wird eine Art vorauseilen. Die Folge ist die Entstehung eines Potentialgefälles. Hierbei *erteilt die Ladung der schneller wandernden Art der verdünnteren Lösung das Vorzeichen;* d.h. bei schneller wanderndem Kation ($u > v$, $n < 0{,}5$) wird die verdünntere Seite positiv.

$$c_2 < c_1$$

$$+ \;\; \begin{matrix} +\,- \\ +\,- \\ +\,- \\ +\,- \end{matrix} \;\Big|\; - \;\left.\right\} u > v;\; n < 0{,}5$$

$$\longleftarrow$$

$$- \;\; \begin{matrix} -\,+ \\ -\,+ \\ -\,+ \\ -\,+ \end{matrix} \;\Big|\; + \;\left.\right\} v > u;\; n > 0{,}5$$

Das entstehende Potential ist in seiner Höhe ein Ausdruck der Wechselwirkung beider Ionenarten. Es ist um so höher, je stärker die durch die unterschiedliche Diffusion bedingte Tendenz ist, die Ionen voneinander zu trennen.

Die elektrische Kraft zwischen beiden verhindert die Trennung, aber sie beeinflußt die Diffusionsgeschwindigkeit in dem Sinne, daß die schnelleren langsamer und die langsameren schneller in der Diffusionsrichtung wandern. Daher stellt sich ein stationärer *Diffusionsstrom* für den Gesamtelektrolyten ein, dessen *Geschwindigkeit zwischen der der einzelnen Ionen* liegt. NERNST zeigte, daß der *Diffusionskoeffizient eines Elektrolyten* (D_{el}) in folgender Beziehung zu den Ionenbeweglichkeiten steht:

$$\frac{1}{D_{el}} = \frac{1}{2}\left(\frac{1}{U} + \frac{1}{V}\right)\frac{1}{RT} \quad \text{bzw.} \quad D_{el} = \frac{2\,UV \cdot RT}{U + V} = \frac{2uv\,RT}{F(u+v)} \quad \text{(vgl. S. 120).} \quad (14)$$

Das entstehende *Potential* selbst ist nur für einfache Systeme *berechenbar*. Läßt man z. B. zwei unterschiedliche Konzentrationen (c_1, c_2) eines 1-wertigen binären Elektrolyten aneinandergrenzen, dann führt folgende Überlegung zum Ziel. Die osmotische Arbeit der Diffusion eines Mols von c_1 nach c_2 ist hier bei der Spannung E_D verknüpft mit dem Transport eines F durch den Querschnitt. Dabei mögen $u/(u+v)$ Kationen mit und $v/(u+v)$ Anionen gegen die elektrische Stromrichtung wandern. Für die letzteren sind unter der Voraussetzung: $u > v$ der elektrische und der Diffusionsstrom entgegengesetzt gerichtet. Denn die

Tabelle 32. *E_D für freie Diffusion bei einem Konzentrationsverhältnis c_1/c_2 von 10:1 in mV*

Konzentration (c_1)	0,1	0,01	0,001	$1/\infty$
HCl	$-39,4$	$-38,5$	$-38,0$	$-37,9$
NaCl	$+12,1$	$+11,9$	$+11,75$	$+11,7$
KCl	$+\ 0,4$	$+\ 0,4$	$+\ 0,3$	$+\ 0,3$

Ionenbewegung erfolgt in dem auch hier vorhandenen elektrischen Gefälle für beide Ionenarten in entgegengesetzter Richtung. Die mit dem Transport eines F verknüpfte osmotische Arbeit wird von den beiden Ionen unterschiedlich getragen, und sie ist für beide kleiner als im ungeladenen Zustand. Auf diese Weise ergibt sich:

$$E_D \cdot F = -\left[\frac{u}{u+v}\,RT\ln\frac{c_1}{c_2} - \frac{v}{u+v}\,RT\ln\frac{c_1}{c_2}\right] = -\frac{u-v}{u+v}\,RT\ln\frac{c_1}{c_2}. \quad (14a)$$

Es zeigt sich das plausible *Resultat, daß das Potential E_D um so höher ist, je größer die Differenz der Beweglichkeiten im Vergleich zur Gesamtbeweglichkeit ist*:

$$E_D = -\frac{u-v}{u+v} \cdot \frac{RT}{F}\ln\frac{c_1}{c_2} = -\frac{u-v}{u+v} \cdot 59\log\frac{c_1}{c_2}\,\text{mV bei } 25°. \quad (14b)$$

Für $u < v$ ist das Vorzeichen positiv; es bezieht sich auf die konzentriertere Lösung. Innerhalb weiter Grenzen ist E_D tatsächlich nur in dem Maße von der Konzentration abhängig, wie sich die Beweglichkeiten mit ihr ändern. Für einen Konzentrationsquotienten $c_1/c_2 = 10$ ergeben sich für HCl, NaCl und KCl bei verschiedenen Konzentrationen und $t = 18°$ mit $F_N = 57$ folgende Werte für E_D (Tabelle 32). Die Unterschiede von E_D werden durch die Tatsache bedingt, daß die Beweglichkeit der H-Ionen wesentlich größer, die der Na-Ionen sehr deutlich kleiner und die der K-Ionen nur 2% geringer als die der Cl-Ionen ist. Selbst bei einem Konzentrationsquotienten von 1000:1 würde E_D beim KCl nur Werte um 1 mV annehmen.

Für Präzisionsmessungen oder auch für routinemäßige Bestimmungen der Elektrolytaktivitäten mit *Konzentrationsketten* darf, vom KCl abgesehen, das *Diffusionspotential* nicht vernachlässigt werden. Es ist der Differenz der Elektrodenpotentiale *hinzuzufügen*. Letztere werden durch die Ionenaktivitäten (z. B. a_{H^+}) bestimmt. Wir setzen sie der mittleren Aktivität des Elektrolyten gleich. Unter dieser Voraussetzung ergibt sich für die Summe der Potentiale:

$$\left.\begin{aligned} E &= \frac{RT}{F\cdot z}\ln\frac{c_1}{c_2} - \frac{u-v}{u+v}\frac{RT}{F\cdot z}\ln\frac{c_1}{c_2} = \frac{RT}{F\cdot z}\ln\frac{c_1}{c_2}\left(\frac{u+v}{u+v} - \frac{u-v}{u+v}\right) \\ E &= \frac{2v}{u+v}\frac{RT}{F\cdot z}\ln\frac{c_1}{c_2} = 2n\frac{RT}{F\cdot z}\ln\frac{c_1}{c_2}. \end{aligned}\right\} \quad (15)$$

Diese Gleichung unterscheidet sich von der für die Doppelkette (9) durch das Auftreten eines Faktors, um den die bei Entnahme von 1 F überführte Elektrolytmenge geringer ist. Der Faktor ist die Überführungszahl desjenigen Ions, für welches die Kette nicht reversibel ist. Durch Vergleich beider Arten von Konzentrationsketten kann daher jene Überführungszahl erhalten werden. Sind u und v annähernd gleich, dann nimmt der Faktor $2v/(u+v)$ nahezu den Wert 1 an.

Die auf NERNST zurückgehende Formel für das Diffusionspotential von Elektrolyten ist zwar zur Berechnung von Konzentrationsketten geeignet, für viele Messungen hingegen ist sie nicht ausreichend. Auf HENDERSON und PLANCK gehen allgemeinere und kompliziertere Ansätze zurück, aus denen sich außer der Nernstschen Formel für andere einfachere Fälle übersichtliche Gleichungen ergeben. Von ihnen soll der Grenzfall betrachtet werden, daß zwei binäre Elektrolyte von gleicher Konzentration ausgehend gegeneinander diffundieren. Haben sie dazu noch beide ein Ion, z.B. das Kation, gemeinsam, dann ergibt sich:

$$E_D = -\frac{RT}{F}\ln\frac{u+v_1}{u+v_2} = -\frac{RT}{F}\ln\frac{\Lambda_1}{\Lambda_2}. \quad (15\,\text{a})$$

Liegt kein gemeinsames Ion, aber wieder gleiche Konzentrationen beider binärer Elektrolyte mit u_1, v_1 und u_2, v_2 vor, dann folgt:

$$E_D = \frac{RT}{F}\ln\frac{u_1+v_2}{u_2+v_1}. \quad (15\,\text{b})$$

Für gleichbleibendes Anion bei 2-wertigen Kationen gilt:

$$E_D = \frac{RT}{2F}\ln\frac{2u_1+v}{2u_2+v}. \quad (15\,\text{c})$$

Bei gleichbleibenden 2-wertigen Anionen und verschiedenen 1-wertigen Kationen ergibt sich:

$$E_D = \frac{RT}{2F}\ln\frac{u_1+2v}{u_2+2v}. \quad (15\,\text{d})$$

In feinporigen *Membranen* werden die Unterschiede in der Beweglichkeit bzw. in den *Überführungszahlen* beider Ionenarten oft wesentlich vergrößert. Auf diese Weise entstehen hier gelegentlich größere Potentiale als bei freier Diffusion. Daher sind die genannten Formeln unter Benutzung der bei der Diffusion in der Membran veränderten Überführungszahlen für die Berechnung einer bestimmten Art von Membranpotentialen wichtig (vgl. S. 283). Den Nernst-Henderson-Gleichungen liegt die Annahme eines linearen Konzentrationsabfalles der Elektrolyte in der Diffusionsschicht zugrunde, der Planckschen die eines exponentiellen Abfalles.

Um nun den Einfluß der *Diffusionspotentiale* bei den Konzentrationselementen zu beherrschen, gibt es außer der aufgezeichneten Möglichkeit, sie zu berechnen, diejenige, sie weitgehend bis fast vollständig zu *unterdrücken*. Sie folgt aus dem soeben geschilderten Verhalten des KCl. Schaltet man eine gesättigte (4,2n)-Lösung dieses Salzes gegen die Lösung eines anderen Elektrolyten von wesentlich geringerer Konzentration (etwa unter 0,1n) wie sie bei den Konzentrationsketten verwandt wird, dann besteht die Diffusion zum ganz überwiegenden Teil aus der des KCl. Dessen Ionen wandern aber mit nahezu gleicher Geschwindigkeit. Das durch sie, d.h. durch den fast einzigen Träger der Diffusion an der Grenze bestimmte E_D

wird daher sehr klein sein. Das ohne KCl allein durch den Elektrolyten erzeugte wird also praktisch vernichtet. Wie weit das geschieht, läßt sich unter Verwendung des allgemeinen Hendersonschen Ansatzes berechnen. Dabei hat sich ergeben, daß die Potentiale praktisch verschwinden, und daß außerdem die an den Enden der KCl-Brücke übrigbleibenden Potentialreste meistens noch entgegengesetztes Vorzeichen tragen, sich daher im Effekt noch verkleinern. Dennoch bleibt eine Unsicherheit in der Größenordnung bis zu 2 mV bei ihrer Verwendung bestehen, sobald man Wert auf die Absoluthöhe der Potentiale legt. Bei Vergleichsuntersuchungen oder Eichungen sind die Fehler jedoch viel geringer. Damit ist die Grundlage für den allgemeinen Gebrauch der *KCl-Brücken bei potentiometrischen Bestimmungen* gegeben. Ihre Verwendung erfolgt oft so, daß ⌐⌐förmig gebogene Röhrchen mit einer KCl-haltigen Agar-Gallerte gefüllt und als leitende Elektrolytverbindung zwischen den Halbelementen benutzt werden. Dem gleichen Zwecke dienen poröse Tonstifte bestimmter Formen, die in mannigfacher Ausfertigung geliefert werden. Durch sie wird der Stromkreis geschlossen.

Außer der osmotischen, der konduktometrischen und der potentiometrischen Methode stehen weitere Verfahren zur Bestimmung der Elektrolytaktivität zur Verfügung, auf die nur gelegentlich hingewiesen werden kann.

Alle Untersuchungen haben mit ihrer Hilfe gezeigt, daß sich die meisten Elektrolyte bei endlichen Verdünnungen so verhalten, als ob sie nicht vollständig in Ionenform vorlägen. Nur für die schwachen Elektrolyte läßt sich mit allen 3 Methoden zeigen, daß ihre Dissoziation bei allen Konzentrationen dem Massenwirkungsgesetz streng unterworfen ist, und daß die Zunahme der Dissoziation mit der Verdünnung stets in quantitativer Übereinstimmung mit diesem Gesetz (WI. OSTWALD) steht. Die starken Elektrolyte hingegen sind schon in relativ hohen Konzentrationen so weitgehend dissoziiert, daß das Massenwirkungsgesetz bei der Anwendung auf weitere Verdünnungen nicht erkennbar wird. Die Ionenwirksamkeit ist aber in endlichen Konzentrationen stets geringer, als die totale Dissoziation es verlangen würde. Trotzdem ist für diese Klasse von Stoffen eine praktisch vollkommene Spaltung anzunehmen. Dafür sprechen zahlreiche weitere Befunde und nicht zuletzt die Tatsache, daß, soweit Salze in Betracht kommen, sie schon im kristallisierten Zustande nicht im Molekül-, sondern im Ionengitter vorliegen.

Starke Elektrolyte; Aktivitäten und Aktivitätsfaktoren

Als Ergebnis der Untersuchungen über das Dissoziationsverhalten der starken Elektrolyte ist festzustellen, daß das errechnete α bei endlichen Konzentrationen zu hoch und viel zu wenig von der Verdünnung abhängig ist, um wie bei den schwachen Elektrolyten als Maß für einen Dissoziationsvorgang dienen zu können. Man kann vielmehr aus diesem Verhalten mit Recht schließen, daß erstere stets total dissoziiert sind. Andererseits aber ist der gefundene „Dissoziationsgrad" vor allem bei höheren Konzentrationen zu klein, als daß vollständige Dissoziation vorliegen konnte. Tatsächlich sind auch die vorhandenen Ionen in ihrer Bewegungsfähigkeit nicht als völlig frei anzusehen. *Das nach verschiedenen Methoden bestimmte* α gibt somit bei den starken Elektrolyten gar nicht den Dissoziationsgrad an, sondern es *ist ein Ausdruck für die Wirkungsverminderung der Ionen.* Diese wird durch die elektrostatischen Kräfte zwischen den freien Ionen hervorgerufen. Es ist leicht einzusehen, daß die *interionische Kraftwirkung* um so stärker ist, je näher sich die Ladungen im Durchschnitt stehen, d.h. je konzentrierter die Lösung ist. Bei der Verdünnung werden also die schon vorhandenen Ionen wirksamer, während sie bei den schwachen Elektrolyten unter diesen Umständen erst durch Nachdissoziation neu entstehen. Beide Vorgänge sind so verschiedenartig, daß sie auch verschiedenen Gesetzen unterliegen. Grundsätzlich sind jedoch beide Effekte, d.h. die der Reversibilität der Dissoziation und die der elektrischen Wechselwirkung zwischen den vorhandenen Ionen, in den Lösungen

starker und schwacher Elektrolyte zu berücksichtigen. Die durch Elektronenübergang entstandenen Ionen der starken Elektrolyte zeigen aber bei typischen
Neutralsalzen nur eine sehr geringe Tendenz zur Bildung gelöster undissoziierter
Molekeln. Die Eigenschaften ihrer Lösungen werden daher im Gegensatz zu den
protolytischen Systemen praktisch durch den Grad der interionalen Wechselwirkung beherrscht.

Das mit den osmotischen oder den elektrischen Methoden gefundene α erfaßt
zwar die Herabsetzung der Beweglichkeit gegenüber ihrem Wert beim Fehlen
jeder zwischenionischen Kraftwirkung. Aber es ist unlogisch, beim Vorliegen
totaler Dissoziation von einem Dissoziationsgrad unter 1 zu sprechen. Deshalb
sollte α nur zur Beschreibung jener Eigenschaft benutzt werden, deren meßbare
Größe sich nach dem Massen-
wirkungsgesetz richtet. Für die
total dissoziierten Elektrolyte ist
daher ein besonderer, meistens
unter 1 gelegener Faktor einzuführen, welcher das Ausmaß der
Wirkung vorhandener Ionen angibt. Die Faktoren sind je nach
der Methode, nach welcher sie
gewonnen werden, etwas ver-
schieden. Sie sind zahlenmäßig annähernd identisch mit den zugehörigen alten
α-Werten und wurden in den Gln. (2b) und (5) schon als f_0 und f_λ mit angeführt.
Sie heißen der osmotische (f_0) und der Leitfähigkeitsfaktor (f_λ). In gleicher Weise
wird ausgehend von der elektrochemischen Wirkung in Konzentrationsketten der
Aktivitäts-Faktor oder -Koeffizient f_a definiert. *Diese Faktoren geben an, in welchem
Maße die Wirkung eines Elektrolyten bei gegebener Konzentration von der für
vollständige Dissoziation erwarteten abweicht.* Nur in den Fällen, in denen noch die
idealen Gasgesetze für die Lösungen gelten, ist $f_a = 1$, bzw. die Aktivität, wie wir
jetzt die Wirkung nennen wollen, mit der Konzentration identisch, d.h. $a = c$.
Auch nichtelektrische Kräfte, welche zwischen den gelösten Teilchen wirksam
werden, beeinflussen ihre Aktivität. Daher ist in nicht ideal verdünnten, sog.
realen Lösungen für thermodynamische Überlegungen auch bei Nichtleitern
(Tabelle 33) c durch a zu ersetzen, statt der Konzentrationen also die Aktivität
zu verwenden. Diese wird durch Multiplikation mit dem Aktivitätsfaktor erhalten:

$$a = f_a \cdot c; \quad f_a = \frac{a}{c}. \tag{16}$$

Je nachdem, ob die Faktoren sich auf die Konzentrationsangaben in Molenbrüchen, kg-Molarität oder Liter-Molarität beziehen, besitzen sie einen verschiedenen Wert. Sie sind bei kleinen Konzentrationen jedoch nicht wesentlich voneinander verschieden. Man pflegt im allgemeinen die auf die Molarität bezogenen
sog. praktischen Koeffizienten (f) zu verwenden.

Diese Koeffizienten gelten für die Lösung des betreffenden Elektrolyten.
Es ist aber sicher, daß die interionischen Wirkungen auf die Kationen und die
Anionen eines Salzes nicht für alle Ionenarten gleich stark sein müssen. Auch
die Formulierung der Gleichgewichte, an denen die einzelnen Ionen beteiligt sind,
erfordert die Berücksichtigung ihrer *individuellen Aktivität* ($a_+ = f_+ \cdot c_+$ bzw.
$a_- = f_- \cdot c_-$) und damit auch den Gebrauch von Aktivitätskoeffizienten für die
Einzelionen. Es gibt aber bis heute kein Verfahren, welches ihre Messung erlaubt;
denn bei allen wird das Gesetz der Elektroneutralität aufrechterhalten. Die Ionen
wandern paarweise. *Meßbar und thermodynamisch begründbar ist nur die mittlere*

Tabelle 33. *Aktivitätskoeffizienten einiger
Nichtelektrolyte in wäßriger Lösung*

Mol/kg H_2O	0,1	0,5	1	2	6
Aceton . . .	0,994	0,968	0,935	0,877	0,6
Äthylalkohol .	0,94	0,87	0,85	0,82	0,7
Glycerin . .		1,02	1,02	1,05	
Saccharose . .	1,03	1,11	1,24		

Ionenaktivität (GUGGENHEIM). Sie ist bei binären Elektrolyten definiert als die Wurzel aus dem Produkt der Ionenaktivitäten. Und sie gibt die mittlere Aktivität der Einzelionen eines Elektrolyten.

$$a_{\pm} = \sqrt{a_+ \cdot a_-} = \sqrt{c_+ \cdot c_-} \cdot \sqrt{f_+ \cdot f_-}. \tag{16a}$$

$\sqrt{f_+ \cdot f_-} = f_{\pm}$ ist der mittlere Aktivitätskoeffizient, $\quad \sqrt{c_+ \cdot c_-} = c_{\pm}$ (16b)

die mittlere Ionenkonzentration. Für 2,2-wertige und 1,2-wertige Elektrolyte folgt entsprechend:

$$f_{\pm} = \sqrt[4]{f_+^2 \cdot f_-^2}; \qquad f_{\pm} = \sqrt[3]{f_+ \cdot f_-^2} \quad \text{oder} \quad f_{\pm} = \sqrt[3]{f_+^2 \cdot f_-}. \tag{16c}$$

Die Aktivität eines Elektrolyten wächst proportional mit der seiner Ionen, so daß gilt: $a_2 = a_+ \cdot a_- = a_{\pm}^2$, d.h. die Aktivität eines binären Salzes ist dem Quadrat der mittleren Ionenaktivität gleich. Das gleiche ist auf die Konzentrationen und die Aktivitätskoeffizienten anzuwenden, so daß also: $c_2 = c_{\pm}^2$ und $f_2 = f_{\pm}^2$ ist. Entsprechend ist das chemische Potential eines Elektrolyten gleich der Summe der Potentiale seiner Ionen:

$$\mu_{\pm} = \mu_+ + \mu_-. \tag{17}$$

Thermodynamisch ist die Aktivität a definiert als eine einfache Funktion der Differenz zwischen dem chemischen Potential und dem Grundpotential, denn nach (II 27) ist für ein binäres System:

$$\frac{\mu_2 - \mu_2^0}{RT} = \ln a_2 = \ln f_a \cdot \gamma_2, \tag{17a}$$

wobei sich γ_2 wie stets auf das Gelöste bezieht. Der Index 1 ist für das Lösungsmittel zu verwenden. Zwischen der Aktivität beider Partner besteht nun nach (II 29) folgende Beziehung: betrachtet man nur die Veränderung des chemischen Potentials mit der Konzentration, so gilt: $d\mu_1 = RT \cdot d \ln a_1$ usw.; hiermit ist:

$$d \ln a_1 = - \frac{\gamma_2}{\gamma_1} \cdot d \ln a_2. \tag{17b}$$

Das bedeutet, daß mit der Zunahme der einen Aktivität die Abnahme der anderen über das Molverhältnis der Partner eindeutig gegeben ist. Da die Aktivität des Lösungsmittels unmittelbar durch die Messung der isothermen Dampfdruckerniedrigung, z.B. durch Kryoskopie erhalten wird, ist auch die des Gelösten (a_2) aus vorstehender Gleichung gewinnbar. Aus ihr folgt über die bekannten Konzentrationen unmittelbar der Wert für f_a. Umgekehrt ergeben aber die Gefrierpunktsmessungen usw. den osmotischen Faktor direkt. Zwischen beiden Faktoren besteht daher ein thermodynamisch herzuleitender Zusammenhang (s. S. 739).

Eine bisher nicht berücksichtigte *Methode* zur *Bestimmung von Elektrolytaktivitäten verwendet die Änderungen in der Löslichkeit schwer löslicher Salze* durch das Ionenmilieu. In einer gesättigten Lösung steht das Gelöste mit dem Bodenkörper im Gleichgewicht, d.h. die chemischen Potentiale beider sind gleich. Daher sind jetzt entsprechend der Ableitung über den Verteilungssatz (II 33) die Aktivitäten der Substanzen in beiden Zuständen einander proportional: $a_2 = a_f \cdot K$. Die Aktivität des festen Bodenkörpers (a_f) ist aber bei gegebener Temperatur konstant, damit ist es auch a_2. Außerdem muß für einen binären Elektrolyten $a_{\pm}^2$ als mittlere Aktivität geschrieben werden, so daß gilt:

$$a_{K^+} \cdot a_{A^-} = a_{\pm}^2 = L = f_{\pm}^2 \cdot c^2, \quad \text{bzw.} \quad f_{\pm} = \frac{\sqrt{L}}{c}. \tag{18}$$

L kann aus den Konzentrationen durch Extrapolation auf unendliche Verdünnung gewonnen werden. Ist nun so der Wert von L gegeben (Löslichkeitsprodukt s. S. 196), dann ist aus der analytisch zu bestimmenden Gleichgewichtskonzentration der mittlere Aktivitätsfaktor des schwer löslichen Stoffes bei Gegenwart verschieden hoher Fremdsalzkonzentrationen, d.h. in verschiedenem Ionenmilieu zu entnehmen.

Aus derartigen Untersuchungen konnten mit hoher Genauigkeit 2 Gesetze abgeleitet werden.

1. Bei Elektrolyten ist $f_\pm$ unterhalb einer Konzentration der Fremdsalze von 0,02 m unabhängig von der *Art der Salze*. Dagegen wird $f_\pm$ durch die *Wertigkeit* aller anwesenden Ionen beeinflußt. Konzentration und Ladungszahl der Ionen bestimmen die Aktivität. Beide lassen sich zu einem Ausdruck zusammenfassen, welcher als *Ionenstärke μ* bezeichnet wurde. LEWIS und RANDALL haben gezeigt, daß der Aktivitätskoeffizient eines Elektrolyten den gleichen Wert behält, wenn die Ionenstärke auch bei verschiedenartig zusammengesetzten Lösungen die gleiche Größe besitzt. Bildet man ohne Rücksicht auf das Vorzeichen bei allen Ionen der Lösung das Produkt aus ihrer Konzentration und dem Quadrat der zugehörigen Wertigkeit:

$$c_2 \cdot z_2^2 + c_3 \cdot z_3^2 \ldots c_n \cdot z_n^2,$$

so ist μ die halbe Summe aller dieser Produkte:

$$\mu = \tfrac{1}{2} \sum c_i \cdot z_i^2. \tag{19}$$

Danach ist μ z.B. in einer 0,1 m NaCl-Lösung: $\tfrac{1}{2}(0,1 + 0,1) = 0,1$, die Ionenstärke einer 0,1 m K_4 Fe(CN)$_6$-Lösung: $\tfrac{1}{2}(0,4 + 0,1 \cdot 16) = 1,0$.

μ ist in elektrochemischer Beziehung eine wichtige Größe einfacher und zusammengesetzter Lösungen. Ihr doppelter Wert heißt ionale Konzentration Γ. Die Berücksichtigung der Ionenstärke ist für sehr viele biologische Fragestellungen notwendig.

2. Die *Aktivität* ist in dem genannten Konzentrationsbereich eindeutig *von der soeben definierten Ionenstärke abhängig.* Für den Logarithmus des mittleren Aktivitätsfaktors gilt eine Gesetzmäßigkeit, die an jene erinnert, welche KOHLRAUSCH als Quadratwurzelgesetz für die Leitfähigkeit der Neutralsalze gefunden hatte, und welche von ONSAGER mit Hilfe der Theorie der Elektrolytlösungen begründet wurde. Er erhielt für 25° das Resultat:

$$\Lambda_c = \Lambda_\infty - (0{,}299 \cdot \Lambda_\infty + 60{,}2) \cdot \sqrt{c}. \tag{20}$$

Die Zahlenwerte sind von der Temperatur, der Dielektrizitätskonstanten und der Viscosität der Lösung (s. S. 308) abhängig. Für den Aktivitätsfaktor des Salzes gilt nun:

$$- \log f_\pm = \text{Konstante} \cdot \sqrt{\mu}. \tag{21}$$

Theorie der interionischen Wechselwirkung

Es ist DEBYE und HÜCKEL (1923) gelungen, diese Abhängigkeit auf Grund einfacher Vorstellungen über die interionischen Wechselwirkungen zu erklären.

Da jedes Ion auf die entgegengesetzt geladenen anziehend wirkt, umgibt es sich mit einer Schale von Gegenladungen, der sog. *Ionenwolke*. Sie setzt die Bewegungsaktivität des Zentralions herab. Jene Wolke ist der Ausdruck einer Störung der statistischen Gleichverteilung aller Ladungen, wie sie durch die

Wärmebewegung angestrebt wird. Diese bewirkt, daß die Ionen nicht aneinanderhaften, die elektrostatische Coulomb-Kraft dagegen, daß sie auch nicht regellos verteilt werden. Die entgegengesetzt geladenen Ionen werden also dem herausgegriffenen Zentralion der gedachten Wolke im Mittel näher stehen, als der völlig regellosen Verteilung entspricht. In der Lösung liegt daher ein *Zustand gesteigerter Ordnung* vor, deren graduelle Ausbildung von dem Verhältnis der Wärme- zur elektrischen Energie abhängt. Die Berechnung des auf das Zentralion wirksamen elektrischen Potentials geschieht auf Grund der folgenden Gedankengänge.

Die Abweichung von der Gleichverteilung entgegengesetzt geladener Ionen veranlaßt ein elektrisches Potential, das je einem gedachten infinitesimalen Volumenelement im Abstande x von dem Zentrum zukommt. Da die Teilchen z mal die Einheitsladung tragen, ist die ordnende elektrische Arbeit pro Teilchen $z \cdot e \cdot \psi$, die störende die der Wärmebewegung eines Teilchens: $T \cdot R/N_L = T \cdot k$ *.

Der Ladungsunterschied in den Volumenteilchen ist gleich der Differenz in der Konzentration der in ihnen vorhandenen Ladungsträger mit entgegengesetztem Vorzeichen. Die Größe dieses Ladungsunterschiedes ändert sich mit dem Abstande vom Zentrum. Sie hängt wie bei allen Energieverteilungen exponentiell vom Quotienten der entgegengesetzt wirkenden Arbeiten ab, hier also von $\dfrac{z \cdot e \cdot \psi}{kT}$. Durch Summierung aller vorhandenen Ionenladungen erhält man die mittlere Ladungsdichte der Lösung. Nachdem unter anderem der Übergang von der Zahl der Ionen einer Art im Milliliter (N_I) auf die Konzentration c ($c = 1000 \cdot N_I/N_L$) vorgenommen wurde, ist sie für einen binären Elektrolyten der Konzentration c:

$$\varrho = - \frac{e^2 \cdot \psi \cdot N_L}{1000\,k\,T} \left[c_+ \cdot z_+^2 + c_- \cdot z_-^2\right] = - \frac{2e^2 \cdot \psi \cdot N_L}{1000\,k \cdot T} \frac{1}{2} \left[c_+ \cdot z_+^2 + c_- \cdot z_-^2\right] = - \frac{2e^2 \psi N_L}{1000\,k\,T} \cdot \mu.$$

Mit Hilfe dieses Ansatzes ist nun aus der Raumdichte das zugehörige Potential durch Einsetzen in die hier nicht zu begründende Poissonschen Differentialgleichung $\nabla^2\psi = -4\pi\varrho/\varepsilon$ zu erhalten, wobei sich ergibt:

$$\nabla^2\psi = \frac{8\,\pi\,e^2\,N_L\,\mu}{1000\,k\,T\,\varepsilon} \cdot \psi = \varkappa^2 \cdot \psi. \tag{22}$$

Hier hat $\varkappa = \sqrt{\dfrac{8\pi\,e^2 \cdot N_L}{1000\,k\,T\,\varepsilon}} \cdot \sqrt{\mu} = \dfrac{1}{l}$ die Dimension einer reziproken Länge.

$\dfrac{1}{\varkappa} = 1{,}99 \cdot 10^{-10} \sqrt{\dfrac{\varepsilon \cdot T}{\mu}} = 3{,}04 \cdot 10^{-8} \cdot \sqrt{\dfrac{1}{\mu}}$ (für 25°) ist als *Radius der Ionenwolke anzusehen.* Ihre Größe in Å beträgt für 1-wertige binäre Elektrolyte bei den Konzentrationen c:

c	1	10^{-1}	10^{-2}	10^{-3}	10^{-4}	Mol/Liter
$1/\varkappa = l$	3,04	9,6	30,4	96	304	Å

Nach Integration über die ganze Ionenatmosphäre um das Zentrum gewinnt man aus der substituierten Poisson-Gleichung unter geeigneten Bedingungen (z.B. $\psi = 0$ für $x = \infty$) den Wert des *Potentials, welches die Ionenwolke im Mittelpunkt erzeugt*:

$$\psi_z = - \frac{z \cdot e \cdot \varkappa}{\varepsilon} . \tag{23}$$

Vergleicht man dieses Potential mit dem, welches das Zentralion selbst im Abstande x hervorruft:

$$\psi_x = \frac{z \cdot e}{\varepsilon \cdot x} , \tag{23a}$$

so ergibt sich folgendes.

Man sieht, daß beide mit entgegengesetztem Vorzeichen dann gleich sind, wenn x den Wert $1/\varkappa$ angenommen hat. Das bedeutet, daß jetzt die Gegenladung zum Zentralion sich so

---

* Boltzmann-Konstante: $k = R/N_L = 8{,}314 \cdot 10^7/N_L \, \text{erg} \cdot \text{grad}^{-1} = 1{,}38 \cdot 10^{-16} \, \text{erg} \cdot \text{grad}^{-1} = 1{,}986/N_L \, \text{cal} \cdot \text{grad}^{-1} = 3{,}3 \cdot 10^{-24} \, \text{cal} \cdot \text{grad}^{-1}$.

verhält, als ob sie auf einer Kugelfläche mit dem Radius $1/\varkappa$ verteilt wäre. Man ist also berechtigt, $1/\varkappa$ als Radius der Ionenwolke anzusprechen. Wird die Gegenladung auf einen Punkt in dieser Entfernung konzentriert gedacht, dann stehen sich beide Ladungen im Zeitmittel näher, als einer einfachen statistischen Verteilung der Ionen im Raume entspricht. Für ein binäres Salz errechnet sich auf dieser Grundlage, daß das Kation bei m/10 Konzentration im Durchschnitt doppelt so nahe den Anionen steht als bei Abwesenheit der Coulomb-Anziehung.

Tatsächlich sind die Gegenionen natürlich nicht auf einer Fläche oder gar einem Punkt konzentriert, sondern in der besprochenen Art mit den gleichgeladenen vermischt so auf die Volumenelemente verteilt, daß in ihnen Ladungsüberschüsse entstehen. Diese nehmen mit der Entfernung vom Zentralion nach der Kurve der Abb. 40 bis $x = 1/\varkappa$ zu und verlieren sich dann.

Multipliziert man nun das oben abgeleitete Potential mit der Ladung, d.h. mit $z \cdot e$, so ergibt:

$$\psi_z \cdot e \cdot z = - \frac{z^2 \cdot e^2 \varkappa}{\varepsilon} \qquad (23\,b)$$

die *elektrische Arbeit, welche durch die Ionenwolke auf das Zentralion ausgeübt wird.* Auf ein Mol der Zentralionen wirkt dann folgende Arbeit:

$$A_I = - \frac{N_L \cdot z^2 \cdot e^2 \cdot \varkappa}{\varepsilon}. \qquad (23\,c)$$

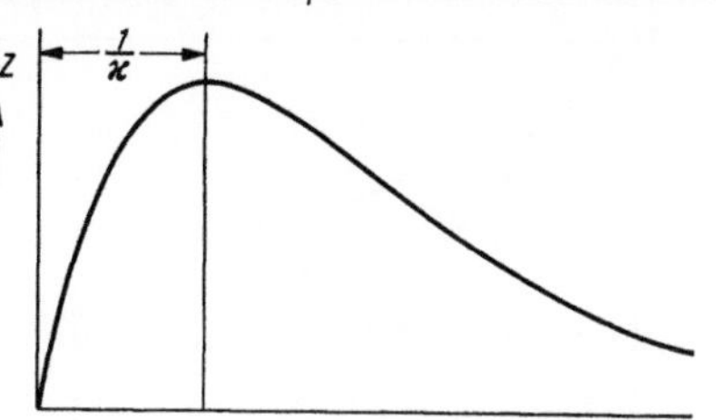

Abb. 40. Ladungsüberschuß ($\varDelta Z$) in einer differentiellen Kugelschale im Abstand r vom Zentralion

Diese Arbeit ist aber jene, welche für die Größe der Abweichung von dem Verhalten der idealen Lösung verantwortlich ist. Aus ihr ist der Aktivitätskoeffizient daher unmittelbar zu entnehmen. Denn die Energie, welche bei der Überführung eines Mols vom Standardzustand mit der Aktivität eins auf die Aktivität ($a = c \cdot f$) bei der Konzentration c frei wird, ist $\mu_a = + RT \cdot \ln c \cdot f$; von ihr ist abzuziehen: $\mu_c = + RT \cdot \ln c$, also jene Arbeit, welche unter der Annahme des Idealzustandes, d.h. $a = c$, gewonnen würde. Die Differenz ist:

$$\mu_a - \mu_c = RT \ln f. \qquad (24)$$

Der Unterschied zwischen der Arbeit zur Erreichung des Realzustandes und der zur Erreichung des von elektrostatischen Effekten freien *Idealzustandes* bei der Konzentration c gibt den Logarithmus des Aktivitätsfaktors. Die Grundannahme der Debye-Hückelschen Theorie ist aber nun die, daß diese Arbeitsdifferenz *identisch* ist *mit der potentiellen Energie der Ionenwolke gegenüber dem Zentralion.* Da das chemische Potential eines Elektrolyten sich aus dem der Kationen und der Anionen additiv zusammensetzt und beide zunächst an der mittleren Aktivität gleich beteiligt sein sollen, ist hier $\mu_a - \mu_c = 2RT \cdot \ln f_\pm$. Aus der Gleichsetzung mit (23 c) erhält man:

$$- \ln f_\pm = \frac{z^2 e^2 \varkappa}{2 \varepsilon k T} = \frac{z^2 e^2 \sqrt{\dfrac{8\pi e^2 N_L}{1000\, \varepsilon k T}}}{2 \varepsilon k T} \cdot \sqrt{\mu} = z^2 \cdot A \cdot \sqrt{\mu}. \qquad (25)$$

Nach Einsetzen der Werte für die Konstanten bei 25°, Einführung dekadischer Logarithmen und nachträglicher Berücksichtigung mehrwertiger Ionen ergibt sich für wäßrige Lösungen:

$$- \log f_\pm = z_+ \cdot z_- \cdot 0{,}509 \sqrt{\mu}. \qquad (25\,a)$$

Bei 38° ist $A = 0{,}522$; mit fallender Dielektrizitätskonstanten wächst A. Theoretische Überlegungen haben ergeben, daß ε für wäßrige Lösungen auch bei Berechnung der Kraftwirkung zwischen einzelnen Ionen unverändert beibehalten werden kann. Die vorstehende Lösung, nach der $-\log f_\pm$ direkt proportional zu $\sqrt{\mu}$ verläuft, wird als das *Grenzgesetz* oder die *erste Näherung* bezeichnet (Abb. 41). Sie macht keinen Gebrauch von individuellen Eigenschaften der Ionen, sondern berücksichtigt nur ihre Ladung. Das ist bei Ionenstärken über

0,02 nicht mehr statthaft. Die Ionen dürfen nicht als punktförmig angesehen werden, sondern sie können sich nur bis auf einen bestimmten Abstand nähern; die halbe Größe des Abstandes (a) der Mittelpunkte voneinander wird als Ionenradius eingeführt. Er kann im Kristall und in wäßriger Lösung durchaus verschieden sein (Tabelle 34). Da die Ionen sich nicht näher kommen können, muß innerhalb des Abstandes (a) auch das von den weiter entfernten Ionen erzeugte Potential konstant sein. ψ_z muß jetzt, wie

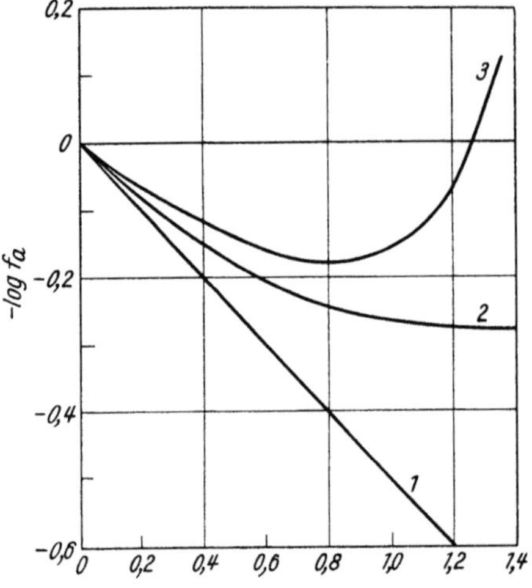

Abb. 41. Aktivitätsfaktor ($-\log f$) und Ionenstärke ($\sqrt{\mu}$) für binäre einwertige Elektrolyte; ① Grenzgesetz, ② 2. Näherung, ③ reales Verhalten (schematisch)

Tabelle 34. *Ionenradien in Kristallen (r) und in wäßriger Lösung (a) in Å*

	Kationen			Anionen	
	r	a		r	a
H^+	2,08	9	OH^-		3,5
Li^+	0,6	6	F^-	1,36	3,5
Na^+	0,95	4,5	Cl^-	1,81	3
K^+	1,33	3	Br^-	1,95	3
Rb^+	1,48	2,5	J^-	2,16	3
NH_4^+	1,48	2,5	SCN^-	3,03	3
Mg^{2+}	0,65	5	SO_4^{2-}	1,51	4
Ca^{2+}	0,99	6	ClO_3^-		3,5
Zn^{2+}	0,74	6	HCO_3^-		4—4,5
Cu^{2+}	0,96	6	HPO_4^{2-}		4
Fe^{2+}	0,75	6			
Fe^{3+}	0,60	9			

die Rechnung ergibt, mit dem Faktor $\dfrac{1}{1 + \varkappa \cdot a}$ multipliziert werden. Wird diese Erweiterung berücksichtigt, dann erhält man statt (25):

$$-\log f_\pm = \frac{0,509 \cdot z_+ \cdot z_- \cdot \sqrt{\mu}}{1 + 0,33 \cdot 10^8 \cdot a \cdot \sqrt{\mu}} \quad (25^\circ\ \mathrm{C}), \quad\quad (25\,\mathrm{b})$$

wobei a in Å anzugeben ist. Die angeführten a-Werte haben keine reale Bedeutung. Sie können nur zu einem mittleren Wert für das betreffende Salz

Tabelle 35. *Mittlere Aktivitätskoeffizienten ($f_\pm$) bei 25°*

m	0,001	0,01	0,1	0,2	0,5	1,0	2,0
HCl	0,965	0,903	0,793		0,753	0,805	1,009
H_2SO_4	0,830	0,544	0,265		0,154	0,130	0,124
KOH		0,898	0,754	0,705	0,666	0,675	0,755
KCl	0,965	0,902	0,771	0,720	0,655	0,611	
NaCl	0,966	0,906	0,786	0,741	0,689	0,664	0,672
Na_2SO_4	0,887	0,714	0,453		0,269	0,204	
$CaCl_2$	0,885	0,733	0,528	0,485	0,497	0,650	1,57
$CuCl_2$	0,888	0,723	0,518	0,466	0,416	0,43	0,51
$CuSO_4$	0,74	0,41	0,15	0,1	0,06	0,04	
$ZnSO_4$	0,734	0,421	0,161		0,069	0,048	0,039
$K_3Fe(CN)_6$	0,785	0,547	0,291		0,155		X

X bei 0°.

kombiniert werden. Es ist auch nicht sinnvoll, sie unter Zusammenfassung von $z_+ \cdot z_-$ zu z^2 in obiger Formel zur Berechnung individueller Ionenaktivitäten zu benutzen. Denn die Richtigkeit der theoretisch postulierten Aktivitäten ist experimentell nicht nachprüfbar (GUGGENHEIM).

Der Gang der im Versuch ermittelten Faktoren mit der Wurzel aus der Ionenstärke zeigt ein typisches Verhalten, das nur bei niedrigen Konzentrationen durch das Grenzgesetz erfaßt wird. Bei mittleren gibt die *sog. 2. Näherung* (25 b) Rechenschaft davon, daß die *f*-Werte höher sind, als es das Grenzgesetz verlangt. Aber auch sie erklärt das Anwachsen nach Durchschreiten eines Minimums nicht und erst recht nicht die Tatsache, daß *f* in konzentrierteren Lösungen größer als 1 wird. Hier wächst also die Wirkung über den aus der Konzentration erwarteten Wert an. Die Erklärung kann in ähnlicher Weise gesucht werden, wie es für das übermäßige Ansteigen des osmotischen Druckes in konzentrierteren Nichtleiterlösungen geschah, nämlich durch die Berücksichtigung der *Raumbeanspruchung der Ionen.* WICKE und EIGEN (1952) haben dafür Ansätze gegeben, welche sich zur Deutung der Tatsachen bisher gut bewährt haben. Das *Anwachsen der Aktivitätsfaktoren über 1* spielt für die Fragen der Löslichkeit und des *Aussalzens* bei Eiweißen eine wichtige Rolle (S. 334).

Grundsätzliches zur biologischen Ionenwirkung

Viele physikalisch-chemische Prozesse, die im Organismus von Bedeutung sind, vollziehen sich in Abhängigkeit von Ionen. Das Ausmaß ihrer Wirkung wird durch die Aktivität der beteiligten Ionen bestimmt. Das gilt natürlich zunächst für die rein elektrischen Vorgänge. So wird die *Stromleitung* im Körper ausschließlich eine elektrolytische sein und sich daher in den ionenhaltigen Körperflüssigkeiten ohne Schwierigkeiten, entsprechend dem elektrischen Leitvermögen, vollziehen. Bei der Leitung des Gleichstroms und des nicht allzu frequenten Wechselstromes sind dagegen die Gewebezellen oder die des Blutes ebenso wie die Membranen der Bindegewebe oder der Haut praktisch an der Leitung unbeteiligt bzw. bilden ausgesprochene Hindernisse. Hier sind also die Stellen des größten elektrischen Widerstandes im Organismus. So beteiligen sich die roten Blutzellen wegen des hohen Übergangswiderstandes ihrer salzundurchlässigen Membran trotz ihres elektrolytischen Inhaltes nicht an der Stromleitung. Bei gleicher Leitfähigkeit des Plasmas wird also das Blut den Strom um so schlechter leiten, je größer der Volumanteil an Körperchen in ihm ist, wie sich umgekehrt schon die beginnende und erst recht die vollzogene Auflösung der roten Zellen (Hämolyse) in einem entsprechenden Ansteigen der Leitfähigkeit äußert. So wie die Erythrocyten kann auch der ganze Organismus in elektrischer Beziehung und in erster Annäherung wie ein von einer *Membran mit hohem Widerstand* umschlossener Flüssigkeitskörper angesehen werden. Jeder Einfluß, der den Widerstand der Haut verändert, wird, besonders wenn er ihn herabsetzt, sich in einer starken Änderung der Leitfähigkeit des Gesamtorganismus äußern. Eine solche *Widerstandsherabsetzung wird bei der Tätigkeit* der Schweißdrüsen gefunden. Dieser Effekt wird hierbei nicht allein durch die Hautdurchfeuchtung infolge der Schweißbildung bedingt, sondern mehr noch durch die Widerstandsherabsetzung der Schweißdrüsen beim Erregungsvorgang.

Der Erregungsprozeß geht wohl allgemein mit einer in ihrem Zustandekommen noch nicht genau analysierbaren Widerstandsherabsetzung von Membranen einher, die irgendwie mit einer *gesteigerten Grenzflächenhydratation jener Hindernisse* verknüpft ist, an denen sich *Ionen stauen.* An ihnen findet sich — mag es sich um Membranen oder um zweite Phasen aus lipoiden Stoffen handeln — eine durch verschiedene Löslichkeits- oder Durchgängigkeitseigenschaften bedingte *ungleiche Verteilung* der Ionen. Sie ist die Ursache der bioelektrischen Ströme und ihre Veränderung ein wichtiges Glied in der Kette der Erregungsvorgänge. Diese ihre Bedeutung für die Produktion bioelektrischer Spannungen

und für die Erregungsbildung und -Weiterleitung zeigen die Elektrolyte nur im
Zusammenwirken mit der physikalisch-chemischen Struktur der Membranen.
Die Grundlage für das Verständnis dieser Erscheinungen und der spezifischen
Ionenwirkung muß durch das Studium der Wechselwirkung zwischen Kolloiden
und Ionen und mit Hilfe der Gesetze der Verteilung von Ionen an Membranen
oder auch auf zwei nicht miteinander mischbare Phasen gelegt werden (vgl. das
Schlußkapitel). Dabei ist besonders der entscheidenden Rolle zu gedenken,

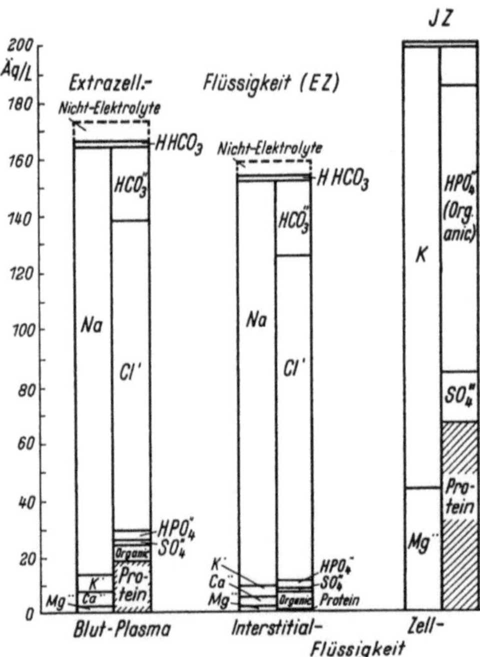

Abb. 42. Schema der Ionenverteilung auf die Blut-, Interstitial- und
Zellflüssigkeit (nach GAMBLE)

welche die Metallionen bei den
meisten Enzymsystemen spielen.

Wie sehr die einfachen *anorganischen Ionen* in den Körpersäften und in den Zellen *gegenüber den anderen gelösten Stoffen im Vordergrund* stehen, zeigt das Schema der Abb. 42. Es gibt für jene und für die organischen Säuren nebst den zur Unterhaltung des Stoffwechsels notwendigen Nichtleitern die Konzentrationen im Milliäquivalenten pro Liter an. Die Ähnlichkeit in der Zusammensetzung der Interstitialflüssigkeit und des Plasmas wird durch diese Darstellung ebenso gut illustriert wie der *Unterschied im Elektrolytgehalt* der Zellflüssigkeit gegenüber dem des extracellularen Raumes. Er pflegt durch die Gegenüberstellung der „*Zell- und Säftesalze*" gekennzeichnet zu werden. Erstere bestehen aus K^+, Mg^{2+}, Phosphaten, die letzteren aus Cl^- und Na^+ und in geringen, aber

konstanten Konzentrationen auch aus K^+ und Ca^{2+}. Hydrogencarbonat ist auf beide
Räume verteilt (s. S. 189). Die präzise Aufrechterhaltung dieses Unterschiedes im
Elektrolytbild beider sich auf das innigste berührender Flüssigkeitsräume ist eine
der allgemeinsten und auffälligsten *Leistungen gesunder Zellen* im Tier- und Pflanzenreich. Ihre Bedeutung und ihr Zustandekommen werden daher bei der
physikalisch-chemischen Analyse biochemischer Vorgänge oft im Vordergrund
stehen.

Der chemische *Aufbau der Extracellularflüssigkeit ähnelt dem des Meerwassers*,
aber die gesamte ionale Konzentration ist hier wesentlich, rund 4fach größer als
in den Körpersäften. Außerdem sind die Sulfat-, Mg- und Ca-Ionen im Meer
stärker angereichert. Die fortschreitende Konzentrierung des Meerwassers hat zu
der Vermutung geführt, daß die Lebewesen sich einst im Meerwasser von gleicher
Zusammensetzung entwickelten, wie sie die Körpersäfte jetzt haben.

Schließlich soll noch auf den Unterschied im *Eiweißgehalt der beiden Extracellularflüssigkeiten* hingewiesen werden. Die Proteinkonzentration ist in dem Schema
nach durchschnittlichen elektrochemischen Äquivalenten eingetragen. Sie ist etwa
8fach größer, als ihrer mittleren osmotischen Konzentration entspricht. Danach
ist der Plasmaeiweißgehalt rund 2 milliosmolar. Die Bedeutung dieser Größen für
die Wasserverteilung wurde bereits erörtert (s. S. 106). Auf die vom Eiweißgehalt

bedingten Unterschiede in der Na- und Cl-Konzentration (Donnan-Gleichgewicht, s. S. 322) und auf die Aufgaben, welche das Hydrogencarbonat in den Säften zu erfüllen hat, kann erst nach Kenntnis des Verhaltens der schwachen Elektrolyte eingegangen werden.

Schwache Elektrolyte
Thermodynamische und stöchiometrische Dissoziationskonstante

In Lösungen starker und schwacher Elektrolyte liegen Gleichgewichtssysteme vor, d.h., die in jedem Augenblick stattfindenden Änderungen werden durch entgegengesetzt gerichtete äquilibriert. Bei ersteren beziehen sich die in Betracht kommenden Zustandsänderungen fast nur auf die Wechselwirkung der Ionen aufeinander oder auf die mit dem Lösungsmittel. Sie wurden im vorstehenden Kapitel behandelt.

Bei Lösungen schwacher Elektrolyte treten diese Vorgänge zurück hinter denen der Molekülspaltung in Ionen, die sich bei vereinheitlichender Betrachtungsweise grundsätzlich als Protonenabgabe oder -aufnahme *(Protolyte)* formulieren läßt. Auch hier bestehen Gleichgewichte, bei denen nunmehr ein chemischer Vorgang infinitesimaler Größenordnung in jedem Augenblick statistisch durch den in entgegengesetzter Richtung verlaufenden ausgeglichen wird.

Dieser *Vorgang der Dissoziation unterliegt dem Massenwirkungsgesetz*, welches in einfachster Fassung aussagt, daß der Umsatz der Moleküle pro Zeit (die Reaktionsgeschwindigkeit v) proportional der Konzentration der beteiligten Stoffe geht. Dieses Gesetz wird verständlich, wenn man berücksichtigt, daß eine Reaktion nur infolge eines Molekülzusammenstoßes erfolgen kann. Jedoch ist hierbei nicht jeder Stoß wirksam; wäre er es, so würde die höchste theoretisch denkbare Reaktionsgeschwindigkeit erreicht sein. Der Prozentsatz der wirksamen Stöße bestimmt die Größe des Proportionalitätsfaktors „Geschwindigkeitskonstante k" (vgl. S.565).

Die Zahl der Zusammenstöße, welche ein herausgegriffenes Molekül mit einem zweiten erfährt, ist um so höher, je mehr Teilchen der letzteren Art in der Raumeinheit vorhanden sind, also je größer deren Konzentration ist, wie umgekehrt ein Zusammentreffen von solchen der letzteren Art mit den ersteren deren Konzentration proportional ist: $v = k \cdot c_1 \cdot c_2$.

Sollen sich zwei (n) Moleküle der gleichen Art treffen, so ist die Treffwahrscheinlichkeit dem Produkt der Konzentrationen beider Partner proportional, also der Größe: $c_1 \cdot c_1 = c_1^2 (c_1^n)$. Der allgemeine Ausdruck des Massenwirkungsgesetzes lautet demnach:

$$v = k \cdot c_1^{n_1} \cdot c_2^{n_2}. \tag{26}$$

Bei jeder Reaktion verwandeln sich die entstandenen Produkte in das Ausgangsmaterial mit einer bestimmten, oft sehr kleinen Geschwindigkeit v' zurück:

$$v' = k' \cdot (c_{12}), \tag{26a}$$

wo (c_{12}) die Konzentration des Reaktionsproduktes von c_1 mit c_2 und k' die Konstante der rückläufigen Reaktion darstellen. Gleichgewicht ist vorhanden, wenn $v = v'$ ist, also ebensoviele Moleküle in der Zeiteinheit gebildet werden wie zerfallen. Unter dieser Bedingung ist

$$\frac{c_1 \cdot c_2}{c_{12}} = \frac{k'}{k} = K. \tag{26b}$$

Die neue Konstante K (Gleichgewichtskonstante) bestimmt das Dissoziationsgleichgewicht, sie wird *Dissoziations-* oder *Ionisationskonstante, ihr reziproker Wert Affinitätskonstante* genannt.

Bei der gegebenen Formulierung wurde unter c die Konzentration in Mol pro Liter verstanden (Liter-Molarität). Für den Biologen kommen oft Angaben in Milli-Molarität in Betracht: $^1/_{1000}$ oder mMol pro Liter, vorteilhafterweise auch oft kg-Molaritäten (m_2). Errechnet man nun mit Hilfe derartiger Konzentrationsangaben das Verhältnis des Produktes der dissoziierten Anteile zu den undissoziierten, so erhält man keine gute Konstanz, vielmehr ist die *Dissoziationskonstante (K')* von der Konzentration der Säure, von der Temperatur und besonders von der Ionenstärke der Lösung abhängig. Die so gewonnene Konstante heißt die klassische, *stöchiometrische* oder *Gebrauchskonstante*. Erst bei stärkerer Verdünnung, in sog. idealer Lösung, verdient die Konstante ihren Namen; denn erst hier nähert sich die Konzentration dem Wert der Aktivität, da hier $f_\pm \cong 1$. Die Angabe rationeller Konstanten berücksichtigt in der Tat nur die Aktivität: unter *thermodynamischen Konstanten* wird das Verhältnis der Aktivitäten der Ausgangs- zu der der Endprodukte verstanden:

$$K = \frac{a_1^{n_1} \cdot a_2^{n_2}}{a_1'^{n_1'} \cdot a_2'^{n_2'}} = \frac{c_1^{n_1} \cdot c_2^{n_2}}{c_1'^{n_1'} \cdot c_2'^{n_2'}} \cdot \frac{f_1^{n_1} \cdot f_2^{n_2}}{f_1'^{n_1'} \cdot f_2'^{n_2'}} . \tag{27}$$

Ist $f = 1$, also $c = a$, dann wird die klassische Konstante K' gleich der thermodynamischen K. Der K'-Wert zeigt eindeutige *Beziehungen zur Ionenstärke* der Lösung, welche für eine einbasische Säure formuliert werden sollen. Hierbei wird die praktisch gültige Voraussetzung gemacht, daß die Aktivität der undissoziierten Säure ihrer Konzentration gleichgesetzt werden kann.

$$K = \frac{[\text{A}^-] \cdot [\text{H}^+]}{[\text{AH}]} \cdot f_\pm^2 = K' \cdot f_\pm^2$$

bzw.

$$\log K' = \log K - 2 \log f_\pm . \tag{27a}$$

Da aber nach (25a)

$$- \log f_\pm = z_+ \cdot z_- \cdot 0{,}509 \sqrt{\mu} ,$$

ergibt sich bei 25° C

$$\log K' = \log K + 1{,}18 \sqrt{\mu}$$

bzw.

$$- \log K' = - \log K - 1{,}18 \sqrt{\mu} ,$$

d. h.

$$\mathrm{p}K' = \mathrm{p}K - 1{,}18 \sqrt{\mu} \quad \text{(s. S. 153)} \tag{27b}$$

für 1-wertige binäre Elektrolyte ($z_+ = z_- = 1$). Diese Beziehung ist natürlich nur im Bereich der Debye-Hückelschen Grenzgesetze exakt gültig. Dementsprechend zeigen sich bei Ionenstärken über 10^{-2} Abweichungen, denen individuelle Einflüsse der Ionengröße bei gleichen Wertigkeitstypen zugrunde liegen. Die „Gebrauchskonstanten" K' werden aus diesem Grunde am sichersten immer noch empirisch für die biologisch in Betracht kommenden und teilweise recht hohen Ionenstärken ermittelt. Bei 38° beträgt μ für Serum des Menschen etwa 0,167 (vgl. S. 336/337).

Häufig wird die *Konstante K' bei Wasserstoffionenmessungen* benutzt oder auch aus ihnen entnommen. Hierbei muß darauf geachtet werden, daß derartige Messungen nicht die Konzentration, sondern definitionsgemäß schon die Aktivität der H$^+$-Ionen direkt angeben (s. S. 155). Für die Abhängigkeit der Konstanten K' von der Ionenstärke hat man daher jetzt von folgendem Ansatz auszugehen:

$$K = \frac{[\text{A}^-] \cdot a_{\text{H}^+}}{[\text{AH}]} \cdot f_- = K' \cdot f_- . \tag{28}$$

Er berücksichtigt, daß K' hier nicht die gleiche Bedeutung wie in vorstehender Ableitung besitzt, da nunmehr die Aktivität der H-Ionen statt ihrer Konzentration in jene Konstante eingeht. Der sich aus der Ionenstärke der Lösung ergebende

Tabelle 36. *Aciditätsexponenten von Säuren und Kationensäuren bei 25° (pK-Werte)*

Ameisensäure	3,75[+]	Blausäure	9,14
Buttersäure	4,819[+]	H_2S	1: 7,04; 2: 11,96 (18°)
Essigsäure	4,756[+]	H_2SO_3	1: 1,81[+]; 2: 6,99 (18°)
Deuteroessigsäure in D_2O	5,66	HJO_3	0,77
Cl-Essigsäure	2,86[+]		
Di-Cl-Essigsäure	1,48[+]	Ammoniak	9,25
Tri-Cl-Essigsäure	0,7 (18°)	Methylamin	10,64[+]
Citronensäure	1: 3,74[+]; 2: 4,77[+]; 3: 6,4[+] (18°)	Dimethylamin	10,72[+]
Milchsäure	3,9	Trimethylamin	9,74[+]
Harnsäure 1	5,82	Hydroxylamin	6,2 (20°)
Phenol	9,89	Hydrazin	8,4 (20°)
Benzoesäure	4,19[+]	$Ca(OH)_2$	9,57
Phenylessigsäure	4,37 (18°)	$Zn(OH)_2$	5,12
Mandelsäure	3,37	Anilin	4,582[+]
Pikrinsäure	0,8 (18°)	Pyridin	5,35
Nicotinsäure	4,85	Pyrrolidin	11,11
Glucose	12,6	Chinolin	5,8
Ascorbinsäure	1: 4,10; 2: 11,79 (16°)	Isochinolin	4,9 (15°)

Die mit [+] versehenen Werte beziehen sich auf stöchiometrische Konstanten.
Werte für Kohlen- und Phosphorsäure s. S. 180f. und 421.

Aktivitätsfaktor ist daher jetzt nur für die Berechnung der Aktivität des Säure-anions zu benutzen. Setzt man weiter voraus, daß gilt: $f_+ = f_- = f_\pm$, so ergibt die analoge Substitution als pK'-Wert für die Benutzung bei pH-Messungen statt Gl. (27b):

$$pK' = pK - 0,509 \sqrt{\mu}. \tag{28a}$$

Für die erste Dissoziationskonstante der Kohlensäure gilt diese Beziehung noch bei physiologischen Ionenstärken exakt, wenn man die H^+-Aktivität z.B. potentiometrisch und die Hydrogencarbonatkonzentration gasanalytisch bestimmt. HASTINGS und SENDROY fanden empirisch folgende Zahlen für 38°:

$$pK_1' = 6,33 - 0,5 \sqrt{\mu}, \tag{28b}$$

d.h. für $\mu = 0,167$ ist: $pK_1' = 6,09$; in den Erythrocyten ist $pK_1' = 6,18$ (SMITH).

In analoger Weise leitet sich für die 2. Dissoziationskonstante der Kohlensäure ab (s. S. 180f.):

$$K_2 = \frac{[CO_3^{2-}] \cdot a_{H^+}}{[HCO_3^-]} \cdot \frac{f_{2-}}{f_-} = K_2' \cdot \frac{f_{2-}}{f_-}; \quad \log K_2' = \log K_2 + \log f_- - \log f_{2-}$$

bzw.

$$pK_2' = pK_2 + \log f_{2-} - \log f_- = pK_2 - 0,509 \cdot 2^2 \sqrt{\mu} + 0,509 \sqrt{\mu} = pK_2 - 1,53 \sqrt{\mu}. \tag{28c}$$

HASTINGS fand jedoch statt dessen: $pK_2' = pK_2 - 1,1 \sqrt{\mu}$ mit $pK_2 = 10,22$. Die Abweichung ist fast ausschließlich darauf zurückzuführen, daß in dem untersuchten Konzentrationsbereich für mehrwertige Ionen nicht mehr das Grenzgesetz, sondern die 2. Näherung nach DEBYE-HÜCKEL anzuwenden ist. Allgemein zeigt sich, daß der Konzentrationseinfluß auf die Aktivität bei mehrwertigen Ionen ganz besonders beachtet werden muß.

Man entnimmt diesen Ansätzen, wie die thermodynamische Konstante ihrerseits auch aus Messungen der Wasserstoffionenaktivität gewinnbar ist. Darauf wird im einzelnen noch einzugehen sein. Bei der Benutzung von Tabellen ist zu beachten, auf welche Art der beiden Konstanten sich die Zahlenangaben beziehen.

Säure- und Basendissoziation als protolytischer Vorgang

Der *Säuredissoziation* liegt folgender Vorgang mit der Aciditätskonstanten K_A zugrunde:

$$HA \rightleftharpoons A^- + H^+; \quad K_A = \frac{[A^-] \cdot [H^+]}{[AH]}. \tag{29}$$

Freie Protonen sind nun aber in der Lösung praktisch nicht existenzfähig. Daher kann sich diese Spaltung nur vollziehen, wenn das Proton in einer anderen gleichzeitig verlaufenden Reaktion von einer 2. Substanz, allgemein Base genannt, aufgenommen wird. Das Gleichgewicht dieser Reaktion wird mit der Basizitätskonstanten des Wassers K_{B_w} beschrieben:

$$H_2O + H^+ \rightleftharpoons H_3O^+; \quad K_{B_w} = \frac{[H_3O^+]}{[H^+] \cdot [H_2O]}. \tag{29a}$$

Da freie Protonen im Wasser nur als Übergangsstufen in nicht definierbar niedrigen Konzentrationen vorkommen, ist K_{B_w} sehr groß. Die protolytische Reaktion besteht also in einem Protonentausch zwischen der Säure, welche sie liefert und der Base, die sie aufnimmt und die in wäßriger Lösung das Wasser selbst ist:

$$AH + H_2O \rightleftharpoons A^- + H_3O^+.$$

Die Gleichgewichtskonstante dieser Reaktion ist:

$$K_A \cdot K_{B_w} = K = \frac{[A^-] \cdot [H_3O^+]}{[AH] \cdot [H_2O]} \quad \text{bzw.} \quad K_s = \frac{[A^-] \cdot [H_3O^+]}{[AH]} = K \cdot [H_2O]. \tag{29b}$$

Für die Dissoziation der Basen gilt dementsprechend:

$$NH_3 + H_2O \rightleftharpoons NH_4^+ + OH^-$$

mit den Basendissoziationskonstanten:

$$K_B \cdot K_{A_w} = K = \frac{[NH_4^+] \cdot [OH^-]}{[NH_3] \cdot [H_2O]} \quad \text{bzw.} \quad K_b = \frac{[NH_4^+] \cdot [OH^-]}{[NH_3]} = K \cdot [H_2O]. \tag{30}$$

Sie ist das Produkt aus K_B der Base und K_{A_w} des Wassers:

$$K_B = \frac{[NH_4^+]}{[NH_3] \cdot [H^+]} \quad \text{und} \quad K_{A_w} = \frac{[H^+] \cdot [OH^-]}{[H_2O]}. \tag{30a}$$

Säuren sind also Stoffe, welche Protonen abgeben; Basen hingegen nehmen sie auf. Protolytische Reaktionen lassen sich daher folgendermaßen zusammenfassen:

$$\text{Säure} \rightleftharpoons \text{Base} + \text{Proton}.$$

Gibt eine ionisiert vorliegende Base wie NH_4^+ aus ihrem Kation das Proton wieder ab, so entsteht aus dieser „*Kationsäure*" die freie ungeladene Base zurück.

Für ihre Dissoziation erhält man mit $[OH^-] = K_w/[H_3O^+]$ aus (32) und (30):

$$\frac{[NH_4^+] \cdot K_w}{[NH_3] \cdot [H_3O]^+} = K_b \quad \text{bzw.} \quad \frac{[NH_3] \cdot [H_3O^+]}{[NH_4^+]} = \frac{K_w}{K_b} = K_s'. \tag{30b}$$

Sie erfolgt bei Erniedrigung der H-Ionenaktivität, d.h. z.B. durch Hinzufügen von Lauge bei der Titration. Die Dissoziation der kationischen Säure ist an der Basenbindungskurve nicht von der einer klassischen Säure mit der Ionisationskonstanten K_s zu unterscheiden. Nur ist der entstehende Säurerest kein Anion, sondern die ungeladene Base. Diese Überlegung gestattet eine einheitliche Behandlung von Säuren und Basen unter Benutzung der Dissoziationskonstanten der Kationsäure K_s'. Die ausschließliche Verwendung von K_s, auch für die Basendissoziation hat sich noch nicht überall eingebürgert, obwohl sie zweckmäßig ist. Bei der Behandlung der Ampholytdissoziation bietet sie besondere Vorteile.

Protolytische Reaktionen vollziehen sich *auch in nicht wäßrigen Lösungsmitteln*, ohne daß dabei OH⁻-Ionen entstehen.

Die von BRÖNSTEDT eingeführte gemeinsame Auffassung von Säuren und Basen als Protolyten stellt das Schicksal der Protonen in den Vordergrund. Sie sieht demgegenüber die OH⁻-Ionen als Reste aus der Dissoziation des Wassers an. Hierin und in der Möglichkeit, außer bei Wasser die Eigendissoziation von Lösungsmitteln wie der Alkohole, des Eisessigs oder des Ammoniaks zu verstehen, liegt der Vorteil der Brönstedtschen Betrachtungsweise. So liefert z.B. Methylalkohol bzw. NH_3 im „autoprotolytischen" Vorgang folgende Ionen:

$$CH_3 \cdot OH + CH_3 \cdot OH \rightleftharpoons CH_3OH_2^+ + CH_3O^-$$

bzw.

$$NH_3 + NH_3 \rightleftharpoons NH_4^+ + NH_2^-.$$

Für gewöhnliche wäßrige Lösungen *vereinfachen* sich die vorangegangenen Gleichungen. Die Konzentration des Wassers erfährt nämlich durch die Dissoziation der in ihm gelösten Protolyte keine erfaßbare Änderung, wenn von extrem hohen Konzentrationen stark dissoziierender Stoffe abgesehen wird. Daher bleibt die im Nenner stehende Konzentration bzw. Aktivität des Wassers konstant. Man kann somit K, multipliziert mit $[H_2O]$ zu K_s, bzw. K_b vereinfachen. K_s und K_b sind die üblichen Dissoziationskonstanten, welche aus den Ionenaktivitäten im Verhältnis zu denen des Undissoziierten direkt experimentell ermittelt werden können. Mit ihnen wird im folgenden allein weiter gerechnet werden.

Protonenaffinität und chemische Struktur

Eine quantitative Beschreibung des Dissoziationsvorganges hat zwar nicht nur den Protonentausch, sondern auch die Hydratationsänderungen der entstandenen Ionen und ungeladenen Molekeln zu berücksichtigen (s. S. 426). Dennoch wird das Geschehen hauptsächlich durch die *Protonenaffinität* der Partner bestimmt. Sie und mit ihr die Dissoziationsfähigkeit der Säuren und Basen steht in übersehbaren, aber bisher doch nur in Grenzfällen quantitativ erfaßtem *Zusammenhang mit der Struktur der Stoffe*. Für die organischen Verbindungen sind hierbei vornehmlich 3 Effekte zu beachten.

1. Der *Induktionseffekt*. Schon früher wurde darauf hingewiesen, daß das Proton aus einer Hydroxylgruppe um so leichter abgegeben wird, je stärker sein zugehöriges Elektron durch geeignete benachbarte Substituenten von ihm abgezogen wird. Das geschieht auch dann leicht, wenn sich das Hydroxyl an einem C-Atom befindet, das eine Doppelbindung möglichst zu einem Atom mit einer größeren Elektronenaffinität betätigt. Das Hydroxyl am C-Atom einer C-C-Doppelbindung fungiert nur wie eine sehr schwache Säure. Allgemein fördert eine Positivierung des Carbonyl-C-Atoms die Protonenabgabe aus der benachbarten Hydroxylgruppe, welche der Carboxylgruppe saure Eigenschaften verleiht. Analoges trifft auch für die Gruppierung

$$\overset{\displaystyle \overset{O}{..}\quad \overset{C}{|}}{X - C - N - H}$$

zu, welche statt des O ein N-Atom trägt und z.B. für die Protonenabgabe bei der Harnsäure verantwortlich ist (vergl. H. BILTZ).

10*

Die verschiedenen Substituenten an der α-Stelle oder an weiter vom Carboxyl entfernten Orten können die Dissoziation erleichtern oder erschweren, je nachdem ob sie das Elektron anziehen oder abstoßen. Da Essigsäure wesentlich schwächer als Ameisensäure ist, folgt, daß die Methylgruppe eine geringere Anziehung als der Wasserstoff auf das Elektron des abgebbaren Protons bewirkt. Dadurch werden die *Protonen vom H-Atom weniger stark als vom Alkyl angezogen;* Methylalkohol ist verglichen mit Wasser eine sehr schwache Säure. Aus dem gleichen Grunde ist z. B. $N(CH_3)_3$ eine stärkere Base als NH_3. Die Homologen einer Reihe normaler Fettsäuren zeigen gegenüber dem Dissoziationsvermögen der Essigsäure kaum noch Unterschiede, d. h. die Induktionskraft der Paraffinglieder erstreckt sich nicht über 2 Kohlenstoffe hinaus. Dagegen wirkt die Substitution mit stark negativierenden Atomen etwas weiter. Unter ihnen zeigt das Cl die stärkste Wirkung. Die Einflüsse äußern sich in folgender *Abstufung:*

$$Cl > Br > J > OCH_3 > OH > C_6H_5 > CH = CH_2 > H < CH_3 < CH_2 \cdot CH_3 < CH(CH_3)_2 < C(CH_3)_3.$$

<table>
<tr><td>Elektronen anziehend
Protonen abstoßend</td><td>Elektronen abstoßend
Protonen anziehend</td></tr>
</table>

Sie lassen sich unter Berücksichtigung der Dipolmomente näherungsweise berechnen.

Häufen sich *elektronenaffine Reste in der α-Stellung,* dann wächst die Säurestärke besonders auffallend. So ist die Dissoziationskonstante der 1-, 2- und 3fach Cl-substituierten Essigsäure 86, 2800- und 8000mal größer als die der Stammsäure.

2. *Der Resonanzeffekt.* Allein durch die Bildung eines Carboxylates, d. h. durch Dissoziation, entsteht eine resonanzfähige Struktur:

$$R \cdot C \overset{O}{\underset{O^-}{\diagdown}} \leftrightarrow \overset{-O}{\underset{O}{\diagup}} C \cdot R,$$

welche dem Ion dadurch eine gewisse *Stabilität* verleiht. Der Dissoziationsvorgang wird deshalb begünstigt, weil die Carboxylatresonanz stärker ist als jene, welche auch die undissoziierte Carboxylgruppe stabilisiert:

$$R \cdot C \overset{\bar{O}|}{\underset{O-H}{\diagdown}} \leftrightarrow R \cdot C \overset{\bar{O}|^-}{\underset{O^+ - H}{\diagdown}}$$

Im Gegensatz zum Carboxyl sind die Sauerstoffatome im Carboxylat als gleichwertig anzusehen. Dem entspricht der gleiche geringe C—O-Abstand von 1,28 Å:

$$R \cdot C \overset{O}{\underset{O}{\diagdown}} \Big\} -.$$

Daß durch Beteiligung des Valenzelektrons einer OH-Gruppe am π-Elektronensystem des Benzolringes das alkoholische OH zur Dissoziation des Protons gebracht wird, wurde schon berichtet. So entsteht die saure Eigenschaft des Phenols (s. S. 45). Auch auf die Erschwerung der Protonenanlagerung an den Stickstoff im Anilin wurde hingewiesen (s. S. 45). Ebenso ergeben sich für die Ionen der Nitrophenole resonanzfähige Systeme (s. S. 46), sie sind daher relativ starke Säuren:

Besonders charakteristisch ist der stark basische Charakter des Guanidins. Er beruht auf der hervorragenden Resonanzmöglichkeit des Guanidiniumions (s. S. 41).

$$HN=C\langle^{NH_2}_{NH_2} + H^+ \rightarrow \overset{+}{H_2}N=C\langle^{NH_2}_{NH_2} \leftrightarrow H_2N-C\langle^{NH_2^+}_{NH_2}\rangle e^- \leftrightarrow H_2N-C\langle^{NH_2}_{NH_2^+}$$

3. Der *statistische Effekt bei mehrbasischen Säuren*. Eine Molekel AH_2 besitzt gegenüber AH^- die doppelte Möglichkeit, ein Proton abzuspalten. Dagegen hat A^{2-} verglichen mit AH^- wiederum die doppelte Wahrscheinlichkeit für die Protonenanlagerung. Insgesamt müßte daher die Konstante K_1 4fach größer als die für die Abspaltung des 2. Protons (K_2) sein, wenn nicht weitere Faktoren hinzuträten (vgl. Tabelle 37). Tatsächlich ist bei mehrbasischen Säuren fast stets ein Carboxyl saurer als ein zweites. Aber der Unterschied ist meistens wesentlich größer, als dem Verhältnis 1:4 entspricht. Er hängt von dem Abstand ab und ist um so größer, je näher sich die Carboxyle in der Molekel stehen, wie der Vergleich der Malein- mit der Fumarsäure lehrt. Hierin kommt die elektrostatische Wirkung eines Carboxyls auf die benachbarte Carboxylgruppe zum Ausdruck: sie erhöht durch ihre negative Ladung die Protonenaffinität. Dieser elektrostatische Effekt hängt außer vom Dipolmoment der Carboxylgruppe von dessen Richtung, von der Dielektrizitätskonstanten des Mediums und zum Teil von der „inneren" Dielektrizitätskonstanten der Molekel selbst ab. Denn das Verhältnis der beiden letzteren bestimmt den Anteil der Kraftlinien, welche durch die Molekel oder an ihr vorbei zum betroffenen Molekülteil verlaufen.

Die Dissoziation schwacher Elektrolyte im Wasser

Ungleich wichtiger als derartige theoretische Überlegungen ist für die Biologie die Tatsache, daß es die Kenntnis der gegebenen Konstanten erlaubt, die Ionengleichgewichte in Lösungen quantitativ zu erfassen. Im Mittelpunkt steht die Frage nach dem Zusammenhang des Dissoziationsgrades α mit der Konstanten.

In einer Säurelösung zeigt sich eine *Zunahme der Dissoziation mit der Verdünnung* der Säure, deren Ausmaß durch die Größe der Konstanten geregelt wird. In der Lösung einer einbasischen Säure, die gemäß $[AH] = [H^+] + [A^-]$ dissoziiert, ist

$$[A^-] = c \cdot \alpha, \quad [H^+] = c \cdot \alpha \quad \text{und} \quad [AH] = c\,(1-\alpha).$$

Nach dem Massenwirkungsgesetz ist bei der Konzentration c dann

$$K = \frac{c^2 \cdot \alpha^2}{c\,(1-\alpha)}; \qquad \frac{K}{c} = \frac{\alpha^2}{1-\alpha} \tag{31}$$

(Ostwaldsches Verdünnungsgesetz); d.h. je kleiner c wird, um so größer muß α werden. Bei sehr kleinen Konzentrationen muß sich α der 1 nähern, ein grundlegendes Resultat, welches in Gefrierpunks- oder Leitfähigkeitsmessungen leicht verifizierbar ist und einen wichtigen Weg zur Bestimmung der Dissoziationskonstanten, auch der thermodynamischen bietet (s. S. 116). Der vorstehenden Formel ist leicht zu entnehmen, daß diejenige Konzentration schwacher Säuren, bei der der gleiche Dissoziationsgrad erreicht wird, mit der Dissoziationskonstanten proportional abnimmt (vgl. Tabelle 38).

Für den Biologen ist das Dissoziationsverhalten von *Säuren und Basen in verdünnter wäßriger Lösung* weitaus am bedeutungsvollsten. Die physikalisch-chemische Besonderheit dieser Vorgänge beruht auf der Teilnahme der Ionen des Lösungsmittels; denn das Wasser ist selbst ein Protolyt, welcher nach

$$2\,H_2O \rightleftharpoons H_3O^+ + OH^-$$

dissoziiert. Daher ist auch der Dissoziationszustand des Wassers von dem der in ihm gelösten Säuren und Basen abhängig. Deshalb ist es möglich und vorteilhaft, die jeweils vorliegende Aktivität desjenigen Partners der Lösung zu formulieren, welcher allen *Teilhabern am Aufbau der protolytischen Mischphase*, d.h. der wäßrigen Lösung schwacher Elektrolyte, gemeinsam ist. Es *ist das hydratisierte Proton, das Hydronium-Ion*, welches abgekürzt und weiterhin hier ausschließlich als das H^+-Ion bezeichnet wird.

Mit 264 kcal/mol besitzt das Proton eine mehr als doppelt so große Hydratationswärme als die übrigen 1-wertigen Ionen. Das weist auf das Eingehen einer Hauptvalenzbindung hin. Das Ion ist als Oniumverbindung zu formulieren:

$$\left[\begin{matrix} H:\overset{\cdot\cdot}{\underset{\cdot\cdot}{O}}:H \\ H \end{matrix}\right]^+$$

Tabelle 37. *Dissoziationskonstanten zweibasischer Säuren aus (21)*

	$K_1' \cdot 10^5$	$K_2' \cdot 10^5$	$K_1 : K_2$
Oxalsäure . . .	5900	6,4	925
Malonsäure . .	149	0,203	735
Bernsteinsäure .	6,41	0,333	19,2
Fumarsäure . .	62	3,4	18,3
Maleinsäure . .	439	0,05	8780
Glutarsäure . .	4,53	0,380	12
Adipinsäure . .	3,82	0,387	10
Korksäure. . .	3,04	0,395	7,7

Das *Hydronium besitzt auch pyramidenförmigen Bau wie das NH_3*. Die Dimensionen dieser Pyramiden sind rechnerisch und aus optischen Messungen gewonnen worden. Der Abstand von der negativen Sauerstoffspitze zu den 3 H-Kernen beträgt danach 1,0 Å, der der H-Kerne untereinander 1,6 Å, der H—O—H-Winkel 110°. In der Fläche der drei gleich weit voneinander entfernten H-Kerne wird die positive Überschußladung gleichmäßig zwischen ihnen aufgeteilt. Aus der Breite der Ultrarotabsorptionsbanden ist abzuleiten, daß das H_3O^+ so kurzlebig ist, daß eine Weitergabe des Protons in durchschnittlichem Zeitraum von 10^{-13} sec erfolgt. Hierin ist die Ursache für seine abnorm hohe Ionenbeweglichkeit zu sehen. Wegen der auf S. 55 abgebildeten Orientierung der Wassermolekeln sind die Hydrathüllen der Anionen für die Protonenweitergabe hervorragend geeignet, während die der Kationen sie sperren. Sie wird auch durch die abgesättigten 8-Aggregate des Wasser hindurch nicht

Tabelle 38

α	$K = 1,0$	$K = 10^{-2}$	$K = 10^{-4}$	$K = 10^{-6}$
0,01	$99 \cdot 10^2$	99	0,99	0,0099
0,1	90	0,9	0,009	$0,009 \cdot 10^{-2}$
0,5	2	0,02	$0,02 \cdot 10^{-2}$	$0,02 \cdot 10^{-4}$
0,9	0,123	$0,123 \cdot 10^{-2}$	$0,123 \cdot 10^{-4}$	$0,123 \cdot 10^{-6}$
0,99	0,0102	$0,01 \cdot 10^{-2}$	$0,01 \cdot 10^{-4}$	$0,01 \cdot 10^{-6}$

Tabelle 38 gibt die Konzentrationen, bei denen der links angeführte Dissoziationsgrad erreicht wird, wenn die Dissoziationskonstante die Werte von K besitzt.

Die Zahlen der Spalte für $K = 1,0$ geben gleichzeitig $(1-\alpha)/\alpha^2$.

stattfinden. Nach GIERER und WIRTZ erfolgt diese Bewegung des Protons statistisch bevorzugt an den Stellen schon vorhandener Wasserstoffbrücken (s. S. 56). Dieser Vorgang trägt zur Steigerung der Beweglichkeit der H^+-Ionen bei.

Ein Vergleich dieser Vorstellung mit den quantitativen Daten führt jedoch zu Schwierigkeiten, welche sich nach WICKE durch folgende Vorstellung überwinden lassen. Danach lagert das Hydronium-Ion wie Li^+ *drei weitere Wassermolekeln in erster Sphäre* über seine 3 H-Kerne durch H-Brücken und unterstützt durch die positive Überschußladung an. An der Spitze dieser etwas flacheren Pyramide steht wiederum das O-Atom des zentralen Hydroniums. Diese innere Hydratschicht dissoziiert bis zu 100° nicht merklich. Sie ist durch die Elektrostriktion fest gepackt und läßt sich formulieren als $[H_9O_4]^+$. Ihr lagert sich eine lockere Schicht von H_2O-Molekeln an, deren Zahl unter anderem von der Temperatur bestimmt wird und zwischen 4 bei 0° und 1 bei 100° schwankt. Die Anlagerung erfolgt wieder in der Richtung von den H-Kernen zum Sauerstoff. Aber die Abspaltungsenergie liegt hier nur in der Größenordnung von 4—5 kcal/Mol H_2O. Die innerhalb des $H_9O_4^+$-Komplexes frei beweglichen Protonen können an 6 Wasserstofforten von den hier angelagerten Molekeln der äußeren

Hülle übernommen werden und ein neues Hydroniumzentrum bilden. Die Wickesche Vorstellung vom Aufbau der Wasserstoffionen stützt sich auf die Ergebnisse calorimetrischer Messungen, deren Prinzip früher berührt wurde (s. S. 53).

Reines Wasser dissoziiert nur zu einem sehr kleinen Bruchteil; aber er ist genau definiert und eine wichtige physikalische Größe. Wegen seiner Geringfügigkeit ändert sich die Konzentration des undissoziierten Wassers, d.h. seine Masse in der Raumeinheit, durch den Dissoziationsvorgang nicht in einer irgendwie erfaßbaren Weise. Sie ist also auch für die Eigendissoziation als konstant zu betrachten.

Aus der protolytischen Gleichung der Wasserdissoziation (29a) ergibt sich daher:

$$K' = \frac{[H_3O^+] \cdot [OH^-]}{[H_2O]^2}$$

als Produkt von

$$K_{A_w} = \frac{[H^+] \cdot [OH^-]}{[H_2O]}$$

und

$$K_{B_w} = \frac{[H_3O^+]}{[H^+] \cdot [H_2O]} \; .$$

In allen diesen Gleichungen kann $[H_2O]$ als konstant angesehen werden. Man erhält dann:

$$\left. \begin{array}{l} K = \dfrac{[H_3O^+] \cdot [OH^-]}{[H_2O]} \\[2mm] \text{und} \\[1mm] K_w = [H_3O^+] \cdot [OH^-] \\[1mm] \quad = K \cdot 55,6. \end{array} \right\} \quad (32)$$

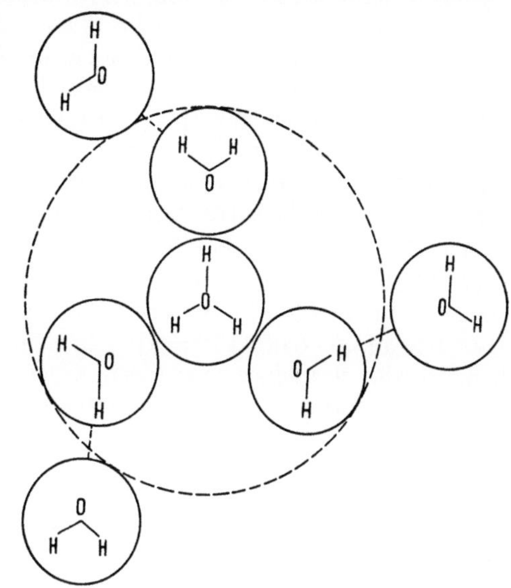

Abb. 43. Struktur des hydratisierten Hydroniumions nach WICKE u. M. (1954)

K_w heißt das *Ionenprodukt des Wassers.* Sein Wert beträgt bei 22° C $1 \cdot 10^{-14}$. Er nimmt bei steigender Temperatur zu, d.h. die Temperatur fördert die Disso-

Tabelle 39. *Negative Exponenten des Ionenproduktes für Wasser*

$t°$	0	5	10	15	18	20	22	25	30	40
pK_w	14,95	14,73	14,53	14,35	14,24	14,17	14,10	14,00	13,84	13,55
Neutral-pH	7,475	7,365	7,265	7,145	7,12	7,085	7,05	7,00	6,92	6,775

$$pK_w = 14,94 - 0,042\,t + 0,00016\,t^2.$$

Tabelle 40. *pK'_w in KCl (a)- und NaCl (b)-Lösungen verschiedener Ionenstärke bei 25°*

$\sqrt{\mu}$	0,1	0,2	0,3	0,4	0,5	0,6	0,7	0,8	1
a) 13, ...	908	843	798	767	743	728	723	731	765
b) 13, ...	908	841	793	756	731	715	707	706	728
μ	0,01	0,04	0,09	0,16	0,25	0,36	0,49	0,64	1

ziation des Wassers (s. Tabelle 39). Die angegebenen Werte beziehen sich als thermodynamische Konstanten auf die Aktivitäten der Ionen des Wassers. K_w ist mit Hilfe der Konzentrationsketten sehr genau bestimmbar. Die Konstanz der Werte bietet die Grundlage für die Berechnung der Dissoziationsgleichgewichte der schwachen Elektrolyte in wäßriger Lösung. Nur in konzentrierteren wäßrigen und nicht wäßrigen Lösungen zeigen sich Abweichungen.

Der Begriff des pH und dessen Messung

Weil im Wasser jedes abgespaltene Proton in ein Hydroniumion übergeht, kann auch statt (32) gesetzt werden: $K_w = [H^+] \cdot [OH^-]$. In den folgenden Darlegungen wird daher für die „Hydroniumionenkonzentration" der Ausdruck *Wasserstoffionenkonzentration oder Wasserstoffzahl* $[H^+]$ benutzt werden. Ebenso wird von der *Wasserstoffionenaktivität* a_{H^+} zu sprechen sein.

Das Ionenprodukt regelt speziell den Ablauf der Neutralisationsreaktion, welche sich zwischen Säuren und Basen vollzieht und zur Bildung des Wassers aus seinen Ionen führt. Die sehr geringe Menge an freibleibenden Ionen, welche die Größe K_w fordert, setzt dieser stark exergonischen Reaktion ihr Ziel. Sie liegt allen Säure-Basentitrationen (Acido-Alkalimetrie) zugrunde.

Die Konzentration der H^+-Ionen in reinstem Wasser ist $[H^+] = \sqrt{K_w}$ oder rund $1 \cdot 10^{-7}$ g H^+ im Liter bei $22°$. Die Zahl der im Liter vorhandenen H^+-Ionen ist dann $6{,}06 \cdot 10^{16}$. Andererseits enthält ein Liter Wasser $1000/18 = 55{,}6$ Mole H_2O bzw. $55{,}6 \cdot 6{,}06 \cdot 10^{23} = 336 \cdot 10^{23}$ Moleküle. Von 550 Millionen H_2O-Molekeln ist also nur eines dissoziiert.

Die Konstanz des Ionenproduktes gilt für Säure- und Basenlösungen jeder Stärke. Danach ist also jederzeit die OH^--Konzentration: $[OH^-] = \dfrac{K_w}{[H^+]}$. Je nach dem Aciditätsgrad ist jedoch die *Summe von* $[H^+] + [OH^-]$ stark wechselnd und nur in einem Punkt ist sie minimal klein: im Neutralpunkt. Er ist dadurch definiert, daß in ihm die Konzentration der H^+-Ionen gleich der der OH^--Ionen ist. Die Summe der Faktoren eines Produktes ist nämlich — wie leicht einzusehen — ein Minimum, wenn die Faktoren einander gleich sind. Daher ist das Leitfähigkeitsminimum beim Neutralpunkt gelegen.

Steigt die $[H^+]$ (Wasserstoffzahl) über 10^{-7}, so liegt eine saure, fällt sie unter diesen Wert, dann liegt eine alkalische Lösung vor. Umgekehrt verhalten sich nach (32) die OH^--Ionen. Zur Charakterisierung genügt wegen der Gültigkeit von (32) die Angabe nur einer Ionenkonzentration. Man benutzt dazu die $[H^+]$.

Tabelle 41. *Formale Konzentration der Ionen des Wassers bei verschiedenem pH*

pH	H^+	OH^-
-1	10	10^{-15}
0	1	10^{-14}
1	10^{-1}	10^{-13}
5	10^{-5}	10^{-9}
7	10^{-7}	10^{-7}
10	10^{-10}	10^{-4}
14	10^{-14}	1
15	10^{-15}	10

SÖRENSEN hat 1909, um die Schreibweise mit Hochzahlen zu vermeiden, zu deren Bezeichnung das Symbol pH eingeführt. Unter dem pH *(Wasserstoffionenexponenten)* versteht man den negativen dekadischen Logarithmus der Wasserstoffionenkonzentration[1]. Für $[H^+] = 10^{-7}$ ist $\log [H^+] = -7$ und $-\log [H^+] = 7 = pH$.

Die praktische Begründung für die Verwendung des pH-Begriffes leitet sich aus der Tatsache ab, daß das chemische Potential, d.h. die Wirkung der Stoffe dem log ihrer Aktivität proportional geht (s. S. 96). Ist aber die Aktivität kleiner als 1, dann trägt der zugehörige Logarithmus negatives Vorzeichen. Der praktische Vorteil der Bezeichnungsweise pH liegt darin, daß die elektrometrische Bestimmung der H-Ionen direkt einen ihrem Logarithmus proportionalen Wert ermittelt und weiter darin, daß sich die Änderungen des Dissoziationsgrades am übersichtlichsten als Funktion des pH darstellen lassen. Schließlich sind auch mit dieser Schreibweise die zwischen den Zehnerstufen gelegenen Werte am einfachsten ausdrückbar. So gehört zu einer Wasserstoffzahl $2 \cdot 10^{-7}$ ein pH von

---

[1] potentia hydrogenii.

$-((\log 2)-7) = -0,3+7 = 6,7$. Umgekehrt wird ein pH von z.B. 8,4 zurückzurechnen sein: $8,4 = 9,0 - 0,6 = -\log[H^+]$. $\log[H^+] = 0,6 - 9 : [H^+] = 4 \cdot 10^{-9}$.

Prinzipiell nimmt mit steigender H^+-Konzentration der pH ab und umgekehrt. Einer H^+-Aktivität $1,0\ n$ entspricht ein pH von 0; einer OH^--Aktivität von 1 n der pH-Wert 14. Zu einer H^+-Aktivität von 10 gehört ein pH von: $-1,0$, zu einer OH^--Aktivität von 10 dementsprechend ein pH von 15,0 usw. Es hat sich weiterhin als zweckmäßig erwiesen und allgemein eingebürgert, bei beliebigen Stoffen für $-\log c$ oder $-\log m$ den Ausdruck p_c oder p_m, d.h. ebenfalls den negativen log der molaren Konzentrationen zu verwenden. Besondere praktische Bedeutung hat außerdem die Bezeichnung pK gewonnen. Sie gibt den negativen dekadischen log der Dissoziationskonstanten an.

Für die praktische Beherrschung der Elektrolytgleichgewichte ist die *Messung des pH* unerläßlich[1]. Sie ist zu einer der wichtigsten Methoden der angewandten Physikochemie geworden und wird grundsätzlich als elektrometrische Bestimmung von Elektrolytaktivitäten durchgeführt. Hierfür stehen im einzelnen drei verschiedene Methoden zur Verfügung. Die Standardmethode ist die Messung an einer Gaselektrode mit Hilfe der *sog. Gaskette*. Wie zur Ermittlung der Cu- oder Silber-Aktivitäten Cu- oder Ag-Elektroden, zur Bestimmung der Alkaliionenkonzentration Alkaliamalgamelektroden benutzt werden, so gelingt die Messung der $[H^+]$ mit Wasserstoffelektroden. Mit Pt-Schwarz belegte und in Wasserstoffatmosphäre sich befindende Pt-Elektroden beladen sich wegen der bekannten Löslichkeit des H_2 in Pt mit Wasserstoff und verhalten sich elektrochemisch wie H_2-Elektroden. Gegenüber der leichten Protonenabgabe aus dem im Pt gelösten H_2 tritt nämlich die Wirksamkeit des Pt vollkommen zurück. Es ergeben sich keine Mischpotentiale, genau so wie eine Legierung aus einem edlen und unedlen Metall sich elektrochemisch so verhält, als ob sie nur aus dem letzteren bestünde (Amalgamelektroden, s. S. 130). Eine H_2-Elektrode ist also reversibel für $[H^+]$.

Werden 2 Gaselektroden mit einer Füllung von unterschiedlichem pH zu einer Kette zusammengestellt und ist eine von ihnen die Normal-H_2-Elektrode, so ist die Potentialdifferenz (E) nach (11), wenn 0,059 V gleich F_N gesetzt wird:

$$E = F_N \cdot \log \frac{1}{[H^+]} = -\log[H^+] \cdot F_N; \quad -\log[H^+] = \mathrm{pH} = \frac{E}{F_N}. \tag{33}$$

Negativ ist die Elektrode mit niedrigerer H^+-Konzentration.

Im allgemeinen wird allerdings die unbekannte Lösung nicht gegen eine zweite (die Normal-H_2-Elektrode) geschaltet, sondern man verwendet statt ihrer die leicht reproduzierbare und konstante n- oder gesättigte Kalomelelektrode, die ihrerseits ein feststehendes Potential gegenüber der Normal-H_2-Elektrode besitzt (s. S. 125). Letzteres ist von dem gemessenen Gaskettenpotential in Abzug zu bringen, um den Wert der Gaselektrode gegenüber der Normal-H_2-Elektrode zu erhalten (vgl. Abb. 44).

Ist der pH auf beiden Seiten einer Kette aus 2 Gaselektroden völlig gleich, so tritt bei einer *Verschiedenheit der H_2-Drucke* beiderseits ein Potentialunterschied auf: der Lösungsdruck für H^+ ist auf der Seite niedrigerer H_2-Spannung ebenfalls niedriger. Auf der Seite mit höherem Gasdruck geht H_2 als zwei H^+-Ionen in Lösung, auf der anderen entladen sich die Ionen, so daß hier H_2 entweicht. Wandert so ein Mol H_2 von einer Elektrode mit dem Druck p_1 zu der zweiten mit dem Druck p_2, so werden dabei $2 \cdot 96\,500$ Coulomb transportiert. Die entstehende Potentialdifferenz ist dann:

$$E = \frac{F_N}{2} \log \frac{p_1}{p_2}. \tag{33a}$$

---

[1] Vgl. ENDER.

Dabei verhält sich die Seite mit höherem H_2-Druck wie ein unedleres Metall, ist also negativ. Ist $p_1 = 1$ atm, so ist das Zusatzpotential nach (8 c)

$$- E = \frac{F_N}{2} \log p_2 \quad \text{(vgl. S. 440)}. \tag{33 b}$$

Bei Präzisionsmessungen unter Atmosphärendruck ist, um den reinen Wasserstoffdruck zu erhalten, die zur jeweiligen Temperatur gehörende Wasserdampfspannung abzuziehen, in Gegenwart von anderen Gasen wie CO_2 auch deren Partialdruck.

Statt *die Lösung* mit Wasserstoff zu versetzen, kann man ihr auch dadurch einen definierten H_2-Druck erteilen, daß man sie *mit einem reversiblen Redoxsystem sättigt* (s. S. 460). Da in einem solchen System der Wasserstoff von dem reduzierten zum oxydierten Anteil herüberwechselt und umgekehrt, steht die Lösung auch unter einem endlichen, wenn auch

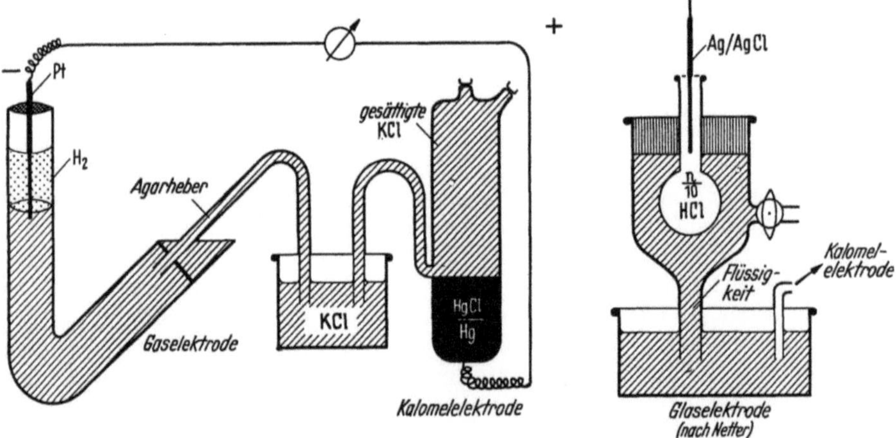

Abb. 44. Gaskette und Glaskette

meist sehr kleinem H_2-Druck; seine Größe hängt von der Affinitätskonstanten der Redoxreaktion und von dem Verhältnis der Konzentrationen: reduziert/oxydiert ab. Bei dem Übergang des Wasserstoffes vom Hydrochinon auf Chinon werden $2 H^+$-Äquivalente bewegt. Würde Chinon sich durch Oxydation aus Hydrochinon an der Anode infolge Abgabe zweier Elektronen und Entstehung zweier H^+-Ionen bilden, so würde dabei ein Einzelpotential entstehen, das proportional ist dem log des Quadrates der H^+-Ionenkonzentration multipliziert mit dem Verhältnis Chinon/Hydrochinon. Nun ist in der molekularen Verbindung Chinhydron dieses Verhältnis: $1:1$. Die *Chinhydronelektrode* besteht aus blankem Pt-Blech, umgeben von der zu messenden Lösung, die ihrerseits durch Zugabe einiger Kristalle der schwer löslichen Substanz an Chinhydron gesättigt ist. Das Potential einer solchen Elektrode gegen eine konstante Bezugselektrode variiert dann nach folgender Beziehung mit der H^+-Konzentration (vgl. VII 11 c):

$$E_0 = \varDelta E_0 + \frac{F_N}{2} \log [H^+]^2 = \varDelta E_0 + F_N \log [H^+] \quad \text{bzw.} \quad \frac{\varDelta E_0 - E_0}{F_N} = - \log [H^+] = \text{pH}.$$

Wählt man als Bezugselektrode die n-H_2-Elektrode, so ist $\varDelta E_0$ bei 18° 0,7044 V, d. h. um diesen Wert ist die Chinhydronelektrode positiver als die Gaselektrode. Nach Formel (8 c) besitzen die Chinhydronelektrode und eine H_2-Elektrode vom H_2-Druck p bei gleichem pH dann gleiches Potential, wenn:

$$- \frac{F_N}{2} \log p = 0,7044. \quad \text{Dann ist:} \quad - \log p = \frac{0,7044 \cdot 2}{0,0577} = 24,4.$$

Elektrochemisch verhält sich also die Chinhydronelektrode so, als ob sie mit H_2 vom Drucke $10^{-24,4}$ atm beladen wäre. In solchen Lösungen, in denen die Anwesenheit des Chinhydrons nicht stört, und in denen der pH nicht wesentlich über 8 liegt, ist das Arbeiten mit dieser Elektrode einfach und zuverlässig.

Wie Cremer (1906) zeigte und Haber (1909) ausführlich untersucht hat, ist das Potential zu beiden Seiten einer mit 2 Flüssigkeiten bedeckten sehr dünnen Glasmembran wie bei der Gaskette eine logarithmische Funktion des Verhältnisses der Wasserstoffzahl dieser beiden Flüssigkeiten. Erst Kerridge (1925) und McInnes und Dole (1930) gebrauchten die Glaselektrode zur pH-Messung. Letztere hatten ein einfach zusammengesetztes Glas der Corning Glass-Company mit relativ niedrigem Ohmschen Widerstand benutzt, das 1932 zuerst in Deutschland hergestellt und benutzt wurde. Eine einfache, seitdem gebrauchte Elektrodenform zeigt Abb. 44. Die Flüssigkeit in der kleinen, aus dem dünnwandigen Elektrodenglas bestehenden Kugel ist n/10 HCl, aus der mit einer AgCl/Ag-Elektrode abgeleitet wird. Es gibt zahlreiche ähnliche Ausführungen der Glaselektrode. Sie ist von pH 1—10 brauchbar[1]. Der Vorteil ist die Bequemlichkeit der Benutzung und die Schnelligkeit der Potentialeinstellung. Der Fortfall des Wasserstoffs gestattet die Gegenwart beliebiger Gasmischungen bei der Messung, was für die Anwendung bei biologischen Untersuchungen besonders wertvoll ist. Ein gewisser Nachteil besteht in der Notwendigkeit, wegen des hohen Widerstandes selbst dünner Membranen aus Spezialglas statt der sonst üblichen Potentiometer zur Messung entweder Binantelektrometer oder Spezialröhrenpotentiometer mit besonders guter Gitterisolierung zu benutzen. Außerdem sind die Angaben der Glaselektroden nicht absolut; sie müssen mit Standardlösungen geeicht werden. Hierbei wird sowohl der absolute Wert der Elektrodenangaben wie die Größe der Konstanten F_N in der logarithmischen Formel festgestellt; sie erreicht den theoretischen Wert (0,0577 V bei 18°) meistens vollständig (zur Theorie s. S. 254).

Die beschriebenen 3 Methoden ergeben nun nicht den pH der klassischen Formulierung direkt, sondern ermitteln unmittelbar die H^+-Aktivität, geben also

$$ - \log a_H = p\,a_H = - \log ([H^+] \cdot f_a) = pH - \log f_a . \tag{34} $$

Diese Aussage ist aber auch nur mit gewissen Einschränkungen exakt, denn die Angabe $p\,a_H$ würde sich ja auf eine individuelle Ionenaktivität beziehen. Sie würde die Kenntnis der Einzelaktivitätsfaktoren der Ionen voraussetzen. Diese sind aber grundsätzlich durch Messungen auch nach Eliminierung des störenden Diffusionspotentials nicht zu erhalten. Deshalb wird von der Verwendung des Symbols $p\,a_H$ zugunsten des von pH abgesehen. Aber es muß dann für die Eichlösungen eine *Konvention* getroffen werden, *auf der die gesamte pH-Skala aufbaut*. Dabei wird eine 1,184 molare HCl-Lösung bei 25° als Standard mit $a_{H^+} = 1$ bzw. pH = 0 benutzt und die Voraussetzung gemacht, daß in ihr $f_+ = f_\pm$ ist. Weiterhin wird vorausgesetzt, daß die Diffusionspotentiale der benutzten KCl-Verbindungen von der Konzentration der verwendeten Meßlösungen unabhängig sind, also bei pH-Messungen vernachlässigt werden dürfen. Schließlich wird auch a_{H_2O} als konstant angesehen. Die Eichung der elektrometrischen Meßanordnung wird praktisch gewöhnlich mit Standard-Acetat- oder Standard-Phosphatlösungen vorgenommen. Ein Vergleich der soeben definierten und auf die Aktivität von HCl = 1 bezogenen pH-Skala mit der ursprünglichen von Sörensen eingeführten ergibt, daß die pH-Werte gleicher Lösungen in der letzteren um 0,04 pH tiefer liegen. Sörensen bezog die seitdem gebräuchliche Skala auf die Konzentration 1 an HCl. Da aber die Elektrometrie nur die Elektrolytaktivitäten mißt, wäre es konsequent die gewonnenen *Werte auf die Einheit der Aktivität abzustimmen*[2]. Es hat sich gezeigt, daß *pH-Messungen trotz* der hervorgehobenen *theoretischen Einwendungen sehr exakt durchführbar* sind und

---

[1] Spezialgläser erschließen auch den Bereich bis pH 13. (vergl. Kratz)
[2] Praktisch wird heute noch die alte Sörensen-Skala benutzt.

gut reproduzierbare Werte mit einer Genauigkeit von mindestens 0,01 pH liefern können. Mit ihrer Hilfe ist das Verhalten gelöster Protolyte quantitativ zu übersehen.

Der pH-Wert einer Säurelösung. Der Dissoziationsgrad

Eine zusammenfassende Darstellung der Säuren wird die Frage aufwerfen, welche *Konzentration das für die Säuren gemeinsame Spaltprodukt*, die H^+-Ionen, unter den jeweiligen Dissoziations- und Verdünnungsbedingungen aufweist. Da in einer reinen Säurelösung in erster Annäherung $[H^+] = [A^-]$ ist, so ergibt sich

$$\frac{[H^+]^2}{[HA]} = K \tag{35}$$

bzw.

$$[H^+] = \sqrt{K \cdot [AH]}. \tag{35a}$$

Seien c Mole Säure im Liter gelöst, so ist $[HA] = c - [H^+]$. Wenn, wie es bei den meisten Säuren in den in Betracht kommenden Konzentrationen zutrifft, die Dissoziation sehr klein ist und kaum über 1% liegt, dann kann in guter Annäherung $[AH]$ gleich c gesetzt werden und man erhält

$$[H^+] = \sqrt{K \cdot c}. \tag{35b}$$

Diese Gleichung sagt aus, daß die Wasserstoffzahlen nicht wie bei einem starken Elektrolyten proportional c sinken, sondern langsamer, d.h. der Wurzel aus c entsprechend. Das ist nur dadurch möglich, daß sich mit steigender Verdünnung der Dissoziationsgrad erhöht, wie es das Verdünnungsgesetz lehrt.

Die zuletzt angeführte Gleichung lautet unter Verwendung der Symbole pH, p_c und pK:

$$pH = \tfrac{1}{2} \cdot (pK + p_c). \tag{35c}$$

Mit pK 4,7 für Essigsäure ergeben sich so leicht die für die Essigsäure bei verschiedenen Konzentrationen angeführten pH-Werte (Tabelle 42).

Tabelle 42. *pH-Werte und Quotient der H^+-Konzentrationen gleich konzentrierter HCl-(a)- und Essigsäure-(b)-Lösungen mit dem daraus sich ergebenden Dissoziationsgrad von (b) (pK für Essigsäure: 4,7)*

Konzentration m/L	a HCl	b Essigsäure	Δ pH $(b-a)$	$\dfrac{[H^+]b}{[H^+]a}$	α Essigsäure
1	0	2,35	2,35	1 : 225	0,0045
0,1	1	2,85	1,85	1 : 71	0,014
0,01	2	3,35	1,35	1 : 22,5	0,045
(0,001	3	3,85	0,85	1 : 7,1	0,14)

Bei Säuren, deren Dissoziation etwa von der Größenordnung wie die des Wassers ist, müssen auch die aus ihm stammenden Ionen mitberücksichtigt werden. Der Ansatz lautet daher, wenn wieder $c = AH$ gesetzt wird:

$$[H^+] = [A^-] + [OH^-] = \frac{c \cdot K}{[H^+]} + \frac{K_w}{[H^+]} = \sqrt{K \cdot c + K_w}. \tag{35d}$$

Mit Hilfe dieser Gleichungen ist das Dissoziationsverhalten schwacher Säuren und Basen beim Verdünnen zu beschreiben. Die Tabelle enthält auch die pH-Werte einer starken Säure (HCl), welche sich direkt aus der Säurekonzentration ergeben, allerdings unter der Annahme einer Gleichheit der H^+-Ionenaktivität mit ihrer Konzentration. Sie trifft für höhere c-Werte nicht zu. Der Unterschied im Verhalten beider Säuren ist evident; er wird bei höheren Konzentrationen besonders deutlich. Während die starke Säure stets total dissoziiert ist, sind bei 1 m von der Essigsäure erst 0,45%, bei m/1000 aber schon 14% aufgespalten. Im ersteren Falle beträgt der Dissoziationsgrad (α) 0,0045, im zweiten 0,14. Durch Verdünnung einer Säure ist aber nur ein gewisser, nicht sehr weiter pH-Bereich zugänglich.

Zu einem weiteren Verständnis des Verhaltens von schwachen Säuren bei verschiedenem pH führt die Untersuchung der *pH-Änderung bei der Neutralisierung*, d.h. beim stufenweisen Verlaufe einer Titration (elektrometrische Titration). Bei starken Säuren ist die pH-Berechnung in jedem Stadium der Titration leicht möglich, wenn Flüssigkeitsvolumina und Mengen von Säuren und Basen bekannt sind. Wenn sich aber im Verlaufe dieses Vorganges wie bei allen schwachen Säuren und Basen der Dissoziationsgrad ändert, dann verschwinden die H^+ nicht äquivalent mit den zugesetzten OH^-, sondern infolge der Nachdissoziation wesentlich langsamer. Zur Beschreibung des Vorganges ist es nötig zu wissen, wie sich α mit dem pH ändert. Diese Beziehung ist folgendermaßen abzuleiten:

Nach Definition ist:

$$\alpha = \frac{[A^-]}{[A^-] + [AH]} \, . \tag{1}$$

Nach dem Massenwirkungsgesetz ist:

$$[AH] = \frac{[H^+] \cdot [A^-]}{K} \, .$$

Einsetzen führt zu:

$$\alpha = \frac{[A^-]}{[A^-] + \dfrac{[A^-] \cdot [H^+]}{K}} = \frac{1}{1 + \dfrac{[H^+]}{K}} = \frac{K}{K + [H^+]} = \frac{K}{K + 10^{-pH}} = \frac{1}{1 + 10^{pK - pH}} \, . \tag{36}$$

Man definiert den Dissoziationsrest ϱ als $1 - \alpha$:

$$\varrho = \frac{[H^+]}{K + [H^+]} \, . \tag{36a}$$

Diesen Beziehungen ist zu entnehmen:

1. Daß α mit zunehmender $[H^+]$ kleiner wird. Wird diese Zunahme der $[H^+]$ durch die gleiche Säure, d.h. durch ihre Konzentrationssteigerung erreicht, so folgt das gleiche Resultat, wie es das Verdünnungsgesetz bietet. Wird die Steigerung durch eine zweite hinzugefügte, stärkere Säure bewirkt, dann ergibt sich als Auslegung der Verkleinerung von α das Gesetz der Zurückdrängung der Dissoziation einer schwächeren Säure durch eine stärkere. Mit zunehmender Wasserstoffzahl nähert sich α einem von dem Wert der Dissoziationskonstanten abhängigen stets sehr kleinen Endwert.

2. Wenn die $[H^+]$ den gleichen numerischen Wert besitzt wie die Dissoziationskonstante, dann ist α und $\varrho = \frac{1}{2}$.

3. Beim Zuordnen von α zur pH-Skala, also beim Verwenden einer logarithmischen Abszisse, entstehen für α und ϱ spiegelbildlich gleiche, aber entgegengesetzt verlaufende Wendepunktskurven. Der Wendepunkt liegt bei dem unter 2. erwähnten pH, der den gleichen Wert besitzt wie der negative Logarithmus des Wertes der Dissoziationskonstanten, pK genannt. Der Verlauf dieser wichtigen Kurve ist für alle Säuren gleich und für die Basen invers und identisch mit dem des Dissoziationsrestes einer Säure. Je nach der Stärke der Säuren liegen die Kurven an verschiedenen Stellen der pH-Skala in dem Sinn, daß im Gegensatz zu den schwachen relativ starke Säuren ihre Kurven in niedrigen pH-Bereichen symmetrisch um den pK-Wert sich entwickeln lassen. Die Steilheit der Kurve ist am größten um den Wendepunkt, d.h. eine große Änderung von α entspricht nur einer geringen im pH. Im Abstand einer pH-Stufe vom Wendepunkt steigt α von 0,5 auf 0,91 bzw. fällt auf 0,09. Im Bereich zweier pH-Stufen, die symmetrisch um den Wendepunkt liegen, ändert sich also die Dissoziation von 9% auf 91% (Abb. 45).

Fügt man ihnen nach beiden Seiten je noch eine pH-Einheit hinzu, dann umfaßt die Dissoziation unabhängig vom absoluten pH-Bereich und von der Art der Säuren oder Basen die Spanne von 1—99%.

Der höchst charakteristische Kurvenverlauf gestattet also, bei *bekanntem K für jeden pH den Dissoziationsgrad der zugehörigen Säure zu entnehmen.* Dieser gesetzmäßige Ablauf führt zu einer Reihe wichtiger Folgerungen.

Die α-Kurve von schwachen Elektrolyten deckt sich praktisch mit ihren Titrationskurven. Bei dem schrittweisen Hinzufügen einer Basennormallösung zur Säure wird die ursprünglich praktisch undissoziierte Säure durch die Bildung des Salzes mit einer starken Base zur vollkommenen Dissoziation gebracht. Man kann ohne wesentlichen Fehler die schwache Säure als undissoziiert, das Salz als dissoziiert annehmen; dann ergibt das Verhältnis der zugefügten Lauge bzw. der schon neutralisierten, d.h. der dissoziierten Säure zur gesamt vorhandenen den Dissoziationsgrad. Trägt man also statt α den Prozentsatz der neutralisierten Säure auf, so entsteht aus der α-Kurve die Titrations-(Puffer-)kurve, auch Basenbindungskurve genannt. Bei Halbneutralisierung

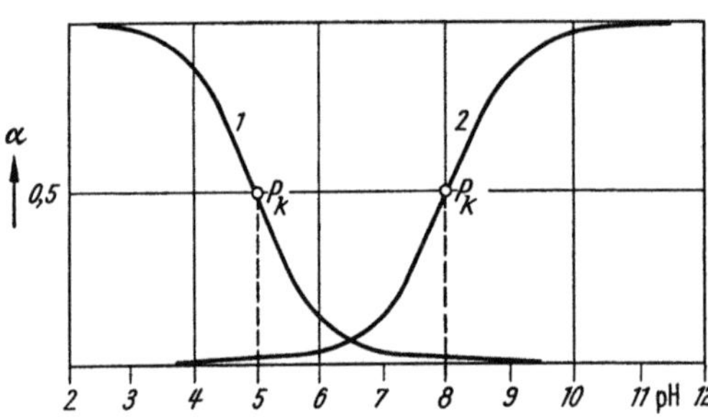

Abb. 45. *1* Dissoziationsrestkurve (ϱ) einer Säure mit $K = 10^{-5}$ oder Dissoziationskurve (α) einer Base mit $K_b = 10^{-9}$. *2* α-Kurve einer Säure mit $K = 10^{-8}$ oder ϱ-Kurve einer Base mit $K_b = 10^{-6}$

erhält man pH = pK und hat damit die Möglichkeit, durch pH-Bestimmung einer halbneutralisierten Säure deren Dissoziationskonstante zu ermitteln.

Für schwache Säuren ist die totale Dissoziation bei Erreichung der neutralen Reaktion (Neutralkapazität) noch nicht erreicht, sondern die Kurven ergeben $\alpha = 1$ erst weiter im Alkalischen (Äquivalentkapazität).

Denn erst hier ist das Salz vollständig gebildet. Umgekehrt erzeugt das in Wasser gelöste reine Salz aus einer starken Base und einer schwachen Säure eine alkalische Reaktion, wie ein solches aus einer schwachen Base mit einer starken Säure den pH verringert.

Basenverteilung zwischen verschiedenen Säuren. Hydrolyse

Diese pH-Veränderungen beruhen auf einer Reaktion des Wassers mit den Ionen der genannten Elektrolyte. Sie wird daher *Hydrolyse* genannt. Bei der Hydrolyse wird eine aus dem Wasser stammende Ionenart von den Ionen des Elektrolyten unter Entionisierung gebunden. Dabei hinterbleibt das nicht-gebundene Ion des Wassers in äquivalenten Mengen und bestimmt die Reaktion. Schwache Säuren binden so die H-Ionen und schwache Basen die OH-Ionen, und es hängt von der Stärke beider ab, welcher Vorgang überwiegt. Als Beispiel soll die Hydrolyse (hydrolytische Dissoziation) der Essigsäure formuliert werden.

$CH_3COO^- + H_2O = CH_3COOH + OH^-$. Die Hydrolysenkonstante sei

$$K_h = \frac{[AH] \cdot [OH^-]}{[A^-]} \, ;$$

da

$$[OH^-] = \frac{K_w}{[H^+]}$$

und

$$\frac{1}{K_s} = \frac{[AH]}{[H^+] \cdot [A^-]} \, ,$$

folgt:

$$K_h = \frac{[AH] \cdot K_w}{[H^+] \cdot [A^-]} = \frac{K_w}{K_s}.$$

Da OH^- in gleichen Mengen wie die undissoziierte Säure aus dem Salz entsteht, also $[HA] = [OH^-]$, ist

$$K_h = \frac{[OH^-]^2}{[A^-]} = \frac{K_w}{K_s}, \tag{37}$$

woraus folgt:

$$[OH^-] = \sqrt{\frac{K_w}{K_s} \cdot [A^-]}$$

bzw.

$$[H^+] = \sqrt{\frac{K_w \cdot K_s}{[A^-]}} \tag{37a}$$

und

$$pH = \tfrac{1}{2} \cdot (pK_w + pK_s - p_c). \tag{37b}$$

Für die hydrolytische Dissoziation der Salze schwacher Basen (B^+Cl^-) gilt dementsprechend:

$$[H^+] = \sqrt{\frac{K_w}{K_b} \cdot [B^+]} \tag{37c}$$

bzw. angenähert;

$$pH = \tfrac{1}{2} (pK_w - pK_b + p_c) \tag{37d}$$

oder unter Benutzung der Kationensäuredissoziationskonstanten K_s' statt K_b: $pH = \tfrac{1}{2} (pK_s' + p_c)$; vgl. (35c) und (30b).

Vorstehende Näherungsformeln sind nur für mittlere Hydrolysengrade mit $pH > 8$ bzw. $pH < 6$ verwendbar. Für die Berechnung kleinerer Abweichungen von der Neutralität sind K_s bzw. K_b unter dem Wurzelzeichen als Summanden zuzufügen.

Als Hydrolysengrad (g) wird der Bruchteil des gespaltenen Anteils in Dezimalen angegeben. Er ist aus K_h mit Hilfe von (37) leicht zu entnehmen, da die Konzentrationen der OH-Ionen $c \cdot g$ und die des Acetats $c(1-g)$ beträgt, so daß gilt:

$$K_h = \frac{g^2}{1-g} \cdot c. \text{ Bei } c = 1 \text{ ist } g = 0,01 \text{ (d.h. 1\%) für } K_s = 1 \cdot 10^{-10}$$

bzw.

$$K_h = 10^{-4}; \text{ für } K_s = 10^{-4} \ (K_h = 10^{-10}) \text{ ist } g = 1 \cdot 10^{-5}, \text{ d.h. } ^1/_{1000}\%.$$

Bei $m/100$ wäre g im ersten Fall 0,095 (9,5%), im zweiten 10^{-4}, also $^1/_{100}\%$. Eine starke Hydrolyse wird also nur in niedrigen Konzentrationen von Salzen mit einem schwachen Elektrolyten erreicht.

Weil in endlichen Konzentrationen durch Hydrolyse nur ein sehr geringer Prozentsatz des Salzes gespalten ist, kann die Salzkonzentration der $[A^-]$ gleichgesetzt werden, so daß mit der Formel (37b) die Reaktion einer hydrolytisch gespaltenen Neutralsalzlösung näherungsweise für mittelschwache Säuren ermittelt werden kann. So ist bei Na-Acetat mit K_s von rund 10^{-5} für $c = 1$ und $c = 0,01$ der pH 9,5 bzw. 8,5.

Die Hydrolysenkonstante ist wenig abhängig von der Ionenstärke. Sie kann für Basen als die Dissoziationskonstante einer Kationsäure in Wasser aufgefaßt werden (s. S. 146).

Für Säuren gibt sie die Konstante der Protonenanlagerung an die korrespondierende Anionenbase, z.B. $CH_3 \cdot COO^-$.

Bei Salzen aus schwachen Basen, d.h. Kationsäuren mit K_s', und schwachen Säuren gilt die Konstante:

$$K_h = \frac{K_w}{K_b \cdot K_s} = \frac{g^2}{(1-g)^2} = \frac{K_s'}{K_s}. \tag{38}$$

Je kleiner das Produkt der beiden Konstanten ist, um so stärker ist demnach die Hydrolyse. Es zeigt sich, daß der Hydrolysengrad in diesem Fall von der Konzentration des Salzes, allerdings nicht von der Ionenstärke der Lösung unabhängig ist.

Bei Salzen aus schwachen Säuren und schwachen Basen hängt die H^+-Ionenkonzentration weniger von der Salzkonzentration, sondern hauptsächlich vom Verhältnis der Dissoziationskonstanten zueinander ab, wie folgende Ableitung ergibt. Wenn z. B. Ammoniumacetat nach folgender Gleichung hydrolysiert:

$$NH_4^+ Ac^- + H_2O \rightleftharpoons NH_3 + H_2O + HAc, \quad da \quad NH_4OH \rightarrow NH_3 + H_2O,$$

sind sowohl die Konzentrationen von NH_4^+ und Ac^- und die von NH_3 und Essigsäure einander gleich. Mit Hilfe der beiden Konstanten ergibt sich:

$$[H^+] = K_s \frac{[HAc]}{[Ac^-]} \quad und \quad [H^+] = \frac{K_w \cdot [NH_4^+]}{K_b \cdot [NH_3]} = K_s' \frac{[NH_4^+]}{[NH_3]} . \qquad (38a)$$

Multiplikation dieser beiden Gleichungen miteinander liefert unter Herausheben der soeben als gleich groß bezeichneten Konzentrationen:

$$[H^+] = \sqrt{\frac{K_s}{K_b} \cdot K_w} = \sqrt{K_s \cdot K_s'} \qquad (38b)$$

als Reaktion in den Lösungen solcher Salze, welche aus zwei schwachen Elektrolyten gebildet sind. Sind beide Konstanten, wie es annähernd für NH_4^+ und Ac^- zutrifft, gleich, so ist die Lösung neutral; ist K_s stärker als K_b, dann ergibt sich eine saure Reaktion und umgekehrt. Es ist zu beachten, daß die Dissoziation der Ampholyte der gleichen Gesetzmäßigkeit gehorcht.

Die *Hydrolyse der Seifen*, welche zu einer alkalischen Reaktion ihrer Lösungen führt (1), kann durch die Verwendung neutraler Detergentien umgangen werden (2). Durch Einführung von Alkylresten in basische Stickstoffverbindungen entstehen Seifen, welche im Sauren stabil sind (saure Seifen, Invertseifen, 3). Sowohl bei saurer wie alkalischer Reaktion stabil sind die *Detergentien* vom Typ der quarternären (4) Ammoniumbasen [WESTPHAL und JERCHEL (1942)].

1) $Ol^- + H_2O \rightleftharpoons (HOl) + OH^-$

2) $C_{12}H_{25}-SO_3^-Na^+$; $C_{12}H_{25}-O-SO_3^-Na^+$
    Alkylsulfonat   Fettalkoholsulfonat

3) $C_{12}H_{25}NH_3^+Cl^- \rightleftharpoons C_{12}H_{25}NH_2 + H^+ + Cl^-$

4) $C_{12}H_{25}-N(R)_3^+Cl^-$

2) sind anionische, 3) und 4) kationische Detergentien.

Viele in der Biologie wichtige Stoffe anorganischer und organischer Natur, auch Kolloide, unterliegen der Hydrolyse. Als Beispiel sei nur an die zahlreichen organischen Zwischenprodukte des Stoffwechsels mit saurem und basischem Charakter oder an die kohlensauren und phosphorsauren Salze und die Seifen gedacht.

Sind *zwei oder mehrere Säuren in der Lösung* vorhanden, dann gestattet die Kenntnis ihrer Konstanten Äußerungen über ihren Dissoziationszustand bei gegebenem pH. Liegen ihre Konstanten so weit auseinander, daß die α-Kurve der einen den Wert 1 erreicht hat, während das α der anderen noch sehr niedrig ist, so findet keine gegenseitige Beeinflussung, insbesondere keine Konkurrenz um das Alkali statt; denn die erstere hat es zu ihrer Neutralisierung voll verbraucht. Anders sind die Verhältnisse, wenn die Kurven beider bei einem gegebenen pH noch im freien Felde liegen. Dann verteilt sich das Alkali zwischen beide Säuren nach Maßgabe der Dissoziationskonstanten. Die in dem betreffenden pH-Punkt errichtete Ordinate trifft auf den Kurven den für die starke Säure höheren α-Wert und den niedrigeren der anderen. Das Alkali verteilt sich dann den dissoziierten Anteilen entsprechend, denn nach Eliminierung von H^+

ergibt sich für 2 Säuren mit den Konstanten K_I und K_{II} aus dem Massenwirkungs-gesetz:

$$K_I : K_{II} = \frac{[A_I^-]}{[HA_I]} : \frac{[A_{II}^-]}{[HA_{II}]},$$

d.h. bei gleicher Wasserstoffzahl verhalten sich die Salz/Säure-Quotienten ver-schiedener schwacher Säuren zueinander wie ihre Dissoziationskonstanten (Abb. 47).

Aus diesem Gesetz lassen sich die Kurven entwickeln, welche die Basenverteilung bei der Titration zweier schwacher Säuren oder in dem Gemisch einer schwachen mit dem Salz einer anderen schwachen Säure darstellen.

Der Logarithmus dieser Quotienten ist eine einfache lineare Funktion des pH. Denn:

$$pH = pK' + \log \frac{[A^-]}{[HA]} \quad (39)$$

vgl. Abb. 46.

Diese Quotienten sind nur dann, wenn A^- neben HA im Nenner vernach-lässigt werden kann, d.h. bei geringer Dissoziation, mit den Dissoziationsgra-den übereinstimmend. Das Verhältnis der Dissoziationsgrade für beide Säuren ist nämlich nach Gl. (36):

$$\frac{\alpha_I}{\alpha_{II}} = \frac{K_I \cdot K_{II} + H \cdot K_I}{K_I \cdot K_{II} + H \cdot K_{II}}. \quad (39a)$$

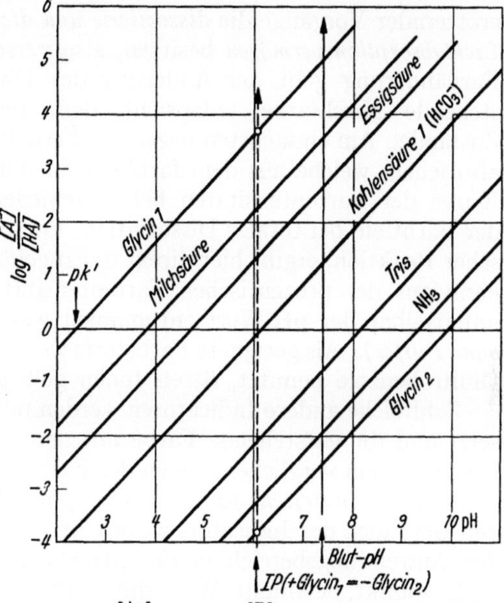

Abb. 46. $\log \frac{[A^-]}{[AH]}$, bzw. $\log \frac{[B]}{[BH^+]}$ als Funktion des pH-Wertes. pK'-Werte: Glycin$_1$: 2,35, Glycin$_2$: 9,9, Milchsäure: 3,8, Essigsäure: 4,7, H$_2$CO$_3$: 6,1, Tris: 8,1, NH$_3$: 9,25

Wenn der Wert der H^+-Ionenkonzentration groß ist im Vergleich zu dem der größeren der beiden Konstanten, kann das Produkt $K_I \cdot K_{II}$ gegenüber dem Summanden im Nenner und Zähler vernachlässigt werden. Nur in diesem Fall gilt:

$$\frac{\alpha_I}{\alpha_{II}} = \frac{K_I}{K_{II}},$$

d.h. bei gleicher Wasserstoffzahl verhal-ten sich die Dissoziationsgrade wie die zugehörigen Dissoziationskonstanten.

Eine genauere Berechnung der bei einem gegebenen Titrationspunkt vor-handenen Verteilung der zugefügten starken Base zwischen zwei schwachen Säuren gestattet der folgende Ansatz.

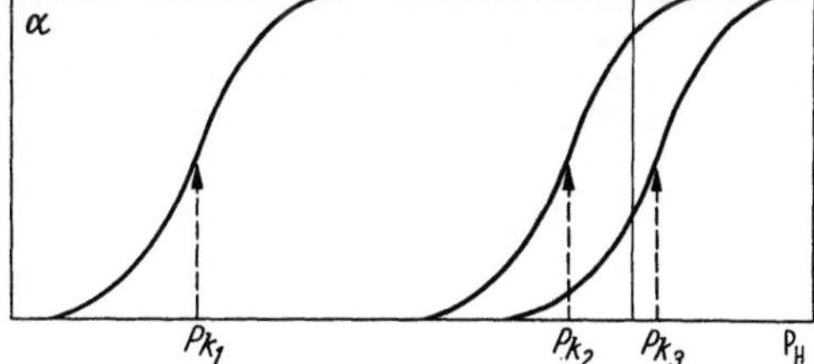

Abb. 47. Basenverteilung zwischen 2 Säuren (2-Säureproblem)

Liegen z.B. 2 Säuren mit je der Gesamtkonzentration c_I und c_{II} vor, sei weiter die Kon-zentration der zugegebenen Base B und das Verhältnis $K_I/K_{II} = y$, dann ergibt sich mit $[B^+] = [A_I^-] + [A_{II}^-]$ aus vorstehender Gl. (39a):

$$[A_I^-]^2 + [A_I^-]\left(\frac{c_{II} - B + By + c_I y}{1 - y}\right) - \frac{B \cdot c_I y}{1 - y} = 0. \quad (39b)$$

Mit ihrer Hilfe sind die Dissoziationsgrade der einzelnen Säuren und unter Benutzung von (36) die zugehörigen H-Ionenkonzentrationen zu berechnen. Man wird aber im allgemeinen den umgekehrten Weg gehen, d.h. im Verlauf einer elektrometrischen Titration die erreichten pH-Werte messen, um aus ihnen und der gegebenen Ionenstärke mit Hilfe von K' die Dissoziationsgrade und Basenverteilungen zu ermitteln. Das Verteilungsgesetz für die Basen ist sinngemäß auch auf mehr als zwei Säurereste zu erweitern. Für seine Anwendung ergeben sich in den biologischen Systemen zahlreiche Gelegenheiten.

Auch beim Gebrauch der *Farbindicatoren* hat man diese *Verteilungsregel* zu beachten. Ein Indicator ist ein schwacher Elektrolyt und erfährt als solcher genau die gleichen Dissoziationsänderungen mit dem pH wie jeder andere Stoff mit der entsprechenden Dissoziationskonstanten. Er läßt aber seine Dissoziationsänderungen dadurch in Erscheinung treten, daß auf Grund hier nicht näher zu erörternder Vorgänge die *dissoziierte und die undissoziierte Stufe ein verschiedenes Lichtabsorptionsvermögen* besitzen, also verschieden farbig sind (Abb. 48). Die Farbänderung geht der Änderung des Dissoziationsgrades parallel. Die entstehende Mischfarbe entspricht dem relativen Anteil der Farben beider Zustände. Am einfachsten liegen die Verhältnisse bei den *einfarbigen Indicatoren*, also jenen, welche aus dem farblosen in den farbigen Zustand übergehen. Die Kurve der Farbintensitäten bei verschiedenem pH, ausgedrückt in Prozenten der Farbtiefe bei totaler Dissoziation, für schwache Säuren also bei stark alkalischer Reaktion, ergibt hier direkt die zugehörige Dissoziationskurve. Umgekehrt kann aus der prozentischen Farbintensität, die colorimetrisch bestimmt wird, unmittelbar der pH-Wert entnommen werden *(Colorimetrische pH-Bestimmung ohne Puffer)*. Als geeignete Farbstoffe werden hierbei besonders die verschiedenen Dinitrobenzole benutzt, deren Ionen gelb gefärbt sind.

Zahlreiche andere Indicatoren werden mit Lösungen von abgestuftem pH versetzt und die entstehende Farbe mit der von Lösungen unbekannter H^+-Ionenkonzentration verglichen, denen der Farbstoff in gleicher Konzentration zugefügt wurde *(Colorimetrische pH-Bestimmung mit Puffern*, s. ENDER). Allgemein ist für den Gebrauch des Indicators zu beachten, daß seine Dissoziationskonstante auch den Anwendungsbereich in der pH-Skala, bzw. bei der Titration seinen Umschlagspunkt, bestimmt. Weiterhin muß berücksichtigt werden, daß der Indicator nur in so geringen Mengen angewandt werden darf, daß die zu seiner Dissoziation erforderlichen Alkalimengen verschwindend klein bleiben gegenüber denen, die zur Absättigung der zu titrierenden Substanz benötigt werden. Denn das Alkali verteilt sich zwischen der Säure und dem Indicator entsprechend der oben gegebenen Gl. (39a).

Bei der Benutzung der Indicatoren ist außerdem die *Ionenstärke der Lösung* zu beachten, denn die praktische Dissoziationskonstante hängt auch bei ihnen wie bei allen Säuren nach Gl. (28a) von μ ab. So besitzt z.B. p-Nitrophenol in Aq. dest. bei pH 7,2 die Hälfte (50%) seiner Farbintensität, d.h. sein pK ist 7,2 und $K = 6{,}32 \cdot 10^{-8}$. Bei der Ionenstärke unserer Körpersäfte ($\mu = 0{,}16$) würde demnach pK$' = 6{,}96$ und $K' = 1{,}1 \cdot 10^{-7}$ sein, der Indicator also schon bei pH 6,96 den Farbgrad $\frac{1}{2}$ ($\alpha_I = 0{,}5$) besitzen. Aus

$$\frac{0{,}5}{\alpha_{II}} = \frac{11 \cdot 10^{-8}}{6{,}32 \cdot 10^{-8}}$$

folgt: $\alpha_{II} = 0{,}29$, d.h. beim gleichen pH-Wert von 6,96 würde der Indicator in destilliertem Wasser nur 29% von seiner der Konzentration entsprechenden Gesamtfarbkraft zeigen. Umgekehrt würde der Farbgrad in der Lösung mit $\mu = 0{,}16$ bei pH $= 7{,}2$ 87% statt 50% in reinem Wasser betragen. Dieser Einfluß der Ionenstärke auf die Indicatorfunktion wurde früher als „*Salzfehler*" bezeichnet. Er ist je nach seinem Dissoziationstyp (binär, ternär) und den Farbeigenschaften verschieden stark störend. Die Theorie des „Eiweißfehlers" der Indicatoren ist weniger leicht zu geben. Er ist aber bei allen colorimetrischen Untersuchungen in Körpersäften zu berücksichtigen. Eine Zusammenstellung geeigneter Indicatoren gibt die Abb. 48.

Für die Benutzung von Indicatoren zur Erkennung des *Endpunktes* bei Säuren-Basen-Titrationen ist der pH-Wert der Halbdissoziation ungeeignet. Als Umschlagspunkt des Indicators wird eine wesentlich geringere Farbintensität, *meistens 5% der vollständigen Färbung* angegeben. Dieser Punkt liegt daher meistens gut eine pH-Einheit unterhalb des Wertes, welcher mit dem pK-Wert des Indicators identisch ist. Letzterer muß dann so gewählt werden, daß sein Umschlagspunkt noch alkalischer gelegen ist als jene Reaktion, welche das reine bei der Titration entstandene Salz erzeugt. Nur bei starken Säuren fällt dieser Punkt mit der neutralen Reaktion zusammen. Bei schwächeren wird dieser *Äquivalenzpunkt durch die Hydrolyse in den alkalischen Bereich* hinein verschoben. Für die Titration schwacher *Basen gilt das umgekehrte:* sie kann nur mit Indicatoren voll erfaßt werden, deren Umschlagspunkte im Bereich relativ stark saurer Reaktion liegen (vgl. KOLTHOFF).

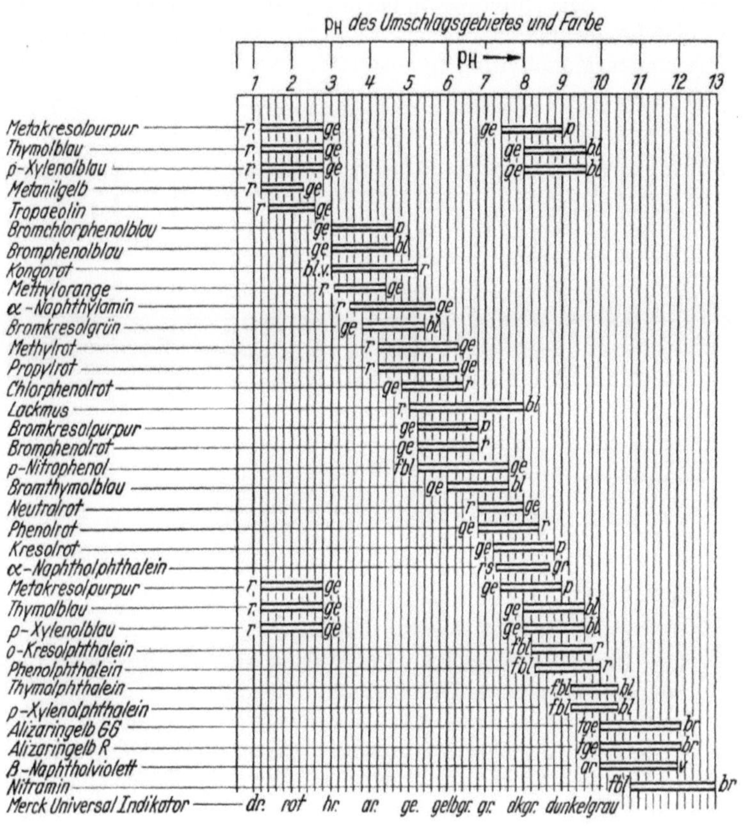

Abb. 48. Umschlagsintervalle gebräuchlicher Indicatoren (aus RAUEN)

Stufentitration; *α* bei mehrbasischen Säuren

Eine wichtige Anwendung der Indicatoren zeigt sich bei der *Stufentitration.* Liegen in einer Lösung zwei oder mehrere dissoziierende Stoffe oder Gruppen vor, dann wird die Absättigung bei der Titration sich entsprechend dem Zweisäureproblem durchaus nach der Lage der Dissoziationskonstanten richten. Im einzelnen sind folgende Fälle zu unterscheiden: 1. mehrbasische Säuren bzw. mehrsäurige Basen, 2. Ampholyte verschiedener Natur, 3. Gemische von Säuren verschiedener Stärke bzw. mit Basen, 4. polyvalente Elektrolyte (Eiweißstoffe usw.). In allen diesen Fällen wird das Verhalten durch die voranstehend geschilderten Sätze geregelt. Die entsprechende Kurve ergibt sich durch geometrische

oder rechnerische Addition der zu erwartenden Einzelkurven. Der entstehende
Kurvenzug kann mehr oder weniger deutliche Absätze, d. h. pH-Sprünge aufweisen.
Sind diese scharf, d. h. liegen die entsprechenden Dissoziationskonstanten genügend
weit voneinander entfernt, dann kann durch Verwendung geeigneter, diese
Sprünge anzeigender Indicatoren bei der sog. Stufentitration der Anteil der
einzelnen Säuren verschiedener Stärke erkannt werden. Das geschieht z. B. bei
der Stufentitration der Phosphorsäure, der *Magensafttitration* oder der Erfassung
von HCl neben Essigsäure oder anderen schwachen Säuren. Der erste Teil der
Kurve der als starker Säure einbasischen H_3PO_4 entspricht dem Übergang in das
NaH_2PO_4 (primäres oder Dihydrogenphosphat), dessen Bildung mit der Aufbiegung bei 5 cm³-Lauge abgeschlossen ist (Abb. 49). Hier schließt sich die Bildung
des sekundären oder Monohydrogenphosphates (Na_2HPO_4) aus der schwachen

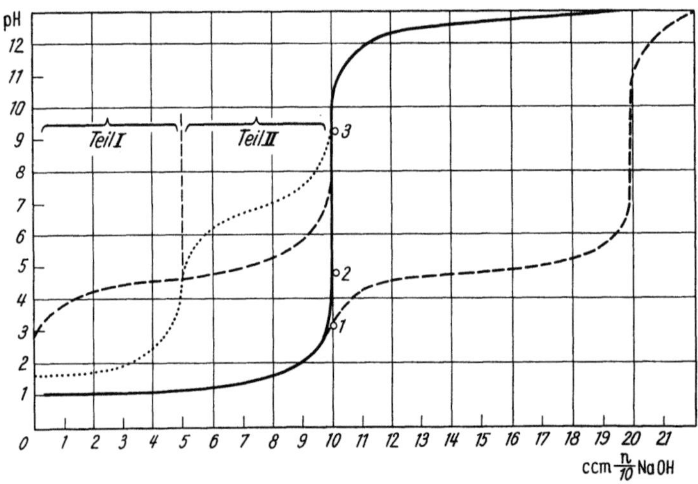

Abb. 49. *Titrationskurven von Säure-Mischungen* und mehrbasischen Säuren. —— 0,1 n HCl; ---- 0,1 n Essigsäure;
····· 0,05 n · H_3PO_4: Teil I: $H_3PO_4 \rightarrow H_2PO_4^-$; Teil II: $H_2PO_4^- \rightarrow HPO_4^{2-}$

Säure $H_2PO_4^-$ an. Ihr pK beträgt 6,8. Im Alkalischen folgt die Neutralisierung
auch des sekundären Phosphates. Die Zusammenlegung der HCl- und der Essig-
säurekurven mit dem Sprung, der bei pH 3 die Absättigung der HCl zu bestimmen
gestattet, zeigt ebenfalls Abb. 49. Am gleichen pH ist auch bei der Titration des
Magensaftes die Absättigung der sog. freien HCl bis auf 1 % beendet, denn hier
ist ihre Molarität $^1/_{1000}$, während ihr Ausgangswert in der Größenordnung von
m/10 liegt. Bei weiterem Laugenzusatz bis zum isoelektrischen Punkt der Eiweißkörper, also bis etwa pH = 5, wird die gebundene HCl aus ihnen verdrängt nach
der Gleichung:

$$\text{HOOC} \cdots \text{Alb} \cdots \text{NH}_3^+\text{Cl}^- + \text{NaOH} \rightarrow {}^-\text{OOC} \cdots \text{Alb} \cdots \text{NH}_3^+ + \text{NaCl} + H_2O.$$

Erst nach weiterer Laugenzugabe wird Alkali an das isoelektrische Eiweiß gebunden
nach:

$$^-\text{OOC} \cdots \text{Alb} \cdots \text{NH}_3^+ + \text{NaOH} \rightarrow \text{Na}^+\, {}^-\text{OOC} \cdots \text{Alb} \cdots \text{NH}_2 + H_2O.$$

Gleichzeitig wird die Summe der noch vorhandenen schwachen Säuren bis zum
Phenolphthaleinumschlag mitbestimmt (sog. Gesamtsäure). In allen diesen Fällen
ist durch sinngemäße Verwendung der Indicatoren eine Bestimmung einzelner
Stufen möglich.

    So würde also zur Erfassung der Salzsäure ein bei (1), Abb. 49, für das primäre
Phosphat ein bei (2) und für die Essigsäure und für das sekundäre Phosphat

ein bei (3) umschlagender Indicator geeignet sein. Für (1) verwendet man z.B. Tropäolin 00 oder Dimethylgelb, für (2) Methylorange und für (3) Phenolphthalein.

Die *Titrationskurve* schwacher Säuren erlaubt noch weitere Schlüsse auf das elektrochemische Verhalten dieser Stoffe. Mit ihrer Hilfe sind die *Dissoziationskonstanten graphisch bestimmbar* und aus ihnen der Verlauf des Dissoziationsgrades für die einzelnen Stufen abzuleiten. Der pH-Wert für die Wendepunkte gibt pK'. Wird die Einteilung der Koordinaten so getroffen, daß die Einheit für α einer pH-Einheit gleich ist, dann ist die Neigung $\frac{d\alpha}{d\mathrm{pH}} = 0{,}576$ und damit der Neigungswinkel im Wendepunkt 30°, denn tg 30° = 0,576 bzw. $\pi/6$ = arctg 0,576. Wird der Maßstab für α n-fach höher gewählt, so ist auch der Tangens des Neigungswinkels um ebensoviel größer. α selbst berechnet sich aus der bis zum Titrationspunkt benutzten Laugenmenge und der Äquivalenzkapazität für die gegebene Säurekonzentration.

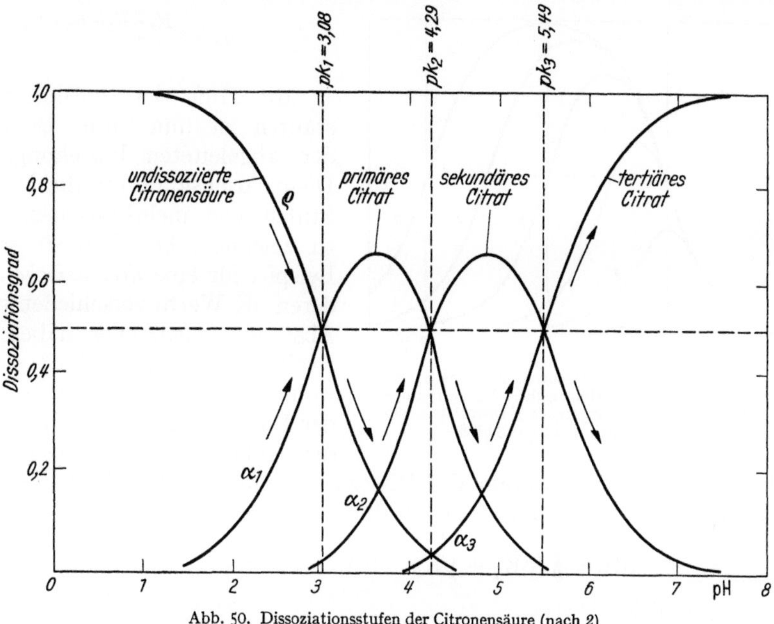

Abb. 50. Dissoziationsstufen der Citronensäure (nach 2)

Um die thermodynamischen Konstanten K zu ermitteln, ist es notwendig, die Ionenstärke der Lösung zu berücksichtigen. Dabei hält man sie zweckmäßigerweise so klein, daß die Berechnung der benötigten Aktivitätskoeffizienten noch nach dem Grenzgesetz (25) vorgenommen werden kann.

Für den *Dissoziationsgrad* (α_1, α_2, α_3 … α_n) und Dissoziationsrest (ϱ) *mehrbasischer bis vielbasischer Elektrolyte* mit n protolytischen Gruppen ergibt eine elementare Substitutionsrechnung folgende allgemeine Formulierung. Der Dissoziationsrest sei:

$$\varrho = \frac{A}{A + A^- + A^{2-} + A^{3-} + \cdots A^{n-}}. \tag{40a}$$

Der Dissoziationsgrad der i-ten Stufe sei:

$$\alpha_i = \frac{A^{i-}}{A + A^- + A^{2-} + A^{3-} + \cdots A^{n-}}. \tag{40b}$$

Der für ϱ und alle α-Werte gleichbleibende Nenner ist dann:

$$N = \sum_{i=0}^{n} [\mathrm{H}^+]^{n-i} \cdot K_1 \cdot K_2 \ldots K_i. \tag{40}$$

Zähler ist für ϱ das erste Glied mit $i=0$, d.h. $[H^+]^n$. Die Zähler für α_1, α_2, ..., a_i sind jedes 2., 3., ..., $(i+1)$. Glied mit $i=1, 2, ..., n$ als Indices für die Ionisationskonstanten.

Beispiele: α_2 einer zweibasischen Säure, z.B. H_2CO_3:

$$\alpha_2 = \frac{K_1 \cdot K_2}{[H^+]^2 + [H^+] \cdot K_1 + K_1 \cdot K_2}; \quad \varrho = \frac{[H^+]^2}{[H^+]^2 + [H^+] \cdot K_1 + K_1 \cdot K_2}.$$

Für eine vierbasische Säure ist:

$$N = [H^+]^4 + [H^+]^3 \cdot K_1 + [H^+]^2 \cdot K_1 \cdot K_2 + [H^+] \cdot K_1 \cdot K_2 \cdot K_3 + K_1 \cdot K_2 \cdot K_3 \cdot K_4$$

$$\varrho = \frac{[H^+]^4}{N}; \quad \alpha_1 = \frac{[H^+]^3 \cdot K_1}{N}; \quad \alpha_2 = \frac{[H^+]^2 \cdot K_1 \cdot K_2}{N}; \quad \alpha_3 = \frac{[H^+] \cdot K_1 \cdot K_2 \cdot K_3}{N};$$

$$\alpha_4 = \frac{K_1 \cdot K_2 \cdot K_3 \cdot K_4}{N}.$$

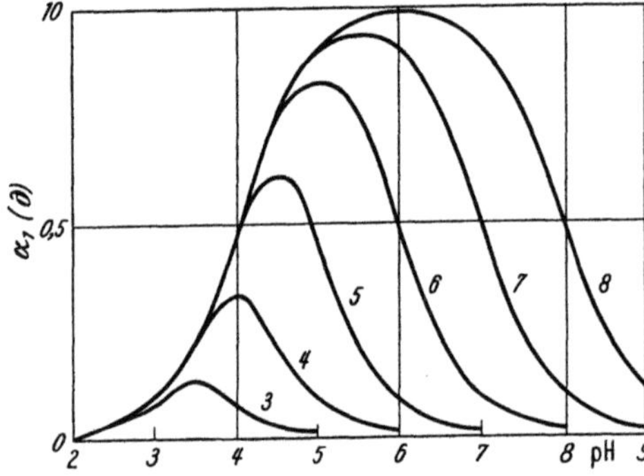

Abb. 51. pH-Abhängigkeit des Dissoziationsgrades α_1 einer zweibasischen Säure, bzw. pH-Abhängigkeit des Zwitterionengrades (ϑ), für die Werte der angegebenen Dissoziationsexponenten; $pK_1 = 4$; pK_2 steigt von 3 bis 8

Mit Hilfe der Ionisierungskonstanten ist nun unter Benutzung der abgeleiteten Beziehungen der Dissoziationsgrad für die einzelnen Stufen von mehrbasischen Säuren zu zeichnen. Die Abb. 50 gibt ein Beispiel für eine *dreibasische Säure*, deren pK-Werte verschieden großen Abstand voneinander haben. Für zweibasische Säuren läßt sich sowohl der allgemeinen Abb. 51 wie der Darstellung für die Dissoziation der Kohlensäure in Abb. 58 leicht entnehmen, daß das Maximum des Dissoziationsgrades für AH^- in der Mitte zwischen pK_1 und pK_2 gelegen ist, so daß für diesen Punkt gilt:

$$pH = \tfrac{1}{2}(pK_1 + pK_2) \quad \text{bzw.} \quad H^+ = \sqrt{K_1 \cdot K_2}. \tag{41}$$

Für α_1 erhält man:

$$\alpha_1 = \frac{[AH^-]}{[AH_2] + [AH^-] + [A^{2-}]} = \frac{1}{1 + \dfrac{[H^+]}{K} + \dfrac{K_2}{[H^+]}} = \frac{[H^+] \cdot K_1}{[H^+]^2 + [H^+] \cdot K_1 + K_1 \cdot K_2} \tag{42}$$

und für die Maximalgröße von α_1 folgt durch Einsetzen von $[H^+]$ aus der vorangegangenen Beziehung (41):

$$\alpha_1 \, max = \frac{1}{1 + 2\sqrt{\dfrac{K_2}{K_1}}}. \tag{42a}$$

Die Ampholytdissoziation

Die vorstehende Ableitung, welche zuerst von MICHAELIS formuliert wurde, kann unverändert zu der Beschreibung der *Ampholytdissoziation* verwendet werden.

Die Ampholyte sind Substanzen, welche die Fähigkeit besitzen, unter Salzbildung gegenüber Säuren wie Basen und gegenüber Basen wie Säuren zu reagieren. So kann $Zn(OH)_2$ sich mit Lauge lösen und dabei das Na-Zinkat bilden, wie umgekehrt mit Salzsäure aus ihm $ZnCl_2$ entsteht. Hier ist wie bei anderen

Hydroxyden die Fähigkeit, nach beiden Seiten unter Lieferung von Kationen oder Anionen zu reagieren, an eine Gruppe gebunden. Recht häufig aber sind in einer Molekel die *anionen- und kationenbildenden Gruppen voneinander getrennt* vorhanden. Zu diesen Stoffen gehören z.B. die Eiweißkörper und die Aminosäuren. Für ihr elektrochemisches Verhalten lassen sich folgende zwei Möglichkeiten formulieren:

$$\text{I.} \quad \text{a)} \quad H \cdot Alb \cdot OH + HCl = H \cdot Alb^+ Cl^- + H_2O$$
$$\text{b)} \quad OH \cdot Alb \cdot H + NaOH = OH \cdot Alb^- Na^+ + H_2O$$
$$\text{II.} \quad \text{a)} \quad {}^-Alb^+ + HCl = H \cdot Alb^+ + Cl^-$$
$$\text{b)} \quad {}^+Alb^- + NaOH = OH \cdot Alb^- Na^+$$

In beiden Fällen entsteht unter a) ein Eiweißchlorid und unter b) ein Na-Albuminat. Jedoch geschieht die Bildung dieser Salze bei I unter Dissoziation einer zunächst undissoziiert vorliegenden Substanz, während bei II von einer total geladenen Form ohne freies Gegenion ausgegangen wird. Die erste Dissoziation ist die eines gewöhnlichen Ampholyten, die zweite die der Zwitter-Ionen (N. BJERRUM 1923). Ein *Zwitter-Ion* kann durch Neutralisation der gleichzeitig abgegebenen OH^--Ionen entstanden sein. Es ist, da es gleich stark als Anion und Kation geladen ist, elektrisch neutral, wandert also nicht im elektrischen Feld. Durch Reaktion mit Säure oder Lauge wird es im beschriebenen Sinne Kation oder Anion; und zwar wird es Kation nicht durch Dissoziation einer Basengruppe, sondern durch Zurückdrängung der negativ geladenen Säuregruppe, also nicht durch Auftreten von Kationen, vielmehr durch Verschwinden von anionischen Resten. Für Aminosäuren ist das Verhalten folgendermaßen zu formulieren:

$$\begin{array}{ccc} R & R & R \\ | & | & | \\ {}^+NH_3-C-COOH & {}^+NH_3-C-COO^- & NH_2-C-COO^- \\ | & | & | \\ H & H & H \\ \text{sauer} & \leftarrow \quad \text{Zwitter-Ion} \quad \leftarrow & \text{basisch} \\ & \text{IP} & \end{array}$$

Abb. 52 gibt die *Basenbindungskurve von Glykokoll*. Man hat bei der Titration im stark sauren Bereich begonnen, d.h. eine starke Säure, eventuell HCl, hinzugefügt, um ihn zu erreichen. Dann aber muß vom jeweiligen Basenverbrauch jene Menge abgezogen werden, welche nötig wäre, um die zugefügte HCl bis zu jenem pH zu binden, den der verbleibende Rest in reiner HCl-Lösung erzeugen würde. Der dann übrigbleibende wahre Laugenverbrauch ist der zur Salzbildung des Protolyten wirklich verwendete (Ordinate). Die Bindung erfolgt im sauren und alkalischen pH-Bereich.

Der Verlauf der Basenbindung allein gestattet nun keine Entscheidung zwischen den beiden Dissoziationstypen I und II, denn die unterhalb der Kurve gebrachte schematische Darstellung vom Dissoziationsverhalten nach I und II erklärt den Verbrauch der OH-Ionen bzw. der Abgabe von H-Ionen in gleicher Weise, nur gehört bei I pK_1 der Kationsäure (Basendissoziation) an, während bei II die Kationsäure-Dissoziation dem pK_2 zugeordnet ist. Dennoch ist ein Unterschied im Verhalten beider recht bedeutungsvoll. Er bezieht sich auf den Zustand, welcher in der Mitte zwischen beiden Bindungskurven gelegen ist. In diesem *isoelektrischen Bereich* liefert der Ampholyt nach I kein Ion, er ist undissoziiert, während er nach II gleich stark positiv und negativ ionisiert ist. Für einen einbasischen Ampholyten ist die Dissoziation hier maximal. Aber im Zwitterion werden die beiden entgegengesetzten Ladungen innermolekular abgesättigt.

Eine Salzbildung mit einem fremden Gegenion findet nicht statt. Entfernung aus dem isoelektrischen Punkt führt durch Zurückdrängung der kationischen oder anionischen Funktion zu einseitiger Aufladung nach folgendem Schema:

$$^-OOC-R-NH_3^+ + NaOH \rightarrow Na^+ \, ^-OOC \cdot R \cdot NH_2 + H_2O$$

$$^-OOC-R-NH_3^+ + HCl \longrightarrow HOOC-R-NH_3^+ \, Cl^-$$

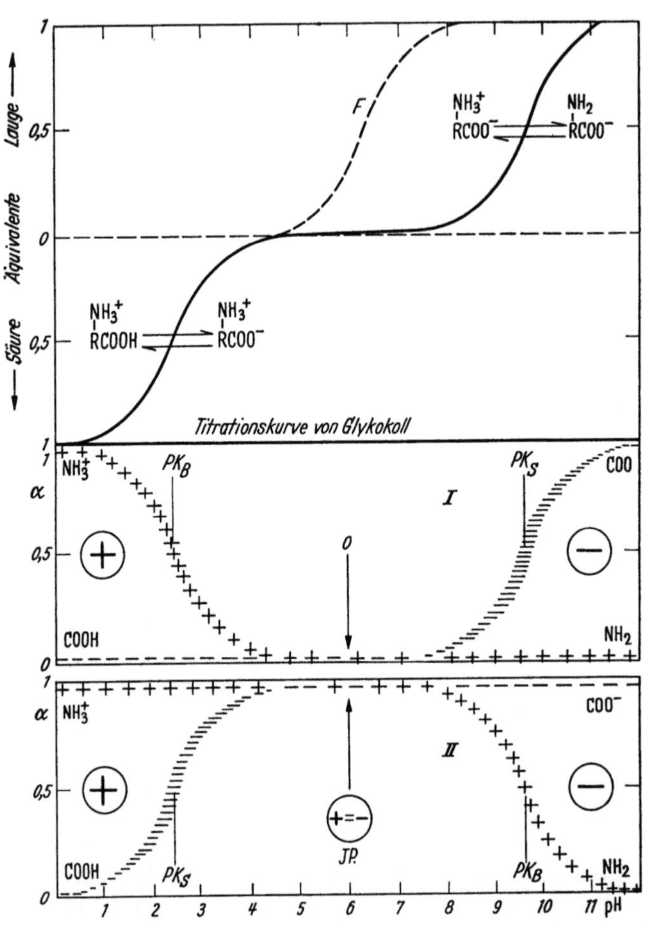

Abb. 52. Typen der Ampholytdissoziation und Titrationskurve von Glykokoll

Eine Entscheidung zwischen den beiden Typen wurde für Aminosäuren, Peptide und Eiweiße zugunsten der Bredig-Bjerrumschen *Zwitterionentheorie* auf Grund folgender Tatsachen gewonnen.

Zunächst befinden sich nur bei Annahme der Zwitterionenstruktur die *Dissoziationskonstanten* für die Carboxylgruppe (K_1) und für die NH_3^+-Gruppe (K_2) *in guter Übereinstimmung mit denen für freie aliphatische Säuren und Amine,* während bei umgekehrter Zuordnung unverständlich niedrige Säuren- und Basendissoziationen vorliegen würden. Allerdings ist besonders für die Carboxylgruppe die Übereinstimmung nicht vollständig, vielmehr findet man als Einfluß der α-ständigen positiven Ladung eine Erleichterung der Protonenabgabe, d.h. eine Erhöhung der Carboxyldissoziationskonstanten bis zu Werten um 10^{-2} bzw. pK = 2 (Tabelle 43). Auch die Dissoziation der endständigen Säuregruppen bei den zweibasischen Aminosäuren wird noch verstärkt, denn pK ist für sie immer kleiner als für die freie Essigsäure (pK = 4,7). Umgekehrt läßt sich zeigen, daß das Säureanion die Protonenabgabe aus der aliphatischen Ammoniumgruppe hindert, so daß pK_2 z.B. auf 9,8 im Glykokoll anwächst bzw. die Basenstärke im alten Sinne betrachtet, zunimmt. Dagegen sind die carboxylfernen Aminogruppen stärkere Basen als die in α-Stellung. Über die Dissoziationseigenschaften des phenolischen OH im Tyrosin-, der SH-Gruppe in Cystein und des kationischen, ursprünglich doppelt gebundenen Stickstoffes im Imidazolring des Histidins gibt die Tabelle 43 außerdem Auskunft.

Die Zwitterionenvorstellung wurde am stärksten durch *thermochemische* Ergebnisse gestützt. Die Abgabe des Protons ist mit einer Wärmeaufnahme verknüpft. Sie wird umgekehrt bei einer Entionisierung durch Zugabe einer starken Säure frei gemacht und beträgt beim aliphatischen Carboxyl zwischen 1,5—2 kcal

Tabelle 43. *pK- und IP-Werte einiger Aminosäuren*

	pK_1	pK_2	pK_3	IP
Glykokoll	2,35	9,65	—	6,0
Glutaminsäure	2,2	4,3	9,7	3,25
Tyrosin	2,2	9,1	10,1 (OH)	5,65
Cystein	2,0	8,2	10,3 (SH)	5,1
Lysin	2,2	9,0	10,5 ($-NH_2$)	9,75
Arginin	2,2	9,0	12,5 (Guanidin)	10,75
Histidin	1,8	6,1 (Imidazol)	9,2	7,65
Glycylglycin	3,1	8,3	—	5,7
Pentaglycylclycin . . .	2,95	7,65	—	5,3
α-Amino ⎱ Valeriansäure .	2,4	9,6	—	6,0
δ-Amino ⎰	4,2	10,7	—	7,45

pro Mol, bei einer Aminogruppe dagegen 10—12, beim Guanidin sogar 13 kcal/Mol. Es hat sich nun dementsprechend ergeben, daß der Dissoziationsvorgang der Aminosäuren im Sauren mit einem Wechsel von etwa 2 und im alkalischen Bereich mit einem solchen von etwa 12 kcal verknüpft ist. Bei niedrigem pH dissoziieren daher die sauren und bei höheren die basischen Gruppen.

Mit der polaren Struktur der Zwitterionen hängt ihr Einfluß auf die *Dielektrizitätskonstante* zusammen. Aminosäuren und Eiweiße erhöhen sie auch in wäßriger Lösung beträchtlich (s. S. 306). Dabei hat sich gezeigt, daß die Erhöhung linear mit der Konzentration anwächst. Dieses Anwachsen wird, bezogen auf ein Mol, das molare dielektrische Inkrement genannt. Es beträgt etwa 23,0 und ist wenig abhängig von der Art der α-Aminosäuren und der Lösungsmittelzusammensetzung, z.B. dem Mischungsverhältnis Alkohol/Wasser. β- bzw. γ-Aminosäuren besitzen ein um 13 bzw. 26 größeres Inkrement. Aus diesem Verhalten kann man mit WYMAN (1936) schließen, daß die Polarisation [$\alpha \cdot \mu^2$ (s. S. 35)] in einer Lösung der Zwitterionen dem dielektrischen Inkrement proportional ist. Die Größe der Polarisierbarkeit α läßt sich für eine gegebene Molekülstruktur abschätzen. Auf diese Weise können für Eiweiße und Aminosäuren Angaben über die Größe der Dipolmomente aus dem Inkrement gewonnen werden. Man muß bei ihnen diesen Umweg gehen, da sie in apolaren Lösungsmitteln nicht löslich sind, so daß die übliche Methode zur Bestimmung von μ_e versagt (s. S. 31). Die so gewonnenen sehr hohen Werte für Aminosäuren und Peptide (s. Tabelle 7) sind nur auf der Basis der Zwitterionenauffassung zu erklären. Dafür sei das Moment des Glykokolls als Beispiel gewählt. Aus den Molekülmodellen ergibt sich der Abstand der positiven Ladung an der Aminogruppe von dem der negativen an der Carboxylgruppe zu dem Wert von 3,17 Å. Multiplikation mit der

Größe des elektrostatischen Elementarquantums ($4{,}8 \cdot 10^{-10}$) ergibt $15{,}2 \cdot 10^{-18}$, d.h. 15,2 D als Wert für das Dipolmoment.

Die Zwitterionen sind für die sehr starke *Elektrostriktion* verantwortlich zu machen, welche sich bei ihrer Auflösung in Wasser äußert. Man versteht darunter die durch Ionenladungen bedingte Volumenverdichtung des Lösungsmittels. Sie kommt in einer dilatometrisch feststellbaren Verminderung des Gesamtvolumens zum Ausdruck und wird durch die Desaggregierung der assoziierten Lösungsmittelmolekeln unter dem Einfluß der freien Ionenladungen verursacht. Die auf diese Weise zustande kommende Volumenverkleinerung ist wesentlich größer als diejenige, welche beim Lösen anderer Stoffe einzutreten pflegt. So ergab sich, daß ein Mol (75 g) Glykokoll beim Lösen eine um 12,7 cm³ geringere Volumenzunahme bedingt, als die gleiche Menge des mit ihm isomeren, aber nicht dissoziierten Glykolsäureamides ($CH_2OHCO-NH_2$).

Die *hohe Dichte* der kristallisierten Aminosäuren und ihr ebenfalls *hoher Schmelzpunkt* beruhen auf den starken intramolekularen Anziehungskräften zwischen den Ionen. Sie sind also ebenfalls unmittelbar durch die Zwitterionen-Eigenschaften bedingt.

Auch mit Hilfe von *spektroskopischen Untersuchungen* läßt sich nachweisen, daß z.B. die Carboxylgruppe der Aminosäuren in dissoziierter Form vorliegt. So fehlen die Raman-Streulinien bei 580 mµ bzw. 303 mµ, welche den ungeladenen COOH- bzw. NH_2-Gruppen zukommen.

Schließlich muß auf die *Beeinflussung der Dissoziationskonstanten durch chemische Reaktionen oder Lösungsmitteleinflüsse* hingewiesen werden. Unter ihnen beansprucht die Titration in Gegenwart von Formaldehyd das größte Interesse. Hierbei wird pK_1 unverändert gelassen, aber pK_2 vermindert sich auf Werte bis gegen 6. Die Ursache liegt in einer Abnahme des Anlagerungsvermögens für Protonen an die Aminogruppe auf Grund folgender Reaktion:

$$R-NH_2 + OCH_2 \longrightarrow R-N{=}CH_2 + H_2O$$

bzw.

$$R \cdot NH_2 \xrightarrow{a} R \cdot NH \cdot CH_2OH \xrightarrow{b} R \cdot N(CH_2OH)_2.$$

Das Gleichgewicht für die Bildung von a und b ist für die einzelnen Aminosäuren verschieden, immer aber wird b bevorzugt gebildet. In dem Maße, wie die Basenstärke abgenommen hat, fällt der pK-Wert der α-Kurve dieser Gruppe. Der in Abb. 52 mit eingetragenen Kurvenast F gibt von der so entstandenen Änderung der Bindungskurve Rechenschaft. Da der Formaldehyd nur mit der Aminogruppe reagiert haben kann, muß der im Alkalischen liegende und nunmehr veränderte Kurvenast der Aminogruppendissoziation zuzuordnen sein. Diese Veränderung erlaubt die Titration der Aminosäuren mit Alkali unter Verwendung von Indicatoren, welche im schwach alkalischen Bereich umschlagen, da der Äquivalenzpunkt für die veränderte Aminogruppe schon spätenstens bei pH 10 erreicht ist. Zur exakten Durchführung der „Sörensenschen Formoltitration" empfiehlt sich im übrigen die elektrometrische Titration mit Hilfe der Glaskette.

Wird dabei die jeweils erfolgte Potentialzunahme mit dem zugegebenen Volumen an Alkali verglichen, dann geht dieser Quotient dE/dV beim stöchimetrischen Titrationsendpunkt durch ein scharfes Maximum, wenn man ihn dem Laugenverbrauch zuordnet. Mittels derartiger „potentiometrischer Differentialtitrationen" ist ein hohes Maß an Genauigkeit erreichbar.

Eine Verschiebung der Bindungskurven in den mittleren pH-Bereich macht also die Aminosäure einer titrimetrischen Bestimmung praktisch zugänglich. Sie kann auch durch Herabsetzung der Säurekonstanten K_1 erreicht werden. Sowohl in Alkohol wie in Aceton wird die Säurefunktion des Carboxyls vermindert, ohne daß sich die des NH_4^+ wesentlich vergrößert. In Alkohol rücken beide Dissoziationsbereiche daher näher zusammen. Bei der *alkoholischen Titration nach* WILLSTÄTTER wird mit Alkali titriert, bei der in *Aceton* nach LINDERSTRÖM-LANG mit Säure unter Verwendung von Naphthylrot als Indicator. Hierbei wird also der Endpunkt der Carboxylbildung aus dem Carboxylat bestimmt.

Aminosäuren und Eiweiße pflegen in elektrochemischer Beziehung durch den isoelektrischen bzw. den isoionischen Punkt gekennzeichnet zu werden. Schon die ersten Untersuchungen über den Einfluß der Wasserstoffionenreaktion auf Eiweiß ergaben, daß sie praktisch alle in einem bestimmten pH-Bereich instabil sind und zur Ausflockung neigen. Darüber hinaus zeigte sich die Wanderungsrichtung eiweißartiger Teilchen im elektrischen Potentialgefälle als abhängig von der Reaktion; im Sauren sind sie positiv, im Alkalischen negativ geladen. Der pH der Umladung wurde als *isoelektrischer Punkt* (IP) bezeichnet (HARDY 1905); er fällt annähernd mit dem der minimalen Lösungsstabilität zusammen. Auch Aminosäuren zeigen ein entsprechendes Verhalten.

Die *Lage des IP ist aus den Dissoziationskurven* ohne weiteres *zu entnehmen* (MICHAELIS 1910). Es ist jene Wasserstoffionenkonzentration, bei der das Maximum der Konzentration an Zwitterionen vorliegt. In der pH-Skala entspricht sie jenem Punkt, welcher in der Mitte zwischen pK_1 und pK_2 gelegen ist. Diese Definition ist gleichbedeutend mit der bei zweibasischen Säuren für das Maximum von α_1 gegebenen. Tatsächlich handelt es sich auch bei den Ampholyten um die Dissoziation zweier Säuren: des Carboxyls und der Kationsäure. Die mit wachsendem pH steigende Dissiziation der letzteren vermindert die positive Ladung. Aus:

folgt:

$$K_1 = \frac{[H^+] \cdot [-COO^-]}{[-COOH]} \quad \text{und} \quad K_2 = \frac{[H^+] \cdot [-NH_2]}{[-NH_3^+]} \left.\rule{0pt}{40pt}\right\}$$

$$K_1 \cdot K_2 = \frac{[H^{+2}] \cdot [-NH_2] \cdot [-COO^-]}{[-COOH] \cdot [-NH_3^+]} \; . \tag{43}$$

Da sowohl die dissoziierten wie die undissoziierten Gruppen aus einer Molekel stammen, muß im IP die Konzentration der geladenen und die der ungeladenen je untereinander gleich sein, so daß sich für die H-Ionenkonzentration im IP ergibt:

$$[H^+]_{IP} = \sqrt{K_1 \cdot K_2} \quad \text{bzw.} \quad pH_{IP} = \tfrac{1}{2}(pK_1 + pK_2). \tag{43a}$$

Diese Gleichung lehrt, daß der isoelektrische Punkt nur dann bei der Neutralreaktion liegen kann, wenn das Produkt der beiden Konstanten zufällig den Wert $10^{-14} = K_w$ besitzt, bzw. wenn die Summe der pK-Werte 14 beträgt. Ist der Wert für beide außerdem gleich, d.h. $pK_1 = pK_2 = 7$, dann ist der Dissoziationsgrad für beide Funktionen im IP nur $\tfrac{1}{3}$[1]. Er sinkt unter $\tfrac{1}{3}$, wenn $pK_2 < pK_1$ ist, und steigt, wenn $pK_1 < pK_2$ wird und die Summe beider 14 bleibt. Er wird unter dieser Bedingung eins, sobald pK_1 kleiner als 5 und pK_2 größer als 9 geworden ist. Nimmt bei gleichbleibendem K_1 die Konstante K_2 ab, d.h. wird pK_2 größer, steigt also die Basenkonstante, dann fällt H^+; der IP rückt in den alkalischen Bereich. Umgekehrt wird beim Anwachsen von K_2 und unverändertem K_1 die Wasserstoffzahl für den IP in den sauren Bereich rücken. *Seine Lage hängt also* von der Größe des Produktes beider Konstanten oder, wenn man statt K_2 die Basenkonstante ($K_2 = K_w/K_b$) benutzt, *vom Verhältnis der Säure- zur Basenfunktion im Ampholyten ab.* Befindet der Ampholyt sich im isoelektrischen Zustand, dann erteilt er reinem Wasser bei seiner Auflösung die Reaktion des IP. Ungeladene Aminosäuren würden bei der Reaktion mit H_2O dadurch zum Zwitterion, daß die Aminogruppe ein Proton anlagert und die Carboxylgruppe die so entstandenen OH^- durch Dissoziation neutralisiert. Nur dann,

---

[1] Nach Gl. (42) ist $\alpha_1 = \tfrac{1}{3}$ für $[H^+] = K_1 = K_2$.

wenn das Wasser die Reaktion des IP besitzt, findet bei der Auflösung eines Ampholyten keine *Reaktionsänderung* statt. So läßt sich durch Messung der pH-Veränderung der IP, in diesem Zusammenhang auch *isoionischer* Punkt genannt, ermitteln (SÖRENSEN).

Natürlich wird der IP häufig durch Aufsuchen jener Reaktion bestimmt, bei der sich im elektrischen Felde keine Wanderung — weder zum +- noch zum —-Pol — zeigt. Dieser elektrophoretisch gewonnene IP ist bei Kolloiden vom Aufbau der elektrischen Doppelschicht (s. S. 256 f.) und damit vom Ionenmilieu abhängig. Er deckt sich daher nicht notwendigerweise mit dem durch die Untersuchung der Ionenbindung festgelegten isoionischen Punkt.

Von besonderem Interesse ist *die Lage des IP bei mehrwertigen Ampholyten*. Die Verhältnisse lassen sich bei den trivalenten Aminosäuren am klarsten übersehen. Bei ihnen werden die Dissoziationsexponenten der Reihenfolge nach, vom niedrigsten pK anfangend, bezeichnet. Die Titrationskurven

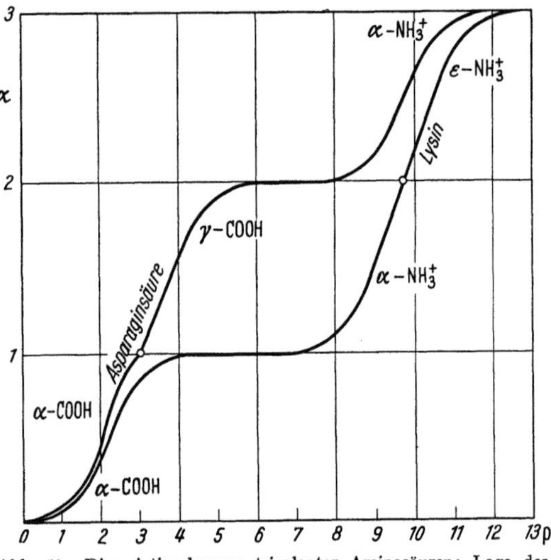

Abb. 53. Dissoziationskurven trivalenter Aminosäuren; Lage des isoelektrischen Punktes 0

für eine saure und eine basische Aminosäure gibt die Abb. 53. Der IP liegt wie stets bei ausgeglichener Zwitterionenladung, d.h. bei der Ladungssumme mit dem Wert 0:

$$\text{sauer} \quad \overset{+}{R} \underset{pK_1}{\rightleftharpoons} \overset{+}{R}- \underset{IP \quad pK_2}{\rightleftharpoons} -\overset{+}{R}- \underset{pK_3}{\rightleftharpoons} -R- \quad \text{alkalisch}$$

Für diese zweibasische Aminosäure liegt der IP dementsprechend bei pH = $\frac{1}{2}$ (pK$_1$ + pK$_2$).

Das Schema für die basische Aminosäure ergibt den IP bei pH = $\frac{1}{2}$ (pK$_2$ + pK$_3$):

$$\text{sauer} \quad +\overset{+}{R} \underset{pK_1}{\rightleftharpoons} +\overset{+}{R}- \underset{pK_2}{\rightleftharpoons} +R- \underset{IP \quad pK_3}{\rightleftharpoons} R- \quad \text{alkalisch}$$

Titration von Komplexbildnern

Die bisher zur Analyse des Dissoziationsverhaltens benutzten Titrationskurven von Elektrolyten erlauben weitere Anwendungen, unter denen zunächst die *Analyse von löslichen Komplexverbindungen* genannt sein soll. Solche Verbindungen sind diesem Verfahren dann quantitativ zugänglich, wenn ihre Bildung mit einem Partner erfolgt, welcher am Dissoziationsgleichgewicht teilnimmt. Da die Metalle zur Bildung biochemisch wichtiger Komplexe mit Anionen neigen, wird es sich in den meisten Fällen darum handeln, ihren in Gegenwart der Metallionen gebundenen Anteil aus einer Veränderung der Titrationskurven abzuleiten.

Zwischen beiden Teilnehmern vollzieht sich die Bildung eines wahren undissoziierten Salzes (Wahre Salzbildung; MICHAELIS 1920):

$$A^- + Me^+ = AMe; \quad K_{As} = \frac{[AMe]}{[A^-] \cdot [Me^+]}. \tag{44}$$

K_{As} wird als die *Assoziations- oder Komplexbildungskonstante* bezeichnet, $1/K_{As}$ als die Komplexdissoziationskonstante. Läßt man die Metallionenkonzentration konstant, dann wird das Ausmaß der Komplexbildung durch die Aktivität der Anionen, d.h. bei gegebener Gesamtsäuremenge von der Wasserstoffionenaktivität bestimmt, denn $AH = H^+ + A^-$ ergibt mit vorstehenden Gleichung kombiniert:

$$AH + Me^+ = AMe + H^+.$$

Bei der Salzbildung in Gegenwart des Metalls verschwindet also das Anion, aber nicht das aus der Dissoziation der Säure stammende H-Ion. Es wird vielmehr in dem Maße frei, wie sich der Komplex bildet. Da nur die Dissoziation der Säure die Anionen liefert, wird die Komplexbildung durch wachsende H-Ionenaktivität gehemmt und mit steigendem α, d.h. steigender Alkalität zunehmen und in dem pH-Bereich maximal sein, in welchem der Dissoziationsgrad der entsprechenden Dissoziationsstufe am größten ist. *Weil aber durch den Vorgang Wasserstoffionen frei werden, wird zur Erreichung des gleichen pH wie in einer Kontrollkurve ohne metallischen Komplexbildner, eine entsprechend größere Menge an Alkali zur Neutralisierung der Säure gebraucht werden; bzw. bei gleichen Titrationswerten wird ein niedrigeres pH erreicht.* Die Titrationskurve verläuft daher bei Komplexbildung um so tiefer, je größer die Komplexbildungskonstante ist. Dabei ist auf Gleichheit der Ionenstärke für die Vergleichskurven zu achten. Da die Komplexbildung auf Kosten der Gesamtsäure erfolgt, wird hierbei sowohl ihr Dissoziationsrest wie ihr Dissoziationsgrad vermindert. Von Michaelis u.a. (H.H. Weber 1927, E.Heinz 1951, K. J. Netter) wurden die entsprechenden Berechnungen auch für mehrwertige Ionen durchgeführt.

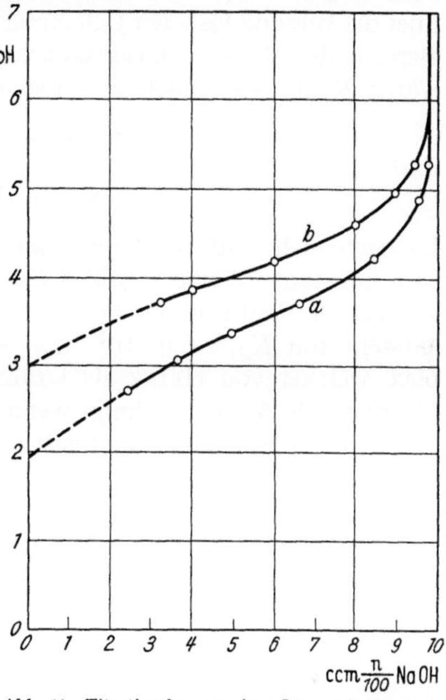

Abb. 54. Titrationskurven einer Säure mit $K = 10^{-4}$; $m = 0,01$. *a* Mit Komplexbildner ($m = 0,01$; $K_{AS} = 600$); *b* Kontrolle

Das *Prinzip der Ermittlung von Komplexbildungskonstanten* (Schwarzenbach u. a.) kann hier nur schematisch angedeutet werden (Abb. 54). Man gehe von 10 ml einer Säurelösung der Konzentration $m = 0,01$ aus. Ihr pK betrage 4; nach (35c) ist ihr pH dann $= 3$. Zugabe von 3,33 ml n/100 Lauge bringt ihn auf pH $= 3,7$, wie sich aus der Gl. (36) unter Einsetzen von $\alpha = 0,33$ ergibt. Hierbei ist die nahezu erfüllte Voraussetzung gemacht, daß die Menge der Anionen der des zugefügten Alkalis äquivalent ist. Bei Gegenwart von Me^+ in einer Ausgangskonzentration von 0,01 m würden bis zur Erreichung des gleichen pH von 3,7 nunmehr 6,67 ml benötigt. Dieser Verbrauch ermöglicht die Bildung des Anions und des Komplexes (AMe), wobei die Summe $A^- + AMe + HA = 10$ ml beträgt; auf den binär gedachten Komplex entfällt: $AMe = 6,67 - A^-$. Damit ist $HA = 10 - 6,67 = 3,33$. α besitzt beim gleichen pH wieder den Wert 0,33; nach der Definition ist dann:

$$0,33 = \frac{A^-}{A^- + 3,33};$$

woraus für A^- der Wert 1,67 ml 0,01 n-Laugenzusatz, d.h. 0,00167 mol/Liter ergibt. AMe ist dann $6,67 - 1,67 = 5,0$ ml bzw. AMe $= 0,005$ mol/Liter. Dieser Wert liefert abgezogen von der Gesamt-Me-Konzentration mit ebenfalls 0,005 mol/Liter die der freien Me^+ im Gleichgewicht. Die ermittelten Konzentrationswerte geben die Komplexbildungskonstanten:

$$K_{As} = \frac{0,005}{0,00167 \cdot 0,005} = 600 \quad \text{bzw.} \quad 10^{2,78} \quad \text{d.h.} \quad \log K_{As} = 2,78.$$

Im Anschluß an SCHWARZENBACH (1945) wurde die Komplexaffinität biologisch interessierender Stoffe nach diesem Prinzip oft untersucht. Durch Berücksichtigung der Aktivitätsfaktoren und besonders der mehrstufigen Dissoziation werden die elementaren Formulierungen häufig rechnerisch kompliziert. Es gelingt aber gerade durch entsprechende Kurvenauswertung, die Zahl und Wertigkeitsstufe der am Komplex beteiligten Anionen zu erfahren, so daß auch Vorstellungen von seinem Aufbau begründet werden können. Um die Wertigkeit festzulegen, reicht es häufig nicht aus, nur den pH-Bereich zu ermitteln, in dem sich die pH-Verminderung ergibt. In den Untersuchungen von HEINZ über die Bildung löslicher Calciumcitrate z. B. wurde eine Komplexbildung im pH-Bereich der 2. Dissoziationskonstante der Citronensäure beobachtet. Danach wären Reaktionen nach 2 Typen möglich:

und

$$1. \; Ca^{2+} + 2\,HCit^{2--} = [Ca(HCit)_2]^{2-}$$

$$2. \; Ca^{2+} + HCit^{2-} = CaCit.$$

Es zeigte sich, daß die Berechnung der Komplexkonstanten nur für den zweiten Typ konstante Werte ergab ($K_{As} = 1{,}95 \cdot 10^3$; $\log K_{As} = 3{,}29$). Das gleiche zeigte sich für die Reaktion des tertiären Citrates nach $Ca^{2+} + Cit^{3-} = Ca\,Cit^-$. Hierbei entsteht mit $K_{As} = 6{,}9 \cdot 10^4$ bzw. $\log K_{As} = 4{,}84$ der sehr stabile Ca-Citratkomplex, welcher von HEINZ als 3-zähniges Chelat (s. S. 50) formuliert wird. Ein Chelat ist 2-, 3-, 4- ... zähnig, wenn das Zentralatom von 2, 3, 4 ... Stellen einer chelierenden Molekel gebunden wird. H_2O ist 1-zähnig. $(Glycin)_2\,Cu^{2+}$ besteht aus zwei 2-zähnigen Liganden (vgl. MARTELL-CALVIN).

$$Ca\,Cit^- : \qquad \begin{array}{c} O \\ \cdot\cdot \\ CH_2 - C - O \\ | \qquad\quad | \\ {}^-OOC - C \!-\!\!- O \rightarrow Ca \leftarrow OH_2 \qquad \text{(Pseudopelleterintyp)} . \\ | \quad\;\; \cdot \quad\;\; | \\ | \quad\;\; H \quad\;\; | \\ CH_2 - C - O \\ \cdot\cdot \\ O \end{array}$$

In ähnlicher Weise wurden die zum Teil sehr stabilen Schwermetallkomplexe der Aminosäuren und Polypeptide verfolgt (ALBERT 1950, PERKINS 1954). Die *Reihenfolge der Stabilität* ist dabei für die 2-wertigen Kationen:

$$Cu > Ni > Zn > Co > Cd > Fe > Mn > Mg.$$

Aber es zeigen sich auch spezifische Affinitäten einzelner Aminosäuren zu bestimmten Metallen, wie sie z. B. in der Zn-Avidität des Imidazolringes im Histidin und der Thiogruppe im Cystein zum Ausdruck kommen (WEITZEL 1956). Bemerkenswert ist auch die Fähigkeit der um die Neutralreaktion vorliegenden 4-wertigen Anionen des Adenosintriphosphates (ATP), einfache Alkalikationen zu binden (N. C. MELCHIOR 1954). Allerdings ist die Stabilitätskonstante mit $K_{As} = 10$ relativ klein.

Besondere laboratoriumstechnische Bedeutung haben die Komplexe der Äthylendiamin-tetraessigsäure *(Komplexone)* erlangt, weil ihre Assoziationskonstante sehr hoch ist. Nur bei wenigen Metallen (Barium) vermögen sie schon bei mäßig saurer Reaktion in ihre Bestandteile zu dissoziieren. Mit Hilfe der Komplexone gelingt eine prompte Entfernung der gebundenen Kationen. Sie werden daher z. B. zur Enthärtung des Wassers und zur Entgiftung von Schwermetallen benutzt. Ihre Anwendung zur titrimetrischen Bestimmung der Metalle wird wegen der sehr hohen Komplexaffinität nahegelegt, aber durch die unspezifische Reaktionsweise mit fast allen mehrwertigen Ionen begrenzt. Es ist jedoch gelungen, mit Hilfe von Maskierungsmitteln und besonders spezifischen Indicatoren diese Schwierigkeiten so weitgehend zu beseitigen, daß heute sehr wertvolle, komplexometrische Methoden zur titrimetrischen Mikrobestimmung von S, P, Mn, Pb, Hg, Zn, Fe und besonders für Ca und Mg zur Verfügung stehen (vgl. FLASCHKA).

Die genannten Indicatoren geben mit den einzelnen Metallen mehr oder weniger spezifische, aber gefärbte Komplexe. Diese werden bei der Titration unter Bildung der Komplexon-Chelate zerlegt; dabei tritt Entfärbung ein; es wird die Farbe des freien Indicators (z. B. Eriochrom T oder Murexid) zurückgebildet. Die Chelierung, welche im Ca-Komplexonat vorliegt, kann durch folgende Formulierung gegeben werden (6-zähniger EDTA-Komplex):

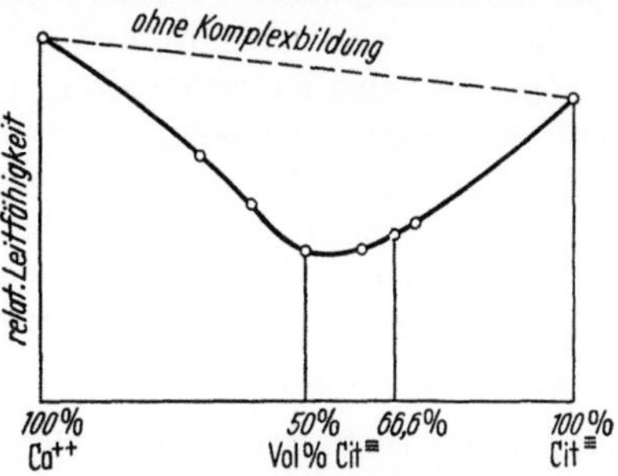

Abb. 55. Relative Leitfähigkeit von Mischungen äquimolarer Lösungen von CaCl₂ und Citronensäure (nach HEINZ)

Bei der Analyse solcher Komplexe hat sich auch die *direkte Aktivitätsbestimmung* derjenigen Elektrolyte als wertvoll erwiesen, welche das Metallion liefern. So läßt sich z. B. die potentiometrische Bestimmung der Kupfersalze mit Vorteil für diesen Zweck einsetzen (SCHWARZENBACH 1954, SCHLICHTING 1955). Mit dem gleichen Ziel wird seit langem die Untersuchung *der Leitfähigkeit* herangezogen (A. WERNER). In vielen Fällen entstehen unionisierte Verbindungen aus den Ionen der Elektrolyte, häufig allerdings auch geladene Komplexe mit vergrößertem Molekularvolumen oder verminderter Ladungszahl. Hierbei nimmt immer die Leitfähigkeit gegenüber der in der reinen Ausgangslösung der Partner ab. Aus der Lage ihres Minimums in den verschiedenen Mischungen beider Lösungen kann das Verhältnis abgeleitet werden, in dem sich die Bildner des Komplexes an seinem Aufbau beteiligen. So ergibt die obenstehende (Abb. 55) Kurve, daß die Hauptkomponente des aus Ca und Citrat entstehenden unionisierten Salzes aus beiden zu gleichen Teilen aufgebaut ist, da die Leitfähigkeit bei 50% Mischung am tiefsten liegt. Ein Nebenminimum bei 67%, welches auf dem Komplex Ca:Citr=1:2 hinweisen würde, ist nicht sicher erkennbar.

Die praktischen und theoretischen Methoden zur Untersuchung von Metallkomplexen gewinnen steigendes Interesse, denn es hat sich immer mehr gezeigt, daß derartige *Komplexe*, soweit sie sich an Eiweißen oder anderen Partnern *in Fermentsystemen* ausbilden, wahrscheinlich für deren Funktion, mindestens aber für ihre Regulierung von entscheidender Bedeutung sein können.

Die Pufferwirkung

Das bisher erörterte Verhalten der Dissoziation schwacher Elektrolyte bietet die Grundlage für das Verständnis der *Reaktionsregulatoren oder der sog. Puffer.*

Derartige Systeme sind im einfachsten Fall aus einer schwachen Säure und ihrem Salz zusammengesetzt. Sie erfüllen die Aufgabe, den pH einer Lösung gegenüber hineingelangenden H^+- oder OH^--Ionen weitgehend aufrechtzuerhalten; sie sind *an der Konstanterhaltung der Zusammensetzung der Körpersäfte entscheidend beteiligt.* Die Bildung der etwa n/10 HCl im Magensaft, die Ausscheidung großer Alkalimengen in das Darmlumen oder die Milchsäurebildung bei stärkerer körperlicher Arbeit sind außer dem stets wechselnden Säure- oder Basenüberschuß in der Nahrung Beispiele für die dauernde Beanspruchung des Säurebasenhaushaltes im Körper. Das Maß für die Güte seiner Regulationen ist die *Blutreaktion,* die mit Werten zwischen pH 7,33—7,44 sehr genau konstant gehalten wird. Die Regulierung des Stoffwechsels, die *aktive Tätigkeit der* ausscheidenden *Organe*, Lunge, Niere und Darm, sind daran ebenso beteiligt wie die komplexen Pufferungssysteme im Blut, in den Geweben und den Organen. Das *Grundelement* für die pH-Einstellung ist der *einfache Puffer*, dessen Funktion aus dem Verlauf einer Dissoziationskurve hervorgeht. Sie kann, wenn man von geringen Abweichungen im sauren Bereich absieht, einer „Pufferungskurve" gleichgesetzt werden. Für den Bereich zwischen pH 5,8 und 7,8 kann, wie der Titrationskurve (Abb. 49) leicht zu entnehmen ist, jedes beliebige pH z.B. durch Kombination der schwachen Säure Dihydrogenphosphat (NaH_2PO_4) mit ihrem Salz, dem Monohydrogenphosphat (Na_2HPO_4) eingestellt werden. Aus dem *Mischungsverhältnis des Anteils der noch nicht neutralisierten zu dem, der schon neutralisiert ist, ergibt sich demnach die gewünschte Wasserstoffzahl.* Sieht man wieder die freie Säure als undissoziiert und das gebildete oder hinzugefügte Salz als volldissoziiert an, dann kann statt der bekannten Beziehung $[H^+] = K' \cdot \frac{[HA]}{[A^-]}$ gesetzt werden:

$$[H^+] = K' \frac{[\text{Säure}]}{[\text{Salz}]} \quad \text{bzw.} \quad a_{H^+} = K \frac{a_{\text{Säure}}}{a_{\text{Salz}}} = \frac{a_{\text{Säure}}}{[\text{Salz}] \cdot f_\pm} , \tag{45}$$

$$[H^+] = K' \cdot \frac{1-\alpha}{\alpha} . \tag{45a}$$

Sehr praktisch ist die Benutzung dieser Pufferungsgleichung in logarithmischer Form:

$$pH = pK' + \log \frac{[\text{Salz}]}{[\text{Säure}]} = pK' - \log \frac{[\text{Säure}]}{[\text{Salz}]} = pK' + p_{c\,(\text{Säure})} - p_{c\,(\text{Salz})} . \tag{45b}$$

Sie wird als die *Henderson-Hasselbalchsche Gleichung* bezeichnet. Diese einfachen Beziehungen bringen zum Ausdruck, daß die Wasserstoffzahl bzw. der pH 1. durch die Dissoziationskonstante und 2. durch das Mischungsverhältnis der entsprechenden *Säure/Salz-Paare* bestimmt wird. Sind beide Anteile in gleicher Konzentration vorhanden, dann ist pH = pK. Verdoppelung des Quotientenwertes verdoppelt die Wasserstoffzahl. Dabei fällt pH um log 2 = 0,3, wie aus der Definition der pH-Skala bzw. dem zweiten Glied der Henderson-Hasselbalch-Gleichung folgt.

Aus der vorstehenden Grundgleichung muß also gefolgert werden, daß die eingestellte Wasserstoffzahl nur von dem Verhältnis der Konzentrationen beider Partner in der Säure/Salz-Mischung, aber nicht von dem absoluten Wert jener Größen abhängt. Das ist auch für den mittleren Teil der Dissoziationskurven nur bedingt gültig, d.h. im Bereich mindestens je einer pH-Einheit um den pK-Punkt (pK = pH), für den die Pufferungsgleichung exakt zutrifft. Die Puffer müssen nämlich bei gleichem Mischungsverhältnis um so alkalischere Werte ergeben, je verdünnter sie sind. Denn die scheinbare Dissoziationskonstante fällt, bzw. pK' steigt in bekannter Weise mit fallender Ionenstärke an (s. S. 145). *Bei konstant gehaltener Ionenstärke*, welche z.B. durch Verdünnung der Puffergemische mit geeigneten Lösungen von Neutralsalzen erreicht wird, *bleibt demnach auch der pH tatsächlich unverändert.*

Ohne Beachtung dieser experimentell sehr wichtigen Bedingung ist der Verdünnungseffekt dann gering, wenn die Pufferkonzentration nicht allzusehr schwankt, und wenn außerdem die Anionen der Puffersäure bzw. die Kationen der puffernden Base 1-wertig sind. Bei mehrwertigen Pufferionen ist der Verdünnungseffekt immer in Betracht zu ziehen. Seine Auswertung geschieht nach Gl. (28c), falls keine empirisch gewonnenen Zahlen vorliegen (vgl. Tabelle 44). Phosphatpuffer werden deshalb beim Verdünnen alkalischer, weil sich dabei die

Ionenstärke vermindert und damit nach Gl. (28a) und Gl. (28c) eine größere Steigerung des pK_2'-Wertes als des von pK_1' erfolgt. Bei vielen Fermentuntersuchungen erweist es sich als notwendig, und allgemein dürfte es nützlich sein, daß die Ionenstärke in Pufferreihen mit variiertem pH bekannt ist oder konstant gehalten wird. Bei einbasischen Puffersäuren wie Essigsäure läßt sich das praktisch schon dadurch erreichen, daß die Konzentration des Salzes gleich bleibt und nur die

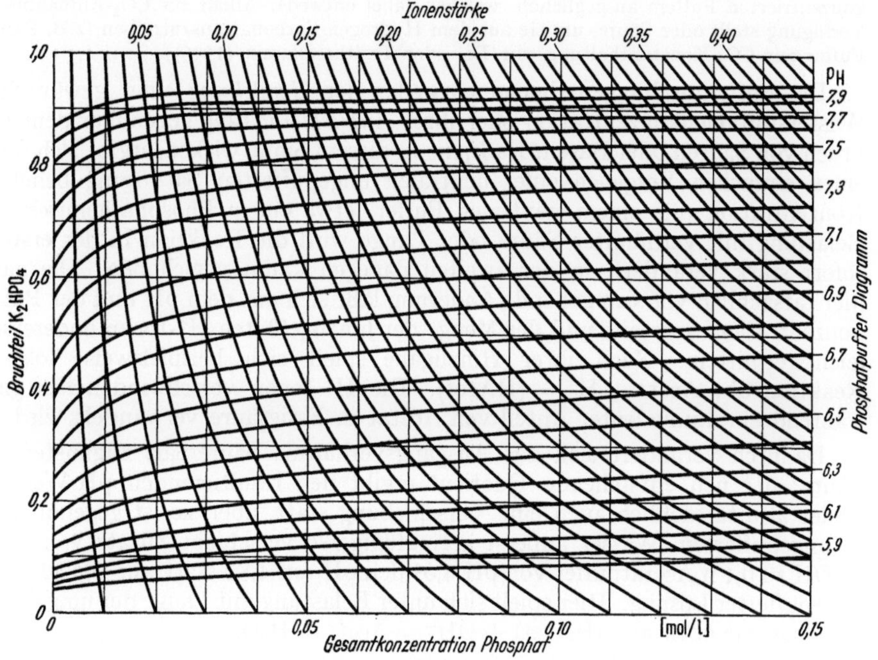

Abb. 56. Ionenstärke, Mischungsverhältnis und pH-Wert von Phosphatpuffern (nach GREEN 1933)

der Säure variiert wird. Für Phosphatpuffer sind entsprechende Rezepte von COHN und GREEN angegeben worden, die durch eingehende theoretische Untersuchungen von KOYENUMA ihre Ergänzunggefunden haben (s. Abb. 56).

Tabelle 44. *Puffer im Bereich pK_a 6,1 — 8,4 $(\mu \simeq 0,1)$*

	pK_a'		pK_a'
Histidin.	6,1	Imidazol.	6,8
Kakodylsäure	6,1	2,4,6-Collidin	7,4
Dinatriumphosphoglycerinsäure . .	6,2	Natrium-diäthylbarbiturat (Veronal) .	7,7
Natriumhydrogencarbonat	6,3	Triäthanolamin	7,8
Dinatriumpyrophosphat.	6,5	Glycylglycin	8,0
Natriumdihydrogenphosphit	6,5	Trioxymethylaminomethan (Tris) . . .	8,1
Natriummaleat	6,6	Alaninäthylester	8,1
Natriumdihydrogenphosphat . . .	6,8	Trinatriumpyrophosphat.	8,4

Die Tabelle 44 gibt die pK'-Werte von gebräuchlichen Puffermischungen an. Unter ihnen hat sich besonders das Tris-(hydroxymethyl)-aminomethan deswegen bewährt, weil es im Gegensatz zum Phosphat 1. keine Ca-Fällungen gibt und 2. weil für die zahlreichen Untersuchungen über die Bindungen und Spaltungen des Phosphates ein Zusatz gerade dieses Stoffes vermieden werden muß. Exaktes Arbeiten mit Puffern hat unabhängig von ihrer Zusammensetzung den Einfluß der Temperatur und die Beeinflussung durch CO_2 aus der Laboratoriumsluft in Rechnung zu ziehen. Wird die letztere nicht ausgeschlossen, so werden praktisch alle pH-Werte auf der alkalischen Seite des Neutralpunktes unkontrollierbar verkleinert. Sie müssen dann durch elektrometrische Messungen erneut bestimmt werden.

Andererseits gelingt es aber auch mit Hilfe von Puffern, Schwankungen im CO_2-Gehalt eines abgeschlossenen Gasraumes auszugleichen. Das kommt besonders für Gewebestoffwechselmessungen nach der Warburgschen Methode in Frage. Dazu muß ein Puffer von hoher Pufferkapazität mit einem Hydrogen-Carbonat/CO_2-System so gemischt werden, daß beide die gleiche Wasserstoffzahl besitzen. Hierbei wird die CO_2-Spannung deswegen nicht geändert, weil bei Puffern mit gleicher Wasserstoffzahl keine pH-Änderung in der Mischung auftritt (isohydrische Mischung). Änderungen der CO_2-Spannung durch Verschwinden oder Hinzukommen von CO_2 in dem abgeschlossenen Raum werden dann durch die Kapazität des konzentrierten Puffers ausgeglichen, welcher dabei entweder Alkali zur CO_2-Aufnahme zur Verfügung stellt oder Säure, um sie aus dem Hydrogen-Carbonat auszutreiben [z.B. Pardee-Puffer zur CO_2-Konstanthaltung mit Di- oder Triäthanolamin (1949)].

Die Puffermischungen dienen entweder der *Herstellung* einer gewünschten Wasserstoffionenkonzentration oder ihrer *Aufrechterhaltung* gegenüber dem Einbruch von Säuren oder Basen. Daß jene in diesem Sinne wirken, ergibt sich durch einen einfachen Vergleich einer neutralen ungepufferten Salzlösung beliebiger Konzentration mit einem neutralen Puffer, etwa einem Phosphatgemisch. Bei Belastung mit verdünnter Säure oder Lauge wird die Reaktion in der ersteren sofort stark verändert, in der zweiten dagegen kaum verschoben. Die ganze hier tatsächlich vor sich gehende Änderung läßt sich aus dem pH und der Pufferkonzentration einerseits und der Menge der hinzugefügten H^+-Ionen andererseits leicht ermitteln. Nach ihrer Hinzugabe spielt sich beispielsweise folgende Reaktion ab: $Acet^- + H^+ = (HAcet)$. Die H^+-Ionen verschwinden fast ganz, während ein äquivalenter Anteil von Acetat in Essigsäure verwandelt wird.

Dadurch verändert sich das Ausgangsverhältnis Säure/Salz zugunsten der Säure; der neu entstehende Quotient ergibt den resultierenden pH-Wert. Es findet also tatsächlich auch eine Verschiebung statt, aber sie ist gegenüber der in ungepuffertem Wasser äußerst geringfügig; so verschiebt Zusatz von 0,01 n NaOH zu 0,1 n Acetatpuffer von pH 4,65 den pH auf 4,82 statt auf pH 12 wie in ungepufferter Lösung. Hier spielt sich unter Belastung mit Lauge der umgekehrte Vorgang wie oben ab: $(HAcet) + OH^- = Acet^- + H_2O$.

Während der pH-Wert in erster Linie von der gesamten Konzentration des Puffergemisches unabhängig ist, trifft das für die *Widerstandsfähigkeit* oder *Nachgiebigkeit* gegenüber Belastungen des Puffers grundsätzlich nicht zu. Erstere wächst vielmehr mit der Konzentration deswegen an, weil die Zugabe einer gleichen Säuremenge bei höherer Pufferkonzentration eine geringere Verschiebung des Säure/Salz-Verhältnisses als bei geringerer Konzentration des Puffers bewirkt. Außerdem aber bestimmt der Abstand des pH vom pK' die Größe der Reaktionsverschiebung.

Bei gleicher Pufferkonzentration und gleicher Belastung mit H^+-Ionen ist die eintretende pH-Änderung am geringsten beim pH der Halbneutralisierung, die Pufferungsfähigkeit hier also am größten; mit der Entfernung vom Wendepunkt der α-Kurve verringert sie sich. Nach Erreichung des Zustandes der totalen Dissoziation oder des der geringsten ist keine Pufferwirkung mehr vorhanden. Die Pufferfähigkeit wird als *Pufferkapazität* bezeichnet und wird definiert als der Quotient aus der zugefügten Normalbase (bzw. Säure) in Äquivalenten Alkalilauge pro Liter (B) und der dabei entstandenen pH-Änderung. Außer von der Lage des gegebenen pH-Punktes auf der Dissoziationskurve ist die Größe der Pufferung $\bar{\pi}$ des Puffers von seiner Konzentration (c) abhängig; die Reaktionsänderung ist — wie oben betont — um so geringer, d.h. $\bar{\pi}$ um so größer, je mehr Puffersubstanz zugegen ist; sie wächst linear mit c. Die quantitative Beziehung lautet (van Slyke 1922):

$$2{,}3\,c\,\frac{[H^+]\cdot K}{([H^+] + K)^2} = \bar{\pi} = \frac{dB}{d\,\mathrm{pH}}\,. \tag{46}$$

$\bar{\pi}$ *ist danach ein Maximum für* $[H^+] = K$ mit dem Wert: $2{,}3 \cdot 0{,}25 = 0{,}575$ für $c = 1$ (vgl. die Neigung der Dissoziationskurve im Wendepunkt) (s. S. 165). Eine pH-Stufe von diesem Maximum entfernt ist seine Größe mit 0,19 schon auf $^1/_3$ und bei 2 Stufen mit 0,0225 auf den 25. Teil gesunken; d. h. bei gleicher Basen-(Säuren-)zugabe ist die pH-Änderung nun 25mal größer.

Die Ableitung der van Slykeschen Beziehung geht von der Puffergleichung aus. Weil die zugegebene Base dem gebildeten Anion äquivalent ist, kann jene geschrieben werden:

$$\mathrm{pH} = \mathrm{pK} - \log \frac{c - B}{B} = \mathrm{pK} + \log B - \log (c - B).$$

Da: $y = \ln x$ differenziert: $dy/dx = 1/x$ ergibt und $\log a = 0{,}43 \ln a$ ist, erhält man:

$$\frac{d\,\mathrm{pH}}{dB} = 0{,}43 \left(\frac{1}{B} + \frac{1}{c - B} \right)^* \quad \text{bzw.} \quad \frac{dB}{d\,\mathrm{pH}} = 2{,}3 \cdot B \left(1 - \frac{B}{c} \right),$$

d. h. die pH-Änderung wird um so kleiner und die Pufferkapazität um so höher, je größer c ist Weil

$$B = [\mathrm{A}^-], \quad \frac{[\mathrm{A}^-]}{c} = \alpha \quad \text{und} \quad \varrho = 1 - \alpha = \frac{[\mathrm{H}^+]}{[\mathrm{H}^+] + K}$$

und weiterhin:

$$[\mathrm{A}^-] = c \cdot \frac{K}{K + [\mathrm{H}^+]}$$

ist, ergibt sich:

$$\frac{dB}{d\,\mathrm{pH}} = 2{,}3 \cdot [\mathrm{A}^-] \cdot (1 - \alpha) = 2{,}3 \frac{[\mathrm{A}^-] \cdot [\mathrm{H}^+]}{K + [\mathrm{H}^+]} = 2{,}3\,c \frac{K \cdot [\mathrm{H}^+]}{(K + [\mathrm{H}^+])^2}.$$

Für den praktischen Gebrauch der Puffer ist es oft zweckmäßig, einen größeren pH-Bereich mit etwa gleichbleibender Pufferkapazität zu beherrschen. Das ist nur unter Verwendung mehrerer Protolyte mit geeignetem Abstand ihrer Dissoziationskonstanten möglich. Es kann dann bei Benutzung passender Konzentrationen eine etwa geradlinige Pufferungskurve resultieren. So puffert Milchsäure + Essigsäure + Phosphorsäure + Glycin zwischen pH 3—9 annähernd gleich stark. Bei der Verwendung solcher Gemische ist aber wohl zu beachten, daß sehr verschiedenartige Anionen oder undissoziierte Moleküle vorliegen und damit auch die Ionenstärke größeren Schwankungen unterworfen ist. In der Praxis haben sich die Puffer nach McIlvaine (Phosphat-Citronensäure, pH 2,2—8,0) und nach Michaelis (Acetat-Veronal, pH 2,6—9,6) bewährt. Universalpuffer mit noch mehr Komponenten sind gewöhnlich nur bei vergleichsweise geringer Pufferkapazität verwendbar (Teorell-Stenhagen). [Weitere Pufferungsrezepte: (9)].

Die Pufferung im Organismus

Die gleichen Eigenschaften, welche bei der Anwendung der *Puffer* in der biologischen Methodik zu beachten sind, müssen bei der Untersuchung ihrer Bedeutung *im Lebensvorgang* berücksichtigt werden. Hinzu kommen hier aber noch eine Reihe von Faktoren, die mit der Pufferungseigenschaft nicht direkt im Zusammenhang stehen. Die in vivo beanspruchten Pufferungsvorrichtungen arbeiten im Dienste der Aufrechterhaltung der H^+-Ionenkonzentration und ihrer Regulierung in den Körpersäften oder an mehr oder weniger beschränkten Stellen der Zellen und Gewebe. Neben der hier eingreifenden Organleistung, etwa der

---

$* \; y = -\ln(c - B); \quad n = c - B; \quad \dfrac{dn}{dB} = -1; \quad y = -\ln n; \quad \dfrac{dy}{dn} = -\dfrac{1}{n};$

$\dfrac{dy}{dB} = \dfrac{dy}{dn} \cdot \dfrac{dn}{dB} = -\dfrac{1}{n} \cdot (-1) = \dfrac{1}{n} = \dfrac{1}{c - B}.$

aktiven Gegenbildung von Säuren oder Basen oder der Eliminierung reaktionsstörender Stoffe, wirken Puffer und passive Verteilungseinrichtungen zur Erreichung dieses Zieles mit. Letztere können in der bevorzugten Adsorption der
einen Ionenart gegenüber einer anderen bestehen oder im adsorptiven oder Ver-
teilungsaustausch von puffernden gegen nicht puffernde Ionen, wie er z.B. an
der Membran der roten Blutkörperchen stattfindet. Diese Faktoren müssen
jedoch zunächst außer Betracht bleiben.

Als Puffer können im *Organismus nur Elektrolyte wirken, die im Bereich der
biologischen Reaktion Säuren oder Basen zu binden vermögen.* Als solche sind zu
nennen die CO_2-, Phosphat-, Eiweiß-Systeme. Es ist aber nicht zu vergessen, daß
sich alle im Stoffwechsel auftretenden Säuren mit geeigneten Dissoziationskonstanten auch als puffernde Substanzen betätigen können, ebenso wie dafür
auch nicht gelöste, sondern vornehmlich der Strukturbildung dienende Substanzen mit herangezogen werden.

Die puffernden Eigenschaften der genannten Systeme werden auch durch das
Milieu bestimmt, in dem sie sich betätigen. Dessen Einfluß erstreckt sich in erster
Linie auf den Wert von pK und ist besonders eingehend für das biologisch so
überaus wichtige CO_2-System studiert worden.

Im Reaktionsbereich der landbewohnenden Organismen kommt praktisch nur
die *erste Dissoziationskonstante* der H_2CO_3 in Betracht (28b; pK' 6,33). Sie ist eine
scheinbare Konstante, denn die Reaktion der Hydratisierung des Kohlensäure-
anhydrids verläuft *unvollständig* nach:

$$CO_2 + H_2O \rightleftharpoons H_2CO_3 \rightleftharpoons H^+ + HCO_3^-.$$

Die Messungen ergeben

$$K_1' = \frac{[H^+] \cdot [HCO_3^-]}{[CO_2] + [H_2CO_3]} \quad \text{statt} \quad K_{(1)}' = \frac{[H^+] \cdot [HCO_3^-]}{[H_2CO_3]}. \tag{47}$$

Allgemein wird nun aber $[H_2CO_3]$ für die Summe von $[CO_2]$ und $[H_2CO_3]$ geschrieben, da beide Größen nicht getrennt bestimmbar sind, aber ihre Summe
aus pCO_2 und α_{CO_2} erhalten wird. Praktisch wird immer mit der so erhaltenen
Scheinkonstanten K_1' gerechnet. Da die Konzentration des gelösten Kohlen-
dioxydes im Gleichgewicht etwa 1000fach größer als die der hydratisierten Säure
ist, muß auch $K_{(1)}$ um ebensoviel mal größer sein als die Scheinkonstante. Sie
liegt damit im Bereich der Konstanten relativ starker organischer Säuren wie
etwa der Ameisensäure. Wenn die Kohlensäure aus ihren Salzen durch eine
stärkere Säure freigemacht wird, verändert sich die Reaktion zunächst etwas
mehr zum Sauren, um dann zurückzugehen. Der Rückgang beruht auf dem Übergang von H_2CO_3 in CO_2, der sich in einigen Sekunden vollzieht. Die Geschwindigkeit dieses Vorganges wird durch die *Carboanhydrase* um das mehrhundertfache
gesteigert. Dieses zinkhaltige Ferment befindet sich in den Blutkörperchen, den
Nieren und den Belegzellen der Magenschleimhaut besonders angereichert.

Die *2. Dissoziationskonstante* regelt das Gleichgewicht der Carbonatbildung:

$$K_2' = \frac{[H^+] \cdot [CO_3^{2-}]}{[HCO_3^-]}. \tag{48}$$

Sie ist mit $6 \cdot 10^{-11}$ so klein, daß die Bildung von Carbonat unter den normalen
Reaktionsverhältnissen des Organismus nicht möglich ist. Erst bei merklich
alkalischer Reaktion muß mit seinem Auftreten gerechnet werden. Nach dem
auf S. 157 Gesagten wird bei pH 8 weniger als 1 % der gesamten CO_2-Menge als
Carbonat vorhanden sein.

Wegen der Zweiwertigkeit der Carbonationen wächst K_2' mit steigendem Salzgehalt, also erhöhter Ionenstärke, viel stärker als K_1' an, so daß z.B. im Meerwasser bei dessen Normalreaktion schon beträchtliche Mengen an Carbonat vorliegen; bei pH 7,5 sind es 6%, bei pH 8 etwa 10%, bei pH 8,5 etwa 25% (Abb. 57 u. 58). Der mit der Tiefe des Ozeans zu hohen Werten ansteigende hydrostatische Druck greift übrigens weiter komplizierend in diese Verhältnisse ein, da er ebenso wie die Salze auf die Dissoziation der CO_2 verstärkend wirkt, und zwar kann man bei unverändertem Gehalt an CO_2 in 10 km Tiefe mit einer Verschiebung von ungefähr 0,2—0,25 pH-Einheiten zum Sauren rechnen.

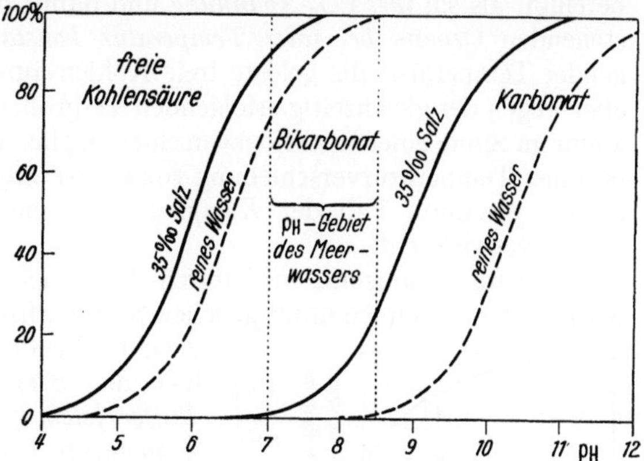

Abb. 57. Relative Verteilung der Dissoziationszustände von Kohlensäure im destillierten und im Meereswasser bei veränderten pH-Werten (nach KALLE)

Von Interesse ist der Einfluß der jahreszeitlichen Temperaturschwankungen auf den pH des Meeres. *Würde es als ein nach außen abgeschlossenes System betrachtet* werden können, dann würde die freie gelöste Kohlensäure, zunächst wegen der Unmöglichkeit zu entweichen, mit wachsender Temperatur weder zu- noch abnehmen können; denn in dem Maße, wie sich die Löslichkeit verringert, vermehrt sich ihr Partialdruck *mit wachsendem T*, so daß das Produkt $\alpha \cdot p$, d.h. die gelöste Menge, konstant bleibt (vgl. S. 80). Im System mit Alkali liegen die Verhältnisse jedoch komplizierter. Es zeigt sich, daß K_1'

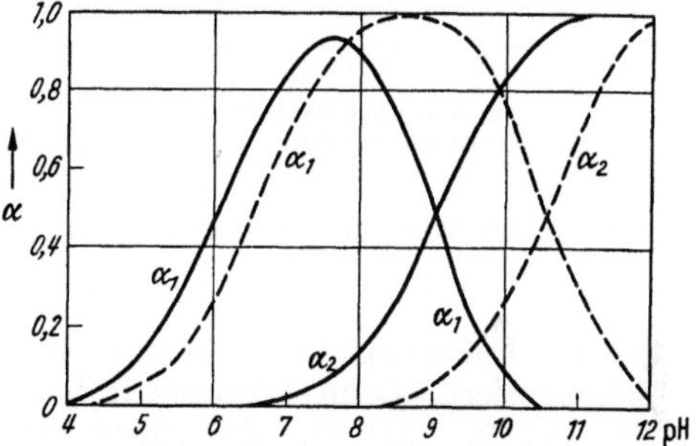

Abb. 58. Dissoziationskurven der Kohlensäure

beim gleichen Temperatursprung weniger zunimmt als K_2' (vgl. Tabelle 45); daher wird ein entsprechender Teil Hydrogencarbonat in Carbonat verwandelt werden. Hierbei wird, da die Alkalimenge gleichbleibt, eine zugehörige Menge CO_2 nach der Gleichung frei:

$$2\,NaHCO_3 \rightarrow Na_2CO_3 + H_2CO_3.$$

Es steigt daher als Ausdruck der Verschiebung des Verhältnisses der beiden Dissoziationskonstanten die gelöste CO_2. Aus diesem Grunde verschöbe sich die Reaktion

Tabelle 45. *Einfluß von Temperatur und Ionenstärke auf die pK-Werte der Kohlensäure.* Statt μ sind Cl^- Konzentrationen angegeben (nach KALLE 1943)

Cl^--Gehalt	pK$_1'$			pK$_2'$		
	0° C	15° C	30° C	0° C	15° C	30° C
0 °/oo	6,66	6,53	6,43	10,68	10,50	10,34
5 °/oo	6,33	6,20	6,12	9,62	9,43	9,27
10 °/oo	6,27	6,14	6,04	9,41	9,23	9,07
15 °/oo	6,22	6,09	5,99	9,30	9,12	8,96
20 °/oo	6,19	6,05	5,95	9,23	9,05	8,89

stärker ins Saure als nach der Vergrößerung der Konstanten zu erwarten wäre, besonders, wenn man berücksichtigt, daß bei der Normalreaktion des Meerwassers noch etwa 80% der gebundenen CO_2 als Bicarbonat mit der weniger stark anwachsenden Konstanten K_1' vorliegen. Von 0—30° fiele so der pH-Wert z.B. von pH 8,37—8,04. Eine weitaus bessere Pufferung gegenüber Temperaturschwankungen ergibt sich, wenn die Pufferung im heterogenen System betrachtet wird, wobei die 2. Phase, nämlich die *Atmosphäre*, sich insofern beteiligt, als sie *ihre CO_2-Spannung* und damit die des mit ihr im Gleichgewicht stehenden Ozeans *bei jeder Temperatur konstant hält*. Nun nimmt mit steigender Temperatur die gelöste freie Kohlensäure ab. Diese Abnahme wirkt sich aber wegen der gleichzeitig erfolgenden Vergrößerung der Dissoziationskonstanten kaum im Sinne einer Reaktionsverschiebung ins Alkalische aus, so daß sich der pH bei einer Temperaturverschiebung von 0—30° *nur von 8,14 auf 8,21 ändert*. Dieser zuletzt genannte Fall der *Kompensierung* mehrerer Eigenschaften ist in der Natur verwirklicht.

Auch im *Organismus* wird durch die Lungentätigkeit die CO_2-Spannung der Körpersäfte auf einem unter gleichen Stoffwechselbedingungen (Arbeit, RQ usw.) gleichbleibenden Wert gehalten, so daß auch hier die *Beteiligung der CO_2 im heterogenen Puffersystem* gegeben ist. Vom Standpunkt des homogenen Gleichgewichts gesehen, wird der Bicarbonatpuffer physiologischerweise über eine pH-Stufe vom Pufferungsmaximum aus entfernt im Alkalischen beansprucht, so daß seine Kapazität nur zu $^1/_3$ ausgenutzt zu sein scheint (s. S. 179). Hält man jedoch die im Serum gelöste H_2CO_3 durch Wahrung der CO_2-Spannung stets auf demselben Wert, etwa wie in dem von HENDERSON gegebenen Beispiel (Abb. 59) auf 2,7 Vol.-%, entsprechend 40 mm Hg oder 5,3 Vol.-% an CO_2 in der feuchten Alveolarluft, dann wird mit zunehmendem Laugenzusatz die gebundene CO_2 stark anwachsen; d.h. die Abnahme des Quotienten $\dfrac{[H^+] \cdot K}{([H^+] + K)^2}$ in der Gleichung für die Pufferkapazität (46) wird durch Zunahme von c kompensiert oder überkompensiert. Beim Säurezusatz, etwa ausgehend von einem pH von 7,7 mit 100 Vol.-% $NaHCO_3$, also einem Quotienten:

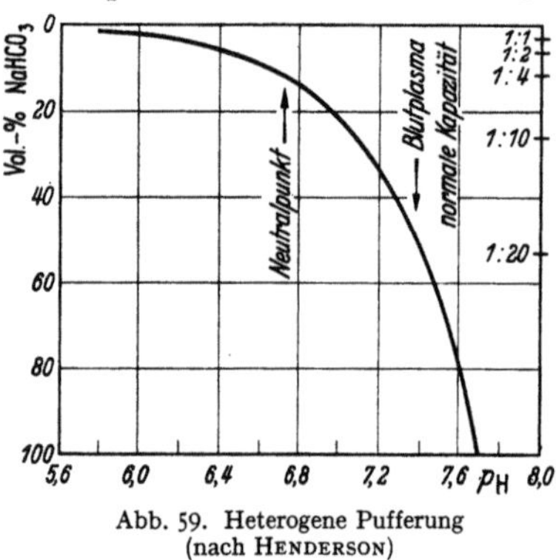

Abb. 59. Heterogene Pufferung
(nach HENDERSON)

$$\frac{[CO_2]}{[HCO_3^-]} = \frac{1}{36} \, ,$$

ergibt sich folgendes: eine gleiche Säuremenge verursacht, je weiter man sich von diesem pH entfernt, eine immer stärker werdende pH-Abnahme. Zum Beispiel gehört zur Abnahme von 100 auf 80 Vol.-% ein Sprung von 0,09 pH, von 30 auf 10 Vol.-% ein solcher von 7,14 auf 6,67, also um 0,47 pH-Einheiten. Bei dieser Form der heterogenen Pufferung, die in den Organismen sehr weit verbreitet ist, spielt also die Änderung der Pufferkonzentration mit dem pH eine sehr große Rolle gegenüber dem sonst allein entscheidenden Verhältnis des pH zum pK. Allgemein zeigt sich, daß eine Halbierung der gebundenen CO_2 zu einer Verdoppelung der $[H^+]$ führt, d.h. zur Abnahme von pH um 0,3. Bei der heterogenen Pufferung wird CO_2 als konstant einzusetzen sein, so daß sich aus (47) die Beziehung ergibt: $[H^+] \cdot [HCO_3^-] =$ const. In ihr ist das soeben beschriebene Verhalten ausgedrückt. In allen diesen Fällen aber ist die jeweils vorliegende Wasserstoffzahl eindeutig durch das *Verhältnis der freien zur gebundenen CO_2* bestimmt. Umgekehrt kann dementsprechend im gasanalytischen Verfahren nach HASSELBALCH die Bestimmung dieser beiden Größen zur Ermittlung des pH dienen.

Das Puffersystem des Blutes

Für die *Beurteilung der Pufferfähigkeit* des Blutes und der Körpersäfte hat ihre *Titration mit CO_2* große praktische Bedeutung erlangt. Man läßt dabei die CO_2-Spannung (pCO_2) in dem der Sättigung dienenden Gasgemisch über der Lösung ansteigen. Zum Verständnis der sich dabei in ihr vollziehenden Vorgänge seien der Reihenfolge nach komplizierter aufgebaute Systeme analysiert:

1. Im *destillierten Wasser* wächst mit zunehmendem Partialdruck der CO_2 die gelöste Menge an CO_2 und H_2CO_3 linear an; beide können nicht getrennt analysiert werden. Die Neigung der Geraden, welche die gelösten Volumina mit pCO_2 verbindet, ist dem Löslichkeitskoeffizienten α proportional (s. Abb. 60).

2. Dem *Wasser werde Alkali* zugefügt. Bei Abwesenheit von CO_2 in der Sättigungsluft ist auch die Lösung frei von CO_2, wie das Austreiben mit Säure und die anschließende Gasanalyse ergeben. Beim Zufügen von CO_2 wird diese gebunden und dabei zunächst in Carbonat und dann weiter in Hydrogencarbonat verwandelt, so daß schon bei recht niedrigem CO_2-Gehalt der Luft nach eingetretenem Gleichgewicht praktisch nur Hydrogencarbonat und gelöste CO_2 vorhanden sind:

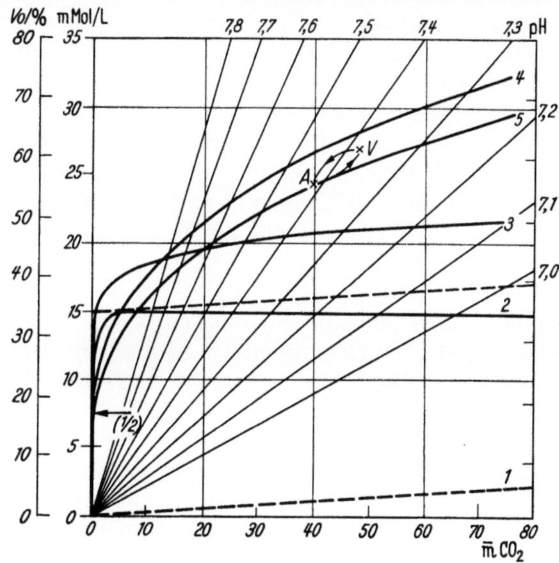

Abb. 60. Kohlensäurebindungskurven (schematisch) ---- totale, —— gebundene CO_2. *A* arterieller, *B* venöser Arbeitspunkt. *1.* aq. dest.; *2.* 15 mMol/Liter NaOH; *3.* Serum alleine; *4.* Serum aus O_2-freiem, *5.* aus oxygeniertem Blut nach Sättigung mit der entsprechenden CO_2-Spannung gewonnen (schematisch)

$$2\,NaOH + H_2CO_3 \rightarrow Na_2CO_3 + H_2O; \quad Na_2CO_3 + HHCO_3 \rightarrow 2\,NaHCO_3.$$

Wird nach Erreichung dieses Zustandes weiter mit CO_2 „titriert", dann kann in einer solchen Lösung das Hydrogencarbonat wegen Erschöpfung des Alkalis nicht mehr ansteigen, wohl aber löst sich mehr CO_2, nun wieder linear mit dem Druck wachsend. Aus der Kurve (2) ist das Verhältnis von H_2CO_3 zum HCO_3^- unschwer zu entnehmen. Die Summe beider ergibt die Gasanalyse. Die Menge der gelösten, sog. freien Kohlensäure ist aus dem Partialdruck und der Löslichkeit der CO_2 in der untersuchten Flüssigkeit bei der betreffenden Temperatur leicht zu berechnen. Wird sie vom Gesamtwert abgezogen, dann erhält man die gebundene CO_2, das Hydrogencarbonat. Das Verhältnis beider bestimmt nach der Puffergleichung die Wasserstoffzahl:

$$[H^+] = K' \frac{[H_2CO_3]}{[HCO_3^-]}; \quad pH = pK_1' + \log \frac{[HCO_3^-]}{[H_2CO_3]}. \tag{45}$$

Linien gleicher pH-Werte, Isohydren, durchziehen das Diagramm der Kohlensäurebindungskurven, es vom Koordinatennullpunkt aus fächerförmig überstreichend. Charakteristisch für das Verhalten des reinen Bicarbonatpuffers ist das Gleichbleiben der Anionenkonzentration bei wachsendem Säuregehalt.

3. Es werde Serum oder eine *eiweißhaltige Hydrogencarbonatlösung* mit CO_2 versetzt. Dabei wird zunehmend mehr CO_2 gebunden, als dem einfachen Lösungs-

vorgang entspricht. Wie die ansteigende Kurve (3) zeigt, wächst das Hydrogencarbonat an. Das kann nur dadurch ermöglicht werden, daß weiteres Alkali zur
Bindung der CO_2 bei der wachsenden Säuerung zur Verfügung gestellt wird. Es
entstammt den Alkalialbuminaten, den Eiweißsalzen, welche bei der betrachteten
Reaktion vorliegen. Sie reagieren nach folgendem Schema:

$$Na^+Alb^- + (HHCO_3) \rightleftharpoons Na^+HCO_3^- + (HAlb).$$

Die als *Hydrogencarbonat* in der Körperflüssigkeit vorhandene Kohlensäure ist
demnach ein *Maß für das Alkali*, welches zu ihrer Bindung bereitgestellt wird. Sie
wird in der Klinik als *Alkalireserve (AR)* bezeichnet und in Volumenprozenten
angegeben. $AR = 55$ Vol.-% sagt aus, daß aus 100 ml der Flüssigkeit 55 ml
auf Normalbedingungen reduzierten CO_2-Gases aus Hydrogencarbonat ausgetrieben werden.

Wie soeben ausgeführt wurde, wächst AR mit der CO_2-Spannung. Um vergleichbare Werte zu erhalten, wird sie stets bei gleicher Spannung bestimmt.
Man wählt dazu die *Normalspannung*, welche in den Lungenalveolen und annähernd in derselben Größe auch im Organismus herrscht. Sie beträgt 40 mm
CO_2, entsprechend einem Gehalt im Gasgemisch von 5,3 Vol.-% und einer frei
gelösten CO_2-Menge von 2,7 Vol.-% bei 37°. Errechnet man aus 2,7/AR in
Gl. (45) die Wasserstoffionenkonzentration, so spricht man von der „*reduzierten*"
Wasserstoffzahl. Demgegenüber ist die „*regulierte*" Wasserstoffzahl jene, welche
bei der tatsächlich in dem betrachteten System herrschenden CO_2-Spannung vorliegt, also im arteriellen oder venösen Blut oder den Körpersäften. Bei bekannter
Bindungskurve lassen sich die entsprechenden pH-Werte für die gefundene CO_2-
Spannung aus dem CO_2-Bindungsdiagramm entnehmen. Der pH des Blutes ist
sehr konstant; er schwankt bei verschiedenen Personen etwa zwischen pH 7,33
bis 7,44. Der Unterschied zwischen dem arteriellen und dem venösen Sammelblut
ist meistens nicht größer als etwa 0,03 pH.

Für pH 7,40 ist das Verhältnis $CO_2/HCO_3^- = 1/20$. Dabei ist ein pK' von 6,10 vorausgesetzt; bei 7,10 wäre der Quotient dann 1/10, bei 7,73 1/40. Damit sind gleichzeitig auch die
am Menschen unter extremen Umständen noch beobachteten Werte angegeben. Der absolute
Wert der gelösten freien CO_2 bei Normalspannung beträgt 2,7 Vol.-% bzw. $27/22,4 = 1,2$ mMol
pro Liter. Der Hydrogencarbonatgehalt liegt dann für das Säure/Salzverhältnis 1/20 bei
24 mMol/Liter bzw. 54 Vol.-%. Die *Gesamt-CO₂* ist also unter Normbedingungen 57 Vol.-%
bzw. 25 mMol/Liter, d. h. *1/40 Mol/Liter*.

4. Die *Pufferkapazität des Serums ist im Gesamtblut größer als in der abge-
trennten Flüssigkeit*, denn die Erythrocyten sind in der Lage, bedeutend mehr
Alkali für die Bindung der CO_2 bereitzustellen. Die Bereitstellung erfolgt aus den
Alkalihämoglobinaten. Es werde zunächst ein fixierter Oxygenationsgrad des
Blutfarbstoffes, etwa fehlende O_2-Beladung, vorausgesetzt und CO_2 als flüchtige
Säure oder Milchsäure als fixe, d. h. nichtflüchtige Säure hinzugegeben. Im ersten
Fall steigt in der Flüssigkeit der Zähler des Quotienten der $[H^+]$-Puffergleichung
(45), im zweiten wird CO_2 aus Hydrogencarbonat ausgetrieben, so daß außerdem
der Nenner sinkt. Beides bedeutet Säuerung, und in beiden Fällen tritt die freie
CO_2 vermehrt in die Blutkörperchen über. Hier findet dann unter ihrem Einfluß
folgender Vorgang im Sinne des Reaktionsablaufes nach rechts statt:

$$Hb^-K^+ + (HHCO_3) \rightleftharpoons (HbH) + K^+HCO_3^-.$$

Das aus der übergetretenen CO_2 entstehende Hydrogencarbonat wechselt nun im
Gegentausch mit den Chlorionen des Plasmas aus den Körperchen in die Flüssig-
keit über (ZUNTZ 1868, GÜRBER 1895). Dieser *selektive Anionentausch steht im
Dienste der Reaktionsregulation*. Denn es verschwinden unter den geschilderten
Umständen mit den *Chlorionen* die Anionen einer nichtpuffernden, d. h. stets total

dissoziiert bleibenden Säure. Sie *werden* unter Steigerung der Pufferkapazität *durch die Anionen des puffernden Hydrogencarbonatsystems ersetzt.* Ihre Vermehrung normalisiert den gestörten Säure/Salz-Quotienten. Die Abgabe des Alkalis aus dem Farbstoff bei Säuerung und die entsprechende Aufnahme unter Vermehrung des dissoziierten Hämoglobinsalzes bei Alkalisierung bzw. CO_2-Abgabe ist der mengenmäßig wichtigste Vorgang bei der Pufferung im Gesamtblut. Denn die Alkalibindungsfähigkeit des roten Blutfarbstoffes ist besonders hoch; ebenso ist es seine Konzentration mit 16% im Blut und 35% im Körperchen selbst.

5. Auch im normalen respiratorischen Cyclus, d.h. beim Übergang des arteriellen in das venöse Blut und umgekehrt, spielt der Wechsel des Alkalis am Hämoglobin die entscheidende Rolle bei der Konstanterhaltung der Blutreaktion. Trotz des soeben beschriebenen Vorganges könnte während dieses Spieles das pH nämlich deswegen nicht unverändert bleiben, weil die Steigerung der CO_2-Spannung und ihr Abfall immerhin eine gewisse, wenn auch nach Punkt 4 stark verminderte *Schwankung des Quotienten: Säure/Salz* veranlassen würde. Diese Schwankung wird jedoch nahezu *aufgehoben durch den sog. Sauerstoffeffekt* (HENDERSON). Er besteht darin, daß die *Oxygenierung des Hämoglobins*, welche physiologischerweise in den Lungen erfolgt, seine *Säurefunktion steigert.* Die Dissoziationskonstante einer oder einiger Aminosäuren, welche dem Hämanteil im Blutfarbstoff nahe stehen (sog. oxylabile Gruppen), wächst. Das zwischen dem Hämoglobin und der Kohlensäure bestehende Gleichgewicht der Verteilung des Alkalis verschiebt sich zugunsten des Oxyhämoglobins; es dissoziiert unter Salzbildung stärker und entzieht das Alkali dem Hydrogencarbonat, welches dabei in H_2CO_3 übergeht:

$$HbH + K^+HCO_3^- + O_2 \rightleftharpoons O_2-Hb^-K^+ + (HHCO_3).$$

Die CO_2-*Bindungskurven* liegen dementsprechend für das Oxyhämoglobin tiefer und die Basenbindungskurven *höher als beim reduzierten Hb.* Die Oxygenierung setzt also CO_2 frei, welche aber auch gleichzeitig in der Lunge abgeatmet wird. Der Säureverlust durch die *Abatmung* und die H-Ionenbildung bei der Oxygenation sind so ausgeglichen, daß eine Reaktionsänderung beim $RQ = 0,7$ gar nicht und auch sonst praktisch nur wenig in Erscheinung tritt. Beachtet man den Wechsel der Gase im Blut, dann bedeutet diese Feststellung, daß die Wirkung einer Zugabe von 1 Äquivalent Sauerstoff auf den Blut-pH-Wert durch die Abgabe von 0,7 Äquivalenten an CO_2 kompensiert wird. Für den umgekehrten Vorgang *im Gewebe* trifft das gleiche zu: die Abgabe des Sauerstoffes stellt wegen der Abnahme der Hb-Säure-Dissoziationskonstanten der CO_2 mehr Alkali zur Bindung zur Verfügung, und zwar etwa ebensoviel, daß die aufgenommene CO_2 nur eine recht geringe oder gar keine Reaktionsverschiebung in saurer Richtung bewirkt. Die CO_2-Bindungskurven des Blutes (4 und 5, Abb. 60) beginnen im Gegensatz zu denen des Serums bei sehr tiefen — praktisch verschwindenden — Werten der gebundenen Kohlensäure. Bei sehr niedriger CO_2-Spannung verschiebt sich nämlich die Binnenreaktion der Körperchen so weit in den alkalischen Bereich, daß durch die anwachsende und beträchtlich werdende Dissoziation des Hämoglobins alles verfügbare Alkali, d.h. das des Hydrogencarbonats, mit Beschlag belegt wird und die dadurch frei gemachte CO_2 entweicht.

Der *Einfluß der Oxygenation auf die Basenverteilung*, welcher sich nach der soeben angegebenen Verteilungsgleichung vollzieht, *ist aus dem Verlauf der Basenbindungskurve* für Hb_{red} und Hb_{ox} quantitativ *auswertbar.* Aus den Kurven für das Pferde-Hb nach VAN SLYKE u. Mitarb. (HASTINGS 1924) ergibt sich — ein wenig in Abhängigkeit von der Ionenstärke — eine konstant bleibende Pufferung für den untersuchten Bereich bis zur verschwindenden Basenbindung, d.h. bis zum isoelektrischen Punkt. Er liegt für Hb_{red} im hier wiedergegebenen Experiment bei pH 6,8 und für Hb_{ox} bei pH 6,66 (Abb. 61). Die Verschiebung ist wieder ein Ausdruck für die Steigerung der Dissoziationskonstante bestimmter Gruppen. Ihre Größe läßt sich aus dem veränderten Pufferungsvermögen errechnen. Dieses ist als molare Pufferkapazität:

$$\beta_{ox} = \frac{dB}{d\mathrm{pH}} = \frac{\Delta\,[\mathrm{BHbO_2}]}{\Delta\,\mathrm{pH} \cdot [\mathrm{HbO_2}]} \quad \text{bzw.} \quad \beta_{red} = \frac{\Delta\,[\mathrm{BHb}]}{\Delta\,\mathrm{pH} \cdot [\mathrm{Hb}]} \cdot \tag{49}$$

Dabei sind die Hb-Konzentrationen als molare O_2-Kapazitäten ausgedrückt entsprechend der Beziehung, daß von einem Atom Eisen eine Molekel O_2 gebunden wird. Da auf 68 000 g = 1 Mol Hb 4 × 32 g Sauerstoff kommen, bedeutet ein Hb-Wert von 1 mMol O_2 einen Hb-Gehalt

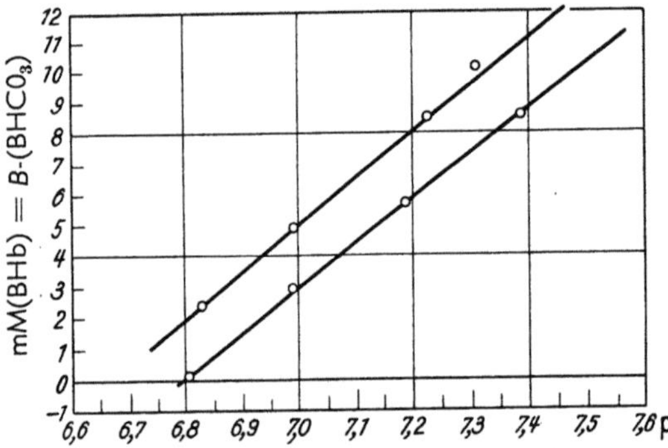

von 68/4 g/Liter oder 1,7%, wenig mehr also als ein Zehntel des Gehaltes im Normalblut. Man erhält damit z.B. aus der abgebildeten Kurve: $\beta_{ox} = 2{,}72$, $\beta_{red} = 2{,}56$.

Abb. 61. Basen-Bindung von O_2-freiem (unten) und O_2-gesättigtem Pferdeblut.-Hb (5,7 mMol); Kationen: 30 m äq/Liter (1924)

Vergleicht man nun die Basenbindung bei gleichem pH und konstantem Hb-Gehalt, dann ist BHb/Hb der Dissoziationsgrad des reduzierten, $BHbO_2$/Hb—O_2 der des oxygenierten Farbstoffes. Er setzt sich in beiden Fällen aus der Summe der Dissoziationsgrade der einzelnen Gruppen zusammen. Von ihnen möge sich

nach HENDERSONs Annahme aber beim Oxygenierungsvorgang nur eine einzige ändern, indem sie von K'_{red} zu K'_{ox} anwächst. Die Differenz ihres Dissoziationsgrades bei konstantem pH muß dann dem Unterschied des molaren Basenbindungsvermögens in beiden Zuständen entsprechen. Daher gilt für die Differenz der Basenbindung beim Übergang eines Mols Hb in den oxygenierten Zustand:

$$\frac{\Delta\,[\mathrm{BHb}]}{\Delta\,[\mathrm{HbO_2}]} = \frac{K'_{ox}}{K'_{ox} + [\mathrm{H^+}]} - \frac{K'_{red}}{K'_{red} + [\mathrm{H^+}]}, \quad \text{vgl. (36)} . \tag{49a}$$

Die linke Seite der Gleichung wird der Ordinatendifferenz bei konstantem pH unter Beachtung der aus der Kurve nicht zu ersehenden tatsächlich vorliegenden Oxygenationsgröße für je zwei pH-Werte entnommen und damit K'_{ox} und K'_{red} aus vorstehender Gleichung gewonnen. So ergab sich z.B. für Pterde-Hb bei einer Ionenstärke von 0,145:

$$\mathrm{pK}'_{ox} = 6{,}57; \quad \mathrm{pK}'_{red} = 8{,}03 \quad \text{bzw.} \quad K'_{ox} = 3{,}7 \cdot 10^{-7} \quad \text{und} \quad K'_{red} = 9{,}3 \cdot 10^{-9}.$$

Es entsteht also eine Säuregruppe bzw. eine Kationsäure, welche tatsächlich in sehr wirksame Konkurrenz mit der Kohlensäure ($K_1 = 4{,}5 \cdot 10^{-7}$) um das Alkali treten muß. Aus $K'_{ox}/K'_{red} = 29$ ergibt sich, daß die Säuregruppe rund 30fach stärker geworden ist. Erhöhungen der Dissoziationskonstanten durch Eintreten des elektronegativen Sauerstoffes in die Molekel sind bei anderer Gelegenheit besprochen worden (s. S. 148). Die Basenmenge, welche pro Mol Sauerstoff an das oxygenierte Hb gebunden wird, hat ein Maximum bei etwa pH 7,3. Sie erreicht hier mit rund 0,6 den Wert, wie er für einbasische Säuren nach VAN SLYKE im Pufferungsmaximum für die Konzentration $c = 1$ [Gl. (46)] zu erwarten ist. Aus diesem Verhalten kann abgeleitet werden, daß für eine eingetretene O_2-Molekel tatsächlich nur eine oxylabile Gruppe je ein Proton abgegeben hat. Die Lage der Dissoziationskonstanten K_{ox} und die Größe der Dissoziationswärme (WYMAN) sprechen dafür, daß es sich hier um die *Abgabe eines Protons aus dem Imidazoliumion* eines Histidinrestes handelt.

Eine nähere Analyse hat gezeigt, daß zwischen pH 6,1 und pH 4,5 ein *entgegengesetzter Sauerstoffeffekt* auftritt: es wird bei der O_2-Anlagerung etwas weniger Base gebunden. WYMAN findet statt der soeben referierten Daten zwei dissoziable Gruppen mit $pK_1 = 5{,}25$ und $pK_2 = 7{,}81$, deren pK-Werte sich bei der Oxygenation nach 5,75 und 6,80 verschieben, sich also einander annähern. PAULINGS magnetochemische Messungen unterstützen die Vermutung WYMANS, daß beide Gruppen dem Imidazolring zugehören, während eine andere nur beim Methämoglobin vorkommende auf die Dissoziation des $Hb-Fe-OH$ zu beziehen ist. Die Histidinreste befinden sich auf beiden Seiten der Häm-Ebene (s. Abb. 12); jedoch tritt die Gruppe mit pK_1 aus sterischen Gründen nur in geringe elektrostatische Wechselwirkung mit dem Fe^{2+}. Diese reicht aber noch aus, um die Anlagerung des Protons an den dissoziablen Ring-Stickstoff zu erschweren. Bei der *Oxygenation*, also bei der *Ausbildung von Kovalenzen zum Fe* (s. S. 39), wird dieses Imidazol völlig frei gegeben. Dabei wird es als Base stärker, d.h. pK_1 steigt. Die Abnahme von pK_2 bei der Oxygenation hängt mit dem Verschwinden der positiven Ladung des Fe zusammen. Dadurch kommt es zum äquivalenten Auftreten auch jener polaren Resonanzform am Imidazolring, welche eine schwächere Basenfunktion besitzt (b, kleineres pK) als die übliche kovalente Form (a). Im ionischen Fe^{2+} des reduzierten Hb ist die saure Struktur b wegen der Trennung der Ladungen im Ring so instabil, daß ihr Beitrag zur Struktur des Hb^{2+} vernachlässigt werden kann. Hier überwiegt also die stärker basische Form des Imidazolringes (a) (PAULING):

$$\text{HbO}_2: \qquad \underset{a}{O_2-Fe-N\!\!+\!\!\!\diagup\!\!\!\overset{|}{C}=\overset{\cdot\cdot}{N}-H} \quad \longleftrightarrow \quad \underset{b}{O_2-Fe-\overset{\cdot\cdot}{N}\diagup\!\!\!\overset{|}{C}=\overset{+}{N}-H}$$

$$\text{Hb}: \qquad \underset{\substack{a\\ \text{basisch}}}{H_2O:\overset{?}{Fe^{2+}}:N\diagup\!\!\!\overset{|}{C}=\overset{\cdot\cdot}{N}-H} \quad \gg \quad \underset{\substack{b\\ \text{schwach sauer}}}{H_2O:\overset{?}{Fe^{2+}}:\overset{\ominus}{N}\diagup\!\!\!\overset{|}{C}=\overset{+}{N}-H}$$

Aus dem umfangreichen experimentellen Material über das physikalisch-chemische System des Blutes (VAN SLYKE, HASTINGS, HENDERSON) läßt sich der *Anteil* entnehmen, mit dem die *einzelnen aufgezählten Faktoren an der Gesamtpufferung beteiligt sind*. Nach HENDERSON beträgt beim normalen respiratorischen Cyclus die wahre Pufferung durch Hb (Punkt 4) 13% der Änderung im Basenbindungszustand der Blutkörperchen, während 87% auf den O_2-Effekt (5) entfallen. Die Gesamtpufferung mit Hilfe der Eiweiße (Punkte 3 und 4) macht 18% aus, 82% kommen wieder auf (5). Die Gesamtwirkung des Hämoglobins (4 und 5) ist für 95% der Basenänderung im Zusammenhang mit dem Transport der Atemgase verantwortlich. Auf die Serumproteine allein entfallen die übrigen 5% der Pufferung, soweit die Bereitstellung von Alkali zur Bildung von Hydrogencarbonaten in Frage kommt.

Der Transport des Kohlendioxyds findet der bisher gegebenen Darstellung entsprechend nur in der Form der gelösten oder als Salz gebundenen Säure statt. Daneben ist aber auch stets ein gewisser, in seiner Menge immer noch nicht genau angebbarer Teil in chemischer Bindung am Hämoglobin vorhanden. Es handelt sich um das von HENRIQUES wahrscheinlich gemachte Carbhämoglobin. Seine Bildung vollzieht sich nur bei ausreichender CO_2-Spannung und bei einer Reaktion, welche genügend alkalisch ist, um einen gewissen Prozentsatz freier Aminogruppen zur Reaktion bereitzustellen ($Hb\ldots NH_3^+ \rightarrow Hb\ldots NH_2$). Im Gegensatz zu HENRIQUES fand NETTER daher beim isoelektrischen Punkt des Hb keine CO_2-Verbindung. Vor allem STADIE stellte dann fest, daß das *Carbhämoglobin* nur auf der alkalischen Seite vom IP gebildet werden kann:

$$Hb\ldots NH_2 + CO_2 \rightleftharpoons Hb\ldots NHCOOH \rightleftharpoons Hb\ldots NHCOO^- + H^+.$$

Die Carbaminsäuregruppe selbst liegt hauptsächlich dissoziiert als *Carbaminat* vor. STADIE zeigte, daß die Bildung des Carbhämoglobins im oxygenierten Blut verringert ist. Nach NETTER und Mitarbeitern ist umgekehrt die Oxygenation des Hb bei konstantem pH in Abwesenheit von CO_2 stärker als bei der physiologisch vorliegenden CO_2-Spannung. Um diesen Unterschied nachzuweisen, sind aber derartig starke Differenzen in der CO_2-Spannung notwendig, daß dieser *spezifischen CO_2-Wirkung* beim Hb keine biologische Bedeutung zukommen dürfte.

Das regulierende Gesamt-System ist gemeinsam mit einigen hier nur gestreiften oder gar nicht erwähnten Komponenten einer quantitativen Betrachtung sehr gut zugänglich, wobei die *nomographische Darstellung* besondere Dienste geleistet hat (HENDERSON 1932). Sowohl aus den Einzeldaten wie aus den Nomogrammen lassen sich die verschiedenen biologischen einschließlich der pathologischen Zustände bewerten. Zu den besonders beobachteten Veränderungen gehören die der Alkalireserve. Über ihr Verhalten gibt das nachstehende Diagramm nach VAN SLYKE Auskunft (Abb. 62).

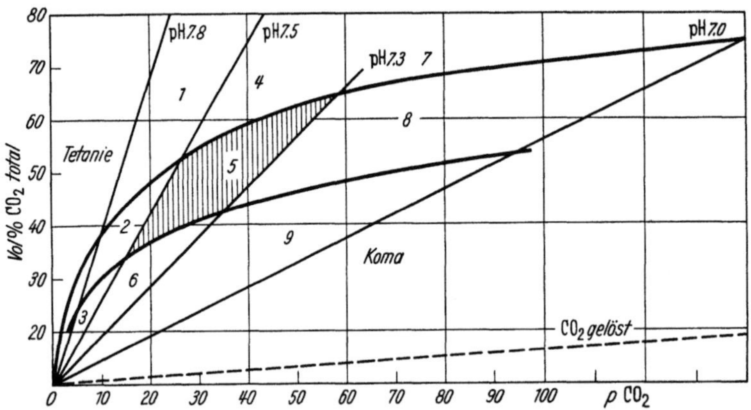

Abb. 62. Kohlensäurebindungskurven; Normalbereich und Veränderungen der Alkalireserve (van Slyke-Diagramm)

Verringerungen der Alkalireserve, wie sie z. B. bei Säureeinbrüchen in das Blut auftreten, heißen Acidosen. Solange sich die CO_2-Spannung dabei etwa im gleichen Verhältnis wie die AR vermindert, bleibt der pH-Wert unverändert (Kompensierte Acidose, Feld 6). Diese kompensierende Verminderung der CO_2-Spannung kommt durch ihre verstärkte Abatmung zustande. Bleibt nämlich die CO_2-Produktion unverändert, dann sinkt die Spannung umgekehrt proportional zum Minutenvolumen der Atmung. Kann aber die Verstärkung ihrer Tätigkeit nicht mehr mit der Alkaliverminderung Schritt halten, so setzt die unkompensierte Acidose mit einer effektiven Verschiebung der Reaktion zum Sauren ein.

Eine kompensierte Alkalose tritt z. B. nach Bicarbonatinfusionen oder als Ausdruck einer Bereitstellung von Alkali nach Atmung CO_2-reicher Gasgemische auf (Feld 4). Unkompensierte Alkalosen mit pH-Erhöhung führen gewöhnlich zur sog. Tetanie (Feld 1).

Die hervorragende *Eigenpufferung* des Blutes ist im Vergleich mit der *geringen* bemerkenswert, welche *der übrigen extracellularen Flüssigkeit* zukommt. Ihr geringer Pufferwert wird aber durch den fast vollständigen Mangel an Eiweißen und Phosphaten verständlich gemacht. Dagegen ist die Flüssigkeit gegen stärkere Reaktionsänderungen noch durch den einfachen CO_2/Hydrogencarbonatpuffer geschützt. Seine Konzentration ist hier sogar etwas größer als im Blute (s. S. 322). Der Unterschied zum Blut besteht also darin, daß hier praktisch keine Vermehrung der Alkalireserve bei Steigerung der CO_2-Spannung erfolgen kann. Wenn sie gelegentlich beobachtet wird, dann sind Puffer aus anderen Räumen des Organismus an die zwischencellulare Flüssigkeit abgetreten worden.

Puffersysteme der Zellen; ihr pH-Wert

Wegen ihrer allgemeinen Gegenwart und der gewöhnlich um den neutralen Bereich liegenden Reaktion biologischer Gebilde hat die Kohlensäure immer als wesentlicher Partner Anteil am *Pufferungssystem der Zellen und Gewebe*[1]. Dieses ist insofern dem des Blutes ähnlich, als seine Hauptbestandteile außer der freien Kohlensäure Hydrogencarbonate und Proteinate sind. Hierzu kommen aber in den Zellen organisch gebundene und auch freie Phosphate. Von ihrem Gehalt und der Eiweißkonzentration und -wertigkeit hängt die Pufferungskapazität in erster Linie ab.

Die Aktivität des Hydrogencarbonates ist im Gewebe meistens kleiner, gelegentlich viel kleiner als in der Blutflüssigkeit. Bei der fast gleichen CO_2-Spannung ist dann die $[H^+]$ nach der Pufferungsgleichung entsprechend höher.

Der Gehalt an Eiweiß ist je nach dem Organbau recht verschieden. Abgesehen davon ist aber auch die Pufferung durch die einzelnen Proteine verschieden groß. Oft ist sie recht hoch; z.B. bindet die gleiche Menge Hämoglobin etwa 3mal mehr H-Ionen, als es die Serumeiweißkörper bei der gleichen pH-Änderung zu tun vermögen (s. S. 319).

Weitaus das wichtigste Puffersystem der Zellen wird durch die *Phosphate* gestellt. Unter gewöhnlichen Umständen kommt hier der Pufferungsbereich nur einer Dissoziationskonstanten in Betracht; es ist diejenige des Dihydrogenphosphates K_2'.

Die *Konzentration des Phosphates* ist innen mit rund 100 mMol/Liter etwa 100mal höher als in den Körperflüssigkeiten. pK_2' beträgt bei physiologischer Ionenstärke (0,167) rund 6,66; K_2' hat damit rund $^1/_3$ des Wertes von K_1' für die CO_2 unter gleichen Bedingungen.

Das Zellphosphat ist nun in der Ruhe zur Hauptsache als Anhydrid, Ester oder Guanidinphosphat *organisch gebunden*. Durch diese Bindung wird die in Frage kommende 2. Dissoziationskonstante merklich vergrößert (vgl. Tabelle 84). Eine Aufspaltung der Bindung muß daher unter sonst gleichen Umständen mit einer entsprechend geringen Alkalisierung einhergehen. Ist allerdings der freigemachte Partner selbst eine Base wie das aus der Kreatinphosphorsäure stammende Kreatin, dann muß hier die Verschiebung in das Alkalische beträchtlicher werden.

Beim ATP ergibt sich das Gegenteil: die Abspaltung je einer Phosphorsäuremolekel führt zum Neuauftreten einer Säuregruppe mit dem Wert der 2. Dissoziationskonstanten der H_3PO_4:

$$\cdots CH_2-O-\overset{\overset{O}{\|}}{\underset{\underset{O^-}{|}}{P}}-O-\overset{\overset{O}{\|}}{\underset{\underset{O^-}{|}}{P}}-O-\overset{\overset{O}{\|}}{\underset{\underset{O^-}{|}}{P}}-O^- \xrightarrow{+OH^-} \cdots CH_2-O-\overset{\overset{O}{\|}}{\underset{\underset{O^-}{|}}{P}}-O-\overset{\overset{O}{\|}}{\underset{\underset{O^-}{|}}{P}}-O^- + HO-\overset{\overset{O}{\|}}{\underset{\underset{O^-}{|}}{P}}-O^-$$

Die zugehörigen pH-Änderungen ergeben sich mit den Werten der Dissoziationskonstanten und der Konzentration der Partner unter Berücksichtigung des Ausgangs-pH-Wertes und der Ionenstärke. Im übrigen sind sie praktisch leicht aus den entsprechenden Elektrotitrationskurven zu ersehen [LOHMANN 1935]. Über die Pufferungsfähigkeit der Gewebe lassen sich wegen des Hineinspielens derartiger Spaltungs- und anderer Stoffwechselreaktionen nicht so leicht präzise Angaben wie für das Blut machen. Da die Konzentration der gebundenen Kohlensäure (Hydrogencarbonat) bei gleicher CO_2-Spannung im allgemeinen geringer als im Blut ist, steht dem Gewebe sicher weniger Alkali zur

---

[1] LEUTHARDT und NETTER; CALDWELL; SMALL.

Bindung der CO_2 zur Verfügung. So ist also auch zweifellos die H-Ionenkonzentration gegenüber gleichen Schwankungen der CO_2-Spannung im Gewebe empfindlicher als im Blut. Andererseits ist aber auch die Menge des Alkalis — in der Hauptsache Kalium —, welches den puffernden Phosphatgruppen und den Gewebseiweißen gegenübersteht, nicht klein. Von ihm kommt für die Pufferung jenes nicht in Frage, welches den immer total dissoziiert bleibenden Gruppen äquivalent ist, also den primären Phosphaten und den Chloriden. Die Konzentration der letzteren läßt sich für das Zellinnere übersehen. Bei der Muskelfaser liegt sie nur in der Größenordnung von $1-2$ mMol/Liter. Diejenige der primären Phosphatgruppen, sowohl des freien wie des gebundenen Phosphates, dürfte stärkeren Schwankungen unterliegen und kann nur grob mit etwa $50-70$ mMol je Liter abgeschätzt werden, da die leicht eintretenden Änderungen im Gehalt an verschiedenen Polyphosphaten und Phosphatestern die Verhältnisse komplizieren.

Wenn man von ihnen absieht, läßt sich mit Hilfe der Gln. (1) und (2) unter Benutzung der analytischen Daten eine theoretische CO_2- bzw. Säurebindungskurve für das Gewebe zeichnen. Wäre P die Molarität des puffernden Phosphates, A die des Gesamtalkalis und sei $2P - A = S$, dann ist

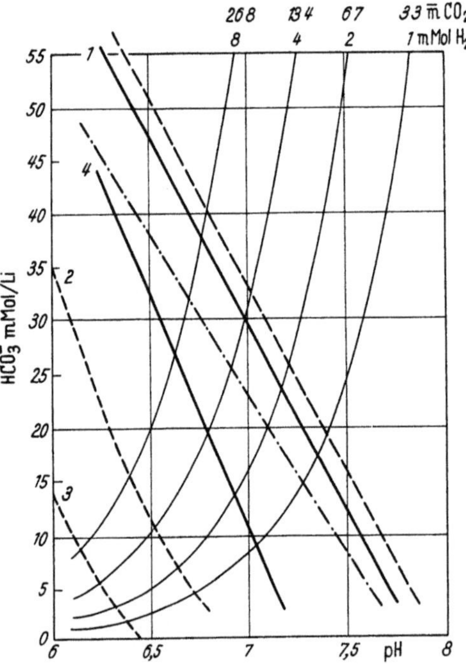

Abb. 63. *Pufferungskurven*. HCO_3^- und pH bei verändertem pCO_2. ---- Blut nach HENDERSON; · — · — · Leber nach LEUTHARDT. *1—4* Theoretische Kurven für Phosphat—H_2CO_3-Systeme mit $A = 150$ mMol/Liter; $P = 70$ mMol/Liter (*1*); $P = 80$ mMol/Liter (*2—4*) $C = 3$ für *1* und *4*; $C = 1$ für *2*; $C = 1/3$ für *3*; für H_2CO_3 ist $pK_1 = 6,10$

$$[HCO_3^-] = -\frac{B+S}{2} \pm$$
$$\pm \sqrt{\frac{(B+S)^2}{4} + B(P-S)}$$

und

$$[H_2PO_4^-] = \frac{BP}{B + [HCO_3^-]}$$
$$= [HCO_3^-] + S. \tag{50}$$

B ergibt sich hier folgendermaßen: $C = K_1/K_2$ gibt das Verhältnis der ersten Dissoziationskonstanten der Kohlensäure zur 2. des Phosphates unter Zellbedingungen. Es wäre für ungebundenes Phosphat etwa 3; für organisch gebundenes mag angenähert 1 gesetzt werden, obwohl dieser Wert sehr von der stofflichen Zusammensetzung der Verbindungen abhängt. B sei das Produkt aus C und der jeweiligen durch die CO_2-Spannung bestimmten H_2CO_3-Konzentration in mMol/Liter. $B = C \cdot [H_2CO_3]$.

Die Kurven (Abb. 63) liegen etwas tiefer als die des Gesamtblutes; sie decken sich aber etwa mit denen, welche LEUTHARDT (1940) an Leber und Muskel fand. Beim Blut stellen die Proteinate das Alkali bereit, im Gewebe hauptsächlich die Phosphatgruppen; jedoch müssen auch hier die im Schema nicht berücksichtigten Eiweißkörper herangezogen werden. Die Lieferung von Alkali aus dem Blutfarbstoff ist nun schon um pH 6,5, der isoelektrischen Zone des Hb, erschöpft. Stärker saure Reaktionen sind auch durch Steigerung der CO_2-Spannung unter experimentellen Bedingungen kaum zu erreichen, wohl aber durch nicht flüchtige Säuren. Ihre Bindung erfolgt dann im Blutkörperchen unter Bildung von Hb-Kationen. Die Eiweißstoffe der Gewebe besitzen im allgemeinen

einen mehr im Sauren gelegenen IP, so daß sie zunächst noch gleichzeitig mit den Phosphatgruppen Alkali abgeben und erst nach Überschreitung ihres IP ebenfalls unter Kationenbildung H^+-Ionen binden.

Von den hier dargestellten Verhältnissen weichen zahlreiche Zellen und Gewebe, namentlich des Pflanzenreiches in quantitativer Beziehung erheblich ab. Dennoch muß auch ihre oft bedeutend geringere Pufferungsfähigkeit nach den gleichen Grundsätzen analysiert werden. Im Zellsaft der Pflanzen ist das Vorkommen von mittelstarken organischen Säuren zu berücksichtigen. Ihr Pufferungsbereich ist dementsprechend auch bei niedrigeren pH-Werten gelegen.

Unter besonderen Umständen wird die Pufferung der Gewebe stark beansprucht, so bei der Entzündung, der Muskeltätigkeit u. a. Hierbei kommt es in der Regel zu verstärkter Säurebildung. Die Menge der bei solchen, namentlich pathologischen Vorgängen gebildeten Säuren könnte die statischen Pufferungseinrichtungen durchaus überspielen, d.h. extreme Reaktionsänderungen veranlassen, wenn nicht weitere Einrichtungen dem entgegenwirken würden. Auf sie kann hier nur zusammenfassend hingewiesen werden. Dabei erscheint es zweckmäßig, die Faktoren in den betroffenen Zellen und Geweben selbst von denjenigen zu trennen, welche indirekt von anderen Teilen des Organismus aus Einfluß auf sie nehmen. Grundsätzlich muß bereits für jede Zelle ein *aktives Eingreifen des Stoffwechsels* in die Säure-Basen-Verhältnisse diskutiert werden.

Schon MEYERHOF beschrieb die Selbsthemmung der Milchsäurebildung im Muskel, welche er auf erhöhte Säuerung zurückführte. Er nahm sicherlich mit Recht an, daß allein auf Grund der Reversibilität der Reaktionen ein Sistieren der Säurebildung durch Massenwirkung zustande käme. So dürfte die Milchsäurebildung ebenfalls von der CO_2-Spannung abhängig sein.

In ähnlicher Weise kann auch die Selbsthemmung der Hefegärung aufgefaßt werden; und es ist kein Zweifel, daß eine größere Zahl von reaktionsstörenden chemischen Vorgängen nach den gleichen Gesetzen zum Stillstand kommt. Jedoch trifft das keineswegs in allen Fällen zu. Bei der Autolyse z.B. liegen kompliziertere Verhältnisse vor. Der O_2-Mangel, welcher einerseits die Ursache gesteigerter Hydrierung der Brenztraubensäure und damit vermehrter Milchsäurebildung ist, bewirkt andererseits durch Aktivierung des Kathepsins eine fortschreitende Proteolyse. Außerdem bedingt er eine erhebliche Abspaltung von Phosphorsäure aus ATP bis zu seiner vollständigen Erschöpfung. Durch die Eiweißspaltung werden neue dissoziable Gruppen freigesetzt, welche zu einer Steigerung der Pufferkapazität beitragen, so daß bei gleich starker Säurebildung die Reaktion weniger stark als ohne Proteolyse verschoben wird. Stärker saure Werte als pH 5,8 werden bei der Gewebsautolyse kaum beobachtet.

Da so gut wie jede Stoffwechselreaktion zur Bildung oder Beseitigung von Substanzen mit unterschiedlichen Dissoziationskonstanten führt, ist sie auch grundsätzlich von Einfluß auf den pH-Wert. Hingewiesen sei in diesem Zusammenhang jedoch nur auf einen Vorgang, den der Beseitigung von NH_3. Sie geschieht durch die Harnstoffbildung und kommt bruttomäßig einer Eliminierung von Basenäquivalenten gleich; bis zu 1,5 Mol NH_3 verschwinden beim Menschen auf diese Weise pro Tag. Die Hälfte dieser Menge bindet gleichzeitig Kohlensäure der ersten Dissoziationsstufe, so daß der bruttomäßig vorhandene und eliminierte Basenüberschuß 0,75 Mol beträgt. Man beachte, daß die an Eiweiß und H_2CO_3 gebundene Basenmenge des Blutes/Liter kaum 50 mMol ausmacht.

Daß umgekehrt bei Acidosezuständen Ammoniak in der Niere aus Glutamin bereitgestellt wird, um die ausgeschiedenen Säuren zu neutralisieren, ist seit langem bekannt. Ebenso geläufig ist die Erzeugung einer Acidose durch grammweise Gabe von NH_4Cl. Die als Harnstoff erfolgende Ausscheidung von NH_3

führt hier zum Zurückbleiben saurer Äquivalente in der Form von HCl. Erklärt wird so aber nicht das Auftreten echter Acetonkörper nach NH_4Cl-Gabe. Diese kann jedoch durch Ablenkung von Ketoglutarsäure und Äpfelsäure aus dem Citronensäurecyclus verstanden werden, wie vor kurzem von POTTER (1951) gezeigt wurde. Beide Säuren werden vorübergehend als Glutaminsäure und Asparaginsäure zur Harnstoffbildung gebraucht. Erfolgt dann ihre Nachbildung nicht genügend rasch, so resultiert wegen der nun verringerten Durchgangsfrequenz des Cyclus auch eine verminderte Essigsäure- bzw. Acetessigsäureoxydation. Letzten Endes würde dann hier derselbe Mechanismus vorliegen wie beim Zustandekommen der diabetischen bzw. Kohlenhydratmangelacidose: dort bleiben die geradzahligen Säuren liegen, weil nicht mehr genügend Brenztraubensäure oder Phosphoenolbrenztraubensäure (s. S. 662) zur Erhaltung der Oxalessigsäure und damit zur oxydativen Entfernung der Essigsäure zur Verfügung steht.

Die genannten Vorgänge sind nun teilweise schon auf bestimmte Organe beschränkt, so die Bildung von NH_3 zur Neutralisierung von Säuren auf die Niere oder die Citrullinsynthese auf die Lebermitochondrien, während die des Arginins aus Citrullin weiter verbreitet ist, z.B. auch in der Niere vorkommt. Vom Standpunkt der Reaktionsbeeinflussung sind vor allem Lunge und Niere, dann der Darm und die Verdauungsdrüsen von Bedeutung. Sie alle geben Flüssigkeiten ab, deren pH von dem des Blutes verschieden ist, und deren Gehalt an eliminierten Säuren oder Basen durch physikalisch-chemische, humorale oder nervöse Mechanismen verändert werden kann. Es handelt sich also um die geregelte Ausscheidung reaktionsstörender Valenzen. Das Zusammenwirken dieser Organe schafft im Gesamtbereich des Organismus ein gleichbleibendes pH für das milieu intérieur. In diesem Zusammenhang kann man sie — wie z.B. das Atemzentrum — als aktive Regulatoren den passiven — Puffern — gegenüberstellen. Aktiv sind sie insofern, als die Organe, Atemzentrum, Niere usw. zu ihrer hier betrachteten Leistung Energie benötigen.

Obwohl hier nicht der Ort ist, das Zusammenspiel der Vorgänge und Zustände, welches man als „Reaktionsregulation" bezeichnet hat, im einzelnen zu erörtern, muß zu der Wirkungsweise der genannten aktiven und passiven Puffer noch ein Hinweis gegeben werden: sie ist abhängig von dem *Membransystem* der Zellen. Die Zellen sind generell für H-Ionen durchlässig, obwohl die Geschwindigkeit ihres Durchtrittes oft klein sein dürfte (s. S. 690).

Der Dissoziationszustand einer in die Zelle übergetretenen Säure hängt von der Reaktion, also auch von der Pufferkapazität des Inneren ab; d.h. die Alkalireserve der Zelle wird bei gegebener Konzentration der gesamten Säure den pH bestimmen. Da sie unter Umständen recht groß sein kann, werden auf diese Weise größere Mengen von H-Ionen in das Zellinnere gelangen. Für die Abgabe von Säuren aus den Zellen gelten die gleichen Gesetzmäßigkeiten. Auf diesem Wege vermögen schwache Elektrolyte beachtliche Änderungen des Zell-pH hervorzubringen.

Auffällige pH-Differenzen zwischen den Zellen und ihrer Umgebung lassen sich häufig nicht mit Hilfe unserer Kenntnisse von den passiven Durchlässigkeitseigenschaften allein erklären. Die säureproduzierenden Drüsen, z.B. des Magens, oder der saure Zellsaft der Pflanzen mögen hier als Beispiele genannt werden. *Beim pflanzlichen und tierischen Protoplasma entfernt sich die Reaktion selten,* und dann auch *nur in geringem Maße von der Neutralreaktion.* Ausnahmen (saure Blutzellen der Ascidien) finden sich bei voll lebensfähigen Zellen selten. Die Reaktion von Muskeln, vielleicht auch einigen Parenchymzellen, ist mit etwa pH 6,5 noch nicht als solche zu bezeichnen. Nach SCHMIDTMANN (1924) sind die epithelialen Zellen etwas alkalischer als die bindegewebigen, die Pankreasinseln deutlich saurer als das drüsige Parenchym. Auch bei Pflanzenzellen zeigt das Plasma etwa neutrale Werte, obwohl der Zellsaft der Vacuolen oft ausgesprochen sauer ist (z. B. pH 5,6 bei Nitella, pH 5 für Blütenblätter der Tulpe, pH 4 für Rhabarber usw.). Pflanzliche Farbstoffe, welche häufig auch Indicatoren sind (Rotkohl = Blaukraut!), liegen stets im Zellsaft. Auch zugeführte Indicatoren können hier konzentriert werden.

Die Bevorzugung der neutralen Reaktionszone ist bemerkenswert. Sie ist physikalisch-chemisch für ein System mit einem dynamischen Gleichgewicht zwischen reaktionsstörenden und reaktionserhaltenden chemischen Vorgängen

Tabelle 46. *pH-Werte von Zellen und Geweben*

Bakterien: Staphylo- und Streptokokken,	6,1—6,3	(K)	Gutstein
Coli, Ruhr, Typhus, Friedländer. . .	7,2—7,6	(K)	Gutstein
Hefen.	6,2—6,6	(K)	Gutstein
	5,8	(I)	Conway (s. S. 716)
Amöben a.	7,3	(K)	Spek u. Chambers
b.	6,8—6,9	(K)	Chambers u. Mitarb. 1927—32
Pflanzliche Wurzelhaare	5,8—6,9		Chambers u. Mitarb. 1927—32
Frosch, Magenepithelzellen	6,8—6,9		Chambers u. Mitarb. 1927—32
Nervenzellen, Fische	6,8—6,9		Chambers u. Mitarb. 1927—32
Hühnerniere, Fischeier	6,8—6,9		Chambers u. Mitarb. 1927—32
Carcinomzellen, Kultur	6,8—6,9		Chambers u. Mitarb. 1927—32
Zellkerne	>7,2		Chambers u. Mitarb. 1927—32
Chara, Nitella, Valonia	5,4—5,6	(K, E)	Colla; Irwin; Hoagland u. Davis; Brooks
Froscheier, veget.-animal. Pol	5,6—6,2	(E)	Dorfman
Elodea	5,5—6,2	(K)	Taylor u. Whitacker
Seeigeleier	5,1—5,8	(K)	Vles u. Mitarb.
	5,6	(K)	Reiss
	6,2	(K)	Zentrifug. granulafreie Zone, Wiercinski
Seestern-Ascidieneier	6,6	(K)	Needham
	6,6	(K)	Needham
Blutzellen der Ascidien	4	(K)	Henze
Bindegewebe	7,2	(K)	Rous
		(E)	Frunder
		(K)	Schmidtmann
Niere	>6,6	(K)	Rous
Muskel	5,6—6,6	(K)	Rous
	6,6	(I)	Netter
	6,9	(I)	Fenn u. Maurer
	5,9	(I)	Conway
	7,2	(I)	Meyerhof
	7,2	(E)	Margaria, Voigtlin

(E) elektromotorische, (K) colorimetrische, (I) indirekte Methoden

nicht zwingend begründbar. Aber sie kann mit dem Hinweis auf die annähernd neutrale und nur wenig in das Alkalische spielende Reaktion des milieu intérieur verstanden werden. Bei fehlendem pH-Unterschied zwischen Zelle und Umgebung (Δ pH) würde natürlich auch keine kontinuierliche Säure- oder Basenbildung zu seiner Aufrechterhaltung notwendig sein. Nun erfordert aber die Erhaltung der übrigen Ungleichgewichte in der Zelle Energie. Ihre Bereitstellung geht mit der Bildung von Säuren, schließlich der Kohlensäure einher, welche fortlaufend abgeführt werden muß. Das setzt ein Gefälle für die CO_2-Spannung voraus. Es wäre bei gleicher Bildungsgeschwindigkeit um so größer, je weniger Alkalien zur CO_2-Bindung innen zur Verfügung stünden und je geringer die CO_2-Spannung des Milieus wäre. Wenn nun die Zellreaktion annähernd neutral, also ΔpH klein ist, dann muß bei geringer CO_2-Spannung außen diese innen ebenfalls niedrig sein. Denn der Spannungsunterschied bleibt wegen der guten Löslichkeit und Permeation der CO_2 immer gering. Unter diesen Umständen muß dann auch die Konzentration des Hydrogencarbonats, d.h. die Zellpufferung, klein sein. Ist umgekehrt bei Geweben mit hoher Umgebungsspannung — wie bei den höheren Tieren — der Binnen-pH auch neutral, so ist das gleichzeitig ein Ausdruck für die entsprechend bessere Pufferung. Vielleicht sind einige besonders pH-empfindliche Zellen oder Zellabschnitte verhältnismäßig arm an Phosphaten oder Alkaliproteinaten. Dann würden hier schon geringe Änderungen der CO_2-Spannung zu beachtlichen pH-Schwankungen führen. Daß bei Störungen oder Belastungen in gut gepufferten Geweben auch stärkere pH-Verschiebungen vorkommen, wurde erwähnt. So soll die Reaktion der Fasern bei starker Muskelaktion um 0,7 pH saurer werden können.

Vorstehende Feststellung kann aber kaum als Ausnahme von einer zweiten Regel über den Zell-pH angesehen werden: *die neutrale Reaktion* des Plasmas wird von der lebenden Zelle unter verschiedenen Umständen *weitgehend gegen Störungen gesichert*. Auch bei Indicatorversuchen an Einzelzellen (Amöben, Pflanzenzellen und Gewebekulturen) läßt sich diese Sicherung gegenüber beachtlichen Änderungen der Außenreaktion erhärten. Dementsprechend ist auch der mit dem Leben verträgliche pH-Bereich bei manchen Lebewesen sehr groß. Euglena wächst z.B. zwischen pH 2,3 und 11. Bakterien zwischen pH 3 und 13; einzelne über 6—8 pH-Einheiten, andere sehr eng begrenzt, z.B. Nitritbildner. Nach RUBINSTEIN (1927) kann die Crustaceenart Chydorus zwischen pH 3—10 leben. Man vergleiche auch die Bedeutung des Boden-pH für die Vegetation.

Die Fähigkeit, derartige pH-Spannen zu ertragen, ist an das Leben, d.h. den regulierten Stoffwechsel gebunden, und sie überschreitet die Leistungsfähigkeit der passiven Puffer beträchtlich. Ein Extrem bedeutet hier die HCl-Bildung in den Belegzellen der Magenschleimhaut: in ihren canaliculi herrscht ein pH von 1, während der Zelleib neutrale bis schwach alkalische Reaktion besitzt bzw. im Zuge der HCl-Bereitung aufrechterhält. Denn es besteht kein Zweifel, daß eine der Säure äquivalente Menge an HCO_3^- gebildet und in die Blutbahn abgeführt wird. Die Aufrechterhaltung einer beträchtlichen pH-Differenz in einem energieverzehrenden dynamischen Gleichgewicht kann kaum besser demonstriert werden.

Die Konstanz des Zell-pH kann aber nicht absolut sein. Geschwindigkeitsänderungen einzelner Reaktionen im biochemischen Geschehen müssen zu vermehrter oder verminderter Bildung dissoziabler Gruppen und damit auch zu pH-Änderungen führen. Die Abhängigkeit der Fermenttätigkeit vom pH-Wert ist sehr entscheidend. Sie wird an anderer Stelle besprochen (s. S. 592). Die meisten physikochemischen Mechanismen unterliegen seinem Einfluß. Weiterhin hängen Energielieferung und Energiebedarf chemischer Reaktionen in ihrer Größe dann vom pH ab, wenn an ihnen dissoziierbare Gruppen teilnehmen. Hier mag an den Energiebedarf bei der Peptidsynthese (s. S. 425) oder an die ATP-Spaltung gedacht werden, bei der die Energielieferung z.B. von pH 5 bis pH 9 um etwa 5 kcal zunimmt, sofern die ADP- und Phosphatausgangskonzentrationen die gleichen sind.

Daß viele biologische *Vorgänge vom pH der Spülflüssigkeit abhängen*, ist bekannt. Schon 1884 fand LEHMANN, daß die Stoffwechselintensität mit Gaben von Alkalien steigt und nach Säuregaben fällt. Eine ähnliche Abhängigkeit vom umgebenden Milieu fand WARBURG bei Atmungsmessungen an Seeigeleiern. Nach v. GAZA und BRANDI (1926) lassen sich Schmerzen an entzündeten Stellen der Haut durch lokale Anwendung alkalischer Phosphatpuffer aufheben, durch saure steigern oder künstlich hervorrufen. Besondere Aufmerksamkeit hat man dem Verhalten des isolierten Herzens oder der Gefäße entgegengebracht.

Gerade sie sprechen zum Teil auf sehr geringe pH-Änderungen an, und es ist wahrscheinlich, daß diese grundsätzlich durch Beeinflussung des Dissoziationsgrades bestimmter, zum Teil auch strukturfixierter Gruppen wirken. Modellversuche dazu kann man in der pH-Abhängigkeit der Anfärbung mit Farbanionen oder -kationen erblicken. Signifikante und greifbare *pH-Verschiebungen im Gewebe* werden praktisch nur unter pathologischen oder besonderen experimentellen Bedingungen gefunden. Wohl alle Beobachter stimmen darin überein, daß sich die Reaktion beim Zelltod oder der Cytolyse von Eiern oder Infusorien zum Sauren verschiebt. CHAMBERS fand z.B. Werte bis pH 5,4. Die Ursache dürfte wie bei der Autolyse und der Muskelstarre in der Aufspaltung energiereicher Phosphate und in der Milchsäurebildung liegen. Erstere tritt nach unseren heutigen Vorstellungen nur dann ein, wenn die energieliefernden Reaktionen oder die mit ihnen gekoppelten Phosphorylierungen gestört sind. Das ist besonders bei Störung der Oxydationen, sei es durch O_2-Mangel oder Fermentschädigung der Fall. Mit welcher Geschwindigkeit sich z.B. eine O_2-Drosselung auf den pH der Gehirnoberfläche auswirkt, geht daraus hervor, daß eine 90 sec dauernde Unterbrechung der Blutzufuhr nach 2 min eine pH-Senkung um 0,4 hervorruft, welche nach weiteren 2 min schon wieder vollständig abgeklungen ist (OPITZ und THORN 1952).

Die allgemeinen und spezifischen Leistungen des Lebendigen wie Erregung, Sekretion usw. sind in der Regel von pH-Änderungen begleitet. Die Peripherie läßt dabei weitere Schwankungen um einen bestimmten Ausgangswert des pH während der Ruhe oder der Tätigkeit zu. Sie teilen sich der Zwischengewebsflüssigkeit mit, welche praktisch keine Reservealkalien besitzt, dafür aber selbst im geschwinden extracapillaren Flüssigkeitswechsel schnell durch die Capillarwand der venösen Strombahn in das hervorragend gepufferte Blut eintritt. Dieses ist der zunächst wirksame allgemeine Regulator, welcher zwar den Zellen über die Zwischenflüssigkeit eine gewisse Schwankungsbreite läßt, dafür aber als allgemeiner Puffer im pH konstant erhalten wird. Darüber, daß das mit Präzision geschieht, wacht der wohl für pH-Schwankungen empfindlichste Teil des Nervensystems, das Atemzentrum[1]. Sicher aber ist auch diese Leistung nur ein Ausdruck für das feine Wechselspiel zwischen Zentralnervensystem und Blut, welches zur Erhaltung von Höchstleistungen erforderlich ist. Denn alle neueren Erfahrungen deuten darauf hin, daß das Gehirn, wie BARCROFT (1934) es formulierte, an die Konstanz des „milieu intérieur" die höchsten Anforderungen stellt.

Das Löslichkeits- oder Aktivitätenprodukt

Phosphate und Bicarbonate spielen nun aber nicht nur eine Rolle als Regulatoren der Wasserstoffionenkonzentration. Auch die Konzentration anderer Ionen ist von ihnen abhängig, vor allem die der Erdalkalien. Calciumphosphate und wohl auch Calciumcarbonate bilden — z.B. in der Form des Hydroxylapatites — das anorganische Knochenmaterial, also ungelöste Substanzen. Sie stehen im *Löslichkeitsgleichgewicht* mit den entsprechenden Ionen der Körpersäfte. Die hier obwaltenden quantitativen Beziehungen zwischen den Ionen schwer löslicher Salze werden durch das Massenwirkungsgesetz geregelt. Bei ihrer Ableitung muß von der Tatsache ausgegangen werden, daß der undissoziierte Anteil eines Salzes in der Lösung mit dem ungelösten Bodenkörper im Gleichgewicht steht. Daraus folgt, daß seine Sättigungskonzentration, d. h. seine Löslichkeit, für jede Temperatur einen konstanten Wert besitzt. Diese Tatsache ist für die quantitative Behandlung der Löslichkeit grundlegend. Sie ist für

---

[1] WINTERSTEIN 1923, 1958.

den eingetretenen Gleichgewichtszustand nach Gleichsetzen der chemischen Potentiale μ'' für den festen und μ' für den gelösten Zustand in üblicher Weise herzuleiten. Da die Aktivität der reinen festen Phase eins und $\ln 1 = 0$ ist, bleibt für sie nur das Grundglied in der Gleichung für das chemische Potential bestehen, so daß gilt:

$$\mu'' = \mu^{0''} = \mu' = \mu^{0'} + RT \cdot \ln a_2,$$

wo a_2 die Aktivität des Gelösten ist. Je geringer somit für den gleichen Stoff die Löslichkeit in verschiedenen Medien ist, um so größer ist das Grundglied für ihn in den jeweiligen Lösungsmitteln. Es ist für ihn außerdem: $\ln a_2 = \dfrac{\mu^{0''} - \mu^{0'}}{RT} =$ const, bzw. $a_2 = e^{\mathrm{const}}$. *In Gegenwart des Bodenkörpers ist a_2, die Aktivität des gelösten Anteils in der angrenzenden wäßrigen Mischphase, konstant und unabhängig*

Tabelle 47. *Einige Löslichkeitsprodukte*

Bodenkörper	Ionenprodukt	L'	Temperatur (°C)
Silberchlorid	$[Ag^+] \cdot [Cl^-]$	$0{,}99 \cdot 10^{-10}$	18
Silberjodat	$[Ag^+] \cdot [JO_3^-]$	$3{,}8 \cdot 10^{-8}$	25
Silberrhodanid	$[Ag^+] \cdot [SCN^-]$	$1{,}3 \cdot 10^{-12}$	25
Calciumcarbonat	$[Ca^{2+}] \cdot [CO_3^{2-}]$	$1{,}2 \cdot 10^{-9}$	0
Calciumoxalat	$[Ca^{2+}] \cdot [C_2O_4^{2-}]$	$2{,}6 \cdot 10^{-9}$	25
Calciumphosphat (tert.) . . .	$[Ca^{2+}]^3 \cdot [PO_4^{3-}]^2$	$1 \cdot 10^{-25}$	25
Kalomel	$[Hg_2^{2+}] \cdot [Cl^-]^2$	$2{,}0 \cdot 10^{-18}$	25
Magnesiumcarbonat	$[Mg^{2+}] \cdot [CO_3^{2-}]$	$1 \cdot 10^{-5}$	25

vom Mengenverhältnis der Substanz in den beiden Zuständen. Unter diesen Bedingungen ist a_{AK} in der allgemeinen Dissoziationsgleichung mit K zu einer neuen Konstanten L zu vereinigen *(Löslichkeits- oder Aktivitätenprodukt)*:

$$K = \frac{a_{A^-} \cdot a_{K^+}}{a_{AK}}; \quad K \cdot a_{AK} = L = a_{A^-} \cdot a_{K^+}. \tag{51}$$

Beachtet man, was praktisch zunächst immer geschieht, die Konzentration, so gilt:

$$L = [A^-] \cdot f_\pm \cdot [K^+] f_\pm = [A^-] \cdot [K^+] \cdot f_\pm^2 = L' \cdot f_\pm^2 \quad \text{mit} \quad L' = [A^-] \cdot [K^+]. \tag{51a}$$

Hier ist L' das Konzentrationsprodukt. Wenn die Zahl der Ionen, welche die unlösliche Molekel aufbauen, größer als eins wird, ist sie als Exponent den Konzentrationen, bzw. den Aktivitätsfaktoren jeweils anzufügen. Es gilt z. B. für $Ca_3(PO_4)_2$:

$$L = [Ca^{2+}]^3 \cdot [PO_4^{3-}]^2 \cdot f_\pm^5. \tag{51b}$$

Die Sättigungs*aktivität* des beiden Phasen gemeinsamen Stoffes (AK) ist ebenso unabhängig von der Zusammensetzung der Lösung wie das Aktivitätsprodukt der Ionen. Dagegen können ihre *Konzentrationen* in der gesättigten Lösung erhebliche Schwankungen erfahren, welche auf der Beeinflussung des Aktivitätsfaktors beruhen.

Steigt der Aktivitätsfaktor z. B. bei sehr hohen Ionenstärken, dann kann im Gleichgewicht nur eine verringerte Konzentration des Gelösten vorhanden sein; denn allein so bleibt bei Steigerung von $f_\pm$ die Aktivität nach $a = f \cdot c$ unverändert. Da jetzt weniger Stoff in Lösung ist, hat also *bei Steigerung des Faktors* eine „Aussalzung" stattgefunden. Auch der umgekehrte Einfluß ist von Bedeutung. Verkleinerung des Faktors erfordert eine höhere Stoffkonzentration zur Aufrechterhaltung der konstanten Aktivität, welche das Löslichkeitsprodukt verlangt. Im Gleichgewicht ist jetzt mehr Substanz in der Lösung.

Die Löslichkeitserhöhung durch *Erniedrigung des Aktivitätsfaktors*, welche so zustande kommt, wird als „*Einsalzung*" bezeichnet. Diese Effekte sind für die Analyse der Löslichkeiten von Proteinen besondeis bedeutungsvoll (s. S. 334).

Sieht man von den Veränderungen des Aktivitätsfaktors aber zunächst ab, so ergeben sich aus der Konstanz von L weitere praktisch wichtige Forderungen. Wird der Niederschlag mit einer Lösung ins Gleichgewicht gebracht, die zunächst *keine in ihm vorkommende Ionen* enthält, dann ist die Konzentration der von ihm in die Lösung geschickten Ionenäquivalente untereinander gleich. Da also $[A^-] = [K^+]$, wird die Konzentration des gelösten Salzes:

$$c = \sqrt{L'}, \quad \text{bzw.} \quad L' = c^2. \tag{52}$$

Hiermit ist $L = c^2 \cdot f_\pm^2$, ein Resultat, von dem schon bei früherer Gelegenheit Gebrauch gemacht wurde (s. S. 136).

Wichtig sind die Veränderungen beim Vorliegen *eines Ions in der Lösung, welches auch an der Zusammensetzung des Niederschlages teilnimmt*. Denn nun sind die beiden Faktoren des Ionenproduktes im allgemeinen verschieden. Solange dabei das Produkt der Ionenaktivitäten den Wert L nicht erreicht, findet keine Abscheidung des sich aus ihnen bildenden Stoffes mit beschränkter Löslichkeit statt. Überschreitung von L führt sie herbei. Es läßt sich so nicht nur durch Steigerung einer Ionenkonzentration die nahezu quantitative Fällung der anderen erreichen, sondern es wird dementsprechend auch bei Gegenwart von Bodenkörper und bei gegebener Konzentration der einen Art die der anderen eindeutig bestimmt. Beispiele sind die quantitative Fällung des Chlorides durch Silber im Überschuß oder die elektromotorische Wirksamkeit sehr geringer Hg^+-Ionenkonzentrationen in Gegenwart von Kalomel als Bodenkörper und verschiedener, etwa potentiometrisch zu bestimmender Cl^--Konzentrationen (s. S. 125).

Weiterhin ist zu beachten, daß die *Niederschläge zweier Stoffe* untereinander zunächst *nicht immer im Gleichgewicht* stehen. Das ist stets dann zu beobachten, wenn beide durch einen gemeinsamen Partner verbunden sind, welcher sich in der Lösung befindet. So würde sich AgCl mit NaSCN solange in AgSCN verwandeln, bis für beide das Löslichkeitsprodukt eingestellt ist. Das gleiche trifft z.B. für folgende Reaktion zu (Chlorid-Bestimmung nach SENDROY 1937):

$$AgIO_{3\,\text{fest}} + Cl^- = AgCl_{\text{fest}} + IO_3^-.$$

Im Gleichgewicht gilt dann für die Aktivität der noch in Lösung vorhandenen Ionen:

$$L_1 = a_{IO_3^-} \cdot a_{Ag^+} = 4 \cdot 10^{-8} \quad \text{und} \quad L_2 = a_{Cl^-} \cdot a_{Ag^+} = 1 \cdot 10^{-10}.$$

Dann ist:

$$L_1/L_2 = a_{IO_3^-}/a_{Cl^-} = 400.$$

Beide Niederschläge bilden sich also oder verwandeln sich untereinander solange, bis das Verhältnis der nicht gemeinsamen Ionen in der Lösung dem Quotienten der Löslichkeitsprodukte gleich geworden ist. Für die Konzentration der noch gelöst gebliebenen Ionen gilt außerdem:

$$[Ag^+] = [Cl^-] + [IO_3^-].$$

Löslichkeit und pH-Wert

Komplizierter liegen die Löslichkeitsverhältnisse der Harnsäure, der Citrate, Phosphate und Carbonate, weil hier in physiologischen pH-Bereichen die *Löslichkeit von der H^+-Ionenkonzentration abhängt*. In diesen Fällen kann man die Frage nach der Löslichkeit des Gesamtelektrolyten oder die nach der eines dissoziierten Partners stellen, welcher mit einem anderen das unlösliche Salz bildet. Die zuerst genannte Möglichkeit kann wieder danach unterschieden werden, ob der dissoziierte oder der undissoziierte Anteil der schwerer lösliche ist. Ziemlich allgemein trifft für wäßrige Lösungen das letztere zu, für solche in apolaren Lösungsmitteln das erstere. Eine exakte Definition der Löslichkeit kann nur für jenen Anteil gegeben werden, welcher sich in Berührung mit dem Bodenkörper befindet und für den die Löslichkeitsgrenze erreicht ist. Das ist z. B. für Urate zunächst die gelöste undissoziierte Harnsäure, deren Sättigungskonzentration bei gegebener Temperatur einen bestimmten Wert haben möge (l_u). Er entspricht der Löslichkeit eines Teiles der Harnsäure: *partielle Löslichkeit.* Da

$$K_1' = \frac{[U^-] \cdot [H^+]}{[UH]} = \frac{[U^-] \cdot [H^+]}{l_u}, \quad \text{ist} \quad [U^-] = K_1' \cdot \frac{l_u}{[H^+]}. \tag{53}$$

$$L_u = l_u + K_1' \cdot \frac{l_u}{[H^+]} = l_u \cdot \frac{[H^+] + K_1'}{[H^+]} = \frac{l_u}{\varrho} \tag{53a}$$

ist die *Gesamtlöslichkeit* der Harnsäure; sie ist von der H^+-Ionenkonzentration abhängig und wächst mit fallendem Dissoziationsrest (ϱ). Ist die Säure undissoziiert, dann ist selbstverständlich ihre Sättigungskonzentration mit dem Wert l_u am niedrigsten. Bei $pH = pK_1'$ ist $L_u = 2 \cdot l_u$, bei $pH = 1 + pK_1'$, ist $L_u = l_u/0,09 = 11,1 \cdot l_u$; bei $pH = 2 + pK_1'$ ist $L_u = 101 \cdot l_u$.

Diese Beispiele zeigen den zu erwartenden starken Anstieg der Gesamtlöslichkeit mit fallender Wasserstoffzahl. Natürlich ist diese Ableitung nur gültig, wenn die Salze der Säure selbst genügend löslich sind. Das trifft für den physiologisch in Betracht kommenden Konzentrations- und pH-Bereich bei der Harnsäure im Blute kaum noch zu. l_u ist bei $18°$: $1,4 \cdot 10^{-4}$ mol/Liter bzw. 0,14 mMol je Liter, entsprechend 2,35 mg-%. $K_1' = 1,5 \cdot 10^{-6}$. Bei $pH = pK_1' = 5,83$ muß also schon die doppelte Menge gelöst werden können, bei $pH = 7,43$ die 41fache und bei $pH = 7,83$ die 101fache Menge. Tatsächlich wurde von dem bei diesen Konzentrationen nur wenig hydrolytisch gespaltenen und fast nur als Monourat vorliegenden Na-Salz in reinem Wasser etwa $7 \cdot 10^{-3}$ mol/Liter, d.h. 1,15 g im Liter bei $37°$ gelöst. Das bedeutet das 43fache wie von der undissoziierten Säure. Damit ist aber auch die Löslichkeitsgrenze des Na-Urates erreicht. Von dem geringen Anteil der freien durch Hydrolyse entstandenen Harnsäure kann für die folgende Überlegung abgesehen werden. Das Löslichkeitsprodukt für das Monourat ist dann:

$$(7 \cdot 10^{-3})^2 = 4,9 \cdot 10^{-5} = L' = [Na^+] \cdot [U^-].$$

Nun ist aber im *Serum die Na-Konzentration* 20mal höher als 7 mMol, also etwa 140 mMol. Dementsprechend kann hier die Konzentration des gelösten Urates unabhängig vom pH maximal nur betragen:

$$[U^-] = L/[Na^+] = 3,5 \cdot 10^{-4} \text{ Mol/Liter} \quad \text{oder} \quad 5,9 \text{ mg-%,}$$

d.h. $^1/_{20}$ von der in reinem Wasser. Experimentell findet man öfter etwas höhere Werte. Daß sich die Löslichkeit der Harnsäure von etwa $pH = 7$ an durch Wirksamwerden der 2. *Dissoziationsstufe* mit $pK = 8,6$ weiter steigert, hat daran einen gewissen Anteil (HARPUDER 1924). Wahrscheinlich verursachen die *Serumproteine* außerdem, vielleicht durch adsorptive Prozesse, eine scheinbare *Erhöhung der Löslichkeit.* Beim Hinzufügen von Harnsäure werden aber leicht wesentlich konzentriertere Lösungen von Na-Urat erhalten, welches durch Reaktion mit dem Hydrogencarbonat entsteht. Da das Na-Urat nun nicht mit kristallinem Bodenkörper als Keimbildner in Berührung kommt, bilden sich jetzt leicht übersättigte Lösungen. In ihnen können die Harnsäuremolekeln so assoziiert sein, daß *Kennzeichen einer kolloidalen Lösungsform* auftreten (SCHADE 1913). Nach längerer Zeit scheidet sich die Harnsäure aus diesem Zustand wieder kristallin unter Annäherung an das Löslichkeitsgleichgewicht aus. Ein sehr niedriges Löslichkeitsprodukt besitzen das Ag^+- und NH_4^+-Salz.

Auch im Urin kann die Sättigungsgrenze für die Gesamtharnsäure überschritten werden. Sie wird wie im Serum durch die Reaktion und durch den Na-Gehalt bestimmt. Da dieser im verdünnten Urin wesentlich geringer sein kann, erhöht sich die Löslichkeit bei der Diurese dementsprechend stark.

Löslichkeit der Kalksalze.   Die Knochenbildung

Die Löslichkeitsverhältnisse der Harnsäure haben im Rahmen des Gichtproblems zentrale Bedeutung. Vielseitiger noch sind die biologischen Fragen, welche mit der *Löslichkeit der Ca-Ionen* in den Körpersäften zusammenhängen. Seitdem die Notwendigkeit von Ca^{2+} für die Blut- und Milchgerinnung und für die Knochenbildung bekannt ist, und seitdem man die Ca-Ionen als Gegenspieler der 1-wertigen Kationen bei den Erregbarkeitserscheinungen und weiteren biologischen, insbesondere auch Fermentvorgängen erkannt hatte, war man gezwungen, sich zunächst mit dem Zustand des Calciums in den Körperflüssigkeiten zu beschäftigen. Da das Ca mit einigen der in ihnen vorhandenen Ionen schwerlösliche Salze bildet, ergab sich sofort die Frage nach der Aktivität der Ca^{2+}-Ionen in Abhängigkeit von der Zusammensetzung jener Flüssigkeiten. Ihre Behandlung bietet gleichzeitig ein allgemeines Beispiel für die Untersuchung der Ionengleichgewichte zwischen Bodenkörper und Lösung schwer löslicher Stoffe.

RONA und TAKAHASHI beschäftigten sich mit dem System:

$$\left. \begin{array}{c} Ca^{2+} \\ 2\,HCO_3^- \end{array} \right\} \;\rightleftharpoons\; \left\{ \begin{array}{c} CaCO_3 \\ H_2CO_3 \end{array} \right.$$

Die Ca^{2+} und HCO_3^--Ionen sind bei den in Betracht kommenden Konzentrationen nebeneinander beständig. Dagegen bestimmt die von HCO_3^- im Verein mit der Wasserstoffzahl die Konzentration der Carbonationen, welche den $CaCO_3$-Niederschlag bilden. Für das Gleichgewicht zwischen rechts und links gilt dann in Gegenwart des Bodenkörpers $CaCO_3$ mit konstanter Löslichkeit:

$$K_3' = \frac{[CaCO_3] \cdot [H_2CO_3]}{[Ca^{2+}] \cdot [HCO_3^-]^2} \quad \text{bzw.} \quad \frac{K_3'}{[CaCO_3]} = K_4' = \frac{[H_2CO_3]}{[HCO_3^-]^2 \cdot [Ca^{2+}]}$$

oder

$$[Ca^{2+}] = \frac{[H_2CO_3]}{K_4' \cdot [HCO_3^-]^2} = \frac{L'}{[CO_3^{2-}]} \,. \tag{54}$$

Mit

$$[H_2CO_3] = \frac{[H^+] \cdot [HCO_3^-]}{K_1'}$$

aus (47) ist:

$$[Ca^{2+}] = \frac{1}{K_4' \cdot K_1'} \frac{[H^+]}{[HCO_3^-]} \,. \tag{54a}$$

Die Auswertung der Konstanten in dieser „Rona-Takahashi"-Gleichung ergibt folgendes. Da nach Division von (48) durch (47) folgt:

$$\frac{K_2'}{K_1'} = \frac{[CO_3^{2-}] \cdot [H_2CO_3]}{[HCO_3^-]^2}$$

und mit (54) ist:

$$K_4' = \frac{K_2'}{K_1' L'}$$

und damit wird:

$$\frac{1}{K_4' \cdot K_1'} = \frac{L'}{K_2'} = \frac{3,64 \cdot 10^{-8}}{1,66 \cdot 10^{-10}} = 220$$

für die Ionenstärke μ der Körpersäfte (0,16). Für pL' gilt nach HASTINGS:

$$pL' = 8,58 - \frac{4,94\,\sqrt{\mu}}{1 + 1,85\,\sqrt{\mu}} \; (38°).$$

Für pK_2' s. S. 145.

Der vorstehende Wert steht mit 220 zwischen dem ursprünglich von RONA mit 350 angegebenen und dem von KUGELMASS mit 133. Danach sind im Blut mit 0,02 m HCO_3^- und $[H^+] = 4 \cdot 10^{-8}$ zu erwarten $220 \cdot 4 \cdot 10^{-8}/2 \cdot 10^{-2} = $ 0,0044 Mol bzw. 0,44 mMol Ca^{2+}/Liter entsprechend 1,75 mg-% Ca, also nur ein Bruchteil der mit 10 mg-% = 2,5 mMol/Liter festzustellenden Gesamtkonzentration an Ca.

Außerdem stellt sich die Frage, wieweit auch die *Phosphate Einfluß auf die Ca-Ionenkonzentration* nehmen müssen, da die Salze beider Ionen sehr schwer löslich sind. Sie wird deswegen durch ganz analoge Formulierungen beherrscht, weil man das sekundäre Salz, Ca-Hydrogenphosphat, $CaHPO_4$, als das zunächst entstehende Fällungsprodukt betrachten kann:

$$\left. \begin{array}{r} Ca^{2+} \\ 2\,H_2PO_4^- \end{array} \right\} \rightleftharpoons \left\{ \begin{array}{l} CaHPO_4 \\ H_3PO_4 \end{array} \right.$$

Auch die Dihydrogenphosphationen bleiben wie die des Hydrogencarbonates unbeeinflußt in der Lösung. Sie legen aber wieder in Abhängigkeit vom pH die Konzentration der HPO_4^{2-}-Ionen fest, welche den Bodenkörper $CaHPO_4$ bilden. Es gilt daher in Analogie zu den vorstehenden Ableitungen:

$$[Ca^{2+}] = \frac{1}{K_{4p}' \cdot K_{1p}'} \frac{[H^+]}{[H_2PO_4^-]} = \frac{L_p'}{K_{2p}'} \frac{[H^+]}{[H_2PO_4^-]} . \tag{55}$$

Hier tragen die den Phosphaten zukommenden Konstanten den Index p. Einer Vereinigung der beiden Gln. (54a) und (55), etwa durch Multiplikation beider, kommt keine physikalische Bedeutung zu, weil die maximale Ca-Aktivität durch dasjenige Einzelsystem bestimmt wird, welches den niedrigsten Ca-Wert fordert.

Die Auswertung der Gleichungen für das Phosphatsystem (55) ergibt unter Benutzung von

$$L_p = 3 \cdot 10^{-6}; \quad K_{2p}' = 2 \cdot 10^{-7} \quad und \quad [H_2PO_4] = 3 \cdot 10^{-4} \quad für \quad [H^+] = 4 \cdot 10^{-8},$$

daß mit 2 mMol Ca^{++}, also mit 8 mg-%, eine wesentlich höhere Ca^{++}-Konzentration als bei Carbonatgegenwart vorliegen kann. Hier wurde für pL_p' benutzt: pL_p' $(CaHPO_4) = 6,4-2,3\,\sqrt{\mu}$ bei 38° (SHEAR und KRAMER). SHEAR und KRAMER (1928) vertreten deswegen mit MOND und NETTER (1926) die Ansicht, daß das Serum in bezug auf Ca-Phosphat praktisch nicht übersättigt sei. Den letzteren Autoren gelang es dementsprechend auch nicht, durch Schütteln mit frisch gefälltem Calciumphosphat $(CaHPO_4)$ als Bodenkörper den Ca-Gehalt des Serums merklich zu verringern. Es befindet sich tatsächlich unter oder höchstens sehr nahe der Sättigungsgrenze.

Immer aber liegt der Gesamt-Ca-Gehalt sehr deutlich oberhalb des theoretisch zulässigen $[Ca^{2+}]$-Wertes. Eine teilweise Erklärung dafür ist einfach: ein beträchtlicher Teil des *Ca ist an die Serumproteine gebunden*. Diese Bindung läßt sich mit Hilfe der Ultrafiltration, der Dialyse und der Kompensationsdialyse (RONA 1908) leicht nachweisen: das Serum steht mit einer solchen eiweißfreien Flüssigkeit im Ca-Gleichgewicht, welche etwa 60% seiner Ca-Konzentration besitzt. Auch die Bindung der 40% des Ca an das Eiweiß ist dissoziabel und gehorcht — mit für die einzelnen Proteinfraktionen etwas unterschiedlichen Konstanten — dem Massenwirkungsgesetz. Das bedeutet, daß eine Verringerung der Ca^{2+}-Aktivität in der Flüssigkeit zum entsprechenden Nachdissoziieren des eiweißgebundenen Calciums führt. Daher ist das gesamte Serum-Ca sowohl mit Oxalat leicht und momentan zu fällen oder als Citrat oder Komplexon-Komplexverbindung völlig zu entionisieren und damit auch vom Eiweiß abzuziehen. Die Dissoziationskonstanten der Eiweißsalze betragen durchschnittlich

$$K = \frac{[Ca^{2+}] \cdot [Protein^{2-}]}{[Ca\text{-}Protein]} ; \quad pK = 2,22$$

(McLean und Hastings 1935 s. S. 341)

Über den Zustand der 6 mg-% bzw. 1,5 mMol Ca/Liter, welche nicht an das Eiweiß gebunden sind, werden verschiedene Auffassungen vertreten. Zweifellos gestattet im eingetretenen Gleichgewicht beim Blut-pH das Löslichkeitsprodukt des $CaCO_3$ keine höhere Ca^{2+}-Konzentration als höchstens 2 mg-%.

Es hat nicht an Versuchen gefehlt, die Elektrolytaktivität der Ca-Salze in den Körperflüssigkeiten direkt, etwa potentiometrisch zu messen. Die Benutzung der Ca-Amalgamelektrode führte zu unbefriedigenden Resultaten[1]. Die Störungen dürften hauptsächlich auf dem Einfluß der hohen Aktivität der Na-Salze beruhen, welche nach Reduktion zum Na-Metall gleichfalls Amalgame geben können. Die Gegenwart der Natriumionen läßt ebenfalls eine potentiometrische Messung mit Hilfe der auch für Ca-Salze reversiblen Kationentauschermembranen oder bestimmter für Ca reversibler Ölketten bis heute leider nicht zu. Eine Bleiamalgam-Kette unter Benutzung von Oxalaten in folgender Kombination (Elektrode dritter Art) wurde von Joseph (1939) benutzt:

$$HgPb/PbOx/CaOx/CaCl_2/KCl/Hg_2Cl_2/Hg .$$

Sie läßt sich auf Serum unter gewissen Einschränkungen anwenden und ergibt höhere Werte für Ca als nach (54a) zu erwarten ist. Ebenfalls unabhängig vom Na-Gehalt ist eine Methode, welche Grenzflächenspannungsmessungen gegenüber bestimmten Ölen benutzt (K. J. Netter, s. S. 233). Auch sie ist in der Durchführung und Bewertung heikel. Trotzdem lassen ihre Resultate den *Schluß* zu, daß auch das Ultrafiltrat etwa 4—4,5 mg-% Ca^{2+}-Ionen enthält und damit an ihnen *bedeutend übersättigt* ist.

Das gleiche Ergebnis erhielten Hastings und McLean (1934) mit einer von Goebel und Trendelenburg schon 1920 angegebenen *biologischen Methode*. Es hat sich nämlich gezeigt, daß die Amplitude der Kontraktion eines isoliert schlagenden Froschherzens bei Verwendung einer gepufferten Ringerlösung mit ansteigender Ca^{2+}-Konzentration innerhalb gewisser Grenzen prompt und reversibel zunimmt. Die aufgezeichnete Kontraktionshöhe kann daher als Maß für die Ca^{2+}-Aktivität der Lösung angesehen werden. Unter der Voraussetzung, daß Säugetierserum keine besonderen unbekannten, kontraktionssteigernden Faktoren enthält, sind die aus solchen Versuchen gezogenen Schlüsse zulässig. Auch aus der Oxalatmenge, welche bis zur eben beginnenden Fällung des Calciums benötigt wird, hat man unter Verwendung des Löslichkeitsproduktes: $[Ox^{2-}] \cdot [Ca^{2+}] = 2,6 \cdot 10^{-9}$ auf die Ausgangskonzentration an Ca-Ionen geschlossen (Brinkmann und van Dam 1920). In ähnlicher Weise wurden andere Fällungsmittel eingesetzt. Am wahrscheinlichsten ist der von Harnapp aus der Fällung als Salz der Pikrolonsäure gewonnene Wert von 4 mg-% = 1 mMol Ca^{2+} $[L'(Ca\,Pikrolonat_2) = 5,2 \cdot 10^{-10}, 38°\,C$; Nordbö].

---

[1] Corten und Estermann.

Danach befindet sich das Ca in Übereinstimmung mit den Anschauungen von MOND und NETTER, KUGELMASS und SHOHL u. a. in echter ionaler Übersättigung. Wie diese zustande kommt, ist nicht geklärt. Zweifellos aber ist, daß die Eiweißkörper die Bildung von Kristallkeimen bei geringen Übersättigungen so stark verzögern können, daß ein Gleichgewicht praktisch nicht erreicht wird. Leitfähigkeitsmessungen in Hydrogencarbonat-, Eiweiß- und $CaCl_2$-Lösungen bestätigen dieses Verhalten (MOND und NETTER). Auch eiweißfreie Carbonatlösungen, wie z. B. das Meerwasser neigen zu Übersättigungserscheinungen an Ca-Ionen.

Daß im Serum oder Ultrafiltrat niedrig molekulare, *echt gelöste, undissoziierte Ca-Komplexe* vorkommen, ist oft vermutet, bisher aber nur mit Sicherheit für die Ca-Citratkomplexe auszusagen (HEINZ 1951). Diese decken aber wegen der geringen Citronensäurekonzentration im Blut nur etwa 0,5—0,8 mg-% des Serum-Calciums. Unabhängig aber von diesen Fragen steht fest, daß, wie sich aus den Formeln (54) ergibt, mit Steigerung des pH ein Absinken der Ca^{2+}-Ionenkonzentration eintritt und umgekehrt. Zum Teil entspricht diesem Effekt eine entsprechend veränderte Bildung der Eiweiß-Ca-Verbindung. Daß eine Steigerung der AR bei konstantem pH ebenfalls zu einer Verminderung der $[Ca^{2+}]$ führt, ergibt sich gleichfalls aus jener Formulierung. Diese Beziehungen haben in mehrfacher Richtung praktische Bedeutung.

Zunächst hängt die *Erregbarkeit* des gesamten neuromuskulären Systems von der $[Ca^{2+}]$ ab. Ihre Steigerung wirkt dämpfend und ihre Verminderung erregend. Die Reaktionsweise bei allgemeinem Ca^{2+}-Mangel in den Körpersäften ist die des sog. tetanischen Krampfanfalles. Die eigentliche *Tetanie* wird durch Minderung der inkretorischen Funktion der Nebenschilddrüsen ausgelöst, welche ihrerseits zum Absinken der $[Ca^{2+}]$ führt. Andere Tetanieformen sind die Überventilations-, Magen-, Bicarbonat-, Phosphat- und Schwangerschaftstetanie. Letztere wird durch Ca-Entzug aus dem mütterlichen Blut zum Zwecke des fetalen Knochenaufbaues erklärt, während den übrigen genannten Formen die primäre Verschiebung der Reaktion ins Alkalische oder die primäre Bicarbonatvermehrung gemeinsam ist.

Ca-Verminderung bewirkt aber nur innerhalb gewisser Grenzen Erregbarkeitssteigerungen. Bei stärkerem Mangel an Ca^{2+} tritt das Gegenteil ein; denn dieses Ion wird zur Übertragung der Erregung vom Nerven auf den Muskel benötigt. Sein Mangel verhindert darüber hinaus die Freisetzung des an den Synapsen entstehenden Erregungsstoffes Acetylcholin. Daher ist eine Aufrechterhaltung seiner Konzentration biologisch von Bedeutung. Sie geschieht zum Teil schon durch den Mechanismus der *Calciumpufferung* (KUGELMASS 1924). Aus Gl. (54) ergibt sich die Puffergleichung in logarithmischer Form:

$$pCa = pK' + \log \frac{[HCO_3^-]^2}{[H_2CO_3]}, \quad pK' = 4,2 = -\log \frac{1}{K_4'} = \log K_4'. \tag{56}$$

Bei Blutreaktion ist der Pufferwert des Kohlensäuresystems etwa 7fach größer als der der Phosphate. Er erreicht sein Maximum bei pH 6,3.

Die eigentliche *Ca^{2+}-Reserve des Organismus ist der Knochen.* Sein anorganisches Material steht in ständigem Austausch mit den Körpersäften. Daß sich in der belebten Welt *Kalkausscheidungen* vollziehen, beruht häufig, wie bei der Bildung des Zahnsteins, der harten Eierschalen oder des Kalkdeckels der Weinbergschnecken auf der Ausscheidung von $CaCO_3$, welches sich letzten Endes durch Abrauchen der CO_2 aus Hydrogencarbonat- und Ca^{2+}-haltigen Flüssigkeiten bildet. Die wichtigste Rolle aber spielen die Löslichkeitsverhältnisse der Kalksalze beim Knochenaufbau.

Die Knochen können nur indirekt als Bodenkörper der Körpersäfte angesehen werden. Schon die Tatsache, daß sie einem dauernden Umbau unterliegen, läßt das statische Verhalten, welches zwischen Flüssigkeit und Niederschlag besteht, in den Hintergrund treten. Der Wechsel der anorganischen Elemente selbst erfolgt, wie die Untersuchung mit radioaktiven Isotopen lehrte, mit sehr unterschiedlichen Geschwindigkeiten. Sie ist z.B. weit entfernt von den Körpersäften wie im Zahn — und hier wieder im Zahnschmelz — besonders gering. Wenn dementsprechend auch die Einstellung eines definitiven Gleichgewichtes zwischen Ionen und Bodenkörper nicht erfolgt, so kann doch der Ca- und P-Wechsel des Knochens nicht ohne Anlehnung an die Forderungen des Massenwirkungsgesetzes betrachtet werden. In diesem Sinne ist nicht nur die *Kalkmobilisierung* in den Knochen *durch Acidose* aufzufassen. Bei der parathyreopriven Tetanie ist die Ca-Mobilisierung herabgesetzt und $[Ca^{2+}]$ vermindert. Gleichzeitig ist der Phosphatspiegel im Blut gesteigert und zwar, wie vermutet wird, durch Hemmung der Phosphatausscheidung durch die Nieren. Umgekehrt führt die *Überproduktion von Parathormon* in den Nebenschilddrüsen zu *vermehrter Phosphatabscheidung durch die Nieren* und damit über die gegensätzliche Beziehung $[PO_4^{3-}/Ca^{2+}]$ zu vermehrter Kalkmobilisierung aus den Knochen.

Daß *Vitamin D* als fördernder Stoff für die Resorption aus dem Darm, vielleicht auch für die Tätigkeit der *Osteoblasten* anzusehen ist, soll hier nur kurz erwähnt werden, ehe auf die Fähigkeit der letzteren zur Phosphataseproduktion hingewiesen wird. In Erweiterung der Robisonschen Theorie mag ihre Bedeutung darin bestehen, daß sie Phosphate als Ester anreichern und sodann spalten können, so daß lokal eine beachtlich erhöhte Phosphatkonzentration entsteht. Zu dieser Spaltung benötigen sie die erwähnte *Phosphatase*. Die Erhöhung der Phosphatkonzentration ihrerseits könnte als Ursache für die Bildung des ersten Niederschlages von Ca-Hydrogenphosphat angesehen werden. Zweifellos stammen beide Partner aus den Körpersäften und daher wird die Verminderung jedes der beiden den Verknöcherungsvorgang verzögern. Die notwendige Konzentrationssteigerung des einen, nämlich des Phosphates, würde dabei durch die cellulare Tätigkeit der Osteoblasten vorgenommen. Es sei wiederholt, daß das Konzentrationsprodukt der beiden in den Körpersäften schon dem Wert des Löslichkeitsproduktes recht nahe kommt oder es erreicht. Eine künstliche Verkalkung von Knorpelstücken in vitro sahen SHEAR und KRAMER (1930) tatsächlich auch nur bei Überschreitung dieses Löslichkeitsproduktes in der umgebenden Flüssigkeit[1]. Nach DALLEMAGNE besteht das primäre Verkalkungsprodukt zu gleichen Teilen aus Ca und PO_4 (1942).

Die Knochensubstanz baut sich aber nicht oder nur zu einem gewissen, röntgenographisch bisher noch nicht gesicherten Anteil aus $CaHPO_4$ auf. Sie ist, auch wenn man von dem nicht ganz unmaßgeblichen Gehalt an $CaCO_3$ absieht, reicher an Ca. Es ist unsicher, ob sich unter Säureabgabe aus dem ersten Präcipitat von $CaHPO_4$ vorübergehend das tertiäre Ca-Phosphat bildet, welches mit GREENWALD (1942) als Salz des sekundären aufgefaßt werden kann:

$$2\,CaHPO_4 + Ca^{2+} = Ca(CaPO_4)_2 + 2\,H^+ \quad bzw.: \quad 3\,CaHPO_4 = Ca_3(PO_4)_2 + H_3PO_4 .$$

Eine Säuerung der überstehenden Lösung wird bei der Verknöcherung in vitro tatsächlich beobachtet. Letztere erfolgt hierbei um so langsamer, je höher der Quotient $H_2PO_3^-/HCO_4^-$ in den Lösungen ist. L ist für das tertiäre Phosphat mit pL $= 26{,}6$ sehr klein. HASTINGS gibt folgende Werte (1927):

$$pL = 30{,}95 - 17{,}4\,\sqrt{\mu}\,(1 + 1{,}48 \cdot \sqrt{\mu})^{-1} \quad (38°) .$$

---

[1] Vgl. BOYD 1951 u. SOBEL 1952 (Blockierung der Verknöcherung durch Metallionen)

Wahrscheinlich muß aber diese Zahl schon teilweise mit auf den Apatit bezogen werden.

Die anorganische Knochensubstanz baut sich zur Hauptsache aus *Hydroxylapatit* auf. Sein Gitter kann man sich aus 3 Molekeln tertiären Phosphates gebildet denken, welche räumlich um das Ca-Atom einer $Ca(OH)_2$-Molekel orientiert sind.

Hydroxyl: OH_2^-
Fluor: F_2^- $\Big\}$ $[Ca\{Ca_3(PO_4)_2\}_3]^{2+}$ —Apatit
Carbonat: CO_3^{2-}

$Ca : P = 10 : 6 = 1{,}67$

$$\left[\begin{array}{c} CaO_3P \qquad PO_3Ca \\ Ca\diagdown O \cdots\cdots O \diagup Ca \\ CaPO_3-O\cdots\cdots Ca\cdots\cdots O-PO_3Ca \\ O \qquad O \\ PO_3 \quad Ca \quad PO_3 \\ Ca \qquad Ca \end{array}\right]^{2+} (OH^-)_2$$

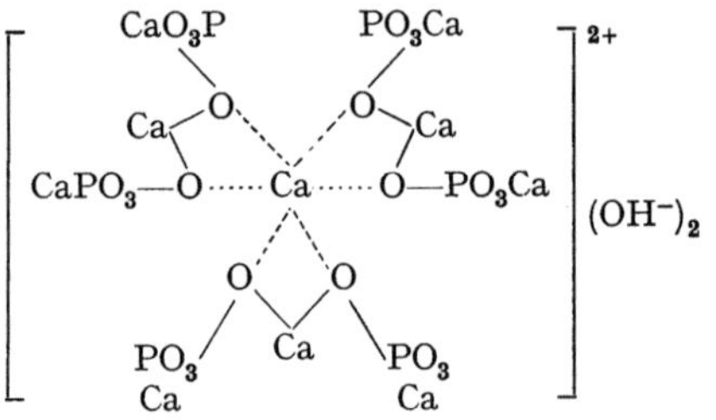

Wie das sekundäre und tertiäre Phosphat werden die Apatite schon bei jener schwach sauren Reaktion aufgelöst, welche die Bildung der Dihydrogenphosphate fordert. Die oft geäußerte Vermutung, daß sich die Ausbildung des Apatitgitters über die Stufe des tertiären Phosphates vollzöge, wird unnötig, weil es sich gezeigt hat, daß der Apatit im Reagensglas neben sekundärem Phosphat direkt aus den Ca^{2+}- und HPO_4^{2-}-Ionen entstehen kann (KURMIES). Der röntgenographische Nachweis von tertiärem Phosphat ist für den nativen Knochen nicht erbracht worden. Allerdings ist die Deutung der Knochenröntgenogramme wegen der Ähnlichkeit der Linien für den Apatit und das tertiäre Salz umstritten (DALLEMAGNE, KLEMENT). Sicher ist dagegen, daß sich beim Erhitzen der Knochensubstanz zwischen $600-900°$ wasserfreies tertiäres (β-)Ca-Phosphat bildet, welches röntgenographisch gut abgrenzbar ist. Über die Bedeutung des *Apatits als Hauptstrukturträger* der anorganischen Zahn- und Knochensubstanz besteht jedoch Einigkeit. Nicht geklärt ist aber noch die Rolle von geringen Mengen an Ca-Phosphat, welche ein anderes Verhältnis von Ca/PO_4 als 10:6 zeigen, wie es dem Apatit zukommt. Es ist im Knochen meistens etwas kleiner.

Die Robinsonsche *Phosphatasetheorie der Knochenbildung* kann *nicht* als *bewiesen* gelten (vgl. SCHÜTTE 1956). Schon die Tatsache, daß die Phosphataseaktivität in den Knochenumbau- und Abbauzonen — wie bei der Rachitis — ebenfalls gesteigert ist, steht mit ihr nur unter der Annahme einer kompensatorischen Überfunktion der Osteoblasten im Einklang. Andererseits geht allerdings eine selten beobachtete kongenitale Verminderung der Phosphatasen mit rachitisähnlichen Verknöcherungsstörungen einher (LANMAN 1956). Man sieht jedoch heute allgemein jene häufig festzustellende Phosphatasevermehrung als Ausdruck erhöhter Zellaktivität an, welche auch im Knochen nicht nur für die Aufbauprozesse spezifisch ist. Andererseits wird darauf verwiesen, daß gerade das Sulfat mit besonders großer Geschwindigkeit in der Verknöcherungszone angereichert wird. Außerdem findet sich hier ein sehr hoher Umsatz der Proteine, besonders des Kollagens. Der Einbau von ^{35}S-markiertem Methionin in Kollagen und Chondroitinsulfat vollzieht sich im Knorpel und Knochen von Embryonen und Feten besonders schnell (SCHREIER 1956). Im Zusammenhang mit der primären Verknöcherung faßt man diese Vorgänge so auf, daß *Chondroitinsulfat* besonders zur Anreicherung von Ca befähigt sei, so daß diese Substanz als der *primäre „Kalkfänger"* fungiere. Wenn man sich vorstellt, daß die Grundsubstanz dabei wie ein Anionentauscher mit ihren SO_4-Gruppen reagiert, würde zwar Ca gut eingelagert, aber die Phosphationen würden auch entsprechend zurückgehalten werden. Der relativ hohe Ca-Gehalt des Knorpels würde auf diese Weise verständlich, nicht aber die eigentliche Verknöcherung. Für die Apatitbildung mit dem so angereicherten Ca müßte man dann *als zweiten* notwendigen Vorgang bei der Knochenbildung wieder einen besonderen *Mechanismus* der *Phosphatanreicherung* fordern, der offenbar durch die cellulare Leistung in der Verknöcherungszone bewerkstelligt wird. Hierbei sind die Kollagenfibrillen und nicht das Chondroitinsulfat als ausrichtende Elemente für die Einlagerung des Apatites von besonderer Bedeutung. ROBINSON und WATSON (1955) haben bei der Beobachtung im Elektronenmikroskop festgestellt, daß eine periodische Anlagerung von anorganischer Substanz an den Querbändern des Kollagens (s. S. 374) beginnt. Vielleicht wird sie durch hier vorhandene polare Gruppen induziert.

Unabhängig von der Art ihrer Bildung ist die hohe *mechanische Festigkeit* der Kristallite des Apatits zu beachten, welche durch ihre geregelte Anordnung um die Fibrillen noch gesteigert wird. Wie diese Orientierung im einzelnen zustande kommt, ist noch unbekannt. Es sei jedoch auf die Analogie zu den durch Ionotropie erzeugten polarisationsoptischen Bildern verwiesen (S. 369). Die Apatitkristallite selbst besitzen ein Kanalsystem, welches senkrecht zur kristallographischen c-Achse verläuft. Die Kanalwandung ist von den OH^--Resten besetzt. Der Austausch von OH^- z.B. gegen F^--Ionen findet demnach hier statt. Mit den an dem Kanaleingang lokalisierten Ionen erfolgt er momentan, mit den tiefer liegenden wegen der erschwerten Diffusion in den schmalen Kanälchen sehr langsam (KNAPPWOST 1957). Dabei wird ein Endwert erreicht, welcher der spezifischen inneren, mit H_2O belegbaren Oberfläche entspricht. Die innere Oberfläche des Knochens wird zu etwa 100 m² pro g Knochen geschätzt[1]. Es ist wahrscheinlich, daß diese Fläche sowohl im Knochen wie im Zahn auch anderen, genügend kleinen anorganischen Ionen als Adsorptionsort dienen kann (SPRETER V. KREUDENSTEIN 1955). Durch diese Überlegungen wird eindringlich auf das Problem der Beziehungen zwischen einzelnen Phasen, insbesondere auf die zwischen festen und flüssigen Zuständen hingewiesen, zu dem die Untersuchung der Löslichkeitsverhältnisse schwerlöslicher Stoffe einen ersten Zugang bot.

IV. Phasen und Grenzflächen

,,Corpora non agunt nisi fixata" PAUL EHRLICH

Wenn man die physikalisch-chemischen Prinzipien vom funktionellen Aufbau des Lebendigen zugänglich machen will, dann muß man dem alten Satz: ,,Corpora non agunt nisi soluta" die *Forderung* des ARCHIMEDES *nach* einem festen *Angriffspunkt der Kräfte* gegenüberstellen. Denn es sind außer den Strukturen der einfachen Molekeln die übermolekularen Anordnungen, an welchen sich das Wechselspiel der biologischen Vorgänge vollzieht. Derartige Strukturen bilden sich nach Ordnungsgesetzen, die das Zusammentreten der elementaren Bausteine regeln. Sind die frei beweglichen oder aneinander geknüpften Moleküle alle gleichartig, so spricht man von einer homogenen Phase in flüssigem, gasförmigem oder festem Zustand. Solche Phasen können große oder geringe Ausdehnung besitzen, immer aber müssen sie an andere angrenzen. Anordnungen mehrerer Phasen, welche aneinanderstoßen, heißen Systeme, genauer *heterogene Systeme*. Bei ihnen *werden die einzelnen Komponenten durch Grenzflächen voneinander geschieden*. Grenzflächen sind in vivo gegeben an der Haut, den Bindegewebshüllen, den Capillarmembranen, den Zellgrenzschichten, den Kernoberflächen, den Chromosomen, Mitochondrien und schließlich an jeder sichtbaren und auch nicht mehr sichtbaren

---

[1] NEUMAN 1952, McLEAN und URIST, BONE.

Struktur. Die Zelle muß von diesem Standpunkt aus als ein *mikroheterogenes System* aufgefaßt werden.

Zu solchen Systemen gehören auch die *kolloidalen Lösungen*, speziell die der Aggregationskolloide. Man spricht ja bei ihnen von der dispersen Phase und dem Dispersionsmittel und setzt damit die Existenz einer Grenzfläche zwischen beiden voraus. Konsequenterweise könnte man dann auch den Molekülen in einer kristalloiden Lösung eine Grenzfläche gegenüber dem Lösungsmittel zuweisen. Unser Wissen über die Ursachen der Grenzflächenspannung und anderer Grenzflächenvorgänge als Kollektiverscheinungen an zahlreichen Molekülen läßt das nicht zu. Es ist sinnvoll, nur dann von Grenzflächen zu sprechen, wenn Aggregate von Molekülen gegen andere Phasen abgesetzt sind. Gelegentlich erweist es sich dennoch als zweckmäßig, schon einzelne Makromoleküle oder Micellen als solche Phasen anzusehen.

Gibbssches Phasengesetz

Was läßt sich nun aus allgemeinen Überlegungen heraus über das *Verhalten solcher Phasen zueinander* aussagen? Zur Beantwortung dieser Frage geht man mit Vorteil vom Gleichgewichtszustand zwischen den Phasen aus. Er besteht dann, wenn das chemische Potential aller Komponenten 1, 2, 3, ... in allen aneinandergrenzenden Phasen den gleichen Wert besitzt, wenn z. B. also:

$$\mu_{1_{Gas}} = \mu_{1_{fl}} \quad \text{und} \quad \mu_{1_{fl}} = \mu_{1_{fest}} \tag{1}$$

ist.

Die 3. Bestimmungsgleichung: $\mu_{1_{fest}} = \mu_{1_{Gas}}$ ist durch die beiden ersten schon gegeben. Es existieren also $(3-1)$ unabhängige Bestimmungsglieder, d. h. ihre Zahl ist $(Ph-1)$, wenn Ph die Zahl der im Gleichgewicht miteinander stehenden Phasen ist. Liegen nicht 1 Stoff, sondern n Stoffe vor, so ist die Zahl der unabhängigen Bestimmungsgleichungen $n\,(Ph-1)$.

Die Zahl der Molenbrüche, d. h. also der Konzentrationsangaben der Stoffe, welche sich am Gleichgewichtssystem beteiligen, und die der Variablen p und T ergibt sich folgendermaßen. Die Summe aller Molenbrüche für jede Phase ist eins. Bestehe also eine Phase aus 2 Stoffen, so braucht nur der Molenbruch des einen bekannt zu sein. Bei n Stoffen sind $(n-1)$ unabhängige Konzentrationsangaben zu machen, bei der Zahl von Ph Phasen: $Ph\,(n-1)$. Die Zahl der gesamten Konzentrations-, Druck- und Temperaturvariablen beträgt also $Ph\,(n-1)+2$. Von diesen Variablen sind aber durch die oben genannte Forderung für das Gleichgewicht zwischen je 2 Phasen schon $n\,(Ph-1)$ Konzentrations- bzw. Aktivitätsangaben gemacht worden, welche in dem Restglied der Gleichung für das chemische Potential enthalten sind. Die *Zahl der willkürlich wählbaren Freiheiten wird daher durch die Differenz gegeben:*

$$Fr = Ph\,(n-1)+2-n\,(Ph-1) = n-Ph+2 \quad \text{(Gibbs)}. \tag{2}$$

Dieses Gesetz gibt die Zahl der frei wählbaren Bestimmungsstücke in einem Gleichgewichtssystem mit Grenzflächen an.

Liegen mit $n=1$ nur die reinen Phasen vor, so ist, da $Fr = 3-Ph$ für $Ph = 3$ die Zahl der Freiheiten (Fr) Null, d. h. nur bei einer gegebenen Temperatur und einem bestimmten Druck können 3 Phasen des gleichen reinen Stoffes nebeneinander existieren (Tripelpunkt). Das trifft z. B. für das Wasser, Eis und Wasserdampf beim Nullpunkt der Celsius-Skala zu. Das System ist jetzt *invariant*. Bei einer Temperatur ober- oder unterhalb dieses Punktes verschwindet eine Phase vollständig. Dann ist $Ph = 2$ und damit $Fr = 1$, eine Variable also frei wählbar (*monovariantes* System). Wird z. B. über die Temperatur frei verfügt, so ist der Dampfdruck als abhängige Variable festgelegt. Steigert man die Temperatur weiter, dann verschwindet über $100°$ C bei $p=1$ auch die 2. Phase; es hinterbleibt nur Wasserdampf.

Die Zahl der Freiheiten ist nun auf 2 gestiegen *(divariant)*. Man kann daher den Dampf bei beliebiger Temperatur unter einen beliebigen Druck setzen, solange man sich oberhalb der kritischen Temperatur befindet. Unterhalb dieser Temperatur darf der Druck allerdings einen gewissen mit der Temperatur wechselnden Höchstwert nicht überschreiten, denn dann tritt flüssiges Wasser auf, und das System wird monovariant. Die Existenzbereiche für die verschiedenen Phasen werden in Abhängigkeit von der Temperatur und der Zusammensetzung in den sog. Zustandsdiagrammen dargestellt (s. Abb. 64).

Für Systeme mit 2 Stoffen ($n = 2$) folgt Fr + Ph = 4, d.h für Fr = 0, also in einem Punkt mit genau festgelegten Werten der Variablen ist Ph = 4. Es können 4 Phasen koexistent sein, d.h. sämtliche 6 nach Ph $(n-1) + 2$ existie-rende Variablen sind festgelegt. Zum Beispiel ist nur bei $-3,83°$C und 158 mm Druck das System Eis, wasserhaltiger Äther und ätherhaltiges Wasser und Dampf im Gleichgewicht. Dabei ist auch die quantitative Zusammenset-zung der Mischphasen festgelegt, wie es bei dem eutektischen Gemisch der sich aus metallischen Schmelzen aus-scheidenden kristallinischen Phasen im eutektischen Temperaturpunkt zutrifft.

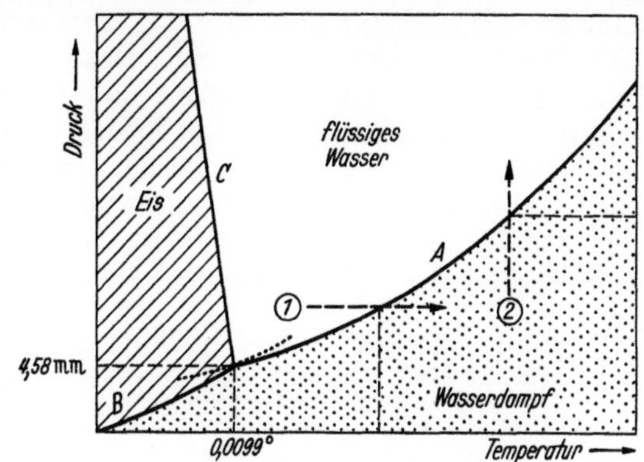

Abb. 64. Zustandsdiagramm des Wassers (schematisch nach WIBERG)

Natürlich muß sich das Phasengesetz auch auf die *Kältemischungen* anwenden lassen. Hier strebt das noch ungelöste Salz zur Auflösung in dem sich gleichzeitig bildenden Schmelz-wasser des Eises, welches den 2. Bodenkörper neben dem festen Salz bildet. Es liegen die Phasen: Lösung, Salz und Eis vor (Ph = 3). Die Zahl der Komponenten ist $n = 2$. Im Gleichgewicht besteht also eine Freiheit. Wählt man den Druck als konstant, z.B. 1 atm, dann können die 3 Phasen nur bei einer Temperatur nebeneinander bestehen, d.h. sie ist nicht mehr frei zu wählen. Die Konzentration der wäßrigen Lö-sung, welche sich dann als Schmelze im eutektischen Gleichgewicht mit dem Eise befindet, ist nun ebenfalls fixiert.

Zweistoffsysteme mit beschränkter gegenseitiger Mischbarkeit ergeben im Konzentrations-Temperatur-Dia-gramm eine entsprechende „Mi-schungslücke". Phenol und Wasser sind oberhalb von 68,8° vollständig mischbar. Unterhalb dieser kritischen Temperatur existieren Lösungen von Phenol in Wasser und von Wasser in Phenol. Nach dem Diagramm können

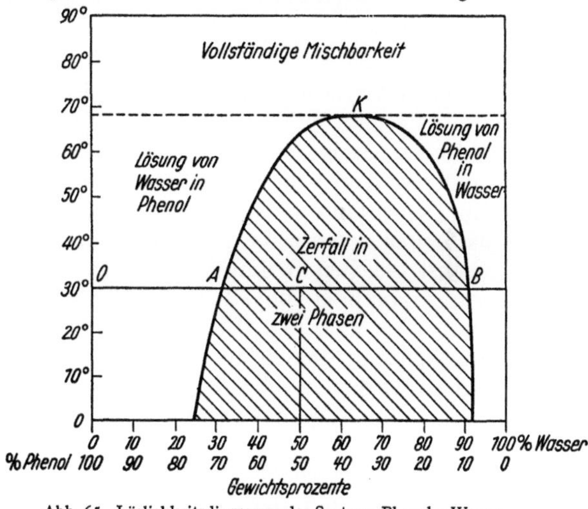

Abb. 65. Löslichkeitsdiagramm des Systems Phenol—Wasser

z.B. bei 40° nur 35% Wasser mit 67% Phenol gemischt werden; bei höherem Wassergehalt trennen sich beide Bestandteile. Umgekehrt können höchstens 9% Phenol in Wasser gelöst sein. Eine oberhalb von 69° bereitete Mischung mit Wasser zwischen 33 und 91% entmischt sich beim Abkühlen. Andere Systeme trennen sich beim Erwärmen. Bei H_2O-Nicotin findet dieser Vorgang zunächst auch statt, aber bei weiterer Temperaturerhöhung mischen sich die abgeschiedenen Phasen erneut. Nicht mischbare Flüssigkeiten liegen oft in der Form von Emulsionen vor (Abb. 65).

Die Phasenregel gilt auch für nicht *ideale Flüssigkeitsmischungen*. Aber die Größe des Dampfdruckes über ihnen entspricht nun in der Regel nicht mehr genau dem prozentischen Anteil der Partner in der Flüssigkeit. Es können jetzt nämlich die Anziehungskräfte zwischen den verschiedenartigen oder zwischen den gleich-artigen Molekeln größer sein. Bestehen z.B. stärkere Kräfte zwischen dem

Lösungsmittel und dem Gelösten als zwischen den Molekeln der reinen Phasen, dann erniedrigt sich der *Gesamtdruck* und zeigt *ein Minimum* bei einer bestimmten molaren Zusammensetzung des Gemisches. Ist diese umgekehrt, z. B. durch Abdestillieren des flüchtigeren Partners erreicht, dann wird die Flüssigkeit mit dem niedrigsten Druck, d. h. der geringsten Flüchtigkeit, bzw. dem höchsten Siedepunkt nun als konstant siedendes, sog. *azeotropes Gemisch* übergehen und daher durch Destillation untrennbar sein. Dazu folgt nach dem Phasengesetz, daß für $n = 2$ bei 2 Phasen (Flüssigkeit und Dampf) 2 Freiheiten bestehen. Von ihnen sei eine der Molenbruch bzw. Prozentgehalt an H_2O im destillierenden Alkohol. Der nächste mag der Druck sein, dann ist die Temperatur nicht mehr frei wählbar, d. h. auch die Zusammensetzung des azeotropen Gemisches ist von Druck und Temperatur abhängig. So ist 100 mm Hg das Dampfdruckminimum bei 99,7% Alkohol und 34,2°; unter einer Atmosphäre siedet jedoch ein Gemisch von 95,6% Alkohol bei 78,2°.

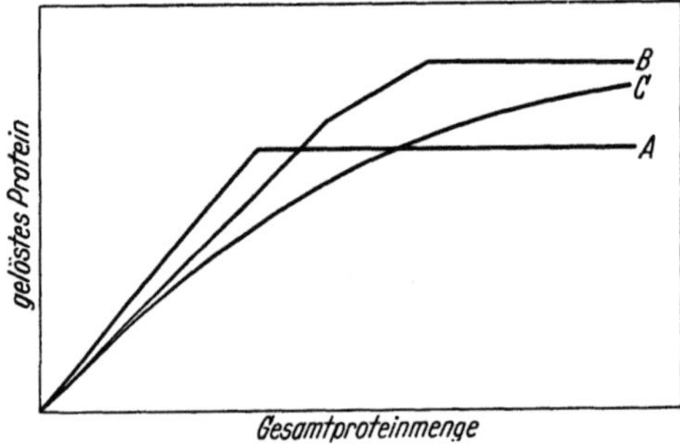

Abb. 66. Schematische Kurven der Proteinlöslichkeit. *A* reines Protein, *B* Gemisch zweier, *C* mehrerer Eiweiße

Alle vorangegangenen Überlegungen auf der Grundlage des Phasengesetzes sind unter der Voraussetzung alleine schon der *Anwesenheit* der in Betracht gezogenen Phasen gültig. Über ihre Menge wird dabei gar keine Aussage gemacht. Tatsächlich sind alle *Gleichgewichte zwischen ihnen unabhängig von der Ausdehnung der Partner*. Sie ist also bedeutungslos. Wenn sich dennoch eine Abhängigkeit der Löslichkeit und anderer Eigenschaften des Systems von der Menge einer Phase ergibt, dann dürfte in den meisten Fällen eine Verunreinigung eines Bestandteiles z. B. mit einem Stoff von besserer Löslichkeit vorliegen. Unter diesen Umständen wäre also im Phasengesetz die Zahl der Komponenten entsprechend zu erhöhen. Dementsprechend kann man die *Phasenregel verwenden, um die Einheitlichkeit von Stoffen zu testen*. Ist z. B. die Löslichkeit eines Eiweißkörpers konstant und unter sonst gleichen Bedingungen nicht durch weitere Zugabe des Proteins zu steigern, so muß er physikalisch-chemisch als einheitlich angesehen werden (Abb. 66). Das gleiche trifft dann zu, wenn das Eiweiß aus wechselnd hohen Ausgangskonzentrationen durch Einstellung einer bestimmten Salzkonzentration ausgesalzen wird. Ist jetzt der Gehalt an Protein unabhängig von der gefällten Menge, d. h. der Ausgangskonzentration, so ist das Reinheitskriterium ebenfalls erfüllt.

Bei einer Reihe von Kolloiden steigt trotzdem die Menge des in Lösung gegangenen Stoffes mit der Menge des Bodenkörpers an (*Bodenkörperregel nach* W. OSTWALD). Hier ist die feste Phase wohl in den meisten Fällen tatsächlich nicht einheitlich, da das Grundmaterial des Kolloids zur Lösung noch die Lieferanten jonogener Radikale enthalten muß, welche die Stabilisierung der Solteilchen vollziehen. Der Lösungsvorgang ist also kompliziert und der erreichte Lösungszustand entspricht in vielen Fällen keineswegs einem eingetretenen thermodynamischen Gleichgewicht, d. h. der Bedingung Gl. (1). Bei Eukolloiden, also den meisten hydrophilen eiweißartigen Biokolloiden kann jedoch ein einfacher Lösungsprozeß mit Erreichung eines echten Gleichgewichtes vorliegen.

Bei *verzögerter Gleichgewichtseinstellung* ist es oft schwer, gültige Konstanten zu erhalten. So sahen LOGAN und TAYLOR das Löslichkeitsprodukt des tertiären Ca-Phosphates als abhängig von der Bodenkörpermenge an; es wuchs mit ihr, während es in KLEMENTs Versuchen mit ihr fiel. Wie GREENWALD zeigte, sind diese Differenzen auf eine sehr verlangsamte Einstellung des Lösungsgleichgewichtes zurückzuführen (1942).

Der Teilungskoeffizient. Die Gegenstromverteilung

Die Gleichgewichtseinstellung eines Stoffes zwischen 2 Phasen, in denen er löslich ist, unterliegt einer Gesetzmäßigkeit, welche im Idealfall leicht aus dem Ansatz über das chemische Potential zu entnehmen war. Allgemein ergaben sich auch aus dem Gibbsschen Gesetz für 3 Komponenten und 2 Phasen 3 Freiheiten. Ist also z.B. der Druck und die Temperatur festgelegt, dann kann nur noch die Konzentration in der einen Phase verändert werden. Die in der zweiten ist damit gegeben, weil keine weitere Freiheit mehr zur Verfügung steht. Die Beziehung beider Konzentrationen zueinander beschreibt der Verteilungssatz.

Der Ausdruck für das *Nernstsche Verteilungsgesetz* ist schon bei früherer Gelegenheit abgeleitet worden (s. S. 98). Er lautet in Übereinstimmung mit der soeben hergeleiteten Forderung: der Quotient der Konzentration des Stoffes in den beiden Lösungsmitteln ist unabhängig von der Höhe einer Einzelkonzentration konstant, z.B. für eine Verteilung zwischen Öl und H_2O:

$$\frac{c_{\text{Öl}}}{c_{H_2O}} = \text{const}. \tag{3}$$

Die Konstante wird auch als Teilungskoeffizient bezeichnet. Sie ist für biologische Fragen besonders bei der Untersuchung der Verteilung von öllöslichen Stoffen auf Öl und Wasser wichtig geworden. Trägt man auf einer Koordinaten die jeweiligen Gleichgewichtskonzentrationen im Öl, auf der anderen die im Wasser auf, dann entsteht im unkomplizierten Fall eine gerade Linie, deren Neigung die Konstante ergibt. Umgekehrt kann man dann auf eine reine Verteilung schließen, wenn die Quotienten der Konzentrationen in zwei benachbarten Phasen für mindestens zwei verschiedene Konzentrationen konstant sind (s. Abb. 73).

Abweichungen von diesem Gesetz deuten unter Voraussetzung tatsächlich eingetretenen Gleichgewichtes an, daß die gelösten Stoffe sich beiderseits nicht im gleichen Molekularzustand befinden. Grundsätzlich sind hier 2 Möglichkeiten gegeben.

1. Der Aktivitätsfaktor ist beiderseits verschieden, d.h. mehr oder weniger stark von 1 abweichend. Ist er für eine Lösung bekannt, so kann umgekehrt unter Voraussetzung gleicher Molekulargröße aus der ermittelten Gleichgewichtskonzentration auf den Faktor im 2. Lösungsmittel geschlossen werden.

2. Der gelöste Stoff liegt in einem Lösungsmittel tri, tetra ... molekular gelöst, also aggregiert vor, während er im anderen einfach gelöst ist. Für sehr niedrige Assoziationsstufen läßt sich das Verhältnis der Konzentrationen dann in diesem Fall leicht übersehen.

Als Beispiel diene die Löslichkeit von organischen Säuren (A_m) in lipophilen Lösungsmitteln. Erstere sind in ihnen durch zwischenmolekulare Wasserstoffbrücken zu *Doppelmolekeln* (A_D) assoziiert. Zwischen der Konzentration der einfachen und der Doppelmolekel besteht ein Gleichgewicht:

$$2\,A_m \rightleftharpoons A_D \quad \text{mit} \quad K_{\text{Ass}} = \frac{[A_D]}{[A_m]^2}. \tag{3a}$$

Häufig ist die Assoziationskonstante so groß, daß praktisch unabhängig von der Konzentration sämtliche gelösten Molekeln in der dimeren Form vorliegen. Unter dieser Bedingung läßt sich für das Verteilungsgleichgewicht, z.B. der Benzoesäure zwischen Benzol und Wasser, folgende Beziehung für die Aktivität der Säure im Wasser (a_w) und im Benzol (a_B) leicht entnehmen:

$$\frac{a_w^2}{a_B} = \text{const} \quad \text{bzw.} \quad \frac{a_w}{\sqrt{a_B}} = \text{const} \quad \text{oder} \quad a_w = \text{const} \cdot a_B^{\frac{1}{2}}. \tag{3b}$$

Da nämlich $2\,A_w \rightleftharpoons A_B$, gilt: $\mu_B^0 + RT \cdot \ln a_B = \mu_w^0 + RT \cdot \ln a_w^2$, also:

$$\ln \frac{a_w^2}{a_B} = K_B \quad \text{bzw.} \quad \frac{a_w^2}{a_B} = e^{K_B}, \quad \text{wo} \quad K_B = \frac{\mu_B^0 - \mu_w^0}{RT}. \tag{3c}$$

Diese Beziehung ist gut erfüllt; jedoch zeigen sich bei sehr geringen Konzentrationen Abweichungen, welche auf der Bildung von Einzelmolekeln im Benzol beruhen. Aus ihnen ist die Assoziationskonstante zu berechnen (NERNST), d.h. das vorliegende Dissoziationsgleichgewicht in der Benzolphase zu ermitteln (Tabelle 48).

Da für das dissoziierte und das undissoziierte Produkt eigene chemische Potentiale gelten, besitzen beide auch unterschiedliche Teilungskoeffizienten. Nach ihrem Wert richtet es sich, ob die Verteilung bei Verdünnung, d.h. wachsender Dissoziation im Öl zugunsten des im Öl bleibenden Anteils zu- oder abnimmt. Im herangezogenen Beispiel trifft das erstere zu. Oft ist auch das Gegenteil der Fall, wie bei der Verteilung von Phenol zwischen Wasser und Chloroform oder Tetrachlorkohlenstoff. Immer findet man eine bessere Verteilung zugunsten des Wassers in stärkerer Verdünnung, wenn *Elektrolyte* sich im Öl und Wasser lösen. Denn fast stets ist der dissoziierte Anteil im Öl wesentlich schlechter löslich als der undissoziierte. So ist die Löslichkeit der undissoziierten Pikrinsäure im Öl sehr viel größer als die im Wasser.

Tabelle 48. *Verteilung von Benzoesäure zwischen Wasser (c_1) und Benzol (c_2) nach* HENDRIXSON [aus NERNST (27)]

	c_1	c_2	$c_1/\sqrt{c_2}$
1	0,0429	0,1449	0,113
2	0,0512	0,2380	0,1155
3	0,0823	0,4726	0,120
4	0,1780	2,1777	0,1205
5	0,2817	5,4851	0,120

Bei geringen Konzentrationen ist aber der Dissoziationsgrad immer größer; daher muß sich jetzt die Verteilung zugunsten des Wassers verschieben.

Daß die vorstehend beschriebenen Verteilungsgesetze die Grundlage für die Extraktion von Stoffen mit Hilfe geeigneter Lösungsmittel bieten, ist geläufig. Es ist auch leicht einzusehen, daß die *Wirksamkeit des Ausschüttelns um so höher* sein wird, *je größer der Teilungskoeffizient* der abzutrennenden Substanz zugunsten des Extraktionsmittels ist.

Sei 1 die Ausgangsmenge in dem Volumen 1, welches zu einer Hälfte aus der Lösung (U) und zur anderen aus der mit ihr nicht merklich mischbaren Phase (O) besteht, dann gilt für den ursprünglich nur in U vorhandenen Stoff nach eingetretenem Gleichgewicht folgendes. Da bei gleichen Raumteilen von O und U auch das Verhältnis der Stoffmengen A_o/A_u dem Quotienten der Konzentration gleich ist, gilt auch: $A_o/A_u = K$. Außerdem wurde $A_o + A_u = 1$ gesetzt. Hieraus folgt:

$$A_o = \frac{K}{1+K} \quad \text{und} \quad A_u = \frac{1}{1+K} .\tag{4}$$

Wird nach Erreichung des Gleichgewichtes die obere Phase (O) abgetrennt, durch neues O ersetzt, wieder ausgeschüttelt, erneut getrennt usw., dann enthält also die erste gewonnene Phase die Stoffmenge:

$$_1A_o = \frac{K}{1+K},$$

die zweite

$$_2A_o = \frac{1}{1+K} \cdot \frac{K}{1+K} = \frac{K}{(1+K)^2},$$

die n-te:

$$_nA_o = \frac{K}{(1+K)^n} .\tag{4a}$$

Natürlich wird der Anteil der abgehobenen Stoffmenge um so größer, je höher K ist. Andererseits sinkt die absolute Menge, welche bei jedem Schritt entzogen wird mit der Zahl der Manipulationen (n). Bei hohem K wird schon nach wenigen Stufen eine praktisch vollständige Extraktion erreicht.

Statt einer verschieden schnell erfolgenden Abnahme des Stoffes in der Ausgangsphase oder der Zunahme in der Summe der Endphasen erhält man eine charakteristische *Verteilung mit einem Maximum*, wenn man folgendermaßen verfährt. Die abgetrennte obere Flüssigkeit, welche den gelösten Stoff enthält, wird mit dem gleichen Volumen des reinen unteren Lösungsmittels ins Gleichgewicht gebracht, wieder getrennt und erneut zu reinem U gegeben usw. Die Zahl der Schritte heiße wieder n, die Bezeichnung der jeweiligen Gläser vom ersten an gerechnet ist r. Die Zahl der Gläser, welche gelöste Substanz enthalten, ist dann $n + 1$. Bei jedem Schritt wird von einer Seite her je ein neues Glas mit reinem Lösungsmittel eingesetzt, während die übrigen bereits gelösten Stoff enthaltenden in der gleichen Richtung zum Nachbargefäß weiterbewegt werden. Im einfachsten Fall werden zylindrische Röhrchen mit der oberen Phase über der stehenbleibenden unteren weitergeschoben, ins Gleichgewicht gebracht usw. Dabei vermischt sich auch der Stoff aus der unteren Phase mit der von links herangeschobenen oberen Lösung.

Tabelle 49. *Schema einer Gegenstromverteilung mit mobiler oberer Phase bei K=2*

Es soll zeigen, wie sich die Menge im oberen Lösungsmittel nach rechts verschiebt, mit der hier im unteren vorhandenen sich vermischt und erneut zwischen oben und unten im Verhältnis 2:1 verteilt.

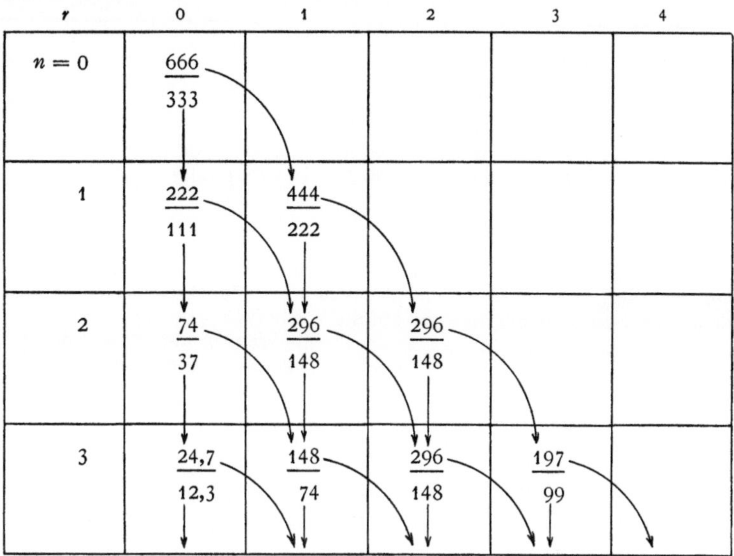

Die Tabelle 50a gibt die Zahlen für die Menge, welche jeweils in $O+U$ vorhanden ist, wenn von der Menge 1000 im verwendeten Volumen U ausgegangen wird. Das Volumen beider Phasen sei gleich. K betrage wiederum 2. Dann ist die Menge in der unteren Flüssigkeit immer $^1/_3$, die der oberen $^2/_3$ von der jeweils angegebenen Zahl. Man beachte, daß die Summe aller Werte für gleiches n der Ausgangsmenge gleich ist.

Tabelle 50 a.

Gegenstromverteilung bei wandernder oberer Phase mit $K = 2$ und einer Ausgangsmenge von 1000 Einheiten. Gesamtmenge in den Einzelröhrchen

r	0	1	2	3	4	5	6	7
$n = 0$	1000							
1	333	666						
2	111	444	444					
3	37	222	444	296				
4	12,3	98,7	296	395	198			
5	4,1	41	165	329	329	132		
6	1,4	16,2	82,4	220	329	264	88	
7	0,45	6,2	38,4	128	256	308	205	58

Bei der Berechnung vorstehender Tabelle (a) werden die Zahlen als einzelne Glieder bei der Potenzierung eines Binoms erhalten, und sie unterliegen daher den Gesetzen der Binomialreihen. Der Ansatz für die als Beispiel gegebene Verteilung auf die Röhrchen lautet jetzt:

$$\left[\frac{1}{1+K} + \frac{K}{1+K}\right]^n = 1.\tag{5}$$

14*

Für die Größe des r-ten Gliedes einer binomischen Reihe mit der n-ten Potenz, also für die Menge $A_{n,r}$ im ganzen $(O + U)$ r-ten Röhrchen der n-ten Überführungsfolge, ergibt sich nach dem binomischen Lehrsatz:

$$A_{n,r} = \binom{n}{r} \cdot \left(\frac{K}{1+K}\right)^r \cdot \left(\frac{1}{1+K}\right)^{n-r} = \frac{n!}{r!\,(n-r)!} \cdot \frac{K^r}{(1+K)^n}. \tag{5a}$$

Es sei daran erinnert, daß $n! = 1 \cdot 2 \cdot 3 \cdot 4 \cdot 5 \cdot \ldots \cdot n$ bedeutet.

Tabelle 50 b.

Binomialzahlen $\left(\dfrac{n!}{r!\,(n-r)!}\right)$, multipliziert mit K^r

1	1 K				
1	2 K	1 K^2			
1	3 K	3 K^2	1 K^3		
1	4 K	6 K^2	4 K^3	1 K^4	
1	5 K	10 K^2	10 K^3	5 K^4	1 K^5
1	6 K	15 K^2	20 K^3	15 K^4	6 K^5	1 K^6

usw.

Die Binomialzahlen entstehen durch Addition der darüberstehenden und der dieser nach links folgenden Zahl. Für die Zeilen mit gleichem n gibt Tabelle b das Verhältnis der Zahlen in Tabelle a bei verschiedenem r, bezogen auf die Werte für $r = 0$.

Wenn n über 25 anwächst, kann man angenähert von einer kontinuierlichen Verteilung sprechen. In diesem Fall ergibt sich, wenn für das Produkt der beiden Binomialglieder P gesetzt wird, mit Hilfe von (6 c) als Ausdruck einer Gauß-Normalverteilung:

$$\left. \begin{aligned} A_{n,a} &= \frac{1}{\sqrt{2\pi n P}} \cdot \exp\left(-\frac{a^2}{2nP}\right), \\ \text{wo } P &= \frac{1}{1+K} \cdot \frac{K}{1+K}. \end{aligned} \right\} \tag{5b}$$

Hier bedeutet a die Gefäßnummer, gezählt von der des Maximums aus. Wegen $a = 0$ und $e^0 = 1$ enthält das Röhrchen mit dem Maximalgehalt daher die Stoffmenge:

$$A_{\max} = \frac{1}{\sqrt{2\pi n P}}. \tag{5c}$$

Die Tabelle 50 b enthält die Zähler der Brüche, welche die Werte der Tabelle 50 a ergeben. Die Nenner sind für die einzelnen Reihen jeweils $(1+K)^n$. Beide Zahlenzusammenstellungen zeigen, daß sich für jede Reihe n ein *Röhrchen r mit einem Maximalgehalt* ergibt. Seine Lage verschiebt sich mit der Zahl der Überführungen

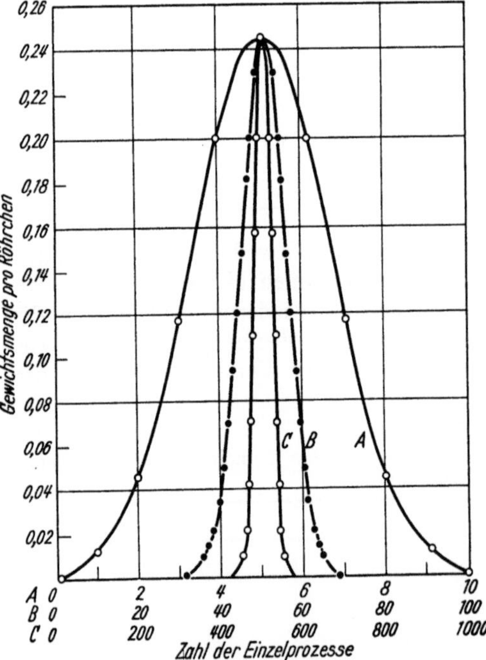

Abb. 67. Stoffmenge in den Einzelröhrchen bei der Gegenstromverteilung

nach rechts. Seine Entstehung aber folgt *aus dem Gesetz der Binomialzahlen*, wie der Tabelle 50 b leicht zu entnehmen ist. Aus ihr ist auch durch Einsetzen verschiedener Werte für K abzuleiten, daß das Maximum um so weiter nach rechts verschoben ist, je größer diese Werte sind. Mit einer größeren Zahl von Überführungen entstehen so bei Stoffgemischen verschiedene voneinander trennbare Maxima, auch wenn die Unterschiede der Teilungskoeffizienten für die einzelnen

Stoffe gering sind. Denn unter diesen Umständen werden die Maxima mit steigendem n immer schärfer (vgl. Abb. 67). Auf dieser Tatsache beruht die Verwendung der soeben beschriebenen sog. *Gegenstrommethode* zur Trennung von Gemischen gelöster Stoffe [Gegenstromverteilung nach L. Craig (Ranen, Hecker)].

Hierbei verteilt sich also der gelöste Stoff zwischen der stabilen und der wandernden Phase in der Weise, daß er sich an einer bestimmten Stelle der bewegten Phase anhäuft. Diese Stelle, d.h. also das betreffende Röhrchen oder Element der Verteilungsmaschine, wird bei konstantem Volumenverhältnis beider Phasen durch die Größe des Teilungskoeffizienten und die Zahl der durchgeführten Überführungsschritte bestimmt. Man kann die Nummer des Röhrchens mit dem Maximum als Relativgröße im Vergleich zur Zahl der überhaupt benutzten Röhrchen (n) angeben. Die Lage des Maximums wird auf diese Weise — gewissermaßen vom Startpunkt aus beginnend — durch eine Laufstrecke des Stoffschwerpunktes angegeben, deren Länge als Relativwert mit der Laufstrecke des bewegten Lösungsmittels verglichen wird.

Säulen- und Papierchromatographie

Diese Darstellung vermittelt unmittelbar ein Verständnis für die *Säulen- und Papierchromatographie*. Unter *Chromatographie* versteht man jene Trennungsmethode von gelösten Stoffen, bei der die Flüssigkeit an einer unbewegten festen oder gequollenen Phase in einer Richtung vorbeibewegt wird und den gelösten Stoff in einer bestimmten Zone jener Phase zur Anreicherung kommen läßt. Weil es sich bei den ersten Untersuchungen um die Anreicherung gefärbter Stoffe handelte, erhielt das Verfahren seinen Namen: Chromatographie. Faßt man die feuchte, feststehende Phase als Lösungsmittel auf und die bewegte Flüssigkeit als die zweite, dann kann die Anreicherung in gleicher Weise verstanden werden wie bei der soeben beschriebenen Gegenstrommethode, speziell in der Darstellung als kontinuierliche Verteilung nach (5b). Erfolgt die Anreicherung auf diese Weise, dann spricht man von Verteilungschromatographie (Martin 1941, 1947; und Synge 1949, 1951). In anderen Fällen wird die Zonenbildung hauptsächlich durch den Vorgang der Adsorption an das feste Material verursacht (Adsorptionschromatographie.

Besteht der Träger der stabilen Phase aus feinem Pulver (Aluminiumhydroxyd, Silikagel, Austauscher-Harze, Tierkohle, Stärke usw.), dann wird er gewöhnlich in einem zylindrischen Saugrohr der Flüssigkeit als sog. chromatographische Säule dargeboten (Säulenchromatographie).

Für die *Berechnung der chromatographischen Verteilung* eines Stoffes mit dem Teilungskoeffizienten

$$K = \frac{c_{st}}{c_m} \tag{6}$$

geht man von dem Querschnitt der Säule A, dem Teilquerschnitt der trockenen Füllsubstanz A_t, dem Querschnittsanteil der beweglichen A_m und dem der unbeweglichen, an der Festsubstanz fixierten, flüssigen, stabilen Phase A_{st} aus. c_{st} ist die Konzentration des Stoffes in der stabilen, c_m in der mobilen Phase. Man denke sich nun die Säule bis zur Lösungsmittelfront in n Elementarräume mit der Fläche A und der Höhe h unterteilt, wobei wieder r die Seriennummer einer solchen lösenden Elementarplatte angibt. Der Raum, in dem der Stoff gelöst ist und für dessen Konzentration hier ein einheitlicher Wert für die Elementarplatte eingesetzt werden kann, ist:

$$V = h(A_m + K \cdot A_{st}). \tag{6a}$$

Er entspricht dem Volumen von $O + U$ in den einzelnen Röhrchen der Gegenstromanordnung. dv sei die durch V hindurchgegangene Menge an mobiler Phase; dann ist $n \cdot dv = v$ das Volumen der in die Säule eingetretenen gesamten beweglichen Flüssigkeit und v/A die Laufstrecke dieser Phase in der Säule (Lösungsmittelfront).

Nach den gleichen Grundsätzen wie bei der Gegenstromverteilung ist nun die in der Elementarplatte r gelöste Menge Substanz A_r berechenbar. Dabei wird die übergetretene Menge für den ersten Schritt als dv/V und die zurückbleibende als $(1-dv/V)$ einzusetzen sein. Analog zu (5a) ergibt sich nach zusätzlicher Vornahme einiger für große Werte von n zulässiger Vereinfachungen eine sog. Poisson-Verteilung:

$$A_r = \frac{1}{r!}\left(\frac{v}{V}\right)^r \cdot e^{-v/V}. \tag{6b}$$

Da nach der Stirlingschen Näherungsformel für den Wert von $r!$ (r-Fakultät):

$$r! = \sqrt{2\pi r} \cdot r^r \cdot e^{-r} \tag{6c}$$

ist, folgt:

$$A_r = \frac{1}{\sqrt{2\pi r}}\left(\frac{v}{rV}\right)^r \cdot e^{r-v/V}. \tag{6d}$$

Es läßt sich leicht zeigen, daß A_r ein Maximum ist, wenn $v/rV = 1$, bzw. $r = v/V$ ist. A_r hat dann den Wert:

$$A r_{\max} = \frac{1}{\sqrt{2\pi r}}. \tag{6e}$$

Der Abstand des betrachteten Elementes r, das allgemein für die gleiche Säule die gleiche Höhe h besitzt, ist von der oberen Fläche der Säule, d.h. dem Startpunkt aus gerechnet: $r \cdot h$ und der Abstand des Maximums daher $r_m \cdot h = h \cdot v/V$. Er wächst also proportional mit dem durchgehenden Volumen v, d.h. mit der Entfernung der Lösungsmittelfront von der Startlinie; damit bleibt das Verhältnis beider Wege zueinander konstant.

Es ist die wichtigste praktische Größe der Chromatographie (R_s):

$$R_s = \frac{\text{Zonenabstand}}{\text{Frontabstand}} = \frac{h \cdot v/V}{v/A} = \frac{A \cdot h}{V} = \frac{A}{A_m + K \cdot A_{st}}; \tag{7a}$$

$$K = \frac{A}{R_s \cdot A_{st}} - \frac{A_m}{A_{st}} \approx \frac{A_m}{A_{st}}\left(\frac{1}{R_s} - 1\right) \quad \text{(für } A \approx A_m) \quad \text{bzw.: } R_s \approx \frac{1}{1 + K\dfrac{A_{st}}{A_m}}. \tag{7b}$$

Die relative Stoffwanderung ist also nahezu umgekehrt proportional dem Verteilungskoeffizienten, welcher hier nach der Definition im Gegensatz zur Gegenstromverteilung mit der Löslichkeit in der stabilen Phase zunimmt. Die Proportionalitätskonstante ist das Verhältnis A_m/A_{st}; sie ist daher vom benutzten Träger- und Lösungsmittelmaterial abhängig.

Die Zahl n bzw. die Höhe h wird ebenfalls von der chemischen und physikalischen Natur der gleichen Komponenten bestimmt. Sie liegt in der Größenordnung von einigen Tausend. Sie wird besonders durch die Korngröße der Pulver und damit von deren Oberfläche beeinflußt. Je wirksamer, d.h. je größer die Oberflächenentfaltung ist, um so größer ist auch die Zahl der „Fraktioniereinheiten". Bei einer derartig großen Zahl n muß man mit einer idealen Gauß-Verteilung der Mengen A_r um den Maximalwert rechnen. Wird sie nicht gefunden, dann ist die Ursache in der beschränkten Gültigkeit der einfachen Verteilungsformel nach NERNST zu sehen, d.h. der Teilungskoeffizient ist praktisch nicht mehr unabhängig von der Konzentration des gelösten Stoffes in der Elementarplatte. Unter diesen Umständen kommen Ausläufer („Schwänze") der Zonen zustande. Sie beruhen gewöhnlich auf der Anwesenheit von Salzen in relativ hoher Konzentration, welche für die Abweichungen von der linearen Nernst-Verteilung verantwortlich zu machen sind. Ihre Entfernung durch Dialyse bzw. Elektrodialyse oder Anwendung von Ionenaustauschern ist daher oft erforderlich.

Im ganzen betrachtet ist also beim Verteilungschromatogramm *die Zone des Stoffmaximums* nicht fixiert, sondern sie *wandert mit der durchgehenden Menge reinen Lösungsmittels*, welches zur sog. „Entwicklung" nach der Anfangsbeladung durch die Säule hindurch geschickt wird. Wenn nun die Lösungsmittelfront das Ende der Füllmasse erreicht hat und weiter durchgelassen wird, dann wird nunmehr auch der Stoff zonenweise die Säule mit dem Lösungsmittel jeweils dann verlassen, sobald das Verteilungsmaximum eben an ihrem Ende angelangt ist.

Die Stoffe verlassen sie also schubweise entsprechend dem R_s-Wert und lassen sich daher getrennt auffangen, wenn für einen entsprechenden Wechsel der auffangenden Gläser gesorgt wird. Die Fraktionierung kann nach Tropfenzahl, Zeitabständen oder Volumengrößen der Flüssigkeiten mit Hilfe geeigneter Geräte (Tropfen-, Zeit-, Volumenschneider) vorgenommen werden (STEIN und MOORE 1948).

Es war eine äußerst wertvolle Idee von MARTIN und SYNGE, statt der chromatographischen Säule gewöhnliches Filtrierpapier zur Trennung von Stoffgemischen nach dem Verteilungsprinzip zu verwenden (1944). Um Stoffe in sehr kleinen Mengen zu trennen, ist zwar schon von SCHÖNBEIN, RUNGE und besonders von GOPPELSRÖDER Filtrierpapier herangezogen worden (sog. Capillaranalyse), jedoch immer nur zur Abtrennung auf Grund der unterschiedlichen Adsorptionsaffinitäten der Stoffe am Papier. *Die eigentliche moderne Papierchromatographie verfährt* hingegen ausschließlich *nach dem Prinzip der Verteilungschromatographie.* Zu diesem Zweck soll das Papier mit dem Dampf derjenigen Flüssigkeit gesättigt sein, welche die stabile Phase am Papier bildet. Das Substanzgemisch wird zuvor auf der Startlinie in sehr kleiner Menge aus der Versuchslösung aufgetragen und getrocknet. Nach eingetretener Sättigung mit dem Lösungsmitteldampf im abgeschlossenen Raum wird die labile Phase, meistens geeignete Flüssigkeitsgemische, von der Seite der Startlinie aus entweder durch capillaren Anstieg aus einem Trog (aufsteigend) oder durch Durchfließenlassen (absteigend) zum unteren Rand durch das Papier geschickt, bis die Lösungsmittelfront einen geeigneten Abstand erreicht hat. Durch passende analytische — z.T. auch optische — Verfahren wird die Lage der Verteilungsoptima — im Idealfall runde Flecken — markiert. Der Abstand von der Startlinie, verglichen mit dem Frontabstand gibt den wichtigen R_f-Wert.

$$R_f = \frac{\text{Position des Maximums}}{\text{Position der Lösungsfront}}, \tag{8}$$

gerechnet jeweils als Strecke vom Startpunkt aus. Für den R_f-Wert gelten die gleichen quantitativen Beziehungen und Betrachtungen wie für R_s bei der Säulenchromatographie. Die R_f-Werte sind Stoffkonstanten, welche außer vom Stoff nur von der Art der Flüssigkeitsgemische und der sehr zu beachtenden Papiersorte abhängen[1]. Für quantitative Untersuchungen ist wichtig zu wissen, daß der Flächeninhalt der papierchromatographischen Flecken dem Logarithmus der Konzentration proportional ist. Nach diesem Gesetz ist die unbekannte Konzentration durch Fleckenvergleich mit zwei mitlaufenden Lösungen bekannter Konzentrationswerte zu ermitteln (FISHER und Mitarbeiter 1948). [Über Zweidimensionale und Rundfilter-Chromatographie und über die Retentionsanalyse vgl. Spezialliteratur (LEDERER).]

Grenzflächenkräfte

Im biologischen Geschehen, namentlich bei der Wirkung zugesetzter Pharmaka, wie der Narkotica, sind die Verteilungsvorgänge von besonderer Wichtigkeit (s. S. 231). Die soeben beschriebene Gegenstromverteilung besitzt dagegen wahrscheinlich nur laboratoriumstechnische Bedeutung, wenn von der Diskussion besonderer Mechanismen, z.B. bei der Konzentrierung des Urins in den Sammelröhren der Niere (s. S. 731) abgesehen wird. Dagegen *sind die Vorgänge an den Grenzflächen oder Grenzschichten* zweier Phasen *ausschlaggebend für eine sehr große Zahl biophysikalischer Mechanismen.* Obwohl sie wegen des besonderen strukturellen Aufbaues oft relativ kompliziert sind, hat man für ihre Erörterung von einfachen Verhältnissen auszugehen.

---

[1] Über Konstitution und R_f-Wert vgl. DECKER.

Streut man feines Metallpulver oder fein verteilten Schwefel (Schwefelblumen) auf reines Wasser, dann werden sie auf dessen Oberfläche gehalten, während sie in das Innere der Flüssigkeit gebracht, sofort zu Boden sinken. Die Wasseroberfläche also verhält sich so, als ob sie eine besondere Haut besäße, welche durch ihre Spannung das Gewicht jener Teilchen trägt. Man hat sich ihr Zustandekommen folgendermaßen zu denken.

Auf die Grenzflächen wirken von den Molekülen der beiden angrenzenden Phasen aus Kräfte ein. Da molekulare Kraftwirkungen von der Luft aus vernachlässigt werden können, lassen sich die vom Innern einer Flüssigkeit auf ihre Oberfläche wirkenden Kräfte für sich erfassen, wenn man sie gegen Luft angrenzen läßt. Die dann zu messende *Oberflächenspannung beruht auf der Kohäsion der Teilchen*, die sie zur zusammenhängenden Flüssigkeit zusammenzieht. Im Innern findet dieser Zug auf ein herausgegriffenes Molekül von allen Seiten mit

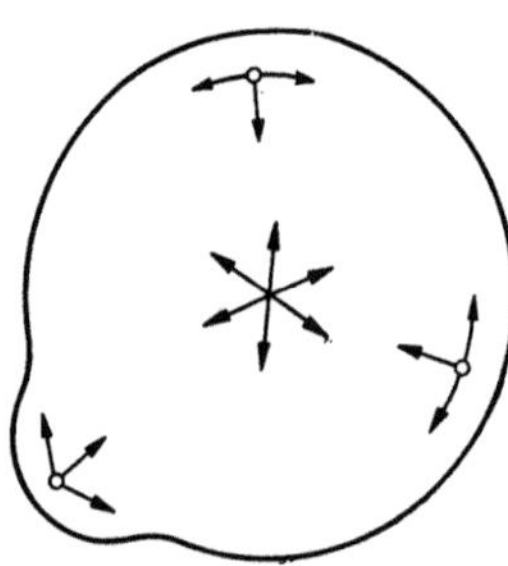

Abb. 68. Molekulare Zugkräfte in einem Tropfen

gleicher Stärke statt; ein Teilchen in der Oberfläche wird aber nicht von außen, sondern nur nach innen gezogen (Abb. 68). Dieser einwärts gerichtete Zug, der auch als sog. Binnendruck die ganze Flüssigkeit unter eine für sie charakteristische Kompression versetzt, hat die Tendenz zu einer Verdichtung der Oberflächenschicht und erklärt es, daß die Oberfläche sich zu retrahieren versucht, wenn sie sich selbst überlassen wird. Umgekehrt muß eine Arbeit gegen die Oberflächenkräfte geleistet werden, um die Oberfläche selbst zu vergrößern, d.h. neue Oberfläche zu schaffen, wie es z.B. bei der Zerteilung von Flüssigkeiten zu Tröpfchen oder Emulsionen geschieht. Diese Arbeit hängt daher von beiden Komponenten, nämlich der Oberflächengröße und der Spannung ab, und sie wird mit der Größe der Oberfläche (O), (Kapazitätsfaktor der Energie) und mit der Oberflächenspannung (Intensitätsfaktor der Energie) wachsen, so daß für die Oberflächenenergie (G_0) gilt:

$$G_0 = O \cdot \sigma; \quad \sigma = \frac{G_0}{O} \left\{ \frac{\mathrm{erg}}{\mathrm{cm}^2} = \frac{\mathrm{dyn} \cdot \mathrm{cm}}{\mathrm{cm}^2} = \frac{\mathrm{dyn}}{\mathrm{cm}} = \mathrm{dyn} \cdot \mathrm{cm}^{-1} \right\}. \tag{9}$$

Setzt man die Einheit der Oberfläche ein, dann ergibt sich, daß die Oberflächenspannung jener *Energie* gleich ist, welche *zur Erzeugung von einem cm² frischer Oberfläche bzw. Grenzfläche* zwischen den gegebenen Phasen erforderlich ist. Die Oberflächenspannung wird in dem Maß erg/cm² oder dyn/cm angegeben. Sie äußert sich in folgenden physikalischen Anordnungen, welche gleichzeitig zu ihrer Messung benutzt werden können (STAUFF 1955).

Fließt ein abgemessenes Volumen einer Flüssigkeit aus einer engen Capillare aus, welche in einer definierten Abtropffläche endet, so hängt die Größe der sich hierbei bildenden Tropfen von der Oberflächenspannung der Flüssigkeit ab. Je höher diese ist, um so größer ist auch das *Tropfengewicht*, welches sie zu tragen vermag. Das Abtropfen erfolgt, wenn das Gewicht des Tropfens größer geworden ist als die ihn tragende und an der Circumferenz der Fläche angreifende Oberflächenspannung. Die *Tropfenzahl* wird daher umgekehrt mit der Spannung variieren *(Stalagmometer)*. Die Eichung erfolgt durch Vergleich mit Flüssigkeiten bekannter σ-Werte.

Als umgekehrte Stalagmometermethode läßt sich das *Blasendruckverfahren* (CANTOR) ansehen. Hier wird Luft aus einer Düse mit genau bekanntem Durchmesser in die entsprechende Flüssigkeit gedrückt und jener Druck bestimmt, welcher notwendig ist, um gegen die Oberflächenspannung eine sich ablösende Luftblase zu erzeugen. Das Verfahren ist auch zur Messung der Grenzflächenspannung zwischen 2 Flüssigkeiten geeignet, wobei wiederum der Druck festgestellt wird, welcher einen Tropfen der einen Flüssigkeit zur Ablösung innerhalb der anderen bringt.

Da der Anteil der Oberfläche am bewegten Flüssigkeits- oder Gasvolumen beim Pressen durch enge Capillaren sehr groß ist, ist zu verstehen, daß bei großen Oberflächenspannungen recht hohe Kräfte zur Bewegung benötigt werden. Sie können z. B. in den Blutcapillaren der Lunge bei Anwesenheit von Luft nicht durch den Blutdruck gestellt werden, so daß der Blutstrom durch die Luftblase in den engen Röhrchen verstopft wird (Luftembolie). Ebenso kann er beim Durchtreiben großer Fetttropfen nicht die Kraft aufbringen, welche zum Zerkleinern in Tröpfchen von den Dimensionen der Blutcapillaren benötigt wird. Denn die Grenzflächenspannung muß ja als jene Kraft betrachtet werden, welche zur Erzeugung neuer Oberfläche gebraucht wird.

In einer in die Flüssigkeit tauchenden Capillare wird jene um so höher gehoben, je größer σ ist. σ ist hierbei *dem Gewicht der gehobenen Flüssigkeit proportional*. Voraussetzung für die Hebung ist die Benetzung der Capillarwandung durch die Flüssigkeit. Die hierbei festhaftende Schicht hebt die Flüssigkeit mit einer Kraft, die proportional der Spannung und der Strecke ist, an der sie angreift, d.h. dem Capillarumfang. Wenn r der Capillarradius ist, ϱ das spezifische Gewicht der Lösung, ergibt sich für die Steighöhenmethode:

$$2\pi r \sigma = \pi r^2 h \varrho; \quad \sigma = \frac{r h \varrho}{2}\, \mathrm{g^*/cm} = \frac{981\, r h \varrho}{2}\, \mathrm{dyn/cm}.$$

An einem in der Oberfläche einer Flüssigkeit schwebend erhaltenen Drahtbügel oder -ring greifen bei Benetzung 2 Lamellen der Oberflächenschicht an. Die Kraft, mit der sie den Draht zurückhalten, ist jener gleich, die notwendig ist, um den Bügel eben aus der Oberfläche zu entfernen. Diese Kraft ist proportional dem 2fachen Ringumfang und der Oberflächenspannung. Ihre Bestimmung erfolgt mit geeigneten Torsionswaagen oder besonderen Tensiometern (DE NOUY, BRINKMANN). Diese sehr gute Methode ist auch zur Bestimmung der Grenzflächenspannung zwischen 2 Flüssigkeiten geeignet (Ringabreiß- und Ringanspannungsmethode nach SEELICH).

Tabelle 51.
Oberflächenspannung (σ)

Flüssigkeit	σ in dyn/cm
Wasser . . .	73
Glycerin . .	65
Benzol . . .	29,4
Äther . . .	16
Chloroform .	16
Alkohol. . .	22
Quecksilber .	436
Serum . . .	45,4

Die Ringmethoden besitzen den Nachteil, daß sie immer mit einer mechanischen Deformierung der Grenzflächen verbunden sind. Als rein statische Methode ist das alte Wilhelmysche *Wägeverfahren* besonders zu empfehlen (DERIVICHIAN). Es wird das Gewicht einer dünnen Glasplatte, etwa eines Deckgläschens, bestimmt, welches in die Flüssigkeit eintaucht. Aus dem bekannten Eigengewicht und dem Flüssigkeitsauftrieb, welcher sich aus der Eintauchtiefe, der Dichte der Flüssigkeit und der Form der Glasplatte ergibt, wird der Auftrieb und daraus das erwartete Gewicht berechnet. Die Differenz zum beobachteten Gewicht ergibt die Oberflächenkraft, welche an der Berührungsstelle zur Flüssigkeit angreift. Das Verfahren ist auch mit großem Vorteil zur Messung der Grenzflächenspannung zwischen 2 Flüssigkeiten anwendbar. Auf die sog. *dynamischen Methoden* zur Messung der Oberflächenspannung, d.h. ihrer zeitlichen Entwicklung — oft in Bruchteilen von msec ablaufend — wird hier nicht eingegangen (Methode der schwingenden Flüssigkeitsstrahlen).

Bei allen diesen Methoden erreicht die Oberfläche der Flüssigkeit keine derartig starke Krümmung, daß dadurch die Auswirkung der zwischenmolekularen Attraktionskräfte beeinflußt werden könnte. Das ist jedoch *bei sehr kleinen Radien* der Tropfen oder Flüssigkeitssäulen der Fall. Hier können an den einzelnen in der Oberfläche gelegenen Molekeln noch weniger Kräfte angreifen als bei einer planen Oberfläche, während

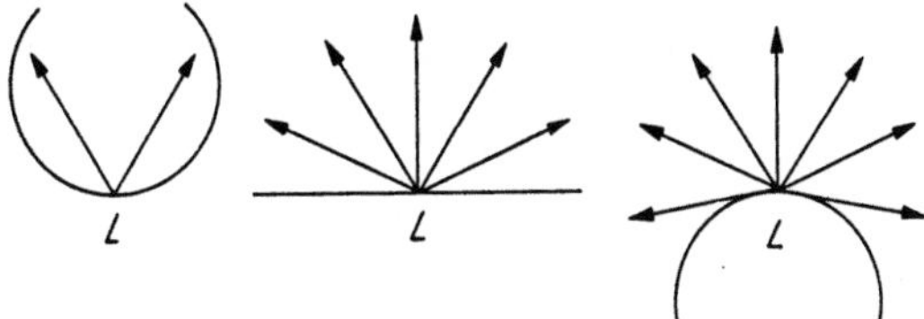

Abb. 69. Zugkräfte an einer H_2O-Molekel in der Grenzschicht gegen Luft

umgekehrt bei einer konkaven Fläche mit sehr kleinem Krümmungsradius die einzelnen Oberflächenmolekeln im Kraftfelde einer größeren Zahl von Nachbarmolekülen liegen. Daraus resultiert, daß ein kleiner Tropfen flüchtiger als ein großer sein muß (Abb. 69).

Überführt man aus einer planen Fläche einen differentiellen Teil dn an Flüssigkeit in einen kleinen Tropfen hinein, dann wächst mit dieser Überführung dessen Oberfläche an. Ihre Vergrößerung (dO) bei konstantem σ bedeutet Zunahme der Energie des Systems um: $dG = \sigma \cdot dO$. Wird sie durch isotherme Überführung von dn Molen des Lösungsmittels vorgenommen, dann ist die Vergrößerung um so stärker, je kleiner der Radius der Kugel ist. Das chemische Potential des Lösungsmittels ist daher auch in einer kleinen Kugel (μ_r) größer als in einer Flüssigkeit mit planer Oberfläche (μ_{pl}). Denn da G dort stärker wächst und da allgemein $dG = \mu \cdot dn$ ist, muß μ bei der Überführung gleicher Mengen für beide Zustände verschieden sein. Würde keine Differenz zwischen μ_r und μ_{pl} bestehen, dann wäre auch keine Zunahme von G bei dem Übergang möglich.

Es gilt also:

$$dG = (\mu_r - \mu_{pl}) \cdot dn. \tag{10}$$

Daraus ergibt sich für das Gleichgewicht:

$$\mu_r - \mu_{pl} = \sigma \cdot \frac{dO}{dn} = \sigma \cdot \frac{dO}{dr} \cdot \frac{dr}{dn}. \tag{10a}$$

Eine Kugel aus Flüssigkeit mit dem Molvolumen V und dem Volumen v enthält $n = \dfrac{v}{V} = \dfrac{4\pi r^3}{3V}$ Mole Flüssigkeit. Danach ist:

$$\frac{dn}{dr} = \frac{4\pi r^2}{V}; \quad \text{mit} \quad O = 4\pi r^2 \quad \text{und} \quad \frac{dO}{dr} = 8\pi r \quad \text{ist dann:} \quad \mu_r - \mu_{pl} = \sigma \cdot \frac{2V}{r}. \tag{11}$$

Die Differenz der chemischen Potentiale ist also dem Radius der Tröpfchen umgekehrt proportional. Da man die Aktivitäten den Dampfdrucken proportional setzen kann, folgt aus der Differenz der chemischen Potentiale leicht:

$$R T \ln \frac{a_r}{a_{pl}} = R T \ln \frac{p_r}{p_{pl}} = \frac{2V\sigma}{r}; \quad \text{bzw.} \quad p_r = p_{pl} \cdot e^{\frac{2V\sigma}{rRT}}$$

oder

$$\ln \frac{p_r}{p_{pl}} = \ln \frac{p_{pl} + \Delta p}{p_{pl}} \cong \frac{\Delta p}{p_{pl}} = \frac{2V\sigma}{r \cdot RT} \quad \text{(Thompson 1871).} \tag{11a}$$

Die Auswertung ergibt für Wasser bei einem Radius von $0,1\,\mu$ $(0,01\,\mu)$ eine relative Dampfdruckerhöhung von 1% (10%).

Kleine Tropfen sind also mit größeren nicht im Gleichgewicht; sie destillieren isotherm so in diese über, als würden sie von ihnen aufgesaugt. Entsprechendes trifft für Kristalle zu. Kleinere besitzen eine höhere Löslichkeit. Ihr Material kann sich in gleicher Weise auf größeren niederschlagen; die Teilchen vergrößern sich auf Kosten der kleineren (Ostwald-Reifung). Es handelt sich hierbei um einen Umkristallisierungsvorgang, welcher durch Erwärmen wesentlich beschleunigt wird. Bekanntlich kann z.B. der in der Kälte gebildete, äußerst feinkörnige Niederschlag vom Bariumsulfat durch Erhitzen so vergröbert werden, daß er durch Filtrieren leicht abtrennbar wird. Disperse Systeme könnten daher theoretisch nur im Gleichgewicht sein, wenn die Größe der Teilchen dieselbe ist, sie also monodispers sind. Bei Kolloiden wird dieser Idealfall der Stabilität nur selten erreicht. Umgekehrt ist in Rinnen oder capillaren Hohlräumen der Dampfdruck ihrer Flüssigkeitshaut der Größe des Radius entsprechend erniedrigt. Damit steigt auch der Siedepunkt dieser Flüssigkeiten an (Siedecapillaren). Gleichzeitig wird natürlich die Kondensation von Dämpfen in den Capillaren erleichtert *(Capillarkondensation)*. Außerdem liegt in ihnen der Gefrierpunkt tiefer (capillare Gefrierpunktsdepression). Es ist zu bemerken, daß alle diese Effekte erst in Capillaren mit Radien unter $10000\,\text{Å}$ merkliche Größe erreichen.

Im Anschluß an diese Feststellung erhebt sich die Frage, wieweit die konvexe *Oberfläche der Zellen* einen erhöhten Dampfdruck gegenüber der in gleicher Weise konkaven extracellularen Flüssigkeit mit erniedrigtem Druck besitzt. Dieser

Effekt ist nach der Thomson-Formel berechenbar und stellt sich dabei als außerordentlich geringfügig heraus, auch wenn man zu biologischen Gebilden mit einem Radius von nur 1000 Å heruntergeht. Die Ursache hierfür liegt in der äußerst geringen Grenzflächenspannung an den plasmatischen Schichten. Wäre sie von der Größenordnung der Oberflächenspannung des Wassers, dann würde man bei den eben gegebenen Radius wie oben abgeleitet, einen Effekt von 1% erwarten. Andererseits steht, wie schon ausgeführt, das Innere einer kleinen Kugel oder Gasblase unter einem mechanischen *Zentraldruck*, dessen Größe sich aus der Arbeit $\dfrac{2\sigma V}{r}$ [s. Gl. (11a)] einfach durch Division mit V zu:

$$p_\sigma = \frac{2\sigma}{r} \tag{11b}$$

ergibt.

Dieser *Zentraldruck* ist bei den Zellen aus dem gleichen Grunde wie die Dampfdruckerhöhung klein. Seine Richtung ist jedoch die, daß das Wasser in der Zelle eine größere Aktivität annehmen und sich daher so verhalten muß, als ob der osmotische Druck in ihr verringert wäre. Eine Volumengleichheit würde im osmotischen Versuch deshalb bei niedrigerer Osmolarität der Außenlösung eintreten, als sie im Zellinnern vorliegt (vgl. dazu S. 111). Bei sehr kleinen Zellen von Kokken, z.B. mit dem Radius 10^{-5} cm und einem σ von 2,5 dyn/cm, wäre der Druckunterschied in der Größenordnung von 0,5 atm. Das ist gleichbedeutend mit 20 Milliosmolen/Liter oder $^1/_{50}$ molarer Konzentration. Wahrscheinlich liegt aber gewöhnlich die Grenzflächenspannung der Zellen und damit der osmotische Effekt noch um eine Größenordnung tiefer, so daß er für Zellen von der Größenordnung $r = 1-10\ \mu$ vollständig vernachlässigt werden kann.

Grenzflächen-, Haftspannung

Die *Grenzflächenspannung zwischen fest und flüssig* ist nicht direkt meßbar, dennoch ist sie bestimmend für einige wichtige Eigenschaften im Verhalten beider Partner zueinander, namentlich für die *Benetzbarkeit*. Wenn die Molekeln beider Stoffe aufeinander vergleichbare oder gar größere Kräfte ausüben, als sie zwischen den Teilchen der Phasen selbst bestehen, kommt Benetzung zustande. Bei vollständiger Benetzung breitet sich eine Flüssigkeitsschicht über den ganzen festen Körper aus, während sie sich bei geringer oder fehlender Benetzung den eigenen Kohäsionskräften folgend von der Unterlage abhebt. Das geschieht auch bei solchen nicht mischbaren Flüssigkeiten, zwischen denen nur geringe Adhäsionskräfte bestehen. Gibt man z.B. einen kleinen Tropfen flüssigen Paraffines auf Wasser, dann breitet er sich nicht auf dessen Oberfläche aus; er spreitet nicht, sondern bleibt als linsenförmiger Körper auf dem Wasser liegen. Die an der kreisförmigen Berührungslinie der 3 Phasen sich ausbildenden *Randwinkel* (α, β) werden durch die Größe der beteiligten Grenzflächenspannungen festgelegt, welche als vektorielle Größen in die folgende Überlegung eingehen. Im Gleichgewicht muß nämlich die Summe der beiden Projektionen von $\sigma_1\,(p)$ (Luft/Öl) und $\sigma_2\,(q)$ (Öl/H$_2$O) auf die Oberfläche des Wassers der Grenzflächenspannung Luft/Wasser (σ_3) entgegengesetzt gleich sein. Denn eine Bewegung ist außer als Abrundung oder Verflachung des Tropfens nur in dieser Ebene möglich, und sie würde sich bei Änderung einer der 3 Spannungen solange vollziehen, bis die entgegengesetzt gerichteten einander gleich geworden sind (Abb. 70). Es besteht daher die Beziehung:

$$p + q = \sigma_3 = \sigma_1 \cdot \cos\alpha' + \sigma_2 \cdot \cos\beta'. \tag{12}$$

Hier ist $\alpha' = 180 - \alpha$ usw. Da nun die Summe dieser Supplementwinkel $(\alpha' + \beta' + \gamma') = 180°$ ist, wenn — wie hier — die von $\alpha + \beta + \gamma = 360°$ beträgt, ist sie als Winkelsumme eines Dreiecks anzusehen. Dann muß, wenn die Gleichgewichtsbedingung (12) vorliegt, d.h. die Summe der Projektionen zweier Seiten gleich der 3. Dreiecksseite ist, dieses Dreieck die genannten Supplementwinkel als Dreieckswinkel tragen (Neumannsches Dreieck). In ihm gilt nach dem Sinussatz:

$$\sin \alpha'/\sigma_2 = \sin \beta'/\sigma_1 = \sin \gamma'/\sigma_3. \tag{12a}$$

Da aber $\sin \alpha = \sin(180 - \alpha)$, ist auch $\sin \alpha' = \sin \alpha$ usw. Das heißt, es kann in vorstehendem Ausdruck auch der jeweilige Randwinkel selbst benutzt werden.

Ist $\sigma_3 = \sigma_1 + \sigma_2$, dann muß nach Gl. (12) α den Wert null besitzen, d. h. vollständige Benetzung vorliegen. Dagegen tritt ein Netzwinkel auf, wenn $\sigma_3 < \sigma_1 + \sigma_2$ ist.

Kennt man nun eine der 3 Spannungen und mißt die beiden Kontaktwinkel mit geeigneten photographischen oder anderen optischen Einrichtungen, dann sind die übrigen Spannungen unter Verwendung vorstehender Beziehungen zwischen den Winkelfunktionen leicht zu erhalten (vgl. Abb. 70).

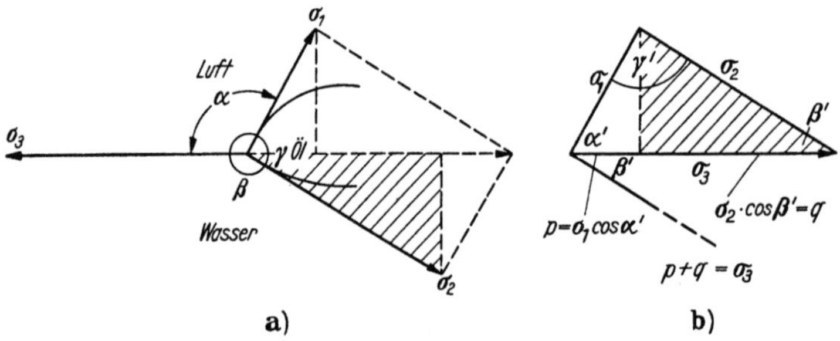

Abb. 70a u. b.   a Randwinkel an einer Öllinse auf Wasser; b zugehöriges Neumann-Dreieck

Unter Anwendung dieses Prinzips konnte z. B. die Spannung gegenüber protoplasmatischen Öltropfen oder Vacuolen gemessen werden. Außerdem war auf diese Weise die Grenzflächenspannung ganzer Zellen gegenüber der Umgebung einer Messung zugänglich. Dabei wurden sehr niedrige Werte von der Größenordnung 0,1—0,01 dyn/cm gefunden (PIGÓN).

Aus der Form eines einer Unterlage aufsitzenden Öltropfens kann auch in anderer Weise die Größe seiner Grenzflächenspannung gegenüber dem umgebenden Medium abgeleitet werden. Je geringer diese Spannung nämlich ist, um so stärker wird der Tropfen unter der Einwirkung der Schwerkraft abgeflacht. Sie wirkt sich um so weniger aus, je kleiner bei gegebenem Radius der Dichteunterschied zwischen beiden Phasen ist. Die Tropfendeformation kann auch durch Zentrifugieren oder durch mechanische Kompression bei genau dosierter Druckeinwirkung hervorgerufen werden. Es läßt sich aus derartigen Versuchen mit großer Sicherheit ableiten, daß die *Grenzflächenspannungen zwischen dem Protoplasma und den bisher untersuchten Strukturen unter 0,5 dyn/cm liegen* (E. N. HARVEY). Da diese Spannung durch die stoffliche Natur der Grenzschichten bestimmt wird, ist jene Feststellung von besonderer Bedeutung.

Ähnliche Überlegungen gelten an der Grenze flüssig/fest. Im Falle vollständiger Benetzung muß die Spannung zwischen beiden Phasen größer als die Kohäsionskraft, bzw. die Oberflächenspannung der Flüssigkeit gegenüber Luft sein. Denn jene *Spannung ist die reversible Arbeit*, welche bei der freiwilligen Erzeugung eines cm² der benetzten Fläche frei wird. Sie ist ein Ausdruck der Affinität der beiden Materialien zueinander und wird *Haftspannung* genannt (σ_h), während die Oberflächenspannung der Flüssigkeit ein Maß für den einwärtsgerichteten Zug, d. h. für die Kohäsion ist. Beim Benetzungsvorgang muß die Kohäsionskraft durch die Haftspannung überwunden werden.

Sobald die Haftspannung kleiner als die Oberflächenspannung wird, ist die *Benetzung unvollständig*; eine Spreitung von Material findet auf der Oberfläche nun nicht mehr statt. Die überwiegende Kohäsion verhindert sie und schafft dafür wieder tropfenähnliche Anordnungen mit einem charakteristischen Randwinkel, der durch die relative Größe beider Spannungen bestimmt wird. Da aber der eine Schenkel des Winkels in der als eben anzusehenden Unterlage gelegen ist, wird zur Berechnung der Haftspannung jetzt nur noch eine Projektion auf ihre Ebene benötigt. Aus der Abb. 71 ist so die Beziehung zu entnehmen, welche auch bei beschränkter Benetzung mit Randwinkel, d.h. $\sigma_h < \sigma$, Gültigkeit besitzt:

$$\sigma_h = \sigma \cdot \cos \alpha. \tag{13}$$

Ist $\alpha = 0$, d.h. $\cos \alpha = 1$, dann sind beide Spannungen einander gleich: *Grenzwert der vollständigen Benetzbarkeit*. Bei $\alpha = 90°$ ist *die Haftspannung* mit $\cos 90° = 0$, gerade *verschwunden*. Für noch größere Winkel wird sie negativ, d.h. die Benetzung würde auch bei

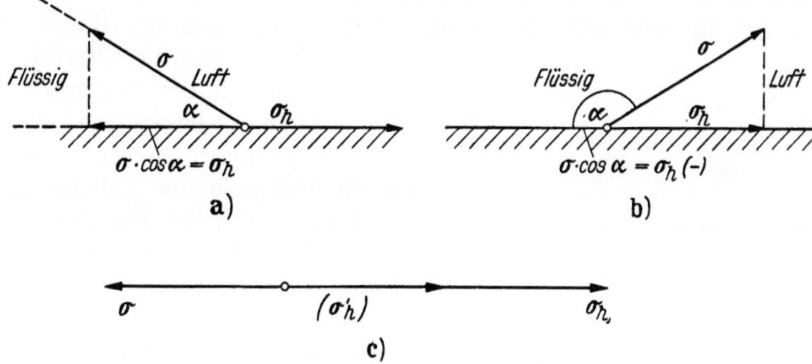

Abb. 71a—c. *Benetzbarkeit.* a Unvollständige ($\sigma > \sigma_h > 0$); b fehlende ($\sigma > \sigma_h < 0$); c vollständige ($\sigma < \sigma_h$; Grenzwert $\sigma = \sigma_h$; bzw. $= \sigma_h'$)

noch so niedriger Kohäsion der Flüssigkeit nicht mehr freiwillig erfolgen können ($\cos(180-\alpha) = -\cos\alpha$). Jetzt hebt sich der Tropfen deutlich als Kugel von der Unterlage ab. So beträgt α für Quecksilber gegenüber Glas 140°. Daraus ergibt sich mit $\sigma = 436$ ein $\sigma_h = -334$ dyn/cm. Für Wasser auf festem Paraffin wird α zu 105° bestimmt, damit folgt ($\sigma = 72$ dyn/cm) $\sigma_h = -19$ dyn/cm. Man kann also in geeigneten Systemen geringer Benetzbarkeit aus dem Randwinkel Werte für die Grenzflächenspannung zwischen fest und flüssig erhalten.

Bildet man die Summe $\sigma_A = \sigma + \sigma_h = \sigma(1 + \cos\alpha)$, dann bezeichnet diese als Adhäsionsspannung gelegentlich benutzte Größe jene Arbeit, die aufzubringen wäre, um ein cm² der benetzten Fläche so zu trennen, daß 1 cm² freier Oberfläche von Wasser gegen Luft und 1 cm² von der mit Unterlage gegen Wasserdampf gesättigte Luft neu entsteht. Die Größe σ_h ist eindeutiger als σ_A definiert; sie ist identisch mit dem Spreitungskoeffizienten (π) von HARKINS und LIVINGSTON.

Die Tabelle 51 zeigt, daß das Wasser im Vergleich zu den übrigen Flüssigkeiten bei einem großen Binnendruck auch eine hohe Oberflächenspannung besitzt. Allgemein ist diese als Funktion der Kohäsion aufzufassen, welche hier wegen des Dipolcharakters besonders stark ist; ihre Beziehung zur chemischen Konstitution ist jedoch nicht einfach. Da die Kohäsion sich mit zunehmender Temperatur vermindert, sinkt auch die Oberflächenspannung. Biologisch kommt sie vor allem an der Körperoberfläche und an der der Kiemen, Tracheen und der Lungenalveolen in Betracht. Im übrigen wird sie in der Biologie nur indirekte Bedeutung haben.

Ganz anders steht es mit der *Grenzflächenspannung* („interfacial tension"), sowohl zwischen einer festen und flüssigen wie besonders zwischen zwei flüssigen Phasen. Hier ist zu erwarten, daß ein Teilchen in der Grenzschicht den anziehenden Kräften von beiden Phasen her ausgesetzt ist. Da sie einander entgegengesetzt gerichtet sind, werden sie sich in ihrer Wirkung subtrahieren müssen.

Im allgemeinen wird die Anziehung nach einer Seite überwiegen: Grenzflächenspannung. Sie *ergibt sich* also *als Differenz der Oberflächenspannungen jener beiden Flüssigkeiten, die sich berühren* und miteinander im Gleichgewicht stehen.

Tabelle 52. *Grenzflächenspannung* (aus BLADERGREEN)

Flüssigkeitspaar		Oberflächenspannung (dyn/cm)		Differenz	Grenzflächenspannung, gemessen
Phase A	Phase B	A	B		
Wasser	Benzol	60,0	28,2	31,8	32,6
Wasser	Chloroform	54	26,6	27,4	27,7
Wasser	Äther	26,7	17,3	9,4	9,12

Wenn sich nun auch die zusammenhängenden Phasen nicht miteinander mischen, so wird trotzdem eine mehr oder weniger beschränkte Löslichkeit von Teilchen der einen Art in sehr schmalen Grenzschichten der anderen Phase bestehen.

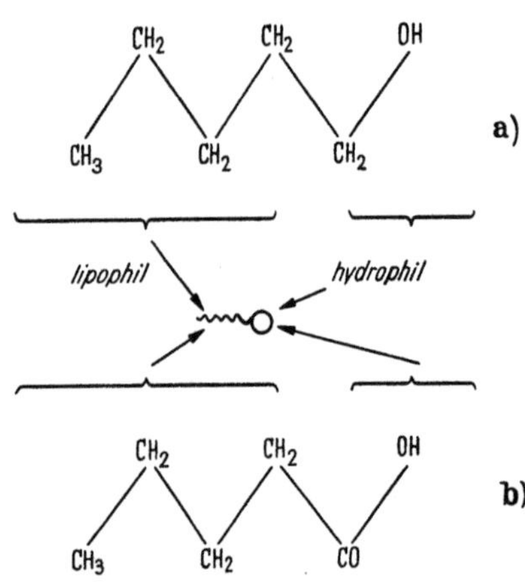

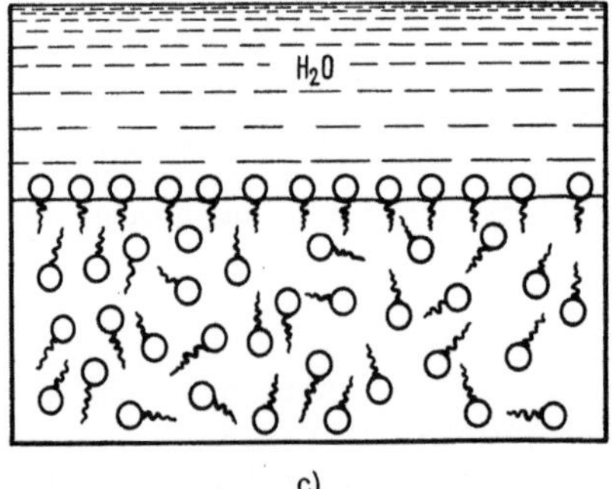

Abb. 72a—c. Hydrophober Anteil aliphatischer Verbindungen. a Praktisch wasserunlöslich; b schwer löslich; c Durchbrechung der statistischen Verteilung an der Grenzschicht

Berücksichtigt man die Oberflächenspannung der so mit der Gegenphase gesättigten einzelnen Flüssigkeiten, dann findet sich das genannte Gesetz verwirklicht, wie die Beispiele der Tabelle 52 zeigen. Sie demonstriert im übrigen, daß recht verschieden hohe Werte dieser Differenzspannung existieren können.

Daraus ist eine sehr bedeutungsvolle Konsequenz zu ziehen: *je größer die Spannung*, um so *stärker werden die Moleküle der Grenzschicht in eine Phase hineingezogen*; umgekehrt ist bei niedriger Spannung die Tendenz, in sie hineinzugelangen, für beide Möglichkeiten annähernd gleich groß, und von dem Augenblick an, in dem sie frei in beide Richtungen gehen können, ist die Grenze aufgehoben. Dann ist eine vollkommene Mischbarkeit oder Lösung der Komponenten ineinander vorhanden. War die eine Phase Wasser, so ergibt sich als Konsequenz dieser Betrachtung, daß *die Grenzflächenspannung um so niedriger* sein muß, je größer die Affinität der anderen Phase zum Wasser ist, d.h. *je stärker hydratisiert ihre Molekeln sind.* Umgekehrt zeigt eine hohe Spannung geringe Affinität zu Wasser an. Es besteht also eine bedeutungsvolle Antibasie zwischen Grenzflächenspannung und Hydratation der Grenzschicht. So herrscht an der Grenzfläche von Paraffin gegenüber reinem Wasser eine hohe Spannung von etwa 50 dyn/cm als Ausdruck des Fehlens irgendwelcher hydrophil-oleophil gebauter Stoffe in der Grenzschicht. Andererseits können geeignete wäßrige Systeme nach Zugabe eines dritten Stoffes an der Paraffingrenze eine Spannung unter 1 dyn/cm aufweisen. Beide

Phasen sind auch jetzt natürlich ebensowenig mischbar miteinander; aber die Erniedrigung der Spannung zeigt an, daß sich nun Molekeln in der Grenzschicht befinden, auf die von beiden Seiten her Kräfte etwa der gleichen Größenordnung einwirken. Das bedeutet, daß die Solvatation durch das Öl für sie etwa ebenso groß ist wie die durch das Wasser. Derartige Stoffe besitzen *außer den hydrophilen einen apolaren, hydrophoben bzw. oleophilen Abschnitt,* der es verhindert, daß die ganze Molekel wasserlöslich wird, und gleichzeitig auch dafür verantwortlich ist, daß die Molekel eine bestimmte Lage zwischen beiden Phasen einnimmt. Bei Paraffinketten, Fettsäuren, Detergentien und ähnlichen Stoffen ist die Solvatation des Paraffinendes im Öl, welcher die Dispersionskräfte zugrunde liegen, oft so groß wie die des hydrophilen Abschnittes im Wasser. Die Änderungen der Grenzflächenspannung werden also durch den Aufbau des oberflächenaktiven Moleküls, die damit zusammenhängende Stoffanordnung in der Grenzschicht und die Zusammensetzung der Phasen bestimmt. Daraus folgt, daß nur unter der Voraussetzung einer annähernden Konstanz der Solvatation im Öl die Regel vom gegensätzlichen Verhalten der Grenzflächenspannung und der Hydratation in der Grenzschicht zutreffend und begründbar ist (Abb. 72).

Die *biologischen Grenzflächen* gehören dem stark hydratisierten Typ an, und man kann auf Grund der oben erwähnten Erfahrungen mit E. N. Harvey schätzen, daß die hier vorkommenden Spannungen sich in der Größenordnung von weniger als ein dyn/cm bewegen. Da aber bekannt ist, daß mit biologischen Zustandsänderungen, namentlich bei den Erregungsvorgängen, Änderungen der Hydratation verknüpft sind, muß die soeben abgeleitete Beziehung zwischen Grenzflächenspannung und Hydratation erhöhtes Interesse gewinnen. Allgemein geht eine Erregung mit erhöhter Hydratation als Ursache der gesteigerten Permeabilität einher, wie Dämpfungen der Erregung, z.B. durch Ca^{2+}, auf ihre Herabsetzung zurückzuführen sind. Es ist in diesem Zusammenhang von Interesse, daß es Seelich gelungen ist, in Modellen eine Erhöhung der Spannung zwischen Öl und H_2O durch Ca^{++}-Ionen herbeizuführen. Voraussetzung war dabei, daß die ölige Grenzschicht mit Ca-Oleat gesättigt war. Es wurde auch schon häufig mit guten Gründen diskutiert, daß, wie es solchen Versuchen entsprechen würde, die Zellgrenzschichten zum Teil durch fettsaures Calcium gebildet werden. Darüber hinaus ist aber wahrscheinlich, daß Ca^{++}-Ionen sich in ähnlicher Weise auf die Hydratation und Grenzflächenspannung an Eiweißphasen auswirken können.

Grenzflächenspannung an Mischphasen. Die Adsorption

In biologischen Gebilden grenzen niemals reine Phasen aneinander; sie enthalten stets aufgelöste Stoffe, sind also Mischphasen. Wieweit nun die gelösten Körper Einfluß auf die Grenzflächenvorgänge nehmen können, läßt sich aus folgender Überlegung ableiten. Da jeder Oberfläche freie Energie entnommen werden kann, deren Größe von O und σ abhängt, muß ihre Entnahme grundsätzlich mit der Abnahme mindestens einer dieser Größen einhergehen. Freiwillig kann außerdem nur eine Abnahme von G_0 erfolgen.

$$- \Delta G_0 = - \Delta (\sigma \cdot O) = - \sigma \cdot \Delta O - O \cdot \Delta \sigma, \tag{14}$$

d.h. die Verringerung der freien Oberflächenenergie kann durch Abnahme der Oberfläche bei gleicher Spannung oder durch Abnahme der Spannung bei unveränderter Oberfläche erreicht werden. Bei reinen Phasen kann σ sich nicht freiwillig verändern; hier kommt also nur eine Oberflächenverkleinerung in

Betracht. Ihr Ziel ist die allgemein durch die Oberflächenspannung angestrebte Kugelgestalt, also die der Körper mit der kleinstmöglichen Oberfläche. Eine Verkleinerung der Spannung bei gleicher Oberflächengröße kann aber nur durch eine stoffliche Verschiebung in einer Lösung erreicht werden, und zwar dadurch, daß solche Stoffe aus dem Innern der Lösung in die Grenzschicht eintreten, welche eine geringere Grenzflächen- oder Oberflächenspannung besitzen als das betreffende Lösungsmittel. Man gelangt so in einfachster Weise zu dem *Satz, daß jene Stoffe sich in der Oberfläche anreichern, welche mit zunehmender Konzentration die Spannung herabsetzen (Gibbs-Thomson-Theorem).* Bei ihnen hat $d\sigma/dc$ also negatives Vorzeichen:

$$\Gamma = -\frac{d\sigma}{dc} \cdot \frac{c}{RT} = -\frac{1}{RT} \cdot \left(\frac{d\sigma}{d\ln c}\right). \tag{15}$$

Hier ist c die Konzentration und Γ die Menge des an die Grenzschicht gegangenen Stoffes. Stoffe, welche die Spannung erniedrigen, werden als oberflächen- oder *capillaraktiv* bezeichnet, die diesem Vorgang zugrunde liegende *Anreicherung in der Oberfläche als Adsorption.* Nur sehr wenige Stoffe, z.B. Neutralsalze, steigern die Oberflächenspannung von Wasser; bei ihnen besteht eine negative Adsorption, d.h. ihre Konzentration ist im Innern höher als in der Grenzschicht, denn nur so wird d'e Spannung erniedrigt, bzw. die spontane Abgabe der Grenzflächenenergie erfolgen.

Zur Ableitung dieser grundlegenden Gleichung für die Bedingung der konstant gehaltenen Oberfläche sei folgender Weg beschritten. Die Gesamtenergie der Grenzphase (G') setzt sich zusammen aus dem chemischen Potential der Stoffe, multipliziert mit ihrer molaren Menge, und aus der Grenzflächenenergie.

$$G' = n_1' \cdot \mu_1' + n_2' \cdot \mu_2' + \sigma O. \tag{15a}$$

Differentiiert man diese Gleichung und zieht von dieser Form die Gl. [(VI 27) mit const p und T]:

$$dG' = \mu_1' \cdot dn_1' + \mu_2' \cdot dn_2' + \sigma\, dO$$

ab, so erhält man:

$$d\sigma \cdot O + n_1' \cdot d\mu_1' + n_2' \cdot d\mu_2' = 0. \tag{15b}$$

Das Analogon für die Lösung, bzw. binäre Mischung, lautet nach (II 28):

$$n_1 \cdot d\mu_1 + n_2 \cdot d\mu_2 = 0.$$

Gleichgewicht herrscht, wenn die Änderung der chemischen Potentiale in der Oberfläche und der Lösung für die entsprechenden Partner gleich groß ist: $(d\mu_1' = d\mu_1;\ d\mu_2' = d\mu_2)$. Einsetzen von $d\mu_1 = -n_2/n_1 \cdot d\mu_2$ [vgl. (II 29)] für $d\mu_1'$ in Gl. (15b) ergibt:

$$-\frac{d\sigma}{d\mu_2} \cdot O = n_2' - \frac{n_1' \cdot n_2}{n_1} = E. \tag{15c}$$

Bliebe das Zahlenverhältnis der gelösten zu den Lösungsmittelmolekeln in beiden Phasen gleich, dann müßte gelten:

$$\frac{n_2'}{n_1'} = \frac{n_2}{n_1} \quad \text{bzw.} \quad n_2' = \frac{n_1' \cdot n_2}{n_1}.$$

Der Subtrahend der vorangehenden Gleichung gibt also die auf Grund dieser Voraussetzung erwartete Molekelzahl in der Grenzphase. Wenn der Wert der Gl. (15c) größer als Null ist, dann ist n_2' auch größer als nach den einfachen Molquotienten in der Lösung zu erwarten ist. Der gelöste Stoff ist als Oberflächenexzeß E (GIBBS, SEELICH 1948) in der Oberfläche vorhanden. Bezieht man E auf die Einheit der Fläche (1 cm²), dann ist $E/O = \Gamma$ *die molare Flächenkonzentration* des bei konstanter Oberfläche adsorbierten Anteils.

$$\Gamma = -\frac{d\sigma}{d\mu_2} = -\frac{1}{RT}\left(\frac{d\sigma}{d\ln a_2}\right)_0 = -\frac{d\sigma}{da_2} \cdot \frac{a_2}{RT} \approx -\frac{d\sigma}{dc_2} \frac{c_2}{RT}. \tag{15d}$$

Die adsorbierte Menge nimmt also in dem Maße zu, wie die Spannung mit steigender Aktivität sinkt. Legt man die Beziehung zwischen σ und $\ln c$ im

Koordinatensystem nieder, dann ist die Neigung der Kurve in jedem Punkt ein Maß für die jeweils adsorbierte Menge.

Die Integration vorstehender Gl. (15) liefert den Zusammenhang zwischen der Spannung, der Gleichgewichtskonzentration in der Lösung und in der Grenzfläche, und sie ist dann leicht möglich, wenn Γ als Funktion von c bekannt ist.

Die quantitative Beziehung zwischen der Konzentration in der Lösung bzw. dem Gasdruck einerseits und der adsorbierten Stoffmenge andererseits ist nun seit langem sehr eingehend untersucht und durch die sog. *Adsorptionsisothermen* ausgedrückt worden. Diese haben den Erfahrungstatsachen Rechnung zu tragen, daß die adsorbierte Menge in *sehr niedrigen Konzentrationsbereichen sehr viel schneller* als in höheren mit der Konzentration *anwächst*, und daß sie einen bestimmten Grenzwert, den der *Adsorptionssättigung,* erreicht. Namentlich der erstere, nicht der zweite Befund kommt in der *Freundlichschen* exponentiellen Form zum Ausdruck:

$$\text{bzw.}\quad \left. \begin{array}{l} \Gamma = \dfrac{x}{A} = \alpha \cdot c^{1/n} = M_A \\[2mm] \log M_A = \log \alpha + \dfrac{1}{n} \log c. \end{array} \right\} \quad (16)$$

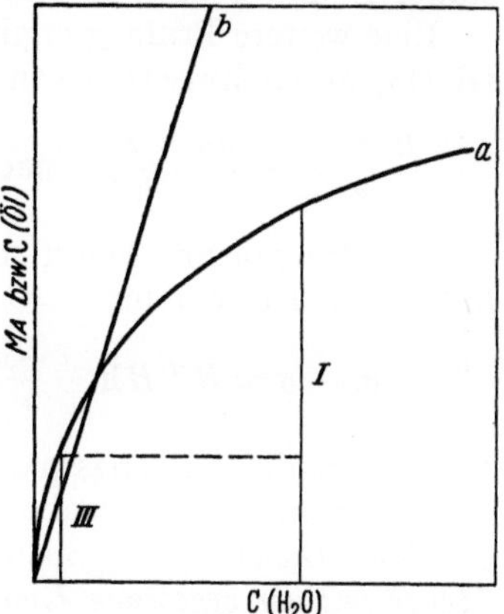

Abb. 73. Adsorption und Verteilung. *a* Adsorptionsisothermen (nach FREUNDLICH oder LANGMUIR). *b* Nernstsche Verteilung zwischen 2 Lösungsmitteln ($C_{H_2O}/C_{öl} = K = 1/3$); MA ist die adsorbierte Menge, C_{H_2O} die Konzentration in der wäßrigen, $C_{öl}$ die in der öligen Phase

Hier ist x die von der gegebenen Oberflächengröße A adsorbierte Menge. Bei pulverförmigen Adsorbentien ist jene gewöhnlich unbekannt, so daß dann die Gleichsetzung mit Γ nicht möglich ist. Es ist aber für Vergleichsversuche ausreichend, von einheitlichem Gewicht des Adsorbens auszugehen, und die angereicherte Menge M_A hierauf zu beziehen. α ist die Adsorptionskonstante, $1/n$ der Adsorptionsexponent, welcher in der Größenordnung von 0,5 liegt. Bei Eintragung der Versuchsdaten in ein Koordinatensystem mit bilogarithmischem Maß ergibt sich analog zu $y = ax + b$ eine Gerade, aus deren Neigung $1/n$ und aus deren Schnittpunkt mit der Ordinatenachse α zu entnehmen ist.

Es ist daher durch eine derartige Darstellung leicht zu prüfen, ob eine Adsorption zugrunde liegen kann, oder ob ein anderer Vorgang, z.B. eine Verteilung nach NERNST in Frage kommt. Auch bei einem gradlinigen Verlauf sind die Folgerungen auf Adsorption aber deswegen nicht immer zwingend, weil bei Verteilungen mit geändertem Molekularzustand in einer Phase ähnliche Gesetzmäßigkeiten auftreten müssen. Denn hier gilt z.B. $c_1 = K \cdot c_2^{\frac{1}{2}}$ [vgl. (3 b)] beim Vorliegen von Doppelmolekeln auf einer Seite. Auch andere Sättigungskurven, wie die der Aufnahme von Wasser in H_2SO_4, zeigen einen ähnlichen Verlauf (Abb. 73).

Im allgemeinen werden die Adsorptionen mit Vorteil durch die *Langmuir-Isotherme* dargestellt. Sie ist kinetisch leicht ableitbar, wenn man von der Tatsache ausgeht, daß die Zahl der Plätze in der Oberflächeneinheit durch einen Sättigungswert (B) begrenzt ist, und daß die der adsorbierten Molekeln (Γ) mit der Konzentration in der Lösung und der Zahl der auf der Fläche noch freien Stellen anwächst. Hierbei werden Γ und B in Molen/cm² ausgedrückt. Dann sind im Gleichgewicht die Geschwindigkeiten der Adsorption: $V_1 = k_1 (B-\Gamma) \cdot c$ und die der Desorption: $V_2 = k_2 \cdot \Gamma$ eineinander gleich. Mit $k_2/k_1 = a = 1/\gamma$

gilt somit:

$$\Gamma = B \cdot \frac{c}{c+a} = B \cdot \frac{\gamma \cdot c}{1 + \gamma \cdot c} = B \cdot \frac{1}{1 + a/c}. \tag{17}$$

Diese Isotherme wurde von LANGMUIR zunächst für die Adsorption von Gasen abgeleitet und experimentell bestätigt. Sie gilt aber auch für zahlreiche flüssige Systeme, d.h. für die Grenzschicht flüssig/fest und flüssig/flüssig. Ihre Prüfung ist nach folgender Umformung einfach:

$$\frac{c}{\Gamma} = \frac{1}{B} \cdot c + \frac{a}{B}; \quad \frac{c}{\Gamma} = \frac{1}{B} \cdot c + \frac{1}{B\gamma} \quad \text{oder auch:} \quad \frac{1}{\Gamma} = \frac{a}{B} \cdot \frac{1}{c} + \frac{1}{B}. \tag{17a}$$

Ordnet man also z.B. den Quotienten c/Γ als Ordinate der Abscisse mit c zu, dann resultiert wiederum eine Gerade, aus deren Verlauf die Werte der Konstante B und a bzw. B und γ entnommen werden können.

Eine weitere Prüfung ergibt sich nach Kombination von (17) mit der Gibbs-Gl. (15) durch Einsetzen von Γ. Man erhält so aus

$$\frac{B \cdot c}{c+a} = -\frac{d\sigma}{dc} \cdot \frac{c}{RT} \quad \text{nach Umordnen:} \quad -\int d\sigma = RT \cdot B \int \frac{dc}{c+a} \; {}^{*}.$$

Die Integration liefert mit dem Wert der Integrationskonstanten von $\ln C = -RTB \ln a$ für $c = 0$:

$$\sigma_0 - \sigma = RTB \ln \frac{c+a}{a} = RTB \ln\left(\frac{c}{a} + 1\right) = RT\Gamma_\infty \ln\left(\frac{c}{a} + 1\right). \tag{18}$$

Hier ist σ_0 die Ausgangsspannung an den reinen Phasen. Mit diesem Resultat ist die Lösung der Aufgabe erreicht, welche darin bestand, durch Integration der *Gibbs-Gleichung* die Spannungssenkung *über eine Beziehung zur adsorbierten Menge mit der gegebenen Konzentration c zu verbinden*. Diese Beziehung ist die Langmuir-Gleichung.

Gleichzeitig ist hiermit aber auch eine seit fast 50 Jahren bekannte empirisch gefundene und oft bestätigte Gleichung für die relative Spannungssenkung durch einen Stoff von der Konzentration c theoretisch abgeleitet:

$$\frac{\sigma_0 - \sigma}{\sigma_0} = b' \cdot \log\left(\frac{c}{a} + 1\right), \quad \text{bzw.} \quad \sigma_0 - \sigma = \sigma_0 \cdot b \cdot \ln\left(\frac{c}{a} + 1\right) \tag{19}$$

(v. SZYSKOWSKI 1908).

Da diese Beziehung jetzt als Kombination des thermodynamischen Gibbs-Prinzips mit der Langmuir-Gleichung erkannt ist, diese letztere aber Aussagen über den Platzbedarf der einzelnen Molekeln macht, muß aus den empirischen Daten, d. h. den Konstanten der v. Szyskowski-Gleichung, die jeweilige maximale Flächenbesetzung ermittelt werden können. Der Vergleich von (18) mit Gl. (19) ergibt offenbar:

$$\sigma_0 \cdot b = RT \cdot B \quad \text{bzw.} \quad B = \frac{\sigma_0 \cdot b}{RT} = \Gamma_\infty. \tag{19a}$$

Setzt man diesen Wert von B in die Langmuir-Gleichung ein, dann ist ihre Auswertung mit Hilfe der empirischen Szyskowski-Konstanten möglich:

$$\Gamma = \frac{\sigma_0 \cdot b}{RT} \cdot \frac{c}{c+a} \, \text{Mol} \cdot \text{cm}^{-2}. \tag{19b}$$

Dieses Resultat ist natürlich auch durch Differenzieren von (19) $\left(-\dfrac{d\sigma}{dc} = \dfrac{\sigma_0 \cdot b}{c+a}\right)$ und Einsetzen in (15) zu erhalten.

---

* Man setzt $c + a = u$; dann ist mit $du = dc$: $\displaystyle\int \frac{dc}{a+c} = \int \frac{du}{u} = \ln u + \ln C.$

Es ist leicht einzusehen, daß der rechte Faktor mit wachsendem c dem Wert 1 zustrebt und ihm um so leichter nahekommt, je kleiner a ist. Das bedeutet, daß nun die Flächenkonzentration nicht mehr zunimmt; sie hat ihren Sättigungswert erreicht (Γ_∞), d.h. alle in der Grenzschicht zur Verfügung stehenden Plätze sind besetzt. Die dimensionslose Konstante b bestimmt demnach den minimalen Platzbedarf der verschiedenen Molekülarten. Da Γ_∞ die Molzahl (n) pro cm² angibt, ist der Flächenbedarf einer Molekel (EUCKEN 1932, SEELICH 1941a):

$$\gamma_\infty = \frac{1}{\Gamma_\infty \cdot N_L} = \frac{1}{\dfrac{N_L\, b\, \sigma_0}{R\,T}} = \frac{k \cdot T}{b \cdot \sigma_0}\left(\text{Dim.}\left[\frac{\text{erg}}{\text{erg cm}^{-2}} = \text{cm}^2\right]\right). \tag{19c}$$

Der Wert von b ist den Spannungsmessungen bei verschiedenen Konzentrationen zu entnehmen. Man erhält durch ihn Auskunft über den minimalen Platzbedarf. In der Tabelle 53 sind die in dieser Weise gewonnenen Molekülflächen in Å² angegeben. Die Werte sind meistens größer, als die mit dem Schubverfahren nach LANGMUIR erhaltenen (s. S. 239).

Die Konstante a sagt offenbar etwas über das Konzentrationsgebiet aus, in dem die Oberflächensättigung eintritt. Der Formel (19b) ist leicht zu entnehmen, daß der halbe Sättigungswert ($\Gamma_\infty/2$) bei jener Konzentration in der flüssigen Phase eintritt, bei welcher a und c die gleiche numerische Größe besitzen. Ist a niedrig, dann wird die Adsorptionssättigung auch schon in niedrigen Konzentrationen erfolgen: die Substanz wird

Tabelle 53. *Mindestflächenbedarf an der Grenzschicht Wasser/Benzol (20°), berechnet aus dem Gang der Grenzflächenspannung nach* (19c) *in Å² pro Molekel* [1]

Ameisensäure . . .	38,4
Essigsäure	35,0
Propionsäure . . .	35,0
Buttersäure	33,2
,, ,,	36
Valeriansäure . . .	33,2
Capronsäure . . .	34,8

leicht adsorbiert. $1/a = \gamma$ wird auch als Capillaritätskonstante bezeichnet. Ist, wie es oft zutrifft, c groß gegenüber a, der Bruch also ein Vielfaches gegenüber 1, dann erhält man für $\sigma/\ln c$ eine Gerade, deren Neigung durch b bestimmt wird.

Adsorptionen können an allen Flächen stattfinden, welche Gase oder Lösungen begrenzen. Vorbedingung ist die *Erniedrigung der Initialspannung* durch die entsprechenden Stoffe, d.h. ihre Fähigkeit, eine Spannungssenkung zu bewirken, also ihre Capillaraktivität. Die Anreicherung in der Grenzschicht zwischen wäßriger Lösung und Luft kann im Schaum nachgewiesen werden; ja es gelingt sogar, auf mechanischem Wege derartig dünne Schichten von der ruhenden Flüssigkeitsoberfläche zu gewinnen, daß auch in ihnen der Oberflächenexzeß analysierbar wird. Die Adsorption radioaktiver Stoffe ist ebenfalls gut meßbar und bestätigt die Adsorptionsgesetze, welche sich ohne besondere apparative Aufwendungen am einfachsten an der Grenzfläche flüssig/fest verfolgen lassen. Fein zerteilte Pulver mit großer Gesamtoberfläche, sog. Adsorbentien, wie Tierkohle, Kaolin, Tonerde usw. dienen zur Adsorption von grenzflächenaktiven Stoffen aus der Lösung.

Nach dem, was über die Theorie dieser Vorgänge gesagt wurde, ist es selbstverständlich, daß die Oberflächenspannung nur für die Größe der Adsorption an der Grenzfläche Lösung—Luft ein genaues Maß geben kann, daß sie aber nicht maßgeblich für die Anlagerung von Molekülen an andere Grenzschichten sein muß. Trotzdem wird häufig ein Parallelismus in dem Sinne gefunden, daß stark capillaraktive Stoffe auch entsprechend ihrer Oberflächenaktivität an feste Adsorbentien gehen. Diese verhalten sich also dann wie das Adsorbens Luft. *Teilchen, die im Wasser* das gleiche Kohäsionsbestreben zueinander haben

---

[1] SEELICH 1948.

wie das Wasser selbst und daher dessen *Spannung nicht erniedrigen,* können aber *an anderen Grenzflächen* dann *durchaus aktiv* sein, *wenn Affinitäten zu der anderen Phase bestehen.* Ihre Betätigung, d.h. das Festhalten der Teilchen in der Grenzschicht, führt zur Herabsetzung der initialen Grenzflächenenergie; das bedeutet, wenn eine Formänderung im Sinne einer Abrundung nicht möglich ist, eine Verminderung der Spannung zwischen den Phasen. Es können also Stoffe hier durchaus aktiv sein, die es gegen Luft nicht sind. Hierfür geben die Untersuchungen der Grenzflächenspannung zwischen nichtmischbaren flüssigen Phasen zahlreiche Beispiele. An der Grenze flüssig/fest läßt sich die Spannung leider nur indirekt durch Messung der Randwinkel von beschränkt benetzenden Flüssigkeiten an ebenen Oberflächen ermitteln; dagegen ist hier die Adsorption bei Verwendung der genannten sehr fein verteilten Adsorbentien chemisch gut meßbar. Auch dabei ergibt sich, daß Stoffe, welche die Oberflächenspannung nicht verändern, wie Traubenzucker und viele andere Stoffe, unter Betätigung der Restaffinitäten zum adsorbierenden Material sehr kräftig angelagert werden können, also die Spannung an der Grenzfläche fest/flüssig erniedrigen.

Entgegen dem soeben Abgeleiteten *können gelegentlich* durch Adsorption *auf Grund hoher chemischer Affinitäten auch Erhöhungen der Grenzflächenspannung zustande kommen,* zumal bei niedriger Ausgangsspannung, also starker Hydratation. Die zur Spannungsvermehrung notwendige Energie wird der freien Energie des zugrunde liegenden chemischen Bindungsvorganges entnommen. Es würde sich dann also an einer Grenzfläche mit Wasser um eine Reaktion handeln, die eine Dehydratation bewirkt, wie es z.B. bestimmte Denaturierungen tun. Oder die Erhöhung würde durch Abwanderung des gebildeten Reaktionskomplexes aus der Grenzschicht in das Innere der nichtwäßrigen Phase zustande kommen.

Die Adsorptionsisotherme beschreibt das eingetretene Verteilungsgleichgewicht eines Stoffes zwischen einer Lösung und der Grenzphasen. Jenes kann sich, schrittweise einer Steigerung oder einer Herabsetzung der Außenkonzentration folgend, einstellen. Der *Vorgang ist grundsätzlich reversibel.* Daher läßt sich der adsorbierte Stoff theoretisch und gewöhnlich auch praktisch aus seiner adsorptiven Bindung durch Auswaschen wieder entfernen (eluieren). Häufig ist allerdings eine derartige Haftfestigkeit vorhanden, daß die Elution erst nach mehrmaligem Wechsel des Lösungsmittels wirksam wird. In selteneren Fällen ist mit der Adsorption eine Verwandlung des aufgenommenen Stoffes zu einem praktisch unlöslichen Körper, also einem Adsorptionskomplex verknüpft.

Sekundäre Reaktionen können auch die *Geschwindigkeit der Adsorption* beeinflussen; jene findet in der Isothermen keinen Ausdruck. Eine frisch erzeugte Oberfläche besitzt im Moment des Entstehens immer eine höhere Spannung, jedoch findet das Einwandern der niedrig molekularen capillaraktiven Stoffe meistens in recht kurzer Zeit statt. Auch höher molekulare Stoffe würden die Oberfläche schnell aufsättigen, falls sie genügend aktiv wären, um in der Grenze bleiben zu können. Das ist aber keineswegs immer der Fall; vielmehr erfolgt besonders bei Eiweißen infolge des Eintretens in die Grenze häufig eine Denaturierung, also eine chemische Veränderung. Der denaturierte Stoff ist nun grenzflächenaktiver, so daß das Fortschreiten der Adsorption auf der Verwandlung des Stoffes beruht. Da sie sich nicht an allen eintretenden Molekeln, sondern nur an jenen vollzieht, welche mit genügend hoher kinetischer Energie hingelangen, wird jeweils nur ein bestimmter Prozentsatz haften bleiben. Der gesamte Vorgang benötigt daher Zeit, so daß das Gleichgewicht gelegentlich erst nach einigen Stunden erreicht wird.
Auch die Ausbildung von Seifenfilmen, besonders an der Wasser/Öl-Grenze, vollzieht sich allmählich. Hierbei spielt auch die relativ langsame Diffusion von Fettsäuren aus dem Paraffinöl eine Rolle. In allen diesen Fällen läßt sich die Erreichung des Gleichgewichtes recht gut durch aufeinanderfolgende Messung der Spannungen mit Hilfe der Torsionswaage verfolgen.

Molekeln und Reaktionen in Grenzflächen

Messungen der Grenzflächenspannung sind deswegen von Interesse, weil sie es erlauben, Vorstellungen über den Zustand der Molekeln in der Grenzschicht zu entwickeln und den dort stattfindenden Ablauf von Reaktionen zu verfolgen. Da aber die geringe Größe und die Uneinheitlichkeit der biologischen Grenzschichten nur in Ausnahmefällen die Möglichkeit zur Vornahme solcher Messungen bietet, ist man gewöhnlich *darauf angewiesen, Folgerungen aus* den Studien an geeigneten Ersatz- bzw. *Modellsystemen zu ziehen.* Wie alle Vorgänge an den Grenzflächen wird auch die Adsorption durch die Ladung von Elektrolyten entscheidend beeinflußt. Man spricht in diesem Fall von der *heteropolaren Adsorption* (s. S. 267). Einfachere Gesetzmäßigkeiten liegen bei der „*homoiopolaren*" *Adsorption* der Nichtleiter vor.

Die *Anreicherung* in der Fläche ist für die einzelnen Stoffe bei gleicher molarer Konzentration in der Lösung *sehr verschieden stark.* Die Unterschiede können in der Capillaritätskonstanten ($1/a$) der Szyskowski-Gleichung zum Ausdruck gebracht werden. Sie werden durch das Gesetz der homologen Reihen, die sog. *Traubesche Regel* beherrscht, welche besonders leicht für die Adsorption an der Grenzfläche Wasser/Luft zu demonstrieren ist. Die Glieder von homologen Reihen organischer Verbindungen erniedrigen die Oberflächenspannung um so stärker, je mehr C-Atome die Substanz enthält. Dabei zeigt es sich in der Regel, daß die Wirksamkeit durch

Tabelle 54. *Isocapillare Konzentration von Essigsäureestern*

Glied	c molar	Steighöhe bei 18° mm
Methylester . .	1	58,1
Äthylester . .	$1/3$	58,0
Propylester . .	$1/9$	57,7
i-Butylester . .	$1/27$	58,8
i-Amylester . .	$1/81$	59,9

eine neu hinzukommende $-CH_2$-Gruppe verdreifacht wird. Man benötigt also nur etwa ein Drittel der molaren Konzentration, um die gleiche Wirkung auf die Oberflächenspannung des Wassers zu erhalten wie das nächst niedere Glied der homologen Reihe von Alkoholen, Aldehyden, Carbonsäuren, Urethanen usw. (vgl. Tabelle 54).

Dieses Gesetz gilt auch ganz allgemein für die Adsorption an festen Pulvern. Die Anfangsneigung einer σ/c-Kurve und damit auch $1/a$ unterscheiden sich für die einzelnen Glieder um den gleichen Quotienten, welcher für wäßrige Lösungen rund 3,7 beträgt. Die Tatsache, daß er in der Reihe konstant bleibt, läßt eine energetische Deutung zu. Es kann gezeigt werden, daß er durch die Differenz der Energien bestimmt wird, welche bei der Überführung der einzelnen aufeinander folgenden Glieder aus dem Innern der Flüssigkeit in die Oberfläche hinein frei wird. *Für jedes hinzukommende* $-CH_2-$ *werden bei jenem Vorgang pro Mol etwa 760 cal mehr abgegeben.* In dieser Zahl kann *ein energetisches Maß für die stärkere Ausstoßung der Kohlenstoffketten aus dem Innern der wäßrigen Lösung* gesehen werden. Sie führt dazu, daß nur die niederen Glieder eine mit der C-Atomzahl rasch abnehmende Wasserlöslichkeit besitzen. Diese Tatsache ist so zu verstehen, daß die Zahl der zu zerstörenden Wasserstoffbrücken zwischen den Wassermolekeln zunehmen muß, je länger die zu lösende Kette ist. Die dazu benötigte Energie muß durch die Affinität zwischen $-CH_2-$ und H_2O aufgebracht werden. Sie kann zwar die Kohäsionskraft zwischen den Paraffinmolekeln z. B. beim Pentan noch etwas übertreffen, so daß eine beschränkte Benetzbarkeit mit einem meßbaren Randwinkel resultiert. Aber sie kann nicht mit der Kohäsionskraft der Wassermolekeln untereinander, d. h. ihrer Assoziation konkurrieren.

Es ist lehrreich aus der Oberflächenenergie *Vorstellungen über die Kohäsionskräfte* des Wassers abzuleiten. Zu diesem Zweck soll die Energie betrachtet werden, welche zur Trennung des Wassers im Querschnitt 1, d. h. zur Schaffung von 2 cm² neuer Fläche aufzubringen ist. Sie ist also das doppelte der Gesamtoberflächenenergie pro cm² (U_0). Diese ist wiederum zusammengesetzt aus einem thermischen und dem mechanischen Anteil, also dem Betrag der Oberflächenspannung des Wassers gegenüber dem Vakuum, d. h. praktisch

72 erg · cm^{-2}. Er entspricht der freien Energie, während das Wärmeglied (Entropieglied) sich aus der Temperaturabhängigkeit der Spannung errechnet (S. 404). Diese nimmt bei reinen Phasen immer mit steigendem T ab; für Wasser um 0,2 % bzw. 0,144 erg · cm^{-2} · Grad^{-1}. Entsprechend dem 2. Hauptsatz der Energielehre (s. S. 405) gilt dann bei 25°:

$$U_0 = \sigma - T \cdot \frac{d\sigma}{dT} = 72 + 298 \cdot 0,144 = 72 + 43 = 115 \text{ erg} \cdot \text{cm}^{-2}. \qquad (20)$$

43 erg ist die zur Bildung eines cm^2 benötigte Wärmemenge und $2 \cdot 115 = 230$ erg diejenige Gesamtenergie, mit welcher die Wassermolekeln sich an einer Fläche von 1 cm^2 gegenseitig in der Lösung festhalten.

Es ist zweckmäßig, die Größe U_0 auf ein Mol zu beziehen. Dazu muß die Zahl der Wassermolekeln bekannt sein, welche sich im Mittel in der Querschnittsfläche 1 befinden. Im ml sind $N_L/V = 6,03 \cdot 10^{23}/18 = 33,5 \cdot 10^{21}$, in der Fläche: $(\sqrt[3]{33,5 \cdot 10^{21}})^2 = (33,5 \cdot 10^{21})^{2/3} \simeq 1 \cdot 10^{15}$ Molekeln bzw. $10^{15}/N_L = \frac{1}{6} \cdot 10^{-8}$ Mole · cm^{-2} vorhanden. $115 \cdot 6 \cdot 10^8 = 6,9 \cdot 10^{10}$ erg · mol^{-1} bzw. $6,9 \cdot 10^{10} : 4,2 \cdot 10^{10} = 1,64$ kcal · mol^{-1}. 1,64 kcal werden somit als Gesamtarbeit zur Beförderung eines Mols Wasser in die Oberfläche benötigt. Diese Zahl ist klein im Vergleich zur Energie der 2 Wasserstoffbrücken, welche bei der Bildung der Assoziate von einer Molekel ausgehen; letztere beträgt $2 \cdot 4,5 = 9$ kcal mol^{-1} (s. S. 50). Daraus ist zu schließen, daß die Brücken bei der Anordnung der Wassermolekeln an der Oberfläche nicht gesprengt werden; dann muß aber auch der elektronegative Anteil, nämlich das Sauerstoffatom nach außen gelagert sein (s. S. 249).

Bei der *Verdampfung* werden die Wasserstoffbrücken auseinandergerissen. Zieht man von der zur Verdampfung eines Mols notwendigen Wärmeenergie jene ab, welche zur Expansion der Dampfphase bei gegebenem p und T benötigt wird, dann erhält man die sog. *innere Verdampfungswärme*, d.h. die Energie zur Trennung der Molekeln voneinander (L_i).

Sie wurde für Wasser bei 25° zu 10,6 kcal gefunden und entspricht damit etwa der Summe der Oberflächen- und Bindungsenergien (9 + 1,6 kcal). Es zeigt sich, daß L_i hier vielfach (6mal) größer als die Gesamtarbeit ist, welche zum Hereinbringen eines Mols in die Oberfläche benötigt wird. Bei nicht assoziierenden Flüssigkeiten liegt dieser Faktor um 3 und nähert sich damit dem von STEFAN (1886) geforderten von 2. Dessen Vorkommen würde der Annahme entsprechen, daß zur Verdampfung von der Oberfläche aus die gleiche Energie aufzuwenden wäre, wie zum Hineinbringen des Molvolumens aus dem Innern der Phase an die Oberfläche gegen den „Binnendruck" p_i. Es gilt also praktisch: $L_i \approx 3 \cdot V \cdot p_i$. Aus diesem Ansatz ist der Binnendruck (Kohäsionsdruck) unter Beachtung von: 1 Liter-Atmosphäre = 24,2 cal berechenbar. Er liegt für Wasser mit $V = 0,018$ Liter in der Größenordnung von 10^4 atm und ist für nichtassoziierende Flüssigkeiten kleiner.

In der Biologie spielen Lösungen mit nur einer Art von capillaraktiven Stoffen kaum eine Rolle. Deswegen erfordert das *gleichzeitige Vorhandensein mehrerer grenzflächenaktiver Substanzen* besondere Beachtung. Für sie läßt sich das Gesetz leicht verifizieren, daß die aktiveren Stoffe die weniger aktiven aus der Grenzschicht verdrängen, d.h. sie konkurrieren mit der Aktivität, welche ihrer Konstanten $1/a = \gamma$ entspricht, um die Plätze in der Grenzphase (Adsorptionsverdrängung). Daher ist der Effekt um so größer, je capillaraktiver und je konzentrierter der verdrängende Stoff ist. Der Verdrängungseffekt von Angehörigen einer homologen Reihe, z.B. der Urethane, wird sich also nach der Traubeschen Regel richten. Diese Regel ist in zahlreichen Versuchen, besonders exakt aber in denen von WARBURG über die Adsorptionsverdrängung des Cysteins aus der Oberfläche von Tierkohle untersucht und sehr genau bestätigt worden.

Biologisch wichtige Grenzflächenreaktionen; Modellversuche

Jene Versuche wurden im Zusammenhang mit der *Theorie der Narkose* durchgeführt, also jener *reversiblen Lähmung der verschiedensten Lebenserscheinungen* durch meistens stark capillaraktive Stoffe, die neben der Anwendung in der ärztlichen Praxis häufig zur Analyse von Lebenserscheinungen benutzt wird. Es ist sehr oft festgestellt worden, daß die narkotischen Grenzkonzentrationen in homologen Reihen, wie den Alkoholen, Urethanen, alkylierten Harnstoffen, Ketonen usw. der Traubeschen Reihe gehorchen, daß also isocapillare Lösungen von Gliedern homologer Reihen gleiche Wirkungen entfalten. Die von TRAUBE (36) als Haftdrucktheorie inaugurierte und von WARBURG durch Modellversuche gestützte *Adsorptionstheorie* erklärt die narkotische Wirkung dadurch, daß die Narkotica irgendwelche an Grenzschichten zur weiteren Verarbeitung adsorbierte Stoffe verdrängen und damit den Vorgang, der ihrer Umwandlung an der Stelle ihres Haftens dienen sollte, hemmen (Abb. 74a). Tatsächlich konnte durch die erwähnte Verdrängung des Cysteins oder der Oxalsäure von der Blutkohle die Oxydation dieser Stoffe, welche an der Oberfläche der Kohle katalysiert wird, „narkotisch" gelähmt werden, und zwar quantitativ genau in dem Maße, wie ihre Verdrängung durch die zugesetzten Narkotica erfolgte (Tabelle 55).

Tabelle 55. *Narkotische Oxydationshemmung am Kohlemodell* (nach WARBURG 1921)

Substanz	Konzentrationen, die gleiche Oxydationshemmung bewirken	Adsorbierte Menge an Narkoticum im m Mol/g Kohle $(\varkappa)$	Vom adsorbierten Narkoticum eingenommene Oberfläche $(\varkappa \cdot V_m^{\frac{2}{3}})$
Dimethylharnstoff .	0,03	1,1	9,0
Diäthylharnstoff . .	0,002	0,68	6,9
Phenylharnstoff . .	0,0002	0,76	8,7
Acetamid	0,17	1,2	7,3
Valeramid	0,003	0,62	6,9
Aceton	0,073	1,33	8,3
Methylphenylketon .	0,0004	0,73	8,0
Amylalkohol . . .	0,0015	0,87	7,9
Acetonitril	0,2	1,5	7,7

Trotzdem nun die Theorie für das Modell vollständig zutrifft, stehen ihrer Anwendung auf die Narkose von Lebenserscheinungen eine Reihe von Bedenken entgegen: 1. Die biologischen Grenzflächen sind so stark hydratisiert und besitzen daher eine so niedrige initiale Grenzflächenspannung, daß eine bemerkenswerte Erniedrigung der Spannung durch die capillaraktiven Narkotica und damit ihre Adsorption hier gar nicht mehr möglich ist. Denn jeder unkomplizierte Adsorptionsvorgang geht mit einer Erniedrigung der Grenzflächenspannung einher. 2. Die auftretenden Lähmungserscheinungen müssen auf Herabsetzung der Hydratation und der Permeabilität zurückgeführt werden. Wenn nun unter dem Einfluß der Narkotica Hydratationsverminderungen stattfänden, wie es nach den Erkenntnissen der Erregungsphysiologie zu erwarten ist, müßten diese Stoffe an den Erregungsorten eine Steigerung der Grenzflächenspannung bewirken und nicht eine Verminderung, wie sie mit einer Adsorption verknüpft wäre.

Es ist SEELICH (1940) nun gelungen, tatsächlich *Modelle* zusammenzustellen, in denen die Narkotica entsprechend der Regel der homologen Reihen nicht Senkungen, sondern *Erhöhungen der Grenzflächenspannung* öliger gegen wäßrige Phasen und damit Hydratationsherabsetzungen der Grenzschicht bewirken, die im Gegensatz zur ursprünglichen Adsorptionstheorie stehen. Vorbedingung dazu ist, daß, wie es zutrifft, die Narkotica sich im Öl lösen, und weiter, daß sich in der Grenzschicht ein öllöslicher, grenzflächenaktiver, also auch wasseraffiner Körper befindet. Wird durch das Eintreten des Narkoticums in das Öl

hier die Löslichkeit dieses Stoffes erhöht, so wird er — im Modell Ergosterin —
von der Grenzfläche aus in das Öl gehen. Durch den Abzug aber dieses Stoffes
aus der Grenzschicht findet, da er ja dort das Wasser fixierte, eine Hydratations-
verminderung und somit eine Steigerung der Spannung statt (Abb. 74b). Die
Narkosewirkung wird so gewissermaßen *durch Verhärtung der Grenzschicht* erklärt,
welche dem mit einer Hydratationssteigerung einhergehenden Erregungsprozeß
entgegenwirkt. Im übrigen muß bemerkt werden, daß jede auch auf anderem
Wege durch Narkotica hervorgerufene Herabsetzung der Hydratation an Grenzschichten von einer Vermehrung der Grenzflächenspannung begleitet sein muß.
Das genannte Modell bietet den Vorteil, sie messen zu können, und den weiteren,
daß sie den von der Meyer-Overtonsche Theorie (1899) betonten Faktor der Lipoid-

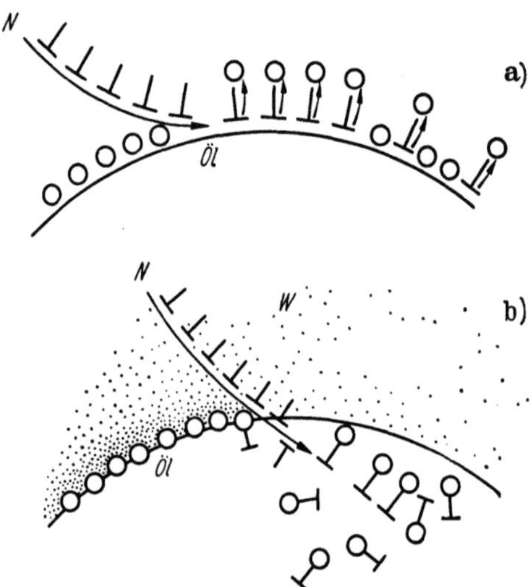

Abb. 74a u. b. Zur *Narkosetheorie.* a Spannung fällt,
b Spannung wächst. *N* Narkoticum, *Ö* Öl, *W* Wasser

löslichkeit der Narkotica berücksichtigt. Weiter nimmt es auf die Tatsache der Gültigkeit der Traubeschen
Regel und des immer wieder gefundenen sehr engen Parallelismus von
Lipoidlöslichkeit und Wirksamkeit
narkotischer Stoffe Rücksicht.

Dennoch muß *diesen Modellversuchen gegenüber eine einschränkende Bemerkung* gemacht werden. Sie geht
von der Frage aus, ob es trotz der
ziemlich einheitlichen Wirkungsweise
der verschiedenen Narkotica überhaupt angängig ist, auch eine einheitliche Vorstellung über den Narkose-
vorgang zu suchen. Gerade die Erscheinungen an den Membranen, welche sicher auch den ersten und vielleicht schon einen wesentlichen Angriffspunkt der Narkotica darstellen,
haben sich in den letzten Jahren als sehr komplex herausgestellt. Daher ist es auch
keineswegs sicher, ob es überhaupt möglich ist, *die hemmende Wirkung* auf die
sich hier abspielenden stoffwechselabhängigen Vorgänge *in einfacher einheitlicher
Weise zu erklären.*

Trotzdem kommt derartigen *Modellvorstellungen* deswegen eine allgemeinere
Bedeutung zu, weil sie sich auch auf eine Reihe andersartiger Effekte übertragen
lassen, denen oft schon *spezielle chemische Vorgänge* zugrunde liegen. So wird unter
Einwirkung von Salicylsäure eine Erhöhung der Grenzflächenspannung eines
Lecithinfilmes gegenüber Wasser beobachtet, welche sich als sehr spezifisch
herausstellte und von Sjölin (1943) durch Annahme einer wohl durch H-Brücken
geschaffenen Komplexbildung mit der undissoziierten *Salicylsäure* gedeutet
wird. Dabei muß der gebildete Komplex ein kleineres Areal auf der Fläche einnehmen als die unverbundenen Lecithinmolekeln.

Eine Erhöhung der Grenzflächenspannung findet auch bei den (s. S. 223)
erwähnten Seelichschen Modellversuchen zur *Erklärung der Ca^{2+}-Ionen-Wirkung*
statt. Die Analogie ist hier sehr auffallend, da zunächst eine bemerkenswerte
Erhöhung — die mit der dehydratisierenden Wirkung zu verbinden wäre —
nur im physiologischen pH-Bereich auftritt, und da vor allem die wirkenden
Ca-Konzentrationen mit 1—2 Millimol/Liter durchaus den physiologisch vorkommenden entsprechen. Die Wirkung vollzieht sich nämlich formal nach den
Gesetzen einer Langmuir-Isothermen, wenn man die Spannungserhöhung der

Ca-Aktivität zuordnet (K. J. Netter 1953), und erreicht den Grenzwert schon bei 5 ml pro Liter. Da jene Isotherme als Ausdruck der freiwillig verlaufenden Adsorptionen mit Spannungssenkung zu betrachten ist, hier aber eine Erhöhung der Grenzflächenenergie erfolgt, forderte das Verhalten eine andersartige Erklärung. Sie basiert auf der Seelichschen Vorstellung vom Zustandekommen einer wahren Salzbildung zwischen den Oleationen der Grenzschicht und den Ca^{2+}-Ionen. K. J. Netter konnte zeigen, daß die Komplexbildungskonstante aus den Versuchskurven berechenbar ist, wenn man annimmt, daß die Spannungssteigerung der Bildung des undissoziierten und in der Grenzschicht verbleibenden Ca-Oleates proportional ist. Andererseits ist die aus den Ausgangskonzentrationen und der Konstante berechenbare freie Reaktionsenergie ausreichend, um die Spannungssteigerung zu erklären, welche durch eine errechenbare Zahl der gebildeten Komplexmolekeln pro cm^2 erfolgt. Auf diese Weise ist eine chemische Grenzflächenreaktion in ihrem Verlauf meßbar geworden.

Besonderes Interesse besitzt auch folgendes Modell. In Chloroform gelöste *Fettalkoholester der Phosphorsäure* äußern je nach ihrem Aufbau eine tensiometrisch erfaßbare Reaktionsbereitschaft gegenüber Basen und bestimmten Ketonen (Hirt und Mitarbeiter 1953). Die Ester selber zeigen ihre Adsorption an der Grenzschicht durch Spannungserniedrigung gegenüber dem Wert an, der zwischen den reinen Phasen besteht. Zusatz des an letzteren vollkommen inaktiven *Histamins* bewirkt eine weitere starke Erniedrigung, wenn der Monocetylester vorliegt. Sie kann durch Ca^{2+}, nicht aber durch Mg-Ionen verhindert werden. Es ergab sich, daß Ca schon in sehr geringen Konzentrationen die Spannung steigert, während Mg sie reduziert; das letztere findet übrigens auch bei dem Seelichschen Modell statt. Werden sekundäre Ester (Methylcetylphosphat), wie sie grundsätzlich auch in den Nucleinsäuren vorliegen, benutzt, dann ist zwar Histamin nicht wirksam, aber eine Reihe anderer Verbindungen wie Stickstoff-Lost, Triäthylenmelamin u. a. Es zeigt sich ein Parallelismus zu den an den Kernsubstanzen angreifenden mitosehemmenden, sog. radiomimetischen Stoffen. In Gegenwart sekundärer Ester wirkt Histamin nicht, wohl aber Colchicin und α, β ungesättigte Ketone, wie z.B. Testosteron, welches eine starke Erhöhung veranlaßt. Dieser Testosteron-Effekt kann durch eine Reihe von Stoffen aufgehoben werden, welche zum größten Teil als unmittelbare Oxydationsprodukte verschiedener Carcinogene anzusehen sind. Das Zustandekommen dieser Antagonismen ist bisher nicht analysiert und ihre Übertragung auf biologische Verhältnisse nur mit Vorsicht möglich. Dennoch ist ihr Studium wertvoll, weil ihnen Kraftwirkungen zwischen den einzelnen Molekeln zugrunde liegen, welche sich in noch sehr starken Verdünnungen der beteiligten Partner durch Grenzflächenvorgänge messen lassen.

Dafür bietet auch eine wäßrige Lösung von undenaturiertem Globin ein gutes Beispiel. Es erniedrigt im Vergleich zu anderen Eiweißen die Spannung gegenüber Br-Benzol sehr stark und bekundet damit eine gute Reaktionsfähigkeit seiner lipophilen Reste. Dieser Abfall wird durch Zugabe von *Hämin* aufgehoben, welches in Abwesenheit von Eiweiß an der Grenzschicht inaktiv ist. Danach reagiert die prosthetische Gruppe mit einer unpolaren Region des *Globins* (Haurowitz 1953).

Löst man sehr geringe Mengen von Fetten in Paraffinöl auf, dann orientiert sich der veresterte Glycerinrest an der Grenzschicht zum Wasser. Die Esterbindung ist nur wenig hydrophil. *Bei der Hydrolyse zum Di- und zum Monoglycerid* werden aber schrittweise eine und dann zwei stark hydrophile Alkoholgruppen gebildet. Daher sinkt mit ihrem Auftreten die Grenzflächenspannung stark ab. Wenn die Spaltung durch in Wasser gelöste Esterasen bewirkt wird, ergibt sich dementsprechend mit dem Fortschreiten der Hydrolyse eine Senkung der Spannung, deren Ausmaß sowohl das Entstehen der betreffenden Stufen wie den zeitlichen Verlauf des Vorganges anzeigt (Sager 1950, Frazer 1952).

Der Inhalt der vorhergehenden Absätze demonstriert die Abhängigkeit, welche die Änderungen der Grenzflächenenergie mit dem Ablauf von chemischen Vorgängen verknüpft. Andererseits müssen nach Gibbs [Gl. (15)] alle Spannungsänderungen mit Konzentrationsänderungen in der Grenzschicht und diese wieder mit denen im freien Lösungsraum verbunden sein. Nun läßt sich aber auch im homogenen System jede chemische Reaktion als Abnahme der Konzentration der Ausgangsstoffe bzw. Zunahme bei den Endprodukten des Vorganges beschreiben. Damit stellt sich sogleich die Frage, wieweit die Adsorption grundsätzlich nur als physikalisches Geschehen betrachtet werden kann und wieweit sich in ihr nicht auch chemische Bindungskräfte äußern. Die *Einordnung der Adsorption unter die chemischen Vorgänge* ist immer dann ohne weiteres gegeben, wenn wie bei den spezifischen und den rein polaren Ionen-Adsorptionen die Kräfte zwischen dem Adsorbens und dem gelösten Stoff bekannt und chemisch plausibel sind. Aber auch der Ausbildung einer Adsorptionshaut an der Grenzschicht einer Flüssigkeit gegenüber dem Vakuum liegen chemische Kräfte, nämlich die Differenzen der Kohäsionskräfte, zugrunde, welche den Partnern der Mischphase zukommen und für die Größe der Oberflächenspannung verantwortlich sind. Wenn man nun hier von den *rein physikalisch bedingten Adsorptionen* spricht, sind mit ihnen jene gemeint, welche als die schwachen van der Waals-Kräfte die Kohäsion bedingen. Die bei der Adsorption einer gegebenen molaren Stoffmenge frei werdende Wärme ist bei diesem Typ gering im Vergleich zu der bei den Chemisorptionen entstehenden. Der letzteren können sämtliche übrigen Kräfte der chemischen Bindung zugrunde gelegt werden (s. S. 35 u. S. 267). Charakteristisch ist nur, daß die Reaktion sich in einem Flächenraum unter Beteiligung einer dementsprechend kleinen Molekelzahl vollzieht. Die Höhe dieses flächenförmigen Reaktionsraumes ist sehr klein; sie richtet sich nach der Reichweite der Affinitätskräfte, welche von den in ihnen fixierten Molekeln ausgehen und im Abstand von wenigen Å schnell abklingen. Daher wird auch die Adsorptionshaut die Dicke einer oder sehr weniger Moleküllagen nur um einige Å-Einheiten überschreiten können.

Emulgierung; Netzung

Obwohl eine Adsorptionsschicht nur die sehr geringe Dicke von wenigen Å besitzt, äußert sich ihr Vorhandensein in einer Reihe von sehr wichtigen und sehr einfach wahrzunehmenden *Vorgängen von vorwiegend praktischer Bedeutung*. Da die Molekeln zwischen einer wäßrigen und nichtwäßrigen Phase, ihrer relativen Affinität entsprechend, orientiert angeordnet sind (s. Abb. 72), verknüpfen sie gleichzeitig beide miteinander. Bei Beteiligung einer wäßrigen Lösung wird auf diese Weise eine *Benetzung von Fasern* oder anderem Material erreicht. Geeignete *Netzmittel* (Detergents) tragen eine Paraffinkette von 8—16, im Optimum 12—14 C-Atomen, und enthalten als hydrophile Reste Anionen (Carboxylate, Fettalkoholsulfonate und Phosphate), Kationen ($-NH_3^+$ oder alkylsubstituierte Ammoniumbasen) oder neutrale polare, z.B. Alkoholgruppen (s. S. 160). Sie sind auch *biologisch hochaktiv*; sie wirken desinfizierend und mit einer Übergangsphase der elektrischen Membrandepolarisation cytolytisch. Eiweiße werden denaturiert und je nach dem Ladungssinn beider Partner, d.h. dem pH-Wert gefällt, häufig aber auch unter Umladung peptisiert (KUHN und BIELIG 1940). Die tryptische Verdauung wird gelegentlich, besonders stark beim Hämoglobin gefördert (NETTER und NOLL 1952). Weitere biologische Wirkungen wie Mutationsauslösungen u. a. dürften auf der Trennung von Eiweißsymplexen beruhen, welche sich nach dem Typ der Adsorptionsverdrängung vollzieht. So gelingt die Abspaltung des Echinochroms, die Extraktion des Sehpurpurs [auch mit Gallensäuren, (KÜHNE 1880) und Saponinen], die quantitative Gewinnung des Carotins aus Karotten oder aus Chlorophyllkörnern.

Auch gewöhnliche *Seifen* können die lipoiden Bestandteile aus den Lipoproteinen z. B. des Serums freisetzen. Die *Netzung ist* im übrigen der Waschwirkung nahe verwandt. Es findet *eine gerichtete Adsorption an das Schmutzteilchen* statt, wobei dessen adsorptive Bindung zur Unterlage aufgehoben wird. Denn die dem Schmutzpartikelchen abgewendete hydrophile Seite der Seife zieht Wasser nach und ermöglicht bei dieser Umnetzung gleichzeitig unter Einwirkung mechanischer Faktoren die Bildung einer Schmutzemulsion oder eines Schmutz-emulsoids. Ein großer Vorrat der hydrophoben Enden ist im Innern der Micellen versteckt, welche sich oberhalb einer kritischen Konzentration aus den nur wenig löslichen Einzel-molekeln bilden. Bei ihrer Adsorption an die Verunreinigung wird das nach außen hydrophile Aggregat unter Nachlieferung weiterer Schichtenbildner gesprengt.

Wie das Schmutzpartikelchen durch das Waschmittel von der Unterlage verdrängt wird, so kann auch eine feine *Luftblase* vom Wasser abgedrängt werden, wenn die Affinität der „hydrophilen" Gruppe eines oberflächenaktiven Stoffes zu anderen Partikelchen noch größer als zum Wasser ist. Der hydrophobe Teil des „Sammlers" ist der Luftblase zugekehrt. Es genügt, wenn nur ein kleiner Teil der Oberfläche (5—20%) eines Niederschlages (oder Erzpartikelchens) mit dem hydrophilen Molekelteil belegt ist, um ihn beim Durchblasen von Luft an die Blase zu heften, und ihn so von anderen, nicht durch selektive Hydrophobierung

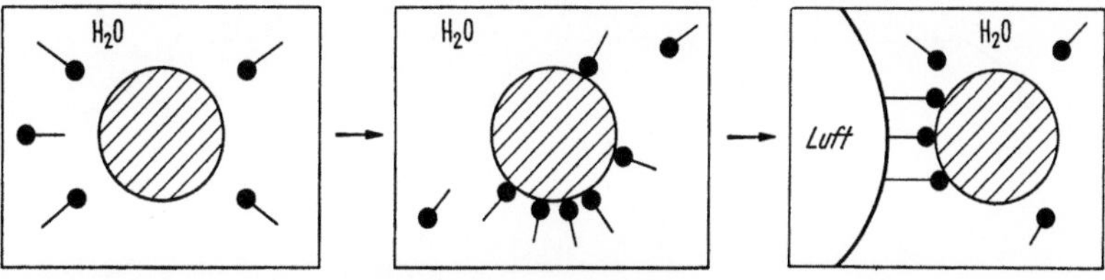

Abb. 75. Zur Flotation

benetzten Teilchen durch Schwimmaufbereitung abzutrennen (Flotation). Die Güte dieses Verfahrens hängt vom Einsatz genügend selektiver Netzmittel ab. Und es ist zu vermuten, daß die Selektivität durch VAN DER WAALS-, vielleicht aber auch Kovalenzkräfte bestimmt wird, welche an einer starren Molekel in einem gewissermaßen auf das „Substrat" zuge-schnittenen Abstand voneinander maximal wirksam werden (Abb. 75).

Auch in anderem Zusammenhang ist die *Erzeugung von Schäumen* bemerkenswert. Da schaumfähige Stoffe mit in den Schaum gehen, kann man diese leicht von den nicht schäu-menden abtrennen. So gehen Eiweiße bei der Bierbereitung in den CO_2-Schaum hinein und eine Seifenlösung verliert durch längeres Schäumen ihre Waschfähigkeit vollständig. Die Schaumstabilität einer Lösung ist dann am größten, wenn der Schaumbildner eine mittlere Flächenkonzentration besitzt (GIBBS, DERVICHIAN 1955). Auf diese Weise wird eine gewisse Elastizität der Blasenwand erreicht, die sowohl einer Dehnung wie einem Schub durch Ad-sorption bzw. Desorption folgen kann. Je langsamer beides erfolgt, um so stabiler ist der Schaum, da so die reaktionsfähige Konzentration am längsten erhalten bleibt. *Schaum-zerstörer* vernichten die Stabilität durch Aufsättigen der Adsorptionsschicht; sie sind also stets sehr capillaraktiv (Octylalkohol) und setzen die Oberflächenspannung lokal so weit herab, daß die Nachbarstellen die Schicht an dieser Stelle durch Zug zerreißen. Je geringer die Kohäsionskräfte zwischen den Molekeln des in die Grenzschicht eingetretenen Stoffes sind, um so leichter wird sie zerstört werden. Die lockerer gepackten verzweigten Paraffine sind daher schlechtere Schaumerzeuger. Mit reinen Phasen, bei denen keine Adsorptions-änderung an der Grenzschicht erfolgen kann, sind Schäume nicht zu erzeugen. Der Schaum selbst wird um so stabiler sein, je größer jene Kräfte sind, welche die Schichten zusammen-halten. Dadurch wird nicht nur die Geschwindigkeit der beschriebenen Sorptionen verlang-samt, sondern auch die Möglichkeit zur Bildung fester Häutchen geboten. Solche bilden sich aus Seifen, Eiweißen und Lipoiden und führen zum versteiften stabilen Schaum. Das Gas ist also im Schaum immer von einer mehr oder weniger fixierten Adsorptionshaut umgeben.

Das gleiche trifft auch für die Zerteilung von einer Flüssigkeit in einer anderen, d. h. für die *Emulsionen* zu. Praktisch unterscheidet man die Zerteilung von Öl in Wasser (Öl/H_2O) oder Wasser in Öl (H_2O/Öl). Der zuletzt genannte Stoff ist dabei das Dispersionsmittel. Seine Zugabe ändert den Charakter der Zerteilung im allgemeinen nicht. Besteht es aus wäßriger Elektrolytlösung, dann wird der Strom ihrer Leitfähigkeit entsprechend transportiert. Bei einer H_2O/Öl-Emulsion besteht natürlich kein Leitungsvermögen. Ein Übergang beider Zustände in-einander (Phasenumkehr) ist daher an einer parallelgehenden Änderung des elektrischen Widerstandes zu erkennen. Zugesetzte Farbstoffe verteilen sich je nach ihren Teilungskoeffizienten auf die eine oder die andere Phase (z. B. Sudan III, Scharlachrot auf das Öl, Methylenblau auf das H_2O usw.). Zerlegung einer Emulsion kann durch Zentrifugieren, Elektrophorese, Entladung der Grenzschichten mit Elektrolytlösungen (s. S. 359) und durch Zugabe geeigneter Lösungsmittel wie z. B. Alkohol erfolgen.

Versucht man die möglichst reinen Phasen mechanisch mit Schütteln oder Einspritzen durch feine Düsen mit Hilfe von Homogenisatoren zu zerteilen, dann erhält man eine *instabile Emulsion*, welche sich nach kurzer Zeit wieder entmischt. Die freie Oberflächenenergie, die durch die mechanisch erzwungene Vergrößerung erzeugt war, vermindert sich durch Erreichung der kleinstmöglichen Oberfläche, d. h. einer planen Trennschicht, auf ihren niedrigsten Wert; das System kommt in das physikalische Gleichgewicht. Um eine metastabile,

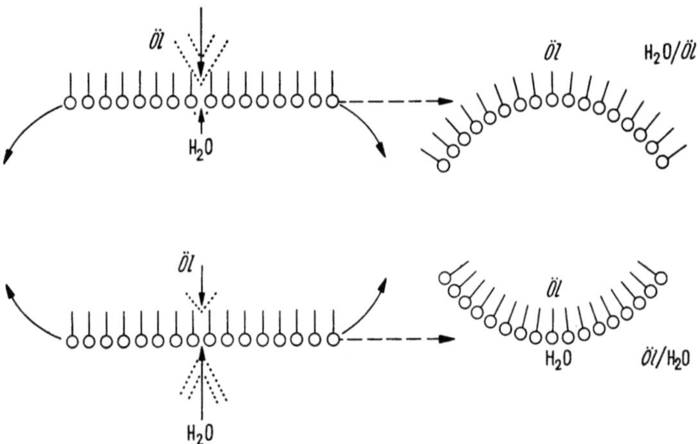

Abb. 75 a. Zur Theorie der *Emulgierung*. Die Länge des geraden Pfeiles kennzeichnet die Stärke der Solvation des Filmmaterials durch die angrenzenden Phasen

d. h. für längere Zeit sich erhaltende Emulsion zu erzielen, bedarf es der Gegenwart von *Emulgatoren*. Sie werden an die gebildeten Grenzschichten adsorbiert und bilden hier durch die Kohäsion ihrer Molekeln untereinander derartig feste Häutchen, daß sie dem Bestreben zur Oberflächenverkleinerung entgegenwirken. So gibt reines Paraffinöl in Wasser, auch im alkalischen nur eine instabile Emulsion; dagegen wird fettsäurehaltiges an der Oberfläche der Tröpfchen schon im schwachen Alkali (pH>9) Seifen bilden, welche einen recht stabilen Emulgator-Film liefern. Eiweiße, Phosphatide, Gummi arabicum, Saponin und Celluloseester wirken ebenfalls als Emulgentien, wenn gleichzeitig eine mechanische Zerteilung vorgenommen wird. Im Fall der ölsäurehaltigen Öle ist sie unter Alkalienwirkung nicht erforderlich, da die Zerteilung hierbei schon durch die Verringerung der Grenzflächenspannung beim Auftreffen der Lauge zustande kommt. Lokale Entspannung führt dann zum Absprengen feinster Tröpfchen unter dem Druck der vom Alkali noch nicht erfaßten Nachbarareale mit höherer Spannung.

Die Erniedrigung der Spannung durch die Seifen ist der Ausdruck dafür, daß die Tröpfchen sich mit einem Adsorptionsfilm aus dissoziierten Fettsäuremolekeln umgeben. Dabei sind die Carboxylat-Gruppen dem Wasser zugekehrt. Der Film selbst weist eine bestimmte Krümmung auf, welche sich folgendermaßen erklärt.

Die *verschieden starke Anlagerung von Lösungsmittel* — Wasser wie Öl — an die entsprechenden hydrophilen und hydrophoben Anteile des Filmbildners *ist bestimmend für die Krümmungstendenz der Grenzfläche* zwischen flüssigen Phasen. Überwiegt die Durchsetzung des Filmes von der Ölseite aus (Solvatation durch das Öl), so wird der hydrophobe Teil der Molekülbürste auseinandergedrängt, und der Film wird spannungsfrei sein bei einer Krümmung, die die wäßrige Phase einschließt. Das Öl ist dann das Dispersionsmittel des emulgierten Wassers. Häufiger überwiegt die Hydratation. Die Krümmung ist daher konkav zum Öl.

Es entsteht eine Öl-in-Wasser-Emulsion. Zugabe von Ionen, die die Hydratation so weit herabsetzen, daß die Solvatation des öligen Anteils überwiegt, wie es bei Fettsäure-Filmen z.B. Calcium-Ionen erreichen, führt dann zu einer *Phasenumkehr:* das Wasser wird nun disperse Phase. Über die biologische Bedeutung dieses interessanten Vorganges lassen sich noch keine präzisen Angaben machen (Abb. 75 a).

Der Vorgang selbst demonstriert die Bedeutung vom Feinbau der Grenzschichten. Über ihn lassen sich dann am einfachsten Aussagen machen, wenn der Filmbildner in seinem Vorkommen praktisch auf die Grenzschicht beschränkt ist. Theoretisch ist allerdings immer eine bestimmte, wenn auch sehr kleine Löslichkeit in der oder den angrenzenden Phasen vorhanden, so daß also der Teilungskoeffizient zwischen Lösung und Grenzschicht sehr groß zugunsten der Grenzphase sein soll, wie es bei wäßrigen Lösungen von Fettsäuren mit einer C-Atomzahl über 10 zutrifft. Da solche Stoffe sich unter Entspannung in der Grenzfläche und nur noch hier lösen, breiten sie sich zu einer monomolekularen Schicht auf der Oberfläche aus. Auf diese Weise entstehen *durch den Spreitung genannten Vorgang die Oberflächenlösungen* (MARCELIN 1933).

Spreitung, Filmbildung

Es ist von größtem Interesse, den Zustand der Stoffe in den Grenzflächenlösungen zu kennen. Über ihn können mit Hilfe der allgemeinen Adsorptionsgleichungen Aussagen geliefert werden. Dazu ist zunächst festzustellen, daß die Differenz $\sigma_0 - \sigma$, d.h. die Spannungserniedrigung, welche der Film dem reinen Lösungsmittel gegenüber erzeugt, den tangentialen Druck angibt, mit dem der Film im Gleichgewicht ist. Denn die reine Oberfläche sucht sich mit der Spannung σ_0 zu verkleinern, die mit einem Film versehene mit der geringeren Kraft σ. Der Film selbst übt also einen *Druck* $\sigma_0 - \sigma$ aus, welcher die Tendenz zur Oberflächenkontraktion vermindert, d.h. selbst mit einem Expansionsdruck der gleichen Größe gleichbedeutend ist. Die Arbeit zur Schaffung eines cm^2 Oberfläche ist also deswegen vermindert, weil der Film selbst mit der genannten Kraft die Oberflächenvergrößerung anstrebt, denn das Ausbreitungsgebiet, d.h. das Lösungsvolumen seiner Teilchen ist die Oberfläche. Der Druck selbst heißt der *Spreitungsdruck.* Er äußert sich in der Tendenz zur Verschiebung der Teilchen in der Grenzfläche und wird daher auch als Schub oder Schubspannung bezeichnet.

Dieser Druck steht nach der Szyskowski-Gleichung (19) mit der Konzentration in der Lösung und dem Flächenbedarf der Teilchen in Beziehung. Eliminiert man in ihr a mit Hilfe von $a = c\left(\dfrac{\Gamma_\infty - \Gamma}{\Gamma}\right)$ aus Gl. (17) und (19a), dann verschwindet auch die Konzentrationsgröße in der Flüssigkeit (c) aus der Gleichung, welche für Spreitungsfilme ohnehin keine physikalische Bedeutung besitzt, und man erhält für die Beziehung des Filmdruckes Π zur reinen Flächenkonzentration Γ unter Benutzung von $B = \Gamma_\infty$ (19a):

$$\sigma_0 - \sigma = \Gamma_\infty\, R\, T \ln\left(\frac{1}{1 - \dfrac{\Gamma}{\Gamma_\infty}}\right) \approx \Gamma_\infty\, R\, T \ln\left(1 + \frac{\Gamma}{\Gamma_\infty}\right) \approx R\, T \cdot \Gamma = \Pi\,. \qquad (21)$$

Die 2. Näherung gilt unter der Bedingung, daß $\Gamma_\infty \gg \Gamma$; denn jetzt kann entsprechend $\ln(1 + x) = x - \dfrac{x^2}{2} + \dfrac{x^3}{3} - \dfrac{x^4}{4} \cdots$ für $\ln\left(1 + \dfrac{\Gamma}{\Gamma_\infty}\right)$ gesetzt werden: $\dfrac{\Gamma}{\Gamma_\infty}$.

Nach vorstehender Beziehung sollte sich *bei geringer Flächendichte ein Film in Parallele zum van 't Hoffschen Gesetz wie eine Lösung in der Oberfläche verhalten,* d.h. der Filmdruck muß proportional mit der Flächenkonzentration Γ steigen oder bei gegebener Stoffmenge mit der Vergrößerung der Fläche so abnehmen, wie es beim osmotischen Druck mit der Vergrößerung des Volumens zutrifft. Die Zahl gelöster Mole ist auf die Fläche (A) zu beziehen und für das Mol gilt dann:

$$\Pi \cdot A = RT, \quad \text{für eine Molekel} \quad \Pi \cdot A = k \cdot T. \tag{21a}$$

Mit $k = 1{,}38 \cdot 10^{-16}$ erg $\cdot$ Grad^{-1} ist $k \cdot T$ bei $25° = 4{,}12 \cdot 10^{-14}$ erg. Diese Zahl gibt die kinetische Energie, welche bei der translatorischen Bewegung in 2 Dimensionen (sog. Bewegungs-,,Freiheitsgrade") den einzelnen Molekeln zukommt; für einen Freiheitsgrad beträgt sie also $^1/_2\,kT$ (s. S. 385).

Wird nun die Energie von 1 erg/cm² bzw. ein Druck von 1 dyn/cm durch den Film erzeugt oder im Schubgleichgewicht ermittelt, dann muß A ebenfalls $4{,}12 \cdot 10^{-14}$ cm² bzw. 412 Å² betragen (1 cm² = 10^{16} Å²). Das besagt, daß der einzelnen Molekel beim tangentialen Schub von 1 dyn/cm eine Fläche von 412 Å² zugehört, zu einem Schub von 0,5 dyn/cm ein Areal von 824 Å² usw.

Der Bereich von 400 Å² ist im allgemeinen noch zu klein, um die Kraftwirkungen von gespreiteten Molekeln aufeinander auszuschließen, denn er gäbe der betreffenden Molekel nur einen mittleren Aktionsradius von 11 Å im Film. Hier sind daher ähnliche Abweichungen vom Gasgesetz zu erwarten, wie sie durch die Zusatzglieder in der v. d. Waals-Gleichung zum Ausdruck kommen. Natürlich sind die einzelnen Molekeln im Gegensatz zu den enggepackten starren Filmen hier noch beweglich. Beide Arten sind durch Übergänge miteinander verknüpft und werden als *kondensierte Filme* bezeichnet.

Ein *idealer, sog. expansiver ($e-$), auch gasförmig genannter Film* erfordert mit 10—100fach größeren Arealen auch eine gesteigerte Meßempfindlichkeit für die Drucke in der Größenordnung von 10^{-3} dyn/cm. Diese Filme gehorchen dem Gasgesetz weitgehend, zeigen also die Beziehung $\Pi \cdot A = K$. Die Abweichungen, welche zunächst auftreten, werden durch einen eigenartigen, quasi flüssigen Zwischenzustand hervorgerufen. Diese gedehnten Filme heißen ,,liquid expanded".

Die *Filmausbreitung* findet auf einer Grenz- oder Oberfläche *mit sehr großer Geschwindigkeit* statt, obwohl es sich um einen der Diffusion durchaus entsprechenden Vorgang handelt. Das Konzentrationsgefälle ist beim Auftropfen auf eine reine Fläche sehr groß und die Zahl der Kollisionsmöglichkeiten deswegen sehr gering, weil die Dichte der im Flächenraum gelösten Molekeln sich der im Gasraum annähert. So erklärt es sich, daß auch Stoffe an einer Petroläther/H_2O-Grenze eine hohe Ausbreitungsgeschwindigkeit besitzen. Sie wird sogar im letzteren Fall für Capronsäure höher gefunden, als bei der Ausbreitung auf der Wasseroberfläche, wo sie etwa 25 cm/sec beträgt (Brinkmann und V. Z. Györgyi 1923). Nach Volmer (1926) ist die Anfangsgeschwindigkeit für die Ausbreitung von Olivenöl auf Wasser 60 cm/sec. Er berechnet, daß der Reibungswiderstand für die Spreitung z.B. von Benzophenon auf Glas 100mal geringer ist als bei der Diffusion in Lösung. Diese Feststellungen dürften für einzelne *biologische Prozesse* von besonderer Bedeutung sein und z.B. die Geschwindigkeit von Wanderungen einzelner Stoffe an vorgebildeten Leitstrukturen erklären können. So hält Trurnit (1945) es für möglich, daß die Flüchtigkeit der Wirkung des Acetylcholins durch eine entsprechend schnelle Abwanderung vom Wirkort in den Bereich der Esterasen hinein erklärt werden kann. Hierbei wären Wirk- und Spaltungsort selber an die Grenzfläche in einem bestimmten Abstand voneinander gebunden.

Von den Experimenten, welche über den Filmaufbau unterrichten, sind die *Spreitungsversuche* am aufschlußreichsten. Sie wurden im Anschluß an Pockels, Lord Raylaigh, Deveaux u. a. von Langmuir zu einer exakten Technik ausgebaut. Die einfachsten Verhältnisse bieten höhere Alkohole oder Fettsäuren bei saurer Subphase. Wegen der Wasseraffinität ihrer Carboxylgruppe breiten diese sich auf Wasser in einer monomolekularen Schicht aus, deren Areal sich mit einfachen, sinnreichen Methoden messen läßt, z.B. dadurch, daß man von einer mit feinem Talkumpulver bestreuten Wasseroberfläche ausgeht. Breitet sich hier die Fettsäure von einem durch Auftropfen erzeugten Zentrum her aus, so treibt sie das Pulver vor sich her. Der vom Talkum befreite Raum entspricht der Oberflächengröße des Fettsäurefilmes. Genauere Untersuchungen gestattet der Langmuir-Trog, auch *Langmuir-Waage* genannt. Bei diesem Instrument wird das Filmareal auf der Wasseroberfläche außer durch die Trogränder mit zwei quer zu ihm stehenden paraffinierten Pappbarrieren abgegrenzt. Eine dieser Schranken ist verschieblich, die andere wird mit einer Feder in ihrer Lage gehalten (Abb. 76). Jeder tangential von der Oberfläche her auf sie ausgeübte Druck wird durch eine geeignete Übertragung meßbar gemacht. So läßt sich der einer gegebenen Fläche zugehörige tangentiale Filmdruck messen; und wenn durch Heranschieben der beweglichen Barriere der Druck mit abnehmender Flächenausdehnung ansteigt, so ist die Frage nach der Beziehung zwischen Druck Π und Fläche A bei gegebener Menge an Filmmaterial unschwer zu beantworten. Dabei zeigt es sich, daß in bestimmten Druckbereichen eine umgekehrte Proportionalität zwischen beiden Größen besteht. Die damit bewiesene Gültigkeit des Boyle-Mariotteschen Gesetzes sichert die abgeleiteten Formulierungen und die Annahme, daß die Oberfläche einen zweidimensionalen Gasraum für die Teilchen darstellt, welche sich in der Grenzfläche frei bewegen und

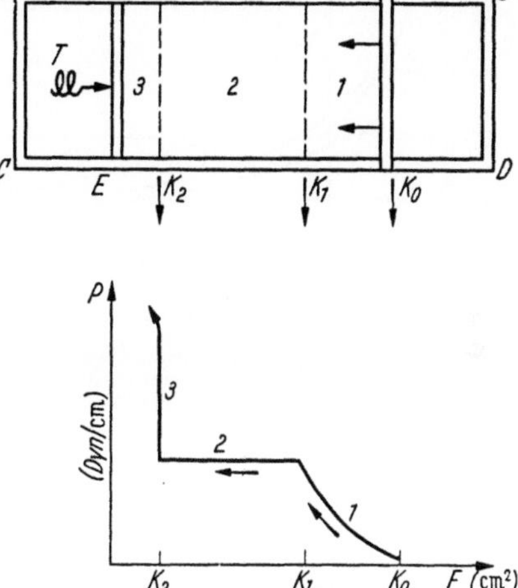

Abb. 76. Die Beziehung zwischen *Filmdruck und Fläche;* Langmuir-Waage (oben); schematisch

mit der Carboxylgruppe das Wasser nicht verlassen können wie der Schlittschuhläufer die Eisfläche, auf der er sonst freien Bewegungsspielraum hat (gasförmiger Film).

Wenn der Film bis zu einem kritischen Druckwert zusammengeschoben ist, findet bei weiterer Flächenverkleinerung zunächst kein Druckanstieg mehr statt. Die Gültigkeit der Gasgesetze hat damit ihr Ende. Es geht bei diesem Druck eine *Umwandlung im Film* vor sich, die dem Übergang vom gasförmigen in den flüssigen Zustand entspricht: unter diesem kritischen Druck entsteht der kondensierte Film. Ist der Übergang beendet, dann ist eine weitere Flächenverkleinerung von einem hohen Druckanstieg begleitet, der erst dann wieder gemildert wird, wenn mehrere Molekülschichten übereinandergeschoben werden.

Platzbedarf und Zustand der Molekeln im Film

Aus der Fläche, die eine gegebene Menge, d.h. Zahl gespreiteter Moleküle bei vollständiger Kondensation einnimmt, ist durch einfache Division der *Flächenbedarf eines Moleküls* zu entnehmen. Dabei zeigt es sich, daß eine Molekel der Fettsäuren ohne Rücksicht auf die Länge der Kohlenstoffkette ungefähr die gleiche Fläche von etwa 22 Å² beansprucht. Daraus kann nur gefolgert werden, daß die Moleküle senkrecht zur Flüssigkeitsoberfläche stehen (Molekülbürste).

Die Abweichungen von dem dargestellten Verhalten werden hauptsächlich durch die zuvor schon betonten *zwischenmolekularen Kräfte* und durch die *Bildung von Doppelmolekülen* bedingt. Praktisch wird dementsprechend ein $\Pi \cdot A$-Produkt von etwa 400 nur bei sehr geringen Schüben bzw. großen Flächen beobachtet. Bei Werten unter 4000 Å²/Molekül bzw. über 0,1 dyn/cm ist das Produkt meistens aus dem zuerst genannten Grunde kleiner. Ergibt aber eine Extrapolation auf kleine Schübe ein Produkt von nur 200, so ist das Vorliegen von Doppelmolekeln in der Grenzschicht anzunehmen (s. S. 50). An der Wasseroberfläche gespreitete Ölsäure gibt keinen Anhaltspunkt für das Vorhandensein einer dimeren Form.

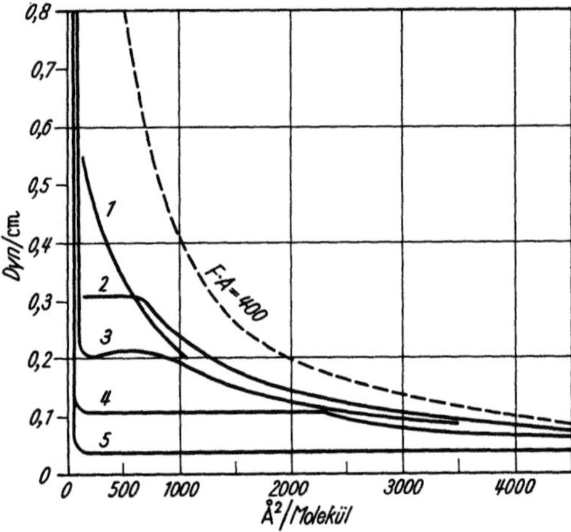

Abb. 76a. *Kondensation expansiver Filme.* *1* Laurin-, *2* Tridecyl-, *3* Myristin-, *4* Pentadecyl-, *5* Palmitinsäure (zwischen 14 und 16° C)

Der in dem Schema durch die horizontale Linie 2 dargestellte Verlauf bringt zum Ausdruck, daß die geschilderte Umwandlung unter einem konstanten Schub vonstatten geht, der mit dem konstanten Dampfdruck bei Phasenumwandlungspunkten (Schmelz-Siedepunkt) verglichen werden kann. Es herrscht also auch hier *während des Umwandlungsprozesses ein konstanter zweidimensionaler Dampfdruck.* Daß er bei den homologen Reihen mit der $-CH_2$-Zahl fällt, ist ein Ausdruck der zunehmenden Filmkohäsion (Abb. 76a)

Der *minimale Flächenbedarf im kondensierten Zustand* wird im allgemeinen durch Verlängerung des steil ansteigenden Schenkels der $\Pi \cdot A$-Kurve bis zur Abszisse gewonnen; er ist also auf $\Pi = 0$ extrapoliert. Der wahre Wert bei hohem Schub ist um so geringer, je weniger steil die Kurve anwächst. Für die langkettigen Fettsäuren erhält man so rund 19,5 Å², während die Extrapolation 20,5 Å² ergibt. Die Röntgenanalyse der Paraffinkristalle liefert 18,4 Å², jedoch nahe dem Schmelzpunkt (Rotationsbeginn) ebenfalls 19,5 Å². Der Flächenbedarf von Fettsäuren mit Methylverzweigungen ist größer; außerdem alterniert er mit der Stellung der Methylgruppe (WEITZEL 1951). Dieses Alternieren zeigt sich auch an der Grenzfläche Paraffin/H_2O. Es findet hier nach KROMPHARDT (1955) seine (Abb. 77) Erklärung durch eine *Schrägstellung der Ketten*, die einen kleinen Winkel zur Normalen auf der Grenzschicht bilden, wenn die Hauptkette eine gerade Zahl an C-Atomen besitzt. Er beträgt für Stearinsäuren 3,7°, für Laurinsäure 5,6°. Sein Zustandekommen erklärt sich dadurch, daß der Schwerpunkt der Carboxylgruppe in diesem Fall auf der anderen Seite von der Mittellinie der Molekel gelegen ist wie der der endständigen Methylgruppe. Setzt der Zug der Solvatation senkrecht zur Grenzfläche an, dann resultieren unter Benutzung der bekannten Atomabstände jene Winkel. Sie können offenbar durch sehr starken Schub noch verkleinert werden.

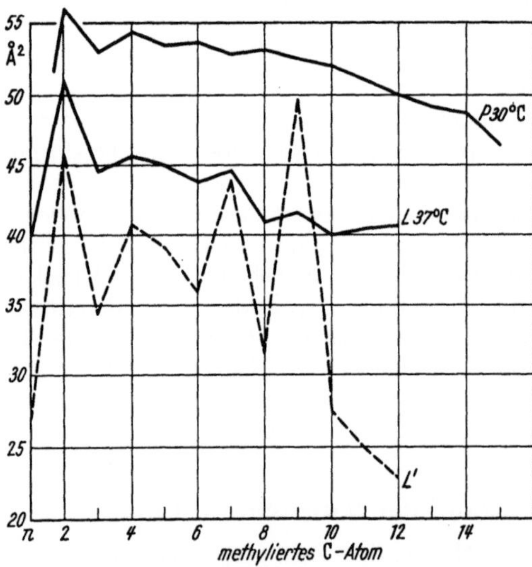

Abb. 77. *Flächenbedarf* methylsubstituierter Laurinsäuren. An H_2O/Öl-Grenze gemessen (L), L' berechnet aus Modellen mit 5,3°-Neigungswinkel der Molekularachse bei zugelassener Rotation. P Palmitinsäure nach WEITZEL an H_2O-Luft (nach KROMPHARDT)

Phenolische Endgruppen haben einen so geringen Flächenbedarf, daß die *Ringe aufrecht* stehen müssen. Bei dem entsprechenden Schub ist ihre gegenseitige Anziehungskraft also größer als die zum Wasser. Im expandierten Zustand liegen die niedrigeren Fettsäuren mehr oder weniger schräg im Wasser. Soweit bei ihnen eine Kompression möglich ist, werden sie dabei aufgerichtet. Je *größer die Wasseraffinität* hydrophiler Gruppen der wasserunlöslichen Molekel ist, *um so expansiver* ist der Film; überragt die laterale Kohäsionskraft, dann setzt die Kondensation schon bei geringerem Schub ein. *Doppelbindungen* namentlich in der Mitte der Ketten lassen die Filme leichter expandieren und bedingen einen etwas vergrößerten Flächenbedarf (Ölsäure). Er wächst mit der Zahl der Doppelbindungen. Die Expansionstendenz der Cis-Formen ist größer als die der Trans-formen. *Cholesterinmolekeln* stellen sich bei der Kompression mit dem A-Ring, d.h. mit dem OH an C_3, zum Wasser im Gegensatz zu den phenolischen Oestrogenen, bei denen die OH-Gruppen des D-Ringes wasseraffiner sind. Pregnandiol hat an beiden Enden etwa gleich starke hydrophile Gruppen, welche das Aufrichten verhindern. Der Film bleibt daher auch bei hohen Schüben mit einem normalen $\Pi \cdot A$-Produkt von etwa 400. Es ist verständlich, daß das geschilderte Verhalten in Einzelfällen zur Strukturaufklärung beigetragen hat (51). Allein die Größe des gemessenen Flächenbedarfes kann, wie es beim Cholesterin geschah, die Entscheidung zugunsten einer bestimmten Formulierung bringen.

Für biologische Fragen ist es noch wichtiger, daß auch der Ablauf von chemischen Reaktionen mit dem gespreiteten Material physikalisch messend zu verfolgen ist. Einiges dazu wurde bereits bei den Einflüssen auf die Grenzflächenspannung fl./fl. ausgeführt. Die *Wechselwirkung zwischen* dem gespreiteten Material und den *in der Subphase gelösten Stoffen* kann sehr verschieden intensiv sein. Ihre erste Stufe dürfte zunächst als eine *Adsorption* an die Unterseite des Films anzusehen sein. Sie äußert sich nicht in einer Veränderung des Filmdruckes, wohl aber im Oberflächenpotential (s. S. 249), wenn sie ausschließlich als *heteropolare* Adsorption vor sich geht. Schon bei geringen Schüben ist nun oft ein Druckanstieg wahrnehmbar, welcher ein Eindringen in den Film anzeigt. Man bezeichnet diesen Vorgang als *Filmpenetration*. Dabei liegt der Druck zwischen dem, welcher durch die einzelnen Substanzen als Filmbildner alleine erzeugt worden wäre. Eine Steigerung des angelegten Schubes kann die Penetration eines unter die Grenzschicht injizierten Stoffes verkleinern oder ganz verhindern. Liegt ein einfacher gemischter Film vor, dann läßt sich aus ihm auch ein Stoff durch Schub herauspressen. Daraufhin hat man den zurückgebliebenen reinen Film wieder gespreitet und aus seiner $\Pi \cdot A$-Kurve das Molekulargewicht dieser Komponente bestimmen können [H. B. Bull (40)]. Ist der eindringende Stoff selbst ein Filmbildner, erhält man auch oft eine Verminderung der Expansion, d.h. starre Filme.

Nach N. K. Adam (51) ist die Kondensation eines expansiven Fettsäurefilmes durch Zugabe von Cholesterin nur als Dämpfung der Molekülbewegungen durch die sperrigen Cholesterinmolekeln anzusehen, ohne daß in diesem Fall die auch vorhandenen Anziehungskräfte zwischen den beiden Molekülarten entscheidend wären. Rein physikalisch ist jener Effekt einer Verkleinerung der Expansionstendenz mit einer Erhöhung der Oberflächenspannung gleichbedeutend. Sie kann mit Langmuir schon durch die Unebenheit der Grenzschicht infolge der verschiedenen Moleküllänge der dort vorhandenen Stoffe erklärt werden. Jedoch ist diese Auffassung häufig nicht ausreichend, da sie den spezifischen Reaktionsweisen, welche bei derartigen Wechselwirkungen beobachtet werden, nicht genügend Rechnung tragen kann. Diese selbst ist als *Komplexbildung* anzusehen. Am genauesten ist sie zwischen offenen Paraffinketten und Cycloparaffinen, z.B. den Sterinen untersucht worden (Schulmann und Stenhagen 1938). Dabei haben sich ganzzahlige Beziehungen ergeben; so bildet z.B. Cetylsulfat mit Cholesterin einen Komplex im Verhältnis 1/1, dagegen mit Cetylalkohol einen solchen mit 1/1 und 1/3. Allgemein wichtig ist auch, daß nichtspreitendes reines Paraffinöl durchaus in der Lage ist, mit schon gespreiteten Fettsäuren Komplexe zu formen. Ölsäurehaltiges Paraffin bleibt natürlich auch in Linsenform auf Wasser mit entsprechendem Randwinkel liegen; außerdem aber bildet sich ein Film, welcher aus beiden Molekülarten etwa im Verhältnis 1/1 besteht.

Die Verfolgung der eigentlichen *chemischen Reaktionen im Film* würde es gestatten, eine besondere Chemie des Oberflächenzustandes zu entwickeln, welche namentlich für das Verständnis von katalytischen Vorgängen bedeutungsvoll sein muß. Trotz vieler Ansätze ist aber eine Systematik dieses Gebietes noch nicht zu geben. Zweifellos ist es in jenem Zusammenhang wichtig zu wissen, daß die Lactonisierung von ω-Oxyäthylsterylmalonsäure im Film mit 1000—10000fach größerer Geschwindigkeit vonstatten geht, als sie in der Lösung verlaufen würde. Die Hydrolyse des γ-Stearolactons wird durch steigenden Schub verlangsamt, offenbar weil durch ihn die reagierenden Gruppen aus dem Wasser gehoben werden [RIDEAL nach (51)]. Auch die Oxydation von ungesättigten Fettsäuren, welche auf schwach saurer Permanganatlösung gespreitet sind, wird durch Druck, und zwar je nach der Lage, d.h. der Zugänglichkeit der Doppelbindung, gehemmt, unter Umständen bis auf $^1/_{10}$ des Ausgangswertes.

Zugabe von Metallionen fördert auch hier die Geschwindigkeit. Besonders wirksam ist Hämin (HAUROWITZ). HUGHES hat die Wirkung des Kobralysins auf Lecithinfilme untersucht und gefunden, daß die Hydrolyse zum Lysozithin (Abspaltung einer Fettsäure) noch bei Giftkonzentrationen von 10^{-8} nachweisbar ist. GORTER (1926) zeigte, daß die in den Erythrocyten vorhandenen Lipoide nach Spreitung den doppelten Flächenraum annehmen wie sie die Oberfläche der Blutkörperchen selbst besitzt. Außerdem ist nach ihm die hämolytische Grenzkonzentration eines Saponins gerade so groß, daß die zugehörige Substanzmenge im gespreiteten Zustand wiederum der Oberflächengröße der lysierten Blutzellen gleich ist. In diesem Zusammenhang ist es auch bemerkenswert, daß hämolysierende Agentien besonders stark penetrierend auf Lipoid- und Cholesterinfilme wirken (SCHULMANN).

Das Studium der *Filmpermeabilität* steht noch im Beginn. Der *Durchgang von Lösungsmitteldampf* durch geschlossene Filme ist allerdings schon früh gemessen worden. Dabei hat es sich gezeigt, daß die Durchlässigkeit oberhalb eines kritischen Schubwertes sehr stark, d.h. bis auf wenige Prozent der Verdampfungsgröße an freier Oberfläche abnimmt. Dieser liegt bei Fettsäure- und Sterinfilmen um 10—20 dyn/cm, d.h. 50—100 atm/cm², und gibt offenbar jenen Druck an, bei dem das Wasser aus dem Film ausgepreßt bzw. sein Eindringen zwischen die Molekeln verhindert wird. Hydrophile Gruppen in der Molekel steigern die Durchlässigkeit für Wasser, Kettenverlängerung erniedrigt sie und damit den kritischen Schubwert. Der Beweglichkeitszustand des Films ist aber nicht der allein ausschlaggebende Faktor; z.B. zeigen kondensierte Eiweißfilme keinen Widerstand gegenüber der Verdampfung des Wassers. Diese Feststellungen sind für Fragen der biologischen Permeabilität besonders wichtig. Auch gegen Wasserverlust durch Verdampfung von den Oberflächen her wird durch Fettsäureschichten bzw. durch Wachse Schutz gewährt. Sind die filmbildenden Säuren verzweigt, dann weisen sie nicht nur einen niedrigeren Schmelzpunkt und größere Expansionstendenz, sondern auch fast ungehinderte Wasserdurchlässigkeit auf. Der Hauptbestandteil des Bürzeldrüsenfettes, der 4-Methylhexansäure-octadecylester, ermöglicht so eine völlig wasserabweisende Hautbedeckung bei gleichzeitig maximal erhaltener Wasserabdampfung von innen her (WEITZEL 1955, ADAM 1958).

Das *elektrische Isoliervermögen* derartiger Filme dürfte mit der Herabsetzung der Wasserdurchlässigkeit steigen. Es liegt unerwartet hoch. Ba-Stearat-Filme schlagen z.B. erst bei einem Spannungsgefälle von 4—5mal 10^6 V/cm durch. Rechnet man bei den biologischen Grenzschichten mit Filmen ähnlicher Eigenschaften und einem Durchmesser von 100 Å, also 10^{-6} cm, so würden sie noch gegen eine Spannung von 4 V zu isolieren imstande sein, also gegenüber Potentialen, die die biologisch vorkommenden um das 50—100fache übertreffen.

Besondere Parallelen zu biologischen Schichtungen bieten die *Doppelfilme*, wie sie z.B. beim Lecithin angetroffen werden. Dem einzelnen Molekül muß hier das Bild einer Stimmgabel zugrunde gelegt werden, wobei der Handgriff den zwitterionischen Phosphorsäure-Cholinanteil, also einen stark hydratisierten Teil darstellt, während die 2 Zinken die lipophilen aus dem Wasser fortzeigenden Fettsäurereste repräsentieren. Diese Reste lagern sich mit den gleichartigen der 2. Schicht zusammen. Die Breite eines solchen Doppelfilmes beträgt etwa 50 Å. Es ist damit zu rechnen, daß solche Filme, welche nach beiden Seiten hydrophil sind, vielerorts in der lebendigen Substanz angetroffen werden, wie in den Grana des Chlorophyllkornes oder allgemein in den Zellgrenzschichten. Im Spreitungsexperiment sind sie jedoch nicht untersuchbar, da es nicht gelingt, derartige Doppelfilme zwischen zwei wäßrige Phasen anzuordnen. Nach der optischen Feinstrukturanalyse der Myelinschichtungen im markhaltigen Nerven kommt den Eiweißlamellen eine Dicke von 30 Å und den quer zu ihnen angeordneten Lipoidschichten eine solche von 55 Å zu. Sowohl die modernen Erkenntnisse über den Aufbau der Phospholipoide, wie die Notwendigkeit, außer ihnen auch Cholesterinmolekeln in diesen Schichten unterzubringen, zwingen jedoch dazu, das *einfache* Stimmgabelmodell zu verlassen. Da die Länge der Cholesterinmolekeln von der 3-OH-Gruppe an bis zur Methylverzweigung am Ende der Seitenkette der einer C_{16}-Fettsäure etwa gleich ist, läßt sich auch die Einlagerung der Sterine in den Lipoidfilm verstehen. Allerdings rücken bei der von FINEAN vorgeschlagenen Faltung des Phospholipoids die NH_2^-, d.h. die NH_3^+-Gruppen schon in eine Entfernung von den Eiweißschichten, die eine heteropolare Reaktion zwischen beiden Bestandteilen unwahrscheinlich macht. Die Tatsache, daß sich an beiden Außenseiten des Lipoiddoppelfilms hydrophile Gruppen befinden, ist die Ursache für die Ausbildung der sog. Myelinfiguren. Denn bei der Störung des normalen Eiweißlipoidgefüges können die zusammenhängenden Lipoidlamellen beiderseits in das Wasser gezogen werden.

Proteine in Grenzschichten

Angesichts ihrer großen Bedeutung als biologische Strukturbildner ist es selbstverständlich, daß dem physikalischen Verhalten der *Eiweißkörper in den Grenzschichten* besondere Aufmerksamkeit gewidmet wurde. Es hat sich gezeigt, daß die Proteine gut spreitbar sind. Diese Eigenschaft verdanken sie den hydrophilen Resten, welche die Paraffine oder Ringe durch ihre Amino- und Säuregruppen gewinnen. Durch geschicktes Einfließenlassen der Eiweißlösung in Oberflächenschichten erhält man trotz ihrer mehr oder weniger großen Wasserlöslichkeit Filme aus Eiweiß (Spreitungsfilme). Sie bilden sich auch aus wäßriger Lösung beim Schaffen einer neuen Oberfläche (Diffusions-Filme). Zur Spreitung eignen sich besonders die nativen Sphäroproteine. Fibrinogen, Myosin u. a. sind schwerer zu spreiten, ebenso die sehr leicht lösliche Gelatine oder die Protamine. Hitzedenaturiertes Protein verliert die Spreitungsfähigkeit weitgehend. Die speziellen Verfahren müssen den Eigenschaften der Eiweiße angepaßt werden.

Die *Geschwindigkeit der Spreitung*, d.h. des Eintretens jener Veränderung, welche zum Haftenbleiben der Eiweiße in der Oberfläche führt, ist sehr stark vom pH der Lösung abhängig. Sie hat *beim IP ein* ausgesprochen hohes *Maximum*, z.B. spreitet Eieralbumin vollständig in etwa 2 min bei pH 4,9 (IP); bei pH 5,7 dagegen werden 9 Std benötigt; bei pH 3,8 2 Std (GORTER und PHILIPPI 1934). Zur Vornahme der Spreitung werden daher die isoelektrischen Reaktionen bevorzugt. Daß die Überschußladung der in der Oberfläche vorhandenen Eiweißionen das Hineingelangen weiterer erschwert, ist aus elektrostatischen Gründen verständlich, ebenso die Tatsache, daß die Zwitterionen bei Abwesenheit der Gegenionen sich untereinander am stärksten anziehen. Beide Vorgänge sind für das Löslichkeitsverhalten sowohl in der vollen Lösung wie in der Grenzphase mitbestimmend. Die Geschwindigkeitsunterschiede der Spreitung erklären leicht, daß σ bei der Messung mit anderer, z.B. der Tropfen- oder Ringmethode, ein Minimum im IP zeigt, denn eingetretene Spreitung bedeutet Adsorption, also Spannungsverminderung, welche mit dem Spreitungsdruck wächst. Der besprochene pH-Einfluß liefert aber auch eine Erklärung für die oft beobachteten unwahrscheinlich großen Unterschiede des Flächenbedarfes von Proteinfilmen bei verschiedenem pH (GORTER). Sie sind mindestens zur Hauptsache durch die zeitlichen Differenzen in der Ausbildung der Filme bedingt. Man wird daher vor vollständig eingetretenem Gleichgewicht im IP stets die größten vom Protein besetzten Flächen finden, denn der prozentische Anteil des überhaupt gespreiteten Gesamteiweißes ist hier am größten (LANGMUIR und SCHÄFER).

Die Proteinspreitung wird durch die Größe jener Fläche gemessen, welche
1 mg Eiweiß beim Schub von Null dyn/cm einnehmen würde (*Spreitungszahl*
nach GORTER). Die Extrapolation auf den Nullwert des Schubes ist wegen der
großen Elastizität der Eiweiße, d.h. wegen des abgerundeten Verlaufs des bei
den Fettsäuren steilen Schenkels für den kondensierten Teil der Schubkurve
mit einem gewissen Unsicherheitsfaktor belastet. Trotzdem ergeben sich für
alle Proteine recht einheitliche Werte. Sie liegen in der Größenordnung von
$0,5-1,5$ m²/mg mit gewöhnlich nur geringen Abweichungen von dem Wert 1,0.
Sie sind schon bei sehr geringen Schubwerten, d.h. bei etwa $^1/_{100}$ dyn/cm meßbar und erlauben deswegen die *Bestimmung des Molekulargewichtes der gespreiteten
Stoffe*. Denn nur bei extrem niedrigen Drucken kann der Film als expandiert angesehen werden. Für ihn gilt das Gasgesetz. Es muß aber auch bei niedrigen
Drucken schon das eigene Areal der n_2 Eiweißmolekeln (A_P) vom gesamten Areal
abgezogen werden. Dann lautet die Gasgleichung:

$$\Pi \cdot (A - n_2 \cdot A_P) = n_2 \cdot RT \quad \text{bzw.} \quad \Pi \cdot A = \Pi \cdot n_2 \cdot A_P + n_2 \, RT. \tag{22}$$

Man erhält wie bei einer vollen Lösung unter Berücksichtigung des nichtlösenden Raumes
(s. S. 109) also die Gleichung einer Geraden, wenn man $\Pi \cdot A$ den Π-Werten als Abszisse
zuordnet (BULL 1947).

Für ein Mol muß dann der Ordinatenwert bei $\Pi = O: \Pi \cdot A = 412 \cdot N_L$ betragen. Umgekehrt folgt die Molzahl n_2 aus dem extrapolierten Produkt $(\Pi \cdot A)_O$ als $412 \cdot N_L/(\Pi \cdot A)_O$,
wenn die Fläche in Å² und die Menge in g angegeben wird. Bezieht man aber auf m² und
mg, dann ist der Zähler $412 \cdot 10^{-16} \cdot N_L/(1000 \cdot 10000) = 2490$ zu setzen. Mit einem $(\Pi \cdot A)_O$
von 0,21 für Hämoglobin bei pH 2 erhielt GUASTALLA z.B. $2490/0,21 = 12000$ als Molekulargewicht; für Ovalbumin dagegen 40000 und für Gliadin 27000. Im 1. Fall ist eine erhebliche
Dissoziation der Molekel zu konstatieren. Gewöhnlich geben die Filme aber an der Luft/H_2O-
Oberfläche die gewohnten normalen Molekulargewichte. Daher können diese mit der
Filmtechnik mit äußerst geringer Substanzmenge und in sehr kurzer Zeit ermittelt werden.

Obwohl nun aber, wenn man von den Moleküldissoziationen beim Hämoglobin,
Insulin, Hämocyanin, Tabakmosaikvirus usw. absieht, normale Molekülgrößen
gefunden werden, erleiden die Eiweiße dennoch erhebliche *Umwandlungen*, wenn
sie in das *Feld der Grenzflächenkräfte* eintreten. Sie verlieren ihre spezifische Form.
Das ergibt sich schon aus der Dicke der experimentell gefundenen Schichten.
Da 1 mg eines kondensierten Filmes rund 1 m² Fläche einnimmt, beträgt seine
Höhe $10^{-3} \cdot 10^{-4}/\varrho = 7,5$ Å, wenn für die Dichte des Proteins $\varrho = 1,33$ gesetzt wird
Bei Eiweißen mit mittlerem Molekulargewicht wäre aber eine Schichtdicke von
$20-60$ Å zu erwarten. Trotz erhaltenen Molekulargewichtes ist also die Form-
veränderung der Molekeln sehr ausgesprochen: sie werden auseinandergezogen.
Die gefundene Schichtdicke paßt durchaus zu der allgemein als gültig angesehenen
Vorstellung, daß die entfalteten Peptidketten des Proteins flach in der Oberfläche
liegen. Insgesamt geht aus den geschilderten Tatsachen hervor, daß die Peptidbindungen des Eiweißes bei der Oberflächendenaturierung nicht gelöst werden.
Die Entfaltung dürfte vielmehr durch die Aufhebung der Kohäsionskräfte zwischen den aliphatischen Resten und auch den Wasserstoffbrücken zustande
kommen.

Einen Einblick in die quantitativen *Beziehungen zwischen Denaturierung und Gewinnung
von neuen Freiheitsgraden der innermolekularen Bewegungen* erhält man nach HUGGINS,
SINGER, DAVIES u. a. aus den $\Pi \cdot A - \Pi$-Kurven[1]. Es wird angenommen, daß der Druck bei
dem gegebenen Polymerisationsgrad in logarithmischer Beziehung zur Bewegungsmöglichkeit
der Peptidsegmente steht; sie wird durch eine Art Koordinationszahl bestimmt, welche aus
jener Kurve entnommen werden kann. Aus ihr wiederum ist die Wahrscheinlichkeitsgröße
(vgl. Entropie, s. S. 405) der Umwandlungsreaktion direkt zu erhalten. Für Hämoglobin
z.B. zeigt es sich, daß diese an der Wasser/Luft-Oberfläche kleiner als an der von Wasser/Öl
und hier wieder kleiner als bei der Hitzedenaturierung in der Lösung ist. Die Entropieänderung ist:

$$+ 0,06; \; + 0,22; \; + 0,77 \, \text{cal} \cdot \text{grad}^{-1} \cdot \text{mol}^{-1}.$$

---

[1] Vgl. CHEESMAN und DAVIES.

Für die entrollten *Peptidketten* kann im voll expandierten Zustand die *β-Keratinform* (s. S. 371) mit *freier Drehbarkeit* der einzelnen Gruppen angenommen werden. Der unter diesen Umständen zu erwartende mittlere Flächenbedarf von 32 Å² pro Aminosäure wird auch in der Regel gefunden. Die polaren Gruppen bleiben dabei immer dem Wasser zugewandt, die hydrophoben Reste müssen flach in der Oberfläche liegen oder sich der Luft zuwenden. An der Öl/Wasser-Grenze dagegen werden sie in das Öl hineingezogen. Hier erfolgt eine Orientierung unter teilweiser Aufrichtung entsprechend den öligen und wäßrigen Abschnitten der Molekeln, so daß Eiweißfilme zwischen Öl und Wasser auch eine geringere Fläche als an der Luftoberfläche einnehmen.

Solche Filme sind ausgesprochen *elastisch und reversibel komprimierbar*. Die Größe beider Eigenschaften hängt vom Schub ab. Für die Elastizität $\left[E_F = -A \cdot \left(\dfrac{d\varPi}{dA}\right)\right]$ wird bei einem bestimmten Schubwert ein Maximum angetroffen, welches auch vom pH der Subphase abhängig ist. Die Kompressibilität zeigt dann ein Minimum. Für die einzelnen Proteine sind diese Extremwerte recht verschieden und charakteristisch. Im Maximum wird der zunächst anwachsende Widerstand der Ketten gegen das Aufrichten durch die nun bei der Annäherung zwischen den Molekeln wirksam werdenden Kohäsionskräfte wieder herabgesetzt. Die zugehörigen E_F- und $\varPi$-Werte werden daher durch die Art und Anordnung der Seitenketten des jeweiligen Proteins bestimmt.

Mit geeigneten Meßvorrichtungen ist auch die *Viscosität* der Filme zu ermitteln. Es zeigt sich, daß sie unterhalb eines kritischen Schubwertes von dessen Größe unabhängig ist. Wird dieser Wert aber überschritten, dann geliert der Film. Damit wird er zähflüssig und anomal viscös (s. S. 300).

Insgesamt verhalten sich die *gespreiteten Eiweiße* etwa *wie ein in der Oberfläche liegendes Netz*, welches mit den hydrophilen Anteilen auf ihr angeheftet ist. Diese Teile werden aber nicht in die Flüssigkeit hineingezogen, weil die hydrophoben Gruppen die Fläche nicht verlassen können. Für das Verhalten bei größeren Schüben oder für die Anordnung an der Öl/Wasser-Grenze sind die Affinitäten der Seitenketten untereinander und ihre Solvatation durch das Öl maßgeblich. An der Luftoberfläche wird man Schichten mit zunehmender Dielektrizitätskonstanten erwarten müssen, zuoberst mit etwa 3,5 Å eine solche, welche den apolaren Anteilen angehört, dann eine mittlere mit den schon stark hydratisierten Peptidhauptketten und eine untere, im Wasser gelegene, mit den stark hydrophilen polaren Gruppen (SCHULMAN, RIDEAL u. a.).

Natürlich werden die Schub-Flächen-Kurven bei endlichen Schubwerten durch die genannten Kräfte stark beeinflußt. Sie wirken sich nur *bei* extrem *kleinen Drucken*, d. h. sehr großen Arealen nicht aus. Hier allein *treten die spezifisch konstitutiven Eigenschaften zurück und das Diagramm wird nur durch die Molekulargröße* so *bestimmt*, wie es für einen gasförmigen Film unter Berücksichtigung des eigenen Raumbedarfs der Molekel zu fordern ist. Sobald sie sich aber aneinander nähern, machen sich die *Kohäsionskräfte* bemerkbar, die den Expansionsdruck nach VOLMER und MAHNERT (1925) umgekehrt proportional zum Quadrat der Fläche verkleinern, so daß in Analogie zur VAN DER WAALS-Gleichung das Gasgesetz nur dann gilt, wenn das Druckglied um den Betrag der Kohäsionskraft vermehrt wird:

$$(\varPi + a/A^2) \cdot (A - b) = k \cdot T. \tag{23}$$

Nach diesem Ansatz ist bei der Gl. (22) noch das Glied $a \cdot \left(\dfrac{1}{A} - \dfrac{n_2\,A\,p}{A^2}\right)$ rechts in Abzug zu bringen.

Die Kräfte selbst sind die abstoßenden der gleichnamigen Ladung, die anziehenden der entgegengesetzten, außerdem die der H-Brückenbindung zwischen den einzelnen Atomen der Eiweiße und auch zum O-Atom des Wassers und schließlich die Dispersionskräfte zwischen den Paraffinresten. Da die letzteren sehr kurzreichend sind, werden sie schon durch das Dazwischentreten einer mono-molekularen Wasserschicht praktisch nicht mehr zur Wirksamkeit kommen.

Wie stark die *Stellung von polaren Gruppen* die Eigenschaften eines Films verändert, sei an einheitlichen Peptiden einzelner Aminocapronsäuren gezeigt. Die α-Aminosäure (Leucin, Norleucin) zeigt starke Kohäsion ihrer Polypeptidfilme auf Grund der van der Waals-Kräfte zwischen den Paraffinketten. Die endsubstituierten ε-Aminocapronsäurepeptide werden durch die hydrophilen Peptidbindungen mit den Ketten flach auf das Wasser gezogen. Sie bilden daher einen nahezu idealen expansiven Film. Ein anderes Beispiel für den Einfluß struktureller Veränderungen bietet das *Myoglobin*. Jonxis (1939) fand, daß es *nur als redu-ziertes, nicht aber als Oxymyoglobin spreitet.* Es liegt nahe, anzunehmen, daß der stabilere Durchdringungskomplex der oxygenierten Form (s. S. 39) die Entfaltung der Peptidkette verhindert; dafür, daß sie von der prosthetischen Gruppe aus beginnt, gibt es Anhaltspunkte (Haurowitz 1930; Netter und Noll). Andererseits dürfte die ionale Form des Eisens, welche auf Grund der magnetischen Messungen im reduzierten Zustand vorliegt, stark hydratisiert sein (Haurowitz) und daher die Spreitung begünstigen. Die gleichen Unterschiede sind auch beim Hämoglobin vorhanden, aber nicht so stark ausgeprägt; denn auch das Oxyhämoglobin ist spreitbar.

Wahrscheinlich sind es gewöhnlich die Wasserstoffbrücken zwischen den Sauerstoff- und Stickstoffatomen, welche die Paraffinreste der Aminosäuren so weit aneinander nähern, daß die Dispersionskräfte zwischen den Ketten wirksam werden. Werden die Brücken z.B. durch Säure aufgebrochen, dann reichen auch die van der Waals-Kräfte nicht mehr aus, um die Reste gegenüber der thermischen Bewegung zusammenzuhalten. An der Öl-Grenz-schicht findet besonders zwischen den Paraffinen des Lösungsmittels und des Proteins eine Wechselwirkung statt. Gleichzeitig wird die Flexibilität der letzteren gesteigert.

Die *Dicke der Eiweißfilme* wurde in einem sehr einfachen Versuch von De-veaux (1935) zuerst ermittelt; er zog die Eiweißhaut aus der Oberfläche in Form eines Fadens ab und stellte dessen Dicke fest. Weiter beobachtete er denaturierte Filme an der Benzol/Wasser-Grenze und bestimmte die kleinste Konzentration zugesetzten Eiweißes, bei der die optisch leicht zu erkennenden Filme noch auf-treten können (Deveaux-Effekt).

Die *Dicke des Filmes* ist auch aus *optischen Messungen* ableitbar. Wenn schräg einfallendes Licht an 2 Ebenen reflektiert und wieder vereinigt wird, entstehen Interferenzfarben und bei monochromatischem Licht Interferenzstreifen. Sie werden durch den Gangunterschied bestimmt, welchen die beiden vereinigten Strahlen deswegen aufweisen, weil sie im unterschiedlichen Medium eine ver-schiedene Weglänge mit geänderter Geschwindigkeit zurückgelegt haben, je nachdem sie auf der Vorder- oder Unterseite der betreffenden Schicht reflektiert wurden. Die Erscheinungen werden um so deutlicher, je größer der Brechungs-unterschied an den Übergängen zwischen den Phasen ist[1].

Es gelang Langmuir, Trurnit u. a., Filmdicken über 10 Å mit guter Genauigkeit zu messen. Das einfallende Licht wird bei der Reflexion polarisiert, und zwar ist die Polarisation linear bei völlig scharfer Trennungsfläche der Medien, z.B. an der Hg- oder Wasseroberfläche; besteht aber wie bei den Filmen ein Übergang, so wird elliptisch polarisiertes Licht zurück-geworfen. Die Messung des elliptischen Anteils gestattet Aussagen über die Dicke jener Schicht. Mit dem *Ellipsometer von* Rothen können nach Trurnit Unterschiede in der Dicke von 1—3 Å mit 0,3 Å Genauigkeit festgestellt werden. Da die Messung mit dem einfachen interferometrischen Verfahren für die freie Wasseroberfläche wenig zuverlässig und die Dicke des sich dort befindenden Films zu gering ist, haben Langmuir und Blodgett (1937) auf fester Unterlage mit stark abweichendem Brechungsindex, meistens auf Chrommetall, Fettsäuren und Eiweißschichten aufgezogen. Sie bilden sich beim Eintauchen in eine Flüssigkeit, deren Oberfläche einen Film unter genügendem Schub trägt. Auch beim Herausheben zieht ein Film auf, dessen Molekeln aber auf der Grenzschicht häufig — wie im Fall der Stearate — entgegengesetzte Orientierung besitzen (s. Abb. 78). Auf diese Weise können *Mehrfach-Filme mit mehreren hundert Schichten* aufgebaut werden *(Aufbaufilme).* Eine Ba-Sterat-schicht hat eine Höhe von 25 Å. Es gelingt weiter, auf derartigen Filmen mit bekannter Dicke Eiweißfilme aufzuziehen. Unter diesen Umständen ist die Schichtdickenmessung an letzteren mit hoher Genauigkeit durchführbar. Außerdem läßt sich hierbei die Denaturierung offenbar so gut wie ganz vermeiden, wenn man mit Langmuir und Schäfer den aufgezogenen

---

[1] Über DNS-Filme (bei pH 7 etwa 22 Å dick) s. James und Mazia

Trägerfilm aus Stearat kurzzeitig mit Thorium- oder Uranylsalzen behandelt. Wahrscheinlich findet dabei eine Umwandlung der letzten Schicht in dem Sinne statt, daß deren Säuregruppe nach außen gekehrt wird.

Die Messungen der Schichtdicke haben für Hämocyanin und das „Gelbe Ferment" eine gute Bestätigung jener Dimensionen ergeben, welche aus indirekten Untersuchungen über das Achsenverhältnis der gestreckten Molekeln abgeleitet waren. Schon hieraus folgt, daß die Molekeln eine nennenswerte Formveränderung bei dieser Art der Spreitung nicht erfahren haben können.

Das gleiche geht aus zahlreichen Beobachtungen über *Immunkörperreaktionen mit derartig gespreiteten Filmen* hervor. Dabei kann der Antikörper aufgezogen und z.B. durch Schichtdickenmessung die Reaktion mit dem in der nachträglich

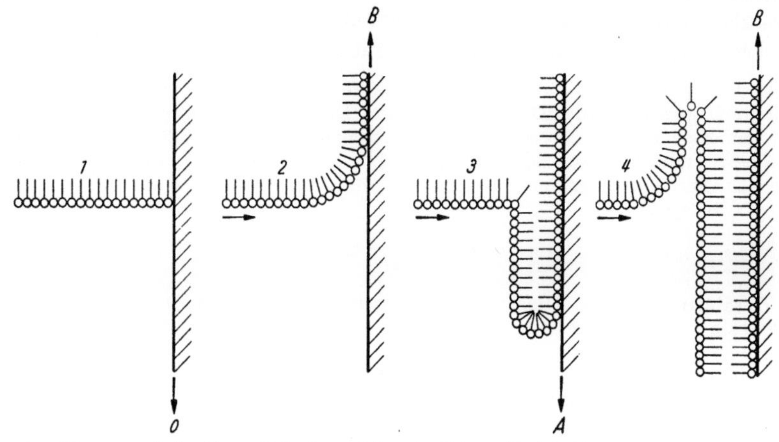

Abb. 78. Bildung von *Aufbaufilmen*. Beim Herausheben des Trägers (*2*) zieht der erste Stearat-Film auf, beim 2. Eintauchen (*3*) der zweite entgegengesetzt gelagerte usw.

zugesetzten Lösung vorhandenen Antigen verfolgt werden. Oder man verfährt umgekehrt. Es zeigt sich, daß nur im homologen Antiserum, nicht aber im Normalserum eine Vermehrung der Schichtdicke auftritt. Diese Vermehrung kann zwischen 100 und 200 Å betragen. Auch über das Verhältnis der bei der Antigen-Antikörper-Reaktion beteiligten Molekeln lassen sich hierbei Aussagen machen. Bei den Untersuchungen über die Immunkörperreaktionen hat sich ergeben, daß gelegentlich noch spezifische Wirkungen auf einer Länge von 200 Å durch unspezifische Eiweißkörper hindurch stattfinden können. Daraus aber mit ROTHEN auf besonders weitreichende Kräfte zu schließen, ist nach TRURNIT, KARUSH u. a. verfehlt, da die Reaktionen durch Fehlstellen in der deckenden Schicht hindurch erfolgt seien. Bei derartigen Versuchen hat es sich weiterhin gezeigt, daß auf Wasser vorgespreitete γ-Globulinfilme ihre Aktivität nach kurzer Zeit verlieren. Wenn sie aber unter hohen Spreitungsdrucken stehen, behalten sie jene lange Zeit bei.

Eine Verkleinerung der Dicke von Proteinaufbaufilmen findet unter der *Einwirkung von proteolytischen Fermenten* statt, welche in der Subphase gelöst sind. TRURNIT u. a. haben diesen Vorgang verfolgt, der erstere unter Verwendung des Ellipsometers (1953). Dabei läßt sich die Adsorption des Fermentes zunächst als Dickenzunahme registrieren; ihr folgt die Verkleinerung durch Abdiffusion der entstandenen wasserlöslichen Spaltprodukte. Die Geschwindigkeit beider Prozesse wird damit einer optischen Messung in Å/min zugänglich. Hierbei hat es sich gezeigt, daß die Adsorption des Fermentes an das Substrat auch durch die Geschwindigkeit der Diffusion in der wäßrigen Grenzschicht unter dem Film bestimmt wird, denn sie ist der Konzentration in der Lösung direkt proportional. Sie verläuft aber, verglichen mit kleinen Molekeln, meßbar langsam. Das bedeutet, daß der eigentliche Bindungsvorgang an das Substrat sich sehr schnell im Vergleich zur Diffusion durch jene Schicht hindurch vollzieht, eine Annahme, auf welcher schon die *Nernstsche Theorie der Reaktionsgeschwindigkeit in heterogenen Systemen aufbaute.* Die in der Zeit dt pro Flächeneinheit umgesetzte Menge (dn) ist danach

$$\frac{dn}{dt} = D\,\frac{c}{d}\,, \tag{24}$$

wo d die *Dicke der wäßrigen, auch bei starkem Rühren ungestörten Randschicht ist.* Für Wasser ist d *ziemlich allgemein etwa mit $\sim\!30\,\mu$* einzusetzen. c/d ist hier nichts anderes als der die Diffusionsgeschwindigkeit nach dem Fickschen Gesetz (II 4a) bestimmende konstante Konzentrationsgradient.

Wird die Strecke d als bekannt vorausgesetzt oder mit Hilfe von Testsubstanzen mit bekanntem D geeicht, dann ist die unbekannte Diffusionskonstante (D) anderer Proteine aus der gemessenen Reaktionsgeschwindigkeit schnell und mit äußerst geringen Materialmengen bestimmbar. Unter der Annahme, daß die Spaltungsgeschwindigkeit dL/dt der adsorbierten Fermentmenge/cm² proportional ist, gibt die Analyse der Kurven $dL/dt = k_r \cdot k_a \cdot c_0 \cdot t$, integriert:

$$L = \frac{k_r \cdot k_a}{2}\,c_0 \cdot t^2 \tag{24a}$$

für die Zeitabhängigkeit des Umsatzes. Im einzelnen sind bei dem Reaktionspaar Albumin-Chymotrypsin $3 \cdot 10^{12}$ Enzymsubstrat-Komplexe pro cm² vorhanden. Die Reaktionsgeschwindigkeit ist so groß, daß jedes Fermentmolekül (MG 25 000) in 50 sec ein Substratmolekül (MG 70 000) vollständig hydrolysiert hat. Bemerkenswert ist, daß eine Denaturierung der Fermentmolekel bei der Adsorption an dem Substratfilm offenbar nicht stattfindet.

Elektrische Erscheinungen an Grenzflächen und Membranen

Ableitbarkeit von Grenzflächenpotentialen

Die Charakterisierung von Filmen und darüber hinaus die Beschreibung von Grenzflächenvorgängen muß immer unvollständig bleiben, wenn nicht auch die elektrischen Erscheinungen an den Oberflächenstrukturen zu ihrer Analyse herangezogen werden. *Da fast alle Molekeln entweder polaren Bau besitzen oder als Ionen freie Ladungen tragen, und da andererseits in den Grenzschichten bestimmte Anordnungen* der Teilchen und keine regellosen Durchmischungen der molekularen elektrischen Vektoren *vorliegen, ist hier das Auftreten gerichteter elektrischer Kräfte zu erwarten.* Daher wird sich das Dipolmoment in der Grenzschicht vorhandener Teilchen durch Erzeugung eines experimentell feststellbaren elektrischen Spannungsvektors zu erkennen geben. Allerdings ist *nicht* zu erwarten, daß *das volle elektrische Moment* zur Auswirkung gelangt, da die Dipolachse nur in seltenen Fällen senkrecht zur Grenzfläche stehen dürfte, sondern gewöhnlich einen Winkel (ϑ) zur Normalen auf der Adsorptionsschicht bildet (Abb. 79).

Daher kommt vom Dipolmoment der Molekel nur die Komponente $\mu' = \mu \cos\vartheta$ in Frage. Man pflegt die Grenzfläche mit Recht als einen Kondensator mit dem Plattenabstand d anzusehen, dessen Spannung durch die Zahl der freien Elektrizitätsträger (n) pro cm² und durch die Dielektrizitätskonstante ε nach $\Delta V = 4\pi n e_0 d/\varepsilon$ bestimmt ist. Da sich hier aber nicht freie Elementarladungen im Abstand d gegenüberstehen, d.h. also nicht n elektrische Momente $e_0 \cdot d$, sondern n Dipolmomente mit den Vertikalkomponenten μ' gegeben sind, ist das zu erwartende Dipolpotential einer Grenzschicht:

$$\Delta V = 4\pi n\,\mu'/\varepsilon. \tag{25}$$

Liegen Fettsäurefilme vor, dann kann eine Dielektrizitätskonstante mit nahezu dem Wert 1 eingesetzt werden. Jedoch ist nicht genau zu übersehen, wieweit das Dazwischentreten von einzelnen Wassermolekeln diesen Wert wesentlich erhöht. Allerdings ist das gemessene Potential *auf eine Molekel umgerechnet* oft unabhängig von der Packungsdichte, d.h. dem Schub, unter dem der Film steht. Im allgemeinen werden nun Potentiale gemessen, welche höchstens den 4. Teil, meistens aber noch weniger erreichen, als unter Verwendung von $D \approx 1$ bei Molekeln mit bekanntem μ und etwa bekanntem ϑ zu erwarten ist. Es ist daher noch nicht ohne weiteres möglich, aus der Messung von Oberflächen-Potentialen die Dipolmomente filmbildender Substanzen mit ausreichender Genauigkeit zu erhalten.

Der Richtung der zu erwartenden Dipolorientierung entspricht es, wenn der positive Teil der Fettsäuremolekeln beim Film nach der Luft zu gelegen ist, während die reine Wasseroberfläche eine umgekehrt orientierte Schicht von H_2O-Dipolen trägt (s. S. 230). Auch die hierin zum Ausdruck kommende Orientierung der Wasserdipole kann durch das Filmmaterial quantitativ beeinflußt werden. Der auf diese wohl geringfügige Änderung entfallende Potentialanteil ist natürlich in den ΔV-Werten mit enthalten. Beim Eintreten von negativierenden Gruppen oder Atomen wie Br in das aliphatische Ende einer Fettsäure kann auch die Richtung des Oberflächenpotentials umgekehrt werden (FRUMKIN 1952). Die gemessenen Potentiale liegen in der Größenordnung von mehreren Hundert mV. Ihre Verfolgung bietet die Möglichkeit, Inhomogenitäten im Film oder Änderungen der Lage des Dipolmomentes zu entdecken oder auch Reaktionen des Filmmaterials mit zugesetzten, z.B. penetrierenden oder adsorbierbaren Substanzen

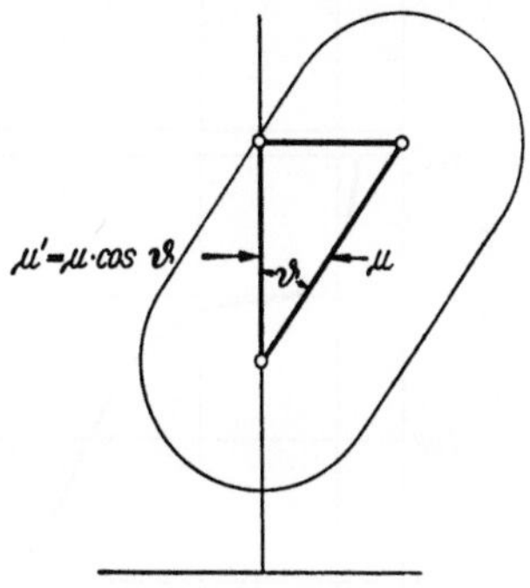

Abb. 79. Dipolrichtung und wirksame Komponente des Dipolmoments

festzustellen. Sie ist daher zu einem wichtigen Hilfsmittel der Filmuntersuchung geworden. Wie zu erwarten ist, zeigt sich dabei ganz allgemein, daß die Gesamt-Potentialwerte mit steigendem Schub, d.h. steigender Flächenbesetzung größer werden.

Bei der Messung der Dipolpotentiale wird einerseits aus der Flüssigkeit, andererseits senkrecht zum Film durch die Luft abgeleitet. Letztere muß zu diesem Zweck durch Bildung von Luftionen leitend gemacht werden. Das geschah bei den ersten Versuchen FRUMKINS durch Ionisation mit Hilfe einer kleiner Flamme, später unter Verwendung der Strahlung radioaktiver Präparate, vornehmlich Polonium, welche in die unmittelbare Nähe der Oberfläche gebracht werden und dem Luftraum zwischen ihr und der direkt über ihr endenden spitzen Metallelektrode eine völlig ausreichende Leitfähigkeit erteilen. Die Differenz der Potentiale an der filmbeladenen und der völlig reinen Oberfläche wird als ΔV eingesetzt. Eine zweite schon auf VOLTA zurückgehende Meßanordnung besteht darin, daß eine Kondensatorplatte in eine isolierende Phase, z.B. Luft oder Öl gebracht wird. Ihr steht die geladene Grenzfläche als 2. Belegung gegenüber. Wird die Platte nunmehr bewegt und damit die Kapazität des Kondensators verändert, dann fließt — wenn zwischen beiden ein Potential besteht — ein Verschiebungsstrom zur anderen Fläche oder umgekehrt und kann durch die leitende Flüssigkeit unter der Adsorptionshaut abgenommen werden. Rhythmische Bewegung erzeugt einen meßbaren Wechselstrom.

J. T. DAVIES (1951) konnte auf diese Weise z.B. auch die Dipolpotentiale von Eiweißfilmen an der Öl/H_2O-Grenzfläche messen. Er fand dabei, daß polare Gruppen im Eiweiß im allgemeinen die Erzeugung eines geringeren Potentials bewirken, als es das Dipolmoment der nichtionisierten Anteile alleine erwarten ließe. In der so gemessenen Potentialdifferenz ist nämlich nicht nur das Dipolpotential einer geordneten Adsorptionsschicht enthalten. Auch freie Ionen sind an seiner Erzeugung beteiligt. Zum Beispiel findet man, daß die Oberfläche durch anorganische Salze stärker als durch reines Wasser negativiert wird. Dabei nimmt die negativierende Wirkung in der Reihenfolge: F$<$Cl$<$Br$<$I$<$SCN zu. Das bedeutet, daß die Anionen wohl wegen ihres geringeren Wassermantels der

Oberfläche des Wassers näher als die Kationen stehen. Bei dem stark hydratisierten F-Ion ist dieser Unterschied zum zugehörigen Kation noch wenig ausgesprochen. In allen Fällen aber ist die Ausbildung einer elektrischen Doppelschicht gegeben.

Ihr Potential wird besonders durch die vom pH-Wert abhängige Dissoziation
solcher schwachen Elektrolyte bestimmt, welche sich in der Grenzfläche befinden.
Die Abb. 80 nach SCHULMAN und HUGHES zeigt, wie der Film der undissoziierten
Myristinsäure auf Wasser mit etwa $+400\,\mathrm{mV}$ bei der Dissoziation, d.h. im
alkalischer werdenden Milieu bis auf $-60\,\mathrm{mV}$ bei vollständiger Dissoziation
absinkt. In diesen Fällen wird das

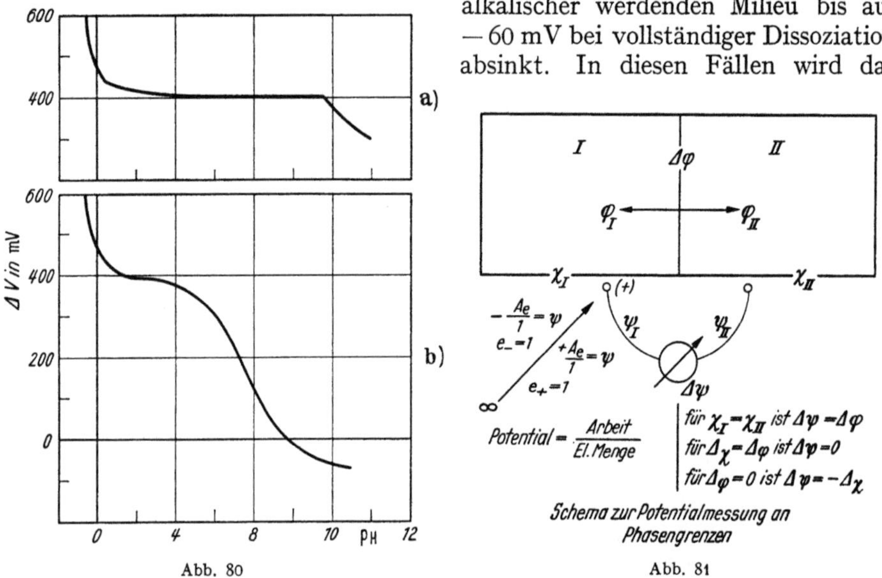

Abb. 80   Abb. 81

Abb. 80a u. b. Volta-Potential zwischen Flüssigkeit und Luft bei wechselndem pH-Wert für Tetradecylalkohol (a) und Myristinsäurefilme (b)

Abb. 81. *Zur Potentialmessung an Phasengrenzen*

Dipolpotential, welches mit dem positiven C-Atom des Carboxyls zur Luft
orientiert ist, völlig überdeckt durch das der Doppelschicht, bei welcher den
negativen Carboxylationen die Kationen in der Flüssigkeit gegenüberstehen.

Das ionale und Dipol-Doppelschichtenpotential ist für eine große Zahl von
Erscheinungen bedeutungsvoll. Meßbar ist nur die Summe beider. Die oben
skizzierten Meßanordnungen unterscheiden sich trotz der ungewöhnlichen Art der
Potentialableitung nicht grundsätzlich von den in der Elektrochemie üblichen
Methoden. Immer werden die an 2 Orten bestehenden Potentiale als ihre Differenz,
d.h. als Spannung gemessen. Denn es ist technisch nicht möglich, jeweils die Arbeit
in erg zu ermitteln, welche mit dem Heranbringen einer massenlosen Einheitsladung aus dem Unendlichen zum Meßpunkt verknüpft ist, also Einzelpotentiale
zu messen. Eine Potentialmessung beruht im Wesen auf einer elektrostatischen
Erscheinung: der Bewegung einer geladenen und beweglichen Nadel oder Platte
gegenüber einer feststehenden (Elektrometer). Alle Kompensationsverfahren sind
hierauf bezogen. Bei jeder Anordnung mit Phasengrenzen kommt es daher an
der festen Elektrometerplatte oder am Gitter des Röhrenvoltmeters zur Aufladung auf ihr sog. äußeres Potential, welches allein direkt meßbar ist.

In heterogenen Systemen liegen nun keine homogenen Felder, sondern *Un-
stetigkeiten im Potentialabfall* vor. Da diese sich *im Bereich der molekularen
Schichten* befinden, ist ihr Verlauf mit elektrischen Sonden, welche zum Elektro-

meter führen, nicht direkt abtastbar. Man kann zu einer derartigen Messung tatsächlich nur Punkte aus dem Innern zweier Phasen oder 2 Orte im Vakuum untereinander verbinden, die sich in definierter Entfernung von verschiedenen Phasengrenzen befinden, oder schließlich einen innerhalb mit einem an einer Phase kombinieren. Letzteres geschieht bei den bisher genannten Methoden zur Messung der Grenzflächenpotentiale. Je nach der Lage der Prüforte hat man nach E. LANGE (1951) 3 Potentialarten zu unterscheiden (Abb. 81).

Das *äußere (Volta-) Potential* ψ ist einwandfrei als jene Arbeit zu definieren, welche notwendig ist oder frei wird, wenn die Einheitsladung von ∞ an einen Punkt in der unmittelbaren Nähe der Oberfläche einer Phase gebracht wird oder sich von ihr aus nach ∞ entfernt. Dieses Potential wird durch die Überschußladung der Gesamtphase an positiven oder negativen Elektrizitätsträgern und durch ihre elektrische Kapazität bestimmt. Die Volta- (Kontakt-) Spannung $\Delta\psi_{12}$ ist die Differenz der Potentiale zwischen den sich berührenden Phasen 1 und 2, d.h. diejenige, welche zwischen 2 Punkten gerade außerhalb der beiden besteht. Die angegebenen Grenzflächenpotentiale sind also richtiger als Volta-Spannungen zu bezeichnen, ebenso die zwischen verschiedenen metallischen Leitern oder Halbleitern auftretenden.

Könnte man nun von 2 Punkten aus dem Innern zweier angrenzender leitender Phasen 1 und 2 ohne Verwendung von Elektroden mit neuen Grenzflächen (z.B. reversiblen Flüssigkeitselektroden) zum Elektrometer ableiten, dann würde man die Differenz der *inneren Potentiale* φ, $(\varphi_1 - \varphi_2)$ als $\Delta\varphi_{12}$ und damit die sog. *Galvanispannung* erhalten.

Diese gewöhnlich benutzte Spannung ist nicht von gleicher Größe wie die äußere Potentialdifferenz, denn bei jeder Phase hat man neben dem äußeren und inneren noch das *Oberflächenpotential* χ zu unterscheiden. Es gilt: $\varphi = \chi + \psi$, daher kann auch $\Delta\varphi$ nur dann mit $\Delta\psi$ übereinstimmen, wenn die Differenz der Oberflächenpotentiale $\Delta\chi = 0$ ist. Das ist bei ungleichartigen und Mischphasen niemals der Fall. Deshalb ist φ keine experimentell direkt bestimmbare Größe. Theoretisch wäre es jene Arbeit, welche mit dem Transport der Einheitsladung in die Phase hinein verknüpft wäre, bzw. $\Delta\varphi$ jene, die mit der Beförderung aus der Phase 1 in die Phase 2 verbunden ist.

Das elektrochemische Potential

An der Potentialbildung beteiligen sich nicht nur elektrische, sondern auch chemische Arbeiten. Denn der Übertritt auch ungeladener Molekeln ist schon für sich alleine mit Energie-Lieferung bzw. -Aufwand verbunden, deren Größe ihren Ausdruck im chemischen Potential findet. Da die Bewegung eines Mols geladener Teilchen der Ionenwertigkeit z gegen das innere Potential φ eine Arbeit $z \cdot F \cdot \varphi$ benötigt bzw. liefert, wird die Gesamtarbeit, d.h. das *elektrochemische Potential* (η) pro Mol für das Ion i betragen:

$$\eta_i = \mu_i + z \cdot F \cdot \varphi \quad \text{bzw.} \quad \Delta\eta_i = \Delta\mu_i + z \cdot F \cdot \Delta\varphi. \tag{26}$$

Das elektrochemische Potential wird *rechnerisch in der gleichen Weise wie das chemische behandelt*; d.h. die Differenz von η ergibt die Energie, welche bei dem Übergang eines Ions aus einer in eine andere Phase frei wird, und Gleichgewicht ist vorhanden, wenn $d\eta = 0$ ist. In η ist die elektrische und die von der Natur des Ladungsträgers abhängige chemische Komponente zusammengefaßt. Beide bestimmen den Übergang und die Verteilung der Ionen zwischen den Phasen und zwischen der vollen Lösung und der Grenzschicht. Dieser Tatsache trägt die Zusammenfassung beider Energiegrößen in einem Symbol Rechnung.

Die Größe μ_i, bzw. bei Annahmen über die individuelle Aktivität auch μ_0^+ oder μ_0^-, ist dagegen für Ionen nur als $\eta - z \cdot F \cdot \varphi$ zu erhalten, so daß absolute

Angaben erst dann gemacht werden könnten, wenn φ, d.h. wenn außer dem meßbaren Potential außerhalb der Phasen ψ noch χ bekannt wäre. χ bestimmt den *elektrostatischen Anteil* der Gesamtarbeit, welche mit dem *Übergang eines Elektrons aus der Phase durch die Grenzschicht* bis zu jenem Punkt außerhalb verbunden ist, an dem das äußere Potential gemessen wird. Der nichtelektrische Anteil jener Arbeit ist in χ nicht enthalten. Die Differenz der elektrischen Entweichungstendenz der Elektronen aus 2 Metallen ist gleichzeitig ihre Kontaktspannung: $\psi_{12} = -\chi_{12}$. Am reinsten ist χ an blanken Metalloberflächen als die Elektronenemissionsarbeit im Vakuum bei gegebenem Potentialgefälle aus dem Anodenstrom zu entnehmen.

Obwohl das elektrochemische Potential durch φ bestimmt wird, ist auch *bei Flüssigkeitskontakten, z. B. den Elementen*, das ψ-Potential maßgebend. Denn hier findet ja eine Abtrennung der Elektronen vom Elektrodenmetall unter Bildung der Ionen statt. Das bedeutet, daß auch das χ-Potential zu berücksichtigen ist und ψ nicht mit φ identisch sein kann. Natürlich sind Anordnungen möglich, bei denen die χ-Werte entgegengesetzt gerichtet gleich sind und sich herausheben, wie es bei vielen galvanischen Elementen zutrifft. Da das Kontaktpotential zwischen dem Schließungsdraht und den Metallen vernachlässigbar klein zu sein pflegt, läßt sich die Gesamtspannung solcher Elemente als Summe der äußeren Potentiale aller Phasen auffassen. Damit ist gleichzeitig die Möglichkeit ihrer Berechnung aus der Differenz der inneren, d.h. also auch aus ihren elektrochemischen Potentialen gegeben. Der Unterschied gegenüber der Ausbildung der Kontaktpotentiale zwischen nur festen Phasen besteht darin, daß 1. die herausgetretenen *Ionen entgegengesetzten Ladungssinn wie die Elektroden* besitzen und 2., daß sie *in der Flüssigkeit solvatisiert werden*. In beiden Fällen ist bei Gleichheit der elektrochemischen Potentiale in den Phasen ein elektrostatisches Potential in einer Doppelschicht vorhanden. Bei *der Ionenbildung wird aber Energie des elektrochemischen Potentials zur Bildung der Hydrathülle verbraucht*, so daß ein mit der Ionenart wechselnder Teil von ihm zur Ausbildung der Doppelschicht zurückbleibt. Daher ist auch die äußere Ionenkonzentration, bei welcher keine Doppelschicht ausgebildet wird, also $\Delta \varphi = 0$ ist, für verschiedene Metalle verschieden, und sie ist um so höher, je größer der sog. Lösungsdruck (s. S. 129) ist, d.h. je leichter die Ionenhydratation erfolgt. *Die χ-Potentiale* der Elektroden *stehen also in Beziehung zur Hydratationsenergie* der zugehörigen Ionen. Da diese von der Konzentration weitgehend unabhängig ist, trifft das gleiche auch für die χ-Potentiale zu. Die Konzentrationsabhängigkeit der Volta-Potentiale, also der einzigen wirklich direkt meßbaren Spannungen:

$$v_{12} = \psi_1 - \psi_2 = (\varphi_1 - \varphi_2) - (\chi_1 - \chi_2)$$

beruht daher auf der der Galvani-Sprünge.

Die Berechnung der letzteren ($\Delta \varphi$) ergibt sich nach (26) folgendermaßen:

$$\Delta \varphi = \frac{\Delta \eta - \Delta \mu}{z \cdot F}. \tag{26a}$$

Beispiel:

$$\mathrm{Me_I}/\text{Lösung } a_\mathrm{I}/\text{Lösung } a_\mathrm{II}/\mathrm{Me_{II}}$$
$$\Delta \varphi_\mathrm{I} \qquad\qquad \Delta \varphi_\mathrm{II}$$

Für das Gleichgewicht an einer Elektrode gilt: $\eta_\mathrm{Me} = \eta_i$, bzw. $\mu_\mathrm{I} + zF\varphi_i = \mu_\mathrm{I\,Me} + zF\varphi_\mathrm{Me}$ und $\mu_\mathrm{I} - \mu_\mathrm{I\,Me} = zF(\varphi_\mathrm{Me} - \varphi_i) = zF \cdot \Delta \varphi_\mathrm{I}$

$$\Delta \varphi_\mathrm{I} = \frac{1}{z \cdot F}(\mu_\mathrm{I}^0 + RT \ln a_\mathrm{I} - \mu_\mathrm{I\,Me}); \quad \Delta \varphi_\mathrm{II} = \frac{1}{z \cdot F}(\mu_\mathrm{II}^0 + RT \ln a_\mathrm{II} - \mu_\mathrm{II\,Me}),$$

$$\Delta \varphi_\mathrm{I} - \Delta \varphi_\mathrm{II} = \varphi_\mathrm{I/II} = \frac{1}{z \cdot F}\left(K + RT \ln \frac{a_\mathrm{I}}{a_\mathrm{II}}\right),$$

wo $K = \mu_\mathrm{I}^0 - \mu_\mathrm{II}^0 - \mu_\mathrm{I\,Me} + \mu_\mathrm{II\,Me}$ ist.

Für Konzentrationsketten mit Überführung wird wegen der Gleichheit der Grundglieder μ^0 und der von μ_Me die Konstante: $K = 0$, so daß sich die bekannte Beziehung (II 10a) ergibt.

Aus dieser Ableitung geht noch einmal besonders klar hervor, daß die Elektrodenpotentiale nur als Differenzen zwischen willkürlich festgelegten Standardpotentialen meßbar sind, obwohl nach der Definition der Voltapotentiale an allen Oberflächen auch absolute äußere Potentiale bestehen müssen. Diese würden aber nur dann bei Elementen meßbar sein, wenn sie experimentell auf eine Phasengrenze bezogen werden könnten, welche mit Sicherheit ein bestimmtes äußeres *Potential* etwa das von *Null*, besitzt. Für die Quecksilber- und bestimmte Öl-Oberflächen sind solche Elektroden dadurch realisiert worden, daß die Aktivität der potentialbestimmenden Ionen in der angrenzenden flüssigen Phase variiert und der *potentialfreie Zustand durch besondere Kriterien* erschlossen wurde, z.B. durch das Erreichen einer maximalen Grenzflächenspannung.

Die Beziehung zwischen der Grenzflächenspannung und der Ladung an der Oberfläche ist leicht verständlich. Denn eine Aufladung muß sich deswegen stets im Sinne einer Vergrößerung der Oberfläche auswirken, weil sich die gleichnamigen Ladungsträger in der Grenzschicht abstoßen (Platzen von Seifenblasen durch

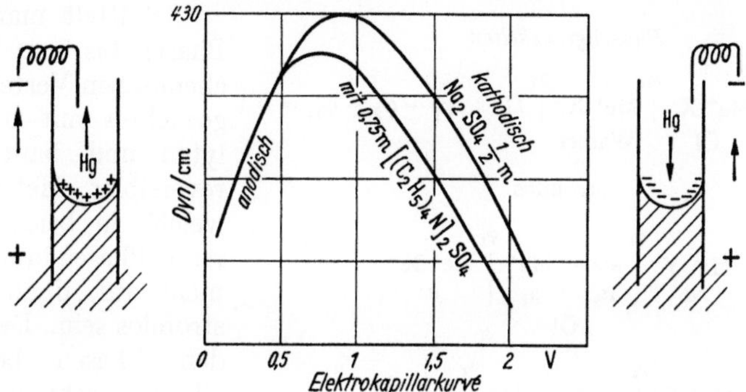

Abb. 82. *Elektrocapillarkurve.* Abscisse: Angelegte Spannung in V; Ordinate: Grenzflächenspannung Hg/Lösung

elektrische Aufladung!). Andererseits bewirkt die Oberflächenspannung eine Verkleinerung der Fläche. Aufhebung der Ladung läßt also die Tendenz zur Flächenverkleinerung vollständig und damit die reine Oberflächenspannung in Erscheinung treten. Wird z.B. die Hg-Oberfläche in einer Capillare durch eine angelegte Spannung entladen, dann kontrahiert sich der Meniscus des Hg, andernfalls fließt das Metall weiter in ihr Lumen hinein (Capillarelektrometer s. Abb. 82).

Das anzulegende Potential, bei dem an einer Elektrode: Hg/KNO_3-Lösung das Maximum der Grenzflächenspannung vorliegt, ist der *Lippmannsche Nullpunkt*. Diese Elektrode hat gegenüber der Normalwasserstoffelektrode das Potential $-0{,}192$ V. Variiert man aber bei $Hg/Hg(NO_3)_2$-Lösung den Elektrolyten, ohne eine Spannung anzulegen, so findet man ein Maximum der Grenzflächenspannung: Hg/Lösung, wenn für das Potential: Hg/Lösung gegenüber der Wasserstoffelektrode $+0{,}475$ V gemessen wird *(Billiter-Nullpunkt)*. Ähnlich verhalten sich auch Chinolin-Tropfen in Berührung mit Wasser (STREHLOW 1954). Wird die Phasengrenze durch eine Veränderung der ionalen Zusammensetzung in der angrenzenden Flüssigkeit entladen, dann wird daher in einer solchen Anordnung ein Maximum der Grenzflächenspannung beobachtet. Eine Veränderung der Aufladung kann man durch Hinzugabe von solchen organischen Elektrolyten erreichen, welche sich zwischen Wasser und Chinolin verteilen. Löst sich dabei das organische Kation besser in Öl, so wird dieses positiviert, während in ihm gut lösliche Anionen negativieren. In einer geeigneten Mischung beider wird die Grenzschicht entladen, d.h. die Potentialdifferenz zwischen beiden Phasen unter Erreichung der maximalen Grenzflächenspannung zum Verschwinden gebracht, soweit sie nur auf der Ausbildung einer Doppelschicht an frei beweglichen Ionen bestand. Denn auch ausgerichtete Dipole müßten zu einer elektrostatischen Abstoßung, d.h. zur effektiven Verkleinerung der Grenzfläche führen. Es scheint, daß sie im vorstehenden Fall keine Rolle spielen, da der Nullpunkt des Phasengrenzpotentials sich auch durch Messung an diphasischen Flüssigkeitsketten bei der gleichen Mischung an organischen An- und Kationen ergibt.

Phasengrenzpotentiale, Glaskette

Phasengrenzketten haben bei den Erörterungen über die *Natur der bioelektrischen Potentiale* eine Rolle gespielt (BEUTNER 1920, BAUR 1923, CREMER 1927). Hier kann nur kurz auf sie eingegangen werden. Sie sind deswegen von Interesse, weil die Potentiale an der Grenzfläche zwischen zwei nicht oder beschränkt mischbaren Flüssigkeiten und nicht an Metalloberflächen entstehen. Wie stets ist auch die Ursache des Potentials an solchen Phasengrenzen die Differenz der elektrochemischen Potentiale zwischen beiden Phasen. Dabei bezieht sich η auf die potentialbestimmenden, d.h. sich verteilenden und an einem Pol gelieferten, am anderen abgeschiedenen Ionen. Das Öl muß also auch ein gewisses Lösungsvermögen für den Elektrolyten besitzen, wobei es stets für Anionen und Kationen unterschiedlich wäre, wenn nicht die elektrostatischen Kräfte zwischen beiden eine differente praktische Löslichkeit verhindern würde. Sie bewirken dagegen aber, daß sich an der Grenze eine Doppelschicht ausbildet, wobei dem Öl der Ladungssinn desjenigen Ions erteilt wird, welches sich in ihm leichter löst.

Phasengrenzketten

a) $\quad$ Me $\overset{\varphi_2}{\;|\;}$ Me$^+$ X$^-$ $\overset{\varphi_{12}}{\;|\;}$ Me$^+$ X$^-$ $\overset{\varphi_1}{\;|\;}$ Me $\qquad \varphi_1 - \varphi_2 + \varphi_{12} = 0$

$\qquad\qquad$ Öl $\qquad$ Wasser

stromlos

b) $\quad + $ Me$^+$ Y$^-$ $\overset{\varphi_2}{\;|\;}$ Me$^+$ $\vdots$ Me$^+$ $\overset{\varphi_1}{\;|\;}$ Me$^+$ X$^-$ $\quad -$

$\qquad\quad a \qquad\; a_2 \quad a_1 \qquad\; a$

$\qquad\qquad\qquad$ Öl

c) $\quad + $ Me$^+$ X$^-$ $\overset{\varphi_2}{\;|\;}$ Me$^+$ $\vdots$ Me$^+$ $\overset{\varphi_1}{\;|\;}$ Me$^+$ X$^-$ $\quad -$

$\qquad\quad a \qquad\; a_2 \quad a_1 \qquad\; a$

$\qquad\qquad\quad$ Öl I $\vdots$ Öl II

Die Stromrichtung bei b) und c) gilt für $a_2 > a_1$

Abb. 83. Phasengrenzketten

Schüttelt man nun beide Phasen bis zum Eintritt des chemischen Verteilungsgleichgewichtes mit dem Elektrolyten und baut mit Hilfe reversibler Metallelektroden, welche in beide sich berührende Phasen tauchen, ein Element auf, dann muß dieses stromlos sein. Denn zwischen den Phasen besteht jetzt Gleichgewicht (s. Abb. 83 a). Die Elektroden werden aber beiderseits von Lösungen verschiedener Aktivität des für sie reversiblen Elektrolyten umgeben, so daß zwischen ihnen eine Potentialdifferenz bestehen muß. Wenn die Kette stromlos ist, muß das Elektrodenpotential durch jenes an der Berührungsstelle zwischen den beiden flüssigen Phasen äquilibriert werden: es ist das Phasengrenzpotential.

Ableitbar wird es durch Schaffung einer Asymmetrie, welche durch den Aufbau der wäßrigen oder der öligen Phase erreicht werden kann. Im Falle b besteht *äußere Asymmetrie*: die Anionen sind verschieden, die Salzkonzentrationen und Aktivitäten im Wasser aber beiderseits gleich. Ist Y besser als X in Öl löslich, dann entsteht auf dieser Seite auch eine höhere Kationenkonzentration im Öl als bei X. Die Kette sei, z.B. bei Kresol als Öl für Kationen reversibel. Die Differenz der Einzelpotentiale:

$$\varphi_1 - \varphi_2 = R\,T \ln \frac{a_2}{a_1} \tag{27}$$

bestimmt die elektromotorische Kraft der Kette, die Öllöslichkeit des Anions ihre Richtung. Dabei nimmt die relative Öllöslichkeit um so mehr ab, wie die Hydratation zunimmt. Daher positiviert SCN$^-$ in der mit SO$_4^{2-}$ beginnenden Reihe der anorganischen Anionen am stärksten. Öllösliche organische Ionen sind besonders wirksam. Eine äußere Asymmetrie wird auch durch unterschiedliche Konzentrationen beiderseits gleicher Elektrolyte geschaffen. Formal läßt sich die *Glaskette* ebenfalls in diese Gruppe einordnen. *Innere Asymmetrie* liegt dann vor, wenn die wäßrigen äußeren Phasen gleich sind, aber zwei verschiedene ölige Schichten aneinandergrenzen (Abb. 83 c).

In ähnlicher Weise sind auch die sog. Asymmetriepotentiale an der *Glaskette* zu verstehen. Eine Glaskette ist nämlich nach HAUGAARD (1938) nicht als eine für H$^+$ selektive Porenmembran (s. S. 282), sondern als Phasengrenzkette aufzufassen, welche aus einem Mittelleiter und zwei für H$^+$ reversiblen Elektroden aufgebaut ist (Dreischichtenmembran). Letztere bestehen aus Silikatgelen mit konstanter H$^+$-Aktivität (H$_{gi}^+$, H$_{ga}^+$). Die Leitung wird von den Na$_M^+$-Ionen

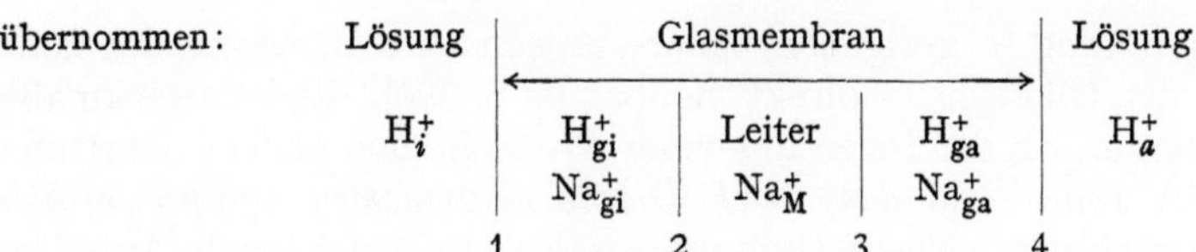

Dann ergibt sich für die Differenz der Elektrodenpotentiale (1,4) aus den chemischen Potentialen für die H^+-Ionen unter Gleichsetzung von μ_i^0 mit μ_a^0 für die Lösungen und von μ_{gi}^0 mit μ_{ga}^0 für die beiderseitigen Silikatquellzonen:

$$E_{1,4} = \frac{RT}{F}\left(\ln\frac{H_{gi}}{H_i} - \ln\frac{H_{ga}}{H_a}\right) = \frac{RT}{F}\ln\frac{H_a}{H_i} + \frac{RT}{F}\ln\frac{H_{gi}}{H_{ga}},\qquad (27\,a)$$

für $H_{gi} = H_{ga}$ fällt das 2. Glied fort, so daß die bekannte praktisch benutzte Beziehung zwischen H_a und H_i resultiert (27). Sind nun beiderseits Lösungen von gleicher H^+-Aktivität gegeben, dann wird bei $H_{gi} \neq H_{ga}$ das sog. Asymmetriepotential gemessen. Die Potentialsprünge 2,3 heben sich aber z. T. gegenseitig auf, wenn $Na_{gi} = Na_{ga}$. Anderenfalls ergibt sich ein weiterer Beitrag zum Asymmetriepotential. Es liegt oft in der Größenordnung weniger mV und spielt dann praktisch keine Rolle. Die Verschlechterung der Elektrodenfunktion im stark Sauren (pH<2) beruht auf einer Sorption der Säuren am Kieselsäure-Silikatgel; die im Alkalischen (pH>9) auf der Aufnahme von Laugen. Da aber Basen mit großem Kation kaum eindringen, wird die Elektrode z. B. in reinen, Na-freien Lösungen vom $Ba^{2+}(OH)_2^{2-}$ oder von $(C_2H_5)_4N^+OH^-$ erst ab pH 12,5, also kaum gestört (SCHWABE 1955).

Tabelle 56. *Potential der Ketten*: $m/10$ KCl/o-Toluidin/Lösung X $\dfrac{m/10\,(a)}{m/100\,(b)}$

Lösung X	SO_4	Cl	NO_3	I	SCN	Cl	SO_4	Cyanol	Methylenblau
mV	−115	+2	+68	+133	+140	−37,5	−91	+75	−102
	a (als Na-Salze)					b (als Na-Salze)			(als Chlorid)

Das Vorzeichen gilt für Lösung X.

An Ölketten werden nur selten höhere Potentiale als 150 mV gemessen. Bei der gegebenen Darstellung wurde das Diffusionspotential im Öl vernachlässigt, welches sich an beiden Grenzflächen infolge der ungleichen Elektrolytkonzentrationen ausbildet. Seine Existenz aber zeigt an, daß die Ölketten grundsätzlich keine Gleichgewichtssysteme sind. Dafür spricht auch die Beeinflußbarkeit der Potentiale durch Zugabe leicht adsorbierbarer, meist organischer Ionen. Sie rufen schon bei sehr niedrigen Konzentrationen Effekte hervor, welche oft zu den biologischen Wirkungen von Alkaloiden, Acetylcholin oder anderen quaternären Ammoniumbasen in Parallele gestellt wurden (BEUTNER, BARNES), ohne daß für ihre Berechtigung bis heute zwingende quantitative Beweise gebracht werden konnten.

Adsorption, Potentialbildung, Doppelschicht

Die starke *Wirksamkeit gut adsorbierbarer Ionen* bei den Ölketten beruht weitgehend auf dem excessiv hohen Widerstand, d. h. der fast fehlenden Leitfähigkeit in der Ölphase. Der Zelle wird daher kaum ein Strom entnommen; es findet praktisch eine elektrostatische Messung der Differenz der beiden Grenzflächenpotentiale statt. *Bei einer stromliefernden Kette mit Leitfähigkeit* werden Ionen durch die Grenzschicht *hindurch* bewegt, wobei die *Differenzen ihrer chemischen Potentiale und nicht die außerdem in der Grenzschicht vorhandenen Ionen* die tatsächliche, potentiometrisch gut meßbare Spannung an der Phasengrenze bestimmen. Die Doppelschicht selbst kann aber zusätzlich zu den durch die durchtretenden Ionen bewirkten noch durch die adsorbierten Ionen und Dipole beeinflußt werden und ihr Potential daher oft wesentlich größer sein. Es ist

auch als Volta-Spannung in geeigneten Anordnungen — z.B. wegen des hohen
Widerstandes bei den Ölketten — direkt meßbar (s. S. 250). Es ist zweckmäßig,
ohne Rücksicht darauf, ob die Ionen aus einer Phase in eine andere übertreten,
*zwischen den durch Ionen und den durch Dipole verursachten Doppelschichten-
Potentialen zu unterscheiden.* Theoretisch und praktisch ist der ionale Anteil der
Doppelschicht von größerer Bedeutung.

Wegen ihrer grundsätzlich verschiedenen Verteilungstendenz, d.h. wegen der
ungleichen chemischen Potentiale beider Ionen treten bei Anwesenheit eines
Salzes an einer Grenzschicht auch im Gleichgewicht, also bei Gleichheit der elektrochemischen Potentiale, elektrische Doppelschichten auf (s. S. 131). Der auf
eine der Phasen bezogene Ladungssinn der Grenzschicht
ergibt sich aus dem zugrunde liegenden Vorgang, welcher
die schichtenmäßige Anordnung der Ionen bedingt. Beispiel ist die negative Aufladung eines Kationen abgebenden Metalls oder einer Protonen abdissoziierenden Fettsäure an einer Öl-Wasser-Grenze. Grenzflächenladungen
entstehen aber nicht nur durch *Dissoziation* oder Verteilung
aus einer Phase sondern auch *durch Adsorption gelöster
Ionen.* Tatsächlich kann man aber nur in seltenen und extremen Fällen von einer einfachen Doppelschicht sprechen,
bei der eine Lage negativer Ionen einer solchen mit positiven Ladungen in gleicher Anzahl gegenübersteht. Vielmehr muß bei einer wäßrigen Grenze immer mit einer
diffusen Doppelschicht gerechnet werden (Gouy 1910). Die
Störung der statistisch völlig *gleichmäßigen Verteilung*, wie
sie in *der Lösung* vorliegt, erstreckt sich also von der Grenzfläche aus noch um mehrere Ionenlagen in die Tiefe hinein
(Abb. 84). Dieser ungleichen Verteilung der entgegengesetzten Ionen wirkt die *Teilchenbewegung entgegen*, welche
eine Gleichverteilung auch in der gestörten Grenzschicht
anstrebt. Sie wird um so leichter erreicht, je größer die
Bewegungsaktivität der Salze ist. Mit wachsender Konzentration wird also die Ausdehnung und das Potential
der diffusen Doppelschicht verkleinert.

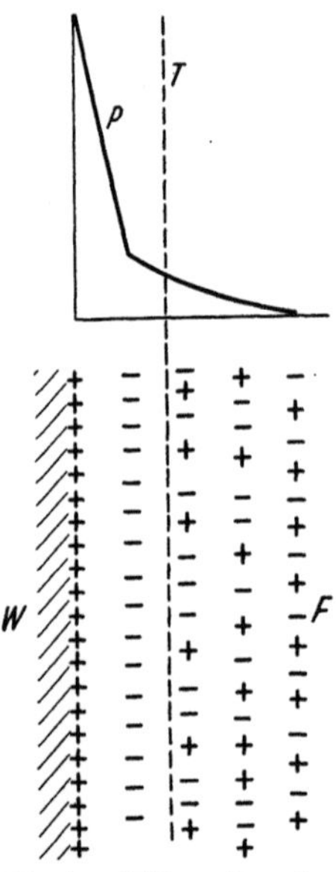

Abb. 84. Diffuse Doppel-
schicht. *W* Wand, *P* linearer
Potentialabfall, *T* Trennungs-
schicht, *F* Flüssigkeit (nach
Gouy, modifiziert durch
O. Stern)

Die Formulierung dieser Abhängigkeit, welche wesentlich früher als die der Debye-
Hückel-Theorie erfolgte (s. S. 138), bedient sich ähnlicher Gedankengänge. Praktisch besteht
der Unterschied beider darin, daß im 1. Fall die Anordnung der Ionen nach Art eines sehr
kleinen Kugel-, im vorliegenden nach der eines Plattenkondensators erfolgt. Die gestellte Aufgabe lautet, das Potential φ als Funktion des Abstandes x von der exakten Grenzschicht zu beschreiben. Der Quotient aus elektrischer und Wärmeenergie $(\varphi \cdot e_0 \cdot z/k \cdot T)$ bestimmt
wiederum die Verteilung der Ionen, welche sich unter dem Potential φ befinden; hierbei ist φ_0
das Potential im Abstande $x = 0$. $\varkappa$ besitzt den gleichen Wert wie bei Debye-Hückel;
seine reziproke Größe ist hier das Maß für die Dicke der Doppelschicht. Sie ist demnach in
der gleichen Weise von der Ionenstärke der Lösung abhängig wie der Radius der Ionenwolke
(s. S. 138). Das Potential vermindert sich exponentiell mit dem Abstand nach:

$$\varphi = \varphi_0 \cdot e^{-\varkappa x}, \tag{28}$$

d.h. bei $x = 1/\varkappa$ ist φ_0 auf den e-ten Teil gefallen bzw. bei $x \to \infty$ wird $\varphi \to 0$. Für kolloidchemische Probleme ist die Potentialgröße auf einer kleinen Kugelfläche mit dem Radius a
wichtig. Es gilt:

$$\varphi = \varphi_0 \cdot \frac{a}{r} \cdot e^{\varkappa (a-r)}, \tag{28a}$$

wo r der Abstand vom Kugelzentrum ist. Für die flächenförmige Doppelschicht ergibt sich,
daß die Ladungsdichte, ausgedrückt als Zahl der Elementarladungen pro cm² (γ'), linear

mit dem Potential φ_0 wächst [vgl. Gl. (32)], solange φ_0 klein ist:

$$\varphi_0 = \frac{4\pi \cdot e_0\,\gamma'}{\varepsilon} \cdot \frac{1}{\varkappa}, \quad \text{bzw.} \quad \gamma' = \frac{\varepsilon \cdot \varkappa\,\varphi_0}{4\pi\,e_0}. \tag{28b}$$

φ_0 ist also gerade so groß, als ob der einen Platte eines Kondensators die andere gleich große und entgegengesetzt geladene im Abstande $d = 1/\varkappa$ gegenüberstände (vgl. S. 139). Die Zahl der über einer Flächeneinheit vorhandenen Ladungen ist aus vorstehender Formel (28b) leicht zu entnehmen. Mit $\varkappa = 3 \cdot 10^7\ \mathrm{cm}^{-1}$ für eine $1n$-Lösung eines binären Elektrolyten nach (III 22) und φ_0 von 0,1 V ist

$$\gamma' = \frac{3 \cdot 10^7 \cdot 80 \cdot 0,1}{12,6 \cdot 4,8 \cdot 10^{-10}} = 4 \cdot 10^{16}\ e_0/\mathrm{cm}^2.$$

Die zugehörige Kapazität beträgt:

$$C = \frac{\mathrm{Coul}}{\mathrm{Volt} \cdot 300} = \frac{\gamma' \cdot 1,6 \cdot 10^{-19}}{0,1 \cdot 300} = 2 \cdot 10^{-4}\ \mathrm{Far/cm^2} = 200 \cdot \mu\mathrm{F/cm^2}.$$

Die experimentellen Befunde ergeben aber nun wesentlich kleinere maximale Flächenladungen, die in der Größenordnung bis $10^{15}\ e_0/\mathrm{cm}^2$ liegen, bzw. bis maximal $40\ \mu\mathrm{F/cm^2}$. Tatsächlich ist ja auch die Zahl der Molekeln, welche z. B. auf 1 cm² von reinem Wasser kommen, von der Größenordnung 10^{15} (s. S. 230), dabei entspricht die Packungsdichte hier schon rund 56 mol/Liter.

Diese Unzulänglichkeit der Theorie ist nicht nur auf eine Reihe von rechnerischen Vereinfachungen bei der Gewinnung der gebrachten Ansätze zurückzuführen. STERN (1924) überwand die geschilderte Schwierigkeit dadurch, daß er einen *Kondensator von der Dicke einer Ionenlage* einführte, an den sich *dann erst die diffuse Doppelschicht* anschließt. Dadurch fällt das Potential, anfänglich von e_0 ausgehend, nicht exponentiell sondern linear bis zum Beginn der diffusen Schicht und dann erst exponentiell ab. Die Gesamtkapazität der Doppelschicht (C_t) ergibt sich nach den Gesetzen zweier in Serie geschalteter Kondensatoren, des der molekularen (C_m) und der diffusen (C_d) Doppelschicht zu:

$$C_t = \frac{C_m \cdot C_d}{C_m + C_d} = \left(\frac{1}{C_m} + \frac{1}{C_d}\right)^{-1}. \tag{29}$$

Zu einem ähnlichen, aber formal einheitlichen Resultat gelangt man dadurch, daß die *Ionen nicht mehr als punktförmig* betrachtet werden, sondern, daß ihnen ein *endliches Volumen* zugesprochen wird, wie es zunächst von BIKERMAN vorgeschlagen wurde. Danach wird wie in konzentrierten Lösungen der nicht lösende und von den Ionen selbst eingenommene Raum vom Gesamtvolumen in Abzug gebracht. Tatsächlich liegt ja auch in der unmittelbaren Grenzschicht eine sehr hohe Flächendichte der adsorbierten Teilchen vor. Die abzuziehende Größe ist dann je nach den Ionenkonzentrationen in den einzelnen differentiellen Flächenschichten verschieden. Letztere selbst hängen wieder nach der Exponentialverteilung von dem an der jeweiligen Stelle gegebenem Potential, d. h. dem Quotienten der elektrischen und thermischen Energie ab. FREISE (1952) führte das Eigenvolumen der hydratisierten Ionen mit den $p \cdot V$-Gliedern als Summanden neben dem elektrochemischen Potential ein (vgl. S. 251) und gelangte zu einem ähnlichen Resultat wie WICKE und EIGEN bei der Behandlung konzentrierter Elektrolytlösungen (s. S. 141). OHLENBUSCH (1956) gelang auf dieser Basis eine grundsätzliche Behandlung der Potentiale an der Öl/Wasser-Grenze. Wegen der geringen Dielektrizitätskonstanten und der äußerst geringen Sättigungskonzentrationen für Ionen im Öl — also wegen des sehr hohen Widerstandes — erfolgt der Abfall der Galvanispannung im wesentlichen nicht in der wäßrigen, sondern in der Ölphase, obwohl der Ladungsüberschuß in beiden Phasen natürlich entgegengesetzt gleich ist. Das Dipolpotential wird im allgemeinen weitgehend durch die Ionenanhäufung kompensiert. Jedoch ist bei kleinem ε und daher niedriger Sättigungskonzentration eine Kompensation oft nicht zu erreichen. Im Grenzfall, in dem die Ionenlöslichkeit in Öl gleich Null gesetzt werden kann, findet sie überhaupt nicht statt. Sie kann dann auch nicht auf der wäßrigen Seite erfolgen, d.h. das Dipolpotential ist als Volta-Potential $\Delta\psi$ in voller Höhe meßbar. Demgegenüber findet der Abfall des durch die Adsorption von Ionen, z.B. der Ölsäure, bedingten Potentials praktisch ausschließlich in der wäßrigen Grenzschicht statt, d.h. die Gegenionen befinden sich hauptsächlich in der wäßrigen Phase.

Der Potentialverlauf kann hier mit dem von GRAHAME an der Hg-Oberfläche untersuchten verglichen werden. Dort ist eine äußere und innere Helmholtz-Schicht zu unterscheiden, welche dadurch zustande kommt, daß die *Anionen elektrisch leichter deformierbar sind und ihre Hydrathülle eher verlieren als die Kationen.* Letztere liegen also als positive Schicht weiter als die Anionen (2. Schicht) von der Hg-Grenze entfernt. Zwischen ihr und den Anionen befindet sich der ladungsfreie Raum (1. Schicht). Im Falle der Oleate liegt aber eine hydratisierte Anionenschicht vor, für die im Gegensatz zur ladungsfreien beim Hg der volle Wert der Dielektrizitätskonstanten eingesetzt werden kann. An die beschriebene 1. Schicht (etwa 5 Å) schließt sich die diffuse als zweite an. Ihr Anteil an der Gesamtkapazität ist hier größer als beim Hg. Es ergibt sich, daß φ_0 natürlich mit der Flächenbesetzung an Anionen γ' wächst; aber nur bei geringem γ' tritt noch eine Abhängigkeit von der Ionenstärke wie bei der Gouy-Theorie hervor, wobei die Kapazität der diffusen Schicht entscheidend ist. Beim Überwiegen der Flächendichte steigt das Potential der diffusen Schicht quadratisch mit ihr an. Für $c = 0{,}3$, also im Bereich physiologischer Ionenkonzentrationen, gilt als Näherungsformel (NETTER und OHLENBUSCH): $\varphi_0 = 2{,}34 \cdot 10^{-15} \cdot \gamma'$ (V), d.h. für $\gamma' = 10^{14}$ bei $c = 0{,}1$ ergeben sich 234 mV für φ_0.

Die Formulierung der Beziehungen zwischen Potential und Flächendichte erlaubt die Berechnung des Adsorptionsgleichgewichtes für Ionen schwacher grenzflächenaktiver Elektrolyte (OHLENBUSCH). Denn es handelt sich hierbei darum, die Adsorptionsarbeit in einen chemischen und elektrischen Teil aufzugliedern. Die Kenntnis des Potentials ermöglicht die Angabe des elektrischen Terms. Bei eingetretenem Gleichgewicht lassen sich für die Ionen und die undissoziierten Molekeln Adsorptionsisothermen nach dem Langmuir-Typ einsetzen. Beide enthalten aber Größen, die dem elektrischen Anteil Rechnung tragen.

Sei A die Verteilungskonstante zwischen der Grenzphase und der Lösung für die Molekel, A' für das Anion, gebe Di und Di' die Arbeiten an, welche bei der Adsorption beider gegen das Dipolpotential zu leisten ist, und sei das Glied $e^{-\frac{z \cdot F \cdot \varphi_0}{R \cdot T}}$ wie üblich mit ξ bezeichnet, dann gilt für die Flächenkonzentrationen beider Anteile Γ bzw. Γ' im Vergleich zum Sättigungswert Γ_∞ der Grenzschicht:

$$\Gamma = \Gamma_\infty \cdot \frac{c \cdot A \cdot Di}{1 + c \cdot A \cdot Di + c' \cdot A' \cdot Di'\,\xi} \quad \text{und} \quad \Gamma' = \Gamma_\infty \cdot \frac{c' \cdot A' \cdot Di'\,\xi}{1 + c \cdot A \cdot Di + c' \cdot A' \cdot Di'\,\xi}.$$

Hier ist c die Konzentration des undissoziierten Moleküls und c' die der Ionen im Inneren der Phase. Wenn die Dissoziationskonstante in der Grenzschicht K_g zu der in der Lösung (K) in folgende Beziehung gesetzt wird:

$$K_g = K\,\frac{A' \cdot Di'}{A \cdot Di},$$

ergibt sich für die Abhängigkeit der Adsorptionsgleichgewichte von der H^+-Ionenkonzentration:

$$\Gamma = \Gamma_\infty \cdot \frac{1}{1 + \dfrac{K_g\xi}{[H^+]}} \quad \text{und} \quad \Gamma' = \Gamma_\infty \cdot \frac{\dfrac{K_g\xi}{[H^+]}}{1 + \dfrac{K_g\xi}{[H^+]}}. \tag{30}$$

Der Dissoziationsgrad in der Grenzschicht ist:

$$\alpha_g = \frac{\Gamma'}{\Gamma + \Gamma'} = \frac{K_g \xi}{[\mathrm{H^+}] + K_g \xi} = \frac{K_g}{\dfrac{[\mathrm{H^+}]}{\xi} + K_g}. \tag{30a}$$

Gegenüber der Gleichung für α in der „vollen" Lösung (III) zeigt sich also, daß die Dissoziationskonstante durch das elektrische Glied verändert wird, bzw. dem rechten Ausdruck vorstehender Gleichung entsprechend, daß die Aktivität der Protonen in der Grenzschicht durch den gleichen Faktor umgekehrt beeinflußt wird. Praktisch kommt es auf das gleiche hinaus, ob die *Aktivität der H-Ionen gesteigert oder die Dissoziationskonstante* in der Grenzschicht *verkleinert* wird. Der Einfluß des unter 1 gelegenen Wertes von ξ führt zu einer Abflachung der Disso-ziationskurven und zu ihrer Verschiebung ins Alkalische, wenn man sie mit denen in wäßriger Lösung vergleicht (s. Abb. 85). Das letztere ist häufig beobachtet bzw. gefolgert worden. Zum Beispiel hat DANIELLI aus beistehenden Kurven abgeleitet, daß der Gang der Grenzflächenspannung mit dem pH der Dissoziationskurve des Fettsäurefilmes parallel verlaufe. Die Verhältnisse liegen jedoch insofern komplexer, als die Spannungsherabsetzung nicht der Konzentration des Oleates in der Grenzschicht, sondern nach GIBBS ihrem log. proportional

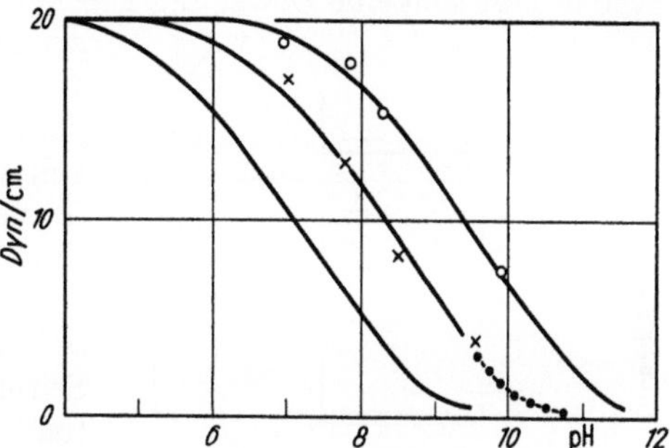

Abb. 85. pH-Einfluß auf die Grenzflächenspannung eines Seifenfilms. —— in 0,4 mol Phosphat; $+-+-$ Puffer 20fach, $\cdot - \cdot -$ 400fach mit aq. dest. verdünnt. Verdünnung mit 0,4 Mol NaCl verhindert die Kurvenverschiebung: 10% Ölsäure in Brombenzol (nach DANIELLI 1941)

sein muß. Der Zusammenhang zwischen Potential, Flächenkonzentration und Spannungssenkung wurde für den vorliegenden Fall wiederum von OHLENBUSCH aus der Gibbs-Gleichung (15) abgeleitet.

Nach ihr kann man setzen:

$$d\sigma = -\Gamma' d\mu' = \Gamma' d\mu_{\mathrm{H^+}} = \Gamma' \cdot RT\, d\ln [\mathrm{H^+}] = RT\, \Gamma_\infty \frac{K_g \xi}{[\mathrm{H^+}] + K_g \xi}\, d\ln [\mathrm{H^+}]. \tag{31}$$

Die Integration ergibt:

$$\sigma_0 - \sigma = RT\, \Gamma_\infty \cdot \ln\left(1 + K_g \xi/[\mathrm{H^+}]\right) + z \cdot F \int_0^{\varphi_0} \Gamma'\, d\varphi_0. \tag{31a}$$

Es liegt also eine *um ein elektrisches Glied erweiterte Syzskowsky-Gleichung* vor. Die Auswertung des letzteren ist auf Grund der Kenntnis von φ_0 möglich. Mit ihr und mit dem nach (19a) ermittelten Γ_∞-Werten ergibt sich in den bisher untersuchten Fällen eine gute Übereinstimmung mit den Messungen über die Abhängigkeit der Grenzflächenspannung vom pH. Dabei wurde für die Potentialberechnung die Dielektrizitätskonstante des Wassers benutzt. pK_g ergab sich mit 5,2 als unwesentlich verschieden vom $\mathrm{pK} = 4{,}8$ der niedrigen wasserlöslichen Fettsäuren. Daraus ist nach (30) zu folgern, daß die Grenzflächenaktivität der Anionen und der Fettsäuremolekeln von etwa der gleichen Größenordnung sein muß. Die Herabsetzung von σ mit steigendem pH kommt durch den höheren Anionengehalt in der wäßrigen Phase zustande. Durch diese Untersuchungen ist es gelungen, die Änderungen der mechanischen Grenzflächenspannung mit dem Potentialverlauf in der elektrischen Doppelschicht in quantitative Beziehung zu setzen.

Elektrokinetische Vorgänge

Die gegebene Theorie ist in gleicher Weise auf die wäßrige Doppelschicht an festen Grenzflächen anzuwenden, welche Ionen adsorbieren oder abdissoziieren lassen. Richtung und Verlauf des Potentials sind vor allem hier ausschlaggebend für den Vorgang der mechanischen Bewegung, welche zwischen dem

geladenen Wandmaterial und der anhaftenden Flüssigkeit vonstatten gehen
kann oder sich zwischen gleichartigen Nachbarteilen von kolloidaler Größe
vollzieht. Damit werden 2 Erscheinungsbereiche unmittelbar mit den Eigenschaften der diffusen *Doppelschicht in Beziehung* gesetzt, die Gesetzmäßigkeit
der Kolloidstabilität (s. S. 353) und die der sog. *elektrokinetischen Prozesse*, auf
welche zunächst einzugehen ist.

Die Möglichkeit, *Ladungen* durch Reibung, d.h. die in den Oberflächen-
kondensatoren vorhandenen Elektrizitätsträger *durch Fortnahme einer Schicht*,
gewissermaßen also einer Kondensatorplatte, *zu trennen*, ist altbekannt. So geschieht die Erzeugung von Elektrizität in der Elektrisiermaschine oder von atmo-
sphärischen Spannungen durch den Fall der Regentropfen u. a. Im wäßrigen
System läßt sich eine Bewegung gegengesetzt geladener Schichten gegeneinander

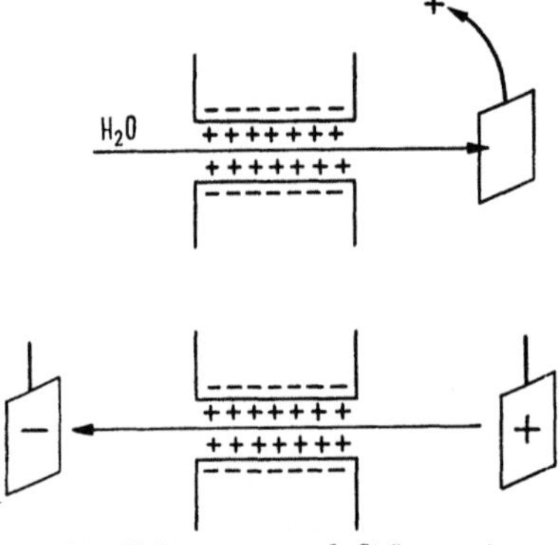

Abb. 86. Elektroosmose und Strömungsstrom.
Die obere Pore gibt die elektrische Stromrichtung
bei mechanischer Flüssigkeitsbewegung (Strömungsstrom), die untere die Richtung der elektroosmotischen Wasserbewegung im
elektrischen Feld an

primär auf mechanischem oder elektrischem
Wege erzwingen. Dabei bleibt entweder das
poröse Wandmaterial gegenüber der Flüssigkeit, welche es durchsetzt, unbewegt, oder frei
flottierende Teilchen bewegen sich in der
Flüssigkeit. Als Beispiel mögen die *Elektroosmose* und ihre Umkehrung, der *Strömungsstrom*, kurz erläutert werden. Wird auf beiden
Seiten einer porösen Membran eine Potentialdifferenz angelegt, so wandert Wasser von
der positiven zur negativen Membranseite,
falls das Porenmaterial negative Ladung trägt
(s. Abb. 86). Denn dann führt die bewegliche
wäßrige Phase in der eben beschriebenen
Gleitschicht eine positive Überschußladung.
Umgekehrt wird bei mechanischer Wasserbewegung durch die Poren dieser Überschuß

positiver Ladungsträger aus der Porenflüssigkeit mitbewegt, so daß ein Strom entsteht, welcher in diesem Falle wie die mechanische Bewegung gerichtet und bei
positiver Wandladung ihr entgegengesetzt fließt. In ähnlicher Weise kommt auch
die Wanderung freier Teilchen wie Bakterien, Blutzellen usw. im elektrischen
Felde zustande *(Kataphorese,* besser *Elektrophorese).* Die Umkehrung dieser
Vorgänge sind die schwachen *Ströme,* welche durch bewegte, also z.B. *fallende
Teilchen* erzeugt werden (Dorn-Effekt).

Die *Geschwindigkeit* der elektrophoretischen oder der elektroosmotischen
Bewegung ist dem angelegten elektrischen Feld V/cm(X) direkt proportional,
und ihre absolute Geschwindigkeit in cm sec^{-1}/V · cm^{-2} ist von der gleichen Größenordnung wie die der elektrolytischen Bewegung bei den kleinen Ionen (absolute
Ionengeschwindigkeit, s. S. 120).

Schon HELMHOLTZ und nach ihm v. SMOLUCHOWSKI (1903) setzten die Geschwindigkeit zur Größe des Potentials des Doppelschichtenkondensators in
Beziehung. Sei d der Plattenabstand, sei ζ das bestimmende „elektrokinetische"
Potential in der Doppelschicht und $\Gamma' \cdot e_0 = \Lambda_G$ die bewegte Ladung, dann ist
mit der Kapazität C:

$$C = \frac{\Lambda_G}{\zeta} = \frac{\varepsilon}{4\pi d} \quad \text{und} \quad \zeta = \frac{\Lambda_G \cdot 4\pi d}{\varepsilon} \quad \text{(vgl. 28b)} . \tag{32}$$

Die an der Ladung Λ_G angreifende Kraft ist $X \cdot \Lambda_G$. Setzt man sie im Zustande
der gleichförmigen Bewegung mit der mechanischen Widerstandskraft gegen

die Bewegung im Medium der inneren Reibung $\left(\eta\,\dfrac{v}{d}\right)$ gleich, dann erhält man für die elektrophoretische Geschwindigkeit v:

$$v = \zeta\,\varepsilon X/4\pi\eta \tag{32a}$$

bzw. für das ζ-Potential:

$$\zeta = \frac{4\pi\eta v}{\varepsilon X} = \frac{v\,\eta}{80\,X}\;\frac{12{,}6\cdot 3\cdot 10^2\cdot 10^3}{(3\cdot 10^2)^{-1}\cdot 10^4} = 1400\cdot\frac{v\cdot\eta}{X}\ \text{mV}, \tag{32b}$$

wenn v in $\mu\cdot\sec^{-1}$, d.h. in $10^{-4}\,\text{cm}\cdot\sec^{-1}$, angegeben wird. Beim Einsetzen von ζ und X sind elektrostatische Potentialeinheiten zu verwenden, welche $3\cdot 10^2$fach größer sind als das gewöhnliche Volt. Ebenso ist η als absolute Größe einzusetzen, also für Wasser bei 20° mit 0,01 Poise (s. S. 308). Unter dieser Bedingung wird: $\zeta = 14\cdot v/X$ mV.

Nach den Untersuchungen von HENRY (1931) gilt der Zahlenfaktor 4 in obenstehender Gleichung nur für Partikelchen, deren Durchmesser mehr als das 300fache von der Dicke der Doppelschicht (d) beträgt; sind beide von gleicher Größenordnung, dann ergibt sich der von DEBYE und HÜCKEL geforderte Wert 6. Außerdem ist die Geschwindigkeit nicht ganz unabhängig von der spezifischen Leitfähigkeit der Flüssigkeit ($\varkappa$) und des Partikelchens ($\varkappa'$) in dem Sinne, daß als weiterer Faktor auf der rechten Seite der letzten Gleichung $3\varkappa/(2\varkappa+\varkappa')$ einzuführen ist. Als experimentelles Ergebnis zeigte sich immer wieder, daß die Form bei mikroskopisch sichtbaren Teilchen keinen Einfluß auf v ausübt. Dagegen wandern kugelförmige kolloidale Partikelchen und Makromolekeln schneller als gestreckte von gleicher Größe. Man hat für sie statt 4π einen von der Form der Teilchen abhängigen Faktor (β) einzuführen, der von HENRY und von GORIN (1941) angegeben wurde, aber den offenbar unerheblichen Einfluß einer Relaxationszeit noch nicht berücksichtigt (vgl. ABRAMSON 1948).

Die angegebene Beziehung (32b) gilt auch für die *elektroosmotische Bewegung*; jedoch wird hierbei meistens nicht die Geschwindigkeit, sondern das Volumen der in 1 sec bewegten Flüssigkeit bestimmt (V_g). Bei geeignetem Porenquerschnitt (q), welcher genügend groß gegenüber der durch die Doppelschicht bedeckten Fläche sein muß, gilt dann: $V_g = v\cdot q$. Da q nicht ohne weiteres bekannt ist, ist aus der spezifischen Leitfähigkeit der Flüssigkeit ($\varkappa$) und aus der Stromstärke (i) während der elektrischen Wasserüberführung der wirksame mittlere Querschnitt nach dem Ohmschen Gesetz zu errechnen:

$$q = \frac{i}{\varkappa X}.\quad \text{Damit wird}\quad \frac{V_g}{i} = \frac{\varepsilon\zeta}{4\pi\eta\varkappa} = ES. \tag{33}$$

Bei dieser Überlegung ist die Oberflächenleitfähigkeit durch die Doppelschicht vernachlässigt worden. Die gleiche Beziehung gilt für die Erzeugung eines Stromes beim Hindurchpressen des Volumens V_g durch die Poren oder durch eine Capillare. Sei p die angelegte Druckdifferenz, dann hat $V_g\cdot p$ die Dimension einer mechanischen (Druck$\times$Volumen-) Arbeit pro Zeit, d.h. einer Leistung; das gleiche trifft für $i\cdot X$ zu, da $i =$ Coul/sec. Beide Leistungen sind, wie das Experiment bestätigt, im stationären Zustand einander gleich zu setzen, d.h.:

$$V_g\cdot p = i\cdot X\quad \text{bzw.}\quad \frac{V_g}{i} = \frac{X}{p}.$$

Die erzeugte Feldstärke X steigt also mit dem angelegten Druck proportional an: $X = p\cdot ES$. Die Übereinstimmung beider Vorgänge ist aber nur an einzelnen Capillaren gut reproduzierbar, so daß Folgerungen hinsichtlich der Größe des ζ-Potentials auch nur aus Versuchen an letzteren zu ziehen sind. Die *exakte Umkehrbarkeit beider Vorgänge*, die mit einer stationären mechanischen und elektrischen Strömung verknüpft sind, *ist ein Beispiel für die Reziprozität irreversibler Prozesse* [OVERBEEK (50), s. S. 635].

Strömungsströme können zur *Erklärung der Transposition von mechanischer in elektrische Energie* herangezogen werden, wie bei der Auslösung von Berührungsempfindungen oder der Reizung des Cortischen Organes im Ohr. Würden hierbei Flüssigkeitsverschiebungen in Membranporen zustande kommen, dann müßte mit dem Auftreten von Strömungsströmen gerechnet werden. Ob letztere physiologisch von Bedeutung sind, ist zur Zeit noch nicht zu übersehen. Umgekehrt ist auch die Wasserbewegung durch poröse Strukturen unter dem Einfluß von Potentialen, d.h. der elektroosmotische Drucke, in seiner Bedeutung für die physiologischen Wasserverschiebungen zur Zeit noch ungeklärt (s. S. 287). Methodisch ist das Auftreten von Strömungsströmen dann zu beachten, wenn Potentialmessungen mit Pt- oder anderen Metallelektroden in strömenden Flüssigkeiten vorgenommen werden. Merklich empfindlich ist in dieser Beziehung die Antimonelektrode, welche gelegentlich zur pH-Messung benutzt wurde. Wahrscheinlich sind bei der Einführung von Arzneimitteln mit Hilfe der sog. Iontophorese elektroosmotische und elektrophoretische Transportvorgänge durch die Haut beteiligt.

Allgemeine Bedeutung der Elektrophorese

Die Messung der *Teilchengeschwindigkeit* im elektrischen Feld kann als mikroskopische oder als Zonen-*Elektrophorese* durchgeführt werden. Beide dienen verschiedenen Zwecken. Bei der *mikroskopischen Methode* wird die immer recht gleichförmige Geschwindigkeit der einzelnen gleichartigen Teilchen direkt durch Beobachtung der Wanderung in Mikroelektrophoresezellen gemessen. Bei Anlegung des Potentials von beiden Seiten der Kammer her wird auch eine elektroosmotische Flüssigkeitsbewegung an ihren Wänden hervorgerufen, die sich der Teilchenbewegung überlagert. Sie kann aber in langen rechteckig gebauten Kammern geeigneter Größe bei geringer Höhe mathematisch gut beherrscht oder bei größerer Höhe durch Messung in der Mittelhöhe praktisch ausgeschaltet werden. Wenn die Zelle genügend breit im

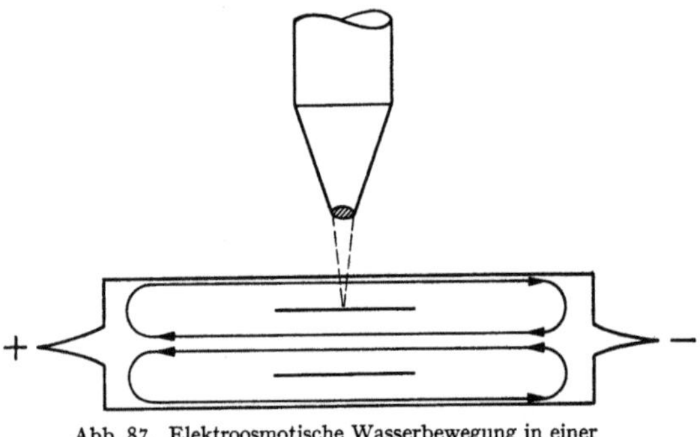

Abb. 87. Elektroosmotische Wasserbewegung in einer Mikroelektrophorese-Kammer

Verhältnis zur Höhe ist, zeigt die Theorie von SMOLUCHOWSKI, daß die beiden durch einen horizontalen Strich markierten strömungsfreien Zonen (Abb. 87) bei 0,212 und 0,788 der Kammertiefe liegen. Man hat also die elektrophoretische Geschwindigkeit in $^1/_5$ und $^4/_5$ der Kammertiefe zu messen. Bei schmaleren Zellen rücken die geeigneten Indifferenzzonen der Wasserbewegung näher an die Kammerflächen heran [KOMAGATA (40)]. In der Kolloidchemie ist die Bestimmung der elektrophoretischen Wanderung von Ultrateilchen, also die *ultramikroskopische Kataphorese*, wichtig geworden.

Zur Messung eignen sich alle frei beweglichen Teilchen von den Micellen bis zu suspendierten sichtbaren Partikelchen, Mitochondrien, Bakterien und Zellen oder Zellverbänden. *Die meisten Zellen und Biokolloide wandern in ihrem physiologischen Milieu anodisch*, d.h. der an ihnen haftende Teil der diffusen Doppelschicht trägt negative Ladung. Nur bei Spirochäten, Trypanosomen, einigen Leukocyten und Blutzellen von Sipunculus wird eine positive Ladung gefunden. Die anionische Aufladung ist wie bei den Aminosäuren und Eiweißen unter dem Einfluß von H^+- und allen mehrwertigen Kationen zu verringern, aufzuheben und schließlich umzukehren.

Man hat versucht, durch Feststellung der Konzentration an La^{3+}-Ionen, bei der die Teilchen nicht wandern, also entladen sind, Aufschluß über die Ladungsgröße im unbeeinflußten Zustand zu erhalten (HÖBER). Man bekommt aber auf diese Weise nur Auskunft über die Entladbarkeit. Sie ist je nach der Natur der Stoffe, d.h. der Aufnahmefähigkeit für die entladenden Ionen, sehr verschieden. Sie sagt aber nichts über das vorliegende Potential aus. Es kann nur nach (32b) aus der Wanderungsgeschwindigkeit berechnet werden (NETTER 1925). So zeigen z.B. Pferde- und Rindererythrocyten ein etwa gleich hohes ζ-Potential von 20—25 mV, aber die ersteren werden durch La^{3+}-Ionen sehr viel leichter entladen. Das Verhalten der Zellen spricht im allgemeinen dafür, daß ihre Oberfläche mit leicht abgebbaren Proteinen besetzt ist (NETTER), welche sich auf einer lipoidreichen Unterlage befinden (ABRAMSON). Es zeigt sich nämlich, daß bei der Steigerung der H^+-Konzentration Eiweißkörper des Plasma auf den Körperchen niedergeschlagen werden und ihnen so ihren eigenen isoelektrischen Punkt verleihen. Intensives Wasches unter peinlicher Vermeidung der Hämolyse schiebt aber den isoelektrischen Punkt weiter ins Saure, als er den reinen Eiweißen zukommt. So haben in Salzlösungen gewaschene Rindererythrocyten z. B. einen IP von 3,7, beim Schaf und Menschen von 3,6. Wahrscheinlich entsprechen diese Werte noch nicht dem eigentlichen Material der Außenschicht, dessen IP gegen pH 2 gelegen zu sein scheint (FURCHGOTT und PONDER). Artspezifische Unterschiede äußern sich auch in verschieden hohen Potentialwerten, welche die Körperchen bei gleichem pH besitzen. Es zeigt sich, daß es bei Kaninchen etwa nur $1/3$, beim Schwein $2/3$ und beim Menschen $4/5$ des vom Hund oder des Pferdes beträgt (vgl. ABRAMSON).

Trägt man nicht Blutkörperchen, sondern andere Partikelchen, wie Kollodiumteilchen, Cholesterin, Kaolinsuspensionen in Eiweißlösungen ein, zentrifugiert und suspendiert in eiweißfreiem Milieu, dann nehmen die Teilchen die Wanderungseigenschaften der Eiweißstoffe an (LOEB, NETTER, ABRAMSON). *Die Eiweiße werden an die Teilchenoberflächen adsorbiert.* Dabei ergibt sich, daß das Potentialverhalten der Suspensionen in gleicher Weise von den Eiweißen der verschiedenen Serumarten, vom pH und von der Ionenstärke bestimmt wird, wie es bei den zugehörigen Körperchen der Fall ist, so daß für das Heranziehen von Membranpotentialen (s. S. 273) zur Erklärung der ζ-Potentiale an Erythrocyten keine Veranlassung besteht (NETTER). Schon mit äußerst kleinen zugesetzten Mengen von Proteinen oder deren Spaltprodukten kann auf diese Weise die mikroelektrophoretische Bestimmung ihres IP vorgenommen werden. Hierbei zeigt sich im allgemeinen eine gute Übereinstimmung zwischen dem des gelösten und adsorbierten Eiweißes (MOYER), obwohl die Adsorption mit Denaturierungsvorgängen verknüpft sein dürfte. Besonders deutlich läßt sich bei derartigen Versuchen die Verschiebung des IP zur sauren Reaktion demonstrieren, welche in Lösungen mit steigender Ionenstärke auftritt (s. S. 333).

Tabelle 57.
Elektrophoretische Beweglichkeit roter Blutzellen (in $cm^2\,V^{-1}\,sec^{-1}\cdot 10^5$) nach H. A. ABRAMSON

Kaninchen . . .	5,5
Schwein	9,8
Meerschweinchen .	11,1
Mensch	13,1
Rhesus-Affe . . .	13,3
Katze	13,9
Ratte	14,5
Hund	16,5

BURNET (1946) fand, daß Choleravibrionen ein Ferment abgeben, welches virusbindende Receptoren auf der Oberfläche menschlicher Erythrocyten zerstört (receptor destroying enzyme, RDE). Nach KLENK (1956) wird bei diesem Vorgang Acetyl-Neuraminsäure abgespalten. PIPER (1957) zeigte nun durch Messung der elektrophoretischen Wanderungsgeschwindigkeit, daß mit der Abspaltung der Säuregruppe eine Verschiebung des IP der Körperchen von pH 2 bis pH 5,7 einhergeht. Sie beruht nicht auf einer gesteigerten Adsorbierbarkeit von Protein. Diese wird vielmehr durch jene Veränderung fast ganz aufgehoben. Danach muß die Carboxylgruppe der Neuraminsäure an der Erzeugung der elektrischen Doppelschicht entscheidend beteiligt sein. Man setze nun voraus, daß jene Säuregruppe als alleiniger Receptor für die Adsorption von zugesetztem Hämoglobin diene. Dann ergibt sich aus der Minderadsorption nach Abspaltung der Neuraminsäure, daß der Säure-Hb-Komplex etwa die Hälfte der Körperchenoberfläche einnimmt. Die Feststellung von dem Vorkommen der Neuraminsäure — wahrscheinlich gebunden an Membraneiweiß — auf der Außenseite der Zellmembran dürfte nicht auf die Blutkörperchen beschränkt sein.

Die Bedeutung der elektrokinetischen Potentiale ist immer wieder mit der *Agglutination* sensibilisierter Bakterien oder Erythrocyten, mit der Sedimentierungsgeschwindigkeit bei der Blutkörperchensenkungsreaktion und mit den spezifischen Präcipitationen von Eiweißen im Zusammenhang gebracht worden. Obwohl die Verhältnisse tatsächlich komplizierter liegen — wie im Kapitel über die Kolloidstabilität darzulegen ist —, soll hier nur das Erfahrungsmaterial unter Beachtung des sog. *kritischen Potentials* gesichtet werden. Man versteht unter letzteren jenes ζ-Potential, dessen Unterschreitung mit einer Teilchenaggregation einhergeht. Tatsächlich läßt sich unter vielen Bedingungen ein derartiger kritischer Wert angeben. Bei wenig wasseraffinen Schichten liegt er zwischen 15 und 25 mV. Darin kommt zum Ausdruck, daß das Vorhandensein oder *Bestehenbleiben einer Doppelschicht in gewisser Höhe der Kohäsionskraft* sich annähernder Teilchen *entgegenwirkt*. Wachsen die anziehenden Kräfte, dann wird zur Verhinderung der Koagulation ein höheres Doppelschicht-Potential, d.h. kritisches Potential erforderlich sein.

Die *qualitativen Veränderungen* der Grenzschicht, vor allem also an den Eiweißen und Lipoiden, können sich in zweierlei Richtungen äußern: 1. Sie erleichtern die Entladbarkeit durch Milieueinfluß (H^+-, OH^--Kationen, Anionen, Ionenstärke, Temperatur) oder 2. sie verändern das kritische Potential, d.h. die Minimalspannung, welche zur Aufrechterhaltung der Doppelschicht erforderlich ist. Seine Heraufsetzung fördert die Agglutination, die Herabsetzung stabilisiert. Herabsetzung auf Null bedeutet eine derartige Zunahme der Affinität zum Lösungsmittel, daß auch bei nicht vorhandener elektrophoretischer Wanderung, also beim isoelektrischen Verhalten, Stabilität vorliegt. Da auch bei gesteigerter Sedimentierung der Erythrocyten oft keine Herabsetzung des ζ-Potentials gegeben ist, muß in diesem Fall die Hydratation der Oberflächen verringert oder die Kohäsion der Teilchen durch den zugrunde liegenden Vorgang vermehrt worden sein. Derartige Steigerungen des kritischen Potentials bedingen auch die Bakterienagglutinationen unter dem Einfluß sensibilisierender Agentien. Die Höhe des kritischen Potentials ist bisweilen auch von Milieueinflüssen abhängig. So können Blutkörperchen trotz geringen ζ-Potentials in $CaCl_2$-Lösungen stabil bleiben. Umgekehrt ist bei niedriger Ionenstärke oft ein höheres Potential zur Stabilisierung erforderlich, wie es NORTHROP auch bei Bakterien beobachtete. Mit spezifischem Immunserum behandelte Bakterien

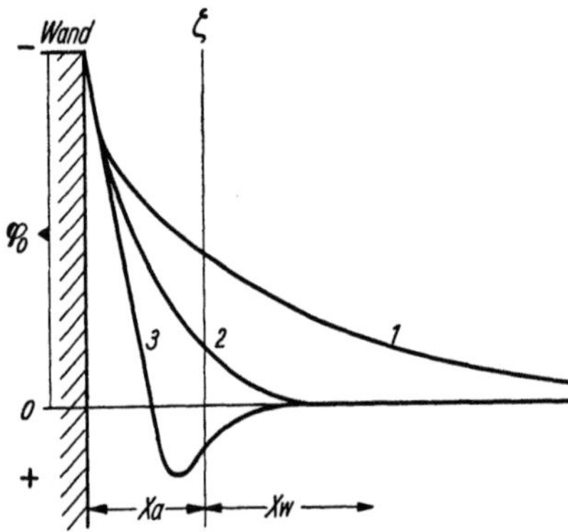

Abb. 88. Potentialverlauf in der Doppelschicht.
1. Bei niedriger, *2*. bei hoher Ionenstärke, *3*. bei Adsorption grenzflächenaktiver Gegenionen. Schnittpunkt mit der ζ-Linie gibt die ζ-Potentiale; x_a Dicke der adhärierenden Flüssigkeitshaut

behalten jedoch in höherer Salzkonzentration ein hohes kritisches Potential, d.h. sie werden auch in diesem Milieu leicht agglutiniert. Die Proteinveränderung kann als Denaturierung (s. S. 350), Schutzwirkung (s. S. 362) oder bei Fadenmolekeln als beginnende Gelbildung (s. S. 363), also Vernetzung zwischen den Teilchen in Erscheinung treten.

Die Ergebnisse mikroelektrophoretischer Messungen können nur dann richtig gewertet werden, wenn der *Zusammenhang der ζ-Potentiale mit dem Aufbau der Doppelschicht* und mit den *thermodynamisch berechenbaren Elektrodenpotentialen* bekannt ist. Das Zustandekommen der Ströme aus beiden Potentialen unterscheidet sich durch die Wanderungsrichtung der Elektrizitätsträger während der Messung. Sie erfolgt bei der Stromentnahme aus irgendwie gearteten Elementen senkrecht, bei der Messung der ζ-Potentiale aber nur parallel bzw. tangential zur Grenzfläche. Denn immer verschiebt sich hierbei die Flüssigkeit im Vergleich zur anderen, z.B. der feststehenden Phase. Dabei nimmt sie die Ionenüberschüsse, welche sich in dem beweglichen Anteil der diffusen Doppelschicht befinden, mit sich, während der Aufbau der neuen Schicht die entsprechende Überschußladung aus dem elektroneutralen Wasser neu übernimmt. Es wird also der Potentialsprung gemessen, welcher sich an jener Stelle befindet, an der die festanhaftende Flüssigkeitslamelle sich von der bewegten trennt. Aus diesem Grunde wird immer nur ein Teil des Doppelschichtenpotentials im ζ-Wert zum Ausdruck kommen. Er ist um so größer, je weiter sich die Doppelschicht in die Flüssigkeit erstreckt, d.h. je niedriger die Ionenstärke bei gleichbleibendem Wandschichtenpotential, also bei gleichem φ_0 ist (Abb. 88). Aus dieser Darstellung geht hervor, daß die ζ-Potentiale nur Änderungen der φ_0-Werte oder solche im Potentialablauf zum Ausdruck bringen können. Ihre Höhe erlaubt jedoch keinen Schluß auf die absolute Größe von φ_0. Mit Sicherheit kann auch nicht gesagt werden, daß bei fehlender elektrophoretischer Bewegung keine Doppelschicht vorliegt, obwohl das in manchen Fällen zutreffen dürfte. Aber bei der Anwesenheit stark adsorbierbarer Ionen, welche durch chemische Kräfte gebunden werden und zur Wand entgegengesetzte Ladung tragen, kann ein phasischer Verlauf der Spannung in der Doppelschicht eintreten, welcher den ζ-Potentialen eine andere Richtung erteilt, als sie der Potentialdifferenz zwischen der Grenze und dem Flüssigkeitsinnern entspricht. So kann das Strömungspotential an der Wand von Glascapillaren durch adsorbierte Kationen von Farbstoffen oder seltenen Erden stark positive Ladungen anzeigen oder auch ausgesprochen negativ sein. Eine Glaselektrode aus dem gleichen Material oder die gleiche Capillare zeigt bei Anwesenheit der genannten Ionen und bei transversaler Messung jedoch ein eindeutig reversibles Potential, das ausschließlich durch den Quotienten der H^+-Ionenaktivitäten in den beiderseitigen Lösungen bestimmt wird (FREUNDLICH und RONA 1920).

Die ζ-Potentiale sind also *als qualitative Hinweise zur Analyse des Grenzflächenaufbaues* verwendbar, für eine quantitative Theorie der Stabilitätserscheinungen geben sie aber nicht genügend sichere Auskunft vom Verlauf des Doppelschichtenpotentials. Dagegen ist bei gleichbleibender Ionenstärke, also gleichartigem Verlauf des diffusen Potentialanteils, aber bei wechselnden pH-Werten eine *Proportionalität zwischen der elektrophoretischen Geschwindigkeit und den gebundenen H^+ oder OH^--Ionen* zu erwarten, wie besonders ABRAMSON gefordert und abgeleitet hat. Denn das ζ-Potential muß sich unter dieser Bedingung parallel mit der Ladung verschieben. Die Ladung wird bei Proteinen durch die Zahl der dissoziierten Gruppen eines Vorzeichens bestimmt, welche nicht durch die mit dem anderen aus der gleichen Molekel ausgeglichen sind. Die Veränderung der Dissoziation aber wird durch die Menge der Protonen beherrscht, welche beim Übergang zwischen zwei pH-Werten aufgenommen oder abgegeben werden. Daher wird die Kurve der Wanderungsgeschwindigkeit praktisch die gleiche Neigung aufweisen müssen wie sie die Titrationskurve des zugehörigen Proteins gegenüber der pH-Achse besitzt (LONGSWORTH u. a. 1941).

Wenn man die Ladung ($Z = z \cdot e_0$) des Teilchens mit dem Radius r Å im Abstande d Å von der Oberfläche, d.h. an der Stelle, die das ζ-Potential bestimmt, als die eine Belegung eines Kugelkondensators ansieht, so ist ζ in erster Annäherung das Potential des Kondensators r vermindert um das der Doppelschicht bis d, d.h.:

$$\zeta = \frac{Z}{\varepsilon \cdot r} - \frac{Z}{\varepsilon (r+d)} = \frac{Z}{\varepsilon \cdot r} \cdot \frac{d}{r+d}; \quad \zeta = \frac{Z}{\varepsilon \cdot r \left(\dfrac{r}{d} + 1\right)} (1000 \cdot 300) \text{ mV}. \quad (34)$$

Für $r \gg d$ wird $\zeta = Z \cdot d / \varepsilon \cdot r^2$, für $r \ll d$ wird es $\zeta = Z / \varepsilon \cdot r$.

Die Auswertung der letzten Beziehung ergibt, daß auch die kleinen Ionen im Wasser ζ-Potentiale besitzen, welche selten 60 mV überschreiten. Diese Zahl wird von kolloidalen Teilchen kaum erreicht. Bezeichnet man die Geschwindigkeit im Einheitsfeld ($X = 1$) mit $\bar{v}$, dann ist nach (32a) und (34)

$$\bar{v} = \frac{Z}{\beta \eta r \left(\dfrac{r}{d} + 1\right)}, \quad (34\,\text{a})$$

für $r \gg d$ gilt:

$$\bar{v} = \frac{Z d}{4 \pi \eta r^2} \quad (34\,\text{b})$$

und für $r \ll d$:

$$\bar{v} = \frac{Z}{6 \pi \eta r}. \quad (34\,\text{c})$$

Zweifellos ist der letzte Ausdruck für kleine Ionen zutreffend, bei Proteinen kann aber auch in physiologischer Ionenstärke d mit 5—10 Å noch nicht gegenüber $r\,(>20\,\text{Å})$ vernachlässigt werden, so daß in (34a) ein individueller Zahlenfaktor (β) eingeführt werden mußte, der auf die Größe und die Form der Teilchen Rücksicht nimmt.

Schon bei der Messung der Beweglichkeit von Teilchen, welche in der oben geschilderten Art mit Proteinen beladen sind, läßt sich oft eine gleiche Neigung der Geschwindigkeits- und Titrationskurve feststellen. Um aber die bei der Beladung mögliche Denaturierung auszuschließen, ist zur Analyse das *makroskopische Verfahren* vorzuziehen, bei dem die Wanderungsgeschwindigkeit in den Eiweißlösungen *mit optischen Methoden* nach dem Prinzip der ,,wandernden

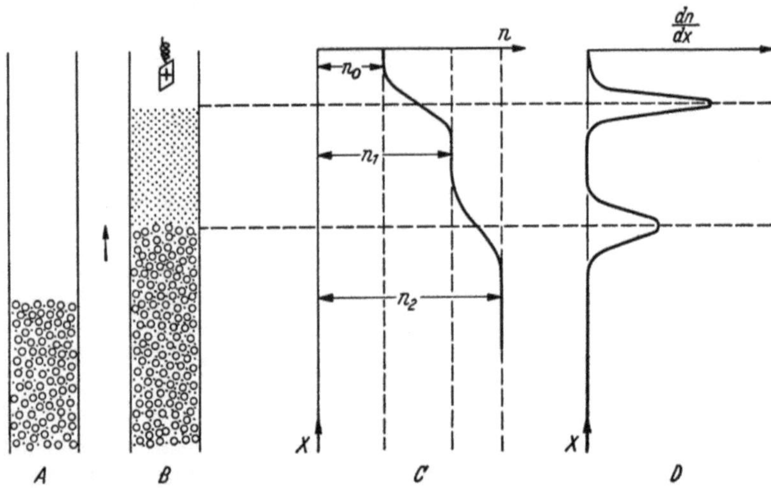

Abb. 89a—d. Trennung zweier Komponenten bei der Elektrophorese [(nach LEUTHARDT(2)]. a Bei Beginn, b nach Ende der Wanderung. c Zugehöriger Verlauf des Brechungsindex und d Verlauf des Indexgradienten in der Wanderungsrichtung

Grenzschicht" verfolgt wird. Die heute zur Vollkommenheit entwickelten *Elektrophorese-Apparate* sind eine Weiterbildung der Nernstschen U-Rohranordnung. Bei ihnen befinden sich die Elektroden in beiden Schenkeln, während die Lösung des zu untersuchenden Stoffes symmetrisch unter die Elektrodenflüssigkeit geschichtet wird. Seine Wanderung erfolgt nach Stromschluß in der entsprechenden Richtung. Es ist wichtig festzustellen, daß sie sich mit gleichförmiger Geschwindigkeit vollzieht, falls keine Störung durch die Nähe der Wand und durch die Wärmekonvektion eintritt. Wenn vor der Wanderung eine scharfe Trennfläche zwischen Protein und eiweißfreier Pufferlösung bestand, findet ihre Verschiebung mit der der entsprechenden Fraktion eigenen Geschwindigkeit statt. Aus einer Mischung von Stoffen mit verschiedener Beweglichkeit werden sich also verschiedene Fronten abtrennen. Ihre Entfernung vom Startpunkt bei gegebenem elektrischen Feld und nach bestimmter Zeit festzustellen, gelingt mit Hilfe optischer Methoden (TISELIUS u. a. 1938). Sie basieren auf der Messung des Brechungsindex, welcher eine Funktion der Stoffkonzentration ist. Sein Verlauf ist in Abb. 89 schematisch dargestellt. Die Bestimmung von n ist durch direkte Interferometrie (ANTWEILER 1949) bei so guter Genauigkeit möglich, daß zuverlässige n/x Kurven erhalten werden. Liegen ungestörte Grenzschichten reiner Stoffe vor, dann vollzieht sich der Übergang von einem Indexwert zum nächsten nach Form einer Wendepunkskurve. Die Differenz der Werte vor und nach Ablauf dieser Kurve ergibt die Konzentration direkt. Die Aufnahme der *Indexkurve* erfordert eine gewisse Zeit, dagegen läßt sich die *Gradientenkurve des Brechungsindex* $(dn/dx)/x$ mit Hilfe von mehreren Verfahren photographisch zuverlässig erhalten. Dabei wird die Intensität der Schlieren, d.h. die durch die Brechungsänderung an der Front hervorgerufene Bildverzerrung, in geeigneter Weise dargestellt (s. Anhang II).

Der so erhaltene Verlauf des Gradienten mit der Strecke x entspricht für jeden reinen Stoff einer symmetrischen Gauß-Verteilungskurve. Die Ursache liegt in der Diffusion der Teilchen, welche sich neben der elektrophoretischen Bewegung vollzieht. Aus dem Wert dn/dx, d.h. der Änderungsgröße von n zwischen beiden Punkten x_1 und x_2 im gleichen Abstand vor und hinter der Frontlinie, ist die Kurvenfläche durch Integration zu erhalten. Ihr Wert ist der Differenz der Brechungsindices zwischen x_1 und x_2 gleich:

$$n_2 - n_1 = \int\limits_{x_1}^{x_2} \left(\frac{dn}{dx}\right) dx, \tag{35}$$

wobei die Ordinatenhöhe $(y = dn/dx)$ jeweils der Kurve im Punkte x entnommen werden kann.

Wie TURBA (1954), TISELIUS (1950), GRASSMANN (1950) u. a. gezeigt haben, läßt sich die *Elektrophorese auch im Filtrierpapier* durchführen, nachdem ein Tropfen der Lösung wie bei der Papierchromatographie beim Startpunkt hier strichförmig als Startlinie aufgesetzt wurde. Man kann auch auf diese Weise z.B. die verschieden schnell wandernden Fraktionen der Serumproteine sehr gut voneinander trennen. Ihre Fronten lassen sich durch Anfärbung mit geeigneten Farbstoffen (Amidoschwarz B 10 u. a.) sichtbar machen. Nach Aufhellung ist eine colorimetrische Bestimmung der Proteinmenge an den jeweiligen Orten so gut möglich, daß etwa die gleichen Werte wie mit der wesentlich kostspieligeren Tiselius-Methode gewonnen werden können. Daher hat die Papierelektrophorese große Bedeutung für die Erkennung von pathologischen Veränderungen der Serumproteinmengen erlangt. Unter Benutzung von Spannungen über 2000 V lassen sich auch Peptide und Aminosäuren gut und bei dickeren Papieren in analytisch zugänglichen Mengen trennen [*Hochspannungselektrophorese*; WESTPHAL (1955), TH. WIELAND u. a.].

Elektrolytadsorption

Bei der quantitativen Untersuchung der elektrochemischen Doppelschicht wurde das Vorhandensein einer ionalen Aufladung an den Grenzen vorausgesetzt, ohne daß ausführlich auf ihr Zustandekommen eingegangen worden wäre. Sie kann nur durch Dissoziation des Wandmaterials wie bei den Elektrodenpotentialen oder durch Adsorption von Ionen entstehen. Daß bei einmal vorhandener Wandladung die entgegengesetzten Ionen aus der Lösung zur Bildung der Doppelschicht, rein elektrostatisch gezwungen, herantreten, lag allerdings den bisherigen Überlegungen bereits zugrunde. Außerdem aber können Ionen chemisch mit dem Oberflächenmaterial reagieren oder wie bei ölgelösten Fettsäuren aus adsorbiertem Material entstehen. In allen Fällen, besonders aber bei der chemisch bedingten Adsorption wird — mindestens theoretisch — eine Elektrolytverarmung der Lösung stattfinden. Da *bei der Adsorption der Elektrolyte grundsätzlich elektrische Kräfte im Spiele* sein müssen, spricht man von heteropolarer Adsorption im Gegensatz zur homoipolaren der Nichtleiter.

Die einfachen anorganischen Elektrolyte sind zwar an der Luftoberfläche einer wäßrigen Lösung gewöhnlich inaktiv oder werden sogar unter Erhöhung von σ negativ adsorbiert. Sie gehen aber wegen der zahlreichen Möglichkeiten der chemischen Bindung oft recht stark an die Grenzschichten verschiedener Adsorbentien und biologischer Strukturen heran. Die Beteiligung von Anionen und Kationen ist hierbei keineswegs immer gleich. Es ist zweckmäßig, die Elektrolytadsorptionen von diesem Gesichtspunkt aus als *Äquivalent- und Austauschadsorptionen* zu gruppieren.

Bei der äquivalenten Adsorption treten Anionen und Kationen in praktisch äquivalenten Mengen an das Adsorbens, obwohl immer einer der beiden Partner eine stärkere Adsorptionsaffinität als der andere besitzt. Niemals aber wird dessen Adsorption bis zur vollständigen Absättigung ablaufen können,

da der elektrostatische Zug des zurückbleibenden, weniger stark adsorbierten
und entgegengesetzt geladenen Partners seinem Übertritt in die Grenzphase
entgegenwirkt. Beide lassen sich daher in chemisch meßbarer Menge nicht
voneinander trennen, sondern sie werden, dem Überwiegen der Adsorptionsaffinität der einen Ionenart entsprechend, beide an das Adsorbens gehen und hier
in einer elektrischen Doppelschicht einander gegenüberliegen. Je stärker das
eine Ion adsorbiert wird, um so mehr wird es auch von dem anderen mitnehmen
müssen. So wird sich eine gleichmäßige Adsorption der Anionen und Kationen
als eine äquivalente Salzadsorption ergeben, deren Intensität von der des am
besten adsorbierten Ions abhängt. Nach der Stärke dieser Adsorption stufen sich
Anionen und Kationen in Reihen ab; aus der Kombination der einzelnen Glieder
ergibt sich dann die Adsorptionsgröße des aus ihnen zusammengestellten Salzes
(MICHAELIS 1922). Dabei ist zu berücksichtigen, daß positiv geladene Adsorbentien (Tonerde) bevorzugt Anionen, negative (Kohle, Kaolin) Kationen adsorbieren. Man spricht daher auch von elektrostatischer Adsorption. Auch die
Anfärbung organischer Strukturen mit Farbanionen (sog. sauren Farbstoffen)
oder mit Farbkationen (sog. basischen Farbstoffen) gehorcht oft den Gesetzen der
elektrostatischen Adsorption. Ein Beispiel ist die besonders ausgesprochene
Färbung der Nucleinsäuren mit Farbkationen wie Methylenblau, welche dann
erfolgt, wenn die normale Bindung der Säuren an die Eiweißkationen bei denaturierenden Eingriffen in die Kernstruktur gelöst und die Phosphatanionen
frei gegeben worden sind. Nach MICHAELIS ordnen sich die einfachen Ionen
folgendermaßen an:

$$\text{Kationen:} \quad \left.\begin{matrix} K \\ Na \\ NH_4 \end{matrix}\right\} < Ca < Mg < Al < Cu \overset{H}{<} Ag,$$

$$\text{Anionen:} \quad SO_4 < Cl < Br < J < SCN < OH.$$

Danach werden die Metalle im allgemeinen um so leichter adsorbiert, je
edler sie sind und je höher ihre Wertigkeit ist. Nur die H^+- und OH^--Ionen
nehmen eine Sonderstellung ein, denn sie gehören mit vielen hier nicht erwähnten
gefärbten und ungefärbten organischen, speziell auch Alkaloid-Ionen zu den
weitaus am stärksten adsorbierbaren Stoffen. Die gewöhnlich anzutreffende
negative Aufladung der meisten indifferenten Grenzschichten oder die positive
der Luftblasen in reinem Wasser, beruht neben der besonders starken Adsorbierbarkeit der OH^--Ionen auch auf der erwähnten (s. S. 249) Dipolausrichtung der
Wassermolekeln.

Bei der *Austauschadsorption* vollzieht sich ein Tausch des Kations oder des
Anions aus der zugesetzten Flüssigkeit gegen ein andersartiges, welches sich
von vornherein in der Grenzphase des Adsorbens befand. Er geht natürlich
in elektroäquivalenten Mengen vor sich und ist ein Ausdruck der Tatsache,
daß die Adsorptionsaffinität des herantretenden Ions unter den gegebenen
Konzentrationsbedingungen stärker ist als die des schon vorhandenen, welches
daher in Lösung geht. Gewöhnlich sind die entgegengesetzt geladenen Ionen
bilanzmäßig bei diesem Vorgang nicht oder kaum beteiligt. Als Beispiel mag
die Adsorption von Methylenblau-Cl an Filtrierpapier genannt sein (MICHAELIS
und RONA 1920). Hierbei gibt die Cellulose in dem Maße Ca^{2+}-Ionen zurück, wie
das Farbkation adsorbiert wird; Methylenblau wird also in der Lösung durch
$CaCl_2$ ersetzt. Es ist damit zu rechnen, daß derartige Reaktionen *auch an biologischen Grenzflächen* in ihr Recht treten. So ist wahrscheinlich, daß die Säuerung im Blut und der Verlust von K^+-Ionen aus dem Muskel bei experimenteller
Na^+-Vergiftung auf einer sich mehr oder weniger tief in die Muskelfaser erstrecken-
den Austauschadsorption beruht (MALORNY und NETTER 1940). An biologischen

Strukturen adsorbierte Wirkstoffe werden durch anorganische und organische Ionen in ähnlicher Weise frei gemacht, z.B. Histamin durch Ca^{2+}-Ionen (H. BAUR u. a. 1952) oder vagotonisch wirkende quaternäre Basen durch Fe^{3+}-Ionen (BERSIN 1953). Dagegen ist komplex gebundenes Eisen, wie es im Ferritin oder Siderophilin physiologischerweise vorliegt, indifferent. Bei der Deutung des pharmakologischen Effektes von kationischen oder anionischen Arzneimitteln muß stets neben der Wirkung auf die Grenzflächenpotentiale mit der *Freisetzung körpereigener Gegenionen* wie K^+, Acetylcholin, Histamin, Serotonin oder Nucleotiden, Phosphorsäureestern und Uronsäuren gerechnet werden.

Die bei derartigen Prozessen getauschten *Mengen sind gelegentlich so groß*, daß der auf einer einfachen Oberfläche vorhandene Vorrat an adsorbierten Ionen nicht genügt, um eine einfache Austauschadsorption anzunehmen. Es sind dann grundsätzlich folgende Möglichkeiten zu diskutieren: Die Partner kommen *aus tieferen Zonen*, die entweder einen von einer Membran umkleideten Lösungsraum oder ein oberflächenreiches Fasernetz bilden, oder es sind mehrschichtige Adsorptionen an der Außenfläche im Spiel (vgl. Ionenaustauscher, S. 270).

Daß die Besetzungsdichte der Grenzschicht meistens mehrere Größenordnungen über der Raumdichte der gelösten Stoffe liegt, wurde erwähnt, ebenso, daß die eigentliche Adsorptionshaut geladener Schichten eine Moleküllage oft nicht übersteigt. Die der diffusen Doppelschicht ist immer als eine durch die erste polare Lage hervorgerufene Störung in der Gleichverteilung der Ionen anzusehen, aber nicht voll als Adsorptionshaut zu werten. Dennoch können die chemischen Kräfte, welche der Adsorption zugrunde liegen, sich oft über eine Moleküllage hinaus bemerkbar machen. In diesem Zusammenhang ist vor allem an die adsorptive Aufnahme von Wasserdampf, Gasen und flüssigem Wasser in feste Strukturen zu denken. Sie wird als *mehrschichtige, "multilayer Adsorption"* beschrieben und quantitativ untersucht. Für Wasserdampf wird auch hier angenommen, daß sich eine erste Moleküllage von Wasser nach den Gesetzen der Langmuir-Isotherme anlagert. Der weitere Einbau erfolgt in Systemen geeigneter Hohlräume als Capillarkondensation (s. S. 218) mit wesentlich geringerer Energieabgabe, nämlich derjenigen, welche für die Verdampfung benötigt bzw. bei der Kondensation frei wird. HARKINS gibt für die freie Energie der Anlagerung von H_2O-Molekeln an TiO_2 in verschiedene Schichten folgende Werte an: 6,5; 1,38; 0,22; 0,07 kcal pro Mol H_2O. Da die der Adsorption entgegenwirkende Wärmeenergie RT bei 25°C schon 0,6 kcal pro Mol bewegter Teilchen beträgt, können hier die 3. und 4. Wasserschicht schon nicht mehr stabil sein. Es gelang BRUNAUER, EMMETT und TELLER (1938) von diesen Vorstellungen ausgehend eine allgemeine Isotherme (BET-Isotherme) abzuleiten, welche auch der Wasseraufnahme bei wechselnder Dampfspannung der Lösung gerecht wird. Ordnet man die im Gleichgewicht aufgenommene Wassermenge (V) der relativen Feuchtigkeit (P/P_0) zu, dann erhält man eine S-förmig ansteigende Sättigungskurve:

$$V = \frac{V_m \cdot C \cdot P}{(P_0 - P) \cdot [1 + (C - 1) P/P_0]} \, . \tag{36}$$

Hier ist V_m die Menge des im monomolekularer Schicht gebundenen Wassers. P_0 ist der Sättigungsdruck und C ist eine Konstante, die nach $C = \exp{(H_1 - H_2)}/RT$ aus der Differenz der Adsorptionswärmen bei der Anlagerung der ersten (H_1) und der übrigen Schichten (H_2) entnommen wird. Mit Hilfe von (36) läßt sich die Menge V_m und daraus die innere Oberfläche des Adsorbens aus den Versuchsdaten errechnen, wobei 10,9 $Å^2$ für 1 Molekel bzw. 3600 m^2 für 1 g Wasser zu setzen sind. Nach H. B. BULL (40) ist V_m z.B. 9,5 ml für 100 g Kollagen, d.h. die innere wasseradsorbierende Oberfläche ist für die gleiche Menge: $9,5 \cdot 3,6 \cdot 10^3 =$ 24000 m^2. Bei Eiweißen hat PAULING (1945?) die erste Lage der adsorbierten Wassermolekeln zur Zahl der polaren Gruppen in Beziehung gesetzt; nach MELLON u. a. (1947) kommen auf die heteropolare Bindung $—Coo^{-+}NH_3—$ durchschnittlich 2,5 Wassermolekeln.

Ionenaustauscher

Daß der Multilayer-Typ für die Adsorption der Ionen merklich in Betracht kommt, ist nicht wahrscheinlich. Wenn größere Mengen getauscht werden, ist mit einem Verhalten zu rechnen, wie es bei den *natürlichen und künstlichen Ionenaustauschern* zugrunde liegt. Diese auch in der biochemischen Methodik viel benutzten Adsorbentien besitzen nicht nur eine sehr große innere Oberfläche, welche für ihre starke Wirkung aufkommt, sondern sie haben eine bestimmte Elektrolytstruktur, d. h. sie enthalten dissoziierte Gruppen, die in einer bestimmten übermolekularen Anordnung räumlich festgelegt sind. Die Gegenionen dieser Gruppen sind in der Doppelschicht des zwischenmolekularen Raumes gelöst und nehmen an der Gleichgewichtseinstellung zwischen den Diffusions- und elektrischen Vorgängen, welche die Doppelschicht erhalten, teil. Daher sind sie auch gegen andere Ionen austauschbar, wenn diese mit der zwischenmolekularen Flüssigkeit herangeführt werden. Man unterscheidet demnach acidoide bzw. kationotrope, basoide bzw. anionotrope und amphotere Austauscher, je nachdem, ob Kationen am Material der strukturfixierten Säure oder Anionen an dem der ebenso fixierten Basenreste oder je nach dem pH auch beide gewechselt werden.

Im allgemeinen haben nur die mittelschwachen bis schwachen Elektrolyte die Eigenschaft, unlösliche Adsorbentien zu bilden. Aus diesem Grunde ist ihre Dissoziation mindestens in gewissen Bereichen ausgesprochen *vom pH abhängig*. Daher ist es auch ihre *Fähigkeit, als Austauscher zu wirken*. Da die Ladung einer Base mit fallendem pH zunimmt, wird der Anionentausch unter diesen Umständen begünstigt und der der Kationen gehemmt. Umgekehrt fördert Alkalisierung den Tausch der Kationen. Zu den amphoteren Adsorbentien gehören Tierkohle, Aluminiumoxyd u. a: z. B.

$$O\!\!<\begin{array}{l}\diagdown\!\!>\text{Al—O}^-\\[4pt]\diagdown\!\!>\text{Al—O}^-\end{array}\qquad\qquad O\!\!<\begin{array}{l}\diagdown\!\!>\text{Al}^+\\[4pt]\diagdown\!\!>\text{Al}^+\end{array}$$

alkalisch   sauer

Die homöopolare Adsorption ist demgegenüber praktisch unabhängig vom pH. Sie erfolgt auf Grund der van der Waals-Kräfte an der großen Oberfläche, welche z. B. für 1 g Aktivkohle in der Größenordnung von 1000 m² liegt.

Sehr stark wirksam sind die synthetischen Austauscher *(Austauscherharze)*. Es handelt sich um *vernetzte Fadenmolekeln*, die als Amin-, Phenol-, Styrol-, Phenolsulfosäure-Kondensate, oft unter Formaldehydwirkung gewonnen werden und je nach den Konzentrationsbedingungen in variablem Vernetzungsgrad entstehen. Die Stärke der vorhandenen protolytischen Gruppen bestimmt den wirksamen pH-Bereich. Er ist bei den hier vorliegenden Polyelektrolyten immer wesentlich breiter als der Dissoziationsbereich eines einwertigen schwachen Elektrolyten (s. S. 317). Bei den sulfosäurehaltigen ist die pH-Abhängigkeit gering. Die Harze können als feste, aber zum Durchreagieren geeignete Säuren, Basen und Salze aufgefaßt werden. Sie verhalten sich dementsprechend folgendermaßen. Liegen sie als Säuren und Basen vor (H- bzw. OH-Form), dann werden bei genügend hoher Neutralsalzkonzentration H^+- bzw. OH^--Ionen gegen die entsprechenden des Salzes unter starker Reaktionsveränderung ausgetauscht.

$$a_1)\ \ -\!\!>\!H^+ + Na^+Cl^- \rightleftharpoons -\!\!>\!Na^+ + H^+Cl^-;\qquad b_1)\ \ +\!\!>\!OH^- + Na^+Cl^- \rightleftharpoons +\!\!>\!Cl^- + Na^+OH^-.$$

Beide Reaktionen sind im Idealfall vollständig reversibel. Läßt man nach Ablauf von $a_1)$ auf die Lösung einen reinen Anionentauscher oder auf die von b$_1$) einen Kationentauscher wirken, dann kann totale Entsalzung (z.B. von Leitungs- und Meerwasser) nach a$_2$) und b$_2$) eintreten:

$$a_2) \quad +\rangle OH^- + H^+Cl^- \rightarrow +\rangle Cl^- + H_2O; \qquad b_2) \quad -\rangle H^+ + Na^+OH^- \rightarrow -\rangle Na^+ + H_2O.$$

Diese Reaktionsfolge ist auch in der Therapie wichtig geworden, da perorale Gabe geeigneter Harze zu einem Salzentzug im Magendarmkanal führen kann. Aus diese Weise wird z.B. die Ausschwemmung der NaCl-haltigen Ödemflüssigkeit aus dem Körper gefördert. Andere Tauscher nehmen K^+ auf und vermindern so seine erhöhte Konzentration, welche bei der Nebennierenrindeninsuffizienz in den Körpersäften besteht. Auch zur Bindung der Magensalzsäure bei Hyperacidität sind Austauscher geeignet, ebenso durch Ca-Ionenbindung zur Aufhebung der Blutgerinnung in vitro. Gleich wichtig ist die Möglichkeit, Metallkationen bzw. auch Anionen in äquivalenten Mengen zu tauschen:

$$c) \quad -\rangle Na^+ + K^+Cl^- \rightleftharpoons -\rangle K^+ + Na^+Cl^-; \qquad d) \quad +\rangle Cl^- + Br^-Na^+ \rightleftharpoons +\rangle Br^- + Na^+Cl^-.$$

Der Austausch findet auch zwischen Ionen verschiedener Valenztypen statt. Daß z.B. Ca^{2+}-haltiges Wasser auf diese Weise enthärtet und der zeolithische Tauscher durch konzentrierte NaCl-Lösung regeneriert werden kann, hat frühzeitig die Aufmerksamkeit auf die natürlichen mineralischen Austauscher gelenkt. Allgemein ist auch hier (vgl. S. 360) festzustellen, daß die Affinität zum Tauscher mit der Wertigkeit des zu adsorbierenden Ions ansteigt. Der Unterschied tritt vor allem bei niedriger Ionenstärke der Lösung hervor.

Die Harze spielen heute eine große *Rolle bei der Trennung von Stoffgemischen* mit Hilfe der *Austauscherchromatographie* (heteropolare Chromatographie). Sollen schwache Elektrolyte oder Ampholyte adsorbiert werden, dann muß neben ihrer Konzentration und der Durchlaufgeschwindigkeit der pH-Wert auch deswegen beachtet werden, weil er bestimmt, wieweit die zu adsorbierende Substanz als Kation, Anion oder undissoziiert vorliegt. Man wird also die Adsorption der Aminosäuren an sulfosäurehaltige Kationentauscher (z.B. Dowex 50) bei saurer Reaktion vornehmen und ihre Elution bei steigendem pH; saure Aminosäuren werden dann aus der Anionentauscher-Säule mit Essigsäure oder HCl ausgewaschen. Die Austauscher-Chromatographie hat sich auch bei der Trennung verschiedener Nucleotide sehr bewährt (COHN und CARTER 1950) .

Besonders präparierte Austauscher können auch zur Abtrennung von Substanzen mit speziellen Gruppen benutzt werden, z.B. in der Citratform zur Komplexbildung mit Fe^{3+}, Co^{2+}, Ni^{2+}, Cu^{2+}; die Konfiguration des Dipikrylamins (Aurantia) verleiht dem Austauscher die Fähigkeit zur spezifischen K^+-Bindung, welche die freie Substanz ebenfalls besitzt (1). In der Bisulfitform addieren die Austauscher Carbonylverbindungen (SAMUELSON 1953). Durch Polykondensation von Hydrochinon, Pyrogallol u.a. lassen sich *Redoxharze* erhalten, welche zugegebene Substanzen reduzieren, dabei selbst oxydiert werden, aber nachträglich durch Reduktionsmittel wieder reduzierbar, also regenerierbar sind (CASSIDY 1949, SANSONI 1954, MANECKE 1953).

Die präparierten Chelat- und Redoxharze bilden den Übergang zu den *katalytisch wirkenden*. Schon die einfachen Kationentauscher besitzen in der H-Form, d.h. als Säuren, sehr wertvolle katalytische Eigenschaften, welche schon durch die Erhöhung der $[H^+]$ in der Grenzschicht verständlich werden. Sie spalten Maltose, invertieren Saccharose, nicht jedoch — und zwar aus räumlichen Gründen — die Polysaccharide, denn diese vermögen in das Innere der Harze nicht einzudringen. Je spezifischer die eingebauten Wirkgruppen sind, um so mehr sind auch sterische Einflüsse bei der Katalyse ausschlaggebend. Durch Einbau optisch aktiver Basen sind optisch auswählende Austauscher-Katalysatoren geschaffen worden, welche als besonders strukturierte Fermentmodelle auch biochemisch interessant sind.

---

[1] SKOGSEID 1948

Biologisch ist es von hohem Interesse, daß es gelungen ist, selektiv durchlässige Membranen für optische Antipoden herzustellen. Zusatz von Alkaloiden oder von 2(d-Gluco-d-guloheptohexahydroxyhexyl)-benzimidazol zu einer Kollodiumlösung lieferte Membranen, welche aus einem Racemat von Weinsäure die d-Form bevorzugt passieren ließen (Kling-müller und Mitarbeiter 1957).

Es hat sich gezeigt, daß die Eigenschaften der Harztauscher nicht nur durch ihre spezifischen Gruppen und ihre Ladung, sondern auch durch die Dichte

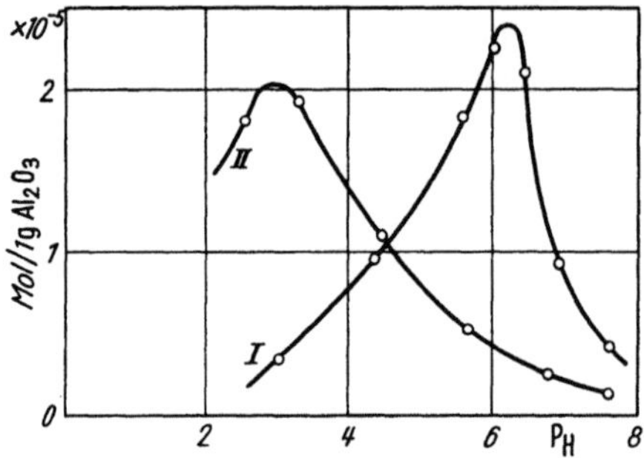

Abb. 90. pH-Abhängigkeit der Adsorption an Tonerdegel für Alanin (I) und Asparaginsäure (II) (Hesse)

und ihren *Vernetzungsgrad* bestimmt werden. Überschreitet das Netz der Fadenmolekeln eine gewisse Enge, dann ist damit zu rechnen, daß mehr oder weniger spezifische, d. h. formangepaßte Filtrierphänomene zu einer *Selektivität gegenüber einzelnen Ionen* auch gleichartigen Ladungs- und Bautypes führen. So zeigt sich, daß die Tauschkapazität in der Reihe der Alkalikationen sich oft wie die Ionenbeweglichkeit verhält (s. Abb. 90—92); d. h. sie fällt mit steigernder Ionenhydratation. Dieses Verhalten trifft jedoch nur für gut quellfähige Harze zu. Starre oder mineralische Tauscher zeigen gewöhnlich beim Kalium ein Maximum der eingetauschten Ionenmenge. Das mag damit zusammenhängen, daß der zunehmende Radius des wasserfreien Ions das Eintreten größerer Ionen in die starre Struktur erschwert, und damit, daß auch für die

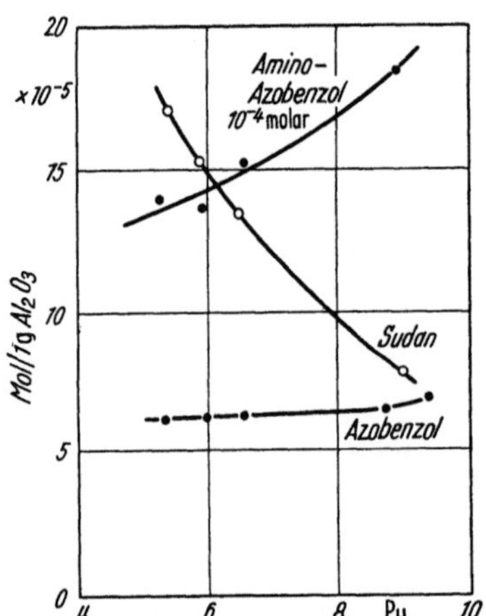

Abb. 91. Austausch- und unpolare Adsorption an Tonerdegel; die letztere ist kaum von pH abhängig (Hesse)

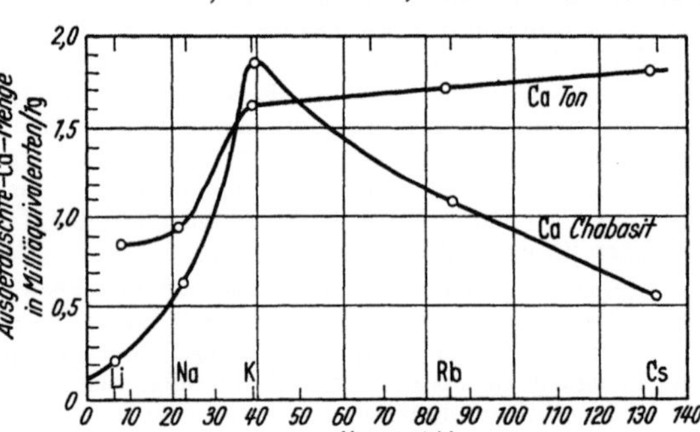

Abb. 92. Austauschertyp und Ionengröße (nach Wiegner und Cernescu[1]) vgl. Abb. 132

kleineren eine gewisse Abgabe des Hydratwassers notwendig ist; am günstigsten steht daher das K^+ als jenes Ion da, welches bei noch nicht allzu großem Radius nur noch wenig Hydratwasser besitzt (vgl. S. 120 und 355).

Ein Maß für die Selektivität wird aus der Verteilung zweier Kationenarten zwischen Lösung (a) und Harzphase (i) abgeleitet. Seien A^+ und B^+ ihre Gleichgewichtskonzentrationen, so ist der Selektivitätskoeffizient:

$$K_S = \left(\frac{A^+}{B^+}\right)_i \cdot \left(\frac{B^+}{A^+}\right)_a. \tag{37}$$

Er ist deswegen von der Konzentration abhängig, weil die Verteilung durch die Ionenaktivität bestimmt wird, welche ihrerseits eine Funktion der Ionenstärke ist. Bevorzugtes Festhalten eines Ions bedeutet immer eine Abnahme seines Aktivitätsfaktors in der Harzphase; und wiederum nur sie ermöglicht bei höherer Binnenkonzentration die Gleichheit der Aktivitäten,

---

[1] Abb. 92 aus Griessbach 1953.

welche im Gleichgewicht herrscht. Der Beweglichkeitsverminderung kann eine teilweise Bindung oder ein Verlust von Hydratwasser im Kraftfeld der polaren Gruppen des Austauschers zugrunde liegen; Dehydratation der Anionen an der Hg-Oberfläche kann als extremes Beispiel dienen (s. S. 258). Bei voll erhaltener elektrostatischer Wirkung ist die Aktivität der Festionen sehr klein; die der Gegenionen wird es bei geringem Wassermantel, d.h. starker elektrostatischer Bindung ebenfalls werden. Außerdem ist wegen der hohen Festladung pro g Harz die Gesamtkonzentration so groß, daß die Aktivität des Wassers herabgesetzt ist; sie ist es um so mehr, je stärker die Hydratation der einreagierenden Ionen noch ist. Das freie Wasser kann in der Pore durch diese Prozesse verringert werden (PEPPER u. a. 1952).

Die elektrostatisch erzwungene Einlagerung von Elektrolyten führt zur Dehnung des Fadennetzes, d.h. zur *Quellung*. Sie ist aber wegen der Festigkeit der Verzweigungen, welche durch Hauptvalenzen geschaffen werden, *nur beschränkt möglich* und veranlaßt einen Gegendruck auf das miteintretende Imbitationswasser. Dieser vom Netzwerk ausgeübte Druck wird von BOYD als Quellungsdruck angesehen und daher wie der der unbeschränkt quellbaren Gele behandelt (s. S. 326). Bei diesen ist es der äußere Druck, welcher auf ein quellfähiges Gel aufzusetzen ist, um Gleichgewicht mit dem eindringenden Wasser zu halten. Der Einstrom des freien Wassers erfolgt auf Grund der Differenzen des osmotischen Druckes, welche zwischen dem Netz und der Lösung bestehen. Im Quellungsgleichgewicht muß der Netzwerkdruck jener Differenz im osmotischen Druck, welcher hauptsächlich durch die freien Ionen erzeugt wird, gleich sein. Ist ein Harz wenig vernetzt, dann ist dieser Gegendruck (innerer Quellungsdruck) gering und die Quellung richtet sich nach dem Hydratationsvolumen der einreagierenden Ionen; bei starkem Gegendruck kommt die Selektivität der Quellung auf Grund der erwähnten elektrostatischen Kräfte und der Druckabscherung des Wassers zustande.

Sieht man von der wechselnd stark ausgeprägten Selektivität der Austauscher ab, dann läßt sich die Reaktion mit den Elektrolyten in einem sehr einfachen Schema zum Ausdruck bringen, aus dem die Gleichgewichtsbeziehung der Verteilung ableitbar ist. Ihm liegt die Tatsache zugrunde, daß eine Ionenart, die sog. Festionen, fixiert und praktisch unbeweglich ist, während die übrigen frei löslich sind. Gleichartige Bedingungen werden außer bei den Austauschern in mannigfaltigen Systemen und Anordnungen angetroffen. Sie führen zu einer sehr charakteristischen *Gleichgewichtsverteilung der diffusiblen Ionen (Gegen- und Nebenionen)*, auf die DONNAN (1911) aufmerksam machte.

Das Donnan-Gleichgewicht

Eine Membran trenne ein Kolloidkation von der Lösung eines Neutralsalzes ab. Sein Anion sei das gleiche wie das Gegenion des Kolloids, welches im Gegensatz zu allen beteiligten Ionen die Membran nicht passieren kann. Das Salz diffundiere von außen (a) in die Kolloidlösung (i). Dann ergibt sich, daß seine Konzentration im Gleichgewicht beiderseits nicht gleich sein kann. Träfe das zu, dann wäre wegen der Anwesenheit der Kolloidgegenionen (z) die Konzentration der diffusiblen Anionen innen größer als außen und als die der Kationen beiderseits. Das chemische Potential der Anionen wäre also — gleiche Aktivitätsfaktoren beiderseits vorausgesetzt — nicht gleich, ein Widerspruch zur Gleichgewichtsbedingung. Sie verlangt Gleichheit der elektrochemischen Potentiale für alle Partner, welche sich auf beiden Seiten befinden, also für beide Ionenarten a) und b) und c) für das Wasser mit dem Molenbruch γ_{1i} und γ_{1a}

In dem folgenden Ansatz sind trotz des ungleichen Druckes beiderseits (p_a, p_i) die $p \cdot V$-Glieder für die Ionen unter a) und b) fortgelassen worden, da ihre Berücksichtigung die

Resultate unter 1. und 2. praktisch nicht verändert. Gl. (38, 1) wird durch Addition von a) und b) erhalten.

$$
\begin{array}{ll|l}
\text{Pr}^+\,\text{Cl}^-\,(z) & \text{K}^+\text{Cl}^- & \\
 & 2\,(x+y) & \text{vorher} \\
\quad i \leftarrow\!\!\mid\!\!-\!\!- a &
\end{array}
$$

$$
\begin{array}{ll|l}
\text{Pr}^+\,\text{Cl}^-\,(z) & \text{K}^+\,(x) & \\
\text{K}^+\,\text{Cl}^- & \text{Cl}\,(x) & \\
(y)\ (y) & & \text{Gleichgewicht} \\
\quad i & a &
\end{array}
\qquad\Bigg\}\ (38)
$$

a) $R T \ln \text{K}_i + \varphi_i \cdot F = R T \ln \text{K}_a + \varphi_a \cdot F$

b) $R T \ln \text{Cl}_i - \varphi_i \cdot F = R T \ln \text{Cl}_a - \varphi_a \cdot F$

c) $R T \ln \gamma_{1i} + p_i \cdot V_w = R T \ln \gamma_{1a} + p_a \cdot V_w$

1. $R T \ln \text{Cl}_i + R T \ln \text{K}_i = R T \ln \text{Cl}_a + R T \ln \text{K}_a$

$$\ln \text{Cl}_i \cdot \text{K}_i = \ln \text{Cl}_a \cdot \text{K}_a; \quad \text{Cl}_i \cdot \text{K}_i = \text{Cl}_a \cdot \text{K}_a \quad \text{bzw.} \quad a_{\text{Cl}_i} \cdot a_{\text{K}_i} = a_{\text{Cl}_a} \cdot a_{\text{K}_a}$$

oder

$$a_{\pm i} = a_{\pm a}, \qquad\qquad (38\text{a})$$

d.h. *die mittlere Ionenaktivität muß auf beiden Seiten dieselbe sein.*

2. Bildet man aus a) oder b) die Differenz der Potentiale, so erhält man:

$$\varphi_i - \varphi_a = \Delta\varphi = \frac{R T}{F}\ln\frac{[\text{K}_a]}{[\text{K}_i]} = -\frac{R T}{F}\ln\frac{[\text{Cl}_a]}{[\text{Cl}_i]} = \frac{R T}{F}\ln\frac{[\text{Cl}_i]}{[\text{Cl}_a]}. \qquad (39)$$

Hieraus folgt, daß *im Gleichgewicht eine Potentialdifferenz* bestehen muß, welche auf der ungleichen Ionenverteilung beruht. Die Gleichsetzung der Konzentrationsglieder ergibt für diese Verteilung:

$$e^{\frac{F\cdot\Delta\varphi}{R T}} = \frac{[\text{K}_a]}{[\text{K}_i]} = \frac{[\text{Cl}_i]}{[\text{Cl}_a]}; \quad \text{d.h. wiederum} \quad [\text{K}_i]\cdot[\text{Cl}_i] = [\text{K}_a]\cdot[\text{Cl}_a]. \quad (39\text{a})$$

3. Aus c) folgt, daß eine Differenz des osmotischen Druckes bestehen muß:

$$\Delta\pi = p_i - p_a = \frac{R T}{V_w}\ln\frac{\gamma_{1a}}{\gamma_{1i}} = \frac{R T}{V_w}\ln\frac{1-(\gamma^+_{2a}+\gamma^-_{2a})}{1-(\gamma^+_{2i}+\gamma^-_{2i}+\gamma_{\text{Pr}})}. \qquad (39\text{b})$$

Da sich, wie sogleich zu zeigen sein wird, aus 1. und 2. ergibt, daß die Summe der Konzentrationen i größer als die von a ist, wird die Aktivität des Wassers innen, d.h. γ_{1i} kleiner als außen. *Der osmotische Druck ist daher innen stets größer.*

Es ist leicht zu verstehen, daß im System (38) keine Gleichheit für K oder Cl beiderseits gefunden werden kann, ohne daß dabei Cl und K außen ungleich werden, was dem *Gesetz der Elektroneutralität* der Lösungen widersprechen würde. Das Verteilungsgesetz sagt dagegen aus, daß im Gleichgewicht mit:

$$[\text{Cl}_i] = [\text{K}_i] + \text{Pr} \quad \text{und:} \quad [\text{Cl}_a] = [\text{K}_a]$$

beiderseits eine Gleichheit der Produkte für die Konzentrationen der diffusiblen Ionenpaare besteht. Die Binnenkonzentration der Gegenionen ist dabei ebenso viel höher als die Salzkonzentration außen, wie die des Nebenions (K_i) im Vergleich zu ihr kleiner ist. *Außen ist die Konzentration also das geometrische Mittel zwischen der für die beiden diffusiblen Binnenionen,* welche notwendigerweise ungleich voneinander sein müssen. Denn das Gegenion des Kolloids vermehrt die Konzentration der gleichen Ionenart, die mit dem Salz herübergetreten ist.

Dieses Resultat kann durch eine einfache *kinetische Überlegung* veranschaulicht werden. Die Zahl der Ionen, welche in der Zeiteinheit an einer bekannten Stelle, etwa an einer Membranpore vorhanden sind, ist der Konzentration der Teilchen in der Lösung proportional. Man betrachte nun den Salzübertritt von einer Seite aus. Seine Wahrscheinlichkeit ist proportional der Konzentration des Cl_i und der des K_i, da beide sich an der Membran treffen müssen, um gemeinsam herauszutreten:

$$W_{\to a} = K \cdot [Cl^-]_i \cdot [K^+]_i.$$

Das gleiche trifft für die Wahrscheinlichkeit des Übertritts eines Ionenpaares in der Gegenrichtung zu:

$$W_{\to i} = K \cdot [Cl^-]_a \cdot [K^+]_a.$$

Da es sich um den gleichen physikalischen Vorgang handelt, gelten für $W_{\to i}$ und $W_{\to a}$ dieselben Konstanten. Im Gleichgewicht müssen die Geschwindigkeiten des Überganges in beiden Richtungen gleich sein, so daß mit $W_{\to a} = W_{\to i}$ das Resultat (39a) gewonnen wird. Es ist allerdings zunächst nur für die Konzentrationsmasse verständlich. Die thermodynamische Ableitung lehrte jedoch, daß die mittlere Aktivität des Elektrolyten im Gleichgewicht beiderseits die gleichen Werte besitzen muß. Daraus folgt für KCl z.B.

$$[K^+]_i \cdot [Cl^-]_i \cdot f_{\pm i}^2 = [K^+]_a \cdot [Cl^-]_a \cdot f_{\pm a}^2.$$

Für ausreichend verdünnte Lösungen gilt $f_i = f_a$.

Man erhält so aus der Grundgleichung: $a_{\pm i} = a_{\pm a}$ wiederum das Resultat (38) bzw. (39a).

Am einfachsten sind die Systeme zu übersehen, bei denen nur auf einer Seite: $K \neq Cl$.

Liegt z.B. ein indiffusibles Kolloidkation mit der elektrochemischen Äquivalentkonzentration (z) und dem entsprechenden Gegenanion in der gleichen Konzentration z vor und ist im gleichen Raum noch ein Salz mit gleichem Anion in der Konzentration y zugegen, dann müssen hier mehr diffusible Anionen $(y + z)$ als Kationen (y) vorhanden sein. Bezeichnet man die Konzentration des binären Salzes im kolloidfreien Raum mit x, so gilt jetzt:

$$y(y + z) = x^2 \tag{40}$$

und allgemein: $y < x < (y + z)$. Für KCl ist dementsprechend:

$$K_i^+ < K_a^+ = Cl_a^- < Cl_i^-.$$

Für 2-wertige Ionen in Kombination mit 1-wertigen ergibt sich bei der statistischen Überlegung, daß die Treffwahrscheinlichkeit dem Quadrat der Konzentration der 1-wertigen proportional sein muß. Daher folgt z.B. für $CaCl_2$ aus den Ansätzen des Typs: $W = K \cdot [Ca^{2+}] \cdot [Cl^-]^2$ für das Gleichgewicht: $[Ca]_i \cdot [Cl]_i^2 = [Ca]_a \cdot [Cl]_a^2$ bzw.

$$\sqrt{\frac{[Ca]_i}{[Ca]_a}} = \frac{[Cl]_a}{[Cl]_i}, \tag{41}$$

entsprechend gilt für $AlCl_3$ als diffusibles Salz:

$$\sqrt[3]{\frac{[Al]_i}{[Al]_a}} = \frac{[Cl]_a}{[Cl]_i} \quad \text{usw.} \tag{41a}$$

Allgemein ergeben sich folgende Konsequenzen:

1. Das *Verteilungsgesetz gilt für alle gleichzeitig vorhandenen diffusiblen Ionenarten*, z.B.

$$\frac{[H]_a}{[H]_i} = \frac{[K]_a}{[K]_i} = \sqrt{\frac{[Ca]_a}{[Ca]_i}} = \frac{[OH]_i}{[OH]_a} = \frac{[Cl]_i}{[Cl]_a} = r, \tag{42}$$

wobei r vom Verhältnis der Konzentration der diffusiblen zu den indiffusiblen Ladungsträgern abhängt. Bei dialysierunfähigem Anion ergibt sich z.B. aus Gl. (40):

$$\frac{y}{x} = r = \sqrt{\left(\frac{z}{2x}\right)^2 + 1} - \frac{z}{2x}. \qquad \text{Bei fixiertem Kation ist: } \frac{y}{x} = \frac{1}{r}. \qquad (42\,a)$$

Hier ist $z/2x$ das Verhältnis der Binnenkonzentration der Kolloidgegenionen zur Außenelektrolytkonzentration.

2. Die in der Abweichung des r-Wertes von 1 zum Ausdruck kommende Störung der Gleichverteilung ist um so größer, je höher der Anteil der indiffusiblen Ladungsäquivalente ist (s. Tabelle 58). Durch Steigerung der Elektrolytkonzentration oder Herabsetzung der Kolloidkonzentration wird also der Donnan-Effekt verkleinert (Depression des Donnan-Effektes!).

Tabelle 58. *Ionenverteilung bei wachsender Verdünnung der Kolloidelektrolyte*

Ausgangswerte			Gleichgewichtswerte		
$Pr^+\,Cl^-$	HCl	$\dfrac{Pr^+\,Cl^-}{HCl}$	HCl (i)	HCl (a)	$\dfrac{HCl\;a}{HCl\;i}$
0,01	1,0	0,01	0,497	0,503	1,01
0,1	1,0	0,1	0,476	0,524	1,10
1,0	1,0	1	0,33	0,66	2
1,0	0,1	10	0,0083	0,0917	11
1,0	0,01	100	0,0001	0,0099	99

Verteilung von HCl auf gleiche Volumina Außen- und Innenlösung. Letztere enthält ein Chlorid mit dialysierunfähigem Kation (Pr^+). i innen, a außen.

Tabelle 59. *Zahlenbeispiel zum Donnan-Gleichgewicht*

Z	y	x	D_c	$\dfrac{x}{y}$	E (mV)
1	10	10,488	0,024	1,048	1,2
5	10	12,24	0,52	1,224	5,2
10	10	14,13	1,74	1,413	8,8
20	10	17,31	5,38	1,731	14,0
50	10	24,48	21,04	2,448	23,0
100	10	33,17	53,66	3,317	30,7

3. Bei dialysierunfähigem Anion ist die Konzentration der diffusiblen Anionen außen höher, die der Kationen innen höher als außen, also $r < 1$. Damit steigt dort auch die H^+-Ionenkonzentration. Bei dialysierunfähigem Kation gilt das Gegenteil ($r > 1$). Bei oberflächlicher Beschreibung läßt sich also zusammenfassend sagen, daß das festgehaltene Ion das gleichnamige diffusible in die Außenflüssigkeit verdrängt. Außer für die Theorie des kolloidalen Zustandes findet dieses Gesetz seine Anwendung bei der Erkärung der Elektrolytverteilung zwischen Blut und Körpersäften, ebenso auch bei zahlreichen Zellarten (s. S. 322, 685 u. 692).

4. In gleicher Weise wie für die Salz-Ionen läßt sich auch für die des Wassers aus dem chemischen Potential und statistisch ableiten, daß sie sich immer an den Ionengleichgewichten beteiligen müssen; d.h. die H^+-Ionen verteilen sich wie die übrigen Kationen und umgekehrt wie die Anionen; ebenso wird für die OH^--Ionen das gleiche Verteilungsverhältnis wie für die übrigen Anionen und das entgegengesetzte wie für die Kationen gefunden. Daß dieses Gesetz gelten

muß, ergibt sich außer aus dem Donnan-Gleichgewicht aus der Konstanz des Ionenproduktes K_w. Denn da $[H^+] = K_w/[OH^-]$ ist, gilt immer: $\dfrac{[H^+]_i}{[H^+]_a} = \dfrac{[OH^-]_a}{[OH^-]_i}$. Bei dialysierunfähigem Kation, z.B. bei Eiweißen auf der sauren Seite des IP, ist die Reaktion innen alkalischer, bei dialysierunfähigem Anion, wie bei Proteinen auf der alkalischen Seite des IP, ist sie innen saurer als in der Außenlösung.

Ein *Kolloidelektrolyt kann sehr oft als Salz einer starken Base und einer schwachen Säure* oder umgekehrt angesehen werden. Er *unterliegt* demnach *einer Hydrolyse* (s. S. 158). So würde Kongorot als Na-Salz zur Bildung von NaOH führen:

$$Na^+R^- + H_2O \rightleftharpoons Na^+OH^- + [HR].$$

Wird seine Lösung ohne Gegenwart anderer Elektrolyte durch eine nur für das Farbanion undurchlässige Membran von reinem Wasser abgetrennt, dann hat die bei der Hydrolyse gebildete Lauge Gelegenheit zum Abdiffundieren. Um das dadurch gestörte Gleichgewicht innezuhalten, wird in dem Maße, wie die Lauge die Binnenlösung verläßt, die Reaktion weiter in der Richtung nach rechts voranschreiten. Die Abdiffusion der Hydrolyseprodukte verstärkt die Hydrolyse selbst; sie führt zu einer Säuerung im Innern im Vergleich zur Außenlösung *(Membranhydrolyse)*. Außerdem ist sie die Ursache für den Verlust der im Gegensatz zum reinen Kolloid osmotisch stark wirksamen Na-Ionen. Daher sinkt der osmotische Druck unter Bildung von (HR) stark ab. Zusatz von NaOH zur Außenflüssigkeit verhindert dieses Absinken.

5. Die *Summe der diffusiblen Ionen ist innen immer höher als außen*. Denn die Summe der Faktoren eines Produktes ist dann ein Minimum, wenn beide einander gleich sind, wie es außen zutrifft. Wie also die Seitensumme eines Quadrates kleiner ist als die eines inhaltsgleichen Rechtecks, so übersteigt die „Kristalloid"-Ionensumme innen ($2y + z$; Beispiel: $2 \cdot 1 + 35 = 37$) die von außen ($2x$; Beispiel: $2 \cdot 6 = 12$) [mit den Produkten: $1(1 + 35) = 6 \cdot 6 = 36$]. Beim Donnan-Effekt wird der osmotische Druck daher auf der Kolloidseite nicht nur durch das Kolloidion, sondern wesentlich durch die höhere Konzentration der diffusiblen Ionen gegenüber außen gesteigert. Diese Steigerung kann durch Depression des Donnan-Effektes nach 2., durch Verwendung von Ampholyten im IP oder durch Berechnung der Erhöhung durch den Donnan-Effekt mit Hilfe der *Donnan-Korrektur* (D_c) eliminiert werden. Diese ergibt den Unterschied im osmotischen Druck der Kristalloide auf beiden Seiten:

$$D_c = 2y + z - 2x, \tag{43}$$

für 2-wertige Gegenionen gilt:

$$x^2 \cdot \frac{x}{2} = y^2 \frac{y+z}{2} \; ; \quad \text{daraus folgt: } \; D_c = \frac{3}{2}y + \frac{z}{2} - \frac{3}{2}x. \tag{43a}$$

D_c ist also hier kleiner als im Falle der 1-wertigen Ionen. Umrechnung der Konzentrationswerte von D_c auf Druckgrößen ($p = D_c \cdot RT$) und Abziehen von gemessenem osmotischen Druck liefert den reinen Kolloiddruck (LOEB 1924).

Ein meßtechnisch gut geeigneter Weg zur *Berechnung der Donnan-Korrektur* benutzt die experimentell leicht bestimmbaren *pH-Werte*, welche im Gleichgewicht beiderseits vorliegen. Ging man von einer reinen Kolloidbase, Kolloidsäure oder einem Ampholyten im IP aus, dann wird nach Hinzugabe von HCl oder NaOH das entsprechende Kolloidsalz erhalten. Die freien, nicht zur Salzbildung mit dem Kolloid verbrauchten Säuren oder Basen verteilen sich nach dem Donnan-Gesetz. Ihre beiderseitigen Konzentrationen lassen sich aus den H^+-Konzentrationen unter Vernachlässigung der Aktivitätsfaktoren direkt entnehmen bzw. die Elektrolytaktivitäten unter Einsetzen der entsprechenden mittleren Faktoren errechnen. Da aber nach 4. die H^+-Ionen an allen Gleichgewichten teilnehmen, läßt sich aus dem Quotienten ihrer Konzentrationen bei bekannter Summe der übrigen Kationen auch deren Verteilung errechnen. Man erhält dann aus (40) mit x und y:

$$z = \frac{x^2 - y^2}{y}$$

und aus allen 3 Größen den Wert der Donnan-Korrektur (LOEB).

Mit Hilfe von z ist andererseits auch eine wichtige konstitutive Eigenschaft des Elektrolyten zu untersuchen, nämlich seine *elektrochemische Wertigkeit*. Denn z ist die Konzentration der 1-wertigen Gegenionen, welche dem Kolloidelektrolyten beim gegebenem pH gegenüberstehen. Ist die molare Konzentration (m) des letzteren bekannt, dann ergibt sich die Zahl (n) seiner ionisierten Gruppen pro Molekül, bzw. bei Ampholyten die seiner Überschußladungen, aus der einfachen Beziehung $z = n \cdot m$. Man erkennt, daß die Beachtung der Donnan-Verteilung zur Charakterisierung des elektrochemischen Zustandes von Kolloiden erforderlich und wertvoll ist. Dennoch kann die Untersuchung auf diesem Wege nicht zu absoluten Aussagen führen, solange nicht gültige Werte der *Elektrolytaktivitäten* in Eiweiß- und Polyelektrolytlösungen vorliegen. Denn es muß bedacht werden, daß das *Donnan-Gleichgewicht durch die singulären Ionenaktivitäten beschrieben* wird, welche im Gegensatz zu den mittleren grundsätzlich aus Meßresultaten nur unter bestimmten theoretischen Voraussetzungen abgeleitet werden können (s. S. 136). Sie würden auch im Binnenraum durch Verteilungs- und Potentialmessungen bestimmt werden können, wenn sie in der Außenlösung gegeben wären oder hier Annahmen über ihre Größe gemacht würden, wie $f_+ = f_- = f_\pm$.

Aber auch in Konzentrationen, in denen diese Annahme noch zulässig ist, zeigen sich Abweichungen von der Theorie. Ihre Erklärung wurde von KLAARENBEEK unter Hinzuziehung der Tatsache durchzuführen versucht, daß die diffuse Doppelschicht, welche auch an der Micelloberfläche anzunehmen ist, ebenfalls einen Überschuß an Gegenionen enthält. Für ihn ergeben sich etwas andere Gesetzmäßigkeiten. Die Donnan-Methode zur Bestimmung der elektrochemischen Wertigkeit eines Kolloids führt theoretisch nur bei geringer Ladungsdichte der indiffusiblen Teilchen zwar zu korrekten, aber dann auch experimentell nur noch schwer bestimmbaren Werten. Denn es läßt sich zeigen, daß das Donnan-Potential nicht in einfacher Weise von der Ladung der Partikelchen abhängt. Die in ihrer Doppelschicht vorhandenen Ionen tragen vielmehr in wechselndem Maße zur Überführung der Elektrizitätsmengen bei. Das im realen Fall meßbare Potential wird tatsächlich durch das Verhältnis der Elektrizitätsüberführung in der Suspension zu der in der Gleichgewichtslösung (Außenlösung) bestimmt (OVERBEEK).

6. Falls Donnan-Systeme sich im wahren elektrochemischen Gleichgewicht befinden, müssen sie bei Verwendung irgendwelcher Elektroden, welche für eine Art der vorhandenen Ionen reversibel sind, stromlos sein. Leitet man z. B. mit AgCl- oder PtH_2-Elektroden ab, dann trifft diese Forderung nach Gleichgewichtseinstellung zu, obwohl sowohl die $[Cl^-]$ wie die $[H^+]$ auf beiden Seiten verschieden ist (vgl. die ähnliche Überlegung für die Ölketten, s. S. 254).

$$\underset{i \quad\quad M \quad a}{PtH_2/R^+Cl^- + HCl/HCl/PtH_2}; \quad E = 0.$$

Trennt man die Lösungen von der Membran und verbindet sie durch eine KCl-Brücke, dann wird das Potential gemessen, welches nun bei dieser Konzentrationszelle mit Überführung dem Quotienten der Konzentrationen entspricht; z. B. wäre unter der Annahme von $H_i/H_a = \frac{1}{10}$ das Potential $\varphi_D = 59\,\mathrm{mV}$ mit der Stromrichtung:

$$- \underset{i \quad\quad\; \text{ges.} \quad\; a}{PtH_2/R^+H^+Cl^-/KCl/H^+Cl^-/PtH_2} + .$$

Also muß vorher an der Membran eine diesem Potential entgegengesetzte Spannung gleicher Größe herrschen, *das Donnan-Potential*. Seine Höhe ist: $\varphi_D = RT \ln r$ bzw. für 25° und dekadische Logarithmen:

$$\varphi_D = 59 \log r = 59 \log \frac{x}{y} = 59 \log \frac{y+z}{x} = \frac{59}{2} \log \left(1 + \frac{z}{y}\right) \mathrm{mV}. \tag{44}$$

Bei fixiertem Anion trägt das Potential entgegengesetztes Vorzeichen, da dann r kleiner als 1 ist. Für 2-wertige Gegenionen (z.B. Gelatinesulfat) gilt:

$$\varphi_D = \frac{59}{3} \log\left(1 + \frac{z}{y}\right) \text{mV}. \tag{44a}$$

Bei gleicher Dissoziation sind die Potentiale hier also um $^1/_3$ kleiner.

Die *Potentialrichtung* ergibt sich aus dem Konzentrationsgefälle der beteiligten Ionen. Überwiegen bei dialysierunfähigem Anion die Kationen innen, dann streben sie nach außen und positivieren dort, während das Innere negativ bleibt; die gleiche Stromrichtung ergibt sich aus dem Konzentrationsgefälle der Anionen. Bei festgehaltenem Kation gilt das Umgekehrte. Das Membranpotential ist mit jeder reversiblen unpolarisierbaren *Elektrode ableitbar, deren Elektrodenmaterial* nicht direkt, sondern *über Flüssigkeitsbrücken mit den Lösungen beiderseits der Membran verbunden ist,* z.B.

$$+ \text{PtH}_2\text{HCl}/\text{KCl}/\text{Pr}^+\text{Cl}^-\text{H}^+/\text{H}^+\text{Cl}^-/\text{KCl}/\text{HClPtH}_2 \; -.$$
$$ n \quad\;\; \text{ges.} \quad\; i \quad\; M \quad a \quad\; \text{ges.} \quad\;\; n$$

Gewöhnlich werden jedoch dazu zwei gleichartige Kalomelelektroden benutzt. Man muß sich darüber klar sein, daß diesen Systemen tatsächlich elektrische Energie entnommen werden kann, denn sie befinden sich jetzt nicht im Gleichgewicht. Das Membranpotential wird nicht mehr durch die entgegengesetzt gleichen Elektrodenspannungen kompensiert; daher ruft es selber nach Stromschluß Konzentrationsänderungen in den Elektrodenflüssigkeiten hervor.

Donnan-Gleichgewichte sind an allen Stellen zu erwarten, an denen die *Beweglichkeit einer Ionenart* durch irgendwelche Kräfte *gegenüber der der übrigen* noch vorhandenen Elektrolyte *behindert* ist. Dazu ist eine Membran nicht erforderlich. So zeigt es sich, daß auch die Donnan-Potentiale nicht an ihr Vorhandensein gebunden sind. Wird die Membran nach eingetretener Gleichgewichtsverteilung zwischen den Lösungen entfernt, dann verändern sich die Potentialdifferenzen zunächst nur unwesentlich (D. I. HITCHCOCK), bis sie mit allmählich eintretendem Diffusionsausgleich auf den Nullwert absinken.

In anderen Systemen wird aber die *Gleichgewichtsverteilung* auch ohne Membran aufrechterhalten. Das ist z.B. schon *an der Adsorptionsschicht* von Ionen der Fall. Hier wird durch kovalente oder van der Waals-Kräfte eine elektrische Struktur aufrechterhalten, bei der eine erhebliche Flächenladung in der endlichen Ausdehnung der diffusen Doppelschicht vorliegt (s. S. 256). Die Anhäufung von Ionen, d.h. die räumliche Konzentration der Gegenionen ist in diesem sehr schmalen Raum im Vergleich zur vollen Lösung oft sehr hoch, während die der Nebenionen geringer ist. Wenn spezifische Einflüsse der Ionenhydratation und der Ionenvolumina vernachlässigt werden, ist damit zu rechnen, daß die elektrostatisch erzwungene Anreicherung der Gegenionen im gleichen Verhältnis für alle erfolgt; d.h. der Quotient der Konzentration in der Doppelschicht zu dem in der Lösung wäre für alle gleichwertigen und gleichsinnig geladenen Ionenarten der Lösung derselbe. Auf Grund dieser Überlegung würde man also bei strukturfixiertem Anion etwa eine gleiche Anreicherung der H^+-, K^+-, Na^+-Ionen in der Grenzschicht gegenüber der Lösung erwarten, wie es von DANIELLI u. a. postuliert wurde (1941). Obwohl diese Forderung grundsätzlich berechtigt ist, kann dennoch nicht von einem einheitlichen Grenzphasenraum im Vergleich zur Lösung gesprochen werden, da die differentiellen Schichten ohne Grenze diffus in den Lösungsraum übergehen, und jede einzelne für sich eine andere Donnan-Verteilung aufweisen müßte. Es ist also schwer, hier ein Ersatzschema nach Art des Donnan-Gleichgewichtes einzuführen, bei dem etwa die *Höhe des Grenzraumes der Dicke der Ionenwolke* $(1/\varkappa)$ gleich sei. Die Einsetzung eines derartigen Flächenraumes für den Binnenraum beim Donnan-Gleichgewicht ist nur in den seltenen Fällen *berechtigt,* in denen die *Flächendichte klein* und die Ionenstärke im Vergleich zu ihr groß ist. Wenn diese Voraussetzung nicht mehr zutrifft, ergibt sich, daß die Ionenanreicherung in der Grenzschicht von der Ionenstärke in der Lösung praktisch unabhängig ist. Die Donnan-Vorstellung kann hier also nur als qualitative Annäherung im Vergleich zu den Ableitungen auf S. 258 angesehen werden. Daher ist auch die Abschätzung der H^+-Ionenkonzentration in der Grenzschicht, wie sie von HARTLEY und ROE aus der Größe der ζ-Potentiale vorgenommen wird, nur als Näherungsverfahren zu betrachten.

Partielle Ionengleichgewichte an Membranen

Die bisher als *Donnan-Gleichgewichte* beschriebenen Ionenverteilungen konnten als *wirkliche Gleichgewichte* angesehen und formuliert werden. Es sind aber außerdem Systeme mit und ohne Membranen realisierbar, bei denen ähnliche Verteilungen oder Potentiale in ähnlicher Höhe beobachtet werden, obwohl sie sich nicht im echten Gleichgewicht befinden. So sind sehr engporige oder aus stark dissoziiertem Material aufgebaute Membranen oder auch zwischengeschaltete Phasen wie die Ölketten oft die Ursache für elektromotorische Kräfte, welche nur vorübergehende Verteilungszustände, d.h. *Scheingleichgewichte* zum Ausdruck bringen. Gut getrocknete Kollodiummembranen verhalten sich bei nicht zu hohen Salzkonzentrationen so, als ob sie nur 1-wertige Kationen im Gegentausch, nicht aber Anionen permeieren lassen; sie sind daher auch nicht für Salze durchlässig (MICHAELIS 1926). Theoretisch würden sie dagegen die Einstellung eines osmotischen Gleichgewichtes erlauben. Die zwischen zwei verschiedenen Konzentrationen eines Elektrolyten entstehenden Potentiale müssen als Diffusionspotentiale angesehen werden, welche wegen einer Vergrößerung des Unterschiedes in der Beweglichkeit des Kations (u) und des Anions (v) recht hoch ausfallen. Wird $v = 0$, d.h. permeieren Anionen nicht, dann wird aus

$$E_D = \frac{R\,T}{n \cdot F} \cdot \frac{u-v}{u+v} \ln \frac{c_1}{c_2}, \quad \text{(III, 14a)}$$

$$E_D = 59 \log \frac{c_1}{c_2} \text{ mV} \quad (\text{für } t = 25°). \tag{45}$$

Gut selektive Membranen gehorchen dieser Beziehung tatsächlich, d.h. sie verhalten sich wie Elektroden, welche für das Kation reversibel sind. Sie geben z.B. bei Messung mit Kalomelelektroden für einen Konzentrationsquotienten 10:1 ($\log 10 = 1$) $E_D = 59$ mV (maximaler Konzentrationseffekt). Dabei ist die verdünnte Lösung positiv. Würde man bei Anionenpermeabilität mit reversiblen AgCl-Elektroden oder bei Kationenpermeabilität z.B. mit Gaselektroden messen, dann würde für direkte Ableitung das Potential nicht auf Null sinken; ein Zeichen dafür, daß kein thermodynamisches Gleichgewicht vorliegt. Zweifellos wird ja auch für jedes beliebig angesetzte Konzentrationsverhältnis das zugehörige Potential nach (45) gemessen, ohne daß ein Ausgleich bis zum Gleichgewicht hat erfolgen können. Das Ungleichgewicht wird durch die sehr langsame Diffusion über lange Zeit erhalten bleiben. So lange können sich die beweglichen Ionen in dem Diffusionsstrom des Hauptelektrolyten nach einem temporären Gleichgewicht verteilen (Partielles Ionengleichgewicht; TEORELL 1936, WILBRANDT 1935).

Es ist z.B. für praktisch anionenundurchlässige Membranen gezeigt worden, daß ein H-Ionen-Überschuß auf einer Seite aus beiderseits gleichkonzentrierten K-Salzen dieses *Kation im Gegentausch mit H$^+$ gegen das Konzentrationsgefälle befördert*. Da Anionen praktisch nicht passieren, kann auch kein Salzübertritt stattfinden. Wenn durch Zugabe eines nicht permeierenden Nichtleiters für osmotisches Gleichgewicht gesorgt wird, besteht der einzig mögliche Übergang in einem Ionentausch: $K_i \rightarrow H_a$ und $H_i \rightarrow K_a$. Der Tausch kommt jeweils dann zustande, wenn sich die beiden Ionenpaare in der Pore treffen. Die weitere statistische Überlegung führt dann hier ähnlich wie S. 275 zu dem Resultat, daß ein stationäres Gleichgewicht erreicht wird, wenn

$$[K_i]/[K_a] = [H_i]/[H_a].$$

Wie 1928 gezeigt wurde (NETTER), stellen sich derartige Gleichgewichte tatsächlich angenähert ein, d.h. eine höhere Binnenkonzentration an H$^+$ befördert, indem sie selbst erniedrigt wird, Kalium gegen das Konzentrationsgefälle hinein. Wieweit kann nun hier von thermodynamisch exakten Gleichgewichten gesprochen werden, d.h. davon, daß die mittlere Ionenaktivität beiderseits gleich geworden ist? Wenn Cl-Ionen nicht hindurchtreten, kommt als einziger Elektrolyt, welcher sich verteilt, K^+OH^- in Frage. Tatsächlich wird immer dann, wenn vorstehende Bedingung erfüllt ist, auch gelten: $[K_i^+] \cdot [OH_i^-] = [K_a^+] \cdot [OH_a^-]$, so daß für diese Fälle idealer Selektivität ohne Diffusionsströmung eine *echte Gleichgewichtseinstellung vorliegen muß*. Auch das Hinzuziehen anderer Kationen, z.B. von Na außer dem K ändert an diesem formalen Ergebnis nichts, solange man NaOH und KOH als diffusiblen Elektrolyten und das Cl als indiffusibles Kolloidanion betrachten darf.

Es ist weiter zu beachten, daß sich in unmittelbarer Nähe der Membran, namentlich bei stehenden Flüssigkeiten ein Gleichgewicht z.B. zwischen K^+- und H^+-Ionen schnell ausbilden wird. Für die Potentiale ergibt eine einfache Überlegung, daß wirklich selektiv kationenpermeable Membranen bei Messung mit Ag/AgCl-Elektroden im stationären Zustand ein

Potential der Größe: $2 F_N \log \dfrac{c_1}{c_2}$ geben, wenn Cl das indiffusible „Kolloidanion" ist und

die Elektroden direkt in die beiden Flüssigkeiten tauchen. Denn obwohl die Cl-Ionen nicht am Gleichgewicht teilhaben, erzeugen sie in diesem Fall ein Konzentrationspotential [nach (45)] der gleichen Richtung und Stärke, wie sie das Membranpotential besitzt. Beide addieren sich, wobei die Kationen die Leitung durch die Poren übernehmen. Die verdünntere Seite ist für beide negativ.

Allgemein ergibt sich folgende Regel: Mißt man an selektiv kationendurchlässigen Membranen mit Elektroden, welche für die nicht permeierenden Ionen, d.h. die Anionen, reversibel sind, so bekommt man bei 1-wertigen Ionen das doppelte Potential. Jedoch ist die EMK null, wenn Elektroden benutzt werden, die für die permeablen Ionen reversibel sind. Im *ersteren Fall sind Membran- und Elektrodenpotential gleich gerichtet, im zweiten entgegengesetzt*. Für selektiv anionendurchlässige Membranen gilt das entsprechende.

Praktisch hat es sich jedoch gezeigt, daß solche Membranen besonders in höheren Konzentrationen auch langsam Chloride hindurchtreten lassen. Die beobachteten Potentiale sind dann *als Diffusions- und nicht als Donnan-Potentiale aufzufassen*, hervorgerufen z.B. durch die Diffusion der HCl. Dieser Elektrolyt legt ein bestimmtes Diffusionspotential fest. Die übrigen Ionen der Lösung verteilen sich dann, soweit sie frei diffundieren können, in dem so erzeugten elektrischen Felde wie in einem Donnan-Gleichgewicht mit dem gleichen Potential. Es handelt sich hierbei um eine vorübergehende, durch ein aufrechterhaltenes Potential in der Nähe der Membran erzwungene Verteilung passiver Ionen, welche in geringerer Zahl als die potentialbestimmenden vorhanden sind. Dementsprechend stellte TEORELL auch an weiterporigen Membranen analytisch ähnliche Verteilungen fest; sie sind nur flüchtiger, weil hier der Diffusionsvorgang gegenüber dem Ionentausch im Vordergrund steht, und weil eine Gleichverteilung des diffundierenden Elektrolyten schon nach kurzer Zeit stattfindet.

Das Gesamtverhalten der bisher untersuchten *künstlichen* Membranen zwingt dazu, die beobachteten Verteilungen allgemein als aufgezwungene Scheingleichgewichte anzusehen, welche sich in einem Diffusionsstrom ausbilden. Es liegen also weder Gleichgewichte noch streng anionenpermeable Membranen vor. Nur bei niedrigen Elektrolytkonzentrationen kann an geeigneten Membranen praktisch eine Anionenimpermeabilität erreicht werden.

Eine nähere *Analyse der selektiven Ionenpermeabilität* geht wiederum mit Vorteil von Potentialmessungen aus. Als Membranmaterial stehen getrocknetes reines Kollodium oder Membranen aus Austauscherharzen zur Verfügung. Untersucht sei zunächst die Potentialhöhe bei Verwendung von Lösungen, deren Konzentration sich beiderseits durch den gleichen Quotienten, etwa 1:10, unterscheidet (Konzentrationspotentiale). Dabei ergibt sich, daß je nach dem Ladungssinn der Membranporen bei genügender Enge und Ladungsdichte entweder Kationen oder Anionen bevorzugt permeieren und dementsprechend der verdünnteren Lösung ihr Vorzeichen geben. Selektiv anionenpermeable Membranen sind also auf der verdünnteren Seite negativ. Das ideale Konzentrationspotential von 59 mV für das genannte Verhältnis wird bei 25° unter 2 Voraussetzungen erreicht. Erstens müssen weitgehend selektive

Membranen vorliegen und zweitens darf die Konzentration der Lösungen nicht zu hoch sein. Dabei ist schon berücksichtigt, daß entweder die Ionenstärke der Lösungen beiderseits gleich gehalten wird, oder daß die Aktivitäten statt der Konzentrationen bei der Berechnung der

Tabelle 60. *Potentiale an verschieden selektiven Membranen*

Bei KCl / KCl bewirkt Zwischenschaltung von 0,1 / 0,01	MP
Pergamentpapier	10 mV
mit Wachs imprägniertem Filtrierpapier	21,2 mV
mit Mastix imprägniertem Filtrierpapier	24,2 mV
mit Kautschuk imprägniertem Filtrierpapier	29,3 mV
Kollodiummembran	55 mV

Diese MP (Dialysepotentiale) fallen außer dem letzten mit der Zeit schnell ab.

erwarteten Potentiale eingesetzt werden. Dennoch ergeben sich in höheren Konzentrationen Abweichungen, welche sich nur so deuten lassen, daß die Selektivität unter diesen Umständen nicht mehr ideal ist: die gefundenen Potentiale bleiben hinter den erwarteten zurück, weil die Cl-Ionen infolge ihrer großen Aktivität in der Lösung nicht von der Membran vollständig zurückgehalten werden können (Tabelle 60 und 61).

Tabelle 61. *Potentiale an selektiven Membranen in verschiedenen Konzentrationsbereichen* (nach SÖLLNER)

KCl		Theoretisch	Kollodium	Protamin-Kollodium
C_1 m	C_2 m	mV	mV	mV
0,64	0,32	15,9	12,6	−11,3
0,32	0,16	16,0	14,4	−13,8
0,08	0,04	16,3	16,3	−15,8
0,01	0,005	17,1	17,1	−16,2

Eine Erklärung dafür, wie eine Membran die Ionenretention bewirkt, ist auf Grund einfacher Vorstellungen frühzeitig von MICHAELIS (1926) gegeben worden. Danach wird das Ladungsmuster der Membran wiederum (vgl. S. 272) als Ursache für die Selektivität behandelt. Die *gleichnamigen Ladungen verhindern dabei die Annäherung der abzuschirmenden Ionen* an die für den Übertritt entscheidenden Stellen. Andererseits werden hier die entgegengesetzt geladenen angezogen, eventuell adsorbiert, und den Konzentrations-

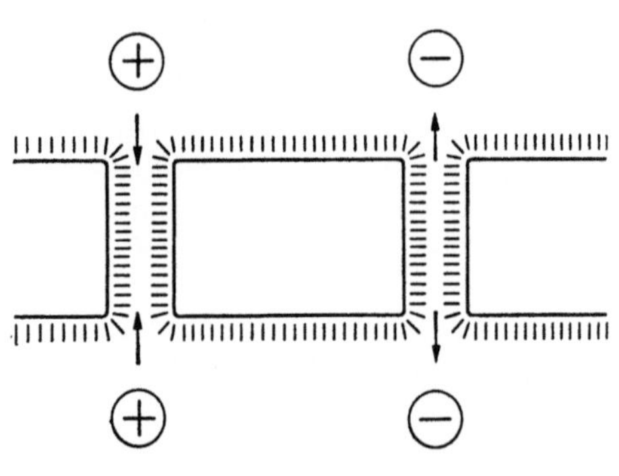
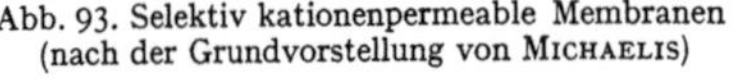

Abb. 93. Selektiv kationenpermeable Membranen
(nach der Grundvorstellung von MICHAELIS)

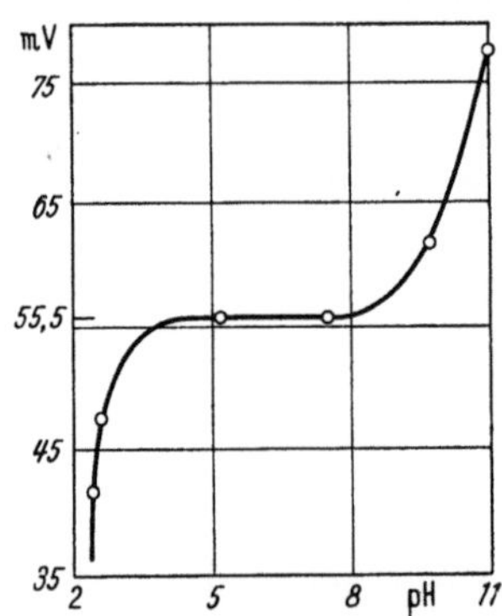

Abb. 94. pH-Abhängigkeit einer
Na-Membranelektrode

verhältnissen, d. h. der Wahrscheinlichkeit entsprechend durch Tausch oder Platzwechsel nach der einen oder anderen Richtung wieder abgegeben. Ist das Ladungsmuster so eng, daß sich die Ladungseinflüsse von allen Seiten an der entscheidenden Stelle überschneiden, dann besteht eine derartig *hohe Potentialschranke*, daß die gleichnamigen Ionen unterhalb eines kritischen Wertes ihrer kinetischen Energie sie nicht mehr zu überwinden vermögen (Siebwirkung, Abb. 93). Der

Ladungssinn der Festionen bestimmt also das Vorzeichen der Selektivität. Besteht die Membran aus eiweißartigem Material, dann wird sie auf der sauren Seite des IP anionendurchlässig, auf der alkalischen durchlässig für Kationen sein. Die fixierten Ladungen verändern also das Verhältnis der Wanderungsgeschwindigkeiten in der Pore grundlegend im Vergleich zu ihrer Diffusion in freier Lösung.

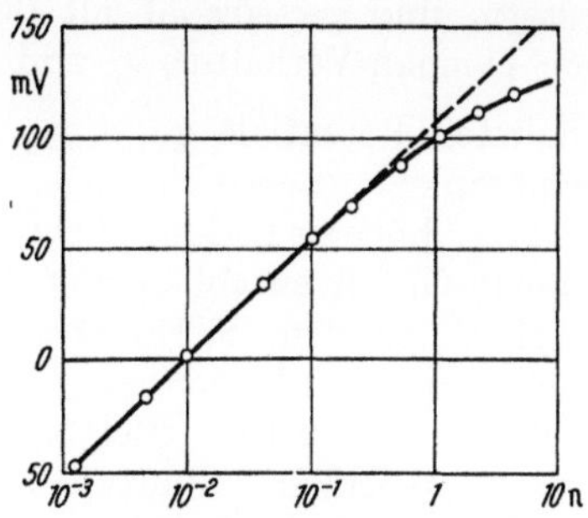

Abb. 95. Austauschermembran als Na-Elektrode (nach Bonhoeffer)

Darauf weisen besonders auch die Erfahrungen über die Potentialbildung durch verschiedenartige Ionen gleichen Types hin, welche beiderseits in gleicher Konzentration vorliegen. Die in dieser Anordnung auftretenden sog. biionischen Potentiale (Söllner 1954) können ihre Ursache nur in der verschiedenen Beweglichkeit der diffundierenden Ionen besitzen. Liegen 2 Kationen mit der Beweglichkeit u_1 und u_2 vor, dann müßten die Potentiale nach Plancks Diffusionsformel (S. 133) berechenbar sein:

$$E_D = 59 \log \frac{u_1 + v}{u_2 + v} \text{ mV} \quad \text{bzw. für } v = 0; \quad E_D = 59 \log \frac{u_1}{u_2} \text{ mV}. \quad (45\,a)$$

Dabei werden wesentlich höhere Potentiale gemessen, als nach der Beweglichkeit in freier Lösung zu erwarten ist. Formal ist das Verhalten daher so, als ob die Unterschiede der Ionenbeweglichkeit in der Membran vergrößert würden. Umgekehrt läßt sich das Verhältnis der scheinbaren *Beweglichkeit in der Pore* aus dem gemessenen Potential leicht entnehmen (Michaelis, Söllner, Bonhoeffer 1953 u. a.).

Wie bei der Funktion der Austauscher muß also auch an den im Aufbau verwandten Porenmembranen die Ladung und die Form, vor allem die Weite der Pore berücksichtigt werden. Im ganzen ist aber *die Membran* nicht wie in osmotischen Versuchen oder beim einfachen Donnan-Gleichgewicht als eine Scheidewand, sondern als *ein spezifischer Regler der Elektrolytdiffusion* anzusehen. Hierbei fordert die praktisch bedeutungsvolle Konstanz der beobachteten Potentiale besondere Aufmerksamkeit. Sie wird dadurch erreicht, daß die Konzentration der durch die schon engen Poren diffundierenden Elektrolyte an den Außenseiten der Membran noch durch ihre Ladungseigenschaften konstant gehalten wird. Das geschieht durch die Einstellung eines Donnan-Gleichgewichtes zwischen der Außenflüssigkeit und der in den Porenabschnitten, die an die Außenlösung angrenzen. Dieses Potential und die zugehörige Elektrolytverteilung wird durch die *Festionenkonzentration* des Membranmaterials bestimmt. Ihre Größe ist für die Güte der Selektivität entscheidend; sie heißt die *Selektivitätskonstante* (K. H. Meyer 1936). Nach Wilbrandt, Teorell und K. H. Meyer muß die Michaelissche Vorstellung von der Potentialentstehung

Tabelle 62. *Potentiale gleichkonzentrierter Lösungen verschiedener Salze (0,1 m)*

Lösung I	Lösung II	EMK (im Mittel)
KCl	HCl	− 93
KCl	RbCl	− 8
KCl	NH$_4$Cl	6
KCl	KCl	0
KCl	NaCl	+ 48
KCl	LiCl	+ 74
HCl	RbCl	+ 87
HCl	NaCl	+140
HCl	LiCl	+185
KCl	KBr	− 2
KCl	KJ	0

An selektiv kationenpermeabler Kollodiummembran. Die Vorzeichen beziehen sich auf Lösung II (in mV) (nach Michaelis)

Tabelle 63

	Li	Na	K	Rb	H
1	0,048	0,14	1	2,8	42,5
2	0,52	0,65	1	1,04	4,9

Die aus Tabelle 62 sich ergebende relative Beweglichkeit der Ionen in der Membran (1) verglichen mit der in freier Lösung (2) (vgl. Abb. 133)

dahingehend erweitert werden, daß das *Gesamtpotential in drei Sprünge zu unterteilen* ist. Die fixierten Ladungen erfordern die Einstellung des Donnan-Potentials φ_{D_1} und φ_{D_2} sowohl auf der Seite 1 (konzentrierter) wie der Seite 2 mit dem Donnan-Verhältnis r_1 und r_2. Die Summe der beiden gegeneinander geschalteten Potentiale $\varphi_{D_1} - \varphi_{D_2}$ ist: $\Delta \varphi_D = 59 \log \frac{r_1}{r_2}$ für eine kationenpermeable Membran.

Trotz höherer Ladungsdichte kann in diesem Fall ohne Vorbehalte mit einem Donnan-Gleichgewicht operiert werden, weil die betrachteten Porenräume im Vergleich zu dem S. 279 besprochenen einfachen Phasengrenzraum praktisch makroskopische Dimensionen mit gleichmäßiger Verteilung der Gegenionen besitzen (G. SCHMID). Bei beiderseits gleichen Konzentrationen von Elektrolyten vergleichbaren Bautyps heben sich die Donnan-Potentiale, welche Gleichgewichtspotentiale sind, heraus und lassen daher in diesem Fall die Diffusionspotentiale als alleinige Erzeuger der Gesamtpotentialdifferenz zutage treten. An der Ionenbewegung haben diese Potentiale nur insofern Anteil, als die ihnen zugrunde liegenden Verteilungen das Diffusionsgefälle in der Pore aufrechterhalten. Es erzeugt den Ionenfluß und das mit ihm verbundene „treibende Potential" E_D. Das meßbare Gesamtpotential (φ) ist die Summe von E_D und $\Delta \varphi_D$. Für die Größe beider ist die Festionenkonzentration, d.h. das Ladungsäquivalent/Liter, bezogen auf die Membranflüssigkeit, entscheidend (A).

Bei gleichen Konzentrationen verschiedener Anionen oder Kationen gleicher Wertigkeitsstufe auf beiden Membranseiten, also für *biionische Potentiale*, ergibt sich aus der unten referierten Theorie der Ionenflüsse:

$$F\varphi/RT = \ln \frac{r\,U_1 + V_2/r}{r\,U_2 + V_1/r}, \tag{46}$$

wo U bzw. V das Produkt der Ionenbeweglichkeit in der Pore und der dort herrschenden Ionenaktivität ist. Hier kommt die Veränderung der Ionenbeweglichkeit in der Pore als Folge der Donnan-Verteilung zum Ausdruck. Bei fehlender Festladung, d.h. fehlendem Donnan-Effekt wird $r = 1$. Damit erhält man die bekannte Planck-Gleichung für das Diffusionspotential (s. S. 133). SÖLLNER (1954) hat für anionenimpermeable Membranen in der Gl. (45a) den log des Quotienten der Überführungszahlen der Kationen (τ^+) eingesetzt und damit angenommen, daß τ^+ als Produkt aus der relativen Kationenbeweglichkeit und der relativen Adsorbierbarkeit in der Pore anzusehen ist. Das bedeutet, daß jenes Ion elektromotorisch aktiver ist, welches eine größere Ionenbeweglichkeit und größere reversible, elektrostatische Adsorbierkeit besitzt, d.h. welches mehr in die Pore hineingezogen wird, so daß es sich auch stärker an der Überführung der Ladungen beteiligt. Tatsächlich führt die Formulierung der Phänomene zum gleichen Resultat einerlei, ob der Unterschied der Ionenaktivitäten in der Pore durch die wechselnde Adsorbierbarkeit oder durch die Differenz der Donnan-Potentiale erklärt wird (HELFERICH und SCHLÖGL 1956).

Selektivität und Ionenfluß

Als *Selektivität* wird das Verhältnis der Zahl der in gleicher Zeit permeierenden Kationen (n_K) zu den durchtretenden Anionen (n_A) bezeichnet. Sei A die Festionenkonzentration in val/Liter und x die Außenkonzentration des Salzes, y die in der Grenzphase des Porenmaterials, und sei weiter n_K bzw. n_A der Konzentration der permeierenden Ionen in der Pore proportional, dann ergibt sich über $x^2 = y\,(y + A)$ und $\dfrac{n_K}{n_A} = \dfrac{u\,(y + A)}{v \cdot y}$ bei negativer Wandladung:

$$\frac{n_K}{n_A} = \frac{u}{v} \frac{\sqrt{4x^2 + A^2} + A}{\sqrt{4x^2 + A^2} - A}. \tag{47}$$

Die *Selektivität ist also von der Konzentration x und von A abhängig*; vorstehende Gleichung erklärt auch, warum sie mit wachsender Salzkonzentration (x) geringer wird. Die Kombination dieser Beziehung mit dem Nernstschen Differentialansatz für das Diffusionspotential liefert nach Integration einen Ausdruck für das Membranpotential, der sich aus einem Term für den Diffusions- und einen für den Donnan-Anteil zusammensetzt. Seine Auswertung erfolgt nach Meyer-Sievers graphisch und liefert die Selektivitätskonstante aus dem gemessenen Potentialwert. Ihre Gewinnung wird erleichtert, *wenn die Außenkonzentration relativ klein* gegenüber der Festionenkonzentration *ist*, d.h. bei großem A. Dann *werden die Donnan-Potentiale allein ausschlaggebend*:

$$E = \frac{RT}{F} \ln \frac{a_1}{a_2} \cdot \frac{\sqrt{4a_2 + A^2} + A}{\sqrt{4a_1 + A^2} + A} . \tag{47a}$$

Söllner und Mitarbeiter haben die Herstellung von Membranen gelehrt, die bei hoher Membranladung, also guter Selektivität, im Gegensatz zu den trockenen Kollodiummembranen einen relativ kleinen elektrischen Widerstand zeigen, so daß sie gut zur potentiometrischen *Bestimmung von Elektrolytaktivitäten* Verwendung finden können (Permselektive Membranen). Selektive Austauschermembranen haben große A-Werte und entsprechend geringen Membranwiderstand. Sie sind daher für potentiometrische Messungen besonders geeignet (Gregor, Marshall u.a.). Es gelingt mit diesen Anordnungen noch nicht zuverlässig, Einzelelektrolytaktivitäten in Elektrolytgemischen zu bestimmen.

Die physikalische Größe, welche die einfache Diffusion der Elektrolyte modifiziert, ist das in der Pore aufrechterhaltene Diffusionspotential. Sie kann auch eine von außen angelegte Spannung sein. Nach ihr richtet sich die Verteilung der passiven Ionen. Der *Ionenfluß* (Φ „*Flux*") ist also nach Richtung und Intensität durch das Produkt aus dem Gradienten der Konzentration und des elektrischen Potentials bestimmt. Und es ist für die Erklärung der biologischen Ionenbewegung notwendig, die Beteiligung dieser beiden Faktoren quantitativ voneinander abzugrenzen.

Der Ionenflux ist die in der Zeiteinheit durch die Flächeneinheit hindurchtretende Ionenmenge. Sie ist um so größer, je größer die Konzentration, die Ionenbeweglichkeit und die treibende Kraft (TrK) ist (Teorell 1951):

$$\Phi^+ = c^+ \cdot u \cdot \text{TrK}. \tag{48}$$

Die treibende Kraft ist für ein Mol eines Ions der Gradient des elektrochemischen Potentials nach der Strecke in der Richtung der hervorgerufenen Bewegung:

$$\text{TrK} = -\frac{d\eta}{dx} = -\left(\frac{d\mu^+}{dx} + \frac{d\varphi \cdot F}{dx}\right).$$

Nun ist der Diffusionsdruck:

$$\frac{d\mu^+}{dx} = \frac{RT}{c^+} \cdot \frac{dc^+}{dx} * \qquad (\text{vgl. II, 14})$$

und daher

$$\text{TrK} = -\frac{d\eta}{dx} = -\left(\underset{\text{osmot.}}{\frac{RT}{c^+}\frac{dc^+}{dx}} + \underset{\text{elektr. Term}}{F\frac{d\varphi}{dx}}\right). \tag{48a}$$

Unter Benutzung von $\ln \xi = F\Delta\varphi/RT$ (vgl. S. 258) folgt:

$$\Phi^+ = -RT \cdot c^+ \cdot u \cdot \left(\frac{d \ln c^+}{dx} + \frac{d \ln \xi}{dx}\right) = -RT \cdot c^+ \cdot u \cdot \frac{d \ln (c^+ \cdot \xi)}{dx} \tag{49}$$

und für Anionen:

$$\Phi^- = -RT \cdot c^- \cdot v \left(\frac{d \ln c^-}{dx} - \frac{d \ln \xi}{dx}\right) = -RT \cdot c^- \cdot v \cdot \frac{d \ln (c^-/\xi)}{dx} . \tag{49a}$$

Wird der Fluß durch eine Membran beschrieben, dann sind c^+, c^-, u und v die Konzentrationen bzw. Beweglichkeiten in der Membranpore. Wenn man das elektrische Feld in vorstehenden Gleichungen konstant ansetzt (d.h. $d\varphi/dx = 0$),

---

* $\dfrac{d\mu}{dx} = \dfrac{d\mu}{dc} \cdot \dfrac{dc}{dx}$ und $\dfrac{d\mu}{dc} = \dfrac{RT}{c}$, da $d\mu = RT \cdot d\ln c$ und $d \ln c = \dfrac{dc}{c}$ ist.

ist die Integration ohne Schwierigkeiten durchführbar. Man erhält, wenn man außerdem noch die Membranladung und damit den beiderseitigen Donnan-Effekt vernachlässigt, die in der Elektrophysiologie oft benutzte *Gleichung des konstanten Feldes* (GOLDMAN 1943, HODGKIN und KATZ; s. S. 706). Eine vollständige Beschreibung darf jedoch diese Vernachlässigung nicht vornehmen; sie hat im Gegenteil auch noch die Ortsabhängigkeit der Ionenkonzentration in der Membran mitzubeachten, d.h. dc/dx. Am wertvollsten ist die Integration für konstantes c an den beiden Porenöffnungen der Membran (c_1, c_2) geworden. Man bekommt mit der Rechen-Konstanten K_f^+ die allgemeine Flußgleichung für ein 1-wertiges Kation:

$$\Phi^+ = - K_f^+ \cdot u \,(c_2^+ \, \xi - c_1^+) \quad \text{(TEORELL)}. \tag{50}$$

Für den Fall beiderseits gleicher Außenkonzentrationen $(a_1^+ = a_2^+)$ erhält man mit der Membrandicke d:

$$\Phi^+_{(a_1 = a_2)} = - \frac{RT}{d} \cdot u \cdot \frac{\ln \xi}{(\xi - 1)}\,(a_2^+ \, \xi - a_1^+)\, r . \tag{50a}$$

Bei ungleichen Außenkonzentrationen ergibt sich wieder mit der auch von der Festionenkonzentration A abhängigen Konstanten K_f^+:

$$\Phi^+ = - K_f^+ \cdot u \,(a_2^+ r_2 \, \xi - a_1^+ r_1) = - K_f^+ u \, a_2^+ r_2 \, \xi + K_f^+ u \, a_1^+ \cdot r_1 \quad \text{(TEORELL 1950)}. \tag{50b}$$

Hier regelt der erste Term rechts den „Influx" und der zweite den in der Gegenrichtung laufenden „Efflux". Das Verhältnis beider Flüsse ist von besonderem Interesse. Die „*Flux-Relation*" kann in erster Annäherung unter Vernachlässigung der Donnan-Potentiale $(r_2/r_1 = 1)$ vereinfacht werden zu:

$$\frac{\Phi_{\text{in}}}{\Phi_{\text{aus}}} = - \frac{a_2^+}{a_1^+} \cdot \xi = - \frac{a_2^+}{a_1^+} \cdot e^{\frac{F\varphi}{RT}} \quad \text{(USSING 1951, TEORELL 1951)}. \tag{51}$$

Diese *Gleichung ist für die Untersuchung biologischer Ionenbewegungen* von besonderer Wichtigkeit geworden. Sie ist unter den gegebenen Einschränkungen ohne Rücksicht auf die Membranstruktur und die Ursache des Potentials gültig und gestattet die Entscheidung der Frage, ob das z.B. unter Verwendung von Tracern beobachtete Fluxverhältnis in Beziehung zu dem gemessenen Potential steht. Alle Ionenbewegungen, welche dieser Gleichung nicht gehorchen, erfolgen nicht ausschließlich unter dem Einfluß der osmotischen oder elektrischen Triebkräfte. Für ihr Zustandekommen müssen daher besondere chemische energieliefernde Reaktionen eingesetzt werden (vgl. aktiver Transport, s. S. 694f.). Wie diese zusätzliche Arbeit gegen die osmotischen oder elektrischen Kräfte geleistet wird, ist zur Zeit noch nicht zu übersehen.

Beim Stromdurchgang durch Membranen treten beiderseits Änderungen der Konzentration von Wasserstoff- und anderen Ionen auf. Schon NERNST zeigte, daß nach Anlegung einer Spannung an 2 Elektrolytlösungen, welche wie bei Ölketten durch einen öligen Mittelleiter getrennt werden, Konzentrationsänderungen der Ionen an beiden Grenzschichten auftreten. Sie werden durch unterschiedliche Überführungszahlen der beteiligten Ionen in der wäßrigen und der zweiten Phase bedingt. Auch Gele, Membranen und Ionenaustauscher werden durch eine angelegte Spannung in gleicher Weise polarisiert. Diese Erscheinungen, welche für die Thoerie der elektrischen Erregung von Bedeutung geworden sind, wurden praktisch und theoretisch von BETHE und TOROPOFF schon 1914 eingehend analysiert. Bei negativ geladener Wandung wird die Lösung auf der Seite des Stromeintrittes (Anode) alkalisch, auf der des Austrittes sauer. Die Neutralitätsstörung ist um so stärker, je adsorbierbarer die Anionen der anwesenden

Salze sind. In Chloriden ist sie demnach geringer als in Sulfaten, Phosphaten oder Zitraten. In Gegenwart von Kationen wachsender Wertigkeit nimmt der Effekt ab. Bei positiver Eigenladung des Gels oder der Membranporen kehrt sich der Sinn der Reaktionsänderung um. Die Verteilungsstörungen an den Oberflächen der Membranphase beruhen wie bei den Ölen auf den relativen Änderungen der Überführungszahlen in der die Außenlösungen trennenden Phase. Negative Ladung ist der Ausdruck einer Verlangsamung der Anionenbewegung in den Poren. Daher werden die Kationen und mit ihnen die H^+-Ionen im Überschuß in der Richtung des Stromes, d.h. auf die kathodische Seite geführt; die relative Verarmung auf der Seite des Stromeintrittes entspricht der Alkalisierung. Gleichzeitig findet auch eine Änderung der Salzkonzentrationen an der Membran statt, deren Richtung vom Verhältnis der Überführungszahlen der Ionen abhängt. Mit wachsender Elektrolytkonzentration wird die Neutralitätsstörung unterdrückt. Bei ampholytoiden Membranen ist der pH-Wert des Indifferenzpunktes für die Neutralitätsstörung nur dann mit dem der gleichzeitig stattfindenden endosmotischen Wasserbewegung übereinstimmend, wenn beide Ionen des anwesenden Salzes gleiche Beweglichkeit besitzen, wie es beim KCl, nicht aber z.B. beim Na_2SO_4 zutrifft.

Anomale Osmose

Mit den elektrischen Eigenschaften von Membranen ist oft eine Bewegung des Wassers in Zusammenhang gebracht worden, welche bisher zur Hauptsache als elektroosmotische Strömung angesehen wurde. Es handelt sich bei dieser sog. *anomalen Osmose* um eine Wasserbewegung, welche in der beobachteten Richtung oder auch nur in ihrem Ausmaß anscheinend nicht durch osmotische Druckdifferenzen zu beiden Seiten hervorgerufen wird. Wenn die Wasserbewegung in die verdünntere Lösung hinein erfolgt, spricht man von *negativer Osmose*.

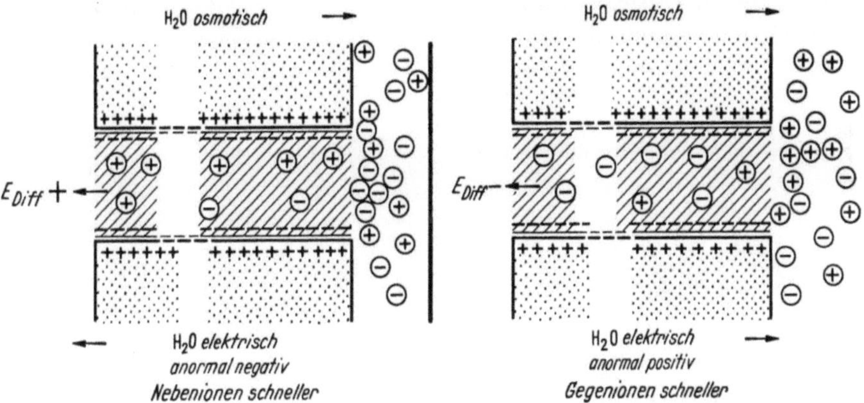

Abb. 96. Schema der anomalen Osmose (nach der Theorie von SCHLÖGL 1955). E_{Diff} gibt die Richtung des Diffusionspotentials; das bei positiver Wandladung negativ geladene bewegliche Wasser in der Pore ist schraffiert. Links schneller wandernde Nebenionen, rechts schnellere Gegenionen

Diese Erscheinungen sind schon während der ersten quantitativen Versuche über die Osmose aufgefallen (DUTROCHET 1835, GRAHAM 1854) und besonders eingehend von LOEB studiert. SÖLLNER glaubte, daß ein Membranpotential, welches in engen Poren entsteht, sich durch weitere benachbarte ausgleiche und dadurch einen Kreisstrom erzeuge. Dieser solle die Energie für den anomalen Wassertransport liefern, welcher als elektroosmotische Bewegung unter dem Einfluß des Kreisstromes zustande käme. Der Einwand, daß hierbei auch eine geschlossene Kreisströmung des Wassers auftreten müßte, trifft die thermodynamisch und kinetisch gut fundierte Auffassung von SCHLÖGL nicht.

Danach wird die Bewegung des Wassers durch ein in der Membran selbst bestehendes hydrostatisches Druckgefälle erzeugt. Dieses aber ist nichts anderes als die Differenz der osmotischen Drucke, welche mit den soeben besprochenen Donnan-Gleichgewichten in der

Membran verknüpft sind. Die Differenz der Donnan-Korrekturen für beide Gleichgewichte liefert einen treibenden Druck, welcher bei der Osmose zusätzlich wirksam ist. Letzten Endes ist also wiederum die Festionenkonzentration für den Effekt ausschlaggebend.

Aber sie ist es nicht allein, denn in reiner Elektrolytlösung kommt so zwar ein Zusatzterm zur osmotischen Bewegung heraus; jedoch ergibt sich, daß dieses Zusatzglied nicht gegen den osmotischen Strom gerichtet ist. Bei der Bewegung des Wassers durch die Poren werden aber nun auch Ionen befördert, es wird ein elektrisches Feld aufgebaut. Es hat seinerseits Einfluß auf die Wasserbewegung. Die Richtung des Feldes wird durch die Beweglichkeit der freien Ionen in der Pore bestimmt. Sind die Gegenionen beweglicher als die Nebenionen (mit der gleichen Ladung wie die Festionen), dann verstärkt es die osmotische Wasserbewegung, sind die Nebenionen beweglicher, so wird die Osmose gehemmt oder negativ, d.h. der elektrostatische Zug kann die Druckkraft überkompensieren (Abb. 96).

V. Hochmolekulare Strukturbildner

Allgemeines

Schon die *niedrigmolekularen Stoffe* besitzen eine für sie charakteristische *räumliche Gestalt*. Die Pyramide der Ammoniak-Molekel, das Tetraeder der symmetrischen oder unsymmetrischen Verbindungen mit einem Kohlenstoffatom, die einfache Scheibe des Benzolringes oder die differenziertere der Porphyrine und die Sessel- und Wannenform des Cyclohexans mögen als Beispiel dienen. Komplizierter wird die Formung bei kondensierten aromatischen, hydroaromatischen oder heterocyclischen Ringen (Abb. 97). Diese Molekeln tragen individuelle, scharf ausgebildete und fixierte Profile der Anordnung, welche sich auf das Grundgerüst und auf die Lagerung und den Abstand chemisch aktiver Gruppen beziehen. Dabei mag an die definierte räumliche Entfernung von Keto-, Alkoholgruppen und Doppelbindungen bei den Prägungsstoffen aus der Gruppe der Steroidhormone oder der herzwirksamen Steroide gedacht

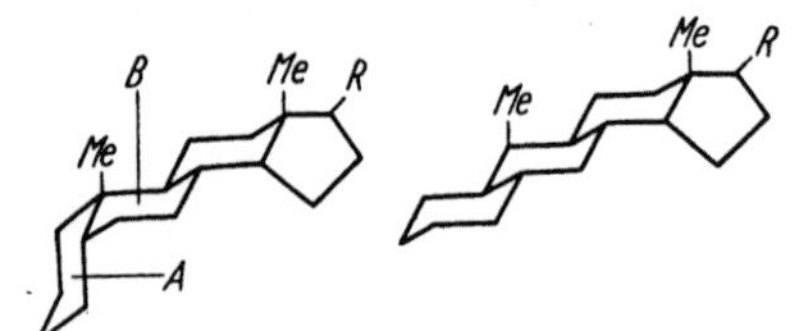

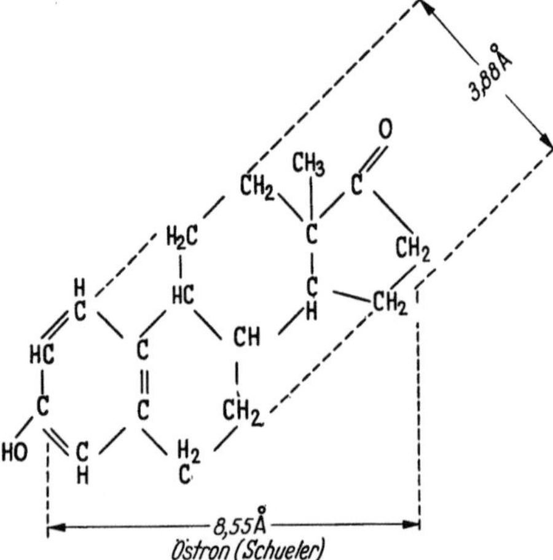

Abb. 97. Cis-Trans-Isomerie (nach SHOPPEE) zwischen den *A*- und *B*-Ringen bei Sterinen. Links: *A/B* cis-Cholsäure; rechts: *A/B* trans-Cholesterin

Abb. 98. Molekulare Dimensionen des Östrons (nach SCHUELER)

werden (8,55 Å). Man wird nicht fehlgehen, wenn man ihre spezielle biologische Wirksamkeit mit der Formung des Substrates in Beziehung setzt, mit dem jene unmittelbar in Wechselwirkung treten [SCHUELER (Abb. 98)]. Diese Beziehung wird besonders durch die biologische Bedeutung der *Konfiguration* unterstrichen, welche der jeweiligen optischen Aktivität zugrundeliegt. Schon die enantiomorphen Paare mit einem asymmetrischen Kohlenstoffatom, aber auch jene mit mehreren, d.h. die diastereomeren Formen, werden absolut auswählend behandelt, wenn sie an die biologischen Strukturen herantreten. Das gleiche trifft für die *Cis- und Transisomeren* zu, wofür die bedeutende biochemische Differenz zwischen der Fumar- und Maleinsäure als Beispiel diene. In diesem Zusammenhang ist auch an den Übergang des Vitamin A-Aldehyds von der all-trans in die 7-cis-Form (Neoretinin b aus Neovitamin A$_b$) zu denken, welche sich bei bzw. vor der in der Dunkelheit erfolgenden Vereinigung des Vitamin-Aldehyds mit dem Protein Opsin zum Rhodopsin (Sehpurpur) im „visual cycle" (WALD) vollzieht (Abb. 99).

Alle diese Stoffe wirken an Strukturen höherer Ordnung. Sie selber lagern sich aber nicht zur Bildung hochmolekularer Stoffe zusammen oder vereinigen sich zu mikroskopisch erfaßbaren Formen. Sie sind in wäßrigen oder in öligen Phasen gelöst oder an Grenzflächen angereichert. Biologische *Feinstrukturen* werden entweder *durch* die im vorigen Abschnitt besprochenen *Lipoidfilme* gebildet, oder sie entstehen durch die *Aneinanderlagerung von Grundmolekeln zu Polymeren*, also hochmolekularen Stoffen. Zu ihnen gehören die Polysaccharide und die Proteine. Eiweiße sind die biologischen Strukturbildner schlechthin. Mengenmäßig, aber nicht an Bedeutung treten ihnen gegenüber die Nucleinsäuren und die Mucopolysaccharide zurück.

Die Eiweißkörper vollziehen praktisch zwei Aufgaben: sie dienen als Baubestandteile oder als Biokatalysatoren. Es ist schwer zu entscheiden, welches die primäre Funktion ist, da beide miteinander verknüpft sind. Sicher aber ist, daß die katalytische und die mit ihr vergleichbare Transport-Funktion an die wasserlöslichen Eiweiße geknüpft, die erstere aber keineswegs auf sie beschränkt ist. Dagegen können nur ungelöste Proteine und bestimmte räumlich geformte Proteinaggregate zum Aufbau der Strukturen eingesetzt werden. Diese wiederum brauchen nicht starr zu sein; das dehnbare Kollagen, das elastische Bindegewebe oder die contractilen Muskeleiweiße demonstrieren die passiven oder aktiven Veränderungen, welche die Anordnungen jener Fadenmolekeln erfahren können. Es ist selbstverständlich, daß das Verhalten der hochmolekularen Stoffe durch den Polymerisationsgrad und durch die Art und die Anordnung der Grundbausteine bedingt wird. Unter dem Polymerisationsgrad ist die Zahl der in einer Makromolekel vereinigten Grundmolekeln zu verstehen. Zum Studium aller durch diese Faktoren bedingten Eigenschaften sind die *gelösten Makromolekeln* am besten geeignet.

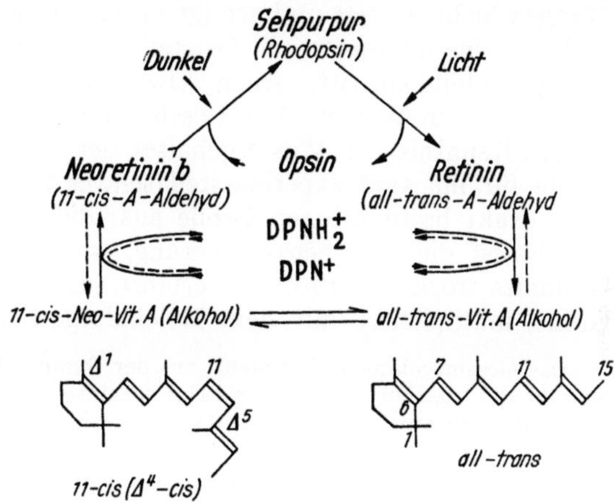

Abb. 99. Cis- und Transform des Vitamin A-Aldehyds. Opsin wirkt als Photoisomerase, deren Vereinigung zum Enzym-Substrat-Komplex (= Rhodopsin) nur mit der Cis-Form sterisch möglich ist. Im Komplex sind beide gegen chemische Einflüsse geschützt (gegen Denaturierung, bzw. gegen Reduktion oder Lipoxydasewirkung). Sehpurpurcyclus nach WALD

Größe und Form gelöster Makromolekeln. Ihr Wassergehalt

Bei den nativen Proteinen ist das Molekelgewicht so hoch, daß die einzelnen Teilchen dem *Größenbereich* angehören, in welchem ihre Lösung die *physikalischen Kennzeichen von Kolloid*lösungen besitzen. Er liegt aus praktischen Gründen und definitionsgemäß zwischen 10 und 1000 Å für den Durchmesser der Partikelchen, welche als disperse Phase im Dispersionsmittel zu einem stabilen Sol zerteilt sind. Im Gegensatz zu den einfachen *Aggregations*kolloiden, bei denen viele niedrig molekulare Teilchen eine durch besondere Kräfte stabilisierte

Micelle bilden, sind die Eiweiße *Eukolloide*. Man kann sie auch als *Molekül-kolloide* den *Micellkolloiden* gegenüberstellen; denn bei ihnen sind die einzelnen Molekeln als Individuen gelöst. Bei den *hydro- bzw. lyophilen* Kolloiden beruht diese Löslichkeit auf den gleichen Kräften zwischen Lösungsmittel und Gelöstem wie bei den gelösten, molekulardispers vorliegenden Stoffen.

Ohne hier bei den Proteinen näher auf den Mechanismus ihrer *Wechselwirkung mit dem Wasser* einzugehen, sei zunächst festgestellt, daß die polaren, besonders die ionisierten Gruppen der Aminosäuren zur Hauptsache für die Bindung des Wassers verantwortlich sind. Die Peptidbindungen treten demgegenüber zurück (vgl. S. 269 und 344). Die Anlagerung der ersten gebundenen Wasserschicht ist fest und erfolgt unter solcher Kompression (Elektrostriktion), daß hier eine dilatometrisch feststellbare Volumenkontraktion von etwa 0,05 ml pro g Protein eintritt. Auch Eiweißkristalle enthalten einen nicht geringen Prozentsatz an Wasser. Zur Beschreibung des Lösungszustandes bei Proteinen ist die Kenntnis des Wassergehaltes der einzelnen Molekeln erforderlich, aber Werte für ihn sind experimentell schwer zu erhalten. Oft reicht die Angabe einer exakt bestimmbaren Größe aus: die des *spezifischen partiellen Volumens* $(\bar{v})$. Es ist die Volumenvermehrung, welche eine Lösung durch Zugabe eines Grammes trockenen Proteines erfährt. Das partielle molare Volumen ist diese Größe, multipliziert mit dem Molekulargewicht des Eiweißes (EDSALL, 1953).

Das Gesamtvolumen V besteht aus der Summe der partiellen Molvolumina $\bar{V}_i$ mal der Molzahl der zugehörigen Partner. Das spezifische Gesamtvolumen $\bar{v}_s$ setzt sich in gleicher Weise aus den mit den jeweiligen Gewichtszahlen multiplizierten spezifischen Teilvolumina zusammen:

$$V = n_1 \cdot \bar{V}_1 + n_2 \cdot \bar{V}_2 \ldots \quad \text{und} \quad \bar{v}_s = g_1 \cdot \bar{v}_1 + g_2 \cdot \bar{v}_2 \ldots \tag{1}$$

Für das spezifische Volumen, d.h. das eines Grammes der Lösung gilt, daß die Summe des Gewichtes des Lösungsmittels (g_1) und des Gelösten $(g_2 \ldots)$ eins ist: $g_1 + g_2 = 1$. Da außer beiden auch $\bar{v}_s$ bekannt bzw. durch *pyknometrische* Messung leicht zu erhalten ist, ist nur $\bar{v}_1$ und $\bar{v}_2$ noch unbestimmt. Wenn man bei verschiedenem Gehalt der Lösung an Substanz 2 das $\bar{v}_s$ bestimmt und g_2 zuordnet, erhält man im allgemeinen nur bei geringen Konzentrationen eine Gerade. Für sie gilt:

$$\bar{v}_s = (\bar{v}_2 - \bar{v}_1)\, g_2 + \bar{v}_1, \tag{2}$$

so daß aus dem Ordinatenabschnitt $\bar{v}_1$ und aus der Neigung dann auch $\bar{v}_2$ erhalten werden kann. Die Abweichungen von der Geraden sind Ausdruck einer Konzentrationsabhängigkeit des spezifischen partiellen Volumens. Unter der Annahme, daß in wäßrigen Lösungen $\bar{v}_1 = 1$, kann geschrieben werden:

$$\bar{v}_s = g_1 + g_2 (\bar{v}_2)_{\text{app}} \quad \text{bzw.} \quad (\bar{v}_2)_{\text{app}} = \frac{\bar{v}_s - g_1}{g_2}. \tag{3}$$

Das *scheinbare spezifische Volumen* $(\bar{v}_2)_{\text{app}}$ ist daher aus einer Dichtemessung zu erhalten. Da vorstehende Methoden immer nur die Summe der Wasser- und Proteinphase feststellen, kann mit ihrer Hilfe nicht ohne weitere Bestimmungen oder Annahmen das wahre Hydratationsvolumen der Proteine in der Lösung erhalten werden (vgl. z.B. S. 310).

$\bar{v}$ liegt in der Größenordnung von 0,7—0,75 ml/g. Für Lipoproteine ist es höher, für Glykoproteine oft kleiner. Der reziproke Wert von $\bar{v}$ entspricht der Dichte des gelösten Eiweißes. Die Elektrostriktion bewirkt bei zwitterionischen Aminosäuren eine Volumenkontraktion, die um etwa 18 ml pro Mol größer ist als bei einer ungeladenen gleich großen Molekel (z. B. $CH_2OHCO \cdot NH_2$ und $^+NH_3CH_2COO^-$, s. S. 170). Die Bedeutung dieses Anteiles ist aus dem spezifischen partiellen Volumen der Proteine jedoch nicht mit Sicherheit zu entnehmen, denn nach McMEEKIN stimmen die gefundenen Werte schon etwa mit denen überein, welche durch Addition der Aminosäuren ohne Berücksichtigung der Elektrostriktion erhalten werden.

Die *minimale Größe* der Eiweißmolekeln kann *aus analytischen Daten* dann abgeleitet werden, wenn der Anteil eines Bestandteiles bekannt ist, von dem angenommen werden darf, daß er nur einmal in der Molekel vorkommt. So ergibt sich aus dem Eisengehalt des Hämoglobins von $\frac{1}{3}$% bei einem Verbindungsgewicht von 56 für Fe ein kleinstes Molekulargewicht von $M = 56/\frac{1}{3} \cdot 10^{-2} = 16800$. Das Myoglobin besitzt dieses Molekülgewicht, Hämoglobin jedoch ein 4fach größeres, da es vier eisenhaltige prosthetische Gruppen enthält. Das gleiche Verfahren kann grundsätzlich über einzelne Aminosäuren durchgeführt werden, von denen der Gehalt im Protein gut bekannt ist und über deren zahlenmäßigen Anteil begründete Annahmen möglich sind. Das gleiche gilt für künstlich eingeführte aromatische Gruppen, welche über Fluordinitrobenzol mit freien Aminogruppen zur Reaktion gebracht wurden (BATTERSBY und CRAIG). Hierbei muß aber die Zahl der im Protein vorhandenen Aminoendgruppen bekannt sein (SANGER u. a.), denn sie bestimmt den Prozentsatz der pro Mol gebundenen aromatischen Reste.

Osmotische und Ultrazentrifugenmethoden

Zur experimentellen Ermittlung der Molekülgröße können die klassischen Methoden nur im beschränkten Umfang benutzt werden. So sind wegen der Geringfügigkeit der Ausschläge in Wasser die Gefrierpunkts- und dazu wegen der thermischen Einwirkungen die Siedepunkts- und Dampfdichte-Methoden nicht verwendbar. Jedoch benutzen die in Betracht kommenden Verfahren auch den Vorgang der Trennung des Gelösten vom Lösungsmittel. Er wurde schon für die klassische Kennzeichnung des kolloidalen Zerteilungszustandes der Materie herangezogen. Die Tatsache, daß Kolloide durch Pergament-, Cellophan-, Kollodiummembranen nicht diffundieren, wurde seit altersher zu ihrer Abtrennung von den niedrigmolekularen „Kristalloiden" benutzt *(Dialyse)*. Bei diesem Vorgang wird die Trennung dadurch erreicht, daß die Differenz der chemischen Potentiale für die diffundierenden Stoffe, also ihr Konzentrationsgefälle, durch Wechseln oder ständige Erneuerung der Außenflüssigkeit hochgehalten wird. Will man eine Verdünnung der Suspensionsflüssigkeit vermeiden, mit der das Kolloid im Gleichgewicht steht, dann kann dieses Gleichgewicht durch Anwendung von Druck auf seiten des Soles gestört werden: das Lösungsmittel wird vom Kolloid abgepreßt, wobei eine für die Micellen oder Makromolekeln undurchlässige Membran die Teilchen zurückhält. Die bei dieser *Ultrafiltration* aufzubringende Kraft muß die Größe des kolloidosmotischen Druckes überschreiten (s. S. 103). Die Schwerkraft, welche bei einer gewöhnlichen Filtration die Trennung der Flüssigkeiten von den suspendierten Teilchen bewirkt, ist hierzu nicht ausreichend. Wieweit der Blutdruck bei der Ultrafiltration im Organismus eine Rolle spielt, wurde bereits erörtert (s. S. 106 f.).

Schon früh zeigte BECHHOLD, daß man unter Anwendung von Membranen geeigneter Porenweite bestimmte Kolloide durch Ultrafiltration zurückhalten kann, während andere, die von kleinerem Durchmesser sind, die Filter ungehindert passieren. Baut man dieses Verfahren durch Benutzung von Membranen mit sehr fein abgestufter Porenweite (*Gradocol-Membranen*, ELFORD, GRABAR) weiter aus, so gelingt es unter Beobachtung des Verhaltens verschiedener Kolloide bei der Ultrafiltration, die Größe der filtrierten Partikelchen mit einer erheblichen Genauigkeit zu bestimmen. Auf diesem Wege wurde z.B. erstmalig eine Angabe über die Größenordnung der Virusproteine ermöglicht. Da aber der Filtrationseffekt an einer gegebenen Pore nicht nur von dem Molekulargewicht des Teilchens sondern auch von seiner Form abhängt, sind der Genauigkeit dieses Verfahrens Grenzen gesetzt. Diese Einschränkung trifft die Benutzung von Membranen dann nicht, wenn alle Teilchen praktisch abgefangen werden und der Gleichgewichtsdruck bestimmt wird, bei dem weder Wasser durch die Membran in die Kolloidlösung übertritt, noch aus ihr durch jenen Druck abgepreßt wird. Man bestimmt auf diese Weise den *kolloid-osmotischen Druck.* Welche Geräte hierfür zur Verfügung stehen und wie aus dem Druck das Molekulargewicht zu erhalten ist, wurde bereits ausgeführt (s. S. 102) und wird noch im folgenden zu ergänzen sein.

Eine Abtrennung vom Lösungsmittel gelingt auch ohne Membran: in einem sehr hohen Schwerefeld lassen sich Kolloide sedimentieren, also gegen die Kraft der thermischen Bewegung der Teilchen, welche eine Gleichverteilung anstrebt, und außerdem gegen die Reibung mit dem Lösungsmittel aus ihm entfernen. In der *analytischen Ultrazentrifuge* kommen bei gelegentlich weit über 100000 Umdrehungen pro Minute Schwerefelder bis zum millionenfachen der

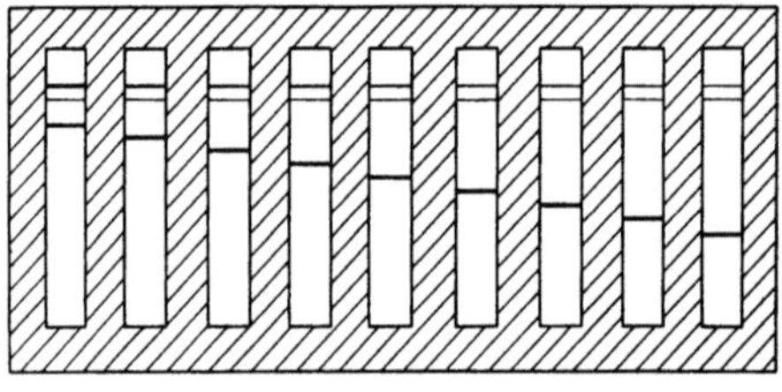

Abb. 100. Sedimentierungsvorgang in der Ultrazentrifuge. Schlierenmethode; Zeitintervall 5 min. TMV 0,5% (aus Schramm 1954)

Erdbeschleunigung zur Wirkung. Sei U_m die Drehzahl pro min und r in cm der Abstand der betrachteten Stelle vom Drehpunkt, dann gibt $x_g = 11{,}1 \cdot 10^{-6} \cdot r \cdot U_m^2$ an, um wievielfach größer die Zentrifugalkraft als die Erdbeschleunigung (g) ist. Im Schwerefeld entfernen sich die Teilchen vom Rotationszentrum, wenn sie eine größere Dichte als das Suspensionsmittel besitzen. Zur Auswertung müssen die Dichten beider bekannt sein. Sie ist für die Proteine aus ihrem spezifischen partiellen Volumen in der Lösung zu entnehmen. Der sedimentierenden Kraft wirkt die thermische Molekularbewegung entgegen. Zwischen beiden stellt sich ein Kräftegleichgewicht ein, dem ein bestimmtes Verteilungsgleichgewicht entspricht: es bildet sich ein Konzentrationsgradient aus. Die Konzentrationen werden mit Hilfe optischer Methoden während des gleichmäßigen Zentrifugierens in mindestens 2 Abständen vom Rotationszentrum (x_1, x_2) bestimmt. Aus ihren Werten (c_1 und c_2), dem spezifischen Volumen der Proteine und der Dichte der Lösung (ϱ) ergibt sich mit der Winkelgeschwindigkeit ω bei der Methode der Bestimmung des *Sedimentationsgleichgewichtes nach* The Svedberg das Molekulargewicht zu:

$$M = \frac{2RT \cdot \ln c_1/c_2}{(1 - \bar{v}\,\varrho)\,\omega^2\,(x_2^2 - x_1^2)}\,. \tag{4}$$

Man beachte, daß hiermit: $c_2 = c_1 \cdot e^{-M\psi/RT}$ wird, wo $\psi = 2\,(1 - \bar{v}\,\varrho)\,\omega^2\,(x_2^2 - x_1^2)$ multipliziert mit M ein Energiemaß für die Differenz der Kraftfelder bei x_2 und x_1 ist. Mit diesem „Gravitationspotential" ψ hat vorstehende Gleichung die Form einer Boltzmannschen Verteilung angenommen.

Bei dieser Methode werden etwas geringere Beschleunigungen als bei der folgenden, aber längere Zeiten benötigt, während derer die Geschwindigkeit konstant bleiben muß. Andererseits ist die Kenntnis der Diffusionskonstanten nicht erforderlich.

Wie sich aus Photographien der UV-Absorption durch die Proteine in Lösung oder mit Hilfe der Schlieren-Methode (s. Anhang II) die *Geschwindigkeit der Sedimentierung* messen läßt, illustriert Abb. 100. Deren Größe wird durch die Sedimentationskonstante (s) ausgedrückt. Die Geschwindigkeit der Bewegung der Trennlinie, die sich in den Abständen x_1 und x_2 zur Zeit t_1 und t_2

befindet, ist:

$$\frac{x_2 - x_1}{t_2 - t_1} = \frac{dx}{dt}. \tag{5}$$

Sie wird auf das Schwerefeld im mittleren Abstand x bezogen:

$$s = \frac{dx/dt}{\omega^2 \cdot x}, \quad \text{integriert} \quad s = \frac{\ln x_2/x_1}{\omega^2 \cdot (t_2 - t_1)}, \tag{5a}$$

d.h. bei gleicher Geschwindigkeit dx/dt ist die für das Protein spezifische Konstante um so größer, je kleiner das Schwerefeld ist. s hat die Dimension einer Zeit. Es wird als Svedberg-Einheit in 10^{-13} sec angegeben und über die integrierte Form vorstehender Definitionsgleichung aus den Versuchsdaten gewonnen. Für die Bestimmung des Molekulargewichtes nach der *Methode der Sedimentationsgeschwindigkeit* gilt mit ihr:

$$M = \frac{RT \cdot s}{D(1 - \bar{v}\varrho)} = \frac{f \cdot s}{1 - \bar{v} \cdot \varrho}, \quad \text{da} \quad D = \frac{RT}{f} \quad \text{(s. S. 76).} \tag{6}$$

Es ist nämlich die Schleuderkraft, welche an einem Mol Teilchen mit dem Gewicht M und der Dichte ϱ_2 angreift:

$$K_s = M \cdot \bar{v}(\varrho_2 - \varrho)\,\omega^2 \cdot x = M(1 - \bar{v}\varrho)\,\omega^2 \cdot x. \tag{6a}$$

Wenn $\varrho/\varrho_2 = \bar{v} \cdot \varrho = 1$ ist, also kein Dichteunterschied zwischen Teilchen und Lösung besteht, wird $K_s = 0$. Im stationären Zustand muß jene Kraft der bei der entsprechenden Geschwindigkeit gegebenen Reibungskraft (K_r) gleich sein:

$$K_r = f\,\frac{dx}{dt}. \tag{6b}$$

Die Gleichsetzung mit K_s führt mit (5a) zu vorstehender Beziehung (6).

Um M auf diesem Wege erhalten zu können, muß der *Diffusionskoeffizient* des Kolloids in dem entsprechenden Milieu bekannt sein. Seine Bestimmung geschieht in der früher beschriebenen Weise (s. S. 69 ff.). Man erhält nach den Methoden von LAMM, BERGOLD u. a. bei reinen Eiweißkörpern im allgemeinen einen symmetrischen Verlauf der Kurve des Konzentrationsgradienten (s. S. 72) und kann daraus auf das Vorliegen monodisperser Teilchen schließen. Aus dem Diffusionskoeffizienten D ergibt sich der Reibungskoeffizient (f) in einfacher Weise.

Man kann unter der Annahme kugeliger Teilchen mit dem Radius r_0 von der Dichte $\varrho_2 = 1/\bar{v}$ auch aus der Diffusionskonstanten D ein Molekulargewicht errechnen. Das Volumen eines einzelnen Moleküls ist: $V_s = M/(\varrho_2 \cdot N_L)$, der zugehörige Reibungskoeffizient:

$$f_0 = \frac{RT}{D \cdot N_L} = \frac{k \cdot T}{D}.$$

Daraus folgt:

$$\left.\begin{array}{l} f_0 = 6\,\pi\,\eta\,r_0 = 6\,\pi\,\eta\,\sqrt[3]{3\,V_s/4\,\pi} = \eta \cdot \sqrt[3]{162\,\pi^2 \cdot V_s}; \\[6pt] M = V_s \cdot N_L \cdot \varrho_2, \quad \text{wo} \quad V_s = f_0^3 \cdot (\eta^3 \cdot 162\,\pi^2)^{-1}. \end{array}\right\} \tag{7}$$

Die Tabelle 66 gibt einige Molekulargewichte von Proteinen, welche mit Hilfe beider Methoden der Ultrazentrifugierung gewonnen wurden.

Optisches Verhalten; die Streulichtmethode

Zur Analyse des Zustandes der Hochmolekularen bietet das Studium des *optischen Verhaltens* ihrer Lösungen mehrere Möglichkeiten. Die Wechselwirkung des Lichtes mit den Teilchen kann in der selektiven Absorption bestimmter Wellenlängenbereiche des sichtbaren Lichtes bestehen. Die dadurch erzeugte

Farbe der Lösung ist jedoch nur zur Klassifizierung der Stoffe von Bedeutung. Aber auch ungefärbte Teilchen, also solche, die kein Licht mit Wellenlängen aus dem Sichtbaren absorbieren, zeigen eine bestimmte Eigenfarbe: die *Opalescenz*. Sie unterscheidet sich von der „*Trübung*" der Suspensionen oder Emulsionen wesentlich. Denn diese beruht auf der Zerstreuung des Lichtes durch Reflektion und Brechung an den einzelnen suspendierten Teilchen. Dabei zeigt sich, daß der Trübungsgrad bei einem gewissen Teilchendurchmesser sein Maximum besitzt. Er liegt weit über der Größe kolloidaler Partikelchen. Diese sind wegen ihrer Kleinheit im Vergleich zur Lichtwellenlänge nicht mehr in der Lage, den Lichtstrahl durch Refraktion abzulenken oder ihn zu reflektieren. Daher kann auch mit Licht keine formgerechte Abbildung mehr erzeugt werden. Ihren jeweiligen Aufenthaltsort verraten die Teilchen aber durch die *Beugung* des Lichtes. Sie tritt immer dann ein, wenn der Lichtstrahl auf eine Grenzfläche zweier Phasen mit unterschiedlichem Brechungsindex trifft. Bei großen Teilchen tritt sie jedoch gegenüber der Reflektion und Refraktion zurück, während sie bei solchen, deren Durchmesser unterhalb der halben Lichtwellenlänge gelegen ist, die einzige Form der Beeinflussung des Strahlenganges darstellt.

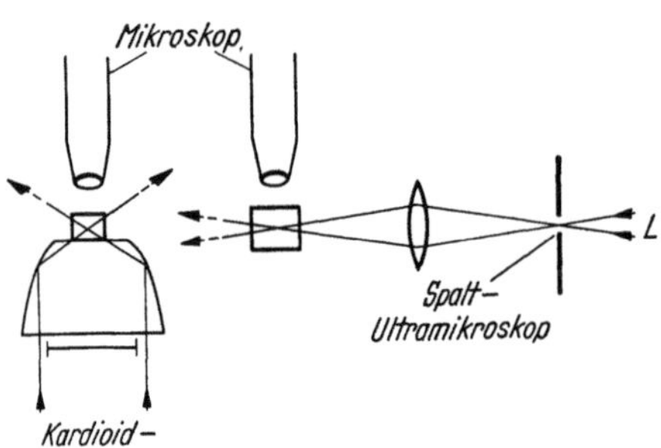

Abb. 101. Schema eines Kardioid- und eines Spalt-Ultra-Mikroskopes

Das Teilchen kann als Störpunkt angesehen werden, von dem aus sich das nun polarisierte Licht als Kugelwelle nach allen Seiten ausbreitet. Die Intensität dieses Phänomens ist von der Wellenlänge des Lichtes abhängig: das kurzwellige wird stärker gebeugt. Daher wird weißes Licht in die roten und blauen Strahlen in dem Sinne zerlegt, daß die opalescierenden Medien in der Aufsicht blau und in der Durchsicht rot-gelb erscheinen (Trübe Medien, Goethes Urphänomen, Himmelsblau, rote Farbe der aufgehenden Sonne). Die Trübung durch größere Teilchen zeigt diese Erscheinungen nicht, da an ihnen alle Wellenlängen mit gleicher Intensität reflektiert werden (weiße Trübung). Auch die Opalescenz ist bei einem bestimmten Teilchendurchmesser maximal, aber der Punkt dieses Maximums liegt bei wesentlich kleineren Teilchen als bei der *Reflektionstrübung*. Die *Beugungstrübung* ist die Grundlage für das *Tyndall*-Phänomen, d.h. die Möglichkeit, den Strahlengang in einer Lösung mit genügend großen Teilchen bei senkrechter Betrachtung direkt in ähnlicher Weise wie bei fluorescierenden Lösungen wahrnehmen zu können (Tyndall-Kegel). Im Gegensatz zum Tyndall-Licht ist aber das farbige *Fluorescenz-Licht nicht polarisiert*.

Der Entstehungsort der Beugungstrübung, d.h. das Vorhandensein der einzelnen Störungszentren mit $r < \frac{1}{2}\lambda$, kann bei starker mikroskopischer Vergrößerung dann festgestellt werden, wenn die Teilchen seitlich, d.h. etwa senkrecht zur Beobachtungsrichtung, beleuchtet werden. Einseitiger Lichteinfall erfolgt im Spalt-*Ultramikroskop* nach SZIGMONDY (Abb. 101). Radiäre Beleuchtung von der Kreiscircumferenz aus wird im Kardioidkondensor erreicht (SIEDENTOPF). In beiden Fällen heben sich die „Ultramikronen" gegen einen dunklen Untergrund ab. In Lösung sind sie im Gegensatz zum Gel oder zu den Goldteilchen im Rubinglas der Brownschen Molekularbewegung unterworfen. Mit Hilfe einer Okulareinteilung des Gesichtsfeldes kann eine Auszählung der Teilchen vorgenommen werden. Auf diese Weise ist es möglich, die durchschnittliche Größe der Micellen zu erfahren, welche sich in einem Sol mit bekannter Gesamtmenge der dispersen Phase befinden. So wurde von SZIGMONDY erstmalig die Micellgröße in einem Goldsol bestimmt. Die Beeinflussung der Teilchengröße durch fällende oder dispergierend wirkende Agentien wird ultramikroskopisch in ihrem Ablauf zeitlich meßbar (s. Koagulation, S. 353).

Die Intensität der Opalescenz sinkt unterhalb des bei einigen 1000 Å gelegenen Maximums der Teilchengröße schnell ab. Sie ist bei den nicht opalescenten, sog. klaren Kolloidlösungen nicht mehr ohne weiteres feststellbar. Trotzdem zeigt die Theorie, daß grundsätzlich auch an den kleinsten Teilchen eine Beugung des Lichtes (light scattering) stattfindet. Nach Lord RAYLEIGH gilt für die Intensität I des Streulichtes, welches unter dem Winkel α zur Strahlungsrichtung des einstrahlenden polarisierten Lichtes der Intensität I_0 im Abstande x nach Streuung an verteilten Isolatoren gemessen wird, deren Radius klein gegenüber der Wellenlänge λ ist:

$$I = I_0 \left(9\,\pi^2 \cdot v^2 \cdot n_1^4/\lambda^4 \cdot x^2\right) \cdot \left(\frac{n_2^2 - n_1^2}{n_2^2 + 2\,n_1^2}\right) \cdot \sin^2 \alpha. \tag{8}$$

Hier ist n_1 der Brechungsexponent des Mediums, n_2 der der Partikelchen und v ihr Volumen. Für senkrechte Beobachtung zum einfallenden Strahl ist $\sin^2 \alpha = 1$. Unter dieser Bedingung gilt vorstehende Gleichung auch für unpolarisiertes Licht. Bei geringer Differenz der Brechungsindices ist die Streuung entsprechend gering. Das trifft z.B. für Proteine in Lösung zu. Sie zeigen wie frisches Blutplasma nur wenige Ultramikronen.

Die Streuung wächst umgekehrt proportional zur 4. Potenz der Wellenlängen: gelbes und rotes Licht durchdringt Nebel und trübe Medien besser als grünes oder blaues. Daher ist auch die Anwendung von Na-Licht ($\lambda = 589$ mμ) bei der Polarimetrie günstig. Wenn der Teilchendurchmesser über 500 Å ansteigt, fällt der Exponent der Wellenlänge λ von 4 ab, bei etwa 1200 Å wird er 3 und erreicht gegen 2500 Å annähernd den Wert 2 (HELLER). Es ist daher möglich, aus dieser Abhängigkeit etwas über die Teilchengröße auszusagen.

Die insgesamt zerstreute Lichtintensität (H^x) ist der Zahl der Teilchen (z) und dem Quadrat ihres Volumens proportional. Sei ϱ_2 ihre Dichte und c die Konzentration in g/ml, dann gilt $z \cdot v \cdot \varrho_2 = c$ und hiermit:

$$H^x = \text{const} \cdot z \cdot v^2 = \text{const} \cdot c \cdot v/\varrho_2. \tag{9}$$

Man kann also bei konstanter Teilchengröße *aus Streumessungen* die *Konzentrationen* erhalten (Nephelometrie, Tyndallometrie) oder bei bekannter Konzentration v ermitteln *(light scattering-Methode* zur *Molekulargewichtsbestimmung)*. Unter der Bedingung, daß die Teilchen klein (<300 Å) und so gering konzentriert sind, daß sie sich optisch nicht beeinflussen, ist die Proportionalität zwischen Molekulargewicht und Streuintensität experimentell verwertbar. Eine weitere Bedingung ist die Gleichmäßigkeit der Teilchengröße, d.h. die Sole müssen mindestens angenähert monodispers sein.

Die *Intensität des Streulichtes* kann entweder unter einem bestimmten Winkel, am besten unter 90° (R_{90}, reduzierte Streuung), direkt gemessen werden oder die Summe des gestreuten Lichtes (I_d) wird aus der Schwächung des durchtretenden Strahles von I_0 auf I entnommen (s. Abb. 102): $I_d = I_0 - I$. Wenn bei 2 Wellenlängen I_d reziprok proportional zu λ^4 geht, ist die Schwächung nur auf Streuung und nicht auf Absorption zurückzuführen. Dann gilt:

$$I = I_0 \cdot e^{-\tau l}. \tag{10}$$

Hier wird die Länge des Lichtweges (l) konstant gehalten; τ ist der Streuungskoeffizient. Er wird aus den Streuungsmessungen ermittelt. Nach der Theorie von DEBYE ist:

$$M = \frac{\tau}{c \cdot H} \, . \qquad (11)$$

Hier ist H eine für eine bestimmte Wellenlänge gültige Rechenkonstante, welche unter anderem vom Inkrement (γ) des Brechungsindex der Lösung (n_s) abhängt:

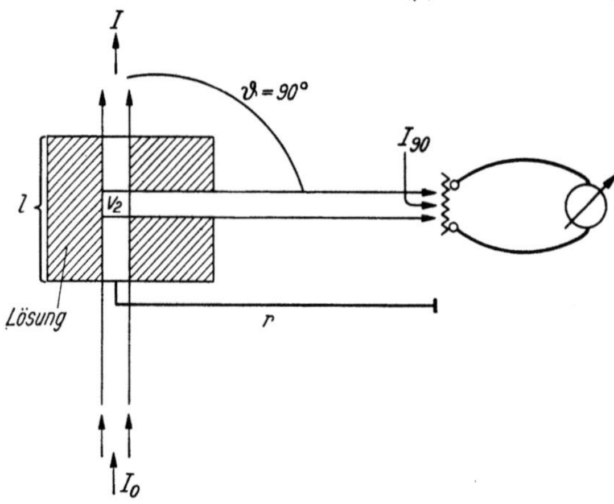

Abb. 102. Schema zur Streulichtmessung (nach BÜCHER 1955). V_2 ist das Volumen, aus dem das unter dem angegebenen Winkel gestreute Licht zur Messung auf die Photozelle im Abstand r gelangt. Apparate nach CANTOW, BRICE u. a.

$$\gamma = d\,n_s / d\,c = (n_s - n_1)/c .$$

Bei genügender Verdünnung ist γ konstant.

$$H = \frac{32\,\pi^3\,n_1^2\,\gamma^2}{3\,N_L\,\lambda^4} \, [\text{g}^{-2}\text{cm}^2] \, ; \quad (11\,\text{a})$$

außerdem gilt:

$$\left. \begin{array}{l} \tau = \dfrac{16\,\pi}{3} \cdot R_{90} \, [\text{cm}^{-1}], \\[2ex] \text{wo} \quad R_{90} = \dfrac{I_{90}\,r^2}{I\,V_l} \, . \end{array} \right\} \quad (11\,\text{b})$$

Bei *höheren Konzentrationen*, d.h. für nicht ideale Lösungen, muß in vorstehende Gl. (11) eine Konstante (Interaktionskonstante, B; identisch mit dem 2. Virialkoeffizienten) eingeführt werden, welche ähnlich wie beim osmotischen Druck der gegenseitigen Einwirkung der Teilchen Rechnung trägt. Je größer diese ist, d.h. je geordneter die Streuzentren in der Lösung liegen, um so geringer wird das so meßbare Streulicht:

$$M = \frac{\tau}{c} \cdot \frac{1}{H - 2B \cdot \tau} \quad \text{bzw.} \quad H\,\frac{c}{\tau} = \frac{1}{M} + 2\,B\,c. \qquad (12)$$

Diese Formulierung kommt für Molekulargewichte von $1-80 \cdot 10^4$ in Betracht. Ein Vergleich mit Gl. (II) zeigt das reziproke Verhalten zwischen der Streuung τ und dem osmotischen Druck π.

EINSTEIN hatte 1910 die Streuung in einer Flüssigkeit auf lokale thermisch bedingte Fluktuationen der Dichte, d.h. auch des osmotischen Druckes, zurückgeführt, und DEBYE hat 1944 aus seinen Formulierungen gefolgert, daß die Streuintensität (z.B. R_{90}) der Änderung des osmotischen Druckes mit der Konzentration reziprok geht. Sie selbst kann durch Differentiation der Gl. (II 38) gewonnen werden:

$$\frac{d\pi}{dc} = R\,T\left(\frac{1}{M} + 2\,B\,c + \cdots\right).$$

Die das Licht streuenden Dichteschwankungen steigen mit der Temperatur und der Kompressibilität des Systems an. Sie sind jedoch um so kleiner, je geringer die mit einer Konzentrationsänderung verbundene osmotische Arbeit ist. Nach diesen Überlegungen führt die Fluktuationstheorie bei verdünnten Lösungen unter der hier erlaubten Vernachlässigung des Kompressibilitätsanteils zu der Formulierung für die reduzierte Streuung:

$$R_{90} = K \cdot R\,T\,\frac{c}{d\pi/dc} \quad \text{und} \quad \frac{K \cdot c}{R_{90}} = \frac{1}{M} + 2\,B\,c \, [\text{g}^{-1}]. \qquad (12\,\text{a})$$

Mit der vorangegangenen Gl. (11b) folgt weiter: $\tau = \dfrac{H}{K} \cdot R_{90} .$

Geringe Abweichungen von der Monodispersität bzw. das Vorkommen von kleinen Fremdkörpermengen mit anderem Molekulargewicht wirken sich wenig störend aus. Dagegen genügen schon sehr geringe Verunreinigungen mit gröberen Teilchen, welche das Licht brechen oder reflektieren, um völlig ungeeignete Resultate zu erhalten. Die Empfindlichkeit der Streulichtmessung wächst wie die Streuung selbst mit dem Molekulargewicht, während die der osmotischen Methode mit ihm fällt, so daß diese schließlich unbrauchbar wird. Bei derartigen Versuchen an dissoziierten Polyelektrolyten zeigt sich ein erheblicher Einfluß der Ionenstärke auf die Größe des Virialkoeffizienten B (DOTY und EDSALL 1951) s. S. 103.

Das auftreffende Licht regt die Elektronen der Teilchen zu Schwingungen mit gleicher Frequenz an. Sie sind die Quelle des von ihnen ausgestrahlten Streulichtes. *Größere Partikelchen* können nicht mehr als punktförmige Streulichtquellen betrachtet werden. Die Intensitätsverteilung des ausgesandten Lichtes wird von der Lage der Teilchen zum erregenden Strahl abhängig (Abb. 103). Denn zwei kohärente Lichtstrahlen erreichen jetzt ihre

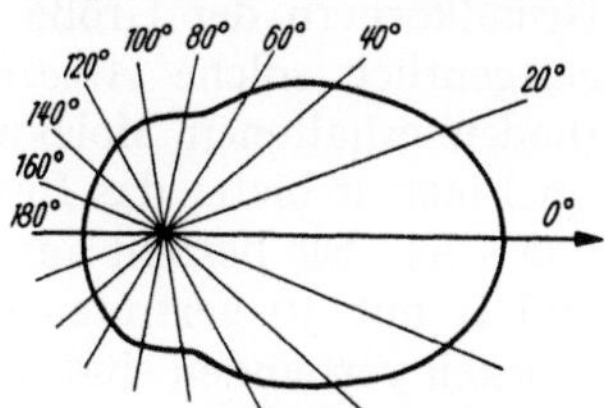

Abb. 103. Intensitätsverteilung der Streustrahlung bei größeren Partikelchen, deren Durchmesser jedoch unter $\frac{1}{8}\lambda$ liegt

Streupunkte im allgemeinen bei verschiedener Phase, und die von ihnen ausgehende Strahlung wird daher zur Interferenz Veranlassung geben. Sie führt — wie die Konstruktion und Rechnung (MIE, GANS) ergibt — zu einer Ver-

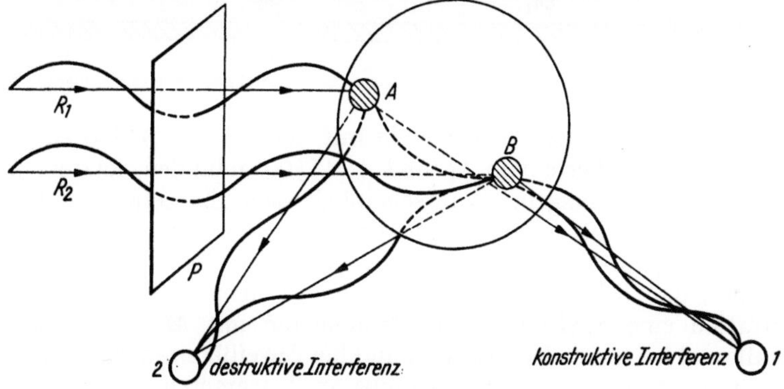

Abb. 104. Lichtstreuung durch größere Teilchen (nach ZIMM u. Mitarb.)

stärkung der Streuintensität in der Strahlrichtung und zu einer Schwächung in der Gegenrichtung. Bis zur Teilchengröße von $\frac{1}{8}\lambda$ ist die Streuung relativ einfach formelmäßig zu beherrschen („Debye-Bereich" nach BÜCHER 1955) (Abb. 104).

Bei Teilchendurchmessern von der Größe der Wellenlänge des sichtbaren Lichtes ergibt sich, daß die räumliche Verteilung der gestreuten Strahlen für die einzelnen Wellen verschieden ist, so daß Tyndall-Farben auftreten. Für einen bestimmten Beobachtungswinkel ist ihre Wellenlänge eine Funktion der Teilchengröße. Zur Bestimmung ihres Durchmessers sind jene Farben aber nur bei gut monodispersen Solen auswertbar. Polydisperse Teilchen bewirken wieder eine mehr oder weniger vollständige Farbmischung zu weißen Lichtern (LA MER).

Mittlere Molekulargewichte

Das Hauptergebnis aller Molekulargewichtsbestimmungen an nativen Proteinen ist die Tatsache, daß diese Stoffe im Gegensatz zu den Linearproteinen und den meisten künstlich, also durch Polymerisierung entstandenen Makromolekeln *praktisch nahezu ideal monodispers sind.* Diese Aussage ist zunächst

nur innerhalb der Grenzen möglich, welche durch die benutzte Methode gegeben
sind. Bei sehr hohen Molekulargewichten betragen sie allerdings mehrere 1000.
Die Gewichte der kleinen Eiweiße und Fermentmolekeln gruppieren sich häufig
um die Zahlen $(17 - 35 - 70 - 105 - 140 - 280) \cdot 10^3$. Es haben sich aber auch
viele abweichende Werte ergeben, so daß kaum von einer Regel, geschweige
von einem Gesetz des Aufbaus der Proteine aus zusammengelagerten einfachen
Grundkörpern der Größe 17000 gesprochen werden kann. Immerhin kommen
gelegentlich solche *Assoziationserscheinungen* in den nach verschiedenen Methoden erhaltenen Molekulargewichten zum Ausdruck. Das bekannteste Beispiel hierfür bietet das Insulin. Seine kleinste Einheit hat das Molekulargewicht
von 5733. Sie besteht aus 51 Aminosäuren, die in den Ketten A mit der Zahl 21
und B mit 30 vertreten sind, wobei A und B untereinander durch 2 Disulfidbrücken verbunden sind (Abb. 105). Aus 2 Grundkörpern bildet sich eine Einheit
mit $M \sim 11\,500$. Von ihnen lagern sich im allgemeinen drei zu einem im übrigen

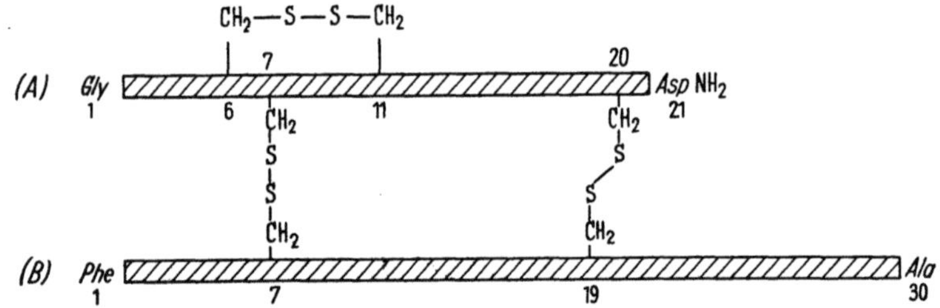

Abb. 105. *A*- und *B*-Ketten im Insulin. Die Zahlen entsprechen der Aminosäurereihenfolge (nach EDSALL 1958)

auch sehr gut kristallisierenden Protein mit dem M von 34500 zusammen. Es
werden aber auch Werte von $3\frac{1}{2}$ und $4 \cdot 11\,500$ gefunden, letztere namentlich
bei osmotischen Messungen. Wahrscheinlich liegt die tetramere Form in der
Lösung vor, kann aber schon durch die starken Schwerefelder bei der Ultrazentrifugierung zum Teil aufgespalten werden. Die Reaktion ist in dem Sinne
von Einfluß, daß bei niedrigem pH, geringer Ionenstärke und kleiner Proteinkonzentration eine Spaltung in die Monomeren mit $M = 11\,500$ erfolgt. Auf
jeden Fall muß bei neutraler Reaktion und bei Eiweißkonzentrationen um 1% mit
dem Vorliegen eines beachtlichen Anteils an Tetrameren gerechnet werden.

Die Lösung ist in solchen Fällen nicht mehr monodispers (vgl. EDSALL 1953).
Es ist aber bemerkenswert, daß dann, wenn *Mischungen* von einigen Stoffen
verschiedener Teilchengröße vorliegen, die *nach den einzelnen Methoden erhaltenen mittleren Molekulargewichte ungleiche Werte* besitzen. Das reine zahlenmäßige Mittelgewicht (M_n) erhält man mit den kolligativen Methoden der Messung des osmotischen Druckes oder der Spreitung zu gasförmigen Grenzflächen-
filmen (s. S. 244), solange für den Meßeffekt allein die Teilchenzahl und noch
nicht ihre Größe maßgeblich ist. Es mögen z.B. 20 Mole $(n_2 = 20)$ mit $M_2 = 10 \cdot 10^3$
und 80 Mole $(n_3 = 80)$ mit $M_3 = 50 \cdot 10^3$ vorliegen. Dann ist:

$$M_n = \frac{\Sigma n_i \cdot M_i}{\Sigma n_i} = \frac{20 \cdot 10 \cdot 10^3 + 80 \cdot 50 \cdot 10^3}{100} = 42\,000. \tag{13a}$$

Bei der Streulicht-, der Sedimentationsgeschwindigkeits- und der noch zu
besprechenden Viscositätsmethode geht der gemessene Effekt aber nicht nur
linear mit der Zahl, sondern auch mit der Größe der Teilchen. Man erhält das
gewogene Mittelgewicht der Molekel:

$$M_w = \frac{\Sigma n_i \cdot M_i^2}{\Sigma n_i \cdot M_i} = \frac{20\,(10 \cdot 10^3)^2 + 80\,(50 \cdot 10^3)^2}{20\,(10 \cdot 10^3) + 80\,(50 \cdot 10^3)} = 48\,100. \tag{13b}$$

Für die Bestimmung des Sedimentationsgleichgewichtes gilt entsprechend:

$$M_z = \frac{\Sigma\, n_i \cdot M_i^3}{\Sigma\, n_i \cdot M_i^2} = \frac{20\,(10\cdot 10^3)^3 + 80\,(50\cdot 10^3)^3}{20\,(10\cdot 10^3)^2 + 80\,(50\cdot 10^3)^2} = 49\,600. \tag{13c}$$

Nach dieser Überlegung werden die Quotienten M_w/M_n bzw. M_z/M_n zu einem Maß für die Heterogenität der Eiweiße in der Lösung. Je mehr sie sich der Einheit nähern, die verschiedenen Methoden also das gleiche M ergeben, um so homogener ist das Sol.

Wenn sich umgekehrt in einem *polydispersen Sol* der Anteil der einzelnen Makromolekeln mit verschiedenem Polymerisationsgrad statistisch ideal um einen Mittelwert verteilt, nimmt der Quotient M_w/M_n den Wert 2 an.

Erkennung der Teilchenform

Die Tabelle 66 über die physikalischen Eigenschaften verschiedener Eiweißkörper zeigt, daß neben den an sich schon recht großen Molekülen gewöhnlicher Eiweiße die Riesenmolekeln der Hämocyanine stehen. Für die Virusproteine werden sogar Zahlen bis über 50 Millionen angegeben. Mit ihnen ist man längst zu *Partikelchen* jener Größenordnung gelangt, die mit *Hilfe des Elektronenmikroskops abgebildet* werden können (s. S. 17). Hierbei werden absorbierende Objekte in den Strahlengang elektrostatisch oder magnetisch gelenkter Elektronenstrahlen gebracht und dabei Bilder gewonnen, die bei extrem dünnen Objekten schon recht geringe Unterschiede in der Dichte zum Ausdruck bringen. Es gelingt durch entsprechende Strahlenlenkung eine direkte Vergrößerung auf

Abb. 106. Kristalle des Bohnen-Mosaik-Virus nach LABAW und WYCKHOFF.

das etwa 100000fache. Voraussetzung ist jedoch, daß die Objekte sich im Hochvakuum befinden, also praktisch wasserfrei sind. Einzelne Stärkemoleküle konnten auf diese Weise direkt sichtbar gemacht werden. Besonders geeignet ist das Elektronenmikroskop zur Auflösung *anorganischer Sole und zur Abbildung ihrer Micellen* (kolloidales Gold, Silber, Tone, Metallhydroxyde u. a.). Dabei hat es sich gezeigt, daß die Micellen nicht unregelmäßig aufgebaut sind, sondern daß ihre Molekeln nach den gleichen Gesetzen angelagert werden, wie es bei den Kristallen geschieht. Es handelt sich de facto auch um eine Art Mikrokristallisation. Bei den Metallsolen werden oktaedrische und kubische Grundformen bevorzugt angetroffen (z.B. Au, v. BORRIES und KAUSCHE). Sehr hochmolekulare Eiweiße wie Myosin und speziell *Virus-Proteine* ergeben klare Bilder ihrer regelmäßigen Anordnung, welche die Grundlage für ihre Kristallisationsfähigkeit bildet (Abb. 106). Wie sich die regelmäßigen kubischen Kristalle des Tabaknekrosevirus aus den einzelnen Virusmolekeln bilden, zeigte WYCKHOFF mit Hilfe der elektronenmikroskopischen Abbildung nach einer Schrägbeschattung mit Paladiumdampf im Hochvakuum. Das Tabakmosaikvirus (TMV) hat sich dagegen als ein Bündel von Fadenmolekülen abbilden lassen. Nach H. RUSKA sind die kristallinen Nädelchen des TMV als faserige Aggregate anzusehen, denen die maximale innere Ordnung im strengen Sinne der Kristallographie fehlt. (Weiteres siehe Nachtrag S. 743.)

Die TMV-Stäbchen von etwa 320 mμ Länge lassen sich durch hochfrequente mechanische Einwirkungen (Ultraschall) in *Bruchstücke* von $^1/_2$ oder $^1/_8$ der Ausgangslänge *zerlegen*, welche sich ohne wesentlichen Aktivitätsverlust regenerieren können. Auch Lauge bewirkt ähnliche Spaltungen; mäßige Konzentrationen führen zu etwa gleich großen nucleinsäurehaltigen und -freien Proteinen mit einem Molekulargewicht von 360000. Die nucleinsäurefreien können noch in solche vom M 120000 gespalten werden. Diese Bruchstücke erweisen sich als annähernd kugelförmig mit einem Durchmesser von rund 70 Å. Sie lassen sich durch schwaches Ansäuern zu faserigen Gebilden von etwa der Ausgangsgröße zusammenfügen. Diese Aggregate sind jedoch inaktiv. Gegen aktives Viruseiweiß als Antigen werden Antikörper gebildet. Sie geben sich z.B. durch die Fällungsreaktion des Serums aus dem mit ihnen sensibilisierten Tieren mit dem betreffenden Virus zu erkennen (Präcipitinreaktion). Elektronenmikroskopisch fand man, daß beim Schweine-Antiserum je nach dem Überschuß 28—55 Antikörpermoleküle von einem TMV-Molekül gebunden werden. Bei Präcipitation mit dem kleineren Kaninchen-Antikörper werden dabei etwa 300 benötigt. Aus den bekannten Dimensionen errechnet sich, daß das Antigenmolekül bei den genannten Höchstzahlen jeweils voll abgedeckt ist. Die durch die Anlagerung der Antikörpermoleküle hervorgerufene Verdickung des TMV konnte elektronenmikroskopisch sichtbar und ausmeßbar dargestellt werden (SCHRAMM und FRIEDRICH-FREKSA). Adsorptionsreaktionen zwischen Ultramikronen verschiedenster Art und Größe lassen sich grundsätzlich elektronenmikroskopisch verfolgen. Das *Feldelektronenmikroskop* nach E. W. MÜLLER gestattet zwar Vergrößerungen bis zum 500000fachen und erlaubt damit die Gestaltsbestimmung auch einfacher Molekeln wie der Phthalocyanine und Porphinringe. Es erfordert auch nur einen geringen technischen Aufwand, ist aber in seinem Anwendungsbereich sehr stark beschränkt.

Auf die geschilderte Weise erhält man zwar ein Bild von der Gestalt der Makromoleküle, jedoch nur in dem Bereich, in dem sie direkt mit Hilfe des Elektronenmikroskops sichtbar gemacht werden können. Das besondere Interesse gilt aber gerade jenen Makromolekeln, die in dieser Art nicht erfaßbar sind. Außerdem ist die Kenntnis der Molekülform im hydratisierten Zustand von Bedeutung, welcher der elektronenmikroskopischen Untersuchung nicht zugänglich ist. Die *formbestimmenden Größen* sind aber auch in diesen Dimensionen indirekt *auf Grund physikalischer Messungen* zu erhalten.

Das Reibungsverhältnis

Einem oft benutzten Verfahren liegt folgender Gedankengang zugrunde. Der Diffusionskoeffizient ist bei gestreckten großen Molekülen kleiner, als für das gegebene Molekulargewicht bzw. den dazu gehörigen Radius nach der Einsteinschen Formel (s. S. 76) für ein kugelförmiges Molekül zu erwarten ist. Bei solchen Teilchen ist nämlich der Anteil der Translationsbewegung an der gesamten thermisch induzierten Bewegung herabgesetzt, da die Wärmeenergie auch zur Erzeugung von Drehbewegungen um die verschiedenen, besonders die kleinsten Achsen des Rotationskörpers dient. Eine *Abweichung von der Kugelform führt daher zu verlangsamter Diffusion* bzw. zur Vergrößerung des Reibungsfaktors f gegenüber dem eines kugeligen Teilchens von gleicher Molekulargröße. Man ermittelt nun nach dem osmotischen oder Zentrifugalverfahren das Molekulargewicht. Aus ihm erhält man unter Berücksichtigung des spezifischen

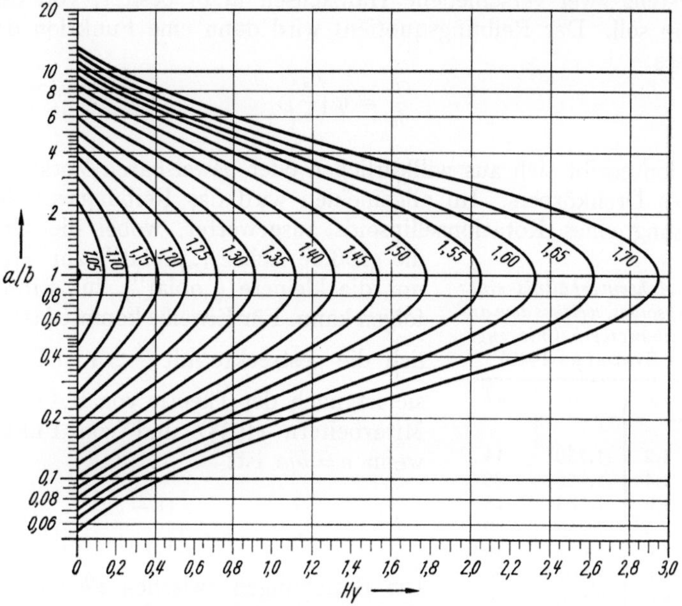

Abb. 107. Reibungsverhältnis (f/f_0), Achsenverhältnis (a/b) und Hydratation in g H_2O pro g Protein (Hy). Die Zahlen an den Konturlinien geben das Reibungsverhältnis an (nach ONCLEY)

Gewichtes mit Hilfe der Inhaltsformel einer Kugel den Radius des als kugelförmig angenommenen Teilchens. Er führt nach $f_0 = 6 \pi \eta r$ über den gemessenen Wert der inneren Reibung zu f_0. Vergleicht man f_0 mit dem im direkten Diffusionsversuch gewonnenen f, dann ergibt sich das *Reibungsverhältnis*:

$$\frac{f}{f_0} = \frac{D_0}{D}.$$

Man kann es also aus M und D erhalten oder auch unter Verwendung von (6) nach einer oft benutzten Berechnung aus s und D:

$$\frac{f}{f_0} = 10^{-8} \left(\frac{1 - \bar{v} \cdot \varrho}{D^2 \cdot s \cdot \bar{v}} \right)^{\frac{1}{3}} \quad \text{(SVEDBERG)}. \tag{14}$$

Ist $f/f_0 = 1$, so ist das Teilchen kugelförmig und nicht solvatisiert. Bei allen Proteinen liegt jedoch das Reibungsverhältnis mindestens etwas über 1, auch wenn für ihre Molekel eine ideale Kugelform angenommen werden kann. Denn allein die *Hydratation* der trockenen Eiweißmolekel *erhöht das Reibungsverhältnis* in Abhängigkeit von der Vergrößerung des hydratisierten Molekularvolumens von $M \cdot \bar{v}$ um $M \cdot w/\varrho_1$. Hierbei wird angenommen, daß die Dichte des gebundenen Wassers der des freien (ϱ_1) gleich ist. Da die Reibungswiderstände f für die Translation sich wie die Radien der kugelförmigen Teilchen verhalten, gilt:

$$\frac{D_0}{D} = \frac{f}{f_0} = \sqrt[3]{\frac{M(\bar{v} + w/\varrho_1)}{M \cdot \bar{v}}} = \left(1 + \frac{w}{\bar{v} \varrho_1} \right)^{\frac{1}{3}}. \tag{14a}$$

Man erhält so mit den Durchschnittswerten für $w = 0{,}3$ g H_2O pro g Eiweiß und $\bar{v} = 0{,}7$ ein Reibungsverhältnis von 1,12. Die Hydratation kann kaum höhere Werte als 1,2 verursachen. Tatsächlich liegen sie aber oft sehr viel höher, so daß sie nur durch die Abweichung der Teilchengestalt von der Kugelform erklärt werden können. Man hat also mit einem Rotationskörper zu rechnen, der mindestens zwei verschiedene Halbachsen (a, b) besitzt, von denen a die größere sein soll. Der Reibungsquotient wird dann eine Funktion des Achsenverhältnisses:

$$\frac{f}{f_0} = \varphi\left(\frac{a}{b}\right). \tag{14b}$$

Die Funktion ergibt sich aus willkürlichen oder beweisbaren Vorstellungen von der Art des Drehkörpers. Im allgemeinen wird das Reibungsverhältnis unter Voraussetzung eines Rotationsellipsoids ausgewertet, wobei die Drehung um die größere Achse („prolat") zur Spindel- oder um die kleinere („oblat") zur Linsenform erfolgen kann. Für Eiweiße kommt fast ausschließlich die gestreckte mit $\frac{a}{b} > 1$ in Betracht. Für sie ist nach der Theorie von R. O. HERZOG und Mitarbeitern (1933) und von PERRIN (1936), wenn $o = b/a$ ist:

$$\frac{f}{f_0} = \frac{(1 - o^2)^{\frac{1}{2}}}{o^{\frac{2}{3}} \cdot \ln\left[1 + (1 - o^2)^{\frac{1}{2}}\right]/o} . \tag{14c}$$

Die Beziehungen zwischen a/b und f/f_0 und der Hydratation gibt das nebenstehende Diagramm von ONCLEY (vgl. Tabelle 64). Die auf diese Weise erhaltenen Angaben über die Asymmetrie der Teilchen decken sich weitgehend, aber häufig nicht vollkommen mit denjenigen, welche weitere statische und dynamische Untersuchungsmethoden liefern können.

Tabelle 64. *Achsenverhältnis eines Rotationsellipsoides, welches dem angegebenen Reibungsverhältnis zugehört* (aus SVEDBERG 1940)

f/f_0	a/b	f/f_0	a/b
1,003	1,2	1,739	14
1,01	1,4	1,996	20
1,02	1,6	2,183	25
1,044	2,0	2,356	30
1,182	4,0	2,668	40
1,314	6,0	3,201	60
1,433	8,0	3,658	80
1,543	10,0	4,067	100

Optische Dissymmetrie; Röntgenkleinwinkelstreuung

Auch die *Streulichtmethode* erlaubt eine Dissymmetrie der streuenden Partikel festzustellen. Es wurde bereits dargelegt, daß die von mehreren Punkten eines solchen Körpers ausgehenden Strahlen zur Interferenz gelangen, wobei die Intensität des gestreuten Lichtes in der Strahlrichtung (0°) größer als bei gleichem Winkel in der Gegenrichtung (180°) ist. Das Verhältnis der Intensität des unter 45° und unter 135° zum austretenden Strahl im gleichen Abstande vom Streupunkt gemessenen Streulichtes ist der Dissymmetriequotient. Er liegt praktisch immer über 1 und ist zunächst eine Funktion der Teilchengröße. Er wächst in dem Maße, wie die Teilchen, verglichen mit der Wellenlänge (λ) des benutzten Lichtes, wachsen. Der Verlauf dieser Zunahme ist nach den theoretischen Ableitungen von NEUGEBAUER, DEBYE u. a. von der Teilchenform in dem Sinne abhängig, wie es die Abb. 108 demonstriert. Dabei ist unter L der größte Teilchendurchmesser zu verstehen. OSTER, DOTY und ZIMM haben die Dissymmetrie (R_{45}/R_{131}) für TMV-Viren bei verschiedenen Konzentrationen bestimmt und bei $c \to 0$ zu 1,94 gefunden. Hiermit erhält man für Stäbchen ein L/λ-Verhältnis von $z = 0{,}66$. Benutzt wurde die grüne Hg-Linie mit $\lambda_0 = 5460$ Å. In wäßriger Lösung mit dem Brechungsindex $n = 1{,}33$ ist $\lambda = \lambda_0/n = 4090$ Å, und hiermit wird $L = 4090 \cdot 0{,}66 = 2700$ Å in bester Übereinstimmung mit den elektronenmikroskopischen Aufnahmen. Die Entscheidung darüber, welche Art von Rotationskörpern den Größenberechnungen zugrunde zu legen ist, läßt sich oft nur durch Ausmessung der Dissymmetrie bei verschiedenen Winkelpaaren, d.h. durch Aufnahme der Dissymmetriekurve treffen. Manchmal kann auch schon die Größe des Molekulargewichtes zugunsten einer bekannten geometrischen Form sprechen und eine andere ausschließen.

Die Streulichtmessungen sind dadurch alle mit einem gewissen Unsicherheitsfaktor belastet, daß *Depolarisationseffekte* technisch schwer auszuschließen sind. Wenn man von einer geringfügigen Eigendepolarisation durch das Lösungsmittel absieht, wäre das Streulicht im Idealfall unter 90° vollständig polarisiert. Der Schwingungsvektor liegt vertikal. Die horizontale Komponente des einfallenden Lichtes wird nicht gestreut. Tatsächlich treten aber auch die übrigen Komponenten auf, d.h. das Streulicht wird auch unter 90° teilweise depolarisiert. Die Ursache kann in einer eigenen Anisotropie der Teilchen gelegen sein oder sie kann auf ihrer von der Kugelform abweichenden Gestalt beruhen. Außerdem findet bei höheren Konzentrationen eine gegenseitige Beeinflussung der Partikelchen statt. Wenn diese nicht mehr klein gegenüber der Wellenlänge sind, wird auch die Horizontalkomponente erregt und damit eine besonders starke Depolarisation hervorgerufen.

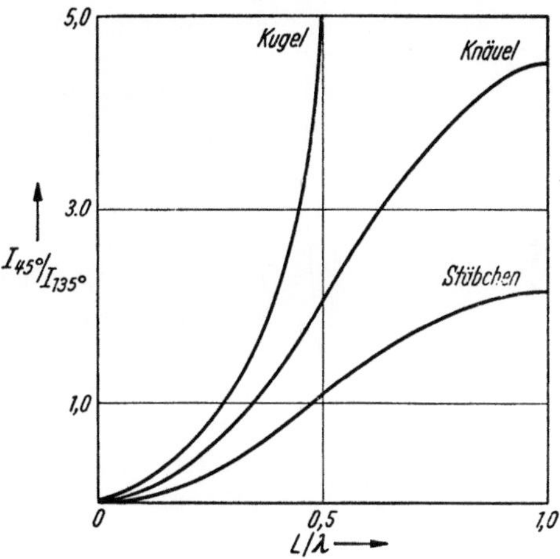

Abb. 108. Dissymmetrie und Teilchenlänge für verschiedene Teilchenformen (nach ZIMM u. Mitarb.)

Mikroskopisch sichtbare Teilchen, die also groß gegenüber der Wellenlänge sind, zeigen in gleichmäßiger Verteilung, z.B. bei Erythrocyten-Suspensionen oder Ausstrichen von Blut, unter geeigneter Beleuchtung Beugungseffekte in Form von Farbringen, deren Durchmesser in Beziehung zur Lichtwellenlänge und zur Teilchengröße steht und daher die Messung der letzteren erlaubt (MILLAR, PONDER u. a.).

Je kleiner die Wellenlänge des gestreuten Lichtes ist, um so geringer wird auch die Dissymmetrie. Um sie dann überhaupt noch bemerken zu können, muß die Intensität des Streulichtes bei einer sehr großen Winkeldifferenz vermessen werden, so daß schon sehr kleine Abweichungen von der Richtung des Primärstrahles verwendet werden müssen. Bei Röntgenstrahlen mit der Wellenlänge von der Größenordnung einiger weniger Å-Einheiten kommen Winkel unter einem Grad in der Vorwärtsrichtung bei einem Plattenabstand von etwa 15 cm in Betracht *(Röntgenkleinwinkel-Streuung)*. Die Ursache für die Streuung ist auch hier der Unterschied in der Dichte der Elektronen zwischen Lösung und Gelöstem. Dementsprechend wird die Größe der hydratisierten Molekel insoweit analysiert, wie die Einlagerung von Wasser eine Aufweitung des Molekülgerüstes bewirkt, während die Dichteunterschiede zwischen dem von außen an die Micelle angelagerten Wasser und dem freien Lösungswasser zu gering sind, um bemerkt werden zu können. Die Elektronendichte (ϱ_e) ist die Zahl der Elektronen im ml:

$$\varrho_e = N_L \frac{\varrho_2 \cdot Z}{M_2}, \tag{15}$$

wo Z die Summe der Ordnungszahlen aller Atome des Moleküls ist. ϱ_e ist für Wasser $N_L \cdot 0{,}555$ und für Protein (Seide) $N_L \cdot 0{,}781$ (KRATKY 1955). Die Streuung ist dem Quadrat der Elektronendichtedifferenz proportional.

Im einzelnen läßt sich, wie insbesondere GUINIER, KRATKY u. a. gezeigt haben, aus dem Verlauf der Röntgenstreukurve, d.h. der Intensität (I) bei genügend kleinen Winkeln der Radius der Streumasse (R) entnehmen. Für eine Kugel mit dem Radius r ist: $R = 0{,}774\,r$ (Abb. 109) und es gilt:

$$I = I_0 \cdot e^{-K R^2 \cdot \vartheta^2}. \tag{15a}$$

Hier ist I_0 die Intensität bei $\vartheta = 0$ und $K = \dfrac{16}{3}\left(\dfrac{\pi}{\lambda}\right)^2$.

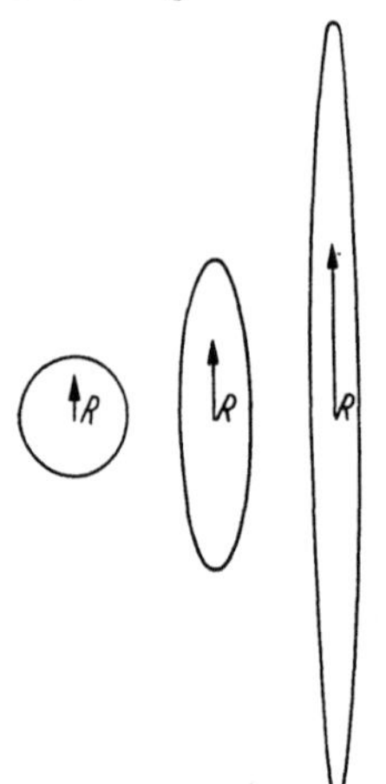

Abb. 109. Volumengleiche Körper mit verschiedenen Streumassenradien R. R ist die Wurzel aus dem mittleren Abstandsquadrat vom Teilchenschwerpunkt für alle Volumenelemente (aus KRATKY)

Nach POROD ist weiter aus dem Integral der Streukurve, d.h. aus ihrer Fläche, das Volumen der Streumasse zu erhalten. Wenn nun der Radius des Partikelchens und das Volumen nicht zu einem durch direkte Messung kontrollierten Wert für seine Dichte führen, ergeben sich Anhaltspunkte für das Vorliegen nicht sphärischer, also gestreckter oder sonst von der Kugelform abweichender Teilchen. Ein im Verhältnis zum Volumen zu steiler Abfall der Streuintensitätskurve ergibt einen größeren Formfaktor; er ist also als Maß für die Abweichung von der Kugelform zu werten. Bei gestreckten Körpern ist dementsprechend R größer als der aus dem gemessenen Volumen für eine Kugel berechnete Radius R'. R/R' ist der Formfaktor. Namentlich durch KRATKY ist die Technik der Kleinwinkeluntersuchung so verfeinert worden, daß ihre Aussagen unabhängige und daher wertvolle Angaben über die Größe und Form der Teilchen liefern.

Rotatorische Diffusionskonstante. Relaxationszeit

Die *dynamischen Methoden* zur Ermittlung der Teilchenform beruhen darauf, daß die Teilchen durch mechanische oder elektrische Kräfte ausgerichtet werden. Dabei wird ihr Verhalten beim Fließen oder beim Zurückschwingen in den ungeordneten Ausgangszustand auf mechanischem, elektrischem oder optischem Wege verfolgt. Jede auf ein gestrecktes Teilchen einwirkende *Richtkraft* ruft eine Orientierung hervor. Nach plötzlichem Fortfall dieser Kraft aber wird sich wieder die statistische Verteilung der Achsenrichtung einstellen, welche durch die thermische Energie veranlaßt wird. Die zur Erreichung dieses Zustandes erforderliche „*Relaxationszeit*" (τ_R) ist um so größer, je größer die entgegenstehende Reibung und je kleiner die Wärmeenergie ist. Die der Rückdrehung entgegenstehende Reibung ist der *rotatorischen Diffusionskonstanten* (Θ) umgekehrt proportional bzw. Θ ist ein Maß für die Drehgeschwindigkeit der Partikel um die entsprechende Achse (EDSALL):

$$\tau_R = \frac{f_r}{2\,kT} = \frac{1}{2\Theta}; \qquad \Theta = \frac{1}{2\tau_R}\,\sec^{-1}; \qquad \text{vgl. } D\,[\text{cm}^2\,\sec^{-1}]. \tag{16}$$

Für die Eigendrehung von Kugeln ist $f_r = 8\pi\eta\,r^3$ und $\Theta = k \cdot T/8\pi\eta\,r^3$. Bei Körpern mit ungleichen Achsen ergeben sich verschiedene Relaxationszeiten, z.B. für ein Ellipsoid bei der Drehung um die a- oder b-Achse:

$$\tau_a = \frac{1}{2\Theta_b} \qquad \text{und} \qquad \tau_b = \frac{1}{\Theta_a + \Theta_b}; \qquad V = 4\,\pi\,a\,b^2/3. \tag{16a}$$

Nach PERRIN erhält man aus vorstehenden Ansätzen für ein Ellipsoid mit $a > 5b$:

$$\Theta_b = \frac{3kT}{16\pi\eta a^3}\left[2\ln\frac{2a}{b} - 1\right]. \tag{16b}$$

Da der Quotient a/b auch aus anderen Messungen (z.B. der Viscosität) erhalten werden kann, würde eine Kenntnis von Θ_b die Bestimmung von a ermöglichen.

Wenn sich nichtsphärische Teilchen in einem hydrodynamischen Strömungsgefälle befinden, werden sie entgegen der Molekularbewegung mit ihrer Längsachse in die Strömungsrichtung gezwungen. Im Vergleich zur Ruhe nimmt das Sol damit einen höheren Ordnungszustand ein. Die orientierten Teilchen verhalten sich wie ein anisotropes System: sie zeigen eine Doppelbrechung (*Strömungsdoppelbrechung*; Maxwell-Effekt), welche zwischen gekreuzten Nicols eine Aufhellung bewirkt und mit Hilfe geeigneter Kompensatoren gemessen und als Gangunterschied zwischen dem ordentlichen und außerordentlichen Strahl ausgedrückt werden kann (s. S. 366).

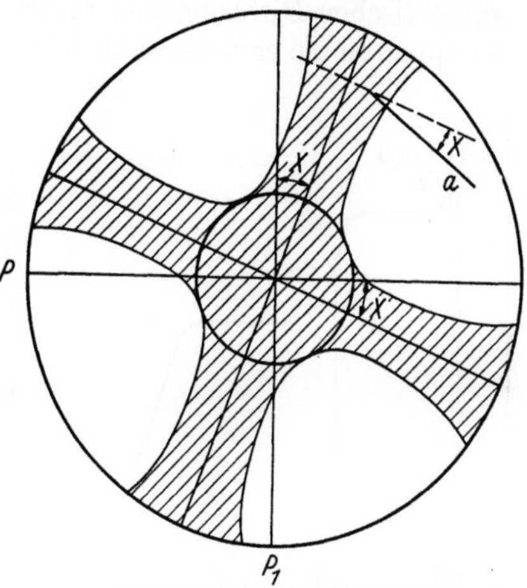

Abb. 110. Verschiebung der Dunkelstellung gekreuzter Nicols um den Winkel χ durch Strömungsdoppelbrechung (aus JIRGENSONS u. Mitarb.)

Zur *quantitativen Untersuchung der Strömungsdoppelbrechung* ist jedoch nur ein Geschwindigkeitsgefälle geeignet, wie es sich in einem schmalen Raum zwischen einer feststehenden und einer gleichförmig bewegten Wand einstellt. Nach dem Maxwell-Couette-Prinzip werden zu diesem Zweck zwei konzentrisch gelagerte Zylinder benutzt (s. Abb. 110). Der senkrecht zur Bewegung stehende polarisierte Lichtstrahl zeigt im Analysator ein gegenüber dem Ruhezustand um den Winkel χ verschobenes Dunkel-(Malteser-)Kreuz. χ gibt den kleinsten Winkel zu der benachbarten Ruhelage einer der zwei sich kreuzenden Vektorrichtungen der Prismen an. Es kann daher nicht über $45°$ wachsen. χ ist der Winkel zwischen Strömungsrichtung und Achseneinstellung. Er ist im Gegensatz zur Stärke der Doppelbrechung von der Konzentration des Sols unabhängig. Mit wachsender Geschwindigkeit sinkt er und wird dann wieder 0, wenn die Teilchen sich völlig in die Strömungsrichtung eingestellt haben. Es bezeichne G den Strömungsgradienten, der sich aus dem Radius r, der Drehzahl Um des rotierenden Zylinders pro min und der Dicke der Flüssigkeitsschicht d ergibt zu:

$$G = 2\pi r\, Um/60d.$$

Es gilt dann:

$$\tan 2\chi = 6\,\frac{\Theta}{G}.$$

Mit Hilfe der vorangegangenen Gleichung kann die Achsenlänge daher aus der Bestimmung von Θ erhalten werden. Nachdem FREUNDLICH (1916) die Asymmetrie der Micellen des V_2O_5-(Vanadinpentoxyd-)Sols durch Messung der Strömungsdoppelbrechung untersucht hatte, wurde diese Methode besonders von MURALT und EDSALL (1930) zum Studium des Myosins und von ROBINSON bei dem des TMV mit gutem Erfolg eingesetzt. Theoretisch und praktisch schwierig ist ihre Anwendung auf polymere homologe Fadenmolekeln. Denn ihre Knäule werden zum Teil schon durch die Einwirkung der Scheerkraft auseinandergezogen.

Die Ausrichtung von Teilchen kann unter der Einwirkung von *Magnetfeldern* [Majorana-Phänomen an $Fe(OH)_3$-Solen] oder von *elektrischen Feldern* erfolgen (Kerr-Effekt). Auch dabei tritt eine Doppelbrechung auf, wie es LAUFFER (1938) z.B. am TM-Virus beobachtete. Beim Einschalten bzw. Ausschalten einer an ein Sol angelegten Spannung erfolgt ein oscillographisch registrierbares Auftreten oder Verschwinden der Doppelbrechung, aus deren zeitlichem Verlauf die Relaxationszeit, bzw. Θ direkt entnommen werden kann (BENOIT 1950). Θ liegt bei Eiweißen in der Größenordnung von 10^6 bis 10^{10} sec^{-1}.

Die Messung der Dielektrizitätskonstanten erfolgt durch die Bestimmung der elektrischen Kapazität von Kondensatoren, zwischen denen sich die zu messende Substanz befindet. Dabei werden die polaren Körper im elektrischen Felde unter Erhöhung der Gesamtkapazität ausgerichtet (s. S. 32). Wenn nun das angelegte Feld schneller wechselt, als die Einstellung der Dipole erfolgen kann, wird nicht die volle Kapazität erhalten. Es hängt daher von der Größe der rotatorischen Diffusionskonstanten bzw. von der Relaxationszeit ab, bei welchen Frequenzen die gemessene Dielektrizitätskonstante absinkt. Das Absinken erfolgt bei Zuordnung zum Logarithmus der Frequenz nach symmetrischen Wendepunktskurven (Abb. 111). Der Wendepunkt liegt bei um so kleineren Frequenzen, je langsamer die Rotation der Teilchen vor sich geht, d. h. je größer die Relaxationszeit ist. Sie wird daher auf diesem Wege meßbar. Die bei sehr hohen Frequenzen noch vorhandene Kapazität entspricht dem Energieanteil, welchen das angelegte Feld durch Polarisation, d. h. Elektronenverschiebung in der Molekel selbst erzeugt. Der Wendepunkt der anomalen *dielektrischen Dispersionskurve* zwischen ε_1 und ε_2 und ε_2 und ε_3 entspricht der kritischen Frequenz für:

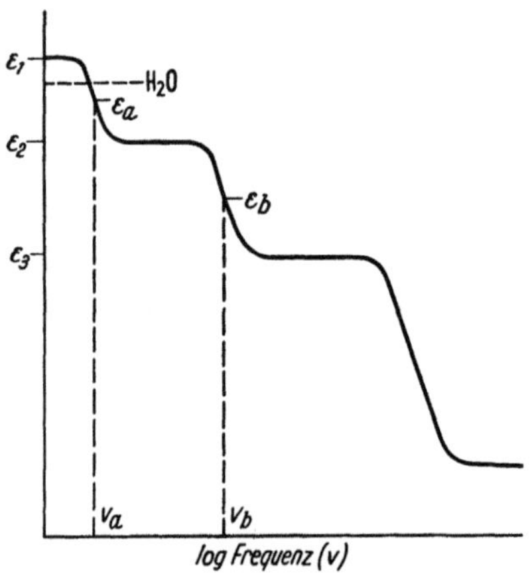

Abb. 111. Anomale dielektrische Dispersionskurve einer Proteinlösung (schematisch)

$$\varepsilon_a = \frac{\varepsilon_1 + \varepsilon_2}{2} \quad \text{und} \quad \varepsilon_b = \frac{\varepsilon_2 + \varepsilon_3}{2}. \tag{17}$$

Die Frequenzen seinen v_a und v_b; dann sind die entsprechenden Relaxationszeiten:

$$\tau_a = (2\,\pi\,v_a)^{-1} \quad \text{und} \quad \tau_b = (2\,\pi\,v_b)^{-1}. \tag{17a}$$

Um aus ihnen die Länge der zugehörigen Achsen zu erhalten, muß die Lage der Dipolachsen zu den Raumachsen des Ellipsoids beachtet werden. Es werde zunächst damit gerechnet, daß jene einen Winkel von $45°$ zur großen Achse (a) bilden. Ein Vergleich des dielektrischen Verhaltens mit dem auf anderem Wege gewonnenen Einblick in die Molekülform bestätigt diese Annahme in einigen Fällen angenähert (Pseudoglobulin). Doch kann sie keineswegs verallgemeinert werden. Der Einfluß der elektrischen und geometrischen Achsen auf die dielektrische Dispersion ergibt sich aus den Diagrammen der Abb. 112a und b.

Die *Verwendung von cm-Wellen* (z.B. $\lambda = 10$ cm, bzw. $v = 3 \cdot 10^9$ sec^{-1}) erlaubt die Relaxationszeit des Wassers zu messen. Auf diese Weise kann in Proteinlösungen zwischen frei rotierendem und nichtrotierendem, d.h. in bestimmter Stärke gebundenem Wasser unterschieden werden. BUCHANAN und Mitarbeiter sehen etwa den dritten Teil des gebundenen Wassers als nicht rotierend an.

Fluorescierende Stoffe werden durch Aufnahme von Lichtenergie in einen angeregten Triplett-Zustand versetzt, dessen Dauer etwa 10^{-8} sec beträgt und der unter Aussendung des Fluorescenzlichtes beendet wird. Da die Teilchen sich in der Lösung während dieser Anregungszeit drehen, wird ihre Stellung zum einfallenden Licht völlig verändert. Im Gegensatz zur Lichtstreuung wird daher das Fluorescenzlicht nicht einen bestimmten Schwingungsvektor besitzen;

es ist nicht polarisiert. Die translatorische Bewegung kommt für die Depolarisation nicht in Frage. Wenn die Drehung in einem Medium mit sehr hoher Viscosität vermindert wird, ist das Fluorescenzlicht teilweise polarisiert (PERRIN). G. WEBER hat fluorescierende Molekeln an Proteine adsorbieren lassen und

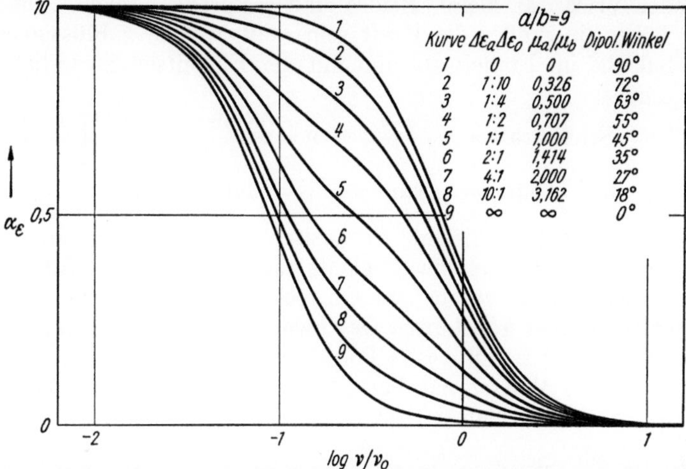

Abb. 112a. Relative Herabsetzung der Dielektrizitätskonstanten für verschiedene Dipolwinkel beim Achsenverhältnis $a/b = 9$ (nach COHN und EDSALL)

findet dann ebenfalls eine *Polarisation der Fluorescenz*. Da die Eiweißkörper nunmehr die Träger der Farbstoffe sind, wird das Ausmaß der Fluorescenz-Polarisation zu einem Maß für die Relaxationszeit der Proteinmolekel.

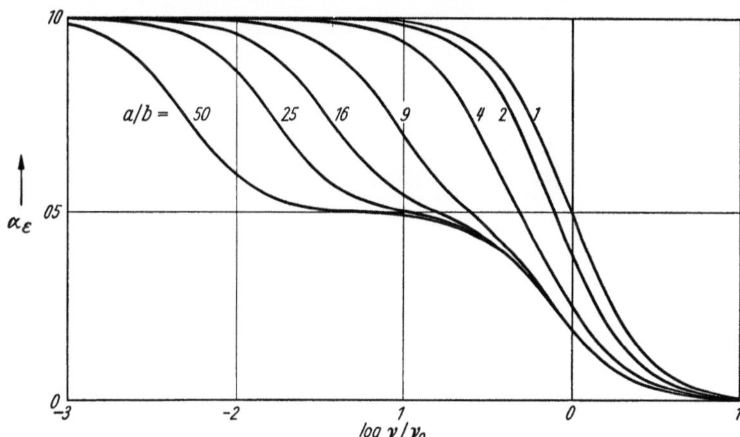

Abb. 112b. Relative Herabsetzung der Dielektrizitätskonstanten bei verschiedener Frequenz und bei einem Dipolwinkel von 45° für die angeschriebenen Achsenverhältnisse. $(\varepsilon_0 - \varepsilon_\infty)/(\varepsilon - \varepsilon_\infty) = \alpha_\varepsilon$ (nach COHN und EDSALL)

Die Polarisation ist proportional zu η/T. Die auf diese Weise erhaltenen Werte für die Relaxationszeit stehen in bester Übereinstimmung mit den auf andere Weise gewonnenen Zahlen.

Die Viscosität von Kolloiden

Die einfachste und bekannteste dynamische Prüfung der Beweglichkeit kolloidaler Teilchen besteht in der Messung der Viscosität ihrer Lösungen. Die *Viscosität, auch Zähigkeit oder innere Reibung* genannt, ist ein Maß für die

Widerstandsfähigkeit eines flüssigen Systems gegenüber mechanischen Deformationskräften. Sie äußert sich bei der laminaren, wirbelfreien Verschiebung einzelner Schichten der Flüssigkeit gegeneinander. Je leichter diese vollzogen werden kann, um so flüssiger ist das System. Seine Fluidität ist groß, seine innere Reibung oder Viscosität klein. Beides sind reziproke Größen. Die Viscosität ist um so höher, je größer die Kraft sein muß, welche 2 Flüssigkeitslamellen der Einheitsfläche im Einheitsabstand mit der Einheitsgeschwindigkeit zu verschieben vermag:

$$\text{Schubkraft} = \eta \cdot \frac{q \cdot v}{d}\,; \quad \eta = \frac{\text{Kraft} \cdot d}{q \cdot v}\,, \left.\vphantom{\frac{\text{Kraft} \cdot d}{q \cdot v}}\right\} \tag{18}$$
$$\text{Dim}\,\eta = [\text{g cm}^{-1}\,\text{sec}^{-1}] = [\text{dyn cm}^{-2}\,\text{sec}]\,.$$

η ist der Reibungskoeffizient; er besitzt die Dimension einer Kraft pro Flächeneinheit und pro Geschwindigkeitsgradient nach der Strecke und ist ein Maß für die Energie, welche pro Querschnitt der verschobenen Fläche zur Aufrechterhaltung einer konstanten Geschwindigkeit erforderlich ist. Die absolute CGS-Einheit der Viscosität ist 1 Poise, genannt nach dem Physiker und Arzt POISEUILLE. Reines Wasser hat bei 20° den η-Wert von 0,01005 Poise oder 1,005 Zentipoise. Er verkleinert sich mit steigender Temperatur pro Grad um etwa 2%.

Von praktischer Wichtigkeit für die Analyse von Mischphasen sind die Begriffe: *relative*, *spezifische* und *reduzierte* Viscosität bzw. die Viscositätszahl. Die relative Viscosität (η_{rel}) ist ein Maß für die Erhöhung der Viscosität einer Lösung gegenüber der des reinen Lösungsmittels. Sie ist eine dimensionslose Verhältniszahl, die stets über 1 gelegen ist.

$$\eta_{rel} = \frac{\eta_{\text{Lösung}}}{\eta_{\text{H}_2\text{O}}}\,; \quad \eta_{sp} = \eta_{rel} - 1\,. \tag{18a}$$

Die spezifische Viscosität (η_{sp}) ist ebenfalls dimensionslos. Unter Vernachlässigung der unterschiedlichen spezifischen Gewichte von Lösungsmitteln und Lösung ergibt das Verhältnis der Durchflußzeiten gleicher Volumina durch Capillaren direkt η_{rel}. Im übrigen gilt:

$$\eta_{rel} = \frac{t_2 \cdot \varrho_2}{t_1 \cdot \varrho_1}\,, \tag{18b}$$

wenn t die entsprechenden Durchlaufzeiten und ϱ die spezifischen Gewichte sind. Die reduzierte Viscosität $[\eta]$ ist auf die Konzentration bezogen und hat daher die Dimension einer reziproken Konzentration:

$$[\eta] = \frac{\eta_{sp}}{c}\,.$$

Sie geht in eine praktisch brauchbare Stoffkonstante über, wenn sie durch Extrapolation der Kurven ihrer sehr unterschiedlichen Konzentrationsabhängigkeit auf $c = 0$ bezogen wird, und heißt dann die *Viscositätszahl* Z_η (H. STAUDINGER):

$$|\eta| = Z_\eta = \lim_{c \to 0} \frac{\eta_{sp}}{c} \quad (\text{,,intrinsic viscosity``})\,. \tag{18c}$$

Zur *Viscosimetrie* benutzt man häufig das *Fließprinzip* unter Verwertung von Capillaren in konstantem oder variiertem Druckgefälle. Das Ostwald-Viscosimeter (s. Abb. 113) wird oft angewandt. Zu beachten ist seine starke Temperaturabhängigkeit, die Änderung des Druckgefälles beim Ausfließen und die Wirbelbildung am unteren Teil der Capillare, für die eine Korrektur anzubringen ist

(HAGENBACH). Sie wird durch empirische Eichung ermittelt. Das *Fallprinzip* liegt den Höppler-Geräten zugrunde. Dabei wird die Zeit bestimmt, welche das Fallen von Kugeln geeigneter Dichte durch das Meßgut für eine bestimmte Strecke benötigt. Schließlich wird beim Couette-Viscosimeter die Kraft ermittelt, mit der ein *Rotationskörper* dann mitbewegt wird, wenn er durch eine geeignet dünne Schicht der Meßflüssigkeit von einem sich drehenden äußeren Zylinder getrennt ist.

Solange bei den Fließmethoden die Flußgeschwindigkeit mit dem angelegten Druckgefälle proportional ansteigt, bleibt der gemessene Viscositätswert unabhängig vom Druck [vgl. (24a)]. Es liegt das reguläre (Newtonsche) Verhalten der Flüssigkeiten vor. Nur unter dieser Voraussetzung herrscht die folgende Regel: Die relative *Viscosität wächst mit dem Volumen der dispersen Phase.* Wenn kugelförmige Teilchen vorliegen, deren Durchmesser groß gegenüber denen der Lösungsmittelmoleküle ist, gilt nach EINSTEIN:

$$\eta_{rel} = 1 + 2{,}5\ \Phi \quad \text{bzw.} \quad \eta = \eta_0(1 + 2{,}5\ \Phi)\,. \tag{19}$$

Hier ist Φ das Gesamtvolumen der dispersen Phase in der Volumeneinheit des Lösungsmittels. Das Klammerglied entspricht einer nach der ersten Potenz von Φ abgebrochenen Exponentialreihe:

$$1 + 2{,}5\ \Phi + 4\ \Phi^2 + 5{,}5\ \Phi^3\,. \tag{19a}$$

VAND berücksichtigte gegenüber EINSTEIN noch die Wirkungen der Teilchen untereinander und mit der Wand der Capillare und erhielt dann den Faktor 7,35 für das quadratische Glied.

Schreibt man die Einsteinsche Gleichung:

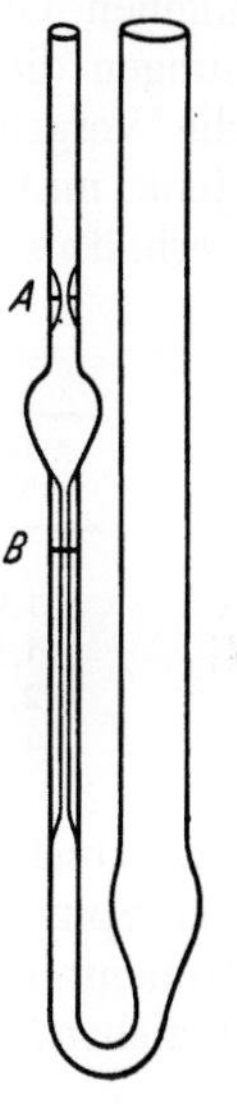

$$\eta_{rel} - 1 = \eta_{sp} = 2{,}5\ \Phi = 2{,}5\ \frac{c}{\varrho_2} = 2{,}5\,c\bar{v}, \left.\right\}$$

so ist

$$\frac{\eta_{sp}\cdot\varrho_2}{c} = 2{,}5 \tag{19b}$$

Abb. 113. OST-WALDs Viscosimeter. Bei hochgesaugter Lösung wird die Zeit für den Abfluß von A bis B bestimmt

für eine Lösung mit c g in 1 ml. Für Sphäroproteine läuft demnach die spezifische Viscosität der Gewichtskonzentration proportional. Das gilt, solange die Hydratation der Teilchen nicht ins Gewicht fällt. Wenn aber bei sehr feiner Zerteilung die Größe der solvatisierten Oberflächen wächst, wird ein dementsprechend höherer Wert von η_{sp} angetroffen. Das gleiche gilt aus demselben Grunde für relativ hohe Konzentrationen des Kolloids, also etwa oberhalb von 3%-Lösungen.

Da diese Formulierungen keine Angaben über die Teilchengröße, sondern nur über den Gesamtraum der dispersen Phase enthalten, sollte die Viscosität unabhängig von der Größe und Form der Micellen sein. Das trifft für Sphärokolloide tatsächlich weitgehend zu. Solange nicht besondere Einflüsse der Teilchenladung hinzutreten, speziell also bei Messung von Proteinen in der isoelektrischen Zone und bei Polysacchariden durchaus verschiedenen Molekulargewichts, erweist sich die reduzierte Viscosität dementsprechend als konstant, wie besonders eindeutig von HUSEMANN an Glykogenen mit verschiedenen Molekulargewichten zwischen $2 \cdot 10^3$ und $1{,}5 \cdot 10^6$ gezeigt wurde.

Asymmetrische Molekeln bieten kompliziertere Verhältnisse. Die durch ein elliptisches Teilchen hervorgerufene Störung der Strömung ist von der Lage der Ellipsenachse im Verhältnis zu den Stromlinien abhängig. Sie wird aber selbst unter der Einwirkung der Strömung verändert, und zwar um so mehr, je größer das angelegte Druckgefälle ist. Dabei erfolgt eine Rotation. Sie geschieht mit der durch Θ bestimmten Geschwindigkeit und erfordert zusätzliche Strömungsenergie, so daß eine höhere Viscosität gemessen wird. Das ist übereinstimmend mit der Aussage, daß ein asymmetrisches Teilchen einen größeren Wirkraum besitzt. Diesem Effekt wird durch das Bestreben zur Gleichverteilung der Achsen im Raum entgegengearbeitet. Auch dessen Überwindung erfordert Energie. Dieser Einfluß ist nun nicht vom Geschwindigkeitsgradienten, aber natürlich von der Temperatur abhängig. Das Zusammenwirken beider Effekte wurde allgemein von W. und H. Kuhn behandelt (1948), während die Gleichung von Simha auch beide Faktoren berücksichtigt, aber nur bei sehr kleinen Geschwindigkeitsgradienten gültig ist. Sie nimmt für verdünnte Lösungen die Form der Einsteinschen an, unterscheidet sich aber von ihr durch die Vergrößerung des 2,5-Koeffizienten für den Raum der dispersen Phase. Jener muß durch den Faktor v ersetzt werden, dessen Abhängigkeit vom Achsenverhältnis ebenfalls von Simha angegeben wurde (vgl. Tabelle 65). Es ergibt

Tabelle 65. *Der Viscositätsfaktor v für Rotationsellipsoide nach* Simha

Achsen-verhältnis	prolat	oblat	Achsen-verhältnis	prolat	oblat	Achsen-verhältnis	prolat	oblat
1,0	2,5	2,5	6	7,10	5,36	20	38,6	14,8
1,5	2,63	2,62	8	10,10	6,7	30	74,5	21,6
2,0	2,91	2,85	10	13,63	8,04	50	176,5	35,0
4	4,66	4,06	15	24,8	11,42	100	593	68,6

sich zunächst, daß auf Grund von Viscositätsmessungen allein nicht zwischen der Spindel- und Linsenform unterschieden werden kann. Dazu sind z.B. elektronenmikroskopische, Streulicht — oder Röntgeninterferenz-Methoden heranzuziehen, oder man geht in folgender Weise vor:

Alle Schlüsse aus Viscositätsmessungen müssen berücksichtigen, daß die Teilchen im solvatisierten Zustand vorliegen und schon aus diesem Grunde eine gewisse Erhöhung des Einsteinschen Faktors von 2,5 veranlassen müssen. Man extrapoliert entsprechend zunächst für das partielle spezifische Volumen in der Lösung ohne Hydratation auf die Konzentration Null:

$$\frac{\eta_{sp}}{c\,\bar{v}} = v'. \tag{20}$$

Da sich nun die Volumina der hydratisierten zu denen der trockenen Phase wie die Viscositätsfaktoren verhalten müssen, ergibt sich unter Benutzung der Beziehung (14)

$$\frac{\Phi}{c\,\bar{v}} = 1 + \frac{w}{\bar{v}\,\varrho_1} = \frac{v'}{v}. \tag{20a}$$

Aus dem experimentell gewonnenen v'-Wert, dem spezifischen partiellen Volumen und dem Wassergehalt der dispersen Phase ist daher über v auch aus Viscositätsmessungen das Achsenverhältnis des Proteins zu erhalten.

Die mit Hilfe verschiedener Methoden gewonnenen Werte führen nicht für alle Proteine zu denselben Vorstellungen von ihrer räumlichen Gestalt. Das ist ohne weiteres verständlich, wenn man sich die theoretischen und technischen Komplikationen der einzelnen Untersuchungswege vergegenwärtigt. Scheraga und Mandelkern haben daher den Begriff des äquivalenten Ellipsoids und des *effektiven hydrodynamischen Volumens* V_e eingeführt und exakt definiert. Für letzteres gelangen sie unter Benutzung der bekannten Hilfsgrößen und relativ sicher bestimmbarer Werte wie v, f/f_0, η, v zu $V_e = 100 \cdot M\,[\eta]/v \cdot N_L$.

Das effektive Volumen kann mehrfach größer als das der wasserfreien Molekel $M \cdot \bar{v}/N_L$ sein. Es ist das Raumgebiet, innerhalb dessen das Molekül die Wasserteilchen beherrscht, und es deckt sich weitgehend mit der Größe der Streumasse, aus welcher sich der Streumassenradius R berechnet (vgl. Röntgen-Kleinwinkelmethode).

Wenn die Abweichung von der Kugelgestalt sehr groß wird, wächst die Viscosität gegenüber gleich großen Sphärokolloiden sehr stark an. Das trifft besonders beim Vergleich in höheren Konzentrationen zu. Die Teilchen behindern sich dann gegenseitig, so daß das effektive Wirkungsvolumen auf diese Weise eine besondere Steigerung erfährt. Empirische Gleichungen tragen diesem Effekt Rechnung (FIKENTSCHER). Er selbst bildet den Übergang zu den Lösungen mit sog. Strukturviscosität (Nicht-Newtonsches Verhalten s. S. 330). Extrapoliert man aber die reduzierte Viscosität auf die Konzentration Null, so ergibt sich für Linearkolloide polymer-homologer Reihen eine praktisch wichtige Gesetzmäßigkeit. Die so ermittelte *Viscositätszahl ist dem Polymerisationsgrad* und damit in einer polymer-homologen Reihe auch dem Molekulargewicht *proportional* (H. STAUDINGER 1932):

$$\frac{\eta_{sp}}{c} = K_m \cdot P. \tag{21}$$

Hier ist K_m eine Konstante, welche für das benutzte Lösungsmittel einen bestimmten Wert besitzt. P ist der Polymerisationsgrad. KUHN hat diese Gesetzmäßigkeit, von der sich bei höheren Konzentrationen Abweichungen ergeben, theoretisch begründet und außerdem gezeigt, daß bei einem großen Anteil der dispersen Phase η_{sp}/c mit der Wurzel aus dem Molekulargewicht wächst. Die Grundlage seiner Betrachtung bildet die Vorstellung von der *statistischen Natur der Molekülgestalt*, wie sie im Gegensatz zu den Sphärokolloiden für die Fäden der polymer-homologen Makromoleküle angenommen werden muß.

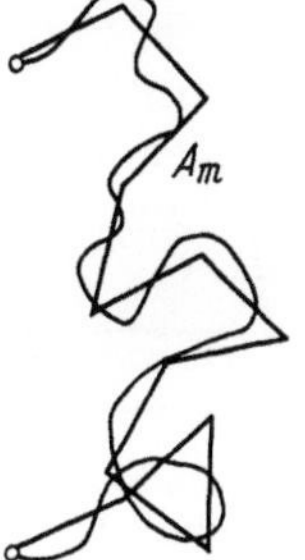

Abb. 114. Statistische Fadenelemente im Wahrscheinlichkeitsknäuel

Auf Grund der freien Drehbarkeit um die C—C- und andere Hauptvalenzbindungen nehmen die Molekeln dauernd wechselnde Konstellationen ein. Sie wären alle unter sich energetisch gleichwertig und damit in ihrem Vorkommen gleich wahrscheinlich, wenn nicht auch Nebenvalenzkräfte von benachbarten Molekülteilen ausgehen würden, welche mit der jeweiligen Lage der entsprechenden Gruppen wechselnd stark wären. Wenn aber solche konstellationsabhängigen Kräfte nicht ins Gewicht fallen, nimmt die Molekel die Gestalt eines Wahrscheinlichkeitsknäuels an. Es läßt sich nach KUHN durch das *statistische Fadenelement* der Länge A_m charakterisieren (Abb. 114). Das Element ist ein als geradlinig anzusehendes Stück der ganzen Fadenkette, das selbst aus s monomeren Resten besteht. Seine Stellung im Raum soll beliebig sein und unabhängig von der der Nachbarelemente. Die Gestalt des Moleküls wird dann durch ein aus $N_m = P/s$ Fadenelementen der Länge A_m bestehendes Gebilde beschreibbar. Die Gesamtlänge, gemessen als Summe der verschieden im Raum orientierten Fadenelemente ist: $L = A_m \cdot N_m$; sie ist identisch mit der gestreckt gedachten Molekel. Für das geknäulte Molekül läßt sich die Wahrscheinlichkeit in Form einer Boltzmann-Verteilung dafür angeben, daß der Anfangs- und Endpunkt des Fadens zwischen h und $h + dh$ liegt (W. KUHN 1934). Für ihren mittleren Abstand $\bar{h}$ erhält man:

$$\sqrt{\bar{h}^2} = \sqrt{N_m} \cdot A_m. \tag{22}$$

Bei Polystyrol ergibt sich nach KUHN z.B., daß $s = 14$ Grundmolekeln ($M = 104$) der Länge von 2,53 Å in der Kettenrichtung ein Fadenelement der Größe von 35 Å bilden. Bei $P = 10^4$ wäre die Länge des gestreckten Fadens $2{,}53 \cdot 10^4$ Å, die des geknäulten 940 Å, während der Radius der kugelförmig gedachten Molekel mit der Dichte 0,9 nur 78 Å betrüge, also 12mal kleiner wäre. Das *statistische Volumen des Knäuels ist dementsprechend* über 1000fach *größer* als das der eng gepackten Kugel vom spezifischen Gewicht der Polystyrole. Man beachte weiter die *Kontraktion* der künstlich lang gestreckten Kette zu der spontan angestrebten Länge des Wahrscheinlichkeitsknäuels.

Bei niedrigen Polymerisationsgraden muß man sich das Molekül im Zeitmittel als mäßig gekrümmten Faden, bei höheren als stark verschlungenes Knäuel vorstellen, welches nicht mehr von der Suspensionsflüssigkeit durchspült wird. Sie wird in seinem Bereich immobilisiert. Auf dieser Abnahme der Durchspülung beruht praktisch die Zunahme des Volumens, d. h. auch der Viscosität, mit steigendem Molekulargewicht bei gleichbleibendem Volumen der als nicht solvatisiert eingesetzten dispersen Phase (H. Kuhn).

Auf den Einfluß wechselnder Lösungsmittel nimmt die allgemeine *Theorie von* Flory *und* Fox Rücksicht. Sie führt für lineare Polymere zu der gut bestätigten Formulierung:

$$|\eta| = K \cdot M^{\frac{1}{2}} \cdot \alpha^3 \quad \text{mit} \quad K = 2{,}1 \cdot 10^{21} (\bar{h}^2/M)^{\frac{3}{2}}. \tag{23}$$

α ist eine Stoffkonstante, welche aus den thermodynamischen Eigenschaften der in Betracht kommenden Mischphasen theoretisch ableitbar ist und aus Viscositätsmessungen bei verschiedenen Temperaturen empirisch erhalten werden kann (vgl. auch die Gleichung von Huggins).

Tabelle 66. *Physikalische Konstanten einiger Proteine*

Protein	$\bar{v}$	$S_{20} \cdot 10^{13}$	$D_{20} \cdot 10^7$	$M_{s,d} \cdot 10^3$	$M_e \cdot 10^3$	f/f_0
Ribonuklease	0,709	1,85	13,6	12,7	13,0	1,04
Insulin (1)	0,710	1,2	16	6,3		1,1
trimer		3,5	8,2	41	35	1,13
tetramer		3,68	7,45	47,8		1,18
Cytochrom c	0,707	1,9	10,1	15,6		1,29
Myoglobin	0,741	2,04	11,3	16,9	17,5	1,11
Trypsin		1,69	10,95	15,1		1,2
α-Chymotrypsin	0,736	2,4	10,2	21,6		
dimer	0,731	3,5	7,4	42,9		
Pepsin	0,750	3,3	9,0	35,5	39,0	1,08
Peroxydase	0,699	3,48	7,05	39,8		1,36
Enolase	0,735	5,59	8,08	63,7		1,01
Menschliches Serumalbumin	0,733	4,6	6,1	69		1,28
Menschliches Hämoglobin	0,749	4,46	6,9	63		1,16
Hexokinase	0,740	3,1	2,9	96,6		2,37
TPD-Hefe	0,740	6,8	5,19	122		1,24
Fibrinogen, Rind	0,706	7,9	2,02	330		2,34
Myosin	0,740	7,2	0,87	829—880		4,0
β-Lipoprotein	0,950	2,9		1 300		1,7
Hämocyanin (Helix)	0,738	103	1,07	8 900	6700	1,24
Kaninchen-Papillom-Virus	0,756	280	0,51	47 100		1,65
Tabakmosaikvirus	0,727	174	0,3	59 000		2,9

Partielles spezifisches Volumen $\bar{v}$, Sedimentationskonstante (S_{20}) und Diffusionskoeffizient D_{20} in cm²sec⁻¹ bei 20°, Molekulargewicht aus Sedimentation und Diffusion ($M_{s,d}$) und aus Sedimentationsgleichgewicht (M_e) und Reibungsverhältnis (f/f_0) (nach Edsall 1953).

Anhangsweise sei erwähnt, daß die oben gegebene Theorie der Viscosimetrie auf folgenden Gesetzen der Hydrodynamik beruht. Die *laminare* Strömung durch eine Capillare mit der Länge l und dem Radius r wird durch das Poiseuillesche Gesetz beherrscht. Es gilt, wenn V das durchgeflossene Volumen pro Zeiteinheit und ΔP der Druckunterschied ist:

$$V = \frac{\pi r^4 \Delta P}{8 \eta l}. \tag{24a}$$

Wenn die Reynold-Zahl (Rey) den Wert 1000 überschreitet, setzt *turbulente* Strömung ein:

$$\text{Rey} = \frac{\varrho\, r^3\, \varDelta P}{8\,\eta^2\, l}\,. \qquad (24\,\text{b})$$

Allgemein gilt in Systemen mit der Flußgeschwindigkeit v und einer charakteristischen Länge (a) als Ausdruck des Quotienten von Trägheits- zur Reibungskraft:

$$\text{Rey} = (\varrho/\eta)\cdot v\cdot a\,. \qquad (24\,\text{c})$$

Sphärokolloide

Die herkömmliche Einteilung der strukturbildenden Kolloide in runde und langgestreckte — sphärische und lineare — hat auch nach Anwendung der zuletzt genannten Methoden ihre Berechtigung behalten. Allerdings hat die individuelle *Form der Micellen eine schärfere Präzisierung* erfahren. Bei den linearen Kolloiden handelt es sich um flexible, fadenförmige Partikelchen, die gelegentlich — abweichend vom idealen Typ — ein wenig verzweigt sind. Im zeitlichen Durchschnitt liegt das Wahrscheinlichkeitsknäuel vor, aber es kann je nach der Art des Lösungsmittels mehr oder weniger dicht sein. Bei sehr

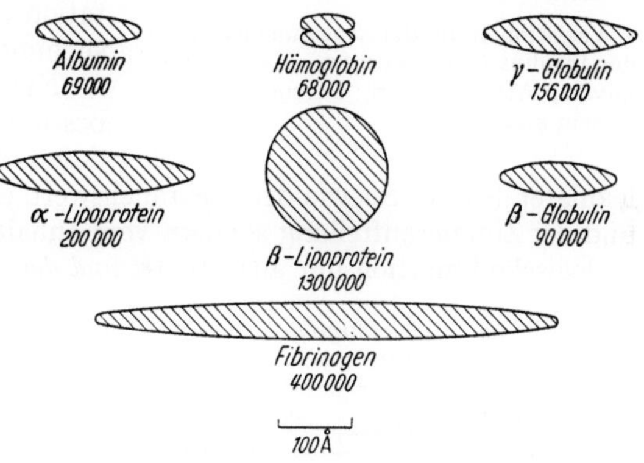

Abb. 115. Wahrscheinliche Form einiger Eiweißmolekeln (nach E. J. Cohn 1947)

guter Solvatation ist es weit, wird gut durchspült und nähert sich der Form eines geschlängelten Fadens. Die Gestalt der Zufallskugel kann durch Einfluß äußerer mechanischer und innerer Kräfte der Ionisation und der dadurch entstehenden gleichnamigen Ladungen jederzeit verlassen werden, um in einen gestreckteren Zustand überzugehen. Solche Fadenmoleküle bilden Gewebe mit starren, contractilen oder elastischen Eigenschaften und sollen, da sie biologisch besonders als Micellbündel in Erscheinung treten, später berücksichtigt werden.

Viele *native Eiweiße und Polysaccharide sind Sphärokolloide*. Sie liegen in einer ganz bestimmten Gestalt mit einer Fügung vor, die nicht ohne tiefergehende Einwirkungen Änderungen ihrer Konstellation (Konformationen) erleiden kann. Diese allerdings führen über „Perturbationen" zu reversiblen und irreversiblen Denaturierungen. Die chemisch reaktiven Gruppen haben hier 2 Funktionen, nämlich erstens die Verknüpfung der irgendwie angeordneten Ketten zu einer festen Gestalt vorzunehmen und zweitens mit dem Milieu und den in ihm gelösten Stoffen, also gewissermaßen nach außen zu reagieren. Beide Reaktionsweisen sind für das Verhalten der Proteine wesentlich. Bei den Polysacchariden vom Typ der Stärke wird die Form durch eine fortschreitende Verästelung der Ketten geschaffen, die zu einem im Innern verzweigten, im ganzen kugelförmigen Gebilde führt. Außerdem muß mit spiralig gewickelten Ketten von Grundmolekülen gerechnet werden (Proteine, Amylose, Nucleinsäuren). Ein annähernd kubisches Gebilde entsteht auch durch Aufschichtung einzelner plattenförmiger Grundelemente, von denen z.B. 5 die Hämoglobin-Molekel bilden.

Die nähere Untersuchung der mit modernen Methoden abgetrennten Individuen hat allerdings ergeben, daß die völlig runde Form auch bei den Stoffen dieser Klasse nur eine Ausnahme darstellt, und daß Proteine mit einem beachtlich großen Achsenverhältnis nach ihrem ganzen kolloidchemischen Verhalten hier eingeordnet werden müssen. Die Abb. 115 gibt die Form und Größenverhältnisse einzelner Eiweißstoffe des Blutes wieder (s. auch Tabelle 66). Es muß betont werden, daß die so erfaßten Körper Individuen einer bestimmten Größe und Gestalt sind und daß im Gegensatz zu den auch im gelösten Zustand vorkommenden Fadenmolekeln *keine Zwischengrößen oder Übergangsformen* anzutreffen sind. Reine Lösungen solcher Stoffe sind also monodispers, was besonders gut in dem einheitlichen Sedimentationsbild bei den Ultrazentrifugenuntersuchungen zum Ausdruck kommt.

Tabelle 67. *Aminosäuren: A_7—A_{10}*

Rind . .	Cyst	Al	Ser	Val
Schwein .	Cyst	Thr	Ser	Ileu
Schaf . .	Cyst	Al	Gly	Val
Pferd . .	Cyst	Thr	Gly	Ileu
Walfisch .	Cyst	Thr	Ser	Ileu

Variationen in der Zusammensetzung des Insulins (nach SANGER). Es variieren Glycin, Alanin, Serin, Threonin, Valin, Leucin und Isoleucin.

Nicht nur die Form und die Größe bestimmen das physiko-chemische und damit das biologische Verhalten hochmolekularer Stoffe. So wie der Gebrauchswert eines Hauses nicht allein vom Bau und der Zimmeraufteilung sondern vom Inhalt der Räume abhängt, so kann die biologische Funktion nur aus der *Art und der Anordnung der chemischen Gruppen* verstanden werden. Das gilt natürlich wieder im besonderen Maße für die Proteine, die ja schon in der Mannigfaltigkeit der in ihnen enthaltenen Aminosäurereste Beziehungen zu den meisten Stoffen des Organischen nahelegen. Es ist dementsprechend schon eine ältere Erfahrung der Eiweißchemiker, daß diese Reste, welche an das α-Kohlenstoffatom des jeweiligen Aminosäureabschnittes in der Peptidkette gebunden sind, —

Tabelle 68. *Molekulargröße und Dimensionen von Serumproteinen* (nach HAUROWITZ 1950) [1]

Fraktion	% im Plasma	Molekulargewicht	Dimensionen Å
Albumin . . .	3,2	69 000	150 × 38
α_1-Globulin . .	0,2	200 000	300 × 50
α_2-Globulin . .	0,1	300 000	—
β_1-Globulin . .	0,2	90 000	180 × 37
β_1-Globulin . .	0,2	150 000	—
β_1-Globulin . .	0,1	500 000 — 1 000 000	—
β_1-Globulin . .	0,2	1 300 000	185 × 185
β_2-Globulin . .	0,2	150 000	—
γ_1-Globulin . .	0,5	156 000	235 × 44
γ_2-Globulin . .	0,1	300 000	—
Fibrinogen . .	0,3	400 000	700 × 38

von einigen charakteristischen Ausnahmen abgesehen —, für die Reaktion mit anderen Stoffen zur Verfügung stehen. Daß die Affinität solcher Gruppen im Verbande des Eiweißes von den Radikalen der Nachbarschaft abhängen wird, ist wahrscheinlich, ebenso die Vermutung, daß sich auch bei den einzelnen Stoffen Anordnungen von Aminosäuren gruppenweise wiederholen können. Es ist auch ohne Zweifel mit einer gewissen Periodizität in der Reihenfolge der Elementarbausteine zu rechnen, wie sie bei den niederen Eiweißen, den Protaminen, chemisch analytisch bewiesen wurde und wahrscheinlich auch bei den Fadenproteinen Kollagen, Fibroin und Keratin vorliegt. Die höheren Proteine besitzen jedoch im ganzen *keine starre Periodizität* mit einer bestimmten Frequenz des Vorkommens einzelner Aminosäuren beim Durchschreiten der Peptidkette, wie es die Bergmann-Niemann-Hypothese (1935) annahm. Die sicher zugrunde liegenden Strukturprinzipien kommen nicht in einem einfachen

---

[1] Weitere Daten gibt SCHULTZE (1957).

Zahlengesetz zum Ausdruck. Offenbar sind die Perioden zu groß, oder sie werden dadurch gestört, daß gelegentlich einzelne Aminosäuren, welche keine besonderen funktionellen Aufgaben besitzen, ohne Beeinträchtigung der biologischen Funktionen getauscht werden können. Ein Beispiel bieten hierfür die Aminosäuren Nr. 7—10 in der A-Kette des Insulins (vgl. Abb. 105), welche ohne Wirkungsverlust nach beifolgendem Schema variiert werden dürfen (Tabelle 67). Ein weiteres Beispiel ist die gleiche Wirksamkeit des Arginin- und Lysin-Vasopressins. Derartige Variationen werden im allgemeinen aber nur so gering sein können, daß sie sich vorläufig noch dem analytischen Nachweis entziehen. Nur bei körperwirksamen niedrig-molekularen Peptiden wird die in absehbarer Zeit zu erwartende analytische Aufklärung weiterer Stoffe neue Nuancen zutage treten lassen, welche das Bild der Heterogenität grundsätzlich ähnlicher Peptide und Eiweiße vertiefen wird.

Zahl und Stärke der dissoziablen Gruppen

Eine besondere Note erhält unsere Vorstellung von der Eiweißmolekel durch die Kenntnis der *Zahl und Anordnung der dissoziierten*, also der anionischen und kationischen *Gruppen*. Sie werden von den endständigen Säure- und Aminoresten der Peptidketten und von denen der trivalenten Aminosäuren geliefert. Ihre Dissoziationseigenschaften sind aus der titrimetrischen Analyse des amphoteren Verhaltens abzuleiten. Danach sind diese Gruppen alle als frei reagierend zu betrachten, und da auch für sie die Regel von der periodischen Folge in irgendeiner Weise gilt, muß mit einem bestimmten Ladungsmuster der Gesamtmolekel gerechnet werden. Diese wird, da sich die Ladungen nur in Ausnahmefällen gegenseitig räumlich völlig aufheben werden, im allgemeinen einen elektrischen Vektor zeigen. Sie wird sogar wegen der großen Entfernung der Punkte, in denen die positiven und negativen Ladungen konzentriert zu denken sind, ein beachtliches Dipolmoment besitzen müssen. So sind schon für Sphäroproteine von $200—1200 \cdot 10^{18}$ ese $\cdot$ cm (Debye-Einheiten) gefunden worden. Zudem hat es sich gezeigt, daß die *elektrische Achse* und die große Achse des Ellipsoids recht beachtliche Winkel, z.B. 45° bei Pseudoglobulin, miteinander bilden können (vgl. S. 306). Andererseits entspricht das Dipolmoment des Eieralbumins mit $\mu = 250$ D wahrscheinlich mehr oder weniger zufällig dem eines einfach geladenen Zwitterions. Der Abstand beider Ladungen liegt hier in der gleichen Größenordnung wie der längste Moleküldurchmesser. Denn 250 ese $\cdot$ cm $\cdot 10^{-18}/4{,}8 \cdot 10^{-10}$ ese $= 52$ Å. Auf jeden Fall läßt sich danach auf eine recht regelmäßig verteilte Anordnung der übrigen je etwa 30 Einheitsladungen der Molekel schließen.

Man vermutet, daß auch die Feinheiten in der Anordnung der Ladungen, das *Ladungsmuster*, von besonderer biologischer Bedeutung sind. Zum Beispiel tragen die in den Kerneiweißen vorhandenen Nucleinsäuren eine bestimmte Periodizität auch der Ladungen in das Molekül hinein, und man wird mit Recht annehmen, daß jene bei der Formung von Eiweißmolekülen mitspricht (s. S. 347f.). Denn nach den Ergebnissen CASPERSSONS u. a. hat man in den nucleinsäurehaltigen Strukturen ein Bildungszentrum für Eiweiße zu sehen (1941).

Neben der räumlichen *Verteilung der Ladungen ist das Verhältnis* ihrer Zahl *zur Größe und Form der Molekel* in der Lösung auch für den Wert der Wanderungsgeschwindigkeit im elektrischen Feld ausschlaggebend. Die Auswertung der elektrophoretischen Beweglichkeit zum Zwecke der Strukturerforschung hat aber bisher weniger Bedeutung gewonnen als die empirische Benutzung der unterschiedlichen Wanderungsgeschwindigkeit zur Trennung oder feineren

Diagnostik von Individuen in Gemischen von gelösten Eiweißstoffen, wie sie besonders im Serum und in anderen auch relativ eiweißarmen Körperflüssigkeiten vorliegen. Das Elektrophoresediagramm (s. S. 266 und Abb. 243) ergab eine Reihe bisher unbekannter Stoffgruppen: 2 Albumine, die α_1-, α_2-, α_3-, β_1-, β_2-, β_3-, γ_1-, γ_2-Globuline und die mit φ bezeichnete Fibrinogenzacke des Plasmas. Die Menge und die Wanderungsgeschwindigkeit der einzelnen Fraktionen kann aus dem Elektropherogramm entnommen werden. Wenn auch die eingehenden Fällungsanalysen nach E. J. Cohn und seiner Schule sie noch weiter unterteilen konnten und zum Teil anders aufteilen mußten, so ist doch die moderne *Elektrophorese* einschließlich der *Papierelektrophorese* in ihren verschiedenen Formen eine bedeutsame Forschungsmethode für die Eiweißanalyse geworden.

Tabelle 69. *Elektrophoretische Beweglichkeit einzelner Serumproteine*

Protein	Isoelektrischer Punkt, pH	Beweglichkeit bei pH 6,87	Beweglichkeit bei pH 7,7
Albumin . .	4,64	5,90	5,1
α-Globulin .	5,06	4,48	3,8
β-Globulin .	5,12	3,58	2,7
γ-Globulin .	6,85—7,3	0,99	0,9
Fibrinogen .	—	—	1,9

$$(\mathrm{cm^2}\ V^{-1}\ \mathrm{sec}^{-1} \cdot 10^5)$$

Über die Zahl der Ladungen und die Dissoziationsstärke der sie verursachenden Gruppen gibt die *Titrationskurve der Makromolekularen*, insbesondere der Eiweißstoffe, Aufschluß; und zwar reagieren sie in erster Annäherung entsprechend der von den einzelnen Säure- und Basengruppen der Aminosäuren bekannten Stärke (vgl. Alberty 1953). Mit zunehmender Verfeinerung der analytischen Technik sind auch in den letzten Jahren die Differenzen nahezu in Fortfall gekommen, die früher zwischen der Zahl der bei der Bausteinanalyse gefundenen Aminosäuren und der durch elektrometrische Titration erfaßten vorlagen. Der Verlauf der Pufferungskurve ist auf die Menge der einzelnen Gruppen mit verschiedener Dissoziationsstärke zurückzuführen, überwiegend auf die der trivalenten, denen etwa bei der Gelatine die der Endgruppen an den Peptidketten nur mit 3% gegenüberstehen

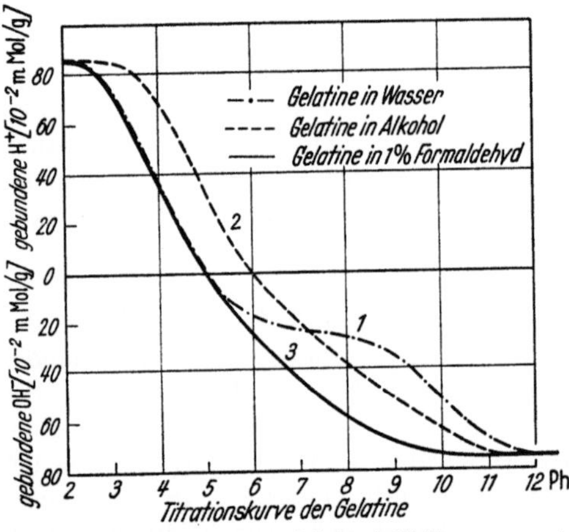

Abb. 116. Titrationskurve von Gelatine (1%) (Lichtenstein)

(Weber 1942). Natürlich wird die Pufferungs(H^+-Bindungs)-kurve eines ja immer polyvalenten Proteins eine völlig andere Form als die eines Pufferungssystems mit wenigen oder gar einer Dissoziationskonstanten aufweisen. Die Wirkungsbereiche der einzelnen Gruppen überlagern sich oder häufen sich an einzelnen Stellen an. Bei den Proteinen ähneln sie oft der für Gelatine (Abb. 116) herausgegriffenen Form. Sie ist in theoretischer und praktischer Hinsicht kurz zu diskutieren.

Bemerkenswerterweise gelingt es relativ einfach, die einzelnen Pufferungsbereiche bestimmten Gruppen im Eiweiß zuzuordnen. Das wird zum Teil durch *Eingriffe* ermöglicht, *die die Dissoziation* dieser Reste *verändern*. So ist in 80% Alkohol (2) die Dissoziation der Säuregruppen um 1—2 Zehnerpotenzen geringer als in Wasser (1) und die der basischen um fast 1 pH nach der sauren Seite verschoben. Außerdem spielen sich Reaktionen mit Formaldehyd und HNO_2 an allen freien NH_2-Gruppen im Eiweiß unter Herabsetzung oder Ausschaltung ihrer Basenfunktion ab, und derartig behandelte Proteine zeigen die entsprechende Veränderung in der Bindungskurve genau an der zu erwartenden Stelle. Wie schon anderenorts bemerkt, ist das Gesamtverhalten nur auf der Basis der Zwitterionentheorie verständlich. Zum Beispiel findet, wie Kurve 3 zeigt, die unter Formaldehyd entstehende Säuerung, die auf der Inaktivierung der NH_3^+-Gruppen beruht, nur im alkalischen Bereich statt. Also können die Aminogruppen nur in diesem Bereich puffern; ein Verhalten, wie es die Zwitterionentheorie im Gegensatz zur alten Vorstellung verlangt. Abgesehen hiervon läßt sich auch an den Eiweißen in gleicher Weise wie bei den Aminosäuren aus der Messung der Wärmebildung bei Säure- oder Laugenzugabe ersehen, ob eine Dissoziation oder Dissoziationszurückdrängung erfolgt (vgl. S. 169).

Ein *Vergleich mit den Pufferungsbereichen der freien Aminosäuren* ergibt auch für die Betätigung ihrer dissoziablen Gruppen im Eiweiß mindestens annähernd die gleiche Lage in der pH-Skala. Wegen des gegenseitigen Überlappens der Pufferungsbereiche ist aber nicht genau zu kontrollieren, ob auch die Form der Protonenbindungskurve gegenüber der einer gelösten freien Aminosäure verändert ist. Die Analogie zu den eigentlichen polymeren Elektrolyten (Polyelektrolyten) läßt hier folgendes Verhalten erwarten, welches seine Ursachen in der gegenseitigen Beeinflussung der nahegelegenen und fest miteinander verbundenen ionischen Gruppen hat: die *Dissoziationskurve einer polymeren Säure*, wie etwa der Polymetacrylsäure, erstreckt sich über einen n-fach weiteren Bereich als bei einer einbasischen Säure (KERN). n ist als Ausdruck des Vorliegens mehrbasischer Elektrolyte stark von der Ionenstärke abhängig. Es fällt mit ihrem Anwachsen auf nahezu den Wert 1 ab. pK sinkt gleichfalls und nähert sich einem Grenzwert pK_0. Nach OVERBEECK (1948) und nach KATCHALSKY (1951) gilt für Polysäuren des summarischen Dissoziationsgrades α:

Tabelle 70. *Charakteristische Dissoziationkonstanten, als pK-Werte ausgedrückt, einiger in Proteinen vorkommender saurer und basischer Gruppen*

Gruppe	pK 25°
α-Carboxyl	3,0— 3,2
Carboxyl (Asparaginsäure) . . .	3,0— 4,7
Carboxyl (Glutaminsäure) . . .	etwa 4,4
Phenolisches Hydroxyl (Tyrosin)	9,8—10,4
Sulfhydryl	9,1—10,8
Imidazolyl (Histidin)	5,6— 7,0
α-Ammonium	7,6— 8,4
ε-Ammonium (Lysin)	9,4—10,6
Guanidino (Arginin)	11,6—12,6

Tabelle 71. *Zahl der dissoziablen Gruppen pro Molekel* (nach COHN-EDSALL)

Gruppe (bzw. Aminosäuren)	Eieralbumin	β-Lactoglobulin	Serumalbumin
ε-Amino	15	27	58
Imidazol	4	4	16
Guanidin	14	7	24
Phenol	— ?	— ?	18
Asparaginsäure .	28	30	
Glutaminsäure .	50	59	100
—CO—NH₂ . . .	32	30	
Freies Carboxyl .	46	59	
Phosphorsäure .	1		
MG	45000	40000	69000

$$\text{pH} = \text{pK}_0 + 0{,}4343\,\frac{e \cdot \varphi_0}{k \cdot T} + \log\frac{\alpha}{1-\alpha} \quad [\text{vgl. Gl. (III 45)}]. \qquad (25\,a)$$

Hier ist φ_0 das elektrische Oberflächenpotential des Polyions und $e \cdot \varphi_0$ die auf eine Einheitsladung bezogene freie elektrostatische Energie des ionisierten Polyelektrolyten. Sie selbst ist wie die Größe des chemischen Potentials aus der Änderung der elektrostatischen Energie mit der Änderung der Zahl der

Ladungen (z) bei konstanter Ionenstärke zu erhalten. Letztere wird durch den reziproken Radius der Ionenwolke ($\varkappa$) ausgedrückt (s. S. 138).

Andererseits ist die mit der Dissoziationsänderung verknüpfte Arbeit aus der Größe der statistischen Fadenelemente (A_m) und dem Abstand der Kettenenden im geladenen (h) und im ungeladenen Gesamtzustand (h_0) für den jeweiligen Dissoziationsgrad α zu errechnen (KATCHALSKY und LIFSON). Es gilt nach ihnen, wenn jedes j-te Polymere eine freie Ladung trägt:

$$ e \cdot \varphi_0 = \left(\frac{\partial G_e}{\partial z}\right)_\varkappa = \frac{2z \cdot e^2}{\varepsilon \cdot h} \ln (1 + B) = \frac{2\alpha\, e^2}{\varepsilon A_m j} \ln (1 + B) . \tag{25 b}$$

Hier ist $B = 6h/(h_0^2 \cdot \varkappa)$ und A_m wieder die Länge des statistischen Fadenelements. Diese Gleichung trifft für gestreckte Polymere wie Polyuronsäuren und Mucopolysaccharide zu. Sie kompliziert sich für statistisch geknäuelte Makromoleküle dadurch, daß die Länge des Fadenelementes bzw. die Zahl der es aufbauenden Monomeren (s), mit dem Ionisationsgrad linear wächst:

$$ s = (1 - \alpha)\, s_0 + \alpha\, s_i . \tag{25 c}$$

Die hiermit zum Ausdruck kommende Streckung verringert die Zunahme des Potentials, welche nach dem Zuwachs der freien Ladungen (z) zu erwarten wäre. Dementsprechend sind die rechten Seiten der vorstehenden Gleichungen um das Glied:

$$ \frac{\alpha\,(s_i - s_0)\, B}{2s(1 + B)} \tag{25 d}$$

zu vermindern.

Die Rechnung ergibt, daß die scheinbare Dissoziationskonstante, d.h. die Summe der ersten 2 Glieder in Gl. (25a) dann linear mit der 3. Wurzel aus z wächst, während sie bei gestreckten Molekeln direkt mit der Zunahme der Ladung ansteigt. Die elektrostatischen Effekte bedingen, wie schon ausgeführt wurde, bei beweglichen Kettengliedern umgekehrt auch *Längenänderungen*. Diese sind von der Gesamtionenstärke weitgehend abhängig. Wirksam sind dabei die Gegenionen. Sie vermindern die elektrostatischen Kraftwirkungen der an der Molekel fixierten Eigenladungen aufeinander in dem Maße wie $1/\varkappa$ abnimmt. Das bedeutet, daß die Zugabe von Fremdelektrolyten eine Kontraktion von der gestreckten zur Knäuelform fördern muß. Dementsprechend wird auch eine Abnahme der Viscosität von Lösungen entsprechend langer Fadenmolekeln mit der Zugabe von Neutralsalzen beobachtet. Ihr Einfluß ist auf Grund der statistischen Theorie für diese Klasse von Stoffen theoretisch zu erfassen (KÜNZLE 1949). Stark ausgeprägt ist er aber nur in sehr verdünnten Lösungen der Fadenmolekeln (vgl. S. 510).

Eine zweite Folgerung aus diesem Einfluß der Ionenstärke bezieht sich auf die *Änderung der Dissoziationskonstanten*. Da in der Eiweißmolekel der Abstand der ionischen Gruppen durchschnittlich ohnehin schon viel größer als bei den Polyelektrolyten vom Typ der Polyacrylsäure ist, wird bei ihnen die gegenseitige Beeinflussung der Gruppen gering und schon bei mäßigen Ionenstärken fast verschwindend klein sein müssen (großes j, kleines n). Es ist daher auch theoretisch zu erwarten, daß die Dissoziationsbereiche bei den Proteinen im Vergleich zu den Polyelektrolyten nur sehr wenig oder kaum feststellbar gegenüber den Verhältnissen bei den Monoaminosäuren verschoben sind. Die empirischen Tatsachen über den Verlauf der Dissoziationskurven bestätigen diese Ableitung weitgehend.

Es ist bemerkenswert, daß vorstehende Gleichungen nicht nur indirekt aus den Viscositätsdaten zur Charakterisierung des Zustandes der Makromolekeln im Verein mit den Titrationskurven bestätigt werden. Vielmehr hat sich gezeigt, daß das *elektrophoretisch gemessene ζ-Potential* weitgehend mit ψ_0 gleichgesetzt werden kann. Allerdings muß es selbst unter zusätzlicher Berücksichtigung des geometrischen Faktors β aus der Geschwindigkeit im elektrischen Felde berechnet werden (s. IV, 34a).

Die Kenntnis der *Pufferungskurve* der Eiweiße hat insofern *praktische Bedeutung* als aus ihr die Größe der Bereitstellung oder Bindung von Basen beim Übergang von hohem zum niedrigen pH oder umgekehrt zu entnehmen ist. Denn dieser Vorgang bildet die Grundlage der Pufferungsvorgänge, soweit Eiweiße an ihnen beteiligt sind. Zur Beschreibung des Ausmaßes der Säure- und Basenbindung durch das Blut sind folgende von van Slyke und Mitarbeitern (1923) angegebenen empirischen Werte für die Bluteiweißstoffe wichtig:

$$B_s = 0{,}068 \cdot P_s \, (\mathrm{pH} - 4{,}8)$$

$$B_{\mathrm{HbO_2}} = 0{,}216 \cdot P_{\mathrm{HbO_2}} \, (\mathrm{pH} - 6{,}6)$$

$$B_{\mathrm{Hb}} = 0{,}2 \cdot P_{\mathrm{Hb}} \, (\mathrm{pH} - 6{,}74) \; .$$

Hier bedeutet B die vom Serumeiweiß, dem HbO_2 oder dem Hb gebundene Base in mMol/Liter, P_s, $P_{\mathrm{HbO_2}}$, P_{Hb} die Konzentration der entsprechenden Eiweißkörper in g/Liter und der Klammerausdruck die Entfernung der Reaktion vom IP. Die Ansätze gehen von der nahezu erfüllten Voraussetzung aus, daß die Protonenbindung im physiologischen Bereich mit dem pH geradlinig vom IP aus zunimmt. Um den Beitrag der genannten Eiweiße zur Pufferung zu würdigen, beachte man, daß z.B. in dem weiten Bereich zwischen pH 7,83 und 7,12 vom Serumeiweiß nur 2,35 mMol Base gegenüber 28,4 mMol aus dem Hämoglobin zur Säurebindung im Blut verfügbar werden. Das entspricht der etwa 3fach höheren Pufferwirkung und der 3fach höheren Konzentration des Hb im Blute.

Da Eiweißkörper und andere Ampholyte gewöhnlich nicht bei der Reaktion des IP vorliegen, befinden sie sich im allgemeinen im einseitig aufgeladenen Zustand; meistens sind sie als Anionen vorhanden, d.h., sie *bilden Salze* mit den Gegenionen aus der Gruppe der Metalle oder auch komplexer Kationen. Will man das Verhalten dieser Salze beschreiben, so ist die Frage nach ihrem *Dissoziationsgrad* zu stellen, und es ist zweckmäßig, *die Grenzfälle der vollkommenen Dissoziation und den Fall der Bildung wahrer undissoziierter Salze* getrennt zu behandeln.

Vom Donnan-Gleichgewicht abhängige Eigenschaften

Von größter Bedeutung für das Gesamtverhalten der Ampholyte ist ihr Vorkommen im vollkommen dissoziierten Zustand, und wenn man den Typ dieser Salze betrachtet, so springt neben dem Unterschied in der Wertigkeit die *Größendifferenz zwischen Anion und Kation* in die Augen. Sie *bedingt* eine *recht verschiedene Diffusionsaktivität* beider Konstituenten, und es gibt eine Reihe von Bedingungen, unter denen der *Grenzfall* verwirklicht ist, in dem *das Eiweißion* bei erhaltener Beweglichkeit des Gegenions *festgelegt* ist. Das ist beim strukturfixierten Ampholyten der Fall oder trifft bei der Dialyse von Eiweißsalzen durch eiweißdichte Membranen zu. Unter diesen Umständen bewirkt die verschiedene Diffusionstendenz, deren völlige Auswirkung die entgegengesetzten Ionenladungen verhindern, jene typische und leicht nachzuweisende Verteilung der Elektrolyte, die als *Donnan-Gleichgewicht* bereits eingehend besprochen wurde (s. S. 273 f.). Sie kommt durch den Übertritt entgegengesetzt geladener Ionenpaare in äquivalenten Mengen, d.h. durch Elektrolytbewegung, zustande und ist für eine Reihe von markanten Eigenschaften der Eiweißkörper verantwortlich zu machen.

In geeigneten Systemen verursachen Eiweiße nur dann die Einstellung eines Donnan-Gleichgewichtes, wenn die Reaktion außerhalb der isoelektrischen Zone liegt. Die reine zwitterionische Form eines Ampholyten ist dazu deswegen nicht in der Lage, weil ihren Ladungen kein Fremdion gegenübersteht. Durch Einhaltung der isoelektrischen Reaktion ist dementsprechend das Studium der Eigenschaften des Proteins ohne Komplikationen durch die Donnan-Verteilung experimentell möglich. Außerhalb dieser Zone aber muß sich schon ohne Gegenwart einfacher Fremdelektrolyte eine solche Verteilung einstellen. Denn ein vom IP genügend entferntes pH kann bei nicht zu vernachlässigenden Eiweißkonzentrationen auch nur durch Zugabe von entsprechend großen Mengen an Säure bzw. Base erreicht werden. Ein Teil dieser zugefügten Elektrolyte bildet die entsprechenden Eiweißsalze, während der Rest zur Einstellung des jeweiligen pH-Wertes dient. Für Protein-Cl ergibt sich danach das nachstehende Schema:

$$\text{Prot}^+ \text{Cl}^- ; \quad \underset{i}{\text{H}^+ \text{Cl}^-} \Big| \underset{a}{\text{H}^+ \text{Cl}^-}$$
$$(z) \qquad (y)\,(y) \quad (x)\,(x)$$

und aus ihm folgt mit den angegebenen Konzentrationsbezeichnungen die Gl. (IV 40):

$$x^2 = y\,(y + z).$$

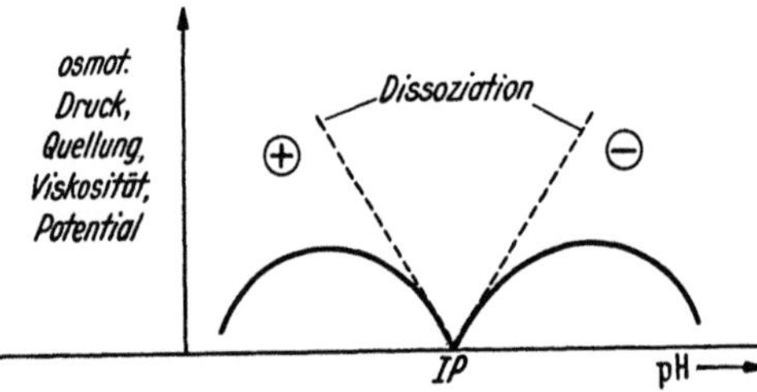

Abb. 117. Donnan-Gleichgewicht, isoelektrischer Punkt und kolloidales Verhalten von Ampholyten (schematisch)

Denn das Donnan-Gleichgewicht verlangt die Gleichheit der beiderseitigen Elektrolytaktivitäten, d.h. der Produkte der Ionenaktivitäten, für jene Elektrolyte, welche beiden im Gleichgewicht stehenden Phasen gemeinsam sind (vgl. S. 275). Vorstehende Gleichung wiederum ist in ihrer Gültigkeit unabhängig davon, ob ein total dissoziierter Kolloidelektrolyt vorliegt oder ein solcher, dessen Dissoziationsgrad sich mit Veränderung des pH-Wertes ebenfalls ändert.

Sie beherrscht auch dann die Verteilung, wenn einem der beiden vorgenannten Systeme ein *Fremdelektrolyt* zugefügt wird:

$$(z)\,\underset{i}{\text{Prot}^+ \text{Cl}^-} \Big| \underset{a}{(x + y)\,\text{KCl}} \longrightarrow \underset{i}{\text{Prot}^+, (y + z)\,\text{Cl}^-, (y)\,\text{K}^+} \Big| \underset{a}{(x)\,\text{K}^+, (x)\,\text{Cl}^-}.$$

Da aber auch hier als diffusible Elektrolyte HCl, KOH und KCl in Frage kommen, muß sich das Gleichgewicht einstellen:

$$\frac{\text{K}_i}{\text{K}_a} = \frac{\text{H}_i}{\text{H}_a} = \frac{\text{OH}_a}{\text{OH}_i} = \frac{\text{Cl}_a}{\text{Cl}_i} = \frac{1}{r}.$$

Die Störung der Gleichverteilung wird um so größer, d.h. r weicht um so mehr vom Wert 1 ab, je größer die Konzentration des nicht diffusionsfähigen (Kolloid-) Ions im Vergleich zu der der übrigen Elektrolyte ist (vgl. Tabelle 59). Es wurde bereits gezeigt, daß umgekehrt *diffusible Elektrolyte den Donnan-Effekt verkleinern* oder ihn praktisch ausschalten. Auch einfache anorganische Säuren und Basen sind von dieser Wirkung dann nicht ausgenommen, wenn sie in einer die Konzentration des Kolloidsalzes überwiegenden Menge vorliegen, d.h. wenn extreme pH-Werte eingestellt sind. Da die Proteine aber bei Alkalisierung zunehmend in der anionischen und bei pH-Verkleinerung in der kationischen Form zugegen sind, ist für die Größe des Donnan-Effektes folgendes Verhalten zu erwarten. Im IP ist $r = 1$; bei Entfernung von diesem Punkt aus fällt r in dem Maße, wie sich die Bildung der Eiweißanionen vollzieht, r steigt, in dem Maße, wie sich die Kationen bilden: in beiden Fällen wächst die Größe des Donnan-Effektes. Aber dieses Ansteigen ist von der Gesamtionenstärke abhängig, denn die Fremdelektrolyte setzen ihn herab. Da zur Aufrechterhaltung extremer pH-Werte auch vergleichsweise hohe Elektrolytkonzentrationen erforderlich sind, wird schon durch die Zufügung von Säuren und Laugen der *Donnan-Effekt trotz weiter steigender Proteindissoziation*, d.h. Proteinsalzbildung, *wieder abfallen*. Daher liegt grundsätzlich für die pH-Abhängigkeit der durch den Donnan-Effekt bedingten oder modifizierten Eigenschaften von Eiweißlösungen das in Abb. 117 schematisch dargestellte Verhalten vor.

Es gilt für den *osmotischen Druck*, die *Viscosität*, die *Donnan-Potentiale* (s. S. 278), die *Quellung*. Allerdings wird wohl nur das Verhalten der Potentiale quantitativ richtig, das des osmotischen Druckes oft angenähert und das der übrigen Größen nur dem Sinne nach durch dieses Schema wiedergegeben.

Osmotischer Druck

Daß der *osmotische Druck* eines Kolloidelektrolyten gegenüber dem des reinen Kolloidions durch die Verteilung der diffusiblen Elektrolyte erhöht wird, wurde schon abgeleitet (s. S. 277). Der Anteil der diffusiblen Ionen am Überdruck auf der Kolloidseite entspricht dem Unterschied der Ionensumme auf beiden Seiten, wenn von den osmotischen Koeffizienten abgesehen und nur die Ionenkonzentration einbezogen wird. LOEB hat ihn *Donnan-Korrektur* genannt (D_c) (s. S. 277). Aus dem mittleren Beispiel der Tabelle 58 würde sich für ihn z.B. bei 1-wertigem Kolloidion ergeben:

$$D_c = 2\,y + z - 2\,x = 0{,}666 + 1 - 1{,}333 = 0{,}333\,.$$

Gleichzeitig ist der relative osmotische Druck innen: 2,66 und außen 1,33. Hätte sich der diffusible Elektrolyt gleich verteilt, so wären beide Zahlen 3 und 1, d.h., daß zwar mehr von ihm außen geblieben ist, obwohl die Ionensumme innen größer ist als außen. Aber innen kommen die diffusiblen Ionen des Kolloidelektrolyten hinzu, da sie die mittlere Aktivität des diffusiblen Elektrolyten als Faktor mit dem des Nebenions bestimmen. Bezieht man auf den osmotischen Druck, der bei Undurchgängigkeit auch für das Gegenion vorhanden wäre, dann würde der Innendruck durch Salzzugabe herabgesetzt (1,66 statt 2 gegen 1,33 außen). Da aber tatsächlich die Membran nur das Kolloidion festhält, wird auch nur der *seiner* Aktivität entsprechende osmotische Druck als Vergleich einzusetzen sein. Zieht man ihn vom Gesamtdruck ab, dann erkennt man, daß die Verteilung der Elektrolyte eine Erhöhung des osmotischen Innendruckes um die Größe D_c veranlaßt (2,66—1—1,33). Je größer die elektrochemische Wertigkeit des Kolloidions ist, um so mehr tritt der elektrolytosmotische Anteil gegenüber dem durch das Kolloidion verursachten in den Vordergrund. z wird grundsätzlich auf diese Weise meßbar.

Daß die charakteristische pH-Abhängigkeit des osmotischen Druckes von Eiweißlösungen durch Berücksichtigung von D_c weitgehend erklärt werden kann, zeigte LOEB schon 1923. Er ermittelte die Größe der Donnan-Korrektur in der beschriebenen Weise und fand, daß sie den gleichen Verlauf mit dem pH nimmt, wie die Erhöhung des osmotischen Druckes gegenüber dem isoelektrischen Zustand, welche seit den Untersuchungen von LILLIE und PAULI (1900) bekannt war. Da $c_2/M_2 = m_2$ die molare Konzentration des Eiweißes ist, wenn c_2 als g Protein in ml angegeben wird, ergibt sich die exakte Formulierung für die Größe des osmotischen Gesamt-Druckes folgendermaßen:

$$\pi = RT\left[\frac{c_2}{M_2} + 2y + z - 2x\right] = \frac{RT \cdot c_2}{M_2 c} \cdot \left[1 + \frac{2y + z - 2x}{m_2}\right]. \tag{26}$$

Für z kann auch $n \cdot m_2$ gesetzt werden, wo n die elektrochemische Wertigkeit des in der molaren Konzentration m_2 vorliegenden Kolloidions ist. Daß die Bildung der einseitig geladenen Eiweißionen die Ursache für die pH-Abhängigkeit des osmotischen Druckes ist, war schon von jenen älteren Autoren vermutet worden. Daß aber der Verlauf allein durch die Größe der Donnan-Korrektur unter der einfachen Annahme der Eiweißionisation verstanden werden kann, zeigt die Abb. 118. Danach entspricht der Anstieg der mit zunehmender Ionisation wachsenden Ungleichheit der Ionenverteilung und der Abfall einer Depression dieser Ungleichheit durch die höheren Säurekonzentrationen, welche zur Erreichung der stärker sauren Reaktion eingestellt werden müssen. Unter Anwendung des Donnan-Prinzips ist auch die schon frühzeitig festgestellte Verminderung des Kolloiddrucks durch Zufügen von Neutralsalzen leicht erklärbar. Sie deprimieren in der beschriebenen Weise die Donnan-Korrektur, indem das Verhältnis Salz zu Kolloid vergrößert wird. Beim IP ist diese Wirkung nicht merklich. Ein spezifischer Einfluß der Salze ist dabei praktisch nicht festzustellen. In Salzgegenwart entscheidet in erster Annäherung das pH und der Wertigkeitstyp der Salze, speziell des Gegenions über die osmotische Wirkung, denn es tritt für die 2—3-wertigen Salze in die Grundgleichung des Donnan-Gleichgewichtes die 2. bzw. 3. Wurzel des betreffenden Ions ein (s. S. 277). Es ist dann leicht abzuleiten, daß daraus eine entsprechende Erniedrigung der Donnan-Korrektur für die mehrwertigen Ionen resultiert.

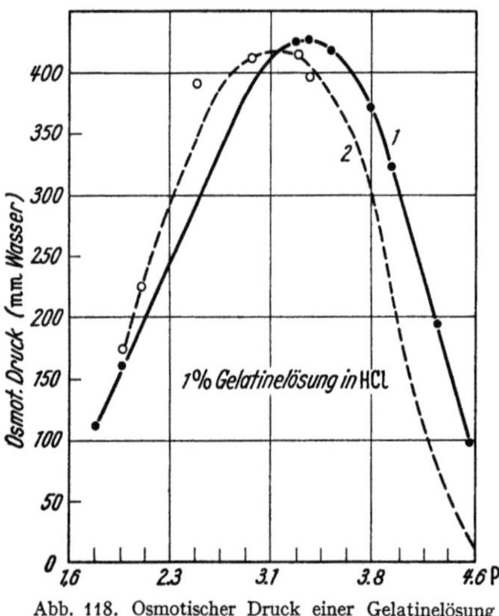

Abb. 118. Osmotischer Druck einer Gelatinelösung in HCl bei variiertem pH. *1.* Experimentell, *2.* Verlauf der Donnan-Korrektur (nach LOEB)

Daß die Blutcapillaren sich wie eiweißhaltige Osmometer, umgeben von der Gewebeflüssigkeit, verhalten, bildet die Grundlage für die Wasserverteilung im Organismus (s. S. 107). Da aber die Proteine als Salze vorliegen, muß sich auch *zwischen dem Plasma und den Körperflüssigkeiten eine Donnan-Verteilung* der diffusiblen Salze einstellen. Die Proteinanionen

Tabelle 72. *Ionale Zusammensetzung einiger Körperflüssigkeiten*

	Eiweiß %	Na	K	Ca	Mg	Cl	r
Serum	7,4	146	5,1	2,5	1,2	103	
Liquor			3,0	15,2	1,25	121	0,85
Glaskörper . .		119	4,9	1,7	0,83	118	0,87
Kammerwasser	0,02	121	4,8	1,5	1,1	123	0,84

bewirken eine relative Anreicherung der freien Kationen im Innern und außen eine solche der Anionen: die Körperflüssigkeiten sind reicher an Cl und ärmer an Na als das Plasma, mit dem sie im Gleichgewicht stehen. In der Tabelle 72 ist das Donnan-Verhältnis für Cl berechnet. Das zu erwartende Donnan-Potential wäre demnach nur 4,6 mV, mit den zuverlässigen Werten von GAMBLE jedoch noch kleiner. FOLK und Mitarbeiter finden r_K zu 0,92 und r_{Cl}

zu 0,96). Soweit diese Differenz nicht durch den Einfluß des nichtlösenden Raumes der Plasmaeiweiße erklärt werden kann, muß mit der Einstellung eines steady state statt eines Gleichgewichtes gerechnet werden. Duke-Elder erklärt die — absolut gesehen — sehr geringen Abweichungen in der Zusammensetzung des Kammerwassers durch aktive sekretorische Tätigkeit des Ciliarkörpers.

Viscosität

Die *Viscosität* zeigt in der Regel eine ähnliche Elektrolyt- und pH-Abhängigkeit wie der osmotische Druck. Dadurch wird man zu der Frage geführt, ob die Proteinmolekeln selbst als kleine osmotisch schwellbare Gelklümpchen angesehen werden können. Die Wasseraufnahme in sie hinein würde dann ebenfalls mit der Donnan-Korrektur parallel gehen, d.h. die Elektrolyte würden das Eiweiß mit seinen fixierten Ladungen durchtränken und die Einstellung eines Mikrodonnangleichgewichtes veranlassen. Ein solcher Mechanismus ist für lockere Netze von zusammenhängenden Fadenmolekeln durchaus zu vertreten und daher sowohl für die pH-Abhängigkeit der Quellung wie der Viscosität anzunehmen. Loeb hat hierfür an Gelatinelösungen überzeugende Versuche beigebracht. Die Übertragung jedoch auf die einzelnen Molekeln der Sphäroproteine begegnet erheblichen Schwierigkeiten. Denn hier befinden sich die Ionen in einem Netz von sich überschneidenden elektrischen Doppelschichten fixiert, so daß im Innern der Molekel kein Platz für eine Verteilung der freien Ionen nach den Regeln des Donnan-Gleichgewichtes gegeben sein dürfte. Die in der Doppelschicht fixierten Elektrizitätsträger können nicht, bzw. nur in dem Maße an jener Verteilung teilnehmen, wie ihre Aktivität es zuläßt, welche durch die Bindung in der Doppelschicht stark herabgesetzt ist. Offenbar kann sich daher die Verteilung der Ionen zwischen dem Inneren einer festgefügten Molekel und der Außenflüssigkeit nur dann nach dem Donnan-Gleichgewicht richten, wenn ein Porenraum vorhanden ist, in dem sich die Teilchen ungestört durch die Doppelschichten, die ihn nicht überdecken, verteilen können. Dafür sind aber die Dimensionen derartiger Molekeln viel zu klein. Daß andererseits die Konzentrationen etwa der in der Doppelschicht angereicherten Kationen für die einzelnen in annähernd gleichem Verhältnis stehen wie in der Lösung, bedeutet noch kein Vorliegen eines Donnan-Gleichgewichtes.

Dennoch besteht eine Beziehung der Viscosität zum Oberflächenpotential, welche auch bei sphärischen festen Partikelchen angetroffen wird. Sie findet ihren Ausdruck in dem sog. *elektroviscösen Effekt*. Die Steigerung der Viscosität geladener im Vergleich zu der von Lösungen ungeladener Teilchen beruht darauf, daß die bei der Bewegung erfolgende Verschiebung von Flüssigkeitslamellen gegeneinander noch im Bereich der diffusen elektrischen Doppelschicht vor sich geht. Ein Teil der bei der Viscositätsmessung eingesetzten mechanischen Energie wird also zur Trennung der elektrischen Ladungen benutzt und muß zusätzlich aufgebracht werden, wenn geladene Teilchen mit der gleichen Geschwindigkeit wie ungeladene bewegt werden sollen. Es handelt sich um die gleiche Energie, welche als elektrischer Strom beim Fallen geladener Teilchen ableitbar wird (Dorn-Effekt, s. S. 260). Auf dieser Grundlage gab Krasny-Ergen 1936 im Anschluß an Smoluchowsky folgende Formulierung für den elektrostatischen Anteil an der Viscosität starrer Kügelchen, wenn $\varkappa$ die spezifische Leitfähigkeit der Suspensionslösung ist:

$$\eta_{sp} = 2{,}5\,\Phi\left[1 + \frac{3}{2\varkappa\,\eta_0\cdot r^2}\left(\frac{\varepsilon\,\zeta}{2\pi}\right)^2\right]. \tag{27}$$

Bei der Berechnung dieses Effektes wurde der Volumenanteil der stehenbleibenden Doppelschicht gegenüber dem der gesamten dispersen Phase als klein angesetzt. Man beachte, daß trotzdem im Gegensatz zum nicht-elektrischen Anteil der Viscosität eine Abhängigkeit vom Radius der Kügelchen, d.h. vom Zerteilungsgrad herauskommt. Wenn jedoch die Doppelschicht wie bei sehr kleinen Teilchen nicht mehr gegenüber ihrem Volumen vernachlässigt werden kann, ändert sich die Reibungskonstante nicht mehr linear zur Konzentration, d.h. Φ, sondern zur Wurzel aus ihr (FALKENHAGEN). Es gilt für *Elektrolytlösungen*:

$$\eta_{sp} = \nu \sqrt{c}. \tag{27a}$$

Auch hier muß eine mechanische Kraft zur Trennung der Ladungen aufgebracht werden; aber da die Dicke der Ionenwolke mit der Ionenstärke abnimmt, wird auch die zu ihrer Störung notwendige Kraft weniger anwachsen als der Konzentrationszunahme entspricht.

Nach der gegebenen Formulierung wächst die Viscosität kolloidaler Lösungen mit dem Potential ihrer Teilchen ohne Rücksicht auf den Ladungssinn und fällt mit der Leitfähigkeit, d.h. der Elektrolytkonzentration der Lösung. Eine Steigerung der Viscosität durch die Aufladung ist daher beim IP nicht vorhanden. Es ergibt sich weiter, daß der elektrische Anteil in etwa 0,1 mol Lösung von Elektrolyten praktisch ebenfalls wieder verschwindet. Das trifft z.B. dann auch bei einem pH-Wert von 1 zu, welcher zu seiner Erzeugung mindestens die Konzentration von 0,1 m/Liter HCl benötigt. Aus diesem Grunde ist die Kurve des elektroviscösen Effektes praktisch kaum von der der Donnan-Korrektur zu unterscheiden. Beide Erscheinungen haben auch die Tatsache gemeinsam, daß sie in etwa 0,1 m Lösung 1-wertiger und in noch geringeren Konzentrationen mehrwertiger Ionen nahezu ausgeschaltet werden können. In Einzelheiten aber sind die gemessenen Werte für den elektroviscösen Effekt bei Eiweißlösungen nicht immer in vollständiger Übereinstimmung mit den Forderungen vorstehender Gleichung (H. B. BULL).

Für *geknäulte Fadenmolekeln* von mehr oder weniger gestreckter Gestalt besteht nun eine weitere Möglichkeit zur Erklärung des beschriebenen Viscositätsverhaltens. Hier geht mit der Ladungsänderung oder der wechselnden Möglichkeit ihrer Auswirkung die schon kurz beschriebene *Längenänderung* einher. Eine Vermehrung der dissoziierten Gruppen, d.h. eine Steigerung des Dissoziationsgrades führt zur *Streckung*, also zur *Viscositätserhöhung*. Aber diese Erhöhung kann sich nur bei geringer Ionenstärke auswirken, denn bei steigender Salzkonzentration findet eine entsprechende Abschirmung der Ladungen statt. Ihr Ausdruck ist die Verringerung des Radius der Ionenwolke, also der Reichweite der Ladungen (s. S. 256 u. 318). Sie verhindern nunmehr die Bildung des Wahrscheinlichkeitsknäuels nicht mehr oder nur wenig. Wenn aber die Ketten teilweise fixiert sind, so liegt der Übergang zu einem Gel vor. Oft ist die Zahl der auf den beweglichen, aber an den Enden fixierten Netzbögen vorhandenen Ladungen relativ groß. Damit ist nun wieder die Möglichkeit zur Einstellung eines Donnan-Gleichgewichtes gegeben, welches entgegen den elektrostatischen Kräften des Gels je nach den Verteilungsbedingungen der diffusiblen Elektrolyte auch osmotisch wechselnde Mengen an Wasser in die Maschen des Geles hineinzwingt. Seine Aufnahme verändert das Volumen der dispersen Phase.

Der Hydratationsraum

Verschiedene physikalische Strukturen gelöster Teilchen bedingen auf verschiedenem Wege eine sehr ähnliche Größen-, Viscositäts- und Formabhängigkeit von dem Ionenmilieu. Dabei steht die Wechselwirkung mit dem Lösungsmittel im Vordergrund, welche letzten Endes das wirksame Eigenvolumen der dispersen Phase bestimmt. Sie ist für den Zustand der Proteine so bedeutungsvoll, daß kaum eine ihrer Eigenschaften von der *Hydratation* unabhängig ist. Das Wasser kann als imbibierendes Wasser ein lockeres Knäuel durchspülen. Es kann durch den Donnan-Überdruck osmotisch fixiert sein, es kann konstitutiv, d.h. komplex gebunden oder durch Ionenhydratation oder Dipol-Kräfte und H-Brücken angelagert werden. Im letzteren Falle erfolgt die Orientierung der zuerst angelagerten Wassermolekeln mit wesentlich größerer Energie (s. S. 269). Sie nimmt mit wachsender Entfernung ab, so daß der konkrete Wassermantel in einen diffusen mit geringerer Orientierung, geringerer Kompression und häufigerem Wechsel der Einzelmolekeln übergeht. Der Übergang zwischen dem Protein und dem Dispersionsmittel ist also fließend. Es weist ihm gegenüber dementsprechend keine distinkte Oberfläche auf. Daher ist auch der Tyndall-Kegel nur schwach ausgebildet (s. S. 395). Bei der Wechselwirkung zwischen Ion und Wasserdipol ist die Kraft größer und weiterreichend als bei der Attraktion zwischen den Dipolen einer Substanz und dem Wasser.

Je nach den zu seiner Ermittlung benutzten *Methoden* ergeben sich für den *Hydratationsraum verschiedene Größen.* Denn die Prüfung seiner Ausdehnung erfolgt unter Ansetzen von Kräften, die verschieden weit in das Wechselspiel zwischen beiden Partnern eingreifen. Zu einem einheitlichen Bild gelangt man, wenn man die Ergebnisse der Methoden zusammenfaßt, die, wie die Bestimmung des Gefrierpunktes in Gelen oder des Dampfdruckes über ihnen, die Herabsetzung der Aktivität des Wassers durch den Hydratationsvorgang messen. Dahin gehört auch die Ermittlung der *Volumenkontraktion,* welche das Wasser durch die Konzentrierung im Hydratmantel erleidet *(Dilatometrische Methode).* Auf diese Weise ergibt sich z.B. für Eieralbumin etwa 0,35 g Wasser pro g trockenes Eiweiß. Dagegen gibt die direkte Bestimmung der Wasseraufnahme in das Trockenprotein oder in Proteinkristalle etwas kleinere Werte. Der Hydratationsraum ist aber durch diese Angaben noch nicht ausreichend fixiert. Man wird erwarten müssen, daß er mindestens teilweise nichtlösend für weitere Moleküle ist, und hat daher den Ausdruck *nichtlösender Raum* geprägt (NLR). Als solche Moleküle kommen zunächst die *gleichartigen Proteinteilchen* mit ihrem Wassermantel in Frage. Daß bei der Berechnung des osmotischen Druckes von Proteinen der für ihre Lösung zur Verfügung stehende Gesamtraum um das Eigenvolumen der gelösten Teilchen verkleinert werden muß, ist bereits ausführlich dargelegt worden (s. S. 105). Da die Proteine dem sich daraus ergebenden Gesetz in guter Annäherung gehorchen, kann die Richtigkeit jener Auffassung zugrunde gelegt werden, nach der der Druck wesentlich stärker wächst, als der Zunahme der Proteinkonzentration einer Eiweißlösung entspricht. Das Wirkungsvolumen oder — bildlich gesprochen — der Hydratationsraum liegt in der Größenordnung von 1,5—3 ml pro g Eiweiß (s. S. 61). Werden kleine Molekeln, also meistens Kristalloide, zugesetzt, deren Reaktion mit dem Kolloid zu vernachlässigen ist, dann ist vorauszusehen, daß der Lösungsraum schon aus Gründen der Packungsdichte größer sein wird, da die kleineren Teilchen in die Lücken zwischen den größeren Kugeln treten. Außerdem aber werden die niedrig molekularen Stoffe noch einen wechselnden Anteil des diffusen Wassermantels zu ihrer Lösung mit verwerten können. Der NLR, von dem man in diesem Fall mit Recht zu sprechen pflegt, wird also kleiner als *s* sein. Man bestimmt ihn nach WEBER-ROSEMANN (VERSMOLD), indem die Erhöhung des osmotischen Druckes eines zugesetzten Kristalloids in einer Kolloidlösung gegenüber der kolloidfreien Lösung ermittelt wird. Der z.B. kryoskopisch gemessene Druck wird in ersterem Fall immer um so viele Prozent höher liegen, wie das effektive Lösungsvolumen durch den NLR verkleinert ist. Je nach den benutzen kleinmolekularen Stoffen besitzt er eine verschiedene Größe, ist aber immer kleiner als der maximale Hydratationsraum. Wenn HILL z.B. findet, daß zugesetzte Kristalloide den Dampfdruck des Muskels kaum meßbar stärker erniedrigen, als nach dem Volumen des Gesamtmuskelwassers zu erwarten ist, so sagt das aus, daß fast alles Muskelwasser für diese Stoffe als Lösungswasser zur Verfügung steht, obwohl es sich auch bei den Muskeleiweißkörpern um hydrophile Kolloide mit einem entsprechenden Wirkraum handelt (1930).

Die Quellung

Die Kraft, mit der die kolloidalen Teilchen das Wasser anziehen, tritt am klarsten bei dem Vorgang der Wasseraufnahme durch ein trockenes oder an Wasser noch ungesättigtes Kolloid zutage. Er wird als *Quellung* bezeichnet. Geht man von der trockenen Substanz aus, so wird durch den Quellungsvorgang ein Gel gebildet. Es kann sich durch weitere Wasseraufnahme zu einer „Sol" genannten Lösung des Kolloids verflüssigen, die im Gegensatz zum Gel keine Formfestigkeit mehr besitzt. Kommt es nicht zur Solbildung, so spricht man von *begrenzter Quellung*. Die aus Eiweiß oder anderen hydrophilen Kolloiden gebildeten Gele weisen *Elastizität* auf. Ihnen gegenüber sind Gele, die durch Ausfällung aus mehr oder weniger hydrophoben Solen entstanden sind, unelastisch. Hierher gehören die der Kieselsäure, der Zinnsäure und mancher Metallhydroxyde. Diese Gele sind auch nicht quellbar. Der Quellungsvorgang ist im Anfang meistens reversibel. Wenn aber eine Solbildung stattgefunden hat und dabei eine Lösung von Brücken zwischen den Fadenmolekeln erfolgte, wird der ursprüngliche Zustand durch Eintrocknenlassen meistens nicht wiederhergestellt. Das geschieht z.B. bei der Gelatine besonders dann, wenn sie zum Zwecke der Bildung eines Sols eine gewisse Zeitlang erwärmt wurde. Die *Reversibilität der Quellung* ist in diesem Falle also unvollkommen.

Die dem Quellungsvorgang zugrunde liegenden *Kräfte der Hydratation*, welche sich nicht grundsätzlich von denen bei der Bildung einer Lösung unterscheiden, äußern sich in folgenden Erscheinungen:

1. Befinden sich Gele verschiedenen Quellungsgrades in einem luftdicht abgeschlossenen Raum, so stellt sich der über dem Gel vorhandene Dampfdruck auf einen Wert ein, der durch den Quellungsgrad bestimmt wird und um so niedriger ist, je weniger Wasser das Gel aufgenommen hat. *Die Dampfdruckherabsetzung entspricht der noch vorhandenen Wasseravidität.* Die Dampfspannung über einem völlig aufgequollenem Sol wird durch dessen osmotischen Gesamtdruck unter Berücksichtigung des kolloidalen Wirkraumes bestimmt. Hat noch keine vollkommene Absättigung stattgefunden, so kommt das noch vorhandene Quellungsbestreben in einer stärkeren Dampfdruckdepression zum Ausdruck.

2. Die Quellung ist *namentlich am Anfang mit einer erheblichen Wärmeabgabe* verbunden. Diese ist am größten, wenn man noch weit vom Quellungsmaximum entfernt ist. Denn die gleiche Menge Wasser wird von einem trockenen Gel mit viel größerer Energie gebunden als von einem, das schon vorgequollen ist. Bei Aufnahme von 1 g Wasser in trockenes Material ergeben sich so folgende Werte (Tabelle 73). Die Wärmebildung und Dampfdruckherabsetzung verhalten sich hier formal ähnlich wie bei der Wasseraufnahme durch konzentrierte Schwefelsäure u. a.

3. Die *Geschwindigkeit* der Quellung ist der im jeweiligen Quellungszustand noch vorhandenen Aufnahmefähigkeit für Wasser direkt proportional. Sie ist daher im Anfang sehr groß und fällt wie die Geschwindigkeit einer chemischen

Reaktion 1. Ordnung (s. S. 537) exponentiell mit der Zeit ab. Unter Aufnahmefähigkeit ist hierbei die Differenz zwischen dem Gesamtwasseraufnahmevermögen bis zum Quellungsgleichgewicht und dem zur gegebenen Zeit vorhandenen Wassergehalt im Gel zu verstehen. Das erreichte Endvolumen kann ein Vielfaches der Ausgangsgröße betragen. Es ist besonders dann sehr groß, wenn stark geknäuelte Fäden mit wenigen aber haltbaren Querverbindungen vorliegen, welche durch Aufnahme der Quellflüssigkeit gedehnt werden können, ohne daß die Brücken zerrissen werden. Auf diese Weise wird die Bildung eines Sols verhindert (Polystyrol mit wenigen Divinylbenzolbrücken, gequollen in Benzol, STAUDINGER 1955).

4. Die Kräfte zwischen Kolloid und Wasser äußern sich in der Entwicklung eines beachtlichen *Quellungsdruckes*. Läßt man z. B. Wasser zu quellungsfähigem Material durch die Poren eines Stempels oder einer in einem Zylinder gleitenden Siebscheibe treten, so wird diese mit einer erheblichen, durch Gegengewichte leicht meßbaren Kraft gehoben. Dabei ist der im Anfang auftretende Druck mit einigen tausend atm zu veranschlagen; bei weiterer Wasseraufnahme nimmt er exponentiell ab. Bei der Aufnahme von etwa 1 g Wasser durch 1 g Gelatine werden noch annähernd 5 atm entwickelt. Die starken Kräfte der

Tabelle 73. *Maximale differentielle Quellungswärme q_p für verschiedene Gele*

Gel	q_p (in g-Calorien)	Beobachter
Gelatine	228	ROSENBOHM
Agar	265	ROSENBOHM
Casein	265	KATZ
Nuclein	310	KATZ
Cellulose	390	KATZ
Inulin	420	KATZ
Künstliche Stärkekörner	315	RODEWALD
Veränderte Holzfasern	265	VOLBEHR

Wasseranlagerung führen auch bei der Quellung zu einer Kompression des eingelagerten Wassers, die sich in einer beachtlichen Volumenkontraktion besonders im Anfang dieses Vorganges äußert, d. h. in einem Zeitpunkt, zu dem die erste Wasserschicht eingebaut wird. Die Abhängigkeit des Quellungsdruckes gehorcht innerhalb weiter Bereiche der empirischen Gleichung von FREUNDLICH und POSNIAK: $\pi = k \cdot c^a$. Hier bedeutet c die Konzentration des Kolloids im Quellkörper, k und a sind Konstanten, deren Wert meistens zwischen 2 und 3 gelegen ist.

Eine thermodynamisch gut begründete *Beziehung* besteht *zwischen* dem *Quellungsdruck und der Dampfspannungserniedrigung* über dem Gel. Sie ist folgendermaßen herzuleiten. Solange kein Kolloid aus dem Gel in die angrenzende Quellflüssigkeit übergegangen ist, kann der Quellkörper als semipermeabel betrachtet und daher als Osmometer zur Messung des Kolloiddruckes aufgefaßt werden. Damit ergibt sich die Möglichkeit, die Grundgleichung des osmotischen Druckes auch auf die Quellung anzuwenden. Sie erweist sich als gültig, wenn man die Wasserdampfspannung (p) des jeweiligen Gleichgewichts im abgeschlossenen Raum über dem quellenden Gel einsetzt und sie mit der Sättigungsspannung für die betreffende Temperatur (p_0) vergleicht:

$$\pi = \frac{RT}{\overline{V}} \cdot \ln \frac{p_0}{p} ; \tag{28}$$

$\pi \cdot \overline{V}$ bedeutet die geleistete Quellungsarbeit ΔG_q^0, welche sich in bekannter Weise aus dem Glied für die Gesamtenthalpie des Vorganges (integrale Quellungswärme) und dem für die Quellungsentropie ergibt, so daß gilt:

$$\pi \cdot \overline{V} = \Delta G_q^0 = \Delta H_q^0 - T \cdot \Delta S_q^0; \quad \pi = \frac{\Delta H_q^0}{\overline{V}} - \frac{T \Delta S_q^0}{\overline{V}} . \tag{28a}$$

Der Quellungsdruck setzt sich also thermodynamisch aus einem Term der Lösungswärme und einem der Mischungsentropie zusammen. Die chemische Reaktion der Wasseranlagerung ist im allgemeinen exotherm, so daß die Quellungswärme beträchtliche Werte erreichen kann. Daher wird auch die Quellung im Gegensatz zum Ausgleich des osmotischen Druckes bei einer idealen Lösung nicht nur durch die Größe der Mischungsentropie bestimmt (s. S. 409).

Gele, welche unter Spannung in einer bestimmten Vorzugsrichtung eingetrocknet sind oder primär aus gerichteten Fadenmolekülen bestehen, zeigen bei der Quellung eine Kontraktion in der Faserrichtung (*anisometrale* Quellung). So zieht sich z.B. eine Darmsaite bei der Wasseraufnahme in der Längsrichtung zusammen (Engelmannsches Muskelmodell, 1893). Letzten Endes ist hierfür der Grund, daß die unwahrscheinliche Ausrichtung bei der Lockerung des Molekülverbandes während der Quellung in den wahrscheinlicheren Zustand fehlender Ausrichtung übergeht (s. S. 430) (vgl. W. KUHN).

Läßt man eine Gelatine- oder Agargallerte, aber auch anorganisches Kieselsäuregel u. a. stehen, so bedecken sie sich mit einer Flüssigkeitsschicht; diese enthält ebenfalls Kolloid, aber als dünnes Sol. Die Erscheinung, die durch *Auspressung einer kolloidarmen Flüssigkeit* aus dem Gerüst des Gels erfolgt, *wird Synärese genannt*. Sie beruht auf Alterungsvorgängen im Gel, die entweder in einer Kontraktion seiner Fasern oder in einer Agglomeration der Gelteilchen bestehen. Ein Beispiel ist die Loslösung des Fibringerüstes von der Wand des Gefäßes, das geronnenes Blut enthält. Die Synärese ist auch als ein wenig befriedigendes Modell für Sekretionsvorgänge herangezogen worden, weil dabei gewissermaßen ein Sekret des Gels gebildet wird. Weiteren Einzelheiten der Sekretion kann diese Analogie jedoch nicht Rechnung tragen.

Natürlich ist gelegentlich die Möglichkeit gegeben, daß mechanische Äußerungen der *Quellung sich auch in vivo* einstellen. Aber längst nicht alles, was früher als Quellungsvorgang angesehen wurde, ist als solcher aufzufassen. Man sollte die *osmotische Vergrößerung* von Zellen und Organen besonders kennzeichnen und *Schwellung nennen*, wie es sich für die Volumzunahme der roten Blutkörperchen auch eingebürgert hat. Dieser Ausdruck wäre für den Fall zu reservieren, in dem Unterschiede des osmotischen Druckes Wasserverschiebungen an Membransystemen veranlassen. *Schrumpfungskontrakturen* durch Wasserverlust finden sich bei niederen Pflanzen, vor allem Moosen und *Selaginella*. Ungleiche Schrumpfungen in verschiedenen Schichten führen zu Krümmungen, wie z.B. bei den Ästen der Rose von *Jericho*. *Bei* den *Schwellungen*, die in der Medizin beobachtet werden, liegen meistens keine *Quellungen* zugrunde, oder sie *sind mindestens nicht entscheidend*. Hier handelt es sich um eine Störung im Gleichgewicht zwischen den Kräften, die das Wasser in der Blutbahn halten oder in das Gewebe zu treiben bestrebt sind. Daneben, oder auch ohne lokale oder allgemeine Ödembildung, können infolge von pH-Änderungen in abgestorbenen oder entzündeten Geweben allerdings einzelne Bestandteile, wie Fasern oder Membranen einer Dickenzunahme im Sinne einer Quellung unterliegen.

Seit den klassischen Untersuchungen von HOFMEISTER und SPIRO ist der *Einfluß des Ionenmilieus auf die Quellung* bekannt. Einen Einblick in das Wesen der Proteinquellung vermag in erster Linie die Untersuchung der Quellung in Säuren und Laugen zu bieten. Sie zeigt ein Minimum im IP, im Fall der Gelatine oder des Caseins also bei pH 4,7, und weist nach der sauren und alkalischen Seite ein ganz ähnliches Verhalten auf wie der osmotische Druck: starken Anstieg bei mäßiger Entfernung und beginnenden Abfall bei weiterer Distanz vom IP. Wie beim osmotischen Druck führen 2-wertige Säuren eine Depression des erreichten Maximums herbei. Diese Erscheinungen sind durchschlagende Argumente zugunsten der *osmotischen Theorie der maximalen Quellung*.

Mit PROCTER und WILSON hat man, wenn man z. B. die Verteilung der Säure-Anionen und H^+-Ionen betrachtet, die Proteinteilchen im Gel ihnen gegenüber als indiffusibel anzusehen. Daher muß das Donnan-Gleichgewicht angewandt werden. Die quantitative Untersuchung der Donnan-Verteilung zwischen Gel und Quellflüssigkeit zeigt dementsprechend auch, daß die pH-Abhängigkeit der Quellung den Donnan-Gesetzen folgt. Daher ist die Annahme als bewiesen anzusehen, daß die vom pH abhängige Wasseraufnahme durch den Donnanschen osmotischen Überdruck bewirkt wird. Die quellfähigen Partikelchen oder das Netz der Fadenmoleküle sind also dem Hülseninhalt, die imbibierende Flüssigkeit der Außenlösung gleichzusetzen. *Neben dieser pH-abhängigen und durch das Donnan-Gleichgewicht geregelten Wasseraufnahme ist die Quellung im IP durch die schon besprochenen Hydratationskräfte zu erklären. Sie sind also für die Grundquellung verantwortlich zu machen.*

Nach HOFMEISTERs Versuchen lassen nicht zu verdünnte *Neutralsalz*lösungen je nach der Natur des Salzes die Quellung in recht verschiedenem Maße vor sich gehen. Er beobachtete folgende Reihe der Na-Salze: SO_4^{--}—Cl^-—Br^-—NO_3^-—J^-—SCN^-, wobei SO_4^{--} hemmend und Jodid stark fördernd auf die Wasseraufnahme wirkt. In etwa 0,5-äquivalenten Lösungen läßt sich dieser Einfluß auf pulverisierte Gelatine sehr leicht demonstrieren. Für Alkali-Kationen wird meistens folgende Reihe gefunden: Li^+—Na^+—K^+—Rb^+—Cs^+, für die Erdalkalien Mg^{++}—Ca^{++}—Sr^{++}—Ba^{++} (s. S. 743). Weil sich der Salzeinfluß in etwa der gleichen Reihenfolge bei den verschiedenen Eigenschaften hydrophiler Kolloide bemerkbar macht, spricht man von den Hofmeisterschen *lyotropen oder hydrotropen Ionenreihen*. In früherer Zeit ist ihre Bedeutung für die Biologie überbewertet worden. Immerhin kann es keinem Zweifel unterliegen, daß der Einfluß auf verschiedenste Lebensäußerungen durch meistens recht unphysiologisches Neutralsalzmilieu zu einem großen Teil auf eine *Beeinflussung des Quellungszustandes der Biokolloide* zurückgeführt werden muß (HÖBER 1926, LOEB). So ergeben sich derartige Ionenreihen für die Stabilität der roten Blutkörperchen in isotonischer oder anisotonischer Lösung, für das Permeabilitätsverhalten pflanzlicher und tierischer Zellen, der Eimembranen oder der Häute tierischer Organe, für die Erregbarkeit der Muskeln, des Herzens, die Flimmer- oder Spermatozoenbewegung u. a. m. Dabei ist im allgemeinen anzunehmen, daß größere *Hinfälligkeit der Zellen, Permeabilitätserhöhung und Steigerung der Erregbarkeit mit einer Quellungsvermehrung* einhergehen. Weiter kann als allgemeine Regelmäßigkeit angesehen werden, daß *mehrwertige Kationen zu Erregbarkeits- und Permeabilitätsminderung führen*. Es ist von ihnen bekannt, daß sie die Quellung der gewöhnlichen lyophilen Kolloide herabsetzen und schon in verhältnismäßig geringeren Konzentrationen wirken, wenn man sie mit den Alkalisalzen vergleicht.

Die zuletzt genannte Tatsache bietet die Grundlage für den häufig beobachteten Effekt der gegenseitigen Aufhebung der Ionenwirkung, den *Ionenantagonismus*. Denn kombiniert man z. B. Kationen miteinander — und im physiologischen pH-Bereich kommt praktisch nur ein Antagonismus der Kationen in Frage — so zeigt sich, daß, wenn richtige Mischungsverhältnisse der 1-wertigen zu den 2-wertigen bestehen (etwa 20:1), sich ihre Wirkungen aufheben. Es können also *die schädlichen Einflüsse der 1-wertigen Kationen durch relativ geringe Zusätze an 2-wertigen verhindert* werden. Beispiele sind die Zusammensetzung der Ringerlösung und zahlreiche Versuche über die physiologischen Wirkungen von Elektrolytkombinationen. In diesen Experimenten ergab sich

aber auch, daß bei einzelnen geprüften Funktionen manche, häufig viele der
im Quellungsversuch antagonistisch wirkenden Ionen versagen. So läßt sich
die Erregungsübertragung vom Nerven auf den Muskel außer durch Ca^{2+} nur
durch Sr^{2+} erhalten, während für die Entwicklung befruchteter Funduluseier
auch die meisten Schwermetallionen hinreichen, um eine reine Kochsalzlösung
als Milieu zu entgiften. Für die Fähigkeit der Leukocyten, zu phagocytieren,
oder zur Aufrechterhaltung der Erregbarkeit des Zentralnervensystems ist Ca^{2+}
sogar durch gar kein anderes Ion zu ersetzen. Es ist *unmöglich*, in *Anbetracht*
dieser *spezifischen Wirkungen* den Gesamtkomplex der *Ioneneffekte allein*
auf dem Wege über die Quellungsbeeinflussung zu erklären. Man muß vielmehr
mit spezifisch chemischen Reaktionen rechnen, die z.B. schon in der Bildung
wahrer, undissoziierter Salze und deren Einfluß auf die Hydratation bestehen
können.

Untersucht man die *Neutralsalzwirkung bei verschiedenem pH*, so tritt, wie
LOEB gezeigt hat, ihr Einfluß so stark hinter dem durch die Reaktionsänderung
bedingten Donnan-Effekt zurück, daß man eine Zeitlang glaubte, die Existenz
der Hofmeisterschen Reihen überhaupt leugnen zu müssen. Man führte sie
vielmehr auf die Einstellung verschiedener Wasserstoffionenkonzentrationen in
den Salzlösungen zurück. Da nun die Proteindissoziation *durch die Neutralsalze*
in erster Annäherung nicht verändert wird, wird auch *die pH-Abhängigkeit des*
Donnan-Effektes und damit der Gang der Quellung mit dem pH *ungeändert*
bleiben. Bei der *Grundquellung* können und müssen jedoch Neutralsalze und
andere Stoffe ihren *Einfluß* äußern, sobald sie in das Hydratations-Gleichgewicht
zwischen Kolloid und Lösung eingreifen. Von ihm aber ist der Zusammenhalt
der Fadenmolekeln abhängig. Seine *Herabsetzung bedeutet Ansteigen der Quellung*
auch bei gleichbleibendem Donnan-Effekt.

Daß die Salze und auch Nichtleiter die Kohäsion der fransigen Grundstruktur
eines Gels stark beeinflussen, wird auch durch Beobachtungen über die sog.
Strukturviscosität oder Fließelastizität (FREUNDLICH 1924) nahegelegt. Ist die
Kolloidmenge zu gering, um ein Gel zu bilden, dann zeigt das Sol häufig Anomalien beim Strömen durch Capillaren. Sie bestehen darin, daß die Strömung bei
niedrigen Drucken zu langsam ist, während bei reinen, unelastischen Flüssigkeiten die Durchlaufzeit nach POISEUILLE exakt umgekehrt proportional dem
Druckgefälle geht. Diese Abweichung ist als Ausdruck des Kohäsionsbestrebens
oder der Verfransung der Solteilchen anzusehen, die bei höherer Scherkraft
glatt überwunden wird. Der *Einfluß der Salze auf diese Erscheinung ist auch*
unter Beachtung der pH-Abhängigkeit sehr bedeutend; er liegt genau im Sinne
der Hofmeisterschen Reihe (NETTER 1925). Die lyotrope Wirkung der Neutralsalze auf die Viscosität ist bei den moleculardispersen Eiweißlösungen, welche
im allgemeinen keine Fließelastizität geben, wesentlich geringer als bei den
gelbildenden. Kohäsionsfördernd wirkt auch Rohrzucker, stark verflüssigend
Harnstoff und Thioharnstoff.

Protoplasmaviscosität

Da die Viscosität nach dem Vorhergegangenen sowohl als Ausdruck des
Anteils vom Kolloidvolumen am Gesamtvolumen angesehen werden muß, und
da sie außerdem — wie die Existenz der Strukturviscosität lehrt — auch durch
die Wechselwirkung der Kolloidteilchen untereinander bestimmt wird, ist in
ihr allgemein ein guter Indicator für die Beurteilung des Kolloidzustandes
gegeben. Seine Änderungen gehen sehr oft mit Veränderungen des Volumens
der dispersen Phase einher. Aus diesem Grunde sind auch die Bemühungen

verständlich, *Viscositätswerte für das Protoplasma* zu erhalten. HEILBRONN (1914) verglich die Fallgeschwindigkeit von Stärkekörnern im Plasma geeigneter Zellen (z.B. Vicia) mit der Senkungsgeschwindigkeit gleich großer Körner im Wasser. Nach STOKES läßt sich aus der Fallgeschwindigkeit (G) kugeliger Teilchen mit dem Radius (r) und dem spezifischen Gewicht (S) im Medium des spezifischen Gewichtes (ϱ) die Viscosität errechnen. Sie ist der Fallgeschwindigkeit umgekehrt proportional. Die Beziehung ist folgendermaßen herzuleiten. Bei gleichförmiger Bewegung ist die Trägheitskraft der Kugeln in dem Medium der Reibungskraft in ihm gleichzusetzen:

$$4/3\,\pi\,r^3\cdot g\,(S-\varrho) = 6\,\pi\,\eta\,r\cdot G \quad \text{oder} \quad G = \frac{2g\,(S-\varrho)\,r^2}{9\eta} = \frac{K\cdot r^2}{\eta}, \tag{29}$$

wo $K = \frac{2}{9}\cdot g\,(S-\varrho)$ ist. g bedeutet hier die Fallbeschleunigung. HEILBRONN erhielt einen Wert für die Viscosität von 8 Zentipoise. Dieser ist nach den heutigen Erfahrungen zu hoch. Das ist zum Teil durch die Größe und Zahl der Körner bedingt. Zahlreiche plasmatische Einschlüsse lassen sich in größerem Schwerefelde, d.h. also bei Zentrifugierung, besser zur Bestimmung von η benutzen. Es ist bemerkenswert, wie wenig schädigend hohe Felder bei einzelnen Zellen wirken. So vertragen Eier z.B. von *Nereis* $100000 \cdot g$ für 10 min ohne Verlust der Entwicklungsfähigkeit. Dabei beobachtet man Schichtungen im Plasma, die es auch ermöglichen, Unterschiede im Stoffgehalt, z.B. an Fermenten im granulären und homogenen Plasmaanteil mit Hilfe histo-chemischer oder mikrurgischer Methoden einer Untersuchung zugänglich zu machen. Für Plasma von Amöben und Schleimpilzen wurden Werte zwischen 2 und 5 Zentipoisen gewonnen, also Werte, die nur mit der Annahme eines Solzustandes nicht sehr hoher Hydratation verträglich sind.

Führt man feinsten *Eisenstaub in das Plasma* ein, phagocytotisch oder mikrurgisch, so läßt sich aus der meßbaren Zerrung, die er unter Einfluß eines bekannten *Magnetfeldes* erfährt, ebenfalls ein Anhaltspunkt für die Größe der Plasmaviscosität erhalten. Diese nur beschränkt anwendbare Methode ergibt häufig etwas höhere Werte. Auch die Brownsche *Molekularbewegung* an plasmatischen Einschlüssen ist auswertbar. Denn nach EINSTEIN ist die Verschiebung des Partikelchens bei gleicher Beobachtungszeit der Wurzel aus dem Radius des Teilchens und der Viscosität des Mediums umgekehrt proportional. Die Formulierung ergibt sich durch Einsetzen des Wertes für den Diffusionskoeffizienten nach der Einsteinschen Gleichung II 15 in die Gl. II 17b, welche die Größe der mittleren Verschiebung $(\varDelta)$ eines Teilchens nach einer gegebenen Zeit angibt. So erhält man:

$$\varDelta = k\,\sqrt{\frac{t}{r\cdot\eta}}, \quad \text{wo} \quad k = \sqrt{\frac{R\,T}{3\,\pi\,N_L}} \tag{30}$$

ist. Auf diese Weise erhielt HEILBRONN bei Seeigeleiern 4 Zentipoisen. In granulären Teilen von Zellen oder an den Zellgrenzen werden zum Teil sehr wesentlich höhere Viscositätswerte gemessen. Beim Seeigelei fällt der Nucleolus so schnell durch die Keimblase, daß hier auf den sehr niedrigen Wert von 2 Zentipoisen für die Kernflüssigkeit geschlossen wurde. Steigerung der Temperatur verringert auch die Plasma-Viscosität. Die Ursache einer starken reversiblen Erhöhung nach Stromdurchgang bei pflanzlichen Zellen, Leukocyten und Amöben ist ungeklärt. Bestrahlung führt in der Regel zur Verminderung und, falls Koagulationen auftreten, zum Gegenteil. Narkose vermehrt die Plasmaviscosität (SEIFRIZ).

Die Löslichkeit der Proteine

Will man aus dem Verhalten der Proteine in Lösung Schlüsse auf den Aufbau mindestens der Außenschichten ihrer Molekeln ziehen, dann müssen auch ihre Wechselwirkungen mit den übrigen gelösten Stoffen in Betracht gezogen werden. Einige von ihnen wie das Wasser und die Elektrolyte sind unter diesem Gesichtspunkt bereits berücksichtigt worden. Sie sind auch für die weiteren Erörterungen bedeutungsvoll.

Einen sehr prägnanten Ausdruck findet die Wechselwirkung mit dem Milieu in der Beeinflussung der *Löslichkeit*, welche die Proteine namentlich durch die Änderung seiner ionalen Zusammensetzung erfahren. Wenn eine feste Substanz in Lösung gehen soll, muß zunächst Energie aufgebracht werden, um ihre Molekeln aus dem Verbande zu entfernen, in dem sie sich — etwa in einem Kristall — befinden. Dann muß eine entsprechende Anzahl von Lösungsmittelmolekeln gegen die Kohäsion des Solvens entfernt, also etwa verdampft werden, so daß ein „Loch" für die Aufnahme des Stoffes entsteht. Schließlich wird die Molekel mit denen des Lösungsmittels reagieren. Dieser Vorgang stellt im allgemeinen die Energie bereit, welche für die zuerst genannten Vorgänge benötigt wird.

Aber auch ohne eine entsprechende Reaktion ist allein die Mischung der Teilchen in einem zur Verfügung gestellten größeren Raum schon ein freiwillig verlaufender Vorgang. Da er mehr Möglichkeiten zur Bewegung der Teilchen gibt, ist er meistens mit einer Zunahme von Entropie verbunden (vgl. Mischungsentropie, s. S. 409). Wenn aber die Teilchen in der Lösung so konzentriert oder sie so sperrig und langgestreckt gebaut sind, daß sie sich in ihrer Bewegung gegenseitig stark hemmen, kann das gesamte System an Freiheit zur Bewegung seiner Teilchen auch dadurch gewinnen, daß eine Ausscheidung oder Auskristallisation des Gelösten erfolgt. Dabei ist zwar eine Zunahme der Ordnung im Kristall — einer Entropieabnahme gleichzusetzen — vorhanden. Aber es ist auch eine je nach den Umständen noch größere Zunahme der Unordnung, d.h. der Bewegungsmöglichkeiten für die Ionen und Molekeln des Milieus, erfolgt, so daß der Gesamtvorgang mit einem Anwachsen der Entropie einhergeht (s. S. 402). Er verläuft also freiwillig.

Die *gesamte Wärmeänderung* bei der Lösung wird als positive (aufgenommene) oder negative (abgegebene) Lösungswärme meßbar. Sie läßt sich nach der Regel vom beweglichen Gleichgewicht aus der Veränderung der Löslichkeit mit der Temperatur erhalten. Wird bei dem Vorgang Wärme verbraucht, so steigt die Löslichkeit mit der Temperatur und umgekehrt (s. S. 429). Hat die Löslichkeit bei der Temperatur $T_1 (T_2)$ den Wert $S_1 (S_2)$, dann gilt für die Größe der Lösungswärme:

$$H_L = \frac{R \cdot \ln (S_2/S_1)}{1/T_1 - 1/T_2} \quad \text{[vgl. Gl. (VI 41)]} . \tag{31}$$

Wenn die Löslichkeitsuntersuchungen *an reinen Proteinen* durchgeführt werden, ergeben sich folgende *Gesetzmäßigkeiten*:

1. Die *Phasenregel ist gültig* (s. S. 206). Daher ist die Löslichkeit von der Menge des Bodenkörpers unabhängig und eine durch die Temperatur und das Milieu (Dielektrizitätskonstante, pH, Elektrolyte) bestimmte konstante Zahl. Sie kann in g/ml oder Mol/Liter angegeben werden. In Eiweißgemischen ergeben sich Abweichungen. Sie werden leicht eine Abhängigkeit der Konzentration gelöster Stoffe von der Menge des Bodenkörpers vortäuschen (OSTWALDs Bodenkörperregel, s. S. 208).

2. Die Löslichkeit hat *ein Minimum im IP*. Die meisten Proteine sind hier so wenig löslich, daß sie bei Erreichung dieser Reaktion praktisch ausgefällt

werden; sie sind isolabil. Nur wenige wie Gelatine, Hämoglobin, Albumin lösen sich auch bei der Reaktion des IP in beachtlich hoher Konzentration (isostabile Proteine). Im Gegensatz zu den letzteren sind aber fast alle voll denaturierten Eiweiße bei isoelektrischer Reaktion schwer löslich.

3. Zugabe von Säuren und Laugen steigert die Löslichkeit durch Bildung von *Proteinsalzen*. Die Löslichkeit des Gesamtproteins nimmt dadurch proportional mit der Bildung seiner Salze zu. Demnach ist die Gesamtlöslichkeit gleich der Summe der Löslichkeit des isoelektrischen Eiweißes und der der verschiedenartigen Proteinionen beiderlei Ladungssinnes. Wenn die Reaktion genügend weit vom IP abweicht, ist nur noch mit dem Vorliegen von Anionen bzw. Kationen zu rechnen. Es ist weiter zu erwarten, daß für die Löslichkeiten nicht alle Wertigkeitsstufen der Proteine gleichbedeutend, sondern vor allem jene ausschlaggebend sind, deren pK-Werte nicht allzu weit von der isoelektrischen Reaktion entfernt liegen. Denn ihre Dissoziation ist von großem Einfluß auf die Löslichkeit, verglichen mit der im IP. Tatsächlich hat sich dementsprechend ergeben, daß viele Proteine in das Löslichkeitsprodukt ihrer Eiweißsalze nur wie 2—5-wertige Säuren eingehen. So zeigte LINDERSTRÖM-LANG schon 1925, daß sich Casein in diesem Zusammenhang wie eine 2-wertige Base und auf der alkalischen Seite wie ein 2-wertiges Anion verhält. Analog ist nach den Ergebnissen von GREEN das Hämoglobin in seinem Löslichkeitsverhalten wie ein 2-wertiger Ampholyt zu beschreiben (1933).

Man kann die Proteinsalze in erster Annäherung als sehr gut löslich ansehen und kommt dann, wenn S_n die Löslichkeit im isoelektrischen Zustand ist, zu (58):

$$S = S_n + [(P^+ + P^-) + (P^{2+} + P^{2-}) + \cdots], \qquad (32)$$

wobei jeweils P das durch die Ladungssymbole gekennzeichnete Proteinion bedeutet. Dementsprechend wird für die *Gesamtlöslichkeit der Proteine* mit den summarischen stöchiometrischen Dissoziationskonstanten K_1', K_2' auf der sauren und K_3', K_4' auf der alkalischen Seite des IP erhalten [vgl. Gl. (III 42)]:

$$S = S_n \left[1 + \frac{[H^+]^2}{K_1' \cdot K_2'} + \frac{K_3' \cdot K_4'}{[H^+]^2} \right]; \quad \frac{dS}{d[H^+]} = S_n \left(\frac{2[H^+]}{K_1' \cdot K_2'} - \frac{2 K_3' \cdot K_4'}{[H^+]^3} \right), \quad (33)$$

wobei sich der zweite Summand der linken Gleichung auf die Bildung der Proteinkationen und der dritte auf die seiner Anionen bezieht. Dabei ist zu berücksichtigen, daß K_1 und K_2 die Konstanten der Säuregruppen des Zwitterions sind, aber auch die der basischen eines im IP undissoziierten Moleküls sein könnten. Wenn die relativen Löslichkeiten (S/S_n) dem Quadrat der Wasserstoffionenaktivität auf der sauren Seite und ihrem reziproken Quadrat auf der alkalischen zugeordnet werden, ergeben sich, wie es die Gl. (33) verlangt, gerade Linien, welche im IP bei $S/S_n = 1$ beginnen. Das Minimum der Löslichkeit liegt, wie aus der rechts stehenden differenzierten Gleichung durch Nullsetzen folgt, bei:

$$[H^+] = (K_1' \cdot K_2' \cdot K_3' \cdot K_4')^{\frac{1}{4}} \quad \text{bzw.} \quad \text{pH} = \tfrac{1}{4}[p(K_1' \cdot K_2') + p(K_3' \cdot K_4')]. \quad (33a)$$

Mit wachsender Ionenstärke der Lösung steigen die K'-Werte in vorstehender Gleichung an (s. S. 145). Daher wird, der mittleren Größe dieses Anstieges entsprechend, das *isoelektrische Minimum* der Löslichkeit und damit auch der IP durch Elektrolytzugabe zu niedrigeren pH-Werten *verschoben*. Hierbei ist die Voraussetzung, daß keine undissoziierte Verbindung mit den Anionen der Elektrolyte eintritt.

HARDY beobachtete schon vor über 50 Jahren, daß das Löslichkeitsminimum von Serumglobulin durch stufenweise Zugabe von Kochsalz in die

Richtung zum Sauren wandert. Es handelt sich hier um einen allgemeinen, aber je nach den Proteinen und dem Salz in seinem Ausmaß wechselnden Effekt. Für Hämoglobin ist er relativ klein, während das Löslichkeitsminimum des Caseins vom pH 4,8 in salzfreier Lösung nach 4,06 bei $\mu = 0,1$ verlagert wird (GREEN 1931).

Die Voraussetzung, daß die Proteinsalze eine im Vergleich zu S_n sehr hohe Löslichkeit besitzen, ist nicht immer erfüllt. Bei sehr niedriger Ionenstärke trifft sie jedoch meistens weitgehend zu. In Gegenwart von Fremdelektrolyten kann auch S_n verändert werden. Es wächst beim Casein z. B. auf der sauren Seite ein wenig an. Besonders häufig aber findet man eine starke Herabsetzung der Löslichkeit der Proteinsalze (Casein, Edestin) bei niedrigem pH. Sie wird nur zu einem kleinen Anteil dadurch bestimmt, daß schon der normale Verlauf der Löslichkeitskurve für einen gegebenen pH-Wert auf der alkalischen Seite des IP eine Erhöhung und auf der sauren eine Erniedrigung erwarten läßt (s. Abb. 119).

4. Praktisch werden die Löslichkeiten der Proteinsalze wesentlich durch die Größe ihrer Aktivitätskoeffizienten bestimmt. Sie aber hängen von der *Ionenstärke der Gesamtlösung* ab. Im Gleichgewicht mit dem Bodenkörper ist dessen chemisches Potential gleich dem des gelösten Stoffes. Seine Aktivität ist unter dieser Bedingung eine von der Temperatur abhängige Konstante, welche als Produkt aus Konzentration und Aktivitätskoeffizient auszudrücken ist. Ändert sich die Löslichkeit, d. h. die Gleichgewichtskonzentration, als Funktion der ionalen Zusammensetzung, dann wird damit auch der Wert des Aktivitätsfaktors verändert. Denn das Produkt beider bleibt — wie das chemische Potential des Bodenkörpers — im Gleichgewicht ungeändert. Eine gesteigerte Löslichkeit ist daher gleichbedeutend mit einer reziproken Herabsetzung des Aktivitätsfaktors der Substanz oder des mittleren Aktivitätsfaktors des Elektrolyten. Wird sie durch Zugabe eines Fremdsalzes hervorgerufen, dann liegt eine „*Einsalzung*" vor. Bei Erhöhung von f_a für das Proteinsalz steht der Bodenkörper mit einer entsprechend verkleinerten Konzentration im Gleichgewicht (*Aussalzung*).

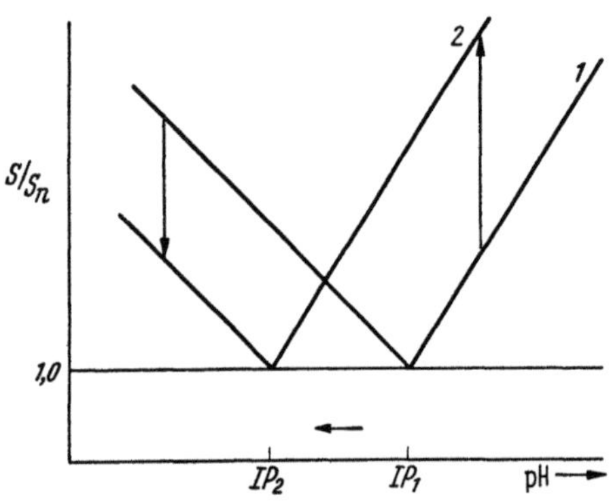

Abb. 119. Änderung der Löslichkeit (S/S_n) bei Verschiebung des isoelektrischen Punktes (schematisch)

In der präparativen Proteinchemie spielen Aussalzungen eine bedeutende Rolle. Bei dem Studium ihrer Gesetzmäßigkeiten wurde schon früh und lange vor der Konzeption des Begriffes der Ionenstärke (1921) erkannt, daß die Löslichkeitsherabsetzung in erster Annäherung dem Quadrat der Wertigkeit der fällenden Salze proportional geht (MELLANBY 1905). E. J. COHN (1932) belegte im Anschluß an CHICK und MARTIN und an SÖRENSEN mit einem ausgedehnten Material, daß die Löslichkeit der Proteine in konzentrierten Salzlösungen allgemein folgender Gesetzmäßigkeit gehorcht:

$$\log S = \beta - K_L' \cdot \mu. \tag{34}$$

Der Logarithmus der Sättigungskonzentration wird von einem in salzfreier (oder salzarmer) Lösung vorhandenen Höchstwert (β) aus proportional mit der ansteigenden Ionenstärke herabgesetzt: im $\mu - \log S$-Diagramm ergeben sich dementsprechend abfallende Geraden, deren verschiedene Neigung den Wert der *Aussalzungskonstanten* K'_L liefert (Abb. 120). Diese sind für Proteine etwa 5—50fach größer als für einzelne Aminosäuren — Cystin und Tyrosin ausgenommen. Sie variieren aber für verschiedene Eiweiße kaum um mehr als das 2fache. Vor allem sind sie auch nicht vom pH und wenig von der Temperatur abhängig. Dagegen verändert sich die extrapolierte maximale Löslichkeit β mit dem pH. Sie hat ihr Minimum in der isoelektrischen Zone.

Die vorstehende Beziehung erfordert eine kurze *theoretische Interpretation.* Wenn die Konstanz der Aktivität des Gelösten (a_s) gewahrt bleibt, wie es die Gleichheit der chemischen Potentiale beider Phasen für die Sättigung fordert, muß gelten:

$$a_s = c_s \cdot f_a = S \cdot f_a$$

bzw., wenn

$$\beta = \log a_s \qquad (34a)$$

ist,

$$\log S = \beta - \log f_a.$$

In *konzentrierten Salzlösungen wächst der Aktivitätsfaktor* f_a allgemein an und erreicht häufig weit über 1 liegende Werte, auch für die Proteinsalze. Das Anwachsen erfolgt für sie etwa proportional zur Ionenstärke, aber mit individuellen Faktoren, wel-

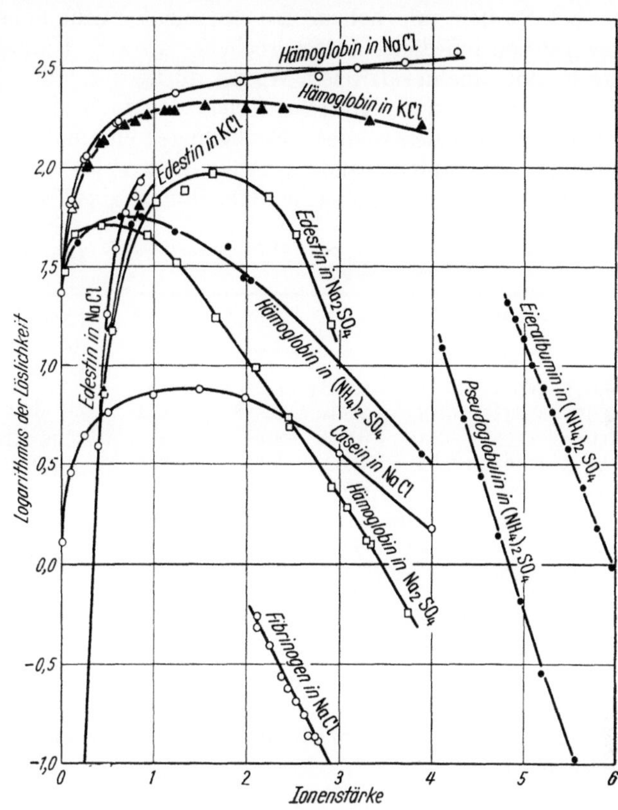

Abb. 120. Einfluß von Neutralsalzen auf die Löslichkeit von Eiweißkörpern (nach E. J. Cohn)

che in der Aussalzungskonstanten ihren Ausdruck finden. Die Subtraktion des nunmehr positiven Wertes für $\log f_a$ von β erniedrigt S dementsprechend stark.

Nach Hofmeister wird die Aussalzung als Konkurrenz von Protein und Elektrolyt um das Lösungsmittel, also etwa Wasser, angesehen. Denn die kleinen freien Ionen vermögen seine Dipole leichter zu polarisieren und anzulagern. Sie entziehen es damit den Proteinen, welche gewissermaßen aus der Lösung herausgequetscht werden. Die soeben gegebene Formulierung des Vorganges widerspricht dieser Vorstellung, welche von Debye näher präzisiert wurde, nicht. Sie wird dadurch besonders gestützt, daß die *Neutralsalze im Sinne der Hofmeisterschen lyotropen Ionenreihe wirksam* sind: sie befördern die Aussalzung um so mehr, je größer die durch sie verursachte Polarisierung und Anlagerung der Wassermolekeln ist, d.h. aber gleichzeitig, je größer auch der Aktivitätsfaktor des Neutralsalzes geworden ist. Dessen Steigerung bedeutet auf diesem Wege auch weiter eine Vergrößerung von f_a für das Proteinsalz. Die wenigen noch in der Lösung verbliebenen Molekeln besitzen, da a_s konstant bleibt, ein sehr hohes f_a.

In *verdünnter Lösung* gewöhnlicher Elektrolyte *fällt* $\log f_a$ proportional mit der Wurzel aus der Ionenstärke (s. S. 137f.). Kirkwood hat jedoch theoretisch abgeleitet, daß — $\log f_a$ bei *Zwitterionen nicht mit der Wurzel, sondern direkt mit der Ionenstärke anwachsen muß.* Die empirische Feststellung, daß auch die Proteinlöslichkeit direkt proportional mit ihr zunehmen kann (Einsalzung) stützt einerseits die Zwitterionentheorie. Außerdem gibt der Vergleich beider Gleichungen [Gl. (34) und (34a)], daß $\log f_a = \text{const} \cdot \mu$.

Hiernach kann der Aktivitätsfaktor der Proteinsalze mit Hilfe von K_L' und μ aus den Einsalzungsversuchen entnommen werden. Grundsätzlich wird der *Einsalzeffekt* von allen Proteinen und von Aminosäuren gegeben. Besonders groß ist er bei Stoffen mit hohem Dipolmoment. Globuline (Lactoglobulin, Edestin usw.) geben ihn daher ausgesprochener als z.B. Hämoglobin. Die Unlöslichkeit der Euglobuline in salzfreiem Wasser dürfte durch die Dipolattraktion und durch die elektrostatischen Kräfte zwischen den in beiderlei Sinn geladenen Zwitterionen hervorgerufen werden. Sie bedingen eine hohe Gitterenergie der einzelnen Molekeln im Stoffverband, schaffen also unlösliche Aggregate. Diese Ionenbindungen werden durch eine Salzbildung abgelöst, bei der sich z.B. Cl^- der $-NH_3^+$- und Na^+ der $-COO^-$-Gruppe gegenüberstellen, so daß jetzt unter *Amphisalzbildung* ($Na^{+-}Prot^+Cl^-$) die Molekeln aus dem Verband getrennt werden. Physikalisch ist der Vorgang so zu deuten, daß die elektrostatische Kraft zwischen Na^+ und Cl^- durch das Dazwischentreten eines Stoffes mit höherer Dielektrizitätskonstanten verkleinert wird. Da namentlich die Eiweiße mit hohem Dipolmoment ein größeres ε als das Wasser besitzen, muß ihr Dipol freiwillig zwischen die Ionen des NaCl treten, denn dabei erfolgt eine Abnahme freier elektrischer Energie. Weil die Löslichkeit der Eiweiße in Gegenwart geringer Salzmengen oft zunimmt und bei hohen Salzkonzentrationen immer abnimmt, weist ihre Löslichkeitskurve grundsätzlich ein Maximum auf, welches gewöhnlich bei μ-Werten von 1—2 gelegen ist.

Tabelle 74. *Werte für* $-\log f_a$ *bei Sphäromolekeln mit*
$$M = 40\,000$$

μ	1 Paar (206 D)	2 Paare (412 D)	3 Paare (618 D)	4 Paare (824 D)	5 Paare (1030 D)
0,001	0,0043	0,0171	0,0384	0,0681	0,107
0,01	0,0337	0,135	0,304	0,538	0,842
0,05	0,103	0,411	0,924	1,64	2,57
0,1	0,163	0,65	1,47	2,61	4,08
0,2	0,227	0,91	2,05	3,64	5,69

Nach Kirkwood bei verschiedener Ionenstärke und einer Ladung von 1—5 Ionenpaaren mit den in Debye angegebenen Dipolmomenten (aus [1]).

Kirkwood[1] hat unter Berücksichtigung zahlreicher Faktoren die Größe von f_a für sphärische Molekeln mit verschiedenen Dipolmomenten und freien Ladungen berechnet (Tabelle 74). Der Vergleich mit den aus den Löslichkeitsversuchen abgeleiteten Faktoren ergibt mit Hilfe der gemessenen Dipolmomente, daß die Eiweißionen im Sinne der Debye-Hückel-Theorie nur als 2—5-wertige Ionen elektrostatisch wirksam sind. Das ist bemerkenswert, da die Eiweiße sich nach dem Verlauf der Titrationskurven in elektrochemischer Beziehung wie 10—100-wertige Ionen verhalten, d.h. eine entsprechende Zahl ionischer Gruppen in der Molekel besitzen. Es wurde aber bereits betont, daß ein relativ großer Abstand der Gruppen in der Molekel ihre gegenseitige Beeinflussung gering hält, so daß sie praktisch oft vernachlässigt werden kann. Weber 1927 und v. Muralt 1930 haben darauf hingewiesen, daß sich unter diesen Umständen die Titrationskurve einer n-wertigen Säure mit der Dissoziationskonstanten K so verhält, als ob die n-fache Menge einer einbasischen Säure mit der gleichen Konstanten titriert würde.

Da sich trotz der großen Zahl ihrer dissoziierten Gruppen die *Proteine* wie sehr niedrigwertige Elektrolyte verhalten, ist auch ihr *Beitrag zur Gesamtionenstärke* in einer Elektrolytlösung wie dem Serum *relativ klein*. Die Eiweiße liegen hier in rund 1 mMol-Lösung vor. Bei

---

[1] In Cohn u. Edsall: Proteins, Amino-Acids ad. Peptides, New York 1943.

Blutreaktion sind etwa 12 anionische Gruppen pro Molekel dissoziiert. Dann ist ihr Anteil bei effektiver Einwertigkeit 0,006, bei Zweiwertigkeit $\frac{1}{2} \cdot 4 \cdot 0{,}006 = 0{,}012$, während für das Serum $\mu = 0{,}17$ benutzt zu werden pflegt (LEUTHARDT u.a. 1940).

Ein herausgegriffenes Eiweißmolekül, etwa ein Ferment mit zwei aktiven Gruppen, wird nun aber auch bei gegebenem pH in sehr vielen verschiedenen Dissoziationszuständen vorliegen können. Zwar ist die Zahl der ionischen Gruppen die gleiche, aber ihre räumliche Verteilung in der Molekel oder auf ihrer Oberfläche kann — bezogen auf die genannten beiden Fixpunkte — sehr verschieden sein. Außerdem ist sie wegen des statistischen Charakters der Dissoziation starken Fluktuationen unterworfen.

Setzt man im Anschluß an WYMAN mit EDSALL[1] die Zahl der vorhandenen Säure- und Basengruppen (m und n) und die Zahl jener, welche bereits ein Proton abgegeben haben, mit h ein, so erhält man a) allgemein und b) für Hämoglobin im IP folgende *Anzahl möglicher Gruppierungen der Ladungen in der Molekel:*

$$\text{a)} \quad Z = \frac{(m+n)!}{h\,(m+n-h)!}, \qquad \text{b)} \quad Z = \frac{174!}{99! \cdot 75!} = 6 \cdot 10^{49}. \tag{35}$$

Diese Zahl schränkt sich ein, wenn man berücksichtigt, daß der Zustand im IP hauptsächlich durch die Dissoziation des Imidazolringes bedingt wird. Hämoglobin ist isoelektrisch, wenn von den 33 Histidinresten 12 ihr Proton abgegeben haben und ungeladen vorliegen.

$$Z = \frac{33!}{12! \cdot 21!} = 354\,817\,320.$$

Allgemein ergibt nun eine *statistische* Berechnung [LINDERSTRÖM-LANG[1], EDSALL], daß jeder angegebene *Dissoziationsgrad nach beiden Seiten* unter Benutzung der zahlreichen Möglichkeiten *überschritten* wird. Bei einer einbasischen Säure können jedoch nur 2 Formen miteinander wechseln. EDSALL führt als Beispiel ein Peptid mit 8 trivalenten, aber sich nicht beeinflussenden Aminosäuren an, von denen 3 basisch und 5 sauer sind. Beim IP sind summarisch 3 der Dicarbonsäuren dissoziiert. Tatsächlich können es aber auch alle oder gar keine sein. Nur bei 34,6% liegt der geforderte Zustand vor; die übrigen 5 summarischen Ladungsmöglichkeiten verteilen sich zur Hälfte auf positiven und zur anderen auf negativen Ladungsüberschuß, so daß insgesamt der isoelektrische Zustand resultiert, obwohl nur rund ein Drittel der Moleküle wirklich isoelektrisch sind. Bei einer größeren Zahl von Ladungen wächst die Wahrscheinlichkeit der Abweichung einzelner Molekeln vom mittleren Dissoziationsgrad für ein gegebenes Zeitelement stark an.

Die Größe der elektrostatischen Kraft zwischen den Teilchen wird durch die Dielektrizitätskonstante der Lösung bestimmt. Sie ist in Proteinlösungen meistens größer als im reinen Wasser. Die Wechselwirkung der Ladungen ist geringer, d.h. der Aktivitätsfaktor wird größer. Dieser Einfluß ist bei der Berechnung von f_a zu berücksichtigen. Eine Zugabe von Alkohol, Aceton und vielen anderen *organischen wasserlöslichen Solventien* erniedrigt dagegen den Wert von ε. Sie steigert zwar dadurch die interionalen Kräfte, d.h. sie erniedrigt f_a und bewirkt damit z.B. eine Vergrößerung der lösungssteigernden Wirkung niedriger Salzkonzentrationen. Andererseits aber hängt die Löslichkeit in solchen Medien nicht nur von der elektrostatischen Kraft, sondern weit mehr von der Solvatation der verschiedenen Gruppen ab. Die Ausbildung von H-Brücken wird z.B. mit organischen Solventien nicht oder nur in vermindertem Maße zustande kommen können. Dagegen können $-CH_2$-Gruppen in ihnen mit einem ganz

---

[1] In COHN u. EDSALL: Proteins, Amino-Acids ad. Peptides, N. Y. 1943.

bestimmten energetischen Beitrag fixiert werden (s. S. 34). Summarisch lassen sich diese Einflüsse nur durch das Löslichkeitsexperiment erfassen und durch den zugehörigen Aktivitätsfaktor z.B. in der Alkohollösung (f_A) ausdrücken. Da das chemische Potential in gesättigter wäßriger und alkoholischer Lösung auch für einen Nichtleiter dasselbe sein muß, gilt:

$$\frac{S_A}{S_W} = K \cdot \frac{f_W}{f_A} \quad \text{mit} \quad K = \exp\left[(\mu_W^0 - \mu_A^0)/RT\right], \tag{36}$$

d. h. nur bei verschwindender Differenz der Grundglieder würde $K = 1$. Da für Proteine allgemein $\mu_W^0 < \mu_A^0$ ist, wird $K < 1$. Je kleiner das Dipolmoment des Lösungsmittels ist, um so geringer ist die Löslichkeit in ihm. Da Proteine stark polar gebaut sind, werden sie schon durch mäßige aber wechselnde Anteile von organischen Lösungsmitteln zunächst reversibel aus der Lösung ausgeschieden. Die sich langsam einstellende Denaturierung läßt sich durch Einhalten relativ niedriger Temperatur praktisch verhindern. Daher hat sich die Proteinfraktionierung, vor allen Dingen auch des Serums, mit Hilfe von Alkohol im wechselnden Molverhältnis gut bewährt (E. J. Cohn 1947).

Ladungsverteilung, Salzbildung, Assoziationen

Die soeben durchgeführte Überlegung wirft noch einmal das Problem der Ladungsverteilung an der Proteinmolekel auf. Ein direkter Weg zu ihrem Studium besteht in der *Analyse der Reaktion des Proteins* (P) *mit anderen Stoffen* (A). Soweit es sich um die hier zunächst nur zu berücksichtigenden *reversiblen Assoziationen* handelt, wird ihr Ablauf durch den Wert der Assoziationskonstanten (k) und die Zahl der Reaktionsorte in einer Molekel bestimmt. Wenn mehr als eine reagierende Gruppe vorliegt, kann außerdem bei genügend kleinem Abstand eine gegenseitige, meistens rein elektrostatisch zustande kommende Beeinflussung interferieren.

In Abwesenheit einer solchen Wirkung wird auch bei grundsätzlich gleichbleibender Reaktionsintensität für jede Gruppe noch ein *statistischer Effekt* auftreten, welcher den effektiven Wert für die Konstanten der einzelnen sich nacheinander an der Bildung beteiligenden Gruppen verändert. Es handelt sich um die gleichen Verhältnisse, wie sie bei der Behandlung mehrwertiger Säuren bereits berührt wurden (s. S. 149). Sie sollen hier im Anschluß an Klotz und mit seiner Symbolik analysiert werden (1953). Es gelte:

$$\frac{[PA]}{[P] \cdot [A]} = k_1; \quad \frac{[PA_2]}{[PA] \cdot [A]} = k_2. \tag{37}$$

Für die beiden möglichen Komplexe von $-P-$ mit $A: AP-$ und $-PA$, welche gleich wahrscheinlich sind, ergibt sich:

$$k_1 = \frac{[AP-]}{[P] \cdot [A]} + \frac{[-PA]}{[P] \cdot [A]} = 2\,k, \tag{37a}$$

für die Anlagerung des zweiten Reagenten:

$$k_2 = \frac{[PA_2]}{([AP-] + [-AP]) \cdot [A]} = \frac{1}{2}\,k \quad \text{und} \quad \frac{k_1}{k_2} = 4. \tag{37b}$$

Allgemein gilt bei n-Gruppen mit der Konstanten k für den statistischen Wert der i-ten Konstante:

$$k_i = \frac{n - i + 1}{i}\,k. \tag{37c}$$

Die Tabelle 75 gibt ein hieraus folgendes Zahlenbeispiel für $n=4$. Man sieht, daß der Wert der ersten und der zuletzt beanspruchten Konstanten aus statistischen Gründen um den Zahlenfaktor $n/(n^{-1})=n^2$ verschieden ist.

Tabelle 75

$$k_1 = 4k; \quad k_2 = \tfrac{3}{2}k; \quad k_3 = \tfrac{2}{3}k; \quad k_4 = \tfrac{1}{4}k$$
$$k_1 : k_2 : k_3 : k_4 = 48 : 18 : 8 : 3$$

Wenn die Mole der gebundenen Substanz A experimentell ermittelt werden können, läßt sich der Bindungsquotient r ausdrücken:

$$r = \frac{\sum_i [\mathrm{PA}_i]}{P + \sum_i [\mathrm{PA}_i]} = n\,\frac{k\,[\mathrm{A}]}{1 + k\,[\mathrm{A}]}, \tag{38}$$

$$\frac{r}{[\mathrm{A}]} = k\,n - k\,r \quad \text{oder} \quad \frac{1}{r} = \frac{1}{n \cdot k} \cdot \frac{1}{A} + \frac{1}{n}. \tag{38a}$$

Das Resultat der oberen Zeile sei ohne Ableitung wiedergegeben. Aus dem Verlauf der Geraden im $\dfrac{r}{A} - r$ oder im $\dfrac{1}{r} - \dfrac{1}{A}$-System ist k und n zu erhalten (vgl. S. 583).

Wenn eine *elektrostatische Wechselwirkung* der Gruppen vorliegt, wird die effektive Konstante über den statistischen Anteil hinaus um einen Wert geänderte der dieser Wechselwirkungsenergie (ΔG_{el}^0) gleich ist:

$$\Delta G_{el}^0 = -\frac{N_L \cdot e^2}{\varepsilon \cdot b} \quad (\text{Born}), \tag{39}$$

wobei b der Radius der Säure oder ihres Anions ist. Der Quotient (Q) der Konstanten k_1/k_2 einer *zweibasischen Säure* ist dann aus folgendem Ansatz zu entnehmen:

$$-R\,T \cdot \ln Q = \Delta G_{el}^0 - R\,T \ln 4; \quad Q = 4 \cdot e^{-\frac{\Delta G_{el}^0}{RT}}. \tag{39a}$$

Wenn b der Radius des Proteins, a der kleinste Abstand von A zu P und z' die Wertigkeit von A ist, gilt *beim Eiweiß* für

$$\Delta G_{el}^0 = -\frac{N_L \cdot z'^2 \cdot e^2}{\varepsilon}\left[\frac{1}{b} - \frac{\varkappa}{1 + \varkappa \cdot a}\right] \tag{40}$$

(vgl. S. 140). $-\Delta G_{el}^0 \cdot (2\,R\,T)^{-1}$ heiße hier w, dann ergibt sich unter Berücksichtigung der elektrostatischen Wirkung der allgemeine Ansatz:

$$\frac{r}{[\mathrm{A}]} \cdot e^{2wr} = k\,n - k\,r. \tag{40a}$$

Wenn die singulären Assoziationskonstanten verschieden sind, also verschiedene Gruppen des Proteins vorliegen, ergeben sich kompliziertere Verhältnisse (Karush). Es läßt sich aber zeigen, daß sie bei nicht allzu großer Verschiedenheit der Konstanten folgendermaßen beschrieben werden können (R. Sips):

$$r = \frac{n \cdot k\,[\mathrm{A}]^a}{1 + k\,[\mathrm{A}]^a} \quad (a < 1). \tag{41}$$

Bei der Sauerstoffaufnahme durch Hämoglobin steigt die Assoziationskonstante benachbarter Gruppen (Häm-Häm-Effekt, s. S. 624). Hier ist $a > 1$.

22*

Beispiel: Nach der Abb. 121 ergibt sich für die Bindung des Ca^{2+} an Casein aus dem Ordinatenabschnitt die Zahl der Bindungsorte $n = 1/0,06 = 16$ und die Komplexbildungskonstante $k = (16 \cdot 0,332 \cdot 10^{-3})^{-1} = 1,9 \cdot 10^2$. Die molare Bindungsenergie wäre [Gl. (VI 33)]:

$$\Delta G^0 = -1,365 \cdot \log 1,9 \cdot 10^2 = -3,1 \text{ kcal.}$$

Da eine Gerade vorliegt, sind elektrostatische Effekte nicht beteiligt.

Einen sehr guten Einblick in die Bindungsverhältnisse ermöglicht die *Analyse von Titrationskurven in Gegenwart verschiedener Kationen oder Anionen* (vgl. S. 173). Es hat sich dabei gezeigt, daß z. B. auch Cl⁻-Ionen vom Protein gebunden werden. Anionenbindung verursacht eine Verschiebung (ΔpH) des isoionischen (und auch des isoelektrischen) Punktes in die Richtung zum Alkalischen. Sie ist der Zahl der gebundenen Anionenäquivalente über einen Faktor (j) reziprok proportional, der selbst mit der Ionenstärke der Lösung steigt: $\Delta\text{pH} = r \cdot (j)^{-1}$ (SCATSCHARD und BLACK 1949). Eine besonders starke Verschiebung bewirken die anionischen Detergentien und saure Farbstoffe. Bei der sukzessiven Bindung mehrwertiger Anionen machen sich auch abstoßende elektrostatische Effekte bemerkbar. Die Bindungen sind gelegentlich recht spezifisch. So kombiniert sich Methylorange in meßbarem Ausmaß nur mit Serumalbumin. Dieses viel untersuchte Albumin unterscheidet häufig in seiner Bindungsfähigkeit zwischen Stellungs- und optischen Isomeren organischer Verbindungen.

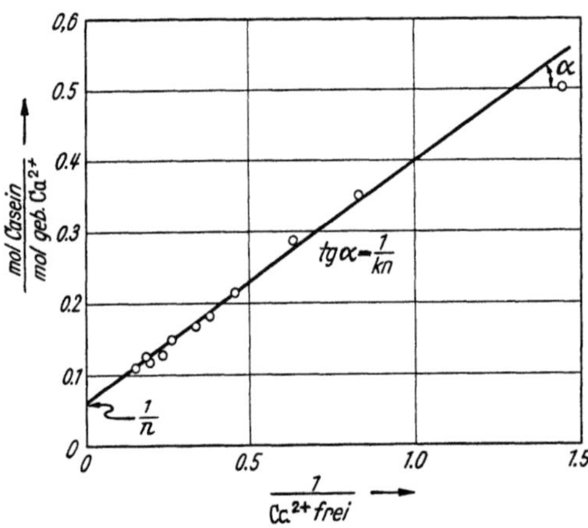

Abb. 121. Die Bindung von Calciumionen an Casein
(nach CHANUTIN)

Im allgemeinen sind die Anionenbindungen auf der sauren Seite des IP aus elektrostatischen Gründen verstärkt oder erst deutlich. Das umgekehrte gilt für die Kationen.

Es zeigt sich nun beim Vergleich von organischen Ionen etwa gleicher Größe aber verschiedenen Ladungssinnes, daß die Anionen oft wesentlich stärker als die Kationen fixiert werden. Dieser Unterschied tritt besonders in der Reihe der Detergentien hervor. Aber er ist nicht bei allen Proteinen ausgesprochen. Auch andere Erfahrungen belegen es, daß das Albumin trotz seiner anionischen Bewegung bei der Elektrophorese auf seiner Außenfläche positive Gruppen trägt. Die bei einem Protein nach außen liegenden und zur Reaktion mit ionischen Stoffen befähigten Reste werden im Anschluß an HAUROWITZ (1935) als *Exogruppen* bezeichnet. So leicht Albumin Farbanionen anlagert, so wenig reagiert es mit größeren Kationen, so daß ihm negative Exogruppen zu fehlen scheinen, während positive und negative auf der Oberfläche der Globuline gleichzeitig vorhanden sind. Das Studium der Bindung ermöglicht daher eine Aussage über die Lagerung von reaktionsfähigen geladenen Gruppen. Bei der Untersuchung auf negative Exogruppen wurden häufig die Kationen der Protamine Salmin oder Clupein eingesetzt, während für positive Gruppen auch Nucleinsäure benutzt wurde. Sie gibt gelegentlich spezifische Niederschläge mit Eiweißen oder Fermenten wie z. B. mit der Enolase (WARBURG und CHRISTIAN 1941). Derartige Fällungen können zur Reinigung von Proteinen dienen, wobei der Niederschlag mit der Nucleinsäure durch Alkali wieder aufgelöst und sie selber durch anschließende Fällung mit Protamin entfernt werden kann.

Alle diese Reaktionen lassen sich in so niedrigen Konzentrationen durchführen, daß tiefgreifende Denaturierungen zunächst vermieden werden.

Die Reaktion der Proteine mit Metallionen wurde seit langem besonders beachtet. In erster Linie interessierte die Aktivität der Ca^{2+}-Ionen in eiweißhaltigen Körpersäften — vor allem im Serum —, nachdem man erkannt hatte, daß der Gehalt an diesen Ionen mehrfach größer ist, als seiner Löslichkeit in Gegenwart von Phosphaten und Hydrogencarbonaten entspricht (s. S. 199f). Man vermutete daher, daß der überschüssige Anteil in undissoziierter Form an Eiweiß gebunden ist. Das trifft weitgehend, aber insofern nicht vollständig zu, als ein Teil des Serum-Ca in übersättigter Lösung vorliegt. Im Blutserum sind etwa 40% des Ca an Eiweiß gebunden. Die Methoden zum Nachweis einer

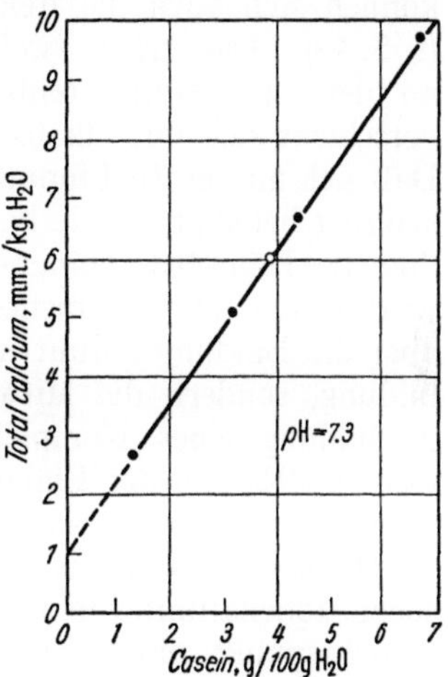

Abb. 122. Calcium- und Caseingehalt bei schichtweiser Veränderung der Proteinkonzentration durch Ultrazentrifugieren (nach CHANUTIN)

Bindung und zur Untersuchung der Komplexstabilität wurden an anderen Stellen beschrieben (s. S. 173 und 201). Hier soll nur noch auf die Verwendung der Ultrazentrifuge zu diesem Zweck eingegangen werden. Man sedimentiert Proteine in sehr hohen Schwerefeldern und analysiert den eiweißfreien Überstand auf die Konzentration der freien zur Reaktion zugefügten Stoffe und erhält so den nichtgebundenen Anteil, oder man ermittelt den mit steigender Proteinkonzentration gebundenen Teil in den verschieden eiweißreichen Schichten analytisch. Die Daten der Abb. 122 wurden auf diese Weise von CHANUTIN u. Mitarb. an Casein gewonnen. Ihnen wurde schon oben ein Wert für die Assoziationskonstante (k) von $1{,}9 \cdot 10^{-2}$ entnommen. Er entspricht einer Dissoziationskonstanten des Komplexes von $1/k$ bzw. einem pK $= 2{,}28$. Bemerkenswerterweise weicht dieser Wert nur wenig von dem der Serumproteine ab, obwohl diese sich nicht gleichmäßig an der Bindung beteiligen. Nach GUTMANN besitzt Albumin die höchste Bindungskapazität, aber auch unter den Globulinen finden sich stark bindende Fraktionen, unter anderem die Lipoproteine (TULLIS 1953). Die Assoziationskonstante des Ca-Kephalinates ist nach DRINKER und ZINSSER $8 \cdot 10^2$. Als Bindungsorte für die Erdalkalikationen haben die Carboxylgruppen der Aminodicarbonsäuren in der Nachbarschaft freier OH-Gruppen besondere Wahrscheinlichkeit für sich, während keine Anhaltspunkte für die Beteiligung von Aminogruppen bestehen (ABELS).

Wie der Traubenzucker wird auch weder Natrium noch Kalium vom Eiweiß in undissoziiertem Zustand gebunden. Natürlich stehen die entsprechenden Ionen den Eiweißanionen in dissoziierter Form gegenüber[1]. Das gleiche dürfte auch für das Zellinnere zutreffen. Für das Lysat von Erythrocyten, welches durch Auftauen und Gefrieren erhalten wird, konnte es mit Hilfe von Potentialmessungen an selektiv kationenpermeablen Membranen bewiesen werden (KLINGMÜLLER 1943). Auch in der Muskulatur ist das Kalium als frei ionisiert anzusehen. Anhaltspunkte für sein Vorkommen im undissoziierten gebundenen Zustand bestehen nicht. Letzteres wird allerdings häufig angenommen.

Im übrigen zeigen die meisten *Metallionen* allgemeine und spezifische Affinitäten zum Protein. Es sei an das Fe-bindende Siderophilin und das Cu-bindende Coeruloplasmin aus der Gruppe der Serumglobuline erinnert (β-1-Pseudoglobuline). Außerdem ist an die vielen Enzyme zu denken, welche Mg oder Mn als

---

[1] vergl. S. 322, Kleindruck.

Effektoren ihrer Leistung benötigen oder andere Metalle, wie das Zn, schon koordinativ gebunden enthalten. Darüber hinaus sind sie aber alle in der Lage, weitere Metallionen zu binden, zunächst ohne dabei denaturiert zu werden. So kann das Insulin 30 Atome Zn pro Molekel aufnehmen, obwohl es normalerweise durchschnittlich nur 6 Zn enthält (EISENBRAND und WEGEL, WEITZEL 1956). Die Alkoholdehydrase vermag ohne Denaturierung über ihre 4—5 Zn-Atome hinaus noch 30 hinzu zu binden (WALLENFELS 1957). In vielen Fällen, namentlich auch bei der Bindung von Hg-Ionen aus niedrigen Konzentrationen, kommen Thiogruppen als Bindungsorte in Betracht (s. S. 514). Das gilt auch für die Bindung von Ag-Ionen[1]. Hg^{2+} kann 2 Albuminmolekeln zu einem Dimeren vereinigen (Merkaptalbumin)[2]. An der Chelatbildung mit Schwermetallen können sich auch die freien Elektronenpaare des Aminostickstoffes beteiligen (s. S. 50). Das trifft zweifellos für die Ausbildung des Biuretkomplexes zu, an dem 4 N-Atome teilhaben. Das Extinktionsmaximum dieser Komplexe verschiebt sich mit alkalischer Reaktion zum kurzwelligen Teil des Spektrums. Daß sich an der Zn-Bindung an das Eiweiß neben Schwefel besonders der Imidazolring beteiligt, wurde bereits erwähnt (s. S. 174). Er übernimmt auch die Bindung des Häm- bzw. Hämineisens im Hämoglobin und den Cytochromen. Allgemein wird für ein aufgenommenes Metallion ein Proton pro Ladung in Freiheit gesetzt, aber die Bindung beruht in den meisten Fällen nicht auf einer einfachen Salzbildung, sondern die Mitwirkung der genannten weiteren Gruppen führt zur Ausbildung eines Komplexsalzes vom Chelattyp. Spezielle Komplexe bildet das $Fe(OH)_3$ bei der Einlagerung in das Ferritin (BIELIG[3], s. S. 39). Höhere Konzentrationen an Schwermetallen führen gewöhnlich zur Denaturierung.

Die hohe Affinität einzelner Proteine des Serums, welche gut mit der spezifischen Ionenaffinität einzelner Fermente zu vergleichen ist, kann unter dem Gesichtspunkt einer *Transportfunktion der Serumeiweiße* (BENNHOLD) biologisch verständlich werden. Es ist interessant, daß schon ein einfacher Eiweißersatzstoff, das Polyvinylpyrrolidon (Kollidon), nicht nur beim Eiweißverlust zur Aufrechterhaltung des Kolloiddruckes im Serum geeignet ist, sondern auch selbst schon als Vehikel für einige Stoffe, insbesondere Farbstoffe, dienen kann (BENNHOLD und SCHUBERT). Das wird besonders durch die Säureimidbindung der zur CH_2-Kette seitenständigen Ringe ermöglicht:

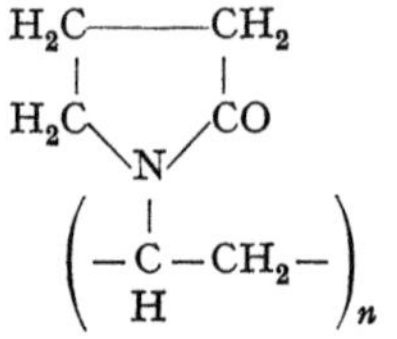

$$\begin{array}{ccc}
H_2C\!\!-\!\!\!-\!\!\!-\!\!\!-\!\!CH_2 & & \\
| & \quad | & \\
H_2C\diagdown \quad \diagup CO & & \\
N & & \\
| & & \\
\left(-\overset{\textstyle |}{\underset{\textstyle H}{C}}-CH_2-\right)_{\!n} & &
\end{array}$$

Die Reaktionsbereitschaft der mannigfaltigen Reste in der Eiweißmolekel befähigt diese aber ganz besonders zur Bindung vieler auch nicht geladener Stoffe, wie der Zucker und Lipoide und vieler Arzneimittel. Die besonders von BENNHOLD hervorgehobene Vehikelfunktion ist für die Verteilung solcher Stoffe und ihre geregelte Abgabe an verschiedene Organe von nicht zu unterschätzender Bedeutung. Die Reaktionsweise aber selber ist ein Hilfsmittel zur weiteren Analyse der Proteine. Das Studium der Antigen-Antikörper-Reaktionen hat ebenfalls zur Lösung dieser Aufgabe wichtige Anregungen gegeben und gewisse Einblicke in die Formung der Proteinoberfläche an den spezifischen Reaktionsorten erlaubt.

---

[1] HAARMANN (1943).

[2] HUGHES (1947).

[3] Vgl. auch den Sulfatokomplex des V^{3+} im Hämovanadin der Ascidien (BIELIG und BAYER 1953).

Anordnung, Bindung und Faltung der Peptidketten

In großen Zügen läßt sich heute ein Bild vom *Aufbau der nativen Proteine* entwerfen. Die Grundstruktur bildet eine irgendwie gefaltete *Peptidkette* mit je einem freien Amino- und Carboxylende. Gelegentlich können diese Enden unter Ringschluß zusammentreten, so daß wie bei manchen stark wirksamen niederen Peptiden (Amanitin, Oxytocin, Vasopressin) gar keine terminalen Gruppen vorliegen (Ovalbumin, P. Desnuelle). Daß viele parallel gelagerte kürzere Ketten ein Sphäroprotein aufbauen, ist praktisch auszuschließen. Ribonuclease, Serumalbumin und Myoglobin besitzen nur eine Endgruppe, letzteres den Glycylrest, während das Hämoglobin beim Pferd und Menschen 6 Valinreste mit freier Aminogruppe trägt, also entweder ebensoviele Einzelketten besitzt — man müßte nach den röntgenographischen Befunden 5 annehmen — oder ihre Zahl durch einige Verzweigungen vermindert. γ-Globulin scheint nur aus einer und Lactalbumin aus 3 Ketten zu bestehen. Verzweigungen, von der γ-Carboxylgruppe der Glutaminsäure ausgehend, sind nach Erfahrungen von Haurowitz über die Thiohydantoinbildung mit Rhodaniden für einige Proteine wahrscheinlich, im ganzen aber nicht entscheidend[1]. Die haltbarsten primären Bindungen, welche auf die höhere Faltungsstruktur der Peptidgrundkette Einfluß nehmen, sind die *Disulfidbindungen*. Wie sie die A- und B-Reste im Insulin zwischen jeweils dem 7. bzw. dem 20. in A und 19. in B verknüpfen, zeigt das Schema (Abb. 105). Außerdem aber bilden sie eine innere Schleife in der A-Kette dadurch, daß zwischen dem 6. und dem 11. Rest, ebenfalls je einem Cystein, eine weitere S—S-Brücke geschlagen wird. Auch im Vasopressin und Oxytocin wird ein Peptidring durch Cystin-S—S geschlossen. In der Ribonuclease entsteht eine nicht näher bekannte Faltungsstruktur durch 4 Disulfidbindungen innerhalb der Kette von insgesamt 126 Aminosäuren. Die Peptidkette des Serumalbumins, untersucht an der spezifisch mit Hg reagierenden Merkaptalbuminfraktion, enthält auf 560 Reste 15 Disulfid-Querverbindungen (Hunter und McDuffie 1956). Nach den Befunden von Reichmann und Colvin kann allerdings auch ein Aufbau aus 3 Peptidketten diskutiert werden. Nicht alle Schwefelatome liegen in der Disulfidform vor. Als *Thiogruppen* aber vollziehen sie andere Funktionen. Sie binden Metalle oder beteiligen sich bei Enzymen an dem Aktivierungsvorgang. Das Merkaptalbumin besitzt nur eine SH-Gruppe, welche mit Hg^{2+} zu $Hg = (S\text{-}Alb)_2$ reagiert (Hughes). Den Disulfidbrücken gegenüber treten die *Brücken durch Ester* im Eiweiß zurück; sie werden hauptsächlich mit Phosphat oder Pyrophosphat einerseits und den Hydroxyaminosäuren (Serin, Threonin) andererseits eingegangen und können durch Phosphodiesterasen aufgespalten werden. Nach Perlmann (1956) enthält α-Casein 40% seines Phosphates als Monoester, 40% als Diester, 20% als Pyrophosphat. Im β-Casein liegt der ganze Phosphor als Diester zwischen je 2 Peptidketten gebunden vor. Pepsin enthält eine Peptidkette (Herriot 1956) und eine Phosphorsäure, ebenfalls als Diester verankert.

Die Ausbildung von *Schleifenbögen* an den Peptidketten wird wahrscheinlich durch die Prolinreste erleichtert, denn sie führen zur Stabilisierung einer Winkelung in ihrem Verlauf:

---

[1] Mit Rhodaniden bilden freie α-Aminodicarbonsäuren nur dann Thiohydantoine, wenn das α-Carboxyl ebenfalls frei ist.

Die Zahl der Prolinmolekeln im Albumin paßt etwa zu der der zu fordernden
Wendepunkte in der Peptidkette, wenn man 2 Proline für eine Wendung verlangt. Die Ribonuclease, für welche nach der Zahl der Disulfidbrücken 4 Windungen zu fordern sind, besitzt aber auch nur 4 Prolinreste (Abb. 123).

Zum Verständnis der inneren Architektur im Protein reichen die genannten
Vorstellungen nicht aus, da sie dem erfahrungsgemäß vorhandenen Ordnungsgrad
nicht genügend Rechnung tragen. Viele polymere Stoffe liegen zwar im bekannten Wahrscheinlichkeitsknäuel vor. Daß dieses aber bei Eiweiß und
Polyamiden nicht zutrifft, hat seine Ursache in den Peptidbindungen. Sie

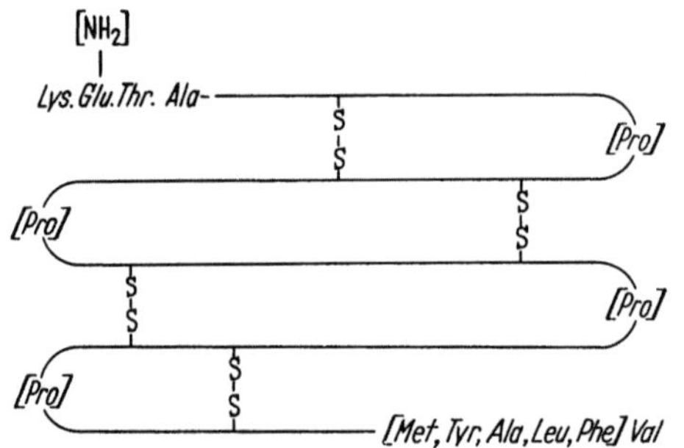

Abb. 123. Schematische Struktur der Ribonuclease
(nach ANFINSEN u. Mitarb.)

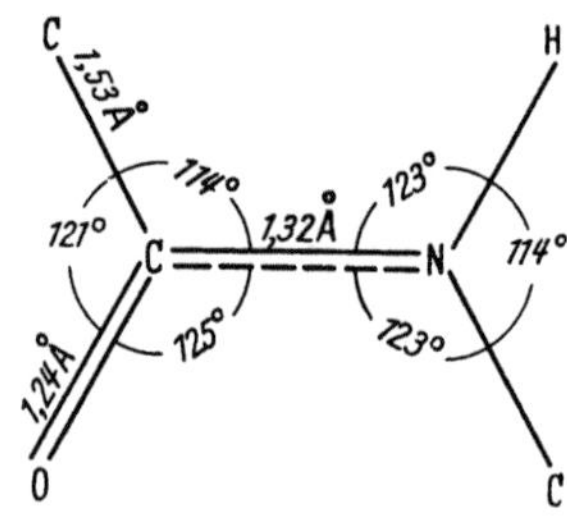

Abb. 124. Abstände und Lagerung der Atome
einer Peptidbindung (nach COREYund PAULING)

ermöglichen die Ausbildung von H-Brücken zwischen den einzelnen Ketten nach
dem Schema der Abb. 125.

Der Winkel O···H—N ist dabei nahezu gestreckt, kann aber ohne wesentlichen energetischen Aufwand Änderungen bis 25° erfahren. Der O—N-Abstand

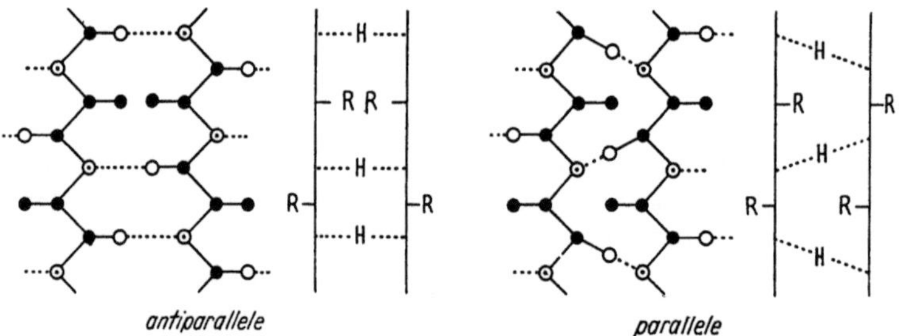

Abb. 125. Parallele und antiparallele Faltungsschichten (pleated sheets nach PAULING)

beträgt bei kräftiger Bindung etwa 2,8 Å, kann aber bei lockerer größer werden.
Der Atomabstand in der Hauptkette zwischen N—C ist mit 1,32 Å gegen 1,47
bei normaler Bindung verkürzt. Das bedeutet, daß die C—N-Bindung partiellen
Doppelbindungscharakter trägt (s. S. 27). Aus diesem Grunde müssen die an
beiden Atomen angreifenden Bindungen in einer Ebene liegen (Abb. 124):
Die Tendenz zur *H-Brückenbildung* zwischen den Ketten und die *planare Anordnung* der Gruppen um die Peptidbindung geben die Grundlage für die freiwillige Einstellung einer höheren Strukturform, welche in der *Faltungsschicht*
(pleated sheet) *und* der *aufgerollten Faltungsschicht* der Helixanordnung ihren
Ausdruck findet (PAULING 1952) (Abb. 125). Den beiden Möglichkeiten der Faltungsschicht mit gleich- oder entgegengesetztgerichteten R-Gruppen am α-C-Atom
entsprechen auch 2 Formen der Schraubenanordnung, die rechts- und links-
gewundene Helix. Bei der rechtsgewundenen hat die Verbindungslinie vom
α-C- zum β-C-Atom (dem ersten des Restes) die gleiche Längsrichtung wie die

vom zugehörigen N-Atom ausgehende H-Brücke, bei der Linksform die entgegengesetzte (vgl. Abb. 126). Dabei ist die Voraussetzung, daß in beiden Fällen am α-C-Atom L-konfigurierte Aminosäuren zugrunde liegen. Beide Formen der Helices sind nur dann Spiegelbilder, wenn sie entgegengesetzte Konfiguration am α-C-Atom tragen. Nach ARNDT und RILEY ergibt sich aus Erfahrungen an über 20 Sphäroproteinen, daß die linksgewundenen ($α_1$) Helixformen vorherrschen.

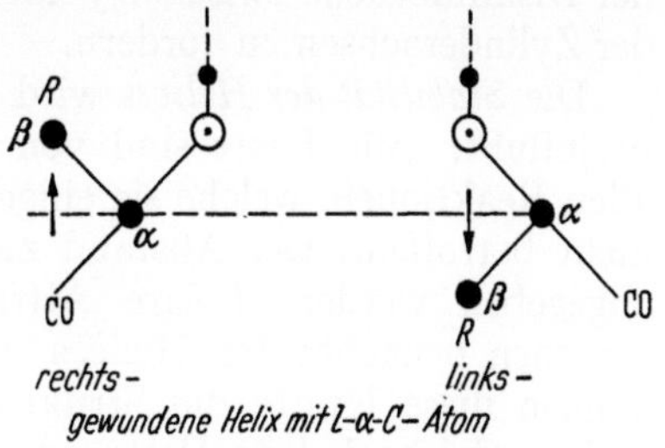

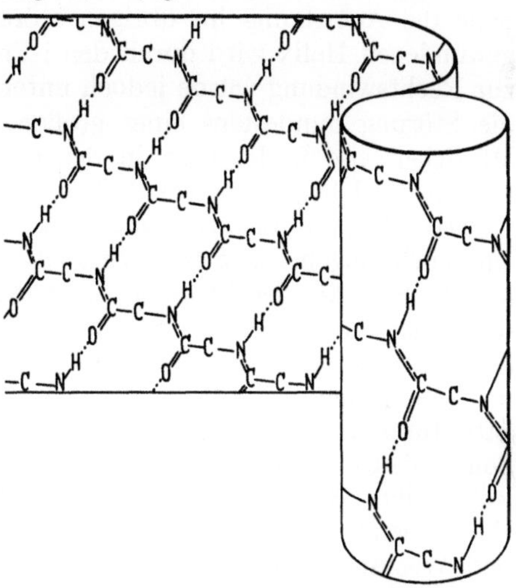

Abb. 126. Lagerung der Aminosäurereste in einer rechts- und linksgewundenen Helix

Die α-Helix

Nach dem genannten Prinzip sind verschiedene Bindungsformen möglich. Am häufigsten verwirklicht ist die stabilste, nämlich die *α-Helix*. Ein Schraubengang wird bei ihr durch 3,7 Aminosäurereste gedeckt. Da keine ganze Zahl vorliegt, laufen die H-Brücken ein wenig schräg zur Schraubenachse. Auf jeden α-Aminosäurerest kommt eine H-Brücke. Ihre Länge beträgt 5,1 Å, gerechnet vom N-Atom der einen Windung zum entsprechenden Carbonyl-C-Atom der nächsten. Die geringere Stabilität der γ-Helix zeigt sich schon in dem größeren Abstand von 5,42 Å. Diese Form enthält 5,1 Aminosäurereste auf eine Schraubenwindung und der n-te Rest bildet H-Brücken mit dem ($n \pm 5$)ten, während sie bei der α-Helix mit dem ($n \pm 3$)ten eingegangen werden. Hier ist die Windungshöhe 5,4 Å, der Zylinderdurchmesser etwa 5,5 Å, bei der γ-Helix 6,3 Å (Abb. 127).

Die Helices werden in sich durch die H-Brücken zusammengehalten. Ihre Sprengung erfordert eine gewisse Energie. Im wasserfreien Zustand oder in apolaren Lösungsmitteln ist die *H-Bindungsenergie* mit 8 kcal relativ hoch, die

Abb. 127. PAULINGs 3,7-Helix, links zur Faltungsschicht ausgerollt; ohne R-Gruppen (nach AUGENSTINES)

Helix daher ziemlich stabil, während die Wassermolekeln in wäßriger Lösung gegen den Bindungspartner stets ausgetauscht werden können. Daher erfolgt hier eine Schwächung der Bindung, deren Energie summarisch mit 1,5 kcal angegeben wird. Im übrigen ist die Helixbildung erst oberhalb einer genügenden Anzahl von Resten zu erwarten. Bei kürzeren Ketten ist nämlich der Anteil der frei beweglichen Endgruppen-Peptidbindungen relativ groß, so daß die Entropiezunahme bei der Entfaltung der Spiralen ebenfalls groß ist, diese also bevorzugt wird (SCHELLMANN). Aus diesem Grunde ist auch die kritische Kettenlänge im Wasser größer als in Lösungsmitteln, welche selbst keine H-Brücken zum Protein bilden können. Es ist hiernach verständlich, daß die Helixstruktur für alle niedrigeren Peptide einschließlich der ringförmigen mit Hormonwirkung noch nicht in Frage kommt. Für das Insulin jedoch ergibt die Röntgenanalyse (s. S. 369) der trockenen Kristalle parallel gelagerte Stäbchen der Länge von 44 Å, entsprechend den 30 Aminosäureresten der B-Kette. Denn jedem Rest kommt in der Helix eine Steighöhe von 1,47 Å zu. Die A-Kette, welche mit B durch zwei S-Brücken verbunden ist, könnte nach LINDLAY und ROLLET von A_1-A_9 links — und von A_9-A_{21} rechts gewunden sein. Wegen der Disulfidbrücke zwischen beiden Teilen der A-Kette (6 zu 11) ist eine Neigung der Zylinderachsen zu fordern.

Die *Stabilität der Helices* wird durch Querverbindungen zwischen den Ketten beeinflußt. Alle Reste sind von der Spirale aus nach außen angeordnet. Bei allen Reaktionen, welche sie eingehen, wird das Innere der Spirale also zunächst nicht betroffen. Der Abstand zwischen den einzelnen Helices kann mit 4,6 Å angegeben werden. Polare Attraktionen, Disulfidbindungen und H-Brücken zwischen benachbarten Helices stabilisieren sie. Aber in noch stärkerem Maße können diese Kräfte die Struktur der eigenen Spirale befestigen. Umgekehrt wirken gleichgeladene Reste oder pH-Veränderungen, welche eine Dissoziation gleichgeladener Nachbargruppen verstärken, streckend, d.h. sie streben die Bildung der pleated sheets oder sogar entfalteter freier Ketten an.

Bei der Ausbildung der Helices findet nur eine geringe Veränderung der Valenzwinkel an den Atomen der Peptidkette statt. *Störend wirkt aber der l-Prolinrest.* Low und EDSALL zeigten, daß er bei einer rechtsgewundenen Helix nur den Fortfall einer Brücke und die Streckung einer weiteren bewirkt, ohne die Anordnung im übrigen stören zu müssen. Der Aufbau einer linksgewundenen Helix wird durch den l-Prolinrest unterbrochen. Eine Umordnung zur Rechtswindung würde jedoch unter Berücksichtigung der Seitenketten auch die Störung mindestens eines großen Teils im Gefüge der Molekel bedeuten. Möglicherweise findet man in der natürlichen Anordnung Prolinreste an den Stellen des Überganges von links- zu rechtsgewundenen Helices (LINDLAY).

Das Problem des Überganges einzelner Helices ineinander ist nur durch eine noch eingehendere Strukturanalyse der Molekeln zu klären. Denn die sog. *tertiäre Struktur* der Proteine (LINDERSTRÖM-LANG 1952), d.h. die Verbindung der Helices und die Abgrenzung der nicht in der Spiralform vorliegenden Molekülabschnitte ist noch weitgehend unbekannt. Gerade aber sie bestimmt das eigentlich höhere Gefüge der Molekel. Sicher sind bei ihrem Aufbau aus den sekundären Strukturen (Helices) die Dispersionskräfte zwischen den aliphatischen Resten von Bedeutung und nicht unwichtiger als die H-Brücken der Peptidbindung, welche ihre Hauptaufgabe in der Stabilisierung der Sekundärstruktur haben. Wahrscheinlich wird also die höhere Struktur weitgehend durch die Anordnung und Wechselwirkung der Leucin- und Valinreste des Eiweißes bestimmt. Daneben spielen aber auch die von Tyrosin, Serin und Threonin ausgehenden H-Brücken eine wichtige Rolle.

Die *Strukturanalyse der Proteinmolekeln* wird auch klarzustellen haben, wieweit an ihren *Oberflächen* andere Anordnungen als innen vorliegen, vielleicht solche vom Typ der Faltungsschichten oder auch kürzere freie Peptidketten bestimmter Anordnung. Sicher ist, daß gerade die Oberflächenformung über die Reaktionsfähigkeit an den aktiven Stellen entscheidet. Dabei wird es nicht nur auf den Einbau besonderer Gruppen oder Elemente und auf die Bildung von Mulden oder Vorsprüngen ankommen. Wichtig ist auch auf jeden Fall der Abstand mehrerer an der Bindung und Verarbeitung beteiligter Stellen. Übergeordnet ist jedoch das durch die Struktur der Proteine bedingte Kraftfeld an diesen Orten, d.h. letzten Endes die Verteilung der Elektronendichte nicht nur in flächenhafter sondern in räumlicher Beziehung zu den Reaktionsmulden. Ihre Dichte gibt jenen Stellen elektrophilen oder nucleophilen Charakter. Ihr energetisches Niveau aber bestimmt ihre Reaktionsfähigkeit (s. S. 611f.).

Diese *Anordnung* ist durch die Vorgänge *bei der Bildung der Molekel beeinflußbar*. Die darunter gelegene festgefügte innere Ordnung — gekennzeichnet durch die Helices — aber stabilisiert sie, so daß die Eiweißmoleküle nach ihrer Abgabe vom Entstehungsort praktisch in ihrer Feinstruktur nicht mehr anpassungsfähig sind. Eine echte Antikörperbildung oder eine adaptative Fermentbildung ist im Reagensglas ohne die Funktion der Bildungsorte nicht möglich. An diesen Orten aber erfolgt sie in Gegenwart der Antigene in spezifischer Weise nach dem Schema der Prägung einer Münze an einer Matrize. Die Untersuchung der *serologischen Spezifität*, welche Verbindungen von Proteinen mit definierten Gruppen als Antigene benutzt, hat die Feinheiten in der Beeinflussung dieses Vorganges klargestellt (LANDSTEINER, HEIDELBERGER, HAUROWITZ). Ausschlaggebend ist dabei nur das räumliche Kraftfeld des Antigens bzw. seiner determinanten Gruppe. Bei aller Finesse in der Formung der Eiweiße ist aber z.B. die Unterscheidung eines As- vom P-Atom in organischen Verbindungen gleichen Aufbaues (z.B. Arsinen und Phosphinen) serologisch nicht möglich. Die räumliche Einpassung des Antigens in die Oberfläche der Antikörpermolekel ist daher entscheidend. Nach HAUROWITZ sind an den aktiven Orten der Antikörper — und es dürfte meistens nur einer pro Molekel sein — Flächen von nur 15 Å Durchmesser beteiligt. Unter ihnen finden, wenn die Oberfläche zweier Helices berücksichtigt wird, nur 4 Aminosäurereste Platz. Dadurch wird die sehr große Zahl der möglichen Anordnungen von Aminosäuren in der Molekel, welche für die Bildung des Antikörpers verantwortlich ist, stark eingeschränkt. Die Anzahl der Immun-Globuline ist nicht mehr unendlich, sondern man hätte mit 17 Aminosäureresten weniger als 50000 Kombinationsmöglichkeiten zur Verfügung. Berücksichtigt sind dabei aber nicht die strukturellen Feinheiten der Anordnung.

Spiralstruktur der Nucleinsäuren

Die Eiweißbildung vollzieht sich nach allen vorliegenden Erfahrungen wohl allgemein unter dem prägenden Einfluß von *Nucleinsäuremolekeln* in bestimmter räumlicher Anordnung (s. S. 529). Auch die Fermente, welche die Bildung der Zell- und Organstruktur katalysieren und dem Genapparat des Zellkerns direkt unterstellt sind, entstehen an Nucleinsäuren, und zwar an den *Desoxyribonucleinsäuren* der Chromosomen (DNS). In ihrem Aufbau liegen die Feinheiten der Erbfaktoren begründet. Die Gen-Fermente und anschließend alle übrigen Eiweiße übernehmen danach ihre strukturellen Feinheiten von jenen Stoffen. Schon bei Bakterien konnte bewiesen werden, daß die Nucleinsäure der Bakteriophagen — ohne Eiweiß — determinierend wirkt. Dringt sie in den Zelleib ein, dann erfolgt in ihm anschließend die Vermehrung der Phagen und die Bildung auch ihres Eiweißes auf Kosten der Zellbausteine (HERSHEY und CHASE 1952).

Auch die Nucleinsäuren besitzen eine *Spiralstruktur*. Nachdem sie von den Cytologen für die Chromosomen schon seit längerem wahrscheinlich gemacht war oder sogar gesehen wurde, übertrug PAULING (1952) das Bild der Protein-Helices auch auf die Nucleinsäuren. Aber erst die detaillierten Vorstellungen von WATSON *und* CRICK *(1953)* über die Anordnung der DNS erwiesen die überragende allgemein-biologische Bedeutung der schraubigen Windung längsgestreckter Molekülketten. Denn sie gibt in der Form jenes Modells zum ersten Mal eine *Erklärung für die genetischen Funktionen dieser Nucleinsäuren*. Sie bestehen in der Bewahrung und Weitergabe von biologisch-historisch erworbenen Anweisungen zur Strukturbildung bei der Eiweißsynthese. Daß nicht bestimmte Eiweiße, sondern die Nucleinsäuren diese Nachrichtenübermittlung vollziehen, muß heute als grundsätzlich gesichert betrachtet werden. Wenn aber wie in den DNS nur unverzweigte, aus Mononucleotiden aufgebaute Ketten schon zu jener Übermittlung fähig sind, dann stehen auch nur die 4 Zeichen der zwei Purinbasen Adenin, Guanin und der beiden Pyrimidinbasen, Cytosin und Thymin, zur Verfügung. Ähnlich wie bei der aus 2 Zeichen: — Punkt und Strich — bestehenden Morseschrift wird wegen der geringen Zahl der verschiedenen Nachrichtenelemente, aus denen sich die Mitteilung aufbaut, die Gesamtzahl der zur ihrer Kennzeichnung notwendigen Zeichen groß sein müssen. Sie sind hintereinander in einem eindimensionalen Streifen aufgereiht.

Er muß so angeordnet sein, daß 2 Aufgaben erfüllt werden können: 1. Das Abtasten des *Informationsinhaltes* und seine Transformation in die spezifische Proteinstruktur und 2. die *Reduplikation* des Streifens selbst, welche die Weitergabe des Nachrichtenkodex bei der Zellteilung ermöglicht und auf diese Weise die Kontinuität der spezifischen Struktur sichert. Die letzte Aufgabe ist der Vervielfältigung einer Grammophonplatte, die erstere ihrem ständigen Abspielen zu vergleichen. Wie hier der Informationsinhalt auf einem engen Raum zusammengedrängt ist, so geschieht das gleiche bei der genetischen Zeichenfolge durch spiralige Aufwicklung des Nachrichtenbandes. Die Verbindung der Mono-Nucleotide wird über die Phosphorsäure durch ihre Esterbindungen zwischen den Stellen 5′ und 3′ der Desoxyribose übernommen. Dabei sind die Basenreste dem Innern der Spirale zugekehrt und die Phosphorsäure nach außen gerichtet (Abb. 128).

Der Spiraldurchmesser beträgt etwa 20 Å, die Windungshöhe 34 Å. Der Schraubenumgang selbst enthält 10 Nucleotidreste. Ein Rest beansprucht danach in der Längsrichtung des Streifens die Strecke von 7 Å. Auf ein Molekulargewicht einer Einzelkette von 0,5 · 10⁶ kämen 150 Windungen mit etwa 1500 Mononucleotiden und einer Spirallänge von 5100 Å. Der Informationsinhalt mit vier verschiedenen aber in gleicher Zahl vorhandenen Zeichen ist bei einer Summe von 1500 nahezu unbegrenzt, wenn die Möglichkeiten der verschiedenen Gesamtkonstellationen berücksichtigt werden. Wenn auch die genetisch wirksamen Elemente wahrscheinlich oft viel kleiner

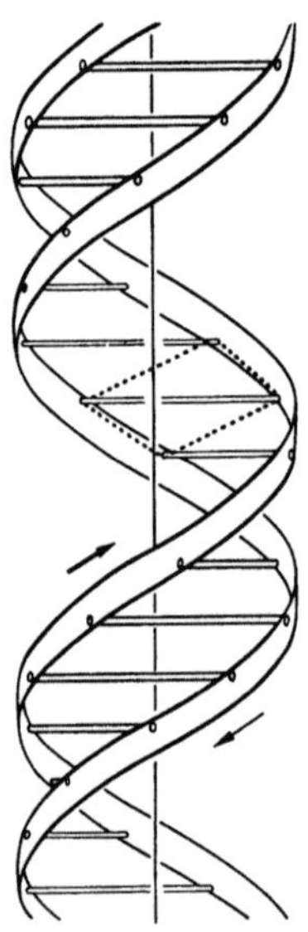

Abb. 128. Doppelspirale der Desoxyribonucleinsäuren. Die horizontalen Striche sind H-Brücken zwischen den Basenresten. Gamow-Nische punktiert (nach DELBRÜCK)

sind, bleibt die Zahl der Informationen, die sie vermitteln, immer noch so hoch, daß sie der Mannigfaltigkeit der an ihnen erzeugten Proteine ohne jede Schwierigkeit Rechnung tragen. Dabei hat der Informationskodex nicht nur die Anzahl der einzelnen Aminosäuren und ihre Reihenfolge, sondern auch ihre räumliche Anordnung in der Molekel zu bestimmen.

Der informatorische Inhalt wird dadurch nach dem Watson-Crick-Modell wesentlich erweitert, daß die Nucleinsäuren in parallelverlaufenden und entgegengesetztgerichteten *Doppelbändern* vorliegen. Unter Richtung ist hierbei die Reihenfolge 3′ → 5′ der Phosphate zu verstehen. Die Bänder werden durch Wasserstoffbrücken zwischen je 2 Basenresten zusammengehalten (Abb. 129). Das Doppelband wird stabil, wenn je eine Pyrimidinbase mit einer Purinbase des parallelen Fadens auf diese Weise verknüpft sind. Dabei sind Adenin (A) und Thymin (T) und Cytosin (C) und Guanin (G) korrespondierende Basen. Durch diese sterisch stabile Zuordnung wird 1. eine doppelte Sicherung des Inhaltes, 2. eine weitere Differenzierung bei seiner Abnahme und 3. ein Verständnis für die identische Reduplikation bei der Chromosomenteilung erreicht.

Zu 1. Im groben werden danach etwa folgende Botschaften identische Effekte hervorbringen: a) C A G T A und b) G T C A T. Sie tun es, weil nur das Doppelband wirksam ist und das Teilband a) das Parallelband b) erzeugt und umgekehrt.

Zu 2. Im feineren ergibt nicht nur die Längsabtastung, sondern auch die Beachtung eines Vierecks (Nische nach Gamow 1954), welches sich zwischen den Basen der beiden Bänder befindet, weitere Kombinationsmöglichkeiten. Im ganzen lassen sich, wenn von 4 Partnern 3 willkürlich gewählt werden, 64 verschiedene Nischen zwischen den Basen der Doppelschleifen kombinieren. Eine

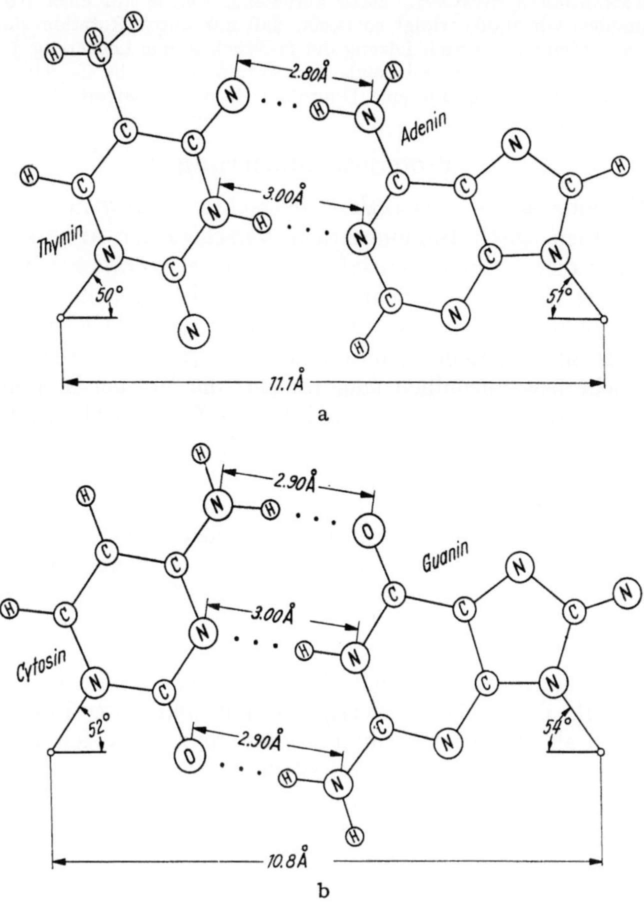

Abb. 129a u. b. Wasserstoffbrücken zwischen Adenin und Thymin (a) und zwischen Guanin und Cytosin (b) in der Watson-Crick-Spirale (nach Pauling 1956)

generelle Analyse der Informationsmöglichkeiten durch geeignete Kombination von Elementarzeichen gibt die *Informationstheorie* (Quastler). Sie berücksichtigt auch den Informationsverlust bei Zeichenübertragungen, der formale Parallelen zur Entropie bietet (Thermodynamische und Informations-Entropie).

Zu 3. Die identische Reduplikation des genetischen Materials würde beim Vorhandensein einer Kette in der Spiralstruktur die Anlagerung der beschriebenen komplementären Nucleotide ermöglichen. Zunächst würde während der Karyokinese eine Trennung der Parallelbänder durch Sprengen der zahlreichen H-Brücken erfolgen. Das ist z.B. dann vorstellbar, wenn Stoffe wirksam würden, welche — wie etwa Harnstoff oder Guanidinderivate bei den Proteindenaturierungen — selbst H-Brücken bilden, welche damit die vorher bestehenden ablösen. Nach erfolgter Abtrennung würde jeder Streifen dadurch in komplementärer Art aus vorhandenem Mononucleotidmaterial neu gebildet werden, daß die Basenpaare sich zuerst in zugehöriger Weise gegenüberstellen. Anschließend würde diese Stellung durch Esterbildung fixiert werden. Daß die erste Orientierung unter Berücksichtigung der Molekülgestalt durch Ladungs- und Resonanzkräfte erfolgen kann, bleibt weiterhin wahrscheinlich (s. S. 528).

Bei genügender Verdünnung wird DNS in 4 m Harnstofflösung in 2 gleich große Hälften aufgeteilt (ALEXANDER u. STACAY). Diese Zerlegung, welche mit einer Abwickelung der Spiralen verbunden sein muß, erfolgt so rasch, daß nur durch Rotation einzelner Teilabschnitte um die Zylinderachse nach Lösung der H-Brücken eine Lockerung des Spiralenaufbaues erfolgt sein kann. Die anschließende Translation zerlegt die Einzelfäden. W. KUHN errechnet auf dieser Grundlage für eine Doppelspirale einen Zeitbedarf zur Trennung der Fäden von 50—80 sec (1957).

Proteindenaturierung

Native Proteine sind — physikalisch betrachtet — unwahrscheinliche Strukturen. Sie werden durch Bindungskräfte verschiedener Art fixiert. Jegliche Lockerung aber dieser Bindungen läßt die Molekel *schrittweise oder sprunghaft* wahrscheinlichere Zustände annehmen, welche sich freiwillig einstellen. Die nativen Molekeln befinden sich also nicht im thermischen Gleichgewicht mit der Umgebung: sie sind thermodynamisch instabil. Aber die Reaktion tritt normalerweise nicht bzw. unendlich langsam ein: die Molekel ist kinetisch stabil. Erst eine Lockerung der Bindungen, welche den Zusammenhalt sichern, ermöglicht ihren Ablauf. Der kontinuierliche oder abrupte Vorgang, während dessen die Molekel in wahrscheinlichere Zustände übergeht, heißt *Denaturierung* (S. 350). Die Einwirkungen, welche sie hervorrufen, sind so mannigfaltig, wie es die ihnen folgenden chemischen Veränderungen in der Molekel selbst sein können. Daher kann eine eindeutige Definition, welche bestimmte chemische Reaktionen in den Vordergrund stellt, kaum gegeben werden. Biochemisch gesehen ist Denaturierung ein Spezifitätsverlust — aber er kann nur mit geeigneter Methodik gefunden werden. Kolloidchemisch ist er als Form- und Ladungsänderung feststellbar, wenn er ein gewisses Ausmaß überschritten hat. Oft sind die Stabilitätsänderungen, z.B. die Löslichkeitsverminderung und Viscositätserhöhung, als Kennzeichen, ja als Definition benutzt worden, und es hat sich in der Praxis oft gut bewährt, wenn man das Löslichkeitsverhalten der nativen Proteine mit dem der hydrophilen und das der denaturierten mit dem der hydrophoben Kolloide vergleicht. Der Koagulationsablauf in Gegenwart von Salzen entspricht diesem Unterschied. Doch sollte der eigentliche Denaturierungsprozeß von den Stabilitätsänderungen, welche er bewirkt, begrifflich abgetrennt werden.

Nur das Lösen von solchen Bindungen, welche für die spezifische Formung der Molekel verantwortlich sind, bedeutet eine Denaturierung. Daher wird nicht jede chemische Reaktion mit einem Protein so zu bezeichnen sein. Das schonende Einführen von neuen Gruppen, etwa über Diazoverbindungen, ändert die Gesamtstruktur nicht in dem beschriebenen Sinne. Die Abspaltung von einzelnen Aminosäuren oder von Peptidresten, wie sie beim Übergang von Profermenten der Verdauungsdrüsen zu den wirksamen Enzymen stattfindet, ist ebenso wenig eine Denaturierung wie der durch das Bakterienenzym Subtilisin vom Phosphatasetyp eingeleitete Übergang von Ovalbumin zu Plakalbumin (LINDERSTRÖM-LANG 1952a). Hierbei werden ein Hexa-, ein Tetra- und ein Dipeptid abgetrennt. Eine Lösung von Peptidbindungen ist allgemein mindestens nicht primär an der Denaturierung beteiligt.

Dagegen ist seit der ersten Beobachtung von ARNOLD (1911) am hitzedenaturierten Hühnereiweiß das Auftreten von Thiogruppen auch bei den übrigen Proteinen immer wieder beobachtet worden. Namentlich ANSON und MIRSKY sahen zeitweise in ihm das Wesen der Denaturierung überhaupt. Aber es ist heute sehr fraglich, ob *Thiogruppen* dabei aus Disulfidbindungen neu entstanden sind. Dieser Vorgang kann beteiligt sein; aber es sind Denaturierungen durchaus auch ohne ihn möglich. Die Zunahme der Thiogruppen bleibt aber trotzdem die am einfachsten nachzuweisende chemische Veränderung im Ablauf der Denaturierungen. Es muß als sicher angesehen werden, daß vorgebildete Thiogruppen in der unveränderten Struktur des Eiweißes so versteckt liegen, daß das Nitroprussiat — mit dem sie nachgewiesen werden — sie nicht erreicht. Die Denaturierung gibt den Zugang zu ihnen frei, der vorher aus sterischen Gründen behindert war. Da auch andere Gruppen auf diese Weise freigelegt werden, kann das Auftreten der SH-Gruppen keine Sonderstellung im Denaturierungsgeschehen einnehmen. So wird mehr Tyrosin mit Folins-Reagens oder durch die Diazoreaktion oder mehr Arginin nach SAKAGUCHI nachweisbar und

PORTER (1948) hat gefunden, daß im denaturierten Lactoglobulin 31 ε-Aminogruppen des Lysins mit Dinitrofluorbenzol reagieren, während dazu im nativen nur 12 solche Gruppen in der Lage sind. In gleicher Weise verhalten sich die Serum-Albumine und Globuline.

Abb. 130. Diagramm der Denaturierung (nach HAUROWITZ 1950)

Allgemein werden die einzelnen Aminosäuren im Eiweiß durch die Denaturierung *chemisch reaktiver*. Dabei *fällt aber die biologische Aktivität* infolge des Verlustes an spezifischer Ordnung der Molekel ab. Aus den Titrationskurven von STEINHARDT und ZAISSER muß geschlossen werden, daß natives Protein sogar maskierte Säure- und Basengruppen enthält, welche beim Denaturierten erst nach Erreichen eines bestimmten pH-Wertes, d.h. eines bestimmten Dissoziationsgrades, ihre Bindungsfähigkeit abrupt zur Verfügung stellen. Hiermit hängt zusammen, daß sich der IP bei der Denaturierung ein wenig, und zwar meistens nach der alkalischen Seite verschieben kann (s. S. 619).

Die erste und im Kern noch heute richtige Deutung dieser Vorgänge gab WU 1931 in seiner *Entfaltungstheorie*. Nach ihr werden die sekundären und die weiteren ihr überlagerten Bindungen mindestens vorübergehend gelöst. Dabei wird die Peptidkette freigegeben: *aus dem globulären wird ein Faserprotein*. Es entsteht aus dem spezifisch gefügten Gebilde mit innermolekularen Bindungen ein reaktiver Faden, der anschließend neue Bindungen eingeht. Diese aber sind unregelmäßig auf den eigenen und den Nachbarfaden verteilt. Die innermolekularen Bindungen sind mindestens teilweise in zwischenmolekulare übergegangen (Abb. 130). Im Zwischenstadium der Denaturierung führt die Freigabe der Bindungen zur Reaktion mit den Lösungsmittelmolekülen. Sie läßt sich am Serumalbumin durch eine vorübergehende Volumenkontraktion nachweisen, welche mit dem Eingehen der zwischenmolekularen Reaktionen zurückgeht (HEYMANN, SEELICH 1938). Denn summarisch liegen schließlich etwa dieselben Bindungen, aber an anderen Stellen vor, so daß die Gesamtvolumenerhöhungen des Eiweißes einschließlich des Wassergehaltes oft gering sind (vgl. S. 601f.). Der Übergang in Fadenmolekeln ist auch technisch zeitweise durch die *Gewinnung von Faserstoffen* aus denaturiertem Casein (Caseinwolle!) ausgenutzt worden. Die Freigabe der Peptidketten *erleichtert den Angriff von Peptidgruppen-spaltenden Fermenten*. Denaturiertes Eiweiß wird sehr viel leichter oder überhaupt erst wirksam durch die proteolytischen Fermente angegriffen. Sowohl das Kochen der Speisen, d.h. die Hitzedenaturierung, wie die Säuredenaturierung im Magensaft bereiten daher die Eiweiße auf den fermentativen Angriff vor. Natives Serum wird im Reagensglas nur sehr langsam durch Trypsin abgebaut, aber schnell nach vorübergehender Säureeinwirkung und Reneutralisierung. Die nativen Proteine der Darm- und Magenschleimhaut widerstehen normalerweise dem Angriff der in ihrem Lumen wirksamen Enzyme weitgehend.

Die Entfaltung der Peptidketten braucht nicht vollständig zu sein. Sie kann z.B. die Helices noch bestehen lassen und wird dann nur ihren Zusammenhalt ändern oder aufheben. Die *Stufen der Denaturierung* lassen sich nach BULL (1956) bei der Oberflächendenaturierung durch Spreitung (s. S. 243) verfolgen. Wenn die Konzentration von Eieralbumin über 0,3 mg/m² Oberfläche liegt, wird das Rotationsellipsoid zwar zu Scheiben verzerrt, welche im wesentlichen aus nebeneinanderliegenden Helices bestehen dürfen. Sie zeigen aber noch spezifische Reaktionen mit einem Antikörper. Bei geringerer Konzentration pro Fläche jedoch expandieren sich die Teilchen weiter unter Verlust jeglicher Reaktionsfähigkeit mit spezifischen Antikörpern zu dünnen Schichten von entrollten Helices (H. B. BULL).

Die *Lösung der Wasserstoffbrücken* in den Helices selbst hat den Übergang in die freien oder sich unregelmäßig neu verknüpfenden oder knäuelnden Peptidketten zur Folge. Sie wird unter anderem *durch höhere Harnstoff- oder Guanidinkonzentrationen* erzielt. Diese Stoffe können in geringen Mengen die Löslichkeit der Eiweiße dadurch erhöhen, daß sie Wasserstoffbrücken mit ihrer Oberflächenstruktur bilden. Bei kräftigerer Einwirkung lösen sie aber auch die Brücken der Helices dadurch, daß sie in der Lage sind, selbst Brücken mit der Peptidbindung aufzunehmen. Harnstoff kann desaggregierend wirken, wenn mehrere Peptidketten in der Helixform wie im Hb durch H-Brücken zusammengehalten werden. Nach SVEDBERG entstehen so Bruchstücke von einem Viertel des Hämoglobinmolekulargewichtes. Wenn aber die Helices gelöst werden, also in noch höherer Konzentration, wird die Kette als Fadenmolekel frei, und es wird eine erhöhte Viscosität, meistens verbunden mit einem Ansteigen der optischen Drehung erzeugt. Gleichzeitig werden die genannten Gruppen — vor allem wieder SH — reaktionsfähig. Die Übergangskonzentration zwischen der lösenden und denaturierenden Wirkung des Harnstoffes ist je nach ihrer Stabilität bei den einzelnen Proteinen außerordentlich verschieden (KAUZMANN). Manche Eiweiße sind sogar gegenüber Kochen unempfindlich (Ribonuclease, Lysozym). Säure- und Laugeneinwirkung, d.h. sehr intensive Änderungen der Dissoziation, verändern das Gefüge so, daß eine Reversion nicht oder nur in beschränktem Umfange möglich ist. Anionen höherer Fettsäuren, anionische Detergentien, anorganische Salze — entsprechend ihrer Stellung in der lyotropen Reihe — können derartige Denaturierungen, auch die durch Hitze, aufheben oder die Temperatur ihres Eintretens erhöhen. Sie wirken auch gegenüber der Denaturierung durch Harnstoff.

Einige als Denaturierung angesehene *Veränderungen sind revertierbar.* Eine echte Reversion liegt offenbar bei der Wärmeinaktivierung des Trypsins, des Chymotrypsins und des Chymotrypsininhibitors aus Sojabohnen vor. Eine thermodynamische Analyse wird an anderer Stelle gegeben (s. S. 603). In den übrigen Fällen ist eine vollständige Revertierung nicht beweisbar, aber nicht auszuschließen. Am nächsten scheint ihr die H^+-Inaktivierung des CO-Hb zu kommen, welche von ANSON und MIRSKY untersucht wurde. Während aus gewöhnlichem Hb neben der Häm-Abspaltung schon bei pH 4 Thiogruppen irreversibel frei werden, geschieht das mit CO-Hb nicht. Die aus CO-Hb abgetrennte prosthetische Gruppe läßt sich nach Alkalisierung wieder mit dem

Globin zu einem spektroskopisch unveränderten Hb vereinigen. Es zeigt aber dennoch gewisse Veränderungen in der Sauerstoff-Dissoziations- und Basenbindungskurve. Detergentien besitzen oft stark denaturierende Eigenschaften. Ihre Ionen werden nicht allein von den entgegengesetzt geladenen Stellen des Proteins gebunden, vielleicht auch nur durch sie dirigiert. Ihre Bindung erfolgt weitgehend durch die Paraffinreste der Proteine, die sich auch bei der Lipoproteidbildung beteiligen [PUTNAM u. a.]. Sie können auf diese Weise den Zutritt für solche Agentien verlegen, welche H-Brücken sprengen und damit die Denaturierung z.B. durch Harnstoff abschwächen. Am Hämoglobin und Myoglobin bewirken sie außerdem eine Veränderung der Häm-Bindung und verwandeln die Farbstoffe in Hämochrom bzw. Myochrom. Bemerkenswerterweise ist diese Verwandlung nach Abdialysierenlassen des Detergens spektroskopisch vollständig reversibel [NETTER u. Mitarb. (NIEDIECK, LÜBBERS, KROMPHARDT)].

Die unter denaturierenden Einwirkungen (Hitze, Strahlung, Schütteln, Oberflächenwirkung, chemische Agentien, H-Ionenkonzentrationsveränderungen usw.) entstandenen Veränderungen der Proteine sind praktisch am einfachsten durch Untersuchung ihrer kolloidchemischen Stabilität zu untersuchen und zu beschreiben.

Löslichkeit und Stabilität der Kolloide

Die Koagulation

Das Verhalten der *Kolloide* und ihre Funktionen werden oft durch das Studium ihrer *Zustandsänderungen* verständlich. Diese äußern sich in Veränderungen der Löslichkeit und Stabilität, welche zur langsamen oder schnellen Flockung *(Koagulation)* führen. Koagulation beginnt dann, wenn der Abstand zweier Teilchen kleiner als der Radius einer zunächst hypothetischen Attraktionssphäre (R) geworden ist. Die Geschwindigkeit der Koagulation ist durch die relative Abnahme der Zahl gelöster Teilchen zu kennzeichnen, also durch n/n_0, wobei n die Teilchenzahl in ml zur Zeit t und n_0 bei $t = 0$ bezeichnet. D ist der Diffusionskoeffizient für die zu koagulierenden Teilchen. Dann ist, wie sich durch Integration des allgemeinen Ansatzes für die Zahl der durch eine geschlossene Oberfläche der Dicke r diffundierenden Teilchen

$$I = D \cdot 4\,\pi\,r^2 \cdot \frac{dn}{dr} \qquad (42\,\mathrm{a})$$

entnehmen läßt, die Anzahl der Kollisionen mit einem herausgegriffenen Partikelchen vom Wirkungsradius R:

$$I = D\,4\,\pi\,R \cdot n_0 \quad \text{und} \quad \frac{n}{n_0} = (1 + I \cdot t)^{-1} \quad (42\,\mathrm{b})$$

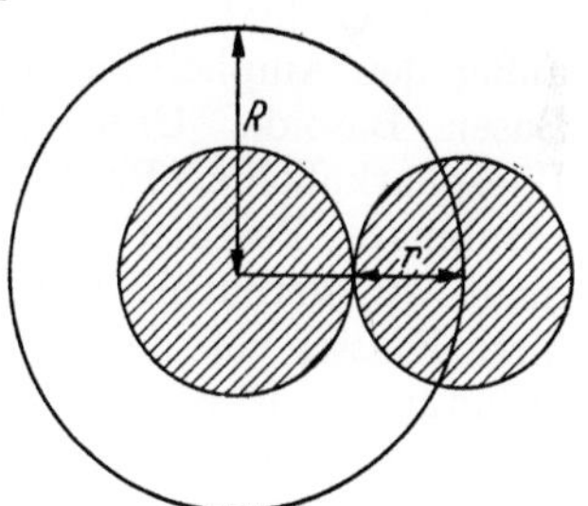

Abb. 131. Bei gleichgroßen Micellen ist der Radius der Attraktionssphäre für die schnelle Koagulation so groß wie der Teilchenradius (Aus JIRGENSONS u. STRAUMANIS)

(v. SMOLUCHOWSKI 1916). Experimentell hat sich unter Zugrundelegung dieser Formel an vielen Solen ergeben, daß schnelle Koagulation dann eintritt, wenn die *Teilchen sich berühren,* d.h. wenn R dem doppelten Radius der Teilchen gleich ist (Abb. 131). Exakte Stabilitätsmessungen sollten die Konzentration einzelner Stoffe angeben, welche eine Koagulation mit gleicher Halbwertszeit bedingt. Halbwertszeit $(t_{1/2})$ der Koagulation ist jene, nach der die Konzentration der noch dispergierten Teilchen auf die Hälfte abgenommen hat, d.h. wenn $n = n_{0/2}$ ist. Wenn nicht jede Kollision sondern nur ihr Bruchteil α wirksam ist, liegt eine langsame Koagulation vor:

$$n = n_0\,(1 + \alpha \cdot I \cdot t)^{-1}. \qquad (42\,\mathrm{c})$$

Generell wirken bei geeignet hohem Zerteilungsgrad solche *Kräfte stabilisierend*, welche dem allgemeinen Kohäsionsbestreben der dispergierten Stoffe Widerstand bieten. Sie sind: 1. die allgemeine Wärmebewegung, 2. die elektrostatische Kraft, welche die in der diffusen Doppelschicht vorhandene Ionenverteilung aufrecht erhält, 3. der mechanische Widerstand einer Solvathülle, 4. Faktoren, welche die Grenzflächenspannung der Teilchen gegenüber der Lösung niedrig halten, 5. interionale Kräfte des Dispersionsmittels. Diese Kräfte sind nicht unabhängig voneinander, und ein Zentralproblem der theoretischen Kolloidchemie besteht in der Lösung der funktionalen Abhängigkeiten dieser Komponenten. Unabhängig von dieser Lösung sind vorerst folgende Feststellungen zu treffen: A. Eine Solvathülle bildet sich nicht nur durch die Anwesenheit von Ionen in der Grenzschicht, sondern sie wird auch bedingt oder modifiziert durch die elektrischen Restkräfte von Dipolen oder polaren Gruppen. B. Die Kraft der Aufladung ist alleine nicht immer zur Stabilisierung ausreichend. C. Eine Herabsetzung der Grenzflächenspannung ist innerhalb gewisser Grenzen symbat mit einer Steigerung der Hydratation (s. S. 222). Für eine halbquantitative Beschreibung bleiben danach die *Hydratations-* und die *Ladungskräfte entscheidend*. Obwohl diese beiden Faktoren stets gleichzeitig zu beachten sind, läßt sich unschwer eine Klasse von Kolloiden herausheben, deren Zustandsänderungen wesentlich durch *Beeinflussung der Ladung* an den Teilchengrenzen bedingt sind, die *Suspensoide* oder elektrokratischen Sole. Die elektrischen Kräfte sind bei ihnen in der Lage, Partikelchen, meist Aggregate unlöslicher Moleküle in der Größenordnung der Durchmesser von $1-100\ m\mu$, vor dem weiteren Zusammenklumpen zu schützen, also als Sole zu stabilisieren. Hier wirken zwar auch Hydratationskräfte, sie treten aber in wechselndem Ausmaß gegenüber der Ladung zurück, im Gegensatz zu den *hydrophilen* Kolloiden, bei denen die ionale Aufladung im Idealfall bedeutungslos für die Stabilität sein kann. Zu den hydrophoben Kolloiden sind nicht nur die anorganischen zu rechnen, sondern z.B. auch Mastix-, Anthrazen-, Cholesterin-Sole im Gegensatz zu den hydrophilen Phosphatiden. Zu den hydrophilen Kolloiden gehören außer den Ampholyten hochmolekulare Säuren, Acidoide, und hochmolekulare Basen, Basoide. Unter den Acidoiden interessieren die Sulfatkolloide (Agar), Phosphatkolloide, Phosphatide, Amylopektin, Nucleinsäure, Carboxylkolloide (Arabinate, Pectinate). Auch Stoffe, die wie Cellulose oder Amylose über ein nicht zu vernachlässigendes Basenbindungsvermögen verfügen, gehören in diese Klasse, von deren Hydratation das gilt, was allgemein über die Wasseraffinität der Eiweiße gesagt wurde.

Die Eigenschaft der Eiweiße, durch Neutralsalze in hoher Konzentration abgeschieden zu werden, teilen sie mit den meisten hydrophilen Kolloiden (s. S. 335). Besonders bekannt ist die *Aussalzung* für die Seifenlösungen, in denen die Salze der höheren Fettsäuren als Aggregationskolloide micellar angeordnet vorliegen.

Die Verschiedenheit der Kräfte, welche die beiden Klassen der Kolloide stabilisieren, kommt in ihrem Verhalten gegenüber *Neutralsalzen als Koagulatoren* zum Ausdruck. Hydrophobe Kolloide sind ihnen gegenüber viel empfindlicher als die hydrophilen. Diese werden erst durch hohe Konzentrationen an Salzen und dann meistens in reversibler Form, d.h. im wesentlichen unverändert, aus der Lösung ausgeschieden. Man nennt solche Kolloide, welche nach Entfernung des Koagulators mit unveränderten oder nahezu unveränderten Eigenschaften wieder in Lösung gehen, resolubel.

Bei Verwendung von Salzen mit mehrwertigen Ionen, besonders Metallionen ist die Reversibilität der Fällung oft gering. Die Abstufung der Wirkungsstärke reversibel fällender Salze richtet sich nach der *lyotropen Reihe*. Dabei wirken die als quellungssteigernd bekannten Ionen auch verbessernd auf die Löslichkeit. Doch kann die fällende oder lösende Eigenschaft je nach dem Substrat oder dem Milieu Schwankungen unterliegen. So finden sich Unregelmäßigkeiten bei Reaktionen in der Nähe des IP; ja, es hat sich gezeigt, daß der Verlauf der Reihe sich so ändern kann, daß die am wenigsten fällenden Endglieder zu den wirksamsten geworden sind und umgekehrt, wenn der Ladungssinn der Ampholyte invertiert wurde, die Eiweiße sich also auf der anderen Seite

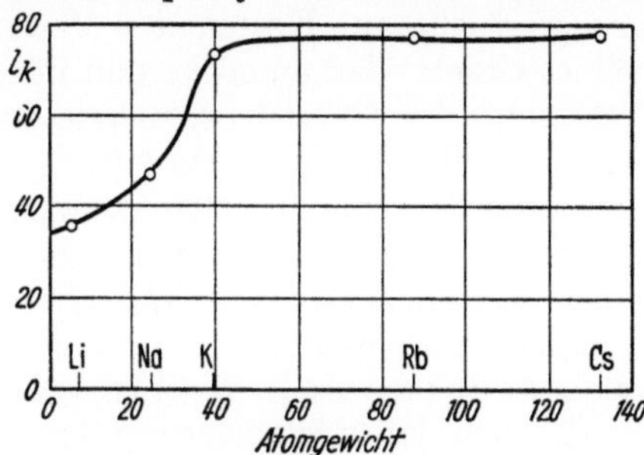

Abb. 132. Ionenbeweglichkeit der Alkalikationen und Atomgewicht

Abb. 133. Reihenumkehr der Fällung bei Ladungsumkehr des Kolloids

des IP befinden. Diese Umkehr ist sowohl bei der Anionen- wie bei der Kationenreihe beobachtet worden. Sie tritt aber bei den Anionen deutlicher in Erscheinung.

Zur *Theorie der Ionenreihen* ist zu bemerken, daß derartige Salzeinflüsse auch bei nicht kolloidalen Vorgängen beobachtet werden, so bei der Löslichkeit von Gasen, der inneren Reibung des Wassers, seiner Oberflächenspannung u. a. Die Grundlage der Reihe bildet die Ionengröße. Bei gleichwertigen Ionen ist die Feldstärke, die durch die Einheitsladung auf der Oberfläche des Ions erzeugt wird, um so kleiner, je größer das Ion ist. Je kleiner aber dieses Potential ist, um so geringer ist auch die Hydratation des Ions. Die *Hydratation nimmt* dementsprechend z. B. *in der Reihe der Alkalikationen* — wie schon die ansteigenden Ionenbeweglichkeiten im Wasser zeigen — *mit zunehmendem Atomgewicht ab*, besonders sprungweise zwischen Na^+ und K^+ (Abb. 132). Bei einem

Tabelle 76. *Ionenradien* (nach STEINBACH)

	Radius des hydratisierten Ions Å	Radius des Ions im Kristall Å
K^+	1,98	1,33
Na^+	2,56	0,96
Li^+	3,09	0,61
Ca^{2+}	4,8	0,99
Mg^{2+}	5,2	0,65
Cl^-	1,93	1,81

Protein auf der alkalischen Seite des IP wird in einer Cl^--Reihe mit variierten Alkalikationen das Kation von Cl^- *und* $-COO^-$ angezogen: je größer sein Wassermantel ist, um so schwerer ist auch seine Annäherung an die Carboxylgruppe und damit eine Ladungsherabsetzung am Eiweiß möglich, d. h. Fällung (Abb. 133). Also wird Li^+ am wenigsten fällend und am stärksten lösend oder quellend wirken. Umgekehrt wird auf der sauren Seite das Cl^- vom Protein um so stärker angezogen, je mehr hydratisiert das zum Cl^- gehörende Kation ist, so daß also das Li^+ das Cl^- weniger stark zurückhalten kann als das Rb^+. Li^+ wirkt jetzt am stärksten fällend und am wenigsten quellend *(Reihenumkehr)*. Diese Verhältnisse werden unter Berücksichtigung der Polarisierbarkeit bzw. Ionendeformation der beteiligten Partner einschließlich des Wassers genauer erfaßt.

Kolloidalterung

Hydrophile wie hydrophobe Sole unterliegen häufig auch spontanen Zustandsänderungen, d. h., sie befinden sich noch nicht in einem energetisch ausgeglichenem Zustand, den sie aber anstreben. Man faßt diese Änderungen als

Alterungsvorgänge zusammen. Sie äußern sich nicht nur in Erniedrigung der Schwellen koagulierend wirkender Ionen, sondern auch in Flockenabscheidungen, wie sie z. B. leicht in Stärkesolen auftreten. Von selbst verlaufende Dispersitätszunahmen werden beim Benzopurpurin, Lecithin, Glykogen beobachtet. Sie sind wohl meistens durch die Abscheidung gröberer Teilchen aus polydispersen Solen zu erklären. Dadurch, daß die kleineren Micellen zurückbleiben, kommt eine scheinbare Steigerung des Dispersitätsgrades zustande. Die Teilchenvergröberung bei den Alterungsvorgängen geschieht auf Kosten des Materials der kleineren Teilchen. Es ist ein allgemeines Gesetz, daß amorphe und flüssige Zerteilungen, sich selbst überlassen, bestrebt sind, ihre Oberflächenenergie durch Verringerung der Oberflächengröße, also durch Teilchenvergröberung (s. S. 236), herabzusetzen. Es ist auch zu beachten, daß sehr kleine Teilchen schwer löslicher Substanzen eine merklich höhere Löslichkeit als größere besitzen (s. S. 218). Bei anorganischen Solen spielt vielfach der Übergang des micellar mehr oder weniger amorph verteilten Materials in eine kristalline Form eine Rolle. So vergröbert sich kolloidales AgCl schneller als AgBr oder AgJ. AgCl ist löslicher als die beiden anderen Ag-Halogenide. Es löst sich daher schneller auf, kristallisiert dann neu aus und bildet so gröbere Formen. Die „Altersrekristallisation" kann wie beim V_2O_5-Sol bevorzugt in einer Richtung erfolgen und damit die Anisodiametrie der Teilchen steigern (MÜHLETHALER). Beim Alterungsvorgang sind auch chemische Veränderungen beobachtet worden. So wird kolloidales Eisenhydroxyd durch eine langsame Nachhydrolyse (MALFITANO) ärmer an Cl und reicher an Fe. Mit Steigerung der Temperatur werden diese Prozesse wesentlich, teilweise sprunghaft beschleunigt.

Derartige Vorgänge zusammen mit der früher genannten Synärese werden des öfteren zur *kolloid-chemischen Erklärung des biologischen Alterns* herangezogen. Zweifellos äußert es sich auch in kolloid-chemisch faßbaren Veränderungen hochmolekularer Körper, z. B. in ihrem Wassergehalt. Trotzdem aber kann die *Ursache des Alterns nicht in einem derartig einfachen Prozeß* gesehen werden, denn diese Betrachtungsweise vernachlässigt quantitative Verhältnisse im Zellchemismus und seine Regulationen vollständig. So findet sich während der Ontogenese ständig eine Zunahme von unlöslichen Eiweißstoffen, besonders Keratin. Außerdem spielen auch Transport- und Ablagerungsvorgänge eine Rolle. Die bradytrophen, d. h. schlecht durchbluteten Gewebe mit geringem Stoffwechsel und dementsprechend kleinerer Erneuerungsgeschwindigkeit wie Linse, Rippenknorpel, Hornhaut und gewisse Gefäßwandschichten, lagern so zunehmend Ca-Salze oder Cholesterin ab (Greisenbogen). Eine Verdichtung der Gewebe ist die Folge (BÜRGER). An typischen Eiweißstoffen ist bisher mit Sicherheit kein physikalisch-chemischer Unterschied bei verschiedenen Altersklassen gefunden worden. Es muß aber festgestellt werden, daß der Organismus durch seine chemischen Leistungen — Einhaltung von Milieubedingungen, Neubildung von Stoffen — die Spontandenaturierung wettmacht, die sich z. B. am Muskelprotein im Reagensglas durch veränderte Löslichkeit oder durch herabgesetzte Synthesefähigkeit von Fermenten bei längerem Stehenlassen äußert. Derartige, ebenso beim Absterben wie der Ermüdung oder Kontraktion beobachtete Alterungserscheinungen sind nicht als ausreichende Erklärung für das biologische Altern anzusehen (vgl. S. 546).

Bei der Koagulation hydrophiler Sole wird gelegentlich die Bildung einer anscheinend homogenen Phase beobachtet, die sich in einer Art Entmischungsvorgang abtrennt. Die nähere Untersuchung zeigt, daß es sich nicht um die Abscheidung einer wasserunmischbaren Phase handelt, sondern um *ein Zusammenfließen* — etwa durch Alkoholzusatz — *dehydratisierter Kolloid*teilchen.

Der Wasserentzug hat jedoch beim festerhaftenden „konkreten" Wassermantel halt gemacht. Da außerdem in diesen Fällen die Teilchenladung gering ist, fließen die noch vorhandenen Solvathüllen ineinander und schließen die Teilchen zu einer kolloidreichen Phase zusammen, die sich von einem festen Koagulum dadurch unterscheidet, daß hier kolloidreiche Flüssigkeiten vorliegen. Da sich die einzelnen Micellen zu Flüssigkeitstropfen und diese zur genannten Phase zusammenfinden, spricht man von *Koazervation* = Häufchenbildung (BUNGENBERG DE JONGH). Dieser Wasserentzug kann durch Aussalzung oder durch ein zweites hydrophiles Kolloid mit größerer Wasseravidität hervorgerufen werden. Wirken dabei entgegengesetzt geladene *Ionen außerdem entladend*, so spricht man von *Komplexkoazervation*. Derartige Erscheinungen lassen sich bei den meisten Biokolloiden realisieren. Leicht tritt die Bildung zweier Schichten bei Gelatine unter Einwirkung von Sulfosalicylsäure auf. Parallelen der sonst nur beobachteten Tröpfenbildung mit biologischen Erscheinungen mögen hauptsächlich darin bestehen, daß sich manche Anlagerungsverbindungen der Eiweiße mit anderen Stoffen (= Symplexe), namentlich Lipoiden, bei Zellen und Geweben in einem entsprechenden Zustand befinden können (vgl. OPARIN).

Gesetze und Theorien der Koagulation

Die Fällung der voll denaturierten Eiweiße gehorcht den Gesetzen der *Flockung hydrophober Sole*, welche in einigen Leitsätzen zusammengestellt seien. Zunächst muß auf die beherrschende Rolle der Teilchenladung aufmerksam gemacht werden. Während in früheren Jahren das Zustandekommen der Aufladung wesentlich auf die mehr oder weniger zufällige Ionenadsorption zurückgeführt wurde, ist dieser Mechanismus wahrscheinlich auf die negative Aufladung durch die überaus leicht adsorbierbaren OH^--Ionen beschränkt. Dagegen kommt die *Ladung hauptsächlich* durch die *Eigenionisation der dispergierten Einzelteilchen* zustande *oder*, wie im Falle der anorganischen Sole, durch *ionogene Radikale* oder Verbindungen, die sich nicht als zufällige Verunreinigungen, sondern als wesentliche und für die Stabilität entscheidende Bestandteile der Micellen auf ihrer Oberfläche befinden. Als Beispiel sei das gut durchuntersuchte kolloidale Eisenhydroxyd genannt. Es entsteht durch Dialyse von $FeCl_3$, bei der sich infolge der Differenz der Diffusionsgeschwindigkeiten der Ionen durch Hydrolyse HCl und $Fe(OH)_3$ bilden. Als intermediäres Produkt tritt FeOCl auf: $FeCl_3 + H_2O =$ 2 HCl + FeOCl. Das entstandene Ferrylchlorid tritt in seinem Kationenanteil FeO^+ mit dem an sich völlig unlöslichen $Fe(OH)_3$ unter Einlagerung in die Oberfläche zusammen; den positiven Ladungen dieses ionogenen Radikals steht das Cl⁻ als Gegenion in der Lösung gegenüber. Ähnliche Verhältnisse gelten für Au-, Ag-, Se-, As-Sole, bei denen die in die Oberfläche meistens eingebauten Säurereste wie $AuCl_4$ eine negative Teilchenladung schaffen. Die Zahl der auf eine Ladung entfallenden Moleküle eines Partikelchens, also ihre durch die Ladungseinheit stabilisierte Menge (*Kolloidäquivalent*, PAULI), schwankt z.B. bei den Fe-Solen zwischen 30 und 400. Die Fällung dieser Sole geht immer mit einer *Verminderung des Oberflächenpotentials* einher. Sie beruht auf einer entsprechenden Herabsetzung der Ladungsgröße. Im elektrophoretischen Versuch ist das ζ-Potential meßbar. Falls seine Größe allein für die Stabilität entscheidend wäre, müßte ein *kritisches Potential* existieren, dessen Unterschreitung zur Koagulation führen würde, und oberhalb dessen Stabilität von Micellen, Bakterien, Blutkörperchen usw. bestünde, so daß die letzteren nicht agglutinieren würden (s. S. 263). Praktisch findet eine Koagulation bei Teilchen mit ζ-Werten unter 16—30 mV statt. Dabei ist zu berücksichtigen, daß höhere ζ-Potentiale als 70 mV in wäßriger Lösung kaum beobachtet werden (v. HEVESY). Es ist verständlich, daß die Koagulation um so schneller vor sich geht, je tiefer das Potential gesenkt wird. Bei *hydrophilen* Micellen kann es allerdings stark herabgedrückt werden, ohne daß koaguliert wird, da die Stabilisierung hier nicht zur Hauptsache durch die Doppelschicht erfolgt. Im isoelektrischen Zustand stabile Sole — wie Albuminlösungen (s. S. 333) — besäßen dementsprechend gar kein kritisches Potential. Die Kenntnis des kritischen Potentials ist für die Beurteilung der Stabilität aber nicht hinreichend. Seine Höhe kann nur angenähert darüber Auskunft geben, ob dem allgemeinen Kohäsionsbestreben, dem einerseits die Doppelschicht entgegenwirkt, auch noch durch andere Kräfte wie denen der Hydratation begegnet wird. Zu einer quantitativen Analyse ist es schon deswegen nicht einzusetzen, weil es als Potential an jener Stelle der diffusen Doppelschicht gemessen wird, an der die adhärierende Flüssigkeit in die ihr gegenüber bewegte übergeht. Ihr Abstand von der Phasengrenze wird aber nicht durch die gleichen Gesetze bestimmt, welche ihrerseits über die Stabilität entscheiden. Andererseits basieren alle Theorien der Elektrolytkoagulation auf der im Grunde richtigen Vorstellung von der entladenden Wirkung der Gegenionen. Sie genügt in erster Annäherung, um die *empirischen Erfahrungen über die Salzfällung* verstehen zu lassen. Diese lassen sich in folgenden Regeln zusammenfassen.

1. Im Gegensatz zu den Aussalzungen der hydrophilen Kolloide werden bei den hydrophoben sehr oft extrem *geringe Mengen an fällenden Elektrolyten benötigt.* Denn sie wirken schon in niedrigen Konzentrationen auf die Grenzflächenpotentiale.

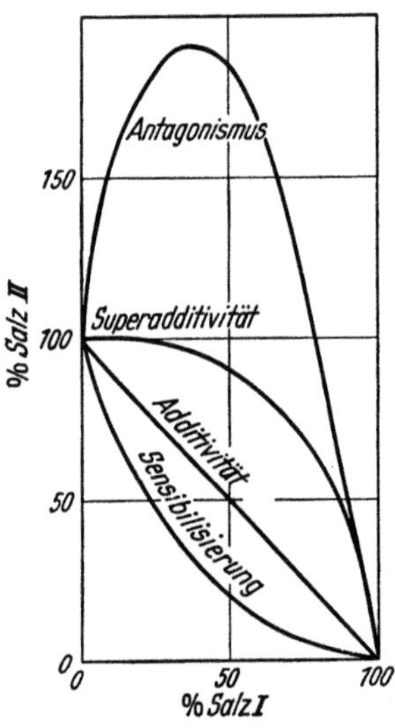

Abb. 134. Flockung von Salzgemischen (nach Wo. OSTWALD 1939)

2. Bestimmend für den entladenden Effekt ist das Ion des Koagulators, welches die entgegengesetzte Ladung im Vergleich zum Kolloid trägt. Die negativen Sole werden also durch die Kationen des Salzes gefällt (*Ladungsregel*, HARDY).

3. *Die Fällungskraft* der wirksamen Ionen *nimmt mit ihrer elektrochemischen Wertigkeit stark zu* (SCHULZE). Die Zunahme ist aber nicht der Wertigkeitszunahme proportional, so daß etwa von einem 4-wertigen Ion nur die 4fach kleinere Konzentration als beim 1-wertigen benötigt würde, sondern das Anwachsen der Empfindlichkeit ist viel stärker. So verhalten sich z. B. die Kationenäquivalente 3-, 2-, und 1-wertiger Ionen bei der Fällung des As_2S_3-Sols wie $1:40:194$ (nach untenstehender Tabelle 77). Eine Ausnahme machen die H^+- *und* OH^--Ionen, welche *wesentlich stärker* als die übrigen 1-wertigen Ionen wirken. *Auch gut adsorbierbare organische* Ionen, namentlich der Farbstoffe oder Alkaloide, haben eine sehr hohe Fällungskraft (vgl. S. 265 und 268).

4. Ionen gleicher Wertigkeitsstufe sind in ihrer Wirksamkeit um so mehr voneinander abweichend, je mehr hydrophile Eigenschaften das Sol aufweist (*Ionenspreizung*). Denn zwischen den beiden Klassen von Solen bestehen mannigfache Übergänge, und die Spreizung entspricht der bei den hydrophilen geltenden lyotropen Reihe, während bei den hydrophoben die Wertigkeitsregel allein entscheidet.

5. Auch bei manchen sonst hydrophoben Solen zeigt sich der von den Biokolloiden bekannte *Ionenantagonismus.* Bei der Flockung durch *Salzgemische ergeben sich folgende Möglichkeiten* (Abb. 134): Setzt man die Flockungswerte

eines 1-wertigen Ions (Abszisse) und die des höherwertigen (Ordinate) in reiner Lösung als Einheit an, so zeigt sich für das Flockungsvermögen im Gemisch nur selten echte Additivität, d.h. die Flockungskonzentrationen liegen selten auf der Verbindungsgeraden zwischen beiden Einheitspunkten. Gewöhnlich werden in den Mischungen entweder weniger Ionen benötigt (Sensibilisierung) oder das Sol ist unempfindlicher (Super-Additivität). In diesem Fall wird auch von Ionen-Antagonismus im engeren Sinne gesprochen. Hier muß die fällende Konzentration eines mehrwertigen Ions in Gegenwart einer an sich schon fällenden Konzentration eines 1-wertigen höher sein als in reiner Lösung. Dieser Fall ist außer an Ultra-Mikronen wenig denaturierten Albumins und bei der Denaturierungstemperatur in Salzgemischen auch beim As_2S_3- oder beim AgJ-Sol verwirklicht. Für sein Auftreten gelten folgende Regeln: a) die Valenz der Ionen muß verschieden sein; b) das Maximum der Flockungskurve ist um so ausgeprägter, je größer der Valenzunterschied der Ionen ist; c) im Gemisch zeigen nur die Konzentrationen des höherwertigen Ions ein Maximum; d) kleinere polyvalente Ionen erzeugen einen stärkeren Antagonismus als größere und organische geben gar keinen.

6. Wird das Fällungsmittel *stufenweise zugesetzt*, so werden in einem polydispersen System die gröberen Partikelchen zunächst gefällt: fraktionierte Fällung. Bei der Koagulation sind Einflüsse der Temperatur, der *Zusatzreihenfolge* und der *Zusatzgeschwindigkeit* der Koagulatoren zu beachten, auf die hier nicht einzugehen ist, da sich hierfür keine allgemeinen Regeln aufstellen und nur für spezielle Systeme zutreffende Erklärungen geben lassen.

Vielen dieser Vorgänge liegen *Änderungen der Teilchenladung* zugrunde. Die Entladung beruht aber nur in Einzelfällen auf einer einfachen *Salzbildung* mit dem Gegenion unter Verlust des ionischen Zustandes, z.B.

$$SnO_2; \quad SnO_3^{2-} + Cu^{2+} \rightarrow SnO_2; \quad SnO_3Cu \quad \text{(SZIGMONDY)}.$$

Immer ist auch ohne Eintreten einer Salzbildung entweder das Kation oder das Anion eines Elektrolyten besser *adsorbierbar* als sein Nebenion. Außerdem spielen *Dissoziationsänderungen* oberflächlich gelagerter protolytischer Gruppen dann eine Rolle, wenn sich die Aktivität der Ionen des Wassers ändert — oder die Gesamtionenstärke der Lösung, welche auf den pK-Wert jener Gruppen Einfluß nimmt. Bei Emulsionen kommen auch noch Verteilungsänderungen von lipoidlöslichen Elektrolyten in Betracht (s. S. 258).

Aber auch ohne Berücksichtigung dieser Möglichkeiten ergibt sich aus der Zunahme der Ionenstärke, welche bei Salzzugabe eintritt, immer eine *Verkleinerung der Dicke der Doppelschicht*. Da ihr Durchmesser durch das Quadrat der Wertigkeit der anwesenden Ionen bestimmt wird, steigt ihre Abnahme mit der Wertigkeit stark an. Die Verschmälerung der Doppelschicht ihrerseits aber fördert die Koagulation, auch wenn das Ausgangspotential φ_0 an der theoretischen Grenzschicht nicht kleiner würde. Dessen Reichweite in der Lösung ist durch den Salzzusatz verkürzt, weil seine Auswirkung auf eine herangeführte gleichnamige Ladung durch die Abschirmung der Ionen des Milieus verringert wird. Der Abfall der van der Waals-Londonschen Attraktionskräfte [Gl. (I 14)] mit der Entfernung ist ebenfalls bekannt. Sie nehmen unbeeinflußt durch das Potential der Grenzschichten für zwei herausgegriffene Moleküle mit der 6. Potenz des Abstandes ab. Aus dem Gesetz der Abnahme dieser beiden Kräfte mit dem Abstand haben VERVEY und OVERBEEK berechnet, wie sich die stabilisierende Wirkung der Doppelschicht im Vergleich zu der koagulierend wirkenden allgemeinen Kohäsionskraft nach LONDON in Abhängigkeit von dem Ionenmilieu vermindern muß. Die Theorie führt zu einer Flockungskonzentration:

$$c = \frac{\text{const}}{z^6},$$

d.h. es folgt das Verhältnis

$$1:(\tfrac{1}{2})^6:(\tfrac{1}{3})^6 = 100:1,6:0,13$$

für 1-, 2- und 3wertige fällende Ionen. Bei negativen Solen steht die Theorie in sehr guter Übereinstimmung mit der Erfahrung (Tabelle 77). Im einzelnen wird bei ihrer Herleitung zunächst die Differenz zwischen der London-van der Waals-Attraktionsenergie (V_A) und der Repulsionsenergie (V_R) für verschiedene Elektrolytkonzentrationen berechnet. Das ist für die letztere mit Hilfe der aus der Sternschen Theorie der Doppelschicht folgenden Beziehung zwischen φ_0 und der Elektrolytkonzentration (n-Teilchen pro ml) möglich (s. S. 257). Mit fallender Entfernung (d) steigt V_R, aber auch V_A. Letztere wächst für 2 Flächen in kleinem Abstand mit dem reziproken Quadrat ihrer Entfernung, erstere aber reziprok mit e^d, also schneller. Bei gleichbleibender Ionenstärke zeigt die Differenz der Kurven beider Kräfte ein Maximum bei einem bestimmten Abstand, vorausgesetzt, daß φ_0 von genügender Größe ist (Abb. 135). Es liegt etwa im Bereich der Doppelschichten. Bei weiterer Entfernung von der Oberfläche verschwinden beide Kräfte. In ihrer unmittelbaren Nähe überwiegt die Attraktion. Liegt das Maximum auf der Seite der elektrostatischen Kraft, dann findet Repulsion statt; die Sole sind stabil. Mit wachsendem $\varkappa$, d.h. mit Abnahme der Doppelschicht sinkt V_R. Wenn das Maximum von $V_R + V_A = V$ negativ wird, herrscht die Attraktion vor; das Sol ist instabil. Die zur Erreichung von $dV/dd = 0$ für $V = 0$ notwendige Koagulatorkonzentration ergibt sich dann in m Mol/Liter zu:

Tabelle 77. *Flockungswerte 1-, 2-, 3-, 4-wertiger Kationen bei negativen Solen in mMol/Liter.* Durchschnittswerte der Gruppen von Salzen mit verschiedenen Anionen in % der Konzentration 1wertiger (100%)

Wertig-keit	As$_2$S$_3$	Au	Ag I
1	55 (100%)	24 (100%)	142 (100%)
2	0,69 (1,25%)	0,38 (1,58%)	2,43 (1,73%)
3	0,091 (0,17%)	0,006 (0,25%)	0,068 (0,48%)
4	0,09 (0,165%)	0,0009 (0,038%)	0,013 (0,091%)

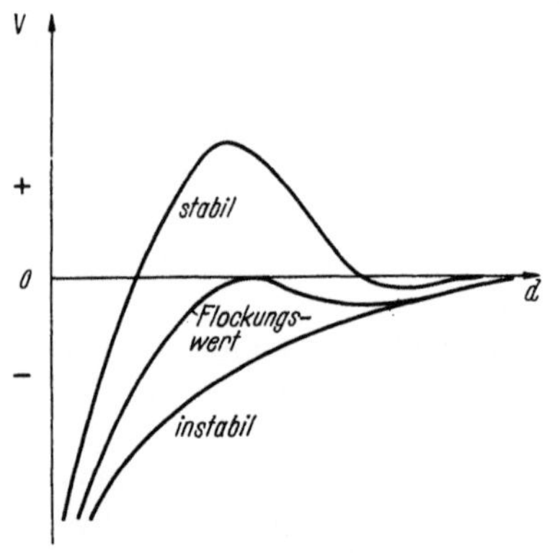

Abb. 135. Potentialkurven der Sol-stabilisierenden Energien als Funktion des Abstandes (nach OVERBEEK 1952)

$$c = \frac{8 \cdot 10^{-22}}{A^2 \cdot z^6}, \text{ wo } A = \tfrac{3}{4}\alpha^2 \cdot h \cdot v \cdot q^2 \cdot \pi^2$$
$$= \beta \cdot q^2 \cdot \pi^2 \,(A \simeq 10^{-12} \text{ bis } 10^{-13}) \qquad (43)$$

(vgl. S. 34). Hier ist q die Zahl der Atome des Kolloids in ml, α die Polarisierbarkeit und v die durchschnittliche atomare Dispersionsfrequenz

$$V_A = -\frac{A}{48\pi\,d^2}; \quad V_R = \frac{64\,n \cdot k \cdot T}{\varkappa}\gamma^2 \cdot e^{-2\varkappa d}. \qquad (44)$$

γ ist von φ_0 abhängig und für nicht zu kleine Ladungsdichte $\simeq 1$.

Eine befriedigende physikalische *Erklärung für den Antagonismus* existiert noch nicht; jedoch ist von Wo. OSTWALD ein interessanter Versuch in dieser Richtung unternommen worden (1939, 1941). In seinem Mittelpunkt steht die Tatsache, daß beim Vergleich der Fällungskonzentration verschiedener Salze mit wechselndem Wertigkeitstyp beim gleichen Sol immer der gleiche Aktivitätskoeffizient des fällenden Ions vorliegt. Dieses Gesetz gilt auch für die Salzmischungen. Bei ihnen ergibt sich aus den einfachen Ansätzen der Aktivitätstheorie, daß der Koeffizient z.B. der beiden Kationen in Mischungen höher liegt als in den Einzellösungen. Um ihn auf den Fällungswert herabzudrücken, ist daher eine höhere Gesamtkonzentration erforderlich (Superadditivität). TEZAK hat neuerdings gezeigt, daß der Beginn der Koagulation nach der Vervey-Overbeek-Theorie bei gleichen Aktivitätsfaktoren für die verschiedenen Salze erfolgen muß, soweit es sich um 1—1- und 2—2-wertige Elektrolyte handelt. Wieweit aber OSTWALDs Annahme das ganze Erscheinungsgebiet einschließlich aller Formen des Antagonismus und der fließenden Übergänge einzelner Individuen zur Hydrophilität zu erklären vermag, kann noch nicht entschieden werden.

Sensibilisierung und Schutzkolloidwirkung

Koagulierte hydrophobe Kolloide lassen sich unter Umständen zu einem neuen Sol dispergieren *(Peptisation)*. Die Teilchen zeigen dabei eine veränderte Zusammensetzung oder Ladung, so daß eine echte Reversibilität wie bei den Aussalzungen der hydrophilen Kolloide nicht vorliegt. Die *häufigste Ursache* der Peptisation ist die *Umladung des Präcipitates*, die im Überschuß des Fällungsmittels zustande kommt, z.B. bei der Fällung des negativen Hg-Sols durch Al^{3+} oder des positiven Ag-Sols durch J^--Ionen. Gut adsorbierbare Ionen können unter Bewahrung des ursprünglichen Ladungssinnes eine Aufladungspeptisation zustande bringen.

Besondere Beachtung verdienen die *Reaktionen von Kolloiden untereinander*. Fällungen von hydrophoben Kolloiden entgegengesetzten Ladungssinnes sind maximal bei etwa äquivalenten Mengen. Peptisation ist hierbei nicht selten, besonders bei Anwendung hochkolloidaler Farbstoffe als Fällungsmittel. Reagieren zwei hydrophile Kolloide miteinander, so ist bei Bestehen von Ladungsgegensätzen auch eine Fällung möglich; z.B. lassen sich Eiweißkörper, besonders gut basische, durch Nucleinsäure flocken. Der pH-Bereich, in dem Eiweiße sich unter solchen Umständen fällen können, liegt zwischen den IP's beider.

Die Wechselwirkung zwischen hydrophilen und hydrophoben Kolloiden kann die Stabilität des sich bildenden Komplexes steigern oder herabsetzen. Eine Herabsetzung, ebenfalls *Sensibilisierung* genannt, führt zur Flockung oder zur erleichterten Fällbarkeit. Eiweiß flockt sowohl mit den negativen Kaolinsuspensionen oder dem negativen Mastix-Sol wie mit dem positiven Eisenhydroxyd-Sol, auch gut mit Farbanionen oder -kationen je nach seiner Eigenladung. Eine Erhöhung der Ladungsgegensätze führt auch hier zur erhöhten Fällbarkeit. Zur Sensibilisierung sind häufig schon geringe Mengen eines hydrophilen Kolloids ausreichend. $Fe(OH)_3$ z.B. ist sehr empfindlich gegen Stärke, Albumin, auch gegen Gelatinelösungen. Als Maß für diese Wirkung dient die Eisenzahl, die in Fällungsversuchen am Eisen-Sol ausgetestet wird. Albumin sensibilisiert stärker als Paraglobulin, und dieses, aus antitoxischem Serum gewonnen, wieder stärker als aus Normal-Serum. Mit den Fällungen von *Antigenen durch die Antikörper* haben diese Erscheinungen jedoch nur äußere Ähnlichkeit. Denn hier *beruht die Spezifität der Reaktion auf dem Ineinandergreifen zweier spezifischer räumlicher Strukturen* am Eiweiß. Bei der Sensibilisierung kann man sich allgemein vorstellen, daß die hydrophilen Teilchen mehrere hydrophobe zu einem größeren und somit instabileren Aggregat verbacken (Nucleare Aggregation nach PAULI).

Treten mehrere hydrophile Teilchen mit den hydrophoben so zusammen, daß letztere von einem hydrophilen Mantel umgeben werden, so kommt es zur *Schutzkolloidwirkung* (ZSIGMONDY 1925); die suspensoiden Teilchen werden stabilisiert (Abb. 136). Diese Wirkung pflegt am kolloidalen hochroten Goldsol gemessen zu werden, welches durch NaCl-Zusatz unter Dispersionsverminderung über Violett in Blau umschlägt. Zusatz eines schützenden Kolloids steigert die zur Farbänderung nötige NaCl-Menge. *Goldzahl* heißt jene Kolloidmenge, die das Eintreten der Farbänderung beim Zusatz von 1 cm³ 10% NaCl-Lösung zu 100 cm³ Gold-Sol noch verhindert; ähnlich ist die Kongorubinzahl definiert. Gelatine schützt gut, ebenso Euglobulin und Tannin, Albumin weniger, Dextrin und Stärke wenig. Gute Schutzkolloide können Gummi arabicum und Lysalbinsäure sein; letztere wird durch Alkaliabbau aus Eiweiß enthalten. Auch das Polyvinylpyrrolidon (Kollidon) (s. S. 342) kann schützend wirken, z.B. gegenüber AgCl; dabei sind kleinere Molekeln wirksamer als größere (MERINGER). WILLIAMS und CHANG haben gezeigt, daß die Schutzwirkung auf der Ausbildung einer monomolekularen Schicht am geschützten Kolloid beruht. Die Schicht braucht das Kolloid nicht vollständig zu umhüllen.

Abb. 136. Schutzwirkung und Sensibilisierung (schematisch)

Die Schutzwirkung wird häufig zur *Herstellung stabiler Metallsole* ausgenutzt. Außerdem spielt sie eine Rolle in der *medizinischen Diagnostik*, besonders der pathologisch veränderten Rückenmarksflüssigkeit. Im Normalzustand wird die rote Farbe des ihr zugefügten Goldsoles aufrechterhalten, bei Neurolues oder Meningitiden ist die Schutzwirkung herabgesetzt, so daß die blaue Farbe des grobdispersen Goldsoles schon bei wenig starken Verdünnungen eintritt. Seifen und Detergentien können Kohlesuspensionen dispergieren und so fein zerteilen, daß sie z.B. durch Filtrierpapier hindurchlaufen. Der Waschprozeß beruht zum Teil auf dieser Wirkung (s. S. 235). Im Benzol sind Mg- und Zn-Seifen gute Emulgatoren für solche Stoffe, die in ihm nicht löslich sind.

Im Organismus wird durch eine Schutzwirkung das Ausfällen verschiedener unlöslicher, feinst verteilter Stoffe verhindert. So läßt sich die Stabilisierung des unlöslichen *Cholesterins* mit Hilfe der Gallensäuren verstehen oder der hohe Gehalt der Milch an unlöslichem Ca-Phosphat, wohl auch die „Lösungskunst des Serums für Harnsäure" (SCHADE). Und einer ähnlichen Einwirkung der Serum-Eiweiße ist es wahrscheinlich zu verdanken, daß hier echt ional übersättigte Lösungen an Ca-Bicarbonat vorliegen, so daß selbst durch Schütteln mit Bodenkörper diese Übersättigung nicht gestört wird (MOND und NETTER 1926). *Störungen* hingegen des *Kolloidschutzes*, etwa durch Mangel an Gallensäure in der Gallenflüssigkeit, können zur Ausscheidung von Bilirubinkalk oder Cholesterin führen, also z.B. die Ursache der *Gallensteinerkrankung* sein. Auch eine Sensibilisierung durch Ausscheidung von bestimmten Eiweißkörpern infolge entzündlicher Vorgänge spielt hierbei eine wichtige Rolle.

Systeme aus Faden-Molekülen

Die ultramikroskopische Struktur des Lebendigen und ihr Wechsel werden mehr aus dem Verhalten der Fadenmolekeln als aus dem der Sphäroproteine verständlich gemacht. Überschreitet die Abweichung der Makromolekeln von der Kugelform eine gewisse Größe, so treten die Eigenschaften von Linear-Kolloiden auf. Ihre typischen Kennzeichen sind an synthetischen Fadenmolekeln wie Polyoxymethylenen oder Polystyrolen untersucht worden, und die Ergebnisse wurden auf die Faserproteine übertragen (STAUDINGER). *Faser-eiweiße* sind nicht nur die Stützsubstanzen wie Seide, Elastin, Kollagen; zu ihnen gehört auch die Gruppe der Hartsubstanzen Keratin und die röntgenographisch ähnlichen Myosine, Epidermine und das Fibrinogen (KMEF-Gruppe). Diese Stoffe haben nur in mancher Beziehung Ähnlichkeit mit denaturierten Sphäro-Proteinen, deren gestreckte Elementarbausteine aber nicht in einer Achse angeordnet sind. Hier dagegen tritt eine Periodizität in einer Richtung mehr in Erscheinung, als sie bei den Sphäro-Proteinen nachweisbar ist. Die Form wird jetzt nicht wesentlich durch die tertiären Bindungen bestimmt. Trotzdem können auch sie Veränderungen im Sinne einer Denaturierung erfahren. Diese sind aber wenig charakteristisch, wenn man vom Übergang des Fibrinogens in das Fibrin absieht. Es bleibt jedoch fraglich, ob das Fibrinogen nicht besser zu den Sphäroproteinen zu rechnen ist. Die meisten dieser Stoffe wirken nicht als Antigene und zeigen damit ebenfalls eine Ähnlichkeit mit den in der Struktur der Molekel nicht absolut festgelegten denaturierten Proteinen. Netze von Fadenmolekeln werden auch von *Nucleinsäuren* und von Celluloselösungen oder von Pektinsäure und Alginsäure, d.h. *Polyuronsäuren* gebildet.

Fadenkolloide und Seifenmicellen in Lösung

Die *Lösungen* der Fasermolekeln zeigen einige Eigenschaften, die zunächst kurz zusammenzustellen sind: a) die erwähnten Methoden der Ultrazentrifugierung, der Bestimmung der spezifischen Viscosität, der Osmometrie gestatten eine Ermittlung nur der durchschnittlichen Kettenlänge, d.h. des mittleren Polymerisationsgrades, der bei Kettenmolekeln der Cellulose oder der Kunstfasern mehrere Tausend betragen kann. Solche Lösungen sind *gewöhnlich polydispers*. b) Die Solteilchen beeinflussen sich wegen ihrer Länge schon bei geringen Konzentrationen in der Lösung: das Sol gewinnt elastische Eigenschaften (*Fließelastizität*, s. S. 330). Durch das Fließen der Teilchen, deren Zusammenhalt z.B. durch eine Viscositätsmessung bei hohen Drucken gesprengt wird, werden sie ausgerichtet. Diese Ausrichtung ist durch die Untersuchung auf das Vorliegen von *Strömungsdoppelbrechung* sichtbar zu machen (s. S. 305). c) Wegen der Fähigkeit zur Vernetzung neigen alle diese Stoffe zur *Gelbildung*, welche bei den Nucleinsäuren und der Gelatine besonders ausgesprochen ist.

Gele können *durch Quellung entstehen. Oder* sie bilden sich durch nichtkristalline Abscheidung *aus übersättigten Lösungen* entweder dadurch, daß sich das Gleichgewicht einstellt, oder dadurch, daß die Löslichkeit durch irgendwelche Eingriffe vermindert wird. Eine anisodiametrale Teilchenform begünstigt die Gelbildung, denn sie erschwert die Kristallisation. Werden genügend gealterte Stäbchensole von V_2O_5 oder Benzopurpurin oder auch solche von Viren (TMV) durch Salzzusatz in die Nähe der Flockungsgrenze gebracht, dann entstehen sperrige Gele, welche leicht wieder zu verflüssigen sind. Dazu genügt schon kurzes Schütteln oder Umrühren. Eine Sol-Gel-Umwandlung, welche durch mechanische Einflüsse hervorgerufen wird, heißt *Thixotropie*. Umgekehrt erstarren manche dieser Sole nach dem Elektrolytzusatz erst durch mechanische Einwirkung, etwa durch Fließenlassen oder Erschütterung. Man spricht in diesem Fall von Verfestigung durch Fließen, *Rheopexie*.

Eine Anisotropie der Teilchen ist jedoch nicht eine notwendige Bedingung für eine Gelbildung. Auch sphärische Aggregate — wie die der Hydroxyde von Metallen oder der Kieselsäure — können zunächst in Gelform herauskommen, um dann meistens später durch Wasserabgabe kristallin zu werden. Das letztere tritt bei komplizierter aufgebauten Aggregaten, wie sie in den hydrophilen

Micellen von Seifen, Detergentien oder einiger Farbstoffe vorliegen, sehr langsam ein.

Die Seifenmicellen besitzen einen bestimmten Bauplan, der eine Variabilität in Einzelteilen zuläßt. Die Labilität ihrer Zusammensetzung zeigt sich schon in dem Einfluß der Temperatur auf das Gleichgewicht zwischen echt und kolloidal gelöster Seife, z.B. beim Na-Palmitat:

$$(C_{15}H_{31}COONa)_n \underset{\text{kalt}}{\rightleftharpoons} n \cdot \underset{\text{warm}}{C_{15}H_{31}COONa}.$$

Entsprechend der besseren Löslichkeit bzw. der Erhöhung der *kritischen molekularen Sättigungskonzentration* mit höherer Temperatur nimmt der osmotische Druck der Lösung zu. Auch die Leitfähigkeit steigt an, aber nicht im gleichen Maße. Denn auch die Micellen transportieren den Strom. Ihre Ladungsträger, die Carboxylgruppen, liegen auf ihrer Außenfläche, und die Na^+-Ionen sind in beiden Zuständen frei. Dementsprechend befinden sich die aliphatischen Reste im Innern der Micellen. Je länger die Paraffinkette ist, um so niedriger liegt die kritische Konzentration der echten Löslichkeit (für Dodecylsulfat bzw. Oktadecylsulfat 0,008 bzw. 0,003 Mol/Liter bei 60°). Wegen der extrem hydrophoben Eigenschaft der CF_3- und CF_2-Gruppen ist schon die Trifluoressigsäure so wenig echt molekular löslich, daß sie trotz der Nähe der hydrophilen COOH-Gruppe im Wasser Micellen bildet. Bei der Aggregation zweier CF_2-Gruppen wird etwa die doppelte Energie wie bei der von CH_2-Gruppen frei.

Da die Seifenlösungen hydrolytisch gespalten sind, z.B. nach:

$$Na^+Ol^- + H_2O \rightleftharpoons NaOH + (HOl) \quad \text{bzw.} \quad Ol^- + H_2O \rightleftharpoons (HOl) + OH^-$$

für Natriumoleat, bilden sich freie undissoziierte Fettsäuren, welche nicht im Wasser löslich sind. Sie sind neben den Fettsäureionen ein wesentlicher Bestandteil der Micellen. Aber sie sind im Gegensatz zu den letzteren so in ihrem Innern untergebracht, daß nur wenige mit dem Wasser in Berührung kommen. So wie sie können auch reine Paraffine oder Benzol in die Seifenmicellen eingebaut werden. Ihre Röntgenuntersuchung deutet auf das Vorliegen eines *Schichtbaues* hin. Die hydrophoben Schichten bestehen aus den gestreckten Paraffinketten, von denen 2 Filme aufeinanderliegen. Sie werden durch hydrophile quellbare Schichten abgetrennt. In ihnen befinden sich die den Carboxylgruppen gegenüberstehenden Na-Ionen. Nach Zugabe von Benzol werden auch die *Paraffinschichten* solvatisiert; sie *quellen dann mit dem Benzol.* Dabei bleibt der Abstand der gestreckten Paraffinreste voneinander mit 4,5 Å konstant. In der Längsrichtung der Molekel kommt auf jedes CH_2-Glied 1,27 Å.

Nur selten bilden unregelmäßig liegende einzelne Fadenmolekeln ein Gel. Sie müssen untereinander vernetzt sein. Dabei gehen sie entweder chemische Bindungen ein oder werden in ihrem Verlauf streckenweise durch Betätigung von H-Brücken oder Dispersionskräften parallel gelagert. Die Grundlage solcher Gele ist das vernetzte Aggregat.

Nach der von GERNGROSS und ABITZ (1930) vornehmlich für Gelatine-Gele begründeten Vorstellung bilden die einzelnen Fadenmoleküle, also die Polypeptidketten, als überstehende Fransen an Molekülbündeln die Verknüpfung zum mehr oder weniger fest haftenden Netz, das die Flüssigkeit durchzieht (Abb. 137).

Dieses sperrige dreidimensionale Netz kann das Lösungsmittel gegenüber mechanischen Einflüssen schon bei einem sehr geringen Gehalt an strukturbildender Substanz formfest werden lassen. So kommen auf ein Gelatinemolekül etwa 30000—100000 Moleküle Wasser. Daraus geht hervor, daß das Wasser in einem solchen Gebilde zum guten Teil frei zur Diffusion von gelösten Molekülen kleineren und mittleren Ausmaßes zur Verfügung steht. Das ist eine Voraussetzung für die Reaktionen im ähnlich gebauten Protoplasma und es wird immer wieder überzeugend demonstriert durch die *Liesegang-Ringe* (1896): diffundieren solche Stoffe, die zur Niederschlagsbildung miteinander befähigt sind, in einer Gallerte aufeinander zu, so entstehen je nach der Applikationsart der diffundierenden Stoffe periodische Fällungen in Ring- oder Bänderform. Das Gel erfüllt hierbei eine wichtige Voraussetzung für die ungestörte periodische Abscheidung: bei wenig gehinderter Diffusion werden Störungen durch mechanische oder Wärmekonvektionen ausgeschaltet. Die Erklärung für das Auftreten der Erscheinung hat mit der Reversibilität der Fällungsreaktionen zu rechnen. Das dabei entstehende lösliche Salz wirkt hemmend auf die weitere Ausscheidung des Präcipitates, z. B.:

$$2\,AgNO_3 + K_2Cr_2O_7 = Ag_2Cr_2O_7 \downarrow + 2\,KNO_3.$$

Erst wenn die Konzentrationen in den durch die Ausscheidung verarmten Zonen durch Nachdiffusion wieder genügend groß sind, kann sie erneut einsetzen. Sie wird es aber nicht am Ort der ersten Zone tun, da hier das hemmende KNO_3 noch in zu hoher Konzentration vorliegt. Die nächste Abscheidungszone liegt also weiter in der Tiefe des Geles. Die quantitative Theorie wird durch die Berücksichtigung von Übersättigungserscheinungen kompliziert. Periodische Fällungen bei der Gesteinsbildung haben nach LIESEGANGs Auffassung die Achate geformt. Auch in der Medizin und der Biologie werden gelegentlich, z. B. nach Applikation von Silbersalzen und anderen Ionen im Gewebe, wie der Cornea oder im Gehirn ähnliche periodische Fällungserscheinun-

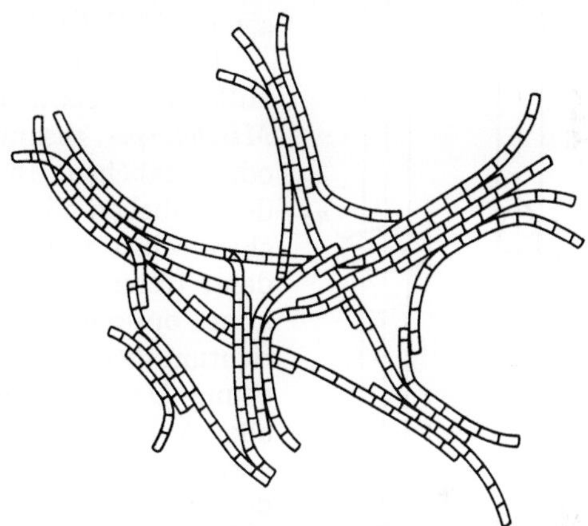

Abb. 137. Netz von Fadenmolekeln und mikrokristalline Bereiche im Gelatinegel

gen beobachtet. Die Voraussetzung ist auch hier ein Milieu, in dem die Diffusion ungestört durch Konvektionen erfolgen kann. Sie ist in vivo des öfteren gegeben. Eine moderne Theorie der Liesegang-Ringe gibt W. SCHAAFFS (1952).

Der Netzbau des Protoplasmas

Der *Netzbau des Protoplasmas* ähnelt oft mehr dem eines Gels, oft sind nur Soleigenschaften nachweisbar (vgl. S. 331). Tatsächlich ist im Protoplasma — im Gegensatz etwa zum hyalinen Knorpel — aber keine Gelstruktur im kolloidchemischen Sinne gegeben. Es liegt eine Pseudokolloidstruktur vor, welche durch das mehr oder weniger gut ausgebildete endoplasmatische Reticulum gebildet wird (s. S. 664). Im Protoplasma könnten sich schon einzelne freie oder auch stellenweise zu dünnen Bündeln zusammengefaßte Fadenmolekeln miteinander vernetzen. Auf diese Weise entstünde ein zartes dreidimensionales Fasersystem, durchtränkt mit Flüssigkeit, gelösten Fermentmolekeln, Ionen und niedrigmolekularen organischen Stoffen. Passive Verzerrung des Plasmas von Protisten oder anderen Zellen oder amöboide Fortsätze, aktiv hervorgestreckt, zeigen infolge der einseitigen Ausrichtung ihrer Plasmafäden eine Doppelbrechung. Die von FREY-WYSSLING als *Haftpunkte* bezeichneten Knoten

in ihrem Netz befinden sich nach ihm in einem steten Umbau. Aber nicht nur
das Gerüst würde ständig neu geknüpft oder gelockert, sondern auch das Material
der Fäden selbst würde kontinuierlich getauscht. Denn, soweit man es bisher
übersehen kann, beteiligt sich das gesamte Protein der Zelle am Wechsel der
isotop markierten Aminosäuren. Ob sich aber dieser dreidimensionale Feinbau
obligat auf ein Netz der Fadenmolekeln erstreckt, oder ob das elektronenoptisch
darstellbare und aus membranartigen Aggregaten gewebte endoplasmatische
Reticulum die kleinste Netzeinheit ist, kann heute noch nicht entschieden
werden. Denn auch die letzteren würden die plasmatische Doppelbrechung
verstehen lassen, welche bei einer aktiven oder passiven Ausrichtung des Zell-
leibes beobachtet werden kann.

Doppelbrechung und Strukturanalyse

Regelmäßigere Anordnungen als in den Netzen liegen den *micellaren Ordnungen* zugrunde, welche als Bausteine von Fibrillen und Fasern anzusehen
sind. Zur Feststellung dieser Regelmäßigkeiten dienen besonders 2 Methoden.

1. Die *Untersuchung der Doppelbrechung* (D.B.) mit
Hilfe des Polarisationsmikroskopes. Die Aggregate sind
Mischkörper, zusammengesetzt aus elementaren Plättchen
oder Stäbchen. In der Biologie interessiert vornehmlich
der Stäbchen-Mischkörper. Ist auch das elementare Stäbchen selbst optisch isotrop, also nicht doppelbrechend,
dann treten doch bei paralleler bündelförmiger Anordnung optische Erscheinungen der Anisotropie auf, die
richtungsbedingt sind. Sie bestehen in einer Doppelbrechung, Doppelabsorption oder Doppelbeugung (GLANZ). In
allen 3 Fällen ist das optische Verhalten senkrecht und
parallel zur Stäbchenachse verschieden. Aber bei allen ist
der Unterschied des Verhaltens in den beiden Strahlen-
richtungen beeinflußbar durch die *Natur des Imbibitions-
mittels*, welches sich zwischen den Stäbchen befindet. Wird
es z. B. nach Maßgabe seines Brechungsindex variiert, so
verändert sich der Gangunterschied der Strahlen in beiden
Richtungen, d. h. das Maß für die D.B. Sie wird um so kleiner, je mehr sich der Index dem der Stäbchensubstanz nähert, um bei Gleichheit mit ihm zu verschwinden. Es läßt

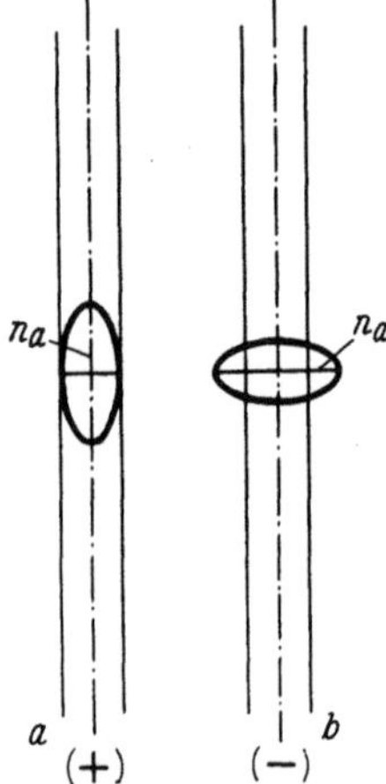

Abb. 138 a u. b. Optischer
Charakter einachsiger Gele
oder Bündel von Fadenmolekeln. a Faden aus Gummi
arabicum, b aus Kirschgummi. Bezugsachse · — · — · —;
Indexellipsen des außerordentlichen Strahles; n_a Richtung seines größten Wertes

sich also die Stäbchen- oder Schichten-D.B. durch Veränderung des Milieus zum
Verschwinden bringen, wenn die ursprünglich beobachtete D.B. nur auf der Anordnung der Grundkörper beruht, also eine reine *Form-D.B.* ist.

Beim reinen Stäbchenkörper ist die D.B. im Gegensatz zum reinen Schichten-
körper auf die Längsachse bezogen positiv. Das bedeutet, daß der Brechungsindex des außerordentlichen Strahles (n_a) in der Längsrichtung den größeren
Wert ($= n_g$) als in der Querrichtung hat. Negativ ist ein Körper mit Bezug
auf seine Achse, wenn der kleinste Index ($= n_k$) des außerordentlichen Strahles
in der Längsrichtung liegt. Hierbei wird keine Rücksicht darauf genommen,
ob n_g größer oder n_k kleiner als der Index des ordentlichen Strahles ($= n_o$) ist
(relative D.B.); n_o ist immer von der Richtung unabhängig. Nach FREY-WYSS-
LING (1938) ist z. B. ein Faden aus Gummi arabicum (Abb. 138) positiv, aus
Kirschgummi negativ mit Bezug auf die Faserachse. Letzteres ist nur dadurch
möglich, daß die geordneten Teilchen selbst negative D.B. besitzen.

Das relative optische Verhalten sagt aber ohne weitere Analyse nichts über wahre Vorzeichen der D.B. im kristallographischen Sinne aus. Hiernach ist ein Körper positiv doppelbrechend, wenn $n_o < n_a$, d.h., wenn die Fortpflanzungsgeschwindigkeit des ordentlichen Strahls größer als die des außerordentlichen ist; bei einem negativen ist $n_o > n_a$. Für positive Kristalle liegt der größte Wert von

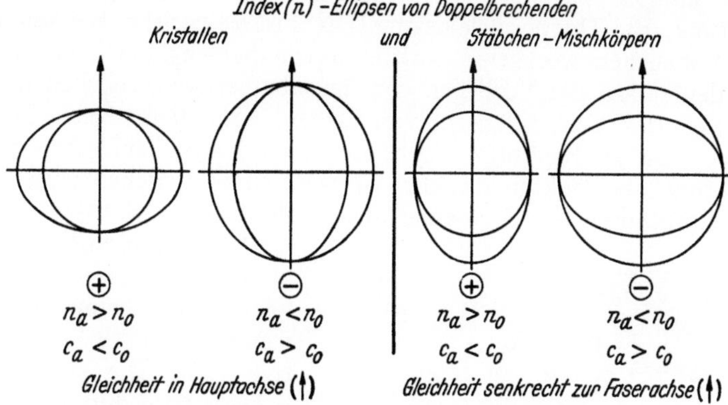

Abb. 139. Index(n)- und Lichtgeschwindigkeits(c)-Ellipsen von doppelbrechenden Kristallen und Stäbchenmischkörpern für den ordentlichen (n_0, c_0) und den außerordentlichen Strahl (n_a, c_a)

n_a senkrecht zur Hauptachse; in ihrer Richtung sind Indices und Geschwindigkeiten einander gleich. Letzteres trifft auch für die negativ einachsigen Kristalle zu (Abb. 139).

Das *Vorzeichen der D.B.* wird mit Hilfe eines drehbaren Gipsplättchens Rot I *bestimmt*, welches vor dem Analysator angebracht ist. Seine Hauptrichtung muß mit 45° zu der der Vektoren beider gekreuzten Nicols stehen. Dann sind die in der Hauptrichtung liegenden Quadranten bei positiver D.B. im kristallographischen Sinne blau und die senkrecht dazu liegenden gelb, bei negativer D.B. sind beide Farben umgekehrt.

Ein relativ positiver Körper kann eine positive oder negative absolute D.B. besitzen, je nachdem, ob das Vorzeichen von $n_a - n_o$ positiv oder negativ ist. Im ersteren Falle ist in der Querrichtung: $n_a = n_o$; beim letzteren ist die Gleichheit in der Längsrichtung

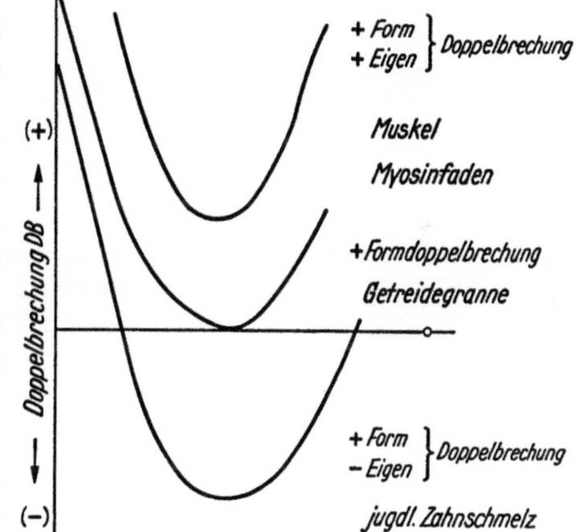

Abb. 140. Form- und Eigendoppelbrechung einiger anisotroper Gebilde

vorhanden. Das umgekehrte gilt für einen Körper mit negativer relativer D.B.

Sehr oft weist nun schon die Substanz der Fasern ohne Rücksicht auf ihre Orientierung eine D.B. auf: *Eigendoppelbrechung*. Sie ist leicht daran zu erkennen, daß sie *bei der Imbibition* mit Flüssigkeiten von wechselndem n *nicht zum Verschwinden gebracht* werden kann, sondern es bleibt im Tiefpunkt der Form-D.B.-Kurve eine für die Substanz charakteristische *Rest-D.B.* bestehen, die gleiches oder auch entgegengesetztes Vorzeichen wie die Gesamt-D.B. besitzen kann (Abb. 140).

Die quantitative Messung der Doppelbrechung erfolgt mit Hilfe von *Kompensatoren*, ihre Angabe als Gangunterschied zwischen den beiden Strahlen in

Wellenlängen als mμ. Kompensatoren bestehen aus Quarz(Babinet)- oder Glimmer(Bereck)-Keilen, welche je nach der Dicke selbst einen verschiedenen Gangunterschied, d.h. verschiedene Differenzfarben erzeugen. Durch Gegenschaltung heben sie bei geeigneter Dicke — zwischen Objekt und Analysator angebracht — den Effekt des ersteren auf.

Die *Strömungsdoppelbrechung* ist meistens negativ, bezogen auf die Strömungsrichtung. Bei Thymonucleinsäure (DNS) ist sie positiv. Bei Seifenlösungen kann das Vorzeichen wechseln. Auftreten von Seidenglanz beim Rühren von Lösungen deutet auf das Vorliegen von anisodiametralen Teilchen mit Doppelbrechung oder das Vorhandensein von kleinen Kristallen. Nach THIELE u. a. ist die Rheopexie der Hg-Sulfosalicylsäure durch das Stehenbleiben des von der Normalrichtung abgelenkten dunklen Achsenkreuzes zwischen zwei gekreuzten Nicols nach Aufhören der Strömung gut zu verfolgen (s. S. 305).

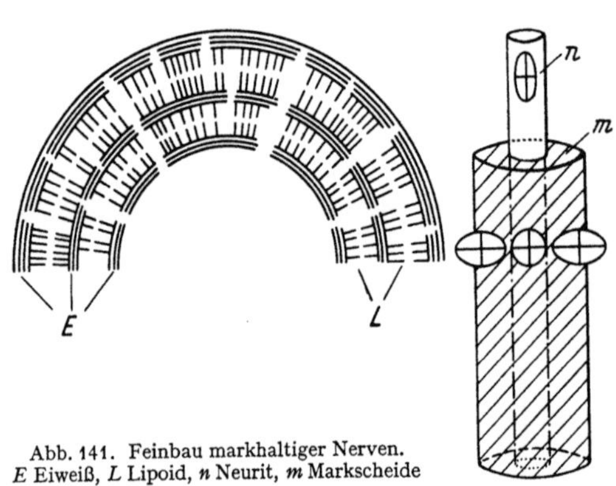

Abb. 141. Feinbau markhaltiger Nerven.
E Eiweiß, *L* Lipoid, *n* Neurit, *m* Markscheide

Polarisationsoptisch untersucht, bietet z. B. der *markhaltige Nerv* folgende Erscheinungen: die Neurofibrillen zeigen schwache positive D.B. Die starke D.B. der Scheide wird durch deren Lipoide erzeugt; sie ist negativ in bezug auf die Faserachse, d. h. in radiärer Richtung positiv (Abb. 141). Da die Markscheide aus optisch positiven Lipoiden besteht, müssen diese in radiärer Richtung angeordnet sein. Nach Extraktion der Fettsubstanzen hinterbleibt eine negative, durch Imbibitionsversuche als Plättchen-D.B. erwiesene Anisotropie zurück, die auf einer konzentrischen Anordnung von Eiweißschichten beruht. Daraus ergibt sich für die Anordnung der Eiweiß- und Lipoidmoleküle in der Markscheide die in Abb. 141 dargestellte Auffassung. Die elektronenmikroskopischen Bilder zeigen deutlich statt einer konzentrischen Anordnung eine spiralige Wicklung der einzelnen Schichten in der Markscheide um den Achsenzylinder (s. S. 670) (GEREN 1954). In ähnlicher Weise wurden zahlreiche geeignete biologische Objekte analysiert, über die von zoologischer Seite durch W. J. SCHMIDT, von botanischer Seite durch VON FREY-WYSSLING eingehend berichtet ist. Dabei findet sich häufiger die soeben beschriebene Abwechslung zwischen Eiweißlamellen und Lipoidschichten mit palissadenförmiger Anordnung der Paraffinketten. Zur Erläuterung der übrigen Möglichkeiten einer submikroskopischen Ordnung sei auf v. FREY-WYSSLING verwiesen.

Von besonderem Interesse ist die *Polarisationsoptik der Muskulatur.* Die verschieden dicke Muskelfaser läßt sich zu Fibrillen von etwa 1 μ auflösen. Sie selber enthalten als strukturbildenden Bestandteil den Eiweißkörper Myosin, dessen in der Längsrichtung gefalteten Moleküle, etwa zusammen in der Zahl 7, ein Einzelstäbchen bilden. Von diesen sind viele Milliarden auf einem mm² des Querschnittes vorhanden. Sie haben eine Länge von der Größenordnung 2400 Å und eine Breite von 23 Å. Der Eiweißgehalt dieser Elementarstäbchen beträgt gegen 70%. Myosinlösungen in KCl zeigen durch ihre Strömungs-D.B. an, daß die in ihnen vorhandenen Teilchen selber gestreckt sind, außerdem besitzen sie eine Eigen-D.B. Der quergestreifte Muskel ist in seinen Q-Abschnitten sehr stark, in den I-Abschnitten sehr schwach doppelbrechend (W. J. SCHMIDT

1934). Nun lassen sich, wie WEBER fand, aus Myosinlösungen bei der Einspritzung in salzfreies Wasser mittels feiner Düsen *Acto-Myosinfäden* erhalten, die D.B. zeigen (s. S. 513). Diese D.B. nimmt bei Dehnung des Fadens zu, bis ein bestimmter Wert erreicht ist, der der vollkommenen Orientierung der Stäbchen entspricht. Bezieht man die jetzt gemessene D.B. auf den Eiweißgehalt und vergleicht sie mit der Gesamt-D.B. des ruhenden Muskels, so zeigt sich, daß *die D.B. des Muskels durch die des Acto-Myosins gedeckt wird* (WEBER 1939). Bei weiterer Zunahme der Dehnung, die beim Myosinfaden wie beim Muskel elastisch erfolgt, nimmt nunmehr nicht die Orientierungs-, sondern nur die Eigen-D.B. zu. Die *Dehnbarkeit beruht* also nun nicht auf Änderung in der Stäbchenanordnung, sondern *auf Veränderungen im Gefüge der* das Stäbchen bildenden beiden Bestandteile. Umgekehrt findet, wie seit v. EBNER (1882) bekannt ist, bei der Zusammenziehung des Muskels eine Verminderung der D.B. in den Q-Abschnitten statt *(negative Schwankung der D.B.)*. Die der Kontraktion zugrunde liegende molekulare Umordnung gibt sich also optisch zu erkennen. Daß eine solche stattfindet, ist am Verhalten des ruhenden und des kontrahierten Muskels beim Einfrieren mit flüssiger Luft unmittelbar zu entnehmen, denn beim folgenden Zerschlagen splittert der ruhende Muskel faserig, der kontrahierte amorph in Klümpchen (K. H. MEYER).

THIELE (1950) hat gefunden, daß die Teilchen bei einer langsamen Koagulation schon durch die Richtung des Konzentrationsgefälles jener Elektrolyte geordnet werden, die koagulierend wirken *(Ionotropie)*. Bringt man in die Mitte eines Alginat-, Thymonucleinat- oder V_2O_5-Sols von 1—3 mm Schichtdicke den Kristall eines Ca-, Al-, Ce-Salzes oder einen Tropfen ihrer konzentrierten Lösungen, dann bildet sich das Gel konzentrisch um den Applikationsort aus. Die polarisationsoptische Untersuchung zeigt, daß die Micellen sich ebenfalls konzentrisch angeordnet haben. Das Gel ist stark doppelbrechend. Für die ausrichtende Wirkung ist bei anionischen Solen das Kation entscheidend; es muß mehrwertig sein. Auch mehrwertige Farbkationen (Trypaflavin) sind wirksam, und zwar interessanterweise auch auf Nucleinsäuren vom DNS-Typ. Es ist wahrscheinlich, daß ihre Chromosomen-verklebende Wirkung darauf beruht, daß eine bifunktionelle Gruppe in ähnlicher Weise Brücken zwischen zwei gestreckten Molekeln schlägt (NIEDIECK). Bei der Ionotropie entstehen auf diese Weise gestreckte Aggregate (THIELE 1956). Es gelingt, in geeigneten Anordnungen Bilder zu erhalten, welche auffallende Ähnlichkeit mit biologischen Strukturen zeigen. Zum Beispiel ergeben sich in Alginatsolen um zwei ionotrope Zentren gemeinsame konzentrische Lamellen mit zentrifugalem Wachstum, welche sowohl in der Form wie in der Größe sehr an die polarisationsoptischen Bilder vom Aufbau des Knochens erinnern. Die Analogie kann darin erblickt werden, daß ein biologisch aufrechterhaltenes Konzentrationsgefälle von Ionen grundsätzlich Einfluß auf die Anordnung makromolekularer Strukturträger nehmen muß, wie es selbst auch schon auf das Vorhandensein vorgebildeter Strukturen angewiesen ist. Das Konzentrationsgefälle könnte also einen Beitrag zur Ausrichtung sich neu bildender Strukturen liefern. Wieweit dabei Aggregationen, Salzbildung oder Potentiale ausschlaggebend sind, steht dahin.

Strukturanalyse mit Röntgenstrahlen

2. Feinere Einblicke in die molekularen Umordnungsvorgänge wie in den Ordnungszustand gestattet die *Röntgenanalyse*. Sie ist nur beim Vorliegen kristalliner Gitterbereiche möglich, denn die *Voraussetzung* zur Ausbildung von Interferenzpunkten oder -linien ist *die periodische Wiederholung gleicher*

Gitterbereiche: also die Identitätsperiode. Diese Bedingung ist aber nach unseren Kenntnissen, die nicht zuletzt gerade der Röntgenstrukturanalyse zu verdanken sind, bei den meisten der in vivo vorliegenden Fasergebilde gegeben. Das Bild zeigt Punkte, Ringe oder Sicheln verschiedener Breite und wechselnder Schwärzungsintensität. *Aus dem Abstand der Interferenzerscheinungen vom Mittelpunkt* und dem daraus zu ermittelnden Streuwinkel und aus der verwendeten Wellenlänge der Röntgenstrahlung *ergibt sich der Abstand der* reflektierenden, *aus einzelnen Massenpunkten gebildeten Ebenen* (Abb. 142). Die Einordnung eines plausiblen Strukturmodelles in die beobachteten, verschieden im Raum orientierten Ebenen vom gemessenen Netzebenen-Abstand ist das

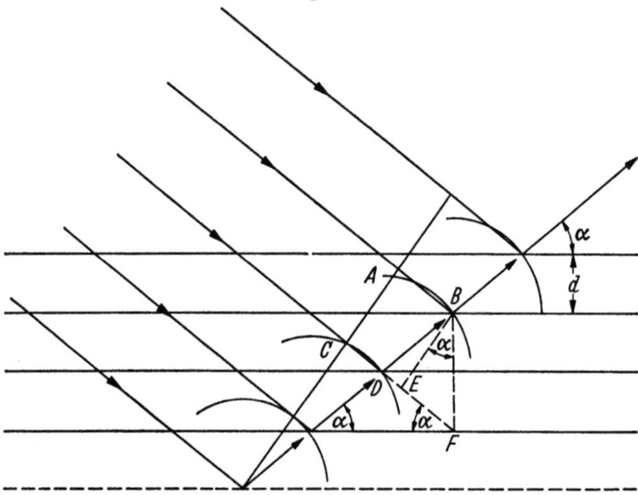

Abb. 142. Röntgenstrahlinterferenz. Nur in gleicher Phase schwingende gestreute Strahlen können sich durch Interferenz verstärken. Bei ihnen ist der Wegunterschied ($CD + DB - AB$, also EF) gleich einem ganzen Vielfachen der benutzten Wellenlänge λ. Dann gilt: $n\lambda = 2d \sin \alpha$ (BRAGG). Für $n=1$ entsteht der lichtstärkste Interferenzpunkt

für jede Substanz zu lösende Problem der Röntgenanalyse, nachdem die Ausmaße der sog. Elementarzelle gewonnen sind. Die Schwärzungsintensität läßt auf die relative Masse der streuenden Atome in den betreffenden im Glanzwinkel α *stehenden Ebenen schließen* (über Strukturdaten vgl. WYCKOFF).

Je breiter nun die Schwärzung ist, um so kleiner sind die geordneten kristallinen Bereiche, welche die Interferenz bedingen. Ist also die Breite senkrecht zur Faserrichtung größer als in der Faserrichtung, so sind die Kristallite in der Faserrichtung länger als quer zu ihr: es liegt ein *Faserdiagramm* vor. Ein sog. Sicheldiagramm verrät eine schraubige Anordnung. Gleichmäßige Ringe geben an, daß feine Kristallite bestimmten Ausmaßes vorliegen, die nach keiner Richtung im Raum orientiert sind (analog den Debye-Scherrerschen Kristall-Pulverdiagrammen). Derartige Diagramme werden ausgesprochen von Reservepolysacchariden wie Stärke, Glykogen, Inulin gegeben, während Cellulose und ihre Derivate gute Faserdiagramme liefern, aus denen die Elementarzelle mit einem Raum für 4 Glucosereste ermittelt wurde. Man geht wohl nicht fehl, wenn man die Festigkeit der Cellulose auf die wechselnde Lage des Ring-Sauerstoffes im Kettenmolekül zurückführt, die ihrerseits durch die β-Bindung in der Cellobiose zustande kommt (Abb. 143).

Unter den *Proteinen* geben die nativen nicht immer einfache und charakteristische Diagramme. Die *Denaturierung läßt* jedoch das auch in ihnen enthaltene *Polypeptidgerüst klar hervortreten.* Denaturierte Eiweiße bieten, da die Ketten nicht orientiert sind, ein Pulverdiagramm, dessen Hauptringe durch die

Ausmaße der doppelten Peptidbindung bestimmt sind und im Idealfall Grund-abstände der Punktgitter von $4^1/_2$, 7 und 10 Å offenbaren. Eine mechanische Ordnung der im denaturierten Eiweiß vorliegenden Peptidketten, wie sie z.B. von ASTBURY durch Dehnung vorgenommen wurde, führt zu einem Faser-diagramm, und zwar bei guter Streckung zu dem des sog. β-Keratins.

Gerade am Keratin, dem Fasereiweiß der Haare, sind grundlegende *Be-ziehungen zwischen dem physikalischen Verhalten und dem Röntgenbild* erkannt worden. Das natürliche Haar liegt in der sog. α-Form vor, in der es nicht das einfache Faserdiagramm gibt, wie es etwa ein Seidenfaden bietet. Dieser zeigt als Hauptin-terferenz diejenige, welche dem Abstand zweier Peptidbindungen ($3^1/_2$ bzw. 7 Å) entspricht. Ein solches Diagramm konnte nun ASTBURY durch Dehnen von gedämpfter Wolle oder Haar erzeugen. Es ist das des β-Keratins. Damit war bewiesen, daß sich aus α-Keratin reine Pep-tidketten ausziehen lassen, wenn die Seiten-ketten und die H-Brückenbindungen durch Einwirkung von Wasserdampf oder Lauge ge-lockert wurden. Jene können sich dann in mehr

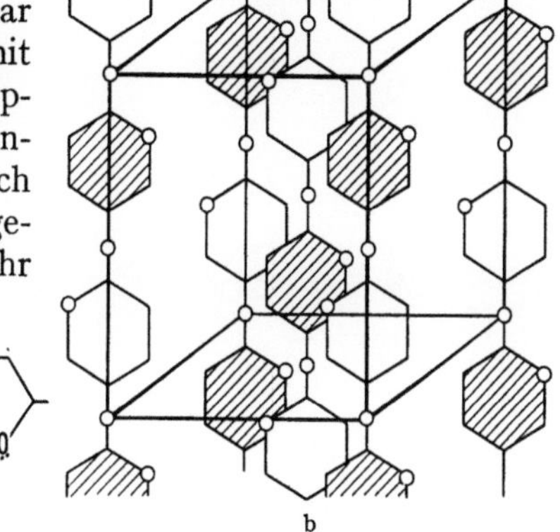

Abb. 143 a u. b. a Zur Verzahnung geeignete Schraubenstruktur der Glucoseketten in der Cellulose. b Elementarzelle der Cellulose (nach K. H. MEYER 1937)

oder weniger gestrecktem Zustand durch Ausbildung neuer Querverbindungen zwischen den Ketten erneut stabilisieren (Dauerwellen). Die Herstellung dieser Bindungen erfordert eine gewisse Zeit. Werden die Haare bzw. andere Keratin-fäden vorher losgelassen, so verkürzen sie sich bis auf ein Drittel der maximalen Länge und somit unter die Ausgangslänge (= einhalb der maximalen) zur sog. überkontrahierten Form, ein Vorgang, der dem Einlaufen der Wolle zugrunde liegt. Dieser Zustand ist durch ein Pulverdiagramm gekennzeichnet. Das Aus-gangsdiagramm (α-Keratin) zeigt äquatoriale Beugungsflecken, die zu einem Abstand von 10 Å in der Querachse gehören, dazu aber Bögen, welche auf eine Periode von 5,1 Å in der Faserachse schließen lassen und beim Übergang in die β-Form verschwinden. Hierbei machen sie solchen Platz, welche vom Abstand 3,32 Å herrühren. Das neue Fleckenpaar entspricht einem Abstand von 4,65 Å in der Querachse (Abb. 144 a und b).

Die Deutung dieses Verhaltens wurde zunächst durch ASTBURYs *Faltungs-theorie* gegeben, welche heute in der Form des Modells von ZAHN (1947) und MIZUSHIMA (1947) diskutiert wird. Dabei behält die β-Form die ursprünglich vor-geschlagene Struktur bei (Schema Abb. 145). Hier wird der Zusammenhalt zwischen den Peptidketten durch die Bindungen ihrer Seitenketten und nicht über die H-Brücken zwischen den Peptidbindungen vermittelt. Der Rückgratsabstand ("Backbone") der Ketten voneinander beträgt 4,65 Å, die Länge der Kette von einem α-C-Atom zum übernächsten 6,95 Å und der Kettenabstand in der Ebene der Seitenketten 10 Å. Die α-Form entstünde durch Faltung nach dem

Schema Abb. 146, wobei sich ein durch H-Brücken zwischen CO und NH ge-
schlossener 5-Ring mit dem α-C-Atom an der Spitze bildet. Dieses Modell bietet
genügend Platz für die wie im β-Keratin alternierend angeordneten Reste R.

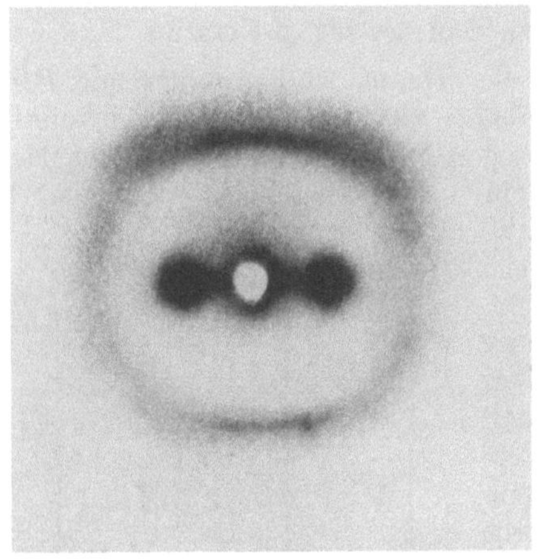

a

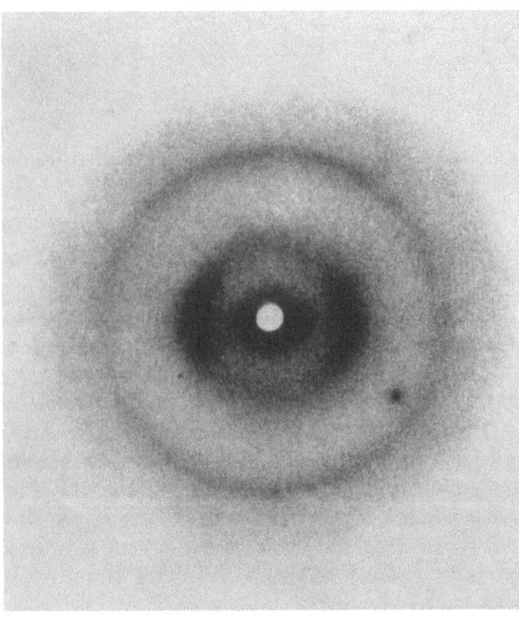

b

Abb. 144 a u. b.　a Röntgendiagramm des α-Keratins (nach ASTBURY).
b Röntgendiagramm des β-Keratins (aus KENDREW 1954)

Es erklärt aber die röntgenographisch festgestellten Daten nur unter der Annahme, daß der Beugungsbeitrag dieser Reste von ihrer gegenseitigen Stellung abhängig ist. Auch die begrenzte Dehnbarkeit, welches das Modell zuläßt, bedeutet einen ernsten Einwand.

Sowohl den Röntgeninterferenzen wie dem chemischen und mechanischen Verhalten trägt die Annahme einer *α-Helix für das α-Keratin* und der Faltungsschichten für das β-Keratin am besten Rechnung (PAULING). Danach kommt der Übergang von der α- zur β-Struktur durch Entrollung der Helices zustande. Wie das β-Keratin haben die pleated sheets etwa die doppelte Länge verglichen mit der α-Helix. Sie werden weiterhin durch die H-Brücken zwischen den Peptidbindungen untereinander zusammengehalten. Für die parallelen und antiparallelen Faltungsschichten (s. S. 344) ergibt sich in der Richtung der Peptidkette der Platz für einen Aminosäurerest zu 3,34 Å und der Zwischenkettenabstand zu 4,73 Å. Die Tatsache, daß die Lage der beobachteten Röntgeninterferenzen im α-Keratin gut zur Annahme der Pauling-Spirale paßt, bedeutet die stärkste Stütze für die Helix-Struktur der Proteine überhaupt. Auch ZAHN (1953) hat sich dieser Deutung angeschlossen.

Eine geringe Differenz für das Helixmodell ergibt sich allerdings noch zwischen der beobachteten und der unter Beachtung der Raumerfüllung berechneten Dichte. Die gefundene ist etwas größer. Es muß aber beachtet werden, daß sie sich auf das ganze Eiweiß bezieht, während die relativ lockeren Helices nur einen gewissen Teil seiner Molekel einnehmen. Die 5,1-Interferenz wird durch die gewöhnliche Helix nicht ohne Zusatzannahme erklärt, da sie zunächst eine solche bei 5,4 fordert. Nach CRICK ist die α-Helix bei parallel geordneten Fasern in den Struktureiweißen ein wenig, und zwar um einen Winkel von 18° gedrillt. Sie hat also eine weitere Drehung erfahren (coiled coil, „Superhelix"). Nach PAULING besitzt die *Superhelix* eine Steighöhe der Windung von 68 Å. Die nur schwach einschneidende Windung gibt Gelegenheit zur Verdrillung von 3 oder 7 Helixfäden zu entsprechend festeren Strängen mit dem Durchmesser von 20 bzw. 40 Å (s. Abb. 147). Es ist möglich, daß sich ähnliche Gesetzmäßigkeiten der Verdrillung auch bei übergeordneten Systemen, etwa den einfachen Flimmerhaaren ergeben, welche aus 9 Fäden, symmetrisch um einen mittleren Doppelfaden geordnet, bestehen[1]. Wimperhaare von beweglichen Diphtheriebakterien bauen sich nach STARR

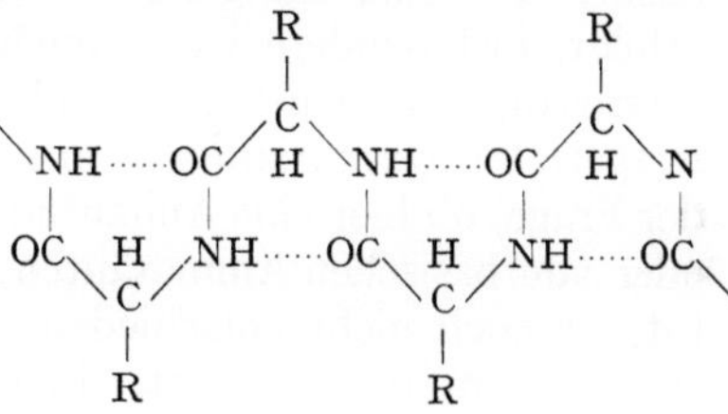

Abb. 145. Schematische Projektionen der Struktur von Faserproteinen in der β-Form. *A* Aufriß, *G* Grundriß, *S* Seitenriß

Abb. 146.
Polypeptidkette im α-Keratin nach ZAHN.

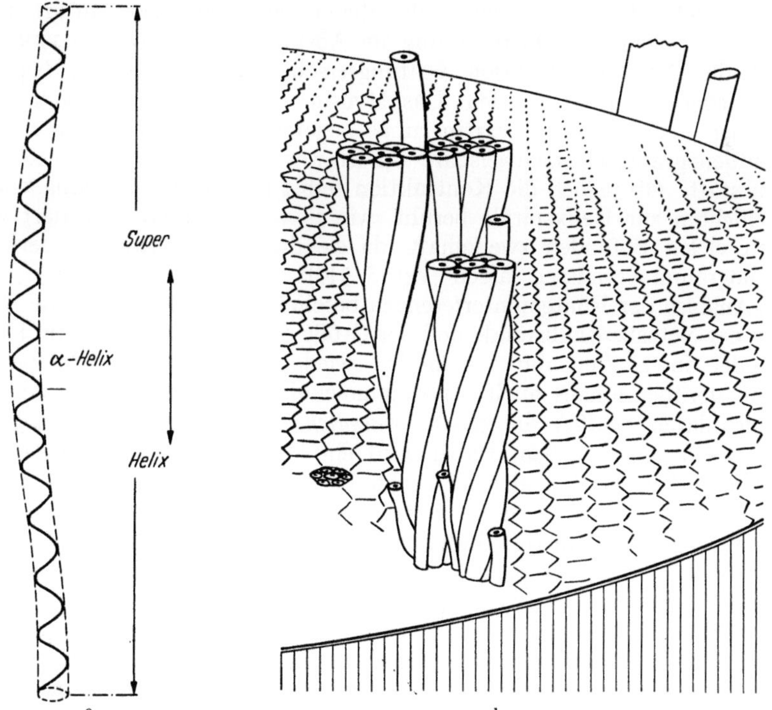

Abb. 147 a u. b. a Windungshöhe der Superhelix (nach PAULING und COREY 1953). b Molekularstruktur von Haaren und ähnlichen Fasern. Siebensträngige Kabel aus verdrillten α-Helices in der Superhelix-Form (nach PAULING 1956a)

[1] Vgl. Bargmann 1955.

Netter, Theoretische Biochemie

und WILLIAMS aus drei schraubenförmig links verdrillten Fäden mit einem Gesamtdurchmesser von 190 Å auf.

Die Möglichkeit des α-β-Überganges gibt ein Verständnis für die Existenz *elastischer Fasereigenschaften*. Beide Formen sind mechanisch bedingte, d.h. von der Spannung abhängige Isomere einer höheren Ordnung. Schon bei 30% Dehnung erscheinen die Interferenzen des β-Keratins. Aber Keratin wird nur unter Anwendung chemischer Mittel, wie Lauge, Wasserdampf, Cupramin elastisch. Normalerweise erhält es seine Festigkeit durch die vulkanisierend wirkenden Disulfidbrücken. Sie fehlen dagegen dem Elastin fast vollständig. Es enthält auch im Vergleich zum Kollagen und den meisten übrigen Eiweißkörpern sehr wenig polare Seitenketten. Wahrscheinlich sind seine Polypeptidketten dadurch beweglicher. Ihre Doppelbrechung ist gering. Beim Dehnen tritt sie natürlich in Erscheinung. Die Röntgenanalyse gestattet über das allgemeine Verhalten der Faserproteine hinaus wenig spezielle Aussagen. Das mechanisch festere, stets doppelbrechende Kollagen ist zwar eingehender untersucht, aber eine Einigung auf eine bestimmte Form der Helix ist noch nicht erfolgt, insbesondere ist es auch noch nicht möglich gewesen, die elektronenmikroskopisch sichtbaren und auch durch Röntgenkleinwinkeluntersuchung festgelegten *Querstreifungen* mit einer Periode von 640 Å zu erklären. Zwischen der Frage, ob hier eine Anhäufung bestimmter Substanzen, etwa von Glucosamin oder von basischen Aminosäuren, vorliegt oder eine besondere Faltungsperiodizität, ist noch nicht entschieden. Interessant ist, daß das Prokollagen ebenfalls eine Querstreifung besitzt. In essigsaurer Lösung betragen seine Dimensionen 380×17 Å (BRESLER). Embryonales Kollagen zeigt Querstreifungen von 150 Å Abstand aufwärts. Bemerkenswert ist, daß die Wasseraufnahme bei der Quellung solcher Fasern an den Stellen dieser Querstreifungen am größten ist. Fibrinfasern zeigen eine Querstreifung im Abstand von 230 Å (WOLPERS 1939).

Daß der Muskelkontraktion Faltungserscheinungen zugrunde liegen, ist immer wieder diskutiert worden. Das Myosin wird auch nach dem röntgenographischen Verhalten der Keratingruppe zugeteilt. Bei seiner Dehnung findet eine röntgenographisch nachweisbare α-β-Umwandlung wie beim aufgelockerten Keratin statt. Ob jedoch die Kontraktion selbst auf einer Einrollung von Faltungsschichten zur Helixspirale beruht, wie es von PAULING diskutiert wurde, ist nach vielen Befunden zweifelhaft, da sie die entsprechende Änderung im Röntgenogramm vermissen lassen (vgl. S. 512).

Die Analyse der Röntgeninterferenzen beschränkt sich nicht auf die Bestimmungen der Netzebenenabstände und der Größe der Elementarzellen im Kristallgitter oder in Stoffen mit regelmäßig wiederkehrenden Identitätsperioden. Sie kann darüber hinaus auch bei kleinmolekularen und kompliziert geformten hochmolekularen Stoffen die *genaue räumliche Lage der Atome*, bezogen auf die Kristallebenen, angeben. Dabei wird ein Diagramm der Elektronendichte gewonnen, in dem die Orte gleicher Dichte bei Projektion auf eine der 3 Kristallflächen (h, k, l) mit den Achsen (a, b, c) durch Schichtlinien miteinander verbunden werden. Um derartige Bilder zu erhalten, ist eine analytische Verwertung der Streudichte, d.h. der Schwärzungsintensität, an möglichst vielen Stellen aus dem Röntgenogramm vorzunehmen und zu einem Bild der Elektronendichte in allen 3 Ebenen, d.h. im Raum, zu verarbeiten. Denn die eigentlich streuenden Teilchen sind die Elektronen. Ihre Dichte wird also in der Projektion auf die Fläche als Elektronenzahl pro Å² angegeben, und sie wird am Ort eines Atomes um so größer sein, je größer dessen Ordnungszahl ist (Abb. 148).

Die Grundlagen des von BRAGG, von BRILL und von GRIMM eingeführten und durch PATTERSON-HARKER verbesserten und für hochmolekulare Stoffe anwendbar gemachten Verfahrens können hier nur angedeutet werden. Die von den einzelnen Atomen gestreuten Strahlen interferieren zu einer Resultanten, die z.B. entlang einer Achse auf der Projektionsebene unregelmäßige Intensitätsmaxima erzeugt. Gemessen werden kann nur die von der Amplitude und der Phase der Einzelstrahlen abhängige Intensität der unter einem bestimmten Winkel ausgemessenen Schwärzung. Das Problem besteht in der Trennung der Phasen,

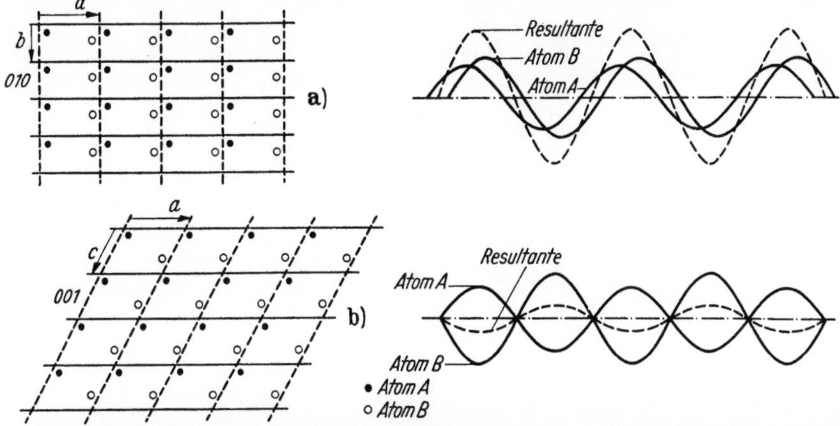

Abb. 148a u. b. Phasenverschiebung und Amplitude der durch Streuung an 2 Atomen entstehenden Wellen. Die Streuung durch das Atom A ist kleiner als die durch B. Die Amplitude der aus beiden resultierenden Welle ist von der Strahlrichtung abhängig. a Projektion auf die Ebene der c-Achse, b auf die der b-Achse (nach B. Low)

welche von der räumlichen Lage der Streupunkte zueinander abhängen, von den Amplituden. Diese werden von der am Streuort herrschenden Elektronendichte bestimmt. Die Intensität des Einzelstrahls ist dem Quadrat der Amplitude proportional (s. S. 19). Eine durch das Diagramm gelegte Linie gibt

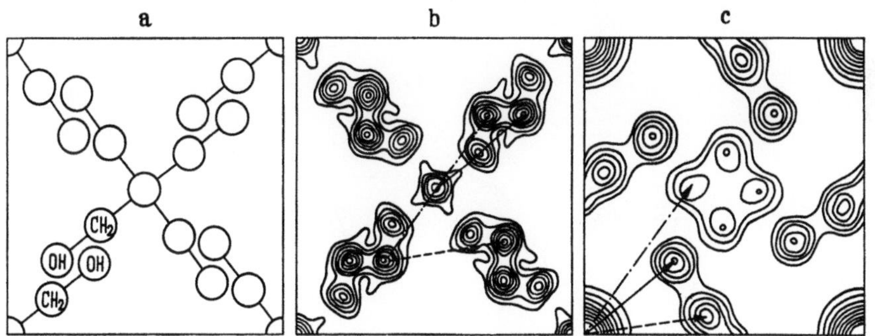

Abb. 149a—c. Strukturanalyse des Pentaerythrits. a Projektion des Kugelmodelles, senkrecht zur c-Achse, b Elektronendichte (Fourier-) Projektion, c Vektor (Patterson-) Struktur-Projektion mit 0 als Ursprung (KENDREW und PERUTZ 1949)

unregelmäßig wechselnde Intensitäten mit Maximumwerten wieder, welche sich nach Durchschreiten einer bestimmten Grundperiodenlänge (2π) wiederholen. Solche Linien lassen sich immer durch eine Fourier-Analyse in eine gewisse Zahl regelmäßiger Sinuskurven mit ganzzahlig ansteigender Frequenz zerlegen. Ihre Amplituden, die sog. Fourier-Koeffizienten, entsprechen hier der Intensität, d. h. der Elektronendichte, ihre Frequenzen der zugehörigen örtlichen Verteilung. Genauer gesagt ergeben die Phasenfaktoren die relativen Phasen der gebeugten Strahlen. Die Summation der einzelnen Fourier-Serien liefert eine periodische Funktion, die auf die 3-Raumkoordinaten aufzuteilen ist und dann der Verteilung der Elektronendichte im Raum entspricht.

Um aber diese Summation der Fourier-Serien vornehmen zu können, muß
der Phasenwinkel, d.h. die Phasenverschiebung bekannt sein, mit der die Sinuskurven zu überlagern sind. Er ergibt sich entweder aus speziellen Grundvor-
stellungen vom Aufbau der Elementarzelle oder daraus, daß besonders gesicherte

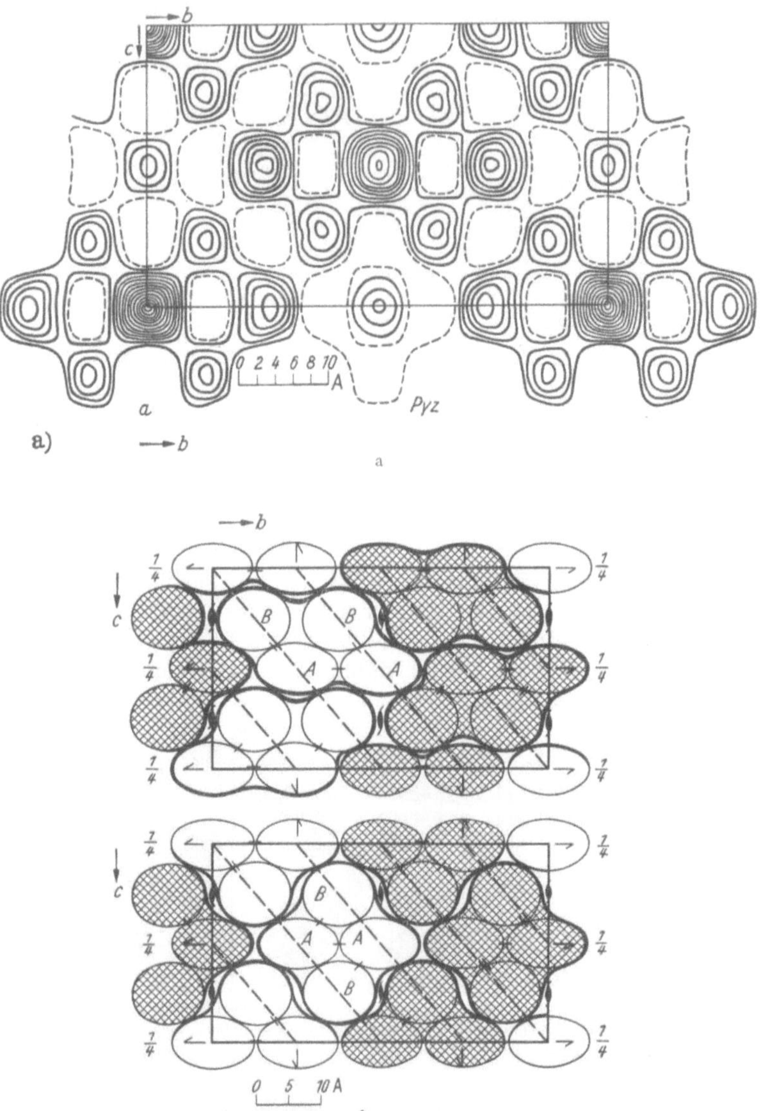

Abb. 150a u. b.　a Patterson-Analyse von orthorhombischen Insulinkristallen. b Daraus abgeleitete Modelle der Elementarzelle in zwei verschiedenen Projektionen. Schwarz umrandet je eine Einheit vom Molekulargewicht 12000 (nach B. Low)

Punkte des Diagramms, etwa die Lage schwerer Atome, schon Angaben mindestens über das Vorzeichen stärkerer Reflexionen an einem Raumpunkt liefern.
Ein geeigneter Wert kann oft nur durch langwieriges Ausprobieren gesichert
werden. Bei einfacheren Strukturen kann er Null oder π betragen. Im ersteren
Fall hat die Amplitude für die Grundwelle ihr Maximum in der Mitte der Elementarzelle, im zweiten dort das Minimum (Abb. 149).

Das Patterson-Verfahren benötigt die Kenntnis der Phasenwinkel nicht. Bei ihm werden statt der Amplituden der Grundkurven die den Sinusschwingungen der verschiedenen Ordnung entsprechenden Intensitäten addiert, die nun nur positive Vorzeichen besitzen, weil sie den Amplitudenquadraten proportional sind. Die sehr umfangreiche mathematische Analyse geht nur von gemessenen Schwärzungsintensitäten aus. Das Patterson-Verfahren liefert auch bei hochmolekularen Stoffen, bei denen die Fourier-Analyse schon versagt, noch übersichtliche Bilder. Die einzelnen Punkte geben aber hier je nach der Lage im Diagramm den Abstand und gleichzeitig die auf eine Ebene der Zelle bezogene Richtung zweier Streupunkte im Raum an. Die Patterson-Punkte liefern vektorielle Distanzen. Eine Linie, welche einen Schichtlinien-Gipfel in der Patterson-Projektion mit dem Mittelpunkt der Elementarzelle verbindet, entspricht der Länge und Richtung der Verbindungslinie im Raum. Die Intensität, Vektordichte genannt, wächst außer mit der Ordnungszahl des Elementes mit der Zahl der Atompaare in der Einheitszelle, welche durch korrespondierende Linien von gleicher Länge und Richtung miteinander verbunden werden können. Bei n-Atomen in der Elementarzelle besitzt diese $n(n-1)$ derartige „Vektor-Gipfel". Die Deutung der aus solchen Punkten aufgebauten Linien erfordert eine eingehende Analyse.

Nur durch sie können diese Diagramme anschaulichen Wert erhalten. Dagegen ist das Ergebnis der Braggschen Analyse unmittelbar anschaulich. Hier kann aus der Form der Schichtlinien direkt auf die Natur der bindenden Kräfte im Kristall geschlossen werden. Liegt Ionenbindung vor, so ist die Elektronendichte zwischen den Atompunkten verschwindend klein. Das Gegenteil ist bei

Tabelle 78. *Röntgenographisch ermittelte Moleküldimensionen* (nach Bragg und Perutz aus Low)

Hämoglobin (Pferd) trigonal . . .	$56 \times 56 \times 72$ Å
Hämoglobin (Mensch) monoklin .	$55 \times 55 \times 65$ Å
oder	$50 \times 50 \times 75$ Å
Oxy-Hb (Mensch) tetragonal. . .	$54 \times 54 \times 69$ Å
Myoglobin (Pferd) monoklin . . .	$37 \times 54 \times 9 \, (-14)$ Å

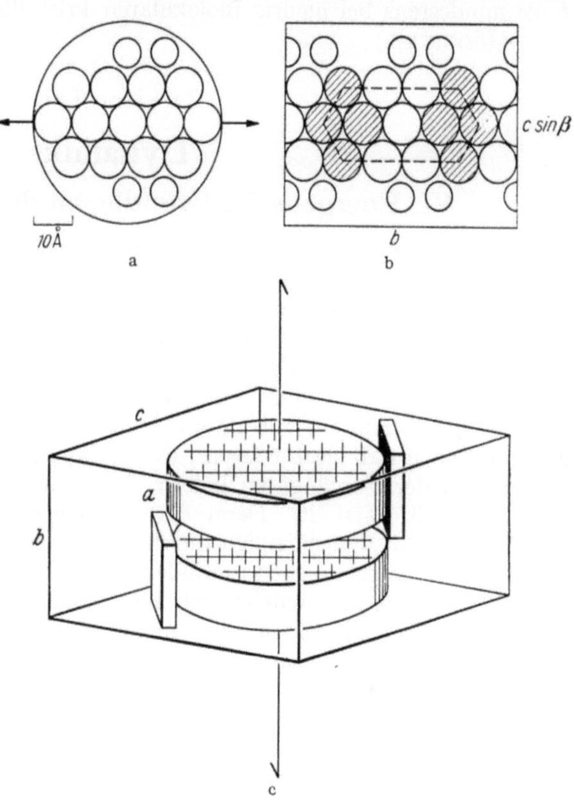

Abb. 151 a—c. Elementarzelle (b) einer Hämoglobin-Molekel (a) (nach Bragg und Perutz 1952). c Zwei Myoglobinmolekeln mit prosthetischer Gruppe. Lagerung in der Elementarzelle mit den a-, b-, c-Achsen (nach Kendrew 1949)[1]

---

[1] Nach Kratky ist Hb ein gedrängter Hohlzylinder mit zur Zylinderachse schiefem Verlauf der Helices (1958).

Elektronenpaarbindung der Fall: ihre Dichte entspricht in der Verbindungslinie der geforderten Elektronenzahl, vorausgesetzt, daß die Projektion in der Ebene der Valenzbetätigung erfolgt ist. Die Lage der Wasserstoffkerne ist bei der einfachen Fourier-Analyse nicht zu ermitteln. Bei den Eiweißkörpern bietet die Patterson-Analyse heute die beste Möglichkeit zur Feinstrukturauswertung der Röntgenogramme. Sie hat bei einfachen Proteinen zu Vorstellungen geführt, welche in befriedigendem Einklang mit anderen Erfahrungen stehen (Insulin, Myoglobin, Ribonuclease, Hämoglobin, vgl. Abb. 150, 151). Diese Analyse ist trotz der zunehmenden Kompliziertheit in der mathematischen und gedanklichen Auswertung das feinste physikalische Hilfsmittel zur Gesamtanalyse des Eiweißmoleküls. Dieses selbst aber bleibt das bewunderungswürdigste Ordnungssystem, welches die Natur je aus Atomen zusammengefügt hat. Daß mit Hilfe einer Fourier-Synthese die vollständige Strukturaufklärung der großen, chemisch und räumlich recht uneinheitlich aufgebauten Molekel des Vitamins B_{12} ($C_{63}H_{88}O_{14}N_{14}PCo$; MG 1354) gelang, unterstützt die Hoffnung auf ähnliche Erfolge mindestens bei niedrig molekularen kristallisierten Eiweißkörpern (Crowfoot-Hodgkin).

Zweiter Teil

Dynamik

VI. Energetische Grundlagen der Lebensvorgänge

Man hat von 2 Fundamentalkomponenten der Lebensvorgänge gesprochen (Hummel). Die eine ist die plastische, generative, also die *formbildende*, die sich im Wandeln, Entstehen und Erhalten der Form offenbart, und die andere die *betriebliche* des ständigen Stoffumsatzes. Mit ihr ist das ewige ,,Stirb und Werde" gemeint, das sich während des Lebensvorganges in jedem noch so kleinen Zellelement vollzieht. Es fließt ein dauernder Stoffstrom durch die lebendige Form des Gewebes hindurch, von dessen Einzelteilen man weder sagen kann, ob sie lebendig, noch daß sie tot seien. Dieser Wandel hat den Sinn, die Energie für den Ablauf der Vorgänge zu liefern, deren Summe den Lebensprozeß in Ruhe und Tätigkeit darstellt. Denn der Energiestrom, der die lebendige Materie durchzieht, wird ausschließlich durch die chemische Energie der Nahrungsstoffe unterhalten. Ist schon das formbildende Geschehen, dessen statische Grundlagen in den bisherigen Abschnitten gebracht wurden, nur mit Hilfe der chemischen Vorstellungen vom Feinbau und dem Wandel der Materie zu erfassen, so ist die andere Seite des Lebensgeschehens, der dauernde Umsatz im regulierten An- und Abbau, primär notwendigerweise ein chemisches Geschehen.

Dieser allen Lebensvorgängen zugrunde liegende *Chemismus* ist prinzipiell und methodisch von *2 Gesichtspunkten* aus zu werten: von dem *stofflichen* und von dem *energetischen*. Die stoffliche, im altherkömmlichen Sinne chemische Betrachtung beschreibt Eigenschaften und Schicksal der Ausgangs-, Zwischen- und Endprodukte und bildet den Hauptgegenstand der deskriptiven Biochemie und Stoffwechsellehre. Will man aber die biochemischen Umsetzungen in ihrer Bedeutung für den Organismus werten, dann ist zwar die Kenntnis der Stoffwandlung Voraussetzung, aber nicht einziges Ziel einer Untersuchung, die den Beitrag des Einzelvorganges zum gesamten Lebensgeschehen zu erfassen sucht.

Nach Lionardos genialer Konzeption muß der Lebensprozeß mit einer Flamme verglichen werden, durch die ein Fluß des sich aus der Kerzenmasse auflösenden und dann am Docht verbrennenden Materials unter dauernder Aufrechterhaltung ihrer ,,Ruheform" geht. Nur der Stoffumsatz erhält das dynamische Gleichgewicht in der Flamme, und nur ein Mehr an Oxydation oder eine Änderung der Verbrennungsform oder der Art der verbrennenden Stoffe kann dieser ausgeglichenen Summe der Ruhevorgänge als Analogie des Erregungs- oder Leistungszustandes der lebendigen Materie gegenübergestellt werden. Eine sinnvolle Wertung des Einzelprozesses im Spiel der ausgeglichenen Vorgänge kann unter Anwendung dieses Bildes nur gewonnen werden, wenn sein Beitrag zur Gesamtleistung durch Ermittlung seiner Arbeitsfähigkeit mit einem Maßstab erfaßt wird, der die Leistungsfähigkeit aller Prozesse vergleichend zu messen erlaubt. *Die Wertung der Arbeitsfähigkeit von Gesamt- und Teilvorgängen — nicht nur der rein chemischen — in der lebendigen Substanz ist Gegenstand einer Energetik des Lebendigen.* Ohne ihre Kenntnis bleibt notwendigerweise der Einblick in den spezifischen Aufbau seiner Funktion unvollständig.

Begriffe

Energie bedeutet das Vermögen zur Leistung von Arbeit. Arbeit ist zunächst eine mechanische Größe, die als Produkt von Kraft und Weg definiert ist und dementsprechend die Dimension $g\,cm^2\,sec^{-2}$ besitzt (s. S. 69). Die pro Zeiteinheit abgegebene Arbeit heißt *Leistung* ($g\,cm^2\,sec^{-3}$); da die Geschwindigkeit der Abgabe oder Aufnahme von Arbeit bei den prinzipiellen Überlegungen der Thermodynamik, die sich mit der Größe der Arbeitsfähigkeit beschäftigen, wenig interessiert, ist dieser in der Technik so wichtige Begriff für die hier in Betracht kommenden Fragen von untergeordneter Bedeutung. Das absolute Maß für die Arbeit und damit auch für die innewohnende Arbeit oder die Energie ist die Einheit der Kraft mal Einheit der Strecke (dyn · cm, das erg; 10^7 erg = 1 Joule = 1 Wsec). Das *gebräuchliche Maß ist die Calorie* (1 cal = 4,2 · 10^7 erg; 1 kcal = 4,2 · 10^{10} erg, vgl. Tabelle 79). Die Maßzahl der Calorie für mechanische

Tabelle 79. *Wichtige Energieäquivalente*

	cal	erg	Wattsec = Joule	L atm	mkg
cal	1	4,186 · 10^7	4,185	4,13 · 10^{-2}	0,427
R	1,986	8,313 · 10^7	8,309	8,204 · 10^{-2}	0,848
L-atm	24,2	1,013 · 10^9	101,3	1	10,33

$$1 \text{ Joule} = 0{,}239 \text{ cal}; \quad k = \frac{R}{N_L} = 1{,}385 \cdot 10^{-16}\,erg \cdot Grad^{-1}$$
$$1 \text{ kcal} = 10^3 \text{ cal}; \quad k = \frac{R}{N_L} = 3{,}298 \cdot 10^{-24}\,cal \cdot Grad^{-1}$$

Boltzmann-Konstante.

Arbeit ergibt sich durch Benutzung der Fundamentalzahl der technischen Wärmelehre, des mechanischen *Wärmeäquivalentes* (J. R. MAYER), welches aussagt, daß *427 mkg* Arbeit äquivalent sind mit 1 kcal Wärme; bzw.: *1 Kilowattstunde = 860 kcal.* In gleicher Weise lassen sich die Energieäquivalente bestimmen oder errechnen, welche die Beziehungen anderer Energieformen untereinander festlegen. Sie sind ein Ausdruck der Grundtatsache, daß Energien verwandelbar sind, und daß sie prinzipiell alle in Wärme übergehen können. Daher wird die Calorie ganz allgemein als Maßstab für die Energie benutzt.

Jeder materielle Vorgang, soweit er mit einer irgendwie gearteten Änderung eines Ausgangszustandes verknüpft ist, besteht nur in einer *Wandlung der Energieart in dem betrachteten System. Ein Vorgang ist ein Wechsel der Energieform.* Er ist im Calorienmaß quantitativ beschreibbar und *unterliegt den* allgemeinen *Gesetzen der Energielehre,* denen jeder an Materie gebundene Prozeß unterworfen ist. Sie regeln die *Beziehungen zwischen Arbeitsgröße, Arbeitsbedarf, Wärmeaufnahme und -abgabe* bei einem Vorgang und dem *Gesamtwärmeinhalt* der beteiligten Partner und gestatten bindende Angaben über die Möglichkeit oder Unmöglichkeit des Eintretens der zugehörigen Reaktionen, ihren notwendigen Umfang und ihre Bedeutung im Rahmen weiterer Prozesse.

Die auf Grund ihrer Hauptsätze zu machenden Aussagen der Energielehre sind zunächst unabhängig von speziellen Vorstellungen über das Zustandekommen der Energiewandlungen. Trotzdem hat sich aus der Thermodynamik der Strahlung durch PLANCKs Analyse die Quantentheorie entwickelt, deren wesentlicher Inhalt der ist, daß der Energieaustausch nicht kontinuierlich, sondern in diskreten Energiebeträgen, Quanten genannt, vor sich geht. Die Ergebnisse thermodynamischer Überlegungen werden aber ohne spezielle Kenntnisse über das mikrophysikalische Geschehen gewonnen; sie setzen nur makroskopisch feststellbare und meßbare Größen miteinander in Beziehung.

Um die Zahl der zu behandelnden Vorgänge auf einen oder wenige zu beschränken, läßt man diese *im sog. abgeschlossenen System* ablaufen. Darunter versteht man eine gedachte oder realisierte Anordnung von Materie, welche keinen Energieaustausch mit ihrer Umgebung gestattet. Wird speziell auch keine Wärme ausgetauscht, so liegt ein *adiabatisches System* vor. Die so mindestens gedanklich abgeschlossene Materie läßt sich in ihrem Zustand bzw. dem ihrer Partner exakt charakterisieren. Die bestimmenden *Zustandsgrößen* werden als *extensive* und *intensive* Eigenschaften beschrieben. Erstere sind additiv und geben die Mengen der Stoffe, die Größe eines Gasvolumens usw. an; sie sind also dem Gewicht und der geometrischen Ausdehnung des Systems proportional. Unabhängig von ihr sind jedoch die intensiven Zustandsgrößen, wie Druck, Temperatur, Konzentration, elektrische und mechanische Spannung, Oberflächenspannung usw. Eine derartige Unterscheidung entspricht der Ostwaldschen Kennzeichnung der Energie als Produkt aus einem *Kapazitäts- und einem Intensitätsfaktor* (Coul. $\times$ Volt; Weg $\times$ Kraft; Volumen $\times$ Druck; Oberfläche $\times$ Oberflächenspannung; Entropie $\times$ Temperatur, Stoffmenge $\times$ chemischem Potential usw.). Diese Größen können als „*Zustandsvariable*" auftreten; aber sie sind nicht unabhängig voneinander zu verändern, sondern die Veränderung der einen ist nach den Gesetzen der Thermodynamik mit der von anderen verknüpft. Jedoch müssen nicht alle intensiven Größen bei der Veränderung der einen mit geändert werden; sie können vielmehr als *Zustandsparameter konstant* bleiben oder im Versuch konstant gehalten werden. Letzteres trifft beim Arbeiten unter isothermen Bedingungen für die Temperatur zu. Der Druck und das Volumen sind dann abhängige Zustandsvariable. Häufig genügt die Berücksichtigung dieser 3 Größen, um bei gegebener Stoffmenge, z.B. einem Mol, eine thermodynamisch ausreichende Beschreibung des Zustandes zu geben. Für gasförmige Stoffe werden sie durch die bekannte Gasgleichung als *Zustandsgleichung* miteinander verknüpft. Sind bei bemerkenswerter Oberflächenentwicklung auch Grenzflächenenergien oder sind beim Auftreten chemischer Reaktionen chemische Energien zu berücksichtigen, dann müssen die entsprechenden Zustandsvariablen miteingeführt werden.

Die differentielle *Gesamtänderung* der inneren Energie des Systems (dU) läßt sich nämlich als *Summe ihrer Teiländerungen* beschreiben:

$$dU = c_v \cdot dT + p_i \cdot dv + \cdots. \tag{1}$$

Variiert man nur eine Größe, etwa die Temperatur T, und läßt die übrigen Parameter konstant, so daß die additiven Glieder den Wert null annehmen, dann ist $dU/dT = c_v$ die Zunahme der inneren Energie bei der Temperatur-erhöhung um $1°$, d.h. die spezifische Wärme oder der *Temperaturkoeffizient der inneren Energie* bei konstantem Volumen. Er ist als partielles Differential multipliziert mit dT ein Summand bei der Bildung des totalen Differentials, d.h. der Gesamtänderung dU. Für partielle Differentiale wird die Schreibweise $(\partial U/\partial T)_v$ angewandt, wobei der Index der oder die konstant gehaltenen Parameter angibt (s. Anhang S. 735). In dieser Schreibweise erhält man für dU:

$$dU = \left(\frac{\partial U}{\partial T}\right)_v \cdot dT + \left(\frac{\partial U}{\partial v}\right)_T \cdot dv + \cdots . \tag{2}$$

Obwohl die Geschwindigkeit einiger, z.B. der chemischen Vorgänge von thermodynamisch definierbaren Größen bestimmt wird, befaßt sich die Energielehre zunächst nicht mit ihnen, sondern sie geht von *Gleichgewichtszuständen* aus. Wenn eine Kraft der ihr entgegengesetzt gerichteten gleich ist, spricht man vom Gleichgewicht der Kräfte. Es besteht zwischen der Oberflächenspannung und dem Gewicht der in einer Capillare gehobenen Wassersäule (s. S. 216) ebenso wie zwischen dem Druck, der auf einem abgeschlossenen Gasvolumen lastet, und demjenigen, welchen die Gasmolekeln selbst bei der gegebenen Substanzmenge, dem vorliegenden Volumen und der Temperatur erzeugen. Dieser Zustand ist dadurch gekennzeichnet, daß in ihm *weitere Vorgänge von selbst nicht mehr eintreten können; ihm kann also keine Arbeit entnommen werden.*

Änderungen der Zustandsvariablen aber führen zu einer veränderten Gleichgewichtseinstellung. Die Thermodynamik hat die Energieänderungen zu beschreiben, welche mit dem Übergang in die neue Gleichgewichtslage einhergehen. Veränderungen des Druckes, der Strahlung, des elektrischen oder chemischen Potentials und der Temperatur, die sich an dem abgeschlossenen System vollziehen, sind gleichbedeutend mit einer Zuführung oder Abführung von Energie. Es hat sich nun praktisch gezeigt, daß die Übergänge nahezu aller Energieformen auch mit dem Tausch von Wärme verknüpft sind; und es ist eine wesentliche Aufgabe der Energielehre, festzustellen, in welcher Beziehung die Größe der getauschten Wärmeenergie zu der der übrigen Arbeitsformen steht. Eine entscheidende Aussage macht hierzu der 1. Hauptsatz der Thermodynamik.

1. Hauptsatz

Für jeden Austausch von Energie, sei es in Form von Arbeit oder Wärme, ist das von ROBERT MAYER (1842) zuerst ausgesprochene Prinzip der Erhaltung der Energie (Energiesatz, Erhaltungssatz) unumstößlich und ohne jede Ausnahme gültig. Es herrscht als oberste Polizeibehörde jeglichen Geschehens und sagt aus, daß die Summe der Energie in dem betrachteten System, welches mit der Umgebung keine Energie tauscht, vor und nach Ablauf beliebiger Vorgänge unverändert bleibt. Wie sich auch immer die einzelnen Energieformen in ihm wandeln mögen: weder ein Verlust noch eine Neuschöpfung von Energie ist bisher beobachtet worden. Die *Energiesumme* bleibt konstant; sie ist in der Ausdrucksweise ROBERT MAYERs *unzerstörbar.* Dieser Satz gilt auch für die Umwandlung von Masse in Energie, wenn der Energiewert der Masse nach der Einsteinschen Formel (I, 1) eingesetzt wird.

Experimentell ist diese Aussage auf Grund des Äquivalenzprinzips prüfbar; denn es erlaubt, alle Energieformen im Einheitsmaß der Wärmeenergie zu messen. Um ihre Formulierung zu ermöglichen, muß eine Festsetzung über die *Bezeichnung der Richtung* getroffen werden, in der der Übergang einer Energiegröße W erfolgt. Entgegengesetzt dem früher üblichen Brauch wird mit LEWIS, SCHOTTKY

u. a. allgemein die von einem betrachteten System abgeführte Energie mit negativem, die zugeführte mit positivem Vorzeichen versehen. $-Q$ bedeutet demgemäß Abgabe, $+Q$ Aufnahme der Wärmemenge Q. Die gleichartige Anwendung des Vorzeichens erfolgt für die Richtung des Überganges von Arbeit $(-A; +A)$.

Der Erhaltungssatz ist demnach für nur einen Vorgang zu beschreiben:

$$\Delta W_1 = - \Delta W_2 \quad \text{bzw.} \quad \Delta W_1 + \Delta W_2 = 0; \tag{3}$$

für n Energieübergänge würde bei einem nach außen abgeschlossenen System gelten:

$$\Delta W_1 + \Delta W_2 + \Delta W_3 + \cdots + \Delta W_n = 0. \tag{3a}$$

Wird aber der Anordnung von außen die Energie W zugeführt, dann ist zu schreiben:

$$\Delta W_1 + \Delta W_2 + \cdots + \Delta W_n = W.$$

Bei Energieabgabe trägt die rechte Seite negatives Vorzeichen. Sie sowohl wie die Zufuhr kann in Form von Wärme (Q) oder Arbeit (A) erfolgen, so daß gilt:

$$W = A + Q. \tag{4}$$

Die thermisch meßbaren Energien des abgeschlossenen System, d.h. die Summe der Größen auf der linken Seite vorstehender Gleichung werden als innere Energie (U) zusammengefaßt. Ihre Änderung ist: $\Delta U = 0$, wenn $W = 0$. Bei endlichen Werten von W gilt also für den Energietausch zwischen dem System und der Umgebung:

$$\Delta U = A + Q. \tag{4a}$$

Zwei praktisch wichtige Konsequenzen des 1. Hauptsatzes sollen durch folgende Feststellungen hervorgehoben werden:

1. Wenn die nötige Energie nicht vorhanden ist oder nicht in der notwendigen Form bereitgestellt werden kann, dann ist auch der Ablauf des betreffenden energieverbrauchenden Vorganges nicht möglich: Es kann also keine Energie aus dem Nichts geschaffen werden (Satz von der *Unmöglichkeit des perpetuum mobile 1. Art*). 2. *Zwei Zustände sind nur dann untereinander gleichwertig, wenn sie in ihrem Energiegehalt übereinstimmen.* Die innere Energie ist eine Größe, welche nur durch die Werte der Zustandsvariablen T, v oder p, chemische Zusammensetzung *(Molenbruch)* und Oberflächengrößen bestimmt ist, nicht aber durch die Vorgeschichte oder den Weg, auf dem das System in diesen Zustand gebracht wurde. Betrachtet man nämlich die unter Energiezuführung erfolgende Rückkehr aus einem Zustande B in den Ausgangszustand A mit unveränderten Variablen, dann muß die Zufuhr gleich der verlustlosen Energieabgabe sein, die mit dem Übergang von A nach B verknüpft war (Kreisprozeß). Würde man hierbei jedoch einen Weg finden, der zur Erreichung des gleichen Ausgangszustandes weniger Energie benötigte, als bei der Entfernung aus ihm bis zum Punkt B entnommen wurde, dann wäre Energie aus nichts geschaffen, also der 1. Hauptsatz durchbrochen.

Die innere Energie eines definierten Zustandes ist also unabhängig davon, auf welchem Wege, d.h. in welcher zeitlichen Reihenfolge und mit welcher Zahl und Art von Einzelschritten dieser Zustand erreicht wurde. Für die Summe aller Vorgänge, die aus ihm heraus und wieder zu ihm zurückführen, gilt daher:

$$\circlearrowright \sum \Delta U = 0. \tag{5}$$

Dabei ist aber zu beachten, daß die Summen sämtlicher während dieses Kreisvorganges hinzugefügter oder abgeführter Energien, d.h. $\sum \Delta A$ und $\sum \Delta Q$ von null verschieden sein müssen.

In welcher Beziehung diese Größen beim Kreisvorgang zueinander stehen, lehrt der erst später zu erläuternde 2. Hauptsatz.

Die innere Gesamtenergie U kann prinzipiell nicht aus den Übergängen von A und Q in ihrer absoluten Größe ermittelt werden, sondern $A + Q$ ergibt die Differenz von U vor und nach Ablauf der Energiewandlung: eben die Größe ΔU. Man entnimmt der Formulierung (4a), daß die bei einem Vorgang etwa stattgehabte Verminderung der Gesamtenergie sich zusammensetzt aus einer Abgabe an Arbeit und Wärme oder daß, wenn eines von beiden aufgenommen wird, von dem anderen mehr abgegeben werden muß, als der Aufnahme entspricht. Denn nur so kann $A + Q$ einen negativen Wert erhalten. Umgekehrt kann eine Vermehrung der inneren Energie nur dadurch zustande kommen, daß die Summe $A + Q$ positiv ist, also dem System mehr Energie zugeführt wird, als Arbeit oder Wärme etwa gleichzeitig abgeht.

Lehrreich sind die *Fälle, bei denen eine der beiden Größen konstant bleibt*, z. B. also Null ist. a) Ist $Q = 0$, wird also Wärme weder zu- noch abgeführt, so ist $- \Delta U = - A$, d. h. die abgegebene Arbeit ist gleich der Abnahme der inneren Energie, ein Grenzfall, der nur bei besonders günstigen Reaktionsbedingungen verwirklicht ist, z. B. gelegentlich bei der Lieferung elektrischer Energie auf Grund chemischer Prozesse, die sich in galvanischen Elementen abspielen. b) Bei isothermer und reversibler, d. h. verlustloser Aufnahme von Wärme durch ein ideales Gas ist $\Delta U = 0$; es wird $Q = - A$. Die aufgenommene Wärme geht in Arbeit, hier also Volumarbeit $p \cdot v$ über: *U ist vom Volumen des idealen Gases unabhängig*, d. h. der Koeffizient p_i der Gl. (1) bzw. der partielle Differentialquotient $(\partial U / \partial v)_T$ der Gl. (2) wird null; 2. Gay-Lussacsches Gesetz. c) $A = 0$ kann dann vorliegen, wenn eine chemische Reaktion bei konstantem Volumen abläuft, somit keine Volumenarbeit abgegeben wird, und die gesamte innere Energie in Wärme übergeht. Man mißt auf diese Weise die *Wärmetönung*. Hierbei ist ΔU negativ *(Wärmetönung bei konstantem Volumen)*:

$$- (U_1 - U_2) = W_v. \tag{6}$$

Ist $- \Delta U = Q$, d. h. wird wie bei der Bestimmung der Verbrennungswärme die innere Energie vermindert, dann liegt ein *exothermer* Vorgang vor. Wird umgekehrt $\Delta U = Q$, also die innere Energie durch Wärmeaufnahme vermehrt, spricht man von *endothermen* Prozessen. Für diese Klassifizierung von Abläufen ist daher allein das Vorzeichen von ΔU entscheidend. Da sich diese Größe aus 2 Summanden zusammensetzt, von welchen einer Q ist, ergibt sich, daß Fälle denkbar sind, bei denen das Vorzeichen von Q anders als das von ΔU ist. Diese Möglichkeit erfährt aber durch die bei Besprechung des 2. Hauptsatzes zu betonende Tatsache eine gewisse Einschränkung, daß nur solche Reaktionen spontan ablaufen, bei denen A negativ ist. Denn nur solche Vorgänge, bei denen chemische Nutzarbeit abgegeben wird, vollziehen sich freiwillig. Reaktionen, welche unter Abgabe von freier Energie verlaufen, heißen *exergonische*, solche, welche die Zufuhr von freier Energie benötigen, *endergonische* (CORYELL). Ein einfacher Vorgang mit: $A = 0$ ist die Erwärmung eines Körpers ohne Zustandsänderung; mit $+ \Delta U$ ist er zugleich der einfachste endotherme Prozeß.

Enthalpie; Wärmekapazität

Immer dann, wenn es sich um Reaktionen handelt, bei denen Gase oder Dämpfe beteiligt sind, muß die *Volumarbeit* besonders beachtet werden. Zum Beispiel benötigt die Verdampfung eines Mols H_2O bei 100° 9,710 kcal. Hierbei entstehen $22,4 \cdot 373/273 = 30,6$ Liter Wasserdampf. Die Bildung eines Liters

Gas bei 760 mm Hg erfordert die Energie einer Literatmosphäre $= 24{,}2$ cal (s. Tabelle 79). Die bei der Verdampfung eines Moles Wasser gegen den Atmosphärendruck zu leistende Volumenarbeit ist also: $-A = 30{,}6 \cdot 24{,}2 = 740$ cal; $\Delta U = 9{,}710 - 0{,}74 = +8{,}97$ kcal. Bei diesem Prozeß liegt wie beim Schmelz- oder Sublimationsvorgang ein *Phasenübergang* mit Zunahme der inneren Energie vor. Den sehr zahlreichen Möglichkeiten der Phasenübergänge stellen wir die *chemischen Reaktionen* gegenüber. Ihre thermodynamische Behandlung kann jedoch nur in gleicher Weise vorgenommen werden, da sie unabhängig von den Vorstellungen über die Natur des Vorganges die Wärme- und Arbeitsübergänge verfolgt, welche sich in beiden Fällen vollziehen. Ob bei ihnen nun — soweit Gase beteiligt sind — Arbeit als Volumarbeit in Erscheinung tritt, hängt von den Bedingungen der Reaktion ab. Wird das Volumen konstant gehalten, ändert sich also der Druck, so findet keine zusätzliche Volumarbeit statt und im Falle einfacher Erwärmung ist $\Delta U = Q$. Bei konstantem Druck wird jedoch die Arbeit $p \cdot v$ abgegeben oder wie bei der Verbrennung von H_2 aufgenommen. U wird jeweils um $p \cdot v$ verkleinert oder vergrößert in Erscheinung treten. Die *Zu- oder Abnahme an Volumenergie ist also der inneren Energie hinzuzufügen, wenn der innewohnende Wärmewert* des Systems angegeben werden soll. Diese Größe heißt *Enthalpie* (H) und ist zu definieren als $H = U + p \cdot v$ bzw. differenziert:

$$dH = dU + p\,dV + V\,dp. \tag{7}$$

Da chemische Reaktionen im allgemeinen unter konstantem Druck ablaufen, sind *Wärmetönungen als Enthalpieänderungen* einzuführen. Unter dieser Bedingung fällt wegen $dp = 0$ das letzte additive Glied vorstehender Gleichung fort. Ist nun z.B. eine Reaktion mit einer Abnahme von H verknüpft, also H für die Endprodukte (2) der Reaktion kleiner als für die Ausgangsstoffe (1), so liegt wieder eine exotherme Reaktion vor: ΔH ist negativ:

$$-(H_1 - H_2) = Q_p = W_p; \tag{7a}$$

bei Abwesenheit von Gasen ist unter Vernachlässigung der relativ geringfügigen, thermisch bedingten Volumänderungen: $W_p = W_v$.

Für spätere Darlegungen ist die Abhängigkeit der Energiegrößen von der Temperatur wichtig. Hier sei zunächst der *Temperaturkoeffizient der inneren Energie und der Enthalpie* formuliert. Wenn nur Erwärmung, aber kein Phasenübergang oder eine chemische Reaktion stattfindet, also $A = 0$ ist, vermehrt die aufgenommene Wärme jene Größen. Um wieviel sie es pro Grad tut, gibt die spezifische Wärme bzw., pro Gramm-Atom oder — Molekül berechnet, die Atom- oder Molekularwärme an. Wird das Volumen konstant gehalten, also die Änderung von U und T betrachtet, so gilt (8a) und für konstanten Druck (8b):

$$\text{a) } C_v = \left(\frac{\partial U}{\partial T}\right)_v \qquad \text{b) } C_p = \left(\frac{\partial H}{\partial T}\right)_p. \tag{8}$$

Die Vermehrung an innerer Energie ist daher: $dU = C_v \cdot dT$ und der Zuwachs an Enthalpie bei Wärmezufuhr: $dH = C_p \cdot dT$. Die Veränderung der Energiegrößen mit der Temperatur hängt also vom Wert der spezifischen Wärmen ab.

Bezogen auf ein Mol Gas gilt mit (7) und $p \cdot v = RT$:

$$H = U + RT \quad \text{bzw.} \quad dH = dU + R \cdot dT. \tag{8a}$$

Für eine Temperaturveränderung von $1°$, also mit $dT = 1$ folgt: $dH = dU + R$. Unter der gleichen Bedingung ist auch $dH = C_p$ und $dU = C_v$, so daß wird:

$$C_p = C_v + R. \tag{8b}$$

Daß die Differenz: $C_v - C_p$, also die Volumenarbeit durch Steigerung der Temperatur um $1°$, pro Mol den Wert der Gaskonstanten, d.h. 1,99 cal besitzt, entnahm R. MAYER folgender einfachen Überlegung:

$$p(V_2 - V_1) = R(T + 1 - T) = R,$$

wo V_2 das Volumen bei $(T+1)°$ und V_1 das bei $T°$ ist. Sie veranlaßte ihn zur Berechnung des mechanischen Wärmeäquivalentes. Auf der verschieblich gedachten und 100 cm² großen Seitenfläche eines Literwürfels mit 0,1 m Kantenlänge lasten bei 1 atm $100 \cdot 1,033$ kg. Um eine solche Fläche um 0,1 m zu heben, d.h. 1 Liter Gas zu entwickeln, sind 10,33 mkg Arbeit zu leisten. Da die Ausdehnung pro Mol und Grad aber nur $22,4/273 = 0,0821$ Liter ausmacht, ist $10,33 \cdot 0,0821 = 0,848$ mkg $= 1,99$ cal und damit: 1 cal $= 0,427$ mkg.

Welche Veränderung löst die einem Körper bei einfacher Erwärmung zugeführte Energie in ihm aus; und worin besteht die Zunahme der inneren Energie bzw. der Enthalpie? Diese Frage steht in unmittelbarem Zusammenhang mit der nach der *Größe der Wärmekapazität*, d.h. der Atom- bzw. Molekularwärme. Sie wird bei einfachen Stoffen wie den Gasen in erster Annäherung *durch den Bautyp der Molekeln bestimmt*. Theoretisch ist dazu folgendes festzustellen. Der Wärmeinhalt ist die Summe der Bewegungsenergien seiner Teilchen. Die Bewegungen können in einer Ortsveränderung, d.h. *Translation* bestehen, welche mit einer bestimmten Geschwindigkeit vollzogen wird; es kann eine *Rotation* vorliegen und schließlich treten *Schwingungen* der Atome im Verband der Molekeln auf (vgl. Tabelle 80).

Tabelle 80. *Wärmekapazität bei konstantem Druck (c_p) in* $cal \cdot Mol^{-1}$ *bei 25° C*

H_2	6,89	H_2O	17,98
N_2	6,96	Äthanol	27,1
O_2	7,02	Aceton	29,7
Edelgase / Hg-Dampf	4,97	Benzol	32,4
		Capronsäure	61,9
Na	6,83	Palmitinsäure	110,0
Ca	6,31	c_p/c_v für Luft	1,4
Au	6,12	für Edelgase	1,67

Ein einatomiges Gas kann nun weder Schwingungs- noch Rotationsenergie besitzen. Dagegen besteht bei gegebener Temperatur eine von der Masse (m) abhängige mittlere Geschwindigkeit der Teilchen ($\bar{v}$) und damit eine mittlere kinetische Energie von $\frac{1}{2} m \bar{v}^2$. Nach Auffassung der kinetischen Theorie ist keine Richtung der Translation bevorzugt, daher wird sie sich auf alle 3 Koordinaten des Raumes gleichmäßig verteilen. Es bestehen immer *3 Freiheitsgrade der Translation*, welche nach dem *Gleichverteilungssatz* (equipartition law) je ein Drittel der kinetischen Energie, also $\frac{1}{6} m \bar{v}^2$ besitzen. Dieses Gesetz erstreckt sich auch auf verschiedenartige Molekeln unter der Voraussetzung, daß sie sich im thermischen Gleichgewicht miteinander befinden. Für die *Rotationen* und die Schwingungen sind ebenfalls Freiheitsgrade anzugeben. Über sie sagt das allgemeine Verteilungsgesetz aus, daß sie alle im Durchschnitt einen und denselben Energiewert annehmen. Ein zylindrischer Stab kann um seine Längsachse rotieren oder in 2 Koordinaten des Raumes um seine Mittelachse. Das Trägheitsmoment der Rotation um die Längsachse eines drehrunden Zylinders ist aber ebenso wie das einer rotierenden Kugel so gering, daß dieser Freiheitsgrad sich nicht auswirkt. Insgesamt besitzt also der frei bewegliche Stab oder eine entsprechende Hantel 2 Rotationsund 3 Translationsmöglichkeiten, also 5 Bewegungsfreiheitsgrade gleichen Energieinhaltes.

Über dessen Gesamtgröße macht die kinetische Theorie für *einatomige* Gase Aussagen, welche sich mit den experimentellen Ergebnissen vollständig decken. Danach ist die *kinetische Energie* pro Mol: $W = \frac{3}{2} R T$ (s. S. 740). Wird sie mit U gleichgesetzt, dann gilt:

$$U = \frac{3}{2} R T \quad \text{und daher} \quad \left(\frac{\partial U}{\partial T}\right)_v = \frac{3}{2} R = C_v = \frac{3 \cdot 1,99}{2} = 2,98 \text{ cal} \cdot \text{Grad}^{-1} \cdot \text{Mol}^{-1}.$$

$$c_p = \frac{3}{2} R + R = \frac{5}{2} R \quad \text{(s. 8b)}.$$

Tatsächlich liefert das Experiment diese Werte sehr genau. Da hier nur 3 Freiheitsgrade vorliegen, ist die *Energie pro Freiheitsgrad*: $\frac{R}{2} T$ *pro Mol oder* $\frac{k}{2} T$ *pro Molekül*.

Eine 2-atomige Molekel besitzt, wie am Beispiel der Hantel abgeleitet wurde, 5 Freiheitsgrade und damit eine Molwärme von: $c_v = \frac{5}{2} R$ und $c_p = \frac{7}{2} R$. Es sei hier bemerkt, daß die Rotationsenergie mit dem Quadrat der Winkelgeschwindigkeit anwächst. Gewinkelte Molekeln mit mehreren Atomen weisen neben den 3 Translations- auch 3 Rotationsmöglichkeiten auf. Hinzu treten die der *Schwingungen*. Ihre *Möglichkeiten steigen mit der Anzahl der Atome* in der Molekel schnell an. Daher wird die Wärmekapazität bei ihnen wegen des Gleichverteilungssatzes der Energie hauptsächlich durch die Schwingungen bestimmt. Sei n die Zahl der Atome, dann ist die der Schwingungsfreiheitsgrade: $3n-6$. Dazu kommt, daß der Energieinhalt dieser Freiheitsgrade $R \cdot T$ beträgt, also doppelt so groß wie der der übrigen ist. Denn eine Schwingung ist dadurch ausgezeichnet, daß, wie dem Beispiel eines Pendels leicht zu entnehmen ist, potentielle und kinetische Energie sich im Schwingungsrhythmus austauschen. Beide werden wieder durch ein quadratisches Glied, nämlich durch das Quadrat der Verzerrung und das der Geschwindigkeit bestimmt. Die Gesamtenergie eines Schwingungsfreiheitsgrades entspricht der Summe beider Energien, also $R \cdot T$, wenn für sie einzeln das Verteilungsgesetz gilt.

Nun hängt aber die *Schwingungsfrequenz* von den Dimensionen des molekularen Oscillators ab, für den gilt: $W = h \cdot v$. Eine Schwingung kann daher thermisch nur dann angeregt werden, wenn $k \cdot T > h \cdot v$ wird. Der Beitrag der einzelnen Schwingung zur Molekularwärme wird also erst bei um so höheren Temperaturen erfolgen, je größer v, d. h. je energiereicher die Schwingung oder je kurzwelliger die ihr zugehörige Strahlung im infraroten Bereich ist. Der Anteil der einzelnen Oscillatoren an der Molwärme ist in komplizierter Weise von der Temperatur abhängig.

Beim idealen einatomigen *Festkörper* können nur elastische Schwingungen um die Ruhelage der Teilchen in Betracht kommen. Auch ihre Energie besteht aus einem potentiellen und einem kinetischen Anteil. Da diesen Oscillationen wieder die 3 Koordinaten des Raumes zur Verfügung stehen, ist die Molwärme hier $3 \cdot R \approx 6$ cal $\cdot$ grad^{-1} (DULONG und PETIT).

Atomare und molekulare Bildungswärmen

Ein genügender Wärmeinhalt ist eine notwendige Vorbedingung für das Eintreten von Phasenumwandlungen und chemischen Reaktionen. Andererseits werden namentlich bei den letzteren auch Wärmeenergien in größerem Maßstabe frei. Daß ihre Bildung dem Erhaltungsgesetz untersteht, ist selbstverständlich und wird besonders eindringlich durch das *Heßsche Gesetz der konstanten Wärmesummen* dargelegt, welches schon kurz vor der Konzeption des 1. Hauptsatzes aufgefunden wurde (1840). Es sagt aus, daß die bei der unmittelbaren Verwandlung eines Stoffes auftretende Wärmemenge gleich der Summe der bei den Zwischenreaktionen erscheinenden Wärmen ist. Werden z.B. 12 g Kohlenstoff zunächst zu CO und dann zu CO_2 verbrannt, so werden beim ersten Schritt 26,4, beim zweiten 68,1 kcal frei, bei der direkten Verbrennung von C zu CO_2 94,5 kcal. Dieses Heßsche *Gesetz* ist ein wichtiges Hilfsmittel zur Gewinnung von Verbrennungswärmen, die einer direkten Messung nicht zugänglich sind.

Vor allem aber dient es zur Erfassung der *molaren Bildungswärme von Verbindungen*, also jener Wärmemenge, die abgegeben oder auch aufgenommen wird, wenn ein Grammol der Verbindung aus ihren Elementen entsteht. Sie ergibt sich als Unterschied zwischen der Verbrennungswärme der Elemente und der des Moleküls. Die Verbrennung eines Grammatom C würde z.B. 94,5 kcal, die von 4 H 136,6 kcal, beide zusammen 231,1 kcal liefern; die Oxydation von CH_4 gibt nur 212,8 kcal. *18,3 kcal* werden also schon bei der *Bildung des Methans aus den Elementen frei* gemacht, so daß sie nicht mehr im Gesamtverbrennungswert der Verbindung erscheinen. Die Verbrennung von 6 C und 6 H liefert 6mal 94,5 und 6mal 34,15, zusammen 771,7 kcal, die von Benzol 782,9 kcal. Bei der Bildung des Benzols werden also 11,2 kcal gebraucht, die bei seiner Verbrennung über die Verbrennungswerte der Elemente hinaus zusätzlich erscheinen. Es zeigt sich ein konstitutiver Einfluß in dem Sinne, daß Verbindungen mit einem Spannungszustand oder mit doppelter oder 3fach-Bindung höhere Verbrennungswärmen besitzen.

Neben der Bildungswärme eines Stoffes aus den Molekeln seiner Elemente ist die aus seinen Atomen von besonderem Interesse. Um sie für organische Stoffe zu erfahren, muß zunächst die Wärme bekannt sein, welche zur Dissoziation des H_2 in $2H$ oder zur Überführung des Diamantes (C_{Diam}) in gasförmigen Kohlenstoff (C_{Gas}) benötigt wird. Die *Dissoziationswärme* des H_2 beträgt 103 kcal, die des O_2 116,4 kcal, die Sublimationswärme des Diamanten wird mit 125 kcal angegeben. Die Genauigkeit der *atomaren Bildungswärmen* organischer Stoffe hängt von der Sicherheit dieses Wertes ab (WICKE 1948).

Um nun die atomare Bildungswärme des Methans z.B. zu erhalten, ist die soeben aus der Differenz der Verbrennungswerte ermittelte molekulare Bildungswärme um die Dissoziationswärme der Elemente in die Atome zu vermehren. Man erhält so:

$$\begin{aligned}
C_{Diam} + 2H_{2\,Gas} &= CH_{4\,Gas} + 18 \text{ kcal} \\
C_{Gas} &= C_{Diam} + 125 \text{ kcal} \\
4H_{Gas} &= 2H_{2\,Gas} + 206 \text{ kcal} \\
\hline
C_{Gas} + 4H_{Gas} &= CH_{4\,Gas} + 349 \text{ kcal}
\end{aligned}$$

Bei der Herstellung jeder der vier C—H-Bindungen werden demnach 87,3 kcal frei, wenn man sie sich, wie es notwendig ist, von den freien Atomen aus gebildet denkt.

Das gleiche Resultat wird natürlich erhalten, wenn man die Verbrennungswärme der Elemente zunächst den Dissoziationswärmen hinzufügt. Man bekommt so zunächst die *atomare Verbrennungswärme*, also jene, welche vom dissoziierten Atom ausgehend bei der Verbrennung über die molekulare oder feste Zwischenstufe frei würde. Nunmehr muß von ihr nicht die Bildungswärme, sondern die Verbrennungswärme der Verbindung abgezogen werden, um jene zu erhalten, welche bei der Bildung der Verbindung aus den Atomen innebehalten wurde und erst bei ihrer Verbrennung erscheint: es ist wieder die atomare Bildungswärme. Sie folgt z.B. für das Methan aus den schon genannten Zahlen zu:

$$125 + 94,5 + 206 + 136,5 - 213 = 349 \text{ kcal} \cdot \text{Mol}^{-1}.$$

Für das Benzol erhält man in ähnlicher Weise:

$$6 \cdot (125 + 94,5) + 3 \cdot (103 + 68,3) - 783 = 1048 \text{ kcal} \cdot \text{Mol}^{-1}$$

als atomare Bildungswärme (vgl. S. 43).

Phasenumwandlung und Wärmetönung

Vergleicht man die atomaren Bildungswärmen, denen die experimentellen calorischen Daten für die einzelnen Stoffe zugrunde liegen, mit jenen, welche aus den Energiedaten für die einzelnen Bindungsarten durch ihre Addition erhalten werden, so findet man im allgemeinen eine befriedigende Übereinstimmung, wenn von den S. 43 berücksichtigten Sonderenergien abgesehen wird. Es lassen sich demnach Wärmetönungen von Reaktionen überschlagsweise vorausberechnen. Dazu sind aber auch Änderungen des Aggregat- und Lösungszustandes mit in die thermischen Rechnungen einzubeziehen. Auch für diese gilt der Heßsche Satz. Ein Beispiel dafür bildet die *Sublimationswärme*, d.h. jene Wärme, welche zugeführt werden muß, um einen Stoff aus dem festen in den gasförmigen Zustand zu verwandeln. Sie ist der Summe aus der Schmelzwärme und der Verdampfungswärme gleich. Es ist also energetisch einerlei, ob ein direkter Übergang stattfindet, oder ob zunächst der Schmelzvorgang und daran anschließend die Verdampfung stattfindet.

Das gleiche trifft für die *Lösungs- und Verdünnungswärmen* zu. Löst man einen Stoff in einem großen Überschuß an Wasser bis zu quasi unendlicher Verdünnung auf, dann wird vollständige Solvatation und damit der größte

Wärmeeffekt pro Mol erreicht (*integrale* Lösungswärme). Wird aber einer Lösung mit endlicher Konzentration weiterer Stoff hinzugegeben, dann ist nun die Wärmetönung pro Mol geringer (*differentielle* Lösungswärme). Sie hängt jetzt von der Konzentration des oder der schon gelösten Stoffe ab. Das bedeutet, daß eine Konkurrenz der schon vorhandenen Molekeln um das Lösungsmittel besteht, deren Ausdruck die Herabsetzung des Wärmeeffektes ist. Bei nachträglicher Verdünnung findet weitere Solvatation statt, so daß die integrale Wärme stufenweise wieder erreicht wird.

Alle Wärmetönungen, welche mit einer Verwandlung des stofflichen Zustandes einhergehen, sind in charakteristischer Weise von der Temperatur abhängig. Diese Abhängigkeit ist von großer praktischer Bedeutung. Sie steht im Zusammenhang mit den spezifischen Wärmen und ist aus den bisher gegebenen Formulierungen leicht zu entnehmen. Denn da $W_p = -\Delta H$ und $W_v = -\Delta U$ ist, erhält man aus den Definitionsgleichungen für die Wärmekapazitäten (8) sofort:

$$\frac{dW_p}{dT} = -\Delta c_p \quad \text{und} \quad \frac{dW_v}{dT} = -\Delta c_v. \tag{9}$$

Der Temperaturkoeffizient der Wärmetönung ist also der negativen Differenz der spezifischen Wärmen für den Ausgangs- und den Endstoff, bzw. bei Phasenumwandlungen der Differenz der Wärmekapazität zwischen End- und Ausgangszustand gleich (KIRCHHOFF 1858). Hierbei ist der Endstoff jener, welcher auf der Seite neben $+W_p$ steht ($A = B + W_p$).

Die Verdampfungswärme (L) des Wassers beträgt z.B. bei konstantem Druck von 1 atm und $0°$C 10710 cal $\cdot$ Mol^{-1}; c_p für Wasserdampf ist 8 cal $\cdot$ grad^{-1} $\cdot$ Mol^{-1}. Mit c_p für $H_2O_{fl} = 18$ cal $\cdot$ grad^{-1} $\cdot$ Mol^{-1} und t für Celsiusgrade ist:

$$\frac{dL}{dt} = -\left(c_{p_{fl}} - c_{p_{Dampf}}\right) = -(18 - 8) = -10 \text{ cal} \cdot \text{grad}^{-1} \cdot \text{Mol}^{-1},$$

d.h. die Verdampfungswärme fällt mit steigernder Temperatur um 10 cal pro Grad. Bei $37°$ ist sie also $10710 - 37 \cdot 10 = 10340$ cal Mol^{-1} bzw. 574 cal pro g, bei $100°$ ist $L = 9710$ cal pro Grad und Mol. Die soeben vollzogene Auswertung der Gl. (9) bedeutet ihre Integration von 273 bis 310 bzw. $373°$ Kelvin, wie sich aus folgender Schreibweise ergibt:

$$W_{pT} = -\int\limits_0^T \left(c_{p_{End}} - c_{p_{Anf}}\right) dT + \text{const},$$

wo const $= W_{p_0}$ gesetzt werden kann bzw. für L mit const $= W_{p\,273}$ gilt:

$$L_{37} = 10710 - \int\limits_{273}^{310} 10 \cdot dT = 10710 - [10 \cdot 310 - 10 \cdot 273] = 10340 \text{ cal} \cdot \text{grad}^{-1} \cdot \text{Mol}^{-1}.$$

Bei Beteiligung von Festkörpern oder größeren Molekeln ist zu beachten, daß die Molwärmen vom Wert 0 bei $T = 0$ beginnend in einer meistens S-förmigen Kurve mit der Temperatur ansteigen. Zur Berechnung der Wärmetönung muß daher der Temperaturgang für jede beteiligte Substanz neben dem W_p-Wert bei einer bestimmten Temperatur in vorstehende Rechnung einbezogen oder eine entsprechende graphische Auswertung vorgenommen werden.

Biologische Anwendungen

Das Erhaltungsgesetz ist ein der Logik ohne weiteres geläufiger Erfahrungssatz; eine Tatsache, die mit ihm im Widerspruch stände, ist aus allen der Messung zugänglichen Bereichen nicht bekannt. Seine Anwendung auf die belebte Welt wurde mit Recht schon von den Entdeckern MAYER und HELMHOLTZ vorausgesetzt. Namentlich ersterer hat gegenüber anderen Ansichten, z.B. auch LIEBIGs, klar den Standpunkt vertreten, daß im Lebensprozeß keine Energie neu entsteht oder zu nichts verschwindet. Dadurch, daß er den *Energiesatz auf das Leben anzuwenden lehrte*, gab er der Verwendung physikalischer und chemischer Methoden in der Lebensforschung, also *der Physiologie*, erst *ihre theoretische Berechtigung* (1845).

Obwohl die Frage der *Anwendbarkeit des Energiesatzes für die Lebensabläufe* heute nicht mehr diskutiert zu werden braucht, erscheint es an dieser Stelle notwendig, einige der *Beweise für seine Gültigkeit* zu referieren. Sie laufen im wesentlichen darauf hinaus, zu prüfen, ob die von einem Lebewesen produzierte Wärme exakt gleich ist den Verbrennungswärmen jener Stoffe, die in der Beobachtungszeit umgesetzt werden bzw. der Differenz der Verbrennungswärmen von Stoffwechselausgangs- und -endprodukt. Schon vor der Konzeption des Erhaltungsgesetzes erhielten LAVOISIER und LAPLACE (1780) durch Vergleich der CO_2-Produktion und der Wärmebildung an Kaninchen, die sich in einem Eiscalorimeter befanden, eine annähernde Übereinstimmung mit der aus der CO_2-Menge errechneten Wärmeproduktion. Doch konnte dieser Versuch zunächst nur als Beweis für die Oxydation kohlenstoffhaltiger Verbindungen als Quelle der tierischen Wärme benutzt werden. Der von MAYER geforderte Stoffwechselversuch zur Prüfung des Energiesatzes konnte erst nach Vervollständigung der Methodik von RUBNER (1894) und ATWATER (1904) mit hoher Präzision ausgeführt werden. Es ergab sich die völlige *Übereinstimmung der Verbrennungswärme der Nahrungsstoffe in den Organismen* mit der, die im physikalischen Experiment *in der calorimetrischen Bombe* gemessen wurde. Die in der Stoffwechselphysiologie gebräuchlichen Standardzahlen sind: *4,1 kcal pro g Kohlenhydrat, 9,3 pro g Fett, 4,1 pro g Eiweiß*. Hierbei ist zu berücksichtigen, daß die Verbrennung des Eiweißes in der Bombe rund 5,5 kcal liefert, daß aber nur 4,1 im Organismus freigemacht werden, und die Differenz in den organischen Endprodukten des Eiweißstoffwechsels (hauptsächlich im Harnstoff) noch enthalten ist (physikalischer und physiologischer Brennwert).

Auch für den *pflanzlichen Stoffwechsel* wurde das Gesetz bewiesen. So hat RUBNER (1909) die Wärmebildung bei Hefen während der Vergärung einer bekannten Menge an Zucker zu Alkohol und CO_2 in praktisch vollständiger Übereinstimmung mit der Erwartung gefunden: die Gärwärme ist gleich der Differenz der Verbrennungswärmen von umgesetztem Gärgut und Gärprodukt. Ein ähnliches Resultat erhielt RODEWALD (1887) beim Vergleich der Bildung von Wärme an Äpfeln mit der, die sich durch Errechnung aus der gleichzeitig gebildeten Atmungs-CO_2 unter Einsetzen von Stärke als Atmungssubstrat ergab.

Bei allen diesen Versuchen wird eine *Voraussetzung* gemacht, nämlich die, daß *U bzw. H während der Untersuchungsdauer konstant bleibt*. Wird der Organismus hierbei vollständig biologisch gleichwertig erhalten, so ist diese Voraussetzung tatsächlich im ausgeglichenen Zustand des dynamischen Gleichgewichtes erfüllt. Nur dann kann der Brennwert der zugeführten Stoffe, d.h. das Calorienäquivalent der Arbeit A, mit der abgeführten Wärme Q verglichen werden.

Die in der *belebten Welt umgesetzten Energiemengen* sind gewaltig. Allein die CO_2-Assimilation der Pflanzen verwandelt jährlich gegen 80 Billionen kg CO_2 in etwa 55 Billionen kg Kohlenhydrate, und sie bindet bei diesem Prozeß rund 200 000 Billionen kcal. Rechnet man mit einer Ausbeute von 40% für die Assimilation, so werden für die Bildung der energiereichen Kohlenhydrate und der sich von ihnen ableitenden übrigen Nahrungsstoffe $5 \cdot 10^{17}$ kcal pro Jahr umgesetzt und der Strahlungsenergie der Sonne entnommen. Ihr Strahlungsfluß, der im Jahr die Erde erreicht, liegt in der Größenordnung von $5 \cdot 10^{20}$ kcal, so daß etwa $1^0/_{00}$ ihres Angebotes dem energetischen Bedarf der belebten Welt nutzbar gemacht wird. Im Vergleich dazu ist der Brennstoffumsatz der Lebenshaltung und Technik mit einem jährlichen Verbrauch von etwa $1 \cdot 10^{16}$ Calorien noch 50mal geringer als der Assimilationsumsatz. Immerhin ist dieser Umsatz nahezu 5mal höher als der Calorienbedarf der 2 Milliarden Menschen, der bei einem Jahresbedarf von 1 Million kcal pro Mensch und Jahr auf $2 \cdot 10^{15}$ kcal anzusetzen ist. Bei diesen Überlegungen ist der Energieumsatz der autotrophen nicht Chlorophyll führenden Pflanzen und Bakterien nicht berücksichtigt.

Der *Calorienbedarf von Mensch und Tier* in der Ruhe wird als Grundumsatz oder Ruhe-Nüchternbedarf angegeben. Dieser Minimalumsatz ist abhängig von Alter, Größe, Geschlecht und liegt für den Menschen in der Größenordnung von 1500—2000 kcal pro Tag. Nahrungsaufnahme steigert ihn um 10—20%. Die zweite Komponente, der sog. Leistungszuwachs, ist der calorische Aufwand zur Leistung von beruflicher oder sportlicher Körperarbeit. Im großen Durchschnitt kann man rechnen, daß der zusätzliche Calorienaufwand 5mal größer ist als die durch ihn ermöglichte Arbeitsleistung, ausgedrückt in Calorien. Bei schwerster körperlicher Betätigung kann der Umsatz 6000 kcal erreichen und in seltenen Fällen überschreiten.

Sehr viele Überlegungen hat man den *Beziehungen zwischen Körpergröße und Intensität* des Stoffumsatzes gewidmet, seit RUBNER (1883) die nach ihm benannte Oberflächenregel aufstellte. Sie besagt, daß der Calorienumsatz in der Ruhe nicht dem Gewicht der Tiere, sondern ihrer Oberfläche proportional geht. Bei Tieren verwandter Organisation, wie den Säugetieren, ist dementsprechend die Calorienproduktion pro Quadratmeter Körperoberfläche konstant und beträgt etwa 900 kcal/m². Die Begründung ist für die homoiothermen Tiere anscheinend leicht zu finden: da praktisch die gesamte Wärme durch die Oberfläche abgegeben wird, muß zwangsweise mit wachsender Oberfläche auch eine wachsende Calorienmenge abgestrahlt werden. So wird es leicht erklärt, daß ein Kilo Spatz mit sehr großem Oberflächenanteil wesentlich stärker atmet als ein Kilo Elefant, dem nur ein sehr geringer Teil an Fläche zukommt. Mit dieser Erklärung erfaßt man jedoch nicht die Tatsache, daß für zahlreiche Kaltblüter ein ähnliches Gesetz gilt. Außerdem ergibt sich auch bei genauerer Untersuchung verschiedener Tierklassen, daß die Zahlen nicht genau der Oberfläche proportional sind, also eine $^2/_3$-Potenz des Gewichtes darstellen. Bei 26 untersuchten Tierarten hat sich vielmehr nahezu eine $^3/_4$-Potenz herausgestellt (KLEIBER 1947). Andererseits existieren auch Tierklassen mit völlig andersartiger Organisation, wie die Insekten, bei denen die Oxydationsgröße proportional dem Gewicht geht. Nach v. BERTALANFFY ist die Größe des Stoffwechsels jener primäre Faktor, nach dem sich die Körpergröße richtet, und die Gesetze des Wachstums lassen sich aus der Stoffwechselgröße zwanglos so ableiten, daß die Oberflächenregel resultiert und bei den Insekten mit ganz anderen Wachstumsgesetzen die Gewichtsregel. Die Lösung dieses Problems, das zuerst von BERGMANN (1847), dem Schöpfer des Begriffes der „Homoiothermie", erkannt wurde, ist aber noch nicht als abgeschlossen zu betrachten (vgl. G. LEHMANN).

Für die allgemeinen energetischen Überlegungen ist wichtig festzustellen, daß die *lebende Masse zur Aufrechterhaltung der dynamischen Gleichgewichte*, die die Reaktionsbereitschaft des vitalen Zustandes ermöglichen, *Energiemengen* umsetzt, die in der ganzen belebten Welt nicht allzuweite Schwankungen *um eine bestimmte Größenordnung* zeigen. Es ist interessant zu beobachten, daß der O_2-Verbrauch der Gewichtseinheit von Einzellern, etwa *Paramaecium*, zwischen dem eines Hundes und einer Maus gelegen ist. Wenn man berücksichtigt, daß ein großer Teil der Energie im hochorganisierten Säugetierkörper für die Aufrechterhaltung der Atmungs-, Kreislauf- und Ausscheidungsorgane benötigt wird, so tritt die Größe der Umsetzungen in der Protistenzelle noch stärker hervor.

Im zusammengesetzten Körper beteiligen sich jedoch die *einzelnen Organe mit recht verschiedener Stoffwechselintensität* an den Umsetzungen. So zeigen die *Nieren* mit etwa 150 kcal bei einem Gewicht von 250 g rund den 25fachen Energiewechsel gegenüber dem Durchschnitt des Gesamtorganismus. Und wenn man den täglichen Calorienbedarf des menschlichen Herzens mit 150 kcal ansetzt, so zeigt sich, daß dieses Organ bei einem Gewicht von etwa $^1/_{200}$ des Organismus $^1/_{12}$—$^1/_{20}$ seines Umsatzes beansprucht. Auch im einzelnen Organ sind sehr erhebliche Differenzen seiner Bestandteile zu erwarten. Das gegenüber Sauerstoffmangel hochempfindliche Gehirn, speziell die *Gehirnrinde*, zeigt schon einen über 10mal größeren O_2-Verbrauch als der Muskel in Ruhe. Rechnet man aber die Wärmebildung auf die Masse der Zellen um, in denen sie sich im Vergleich zu den Fasern ganz überwiegend vollzieht, so gelangt man zu den Werten, die den durchschnittlichen Verbrauch durch die Gewichtseinheit des Körpers um das *mehr als 100fache* übertreffen. Demgegenüber ist die Wärmebildung in 1 g Nerv bei Reizungsdauer von 1 sec mit 10^{-9} kcal sehr klein (A. V. HILL). Würde der Mensch nur aus maximal gereizter Nervenfasersubstanz bestehen, so würde danach sein Tagesumsatz nur um 7 kcal über den ebenfalls geringen Ruheumsatz (400 kcal) der Fasern vermehrt sein. Obwohl die Grundleistung des Plasmas, die Aufrechterhaltung der zum Leben notwendigen Ungleichgewichte, allgemein etwa von vergleichbarer Größenordnung sein dürfte, sind die spezialisierten Tätigkeiten der einzelnen Organe oder Organteile energetisch betrachtet von außerordentlich unterschiedlicher Bedeutung. Das ist selbstverständlich, wenn man z.B. daran denkt, daß im Vergleich zur mechanischen Muskelleistung die sie auslösende *Nervenerregung* gewissermaßen nur *die Aufgabe einer Zündung besitzt*, deren energetisches Äquivalent durchaus gering sein kann und es auch ist (vgl. hierzu Tabelle 81).

Tabelle 81. *Durchschnittliche Atmungsgröße von Gewebeschnitten* (nach KREBS 1950)

	Gewicht kg	Gehirn-rinde	Nieren-rinde	Leber	Milz	Lunge	kcal/kg/d	$-Q_{O_2}$ pro Tier
Maus	0,021	22,9	46,1	19,3	16,9	12,0	158	4,5
Ratte	0,21	19,2	38,2	14,6	12,7	8,6	100	2,8
Meerschweinchen	0,51	17,4	31,8	9,5	11,6	8,5	82	2,3
Kaninchen. . .	1,05	15,1	34,5	7,6	14,2	8,0	60	1,7
Katze	2,75	15,5	22,7	11,2	8,4	3,9	50	1,4
Hund	15,9	14,8	27,0	10,8	6,6	4,9	34	0,9
Schaf	49	11,3	27,5	6,2	6,9	5,4	25	0,7
Rind	420	12,1	23,5	3,6	4,4	4,3	20	0,6
Pferd	725	10,5	21,5	2,6	·4,2	4,4	17	0,5

Angabe als Q_{O_2}, d.h. O_2-Verbrauch, berechnet auf 1 mg Trockengewicht in mm³ pro Stunde. Zugefügt sind in der letzten Spalte die erwarteten Q_{O_2}-Werte für das ganze Tier, wenn die Zahlen der zweitletzten Spalte zugrunde gelegt sind und mit einem R. Q. von 0,85, d.h. calorischem Wert für 1 Liter O_2 von 4,9 kcal, und einem durchschnittlichen H_2O-Gehalt des Tieres von 70% gerechnet ist.

Wird die Stoffwechselgröße an Organschnitten mit Hilfe der Warburgschen manometrischen Methode untersucht, dann zeigen sich zwar Unterschiede im Sinne der Oberflächenregel, aber die Schwankungen sind sehr viel geringer. Die Gehirnrinde einer Maus zehrt danach z.B. nicht 9mal mehr Sauerstoff pro g Gewebe, als die eines Pferdes, sondern nur gut doppelt so viel (vgl. Tabelle 82). Der Energiebedarf läßt größere Schwankungen bei diesen hochwertigen Organen offenbar nicht zu. Dagegen kann die Atmungsgröße der Füllmasse, also besonders der Muskulatur in der Ruhe regulierend eingreifen und bei kleinen

Tieren besonders groß und bei großen besonders klein sein. Dadurch wird nach KREBS jene Atmungsgröße erreicht, welche in der für das ganze Tier geltenden Oberflächenregel zum Ausdruck kommt.

Die hier genannten *Spezialleistungen* sind zwar nicht vollständig, aber für eine Übersicht ausreichend *durch die Art der umgesetzten Energien charakterisierbar*. Vernachlässigt man die übrigen autotrophen Lebewesen, so wird der Gesamtumsatz durch die bei der Assimilation gebundene Sonnenenergie ermöglicht. Die Summe der bei diesem photochemischem Prozeß verwerteten Photonen $h \cdot v$ ist die Quelle des Lebensgeschehens. Pflanze und Tier setzen diese oder die durch andere assimilatorische Prozesse gewonnene chemische Energie um. Dabei entsteht Arbeit und Wärme, oder es bleibt noch in anderen Stoffen vorhandener chemischer Energieinhalt zurück, der *schließlich* aber auch *in Wärme* und weitere Arbeit *übergeht*. Diese Wärme wird *an die Umgebung abgegeben*, wegen der guten Wärmeleitfähigkeit des Wassers bei den Tieren im Wasser *meistens so*, daß nur ein *sehr geringes Temperaturgefälle* zwischen *Lebewesen und Umgebung* bestehen bleibt. Diese Tiere machen als *poikilotherme* Lebewesen die Temperaturschwankungen der Umgebung genau mit, nur unterbrochen durch die kurzen, bei der Muskelarbeit entstehenden Wärmestöße. Bei den in Luft lebenden Tieren geschieht die Wärmeabgabe zum Teil durch Strahlung, auch durch direkte Ableitung oder durch Wärmeentzug bei der Verdunstung des Wassers von feuchtgehaltenen Außenflächen.

Tabelle 82. *Sauerstoffverbrauch einzelner Organe*

Gehirn	Norm	3,3
	Krämpfe	6,5
Muskulatur	Ruhe	0,16 — 1,3
	Maximale Arbeit	7,1 — 12,0
Herzmuskel	Mittel	10
	Maximale Arbeit	20
Niere	Mittel	8
	Arbeit	15,4
Leber	Mittel	2,0 — 3,4

Angaben für den Verbrauch im Tier (Hund, Affe) und im Menschen in cm³ O_2 pro 100 g Gewebe in der Minute. Im Durchschnitt verbrauchen 100 g menschliches Gewebe 0,43 cm³/min (zusammengestellt nach OPITZ und SCHNEIDER 1950).

Bei den gleichwarmen, *sog. homoiothermen Tieren*, im wesentlichen also den Vögeln und Säugetieren, erfolgt die Energieabgabe hauptsächlich durch *Wärmestrahlung*, die selbst abhängig ist von Zustand und Farbe des Felles, der Durchblutung der Haut und der Bekleidung. So gibt ein unbekleideter Mensch unter Umständen 50% mehr auf diesem Wege als ein bekleideter ab. Bei ihm kann man im Ruhezustand mit RUBNER etwa 45% auf Verlust durch Strahlung, 30% durch Leitung und nur 20% durch Wasserverdunstung setzen; der Rest verteilt sich auf Erwärmung der Atemluft und der Zu- und Abgänge beim Ernährungsvorgang. Alle diese Größen sind von dem *Temperaturgefälle* zwischen der Haut oder dem Körperinneren und der Umgebung abhängig. Für den Hauptfaktor, die Strahlung, ergibt sich, daß die *abgestrahlte Energiemenge der Differenz der vierten Potenz beider Temperaturen proportional* geht, wobei nach STEFAN-BOLTZMANN die absoluten Temperaturen anzusetzen sind (BOHNENKAMP). Selbstverständlich ist die Abstrahlung außerdem um so größer, je größer die abstrahlende Fläche ist. Die Haut ist für die mittleren und langwelligen Strahlen des sichtbaren Lichtes und des unmittelbar anschließenden ultraroten Gebietes etwas besser durchlässig als für die langwellige Wärmestrahlung von etwa 3—30 µ, die sie selbst aussendet.

Regulationen der Wärmeabgabe können durch die Körperhaltung und damit *durch die Veränderung der Abstrahlungsfläche* (Zusammenkauern) *und durch Änderung der Hauttemperatur* bewirkt werden. Diese selbst wird durch die vermehrte Durchblutung gesteigert und durch deren Drosselung gehemmt. Dadurch, daß der Umfang der Verdunstung des Wassers durch Beeinflussung der Schweißbildung beherrscht werden kann, ist eine weitere Grundlage für die Regulation der Wärmeabgabe gegeben, deren Gesamtgröße als ein Hauptposten im Energiehaushalt der Lebewesen anzusehen ist.

Dabei zeigt sich, daß der Organismus, summarisch betrachtet, aus einer eigentlichen *Kernmasse konstanter Temperatur* besteht, die umgeben ist von einer *poikilothermen Schale*, auf die sich die schwankende Außentemperatur und zugleich die Regulation der Wärmeabgabe — im wesentlichen Durchblutungsänderungen — auswirken. Je nach der Temperatur wird die so als Schale definierte Haut und Unterhaut viel oder wenig Wärme hindurchlassen — verschieden großen Wärmedurchgang besitzen. So kann infolge Drosselung oder Förderung der Durchblutung die Calorienabgabe pro Fläche, Temperaturgefälle und Zeit namentlich bei den Extremitäten starkes Schwanken zeigen und z.B. für Finger 30mal und für Hände 15mal so stark verändert werden wie für den Gesamtorganismus (Aschoff). Daß dabei Durchblutungssteigerung eine Erleichterung der Wärmeabgabe an die Umgebung und Drosselung eine Wärmeersparnis für den Kern mit Abkühlung der Schale bedeutet, ist selbstverständlich. Die Neuaufheizung einer extrem ausgekühlten Schale beansprucht einen nicht geringen Teil des Grundumsatzes, so daß wegen ihrer relativ großen Kapazität beim Menschen erst nach 2—3 Std Temperaturgleichheit mit dem Kern erlangt ist.

Eine *Wärmeaufnahme aus der Umgebung*, welche direkt zur Gewinnung von Energie benutzt werden könnte, kommt in der belebten Welt *praktisch nicht in Betracht*. Bei Warmblütern bestimmt — wie soeben beschrieben — die Außentemperatur die Größe des praktisch stets nach außen gerichteten Temperaturgefälles, so daß ein Übergang in umgekehrter Richtung keine Bedeutung besitzt. Die Wirkung geänderter Umgebungs- und damit auch Innentemperatur bei Poikilothermen erstreckt sich auf die Größe der Reaktionsgeschwindigkeit energieliefernder oder -verbrauchender Reaktionen, beeinflußt auch ihre Arbeitsfähigkeit. Man kann aber auch hierbei nicht von direkter Ausnutzung der zugeführten Wärme sprechen.

Nur in einem Falle spielt der gerichtete Übergang von Wärme in andere Energieformen eine Rolle, nämlich bei der *Reizung der Temperatursinnesorgane*. Sie sind Empfänger für Erregungen durch Wärme, die letzten Endes der Schonung des Organismus vor Überwärmung und der Regulation des Wärmehaushaltes dienen. Diese Receptoren werden offenbar nicht durch Änderung des Temperaturgefälles, in dem sie sich befinden, erregt. Vielmehr ist die Frequenz der von ihnen ausgesandten Impulse eine Funktion der absoluten Größe ihrer Eigentemperatur (Hensel). Die dabei in chemische und elektrische Energien umgesetzten Wärmemengen sind sehr klein.

Im übrigen muß man aber bei jedem Wärmeübergang beachten, daß die *Wärmekapazität der Organismen* merklich geringer als die des Wassers ist. Im Durchschnitt braucht nur $^4/_5$ der Wärmemenge bewegt zu werden, um die gleiche Temperaturänderung wie bei gleichem Volumen Wasser zu erhalten: die mittlere spezifische Wärme des Körpers ist also 0,8, für Fettgewebe 0,7, für kompakte Knochen 0,3.

Die sich in der belebten Welt vollziehenden Energieübergänge sind in der Abb. 152 schematisch zusammengefaßt. In ihr stellen die von der Begrenzungslinie eingeschlossenen Vorgänge die Prozesse in der lebendigen Substanz dar, und die diese Linie überschreitenden Pfeile bedeuten energetische Wechselwirkungen mit dem Außenmilieu. Im ganzen erkennt man den — *bruttomäßig* betrachtet — *einsinnigen Ablauf des Geschehens* an der Verlaufsrichtung der Pfeile. Im einzelnen tritt die Umwandlung in andere Energieformen hervor und zuletzt der Übergang in Wärme, also in jene nur noch sehr beschränkt und für die Lebewesen gar nicht in Betracht kommende Form arbeitsfähiger Energie. Vergleichbar an Größe ist mit ihr nur die mechanische Arbeit, die nach innen oder außen geleistet werden kann.

Die außer der Muskelarbeit zum Teil *spontan* oder *auf Reizung* hin *abgegebenen Energien* sind *mengenmäßig sehr gering*, aber *es muß beachtet werden*, daß sich doch nach einem Reiz während des Erregungsvorganges in der lebendigen

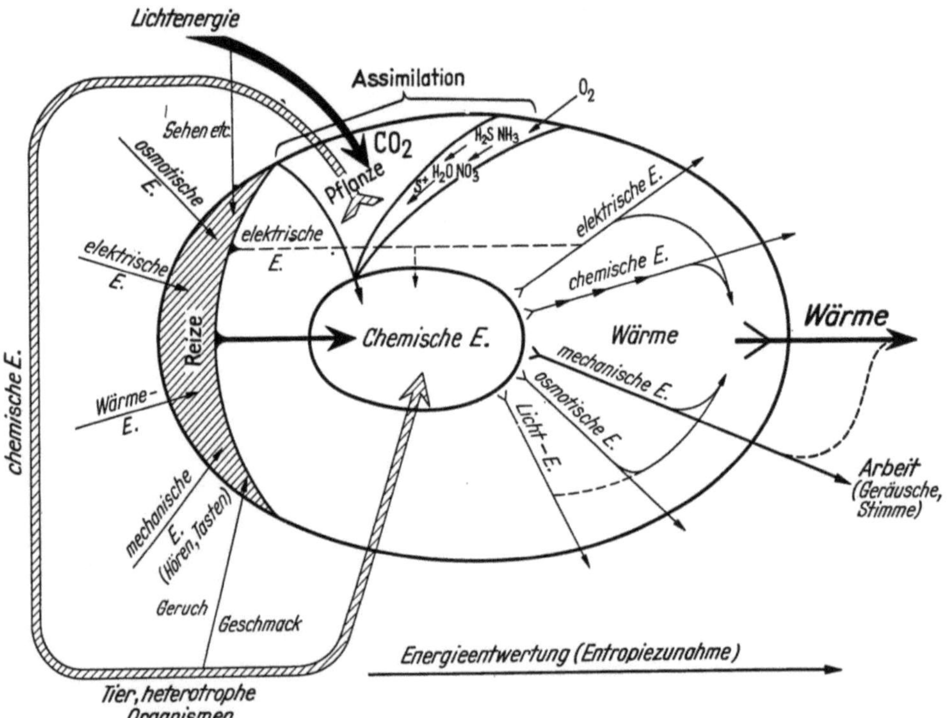

Abb. 152. Schema der Energieumwandlungen im Bereich der Lebewesen. Großes Oval bedeutet den Körper der Organismen, kleines die Energiereserven

Substanz eine *Kette von Vorgängen* ausbildet. Diese gehen zwar quantitativ oft wenig über den Grundenergieumsatz hinaus, aber machen wohl meistens ein Vielfaches der mit dem Reiz zugeführten Energien aus. Die *Reizung* selber erfolgt nur durch Aufnahme von Energien, die mit jeder als Reiz wirkenden *Änderung der Milieubedingungen* der Zelle einhergeht.

Die dabei übergehenden Energien sind quantitativ gering, oft außerordentlich klein. Ihre Quantitäten schwanken sehr und tun es besonders nach dem Grade der Differenzierung des betrachteten Gebildes zum Zwecke bestimmter Leistungen. Während das wenig differenzierte Protoplasma auf die meisten Energieformen als Reiz mit einer Erregung antwortet und dazu auch geringe Energieäquivalente benötigt, sind diese doch wesentlich größer, als sie z.B. für die Erregung der als besondere *Reizempfänger* (Receptoren) ausgebildeten Zellen oder Nervenendorgane benötigt werden. So läßt sich für den *Schall* die Energieaufnahme durch das Trommelfell nach ZWAARDEMAKER auf $0,3 \cdot 10^{-8}$ erg pro cm² und sec (= Schallstärke) ermitteln. Wenn man bedenkt, daß diese geringe Energiemenge auf eine sehr große Zahl von Sinneszellen verteilt wird, die durch sie erregt werden, so ist die gerade wirksame Energiemenge sehr gering. ZWAARDEMAKER kommt auf ein Quantum von $2{,}8 \cdot 10^{-24}$ erg für die Schwingung von 435 Hertz; von ihr sind nur 2 Perioden zur Wahrnehmung erforderlich. Für das einzelne *Sinneselement der Netzhaut* muß man sogar damit rechnen, daß nur *wenige Lichtquanten* — unter 10 im Experiment — zur Minimalerregung ausreichen. Das am höchsten entwickelte Sinnesorgan erreicht also praktisch die *untere Grenze*, welche für eine Wirkung der Photonen theoretisch gegeben ist. Es scheint, daß für die minimale Erregung der empfindlichsten mechanischen Sinnesorgane (Ohr, Erschütterung der Insektenbeine) nicht mehr Energie benötigt wird wie für die der einzelnen Netzhautelemente (AUTRUM). Auch bei der *Geruchswahrnehmung* wird es wahrscheinlich, daß nur wenige Molekeln hochaktiver Riechstoffe zur Auslösung einer Empfindung genügen. Welcher Anteil der inneren Energie dieser Stoffe dabei in Aktion tritt, ist wegen des Fehlens jeder Vorstellung über den Primärprozeß bei der Reizung dieser Sinneszellen zur Zeit nicht abzuschätzen. Wahrscheinlich ist dieser Prozentsatz äußerst gering. Ähnliches ist allgemein zur Frage der Energieübertragung durch höchstwirksame Stoffe zu sagen, von denen wie bei *geschlechtsbestimmenden* Termonen oder den für den Fortpflanzungsprozeß nötigen Gamonen nur wenige Molekeln — im Grenzfalle eines pro Gamet — von Einfluß auf die Formbildungsvorgänge sein könnten.

Mit dem soeben nur angeschnittenen Problem der stofflichen Beeinflussung der Formbildung ist in diesem Zusammenhang die gelegentlich aufgeworfene Frage nach einer sog. *Strukturenergie* zu erörtern. Man sieht darin eine Energieform, die nicht bei der Synthese der organischen Bau- und Betriebsstoffe, sondern bei der Bildung der aus ihnen aufgebauten Stoffanordnungen, also der biologischen Strukturen gebunden würde. Sie sollte eine besondere, für den Lebenszustand charakteristische und physikalisch definierbare Energieart darstellen (LEPESCHKIN 1935). Tatsächlich zeigt LEPESCHKIN im Gegensatz zu früheren Versuchen von MEYERHOF (1912), daß bei der Strukturauflösung durch Abtötung eine gewisse Wärmemenge entbunden werden kann. Es ist nun nicht zweifelhaft, daß mindestens zwei physikalisch-chemische Vorgänge bei der Strukturbildung die Bindung merklicher Energiemengen erfordern. *Die Entwicklung von* Oberflächen bzw. *Grenzflächen*, die mit zunehmender Zerteilung einer Phase in einer anderen immer größer werden, geht — wie im Kapitel über Grenzflächen gezeigt wurde — auch mit einer Vermehrung der in ihnen gespeicherten Grenzflächenenergie einher. Herabsetzung der Dispersität, Koagulation, Zusammenfließen von Lipoidtröpfchen beim Zelltod muß sie wieder freigeben. Zweitens ist hier an *die Denaturierung* zu erinnern, die so charakterisiert wurde, daß hierbei die Anordnung der elementaren Bausteine von einem gezwungenen unwahrscheinlichen Zustand in den wahrscheinlicheren übergeht. Bei diesem Übergang wird also eine im Betrag nicht erhebliche Denaturierungswärme frei.

Die in der Grenzschicht gebundene Energie ergibt sich als Produkt aus Grenzflächenspannung und Größe der Berührungsfläche. 1 cm^2 Wasseroberfläche gegen Luft enthält z.B. 73 erg $= 1{,}75 \cdot 10^{-6}$ cal (s. Tabelle 51). Zu einer Grenzflächenspannung von etwa 1 dyn/cm, wie sie wahrscheinlich größenordnungsmäßig für die Zelloberfläche anzunehmen ist, gehören nur $2{,}4 \cdot 10^{-8}$ cal. Die etwa 10^{15} Zellen eines Menschen mit einem durchschnittlichen Radius von $\sim 7\,\mu$ besitzen eine Oberfläche von $6 \cdot 10^{17}\,\mu^2 = 6 \cdot 10^9\,cm^2 = 0{,}6\,km^2$. Die Grenzflächenenergie dieser sehr großen Gesamtoberfläche betrüge danach nur 144 cal oder rund ein Zehntausendstel des calorischen Tagesumsatzes. Berücksichtigt man aber die innere Strukturentfaltung der Zellen, dann würden sich Werte ergeben, welche um viele Größenordnungen höher wären. Man gelangt damit allerdings in den Bereich der Berührungsflächen zwischen dem Lösungsmittel und den Makromolekeln oder Micellen, für den die Angabe einer Grenzflächenenergie ihren Sinn zu verlieren beginnt (vgl. S. 206). Dafür treten andere Größen wie die Hydratations- und Lösungswärmen in ihr Recht. Diese Energieformen sind bei einer energetischen Analyse der Strukturbildung eher zu berücksichtigen als die der Grenzflächen im engeren Sinne. Sie treten aber alle im Vergleich zu dem Aufwand zurück, welcher zur Erhaltung des dynamischen Zustandes der Körperbausteine zu leisten ist. Denn das Baumaterial unterliegt einer ständigen Umwandlung seiner Molekeln. Von ihr werden zur Hauptsache die Proteine betroffen. Der Umsatz dieser Stoffe vollzieht sich nicht proportional zur Oberfläche, wie es bei dem Energiestoffwechsel, d.h. dem dynamischen Anteil des Stoffwechsels zutrifft. Sein plastischer Teil, der Baustoffwechsel, wächst proportional mit dem Gewicht der zu unterhaltenden Organmasse, d.h. des Körpers von Tieren ähnlicher Bauformen. Der plastische Anteil des gesamten Stoffumsatzes macht etwa 5—10% aus. Ein erheblicher Teil des Energieaufwandes ist aber notwendig, um diesen dynamischen Vorgang der Strukturwandlung ohne Formveränderung direkt oder indirekt zu ermöglichen. Der Grundumsatz unterhält den gesamten *Leerlauf*, welcher der Erhaltung der Struktur und der der Arbeitsfähigkeit dient. Beide wird man daher voneinander abgrenzen müssen, wenn man nach dem Aufwand für die Umsetzung der Baustoffe fragt. Es liegt aber in der Organisation der biologischen Funktionen begründet, daß eine solche Abgrenzung nicht ohne Zwang möglich ist.

Betrachtet man abschließend den Energiefluß durch die lebendige Substanz und berücksichtigt, daß die chemische Energie hierbei schließlich zum größten Teil in Wärme übergeht, dann ergibt sich als Hauptproblem die Frage nach der quantitativen *Beziehung der Wärme zu der in vivo nach innen und außen geleisteten Arbeit*. Die Tatsache einer Wärmebildung in der bekannten Größe ermöglicht noch nicht ohne weiteres, die Alternative zu entscheiden, ob die Wärme *primär* (C. OPPENHEIMER) aus den Stoffen freigemacht und aus ihr dann Arbeit gewonnen wurde oder aber, ob zunächst — wie es in der Abb. 152 dargestellt ist und zutrifft — Arbeit verschiedener Art entsteht, die dann ganz oder zum großen Teil in Wärme übergeht. In diesem Fall der „*sekundären*" Wärmebildung richtet es sich nach der Art der Reaktionen und nach den Bedingungen ihres Ablaufes, wieweit schon neben der Arbeit Wärme gebildet wird. Der erste Fall, nämlich der der primären Wärmebildung vollzieht sich in der Wärmekraftmaschine (*thermodynamische* Maschine). Die zweite Art, die primäre Arbeitsbildung aus chemischer Energie, wird als *chemodynamischer* Vorgang bezeichnet. Die Entscheidung zwischen beiden Möglichkeiten ist nur mit Hilfe der Erkenntnisse zu erhalten, die sich aus dem 2. Hauptsatz der Thermodynamik ergeben.

2. Hauptsatz

Entropie als Kapazitätsfaktor

Das Erhaltungsgesetz stellt erstens fest, daß solche Vorgänge unmöglich sind, bei denen Energie neu geschaffen oder vernichtet würde, und zweitens, daß die vorgegebenen Energien sich nach Maßgabe der Äquivalenzzahlen ineinander verwandeln können. Der 2. Hauptsatz — *das Prinzip der beschränkten Verwandelbarkeit von Wärme in Arbeit* — *reduziert die nach dem ersten gegebenen Möglichkeiten:* die Wahrscheinlichkeit des Verlaufes der Energiewandlungen von Arbeit in Wärme ist größer als die des umgekehrten Vorganges. Hiermit wird eine Aussage über die Richtung der Umsetzungen oder Übergänge gemacht. Die Erfahrungstatsache, daß Wärme ohne Energiezufuhr von außen, d.h. von selbst, nicht auf einen wärmeren Körper, sondern nur auf einen kälteren übergehen kann, belegt diesen Satz anschaulich: eine Calorie kann von einem Körper mit 100° entnommen werden und bei 50° einen Gegenstand seiner Wärmekapazität entsprechend erwärmen oder Arbeit leisten. Eine Calorie kann aber nicht von 0° ausgehend bei 50° das gleiche tun.

Die *Arbeitsfähigkeit einer bestimmten Wärmemenge hängt also von der Temperatur ab, bei der sie zur Verfügung gestellt wird.* Versucht man nun eine *Formulierung der Arbeitsfähigkeit für Reaktionen mit Wärmebildung oder -übergang*, so ist die Temperatur als neue Größe mit in die Gleichung des 1. Hauptsatzes einzubeziehen. Dazu sei zunächst bemerkt, daß die Wärmeenergie, um deren Transport es sich hier handelt, immer als Produkt aus dem Intensitätsfaktor, d.h. der Temperatur, und dem Kapazitätsfaktor, der Entropie S, geschrieben werden kann. Eine Änderung dieser Energieform wäre dann zu schreiben als:

$$\Delta (S \cdot T) = \Delta S \cdot T + \Delta T \cdot S. \tag{10}$$

Nun kann *Arbeit in Wärme* übergehen. Um diesen Vorgang exakt studieren zu können, führt man ihn isotherm, d.h. die etwa bei einer chemischen Reaktion entstandene Wärme wird in dem Maße, wie sie sich bildet, auch abgeleitet, so daß der eigentliche Vorgang bei gleichbleibender Temperatur abläuft. In diesem Grenzfall ist der zweite Term $S \cdot \Delta T = 0$, und die übergehende Wärme hat den Wert $T \cdot \Delta S$. Praktisch ist er immer größer, als diesem idealen Grenzwert entspricht. Beide Hauptsätze erlauben aber, daß der aus der Änderung der Gesamtenergie zu entnehmende Arbeitsbetrag verschwindet, und sie daher vollständig als Wärme erscheint (s. S. 383, c).

Dagegen ist der Übergang einer gegebenen *Wärmemenge in Arbeit* begrenzt. Daß er bei fehlender Differenz des Intensitätsfaktors (T) nicht möglich ist, entspricht einer für alle Energieformen gültigen Gesetzmäßigkeit. Daher muß also für die Arbeitsleistung durch Wärme das vollständig in Arbeit verwandelbare Glied: $S \cdot \Delta T$ in Frage kommen.

Sein Anteil am Gesamtwärmeumsatz soll sich aus folgender Überlegung ergeben, welche zugleich den physikalischen Inhalt der zunächst formal eingeführten Größe S näherbringen kann. Um den idealen Nutzeffekt einer Wärmekraftmaschine zu ermitteln, wählen wir eine graphische Darstellung, in der die Größen S und T als Koordinaten auftreten. Ihr Produkt, also die von beiden begrenzte Fläche, hat den Wert einer Energie. Es werde bei T_1 die Wärmemenge Q_1, entsprechend der Änderung der Gesamtenergie, einem Gasbehälter, also beispielsweise einem Zylinder, zugeführt; dann wird sich sein Volumen, etwa durch Herausdrücken eines gewichtslosen Stempels von v_1 über v_2 auf v_3 vergrößern. Dabei wird Arbeit abgegeben, deren Gewinnung in einem isothermen Anteil bis v_2 und in einem adiabatischen mit Abkühlung bis v_3 bei T_2 zerlegt sei (Expansionsphase). Beide Anteile werden so aus T und v berechenbar (Abb. 153).

Für den isothermen Teil gibt die S. 95 erhaltene Gleichung:

$$- A_1 = n \cdot R \, T_1 \cdot \ln \frac{v_2}{v_1} = Q_1 ,$$

für den adiabatischen folgt wie für die Wärmemenge:

$$- A_a = n \cdot C_v \cdot \Delta T. \tag{10a}$$

Während des Wärmeüberganges wächst auf der Isothermen von v_1 bis v_2 die Größe S; bei der adiabatischen Entspannung von v_2 bis v_3 bleibt sie konstant (Isentrope). Nunmehr wird der alte Zustand v_1 von v_3 aus unter Arbeitsaufwand wieder erreicht (Kompressionsphase), wobei zunächst die Wärme Q_2 bei T_2, also isotherm z.B. an den Kondensator einer Dampfmaschine abgeführt wird. Darauf erfolgt die adiabatische Kompression von v_4 auf v_1 unter Temperaturerhöhung von T_2 zu T_1, d.h. zum Anfangspunkt des Kreisvorganges.

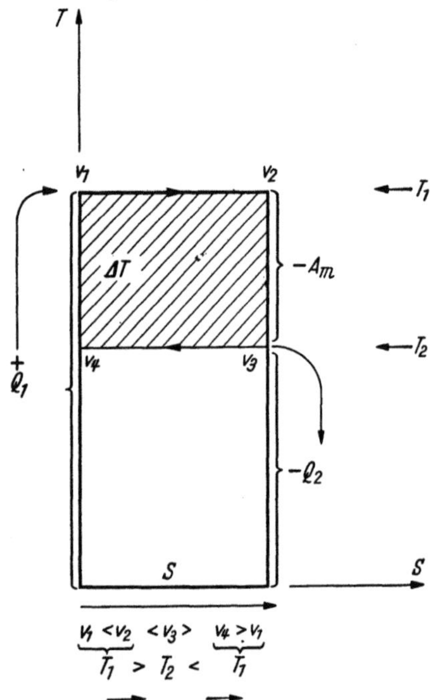

Abb. 153. Thermodynamischer Kreisprozeß im Entropie(S)- und im Temperatur(T)-Diagramm. Die Horizontalen sind Isothermen, die Vertikalen Isentropen

Seine Energiebilanz ist nunmehr leicht anzugeben. Die hineingesteckte Wärmemenge wird zum Teil als Arbeit, zum anderen als Abfallwärme Q_2 wieder abgegeben. Für diesen Anteil ergibt das Diagramm, da Q_2 bei T_2 abgeht, $S \cdot T_2$. Daher erhält man unter Benutzung von Gl. (4a) mit $\varDelta U = 0$:

$$- A_m = S \cdot \varDelta T = Q_1 - S \cdot T_2.$$

Aus $Q_1 = S \cdot T_1$ ist ohne weiteres zu entnehmen, daß $S = Q_1/T_1$ der Quotient der Wärmemenge und der Temperatur ist:

$$\left. \begin{aligned} - A_m &= \frac{Q_1 \cdot (T_1 - T_2)}{T_1} = Q_1 - \frac{Q_1 \cdot T_2}{T_1} \\ &= Q_1 \cdot \left(1 - \frac{T_2}{T_1}\right) \quad \text{(Carnot 1824).} \end{aligned} \right\} \quad (11)$$

Gleichzeitig ergibt sich der *theoretische Wirkungsgrad oder Nutzeffekt* N_i der Dampfmaschine, d.h. der maximal in Arbeit (A_m) verwandelbare Teil der zugeführten Wärme zu:

$$N_i = \left| \frac{A_m}{Q_1} \right| = \frac{T_1 - T_2}{T_1}. \qquad (11\,\text{a})$$

Kreisprozesse und Entropieänderung abgeschlossener Systeme

Der gegebenen Ableitung liegt die Konstanz der als Entropie bezeichneten Q/T-Quotienten zugrunde und damit, weil Q_2 als abgeführte Wärme negativ zu nehmen ist, die Beziehung:

$$\frac{Q_1}{T_1} = - \frac{Q_2}{T_2} \quad \text{bzw.} \quad \frac{Q_1}{T_1} + \frac{Q_2}{T_2} = 0. \qquad (12)$$

Sie gilt für einen Kreisprozeß und bildet ein Kernstück des 2. Hauptsatzes.

Für eine einfache Erwärmung ist bei fehlender Zustandsänderung bzw. gleichbleibender spezifischer Wärme das Gleichbleiben der Q/T-Quotienten eine Selbstverständlichkeit. Denn die Wärmeaufnahme ist proportional der absoluten Temperatur $Q = c_v \cdot T$.

Aus der Proportion (12) folgt durch Anwendung des Gesetzes der korrespondierenden Addition:

$$\frac{Q_1 - Q_2}{Q_1} = \frac{T_1 - T_2}{T_1}$$

und da $Q_1 - Q_2$ der nicht in Wärme übergehende Teil, also die Arbeit ist, direkt die Carnotsche Gleichung.

Der Beweis für das Gleichbleiben der Entropien beim Kreisprozeß setzt die Kenntnis der Gasgleichung für adiabatische Vorgänge voraus, nach der $T \cdot v^{\varkappa-1} = \text{const.}$ Hier ist

$$\varkappa = \frac{c_p}{c_v}. \tag{13}$$

Für die beiden adiabatischen Prozesse gilt danach:

$$T_1 \cdot v_2^{\varkappa-1} = T_2 \cdot v_3^{\varkappa-1} \quad \text{und} \quad T_1 \cdot v_1^{\varkappa-1} = T_2 \cdot v_4^{\varkappa-1},$$

woraus durch Division beider Gleichungen folgt:

$$\frac{v_2}{v_3} = \frac{v_1}{v_4} \quad \text{bzw.} \quad \frac{v_2}{v_1} = \frac{v_3}{v_4}.$$

Nun sind die adiabatischen Arbeitsleistungen entgegengesetzt gleich, daher ist für die Berechnung der Arbeit aus den 4 Teilprozessen nur noch die isotherme Kompressionsarbeit mit

$$+ A_2 = n \cdot R T_2 \cdot \ln \frac{v_3}{v_4} = n \cdot R T_2 \cdot \ln \frac{v_2}{v_1}$$

zu berücksichtigen. Der rechte Teil folgt aus vorangehender Ableitung. Die Differenz der beiden isothermen Arbeiten ergibt:

$$-A_1 - A_2 = - A_m = n \cdot R \, (T_1 - T_2) \cdot \ln \frac{v_2}{v_1} = \frac{T_1 - T_2}{T_1} \, n \cdot R \cdot T_1 \cdot \ln \frac{v_2}{v_1} = \frac{T_1 - T_2}{T_1} \cdot Q_1,$$

denn Q_1 ist der isothermen Arbeitsleistung durch die zugeführte Wärme gleich. Es ergibt sich also wieder die Carnot-Gleichung und aus den beiden Teilgleichungen folgt ohne weiteres mit: $-A_m = Q_1 - Q_2$ die Gl. (12).

Nach diesen Ableitungen kann um so mehr Wärme in Arbeit übergehen, je größer die Temperaturdifferenz und je tiefer die Ausgangs-(Kessel)Temperatur ist. $S \cdot T_2$ muß prinzipiell als Wärme verloren gehen. Für die Arbeit einer Dampfmaschine liegt N_i in der Größenordnung von 0,2 bis 0,4.

Diese Aussagen der Carnotschen Gleichung wären aber *nur bei Erfüllung zweier Bedingungen* zu verwirklichen: 1. muß die *Zuführung und Abführung der Wärme isotherm* bei den entsprechenden Temperaturen vorgenommen werden. Das ist genau nur im Gedankenexperiment möglich: nur durch Gleichheit von T_1 im zuführenden Wärmereservoir und dem aufnehmenden Kessel wird wegen des Fehlens der Temperaturdifferenz ein Wärmeverlust durch Leitung und Strahlung vermieden, der natürlich den Nutzeffekt mindern würde; 2. müßte *jeder Teilprozeß reversibel geleitet sein*, d.h. so, daß jeder Schritt in jedem Augenblick ohne Energieverlust rückläufig getan werden kann. Denn wäre dieses nicht der Fall, so würde man zusätzlich Energie benötigen, um den Ausgangszustand wiederherzustellen. Kompression und Expansion müssen dabei unendlich langsam vorgenommen werden, so daß keine Temperaturdifferenz und damit kein Wärmeverlust entsteht. *Jegliche Wärmeleitung, Strahlung, Diffusion u. a. stellt einen irreversiblen Energieverlust dar.*

Da beide Bedingungen nicht erfüllt werden können, ist die Größe A nicht als die effektiv gewinnbare *Nutzarbeit* A_n, sondern als die unter der Voraussetzung der verlustlosen Leitung, d.h. der Reversibilität des Prozesses als Grenzwert A_m zu fordernde maximale Arbeit zu bezeichnen. Der praktische reale Nutzeffekt ist also:

$$N_r = \frac{A_n}{Q} < \frac{A_m}{Q} = N_i. \tag{14}$$

Auch für die einzelnen im Organismus geleisteten Arbeiten läßt sich ein derartiger calorischer Nutzeffekt errechnen, besonders z.B. für die Muskelarbeit. Man bestimmt die Steigerung des Grundumsatzes eines Organes oder eines Organismus ($= Q_1$) bei der Arbeitsleistung und vergleicht sie mit der geleisteten

Arbeit, gemessen im calorischen Maß. Dabei wird gefunden, daß etwa $^1/_5$ der vermehrt umgesetzten Calorien (Q_1) als Arbeitscalorien abgegeben werden ($= A$). BENEDIKT und CARPENTER geben für den Menschen beim Treten eines stationären Fahrrades (Fahrradergometer) mit direkter Messung der dabei geleisteten mechanischen Arbeit einen Mittelwert von 21,6% an. Bei gutem Training und besonderen Arbeiten, wie Bergsteigen, werden Nutzeffekte von 25—33% erzielt. Für einen Nutzeffekt von 0,2 und eine Körpertemperatur von $37° = 310°$ K ergibt sich so aus $0{,}2 = \dfrac{T_1 - 310}{T_1}$ für die Ausgangstemperatur $T_1 = 388°$, also $t_1 = 115°$. *Da ein Temperatursprung von 115 bis 37° nirgendwo im Körper existieren kann, ist es unmöglich, daß er nach dem Modell einer Wärmekraftmaschine* arbeitet.

Im Sinne der am Schluß des vorigen Absatzes gegebenen Alternative kann der Organismus daher nur nach dem Schema arbeiten, daß aus chemischer Energie primär Arbeit und nebenbei und sekundär aus ihr Wärme entsteht, die nicht zu weiterer Arbeitsleistung benutzt wird. *Die für die höher organisierten Wesen* verwirklichte Isothermie verbietet geradezu den Typ des thermodynamischen Mechanismus, aber sie schafft ideale Voraussetzungen für eine gute Verwertung der chemischen Energie, wenn sie in einem chemodynamischen System freigemacht wird.

Die thermodynamische *Beschreibung chemischer Reaktionen* erfordert eine noch eingehendere Analyse des Begriffes der Entropie. Zunächst muß festgestellt werden, daß ein Gewinn aus isotherm arbeitenden calorischen Maschinen nicht erzielt werden kann. Man entnimmt hierzu der Carnot-Gleichung unschwer folgende Gesetzmäßigkeit: ist $T_1 = T_2$, findet also die Wärmeaufnahme und -abgabe bei gleicher Temperatur statt, so kann überhaupt keine Arbeit aus der Wärme gewonnen werden, denn jetzt ist $A = 0$. Der ideale Vorgang, bei dem die Wärmeaufnahme immer wieder nach Rückkehr etwa des Kolbens in der Maschine, also an gegebener Stelle in einem Kreisprozeß erfolgt, kann daher beim Fehlen von Temperaturdifferenzen trotz reversibler Führung keine Arbeit leisten. Die in einem Teilprozeß gewonnene Arbeit wird durch den Energieaufwand für die Zurückführung des Kolbens vollständig äquilibriert. Arbeitet jedoch die Maschine mit zwei verschiedenen Temperaturen, dann ist die Verwandlung der Wärme in Arbeit auch unter reversiblen Bedingungen unvollständig. Es ist daher unmöglich, eine periodisch arbeitende Maschine zu bauen, deren Wirkung die vollständige Verwandlung von Wärme in Arbeit ist (Unmöglichkeit des perpetuum mobile 2. Art). Eine solche Maschine ist nur in dem Grenzfall denkbar, bei dem der Wirkungsgrad 100% ist, und das ist der Fall, wenn $T_2 = 0$, d.h. wenn Q_2 im absoluten Nullpunkt abgeführt wird, denn hier wird

$$\frac{T_1 - T_2}{T_1} = 1 = \frac{A_m}{Q_1}.$$

Da dieser Punkt jedoch theoretisch wie praktisch (vgl. das Nernst-Theorem, s. S. 433) nicht erreichbar ist, kann das „perpetuum mobile 2. Art" auch nicht verwirklicht werden.

Die Carnot-Gleichung setzt die Gleichheit der Entropiewerte bei T_1 und T_2 voraus. Sie ist aber bei Annäherung auf $T = 0$ nicht mehr gegeben, weil die Molwärmen hier gegen 0 konvergieren. Daher ist auch vorstehend formulierte Aussage in diesem Bereich nicht exakt gültig.

Aber beide Entropiewerte bleiben auch für den Kreisvorgang bei endlichen Temperaturen nur dann gleich, wenn *ideale Reversibilität* vorliegt. Umgekehrt *ist die Entropie nur auf diese Bedingung zu beziehen* (S_{rev}) oder im abweichenden

Fall besonders zu kennzeichnen (S_{irr}). LORENTZ nannte das Verhältnis der Wärme zu der Temperatur, bei der sie übertragen wird, die „*reduzierte Wärme*". Diese Ausdrucksweise nimmt auf das Vorkommen von reversiblen oder nicht reversiblen Komponenten keine Rücksicht. Für reversible Kreisprozesse gilt jedoch allein die Gl. (12). Denkt man sich nun den Carnot-Prozeß aus mehr als 4 Teilvorgängen ($1 \dots i$) zusammengesetzt, dann ist in Erweiterung von (12) für die *Summe aller reversiblen Entropien:*

$$\circlearrowright \sum_{\mathrm{rev}} \frac{Q}{T} = 0 \quad \text{bzw.} \quad \circlearrowright \sum_{i}^{1} S_{\mathrm{rev}} = 0. \tag{15}$$

Dieser Satz gilt auch *für alle infinitesimalen reversiblen Kreisvorgänge*, so daß dQ für Q und statt des Summenzeichens das Integral gesetzt werden kann. In 2 Fällen weicht nun die Summe der Quotienten von Null ab: bei jedem reversiblen Einzelvorgang und beim Vorliegen irreversibler Prozesse.

Verwandelt sich z.B. ein Stoff vom Zustande a aus reversibel in b, dann geht damit auch eine Veränderung seiner Wärmekapazität einher; denn die Körper sind durch ihre Molwärmen charakterisierbar. Vollzieht sich die Verwandlung isotherm, so ist die Folge eine Wärmeaufnahme oder Wärmeabgabe, je nachdem, ob $c_{pa} < c_{pb}$ oder $c_{pa} > c_{pb}$ ist. Der Wärmeinhalt der Stoffe wird entsprechend sein: $Q_a < Q_b$ oder $Q_a > Q_b$. Die Entropien (Q/T) ändern sich im gleichen Sinne. Wir nennen sie S_a und S_b und können nun sagen, daß der *Vorgang durch die Differenz* $S_a - S_b = \varDelta S$, bezogen auf ein Mol *bestimmt wird*. $\varDelta S$ kann positiv oder negativ sein, die Entropie also zu- oder abnehmen. Formal kann man sich die Entropie wie einen Wärmestoff vorstellen und den verschiedenen Körpern ein verschiedenes Fassungsvermögen für diese Größe zuerteilen. Jeder Vorgang läßt sich daher durch eine Änderung dieser zum jeweiligen Zustand und zur jeweiligen Menge gehörenden Größe S beschreiben. Die Entropie wird daher zu einem thermischen Kennzeichen der Zustände („extensive Zustandsgröße") und $\varDelta S$ zu einem solchen für die Zustandsänderungen. S wird in cal/grad tabelliert; diese Einheit heißt 1 Clausius (Cl). Die *Entropie bedeutet eine Wertangabe für den Wärmeinhalt*, der bei einer bestimmten Temperatur vorliegt.

Im Carnot-Prozeß wird z.B. die bei T_2 abgegebene Wärme Q_2 um so größer im Vergleich zu Q_1, je größer die Entropie Q_1/T_1 ist. Denn der nicht arbeitsfähige Anteil ist $T_2 \cdot S$. Hätte S den Wert 2,68 Cl und würden 1000 cal bei $T_1 = 373°$ zur Verfügung stehen, so würden bei $T_2 = 298°$: $298 \cdot 2,68 = 800$ cal prinzipiell nicht in Arbeit verwandelbar sein. A_m wäre 200 cal und $N_i = 0,2$.

Die hier nicht näher zu besprechende *Gewinnung des Entropiewertes* geschieht für Wärmeaufnahmen zwischen T_2 und T_1 bei konstanter spezifischer Wärme, d.h. beim Fehlen von Zustandsänderungen, nach

$$\varDelta S = C_p \cdot \int_{T_2}^{T_1} \frac{dT}{T} = C_p \, (\ln T_1 - \ln T_2). \tag{16}$$

Für *Wärmeübergänge bei konstanter Temperatur*, also bei chemischen Reaktionen oder bei Zustandsänderungen, ist:

$$\varDelta S = \frac{\varDelta Q}{T}. \tag{16a}$$

So beträgt die *Schmelzentropie* von 1 g Eis $80/273 = 0{,}293$ Cl, da die Schmelzwärme für 1 g Eis 80 cal ist. Für ein Mol ist $\varDelta S$ 18mal so groß, d.h. 5,28 Cl.

Für $\varDelta S$ bei der *isothermen Ausdehnung* von n-Molen eines Gases von v_1 auf ein größeres Volumen v_2 folgt aus (II 26e):

$$Q_1 = n \, R \, T_1 \ln \frac{v_2}{v_1} : \quad \frac{Q_1}{T_1} = \varDelta S = n \, R \ln \frac{v_2}{v_1}. \tag{16b}$$

Die Entropie ist also bei gleicher Temperatur um so größer, je größer das Volumen wird, welches die gleiche Menge Gas einnimmt. Dagegen ist bei idealen Gasen die innere Energie unabhängig vom Volumen.

Bei der adiabatischen Ausdehnung jedoch ist $\Delta S = 0$; denn bei gleichbleibenden Molwärmen ändert sich Q proportional mit T. Dabei wird die abgegebene Volumenarbeit auf Kosten der inneren Energie geleistet: Q fällt mit der Abkühlung und steigt mit der bei der Kompression ansteigenden Temperatur. $(\partial U/\partial V)_T = 0$ gilt nur bei konstantem T.

Für den reversiblen Kreisprozeß als ganzen verschwindet im Gegensatz zu den Teilvorgängen nach (15) die Entropiesumme. Vollziehen sich nun, wie es in der Natur der Fall ist, *praktisch alle Vorgänge mit irreversiblen Anteilen*, dann ist die Differenz der „reduzierten Wärmen" nicht mehr in Übereinstimmung mit der Entropiedifferenz. Sie wird negativer als ΔS. Denn es wird jetzt mehr Wärme und weniger Arbeit vom System abgegeben:

$$-\sum \frac{Q}{T} \quad \text{wird größer als} \quad +\sum \frac{Q}{T}. \tag{17a}$$

Das gilt zunächst für einen aus der energiespendenden Umgebung nicht herausgelösten Kreisprozeß mit irreversiblen Anteilen, bei dem also am Schluß der unveränderte Ausgangszustand für die betrachteten Komponenten vorliegt. Es wird jetzt im Gegensatz zu (15):

$$\sum_{\text{irr}} \frac{Q}{T} < \sum \Delta S_{\text{rev}}. \tag{17}$$

Beim praktischen Carnot-Prozeß wird z.B. $-Q_2$, die abgeführte Wärme, um so größer werden, je weniger Wärme auf Kosten der Reibungs-, Isolierungsverluste in Arbeit verwandelt werden kann. Deshalb wird der durch die Entropie für den reversiblen Vorgang festgelegte Wirkungsgrad nicht erreicht.

Ein einfaches derartiges Gesamtsystem besteht nicht nur aus dem irreversibel arbeitenden Teil mit ΔS und dem, welcher in reversibler Arbeit mit $-\Delta S$ den arbeitsfähigen Zustand wieder herstellt. Dann würde auch hier im Gegensatz zu den reduzierten Wärmen die Summe der Entropieänderungen den Wert Null besitzen. Die Tatsache jedoch, daß die *Gesamtanordnung* das Energieäquivalent der irreversiblen Abfallwärme aus irgendeinem Prozeß zu liefern hat, bedeutet Entropiezunahme. Ist die Anordnung vollkommen nach außen *auch für Wärmedurchgang isoliert*, dann ist $\sum \Delta Q = 0$; mit (17) wird dann *für den irreversiblen Kreisvorgang*:

$$\sum \Delta S > 0. \tag{18}$$

Die *Entropie* eines *abgeschlossenen Systems* muß also beim Anteil irgendwelcher irreversibler Abläufe *zunehmen*. Dieser Satz ist umkehrbar: nur solche Prozesse laufen ab, bei denen eine Zunahme der Entropiesumme stattfindet. *Reversible Kreisprozesse* sind idealisierte Vorgänge, welche *auch nur unter Energiezuführung möglich* sind. Nur für die unmittelbar am Kreis teilhabenden Bestandteile gilt, daß die Entropieänderungen sich in beiden Richtungen aufheben. Zweifellos nimmt jedoch die Entropie beim Heizvorgang des Kessels zu, welcher zur Unterhaltung des idealen Kreisprozesses notwendig ist.

Zur besonderen Erläuterung diene folgender Vorgang: *Expansion eines Gases, welches einen vorher festgehaltenen Kolben bewegt.* Der zugehörige Zylinder befinde sich in einem Wasserbad. Die Ausdehnung entnimmt ihm Wärme. Die geleistete Arbeit werde verlustlos wieder in Wärme verwandelt und dem Bade zugeführt. Dadurch wird dessen Wärmeinhalt und Temperatur konstant gehalten. Die Entropiesumme dieses Kreisprozesses bleibt für das Bad also Null. Für das Gesamtsystem aber ist S gestiegen, da die Ausdehnung hier wegen der Verwandlung in Wärme irreversibel verläuft. Natürlich wäre auch die Expansion mit der Entropiezunahme (16b) reversibel zu gestalten, wenn Arbeit von außen zugeführt würde.

Die Entropiezunahme kann deshalb als Maß für die Irreversibilität benutzt werden, weil unter Erweiterung des Systems immer eine Arbeitszuführung denkbar ist, die den entgegengesetzt gleichen negativen Entropiewert besitzt. Denn so würde der ursprünglich irreversible Anteil reversibel gestaltet. Das abgeschlossene System aber erfährt wegen des Fehlens dieser Kompensation die Entropiezunahme, die jeden irreversiblen Vorgang in ihm begleitet.

Solche Vorgänge vollziehen sich isotherm. Bei völlig reversibler Führung, d.h. verlustlos getauschter Wärme, wäre: $T \cdot \varDelta S = Q_{\mathrm{rev}}$. Tatsächlich wurde aber dem eigentlich arbeitenden inneren System (Index i) noch Wärme Q_a aus dem Reservoir zugeführt, so daß der Gesamtwärmeübergang um diesen Wert größer ist, als der reversiblen Arbeit entspricht. Division der Wärmen durch T ergibt:

$$\varDelta S_{\mathrm{irr}} = \varDelta S_i + \varDelta S_a. \tag{19}$$

Diese *Gleichung* beherrscht die *Entropiebildung bei einem irreversiblen Prozeß;* sie berücksichtigt das eigentlich arbeitende System und die energiezuführende Umgebung, hier also das bei Temperaturkonstanz gehaltene Wärmereservoir. Sie gilt allgemein für ein System, welches der Wärmeenergie gegenüber „offen" ist. Es ist zu beachten, daß $\varDelta S_i$ immer positiv sein muß, während $\varDelta S_a$ und damit auch $\varDelta S_{\mathrm{irr}}$ beide Vorzeichen tragen kann (s. S. 639).

Entsprechend der Ungleichung (18) nimmt $\varDelta S$, über alle realisierbaren Systeme summiert, ständig zu. Das bedeutet, daß eine *Tendenz zum Übergang* aller gerichteten Energie in die maximal ungerichtete Energieform Wärme, d.h. *in den wahrscheinlicheren Zustand*, besteht. Die Zunahme der Entropie ist also gleichbedeutend mit einem Übergang in einen Zustand größerer Wahrscheinlichkeit in bezug auf Bewegung und Anordnung der Molekeln. Die Geschwindigkeit der Entropiezunahme eines Systems hängt mit der Art der in ihm ablaufenden Vorgänge zusammen. Die Größe $T \cdot \dfrac{dS}{dt} = T \cdot \Theta$ wird „Dissipation", Geschwindigkeit der Energiezerstreuung in Wärme, genannt und kann zur allgemeinen Charakterisierung eines Systems benutzt werden (s. S. 635). Die allgemeine Richtung aller Vorgänge entspricht demnach einem Ablauf, bei dem schließlich mehr oder weniger Energie in der wahrscheinlichsten, d.h. am wenigsten ausgerichteten Form — Wärme — gefangen oder gebunden wird. In diesem Sinne kann die *thermische Bewegung als entwertete oder in bezug auf weitere Arbeitsleistung als gebundene Energie bezeichnet werden* (HELMHOLTZ). Auch für den reversiblen Einzelprozeß mit positiver Entropie wird der Begriff der gebundenen Energie benutzt. Demgegenüber ist A_m frei zur Arbeitsleistung, freie Energie, F in HELMHOLTZs Schreibweise. F ist das Maß der Arbeitsfähigkeit, es ist numerisch gleich der maximalen Arbeit.

Entropieänderungen bei chemischen Reaktionen

Die allgemeinen Aussagen der Thermodynamik sind für alle neben der Wärmeenergie am Vorgang teilhabenden Energieformen gültig. Ihre Verwandlung läßt sich unter der Grenzbedingung isothermer Führung präzise analysieren. *Auch bei den chemischen Reaktionen ist die Größe des Entropiegliedes*, nun aber in der Form: $Q = T \cdot \varDelta S$, für die Richtung des Verlaufes und die Lage der Gleichgewichte *ausschlaggebend.* Jene Größe ergibt sich außer durch die Reaktionstemperatur beim reversiblen und isothermen Prozeß aus der Entropiedifferenz von Ausgangs- und Endzustand. Nach dem 1. Hauptsatz ist dann zu formulieren:

$$A_m = F = U - T \cdot \varDelta S. \tag{20}$$

Die Differentiation von (20) lehrt, daß ΔS bei konstantem U dem negativen Temperaturkoeffizienten der maximalen Arbeit gleichzusetzen ist:

$$-\frac{dA_m}{dT} = \Delta S. \tag{20a}$$

Eine Zunahme der Entropie bedeutet also, daß die beim isothermen Vorgang abgegebene freie Energie mit der Temperatur wachsen würde, bei der die Reaktion abläuft. Nimmt nämlich die Entropie zu, dann verfügt der entstandene Stoff über eine höhere Wärmekapazität. Zur Erhaltung der Isothermie wird somit Wärme aufgenommen bzw. eine Wärmezuführung steigert die Arbeitsfähigkeit (vgl. 41a). Das Umgekehrte gilt für den Vorgang mit Entropieabnahme. Ob nun eine Wärmezuführung aus einer Entropie- oder Enthalpieänderung bei der Reaktion oder von außen erfolgt, ist zunächst nicht entscheidend. Allgemein ergibt sich aus (20) und (20a):

$$F = A_m = \Delta U + T \cdot \frac{dA_m}{dT} \quad \text{(GIBBS, HELMHOLTZ).} \tag{20b}$$

Da für die reversible Gasexpansion $\Delta U = 0$ ist, folgt unmittelbar: $A_m = T\,\dfrac{dA_m}{dT}$, d.h. die maximale Arbeit ist in diesem Fall der absoluten Temperatur proportional. Der Koeffizient selbst ergibt sich aus dem Entropiewert nach (16b) zu:

$$-\left(\frac{dA_m}{dT}\right)_{p,\,n} = S = n \cdot R \ln \frac{v_2}{v_1}.$$

Nur wenn sich A_m wenig oder praktisch nicht als temperaturabhängig erweist, ist ΔU angenähert oder genau gleich dem Wert von A_m. Unter diesen Umständen ist das Glied $T \cdot \dfrac{dA_m}{dT} = 0$, d.h. nach den Hauptsätzen findet wie bei einem adiabatischen Expansionsprozeß außer dem Übergang von innerer Energie in Arbeit kein Wärmeübergang statt. Bei einem chemischen Vorgang würde die Änderung der chemischen Energie, die das Maß für die Affinität ist, der Wärmetönung gleich sein. Denn wenn nun der Reaktion keine Arbeit entnommen wird, geht ΔU vollständig in Wärme über. Nur in dem Fall, daß $dA_m/dT = 0$ ist, wäre die Wärmetönung ein Maß für die Affinität. Sie kann es aber niemals allgemein sein, wie BERTHELOT es ursprünglich annahm, denn der Temperaturkoeffizient der maximalen Arbeit ist prinzipiell von Null verschieden. Er strebt asymptotisch dann den Nullwert an, wenn T sich dem absoluten Nullpunkt annähert, d.h. für $T = 0$ wird $A_m = \Delta U$. Nur hier gilt das Berthelot-Prinzip. Für endliche Temperaturwerte kann A_m daher nur unter Berücksichtigung von $-(dA_m/dT)$ bzw. ΔS aus ΔU ermittelt werden. Außer am absoluten Nullpunkt ist $\Delta S = 0$ bei photochemischen Primärprozessen und bei Kernreaktionen. Auch bei der Stromlieferung durch einige Elemente ist diese Bedingung nahezu erfüllt.

Zur energetischen Charakterisierung chemischer Reaktionen hat GIBBS den *Begriff des thermodynamischen Potentials (G, freie Enthalpie)* eingeführt. Um ihn zu verdeutlichen, muß auf die Größe H, die Enthalpie (7), zurückgegriffen werden, d.h. auf die um die Volumenarbeit bei konstantem Druck vermehrte innere Energie. G ist als freie Enthalpie mit der freien Energie F zu vergleichen[1].

---

[1] Die bevorzugte Heranziehung der Funktion G ergibt sich aus der Praxis der Thermochemie und der der Untersuchung von Gasgleichgewichten. Sie hat sich allgemein eingebürgert. LEWIS und seine Schule verwenden allerdings den Buchstaben F wie unser G in Beziehung zur Enthalpie; für das hier wie allgemein benutzte F gebrauchen sie in Verknüpfung mit U den kleinen Buchstaben w (work). w' ist die um die Volumenarbeit verminderte Funktion F (Nettoarbeit; Nutzarbeit). Auf diese Größe wird hier nicht eingegangen.

Wie für F und U gilt dann für G und H:

$$G = U + p \cdot v - T \cdot \Delta S = H - T \cdot \Delta S \tag{21}$$

oder für die Änderung aller beteiligten Größen:

$$\Delta G = \Delta H - T \cdot \Delta S. \tag{21a}$$

Trägt ΔS positives Vorzeichen, so folgt, daß jetzt die Abnahme an Gesamtenergie kleiner ist als die der freien Enthalpie:

$$-\Delta H < -\Delta G \quad \text{für} \quad \Delta S > 0.$$

Das umgekehrte gilt bei einer Entropieabnahme:

$$-\Delta H > -\Delta G \quad \text{für} \quad \Delta S < 0.$$

Da die negative Enthalpieänderung der Wärmetönung W_p gleichzusetzen ist, gilt auch

$$-\Delta G = W_p + T \cdot \Delta S. \tag{21b}$$

Die maximale Reaktionsarbeit, d.h. die freie Enthalpie, wird also durch hohe exotherme Wärmetönung gefördert oder durch stark positives ΔS für die betrachtete Reaktion. Denn das *Vorzeichen von* ΔG entscheidet darüber, ob eine ins Auge gefaßte Reaktion überhaupt freiwillig zustande kommen kann. Es *muß negativ sein*, d.h. der Vorgang muß bei reversibler Führung Arbeit abgeben können (s. Tabelle 83).

Tabelle 83. *Zahlenbeispiele zu:* $\Delta G = \Delta H - T \cdot \Delta S$

	ΔG°, kcal	ΔH, kcal	$-T \cdot \Delta S$, kcal	ΔS, cal/$^\circ$
a) Alkoholische Gärung	$-54{,}5$	-17	$-37{,}5$	$+127$
$2N_2O = 2N_2 + O_2$	$-24{,}8$	$-19{,}5$	$-5{,}3$	$+18{,}7$
b) $H_2 + \frac{1}{2}O_2 = H_2O_{Gas}$	$-54{,}6$	$-57{,}8$	$+3{,}2$	$-10{,}7$
$2HCl + \frac{1}{2}O_2 = H_2O + Cl_2$	$-9{,}2$	$-13{,}8$	$+4{,}6$	$-15{,}4$
$C + CO_2 = 2CO$	$+28{,}6$	$+41{,}2$	$-12{,}6$	$+42{,}2$
c) Dasselbe bei $T = 977$ $(t = 704)$.	0	$+41{,}2$	$-41{,}2$	$+42{,}2$
$T = 1273$ $(t = 1000)$.	$-12{,}6$	$+41{,}2$	$-53{,}8$	$+42{,}2$
$T = 1773$ $(t = 1500)$.	$-33{,}8$	$+41{,}2$	-75	$+42{,}2$

$T = 298$ außer bei c); $p = 1$; Angaben pro Mol.

Bei a wächst die Entropie. $T \cdot \Delta S$ ist negativ und im ersten Fall wegen des im Vergleich zu ΔH hohen Wertes überwiegend: die Abgabe an freier Energie ist größer als die, welche durch Abnahme der Enthalpie zur Verfügung steht. Die hohe positive Entropie zwingt daher zur Aufnahme von Wärme aus der Umgebung. Es liegt wegen des negativen ΔH-Wertes eine exotherme Reaktion vor, welche sich unter Wärme*aufnahme* aus der Umgebung vollzieht. Viele biologisch wichtige Teilreaktionen des intermediären Stoffwechsels gehören diesem Typ an, bei dem auf Grund von vergleichsweise hohen positiven ΔS-Werten aus der Umgebung aufgenommene Wärme in freie chemische Energie übergeht. ΔS bestimmt das Ausmaß, in dem dieser Prozeß möglich ist. Nach (21) nimmt in allen diesen Fällen die Arbeitsfähigkeit der Reaktion mit wachsender Temperatur zu.

Das Umgekehrte trifft bei solchen des Typs b zu. Hier ist ΔS negativ, die Arbeitsfähigkeit nimmt mit der Temperatur ab und verschwindet bei jener Temperatur, bei welcher der Wert $T \cdot \Delta S$ dem von ΔH numerisch gleich geworden ist. Erwärmung über diese Temperatur führt dann zur Dissoziation z.B. des Wassers in $H_2 + \frac{1}{2}O_2$. Die echten exothermen Reaktionen, bei denen also das ΔH-Glied größer als das $T \cdot \Delta S$ ist, werden daher durch Temperatursteigerung zurückgedrängt, ihre Gegenreaktionen bevorzugt (s. S. 428).

Echte endotherme Reaktionen mit positivem ΔH können nur ablaufen, wenn ΔS so stark positiv ist, daß die maximale Arbeit negativ wird. Sie werden durch Steigerung der Temperatur ermöglicht (Tabelle 83, c). Die Arbeitsfähigkeit von Reaktionen mit $\Delta S = 0$ kann sich nur in dem geringen Maße mit der Temperatur ändern, wie es ΔH tut.

Allgemein ergibt sich die Abhängigkeit der chemischen Arbeitsfähigkeit von der Temperatur leicht zu

$$\frac{dA_m}{dT} = \frac{A_m - H}{T} \quad \text{bzw.} \quad \frac{dG}{dT} = \frac{\Delta G - \Delta H}{T} = -\Delta S. \qquad (22)$$

Ein *chemisches Gleichgewicht* kommt nur durch den ständig sich vollziehenden Ablauf einer Reaktion in 2 Richtungen zustande. Hierbei müssen natürlich nicht nur die Wärmetönungen für die Teilvorgänge ein entgegengesetztes Vorzeichen tragen, sondern auch ihre Entropien, deren Werte sich im Gleichgewicht aufheben. Es ist daher wie bei einem reversiblen Kreisprozeß zu schreiben: $\vec{S} = -\overset{\leftarrow}{S}$ oder $\vec{S} + \overset{\leftarrow}{S} = 0$. *Läuft eine Reaktion ab, dann nähert sie sich durch freiwilligen Vorgang unter Entropiezunahme diesem Gleichgewicht.* Das gilt für die Annäherung von beiden Seiten. *Die Gesamtentropie erreicht ihren Höchstwert; $dS = 0$ bedeutet* also *eine Maximumbedingung.* Da bilanzmäßig keine Reaktion mehr abläuft, gilt weiter auch $\Delta G = 0$. Dagegen *strebt G wie natürlich auch F* bei der Erreichung des Gleichgewichtes *einem Minimum* zu. Denn wenn ΔG verschwindet und gleichzeitig ΔS ein Maximum erreicht hat, kann der Wert der Funktion $H - T \cdot S$, also der freien Enthalpie, nur abgenommen haben und als Ganzes ein Minimum sein, in dem gilt: $dG = d(H - T \cdot S) = 0$. Das gleiche trifft auch für ΔU, d.h. die Änderung der freien Energie ($F = U - T \cdot S$; v konstant) zu. Die thermodynamische *Bedingung des chemischen Gleichgewichtes* ist also: *Maximum der Entropie, Minimum der freien Enthalpie bzw. freien Energie,* und wie an anderer Stelle ausgeführt wird, damit verbunden *Gleichheit der chemischen Potentiale.*

In welchem Sinne aber und wie ausschlaggebend die Entropieänderung den Verlauf eines Vorganges beeinflußt, wurde an den Beispielen a—c dargelegt. Es läßt sich nun weiterhin als allgemeines Gesetz formulieren, daß Entropievermehrung mit Ordnungsverminderung im molekularen Bereich und umgekehrt Entropieabnahme mit Ordnungsvermehrung verknüpft ist. Da der ungeordnete Zustand die größere Wahrscheinlichkeit besitzt, ist nun ohne weiteres einzusehen, warum die Entropie im abgeschlossenen System bei jedem Vorgang anwachsen muß. Aber auch zur Erklärung einzelner Reaktionen ist diese Vorstellung möglich und als Grundlage für die Berechnung ihrer thermischen Größen notwendig geworden. Nimmt z.B. die Zahl der frei beweglichen Teilchen bei der Dissoziation zu, dann bedeutet diese Vermehrung der kinetischen Freiheitsgrade (Bewegungsmöglichkeit) zugleich eine Entropiezunahme. Sie ist besonders ausgesprochen bei der Gasdissoziation oder der Neuentstehung gasförmiger Phasen bzw. der Vermehrung gasförmiger Volumina bei der Reaktion.

Für: $C + O_2 = CO_2$ ist ΔS mit $-0,3$ cal pro Grad $\simeq 0$, weil dieser Vorgang nicht zu einer Änderung der Freiheitsgrade einzelner Molekeln führt; bei: $2C + O_2 = 2CO$ dagegen nimmt mit der Zahl der Gasmolekeln auch die Entropie zu: $\Delta S = +42,2$ Cl (Tabelle 83). Diese Zunahme bewirkt, daß es mit steigender Temperatur zu einer Abgabe von freier Energie kommt, daß also die Reaktion in der Richtung der CO-Bildung überhaupt zustande kommen kann. Denn wegen des hohen endothermen Wertes von $\Delta H = +41,2$ vollzieht sich bei tieferen Temperaturen zunächst die exotherme Gegenreaktion. Steigt erstere über $977°\ T$, dann wird die Reaktionsarbeit negativ, d.h. der Ablauf ändert sich im Sinne der CO-Bildung: $977 \cdot 42,2 = 41\,200$ cal $= 41,2$ kcal. Wegen der hohen „Reaktionsentropie" $+\Delta S$ steigt die Arbeitsfähigkeit schnell an, so daß $-\Delta G$ bei $1500°$ C $= 1773°\ T$ schon 33,8 kcal/Mol beträgt, d.h. die Reduktion von CO_2 durch Kohle nimmt zu, entsprechend der Tatsache, daß Vorgänge mit Entropievermehrung die Überhand gewinnen. Bei $T = 1000$ stehen CO_2 und CO etwa im Gleichgewicht miteinander (Boudouard-Gleichgewicht).

ΔS ist weiter positiv bei hydrolytischen Spaltungen oder bei der Sättigung von Doppelbindungen, da nunmehr wegen des Auftretens der freien Drehbarkeit um die $-C-C$-Achse eine Vermehrung der kinetischen Möglichkeiten erfolgt ($\Delta S = 2,7$ cal/°). Die Tatsache, daß die Zahl der Freiheitsgrade allgemein mit höherer Temperatur zunimmt, ist die Ursache dafür, daß jetzt die Arbeitsfähigkeit immer stärker durch $+\Delta S$ als durch ΔH bestimmt wird. Umgekehrt geht natürlich dann die Schaffung einer Doppelbindung und die Bildung größerer und geordneter Molekülkomplexe mit einer Abnahme von S einher, ein Verhalten, das für das biologische Geschehen von besonderem Wert ist.

Allgemein läßt sich sagen, daß eine *Änderung der Symmetrie* im Aufbau einer Molekel mit einer Entropieänderung einhergeht, wobei auch der Symmetrieverlust eine Zunahme von S bedingt. So würde z.B. der Übergang vom völlig symmetrischen Tetraeder des Ammoniumions zur Pyramide des Ammoniaks einen Verlust von Symmetrie und damit ein $+\Delta S$ bedingen. Tatsächlich äußert sich dieser Effekt hier aber nur in einer erheblichen Abschwächung der Entropieabnahme, welche durch eine gesteigerte Orientierung der H_2O-Molekeln bei dem Vorgang der NH_3-Bildung aus NH_4^+ hervorgerufen wird. Denn das NH_3 verfügt über eine geordnete definierte Hülle von H_2O-Molekeln, deren Ordnung größer ist als die um die ebenfalls hydratisierten NH_4^+-Ionen (vgl. Tris-Puffer, S. 426). Die Dissoziation der gewöhnlichen Neutralsäuren ergibt ihrerseits ebenfalls ein negatives ΔS, welches besonders groß ist, weil entsprechend der Gleichung $HA + H_2O \rightarrow A^- + H_3O^+$ zwei Ionen neu entstehen. Neben den S. 148 erwähnten sterischen und Resonanzeffekten sind diese Einflüsse auf die Entropie natürlich bei gegebener Dissoziationswärme von ausschlaggebender Bedeutung für die Größe der Dissoziationskonstanten (BRIEGLEB).

Entropie und Wahrscheinlichkeit

Von dieser allgemeinen *Beziehung der Entropie zur Wahrscheinlichkeit der Zustandsänderung* aus läßt sich auch ihr Einfluß auf die Energetik chemischer Reaktionen einem gewissen *anschaulichen* Verständnis zuführen. Ist z.B. wie im Falle der Tabelle 83 a ΔS positiv, so bedeutet das, daß durch den Reaktionsablauf der wahrscheinlichere Molekularzustand erreicht wird; das Entropieglied wird die Arbeitsfähigkeit durch Wärmeaufnahme aus der Umgebung über den Wert von $-\Delta H$ hinaus steigern. Umgekehrt liegt es bei der Knallgasreaktion (Tabelle 83 b). Wegen der erfolgenden Verminderung der Molekülzahl nach: $2H_2 + O_2 = 2H_2O$ tritt hierbei summenmäßig auch eine Verringerung der thermischen Bewegungsmöglichkeiten, d.h. Tendenz zur Entropieverminderung ein. Die Reaktion läuft ab, weil die Abnahme von H genügend, ja in diesem Fall besonders groß ist. Der Übergang aber vom wahrscheinlicheren in den unwahrscheinlicheren Zustand mit geringerer kinetischer Energie muß die Freigabe von Wärme nach sich ziehen. Denn durch das Übergehen in einen Zustand oder in einen Stoff mit einer kleineren Zahl von Freiheitsgraden der Bewegung wird praktisch auch ein solcher mit verringerter Wärmekapazität entstehen.

Ähnlich liegt es auch, wenn durch Zug am elastischen Band eine erhöhte Orientierung der Fadenmoleküle erreicht wird: die erzwungene Verminderung ihrer Bewegungsmöglichkeiten ($\Delta S < 0$) muß zum Freiwerden der Wärme $T \cdot \Delta S$ führen (s. S. 430). Sie wird beim Loslassen durch die nunmehr wieder erfolgenden thermischen Bewegungen gebunden werden: Analogie zum Fall (a) mit Entropievermehrung (s. S. 405). Leistet aber primär zugeführte Wärme Arbeit, so wird sie um so weniger liefern können, je mehr von ihr durch das Entropieglied als nicht verwandelbar festgelegt ist (Beispiel: Dampfmaschine).

Der Zusammenhang nun zwischen Entropie und Wahrscheinlichkeit ist, wie BOLTZMANN zeigte, einer *quantitativen Fassung* zugänglich. Folgende Überlegung führe zu seinem Verständnis. Einer Molekel stehe das Gesamtvolumen v_2 und eine bestimmte Abteilung desselben (v_1) zur Verfügung. Das statistische Gewicht (G_e) ist die relative Wahrscheinlichkeit eines Zustandes unter zweien, die in Betracht gezogen werden. Der Wahrscheinlichkeitsquotient nun des Zustandes, daß sich eine Molekel gerade in dem größeren statt in dem kleineren Raum befinde, ist daher: v_2/v_1; denn man muß eine gleiche Wahrscheinlichkeit für die Verteilung in dem gesamten Raum voraussetzen. Jene aber, daß sich ein Mol, d.h. N_L-Moleküle, hier aufhalten ist:

$$G_e = \left(\frac{v_2}{v_1}\right)^{N_L} \quad \text{oder} \quad \ln G_e = N_L \cdot \ln \frac{v_2}{v_1} . \tag{23}$$

Nun ist nach (16b) die Entropieänderung *beim Expansionsvorgang* von v_1 auf v_2:

$$\Delta S = R \cdot \ln \frac{v_2}{v_1}, \quad \text{d.h.} \quad \Delta S = \frac{R}{N_L} \ln G_e = k \cdot \ln G_e . \tag{23a}$$

Die Entropieänderung bei der *Kompression* von v_1 auf v_2 ist danach mit $\ln \frac{1}{G_e} = N_L \cdot \ln \frac{v_1}{v_2}$:

$$\Delta S = R \cdot \ln \frac{v_1}{v_2} = k \ln \frac{1}{G_e} = - k \cdot \ln G_e . \tag{23b}$$

Dieses wichtige Ergebnis ist formal leicht verständlich, da eine Vorzeichenänderung einer Größe (der Entropie) nur dann mit dem Reziprokwerden eines Quotienten, z.B.: ,,$\left(\frac{\text{wahrscheinliche}}{\text{unwahrscheinliche}}\right)$ Fälle'', zusammentreffen kann, wenn beide in der beschriebenen Weise logarithmisch miteinander verbunden wurden.

Die *Entropie pro mol ist damit über die auf das Einzelmolekül bezogene Gaskonstante k dem ln der Wahrscheinlichkeit der Erreichung des Endzustandes aus dem Anfangszustand proportional.* Seit BOLTZMANN weiß man, daß dieser Satz Allgemeingültigkeit besitzt.

Allgemein ist:

$$\Delta S = R \cdot \ln \frac{Z_2}{Z_1}, \tag{23c}$$

wo Z_1 die Zahl der Bewegungsmöglichkeiten einer Molekel im Zustande 1 und Z_2 die im Zustande 2 angibt. Handelt es sich um n einzelne Bindungen in einer Makromolekel, deren Bewegungsfreiheitsgrade von 1 auf 2 anwachsen, dann würde die Entropiezunahme bei 100 Bindungen betragen:

$$\Delta S = n \cdot R \ln 2 = 100 \cdot 2 \cdot 0{,}693 = 138 \; \text{cal/}^\circ \, \text{mol}^{-1} .$$

Bei einem Protein mit 300 Aminosäuren und je 3 Bindungen in der Hauptkette wäre $n = 900$ (vgl. S. 602).

Auch *für zusammengesetzte Systeme* lassen sich die Entropien angeben. Bei *groben Mischungen* mit Phasengrenzen ist die Gesamtentropie der Summe der Teilentropien gleich, wobei der mengenmäßige Anteil der Komponenten, multipliziert mit der zugehörigen Teilentropie als Summand auftritt. Wenn aber *echte Mischphasen* gegeben sind, dann kommt eine Änderung der Entropie der einzelnen Partner im Vergleich zu der im reinen Grundzustand dadurch zustande, daß den n Molen ein größerer Raum zur Verfügung steht als im kondensierten Zustand oder im Gasraum der gleichen Menge des reinen Einzelgases unter gleichem Druck.

Da das Gesamtvolumen $(v_1 + v_2 = V)$ immer größer als die Teilvolumina (v_1, v_2) ist, muß nach Gl. (16b) eine Entropiezunahme für beide Teilgase resultieren:

$$\Delta S_1 = n_1 \cdot R \ln \frac{v_1 + v_2}{v_1} \quad \text{und} \quad \Delta S_2 = n_2 \cdot R \ln \frac{v_1 + v_2}{v_2}.$$

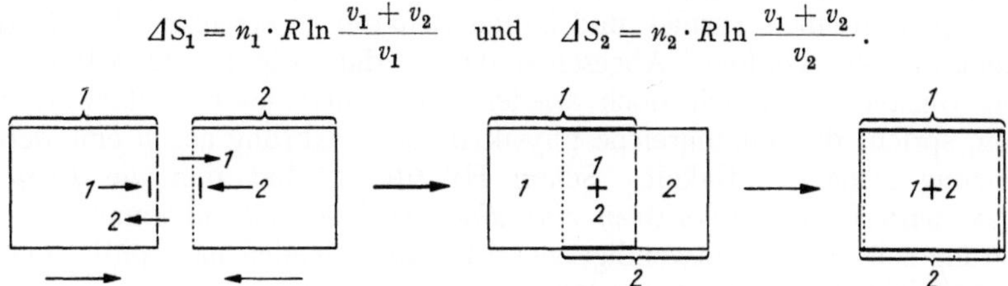

Abb. 154. Reversible Vermischung zweier Gase (1 + 2) ohne Arbeitsleistung. Membran von 1 ist durchlässig nur für Gas 2, Membran von 2 nur für Gas 1 $(\Delta p_1 = \Delta p_2 = \Delta v_1 = \Delta v_2 = 0; \Delta S_m = 0)$

Die Teilentropien sind nun zu ΔS zu addieren und diese Gesamtentropie auf die Gesamtmolarität $n_1 + n_2$ zu beziehen. Beachtet man weiter, daß $V \cdot \gamma_1 = v_1$ und $V \cdot \gamma_2 = v_2$ ist und damit z.B.

$$\frac{v_1 + v_2}{v_1} = \frac{\gamma_1 + \gamma_2}{\gamma_1} = \frac{1}{\gamma_1}$$

wird, dann ist:

$$\frac{\Delta S}{n_1 + n_2} = \gamma_1 R \ln \frac{1}{\gamma_1} + \gamma_2 R \ln \frac{1}{\gamma_2} = - R(\gamma_1 \ln \gamma_1 + \gamma_2 \ln \gamma_2) = \Delta S_M. \qquad (24)$$

Dieser von der Temperatur unabhängige Ausdruck für die *molare Mischungsentropie* gilt auch für eine ideale Lösung, und er ist auf beliebige Teilnehmer 3 ... i sinngemäß zu erweitern. Da $\ln \gamma$ als Logarithmus eines echten Bruches negativ ist, muß ΔS immer positiv werden. Es ist zu beachten, daß die Mischungsentropie nur auf der Volumenvergrößerung für die einzelnen Komponenten und nicht auf der Auswirkung zwischenmolekularer Kräfte beruht. Würde man bei Benutzung geeigneter halbdurchlässiger Wände eine Durchmischung beider Komponenten unter Konstanthaltung ihrer jeweiligen Anfangsvolumina, d.h. also auch ihrer Partialdrucke, vornehmen, dann wäre $\Delta S_M = 0$ (s. Abb. 154). Nach eingetretenem Diffusionsgleichgewicht aber im Gesamtlösungsraum ist unter Abnahme der Partialdrucke die Entropie um ΔS_M gestiegen. Treten bei den nicht „athermischen" Lösungen noch Lösungs- und Verdünnungswärmen hinzu, dann sind die ihnen zugrunde liegenden Wechselwirkungen mit dem Lösungsmittel von einer besonderen zusätzlichen Entropieänderung begleitet, welche positiv oder negativ sein kann. Ihre Größe hängt von der jeweiligen molaren Zusammensetzung der Mischung und von der Temperatur ab.

ΔS_M nimmt für ein Mol des Stoffes 2 bei verdünnten Lösungen, d.h. kleinem γ_2, den Wert: $-R \ln \gamma_1$ an. Setzt man die Größe der osmotischen Volumenarbeit der Verminderung der molaren Arbeitsfähigkeit des Lösungsmittels beim Übergang aus der reinen Phase zur Mischung gleich, dann erhält man unmittelbar das Raoultsche Gesetz:

$$\pi \cdot V = T \cdot \Delta S_M = - R T \ln \gamma_1 \quad \text{bzw.} \quad \pi = \frac{R T}{V} \gamma_2 \quad \text{(vgl. S. 100)}.$$

Biologische Bedeutung des Entropiesatzes. 1. Teil

Die statistische Auffassung kennzeichnet das Wesen der Entropie. Sie gibt ihm aber auch gleichzeitig seine Grenzen. Sie liegen dort, wo die Statistik versagt: *im Gebiet kleiner Zahlen* der beteiligten Moleküle. Hier kommen die stets vorhandenen Überschreitungen in der unerwarteten Richtung in wachsendem Prozentsatz zur Geltung. Der Entropiewert verliert an Genauigkeit und für das Einzelmolekül seinen Sinn. Die möglichen und notwendigen *Abweichungen vom statistischen Mittel*, also dem, was bei sehr großen Zahlen als Gesetz ohne Schwankungen betrachtet wird, *sind der Quadratwurzel aus der Molekülzahl proportional.* Bei 10^8, 10^6, 10^4, 10^2 betrügen z.B. die Zahlen der Abweicher mit 10^4, 10^3, 10^2, 10 je 0,01, 0,1, 1 und 10% des Ausgangswertes. Ihr Relativwert fällt daher mit wachsender Menge der Moleküle.

MAXWELL diskutierte noch einen weiteren Einwand, indem er sich vorstellte, daß ein „*Dämon*" existieren könnte, welcher die ungeordnete Bewegung der Moleküle ordne. Er sollte z.B. in der Lage sein, sie nach ihrer Geschwindigkeit zu trennen und damit entgegen dem 2. Hauptsatz aus gleichverteilter kinetischer Energie spontan einen warmen und kalten Behälter zu erzeugen, d.h. Entropieverminderung zu schaffen. Abgesehen davon, daß, wie LEWIS betont, solche kleinen Geister schließlich doch wieder dem Entropiesatz unterworfen sein müßten, spricht die umfangreiche physikalische Erfahrung gegen eine derartige Begrenzung seiner Gültigkeit. Schon HELMHOLTZ hat nun die *Frage aufgeworfen, wieweit den Organismen eine ähnliche Fähigkeit* zukomme. Bei ihrer Erörterung soll auf die notwendigerweise hineinspielenden naturphilosophischen Probleme nicht eingegangen werden.

Zunächst muß festgestellt werden, ob die zu erwartenden Abweichungen bei biologischen Prozessen so groß sind, daß der Anwendung des Entropiesatzes als statistischem Gesetz die Grundlagen entzogen sind. *Tatsächlich können die Zahlen eines entsprechenden Kollektivs sehr klein sein;* sind doch z.B. bei Blutreaktion in einem menschlichen *Erythrocyten* nur gegen 2000 Wasserstoffionen vorhanden! Diese Zahl kann nach dem Quadratwurzelgesetz nur mit $\pm 2,2\%$ Genauigkeit angegeben werden; bei einem pH von 8,4 beträgt letztere nur $\pm 7\%$. Der *Raum eines Körperchens würde bei pH 10,7 nur noch ein Wasserstoffion enthalten: Fehlerbreite 100%!* Dagegen ist nun die Zahl der OH-Ionen mit $2 \cdot 10^4$ sehr gut fixiert. Diese Stabilisierung ist aber tatsächlich noch größer, denn die H-Ionenaktivität und mit ihr die der OH^- ist als thermodynamisches Maß für den Dissoziationsgrad der zahlreichen protolytischen Gruppen zu werten. Die Aktivität der Ionen des Wassers ist also nur ein Ausdruck für das Gleichgewicht, welches zwischen allen anwesenden Säure- und Basenresten besteht. Außerdem aber heben sich bei der *Einheitlichkeit* der Blutzellen und ihrer sehr großen Zahl alle Schwankungen nicht nur für eine Messung des pH, sondern vor allem im Hinblick auf ihre biologische Bedeutung, längst vollkommen heraus. *Die Gesetze des chemischen Gleichgewichtes*, die ebenfalls statistischen Charakter tragen, *sind gerade am System der Blutzellen mit hervorragender Exaktheit zu verifizieren* (HENDERSON 1932).

Die Individualität vieler einzelner Organzellen oder Zellabschnitte gestattet jedoch eine derartige summarische Betrachtung nicht. Untersucht sei zunächst *der Betriebsumsatz einer Zelle*, die als Würfel mit 10 µ Kantenlänge eingesetzt werde und Kohlenhydrate entsprechend 600 g pro Tag und 70 kg Körpergewicht umsetze! Das entspricht $4 \cdot 10^{10}$ Glucosemolekülen pro Zelle und Tag, aus denen $24 \cdot 10^{10}$ CO_2-Moleküle entstehen. Würden sie in der Zelle bleiben, dann lägen die statistischen Schwankungen in der Größenordnung von unter 1/1000%. Nun ist aber die Konzentration der sich umsetzenden Stoffe wegen des geschwinden Abtransportes oder Verbrauches wesentlich geringer und für einzelne Zwischenprodukte von der Größenordnung um $m/100$ bis $m/10000$. Das ergibt als Molekelzahl pro Zelle 10^8 bis 10^6, letztere mit der Höchstabweichung von 0,1%.

Nach unseren Vorstellungen vom Aufbau des Plasmas ist es *unwahrscheinlich, daß eine Unterteilung der Zelle die niedrigmolekularen und diffusiblen Partner des Energiestoffwechsels wesentlich an ihrer Gleichverteilung hindern wird,* und daher auch sinnlos, die Schwankungsgröße in kleineren Räumen zu analysieren. Auch der Hinweis auf die Konzentrierung von Stoffen des dynamischen Umsatzes in den sehr kleinen Arealen der Mitochondrien oder an den Membranen kann deswegen nicht entscheidend sein, weil hierdurch doch nur eine Erhöhung der Teilchenzahl über den Durchschnittswert erfolgt. Solange außerdem diese Stellen den statistischen Ausgleich ihrer Moleküle mit der Umgebung zulassen, besteht wegen der *beachtlichen Größe ihrer Zahl keine Veranlassung, entscheidende Abweichungen von den Aussagen des 2. Hauptsatzes zu diskutieren.* Andererseits ist sie *aber auch nicht groß genug, um für die Einzelzelle eine derartig exakte Gültigkeit zu erwarten, wie wir sie bei makroskopischen Systemen antreffen.*

Bei dieser Diskussion hat seit längerer Zeit die Frage des *Wirksamwerdens* einzelner dem Entropiesatz widersprechender Ereignisse eine Rolle gespielt. HILL verweist mit Recht auf die *Brownsche Molekularbewegung*, denn sie ist die Fixierung einer Ausnahme vom Gleichverteilungssatz der Impulse: die Summe der Molekularstöße ist von einer Seite des sichtbaren Teilchens her größer als von der anderen, so daß anscheinend tatsächlich entgegen dem Entropiesatz aus Wärmebewegung der Moleküle gerichtete Bewegung des Teilchens wird. Dennoch ist die Richtung *auch dieser Bewegung* nur dem Zufall unterworfen und trägt, obwohl sichtbar, nur *den Charakter einer Wärmebewegung*, an der das freie Teilchen einen seinem Gewicht entsprechenden Anteil hat. Würde sich ein Mechanismus denken lassen, der mit Hilfe einer Verstärkervorrichtung eine einseitige Bewegung des Teilchens zur Auslösung eines anderen Vorganges verwerten könnte, dann würde die Wirkung etwa eines Kontaktthermometers mit sehr niedrigem Wirkungsgrad resultieren. Es besteht jedoch keine Veranlassung, eine solche Vorrichtung für die Zelle anzunehmen.

Abnahmen der Entropie, welche *als Überschreitungserscheinungen* in kleinen Räumen zustande kommen könnten, würden, da auch Abweichungen in entgegengesetzter Richtung gleichwahrscheinlich sind, *nur zu Ungenauigkeiten in den Werten thermodynamischer Größen führen, nicht aber zur spontanen Ordnungsvermehrung biologischer Systeme.* Wenn dennoch die Schaffung von energiereichen organischen Stoffen, etwa von Kohlenhydraten bei der Assimilation, zum Beweise des Vorkommens derartiger ektropischer Prozesse und ihrer Fixierung durch lebende Strukturen herangezogen wurde (AUERBACH), so geschah das völlig zu Unrecht. Denn es handelt sich ja nur um die *Abnahme der Entropie in einem Teilsystem*, welche durch die *Zunahme in einem anderen Teil, nämlich der die* Photonen spendenden *Außenwelt, überkompensiert wird*; außerdem stellt auch die Photosynthese keineswegs einen reversiblen Prozeß mit 100% Wirkungsgrad dar. ΔS ist also für das abgeschlossene System, bestehend aus Milieu und Organismus, durchaus positiv. Ein Organismus kann weder in chemischer noch in thermodynamischer Beziehung als abgeschlossen betrachtet werden. Es muß geradezu als eines seiner Kennzeichen angesehen werden, daß er ein „offenes System" ist (s. S. 639). Zweifellos richtig ist dagegen, daß die Entropiezunahme in dem herangezogenen Gesamtsystem, für kürzere Zeit betrachtet, geringer ist, als wenn die Photonen bei einem rein physikalischen Absorptionsakt sofort in Wärme übergehen würden. Das geschieht bei der Veratmung der gebildeten Stärke zwar ebenfalls, aber zeitlich verzögert. *Die Organismen besitzen danach die Fähigkeit, die Entropievermehrung ihrer Umgebung verlangsamt ablaufen zu lassen.*

Alle diese Überlegungen ergeben keine Anhaltspunkte dafür, daß der 2. Hauptsatz nicht auf die Lebenserscheinungen angewendet werden darf, wenngleich sein Walten im direkten Experiment nicht so überzeugend wie bei anorganischen Makrosystemen zu beweisen ist. Nun läßt sich das Gesamtverhalten der lebendigen Substanz und besonders ihr dynamischer Ordnungszustand nur dann einem physikalisch-chemischen Verständnis zuführen, wenn man auf das Geschehen die physikalischen Gesetze chemischer Vorgänge in Anwendung bringt; und es läßt sich nicht leugnen, daß der größte Teil unseres Wissens vom Lebensprozeß ihre Verwendung zur Voraussetzung hat. Diese Gesetzmäßigkeiten beruhen aber, wie z.B. auch das Massenwirkungsgesetz und der Entropiesatz, größtenteils auf Molekularstatistik. *Die physikalisch-chemischen Reaktionen, welche die meisten reversiblen Reaktionen im Zellstoffwechsel beherrschen,* haben die gleiche Grundlage, und sie *können sich daher nur mit der bekannten Präzision vollziehen, wenn die Zahl der beteiligten Moleküle genügend groß ist.* Diese Überlegung beantwortet die Frage, warum die kleinsten Einheiten des Lebens, Zellen und Bakterien, im Vergleich zur Größe der Moleküle immer noch recht ausgedehnt sind. *In der Tat sind die zu selbständigem Leben fähigen Systeme aus einer sehr großen Zahl von Molekülen aufgebaut,* welche unter Nichtbeachtung der Wassermoleküle in der Größenordnung von über 10^9 gelegen sind. Jedoch ist zu bedenken, daß sich diese Summe aus sehr verschiedenartigen chemischen Individuen zusammensetzt. Man wird unter Berücksichtigung dieser schon oben besprochenen Tatsache zu der Auffassung geführt, daß die *Zahl der Moleküle je einer Art nicht sehr wesentlich über der gelegen sein kann, welche zur Beherrschung der Zellvorgänge nach den Gesetzen des chemischen Gleichgewichtes notwendig erscheint.* Die selbständigen lebenden Organisationseinheiten müssen also groß gegenüber den Moleküldimensionen sein.

Warum aber wird die nach statistischen Überlegungen *geforderte Mindestgröße selten wesentlich überschritten,* d.h., warum sind die Zellen so klein? Es mögen hierbei verschiedene Faktoren der individuellen Zellorganisation mitspielen; besonders diskutiert werden muß aber die Beziehung zwischen der Größe der austauschenden Zelloberfläche und dem Ausmaß des notwendigen Stoffumsatzes der Zelle. Aus geometrischen Gründen ist selbstverständlich, daß das Verhältnis ihrer Oberfläche zum Volumen um so größer ist, je kleiner die Zelle wird. Nur durch die Zelloberfläche aber vollzieht sich die Aufnahme von Bau- und Betriebsstoffen und die Abgabe der Stoffwechselendprodukte. Die *Unterteilung eines gegebenen Raumes lebender Masse ermöglicht also mit Vergrößerung der relativen Oberflächen der Zellen,* d.h. der Verkleinerung ihrer Volumina, *einen Stoffaustausch in der notwendigen Größe.* Bei gegebenem Stoffbedarf muß nach dieser Überlegung die zulässige Höchstgröße der Zellen durch die Permeationseigenschaften jener unbedingt notwendigen Stoffe bestimmt werden, welche im Verhältnis zum Bedarf am langsamsten durch die Zellhaut permeieren. Nach den quantitativen Untersuchungen von v. BERTALANFFY und RASHEWSKI (1936), die auf Grund vorstehender Überlegungen angestellt wurden, kann man damit rechnen, daß die Zellgröße wesentlich durch das Verhältnis von Stoffwechselgröße und Diffusionsgeschwindigkeit festgelegt wird. Wächst die Zelle über eine gewisse Größe hinaus, dann wird nach den Vorstellungen von RASHEWSKI das Mißverhältnis zwischen Stoffversorgung und Stoffbedarf auf hier nicht näher zu eruierende Weise eine Zellteilung und damit eine Oberflächenvergrößerung der stoffwechselnden Masse auslösen.

Im Vordergrund aller biologischen Organisationen steht wie im letzten Beispiel gewöhnlich die *Erhaltung eines regulierten Energieumsatzes.* Dessen tieferer Sinn ist mit der Sprache des 2. Hauptsatzes in kurzer Formulierung einem Verständnis zugänglich zu machen. Man denke sich die Bereitstellung von Energie *durch plötzliche Hemmung* der Phosphorylase oder Hexokinase *angehalten.* Keineswegs würde dann die Ordnung der Zelle die gleiche bleiben, vielmehr würden sich Konzentrationsunterschiede, Potentialdifferenzen usw. ausgleichen, und die vorhandenen organischen Stoffe müßten bald das Gleichgewicht erreichen, welches ihnen auch im Reagensglas ohne Ablauf energieliefernder Reaktionen zukäme. *Es stellt sich der Dauerzustand des thermodynamischen Gleichgewichtes ein*, in dem sich keine feststellbaren Vorgänge vollziehen, also $\Delta G = 0$ und $\Delta S = 0$ sind, und in dem die *Summe der Entropien aller dieser Entspannungsvorgänge ein Maximum geworden ist*. Der nunmehr eingetretene *Zelltod kann thermodynamisch nicht anders gekennzeichnet werden als durch die Abnahme der Ordnung bzw. die Zunahme der Zustandswahrscheinlichkeit*, welche in der Entropievermehrung bis zur Erreichung jenes Ruhegleichgewichtes ihren Ausdruck finden mußte.

Aus dieser Betrachtung folgt zwingend, daß mit Hilfe des Energieumsatzes *während des Lebens ein höherer Ordnungszustand innegehalten wird*. Die spontan *angestrebte Entropiezunahme wird also verhindert*, die Entropie auf einem niedrigen Wert gehalten. Oder, was dasselbe bedeutet, die Teilmechanismen werden an der Erreichung ihrer Gleichgewichte gehindert. Sie bleiben so zur Leistung von Arbeit fähig, die sie bei Annäherung an das Gleichgewicht unter Verlust ihrer Ordnung abgeben. Sinn des Energiestoffwechsels ist danach die *Niedrighaltung der Entropie arbeitsfähiger Teilsysteme*. Sie gelingt durch die Aufnahme der Nahrungsstoffe, deren hoher Ordnungsgrad (negative Entropie) sich unter Vermehrung ihrer eigenen Entropie auf jene Systeme überträgt. SCHRÖDINGER bringt diesen Grundvorgang des Lebens etwa in folgender Form zum Ausdruck: *durch Entnahme von Ordnung aus der Umgebung wird Ordnung aus Unordnung erzeugt*.

Dennoch ist diese dynamisch erzeugte und erhaltene Ordnung, deren Verständnis durch das Entropieprinzip erschlossen wird, nicht die einzige Form biologischer Ordnungszustände. Wenn auch Leben nur als Summe der Vorgänge charakterisiert werden kann, welche sich zur Erreichung jenes Zweckes abspielen, so ist *darüber hinaus eine passive, jedoch höchstspezifische Ruheordnung* ein weiteres Kennzeichen zwar nicht des Lebens, aber der feinsten *lebensbestimmenden* Strukturen: diese Ordnung liegt im Erbzentrum vor. Über seine Eigenschaften sind zweierlei Aussagen zu machen.

Nachdem schon GOLDSCHMIDT vermutete, daß die formative Wirkung dieser spezifischen, vielleicht nur aus wenigen Tausend Atomen bestehenden Molekülanordnung durch Ermöglichung der Fermentbildung zustande komme, haben die neueren Experimente diese Auffassung gesichert. *Mindestens läßt sich aussagen, daß das spezifische Verhalten der Erbfaktoren für die Abformung* der Zellfermente bei ihrer Bildung entscheidend ist. Die Zahl der Erbeinheiten ist sehr groß — vielleicht enthalten die 46 Chromosomen des Menschen über 40000. An welcher Stelle im einzelnen sie eingreifen, ist ungewiß, sicher aber reicht ihre Zahl vollkommen hin, um die *Fermentbildung für die zahlreichen Einzelschritte im Intermediärstoffwechsel zu kontrollieren*. Die künstliche Auslösung von Mutationen, welche z.B. durch Strahlungseinwirkung entstehen, ergibt nun an vielen geeigneten Objekten (z.B. am Schlauchpilz *Neurospora crassa*) den direkten Beweis dafür, daß die aufeinanderfolgenden Schritte im Stoffwechsel, auch bei der Stoffsynthese, von dem Vorhandensein der zugehörigen Erbzentren abhängig sind. Ist nur das Gen für die Bildung eines Zwischenstoffes, z.B. von Indol aus Anthranilsäure, ausgefallen, so kann der definitive Stoff, die Aminosäure Tryptophan, nicht gebildet werden. Ihr Aufbau geschieht aber sofort, wenn Indol hinzugegeben wird. *Für die Auslösung derartiger isolierter Erbveränderungen* — oder Schädigungen — *kommt ein wahrscheinlich nur quantentheoretisch faßbarer molekularer Einzelprozeß* in Frage. Die mit derartigen Methoden durchführbare Analyse gestattet einen Einblick in die Vielfalt der fermentativ gesteuerten Einzelvorgänge, welche im winzigen Raum der Chromosomen wirken, und welche mit Hilfe von Ferment und Zwischenstoff die vergleichsweise sehr große Zahl der Moleküle im ·beherrschten Plasmaareal regieren.

Auf dem Wege über die sich unter dem Einfluß der Erbzentren abformenden Fermente würde demnach die ruhende Ordnung der Struktur in entscheidende Wechselwirkung mit der dynamischen Ordnung treten, die dem Entropiesatz gehorcht. Über die Art, wie sich eine solche Abformung vollzieht, und wie sie durch Gene beherrscht wird, bestehen anregende Vorstellungen, auf die an anderem Ort einzugehen ist (s. S. 348).

Es ist nicht zu sagen, ob für die Organismen diese Wirkung entscheidender ist, oder die zweite, in ihrer Eigenart einzig dastehende Eigenschaft der Erbzentren, *ihre Persistenz* (SCHRÖDINGER). Die unveränderte Erhaltung der Erbfaktoren nämlich durch verschieden lange Zeiten hindurch bedeutet auch eine unveränderte Erhaltung bzw. exakt vor sich gehende Neubildung der wenigen, die Erbsubstanz bildenden Moleküle. Sie ist durch *ihre Unwahrscheinlichkeit* mindestens so beachtenswert wie irgendeine zwar für unsere Analysen äußerst willkommene strahleninduzierte Erbveränderung, welche noch dazu erst durch Strahlenarten und Dosen erzeugt wird, die in der normalen Umwelt des Lebens niemals in Betracht kommen. Denn *daß sich die Erbmoleküle,* deren Zahl sich allein im lebenden Individuum entsprechend der Zahl der Körper- und Geschlechtszellen vermehrt, durch die Geschlechterfolge hindurch, mindestens in ihrer entscheidenden spezifischen Atomanordnung, weitgehend *unverändert erhalten, ist bei der allgemeinen Wandelbarkeit und Umbaurate der Eiweißkörper unter Zugrundelegung jeglicher statistischen Auffassung unendlich unwahrscheinlich.* SCHRÖDINGER *hat diese also offenbar nicht statistische Ordnung der Erbmoleküle einer anregenden Analyse unterzogen* und findet eine Lösung, die ebenfalls auf der Basis thermodynamischer Überlegungen aufbaut.

Die Darstellung dieser besonderen Struktur als Ordnung der Ruhe weist den Weg zu SCHRÖDINGERs *Auffassung der Erbstruktur als Nernstschen Körper* (S. 400 und S. 433). Die genetische Struktur zeigt demnach eine Festigkeit ihres Gitters, die durch die thermischen Schwingungen, Rotationen und Translationen noch nicht berührt wird. Das Gen befindet sich also in *einem Zustand, welcher noch thermodynamische Eigenschaften eines Körpers im absoluten Nullpunkt besitzt.* Daß die Körpertemperatur tatsächlich höher liegt, bedeutet deswegen keinen Einwand, weil auch bei dieser Temperatur Zustände und Reaktionen bekannt sind, deren Entropie sich wenig von Null unterscheidet. Sie verhalten sich dann also noch annähernd wie Körper am absoluten Nullpunkt. Hier hat die Entropie wegen der Abwesenheit der Wärmebewegungen den Wert Null. *Diese Aussage erfaßt schließlich nichts anderes als die Tatsache, daß hier ein Höchstmaß an Ordnung vorliegt und erhalten bleibt.*

Während also die dynamisch-statistische Ordnung des Plasmas durch aktive Niedrighaltung der Entropie gewahrt bleibt, wäre die tief im Chromosom beschlossene und verwahrte Ordnung die Eigenschaft einer Molekularstruktur mit einem gegen Null konvergierenden Entropiewert.

Die Frage jedoch, wie diese Ordnung entstanden ist oder durch Mutationen von Selektionswert modifiziert wurde und sicher auch weiterhin modifiziert wird, führt weit über das hinaus, was im Zusammenhang mit dem Entropiesatz für den Biologen zu erläutern ist. Von den vorstehenden allgemeinen Überlegungen, zu denen er zwingt, abgesehen, besteht sein praktischer Nutzen für die biologische Forschung darin, daß mit Hilfe des 2. Hauptsatzes Einblick in die Arbeitsfähigkeit biochemischer Reaktionssysteme zu erhalten ist.

Die Arbeitsfähigkeit biochemischer Reaktionen

Der Intensitätsfaktor der chemischen Energie (μ). Seitdem man erkannt hat, daß die *Triebkraft* eines chemischen Vorganges keineswegs, wie es BERTHELOT annahm, mit seiner Wärmetönung gleichgesetzt werden kann, sondern bei konstantem Druck durch die freie Enthalpie zu messen ist, wurden Methoden zu deren Ermittlung entwickelt. Da ihre Wege und Ergebnisse in vieler Beziehung von biologischer Bedeutung sind, müssen sie kurz skizziert werden.

Die Grundgleichung des 2. Hauptsatzes, welche der Bedeutung der Entropie für den Ablauf der chemischen Reaktionen Rechnung trägt, ist praktisch nicht ohne weiteres anwendbar, da sie weder auf die Konzentration der Reaktionspartner noch auf die Druck- und Volumenveränderungen Rücksicht nimmt. Von ihnen aber ist die Größe der Reaktionsarbeit entscheidend abhängig. Der Gesamteinfluß der einzelnen Zustandsvariablen ergibt sich durch Addition der partiellen Effekte, d.h. *auch ΔG bzw. ΔF ist wie ΔU (s. S. 381) als totales Differential* zu formulieren:

$$dG = \left(\frac{\partial G}{\partial p}\right)_T \cdot dp + \left(\frac{\partial G}{\partial T}\right)_p \cdot dT = V \cdot dp - S \cdot dT. \tag{25}$$

Denn es ist, wenn die reine Volumenarbeit in Betracht gezogen wird, $V = dG/dp$, da $A = G = p \cdot V$; wenn aber noch andere Größen variiert werden, also ein partielles Differential zu verwenden ist: $V = (\partial G/\partial p)_T \ldots$. Ebenso ergibt sich $(\partial G/\partial T)_p \ldots = - S$, da die Entropie dem negativen Temperaturkoeffizienten der Arbeit gleich ist.

Liegen Mischphasen, z.B. Gasgemische oder Lösungen vor, so ist G auch als Funktion der Menge der Komponenten zu beschreiben:

$$dG = V \cdot dp - S \cdot dT + \left(\frac{\partial G}{\partial n_1}\right) \cdot dn_1 + \left(\frac{\partial G}{\partial n_2}\right) \cdot dn_2 + \cdots. \tag{26}$$

Die mit der Änderung der Menge einer Komponenten erfolgende Veränderung der freien Enthalpie pro Mol ist *das chemische Potential* $\mu_1, \mu_2 \ldots$.

Die Gleichung kann nun auch um die partiellen elektrischen und Oberflächenglieder erweitert werden, welche die entsprechenden Energien berücksichtigen. Sie bildet die Grundlage zur Berechnung von Gleichgewichten zwischen verschiedenen Phasen und der Größe der Energieübergänge, welche bei der Erreichung von Gleichgewichten oder eines Zustandes aus einem anderen erfolgen:

$$dG = V \cdot dp - S \cdot dT + \mu_1 \cdot dn_1 + \mu_2 \cdot dn_2 + \cdots + F \cdot \varphi \cdot dn_2 + \cdots + \sigma \cdot dO. \tag{27}$$

Variiert man bei konstanter Temperatur den Gesamtdruck p, dann ergibt sich über

$$V \cdot dp = RT \frac{dp}{p} = RT \, d\ln p: \quad (dG)_T = \mu_1 \cdot dn_1 + \mu_2 \cdot dn_2 + RT \, d\ln p.$$

Die freie Enthalpie eines gegebenen Stoffes setzt sich als *Produkt aus* der *chemischen Arbeitsfähigkeit pro Mol* (μ), dem Intensitätsmaß, *und der* vorliegenden *molaren Menge dn* zusammen. Für Druck- und Temperaturkonstanz ist dann:

$$(dG)_{T,p} = \mu_1 \cdot dn_1 + \mu_2 \cdot dn_2 + \cdots \tag{II, 27b}$$

mit der Gleichgewichtsbedingung $(dG)_{T,p} = 0$.

Im Gleichgewicht der Verteilung eines Stoffes 2 zwischen zwei Phasen $'$ und $''$ ist dann z.B.:

$$\mu_2' \cdot dn_2' + \mu_2'' \cdot dn_2'' = 0. \tag{28}$$

Bei der Übertragung einer kleinen Substanzmenge von einer in die andere Phase ist immer:

$$+ dn_2' = - dn_2'', \qquad (28\,\mathrm{a})$$

da aus der Phase '' soviel an Stoff verschwindet wie in der Phase ' hinzukommt. Dann aber muß auch $\mu_2' = \mu_2''$ sein, um der Bedingung:

$$\mu_2' \cdot dn_2' = - \mu_2'' \cdot dn_2'' \qquad (28\,\mathrm{b})$$

zu genügen.

Damit ist das schon oft herangezogene Gesetz bewiesen, welches aussagt, daß die chemischen Potentiale der getauschten Stoffe im Gleichgewicht gleich sind. Das *chemische Potential der einzelnen Partner* in der Mischphase ist als die *partielle molare freie Enthalpie* zu definieren. Es kann auf Grund der Beziehung

$$\mu_1 \cdot dn_1 = (dG)_{T,p,n_2 \ldots}$$

experimentell aus der Änderung des thermodynamischen Potentials G bei Zugabe der Menge dn_1 des Stoffes n_1 unter Konstanthaltung aller übrigen Bedingungen und Stoffmengen ermittelt werden:

$$\mu_1 = \left(\frac{\partial G}{\partial n_1} \right)_{T,p,n_2,n_3 \ldots} . \qquad (29)$$

Nun weicht μ in einer Mischung von dem Wert in reiner Phase (μ^0) ab. Es ist um jene Arbeit kleiner, welche bei der Verdünnung des Stoffes auf den Partialdruck im Gemisch frei wird. Als Einheit des Druckes in der unvermischten Phase wird wie bei reinem Gas der Druck 1 festgesetzt. Dann beträgt jene Arbeit für den Stoff i mit dem Teildruck p_i:

$$A_M = R T \cdot \ln \frac{1}{p_i} = - R T \cdot \ln p_i.$$

Daher ist:

$$\mu = \mu^0 - (- R T \ln p_i) = \mu^0 + R T \ln p_i. \qquad (30)$$

p_i kann nun in der Lösung der Aktivität (a_i) gleichgesetzt werden und, wenn man eine ideale Mischung mit $f = 1$ voraussetzt, auch dem Molenbruch γ_i (s. S. 90):

$$\mu = \mu^0 + R T \ln a_i = \mu^0 + R T \ln f \cdot \gamma_i. \qquad (30\,\mathrm{a})$$

Die μ^0-Werte sind Konstanten für die einzelnen Stoffe. Sie sind je nach den T- und p-Bedingungen und dem Konzentrationsmaß verschieden, d.h. danach, ob mit Molenbrüchen, Liter- oder kg-Molaritäten gerechnet wird (s. S. 90). Die Standardwerte werden für $T = 298°$ und $p = 1$ atm angegeben. Sie beziehen sich selbstverständlich wie das chemische Potential stets und ausschließlich auf 1 Mol der Substanz. Liegt eine reine Phase vor, dann ist immer, weil jetzt $\gamma = 1$, auch $\mu = \mu^0$. Da bei $\gamma < 1$ auch $\ln \gamma$ negativ ist, liegt mit μ^0 der Höchstwert des chemischen Potentials vor (weiteres s. S. 96).

Da $G = \mu_1 \cdot n_1 + \mu_2 \cdot n_2$ ergibt sich durch Differenzieren und Abziehen von Gl. (II 27 b) die schon S. 96 abgeleitete Beziehung:

$$n_1 \cdot d\mu_1 + n_2 \cdot d\mu_2 = 0.$$

Hieraus folgt mit (30 a)

$$n_1 \cdot R T \cdot d \ln \gamma_1 + n_2 \cdot R T \cdot d \ln \gamma_2 = 0.$$

Die Gleichgewichtskonstante als Energiemaß

Wie nun mit Hilfe des chemischen Potentials einzelner Stoffe die Arbeitsfähigkeit einer Reaktion und insbesondere ihre Gleichgewichtslage gefunden werden kann, ist bereits bei früherer Gelegenheit dargelegt worden: im *Gleichgewicht ist die Summe der chemischen Potentiale der verschwindenden Stoffe der der entstehenden gleich.* Daher gilt z.B. für die Reaktion:

$$A + B = C + D$$

$$\mu_A + \mu_B = \mu_C + \mu_D.$$

Seien α, β, γ, δ die zugehörigen Konzentrationen im Gleichgewicht, dann ist mit jeweils $\mu_A = \mu_A^0 + RT \ln \alpha$ usw.:

$$\mu_A^0 + \mu_B^0 + RT \ln \alpha \cdot \beta = \mu_C^0 + \mu_D^0 + RT \ln \gamma \cdot \delta$$

$$\Delta \mu = \mu_A^0 + \mu_B^0 - \mu_C^0 - \mu_D^0 = RT \ln \frac{\gamma \cdot \delta}{\alpha \cdot \beta} \quad \text{bzw.} \quad e^{\Delta \mu / RT} = \frac{\gamma \cdot \delta}{\alpha \cdot \beta} = K. \quad (31)$$

K ist also groß, wenn verhältnismäßig wenig von den Ausgangsstoffen im Vergleich zu den Endstoffen vorliegt. K ist die Gleichgewichtskonstante, zu der man hier nicht wie S. 143 auf kinetischem, sondern thermodynamischem Wege gelangt. Gleichzeitig wird aber durch diese Ableitung die energetische Bedeutung dieser Konstanten hervorgehoben. Denn sie gibt die Konzentrationen bzw. Aktivitäten in der Ruhelage an, für die gilt $d\Delta G = 0$. Arbeit kann aber nur erzielt werden, wenn ein System sich nicht in Ruhe befindet, sondern ihr zustrebt. Die dabei pro Mol zu gewinnende Arbeit ist die Differenz der chemischen Potentiale zwischen Ausgangs- und Endlage, d.h. hier also dem Gleichgewicht.

Nennt man die Ausgangskonzentrationen a, b, c, d, dann gilt jetzt für den Übergang jedes einzelnen Partners, z.B. für A pro Mol:

$$- \Delta G_A = \mu_a - \mu_\alpha = \mu_A^0 + RT \ln a - \mu_A^0 - RT \ln \alpha = RT \ln \frac{a}{\alpha},$$

wenn die Konzentration bei Annäherung an das Gleichgewicht abnimmt und

$$\Delta G_C = RT \cdot \ln \frac{\gamma}{c} \quad \text{bzw.} \quad - \Delta G_C = RT \cdot \ln \frac{c}{\gamma},$$

wenn sie dabei zunimmt, wie es z.B. für die entstehenden Reaktionsprodukte der Fall ist. Werden die einzelnen Arbeitsgrößen summiert, dann erhält man unter Benutzung der oben gewonnenen Größe K:

$$\Delta G = - RT \cdot \ln \frac{a \cdot b \cdot \gamma \cdot \delta}{c \cdot d \cdot \alpha \cdot \beta} = - \left(RT \ln K + RT \ln \frac{a \cdot b}{c \cdot d} \right). \quad (31a)$$

Dieses wichtige Resultat wird gewöhnlich auf Grund folgender Überlegung gewonnen. Jede Reaktionsarbeit ist mit einer Änderung der Konzentration für die beteiligten Stoffe verknüpft. Konzentrierung oder Verdünnung bedeutet aber Arbeitsgewinn oder -verlust. Beides ist nach dem schon benutzten Ansatz für die Größe der osmotischen Arbeit berechenbar (S. 95). Die Addition der an den einzelnen Stoffen vollzogenen Arbeiten ergibt die Gesamtarbeit der Reaktion.

$$A + B \rightleftharpoons C + D$$

$$
\begin{array}{cccc}
a & b & \gamma & \delta \\
\downarrow & \downarrow & \uparrow & \uparrow \\
\alpha & \beta & c & d
\end{array}
$$

$$- \Delta G_i = + RT \ln \left(\frac{a}{\alpha} \cdot \frac{b}{\beta} \cdot \frac{\gamma}{c} \cdot \frac{\delta}{d} \right).$$

Die Summierung dieser Arbeiten führt also zu dem gleichen Resultat, wie es soeben aus der Gleichsetzung der chemischen Potentiale für die Reaktionspartner erhalten wurde. Da aber auch die osmotische Arbeit durch Gleichsetzung der chemischen Potentiale gewonnen wird, sind beide Ableitungen grundsätzlich gleich. Der hier beschrittene Weg zum Begriff der chemischen Potentiale ist jedoch dem speziellen übergeordnet, welcher auf S. 95 benutzt wurde.

Nennt man nun das Verhältnis der Ausgangskonzentration:

$$\frac{c \cdot d}{a \cdot b} = x, \quad \text{dann wird:} \quad -\varDelta G = R T \cdot \ln \frac{K}{x}. \tag{31 b}$$

Hieraus folgt:

$$\varDelta G = -R T \left(\ln K + \ln \frac{ab}{cd} \right) = -R T \left(\ln K - \ln x \right). \tag{31 c}$$

(Die Vant Hoffsche Reaktionsisotherme oder die Energiegleichung.) Aus ihr sind folgende allgemeine Konsequenzen zu ziehen.

a) Ist $x = K$, d.h. entspricht das Verhältnis der Ausgangskonzentrationen dem End-Gleichgewicht, so ist wegen $\ln 1 = 0$ die zu gewinnende Arbeit ebenfalls gleich Null (statisches Gleichgewicht).

b) Je kleiner x, d.h. je höher die Anfangskonzentration der verschwindenden und je niedriger die der entstehenden Stoffe ist, um so größer ist die zu gewinnende Reaktionsarbeit. Wenn also eine Reaktion arbeitsfähig bleiben soll, muß die Annäherung an das chemische Gleichgewicht durch Zulieferung von Ausgangs- und Fortschaffung von End-Material verhindert werden (dynamisches oder Fließgleichgewicht).

c) Wenn die Endstoffe, d.h. in unserem Fall C und D in höheren Konzentrationen vorliegen, als sie das Gleichgewicht verlangt, wenn also x größer als K wird, ändert $\varDelta G$ das Vorzeichen, d.h. die Reaktion läuft in umgekehrter Richtung ab. Das Vorzeichen von $\varDelta G$ wird im übrigen durch die Wahl der Gleichgewichtskonstanten bestimmt. Es würde umgekehrt zu nehmen sein, wenn $\frac{\alpha \cdot \beta}{\gamma \cdot d} = K_{\text{Diss}}$ gesetzt worden wäre, wenn K also mit steigernder relativer Konzentration der Reaktionsprodukte fallen würde, also eine Dissoziationskonstante vorläge. Ein großes K ist also ein Maß für hohe Affinitätswerte (K_{Aff}).

d) Hat x den Wert 1, sind also Ausgangs- und Endstoffe zu Beginn in gleicher molarer Konzentration vorhanden, so gilt für den Umsatz eines Mols

$$\varDelta G = -R T \ln K, \tag{32}$$

d.h. die *Gleichgewichtskonstante wird mit dieser Voraussetzung zu einem direkten Maß für die Energieänderung bei einer Reaktion.* Der Wert der thermodynamischen Gleichgewichtskonstanten ergibt dann die maximale Arbeit bzw. die freie Enthalpie pro Mol:

$$\varDelta G^0 = -R T' \ln K. \tag{32a}$$

$\varDelta G^0$ ist das Normalpotential, gültig für den molaren Formelumsatz bei $25° C = T' = 298°$ unter $p = 1$ atm, auch wohl *Grundreaktionsarbeit* genannt. Es wird durch die *Restreaktionsarbeit* zur Gesamtarbeitsfähigkeit $\varDelta G'$ ergänzt. Die Restarbeit wird durch die Konzentration oder besser Aktivität der beteiligten Stoffe, nämlich durch den oben angeführten *Aktivitätsquotienten* x bestimmt, so daß auch geschrieben werden kann:

$$\varDelta G' = \varDelta G^0 + R T' \ln x = -R T' \ln K + R T' \ln x. \tag{32b}$$

Durch Einsetzen der Temperaturgröße und Verwandlung des ln ergibt sich:

$$\Delta G' = -1{,}365 \log K + 1{,}365 \log x. \tag{33}$$

Man ist also in der Lage, die freie Energie aus K und x über ΔG^0 für $t = 25°$ in kcal zu berechnen.

Sei z.B. die Konstante der Bildung eines Stoffes (Affinitäts-, Assoziations-konstante) $K_{\text{Aff}} = 1000$, oder die Dissoziationskonstante $K_{\text{Diss}} = 1/1000$ für den gleichen Vorgang, dann ist die freie Energie pro Mol: $\Delta G^0 = -1{,}365 \log 1000 = 1{,}365 \log 1/1000 = -4{,}1 \, kcal$. *Für* $K = 100$, $K = 10$ *und* $K = 1$ *gilt* $\Delta G^0 = -2{,}73$, $-1{,}365$ *und* $\pm 0 \, kcal$.

Für die Berechnung der Konstanten bei anderen Temperaturen erhält man aus der Grundgleichung des 2. Hauptsatzes und der hier gewonnenen Beziehung zwischen ΔG und der Konstanten leicht folgenden Ansatz:

$$\ln K = -\frac{\Delta G}{RT} \quad \text{bzw.} \quad \log K = -\frac{\Delta G}{2{,}30 \cdot 1{,}986 \cdot T} = -\frac{\Delta G}{4{,}57 \cdot T}.$$

Die Vereinigung mit der Gleichung des 2. Hauptsatzes führt zu

$$\log K = -\frac{\Delta H}{4{,}57 \cdot T} + \frac{\Delta S}{4{,}57}. \tag{34}$$

Diese wichtige Gleichung ist in jedem Temperaturbereich anwendbar, für den die Reaktionswärme und Reaktionsentropie als praktisch temperaturunab-hängig betrachtet werden können.

Wie bei dem chemischen Potential der Einzelstoffe [Gl. (30)] ergab sich nach der Vant Hoffschen Energiegleichung auch für die Gesamtreaktionsarbeit die Aufteilung in ein konstantes Grundglied und ein konzentrationsabhängiges Restreaktionsglied. Alle so erhaltenen Energiedaten sind beim Umsatz von n-Molen mit n zu multiplizieren.

Daß die *Berücksichtigung der Aktivität einzelner Reaktionspartner für die Be-urteilung der Arbeitsfähigkeit* einer Reaktion von Bedeutung ist, sei durch folgendes Beispiel erläutert (D. Burk). Für die N_2-Assimilation durch Legumi-nosen nach:

$$2 N_2 + 5 O_2 + 2 H_2O = 4 HNO_3$$

ergibt sich unter Standardbedingung: $-\Delta G^0 = -1{,}78 \, kcal$. Da die Abgabe der freien Energie negativ ist, vermag die Reaktion nicht freiwillig abzulaufen. Wird jedoch unter Berücksichtigung der Konzentrations- und Druckbedingungen in der Pflanze der Konzentrationsquotient x beachtet, so ergibt sich $-\Delta G = +7{,}87 \, kcal$. Unter diesen Umständen ist die Reaktion als freiwilliger Vorgang unter Energieabgabe thermodynamisch möglich.

Energetik von Hydrolysen und Phosphorolysen

Die Berechnung der *Arbeitsfähigkeit* für gegebene Bedingungen sei an einigen anderen Beispielen dargelegt. Die molare freie Standardreaktionsenthalpie für die Milchsäurebildung aus Glucose beträgt $\Delta G^0 = -33 \, kcal$. Im stationären Zustande erfolge sie von einer Glucose-konzentration von $0{,}09\% = 0{,}005 \, m$ aus; die stationäre Konzentration der Milchsäure sei mit $9 \, mg\text{-}\% = 0{,}001 \, m$ eingesetzt. Da aus einer Glucose 2 Milchsäuremolekeln entstehen, ist der Quotient des Restreaktionsgliedes:

$$x = \frac{(1 \cdot 10^{-3})^2}{5 \cdot 10^{-3}} = 2 \cdot 10^{-4}; \quad RT \ln x = 1{,}365 \cdot (-3{,}7) = -5{,}05 \, kcal.$$

ΔG ist damit bei der gegebenen Konzentration pro Mol entstandener Milchsäure:

$$\Delta G = -33 - 5{,}05 = -38{,}05 \, kcal;$$

für die gleiche Reaktion ist $\Delta H = -24 \, kcal$.

Die Einheit für die Angabe der *Gasdrucke* ist 1 atm. Es finde die alkoholische Gärung, bei der 2 Mole CO_2 und 2 Mole Alkohol aus einem Mol Glucose entstehen, bei einer stationären Konzentration von 1,8% = 0,1 m Zucker, bei 4,6% = 1 m Äthanol und bei 10 Vol.-% CO_2 = 0,1 atm statt. Dann ist mit

$$x = \frac{1^2 \cdot 0,1^2}{0,1} = 0,1 \quad \text{jetzt:} \quad R\,T \ln x = -\,1,365 \text{ kcal.}$$

Um diesen Wert ist die Arbeitsfähigkeit größer als unter Standardbedingungen.

Thermodynamisch wird die *Aktivität des Wassers* wegen des stets wie für eine reine Phase gegebenen Molenbruches von nahezu eins in praktisch allen wäßrigen Lösungen als Einheit eingeführt. Damit ergibt sich z. B. für die Oxydation der Glucose unter physiologischen Verhältnissen mit $p_{CO_2} = p_{O_2} = 38$ mm Hg $= 0,05$ atm und einer Ausgangsglucosekonzentration von wiederum 0,005 m der Wert von

$$x = \frac{1^6 \cdot (5 \cdot 10^{-2})^6}{5 \cdot 10^{-3} \cdot (5 \cdot 10^{-2})^6} = 200 \quad \text{und:} \quad R\,T \ln x = 1,365 \cdot 2,3 = +\,3,14 \text{ kcal.}$$

Die kleine Differenz, welche zwischen ΔG und ΔH existiert, wird also für die Glucoseverbrennung unter Beachtung der Reaktionsbedingungen noch verringert.

Besonders beachtet werden müssen jene Reaktionen, bei denen das *Wasser in den Formelumsatz mit eingeht,* und bei denen die Arbeit aus experimentell bestimmten Gleichgewichtskonstanten berechnet wurde. Verschwindet H_2O dabei, dann wird die Konstante in üblicher Weise unter Benutzung seiner Molarität erhalten. Für die Gewinnung energetischer Daten aber ist die Wasserkonzentration als Einheit, d. h. mit dem Faktor eins statt mit 55,5, in den Nenner einzuführen. Ihre Multiplikation mit dieser Zahl ist daher bei jenen Versuchen notwendig, bei welchen das Wasser mit seinem Molaritätswert eingesetzt wurde.

So erhielt KAY (1928) für die fermentative Hydrolyse von Glycerophosphat eine Konstante:

$$K = \frac{[\text{Glyc}] \cdot [\text{P}_a]}{[\text{Glycero-P}] \cdot [\text{H}_2\text{O}]} = 0,75\,.$$

Die Versuche wurden, um verschiedene Gleichgewichtslagen zu erfassen, in wechselnd stark glycerinhaltigem Milieu vorgenommen; daher mußte die jeweilige Molarität des Wassers zur Bestimmung von K eingesetzt werden. Da die Versuche bei 38° C = 311 T abliefen, ist log K zur Ermittlung der Reaktionsarbeit mit $4,57 \cdot 311 = 1425$ cal zu multiplizieren. Man erhält so $\Delta G^0 = -\,R\,T \ln K = +\,0.18$ kcal. Die Reaktion würde also nicht ablaufen können. Mit $-\,R\,T \ln (K \cdot 55,6)$ ergibt sich dagegen $\Delta G^0 = -\,1,425 \cdot \log 41,7 = -\,2,31$ kcal. Dieses Beispiel, welches für Hydrolysen typisch ist, demonstriert die Bedeutung des Wassers auch in energetischer Beziehung. Seine treibende Kraft muß also in voller Stärke Berücksichtigung finden. Gerade Hydrolysen erfolgen mit geringem Energieumsatz, d. h. die zugehörigen Gleichgewichtskonstanten entfernen sich nicht allzu weit von der Einheit; daher ist der Einfluß der Multiplikation von K mit 55,5 relativ groß und wie im vorliegenden Fall ausschlaggebend. Er bewirkt unter Standardbedingungen eine Negativierung um $1,365 \cdot \log 55,6 = 2,38$ kcal.

Bei zahlreichen Substanzen ist im Gegensatz zu den Hydrolysen das Prinzip der *Phosphorolyse oder phosphoroklastischen Reaktion* verwirklicht. Bei ihnen erfolgt die Aufspaltung unter Einwirkung von anorganischer Phosphorsäure (P_a), welche dann zunächst mit einem Spaltprodukt verbunden bleibt. Das bekannteste Beispiel ist die Glykogenolyse, die zur Bildung der Glucose-1-Phosphorsäure (Cori-Ester) führt. Dabei handelt es sich ebenfalls um mindestens prinzipiell, gewöhnlich aber auch praktisch, gut reversible Reaktionen. Es ist daher selbstverständlich, daß die Reaktionsarbeit stark von der Konzentration des Phosphates abhängt. Für die an der Phosphorylase katalysierte Phosphorolyse des als konstant anzusehenden Glykogens (Gl) ist:

$$K = \frac{[\text{Cori-E}]}{(\text{Gl}) \cdot [\text{P}_a]} = 0,3 \qquad (\text{pH} = 7,0)\,.$$

Bei Gleichheit von [Cori-E] und $[P_a]$ ist die Reaktionsarbeit ΔG^0 mit 0,714 kcal positiv, d.h. die Reaktion verläuft im Sinne einer Synthese von Glykogen aus Coriester. Wächst jedoch das Verhältnis zugunsten von P_a, dann wird die Spaltungsreaktion von Cori-E/P_a = 0,3 an möglich. Bei Cori-E/P_a = 0,01 ist:

$$\Delta G = 0,714 - 2,73 = -2,016 \text{ kcal}.$$

Nun ist mit der Veresterung des Phosphates eine Änderung der Säuredissoziationskonstanten des Phosphatrestes verknüpft. Das bedeutet bei einer Steigerung — wie sie hier vorliegt — eine zusätzliche Abdissoziation von H^+-Ionen. Da sie wiederum von der H^+-Aktivität der Lösung abhängt, wird sich auch die Gleichgewichtskonstante der Coriester-Bildung mit dem pH verändern müssen;

Tabelle 84. *Stöchiometrische Ionisationskonstanten (pK-Werte; 0,01—0,1 M/Liter) wichtiger organischer Phosphatverbindungen*

	pK_1	pK_2	pK_3	pK_4
Phosphorige Säure	2,0	6,59		
Phosphorsäure	1,99	6,81	11,75	
Pyrophosphorsäure	0,85	1,96	6,54	8,44
Glucose-1-Phosphat	1,1	6,13		
Glucose-6-Phosphat	0,97	6,11		
Fructose-1,6-di-Phosphat (FDP) .	1,48	6,1	6,5	
Glycerinaldehyd-Phosphat (GAP) .	2,10	6,75		
Dihydroxyaceton-Phosphat (DAP)	1,77	6,45		
α-Glycero-Phosphat	1,4	6,44		

hier also mit zunehmender H^+-Konzentration fallen (K = 0,1 bei pH 5,0; HANES und Mitarbeiter). Bei der hydrolytischen Spaltung von Phosphorsäureestern nach

$$K_H = \frac{[P_a] \cdot [\text{Alkohol}]}{[\text{Ester-P}]}$$

besteht, wie sich aus dem Quotienten leicht ergibt, eine umgekehrte pH-Abhängigkeit: K_H wächst mit der H^+-Konzentration, da beim Ablauf in der Richtung der Spaltung eine relative Alkalisierung erfolgt, also H^+-Ionen gebunden werden. MEYERHOF (1949) fand z.B. bei α-Glycerophosphat für pH 8,5: K_H = 0,63 und für pH 5,8: K_H = 1,5.

Mit Hilfe der zweiten Dissoziationskonstanten des Esters (K_{EP} = 4 · 10^{-7}) und des freien Phosphates (K_P = 1,6 · 10^{-7}) ist eine quantitative Auswertung dieses Effektes möglich. Denn sie erlauben die Angabe des zum jeweiligen pH gehörenden Dissoziationsgrades α_{EP} und α_P nach (III 40b) und damit die der Konzentration der dissoziierten Anteile. Jene sind bei biologischem pH alleine bestimmend, und daher geht ihr Quotient in die dort gültigen Konstanten K_H ein, welche aus den chemisch bestimmten Gesamtkonzentrationen hergeleitet wurden. Unabhängig vom pH ist dann:

$$K = \frac{[\text{Alk}] \cdot [P_a] \cdot \alpha_P}{[\text{E-P}] \cdot \alpha_{EP}} = K_H \cdot \frac{\alpha_P}{\alpha_{EP}} = \frac{[\text{Alk}] \cdot [P_a]^{2-}}{[\text{E-P}]^{2-}} . \tag{35}$$

Gemessen wird:

$$K_H = K \frac{\alpha_{EP}}{\alpha_P} = K \cdot \frac{K_{EP}(Kp + [H^+])}{Kp(K_{EP} + [H^+])} . \tag{35a}$$

Nach Einsetzen wird in Übereinstimmung mit dem Meyerhofschen Befund $K_H = K \cdot 1,01$ für pH 8,5 und $K_H = K \cdot 2,2$ für pH 5,8. Die Verdopplung der Konstanten bedeutet aber nur eine Zunahme der freien Reaktionsenthalpie von $-1,365 \log 2 = -0,41$ kcal.

Die Tatsache, daß die Reaktion bei der Hydrolyse von Phosphatestern alkalischer wird, muß bei manometrischen Messungen der Gärung, d.h. der CO_2-Bildung aus solchen Substraten, als „Veresterungskorrektur" berücksichtigt werden. Denn sie führt zu einer entsprechenden CO_2-Retention (MEYERHOF 1927). Im alkalischen Bereich oberhalb pH 9,7 macht sich als weiterer Effekt eine H^+-Ionen-Abgabe durch Dissoziation der 3. Stufe der freien Phosphorsäure (pK 11,75), also eine relative Säuerung, bemerkbar, welche bei Untersuchungen der alkalischen Phosphatase zu beachten ist.

Zur Dissoziationsenergie protolytischer Reaktionen

Erheblich größere Änderungen treten dann auf, *wenn bei der Reaktion H^+-Ionen in stöchiometrischen Mengen entstehen oder verschwinden*, wie es z.B. bei der *ATP-Spaltung* zutrifft. Denn hier wird keine undissoziierte organische Gruppe gebildet, vielmehr gibt der zurückbleibende Phosphatrest sogleich ein Proton in 2. Dissoziationsstufe ab:

$$ATP^{4-} + H_2O \rightleftharpoons ADP^{3-} + HPO_4^{2-} + H^+.$$

Die (35a) entsprechende Gleichung lautet daher:

$$K_H = K \frac{\alpha_{ATP^{4-}}}{\alpha_{ADP^{3-}} \cdot \alpha_{HPO_4^{2-}} \cdot [H^+]} \quad \text{aus:} \quad K = \frac{[ADP] \cdot \alpha_{ADP^{3-}} \cdot [HPO_4] \cdot \alpha_{HPO_4^{2-}} \cdot [H^+]}{[ATP] \cdot \alpha_{ATP^{4-}}} \tag{36}$$

wo: $K_H = [ADP] \cdot [P_a]/[ATP]$ die gewöhnlich bestimmte, vom pH abhängige Konstante ist. Da bei der Spaltung nicht eine Ionenbindung, sondern eine Hauptvalenz aufgerissen wird, ist K_H gleichzeitig das Maß für die Grundenergie des Vorganges; aber sie ist wegen der Dissoziation der entstandenen Partner wieder vom pH abhängig und nimmt nach vorstehender Gleichung mit steigender H^+-Ionenkonzentration ab. Im alkalischen Bereich ist sie umgekehrt proportional der H-Ionenkonzentration, bzw. die Reaktionsarbeit fällt hier linear mit fallendem pH, d.h. pro pH-Einheit um 1,365 kcal. Unter pH 7 findet der Abfall langsamer statt, weil wegen der Verringerung der Dissoziationsgrade ihr Quotient immer größere Werte annimmt. Setzt man die Dissoziations-Konstanten K_2 für die 3 Substanzen im Durchschnitt mit demselben Wert von $K_m = 3 \cdot 10^{-7}$ an, dann ergeben sich für $\frac{\alpha_m}{\alpha_m^2 \cdot [H^+]} = (\alpha_m \cdot [H^+])^{-1}$ folgende Werte:

$[H^+]$:	10^{-9}	10^{-8}	10^{-7}	10^{-6}	10^{-5}	10^{-4}
$(\alpha \cdot [H^+])^{-1}$:	$1 \cdot 10^9$	$1{,}03 \cdot 10^8$	$1{,}33 \cdot 10^7$	$4{,}33 \cdot 10^6$	$3{,}44 \cdot 10^6$	$3{,}34 \cdot 10^6$
$1{,}37 \cdot \log (\alpha \cdot [H^+])^{-1}$:	$12{,}3$	$10{,}9$	$9{,}7$	$9{,}05$	$8{,}95$	$8{,}94$ kcal

$K_H = \dfrac{K}{\alpha_m \cdot [H^+]}$ würde die Näherungsformel für die Abhängigkeit der Konstanten K_H von der Wasserstoffzahl und $-1{,}365 \cdot \log (\alpha \cdot [H^+])^{-1}$ das Restreaktionsglied für die H^+-Ionenabhängigkeit der Reaktionsenergie sein.

Mit $\alpha = \dfrac{K_S}{K_S + [H^+]}$ erhält man:

$$K_H = K \cdot \frac{K_S + [H^+]}{K_S \cdot [H^+]}. \tag{37}$$

Wenn $[H^+] > K_S$, wird $K_H = K/K_S$, d.h. die Reaktionsenergie wird unabhängig vom pH. Das ist praktisch schon der Fall, wenn er etwa um eine Einheit niedriger als der pK_S-Wert liegt. Bei pH $=$ pK ist der Faktor neben K doppelt so groß wie bei sehr großer $[H^+]$; bei pH $=$ pK -1 ist er um 10% größer. Im ersteren

Fall ist der Energiewert um 0,41, im letzteren nur noch um 0,056 kcal größer als im sauren und pH-unabhängigen Bereich.

Der so erhaltene Gang von ΔG^0 mit dem pH unterscheidet sich nur unwesentlich von dem, welcher unter Berücksichtigung der *einzelnen* Dissoziationskonstanten und α-Werte

Tabelle 85

I	10^{-4}	10^{-3}	10^{-2}	10^{-1}	1	10	10^2	10^3
II	$-5,46$	$-4,1$	$-2,73$	$-1,37$	0	$+1,37$	$+2,73$	$+4,1$

I Restreaktionsquotient x bzw. x_1, x_2, x_i (z.B.: $x_1 = $ ADP/ATP; $x_2 = 1/P_a$).
II Zugehörige Restarbeit bei 25° ($T = 298$) in kcal ($RT \ln x_i = 1,986 \cdot 10^{-3} \cdot 298 \cdot 2,3 \log x_i$ $= 1,365 \log x_i$ kcal).

(s. S. 165) durch ALBERTY und Mitarbeiter (1951) erhalten wurde. Danach wird unter Vernachlässigung weiterer Dissoziationskonstanten des ATP die freie Energie seiner Spaltung zwischen pH 5 und 6 und bei saureren Werten unabhängig vom pH (vgl. Abb. 155). Die Grundreaktionsarbeit der ATP-Spaltung wird von den verschiedenen Autoren etwas verschieden angegeben. Dabei ist festzustellen, daß der ursprüngliche Wert von MEYERHOF und LIPMANN mit 12 kcal schrittweise über die Angaben von OESPER mit 10,5, KREBS und BURTON (1941) mit 9,4 auf 7,9 kcal (MORALES und Mitarbeiter 1954) und auf 7,0 kcal (MORALES 1955) reduziert wurde. Der letzte Wert von BURTON ist 8,9 kcal bei pH 7,5, entsprechend 8,3 kcal bei pH 7,0. Die Zahlen beziehen sich auf den molaren Formelumsatz und molare Ausgangskonzentrationen der Reaktionspartner (ATP, ADP, P_a) bei pH 7,0 (7,4 bei LIPMANN und MEYERHOF). Zu 7,0 kcal würde ein K_H von $1,35 \cdot 10^5$ gehören: die pH-unabhängige, aber energetisch nicht entscheidende Konstante K besäße gleichzeitig den Wert $\alpha_m \cdot [H^+] \cdot 1,35 \cdot 10^5 = 1,01 \cdot 10^{-2} = K$, bei 8,3 kcal wäre $K = 9 \cdot 10^{-2}$ entsprechend $\Delta G^0 = + 1,43$ kcal.

Natürlich wird die Reaktionsarbeit praktisch durch die Größe der Restglieder bestimmt. Sie lassen sich zweckmäßigerweise in den Quotienten ADP/ATP und P_a aufteilen. Je kleiner ihre Werte sind, um so größer werden die Arbeiten. Man würde z.B. bei ADP/ATP $= 1/100$ und einem P_a-Gehalt von 0,001 m eine um $-2,73$ und $-4,1$ kcal, insgesamt um $-6,83$ kcal größere Arbeitsfähigkeit gegenüber ΔG^0 erhalten (s. Tabelle 85).

Sie betrüge bei pH 7,0 unter jenen Bedingungen daher mit dem letzten Grundwert von MORALES 13,8 kcal, bei pH 8 15 kcal und bei pH 6 13,5 kcal pro Mol. Mit dem letzten Wert von BURTON wären diese Zahlen um 1,3 kcal zu erhöhen.

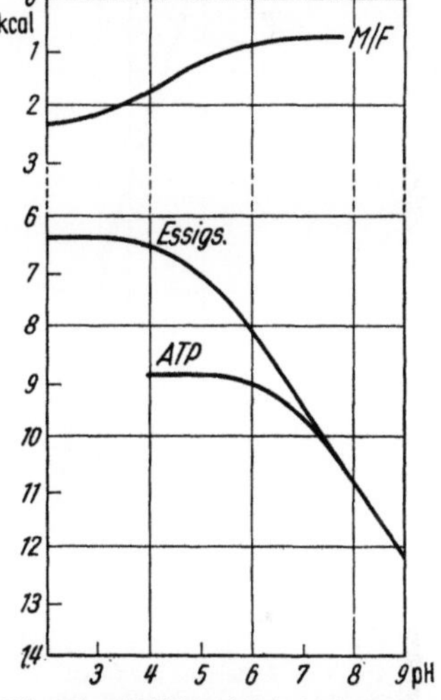

Abb. 155. pH-Abhängigkeit des Malat/Fumarat-Gleichgewichtes an der Fumarase mit $K_{(M/F)} = 4,42$ bei pH 7,4 (25°). $K_H = K_{(M/F)} \cdot \dfrac{\alpha_{2F}}{\alpha_{2M}}$ (Kurve M/F). pH-Abhängigkeit der freien Enthalpie bei der Acetyl-Thiogruppen- (Essigsäure) und der ATP-Spaltung, $\Delta G = 1,37 \log (\alpha \cdot H^+)^{-1}$ in kcal (Kurve M/F nach KREBS 1953)

Die vorstehend beschriebene Behandlung der ATP-Spaltung läßt sich folgendermaßen zusammenfassen:

$$\left. \begin{aligned} \Delta G &= \Delta G^0 - 1,365 \left(\text{pH} + \log \frac{[\text{ATP}^{4-}]}{[\text{ADP}^{3-}] \cdot [\text{HPO}_4^{2-}]} \right) \\ &= \Delta G^0 - 1,365 \left(\text{pH} - \log \frac{[\text{ADP}^{3-}]}{[\text{ATP}^{4-}]} - \log [\text{HPO}_4^{2-}] \right). \end{aligned} \right\} \quad (37\text{a})$$

Für die Bildung der Essigsäure bzw. des Acetates bei der Spaltung eines Esters wird nach $K_H = K \cdot (\alpha_K \cdot [H^+])^{-1}$ die Kurve der Abb. 155 erhalten. Die freie Energie ist also im physiologischen Bereich noch ein wenig stärker pH-abhängig als beim ATP. Für die Spaltung eines Säureanhydrids mit Essigsäure A und einer praktisch 1-basischen Säure B würde gelten:

$$K_H = K \cdot (\alpha_A \cdot \alpha_B \cdot [H^+]^2)^{-1}. \qquad (37\text{b})$$

Wird für K_B etwa an den Thiorest gedacht und für ihn $K_B = 1 \cdot 10^{-8}$ eingesetzt, dann resultiert im Bereich der neutralen Reaktion nur ein unwesentlicher zusätzlicher pH-Einfluß (vgl. Abb. 156). Bei einem wahrscheinlicheren Wert mit etwa $1 \cdot 10^{10}$ tritt er um pH 7 überhaupt nicht mehr in Erscheinung. Die energetische Analyse der ATP-Spaltung ist hier als Beispiel für die zahlreichen Reaktionen eingeführt, bei denen im eigentlichen Reaktionsprozeß dissoziationsfähige Produkte, also meistens Säuren entstehen. Diese geben anschließend ihr Proton entsprechend den pH- und pK-Werten ab. Es wird daher immer die Energetik der Protonen-Aufnahme oder -Abgabe mit zu berücksichtigen sein.

Die freien molaren *Standardenergien der Dissoziation von Säuren, Basen und Ampholyten* sind über die betreffenden Konstanten nach dem vorangehend benutzten Ansatz leicht zu erhalten. Da es sich um Dissoziationskonstanten mit Werten unter 1 handelt, gilt wieder:

$$\varDelta G^0 = -RT \ln K_S = 1{,}365 \, \mathrm{pK}_S \qquad (38)$$

und für die vollständige Dissoziation mehrbasischer Säuren:

$$\varDelta G^0 = 1{,}365 \, (\mathrm{pK}_1 + \mathrm{pK}_2 + \cdots \mathrm{pK}_n) . \qquad (38a)$$

Die freie Enthalpie ist damit positiv für die Abgabe von Protonen, d.h. die Dissoziation erfolgt unter Energieaufnahme. Der hierfür notwendige Energiebedarf ist um so höher, je schwächer die Säure ist; er wächst mit dem pK. Umgekehrt setzt der Vorgang der Protonenanlagerung Energie frei. Dissoziationszurückdrängung von Neutral- oder Kationensäuren bzw. Dissoziation von Basen liefert die Energie zurück, welche für die Abgabe des Protons gebraucht wurde. $\varDelta G$ ist hierfür negativ.

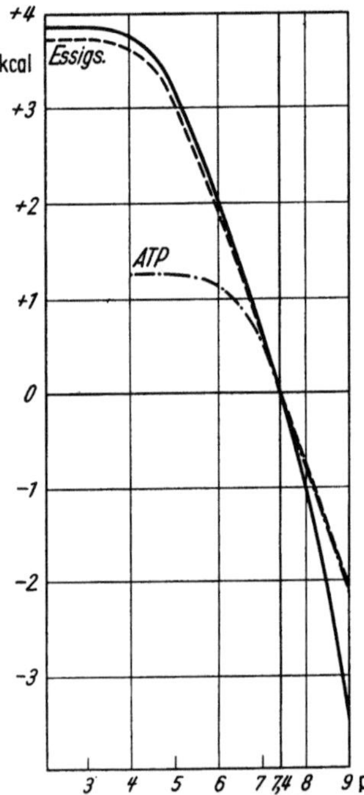

Abb. 156. Änderung der freien Enthalpie in kcal gegenüber dem Wert bei pH 7,4 (-----); Mitberücksichtigung einer zusätzlichen Säuregruppe (—SH) vom pK = 8 bei der Acetylabspaltung (———)

Um also z.B. ein Mol Essigsäure zur Dissoziation zu bringen, werden $4{,}7 \cdot 1{,}365 = 6{,}42$ kcal benötigt, bei der Bildung von Essigsäure aus Acetat wird die gleiche Energiemenge frei. Für K_1 des Glykokolls ($\mathrm{pK}_1 = 2{,}35$) ist $\varDelta G^0 = 3{,}2$ kcal, für K_2 ($\mathrm{pK}_2 = 9{,}78$) beträgt $\varDelta G^0$ 13,3 kcal. Dieser letzte Wert ist aufzubringen, wenn ein Äquivalent der NH_2-Gruppe aus $-NH_3^+$ entsteht. Wenn die Base dagegen in das Zwitterion übergeht, d.h. sich $-NH_3^+$ bildet, wird der gleiche Betrag wieder bereitgestellt. Eine Base mit $\mathrm{pK}_b = 0$ ist bei pH 14 halbneutralisiert und besitzt die hohe Protonenbindungsenergie (Protonenaffinität) von $14 \cdot 1{,}365 = 19{,}1$ kcal. Die des OH^--Ions ist noch größer; da $[OH^-] \cdot [H^+]/[H_2O]$ $= 10^{-14}/55{,}5 = 1{,}8 \cdot 10^{-16}$, gilt: $\varDelta G^0 = 21{,}4$ kcal.

Die für die Herstellung einer Peptidbindung aus Zwitterionen erforderliche Energie wird durch die mit der Änderung ihrer Dissoziation einhergehenden Energiewerte wesentlich bestimmt. Die Änderung der freien Energie bei der Peptidbildung aus den unionisiert gedachten Amino- und Säuregruppen wird im folgenden als konstant angesehen (vgl. S. 436 und 524).

Will man nun aus der zwitterionischen und allein in der isoelektrischen pH-Zone beständigen Form einer Aminosäure, etwa des Glykokolls, nacheinander die ungeladenen Gruppen gewinnen, dann wird dazu Energie benötigt, wie sich aus folgender Überlegung leicht ergibt. Der Übergang zur $-NH_2$-Gruppe gebraucht 13,3 kcal, der aus dem Carboxylat in das Carboxyl liefert dagegen 3,2 kcal; d.h. zur Schaffung der Gruppen, welche bei einer Peptidsynthese reagieren, werden $13,3-3,2=10,1$ kcal benötigt. Mit schwächer werdender Basendissoziation, d.h. fallendem pK_2 bzw. pK_3, vermindert sich der Energiebedarf bedeutend, ebenso mit Abnahme von K_1, d.h. Zunahme von pK_1 (bzw. auch pK_2 bei Aminodicarbonsäuren). Für Pentaglycylglycin z.B. ergibt sich aus pK_1 und pK_2 ein Energiebedarf zur Entionisierung der Endgruppen von $10,5-4,0=6,5$ kcal im Vergleich zu 10,1 beim Glycin (vgl. Tabelle 43). Die Bildung höherer Peptide ist also wegen der relativen Verschiebung der Dissoziationskonstanten energetisch gegenüber der von Di- und Tripeptiden bedeutend begünstigt. Schon beim Dipeptid beträgt der hier diskutierte Energiebedarf zur Bildung von Tetrapeptiden nur 7,0 kcal pro Bindung.

Bei einer Amidbindung von Glycin zum Anilin $(pK=4,38)$ ist die Differenz für die beiden reagierenden Gruppen mit $(4,4 \cdot 1,37=6,0)$ $6,0-3,2=2,8$ kcal so gering, daß die Bildung solcher Peptide immer bevorzugt erfolgt. Ähnliche Überlegungen gelten allgemein für die fermentative Umwandlung von Säuren und anderen dissoziablen Verbindungen (Glucuronsäure, Dicarbonsäuren u. a.).

Bei der Diskussion über die Dissoziationsenergien sind die *Ausgangs-pH-Werte zu berücksichtigen*, d.h. die Restreaktionsglieder zu beachten. Wenn der Quotient der Konzentrationen der dissoziierten zur undissoziierten Gruppe mit dem Wert eins eingesetzt wird, ergibt sich die Standard-Energieänderung für den molaren Umsatz bei der Dissoziation zu:

$$\Delta G^0 = 1,365 \cdot pK - 1,365 \cdot pH \quad kcal \cdot mol^{-1} (25°) \tag{39}$$

Für den Vorgang der Protonenanlagerung sind die Vorzeichen umzukehren. Wird also bei $[H^+]>K$ entionisiert (ionisiert), so wird Energie frei (benötigt); bzw. wird bei $[H^+]<K$ entionisiert (ionisiert), so wird Energie benötigt (frei). Würde man z.B. beim pH des isoelektrischen Punktes (pIP) die Säuregruppe einer Aminosäure zum undissoziierten Carboxyl verwandeln, dann würde die Energie $1,365$ $(pIP-pK_1)$ benötigt, ebenso wie die Dissoziation der $-NH_3^+$-Gruppe in $-NH_2+H^+$ mit $1,365$ (pK_2-pIP) kcal endergon geschieht. Die Summe der in diesem Fall benötigten Energie beträgt $1,365$ (pK_2-pK_1) kcal. Das Resultat ist also das gleiche wie wenn man vom Standardzustand, d.h. $pH=0$ ausgehend die Bildung der undissoziierten Gruppen vorgenommen hätte.

Würde Benzoesäure (pK 4,19) vom IP des Glykokolls aus entionisiert, so würden dafür nur $1,365$ $(6,12-4,19)=2,65$ kcal benötigt, während die Säuregruppe im Glykokoll 5,15 und im Glycylglycin 4,09 kcal verlangt. Daher müßte der Energiebedarf der Bildung des Benzoylglykokolls (Hippursäure) um $5,15-2,65=2,5$ kcal geringer als der für den Aufbau des Glycylglycins sein und der des Benzoylglycylglycins um 1,44 kleiner als der des Diglycylglycins. BORSOOKs Angaben stimmen mit diesen Forderungen befriedigend überein (1940).

Jede Pufferung, d.h. Protonenbindung oder -Abgabe, geht mit einer Veränderung des Dissoziationsgrades der aufnehmenden und abgebenden Säure oder Kationensäure einher. Da sich die freie Energie des Vorganges nach dem pK-Wert richtet, wird die Gesamt-Neutralisationsenergie durch ihn beeinflußt. Es ist daher nicht gleichgültig, ob z.B. die bei der ATP-Spaltung auftretenden Protonen durch Phosphat-, Glykokoll-, Tris-Puffer gebunden oder ob sie durch NaOH bis zum gewünschten pH-Wert neutralisiert werden.

Um die Änderung der *freien Energie bzw. auch der Wärmetönung* des reinen Spaltungsprozesses zu erhalten, ist daher der *Einfluß der Neutralisation* zu eliminieren. BENZINGER und KITZINGER (1955) fanden die Wärmetönung der Spaltung bei Tris- und Phosphatpuffern genügend hoher Konzentration zu 16,36 kcal bzw. 6,81 kcal. Andererseits ergab sich die

Neutralisationswärme von 1 Mol HCl in Tris und Phosphat zu 11,58 und 1,86 kcal. Zieht man diese Werte jeweils von den zugehörigen Gesamtwärmen ab, dann verbleibt in beiden Fällen mit 4,88 und 4,95 kcal die gleiche Spaltungswärme pro Mol ATP bei pH 8,0 und 20° C. Diese Wärmebeträge sind mit den Standardarbeitszahlen von 7,0 bzw. 8,0 kcal bei pH 8 zu vergleichen. Die Differenz würde einem $T \cdot \Delta S$ von 3,1 kcal, d.h. einer Entropieänderung von $\Delta S = +10,5$ cal/° entsprechen. Dieser relativ kleine Wert scheint trotz der Zunahme der Zahl der freien Teilchen deswegen diskutierbar, weil sich gleichzeitig durch das Anwachsen der Ladungen eine Ordnungszunahme der Wassermolekeln einstellt. Die sehr verschiedenen Neutralisationswärmen der beiden Puffer werden durch recht unterschiedliche Entropieänderungen bei der Dissoziation verständlich. Mit dem pK_2-Wert des Phosphates und dem zugehörigen ΔG^0 von $-9,31$ kcal ergibt sich aus $\Delta H = -1,86$ ein ΔS von $+24,8$ cal/° in guter Übereinstimmung mit anderen Daten. Es erfolgt wohl eine geringfügige Verminderung der Teilchenzahl von 5 auf 4, dagegen aber auch eine Abnahme der Ordnung der Wassermolekeln durch Verlust der Zweiwertigkeit am Phosphat. Beim Trispuffer ist die Entropieänderung mit $\Delta S = -2$ cal/° gering, jedoch deutlich negativ. Das ist verständlich, denn einmal wird bei fehlender Ladungsänderung die Zahl der frei beweglichen Teilchen bei der Reaktion $H^+Cl^- + - NH_2 = - NH_3^+Cl^-$ von 3 auf 2 vermindert und zweitens das symmetrische Tetraeder aus der nicht voll symmetrischen Pyramide gebildet (vgl. S. 28).

Wie sehr die *Hydratationsänderung beim Verlust von Ladungen*, d.h. wie die Abnahme der Ordnung ausschlaggebend sein kann, zeigt die stark positive *Entropieänderung* bei der Neutralisation, obwohl neben dem Ladungsverlust hierbei eine Abnahme der Zahl der freien Teilchen auftritt. Aus einer Neutralisationswärme von 13,6 kcal folgt mit dem ΔG^0-Wert von 21,4 kcal ein ΔS^0 von $+26,1$ cal/°. Die für die Dissoziation von Säuren benötigte Energie wird bei der Basenbindung dem Neutralisationsvorgang entnommen. Von seiner freien Energie wird um so mehr als Wärme frei, je weniger für die Protonenabgabe verbraucht, d.h. je stärker die Säure ist. Da aber die Entropiewerte der Säuren nicht gleich sind, ist die Verkleinerung der Neutralisationswärme durch die endothermen Dissoziationswärmen nicht genau proportional zu pK_S.

Lösungsenergien; Teilkonstanten komplexer Reaktionen

Auch der *Lösungsvorgang* etwa einer neugebildeten Substanz benötigt oder liefert Energie, welche bei einer Übersicht über die effektiv zur Verfügung stehende Arbeitsfähigkeit einer Reaktion zu berücksichtigen ist. Daß die Lösungswärmen von der jeweiligen Konzentration abhängig sind, wurde schon bei früherer Gelegenheit betont.

Die Berücksichtigung auch dieser gewöhnlich nicht zu vernachlässigenden Energiegrößen sei an einigen Beispielen erläutert. Im Lösungsgleichgewicht einer gesättigten Lösung eines Stoffes$_{(2)}$ gilt:

$$\mu^{0\,\prime\prime} = \mu^{0\,\prime} + RT \ln a_{s_2} \quad \text{(vgl. S. 196),} \tag{40}$$

d.h. je größer die Löslichkeit ist, um so niedriger ist das Grundpotential in der Lösung, und um so weniger liegt es über dem des Bodenkörpers ($\mu^{0\,\prime\prime}$). Diese Differenz beider freien Grundenergien des Stoffes ist die molare Lösungsenergie ΔG_s^0, welche nun noch auf die molare Einheitskonzentration zu beziehen ist:

$$\mu^{0\,\prime\prime} - \mu^{0\,\prime} = -\Delta G_s^0 = RT \cdot \ln a_{s_2} = RT \cdot \ln f \cdot c_{s_2}. \tag{40a}$$

Der Aktivitätsfaktor für eine bei 25° gesättigte Glucoselösung mit 9 Mol/kg H_2O ist $f = 2,4$ (Tabelle 33). Damit ist $\Delta G_s^0 = -1,365 \cdot \log (2,4 \cdot 9) = -1,82$ kcal (vgl. ΔG_B^0 und ΔG_S^0 der Tabelle 86b). Bei 25° ist die Sättigungskonzentration der Fumarsäure: $5,4 \cdot 10^{-2}$ m ($p_c = 1,27$). Mit $pK_1 = 3,02$ erhält man: $pH = \frac{1}{2}(3,02 + 1,27)$ und damit über (III 36) $\alpha = 0,123$. Der Gehalt an undissoziierter Säure ist danach

$$5,4 \cdot 10^{-2} \cdot 0,877 = 4,74 \cdot 10^{-2} \text{ m.}$$

Für sie kann in dieser geringen Konzentration $f = 1$ gesetzt werden. Dann ist

$$\Delta G_s = -1,365 \cdot \log 4,74 \cdot 10^{-2} = +1,81 \text{ kcal.}$$

Mit $pK_2 = 4,5$ ist die Dissoziationsenergie in wäßriger Lösung nach Gl. (38a) nunmehr:

$$\Delta G^0_{\text{Diss}} = -1,365\,(-3,02 - 4,5) = +10,27 \text{ kcal.}$$

Für die molare freie Bildungsenthalpie der gesättigten Fumarsäure, die bei neutraler Reaktion vollständig als 2wertiges Fumarat vorliegt, würde sich dann mit dem Grundwert für die in reiner Phase vorhandene Substanz (156,5 nach Tabelle 86b) ergeben:

$$\Delta G^{0\prime}_{s\,\text{Diss}} = 156,5 - 1,81 - 10,27 = 144,42 \text{ kcal.}$$

Aus der Löslichkeit der CO_2 von 0,03 m ($\log c = -1,52$) erhält man: $\Delta G_s + 2,0$ kcal, wobei die nur sehr geringe Dissoziation berücksichtigt wurde. Die Dissoziation der ersten Stufe ($pK_1 = 6,37$) erfordert 8,7 kcal. Die Bildung der H_2CO_3 aus $CO_2 + H_2O$ liefert: $94,26 + 56,69$ kcal, die Lösung und Dissoziation zu HCO_3^- erfordern $8,7 + 2,0 = 10,7$ kcal. Die freie Bildungsenthalpie der Bicarbonationen ist also $-140,25$ kcal.

Die direkte Bestimmung einer Gleichgewichtskonstanten ist nicht selten mit experimentellen Schwierigkeiten verknüpft. Sie ist aber leicht zu erhalten, wenn sie als *Teilkonstante in einer gekoppelten Reaktion* auftritt, und die Werte sowohl für die Gesamtreaktion wie für die übrigen Teilvorgänge bekannt sind. Die Konstante für eine endergonische Teilreaktion $A \rightleftharpoons B$ sei: $K_1 = [A]/[B] = 0,1$ und damit $\Delta G_0 = +1,37$ kcal. B, dessen Konzentration nur $^1/_{10}$ von A beträgt, kann aber nun bei geeigneten katalytischen Bedingungen in den Stoff C verwandelt werden: $B \rightleftharpoons C$; diese Reaktion sei exergonisch mit $K_2 = [B]/[C] = 100$ und $\Delta G^0 = -2,74$ kcal. Die Konstante für die Gesamtreaktion $A \rightleftharpoons C$ ist

$$\frac{[A]}{[B]} \cdot \frac{[B]}{[C]} = K_1 \cdot K_2 = K_T = 10, \quad \text{und} \quad \Delta G^0 = -2,74 + 1,37 = -1,37 \text{ kcal.}$$

Sie läuft also freiwillig in der Richtung $A \rightarrow C$ ab. Wurde nun K_T ermittelt, und war z.B. nur K_1 oder $1/K_1$ als Konstante der freiwillig verlaufenden Gegenreaktion $B \rightarrow A$ bekannt, dann ist: $K_2 = K_T/K_1$. Bei der Darlegung dieses Weges zur Ermittlung von Teilkonstanten wird — wie nicht näher begründet zu werden braucht — das Prinzip der energetischen und stöchiometrischen Kupplung von Reaktionen verwendet.

Als Beispiel diene die Gewinnung der freien Hydrolysenenthalpie des Acetyl-CoA. Sie folgt z.B. nach Burton (1955) aus der Gesamtreaktion:

1. Acetaldehyd + CoA + DPN^+ $\rightleftharpoons$ Acetyl-CoA + DPNH H^+ mit $K_T = 1,23 \cdot 10^3$ und $\Delta G^{0\prime} = -4,22$ kcal (pH 7,0).

Das Gleichgewicht der freiwillig verlaufenden Teilreaktion der Aldehydoxydation durch DPN wurde aus den thermochemischen Daten für Acetaldehyd und Acetat und aus der freien Energie der DPN-Reduktion zu $\Delta G^0_1{}' = -12,46$ kcal, entsprechend: $K_1 = 1,35 \cdot 10^9$ gewonnen.

Es ergibt sich   damit:

$$\frac{[\text{Acetat}^-] \cdot [\text{DPNH}] \cdot [H^+]}{[\text{Aldehyd}] \cdot [DPN^+]} \cdot \frac{[\text{Acetyl-CoA}]}{[\text{Acetat}^-] \cdot [\text{CoA}] \cdot [H^+]} = K_1 \cdot K_2 = K_T,$$

$$\frac{[\text{Acetyl-CoA}]}{[\text{CoA}] \cdot [\text{Acetat}^-] \cdot [H^+]} = K_2 = K_T/K_1 = 0,911 \cdot 10^{-6} \ (\Delta G^0 = 12,46 - 4,22 = \underline{+8,24 \text{ kcal}}).$$

Dem endergonischen Aufbau des Acetyl-CoA entspricht sein exergonischer Abbau mit $1/K_2$ und $\Delta G^0 = -8,24$ kcal.

$$2. \quad \frac{[\text{Oxalacetat}^{2-}] \cdot [\text{Acetat}^-]}{[\text{Citrat}^{3-}]} \cdot \frac{[\text{Acetyl-CoA}]}{[\text{CoA}] \cdot [\text{Acetat}^-] \cdot [H^+]}$$

$$= K_1 \cdot K_2 = 0,76 \cdot K_2 = 0,69 \cdot 10^{-6} = K_T.$$

Hiermit ist $\Delta G_T = +8,4$ kcal (gefunden: $+7,72$).

ΔG_1 ergibt sich mit den Werten der freien Bildungsenthalpien aus der Tabelle 86b zu: $-279,36 - (-190,53 - 88,99) = +0,16$ kcal; $K_1 = 0,76$. Es ist zu beachten, daß das Gleichgewicht der Gesamtreaktion ganz auf seiten der Citrat-Bildung liegt.

Das Prinzip vom geringsten Zwang

Zur vollständigen energetischen Beschreibung von chemischen Vorgängen ist die Kenntnis der Reaktions-, Dissoziations-, Lösungs-, Quellungs-, Schmelz-, Verdampfungs-, Sublimationswärmen usw. erforderlich. Sie sind häufig direkt meßbar; andererseits können sie aber auch in einem oft geübten Verfahren aus der Temperaturabhängigkeit der entsprechenden Reaktionsarbeiten bzw. der zugehörigen Gleichgewichtskonstanten erhalten werden. Voraussetzung ist die Kenntnis von K für mindestens zwei verschiedene Temperaturen. Führt man in die Gl. (21b), welche die Abhängigkeit der freien Enthalpie von der Temperatur beschreibt, für ΔG diese Werte unter Standardbedingungen ein, so erhält man wieder:

$$R T \ln K = T \cdot \Delta S + W_p \quad \text{und:} \quad \ln K = \frac{\Delta S}{R} + \frac{W_p}{R \cdot T}.$$

Um nun die Änderung von $\ln K$ mit der Temperatur zu beschreiben, kann man nach $1/T$ oder nach T differentiieren und bekommt so:

$$\frac{d \ln K}{d\,(1/T)} = \frac{W_p}{R} = - \frac{\Delta H}{R}. \tag{41}$$

Differentiation nach T ergibt:

$$\frac{d \ln K_p}{dT} = \frac{\Delta H}{R\,T^2} = - \frac{W_p}{R\,T^2} \quad \text{(Reaktionsisobare)} \tag{41 a}$$

und

$$\frac{d \ln K_v}{dT} = \frac{\Delta U}{R\,T^2} = - \frac{W_v}{R\,T^2} \quad \text{(Reaktionsisochore).} \tag{41 b}$$

Um die Temperaturabhängigkeit der freien Reaktionsenthalpie mit Hilfe dieser Gleichungen auszuwerten, müssen sie unter Einsetzung des Wertes $d\Delta G^0 = -RT\,d \ln K$ und durch Integration umgeformt werden. Man erhält so:

$$\frac{\Delta H}{T^2} \cdot d T = R\,d \ln K = - d\!\left(\frac{\Delta G^0}{T}\right),$$

bzw.

$$\int_{298}^{T} d\!\left(\frac{\Delta G^0}{T}\right) = \frac{\Delta G^0}{T} - \frac{\Delta G^{0\prime}}{298} = - \Delta H \int_{298}^{T} \frac{dT}{T^2},$$

bzw.

$$\frac{\Delta G^0}{T} = \frac{\Delta G^{0\prime}}{298} - \Delta H\!\left(\frac{1}{298} - \frac{1}{T}\right) \quad \text{und} \quad \Delta G^0_{(T)} = \Delta G^{0\prime} \cdot \frac{T}{298} - \Delta H\!\left(\frac{T}{298} - 1\right). \tag{42}$$

Beispiel: Die Hydrierung der Fumarsäure zu Bernsteinsäure verläuft unter Standardbedingungen bei einer Wärmetönung von $W_p = 37$ bzw. $\Delta H = -37$ kcal mit einer Maximalreaktionsarbeit von $-20{,}3$ kcal. Bei $T = 310$, d.h. Körpertemperatur von $37°$ C, ist mit einem Wert von $310/298 = 1{,}041$ die Arbeit $(\Delta G^0)_T$ auf $19{,}58$ kcal vermindert. Für die alkoholische Gärung ergibt sich in gleicher Weise eine Steigerung der Reaktionsarbeit bei $310°$ um $2{,}9$ kcal.

Die grundlegenden *van't Hoffschen Gleichungen* (41a und b) müssen auch bei biologischen Überlegungen diskutiert werden. Zunächst geben sie die formale Fassung der Regel vom geringsten Zwang (bewegliches Gleichgewicht; BRAUN-LE CHATELIER). Ist ΔH positiv, d.h. liegt eine endotherme Reaktion vor, so muß bei positivem dT, also Temperaturzunahme, $d \ln K$ ebenfalls positives Vorzeichen haben; bei wärmeaufnehmenden Vorgängen steigert Erwärmung die Gleichgewichtskonstante K, d.h. die Konzentration der Reaktionsprodukte.

Daß bei exothermer Reaktion das Umgekehrte zutrifft, ist daraus zu entnehmen, daß jetzt wegen des negativen Vorzeichens von ΔH mit steigender Temperatur $-d(\ln K)$ größer wird, K also fällt, d.h. es wächst die Konzentration der Ausgangsprodukte. Ist $\Delta H = 0$, dann ist $d \ln K = 0$; d.h. bei fehlender Wärmetönung wäre auch das Verhältnis von Ausgangs- zum Reaktionsprodukt unverändert. Allgemein ist bei niedrigen Wärmetönungen die Temperaturabhängigkeit der Gleichgewichtskonstanten kleiner als bei hohen.

Wäre als Konstante wieder der reziproke Wert $1/K = K_{\text{Diss}}$ gewählt worden, dann müßte natürlich auch eine Seite der beiden van't Hoffschen Gleichungen negatives Vorzeichen tragen, um die gleichen Tatsachen zum Ausdruck zu bringen. K_{Diss} würde dann bei endothermen Reaktionen mit der Temperatur fallen und bei exothermen mit ihr steigen.

Der Sachverhalt läßt sich nun auch so ausdrücken, daß durch Temperaturerhöhung die Richtung einer reversiblen Reaktion begünstigt wird, welche endotherm verläuft, und jene sich verzögert, die exotherm ist. Da die *Dissoziation von Gasen* (z.B. HJ) unter Wärmeabsorption vonstatten geht, wird Erwärmung steigernd auf diesen Vorgang wirken. *Die Hydratation der Ionen* bei der Bildung einer wäßrigen Lösung geht exotherm vor sich, Erwärmung wird sie also verringern (vgl. die Verringerung der Ionenreibung bei Steigerung von T). Erwärmung verschiebt die Reaktion in Richtung des endothermen Vorganges. Erfolgt die *Auflösung eines Stoffes* unter Wärmeabgabe wie bei H_2SO_4, $CaSO_4$, Lithiumbromid, so nimmt die Löslichkeit mit steigender Temperatur ab. Sie wird dagegen mit ihr ansteigen, wenn der Lösungsvorgang unter Wärmebindung wie bei KNO_2, Harnstoff, Harnsäure usw. erfolgt.

Dieses Prinzip gilt nicht nur *für* chemische *Umsetzungen*, sondern auch für Dissoziations-, Löslichkeitsvorgänge u. a. Es beherrscht auch andere Faktoren, *die irgendwelche Gleichgewichte beeinflussen*, z.B. die Druckgrößen. Bekanntlich wird Eis durch erhöhten Druck zum Schmelzen gebracht, da Wasser ein kleineres Volumen als Eis einnimmt: allgemein wird *Drucksteigerung jene Reaktionen fördern, die unter Volumenkontraktion verlaufen*. Als weiteres Beispiel diene die Volumenänderung bei Erwärmung. Sie führt bei isotropen Gebilden zur Vergrößerung: positiver Ausdehnungskoeffizient. Dementsprechend muß die Kompression Wärme freimachen. *Anisotrope, häufig elastische Körper wie Sehnen und Muskeln zeigen ein anomales Verhalten*, sie ziehen sich bei Erwärmung in der Längsrichtung zusammen: *negativer linearer Ausdehnungskoeffizient*. Sie geben deswegen bei der passiven Dehnung im Gegensatz zu den normelastischen Körpern Wärme ab und kühlen sich bei der Erschlaffung ab; denn hier erfolgt die Verkürzung unter Wärmeaufnahme (*Thermoelastischer Effekt*, HILL, WÖHLISCH, W. KUHN, K. H. MEYER u. a.; vgl. S. 510).

Thermokinetische und thermoelastische Vorgänge

Diese Eigenschaften wurden von WÖHLISCH als „thermoelastische Anomalie" zusammengefaßt und auch von W. KUHN, K. H. MEYER u. a. als *Charakteristicum der sog. hochelastischen Körper* erkannt, zu denen außer den genannten biologischen Gebilden vor allem der Kautschuk gehört. Sie besitzen im Gegensatz zu den normalelastischen eine besonders große reversible Dehnbarkeit und einen sehr geringen Widerstand gegen die Dehnung, also einen niedrigen Wert des Elastizitätsmoduls. Bemerkenswert ist nun bei diesen anisotropen Körpern, daß der negative lineare Ausdehnungskoeffizient $(\alpha\,\|)$, d.h. die Verkürzung bei der Erwärmung, nur in der Längsrichtung besteht. In den beiden anderen Koordinaten $(\alpha\,\bot)$ ist er auch beim Vorhandensein einer ausgeprägten thermoelastischen Anomalie stark positiv. Die Summe der 3 Koeffizienten zeigt als *kubischer Ausdehnungskoeffizient γ* sogar Werte, die *weit über dem der normalelastischen Körper* liegen und an den der Gase heranreichen. So liefert z.B. das elastische Nackenband bei 20°: $\alpha\| = -3{,}8 \cdot 10^{-3}$; $\alpha\perp = +3{,}1 \cdot 10^{-3}$, daraus $\gamma = 2{,}4 \cdot 10^{-3}$ gegenüber $3{,}7 \cdot 10^{-3}$ für Gase. WÖHLISCH schloß hieraus, daß sich auch die einzelnen Micellen insofern wie Gase verhalten, als sie der *Tendenz* unterliegen, aus *einem weniger wahrscheinlichen, geordneten Zustand in den ungeordneteren überzugehen*, und daß dieser Übergang im Gegensatz zu den gewöhnlichen Körpern hier leicht möglich sei. Danach beruht der elastische Widerstand gegen Dehnung bei ihnen nicht auf interatomaren Anziehungskräften. Er ist also keine atomdynamische Erscheinung. Vielmehr sind die leicht beweglichen stäbchenförmigen Micellen *infolge der Wärmeschwingungen* in der Lage, *die Längsordnung zu verlassen* und den ungeordneten Zustand der Verkürzung anzunehmen. Die *exotherme Dehnungswärme* wird als Orientierungswärme aufgefaßt, *erzeugt durch den Widerstand* der sich frei bewegenden Moleküle *gegen die Ausrichtung*, d.h. eine eindimensionale Kompression. Umgekehrt wird die *endotherme Entspannungswärme* als Desorientierungswärme angesehen. Es wird also, der Möglichkeit des Überganges entsprechend, auf Kosten der Wärme der Umgebung der wahrscheinlichere Zustand angenommen und durch Wärmezuführung auf Grund des Chatelier-Prinzips weiter gefördert. Wird eine in einem Lastwagen ausgestreckt liegende Kette über einen holprigen Weg gefahren, so werden die Erschütterungen, in diesem Bilde nach WEBER die Wärmebewegung darstellend, eine unregelmäßige Verteilung der einzelnen Glieder, also eine Verkürzung der Gesamtkette, herbeiführen. Die Tatsache, daß die *Zugkraft bei geeigneter Anfangsspannung in Parallele zum Verhalten des Gasdruckes proportional der absoluten Temperatur* wächst, spricht weiterhin für die Auffassung dieser Form der Elastizität als thermokinetischer Erscheinung. Dieses Verhalten ergibt sich nämlich auf der dargestellten Grundlage direkt aus dem 2. Hauptsatz.

Denn setzt man für A in die Helmholtz-Gleichung (20b) $K \cdot dl$, die Spannung mal Längenänderung, so erhält man nach WIEGAND-SNYDER:

$$K = \frac{dU}{dl} + T \cdot \frac{dK}{dT}. \tag{43}$$

Ist nun wie beim idealen Gas die innere Energie vom Volumen, hier der Länge unabhängig, dann folgt mit $dU/dl = 0$ jene Proportionalität. Nimmt weiter K mit der Temperatur zu, so wird bei der Zusammenziehung der hochelastischen Körper auch die Entropie zunehmen, die Molekülverteilung also ungeordneter. Bei Abnahme von K mit steigender Temperatur würde sie geordneter werden müssen.

Wieweit der letztere Fall bei der Kontraktion des *Muskels* verwirklicht ist, kann immer noch nicht entschieden werden. Sicher aber kann gesagt werden, daß die *Verkürzung nicht einfach so aufzufassen ist, als ob ein gespanntes Band nur auf Grund thermokinetischer Elastizität zusammenschnurre;* vielmehr muß bei diesem Vorgang ein *atomdynamischer Mechanismus entscheidend beteiligt* sein (WEBER). Auch die Elastizität der Muskelfaser ist mindestens in einem Bereich stärkerer Dehnung normelastisch und zeigt damit nicht mehr die Charakteristika der kinetischen Elastizität (WÖHLISCH). Aber auch in dem Bereich, in dem diese für die Faser selbst und nicht nur für das umgebende Bindegewebe gelten mag, liegt nicht der ideale kinetische Vorgang alleine zugrunde, denn auch hier kommt in Abhängigkeit vom Dehnungsgrad folgender Effekt hinzu:

Die *durch Dehnung erzwungene Ausrichtung* der Micellen *kann* besonders deutlich beim Kautschuk *zur* Ausbildung einer *kristallinen Anordnung führen*. Sie läßt sich durch das Auftreten eines für Kristallite typischen Röntgenogramms nachweisen, welches beim Nachlassen der Spannung wieder verschwindet. KUHN (1938) ist es gelungen, den elastischen Widerstand, als Modul ausgedrückt, sowohl mit der Kristallitzahl wie mit der Zahl der Fadenmoleküle in der Raumeinheit in Beziehung zu setzen. Es zeigt sich dann z.B., daß bei gleicher Anzahl beider der auf dem Kristallitdesorientierungsbestreben beruhende Modul etwa 4fach kleiner ist als der der fadenmolekülhaltigen Substanz; letztere ist also weniger stark dehnbar. Dabei muß die *Gesamtbewegung des Molekülnetzes* in der Streckrichtung *klein gehalten werden*. Das geschieht durch die Ausbildung von Verknüpfungspunkten zwischen den Kettengliedern, wie sie z.B. durch Schwefelbrücken bei der Kautschukvulkanisation geschaffen werden. Die zwischen diesen Punkten gelegenen Kettenstücke bezeichnet KUHN als Netzbögen. Auf ihr Molekulargewicht bezieht sich die Größe des zur Berechnung der Rückstellkraft eingesetzten Molekulargewichtes M_f. Wenn ein solcher Körper mit der Dichte ϱ um das α-fache seiner Ausgangslänge gedehnt wird, ist der Elastizitätsmodul E_f und die Spannung σ pro cm²:

$$\sigma = 7 \, \frac{RT\varrho}{M_f} (\alpha - 1)$$

$$\text{und } E_f = 7 \, \frac{RT\varrho}{M_f} \qquad\qquad (44)$$

(W. KUHN 1934).

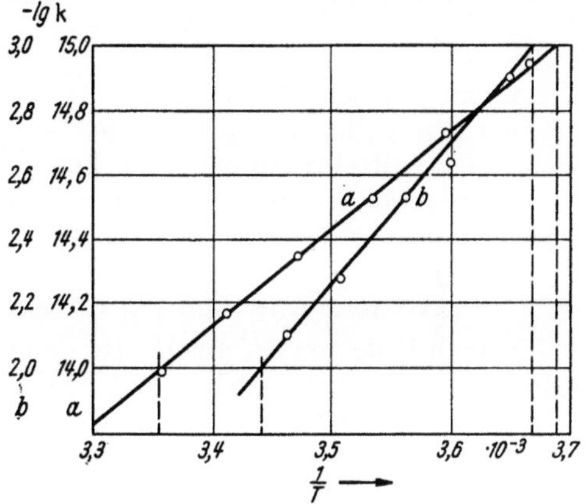

Abb. 157. Gewinnung der Reaktionswärme aus dem Temperaturgang der Gleichgewichtskonstanten. $d \log K \big/ d\,\frac{1}{T}$ ist für das Ionenprodukt des Wassers (a) $\dfrac{1}{(3{,}69 - 3{,}35) \cdot 10^{-3}} = 2980$ cal, für die CO_2-Bindung an der Carboanhydrase (b, nach KIESE 1940) $\dfrac{1}{(3{,}67 - 3{,}44) \cdot 10^{-3}} = 4400$ cal. Multiplikation mit 4,57 ergibt $-\varDelta H$, d. h. für a) 13 600 cal, für b) 20 000 cal

Nach KUHN ist *Hochelastizität*, wie auch die Erfahrung zeigt, *nur möglich*, d.h. ein kleiner Wert des Elastizitätsmoduls E_f gegeben, *wenn das Molekulargewicht* der in Betracht kommenden Fadenmolekeln *hoch ist*. Hochpolymere geben jedoch nur dann Kautschukelastizität, wenn die Mikro-Brownsche Bewegung der einzelnen drehbaren Molekülteile sich ungehemmt vollziehen kann, denn sie bewirkt die Rückstellkraft als Ausdruck des thermischen Energieinhaltes. Bei *Verringerung der Zahl von Vernetzungspunkten* sinkt die elastische Spannung, und das Material wird schließlich *plastisch*.

Die oben genannte *Kristallisation erfolgt exotherm*, wie *umgekehrt eine Erhöhung der Temperatur* sie verhindert oder *zu einem „Schmelzen" der* schon gebildeten *Kristall*struktur führt. Der Schmelzpunkt wird bei stärkerer Dehnung des Materials höher liegen müssen als bei geringerer, Verhältnisse, welche sowohl beim Gummi wie bei der Kollagenfaser in Übereinstimmung mit der Theorie gefunden wurden (SUSICH-VALKO, WÖHLISCH). Nach Behandeln mit *flüssiger Luft* zersplittert gedehnter Kautschuk faserig, ungedehnter körnig und zeigt damit ein ähnliches Verhalten wie der ruhende im Vergleich zum kontrahierten Muskel. Bei der thermischen Verkürzung einer Sehne verschwindet das kompliziertere Röntgenspektrum (S. 374) des Faserkollagens, um sich dem der ungedehnten Gelatine anzunähern.

Die herangezogenen Beispiele zeigen, daß das Gebiet der *Elastizität und Contractilität* erfolgreich *nur unter Anwendung der thermodynamischen Hauptsätze und der Regel vom beweglichen Gleichgewicht geordnet und bearbeitet* werden kann. Daß die van't Hoffsche Gleichung darüber hinaus allgemein zur Analyse des *Temperatureinflusses auf Lebenserscheinungen* und auf die ihr zugrunde liegenden chemischen Vorgänge anzuwenden ist, erscheint selbstverständlich.

Im Zusammenhang mit der chemischen Energetik muß noch einmal auf die Möglichkeit hingewiesen werden, mit Hilfe ihrer Gleichungen die Wärmetönung aus den Gleichgewichtskonstanten bei mindestens zwei gegebenen Temperaturen zu ermitteln. Man geht dazu am besten von der nach $(1/T)$ differentiierten Form [Gl. (41)] aus. Nach Einführung dekadischer Logarithmen und des Zahlenwertes für R lautet sie:

$$\frac{d \log K}{d\,(1/T)} = - \frac{W_p}{4{,}57} = \frac{\Delta H}{4{,}57}\,. \tag{45}$$

Trägt man auf den Koordinaten $\log K$ und $1/T$ ab, dann ergibt die Kurvenneigung den Differentialquotienten. Multipliziert man ihn mit 4,57, so erhält man ΔH unmittelbar in cal. Auf diesem Wege sind die Wärmetönungen vieler Fermentreaktionen, unter anderem z.B. auch die der Reaktion des O_2 mit dem Hämoglobin, aus Gleichgewichtsuntersuchungen gewonnen worden (Abb. 157).

Druck- und Temperaturabhängigkeit der Entropie

Daß mit Hilfe von ΔH aus K bzw. damit auch aus ΔG auch die Entropie zu erhalten ist, wurde mehrfach betont. Umgekehrt ist die mit der Änderung der spezifischen Wärmen im Zusammenhang stehende *Entropieänderung mit dem Druck und mit der Temperatur* von Bedeutung für die Thermodynamik des Reaktionsablaufes, so daß es oft notwendig ist, diese primär aus den Versuchsdaten zu gewinnen.

Für ihre *Druckabhängigkeit* entnimmt man der Gl. (16b) unmittelbar, wenn der Index a dem Anfangs- und e dem Endzustand zugeordnet ist:

$$(S_e - S_a) = R \ln \frac{v_e}{v_a} = R \ln \frac{p_a}{p_e}\,. \tag{46}$$

Wird für den Anfangszustand $p_a = 1$ atm gesetzt, so ist: $\Delta S = - R \ln p_e$.

Bildet man die Summe der Entropien zweier Mischungspartner entsprechend ihrem durch den Partialdruck angezeigten prozentischen Anteil, dann erhält man hiermit wiederum die Gl. (24) für die Mischungsentropie (S_m). Hier benutzen wir weiter die vorstehende Gleichung zur exakten Begründung der auf S. 416 gegebenen Formulierung für die Größe des chemischen Potentials in Mischphasen. Bei ihnen ist der Partialdruck des Stoffes immer kleiner als in der reinen Phase mit $p = 1$. Hier ist $\mu^0 = \Delta G^0$. Bei der Mischung von reinem Zustand a aus bis b wird das Potential μ^0, d.h. die freie Enthalpie pro Mol, um das Energieglied $T \cdot \Delta S_m$ verkleinert. Diese Verkleinerung bringt die mit der Herabsetzung des Partialdruckes bzw. des Molenbruches einhergehende Verringerung der Arbeitsfähigkeit pro Mol zum Ausdruck. Es gilt dementsprechend:

$$\mu = \mu^0 - T \cdot \Delta S_m = \mu^0 + R T \ln p_e = \mu^0 + R T \ln \gamma \quad [\text{vgl. (30a)}].$$

Für die *Temperaturabhängigkeit der Entropie*, welche in der Gl. (41a) und (41b) in erster Näherung als konstant betrachtet wurde, ergibt sich:

$$\left. \begin{aligned} S_T &= S^0 + \int_{298}^{T} S^0 \cdot dT = S^0 + c_p \cdot \int_{298}^{T} \frac{dT}{T} = S^0 + c_p \cdot \int_{298}^{T} d \ln T \\ &= S^0 + c_p \cdot [\ln T - \ln 298] = S^0 + c_p \ln \frac{T}{298}\,. \end{aligned} \right\} \tag{47}$$

Die Einführung in Gl. (16) zeigt, daß ihr ein additives Zusatzglied hinzuzufügen ist. Kommen nun bei irgendwelchen Temperaturen Zustandsänderungen unter Wärmeaufnahme oder abgabe hinzu, so sind die entsprechenden Entropien zu bilden und zu addieren, z.B. also für den Schmelzprozeß mit der Schmelzwärme L_s hinzuzufügen L_s/T_s, wobei T_s den Schmelzpunkt angibt usw. Da mit diesen Umwandlungen aber außerdem noch Änderungen der Wärmekapazitäten einhergehen, komplizieren sich die Formulierungen weiter.

Diese Berechnungen werden durch das *Nernstsche Theorem* wesentlich erleichtert. Es sagt aus, daß mit der Annäherung an $T = 0$ auch die Entropie dem Wert 0 zustrebt. Damit wird die Differenz zwischen freier Energie und Wärmetönung kleiner, so daß sie beide am absoluten Nullpunkt einander gleich würden, falls bei ihm noch Umsetzungen stattfinden könnten. Es handelt sich um die rechnerische Verwertung der Erfahrung, daß sich die Körper bei tiefen Temperaturen einem Grenzzustand nähern, in dem ihre Eigenschaften von der Temperatur unabhängig werden, also auch S und c_p gegen Null konvergieren (Idealer *Nernstscher Körper*). Allerdings muß die Entropie nicht grundsätzlich verschwinden, eine Nullpunktsentropie wird nämlich dadurch möglich, daß die Gleichgewichte mit $S = 0$ nicht erreicht werden, sondern bestimmte noch labile Molekularzustände vorher einfrieren können.

Für den Biochemiker ist die Temperaturabhängigkeit der Entropien nur in einem kleinen Bereich direkt von Interesse. Andererseits muß betont werden, daß die Tabellenwerke über die energetischen Eigenschaften der biochemisch wichtigen Stoffe nur durch die entsprechenden thermischen Untersuchungen gewonnen werden konnten. Wie diese Daten auszuwerten sind, zeigen die den Tabellen 86a und 86b angefügten *Rechenbeispiele*.

Man entnimmt ihnen vor allem, daß ΔH allgemein als Differenz der Verbrennungswärmen von Ausgangs- und Endstoff zu berechnen ist; oder ΔH ist auf gleiche Art als Differenz der Bildungswärmen zu erhalten. In gleicher Weise gewinnt man auch die Reaktionsentropien, d.h. die Entropieänderungen beim molaren Formelumsatz nach:

$$\Delta S = \Sigma\, S_\text{end} - \Sigma\, S_\text{anf}. \tag{48}$$

Obwohl eine Reihe von Rechenschritten durchzuführen ist, besitzt dieses Standardverfahren eine beachtliche Genauigkeit, die allerdings durch die Sicherheit der zugrunde liegenden experimentellen Daten bestimmt wird. Allgemein läßt sich sagen, daß die Reaktionsenthalpien aus den calorischen Daten oder aus den Werten der Gleichgewichtskonstanten erhalten werden können. Die Genauigkeit der Bestimmung aus den K-Werten hängt von ihrer Größe ab. Extrem hohe oder extrem kleine Werte lassen sich nicht sehr genau ermitteln. Dieses Verfahren ist also auf typische Gleichgewichtsreaktionen beschränkt. Eine weitere elegante Methode zur Ermittlung der freien Energie biochemischer Reaktionen ergibt sich im Anschluß an die Besprechung der Redoxpotentiale. Denn auch mit ihrer Hilfe sind die Gleichgewichtskonstanten zu ermitteln.

Tabellen und Rechenbeispiele

Tabelle 86a. *Ausgewählte Daten, Bildungsenthalpien und freie Bildungsenthalpien in kcal $\cdot$ mol^{-1}; S^0 in cal $\cdot$ grad^{-1} $\cdot$ mol^{-1}*

	H_B^0	G_B^0	S^0		H_B^0	G_B^0	S^0
H_2 ..	0	0	31,23	Cl^-_{aq}	$-$ 39,9	$-$ 31,33	13,5
O_2 ..	0	0	49,03	C_Graph	0	0	1,36
H ..	$+51,9$	$+48,35$	27,4	CO	$-$ 26,39	$-$ 32,74	47,32
O ..	$+59,1$	$+54,95$	38,48	CO_2	$-$ 94,45	$-$ 94,25	51,08
H_2O_g .	$-57,84$	$-54,636$	45,1	$HCO^-_{3\,aq}$	$-164,4$	$-140,31$	22,2
H_2O_fl .	$-68,35$	$-56,69$	16,9	$CO^{2-}_{3\,aq}$	$-160,1$	$-126,09$	-13
N_2 ..	0	0	45,8	Ag	0	0	10,2
NH_3 .	$-11,0$	$-$ 3,94	45,9	Ag^+_{aq}	$+$ 25,5	$+$ 18,44	17,54
		$-$ 6,37 aq		$AgCl$	$-$ 30,15	$-$ 26,22	22,5
$NH^+_{4\,aq}$.	$-31,5$	$-18,96$	26,4	HBr	$-$ 8,3	$-$ 12,86	47,48
Cl_2 ..	0	0	39,5				

Tabelle 86b. *Ausgewählte Daten reiner organischer Stoffe; der Index S bezieht sich auf den Lösungszustand, S Diss dazu auf die Dissoziation bei pH 7.*

	Wp	$-\Delta H^0_B$	$-\Delta G^0_B$	S^0	$-\Delta G^0_S$	$-\Delta G^0_{S\,Diss}$
Essigsäure	208,7	116,44	93,75	38,0	95,48	88,99
Milchsäure	(321)	(167)	(126,4)	45,9	128,85	123,64
l-Alanin	392	134,17	88,34	31,6	88,69	
Asparaginsäure . .	383,5	233,75	174,88	41,5	172,43	167,11
Fumarsäure . . .	320,3	194,13	156,49	39,7	154,67	144,41
Bernsteinsäure . .	351,5	224,92	178,68	42,0	178,39	164,97
Äthylalkohol . . .	326,7	66,34	41,77	38,4	43,39	
Glycerin	397,8	158,6	113,8	49,7	116,76	
Glucose	674	304,64	217,56	50,7	219,38	
Benzol	783,4	−11,12	−28,9	41,5		
Palmitinsäure . . .	2379	222	86	113,7		
Harnstoff	151,8		47,41		48,72	
Oxalacetat						190,53
Citrat						279,24

Die (freien) Reaktionsenthalpien und die Reaktionsentropien errechnen sich bei $A + B = C + D$ nach:

$$\Delta H^0 = H^0_{B(C)} + H^0_{B(D)} - (H^0_{B(A)} + H^0_{B(B)})$$

$$\Delta G^0 = G^0_{B(C)} + G^0_{B(D)} - (G^0_{B(A)} + G^0_{B(B)})$$

$$\Delta S^0 = S^0_C + S^0_D - (S^0_A + S^0_B).$$

Beispiele: 1. CO_2-Reduktion durch C nach: $CO_2 + C = 2\,CO$:

$$\Delta H^0 = 2(-26,39) - (-94,45) = +41,65 \text{ kcal}$$

$$\Delta G^0 = 2(-32,74) - (-94,25) = +28,77 \text{ kcal}$$

$$\Delta S^0 = 2(\quad 47,32) - (\quad 51,08 + 1,36) = +42,2 \text{ cal}/°.$$

2. Freie Enthalpie der AgCl-Bildung: $Ag^+ + Cl^- = AgCl$

$$\Delta G^0 = -26,22 - (18,44 - 31,33) = -13,33;\quad \log K = 13,33/1,365 = 9,78$$

$$1/K = 10^{-9,78} = 1,66 \cdot 10^{-10} = L \quad \text{(Löslichkeitsprodukt)}.$$

3. Für den HBr-Zerfall: $2\,HBr = H_2 + Br_2$ ist:

$$\Delta G^0 = (0 + 0) - 2(-12,86) = +25,72 \text{ kcal};\qquad \log K = -18,9;$$

$$K = 1,4 \cdot 10^{-19} = \frac{[H_2] \cdot [Br_2]}{[HBr]^2} \quad \text{bzw.} \quad \frac{([H_2] \cdot [Br])^{\frac{1}{2}}}{[HBr]} = 3,74 \cdot 10^{-10}.$$

4. ΔG^0 für: Fumarsäure $+ H_2 =$ Bernsteinsäure, ist in wäßriger Lösung:

$$\Delta G^0 = -164,97 - (-144,41 + 0) = -20,56 \text{ kcal}.$$

5. Für Benzol ist: $\Delta S^0_B = 41,5 \quad - (6 \cdot 1,36 + 3 \cdot 31,23) = -59,6 \text{ cal}/°.$

Für Methan ist: $\Delta S^0_B = 44,46 - (1,36 + 62,46) \qquad = -19,4 \text{ cal}/°.$

Für die Glucoseverbrennung mit $6\,O_2$:

$$\Delta S^0 = (6 \cdot 49,03 + 50,7) - (6 \cdot 51,09 + 6 \cdot 16,9) = +63,22 \text{ cal}/°.$$

Hiermit folgt aus dem Wp-Wert von 674:

$$\Delta G^0 = -674 - 298 \cdot 0,063 = -692,5 \text{ kcal}.$$

6. Bildungswärme der Essigsäure als Differenz zwischen errechnetem und gefundenem W_p:

$$C_2H_4O_2; \quad 2C \to 2CO_2 (2 \cdot 94,4); \quad 2H_2O (2 \cdot 68,3);$$

errechnet: $-325,4$; gefunden: $-208,7$; H_B^0: $-116,7$ ($-116,4$ nach Tabelle 86 b).

7. Bildungsentropie der Essigsäure: ΔS_B^0

Entropie der Essigsäure	$+ 38,0$ vermindert um
Entropiesumme $(O_2 + 2C + 2H_2)$	$-114,2$

$$\Delta S_B^0 = \quad - 76,2 = -0,0762 \text{ kcal}/°.$$

8. Freie Bildungsenthalpie der Essigsäure:

$$G_B^0 = H_B^0 - T \cdot S_B^0 = -116,4 - (-0,0762 \cdot 298) = -93,8 \text{ kcal.}$$

9. Die Entropiezunahme bei der alkoholischen Gärung:

$$C_6H_{12}O_6 = 2 \cdot C_2H_5 \cdot OH + 2 \cdot CO_2$$
$$S^0: \quad 50,7 \qquad 2 \cdot 38,4 \qquad 2 \cdot 51,08; \qquad \Delta S^0 = 128,3 \text{ cal}/°.$$

$-\Delta G^0$ ist also um $298 \cdot 0,128 = 38$ kcal/Mol größer als ΔH^0 (vgl. S. 405).

10. Die Entropieänderung bei der Essigsäureoxydation:

$$C_2H_4O_2 + 2O_2 = 2CO_2 + 2H_2O \qquad 135,96$$
$$S^0: \quad 38 \qquad 98,06 \quad 102,16 \quad 33,8 \qquad -136,06$$

$$\Delta S = -0,1 \text{ cal}/°, \text{ d.h. } \Delta S^0 \simeq 0.$$

Daher auch: $-\Delta H^0 \simeq -\Delta G^0$.

Zu dem gleichen Resultat führt die Berechnung aus den freien Bildungsenthalpien:

$$C_2H_4O_2 + 2O_2 = 2CO_2 + 2H_2O \qquad - 301,9$$
$$G_B^0: \quad -93,8 \qquad 0 \quad -188,5 \quad -113,4 \qquad -(-93,8)$$

$$\Delta G^0 - \quad 208,1 \quad (W_p = 208,7).$$

11. ΔH^0 und ΔG^0 bei der alkoholischen Gärung (vgl. 9.).

$$\text{Glucose} \to 2 \text{ Alkohol} + 2 CO_2$$
$$\Delta H^0 = -(-304,64) + (-2 \cdot 66,34 - 2 \cdot 94,45) = -16,94 \text{ kcal}$$
$$\Delta G^0 = -(-217,56) + (-2 \cdot 41,77 - 2 \cdot 94,25) = -54,48 \text{ kcal.}$$

12. Harnstoffbildung (Energiebedarf).

$$HCO_3^- + NH_3 + NH_4^+ = CO(NH_2)_2 + 2H_2O$$
$$\Delta G_B^0: \quad -140,31 \quad -6,37 \quad -18,96 \quad -48,72 \quad -2 \cdot 56,69; \qquad \Delta G^0 = +3,54 \text{ kcal.}$$

In vivo (pH 7): $[\text{Urea}] \simeq 10^{-2}$; $[HCO_3^-] \simeq 10^{-2}$; $[NH_4^+] \simeq 10^{-3}$; $[NH_3] \simeq 10^{-5}$.

$$\Delta G = 3,54 + 1,365 \cdot \log \frac{[\text{Urea}] \cdot 1^2}{[HCO_3^-] \cdot [NH_4^+] \cdot [NH_3]}$$
$$= 3,54 + 1,365 \log 10^8 = +14,44 \text{ kcal/Mol.}$$

13. Die Berechnung von Wärmetönungen aus den Trennungsenergien nach PAULING (s. S. 42).

a) Die atomare Bildungswärme der $CO_{2\,Gas}$.

Da beim Übergang: $C_{Gas} \rightarrow C_{fest}$ 125 kcal, bei der O_2-Bildung: $2\,O \rightarrow O_2$ 118 kcal und bei: $C_{fest} + O_2 \rightarrow CO_{2\,Gas}$ 94,5 kcal frei werden, beträgt die Bildungswärme für: $2\,O + C_{Gas} = CO_2$: $-337,5$ kcal. Die Trennungsenergie von 2 Ketogruppen: $O{=}C{=}O$ wäre $2 \cdot 152 = 304$ kcal. Die CO_2-Molekel besitzt daher eine Extraenergie von $337,5 - 304 = 33,5$ kcal („Sonderenergie").

b) $\frac{1}{6}$ der Summe der Bindungsenergien im Mol Glucose ist 327 kcal.

$\frac{1}{6}\,\Delta H$ für die Verbrennung der Glucose ist 112,5 kcal nach:

$$(CH_2O) + O_2 = CO_2 + H_2O + \tfrac{1}{6}\Delta H$$
$$327 + 117 = 336,5 + 220 - 112,5 \text{ kcal.}$$

Die Dissoziationswärme des H_2O ist $2 \cdot O{-}H$, d.h. $2 \cdot 110$ kcal.

c)

$$\begin{array}{ccc}
{=}C{-}O{-}H & & {=}C{-}O{-}O{-}H \\
| & & | \\
C{-}O{-}H & \longrightarrow & C{-}H \\
\| & & \| \\
O & & O
\end{array}$$

	nötig zur Trennung:	frei durch Bildung:	
	C$-$O 70 kcal	C$-$O 70 kcal	
	O$-$H 110 kcal	O$-$O 35 kcal	
	$2\times$ 180 kcal	O$-$H 110 kcal	
		C$-$H 88 kcal	
	360 kcal	303 kcal	
Carboxyl-Resonanz	14 kcal		374
			-303
	374 kcal	Bedarf: 71 kcal (s. S. 505)	

14. In gleicher Weise errechnen sich nachfolgende ΔG^0-Werte. Sie können nur orientierende Anhaltspunkte geben, da die Trennungsenergien zum Teil durch die Art der übrigen Liganden an den betreffenden Atomen beeinflußt werden[1]. Außerdem wurden Dissoziations- und Resonanzeffekte nicht berücksichtigt.

$$\begin{array}{llll}
\text{Esterspaltung:} & -\overset{\displaystyle \overset{O}{\parallel}}{C}-O-C- & \xrightarrow{H_2O} & -\overset{\displaystyle \overset{O}{\parallel}}{C}-OH + HO \cdot C- & \pm\,0 \\[4mm]
\text{Peptidspaltung:} & -\overset{\displaystyle \overset{O}{\parallel}}{C}-NH- & \xrightarrow{H_2O} & -\overset{\displaystyle \overset{O}{\parallel}}{C}-OH + H_2N- & +\,5 \\[4mm]
\text{Aldolspaltung:} & -CHOH-CHOH- & \longrightarrow & -CH_2OH + HOC- & +\,3 \\[2mm]
\text{Acyloinspaltung:} & -CO-CHOH- & \longrightarrow & -\quad COH + HOC- & +\,6 \\[2mm]
\text{Peroxydspaltung:} & H_2O_2 & \longrightarrow & H_2O + \tfrac{1}{2}O_2 & -\,28,5 \\[2mm]
\text{Hydrolytische Spaltung:} & -CH_2-CH_2- & \xrightarrow{H_2O} & CH_2OH + CH_3- & +\,12
\end{array}$$

VII. Physikalische Grundlagen der biologischen Oxydationen

Grundsätzliches. Die *Hydrolyse* oder ihre Umkehrung ist ein *Mittel*, dessen der Organismus sich bedient, *um Stoffe im Körper beweglich zu machen*, ihren Transport oder ihre Ablagerung zu ermöglichen oder ihre charakteristische physikalische Form zu ändern, sie umzubauen. Die *freie Energie* derartiger Hilfsvorgänge *ist* oft *gering*. Soll der *Energieinhalt* der organischen Bau- und Betriebsstoffe im Lebensvorgang *zur Verfügung gestellt* werden und ihn speisen,

---

[1] Vgl. SZABÓ 1957.

dann müssen *die Organismen* sie tiefergreifend aufspalten, und sie *bedienen sich* dabei der *Gärungs- und Oxydationsreaktionen*. Obwohl es nun methodisch häufig wichtig ist, diese beiden Wege der Energiegewinnung getrennt darzustellen, zeigt doch eine nähere Untersuchung, daß das Eintreten des Sauerstoffes in die Reaktionen, denen der Name Oxydationsreaktion beigelegt wird, nichts prinzipiell Neues bedeutet, sondern nur die Verwirklichung eines wirksameren Weges zur Energiegewinnung darstellt, als es die Gärung ist.

Der *Abbau der Nahrungsstoffe* ist im ganzen betrachtet ein irreversibler und völlig einsinnig gerichteter Prozeß. Das schließt jedoch nicht aus, daß er sich aus einer großen Reihe von *Teilvorgängen* zusammensetzt, von denen die meisten *praktisch umkehrbare Reaktionen* sind. Diese Verlaufsform ist im Gegenteil geradezu ein Charakteristikum für die chemischen Umsetzungen im Lebendigen. Sie ist zwar mit Besonderheiten der biochemischen Organisation verknüpft, zu denen wir im einzelnen nicht immer Zugang haben. Allgemein aber kann doch folgende Begründung für die Aufteilung in zahlreiche umkehrbare Einzelvorgänge aufgeführt werden.

Würde die freie Energie der Brennstoffe, z.B. des Zuckers, nur zur Wärmeerzeugung benötigt, dann könnte sie durch direkte Verbrennung gewonnen werden. Zweifellos sind im Organismus weder die Reaktionstemperaturen für einen solchen Vorgang oder bei Körpertemperatur chemische Reaktionsmöglichkeiten zu seiner Verwirklichung gegeben, noch ist er irgendwie erwünscht; denn der Sinn der Verwandlungen kann nicht *primär die Lieferung* von Wärme, sondern nur *von freier Energie* zur Bestreitung der Zellarbeiten sein. So vollzieht sich eine stufenweise Aufarbeitung, also eine durchaus indirekte Verbrennung mit Zwischenstufen. Sie sind derartig beschaffen, wie sie auf Grund der chemischen Eigenschaften der Nahrungsstoffe unter Anwendung weniger Prinzipien kaum anders erwartet werden können. Solche Prinzipien sind die Einschaltung *intermediärer Energieübertragungen* durch Bildung phosphorylierter und dadurch reaktionsfähig gemachter Zwischenprodukte oder die CO_2-Bildung durch Decarboxylierung von Ketonsäuren. Es ist wohl eine Bedingung für den Bestand des Lebendigen, daß sich während der Phylogenie wirksame Katalysatoren für alle nach solchen Grundprinzipien zu erwartenden Teilreaktionen aus Wirkgruppen und spezifischen Eiweißen bilden und erhalten konnten. Und nur selten hat man den Eindruck, daß es die Unmöglichkeit gewesen ist, einen bestimmten Katalysator zu bilden, welche zur Einschlagung eines anderen Weges geführt hat. Ob umgekehrt aber die Wirksamkeit einzelner Fermente, wie der Aldolase oder des Systems der Dehydrasen und der Atmungsfermente, die bevorzugte Festlegung eines ganz bestimmten Weges bewirkt habe, ist ein mit naturwissenschaftlicher Methode nicht entscheidbares Problem.

So wichtig Weg und Ferment auch sein mögen, entscheidend ist für die allgemeine Wertung die Frage nach der *praktischen Umkehrbarkeit der Einzelreaktionen*. Sie ist tatsächlich in vitro mit Hilfe der biochemischen Katalysatoren *bei den meisten Teilreaktionen realisierbar*. Ihr Vorhandensein ist daher auch in vivo wahrscheinlich *und für die Steuerbarkeit der Prozesse* in der lebendigen Organisation der Vorgänge unserer Überzeugung nach *notwendig:* denn nur eine umkehrbare Reaktion kann nach Intensität und Verlaufsrichtung dem Massenwirkungsgesetz entsprechend gesteuert werden. Der Vergleich mit den Schleusenkammern, die eine große Niveaudifferenz unterteilen, zeigt aber auch, daß für die Hebung des Schiffes — vergleichbar den Assimilationsprozessen — ein erheblicher Arbeitsaufwand durch Hineinpumpen des Wassers in das Becken erforderlich ist. So benötigt jede Umkehrung einer freiwillig verlaufenden exergonischen Reaktion freie Energie, welche durch parallelen Ablauf einer anderen zur Verfügung gestellt wird.

Die *Ökonomie solcher Energieübertragungen* wird um so größer sein, je mehr die Reaktionsbedingungen das Eintreten einer im thermodynamischen Sinne reversiblen Reaktion zulassen, also einer Reaktion, die für ihre Umkehrung nicht mehr Energie benötigt als sie bei ihrem Hinwege maximal liefern kann. Es ist auf diese Weise vorstellbar, daß chemische und andere Leistungen des Organismus auf Grund geeigneter reversibel funktionierender Systeme zustande kommen, die ihrerseits Kettenglieder im einsinnigen Gesamtablauf bilden. Es ist auch verständlich, daß energiespeichernde und -übertragende *Akkumulatoren* in diesen letzten Endes durch die Oxydation unterhaltenen Strom eingeschaltet sind. Sie können sich unabhängig von der Aufladung unter annähernd reversiblen Bedingungen zur Arbeitsleistung entladen, wie es z.B. bei der Energieabgabe aus den ruhenden, aber *zur Tätigkeit bereiten Muskeln bei der Kontraktion geschieht.* Man hat erkannt, daß ein Teil der Oxydationsenergie *in der Form energiereicher Phosphatbindungen* — z.B. in der Adenosintriphosphorsäure — in ökonomischer Weise zur Leistung der Zellarbeiten herangezogen werden kann. Demnach hat die Unterteilung in umkehrbare Teilvorgänge den Sinn, die *Möglichkeit zu reversibler Energieentnahme* zu schaffen.

Wenn aber die Gesamtenergie nicht ausschließlich als primäre Verbrennungswärme verpufft, sondern ein wesentlicher Anteil zunächst physikalisch definierbare Zell- oder Organarbeit leistet, dann ist das der Aufteilung in zahlreiche mindestens annähernd reversibel arbeitende Teilvorgänge zu verdanken. Reversible Systeme sind in vitro besonders leicht an galvanischen Zellen realisierbar. Diese lassen sich gerade mit Hilfe fast aller bekannten Oxydationsreaktionen betreiben, und an den Werten der von ihnen gelieferten Spannung läßt sich das Vorliegen reversibler Reaktionen nachprüfen und ihre Oxydationsintensität quantitativ erfassen.

Um die Beziehung zwischen Oxydation und Potentialbildung zu verstehen, müssen zunächst die Begriffe erweitert und vereinheitlicht werden. Denn Oxydation ist *nicht nur direkte Vereinigung der Stoffe mit dem Sauerstoff;* dieser Vorgang ist für die Lebenserscheinungen sogar fast unwesentlich. Entscheidend ist nur die Vereinigung des Elektrons mit ihm, oder besser gesagt, die von 4 Elektronen mit einem O_2-Molekül, welche durch das Atmungsferment der Zellen bewirkt wird und die Reduktion des O_2 zum Wasser einleitet. Hier dient der O_2 als Elektronen- oder, summarisch gesehen, als Wasserstoffacceptor. Umfassender als durch Vereinigung mit Sauerstoff werden zweifellos die Oxydationen organischer Stoffe als Fortnahme von Wasserstoff — *Dehydrierung genannt* — beschrieben. Und es ist möglich, auch die Vereinigung mit O_2 so darzustellen, daß der zu oxydierende Stoff zunächst Wasser anlagert, und daß ihm darauf in der eigentlichen Dehydrierungsreaktion der Wasserstoff entzogen wird (a). Schließlich kann H_2 bei der sauerstofflosen Dehydrierung allein aus dem Wasserstoffdonator zu dem Acceptor übergehen (b) (Bernsteinsäure$\rightarrow$Fumarsäure). Dehydrierung und Hydrierung entsprechen der Oxydation und Reduktion, welche bei jedem Redoxvorgang miteinander gekoppelt sind.

$$\text{a)} \quad RC\!\!<\!\!^O_H + H_2O + Mb = RCOOH + MbH_2$$

$$\text{b)} \quad \begin{matrix} COOH-CH_2 \\ | \\ COOH-CH_2 \end{matrix} + Mb = \begin{matrix} H\cdot C\cdot COOH \\ \| \\ HOOC\cdot C\cdot H \end{matrix} + MbH_2$$

$$\text{c)} \quad Don\cdot H_2 \quad + Acc = Don + AccH_2$$

Hier bedeutet Mb das als Acceptor benutzte Methylenblau; MbH_2 seine Leukoform, die durch Aufnahme des H_2 aus dem Donator entsteht (c).

Schließlich ist die umfassendste Darstellungsform, welche gleichzeitig auch den Mechanismus mit erfaßt, die Elektronenschreibweise. Denn eine *Oxydation* ist als *Elektronenverlust* und eine *Reduktion* als *Elektronenaufnahme* anzusehen.

$$Fe^{2+} \rightleftharpoons Fe^{3+} + e;$$

$$I_2 + 2e \rightleftharpoons 2I^-;$$

$$Zn \quad -2e = Zn^{2+}$$
$$\underline{Cu^{2+} + 2e = Cu}$$
$$Zn + Cu^{2+} = Cu + Zn^{2+}$$

Für anorganische Systeme ergibt sie sich ohne weiteres aus obenstehenden Beispielen. Die *Dehydrierungsreaktionen müssen aber auch in ihrem Mechanismus als primäre Elektronenverschiebungen* aufgefaßt werden, denn zunächst werden die Valenzelektronen bewegt; ihnen folgen gewöhnlich die Protonen, jedoch wohl nie im gleichzeitigen Elementarprozeß.

Wird zunächst nur das Elektron übertragen, so entsteht ein Anion, das dann dem Wert der Dissoziationskonstanten entsprechend das Proton anlagert, oder auch dissoziiert bestehen bleibt:

$$+ 2e \rightarrow \qquad + 2H^+ \rightarrow$$

Chinon Hydrochinon

Bei dieser Formulierung ist auf jene Zwischenstufe keine Rücksicht genommen, welche dem obligaten einstufigen Geschehen (one step reaction — MICHAELIS 1940) Rechnung trägt.

Potentiometrische Messung des Elektronentransportes

Der Vorgang des Elektronentransportes vom Reduktans zum Oxydans ist nun mit geeigneten Elektrodenanordnungen am Redoxpotential meßbar zu verfolgen. Taucht man in eine Lösung von Fe^{2+} und von Fe^{3+} je eine indifferente Platin- oder Goldelektrode und verbindet beide Gefäße mit einer Flüssigkeitsbrücke (z.B. einem KCl-Agarheber[1]) zu einem Stromkreis, dann sind die Elektroden in der Fe^{2+}-Lösung negativ gegenüber der anderen, und beim Schließen des Stromes fließen die Elektronen im Draht zu der Fe^{3+}-Lösung und reduzieren die Fe^{3+}-Ionen.

Die *indifferenten Elektroden* haben also die Funktion, die Elektronen abzuleiten und in die andere Lösung zu bringen. Sie verhalten sich gewissermaßen als Elektronenfänger oder wie eine für Elektronen permeable Membran, während die platinierten Elektroden der Gaskette für H^+ reversibel sind. Blanke Pt-Elektroden vollziehen die Reaktion: $H_2 \rightleftharpoons 2H^+ + 2e$ zu langsam, um als Wasserstoffelektroden benutzt werden zu können. Daher funktionieren sie nur als indifferente Elektronenableiter. Dazu sind solche Metalle geeignet, die weder mit O_2 zur Bildung von OH^- noch mit H_2 zu der von H^+ führen, noch solche, welche sich selber unter den gegebenen Bedingungen mit ihrem eigenen Material beteiligen und als Ionen in Lösung gehen oder Komplexe mit den Komponenten des Redoxsystems geben können. Diese Bedingungen werden im allgemeinen von den Edelmetallen, bei genügend negativen Redoxpotentialen auch von anderen, z.B. vom Quecksilber, erfüllt.

---

[1] Gebogenes Glasrohr, gefüllt mit an KCl gesättigter Agargallerte als Elektrolytbrücke (s. S. 134).

Die *Potentialentstehung* an solchen Edelmetallelektroden hängt demnach vom wirkenden *Druck des Wasserstoffs* und *von der Wasserstoffionenaktivität ab.* Sie sind quantitativ folgendermaßen miteinander zu verknüpfen. An der Einzelelektrode wird das Potential durch den Elektronendruck (p_e) bestimmt. Er steht nach

$$\tfrac{1}{2}\,H_2 \rightleftharpoons H^+ + e$$

mit dem fiktiven Wasserstoffdruck (p_{H_2}) und der Wasserstoffionenaktivität der Lösung in der Beziehung:

$$C = \frac{[H^+]\cdot e}{[H_2]^{\frac{1}{2}}} \quad \text{bzw.} \quad K = \frac{[H^+]\cdot p_e}{\sqrt{p_{H_2}}}. \tag{1}$$

Die maximale Standard-Arbeit dieser Reaktion ist:

$$\Delta G^0 = -RT\cdot\ln K = -RT\cdot\ln\frac{[H^+]}{\sqrt{p_{H_2}}} - RT\ln p_e = F\cdot E. \tag{1a}$$

Die rechte Seite dieser Gleichung wird durch Gleichsetzung der freien Enthalpie ΔG mit der elektrischen Arbeit A_e erhalten. Nun ist aber ein Einzelpotential nicht meßbar. Es wird definitionsgemäß auf die Normal-H_2-Elektrode mit $[H^+]=1$ bzw. pH $=0$ und $p_{H_2}=1$ bezogen, bzw. im Experiment wird die *Redoxelektrode* (e-Druck: p_{ex}) *mit einer n-H_2-Elektrode* (p_{en}) *zu einem Element kombiniert* und *dessen Potential als E_h bezeichnet.* Die elektrische Arbeit ergibt sich jetzt aus der Differenz der Einzelarbeiten und der chemischen Potentiale der Elektronen an beiden Elektroden, d.h. aus den Elektronendrucken mit (1) zu:

$$F\cdot(E_n-E_x)=F\cdot E_h=\mu^0+RT\ln p_{en}-(\mu^0+RT\ln p_{ex})=RT\ln\frac{p_{en}}{p_{ex}}=RT\ln\frac{[H^+]}{\sqrt{p_{H_2}}}.$$

$$\boxed{E_h = \frac{RT}{F}\ln\frac{[H^+]}{\sqrt{p_{H_2}}}}\,. \tag{2}$$

Dieses Resultat ist auch aus Gl. (III 33b) zu entnehmen, mit der die Druckabhängigkeit des Gaskettenpotentials eingeführt wurde. Da in ihr (2) der Wasserstoffdruck und die Wasserstoffionenaktivität verbunden sind, ist sie als die Grundgleichung der Redoxpotentiale anzusehen.

Das Redoxpotential pH-unabhängiger Systeme

Will man nun z.B. die mit der Fe^{3+}-Reduktion verbundene Spannung ermitteln, so hat man von der Gleichung für diesen Vorgang auszugehen:

$$Fe^{3+} + \tfrac{1}{2}H_2 = Fe^{2+} + H^+; \quad K_{Fe} = \frac{[Fe^{3+}]\cdot\sqrt{p_{H_2}}}{[Fe^{2+}]\cdot[H^+]}$$

bzw.

$$\sqrt{p_{H_2}} = K_{Fe}\frac{[H^+]\cdot[Fe^{2+}]}{[Fe^{3+}]}\,. \tag{3}$$

Einführung in Gl. (2) ergibt unter Fortfall des Wertes für die Wasserstoffionenaktivität:

$$E_h = \frac{RT}{F}\ln\frac{[Fe^{3+}]}{[Fe^{2+}]} + \bar E_0 = 0{,}059\log\frac{[Fe^{3+}]}{[Fe^{2+}]} + \bar E_0 \text{ (V) } (25°). \tag{4}$$

Hier ist $\bar E_0 = \frac{RT}{F}\ln\frac{1}{K_{Fe}}$. Die gleiche Formulierung erhält man aus den chemischen Potentialen für die Reaktionspartner. Denn die Arbeit des Überganges zwischen beiden entspricht ihrer Differenz:

$$-\Delta G = \mu_3^0 + RT \ln [Fe^{3+}] - (\mu_2^0 + RT \ln [Fe^{2+}]) = \mu_3^0 - \mu_2^0 + RT \ln \frac{Fe^{3+}}{Fe^{2+}} = E_h \cdot F.$$

Mit

$$\bar{E}_0 = \frac{\mu_3^0 - \mu_2^0}{F \cdot 23{,}06} = -1{,}37 \log K_{Fe}/23{,}06 \ (V) \qquad (s.\ S.\ 419)$$

resultiert die obenstehende Gl. (4); PETERS 1898.

Die Potentiale zwischen einer Lösung mit der oxydierten und einer mit der reduzierten Stufe sind wegen der niemals ganz zu entfernenden Beimengungen von Material der anderen Wertigkeitsstufe gewöhnlich schlecht definiert. Gut reproduzierbare Spannungen erhält man, wenn zwei verschiedene, aber *festgelegte Gemische von Ox/Red*, also hier Fe^{3+}/Fe^{2+}, gegeneinander geschaltet werden und noch dazu in Abwesenheit von gasförmigem Sauerstoff und Wasserstoff gemessen wird. Auch bei gut reversiblen Systemen darf die letztere Bedingung, die der gänzlichen Ausschaltung einer Wasserstoff- oder Sauerstoffelektrodenfunktion, d.h. der Katalyse eines störenden Redoxvorganges in der Lösung, dient, nur selten vernachlässigt werden.

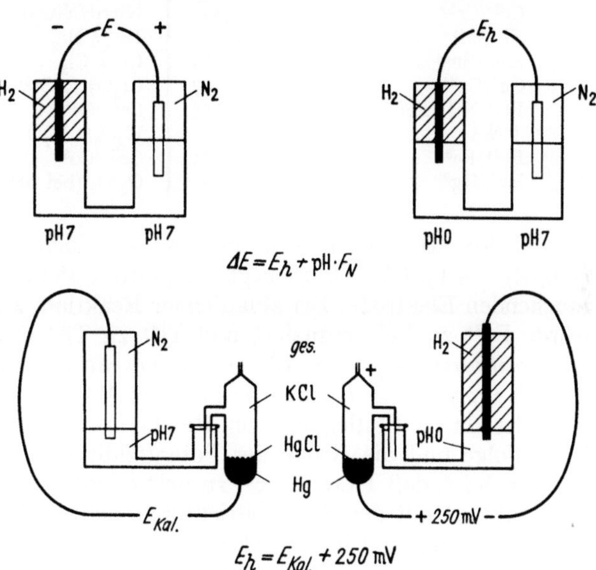

Abb. 158. Zur Messung des Redoxpotentials ($E = \Delta E$). Praktisch wird E_{Cal} bei bekannten pH, etwa pH 7, gemessen

In einer derartigen Anordnung besteht *völlige Reversibilität*, d.h. der sich mit Hilfe des Elektronentransportes im Draht vollziehende Vorgang würde durch eine zusätzlich angelegte, entgegengesetzt gleiche Spannung aufgehoben werden können. Würde er aber ablaufen, so würde seine freie Energie vollkommen als elektrische Arbeit gewinnbar sein. Redoxprozesse, deren ΔG in homogener Lösung völlig in Wärme übergehen würde, können also auf diese Weise reversible Arbeit leisten. Daß die Arbeitslieferung auf Grund der allgemeinen Gleichung für das chemische Potential mit dem Konzentrationsverhältnis Oxydans: Reduktans in quantitativer Beziehung steht, wurde soeben abgeleitet. Um klare Verhältnisse zu schaffen, vergleicht man zunächst nicht die 2 Redoxelektroden miteinander, sondern je eine mit einer Wasserstoffelektrode. Es ist also das Potential einer blanken Pt-Elektrode gegenüber einer bestimmten Bezugselektrode zu messen. Als solche wird entweder die H_2-Elektrode in einer Flüssigkeit mit dem *gleichen pH-Wert* wie die Redoxlösung gebraucht (ΔE) *oder die n-H_2-Elektrode* unter Gewinnung von E_h benutzt. Im ersteren Falle werden die Elektronen immer, wenn das Potential nicht im H_2-Überspannungsgebiet (s. S. 446) liegt, zur Redoxelektrode bewegt werden. Immer, wenn das zutrifft, wird die oxydierte Stufe an dieser Stelle reduziert. Ist jedoch die Redoxelektrode negativer als die Wasserstoffelektrode, dann wird an dieser das Wasserstoffion zum Wasserstoff reduziert (Abb. 158).

Aus der Gleichung für das einfache Redoxpotential läßt sich nun die Restarbeit dadurch eliminieren, daß das *Aktivitätsverhältnis* $Ox/Red = 1$ gesetzt wird. Das gemessene Potential *ergibt* dann direkt die für das reversible Redoxpotential *charakteristische Größe* E_0. Das auf die Normal-H_2-Elektrode bezogene E_0 *ist das Normalpotential.* Die Tabelle 87 gibt seine Werte für einige reversible anorganische Redoxsysteme. Je stärker oxydierend sie sind, um so positiver sind die E_0-Werte. Würde man nun eine Fe- mit einer Ti-Lösung, beide

Tabelle 87. *Normalpotentiale anorganischer Redoxsysteme bei 25° in Volt*

Cr^{2+}/Cr^{3+}	$-0,41$	Nitrit/Nitrat	$+0,96$
Ti^{3+}/Ti^{4+}	$-0,04$	$Br^-/\frac{1}{2}\,Br_2$	$+1,07$
Sn^{2+}/Sn^{4+}	$+0,154$	$Cl^-/\frac{1}{2}\,Cl_2$	$+1,36$
Cu^+/Cu^{2+}	$+0,167$	$Cr_2O_7^{2-}/2\,Cr^{3+}$	$+1,36$
$Fe(CN)_6^{4-}/Fe(CN)_6^{3-}$	$+0,356$	Ce^{3+}/Ce^{4+}	$+1,61$
$J^-/\frac{1}{2}\,J_2$	$+0,54$	$H_2O_2/2\,H_2O$	$+1,77$
Fe^{2+}/Fe^{3+}	$+0,771$	Co^{2+}/Co^{3+}	$+1,84$
Hg^+/Hg^{2+}	$+0,90$	O_2/O_3 (bei pH 14 : $+1,4$)	$+2,07$

vom Redoxverhältnis 1, kombinieren, so erhielte man das Potential $+0,77 - (-0,04) = +0,81$ V. Dabei liegt der positive Pol an der in das Fe-Salz-Gemisch tauchenden Elektrode. Bei ablaufender Reaktion, z.B. also bei Stromentnahme, würde Fe^{3+} zu Fe^{2+} reduziert und Ti^{3+} zu Ti^{4+} oxydiert werden. Das *System mit positiverem E_0 wirkt als Oxydationsmittel gegenüber dem mit negativerem,* niemals umgekehrt. E_0 wird so zu einem Maß für die relative Oxydationsintensität der durch Festlegung von Red/Ox genormten reversiblen Systeme. Die Reihenfolge und die Größe der Potentialdifferenz sagen aus, daß es praktisch unmöglich ist, daß Titan je Fe^{2+} zu Fe^{3+} oxydieren könne (s. S. 464). Die Redoxskala diktiert mit der Potentialrichtung auch die Richtung des möglichen Elektronenüberganges, d.h. der Oxydation. Während sich bei der Kombination mit der H_2-Elektrode die Reaktion (1) abspielt, also an der letzteren H^+-Ionen aus Wasserstoff gebildet werden, läuft hier bei den sog. korrespondierenden bzw. kombinierten Redoxpaaren folgender Elektronentausch ab:

$$Fe^{3+} + Ti^{3+} \rightarrow Fe^{2+} + Ti^{4+}.$$

An der negativen Titanelektrode ist der Elektronendruck des Vorganges $Ti^{3+} \rightarrow Ti^{4+} + e$ also wesentlich größer als der des Prozesses an der positiven Fe-Elektrode: $Fe^{2+} \rightarrow Fe^{3+} + e$, so daß sich hier nur die Reduktion des Fe unter Aufnahme der durch den Draht aus der Titanlösung abgeleiteten Elektronen vollziehen kann. Die Spannung von 0,82 V sagt aus, daß der Elektronendruck an der Pt-Elektrode im Gemisch $Ti^{4+}/Ti^{3+} = 1$ um $0,82:0,059 = 13,9$ Zehnerpotenzen, also um $10^{13,9}$mal höher ist als an der entsprechenden Fe-Elektrode (s. S. 464). Wollte man nun eine Gleichheit des Elektronendruckes an beiden Elektroden erzielen, d.h. den Ablauf eines Redoxprozesses verhindern, so müßte man bei $Fe^{3+}/Fe^{2+} = 1$ an der Titanelektrode das Verhältnis $Ti^{4+}/Ti^{3+} = 10^{13,9}$ oder bei $Ti^{4+}/Ti^{3+} = 1$ ein Fe-Verhältnis von $Fe^{3+}/Fe^{2+} = 1/10^{13,9}$ einstellen. Derartig extreme Quotienten sind experimentell nicht realisierbar und die Reversibilität auf diesem Wege daher nicht zu prüfen.

Der freiwillig verlaufende *Reduktionsvorgang* läßt sich aber an derartigen Elementen dadurch leicht *umkehren,* daß eine entsprechende *Spannung in entgegengesetzter Richtung von außen angelegt wird.* Hierbei wird die freie Enthalpie, welche das System liefert, ihm wieder als elektrische Energie zugeführt. Wenn also mindestens 0,82 V (Zersetzungsspannung) angeschaltet und aufrecht erhalten werden, dann wird entsprechend dem reversiblen Charakter dieser Vorgänge tatsächlich Ti^{4+} kathodisch reduziert und Fe^{2+} anodisch oxydiert. Denn jetzt werden die Elektronen unter Überwindung des vom Ti^{3+} erzeugten Elektronendruckes auf das Ti^{4+} gedrückt und dem Fe^{2+} unter Bildung von Fe^{3+} gewissermaßen abgesaugt, d.h. der freiwillige Vorgang umgekehrt. Die bei einer derartigen Elektrolyse benötigte Energie ist in den entstandenen Produkten gespeichert. Sie beträgt pro Äquivalent: $A_e = E \cdot F$ Wattsec $= E \cdot 23{,}06 =$ 18,9 kcal. Nach Abschaltung der Spannungsquelle wird die elektrische Energie durch den nunmehr wieder freiwillig ablaufenden Gegenvorgang zurückgeliefert (Prinzip des Akkumulators).

Die Analogie der Redoxskala zur bekannten Spannungsreihe der Metalle (Tabelle 30) ist im Wesen der elektrochemischen Elektrodenvorgänge begründet. Denn wenn Ionen unter Verlust der Elektronen das Metall verlassen, oder Cu^{2+}-Ionen mit Fe zu metallischem Cu und Eisenionen reagieren, dann liegt auch hier eigentlich ein Redoxvorgang vor, da man die Elektronenabgabe als Oxydation und umgekehrt anzusehen hat. Es ist also eine Frage der Konvention, ob man den Begriff der Redoxpotentiale auf solche Vorgänge beschränkt, bei denen der Prozeß, wie bei $Fe^{3+} \rightarrow Fe^{2+}$ usw., sich nur auf Reaktionen mit Wertigkeitsänderung in homogener Lösung bezieht (Tabelle 87). Im allgemeinen pflegt man die letzteren als die Potentiale der *Ionenumladung* und die ersteren als die der *Kationenbildung* zu bezeichnen. Ebenso lassen sich die Potentiale der *Komplexionenumladung* (z.B. $Fe(CN)_6^{4-} \rightleftharpoons Fe(CN)_6^{3-} + e$; $E_0 = 0{,}36$ V) und der *Anionenentladung* normieren. Sie sind alle Ausdruck der freien Reaktionsenthalpie des zugrunde liegenden Redoxvorganges. Daher lassen sie sich ebenfalls als Grundreaktionsarbeiten in kcal unter Normalbedingungen nach $\Delta G = E_h \cdot n \cdot$ 23,06 kcal pro Äquivalent ausdrücken, wobei n die Zahl der elektrochemischen Reaktionsäquivalente ist.

Einige *Beispiele* mögen die Zahlen der Tabelle 87 erläutern. a) In welcher *Richtung* vollzieht sich die Reaktion $2 Fe^{3+} + Cu \rightleftharpoons Cu^{2+} + 2 Fe^{2+}$ und wo liegt ihr *Gleichgewicht?* Für den Vorgang $Cu \rightleftharpoons Cu^{2+} + 2e$ $(n = 2)$ ist $E_0 = 0{,}345$ V und $\Delta G^0 = 2 \cdot E_0 \cdot 23{,}06 = -15{,}9$ kcal.

Für $2 Fe^{3+} + 2e \rightleftharpoons 2 Fe^{2+}$ ist mit $E_0 = 0{,}771$ und $n = 2$; $\Delta G^0 = -35{,}6$ kcal. Die Gesamtreaktion liefert:

$$-35{,}6 - (-15{,}9) = -19{,}7 \text{ kcal}; \quad \log K = 19{,}7/1{,}365; \quad K = 2{,}7 \cdot 10^{14}.$$

Das Gleichgewicht $\left(K = \dfrac{[Fe^{2+}]^2 \cdot [Cu^{2+}]}{[Fe^{3+}]^2} \right)$ liegt also vollständig auf seiten des reduzierten Fe und des oxydierten Cu.

b) $Cu^{2+} + Cu = 2 Cu^+$. Aus der freien Bildungsenergie von Cu^{2+} $(+15{,}91$ kcal$)$ und von Cu^+ $(+12{,}04$ kcal$)$ folgt: $\Delta G^0 = 2 \cdot (12{,}04) - 15{,}91 = +8{,}17$ kcal; $\log K = -8{,}17/1{,}365$; $K = 1 \cdot 10^{-6} = [Cu^{2+}]^{-1} \cdot [Cu^+]^2$. In Gegenwart von Cu, d.h. an der Cu-Elektrode ist also die Aktivität des 2-wertigen Cu-Ions 10^6fach höher als die des Quadrats des 1-wertigen. Nach den E_0-Werten der Teilreaktion: $Cu = Cu^+ + e$ $(E_0 = +0{,}52)$; $Cu^{2+} + e = Cu^+$ $(E_0 = 0{,}167)$ vollzieht sich der Elektronenübergang von einem 1-wertigen Cu-Ion auf ein zweites unter einer Normalspannung von $0{,}52 - 0{,}167 = 0{,}353$ V, entsprechend einer freien Enthalpie von $-0{,}353 \cdot 23{,}06$ $= -8{,}16$ kcal, d.h. die Gesamtreaktion verläuft mit diesem ΔG-Wert nach links.

Vorstehende Zahlen geben ein Beispiel für die *Luthersche* Regel, nach der die Potentialwerte bei 1-wertigen Oxydationen untereinander verknüpft sind:

$$Cu \xrightarrow[\underbrace{E_{01}\ n_1=1}]{\overbrace{\hspace{2em}}^{E_{0t}}} Cu^+ \xrightarrow[\underbrace{E_{02}\ n_2=1}]{} Cu^{2+}; \quad E_{0t} = \frac{n_1 \cdot E_{01} + n_2 \cdot E_{02} + \cdots}{n_1 + n_2 + \cdots} = \frac{0{,}687}{2} = 0{,}343 \text{ V}.$$

Die mittlere Oxydationsstufe ist ein besseres Oxydationsmittel $(E_0 = +0{,}52)$ als die höhere $(E_0 = 0{,}345)$, d.h. Cu^+ nimmt beim Übergang ins Metall leichter Elektronen auf als Cu^{2+} bei demselben Übergang; der aber noch leichter vonstatten geht, als der in das 1-wertige Ion.

Wie alle thermodynamischen Angaben berechnen sich auch die Redoxpotentiale bzw. die entsprechenden Reaktionsenergien aus den *Aktivitäten der Partner*. Diese sind namentlich bei den anorganischen Stoffen, aber auch bei den organischen und besonders den mehrwertigen Anionen durchaus von der Konzentration verschieden. Es muß also z.B. für die Bestimmung der Normalpotentiale mit Ox/Red = 1 nicht die Konzentration, sondern die Aktivität auf dieses Verhältnis eingestellt werden. In stark verdünnten Lösungen ist die erste Näherung nach DEBYE-HÜCKEL noch anwendbar, aber da es sich oft um mehrwertige Elektrolyte handelt, wird man häufig nicht mit ihr auskommen können. Es ist dann notwendig, die empirisch bestimmten mittleren Elektrolytaktivitäten für die beteiligten Salze einzusetzen. Die Verwendung von singulären Aktivitätsfaktoren der allein am Redoxvorgang beteiligten Ionensorten wird dem stromliefernden elektrischen Geschehen nicht gerecht (s. S. 135).

So ergibt sich ein Aktivitätsfaktor $f_{\pm}$ für das Hexacyanoferrat-Salzpaar:

$$[Fe(CN)_6]^{3-}/[Fe(CN)_6]^{4-}$$

von 0,291/0,134 bei 0,1 m und von 0,547/0,360 bei 0,01 m. Bei Fe^{3+}/Fe^{2+} gilt für die Chloride und dieselben Konzentrationen: 0,41/0,580 bzw. 0,59/0,752. Bei gleichen molaren Konzentrationen läge also für das Komplexsalz ein Aktivitätenverhältnis von 2,17 bzw. 1,52 und für die beiden Chloride des Fe ein solches von 0,7 bzw. 0,785 vor. Bei 10^{-3} m sind die Quotienten 1,21 bzw. 0,894. Die Abweichungen von Ox/Red = 1 lassen sich rechnerisch berücksichtigen, allerdings müssen in Gemischen die Aktivitätsfaktoren auf die Gesamtionenstärke der Lösung bezogen werden. Würde man die singulären Aktivitäten benutzt haben, so erhielte man bei einer Ionenstärke von 0,1 für das Komplexsalz ein Aktivitätenverhältnis von 4,5 und für $Fe^{3+}/Fe^{2+} = 0,44$.

Der Einfluß der H^+-Ionenaktivität

Die zunächst für das Eisensystem abgeleitete Gl. (4) läßt sich verallgemeinern. Bezeichnet Ox die oxydierte und Red die reduzierte Komponente des Systems, dessen Elektrodenpotential mit der n-H_2-Elektrode verglichen wird, dann lautet sie:

$$\boxed{E_h = \bar{E}_0 + \frac{RT}{F \cdot n} \cdot \ln \frac{Ox}{Red} = \bar{E}_0 + \frac{F_N}{n} \log \frac{Ox}{Red}} \tag{5}$$

Für die Beschreibung solcher Vorgänge, an denen die H^+-Ionen nicht teilnehmen, oder für die Potentiale in pH-Bereichen, in denen die Reaktionsänderungen irrelevant sind, ist Gl. (5) ausreichend. Diese Bedingung trifft aber für viele anorganische und die meisten organischen Redoxsysteme nicht zu; denn bei der Anlagerung eines Elektrons an Ox entsteht mit Red^- das Anion einer mehr oder weniger schwachen Säure. Es ist das primäre Reduktionsprodukt, welches generell nach: Red H = Red^- + H^+ dissoziieren muß. Es gelte: Red = Red H + Red^-. Dann ist: Red^- = Red $\cdot \alpha$ = Red $\cdot \dfrac{K}{K + [H^+]}$, wo K die Konstante der Dissoziation von Red H bedeutet. Der Redoxquotient wird jetzt: Ox/Red^- = Ox/Red $\cdot \alpha$.

Im einfachsten Fall ist daher für E_h unter Berücksichtigung der pH-Abhängigkeit zu schreiben:

$$E_h = \bar{E}_0 + F_N \log\left(\frac{Ox}{Red} \cdot \frac{K + [H^+]}{K}\right) = \varDelta E_0 + F_N \log \frac{Ox}{Red} + F_N \log (K + [H^+]), \tag{6}$$

wo

$$\varDelta E_0 = \bar{E}_0 - F_N \log K.$$

Für $K \gg [H^+]$ ist $Red = Red^-$ und E_h praktisch unabhängig vom pH (Abb. 159b). Da $\log [H^+] = - pH$, gilt für $K \ll [H^+]$:

$$E_h = \Delta E_0 + F_N \cdot \log \frac{Ox}{Red} - F_N \cdot pH \qquad (6a)$$

ΔE_0 *ist stets der E_h-Wert, welcher beim pH der Redox-Elektrode von 0 dann erhalten wird, wenn der Redoxgrad* $1/2$ *ist, d.h. $Ox/Red = 1$.* E_0 sei wieder der E_h-Wert für Halboxydationen bei jedem beliebigen pH einer Redoxelektrode, welche mit der n-H_2-Elektrode verbunden ist. Er ist in der beschriebenen Art

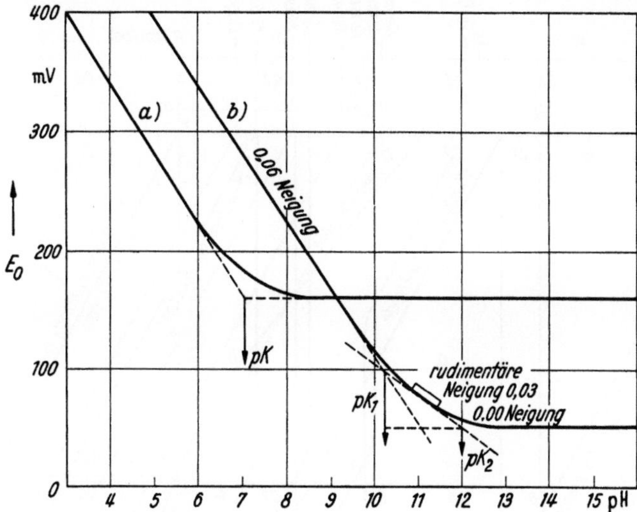

Abb. 159. a Verlauf von E_0 bei $\Delta E_0 = 0,58$ V und pK = 7,0 (Red⁻), b E_0 beim Chinhydron (Red²⁻, s. S. 456)

vom pH abhängig und bei pH $= 0$ mit ΔE_0 identisch. E_0 für pH 7 an der blanken Pt-Elektrode wird oft tabelliert und als E_0' bezeichnet. Nur *bei Halboxydation und beim Vorliegen einfacher pH-Abhängigkeit gilt* nach Vorstehendem:

$$\Delta E_0 = E_0 + F_N \cdot pH \quad \text{bzw.} \quad E_0 = \Delta E_0 - F_N \cdot pH \quad \text{und:} \quad pH = \frac{\Delta E_0 - E_0}{F_N} \qquad (6b)$$

(vgl. S. 154).

Bei diesen einfachen Systemen wird also der E_h- bzw. E_0-Wert in gleicher Weise vom pH um die Redoxelektrode bestimmt wie das Potential einer Wasserstoffelektrode; denn diese wird gegenüber der n-H_2-Elektrode ebenfalls um das Glied $F_N \cdot pH$ negativer. Dementsprechend beträgt das Potential der Wasserstoffelektrode von pH 7:

$$E_h = - 0,059 \cdot 7 = - 0,413 \text{ V} \quad (25°; \ p_{H_2} = 1; \ \text{vgl. S. 153}).$$

Stärker negative Potentiale befinden sich unter dieser Bedingung *im Bereich der sog. Wasserstoffüberspannung* (s. Abb. 160). Die zur Wasserstoffelektrode analoge O_2-Elektrode besitzt der ersteren gegenüber immer eine positive Spannung von 1,23 V. Den gleichen Wert besitzt ihr E_h bei pH $= 0$, während er bei pH 7 entsprechend 0,817 V beträgt. *Stärker positive Werte fallen in den Bereich der Sauerstoff-Überspannung.* Sie kommen solchen korrespondierenden Redoxpartnern zu, welche ein stärkeres Oxydationsmittel sind als die O_2-Pt-Elektrode von pH $= 0$ und $p_{O_2} = 1$ wie z.B. Ce^{4+}/Ce^{3+}. Diese würden also noch Elektronen von der O_2-Elektrode übernehmen können, während die letztere aus Systemen unterhalb ihres Überspannungswertes sie stets empfängt.

Für $[OH^-] = 1$, d.h. pH 14 liegt der E_h-Wert der O_2-Elektrode bei $1{,}23 - 14 \cdot 0{,}0591 = 0{,}402$ V. Hier würde die Cu/Cu^+-Elektrode $(+ 0{,}52$ V$)$ noch Elektronen von der O_2/OH^--Elektrode aufnehmen, also OH^- entladen und O_2 freimachen müssen, ein Vorgang, der sich allerdings in wäßriger Lösung praktisch nicht mehr vollzieht. Dagegen wird die n-H_2-Elektrode durch Redoxsysteme, deren Potential im Bereich der H_2-Überspannung liegt, reduziert. Diese sind damit stärkere Reduktionsmittel als jene Elektrode. So kann durch $CrCl_2$ $(E_0 = - 0{,}41)$ nicht nur das Proton am Pt zu H_2 reduziert, sondern auch Wasserstoff aus

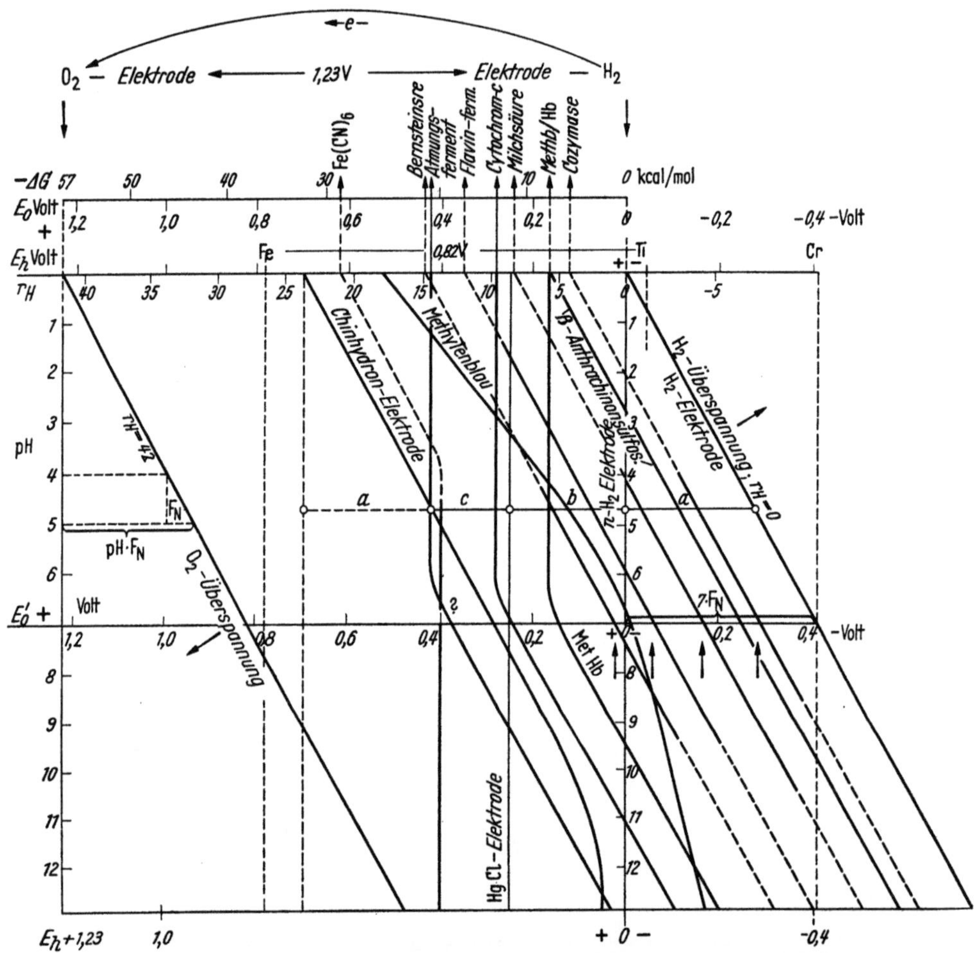

Abb. 160. E_h-Werte in Abhängigkeit vom pH bei 25° C. Ihre Beziehung zum Redoxpotential ΔE, zum r_H und zur freien Enthalpie $-\Delta G$. — *Erläuterungen:* Für Gebiete der H_2-Überspannung ist r_H negativ, für O_2-Überspannungen größer als 42. Da Cr wie Fe sein Potential nicht mit dem pH ändert, kommt Cr erst beim pH 7 aus dem Überspannungsgebiet heraus und bleibt nun als Cr^{2+} mit H_2O beständig (s. oben). Die schräg verlaufenden Linien geben E_0-Werte, ihre Schnittpunkte mit der E-Linie bei pH 0 die ΔE_0-Werte an. Die Pfeile unter pH 7 geben die E_0'-Werte, die am oberen Rande die ΔE_0- bzw. die zugehörigen r_H- und Caloriengrößen für die angeschriebenen Redoxpaare. — *Beispiel für eine r_H-Ermittlung:* Gemessen wurden mit blankem Pt bei pH 6 gegen die Kalomelelektrode 104 mV (Pt-Elektrode $+$) (E_{Cal}); $E_0 = 104 + 245$;

$$\Delta E = 349 + 6 \cdot 59{,}1 = 703{,}6 \text{ mV}; \quad r_H = \frac{703{,}6}{29{,}55} = 23{,}8.$$ — *Beispiel für die pH-Ermittlung:* Erläutert an der pH-Linie für 4,7;

$a = 277$ ist das Potential zwischen der H_2-Elektrode bei pH 4,7 und pH 0 (normal H_2-Elektrode); $a: 59{,}1 = 4{,}7$. *1* Gemessen wurde die gesättigte Kalomelelektrode gegen die H_2-Elektrode $(-)$, entsprechend $a + b = 277 + 245 = 522$; pH $= (522 - 245): 59{,}1 = 4{,}7$; *2* gemessen wurde Hg Cl-Elektrode gegen Chinhydron $(+)$: $c = 177$ mV; E_0 ist $c + b = 422$
$$a + b + c = 699 = \Delta E_0; \quad 699 - 422 = 277 = a$$

H_2O entwickelt werden. Diese Fähigkeit nimmt mit steigendem pH ab. Bei pH 7 mit $E_0 = - 0{,}413$ ist sie thermodynamisch nicht mehr möglich, da sich die Potentialdifferenz jetzt umgekehrt hat. Die Alkali- und Erdalkali-Metall-Elektroden bzw. ihre Amalgame, sind mit ihrem stark negativen Potential noch sehr viel stärkere Reduktionsmittel (vgl. Tabelle 30).

Umgekehrt nimmt die Fähigkeit, reduziert zu werden, d.h. Elektronen aufzusaugen, also als Oxydationsmittel zu wirken, mit steigendem pH zu. In diesem Fall muß ein pH-unabhängiges, meistens anorganisches Oxydationssystem wie Cu^{2+}/Cu^+ mit einem regulär pH-abhängigen organischen gepaart werden (Beispiel: Glucoseoxydation durch Cu^{2+}-Ionen).

Für die Halogene ist folgendes Verhalten leicht vorauszusehen. Jod ($E_0 = +0,54$) wird z. B. durch Titan reduziert und umgekehrt J^- durch das Fe-System zum J_2 oxydiert werden, während Bromid ($E_0 = +1,07$) und Chlorid ($E_0 = +1,36$) durch Fe^{2+} aus den zugehörigen Elementen entsteht, welche also durch Fe^{2+} reduziert werden können. Das Potential des O_3 und H_2O_2 ist so hoch, daß alle 3 Halogene außer Fluorid durch diese Substanz zu den Elementen oxydiert werden können. Dagegen ist eine Verwandlung zum freien Halogen durch O_2 bei pH 0 nur beim Jodid und Bromid, nicht aber beim Chlorid möglich. Im Neutralen ist auch das Br^- nicht mehr durch O_2 zu oxydieren (0,817 V gegen 1,07 V).

Die biologischen Redoxprozesse vollziehen sich alle zwischen den Überspannungsgebieten der beiden Gase H_2 und O_2, d. h. zwischen den Spannungswerten von 0 bis 1,23 V. Da sie zu einem großen Teil außerdem vom pH abhängig sind, gibt man die E_0-Werte der beteiligten Redoxpaare für pH 7 an (E_0'). Die Tabelle 88 bringt solche Werte für einige Körper des Intermediärstoffwechsels

Tabelle 88. *E_0-Werte einiger biologisch wichtiger Redoxsysteme bei pH 7 (E_0') in Volt (25°)*

Formaldehyd/Formiat . . .	$-1,114$	Häm/Hämin	$-0,115$
Acetaldehyd/Acetat	$-0,468$	Flavoprotein	$-0,06$
Formiat/$CO_2 + H_2$	$-0,43$	Cytochrom-b	$-0,04$
$H_2/2 H^+$	$-0,42$	Succinat/Fumarat	$0,0$
Xanthin/Harnsäure	$-0,363$	Hämochrom/Hämichrom(Pyridin)	$+0,017$
DPNH/DPN	$-0,32$	Myoglobin/Myiglobin	$+0,046$
β-Oxybuttersäure/Acetessig-		Hb/Methb	$+0,15$ (30°)
säure	$-0,293$	Ascorbinsäure/Dehydroascorbin-	
Acetaldehyd/Alkohol . . .	$-0,204$	säure	$+0,204$ (pH 3,3)
Flavin-PO_4	$-0,185$	Cytochrom-c	$+0,26$
MS/BTS	$-0,18$	Cytochrom-a	$+0,29$
Malat/Oxalacetat	$-0,166$	Cytochrom-f	$+0,37$
Cystein/Cystin	$-0,14$	Hämozyanin/Methämozyanin .	$+0,54$

und für die mit ihm verbundenen Cofermente. Es zeigt sich, wie chemisch nahe verwandte Stoffe verschieden starke Oxydationsmittel sein können. Diese Tatsache wird besonders dadurch demonstriert, daß die Verbindung eines Cofermentes mit dem zugehörigen Ferment-Eiweiß in der Lage ist, *das Potential des freien Cofermentes abzuändern* (Lactoflavin — gelbes Ferment). Diese *Abtönung der Aktivität einer Wirkgruppe ist für den Einfluß der Fermentproteine wesentlich.* Sie tritt auch besonders ausgesprochen bei den eisenhaltigen Porphyrinkomponenten entgegen; so besitzt das Häm (Fe^{2+}) — Hämin (Fe^{3+})-System das Potential $-0,115$, Hämoglobin-(Fe^{2+})-Methämoglobin (Fe^{3+}) dagegen $+0,150$. Es muß in diesem Zusammenhange erwähnt werden, daß die lockere Anlagerung von O_2 an Hb-Fe^{2+} zwar reversibel ist, aber nicht unter Entstehung von Fe^{3+} erfolgt: es liegt im Gegensatz zur Met-Hb-Bildung keine Oxydation, sondern eine Oxygenation vor (J. B. CONANT).

Redoxpotential und chemische Konstitution

Da die *Redoxpotentiale* ein Maß für die Aufnahmefähigkeit von Elektronen durch die betreffenden Molekeln geben, hat man sich nach dem Zusammenhang des „Elektronensoges" mit der *chemischen Konstitution* zu fragen. Bei der Heterogenität der reduzierbaren Stoffe ist eine allgemein formulierbare Antwort jedoch nicht zu geben. Dennoch lassen sich innerhalb bestimmter Stoffgruppen Abstufungen erkennen, welche deutlich mit ihrem Aufbau zusammenhängen. Das beste Beispiel bieten die substituierten ein- und mehrkernigen Chinone. Aber schon der Übergang zu Iminochinonen erlaubt es nicht mehr, die Derivate beider zu vergleichen. Diese dehydrieren z.B. Hydrazoverbindungen um etwa 3 Größenordnungen rascher zu den Azokörpern als es die zugehörigen Chinone tun. Andererseits wirken Aminophenole schneller reduzierend als Hydrochinone vom gleichen Potential. Diese kinetischen Differenzen werden allerdings nicht direkt durch das Redoxpotential bestimmt.

Beschränkt man sich auf die durch Differenzen der E_0-Werte zum Ausdruck kommenden Gleichgewichte, so zeigen z.B. das unsubstituierte o-Chinon gegenüber dem p-Chinon (0,699V) mit 0,792 V, das Diphenochinon (0,954 V) und das p-Naphthodichinon (0,956 V) sehr hohe Potentiale, sie sind stärker ungesättigte Elektronen anziehende Systeme, die sich zum Teil über 2 Ringe erstrecken. Das o-Chinon des Naphthalins liegt gegenüber der p-Form ebenfalls höher; im ganzen aber zeigt der tiefere Wert dieser 2-kernigen Reihe für die 1-wertigen Chinone an, daß die Verbindungen stabiler als in der 1-kernigen Reihe sind. Im Anthrachinon verlieren die beiden Chinon-Doppelbindungen durch die Zugehörigkeit zu den zwei aromatischen Ringen ihre Reaktionsfähigkeit als Elektronenfänger fast ganz ($E_0 = 0,15$ V). Sein Reduktionsprodukt gibt sie im Gegenteil so leicht ab, daß es gegenüber den anderen Chinonen als starkes Reduktionsmittel fungiert.

Substitution am Ringe mit NH_2, OH, CH_3 wirkt stabilisierend, d.h. stößt die Elektronen ab und verkleinert E_0. Nitro-, Sulfosäuregruppen und Halogene bewirken das Gegenteil (meta-dirigierend, s. S. 46). Sie steigern die Elektronenaffinität des durch das O-Atom festgelegten Systems der konjugıerten Doppelbindungen. Unter den Halogenen ist der positivierende Einfluß des Jods ein wenig geringer als der des Chlorids und Bromids. Die Einführung von 2 Halogenatomen an die gleiche Doppelbindung des Chinons gibt keine Erhöhung gegenüber der einfachen Substitution. Tritt aber das Cl an beide Doppelbindungen heran, dann verdoppelt sich die Potentialzunahme. Beim Vorliegen isomerer Verbindungen ist immer damit zu rechnen, daß sich ein Gleichgewicht mit dem Vorherrschen der energieärmeren Verbindung, d.h. jener mit kleinerem E_0 einstellt.

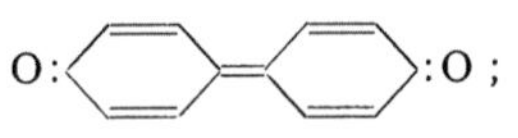

O:⬡=⬡:O ;   Diphenochinon

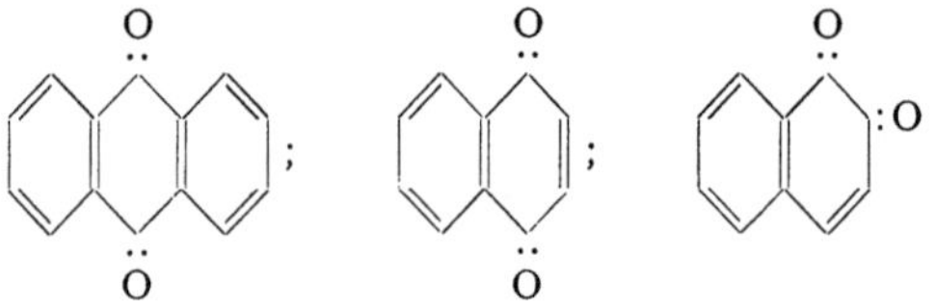

Die hohe biologische Bedeutung der *Redoxskala* liegt darin, daß sie ein Verständnis für die Wirkungsweise und *Wirkungsfolge der Katalysatoren des Gärungs- und Oxydationsstoffwechsels* gibt, denn viele der hier in Betracht kommenden Fermente sind reversible Redoxsysteme; sie wurden daher als Redoxasen zusammengefaßt. Umgekehrt muß natürlich nicht jedes Redoxsystem als Oxydations-Katalysator funktionieren; wenn es aber in diesem Sinne reagieren kann, dann bestimmt seine Stellung in der Redoxskala, welchen Stoffen gegenüber es als Oxydationsmittel wirkt, nämlich denen mit negativerem Normalpotential. Es kann aber nur dann wirklich Katalysator sein, wenn es auch umgekehrt von einem Stoff mit positiverem Potential — bei den eigentlichen Oxydationen schließlich durch den Sauerstoff — seinerseits reoxydiert wird. Denn nur dann kann er im weiteren Verlauf wieder selber weiteroxydieren. *Die Katalysatorfunktion* beruht also auf einem *Hin- und Herpendeln zwischen Red und Ox.* Vorbedingung ist, daß ein solches System mit seinem Normalpotential zwischen dem des Oxydans und des Reduktans steht, und daß die dann gegebene thermodynamische Möglichkeit, als Ferment zu wirken, auch realisierbar ist. Sie wird es dadurch, daß die Reaktion mit dem positiveren und negativeren System auch im Gegensatz zur direkten Reaktion zwischen beiden Systemen kinetisch möglich ist. Mindestens muß die Reaktionsgeschwindigkeit mit Hilfe des an geeigneter Stelle zwischengeschalteten Katalysators größer sein als bei der direkten Reaktion. Ein *Redoxferment* ist also ein Stoff, dessen *Normalpotential zwischen dem des oxydierenden und des zu reduzierenden Stoffes liegt, und dessen Oxydation und Reduktion durch die beiden Stoffe mit genügend großer*

Geschwindigkeit erfolgen kann. Betrachtet man die Reaktion des oxydierten Fermentes mit dem negativeren Stoff, bei der die hydrierte Fermentstufe entsteht, so liegt eine Dehydrasewirkung vor. Ihrer hydrierten Form wird der Wasserstoff durch ein positives System und bei den sog. oxytropen im Gegensatz zu den anoxytropen Dehydrasen durch den Sauerstoff direkt entrissen.

Redoxverhältnis und Potentialverlauf

Da das Redoxsystem praktisch niemals im Normalverhältnis Red/Ox = 1 vorliegt, muß häufig nach der Potentialgröße gefragt werden, welche bei gegebenem Redoxverhältnis für das Eintreten der Reaktion verantwortlich ist. Sie ist das auf die n-H_2-Elektrode bezogene Redoxpotential E_h, welches nach (5) aus dem vorliegenden Aktivitätsverhältnis gewonnen wird. Dabei ergeben sich einige Gesetzmäßigkeiten, deren Verständnis durch die formale Analogie zu den Beziehungen zwischen dem pH und dem Dissoziationsgrad von schwachen Elektrolyten erleichtert wird.

Dem bekannten S-förmigen Verlauf ihrer Dissoziationskurve liegt nach dem Massenwirkungsgesetz die Gleichung:

$$\text{pH} = \text{pK} + \log \frac{\text{Dissoz.}}{\text{Undiss.}}$$

zugrunde. Der Vergleich mit

$$E_h = E_0 + \frac{0,06}{n} \log \frac{\text{Ox}}{\text{Red}} \qquad (6c)$$

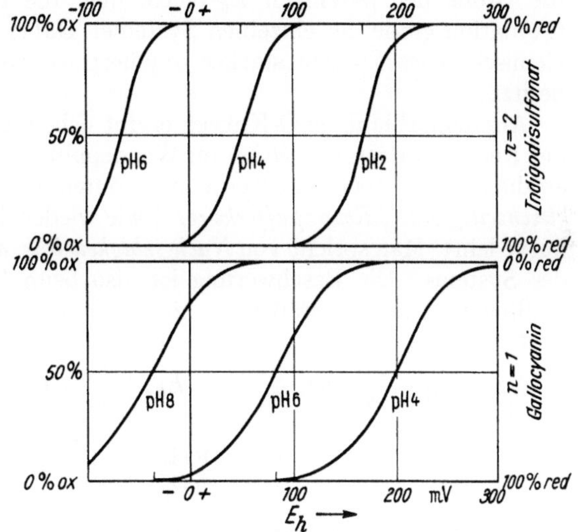

Abb. 161. pH-Abhängigkeit der Redoxpotentiale bei ein- und zweistufigen Redoxfarbstoffen

zeigt, daß E_h mit pH und E_0 folgerichtigerweise mit pK zu analogisieren ist, während man mit dem Dissoziationsgrad die *prozentische Oxydation* $O = \dfrac{\text{Ox}}{\text{Ox+Red}}$ vergleichen muß. Für die prozentische Oxydation ist dann der gleiche *S-Kurvenverlauf* zu erwarten wie für α mit dem pH, wenn man sie dem Redoxpotential E_h *als Ordinate* zuordnet. 100% Oxydation muß sich dem positiven, 100% Reduktion dem negativen Teil der Abzissen asymptotisch annähern. Der Wendepunkt der Kurve liegt bei E_0 (Abb. 161).

Wie der Vergleich der beiden Formulierungen weiter zeigt, entspricht für den Fall $n = 1$ einer pH-Einheit die Größe 0,06 V, soweit es sich um die Analogie der O- mit der α-Kurve handelt; d.h. bei einer Entfernung um 0,06 V vom E_0 aus ändert O seinen Wert von 50% auf 91% bzw. 9%. $n = 1$ gilt für einen einstufigen Redoxvorgang wie $Fe^{2+} \rightarrow Fe^{3+}$; für eine zweistufige Reduktion, z.B.: Hydrochinon $- 2e =$ Chinon $+ 2H^+$ ist $n = 2$; d.h. die Oxydationskurve verläuft steiler, denn jetzt wird die gleiche Änderung von O schon bei einem E_h-Unterschied von 0,03 V erreicht. *Ändert sich z.B. beim Übergang vom Oxydationsgrad 50% zu 75 bzw. 25% das Potential um 28 mV, so liegt ein einstufiger, bei einer Änderung um 14 mV ein zweistufiger Prozeß vor.*

Dieses Verhalten kann durch *Redoxtitration* untersucht werden, d.h., die reduzierte Stufe, z.B. die Leukoform eines Farbstoffes, wird mit einem geeigneten Oxydationsmittel wie Fe^{3+} stufenweise versetzt und die dadurch erreichte Veränderung des Oxydationsgrades elektrometrisch durch Bestimmung von E_h verfolgt. Die Redoxtitrationskurven entsprechen den Säuretitrations-kurven, wenn man den Oxydationsgrad mit α und 60 bzw. 30 mV (bei 30°) für $n = 1$ bzw. $n = 2$ mit einer pH-Stufe vergleicht. *In einer Lösung verschiedener reversibler Redoxsysteme kann nur ein E_h vorliegen, und zu jedem E_h gehört für jedes Redoxsystem ein durch die Lage von E_0 bestimmtes Redoxverhältnis.* Liegt E_h mehr als 2mal 60 bzw. 2mal 30 mV positiver, als es dem zugehörigen E_0-Wert entspricht, dann ist das entsprechende System praktisch im oxydierten Zustand vorhanden, liegt es um die gleiche Größe negativer, so ist es in reduzierter Form zugegen (Abb. 161). Sind mehrere Redoxpaare gleichzeitig zugegen, dann entscheidet in formal gleicher Art wie der pK beim Zweisäureproblem (S. 161) die Größe der jeweiligen E_0-Werte über die bei gegebenem E_h vorhandenen Oxydationsgrade der einzelnen Systeme. Dabei gilt natürlich die Regel, daß im Gemisch jenes System stärker oxydiert ist, welches die positiveren E_0-Werte besitzt.

Aus dem Ablauf der O-Kurven ergibt sich, daß die Änderung des Potentials bei der Redoxtitration (dE_h/dOx) im Wendepunkt am geringsten und bei Annäherung an die 0% und 100% Ox-Achse am größten ist. *Die Redoxtitrationskurve ist also gleichzeitig eine „Redoxpufferkurve"*, wie wieder der Vergleich mit der pH-Pufferkurve lehrt. Man spricht von *Nachgiebigkeit bzw. der Beschwerung (poising action)* des Systems. Die Beschwerung ist also beim Potential des Wendepunkes am größten und um so größer, je höher die Gesamtkonzentration des reversiblen Systems ist.

$$\text{Aus: } E_{01} + \frac{F_N}{n} \cdot \log\frac{[Ox_1]}{[Red_1]} = E_{02} + \frac{F_N}{n} \cdot \log\frac{[Ox_2]}{[Red_2]} \quad \text{(vgl. 5) folgt:}$$

$$\frac{[Ox_1] \cdot [Red_2]}{[Red_1] \cdot [Ox_2]} = 10^{\frac{E_{02} - E_{01}}{F_N/n}} = K. \tag{7}$$

Hiermit läßt sich die *Gleichgewichtskonstante* von reversiblen Hydrierungen oder Dehydrierungen aus den Potentialwerten der Partner leicht *entnehmen*. Als Beispiel diene die an der *Alkoholdehydrogenase (ADH)* katalysierte Oxydation des Äthylalkohols zum Acetaldehyd, wobei DPN zum $DPNHH^+$ reduziert wird:

$$\text{Alk} + \text{DPN} \rightleftharpoons \text{Ald} + \text{DPNH} + H^+ \quad \text{mit: } \frac{[\text{Ald}]}{[\text{Alk}]} \cdot \frac{[\text{DPNH}] \cdot [H^+]}{[\text{DPN}]} = K$$

bzw.

$$\left(\frac{Ox}{Red}\right)_1 \cdot \left(\frac{Red}{Ox}\right)_2 = \frac{K}{[H^+]}. \tag{7a}$$

Es sei $[H^+] = 10^{-7}$ und $E'_{01} = -0{,}204\,V$ für das Aldehydpaar und $E'_{02} = -0{,}32\,V$ für DPN/DPNH, dann ist:

$$E'_{02} - E'_{01}/F_N/2 = -3{,}93; \quad 10^{-3{,}93} = \frac{K}{10^{-7}}; \quad K = 1{,}16 \cdot 10^{-11}.$$

Danach wäre für ein Aldehyd/Alk.-Verhältnis von 1 das für DPNH/DPN bei pH $7 = 1{,}16 \cdot 10^{-4}$ und bei pH 6 betrüge es $1{,}16 \cdot 10^{-5}$. Für das Aldehyd/Alk.-Verhältnis 1:100 wäre es jeweils $1{,}16 \cdot 10^{-2}$ und $1{,}16 \cdot 10^{-3}$. Wieviel im Gleichgewicht von der reduzierten Stufe des negativeren Partners vorliegt, wird also durch den Unterschied der Redoxnormalpotentiale der beiden miteinander kombinierten Systeme festgelegt. Die Gleichgewichte von anderen Dehydrierungssystemen mit DPN oder Flavinen lassen sich in prinzipiell gleicher Weise aus den Normalpotentialen entnehmen. Dabei ist zu beachten, daß die Gleichgewichtskonzentrationen nur für die freien, d.h. nicht mit dem Ferment verbundenen Cofermente ihre Gültigkeit haben. Da die Konstanten der Vereinigung des Enzyms mit dem oxydierten und dem reduzierten Coferment verschieden sind, geht mit wachsender Fermentmenge bei konstanter Coenzymkonzentration eine Veränderung des Verhältnisses von oxydiertem zu reduziertem Coenzym auch im freien Zustand einher (S. VELICK, vgl. auch HOLZER und LYNEN 1956, s. S. 649). Es sei nun $E_{01} < E_{02}$, so daß der Stoff 1 als Reduktions- und Stoff 2 als Oxydationsmittel dient. Außerdem liege zunächst 1 total reduziert und 2 vollständig oxydiert vor. c_1 und c_2 seien die bekannten zugehörigen Gesamtkonzentrationen von Ox und Red. Im Gleichgewicht ist $Ox_1 = c_2 - Ox_2$ geworden, d.h. die Zunahme der Konzentration an Ox ist der Zunahme der Konzentration der reduzierten Stufe im gekuppelten Redoxsystem 2 gleich. Damit ist unter Voraussetzung eines gleichstufigen Prozesses für beide Partner mit $n = 1$: $Ox_1 = Red_2$ und daher gilt:

$$[Ox_1]^2 = K \cdot [Red_1] \cdot [Ox_2] = K (c_1 - [Ox_1]) \cdot (c_2 - [Ox_1]); \qquad (8)$$

für $K = 1$, d.h. $E_{01} = E_{02}$ ergibt sich hieraus: $[Ox_1] = \dfrac{c_1 \cdot c_2}{c_1 + c_2}$.

Die allgemeine Lösung vorstehender Gl. (8) führt zu:

$$[Ox_1] = -\frac{(c_1 + c_2) \cdot K}{2 - 2K} \pm \sqrt{\left(\frac{(c_1 + c_2) \cdot K}{2 - 2K}\right)^2 + \frac{c_1 \cdot c_2 \cdot K}{1 - K}}. \qquad (8a)$$

Mit ihrer Hilfe sind die *in einem Gemisch zweier Redoxsysteme vorliegenden Oxydationsstufen berechenbar*, falls die genannten Ausgangsbedingungen zugrunde liegen. Denn mit Ox_1 ist auch Red_1 und Ox_2 gegeben. Aus den Verhältnissen Ox/Red ergibt sich das gemeinschaftliche Redoxpotential der Lösung (E_h) nach Gl. (5).

Für ein K von 10, d.h. $E_{02} - E_{01} = 0,059$ V (25°) folgt aus (8a) bei $c_1 = c_2 = 1$: $Ox_1 = 0,76$ und hiermit $F_N \cdot \log 0,76/0,24 = 0,059 \cdot 0,5$, d.h. 29,5 mV. E_h liegt also jetzt bei $E_{01} + 29,5$ mV, d.h. in der Mitte zwischen E_{01} und E_{02}. Bei $E_{02} - E_{01} = 2 \cdot 59$ mV ist mit $K = 100$ nach (8a): $Ox = 0,91$ und mit Ox/Red $= 0,91/0,09$: $E_h = E_{01} + 59,2$ mV. Liegt der E_h-Wert mehr als $4 \cdot F_N$ Volt von E_0 entfernt, dann ist auf der positiven Seite weniger als 1% reduziert, praktisch also nur noch die oxydierte, auf der negativen nur die reduzierte Stufe vorhanden. Für 2-wertige Redoxvorgänge sind alle vorgenannten mV-Werte zu halbieren ($n = 2$). Diese quantitativen Überlegungen veranschaulichen die Vorgänge bei der Redoxtitration und der Redoxpufferung.

Welches *Verhältnis (x) Fumarat/Succinat* ($E_{01}' = \pm 0$ mV; $n_1 = 2$) muß z.B. bei pH 7,0 und 30° vorliegen, damit der *Farbstoff Methylenblau* (2) zur Hälfte entfärbt ist ($E_{02}' = +11$ mV; $n_2 = 2$)? $\log x = 2 \cdot 11/60 = 0,367$; $x = 2,33$. Bei der Halbentfärbung des in Gegenwart von Succinodehydrase zugefügten Methylenblaus ist Fumarat 2,33fach konzentrierter als Succinat bzw. 1/2,3 des letzteren wird nicht dehydriert. Für 90%ige Entfärbung der gleichen Menge gilt: $\log (9 \cdot x) = 0,367$; $x = 0,26$ mit $E_h = 0,011 + 0,03 \log 1/9 = -0,0176$ V. Es errechnet sich mit $Ox_1 = Red_2$ leicht, daß die Ausgangsmenge an Bernsteinsäure jetzt 6,1fach größer als im ersteren Fall gewesen sein muß, während die dehydrierte Menge (Ox_1) nur um 9/5 stieg.

Zur vorstehenden Berechnung diente der aus (5) folgende Ansatz:

$$O + \frac{60}{2} \log x = 11 + \frac{60}{2} \log \frac{Mb}{Mb\,H_2}.$$

An dem System Methylenblau-Bernsteinsäure wurde von *Thunberg* im Anschluß an Versuche von H. WIELAND eine einfache *Methode* entwickelt. Sie dient als *Acceptor-Verfahren* zur Bestimmung der Enzymaktivität von Dehydrogenasen. Denn hierbei werden die Reaktionen so geleitet, daß die zugesetzten Farbstoffe als Acceptoren für den Wasserstoff dienen, welcher in Enzymgegenwart vom Substrat, also dem Donator übernommen wird. Zu diesem Zweck wird das Reaktionsgemisch in kurzen Röhrchen mit Schliffstopfen und Vakuumstutzen evakuiert. Das geschieht, um den Sauerstoff, der z.B. durch Reste des eisenhaltigen Fermentsystems noch aktiviert sein könnte, als Wasserstoffacceptor auszuschalten. Die Entfärbung oder Umfärbung des Farbstoffes wird als Funktion der Temperatur, der Ferment- und der Substratkonzentration zeitlich verfolgt. Sie tritt nur ein, wenn der Farbstoff ein positiveres Redoxpotential als das Donatorsystem besitzt. Es hat sich gezeigt, daß auch die Geschwindigkeit der Entfärbung im allgemeinen um so höher ist, je größer der E_h-Unterschied zwischen beiden Systemen ist, es sei denn, daß bestimmte Redoxindicatoren spezifische Blockierungswirkungen auf die Fermenteiweiße ausüben. Diese Effekte werden jedoch nicht direkt durch den E_0-Wert des betreffenden Indicators bestimmt.

Wenn man die Farbstoffkonzentrationen im Vergleich zu der des Donators so niedrig wählt, daß nach eingetretenem Gleichgewicht nur ein bestimmter Anteil entfärbt wurde, dann läßt sich durch colorimetrische Bestimmung oder durch Vergleich im Reihenversuch aus dem bestehenden *Farbgrad:* gefärbt/ungefärbt direkt das Redoxverhältnis entnehmen. Seine Größe aber *liefert mit E_0* sofort das bei gegebenem pH vorliegende *Redoxpotential.*

Die Thunberg-Methode ist zur Bestimmung der relativen Fermentmengen ebenso geeignet wie zur Ermittlung der Substratkonzentrationen (z.B. der Citronensäure). Das sog. Enzymzeitgesetz sagt aus, daß die Entfärbungszeit bei optimaler Substratkonzentration umgekehrt proportional zur Enzymmenge ist. Bei optimalen Fermentkonzentrationen hingegen geht die Entfärbungszeit dann ebenfalls reziprok mit der Substratkonzentration, wenn diese relativ klein im Vergleich zu der mit maximaler Umsatzgeschwindigkeit ist.

Gemessen wird das Redoxpotential E_h gewöhnlich nicht gegen die Normal-H_2-Elektrode, sondern in einer Kette, welche aus blankem Platin in der fraglichen Flüssigkeit und einer in sie eintauchenden Calomelelektrode besteht. Die so gewonnenen Werte (E_K) sind um 250 mV für 18°, bei 25° um 245,8 mV negativer als E_h ($E_h = E_K + 250$), denn die HgCl-Ableiteelektrode ist ihrerseits mit der gleichen Millivoltzahl positiv gegenüber der n-H_2-Elektrode (Abb. 158).

Der r_H-Begriff

Bemerkenswert und von praktischer Bedeutung ist die *Abhängigkeit der E_h-Kurven vom pH der Redoxlösung.* Wenn keine Komplikationen durch Dissoziation neuer Gruppen usw. auftreten, zeigt sich, daß die genannten Wendepunktskurven parallel verschoben sind und *bei um so höheren Voltzahlen liegen, je höher die H^+-Konzentration* ist. E_h wird bei 30° um etwa 60 mV größer, wenn der pH-Wert um eine Einheit erniedrigt wird (Abb. 159 und 161). Außer von $\bar{E}_0$ und dem Redoxverhältnis ist E_h vom pH abhängig [Gl. (6a)].

Man hat nun *nach einem vom pH unabhängigen Redoxmaß gesucht* und in vielen Fällen dieses Ziel auf folgendem Wege erreicht: es wird nicht das Potential E_h zwischen der Redox- und der n-H_2-Elektrode ermittelt, sondern das zwischen der ersteren und einer Wasserstoffelektrode, die in eine Flüssigkeit vom gleichen pH eintaucht, wie sie die Meßlösung besitzt; d.h., es wird letztere als Elektrodenflüssigkeit sowohl für die H_2- wie für die Pt-Elektrode verwendet, die untereinander zum Kreis geschlossen werden. Für exakte Messungen muß hierbei das Gas um die blanke Pt-Elektrode frei von Wasserstoff und Sauerstoff sein. Dieses *Potential ΔE* wird gelegentlich, aber in nicht ganz konsequenter Weise als das *eigentliche Redoxpotential* angesehen.

Zu seiner meistens indirekt vorgenommenen Ermittlung muß das pH der Lösung bekannt sein. Aus E_h ergibt sich dann einfach:

$$\Delta E = E_h + \mathrm{pH} \cdot F_N = \Delta E_0 + F_N \log \frac{\mathrm{Ox}}{\mathrm{Red}}, \tag{9}$$

wo F_N wieder der Potentialwert einer pH-Stufe ist. Weiter gilt:

$$\Delta E = E_K + 250 + \text{pH} \cdot F_N \quad (18°).\qquad(9a)$$

ΔE ist immer an der blanken Pt-Seite positiv, außer bei Agentien, welche auch die H_2-Elektrode reduzieren (s. S. 446).

Für den Vergleich der Vorgänge an beiden Elektroden, zwischen denen beim gleichen pH das Potential ΔE entsteht, muß wieder die Beziehung $H_2 \rightleftharpoons 2H^+ + 2e$ zugrunde gelegt werden. Das blanke Pt-Blech ist primär als reversible Elektrode für Elektronen anzusehen. Dem konstanten Elektronendruck im Metall steht der vom Redoxgrad, pH- und H_2-Druck abhängige Elektronendruck in der Lösung potentialerzeugend gegenüber. An der H_2-Elektrode hat p_{H_2}, der Partialdruck des H_2, den Wert einer Atmosphäre; er ist also sehr hoch. Für konstantes pH ergibt sich aus der Grundgleichung (2), daß sich die Wurzel aus dem wahrscheinlich rein fiktivem H_2-Druck in der Lösung in dem Maße vermindert, wie der Elektronendruck abnimmt. Da aber dieser direkt durch das Potential ΔE gemessen wird, ermittelt man gleichzeitig mit ihm den für die Redoxprozesse charakteristischen Wasserstoffdruck der Lösung. *Hierbei wird für $-\log p_{H_2}$ das Symbol r_H (CLARK 1928) eingeführt.* In H_2-Gas vom Druck 1 ist also r_H gleich null. Für die Redoxelektrode bedeutet r_H die Angabe jenes Wasserstoffdruckes, der an einer schwarzen Pt-Elektrode herrschen müßte, damit an ihr dasselbe Potential erzeugt würde, wie es das blanke Pt in der Redoxlösung von gleichem pH liefert. Ein solcher Druck würde an einer aktiven Pt-Elektrode die der Lösung entsprechende Reduktionswirkung ausüben.

Schließt man nun die pH-gleiche Wasserstoffelektrode mit $p_{H_2} = 1$ und die Redoxelektrode zu einem Kreis, so ergibt sich mit (2):

$$\Delta E = F_N \cdot \log \frac{[H^+]}{(p_{H_2})^{\frac{1}{2}}} - F_N \log [H^+] = -F_N \cdot \log (p_{H_2})^{\frac{1}{2}} = -\frac{F_N}{2} \log p_{H_2}.$$

Damit wird:

$$\boxed{-\log p_{H_2} = r_H = \frac{\Delta E}{\frac{1}{2} F_N} = \frac{E_h + \text{pH} \cdot 59}{29{,}5}},\qquad(10)$$

wenn E_h in mV bei 25° gemessen oder angegeben wurde.

Die *Beziehung des Oxydationsgrades reversibler Systeme zum r_H-Wert* läßt sich aus der Gl. (9) entnehmen. Dividiert man sie durch $N_F/2$, so erhält man auf der linken Seite direkt r_H. $2\Delta E_0/F_N$ ergibt andererseits die r_H-Werte für Halboxydation (r_{H_0}). Aus $r_H = r_{H_0} + \frac{1}{n} \log \frac{\text{Ox}}{\text{Red}}$ folgt dann z.B., daß bei Ox/Red $= 10$ das r_H für einen 1-stufigen Prozeß um eine Einheit größer, bei Ox/Red $= 0{,}1$ um eine Einheit kleiner als r_{H_0} wird. Bei $n = 2$ ist die Änderung jeweils halb so groß. Eine 100fache Veränderung von Ox/Red spielt sich daher in zwei ($n = 1$) bzw. in einer ($n = 2$)-r_H-Stufen ab, wobei der S-förmige Verlauf wie bei einer Dissoziationskurve bestehen bleibt (Abb. 161).

Die r_H-Skala (Abb. 160) wird durch die Potentialdifferenz zwischen der O_2- und der Wasserstoffelektrode umgrenzt, wenn man von den Gebieten der H_2- und O_2-Überspannung absieht. Da das Potential E zwischen beiden Elektroden 1230 mV beträgt, ist der r_H-Wert der O_2-Elektrode $1230/29{,}5 = 42$; d.h. der H_2-Druck betrüge hier 10^{-42} atm. $r_H = 20$ würde demnach z.B. bedeuten, daß die entsprechende Lösung dieselbe Reduktionsintensität hätte, wie H_2 von 10^{-20} atm Druck, wenn er durch kolloidales Pt aktiviert wäre. Eine reelle physikalische Bedeutung kommt derartig niedrigen Druckwerten naturgemäß nicht zu. Trotzdem wird der r_H-Wert *zur Charakterisierung der biologischen Redoxverhältnisse häufig benutzt.* Dabei werden nicht nur direkte Potentialmessungen in Preßsäften, sondern *auch r_H-Bestimmungen* im Zellinnern, ja im Zellkern, indirekt *colorimetrisch* mit Hilfe geeigneter Farbstoffe, Redoxindicatoren, vorgenommen. Es handelt sich hierbei um *reversibel oxydierbare Farbstoffe mit verschiedenem E_0*, welche in oxydiertem Zustand anders, meist stärker als im reduzierten, gefärbt sind. Je nach dem Grade ihrer Entfärbung ist auszusagen, in welchem r_H-Bereich sich die Farben befinden. Wird in dieser Weise ein Farbstoff reduziert, also meistens entfärbt, so ist sein Potential positiver als das des zu untersuchenden Systems. Zu beachten ist dabei nicht nur der pH-Wert, sondern auch die Tatsache, daß diese Fremdstoffe nicht giftig sein und in nicht zu großen Konzentrationen verwandt werden dürfen, damit sie die Nachgiebigkeit der zelleigenen Systeme nicht zu stark beschweren. Tabelle 89 gibt eine Zusammenstellung geeigneter Indicatoren.

Tabelle 89. *Zusammenstellung einiger Redoxindicatoren E_0 bei pH 7 (E_0')*

Indicator	E_0 bei pH 7 (E_0')	r_H
[Hexacyanoferrate]	+0,43	28,4
m-Bromphenol-indophenol	+0,248	22,3
o-Kresol-indophenol	+0,195	20,5
o-Kresol-indo-2-6-dichlorphenol. .	+0,181	20,1
1-Naphthol-2-sulfonatindophenol .	+0,119	18,0
Toluylenblauchlorid	+0,115	17,9
Methylenblauchlorid	+0,011	14,4
K_4-indigotetrasulfonat	−0,046	12,5
K_3-indigotrisulfonat	−0,081	11,3
K_2-indigosulfonat	−0,125	9,9
Neutralrotjodid (angenähert) . . .	−0,30	4,0

Redoxindicatoren; Reversibilität und Potentialeinstellung

In der Praxis der Bestimmung von Redoxpotentialen vieler prinzipiell reversibler Systeme hat es sich oft gezeigt, daß *die Potentialeinstellung* auch bei Abwesenheit von O_2 und unter Verwendung geeigneter Elektroden *verhindert* wird. Der Grund ist die fehlende Katalyse des Überganges von Red zu Ox. Nur dann, wenn die dem gegebenen Redoxverhältnis entsprechenden und sich kompensierenden Überschreitungen in beiden Richtungen tatsächlich stattfinden, ist eine gute Potentialbildung möglich. Viele der genannten *Farbstoffe* von geeignetem E_0-Wert vermögen nun mit beiden Stufen des zunächst trägen Systems zu reagieren. Sie sind daher *als* eine Art Katalysatoren, *Vermittler*, Mediatoren genannt, in der Lage, die *exakte Potentialeinstellung* zu *bewirken*, und sie werden zu diesem Zweck sehr häufig benutzt. Gelegentlich läßt sogar ein geeigneter Farbstoff die Gegenwart eines spezifischen Redoxfermentes erst zur Wirkung auf das Substrat gelangen (Methylenblau — Succinodehydrase — Bernsteinsäure: LEHMANN).

R. WURMSER *teilt die biologischen Redoxsysteme je nach der Güte der Potentialeinstellung folgendermaßen ein* (1940):

1. direkt aktive Stoffe (Cytochrom C, Flavin, Pyocyanin u. a.);

2. nur mit Indicatoren elektroaktive Stoffe (z.B. Ascorbinsäure);

3. nur mit Indicatoren in Gegenwart von Fermenten elektroaktive Stoffe. (Hierher gehören die wichtigsten Dehydrogenasensysteme: Brenztraubensäure-Milchsäure, C_4-Dicarbonsäuren, Alkohol-Acetaldehyd u. a.);

4. Stoffe mit nicht reproduzierbaren Gleichgewichtsbedingungen (z.B. Thiogruppen enthaltende).

Diese Einteilung läßt die Schwierigkeiten erkennen, denen die gegebene Theorie der *Redoxpotentiale bei irreversiblen Systemen* begegnet. Sie sind trotz der Wichtigkeit gerade vieler dieser Reaktionen noch nicht zu überwinden. Zweifellos wird man hier in Gegenwart der spezifischen Biokatalysatoren mit dem Ablauf von reversiblen Teilreaktionen zu rechnen haben, nicht aber die

Einstellung eines Redoxgleichgewichtes für den Gesamtprozeß erwarten können. In solchen Fällen, in denen reversible Teilvorgänge mit praktisch irreversiblen, wie der Aldehydoxydation gekoppelt sind, läßt sich die relative Oxydierbarkeit der letzteren nach J. B. Conant durch Angabe eines „*scheinbaren*" Oxydationspotentials festlegen. Er versteht darunter das Grundpotential eines fiktiven Redoxsystems, welches die reduzierte Substanz innerhalb einer gewissen Zeit (z.B. 30 sec) zu einem bestimmten Prozentsatz (z.B. 25%) aufzuoxydieren vermag. Man oxydiert dabei den Aldehyd oder reduziert eine Doppelbindung oder Nitroverbindungen durch reversible Systeme und bestimmt das Grenzpotential (kritisches Potential), bei dem unter den genannten Bedingungen sich der Ablauf noch vollzieht. Dabei hat es sich oft gezeigt, daß Paare wie Nitrobenzol/Anilin u. a. an der Elektrode *indirekt potentialbestimmend* sind. Sie wirken nur dadurch, daß der Vorgang zwischen ihnen und den reversiblen Stoffen das Oxydationsverhältnis der letzteren verschiebt.

Andere Systeme, z.B. manche Thiogruppen enthaltende, müssen als *halb reversibel* angesehen werden (Borsook 1937 und Mitarbeiter). Sie beeinflussen die Elektrode direkt. Der Vorgang verläuft aber nur in einer Richtung, also etwa so, daß die Aktivität nur des reduzierten Stoffes das Potential bestimmt; die Konzentration des entstandenen Stoffes, z.B. des oxydierten bei der Sulfit-Sulfat-Umwandlung, ist an der Elektrode elektrisch wirkungslos. Die Natur der hier vorliegenden Reaktionshemmung, d.h. die Ursache für das Wirksamwerden einer entsprechend hohen freien Aktivierungsenergie für den Elektronenübergang in einer Richtung ist unbekannt.

Bei den Zellen kann man nun zweifellos nicht von einem bestimmten *Redoxpotential* sprechen, schon deswegen, weil es an verschiedenen Zellorten verschieden liegen wird. Es ergeben sich ähnliche Überlegungen wie bei der Diskussion über das Zell-pH (s. S. 692)[1]. Trotzdem zeigen sich bei derartigen Untersuchungen einige Gesetzmäßigkeiten; z.B. haben anaerob lebende Zellen und Bakterien ein ziemlich niedriges r_H mit Werten bis zu etwa 12, innerhalb derer ihr Wachstum nur vor sich gehen kann. Das r_H der aeroben Zellen liegt etwa zwischen 7 und 22. Für Leber und Gehirn werden niedrige Werte um 9, für Muskeln und Niere Werte um 12—14 angegeben. Ein noch erhaltenes Keimvermögen von Keimlingen, Weizenkörnern usw. läßt sich im Gegensatz zum abgestorbenen Keimling durch ein starkes Reduktionsvermögen erkennen (Lakon 1942). In diesem Zusammenhang und allgemein zur histologischen Darstellung von Reduktionsorten wird oft von der Anwendung des durch Reduktion erfolgenden irreversiblen Umschlages der farblosen Tetrazolium-Salze in die farbigen Formazane Gebrauch gemacht; für das Triphenylderivat (TTC) ist das scheinbare Potential bei pH 7: $-0{,}2$ V; $r_H = 7{,}3$ (Kuhn 1941 und Mitarbeiter).

$$H_2 + R_1 \cdot C\diagup\diagdown \begin{matrix} N-N \cdot R_2 \\ | \\ N = \underset{+}{N} \cdot R_3 \end{matrix} \;\rightarrow\; R_1 \cdot C\diagup\diagdown \begin{matrix} N-NH \cdot R_2 \\ \\ N = N \cdot R_3 \end{matrix} + HCl$$

$$\text{Ox} \qquad\qquad Cl^- \qquad\qquad\qquad \text{Red}$$

Es liegt damit zwischen dem der Flavoproteide und dem der Codehydrasen. Daher wird bei Gegenwart von TTC der Wasserstoff aus $DPNH_2^+$ nicht auf erstere, sondern irreversibel auf den Farbstoff übertragen.

Bemerkenswert sind die unabhängigen Befunde von Chambers (1933) und Dixon über das Verhalten intranuclear injizierter Redoxindicatoren: der Kern hatte kaum einen Einfluß auf den Redoxgrad der Farbstoffe. Sie blieben innerhalb eines weiten r_H-Bereiches oxydiert oder reduziert liegen. Danach

---

[1] Vgl. auch 189[1].

müßte die Teilnahme des Zellkernes an Redoxvorgängen gering sein (vgl. z.B. Lang u. a. 1952). Dagegen sprechen jedoch die neuen Versuche von Siebert (1958), nach denen der Kern mit der gleichen Flüssigkeit wie das Zellplasma durchsetzt würde.

pH-Abhängigkeit mehrstufiger Oxydoreduktionen

Nur unter der Voraussetzung, daß r_H unabhängig vom pH ist, treffen die bisher verwendeten Beziehungen zu. Nach ihnen wird E_h — wie schon erwähnt — mit wachsendem pH in gleicher Weise wie das Potential der Gaskette gegen die n-H_2-Elektrode negativ. Das ist unter der vorangestellten Bedingung deswegen selbstverständlich, weil ΔE die Spannung zwischen der blanken Redox- und der pH-gleichen schwarzen Wasserstoffelektrode bedeutet. Diese Verhältnisse werden durch die gradlinigen und parallelen Kurven des Schemas (160) anschaulich. Sie geben die pH-Abhängigkeit des Grundpotentials, d.h. der Redoxpotentiale bei Halboxydation wieder, welche aber nur in einfachen Fällen der soeben genannten Gleichung gehorchen.

Denn diese einfachen Zusammenhänge mit konstantem ΔE bzw. r_H gelten nur so lange, wie mit geändertem pH keine weiteren *Dissoziationsänderungen der potentialbestimmenden Stoffe* auftreten. Diese müssen aber grundsätzlich bei jenen Redoxsystemen interferieren, welche wie die meisten organischen oder auch manche anorganische mehrstufig sind. Sehr häufig wird wie beim Chinonsystem die reduzierte *Stufe als 1- und 2-wertiges Anion* vorliegen. Die 1-wertige entspricht der Aufnahme eines, die 2-wertige der von 2 Elektronen durch das Chinon. Eine Abgabe von Elektronen aus dem Chinon oder die Bildung von Chinonanionen durch Protonenabgabe kommt bei diesem Beispiel nicht in Frage, so daß also nur 2 Dissoziationskonstanten der reduzierten Form wirksam werden. Da es sich um einen 2-Elektronenprozeß handelt, ist das 2-wertige Hydrochinonanion (Red^{2-}) als das primäre Reduktionsprodukt anzusehen. Ist Red wiederum die gesamte und als solche nur analytisch faßbare Reduktionsstufe, so gilt mit $n = 2$:

$$E_h = \bar{E}_0 + \frac{F_N}{2} \log \frac{Ox}{Red^{2-}} = \bar{E}_0 + \frac{F_N}{2} \log \frac{Ox}{Red \cdot \alpha_2}. \tag{11}$$

Mit dem Wert für den Dissoziationsgrad α_2 einer zweibasischen Säure (s. S. 166) erhält man:

$$\left.\begin{aligned}
E_h &= \bar{E}_0 + \frac{F_N}{2} \log \frac{Ox}{Red} \cdot \left(\frac{[H^+]^2 + [H^+] \cdot K_1 + K_1 \cdot K_2}{K_1 \cdot K_2} \right) \\
&= \Delta E_0 + \frac{F_N}{2} \log \frac{Ox}{Red} ([H^+]^2 + [H^+] \cdot K_1 + K_1 \cdot K_2).
\end{aligned}\right\} \tag{11a}$$

Dabei wurde gesetzt:

$$\Delta E_0 = \bar{E}_0 - \frac{F_N}{2} \log K_1 \cdot K_2;$$

für $Ox = Red$, z.B. also für die Molekülverbindung Chinhydron folgt dann:

$$E_h = E_0 = \Delta E_0 + \frac{F_N}{2} \log ([H^+]^2 + [H^+] \cdot K_1 + K_1 \cdot K_2). \tag{11b}$$

Hier ist ΔE_0 wieder das konstante Potential, welches bei Halboxydation zwischen der *platinierten und blanken Pt-Elektrode bei gleichem pH besteht*.

Die Diskussion dieser für viele Redoxsysteme typischen Gleichung ergibt, daß der *Bereich der pH-Abhängigkeit von E_h* durch das Verhältnis der H^+-Ionenkonzentration zu den Werten der Konstanten bestimmt wird. Meistens wird das Produkt $K_1 \cdot K_2$ so klein sein, daß es als Summand zu vernachlässigen ist. Ist $[H^+]$ jedoch kleiner, so wird der Klammerwert praktisch nur durch $K_1 \cdot K_2$ bestimmt, d.h. das rechte Glied mit $F_N/2$ und damit E_0 und auch E_h werden unabhängig von der Wasserstoffzahl: $dE_0/d\,\mathrm{pH} = 0$ (vgl. Abb. 159).

Ist $[H^+] > K_1$, dann ist nur der pH bestimmend; es gilt:

$$E_0 = \varDelta E_0 + \frac{F_N}{2} \log [H^+]^2 = \varDelta E_0 + F_N \log [H^+] = \varDelta E_0 - F_N \cdot \mathrm{pH}, \qquad (11\,c)$$

d.h. die pH-E_0-Kurve besitzt eine Neigung von 60 mV $(30°)$: $\dfrac{dE_0}{d\,\mathrm{pH}} = -0,06 \, \mathrm{V}$. Bei $[H^+] = K_1$ ist mit $K_1 \gg K_2$:

$$E_0 = \varDelta E_0 - F_N \cdot \mathrm{pH} + \frac{F_N}{2} \log 2 = \varDelta E_0 - F_N \cdot \mathrm{pH} + 0,009 \, \mathrm{V} \ (30°).$$

In dem Bereich $K_1 > [H^+] > K_2$ ist praktisch nur das mittlere Glied der Klammer in Gl. (11 b) ausschlaggebend und damit wird:

$$E_0 = \varDelta E_0 + \frac{F_N}{2} \log K_1 - \frac{F_N}{2} \cdot \mathrm{pH}.$$

Mit dem Faktor $F_N/2$ wird die Neigung der E_0/pH-Kurve hier 30 mV $(30°)$ (Abb. 159b).

Die Kurvenneigung ist im übrigen für jeden Punkt aus Gl. (11 b) durch Differentiation nach pH zu erhalten. Unter Berücksichtigung von $dE = \dfrac{du}{u}$ für $E = \ln u$ und $\dfrac{H}{dH} = \dfrac{1}{d \ln H}$ ist:

$$\frac{dE_0}{d\,\mathrm{pH}} = -\frac{2,3 \cdot F_N}{2} \cdot \frac{2\,[H^+]^2 + [H^+] \cdot K_1}{[H^+]^2 + [H^+] \cdot K_1 + K_1 \cdot K_2}. \qquad (11\,d)$$

Für das Chinhydronsystem, d.h. [Chinon]:[Hydrochinon] $= 1$, ergibt sich aus Gl. (11 b) in der Form der Gl. (11 c) die Grundlage für die Chinhydronmethode zur pH-Bestimmung, da E_0 bis zum schwach alkalischen Bereich nur vom pH und $\varDelta E_0$, nicht aber von K_1 abhängt. Dagegen wird $\varDelta E_0$ relativ stark durch die Temperatur beeinflußt. Es beträgt bei 25° 699 mV, entsprechend einem r_H von 23,7 (S. 453). E_0 jedoch fällt mit wachsendem pH wie die Wasserstoffelektrode um 59 mV pro pH-Einheit, bis sich die Dissoziation des Hydrochinons in erster Stufe mit $K_1 = 10^{-10}$ bemerkbar macht; d.h. bei pH 10 ist die Aufbiegung der Kurve nach oben schon um so viel kleiner geworden, daß der E_0-Wert um 9 mV höher liegt als der Fortsetzung des geradlinigen Abfalles entspricht. Bei pH 9 ist E_0 nur um $F_N/2 \log 1,1$, d.h. 1,26 mV erhöht, bei pH 8 nur um 0,13 mV. E_0 fällt also bis pH 8 dem pH-Anstieg proportional, so daß die Chinhydronelektrode bis zu diesem Bereich für pH-Messungen praktisch benutzbar ist.

Das Verhalten des Chinhydrons ist insofern typisch, als das Wirksamwerden jeder neu hinzukommenden dissoziationsfähigen Gruppe im E_0-pH-Diagramm eine Veränderung der Kurvenneigung um $N_F/2$ hervorbringt. Der Verlauf der verschieden geneigten Kurvenstücke zeigt sich dann deutlich, wenn die Werte der Konstanten um mindestens 3 Zehnerpotenzen auseinander liegen. Denn, wie das gegebene Zahlenmaterial zeigt, werden für den Übergang zu der charakteristischen Neigung jeweils praktisch 1,5 pH Einheiten beiderseits des Punktes mit pH = pK benötigt.

Auch die oxydierten Stufen können dissoziierbar sein, so daß ihr Dissoziationsgrad ebenfalls mit dem pH variiert. In diesem Falle wäre mit dem einfachen Ansatz und der Annäherung für $K < H^+$ analog zu (6) und (6a):

$$E_h = \bar{E}_0 + F_N \log \frac{\mathrm{Ox} \cdot \alpha}{\mathrm{Red}} = \bar{E}_0 + F_N \log \frac{\mathrm{Ox}}{\mathrm{Red}} + F_N \log \frac{K}{K + [H^+]}$$

$$= \varDelta E_0 + F_N \log \frac{\mathrm{Ox}}{\mathrm{Red}} + F_N \cdot \mathrm{pH} \quad \text{mit} \ \varDelta E_0 = \bar{E}_0 + F_N \log K.$$

Im Gegensatz zur reduzierten Stufe bewirkt also, wie das positive Vorzeichen des Gliedes mit pH zeigt, die *Dissoziation der oxydierten Stufe ein relatives Ansteigen des Redoxpotentials mit wachsendem pH-Wert*. Die Neigung des Anstiegs wird wieder durch F_N bzw. F_N/n gegeben. Das Wirksamwerden von K_{Ox} veranlaßt also immer ein Steilerwerden der E_h-pH-Kurve. Tatsächlich ist aber der gegebene Ansatz unvollständig, da er nun auf die Dissoziation der reduzierten Stufen keine Rücksicht nimmt. Wenn die oxydierte Form als HR und R^- vorliegen kann, muß für die reduzierte HRH_2, $^-RH_2$, $^-RH^-$, und $^-R^{2-}$ existieren, d.h. es sind K_{Ox}, K_{Red_1}, K_{Red_2}, K_{Red_3} und damit 4 Dissoziationsgrade zu berücksichtigen. Von ihnen kann man die Rechnung nach den oben gegebenen Beispielen für die partiellen Redoxpaare HR und $^-RH^-$ oder für R^- und R^{3-} unter Berücksichtigung der Dissoziationsgrade für dreibasische Säuren nach (III, 40) durchführen. Man erhält wiederum das Resultat, daß bei genügend auseinanderliegenden Werten der Konstanten geradlinige Kurvenstücke mit den bekannten Neigungen auftreten.

Die Größe der letzteren steht im Zusammenhang mit dem stöchiometrischen Verlauf der zugrunde liegenden Redoxreaktionen. Dabei ist die Anzahl der bei dem Ablauf in einer Richtung gebildeten oder verbrauchten Protonen entscheidend. Bezeichnet man die Zahl der bei der Reduktion verschwindenden Wasserstoffatome mit n, die der dabei entstehenden H^+-Ionen mit a und die Gleichgewichtskonstante mit K, dann erhält man (JOHNSON 1950) für:

$$\text{Red} + a \cdot H^+ \rightleftharpoons \text{Ox} + \frac{n}{2} H_2, \qquad p_{H_2} = \left(K \cdot [H^+]^a \cdot \frac{[\text{Red}]}{[\text{Ox}]} \right)^{2/n}.$$

Aus (9) und (10) folgt weiter die wichtige allgemeine Beziehung:

$$E_h = \frac{F_N}{2} \log \frac{1}{p_{H_2}} - F_N \cdot pH. \tag{12}$$

Einsetzen des obenstehenden Wertes für p_{H_2} in (12) liefert mit

$$E_0 = -\frac{F_N}{n} \log K : E_h = E_0 + \frac{F_N}{n} \log \frac{\text{Ox}}{\text{Red}} - \frac{(n-a)F_N}{n} \cdot pH. \tag{12a}$$

Die Steilheit der E_h/pH-Kurve ist danach:

$$\frac{dE_h}{dpH} = \frac{F_N(a-n)}{n}. \tag{12b}$$

Diese Formulierungen gelten im Gegensatz zu (11 d) nur in den pH-Bereichen, in denen praktisch vollständige Dissoziation der eingesetzten Stufen vorliegt. So ist für Methylenblau um pH 6: $n=2$ und $a=0$ und die Steilheit: $-0,06$ V; unter pH 5 ist $n=2$ und $a=-1$ mit der Steilheit: $-0,09$ V. Essigsäure ist undissoziiert, d.h. $a=0$, für pH unter 3 und dissoziiert mit $a=1$ beim pH >6 usw.

Methylenblau: $Mb^+ + H^+ + H_2 \rightarrow HMbH_2^{2+}$ $(n=2, a=-1)$;

$Mb^+ + H_2 \rightarrow MbH_2^+$ $(n=2, a=0)$; $Mb^+ + H_2 \rightarrow MbH + H^+$ $(n=2; a=1)$

bei pH >7. Solche Systeme, für die $n=a$ ist, sind vom pH unabhängig. Zu ihnen gehört das Paar Fe^{3+}/Fe^{2+} [s. Gl. (3)] und $Fe(CN)_6^{3-}/Fe(CN)_6^{4-}$ oberhalb von pH 4.

Neben dem niedrigen Aktivitätsfaktor wird man bei Oxydationstitrationen mit Hexacyanoferrat (III) diese pH-Abhängigkeit zu beachten haben. Die Eisensysteme Cytochrom c und Methb/Hb werden erst oberhalb bestimmter, meistens um den Neutralbereich gelegener pH-Werte von der Reaktion abhängig. Bis hierher gilt: $n=a=1$. E_h nimmt beim Methb/Hb-System oberhalb von pH 6,7 mit der bekannten Neigung von 60 mV ab; bei kleineren pH-Werten beträgt das Potential: $E_0 = 168$ mV. Die Erklärung für diese Reaktionsabhängigkeit wird in dem Auftreten einer hydrolytischen Reaktion bzw. ihrer Zurückdrängung bei der Reduktion gesehen, bei der sich folgendes abspielt:

$$\mathrm{H^+ + Hb\!-\!Fe^{3+}\!-\!OH + \tfrac{1}{2}H_2 \to Hb\!-\!Fe^{2+} + H_2O + H^+}$$

($n = 1$; $a = 0$; Steilheit: -60 mV).

Aus der pH-Abhängigkeit der *Redoxkurve* läßt sich umgekehrt der *Wert der Dissoziationskonstanten* für die beteiligten Gruppen entnehmen. Im vorliegenden Falle wurden sie für verschiedene Temperaturen ermittelt und mit ihrer Hilfe über die Reaktionsisochore nach (VI 45) die Wärmetönung der Hydrolysereaktion bestimmt. Dieser Vorgang nimmt mit der Temperatur zu. In der Richtung des Pfeiles wird durch die Aufhebung der Hydrolyse Wärme frei, dagegen erfolgt die Reduktion endotherm; im Alkalischen äquilibrieren sich beide Wärmetönungen etwa, während die Methb-Bildung bei niedrigem pH exotherm verläuft. Vielleicht hängt die Leichtigkeit der Methb-Bildung im Sauren mit der höheren Wärmetönung bzw. mit der etwa parallel gehenden größeren freien Energie zusammen (HAVEMANN). Die Hydrolyse des Methb ist auch von

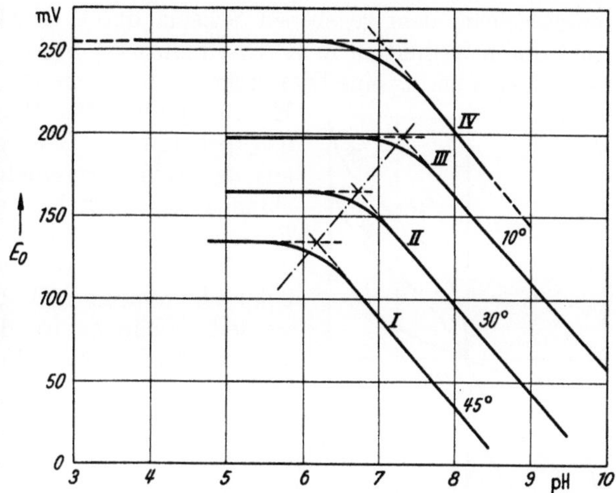

Abb. 162. E_0-Werte bei verschiedenem pH für einige Fe-Porphyrinverbindungen. *I, II, III* Methb/Hb (nach HAVEMANN); *IV* Cytochrom c (nach PAUL 1951)

Bedeutung für die Bildung seiner Salze. Unterhalb pH 6 bilden sie sich unabhängig vom pH nach $\mathrm{Methb^+ + F^- \rightleftharpoons Methb\,F}$. Oberhalb bedingt der Verlauf: $\mathrm{Methb\!-\!OH + F^- + H^{\cdot} \rightleftharpoons Methb\!-\!F + H_2O}$ die Abhängigkeit von der $\mathrm{H^+}$-Ionenkonzentration. Für $\mathrm{Methb\!-\!CN}$ ist das Verhalten umgekehrt, da hier gilt: $\mathrm{Methb\!-\!OH + HCN \rightleftharpoons Methb\!-\!CN + H_2O}$ und im Alkalischen: $\mathrm{Methb^+ + HCN \rightleftharpoons Methb\!-\!CN + H^+}$ (HAVEMANN 1943). Die Oxydation des Hb durch $\mathrm{O_2}$ in Wasser erfolgt wahrscheinlich auf dem Wege über die Bildung von OH-Radikalen, welche als Elektronenfänger: $e + \mathrm{OH} \to \mathrm{OH^-}$ dienen (KIESE 1944).

Die *Cytochrome* zeigen einen ähnlichen Verlauf. Bei dem am besten untersuchten Cytochrom c liegt der Übergang in dem pH-abhängigen Teil, d. h. um den pK-Wert der Hydrolyse, also auch etwa bei pH 7 (s. Abb. 162). Der pH-unabhängige Schenkel zeigt mit $E_0 = +0,27$ V an, daß das Cytochrom c ein stärkeres Oxydationsmittel als Methb/Hb ist.

Nicht alle Dissoziationskonstanten geben ihre Lage durch den Verlauf der E_h-pH-Kurve zu erkennen. Das trifft z. B. dann zu, wenn die numerischen Werte für die oxydierte und reduzierte Stufe sehr wenig verschieden voneinander sind; außerdem dann, wenn die Konstanten zu niedrig sind, um sich noch bis etwa pH 12 auswirken zu können. Das letztere ist häufig der Fall, denn, wenn auch Ox keine Säure ist, muß Red es bei $n = 2$ mindestens intermediär in 2 Stufen sein:

$$\mathrm{R \xrightarrow{+e} R^- \xrightarrow{+e} R^{2-} \xrightarrow[K_2]{+H^+} RH^- \xrightarrow[K_1]{+H^+} RH_2.}$$

Ihre Konstanten K_1 und K_2 sind oft sehr klein, so daß sie erst bei hohem pH in Erscheinung treten. Die dann zu findende relative Erhöhung von E_h sagt aus, daß die dissoziierten Systeme: R/R^{2-} stärkere Oxydationsmittel als die undissoziierten: R/RH_2 sind.

Radikale als Zwischenstufen der Oxydation

Das durch Anlagerung eines Elektrons entstandene *1-wertig* negative *Intermediärprodukt* kann, obwohl es radikalartigen Charakter trägt, bei vielen Stoffen aus der Gruppe der Chinone u. a. relativ beständig sein. Man bezeichnet es als *Semichinon* (s). Grundsätzlich reagieren diese in folgender Art. Sie können entsprechend dem gegebenen Schema durch Oxydation in R[(*h*), Holochinon] und durch Reduktion in R^{2-}[(*r*), reduzierte Stufe] übergehen. Außerdem beobachtet man häufig eine Dimerisierung zu einem *Merichinon* nach $2R^- = R + R^{2-}$.

Hierfür bietet die Molekülverbindung Chinhydron das bekannteste Beispiel. Sie bildet sich so leicht aus den beiden symmetrischen Partnern, daß Semichinone des einfachen p-Chinons nicht stabil sind. Entscheidend ist aber für die Merichinone nicht, daß sie als Molekülverbindungen vorliegen, welche wie beim Chinhydron z.B. durch H-Brücken geschaffen werden. Vielmehr ist das gleichzeitige Vorhandensein der oxydierten und reduzierten Stufe wesentlich.

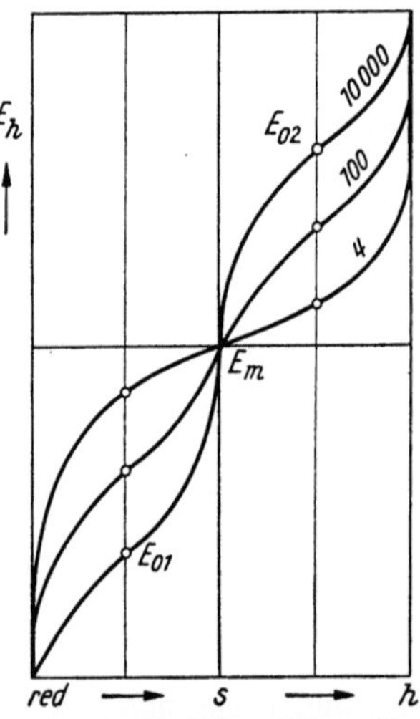

Abb. 163. Semichinon-Bildung. Abscisse: Zugegebene Oxydans-Menge in %; Ordinate: Redoxpotential (nach MICHAELIS 1940)

Chinhydron

Biradikaloid, d.h. Biradikal mit antiparallelem Spin der einsamen Elektronen.

Demgegenüber sind die Semichinone einheitliche Zwischenstufen der Oxydation. Bei komplizierteren Ringsystemen, wie Flavinen oder dem ebenfalls basischen Pyocyanin (Hallachrom, Chlororaphin u. a.) und vielen synthetischen Farbstoffanionen und -kationen kann die Konzentration der Semichinonstufe bis zu 50% der Gesamtverbindung erreichen.

Das *Vorliegen solcher Radikale* ist 1. durch ihre intensive *Färbung*, 2. durch den *Paramagnetismus* (s. S. 37) und 3. durch den charakteristischen *Verlauf der E_h-Kurve* bei der Redoxtitration zu erschließen und quantitativ zu verfolgen. Bei der Zugabe eines Oxydationsmittels erhält man zwei aneinander anschließende völlig symmetrische S-Kurven mit den Halbpotentialen E_{01} und E_{02} (Abb. 163). Sie ergänzen sich beide zu einer Kurve mit dem Verbrauch des Oxydationsmittels für die Gesamtoxydation der reduzierten Stufe zum Holochinon. Das hierzu gehörende Halbpotential E_{0m} bildet den Übergang zwischen den beiden Teilbereichen der Oxydation, welche durch das Verhältnis s/r und h/s charakterisiert sind. Für die Potentiale beider Teilstufen gilt daher:

$$E_h = E_{01} + F_N \log \frac{[s]}{[r]} \quad \text{und} \quad E_h = E_{02} + F_N \log \frac{[h]}{[s]}. \tag{13}$$

Die Bildung der Semichinone erfolgt nach $h + r \rightleftharpoons 2s$, so daß die Bildungskonstante des Semichinons lautet:

$$K_S = \frac{[s]^2}{[h] \cdot [r]}. \tag{13a}$$

Liegt ein bestimmter E_h-Wert im Bereich der Chinontitrationskurve vor, dann gilt nach vorstehenden Gleichungen folgende Beziehung:

$$E_{02} - E_{01} = F_N \left(\log \frac{[s]}{[r]} - \log \frac{[h]}{[s]} \right) = F_N \log \frac{[s]^2}{[r] \cdot [h]} = F_N \cdot \log K_S. \tag{13b}$$

Die Bildungskonstante K_S ist also unmittelbar aus den E_h-Werten für die Wendepunkte der beiden Teilkurven zu entnehmen (s. Abb. 163). Für $K_S = 4$ entsteht eine einheitliche Oxydationskurve für h wie bei einem Redoxsystem mit $n = 1$, obwohl hier die Teilreaktion der Semichinonbildung noch erfolgt; es wird also ein Vorgang mit einem Schritt (one step-reaction) vorgetäuscht. Das Verhalten ist jetzt völlig analog dem für zweibasische Säuren mit gleichwertigen Säuregruppen zu fordernden, wenn die Anlagerung und Abgabe von Protonen sich nur nach den statistisch vorhandenen Möglichkeiten richtet (s. S. 149). Das dort geforderte Verhältnis $K_1/K_2 = 4$ entspricht dem Wert $K_S = 4$. Auch eine Säuretitrationskurve würde in diesem Falle so aussehen, als ob die doppelte Menge einer einbasischen Säure vorläge.

Man wird nicht fehlgehen, wenn man die *Semichinone auch im biologischen Geschehen als Mittler zwischen 1- und 2-stufigen Redoxsystemen* ansieht. Schon die Stellung der Flavinenzyme zwischen den bruttomäßig pro Molekül 2-stufig wirkenden Dehydrogenasen und den eisenhaltigen Fermenten der Atmungskette, welche nur je 1 Elektron aufnehmen, legt eine solche Einordnung nahe. Sie dürfte auch für die Naphthochinone bzw. Phyllochinone zutreffen. Auf jeden Fall lassen ihre Normalpotentiale diese Einstufung zu (MARTIUS; s. S. 495). Danach würde die Dehydrogenase ($>$R) vom Substrat hydriert:

$$> R + AH_2 = > R^{2-} + 2\,H^+ + A,$$

während ein Fe-haltiges Enzym dem reduzierten Ferment die Elektronen anschließend stufenweise wiederum abnimmt:

$$> Fe^{3+}_{(1)} + R^{2-} \rightarrow > Fe^{2+}_{(1)} + R^-; \qquad > Fe^{3+}_{(2)} + R^- \rightarrow > Fe^{2+}_{(2)} + R.$$

Die intermediäre Bildung der Semichinon-Stufe R^- ermöglicht diesen Ablauf, bei dem sich je nur 2 Molekeln im Stoß zu treffen brauchen (bimolekulare Reaktion, s. S. 538). Für einen Verlauf nach:

$$2 > Fe^{3+} + R^{2-} - 2 > Fe^{2+} + R$$

wäre der unwahrscheinlichere und wesentlich weniger wirksame Zusammenstoß von 3 Molekeln (trimolekulare Reaktion) erforderlich. Durch Vermeidung der Notwendigkeit von Dreierstößen würde danach die Semichinonbildung zu einer sehr beachtlichen Steigerung der Reaktionsgeschwindigkeit führen können.

Der Unterschied liegt also in der Zahl der für den Reaktionsablauf benötigten Molekeln. Für die *Elektronenübertragung* selbst aber hat sich im ganzen die Auffassung von MICHAELIS durchgesetzt, daß sie auch dann *in Einzelschritten* erfolgt, wenn der Vorgang wie bei den meisten Dehydrierungen zunächst 2-stufig zu formulieren ist. Der 1-stufige Mechanismus wird zweifellos schon dadurch nahegelegt, daß sich die elektronenaufnehmenden Orte einer Molekel an verschiedenen, oft weit entfernten Atomen befinden (DPN$^+$). Die Wahrscheinlichkeit des Zusammentreffens beider Übertragungen bestimmt die Konstanten des Redoxvorganges; das Fehlen semichinonartiger Zwischenstufen läßt den einheitlichen Ablauf entstehen, wie er für die 2-stufigen Prozesse formelmäßig zu erwarten und in Abb. 161 kurvenmäßig dargestellt ist.

Unter biologischen Bedingungen vollzieht sich auch die *direkte Oxydation* mit Hilfe des Sauerstoffes nicht durch seine Vereinigung mit dem Substrat. Vielmehr wird er ebenfalls durch *schrittweise Anlagerung von insgesamt 4 Elektronen* reduziert. Hierbei würden die Anionen entstehen: O_2^-, O_2^{2-}, O_2^{3-}, O^{2-}, O^-, welche bei Gegenwart von Protonen, also schon in wäßriger Lösung, unter anderem folgende Stufen bilden könnten:

$$HO_2^{\cdot} \;(1), \quad H_2O_2 \;(2), \quad H_2O + OH^{\cdot} \;(3), \quad OH^- \;(4), \quad H_2O \;(5).$$

Da sowohl $HO_2^{\cdot}$ wie $OH^{\cdot}$ freie und sehr *reaktionsfähige Radikale* mit großem Energieinhalt sind, benötigen die Reaktionen (1) und (3) eine entsprechend hohe Energiezufuhr. Die an (1) anschließende Bildung der Peroxydstufe und die auf (3) folgende Reduktion zu H_2O sind einfache Folgereaktionen. Die Existenz des HO-Radikals ist nach kinetischen Studien und spektroskopischen Beobachtungen gesichert; die des ganz besonders kurzlebigen HO_2 folgt aus dem Ablauf oxydierender Kettenreaktionen und wurde neuerdings für Gasreaktionen massenspektrographisch nachgewiesen (FONER u. HUDSON 1955). Die Anlagerung eines Elektrons an OH führt zur Bildung des Hydroxylions, dessen Vereinigung mit einem Wasserstoffion die bekannte Neutralisationsreaktion ist. Wahrscheinlich werden diese Zwischenstufen aber bei der biologischen Oxydation nicht freigegeben (vgl. S. 630).

Bruttomäßig ist die Protonenanlagerung oft mit den Elektronenverschiebungen gekoppelt. Ohne die letzteren aber ist sie keine Reduktion. Protonenabgabe kann zwar (s. S. 456) modifizierend auf die Redoxintensität wirken, aber niemals dem Elektronenverlust parallel gesetzt werden. Die entscheidende Rolle spielt das Lösungsmittel, z.B. das Wasser, welches das Proton aufnimmt und das beständige Hydroniumion bildet. Elektronen werden vom Wasser nur aus sehr starken Reduktionsmitteln (s. S. 446) unter Bildung von $2OH^- + H_2$ aufgenommen. Es ist aber im übrigen kein Acceptor für Elektronen. Diese benötigen als Empfänger Oxydationsmittel, mit denen die Reaktion kinetisch und thermodynamisch möglich ist.

Freie Energie und Redox-Normalpotentiale

Die thermodynamische Möglichkeit einer Reaktion wird durch ΔE bzw. r_H zum Ausdruck gebracht. Denn beide Größen sind ein *direktes Maß für die freie Reaktionsenthalpie des Redoxvorganges*. Die bei 1 V ($E = 1$) pro Elektronenäquivalent ($n = 1$) freiwerdende elektrische Energie ist:

$$F \cdot E = 96\,500\,Coul \cdot 1 = 96\,500\,Joule = 96\,500 \cdot 0{,}23899\,cal = 23{,}07\,kcal. \quad (14)$$

Die oft genannte Potentialdifferenz von 60 mV ist daher gleichbedeutend mit 23 cal $\cdot$ 60 = 1,384 kcal (30°) und die von 59,1 mV = 1,365 kcal (25°), (s. S. 419). Die freie Energie ist daher aus der Spannung zwischen zwei reversiblen Redoxsystemen unmittelbar in Calorien anzugeben, wobei noch die Äquivalenzzahl n zu berücksichtigen ist. Die Grundreaktionsarbeit, d.h. die freie Normalenthalpie ergibt sich so aus den ΔE_0-Werten in kcal/Mol. Für die Knallgasreaktion: $H_2 + \tfrac{1}{2}O_2 = H_2O$ erhält man aus der E_0-Differenz zwischen der O_2- und H_2-Elektrode mit $n = 2$: $-\Delta G_0 = 1{,}23 \cdot 2 \cdot 23{,}06 = 56{,}7$ kcal in Übereinstimmung mit den calorischen Daten der Tabelle 86a. Die freie Energie der durch die Pt-Elektrode katalysierten Oxydation eines Mols Wasserstoff vom Druck 1 atm mit Hilfe des Oxydationsmittels Sauerstoff besitzt also diesen Wert (Knallgaskette). Er könnte bei reversibler Führung der Reaktion, deren Gleichgewicht vollkommen auf der Seite des gebildeten Wassers liegt, als elektrische Energie einem geeigneten „Brennstoffelement" entnommen werden.

Für alle anderen Oxydantien außer O_2 *ist* $-\Delta G_0$ entsprechend der Größe von ΔE_0 *kleiner* und wird um so niedriger, je näher das betreffende System der H_2-Elektrode steht (Abb. 160); $n \cdot \Delta E_0 \cdot 23{,}07$ ist immer die reversible Arbeit, die aufzuwenden ist, um in einer Lösung mit Red:Ox = 1 ein Mol der reduzierten Stufe zu oxydieren und an der H_2-Elektrode gleichzeitig n Mol H^+-Ionen zum gasförmigen Wasserstoff von $p_{H_2} = 1$ zu entladen. Oder es ist die zu gewinnende Arbeit, wenn im gleichen und aufrechterhaltenen Gemisch ein Mol Ox zu Red verwandelt wird und sich an der Kathode n Mole H^+ aus H_2-Gas bilden. H^+-Ionenbildung aus dem Gas bedeutet aber Oxydation. Solange ΔE_0 bzw. $-\Delta G_0$ positives Vorzeichen trägt, verläuft diese Reaktion freiwillig. Ist es negativ, dann ist die Gasbildung aus H^+-Ionen der freiwillige Prozeß.

Hierbei ist nun nicht E_0 bei pH 7, sondern das bei pH 7 gewonnene ΔE_0 einzusetzen, welches gleichbedeutend ist mit E_0 unter der Voraussetzung, daß die Redoxlösung bei pH = 0 die gleichen Redox- und Dissoziationsverhältnisse aufwiese wie bei pH 7. Auf diese Weise bleibt die *Zurückführung der Energiegrößen auf die Standardwerte der n-H_2-Elektrode* und damit der Anschluß an die auf andere Weise erhaltenen thermodynamischen Werte gewahrt. Oxydiert nun z.B. ein Mol Fumarat in der beschriebenen Weise die H_2-Elektrode, dann ist $-\Delta G_0 = 0{,}438 \cdot 2 \cdot 23{,}07 = 20{,}1$ kcal. Die gleichzeitig erfolgende Bildung von Bernsteinsäure stellt diesen Wert an freier Energie zur Verfügung. $-\Delta G_0$ gibt also daher die *maximale Arbeit des betreffenden Redoxsystems* an, hier der Reaktion:

$$\text{Bernsteinsäure} \rightleftharpoons \text{Fumarsäure} + 2\,e + 2\,H^+.$$

Es ist zu beachten, daß die *reversible Reduktion der Fumarsäure unter Energiegewinnung* und daher die Oxydation der Bernsteinsäure unter Energieverbrauch vor sich geht. Diese zunächst nicht einleuchtende Tatsache wird unmittelbar verständlich, wenn man die Elektronenanlagerung an Ox, also hier Fumarsäure, als Teiloxydation des Wasserstoffes zu Wasser ansieht. Denn tatsächlich bedeuten *alle zwischen den Potentialwerten der H_2- und O_2-Elektrode gelegenen Redoxsysteme Zwischenstufen des Oxydationsvorganges von H_2 zu H_2O.* Mit 20,1 kcal ist jedoch die Affinität des Oxydationsmittels Fumarsäure zum aktivierten H_2 um 36,6 kcal geringer als die des O_2 zum Wasserstoff. Wird nämlich durch aktivierten Sauerstoff der Bernsteinsäure Wasserstoff bzw. Elektronen entzogen und Wasser gebildet, dann bringt dieser Vorgang nun nicht mehr die volle freie Energie der Knallgaskette von 56,7 kcal, sondern nur jene 36,6 kcal. Denn die Differenz von 20,1 kcal wird nunmehr zur reversiblen Bildung der Fumarsäure benötigt. Immerhin aber liefert die Oxydation der Bernsteinsäure, wenn der aus ihr abgegebene Wasserstoff schließlich vollständig zu H_2O verbrennt, mit 36,6 kcal mehr Energie als der damit verbundene Übergang zur Fumarsäure verbraucht. Es wird hier also durch die Oxydation von Red durch O_2 mehr Energie gewonnen als durch die Reduktion von Ox durch H_2. Wenn ΔE_0 des Systems jedoch über $1{,}23/2 = 0{,}615$ V liegt, liefert umgekehrt die Reduktion von Ox mehr freie Energie als die Oxydation von Red, wenn beide Reaktionen ebenfalls vom Endniveau der beiden Gase aus vorgenommen werden.

Man erhält qualitativ das gleiche Resultat, wenn man die *Hydrierung einer Doppelbindung* nicht im System der H_2-Oxydationsstufen, sondern *unter dem Gesichtspunkt der Entropie-*

änderungen der Substanzen betrachtet. Fumarsäure z.B. ist trotz ihres geringeren Wasserstoffgehaltes energiereicher als Bernsteinsäure, weil die Doppelbindung einen geringeren Entropiewert bedingt (S. 407). Durch die Entropiezunahme beim Verlust der Doppelbindung wird also mehr freie Energie geliefert, als durch die Vermehrung des Wasserstoffgehaltes der Verbindung gebunden wird, d.h. die Hydrierung ist der freiwillig verlaufende Vorgang und Dehydrierung ist nur durch Kombination mit einem positiven Redoxsystem möglich.

Bei diesen Überlegungen spielt es zunächst keine Rolle, ob die von ΔE_0 aus zum O_2 oder H_2 ablaufenden Elektronenbewegungen direkt oder in Stufen vor sich gehen. Das letztere trifft *im biologischen Geschehen* zu. Daher ist nicht die Hydrierung eines Stoffes durch an Pt aktivierten Wasserstoff oder die Oxydation durch ebenso aktivierten Sauerstoff entscheidend, sondern die Oxydation bzw. der *Elektronenübergang von einem Redoxsystem auf das anschließende.* Die *freie Energie* dieses Vorganges ergibt sich sinngemäß aus der *Differenz der Potentialwerte beider Systeme.* Mag diese Energiedifferenz auch klein sein, immer muß das Gesetz gelten, daß *das thermodynamisch durch* $-\Delta G$ *ausgedrückte Bestreben zur Aufnahme von Wasserstoff durch den Acceptor größer ist als das Hydrierungsbestreben des Donators.*

Dieser Übergang ist im Idealfall reversibel. Wieweit aber eine solche *Reversibilität realisierbar* ist, hängt außer von den kinetischen Bedingungen von dem Energieunterschied zwischen beiden Systemen ab. Aus der Caloriendifferenz der Grundpotentiale beider gleichstufiger Paare ergibt sich die Gleichgewichtskonstante für den unfreiwilligen Elektronenübergang in der Richtung: $Red_1 \rightarrow Ox_2$, wobei E_{01} höher als E_{02} sein soll. Damit also z.B. Elektronen von Fe^{2+} auf Ti^{4+} übergehen, d.h. Ti^{4+} die Eisenionen oxydieren kann, müßte die Konzentration der ersteren ungefähr 10^{14}fach höher als die der Ti^{4+}-Ionen sein (s. S. 442).

Bei einer Differenz der E_0-Werte von $1\,x$, $2\,x$, $i\,x$ 60 mV ist natürlich nach den bekannten Regeln nur eine 10-, 10^2-, 10^i-fach höhere Konzentration von Red_1 für die Umkehr des Elektronenüberganges und damit für eine Reversion von Schritten z.B. in der Kette der biologischen Oxydationsvorgänge erforderlich. Es läßt sich daher voraussehen, welche Reduktionsmittel für einen derartigen experimentellen Eingriff geeignet sein können. Natürlich ist der Wert von n zu beachten, d.h. für einen 2-stufigen Vorgang ist die Konstante wieder aus dem doppelten Wert der E_0-Differenzen herzuleiten. Für die Reaktion zwischen 1- und 2-stufigen Systemen ist er ebenfalls zu benutzen, aber K bezieht sich nach: $2\,Red_1 \rightarrow Ox_2$ jetzt auf den Quotienten: $[Ox]/[Red]^2 = K$.

Im dynamischen Gleichgewicht des Stoffwechsels wird auch tatsächlich trotz der dauernd vor sich gehenden Oxydoreduktion eines Systems wie Bernsteinsäure/Fumarsäure doch immer ein bestimmter Oxydationsgrad bei ihm vorliegen, d.h. die Energieaufnahme bei seiner Oxydation wird durch die Abgabe bei der Reduktion äquilibriert. Für die Beschreibung des energieliefernden Flusses der Elektronen oder H-Atome spielt also im steady state die Energiegewinnung durch Änderung von Ox keine entscheidende Rolle, wohl aber die beim Übergang der Elektronen von einem System auf das andere.

Unter den Bedingungen in vivo kann eine befriedigende energetische Auswertung der Einzelschritte auch nicht durch Einsetzen von ΔE_0 allein, sondern nur unter Berücksichtigung der Restarbeiten, also des Verhältnisses der jeweiligen Aktivitäten von Red und Ox, vorgenommen werden. Sie setzt die Kenntnis der zugehörigen Konzentrationen und Dissoziationsgrade voraus, welche in gleicher Weise zu verwerten sind wie bei der Berechnung der Arbeitsfähigkeit biochemischer Reaktionen (s. S. 422ff.). Man erhält auf diese Weise ΔE und damit nach (VI 21) auch $-\Delta G$. Durch Ermittlung von $-\Delta G$ aus Potentialmessungen bei verschiedenen Temperaturen läßt sich weiterhin nach der Gibbs-Helmholtz-Gleichung (VI, 41a) $-\Delta H$, die Wärmetönung, und damit auch ΔS nach Gl. (VI, 21a) erhalten und somit eine vollständige energetische Darstellung des Redoxvorganges geben. Die auf diese elegante Weise zu gewinnenden Werte für die Arbeitsfähigkeit biochemischer Reaktionen gehören zu den zuverlässigsten, welche für wichtige Vorgänge im Intermediärstoffwechsel erhalten wurden.

Zur Polarographie

Die Reduktion eines Stoffes läßt sich außer durch die Redoxpotentiale in einer geeigneten Anordnung auch durch *Bestimmung des Stromdurchganges während des Reduktionsprozesses* messend verfolgen. Die zu reduzierende Substanz muß sich dabei auf der Oberfläche der Kathode befinden, von der aus ihr die Elektronen zugeführt werden. Die Substanz gelangt in dem Maße, wie sie bei der Reduktion verbraucht wird, erneut durch Diffusion auf die Elektrode. Zwischen dem Verschwinden und Nachliefern bildet sich ein Gleichgewicht aus. Je mehr durch Diffusion nachgeliefert wird, um so mehr kann auch reduziert werden, und um so größer ist die Stromstärke, welche bei gegebener Spannung gemessen wird. Diese heißt daher die Diffusionsstromstärke (Diffusionsstrom, i_D). Sie ist deswegen der Spannung zunächst nicht proportional, wie es das Ohmsche Gesetz verlangen würde, weil die Stoffbewegung durch Diffusion, d.h. dem Konzentrationsgefälle und nicht dem Spannungsgefälle entsprechend vor sich geht. Ausschlaggebend ist nicht die Leitfähigkeit der Lösung sondern die Geschwindigkeit des Elektrodenvorganges. Befindet sich das Potential noch unterhalb der sog. Zersetzungsspannung, dann erfolgt praktisch kein Stromdurchgang. Die Elektrode ist jetzt durch die in der Grenzschicht bestehende Gegenspannung polarisiert. Man hält die Anode groß und die *Kathode als tropfende Quecksilberelektrode oder Pt-Spitze* sehr klein, um die Polarisation an der ersteren auszuschalten und an der letzteren voll wirksam werden zu lassen. Damit aber andererseits keine Anhäufung der polarisierenden Elektrolyseprodukte auftritt, oder die Hg-Oberfläche durch die Amalgambildung mit den aus den Kationen reduzierten Metallen nicht zu stark verändert wird, muß die Elektrodenoberfläche dauernd erneuert werden. Diesem Zweck dient das Tropfen des Quecksilbers. Bei anwachsender Spannung wird die Stromstärke beim Beginn der Reduktion vom Nullstrom i_0 ausgehend bis zur Erreichung des Sättigungsstromes (i_D) zunehmen. Daher ist die Differenz beider Stromstärken der Menge an reduziertem Stoff in der Grenzschicht, d.h. auch der Ausgangskonzentration an Ox proportional. Liegt ein weiterer reduzierbarer Körper vor, so schließt sich bei höherer Spannung — dem zugehörigen Abscheidungspotential entsprechend — eine neue sog. polarographische Welle an.

Das Potential, welches bei $(i_D - i_0)/2$ herrscht, ist mit den E_0-Werten der zugehörigen Redoxpotentiale dann identisch, wenn man den E_h-Wert der indifferenten Hg-Elektrode in der betreffenden Lösung oder den der Kalomelelektrode, welche oft zur Ableitung benutzt wird, addiert. Dieser Zusammenhang ergibt sich daraus, daß man $Ox = k_1 \cdot (i_D - i_0)$ und $Red = k_2 \cdot i$ setzen kann.

Denn die sich bei einer gegebenen Spannung über i_0 hinaus einstellende Stromstärke i muß dem in der Phasengrenze schon reduzierten Anteil proportional sein. Umgekehrt entspricht der noch zu reduzierende, also Ox, dem von hier aus noch fehlenden Wert bis i_D. Dabei ist allerdings vorausgesetzt, daß die Diffusionskoeffizienten von Ox und Red sich praktisch nicht unterscheiden, so daß $k_1 = k_2$ ist. Damit ergibt sich für die Beschreibung der polarographischen Welle:

$$E = E_{\frac{1}{2}} + \frac{F_N}{n} \log \frac{i_D - i}{i}, \tag{15}$$

d.h. auch sie zeigt die Gestalt der S-förmigen symmetrischen Wendepunktskurve (Abb. 164).

$E_{\frac{1}{2}}$ stimmt aber nur dann mit dem E_0 der Redoxpotentiale überein, wenn reversible Systeme vorliegen. Vorstehende Gleichung gilt auch — mindestens angenähert — in anderen Fällen. Dabei bleibt das Halbstufenpotential $(E_{\frac{1}{2}})$ immer ein wertvolles Charakteristikum sowohl für die Bestimmung der Stoffe wie für konstitutive Fragen. Von ihnen lassen sich viele wie z.B. die der Eiweißdenaturierung, der Proteolyse, der Komplexbildung u.a. sehr gut polarographisch verfolgen, obwohl die theoretische Auswertung der dabei erhobenen Befunde bisher nur selten zu weitgehenderen Erkenntnissen geführt hat (Polarographie; HEYROVSKY).

Am Quecksilber können auch die Kationen unedler Metalle mit stark negativen Normalpotentialen entladen werden, ohne daß dabei eine Bildung von H_2-Gas einsetzt. Diese beginnt am Hg erst bei $-2,3$ V Spannung gegen die n-H_2-Elektrode (Überspannung des H_2). Da die Abscheidung z.B. des Kaliums erst wenig unterhalb 2 V beginnt ($E_{\frac{1}{2}} = -2,17$ V) und daher bei niedrigeren Spannungen nur ein sehr kleiner Reststrom (i_0) fließt, wird KCl bei der Bestimmung anderer Stoffe mit kleinerem Abscheidungspotential in etwa 100fach höheren Konzentrationen zugesetzt. Dadurch, daß letzteres nun den Strom leitet, wird erreicht, daß die Heranführung der ersteren praktisch ausschließlich durch Diffusion erfolgt und i_D somit tatsächlich ein reiner Diffusionsstrom ist, dessen Stärke außer von dem Potentialbereich und der Außenkonzentration noch von der Temperatur und der Tropfengröße und -zahl abhängt.

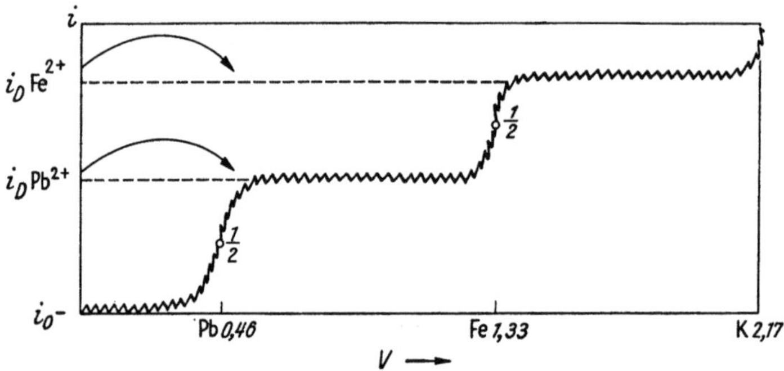

Abb. 164. Schema der polarographischen Bestimmung von Pb- und Fe-Ionen in KCl-Lösung an der tropfenden Hg-Elektrode

Auch Sauerstoff läßt sich kathodisch reduzieren. Dabei wird zunächst Hydroperoxyd und dann aus diesem Wasser gebildet. Insgesamt werden dabei in zwei 2-stufigen und voneinander trennbaren Wellen 4 Elektronen durch eine Sauerstoffmolekel aufgenommen. Die polarographische Bestimmuug des O_2 macht sich diese Reaktion zunutze. Sie wird neuerdings durch Feststellung desjenigen Potentials ausgeführt, bei dem an der tropfenden Hg-Elektrode kein Strom fließt. Es ist dem Logarithmus der O_2-Spannung proportional (BARTELS 1953).

VIII. Biologische Verwendung und Schaffung freier chemischer Energie

Die Einheitlichkeit energieliefernder Reaktionswege. Obwohl die chemische Untersuchung der energieliefernden Stoffwechselreaktionen eine beeindruckende Fülle von Einzelvorgängen und Katalysatoren aufgedeckt hat, führt ihre ordnende Zusammenfassung zu einem einheitlichen Bild. Denn es hat sich gezeigt, daß die *Wege der Verwandlung*, von der Bakterienzelle angefangen, in der gesamten belebten Welt einheitliche Züge tragen. Sie lassen sich dadurch eindrucksvoll hervorheben, daß man sie *unter dem Gesichtspunkt ihrer energetischen Bedeutung* für die physikalischen und chemischen Leistungen in den lebenden Organismen wertet. Man wird dabei erkennen, daß die chemisch-funktionelle Anordnung eine auffällige Gleichartigkeit verrät. In ihr ist das tragende Gefüge zu sehen, welches — einmal vorhanden — sich in der stammesgeschichtlichen Entwicklung erhalten hat und sie auch umgekehrt erst in der *Form* ermöglichte, in der sie sich vollzog. Deren überaus zahlreiche Feinheiten besitzen *auch* ein chemisches Korrelat. Aber diese mehr im einzelnen gelegenen Differenzen treten gegenüber den sich heute darbietenden Gemeinsamkeiten stärker zurück, als man es beim Vergleich der morphologischen Gattungsunterschiede mit dem gemeinsamen tierischen Bauplan erwarten möchte.

Die aufgenommenen polymeren Nahrungsstoffe werden zunächst in dem mit hydrolysierenden Fermenten ausgestatteten System des Verdauungskanals in die Grundmolekeln zerlegt. Die *hydrolytische Spaltung* geht mit einem kaum feststellbaren Energieverlust einher, der selten ein Prozent ihrer Verbrennungsenergie erreicht. Sie ermöglicht jedoch ihre Resorption, Verteilung und Assimilation. Der Abbau im Zellstoffwechsel führt wieder über die monomeren Grundmolekeln — etwa 30—40 verschiedene Stoffe: Hexosen, Aminosäuren, Fettsäuren. Durch Wasserstoffverschiebung, Decarboxylierung, Ring-Spaltung, Desamidierung gehen sie alle in drei gemeinsame und wichtige Vorprodukte des Abbaus über: 1. *Aktive Essigsäure,* 2. *Ketoglutarsäure,* 3. *Oxalessigsäure.* Zweidrittel der Kohlenstoff-Atome der Kohlenhydrate und alle C-Atome der Fettsäuren finden sich im Acetyl-CoA. Seine Kohlenstoffe gehen wieder im oxydativ

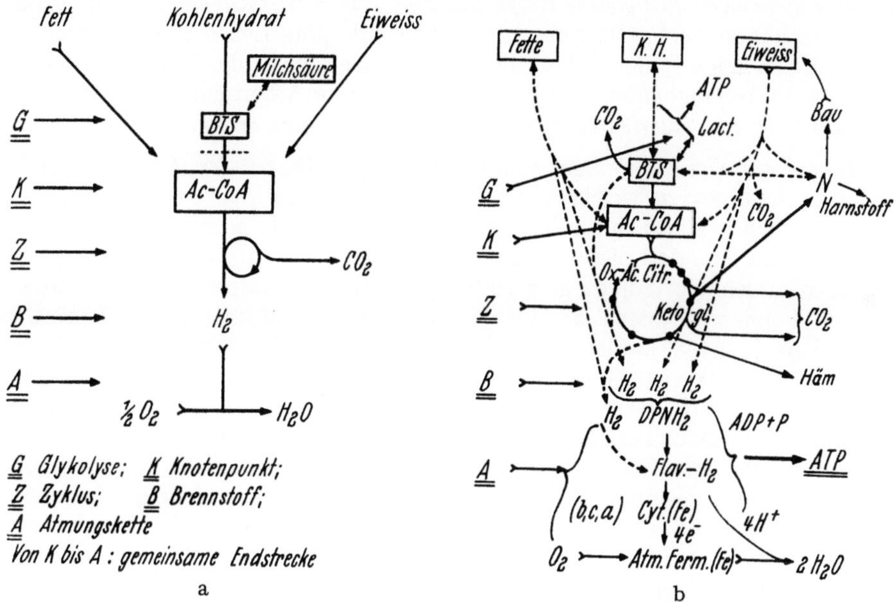

Abb. 165 a u. b. Prinzip der gemeinsamen Endstrecke im dissimilatorischen Stoffwechsel. a Allgemein, b unter Berücksichtigung der Reversibilität und der Wege des Wasserstoffes (NETTER 1958)

getriebenen Schlußcyclus in CO_2 und in die beiden anderen genannten, nämlich in die Ketonsäuren über. Diese entstehen andererseits auch durch die Umwandlungen desaminierter Aminosäuren, deren Fettsäurereste aber außerdem auch noch in der aktiven Essigsäure erscheinen können. Als entsprechend wichtige terminale Stoffeinheit des anoxydativen Metabolismus fungiert die Vorstufe des aktiven Acetyls, die Brenztraubensäure. Die zahlreichen durch Hunderte von einzelnen Fermenten katalysierten Pfade münden also von den verschiedenen Nahrungsstoffen aus in eine *gemeinsame Endstrecke,* und das oxydative Schicksal auf dem anschließenden Wege setzt erst den wesentlichen Teil der Energie frei, welcher die biologischen Leistungen ermöglicht. Ohne die eingreifenden Mittel des Chemikers zu benutzen, gelingt der gewordenen biokatalytischen Organisation — was jener kaum zuwege bringt —: aus sehr verschiedenen Stoffen in reversiblen Reaktionszügen gemeinsame, aber hochwertige Treibstoffe und Ausgangsprodukte für Synthesen zu schaffen — in erster Linie die aktive Essigsäure (Abb. 165).

Es mag der überwältigende Eindruck von RUBNERs Großtat (s. S. 389) gewesen sein, der die Physiologen längere Zeit davon abhielt, die den Physikern längst bekannten *Grundlagen von der chemischen Energetik auf die Stoffwechselvorgänge zu übertragen.* Erst R. HÖBER, BARON und POLANY (1913) wiesen eindringlich darauf hin, daß die Arbeitsfähigkeit biochemischer Reaktionen nicht durch $-\Delta H$, sondern durch $-\Delta G$ zu charakterisieren sei. Nun ist die ganze Stoffwechsellehre auf der Vorstellung von der entscheidenden Bedeutung des Brennwertes (ΔH) aufgebaut, und es ist kein Zweifel, daß diese Grundlage physikalisch falsch ist. Aber es muß festgestellt werden, daß damit die sog. „Calorienlehre" nicht fällt, denn freie *Energie $-\Delta G$ wird ja auch im Calorienmaß gemessen.* Trotzdem wäre eine weitgehende Revision der praktischen Konsequenzen aus der klassischen Stoffwechsellehre — eine wissenschaftliche Katastrophe ersten Ranges (OPPENHEIMER 1933) — unumgänglich, wenn nicht, wie es sich bald zeigte, *für die Nahrungsstoffe die gesamte freie Energie und der gesamte Brennwert fast gleiche Größe* besäßen. Die Unterschiede zwischen beiden betragen nur so wenige Prozent, daß sie für alle praktischen Überlegungen und Folgerungen keine Rolle spielen. *Wenn man* zudem nicht die Arbeit, sondern *die gesamte Wärmeproduktion,* in der äußere und innere Arbeit enthalten sind, allein *betrachtet, ist die Calorienrechnung auch im alten Sinne berechtigt.*

Diese Feststellung trifft sogar annähernd für die Gültigkeit des „Gesetzes" der Isodynamie (RUBNER) *zu,* welches die Calorienlieferung durch die einzelnen Stoffe als ausschließlichen Maßstab für ihre mengenmäßige Zufuhr ansieht. Es sagt dementsprechend aus, daß diese Stoffe nach Maßgabe ihres durch die Rubnerschen Standardzahlen (S. 389) ausgedrückten Brennwertes untereinander vertauscht werden können. Danach ist 1 g Kohlenhydrat ernährungsmäßig äquivalent 0,44 g Fett $(=4,1/9,3)$, oder umgekehrt kann 1 g Fett durch 2,27 g Kohlenhydrat ersetzt werden. Dieses „Gesetz" kann jedoch nur als Richtlinie betrachtet werden, die dann vollgültig wäre, wenn erstens durch beliebigen Stoffaustausch der Gesamtumsatz nicht beeinflußt würde, und wenn zweitens ein solcher Austausch innerhalb beliebiger Grenzen möglich wäre. Beides trifft nicht zu, wie einmal die stoffwechselsteigernde Wirkung erhöhter Eiweißzufuhr *(spezifisch-dynamische Wirkung)* und andererseits die absolute Notwendigkeit der Zufuhr eines *Eiweiß- und* wahrscheinlich auch eines komplexer zu deutenden *Fettminimums* demonstriert. Solange man nur den Brennwert der Stoffe bei diesen Überlegungen in den Vordergrund stellt, ist ein weiterer Einwand gegenstandslos. Betrachtet man aber dem Worte Iso„dynamie" entsprechend die Ersetzbarkeit der Stoffe nach Maßgabe ihres Arbeitswertes, so rettet zwar auch hier zunächst die Feststellung der praktischen Gleichheit von $-\Delta H$ und $-\Delta G$ vor den bestehenden Schwierigkeiten. Aber eine Betrachtung der einzelnen, tatsächlich Arbeit leistenden Schritte enthüllt doch kompliziertere Verhältnisse. Denn dabei ergeben sich häufig große Unterschiede zwischen den Werten der Wärmetönung und denen der freien Enthalpie.

Energetische Bedeutung des Wasserstoffgehaltes der Nährstoffe

Die energetische Untersuchung der Teilreaktionen stellt zunächst fest, daß die *freie Energie,* welche bei der Oxydation der Nahrungsstoffe zur Verfügung gestellt wird, praktisch hauptsächlich *der Vereinigung ihres Wasserstoffes mit dem Atmungs-Sauerstoff* entstammt. Eine direkte Oxydation des Kohlenstoffes wie bei einer offenen Verbrennung existiert biochemisch gesehen nicht. Auch die stufenweise Abspaltung von CO_2 aus intermediär entstandenen Ketonsäuren geschieht unter Freisetzung von Energiebeträgen, welche klein sind, wenn man sie mit denen der Oxydation des Substratwasserstoffes vergleicht.

Für den energetisch ganz im Vordergrund stehenden aeroben Abbau der *Kohlenhydrate* sind folgende *Daten* zu beachten. Die freie Enthalpie der Glucoseoxydation beträgt 688 kcal pro Mol, die des äquivalenten Anteils eines C-Atoms ein Sechstel dieser Zahl, also 114,7 kcal.

Bei der Bildung des Gesamtmoleküls aus den Elementen wurden 216 kcal frei (ΔG_B^0). Der gleiche Betrag wird für die Zerlegung in die Elemente gebraucht, d.h. pro C-Einheit 36 kcal. Die Verbrennung eines so unter Energieverbrauch entstandenen g-Atoms C zu CO_2 liefert 94,1 kcal, die des zugehörigen H_2 zu H_2O 56,6, zusammen 150,7 kcal. Ausgehend vom CH_2O-Anteil werden also $150,7 - 36 = 114,7$ kcal frei, d.h. die soeben aus der Verbrennungsenthalpie für die Glucose entnommene Zahl.

Während des biologischen Abbaues findet aber nun nicht grundsätzlich eine intermediäre Freisetzung der Elemente statt. Jedoch ist das Verhalten des Wasserstoffes annähernd so, als ob diese Zerlegung für ihn tatsächlich zuträfe. Das bedeutet, daß der vom Substrat, d.h. von geeigneten Zwischenstufen des Kohlenhydratabbaues abgetrennte Wasserstoff noch etwa den Energiewert der *Knallgasreaktion* (56,6 kcal) liefern kann. Der Grund hierfür ist der, daß er mit Hilfe der Dehydrogenasen zwei geeigneten *Sammelstellen* zugeleitet wird: 1. den *Pyridindinukleotiden* (DPN[+] und TPN[+]) und 2. den *Flavindinukleotiden* (FAD bzw. FMN). Die Dehydrierung dieser Cofermente erfolgt aerob beim Durchschreiten der Atmungskette bis zum Sauerstoff unter Bildung des Wassers. Die hierbei freiwerdende Energie läßt sich für die beiden Gruppen aus ihren Redoxnormalpotentialen (Tabelle 88) zu rund 50 kcal für die Pyridinfermente und zu rund 40 kcal für die Flavinfermente entnehmen. Würde nun der von vornherein im Substrat vorhandene Wasserstoff allein herangezogen, dann würde durch seine Vereinigung mit dem Sauerstoff kaum die Hälfte der freien Oxydationsenergie verfügbar werden, nämlich 56/114.

Der Rest wird bei der Bildung der Intermediärstufen nacheinander bereitgestellt. Hierbei spielt — wie soeben vorausgeschickt — die endgültige Abspaltung der CO_2 aus den inzwischen gebildeten Carboxylaten energetisch nur eine relativ geringe Rolle, soweit sie für sich allein in Betracht gezogen wird. So liefert die *Decarboxylierung* der Oxalbernsteinsäure und die der Oxalessigsäure (β-Decarboxylierungen) rund 5 kcal pro Mol gebildeter CO_2. Bei der einfachen α-Decarboxylierung der Brenztraubensäure oder der Ketoglutarsäure ist der Energiegewinn größer; er beträgt je nach den pH-Bedingungen 7—14 kcal.

Die *weiteren Umwandlungen* im Zwischenstoffwechsel werden wieder zur Hauptsache durch die hierbei erfolgenden *Verschiebungen des Wasserstoffes* bestimmt. Durch sie wird seine Verteilung innerhalb der beteiligten Molekeln verändert. Der Vergleich zwischen einer Triose und der Milchsäure möge als Beispiel dienen. Der Übergang des Wasserstoffes vom Substrat auf DPN stellt schon eine gewisse Menge an Energie frei, die aus der Differenz der Redoxpotentiale zu entnehmen ist. Es können sich aber auch intermediär Dehydrierungen vollziehen, welche unter Energieaufnahme ablaufen. Das geschieht z.B. beim Übergang von Succinat zum Fumarat oder vom Lactat zum Pyruvat. Viele dieser Umwandlungen *führen am Substrat zur Bildung von Carboxylgruppen*, welche nunmehr *als CO_2 abspaltbar* werden. Die bis zur Carboxylbildung erfolgende Energieabgabe ist weitgehend mit der durch die Dehydrierungen ermöglichten identisch. Die außerdem intermediär vor sich gehenden Umlagerungen, Isomerisierungen und Hydratisierungen verlaufen mit so geringen Energieumsetzungen, daß sie bei dieser allgemeinen Betrachtung vernachlässigt werden können. So werden bei der Anlagerung von Wasser an Fumarsäure unter Bildung von Äpfelsäure nur 0,88 kcal frei. Große energetische Bedeutung hat dagegen die intermediäre Vereinigung mit Hilfssubstanzen, speziell den Phosphaten. Auf sie wird ausführlich einzugehen sein.

Keiner dieser Vorgänge kann aber die Differenz zwischen der Oxydationsenergie des Kohlenhydrates und der des in ihm vorhandenen Wasserstoffes decken. Das wird ausschließlich dadurch ermöglicht, daß ein C-Äquivalent eine Molekel *Wasser aufnimmt* und damit jenen Wasserstoff hinzuliefert, dessen *zusätzliche Oxydation* die Energiedifferenz auffüllt (Ergänzungswasser, s. S. 63):

$$A + H_2O = AH_2O; \quad AH_2O = AO + H_2; \quad H_2 + \tfrac{1}{2}O_2 = H_2O.$$

Auf diese Weise gibt die intermediäre Wasseranlagerung Gelegenheit zu weiterer Dehydrierung und Durchschreitung der Atmungskette, als es der Bruttoumsatz für die Oxydation erwarten läßt. Im Effekt handelt es sich auch hierbei um eine echte Oxydation, d.h. Vereinigung des A mit dem Sauerstoff. Sie verläuft jedoch als Dehydrierung, welche durch den aktivierten Luftsauerstoff an einer in die Reaktion eingetretenen Wassermolekel vollzogen wird. Sehr *vereinfachend* kann man daher die *energieliefernden Kohlenstoffverbindungen als geeignete Wasserstoffträger für die biologische,* d.h. fermentativ gesteuerte *Knallgasreaktion* ansehen. Eine *direkte Oxydation des Kohlenstoffes findet dagegen nicht statt.*

Danach kann allgemein für die C-Einheit eines Kohlenhydrats, typisiert als hydratisierter Formaldehyd, geschrieben werden:

$$HCOH, \ H_2O + O_2 = CO_2 + 2\,H_2O.$$

Die beim ersten Dehydrierungsschritt gebildete Ameisensäure kann als Beispiel für die Bildung einer Carboxylgruppe dienen, welche anschließend der Decarboxylierung und Oxydation anheimfällt:

$$HCOOH + \tfrac{1}{2}O_2 = CO_2 + H_2O.$$

Energetische Übersicht des Kohlenhydratabbaues

Eine kurze energetische *Übersicht des Kohlenhydratabbaues* zeigt, daß bei der Entstehung von Milchsäure aus Glucose nach: „1 Glucose → 2 Milchsäure" 36 kcal frei werden bzw. aus Glykogen 50 kcal, d.h. 25 kcal pro Mol entstandenen Gärungsproduktes (s. Abb. 166). Die Gärung liefert hier also nur 50/700, d.h.

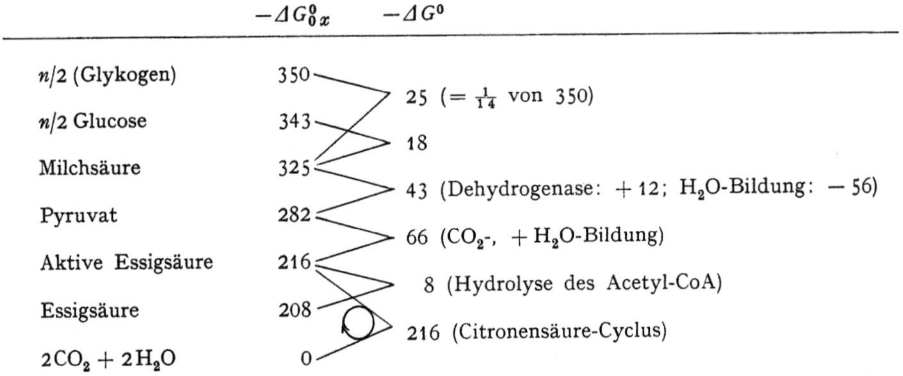

$$-\Delta G^0_{0x} \qquad -\Delta G^0$$

$n/2$ (Glykogen)	350	25 (= $\tfrac{1}{14}$ von 350)
$n/2$ Glucose	343	18
Milchsäure	325	43 (Dehydrogenase: $+12$; H_2O-Bildung: -56)
Pyruvat	282	66 (CO_2-, $+H_2O$-Bildung)
Aktive Essigsäure	216	8 (Hydrolyse des Acetyl-CoA)
Essigsäure	208	216 (Citronensäure-Cyclus)
$2CO_2 + 2\,H_2O$	0	

Freie Normalenthalpien der Oxydation ($-\Delta G^0_{0x}$) für einige Zwischenstufen des anaeroben und aeroben Kohlenhydratabbaues mit den freien Reaktionsenthalpien für die entsprechenden Übergänge ($-\Delta G^0$ in kcal bei pH 7)

Abb. 166

1/14 der freien Oxydationsenergie des Glykogens. Dieser Anteil ist allein auf die Wasserstoffverschiebungen und die mit ihr verknüpfte Kohlenstoffspaltung zurückzuführen. Unter aeroben Bedingungen stellt die Dehydrierung des Lactates zum Pyruvat weitere 43 kcal zur Verfügung. Dabei wird bilanzmäßig ein Wasserstoffpaar oxydiert.

Die Abnahme an freier Enthalpie beträgt hierbei deswegen nicht 56 kcal, weil die Entfernung der 2 H-Atome aus der Milchsäure unter Verbrauch von etwa 12 kcal vor sich geht. Umgekehrt verläuft die Hydrierung des Pyruvates durch aktivierten Wasserstoff vom Druck einer Atmosphäre mit einem E_0 von 0,24 V, entsprechend — 12 kcal, freiwillig. Tatsächlich geschieht sie im Stoffwechsel aber nicht vom Niveau der Wasserstoffelektrode sondern von dem des hydrierten DPN aus bis zu dem des Lactat/Pyruvat-Paares, d.h. mit einer E_0-Differenz von etwa 0,1 V, entsprechend 4,6 kcal für ein Elektronen- bzw. H-Atom-Paar. Anaerob würden also bis zur BTS 25 — 5, d.h. nur 20 kcal geliefert. Der unter aeroben Bedingungen beschrittene direkte Weg vom Glykogen stellt dagegen noch die Energie der Oxydation vom DPNHH+ zum O_2 bereit, so daß die freie Oxydationsenthalpie im ganzen von 350 um (20 + 50) kcal abgenommen hat (vgl. auch Abb. 167 und Tabelle 86b).

Von der Brenztraubensäure geht der Abbauweg über die gekoppelte Oxydation und CO_2-Abspaltung (dehydrierende Decarboxylierung) mit einer Energieabgabe von rund 66 kcal zur aktiven Essigsäure, dem Acetyl-CoA. Und von ihm aus vollzieht sich die *Oxydation der Essigsäure im Citronensäurecyclus* nach folgender Bilanzformulierung:

$$CH_3 \cdot CO{-}S{-}CoA + 3\,H_2O +$$
$$+\,2\,O_2 = 2\,CO_2 + 4\,H_2O +$$
$$+\,HSCoA.$$

Eine nähere Untersuchung zeigt, daß 3 Wasserstoffpaare vom Niveau der Pyridincofermente mit rund 50 kcal und eines von dem der gelben Fermente bzw. dem Cytochrom b oder ge-

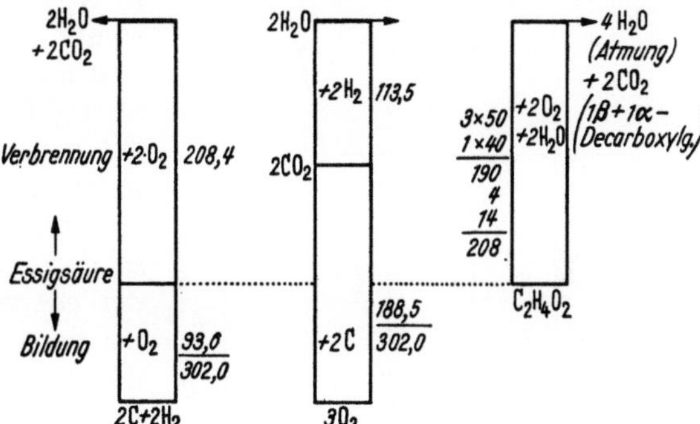

Abb. 167. Freie molare Bildungs- und Verbrennungs-Enthalpie der Essigsäure (links) bzw. ihrer Elemente (Mitte; pH=0). Unterteilung der biologischen Essigsäuredehydrierung und Decarboxylierung im Citronensäurecyclus (rechts, Standardwerte für pH 7)

nauer gesagt dem des Succinatpaares aus mit rund 40 kcal oxydiert werden, so daß durch die Atmungskette 190 kcal entstehen. Die Eingangskondensation des Acetyl-CoA zur Citronensäure liefert 8 und die α- und β-Decarboxylierung zusammen rund 19 kcal, so daß insgesamt der Energieinhalt der aktiven Essigsäure mit 216 kcal freigegeben wird.

Dieses typische Beispiel erläutert die Tatsache, daß allgemein die Dehydrierungen im Vordergrund stehen, aber auch jene, daß die Decarboxylierung nur ein Endschritt bei den Umwandlungen der Stoffe ist, welcher ohne intermediäre Wasserstoffverschiebungen unmöglich wäre.

Es ist nun sehr bedeutungsvoll, daß sich bei dem wichtigsten energiebindenden Vorgang in der Natur, also bei der CO_2-*Assimilation*, auch *beide Vorgänge in umgekehrter Richtung* vollziehen: es wird hydriert und carboxyliert. Auch hier steht energetisch die Hydrierung ganz im Vordergrund, während die Kohlensäurebindung die Kohlenstoffverbindungen schafft, welche zur Aufnahme der Energie und des Wasserstoffs geeignet sind. Unter dem Gesichtspunkt der Erzeugung von Bau- und Betriebsstoffen ist aber zweifellos die C—C-Bindung bei der Kohlensäureanlagerung der grundlegende Vorgang.

Die übliche Gleichung der Assimilation:

$$CO_2 + H_2O = \tfrac{1}{6}(C_6H_{12}O_6) + O_2$$

ergibt mit der Bildungsenergie der Glucose (216 kcal) für ein sechstel Glucose (216/6 = 36) eine freie Reaktionsenthalpie von

$$\Delta G^0 = -\,36 - (-94{,}1 - 56{,}6) = +\,114{,}7\ \text{kcal.}$$

Da sie positiv ist, läuft der Prozeß nur dann ab, wenn Energie in geeigneter Form zur Verfügung gestellt wird. Selbstverständlich ist jener Wert 6fach genommen und mit negativem Vorzeichen benutzt, der freien Oxydationsenthalpie einer Glucosemolekel gleich (-688 kcal). Formuliert man den Vorgang wieder nach:

$$CO_2 + 2\,H_2O = O_2 + H_2O + (CH_2O) \quad \text{mit} \quad (CH_2O) \equiv \tfrac{1}{6}\,C_6H_{12}O_6,$$

dann ist zwar die Bilanz die gleiche wie vorher, aber es wird nun verständlich, daß der bei der Assimilation freiwerdende O_2 nicht der CO_2 zu entstammen braucht, sondern ausschließlich aus dem Wasser kommen kann. Tatsächlich haben Assimilationsexperimente an Algen in $H_2^{18}O$ mit $C^{16}O_2$ gezeigt, daß der gesamte entbundene Sauerstoff aus ^{18}O bestand. Umgekehrt wurde aus $C^{18}O_2$ in $H_2^{16}O$ nur gewöhnlicher Sauerstoff ^{16}O geliefert (RUBEN 1941). Damit ist nicht nur die Quelle des freiwerdenden Assimilations-Sauerstoffs festgelegt, sondern auch eindeutig erwiesen, daß der energetisch entscheidende Vorgang bei der CO_2-Assimilation die Zerlegung der H_2O-Molekel unter dem Lichteinfluß, also die Photolyse des Wassers ist (Hill-Reaktion 1939); vgl. Abb. 168.

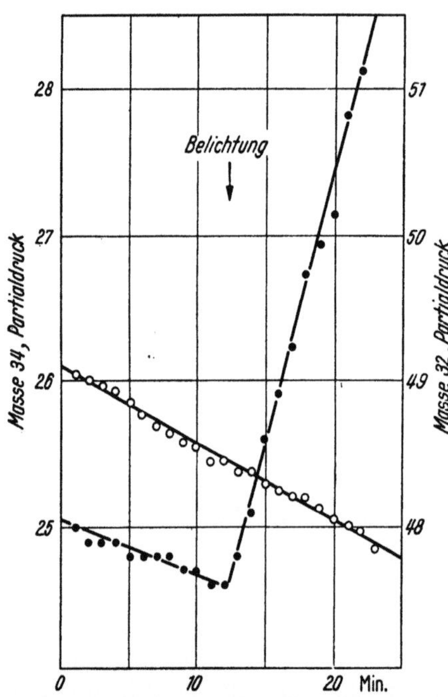

Abb. 168. O_2-Aufnahme durch Atmung und O_2-Abgabe durch Photosynthese im Licht, untersucht mit $^{34}O_2$ und $^{32}O_2$. $^{34}O_2$ (nur in der Gasphase) vermindert sich als Ausdruck der Atmung ohne Veränderung durch Belichtung; ^{16}O, das im H_2O vorliegt, wird im Licht als $^{32}O_2$ abgegeben (NORMAN und BROWN 1952)

Besonders gut wird diese Wirkung der bestrahlten Assimilationspigmente durch WARBURGs Versuche mit Chinon demonstriert (1948). In Gegenwart der Chloroplasten oder der aus ihnen gewonnenen chlorophyllhaltigen Grana tritt nur bei Belichtung eine Reduktion zu Hydrochinon ein. Dabei wird eine äquivalente Menge an Sauerstoff in Freiheit gesetzt:

$$2\,C_6H_4O_2 + 2\,H_2O = 2\,C_6H_4(OH)_2 + O_2.$$

Im Vordergrund der energiebindenden und energieliefernden biochemischen Vorgänge stehen also die *Trennung und die Vereinigung der beiden Elemente des Wassers*. Soweit wir es überblicken können, wird dieses Prinzip in der gesamten belebten Welt angetroffen. Dabei kann das Wasser als Wasserstoff- bzw. Elektronendonator durch andere Verbindungen ersetzt werden, wie z.B. durch H_2S oder auch H_2Se. Das geschieht bei photosynthetisierenden „grünen" und den nicht photolytisch assimilierenden sog. farblosen Schwefelbakterien. Diese und verwandte Reaktionen lassen sich allgemein folgendermaßen formulieren:

$$O_2 + 2\,H_2Do = 2\,H_2O + 2\,Do \qquad \text{oder summarisch:}$$

$$CO_2 + 2\,H_2Do = (CH_2O) + H_2O + 2\,Do \quad (Do \equiv \text{Donator}).$$

Für die genannten Bakterien ist zu beachten, daß die zur Zerlegung des H_2S erforderliche Energie mit 7,9 kcal pro Mol ($\Delta G_B^0 = -7{,}9$) wesentlich geringer als beim Wasser ist. Die Spaltung des SeH_2 liefert sogar 15,3 kcal. Die sich oft anschließende Oxydation zu H_2SO_4 (Thiorhodaceen) macht weitere 176 kcal an freier Enthalpie frei. Dabei vollzieht sich die Bruttoreaktion:

$$2\,CO_2 + H_2S + 2\,H_2O = 2\,(CH_2O) + H_2SO_4 \quad \text{mit} \quad \Delta G^0 = -38 \text{ kcal}.$$

Es ist aber unwahrscheinlich, daß zwischen beiden Teilreaktionen eine feste stöchiometrische, ja nur eine biologische Koppelung besteht.

Das H_2Do der obigen Formulierung kann aber auch eine organische Substanz wie Lactat, Succinat und Acetat sein. *Auch Kohlenwasserstoffe werden durch entsprechende Bakterien oxydiert.* Dabei werden vom Bacterium aliphaticum im Gegensatz zu einfachen Methanbakterien die niederen Glieder unterhalb C_5 nicht angegriffen. Als Wasserstoffacceptor kann hier auch Methylenblau dienen (THAUSZ und DONATH 1930). Sogar Benzol erfährt durch gewisse Bakterien eine Oxydation (TOUSSON 1929). Hierbei wird ein so hoher Wert an Energie verfügbar, daß er annähernd für die Reduktion der entstandenen CO_2 zum Kohlenhydrat ausreichen könnte, wenn die chemosynthetischen Nutzeffekte der Zelle genügend groß wären.

Man ist jedoch häufig noch nicht in der Lage, den Mechanismus und die *Güte der Verwendung jener Energie* zu übersehen, welche bei der Erreichung der einzelnen oft völlig ungleichwertigen Zwischenstufen freigemacht wird. Hierbei ist sowohl der Wert der Energiestufen (ΔG) im Verhältnis zur Differenz der entsprechenden Verbrennungs- oder Bildungswärme (ΔH) wie der Wirkungsgrad des Einzelvorganges zu berücksichtigen, welcher die freigestellte Energie benutzt. Hierfür sind nun natürlich nicht die Standardwerte für ΔG, sondern die in der Zelle unter gegebenen Lösungs-, Konzentrations- und Druckbedingungen erhaltenen Werte zu verwenden. Allerdings wird bei der folgenden Zusammenstellung nur gelegentlich von der Angabe der Standardwerte abgewichen. Bei den älteren Überlegungen über den Wirkungsgrad wurde die als Arbeit abgegebene Energie (A_n) mit der Differenz der Verbrennungswärme zwischen Ausgangs- und Endstoff verglichen. Es ist aber folgerichtig, unter Wirkungsgrad das Verhältnis der in Arbeit verwandelten Energie zu der prinzipiell verwandelbaren zu verstehen: $A_n/\Delta G$ (vgl. S. 468). Werden durch geeignete Überträger neue Substanzen unter Aufnahme von freier Energie aus den Ausgangsverbindungen gebildet, so ist statt A_n das ΔG der neu entstandenen Stoffe zu setzen. So wird z.B. die freie Energie der bei der Assimilation aufgebauten Kohlenhydrate mit der dazu notwendigen und durch das Chlorophyll absorbierten Lichtenergie zu vergleichen sein.

Bei der Untersuchung verschiedener komplexer Reaktionsabläufe im intermediären Dissimilationsstoffwechsel haben sich zum Teil erhebliche Differenzen zwischen ΔH und ΔG ergeben. Schon bei einer idealisierten, sauerstofflosen Dehydrierung der Glucose nach: $C_6H_{12}O_6 + 6\,H_2O = 6\,CO_2 + 12\,H_2$ zeigt sich, daß $-\Delta G$ noch 6,3 kcal beträgt, der Prozeß also prinzipiell spontan ablaufen könnte, obwohl er selbst mit einer hohen Wärmeabsorption von $-\Delta H^0 = -145,2$ kcal pro Mol Glucose verknüpft sein müßte. Würde man an diese Reaktion mit der im Vergleich zu ΔH hohen, freien Energie die Knallgasreaktion mit dem im Vergleich zur Verbrennungswärme niedrigeren $-\Delta G$ anschließen, so sieht man, wie sich schließlich die Prozesse gegenseitig so ergänzen können, daß für den Gesamtvorgang das oft beschriebene Resultat der praktischen Gleichheit beider Werte resultiert. *Für anaerobe Spaltungs- und Gärungsvorgänge* geben wir nach FULMER (1932) und STERN (1933) zunächst *folgende Zahlen:*

Alkoholische Gärung

$$C_6H_{12}O_6 = 2\,C_2H_5OH + 2\,CO_2 \quad (-\Delta H^0 = 17\,\text{kcal};\; -\Delta G_0 = 54,5\,\text{kcal}),$$

Buttersäure-Gärung

$$C_6H_{12}O_6 = C_3H_7 \cdot COOH + 2\,CO_2 + 2\,H_2 \quad (-\Delta H^0 = 15,9\,\text{kcal};\; -\Delta G^0 = 65,6\,\text{kcal}),$$

Butylalkohol-Gärung

$$C_6H_{12}O_6 = C_4H_9 \cdot OH + 2\,CO_2 + H_2O \quad (-\Delta H^0 = 33{,}8\ \text{kcal};\ -\Delta G^0 = 69{,}4\ \text{kcal}),$$

Essiggärung

$$C_6H_{12}O_6 + 2\,H_2O = 2\,CH_3COOH + 2\,CO_2 + 4\,H_2$$

$$(-\Delta H^0 = -17{,}2\ \text{kcal};\ -\Delta G^0 = 48\ \text{kcal}).$$

Mit Hilfe der angegebenen Zahlen läßt sich über (VI, 21) leicht ΔS^0 berechnen und daraus unter der Annahme der Konstanz von ΔS^0 und ΔH^0 die freie Energie dieser Reaktionszüge für andere Temperaturen ableiten. Man wird wegen des relativ hohen und positiven ΔS-Wertes finden, daß $-\Delta G$ mit steigender Temperatur wächst, und zwar auf Kosten der Wärmeaufnahme, da $-\Delta H < -\Delta G$. Zum Beispiel ergibt sich für die alkoholische Gärung ΔS^0 bei 25° zu 0,128 kcal $\cdot$ grad^{-1} (vgl. S. 435). Für 50° würde das Entropieglied den Wert: $-323 \cdot 0{,}128$ $= -41{,}2$ haben, und über $-\Delta H^0 = 17$ ist damit $-\Delta G = 58{,}2$ kcal/Mol. Hierbei ist die Temperaturabhängigkeit von ΔS nicht berücksichtigt. Ihre Größe wird aus den spezifischen Wärmen mit Hilfe spezieller Formulierungen auf Grund des Nernstschen Wärmesatzes gewonnen. Sie ist aber für geringe Temperaturunterschiede praktisch bedeutungslos.

Für die *oxydative Essigsäuregärung* gelten folgende Werte, ebenfalls im Standardzustand:

$$C_2H_5OH + O_2 = CH_3 \cdot COOH + H_2O \quad (-\Delta H^0 = 119\ \text{kcal};\ -\Delta G^0 = 109{,}1\ \text{kcal}).$$

Bei den anaeroben Gärungen zeigt sich also ein im Vergleich zur Differenz der Verbrennungswärmen von Ausgangs- und Endstoff *mehrfach erhöhter Gewinn an freier Energie.* Hierauf beruht die *besondere Eignung* dieser Vorgänge *zur Arbeitslieferung* unter anaeroben, aber auch unter aeroben Umständen, bei denen sie als besonders *ökonomische Teilreaktionen* auftreten können. *Natürlich* muß berücksichtigt werden, daß die *dabei freigesetzte Energie klein* ist *im Verhältnis zu* der, die durch *Totaloxydation* gewonnen wird; aber es wird noch gezeigt werden, daß die freie Energie der Oxydation wahrscheinlich nur zu einem gewissen Prozentsatz als hochwertige Energie benutzbar ist. Immer aber erfordert der niedrige Energiewert der Spaltungen einen *relativ hohen Stoffumsatz* zur Deckung des Calorienumsatzes.

Auch reversible Redoxvorgänge können größere Differenzen zwischen ΔG und ΔH aufweisen. Mit Hilfe der Entropiewerte oder der am Schluß des vorhergehenden Kapitels beschriebenen elektrischen Methode findet man z. B. für die Reaktion:

Bernsteinsäure $\rightleftharpoons$ Fumarsäure $+ 2\,H$ $(\Delta H^0 = 29{,}8;\ \Delta G^0 = 20{,}1)$

und für die wichtige Reaktion:

Milchsäure $\rightleftharpoons$ Brenztraubensäure $+ 2\,H$ $(\Delta H^0 = 21{,}64;\ \Delta G^0 = 11{,}44\ \text{kcal}).$

In beiden Fällen ist also ΔG kleiner als ΔH. Es ist aber nochmals darauf hinzuweisen, daß diese Reaktionen in der Richtung der Dehydrierung die Aufnahme von Energie verlangen.

Betrachtet man nicht nur den Teilvorgang der Hydrierung zur Milchsäure, sondern fragt nach der *freien Energie der gesamten biologischen Lactatbildung* aus Kohlenhydrat, dann zeigen sich hier wieder die von den anaeroben Gärungsvorgängen bekannten Verhältnisse. Im *tierischen Organismus* wird gerade die

Spaltung von Glykogen zur Milchsäure *an hervorragender Stelle zur Energieübertragung* eingesetzt.

D. Burk (1932) gibt für die Konzentrationsverhältnisse im Muskel bei der Bildung von 1 g Milchsäure aus 0,9 g Glykogen folgende Werte an:

$$-\Delta H = 268 \text{ cal}; \quad -\Delta G = 393 \text{ cal}; \quad \frac{\Delta G}{\Delta H} = 1{,}46;$$

die freie Energie ist also um 46% größer, als aus dem Unterschied der Verbrennungswärme von Glykogen und Milchsäure zu entnehmen ist. Hierbei ist die Neutralisationsenergie zum Lactat berücksichtigt; ΔH wäre für undissoziierte, gelöste Milchsäure — 180 cal $T \cdot \Delta S = \Delta G - \Delta H$ ist für die Bildung gelöster, nicht neutralisierter Milchsäure 156 cal; ΔG daher hierbei 336 cal und $\Delta G/\Delta H = 1{,}87$. Für die Neutralisierung der Milchsäure ist $-\Delta H = 88$ cal, $-\Delta G = 57$ cal, also wesentlich geringer; aus diesem Grunde erklärt sich der kleinere Quotient für den Prozeß der Lactatbildung. Über die molaren Energiegrößen orientiert die Tabelle 90 nach Dickens (1951). Die Spaltung der Adenosintriphosphorsäure (ATP) in die Adenosindiphosphorsäure (ADP) findet durch direkte Reaktion mit dem Myosin statt (Engelhardt und Ljubimova 1941, H. H. Weber). Sie führt wahrscheinlich zur unmittelbaren Übertragung der Energie auf das contractile Eiweiß (s. S. 513 f.). Durch Energiezuführung aus dem Phosphagen, welche mit der Phosphatübertragung erfolgt, wird die eigentliche Aktionssubstanz ATP wieder aufgebaut (Lohmannsche Reaktion). Hierbei wird Kreatin frei. Das Phosphagen seinerseits wird unter Benutzung der aus der Milchsäurebildung stammenden Energie wieder aufgebaut (Parnassche Reaktion). Dabei entsteht primär aus dem Kohlenhydratabbau ATP. Es gibt sein Phosphat auf Kreatin zurück. Nachdem das anorganische Phosphat wieder in beide Formen, d.h. Phosphagen und ATP zurückverwandelt wurde, kommt die Milchsäurebildung zum Stillstand.

Tabelle 90. *Molare (ΔH) und freie molare Enthalpien (ΔG) der Milchsäurebildung nach* D. Burk *aus* Dickens

	$-\Delta G$	$-\Delta H$
a) $\frac{1}{2}$ Glucose fest (Oxydation)	343	337
b) $n/2$ Glykogen fest (Oxydation)	350	344
c) Milchsäure gelöst (Oxydation)	325	326
$a-c$	18	11
$b-c$	25	18
d) Glykogen (1%) → Milchsäure (2 mM) . .	30	16
d; Phosphat-gepuffert (pH 7,6)	35	18
d; im Muskel gepuffert (pH 7,6)	35	24
e) $\frac{1}{2}$ Glucose (0,18%) → Milchsäure (2 mM) .	24	12
e Phosphat-gepuffert (pH 7,6)	28	13

Der *Gesamtwirkungsgrad* wird durch den Vergleich der geleisteten Arbeit mit der freien Energie der Gesamtumsetzungen, also des oxydativen Glykogenschwundes nach völliger Restitution des isolierten Muskels, bestimmt. Zwischenreaktionen, bei denen der Unterschied zwischen Wärmetönung und freier Energie groß ist, haben hier auf den totalen Nutzeffekt wenig Einfluß. Es ist jedoch zur Zeit nicht möglich, die Ökonomie der Teilprozesse genau zu übersehen. Man weiß nur, daß *beim Menschen* unter günstigen Umständen ein Gesamtwirkungsgrad von *höchstens 25%*, bezogen auf die freie Energie der oxydierten Kohlenhydrate, und am ausgeschnittenen Muskel maximal 20%, beobachtet werden können. *Weil* nun *bei der* oxydativen *Glykogenresynthese 50% Wärme abfallen*[1], *muß danach für das durch die Milchsäurebildung insgesamt weiter unterhaltene Geschehen wieder mit einem Abfall von 50% der anaeroben entsprechend 25% der gesamten Energie gerechnet werden.* Für die beiden anaeroben chemischen Resyntheseprozesse und für den der Neuordnung des Myosins zur kontraktionsbereiten Form muß dann der Wirkungsgrad *im einzelnen wesentlich höher als 50%* sein. Für den Wiederaufbau des ATP aus Phosphagen liegt er zweifellos sehr hoch. Das Schema der Abb. 169 versucht, das *Ineinandergreifen der Reaktionen* unter Einsetzung der zur Zeit wahrscheinlichsten Wirkungsgrade für die letzten Vorgänge darzustellen. Eine genaue Analyse der zeitlichen Aufeinanderfolge einzelner Prozesse, die nur mit thermischen und optischen Methoden möglich ist,

---

[1] Bei einem Oxydationsquotienten von 5; vgl. S. 655.

überschreitet den Rahmen dieser grundsätzlichen Ausführungen. Bemerkt sei abschließend, daß sich am ganzen Tier ein sehr großer Teil der oxydativen Beseitigung der gebildeten Milchsäure nicht in der Muskulatur, sondern in der Leber abspielt, zeitlich und räumlich getrennt von den übrigen Resynthese-vorgängen, die der Kontraktion unmittelbar oder verzögert folgen.

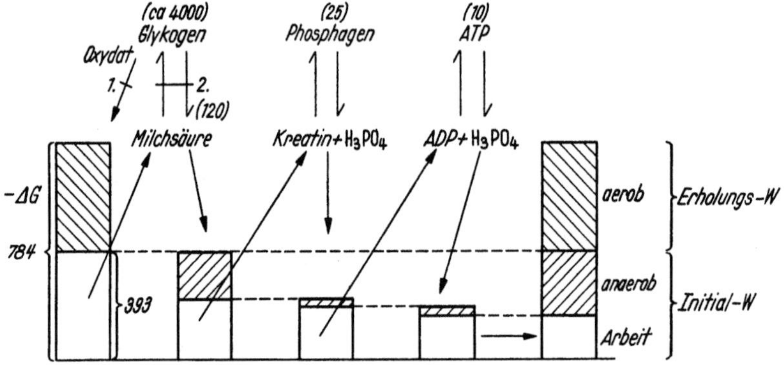

Abb. 169. Energieumwandlungen im Muskel (Schema). Die eingeklammerten Zahlen geben den Calorienvorrat in 100 g Muskel, bei Milchsäure den des Starremaximums von 0,4% an. Schraffiert: Verlustwärme; weiß: nutzbare Energie; Zahlen links: cal pro g gebildeter Milchsäure beim Oxydationsquotienten von 5. Bei *1* Blockierung der Atmung, bei *2* der Glykolyse

Stoffcyclen als biochemische Funktionseinheiten

Die Aufeinanderfolge der Reaktionen in der Muskulatur weist besonders eindrucksvoll auf ein Problem hin, welches bei allen Zellen vorliegt, nämlich auf die Verknüpfung der Einzelvorgänge. Sie vollziehen sich auch im stationären Zustand der Ruhe, und ihr Ablauf gibt dem Leben das Gepräge einer geregelten dynamischen Erscheinung. Daß man die Einzelreaktionen zu größeren Reaktionsfolgen, zu *biochemischen Funktionseinheiten*, zusammenfassen kann, bedeutet sicher mehr als die gelungene Durchführung eines Ordnungsprinzips unseres systematisierenden Verstandes. Sie entsprechen nur grundsätzlich den Reaktionsstufen, welche dem Chemiker bei der Synthese oder dem Abbau der organischen Substanzen geläufig sind. Häufig sind die Wege in vivo und in vitro wegen der ganz unterschiedlichen Reaktionsbedingungen durchaus verschieden voneinander. Der banale Vergleich zwischen den biologischen Oxydationen der Zucker und ihrer offenen Verbrennung möge hier genügen. Tatsächlich läßt sich schon durch das Hervorheben der besonderen, chemisch durchaus verständlichen, ja notwendigen Zwischenstufen bei einzelnen Wandlungen ein *Prinzip* erkennen, dessen Bedeutung für die Biochemie immer mehr in Erscheinung tritt. Es ist das *der Stoffcyclen*. Als solche sind sie zwar auch kein Privileg des Lebendigen, aber sie sind mit den allgemeinen Kennzeichen biochemischer Vorgänge unmittelbar *verbunden*, nämlich mit dem des *einsinnigen Ablaufes* bei stufenmäßiger Energieentbindung aus den Betriebsstoffen und mit dem der *Aufrechterhaltung der dynamischen Struktur*, d.h. der stationären Stoffzustände oder Stoffkonzentrationen von Partnern reversibler Reaktionen.

MEYERHOF erkannte an der von ihm gefundenen oxydativen Resynthese der Kohlenhydrate aus Milchsäure die allgemeine Bedeutung derartiger „Stoff-Kreisläufe". Wenn ein solcher Stoff wie Milchsäure aus einer Vorstufe entsteht und dabei die Energie $-\Delta G_s$ frei wird, so kann er unter Aufbietung von $+\Delta G_r$ wieder zu ihr zurückverwandelt werden. Für einen 100%igen Nutzeffekt der Resynthese ($N=1$) gilt dann: $+\Delta G_r = -\Delta G_s$, für ein $N=0,5$ wäre $+\Delta G_r = 1/0,5\,(-\Delta G_s)$. Da $-\Delta G_s$ für die Zellarbeit gebraucht und nicht für die Resynthese eingesetzt wird, muß auch $+\Delta G_r$ bereitgestellt werden, z.B. durch die Oxydation (ΔG_{ox}). Damit ist: $-\Delta G_{ox} = +\Delta G_r$, und der Bedarf für die Revertierung wird dem Gesamtumsatz gleich. Da aber ΔG_r hineingeliefert wird, und ΔG_s das hier allein betrachtete Kreissystem verläßt, ist die nur für dieses geltende Energiebilanz:

$$\sum \Delta G = \frac{1}{N} \cdot \Delta G_s - \Delta G_s = \Delta G_s \left(\frac{1}{N} - 1\right), \tag{1}$$

d.h. bei $N < 1$ ist $\sum \Delta G$ positiv und gibt den Energiebedarf an, welcher über den Ersatz der Energieabgabe ($-\Delta G_s$) aus dem Kreis zur Wiederherstellung des ursprünglichen abgabefähigen Zustandes erforderlich ist. Für den Grenzfall $N = 1$ bestünde im Kreis bilanzmäßig kein Energieumsatz, d.h. die mit der Aufnahme und Abgabe der Energie verknüpften Änderungen wären in ihm vollständig reversibel. Insbesondere würde für den Übergang des Stoffes $A \to D$ soviel Energie benötigt, wie bei dem entgegengesetzten Vorgang frei würde, so daß der *Vergleich mit einem idealen Kreisprozeß* nahegelegt wird. Wenn man die biochemischen Cyclen mit den idealen thermodynamischen zu vergleichen hat, wird man natürlich von allen

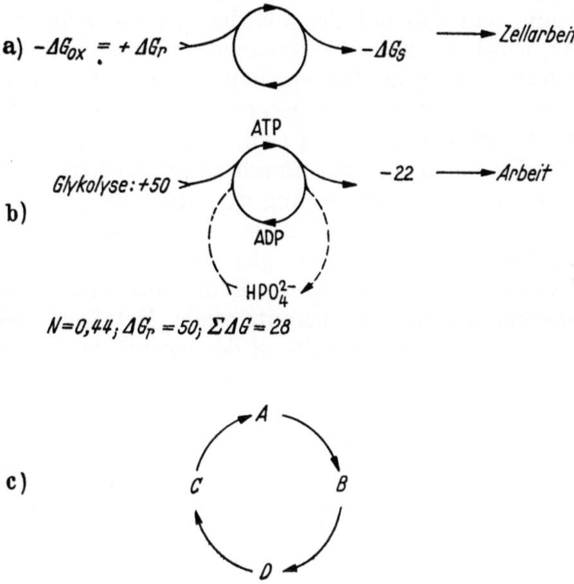

Abb. 170a—c. Zur Theorie der Stoffcyclen. Erläuterungen im Text

irreversiblen Vorgängen abstrahieren müssen. Ein idealer Kreisprozeß hat die Fiktion zur Grundlage, daß zum Zwecke der Vermeidung irreversibler Verluste nur differentielle Verschiebungen von Gleichgewichtslagen aus eintreten dürfen. Diese Voraussetzung trifft selbstverständlich für biologische Verhältnisse nicht oder nur angenähert zu. Denn schon eine oberflächliche Untersuchung zeigte, daß die stationären Konzentrationen der Stoffe häufig nicht mit denen übereinstimmen, welche sich im thermodynamischen Gleichgewicht der Ruhe einstellen würden. Daher wird immer ein bestimmter Energiebetrag in der Zeiteinheit aufzubieten sein, welcher die Einstellung jenes Gleichgewichtes verhindert und den dynamisch erzwungenen Zustand des steady state aufrecht erhält.

Andererseits kann man nun, ohne die Güte der Energieaufnahme oder die der Verwertung bei ihrer Weitergabe zu berücksichtigen, die freie *Reaktionsenthalpie* bei der Spaltung und dem Wiederaufbau *der dem eigentlichen Cyclus angehörenden Stoffe* für sich allein betrachten. Dann ist nach dem 1. Hauptsatz, speziell dem Gesetz der konstanten Wärmesummen, zu verlangen, daß ihre Summe den Wert null besitzt. Wir lassen die gleiche Menge von Stoff A aus D über C entstehen und verwandeln sie von A über B oder wieder über C nach D zurück (Abb. 170c). Es ist selbstverständlich, daß die Gesamtreaktionsenthalpien des Überganges von D nach A für beide Wege gleich sein müssen, da die Anfangs- und Endprodukte und -zustände dieselben sind. Damit ist es aber auch die Summe der Teilvorgänge auf dem Wege über C oder B. Auch für die freien Reaktionsenthalpien der Übergänge zwischen den Partnern im Kreise muß daher im stationären Zustand, d.h. bei gleichbleibenden Konzentrationen aller Ringteilnehmer, das Gesetz gelten:

$$0 = \sum \varDelta G_Z = \varDelta G_{s_1} + \varDelta G_{s_2} + \cdots \varDelta G_{s_i} + \varDelta G_{r_1} + \varDelta G_{r_2} + \cdots \varDelta G_{r_i}. \qquad (2)$$

Hier sind unter den Teilsymbolen nur die im Kreis verbleibenden, nicht aber die in ihn aufgenommenen oder die aus ihm abgegebenen Energiegrößen zu verstehen. Daß nun aber die von außen zugeführte und zum Aufbau eines Cyclusteilhabers benutzte Energie nicht ideal, d.h. vollständig revertiert werden kann, und daß mit der aus dem Cyclus weitergegebenen das gleiche der Fall ist, wurde in den voraufgegangenen Formulierungen durch Angabe eines Nutzeffektes genügend hervorgehoben. Die Übertragung der Energie auf das Rad selbst hat also bildlich gesprochen eine gewisse Reibung zu überwinden. Ihre Größe wird dann gering sein, wenn sowohl der Eingang von Stoffen wie ihre Abgabe aus dem Cyclus durch ausgesprochene Gleichgewichtsreaktionen erfolgt. Eine vermehrte Anlieferung der Ausgangs- oder ein beschleunigter Abtransport der Abgabeprodukte wird daher dem Massenwirkungsgesetz entsprechend den Umlauf im Kreise in dem gleichen Maße beschleunigen wie den Durchgang der Metabolite durch den Kreis. Keinesfalls wird ein beachtlicher Anteil der Energiemenge, welche der herantretende Metabolit bei seinem Durchgang liefert, allein zur Aufrechterhaltung des eigentlichen Cyclus benötigt. Läge ein idealer Kreisprozeß vor, dann wäre ein Bedarf dafür überhaupt nicht vorhanden. Daß das nicht zutreffen kann, wurde ausgeführt. Ein Cyclus vollzieht seine katalytischen Funktionen um so idealer, je geringer dieser Bedarf ist, welcher vom Standpunkt der Energetik einen Verlust an chemischer Energie bedeutet.

Bei der Einordnung einzelner Stoffe in einen Cyclus ist immer zu beachten, ob wie beim Paar Glykogen ⇌ Milchsäure der Stoff A zum Stoff B verwandelt und zurückverwandelt wird, oder ob er als *Zwischenprodukt einer Abbaukette fungiert*. In diesem Fall braucht nicht ein Cyclus im engeren Sinne des Wortes vorzuliegen. Die Cocymase wird z.B. durch die Substrate hydriert und durch die anschließende Weitergabe des Wasserstoffs an die Flavinenzyme oxydiert. Zweifellos hängt das $DPN^+/DPNH_2^+$-Verhältnis von der Geschwindigkeit der Dehydrierung vor und nach der Cocymasestufe ab. Aber das Schema:

$$\begin{array}{ccc} \text{Triose-P} & \text{DPN} & \text{Flavin } H_2 \\ \text{P-Glycerat} & \text{DPNH}_2 & \text{Flavin} \end{array}$$

berechtigt nicht dazu, von einem Cyclus des DPN, sondern nur von einem *Wechsel zwischen oxydierter und reduzierter* Form bei Teilgliedern eines Reaktionszuges, hier also der Atmungskette, zu sprechen. Man sieht jedoch, daß dieser Wechsel eine katalytische Funktion im Zuge des Gesamtabbaus ausübt. Es ist außerdem selbstverständlich, daß im unveränderten stationären Zustand die bei der Hydrierung eines Partners gebundene Energie derjenigen summarisch gleich ist, welche bei seiner Dehydrierung frei wird.

Grundsätzlich das gleiche trifft auch für die echten *Stoffcyclen* zu, da sie im ganzen ebenfalls eine katalytische Funktion zu vollziehen haben. Sie unterscheiden sich aber von den „Stufenmetaboliten" dadurch, daß diese ihre Funktion durch einen Wechsel zwischen 2 Zuständen des gleichen Stoffes vollziehen, während zu einem Cyclus mindestens zwei chemisch verschiedene Stoffe gehören, welche nicht nur einen unterschiedlichen Oxydationszustand besitzen. Im folgenden soll jedoch von einem metabolischen Cyclus erst dann gesprochen werden, wenn der Hinweg zu einem Cycluspartner von dem Rückweg zum Ausgangsstoff verschieden ist. In diesem Fall müssen mindestens drei chemisch verschiedene Teilhaber des Cyclus gegeben sein.

Es haben sich eine Reihe derartiger Cyclen in der belebten Natur herausgebildet, von denen hier nur jene Erwähnung finden sollen, welche beim Endabbau eine ausschlaggebende Rolle spielen, nämlich 1. der *Liponsäurecyclus* und 2. der Citronensäurecyclus. Im ersteren (Abb. 171a) vollzieht sich mit Hilfe des Coenzyms-A die Bildung der aktiven Essigsäure aus dem Pyruvat. Die Regenerierung der Liponsäure (LipS$_2$) (Thioctansäure) erfolgt durch Dehydrierung mit DPN$^+$. Damit wird diese Substanz stets erneut zur Verfügung

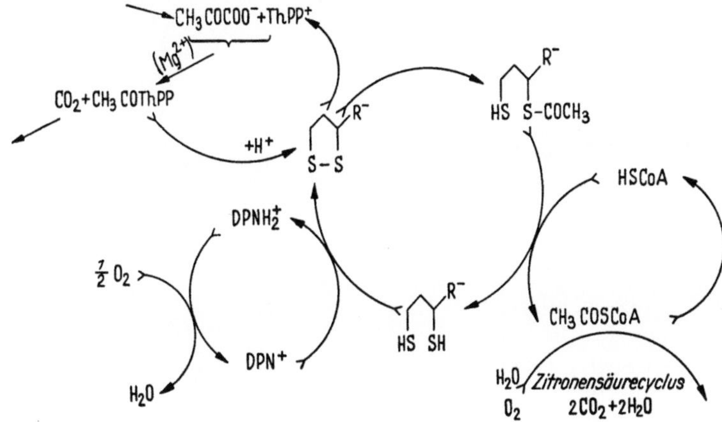

Abb. 171a. Schema der dehydrierenden Decarboxylierung der Brenztraubensäure mit dem Cyclus der Thioctansäure (Liponsäure) in der offenen und der Ringform (Mitte)

gestellt. Die Bilanz dieses Vorganges der oxydativen Decarboxylierung ist (GUNSALUS, REED 1954):

$$BTS + HSCoA + \tfrac{1}{2}O_2 = CO_2 + H_2O + CH_3CO{-}S{-}CoA \quad \text{mit} \quad \varDelta G^0 = -66\,\text{kcal.}$$

Dabei entfallen etwa 50 kcal auf die H$_2$O-Bildung von DPN aus. Auf die Decarboxylierung und die Dehydrierung des Acetaldehyds kommen etwa 24 kcal, so daß bis zur Essigsäure 74 kcal frei werden. Von ihnen werden etwa 8 im Acetyl-CoA zurückgehalten und erst bei dessen Hydrolyse verfügbar.

Die Vorgänge in dem Cyclus müssen sich selbst energetisch ausgleichen, wenn sie sich im stationären Zustande befinden, sich also kein Partner des eigentlichen Kreisgeschehens anhäuft oder vermindert. Hier wäre dementsprechend der Übergang von der Ringform zur Dithioform der Liponsäure und umgekehrt ebenso der vom freien zum acetylierten CoA energetisch neutral.

Analoges ist auch für den noch umfangreicheren Martius-Krebsschen *Citronensäurecyclus* zu fordern (Abb. 171b). Seine Bilanz ist ausgehend von dem Acetyl-CoA:

$$CH_3{-}CO{-}CoA + 3\,H_2O + 2\,O_2 = 2\,CO_2 + 4\,H_2O + HCoA \quad \text{mit} \quad \varDelta G^0 = -216\,\text{kcal.}$$

Sieht man von den über die Atmungskette laufenden Dehydrierungen außerhalb des Cyclus ab, so ergibt sich:

$$CH_3{-}CO{-}CoA + 3\,H_2O = 2\,CO_2 + HCoA + 4\,H_2 \quad \text{mit} \quad \varDelta G^0 = -25\,\text{kcal.}$$

Die freie Reaktionsenthalpie wurde hier unter der Voraussetzung angegeben, daß 3 Wasserstoffpaare vom Niveau des DPN$^+$, entsprechend etwa 6 kcal, und das vom Succinat stammende durch Cytochrom b ($E_0' = -0,04$ V) aufgenommen würden, so daß für dieses 17,4 kcal vom vollen Wert der Wasserbildung abzusetzen sind. Insgesamt sind $3 \cdot 50,6$ und 39,2, d.h. 191 kcal abzuziehen. Das Ergebnis sagt, daß sich der Abbau der Essigsäure auch unter diesen Umständen vollziehen könnte, aber natürlich nur solange DPN$^+$ zur Wasserstoffaufnahme

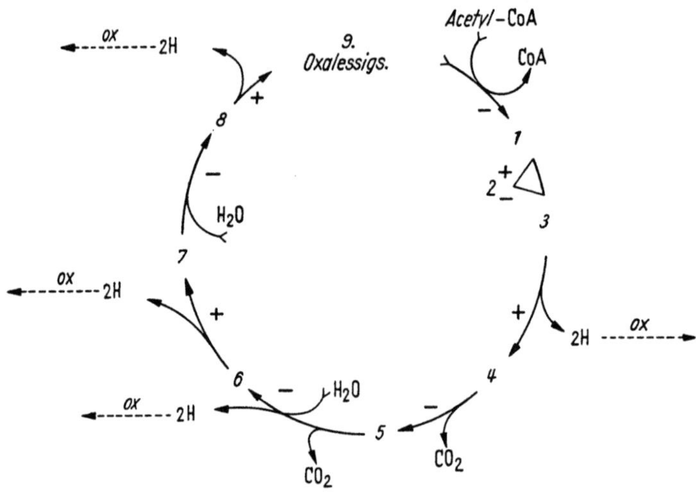

Abb. 171 b. Citronensäurecyclus. *1* Citrat, *2* cis-Aconitat, *3* Isocitrat, *4* Oxalsuccinat, *5* α-Ketoglutarat, *6* Succinat, *7* Fumarat, *8* Malat, *9* Oxaloacetat. — exergon, + endergon beim Ablauf in der Pfeilrichtung

verfügbar ist. Es erschöpft sich rasch und wird normalerweise durch die Atmung reoxydiert. Daher vollzieht sich der Cyclus praktisch nur aerob. Er würde aber, wenn er in Abwesenheit von Sauerstoff zustande käme, durch die freie Energie der Acetyl-CoA-Spaltung (—8 kcal) und der beiden Decarboxylierungen (etwa 18—19 kcal) ermöglicht. Ihre Summe würde die errechnete

Tabelle 91. *Energetische Bilanz des Cyclus* (in kcal) (vgl. Abb. 171 b)

Schritt nach →	ΔG^0	ΔG^0_{ox}	ΔG^0_H
1	+ 1,8	— 7,8	— 7,8
2 + 3	+ 1,5	+ 1,5	+ 1,5
4	— 52,95	— 52,5	+ 3,7
5	— 16,43	— 8,6	— 8,6
6	— 68,49	— 69,8	—13,6
7	— 36,13	— 35,7	+20,5
8	— 0,88	— 0,88	— 0,9
9	— 45,24	— 44,8	+11,4
Summe	—216,82	—218,6	+ 6,2

Daten nach BURTON und KREBS (1953); ΔG^0 für Standardzustand, ΔG^0_{ox} für $p_{O_2} = 0,2$ atm, $p_{CO_2} = 0,05$ atm pH 7 inklusive oxydativer H$_2$O-Bildung. ΔG^0_H ohne Oxydation, bezogen auf $p_{2H_2} = 1$ und $p_{2O_2} = 0,2$ atm mit $\Delta G^0_{H_2O} = 56,2$ kcal, Stoffkonzentrationen 0,01 m, berechnet nach:

$$-\Delta G = 23,06 \cdot 2 \left[1,23 - \frac{F_N}{2} \log \frac{p_1}{p_2} (H_2) - \frac{F_N}{4} \log \frac{p_1}{p_2} (O_2) \right] \text{kcal.}$$

Für $p_{2O_2} = p_{1O_2} = 1$ atm ist $\Delta G^0_{H_2O} = 56,7$ mit Summe: + 8,2 kcal; bei $\Delta G^0_{H_2O} = 55$ erhielte man die Summe + 1,4 kcal!

freie Energie des Gesamtvorganges ziemlich genau decken. Für den eigentlichen Kreis, dessen Glieder weder zu den Anfangs- noch zu den Endprodukten (H_2, CO_2) gehören, würde dann etwa die oben aufgestellte Forderung: $\sum \varDelta G = 0$ gelten. Ob die Summierung der Energiewerte für die Teilreaktionen unter physiologischen Konzentrations- und Druckbedingungen diese Überlegung voll bestätigt, ist noch nicht zu übersehen (vgl. Tabelle 91).

Von KREBS u. KORNBERG (1957) wurde ein zunächst nur für Bakterien erhärteter modifizierter Citrat-Cyclus untersucht. Dabei wird aus Isocitrat direkt Bernsteinsäure und Glyoxylsäure gebildet. Glyoxylat wird anschließend mit Acetyl-CoA zu Äpfelsäure kondensiert, welche dann wieder zur Oxalessigsäure dehydriert wird. Auf diese Weise kann Acetat vermehrt in Oxalacetat verwandelt werden, welches seinerseits in der Utter-Kurahashi-Reaktion (s. S. 662) in Enolphosphopyruvat (PEP) übergeht. Diese Substanz dient aber weiterhin dem Aufbau von Kohlenhydrat (Glyoxylatcyclus):

$$2 \text{ Essigsäure} + H_2O + P \rightarrow \text{PEP} + CO_2 + 6\,H.$$

Im ganzen gesehen handelt es sich um *reversible chemische Cyclen*, im Verlaufe derer ein *Pfeilerstoff stets wieder neu gebildet wird* und zur Verarbeitung weiteren Betriebsstoffes durch den Kreis zur Verfügung steht. Sie sind eine notwendige Konsequenz des *steady state* einerseits, des *einseitig gerichteten Ablaufs* der Energieabgabe aus den sich verwandelnden Stoffen andererseits und drittens der Tatsache, daß gewisse im intermediären Stoffwechsel entstehende Körper wie Oxalessigsäure oder Ornithin immer wieder mit anderen in den Kreis und damit in den Abbau eingehenden verbunden werden. Die Zyklen wirken als Katalysatoren der entsprechenden Reaktionszüge und müssen im Idealfall der oben begründeten Forderung genügen, daß die Summe der freien Reaktions-Energien für die Hin- und Rückreaktionen zwischen den Kreispartnern verschwindet.

Die *Häufigkeit*, mit der die einzelnen Stadien eines Cyclus in der Zeiteinheit durchschritten werden, hängt natürlich von der Geschwindigkeit der Zulieferung und Abführung jener Stoffe und jener Energie ab, welche an dem „Kreisprozeß" teilhaben bzw. ihn unterhalten. Die Zahl *der Stoffumläufe pro Zeit* wächst mit der katalysierten Stoffmenge. Sie läßt sich als Cyclusfrequenz pro min (F_Z') berechnen, wenn die Konzentration der oder eines Kreisteilhabers (C_Z) in dem tätigen Organvolumen (V_Z) und damit ihre Menge und die Menge des in der gleichen Zeit umgesetzten Substrates M_s jeweils in Molen bekannt ist:

$$F_Z' = M_s \cdot \min^{-1}/C_Z \cdot V_Z. \tag{3}$$

Würde man z.B. für die Partner des Citronensäurecyclus eine Konzentration von 1 mMol/Liter in 5 Litern Organ und für den täglichen Umsatz der Essigsäure 600 g = 10000 mMol/d = 10000/1 440 mMol/min ansetzen, so wäre $F_Z' = 1,4$ die Zahl der Molekeln, welche von einer Oxalessigsäuremolekel pro min verarbeitet würde (Turnover-, Durchsatz-Zahl). Eine tägliche O_2-Aufnahme von 448 Liter ($\simeq 2200$ kcal Umsatz) entspricht mit 20 Mol der Veratmung von 10 Mol Essigsäure, d.h. der oben genannten Zahl. Zu jener O_2-Aufnahme gehört bei alleiniger Kohlenhydratoxydation, d.h. einem respiratorischen Quotienten (RQ) von 1, die gleiche CO_2-Abgabe. Unter diesen Umständen wäre durch oxydative Decarboxylierung aus BTS und α-Ketoglutarsäure und durch β-Decarboxylierung aus Oxalbernsteinsäure je ein Drittel jener Menge, also je 150 Liter, pro Tag entstanden. Bei alleiniger Fettverbrennung wird die Stufe der BTS nicht durchlaufen, wenn man von der Beteiligung der Kohlenhydrate bei der Erhaltung des Oxalacetats absieht (s. S. 485) (KREBS 1954; MARTIUS und LYNEN 1950, OCHOA 1954).

Das Resultat der *Cyclen* ist nicht nur Abbau und Energiegewinnung; sie können *auch Synthesen katalysieren.* Eine Durchmusterung der Vorgänge zeigt ganz allgemein, daß man bei der Verfolgung des Schicksals von Stoffen, welches schließlich doch nur im Auf- oder Abbau bestehen kann, stets auf irgendwelche Stoffcyclen stößt. Ein Beispiel für den Aufbau mit Energieverbrauch bietet die Bildung des Harnstoffes. Seine Synthese aus Ammoniak und Kohlensäure benötigt Energie, welche etwa in der Größenordnung von 10 kcal pro Mol gelegen ist (s. S. 435). Der Aufbau wird nicht dadurch ermöglicht, daß er in die Reaktionszüge des Organismus etwa so eingeschaltet wäre, wie bei solchen Teilnehmern an Stoffcyclen, die stets endergonisch regeneriert werden. Denn der Harnstoff kann nicht als Stufe eines Cyclus, sondern muß als Seitenprodukt eines solchen angesehen werden, welches kontinuierlich entfernt wird.

Der *Harnstoffcyclus* (KREBS 1932, LEUTHARDT 1952, BORSOOK 1941, RATNER 1954, COHEN 1946 u. a.) entspricht dem allgemeinen Schema: er nimmt Energie bei der Bildung des Citrullins dadurch auf, daß die schon vorher letztlich aus CO_2 und NH_3 mit Hilfe von ATP gebildete Carbamylgruppe auf Ornithin übertragen wird. Das Carbamyl kann so als energiereiches Phosphat (s. S. 526) direkt oder wie bei den Säugetieren über Carbamylglutaminsäure in den Cyclus eintreten. Dabei wird die Glutaminsäure im allgemeinen dem Citronensäurecyclus entnommen werden.

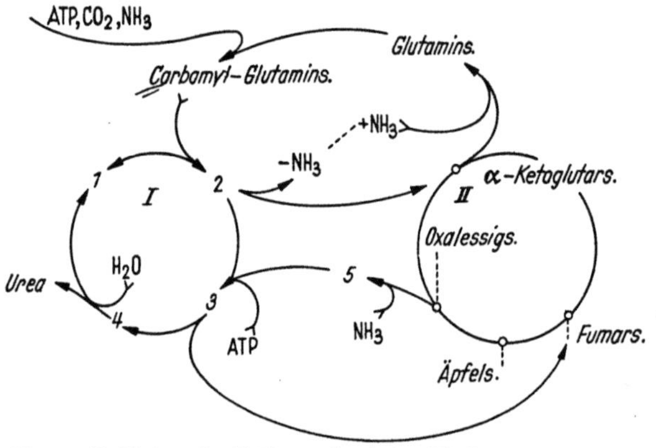

Abb. 172. Verbindung des (I) Harnstoff- mit dem (II) Citronensäurecyclus. *1* R · NH₂ Ornithin; *2* RNHCONH₂ Citrullin; *3* Succinylarginin; *4* R · NH · (C=NH)NH₂ Arginin; *5* Asparaginsäure; R = HOOC · CHNH₂(CH₂)₃

würde wie bei der analogen Bildung der Orotsäure aus Asparaginsäure und Carbamylphosphat entstehen. Vielleicht wird auch in der Säugetierleber das Carbamyl direkt aus seiner phosphorylierten Form auf Ornithin übertragen. Ein entsprechendes Enzym wurde aus Rattenlebern angereichert (Ornithin-Carbamyl-Transferase, REICHARD 1957).

Auch die Übergabe des zweiten NH_3-Restes, welcher schließlich als Iminogruppe eintritt, geschieht mit Hilfe jenes Cyclus. Denn aus der Oxalessigsäure entsteht durch Transaminierung die Asparaginsäure. Ihre Aminogruppe vereinigt sich nun mit dem —CO aus der Carbamylgruppe des Citrullins zu Succinoarginin. Durch dessen Aufspaltung entsteht über Fumarsäure die Äpfelsäure und das Arginin. Die ersten beiden Substanzen gehören bereits wieder dem Citratcyclus an, während die letztere im Harnstoffcyclus durch Hydrolyse an der Arginase das Ornithin zurückliefert und dabei das Endprodukt Harnstoff abgibt. Die Anlieferung der Energie geschieht auch hier wieder aus ATP, welches bei diesem zweiten Schritt für die Bildung des Succinoarginins erforderlich ist (Abb. 172).

Der eigentliche Cyclus besteht hier aus den 3 Substanzen: Ornithin—Citrullin—Arginin, zu denen als Zwischenstufe und Verbindungsglied zum Citronensäurecyclus das Succinoornithin tritt. Die Bildung des Citrullins und Arginins erfolgt unter Energieaufnahme, die Abspaltung des Harnstoffs und die damit verbundene Rückbildung des Ornithins exergonisch. Es ist zu fordern, daß die

Summe der in den beiden ersten Stufen aufgenommenen Energien derjenigen gleich ist, welche bei der Spaltung des Arginins frei wird.

Die Teilhaber am Citratcyclus können auch zu vielen *anderen Synthesen* herangezogen werden. So wird Oxalessigsäure und Ketoglutarsäure nicht nur zur Asparagin- und Glutaminsäure transaminiert. Ihr Kohlenstoffgerüst geht auch in viele andere Aminosäuren über. Bernsteinsäure wird mit Acetyl-CoA unter Decarboxylierung zur ∂-Aminolävulinsäure und damit zum Ausgangsstoff für die Porphyrinsynthese verwandelt (SHEMIN, NEUBERGER 1953). Alle derartigen Vorgänge ziehen Material aus dem Citratcyclus ab und fordern einen Ersatz seiner Pfeilerstoffe, speziell der Oxalessigsäure (s. S. 485).

Eine andere wichtige Abzweigung aus dem Citronensäurecyclus dient nicht der Stoffsynthese, sondern umgekehrt der Beseitigung liegengebliebener Produkte, nämlich der Ketonkörper, speziell der freien Acetessigsäure. Sie erfolgt im Muskel- und Nierengewebe durch Transacylierung mit Succinyl-CoA an einer CoA-Transpherase nach (GREEN 1953):

$$\text{Succinyl-CoA} + \text{Acetacetat} \rightleftharpoons \text{Acetacetyl-CoA} + \text{Succinat.}$$

Da Kohlenhydrate bei vermehrtem Umsatz auch einen erhöhten Durchgang im Citratcyclus bewirken, können sie während der Acidose angefallenes Acetacetat beseitigen („Fettverbrennung im Feuer der Kohlenhydrate", ROSENFELD).

Reaktionszüge und Reaktionskoppelung

Diese Vorgänge *demonstrieren* wie das Schema (Abb. 172) des Harnstoffcyclus *die Verzahnung der Kreisprozesse* besonders eindrucksvoll (vgl. auch die Photosynthesecyclen nach CALVIN, s. S. 507). Sie weisen auf das Problem der Verkoppelung von Einzelvorgängen hin. Es ist auf das engste mit der Organisation biochemischer Funktionssysteme verbunden (s. S. 646). Ihre Verknüpfung erfolgt durch bestimmte hierzu geeignete Einzelreaktionen. Die bisher gegebene Darstellung, insbesondere auch die ihrer Reihenfolge bei der Muskelaktion, fordert mit MEYERHOF eine energetische Koppelung. Denn die Bereitstellung der Energie durch die vorgeschalteten Reaktionen ist die Bedingung für den Ablauf der folgenden. Eine Erklärung aber des Mechanismus solcher Übertragungen von Energie aus einem chemischen Vorgang auf einen anderen kann nur auf der Basis einer stöchiometrischen Beziehung zwischen den teilhabenden Reaktionen gesucht werden. Nur dann kann diese stöchiometrische neben der niemals zu vernachlässigenden energetischen Forderung zurücktreten, wenn die Verknüpfung über einen physikalischen Vorgang wie Strahlung, Wärmebildung oder Leitung elektrischer Energie erfolgt. Sieht man aber zunächst von den Energieübertragungen mit erfaßbar dazwischen geschalteten Übergängen in sog. physikalische Energieformen ab, dann treten *3 Typen von Koppelungsreaktionen* besonders hervor, die Oxydoreduktionen, die thioklastischen und die phosphorylierenden. Sie greifen oft ineinander und werden alle durch weitgehend spezifische Fermente katalysiert. Gelegentlich ist festzustellen, daß sich die eigentliche Koppelung am Ferment vollzieht.

Schon die Kombination zweier reversibler Redoxpaare zu einem reaktionsfähigen *Redoxsystem* ist nach energetischen Gesichtspunkten zu werten bzw. vorzunehmen. Denn nur der oxydierte Anteil des Paares mit höherem Potential ist in der Lage, den reduzierten des anderen Partners zu oxydieren (s. S. 442). Ohne eine derartige Zusammenschaltung zweier Systeme findet kein freiwilliger Redoxprozeß und damit keine Abgabe von freier Energie statt.

Obwohl es häufig zutrifft, ist es nun nicht erforderlich, daß die Aufnahme der so bereitgestellten Energie wiederum durch ein Redoxsystem erfolgt. Eine energetische Koppelung liegt natürlich ebenfalls vor, wenn jene zum Antrieb irgendeines anderen reversiblen Prozesses verwendet wird, dessen Teilhaber sich dabei von ihrer Gleichgewichtslage entfernen.

Solche *Koppelungen* lassen sich *in Gegenwart geeigneter Fermente* auch *im Reagensglas* durchführen. Folgender Reaktionszug diene als Beispiel (S. OCHOA 1946). Es hat sich gezeigt, daß die Abspaltung von CO_2 aus Oxalessigsäure eine reversible Reaktion ist, welche in Richtung der Anlagerung von CO_2 an Brenztraubensäure Energie verbraucht:

$$a) \quad COOHCO \cdot CH_2COOH \rightleftharpoons CO_2 + COOH \cdot CO \cdot CH_3$$

(WOOD und WERKMANN; $\Delta G = 5{,}3$ kcal, 1936, 1940). Das Gleichgewicht liegt also sehr weitgehend auf der Seite des Pyruvates. Trotzdem kann die Reaktion ablaufen, wenn die Oxalessigsäure unmittelbar nach ihrer Entstehung durch einen freiwillig verlaufenden Vorgang weiter verwandelt, z.B. an der Malicodehydrogenase mit Hilfe von Dihydrocozymase zum Malat hydriert wird. Dabei entsteht DPN^+:

$$b) \quad \text{Oxalessigsäure} + DPNHH^+ = \text{Äpfelsäure} + DPN^+$$

($\Delta G = -8{,}3$ kcal). Die Summe beider Reaktionen ergibt:

$$c) \quad \text{Brenztraubensäure} + CO_2 + DPNHH^+ = \text{Äpfelsäure} + DPN^+$$

($\Delta G = -3$ kcal). Bei geeigneter katalytischer Steuerung kann diese Reaktion also ablaufen, da ΔG negativ ist. Jedoch ist das Ausmaß der CO_2-Fixation gering, da die freie Enthalpie für die Summenreaktion c) nur schwach negativ ist.

Es gelingt nun, DPN^+ durch Milchsäure wieder zu reduzieren und erneut der Reaktion (b) zuzuführen. Dadurch würde der weitere Ablauf ermöglicht; aber die Reaktion (d) verbraucht Energie:

$$d) \quad \text{Milchsäure} + DPN^+ = BTS + DPNHH^+$$

($\Delta G = 4{,}5$ kcal). Die Summe von c) und d) ergibt:

$$e) \quad BTS + CO_2 + \text{Milchsäure} = \text{Äpfelsäure} + BTS$$

($\Delta G = 1{,}5$ kcal). Eine wirksame Energielieferung gelingt nun nach Verwandlung von

$$f) \quad \text{Äpfelsäure an der Fumarase (Wasserentzug) in Fumarsäure}$$

($\Delta G = +0{,}8$ kcal) durch die Bildung von Bernsteinsäure nach:

$$g) \quad \text{Fumarsäure} + H_2 = \text{Bernsteinsäure}$$

($\Delta G = -20{,}1$ kcal). Extrakte von Colibakterien können molekularen H_2 zur Reduktion der Fumarsäure verwenden, ihn also mit ihrer Hydrogenase wie mit Pt-Schwarz aktivieren. Kombination von e), f), g) ergibt:

$$h) \quad CO_2 + \text{Milchsäure} + H_2 = \text{Bernsteinsäure} + H_2O$$

($\Delta G = -17{,}8$ kcal). Die Energielieferung durch die Reaktion g) ermöglicht nun eine beachtliche CO_2-Fixation in dem beschriebenen, kompliziert zusammengesetzten System. Vorbedingung für diese Reagensglasreaktion ist die Gegenwart der geeigneten, aus Leber- und Bakterienzellen gewonnenen Fermentproteine.

Leichter in vitro zu reproduzieren sind die *CO_2-fixierenden beiden Ochoa-Reaktionen I und II* (1953).

I. a) CO_2 + Pyruvat + $TPNH_2^+$ ⇌ Malat + TPN^+
(katalysiert durch „Malic enzyme")

b) Glucose-6-P + TPN^+ ⇌ 6-Phosphogluconat + $TPNH_2^+$
(Zwischenferment; $\Delta G - 6{,}9$ kcal)

c) Malat ⇌ Fumarat + H_2O (Fumarase; $\Delta G = +0{,}88$)

Σ: Glucose-6-P + Pyruvat + CO_2 → 6-P-Gluconat + Fumarat + H_2O

II. a) CO_2 + α-Ketoglutarat + $TPNH_2^+$ ⇌ Isocitrat + TPN^+
(isocitric enzyme)

b) Glucose-6-P + TPN^+ ⇌ 6 P-Gluconat + $TPNH_2^+$

c) Isocitrat ⇌ Citrat   (Aconitase; $\Delta G = -1{,}5$)

Σ: Glucose-6-P + CO_2 + α-Ketoglutarat → 6 P-Gluconat + Citrat

Bei der Wood-Werkmann- wie den Ochoa-Reaktionen findet die Carboxylierung nicht am Aldehyd-C-Atom, sondern am Nachbar-C-Atom zur Carbonylgruppe statt (β-Carboxylierung). Der Bedarf an Energie liegt hier bei etwa 5,3 kcal, entsprechend einem Gleichgewicht von: $\dfrac{CO_2}{-COO^-} \simeq 10^4$. Die Dehydrierung des Robison-Esters (6-P-Glucose mit $\Delta G = -6{,}9$ kcal) und die anschließende Dehydratase-Reaktion II c) liefern sie dann, wenn sie durch die Gegenwart der Fermente in den beschriebenen Systemen katalysiert werden, so daß die Reaktion in der Richtung der Carboxylierung ablaufen kann.

Nach den wichtigen Befunden von FLAVIN und Mitarbeitern ist am *Propionyl-CoA* auch eine γ-Carboxylierung möglich (1956). Dabei entsteht Succinyl-CoA:

$$CO_2 + CH_3 \cdot CH_2 \cdot CO-S-CoA \to HOOC \cdot CH_2CH_2CO-S-CoA.$$

Auf diesem Wege werden Propionsäure und andere ungeradzahlige normale Fettsäuren ohne Bildung von Acetyl-CoA in den Endstoffwechsel einbezogen.

Die α-Carboxylierungen, z.B. die Bildung von Pyruvat aus Acetaldehyd, erfordern mehr Energie. Ihre Bereitstellung wird nur durch besonders energiereiche C_2-Partner ermöglicht und ist an Bakterienfermenten realisierbar. Doch tritt dieser Carboxylierungstyp offenbar an Bedeutung hinter den Ochoa-Reaktionen zurück. Von ihnen demonstriert die zweite die Reversibilität eines großen Teiles vom Citronensäurecyclus. Die erste ist erforderlich zur Erhaltung seiner Pfeilersubstanz, der Oxalessigsäure, deren spontaner Zerfall in BTS und CO_2 durch die Bildung der Äpfelsäure und deren Dehydrierung ausgeglichen wird. Eine große Rolle spielen beide Reaktionen auch im Pflanzenreich. Die Fermente finden sich hier besonders in den Blättern. Es gelingt nun, die energieliefernden Reaktionen I b und II b durch die Belichtung von Chloroplasten zu ersetzen, um dann in CO_2-Gegenwart mit Pyruvat in sehr guter Ausbeute Malat und mit Ketoglutarat Citronensäure zu erhalten. Die Wirkung der Photolyse besteht darin, daß der dabei aktivierte Wasserstoff DPN^+ und TPN^+ reduziert (s. S. 472 und 508).

Dennoch sind die *Ochoa-Reaktionen nicht als Vorstufen* für die CO_2-Bindung *bei der Photosynthese* der Kohlenhydrate anzusehen. Weil aus $^{14}CO_2$ im Vergleich zu den Triosen bzw. der Phosphoglycerinsäure nur sehr wenig markierte Tricarbonsäuren entstehen, kann auch die CO_2-Fixierung zu den Angehörigen ihres Cyclus nicht den Hauptweg der Assimilationsreaktionen bedeuten. Er geht auch nicht über die bei autotrophen Bakterien mögliche direkte Reduktion der CO_2 mit Hilfe der sehr interessanten Formiat-Hydrogenlyase:

$$CO_2 + DPNH \rightarrow HCOO^- + DPN^+ \quad (\Delta G^0 = +6{,}3 \text{ kcal}).$$

Die entscheidende Rolle spielt dort die Carboxylierung von Ribulose-1,5-Diphosphat (s. S. 504).

Prinzip der gemeinsamen Endstrecke und der Gruppenübertragung

Die oxydativen α-Decarboxylierungen schaffen in den CoA-Verbindungen der Essigsäure und Bernsteinsäure Substanzen, welche noch einen Teil der freien Energie der Dehydrierung enthalten. Obwohl diese schon vollzogen ist, wird ihre Energie übernommen und zunächst noch nicht abgegeben. Sie würde erst bei einer Hydrolyse zur Essig- bzw. Bernsteinsäure frei. Das geschähe dann aber nicht in einer Form, in der sie für die in der Zelle vorliegenden Mechanismen ohne weiteres brauchbar wäre. Ihre Ausnutzung wird jedoch dadurch möglich, daß biologisch ein ziemlich allgemein durchgeführtes Gesetz der stufenweisen Energieentbindung befolgt wird, bei dem die Abgabe schließlich aus einer einzigen Verbindung so erfolgt, wie das ausgabefähige Kleingeld aus Banknoten und Wechseln der verschiedensten Art bereitgestellt werden kann. Es herrscht auch hier das Prinzip der *gemeinsamen Endstrecke*, in die verschiedene Gleise einmünden (S. 467). Dadurch wird erreicht, daß die Energie der sehr heterogenen Stoffe für die gleichen Mechanismen benutzbar wird. Ein Problem, welches in der Technik keineswegs gemeistert ist, wurde in der Biologie offenbar dadurch zugänglich, daß die Energie aus verschiedenen zerfallsbereiten Vorstufen in wenigen typischen Zwischenverbindungen festgelegt wird. Schließlich steht sie im Adenosintriphosphat (ATP) und den übrigen Nucleosidtriphosphaten zur endgültigen Arbeitsleistung bereit. Die freie Energie der Abspaltung ihres terminalen (γ) Phosphatrestes ist für sie alle von der gleichen Größenordnung. Die Bereitstellung der Energie vollzieht sich demnach in bestimmten, etwa gleichgroßen Energiebeträgen.

Schon vor der Entstehung des ATP münden die Wege der beim Abbau entstehenden Zwischenstoffe in gemeinsame Endkanäle ein. Die aktive Essigsäure entsteht entweder aus Kohlenhydraten oder aus jenen Aminosäuren, welche zur BTS abgebaut werden, oder aber aus den Fettsäuren als einziges Abbauprodukt (Abb. 165). Es geht also der Abbau aller Nahrungsstoffe — von Spezialwegen abgesehen — entweder glykolytisch über das Embden-Meyerhof-Schema (Abb. 207) oder zum Teil oxydativ über den Hexosephosphat-Shunt (Warburg-Dickens-Horecker-Weg) (Abb. 206). Die totale Oxydation vollzieht der Citronensäurecyclus, welcher aber seinerseits wieder nur durch den Abzug des Wasserstoffs zum Sauerstoff auf dem Wege über die Atmungskette unterhalten wird. Diese Oxydationen liefern den Hauptanteil des ATP (vgl. S. 493).

Aus diesem Strom der *Energie* kann sie an verschiedenen Zapfstellen *entnommen* werden. Sie müssen dort gelegen sein, wo 1. die freie Reaktionsenthalpie beim Übergang von einem Stoff zum nächsten einen beachtlichen Wert besitzt und wo 2. die Möglichkeiten zur Übergabe der Energie in die allgemein verwandelbare Form aus stofflichen Gründen leicht zu verwirklichen ist, d.h.

Bedingungen für eine weitgehend reversible Übertragung vorliegen (Gruppen-übertragung ohne Energieverlust). Es wird noch festzustellen sein, daß die letztere Forderung häufig erfüllt ist. Die Energie geht dabei aus einer zerfalls-bereiten Verbindung auf den eigentlichen Treibstoff, z.B. das ATP, über. Der Übergang kann nicht völlig verlustlos erfolgen. Die abgebende Substanz liefert bei der Hydrolyse oft mehr Energie als das ATP selber. Nach diesem Energie-gehalt lassen sich verschiedene Gruppen mit einem ihnen eigenen sog. Gruppen-potential (LIPMANN 1941, 1946) abtrennen.

Energieübertragende Verbindungen

Wenn der Organiker Acetyl-, Phosphat-, Methyl- und andere Reste in eine Verbindung einführen will, benutzt er dazu Essigsäureanhydrid, Acetylchlorid, $POCl_3$, Diazomethan, Dimethylsulfat, zumeist labile und oft energiereiche Sub-stanzen, d.h. solche mit hohem Gruppenpotential. Phosphorylierende Agenzien werden nun auch während des biologischen Stoffabbaues geschaffen. Dazu können 2 Wege eingeschlagen werden. Es wird entweder vom freien anorgani-schen Phosphat ausgegangen oder von Phosphatverbindungen mit niedrigerem Gruppenpotential. Letztere werden allerdings erst durch Verwendung von ATP mit Hilfe der Phospho-Kinasen (Hexo-, Phosphohexo-, Frukto-, Galaktokinase) erzeugt. Die Hydrolyse dieser Ester liefert 2—3 kcal; etwas mehr freie Energie gibt der Cori-Ester (Glucose-1-P) mit 4,9 kcal. Die zunächst so als Ester ge-bundene Phosphorsäure wird z.B. *durch Dehydrierung* an den Nachbar-C-Atomen *in labiles Phosphat* verwandelt. Damit *gewinnt die Verbindung die Eigenschaft zu phosphorylierender Energieübertragung.* Hierfür sind *3 Verbindungstypen* von besonderer Bedeutung: 1. die *Säureanhydride,* 2. die *Enolphosphate,* 3. die *Amidinphosphate.* Die Energie, welche allein für die Übertragung auf die Re-ceptoren, speziell das ADP interessiert, wird auch bei der Hydrolyse dieser Ver-bindungen in Freiheit gesetzt. Das *Gruppenpotential* wird daher als Hydro-lyseenergie nach den im Kapitel VI beschriebenen Methoden bestimmt oder nach überschläglichen Schätzungen sonst nicht zugänglicher Entropiewerte veranschlagt (LIPMANN). Man hat hierbei sehr oft auf Gleichgewichtskon-stanten komplexer Reaktionen zurückgreifen müssen, um nach dem auf S. 427 erläuterten Verfahren bei Kenntnis der Konstanten für einzelne Teilreaktionen die für eine unbekannte zu erhalten. Weil aber Konstanten, welche größer als tausend oder kleiner als ein Tausendstel sind, nicht mehr mit genügender Ge-nauigkeit gewonnen werden können, sind für derartig erhaltene Werte Abwei-chungen von einigen kcal möglich. Da im übrigen die meisten ΔG-Werte aus Reaktionen mit ATP abgeleitet sind, dessen ΔG aber etwa um 2 kcal kleiner ist, als früher angenommen wurde, sind auch die so erhaltenen Zahlen um etwa 2 kcal kleiner anzusetzen.

Die Phosphorylierungsmittel mit hohem Energieinhalt geben bei der Hydro-lyse je nach der Wasserstoffzahl (s. S. 422f.) 13—15 kcal. Zu ihnen gehören Acetylphosphat, 1,3-Diphosphoglycerat und das Enol-Phospho-Pyruvat. Von ihnen entsteht das *Acetylphosphat* bei Bakterien, z.B. Escherichia unter *Phospho-Transacetylase*wirkung aus aktiver Essigsäure und Phosphat (S. 489). Hier liegt das Gleichgewicht stark auf Seiten der Ausgangsprodukte. Die *Diphospho-glycerinsäure* wird durch Phosphorolyse der Triosephosphatdehydrase-Phospho-glyceratverbindung nach erfolgter Dehydrierung der Triose gebildet. Dabei vollzieht sich wiederum am Schwefel, und zwar hier an dem des Fermentes, ein Tausch des freien Phosphates gegen die Thiogruppe des Enzymes (RACKER):

$$Enz-S-CO-R + HPO_4^{2-} \rightleftharpoons Enz-SH + {}^{2-}O_3P-O-CO\cdot R.$$

Das *Enolphosphat* steht nach der Dehydratisierung der 2-Phosphoglycerinsäure an der Enolase als energiereiches Phosphat zur Verfügung. Die Vertreter dieser Gruppe sind in der Lage, ihre Energie und ihr Phosphat auf andere Verbindungen so zu übertragen, daß die entstehenden Körper auch noch labil sind, aber ein etwas niedrigeres Gruppenpotential besitzen. So entsteht ATP.

Nach BÜCHERs Gleichgewichtsversuchen an der Phosphoglyceratkinase ergibt sich aus $K = 3,3 \cdot 10^{-3}$ ein $\varDelta G$ von 4,8 kcal (1947). Um diesen Wert sind also die Acylphosphate energiereicher als die terminale Phosphatbindung im ATP. Die Standardenergie der ATP-Spaltung ist für pH 7 mit 8,3 kcal anzusetzen. Unter den Zellbedingungen ist aber bei Berücksichtigung der Restreaktionsglieder mit einem Wert von rund 11 kcal pro Mol zu rechnen (s. S. 423). Er bezieht sich auf die Hydrolyse der terminalen Phosphatbindung. Tatsächlich erfolgt in vivo die Energieabgabe auf diese Weise unter Entstehung von ADP. Nur zur Bereitstellung oder Übertragung von AMP oder zur Weitergabe von Pyrophosphat z.B. für die Thiaminpyrophosphatbildung (Cocarboxylase) findet die Abspaltung zwischen den folgenden Phosphatresten statt[1]. Das dann entstandene AMP (Adenylsäure) kann mit Spuren von ATP an der Adenylatkinase (Myokinase) zu ADP werden nach:

$$\text{ATP} + \text{AMP} \rightleftharpoons 2\,\text{ADP} \qquad (\varDelta G \simeq 0).$$

Die Lage des Gleichgewichts ($K \simeq 1$) beweist die energetische Gleichwertigkeit der beiden Bindungen in ADP und ATP. Nach unserer heutigen Kenntnis scheint aber nur das ADP als Acceptor für das labile Phosphat zu fungieren. Über die *Myokinase* wird es möglich, auch AMP in ATP zurückzuverwandeln. Außerdem läßt der Ablauf vorstehender Gleichung nach links bei vorübergehendem ATP-Mangel die Verwertung der Energie des ADP zu, indem das reaktionsfähigere ATP intermediär entsteht (COLOWICK 1951).

ADP kann auch mit Pyrophosphat, und zwar ebenfalls an der Myokinase, reagieren, um dabei ATP zu bilden:

$$\text{PP} + \text{ADP} \rightleftharpoons \text{P} + \text{ATP}.$$

Nach den Erfahrungen von KORNBERG dürfte die Gleichgewichtskonstante dieser Reaktion gleichfalls nahezu eins sein. ATP kann auch die *Bildung der aktiven Essigsäure* ermöglichen. Sie geschieht dann, wenn die Energie nicht durch Umacylierung aus der Thioacyl-Liponsäure verfügbar ist, d.h. wenn sie nicht unmittelbar in der Vorstufe der aktiven Essigsäure vorliegt. Das ist bei dem freien Acetat oder den höheren Fettsäuren der Fall. Hier vollzieht sich unter Freiwerden von Pyrophosphat (PP) die Bruttoreaktion:

$$\text{ATP} + \text{R} \cdot \text{COOH} + \text{HSCoA} = \text{AMP} + \text{R}\!-\!\text{CO}\!-\!\text{S}\!-\!\text{CoA} + \text{PP}$$

(LIPMANN 1952). Sie läßt sich in folgende an der Aceto-CoA-Kinase fermentativ gesteuerte Schritte unterteilen (BERG 1955):

1. $\text{R} \cdot \text{COOH} + \text{ATP} \rightleftharpoons \text{AMP}\!-\!\text{OC} \cdot \text{R} + \text{PP}$,
2. $\text{AMP}\!-\!\text{OC} \cdot \text{R} + \text{HSCoA} \rightarrow \text{RCO}\!-\!\text{SCoA} + \text{AMP}$.

Es wird danach ein Pyrophosphatrest gegen den Acylrest ausgetauscht, der seinerseits auf CoA übertragen wird. Nur die erste der beiden Reaktionen benötigt Mg^{2+}-Ionen. Auch Aminosäuren können an ihrem Acylrest mit Adenosin-5-Phosphat in einer analogen Reaktion vereinigt werden (BERG). Die Hefe enthält ein Ferment, welches spezifisch auf die Vereinigung des AMP mit Methionin eingestellt ist (1956).

Die so entstandene *Fettsäure—CoA-Verbindung gibt erst die Möglichkeit zum Abbau der Fettsäuren* (LYNEN 1952, 1957). ATP ist also zur Initialzündung

---

[1] Über Thiaminokinase s. FORSSANDER. Vgl. weiter: $\text{DPN}^+ \rightarrow \text{TPN}^+$.

erforderlich. Auch für die Bildung von Acetylcholin aus nicht aktivierter Essigsäure gilt das gleiche. Für die Gewinnung des im Stoffwechsel durch Abbau der
höheren Fettsäuren oder des Pyruvats entstehenden Acetyl-CoA ist daher ATP
nur indirekt notwendig. Wie S. 427 abgeleitet wurde, ist die Hydrolysenenergie
der aktiven Essigsäure mit $\Delta G^{0\prime} = -8{,}3$ kcal von der gleichen Größenordnung wie
die einer Stufe im ATP. Sie gehört also ebenfalls in die Reihe der Stoffe mit hohem
Gruppenpotential (LYNEN). Bei der Bildung des Acetyl-CoA aus BTS ist eine
Aufspaltung am S-Atom der Liponsäure erfolgt, also eine thioklastische Reaktion. Der analoge Vorgang vollzieht sich bei der Abspaltung des Acetyl-CoA aus
β-oxydierten Fettsäuren an der β-Ketothiolase. Ein sehr ähnlicher Prozeß
spielt sich bei Bakterien ab, indem aus BTS mit CoA nicht CO_2, sondern Formiat
und Acetyl-CoA gebildet wird (Formiattransacetylase):

$$CH_3COCOO^- + HSCoA = HCOO^- + CH_3{-}CO{-}CoA.$$

Daß aus letzteren mit Phosphat Acetylphosphat entsteht, wurde bereits beschrieben; eine direkte phosphoroklastische Spaltung der BTS liegt also nicht
vor (BARKER 1951).

In vielen Geweben, namentlich im Muskel steht das Phosphagen (*Kreatinphosphat* bzw. bei den Wirbellosen das Argininphosphat) an der Kreatinkinase mit dem
ATP im Gleichgewicht. Die freie Energie der Hydrolyse des Phosphagens liegt bei
pH 7,7 mit 11 kcal nur wenig höher als die des ATP. Mit fallendem pH wird diese
Differenz geringer, so daß eine Resynthese des Phosphagens bei der im schwach
sauren gelegenen Reaktion des tätigen oder tätig gewesenen Muskels aus dem durch
Gärung oder Oxydation regenerierten ATP ohne weiteres stattfinden kann:

$$\text{Kreatin P} + \text{ADP} \rightleftharpoons \text{Kreatin} + \text{ATP} \quad (\text{vgl. S. 476}).$$

Das Kreatinphosphat ist hier ein großes Sammelbecken energiereicher Phosphatverbindungen, welches in der Lage ist, verbrauchtes ATP schnell und in genügendem Ausmaß zu regenerieren, ehe die Nachlieferung aus dem glykolytischen
oder oxydativen Stoffwechsel möglich ist. Es liegt wie ein Stausee am Stich-
kanal eines im weiteren Verlauf gestauten Baches; verminderte Stauung steigert den Nachfluß aus dem Becken, ein vermehrter füllt es wieder an[1].

Um die *Höhe des Gruppenpotentials der sog. energiereichen Phosphate* zu verstehen, müssen verschiedene Effekte herangezogen werden. Sie haben den
Unterschied in der Stabilität zwischen den Verbindungen und ihren Komponenten zu erklären. Nun ist zweifellos die freie Phosphorsäure dadurch stabilisiert, daß bei ihr eine größere Zahl von Resonanzformen möglich ist, welche alle
durch Mesomerie, d.h. durch Elektronenverschiebungen zwischen benachbarten
Atomen (s. S. 41) zustande kommen. Unter Fortlassung der instabilen Formen
mit mehrfachen Ladungen an einem Atom oder gleichartigen Ladungen an
benachbarten, läßt sich z.B. für das Monohydrogenphosphat formulieren:

$$
\begin{array}{ccccc}
O^- & O & O^- & O^- & O^- \\
| & \| & | & | & | \\
HO{-}P{=}O; & HO{-}P{-}O^-; & HO{-}P{-}O^-; & HO{-}P^+{-}O^-; & H{-}O^+{=}P{-}O^-. \\
| & | & \| & | & | \\
O^- & O^- & O & O^- & O^-
\end{array}
$$

Wegen der Symmetrie der Strukturen besteht zwischen ihnen schon eine stärkere
Resonanz als bei der Pyrophosphorsäure:

$$
\begin{array}{cc}
O \quad O^- & O \quad O \\
\| \quad | & \| \quad \| \\
HO{-}P{-}O{-}P{-}O^-; & HO{-}P{-}O{-}P{-}O^-; \\
| \quad \| & | \quad | \\
O^- \quad O & O^- \quad O^-
\end{array}
$$

---

[1] Über SO_4-Gruppenübertragung s. HILZ bzw. LIPMANN 1958.

unmöglich sind:

$$^-O\!\!-\!\!\underset{^-O}{\overset{^-O}{P^+}}\!-O^+=P\!\!\underset{O^-}{\overset{O^-}{\Big\langle}}O^- \ ; \qquad -\overset{O^-}{\underset{O^-}{C}}=O^+-\overset{O^-}{P^+}-O^-.$$

Vor allem aber ist hier die Zahl der möglichen Resonanzformen, bezogen auf die Säureanteile in der Molekel viel kleiner geworden. Insbesondere scheiden solche Formen mit positiver Ladung am P-Atom und am verbindenden O-Atom als Resonanzpartner aus, worauf namentlich OESPER hingewiesen hat. Beim Pyrophosphat errechnet sich für neutrale Reaktion ein Verlust von 55 formulierbaren Resonanzstrukturen gegenüber den 29 bzw. 21, welche die freien Partner $H_2PO_4^-$ und HPO_4^{2-} besitzen, und die sich untereinander kombinieren können. Bei den Carboxylphosphaten beträgt er 13 gegenüber 2×29 Kombinationsmöglichkeiten.

Die gegenseitige Behinderung der Resonanzen zweier Partner in einer Molekel (opposing resonance; KALCKAR 1941) wird auch als Hauptursache des hohen Hydrolysewertes der Acyl-Phosphate angesehen. Bei diesen gemischten Säureanhydriden spielt die Verhinderung der Carbonsäure- und Carboxylat-Resonanz die entscheidende Rolle. Wegen der planaren Anordnung und der vollständigen Symmetrie besteht jeweils zwischen den beiden nachstehenden Paaren hervorragende Resonanz (s. S. 148), d. h. ihr Eintreten führt zur Abgabe der Sonderenergie, welche bei den Carbonsäuren in der Größenordnung von 14 kcal liegt:

$$O\!\!=\!\!\overset{|}{C}\!\!-\!\!O^- \quad {}^-O\!\!-\!\!\overset{|}{C}\!\!=\!\!O; \ \text{bzw.} \quad O\!\!=\!\!\overset{|}{C}\!\!-\!\!OH \quad HO\!\!-\!\!\overset{|}{C}\!\!=\!\!O \ \text{und} \ {}^-O\!\!-\!\!\overset{|}{C}\!\!=\!\!{}^+OH \quad HO^+\!\!=\!\!\overset{|}{C}\!\!-\!\!O^-$$

wenig beteiligt.

Die Ursache dieser Freigabe ist die Resonanzverfestigung der zur Mesomerie befähigten Strukturen. Ihre Verhinderung durch Schaffung von Bindungen, welche den mesomeren Elektronenaustausch nicht mehr zustande kommen lassen, läßt auch diese Energie nicht frei werden. Die Beeinträchtigung der Stabilisierung schafft die labilen Verbindungen. *Die ganze Molekel bleibt dadurch energiereicher. Eine einzelne Bindung ist es nicht* im Vergleich zu den Bindungsenergien in anderen Verbindungen. Trotzdem hat es sich als zweckmäßig erwiesen, jene Bindungen, nach deren Lösung die zurückgehaltene Energie frei wird, als energiereiche ($\sim$) zu kennzeichnen (LIPMANN).

Auch bei den Guanidin-Phosphaten ist die Verhinderung der Resonanz entscheidend. Das Guanidin und das Guanidinium-Ion werden (s. S. 149) hervorragend durch Resonanz stabilisiert, deren Eintreten in der Phosphagenmolekel durch den Mangel äquivalenter Formen kaum noch möglich ist:

$$\overset{H_2^+N}{\underset{}{}}\!\!\overset{H}{\underset{|}{C}}\!\!-\!\!N\!\!-\!\!P^+\!\!\overset{O^-}{\underset{O^-}{\Big\langle}}O^- \ \rightarrow \ \overset{H_2^+N}{\underset{|}{}}\!\!C\!\!\overset{NH_2}{} \ \leftrightarrow \ \overset{H_2N}{\underset{|}{}}\!\!C\!\!\overset{NH_2^+}{} \ + HPO_4^{2-}.$$

Denn eine Struktur mit positivem P am benachbarten gleichfalls positiven, hier doppeltgebundenen Ammonium-N-Atom hat eine so geringe Wahrscheinlichkeit, daß sie als Resonanzpartner nicht in Betracht kommt. Außerdem geht die Zunahme der Basenstärke infolge der Bildung des freien Guanidiniumions bei der Hydrolyse mit der Freigabe von Neutralisationsenergie einher, deren Größe durch die zugehörige Protonenaufnahme, d. h. durch die Differenz der pK-Werte bestimmt wird.

Die Hauptursache des Energiereichtums der Enolphosphate besteht darin, daß das frei gewordene *Enol unter Energieabgabe in die Ketoform* übergeht. Sie ist bei der BTS mit etwa 9 kcal stabiler (s. S. 49). Es läßt sich aber errechnen, daß außerdem auch hier Resonanzeffekte beteiligt sind. Daß die Wärmetönung der Spaltung sehr viel kleiner als die freie Reaktionsenthalpie ist, beruht zweifellos zu einem sehr großen Teil darauf, daß die Entropie wegen des Verschwindens der Doppelbindung eine starke Zunahme erfährt (s. S. 407). Auch bei Phenolphosphaten wird die Resonanz mit einem Wert von etwa 7 kcal verhindert.

Bei den Polyphosphaten liegt eine beachtliche *Anhäufung von negativen Ladungen vor.* T. L. HILL und MORALES (1951) rechnen damit, daß die Hydrolysenenergie durch die elektrostatische Abstoßung der Molekülpartner gesteigert wird, nach ihrer Schätzung um etwa 3 kcal für eine Bindung. Nach LIPMANN (1951) wirkt sich jedoch die Ladung in einer Abschirmung von Wassermolekeln aus, deren Zutritt zur Spaltung der P—O—P-Bindung erschwert wird. So kann erklärt werden, daß das ungeladene Essigsäureanhydrid in relativ kurzer Zeit, das wenig geladene Acetylphosphat in einigen Stunden und das 4fach geladene Pyrophosphat in reinem Wasser überhaupt nicht gespalten wird, obwohl die bei der Spaltung frei werdenden Energien in allen 3 Fällen von gleicher Größenordnung sind. Vielleicht läßt sich die biologisch wichtige kinetische Stabilität von ATP mit LIPMANN auf diese Weise erklären. Durch Kochen mit n/HCl lassen sich beide labile Phosphatgruppen aus ATP und die aus ADP nach 7 min vollständig abspalten, während die letzte nicht als Säureanhydrid, sondern als Ester an die Ribose gebundene P-Gruppe unter diesen Umständen stabil ist (vgl. Tabelle 92).

Tabelle 92. *Halbwertszeit* $\left(t_{\frac{1}{2}}\right)$ *der Spaltung von Phosphorsäureverbindungen*

	Medium	Temperatur °C	$t_{\frac{1}{2}}$ min
Pyrophosphat	0,1 n HCl	100	11,7
Metaphosphat	0,1 n HCl	100	11,3
Glucose-1-Phosphat	0,25 n HCl	50	62
Glucose-6-Phosphat	1 n HCl	100	1220
	1 n NaOH	100	58
Ribose-5-Phosphat	1 n HCl	100	120
Desoxyribose-5-Phosphat. . . .	1 n HCl	100	5,2
Glycerinaldehyd-Phosphat . . .	0,5 n NaOH	20	1,7
	1 n HCl	100	9,4
Adenosintri-Phosphat (ATP) . .	1 n HCl	100	1,3
	0,1 n HCl	100	11,7
(Abspaltung des γ-Phosphats). .	pH 4,1	70	1390
	pH 4,1 + 1% $(NH_4)_2MoO_4$	70	8,9
Kreatin-Phosphat (Phosphagen).	pH 2,5	0	1730
	pH 2,5 + 1% $(NH_4)_2MoO_4$*	0	12,9

Die Geschwindigkeitskonstante der Reaktion 1. Ordnung ist: $k = 0{,}693/t_{\frac{1}{2}}$. Die Steigerung der Hydrolyse durch Molybdat beruht nach WEIL-MALHERBE (1955) auf der Bildung eines instabilen Mo-Komplexes. Ein stabiler liegt der starken Vermehrung des optischen Drehungsvermögens bei Äpfelsäure, Isocitronensäure und 3-Phosphoglycerinsäure zugrunde.

* Zerlegung in Kreatin.

Der Einfluß der Wasserstoffionen auf die freie Spaltungsenthalpie energiereicher Verbindungen ist S. 420 und S. 423 bereits abgehandelt worden.

Nutzeffekte der Bildung energiereicher Phosphate

Die Bedeutung der *energiereichen Phosphatbindungen* für die gesamten Vorgänge in der Zelle kann nur dann richtig eingeschätzt werden, wenn der *Anteil des Gesamtumsatzes* bekannt ist, welcher über sie, speziell also über das ATP geleitet wird. Da auch anaerob Energie umgesetzt wird, ist demnach zunächst danach zu fragen, wieviel der freien Gärungsenthalpie vom ATP übernommen wird.

Die *alkoholische Gärung* stellt 56 kcal, die *Milchsäuregärung* aus Zucker 38, aus einem Glucoseäquivalent des Glykogens 50 kcal zur Verfügung. In beiden Fällen wird pro Glucose 2mal aus 1,3-di-Phosphoglycerat und aus Enolphosphopyruvat je ein P auf ADP übertragen, so daß 4 ATP gebildet werden. Für die Gärung des Zuckers werden jedoch 2 ATP zur Bildung des Fruktosediphosphates gebraucht, so daß nur zwei energiereiche Phosphatverbindungen gewonnen werden. Da Glykogen durch anorganisches Phosphat an der Phosphorylase den Coriester bildet, beträgt der Gewinn hier 3 P-Bindungen. Weil aber die Glykogenbildung aus Glucose selber wieder 1 ATP benötigt (Hexokinase → Robison-Ester), bleibt es auch hier bei einem Gewinn von 2 Bindungen, wenn der Gesamtzuckerumsatz bilanzmäßig bewertet wird. Setzt man für die Zellbedingungen 11 kcal für eine Phosphatbindung ein, so ist der Nutzeffekt der phosphorylierenden Energieübertragung bei der alkoholischen Gärung $22/56 = 0,4$, d.h. etwa 40%, bei der Milchsäurebildung liegt er über 55%.

Die Bilanzgleichung der alkoholischen Gärung lautet dementsprechend:

$$\text{Glucose} + 2\,\text{ADP} + 2\,\text{P} = 2\,\text{ATP} + 2\,CO_2 + 2\,C_2H_5OH.$$

Unter anaeroben Bedingungen wird nun, wie die Tabelle 90 lehrt und mehrfach betont wurde, nur ein kleiner Teil, etwa $^1/_{12}$ der Energie verfügbar, welche die Totaloxydation zu liefern vermag. Daher wird die *Frage nach der Überführung der gesamten freien Oxydationsenthalpie in die der Phosphatbindung* von besonderer Wichtigkeit. Tatsächlich findet sich diese Energie zu einem beträchtlichen Anteil im gebundenen Phosphat wieder. Man kann bei Messungen an Gewebshomogenaten dann ein Verschwinden des freien anorganischen Phosphates beobachten, wenn die oxydative Funktion der Mitochondrien aufrechterhalten wird. Die Überführung des Phosphates in organische Bindung wird oxydative Phosphorylierung genannt. Dabei entsteht in allererster Linie, wenn nicht ausschließlich wieder ATP. Der Nutzeffekt dieses Vorganges wird dem P/O-Quotienten entnommen. Er gibt an, welche Menge an freiem Phosphat bei der Aufnahme eines halben Moles Sauerstoff gebunden wird. Aus den Versuchen an Preßsäften und Homogenaten hat sich bei Veratmung von Glucose und Fettsäure unter günstigen Bedingungen ein Wert von P/O $\simeq 3$ ergeben. Bei an Nährstoff verarmter Hefe läßt sich nach LYNEN etwa P/O $\simeq 2,3$ finden.

Bei Glucose-Überschuß ist die Ökonomie schlechter (P/O $= 1,0$). Hier wird unter Energievergeudung reichlich Substrat zur Baustoffsynthese verfügbar, während unter Mangelbedingungen eine vorteilhaftere Ausnutzung der zur Erhaltung stationärer Zellzustände notwendigen Energie erfolgt. Der Mechanismus dieser sinnvollen Umstellung des P/O-Quotienten ist nicht geklärt.

Der Ablauf der oxydativen Phosphorylierung erfordert die Gegenwart von Mg und ADP. Im Experiment mit Zelltrümmern ist es außerdem notwendig, durch geringe Fluorid-Gaben die Wirkung von Phosphatasen auszuschalten. Man pflegt weiterhin die Menge des gebildeten ATP durch Überführung in Robison-Ester bei Hexokinase-Gegenwart zu bestimmen. Dabei können kleine, den Gesamtprozeß nicht hemmende ADP-Konzentrationen benutzt werden.

Da ein Mol *Glucose* 12 Sauerstoffäquivalente zur Oxydation benötigt und dabei 688 kcal liefert, kommen auf 1 Äquivalent O_2 57,4 kcal. Aus ihnen könnten maximal 5 P-Bindungen zu 11 kcal gebildet werden. Die gefundenen Zahlen von 3 bzw. 2,5 entsprechen daher auch hier einem *Nutzeffekt von rund 60 bzw.*

50%. Für die *Veratmung der Fettsäuren* diene die Oxydation der Palmitinsäure als Beispiel:

$$C_{16}H_{32}O_2 + 46\,O + 30\,H_2O = 16\,CO_2 + 46\,H_2O \qquad (\varDelta G = -2330\ \text{kcal}).$$

Auf ein g-Atom O kommen danach $2330/40 = 50$ kcal bzw. 4,6 P-Bindungen. Bei dem gleichen P/O-Verhältnis von 3 wäre der Nutzeffekt 3/4,6, d.h. mit 65% wenig höher als bei der Kohlenhydratveratmung.

Man ist in der Lage anzugeben, wieviel *ATP-Bindungen bei den einzelnen Oxydationsschritten* geschaffen werden. Dabei läßt sich generell unterscheiden zwischen der Dehydrierung der Substrate und der Gewinnung von Phosphatbindungen beim Durchschreiten der Atmungskette von den Pyridinfermenten zum Sauerstoff (*Substrat- und Atmungsketten-Phosphorylierung,* LYNEN).

Substratphosphorylierung findet schon bei der Bildung von ATP aus 1,3-Diphosphoglycerinsäure dann statt, wenn aerobe Verhältnisse vorliegen; das gleiche trifft für die Pyruvatkinase zu. Am Citronensäurecyclus kann sich ebenfalls eine Substratphosphorylierung durch Übergabe der Hydrolysenenergie des Succinyl-CoA vollziehen nach:

$$\text{Succinyl--CoA} + \text{P} + \text{ADP} = \text{ATP} + \text{Succinat} + \text{CoA}.$$

Nach LIPMANN und SRERE (1953) könnte auch die freie Energie der Citratbildung aus Acetyl-CoA und Oxalacetat zur Substratphosphorylierung ausgenutzt werden:

$$\text{Acetyl-CoA} + \text{Oxalessigsäure} + \text{P} + \text{ADP} \rightleftharpoons \text{ATP} + \text{Citronensäure} + \text{CoA}.$$

Daß jedoch diese, durch ein besonderes Ferment katalysierte Reaktion obligat zur P-Bindung eingesetzt wird, ist nicht wahrscheinlich, da ihr Gleichgewicht auf seiten der Spaltung liegt.

Die Atmungskettenphosphorylierung vollzieht sich in *3 Stufen*: von den Pyridinnucleotiden zum Flavinsystem, von diesem zu der eisenhaltigen Cytochrom- und Cytochrom-Oxydase-Gruppe und von diesem zum Sauerstoff. Die beistehende Tabelle 93 gibt die Differenzen der Redoxpotentiale und die zugehörigen Energiestufen in kcal, berechnet auf den Transport eines H_2- bzw. Elektronenpaares vom DPN^+ zum O_2. Die Experimente haben fast ausnahmslos

Tabelle 93. *Energetisch mögliche Zahl der P-Bindungen in der Atmungskette*

	$E_0'(V)$	$\varDelta E_0'(V)$	$\varDelta G^{0\prime}$ (kcal)	P-Bindungen
DPN^+	$-0{,}32$			
Gelbes Ferment .	$-0{,}06$	0,26	12	1
Cytochrom c . .	$+0{,}26$	0,32	15	1
O_2	$+0{,}82$	0,56	25	2
Summa			52	4

nur die Bildung von 3 Bindungen ergeben, obwohl thermodynamisch die Schaffung von vier solchen möglich wäre; der Nutzeffekt beträgt also hier 3/4, bezogen auf die bei den einzelnen Schritten theoretisch möglichen Phosphatbindungen. Auf die Caloriensumme berechnet wäre er jedoch nur 64% (33/52). Es ist naheliegend, den hierin zum Ausdruck kommenden Energieverlust beim Durchschreiten der Atmungskette auf eine bestimmte Stufe, und zwar auf jene zu beziehen, *für* welche die *Reversibilität am wenigsten wahrscheinlich* ist. Es ist die *Reaktion des molekularen O_2 mit dem Atmungsferment.* Denn das Gleichgewicht der komplexen Reaktion: $4e + 4H^+ + O_2 \rightarrow 2H_2O$ liegt vollständig auf seiten der Wasserbildung. Ihre Energie dürfte direkt in Wärme übergehen und so nur noch zur Aufrechterhaltung der Isothermie Verwendung finden können. Mit höchstem Nutzeffekt könnte jene nur dann eingesetzt werden, wenn sie hierbei zum Ersatz des Wärmeverbrauchs bei endothermen Reaktionen dienen würde.

Man kann die Lage des Redoxpotentials für das Atmungsferment (Cytochromoxydase) mit etwa $E_0' = 0,5$ V schätzen und außerdem annehmen, daß bei guter Sauerstoffversorgung der Zelle (0,01 atm) sein Redoxverhältnis ox/red etwa 10 ist, entsprechend einer Positivierung des Potentials um 0,06 V. Dann ergäbe sich ein grundsätzlich nicht ausnutzbarer Anteil von $0,83-0,56 = 0,27$ V bzw. 12 kcal. Wenn man unterstellt, daß diese wohl auch nicht einmal partiell in die Energie der Phosphatbindung übergehen können, resultieren natürlich für die anderen 3 Schritte beachtlich hohe Nutzeffekte. Zusammengefaßt ist für sie $N = 33/(52-12) = 0,82$. Es ist bemerkenswert, daß gerade diese energetisch so günstigen Abläufe im Vordergrund aller biochemischen Zwischenreaktionen stehen.

Für die *Phosphatbindung* bei der Oxydation der Nahrungsstoffe ergeben sich folgende *Nutzeffekte*. Bei maximaler Ausnutzung würde die Glucose die Energie für $688/11 = 63$ Phosphatbindungen stellen können. Die Experimente liefern für Triosephosphat 20, d.h. für 1 Triose 19, *für Glucose* also *38 Bindungen:* $N = 38/63 = 0,6$. Für die Oxydation der BTS ($\Delta G^0 = -282$ kcal) läßt sich die Energiebindung in folgende Schritte aufteilen (vgl. Tabelle 91). Bei der oxydativen Decarboxylierung zur Essigsäurestufe vor dem Cyclus und der vom Ketoglutarat zum Succinat im Cyclus und bei der Dehydrierung des Malats zum Oxalacetat werden vom $DPNH_2^+$ aus je 3, insgesamt also 9 Bindungen geschaffen. Wiederum 3 bei der Oxydation des $TPNH_2^+$, welches seinen Wasserstoff aus der Isocitronensäure übernahm. Zwei Bindungen entstehen bei der Oxydation des Wasserstoffes aus der Bernsteinsäure, da dieser wegen des positiven Potentials des Succinat/Fumarat-Paares nicht auf das DPN gehen kann, sondern von der Stufe der gelben Fermente oder des Cytochroms b aus übernommen wird. Schließlich wird eine Bindung bei der Spaltung des Succinyl-CoA nach Gl. S. 493 frei; insgesamt entstehen so 15 Bindungen entsprechend 165 kcal. Der Nutzeffekt der oxydativen Phosphorylierung der BTS ist in Übereinstimmung mit dem Experiment $165/282 = 0,59$. Denn für die Oxydation einer Molekel BTS werden 5 Atome O benötigt, denen die Bildung von 15 Phosphatbindungen gegenübersteht, dem gefundenen P/O-Quotienten von 3 entsprechend. Die Verarbeitung des Acetyl-CoA liefert 12, also 3 Phosphatbindungen weniger als die des Pyruvats, denn bei ihrer oxydativen Decarboxylierung zur aktiven Essigsäure werden schon 3 Bindungen gebildet.

Die Oxydation der *Fettsäuren* ($\Delta G^0 = -2330$ für Palmitinsäure) vollzieht sich zunächst als Dehydrierung an der Äthylenreduktase (Acyldehydrogenase) mit dem gelben Ferment. Für C_{16} werden 7 Paare H_2 entzogen, welche vom Flavin aus je 2 P-Bindungen ermöglichen. Außerdem werden 7 Paare an der β-Keto-reduktase (β-Oxyacyldehydrogenase) über DPN^+ der vollständigen Atmungskette übergeben. Insgesamt entstehen auf diese Weise $14+21 = 35$ Bindungen und dazu noch 8mal Acetyl-CoA. Diese liefern im Citronensäurecyclus $8 \times 12 = 96$ P-Bindungen. Ihre Zahl ist allerdings um mindestens eine für die Fettsäureaktivierung, d.h. die Schaffung der CoA-Verbindung zu vermindern. Insgesamt entstehen danach 130 P-Bindungen mit 1430 kcal und einem Nutzeffekt von $1430/2330 = 0,62$.

Die *Gleichförmigkeit der Nutzeffekte* für die verschiedenen Stoffe ergibt sich aus der Tatsache, daß die Oxydationsenergie in allen Fällen zum überwiegenden Teil aus der Dehydrierung der DPN-Stufe durch den Sauerstoff zugänglich wird. Bei den Fetten ist außerdem zu beachten, daß noch ATP zu Aktivierung des Glycerins verbraucht wird, weiter, daß mit 35 von 130 etwa der 4. Teil der Energie vor dem Cyclus frei wird und schließlich, daß von dem in diesem Teil aktivierten Wasserstoff nur die eine Hälfte über DPN, die andere von den Flavinen aus zum Sauerstoff geleitet wird.

Der *Mechanismus der Atmungskettenphosphorylierung* ist noch nicht geklärt. Insbesondere ist kein phosphoryliertes Zwischenprodukt mit hohem Gruppenpotential bekannt, von dem aus ADP nachgewiesenermaßen wieder aufgeladen wird. Es ist aber damit zu rechnen, daß ein solches existiert. Vielleicht steht es den Naphthochinonen nahe. Man muß jedoch daran erinnern, daß einfach phosphorylierte Phenole bei der Hydrolyse nicht mehr als 7 kcal freigeben. Auf einen besonderen Mechanismus weist die *spezifische Vergiftbarkeit* der Atmungskettenphosphorylierung hin, welche durch (α)-2,4-di-Nitrophenol (DNP) und durch einige Antibiotica wie Aureomycin und Gramicidin zu erzielen ist. Im Gegensatz zum Cyanid, zum Kohlenoxyd und anderen atmungslähmenden Stoffen bewirken sie eine Aufhebung der ATP-Bildung bzw. der Bindung von anorganischem Phosphat, ehe oder ohne daß überhaupt eine Herabsetzung der Atmung

bemerkbar wird. Sie schalten die Phosphatbindung von der weiter oder sogar verstärkt durchlaufenen Atmungskette ab: sie entkuppeln (LIPMANN und LOOMIS 1948). Bei der Substratphosphorylierung sind sie in diesem Sinne unwirksam. An welchem Ort diese Gifte angreifen, ist bisher ungeklärt, zweifellos aber täuscht die in höheren Konzentrationen von DNP auch vorhandene Steigerung der ATP-Spaltung nicht etwa eine Entkuppelung vor. Das entkuppelnd wirkende Thyroxin hemmt sogar die ATP-Spaltung durch Myosin sehr stark (DICKENS und SALMONY 1956; vgl. GREVILLE und NEEDHAM 1955).

Der Nutzeffekt der Atmung, d.h. der P/O-Quotient, wird durch die entkuppelnden Stoffe vermindert, bzw. ihre Dosierung ist in der Lage, die

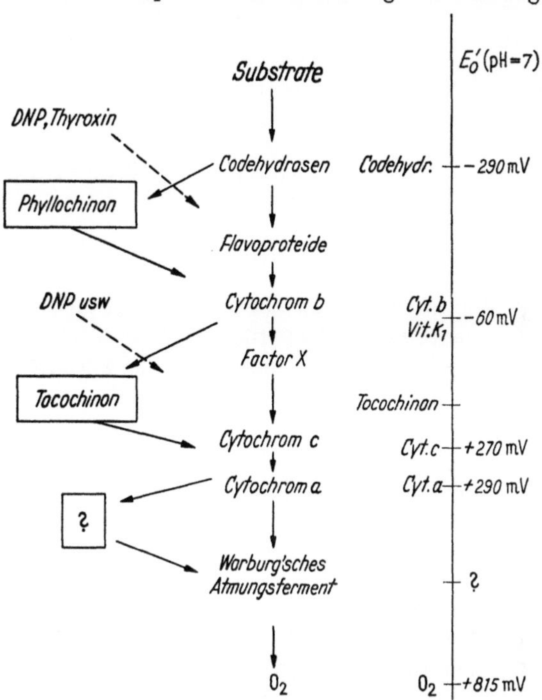

Abb. 173. Hypothetisches Schema der Atmungskette mit Atmungskettenphosphorylierung (nach MARTIUS 1956)

Ökonomie der Atmung zu regulieren. Ein natürlicher Regulator des oxydativen Umsatzes ist das *Schilddrüsenhormon.* MARTIUS zeigte, daß es in gleicher Weise wie DNP die phosphorylierende Wirkung der Atmung herabsetzt, also entkuppelt, und weiterhin, daß die Entkuppelung durch Gaben von Vitamin K, d.h. durch Naphthochinonderivate wieder aufgehoben werden kann. Da Entzug des ubiquitär vorkommenden Vitamins K eine Herabsetzung des P/O-Quotienten hervorruft, muß mit MARTIUS angenommen werden, daß diese Stoffe eine obligate Rolle bei der Energieentnahme aus dem Atmungsvorgang spielen. Das Schema (Abb. 173) weist ihnen jene Stelle als Wirkungsort zu, an der sie entsprechend ihrem Redoxpotential als Elektronenüberträger tätig werden können. Eine von MARTIUS isolierte hochaktive Phyllochinonreduktase weist auf die Bedeutung ihres Substrates für die Atmungskette hin; wahrscheinlich liegt es auf dem Hauptwege des H-Transportes (MARTIUS 1958; SLATER 1950, 1958).

Möglicherweise vollzieht sich die Bindung der beiden weiteren freien Phosphate, welche auf der positiven Seite des Cytochroms b bzw. des durch BAL (2,3-Dimercaptopropanol) oder Antimycin A (s. S. 657) lähmbaren noch hypothetischen, vielleicht den Cytochromen nahestehenden Slater-Faktors (X) (1949) erfolgt, in grundsätzlich ähnlicher Art. Ein hier wirksames Chinon müßte jedoch ein positiveres E_0 als Vitamin K besitzen. MARTIUS zieht hierfür das ebenfalls irgendwie am Atmungsvorgang beteiligte *Vitamin E (Tocopherol, I)* heran. Es könnte unter Bildung seines Epoxyds (Tocopheroxyd, II, BOYER 1951) reversibel zum Tocopherylchinon (III) oxydiert werden, welches in das Tocopherylhydrochinon übergeht (IV).

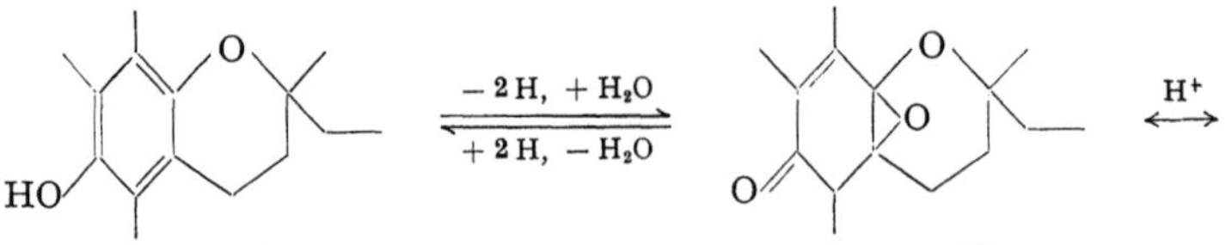

$$-2\,H, +H_2O \quad \rightleftharpoons \quad +2\,H, -H_2O$$

$$\text{I} \qquad \text{II} \qquad H^+ \leftrightarrow$$

$$+2\,H \quad \rightleftharpoons \quad -2\,H$$

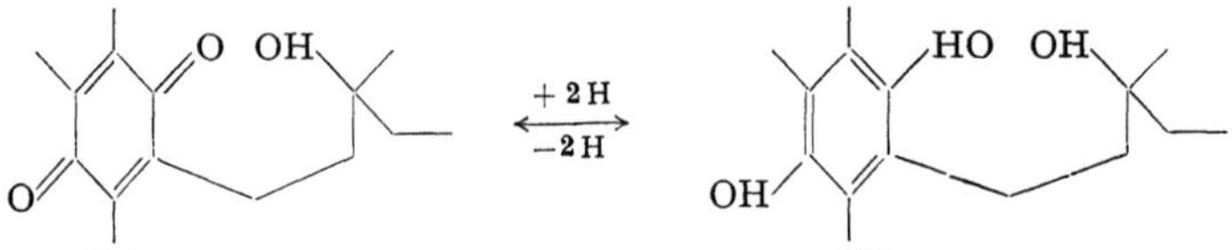

$$\text{III} \qquad \qquad \text{IV}$$

Wahrscheinlich ist dieses Trimethyl-phytyl-(hydro)chinon das H-übertragende Zwischenprodukt (MARTIUS 1957).

Sichere Daten über diesen und den 3. Teil der Atmungskettenphosphorylierung liegen jedoch nicht vor. Es ist auch noch nicht geglückt, mit Hilfe von reduzierten Stufen positiver Redoxsysteme und ATP diese Vorgänge zu revertieren und diese Reversion so zu leiten, daß man die gesuchten phosphorylierten Zwischenstufen erhalten konnte (vgl. S. 508).

Weiterhin ist es völlig unwahrscheinlich, daß anorganische *Poly- und Metaphosphate* jene Substanzen mit höherem Gruppenpotential seien. Sie finden sich besonders bei Bakterien, auch in Hefen, und scheinen von Metazoenorganen ebenfalls umgesetzt zu werden. In der Hefe sind neben der Pyrophosphatase Tri-, Tetra- (und höhere) Polyphosphatasen und außerdem Tri- und Tetrametaphosphatasen voneinander abtrennbar vorhanden (MATTENHEIMER 1956). Sie sind in der Lage, die kondensierten Phosphate schrittweise aufzuspalten. Umgekehrt läßt sich durch Hefefermente aus ATP und Pyrophosphat das Tripolyphosphat aufbauen (KORNBERG 1956). Es kann auch aus ADP an der Adenylatkinase entstehen:

$$PP + ADP \rightleftharpoons PPP + AMP \qquad (\text{I. LIEBERMANN}).$$

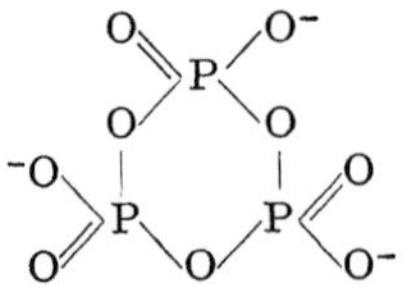

Trimetaphosphat

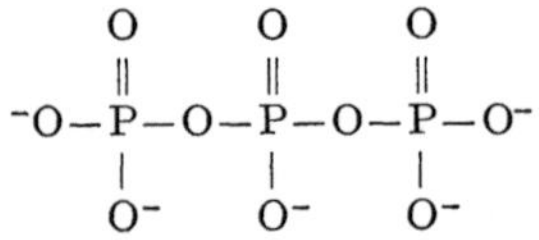

Triphosphat

Es ist auch wahrscheinlich, daß sich folgende Reaktion vollzieht:

$$ATP + (NaPO_3)_n \rightleftharpoons ADP + (NaPO_3)_{n+1},$$

durch welche Metaphosphate gebildet werden. Denn es ist HOFFMANN-OSTENHOFF (1955) gelungen, aus Metaphosphaten Phosphat auf ADP zu übertragen, also jene Reaktion von rechts nach links laufen zu lassen. Da es sich bei fast allen diesen Stoffen um schwerlösliche Körper handelt, sind die Phosphatgruppen strukturgebunden, wie man es für Zwischenprodukte der ebenfalls an der Struktur der Mitochondrien oder in ihrem Inneren ablaufenden Atmungskette erwarten könnte. Wenn aber tatsächlich Metaphosphate bei diesen Vorgängen eine Rolle spielen sollten, wäre zu postulieren, daß sie selbst aus strukturgebundenen phosphorylierten Gruppen gebildet würden, welche ihrerseits durch Elektronenentzug ein erhöhtes Gruppenpotential bekommen hätten. Die Entstehung der letzteren würde dann durch die entkuppelnden Gifte verhindert. Nach unserer jetzigen Kenntnis bilden sich die kondensierten Phosphate jedoch erst sekundär mit Hilfe von ATP. Sie müssen wohl hauptsächlich als spezielle Energie- und Phosphatreservoire angesehen werden und würden demnach eine ähnliche Rolle spielen können wie etwa die Phosphagene. KORNBERG (1957) konnte Polyphosphate mit Glucose an der Hexokinase unter Einwirkung eines Enzymes aus Escherichia quantitativ im Glucose-6-Phosphat überführen.

Energiereiche Phosphate können in Gegenwart von Enzymen zum Teil durch *Arsenate* aufgespalten werden. Bei dieser Arsenolyse (WARBURG 1939) handelt es sich wahrscheinlich um einen verdrängenden Eintritt des Giftes an den Phosphat-umsetzenden Ort des Fermentes. Obwohl anorganische Polyarsenatophosphate existieren, kann offenbar eine Übertragung des Arsensäurerestes auf ADP nicht erfolgen und daher auch die Energie der Arsenolyse nicht für die biologischen Mechanismen nutzbar gemacht werden. Arsenat ist also ebenfalls ein Entkoppelungsgift (CRANE und LIPMANN 1953). Auch das Glykogen vermag durch H_3AsO_4 an der Phosphorylase aufgespalten zu werden. Das dabei zu erwartende As-Analogon zum Cori-Ester ist aber so unstabil, daß nur freie Glucose erscheint. Auf die Triosephosphatdehydrase wirkt Arsenat nach BÜCHER (1952) dadurch fördernd, daß es offenbar die Affinität zwischen DPN^+ und dem Ferment steigert.

Darüber, daß der Weg über zur Phosphatübertragung befähigte unbekannte Faktoren der Atmungskette beschritten wird, besteht kein Zweifel. Mit ihrer Hilfe wird das anorganische Phosphat durch die Atmung gebunden. Daß nun diese Bindung — in erster Linie die des ATP — sehr leicht unter Energieabgabe aufgespalten wird, ist eine Grunderkenntnis der modernen Biochemie. Dabei erfolgt während des Vollzuges der verschiedensten Zelleistungen die dauernde Freisetzung des anorganischen Phosphates.

Zusammengefaßt ergibt sich, daß diese Bindung nur an wenigen charakteristischen Stellen vollzogen wird, nämlich zweimal anaerob bei der Glykolyse (an der Phosphoglycerat- und der Pyruvatkinase), zweimal aerob bei der dehydrierenden Decarboxylierung der BTS und der α-Ketoglutarsäure und in 3 Stufen bei der Oxydation der hydrierten Pyridincofermente. Die Einheitlichkeit der chemischen Abbaureaktionen findet also ihr energetisches Korrelat in der Gleichartigkeit der mit der Aufrichtung der Phosphatbindungen gekoppelten Energieübertragungen.

Energetik assimilatorischer Prozesse

Im Vergleich zu den dissimilatorischen Vorgängen ist das Bild der assimilatorischen Energiebindung in der Natur vielgestaltiger. Man erhält bei seiner Betrachtung den Eindruck, daß die belebte Organisation in sehr frühen Epochen der Entwicklung sich viele exergonische Reaktionen zur Energieübernahme dienstbar gemacht hat, daß sich aber schließlich und auf schon höherer Entwicklungsstufe ein komplexer Vorgang besonderer Leistungsfähigkeit herausgebildet hat, der als die für unser Dasein wichtigste und biochemisch gesehen interessanteste Funktionseinheit betrachtet werden muß: die CO_2-Assimilation. Ihrer Besprechung sollen die energetischen Verhältnisse anderer assimilatorischer Leistungen autotropher Lebewesen vorangestellt werden.

Wenn man von dem ebenfalls Lichtenergie bindenden Stoffwechsel gewisser und zum Teil schon erwähnter purpurner und grüner Schwefelbakterien absieht, findet im übrigen die *Synthese organischer Brennstoffe unter Verwendung chemischer*

Energie statt. Das trifft zunächst für die Kohlenhydrate zu, aus denen sekundär Fette und Eiweiße entstehen. Die Energie für die Bildung der ersteren wird bei den autotrophen Lebewesen oft durch *Oxydationsvorgänge an anorganischem Material* gewonnen. Unter bestimmten Lebensbedingungen stehen H_2, H_2S, NH_3, NO_2^-, auch Schwermetalle wie Fe^{2+}, Mn^{2+} zur Oxydation unter starker Abnahme von G zur Verfügung, und es haben sich Kleinlebewesen gefunden, die diese Energiequelle zum Aufbau ihrer organischen Brennstoffe benutzen können. Im folgenden sei eine kurze Zusammenstellung der thermodynamischen effektiven Wirkungsgrade gegeben. Die Ausnutzung z. B. der freien Energie der *Knallgasreaktion* durch *Bac. pycnoticus* zum Zwecke des Aufbaues der leibeseigenen Kohlenhydrate geschieht nach den Versuchen von RUHLAND (1924) und der Auswertung durch STERN (1933) zu 28—29%. Hierbei ist auf die Aktivitäten bzw. die Partialdrucke der beteiligten Reaktionspartner Rücksicht genommen, also nicht ΔG^0, sondern ΔG eingesetzt. Zugrunde liegt die Feststellung, daß, wie sich aus der Zunahme der Bakteriensubstanz an C ergibt, auf 1 Mol verbrauchten H_2 0,126 Mol CO_2 reduziert werden. Nimmt man nun mit BURK an, daß der gesamte O_2-Verbrauch bei dieser Reaktion der Zellatmung dient, und der H_2 nur zur Reduktion der CO_2 benutzt würde, dann läßt sich auf Grund der Versuchsdaten und der energetischen Werte der Gleichung:

$$2\,H_2 + CO_2 = CH_2O + H_2O$$

der Wirkungsgrad dieses Teilvorganges berechnen. Dabei müßten sich zunächst aus dem O_2 der CO_2 $2\,H_2O$ bilden, und die damit frei werdende Energie zur Bildung von CH_2O dienen. Der Mechanismus der energetischen Koppelung der ersten mit dieser zweiten Teilreaktion würde nach den Versuchszahlen mit fast 100% Wirkungsgrad ablaufen.

Die Nutzeffekte der von anderem anorganischen Material lebenden Bakterien liegen in der Regel viel tiefer. So nutzt *Thiobacillus thiooxydans* die Reaktion

$$2\,S + 3\,O_2 + 2\,H_2O = 2\,H_2SO_4 \qquad (-\Delta G^0 = 240 \text{ kcal}; \ -\Delta H = 288{,}9 \text{ kcal})$$

aus. Da nach STARKEY (1925) $\tfrac{1}{6}$ Mol CO_2 durch $2\,S$ reduziert wird, und man zur Reduktion von einem Mol CO_2 115 kcal ($= \tfrac{1}{6}\,\Delta G^0$ der Glucose) benötigt, beträgt der Nutzwert $\dfrac{115}{6 \cdot 240} = 8\%$.

Nach MEYERHOFs (1916) Versuchen ergibt sich weiter, daß die *Nitritbildner* die Reaktion

$$NH_3 + \tfrac{3}{2}\,O_2 = HNO_2 + H_2O \qquad (-\Delta G^0 = 65{,}24 \text{ kcal}; \ -\Delta H^0 = 76{,}0 \text{ kcal})$$

zu rund 6% und die *Nitratbildner* den Vorgang:

$$HNO_2 + \tfrac{1}{2}\,O_2 = HNO_3 \qquad (-\Delta G^0 = 18 \text{ kcal}; \ -\Delta H^0 = 24{,}2 \text{ kcal})$$

nur zu etwa 7% für die Bildung ihrer organischen Substanz verwerten können. Wenn diese Effekte auch niedrig liegen, so belegt das Vorkommen dieser Reaktionen doch die allgemeinen synthetischen Fähigkeiten der lebenden Substanz; ob jedoch die geringe Ausnutzungsfähigkeit Grund für die fehlende Weiterentwicklung derartiger Vorgänge in der Natur sein mag, ist auch unter Berücksichtigung der speziellen ökologischen Gegebenheiten nicht zu entscheiden.

Bei Tier und Pflanze spielt der *Übergang von Kohlenhydraten in Fett* und in Protein eine entscheidende Rolle. Bei ersterem entstehen Stoffe mit wesentlich größerem Inhalt an freier Energie und Verbrennungswärme, die nur durch Oxydation eines Teiles der in den Umwandlungsprozeß hineingezogenen Kohlenhydrate geliefert werden kann. Im übrigen handelt es sich $\left(\text{HCOH} \rightarrow \text{CH}_2 + \tfrac{1}{2}\,O_2\right)$ um einen *energiebindenden Reduktionsvorgang*. Der hierbei frei werdende Sauerstoff kann für die Oxydation des energieliefernden Kohlenhydratanteils benutzt werden, so daß eine CO_2-Bildung ohne entsprechende Aufnahme von gasförmigem Sauerstoff erfolgt (Erhöhung des RQ!). Legt man der Berechnung die Gleichung von Tamiya zugrunde:

$$145\,C_6H_{12}O_6 = 12\,C_{51}H_{98}O_6 + 258\,CO_2 + 282\,H_2O,$$

dann entstehen so aus 1 g Glucose 0,371 g Tripalmitin. Aus 1,11 g Glucose, die bruttomäßig gleichwertig mit 1 g Glykogen sind, würden dann 0,411 g Fett werden. Wenn man bedenkt, daß nach dem Isodynamiegesetz 0,44 g Fett 1 g KH brennwertmäßig gleich sind, und außerdem auch für die Fette $-\Delta H$ und $-\Delta G$ praktisch nicht verschieden sind, so würde bei der gelegentlich annähernd erfüllten Gültigkeit jener Gleichung im Organismus die Ökonomie der Umwandlung hoch sein. Der eben formulierte Vorgang liefert für 1 g gebildetes Fett noch 0,58 kcal freie Energie, kann also als gesamter Komplex freiwillig ablaufen. Seine Exothermie ($-\Delta H$) würde sogar, bezogen auf 1 g gebildetes Fett, 1,05 kcal betragen. Diese Energieanteile könnten also noch für andere Zwecke ausnutzbar sein.

Unter den Verhältnissen *im Säugetierorganismus* scheint eine sehr ähnliche Beziehung wie die von Tamiya zunächst für die Fettbildung beim Wachstum des Aspergillus-Mycels aufgestellte zu gelten. Denn die aus Stoffwechselversuchen gewonnene Gleichung Bleibtreus: 270 g Glucose $\rightarrow$ 100 g Fett $+ 54,6$ g $H_2O + 115,45$ g CO_2 würde für die Verwandlung von 145 Mol Glucose außer der gleichen Menge Fett 293 Mol H_2O und 253 Mol CO_2 ergeben. Entscheidend ist, daß auch bei den Tierversuchen eine schwache Exothermie resultiert und eine gute Ökonomie besteht, so daß die theoretische Gleichung annähernd erfüllt sein muß. Sie aber umfaßt als Bruttogleichung exergonische und endergonische Prozesse. Die gute Ökonomie zeigt sich darin, daß die Fettbildung keinen Einfluß auf den Gesamt-Stoffumsatz zu haben scheint, insbesondere ihn nicht erhöht (Lusk). Gleichungen der Fettbildung aus Kohlenhydrat, welche den Übergang ohne gleichzeitigen Verlust von Kohlenstoff als CO_2 beschreiben, benötigen ein erhebliches Maß an freier Energie und werden den biologischen Vorgängen nicht gerecht.

Bei der *Bildung der Proteine in der Pflanze* ist die *Reduktion des Nitrates* mit Hilfe der freien Energie aus dem Kohlenhydrat der thermodynamisch entscheidende Vorgang. Er ist unter diesem Gesichtspunkt besonders von Warburg und Negelein (1920) untersucht worden, wobei es sich zeigte, daß gleichzeitig mit der Bildung von NH_3 auch CO_2 entsteht. Dessen Bildung ist ein Maß für die zum Zwecke der Nitratreduktion zusätzlich umgesetzten Kohlenhydrate. Da auf 1 Mol reduziertes NO_3 etwa 2 Mole Extra-$CO_2 = \tfrac{2}{6}$ Glucose (s. S. 471) kommen, läßt sich auf Grund der thermischen Daten für

$$HNO_3 + H_2O = NH_3 + 2\,O_2 \qquad (\Delta G^0 = 64,1\ \text{kcal})$$

der Wirkungsgrad berechnen:

$$\frac{64,1}{115 \cdot 2} = 0,28\,.$$

Wird gleichzeitig die Assimilation durch Belichtung in Gang gebracht, dann steigert sich wegen der Regenerierung der Kohlenhydrate die Geschwindigkeit des Vorganges, ohne daß eine Änderung der thermodynamischen Größen einträte.

Da die bei der Oxydation des Kohlenhydrates gebildete CO_2 bei der Photosynthese wieder verbraucht wird, wird nun neben NH_3 der Sauerstoff an Stelle der CO_2 das zweite gasförmige Endprodukt der Reaktion.

Der *Aufbau der Leibessubstanz,* der vor allem *bei Schimmelpilzen, Hefen, Algen und Keimlingen untersucht* wurde, vollzieht sich im allgemeinen *mit guter Ökonomie.* Zum Beispiel zeigte BARNELL (1937), daß während der Auskeimung von Gerste etwa $^2/_3$ der im Korn vorhandenen Glucose zu organischer Bausubstanz verwandt wurden, während nur $^1/_3$ zur Unterhaltung der Atmung und für die Strukturbildungsprozesse oxydiert wurde. Bei der *Wuchshefe (Torula utilis)* konnte FINK (1938) durch intensive Belüftung die biochemischen Vorgänge so steuern, daß der Hefevermehrung als Stoffsynthese gegenüber die alkoholische Gärung vollkommen zurücktrat. Theoretisch können bei der Gärung aus 100 g Glucose maximal 51,1 g Alkohol entstehen mit einer Energieausbeute von 92%, im Gegensatz zu FINK bezogen auf $-\Delta G^0$ (bei der Verbrennung des Alkohols ist $-\Delta G^0 = 316,5$ kcal; $-\Delta H^0 = 327,2$ kcal). Die praktische Ausbeute ist um 5 bis 10% niedriger. Wird auf Stoffsynthese hin gezüchtet, dann entstehen in entsprechender Nährlösung aus 100 g Glucose 210 g Hefe mit 59,4 g Eiweiß. *Die praktische Energieausbeute,* die hierin steckt, liegt in der Größenordnung von *60—65%.* Bei ungünstigeren Bedingungen, unter denen die Hefe die organischen Substrate der Umgebung weitgehend veratmen muß, wird weniger Energie für den Anwuchs gespeichert; so fanden WINZLER und BAUMBERGER (1938) nur einen Wirkungsgrad von 3%, bei der Veratmung von Na-Acetat über 12%.

Nicht nur durch Nährstoffmangel läßt sich die Synthese der Körpersubstanz aus Kohlenhydrat hemmen, auch durch Vergiftung. Wie CLIFTON und LOGAN (1939) bei Kolibakterien zuerst zeigten, läßt sich die Kopplung zwischen Atmung und Synthese durch Behandlung mit Azid oder α-Dinitrophenol-(2,4,1) ausschalten. Daran anschließend erkannten LIPMANN und LOOMIS (1948) den hemmenden Einfluß des DNP auf die Schaffung energiereicher Phosphatverbindungen beim Atmungsvorgang (s. S. 495). Die Dinitrophenolvergiftung unterbindet die *Bereitstellung der Energie* und die durch Jodacetat die *Lieferung des Baumaterials für das Wachstum* (vgl. S. 662).

Energiebindung bei der Photosynthese

An Ausmaß des Umsatzes und an Feinheit der Konstruktion übertrifft der *Bildungsprozeß der Kohlenhydrate in den grünen Pflanzen* alle übrigen biosynthetischen Vorgänge. Die überragende Bedeutung des von DE SAUSSURE u. a. entdeckten Vorganges wurde von R. MAYER erkannt: „Die Pflanzenwelt bildet ein Reservoir, in welchem die flüchtigen Sonnenstrahlen fixiert und zur Nutznießung geschickt niedergelegt werden". Die Analyse des Prozesses, in dem aus CO_2 und H_2O unter Freiwerden von O_2 das Kohlenhydrat gebildet wird, steht seit Jahren wieder im Vordergrund biochemischer Forschung. Schon seine *Ökonomie* ist bemerkenswert.

WARBURG fand (1923), wenn er die O_2-Bildung als Maß für die entstandenen Kohlenhydrate setzte und die absorbierte Lichtmenge in Calorien ausdrückte, folgende assimilatorischen Wirkungsgrade: im roten (660 mμ) 59%, im gelben (558 mμ) 54%, im grünen (546 mμ) 44% und im blauen (436 mμ) 34%. Die angegebenen Wellenlängen sind die der hellsten Linien des benutzten Quecksilberbogenlichtes. Der Energieinhalt pro Mol, d.h. $N_L \cdot v \cdot h$ (Einstein), ist z.B. für $\lambda = 660$ mμ:

$$W = \frac{N_L \cdot h \cdot c}{\lambda} = \frac{6 \cdot 10^{23} \cdot 6,6 \cdot 10^{-27} \cdot 3 \cdot 10^{10}}{6,6 \cdot 10^{-5}} = 18 \cdot 10^{11} \text{ Erg} = \frac{18 \cdot 10^{11}}{4,18 \cdot 10^{10}} = 43 \text{ kcal.}$$

Die bei 660 mμ absorbierte Lichtenergie werde als Vergleichseinheit eingesetzt und damit auch die Anzahl der in ihr enthaltenen Lichtquanten. Dann ist in der gleichen Energiemenge jene Zahl beim kurzwelligen Licht deswegen geringer, weil das einzelne Quant um so viel an Energie reicher wie die Wellenlänge kleiner ist. Sie ist z.B. bei 436 mμ nur 436/660 bzw. 0,66 verglichen mit der im roten. Oder um die gleiche Zahl an Photonen aufzunehmen, muß das $1/0,66 = 1,5$fache an Energie in kcal absorbiert werden.

Würde nun stets die gleiche Anzahl an Quanten für einen molaren Umsatz von CO_2 benötigt werden, dann würde von der gleichen verwerteten Energiemenge im roten ein größerer Anteil als im blauen in der chemischen Energie des Kohlenhydrates erscheinen. Denn hier ist die Zahl der in der gleichen Menge an Strahlungsenergie vorhandenen Quanten geringer. Der relative Nutzeffekt, der sich aus der sog. Quantenausbeute oder der *photochemischen Wirkung* (φ) ergibt, ist danach für die obigen Wellenlängen so zu erwarten, wie es die Tabelle 94 zeigt.

Tabelle 94. *Quantenbedarf* ($b = 1/\varphi$) *für die Photosynthese* (nach WARBURG)

$$\text{Quantenausbeute (photochemische Wirkung):} \quad \varphi = \frac{\text{Zahl der umgesetzten Molekeln}}{\text{Zahl der absorbierten Quanten}}$$

Wellenlänge		660 mμ	678 mμ	546 mμ	436 mμ
Relativer Nutzeffekt	theoretisch . . .	1	0,876	0,827	0,66
	gefunden . . .	1	0,915	0,746	0,58
Quantenbedarf: $b = 1/\varphi$		4,5	4,3	4,9	5,2
Energie pro Mol Quanten (in Einstein) .		43,2	49,3	52,2	65,4 kcal

Das Experiment gestattet also innerhalb gewisser Grenzen die Aussage, daß der Quantenbedarf ($b = 1/\varphi$) unabhängig von der Wellenlänge des benutzten Lichtes sei. Da der Energiebedarf für die Glucosesynthese 114 kcal beträgt, ein Mol Quanten von 660 mμ aber nur 43 kcal liefert, ist der Minimalbedarf $114/43 = 2,66$ Photonen pro Molekel CO_2. Ein Wirkungsgrad von 59% entspricht demnach einem festgestellten Bedarf von $2,66/0,59 = 4,5$ Quanten für eine in Kohlenhydrat umgewandelte Molekel Kohlensäure.

Die Ausbeute kann durch *geeignete Vorzucht* (tagesperiodischer Gang der Belichtung) der besonders gut assimilierenden Algen vom Chlorella- oder Scenedesmus-Typ, durch Beachtung des pH und bei genügend hoher CO_2-Spannung noch gesteigert werden (1956). Im roten wurden so von WARBURG gelegentlich Werte von 90% für den Nutzeffekt erzielt. Im allgemeinen sind jedoch nicht höhere Wirkungsgrade als 25%, entsprechend einem Quantenbedarf von etwa 12 anzunehmen. Die Höhe aber der unter *günstigen Umständen* beobachteten Ausbeute bedeutet den höchsten Wirkungsgrad, welcher überhaupt bei einer biologischen Assimilationsleistung bekannt geworden ist. Als wahrscheinliche Grenze ihrer *praktischen Realisierbarkeit* mag erwähnt sein, daß in einer Ernte 4,3 kg Zucker, entsprechend 17500 kcal, pro Quadratmeter Bodenoberfläche aus Zuckerrüben gewonnen wurden. Dazu wurden etwa 2% der Strahlung pro m² ausgenutzt. 60 m² Fläche würden bei dieser Leistung den Calorienbedarf eines Menschen decken, der bisher über 3000 m² pro Jahr benötigt (vgl. S. 390).

Eine *energetische Betrachtung* des Gesamtvorganges hat davon auszugehen, daß für die Schaffung eines C-Äquivalentes an Kohlenhydrat mindestens 114 kcal aufgenommen werden müssen, während wirksame Photonen nur gegen 40 kcal pro Mol Quanten zur Verfügung stellen. *Summarisch kommen also mindestens 3 Quanten* auf eine Molekel reduzierter CO_2. Zweitens sollte in Übereinstimmung mit den Regeln der Photochemie erwartet werden, daß der eigentliche photochemische *Elementarprozeß nur 1 Quant benötigt* (1-Quantenforderung nach O. WARBURG 1951). Drittens ist dagegen zu berücksichtigen, daß ein Quant des schon wirksamen Lichtes nicht ausreicht, um die Zerlegung des Wassers in seine Elemente vorzunehmen, für die im Minimum 57 kcal erforderlich sind.

Diesen *Forderungen trägt* WARBURGs (BURK und WARBURG 1951) Konzeption *vom Kreisprozeß* der Photosynthese mindestens bilanzmäßig Rechnung. Nach ihr wird die über die primär aufgenommene Photonenenergie hinaus notwendige Calorienmenge durch Oxydationen gewonnen, welche im unmittelbaren Anschluß an eine Belichtung vermehrt ablaufen (sog. Rückoxydation). Im stationären Zustand, d.h. bei anhaltender Belichtung, setzen sie die effektive Größe der O_2-Bildung aus Wasser entsprechend herab. Der Nutzeffekt der Photosynthese wird hiernach von dem Anteil des primär bei der Photolyse freigemachten Sauerstoffes bestimmt, welcher sekundär für jene Reaktionen eingesetzt wird. Er fällt mit dem Anwachsen der Rückatmungsgröße.

Tabelle 95. *Rückatmung (R_a) und Nutzeffekt (N) bei verschiedenem Quantenbedarf b (für die Reaktionsmechanismen a, b, c)*

b	2,65	3	4	5	6
N (660 mμ) .	1	0,884	0,663	0,53	0,442
R_a(a) . . .	0,811	0,833	0,875	0,9	0,917
R_a(b) . . .	0,623	0,667	0,75	0,8	0,833
R_a(c) . . .	0,245	0,333	0,5	0,6	0,667

Zu seiner Berechnung sei wiederum vom roten Licht ($\lambda = 660$ mμ mit 43 kcal für $N_L \cdot h \cdot v$) ausgegangen. Hierbei mögen 3 Möglichkeiten der Reaktion eines Photons mit der Wassermolekel vorausgesetzt werden; nämlich die, daß ein Quant in der primären Reaktion eine Molekel O_2 abspalten könne, so daß es bilanzmäßig auf 2 Wassermolekeln wirke (a), die, daß es 1 H_2O zersetze und daher $\frac{1}{2} O_2$ liefere (b) und schließlich jene, daß 2 Photonen zur Zersetzung einer Molekel H_2O erforderlich seien und damit $\frac{1}{4} O_2$ abspalten (c). In allen Fällen ist der Nutzeffekt aus dem Gesamtquantenbedarf für die Reduktion einer CO_2-Molekel zu entnehmen. Er beträgt stets $N = 114/(b \cdot 43)$. Mit R_a sei die Rückatmungsgröße bezeichnet, d.h. der wieder verbrauchte Bruchteil des primär aus der Wasserspaltung gebildeten Sauerstoffes. b kann in allen Fällen eine beliebige gebrochene Zahl über 2,65 (d.h. $N < 1$) sein. Bei anderen Wellenlängen ist 43 durch den zugehörigen Einstein-Wert in kcal zu ersetzen.

Es würden sich dann folgende Formulierungen mit den in der Tabelle 95 aufgeführten Zahlenbeispielen ergeben:

a) $b(h \cdot v + 2\,H_2O) + CO_2 = CH_2O + O_2 + (2\,b - 1) \cdot H_2O;\qquad R_a = 1 - \dfrac{1}{2\,b};$

b) $b(h \cdot v + H_2O)\ \ + CO_2 = CH_2O + O_2 + (\ b - 1) \cdot H_2O;\qquad R_a = 1 - \dfrac{1}{b};$

c) $b(h \cdot v + \tfrac{1}{2}\,H_2O) + CO_2 = CH_2O + O_2 + \left(\dfrac{b}{2} - 1\right) \cdot H_2O;\qquad R_a = 1 - \dfrac{2}{b}.$

In den Bilanzgleichungen (a, b, c) steht links die Zahl der zerlegten Wassermolekeln und rechts die der durch Rückoxydation wieder gebildeten. Die Formulierungen sind unabhängig davon, ob die Molekel direkt durch das Photon aufgespalten wird oder mit Hilfe derjenigen Energie, welche intermediär z.B. in Form von ATP zur Verfügung gestellt wird. Sie basieren aber auf der Annahme, daß das Substrat der Rückatmung jener Wasserstoff sei, welcher äquivalentmäßig dem in der Lichtreaktion freigewordenen O_2 entspricht. WARBURGs Voraussetzung ist hierin spezieller, denn er sieht als zu veratmenden Stoff schon intermediär gebildetes Kohlenhydrat bzw. Stoffe ihrer Reduktionsstufe an. Dabei stützt er sich auf seine Beobachtungen über den Gaswechsel an Chlorella-Suspensionen während und im unmittelbaren Anschluß an eine kurzzeitige Belichtungsphase, d.h. unter nicht stationären Bedingungen. Bei biologischer Optimalkondition ergab sich, 1. daß durch 1 Mol absorbierter Quanten ein Mol Sauerstoff frei gemacht, und 2. die gleiche molare Menge an CO_2 während der Belichtung gebunden wird. Anschließend findet eine stark über den Ruhewert hinaus gesteigerte, aber rasch abklingende Atmung, eben die jetzt abgetrennt in Erscheinung tretende Rückatmung statt, auf deren Größe bei Beginn der Verdunklung extrapoliert und damit auch R_a gewonnen werden kann. Die Geschwindigkeiten des primären Assimilations- und des induzierten Atmungsvorganges sind also so verschieden, daß diese sich experimentell trennen lassen (s. dagegen Abb. 168).

Das gleiche gelingt auch durch Vergiftung mit Me-Komplexbildnern. Blausäure hemmt die Rückatmung reversibel in 10^{-4} m, während die Ruheatmung bei diesen Algen fast HCN-unempfindlich ist. Dagegen kommt in α, α'-Phenanthrolin gleicher Konzentration auch die primäre Lichtwirkung nicht zustande. Es bindet 2-wertiges Eisen, bzw. entzieht es der Chlorella, ohne selbst wesentlich einzudringen.

Chemisch gesehen ist die Photosynthese ein komplexer Vorgang. Sogar über die Grundzüge ihres Ablaufs bestehen bei den einzelnen Arbeitsgruppen sehr verschiedene Auffassungen. Die Teilvorgänge lassen sich als a) Photolyse, b) photochemische Phosphorylierung und c) als CO_2-Fixierung mit anschließender Reduktion zum Kohlenhydrat abtrennen.

a) Abgesehen von Isotopenversuchen wird als Beweis für die *photolytische Zerlegung des Wassers* die Hill-Reaktion herangezogen (s. S. 472). Aus energetischen Gründen kann die Spaltung mit einem Quant roten Lichtes nicht bis zur Stufe des freien Wasserstoffes sondern bei maximaler Ausnutzung der 43 kcal in einem 2stufigen Prozeß nur bis zu einem Stoffpaar führen, dessen Normalpotential bei pH 7 positiver als $-0,1$ V ist. Zum Nachweis der Hill-Reaktion werden tatsächlich wesentlich positivere Systeme wie Chinon, Eisen, $Fe(CN)_6$ und einige Farbstoffe verwendet. Sie werden unter Freiwerden annähernd äquivalenter Sauerstoffmengen reduziert. Daß eine Reduktion unter Belichtung eintritt, steht fest. Daß aber mit assimilierenden Grana ihr Verlauf indirekt sein kann, hat WARBURG gezeigt. Danach würde das Kohlenhydrat die Reduktion vollziehen und selbst im Licht durch die Photosynthese regeneriert werden:

$$4\,Fe^{3+} + (CH_2O) + H_2O = 4\,Fe^{2+} + 4\,H^+ + CO_2$$
$$CO_2 + H_2O = (CH_2O) + O_2.$$

Bei ausgewaschenen und nicht zur Assimilation befähigten Grana ist diese Rückbildung jedoch nicht möglich. Sie können dennoch photolysieren.

b) Daß während der Photosynthese die Aufrichtung von energiereichen Phosphatbindungen vollzogen wird und für den Ablauf der Reduktion auch erforderlich ist, wurde mehrfach gezeigt (KANDLER 1950, OCHOA 1952). Daß die Bildung von ATP jedoch im Chlorophyllkorn nicht auf dem Wege der oxydativen Phosphorylierung erfolgt, wurde von ARNON (1956) bewiesen, der jener gleichzeitig den Typ der *photosynthetischen Phosphorylierung* gegenüberstellte. Diese Phosphatbindung vollzieht sich auch in Abwesenheit von molekularem Sauerstoff. Sie wird sogar von Anaerobiern (Rhodospirillum) durchgeführt. Sie muß mit ARNON unter Beteiligung des Wassers formuliert werden, wobei ein radikalisches Sauerstoffatom intermediär auftritt:

$$h \cdot \nu + H_2O \rightarrow 2e + 2\,H^+ + [O]; \quad 2e + 2\,H^+ + [O] + ADP + P = ATP + H_2O.$$

Der Vorgang benötigt Ascorbinsäure und verläuft mit Flavinnucleotid oder Vitamin K als intermediärem, d.h. katalytisch wirkendem Wasserstoffacceptor. TPN oder DPN sind mit Sicherheit nicht erforderlich. Der Prozeß ist mit DNP oder Methylenblau zu vergiften, nicht aber durch Antimycin (s. S. 495). Er erfolgt auch in ausgewaschenen Chloroplasten, wenn die genannten Hilfsstoffe inklusive Magnesium zugefügt werden. Die notwendigen Fermente sind also nicht auswaschbar. Die Zerlegung des Wassers bis zum Niveau des Vitamin K oder FAD durch das rote Licht bereitet energetisch keine Schwierigkeiten. Es handelt sich um einen 1-Quantenprozeß. Bei vollständiger Ausnutzung der Quantenenergie würde gegenüber der oxydierten die reduzierte Stufe beim FMN 5fach und beim Vitamin K 1000fach überwiegen (pH 7). Die photosynthetische Phosphorylierung ist unabhängig von der CO_2-Fixierung.

c) Nach ARNON können ausgewaschene und *zerkleinerte Chloroplasten* dann eine *Kohlenhydratsynthese* bei Belichtung vollziehen, wenn die Stoffe, d.h. die Fermente des Waschwassers, wieder hinzugefügt werden. Daß dieser Vorgang mit einer Spaltung des Wassers verknüpft sein muß, ist immer angenommen worden. Dabei wird molekularer O_2 frei. Bilanzmäßig verläuft er nach ARNON:

$$h \cdot v + H_2O + DPN + ATP \rightarrow DPNH_2 + \tfrac{1}{2} O_2 + ADP + P$$
$$CO_2 + 2\,DPNH_2 + n \cdot ATP \rightarrow (CH_2O) + 2\,DPN + n \cdot ADP + n \cdot P + H_2O.$$

Die Spaltung des Wassers durch rotes Licht kann nur mit Hilfe von Zusatzenergie, d. h. durch Mitwirkung von ATP zustande kommen. Sie muß dann auch mindestens 2stufig verlaufen.

Freies Phosphat und Überschuß an Vitamin K hemmen die *CO_2-Fixierung*, da sie die lichtinduzierte P-Bindung verstärken, also den gelockerten Wasserstoff beanspruchen. Jodacetamid und Arsenit hemmen die CO_2-Fixierung, PCMB die Phosphorylierung und CO_2-Bindung, aber nicht die Photolyse[1]. Phenanthrolin hemmt alle 3 Vorgänge. Da die zuerst genannten Gifte mit SH-Gruppen reagieren, aber unterschiedlich hemmen, müssen an der CO_2-Fixierung und der P-Bindung verschiedene SH-Gruppen beteiligt sein. Weil aber die Photolyse durch sie nicht beeinflußt wird, dürfte auch die Thiooktansäure (Liponsäure) hierbei keine essentielle Rolle spielen.

Nach CALVIN (1956) findet die *CO_2-Anlagerung* an die *Enolform des Ribulose-1,5-diphosphates* (RuDP, IV) zu einem Produkt statt, welches unter Hydrolyse in 2 Molekeln Phosphorglycerinsäure (PGS, V) gespalten wird. Die entscheidende Acceptorfunktion der RuDP wurde in kurzfristigen CO_2-Fixierungsversuchen mit ¹⁴C-markierter CO_2 erkannt. Es entsteht ein intermediäres Produkt mit einem Carboxyl in β-Stellung zum Carbonyl. Die Spaltung in zwei PGS erfolgt zwischen C_2 und C_3 der Ribulose. Als Analogon zu dieser Reaktion dient die Zerlegung von Benzoin (I) durch CO_2, wobei sich Mandelat (II) und Benzoat (III) bilden (CRAMER 1956). Enole und Phenole neigen allgemein zur CO_2-Anlagerung; der Energiebedarf dieser Carboxylierungen ist dementsprechend besonders gering. Bei der CO_2-Anlagerung an RuDP wirkt die *Carboxydismutase*. Sie ist inzwischen aus pflanzlichen Geweben isoliert worden (CALVIN), und ihr Vorkommen ist auch für Säugetierorgane wahrscheinlich gemacht (E. G. BARRON 1955). Gerade der letzte Befund läßt es aber zweifelhaft erscheinen, ob der durch dieses Ferment gesteuerte Weg für die Photosynthese spezifisch ist. Da die Umsatzzahl und die Affinität zum Substrat für das Enzym überraschend gering sind (WEISSBACH), nimmt KANDLER (1957) an, daß das Carboxylierungsprodukt von RuDP nicht in PGS gespalten, sondern im Licht direkt zu FDP reduziert wird.

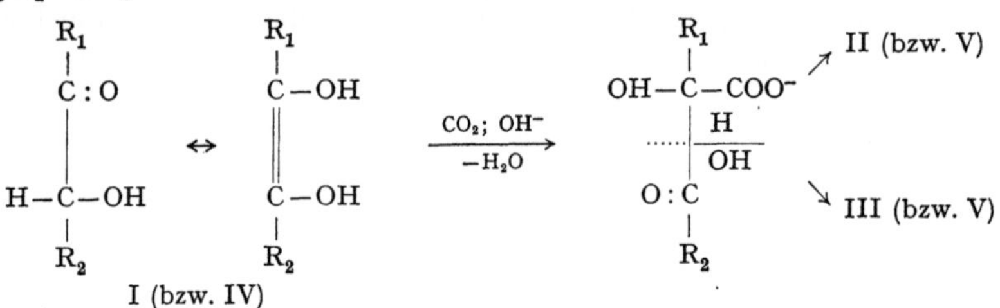

Für I, II und III ist $R_1 = R_2 = C_6H_5$; für IV und V ist:

$$R_1 = -CH_2O-Ph \quad \text{und} \quad R_2 = -CHOH-CH_2-O-Ph.$$

Aus der PGS entstünde so durch Reduktion mit dem bei der Photolyse gebildeten $DPNH_2$ oder $TPNH_2$ das Triosephosphat, dessen Umsetzungen einerseits direkt zur Glucose führen und andererseits über den photosynthetischen Kohlenstoffcyclus Ribulosediphosphat regenerieren. Dieses steht dann zur weiteren CO_2-Bindung bereit. RACKER hat die entsprechende Fixierung in vitro bei Abwesenheit von Chlorophyll demonstrieren können. Dabei wurde die CO_2 anschließend durch $TPNH_2^+$ mit ATP als Energielieferanten und mit den erforderlichen Fermenten zur Triosestufe reduziert und dann zur Glucose kondensiert.

---

[1] PCMB bedeutet p-Chlor-mercuri-benzoat.

Nach WARBURGs Auffassung (1956) findet allerdings die Anlagerung und auch die Reduktion der *CO_2 am Chlorophyll direkt* statt. Diese Annahme wird durch seinen wichtigen Befund gestützt, daß Chinon oder NaF bei lebender Chlorella im Dunkeln ein Mol CO_2 aus 1 Mol Chlorophyll austreibt. Nachfolgende Belichtung vermag dann keine CO_2-Reduktion mehr zu bewerkstelligen, wohl aber das Chinon zu reduzieren. Als Ort der Anlagerung wird das sich an der γ-Methinbrücke zwischen dem Pyrrolring III und IV befindende C-Atom angesehen und folgende Reaktionsfolge vorgeschlagen:

$$
\begin{array}{ccccc}
\overset{\displaystyle X}{|} & & \overset{\displaystyle X}{|} & & \overset{\displaystyle X}{|} \\
\mathrm{C-OH} & \xrightarrow[(a)]{h\cdot v} & \mathrm{C-O-O-H} & \xrightarrow[(b)]{h\cdot v?} & \mathrm{C-H + O_2} \\
\mathrm{HOOC}\diagup\quad\diagdown\mathrm{COOH} & & \mathrm{HOOC}\diagup\quad\diagdown\mathrm{C}{<}^{O}_{H} & & \mathrm{HOOC}\diagup\quad\diagdown\mathrm{C}{<}^{O}_{H} \\
(\mathrm{Chl.\ CO_2}) \quad \mathrm{I} & & \mathrm{II} & & \mathrm{III}
\end{array}
$$

$$
\xrightarrow[(c)]{CO_2,\ H_2O} \quad \mathrm{I + (CH_2O)} \qquad \gamma\text{-Methin-C} \to \mathrm{X}\,; \quad (= \mathrm{C}-)
$$

Es ist interessant zu bemerken, daß O. WARBURG bereits vor 35 Jahren die sauerstoffbildende Dunkelreaktion auf Grund ihrer Giftempfindlichkeit und Temperaturabhängigkeit als Peroxydspaltung ansah. WILLSTÄTTER und STOLL hatten schon 1918 die Meinung vertreten, daß die an das Magnesium im Chlorophyll angelagerte Kohlensäure unter Aufnahme der Lichtenergie in eine Peroxydform verwandelt würde. Ein ähnlicher Vorgang, allerdings mit Anlagerung an anderer Stelle der Chlorophyllmolekel, liegt auch der gegebenen neuesten Formulierung von WARBURG zugrunde.

Errechnet man mit Hilfe der Paulingschen Werte für die Bindungsenergien und mit 14 kcal für die Carboxylresonanz den Calorienbedarf für die einzelnen Schritte der vorstehenden Formulierung, dann ergibt sich als Bedarf für die Peroxydbildung 71 kcal (s. S. 436), für die Peroxydspaltung 10 kcal (im Licht?) und für die CO_2-Bindung und Reduktion 32 kcal, zusammen 113 kcal. Der erste Wert ist zu hoch, um durch 1 Mol Quanten gedeckt werden zu können. Setzt man hierzu einen 2stufigen Lichtprozeß ein, dann würde ein maximaler Nutzeffekt von $71/(2 \cdot 43) = 0{,}825$ für die Verwertung des Lichtes erhalten werden. Würde auch die Peroxydspaltung durch das Licht getätigt, so wäre die Ausbeute geringer, nämlich $81/(3 \cdot 43)$, d. h. 63%, oder es bestünde ein minimaler Bedarf von 5 Quanten pro 1 CO_2.

Nach diesen Überlegungen ist der Warburgsche Vorschlag nicht mit der von ihm selbst gefundenen hohen Quantenausbeute vereinbar.

Die Vorstellung von J. FRANCK (1958) rechnet mit der photochemisch erfolgenden Lösung eines H-Atoms von C_9 einer hydratisierten Form des Chlorophylls. Sie würde ein Radikal des Chlorophylls hinterlassen, aus dem weiterhin ein OH-Radikal abgesprengt würde. Aus ihm entstünde im Dunklen H_2O_2, das zu $\frac{1}{2}\,O_2$ gespalten würde. Auf diese Weise würde H_2O energetisch günstig photolysiert, da die Lösung der C—H-Bindung mit 88 kcal weniger Energie als die der O—H-Bindung (110 kcal) benötigt.

$$
\overset{\,|^{9}\ \ ^{10}|}{\mathrm{HC-C}}{<}^{\mathrm{OH}}_{\mathrm{OH}} \to \cdot\overset{|}{\mathrm{C}}-\overset{|}{\mathrm{C}}{<}^{\mathrm{OH}}_{\mathrm{OH}} \to \overset{|}{\mathrm{C}}{=}\overset{|}{\mathrm{C}}-\mathrm{OH}\,.
$$

Nach FRANCK ist die assimilatorische Einheit von filmmäßig angeordneten Chlorophyll-a- und -b-Molekeln in der Lage, genügend energiereiche Quanten zu liefern, um jene Bindung zu lösen. Es würde sich hierbei um eine physikalische Transformierung der eingestrahlten Lichtenergie zu metastabilen energiereichen Zuständen relativ langer Lebensdauer (etwa 10^{-3} sec) handeln. Demgegenüber bedeutet das Warburgsche Postulat der Rückatmung einen chemischen Speicherungsvorgang von Energie.

Die Warburgsche Vorstellung einer stöchiometrischen Reaktion der CO_2 mit einer durch Energieaufnahme vorbereiteten Form des Chlorophylls hat eine gute

Stützung durch den Nachweis erfahren, daß der *Sauerstoff ebenfalls in äqui-molekularen Mengen aus belichtetem Chlorophyll frei gemacht* wird. WARBURG vertritt die Auffassung, daß der O_2 aus der labilen, mit NaF aus dem Chlorophyll austreibbaren CO_2 stammt. Auf dieser Grundlage ist der Gesamtprozeß bilanzmäßig leicht zu beschreiben (Chl. = Chlorophyll):

$$\text{Hell:} \quad 3\,[\text{Chl.CO}_2] + 3\,h\cdot\nu + 3\,\text{H}_2\text{O} = 3\,\text{Chl.} + 3\,(\text{CH}_2\text{O}) + 3\,\text{O}_2$$

$$\text{Dunkel:} \quad 2\,(\text{CH}_2\text{O}) + 2\,\text{O}_2 + \text{CO}_2 + 3\,\text{Chl.} = 3\,[\text{Chl. CO}_2] + 2\,\text{H}_2\text{O}$$

$$\text{Bilanz:} \quad \text{CO}_2 + 3\,h\cdot\nu + \text{H}_2\text{O} = (\text{CH}_2\text{O}) + \text{O}_2; \quad N = \frac{114}{3\cdot 43} = 0{,}89\,.$$

Dieser zusammenfassenden Formulierung liegt die Rückatmung schon gebildeten Kohlenhydrates zugrunde. Sie benutzt nicht mehr die Hill-Reaktion als essentiellen photochemischen Primärvorgang. Dagegen stellt sie wie alle anderen Theorien die Reduktion der CO_2 durch Lichtenergie zur Carbonsäurestufe in den Mittelpunkt. Sie schließt nicht ausdrücklich aus, daß das mit Hilfe der Energie aus der induzierten Atmung auf dem Wege über durch sie gewonnenes ATP geschieht. Die Hellreaktion wird dadurch ermöglicht, daß die Oxydationsenergie aus der Dunkelreaktion zur Herstellung der labilen Chlorophyll-CO_2-Verbindung benutzt wird. Erst die Zuführung der 3 Lichtquanten ermöglicht die Synthese des KH, von dem $^2/_3$ wieder zur Aufladung der lichtempfindlichen CO_2-Stufe verschwinden. Im übrigen muß die Gleichung als Bilanz gewertet werden; als solche will sie auch keine Rechenschaft von den zahlreichen und notwendigen Teilreaktionen geben, welche allein zum Aufbau der biologisch erzeugten Kohlenhydrate führen können.

Die Einbeziehung schon vorhandener Kohlenhydrate, welche die fehlende Energie auf oxydativem Wege liefern, wird nach WARBURG durch ein *Photosyntheseferment* gesteuert (1955). Es selbst würde unter Lichteinwirkung aus einem Proferment aktiviert. Dieses gehört den im Chloroplasten reichlich vorhandenen Carotinoiden an. WARBURG fand nämlich, daß die assimilatorische Ausbeute konstant eingestrahlten roten Lichtes durch geringe Zugabe offenbar nur katalytisch wirksamer blauer Strahlen wesentlich gehoben wird. Variierte er die Wellenlänge des Zusatzlichtes, so erhielt er ein Wirkungsspektrum, das auf Carotinoide als Überträgersubstanz schließen läßt. WARBURG verweist auf die *Analogie zum Sehpurpur*, dessen Wirkgruppe ein *Vitamin A-Aldehyd* ist, und der nach Aufspaltung im Licht bei anschließender Verdunklung schnell zur zerfallsbereiten Vorstufe zurückreagiert. Da auch das Chlorophyll im gleichen Spektralbereich eine Absorptionsbande besitzt, ist eine Übertragung der Lichtenergie zwischen ihm und dem Carotinoid zu diskutieren (s. S. 289).

ARNONs Befunde führen zu einem in vieler Beziehung andersartigem Bild. Da mit der photosynthetischen Phosphorylierung als entscheidender Reaktion gerechnet werden muß, erübrigt sich die Heranziehung der oxydativen Phosphorylierung, welche auf das Cytoplasma beschränkt ist. Im gleichen Maße würde aber auch die Rückatmung ihre Bedeutung für die eigentliche Photosynthese verlieren. Die spezifische Lichtphosphorylierung des Chloroplasten wäre in der Lage, die notwendige Energie ohne Umweg über das Kohlenhydrat zugänglich zu machen. Die tatsächlich existierende Atmungsverstärkung nach Verdunklung muß auf die Oxydation im Citronensäurecyclus der cytoplasmatischen Mitochondrien zurückgeführt werden. *Nach* ARNON *ist aber eine photosynthetische Leistung*, d.h. die Lieferung von phosphorylierten Hexosen *ohne das Cytoplasma möglich*. Wenn man die Richtigkeit und Bedeutung dieser Befunde anerkennt, muß die verstärkte, aber rasch abklingende Atmung nach der Belichtung auf eine Änderung des steady-state bezogen werden. Ein kleiner Teil der gebildeten Kohlenhydrate gelangt aus den Chloroplasten auch während der Belichtung in das Cytoplasma, um hier oxydiert zu werden. Im stationären Zustand der Photosynthese verläuft der mit der Atmung, also dem Sauerstoffverbrauch gekoppelte

Citronensäurecyclus mit dem photosynthetischen gleichzeitig ab. Seine Intensität hängt von der Anlieferung des Acetyl-CoA ab.

Nach CALVIN ist die *Thioctansäure das regulierende und verknüpfende Glied beider Reaktionsfolgen*, denn diese Substanz ermöglicht die Überführung der Brenztraubensäure aus dem photosynthetischen in den Oxydationsprozeß, indem sie bei ihrer oxydativen Decarboxylierung allein in der Lage ist, den Acetylrest auf das Co-Enzym A zu übertragen. Um nun jene Funktion erfüllen zu können, muß die Liponsäure in der Disulfidringform zugegen sein. Gerade sie aber würde durch die Lichtreaktion unter Überführung in die Dithioverbindung aufgespalten. In dem Maße, wie das geschieht, würde daher der Eintritt der Substanzen des synthetischen Kreises in den der Oxydation verhindert. Umgekehrt ist leicht zu zeigen

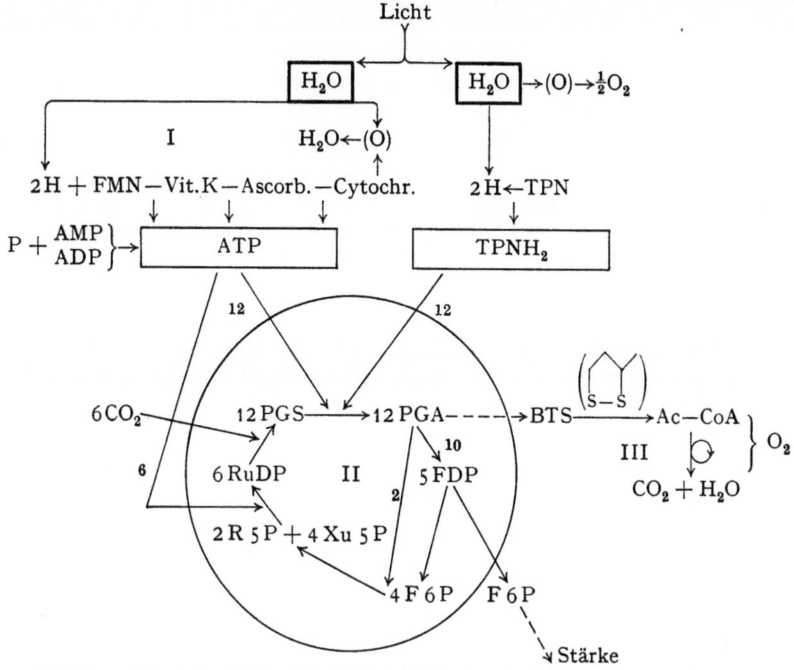

Abb. 174. *Vorläufiges Schema der Photosynthese.* Photosynthetische Phosphorylierung (nach ARNON) I, Photosynthesecyclus (nach HORECKER und CALVIN 1956) II, Citronensäurecyclus III. PGS 3-Phosphoglycerinsäure; FDP 1,6-Diphosphofructose; R5P 5-Phosphoribose; RDP 1,5-Diphosphoribulose; PGA 3-Phosphoglycerinaldehyd; F 6 P 6-Phosphofructose; Xu 5 P 5-Phosphoxylulose; BTS Pyruvat

(CALVIN), daß die ^{14}C-markierten Produkte des ersteren während der Dunkelperiode mit gesteigerter Geschwindigkeit in den Citronensäurecyclus einbezogen werden, während sie bei Belichtung ihm nur in mehrfach geringerem Maße zuströmen. Nach CALVINs Auffassung wirkt die Liponsäure wie ein Lichtrelais, welches die Weiche zwischen beiden Cyclen stellt. Tatsächlich zeigt sich im Experiment, daß diese Substanz bzw. der ihr zugrunde liegende Trimethylendisulfidring lichtempfindlich ist und z.B. in Gegenwart von Sensibilisatoren wie Zn-Tetraphenylporphin offenbar hydrolytisch zwischen den Schwefelatomen aufgespalten wird. In gleicher Weise wie das Porphin würde Chlorophyll wirken. Seine an sich kurzlebigen Anregungszustände könnten schon dadurch wirksam werden, daß der Energieacceptor bzw. Elektronendonator in hoher Konzentration zugegen wäre: das trifft für das zu spaltende Wasser zu. Ein schlüssiger Beweis für die Beeinflussung der regulatorischen Funktion der Thioctansäure durch assimilatorisch wirksames Licht liegt jedoch nicht vor.

CALVIN hat ein geschlossenes Bild vom *Photosynthesecyclus* gegeben (Abb. 174). In ihm kreisen die phosphorylierten Zucker verschiedener Kettenlänge. Ihre gegenseitige Verwandlung wird durch die Transaldolase und Transketolase bewirkt. Die Reduktionsleistung vollzieht sich an der PGS, welche zum Triosephosphat wird. Von ihr aus führt der Weg zur Glucose und über Glucose-1-Phosphat zur Stärke. Der Cyclus hat aber außerdem die Aufgabe, das 1-5-Ribulosediphosphat zur CO_2-Bindung anzuliefern. Der photosynthetische Kreis benötigt *4 Elektronen* bzw.

4 H-Atome zur Reduktion der CO_2:

$$CO_2 + 4\,H \rightarrow (CH_2O) + H_2O.$$

Sie vollzöge sich in der Pflanze an den beiden Molekeln PGS, welche durch Aufnahme eines CO_2 aus dem Ribulose-1,5-Diphosphat (RuDP) entstanden sind. Für diese sich leicht abspielende Carboxylierung ist offenbar ATP als Energielieferant nicht erforderlich. Dagegen verlangt die Reduktion der beiden Phosphoglycerinsäuren zum Triosephosphat an der Triosephosphatdehydrase zuvor die Übernahme je eines energiereichen Phosphates aus ATP mit Hilfe der Phosphoglyceratkinase. Die ATP-Energie ist gerade ausreichend, um eine Carboxylgruppe mit DPN zum Aldehyd zu reduzieren (B. RACKOW 1954). Es läge hier also die Umkehr einer oxydativen Substratphosphorylierung vor. Da diese wichtige Reaktion durch Monojodacetat ausgeschaltet wird (s. S. 662), ist dieses auch ein stark wirksamer Hemmstoff der Photosynthese (HOLZER 1951). Außerdem wird noch ein Phosphat aus ATP zur Bildung von RuDP aus dem 5-Ribulosephosphat verwendet. Auf die Reduktion eines CO_2 kommen daher *3 ATP-Molekeln*, welche durch photosynthetische Phosphorylierung aus einem H_2O erzeugt würden.

WARBURG hat neuerdings (1957) gefunden, daß die Quelle der durch Fluorid austreibbaren CO_2 wahrscheinlich an Chlorophyll gebundene Glutaminsäure ist. Sie ist im Chloroplasten reichlich vorhanden und geht anaerob oder mit HF in γ-Aminobuttersäure über. In dem Maße, wie sich diese Decarboxylierung vollzieht, ist die Photosynthese herabgesetzt. Aerob wird mit CO_2 wieder Glutaminsäure aufgebaut. Da ^{14}C aus $^{14}CO_2$ nicht nur in Glutaminsäure, sondern auch in Asparaginsäure und Alanin, und zwar nach 30 sec fast gleich stark wie in PGA erscheint, ist das Calvin-Schema mindestens als nicht ausreichend anzusehen.

Die *extracelluläre Photosynthese benötigt* nach ARNON *die Fermente des Calvin-Cyclus*. Jedenfalls sind in dem erforderlichen Chloroplastenwasser sowohl die Carboxydismutase, die Phosphoglyceratkinase, die Phosphopentosekinase, Triosephosphatdehydrase und Phosphorylase nachgewiesen worden. Der Arnon-Vorgang ist nicht auf eine Nachatmung angewiesen. Dafür aber hat das Licht bei ihm 2 Funktionen, die gleichzeitig miteinander vollzogen werden. Es ist jedoch nicht auszuschließen, daß in beiden Fällen der primäre Angriffspunkt das Chlorophyll ist. Es würde hydriert und von dieser Stufe aus sowohl in der Lage sein, die Elektronenübertragung zur Bildung der energiereichen Phosphate zu vollziehen wie die Reduktion der CO_2, vielleicht also der PGS zu bewerkstelligen.

Zum Angriffspunkt des Lichtes lassen sich auf Grund der Versuche von WITT weitere Aussagen machen. Er fand mit seinem schnellregistrierenden Differentialspektralphotometer unter Einwirkung von Lichtblitzen *kurzzeitige Absorptionsänderungen des Chlorophylls*, welche sinnvoll nur durch die *Bildung eines Dihydrochlorophylls zu deuten* sind. Diese Substanz besitzt ein Redoxpotential von $-0{,}37$ V (KRASNOVSKII 1951). Offenbar erfolgt die Bildung des Dihydrochlorophylls in 2 Schritten, benötigt also 2 Quanten, so daß auch energetisch keine Schwierigkeit für die Schaffung einer Substanz mit $E_0' = -0{,}37$ V bestehen würde, denn ihre Bildung würde insgesamt etwa 54 Calorien erfordern. Das Redoxpotential der photolysierenden Chloroplasten wird von RACKOW zu $-0{,}35$ V (pH 7) entsprechend einem r_H von 2 geschätzt. Es würde also offenbar weitgehend durch das Dihydrochlorophyll bestimmt. Das Normalpotential des Aldehyd-Carbonsäuresystems ist wesentlich negativer ($-0{,}47$ V). Hieraus würde folgen, daß das letztere bei $r_H = 2$ vorwiegend, d.h. zu etwa 99% in der Carbonsäureform vorliegen müßte. Nur Energiezufuhr z.B. aus ATP und geeignete katalytische Bedingungen könnten eine Reduktion durch TPN oder Dihydrochlorophyll ermöglichen. Die bestehende Potentialdifferenz von 0,12 V zwischen dem Normalpotential des Aldehydpaares und dem E_h des Chloroplasten würde einen zusätzlichen Minimalbedarf von 5,5 Calorien beanspruchen, welcher durch 1 ATP gedeckt werden kann.

Die Chloroplasten enthalten zwei besondere *Häminverbindungen:* Cytochrom f besitzt ein positives Normalpotential von $+0{,}365$ V (KEILIN, R. HILL 1951); seine molekulare Menge beträgt etwa 1/400 von der des Chlorophylls. Cytochrom b_6 ist negativ mit $E_0 = -0{,}07$ V. Beide werden durch Wasser nicht extrahiert (R. HILL). Ihre Potentiale teilen die Spanne zwischen der O_2- und der H_2-Elektrode in drei nahezu gleiche Teile auf. Ob sie der schrittweisen Spaltung des Wassers bis zur Stufe des Dihydrochlorophylls dienen, oder ob sie umgekehrt bei der mit der Phosphorylierung verbundenen Übernahme von Elektronen aus Substanzen mit negativem Potential eingesetzt werden, ist heute noch nicht zu entscheiden. Die Bedeutung des für die Photosynthese erforderlichen Vanadiums ist ebenfalls noch nicht geklärt.

Der Rahmen weiterer Untersuchungen ist durch die neueren Befunde von WARBURG über den Einquantenvorgang und die stöchiometrische Beteiligung des Chlorophylls an der Kohlensäureanlagerung und Sauerstofflieferung abgesteckt. Ob eine Aktivierung der CO_2 durch energiereiches Phosphat zum Carbonylphosphat erfolgt, wie OCHOAS (1956) Versuche es bei der Bildung von Succinyl-CoA aus Propionyl-CoA und CO_2 nahelegen, ist nicht untersucht. Immerhin könnte folgende von ihm in Betracht gezogene Reaktion bei der Einwirkung von Fluorid die CO_2-Austreibung im Chloroplasten vollziehen, welche WARBURG beobachtete:

$$HO-CO-OPO_3^{2-} + HF \rightarrow FPO_3^{2-} + CO_2 + H_2O.$$

Sie würde dann das Vorliegen aktivierter CO_2 anzeigen. Wenn die photosynthetische Phosphorylierung sich in genügendem Ausmaß und mit ausreichender Ökonomie vollzieht, wird sie in der Theorie der CO_2-Assimilation einen wichtigen Platz einnehmen. Die am Chlorophyll aktivierte Wasserzerlegung wird weiterhin als Grundvorgang anzusehen sein. Die sich in sehr kurzen Zeiten vollziehenden spektralen Änderungen am Chlorophyll sind nach WITT (1956) meßbar. Die gleiche Methode kann auch Fluorescenzänderungen des Chlorophylls zeitlich verfolgen. Von KAUTSKY (1943) wurde zuerst gezeigt, daß sich die Fluorescenzstrahlung des Chlorophylls bei der Photosynthese vermindert. Nach FRANCK werden etwa 10% der absorbierten Quantenenergie als Fluorescenzlicht abgegeben.

Energieentbindung bei der Muskelaktion

Die Kohlensäureassimilation ist der wichtigste energiespeichernde Vorgang, die *Muskelkontraktion* der auffälligste unter denjenigen, welche Energie freisetzen. Daß der ihr zugrunde liegende Chemismus ATP liefert, hat zuerst die Aufmerksamkeit auf die Bedeutung der energiereichen Phosphatverbindungen gelenkt. Wie sich jedoch der *Übergang* dieser *Energie auf das kontraktionsfähige Aktomyosin* vollzieht, ist nicht ausreichend geklärt. Dazu muß zunächst die Frage nach dem *Zeitpunkt* jener Übertragung beantwortet werden. Erfolgt sie nach der Kontraktion, d.h. in der Phase der Restitution des kontraktionsbereiten Zustandes, oder ist sie die unmittelbare Ursache und Vorbedingung für die Muskelarbeit, d.h. geht sie ihr zeitlich voran? Im ersteren Fall würde die Kontraktion als Einstellung einer Gleichgewichtslage thermokinetisch wie die Zusammenziehung eines gespannten elastischen Bandes, im letzteren Fall als potentielle Energieübertragung erfolgen (s. S. 430). Eine größere Zahl von Tatsachen aus der Muskelphysiologie spricht gegen die kinetische Theorie. So fand FENN (1924), daß die

Dehnung des Muskels während der Kontraktion eine Abnahme der freigesetzten
Wärmeenergie bewirkt. Verhielte sich die erregte Faser aber wie ein kautschuk-
elastischer Körper, so müßte der thermoelastische Effekt bei Dehnung eine zu-
sätzliche Erwärmung bewirken (s. S. 429). Umgekehrt spricht das Verhalten der
Wärmebildung während der Verkürzung (initialer Wärmekomplex) für eine aktive
Kontraktion. Ein Wärmebeitrag, der zeitlich einer Entspannung so zuzuordnen
wäre, daß er für deren aktive Natur sprechen würde, hat sich nicht ergeben
(HILL 1938, 1951). Dagegen zeigt sich, daß die bei verschiedener Belastung des
Muskels in wechselnder Stärke auftretende Wärme während der Kontraktion
erscheint. Damit ist auch eine Veränderung der Größe der chemischen Umsetzungen in diese und nicht in die Erschlaffungsphase zu lokalisieren. Schließlich verlängert sich auch eine verkürzte Faser nach der Erschlaffung nicht wieder
aus sich heraus. Die Verlängerung geschieht vielmehr durch die äußeren Kräfte
des Bindegewebes oder auch der nicht innervierten Fasern, welche während der
Kontraktion passiv angespannt wurden.

Unterstellt man die Beweiskraft dieser Tatsachen, so läßt sie die Übertragung
sehr wertvoller *Modelle der Muskelkontraktion* nicht oder nur bedingt zu. Unter
Übergehung von Mechanismen, welche eine einfache anisodiametrale Quellung
oder Änderungen der Oberflächenspannung benutzen, sei hier nur auf die Kuhnschen Versuche hingewiesen. W. KUHN und HARGITAY (1951) erhielten Folien aus
Polyacrylsäure und Polyvinylalkohol, welche in Streifen geschnitten, belastet
und zur Vernetzung (Streckvulkanisation) auf über 80° erhitzt wurden. Sie sind
nach der Abkühlung doppelbrechend, wasserunlöslich und quellbar. Die Ver-
netzungspunkte entstehen durch Veresterung beider Substanzen miteinander. Die
Länge dieser Fäden ist nun eindeutig vom Dissoziationsgrad der freien Carboxylgruppen abhängig: je größer er ist, um so stärker macht sich die abstoßende
Kraft der benachbarten anionischen Ladungen bemerkbar. Sie führt zur Strek-
kung, die dementsprechend durch Alkalisierung erreicht wird. Entionisierung
durch Eintauchen in ein Säurebad veranlaßt eine Kontraktion. Dabei wird eine
Kraft entwickelt, welche auf den Querschnitt des Streifens berechnet, von der
gleichen Größenordnung wie die von der Muskelfaser erzeugte ist. Die Ursache
der Kontraktion ist hier die Verknäuelung der beweglichen Kettenteile zwischen
den Haftstellen, welche sich der statistisch-kinetischen Theorie der kautschuk-
elastischen Körper entsprechend einstellt (s. S. 431). Im geladenen Zustand ist
der Streifen also gestreckt. An dieser Streckung ist vor allem bei konzentrierten
Gelen auch die Wasseraufnahme infolge des osmotischen Donnan-Überdruckes
(s. S. 322) beteiligt. Es zeigt sich, daß bei seinem Vorherrschen schon mit einem
Dissoziationsgrad von 30% annähernd die maximale Streckung erreicht wird.

Bei abwechselndem Alkalisieren und Ansäuern läßt sich ein echter *thermodynamischer Kreisprozeß* (s. S. 398) realisieren, in dem die Dissoziationsarbeit der
Carboxylgruppen vollständig in mechanische Arbeit, etwa die Hebung eines
Gewichtes übergeführt werden kann. Zweifellos wird nun bei diesem Modell
sowohl für die Hebung wie für die Erschlaffung des entlasteten Fadens, d.h.
für die Carboxyldissoziation, Energie benötigt, welche im letzteren Fall der
Wasserbildung bei der Alkalizugabe entstammt. Auch aus diesem Grunde macht
die Übertragung auf die beim Muskel gefundenen Verhältnisse Schwierigkeiten. Da
der Kreisprozeß letzten Endes durch die Energie der Neutralisation (19,1 kcal/
Mol H_2O) betrieben wird, hängt nämlich die zeitliche Aufteilung der Umsetzungen
von dem pK-Wert derjenigen Gruppen ab, welche ihre Dissoziation ändern.
Würde man die gewöhnliche Carboxylatbildung mit pK = 5 einsetzen, so würde
in der Kontraktionsphase 6,8 und in der Erschlaffungsphase 12,3 kcal pro Mol
insgesamt gebildeten Wassers umgesetzt werden. Bei höheren pK-Werten, d.h.

sehr schwachen Säure- oder zunehmend stärkeren Basenfunktionen könnte sich allerdings das Verhältnis so umkehren, daß die Energiewandlungen in der Erschlaffungsphase relativ klein gegenüber denen während der Kontraktion werden. Da aber die Reaktion im Muskel nicht sehr weit vom Intervall zwischen pH 6 und 7 abweicht und zweifellos nicht weit ins Alkalische geht, würde etwa eine Gruppe mit pK 10, wie sie bei Aminosäuren vorkommt, nur zu einem äußerst geringen Anteil durch Ionisationsänderungen getroffen werden, so daß diese selbst keine wesentlichen Effekte auf den Streckungsgrad ausüben könnte.

Weil aber der schon von K. H. MEYER u. a. hervorgehobene Einfluß der Dissoziationsänderung auf die Längenänderung von Fadenmolekülen bewiesen ist und sichersteht, daß dabei eine mechanische Arbeit in der notwendigen Größe geleistet werden kann, ist zu prüfen, *wieweit ein von pH-Änderungen unabhängiges Entstehen oder Verschwinden von Ladungen dennoch für die Muskelaktion entscheidend ist.* Ladungsänderungen, welche ohne Rücksicht auf Reaktionsverschiebungen eintreten, können nur durch Schaffung neuer Gruppen, also durch eine *echte chemische Reaktion oder durch adsorptive Bindung* von ionisierten Substanzen erreicht werden. Dabei wird der Bindungsvorgang im letzteren Fall um so wahrscheinlicher, je höher die Wertigkeit der dissoziierten Gruppen ist. Für die Kontraktion spielen nun die 2-wertigen Kationen Mg^{2+} und besonders Ca^{2+}, vor allem aber das als 4-wertiges Anion vorliegende ATP eine entscheidende Rolle. Da aber außerdem auch die Bildung von echten chemischen Bindungen in Frage kommt, ist es beim jetzigen Stande unseres Wissens noch nicht möglich zu entscheiden, wieweit auch ein in der angegebenen Art modifiziertes Kuhnsches Modell den Verhältnissen Rechnung tragen kann. Denn wenn die Längenänderungen durch Knüpfung echter Hauptvalenzbindungen zwischen den kontraktilen Faserproteinen zustande kämen, würde jenes nicht mehr zur Erklärung des Kontraktionsmechanismus herangezogen werden können.

W. KUHN hat soeben (1958) ein Polyvinylalkohol-Modell mit eingebautem Alloxan realisiert, welches bei konstantem pH muskelähnliche Kontraktionen vollzieht. Die Verkürzung wird durch Reduktion des eingebauten Ureids zu Dialursäure und die Erschlaffung durch Rückoxydation zum Alloxan in einem Redoxkreisvorgang bewirkt. Die Verkürzung beruht auf der Wasserunlöslichkeit der Dialursäure, bzw. ihres Natriumsalzes, im Vergleich zur gut löslichen oxydierten Ausgangssubstanz. Das Gemeinsame der beiden lehrreichen Kuhnschen Modelle liegt im Zustandekommen einer Quellung und Entquellung, die sich bei geeigneter Versuchsanordnung muskelähnlich, d.h. eindimensional gestalten lassen. Das gelingt am besten durch Anwendung des Prinzips der Querstreifung, d.h. es werden quellbare und nicht quellbare Schichten abwechselnd miteinander vernetzt, wobei die nicht quellbaren eine Beibehaltung des Querschnittes der nur in der Längsrichtung quellbaren Faser ermöglichen.

Die weitere Entwicklung unserer Kenntnisse ging von den *Untersuchungen über contractilen Eiweiße* aus, welche als Myosin, Actin und Actomyosin in ihren wesentlichen Eigenschaften durch A. v. SZENT-GYÖRGYI (1953) und H. H. WEBER (1954) charakterisiert wurden. Es sieht heute so aus, als ob *viele,* aber nicht alle *Zellarten* über contractile *Proteine vom Actomyosintypus* verfügen (HOFFMANN-BERLING 1954), welche die Beweglichkeit und Formänderung der ganzen Zellen oder auch ihrer Organellen, speziell des Zellteilungsapparates ermöglichen. In der quergestreiften Muskulatur ist das Myosin mit 30—40% und das Actin mit 10—15% der Gesamteiweiße enthalten. Im Ruhezustand sind beide Anteile mindestens teilweise getrennt auf die doppelt brechenden (Q- oder A-anisotropen) und die optisch einfachen (I-isotropen) Abschnitte der Faser verteilt. Dabei befindet sich Myosin in A und Actin in I. Die Tatsache, daß die Doppelbrechung bei der Kontraktion abnimmt, macht eine Wechselwirkung des Actins mit dem eigentlichen Faserstoff Myosin schon optisch wahrscheinlich. Allerdings träfe das nur zu, wenn man die kinetische Theorie außer acht läßt. Denn nach ihr tritt mit der zunehmenden Unordnung der beweglichen Kettenglieder, wie z.B. in den Kuhnschen Versuchen, eine Abnahme der Doppelbrechung ein. Es läßt sich aber nun beweisen, daß die Verminderung der Doppelbrechung bei der Muskelkontraktion nicht auf Abnahme der Orientierung der Stäbchen, d.h. also der Anordnung der Fadenmolekeln in der etwa 1—2 μ dicken Fibrille beruht, sondern auf einer *Abnahme der Eigendoppelbrechung* des Fasermaterials (s. S. 368). Für die Kontraktion der Faden- und Fasermodelle (s. unten) steht dieses Verhalten auf Grund der Untersuchung mit verschiedenen Imbibitionsmedien fest (H. H. WEBER). Elektronenmikroskopisch läßt sich für den Muskel zeigen, daß die Fasern sowohl im kontrahierten wie im nicht kontrahierten Zustand die A- und I-Abschnitte durchziehen und achsenparallel bleiben. Für eine kinetische Theorie bestehen also auch hiernach keine Anhaltspunkte. Auch die Röntgenbeugungsbilder (ASTBURY, s. S. 372) zeigen in beiden Zuständen dasselbe Aussehen,

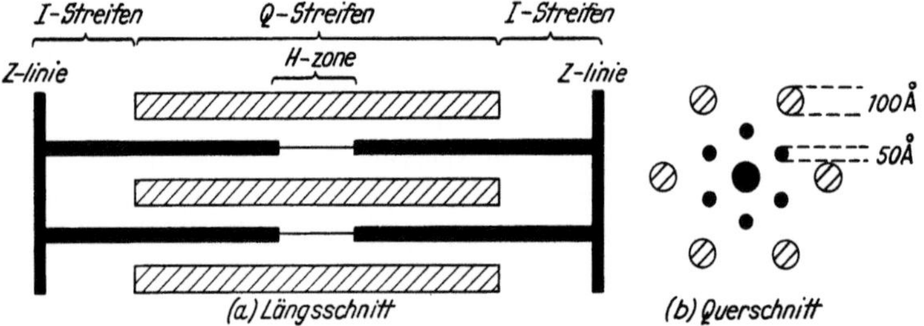

Abb. 175. Schema der Protofibrillen beim quergestreiften Muskel. Myosin schraffiert; Actin ausgezogen
(nach HUXLEY 1956)

welches einem normalen α-Keratindiagramm entspricht. Damit ist gesichert, daß sich die in der Längsrichtung notwendigerweise vollziehende Verschiebung nicht auf die mit den gewöhnlichen Weitwinkeldiagrammen erfaßbaren Strukturen, d.h. auf die α-Helices bezieht. Dagegen ist elektronenmikroskopisch die Verkürzung der Längsperiodizität in größeren Abschnitten der Faserachse erfaßbar (DRAPER und HODGE 1949).

Nach den *elektronenmikroskopischen Untersuchungen von* HUXLEY (1956) ergibt sich für den *Feinbau* der Muskelfasern folgendes Bild, das allerdings von SJÖSTRAND (1956) noch nicht als gesichert betrachtet wird (Abb. 175). Die Hauptstütze für HUXLEYs Auffassung ist darin zu sehen, daß sich Myosin und Actin getrennt aus der Faser herauslösen lassen, wobei die entsprechenden Strukturen zurückbleiben. Die jeweiligen Protofibrillen bestehen aus etwa 50 (Actin-) bis 250 (Myosin-) Einzelmolekeln in der α-Helixform. Die Fibrillensegmente werden durch die Z-Streifen getrennt. An ihnen setzen die etwa 50 Å dicken Actinprotofibrillen an. Sie schieben sich je nach Dehnungs- oder Kontraktionszustand wechselnd weit zwischen die im doppelbrechenden Mittelabschnitt (A) gelegenen, etwa 100 Å breiten Myosinprotofibrillen. Je weiter beide *Fasersysteme ineinandergeschoben* sind, um so mehr vermindert sich die Doppelbrechung. Die Kontraktion selbst aber bestünde in dieser gegenseitigen Verschiebung der beiden fibrillären Grundelemente.

Dafür, daß sich die eigentlichen physikalisch-chemischen *Reaktionen zwischen größeren Molekülabschnitten* abspielen, sprechen auch die Erfahrungen über die isolierten Faserproteine und über die kontraktionsähnlichen Vorgänge an den Faden- und Fasermodellen. Die letzteren werden aus genügend dünnen Mikrotomschnitten in der Längsrichtung der Muskeln (z.B. des Kaninchenpsoas) durch Extraktion der gelösten Zellinhaltsstoffe mit Glycerin gewonnen (v. SZENT-GYÖRGYI 1949, WEBER 1950). Die Fadenmodelle bestehen aus koagulierten

Fäden einer Verbindung von Actin mit Myosin, eben dem Actomyosin, dessen Lösung in 0,6 μ KCl durch Düsen in Wasser niedriger Ionenstärke gespritzt wird. Hierin ist das Faserprotein unlöslich (WEBER 1932).

Beide *Modelle* reagieren nun in sehr typischer Weise auf ATP-Zusatz: 1. *verkürzen* sie sich unter Erzeugung etwa einer physiologischen Maximalspannung, und 2. werden sie passiven Längenänderungen leichter zugänglich, d.h. sie *werden weicher*. Diese Weichmacherwirkung bildet die Voraussetzung für das Eintreten der eigentliche Kontraktion. Sie läßt sich experimentell von ihr abtrennen, denn sie kann durch Pyrophosphat und andere anorganische und organische Polyphosphate, auch durch Harnstoff und binäre Alkalisalze in höherer Ionenstärke ebenfalls erzeugt werden, während die Kontraktion nur mit ATP und bis zu einem gewissen Grade auch Inosintriphosphat (ITP) eintritt.

Wenn man einem eingespannten Fasermodell $1 \cdot 10^{-3}$ m ATP hinzugibt, findet eine Spannungsentwicklung statt. Auswechseln gegen ATP-freies Bad gibt aber nur dann Erschlaffung, wenn die Flüssigkeit z.B. 10^{-2} m Pyrophosphat als Weichmacher enthält. Auf diese Weise läßt sich der Cyclus beliebig oft wiederholen (s. Abb. 176). Fadenmodelle halten sich in Glycerin wochenlang und Actomyosinfäden monatelang im kontraktionsbereiten Zustand. Der in der Abb. 176 dargestellte Cyclus ist aber nur an genügend dünnen Fasern darstellbar, da ATP nur durch Diffusion in das Innere gelangt. Seine

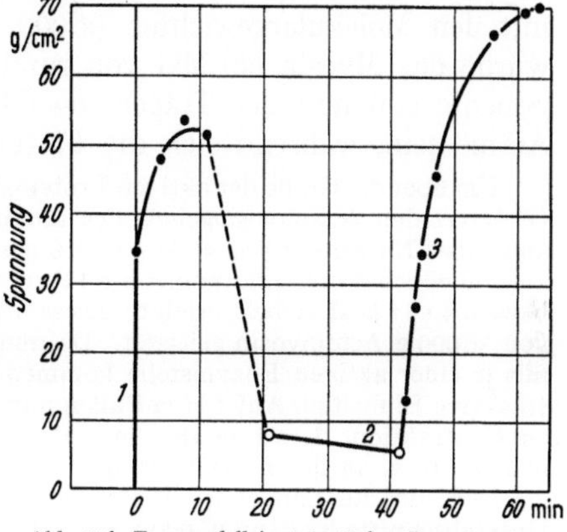

Abb. 176. Fasermodell in $1,5 \cdot 10^{-2}$ m Pyrophosphat. *1* mit $1,6 \cdot 10^{-3}$ m ATP, *2* ohne ATP, *3* mit $4 \cdot 10^{-3}$ m ATP (H. PORTZEHL)

Diffusionskonstante ist nun in genügend konzentrierten Eiweißfasern etwa 100mal geringer als in Wasser ($4 \cdot 10^{-6}$ cm²/sec, A. WEBER 1951). Daraus ergibt sich als Grenzschnittdicke der Versorgung mit ATP bei physiologischem Verbrauch und physiologischer Außenkonzentration für die Warmblüterfasern etwa eine Dicke von 30 μ.

Nach der allgemeinen Auffassung beruht die Weichmacherwirkung darauf, daß *nur die Gegenwart der Polyphosphate im geeigneten Ionenmilieu eine Spaltung des Actins vom Myosin bewirkt*. Dadurch können die Fasern erschlaffen, sie werden dehnbar und erhalten die Eigenschaften ihrer Ruheelastizität. Nach BLUM und MORALES (1955) findet allerdings keine Spaltung der beiden Eiweiße voneinander, sondern eine charakteristische Formänderung im Sinne einer Längenzunahme der Helices statt.

Der Verbrauch an ATP hängt nun unmittelbar mit der Kontraktion zusammen; wie aber wird sie durch diese Aktionssubstanz erzeugt? Um diese Frage beantworten zu können, muß nunmehr die ATP-Spaltung den zeitlichen Phasen zugeordnet werden. Das ist für jene *Modelle* gut durchführbar. Denn sie besitzen 1. überhaupt die *Fähigkeit zur ATP-Spaltung* und 2. läßt sich diese *von der Weichmacherwirkung abtrennen*. Eine Kontraktion bzw. ein kontraktionsähnlicher Modellvorgang vollzieht sich nun erfahrungsgemäß niemals ohne eine gleichzeitig verlaufende ATP-Spaltung.

Die schon S. 475 erwähnte Fähigkeit des Actomyosins zur Abtrennung der terminalen (γ-) Phosphatgruppe macht das ATP aus der Weichmacher- zur Kontraktionssubstanz (H. H. WEBER). Dabei ist es unerheblich, ob das Myosin das ATP selbst spaltet, oder ob ein spezielles und von ihm schwer abtrennbares

Ferment jene Funktion vollzieht. Fest steht jedoch, daß die ATP-asefunktion an das Vorliegen freier SH-Gruppen gebunden ist, denn ihre Blockierung, z.B. durch Hg-organische Verbindungen (Salyrgan), hebt die ATP-asewirkung und damit auch die kontraktionsartigen Vorgänge auf (BARRON und SINGER 1944, TURBA 1950 u. a.). Wenn nun die Modelle auch keine Kontraktion ohne Spaltung von ATP zulassen, so ist das Umgekehrte dennoch möglich. Nach TURBA kann auch bei Bestehenbleiben der Spaltung die der Kontraktion entsprechende Synärese der isotropen Actomyosingele durch ein As-haltiges Gift (Oxarsan) blockiert werden. Auch an dieser Wirkung sind demnach SH-Gruppen beteiligt. Es läßt sich aber zeigen, daß beide Arten von SH-Gruppen an verschiedenen Stellen des Actomyosins gelegen sind. Nach v. SZENT-GYÖRGYI besteht Myosin aus dem unter Trypsineinwirkung abtrennbaren leichteren L- und schwereren H-Meromyosin mit den Molekulargewichten 96000 und 232000. Mit 4 L- und 2 H-Molekeln würde das Myosin ein MG von rund 850000 besitzen. Die schwere (H-) Komponente soll nun der Träger sowohl der ATP-Spaltung wie der Bindung des Actins sein, während sich die Faltung am L-Myosin vollzöge.

Um über die Größe der aktiven Proteinabschnitte Auskunft zu erhalten, verglich v. SZENT-GYÖRGYI den Actomyosingehalt des Muskels mit der geleisteten Arbeit. Dabei wurde ein anaerober Nutzeffekt von 40% (= 20% aerob) eingesetzt und angenommen, daß die Energie ausschließlich durch Spaltung von ATP zu ADP unter Freiwerden von 11 kcal Gesamtenergie bzw. $0,4 \cdot 11$ kcal Arbeit erfolgt. Diese wird bei einer Einzelkontraktion im Durchschnitt von 36000 g Actomyosin geleistet. Da nun auf 36000 g Actomyosin 16000 g H-Meromyosin mit je einer aktiven Enzymstelle kommen, enthält ein Mol H-Meromyosin $232000/36000 =$ 16 aktive Einheiten. Auf 1 H entfallen nun 2 L-Myosinteilchen, bzw. 1 H bringt 2 L-Teilchen zu Kontraktion. L würde also an 8 Punkten, die von H-aktivierte Energie aus ATP übernehmen bzw. an ihnen die Faltung eingehen, und diese würde damit im Abstand von 70 Å erfolgen, da die Länge des L-Meromyosins 550 Å beträgt. Das Molekulargewicht dieser Unterabschnitte ist dann $96000/8 = 12000$ in guter Übereinstimmung mit den Untereinheiten des Insulins und anderer Eiweißkörper. Die Analyse des L-Meromyosins ergibt nun gleichfalls auf 100000 g je 8 Mole an Phenylalanin, Prolin und Methionin. Außerdem lassen sich acht durch Oxarsan blockierbare SH-Gruppe nachweisen, welche der gleichen Anzahl von Faltungsstellen entsprechen könnten (STAIB u. TURBA 1956).

Die verschiedenen *Nucleosidtriphosphate unterscheiden sich* in ihren Wirkungen: hohe Spannungen und Spaltungen werden mit Substanzen erzeugt, welche die NH_2-Gruppe am C_6-Atom tragen, einerlei, ob im Pyrimidin- oder Purinring. Die Weichmacherwirkung ist unabhängig vom Vorhandensein des NH_2 und bei Purinen immer stärker als bei Pyrimidinen ausgeprägt. Der Mg-Bedarf ist in allen Fällen bei der Weichmacherwirkung geringer als für die Spaltung (HASSELBACH 1956).

Das so gewonnene Bild von den chemischen Reaktionsorten an den Faserproteinen, welches in Einzelheiten keineswegs gesichert ist, könnte nun *nach* v. SZENT-GYÖRGYI *mit der thermokinetischen Theorie* erklärt werden. Er stellt sich vor, daß ein Actinfaden von 6 Myosinstäbchen umgeben ist, wobei Elementareinheiten von 400 Å Länge und 140 Å Durchmesser als Protofibrillen resultieren. Dabei würden sich die H-Teilchen dem Actin direkt anlagern und die faltbare L-Substanz außen liegen. Die auf sie von H-übertragene Energie der ATP-Spaltung würde zur Neutralisierung der Kräfte benutzt, welche die Faser gestreckt halten, so daß jetzt auf thermokinetischem Wege die Arbeit geleistet würde, welche dem Reservoir des ATP entstamme. Die Äquilibrierung dieser — höchstwahrscheinlich — Coulombschen Kräfte solle durch die Vereinigung der H-Teilchen mit dem Actin zustande kommen. Dadurch würden den L-Fibrillen Ladungen entzogen, welche es in der Ruhe gestreckt hielten. Zweifellos bedeutet das Eintreten der Actin-Myosin-Bindung eine Aktivierung des contractilen Apparates und die Dissoziation des Actomyosins zu den beiden freien Partnern eine Erschlaffung. Diese Hypothese einer *elektrostatischen Bindung* vertrüge sich mit einem modifizierten Kuhnschen Modell, in dem die notwendigen Ladungsänderungen durch Ablauf echter, chemischer, exergoner Reaktionen zustande kommen. In dieser Form ist es im gegenwärtigen Stadium aber nicht zu sichern. Die größte Schwierigkeit dürfte in den röntgenographischen Befunden liegen, welche eine statistisch-kinetische Faltung der einzelnen Peptidketten bei der Kontraktion nicht erkennen lassen (s. oben). Wenn sie aber tatsächlich auf dem Eingehen echter chemischer Bindungen zwischen den beiden Muskelproteinen beruht, wird die Anwendung der Kuhnschen Modelle weiterhin erschwert.

Für das Zustandekommen von *Längenänderungen durch Knüpfung von Hauptvalenzbindungen* zwischen Actin und Myosin auf Kosten der Bausteine und der Energie des ATP sprechen aber die neuen Befunde WEBERs (1956). Er prüfte die grundsätzlich wichtige Reversibilität der Reaktion:

$$\text{ATP} + \text{Prot} \rightleftharpoons \text{ADP} + \text{Prot} \sim \text{P}; \quad \text{Prot} \sim \text{P} \rightarrow ?$$

unter Zusatz von ^{32}P markiertem ADP. Bei vollständiger Abwesenheit der Myokinase (s. S. 488) und Nucleosid-diphosphokinase und nach Abschaltung der mit dem Pfeil? bezeichneten Weitereaktion durch antimonhaltige Verbindungen (Fuadin) tritt in Gegenwart von Actomyosin markiertes ATP auf. Damit ist die Übertragung eines Phosphatrestes auf das Faserprotein erwiesen. WEBER stellt sich auf Grund weiterer Ergebnisse vor, daß zunächst eine energiereiche P-P-Bindung des Actins entsteht, welche nach Maßgabe des Energieverlustes auch in eine energetisch etwa gleichwertige P—S-Bindung und dann in einen P—Ester mit dem Myosinteil übergeht. Hierbei finde unter Verwertung der ATP-Energie eine Längsverschiebung zweier benachbarter Makromoleküle statt, deren Größe von der Lage der entsprechenden reaktionsfähigen Gruppen abhängt. Es ist heute noch schwer zu übersehen, welche räumliche Anordnung der beiden Eiweiße die Reaktion jener Gruppen miteinander ermöglicht; denn das momentane Einsetzen der Kontraktion auf der Basis einer Hauptvalenzreaktion fordert einen minimalen Abstand von wenigen Å für beide. Die Beteiligung derartiger Reaktionen am Muskelcyclus muß aber als sicherstehend betrachtet werden. Zur Zeit kann jedoch nicht entschieden werden, ob sie die Kontraktion im Weberschen Sinne direkt veranlassen, oder ob gerade diese Reaktionen es sind, welche die für die Anwendung der Kuhnschen Theorie notwendige räumliche Verschiebung von Ladungen bewirken bzw. aufrechterhalten.

Daß eine primäre Adsorption der ATP durch Ladungsverminderung positiver Gruppen die Kontraktion rein elektrostatisch veranlasse und die ATP-Spaltung die Erschlaffung (MORALES), wird schon dadurch unwahrscheinlich, daß die nichtspaltbaren Polyphosphate nur erschlaffend wirken. Experimentell sicher steht weiterhin mindestens für die Modelle der *Parallelismus zwischen der Kontraktion und der ATP-Spaltung.* Er wird außer durch die Vergiftung mit SH-Komplexbildnern durch die Temperatur- und Konzentrationsabhängigkeit beider Vorgänge demonstriert. So fallen mit sinkender Temperatur die mechanische Leistung und die ATP-Spaltung an den Modellen im gleichen Umfange ab. Beim Übergang von 20° auf 0° verringert sich z.B. die Spaltungsrate auf den 7. Teil [von $(1,9$ auf $0,28) \cdot 10^{-7}$ Mol pro g und sec], während die Leistung von 60 auf $9 \, \text{g} \cdot \text{cm} \cdot \text{sec}^{-1}$ abnimmt. Mit steigender ATP-Konzentration wächst sowohl die Leistung wie auch die Spaltungsrate bis zu einem Maximum, nach dessen Überschreitung beide wieder abnehmen (HEINZ u. HOLTON 1952).

Die Lage und Höhe dieses *Spaltungsoptimums* ist von der Temperatur und dem Ionenmilieu abhängig. Entscheidend ist dabei, ob gelöstes Myosin oder Actomyosingele vorliegen. Die *ATP-aseaktivität des Myosins wird durch das Zusammentreten mit Actin gesteigert.* Andererseits bestimmt sowohl die Gegenwart des ATP wie der Wert der Ionenstärke den Dissoziationszustand beider Eiweißkomponenten. Nur *im Glycerin-extrahierten Muskel* scheint die Actin-Myosin-

Bindung so stabil zu sein, daß die *Wirkung des ATP und seine Spaltung sehr wenig vom Ionenmilieu abhängen.* In Extrakten ist die Bindung beider um so fester, je niedriger die Ionenstärke der Lösung ist. Oberhalb KCl mit $\mu = 0{,}6$ ist das Actomyosin in Gegenwart von ATP als Weichmacher vollkommen in seine Komponenten aufgespalten. Die ATP-asewirkung ist dann die des reinen Myosins. Die Vereinigung beider erfolgt unter starker Zunahme der Viscosität und der Strömungsdoppelbrechung, welche auch die reinen Myosinlösungen zeigen.

Man hat zwischen dem F- und dem G-Actomyosin zu unterscheiden, je nachdem ob der Actinpartner in der globulären (G-) oder der fibrillären (F-)Form vorliegt. Der Übergang von (G-)Actin mit dem MG 70000 und Durchmesser von mindestens 54 Å in das (F-)Actin mit Untereinheiten von etwa 100 Å Breite und 300 Å Länge erfolgt durch Polymerisation. Die dabei entstehenden Actinfäden können bis zu 5000 Å Länge bei ebenfalls 100 Å Breite besitzen. Die *Bindung des F-Actins* erfolgt über die freien *SH-Gruppen des Myosins.* Die Vereinigung des sehr labilen G-Actins geschieht ohne wesentlichen Viscositätsanstieg. In Gegenwart von ATP dissoziieren beide bei genügender Ionenstärke; die Ionen allein bewirken aber eine Polymerisation zum F-Actin, das sich nun unter starker Viscositätszunahme wieder zum fibrillären Actomyosin vereinigt. Für die *F-Actinbildung* in KCl sind Mg^{2+}-Ionen unentbehrlich. Mit ihr ist eine Freigabe von H^+-Ionen verbunden (DUBUISSON 1954). Dieser Übergang wird durch Gifte verhindert, welche die *SH-Gruppen des Actins* blockieren. Außerdem schützt auch in Lösungen von nicht allzu hoher Ionenstärke das ATP das Actin vor der Denaturierung in F-Actin, wahrscheinlich durch Bindung an dessen SH-Gruppen.

Der Übergang vom Gel zum Sol hängt von der ATP-Konzentration ab. Die Auflösung, die im wesentlichen auf der Actin-Myosin-Dissoziation und nur zum Teil auf der Solbildung aus dem Myosingel beruht, beginnt bei um so niedrigerer Ionenstärke, je höher die ATP-Konzentration ist. Hierbei ist eine spezifische Ca^{2+}- oder Mg^{2+}-Wirkung nicht feststellbar. Dagegen wird die ATP-asewirkung im Sol oder im Gel unter allen Ionen am stärksten durch Ca^{2+} aktiviert. Das Ca^{2+} kann geradezu als der physiologische Regulator der Spaltung und damit auch der Kontraktion angesehen werden. *Wie wird die Kontraktion überhaupt ausgelöst?* Sicher steht, daß sie weder durch Änderungen der ATP oder K^+-Ionenkonzentration um die Actomyosinteilchen veranlaßt wird. Beide sind aber in solchen Konzentrationen vorhanden, daß sich der Prozeß dauernd abspielen müßte. Sein Ablauf, speziell die ATP-Spaltung muß daher in der Ruhe gehemmt sein. Diese *Hemmung* vollzieht der Marsh-Bendall-Faktor (MB-, Relaxing-Faktor). Er hemmt die Spaltung nach WEBER im Gegensatz zur Auffassung der Entdecker nicht dadurch, daß er mit ATP konkurriert, sondern durch Verschiebung der optimalen ATP-Konzentrationen zu niedrigeren Werten. In seiner Gegenwart ist die physiologische ATP-Konzentration schon zu hoch, um noch eine Spaltung zustande kommen zu lassen: die ATP-Spaltung ist so sensibilisiert, daß die physiolgischen Konzentrationen in den Bereich der überoptimalen Eigenhemmung fallen (WEBER). Der Mechanismus dieser Eigenhemmung ist allerdings nicht geklärt (vgl. S. 585 n. PORTZEHL).

Wichtig ist nun, daß der *MB-Faktor schon durch $7 \cdot 10^{-4}$ äq/Liter an Ca^{2+}-Ionen vollständig ausgeschaltet* werden kann. Auf diese Weise werden sehr geringfügige Zunahmen der Ca^{2+}-Konzentration die Kontraktion in Gang setzen. Daß diese Ionen bei der Erregung freigemacht werden, ist mehrfach berichtet worden. Außerdem fand A. V. HEILBRUNN (1956), daß von allen durch Mikroinjektion in eine Muskelfaser eingebrachten Ionen nur Ca^{2+}-Ionen eine lokale und mit der Diffusion des Ca^{2+} fortschreitende Kontraktion auszulösen in der Lage sind. Es ist danach möglich, daß Ca^{2+}-Verschiebungen die Verbindung zwischen dem Polarisationszustand der Membran und dem contractilen Apparat aufnehmen. Danach würde die physiologische ATP-Konzentration gleichzeitig zu einer kritischen, welche nicht nur nicht überschritten, sondern auch zur Aufrechterhaltung der Arbeitsfähigkeit nicht wesentlich verringert werden darf. Um das letztere zu verhindern, ist der Phosphagenspeicher eingeschaltet. Es ist daher nicht zu erwarten, daß bei geregeltem Kontraktionsverlauf wesentliche Änderungen in der ATP-Konzentration auftreten. Tatsächlich lassen sie sich auch bei geringfügiger Arbeitsleistung nicht ohne weiteres nachweisen (FLECKENSTEIN, DAVIES, MOMMAERTS 1954). Jedoch findet eine ihr entsprechende Freisetzung von anorganischem Phosphat aus chemisch noch nicht sicher gestellter Quelle statt (FLECKENSTEIN, JANCKE, DAVIES und KREBS 1954).

Die Kontraktion der Vorticellen-(Glockentierchen)-Stiele und der Trichozysten von Paramäcien wird nicht durch ATP, sondern durch Ca^{2+}-Ionen ausgeführt, offenbar, weil durch sie negative Überschußladungen in Analogie zum Kuhnschen Modell neutralisiert werden. Durch ATP wird die Erschlaffung ermöglicht, aber nicht durch einfachen Ca-Entzug, sondern durch Energieübertragung, welche mit ATP-Spaltung verknüpft ist. Hier ist also im Gegensatz zur Muskelkontraktion die Erschlaffung aktiv, d.h. der thermodynamisch unfreiwillige Teil des Kontraktionscyclus (HOFFMANN-BERLING 1958).

Der hier gegebene Abriß vom Ablauf der Kontraktion basiert auf einer Auswahl aus sehr zahlreichen Befunden, welche von verschiedenen in der Einstellung differierenden Arbeitskreisen an isolierten Eiweißen oder Modellen erhoben wurden. Nur die fortschreitende Entwicklung vermag darzutun, wieweit die vorgenommene Bewertung und Übertragung der Einzeltatsachen auf das Geschehen in der Muskelzelle berechtigt ist. Daß aber die Energieentnahme ganz allgemein mindestens zur Hauptsache auf dem Wege über ATP oder andere *Nucleosidtriphosphate* erfolgt, dafür sei als Beweis noch auf ihre Bedeutung *für die Gehirntätigkeit* hingewiesen. Untersucht man, wie es von OPITZ (1952) begonnen und von THORN und Mitarbeitern weitergeführt wurde, die Konzentrationsänderungen der zugehörigen Metabolite im Gehirn zu verschiedenen Zeiten nach Drosselung der Sauerstoffzufuhr, so findet man eine sofort einsetzende Zunahme des anorganischen Phosphates und des FDP, während Phosphagen in wenigen Sekunden um 50% absinkt. Nach 2 min ist es praktisch aufgebraucht. Durch seine Spaltung wird erreicht, daß die wichtige Gebrauchsubstanz ATP nur langsam abfällt und erst nach etwa 4 min auf die Hälfte gesunken ist. Der Anstieg der Milchsäure auf das 10fache ermöglicht gleichzeitig die Neuschaffung von ATP. Das Ausmaß der Glykolyse gestattet eine Neubildung von ATP, welche in 4 min 20mal größer ist, als sich aus dem gleichzeitigen Absinken des ATP um $1 \cdot 10^{-3}$ mol/kg errechnet, so daß das gesamte ATP in dieser Zeit etwa 20mal erneuert, d.h. 5 mMol pro kg Gehirn in der Minute umgesetzt wurde. Nach S. 392 verbraucht z.B. 1 kg Gehirn (Mensch) 33 ml O_2 pro min; das entspricht bei einem P/O-Quotienten von 3 $33 \cdot 6/22,4 = 9$ mMol, bei $P/O = 2$ rund 6 mMol gebundenen Phosphates pro kg. Nach O_2-Zufuhr bilden sich diese Änderungen in sehr kurzer Zeit wieder zurück, nur die Steigerung der Milchsäurebildung hält über 15 min lang an.

Für konzentrierte *geistige Arbeit* ergibt der Gaswechselversuch am Menschen nur eine Verbrauchssteigerung von etwa 15 kcal pro Stunde. Bezöge man diese Steigerung jedoch auf die Hirnrinde, so ergäbe sich ein O_2-Verbrauch von 250 ml $\cdot$ min^{-1} (WACHHOLDER 1949) und damit eine fast 8fache Erhöhung gegenüber dem Ruheumsatz des Gesamtgehirns. Wieweit allerdings Mitinnervationen der Muskulatur an dieser Erhöhung beteiligt sind, ist schwer zu übersehen.

Die wichtige Rolle, welche die ATP-Spaltung bei der Tätigkeit der Muskeln und des Nervensystems spielt, läßt die Frage nach ihrer Verallgemeinerung auf andere vitale Vorgänge entstehen. Sie ist heute nicht mit Sicherheit zu beantworten; aber folgender Hinweis läßt jenes Bestreben begründet erscheinen. Auch die sehr spezielle Funktion der *Lichtproduktion* durch Bakterien und einige Insekten (Glühwürmchen u. a.) benötigt die Energieübergabe aus ATP (McElroy 1956 und Strehler 1955).

Für das Glühwürmchen kann die Reaktion nach McElroy in folgender Weise symbolisiert werden:

$$LH_2 + ATP + Mg^{2+} + O_2 + E \rightarrow Licht \ (gelb\text{-}grün).$$

Die oxydable Substanz LH_2 ist von E. N. Harvey Luziferin, das vor kurzem von McElroy kristallisiert erhaltene Ferment E Luziferase genannt worden. Die Oxydation führt zunächst zu einem Anregungsstadium und schließlich zu einem inaktiven Hemmkörper der Luziferase, welcher als Verbindung von AMP mit Oxyluziferin (L) angesehen wird. Vielleicht ist L ein Chinon. Bei der Luminescenz nimmt die Extinktion in seinem Absorptionsmaximum bei 330 mμ parallel mit der ausgesandten Lichtmenge ab. Gleichzeitig wird Pyrophosphat aus ATP abgespalten. Aus AMP und L würde dann die Hemmsubstanz für die weitere Emission. Andererseits kann im anaeroben Zustand aktives LH_2-AMP angehäuft werden, so daß bei Oxydation nach Anaerobiose eine besonders starke Emission erfolgt. LH_2-AMP geht wohl über eine Peroxydstufe durch Oxydation in den angeregten Zustand über, der unter Lichtaussendung in den Hemmkörper zerfällt (3). Er ist seinerseits auch nicht stabil. Die Energie aus dem ATP würde für die Bildung des aktiven, leicht oxydablen Luziferins benötigt (1):

(1) $LH_2 + ATP = LH_2 - AMP + PP;$ (2) $LH_2 - AMP \rightarrow L^+ - AMP;$

(3) $L^+ - AMP \rightarrow L - AMP + Licht;$ (4) $L - AMP + CoA \rightarrow L - CoA + AMP.$

Die oxydative Bildung des aktivierten Zustandes (2) geschieht an der Luziferase. Die Frage, in welcher Art sich die einzelnen Vorgänge an der Schaffung des Energieäquivalentes für die Lieferung der Photonen mit 55—60 kcal pro Mol Quanten beteiligen, ist noch offen. Die nach (4) erfolgende Bildung von Oxyluciferyl-CoA beseitigt den Hemmstoff der Lichtproduktion und bietet wahrscheinlich die Möglichkeit zur Regenerierung des Luciferins (Airth, McElroy 1958).

Energiebedarf bei der Erhaltung der Zellstruktur

Ein großer Teil der biologischen Energieumsetzungen vollzieht sich nun ohne Abgabe von Arbeit. Sie dient zur Strukturerhaltung, d.h. zur Erhaltung des „dynamischen Zustandes der Körperbausteine" (Schönheimer). Es ist vorteilhaft, diese Vorgänge von allgemeinen Gesichtspunkten aus zu präzisieren, wobei man von der herkömmlichen Unterteilung in äußere und innere Zellarbeit ausgehen kann. Die äußere Arbeit wird durch den *Tätigkeitsumsatz* ermöglicht, welcher nach der Erregung als zusätzliche und oft qualitativ von der inneren Zellarbeit verschiedene Komponente dieser überlagert wird. Diese selbst umfaßt diejenigen Arbeiten, welche für die Erhaltung der Arbeitsfähigkeit und der Struktur der Zelle erforderlich sind. Der *Bereitschaftsumsatz* (Opitz) entspricht im wesentlichen dem Leerlauf, d.h. dem Ruheumsatz der Zelle. Bei Einschränkung der Energiezufuhr wird zunächst die Arbeitsfähigkeit dadurch reduziert, daß die entsprechenden Systeme nicht mehr genügend weit von ihrer statischen Gleichgewichtslage entfernt gehalten werden können (s. S. 634). Unter Abbau der Funktionsbereitschaft kann dann noch durch den *Erhaltungsumsatz* eine vita minima gedeckt werden (Lübbers 1957). Da dieser sich bei fortdauernder Schä-

digung weiter reduziert, läßt sich seine Größe nicht exakt, d.h. als Einstellung
auf eine charakteristische Minimalgröße angeben.

Man wird jedoch im allgemeinen nicht fehlgehen, wenn man für ein Organ mit
größerem Umsatz auch eine höhere Organisationsarbeit annimmt, und man wird
in dieser Annahme durch folgende Regelmäßigkeit bestärkt. Die Organe
nämlich, welche den höchsten Ruhesauerstoffverbrauch besitzen, stellen ihre
Tätigkeit nach Absperrung seiner Zufuhr am schnellsten ein, d.h. ihr Ordnungszustand wird rasch bis zur Leistungsunfähigkeit vermindert. Umgekehrt ist die
Vulnerabilität im allgemeinen um so kleiner, je geringer der Stoffumsatz ist.
Jedoch setzt diese Aussage einen gewissen Parallelismus zwischen dem Bereit-
schafts- und Erhaltungsumsatz voraus. Er ist durchaus nicht immer gegeben.
Das Gehirn mit seinem hohen O_2-Verbrauch stellt z.B. seine Funktion äußerst
schnell ein und zeigt schon nach 3—4 min Anoxybiose histologisch nachweisbare
Veränderungen als Ausdruck einer zur Nekrose führenden irreversiblen Schädigung. Die Niere mit eben-
falls sehr hohem Sauerstoffbedarf unterbricht ihre Tätigkeit auch sehr prompt, entwickelt aber Nekrosen erst
nach längerem Sauerstoff-
mangel. Dazu paßt die lange
Zeit des O_2-Mangels, welche
ohne das Eintreten wesent-

Tabelle 96. *Atmungsgröße und Wiederbelebungszeit
einiger Organe* (s. S. 392)

	Q_{O_2}	Lähmungszeit	Wiederbelebungs-zeit
Hirnrinde .	10,8	10—30 sec	5—6 min
Retina . .	30,6	5—10 sec	22 min
Niere . . .	30	kurz	2—3 Std

licher Schäden von der Niere ertragen werden kann (Wiederbelebungszeit). Der
Leistungsapparat, d.h. oft nur der Leerlauf, welcher die Arbeitsbereitschaft
erhält, und der der Strukturerhaltung sind also nach diesen Erfahrungen verschieden empfindlich. Das mag darauf beruhen, daß der Strukturerhaltungs-
und der Leistungsstoffwechsel bei beiden Organen eben recht verschieden groß
sein kann. Der Unterschied zwischen beiden müßte also in der Niere recht groß
und im Gehirn klein sein (Tabelle 96).

Diese Empfindlichkeit der Strukturen geht aber nun wieder nicht deutlich
der Größe der Umsatzrate der Bauelemente parallel. Das Gehirn mit dem großen
Energieumsatz und der hohen Strukturempfindlichkeit hat nur einen verhältnismäßig geringen Turnover seiner makromolekularen Strukturelemente, gemessen
an der Austauschrate von ,,Tracern''.

Der *Strukturumsatz* spielt bei allen drei oben genannten Funktionszuständen
der Zelle eine Rolle; er läßt sich mit LÜBBERS nach der Größe der zu erhaltenden
Strukturelemente *unterteilen*. Der Typ I besteht aus den Ionen und den kleinen
molekular gelösten Stoffen. Da ihre Anordnung im lebenden Protoplasma nur
selten der nach einer vollständig abgelaufenen Diffusion, also einer Gleichverteilung entspricht, muß sie als dynamisch strukturiert gelten. Sie ist die Resul-
tante von Zufuhr-, Abfuhr-, Entstehungs-, Spaltungs- oder aktiven Transport-
vorgängen und bildet als Fließgleichgewicht den Ausdruck energiekonsumierender
Abläufe. Da diese sich in derartig kleinen Räumen abspielen, in denen die Diffusion stark wirksam ist, muß auch der Energieverbrauch bzw. die Entwertung
der Energie, welche jene äquilibriert, entsprechend groß sein. Wird ihre Zufuhr
verhindert, so muß jene Verteilungsstruktur sehr schnell zerfallen. Da die Stoffe
dieses Typs nicht durch Valenzkräfte verbunden sind, ist der Energiebedarf für
die Herstellung der Verteilungsänderung ebenso gering, wie er für ihre Erhaltung
groß ist.

Hierher gehört vor allem die Aufrechterhaltung der normalen *Ionenverteilung* zwischen
Zelle und Umgebung, welche durch sog. aktive Transportvorgänge erzwungen wird. Denn

wie die Lenzpumpen das dauernd in ein Leck eindringende Wasser aus dem Schiffskörper entfernen, so halten die Ionenpumpen das Zellinnere besonders von Na-Salzen und dem sie begleitenden Wasser frei. Die Erhaltung der einfachsten Grundstruktur, nämlich der *osmotischen Stabilität*, erfolgt also aktiv unter Aufbietung von Energie (s. S. 697). NETTER unterschied daher ursprünglich zwischen der Organisationsarbeit an Nichtleitern, Ionen und Makromolekeln (1953).

Grundsätzlich ähnliche Leistungen werden bei der *Sekretion* der verschiedenartig zusammengesetzten Flüssigkeiten vollbracht. Hier ist an die Konzentrierung bestimmter Stoffe, wie der HCl im Magensaft, der K-Ionen im Speichel, des Hydrogencarbonats in der Galle und im Pankreas oder an die Partialfunktionen der Niere bei der *Harnbildung* zu denken. Sie alle werden nur durch die Bereitstellung der Energien aus den Nahrungsstoffen ermöglicht.

Wenn Coulomb-Kräfte freier oder an Grenzflächen fixierter Ionen hinzutreten, oder wenn sich zusammengesetzte Molekeln einer bestimmten Teilchenform bilden, würde man es mit einem Typ zu tun haben, bei dem die Energie zur Schaffung der Strukturen schon größer, dafür aber die zu ihrer Aufrechterhaltung benötigte geringer geworden ist (Typ II). Das wichtige Extrem findet man im *Typ III* nach LÜBBERS, mit dem die festen Strukturen der Knochensalze oder der fibrillären Makromolekeln der fixierten und sich lange erhaltenden Zell- und Organstrukturen gemeint sind. Zur *Knüpfung der Haupvalenzen* besteht hier *ein hoher Energiebedarf*. Andererseits sind sie so stabil, daß die *Erhaltungsenergie gering* ist. Es ist selbstverständlich, daß die Entropievermehrung hier am geringsten und beim Typ I am größten ist.

Energetik der Baustoffsynthese

Hiernach könnte man erwarten, daß der Stoffwechsel der eigentlichen makromolekularen Strukturelemente verschwindend klein sei. Das ist jedoch nicht der Fall, denn die Untersuchung mit radioaktiv gekennzeichneten Atomen hat ergeben, daß auch die *fibrillären proteinartigen Strukturbildner einem dauernden Umbau*, d. h. einem Austausch von Atomgruppen oder Grundmolekeln unterliegen, dessen Größe thermodynamisch nicht in dem Maße begründbar ist wie bei den Angehörigen des Strukturtypes I. Die Ursache dieser physiologischen Instabilität kann zur Zeit nur schlagwortartig durch einen Hinweis auf die Notwendigkeit physiologischer Regulationsmechanismen angedeutet werden, welche auch die Zellstruktur mit einbeziehen. Berücksichtigt man aber deren Beteiligung überhaupt, dann muß mit der Gegenwart von Fermenten gerechnet werden, welche auf die Knüpfung oder Lösung der Bindungen zwischen den Grundmolekeln eines hochmolekularen Stoffes eingestellt sind. In Anwesenheit der Fermente sind aber die Makromolekeln nicht stabil, denn das Gleichgewicht liegt bei ihnen stets mehr oder weniger ausgesprochen auf der Seite der Grundbausteine. Der Grund für die oft jahrelange Haltbarkeit von Eiweißkörpern auch in reiner wäßriger Lösung ist darin zu sehen, daß die notwendige Energie zur Aktivierung der Spaltung in Abwesenheit der Fermente so hoch ist, daß sie bei Zimmertemperatur nicht durch die thermischen Stöße aufgebracht werden kann. Die Einstellung eines thermodynamischen Gleichgewichtes, d. h. die Spaltung in die Bausteinmolekeln, erfolgt also nicht. Sie sind kinetisch stabil. Jedoch können sie es nicht in Gegenwart der hydrolysierenden Fermente sein, soweit sich diese im aktiven Zustande befinden.

Nach dieser Überlegung ist es unmöglich, daß sich in der Zelle Eiweiße, Polypeptide oder Polysaccharide durch eine einfache Anhydroreaktion aus den Grundkörpern bilden. Nach:

$$n(G) = M_n + (n-1)\,H_2O$$

ist Wasser der Kupplungsstoff für eine solche Reaktion. Es ist in der sehr hohen Aktivität von etwa 55 in der wäßrigen Lösung vorhanden und wird daher ihren

Ablauf in der Richtung von den Makromolekeln (M) mit der Polymerisationszahl $_n$ zu den Grundmolekeln (G) erzwingen. Eine auch beachtliche Vermehrung der Konzentration der Grundstoffe G könnte — falls sie wegen der Löslichkeiten und anderer Bedingungen realisierbar wäre — keine Umkehrung der Reaktion in Richtung der Synthese ergeben; sie würde das Gleichgewicht nicht nennenswert nach rechts verschieben.

Dennoch weiß man seit fast 2 Dezennien, daß Glykogen unter geeigneten Umständen im Reagensglas als Resultat einer freiwillig verlaufenden Reaktion aus Cori-Ester entsteht (s. S. 420 und Abb. 177). Hier handelt es sich nun auch nicht um die *Reversion* einer Hydrolyse, sondern um die *einer Phosphorolyse*. Bei ihr wird die Lage des Gleichgewichtes durch die Phosphatkonzentration bestimmt und nicht durch die des Wassers. Da jene aber in den Zellen nun um fast 5 Zehnerpotenzen tiefer liegt als die des H_2O, wird bei enzymatischer Leitung der Reaktion über Phosphat als Kupplungsstoff der Energiebedarf pro Val entstandener Bindung um etwa $5 \cdot 1{,}365$, d. h. $6—7$ kcal geringer sein, als er bei entsprechender Kondensation durch Wasserabspaltung wäre. Hinzu kommt, daß der Phosphorsäureester bei seiner Aufspaltung einen bestimmten Energiebetrag zur Verschiebung des Gleichgewichtes in der Richtung der Polymerenbildung zur Verfügung stellen kann.

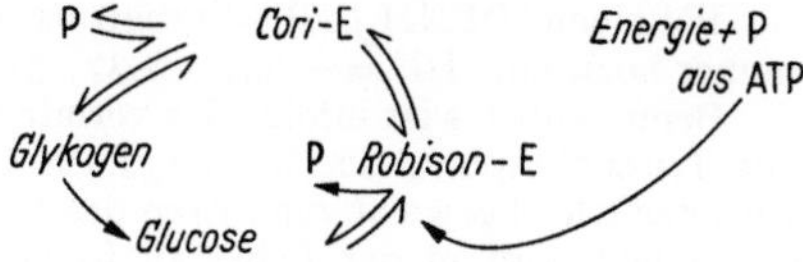

Abb. 177. Dynamische Erhaltung hochpolymerer Stoffe: endergonischer fermentgesteuerter Elementarcyclus des Auf- und Abbaues des Glykogens

Das Ausmaß der Bildung des Glykogens hängt zweifellos primär nur von der Konzentration des freien Phosphates im Vergleich zu der des Cori-Esters ab. Sie vollzieht sich an der Phosphorylase nach: $n \cdot$ (Cori Ester) $\rightleftharpoons$ (Glykogen) $+ n\ H_3PO_4$. Die Gleichgewichtskonstante ist in der S. 420 geschilderten Weise vom pH abhängig. Bei pH $= 7{,}0$ ist der Ester mit annähernd der 3fachen Konzentration an HPO_4^{2-} im Gleichgewicht. Vermehrung der letzteren führt auch in vitro zur Glykogenspaltung und die Verminderung jener zur Glykogensynthese (SCHÄFFNER, KIESSLING, CORI 1939). Da die Zellatmung das Phosphat mit Hilfe des ADP vermindert bzw. niedrig hält, hängt es vom Effekt der oxydativen Phosphorylierung ab, ob Glykogen aus Glucose aufgebaut oder ob vorhandenes abgebaut wird. Im letzteren Falle würde der Abbau in bekannter Weise die notwendige Energie auf dem oxydativen oder Gärungswege zur Verfügung stellen. Es ist also auf Grund des Massenwirkungsgesetzes bzw. einer einfachen Gleichgewichtsüberlegung verständlich, daß nur eine gesunde, d. h. mit gutem Nutzeffekt atmende Leberzelle in der Lage ist, Glykogen anzulagern (vgl. S. 663).

In der *Ausschaltung des Wassers als Kupplungsstoff* ist das Grundprinzip zu sehen, welches in der Natur bei der Bildung von langgliedrigen Verbindungen durchgeführt ist. Sie ist aber im Gegensatz zu den Bedingungen der präparativen organischen Chemie darauf angewiesen, diese Kondensationen doch in wäßrigen Medien und unter Vermeidung größerer pH-Verschiebungen vorzunehmen. Schon bei der Synthese der Paraffine, also der höhergliedrigen *Fettsäuren* und komplizierterer Gebilde wie der Steringerüste, wird dieses Problem in der gleichen Weise gemeistert.

Die einfache *Kondensation von zwei Essigsäuremolekeln* zur Acetessigsäure kann in Wasser nicht freiwillig verlaufen, da der Bedarf an freier Reaktionsenthalpie nach LIPMANN für diese Reaktion etwa 12 kcal beträgt. Damit wird der Wert der Gleichgewichtskonstanten für diese Reaktion festgelegt zu

$$\text{pK} = 12/1{,}365 = 8{,}7 \quad \text{bzw.} \quad K = 2 \cdot 10^{-9} = \frac{[\text{Acetessigs.}] \cdot [H_2O]}{[\text{Essigsäure}]^2}.$$

Die Reaktion ist also praktisch irreversibel. Auch das Gleichgewicht der *Thioacylkondensation* mit Hilfe des Coenzyms A (s. S. 427) liegt noch auf seiten der Spaltprodukte. Aber da die entstandenen β-Ketothioacyle leicht reduzierbar sind, werden sie bei genügend hohem Redoxpotential, d. h. genügendem $DPNH_2/DPN$-Verhältnis durch Reduktion aus dem Gleichgewicht gezogen, so daß unter diesen Umständen eine beachtliche Kondensation eintreten kann, eine für die Regulation vom Auf- und Abbau der Fettsäuren wesentliche Tatsache (LYNEN 1955).

$$2\,\text{Acetyl-CoA} = \text{Acetacetyl-CoA} + \text{CoA} \qquad (K_1 = 1{,}56 \cdot 10^{-5};\ \text{pH } 7)$$

$$\text{Acetoacetyl-CoA} + DPNH_2 = \beta\text{-Oxybutyryl-CoA} + DPN \qquad (K_2 = 5{,}25 \cdot 10^9;\ \text{pH } 7)$$

$$2\,\text{Acetyl-CoA} + DPNH_2 = \beta\text{-Oxybutyryl-CoA} + DPN + \text{CoA}$$

mit

$$K_1 \cdot K_2 = K = \frac{[\beta\text{-Oxybutyryl-CoA}] \cdot [DPN^+] \cdot [\text{CoA}]}{[\text{Acetyl-CoA}]^2 \cdot [DPNH] \cdot [H^+]} = 0{,}83 \cdot 10^5; \quad \Delta G^0 = -6{,}7\,\text{kcal}\ (25°).$$

Bei einem $DPNH_2/DPN$-Verhältnis von $^1/_{1000}$ (s. S. 450) würde der Gesamtvorgang dann immer noch mit $\Delta G^0 = -(6{,}7 - 1{,}37 \cdot 3) = -2{,}6$ kcal freiwillig ablaufen können.

Beim Diabetes ist infolge der verminderten Glucoseverwertung, d. h. Wasserstofflieferung aus Triosephosphat, der $DPNH_2/DPN$-Quotient verkleinert (HOLZER 1956). Infolgedessen wird das Gleichgewicht zugunsten des Fettsäureabbaues verschoben. Acetoacetyl-CoA bleibt liegen und wird in der Leber zu freier Acetessigsäure deacyliert (vgl. S. 651).

Die Befunde über den DPN-Quotienten sind jedoch noch nicht gesichert (O. WIELAND 1958). Wahrscheinlich ist für den Gesamtvorgang der Fettsynthese auch das $TPNH\text{-}TPN^+$-Verhältnis wichtiger (s. S. 650).

Die Hydrolysenenergie einer Thioacylverbindung wird hier dazu benutzt, um einen Reaktionsvorgang zu ermöglichen, dessen Endprodukt dem einer Claisen-Kondensation formal entspricht. Es selbst ist aber solange mit den Ausgangsprodukten im Gleichgewicht, wie es an den CoA-Rest gebunden bleibt. Wird diese Bindung jedoch hydrolysiert, dann ist auf dem Umwege über die energiereiche CoA-Verbindung jene Substanz entstanden, welche sich spontan niemals in merklichen Konzentrationen aus Essigsäure hätte bilden können. Sie ist wie alle Fettsäuren an der C—C-Bindung gegenüber einfacher Hydrolyse zur Essigsäure sehr stabil. In ihrer CoA-Form aber wird sie nun außerdem leicht zur Oxysäure hydriert, dann dehydratisiert und schließlich durch Reduktion der dabei entstandenen Doppelbindung zur gesättigten Fettsäure aufgebaut, oder deren Kettenlänge wird um 2 C-Atome erweitert (Fettsäurecyclus nach LYNEN).

Im Gegensatz zu den genannten Stoffen wird Cholin mit der endständigen Phosphorsäure eines Nucleosiddiphosphates verestert, nämlich mit Cytosindiphosphat. Von ihm aus erfolgt die Übertragung des Cholinphosphorsäurerestes auf einen Glycerinrest und damit die Bildung des Phosphatidgerüstes. Dabei wird Cytosylsäure frei (WEISS und KENNEDY 1956).

Bei den biologisch wichtigen *Makromolekeln* des Organismus liegen nun keine C—C-Bindungen zwischen den Grundmolekeln, sondern die entweder leicht hydrolysierbaren Acetale oder die ebenfalls gut zu hydrolysierenden Peptidbindungen oder Phosphorsäureester vor. Aus diesem Grunde kommt hier der ohnehin nicht zum Ziele führende Weg einer direkten Kondensation durch Wasserentzug ebenfalls nicht in Betracht.

Der *gesamte Energiebedarf* für die Polymerenbildung setzt sich in diesem Fall aus dem für die Schaffung des geeigneten Zwischenproduktes und dem zur Herstellung des Polymerisationsgrades mit einer gewünschten Ordnung der Grundglieder zusammen. Die Energie zur Bereitung der phosphorylierten Ausgangsprodukte, z. B. des Coriesters für die Glykogenbildung, wird zugleich mit dem Phosphat auf dem Wege über den Robison-Ester unter Umlagerung an der Phosphoglucomutase wiederum dem ATP entnommen. Da das Gleichgewicht zwischen den Polymeren und dem Grundmolekül, wenn man von phosphorylierten Substanzen ausgeht, bei etwa 10^5fach kleineren Konzentrationen der Monomeren erreicht wird, als wenn diese durch einfachen Wasserentzug gekoppelt würden, ergibt sich, daß die Hydrolyse solcher Stoffe im Gegensatz zur Phosphorolyse praktisch irreversibel ist. Für die Zelle gilt entsprechend, daß selbst der physiologische Glykogenabbau gewöhnlich als Reversion des phosphorylierenden Aufbaues und nicht als Einstellung eines Kondensationsgleichgewichtes an einer hydrolysierenden Amylase verläuft. Die Freigabe der Glucose z.B. aus dem Leberglykogen erfolgt dann durch phosphatatische Abspaltung aus dem weiterhin entstandenen Glucose-6-Phosphat, dem Robison-Ester, mit der Glucose-6-Phosphatase.

Der Energiebedarf nun *für die eigentliche Synthese* wird wie bei jeder Reaktion durch die Gleichgewichtskonstante für den gewünschten Polymerisationsgrad, durch die Konzentration der Monomeren und die des Kupplungsstoffes bestimmt. Für einheitliche, d.h. nur aus einer Art von Grundmolekeln aufgebaute Stoffe werden, soweit es sich um Nichtleiter handelt, keine weiteren Angaben benötigt. Anderenfalls ist der pH-Einfluß zu berücksichtigen. G.V. SCHULZ (1950/51) hat gezeigt, daß der mittlere Polymerisationsgrad $\overline{P}$ der Wurzel aus dem Verhältnis (β) der mittleren Assoziationskonstanten (K) zur molaren Menge des Hilfsstoffes (n_{HX}), bezogen auf die Gesamtkonzentration in Grundmol für mono- und polymere Substanz (c_P), gleich ist $(n_{HX} = c_{HX}/c_P)$. Da sich n_P nicht ändert, kann auch $n_{\overline{P}}$ für $c_{\overline{P}}$ gesetzt werden:

$$K = \frac{n_{\overline{P}} \cdot n_{HX}}{(n_P - n_{\overline{P}})^2}.$$

Über $\beta = K/n_{HX}$ wird $\overline{P} = \sqrt{\beta}$ und $K = n_{HX} \cdot \overline{P}^2$.

Hiermit ist:

$$\Delta G = - RT \cdot \ln n_{HX} \cdot \overline{P}^2 = - 1{,}365\,(\log n_{HX} + 2\log \overline{P}). \tag{4}$$

Diese Gleichung gibt die molare freie Enthalpie der Grundreaktion an, mit Hilfe derer unter den gegebenen Ausgangsbedingungen der gewünschte Polymerisationsgrad erreicht würde. Damit erlaubt sie die Beurteilung, ob eine bestimmte Kupplungsreaktion in der Lage ist, das entsprechende Polymerisat zu liefern. ΔG wächst danach linear mit dem doppelten Logarithmus von $\overline{P}$. Für gleiches $\overline{P}$ fällt der Bedarf logarithmisch mit der Konzentration des Hilfsstoffes. Bei $n_{HX} = 10^{-4}$ (freies Zellphosphat?) wären danach z.B. zur Erreichung von $\overline{P} = 1000$ 2,7 kcal, für den gleichen Polymerisationsgrad bei $n_{HX} = 50$ (Zellwasser) jedoch 10,5 kcal durch die Kupplungsreaktion für den molaren Umsatz aufzubringen.

Schon die Bildung von einfachen Polymeren bedeutet eine Zunahme der Ordnung im molekularen Bereich. Wenn aber weiterhin bestimmte Formen bei ihrem Aufbau fixiert und vor allem verschiedene Grundmolekeln in bestimmter Reihenfolge eingefügt werden, dann ist mit einer beachtlichen *Abnahme der Entropie* zu rechnen, welche einen *zusätzlichen Energiebedarf bedingt*. Er wurde bei den vorstehenden Überlegungen nicht berücksichtigt, ist aber für die Synthese der Eiweiße zu diskutieren. G. V. SCHULZ hat die Größe dieser „Ketten-Entropie" abgeschätzt und findet, daß der Klammerausdruck [Gl. (61)] bei ν verschiedenen Bausteinen um den $\log \nu$ additiv zu erweitern ist. Für 20 verschiedene Aminosäuren würde ΔG dann nur um $1{,}3 \cdot 1{,}365 = 1{,}8$ kcal höher liegen.

Mit Phosphat als Kupplungsstoff würde man dann für Proteine mit $\nu = 20$ einen Bedarf von 4,5 kcal, mit Wasser einen solchen von 12,3 kcal erhalten. Es müssen also solche Kupplungsstoffe eingesetzt werden, deren Verbindung mit den Monomeren durch ihre Spaltung bei der Peptidbindung einen genügend hohen Energiebetrag liefert. Als solche wurden in erster Linie die Carbonsäure-Phos-

phorsäure-Anhydride der Aminosäuren diskutiert. Bei ihrer Bildung, welche aus
ATP erfolgen könnte, würde 1. die Energie zur Verfügung gestellt, welche die
Dissoziationszurückdrängung des Carboxylates zum Carboxyl liefert und welche
in der Größenordnung von 3 kcal gelegen ist. 2. Würde bei der Herstellung der
Peptidbindung unter Abgabe des Phosphats nunmehr ein größerer Betrag frei,
welcher zur Protonenabgabe aus den $-NH_3^+$-Gruppen, d.h. zur $-NH_2$-Bildung,
im übrigen aber für den oben berechneten zusätzlichen Bedarf für die Polymerenbildung verfügbar wäre. Die Kupplungsreaktion wäre also:

$$R_1 \cdot COOPO_3^{2-} + {}^+NH_3 \cdot R_2 \rightleftharpoons R_1 \cdot CO-NH \cdot R_2 + HPO_4^{2-} + H^+.$$

Da wegen des hohen pK-Wertes der freien Aminosäuren der Energieverbrauch für
die Protonenabgabe aus der Aminogruppe hier am größten ist (s. S. 425), ist die
Dipeptidbildung der anspruchsvollste Schritt im Vergleich zur Bildung höherer
Peptide. Bei wachsendem Polymerisationsgrad nimmt der Bedarf für die Disso-
ziationseffekte nicht weiter ab, dafür aber der für die Kettenbildung in der
abgeleiteten Weise zu. Hierzu kann man folgende Bilanz aufstellen, wobei von
der Bildung des Glycylglycins ausgegangen sei (s. Tabelle 97). Mit Hilfe des nur
annähernd abschätzbaren Wertes von *5 kcal für die Peptidbindung aus den undissoziierten Ausgangs*gruppen wurde der von BORSOOK (1947, 1952) aus den freien
Bildungsenergien der Zwitterionenformen berechnete Energiebedarf für den Gesamtvorgang in die Energiewerte für die Einzelschritte unterteilt. Bei der Peptidbildung verschwindet die Resonanz eines Carboxyls, während eine neue Resonanz-
struktur an der Peptidbindung selbst auftritt:

$$
\begin{array}{ccc}
\overset{\displaystyle O^-\ \ H}{\underset{\displaystyle -C=N^+-}{|\ \ \ |}} & \leftrightarrow & \overset{\displaystyle O\ \ H}{\underset{\displaystyle -C-N-}{\|\ \ \ |}}
\end{array}
$$

Aus dem Vergleich zwischen Säuren und Säureamiden ergibt sich, daß bei der
Bildung der letzteren ungefähr 4 kcal mehr frei werden als bei der Bildung der
Carboxylgruppen, bzw. als bei ihrer Vernichtung zusätzlich aufzuwenden ist.

Tabelle 97. *Energiebilanz der Glycylglycinbildung*
(beim IP, d.h. pH 6,1)

$$^+H_3N-X-COO^- + {}^+H_3N-X-COO^- \rightarrow {}^+H_3N-X-CO-NH-X-COO^- + H_2O$$

(1)   (1)   (2)

Vorgang	ΔG^0 kcal
$^+H_3N- \quad \rightarrow H_2N-$ (1)	+ 5,15
$-COO^- \quad \rightarrow -COOH$ (1)	+ 5,15
$^+H_3N-$ (1) $\rightarrow {}^+H_3N-$ (2)	+ 2,2
$-COO^-$ (1) $\rightarrow -COO^-$ (2)	+ 1,1
Resonanzenergie: $\quad -COOH$ etwa	+14
Resonanzenergie: $\quad -CO-NH-$ etwa	−18
$-NH_2 + HOOC- \rightarrow -NH-CO-$ etwa	− 5
Gesamtbedarf	+ 4,6 kcal

BORSOOKs Berechnung aus den thermochemisch bestimmten freien Bildungsenthalpien
der Partner führte zu einem Wert von + 3,6 kcal.

Bei der Bildung von Hippurylanilid aus Hippursäure und Anilin braucht nur der Aufwand von 4,6 kcal zur Carboxylentionisierung der Hippursäure berücksichtigt zu werden,
da das Anilin (pK = 4,63) bei pH 7 schon in der NH_2-Form vorliegt, und mit der Peptidbildung ein undissoziierter Stoff entsteht. Mit den Zahlenwerten der Tabelle 97 erhält man
dann: $\Delta G = -4,4$ kcal für die spontan eintretende Peptidbildung. Aus dem experimentellen

Befund mit 0,1 mol Ausgangskonzentration und 96% Syntheseprodukt im Gleichgewicht (WALDSCHMIDT-LEITZ) errechnet sich ein ΔG von $-4{,}7$. kcal. Für die Bildung von Hippurylamid mit NH_3 (pK 9,2) ist der Energiebedarf um $1{,}37 \cdot (9{,}2-4{,}6)$, d. h. um 6,3 kcal größer, so daß mit $\Delta G = +1{,}9$ kcal die Substanz nicht spontan entsteht bzw. hydrolytisch gespalten vorliegt.

Für die Eiweißsynthese wird man pro Peptidbindung folgende energetische Übersicht geben können (Tabelle 97). Bedarf für die Entionisierung: etwa 10 kcal, für die Kettenbildung etwa 6, zusammen 16 kcal. Die Bindung selbst liefert einschließlich der freiwerdenden Resonanzenergie etwa 9 kcal. Setzt man die Hydrolysenenergie eines Carboxylphosphates in Analogie zum Acetylphosphat mit 12 kcal an, so würde die Gesamtreaktion durch ihre Hilfe mit etwa 4—5 kcal exergonisch sein. In vivo dürften die energetischen Bedingungen für die Synthese dadurch günstiger liegen, daß die entstandenen Produkte durch Weiterverarbeitung oder Übergang in feste Phasen aus der Lösung ausscheiden und dadurch den Ablauf in der Richtung des Aufbaus verschieben.

Eine *geringe Löslichkeit* der entstandenen mehr oder weniger niedrig molekularen Produkte bedingt natürlich die *Verschiebung* der Reaktionsabläufe *in die Richtung der Synthese*. Sie wird um so leichter erfolgen, je geringer ihr Energiebedarf ist, je kleiner also in den gebildeten niedrig molekularen Peptiden pK_2 und je größer pK_1 im Vergleich zu den freien Aminosäuren geworden ist. Auf diese Weise erklärt sich wohl die sog. *Plasteinbildung*, bei der vor allem tyrosin- und leucinhaltige Peptide eine geringe Löslichkeit bedingen; zum Teil gehen diese Niederschläge bei Verdünnung wieder in Lösung. Auch die Virtanenschen Versuche über spontane Peptidbildung in Gegenwart proteolytischer Fermente dürften in dieser Weise zu erklären sein (1948).

Experimentell haben sich wenige Anhaltspunkte für die Bedeutung der *freien* Aminosäure-Phosphorsäure-Anhydride ergeben. Sie sind in wäßriger Lösung äußerst labil (BENTLER und NETTER). Dennoch konnte KATCHALSKY über sie Peptide erhalten. Thioacyle der Aminosäuren sind wesentlich stabiler (TH. WIELAND 1956). Aber auch sie dürften nicht auf dem obligaten Wege der biologischen Polypeptidbildung liegen, obwohl man mit ihnen gute Synthesen von Peptiden durchführen kann.

Neuerdings erhielten KELLER u. NETTER (1958) Aminosäure-Phosphorsäureanhydride, welche über eine Bindung zwischen dem P- und dem N-Atom der α-Aminogruppe zu einem Ring geschlossen sind. In ihnen ist sowohl die Säure wie die Aminogruppe aktiviert. Dementsprechend neigen die Verbindungen besonders zur Bildung von Peptiden. Es ist zu beachten, daß auch bei der Synthese der Peptidbindungen an den Nucleinsäuren außer der Aktivierung des Carboxyls Reaktionen der Aminogruppe mit der Phosphorsäure des Nucleotids in Betracht gezogen werden können (s. S. 529).

Das wirksamste Hemmungsmittel der Eiweißsynthese in der Zelle ist das entkuppelnde DNP und das Arsenit. Daß dabei der energieliefernde Stoffwechsel beteiligt ist, zeigt weiterhin die Hemmwirkung der Monojodessigsäure (über die Triosephosphatdehydrase) und die des Fluorids. Damit wird wiederum die Notwendigkeit der *Energielieferung über ATP* bewiesen, nicht jedoch die direkte Reaktion mit ATP.

Nach Versuchen über die Bildung *niederer Peptide* scheint aber festzustehen, daß ATP am Zustandekommen des wichtigsten Schrittes beteiligt ist, d. h. an der *Aktivierung der Carboxylgruppe*. Jedoch ist die Art seiner Beteiligung verschieden. Wie bei der Aktivierung der Essigsäure kann AMP gebildet und dem Ferment angelagert werden. Bei der *Hippursäurebildung* aus Benzoesäure wird dann Adenylbenzoat gebildet und nun in einer Reaktion mit dem CoA zum Ferment, AMP und Benzoyl-CoA zerlegt. Letzteres reagiert mit der Aminogruppe des Glykokolls unter Peptidbildung zur Hippursäure (CHANTRENNE 1951; SCHACHTER 1954):

$$E + ATP \rightarrow E\text{-}AMPH + PP; \quad EAMPH + HOOC\langle\hexagon\rangle \rightarrow EAMP{-}CO\langle\hexagon\rangle + H_2O;$$

$$EAMP{-}CO\langle\hexagon\rangle + HSCoA \rightarrow E + AMPH + \langle\hexagon\rangle COSCoA.$$

Andere Peptidbildungen wie die Synthese der Pantothensäure aus der Pantoinsäure und dem β-Alanin verlaufen jedoch mit Sicherheit ohne Beteiligung des

Co-Enzyms A (MAAS). Wahrscheinlich ist die Bildung der Adenosyl-acylverbindung zur Aktivierung der Carbonsäure ausreichend, und man kann vermuten, daß der Weg über diesen Verbindungstyp am häufigsten beschritten wird. Demgegenüber werden die β- und γ-Carboxylgruppen bei der Asparagin-, Glutamin- und Glutathionbildung insofern abweichend aktiviert, als hierbei eine Spaltung von ATP in ADP und P erfolgt. Auch hier konnten keine freien ω-Aminosäurephosphorsäure-Anhydride als biologische Zwischenprodukte gefunden werden, obwohl diese stabiler als die α-Verbindungen sind. VARNER und WEBSTER rechnen mit dem nachstehenden Reaktionsablauf der *Glutaminbildung* aus Glutaminsäure (Glu):

$$\mathrm{E + ATP + Glu \rightarrow E{<}^{ATP}_{Glu} + NH_3 \underset{Mn^{2+}}{\overset{Mg^{2+}}{\rightleftharpoons}} Glu{-}NH_2 + ADP + P + E.}$$

Bei der Synthese des *Glutathions* hat sich folgender Schritt als grundlegend erwiesen. Er ist wie die analoge Reaktion am Myosin durch Untersuchungen mit ^{32}P sichergestellt. Hier dient die in dieser Form auf das Ferment übertragene Energie zur Freisetzung mechanischer Arbeit, dort zur Aktivierung des Carboxyls nach:

$$\mathrm{E + ATP \rightleftharpoons E{-}P + ADP; \quad E{-}P + Glu \rightleftharpoons P + E{-}Glu; \quad E{-}Glu + Cyst = Glu{-}Cyst + E.}$$

Auf Grund von Isotopenversuchen ist auch hier eine direkte Reaktion von freiem γ-Glutamylphosphat mit Cystein (Cyst) auszuschließen. Die Anlagerung des Glykokolls an das gebildete γ-Dipeptid soll nach dem gleichen Reaktionsschema geschehen. Asparaginsäure kann jedoch an der Aspartokinase ein β-Phosphorsäureanhydrid bilden, welches relativ stabil ist. Es wird durch bakterielle Enzyme in zwei Reaktionsschritten unter Abspaltung des Phosphorsäurerestes zu Homoserin reduziert (S. BLACK 1955). Ein Anhaltspunkt für eine Aktivierung der α-Aminogruppe hat sich nicht sicher ergeben. Dagegen ist das Auftreten aktiver Acyle durch die typische $FeCl_3$-Reaktion der aus ihnen mit Hydroxylamin gebildeten *Hydroxamsäuren* $\left(\mathrm{R{-}C{<}^{O}_{NHOH}}\right)$ stets nachzuweisen (LIPMANN und TUTTLE 1945). NH_2OH wirkt durch Abfangen der Carboxyle u.a. auch als Hemmungsgift der Eiweißsynthese. Daß eine Reihe von besonderen Peptiden durch Bindungsumtausch, d.h. durch die wenig energiegetönten *Umpeptidierungen* entsteht, berührt die hier allein zu erörternden energetischen Fragen nur sekundär.

Dagegen muß auf das *Carbamylphosphat* (LIPMANN 1956) hingewiesen werden. Es entsteht schon in wäßriger Lösung aus Cyanat und Dihydrogenphosphat und kann sich unter den Bedingungen des Organismus in Gegenwart von Mg^{2+} aus Carbamat und ATP in einer spontanen reversiblen Reaktion bilden, für deren Ablauf ein Ferment nicht nowendig zu sein scheint (JONES u. Mitarb. 1956).

$$\mathrm{H_2N{-}C{<}^{O}_{O^-} + ATP^{4-} \rightleftharpoons H_2N{-}C{<}^{O}_{O{-}PO_3^{2-}} + ADP^{3-}.}$$

Das Carbamylphosphat ist in Lösung wesentlich stabiler als die sich um ein CH_2-Glied von ihm unterscheidende Glycylphosphorsäure. Wahrscheinlich beruht diese höhere Stabilität auf der trotz der Phosphatbindung noch möglichen Resonanz mit der Form:

$$\mathrm{{}^+NH_2 = C{<}^{O^-}_{O{-}PO_3^{2-}}}$$

welche nach Einführung einer CH_2-Gruppe zwischen N und C, d.h. bei den α-Aminosäure-Phosphorsäureanhydriden, wegen der größeren Entfernung und des Fehlens der planaren Anordnung nicht mehr zustandekommen kann. Die bei der Hydrolyse der Verbindung frei werdende Energie ist noch nicht bekannt, aber da das Gleichgewicht vorstehender Reaktion auf seiten der ATP-Bildung liegt, muß jene größer als die der terminalen Phosphatgruppe des ATP sein. Aus diesem Grunde liefert die Phosphatübertragung aus organischer Bindung mit höherem Gruppenpotential eine bessere Ausbeute an Carbamylphosphat als ATP. Es selber wird in reversibler Reaktion zur Bildung von Carbamyl-N-Verbindungen benutzt, also z.B. zum Aufbau des Citrullins aus Ornithin oder der Ureido-Bernsteinsäure, dem Verläufer der Orotsäure (4-Uracilcarbonsäure), aus Asparaginsäure. Aus diesen Hinweisen geht die Bedeutung des ATP für die Energielieferung bei der Bildung spezieller stickstoffhaltiger Verbindungen hervor. Im Gegensatz zu Bakterien erfolgt bei Säugetieren die Citrullinbildung aus Carbamylphosphat über intermediär entstehendes N-Carbamylglutamat (s. S. 482).

Die *Bedeutung* der Nucleotide beim *Aufbau der Proteine* beruht nicht nur auf der Aktivierung der Carboxyle, sondern auch auf der Möglichkeit, mit *Hilfe der Nucleinsäuren eine geeignete räumliche* und raumperiodische *Anlagerung* der Aminosäurereste an ein Enzym (*E*) vorzunehmen. Die *Aktivierung* scheint *allgemein* nach dem schon erwähnten Schema (BERG):

$$E + ATP + HOOC \cdot R = E - AMP - CO \cdot R + PP$$

zu erfolgen und sich wie die folgenden Schritte besonders an den Mikrosomen zu vollziehen. Freie Adenylat-Anhydride mit Aminosäuren sind von TH. WIELAND (1956) synthetisiert worden: AMP—OCR. Sie sind im Vergleich zu den einfachen Phosphorsäure-Anhydriden stabilere Verbindungen (s. S. 525).

Die Hemmung der energieliefernden und ATP-bildenden Reaktionen äußert sich nicht nur in einer Herabsetzung der Eiweißbildung oder gar ihrer Umkehrung, wie es für die Autolyse zutrifft. Möglicherweise ist, wie BORSOOK 1953 diskutiert, auch die *proteinsparende Wirkung* einer kohlenhydratreichen Nahrung von solchen Befunden aus erklärbar, denn diese geht mit einer Tendenz zur Vermehrung der ATP-Bildung und somit wahrscheinlich auch zur Erhöhung der Konzentration an aktivierten Aminosäuren einher. Auf ähnliche Weise läßt sich auch die *spezifisch-dynamische* Wirkung der Eiweißkörper deuten. Denn die nach eiweißreicher Nahrung gesteigerte Konzentration der Aminosäuren in Blut und Geweben muß einen vermehrten Verbrauch an ATP zur Folge haben, der durch erhöhte Eiweißbildung, Harnstoffbereitung und oxydative Desamidierung bedingt ist. Er zieht seinerseits einen entsprechend erhöhten Umsatz zum Zwecke der ATP-Regenerierung auf dem Wege über die bekannte regulatorische Funktion des Phosphates — eventuell auch aus PP an der Pyrophosphatase entstanden — nach sich.

Der Vorgang der Eiweißbildung wird sehr wahrscheinlich durch direkte Anlagerung der fermentativ in der beschriebenen Weise aktivierten Aminosäruen an die Bildungsorte eingeleitet. Daß Peptide an ihr teilnehmen, ist aus manchen Gründen sehr unwahrscheinlich geworden (BORSOOK)[1]. Es wird z.B. markiertes Glykokoll gleichmäßig in Globin und Häm eingebaut, was durchaus gegen die vorherige Bildung höherer, dem allgemeinen Eiweißaufbau zur Verfügung stehender glycinhaltiger Peptide spricht. Angetroffene Peptide liegen vermutlich auf dem Wege des Abbaues. Nach der Vorstellung von BORSOOK werden die Aminosäuren vom AMP-Teil des Fermentkomplexes dem noch freien Phosphorsäurerest der Nucleinsäuren unter Freigabe des Fermentes übergeben und auf diese Weise an deren Struktur so fixiert, daß sie in geeigneter räumlich eingepaßter Weise miteinander durch Herstellung der Peptidbindung zum Eiweißaufbau reagieren können.

Die speziellen Vorstellungen über diesen Vorgang können zur Zeit nur hypothetisch sein. Es darf insbesondere nicht verallgemeinert werden, daß sich die

---

[1] Vgl. jedoch die Peptidbildung an löslichen Nucleinsäuren (GALE).

Bildung typischer Proteine nur im Kern an den *Desoxyribose-Nucleinsäuren* vollzieht. Sicher vermag die *Ribose-Nucleinsäure* in den sog. „Mikrosomen" des Cytoplasmas ebenfalls in großem Maßstabe Eiweiße direkt aus Aminosäuren aufzubauen. Die Proteinsynthese in zellfreien Partikelchen von Staph. aureus wird z. B. durch Ribonucleasezusatz sofort unterbrochen. Auch in kernlosen, d. h. DNS-freien Zellfragmenten wie in den ebenfalls kernlosen Reticulocyten der Säugetiere laufen Proteinsynthesen mit etwa der gleichen, absolut gesehen recht *geringen Geschwindigkeit* wie in den kernhaltigen Zellen ab. HAUROWITZ (1956) errechnet aus der Geschwindigkeit der Immunkörperbildung, daß für die Bildung eines Antitoxinmoleküls an dem durch je ein Toxinmolekül kontrollierten Herstellungsort maximal 2 sec benötigt werden. Aus der Geschwindigkeit der Hämoglobinsynthese leitet BORSOOK eine noch kleinere Umsatzgröße ab (0,01 g pro g Enzym in der Minute; 1956).

Wenn man die Gültigkeit des Watson-Crickschen Spiralmodells der Desoxyribonucleinsäure anerkennt und für die Ribo-Nucleinsäuren mindestens das Ergebnis übernimmt, daß die Phosphatgruppen außen liegen, dann ergibt sich aus BORSOOKs Annahme die Vorstellung, daß die *Aminosäuren* unter Bildung der Säureanhydride mit dem Phosphatteil der Nucleinsäuren ebenfalls *außen angelagert* werden. Hierbei müssen die Kraftwirkungen der nach innen gerichteten Basen von Einfluß auf die Art der angelagerten Aminosäurereste sein. Wie bei dem Einbau einzelner Ionen oder Molekeln in ein Kristallgefüge wird auch hier derjenige Ort bevorzugt werden, an dem die bei der Anlagerung freiwerdende Energie den größten Wert besitzt. Über die Art, wie sich die Coulombschen, die Dispersions-Kräfte und die H-Brückenbindungen auf der einen Seite und die Triebkräfte der Übertragungsreaktion der am Ferment aktivierten Aminosäuren als Ausdruck des räumlichen Aufbaues abgleichen, lassen sich keine näheren Angaben machen. Zweifellos aber würde ihr Zusammenwirken das Muster der sich anlagernden Reste bestimmen. FRIEDRICH-FREKSA (1940) hat unter ihnen den Coulomb-Kräften die entscheidende Rolle zugewiesen. Es ist aber nicht auszuschließen, daß auch Sonderenergien mesomeriefähiger Gruppen und Resonanzen zwischen thermisch rotierenden größeren Molekülabschnitten (JORDAN 1944) beteiligt sind.

Die *Knüpfung der Peptidbindungen* würde erst dann erfolgen können, wenn mindestens die Nachbarplätze an den Phosphatenden besetzt sind. Da nur einige geeignete Plätze an der Oberfläche der Spirale für die einzelnen immer in geringer Konzentration vorhandenen Aminosäuren gegeben sind, ist die *Wahrscheinlichkeit des richtigen Anlagerungsvorganges* nicht groß, so daß darin die *Ursache für die geringe Geschwindigkeit der Proteinbildung* gesehen werden kann. Die Dimension der Nucleinsäurespirale ist nun größer als die der α-Helices für die Eiweißstoffe (s. S. 348). Daraus könnte sich ergeben, daß sich ein in der Bildung befindliches Peptidkontinuum während seines Entstehungsvorganges von der Nucleinsäurematrix spontan abzieht. Die Peptidbildung erfolgt unter Ablösung der Carboxylgruppe vom Phosphatrest der Nucleinsäuren. Die Trennung von der Matrize gibt dem gebildeten Protein die Möglichkeit, die Gestalt anzunehmen, welche dem aus seinem strukturellen Aufbau abzuleitenden Energieminimum entspricht. Wahrscheinlich sind der Vorgang der *Peptidknüpfung und der Ablösung* von der Unterlage *zeitlich* so eng mit dem der Helixbildung *verbunden*, daß man einen Auslösevorgang der Peptidbildung mit weiterschreitender Reaktion über die voll besetzte Oberfläche diskutieren muß (Abb. 178).

Der vorgeschlagene Typ der Eiweißbildung würde auf Kosten der Anhydridspaltung noch exergonisch verlaufen. Der Energiebedarf der oben (s. S. 525) gegebenen Übersicht würde aber noch dadurch zu ergänzen sein, daß die bei der Spaltung freigegebene Phosphorsäure für die Dissoziation in der ersten Stufe einen weiteren Bedarf von etwa 2 kcal besitzt, so daß $-\Delta G$ auf jeden Fall bei der Bildung größerer Molekeln für die Gesamtreaktion klein sein dürfte. Über die notwendige *Aktivierungsenergie dieses Vorganges* können keine Aussagen gemacht werden. Es erscheint aber diskutabel, daß beim Freiwerden eines Aminosäurerestes aus der Bindung an die Nucleinsäure-Matrix genügend Anregungsenergie an die räumlich adaptierte Aminogruppe übergeben wird. Denn bei der Herstellung der Peptidbindung ist durch die Kettenverlängerung ein Gebilde mit einer wesentlich größeren Zahl von kinetischen und Schwingungsfreiheitsgraden entstanden, so daß diese Energie unter Entropievermehrung gut aufgenommen werden könnte. Bei weiterer Verlängerung der Kette würde dieser Vorgang gefördert. Das oben benutzte Bild eines Anstoßprozesses könnte daher von dieser Vorstellung aus zugänglich werden.

Abb. 178 a u. b. Eiweißbildung an Nucleinsäure ohne Beachtung der sterischen Verhältnisse an der Peptidkette (R bedeutet Ribose, B^+ Base (in Anlehnung an Borsook 1956). a Vorbereitende Reaktion, b Vorgang am Nucleinsäuremuster

Energietransport durch biologische Feinstrukturen ?

Die Diskussion über die Vorgänge bei der Peptidsynthese hat damit abschließend ein Problem von allgemeiner Bedeutung berührt. Es ist das der räumlichen Bedingungen für die Übertragung, Aufnahme, Weiterleitung und Abgabe verschiedener Energieformen, speziell auch der, welche aus chemischen Reaktionen stammt. Denn es können grundsätzlich die Orte der Energiefreigabe und die ihrer Übernahme in weitere Vorgänge dann nicht dieselben sein, wenn bestimmte Strukturen mit entsprechenden Funktionsstellen festgelegt sind. Das trifft aber für die heterogenen Ordnungssysteme der biologischen Substrate weitgehend zu. Damit stellt sich die Frage nach Mechanismus und Ökonomie des *Energietransportes innerhalb der biologischen Feinstrukturen*. Sie ist dann einer experimentellen Bearbeitung zugänglich, wenn es möglich erscheint, den Vorgang der Energieanlieferung von dem der Energieaufnahme räumlich zu trennen.

Ohne spezielle Vorstellungen über die Mechanismen zu äußern, lassen sich die Transportmöglichkeiten nach der Enge der Energiebindung an das materielle Substrat folgendermaßen gruppieren: Die Bindung ist sehr eng, wenn der energieliefernde Stoff von dem Anlieferungs- zum Verbrauchsort bewegt wird. Derartige *Energieüberführungen* (Bücher 1953) knüpfen sich an Stoffwanderungen, welche als greifbare Veränderungen der chemischen Untersuchung zugänglich sind. Die *Träger* können dabei *durch Diffusion* entsprechend den Gradienten des chemischen Potentials, eventuell auch in Ionenform im elektrischen Felde überführt werden. Andererseits können sie durch Änderung der Löslichkeit freigegeben oder durch Adsorption an andere Strukturen, z.B. an das Myosin gebunden werden, um dann an dem Bindungsort die Energie etwa so abzugeben, wie es durch die Spaltung des ATP bei der Muskelkontraktion geschieht. Der Diffusion im vollen Lösungsraum vergleichbar ist die Ausbreitung der Stoffe an einer vorgebildeten Grenzschicht, also in dem *Oberflächenfilm einer Leitstruktur*. Diese Art der Ausbreitung erfolgt mit sehr großer Geschwindigkeit (s. S. 238). Sie kann bei den Vorgängen an lipoiden Grenzflächen und damit z.B. an den Mitochondrien oder den Chloroplasten für Stoffe mit lipophilen Gruppen in Frage kommen. Zu letzteren gehört auch die Liponsäure bzw. ihre in diesem Zusammenhang besonders aktive offene Form als die Dithioliponsäure oder die Acetylliponsäure. Hierbei muß nicht nur an die Bindung sondern auch an die Verteilung der Vitamine K oder E in den Mitochondrien gedacht werden. Sie sind sowohl wegen des Benzolringes als vor allem wegen des Phytholrestes lipophil und kommen außerdem als Zwischenträger energiereicher Phosphate in Frage (s. S. 495). Der mit dem ATP-System zusammenhängende Transport dürfte zur Hauptsache durch die diskutierten Möglichkeiten der Energieüberführung vollzogen werden.

Im Einzelfall physikalisch schwerer zu deuten als die Überführung von an Materie geknüpfter Energie ist jene Form des Vorganges, bei dem die Substanz nicht wandert oder mindestens nicht als solche den Weg der Energie geht. Er selbst aber sei noch an eine vorgegebene Struktur gebunden. Nur in diesem Fall soll mit BÜCHER von *Energieleitung* gesprochen werden. Der Vergleich mit der Elektronenleitung im Draht oder in einem Halbleiter mag zur Einführung in die notwendige Analyse dienen, wie die Parallele zur Wärmeleitung die Frage nahelegt, ob auch ähnliche Vorgänge für die Energieleitung in vivo von Bedeutung sein können. Schließlich ist auch zu prüfen, wieweit Strahlungsprozesse nennenswerte Energieübertragungen im Bereich des Lebendigen ermöglichen. Sie sind nicht an Materie gebunden und können sich grundsäztlich wie die Ausbreitung elektromagnetischer Felder auch im Vakuum vollziehen (*Energiestrahlung nach* PATAT 1947).

Ehe man sich geeignete Vorstellungen über die möglichen Einzelvorgänge bildet, muß die Frage nach der *Existenz einer Energieleitung durch die strukturierten Elemente* der Zellen überhaupt gestellt werden. Sieht man von der in diesem Zusammenhang zu komplexen biologischen Erregungsleitung ab, dann geben photochemische Versuche die besten Beweise für das Vorhandensein derartiger Leitungsprozesse. Schon 1936 schlossen GAFFRON und WOHL aus kinetischen Befunden bei der Photosynthese, daß eine *assimilatorische Einheit* von etwa 1000 Chlorophyllmolekülen existieren müsse, welche die irgendwo aufgenommene Strahlungsenergie verlustlos auf ein CO_2-Molekül übertragen müßte. Diese Annahme konnte in dieser Form nicht aufrecht erhalten werden (vgl. dazu S. 505). Unter sehr gut definierten Bedingungen wurde jedoch die *Weiterleitung* von aufgenommener Lichtenergie *im Eiweißmolekül* durch BÜCHER (1946) bewiesen. 1 Molekül Muskelhämoglobin (Myoglobin) bindet an das einzige Fe-Atom, welches es besitzt, ein Molekül CO. Diese Verbindung wird durch Lichteinstrahlung aufgespalten. Exakte photochemische Messungen ergeben, daß dazu nur 1 Lichtquant pro Molekül gebraucht wird. Nun wird das Licht im Sichtbaren durch die gefärbte Fe-Komponente, also den im Verhältnis zur Größe des Moleküls kleinen Häminanteil, absorbiert. Belichtet man aber bei 280 mμ, wo Tyrosin und Tryptophan, also die zyklischen Anteile des Eiweißes, etwa die Hälfte des Lichtes aufnehmen, dann genügt ebenfalls schon ein Quant zur CO-Abspaltung. Es muß daher eine *Energie-leitung von den absorbierenden Teilen des Eiweißes zur Fe-haltigen Wirkgruppe* statt-finden. Denn sonst hätten bei dieser Wellenlänge etwa 2 Quanten für die Ab-spaltung eines CO absorbiert werden müssen.

Daß solche *innermolekularen Energieleitungen* zu den *grundlegenden Eigen-schaften von* globulären und vielleicht auch Faden-*Proteinen* gehören, ist mehr als wahrscheinlich. Es stellt sich immer mehr heraus, ein wie großer Teil der Zell-proteine Fermentcharakter trägt. Bei der Fermentwirkung aber kommt es mit darauf an, daß irgendwie vom Eiweißmolekül aufgenommene Energie der lokali-sierten Wirkgruppe als aktivierende Energie übertragen wird (s. S. 565). Leitungs-funktion durch das Molekül ist daher eine mögliche Vorbedingung zu solchen Übertragungen.

Die Analyse der durch *Röntgenbestrahlung* hervorgerufenen *Mutationen* führte zu einer ähnlichen Forderung. Der *Trefferbereich* im Chromosom, von dem aus eine Wirkung ausgelöst wird, umfaßt einen *Komplex von mindestens 1000 Atomen.* Irgendwo besteht auch in ihm das *Gebiet sehr weniger* für das Zustandekommen der Mutation *verantwortlicher Atome,* dem die an beliebiger Stelle im großen Molekül aufgenommene *Energie zugeleitet* wird (TIMOFEEFF-RESSOVSKI 1947).

Wenn *Wärmeenergie* aus der Umgebung eines Reaktionsortes aufgenommen wird und in *chemische Arbeit* übergeht, handelt es sich um einen Vorgang mit Entropievermehrung. Das negativ zu nehmende Entropieglied bestimmt nach der bekannten Gleichung des 2. Haupt-satzes (21) den Anteil an freier Enthalpie, welcher über die Änderung der Gesamtenergie hinaus verfügbar und dem Wärmeinhalt der Umgebung entzogen wird. Diese sonst zu Ver-lust gehende Wärme entstammt jenen Vorgängen, welche den steady state und mit ihm die Entropie des Gesamtsystems und bei den betreffenden Organismen den isothermen Zustand erhalten. Die Entnahme aus diesem Reservoir kann aber kaum als Energietransport bezeichnet werden.

Die Übernahme und der Transport von Aktivierungsenergie hängen (s. S. 562) weitgehend von den kinetischen Möglichkeiten, d.h. den Freiheitsgraden (s. S. 385) der Molekülbewegungen ab. Sie bieten bei den Leitstrukturen, d.h. den *Makromolekeln mit ihrer sehr großen Anzahl von Freiheitsgraden,* besondere Verhältnisse. Es handelt sich hierbei prinzipiell um Schwingungen der Atomkerne gegeneinander, deren Energieeinhalt $R \cdot T$ bzw. $2T$ oder $2 \cdot 300$ cal $= 0,6$ kcal pro Freiheitsgrad bei 27° ist. Demgegenüber liegt die Trennungsenergie einer Haupt-valenzbindung etwa 100fach höher. Eine noch relativ kleine Makromolekel mit 10^4 Schwingungsmöglichkeiten würde 6000 kcal pro Mol enthalten und damit etwa schon 100 Bindungen spalten können, falls diese Energie sich auf die ganze Molekel verteilen würde. Da sich die Spaltung aber offenbar nicht vollzieht, sind die Schwingungen der sich stets wiederholenden gleichartigen Oscillatoren ent-weder nicht gut miteinander gekoppelt, oder die Energie ist nicht in beliebigen Mengen übertragbar. Bei periodisch aufgebauten Polymeren stimmen nun die Schwingungen gut überein, und die Festigkeit der Hauptvalenzbindung verlangt außerdem eine gute Koppelung. Die Stabilität solcher Molekeln muß selbstver-ständlich dadurch erklärt werden, daß die *schwingenden Oscillatoren* nicht jeden Energiebetrag aufnehmen können, sondern *nur Quanten* bestimmter Größe. Ihr Calorienwert beträgt $W = h \cdot v \cdot N_L$, wo v die Eigenfrequenz der Schwingung ist. Bei einer Wellenlänge der Schwingungsbanden zwischen etwa 1 und 10 μ liegt die zu tauschende Energie zwischen 30 und 3 kcal/mol Quanten. Auch der kleinste dieser Werte kann von einem Oscillator noch nicht durch die Zimmertemperatur sondern erst durch 1500° K bzw. 1200° C aufgebracht werden. Bei einem kleineren RT-Produkt wird die entsprechende Schwingung daher auch nicht angeregt; diese

Wärmeenergie geht verloren. Die Makromolekel nimmt zunächst nur sehr wenige — der Boltzmannschen Geschwindigkeitsverteilung entsprechend — und sehr kleine Schwingungsquanten auf und dürfte sich so bei Zimmertemperatur in ihrer Stabilität noch kaum von dem Zustand bei $T = 0$ unterscheiden (vgl. NERNST-KÖRPER, s. S. 433). Andererseits müssen die schon angeregten Quanten über das System der Oscillatoren mit der entsprechenden Eigenfrequenz durch die Molekel fluktuieren. Dabei hängt die Verteilung auf das ganze Molekül von der Abstimmung der Oscillatoren und ihrer Koppelungsgüte ab. Der Vorgang selbst kommt einer Energieausbreitung von einem Erzeuger- zu einem Empfänger-Ort gleich. Seine Bedeutung kann in der *Übernahme und Verteilung von Aktivierungsenergie* gesehen werden. Dabei könnten schon genügend energiereiche Stöße die kinetische Energie der Umgebung den aktivierenden Zentren z. B. eines Fermentproteins zuleiten (PATAT 1953).

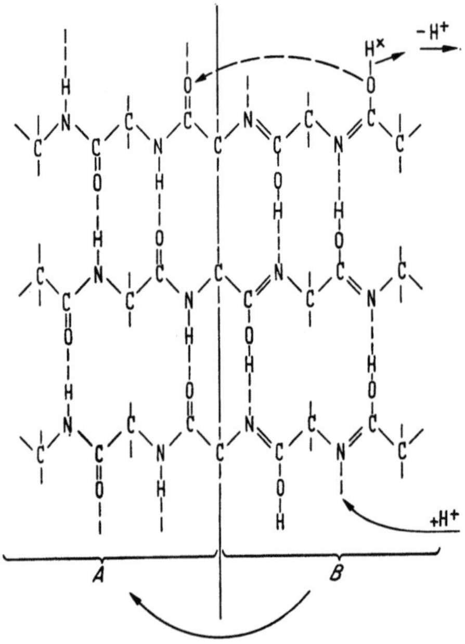

Greifbarere Vorstellungen über die Beteiligung der Materie sind dann möglich, wenn der Aufbau des Substrates die Weiterleitung von *tautomeren oder mesomeren Umlagerungen* erlaubt. Im ersteren Fall sind Protonen und im zweiten Elektronen diejenigen Elementarteilchen, welche mit der Fortleitung der Zustandsänderung verknüpft sind. Als Modell für die *Bewegung der Protonen* ist von RIEHL (1956), EIGEN (1957) u. a. die elektrolytische Beweglichkeit der H^+-Ionen in Wasser und in Eis herangezogen worden. Hier legt das Wasserstoffion nur einen kleinen Teil seines Weges durch das Wasser zurück. Zur Hauptsache gibt dessen polymere Struktur, welche durch H-Brücken geknüpft ist, die Möglichkeit zu ihrer Umlagerung durch intermolekulare Übertragung des Protons. Dadurch, daß es auf einer Seite angelagert wird, erfolgt die Freigabe des nächsten, aus eben der gleichen Molekel gelieferten in die entgegengesetzte Richtung. Die vorgegebenen Wasserstoffbrücken der Aggregate sind Leitstrukturen für die Weitergabe jener Eigenschaft an die Wassermolekeln, durch Aufnahme eines überschüssigen Protons kurzfristig ein Hydronium-Ion zu werden (Abb. 179). Die Temperaturabhängigkeit der Leitfähigkeit von Eis und der von Gelatine mit geringem Wassergehalt läßt nach RIEHL die Schlußfolgerung zu, daß das an das Protein gebundene Wasser ähnlich immobilisiert wie im Eis vorliegt und Protonen in ähnlicher Weise quasi auf Kanälen durch die Molekel leitet.

Abb. 179. Keto-Enol-Umlagerung an Peptidketten (nach WIRTZ 1947, modifiziert)

EIGEN konnte mit Hilfe starker elektrischer Felder in dünnen Schichten schwach dissoziierender Stoffe wie Wasser oder Eis die Dissoziationsgeschwindigkeit aus dem sich einstellenden Sättigungsstrom entnehmen. Denn hierbei erfolgt die Abwanderung der Ionen so schnell, daß die Stromstärke allein durch die Geschwindigkeit der Nachdissoziation bestimmt wird. Es ergab sich, daß die *Protonenkonzentration im Eis* 100—1000fach *geringer* als im Wasser ist. Dagegen ist die *Protonenbeweglichkeit etwa 60fach größer*. Die Entropie des Neutralisierungsvorganges ist hier klein, ebenso auch die Dissoziationskonstante, die etwa bei 10^{-22} gelegen ist. Die extrem hohe Protonenbeweglichkeit ist auf die H-Brückensysteme des Eises zurückzuführen. Sie liegt nur um 1—2 Größenordnungen unter der der Elektronen in Halbleitern: es handelt sich um Quasi-Protonenhalbleiter. Schon im

Wasser pflanzt sich eine Strukturänderung fort. Nach WICKE und EIGEN ist das Proton in demselben $H_9O_4^+$-Komplex jeweils nur für den Zeitraum von der Größenordnung 10^{-14} sec vorhanden.

Die Wirtzsche Theorie der *kooperierenden H-Brücken* geht von der Polypeptidstruktur der Eiweiße aus und legt das Hauptgewicht auf die Keto-Enolumwandlung der Säureamid- zur Peptenolbindung (SCHAUENSTEIN):

$$-CO-NH- \rightarrow -\underset{\underset{OH}{|}}{C}=N-$$

Wie die Abb. 179 zeigt, verlaufen die Wasserstoffbrücken senkrecht zu den Peptidketten. In ihr sind die Grenzzustände dargestellt, welche einer vollzogenen Protonenverschiebung entsprechen. Unter Berücksichtigung der Wasserstoffbrücken ergeben sich folgende Bilder für beide Grenzstrukturen:

$$R \cdot C \underset{N-H\cdots O}{\overset{O\cdots H-N}{<}} C \cdot R \quad \text{und} \quad R \cdot C \underset{N\cdots H-O}{\overset{O-H\cdots N}{<}} C \cdot R.$$

Würde nun das in Abb. 179 markierte H-Atom als Proton abgegeben, so daß am benachbarten O ein negativer Ladungsüberschuß entsteht, dann führt dieser zur Ausbildung der Doppelbindung zwischen C und O nach folgendem Schema:

$$H^+ \leftarrow H \; :\ddot{O}: \; \overset{C}{\underset{C}{C}} \; :\ddot{N} \leftarrow H^+ \quad \text{aus} \quad HO- \qquad (B)$$
$$\downarrow$$
$$\ddot{O}: \; \overset{C}{\underset{C}{C}} \; :\ddot{N}: \; H \qquad (A)$$

Links dissoziiert ein Proton ab; dann haben die Atome O, C, N mit 18 Außenelektronen einschließlich der zwei Valenzelektronen zu dem oben und unten gezeichneten C eine negative Überschußladung. Indem das links am O zurückgelassene Elektron nunmehr dem rechten N-Atom zufließt, macht es dieses zur Aufnahme des Protons bereit, das der Wasserstoffbrücke zur unteren Enol-OH-Gruppe entstammt. Diese ihrerseits wird dadurch zur Ketogruppe, und unter Wiederholung des Vorganges pflanzt sich die Umlagerung vom Zustande B in A in senkrechter Richtung zu den Peptidketten fort.

Soweit man den Eiweißen die *Paulingsche Spirale* zugrunde legen kann, geschieht die *Leitung* bei ihnen etwa *in ihrer Längsrichtung*, dem Verlauf der H-Brücken entsprechend in drei parallelen Bahnen. Die elektrischen Momente addieren sich in gleicher Richtung (s. S. 345). Dadurch, daß beide tautomeren Formen zur Resonanz befähigt sind, wird die energetische Differenz zwischen beiden herabgesetzt. Es scheint, daß die zur Umlagerung erforderliche Aktivierungsenergie sehr klein ist. Die Rückorientierung zur Ausgangsform wird in diesen Fällen freiwillig erfolgen (vgl. BROSER u. LAUTSCH).

Die Weitergabe eines Protons bei der tautomeren Umwandlung spielt in der sog. *Kontinuumtheorie* (SZENT-GYÖRGYI 1947, RIEHL, SCHMITT u.a.) nicht die entscheidende Rolle, obwohl die Verwandlung selber für die *Amidketten-Theorie von* SCHMITT (1947) unerläßlich ist. Die durch die H-Brücken hergestellten und quer zum Peptidrost verlaufenden Amidketten sollen danach als ganze zur Resonanz befähigt sein. Sie würden ähnlich wie die Verbindungen mit konjugierten

Doppelbindungen ihre π-Elektronen (s. S. 34) gleichmäßig über die Kette verteilt enthalten. Und diese Verteilung würde bei dem Übergang beider tautomerer Formen eine Änderung erfahren müssen, welche sich über das System fortpflanzt. Eine Veränderung des Tautomeriegleichgewichtes ist aber bei diesen Systemen nicht einmal erforderlich. Wegen der Überlappung der π-Elektronen würde sich jeder Elektronenübergang in der konjugierten Leitstruktur der H-Brücken ausbreiten. Das Wesen dieser Auffassung besteht darin, daß locker gebundene π-Elektronen durch Energiezuführung in einen angeregten Zustand übergehen, in dem sie ohne Bindung an ein bestimmtes Atom dem Elektronensystem um eine Leitstruktur gemeinsam angehören. Damit wird ein Anschluß an die *Leitungsvorgänge in einem Halbleiter* gewonnen, für die exakter begründete quantitative Theorien vorliegen. Sie haben sich aus den Erfahrungen über die *Kristallphosphore* entwickelt. Diese enthalten in der Grundsubstanz, z. B. ZnS, kleine Mengen des Aktivators, wie 0,01 % Cu, der das Luminescenzlicht ausstrahlt. Aus der Größe der absorbierten Lichtmenge ist zu entnehmen, daß jedes Atom im Gitter des Trägers ZnS imstande ist, die Energie aufzunehmen und an das emittierende Cu-Zentrum weiterzuleiten. Diese Leitung geschieht durch gelockerte Elektronen, welche nicht mehr dem einzelnen Atom, sondern dem ganzen Kristall angehören und sich in ihm bewegen können, bis sie unter Abgabe von Energie an einer bestimmten Störstelle, dem aktiven Zentrum, abgefangen werden. Die gelockerten, d. h. angeregten Elektronen befinden sich in den sog. *Leitfähigkeitsbändern* in einem quantenmäßig zugelassenen Energiezustand mit je einem bestimmten Energiewert. Sie sind also, obwohl von den Einzelatomen getrennt, nicht unabhängig von der Summe der Atomkerne des betreffenden Gefüges. Eine Leitung setzt ein, entweder wenn die Zahl der sich in den Bändern aufhaltenden Elektronen vermehrt wird (Überschuß-, n-Leitung der Halbleiter). Ebenso findet eine Weiterleitung statt, wenn ihre Zahl in den Leitfähigkeitsbändern abnimmt, in ihnen also ein Loch entsteht (Defekt- oder p-Typ der Halbleiter). Die Überschüsse an negativer Ladung (n-) oder die Defekte, d. h. positive Ladung (p-), beziehen sich auf die Zahl der Elektronen pro Gitter, also pro Struktur-Einheit und bedeuten eine Abweichung von der stöchiometrischen Zusammensetzung. Letzten Endes wandern also Störstellen.

Die Untersuchung des *Hall-Effektes* scheint bei Eiweißen auf Schwierigkeiten zu stoßen. Er besteht darin, daß die halbleitenden Elektronen, welche in einem angelegten Spannungsgefälle zur Anode fließen, durch ein senkrecht zu ihrer Richtung angelegtes Magnetfeld in der Querrichtung zum Stromfluß abgelenkt werden. Daher wird jetzt auch ein quer zum elektrischen Feld fließender schwacher Strom nachweisbar. Die zugrunde liegende Hall-Spannung hat bei p und n-Halbleitern entgegengesetztes Vorzeichen.

Wenn man nun mit den zuvor genannten Autoren auch den *Proteinen die Eigenschaft einer ähnlichen Elektronenleitung* zusprechen will, dann müßten bei ihnen wie in den Kristallen Energiezustände der gelockerten Elektronen mit geeigneten Potentialwerten möglich sein. Denn nur ein bestimmtes Energieniveau, das durch den Abstand von den Gitterpunkten und ihr Potential bedingt ist, läßt solche Wanderung in den Leitfähigkeitsbändern zu. Wieweit gerade die Struktur der Amidketten zur Elektronenleitung in entsprechenden Bändern befähigt ist, steht dahin. Gewisse Schwierigkeiten ergeben sich deswegen, weil die Wasserstoffkerne in den H-Brücken räumlich nicht genügend fixiert und weil eine reine Mesomerie nur an Systemen mit gleichbleibenden Kernabständen möglich ist. Dieser Einwand ist jedoch wahrscheinlich nicht ausreichend, um eine Halbleiterfunktion des Eiweißes abzulehnen. Auch bei den Pseudoisocyanin-Farbstoffassoziaten dürfte diese Forderung nicht streng erfüllt sein. Dennoch verhalten sie sich nach den Scheibeschen Versuchen wie eine große Molekel mit einem gemeinsamen Elektronensystem anderer Energieterme. Damit besitzen sie auch den Monomeren gegenüber geänderte Absorptionsbanden (1948).

V. SZENT-GYÖRGYI stützt seine Kontinuumtheorie auf Versuche an Gelatinefilmen, welche fluorescierende Farbstoffe enthalten (*Gelatinephosphore*, FRÖHLICH und MISCHUNG 1944). Sie zeigen bei Energieaufnahme durch Belichtung eine Zunahme ihrer elektrischen Leitfähigkeit. EVANS und GERGELY errechnen, daß die aufgenommene Anregungsenergie von der Größenordnung der einer Hauptvalenzbindung sein müßte. Die Wärmebewegung kann bei Zimmertemperatur den Elektronen nicht genügend Energie zuführen, um sie auf das Niveau der Leitfähigkeitsbänder im Eiweiß zu heben. Das wäre nach GERGELY durch UV-Photonen gerade erreichbar (1949).

RIEHL hat schon 1943 die Frage aufgeworfen, wieweit der Elektronentransport beim Durchlaufen der Atmungskette durch die Leitfähigkeit entsprechender Strukturen der Cytochrom-Proteine ermöglicht würde. Eine Entscheidung ist bis jetzt nicht getroffen; denn es besteht die Möglichkeit, daß der zugehörige einstufige Redoxprozeß allein durch Berührung der betreffenden in das Mitochondrium eingebauten Proteine erfolgt (B. CHANCE 1956) .Eine gewisse Elektronenleitung aber in der Nachbarschaft der aktiven Zentren muß hier vom Eiweiß vollzogen werden (H. THEORELL, s. S. 626). Damit würde ausgesagt, daß *Proteine die Funktion von Redoxelektroden übernehmen können*. Wie blankes Platin müßten sie dann 1. an den aktiven Zentren Elektronen aus gelösten Redoxsystemen übernehmen und 2. diese mit Hilfe der besprochenen Mechanismen weiterleiten. Es ist sehr wahrscheinlich, daß beide Funktionen grundsätzlich von Protein ausgeübt werden können. Es ist aber nicht sicher, daß jedes Protein beide gleichzeitig zu vollziehen in der Lage ist. Wenn diese Voraussetzung jedoch erfüllt ist, dann ist damit zugleich ein Weg aufgezeigt, auf dem die Energie aus Redoxsystemen entnommen und weitergeleitet werden kann.

Auch für das Vorkommen der sog. „*Energiestrahlung*" lassen sich *Modellversuche* anführen. FÖRSTER hat z.B. zur Diskussion gestellt, daß die Energie bei biologischen Leitungsvorgängen ohne Bindung an einen substantiellen Träger wandern könne, und führt als Beispiel seine Erfahrungen über die Löschung von Fluorescenzerscheinungen gelöster Farbstoffe an. Hierbei findet ein Übergang von dem durch Lichteinstrahlung angeregten Molekül auf ein zweites usw. statt. Die Übertragungsgeschwindigkeit ist der 6. Potenz des Abstandes umgekehrt bzw. dem Quadrat der Konzentration direkt proportional. Für $^1/_{10}$ mol. Lösung von Fluorescein ergab sich eine Energiewanderung über etwa 1000 Moleküle hinweg. Nach neueren Feststellungen kann diese freie Energieübertragung über einen Abstand von 70 Å zwischen den Farbstoffmolekülen erfolgen (1946).

Ob die Fortpflanzung aller vorstehend beschriebenen Zustände ohne Energieverlust abläuft, ist zur Zeit noch nicht zu übersehen. Es ist aber durchaus damit zu rechnen, daß die Leitungssysteme nicht vollständig durchgebildet sind, so daß die Verluste bei genügender Größe der Moleküle merklich werden. Vielleicht ist sogar darin ein Grund für die so oft gefundene Ausbildung von Elementareinheiten der Molekulargewichte bei den Proteinen zu sehen (17000).

Für die Aufgabe der Eiweiße, Katalysatoren im oxydoreduktiven Geschehen zu sein, dürfte ihre Fähigkeit zur Energieleitung Bedeutung besitzen. Einige Vorstellungen von ihrer Wirkungsweise als Fermente bauen sich auf den geschilderten Überlegungen auf. Ihre Erörterung ist erst möglich, wenn das Grundsätzliche über die Beeinflussung von Reaktionsgeschwindigkeiten durch Katalysatoren gesagt ist.

IX. Die Steuerung der Geschwindigkeit biochemischer Reaktionen

> *... sie stießen aufeinandertreffend zusammen und die einen prallten voneinander ab, wo es sich gerade so träfe, die anderen verflöchten sich miteinander infolge des passenden Verhältnisses ihrer Formen, Größe, Lage und Anordnung und „blieben zusammen", und so komme die Entstehung der zusammengesetzten Körper zustande.*
>
> *Leukipp (Aus Aristoteles: Über den Himmel)*

Grundsätze chemischer Kinetik

Thermische Eigenschaften von Stoffen, Bildungs- und Reaktionswärmen gestatten mit Hilfe der 3 Hauptsätze Urteile über *Ausmaß und Möglichkeiten* chemischer Reaktionen; über die Bedingungen ihrer *Verwirklichung* sagen sie nichts aus. Denn es *hängt von zahlreichen Milieueigenschaften ab*, ob sich ein energetisch zugelassener Vorgang mit genügender Geschwindigkeit vollzieht, so daß man praktisch von seinem Zustandekommen sprechen kann. Die *Kinetik befaßt sich mit den Gesetzmäßigkeiten, denen die Reaktionsgeschwindigkeit gehorcht.* Ihr allgemeines Ergebnis ist, daß jede Reaktion durch aktive Moleküle des beteiligten Stoffes vermittelt wird. Zur Aktivierung ist die Aufnahme von Energie notwendig. Entstehen Atome im angeregten Zustand, dann kann die Energieübernahme nur quantenmäßig, etwa durch Photonen des Inhalts $h \cdot v$, erfolgen. Bei der Aktivierung durch Wärme genügt die kinetische Energie eines Moleküls, welches beim Zusammenstoß mit einem anderen eine bestimmte Stoßenergie überträgt. Sie muß mindestens in Höhe der *Aktivierungsenergie* zugeführt werden, um jene Schranke zu überwinden, die dem spontanen Ablauf der Reaktion entgegensteht. Weil nun dieser hindernde Energieberg für verschiedene Systeme sehr verschieden hoch ist, wird auch die Zahl der unter allen Zusammenstößen der Moleküle erfolgreichen Stöße sehr verschieden hoch sein, so daß nur ein kleiner Bruchteil von ihnen zur Auslösung der Reaktion führt. Für die Wärme ergibt sich dieser Bruchteil aus der bei gegebener Temperatur gültigen relativen Verteilungskurve der molekularen Geschwindigkeiten. *Der verschiedene Anteil der wirksamen Stöße bedingt verschiedene numerische Werte der Reaktionsgeschwindigkeiten*, die in den individuellen *Geschwindigkeitskonstanten* zum Ausdruck kommen.

Die Geschwindigkeit von Reaktionen verschiedener Ordnung

Der *Gesamtumsatz ist um so größer, je mehr Moleküle zusammenstoßen*, d.h., *je höher* ihre Zahl in der Raumeinheit, *also die Konzentration oder besser die Aktivität (a), ist*. Im Idealfall ist der Prozentsatz der wirksamen Stöße unabhängig von der Konzentration. Ist $-da$ die Menge des in der Raumeinheit und der Zeit dt umgesetzten Stoffes, dann ergibt sich für die Reaktionsgeschwindigkeit:

$$v = -\frac{da}{dt} = k \cdot a, \tag{1}$$

d.h., die Geschwindigkeit ist der Konzentration des zerfallenden Stoffes a proportional. Dieser einfache Ansatz ist gültig für den sog. *monomolekularen Vorgang*, bei dem Stöße zwischen Molekülen der gleichen Art eine Reaktion nach dem Typ: $AB \to A + B$ zur Folge haben (Reaktion 1. Ordnung).

Handelt es sich z.B. um den durch Säuren beschleunigten oder erst eingeleiteten Zerfall von Rohrzucker, dann nimmt seine Konzentration (a) mit der Geschwindigkeit $v = -\dfrac{da}{dt}$ ab, dagegen die der sich bildenden Monosen (x) zu:

$$v = \frac{dx}{dt}\,. \tag{2}$$

Da das Wasser in sehr hohem Überschuß zugegen ist, wird seine Menge praktisch durch den hydrolytischen Vorgang nicht geändert und wirkt also nicht geschwindigkeitsbestimmend. Die Reaktion verläuft so, als ob Wasser unbeteiligt wäre und nur das Disaccharid zerfiele: pseudounimolekulare Reaktion. Es handelt sich hier wie bei sehr zahlreichen Prozessen, besonders den hydrolytischen Spaltungen, um bimolekulare Reaktionen, die formelmäßig unter dem Bilde einer Reaktion 1. Ordnung ablaufen. Allgemein gibt die *Ordnung einer Reaktion* jenen Exponenten an, mit denen die Konzentrationswerte der beteiligten Stoffe in den jeweiligen kinetischen Ansätzen auftreten. Es kann also eine Reaktion 1. Ordnung für den monomolekularen Ablauf zutreffen, aber auch, wie in dem soeben geschilderten Fall, für einen bimolekularen. Denn wenn die Konzentration des einen Partners wie die des Wassers konstant bleibt, fällt ihre Einführung in den Geschwindigkeitsansatz fort, so daß der Ablauf tatsächlich nur durch die Konzentration des anderen Partners bestimmt wird. Wenn, wie z.B. in Fermentsystemen bei sehr hohen Substratkonzentrationen der Ablauf auch unabhängig von dieser wird, spricht man von einem Reaktionsvorgang 0. Ordnung. Denn die Konzentrationen gehen jetzt gar nicht, d.h. mit dem Exponenten null in den Differentialansatz ein.

Als Beispiel eines echten unimolekularen Vorgangs kommt neben einigen Gasreaktionen der radioaktive Zerfall in Betracht. Bei ihm liefert die Integration des Differentialansatzes (1):

$$-k \cdot dt = \frac{da}{a}; \quad -kt = \int \frac{da}{a} = \ln a + C\,, \tag{3}$$

für $t = 0$ wird die Menge a_0 gesetzt, so daß

$$-C = \ln a_0 \quad \text{und} \quad -kt = \ln a - \ln a_0 \quad \text{bzw.} \quad e^{-kt} = \frac{a}{a_0} \quad \text{und} \quad a = a_0 \cdot e^{-kt} \tag{3a}$$

und $kt = \ln \dfrac{a_0}{a}$ wird.

Für die Zeit τ, nach der $a = a_0/2$ und damit $e^{-kt} = \tfrac{1}{2}$ geworden ist, erhält man:

$$-k\tau = \ln \frac{1}{2} \quad \text{oder} \quad k\tau = \ln 2 \quad \text{und} \quad \tau = \frac{\ln 2}{k} = \frac{0{,}693}{k}\,. \tag{3b}$$

Aus der Zeit also, bis zu der der Ausgangsstoff auf die halbe Konzentration gesenkt wurde *(Halbwertzeit, τ)*, ergibt sich die Reaktions- oder Zerfallskonstante in einfacher Weise. *τ ist hier unabhängig von der Anfangskonzentration.* Diese formalen Beziehungen einer *einfachen Exponentialgleichung* haben sich auch für komplexe Vorgänge wie *Gewichtsabnahme beim Hungern oder bei der Analyse von Mutationen oder Tötungen unter Röntgen- und Korpuskular-Strahlenwirkung als gültig herausgestellt.*

Führt man nun bei der Analyse einer monomolekularen Reaktion statt der Ausgangskonzentration a_0 die augenblickliche, d.h. die um den jeweiligen Wert des entstandenen Reaktionsproduktes (x) verminderte Konzentration ein, dann erhält man:

$$\frac{dx}{dt} = k(a_0 - x)\,. \tag{4}$$

Die Integration des daraus folgenden Ansatzes: $k \cdot dt = \dfrac{dx}{a_0 - x}$ ergibt nach Einführung von: $z = a_0 - x$ mit $dx = -dz$:

$$kt = -\int \frac{dz}{z} = -\ln(a_0 - x) + C. \tag{4a}$$

Für $t = 0$ wird $C = \ln a_0$ und damit:

$$kt = \ln \frac{a_0}{a_0 - x} = 2{,}3 \cdot \log \frac{a_0}{a_0 - x} \quad \text{oder} \quad \frac{a_0}{a_0 - x} = e^{kt}. \tag{4b}$$

Für den zu der Zeit t noch vorhandenen Bruchteil von a_0 erhält man dann: $\dfrac{a_0 - x}{a_0} = e^{-kt}$ und für den schon umgesetzten Anteil: $x = a_0(1 - e^{-kt})$. Beide Formeln (3a) und (4b) finden bei den oben genannten komplexen biologischen Vorgängen, bei denen das meßbare Geschehen einer jeweils vorhandenen Ausgangsgröße proportional ist, umfangreiche Anwendung. Seit den Untersuchungen von WILHELMY (1880) über die Säurehydrolyse von Rohrzucker sind jene Gleichungen für viele andere Reaktionen in Versuchen bestätigt worden, bei denen der prozentige Umsatz der Versuchszeit zugeordnet wurde. Die dabei erhaltenen Kurven gibt die Abb. 180. *Charakteristisch ist die schnelle Umsetzung mit niedriger Halbwertzeit.*

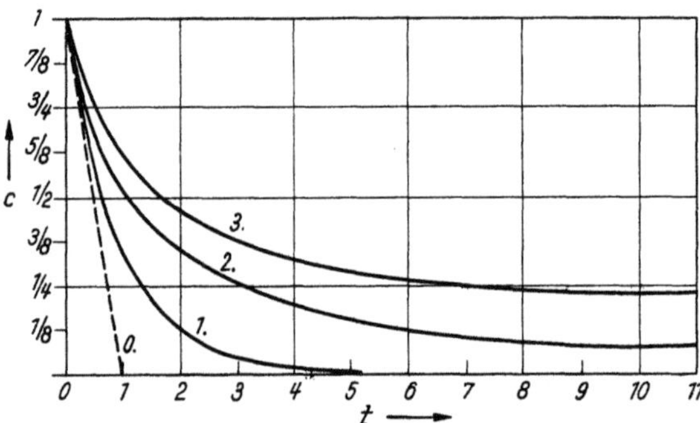

Abb. 180. Reaktionsgeschwindigkeit und Reaktionsordnung. In allen Fällen ist $k = 1$ und $C_0 = 1$. 0-, 1-, 2-, 3-Reaktionen 0., 1., 2., 3. Ordnung

Betrachtet man nun eine Reaktion des Typs: $A + B \rightarrow AB$ *(Reaktion 2. Ordnung, dimolekulare Reaktion)*, dann wird der Zusammenstoß des Moleküls A mit B die Voraussetzung für ihren Ablauf sein. Die Zahl dieser Stöße ist um so größer, je höher die Konzentration beider Partner ist.

Setzt man im Versuch die Konzentration beider gleich an $(a = b)$, dann ist die Reaktionsgeschwindigkeit:

$$-\frac{da}{dt} = k \cdot a^2, \tag{5}$$

sie ist dem Quadrat der Konzentration proportional. In ähnlicher Weise würde eine trimolekulare Reaktion: $A + B + C \rightarrow ABC$ bei gleicher Anfangskonzentration der drei Partner ergeben:

$$-\frac{da}{dt} = ka^3 \tag{6}$$

usw. *(Reaktion 3. Ordnung usw.)*. Die Integration für die bimolekulare Reaktion liefert:

$$-k \cdot t = \int \frac{da}{a^2} = \int a^{-2} \cdot da = -\frac{1}{a} + C;$$

$$\text{bei} \quad t = 0 \quad \text{ist} \quad C = \frac{1}{a_0};$$

für a zur Zeit t folgt:

$$k \cdot t = \frac{1}{a} - \frac{1}{a_0} = \frac{a_0 - a}{a_0 \cdot a}. \tag{5a}$$

Wird wieder die Konzentration des Reaktionsproduktes (x) berücksichtigt, dann lautet der Ansatz:

$$\frac{dx}{dt} = k(a_0 - x)(b_0 - x). \tag{5b}$$

Seine Integration mit Hilfe der hier nicht zu erörternden Partialbruchmethode
führt zu:

$$kt = \frac{1}{b_0 - a_0} \ln \frac{a_0(b_0 - x)}{b_0(a_0 - x)} \, . \tag{7}$$

Geht man wieder von der gleichen Anfangskonzentration beider Partner aus
$(a_0 = b_0)$, dann folgt, da $a_0 - x = a$, durch Einsetzen in Gl. (5):

$$\frac{dx}{dt} = k \cdot (a_0 - x)^2 \, .$$

Durch Einsetzen von $(a_0 - x)$ in das Ergebnis der Integration (5 a) folgt die oft
benutzte Gleichung:

$$kt = \frac{x}{a_0(a_0 - x)} \, . \tag{8}$$

Für $x = \tfrac{1}{2} a_0$ ist die Umsatzzeit:

$$\tau = \frac{1}{k \cdot a_0} \, . \tag{8a}$$

Hier ist also die Halbwertzeit der Anfangskonzentration umgekehrt proportional.
Die Integration des einfachen trimolekularen Ansatzes (6) liefert:

$$kt = \frac{1}{2}\left(\frac{1}{a^2} - \frac{1}{a_0^2}\right) \quad \text{und} \quad k\tau = \frac{3}{2 a_0^2} \, . \tag{9}$$

Läßt man n Moleküle sich im Stoße treffen, und sei die Konzentration der
n Partner gleich groß gewählt, dann ergibt sich für $n > 1$ der allgemeine Differentialansatz für die Geschwindigkeit einer Reaktion n-ter Ordnung zu:

$$\frac{dx}{dt} = k_n \cdot (a_0 - x)^n; \quad \text{ihr Integral ist:} \quad t \cdot k_n = \frac{1}{(n-1) a_0^{n-1}}\left[\left(\frac{a_0}{a_0 - x}\right)^{n-1} - 1\right]. \tag{10}$$

Bei der Reaktion 1. Ordnung ist zu der Zeit τ die Hälfte noch nicht umgesetzt, nach $2\tau \, ^1/_4$,
nach $3\tau \, ^1/_8$ usw. Bei der bimolekularen Reaktion und gleichem k ist τ größer: z. B. 1 für
$a = 1$ anstatt 0,693 bei der Gleichung 1. Ordnung; außerdem ist das 3. Viertel nicht nach
$(1 + 1) \cdot \tau$, sondern erst nach $(1 + 2) \cdot \tau$ verbraucht, von dem Rest die Hälfte, $^1/_8$, nach $(3 + 4) \cdot \tau$
usw. Der letztere Vorgang vollzieht sich also wesentlich langsamer: *noch weniger schnell ver-
läuft er bei der trimolekularen Reaktion, denn hier ist:*

$$\tau = \frac{1,5}{k \cdot a_0^2}$$

und für die Umwandlung des 3. Viertels folgt:

$$= \frac{1,5}{(a_0/2)^2} \, ,$$

d. h. bei $k = 1$ und $a_0 = 1$ ist $t = 1,5 + 6$ usw. (Abb. 180, Tabelle 98).

Tabelle 98. Reaktionsgeschwindigkeit und Reaktionsordnung

$k = 1$; $a_0 = 1$. Halbwertzeit (τ) für 5 Umsatzperioden (I) und Gesamtzeit (t) für den
getätigten Umsatz bei Reaktionen 1., 2., 3. Ordnung.

I	Umsatz	Rest	τ Reaktionsordnung			t Reaktionsordnung		
			1.	2.	3.	1.	2.	3.
1.	$^1/_2$	$^1/_2$	0,693	1	1,5	0,693	1	1,5
2.	$^3/_4$	$^1/_4$	0,693	2	6	1,386	3	7,5
3.	$^7/_8$	$^1/_8$	0,693	4	24	2,079	7	31,5
4.	$^{15}/_{16}$	$^1/_{16}$	0,693	8	96	2,772	15	127,5
5.	$^{31}/_{32}$	$^1/_{32}$	0,693	16	374	3,465	31	501,5

Während bei der monomolekularen Reaktion nach $t = 5\tau = 3{,}465$ nur noch $^1/_{32}$ unverwandelt ist, beträgt der Rest a zu der gleichen Zeit für die bimolekulare 0,224 und für die trimolekulare Reaktion 0,355, wie sich durch Einsetzen von $a_0 = 1$ und $t = 3{,}47$ in Gl. (5 a) bzw. Gl. (9) ergibt.

Versuchsdaten über die Abhängigkeit des Umsatzes von der Zeit erlauben in einfacher Weise *die Bestimmung der Reaktionsordnung* (Abb. 181). Ordnet man den $\log \dfrac{a_0}{a}$ der Zeit zu, dann bekommt man für den Fall der unimolekularen Reaktion wegen $\ln \dfrac{a_0}{a} = k \cdot t$ bzw.:

$$\log \frac{a_0}{a} = \frac{k}{2{,}303} \cdot t \qquad (10a)$$

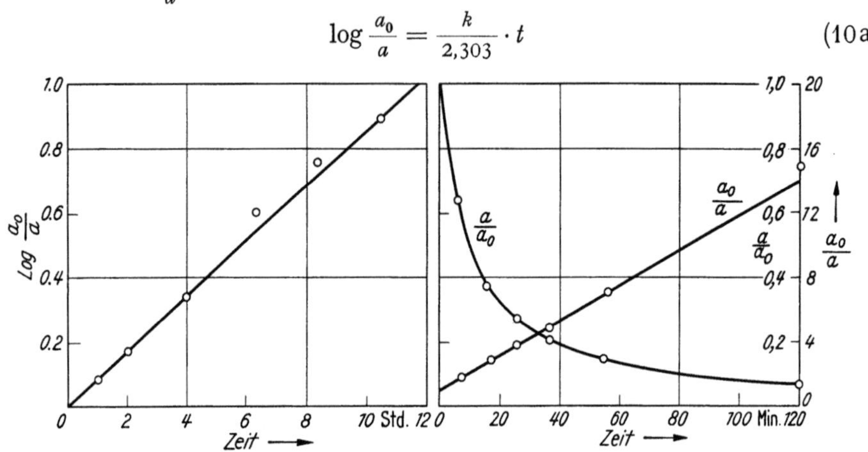

Abb. 181 a u. b. Zur Bestimmung der Reaktionsordnung. a Säurehydrolyse von Saccharose. b Spaltung von 0,02 m Essigsäureäthylester in 0,02 m NaOH (aus Höber 1947)

eine Gerade, die im Nullpunkt der Zeitachse beginnt und deren Neigung den Wert k ergibt. Bei dem bimolekularen Ansatz folgt aus (5 a) durch Multiplikation mit a_0:

$$a_0 k t = \frac{a_0}{a} - 1 \quad \text{bzw.} \quad \frac{a_0}{a} = a_0 k t + 1. \qquad (10b)$$

Wird jetzt also $\dfrac{a_0}{a}$ der Zeit zugeordnet, so erhält man wiederum eine Gerade. Sie schneidet für $t = 0$ die Ordinate beim Wert 1, bzw. die Abszisse bei $t = -\dfrac{1}{a_0 \cdot k} = -\tau$. Die Reaktionskonstanten lassen sich also in einfacher Weise graphisch erhalten.

Die physikalische Dimension der Geschwindigkeitskonstanten ist, wie sich aus den Ansätzen leicht ergibt:

$$\text{Dim } [k] = c^{-(n-1)} \cdot t^{-1},$$

wo n die Reaktionsordnung ist. Für $n = 1$ ist

$$\text{Dim } [k_1] = t^{-1}, \quad \text{für } n = 2 \text{ ist:} \quad \text{Dim } [k_2] = c^{-1} \cdot t^{-1} = m^{-1}\, l^3\, t^{-1}.$$

Ermittelt man in der beschriebenen Weise die Reaktionsordnung aus den experimentellen Daten über die Abhängigkeit der Umsatzgröße von der Zeit, dann ergibt es sich *nicht selten, daß eine niedrigere Ordnung* erhalten wird, *als nach dem stöchiometrischen Ansatz zu erwarten* ist. Die Rohrzuckerhydrolyse bot dafür bereits ein Beispiel. Trimolekulare Reaktionen sind wegen der geringen Wahrscheinlichkeit der Dreierstöße selten, bzw. ihre Geschwindigkeit ist klein. Meistens verlaufen solche Reaktionen nach folgendem Schema: $A + B + C \to ABC$ ist als Bruttogleichung anzusehen, die in die zwei bimolekularen Teilvorgänge a und b zu zerlegen ist:

$$A + B \to AB \text{ (a)}; \qquad AB + C \to ABC \text{ (b)}.$$

Die *Geschwindigkeit des ganzen Geschehens* wird im Falle derartiger und ähnlicher gekoppelter Teilreaktionen *durch die Geschwindigkeitskonstante des langsamsten Vorganges bestimmt.* (Schrittmacher —, *master reaction*). Jedenfalls trifft dieser Satz praktisch dann zu, wenn die an das langsamste Teilglied unmittelbar anstoßenden Reaktionen hohe Geschwindigkeit besitzen. Andernfalls wird die Gesamtgeschwindigkeit vom Zusammenwirken der langsamsten Teilglieder bestimmt.

Zum Beispiel verläuft die oft untersuchte Reaktion

$$CH_3COCH_3 + J_2 \rightarrow CH_3COCH_2J + J^- + H^+$$

bei konstantem pH nicht nach der 2. sondern nach der 1. Ordnung, denn es hat sich gezeigt, daß ihre Geschwindigkeit unter diesen Bedingungen nur der Acetonkonzentration proportional ist. Im allgemeinen findet man, daß die zeitbestimmenden Reaktionen in einem komplexen Ablauf, d.h. die sog. *Urreaktionen, von niedriger Ordnung* sind. Sie vollziehen sich oft an einem Zwischenstoff, welcher in die Formulierung der Gesamtreaktion nicht eingeht. Ihnen können Reaktionen mit rasch eintretendem Gleichgewicht vorgelagert sein. Oder es können von ihnen aus parallele Reaktionen abzweigen, wie etwa die der Substitution an verschiedenen Stellen des Benzolringes.

Eine Reaktion höherer Ordnung ist die bekannte Jodbildung aus Jodid und Jodat.

$$JO_3^- + 5\,J^- + 6\,H^+ + = 3\,J_2 + 3\,H_2O.$$

Sie ist zwar nicht von 12. Ordnung wie stoichiometrisch zu erwarten, sondern entsprechend:

$$v = k \cdot [JO_3^-] \cdot [J^-]^2 \cdot [H^+]^2$$

von der 5. und läuft sehr rasch ab. Durch Verdünnung wird sie aber, eben weil sie von höherer Ordnung ist (vgl. S. 538), so stark verlangsamt, daß ihr Ablauf gut meßbar wird und bei konstantem pH vorstehende Kinetik erkennen läßt. Daß gelegentlich auch höhere Ordnungen, als es der Bruttogleichung entspricht, beobachtet werden, gestattet ebenfalls Einblicke in die Natur der Zwischenreaktionen. Zum Beispiel gilt für die Reaktion zur Bestimmung freier *primärer Aminogruppen mit salpetriger Säure* in statu nascendi:

$$R \cdot NH_2 + ONOH = R \cdot OH + N_2 + H_2O$$

die Geschwindigkeitsgleichung $v = k \cdot [\text{Glycin-NH}_3^+] \cdot [NO_2^-] \cdot [HNO_2]$. Sie verläuft also als Reaktion 3. Ordnung.

Die Bestimmung der Reaktionsordnung ist dann immer erschwert, wenn der *Exponent n eine gebrochene Zahl* ist. Das ist bei komplexen Reaktionen zu erwarten, z. B. wenn zwei oder mehrere Teilreaktionen verschiedener Ordnung, aber etwa gleich geringer Geschwindigkeit limitierend sind oder auch, wenn zwei verschiedene Reaktionswege verschiedener Ordnung gleichzeitig beschritten werden. Formal ergibt sich, daß das Integral der allgemeinen kinetischen Grundgleichung (10) auch von einem nicht ganzzahligen Exponenten n erfüllt werden kann. Solche Reaktionen sind bei den Teilvorgängen der Jodatreduktion (s. oben) untersucht worden (DUSHMAN, SKRABAL). Dabei ging z. B. unter bestimmten Bedingungen die Jodidkonzentration mit der 1,85-ten Potenz in die Reaktion ein. KIESE fand, daß die Oxydation des Hämoglobins zum Methb bei konstantem O_2-Druck nicht monomolekular verläuft. Sie kann am einfachsten beschrieben werden, wenn man von zu 75% oxydiertem Blutfarbstoff ausgeht. Dann gilt für die Geschwindigkeit der Hämiglobinbildung (KIESE u. SCHNEIDER):

$$v = k \cdot [\text{Hb}^{II}_{\text{frei}}] \cdot p_{O_2}^{0,76}.$$

Wahrscheinlich beruht diese relativ komplizierte Kinetik auf der Beteiligung einzelner Gruppen des Proteins an dem Oxydationsvorgang. Auch die O_2-Dissoziationskurve wird z.B. durch SH-Gruppenreagentien wie organische Hg-Salze stark verändert. Die Beeinflussung liegt im Sinne einer Verkleinerung der hem-hem-interaction (RIGGS 1952; s. S. 624).

In diesem Zusammenhang ist die Landoltsche *Reaktion* oft untersucht worden, bei der Jodsäure durch schweflige Säure unter Bildung von H_2SO_4 zu Jod reduziert wird. Der langsamste von mehreren Teilvorgängen ist hier die intermediäre Bildung von Jodwasserstoffsäure, die dann wieder nach

$$5\,HJ + HJO_3 = 3\,H_2O + 3\,J_2$$

zum Jod aufoxydiert wird. Solange noch SO_2 vorhanden ist, wird jenes aber wieder reduziert. Erst nach seinem Verbrauch bleibt J_2 übrig und bläut nunmehr zugesetzte Stärke.

Ablauf von Konzentrationsänderungen in komplexen Systemen

Konzentrationsänderungen in einfacheren oder zusammengesetzten Systemen unterliegen häufig ähnlichen Gesetzmäßigkeiten, wie sie für die Geschwindigkeit chemischer Reaktionen soeben abgeleitet wurden. Besonders wichtig und auch relativ einfach darstellbar sind jene, welche *unter dem Bilde der Reaktion 1. Ordnung* verlaufen, sich also als Exponentialfunktionen beschreiben lassen.

Man verfolge z. B. die Konzentration einer durch Resorption in *die Blutbahn aufgenommenen Substanz*. Der Vorgang wird sich durch den Teilprozeß der Aufnahme und den der Abgabe aus dem Blut darstellen lassen. Es hat sich ergeben, daß beide sehr oft wie gewöhnliche monomolekulare Reaktionen behandelt werden können. Das ist besonders dann der Fall, wenn Diffusionsvorgänge geschwindigkeitsbestimmend werden. Denn die diffundierte Menge

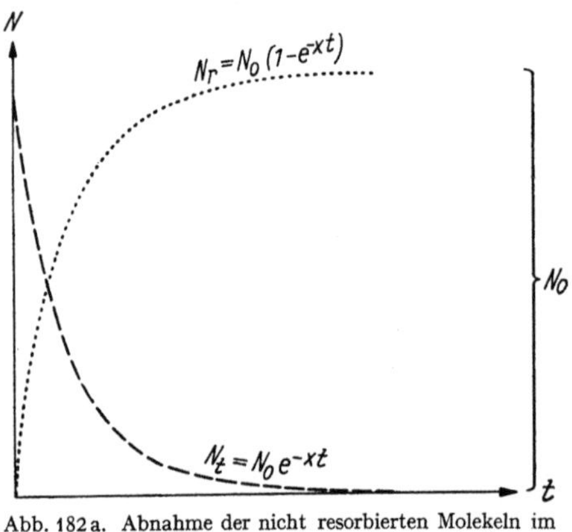

Abb. 182a. Abnahme der nicht resorbierten Molekeln im Depot (------); Zunahme der resorbierten in den Körpersäften (.......) (aus Dost)

ist den Konzentrationsgradienten proportional, und wenn durch sekundäre Reaktionen die Konzentration an einer Stelle etwa gleich Null gehalten wird, dann geht die Geschwindigkeit des Übertritts der Konzentration des diffundierenden Stoffes so parallel, wie es bei monomolekularen Umsetzungen der Fall ist. Betrachtet man nur die *Änderung der Stoffmenge in einem Depot* mit dem Ausgangsgehalt N_0, dann ist der durch Resorption verschwundene Gehalt:

$$N_r = N_0\,(1 - e^{-kt}) \quad \text{und der verbliebene Depotbestand:} \quad N_t = N_0 \cdot e^{-kt}, \quad (11)$$

wobei $N_t + N_r = N_0$ ist (vgl. Abb. 182a).

Es sei nun k_1 die Konstante für die Zunahme des aus dem Depot in das Blut übertretenden Stoffes, die sog. *Invasionskonstante* (Dost 1953), und k_2 diejenige für die Abnahme seiner Konzentration im Blut (*Eliminationskonstante*, Dost). Wird jetzt eine bestimmte Menge eines Stoffes appliziert, so muß die Geschwindigkeit ihres Überganges von ihrer Konzentration, d. h. von dem Volumen abhängig sein, auf das jene sich im Depot verteilt. Dessen Größe ist schwer zu bestimmen. Daher hat Dost als „Dosis" jene Stoffmenge definiert, welche nach vollständiger Resorption und gedachtem Verteilungsgleichgewicht einen ganz bestimmten anfänglichen Blutspiegel erzeugt haben würde. Diese *fiktive Ausgangsblutkonzentration* werde mit a bezeichnet. Sie soll zur Zeit $t = 0$ herrschen; die bei t im Blut vorhandene sei y. Dann ergibt sich in Analogie zu den Formulierungen über die Reaktionsgeschwindigkeit für die Zunahme von y: $\dfrac{dy}{dt} = k_1(a - y)$, integriert:

$y = a(1 - e^{-k_1 t})$; für die Abnahmegeschwindigkeit der Konzentration ist:

$$-\frac{dy}{dt} = k_2 \cdot y, \quad \text{integriert} \quad y = a \cdot e^{-k_2 t}.$$

Werden beide Vorgänge miteinander kombiniert, dann ist zu fordern, daß die Anstiegsgeschwindigkeit über die Invasionskonstante k_1 der im Depot noch vorhandenen Stoffmenge: $a \cdot e^{-k_1 t}$ proportional ist, d.h. $\frac{dy_1}{dt} = k_1 \cdot a e^{-k_1 t}$. Die Abfallgeschwindigkeit ist nun *über die Eliminationskonstante* k_2 dem jeweils vorhandenen Blutspiegel selbst proportional: $\frac{dy_2}{dt} = -k_2 y_2$.

Die Summe beider Geschwindigkeiten ergibt die Änderung beim gleichzeitigen Zusammenwirken der Vorgänge, für das gilt:

$$\left. \begin{aligned} dy &= dy_1 + dy_2, \\ \text{daher ist:} & \\ \frac{dy}{dt} &= a \cdot k_1 \cdot e^{-k_1 t} - k_2 y_2. \end{aligned} \right\} \quad (12)$$

Die Lösung (s. S. 633) dieser Gleichung führt zu:

$$\boxed{y = \frac{a k_1}{k_2 - k_1} (e^{-k_1 t} - e^{-k_2 t})} , \quad (13)$$

d.h. zur Gleichung einer sog. Kettenlinie. Für $t = 0$ und $t = \infty$ ist $y = 0$. Dazwischen liegt ein Maximum, welches sich durch Nullsetzen des ersten Differentialquotienten obenstehender Gleichung ergibt zu (vgl. Abb. 182b):

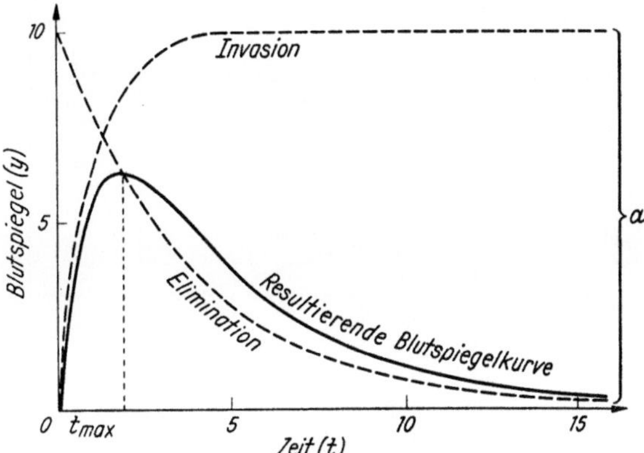

Abb. 182b. Blutspiegelkurve (——) bei gleichzeitig stattfindender Invasion und Elimination eines Stoffes. $a = 10$; $k_1 = 1$; $k_2 = 0{,}25$

$$t_{\max} = \frac{1}{k_1 - k_2} \ln \frac{k_1}{k_2} \quad \text{und} \quad y_{\max} = a \left(\frac{k_1}{k_2}\right)^{\frac{k_2}{k_2 - k_1}} . \quad (14)$$

Funktionen, bei denen Gleichheit der Konstanten vorliegt $(k_1 = k_2 = k)$, ergeben den Ausdruck

$$y = a k t e^{-k t}. \quad (14a)$$

Hier wird mit $v = a k t$ und $u = e^{-k t}$ nach: $dy = u \cdot dv + v \cdot du$:

$$dy = e^{-k t} \cdot a k \cdot dt + [a k t \cdot (-k e^{-k t} \cdot dt)] \quad \text{bzw.} \quad \frac{dy}{dt} = a k e^{-k t} (1 - k t) ; \quad \text{für} \quad \frac{dy}{dt} = 0$$

ist: $t_{\max} = 1/k$ und nach Einsetzen in (14a): $y_{\max} = a e^{-1} = a/e$.

Die aus (13) folgenden Konzentrationskurven entspringen spitzwinklig im Nullpunkt. Sie erreichen ihr Maximum um so später, je kleiner die Konstanten sind. Auch, wenn $k_1 < k_2$ ist, wird ein Höchstwert erhalten, wie sich aus (14) leicht entnehmen läßt.

Die Gl. (13) hat sich für die Beschreibung des Konzentrationsverlaufes im Blut gut bewährt. Ihre Grundform wird auch selten geändert, wenn sekundäre Reaktionen oder kombinierte Ausscheidungsvorgänge gleichzeitig ablaufen, da diese gewöhnlich ebenfalls einem Exponentialgesetz gehorchen. So ergibt sich z.B. für die Eliminierung durch 2 Vorgänge mit den Konstanten k_2 und k_3:

$$y = a e^{-(k_2 + k_3) t}.$$

Der Ablauf wird also durch die Summe der Konstanten bestimmt. Von beiden Prozessen mag z. B. einer in der chemischen Verwandlung des Stoffes bestehen. Es kann aber auch ein nachzuweisender Stoff AB erst aus einer Vorstufe A durch Reaktion mit B entstehen, wobei die Konzentration des letzteren gegenüber der von A sehr groß sein soll. Dann ist der chemische Vorgang kinetisch wieder als Reaktion 1. Ordnung formulierbar. Man erhält nur statt der Invasionskonstanten von A die zusammengefaßte Konstante k_1', welche als Summe von k_1 und k_b, der Bildungskonstanten von AB, aufzufassen ist. Der Ablauf ist daher grundsätzlich der gleiche wie im unkomplizierten Falle, abgesehen davon, daß die formale Anstiegskonstante nicht der reinen Invasionskonstanten entspricht, sondern sie mit enthält.

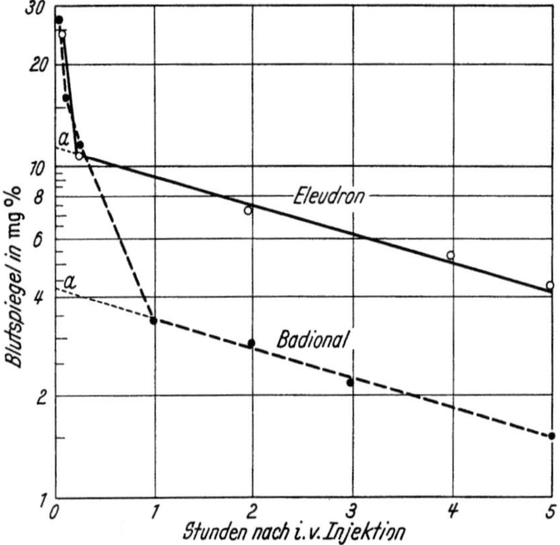

Abb. 183. Blutspiegelkurven von Sulfonamiden nach intravenöser Injektion von 60 mg/kg (Mensch). Halblogarithmischer Raster. k_2 (Eleudron): 0,2 h⁻¹; k_2 (Badional): 0,21 h⁻¹ (aus Dost)

Wird $t_{\max}$ experimentell gefunden, so könnte man mit Hilfe dieses Wertes dann die Größe einer der beiden Konstanten ermitteln, wenn die andere bekannt ist. Die Eliminationskonstante k_2 ist meistens leicht dadurch zu erhalten, daß der fragliche Stoff in bestimmter Menge intravenös injiziert und die Abnahme seiner Konzentration zeitlich verfolgt wird. Der exponentielle Charakter der Abklingkurve ist bei semilogarithmischer Darstellung graphisch leicht zu verifizieren. Denn, wenn die Eliminationsfunktion in logarithmischer Form gegeben wird, gehorcht der log y der Gleichung einer mit der Neigung $0{,}4343 \cdot k_2$ gegen die t-Achse fallenden geraden Linie:

$$\log y = \log a - t k_2 \log e$$
$$= \log a - 0{,}4343\, k_2\, t \quad \text{(s. Abb. 183)}.$$

Eine besondere intravenöse Injektion zur Ermittlung von k_2 wird dann nicht benötigt, wenn — wie bei der Injektion — k_1 groß gegenüber k_2 ist.

Aus der Neigung erhält man nun die Konstante k_2 und aus der Verlängerung der Geraden bis zur Ordinate den fiktiven Ausgangswert von a zur Zeit $t = 0$. Dieser Wert deckt sich nicht mit der effektiv nach der Injektion vorhandenen Konzentration (A), welche sich aus der gegebenen Menge und dem Blutvolumen ergeben würde. Denn im unmittelbaren Anschluß findet zunächst eine Verteilung nicht nur auf den Blutraum (V_B) sondern auch auf die extracellulare oder — je nach der Durchlässigkeit für den Stoff — auch auf die intracellulare Flüssigkeit (V_G) in der Konzentration (c_G) statt. Dieser Vorgang hat nichts mit der sich langsam vollziehenden Elimination zu tun. Er ist ihr überlagert. Das Absinken der Ausgangskonzentration auf den graphisch ermittelten Anfangswert der Elimination wird durch die Größe des Verteilungsvolumens bestimmt, welches seinerseits dadurch berechenbar wird. Denn es gilt:

$$1) \quad A : a = V_G : V_B, \quad \text{bzw.} \quad V_G = \frac{A \cdot V_B}{a}, \tag{15 a}$$

$$2) \quad D = a \cdot V_B + c_G \cdot V_G \quad \text{bzw.} \quad c_G = \frac{D - a \cdot V_B}{V_G}. \tag{15 b}$$

Wenn man die Dosis (D) in mg durch a, angegeben für das Plasma als mg $\cdot$ ml⁻¹ dividiert, so erhält man das sog. absolute Verteilungsvolumen in ml. Diese Überlegungen sind für die Analyse der Verteilung von körpereigenen Stoffen und Arzneimitteln bedeutungsvoll.

Um aus k_2 und $t_{\max}$ die Konstante k_1 zu erhalten, entnimmt man aus (14) durch Multiplikation mit k_2:

$$k_2 \cdot t_{\max} = \frac{1}{\dfrac{k_1}{k_2} - 1} \ln \frac{k_1}{k_2}. \tag{15 c}$$

Um diese transcendente Gleichung zu lösen, sind die Werte $\dfrac{1}{x-1} \ln x$ entsprechenden Tabellen zu entnehmen (s. Dost u. a.).

Kinetik der Racemattrennung

Vorstehende Formulierungen sind immer dann verwendbar, wenn zwei oder mehrere nach dem Exponentialgesetz ablaufende Prozesse miteinander verknüpft werden (vgl. HEINZ (1949); EICHLER; DRUCKREY und KUPFMÜLLER). Als ein Beispiel aus der chemischen Kinetik werde die *Entstehung optischer Antipoden* aus inaktivem Material behandelt. Aus einem Racemat sollen die Antipoden mit verschiedener Geschwindigkeit über die Konstanten k_l und k_d in einer nur einsinnig verlaufenden Reaktion verschwinden. Dann ist die Konzentration beider Partner zur Zeit t, wenn c_0 die Ausgangskonzentration bedeutet (KUHN 1936; FAJANS):

$$c_l = \frac{c_0}{2}\, e^{-k_l t} \quad \text{und} \quad c_d = \frac{c_0}{2}\, e^{-k_d t}. \tag{16}$$

Die Differenz beider — über die spezifische Drehung der Drehungsgröße des Gemisches proportional — ist dann nach FAJANS:

$$c_l - c_d = \frac{c_0}{2}\left(e^{-k_l t} - e^{-k_d t}\right),$$

d.h. bei $t = 0$ und $t = \infty$ ist keine Drehung des Gemisches vorhanden; im ersteren Fall wegen der Gleichheit der Antipoden im Racemat, im zweiten wegen des Schwundes der aktiven Substanz. Es tritt also bei ungestörtem Ablauf optische Aktivität auf, erreicht ein Maximum und verschwindet wieder. Das *Drehungsmaximum* liegt bei:

$$t_{\max} = \frac{1}{k_l - k_d}\left(\ln\frac{k_l}{k_d}\right). \tag{16a}$$

Bei der Zerlegung eines Racemates ist außer für die eigentliche Reaktion der Verwandlung der Antipoden noch die Arbeit für die Trennung beider voneinander aufzubringen. Sie ist im unkomplizierten Falle jener gleich, welche bei der Bildung des Gemisches als Produkt aus der Mischungsentropie (s. S. 409) und der Temperatur, d.h. als $T \cdot \varDelta S_m$ frei würde:

$$T \cdot \varDelta S_m = -R T\left(\frac{1}{2}\ln\frac{1}{2} + \frac{1}{2}\ln\frac{1}{2}\right) = RT \ln 2, \quad \text{also} \quad 412\,\text{cal bei } 25°,$$

mithin ein recht kleiner Betrag im Vergleich zu dem, welcher bei vielen biochemischen Reaktionen auftritt.

Biologisch dürfte die bevorzugte Umwandlung eines Antipoden aus einem Racemat zu einer inaktiven Verbindung seltener als die Bildung einer aktiven, nicht racemisierten Substanz durch Synthese aus einer inaktiven, d.h. nicht asymmetrischen Vorstufe in Betracht kommen. Wird außerdem die Reversibilität aller Reaktionen vorausgesetzt und angenommen, daß bei der Synthese in Gegenwart optisch aktiver Katalysatoren bevorzugt ein Partner gebildet wird *(optisch aktive Synthese)*, dann ergeben sich für das Auftreten der Aktivität grundsätzlich ähnliche Gesetzmäßigkeiten (W. KUHN 1940), welche nur durch die Berücksichtigung der Gegenreaktion komplizierter zusammengesetzte Größen für die Konstanten enthalten. Wenn k_d sehr viel größer als k_l ist, findet man, daß ein Zwischenzustand durchlaufen wird, in welchem praktisch das ganze Ausgangsmaterial zu reinen d-Antipoden des Endproduktes umgesetzt ist. Später aber wird, solange die Substanzen mit dem Katalysator in Berührung bleiben, nicht nur Ausgangsmaterial für die Bildung von l-Substanz verbraucht, sondern darüber hinaus die schon gebildete d-Form über die Ausgangssubstanz auch in l- verwandelt. Im thermodynamischen sich am Katalysator einstellenden Gleichgewicht läge also das Racemat vor. Das Auftreten der optischen Aktivität ist daher theoretisch nur vorübergehend. Im Organismus jedoch wird die Einstellung des Endgleichgewichtes unter Aufbietung von Energie durch sekundäre Reaktion verhindert und auf diese Weise die optische Reinheit der hier vorkommenden Substanzen erreicht (W. Kuhn).

Nach W. Kuhn hat man das Gesetz der *Reinerhaltung* der optischen Konfiguration als eine *besondere Eigenschaft* der lebendigen Organisation zu betrachten. Es ist ein Ausdruck des einsinnigen dynamischen Ablaufs der biochemischen Reaktionen, da die Gleichgewichtseinstellung an den Enzymen allein zur Bildung beider Antipoden führen müßte. Wenn der Organismus den Bautyp seiner Stoffe bewahren, d.h. wenn er z.B. die gegebene Form seiner Proteinstruktur erhalten soll, dann können dazu nur bestimmte, z.B. also L-konfigurierte Aminosäuren benutzt werden (s. S. 345). Daß im Alter eine, wenn auch recht kleine Menge der entgegengesetzten Antipoden auftritt, wäre nicht nur als ein Nachlassen der Mittel zur optischen Selektion anzusehen, vielmehr ist es nach Kuhn grundsätzlich auch bei Einsatz aller Möglichkeiten nicht vermeidbar. Dementsprechend wäre bei Fortfall aller übrigen Altersursachen die Lebensdauer durch die prinzipiell unvermeidbare Abnahme des optischen Reinheitsgrades asymmetrischer Stoffe an enzymatischen Strukturen begrenzt (*Theorie des Alterns nach* Kuhn).

Kinetik des Umsatzes markierter Verbindungen

Da sich der radioaktive Zerfall als Reaktion 1. Ordnung vollzieht, ergeben sich für das *Verhalten von Tracern* eine Reihe von Gesetzmäßigkeiten, welche den soeben abgeleiteten ähneln oder mit ihnen gleichlautend sind (A. K. Solomon 1953; J. L. Chaikoff 1948; E. Harbers). Entsteht z.B. mit der Geschwindigkeitskonstanten k_1 ein instabiles strahlendes Isotop, welches selbst in einer Reaktion mit k_2 zerfällt, dann ist für die Lebensdauer und für die Erreichung der Zeit seiner Maximalkonzentration der gleiche Ansatz zu wählen wie für die Zeitabhängigkeit des Blutspiegels einer peroral gegebenen Substanz. Es hat sich als zweckmäßig erwiesen, bei den Tracer-Untersuchungen im Organismus vom Begriff der Halbwertszeit Gebrauch zu machen. Wenn λ die Zerfallskonstante bedeutet, ist diese in Analogie zur Gl. (3b) $\lambda = 0{,}693/\tau$. Hiermit wird die Zerfallsgleichung:

$$N_t = N_O \cdot e^{-\lambda t} = N_O \cdot e^{-0{,}693\frac{t}{\tau}}. \tag{17}$$

Nach der zehnfachen Halbwertszeit ($t = 10\,\tau$) ist z.B.:

$$N_t = N_O/2^{10} = N_O/1024,$$

d.h. die Ausgangsaktivität ist auf rd. den tausendsten und bei $t = 20\,\tau$ auf den millionsten Teil abgesunken (genauer auf: $1/1{,}05 \cdot 10^6$).

Liegt ein Gemisch von zwei oder mehreren verschiedenen Isotopen mit den Halbwertszeiten $\tau_1, \tau_2 \ldots$ und den Ausgangsmengen $N_{O_1}, N_{O_2} \ldots$ vor, wie es nach Neutronenbeschuß im Uranpile häufig der Fall ist, dann gilt für die Gesamtaktivität zur Zeit t:

$$N_t = N_{O_1} \cdot a_1 \cdot e^{-0{,}693\frac{t}{\tau_1}} + N_{O_2} \cdot a_2 \cdot e^{-0{,}693\frac{t}{\tau_2}} + \cdots, \tag{17a}$$

hier sind mit $a_1, a_2, \ldots$ die speziellen Faktoren bezeichnet, welche in der betreffenden geometrischen Anordnung der Substanz vor dem Zählrohr als geometrischer Faktor und Selbstabsorptionskoeffizient für die Strahlung zusammengefaßt werden können. Bei kurzlebigen Elementen wie bei ^{24}Na oder ^{42}K muß der *Aktivitätsverlust während der Versuchszeit* immer beachtet werden.

Gewöhnlich entstammt die Strahlung nur einem bestimmten Element. Dennoch lassen sich die Impulszahlen pro min und Einheit des Organgewichtes oder einer Stoff-Fraktion, z.B. der Nucleinsäurephosphate (sog. „*spezifische Aktivität*") zeitlich oft in mehrere exponentielle Kurvenstücke unterteilen (Abb. 183). Die zugehörigen Konstanten sind bei semilogarithmischer Darstellung aus der verschiedenen Neigung der betreffenden Geraden leicht zu entnehmen. Nach einer Injektion in die Blutbahn entspricht der erste steile Ast häufig der Einstellung der anfänglichen Verteilung auf Blut und Zwischengewebsflüssigkeit.

Es gehe nun ein markierter Stoff A in den Stoff B so über, daß auch dieser das Tracer-Element besitzt. Dann unterliegen selbstverständlich die spezifischen Aktivitäten, d.h. die relativen Tracer-Gehalte der nach dem Stoffwechselversuch isolierten Gesamtfraktionen beider Stoffe A und B, zeitlichen Änderungen. Sie vollziehen sich in dem Sinne, daß die von A mit dem Eintreten des Tracers in das Gewebe zunächst zunimmt, darauf aber durch Übergang in B wieder abfällt, während nunmehr anschließend die von B steigt, um ihrerseits nach Erreichung eines Maximums auch abzunehmen. Beim Übergang in weitere Stoffe kann dieser Vorgang sich stufenweise wiederholen.

Für die spezifische Aktivität der beiden Partner A und B ergibt sich unter der Voraussetzung, daß ein direkter Übergang zwischen ihnen besteht, folgende Gesetzmäßigkeit. Seien a^x und b^x die zugehörigen Konzentrationen der markierten Moleküle zur Zeit t und bestehe im übrigen stofflich ein steady state, d.h.

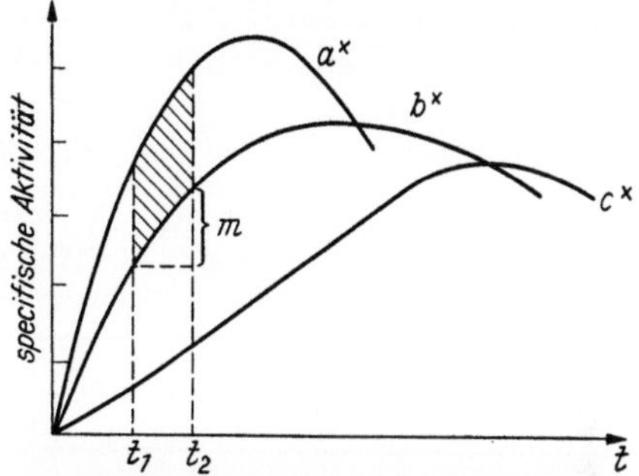

Abb. 184. Graphische Lösung zur Ermittlung des Umsatzes markierter Verbindungen. Division der schraffierten Flächengröße durch die Strecke m ergibt $1/k$ (die Umsatzzeit). A ist Vorstufe von B, da a^+ das Maximum von b^+ kreuzt (Zilversmit-Kriterium; nach HARBERS)

Konstanz der Konzentrationen beider Stoffe, dann geben a^x und b^x gleichzeitig die spezifischen Aktivitäten. Für ihre Änderungen ist zu setzen:

$$\left.\begin{aligned} \frac{db_1}{dt} &= k \cdot a^x \quad (\text{zu } b^x \text{ umgesetzte Molekeln}) \\[2ex] \frac{db_2}{dt} &= -\,k \cdot b^x \quad (\text{Abnahme von } b^x). \end{aligned}\right\} \tag{18}$$

und

Wegen der Bedingung des Gleichbleibens der Fraktionen gilt für beide Vorgänge die gleiche Konstante, wobei die Rückreaktion von B zu A nicht beachtet wird. Beim Ablaufen beider Vorgänge ist die Gesamtänderung an b^x ihrer Summe gleich:

$$\frac{db^x}{dt} = k(a^x - b^x); \quad \text{für} \quad \frac{db^x}{dt} = 0 \quad \text{ist} \quad a^x = b^x. \tag{18a}$$

Der Wert des Maximums von b^x ist also derselbe wie der der gleichzeitig vorhandenen spezifischen Aktivität von A: der abfallende Schenkel der a^x-Kurve trifft die b^x-Kurve in ihrem Maximum (Abb. 184). Dieses „Zilversmit-Kriterium" sagt demnach aus, daß A eine Vorläufersubstanz von B ist. Liegt der Schnittpunkt von a^x nicht im Maximum von b^x, dann ist A entweder nicht Vorstufe, oder die gebildete Substanz geht mindestens zwei verschiedene Wege, bzw. sie verteilt sich auf zwei ungleich gut zugängliche Räume oder Stoffe.

Die Konstante k ist graphisch aus den Zeitkurven von a^x und b^x zu ermitteln. Die Integration vorstehender Gleichung zwischen den Zeiten t_1 und t_2 führt zu (Abb. 184):

$$\frac{1}{k} \int_{b_1^x}^{b_2^x} db^x = \frac{b_2^x - b_1^x}{k} = \int_{t_1}^{t_2} a^x \cdot dt - \int_{t_1}^{t_2} b^x \cdot dt. \tag{18b}$$

Die rechte Seite gibt die Differenz der Flächen zwischen t_1 und t_2 unterhalb der zugehörigen Aktivitätskurven. Wird sie durch $b_2^x - b_1^x = m$ geteilt, dann erhält man $1/k$ (die Umsatzzeit).

Diese Methode ist nur unter den genannten Voraussetzungen benutzbar; sie sind nicht mehr gegeben, wenn das Tracer-Element von A außer über B in andere Substanzen übergeht. Das ist jedoch gewöhnlich der Fall.

Wenn nur eine Gabelung in 2 Wege, z.B. in B_1 und B_2 erfolgt, gilt:

$$a^x = a_0^x \cdot e^{-(k_{B_1} + k_{B_2})t}. \tag{19}$$

Um k_{B_1} zu finden, geht man bei semilogarithmischer Darstellung vom experimentell ermittelten Maximalwert von b_1^x aus und verbindet diesen Punkt mit dem durch Extrapolation der a^x Geraden auf die Ordinate erhaltenen a_0^x-Wert. Die so gewonnene Linie enthält die a^x-Werte obiger Gleichung für $t=0$ und $t_{B_1\max}$.

Tabelle 99. *Der Umsatz von markierter Glucose bei der gesunden und alloxandiabetischen Ratte* (FELLER, STRISOWER und CHAIKOFF). (C^{14}-Glucose wurde intravenös injiziert. Alle Werte sind in mg pro 100 g Körpergewicht angegeben)

	Glucose-Pool	Turnover-Time	Turnover-Rate (mg/Std)
Normaltier . .	127	} 74 min =	103
Alloxandiabetes	262	} 1,23 Std	213

Ihre Neigung ergibt k_{B_1} und damit die Rate des Umsatzes $A \rightarrow B_1$. Die aus derartigen Linien gewonnenen Konstanten liefern die *sog. biologische Halbwertszeit* der markierten Verbindungen, d.h. jene Zeit, nach der die spezifische Aktivität der betrachteten Stoffe auf die Hälfte vermindert wird. Sie hat mit der Zerfallszeit des radioaktiven Elementes nichts zu tun. Ihre Dimension ist wie bei jeder

Reaktion 1. Ordnung: t^{-1}. Der Kehrwert von $k \equiv \overline{T} = \dfrac{1}{k} = \dfrac{\tau}{0{,}693} = 1{,}443\,\tau$ wird als die *Umsatzzeit* bezeichnet. Als „Turnover time" entspricht sie der *mittleren Lebensdauer* radioaktiver Elemente und wird oft zur Charakterisierung der biologischen Stabilität einzelner in den Organen aufgebauter und umgesetzter Verbindungen benutzt. Kennt man die Gesamtmenge (GM) der reagierenden Substanz im Körper oder im Gewebe (POOL), so ist die Turnover-Rate (t_r), also die in

Tabelle 100. *Halbwertszeiten von Körperbestandteilen* (nach LANG 1953)

Substanz	Organismus	Verwendete Substanz	$\tau_{\frac{1}{2}}$
Leber, gesättigte Fettsäuren	Maus	D_2O	1 Tag
	Ratte	C^{14}-Acetat	1 Tag
Depotfett, gesättigte Fettsäuren . . .	Ratte	C^{14}-Acetat	16—17 Tage
Serum, Cholesterin	Mensch	D_2O	8 Tage
Plasma, Phosphatide	Hund	P^{32}	6—8 Std
	Hund	C^{14}-Fettsäuren	6—9 Std
Leber, Glykogen	Ratte	D_2O	1 Tag
Muskel, Glykogen	Ratte	D_2O	3,6 Tage
Lebereiweiß und Plasmaeiweiß . . .	Mensch	N^{15}-Glykoll	10 Tage
	Ratte		6 Tage
Eiweiß von Muskulatur, Haut, Skelet usw.	Mensch	N^{15}-Glykokoll	158 Tage
	Ratte		21 Tage
Glykokoll	Ratte	C^{14}-Glykokoll	1 Std
Euter, Fettsäuren	Ziege	C^{14}-Acetat	4 Std

der Zeiteinheit umgesetzte Substanzmenge, d.h. der Durchfluß oder Durchsatz des Stoffes oder seine biologische Umsatzgeschwindigkeit, leicht zu erhalten: $t_r = k \cdot GM = \dfrac{GM}{\overline{T}}$. In Tabelle 100 sind die biologischen Halbwertszeiten einiger wichtiger Stoffe zusammengestellt. REINER (1953) bezeichnet k als relative Turnover-Rate. Diese Definitionen basieren auf der nicht immer gegebenen Möglichkeit, die Umsetzungen als Reaktionen 1. Ordnung zu beschreiben.

Kinetik des Wachstums und der Körperreduktion

Komplexere Reaktionsabläufe als die geschilderten erfordern eine spezielle Analyse. Sie ist für die Einzelfälle nur mit Hilfe besonderer Annahmen möglich (vgl. SOLOMON 1953, BRANSON 1952, TURBA 1955 u.a.) und wird oft dadurch erleichtert, daß die Geschwindigkeit einfacherer Reaktionen für die Kinetik eines Gesamtvorganges bestimmend ist. Dabei zeigt es sich, daß sogar die komplexen Größen des Gesamtstoffwechsels oder des Wachstums relativ einfachen mathematischen Gesetzmäßigkeiten unterliegen können. Die *Gewichtsabnahme während einer Hungerperiode* läßt sich z.B. folgendermaßen analysieren. Sie möge bei vollständigem Nahrungsentzug dem jeweils vorhandenen Gewicht proportional sein. Um den Anschluß an das übliche Maß der Stoffumsätze zu gewinnen, kann man auch vom Gesamtcalorienbestand (a_0) ausgehen und die Abnahme der Körpercalorien (a) verfolgen; sie erfolge also exponentiell und damit nach Gl. (1) bzw. Gl. (4). Nun werde aber in der Zeiteinheit, z.B. am Tag, soviel an Nahrung gegeben, daß durch sie zwar nicht alle Körpercalorien, aber n Wärme- bzw. Gewichtseinheiten erhalten werden können (Unterernährung bzw. unvollständiger Hunger). Die Abnahme wird jetzt um die Größe n verkleinert, so daß sich der einfache Differentialansatz ergibt:

$$- \frac{da}{dt} = k \cdot a - n. \tag{20}$$

Ihm ist leicht zu entnehmen, daß die Abnahme null wird, wenn $k \cdot a = n$, d.h. wenn die tägliche Calorienzufuhr den gleichzeitigen Calorienverlust äquilibriert Die Integration des sich aus (20) ergebenden Ausdruckes:

$$k \int dt = \int \frac{da}{\frac{n}{k} - a}$$

führt zu:

$$k t = - \ln \left(\frac{n}{k} - a \right) + C;$$

für $t = 0$ ist $a = a_0$ und $C = \ln \left(\frac{n}{k} - a_0 \right)$. Nach Einsetzen von C folgt durch Entlogarithmierung:

$$\frac{n}{k} - a = \left(\frac{n}{k} - a_0 \right) e^{-kt} \tag{20a}$$

bzw.:

$$a = \frac{n}{k} - \left(\frac{n}{k} - a_0 \right) e^{-kt}. \tag{20b}$$

Zu der Zeit $t = \infty$ wird das Klammerprodukt 0, d.h. $a = n/k$; ob a mit t wächst oder fällt, hängt vom Verhältnis der Zufuhr (n) zur *Reaktions- bzw. Abnützungskonstanten* (k) ab. Ist der Wert des Quotienten n/k über a_0 gelegen, dann verringert sich mit wachsendem t, d.h. Übergang des Exponentialfaktors von 1 zu 0 das abzuziehende Klammerglied: a wächst bis zum Wert n/k. Ist dieser Quotient kleiner als a_0, so fällt a asymptotisch gegen n/k (vgl. Abb. 185).

Wenn a mit der Zeit zunimmt, kann durch diese Formulierung eine einfache *mathematische Beschreibung des Wachstums* erfolgen. Man kann a_0 dann auch als

Anfangs- und n/k als Endgröße (φ) bezeichnen und die Differenz beider $(\varphi - a_0)$ als Wachstumsbreite $(\varDelta\varphi$, bzw. $\varDelta l)$. Es ist bemerkenswert, daß die Endgröße nicht durch den Anfangswert bestimmt wird sondern nur von n und k, d.h. von der Stoffzufuhr und der Umsatzrate. Mit diesen Begriffen ergibt sich leicht das exponentielle Wachstumsgesetz für die Abhängigkeit der Körpergröße (l) von der Zeit:

$$l = \varphi - \varDelta l \cdot e^{-kt} \qquad \text{(Pütter, v. Bertalanffy 1942)}. \qquad (21)$$

Wenn der stationäre Stoffumsatz einen bestimmten für das Individuum charakteristischen Wert erreicht hat, ändert sich die Körpergröße nicht mehr, d.h. das Wachstum ist beendet. Von Bertalanffy hat die Anwendung jener Gleichung auf die Zeitabhängigkeit des Längenwachstums begründet. Wachstum findet solange statt, wie die Stoffzufuhr die Ausfuhr übersteigt. Er legt den Fall eines proportionalen Wachstums zugrunde, bei dem der Körper sich trotz verschiedener Größe geometrisch ähnlich bleibt. Dann ist die Oberfläche über die Konstante p dem Quadrat und das Gewicht über q dem Kubus einer beliebigen Längendimension des Tieres, z.B. auch der Körperlänge (l) proportional. Wenn nun, wofür gewichtige Gründe bestehen, der Abbau dem Gewicht (g) und die Aufnahme der Stoffe insgesamt der Oberfläche (O) über die Konstanten k_D und η proportional gesetzt werden, ergibt sich:

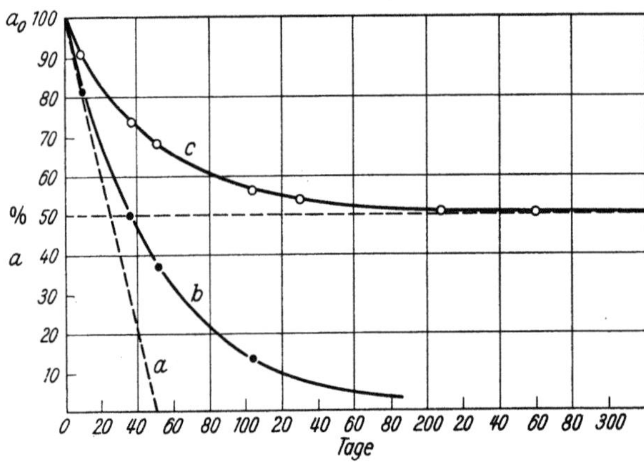

Abb. 185. Theoretische Hungerkurve eines Menschen. a Bei gleichbleibender absoluter Verbrauchsrate: $a = a_0 - U \cdot t$ (Reaktion nullter Ordnung), b bei gleichbleibender prozentischer Verbrauchsrate: $a = a_0 \cdot e^{-kt}$; c partieller Hunger mit Zuführung von n Calorien pro Tag:

$$a = \frac{n}{k} - \left(\frac{n}{k} - a_0\right) \cdot e^{-kt}.$$

Der Calorienbestand bei $t = 0$ sei $1{,}25 \cdot 10^5$ kcal. U sei 2400 kcal/d, d.h. 1,92% (p) von a_0; $k = p/100$; n beträgt 1200 kcal/d

$$\frac{dg}{dt} = \eta \cdot O - k_D \cdot g \qquad (22)$$

und

$$\frac{dg}{dt} = \frac{d(q l^3)}{dt} = \eta \cdot p l^2 - k_D q l^3 \qquad \text{und} \qquad \frac{dl}{dt} = \frac{p \cdot \eta}{3q} - \frac{k_D l}{3}. \qquad (22\,\text{a})$$

Setzt man $\dfrac{p \cdot \eta}{3q} = n$ und $\dfrac{k_D}{3} = k$, so erhält man $\dfrac{dl}{dt} = n - kl$, also eine mit (20) formal identische Gleichung. Wenn in jener a_0 die Anfangslänge l_0 bedeutet, führt ihre Integration zur oben gegebenen Gl. (21) für das *Längenwachstum*. Erhebt man beide Seiten in den Kubus und multipliziert sie mit dem Faktor q, so erhält man den Ansatz für das *Gewichtswachstum* (Bertalanffy):

$$l^3 \cdot q = q[\varphi - \varDelta l \cdot e^{-kt}]^3 \qquad \text{bzw.} \qquad g = \left[\sqrt[3]{G} - \left(\sqrt[3]{G} - \sqrt[3]{g_0}\right) \cdot e^{-kt}\right]^3. \qquad (22\,\text{b})$$

Hier ist G das theoretische Endgewicht, g das Gewicht zur Zeit t und g_0 das bei $t = 0$. Die *Längenzunahme entspricht einer Exponentialkurve, die des Gewichtes verläuft S-förmig* (Abb. 185 a). Ihr Wendepunkt wird durch Nullsetzen der 2. Ableitung des Differentialansatzes (22) erhalten, wobei für die Oberfläche $O = p \cdot q^{-\frac{2}{3}} \cdot g^{\frac{2}{3}}$ einzuführen ist. Es ergibt sich, daß er bei einem Gewicht von 8/27 G, d.h. praktisch bei einem Drittel des Reifegewichtes liegt.

Unter den Mikroorganismen zeigen Kokken und Hefen proportionales Wachstum. Für den Zuwachs des Radius (r) gilt analog:

$$\frac{dr}{dt} = n - kr.$$

Mit wachsender Größe wird hier wie bei den bisher dargestellten Wachstumsformen das Verhältnis von Oberfläche zu Gewicht kleiner. Da die Stoffzufuhr von den Oberflächen aus erfolgt, bedeutet diese Tatsache, daß die Bedingungen für die Versorgung mit steigendem Radius schlechter werden. Daher nimmt die Wachstumsgeschwindigkeit fortschreitend ab, und zwar so, wie es die Gl. (20) zum Ausdruck bringt. Auch die kreisförmige Flächenausbreitung von Gewebekulturen gehorcht dem Wachstumsgesetz in der Form der Gl. (20a) (A. Fischer).

Kulturen von *Stäbchenbakterien verhalten sich völlig andersartig.* Sie zeigen nur ein einfaches exponentielles Längenwachstum. Bei dem Wachstum unter Neubildung von Stäbchen nimmt nämlich die Oberfläche praktisch proportional der Länge zu, während der Durchmesser sich nicht ändert. Die Stoffzufuhr wird hier dementsprechend durch die Massenvergrößerung nicht benachteiligt. Ähnliche Verhältnisse liegen bei den *Insekten* vor; bei ihnen steigt der Stoffumsatz nicht als Funktion der Oberfläche, sondern proportional mit dem Gewicht des Körpers an. Daher wird die Stoffzufuhr pro Gewichtseinheit in einem größeren Organismus nicht benachteiligt werden. Dementsprechend findet man auch, daß die relative Wachstumsgeschwindigkeit konstant bleibt und das Wachstum einfach exponentiell erfolgt. Für Stäbchen und Insektenkulturen gilt daher:

$$\frac{dl}{dt} \cdot \frac{1}{l} = k \quad \text{bzw.} \quad l = l_0 \cdot e^{kt}.$$

Bei Insekten begrenzen die Metamorphosen das zunehmende Wachstum.

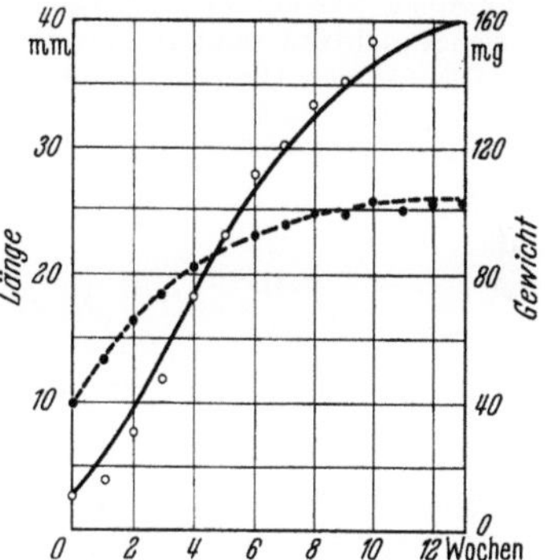

Abb. 185a. Längen- (——) und Gewichts- (- - - -) Wachstum eines Fisches (Lebistes reticulatus) (nach v. Bertalanffy 1953)

Energiebedarf im steady-state

Die allgemeine Wachstumsgleichung (21) wurde durch die Kombination der Formulierung eines monomolekularen Vorganges mit der eines entgegengesetzt gerichteten gewonnen. Bei diesem blieb die Geschwindigkeit der Zulieferung der umzusetzenden Stoffe wie bei einer Reaktion 0. Ordnung konstant. Die Nachlieferung mag einer bestimmten Lebensmittelzuteilung entsprechen, sie mag aus einem Reservoir mit konstant gehaltenem Druck erfolgen usw.; immer wird zur Erhaltung der konstanten Zufuhr eine bestimmte Menge Energie aufzubieten sein, und nur die Konstanterhaltung von n ermöglicht den formelmäßig beschriebenen Vorgang. Der sich einstellende Zustand, in dem $a = n/k$ wird, ist daher kein echtes, ruhendes, thermodynamisches (statisches) Gleichgewicht mit $dS = 0$, vielmehr wird unter Aufwendung von Energie ein ausgeglichener Zustand (steady state) erzwungen, der prinzipiell vom thermodynamischen abweicht: *dynamisches* (Du Bois-Reymond) *oder Fließgleichgewicht* (v. Bertalanffy). Je größer die stationäre Abweichung vom echten Gleichgewicht eines reversiblen Vorganges ist, um so mehr Energie wird zu ihrer Aufrechterhaltung benötigt. *Die im Minimum aufzubietende freie Energie ist aus der Abweichung vom wahren Gleichgewicht berechenbar* (W. Kuhn, v. Bertalanffy).

Es seien a^x und b^x die Gleichgewichtskonzentrationen einer reversiblen Reaktion $a \underset{k_2}{\overset{k_1}{\rightleftharpoons}} b$ mit den Geschwindigkeitskonstanten k_1 und k_2 und der Gleichgewichtskonstanten $K = k_1/k_2$.

Im Fließgleichgewicht liegen die Konzentrationen a' und b' vor. $\varkappa_1$ und $\varkappa_2$ seien die Konstanten für die Geschwindigkeit der Reaktionen, die es anstreben, und $\Gamma = \dfrac{\varkappa_1}{\varkappa_2}$ die Konstante dieses dynamischen Scheingleichgewichtes, wobei $\Gamma > K$ sein soll. Dann wird in der Zeiteinheit die Stoffmenge, d. h. Konzentration bei konstantem Volumen:

$$\varkappa_1 \cdot a' = \varkappa_2 \cdot b' \quad \text{und} \quad \Gamma = \frac{b'}{a'}$$

umgesetzt, denn auch im dynamischen Gleichgewicht ist:

$$\frac{da'}{dt} = \varkappa_1 \cdot a' - \varkappa_2 \cdot b' = 0.$$

Da nun $\Gamma \varkappa_2 = \varkappa_1$ und $\Gamma = K + \Gamma - K$, gilt auch für den Umsatz:

$$\varkappa_1 \cdot a' = \Gamma \varkappa_2 \cdot a' = \varkappa_2 a' \cdot K + \varkappa_2 a' (\Gamma - K).$$

Hier gibt das erste Glied rechts den freiwillig erfolgenden Umsatz in der Richtung auf das echte statische Gleichgewicht und das zweite den nach seiner Überschreitung wieder von ihm abführenden, welcher nun Energie benötigt. Ihre Größe wird durch die Differenz der beiden Gleichgewichtskonstanten bestimmt.

Die für den Übergang von den Gleichgewichtskonzentrationen $b^\varkappa/a^\varkappa = K$ zu denen des Fließgleichgewichtes $\dfrac{b'}{a'} = \Gamma$ erforderliche Arbeit ist $\Delta G = RT \ln \Gamma - RT \ln K = RT \ln \dfrac{\Gamma}{K}$ pro Mol. Die für den endergonen Umsatz in der Zeiteinheit benötigte freie Enthalpie wird damit:

$$\frac{d\Delta G}{dt} = (\Gamma - K) \varkappa_2 \cdot a' \cdot RT \ln \frac{\Gamma}{K} = \frac{\Gamma - K}{\Gamma} \varkappa_1 \cdot a' \cdot RT \ln \frac{\Gamma}{K}. \tag{23}$$

W. Kuhn hat diese Beziehung abgeleitet, um den Energiebedarf für die Aufrechterhaltung der optischen Reinheit der Organismen größenordnungsmäßig abzuschätzen (1936). V. Bertalanffy erkannte ihre allgemeine Bedeutung und G. V. Schulz hat mit ihrer Hilfe den Energiebedarf für die *Erhaltung des polymeren Zustandes* der Körperbausteine angegeben (1950). In allen diesen Fällen benötigt man nicht nur die beiden Gleichgewichtskonstanten, sondern dazu eine kinetische Größe, nämlich den Umsatz pro Zeiteinheit. Setzt man z.B. die mit ^{15}N gewonnenen Umsatzraten mit etwa $0{,}01/d$ ein, so erhält man bei Annahme eines durchschnittlichen Polymerisationsgrades von 1000 und einer Gleichgewichtskonstanten für die Peptidbindung von $3 \cdot 10^{-6}$ nach Schulz beim Menschen den sehr kleinen Energiebedarf von $20\ kcal/d$ für die Erhaltung seiner Proteine im polymeren Zustand, wenn ein 50% Wirkungsgrad der Energieübertragung angenommen wird.

Bei der kinetischen Analyse biochemischer Einzelreaktionen wird man ebenfalls *stationäre Zellzustände* zu berücksichtigen haben oder ihre Berücksichtigung anstreben müssen. Die entgegenstehenden technischen Schwierigkeiten können in einzelnen Fällen gut dadurch umgangen werden, daß man die stationären Konzentrationen wichtiger Reaktionspartner spektralphotometrisch messen und ihre Änderungen z.B. bei Substratzusatz verfolgen kann (B. Chance u.a., vgl. S. 581). Einer weiteren Anwendung derartiger Methoden wird es vorbehalten bleiben, den Einbau einzelner Reaktionen in das Stoffwechselgeschehen quantitativ zu erfassen. Dabei hat es sich schon bisher gezeigt, daß die an der Energielieferung beteiligten Stoffe praktisch nicht in dem Konzentrationsbereich des statischen Ruhegleichgewichtes vorliegen. Einem solchen System könnte keine Arbeit entnommen werden. Seine Arbeitsfähigkeit wird vielmehr dadurch erhalten, daß es in bestimmter Entfernung vom Ruhegleichgewicht gehalten wird, so daß es sich ihm unter Energieabgabe nähern kann. Die Energetik des Organischen wird also nur durch eine Untersuchung der Kinetik seiner Einzelreaktionen verständlich werden können (s. S. 634 und S. 642ff.).

Kinetik reversibler Reaktionen

Auch bei den einfachen, isoliert untersuchten *reversiblen Reaktionen* liegen gewöhnlich gekoppelte Abläufe vor. Sie vollziehen sich ohne äußere Energiezufuhr, d.h. im geschlossenen System. Der kinetische Ansatz einer echten reversiblen Reaktion benötigt die Kenntnis der Reaktionsordnung für die beiden gegenläufigen Prozesse. Die einfachste Kombination $A \rightleftharpoons B$ liefert wieder unter der Voraussetzung, daß $[A]_0 = [B]_0 = a_0$:

$$\frac{dx}{dt} = k_1(a_0 - x) - k_2 x. \tag{24}$$

Für die Reaktionskoppelung $A + B \rightleftharpoons AB$ ergibt die Kombination des Vorganges 2. und 1. Ordnung:

$$\frac{dx}{dt} = k_1(a_0 - x)^2 - k_2 x. \tag{24a}$$

Die Reaktion $A_2 + B_2 \rightleftharpoons AB + AB$ ist in beiden Richtungen bimolekular. Gleichgewicht wird in allen Fällen dann erreicht, wenn die Geschwindigkeit der Teilreaktionen gleich groß ist bzw. $dx/dt = 0$, wenn also gilt:

$$k_1(a_0 - x) = k_2 x \quad \text{oder} \quad K = \frac{k_1}{k_2} = \frac{x}{a_0 - x}, \tag{25a}$$

$$k_1(a_0 - x)^2 = k_2 x \quad \text{oder} \quad K = \frac{k_1}{k_2} = \frac{x}{(a_0 - x)^2}, \tag{25b}$$

$$k_1(a_0 - x)^2 = k_2 x^2 \quad \text{oder} \quad K = \frac{k_1}{k_2} = \frac{x^2}{(a_0 - x)^2}. \tag{25c}$$

Der *Quotient der Geschwindigkeitskonstanten ist also die Gleichgewichtskonstante* (s. S. 97 und S. 143), die nach der hier durchgeführten Festsetzung das Verhältnis der bei der Reaktion entstehenden zu den verschwindenden Stoffen angibt. Ein hoher Wert von K sagt dementsprechend aus, daß die Zersetzungsgeschwindigkeit von AB unter der Voraussetzung gleicher Konzentrationen auf beiden Seiten klein ist gegenüber seiner Bildungsgeschwindigkeit aus $A + B$ und umgekehrt. Liegt nun eine ungehindert ablaufende reversible oder sog. unvollständige Reaktion vor, dann ist für sie charakteristisch, daß sich das Gleichgewicht von beiden Seiten her einstellen muß, einerlei, ob die Konzentration des Ausgangs- oder des Endproduktes höher ist, als das Gleichgewicht es erfordert. Der Ablauf der Reaktion wird durch die typische Abb. 186 dargestellt, welche demonstriert, daß die Gleichgewichtskonzentration für den auf der Ordinate angegebenen Partner von höheren oder niederen Werten aus erreicht wird.

Als Beispiel für eine einfache *reversible Reaktion 1. Ordnung* sei neben der *Racemisierung* von Antipoden die Mutarotation der Zuckerarten angeführt:

$$\alpha\text{-Glucose} \underset{k_2}{\overset{k_1}{\rightleftharpoons}} \beta\text{-Glucose}.$$

Eine frische wäßrige α-Glucoselösung gibt eine spezifische Drehung von $+110°$, die β-Glucose von $+19°$, das Gleichgewicht beider von $52,5°$. Dabei ist hier der relative Anteil der β-Glucose: $x = 0,368$ nach:

$$52,5 = 100(1 - x) + 19 x \quad \text{und} \quad K = \frac{0,368}{0,632} = 0,58.$$

Die Geschwindigkeit der Einstellung wird durch Wasserstoffionen und noch stärker durch Hydroxylionen katalysiert. Für diese Abhängigkeit gilt:

$$k_2 = 0,632 \cdot Q \quad \text{und} \quad k_1 = 0,368 \cdot Q,$$

wobei der Faktor folgende empirische Zahlenwerte besitzt:

$$Q = (0{,}77 \cdot [\mathrm{H}^+] + 21\,520\,[\mathrm{OH}^-] + 0{,}024) \quad [\text{R. Kuhn und Jacob (25°)}].$$

Hudson erkannte 1908, daß man bei der polarimetrischen Verfolgung der Inversion nur dann richtige Drehungswerte erhält, wenn die jeweiligen Proben mit Soda genügend alkalisiert sind, so daß sich das Mutarotationsgleichgewicht der entstehenden Monosen einschließlich der Fructofuranose einstellen kann. Erst dann mißt man für die Saccharosespaltung das Zeitgesetz 1. Ordnung exakt. Auch die tautomeren Umwandlungen wie die Keto-Enol-Umlagerungen gehorchen gleichen Zeitgesetzen wie die Mutarotation. Insbesondere ist die letztere wie auch die Lactonbildung vom pH abhängig. Die Einstellung des Gleichgewichtes wird hierbei durch H^+-Ionen, bei der Keto-Enol-Verwandlung durch OH^--Ionen gefördert.

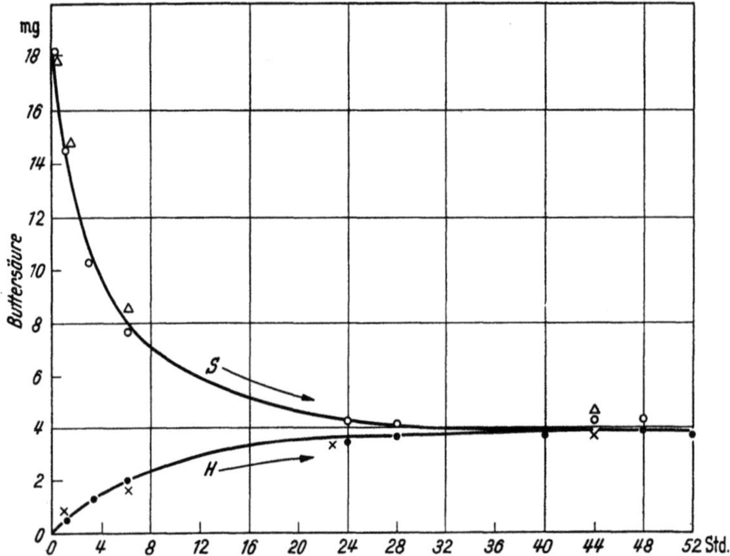

Abb. 186. Spaltung von Buttersäurebutylester durch Lipase. *S* Synthese; *H* Hydrolyse (nach Rona und Ammon)

Temperatur und Reaktionsgeschwindigkeit.

Obwohl zahlreiche chemische Systeme kompliziertere Verhältnisse als die bisher dargestellten bieten, müssen auch ihrer Analyse die gleichen auf das Massenwirkungsgesetz zurückgehenden Ansätze zugrunde gelegt werden. Sie gelten auch für den Organismus. Hier liegt die Kompliziertheit der chemischen Abläufe einerseits an der vielfältigen Koppelung der Reaktionen untereinander und an ihrer Wechselwirkung mit der Mikrostruktur der Zelle. Die zellulären Vorgänge werden weiter dadurch kompliziert, daß die *Geschwindigkeit einzelner Reaktionen* durch äußere und innere Faktoren beeinflußbar, bzw. *steuerbar* wird. Die physikalische Bedeutung der Reaktionskonstanten und ihrer Veränderungen läßt sich grundsätzlich *durch die Untersuchung ihrer Abhängigkeit von der Temperatur analysieren.* Nach van't Hoff steigert eine Temperaturerhöhung um 10° die Geschwindigkeit chemischer Reaktionen um das 2- bis 4fache *(RGT-Regel)*, während physikalische Vorgänge im Wasser, wie Diffusion, Osmose, Leitfähigkeit, Fluidität, nur einen Temperaturkoeffizienten (Q_{10}) von 1,1—1,4 aufweisen. Energieübertragungen auf das Atom, welche von seiner thermischen Bewegungsgröße unabhängig sind wie photochemische Primärreaktionen oder kernphysikalische Prozesse, haben dementsprechend einen Koeffizienten von 1.

Auch bei vielen biologischen Parametern wie Atmungsgröße, Frequenz rhythmischer Prozesse, Teilungsgeschwindigkeit der Zellen, erhält man Koeffizienten, welche als bestimmenden Faktor eine chemische, von der Temperatur gesteuerte Reaktion vermuten lassen (KANITZ). Doch zeigt eine eingehendere Analyse, daß die Q_{10}-Werte sowohl hier wie bei einfachen chemischen Reaktionen sehr von der Höhe der Temperatur abhängen, bei der sie gewonnen wurden.

Die Aktivierungswärme

Einen tieferen Einblick in die Natur der Aktivierung durch Temperaturerhöhung gestatten die *Formulierungen von* ARRHENIUS. Er fand zunächst empirisch, daß folgende Beziehung die Temperaturabhängigkeit chemischer Reaktionen in einem weiten Bereich gut wiedergibt:

$$\ln k = -\frac{A}{T} + B \tag{26}$$

(1889). Hier bedeutet k die Geschwindigkeitskonstante der Reaktion. Die Interpretation dieser Beziehung gelingt unter Verwendung der Reaktionsisobaren, welche zunächst die Temperaturabhängigkeit der Gleichgewichtskonstanten beschreibt. Nach ihr ist, da $K = k_1/k_2$:

$$\frac{d\ln k_1/k_2}{dT} = \frac{\Delta H}{RT^2} = \frac{d\ln k_1}{dT} - \frac{d\ln k_2}{dT}.$$

Faßt man nun die Enthalpie einer reversiblen Reaktion folgerichtig als die Differenz zweier Wärmewerte für die beiden gegensinnigen Teilreaktionen auf, so ergibt die weitere Aufteilung der Isobaren:

$$\frac{d\ln k_1}{dT} - \frac{d\ln k_2}{dT} = \frac{\mu_1 - \mu_2}{RT^2} = \frac{\mu_1}{RT^2} - \frac{\mu_2}{RT^2}, \tag{26a}$$

hier ist μ_1 und μ_2 die jeweilige Wärmetönung und $\mu_1 - \mu_2 = \Delta H = \Delta\mu$. Betrachtet man nun weiter (26a) als die Differenz zweier, den Einzelreaktionen zugehörenden Differentialgleichungen vom Typ:

$$\frac{d\ln k}{dT} = \frac{\mu}{R} \cdot T^{-2}$$

und integriert diese, dann erhält man für die Einzelreaktionen:

$$\ln k = \frac{\mu}{R} \int T^{-2} \cdot dT = -\frac{\mu}{RT} + C,$$

d.h. die empirische Beziehung von ARRHENIUS, wenn für $A = \mu/R$ und B für C gesetzt wird. Führt man noch für B den ln der Konstanten k_0 ein, so liefert Entlogarithmierung schließlich:

$$k = k_0 e^{-\frac{\mu}{RT}} = k_0 e^{-\frac{A}{T}}. \tag{27}$$

Hier ist k_0 ein Faktor, welcher durch die Gesamtzahl der Molekülstöße bestimmt wird (s. S. 565), und μ die für das Ingangkommen der Teilreaktionen benötigte Anstoßenergie, die *Aktivierungswärme*. Ihre Größe überschreitet die mittlere kinetische Energie z.B. eines Moles Gas, die bei Zimmertemperatur nach $E_{kin} = 3/2\,RT$ etwa 900 cal beträgt (s. S. 385), gewöhnlich sehr erheblich. Je größer sie, also der Energiebedarf zum Aktivieren, ist, um so langsamer verläuft nach (26) bzw. (27) die Teilreaktion mit der Geschwindigkeitskonstanten k. Für 27° nimmt die Geschwindigkeit (d. h. k) bei Steigerung von μ um 1 kcal jeweils auf den 5,3.Teil ab. Die hohe Temperaturabhängigkeit folgt aus dem Vorkommen der Aktivierungswärme im Exponenten der Gl. (27); sie bringt zum Ausdruck, daß die Zahl der Stöße mit einem μ überschreitenden Energiewert exponentiell mit der Temperatur wächst. Bei Zimmertemperatur haben Reaktionen mit einem Q_{10} (s. S. 554) von 2 bzw. 4 ein μ von 12,9 bzw. 25,8 kcal.

Die oben zunächst nur formal (b) gegebene Beziehung der Anregungsenergien zur Reaktionswärme: $\Delta H = \mu_1 - \mu_2$ wird durch folgende Überlegung verständlich (Abb. 187). Zwischen Ausgangs- (A) und Endstoff (B) liege als gemeinsame Aktionsform ein aktiver Zwischenzustand (Z). Um ihn zu erreichen, muß einem Mol des Ausgangstoffes im Mittel die Energie μ_1, dem Endstoff jedoch μ_2 zugeführt

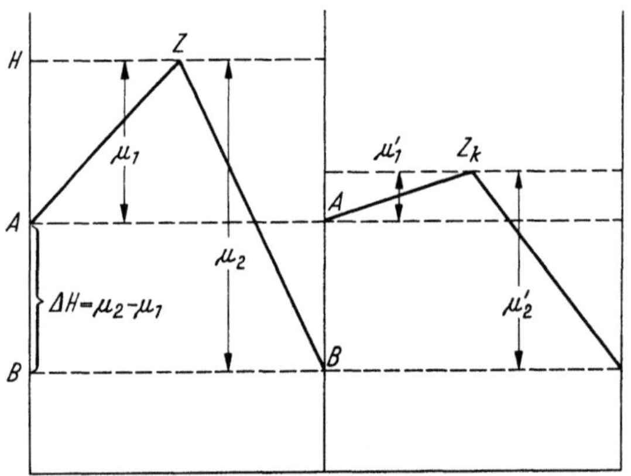

Abb. 187. Reaktionswärme als Differenz der Aktivierungswärmen; rechts katalysiert

werden. Leicht zu entnehmen ist, daß: $\Delta H = \mu_1 - \mu_2$ ist und damit ein negatives Vorzeichen trägt. Daß die Rückreaktion zur Erreichung von Z mehr Energie benötigt, erklärt ihre wesentlich kleinere Reaktionskonstante. Z wird von B aus nur sehr selten erreicht. Auch wenn, wie bei der Katalyse, der aktive Zustand weniger energiereich ist, also weniger Anregungsenergie benötigt wird (Z_k), bleibt die Differenz: $\mu_1 - \mu_2$ gleich. Ist nun die Konstante C, d. h. $\ln k_0$, unverändert, dann wird nach (26a) auch die Größe der Differenz der Logarithmen beider Geschwindigkeitskonstanten, $\ln k_1 - \ln k_2$, bei gleicher Temperatur nicht geändert. Demnach bleibt der Wert $\ln k_1/k_2$ auch *bei der katalysierten Reaktion* erhalten. Damit ist aber k_1/k_2, d. h. die *Gleichgewichtskonstante K gleichgeblieben*; $\ln K$ ist als Maß für die Grundreaktionsarbeit nach Gl. (VI 32) eine energetische Größe. Sie und die Lage des Gleichgewichtes werden also bei der Katalyse nicht verschoben. Eine solche Verschiebung würde dem 2. Hauptsatz der Thermodynamik widersprechen, denn nach ihm muß die maximale Arbeit und damit auch die aus ihr abzuleitende Gleichgewichtskonstante unabhängig vom Reaktionsweg bleiben. Die vorstehenden formalen Beziehungen bieten die Möglichkeit, Temperatureinwirkungen und Aktivierungen präzise zu analysieren.

Diese Analyse soll sich in physikalischer Beziehung auf die Betonung einer selbstverständlichen Folgerung aus dem Temperaturgang der Gleichgewichtskonstanten beschränken. Nach der van't Hoffschen Reaktionsisochore (VI 41) kann sich die Gleichgewichtskonstante K mit steigender Temperatur vergrößern (endotherme Reaktion) oder verkleinern (exotherme Reaktion). Die Geschwindigkeitskonstanten nehmen nun auf jeden Fall mit der Temperatur zu, und es ist nicht zu erwarten, daß sie es für die Hin- und Rückreaktion im gleichen Verhältnis tun, da für beide sowohl die Aktivierungswärmen wie auch die Häufigkeitskonstanten k_0 praktisch immer verschieden sind. Nur wenn beide μ-Werte gleich groß wären, könnte die Gleichgewichtslage unabhängig von der Temperatur sein. Dann würde jedoch $\Delta H = 0$ sein. Im übrigen *wächst die Geschwindigkeitskonstante für die Hinreaktion bei endothermen Vorgängen stärker als die der Rückreaktion, bei exothermen nimmt die Konstante der Gegenreaktion stärker zu.*

Die Temperaturabhängigkeit von chemischen Reaktionen und von Lebensvorgängen wird oft durch Angabe von μ beschrieben. Nach ARRHENIUS folgt unter Verwendung vorstehender Ableitungen bei den Temperaturen T_I und T_{II} $(T_{II} > T_I)$ für die zugehörigen Konstanten k_I und k_{II}:

$$\ln k_{II} - \ln k_I = \frac{A}{T_I} - \frac{A}{T_{II}} = A \cdot \frac{T_{II} - T_I}{T_I \cdot T_{II}} = \frac{\mu}{R} \frac{T_{II} - T_I}{T_I \cdot T_{II}} \tag{28}$$

oder

$$\frac{k_{II}}{k_I} = e^{\frac{\mu}{R}\left(\frac{T_{II} - T_I}{T_I \cdot T_{II}}\right)} \tag{28a}$$

d.h., aus dem Verhältnis der Geschwindigkeitskonstanten bei verschiedenen Temperaturen ist μ zu ermitteln nach:

$$\mu = \frac{R \cdot T_I \cdot T_{II}}{T_{II} - T_I} \ln \frac{k_{II}}{k_I} . \tag{28b}$$

Graphisch wird sein Wert aus der Neigung der Geraden gewonnen, die sich ergibt, wenn man nach:

$$\log k = \log k_0 - \frac{1}{T} \cdot \frac{\mu}{2,3\,R}$$

den gefundenen Geschwindigkeitskonstanten als Ordinaten den reziproken Wert der zugehörigen absoluten Temperatur als Abscisse zuordnet. Wird in dieser integrierten Form der Arrhenius-Gleichung $\log k$ nach $1/T$ differenziert, dann erhält man:

$$4{,}57 \cdot \frac{d \log \mathrm{k}}{d\left(\frac{1}{T}\right)} = -\mu . \tag{28c}$$

Das formale Vorgehen ist dem der Ermittlung von ΔH aus der Gleichgewichtskonstanten analog (Abb. 157).

Bei der Untersuchung biologischer Vorgänge hat man früher oft nur die Q_{10}-Werte angegeben. Sie sind aber selbst nicht ganz unabhängig von den Temperaturen, denn wenn

$$Q_{10} = \frac{k_{(T+10)}}{k_T} \quad \text{ist, folgt mit (27):} \quad \ln Q_{10} = \frac{10\mu}{T^2 R + 10\,TR} ,$$

Mit $\mu = 12{,}9$ wäre Q_{10} z.B. bei $17°$ 2,1 und bei $37°$ 1,91. Obwohl hiernach der Einfluß biologischer Temperaturschwankungen noch nicht groß ist, empfiehlt es sich doch allgemein, die μ-Werte selbst zu ermitteln.

Ursachen der Temperaturabhängigkeit biologischer Vorgänge

Tatsächlich findet man nun bei der Untersuchung biologischer Vorgänge nach CROZIER ganz besonders häufig μ-Werte von bestimmter Größe, z.B. 8, 11—12, 16—18 kcal. Aus dieser Tatsache wurde von ihm der naheliegende Schluß gezogen, daß diejenige Teilreaktion, welche die Geschwindigkeit der beobachteten *biologischen Funktion bestimmt, eben jene Aktivierungsenergie* besitze. Er versuchte diese μ-Werte solchen Reaktionen zuzuordnen, die als Einzelvorgänge im Reagenzglas die gleiche Größe haben. So sollte z.B. ein $\mu = 20$ kcal auf eine Hydrolyse durch H^+, ein μ von 11 kcal auf eine solche durch OH^- zu beziehen sein. Eine derartige einfache Übertragung kinetischer Versuche auf die Zelle wäre indessen nur möglich, wenn in vitro genau das gleiche katalytische System vorläge. Denn jede Katalyse verändert in einer für sie eigentümlichen Weise die Aktivierungsenergie, und das übersichtliche *katalysierende Milieu des Experimentes kann nicht grundsätzlich mit dem komplexen der Zelle verglichen werden*, ganz abgesehen davon, daß auch die ·Enzymbildung selbst und ihre Zerstörung als ebenfalls temperaturabhängige Reaktionen den Temperaturgang der Zelleistung mitbestimmen müssen.

Es sei aber darauf hingewiesen, daß nach HOLZER (1956) die Carboxylase der Hefe in reiner Form sowohl wie im Macerationssaft oder in plasmolysierter Hefe die gleichen Aktivierungswärmen besitzt. Dagegen wiederum beträgt μ nach LUMRY und KISTIAKOWSKI für die Urease in Gegenwart von Sulfit 14 kcal bei Temperaturen unter 20°; oberhalb 20° ist μ etwa 8,8 kcal, ein Wert, welchen die Urease in Abwesenheit von Sulfit über den ganzen Temperaturbereich besitzt. MASSEY fand für die Fumarasewirkung bei pH 8 unterhalb 26° $\mu = 6{,}9$ kcal, oberhalb $\mu = 12{,}6$ kcal; bei pH 5 unter 19° $\mu = 13$ kcal, oberhalb 19° $\mu = 7{,}3$ kcal, bei neutraler Reaktion war μ unabhängig von der Temperatur und betrug 9,5 kcal. Bei vielen anderen Fermenten ist jedoch wieder die Aktivierungswärme vom Ionenmilieu, dem pH und dem Reinheitsgrad, ja sogar dem Herkunftsort weitgehend unabhängig (SIZER 1943).

Wie bei einigen Fermenten in vitro sind auch biologisch nicht selten *in einem höheren Temperaturbereich völlig andere Werte* (vgl. Abb. 188) als in einem niederen vorhanden. Der Schluß, daß eine Reaktion nunmehr die Führung an eine andere abgegeben habe, ist wegen der völlig gleichartig gebliebenen Gesamtleistung schwer zu beweisen und auf Grund folgender Überlegung keineswegs zwingend. Der gesamte dynamische Aufbau des biologischen Systems ist in allen seinen Gliedern temperaturabhängig. Wir setzen nun den schwer zu beweisenden Fall, daß eine solche Reaktion in vivo und in vitro die gleiche Aktivierungsenergie erfordere, und nehmen weiter an, daß eine biologische Funktion bei der Untersuchung ihrer Temperaturabhängigkeit eben den gleichen μ-Wert ergibt. Kann man sie nun mit Sicherheit als „master reaction" betrachten? Diese Frage wäre nur dann zu bejahen, wenn feststände, daß die Reaktion in der Kette der zum beobachteten Effekt führenden Vorgänge läge, von diesen am langsamsten verliefe und von wesentlich schnelleren begrenzt wäre. Wie oben schon angedeutet wurde, ist auch in einem zusammengesetzten System von Teilreaktionen der *Schluß auf eine Schrittmacherreaktion* nur dann berechtigt, wenn große Unterschiede in der Geschwindigkeit

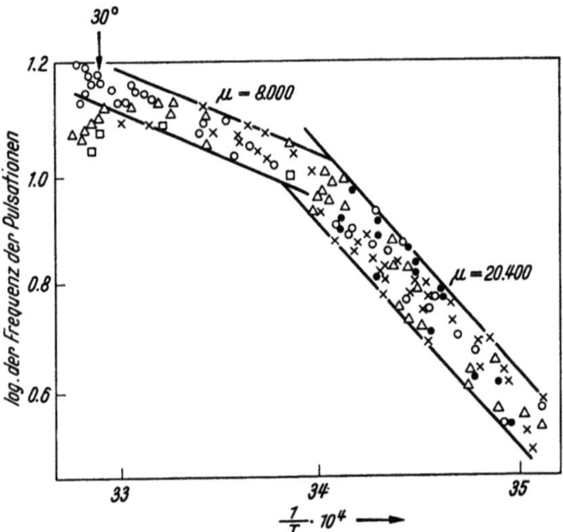

Abb. 188. Temperaturgang der Frequenz der Kloakenpulsationen von Holothuria tubulosa (CROZIER)

der einzelnen Vorgänge bestehen, so daß sich einer als besonders langsam heraushebt. In allen anderen Fällen ist auch das μ der Gesamtreaktion nicht identisch mit dem der langsamsten Teilreaktion. Ein gemeinsamer Temperaturgang muß keineswegs immer auf eine bestimmte gleiche Zwischenreaktion bezogen werden. Es hat sich vielmehr gezeigt, daß auch bei relativ einfachen anorganischen Reaktionen das μ des Gesamtvorganges kleiner als das seines langsamsten Teilprozesses sein kann (H. MARTIN und A. STORJOHANN).

Bei der Übertragung dieser mathematisch grundsätzlich analysierbaren (PONDER und YEAGER) Verhältnisse auf den Organismus ist weiterhin zu beachten, daß wie für das Gesamtverhalten auch für die meisten Teilprozesse ein Temperaturoptimum besteht und daß viele Vorgänge sich nur innerhalb einer bestimmten Temperaturspanne abspielen können. Zieht man die Tatsache in Betracht, daß neben der fördernden auch hemmende Reaktionen durch Temperatursteigerung beschleunigt werden, so ergibt sich ganz natürlich die *Existenz eines Optimums*, außerhalb dessen die Prozesse durch Unter- oder Überschreiten der Temperatur verlangsamt werden. Daß in einem Gleichgewichtssystem, wie es der Organismus darstellt, fördernde und hemmende Prozesse ablaufen, würde einer Übertragung der Gesetze über die unvollständigen Reaktionen entsprechen. Im einzelnen sind fast alle biologischen Teilreaktionen deshalb durch eine obere Temperatur begrenzt, weil sie nur durch die eiweißartigen Katalysatoren der Zellen ermöglicht werden. Diese aber werden durch den Vorgang der Hitzedenaturierung bei bestimmten Temperaturen inaktiviert. Der Temperaturkoeffizient der Denaturierung ist sehr hoch (s. S. 602f.), so daß sich der Wirkungsabfall oberhalb des Optimums im allgemeinen bei wachsender Temperatur viel schneller vollzieht, als der Wirkungsanstieg unterhalb desselben. Die Konstante A müßte also bei der fördernden kleiner als bei der hemmenden Reaktion sein.

Durch das Ionenmilieu, insbesondere durch den pH-Wert wird die Lage des *Temperaturoptimums von Fermenten* stark beeinflußt. Sie ist daher zur Kennzeichnung jener wenig geeignet. Wenn ein Umkehrpunkt biologischer Leistungen bei einer relativ niedrigen Temperatur gefunden wird und der Abfall der Werte nur mäßig steil vor sich geht, darf eine Eiweißdenaturierung nicht ohne weiteres als Ursache des Leistungsrückganges angenommen werden (PRECHT 1955).

Gelegentlich werden auch von vornherein Q_{10}-Werte unter 1, d. h. *mit der Temperatur abnehmende Leistungen* beobachtet. Sie können im allgemeinen nicht auf exotherme Reaktionen bezogen werden. Es dürften hier vielmehr zwei sich überschneidende und den Gesamtvorgang in entgegengesetzter Richtung bestimmende Prozesse vorliegen, welche als einzelne durch die Temperatur verschieden beeinflußt werden. Als Beispiel gibt PRECHT die Netto-Assimilation der Pflanzen, d. h. die Summe von Assimilations- und Atmungsleistung. Sie nimmt bei schwacher Lichtintensität mit der Temperatur ab, bei stärkerer zu: Die Veratmung der Assimilate wächst hier mit der Temperatur stärker als ihre Neubildung durch die Assimilation. Diese selbst aber nimmt mit der Lichtintensität sehr erheblich zu. Daher können Polarpflanzen geringe Lichtmengen auch bei tieferer Temperatur noch zur Stoffproduktion ausnutzen. Der Quotient beider Größen ist für die pflanzliche Ökologie von allgemeiner Bedeutung.

Die Temperaturanpassung von Lebewesen

Es ist nun aber weiter zu berücksichtigen, daß die Reaktion auf Temperaturveränderungen wohl bei allen Lebewesen sehr stark von der Dauer des Aufenthaltes bei einer gegebenen Ausgangstemperatur abhängt. Denn sehr viele Organismen verfügen über die *Fähigkeit zur Anpassung* ihrer Vorgänge *an veränderte Aufenthaltstemperaturen* (PRECHT, CHRISTOPHERSEN, SCHLIEPER). Das Adaptationsverhalten geht nicht bei allen Lebewesen nach dem gleichen Typ. In den häufigsten Fällen steigt die Aktivität der angepaßten Tiere nur wenig oder gar nicht mit der Temperatur, obwohl sich bei plötzlichem Wechsel in der Regel die besprochenen Exponentialkurven ergeben. Das bedeutet also, daß auf Temperatursteigerung hin die Leistungen zunächst vergrößert werden und dann zurückgehen, um sich etwa der Ausgangsgröße anzupassen, während sie bei der Abkühlung anfänglich fallen, um allmählich zunehmend sich ebenfalls den Ausgangswerten zu nähern.

Hierbei scheint es sich nicht prinzipiell oder auch nur hauptsächlich um das Eingreifen regulierender Hormon- oder Nervenzentren zu handeln, da auch nervenlose Lebewesen wie Pflanzen oder Hefen ein vergleichbares Verhalten zeigen können. Es ist auf jeden Fall damit zu rechnen, daß der *Fermentapparat der Gewebe Anpassungen* erfahren kann. Zellen, die bei verschiedenen Temperaturen gehalten werden, würden daher mindestens in ihrem katalytischen System, vielleicht aber auch in anderen strukturellen Eigenschaften, wenigstens soweit verschieden sein, daß greifbare Unterschiede in der Funktion bestehen.

Dabei können die Mengen der Fermente, die Bedingungen für ihre Tätigkeit und die Eigenschaften der Enzymmolekeln selbst verändert sein. Zwischen diesen drei Möglichkeiten läßt sich bisher nur in wenigen Fällen entscheiden. So wurde z. B. von PRECHT u. Mitarb. festgestellt, daß der Cytochrom-c-Gehalt von Froschorganen mit steigender Adaptationstemperatur abnimmt. Für die Menge der Cocarboxylase war beim Aal und bei Kartoffelkäfern keine Änderung mit der Anpassung nachweisbar. Dagegen sind die Fermentaktivitäten meistens meßbar geändert, jedenfalls bei Katalase, Succinodehydrase und Monophosphatasen. Besonders bemerkenswert ist, daß die Hitzeresistenz isolierter und kristallisierter Amylase bestimmter Bakterienkulturen (Bac. stearothermophilus und coagulans) sehr stark von der Züchtungstemperatur der Bakterien abhängig sein soll.

Bei *Bakterien und Hefen* sind die Änderungen der enzymatischen Leistungen mit fortschreitender Anpassung an ansteigende Temperaturen am leichtesten zu verfolgen. Hefen zeigen eine *relative Zunahme der Gärung* ohne wesentliche Änderung der Atmung, d. h. eine Erhöhung des respiratorischen Quotienten. Dabei hat die Dehydraseaktivität ab-, die der Peroxydasen zugenommen. Invertase wird bei 16° schneller als bei 39° gebildet (v. EULER und CRAMER). Die Farbstoffbildung von Pseudomonas fluorescens geht bei 35° reversibel verloren (DIEUDONNÉ 1893). Ähnliches wird bei anderen Pigmentbildnern beobachtet. Nach GALE (1942) wird die Aktivität der Aminosäuredecarboxylasen bei verschiedenen Bakterien mit steigender Anpassungstemperatur eingeschränkt; das gilt auch für proteolytische Fermente (CHRISTOPHERSEN 1952). Bei Streptoc. cremoris nahm die Bildung von Acetoin zu, die von Butylenglykol ab; höher adaptierte bilden weniger Milchsäure und mehr von den vorgenannten Aromastoffen einschließlich Diacetyl.

Unter den Faktoren, welche die Resistenz des Protoplasmas bestimmen, wird oft eine *Veränderung seines Wassergehaltes* herangezogen. Tatsächlich sind trockene Proteine auch gegenüber höherer Temperatur sehr viel widerstandsfähiger als gelöste und außerdem noch stark verdünnte. Nach CHRISTOPHERSEN und THIELE steigern zugesetzte Ionen die Hitzeempfindlichkeit im gleichen Sinne, wie sie z. B. die Quellung der Gelatine vermehren. Offenbar setzt das Wasser die Widerstandsfähigkeit dadurch herab, daß es durch sein Eindringen in die nativen Eiweißmolekeln eine Schwächung von H-Brücken bewirkt und auf diese Weise die Entfaltung der Peptidketten erleichtert (s. S. 352). Im übrigen müssen auch die Kraftwirkungen, welche polare Gruppen im Eiweiß zusammenhalten, durch das Dazwischentreten der Dipole des Wassers in dem Maße geschwächt werden, wie die lokale Dielektrizitätskonstante durch die Wasseranlagerung gesteigert wird (A. LEMBKE 1954). Umgekehrt muß aber auch darauf hingewiesen werden, daß die Eiweißkörper nur dann ihre Funktion als Strukturbildner und Fermentproteine vollziehen können, wenn sie eine gewisse Menge von Wasser als nichtlösendes gebundenes Konstitutionswasser besitzen.

Im Zusammenhang mit der Hitzeresistenz von Mikroorganismen hat man auch den *Sättigungsgrad der Zellfette* beobachtet und ziemlich allgemein gefunden, daß der Schmelzpunkt um so höher bzw. die Jodzahl um so niedriger gelegen ist, je mehr die entsprechenden Lebewesen an höhere Temperaturen angepaßt waren (TERROINE 1930). In den bei 40° vorgezüchteten Hefen wird unter Abnahme des Gehaltes an niedrigen Säuren die gesättigte Myristinsäure die vorherrschende Fettsäure (CHRISTOPHERSEN und KAUFMANN 1955). Ob durch diese Veränderung eine erhöhte Resistenz, z. B. durch die Verhinderung des Zusammenfließens strukturbildender Filme zu Fetttröpfchen, erreicht wird, ist nicht mit Sicherheit auszusagen. Denn es besteht durchaus die Möglichkeit, daß die Bildung langkettiger und gesättigter Fettsäuren nur ein weiteres Beispiel einer mit der Temperatur veränderten Stoffwechsellage, z. B. mit erhöhtem DPNH-Quotienten und anschließender Tendenz zur Fettsynthese, ist.

O. CONNOR vermutet enge Zusammenhänge zwischen dem *Filmzustand bestimmter Fettsäuren und der Aktivität von Fermenten*, speziell der Dehydrasen. Er stellt sich vor, daß die Moleküle eines in den Oxydationsstoffwechsel eingeschalteten Enzyms mit einem Mischfilm aus Palmitin- und Stearinsäure bedeckt sind und daß dessen physikalischer Zustand die Abhängigkeit des Umsatzes von der Temperatur steuere. Da bei 15° eine sprunghafte Zunahme der Atmungstätigkeit des Frosches und bei 21° ein weiterer Sprung erfolgt und da bei 15° ein Myristinsäurefilm flüssig und bei 21° gasförmig wird (s. S. 240), bestehen gewisse Parallelen, welche durch den bei den Tieren angetroffenen Gehalt geeigneter Fettsäuren und durch das Verhalten bei künstlicher Änderung durch Fütterung unterstrichen werden. Trotzdem sind diese Vorstellungen stark hypothetisch.

Die Fähigkeit vieler Lebewesen, sich der Außentemperatur anzupassen, ist auf relativ niedrige Temperaturgrade beschränkt. Nur wenige Bakterienarten können bei hoher Temperatur leben (*thermophile Organismen*). Kernhaltige Metazoen findet man kaum bei Temperaturen über 50°. Dagegen können vereinzelte Algen- und Bakterienarten in Thermalquellen bis zu 85° leben. Die geringe Größe ihrer Zellen ist auffällig. Bakterielle Sporen können bekanntlich Temperaturen über 100° vertragen. Im Gegensatz zu dem oben erwähnten Befund an einer bakteriellen Amylase (CAMPBELL 1954) sind aus angepaßten Formen sehr oft keine besser hitzeresistenten Proteine zu gewinnen. Außerdem ist bei thermophilen Bakterien die Abtötungsgeschwindigkeit durch Hitze dann ebenso groß wie bei normalen, wenn keine Nahrungsstoffe gegeben wurden. Die Unterschiede zwischen beiden Gruppen treten dagegen in glucosehaltigen Medien deutlich auf. Daraus hat ALLEN (1950) gefolgert, daß die hitzeresistenten Bakterien in der Lage sind, bei ausreichender Nährstoffversorgung ihre Fermentproteine sehr schnell nachzubilden. Das Temperaturoptimum würde dann erreicht, wenn die Geschwindigkeit ihrer Neubildung nicht mehr mit der thermischen Inaktivierung Schritt halten kann (*dynamische Theorie des Thermophilen-Problems*).

Bei der *Abtötung durch Hitze* scheint es sich um ein Geschehen zu handeln, welches letzten Endes durch den Ausfall nur einer oder weniger entscheidender Reaktionen zustande kommt. Denn es hat sich gezeigt, daß Fälle existieren, in denen die Hitzetötung den *Gesetzen einer monomolekularen Reaktion* gehorcht: Die Tötungsrate, d.h. die Abnahme der Keimzahl mit der Zeit, ist jener selbst proportional:

$$- \frac{dN}{dt} = k \cdot N, \tag{29}$$

zwischen der Anfangszeit und der Beobachtungszeit t_1 integriert:

$$- k \int_{t_0}^{t_1} dt = \int_{N_0}^{N_1} \cdot \frac{dN}{N} = \int_{N_0}^{N_1} \cdot d \ln N \qquad \text{bzw.} \qquad - k \, (t_1 - t_0) = \ln \frac{N_1}{N_0}. \tag{29a}$$

Die *dezimale Reduktionszahl*: $Z = 2{,}3/k = t_1 - t_0/\log (N_0/N_1)$ gibt für eine bestimmte Temperatur die Zeit an, innerhalb derer die Zahl lebender Keime auf den zehnten Teil herabgesetzt ist. Nach $2 \cdot Z$, $3 \cdot Z$, $4 \cdot Z$ wäre sie also auf $1/100$, $1/1000$, $1/10\,000$ abgesunken. Es ergibt sich danach ein geradliniger Verlauf, wenn der log der vorhandenen Keimzahl der Zeit zugeordnet wird. Abweichung von der Geraden wird durch RAHN und HURWICZ als Zusammenwirken weniger monomolekularer Einzelvorgänge beim Tötungseffekt angesehen. Für derartige Absterbereaktionen ist die Zunahme der Geschwindigkeit während der Erhitzung charakteristisch. Man erhält dabei im Gegensatz zur Abtötung von Populationen mit unterschiedlicher Keimresistenz eine nach oben gekrümmte log $N - t$-Kurve. Die Abweichung vom geradlinigen Verlauf wird bei mehr als zwei zur Tötung notwendigen Reaktionen deutlich. Die Abhängigkeit der Tötungsrate von der Temperatur ist

$$z = \frac{T_1 - T_2}{\log t_2 - \log t_1} = 10/\log Q_{10},$$

wo z die Temperaturerhöhung darstellt, welche notwendig ist, um die Abtötungszeit auf $1/10$ zu verkleinern.

$$\log Q_{10} = \frac{10}{\Delta T} (\log k_1 - \log k_2) = \frac{10}{\Delta T} (\log t_2 - \log t_1)$$

Energetik und Kinetik der Aktivierung von Reaktionen

Seitdem BERZELIUS den Begriff der Katalyse eingeführt hatte, ist auch die Frage nach dem Mechanismus und dem Wesen dieser Beeinflussung der Reaktionsgeschwindigkeit bei konstanter Temperatur nie verstummt. Eine exakte energetische Formulierung konnte sie jedoch erst dadurch erhalten, daß *Vorstellungen darüber* entwickelt wurden, wie die Geschwindigkeit einer Reaktion überhaupt durch die *molekularen Stoßvorgänge* in ihrer Größe bestimmt wird. ARRHENIUS stellte sich vor, daß die oben diskutierte Aktivierungswärme aufgeboten werden müsse, um einen Teil der trägen Moleküle in eine reaktionsfähige Form zu verwandeln. Diese Auffassung ist sicher zu eng und in dieser Formulierung wohl selten zutreffend. Nach dem Vorgehen von TRAUTZ und anderen genügt es anzunehmen, daß die Reaktion erst dann stattfindet, wenn die kinetische *Energie der sich treffenden Moleküle einen bestimmten Grenzwert* überschreitet, der meistens weit über dem der mittleren kinetischen Energie unter den betreffenden Bedingungen gelegen ist. Bezieht man diese kritische Energie nicht auf das einzelne Molekül, sondern durch Multiplikation mit der Loschmidtschen Zahl auf das Mol, dann erhält man die für das Ingangkommen des Vorganges notwendige molare *Aktivierungsenergie*. Ihr Zahlenwert wird nach der Arrhenius-van't Hoff-Gleichung (27) aus der Temperaturabhängigkeit der Geschwindigkeitskonstanten entnommen.

Das in dieser Gleichung enthaltene Glied $e^{-\frac{\mu}{RT}}$ gibt nach dem hier nicht näher wiederzugebenden Boltzmannschen Satz über die Geschwindigkeitsverteilung auf die einzelnen Teilchen denjenigen Prozentsatz der sich bewegenden Moleküle, deren Energieinhalt den Wert μ überschreitet (Abb. 189).

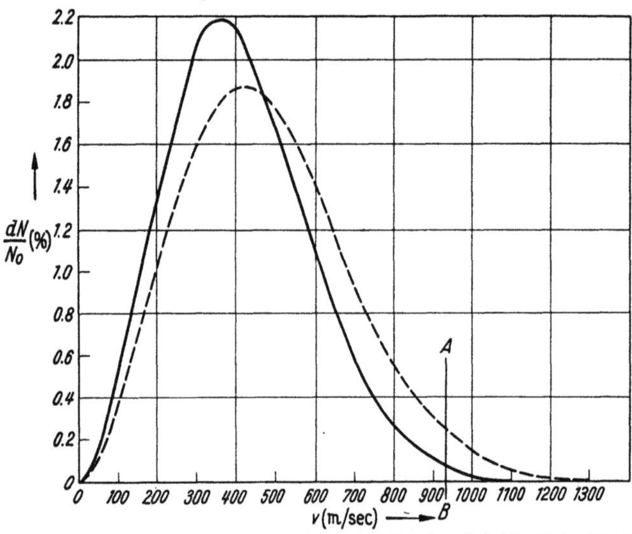

Abb. 189. Verteilung der molekularen Geschwindigkeiten des O_2 bei 0° und 100° C. Die Linie AB teilt den Prozentsatz der Molekeln mit der zu 930 m · sec⁻¹ gehörenden kinetischen Energie ab. —— bei $T = 273°$; ---- bei $T = 373°$ (nach EUCKEN)

Aktivierungsenergie und Reaktionsgeschwindigkeit

Daraus ist zunächst folgendes zu entnehmen: nähert sich die notwendige Aktivierungsenergie dem Wert Null, d.h., ist jeder Zusammenstoß erfolgreich, dann verschwindet jenes exponentielle Glied, und in der Arrhenius-Gleichung wird $\ln k = \ln k_0 = B$. B gibt also den log der Geschwindigkeitskonstanten unter der Voraussetzung, daß jeder Stoß erfolgreich wäre. *Der Wert von μ bestimmt demnach das Verhältnis der tatsächlichen Geschwindigkeit zur theoretischen maximalen* für die betreffende Temperatur. Da aber k gemessen wird, kann über μ (aus der Temperaturabhängigkeit bestimmt nach S. 557) der theoretische Maximalwert k_0 unmittelbar aus (27) gewonnen werden. Nun läßt sich aus den Zustandsgrößen und den molekularen Dimensionen bekanntlich bei Gasen die mittlere Weglänge der Moleküle und damit auch die Zahl der Zusammenstöße berechnen und aus dieser wiederum die theoretischen maximale Reaktionsgeschwindigkeit. Aus der tatsächlich beobachteten ergibt sich dann ebenfalls das Verhältnis k/k_0. Es bedeutet daher eine klare Bestätigung der gegebenen Auffassung von der Aktivierung, daß dieses aus der kinetischen Theorie gewonnene Verhältnis prinzipiell in der Größenordnung mit dem übereinstimmt, welches sich aus den experimentellen Werten von μ ergibt (BODENSTEIN).

Für den Zerfall von HBr würde sich so z.B. eine Geschwindigkeit von $2{,}0 \cdot 10^{11}$ mol/min ergeben; tatsächlich zerfallen aber bei der gleichen Temperatur (283°C)

$1 \cdot 10^{-6}$ mol/min in der Einheit des Molvolumens, d.h., die Zerlegung erfolgt $2 \cdot 10^{17}$ mal langsamer, als es der Fall wäre, wenn alle Stöße sie bewirken würden; nur $0,5 \cdot 10^{-17}$ der stattfindenden ist erfolgreich. Es ergibt sich dann aus:

$$0,5 \cdot 10^{-17} = e^{-\frac{\mu}{R \cdot 556}}$$

für μ ein Wert von 44 kcal. Das bedeutet, daß nur dann eine Reaktion stattfindet, wenn 2 Moleküle HBr, welche sich im Stoß treffen, zusammen mindestens eine Energie von 44 kcal pro Mol besitzen.

Vergleicht man nun den Wert $e^{-\frac{\mu}{RT}}$, also das durch μ und T bestimmte Geschwindigkeitsverhältnis k/k_0, für verschiedene Werte von μ und T, dann zeigt sich bei *gleichem* μ, aber *variiertem* T, daß *die Zahl der reaktionsfähigen Moleküle* z. B. mit der Temperatur stark *zunimmt* und zwar, wie eine zusätzliche Überlegung ergibt, wesentlich *stärker als die mittlere kinetische Energie* der gesamten Moleküle (s. S. 555). Weiter ist festzustellen, daß die *Zunahme* der Reaktionsgeschwindigkeit *um so größer* ist, je geringer ihr relativer Ausgangswert k/k_0 bei der tieferen Temperatur ist, d.h. *je mehr Aktivierungsenergie erforderlich* ist. So verläuft eine Reaktion mit $\mu = 50$ kcal bei 37° 30mal schneller als bei 25°, während sich für eine solche mit $\mu = 5$ kcal nur eine Geschwindigkeitssteigerung auf das 1,4fache ergibt. Der Bruchteil der z.B. mit $\mu = 5$ kcal aktivierten Moleküle beträgt bei

Tabelle 101. *Geschwindigkeit monomolekularer Reaktionen nach:*

$$k = 10^{13}\, e^{-\frac{\mu}{RT}} \; bei\; T = 300\; bei\; verschiedenen\; \mu\text{-}Werten\; in\; kcal$$

μ	k (sec^{-1})	τ
10	$5,7 \cdot 10^5$	$1,2 \cdot 10^{-6}$ sec
15	$1,4 \cdot 10^2$	$0,0051$ sec
20	$3,2 \cdot 10^{-2}$	$21,5$ sec
25	$7,7 \cdot 10^{-6}$	25 h
30	$1,8 \cdot 10^{-9}$	$12,2$ Jahre

$37°: e^{-\frac{5000}{1,99 \cdot 310}} = e^{-8,1} = 10^{-8,1/2,3} = 3 \cdot 10^{-4}$; für 25° gilt analog: $e^{-\frac{5000}{1,99 \cdot 298}} = 2,1 \cdot 10^{-4}$. Beim Übergang von 27° zu 37° ist die mittlere kinetische Energie der Moleküle (vgl. S. 555) nur um 10/300 d.h. 3 % vermehrt worden, während sich die Fraktion, welche einen größeren Energieinhalt als 12,9 kcal besitzt, schon verdoppelt hat (s. S. 556). Andererseits sind unter *isothermen* Bedingungen die Unterschiede in der Reaktionsgeschwindigkeit bei *variiertem* μ wegen der exponentiellen Abhängigkeit sehr groß. Setzt man die Geschwindigkeit dem Prozentsatz der aktivierten Moleküle proportional, dann entnimmt man der Beziehung (27), daß eine Reaktion, die nur 20, 15, 10, 5, 2 kcal Aktivierungswärme benötigt, $2,2 \cdot 10^7$, $1 \cdot 10^{11}$, $4,5 \cdot 10^{14}$, $2 \cdot 10^{18}$, $3,3 \cdot 10^{20}$ mal schneller verläuft als eine solche, welche 30 kcal gebraucht. Der Verlauf der Reaktionen mit hoher Aktivierungsenergie ist also recht langsam. Es hat sich ergeben, daß die Konstante k_0 für monomolekulare Reaktionen bei Zimmertemperatur in der Größenordnung 10^{13} sec^{-1} gelegen ist. Mit diesem Wert erhält man für 27° ($RT = 2 \cdot 300$) die obenstehenden Werte für die Reaktionskonstanten und Halbwertszeiten bei verschiedenen Aktivierungswärmen. Der Tabelle 101 ist zu entnehmen, daß monomolekulare Reaktionen mit einem μ, welches wesentlich unter 10 kcal liegt, zu schnell verlaufen, um gemessen werden zu können; umgekehrt vollziehen sich solche mit μ-Werten über 30 unmerklich langsam.

Diese durch Zahlenbeispiele veranschaulichten Überlegungen lehren also mit aller Deutlichkeit, daß eine auch nur geringe Herabsetzung der Aktivierungswärme zu einer erheblichen Vergrößerung der Reaktionsgeschwindigkeit führen muß. Der Faktor f, um den sich die Reaktionskonstante eines Vorganges erster Ordnung bei Herabsetzung von μ um n kcal vergrößert, ist bei Zimmertemperatur (27°):

$$\log f = \frac{n \cdot 1000}{2,3 \cdot 600} = 0,724\, n, \quad \text{bzw.} \quad f = 5,3^n.$$

Die *Verkleinerung von μ* wirkt sich nach Gl. (27) immer wie eine Steigerung der Reaktionstemperatur im Sinne einer Zunahme der Reaktionsgeschwindigkeit aus. Und *alle Katalysen* lassen sich formal so behandeln, als ob die zum Ingangkommen einer Reaktion gerade notwendige Energie, also gewissermaßen das Hindernis, das ihr entgegensteht und das überwunden werden muß, durch das Dazwischentreten des Katalysators herabgesetzt würde. Diese entscheidende, wenn auch nicht vollständig hinreichende Definition sagt zunächst noch nichts über den Weg aus, auf dem die Herabsetzung von μ erreicht wird (Abb. 187 und 190).

Aus ihr ergibt sich sogleich die Folgerung, daß der *Einfluß der Temperatur auf eine katalysierte Reaktion geringer* als auf die unkatalysierte sein muß. In den Fällen, bei denen ein solcher Vergleich möglich ist, läßt sich dementsprechend auch gewöhnlich belegen, daß μ bei der katalysierten kleiner als bei der unkatalysierten Reaktion ist. So beträgt μ z.B. nach KIESE für die Reaktion

$$H_2O + CO_2 \rightleftharpoons H_2CO_3$$

23,1 kcal und für die durch Karboanhydrase beschleunigte 8,9 kcal. Rohrzucker ist in Lösung stabil, μ also praktisch unendlich, für die Inversion durch Salzsäure fand man $\mu = 25{,}6$ kcal, für die durch Invertase $\mu = 9{,}4$ kcal. Weitere Beispiele für die nicht enzymatische und enzymatische Katalyse bringt die nebenstehende Tabelle 102.

Tabelle 102. *Aktivierungswärme verschiedenartig katalysierter Reaktionen zum Teil nach* E. A. MOELWYN-HUGHES

Reaktion	Katalysator	μ (kcal)
H_2O_2-Spaltung	$\varnothing$	18
	kolloid. Pt	11,7
	Leber-Katalase	5,5
Äthylbutyratspaltung	H^+ } Ionen	16,8
	OH^- }	10,2
	Pankreas-Lipase	4,5
Kaseinspaltung	H^+-Ionen	20,6
	Trypsin	12

Bei den meisten biologisch wichtigen und fermentativ induzierten Vorgängen ist ein Vergleich dieser Art deswegen nicht möglich, weil die Geschwindigkeit der unkatalysierten Reaktion hier unmeßbar klein ist. Für die Fermentreaktionen jedoch ergeben sich je nach den Umständen wechselnde Werte, die nur selten über $\mu = 20$ kcal liegen.

Thermodynamik der Aktivierung

Die *Aktivierungswärme* selbst ist nicht ganz konstant. Sie *nimmt oft mit steigender Temperatur um ein der absoluten Temperatur proportionales Glied $F \cdot RT$ ab.* Diese Abnahme und damit der Faktor F ist bei nicht- oder bei anorganischkatalysierten Reaktionen größer als bei fermentativ gesteuerten. Wahrscheinlich kommt hierin eine besonders gute Anpassung des Enzyms an sein Substrat zum Ausdruck, die es ermöglicht, die Aktivierungswärme über einen weiten Temperaturbereich konstant niedrig zu halten. Denn F ist — der Theorie nach — um so kleiner, je geringer die Zahl jener thermisch schwingenden molekularen Oscillatoren ist, welche für das Zustandekommen der Reaktion verantwortlich sind, je größer mithin auch die Spezifität der Reaktion ist.

Gelegentlich wird nun im scheinbaren Widerspruch zu dem bisher Gesagten beobachtet, daß die Reaktionsgeschwindigkeit trotz hoher μ-Werte groß ist. Besonders ausgesprochen trifft das für die Denaturierung der Eiweißkörper zu. Um diese und ähnliche Befunde zu verstehen, erfordert die energetische Betrachtung der Aktivierung eine weitere Präzisierung. Sie hat davon auszugehen, daß die Geschwindigkeitskonstante, im folgenden k' genannt, nicht allein durch die Größe von μ und einen k_0-Wert bestimmt wird, der nur die *Häufigkeit der Zusammenstöße* angibt. Für monomolekulare Reaktionen kann zwar in erster Annäherung der Frequenzfaktor $k_0 = 10^{13}\ \text{sec}^{-1}$ benutzt werden, als Lichtfrequenz entsprechend einer Wellenlänge von $30\ \mu$ im infraroten Bereich. Bei bimolekularen, also für die meisten Fermentreaktionen mußte eine besondere Kollisionsfrequenz eingesetzt werden (Kollisionstheorie). Aber auch die hierfür, z.B. bei wäßriger Lösung für die Zahl der Zusammenstöße des Fermentes mit dem Wasser, berechnete Frequenz von $Z = 5 \cdot 10^{14}\ \text{sec}^{-1}\ \text{ml}^{-1}$ war nicht passend. Man war gezwungen $k_0 = Z \cdot P$ zu setzen, d.h. einen weiteren, den sog. *sterischen Faktor P*, einzuführen (HINSHELWOOD 1926, MOELWYN-HUGHES 1932 u.a.). Dieser Faktor, meistens < 1 gelegen, sollte durch die Form der beteiligten Molekeln bedingt sein und von der Zahl der inneren Freiheitsgrade abhängen. Natürlich verfügt eine aktivierte Molekel über zahlreiche Möglichkeiten innermolekularer Schwingungen, von denen, wie besonders HINSHELWOOD betonte, stets einige bei Steigerung ihrer Amplitude das Eintreten eines chemischen Vorganges an bestimmter Stelle im Molekül erleichtern müssen. Der Bruchteil aktivierter Teilchen wird in diesem Fall durch die Energie jener Schwingungen bestimmt. Bei größeren Molekülen sind sicher nicht alle und bei sehr spezifischen Katalysen nur wenige der möglichen Schwingungen ausnutzbar.

Die Theorie liefert folgenden Zusammenhang zwischen dem sterischen Faktor und der Zahl der in Betracht kommenden angeregten Oscillatoren F:

$$P = \left(\frac{\mu}{RT}\right)^F \cdot \left(\frac{1}{F}\right). \tag{30}$$

Bei heterogenen bzw. Adsorptionskatalysen kommt hinzu, daß der entsprechende Molekülteil sich nicht immer in der richtigen Lage zu den stoßenden Molekeln aus dem Lösungsmittel befinden kann. So ergibt sich nach MOELWYN-HUGHES aus älteren Daten über die Invertase-Wirkung, daß von 46 Kollisionen zwischen Ferment und Substrat, deren Energiewert die Größe μ überschreitet, die also eigentlich alle aktiv sein müßten, tatsächlich nur ein Stoß wirksam ist. Vielleicht kann man sagen, daß also nur dieser Bruchteil der Fermentoberfläche katalytisch wirkt, wenn man annimmt, daß es nicht auf die Orientierung auch der Rohrzuckermolekeln ankommt, deren Querschnitt wiederum nur etwa $^1/_{37}$ von der Saccharaseoberfläche beträgt.

Derartig detaillierte Schlüsse, welche die Kollisionstheorie nahelegt, kann man aus den thermodynamischen Daten jedoch nur mit Vorsicht und jedenfalls erst dann ziehen, wenn eine nähere Analyse des Energiegliedes in der Verteilungsgleichung von ARRHENIUS vorausgegangen ist. Sie wird in der *Theorie der absoluten Reaktionsgeschwindigkeit* durch EYRING und STEARN (1941) vorgenommen.

Die statistische Mechanik ermöglicht die Berechnung der absoluten Reaktionsgeschwindigkeit ohne weitere Annahmen, wenn die Konzentration des zerfallenden aktivierten Komplexes gegeben ist. Jene beträgt unabhängig von der Natur dieses Komplexes:

$$v = \frac{kT}{h} \cdot c^x, \tag{31}$$

wo c^x die Zahl der *aktivierten Komplexe* im ml ist[1]. Mit $h = 6,62 \cdot 10^{-27}\ \text{erg sec}^{-1}$ ist die Dimension der rechten Seite: $m \cdot \text{sec}^{-1} = \dim v$, während kT/h eine Frequenz, d.h. eine reziproke Zeit von z.B. $6,25 \cdot 10^{12}\ \text{sec}^{-1}$ bei $T = 300$ angibt. Der zerfallsbereite Komplex wird nun durch die *aktivierende Reaktion* geschaffen:

$$A + B \rightleftharpoons c^x; \quad K^x = \frac{c^x}{[A] \cdot [B]}; \quad \frac{v}{[A] \cdot [B]} = k' = \frac{kT}{h} K^x. \tag{31a}$$

---

[1] Boltzmann-Konstante k, s. S. 379; die thermodynamischen Größen der Aktivierung werden durch ein hochgestelltes x gekennzeichnet.

k' ist jetzt die gebräuchliche Geschwindigkeitskonstante der Reaktion. Hier wird K^x wie die Gleichgewichtskonstante einer echten reversiblen Reaktion behandelt, für die dann weiterhin gilt:

$$-RT \ln K^x = \varDelta G^x = \varDelta H^x - T \varDelta S^x$$

bzw.

$$K^x = e^{-\frac{\varDelta G^x}{RT}} = e^{-\frac{\varDelta H^x}{RT}} \cdot e^{\frac{\varDelta S^x}{R}} \tag{31 b}$$

und mit (31 a) wird:

$$\boxed{k' = \frac{kT}{h} \cdot e^{-\frac{\varDelta H^x}{RT}} \cdot e^{\frac{\varDelta S^x}{R}} = \frac{kT}{h} \cdot e^{-\frac{\varDelta G^x}{RT}}} \tag{32}$$

oder

$$\ln k' = \frac{\varDelta S^x}{R} - \frac{\varDelta H^x}{RT} + \ln \frac{k}{h} + \ln T = -\frac{\varDelta G^x}{KT} + \ln \frac{k \cdot T}{h}. \tag{32a}$$

Differentiation nach T liefert:

$$\frac{d \ln k'}{dT} = \frac{1}{T} + \frac{\varDelta H^x}{RT^2} = \frac{\varDelta H^x + RT}{RT^2} = \frac{\mu}{RT^2}, \tag{32b}$$

d.h.: $\varDelta H^x = \mu - RT$, also da $RT \backsimeq 0{,}6$ kcal, ist auch $\mu \backsimeq \varDelta H^x$, von hohen Temperaturen und niedrigen Aktivierungswärmen abgesehen.

Praktisch erhält man $\varDelta S^x$ z. B. für $T = 300°$, da $R = 2$ cal $\cdot$ Grad^{-1} und $\ln \frac{kT}{h} = 30{,}1$ ist, aus (32a):

$$\varDelta S^x = 2 \left(\ln k' - 30{,}1 + \frac{\varDelta H^x}{600} \right) \text{cal}/° \text{ mol}^{-1}.$$

Mit μ statt $\varDelta H^x$ wird nun:

$$k' = \frac{kT}{h} \cdot e^{\frac{\varDelta S^x}{R}} \cdot e^{-\frac{\mu}{RT}}; \quad \text{verglichen mit (27) ist} \quad \frac{kT}{h} \cdot e^{\frac{\varDelta S^x}{R}} = P \cdot Z. \tag{33}$$

Da Z und $\frac{kT}{h}$ die Frequenzfaktoren sind, ergibt der Vergleich weiter, daß $P = e^{\frac{\varDelta S^x}{R}}$ ist, d.h. der sog. *sterische Faktor ist ein Ausdruck der Entropieänderung beim Aktivierungsprozeß.*

In der Theorie der absoluten Reaktionsgeschwindigkeit (32) werden also die beiden entscheidenden Faktoren, nämlich die Aktivierungswärme, bzw. die Aktivierungsenthalpie $\varDelta H^x = \mu - RT$, und die Aktivierungsentropie konsequenterweise zu $\varDelta G^x$, der freien Aktivierungsenthalpie (der freien Energie des Aktivierungsvorganges) zusammengefaßt. $\varDelta G^x$ wird in Verbindung mit dem Frequenzglied statt k_0 in den Exponenten der Gl. (27) eingeführt. Der durch die Eyringsche Theorie erzielte Fortschritt wird gerade durch das Einsetzen dieses Faktors und durch die Unterteilung des Exponenten in das Wärme- und Entropieglied erreicht, und er ermöglicht es dadurch nun seinerseits, aus der gemessenen Geschwindigkeit und den μ-Werten sowohl die freie Aktivierungsenergie wie die Entropie des Aktivierungsvorganges unmittelbar nach Gl. (32) zu entnehmen. Man muß sich jedoch darüber klar sein, daß die Theorie in der vorliegenden Form auf der Annahme einer zwar äußerst kleinen, jedoch durchaus bestimmten Konzentration des aktivierten Komplexes beruht. Sie entspricht der Gleichgewichtseinstellung seiner Bildungsreaktion und schließt nicht zu den Endprodukten führende Seitenwege aus.

Man sollte sich auch, wenn die Theorie im folgenden benutzt wird, darüber klar sein, daß ihre Anwendung in der hergebrachten und für Gase gültigen einfachen Form bei wäßrigen Lösungen und heterogenen Systemen nur mit großer Kritik vorgenommen werden darf. Es hat sich weiter gezeigt, daß die Entropieänderung bei der Aktivierung vieler monomolekularer Reaktionen so gering ist, daß die freie Aktivierungsenergie mit der nach ARRHENIUS [Gl. (27)] gewonnenen Aktivierungswärme praktisch übereinstimmt. Eine bemerkenswerte Ausnahme hiervon bildet die Denaturierung der Proteine.

Wenn die freie Enthalpie nach:

$$- RT \ln K^\varkappa = \Delta G^\varkappa = \Delta U^\varkappa + p \cdot \Delta V^\varkappa - T \cdot \Delta S^\varkappa$$

aufgeteilt und entsprechend differentiiert wird, erhält man:

$$\left(\frac{d \ln K^\varkappa}{dp} \right)_T = - \frac{\Delta V^\varkappa}{RT} \quad \text{und mit (31a)} \quad \left(\frac{d \ln k}{dp} \right)_T = - \frac{\Delta V^\varkappa}{RT}, \qquad (34)$$

d. h. wenn der log der Geschwindigkeitskonstanten dem bei konstanter Temperatur variierten Druck zugeordnet wird, resultiert eine Gerade. Ihre Neigung ergibt die *Änderung des spezifischen molaren Volumens durch den Aktivierungsvorgang*, d. h. die Differenz des Volumens des aktivierten Komplexes und des der Reaktionsteilnehmer. Man erhält sie in ml, wenn R im gleichen Maß, d. h. mit 80,2 ml $\cdot$ atm eingesetzt wird.

Dabei wird oft gefunden, daß die Geschwindigkeit von Fermentreaktionen durch erhöhten Druck verlangsamt wird. Der Ablauf der Aktivierungsreaktion (31a) wird also nach links verschoben. Das bedeutet, daß Druckerhöhung die Bildung des aktivierten Komplexes hemmt. Er selbst oder eine notwendige Vorstufe besitzt daher entsprechend der Regel vom beweglichen Gleichgewicht ein größeres Volumen als das Enzym. Die Volumenvergrößerung wird mit Hilfe vorstehender Gleichung ermittelt (JOHNSEN, EYRING, STEARN). Bei höheren Temperaturen macht sich immer eine zunächst reversible Denaturierung bemerkbar. Sie geht bei Fermenten und Proteinen mit einer in gleicher Weise oder dilatometrisch (SEELICH, HEYMANN) faßbaren Volumenerhöhung einher. Das gleiche trifft für Inhibitoren und zahlreiche Narkotica zu (JOHNSEN, BROWN, MARSLAND).

Beim Aktivierungsvorgang haben $\Delta G^\varkappa$ und μ in der Regel positives Vorzeichen. Aus der Temperaturabhängigkeit der Reaktionsgeschwindigkeit wird lediglich die Aktivierungswärme μ gewonnen. In den meisten Fällen ist $\Delta S^\varkappa$ klein, so daß die allein ausschlaggebende freie Aktivierungsenergie $\Delta G^\varkappa$ praktisch nahezu mit μ übereinstimmt. Die Aktivierungsentropie der Denaturierung des streng spezifisch geordneten nativen Eiweißmoleküls z. B. ist jedoch sehr groß. Daher wird $\Delta G^\varkappa$ klein und dementsprechend resultiert trotz starken Temperaturganges eine relativ hohe Geschwindigkeit. *Eine Reaktionsbeschleunigung durch Erniedrigung der Aktivierungsenergie kann also formal erreicht werden durch Herabsetzung der Aktivierungswärme oder durch Steigerung der Aktivierungsentropie.*

Katalysatoren und Fermente

Jede positive *Katalyse* ist mindestens formal durch Herabsetzung der Aktivierungsenergie zu erklären. Dabei kann $\Delta G^\varkappa$ auch für die gleiche Reaktion — je nach dem katalytischen System — wie bei der H^+-Ionen- und Fermentaktivierung — verschieden tief liegen: die notwendige Anstoßenergie wird um so geringer, je günstigere Bedingungen für den Ablauf der Reaktion gewählt werden. Sie zu verwirklichen, ist das wesentliche Ziel einer guten *technischen Reaktionslenkung*. Dabei ist natürlich zu beachten, daß die Änderung der freien Energie und der Entropiewerte bei der Reaktion unabänderliche Konstanten sind. Trotzdem muß bei einer Gesamtbilanz der Energien die der Aktivierung zusammen mit der der eigentlichen Reaktion berücksichtigt werden. Diesen Verhältnissen trägt

der Vergleich Rechnung, der den Fall eines Gewichtes über eine definierte Fall-
strecke betrachtet (Abb. 190). Die freiwerdende Reaktions- bzw. Fallenergie ist konstant; aber, um den Körper auf der oberen Niveauebene bis an den Rand zu bewegen, werden je nach seiner Reibung mit der Unterfläche verschiedene Aktivierungs-
arbeiten gefordert. Um der Mannigfaltigkeit der katalytischen und besonders der
biokatalytischen, also der fermentativen Reaktionsbeeinflussung gerecht zu
werden, muß dieses Bild noch ergänzt werden. Denn der *Katalysator wirkt* nach
einer bekannten Definition von MITTASCH *nicht nur beschleunigend*, sondern, wenn
verschiedene Möglichkeiten der Reaktionsart bestehen, *auch ausrichtend*. Es wird
also von einer Plattform aus, unter der und um die herum sich verschieden hohe

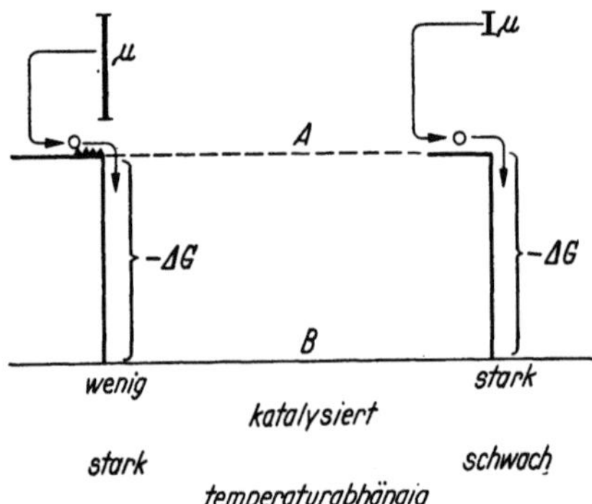

Abb. 190. *Zur Erläuterung der Aktivierungsenergie.*
Wenig und gut katalysierter Übergang des Stoffes
A → *B*. Ordinaten bedeuten Energiewerte

Niveaus befinden, sich die Last am leichtesten in eine bestimmte Richtung bewegen lassen.

Schon in der Technik gewinnt dieser
auswählende Einfluß der Katalysatoren
steigende Bedeutung. So bildet sich z.B.
aus $CO + H_2$ mit Nickel als Kontakt-
substanz CH_4, mit Chromoxyd dagegen
CH_3OH.

Von der Möglichkeit, selektive Kontakte
in die Hand zu bekommen, wird sehr häufig
Gebrauch gemacht. Wenn man z.B. nach
FRIEDEL-CRAFTS Methylgruppen mit Hilfe von
CH_3Cl in den Benzolring einführt, erfolgen Poly-
substitutionen. Milde wirkende Katalysatoren
wie BF_3 bewirken Bildung von *o*- und *p*-Xylolen,
während das stark wirkende $AlCl_3$ vor allem

bei höherer Temperatur die Metaderivate liefert. Ein oft benutzter Weg besteht in der Abschwächung des Kontaktkörpers. Um z.B. die Reduktion eines Säurechlorids auf der Alde-
hydstufe anzuhalten und die Hydrierung zum Alkohol zu vermeiden, wird dem Pd-Kataly-
sator eine kleine Menge vergiftender S-haltiger Stoffe zugefügt (ROSENMUND), durch die die
Reduktion des Säurechlorids kaum verzögert, aber die des Aldehyds aufgehoben wird. Bei der
Hydrierung an Raney-Nickel, hergestellt durch Schmelzen von Ni und Al, wird die Hydrier-
fähigkeit weitgehend durch den zurückgebliebenen Gehalt an $Al(OH)_3$ bestimmt. Durch dessen
alkalisches Auswaschen als Aluminat wird sie herabgesetzt. Oft werden Mischkatalysatoren
benutzt. So beschleunigt ZnO die Bildung von Methanol; ein Zusatz von Chromoxyd führt
zu höheren Alkoholen, von Eisenoxyd wieder zu Methanol.

Für die Wirksamkeit kommt es weitgehend auf den physikalischen Zustand des
Kontaktes an. ZnO und Al_2O_3 katalysieren sowohl die Dehydrierung wie die
Dehydratisierung von Alkohol oder Ameisensäure. Aus ersterem entsteht dann
entweder Äthen und Wasser oder Acetaldehyd und Wasserstoff.

$$CH_3CH_2OH \Big\langle {}^{C_2H_4 + H_2O}_{CH_3C\langle{}^O_H + H_2} \qquad\qquad HCOOH \Big\langle {}^{CO + H_2O}_{CO_2 + H_2}$$

Dabei zeigt es sich, daß ZnO bei der thermischen Vorbehandlung stärker
kristallin zusammensintert, während Al_2O_3 sehr feine Poren bildet (G. M. SCHWAB
1956). Wasser zu entziehen, ist eine allgemeine Eigenschaft der Metalloxyde,
während die Dehydrierung an zwei aktiven Zentren im molekularen Abstand vor
sich zu gehen scheint, welche dadurch entstanden sind, daß mikrokristalline Ver-
werfungen mit Elektronenfehlstellen auftreten. Sie werden unter gleichzeitiger
Einleitung der Dehydrierung von Elektronen aus dem Substrat besetzt (s. S. 534
und S. 632).

Bei Fermenten ist die Eigenschaft, außer auf die Geschwindigkeit auch auf
die Richtung der Reaktion zu wirken, ebenfalls entscheidend. Denn nur so

werden die überaus mannigfaltigen Umsetzungen einzelner Stoffe möglich, wie z. B. der Glucose mit den verschiedensten Gärungs-Zwischen- und -Endprodukten usw. Bei den *Enzymen ist die Spezifität viel ausgesprochener als bei den gewöhnlichen Katalysatoren*. Diese entscheidende Fähigkeit muß mit dem Feinbau in Zusammenhang gebracht werden, den sie als Eiweißkörper besitzen. Er unterscheidet sie von den in der Chemie und der Technik benutzten Katalysatoren. Denn als solche wirken sehr oft nur H^+-, OH^--Ionen, Hg-Salze, organische Basen, Metalloxyde oder Metalle wie Li, Na, Cu, Fe, Pt, Pd usw.

Man weiß seit langem, daß viele Fermente aus der Wirkgruppe und einem eiweißartigen Träger bestehen. Es ist auch hinlänglich bekannt, daß jene häufig als sog. Coenzyme abtrennbar sind und die allgemeine Natur der Wirkung bestimmen. Zum Beispiel wirken der Flavinanteil in den Flavinenzymen oder die Cozymase oder das Fe in den Cytochromen als H_2- oder Elektronenüberträger, die Cocarboxylase als CO_2-abspaltende allgemeine Agentien. Es ist auch unter Benutzung von Studien an Modellsubstanzen gelungen, diese Fähigkeiten auf bestimmte Abschnitte der Coenzymmoleküle zu lokalisieren. So können z. B. primäre Aminogruppen je nach dem Aufbau des Moleküls, dem sie angehören, verschieden stark decarboxylierend wirken. Auch die Cocarboxylase (Thiaminpyrophosphat) ist ein primäres Amin (s. S. 630). Das Fe im Hämin wirkt peroxydatisch oder wie eine Katalase usw. Aber das für *das fermentative Geschehen so bezeichnende hohe Leistungsvermögen tritt erst nach Vereinigung dieser Coenzyme oder Coenzymgruppen mit dem spezifischen Protein auf*. Diese Verbindung kann dissoziabel oder fest sein, durch hetero- oder homoiopolare Bindung erfolgen; immer entsteht ein im Vergleich zur Wirkgruppe *hochaktiver Komplex*, der ihr gegenüber die weitere höchst charakteristische *Eigenschaft* einer auf ein ganz bestimmtes Substrat eingestellten *absoluten oder auch relativen Spezifität* zeigt. Die hohe Selektivität, welche die katalytischen Systeme einzelnen Stoffen gegenüber zeigen, wird erst durch das Eingreifen der Fermentproteine erzeugt. Die Wirkgruppen als solche sind kaum substratspezifisch.

Für eine große Zahl von Enzymen, unter ihnen die in vieler Hinsicht besonders eingehend untersuchten Verdauungsfermente, ist eine besondere, *nicht eiweißartige abtrennbare Wirkungsgruppe unbekannt*. Es ist heute sehr wahrscheinlich, daß jene tatsächlich nur aus Aminosäuren aufgebaut sind. Man muß damit rechnen, daß die aktiven Stellen der Molekeln durch eine besondere räumliche Anordnung von polaren oder apolaren Gruppen der bekannten Aminosäuren erzeugt werden können. Es ist bemerkenswert, daß die Molekulargewichte vieler Enzyme relativ klein im Vergleich zu anderen Proteinen sind. So besitzt die Ribonuklease das MG von 13000, und viele weitere Fermente sind in der Gruppe mit dem MG von 35000 anzutreffen.

Die *katalytisch wirksamen Proteine* der Zelle sind *wohl durchweg Sphäroproteine*. Sie sind zum Teil löslich, teils an die Strukturen gebunden. Befunde der letzten Jahre legen es nahe, anzunehmen, daß ein sehr großer Teil der Sphäroproteine, vielleicht ursprünglich alle, in den Zellen Fermentfunktionen zu versehen haben, denn es werden immer mehr gut kristallisierbare und damit in der Wirkung genau definierbare und reproduzierbare Fermenteiweiße bekannt. So zeigt LANG (1951), daß etwa 25 % des Eiweißes der Pankreasdrüse aus Verdauungsfermenten bzw. deren Vorstufen besteht, und bei der Leber sind $^2/_3$ ihres Eiweißbestandes Fermente. Unter ihnen befinden sich die 13 gut bekannten Fermente der Glykolyse und eine sicher mehrfach größere Zahl für die Dehydrasen und Elektronenüberträger, von den spezifischen Fermenten für den Aminosäurestoffwechsel abgesehen. Auf Grund des heute vorliegenden Materials kann man die Aussage machen: 1. daß es eiweißfreie Fermente nicht gibt, 2. daß noch kein Ferment kristallisiert worden ist, welches zwei oder mehrere destinkte Reaktionen spezifisch katalysiert (BÜCHER), 3. es ist selten, aber gelegentlich der Fall, daß verschiedene Proteine mit nahezu ähnlicher Fermentwirksamkeit sogar im gleichen Gewebe existieren (BÜCHER 1953), z.B. die Lacticodehydrogenase des Muskels (NEILANDS 1952), 4. aus verschiedenen Organismen gewonnene Enzyme mit gleicher Substratspezifität sind als verschiedenartige Proteine chemisch und biologisch nicht identisch.

Die Erfahrung, die bei der Untersuchung des Schicksals der mit Isotopen markierten Aminosäuren gemacht wurden, zeigt, daß gerade die eiweißartigen Körperbausteine und mit ihnen die Fermente sich in einem *dauernden Umbau* befinden (s. S. 520). Ob ein großer Verschleiß an diesen Stoffen unmittelbar mit ihrer katalytischen Funktion verknüpft ist — entgegen der klassischen Definition des Katalysators — oder ob ihr spezifischer Bau als relativ unwahrscheinliche Anordnung zu Spontandenaturierungen neigt, ist vorerst nicht entscheidbar. Die oft gute Haltbarkeit kristallisierter Enzyme scheint allerdings die letzte Vermutung wenig zu stützen. Wie nun das Eiweiß seine katalytische Leistung vollbringt, ist zur Zeit ein Geheimnis, das man durch Hinweis auf einige weitere Tatsachen zwar präzisieren, welches man aber nicht lösen kann, bevor eine tiefergehende Kenntnis von Feinbau und der Energetik der Eiweißmoleküle und von der Kinetik der durch sie katalysierten Reaktionen erreicht ist.

Fermentkinetik

Auch ohne spezielle Vorstellungen vom Ablauf der fermentgesteuerten Katalyse zu entwickeln, wird allgemein mit dem Stattfinden von 2 Vorgängen zu rechnen sein: 1. dem Hin- und Herpendeln des Fermentes *zwischen dem normalen und aktivierten Zustand* und 2. dem Eingehen einer, wenn auch nur vorübergehenden, irgendwie gearteten *Bindung zwischen dem Enzym und dem Substrat*. Bei dem biologisch kaum verwirklichten Typ der Katalyse durch Bildung von *Radikalketten* würde allerdings nur ein kleiner Bruchteil des umgesetzten Substrates an einer derartigen Bindung teilhaben.

Umsatzgröße, Fermentmenge, Autokatalyse

Die Häufigkeit des Wechsels im Fermentzustand kommt in der *Umsatz*- bzw. *Turnover-Zahl (Wechsel-Zahl)* zum Ausdruck (s. S. 548 u. S. 646). Sie entspricht der in der Zeiteinheit pro Molekel Ferment umgesetzten Zahl von Substratmolekülen. Nach dem Vorgang von WARBURG (1948) wird hierbei die Minute als Zeiteinheit gewählt. Besonders hohe Umsatzzahlen besitzen die Cholinesterase und Katalase, deren Teilchen etwa eine Million Substratmolekeln pro Minute verwandeln. Bei der Invertase sind es nur $40 \cdot 10^3$, bei der Carboxylase $1 \cdot 10^3$. Da das Molekulargewicht der Invertase (ca. 35000) etwa 100fach größer als das der Saccharose (342) ist, bedeutet obige Zahl, daß dieses Ferment pro Minute etwa das 400fache seines eigenen Gewichtes an Substrat spaltet.

In vivo tritt die bedeutende Geschwindigkeit der Fermente nicht immer voll in Erscheinung. Ihre Konzentration ist, wie LANG zeigte, sowohl für die wesentlichen Fermente der Glykolyse und für das Cytochrom c um etwa eine Zehnerpotenz höher, als es für den durchschnittlichen Stoffumsatz erforderlich ist. Zweifellos kann man generell aussagen, daß auf diese Weise ein Anstau von Umsatz- und Zwischenstoffen vermieden wird, obwohl die Beziehungen zwischen Ferment und Substratkonzentration damit noch nicht genügend gekennzeichnet sind. Es gibt jedoch auch Ausnahmen; z.B. ist die Aktivität der aus der Hefe isolierten Carboxylase etwa von der gleichen Größe, wie sie nach dem maximalen

Gärungsumsatz der intakten Hefezellen zu fordern wäre (HOLZER 1953). Hier besteht also offenbar keine große Fermentreserve. Für die Hexokinase der Hefe scheint das gleiche zuzutreffen (HOLZER).

Die Kinetik der katalysierten biochemischen Reaktionen wird ihren Verlauf bei *Änderung* 1. der *Ferment-*, 2. der *Substrat-*Konzentration und 3. des Ionen- bzw. Aktivator*milieus* zu berücksichtigen haben. Im letzteren Fall erhält man Auskunft über die speziellen Eigenschaften des jeweiligen Fermentes, im zweiten über die Enzymsubstratverbindung, während die erstgenannte Versuchsanordnung die

Tabelle 103. *pH-Optima, Michaelis-Konstanten und Wechselzahlen einiger Fermente*

Ferment	pH-Optimum	Michaelis-Konstante		Wechselzahl (min)
Ac.-Cholinesterase	8,5		$4,6 \cdot 10^{-4}$	$1,8 \cdot 10^{7}$
Pyrophosphatase	6,8			$6 \quad \cdot 10^{4}$
ATPase (Myosin)	6,4			$1,5 \cdot 10^{4}$
Invertase (β-Fruktosidase)	4,5		$2,8 \cdot 10^{-2}$	$4 \quad \cdot 10^{4}$
Phosphoglyceratkinase		ATP:	$1,1 \cdot 10^{-4}$	$3,2 \cdot 10^{5}$
		Substrat:	$1,8 \cdot 10^{-6}$	
BTS-Decarboxylase	6,0		$1 \quad \cdot 10^{-3}$	$1 \quad \cdot 10^{3}$
Triose-Ph-Dehydrogenase (Muskel)	8,6—9	DPN^{+}:	$3,9 \cdot 10^{-5}$	$6,7 \cdot 10^{3}$
Lacticodehydrogenase (LDH)	7,4	BTS:	$1,7 \cdot 10^{-5}$	$4,5 \cdot 10^{4}$
Alkoholdehydrogenase (ADH) (Hefe)	7,6	Alk.:	$1,8 \cdot 10^{-2}$	$1,7 \cdot 10^{4}$
		Ald.:	$1,1 \cdot 10^{-4}$	
Cyto-c-DPN-Reduktase (+Flavin)	8,5	Cyt.:	$1,2 \cdot 10^{-4}$	$1,2 \cdot 10^{3}$
		DPNH:	$1,9 \cdot 10^{-5}$	
Malic-enzyme (TPN)	7,5	Malat:	$5 \quad \cdot 10^{-5}$	$3,5 \cdot 10^{2}$

Tabelle 104. *Molekulargewichte einiger Fermente.* (Isoelektrische Punkte in Klammern)

Ribonuclease	$1,4 \quad \cdot 10^{4}$ (9,45)	Triose-Ph-dehydro-	$1,22 \cdot 10^{5}$ (6,5)
α-Chymotrypsin	$2,16 \cdot 10^{4}$ (8,6)	genase (aus Hefe)	
Carboanhydrase	$3 \quad \cdot 10^{4}$ (5,3)	aus Muskel	$1,20 \cdot 10^{5}$
Pepsin	$3,9 \quad \cdot 10^{4}$ (2,9)	β-Amylase (Kar-	$1,5 \quad \cdot 10^{5}$ (4,7)
Enolase	$6,9 \quad \cdot 10^{4}$	toffel)	
Phosphoglucomutase	$7,4 \quad \cdot 10^{4}$	BTS-Glutsr.	$1,8 \quad \cdot 10^{5}$
Hefehexokinase	$9,6 \quad \cdot 10^{4}$	Transaminase	
		Fumarase	$2,04 \cdot 10^{5}$
		Urease	$4,8 \quad \cdot 10^{5}$

Aktivität bzw. die Menge des Enzyms zu bestimmen gestattet. Man wird bei solchen Versuchen immer die Tatsache bestätigt finden, daß die Menge des Katalysators in keinem stöchiometrischen Verhältnis zur Masse des umgesetzten Substrates steht. Das ist leicht zu verstehen, wenn man berücksichtigt, daß der ideale Katalysator nach Ablauf einer Reaktion unverändert und unvermindert vorhanden ist. Da er aber doch mit dem Substrat in eine Reaktion treten muß, die in ganzzahligem einfachen Verhältnis beider Partner erfolgt, kommt stets eine kurzzeitige Inanspruchnahme des Fermentes durch ein oder wenige Substratmoleküle zustande. Würden mehr Fermentmoleküle vorhanden sein, so würde dementsprechend der Umsatz größer sein müssen. Es ist daher zu erwarten, daß die unter optimalen Milieubedingungen für die einzelnen Fermente bestimmte Wechselzahl unabhängig von ihrer Konzentration ist. Das würde bedeuten, daß der *effektive Umsatz an Substrat linear mit der Fermentkonzentration zunimmt.* Diese Erwartung wird auch bei den meisten, aber doch nicht bei allen Enzymen bestätigt gefunden. Während z.B. die Umsatzgeschwindigkeit bei der Invertase proportional mit ihrer Konzentration ansteigt (O'SULLIVAN und TOMPSON, 1890), wächst die Eiweißspaltung durch Trypsin und Pepsin nur mit der *Wurzel aus der Fermentkonzentration* (Schützsche Regel, 1885).

Empirisch werden im letzteren Fall für die Umsätze bis zu etwa 40% folgende Beziehungen zwischen Umsatz (x), Fermentkonzentration (T) und Zeit gefunden:

$$x = p \cdot \sqrt{T} \quad \text{und} \quad x = q \cdot \sqrt{t}. \tag{35}$$

Quadrierung und Differentiation nach der Zeit ergibt, daß dann die Geschwindigkeit:

$$v = \frac{dx}{dt} = \frac{q^2}{2} \cdot \frac{1}{x} = \frac{K_q}{x},$$

d. h. der umgesetzten Menge umgekehrt proportional ist. Nimmt man mit ARRHENIUS an, daß das Reaktionsprodukt mit dem Enzym (E) zu einem inaktiven Enzymkomplex reagiert:

$$[\mathrm{x}] \cdot [\mathrm{E}] = \mathrm{K} \cdot [\mathrm{E\,x}]_i,$$

dann läßt sich die mit fortschreitender Spaltung eintretende Geschwindigkeitsabnahme durch den zunehmenden Verlust an aktivem Ferment erklären.

Denn wenn mit [T] die gesamte und mit [T] — [E x] die aktive Enzymkonzentration [E_a] bezeichnet wird und die Geschwindigkeit bei Substratsättigung der aktiven Enzymmenge über k proportional ist, gilt in Abwesenheit von Hemmungskörpern: $V = k \cdot [\mathrm{T}]$, im übrigen: $v = k \cdot [E_a]$. Einsetzen von [T] — [E x] für [E_a] in vorstehende Gleichung ergibt:

$$[\mathrm{E}_a] = \frac{[\mathrm{T}]}{1 + x/K} \quad \text{und damit:} \quad v = \frac{V}{1 + x/K}.$$

Für sehr kleines K ist angenähert: $\dfrac{dx}{dt} = \dfrac{V \cdot K}{x}$, integriert: $x = \sqrt{2\,V K t} = \text{const} \cdot \sqrt{T \cdot t}$.

NORTHROP (1923) zeigte dementsprechend, daß der Umsatz dann der Fermentkonzentration und nicht ihrer Wurzel proportional ist, wenn die entstandenen niedrig-molekularen Spaltprodukte während der Fermenteinwirkung durch Dialyse zuvor entfernt wurden.

Im übrigen muß man bei Vorgängen, deren Ablauf der Quadratwurzel aus der Zeit proportional ist, dann *Diffusionsvorgänge als bestimmende Faktoren* in Betracht ziehen, wenn die Systeme ihre Mitwirkung als möglich erscheinen lassen. Denn die durch Diffusion überwundene Strecke ist der Wurzel aus der Zeit proportional (s. S. 77). Die Bedingungen dafür, daß ein bestimmter Weg durch Diffusion zurückgelegt werden muß, kann bei vielen heterogenen Katalysen zutreffen. Es ist aber zu berücksichtigen, daß die diffundierte Stoffmenge bei gleichbleibendem Diffusionswege, aber variierter Stoffkonzentration dem Konzentrationsgefälle direkt proportional geht. Die Bedingungen hierfür sind bei heterogenen Prozessen des öfteren gegeben (NERNST, BRUNNER 1904). Auch bei Fermentreaktionen an gespreiteten Eiweißen erwies sich die Kinetik als die einer Diffusion (TRURNIT 1953, s. S. 248).

Besonders zu beachten ist auch die *Förderung* der Reaktionsgeschwindigkeit *durch die entstandenen Reaktionsprodukte.* Hierbei soll weniger an die mit fortschreitender Säurebildung besonders während der Anaerobiose sich dauernd selbst steigernde Gewebsautolyse gedacht werden: beide Vorgänge — Säuerung und Verminderung des Redoxpotentials — aktivieren das Gewebskathepsin und bewirken so die Selbstauflösung der zelleigenen Struktureiweiße (Autolyse) oder das Leukocytenkathepsin spaltet die Proteine geschädigter Gewebe (Heterolyse). Diese Vorgänge sind zu komplex, um im physikalischen Sinne als *Autokatalyse* bezeichnet werden zu können, obwohl sie viele Züge gemeinsam haben. Dagegen ist die Aktivierung des Pepsinogens und des Trypsinogens zu den wirksamen Fermenten ein echter autokatalytischer Prozeß. Die aktivierenden Kinasen scheinen begrenzt wirkende Endopeptidasen zu sein. So dürfte das Trypsin durch Spaltung einer Isoleucinbindung aus seiner Vorstufe entstehen (DESNUELLE 1953, NEURATH 1952). Einmal gebildetes Ferment aber ist in der Lage, weiteres Trypsin freizulegen oder durch Spaltung nur einer Peptidbindung das Chymotrypsin aus seinem Zymogen zu erzeugen. Alle entstandenen Fermentmolekeln aktivieren die Profermente in einer sich schnell steigernden Umsetzung. Auch das durch HCl unter pH 5,4 frei gemachte Pepsin aktiviert weitere Pepsinogenmolekeln. Für diesen Vorgang hat HERRIOT bei konstantem pH das einfache autokatalytische Zeitgesetz gefunden:

$$\frac{dA}{dt} = k \cdot A(A_e - A). \tag{36}$$

Hier ist A die zu einer gegebenen Zeit vorhandene enzymatische Aktivität und A_e die bei Vollaktivierung vorhandene Totalwirksamkeit.

Ein typisches Beispiel für eine Verbesserung der Reaktionsbedingungen durch die Katalyse ist die in ihrem Verlauf erfolgende Erhöhung der H^+- oder OH^--Ionenkonzentration. Zum Beispiel beschleunigt sich die Aufspaltung eines Laktonringes bis zum Gleichgewicht selber, weil hierbei eine neue Carboxylgruppe entsteht:

$$-CH \cdot CH_2 \cdot CH_2 \cdot C:O \xrightarrow{\ H_2O\ } -CH \cdot CH_2 \cdot CH_2 \cdot COOH$$
$$\underline{\qquad O \qquad} \qquad\qquad\qquad\qquad | $$
$$\qquad\qquad\qquad\qquad\qquad\qquad\qquad OH$$

Sie dissoziiert sogleich und führt zu fortschreitender Säuerung. Andererseits aber fördert eine Zunahme der H^+-Aktivität die Spaltung, so daß der Spaltungsumsatz durch die Hydrolyse vermehrt wird.

Ist die *Zunahme der Spaltungsgeschwindigkeit der Konzentration des entstandenen Spaltungsproduktes proportional* (k_2), so ergibt sich für die Autokatalyse:

$$\frac{dx}{dt} = k_1(a - x) + k_2 \cdot x. \tag{37a}$$

Eine positive Autokatalyse, d.h. nicht nur eine Verminderung des Absinkens, sondern eine effektive Steigerung der Umsatzgeschwindigkeit mit der Zeit, kommt zustande, wenn $k_2 > k_1$ ist. Dieser Ansatz hat sich z.B. für die Beschreibung der oben behandelten Landolt-Reaktion (S. 542) als gültig erwiesen. Im Falle der Laktonspaltung und der meisten übrigen Autokatalysen zeigt sich, daß die Geschwindigkeitskonstante der Spaltung wächst; und zwar ist ihr Zuwachs über die Konstante k_2 der jeweiligen Konzentration des entstandenen Spaltungsproduktes proportional. Dann gilt:

$$\frac{dx}{dt} = (k_1 + k_2 \cdot x)(a - x). \tag{37b}$$

Die hier nicht durchzuführende Integration für die Bedingung $x = 0$ für $t = 0$ ergibt:

$$t = \frac{1}{k_1 + k_2 \cdot a} \ln \frac{a \cdot (k_1 + k_2 \cdot x)}{k_1(a - x)}. \tag{37c}$$

Gleichgewichtseinstellung; Oberflächenkatalyse

Ohne nähere Vorstellung vom Mechanismus der Katalyse ist auch die Tatsache einleuchtend, daß der *Katalysator* die Geschwindigkeit der *Hin- und Rückreaktion im gleichen Ausmaße fördert* — eine vom energetischen Gesichtspunkt selbstverständliche Forderung. Denn der unverbraucht übrigbleibende oder mengenmäßig außerordentlich stark zurücktretende Katalysator kann die freie Energie eines chemischen Vorganges nicht beeinflussen. Wenn er das aber nicht tut, dann muß auch die Gleichgewichtskonstante unverändert bleiben. Sie ist jedoch nichts anderes als der Quotient aus Hin- und Rückreaktionskonstante (s. S. 553). Es wird daher folgerichtig sein, daß der *Katalysator* bei reversiblen Reaktionen *die Einstellung des Gleichgewichtes beschleunigt,* einerlei, ob man von der ungespaltenen Verbindung oder den Spaltprodukten ausgeht. Die oben angeführte *Spaltung oder Synthese von Estern* diene hierfür als Beispiel (Abb. 186). Auf der Basis dieser Überlegungen gelang die Synthese von Fetten aus Fettsäuren und Alkoholen mit Lipase (KASTLE und LÖVENHART) und auch die von Disacchariden aus den zugehörigen Monosacchariden und den entsprechenden Fermenten (A. CROFT-HILL). Mit diesen Versuchen ist jedoch nicht der Weg aufgezeigt, auf dem sich jene Stoffe im Organismus bilden. Denn hier werden Fettsäurereste aus dem Coenzym A auf Glycerin oder Phosphorglycerinsäure übertragen (KORNBERG und PRICER 1953). Die Bildung von Disacchariden dagegen erfolgt durch Transglucosidierung mit Hilfe einfacher oder phosphorylierter Zucker (vgl. WALLENFELS 1953). Wenn die Synthese mit Aufnahme von freier Energie verknüpft, also ausgesprochen endergonisch ist, gelingt eine fermentative Synthese nur durch Kopplung mit einem energieliefernden Prozeß, z. B. dem der Spaltung von ATP.

Sieht man von diesen Vorgängen mit Energiezufuhr aus einer zweiten Reaktion ab, so bedeutet die Tatsache, daß das Ferment nur Reaktionsgeschwindigkeiten ändert, gleichzeitig auch, daß der Typ, d. h. die *Ordnung der Reaktion*, durch ihn *keine Veränderung* erfährt: Eine bimolekulare Reaktion bleibt auch als katalysierter Vorgang mindestens *bruttomäßig* bimolekular. Trotzdem wird der Verlauf bei näherer Betrachtung zweifellos öfter insofern geändert, als er durch die Ferment-Substrat-Bindung in *Teilreaktionen* zerlegt wird.

Für den allgemeinen Ablauf von Zwischenreaktionen bei einem enzymatischen Spaltungsprozeß kann etwa folgendes *Schema* angeboten werden, das durch weite Veränderungen der 6 Reaktionskonstanten mehrere Reaktionstypen abzuleiten gestattet:

$$\text{a)} \quad AB + E \underset{2}{\overset{1}{\rightleftharpoons}} ABE$$

$$\text{b)} \quad ABE \underset{4}{\overset{3}{\rightleftharpoons}} AE + B$$

$$\text{c)} \quad AE \underset{6}{\overset{5}{\rightleftharpoons}} A + E.$$

Das Modell gibt von dem stufenweisen Zerfall des Stoffes AB unter Einwirkung des Enzyms E Rechenschaft. Aus ihm wäre z. B. der Mechanismus einer Esterspaltung über Zwischenreaktionen folgendermaßen zu entnehmen. Es würde entsprechend den oben gegebenen Überlegungen eine Alkoholgruppe des Fermentes nach a) und b) mit dem Substrat reagieren und zum Freiwerden des Alkohols B führen. Insgesamt hat also eine Umesterung mit dem Ferment stattgefunden. Der neu entstandene Ester AE habe aber im Gegensatz zu AB die Eigenschaft, daß er mit H_2O in der Reaktion c) schnell in seine Bestandteile A + E verseift wird. Allen diesen Überlegungen ist gemeinsam, daß sie keinen Gebrauch von der hochunwahrscheinlichen Reaktion durch Dreierstoß machen (A + B + C = ABC) und daß sie statt dessen eine Zwischenverbindung des Substrates mit dem Enzym in Betracht ziehen.

Bei biologischen Katalysen muß immer mit dem Auftreten von Zwischenverbindungen zwischen beiden gerechnet werden. Dabei spielt es zunächst keine Rolle, ob der Katalysator sich als molekular gelöster Stoff in echter Lösung befindet *(homogene Katalyse)*, oder ob er an Grenzflächen von Pulvern oder kolloidalen Micellen adsorbiert ist *(heterogene Katalyse)*. Hier mag unter Umständen die Adsorption als solche schon durch Erhöhung der Konzentration oder durch polare Ausrichtung der Teilchen in der Grenzschicht reaktionsbefördernd oder bei ungünstiger Orientierung der wirksamen Gruppe auch verlangsamend wirken. Gewöhnlich aber kommt noch hinzu und ist entscheidend, daß katalytisch aktive Zentren in die Oberfläche eingebaut sind (unspezifische und spezifische Oberflächenkatalyse). Bei den gelösten Enzymen ist häufig eine Unterscheidung zwischen einer Reaktion in homogenem oder heterogenem Milieu schwer zu treffen, weil die Fermente als Makromolekeln selbst im Größenbereich der kolloidalen Teilchen liegen (s. S. 206). Andererseits ist je nach der Leichtigkeit, mit der die Enzyme von der unlöslichen Zellstruktur abtrennbar sind, zwischen mehr löslichen (Lyo-) und mehr strukturfixierten (Desmoenzymen) zu unterscheiden. Außerdem zeigt es sich, daß die strukturfixierten Enzyme, wie z.B. die Atmungsfermente, durch die an Grenzflächen wirksamen Stoffe, also besonders durch die Narkotica unspezifisch, aber meistens sehr deutlich und entsprechend der Regel der homologen Reihen (s. S. 229) lähmbar sind. Die Reaktion des Fermentes mit dem Substrat wird also durch dessen Verdrängung aus der Oberfläche oder auf andere Art blockiert.

Kinetik der Enzym-Substratbindung

Seit HENRI (1903) und vor allen Dingen seit den Untersuchungen von MICHAELIS und Miss MENTEN (1913) (60) ist man in der Lage, *aus kinetischen Versuchen* Aussagen über den *Vorgang der Enzymsubstratbindung* zu machen. Schon HENRI sah, daß die Umsatzgeschwindigkeit an der nur als allgemeines Beispiel dienenden Invertase mit steigender Rohrzuckerkonzentration etwa nach Art einer Sättigungskurve zunimmt und schließlich konzentrationsunabhängig wird. Da aber die Kollisionen des Enzyms mit dem Substrat seiner Konzentration proportional zunehmen, kann die Zahl ihrer Stöße mindestens bei hohen Konzentrationen nicht *geschwindigkeitsbestimmend* sein. Dafür ist vielmehr nur die des effektiv zu spaltenden Stoffes, nämlich die der *Enzymsubstratverbindung* verantwortlich (ES). Dann aber müssen Unterschiede der Geschwindigkeit auch bei niedrigen Konzentrationen auf die wechselnde Konzentration jener Verbindung zurückzuführen sein. MICHAELIS *setzt* daher folgerichtig *die Anfangsgeschwindigkeit einer Fermentreaktion der Konzentration von* E S *proportional*. Ihre Bildung und Spaltung unterliegt dem Massenwirkungsgesetz und muß somit bei konstanter Enzymmenge mit der Substratkonzentration wachsen, bis sie einen Endwert erreicht, eben jenen, bei dem die maximale Umsatzgeschwindigkeit (V) gemessen wird. Die wichtigste kinetische Methode zur Charakterisierung der Fermente verfolgt also unter optimalen oder besonders definierten Reaktionsbedingungen die Anfangsgeschwindigkeit bei variierter Substrat- und konstanter Fermentkonzentration. Die Anfangsgeschwindigkeit für eine beliebige Substratkonzentration (v) erhält man aus dem Verlauf der Umsatzgeschwindigkeit mit der Zeit durch Extrapolation auf $t = 0$. Die Enzymsubstratverbindung E S bildet sich aus dem freien Enzym (E) und dem Substrat (S). Sie zerfällt unter Rückbildung des freien Enzyms in die Endprodukte:

$$\mathrm{E + S} \underset{k_2}{\overset{k_1}{\rightleftharpoons}} \mathrm{E\,S} \qquad \text{(MICHAELIS und MENTEN)} \qquad (38a)$$

$$\mathrm{E + S} \underset{k_2}{\overset{k_1}{\rightleftharpoons}} \mathrm{E\,S} \overset{k_3}{\longrightarrow} \mathrm{P + S} \quad \text{(BRIGGS und HALDANE 1925)}. \qquad (38b)$$

Wenn mit T die Konzentration des Gesamtfermentes bezeichnet wird, ist die des freien: $[E] = [T] - [E\,S]$. Die Substratkonzentration soll so hoch sein, daß sie durch die Bildung des E S nicht merklich abnimmt. Hiermit wird die Gleichgewichtskonstante der Zwischenverbindung:

$$K_m = \frac{[E]\cdot[S]}{[E\,S]} = \frac{([T]-[E\,S])\cdot[S]}{[E\,S]} = \left(\frac{[T]}{[E\,S]}-1\right)\cdot[S]$$

und

$$\left.\begin{aligned}[E\,S] &= [T]\cdot\frac{[S]}{[S]+K_m}\,,\\[2mm] v &= V\,\frac{[S]}{[S]+K_m} = V\cdot\frac{1}{1+K_m/[S]} = -\frac{d[S]}{dt}\,,\end{aligned}\right\} \qquad (39)$$

bzw.

denn die Anfangsgeschwindigkeit wurde der Konzentration von E S proportional gesetzt, und die Maximalgeschwindigkeit (V) wird dann erreicht, wenn das gesamte Ferment (T) bei hohen Substratkonzentrationen für die Bildung von E S verbraucht wurde, d.h. wenn der Bruch in vorstehender Gleichung praktisch den Wert eins erreicht hat. Aus der linken Gleichung folgt, wie es die Versuche auch praktisch an sehr vielen Fermenten bestätigen, daß die Umsatzgeschwindigkeit der Gesamtenzymkonzentration proportional ist (s. S. 571).

Die Integration der letzten Gleichung liefert:

$$V\cdot t = \int\limits_{S_t}^{S_0} dS + K_m\int\limits_{S_t}^{S_0}\frac{dS}{S} = S_0 - S_t + K_m\ln\frac{S_0}{S_t}$$

für die Substratkonzentration zur Zeit t. Mit $v_t = \dfrac{S_0-S_t}{t}$ und $\alpha = \dfrac{S_0-S_t}{S_0}$ ist dann

$$\frac{1}{v_t} = \frac{K_m}{V}\left(\frac{\ln\dfrac{1}{1-\alpha}}{\alpha}\right)\frac{1}{S_0} + \frac{1}{V}\,. \qquad (39\,a)$$

Diese Gleichung unterscheidet sich von der Lineweaver-Burk-Gleichung (s. S. 583) durch das Hinzukommen des eingeklammerten Faktors. Sein Wert ist für variiertes α tabelliert worden (OHLENBUSCH). Wenn man ihn berücksichtigt, erhält man im $1/v$, $1/S_0$-Koordinatensystem eine Gerade. Man kann ihrer Lage (s. S. 586) K_m und V entnehmen, ohne auf die Anfangsgeschwindigkeit extrapolieren zu müssen. Dieses Verfahren ist so lange anwendbar, wie die Reaktionsprodukte noch nicht hemmen.

Da nun die Dissoziation von E S dem Massenwirkungsgesetz gehorcht, kann man den Einfluß der Substratkonzentration formal wie den der Wasserstoffionen bei der Dissoziation schwacher Säuren behandeln. Man wird jene daher zweckmäßigerweise als $-\log S = \mathrm{p}_S$ einführen und erhält auf diese Weise *Aktivitäts*-p_S-*Kurven*. Die Analogien ergeben sich sofort, wenn statt des Dissoziationsgrades oder -restes die Geschwindigkeitsquotienten, bzw. der relative Umsatz v/V als Ordinate aufgetragen werden:

$$\boxed{\;\varrho = \frac{[H^+]}{[H^+]+K}\,;\qquad \frac{v}{V} = \frac{[S]}{[S]+K_m}\;}\,. \qquad (40)$$

Der Quotient auf der rechten Seite gibt daher nach der Ableitung von MICHAELIS den Dissoziationsrest der Enzymsubstratverbindung an. Er zeigt die gleiche formale Abhängigkeit von p_S wie ϱ vom pH, also die Abnahme mit wachsendem p_S in Form der bekannten Wendepunktskurve. Die Lage des Wendepunktes auf der p_S-Skala ergibt den gleichlautenden Wert für $-\log K_m$ und damit die Dissoziationskonstante von E S.

Denn wenn $S = K_m$, ist $v = \frac{1}{2} V$ bzw. $v/V = 0,5$: der *numerische Wert der Michaelis-Konstanten ist jener molaren Substratkonzentration gleich, bei der die Umsatzgeschwindigkeit die halbe Maximalgröße erreicht hat.*

Die Ableitung von MICHAELIS zog die Geschwindigkeit des Zerfalls von:

$$\mathrm{E\,S} \xrightarrow{k_3} \mathrm{P} + \mathrm{E}$$

in die Endprodukte und das freie Enzym nicht in Betracht. Setzt man sie wie BRIGGS und HALDANE (38b) ein, so erhält man mit $v = k_3 \cdot [\mathrm{E\,S}]$ für die Umsatzgeschwindigkeit und $V = k_3 \cdot [\mathrm{T}]$ für die Maximalgeschwindigkeit bei hohem S offenbar das gleiche Endresultat (40). Darüber hinaus erlaubt der Ansatz von HALDANE eine nähere Analyse der Michaelis-Konstanten. Die Bildungsgeschwindigkeit von E S ist

$$+ \frac{d\,[\mathrm{E\,S}]}{dt} = k_1\,[\mathrm{E}] \cdot [\mathrm{S}],$$

die des Zerfalls, welcher nach beiden Richtungen erfolgt, ist:

$$- \frac{d[\mathrm{E\,S}]}{dt} = k_2 \cdot [\mathrm{E\,S}] + k_3 \cdot [\mathrm{E\,S}].$$

Im Gleichgewicht sind beide Geschwindigkeiten einander gleich und somit ist:

$$\frac{k_2 + k_3}{k_1} = \frac{[\mathrm{E}]) \cdot [\mathrm{S}]}{[\mathrm{E\,S}]} = K_m \quad \text{(nach 39)}. \tag{41}$$

Die Bedeutung der Michaelis-Konstanten

Damit wird die Michaelis-Konstante zu einer Konstanten des dynamischen Gleichgewichtes *zwischen wenigstens 3 Reaktionen,* deren Einzelgeschwindigkeit allerdings für die Wirkungsweise des Fermentes höchst charakteristisch ist, sodaß K_m trotz folgender negativer Aussagen die am meisten benutzte Fundamentalkonstante der Enzymchemie bleibt.

K_m ist zunächst keine echte Gleichgewichtskonstante, sondern muß prinzipiell als steady state-Konstante der Reaktionen am Enzym angesehen werden, soweit sich an ihnen das Substrat beteiligt. Damit wäre K_m *nicht ohne weiteres die Dissoziationskonstante* oder ihr reziproker Wert die Affinitätskonstante der Enzymsubstratbindung, denn das würde k_2/k_1 sein. K_m ist daher grundsätzlich größer. So haben CHANCE und THEORELL (1951) die Dissoziationskonstante der Verbindung von DPN^+ mit der Alkoholdehydrogenase auf optischem Wege zu 10^{-7} ermittelt, während der kinetische Versuch ein K_m von 10^{-5} ergab. An der Peroxydase ist es CHANCE auch gelungen, unter Hinzuziehung der Halbwertszeit bei optisch feststellbarem Zerfall von ES die Konstante k_3 zu erhalten.

Die Michaelis-Menten-Verbindung ist auch *nicht* etwa *der aktivierte Komplex* allein. Dessen Konzentration ist sicher sehr viel geringer. Als Michaelis-Menten-Verbindung muß schon für einen einfachen monomolekularen Ansatz die Summe aller Zwischenzustände angesehen werden, welche zwischen dem Substrat und dem ersten chemisch erfaßbaren Produkt liegen. Die Geschwindigkeit der Bildung des aktivierten Komplexes kommt dennoch in k_3 mit zum Ausdruck; aber diese Konstante kann nicht au ïhn allein bezogen werden, da sie mindestens auch dessen Zerfallsgeschwindigkeit einbegreift. Es muß wieder betont werden, daß die Konzentration der Stoffe im energiereichen und zerfallsaktiven Zwischenzustand so gering ist, daß keine Möglichkeit besteht, sie mit Hilfe chemischer und wahrscheinlich auch optischer Methoden zu messen. Denn aus dem Eyringschen Ansatz

(s. S. 566) ergäbe sich z.B. für die nicht allzu kleine Umsatzgeschwindigkeit von einem Mikromol/sec/ml eine Konzentration des aktivierten Komplexes von nur 10^{-19} mol/ml.

Praktisch sind jedoch häufig folgende näherungsweisen Aussagen über die Teilkonstanten möglich. Wenn k_3 gegenüber k_2 klein ist, wird $K_m = k_2/k_1$, d.h. tatsächlich gleich der reinen thermodynamischen Dissoziationskonstanten der Enzym-Substrat-Bindung. Nur dann hat es Sinn, ihren Energiewert anzugeben oder aus ihrer Temperaturabhängigkeit die Reaktionswärme jenes Vorganges zu ermitteln. Ist aber $k_3 \gg k_2$, also die Rückreaktion langsam, dann gibt $K_m = k_3/k_1$ das Verhältnis der Geschwindigkeiten beider in der Richtung des Umsatzes liegender Teilvorgänge. Aus dem Temperaturgang des Logarithmus dieser Konstanten erhält man dann die Differenz der Aktivierungswärmen eben dieser beiden Reaktionen, also letzten Endes kinetische Größen. In der Regel dürfte jedoch $k_3 < k_2$ sein (vgl. Tabelle 105 u. 106 und INGRAHAM 1954). Leider ist die getrennte Gewinnung der einzelnen Geschwindigkeitskonstanten aus kinetischen Daten zur Zeit noch nicht generell möglich.

Zur *Trennung der Einzelkonstanten* hat SLATER (1955) folgenden Weg vorgeschlagen, welcher jedoch nicht für hydrolytische Reaktionen gangbar ist, sondern nur für solche, bei denen das aus dem ES-Komplex stammende Produkt von einem Acceptor übernommen wird. Wenn dessen Konzentration geändert (1) oder ein Inhibitor hinzugefügt wird (2) (SLATER und BONNER 1952), ändern sich, falls $k_3 > k_2$ ist, sowohl die V-Werte wie die Michaelis-Konstanten und zwar im Fall (1), welcher hier ausschließlich betrachtet werden soll, linear zueinander. Jedenfalls gilt das so lange, wie mit Zunahme der Acceptorkonzentration auch die durch k_3 bestimmte Reaktionsgeschwindigkeit direkt anwächst. Dann wird mit der notwendigen Voraussetzung, daß $V = [T] \cdot k_3$:

$$K_m = \frac{k_2 [T] + V}{k_1 [T]} \quad \text{und} \quad k_1 = \frac{V_1 - V_2}{[T] \cdot (K_{m_1} - K_{m_2})} . \tag{42}$$

Dieses Resultat ergibt k_1 aus der Differenz der K_m-Werte für zwei verschiedene Acceptorkonzentrationen, für die K_m und V durch die zugehörigen Indices bezeichnet sind. Im K_m, V-System liefert die Extrapolation der Geraden für K_m bei $V = 0$: $K_m = k_2/k_1$. Eine andere Methode, die approximativ ist, ergibt sich für die Versuchsbedingung: $[S] < K_m$. Jetzt ist:

$$v = \frac{V \cdot [S]}{K_m} = [T] \cdot [S] \frac{k_3 \cdot k_1}{k_2 + k_3} ; \quad \text{(vgl. 39 und 41)} \tag{42a}$$

wenn $k_2 < k_3$, wird $K' \simeq k_1$, wo $K' = k_3/K_m$ bedeutet. k_3 wird als Wechselzahl in üblicher Weise aus der Maximalgeschwindigkeit und der Totalfermentkonzentration gewonnen, jedoch in sec^{-1} statt in min^{-1} angegeben. Bei Cytochrom-c-Reduktase und bei dem Notatin (Glucoseoxydase) kann k_2 tatsächlich neben k_3 vernachlässigt werden (SLATER)[1]. Das gleiche fand INGRAHAM für die Polyphenoloxydase. Bei den Flavoproteinen liegt k_1 in der Größenordnung von $10^5 - 10^6$ (mol/Liter)$^{-1}$ sec^{-1}. Für diese Verfahren ist neben den genannten Bedingungen die Gültigkeit des einfachen Briggs-Haldane-Ansatzes Voraussetzung; für komplizierte Abläufe (s. S. 580ff.) können sie nur in solchen Grenzfällen benutzt werden, bei denen die Zwischenreaktionen nicht geschwindigkeitsbeeinflussend sind. Da sich bei einer unkompetitiven Hemmung oder Aktivierung K_m und V ebenfalls gleichsinnig und linear zueinander ändern und eine solche Wirkung auch bei kleinen Konzentrationen schwer auszuschließen ist, müssen die nach dem Slaterschen Verfahren gewonnenen Teilkonstanten als noch nicht gesichert angesehen werden.

Die Michaelis-Konstante, welche das steady state-Gleichgewicht zwischen Enzym und Substrat und der nach beiden Richtungen zerfallenden Verbindung beider beschreibt, besteht also mindestens (s. S. 580) aus zwei thermodynamisch verschieden zu wertenden Teilkonstanten, von denen eine jedoch beliebig klein sein kann:

$$\frac{k_2}{k_1} + \frac{k_3}{k_1} = K_m \qquad \text{(s. Tabelle 105 und 106)}.$$

---

[1]) Siehe jedoch DIXON (1955).

Eine Veränderung von k_3 ist dann für die Fermentkinetik praktisch bedeutungslos, wenn k_3 klein gegenüber k_2 ist. Im anderen Fall wächst sowohl V wie K_m mit einer Vergrößerung von k_3 an.

Grundsätzlich ist eine fermentative *Katalyse* nach den Vorstellungen MEDWEDEWs (1937) auch *ohne Bildung einer Enzymsubstratverbindung möglich*. Zur Aktivierung reiche die Übernahme eines geeigneten Energiequantes aus; ob sie schon durch einen unelastischen Stoß übernommen werden kann, stehe dahin:

$$\text{a)} \quad E + h\nu \underset{k_2}{\overset{k_3}{\rightleftharpoons}} E^+. \tag{43}$$

Es schließe sich folgende Reaktion an:

$$\text{b)} \quad E^+ + S \overset{k_1}{\longrightarrow} E + P.$$

Wenn $V = k_3 \cdot [T]$ gesetzt wird, ergibt sich auch hier wieder die gleiche Abhängigkeit der relativen Geschwindigkeit von der Konzentration und der gleiche Ausdruck:

$$K_m = \frac{k_2 + k_3}{k_1} \ (\text{ALBERTY } 1956).$$

Tabelle 105. *Enzymsystem mit $k_2 > k_3$*
(K_m ist Gleichgewichtskonstante)

Enzyme	Substrat
Chymotrypsin	Ester
Chymotrypsin	Säureamide
Trypsin	Benzoylargininester
Myosin	ATP
Urease	Harnstoff
Invertase	Saccharose
Carboanhydrase . . .	$CO_2 + H_2O$

Hierzu wird E^+ aus der steady state-Gleichung für seine Bildungs- und Zerfallsgeschwindigkeit ausgedrückt und in $v = k_1 [E^+] \cdot [S]$ eingesetzt. Führt man aber den aus dem Gleichgewichtsansatz nur der Aktivierungsgleichung a) gewonnenen Ausdruck:

$$E^+ = T \cdot k_3/(k_2 + k_3)$$

ein, dann erhält man: $v/V = S/K_m$, eine Gleichung, welche sich aus der allgemeinen Form dann ergibt, wenn die Substratkonzentration klein gegenüber K_m ist. Tatsächlich wurde mit der Außerachtlassung der Gleichung b) ja davon ausgegangen, daß das Aktivierungsgleichgewicht nicht

Tabelle 106. *Enzymsysteme mit $k_3 > k_2$*
(K_m ist steady state-Konstante)

Enzyme	Substrat
Katalase	H_2O_2
Peroxydase	H_2O_2 + Acceptor
Carboxypeptidase . .	Peptide
Polyphenoloxydase .	Brenzkatechin (INGRAHAM)
Glucoseoxydase . . .	Glucose (NOTATIN)
Reduktase	Cytochrom-c

[Nach SLATER und LAIDLER aus (Disc. of Farad. Soc. 1955)]

durch den Substratumsatz beeinflußt wird. Die vollständige *Michaelis-Gleichung* kann dementsprechend hier *als Ausdruck für den dynamischen Zustand* angesehen werden, welcher mit der Verschiebung des Gleichgewichtes a) während des fermentativen Umsatzes gegeben ist.

Die grundlegende Geschwindigkeitsformel von MICHAELIS besitzt die *gleiche Form wie die Langmuirsche Adsorptionsisotherme* $\left(\dfrac{\Gamma}{B} = \dfrac{c}{c + a} \, ; \text{ s. S. 226} \right)$. Wie diese das Verhältnis der Zahl der besetzten Oberflächenorte zu den überhaupt besetzungsfähigen in Abhängigkeit von der Außenkonzentration der Stoffe angibt, so liefert die Michaelis-Gleichung das Verhältnis von gegebener zu Maximalgeschwindigkeit. Natürlich wird durch diesen Vergleich die Interpretation nahegelegt, daß die Zahl der an bestimmte Grenzen adsorbierten Molekeln der Umsatzgeschwindigkeit proportional und daß die Maximalgeschwindigkeit bei der Besetzung aller entscheidenden Fermentorte durch das Substrat erreicht sei. Im ersteren Fall wird also bei einer Oberflächenkatalyse eine Reaktion 1. Ordnung, bei Vollbesetzung eine solche 0. Ordnung resultieren (s. S. 537). Diese namentlich von BAYLISS, WEIDENHAGEN u. a. vertretene Auffassung mag auch in Einzelfällen einer ausgesprochenen Adsorptionskatalyse zutreffen. Im allgemeinen sind die Fermentreaktionen aber nicht grundsätzlich als solche anzusehen. Andererseits wird man auch durch diese Überlegung dazu veranlaßt, nach der Zahl und der Lage der aktiven Orte an der Fermentmolekel zu fragen. Darauf wird weiter unten noch einzugehen sein, während hier nur zusammenfassend die Allgemeingültigkeit der Michaelischen Formulierung betont werden soll. Sie erstreckt sich auch auf Reaktionsverläufe, bei denen mehrere Zwischenreaktionen anzunehmen sind.

Die Michaelis-Konstante bei komplexen Reaktionsfolgen

HEARON (1952) hat folgenden Ansatz behandelt:

$$\text{E} + \text{S} \underset{k_2}{\overset{k_1}{\rightleftharpoons}} \text{ES} \overset{k_3}{\longrightarrow} \text{ES}' \overset{k_4}{\longrightarrow} \text{ES}'' \longrightarrow \cdots \overset{k_n}{\longrightarrow} \text{E} + \text{P}.$$

Die Lösung gibt für V und K_m:

$$V = T/(1/k_3 + 1/k_4 + \cdots 1/k_n), \tag{44a}$$

$$K_m = (k_2 + k_3)/k_1 \cdot k_3 (1/k_3 + 1/k_4 \ldots 1/k_n). \tag{44b}$$

Beide Werte gehen in die Michaelissche Grundgleichung ein, die also dadurch ihren formalen Charakter als eine steady state-Gleichung auch für jenen Ablauf von Folgereaktionen beibehält. Der S-förmige Verlauf der Aktivitäts-p_S-Kurven ist mit dem einfachen von MICHAELIS behandelten Fall völlig identisch.

Das gleiche trifft dann zu, wenn das Substrat in 2 Produkte A und B zerfällt:

$$\text{S} + \text{E} \underset{k_2}{\overset{k_1}{\rightleftharpoons}} \text{AE} + \text{B}; \quad \text{AE} \overset{k_3}{\longrightarrow} \text{A} + \text{E}.$$

Jetzt gilt

$$\frac{v}{V} = \frac{[\text{S}]}{\dfrac{k_3}{k_1} + \dfrac{k_2}{k_1}[\text{B}] + [\text{S}]}. \tag{44c}$$

Für $B = 0$, d.h. für die Anfangsgeschwindigkeit geht diese Formel ohne weiteres in die Michaelis-Gleichung über, wobei $K_m = k_3/k_1$ ist. Die gegebene Beziehung ist von LANGENBECK zur Beschreibung von einfachen Hauptvalenzkatalysen (s. S. 630) abgeleitet worden. Sie ist für vorstehenden Reaktionstyp allgemein gültig und vermag grundsätzlich keine Aussage über die Art der beteiligten Bindung zu liefern. Angaben hierüber können aus kinetischen Daten allein nicht gewonnen werden.

Der Michaelis-Typ bleibt auch — allerdings nur grundsätzlich — erhalten, wenn 2 Substrate A und B reagieren, wobei der mit einem Stoff entstandene Komplex durch *eine bimolekulare Reaktion* mit dem zweiten zu den Endprodukten aufgespalten wird:

$$\text{E} + \text{A} \underset{k_2}{\overset{k_1}{\rightleftharpoons}} \text{EA}; \quad \text{EA} + \text{B} \overset{k_3}{\longrightarrow} \text{E} + \text{C} + \text{D}.$$

Für die relative Anfangsgeschwindigkeit im steady state erhält man jetzt:

$$\frac{v}{V} = \frac{[\text{B}] \cdot k_1 \cdot [\text{A}]}{k_1 \cdot [\text{A}] + (k_2 + k_3 \cdot [\text{B}])} = \frac{[\text{B}]}{1 + \dfrac{(k_2 + k_3 \cdot [\text{B}])}{k_1 \cdot [\text{A}]}}. \tag{44d}$$

B. CHANCE fand diesen Ansatz z.B. für die Peroxydasewirkung bestätigt (1943). Er benutzte wiederum *optische Methoden zur Ermittlung der einzelnen*

Geschwindigkeitskonstanten. Bei der Reaktion wurde die Oxydationsgeschwindigkeit der Leukobase des Malachitgrüns durch H_2O_2 an der Peroxydase mit schnell registrierenden Photometern gemessen. Außerdem ließ sich die Bildung und Spaltung des Peroxydase-H_2O_2-Komplexes bei 410 mμ ohne Störung durch den Farbstoff und auch in seiner Abwesenheit, d.h. unter der Bedingung $B = 0$, verfolgen. Die Lösungen der Reagentien vereinigen sich in einer Durchflußcüvette. Aus der Strömungsgeschwindigkeit und der Entfernung des optisch untersuchten Ortes von der Vereinigungsstelle beider Ströme nach dem Prinzip von HARTRIDGE-ROUGHTON ist die Zeit zu entnehmen, nach der die betreffende durch die Extinktion bestimmte Substanzkonzentration entstanden ist (rapid flow-Methode). Man erhält so die Einzelgeschwindigkeiten und aus ihnen die Konstanten k_1, k_2, k_3. Dabei hat es sich ergeben, daß die aus diesen Geschwindigkeitskonstanten errechnete Michaelis-Konstante mit derjenigen übereinstimmt, welche in üblicher Weise aus der relativen Anfangsgeschwindigkeit bei variierter Substratkonzentration erhalten wurde; natürlich unter Berücksichtigung der durch vorstehende Gleichung ausgedrückten Einschränkungen: denn v und K_m wachsen mit der Konzentration von B. Der Michaelis-Ansatz verliert dadurch an Einfachheit. Denn es wird nun mit wachsender Kompliziertheit der Systeme erforderlich, die Zahl der Konstanten, bzw. die der notwendigen Differentialgleichungen zu vergrößern, welche die Geschwindigkeit des Entstehens und Vergehens der Zwischenprodukte regeln. Die mathematisch komplizierte Lösung der letzteren wurde namentlich von B. CHANCE mit elektronischen Rechenverfahren ermöglicht.

Mit ihrer Hilfe ist es ihm auch gelungen, die Geschwindigkeit für jene kurze Anfangszeit zu errechnen, in der die grundsätzliche Annahme von MICHAELIS noch nicht gilt, nämlich, daß ein steady-state am Ferment vorliegt, in dem ES seine von S abhängige Maximalkonzentration erreicht hat. Das geschieht im allgemeinen nach Anlauf einer kurzen *Induktionsperiode* für das Entstehen der Endprodukte und erfolgt oft im Verlaufe *von Bruchteilen von Sekunden.* Anschließend gilt: $\dfrac{d\,[\mathrm{ES}]}{d\,t} = 0$ als Grundlage der Michaelis-Gleichung. Zweifellos wird die Untersuchung der Vorgänge in der Anlaufzeit weitere Einblicke in das Wesen der Enzymtätigkeit vermitteln.

Formal kommt es darauf an, die zeitliche Änderung der Geschwindigkeit, z. B. für die Entstehung des Produktes, zu ermitteln. Von GUTFREUND (1955) wurde die für den einfachen Briggs-Haldane-Ansatz unter der Bedingung: $[\mathrm{S}] > [\mathrm{ES}] + [\mathrm{P}]$ gültige Differentialgleichung

$$\frac{d^2\,[\mathrm{P}]}{dt^2} + \frac{d\,[\mathrm{P}]}{dt} \cdot [k_1\,([\mathrm{S}] + K)] - k_1 \cdot k_3\,[\mathrm{S}] \cdot [\mathrm{T}] = 0 \tag{45}$$

für die Grenzbedingung $d\,[\mathrm{T}]/dt = 0$ und $t = 0$ integriert. Man erhält einen Ausdruck, welcher einen anfangs verzögerten und dann einen dem steady state entsprechenden, mit der Zeit linearen Umsatz ergibt. Der extrapolierte Schnittpunkt des linearen Teils mit der Zeitachse liefert eine charakteristische Zeit τ' in der Größenordnung bis zu 0,1 sec, welche nur bei geringen Substratkonzentrationen meßbar groß ist. Aus ihr kann auf Grund der Beziehung $\tau' = 1/k_1\,([\mathrm{S}] + K_m)$ die Konstante k_1 ermittelt werden. Hier handelt es sich um die Geschwindigkeit der Bildung von P. Die Lösung für die Abnahme von S ergibt als Zeitabschnitt für die Substratkurve

$$\tau'' = \frac{1}{k_1}\,([\mathrm{S}] + K_m) - \frac{1}{k_3} \quad \text{(SWOBODA)}.$$

Hiermit lassen sich, falls die Aufnahme geeigneter Geschwindigkeitskurven möglich ist, sowohl k_1 wie k_3 bestimmen (Abb. 191).

Relativ einfache Formulierungen erhält man dann, wenn nicht eine Reihe von Konsekutivreaktionen beteiligt ist, sondern wenn *mehrere (n) Substratmolekeln gleichzeitig mit einer Fermentmolekel* bzw. mit n Orten am Enzym reagieren müssen. In diesem Fall ist das Substrat mit der n-fachen Potenz in die Michaelis-Gleichung einzuführen. Umgekehrt lassen sich aus der gefundenen Gültigkeit solcher Ansätze auch Rückschlüsse auf die Zahl der Wirkorte (n) oder auf den Reaktionstyp ziehen.

Trotz ihrer Vieldeutigkeit ist die *praktische Bedeutung der Michaelis-Konstanten* für die Enzymchemie vor allem deswegen nicht zu unterschätzen, weil sie *ein gutes Charakteristikum* der verschiedenen Fermente ist und weil man mit ihrer Hilfe die Umsatzgröße bei verschiedenen gegebenen Substratkonzentrationen leicht übersehen kann. Die Konstante selbst hat die physikalische Dimension einer Konzentration, und sie gibt die Substratkonzentration an, bei der der halbe Maximalumsatz durch die vorliegende Fermentmenge getätigt wird. Steigt nun S um etwa 2 Zehnerpotenzen an, dann verläuft die Reaktion maximal und unabhängig von der weiteren Erhöhung. Sie ist damit zu einer Reaktion 0. Ordnung geworden (s. S. 537). Ist K_m deutlich größer als die Substratkonzentration, dann gilt:

$$v = \frac{V}{K_m} \, [S] = \text{const} \cdot [S], \quad (45\,a)$$

d. h. es liegt eine Reaktion 1. Ordnung vor.

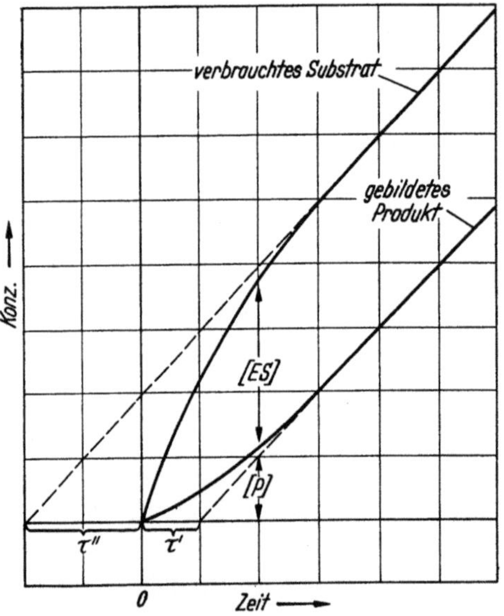

Abb. 191. Kinetik in der Induktionsphase (nach SWOBODA)

Diese Beziehungen sind auch bei dem Einsatz der Fermente im biologischen System von Wichtigkeit. Es ist wohl nicht immer zutreffend, aber eine häufig festgestellte Tatsache von heuristischer Bedeutung, daß die *stationären Zwischenstoffkonzentrationen in der Zelle etwa im Gebiet des Wertes der Michaelis-Konstanten* für diejenigen Fermente gelegen sind, welche den weiteren Umsatz jener Stoffe vollziehen. Wie die Kurve 1 (Abb. 195) lehrt, ist die Reaktionsgeschwindigkeit in diesem Bereich am empfindlichsten gegenüber Konzentrationsänderungen des Substrates. Da ihre Verminderung durch geringere, ihre Vermehrung durch gesteigerte Weiterverarbeitung beantwortet wird, verfügt das katalytische System der Zelle über ein einfaches homoiostatisches Selbstregulationsvermögen. HOLZER (1953) hat in diesem Zusammenhang besonders auf die Triosephosphatdehydrase hingewiesen, welche in ihrer Tätigkeit auf die geringe, aber definierte Konzentration an anorganischem Phosphat eingestellt ist (vgl. Pasteur-Effekt s. S. 656). Umgekehrt würden die Fermente nicht auf Substratänderungen ansprechen, d. h. sie nicht steuern können, wenn sie unter Normalbedingungen schon mit Substrat gesättigt wären, also K_m relativ klein ist. Die CoA-Deacylase der Leber hat z. B. eine so kleine Michaelis-Konstante, daß sie anstauendes Acetoacetyl-CoA weitgehend zur Acetessigsäure und CoA aufspaltet.

Die Lineweaver-Burk-Gleichung

Trägt man die Geschwindigkeit als Ordinate, die Substratkonzentration als Abszisse auf, so ergibt die Michaelis-Gleichung eine Hyperbel, welche im Koordinatenursprung beginnt und für $S = \infty$ den Maximalwert V anstrebt. Nimmt man dagegen beiderseits die reziproken Werte, dann erhält die Gleichung die Form:

$$\frac{1}{v} = \frac{K_m}{V}\cdot\frac{1}{[S]} + \frac{1}{V} \quad \text{(Lineweaver und Burk 1934)} . \tag{46}$$

Die Zuordnung der reziproken Geschwindigkeit zur reziproken Substratkonzentration ergibt also eine Gerade. Ihr Ordinatenabschnitt teilt bei $1/[S]=0$ die reziproke Maximalgeschwindigkeit ab, denn es wird jetzt $1/v=1/V$. Die Neigung der Geraden liefert den Quotienten K_m/V. Dieses Vorgehen gestattet einmal die Prüfung auf das Vorliegen der Michaelis-Beziehung und erlaubt zweitens, die Konstanten auf einfache Weise auszuwerten. Eine Verlängerung der gefundenen Kurve bis zum Schnittpunkt mit der nun negativ zu nehmenden Abszissen gestattet eine noch einfachere Analyse, denn mit $1/v=0$ wird nunmehr:

$$\frac{1}{V} = - \frac{K_m}{V\cdot[S]},$$

also:

$$\frac{1}{K_m} = - \frac{1}{[S]} \quad \text{bzw.} \quad -[S] = K_m,$$

d.h. der Abszissenabschnitt liefert K_m.

Multiplikation der reziproken Michaelis-Gleichung mit S gibt:

$$\frac{S}{v} = \frac{S}{V} + \frac{K_m}{V}. \tag{46a}$$

Hier liefert die Neigung der Geraden $1/V$ und der Ordinatenabschnitt K_m/V, wenn S/v gegen S aufgetragen wird; für $[S]/v=0$ folgt wieder $K_m=-[S]$.

Schließlich kann auch die folgende Schreibweise Vorteile bieten:

$$v = V - K_m\,\frac{v}{[S]}, \quad \text{bzw.} \quad \frac{V}{v} - 1 = \frac{V_m}{[S]} \quad \text{[Eadie (1942) u.a.].} \tag{46b}$$

Trägt man zur Auswertung der linken Gleichung v gegen v/S als Abscisse auf, dann liefert die Neigung der Geraden $-K_m$ und für den Ordinatenabschnitt bei $v/S=0$ flogt: $v=V$. Da hier nicht die reciproken Versuchswerte aufgetragen werden, sind die Auswertungsfehler geringer als bei dem häufig benutzten Verfahren nach Gl. (46).

Verschiedene Typen der Fermenthemmung

Wohl alle Fermentreaktionen lassen sich durch konkurrierende Substrate *reversibel hemmen*. Derartige Hemmungen sind beim Studium der Fermenttätigkeit besonders aufschlußreich geworden. Sie lassen sich nach dem Vorgehen von Lineweaver und Burk recht gut übersichtlich analysieren und gruppieren. Allen nicht destruierenden Hemmungen liegen reversible Reaktionen zwischen den aktiven oder inaktiven Fermentteilen mit dem Hemmstoff zugrunde. Die Affinitäten der spezifischen Reaktionsorte zum Inhibitor (I) müssen um so größer sein, je mehr das Substrat und der Hemmstoff sich in ihrem Aufbau ähneln. Das klassische Beispiel für diese Art der *konkurrierenden oder kompetitiven* Hemmung ist die reversible Lähmung der Succinodehydrase durch Malonsäure: Das Ferment geht mit dem ähnlich gebauten Malonat eine Bindung ein, ohne jedoch seine Dehydrierung vermitteln zu können.

Lange bekannt und kinetisch untersucht ist der Einfluß der *Reaktionsprodukte*: Die Hemmung der Saccharase durch Fructose und durch Glucose ist z.B. kompetitiv. Nach diesem Typ verlaufen ganz allgemein alle Hemmungen, welche die Affinität des *Bindungsortes* zu dem Substrat herabsetzen. Dazu gehören auch Einwirkungen, die sich durch die Bindung an Nachbargruppen vollziehen können (Abb. 192).

In ähnlicher Weise werden die Wirkungen vieler Cofermentgruppen durch ihre inaktiven Strukturanaloga bei genügend hoher Konzentration ausgeschaltet.

Das Verhältnis zwischen der Wirkstoff- und der Antagonistenkonzentration wird als Hemmungsindex bezeichnet. Zugabe des Wirkstoffes reaktiviert; sie kann aber durch weitere Gabe des Inhibitors wieder unwirksam werden gemacht. Man kann auf diese Weise die Antagonistenpaare am Ferment gewissermaßen austitrieren. Die relative Verminderung der Geschwindigkeit heißt der *Hemmungskoeffizient*: $h = \dfrac{v - v_i}{v}$, wo v_i sich auf die gehemmte Reaktion bezieht.

Der Hemmstoff kann auch unter Außerachtlassung oder mindestens ohne Bevorzugung der katalytisch aktiven Stelle an die inaktive Proteinoberfläche oder

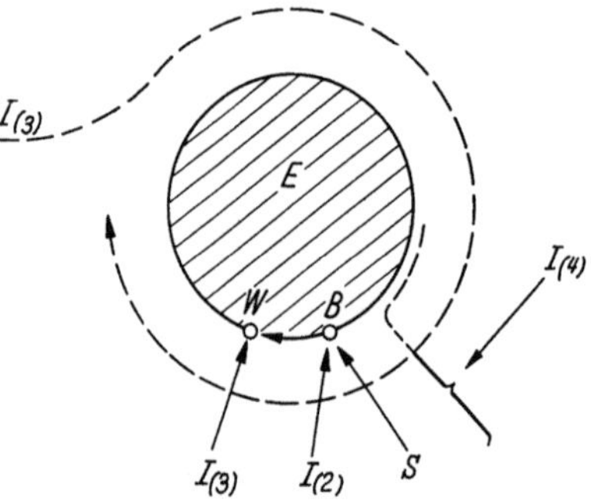

Abb. 192. Typen der Enzymhemmung (schematisch) (2) kompetitiv am Bindungsort (*B*); *3* nicht kompetitiv am unbesetzten Enzym oder am Wirkort (*W*); *4* unkompetitiv an der Enzym-Substrat-Verbindung; *S* Substrat; *I* Hemmstoff

auch nur an bestimmte Teile dieser Molekel gebunden werden.

Bei einer spezifischen Bindung an die eigentliche *Wirkgruppe* braucht sogar die Michaelis-Konstante nicht verändert zu werden, vorausgesetzt, daß diejenige *Gruppe unbeeinflußt bleibt, welche das Substrat bindet.* Bei diesem Typ ist die Hemmung daher von der Substratkonzentration unabhängig. *Die Affinität zum freien und zum besetzten Enzym ist hier gleich.* Da in diesem Fall meistens keine strukturelle Ähnlichkeit mit dem Substrat besteht und da das Eingehen der Enzymsubstratverbindung nicht beeinflußt wird, spricht man von *nichtkompetitiver*

Hemmung. Beispiele sind die Hemmung durch Metallionen, die Hemmung der Arginase durch Monoaminosäuren im Gegensatz zum Lysin, welches kompetitiv hemmt, und die Hemmung der Cholinesterase durch höhere Acetylcholinkonzentrationen. Auch die Urease wird durch Substratüberschuß, also durch ebenfalls hohe Harnstoffkonzentrationen gehemmt. Letztere wirken offenbar durch Umbau der Wasserstoffbrücken am spezifischen Protein, wobei sie das Wasser verdrängen. Da der Harnstoff ein höheres Dipolmoment als das nur wenig kürzere Wassermolekül besitzt, muß ein solcher Effekt mindestens an polaren Gruppen erwartet werden.

Die nächste Gruppe der einfachen Hemmungen heißt die der *unkompetitiven*. Bei ihr greifen die Hemmkörper nur die Enzymsubstratverbindung an, während sie mit dem freien Ferment nicht reagieren. Als Beispiel wird die Hemmung der oxydierten Form des Atmungsfermentes durch Azid-Ionen angeführt (WINZLER 1943).

Eine nicht unwichtige Form der Hemmung kann wie bei der nichtkompetitiven durch *Substratüberschuß* zustande kommen. Die Fermente sind gegenüber hohen Substratkonzentrationen sehr verschieden empfindlich. Zur Analyse dieser Hemmungen muß man davon ausgehen, daß sich bei jenen Konzentrationen neben ES noch eine zweite, aber inaktive Enzymsubstratverbindung bildet. Dann ergibt die Aktivitäts-p_S-Kurve ein Maximum, wie es etwa bei der Phosphomonoesterase oder bei der Spaltung des ATP am Myosin (s. S. 515) oder bei der Lipase oder der Ac.-Cholinesterase beobachtet wird (Abb. 193). Hier zerfällt ES_{1+n} nicht in die Endprodukte der Reaktion. LARDY (1956) zeigte, daß hohe ATP-Konzentrationen außer der Myosin-ATP-ase auch die Fructokinase, die Kreatintransphosphorylase und die Phosphohexokinase blockieren, so daß ein ausgesprochenes Wirkungsoptimum der Substratkonzentrationen resultiert. Er diskutiert als Deutungsmöglichkeit, daß sich ein an ATP-reicherer, aber unwirksamer Mg-Chelatkomplex, etwa $Mg(ATP)_2$ bilden kann (HERS 1952), oder daß das unverbundene und damit inaktive ATP kompetitiv hemmend gegenüber dem aktiven $Mg(ATP)_1$-Chelat wirke. Auch in diesen beiden Fällen würde der allgemeine Ansatz (5) den Verlauf formal richtig wiedergeben.

Grundsätzlich läßt sich aus den für ihn erhaltenen Kurven jedoch nicht entnehmen, ob die bei hohen Substratkonzentrationen auftretende Hemmung sich nach dem nicht kompetitiven oder unkompetitiven Typ vollzieht. Andererseits ist eine kompetitive Substrathemmung nicht von dem Fall einer unbeeinflußten Reaktion mit dem Substrat zu unterscheiden.

Den genannten 4 *Hemmungstypen* entsprechen die nachfolgenden Reaktionsabläufe, wobei die Hemmstoffkonzentration mit I und die Gleichgewichtskonstante der hemmenden Reaktion mit K_i bezeichnet ist.

Die Grundreaktion läuft nach dem einfachen Michaelis-Schema (a). Es gilt:

$$1. \quad [ES] = \frac{[E] \cdot [S]}{K_m}; \qquad \frac{v}{V} = \frac{[ES]}{[E] + [ES]}.$$

Die Hemmungen:

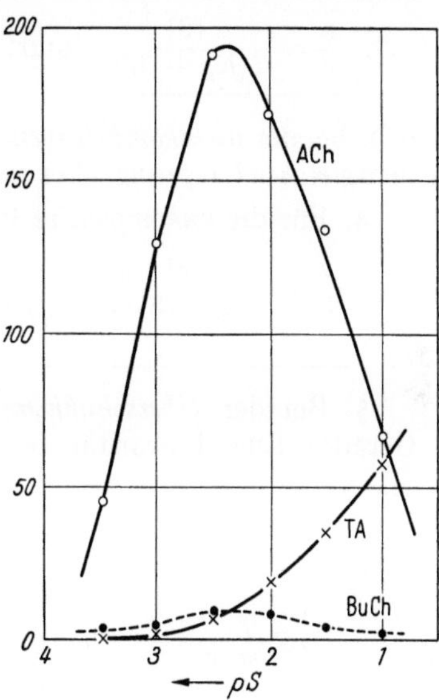

Abb. 193. Aktivitäts-pS-Kurve der Ac-Cholinesterase des Gehirns. *TA* Triacetinspaltung; *BuCh* Butylcholinspaltung (NACHMANSOHN)

$$2. \ *kompetitiv:* E + I \rightleftharpoons EI; \quad K_i = \frac{[E] \cdot [I]}{[EI]};$$

$$[EI] = \frac{[E] \cdot [I]}{K_i}; \qquad \frac{v}{V} = \frac{[ES]}{[E] + [ES] + [EI]}.$$

$$3. \ *Nicht\ kompetitiv:* \text{ wie bei 2. *und*: } ES + I \rightleftharpoons ESI; \quad K_i = \frac{[ES] \cdot [I]}{[ESI]}.$$

$$[ESI] = \frac{[ES] \cdot [I]}{K_i} = \frac{[E] \cdot [S] \cdot [I]}{K_m \cdot K_i}; \qquad \frac{v}{V} = \frac{[ES]}{[E] + [ES] + [EI] + [ESI]}.$$

$$4. \ *Unkompetitiv:* \text{ nur: } ES + I \rightleftharpoons ESI$$

$$\frac{v}{V} = \frac{[ES]}{[E] + [ES] + [ESI]}.$$

$$5. \ *Substratüberschuß:* ES + n \cdot S \rightleftharpoons ES_{n+1}; \quad K_i = \frac{[ES] \cdot [S]^n}{[ES_{n+1}]}; \text{ für } n = 1 \text{ ist:}$$

$$[ES_2] = \frac{[ES] \cdot [S]}{K_i} = \frac{[E] \cdot [S]^2}{K_i}; \qquad \frac{v}{V} = \frac{[ES]}{[E] + [ES] + [ES_2]}.$$

Vorstehende Ansätze für die relativen Geschwindigkeiten sind durch Einsetzen leicht auszuwerten. V bedeutet dabei die Maximalgeschwindigkeit im ungehemmten Zustand. Die Größe: $i = \left(1 + \dfrac{[I]}{K_i}\right)$ heiße der Hemmungsfaktor.

Für 2. resultiert mit dem Wert für [ES] aus 1. und [EI] aus 2. nach Herausheben von [E]

$$\frac{v}{V} = \frac{[S]}{K_m\left(1 + \dfrac{[S]}{K_m} + \dfrac{[I]}{K_i}\right)} = \frac{[S]}{[S] + K_m + \dfrac{K_m \cdot [I]}{K_i}} = \frac{[S]}{[S] + K_m \cdot i} . \tag{47}$$

$$\frac{1}{v} = \frac{K_m \cdot i}{V} \cdot \frac{1}{[S]} + \frac{1}{V} \quad (kompetitiv) . \tag{47a}$$

Die Verringerung der Affinität oder die Verdrängung durch den Hemmungsstoff kommen also beide in der Vergrößerung von K_m zum Ausdruck. In ähnlicher Weise folgt für:

$$3. \quad \frac{v}{V} = \frac{[S]}{i\,(K_m + [S])} \quad \text{und:} \quad \frac{1}{v} = i\left(\frac{K_m}{V} \cdot \frac{1}{[S]} + \frac{1}{V}\right) = \frac{K_m}{V} \cdot i \cdot \frac{1}{[S]} + \frac{i}{v} , \tag{47b}$$

d. h. bei der *nichtkompetitiven* Hemmung kommt die Lineweaver-Burk-*Gerade* aus dem *gleichen Ursprung*, aber sie verläuft *i-fach steiler* als im ungehemmten Zustand.

4. Für die *unkompetitive* Form ergibt sich:

$$\frac{v}{V} = \frac{[S]}{K_m + [S] \cdot i} = \frac{[S]}{i\left(\dfrac{K_m}{i} + [S]\right)} \quad \text{und:} \quad \frac{1}{v} = \frac{K_m}{V} \cdot \frac{1}{[S]} + \frac{i}{v} . \tag{47c}$$

5. Bei der *Überschußhemmung* erhält man im $1/v$-, $1/[S]$-Diagramm keine Gerade. Eine Linearität besteht nur bei sehr niedrigen S-Werten. Denn [S] tritt als Quadrat oder in höherer Potenz auf, weil es gleichzeitig Substrat und Hemmstoff ist. Es gilt:

$$\left.\begin{aligned}\frac{v}{V} &= \frac{[S]}{[S] + K_m + \dfrac{[S]^{1+n}}{K_i}} \\[2mm] &= \frac{1}{1 + \dfrac{K_m}{[S]} + \dfrac{[S]^n}{K_i}} .\end{aligned}\right\} \tag{47d}$$

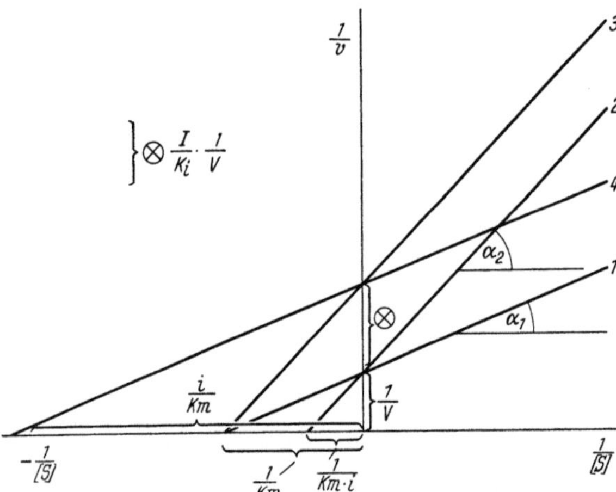

Abb. 194. Darstellung der Hemmungstypen im Diagramm nach LINEWEAVER und BURK. Bei *3* und *4* gilt für $1/[S] = 0$: $\frac{1}{v} = \frac{i}{V} = \frac{1}{V} + \frac{[I]}{V \cdot K_i}$; außerdem ist: $\mathrm{tg}\,\alpha_1 = \frac{K_m}{V}$; $\mathrm{tg}\,\alpha_2 = \frac{K_m \cdot i}{V}$

Der *Verlauf der Lineweaver-Burk-Geraden* läßt die Unterschiede zwischen den Hemmungstypen am klarsten hervortreten (Abb. 194). Sie laufen im Falle 1. und 4. parallel; bei 2. und 3. ist dagegen die Steigung *i*-fach größer als bei 1. Der Ordinatenabschnitt ist um den Faktor *i* bzw. um das additive Glied $\frac{[I]}{V \cdot K_i}$ bei 3. und 4. vermehrt, d. h. die Maximalgeschwindigkeit ist hier im Gegensatz zu 2. vermindert, und ihre Herabsetzung wächst mit der Konzentration des Hemmstoffes nach:

$$V_i = \frac{V}{i} = V \,\frac{K_i}{K_i + [I]} .$$

Für $1/v = 0$ ist

$$\text{bei 2.:} \; -\frac{1}{[S]} = \frac{1}{K_m \cdot i}; \quad \text{bei 3.} \; -\frac{1}{[S]} = \frac{1}{K_m}; \quad \text{bei 4.:} \; -\frac{1}{[S]} = \frac{i}{K_m} . \tag{47e}$$

Während also die Maximalgeschwindigkeit bei der nicht- und bei der unkompetitiven Hemmung herabgesetzt ist, wird die Michaelis-Konstante bei der kompetitiven gesteigert, bleibt bei der nichtkompetitiven (3.) unverändert und wird bei der unkompetitiven verringert (4.).

Aus den *Aktivitäts-p_S-Kurven* lassen sich die gleichen Gesetzmäßigkeiten entnehmen; insbesondere ergibt sich leicht für die kompetitive Hemmung, daß der Wendepunkt der S-Kurve zu niedrigerem p_S, d.h. zu höheren Substratkonzentrationen verschoben ist, da jetzt $K_m \cdot i$ als Konstante auftritt und $i > 1$ ist. Aus der Verschiebung ist natürlich i und damit bei bekannten [I] die Hemmungskonstante K_i zu erhalten (Abb. 195).

Die Überschußhemmung wird am besten durch die p_S-Kurven dargestellt. Die optimale Substratkonzentration wird hier aus folgender Gleichung entnommen:

$$[S]_{opt} = \sqrt[1+n]{\frac{K_m \cdot K_i}{n}} \, . \tag{47f}$$

Zur Ableitung vgl. S. 166.

Bei $n = 1$ ist nach S. 166 eine symmetrische Glockenkurve zu erwarten, bei $n = 2, 3, \ldots$ ein steilerer Abfall auf der Seite der größeren Substratkonzentration.

Substitution von $[S]_{opt}$ ergibt die Höchstgeschwindigkeit für $n = 1$ zu:

$$v_{opt} = V \cdot \left(1 + 2\sqrt{\frac{K_i}{K_m}}\right)^{-1} \, . \tag{47g}$$

Nur bei $K_i > K_m$ ist die Hemmung gering; bei $K_m = K_i = [S]$ wird $v_{opt} = \frac{1}{3} V$; bei $K_i = 100 K_m$ ist: $v_{opt} = \frac{1}{1,2} V$ usw.

Zur *Gewinnung der Hemmungskonstanten* hat sich *nach* DIXON (1953) folgendes Verfahren bewährt. $1/v$ ist Ordinate, [I] Abszisse. Dann ergeben sich Geraden, welche für verschiedene Substratkonzentrationen verschiedene Neigung besitzen und sich in einem Punkt links von der $(1/v)$-Achse schneiden. Für die kompetitive Hemmung (2.) liegt er im Abstand von jener bei $-[I] = K_i$, denn nach (47) wird jetzt $1/v = 1/V$, d.h. das mittlere Glied in (47a) wird 0. In diesem Punkt ist also die Geschwindigkeit unabhängig von [S]. Es gilt z.B. hier: $i/[S_1] = i/[S_2]$. Das ist nur möglich, wenn $i = 0$, d.h. $-[I] = K_i$ ist. Bei der nichtkompetitiven Hemmung (3.) folgt für

$$\frac{1}{v} = 0: \quad -K_m = [S],$$

d.h. die Linien für die verschiedenen Substratkonzentrationen müssen in einem Punkt auf der Abszisse zusammentreffen, für den wieder gilt: $i = 0$ und $-[I] = K_i$ (vgl. Abb. 196).

Da bei der Fermenttätigkeit mit dem Vorkommen von weiteren Zwischen-, Folge- und Nebenreaktionen gerechnet werden muß und diese auch durch Inhibitoren beeinflußt werden können, sind kompliziertere und schwerer zu analysierende Hemmungstypen bekannt (s. ALBERTY). Unter ihnen sollen diejenigen besonders hervorgehoben werden, bei denen der Antagonist entweder schon dadurch hemmt, daß er selbst schneller als das Substrat umgesetzt wird oder daß gar der bei seinem Umsatz entstandene Stoff ein besonders starker Hemmstoff ist. Beispiele für den ersten Mechanismus sind der bevorzugte Einbau von Äthionin, durch den Methionin aus dem Eiweiß verdrängt werden kann, oder Azaguanin, welches schneller als Hypoxanthin an der Xanthinoxydase der Milch umgesetzt wird (Literatur bei KÜHNAU 1953). Hemmstoffe bilden sich am Ferment

z. B. aus Fluoressigsäure, aus der mit Oxalessigsäure Fluorcitrat gebildet wird; dieses vergiftet die Aconitase (*letale Synthese:* R. A. PETERS, MARTIUS). Hierzu gehören auch viele sog. *Antivitamine.* Praktisch wichtig ist die Konkurrenz zweier Substrate um das gleiche Enzym, wie sie bei Phosphatasen, Lipasen, Carbohydrasen und Proteinasen vorkommt, also bei Fermenten mit relativer, d. h. *Gruppenspezifität.* Diese wird besonders im Bereich der Glykosidasen beobachtet. Bei ihnen ist das Ferment streng spezifisch auf den Zuckerbestandteil eingestellt, von dem aus die acetalische Bindung zu dem 2. Bestandteil geknüpft wird und der

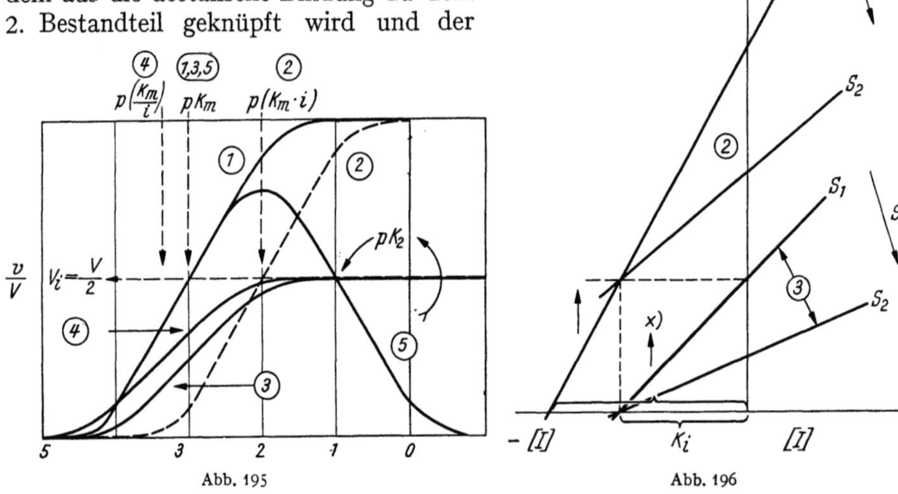

<table>
<tr><td>Abb. 195</td><td>Abb. 196</td></tr>
</table>

Abb. 195. Hemmungstypen im Aktivitäts-pS-Diagramm. Mit $pK_m = 3$; bei (2) ist $[I] = 9\,K_i$; bei (3) und (4) ist: $[I] = K$, so daß $V_i = V/2$; bei (5) ist $pK_2 = 1$

Abb. 196. Ermittlung von K_i nach DIXON. Mit $\left(\dfrac{K_m}{[S]} + 1\right)\Big/ V = A$ ist im $\dfrac{1}{v}$, [I]-Diagramm bei konstantem [S] für die Fälle 2, 3, 4:

$$2)\quad \frac{1}{v} = \frac{K_m}{K_i V\,[S]} \cdot [I] + A\,; \; -[I] = K_i\left(\frac{[S]}{K_m} + 1\right)$$

$$3)\quad \frac{1}{v} = \frac{A}{K_i} \cdot [I] + A\,; \; -[I] = K_i$$

$$4)\quad \frac{1}{v} = \frac{1}{K_i V} \cdot [I] + A\,; \; -[I] = K_i\left(\frac{K_m}{[S]} + 1\right)$$

$-[I]$ für $\dfrac{1}{v} = 0$

die α- oder β-glucosidische Bindung zu dem Aglucon oder dem nächsten Zuckermolekül übernommen hat. Die nahfolgende Tabelle demonstriert die Größe der Unterschiede in der enzymatischen Spaltbarkeit einfacher β-Glucoside. Man kann ihr entnehmen, daß die Affinität des Enzyms zu den Glucosiden bei annähernd gleichbleibendem k_3, also gleichbleibender Spaltungsgeschwindigkeit in die Endprodukte, mit steigender Kohlenstofflänge der Alkohole wächst. Denn die Michaelis-Konstante nimmt im gleichen Masse ab.

Wenn man nun die *Substrate S′ und S″ gemeinsam reagieren* läßt und die Geschwindigkeit auf die Summe der Endprodukte beider bezieht, so gilt die Michaelis-Gleichung für den Gesamtvorgang mit den summarischen Größen V und K_m (HALDANE u. a.):

$$V = \frac{V'\,[S']/K_m' + V''\,[S'']/K_m''}{[S']/K_m' + [S'']/K_m''}\,; \quad K_m = \frac{[S'] + [S'']}{[S']/K_m' + [S'']/K_m''}\,. \tag{48}$$

Hier sind die zu den beiden Substraten gehörenden Größen durch entsprechende Striche gekennzeichnet. Sie werden bei ihrer alleinigen Gegenwart am Ferment einzeln gewonnen. Wenn man sie kennt, ergeben sich die oben angeführten Konstanten für die zusammengesetzten Reaktionen. Wenn umgekehrt *2 Fermente* (E_1 und E_2) *um das gleiche Substrat konkurrieren*, dann gilt unter der Voraussetzung, daß das Verhältnis von $E_1:E_2$ unverändert bleibt:

$$v = \frac{V_1}{1 + K_1/[S]} + \frac{V_2}{1 + K_2/[S]} \, . \tag{48a}$$

Hier ist K_1 die Michaelis-Konstante für E_1, K_2 die für E_2; V_1 und V_2 sind die entsprechenden Maximalgeschwindigkeiten für die einzelnen Fermente bei den im Mischversuch vorliegenden Fermentkonzentrationen. Die gleiche Beziehung gilt für ein Ferment, welches 2 Wirkgruppen besitzt, deren Reaktionskonstanten jedoch verschieden sind. Sind sie völlig gleichartig, dann geht Gl. (48a) in die einfache Michaelis-Gleichung über.

Tabelle 107. *Monomolekulare Geschwindigkeitskonstante* ($k = v/K_m$), *Michaelis- (K_m) und Komplexzerfalls-Konstante (k_3) von Alkyl-β-d-Glucosiden (nach* VEIBEL)

	k	K_m	k_3
Methyl-Alkohol	0,027	0,62	0,0178
Äthyl-Alkohol	0,053	0,25	0,0154
Propyl-Alkohol	0,226	0,16	0,0452
Butyl-Alkohol	0,245	0,03	0,0171
Amyl-Alkohol	0,273	0,024	0,0175
Trimethyl-Alkohol . . .	$0,02 \cdot 10^{-2}$	1,46	$0,04 \cdot 10^{-2}$
Dimethyläthyl-Alkohol .	$0,56 \cdot 10^{-2}$	0,14	$0,11 \cdot 10^{-2}$
Methyldiäthyl-Alkohol .	$6,2 \cdot 10^{-2}$	0,079	$0,74 \cdot 10^{-2}$
Triäthyl-Alkohol	$2,5 \ \cdot 10^{-2}$	0,057	$0,24 \cdot 10^{-2}$

Kinetik der Coenzymbindung

Die *Kinetik der Vereinigung von Fermenten mit den Coenzymen* gehorcht grundsätzlich den gleichen Gesetzen. Um sie zu verifizieren, hält man die Substratkonzentration so hoch über dem Wert von K_m, daß die Geschwindigkeit des Umsatzes unabhängig vom Substrat wird. Wenn man jetzt die Konzentration des Cofermentes, z.B. des DPN variiert, dann wird aus der Geschwindigkeit seiner Hydrierung in üblicher Weise die Michaelis-Konstante für diesen nur am spezifischen Fermentprotein möglichen Vorgang gewonnen. Wenn außerdem das Molekulargewicht des Fermentes gegeben ist, erhält man aus der Maximalgeschwindigkeit und seiner Konzentration bei dem zugehörigen Cofermentgehalt k_3 in bekannter Weise. Wie erwähnt, konnte bei der Alkoholdehydrogenase auch die Dissoziationskonstante von E-DPN direkt gemessen werden (s. S. 577). Im übrigen muß man sich auch bei den Cofermenten zur Zeit noch oft damit begnügen, nur k_3 und K_m auf dem üblichen Wege zu gewinnen. Die vorstehenden Gleichungen über die Hemmung oder über die Wirkung zweier Fermente auf ein Substrat bzw. zweier Substrate an einem Enzym sind auf die Kinetik der Cofermentbindung nicht ohne weiteres anwendbar, da eine Reaktion nur bei vorhandenem Co-Enzym zustande kommt: Die Vereinigung des Proteins mit beiden Partnern erfolgt nicht in gleicher Weise. Einer zeitlichen Folge der Einzelvorgänge trägt z.B. die Gl. (44d) Rechnung. Sie ist zur Beschreibung einer Co-Enzym-abhängigen Reaktion geeignet, wenn unter A die Konzentration des Co-Enzyms verstanden wird.

Oft wird die *Reaktionsfolge zwei binäre Komplexe* umfassen:

$$\text{E} + \text{Co} \rightleftharpoons \text{ECo}; \quad \text{ECo} + \text{BH}_2 \rightleftharpoons \text{B} + \text{ECoH}_2; \quad \text{ECoH}_2 \rightleftharpoons \text{E} + \text{CoH}_2$$

bzw.:

$$\text{E} + \text{Co} \rightleftharpoons \text{ECo}; \quad \text{ECo} + \text{BH}_2 \rightleftharpoons \text{CoH}_2 + \text{BE}; \quad \text{BE} \rightleftharpoons \text{E} + \text{B},$$

oder generell:

$$\text{E} + \text{A} \underset{k_2}{\overset{k_1}{\rightleftharpoons}} \text{EA}; \qquad \text{EA} + \text{B} \underset{k_4}{\overset{k_3}{\rightleftharpoons}} \text{D} + \text{EC}; \qquad \text{EC} \underset{k_6}{\overset{k_5}{\rightleftharpoons}} \text{E} + \text{C},$$

d.h. die beiden Endprodukte — unter ihnen das umgewandelte Co-Enzym — werden nacheinander vom Fermentkomplex abgegeben.

$$\text{Mit:} \quad V = k_5[\text{T}], \quad K_\text{A} = \frac{k_5}{k_1}; \quad K_\text{B} = \frac{k_4}{k_3} \quad \text{und} \quad K_\text{AB} = \frac{k_2 \cdot k_5}{k_1 \cdot k_3} \quad \text{ist}$$

$$\frac{v}{V} = \frac{1}{1 + K_\text{A}/[\text{A}] + K_\text{B}/[\text{B}] + K_\text{AB}/[\text{A}] \cdot [\text{B}]}; \qquad (49\text{a})$$

hält man B in einer Konzentration: $[\text{B}_0] \simeq K_\text{B}$ und variiert $[\text{A}]$, dann ergibt sich (ALBERTY):

$$\frac{v}{V'} = \frac{1}{1 + K'_\text{A}/[\text{A}]} . \qquad (49\text{b})$$

Hier ist:

$$V' = V \cdot (1 + K_\text{B}/[\text{B}_0])^{-1} \quad \text{und} \quad K'_\text{A} = (K_\text{A} \cdot [\text{B}_0] + K_\text{AB}) \cdot (K_\text{B} + [\text{B}_0])^{-1}.$$

Aus experimentell bei zwei verschiedenen B_0-Werten gewonnenen scheinbaren Konstanten V' und K'_A lassen sich dann die Werte für V, K_A, K_B und K_AB erhalten. *Auch ternäre Komplexe* müssen für die Kinetik Co-Enzym-abhängiger Reaktionen in Betracht gezogen werden:

$$\text{E} + \text{A} \rightleftharpoons \text{EA}; \quad \text{EA} + \text{B} \rightleftharpoons \text{EAB}; \quad \text{EAB} \rightleftharpoons \text{D} + \text{EC}; \quad \text{EC} \rightleftharpoons \text{E} + \text{C}.$$

Mit diesem Ansatz erhält man für die Anfangsgeschwindigkeit bei entsprechender Zusammenfassung der Reaktionskonstanten ebenfalls eine Bruttogleichung vom Michaelis-Typ.

Co-Fermente lassen sich durch strukturanaloge Stoffe (wie z.B. sog. Antivitamine) meistens *kompetitiv vom Wirkungsort verdrängen.* So wird das 6, 7-Dichlorflavin mit ATP an der Flavokinase der Hefe schneller als das Lactoflavin oder gar das 9-Arabitylflavin phosphoryliert und hemmt in dieser Form die Anlagerung der Flavincofermente (FAD) an die entsprechenden Fermentproteine. Adenin und Adenosin können wie auch die freie Nicotinsäure oder das Nicotinsäureamid das DPN und das TPN kompetitiv verdrängen, z.B. das DPN an der Malicodehydrogenase (WILLIAMS 1952). Wahrscheinlich hemmt Adenin auch die Bindung des FAD, so daß bei Fütterung größerer Mengen die Symptome sowohl des Niacin- wie des Flavinmangels auftreten. Sulfonamide hemmen an geeigneten Bakterien den Einbau der p-Aminobenzoesäure. Sie verhindern so die Bildung von Folsäure, wie Aminopterin wiederum die Umwandlung der Folsäure in die Folininsäure hemmt. Sulfopantothensäure ist ein Antagonist der Pantothensäure usw. (vgl. KÜHNAU 1953, MARTIN, WOOLLEY 1946).

Die Michaelis-Konstante der Gegenreaktion

Die Michaelis-Konstante wird aus den Anfangsgeschwindigkeiten bei noch zu vernachlässigender Konzentration der Endprodukte gewonnen. Dadurch werden Bedingungen gewählt, unter denen die Reaktion praktisch nur einsinnig verläuft. Tatsächlich aber erfordert die Energielehre, wie ausführlich dargelegt wurde (s. S. 556), daß ein Katalysator das Gleichgewicht der Reaktion nicht verschiebt, d.h. daß er den Ablauf in beiden Richtungen beschleunigt, so daß das Verhältnis beider Geschwindigkeiten, d.h. also die Gleichgewichtskonstante, erhalten bleibt. Ihre Veränderung würde Energie benötigen. Aus diesem Grunde können auch die

Michaelis-Konstanten für die Vorgänge in beiden Richtungen nicht unabhängig voneinander sein. Folgender Ansatz berücksichtigt die Reversibilität:

$$\mathrm{E + S} \underset{k_2}{\overset{k_1}{\rightleftharpoons}} \mathrm{ES} \underset{k_4}{\overset{k_3}{\rightleftharpoons}} \mathrm{E + P} \,. \tag{50}$$

Im steady-state ist wiederum die Änderung der Konzentration der Enzymsubstratverbindung gleich Null:

$$\frac{d\,\mathrm{ES}}{dt} = k_1 \cdot [\mathrm{E}] \cdot [\mathrm{S}] + k_4 \cdot [\mathrm{E}] \cdot [\mathrm{P}] - k_2 \cdot [\mathrm{ES}] - k_3 \cdot [\mathrm{ES}] = 0,$$

$$[\mathrm{ES}] = \frac{(k_1 \cdot [\mathrm{S}] + k_4\,[\mathrm{P}]) \cdot [\mathrm{T}]}{k_2 + k_3 + k_1 \cdot [\mathrm{S}] + k_4 \cdot [\mathrm{P}]} \qquad (\text{mit}: [\mathrm{E}] = [\mathrm{T}] - [\mathrm{E\,S}]) \,.$$

Im steady-state ist die Umsatzgeschwindigkeit:

$$\left. v = k_3 \cdot [\mathrm{ES}] - k_4 \cdot [\mathrm{E}] \cdot [\mathrm{P}] = \frac{(k_1 + k_3 \cdot [\mathrm{S}] - k_2 \cdot k_4 \cdot [\mathrm{P}]) \cdot [\mathrm{T}]}{k_2 + k_3 + k_1 \cdot [\mathrm{S}] + k_4 \cdot [\mathrm{P}]} \right\} \atop (\text{Haldane 1930}). \tag{50a}$$

Es entspricht dem steady-state-Zustand, daß mit $v = k_1 \cdot [\mathrm{E}] \cdot [\mathrm{S}] - k_2 \cdot [\mathrm{ES}]$ ebenfalls unter Benutzung von $[\mathrm{E}] = [\mathrm{T}] - [\mathrm{ES}]$ und $[\mathrm{ES}]$ aus vorstehender Gleichung das gleiche Resultat erhalten wird. Denn unter dieser Bedingung *muß die Differenz der Geschwindigkeit in beiden Richtungen für jeden Querschnitt im beliebig langen Reaktionszug gleich groß sein.*

Wenn nun der Klammerausdruck des Zählers den Wert 0 annimmt, besteht das thermodynamische Gleichgewicht mit $v = 0$. Dann ist:

$$\frac{[\mathrm{P}]}{[\mathrm{S}]} = \frac{k_1 \cdot k_3}{k_2 \cdot k_4} = K \,. \tag{50b}$$

K ist offensichtlich die Gleichgewichtskonstante der Gesamtreaktion. Nimmt man in (50a) $[\mathrm{P}] = 0$, so erhält man die gewöhnliche Michaelis-Konstante für die Hinreaktion. Wird $[\mathrm{S}] = 0$ gesetzt, dann resultiert die Michaelis-Konstante für die Rückreaktion (K_r). Nimmt man weiter $V_r = k_2 \cdot [\mathrm{T}]$, so wird die Geschwindigkeit der Gegenreaktion:

$$v_r = \frac{k_2 \cdot [\mathrm{T}] \cdot [\mathrm{P}]}{[\mathrm{P}] + \dfrac{k_2 + k_3}{k_4}} \,; \qquad K_r = \frac{k_2 + k_3}{k_4} \,.$$

Mit den Werten für K_m und K_r erhält man aus (50a)

$$\frac{dP}{dt} = -\frac{dS}{dt} = \frac{V \cdot [\mathrm{S}]/K_m - V_r \cdot [\mathrm{P}]/K_r}{1 + [\mathrm{S}]/K_m + [\mathrm{P}]/K_r} \,; \tag{50c}$$

für $v = 0$ ist:

$$V \cdot [\mathrm{S}]/K_m = V_r \cdot [\mathrm{P}]/K_r \,; \quad \text{bzw.} \quad \frac{[\mathrm{P}]}{[\mathrm{S}]} = \frac{V \cdot K_r}{V_r \cdot K_m} = K \,. \tag{50d}$$

Die Gleichgewichtskonstante der Gesamtreaktion verknüpft demnach die Maximalgeschwindigkeiten von Hin- und Rückreaktion mit den Michealis-Konstanten für beide Vorgänge. Auf diese Weise erhalten diese Konstanten, *multipliziert mit den Maximalgeschwindigkeiten des entgegengesetzten Vorganges,* thermodynamische Bedeutung (Haldane).

Es hat sich nun gezeigt, daß das gegebene Schema bei Berücksichtigung der Gegenreaktionen nicht ausreichend ist. Vielmehr muß, wie Haldane erkannte, auch für die Rückreaktion ein Enzymproduktkomplex (EP) angenommen werden, der sich in die Enzymsubstratverbindung (ES) verwandelt. Der geschwindigkeitsbestimmende Reaktionsschritt dürfte oft an dieser Stelle gelegen sein (ES $\rightleftharpoons$ EP).

$$S + E \overset{1}{\underset{2}{\rightleftharpoons}} SE \overset{3}{\underset{4}{\rightleftharpoons}} PE \overset{5}{\underset{6}{\rightleftharpoons}} P + E. \tag{51}$$

Auch mit diesem Ansatz sind relativ einfache Beziehungen zu erhalten, wenn für die Michaelis-Konstanten und die Maximalgeschwindigkeiten folgende Werte eingesetzt werden:

ist:

$$V = \frac{k_3 \cdot k_5 \,[T]}{k_3 + k_4 + k_5}; \quad V_r = \frac{k_2 \cdot k_4 \cdot [T]}{k_2 + k_3 + k_4}$$

$$K_m = \frac{k_2 \cdot k_4 + k_2 \cdot k_5 + k_3 \cdot k_5}{k_1(k_3 + k_4 + k_5)}; \quad K_r = \frac{k_2 \cdot k_4 + k_2 \cdot k_5 + k_3 \cdot k_5}{k_6(k_2 + k_3 + k_4)}. \tag{51a}$$

Hiermit gilt für die Geschwindigkeit unter Berücksichtigung der Gegenreaktion ebenfalls Gl. (50c), und für $[P] = 0$ resultiert wiederum die einfache Michaelis-Gleichung. Wenn also zwei oder auch mehr als zwei binäre Zwischenstufen aufeinanderfolgen, kann ihre Zahl nach Eintritt des steady state nicht aus kinetischen Messungen am Gesamtvorgang entnommen werden, da in allen Fällen die summarische Michaelis-Beziehung herauskommt. Direkte Messungen der Enzym-Substratkomplexe ergeben für die Fumarase den Typ der Gl. (51) (ALBERTY). Wenn k_3 und k_4 gegenüber den anderen Konstanten sehr klein sind, wird sowohl

$$V = k_3 \cdot [T] \quad \text{und} \quad V_r = k_4 \cdot [T] \quad \text{wie} \quad K_m = \frac{k_2}{k_1} \quad \text{und} \quad K_r = \frac{k_5}{k_6}.$$

Für das Gleichgewicht $K = \dfrac{k_1 \cdot k_3 \cdot k_5}{k_2 \cdot k_4 \cdot k_6}$ gilt auch hier die Beziehung (50d).

Dieses *Haldanesche Prinzip* läßt sich auch auf bimolekulare Vorgänge wie die Kornberg-Reaktionen mit Nicotinsäureamid-Ribose-Phosphat (NRP)

$$NRP + ATP \rightleftharpoons DPN + PP \quad \text{(Pyrophosphat)}$$

oder die Dehydrasenreaktionen (z.B. mit ADH oder LDH) mit binären Komplexen ausdehnen (Schema S. 590). Hier sind die Michaelis-Konstanten für die Stoffe A, B, C, D einzuführen. Die Theorie ergibt dann:

$$K = \frac{V^3 \cdot K_C \cdot K_B}{V_r^3 \cdot K_A \cdot K_B}. \tag{52}$$

NYGAARD und BÖNNICHSEN (1954/55) und THEORELL und CHANCE (1951) haben die 4 Konstanten für die Alkoholdehydrase der Leber bestimmt und fanden damit vorstehende Gleichung im pH-Bereich von 5,3—10 bestätigt[1]. Für die Hefe-ADH dagegen muß nach THEORELL ein ternärer Komplex angenommen werden, in dem sich die zeitbestimmende intramolekulare Umlagerungsreaktion vollzieht. Die Tatsache der Allgemeingültigkeit des Henderson-Prinzips sowohl wie jene, daß sich an komplizierten Reaktionsfolgen meistens eine charakteristische Konstante vom allgemeinen Michaelis-Typ ergibt, begründet die hohe Bedeutung, welche sie ungeachtet der Einschränkung besitzt, daß ihr alleine die wahre Dissoziationskonstante einer oder mehrerer Zwischenstufen nur in Grenzfällen entnommen werden kann.

Die pH-Abhängigkeit der Fermentreaktionen

Eine Charakterisierung der Fermente durch kinetische Untersuchungen ist nur dann zulässig, wenn mindestens in mittleren Konzentrationsbereichen gleichbleibende Michaelis-Konstanten gewonnen werden. Dazu ist es notwendig, daß

---

[1] THEORELL (1958) rechnet auch hier mit einem ternären Komplex.

nicht nur die Konzentration von organischen und anorganischen Hilfsstoffen, sondern vor allem der pH-Wert konstant gehalten wird. Seitdem SÖRENSEN (1909, 1912) eindringlich auf die entscheidende *Abhängigkeit der Enzymwirkung von der Reaktion* des Milieus hinwies, weiß man, daß Fermentuntersuchungen ohne Beachtung des pH praktisch wertlos sind. Es ist charakteristisch, daß so gut wie alle Fermentwirkungen ein pH-Optimum aufweisen. Als Beispiel sei die Aktivitäts-pH-Kurve des Invertins und Trypsins angeführt (Abb. 197). Die übrigen Fermente zeigen prinzipiell ein ähnliches Verhalten; und sie lassen sich daher generell durch die Lage ihres pH-Optimums kennzeichnen. Wenn die Wirksamkeit von Fermentpräparaten festzustellen ist und z. B. als Maß für den bei der Isolierung erreichten Reinheitsgrad benutzt werden soll usw., ist die Untersuchung dementsprechend bei definiertem pH und konstant gehaltenem Ionenmilieu bzw. konstanter Ionenstärke (μ) vorzunehmen.

Der Mechanismus der pH-Abhängigkeit beruht darauf, daß mit Veränderung der Reaktion auch *Änderungen im Dissoziationsgrad der beteiligten Stoffe* verursacht werden. Zum Teil kann eine solche Dissoziationsänderung irreversible Vorgänge z. B. im Sinne einer Säuredenaturierung des Enzymproteins zur Folge haben. Sie zeigen sich im mittleren pH-Bereich nicht. Der H-Ioneneinfluß kann prinzipiell auf die Dissoziationsänderungen des Fermentes, des Cofermentes oder der Substrate zurückgeführt werden.

LOEB hat 1909 vermutet, daß die Wirksamkeit der Fermente von ihrem

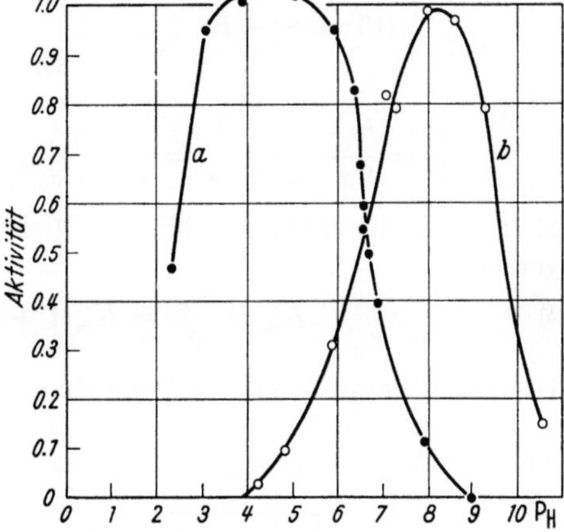

Abb. 197. Aktivitäts-pH-Kurven. *a* Saccharose, *b* Trypsin

Ladungszustand abhänge, und angenommen, daß z. B. Pepsin daher nur als Kation die Eiweißhydrolyse vollziehen könne. Nachdem man unter anderem erkannt hatte, daß Pepsin, dessen isoelektrischer Punkt im stark Sauren gelegen ist, noch als Anion proteolytische Wirkungen zeigen kann, zog NORTHROP den Schluß, daß nicht seine, sondern die *Dissoziation des Substrates entscheidend* sei (1923). Pepsin würde nur Eiweiß im kationischen Zustand spalten. Dementsprechend wirken Tryptasen nur auf Eiweißanionen und die Kathepsine auf seine Zwitterionen. Demnach liegt das pH-Optimum für letztere im IP, d. h. etwa bei pH 5—6, für die Pepsine auf der sauren und für die Trypsingruppe auf der alkalischen Seite des IP. Diese Einteilung wird namentlich für die Kathepsingruppen den experimentellen Tatsachen nur in erster Annäherung gerecht. Denn ein Einfluß des pH auf das Enzym und damit verbunden auf seine Wirksamkeit existiert ebenfalls. Aber sowohl beim Pepsin wie beim Trypsin wird eine Variation des pH-Optimums mit dem Substrat gefunden. Sie stützt die ursprüngliche Auffassung von NORTHROP.

Natürlich kann der Abfall der Aktivitätskurve beim Pepsin auf der sauren und beim Trypsin auf der alkalischen Seite des Optimums nicht durch die Substrationisation erklärt werden. Für Trypsin dürfte die Annahme NORTHROPS zutreffen, daß der Wirkungsabfall auf dem alkalischen Teil der pH-Kurve durch ein Gleichgewicht zwischen nativem und reversibel denaturiertem Trypsin bestimmt ist (s. S. 603). Es wird bei steigendem pH zugunsten der denaturierten Form verändert. Auf die Weise wird der Wirkungsabfall erklärt.

Zweifellos ist ein Effekt auf dem Wege über die Dissoziationsänderung des Substrates allgemein bei schwachen Elektrolyten zu erwarten. Dann kann damit gerechnet werden, daß *a) der dissoziierte oder b) der undissoziierte Substratanteil sich mit dem Enzym* zu einem im Sinne des Umsatzes *aktivierten Komplex vereinigt*, dessen Ausbildung daher vom pH abhängt. Denn unter dieser Bedingung wird von einer vorgegebenen Substanzmenge sich entweder nur der a) dem Dissoziationsgrad oder b) dem Dissoziationsrest entsprechende Anteil an seiner Bildung beteiligen. Eine eindeutige Formulierung wird dann erleichtert, wenn das Ferment selbst nicht so vom pH beeinflußt wird, daß seine Wirkungsweise als Enzym im betrachteten pH-Bereich davon betroffen wird. Läßt man die pH-Wirkung auf das Enzym daher außer Betracht, so erhält man für die pH-Abhängigkeit der relativen Anfangsgeschwindigkeit bei einer einbasischen Säure als Substrat für die Fälle a) und b) folgende Ansätze und Lösungen:

$$\text{HS} \underset{}{\overset{K}{\rightleftharpoons}} \text{S}^- + \text{H}^+ \quad \begin{cases} a) \quad \text{S}^- + \text{E} \underset{2}{\overset{1}{\rightleftharpoons}} \text{ES}^- \overset{3}{\longrightarrow} \text{E} + \text{P}, \\[2ex] b) \quad \text{SH} + \text{E} \underset{2}{\overset{1}{\rightleftharpoons}} \text{ESH} \overset{3}{\longrightarrow} \text{E} + \text{P} + \text{H}^+, \end{cases}$$

$$\frac{v}{V} = \frac{1}{1 + K_m/[\text{S}] \cdot \alpha} = \frac{1}{1 + K'_m/[\text{S}]}; \quad K'_m = \frac{K_m}{\alpha} = K_m\left(1 + \frac{[\text{H}^+]}{K}\right). \quad (53\,\text{a})$$

Hier ist K'_m die vom pH abhängige Michaelis-Konstante. Für b) erhält man sinngemäß:

$$K'_m = \frac{K_m}{\varrho} = K_m(1 + K/[\text{H}^+]) \quad (\text{vgl. S. 157}). \quad (53\,\text{b})$$

Hierbei ist vorausgesetzt, daß die Konstanten k_1, k_2, k_3 und damit $k_2 + k_3/k_1 = K_m$ nicht durch die H$^+$-Aktivität beeinflußt werden. Es scheint, daß man häufig zu dieser Voraussetzung in einem nicht allzu kleinen pH-Bereich berechtigt ist.

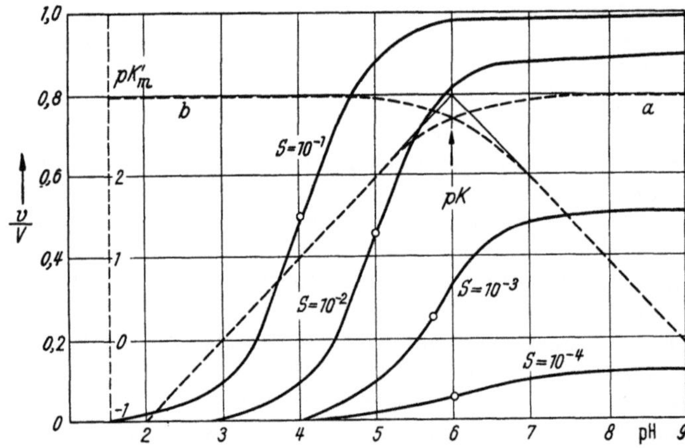

Abb. 198. pH-Abhängigkeit der scheinbaren *Michaelis-Konstanten* K_m als pK$_m$ mit $K_m = 10^{-3}$ (*a* ----) und der *relativen Anfangsgeschwindigkeit* v/V für verschiedene Substratkonzentrationen (*S* —). Die Dissoziationskonstante des Substrates ist 10^{-6}; Fall *a*. b gibt pK$'_m$ für Fall *b* (---). 0 Werte der halben Maximalgeschwindigkeit

Es ergibt sich, daß K'_m unter den genannten Voraussetzungen bei Veränderung der Reaktion wechselt: Wächst es mit steigender H$^+$-Konzentration, dann vereinigen sich die Ionen des Substrates mit dem Ferment (a), wächst K_m mit fallender H$^+$-Konzentration, dann bildet sich der Komplex mit dem nichtdissoziierten Substrat (b). Der Verlauf der pH-Werte ist in Kurve a u. b der Abb. 198 dargestellt, welche außerdem die relativen Anfangsgeschwindigkeiten für verschiedene Substratkonzentrationen unter Berücksichtigung des Falles a) enthält. Für die verschiedenen Substratkonzentrationen werden die halben Endgeschwindigkeiten bei verschiedenem pH erreicht. Der Verlauf der Wendepunktkurve ist im übrigen grundsätzlich derselbe wie bei den Dissoziationskurven.

Die charakteristischen Optima, welche die Aktivitäts-pH-Kurven im allgemeinen bieten, können durch die Heranziehung der Substratdissoziation und der reversiblen oder irreversiblen Enzyminaktivierung nur in einzelnen Fällen befriedigend gedeutet werden. Ihre allgemeine Behandlung muß die *Dissoziationsänderung des Fermentes in den Vordergrund* stellen. Die erste Theorie des pH-Einflusses auf die Enzymaktivität gab MICHAELIS mit DAVIDSOHN 1911 im Anschluß an die von ihm gefundene Gleichung für die Lage des IP eines Ampholyten (s. S. 171). Da die Aktivitäts-pH-Kurven einen ähnlichen Verlauf wie die der Ampholytdissoziation zeigen, wurde zunächst vermutet, daß die Gesamtladung einer Enzymmolekel die Größe der katalytischen Aktivität bestimme. Das Verhalten der Invertase schien diese Annahme zu bestätigen, denn der Verlauf der Spaltung ließ sich mit der Dissoziation in Zusammenhang bringen und ergab vor allem ein Optimum etwa beim Wert des IP, der bei pH 5 liegt. Danach müßte die zwitterionische bzw. nach der damaligen Auffassung die ungeladene Form allein wirksam sein.

Jene Übereinstimmung ließ über längere Zeit hin das Ladungsverhalten des Gesamtmoleküls als entscheidend gelten, obwohl schon früh bekannt wurde, daß vor allem der oft studierte Wirkungsabfall im alkalischen Bereich das Bild der Dissoziationskurve eines einwertigen Elektrolyten ergab. Da aber außerdem die Lage ihres pK-Wertes (6,6), d.h. des Punktes der halben Maximalgeschwindigkeit, in diesem Fall nicht von der Substratkonzentration abhängig war, kam R. KUHN (1924) zu der Vermutung, daß von pH 5 bis ins alkalische Gebiet hinein bei gegebenem [S] stets derselbe Bruchteil als ES vorliege, und daß dann konsequenterweise der Ladungszustand der Molekeln die Zerfallsgeschwindigkeit von ES beeinflusse. HALDANE *erkannte aber* (1930), *daß die Dissoziation einer oder weniger Gruppen*, welche direkt mit dem Substrat reagieren, *so entscheidend ist*, daß demgegenüber das *elektrochemische Gesamtverhalten der Enzymmolekel zurücktritt*. Diese Erkenntnis ist deswegen von besonderer Bedeutung, weil sie gewisse Aussagen über den Wirkungsort ermöglichen kann.

Zur Formulierung des pH-Einflusses sei das bei der Fumarase bewährte *Grundschema von* ALBERTY (1954) benutzt. Er nimmt an, daß die Wirkgruppe eine zweibasische Säure sei, deren erste Dissoziationsstufe, entsprechend dem Dissoziationsgrad α_1 sich mit dem Substrat zum aktivierbaren Komplex vereinigt. Dann ergibt sich folgendes Schema mit den zugehörigen Dissoziations- und Geschwindigkeitskonstanten:

$$
\begin{array}{ccc}
\mathrm{E} & & \mathrm{ES} \\
K_{\mathrm{E_2}}\Updownarrow & \xrightarrow{k_1} & \Updownarrow K_{\mathrm{ES_2}} \\
\mathrm{S}+\mathrm{EH} & \underset{k_2}{\overset{k_1}{\rightleftharpoons}} \mathrm{ESH} \xrightarrow{\;k_3\;} & \mathrm{P}+\mathrm{EH}. \\
K_{\mathrm{E_1}}\Updownarrow & & \Updownarrow K_{\mathrm{ES_1}} \\
\mathrm{EH_2} & & \mathrm{ESH_2} \\
\mathrm{I} & & \mathrm{II}
\end{array}
\tag{54}
$$

Es trägt insofern nur formalen Charakter, als aus kinetischen Untersuchungen bei verändertem pH alleine niemals gefolgert werden kann, daß die Dissoziationskonstante einer bestimmten Gruppe sich verändert oder ob die Gruppe bei der Reaktion des Fermentes mit dem Substrat verschwindet und statt ihrer eine neue mit einer anderen Konstanten auftritt.

Mit $K_{\mathrm{E_2}}=0$ und $K_{\mathrm{ES_2}}=0$ geht das Schema in das einer in beiden Stufen einbasischen Säure als Wirkgruppe über. Wenn mit α_{I} der erste Dissoziationsgrad des freien Enzyms und mit α_{II} der erste des verbundenen bezeichnet wird, ergibt sich für den steady state bei der Hinreaktion, wenn $\Sigma[\mathrm{E}]$ die Summe der Konzentration aller Dissoziationsformen des unverbundenen und $\Sigma[\mathrm{ES}]$ die des verbundenen bedeutet:

$$\frac{d\Sigma[\text{ES}]}{dt} = k_1\alpha_\text{I} \cdot \Sigma[\text{E}] \cdot [\text{S}] = \alpha_\text{II} \cdot \Sigma[\text{ES}] \cdot (k_2 + k_3) = 0$$

und

$$K_m' = \frac{\Sigma[\text{E}] \cdot [\text{S}]}{\Sigma[\text{ES}]} = \frac{(k_2 + k_3)\,\alpha_\text{II}}{k_1 \cdot \alpha_\text{I}} = K_m \frac{\alpha_\text{II}}{\alpha_\text{I}} = K_m \cdot Q. \qquad (54\text{a})$$

Unter Benutzung der Werte für den Dissoziationsgrad α_1 (s. S. 165) einer zweibasischen Säure folgt:

$$K_m' = K_m \cdot Q; \qquad Q = \frac{1 + \dfrac{[\text{H}^+]}{K_{\text{E}_1}} + \dfrac{K_{\text{E}_2}}{[\text{H}^+]}}{1 + \dfrac{[\text{H}^+]}{K_{\text{ES}_1}} + \dfrac{K_{\text{ES}_2}}{[\text{H}^+]}}; \qquad \text{p}K_m' = \text{p}K_m + \text{p}_Q. \qquad (54\text{b})$$

Die Abb. 199 gibt den Verlauf einer p_Q/pH-Kurve für einige willkürlich eingesetzte Konstanten wieder. Ihr ist zu entnehmen, daß sich K_m *nur ändert, wenn die*

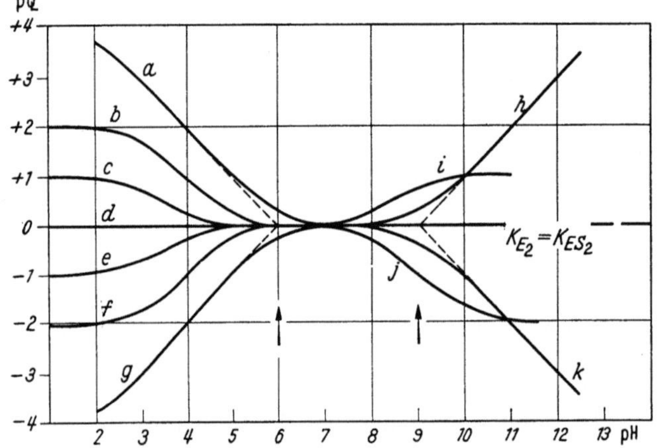

Kurve	K_{E_1}	K_{ES_1}
a	10^{-2}	10^{-6}
b	10^{-3}	10^{-5}
c	10^{-3}	10^{-4}
d	$K_{\text{E}_1} = K_{\text{ES}_1}$	
e	10^{-4}	10^{-3}
f	10^{-5}	10^{-3}
g	10^{-6}	10^{-2}

Kurve	K_{E_2}	K_{ES_2}
h	0	10^{-9}
i	10^{-9}	10^{-8}
j	10^{-8}	10^{-10}
k	10^{-9}	0

Abb. 199. Gang der Michaelis-Konstanten bei Dissoziationsänderung infolge der ES-Bildung. Verlauf von $pQ = -\log Q$ für die angegebenen Konstanten nach Gl. (54 b). Benutzte Konstanten nebenstehend

elektrolytischen Dissoziationskonstanten bei der Vereinigung mit dem Substrat ebenfalls eine Änderung erfahren. Wird K_{E_1} dabei vergrößert, dann wächst K_m'; es fällt, wenn K_{E_2} bei der Komplexbildung steigt und umgekehrt. $\text{p}K_m'$ erfährt natürlich jeweils die entgegengesetzten Änderungen; sie ergeben sich unmittelbar aus der Abb. 199, da p_Q sich gleichsinnig mit $\text{p}K_m'$ verändert.

Der nicht horizontale *Schenkel* der Wendepunktskurven wird um so ausgeprägter, je größer die Änderung der Dissoziationskonstanten bei der Substratbindung ist, d.h. je mehr sich $\text{p}K_m'$ mit dem pH ändert. Der geradlinige Teil der Kurven — besonders deutlich bei *a, g, h* und *k* — besitzt die 45°-*Neigung*; $\text{p}K_m'$ ändert sich also im gleichen Maße wie das pH. Dabei *steigt* pK_m' *unter 45°, wenn bei der Reaktion mit dem Substrat eine anionische Gruppe am Ferment stärker oder eine kationische schwächer wurde (g, h). Der pK der beeinflußten Gruppe wird durch den Schnittpunkt der Wendepunktstangenten mit der 0-Linie* angegeben. Umgekehrt *fällt* pK_m' *linear, wenn eine negative Ladung an einer dissoziablen Gruppe verschwindet oder eine positive Ladung entsteht (a, k).* Die entsprechenden pK-Werte ergeben sich ebenfalls durch die Rückverlängerung des geradlinigen Kurventeils. Die $\text{p}K_m'$-Werte liegen *oberhalb* von $\text{p}K_m$, wenn die Dissoziationskonstante in erster Stufe bei der Bildung der Enzymsubstratverbindung abnimmt ($K_{\text{E}_1} > K_{\text{ES}_1}$) oder in der zweiten Stufe zunimmt ($K_{\text{E}_2} < K_{\text{ES}_2}$). Bei wachsender Ionisierung der ersten ($K_{E_1} < K_{ES_1}$) oder fallender in der zweiten ($K_{E_2} > K_{ES_2}$) sind sie *unterhalb* der pK_m-Linie gelegen. Alles, was in diesem Zusammenhang über die beiden Dissoziationsstufen auszusagen ist, läßt sich naturgemäß auf zwitterionische Gruppen übertragen, da pK_2 ebenfalls die Basen-Dissoziation, d. h. die der Kationensäure regelt (s. S. 146). Das Ausgangsschema gilt also ohne Unterschied auch für eine zwitterionische Wirkgruppe des Fermentes.

Bei geringeren Veränderungen der Dissoziationskonstanten ergeben sich die übrigen Kurvenbilder der Abb. 199. Unter Umständen erscheinen nur bajonettförmige Knicke. Auch hier gilt, daß ein Ansteigen von links nach rechts auf einer Zunahme der Dissoziation aktiver Gruppen beruht; ihr pK sinkt. Bei einem Ansteigen nach links trifft das Gegenteil zu, der pK-Wert am Wirkort steigt. Die Änderung der pK-Werte infolge der Reaktion mit dem Substrat ist der Differenz der Q-Werte gleich. Der Wendepunkt der zu *b, c, i* usw. analogen Kurven gibt gleichzeitig den Mittelpunktswert zwischen den beiden pK-Werten an; da auch ihre Differenz bekannt ist, werden auf diese Weise die Einzelwerte der beteiligten Dissoziationskonstanten zugänglich.

Wenn bei der Vereinigung mit dem Substrat keine Änderung der Dissoziationskonstanten eintritt, bleibt auch pK_m' unverändert. Bei *Nichtleitern* sind 2 Fälle denkbar. Erfolgt ihre Bindung mit Hilfe einer dissoziablen Gruppe, dann wird die Dissoziationskonstante bei der Vereinigung beider eine Änderung erfahren und damit auch K_m. Tritt aber der Nichtleiter mit einem ebenfalls nicht dissoziierenden Teil der Fermentmolekel so zusammen, daß auch die Dissoziation benachbarter Gruppen nicht betroffen wird, dann bleibt pK_m unabhängig vom pH, weil durch diesen Vorgang keine Zunahme oder Abnahme ionisierbarer Gruppen erfolgt. Auch bei einer *einfachen elektrostatischen Bindung ionisierter Gruppen* verschwindet keine Ladung durch Ionisationsänderung. Daher bleibt z. B. bei einer Vereinigung von Carboxylaten des Enzyms mit den NH_3^+-Gruppen des Substrates K_m unabhängig vom pH. Wenn aber z. B. mit einem Carboxylat als Substrat und einer OH-Gruppe eines Enzyms Esterbindungen entstehen, würde bei konstantem pH *eine Ladung am Substrat verschwinden*, aber keine Dissoziation am Ferment eintreten:

$$R \cdot COO^- + OHE \to R \cdot COO \cdot E + OH^-.$$

Auch hierbei ergibt sich nach (53 a bzw. b) eine Änderung von K_m bzw. Abnahme von pK_m' in dem Bereich, in welchem die Substanz als Anion vorliegt. Sie entspricht dem Verschwinden einer Ladung und damit dem oben gebrachten Fall *b*. Er gleicht also formal dem einer Beeinflussung des Fermentes durch den pH vollständig und läßt sich nur dann ausschließen, wenn der aus der pH-Abhängigkeit der Michaelis-Konstanten gewonnene pK-Wert nicht mit dem des Substrates übereinstimmt.

Die Untersuchung des *pH-Einflusses auf K_m* gestattet demnach einen *Einblick in das elektrochemische Verhalten der aktiven Gruppen*, ohne daß die allgemeine Ionisation der Gesamtmolekel interferiert. Sie ermöglicht die Feststellung von Veränderungen der Dissoziationskonstanten bei der Reaktion des Enzyms mit dem Substrat. Sie erlaubt auch, aus dem Wert jener Konstanten für die entstandenen oder verschwundenen Gruppen Schlüsse auf ihre chemische Natur zu ziehen. Dabei muß man aber immer mit der Möglichkeit einer solchen Veränderung durch den Aktivierungsvorgang rechnen, daß Vergleiche mit den bekannten Dissoziationskonstanten im statischen Zustand nur mit Vorsicht durchgeführt werden können. Außerdem ist es unmöglich, allein aus den rein thermodynamischen Gleichgewichtsuntersuchungen bei verschiedener H^+-Aktivität spezielle Vorstellungen über den Wirkungsmechanismus abzuleiten. Man erhält, wie Dixon (1953) dazu besonders erläutert, die gleiche pH-Abhängigkeit von K_m für eine Fermentreaktion, bei der sich das Enzym zuerst mit einem Ion vereinigt, oder bei der zunächst das nicht dissoziierte Substrat gebunden und am Enzym dann ionisiert wird. Auf die Reihenfolge dieser Vorgänge kann aus dem erreichten steady state nicht geschlossen werden.

Trotzdem kann der *Gang von K_m die Entscheidung zwischen einigen grundsätzlichen Möglichkeiten* bringen. Sie stellen sich z. B. nach Dixon für die Phosphatase folgendermaßen dar:

1) $R-P^{2-} + MgE^+ \rightarrow RP^{2-} MgE^+$ (keine Ladungsänderung),

2) $R-P^{2-} + E$ $- RPE^-$ (Verlust einer $\ominus$ Ladung).

Tatsächlich wird bei der alkalischen Nierenphosphatase ein linearer Abfall von pK'_m oberhalb eines pH-Wertes von 9,2 gefunden (Morton, Abb. 200), dessen Lage die Wirkung des pH auf das Substrat ausschließt und eine Beteiligung von phenolischen oder ε-Aminogruppen bei der Bindung der Phosphorsäureester nach 2) nahelegt. Das Verhalten der Cholinesterase erlaubt folgende Erklärung (Abb. 200):

oberhalb   pH 9: $E^- + S^+ = ES$ (geradlinig),

unterhalb   pH 7: $E \ + S^+ = ES$ (ansteigend; $\oplus$Verlust $= \ominus$ Gewinn).

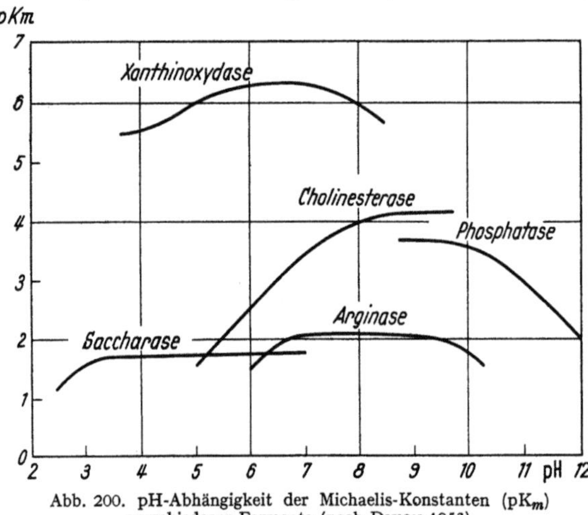

Abb. 200. pH-Abhängigkeit der Michaelis-Konstanten (pK_m) verschiedener Fermente (nach Dixon 1953)

Der Wirkungsabfall bei der Invertase könnte dem Dissoziationsrückgang einer nur als Anion bindenden Gruppe vom pK 3 entsprechen (Abb. 200). Der horizontale Verlauf bei der Arginase dürfte der Reaktion: $E^- + Arg^+ = E\,Arg$ zukommen (Abb. 200). Bei der Urease steigt pK'_m von pH 5 aus geradlinig an; das Enzym verliert also bei der Anlagerung oder Aktivierung des Harnstoffes eine kationische oder gewinnt eine anionische Ladung. Eine Entscheidung ist nicht leicht zu treffen, zumal das geschilderte Verhalten wie bei vielen anderen Fermentreaktionen sehr weitgehend vor der Art der Pufferanionen beeinflußt wird.

Der *Einfluß der Wasserstoffionen auf die Fermentaktivität* ist gewöhnlich unabhängig von der Änderung der Michaelis-Konstanten. Er ist einfach zu verfolgen und besitzt praktische Bedeutung. Der Zusammenhang mit den vorausgegangenen Ableitungen ergibt sich leicht, wenn der Dissoziationsgrad des verbundenen Totalenzyms bei der Formulierung der *Maximalgeschwindigkeit* berücksichtigt wird. Es wird also vorausgesetzt, daß nur der dissoziierte Anteil der Wirkgruppe aktiv sein kann. Analoge Ableitungen unter Verwendung von ϱ statt α gelten für den Fall, daß sie nicht im dissoziierten, sondern im undissoziierten Zustand wirkt.

Von Ohlenbusch ist gezeigt worden, daß die Konstanten, welche die pH-Abhängigkeit von V_{max} bedingen, durchaus nicht mit denen identisch sein müssen, die für den pH-Gang von K_m verantwortlich sind. Sie sind es tatsächlich auch oft nicht und müssen daher besonders bezeichnet werden (K_1 und K_2). Allgemein ergibt sich für die Maximalgeschwindigkeit bei Substratüberschuß und verschiedenem pH (V'), wenn wieder als aktiver Teil die erste Dissoziationsstufe der Wirkgruppen eines Fermentes (α_1) eingesetzt wird:

$$1. \quad V' = k_3 T \cdot \alpha_1 = k_3 T \cdot \left(1 + \frac{[H^+]}{K_1} + \frac{K_2}{[H^+]}\right)^{-1}, \tag{55}$$

$$2. \ \text{für} \ \alpha_1 = 1 \ \text{ist} \ V' = V, \ \text{sonst gilt:} \ \frac{V}{V'} = 1 + \frac{[H^+]}{K_1} + \frac{K_2}{[H^+]} = \frac{1}{\alpha_1}, \tag{55a}$$

$$3. \ \frac{v}{k_3 T} = \frac{v}{V} = \frac{\alpha_1}{1 + K'_m/[S]}; \quad \frac{v}{V'} = \frac{1}{1 + K'_m/[S]}. \tag{55b}$$

Im Gegensatz zu K_m ist hier für die Beschreibung des pH-Einflusses also nur α_1 von Bedeutung. Die beiden letzten Formulierungen bringen die Relativgeschwindigkeit, bezogen auf die theoretische Maximalgeschwindigkeit V oder auf die beim jeweiligen pH gegebene (V'). Diese kann experimentell oder nach Gl. (55a) gewonnen werden. Der Verlauf von V' ist besonders charakteristisch, denn er ist oft *mit dem des ersten Dissoziationsgrades einer zweibasischen Säure oder dem eines Ampholyten identisch* (s. S. 166). Wie die Formel für V/V' ergibt und die Abb. 51, bei der V'/V statt α_1 oder ∂ zu setzen ist, zeigt, wird der theoretische Maximalwert (V) nur dann erreicht, wenn die beiden Konstanten um mehr als 4 Zehnerpotenzen voneinander verschieden sind. Das ist bei den Enzymen nur selten zutreffend (vgl. Abb. 197). Aus diesem Grunde weisen die einzelnen Kurvenschenkel oft nicht den Gang auf, der für die unbeeinflußte und vollständige Dissoziation einer Einzelgruppe zu erwarten ist.

In diesen Fällen entspricht der gemessene Höchstwert (V_{opt}) nicht dem Dissoziationgrad $\alpha_1 = 1$, sondern es ist: $\alpha_{\max} < 1$.

Mit Gl. (III, 41) für $H^+_{\max}$ und Gl. (III, 42a) für $\alpha_{\max}$ ist:

$$\frac{V_{\mathrm{opt}}}{V'} = \frac{\alpha_{\max}}{\alpha_1} = \frac{1 + [H^+]/K_1 + K_2/[H^+]}{1 + 2\sqrt{K_2/K_1}} . \tag{56}$$

Beträgt nun die $[H^+]$ für $V' = \tfrac{1}{2} V_{\mathrm{opt}}$ auf der sauren Seite des Maximums $[H_1^+]$ und auf der alkalischen $[H_2^+]$, dann hat vorstehende Gleichung für diese beiden Punkte den gleichen Wert (2), so daß man durch Gleichsetzen erhält:

$$[H_1^+]/K_1 + K_2/[H_1^+] = [H_2^+]/K_1 + K_2/[H_2^+], \quad \text{bzw.:} \quad K_1 \cdot K_2 = [H_1^+] \cdot [H_2^+] .$$

Einführen von $K_2 = [H_1^+] \cdot [H_2^+]/K_1$ in die vorangegangene Gleichung unter der Bedingung: $V_{\mathrm{opt}}/V' = 2$ gibt:

$$K_1 = [H_1^+] + [H_2^+] - 4\sqrt{[H_1^+] \cdot [H_2^+]} = [H_1^+] + [H_2^+] - 4\sqrt{[H_{\max}^+]} . \tag{56a}$$

Da mit K_1 auch K_2 zu erhalten ist, lassen sich die Konstanten durch Bestimmung der H^+-Konzentrationen, bei denen auf beiden Seiten des Maximums die halbe Maximalgeschwindigkeit erreicht wird, auch dann gewinnen, wenn der Quotient beider wesentlich kleiner als 4 Zehnerpotenzen ist (ALBERTY und MASSEY 1954).

Wenn die pH-Abhängigkeit von V und K_m getrennt untersucht wird, hat sich in einzelnen Fällen ergeben, daß die übliche Glockenkurve der Aktivitäts-pH-Beziehung die pH-Abhängigkeit von V nicht richtig darstellt. So bleibt z.B. V' bei der Hefecarboxylase nach Erreichen von V mit zunehmendem pH konstant. Der Abfall der Enzymaktivität im Alkalischen wird durch eine Zunahme von K_m' verursacht (OHLENBUSCH 1958).

Bemerkenswerterweise muß nach allen Erfahrungen die Regel festgehalten werden, daß die Wirkungskurven nahezu immer mindestens die Dissoziationsänderungen einer mit der Aktivierung zusammenhängenden dissoziablen protolytischen Gruppe wiedergeben. Dann aber wird auch verständlich, daß das *Ausmaß derjenigen Hemmungen, welche die Wirkgruppe selbst betreffen*, also der kompetitiven und der unkompetitiven, *von der Aktivität der H^+-Ionen abhängt*. Die Formulierung führt zu einer völlig analogen Beziehung zwischen der effektiven Hemmungskonstanten (K_i') und der optimalen (K_i) wie Gl. (54), wobei allerdings statt der ES-Konstanten die erste und zweite Dissoziationskonstante der Enzyminhibitorverbindung (EIH) einzusetzen sind (ALBERTY). Von Interesse sind besonders K_i und die Lage des pH-Optimums der Hemmung mit verschiedenen Stoffen. Experimentelle Untersuchungen hierzu sind spärlich.

Umgekehrt können die *H^+-Ionen selbst als Hemmstoffe einer Reaktion angesehen* werden. Ihre Wirkung als Inhibitoren tritt dann besonders klar hervor, wenn nicht die Michaelis-Konstante, sondern nur die Maximalgeschwindigkeit vom pH abhängig ist und noch dazu nur eine einbasische Säurefunktion für die Inhibitorreaktion angenommen werden kann, so daß gilt:

$$H^+ + E = EH^+ \quad \text{bzw.} \quad \frac{[H^+] \cdot [E]}{[EH^+]} = K_i.$$

BERNHARD und GUTFREUND zeigten für die Hydrolyse der Acetyl-Phenylalaninester durch Chymotrypsin, daß V' bei konstanter K_m zwischen pH 6,5—8,5 mit dem pH auf fast das 5fache zunimmt, um dann konstant zu werden, d.h. V zu erreichen. k_3 ist hier klein gegenüber k_2. Wird jetzt $K_{ES_1} = K_i$ gesetzt, so ergibt sich, da die zweite Dissoziationskonstante nicht mehr in Betracht kommt, nach (55a):

$$\frac{[T]}{[E]} = \frac{V}{V'} = 1 + \frac{[H^+]}{K_i} = \frac{1}{K_i} \cdot [H^+] + 1,$$

d.h. bei der Zuordnung der relativen Maximalgeschwindigkeit zur H^+-Ionenkonzentration resultiert eine Gerade mit der Neigung $1/K_i$; die $[H^+]$ der halben Maximalgeschwindigkeit ist dem Wert von K_i numerisch gleich. Im gegebenen Beispiel ist mit $pK_i = 6{,}85$ auch der gleichgroße Dissoziationsexponent einer katalytisch wirkenden Gruppe, wahrscheinlich der des Imidazols, festgelegt.

Es handelt sich hier um eine nichtkompetitive Hemmung, d. h. eine Verkleinerung von V' bei unverändertem K_m. Die Michaelis-Konstante wird nicht von der H^+-Ionenkonzentration beeinflußt, wenn $K_{E_1} = K_{ES_1}$ und $K_{E_2} = K_{ES_2}$ ist (s. Gl. 54b). BOTTS und MORALES haben gezeigt, daß H^+-Ionen grundsätzlich nur dann nichtkompetitiv hemmen können, wenn $k_3 \ll k_2$, d.h., wenn K_m eine echte thermodynamische Dissoziationskonstante ist (1953). In diesem Sinne werden z.B. folgende Fermente nichtkompetitiv gehemmt: Saccharase (1952), Urease (1947), Amylase (1951) (MYRBÄCK), Ficin, Chymotrypsin (GUTFREUND 1956), Cholinesterase (HASE 1952).

Die *biologische Bedeutung der Aktivitäts-pH-Beziehung* kann nicht überschätzt werden. Da die Fermente in bestimmten Bereichen auf geringe pH-Verschiebungen mit großen Aktivitätsänderungen antworten, wird ihre Wirkung entscheidend durch die in dem betreffenden Zellbereich herrschende Reaktion bestimmt. Diese selbst aber wird mitbeeinflußt durch die enzymatisch gesteuerten chemischen, d.h. die an der Säure- und Basenbildung beteiligten Vorgänge. Auf diese Weise wird die pH-Abhängigkeit der Enzyme zu einem Faktor in dem organisierten Aufbau der Abläufe im Lebendigen. Als Beispiel für die Aktivierung von Enzymen durch Steigerung der $[H^+]$ wurde die Autolyse bereits erwähnt (s. S. 572). Als weiteres mag auf die Verdauungsfermente hingewiesen werden, von denen das Pepsin der sauren Reaktion im Magensaft angepaßt ist. Das Trypsin arbeitet bei der Reaktion im Darmkanal nicht in seinem Optimalpunkt. Er würde erst bei höherem pH erreicht werden. Doch kann die Betätigung bei mittlerer Aktivität als eine Art Sicherungsfaktor betrachtet werden, der bei Schwankungen der Reaktion auf alle Fälle eine genügende Hydrolyse garantiert; denn im Rahmen der Gesamtverdauung ist nicht die Spaltung, sondern die Resorption der geschwindigkeitsbestimmende Vorgang (NETTER und NOLL 1952). Über die tatsächliche Bedeutung geringer pH-Verschiebungen für die Regelung der Aktivität einzelner Fermente im Zellstoffwechsel, namentlich während der Tätigkeit einzelner Organe, lassen sich zur Zeit noch wenig bindende Aussagen machen. Dabei muß oft berücksichtigt werden, daß nicht nur die Stoffwechselaktivität vom pH beeinflußt, z.B. gesteigert wird, sondern daß auch der Energiegewinn aus einer katalysierten Reaktion sich mit dem pH verändert. Das trifft dann zu, wenn in ihrem Verlauf Protonen entstehen oder verschwinden (s. S. 422). Es muß aber auch beachtet werden, daß die pH-Abhängigkeit durch Änderungen der Ionenstärke und der Ionenart, durch Begleitstoffe, Aktivatoren und Hemmstoffe modifiziert wird. Alle diese Stoffe gehören in weitem Sinne zu dem katalytischen System der Zelle. Manche von ihnen sind wie einzelne Schwermetalle für die Vorgänge am Ferment integrierend. Ohne die Kenntnis ihrer Wechselwirkung mit dem Protein sind Vorstellungen über den Mechanismus der Fermentwirkung unvollkommen. Sie sind auch noch in keiner Weise abgeschlossen. Dennoch soll im folgenden versucht werden, einige Linien aufzuzeigen, an denen sie sich orientiert haben oder weiterentwickeln könnten.

Proteinstruktur, Substratbindung, Aktivierung

Es sind zur Zeit etwa 500 Fermente in ihrer Wirkung zum größten Teil gut charakterisiert. Bei annähernd 100 Enzymen gelang die Kristallisation und bei mindestens ebenso vielen eine gute Bestimmung des Molekulargewichtes. Es handelt sich immer um Eiweiße, allerdings wechselnder Größe, aber stets um solche einer bestimmten Überstruktur, deren Wesen uns noch verborgen ist. EYRING (1954) spricht im Anschluß an LINDERSTRÖM-LANG von der Peptidkette als der Primärstruktur, von den Helices, speziell der α-Helix PAULINGS, als der sekundären und von einer labileren, aber im nativen Protein doch fixierten, als der *tertiären Ordnungsstufe* der Molekel. Diese Stufe würde beim Beginn einer Denaturierung verlorengehen. Sie entspricht einer Zusammenfassung der vielleicht teilweise aufgelockerten Sekundärstrukturen durch Wasserstoffbrücken oder andere, nicht nur elektrostatische Bindungskräfte. Ihr Vorliegen ist *für die katalytische Funktion* des Eiweißes *erforderlich*. Die bisher möglichen Einsichten in ihre speziellen Formen sind aber keineswegs zur Erklärung der Enzymwirkung ausreichend.

EYRINGs Vorstellung erleichtert immerhin das Verständnis einiger allgemeiner Tatsachen. Sie bestehen in der *Fähigkeit des Fermentproteins*

1. zur *Bindung der Substrate und der Produkte,*
2. zur *Aktivierung* vor oder meistens im Gefolge der Bindung,
3. zur *räumlich geometrischen Einpassung* verschiedener Substrate, welche dadurch in die Lage versetzt werden, mit anderen dem katalytischen System zugehörigen Stoffen wie Cofermenten, Protonen, Metallionen und zweiten Reaktionspartnern zu reagieren. Da sehr viele Fermentvorgänge als Übertragungsprozesse (Transferreaktionen) angesehen werden können, ist das Anpassen an den zweiten Reaktionspartner besonders wichtig. Nicht nur die Art der aktiven Gruppen, sondern die ihrer Bindung, ihrer räumlichen Anordnung und ihres Einbaus in das Kraftfeld anderer Gruppen oder freier Ladungen ist daher für die Auswahl der Reaktanten, d.h. für die *Spezifität,* entscheidend. DIXON schätzt die Zahl der spezifischen Fermente, welche die sekundäre Alkoholgruppe dehydrieren können, und die derjenigen, welche die Peptidbindung spalten, auf je rd. 50 und gibt die der phosphatübertragenden mit 33 an. Es ist anzunehmen, daß die in diesen Zahlen zum Ausdruck kommende Substratspezifität mit jener räumlichen Struktur zusammenhängt, während der Mechanismus in den 3 Gruppen gemeinsame Züge aufweisen dürfte. Er besteht generell in der Aktivierung und damit im Vollzug der Reaktion. Sie kann nur durch Erleichterung der *Abgabe oder Aufaufnahme von Elektronen und durch ihre Weiterleitung* mindestens zu den Nachbaratomen oder auch weiterhin über die Molekel oder die Eiweißstruktur hin zustande kommen. Hier handelt es sich um Fragen des Einbaus und der Deformierung einzelner Gruppen.

Allgemein gestattet die Vorstellung von der höheren (tertiären, s. S. 346) Struktur die Erklärung der Tatsache, daß ihr Verlust, d.h. die Denaturierung, auch mit dem Verschwinden der katalytischen Wirkung einhergeht, da hierbei die Lagerung der das Kraftfeld bildenden Aminosäurereste gegeneinander verschoben wird. Sie erklärt gleichzeitig aber auch, daß *denaturierte* Fermentproteine *noch in der Lage sind, das Substrat zu binden,* ohne jedoch seine Weiterreaktion zu gestatten, da das katalytische Wirkungsfeld verlorengegangen ist. Umgekehrt ist die Tatsache (vgl. HALDANE), daß die Vereinigung des Enzyms mit dem Substrat oft die Denaturierung oder die Spontandenaturierung verhindert, bedeutungsvoll (DIXON 1955). Offenbar werden mindestens 2 Gruppen verschiedener Peptidketten oder benachbarter Helices durch die ES-Bindung zusammengehalten. Man hat hieraus abzuleiten, daß diese in solchen Fällen an mindestens und wahrscheinlich auch nur an 2 Stellen erfolgt. Beispiele für die *Stabilisierung des Fermentes durch das Substrat* sind die Phosphatase (FOLLEY 1935), Robisonesterphosphatase (BEAUFAY 1954), Aconitase (R. A. PETERS 1952). Mg und Cocarboxylase hemmen die Spontandenaturierung der Carboxylase (OHLENBUSCH 1958). ADH wird durch DPN^+ gegen Monojodacetat (BARRON 1952) und durch Alkohol gegen NH_2OH (KAPLAN 1953) geschützt. d-3-Phosphoglycerinaldehyd hemmt die Inaktivierung der Triosephosphatdehydrogenase durch Monojodacetat [HOLZER (52)]. In diesem Zusammenhang ist von Interesse, daß die irreversible Aggregation von denaturierten Proteinen durch Jodacetat, Hg-Salze oder auch Formaldehyd mehr oder weniger vollständig gehemmt werden kann (STAUFF 1956), also durch Stoffe, welche die Ausbildung von Schwefel- und anderen Hauptvalenzbrücken blockieren. Die Bindung von Substraten erfolgt nur in Ausnahmefällen allein an der prosthetischen Gruppe, im allgemeinen übernimmt sie die Proteinkomponente.

Über das Gesagte hinaus stehen nun nach der Vorstellung von EYRING (1954) *reversible Denaturierungsvorgänge im Zusammenhang mit dem Enzymgeschehen.* Wie schon berichtet wurde, ergibt sich aus der starken Zunahme der Denaturierungsgeschwindigkeit mit der Temperatur, daß die Aktivierung jenes Vorganges mit einer besonders hohen Aktivierungsenthalpie einhergeht. Wenn dennoch eine beachtliche Reaktionsgeschwindigkeit resultiert, so liegt das daran, daß auch die Aktivierungsentropie sehr groß ist. Aus diesem Grunde kann die freie Aktivierungsenergie nach Gl. (31b) so klein werden, daß die Reaktion mit beachtlicher Geschwindigkeit abläuft. Bei der Denaturierung ist die Entropiezunahme so groß, wie sie in dieser Höhe bei kaum einer chemischen Reaktion, wohl aber bei Zustandsänderungen, z.B. dem Schmelzvorgang, beobachtet wird. KAUZMANN (1954) erklärt im Bilde dieses Vergleichs das Fehlen eines scharfen „Schmelzpunktes" durch die Kleinheit der Kristallite, also hier der Eiweißmolekeln. Die freie Aktivierungsenergie und die Entropieänderung bei der Aktivierung können nach der oben geschilderten Methode (s. S. 557) aus dem Temperaturgang der Reaktionsgeschwindigkeiten entnommen werden. Dabei ergibt es sich, daß die freien Aktivierungsenergien für die thermische Denaturierung bei fast allen untersuchten Proteinen und Fermenten in der gleichen Größenordnung um etwa 25 kcal gelegen sind, daß dagegen die Aktivierungsenthalpien von 35—190 kcal variieren. Die Zunahme der Aktivierungsentropien liegt zwischen 25—500 cal/Grad. Damit nimmt natürlich auch der sterische Faktor in der Kollisionstheorie einen ungewöhnlich hohen Wert an, ohne daß daraus aber weitere Folgerungen abgeleitet werden können (*P*). Diese *Entropiezunahme* muß jedoch als *der eigentliche treibende Faktor für den Denaturierungsprozeß* angesehen werden. Wegen des Eingehens einer intermediären Bindung mit dem Lösungsmittel (vgl. S. 351) ist ein Schluß auf die Zahl der gelösten intramolekularen Bindungen aus dem ΔH^x-Wert nicht ohne weiteres möglich, auch wenn nur ein approximativer Wert für die durchschnittliche Bindungsenergie eingesetzt wird. Aus der Größe der beobachteten ΔS^x-Werte ergibt sich unter Benutzung von[1], daß nur ein kleiner Teil, etwa 5—10% der Peptidbindungen bei der Denaturierung freie Bewegungsmöglichkeiten erhalten. Der Entfaltungsprozeß der Peptidkette ist also unvollständig.

---

[1] Siehe S. 408 unten.

Es ist nun gelungen, den sog. *Denaturierungsvorgang* bei einigen wenigen Proteinen *reversibel* zu gestalten (ANSON und MIRSKY 1933). Dann läßt sich sowohl die Geschwindigkeit der Denaturierung wie die ihrer Reversion messen. Aus den jeweiligen Temperaturabhängigkeiten der Geschwindigkeitskonstanten sind die energetischen Größen für die Aktivierung der Denaturierung (Index 1) und der Reaktivierung (Index 2) zu erhalten (KUNITZ 1948). Die reversible Denaturierung verläuft als Reaktion 1. Ordnung. Sie weist grundsätzlich ähnliche thermodynamische Eigenschaften wie der irreversible Denaturierungsvorgang auf. Für die Renaturierung sind ΔS_2^x und ΔH_2^x negativ. Beachtlich sind die große pH-Abhängigkeit und der hohe Entropiewert (Tabelle 108). Er spricht für eine

Tabelle 108. *Energiegrößen der Aktivierung bei der Denaturierung verschiedener Proteine* (*aus* STEARN 1949)

Protein oder Enzym	ΔH^x kcal	ΔS^x cal/°	ΔG^x kcal	pH	Approx. P
Insulin.	35,6	23,8	27,2	1,5	10^4
Trypsin	40,0	44,7	25,7	6,5	10^9
Hämoglobin . . .	75,6	153	24,7	5,7	10^{32}
Invertase (Hefe) .	110,4	263	25,5	4,0	10^{56}
Ei-Albumin . . .	132,0	316	25,4	5,0	10^{68}
Tetanolysin . . .	172,6	459	24,35		10^{99}

Tabelle 109. *Reversible Hitzedenaturierung von Trypsin (bei 50°, nach* KUNITZ)

ΔG	ΔH	ΔS	ΔH_1^x	ΔH_2^x	ΔS_1^x	ΔS_2^x
$-1,27$	67,6	213,1	40,6	$-27,0$	44,7	$-168,4$ kcal; S-Werte in cal/°Mol

$$k_1 = e^{44,7/2} \cdot e^{-40\,600/646} \cdot 6,76 \cdot 10^{12} = 19,5 \cdot 10^{-6} \left.\right\} \quad K = \frac{k_1}{k_2} = 7,2 \,,$$

$$k_2 = e^{-168,4/2} \cdot e^{27\,000/646} \cdot 6,76 \cdot 10^{12} = 2,7 \cdot 10^{-6} \left.\right\} \quad \Delta G = -\,1,48 \log 7,2 \,, \quad \text{vgl. Gl. (32).}$$

Fixierung der Wassermolekeln im Sinne einer Eisstruktur[1]. Die Differenz von ΔH_1^x und ΔH_2^x ergibt die Reaktionsenthalpie ΔH (s. S. 555). Sie ist beim reversiblen Denaturierungsvorgang aus der Temperaturabhängigkeit des Gleichgewichts: „nativ" $\rightleftharpoons$ „denaturiert" leicht zu erhalten, denn es gilt:

$$\ln \frac{[\text{denaturiert}]}{[\text{nativ}]} = \ln K = -\frac{\Delta G}{RT} = \frac{1}{RT}\,(T \cdot \Delta S - \Delta H)\,. \tag{57}$$

ΔG ist hier ziemlich klein. Es wechselt im Temperaturbereich zwischen $40-50°$ sein Vorzeichen, welches bei steigender Temperatur negativ wird. Das besagt, daß dann die reversible Denaturierung freiwillig verläuft, während das gleiche unterhalb dieser Temperatur für die Renaturierung gilt. Für den Sojabohnen-Trypsin-Inhibitor wächst K von 0,1 auf 10 bei einem Anstieg der Temperatur von 38° auf 55° C (EISENBERG und SCHWERT); für Chymotrypsinogen steigt K sogar bei einem Temperaturintervall von 5,7° (pH 3) auf das 100fache (KUNITZ). Bei der reversiblen Denaturierung muß vermutet werden, daß der *endotherme Schmelzvorgang der tertiären Struktur* so in der Molekel *lokalisiert* geblieben ist, daß sie ihre Gesamtform behalten hat (KAUZMANN).

Auf S. 351 wurde gezeigt, daß das spezifische Molekularvolumen der Eiweiße bei der Denaturierung zunimmt. Seine Vergrößerung kann auf eine vorübergehende Abnahme folgen (SEELICH 1938), welche weitgehend mit einem intermediären Freiwerden von Valenzen, besonders von Ladungen zusammenhängt. Sie gehen

---

[1] Vgl. KLOTZ 1958.

zunächst Bindungen mit dem Lösungsmittel ein, welches dabei als Ausdruck der Elektrostriktion eine Kompression erfährt. Es wird aber vor Erreichung des Endzustandes wieder freigegeben. Dieser ist dadurch charakterisiert, daß viele labilere innermolekulare Bindungen infolge des Umfaltungsprozesses in stabilere zwischenmolekulare übergegangen sind (s. S. 351). Dabei ergibt sich insgesamt eine lockere Packung als in dem geordneteren Ausgangsprodukt. So erklärt sich die Volumenzunahme und die gleichzeitig stattfindende Entropievermehrung. Es hat sich nun ergeben, daß die Enzymmolekel *bei der Reaktion mit dem Substrat* unter bestimmten Umständen ebenfalls *eine* beachtliche *Volumenzunahme* erfährt. Sie ist von höherer Größenordnung als sie durch die Anlagerung von 1 oder 2 Substratmolekülen hervorgerufen werden könnte. Von den Hemmstoffen wirken nur die kompetitiven im gleichen Sinne. Eine Volumenänderung durch nichtkompetitive ist gering.

Nach der Regel vom beweglichen Gleichgewicht (S. 428) müssen solche Teilvorgänge von Enzymreaktionen durch Einwirkung eines hohen Druckes gehemmt werden, welche mit einer Volumenvergrößerung einhergehen. Da das für die Enzymsubstratbildung zutrifft, wird das Gleichgewicht dieser Reaktion zugunsten der freien Ausgangsstoffe verschoben. Effektiv ist ein solcher Einfluß aber nur dann zu erreichen, wenn die Volumenzunahme unter Normaldruck für die Gesamtreaktion positiv ist. Das ist im allgemeinen nur bei niedrigen Konzentrationen des Substrates der Fall, weil hier die *Vereinigung* mit ihm geschwindigkeitsbestimmend ist (s. S. 582) und sich *unter Volumenvergrößerung* vollzieht. Die meßbare Volumenänderung bei der Fermentreaktion setzt sich aber additiv aus der bei der Bildung des Enzym-Substrat-Komplexes und der bei seiner Aktivierung erfolgenden zusammen. Die *Aktivierung*, welche in k_3 ihren Ausdruck findet und zur Spaltung führt, geht im allgemeinen mit einer *Abnahme des spezifischen Volumens von ES* einher. Sie beherrscht die Geschwindigkeit bei höherer Substratkonzentration, d.h. im Gebiet der Reaktion 0. Ordnung ($[S] > K_m$). Hier mißt man daher eine Volumenabnahme. Dementsprechend verschieben höhere Drucke jetzt das Gleichgewicht zu den Endprodukten der Fermentreaktion (EYRING, STEARN, JOHNSEN).

Bei Drucken über 2000 atm nimmt dieser Effekt wieder ab, um einer bei etwa 8000 atm vollständigen Hemmung durch abermalige Verhinderung der ES-Bildung zu weichen.

Die Volumenänderung bei der Vereinigung mit dem Substrat ist mit $+10$ bis $+50$ ml/Mol Ferment etwa von der Größe, wie sie bei der reversiblen Denaturierung eintritt. EYRING und LAIDLER (1951) vermuten daher, daß die Bindung des Substrates auch mit einer reversiblen lokalen Entfaltung der Peptidketten verbunden ist. Es ist wahrscheinlich, daß diese *lokalisierte Strukturänderung in einer reversiblen Anpassung an die molekulare Form des Substrates* oder seines zu spaltenden Teiles besteht. Dadurch aber, daß die labilere tertiäre Struktur eine solche weitgehende *Angleichung* ermöglicht, wird nach der Vorstellung von EYRING auch die *erforderliche Aktivierungsenergie* so weit *herabgesetzt*, wie es bei den enzymatischen Reaktionen der Fall ist (*Principle of Similitude* 1954). Dieses Angleichungsprinzip könnte eine Erklärung für den extrem niedrigen Bedarf an Aktivierungsenergie im Vergleich zu den technischen Katalysatoren bieten.

Über diese allgemeinen Feststellungen hinaus kann die Enzymsubstratbindung thermodynamisch dann vollständiger analysiert werden, wenn K_m eine Gleichgewichtskonstante darstellt, also $k_3 < k_2$ ist (vgl. Tabelle 105). Denn aus K_m ergibt sich nun nach (VI 32) unmittelbar die freie Reaktionsenthalpie ΔG und aus der Temperaturabhängigkeit von K_m folgt ΔH für die Komplexbildung. Die Differenz beider liefert $T \cdot \Delta S$. Es zeigt sich, daß die *Entropieänderung bei der*

Bildung der Enzymsubstratverbindung sowohl positiv wie gelegentlich auch negativ sein kann. Diese Tatsache steht, wie LAIDLER (1955) gezeigt hat, im Zusammenhang mit dem Ladungscharakter des Substrates: für die von ihm untersuchte fermentative Hydrolyse erfolgt bei Nichtleitern eine Abnahme von ΔS, bei den Elektrolyten das Gegenteil. Wenn man bedenkt, daß das Entstehen einer Ladung einen Zustand gesteigerter Ordnung des Ladungssystems einschließlich der ausgerichteten oder fixierten polaren Lösungsmittelmoleküle schafft (s. S. 249 u. 256), erklärt sich jener Befund für Nichtleiter. Denn bei der Bildung des Substrat-Komplexes *entstehen* infolge der mit der notwendigen Deformation verbundenen Elektronenverschiebung *polare Gruppen* neu, oder die schon vorhandene Polarität wird verstärkt. Diesem Vorgang, der zur *Entropieabnahme* führt, überlagern sich beim enzymatischen Gesamtablauf im allgemeinen 3 Effekte:

1. Die negative Mischungsentropie, welche z. B. bei hydrolytischen Reaktionen in der Entnahme eines Mols H_2O besteht *(Entmischung)*; sie kann auf

$$-56\,\mathrm{R}\Big/\!\Big(-\frac{1}{55}\ln\frac{1}{55}\Big) = -8\ \mathrm{cal}/° \text{ geschätzt werden (s. S. 409).}$$

2. Die Entropiezunahme infolge der reversiblen *lokalen Entfaltung* der Enzymmolekel, welche mit einer Vermehrung der Bewegungsfreiheitsgrade einhergehen muß. Es ist mit Hilfe von k_3 und ihrer Temperaturabhängigkeit auch möglich, die Entropieänderung auf einzelne Stufen des Aktivierungsvorganges zu verteilen. Dabei hat sich ergeben, daß die *Aktivierungsentropie* (ΔS_3^x) für den Schritt k_3 gering oder negativ ist. Das bedeutet eine Zunahme der Polarität *beim eigentlichen Aktivierungsvorgang*, welcher die Spaltung von ES zu den Endprodukten ermöglicht. Auf die Volumenabnahme, die in dieser Phase des fermentativen Geschehens erfolgt, wurde schon hingewiesen. Daß die Änderung des Volumens und der Entropie im allgemeinen miteinander parallel gehen, hat seinen Grund darin, daß die Hauptursache der Entropieabnahme in der Zunahme der Polarität besteht, d.h. in einer Steigerung der Elektrostriktion.

3. Die Zunahme von ΔS, welche infolge der *Neutralisierung von Ladungen bei einem elektrostatischen Bindungsvorgang* erfolgt. Für die Zunahme von ΔS bei der Komplexbildung durch Ladungsverlust gibt LAIDLER folgende Regel: $\Delta S \simeq 10 \cdot Z_1 \cdot Z_2$, wo Z_1 und Z_2 die dabei verloren gegangene Wertigkeit der Reaktionspartner bedeutet. LAIDLER führt als Beispiel die Entropievermehrung bei der ATP-Spaltung und der Carbobenzoxypeptidspaltung durch Pepsin an. In beiden Fällen werden Substratanionen, d.h. Phosphate und Carboxylate, durch positive Gruppen des Fermentes gebunden.

Eine weitere Analyse wurde dadurch versucht, daß man die *Entropieänderung in einen elektrostatischen und einen nichtelektrostatischen Anteil unterteilte.* Dazu werden die Reaktionsgeschwindigkeiten in Medien mit wechselnder Dielektrizitätskonstanten, z.B. in Gegenwart ansteigender Methanolkonzentrationen untersucht. Da nach dem Coulomb-Gesetz die Kraftwirkung entgegengesetzter Ladungen aufeinander in Medien mit höherer Dielektrizitätskonstanten vermindert, also ihre Spaltung gefördert wird, muß auch die Geschwindigkeit einer Zerfallsreaktion in einem solchen Medium dann abnehmen, wenn der aktivierte Komplex weniger polar als die Reaktanten ist. Ist er stärker polar, dann wird seine Ausbildung und damit die Reaktionsgeschwindigkeit gesteigert. Das Gegenteil trifft bei Herabsetzung der dielektrischen Eigenschaften des Mediums, z.B. in Methanol zu. Die Theorie liefert bei gleichzeitiger Berücksichtigung der Temperaturabhängigkeit die beiden Anteile der Aktivierungsentropie (LAIDLER 1953).

Allerdings ist gegen das Verfahren eine Reihe von Einwendungen zu erheben. Zum Beispiel ist anzunehmen, daß die Dielektrizitätskonstante an der Grenzfläche des Wirkortes wesentlich kleiner als die der durchschnittlichen Methanol-Wassermischung ist. Die rechnerischen Ergebnisse können deshalb nur orientierenden Charakter tragen.

Das *Anwachsen der Gesamtionenstärke* wirkt sich in gleicher Weise *wie eine Steigerung der Dielektrizitätskonstanten* aus. Es ist daher bei der Untersuchung von Fermentreaktionen besonders wichtig, μ konstant zu halten. Die theoretische Behandlung dieses Effektes benötigt detailliertere Voraussetzungen über die Anordnung der Ladungen (LINDERSTRÖM-LANG; SCATCHARD).

Die Dielektrizitätskonstanten-Methode ergab für die ATP-Spaltung am Myosin in Übereinstimmung mit der Vorstellung einer Ladungsneutralisierung einen elektrostatischen Anteil der Entropiezunahme von 31 cal/°, aber auch eine Zunahme des nichtelektrischen Anteiles. Er wird mit den entsprechenden Konformationsänderungen der Eiweißmolekeln erklärt, welche auch eine Volumenvergrößerung veranlassen. Bei der Esterspaltung am Chymotrypsin ist der elektrische Teil (− 18 cal/°) der Entropieänderung bei der ES-Bildung negativer als ΔS (− 6 cal/°). Dafür ist der nichtelektrische mit etwa 12 cal/° positiv. Er zeigt wieder die Lockerung der Eiweißstruktur an, während der elektrische Ausdruck der angewachsenen Polarität ist. Für die Aktivierungsentropie der Komplexspaltung tragen beide Anteile das gleiche Vorzeichen wie bei seiner Bildung. Der positive nichtelektrische erklärt sich aus der Zunahme der Freiheitsgrade bei der Spaltung in das freie Produkt, der negative elektrische kommt durch eine weitere Ladungstrennung bei der Aktivierung zustande. In diesem Fall ist die Geschwindigkeit, d.h. k_3, wiederum bei konstantem pK_m vom pH so abhängig, daß auf die Beteiligung je einer Gruppe des Enzyms mit pK = 7,2 und pK = 8 geschlossen werden kann. Sie ließen sich einer Imidazol- und einer Aminogruppe zuordnen. Auf Grund der energetischen Analyse gibt LAIDLER (1955) daher folgendes Schema der Esterspaltung am Chymotrypsin:

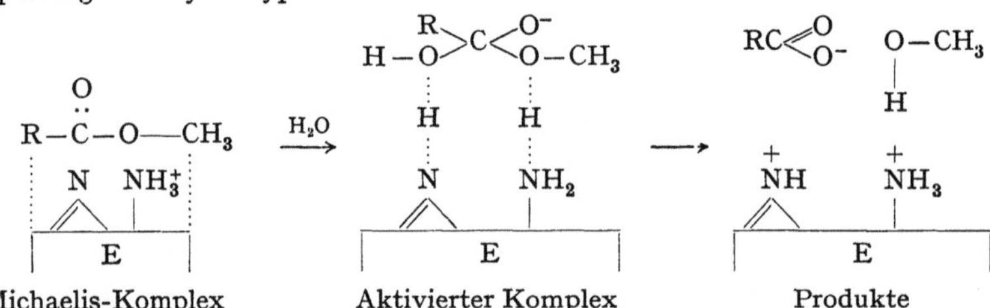

Michaelis-Komplex   Aktivierter Komplex   Produkte

Die Zuordnung dieser experimentell gefundenen Konstanten zu den genannten Gruppen muß aber als hypothetisch angesehen werden. ALBERTY hat darauf hingewiesen, daß *der ESH-Komplex*, dessen Anteil durch α_1 bestimmt wird, tatsächlich am Ferment *in zwei sterisch unterscheidbaren Formen* vorliegen kann, die folgendermaßen symbolisierbar sind:

$$\text{a)} \quad \text{ES}{<}^{\text{H}} \quad \text{und} \quad \text{b)} \quad \text{ES}{<}_{\text{H}} .$$

Die Konstante K_1, welche ihre Bildung aus ESH_2 regelt, wird danach als Summe der Konstanten für die Dissoziation zu a) (K_a) und zu b) (K_b) anzusehen sein. Umgekehrt wird K_2 aus der Dissoziationskonstanten von a) zu ES (K_c) und b) zu ES (K_d) gebildet [vgl. (54)].

Die Konstanten können nicht völlig unabhängig voneinander sein, denn es muß gelten: $K_a : K_b = K_d : K_c$ und $K_1 = K_a + K_b$; $\dfrac{1}{K_2} = \dfrac{1}{K_c} = \dfrac{1}{K_d}$. Wenn die Dissoziation der einen Gruppe von der der anderen unabhängig ist, wird $K_a = K_d$ bzw. $K_b = K_c$.

Falls außerdem die Dissoziation zu a) und b) gleich wahrscheinlich ist, gilt $K_a = K_b$, d.h. alle 4 Teilkonstanten werden gleich. K_1/K_2 wird dann ein Minimum und erhält den Wert 4, was sich leicht durch Einsetzen einer Konstanten in die vorstehenden Gleichungen ergibt (vgl. S. 339). Die pK-Differenz beträgt dann 0,6. Sie wurde bei der Fumarase gefunden (ALBERTY 1954). Möglicherweise wird demnach auch die Aktivitäts-pH-Kurve des Chymotrypsins durch zwei gleichartige, aber engbenachbarte Gruppen bestimmt (OHLENBUSCH 1958).

Mechanismen organischer Reaktionen am Ferment

Auch ohne thermodynamische Überlegungen und ohne Kenntnis der chemischen Natur von speziellen Wirkgruppen lassen sich aus der allgemeinen Kenntnis vom Mechanismus organischer Reaktionen Vorstellungen über die Vorgänge am Enzymort entwickeln und experimentell stützen. Es handelt sich bei allen Reaktionen um die Spaltung und Bildung mindestens je einer Hauptvalenzbindung. Da beide Vorgänge sich am Enzym vollziehen, kann ihre — für den Ablauf entscheidende — zeitliche Folge nicht unabhängig von der räumlichen Lokalisation der Prozesse an der Enzymmolekel sein. KOSHLAND (1954) stellt in Erweiterung des Schemas auf S. 47 folgende 3 Reaktionsabläufe einander gegenüber.

1. $BX + Y \rightarrow BY + X$. Hier ist B die aus der Verbindung mit X auf Y übertragene Gruppe. Das Schema ist auch auf Hydrolysen ($Y = H_2O$) und Oxydationen anwendbar. *Das Enzym erleichtert* und ermöglicht daher hier *einen einfachen nucleophilen (anionoiden) Angriff* auf den Donator BX. Es bildet sich *dabei eine instabile Zwischenstufe* an der Enzymoberfläche aus: X...B...Y, welche in BY + X zerfällt (einfache Ersatzreaktion; single displacement). Hierbei müssen sich X und Y aus elektrostatischen Gründen mindestens vorübergehend diametral gegenüberstehen. Wenn statt B ein entsprechend substituiertes C-Atom gesetzt und ein elektrophiler Acceptor A eingeführt wird, ergibt sich:

$$Y^- + \overset{\displaystyle r\diagdown\diagup S}{\underset{\displaystyle |}{C}}{-}X \rightarrow Y\ldots\overset{\displaystyle r\diagdown\diagup S}{\underset{\displaystyle |}{C^+}}\ldots X \rightarrow Y{-}\overset{\displaystyle r\diagdown\diagup S}{\underset{\displaystyle |}{C}} + X^-; \quad A^+ + X^- \rightarrow AX.$$

$$\text{H} \qquad\qquad \text{H} \qquad\qquad \text{H}$$

Vom Carbenium-C des Übergangszustandes gehen also 3 Hauptvalenz- und zwei halbionische Bindungen aus. Aus dieser eingehenderen Schreibweise folgt:

a) daß das freie Elektronenpaar des für die Bindung verantwortlichen Atoms in Y eine stärkere Tendenz zur Vereinigung mit C^+ besitzt als das von X, das seinerseits leicht vom kationoiden Acceptor A^+ gebunden wird. Der *Abzug der Elektronen von X* zum elektrophilen Hilfsstoff A, z.B. auch H_2O, *schwächt die Bindung zum C-Atom und ermöglicht so den Ablauf der Reaktion*, welche in einer Elektronenübergabe von der linken zur rechten Seite obiger Gleichung besteht. Als nicht enzymatisches Beispiel sei die Hydrolyse von Methylbromid durch OH^--Ionen genannt.

$$\text{H}\quad\text{H}$$
$$OH^- + CH_3Br + H_2O \rightarrow OH\ldots\overset{\diagdown\diagup}{\underset{|}{C^+}}\ldots BrH_2O \rightarrow CH_3\cdot OH + Br^- + H_2O.$$
$$\text{H}$$

Hier wirkt der H-Anteil des Wassers wie ein schwach elektrophiles Agens; das Wasser dient daher als Katalysator der Elektronenübertragung von OH auf Br. Wasser aber kann umgekehrt dadurch als schwach nucleophiler Stoff wirken, daß die freien Elektronenpaare seines O-Atoms in die Bindung eintreten. Solche Reaktionen werden dann zustande kommen, wenn kräftige elektrophile Agentien wie metallische Kationen die Elektronenanlagerung im Sinne des Ablaufs der Reaktion von links nach rechts fordern.

Während der Übertragung von Y auf B müssen die Elektronen des Substrates auf der Enzymoberfläche durch Polarisation in jener Richtung aktiviert werden. Dabei werden anionische Bindegruppen die Stärke der BX-Bindung herabsetzen, d.h. die Elektronen dem elektrophilen Empfänger zutreiben; umgekehrt werden basische Gruppen die freien Elektronen des nucleophilen Y zum Donator BX herüberziehen und daher den nucleophilen Angriff erleichtern. Im Lichte dieser Vorstellungen kommt dem polaren Aufbau des in seiner Form dem Substrat angepaßten Reaktionsfeldes, welcher sich in den Aktivitäts-pH-Beziehungen äußert, seine funktionelle Bedeutung zu.

b) Die Prüfung auf das Vorliegen einer einfachen Tauschreaktion ist dann besonders leicht durchführbar, wenn der Stoff B mit einem asymmetrischen Kohlenstoffatom in den Vorgang eintritt. Denn die Formulierung (S. 607) bringt unmittelbar zum Ausdruck, daß *Reaktionen dieses Typs mit einer Konfigurations-änderung verbunden* sein müssen, da die Gruppe Y an der entgegengesetzten Seite angelagert wird wie die, von der X abgegeben wurde. Als Beispiel führt KOSH-LAND die Stärkehydrolyse durch β-Amylase und die Phosphorolyse der Maltose an:

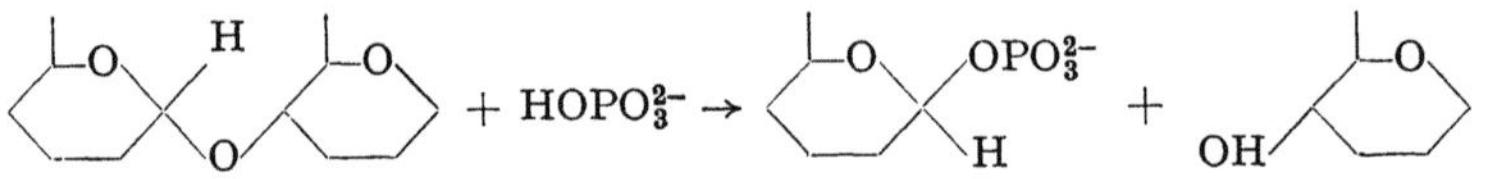

$$\text{(Strukturformeln)} + HOPO_3^{2-} \rightarrow \text{(Strukturformeln)} + \text{(Strukturformel)}$$

Auch die Umlagerung der Uridindiphosphatverbindung der Galaktose zu der der Glucose kann an der Galaktowaldenase nach einem solchen Schema zustande kommen, falls nicht, was weniger wahrscheinlich ist, einer Aldolspaltung zwischen C_3 und C_4 eine neue Zusammenfügung unter Konfigurationsänderung folgt.

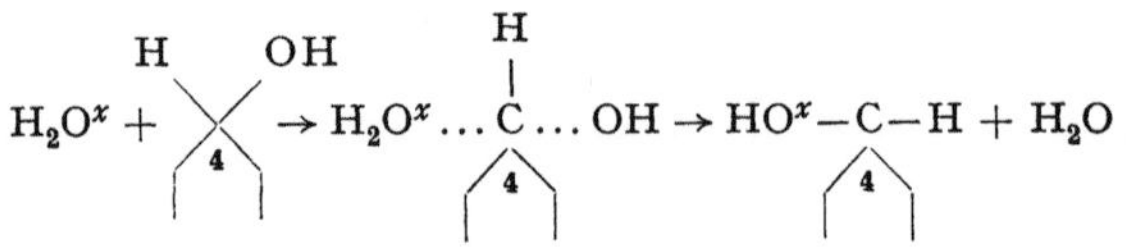

$$H_2O^x + \text{(Strukturformel)} \rightarrow H_2O^x \ldots C \ldots OH \rightarrow HO^x - C - H + H_2O$$

Eine Änderung der Konfiguration — feststellbar durch das Verhalten der optischen Aktivität — tritt bei den beiden weiteren Reaktionstypen nach KOSH-LAND nicht ein.

2. Bei den Doppelersatzreaktionen (double displacement) stellt das *Enzym selbst die nucleophile Gruppe*, welche sich unter Aufspaltung einer Bindung des Substrates mit ihm in einer ersten Reaktion vereinigt. Sie wird in einer zweiten wieder getrennt, in der nunmehr die ES-Verbindung mit der Gruppe Y reagiert:

$$E + BX \rightarrow EB + X; \quad EB + Y = E + BY.$$

Auch hier fördern saure Gruppen die Spaltung von BX und basische die Bildung von BY. Für das Beispiel der Saccharose-Phosphorylase ist eine zusätzliche Wirkung der Protonendonatoren bei der Lösung der PO_4-Esterbildung leicht zu verstehen, da das Proton mit dem PO_4-Rest austritt:

$$\text{Glucose} - 1 - PO_3^{2-} + \text{Fructose} \rightarrow \text{Saccharose} + HPO_4^{2-}.$$

Hier wird im ersten Reaktionsschritt unter Freiwerden von $-HPO_4^{2-}$ die Enzym-Glucose-Verbindung gebildet und durch Bindungstausch mit der Fructose wieder gelöst:

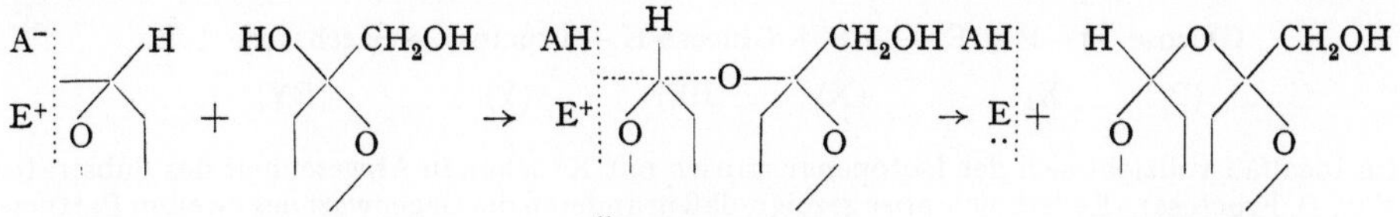

$$\text{A}^- \quad\text{H} \quad \text{HO}\quad\text{CH}_2\text{OH} \qquad \text{AH} \quad \text{H} \qquad \text{CH}_2\text{OH} \quad \text{AH} \qquad \text{H}\quad\text{O}\quad\text{CH}_2\text{OH}$$

Gl.   Fr.   Übergangszustand   Saccharose

Bei *diesem sehr häufig verwirklichten Typ wird also die Konfiguration der Partner nicht geändert.* Die Gruppenübertragung im Bereich der Carbohydrasen und Transglykosidasen bietet viele Beispiele für die Erhaltung der Anordnung um jenes C-Atom, an dem die Ersatzreaktionen stattfinden. Das sich intermediär wie bei (1) bildende Carbenium-Ion wird durch eine nucleophile Komponente, z.B. einen anderen alkoholischen Rest, oder bei der Hydrolyse an dessen Stelle durch OH^- abgesättigt (vgl. auch S. 48):

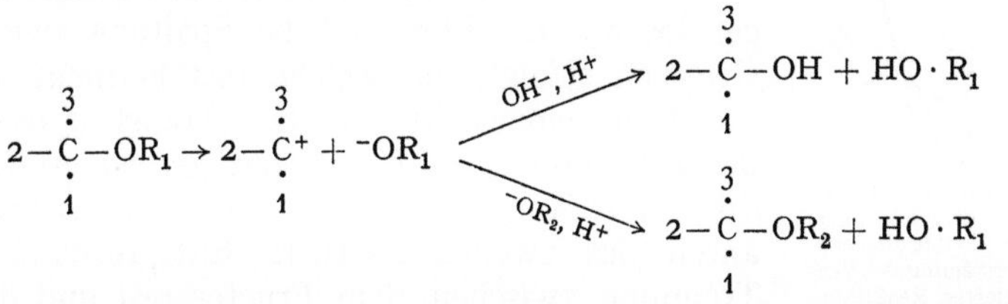

$$2-\overset{3}{\underset{1}{C}}-OR_1 \rightarrow 2-\overset{3}{\underset{1}{C}}^+ + {}^-OR_1 \begin{cases} \xrightarrow{OH^-,\,H^+} 2-\overset{3}{\underset{1}{C}}-OH + HO\cdot R_1 \\[2ex] \xrightarrow{{}^-OR_2,\,H^+} 2-\overset{3}{\underset{1}{C}}-OR_2 + HO\cdot R_1 \end{cases}$$

3. Bei dem *Front-Ersatz-Mechanismus* wird gefordert, daß die Affinität des Enzyms zu den 3 Partnern gleichzeitig eine besonders günstige räumliche Anordnung erzwingt, welche der eines cyclischen Intermediär-Produktes ähnelt. $X-B-Y$ bildet einen spitzen Winkel mit B an der Spitze (Front-side). Ein derartiger Einbau von Y erscheint nur möglich, wenn B in der Lage ist, relativ stabile Onium-Verbindungen zu liefern, wie es z. B. für das acetalische C-Atom der Zucker zutrifft. Im Gegensatz zu 2. wird hier die Bindung $Y-B$ eingegangen, bevor $X-B$ gespalten ist. Es findet aber im Unterschied zu 1. und in Übereinstimmung mit 2. keine Inversion an dem beteiligten asymmetrischen C-Atom statt. Dieser Mechanismus ist offenbar selten verwirklicht. Vielleicht liegt er bei der Muskelphosphorylase vor.

DOUDOROFF, BARKER und HASSID fanden 1947 bei der Inkubation von Cori-Ester und freiem ^{32}P-Phosphat mit Saccharose-Phosphorylase in Abwesenheit von Fructose einen *Austausch des freien mit dem Ester-Phosphat.* Sie erklärten diesen Befund durch die Annahme einer intermediären Glucose-Enzym-Verbindung, welche den Mechanismus 2 entsprechen würde. Dazu paßt, daß ein analoger Tausch an der Maltose-Phosphorylase nicht beobachtet wird, für die der einfache Ersatz-Mechanismus bewiesen wurde. Nicht aber scheint dazu zu passen, daß der Tausch an der Muskelphosphorylase ebenfalls fehlt, obwohl hier keine Konfigurationsänderung, also kein einfacher Mechanismus (1) vorliegt. Allerdings hat sich ergeben, daß ein nachgewiesener Isotopentausch den Mechanismus (1) nicht ausschließt.

Die virtuelle Reaktion: $BZ + Z^x \rightarrow BZ^x + Z$ verläuft selbst nach dem Schema des single displacement. Sie kann sich im Falle 1 am Enzym nur vollziehen, wenn Z fähig ist, sowohl die Stelle einzunehmen, welche der Acceptor Y und auch der aus dem Donator abgegebene Teil X normalerweise besetzt. Diese Bedingung kann sehr wohl bei relativ unspezifischen — wie z. B. den Phosphatase-Reaktionen — erfüllt sein, bei denen also die Fermentorte sowohl durch anorganisches wie organisches Phosphat wechselweise besetzt werden könnten.

Liegt aber ein double displacement vor, dann ist die Spezifitäts-Bedingung für das Entstehen des Tausches: $BX + X^x \rightarrow BX^x + X$, daß die Stelle X am Enzym nicht mit Y besetzt werden kann, und für den Tausch: $BY + Y^x \rightarrow BY^x + Y$, daß der Ort Y nicht auch von X eingenommen werden kann. Denn unter diesen Umständen kann die Enzymverbindung lange genug existieren, damit X bzw. Y dissoziiert und durch X^x bzw. Y^x ersetzt werden können (Abb. 201). Umgekehrt wird durch das Bestehen eines derartigen Austausches genügender Geschwindigkeit der Mechanismus (2) bewiesen. In Zweifelsfällen müssen die in den

Gesamtvorgang eingehenden Teilgeschwindigkeiten mit den Austauschraten verglichen werden. Für die Saccharose-Phosphorylase ergibt sich das Schema:

$$\text{Glucose}-1-\text{P} + \overset{..}{\text{E}} \rightarrow +\,\text{P} + \text{Glucose-E} + \text{Fructose} \rightarrow \text{Saccharose} + \overset{..}{\text{E}}.$$
$$(\text{B} \qquad \text{X}) \qquad (\overset{..}{\text{X}}) \qquad (\text{BE}) \qquad (\text{Y}) \qquad (\text{BY})$$

Im Idealfall vollzieht sich der Isotopenaustausch mit X^x schon in Abwesenheit des Substrates Y (z. B. Fructose). Es hat sich aber gezeigt, daß in anderen die Gegenwart des zweiten Partners erforderlich ist, wie es KOSHLAND für das Adenosin bei der 5'-Nucleotidase zeigte. Er vermutet, daß das Substrat die geeignete Orientierung bewirkt, welche für den Aktivierungsprozeß erforderlich ist (vgl. S. 605).

In einfacher Weise ist die *Isotopenmethode zur Klärung* des Reaktionsmechanismus *bei Hydrolysen oder Phosphatübertragungen* zu verwenden. Es gelingt mit ihrer Hilfe festzulegen, zwischen welchen Atomen sich die Spaltung bei diesen Reaktionen vollzieht. Allgemein zeigt es sich dabei, daß solche Spaltungen auch fermentativ bevorzugt werden, welche labilere Bindungen lösen und weiter, daß die Spaltung zwischen jenen Gruppen erfolgt, auf welche das Ferment am meisten spezifisch eingestellt ist. Die Transfructosidierung an der Invertase erlaubt z.B. nur geringe Änderungen im β-Fructofuranosidring, aber toleriert zahlreiche Varianten des zweiten Partners. Entsprechend würde die Trennung zwischen dem Fructoserest und dem acetalischen Brücken — O — erfolgen (weitere Beispiele s. Tabelle 107). Für die Phosphokinase-Reaktionen sind 2 Mechanismen möglich, zwischen denen je nach dem Verbleib des ^{18}O (O^x) entschieden werden kann.

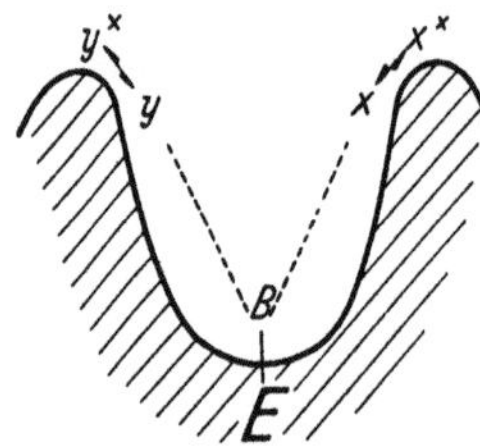

Abb. 201. Schema der Tauschmöglichkeiten bei der Doppelersatzreaktion (double displacement) zum Verständnis des Verhaltens markierter Reaktionspartner am Enzym (nach KOSHLAND)

$$\begin{array}{cc}
\text{A}-\text{O}\!\mid\!\text{PO}_3^{2-} & \text{AO}^- + \text{H}^+ \\
\qquad\;\; \rightarrow & \\
\text{RO}^x\!\mid\!\text{H} & +\,\text{RO}^x\text{PO}_3^{2-} \\
\end{array}
\qquad ; \qquad
\begin{array}{cc}
\text{A}\!\mid\!\text{O}-\text{PO}_3^{2-} & \text{AO}^{x-} + \text{H}^+ \\
\qquad\;\; \rightarrow & \\
\text{R}\!\mid\!\text{O}^x\text{H} & +\,\text{ROPO}_3^{2-} \\
\end{array}$$
$$\qquad\qquad a \qquad\qquad\qquad\qquad\qquad b$$

Da bei b noch zusätzlich eine C-O-Bindung gespalten werden muß, ist a aus energetischen Gründen wahrscheinlicher. Unter Zugrundelegung des Mechanismus 1 wäre hier der aktivierte Komplex:

$$\begin{array}{c}
\text{O} \quad \text{O}^- \\
\diagdown\!\!\diagup \\
\text{RO}:\ldots\text{P}\ldots\text{O}-\text{A} \\
\mid \qquad \mid \\
\text{H} \qquad \text{O}^-
\end{array}$$

Analoge Zwischenzustände lassen sich für Kreatin-Kinase, Phosphoglycerat-Kinase, Myokinase und die Kornberg-Reaktionen (s. S. 652) und auch für die Transphosphorylasen formulieren. Soweit an ihnen ATP beteiligt ist, liegt dementsprechend ein nucleophiler Angriff auf die terminale Phosphatgruppe zugrunde. Bei einfachen Hydrolysen ist im vorstehenden Schema R durch H zu ersetzen.

Einige charakteristische Fermentreaktionen vollziehen sich an cofermentartigen Zwischenstoffen. Ihr Kohlenstoffgerüst wird zum Endprodukt, während gleichzeitig die neue reaktionsfähige Zwischensubstanz aus dem Substrat nachgeliefert wird. Als solche Stoffe wirken der Leloir-Ester (1,6-Diphosphoglucose) bei der Phosphoglucomutasereaktion und der Greenwaldester (2, 3-Diphosphoglycerinsäure) bei der Phosphoglyceratmutasereaktion. In beiden Fällen wird die Phosphorsäuregruppe in der Molekel von einer Stelle zu einer anderen verschoben.

Der stoffliche Zwischenträger enthält die Phosphatreste aber an beiden Stellen. Hier ist also ein sonst nur am Ferment existierender — oder zu postulierender — Zwischenkörper (*Z*) als gelöster Stoff mit dem Ferment im Gleichgewicht. Schematisch stellt die Reaktion sich folgendermaßen dar:

a)   Gl-1-P   Z   Z   Gl-6-P

b)   3-PGS   Z   Z   2 PGS

Allgemeine Vorstellungen vom Aufbau der Wirkorte

Eingehendere *Vorstellungen* über die Reaktionsmechanismen können nicht ohne Kenntnis *vom Aufbau der Wirkorte* begründet werden. Spezifische Hemmungswirkungen haben zu einem oft diskutierten Schema der *Cholinesterase* geführt [NACHMANSOHN (Abb. 201 a)]. Das zu spaltende Substrat besitzt einen im gesamten pH-Bereich vorliegenden quaternären Stickstoff, d. h. ein Kation neben der Estergruppe, von der es durch 2 Methylen-Kohlenstoffe getrennt ist. Quaternäre Hemmstoffe wie Prostigmin konkurrieren pH-unabhängig um die Bindung, während andere Basen (z. B. Eserin) es in dem Maße tun, wie ihre Dissoziations-

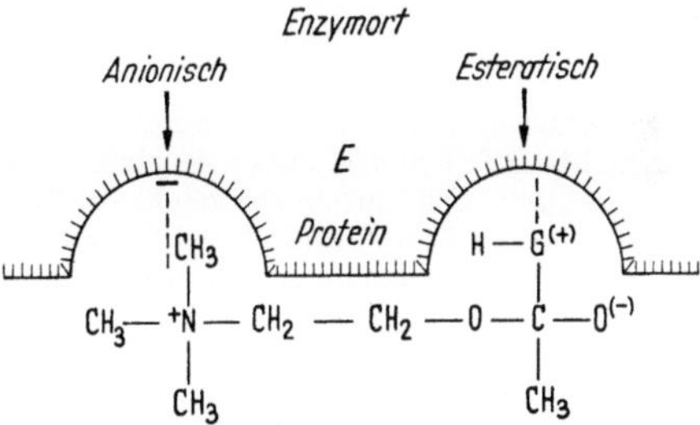

Abb. 201 a. Wirkorte der Cholinesterase (NACHMANSOHN und WILSON 1951)

konstante bei gegebenem pH die Bildung von kationischem Stickstoff gestattet. Je stärker ihre Baseneigenschaft ist, um so weiter erstreckt sich der Hemmbereich in das alkalische Gebiet. Dreifach alkylierte *N*-Basen hemmen am stärksten; sie besitzen den gleichen Basenteil wie das Substrat und sind dem *rein elektrostatisch bindenden anionischen Fermentort* am besten eingepaßt. Die freie Energie der elektrostatischen Bindung läßt sich aus dem Quotienten der Hemmung (Q_H) im geladenen und ungeladenen Zustand der Base, also bei verschiedenem pH, gewinnen:

$$\Delta G = - 1{,}37 \log Q_H \text{ kcal/mol}^{-1}.$$

Unter der Annahme bestimmter von der Ladungsdichte abhängiger Dielektrizitätskonstanten läßt sich aus ihnen und der Ladungszahl der *Abstand der Reaktionspartner* im Bindungszustand ermitteln. Für das natürliche Substrat ist er am geringsten und beträgt etwa 5 Å (vgl. S. 40). Alle weiteren Untersuchungen beweisen nun, daß die eigentliche *Spaltung an einem zweiten Bindungsort* — dem esteratischen — geschieht. Hier ist die Bindung kovalent, denn die Hemmung durch verschiedene Carbonylverbindungen ($RO- C^+ = O^-$) steigt mit ihrem elektrophilen Charakter parallel an. Dieser wird durch eine *elektronenliefernde* und dadurch kationoid werdende *Gruppe des Fermentes* (G—H) abgesättigt. Die Polarisierung der entstandenen Verbindung erleichtert die Elektronenbewegung von C nach G und ermöglicht dadurch die Spaltung unter Ausbildung einer Doppelbindung zum acylierten Enzym, welche anschließend durch Anlagerung des nucleophil angreifenden Wassers zum freien Enzym und zur Carboxylverbindung zerlegt wird:

$$^+R-\overset{\overset{H-G}{\overset{..}{|}}}{\underset{|}{\ddot{O}}}-C^{(+)}-O^- \underset{k_2}{\overset{k_1}{\rightleftharpoons}} \; ^+R-\overset{\overset{H-G^{(+)}}{|}}{\ddot{O}}-\underset{|}{C}-O^{(-)} \overset{k_3}{\longrightarrow} \; ^+ROH + \overset{\overset{G^+}{\|}}{\underset{|}{C}} - O^- \overset{\overset{H-\ddot{O}:}{}}{\underset{k_4}{\longrightarrow}} \; C\underset{OH}{\overset{\overset{H-G}{\overset{..}{O}}}{<}}$$

k_3 ist die Konstante des geschwindigkeitsbestimmenden Schrittes, der mit k_4 vermittelt den Übergang des Sauerstoffs einer Wassermolekel mit Bildung einer Carboxylgruppe. Wurde eine Thioessigsäure eingesetzt, so ergab die zu k_4 gegenläufige Reaktion die Entwicklung von H_2S aus

$$CH_3 \cdot C\overset{O}{\underset{SH}{<}} \quad (\text{WILSON } 1955).$$

Die hemmend wirkenden, sehr *stark giftigen Substanzen* Diisopropylfluorophosphat (DFP) und der Tetraäthylester der Pyrophosphorsäure (TEPP) greifen an der esteratischen Seite offenbar dadurch an, daß die Enzymgruppe G z. B. im ersteren Fall an Stelle des Fluoratoms tritt:

$$(RO)_2 = \overset{O}{\overset{\|}{P}}-F + H\ddot{G} \rightarrow (RO)_2 = \overset{O^-}{\overset{|}{P}}=G^+ + HF$$

Die so entstandenen Enzymverbindungen reagieren nur recht langsam (TEPP) oder praktisch gar nicht (DFP) mit Wasser; sie bleiben daher stabil und blockieren dadurch das Ferment. Aber es läßt sich durch zahlreiche Stoffe, besonders wirksam nach TEPP, durch Cholin *reaktivieren*. Solche Verbindungen müssen in der Lage sein, wiederum durch nucleophilen Angriff auf die Phosphorsäure mit ihr Ester zu bilden (WILSON)[1].

$$R_1-\overset{H}{\overset{|}{\ddot{O}}}: + (RO)_2 = \overset{G^+}{\overset{\|}{P}}-O^- \rightarrow R_1-O-\overset{O}{\overset{\|}{P}}=(OR)_2 + H-\ddot{G}$$

Es hat sich gezeigt, daß *Stoffe mit kationischem Charakter* besser reaktivieren, wohl deshalb, weil sie durch die benachbarte anionische Wirkfläche elektrostatisch gebunden werden. Sie tun es vor allem dann, wenn diese Fläche auch bei der Bindung des Hemmstoffes mit beteiligt ist (TEPP). Wahrscheinlich steigert aber die anionische Natur des Bindungsortes zusätzlich die Fähigkeit der Alkoholgruppen zur Elektronenabgabe, d. h. zum nucleophilen Angriff auf die P-Gruppe des gebundenen Hemmstoffes, denn sonst wäre ihre Überlegenheit im Vergleich zum Wasser schwer zu verstehen.

Über die *chemische Natur* von *H—G lassen sich zur Zeit nur Vermutungen* anstellen. Wahrscheinlich handelt es sich um eine in bestimmter Weise eingebaute Aminosäure, vielleicht um den Imidazolring: N-Acetylimidazol besitzt die Fähigkeit, Acyle zu übertragen. Die Bindung ist wahrscheinlich energiereich (TH. WIELAND, BOYER 1952). Die Aktivitäts-pH- und die Hemmungskurven haben zu dem Schluß geführt, daß alle Esterasen ähnliche Wirkgruppen mit einem pK von etwa 6,7 (Imidazol) und pK $\sim$ 9 besitzen. Die Wirkung geht dementsprechend mit dem Dissoziationsgrade α_1 bzw. ∂ eines Ampholyten parallel. Außerdem sind sie alle mit Einschluß des Chymotrypsins durch jene Phosphorsäureester vergiftbar (vgl. auch die Wirkungen von E 600 und E 605). Daß ^{32}P aus derartigen Verbindungen in einer durch Hydrolyse des Fermentproteins gewonnenen Serinphosphorsäure wiedergefunden wird [COHEN u. Mitarb. (55)], mag auf einer sekundären oder gleichzeitig verlaufenden Phosphorylierung des Serins beruhen, welches selbst nach dem Ergebnis der Aktivitäts-pH-Kurven nicht unmittelbar an der esteratischen Wirkung beteiligt sein kann.

Das *anionische Profil* wird nach BERGMANN bei den *Pseudocholinesterasen* durch eine, bei den *echten* durch zwei Carboxylladungen von 2 U-förmig gehaltenen

---

[1] Sehr wirksam ist: 2-Pyridin-aldoxin-N-methyljodid (PAM).

Glutaminsäuren gebildet. Diese Form gestattet auch die *Einpassung der spezifischen Ganglienblocker* vom Typ der Dekamethonium-Verbindungen, wobei den beiden quaternären vollmethylierten Stickstoffenden der C_{10}-Paraffinkette die Anionen der Glutaminsäure an der Becheröffnung gegenüberstehen (BERGMANN 1955). Die Aufrechterhaltung einer solchen Form selber muß durch die Verteilung der Bindungen im Eiweiß erfolgen; sie bedeutet etwas Spezifisches für den *Aufbau* des Kraftfeldes am Fermentort. Dieser *zwingt* sowohl die beteiligten Aminosäurereste wie besonders auch *die Substrate in eine Zustandsform*, die sie freiwillig nicht einnehmen würden. Diese Auffassung deckt sich mit dem von HOLLEY (1953) ausgesprochenen Gedanken der *Deformation* des Substrates, welche an der Fermentoberfläche erfolge und einen *einleitenden Schritt zu seiner Aktivierung* darstelle. Denn die Verfestigung durch Resonanz ist nur bei planarer Anordnung der mesomeren Formen möglich. Wenn z.B. die Partner einer Peptidbindung gegen die bindenden Kräfte aus der Resonanzebene herausgezwungen werden, dann fällt die Stabilisierung fort. Die Deformation ist daher gleichbedeutend mit einer Lockerung der Bindung und mit einer Verminderung des Energiebedarfs für ihre Spaltung (s. S. 605).

Über die Anordnung der Aminosäuren an den entscheidenden Stellen der Enzyme liegen nur wenige Angaben vor. Es ist KOSHLAND (1957) gelungen, bei der Hydrolyse von Fermenten solche Peptide zu erhalten, welche noch das markierte Substrat trugen. In diesem Zusammenhang ist es von Interesse, daß die Aminosäuresequenz in der Nachbarschaft des Wirkortes so verschiedener Fermente wie der Phosphoglucomutase und des — allerdings auch esterspaltenden — Chymotrypsins die gleiche ist (Asp—Ser—Gly—Glu—Al—Val). Vielleicht erleichtert diese Anordnung den Angriff nucleophiler Agentien, speziell des OH^-.

Spezifische Gruppen am Wirkort

Spezielle Aussagen über die Vorgänge am Wirkort der Enzyme können nur mit Hilfe einer noch präziseren *Kenntnis von der chemischen Natur der Wirkgruppen* gemacht werden. Soweit diese nicht als Hämingruppen, Cofermente oder Hilfsstoffe anderer Art bekannt sind, kann nur auf dem geschilderten Wege der Gewinnung ihrer pK-Werte und der *Hemmung durch gruppenspezifische Inhibitoren* auf ihren Aufbau geschlossen werden. Unter letzteren sind diejenigen besonders wichtig geworden, welche mit *Thiogruppen* reagieren (Monojodessigsäure, p-Cl-Hg-Benzoat u.a.). Schon gelöstes reduziertes Glutathion (G-SH) kann mit Carbonyl und besonders leicht mit Aldehydgruppen zu Thioestern reagieren. So wird mit Methylglyoxal Lactylglutathion:

$$CH_3 \cdot CO \cdot COH + HS-G \rightarrow CH_3 \cdot CO \cdot HCOH-S-G \rightarrow CH_3 \cdot CHOH \cdot CO-S-G$$

Die Wasserstoffverschiebung zum α-Kohlenstoffatom erfolgt an der Glyoxalase I, während die spezifische Glyoxalase II in einer Deacylase-Reaktion hydrolytisch zu den Endprodukten Milchsäure und G-SH aufspaltet. Es handelt sich hier um eine fermentativ gesteuerte Aktivierung des Substrates durch den Hilfsstoff G-SH.

Viele wichtige Fermente enthalten demgegenüber SH-Gruppen selbst in ihrer Molekel. Den Ablauf der gut durch Monojodessigsäure hemmbaren Anfangsoxydation im Kohlenhydratabbau (der *Triosephosphatdehydrogenase-*, GAPDH-Reaktion):

$$R \cdot COH + HPO_4^{2-} + DPN^+ = R \cdot CO \, O \, PO_3^{2-} + DPNH + H^+$$

kann man sich nach RACKER (1954) folgendermaßen vorstellen:

$$
E_1 \; + \; \underset{O}{\overset{H}{>}}C\text{-}R \; \rightleftharpoons \; E_2 \; + \; HPO_4^{2-} \; \rightleftharpoons \; E_3 \; + \; OPO_3^{2-}
$$

Zustand 3 ergibt mit DPN^+ den Ausgangszustand 1 und $DPNHH^+$

Dieses Schema trägt der Tatsache Rechnung, daß die im Ultravioletten zwischen $320-360\ m\mu$ nachweisbare Absorption, welche einer Ferment-DPN^+ Verbindung entspricht, in Gegenwart von Monojodessigsäure nicht zustandekommt. Die Thiogruppe könnte daher an der Bildung von E-DPN beteiligt sein. Der gebildete *Komplex würde durch den Aldehyd zur gebundenen reduzierten DPN-Form und zur Thioacylverbindung gespalten.* Dieser wiederum erfährt *abschließend eine Phosphorolyse.* Die Reduktion des gebundenen DPN erfolgt in Abwesenheit von Phosphat, die des Schwefels zur Thiogrupe nur in seiner Gegenwart. Daß ein Thioester vorliegt, wird durch eine positive Reaktion auf aktives Acyl mit Hydroxylamin und Fe^{3+}-Salz bewiesen.

Daß andererseits 2 Sulfhydrylgruppen durch Substrat ohne Rücksicht auf die Gegenwart irgendeiner Form des DPN vor der Reaktion mit Monojodacetat geschützt werden können, spricht allerdings gegen das Vorliegen einer Pyridin-S-Bindung im Sinne von RACKER. Daher wird sein Schema durch BOYER und SEGAL (1954) in der ersten Stufe so modifiziert, daß der Aldehyd unmittelbar mit der Thiogruppe des stets DPN-haltigen Fermentes reagiert. Dabei wird diese DPN-Gruppe reduziert, aber durch freies DPN^+ wieder aufoxydiert. Durch Leitfähigkeitstitration mit 0-Jodosobenzoat ist die Zahl der Thiogruppen in der Molekel des tierischen Enzyms (MG 120000) mit fünf festgelegt worden. Von ihnen können drei ohne Aktivitätsverlust belegt werden. Es ist wahrscheinlich, daß dementsprechend zwei aktive Fermentorte mit je einer Thio- und einer vielleicht über ihren Pyrophosphatrest eingebauten DPN-Gruppe in der Molekel vorhanden sind.

Wie schon bei anderer Gelegenheit erwähnt wurde, ist die *Bindung der* wasserstoffübertragenden *Cofermente* an die zugehörigen Proteine mit einer *Änderung ihrer Redoxpotentiale* verbunden (s. S. 447). Nach KUHN und BOULANGER (1954) wird E_0 hierbei im Vergleich zum freien Riboflavin erheblich positiviert ($\Delta E_0' = 0{,}126$ V, entsprechend $\sim 5{,}8$ kcal ($n = 2$) und auf diese Weise in den Potentialbereich der entsprechenden Substrate verlagert. Die Absorptionsbanden werden bei dem Bindungsvorgang zu höheren Wellenlängen verschoben und die Fluorescenz aufgehoben (WARBURG und CHRISTIAN). Da p-Chloro-Mercuribenzoat (PCMB) die Vereinigung kompetitiv hemmt, wurde geschlossen, daß die wahrscheinlich für die Fluorescenz verantwortliche (3) NH-Gruppe des *Flavins mit dem SH des Proteins* in Reaktion tritt. Die Fluorescenzlöschung wird von anderen jedoch mit der OH-Gruppe des Tyrosins in Zusammenhang gebracht (THEORELL 1955; WEBER 1950). Die Bindung der Phosphatgruppe des alten gelben Fermentes (FMN) durch wahrscheinlich 2 Aminogruppen des Fermentproteins dürfte unabhängig von der Fluorescenz sein.

Daß an der Bindung der *Pyridin-Cofermente gleichfalls SH-Gruppen beteiligt* sind, wurde soeben dargelegt. Hier, wo nur die reduzierte Form absorbiert, *verschiebt sich das Extinktionsmaximum* für DPNH von 340 auf 325 $m\mu$, also zu kürzerer Wellenlänge; die nur ihm, aber nicht dem DPN zukommende *Fluorescenz* ist unabhängig vom Bindungszustand. Die Geschwindigkeit der Komplexbildung läßt sich daher durch Registrierung der spektralen Absorptionsänderung und die Initialgeschwindigkeit der Bildung von DPN durch Fluorecenzmessung erhalten. Die erstere ist recht groß (vgl. Tabelle 110). Wie CHANCE gezeigt hat, ist innerhalb der Zellen das Maximum der DPNH-Absorption wechselnd weit zu kleineren Wellenlängen verschoben. Es ist daher physiologischerweise ein vergleichbarer Anteil freies und gebundenes DPNH zugegen. Die cellulare Gesamtkonzentration der Pyridin-Cofermente kann mit etwa $3-8 \cdot 10^{-4}$ m angesetzt werden. Nach den Experimenten von HOGEBOOM und SCHNEIDER (1952) ist der Zellkern ihr Bildungsort.

Auch die dem Adeninanteil zukommende Bande des DPN bei 260 mμ wird bei der Bindung geändert. Daraus ist zu folgern, daß dieser Teil gleichfalls von der ADH gebunden wird. THEORELLs Messungen ergaben, daß die Anlagerung der

Tabelle 110. *Geschwindigkeitskonstanten der Reaktionen von DPN (Co) und DPNH (CoH) mit der Leber-ADH (E). (Nach* THEORELL*)*

$k_1 \cdot 10^{-6}$	3,7	1,8	3,7 mol^{-1} sec^{-1}
k_2	1,6	2,8	1,6 sec^{-1}
k_3	37	18	9,5 sec^{-1}
$k_5 \cdot 10^{-6}$	0,3	0,14	0,3 mol^{-1} sec^{-1}
$D_{\mathrm{ox}}/D_{\mathrm{red}}$	285	82,7	73,3
$29,5 \cdot \log \dfrac{D_{\mathrm{ox}}}{D_{\mathrm{red}}}$	$+72$	$+57$	$+55$ mV
Phosphat $\mu = 0,1$; pH 7,15	nur Phosphat (P)	P$+0,15$ m NaCl	P$+0,015$ m Formiat

$$E + Co \underset{k_3}{\overset{k_5}{\rightleftharpoons}} ECo; \qquad E + CoH \underset{k_2}{\overset{k_1}{\rightleftharpoons}} ECoH$$

$$D_{\mathrm{ox}} = k_3/k_5 \qquad D_{\mathrm{red}} = k_2/k_1$$

oxydierten Form (k_5) langsamer als die der reduzierten (k_1) verläuft, während der Zerfall etwa 10mal schneller vonstatten geht. Die Zerfallsgeschwindigkeit des oxydierten Komplexes (k_3) limitiert den Verlauf in Richtung der Alkoholbildung (Reduktion), die des reduzierten (k_2) in Richtung der Aldehydbildung (Oxydation). THEORELL hat nach einem grundsätzlich auf CLARK zurückgehenden Verfahren *aus diesen Geschwindigkeitskonstanten errechnet, daß bei der Bindung des Cofermentes eine Positivierung des Redoxpotentials um 0,08 V auf $-0,24$ V erfolgt.* Damit fällt E_0' in die Nähe des der Substrate (Alkohol-Acetalaldehyd; $E_0' = -0,2$ V). Zu der Berechnung werden die Dissoziationskonstanten für die Enzymverbindungen mit dem oxydierten (D_{ox}) und dem reduzierten (D_{red}) Coferment benutzt. Sind beide einander gleich, dann findet bei der Vereinigung zu ECo keine Änderung des Redoxpotentials statt. Da das oxydierte jedoch wesentlich leichter, nämlich je nach dem Ionenmilieu 70—300fach, dissoziiert, also stärker aufgespalten vorliegt, wird das Potential nach folgendem Ansatz positiviert. Er ergibt sich aus der Gl. (VII, 5) für den Fall, daß das Normalpotential (ox/red $=1$) für das freie Coenzym gegeben ist, zu:

$$E_{0\,\mathrm{frei}}' = E_{0\,\mathrm{geb}}' + F_N/2 \cdot \log \frac{[\mathrm{ox}]}{[\mathrm{red}]} = E_{0\,\mathrm{geb}}' - F_N/2 \cdot \log \frac{D_{\mathrm{ox}}}{D_{\mathrm{red}}} . \tag{58}$$

Denn das gebundene Enzym (geb) muß immer im Potentialgleichgewicht mit dem freien stehen. Wenn dieses aber bei ox $=$ red den Wert $E_{0\,\mathrm{frei}}'$ besitzt, kann die Gleichheit bei positiverem E_0' des Holoenzyms nur dann zustande kommen, wenn hier die reduzierte Stufe überwiegt, d.h. $\log \dfrac{\mathrm{ox}}{\mathrm{red}}$ negativ, bzw. $\log \dfrac{D_{\mathrm{ox}}}{D_{\mathrm{red}}}$ positiv ist. Beim Überwiegen der Dissoziation des reduzierten Holoenzyms würde E_0' im Vergleich zum freien Coenzym negativiert.

Die Vereinigung räumlich symmetrisch gebauter Substrate mit dem Enzym erfolgt in der Regel so, daß schon durch die Art der Bindung ein *asymmetrischer*

Umsatz vorbereitet wird. Nach OGSTON (1948) wird z.B. die Citronensäure mit ihren 3 Carboxylen an bestimmte Fermentorte geheftet, welche verschiedenen Abstand voneinander besitzen.

Offenbar steht das mittlere Carboxyl am tertiären C-Atom einem Carboxyl näher als dem anderen. Experimentell läßt sich durch ^{14}C-Markierung zeigen, daß es jenes ist, welches bei der Synthese am „condensing enzyme" aus der Oxalessigsäure stammt. Die so entstandene Deformation der Valenzwinkel fördert hier die nächste Reaktion. Es findet auch die Wasserabspaltung aus diesem Molekülteil statt: Der Abbau über Cis-Aconitsäure zu Isocitronensäure und schließlich zur α-Ketoglutarsäure erfolgt asymmetrisch, d.h. immer von der gleichen Seite der an die Aconitase gebundenen Molekel aus. Wird in β-Stellung zum Carbonyl der Oxalessigsäure bzw. zum OH des Citrates markiertes Carboxyl C benutzt, dann bleibt seine Stellung auch in dem gesamten entstandenen Isocitrat und α-Ketoglutarat erhalten. Es ist also nicht statistisch auf die beiden nichttertiären Carbonsäurereste verteilt (V. R. POTTER 1949, MARTIUS 1950). Aufbau und Abbau werden am Enzym asymmetrisch gelenkt. Voraussetzung ist hierfür bei symmetrischen Molekeln eine Bindung an 3 Fermentorte, deren katalytische Wirkung nicht gleichartig ist. Auch der Einbau des Pyridinrestes in die Enzymoberfläche erfolgt (vgl. S. 614) räumlich orientiert und zwar so, daß die Säureamidgruppe und der Pyridin-N- oder der von ihm ausgehende Molekülteil festgelegt sind. Darin liegt der Grund für die Tatsache, daß das an die Stelle 4 *bei der Reduktion aufgenommene zweite Wasserstoffatom immer von einer Seite aus herantritt* oder bei der Oxydation in gleicher Richtung, bezogen auf die Ringebene, abgegeben wird. Eine bakterielle Transhydrogenase (TPNH + DPN ⇌ DPNH + TPN) und eine ebenfalls bakterielle Testosteronoxydase lagern das Deuterium in der entgegengesetzten Position, also von der anderen Ringebene aus an. Beide H-Atome sind also am C_4 nicht gleichwertig (WESTHEIMER, VENNESLAND 1954/55). Wenn deuteriumhaltige Verbindungen mit DPN enzymatisch oxydiert werden, entsteht daher ein DPNDH$^+$ mit asymmetrischen C_4:

Der zweite Wasserstoff an C_4 kann bei einer enzymatischen Reaktion nicht durch Deuterium ersetzt werden. Andererseits aber wird das Deuterium-Atom durch Reduktion des Acetaldehyds an der ADH auf diese Substanz übertragen. Dabei bildet sich *optisch aktiver Deuteroäthylalkohol* als Ausdruck der Tatsache, daß auch Acetaldehyd am Fermentort in einer bevorzugten Richtung fixiert und — bezogen auf diese Richtung — von einer bestimmten Seite aus hydriert wird, z.B. das einzige Deuteriumatom aus DPNDH$^+$ empfängt. Die beiden Wasserstoffatome an —CH_2OH sind also infolge der Fixierung des Substrates und der spezifischen Anordnung der Wirkgruppe mit Hilfe enzymatischer Reaktion zu unterscheiden. Mit Testosteronoxydase gewonnenes DPNDH$^+$ würde daher an der ADH kein Deutero-Äthanol liefern. Diese Ergebnisse lassen außerdem den

Schluß zu, daß der Wasserstoff bei den Dehydrogenasen direkt von einer Verbindung auf die andere und ohne Zwischenreaktion mit dem Wasser übertragen wird.

Zn-haltige Fermente

Der Mechanismus der Aktivierung des Wasserstoffs im reduzierten DPN ist noch nicht geklärt; jedoch bieten sich dadurch neuartige Möglichkeiten zu seiner Deutung, daß die ADH und die LDH als *zinkhaltige Eiweiße* erkannt wurden (VALLEE 1955). Es hat sich gezeigt, daß die Zahl der Wirkorte mit der der Zinkatome pro Enzymmolekel übereinstimmt. Jene bestehen aus freien SH-Gruppen bzw. enthalten sie. Da die Zahl der freien SH-Gruppen nicht unter vier herabgesetzt werden kann, ohne daß die Wirkung erlischt, und 4 Atome Zn vorliegen, dürfte mit einer Bindung des Zn an S zu rechnen sein. VALLEE vermutet, daß das Metall sich in der Nachbarschaft zum N der Säureamidgruppe in DPN$^+$ befinde und daß auf diese Weise ein Elektron von C_4 in die Richtung zum Zn abgezogen würde. In der dadurch an jener Stelle entstandenen Positivierung wird die Aktivierung zur Protonenaufnahme gesehen.

Denn zweifellos kann der Einbau eines Metalls Redoxvorgänge an benachbarten Gruppen nur durch Verlagerung von Elektronen beeinflussen, ohne selbst einen Valenzwechsel zu erfahren.

Dennoch erscheint es auch für die Deutung der Fermentvorgänge vorteilhaft, von der bekannten *Neigung des Zn* $(Z = 30)$ *zur Komplexbildung* Gebrauch zu machen. Es handelt sich um 4zählige Chelate des 2-wertigen Zn, welche wahrscheinlich nicht tetraedrisch, sondern eben gebaut sind (s. S. 50). WALLENFELS (1955) hat auf dieser Basis folgende Hypothese über die Funktionen des Zn bei der Äthanoldehydrierung entwickelt. Es bindet das Substrat in Form eines Alkoholates. Sein Oktett wird durch je zwei freie Elektronenpaare aus den Stickstoffatomen des Adenins auf die Kryptonschale $(Z = 36)$ aufgefüllt. An das Eiweiß wird es durch eine Sulfidbindung fixiert. Die zweite dissoziierte Thiogruppe bindet den quaternären Pyridin-N elektrostatisch. Die mesomere Form des Säureamids positiviert wiederum an C_4. Der Übergang des C_1-Wasserstoffes auf den Pyridinring erfolgt durch Mitnahme seiner 2 Bindungselektronen. Unter Lösung der Bindung zum Zn und Schaffung einer Doppelbindung füllt ein freies Elektronenpaar des Sauerstoffs den an C_1 entstandenen Elektronenunterschuß wieder auf.

Nach dieser Vorstellung vollzieht das Zn seine Funktion beim katalytischen Geschehen auf Grund seiner Fähigkeit zur Komplexbildung. Neuere Versuche von PFLEIDERER (1958) ergaben jedoch keine Beziehung zwischen Zn-Gehalt und Aktivität der Dehydrogenasen. Dagegen wird man bei der Carboanhydratase mit einer spezifischen Beteiligung des Zn an der katalytischen Wirksamkeit rechnen können. Das Zn ist hier an einen hitzestabilen Co-Faktor gebunden, der sich als ein Tripeptid aus Glutaminsäure und Glycin erwiesen hat. (γ-Glutamyl-Glycyl-Glutaminsäure; KELLER 1956; vgl. WEITZEL 1956.)

Wirkung und Bedeutung von Ionen und Schwermetallen

Die immer mehr bekannt werdenden Zn-haltigen Fermente bieten Beispiele für Vorgänge, bei denen das beteiligte Metall nicht durch einen Valenzwechsel wirksam werden kann, wie es etwa bei den eisenhaltigen Häminfermenten der Fall ist (s. S. 626). Es hat sich gezeigt, daß sehr oft nicht nur Schwermetalle, sondern Alkali- und Erdalkaliionen entweder notwendig sind oder doch jedenfalls entscheidenden Einfluß auf die Geschwindigkeit von Fermentreaktionen nehmen. Falls es sich dabei nicht um eine einfache *Wirkung der Ionenstärke oder der unterschiedlichen Ionenradien* auf dissoziable Gruppen im Sinne der Debye-Hückel-Theorie handelt (s. S. 137), beruht ihr Effekt auf den Eigenschaften der mit ihnen gebildeten *Komplexverbindungen* oder *unlöslicher* bzw. praktisch undissoziierter *Salze*[1].

Im Einzelfall ist es häufig schwer, zwischen den genannten Möglichkeiten des Zustandekommens einer *Ionenwirkung* zu entscheiden. Ein entgegengesetzter Einfluß der Cl-Ionen ergibt sich z.B. aus der Tabelle 110. Die Aufspaltung der Coenzym-Enzym-Bindung wird bei DPNH gefördert und bei DPN$^+$ verlangsamt. Es wurde schon berichtet, daß die Positivierung des Redoxpotentials durch Cl-Ionen auf diesem Einfluß beruht, und THEORELL weist den Gedanken nicht von der Hand, daß Änderungen der Anionenkonzentrationen in geeigneten Receptoren auf diese Weise Reizwirkungen entfalten oder beeinflussen könnten. Wahrscheinlich handelt es sich hierbei nur um eine einfache Wirkung der Anionen, denen gegenüber jener Schritt der Abspaltung des Coenzyms — wohl wegen der Anordnung ionischer Gruppen im aktiven Komplex — besonders empfindlich ist.

Die Wirkung der Ionen auf die Vereinigung von FMN mit dem Protein des alten gelben Fermentes wurde ebenfalls von THEORELL untersucht. Dabei zeigte sich, daß die Geschwindigkeit durch mehrwertige Anionen stärker als durch 1-wertige herabgesetzt wird und daß ein Überschuß 1-wertiger die stärkere Erniedrigung durch 2-wertige nicht zustande kommen läßt. Es ist wahrscheinlich, daß die mehrwertigen hier wie bei einem Ionentauscher durch die in höherer Konzentration vorhandenen 1-wertigen vom spezifischen Bindungsort verdrängt werden. Er hätte damit kationischen Charakter und würde dementsprechend der Bindung des Phosphatrestes dienen können. Daß aber auch noch andere Bindungsmechanismen in Frage kommen, geht daraus hervor, daß das phosphatfreie Riboflavin ebenfalls, wenn auch mit 10fach geringerer Geschwindigkeit, gebunden wird. Chloride erhöhen weiterhin die Spaltungsgeschwindigkeit. Dafür, daß es sich bei vielen dieser Effekte um allgemeine Ionenwirkungen handelt, spricht die *Gültigkeit der lyotropen Ionenreihe* (s. S. 329). Sie ist besonders klar für die Vereinigung von FAD mit dem D-Aminosäure-Oxydase-Protein herausgearbeitet worden (WALAAS 1954). Im Zusammenhang mit den Anionenwirkungen ist auch auf die *Notwendigkeit von Halogen, speziell Cl-Ionen,* für die Wirksamkeit der tierischen (α-, Endo-, Dextrinogen-) Amylase hinzuweisen. Bei ihr ist interessant, daß der isoelektrische Punkt des Proteins durch Cl-Ionen im Vergleich zur salz-

---

[1] Anionen oder Kationen wirken oft als kompetitive Inhibitoren.

freien Lösung zu höherem pH verschoben wird (von pH $6 \rightarrow 6{,}9$), während man gewöhnlich das Gegenteil beobachtet (s. S. 333).

Biochemisch bedeutungsvoll und physikalisch-chemisch keineswegs vollständig geklärt ist der häufig festzustellende *Unterschied in der Wirkung von Na⁺- und K⁺-Ionen auf die Fermentaktivität.* Zweifellos liegen ihrer verschiedenen Verteilung auf Zelle und Umgebung und ihrem unterschiedlichen, zum Teil antagonistischen Einfluß auf das Lösungsverhalten von Makromolekeln die gleichen physikalisch-chemischen Unterschiede beider Ionen zugrunde. Man wird nicht fehlgehen, sie in dem sehr verschiedenen Ionenradius zu suchen und in dem damit zusammenhängenden Grad der Ionenhydratation, also der Größe des hydratisierten Ions. Wie betont (z. B. S. 355), liegt in der Reihe der Alkalikationen die größte Differenz der Ionenleitfähigkeit bzw. der Ionenreibung gerade zwischen dem langsam wandernden, d. h. stark hydratisierten Na⁺ und dem K⁺. Die Tabelle (Anhang III) stellt einige von zahlreichen untersuchten Fermentreaktionen zusammen, für die sich die Gegenwart des K⁺ als notwendig erwiesen hat und nicht oder nur unvollständig durch die des Na⁺ ersetzt werden kann. Viele werden sogar durch Li⁺ oder Na⁺ verlangsamt. Umgekehrt wird die Cholinesterase durch K⁺ gehemmt und durch Na⁺ gefördert. Das acetylcholinbildende Ferment Cholinacetylase wird wiederum durch K⁺ aktiviert und durch Na⁺ gehemmt. Die Zellkationen helfen daher beim Aufbau einer wesentlichen Erregungssubstanz des Nervensystems, die der Säfte dagegen bei ihrem Abbau. Diese Effectoren von Ionencharakter werden dadurch zu *Regulatoren der Enzymwirkung* [A. L. LEHNINGER (1950)].

Von einer Regulation kann nur unter dem Gesichtspunkt der Funktionen komplexer Systeme gesprochen werden. Hier wird sie verständlich, wenn man berücksichtigt, daß der im Innern entstandene Stoff an der Zelloberfläche erregend wirkt und im Kontakt mit ihrer Außenflüssigkeit im Verlauf von Bruchteilen von Millisekunden abgebaut werden muß, um das Zustandekommen einer nachfolgenden Erregung, d. h. einen Erregungsrhythmus zu ermöglichen. Da die meisten Fermente intracellular wirken, ist die oft im Vordergrund stehende fördernde K-Wirkung aus biologisch funktionellen Gründen verständlich. Wenn größere Unterschiede zwischen Na⁺ und K⁺ bestehen, lassen sie sich als Anpassung der Fermentproteine an das Ionenmilieu auffassen. Der Aktivierungsvorgang ist allgemein mit einer örtlich geregelten Ladungstrennung (s. S. 604) verbunden. Ihr Ablauf setzt eine bestimmte Ladungs- bzw. Potentialverteilung voraus, an der sich die Ionen des Milieus beteiligen. *Eine unterschiedliche Wirkung von K⁺und Na⁺ läßt daher auf feine räumliche Differenzen in dem Aufbau des Wirkortes schließen,* welche eine verschiedene Annäherung beider gestatten. *Bei Ionenaustauschern sind derartige Differenzen leicht realisierbar;* es zeigt sich, daß an ihnen K⁺ und Rb⁺ im allgemeinen den gleichen Platzbedarf besitzen, während er für Na⁺ beachtlich größer ist (GRIESSBACH). In der Ausbildung ähnlicher Feinheiten mag die Anpassung der Proteine an verschiedene Ionen gesehen werden. Sie ist der physikalisch-chemischen Analyse im Einzelfall noch kaum zugänglich; es sei denn, daß man berechtigt ist, ihr Vorhandensein aus den Wirkungsunterschieden abzuleiten.

Das trifft aber nur dann zu, wenn die Möglichkeit einer Komplexbildung auszuschließen ist, zu der diese Ionen allerdings nur wenig neigen. *Die Frage, ob K⁺* nicht nur als Gegenion der Eiweiße, sondern an einigen Orten *als Komplex* oder nach Art eines Chlathrates (Käfigverbindung) (CRAMER 1956) *gebunden würde,* ist nicht grundsätzlich entschieden. VON SZENT-GYÖRGI, welcher sie ursprünglich für das Myosin bejahte, ist in seiner Stellungnahme hierzu vorsichtiger geworden. Wenn aber solche Komplexe für die Funktion essentiell sein sollten, dann müßte die Konzentration des K^+ die des Fermentes um das Vielfache überschreiten. Denn die Stabilitätskonstanten derartiger Verbindungen sind auf jeden Fall klein.

Das trifft auch für die *Bindung von K-Ionen an ATP* zu, welche von MELCHIOR (1954) mit der elektrometrischen Titrationsmethode (s. S. 173) untersucht wurde und welche im Gegensatz zu der der Erdalkalien ebenfalls sehr instabil ist. Es ist aber dennoch möglich, daß auch solche Komplexe für einige der zahlreichen Reaktionen bedeutungsvoll sind, an denen ATP beteiligt und für die *K* erforderlich ist (z. B. P-Übertragung auf BTS bei der Resynthese des Enolphosphopyruvates S. 662). Zweifellos liegt der Triphosphatrest bei der Metallbindung nicht als gestreckte Kette vor; vielmehr kapselt er mit seinen negativen Ladungen das Kation gleichermaßen ein (Abb. 202). Wieweit das geschieht, hängt von dessen Ionenradius ab. Die Kalottenmodelle lehren, daß Na^+ im Gegensatz zum K^+ voll eingeschlossen wird. Dafür ist aber der elektrostatische K-Komplex weiträumiger, während die Stabilitätskonstanten für beide etwa gleich groß sind. Falls trotzdem die aus dem Modell abgeleiteten Form- und Größenunterschiede der beiden Triphosphatkomplexe existieren sollten, könnten sie sehr wohl die gegensätzliche Wirkung beider Ionen bei den ATP-beteiligten Fermentreaktionen bedingen. KACHMAR und BOYER (1953) haben die Michaelis-Konstante der K-Bindung im Fermentsystem der Pyruvatkinase aus der Wirkungsbeeinflussung bei variierten K-Konzentrationen gewonnen ($K_m = 0{,}0114$ m). Da sich nach LINEWEAVER und BURK bei Verwendung der 1. Potenz für die Konzentration eine Gerade ergibt, wird nur 1 K^+ pro Enzymort gebunden. Aus der kinetischen Analyse folgt, daß das Substrat und das K^+ unabhängig voneinander mit dem Enzym reagieren. Das Ca^{2+} wirkt dem K^+ gegenüber nur zum Teil kompetitiv.

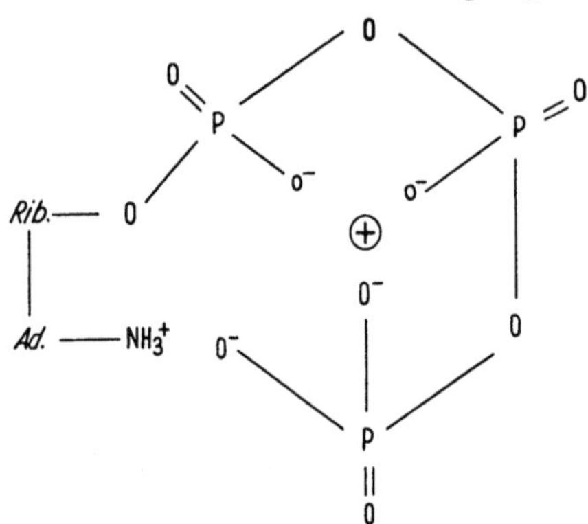

Abb. 202. Kationenbindung durch ATP. (*Rib.* Ribose; *Ad.* Adenin; in Anlehnung an MELCHIOR, v. SZENT-GYÖRGY u. a.)

Auch bei den *Erdalkalien* müssen allgemein elektrostatisch zu verstehende Ionenwirkungen beachtet werden. Bei der oft sehr bedeutsamen Beteiligung an Enzymsystemen ist demgegenüber aber auch ihre ausgeprägte Neigung zur Bildung gering dissoziierender Salze oder gar zu allerdings wenig stabilen Komplexen zu diskutieren. Die Bindung des Ca^{2+} an die Serumeiweiße ist bekannt. Obwohl fast die Hälfte des Serum-Ca dadurch erfaßt wird, ist die gegenseitige Affinität nicht groß; z.B. hält das metallbindende Protein des Plasmas Eisen etwa 10000-fach fester als Ca. Dessen Bindung ist grundsätzlich reversibel. Das gleiche trifft für den Trypsin-Ca-Komplex zu. Trypsin ist nur in Gegenwart von Ca^{2+} wirksam. Es wird hierbei auch gegen Hitzedenaturierung stabilisiert. Ca-freies Trypsin ist in Lösung nur kurze Zeit haltbar. Andererseits vermag die Bindung von Ca^{2+} an das Substrateiweiß auch dieses vor der Denaturierung zu bewahren (GORINI u. Mitarb.).

Eine gewisse Denaturierung aber ist wiederum die Voraussetzung für die tryptische Zerlegung. Das Ca wirkt also auf Ferment und Substrat in verschiedenem Sinne ein. Wieweit man es deswegen als Regulator der Fermentwirkung bezeichnen soll, hängt von dem System ab, in dem es seine Funktion entfaltet. In diesem Zusammenhang sei auf die komplizierten Verhältnisse bei der Regulierung der ATP-Spaltung im Muskel verwiesen (s. S. 516). Hier tritt ein Antagonismus der Mg^{2+} und Ca^{2+}-Ionen in Erscheinung. Er findet sich auch bei anderen Enzymen. So wird die Pyruvatkinase durch K^+ und Mg^{2+} gefördert und durch Na^+ und Ca^{2+} gehemmt (BOYER, LARDY u. Mitarb.).

Man kann die Alkali- und die Erdalkaliionen wohl allgemein nur als Komplemente oder Regulatoren der Enzymwirkung ansehen. Dagegen sind die *Schwermetalle — sehr oft auch das Mg — wesentlich enger mit dem eigentlichen katalytischen Vorgang verbunden.* Da Mg^{2+} bei allen Phosphatübertragungen und bei den α-Decarboxylierungen erforderlich ist und die Peptidasewirkung stark fördert, tritt die Bedeutung dieses Erdalkalikations in den Vordergrund. Sie wird allein durch die Tatsache unterstrichen, daß von den 12 Fermenten der normalen Glykolyse bzw. den 13 der alkoholischen Gärung nur die Phosphorylase, Aldolase, Triosephosphat- und Lacticodehydrogenase seiner nicht bedürfen. Andererseits hat es sich gezeigt, daß das Mg^{2+} durch Schwermetallionen, besonders oft durch Mn^{2+}, ersetzt werden kann. Die für den Ersatz notwendigen Konzentrationen stehen bei den einzelnen Enzymen in unterschiedlichem Verhältnis. An der Enolase z.B. ist Mn mehr als 10fach wirksamer als Mg, die Leucinaminopeptidase wird durch Mg^{2+} sogar nur schwach aktiviert, während Mn^{2+} offenbar zum Wirkungszentrum gehört. Umgekehrt wird die Stabilität dieses Enzyms durch Mg sehr viel besser als durch Mn erhalten. Mg wird daher als Zusatz bei der Reinigung des Enzyms aus der Darmmucosa benutzt. Enolase wiederum bildet ein völlig unwirksames Hg-Salz, welches zu ihrer Isolierung dient. Nach Entfernung des Quecksilbers erfolgt dann die Aktivierung mit Mg, Mn oder Zn-Ionen (WARBURG und CHRISTIAN 1942).

Die Aktivität der Enzyme steht *meistens* zur Konzentration der Metallionen in einer solchen Beziehung, wie sie das *Massenwirkungsgesetz für die Dissoziation einer einfachen Me-Enzymverbindung* verlangt: $MeE \rightleftharpoons E + Me$. Dabei wird die Aktivität der Konzentration des MeE-Komplexes proportional gesetzt. Bei Zuordnung von v/V zum negativen Logarithmus der Metallkonzentration erhält man die übliche Dissoziationskurve. Daraus ist der Schluß zu ziehen, daß der aktive Fermentort ein Metallatom benötigt. Die Aktivierung der Peptidasen durch Metallionen ist nach MASCHMANN besonders eingehend durch E. SMITH (1954) untersucht worden. Die Peptidase wird durch reduziertes Glutathion stabilisiert. Von dieser Substanz ist bekannt, daß sie Disulfidbindungen in Thiogruppen überführen kann. Dementsprechend wird sie durch PCMB ohne Rücksicht auf die Gegenwart des aktivierenden Mn gehemmt. Die Hemmung ist mit Glutathion revertierbar. SMITH nimmt daher eine *Sulfidbindung des Mn an.* Zn, Pb, Cd, Hg, welche besonders leicht mit SH reagieren, verdrängen das Mn und inaktivieren das Ferment auf diese Weise. Die Tabelle 111 gibt die Löslichkeitsprodukte einiger

Tabelle 111. *Negativer Logarithmus des Löslichkeitsproduktes einiger Metallsulfide* (pK_L)

Metall	Hg^{2+}	Ag^+	Cu^{2+}	Pb^{2+}	Cd^{2+}	Zn^{2+}	Mg, Ca
pK_L	53	51	38	29	28	24	—

Metallsulfide an[1]. Bei der Leucinamidpeptidase geht nach dem Ausfall der Hemmungswirkung kein Schwefelrest in den Metallkomplex ein. In allen diesen Fällen nun übernimmt das Metall zweifellos die Bindung zum Substrat, welche hier zunächst nach SMITH folgendermaßen formuliert werden soll:

$$
\begin{array}{c}
\text{R}' \\
| \\
\text{H}-\text{C}-\overset{\text{H}_2}{\text{N}} \\
| \qquad \overset{\text{H}_2}{\text{N}} \nearrow \text{Mn}^{2+} \\
\text{O}=\overset{\oplus}{\text{C}}-\text{N} \\
\text{OH}^- \quad \text{H}^+
\end{array}
\left[\text{E} \right]
\rightarrow
\begin{array}{c}
\text{R}' \\
| \\
\text{H}-\text{C}-\text{NH}_3^+ \\
| \\
\text{COO}^- \\
\text{NH}_3
\end{array}
\text{Mn}^{2+}
\left[\text{E} \right]
$$

Der *Abzug eines Elektronenpaares vom Amidstickstoff zum Metall* führt zu einer Positivierung am Carbonyl-C, welches auf diese Weise dem nucleophilen Angriff eines OH^- ausgesetzt wird. Er führt zur Aufspaltung mit Anlagerung eines

---

[1] pK_L geht nicht zwangsweise parallel mit pK für den Sulfidkomplex.

Protons an den freiwerdenden Stickstoff. Es handelt sich also eigentlich um eine *Katalyse des Angriffes durch OH-Ionen*. Auf die Spaltungsgeschwindigkeit nimmt auch der Rest R' Einfluß. Er wird im Sinne der Bergmannschen *Polyaffinitätstheorie* auch von anderen Teilen der Enzymoberfläche gebunden. Je nach seinem polaren Charakter, seiner Länge und seinem Verzweigungsgrad geschieht das mit verschiedener Intensität. Sie wirkt sich auch auf die Bindungsstärke am Ort des Metalles aus. Seine intermediäre Bindung müßte daher nach SMITH der schließlich bestimmende Faktor sein. Wenn dissoziable Gruppen an ihr beteiligt sind, ist sie natürlich vom pH abhängig. Nimmt z.B. Imidazol im ungeladenen Zustand teil, so wird sich der Komplex erst bei höherem pH als etwa 6,5 bilden, bei terminale nunionisierten α- bzw. ε-Aminogruppen oberhalb 8 bzw. 9,5. Die Aktivitäts-pH-Kurve der Leucinamidpeptidase spricht für eine Beteiligung zweier Imidazole. Ob diese jedoch in den Metallkomplex eingehen, kann grundsätzlich nicht ohne weitere Daten aus der Aktivitätskurve entnommen werden, sie läßt es aber zu.

Tabelle 112. *Logarithmus der Komplexbildungs-Konstanten (Nach MONK).*

Metall	Glykokoll	Glycylglycin
Cu^{2+}	8,62	6,05
Ni^{2+}	6,18	4,49
Zn^{2+}	5,52	3,80
Co^{2+}	5,23	3,49
Mn^{2+}	3,44	2,15
Mg^{2+}	3,44	1,06

BAMANN fand, daß Ionen der seltenen Erden, speziell des Cers und des Lanthans, in Konzentrationen von etwa 10^{-4} M/Liter phosphatatische Wirkungen entfalten, welche sich auf Phosphorsäureester der Zucker und des Glycerins erstrecken. Auch Nucleinsäuren werden gespalten, Desoxyribonucleotide jedoch kaum. Zur Erklärung wird die Bildung eines Komplexsalzes zwischen der Phosphorsäure und einer der Esterbindung benachbarten OH-Gruppe angenommen, welche dabei der Spaltung durch OH^--Ionen leichter zugänglich wird. In Anlehnung an TODD würde die Spaltung der Desoxyribonucleotide deswegen nicht eintreten, weil das zur Bildung jenes Chelates erforderliche C_2-Atom hier keine Hydroxygruppe trägt.

Wenn die Metall-Chelat-Ringe die eigentliche Fermentwirkung bedingen, dann ist nach den Beziehungen zwischen den *Stabilitätseigenschaften der Komplexe und ihrer katalytischen Funktion* zu fragen. WESTHEIMER gibt ein Beispiel einer *Cu-Chelat-Katalyse:* die Decarboxylierung von Oxalessigsäure in Gegenwart von Cu^{2+} (1951). Das Cu im Chelat-Ring zwischen dem Carboxyl und Carbonyl zieht Elektronen von β-Carboxyl in die Richtung zum α-CO. Die dadurch gelockerte Bindung zwischen C_3 und C_4 wird gelöst und das Proton aus dem freigemachten Carboxyl auf das inzwischen negativierte und enolisch gewordene O an C_2 übertragen:

Da eine benzolische Elektronenstruktur in diesem Kupferchelatring nicht vorliegt, ist seine Stabilisierung durch Resonanz geringer als bei dem (s. S. 50) angeführten Beispiel der Kupfersalze konjugierter Diketone. Sie ist aber auch hier vorhanden und trägt zur Bildung des Chelatringes bei. BADDILEY zeigte, daß eine Aminogruppenübertragung aus Aminosäuren auf Pyridoxal in Gegenwart von Metallen auch ohne Enzym erfolgt[1]. Hierbei ist Cu^{2+} wiederum besonders gut wirksam. In diesem Fall entsteht ein Cu-Chelat mit je 2 Bindungen zu N und O

---

[1] Pyridoxal ist Cofaktor der Transaminierung und Aminosäuredecarboxylierung.

in zwei gut resonanzfähigen Sechsringsystemen. Der Ring wird mit dem OH des Pyridoxals und dem N aus der Aminosäure gebildet, welcher durch Reaktionen mit dem Aldehyd unter Entstehung einer Schiffschen Base in die Verbindung eintrat (SNELL u. a.).

In diesen Fällen ist die *Komplexbildung* als Ursache der Katalyse anzusehen. Man kann aber *nicht ohne weiteres* aus einer *aktivierenden Wirkung* eines Metalles auf die Ausbildung eines Chelatkomplexes am Ferment schließen. KLOTZ betont, daß gerade diejenigen Metalle oft besonders gut als Enzymaktivatoren wirken, welche nur schwer Chelate bilden. Das trifft für Mn und Mg zu (vgl. Tabelle 112).

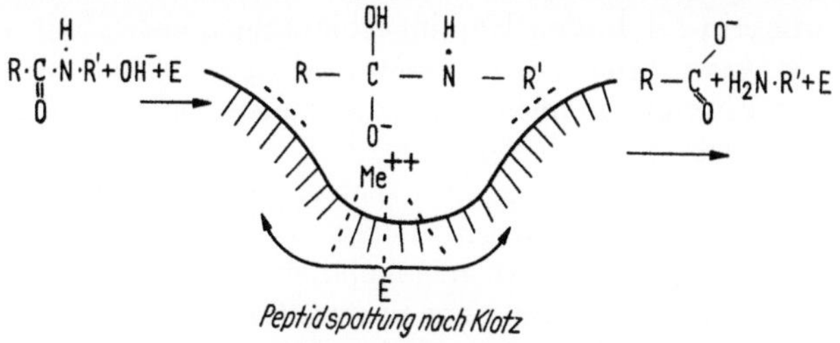

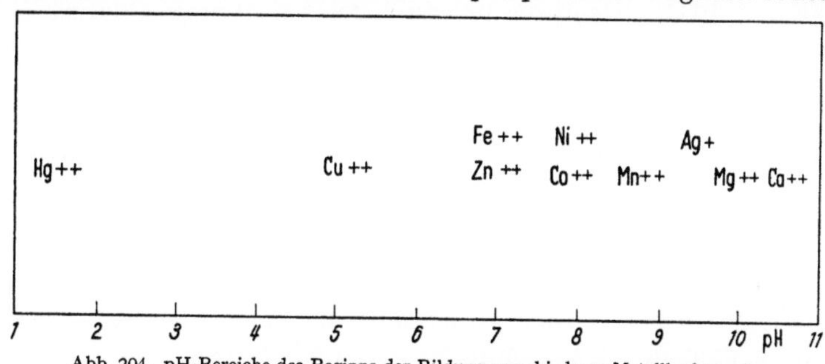

Abb. 203. Schwermetallfunktion bei der Peptidspaltung (nach KLOTZ 1954)

Außerdem sind die einzelnen Aminosäuren, d.h. die Produkte der Hydrolyse stärkere Komplexbildner als die Peptide, aus denen sie entstehen. Daher ist schwer einzusehen, warum die Metalle die Spaltprodukte abgeben sollten, wenn

Abb. 204. pH-Bereiche des Beginns der Bildung verschiedener Metallhydroxyde

die Chelatbildung mit dem ungespaltenen Substrat die Grundlage ihrer katalytischen Wirkung wäre. Zu ihr gehört nun stets die Begünstigung der Bildung und Erhaltung des aktivierten Zustandes. Viele der bekannten Chelate aber stabilisieren den energiearmen Grundzustand der beteiligten Partner. Dabei kann allerdings eine räumliche Anordnung fixiert werden, welche sie den aktivierenden Einwirkungen sterisch leichter zugänglich macht (vgl. Cytochrom c). KLOTZ schreibt den Schwermetallen aber darüber hinaus eine wesentliche *Rolle bei der Stabilisierung schon gebildeter Radikale* zu. Dazu müssen sie an einer geeigneten Stelle des Wirkortes gebunden vorliegen. Bei der Bildung des Michaelis-Komplexes würde das Substrat zunächst ohne Mitwirkung von Metallen angelagert. Die Aktivierung erfolge wieder durch OH$^-$-Übernahme. Hierbei würde der negative O des aktivierten Komplexes dem Metall gegenüberliegen, dessen positive Ladung den Zustand in einer so hohen Konzentration stabilisiert, daß durch seinen Zerfall eine endliche Geschwindigkeit des Umsatzes erreicht wird. Danach beruht die Substratspezifität auf der nichtmetallischen Bindung. Die besondere allgemeine Wirksamkeit des Mn und Mg erklärt sich daraus, daß diese wenig zur Komplexbildung neigenden Metalle mit nicht (Mg) oder halb gefüllten (Mn) 3d-Elektronenschalen noch offene Koordinationsstellen besitzen. Denn wegen ihrer geringen Tendenz zur Hydroxydbildung werden diese erst bei hohem pH-Wert durch OH⁻ besetzt (vgl. Abb. 203 und 204). Diese in mancher Beziehung vorsichtige Formulierung wird den Tatsachen im ganzen eher gerecht als die von SMITH.

Katalytisch wirkende Typen von Häminverbindungen

Die Ablehnung von Metallchelaten als enzymatischen Wirkungsgruppen kann aber nicht verallgemeinert werden. Tatsächlich sind unsere ersten Vorstellungen über den Aufbau von aktiven Zentren und ihre Wechselwirkung mit dem Protein an den Fe-Porphyrin-, d. h. den Häminverbindungen entwickelt worden. Schon das *Hämoglobin kann insofern als Fermentanalogon* betrachtet werden, als es den Einfluß der Eiweißkomponente auf die Eigenschaften und Funktionen des Hämins demonstriert. Seine Vereinigung mit dem Globin verhindert die Aufoxydation des 2-wertigen Eisens zum 3-wertigen so weitgehend, daß dieser Vorgang nur mit sehr geringer Geschwindigkeit abläuft. Am freigesetzten Häm vollzieht er sich in Gegenwart von molekularem Sauerstoff schon ohne Katalysator sofort. Eine im Hämoglobin ohne weitere Oxydationsmittel außer O_2 stattfindende Häminbildung führt zum Methb (Hämiglobin). Sie erfolgt nur vom nicht oxygenierten Hb-Anteil aus. Im Erythrocyten wird ein genügend negatives Redoxpotential aufrechterhalten, so daß das Gleichgewicht Hb/Methb an der Hämiglobinreduktase (KIESE) völlig auf seiten der reduzierten Stufe, d. h. des Hb liegt. Auf diese Weise wird das *Hämoglobin aktiv im funktionstüchtigen Zustand erhalten* (KIESE 1947). Denn die reversible O_2-Anlagerung (*Oxygenation*) an Hb oder Myoglobin geschieht *nur beim Vorliegen 2-wertigen ionisch gebundenen Eisens* (vgl. S. 39). Nur dann kann ein freies Elektronenpaar aus der O_2-Molekel übernommen werden, wobei der elektrostatische Komplex unter Verlust des Paramagnetismus reversibel in einen kovalenten übergeht. Eine Elektronenabgabe vom Fe an den Sauerstoff, also eine Oxydation, findet hierbei keineswegs statt. Sie wird durch die Lagerung des Häm-Fe^{2+} im geeigneten Abstand zum Stickstoff einer Imidazolgruppe des Globins verhindert, denn nunmehr ist bei dem Herantreten des Elektronenpaares aus dem O_2 der Übergang in den kovalenten Komplextyp außerordentlich erleichtert, so daß seine Geschwindigkeit gegenüber der der Oxydation ganz in den Vordergrund tritt (vgl. S. 187).

Die Reaktion des gelösten O_2 wird dadurch besonders gefördert, daß die Häme auf der Außenseite der Globinmolekel angeordnet sind. Diese Anordnung ist so beschaffen, daß noch eine gegenseitige Beeinflussung der 4 Zentren möglich ist (*hem-hem-interaction*, PAULING 1935). Hierbei muß die Einwirkung einer Gruppe auf alle drei anderen in Betracht gezogen werden. Die ursprüngliche Formulierung von PAULING, welche nur eine Konstante der Bindung (K') und einen Faktor der gegenseitigen Beeinflussung (α) vorsah, hat sich als nicht ausreichend erwiesen. Sie lieferte zwar schon den *Sigmoidcharakter der HbO_2-Dissoziationskurve*, konnte aber ihre Asymmetrie und den Verlauf bei extrem kleinen und großen Drucken nicht genau wiedergeben. Daß dieses mit Hilfe der 4 Komponenten-Formel von ADAIR (1925) möglich ist, kann erwartet werden, denn sie benutzt 4 Konstanten zur Beschreibung der Sättigungskurve, d. h. der Abhängigkeit der relativen Sättigung (y) von der O_2-Spannung (p). Sie entsprechen den Gleichgewichten folgender Teilreaktionen mit den entsprechenden Assoziationskonstanten:

$$Hb \xrightarrow[K_1]{O_2} HbO_2 \xrightarrow[K_2]{O_2} HbO_4 \xrightarrow[K_3]{O_2} HbO_6 \xrightarrow[K_4]{O_2} HbO_8$$

$$y = \frac{K_1 p + 2 K_1 K_2 p^2 + 3 K_1 K_2 K_3 p^3 + 4 K_1 K_2 K_3 K_4 p^4}{4 (1 + K_1 p + K_1 K_2 p^2 + K_1 K_2 K_3 p^3 + K_1 K_2 K_3 K_4 p^4)} . \tag{59}$$

Bei niedrigen Drucken wird $y = K_1\, p/4$; bei hohen $y = 1 - (1/4\, K_4\, p)$. K_1 und K_4 sind aus dem Kurvenverlauf mit diesen Näherungsformeln zu gewinnen und damit ist auch die Größe der beiden übrigen abzuschätzen (ROUGHTON). Dabei zeigt sich eine zunehmende Affinität in Richtung des Reaktionsverlaufes nach rechts, so daß namentlich die Anlagerung des letzten Sauerstoffatoms mit wesentlich größerer Energie erfolgt als nach dem Paulingschen Ansatz.

Nach GEORGE und ROUGHTON (1955) haben die thermodynamischen Größen für die schrittweisen Anlagerungen der 1., 2., 3., 4. O_2-Molekel folgende Werte in kcal/mol:

	1.	2.	3.	4. O_2
ΔH	$-12{,}1$	$-7{,}8$	$-4{,}2$	$-5{,}1$
$-T \cdot \Delta S$	$+6{,}6$	$+1{,}3$	$-2{,}8$	$-3{,}9$
ΔG	$-5{,}5$	$-6{,}5$	$-7{,}0$	$-9{,}0$

Danach wird die Zunahme der hem-interaction hauptsächlich durch die Entropiezunahme bestimmt. Ob diese nur durch das Verschwinden von Ladungen beim Übergang in den kovalenten Komplex erklärt werden kann, ist unsicher.

Myoglobin besitzt nur ein Häm in der Molekel; daher entfällt die Wechselwirkung. Mit der Gleichgewichtskonstanten K ist dann:

$$K = \frac{y}{p \cdot (1 - y)} \quad \text{bzw.} \quad y = \frac{Kp}{1 + Kp}, \quad (59a)$$

wobei links der Faktor neben p den relativen Anteil an nicht oxygeniertem Myoglobin angibt. Zwischen ihm und dem O_2-Druck besteht also eine einfach hyperbolische Beziehung. Aus ihrer Darstellung (Abb. 205) ist zu entnehmen, daß die Abgabe oder Aufnahme des O_2 hauptsächlich bei sehr niedrigen O_2-Drucken erfolgt, wie

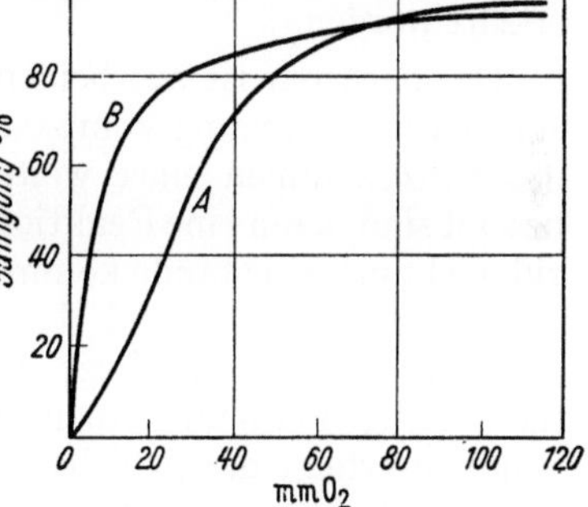

Abb. 205. O_2-Dissoziationskurve des Hb (A) und des Myoglobin (B) bei pH 7,4 und 37° (ROUGHTON 1955)

sie im Innern der Zellen und Gewebe vorliegen. Myoglobin wird also erst unter den Umständen des O_2-Mangels beansprucht, bei Normalversorgung aber im oxygenierten Zustand vorliegen. Es dient als O_2-Speicher. Im Gegensatz dazu lehrt die Sigmoidkurve des Hb, daß die Hauptmenge des O_2 bei größeren Spannungen dieses Gases abgegeben wird. Bei physiologischem pH liegt die Entladungsspannung über 40 mm Hg. Nur dadurch kann eine ausreichende O_2-Versorgung des Gewebes von den Capillaren aus erfolgen, ohne daß der Sauerstoffträger sie verläßt (s. S. 81). Diese in funktioneller Beziehung entscheidende Verlagerung der Kurve wird also durch die räumliche Anordnung der 4 Hämreste am Globin erreicht.

Ein weiterer Vorteil geht mit ihr Hand in Hand. Die hem-interaction führt, wie die steile Zunahme der Sättigungskurve bei niedrigen Drucken zeigt, zu einer Förderung der Sauerstoffanlagerung durch die schon oxygenierten ersten Häm-Anteile. Damit tritt die Methb-Bildung zurück (s. S. 624). Dieser Effekt kommt für das Myoglobin nicht in Frage. Es wird dementsprechend auch leichter spontan in Metamyoglobin (Myiglobin) verwandelt.

Die Funktion der prosthetischen Gruppen vom Häm-Charakter hängt in minutiöser Weise von der Art ihrer Bindung an das zugehörige Protein ab. Schon die Tatsache, daß ihre Vereinigung eine sehr hohe Konzentrierung des im Wasser fast unlöslichen Häms gestattet, ist von biologischer Bedeutung, denn sie ermöglicht erst den Transport genügender Sauerstoffmengen. Biochemisch aber weit reizvoller ist der Übergang von der Transportaufgabe, welcher das Hb als „entartetes Atmungsferment" (WARBURG) dient, zur eigentlichen Fermentfunktion. Allerdings liegen hier auch andere Proteine vor. Dabei konzentriert sich das Interesse auf die Art der Bindung der Hämkomponenten; denn sie ist für die Funktion ausschlaggebend. *Häminfermente können durch den Wertigkeitswechsel des Fe* wirksam werden *oder* sie können als Hydroperoxydasen *bei gleichbleibender Dreiwertigkeit* wirken.

Bei den *Cytochromen und dem Atmungsferment (Cytochromoxydase)* schwingt das Eisen zwischen beiden Wertigkeitszuständen: es empfängt Elektronen von negativeren Redoxsystemen und gibt sie an positivere ab, die Cytochromoxydase schließlich sogar an O_2. Bei dem letzten Schritt werden Sauerstoffionen gebildet (s. S. 462). Nur das Atmungsferment ist in der Lage, im 2-wertigen Zustand mit O_2 und CO, und im 3-wertigen mit HCN zu reagieren. Der Wertigkeitszustand der Cytochrome richtet sich nun nach der Anlieferungs- und Abgabemöglichkeit der Elektronen. Die Eigenschaft, ausschließlich als Stationen im Elektronenfluß zu dienen und sich nicht mit O_2 und den genannten Atmungsgiften irgendwie verbinden zu können, ist von THEORELL für das Cytochrom-c folgendermaßen erklärt worden.

Das Fe-Atom ist auf beiden Seiten der Häminscheibe mit Imidazolkernen zu einem Durchdringungskomplex, d.h. kovalent, verbunden (s. S. 186). Da durch das Hinzukommen einer weiteren Bindung zum N alle 6 Koordinationsstellen besetzt sind, kann eine Reaktion mit O_2 und den genannten Giften, auch mit Fluorid, nicht mehr zustande kommen. Das Eisen ist aber ohne weiteres in der Lage, z. B. schon durch Pt und H_2, d.h. aktivierten Wasserstoff, reduziert zu werden. Auf dem natürlichen Wege geschieht das durch Cytochrom b oder durch das flavinhaltige Ferment Cytochrom-c-Reduktase. Eine Sprengung der koordinativen Bindung erfolgt dabei nicht. Infolgedessen muß eine *Zuführung der Elektronen über Leitstrukturen* erfolgen. THEORELL (1944) stellt sich ihren Ablauf unter Mitwirkung eines H-Atoms, welches dabei zum Proton wird, folgendermaßen vor:

$$\underset{\textstyle -\overset{\textstyle\cdot}{C}\diagdown}{\overset{\textstyle H}{}}\!\!\!>\!N^+\!-Fe^{3+} + H \;\rightarrow\; \left[\; \underset{\textstyle \underset{\textstyle H\cdots\cdots\nearrow}{\underset{1e^-}{\cdot}}}{\overset{\textstyle H}{-\overset{\textstyle\cdot}{C}\!\bullet}\diagdown}\!\!\!>\!N\!-\!\!-\!\!-Fe^{3+} \;\right] \;\rightarrow\; \underset{\textstyle -\overset{\textstyle\cdot}{C}\diagdown}{\overset{\textstyle H}{}}\!\!\!>\!N^+\!-Fe^{2+} + H^+$$

Es findet also unter vorübergehender Aufhebung der Doppelbindung und Anlagerung des H-Atoms eine intermediäre Radikalbildung mit freier Valenz am C statt. Das basische (IP $= 10$, MG etwa 13 000) und stark lysinhaltige Protein bindet die beiden Vinylgruppen ($CH\!=\!CH_2$) als Thioäther am Cysteinschwefel: $-S-\overset{\textstyle|}{C}H-CH_3$. Es scheint, daß die prosthetische Gruppe in eine Art Spalte des relativ$^{|}$ kleinen, stabilen und weitgehend hitzeunempfindlichen Proteins hineingezogen ist.

Ionisationsänderung der Eiweißkomponente *ändert auch den Bindungszustand* (vgl. dazu das Verhalten des Hämoglobins, s. S. 187). Im Sauren wird er ionisch, so daß das Fe^{3+}-Cytochrom dann mit fünf ungepaarten d-Elektronen paramagnetisch wird, während es im kovalenten Zustand nur ein ungepaartes besitzt (THEORELL, AKESON und PAUL 1944). Bei verschiedenem pH lassen sich spektroskopisch und nach der Reaktionsweise fünf verschiedene Cytochrome unterscheiden. Zwischen pH 3 und 8,5 findet jedoch keine wesentliche Änderung der Eigenschaften statt. Im stark Sauren ist dagegen das Fe nur durch das Porphyrin gebunden. Zwischen pH 1 und 3 ist eine Kombination mit Fluorid möglich; im alkalischen Bereich kann die Fe^{3+}-Form mit Cyanid und die Fe^{2+}-Form mit CO reagieren. Über pH 13 ist es autoxydabel, so daß auch hier die Eiweißbindungen zum Fe aufgehoben sein müssen (über pH und Redoxpotential s. S. 459).

Eine genauere Untersuchung hat ergeben, daß gelöstes Cytochrom c auch bei neutraler Reaktion mit Cyanid oder Azid reagieren kann. Jedoch hat sich der Komplex in 10^{-3} m Cyanid erst im 60 min zur Hälfte gebildet und von Azid wird aus 10^{-3} m nur 0,6% gebunden. Die funktionelle Bedeutung dieser Verbindungen ist also sehr gering.

Dagegen ist das Cytochrom a_3 [O_2-übertragendes, *Atmungsferment* (WARBURG), *Cytochromoxydase* (KEILIN), Fe-Oxygenase] diesen Giften gegenüber äußerst empfindlich. Es ist zugleich autoxydabel. Von der Struktur ist es sehr schwer und kaum ganz unverändert durch Detergentien, Saponin, Gallensäuren u. a. abtrennbar (STOTZ 1956, KIESE 1954, WAINIO 1955 u. a.). Seine α-Absorptionsbande liegt mit 605 mμ weiter zum Roten als bei den übrigen Cytochromen. Das zugrundeliegende Häm ist daher grünlich gefärbt (Verdotyp im Gegensatz zum Protoporphyrin vom Rhodotyp). Die Veränderung des Spektrums beruht auf der Gegenwart einer Formylgruppe an der Stelle 2 oder 4 im Porphinring. Es ist möglich, daß dieser Gruppe auch eine Bedeutung für die besonderen Eigenschaften zukommt, sowohl mit jenen Giften wie mit dem Sauerstoff direkt reagieren zu können. Wahrscheinlich ist hierfür wieder die Art des Einbaues in die Proteinmolekel wichtig. Die Farbkomponente enthält nämlich nach LEMBERG u. a. einen langkettigen Paraffinrest, welcher dem Atmungsferment den Charakter eines Lipoproteins verleihen müßte (s. auch STOTZ u. Mitarb.). Andererseits scheint das Ferment wie Hb aus 4 Hämen zu bestehen, deren Anordnung wieder günstige Möglichkeiten für den Angriff des O_2 bieten dürfte. Cytochrom-b_5 aus „Mikrosomen" und a_2 aus Bakterien ohne a_3 sind auch autoxydabel.

Ganz andere Eigenschaften besitzen die *Hydroperoxydasen* (THEORELL 1951). Sie enthalten wieder Protohämin. Jedoch ist die Bindung zur Proteinkomponente andersartig. Diese Fermente reagieren bei a) mit Substraten (AH_2) als Elektronendonatoren und H_2O_2 als Acceptoren, bei b) ist eine Molekel H_2O_2 *auch* Donator:

$$\text{a)} \quad AH_2 + H_2O_2 = A + 2\,H_2O \qquad \text{Peroxydasen,}$$
$$\text{b)} \quad O_2H_2 + H_2O_2 = O_2 + 2\,H_2O \qquad \text{Katalasen.}$$

Es steht namentlich nach THEORELLs magnetochemischen Messungen fest, daß beide Typen Häminfermente sind, welche auch bei ihrer Funktion die Stufe der *Dreiwertigkeit beibehalten*. Die Wechselzahlen sind bei diesen Fermenten sehr hoch, etwa von der Größenordnung 10^6 min^{-1}. Eine Häm-Wechselwirkung liegt nicht vor. Das Eisen ist auch nicht an Imidazol gebunden: reduzierte Peroxydase ist ionisch, ihre Verbindung mit CO ergibt einen kovalenten Komplex. Dieser Übergang ist im Dissoziationsbereich des Imidazols im Gegensatz zum Hb nicht mit einer Änderung der Basenbindungskurve verbunden. Blausäure reagiert mit Ferriperoxydase unter Bildung eines kovalenten Komplexes. Auch bei alkalischer Reaktion liegt ein solcher vor; das Fe hat hier nur ein unpaariges d-Elektron. Die Hydroxylgruppe ist jetzt an das Fe-Atom gebunden. Bei hohem pH hemmen die Anionen, weil sie mit dem OH^- in Konkurrenz um das Fe-Atom treten (AGNER und THEORELL 1946). In Aceton-HCl läßt sich die *Eiweißkomponente* abtrennen. Sie kann mit dem Protohämin oder anderen Häminen wieder *zum wirksamen Ferment vereinigt* werden. Dabei ergab sich, daß die Propionylgruppen für die Bindung erforderlich sind. Sie scheinen *salzartig* mit den basischen Resten des Eiweißes *gekoppelt* zu sein. Das Fe-Atom ist nach den Titrationskurven THEORELLs dagegen mit einer Carboxylgruppe des Proteins verbunden. Um die Häme richtig einbauen zu können, müssen die beteiligten Gruppen in den betreffenden Abständen am Eiweiß vorhanden sein. Die hohe Geschwindigkeit der Reaktion wird von THEORELL mit der ionischen Natur des Komplexes begründet.

In der *Induktionsphase treten zwei verschieden gefärbte Peroxydaseverbindungen* auf. B. CHANCE deutet den Ablauf der Reaktion folgendermaßen (1954):

$$\text{a)} \quad E + H_2O_2 \underset{k_3 < 3}{\overset{k_1 = 9 \cdot 10^6}{\rightleftharpoons}} E\,(H_2O_2) \qquad \text{(I) (grün)}$$

$$\text{b)} \quad E\,(H_2O_2) + AH_2 \xrightarrow{k_7 = 5 \cdot 10^4} H_2O + AE\,(H_2O) \quad \text{(II) (orange)}$$

$$\text{c)} \quad AE\,(H_2O) + AH_2 \xrightarrow{k_4 = 2 \cdot 10^3} E + A + H_2O + AH_2$$

Komplex I absorbiert maximal bei 665 mμ, II bei 555 und 527 mμ. I besitzt drei, II hat zwei ungepaarte Elektronen.

Über die Beschaffenheit des Komplexes kann noch wenig ausgesagt werden. Die Vermutung GEORGEs (1955), daß in ihm durch Peroxyd entstandene höhere Oxydationsstufen des Fe (Fe^{4+}) vorliegen, ist noch nicht gesichert. Diese Stufe würde dann durch den H- bzw. Elektronendonator AH_2 wieder zum Fe^{3+} reduziert. Die *Katalase* vollzieht im Anschluß an a) den Schritt

$$E\,(H_2O_2) + H_2O_2 \rightarrow E + O_2 + 2\,H_2O$$

Sie kann aber *auch wie eine Peroxydase* nach b) und c) weiterreagieren. Jedoch sind die Geschwindigkeiten für beide Fermente verschieden. Für Bakterienzellen ergab sich aus den kinetischen Untersuchungen von CHANCE eine steady-state-Konzentration von 10^{-8} mol H_2O_2. Von diesem Niveau aus wird das Hydroperoxyd offenbar für Oxydationen im Sinne der Peroxydase-Wirkung benötigt. Bei höheren Gehalten könnte die Peroxydase katalatische, d. h. Schutzfunktionen gegenüber H_2O_2-Anhäufung, übernehmen, wie sie bei den Erythrocyten zur Erhaltung des Hämoglobins und z.B. der Leberzellen notwendig sind. Denn letztere sind relativ reich an Flavinen, welche im geringen Ausmaß in der Lage sind, mit dem O_2 direkt Hydroperoxyd zu bilden. Auch bei vielen Bakterien und den Pflanzen muß mit dieser Möglichkeit gerechnet werden.

Metallverbindungen der Flavoproteine

Erst seit kurzem (1953) hat man erkannt, daß viele Flavinenzyme obligat schwermetallhaltig sind (GREEN, MAHLER u. a.). Besonders auffällig ist das zunächst in Ernährungsversuchen als notwendig befundene *Molybdän* (WESTERFELD 1949), dessen Vorkommen in der Xanthinoxydase anschließend durch DE RENZO sichergestellt wurde. Inzwischen ergab sich, daß die Aldehydoxydase der Leber, die Nitritreduktase[1] und Hydrogenase[2] der entsprechenden Bakterien auch Mo enthalten. Cu wurde außer in den Polyphenoloxydasen in der Butyryl-CoA-Dehydrogenase und im DPNH-Oxydase-Komplex der Mitochondrien gefunden, welcher außerdem Fe enthält. Dieses Metall findet sich in der Form des Cytochroms in der DPNH- und TPNH-Cytochrom-Reduktase neben dem FAD. Die Tabelle 113 gibt die schematische Zusammensetzung dieser Enzyme. Es ist damit zu rechnen, daß auch das hydrierende System der α-β-ungesättigten Fettsäure-CoA-Verbindungen für die Betätigung in beiden Richtungen nicht nur aus einem *Cu-Flavin-Enzym* besteht. Die Funktion des Cu und Mo müssen z.T. auch bei diesen Fermenten im Valenzwechsel gesehen werden (z.B. $Mo^{+6} \leftrightarrow Mo^{+5}$). Es ist zu beachten, daß sich die Flavine an jener Stelle in der Atmungskette betätigen, an der der Übergang eines Wasserstoffpaares in je 2 Protonen und Elektronen stattfindet, d. h. wo ihre katalysierte *Weitergabe an 1-Elektronenacceptoren* beginnt.

---

[1] $TPNHH^+ + NO_3^- \rightarrow NO_2^- + TPN^+ + H_2O$ (NASON 1952; NICHOLAS 1955).
[2] $H_2 + E - FAD \rightarrow E - FADH_2$ (GEST 1954).

Daß mit der Abgabe einzelner negativer Ladungen aus Flavinen Radikale mit Semichinoncharakter entstehen, wurde bereits auf S. 461 bemerkt. Die Metalle können ihre Bildung, Stabilisierung und Bindung an das Protein bewirken oder

Tabelle 113. *Zusammensetzung einiger Metall-Flavin-Enzyme* (nach MAHLER 1956)

Ferment	FAD	Fe	Mo	Cu
Xanthinoxydase (Milch)	4	1	2	
Xanthinoxydase (Leber)	1	4	1	
Aldehydoxydase (Leber)	2	1	2	
DPNHoxydase (Herz-Mitochondrien) .	1	15+6 Häm		6
Butyryl-CoA-Dehydrogenase	1			2

erleichtern. MAHLER gibt dazu etwa folgendes Schema, in dem FH_2 für hydriertes Flavin und Fe für Cytochrom steht und X ein ungepaartes Elektron bedeutet:

$$
\underset{\substack{Fe^{3+}>Mo^{6+} \\ E\left\langle F=H_2 \right\rangle \\ Fe^{3+}>Mo^{6+}}}{\text{Aktivierung}}
\xrightarrow[(+\,\varDelta G^x)]{\text{langsam}}
\underset{\text{Bi-Radikalion}}{\substack{Fe^{3+}>Mo^{6+} \\ E\left\langle F<^{H}_{\dot{X}^{\ominus}H^+} \right\rangle \\ Fe^{3+}>Mo^{6+}}}
\rightarrow
\underset{\text{Übertragung}}{\substack{Fe^{3+}>Mo^{6+} \\ E\left\langle F<^{H}_{X} \right\rangle \\ Fe^{3+}>Mo^{5+}}}
\rightarrow
\underset{\text{Radikalion}}{\substack{Fe^{3+}>Mo^{6+} \\ E\left\langle F<^{H}_{X} \right\rangle \\ Fe^{2+}>Mo^{6+}}}
$$

Die Aktivierung zum Biradikalion im Triplettzustand ($\dot{X}$) erfolgt durch Spinentkoppelung einer Bindung zum Wasserstoff. Ihr folgt die Übertragung eines Elektrons auf die Metalle. Die Wiederholung des analogen Vorganges ($\cdots\rightarrow$) in der oberen Hälfte des Komplexes führt unter Aufhebung des Radikalcharakters über $F^{\oplus}-H$ zur Freisetzung des 2. Protons und zur Bildung des dehydrierten FAD (F). Insgesamt würde der zwischenmolekulare Elektronentausch durch die Komplexbildung zu einem innermolekularen werden. Er würde dabei u. a. erleichtert, weil der ebene und gleichartige Komplex mit den π-Elektronen des Flavinringes Resonanzmöglichkeiten bietet. Damit ist gleichzeitig auch die Aktivierungsenergie für die Gesamtreaktion herabgesetzt. Die Erleichterung ihres Ablaufs zeigt sich auch in der Positivierung des Redoxpotentiales (s. Tabelle 114). Sie ist aber nicht immer vorhanden und für die Geschwindigkeit der Reaktion nicht direkt ausschlaggebend.

Tabelle 114. *Redoxpotentiale von Flavinproteinen* (aus MAHLER 1956)

	E'_0 (Volt)
Riboflavin	−0,186
FAD	−0,180
Altes gelbes Ferment (OYE) . .	−0,060
Xanthinoxydase (Mo)	−0,350
DPNH-cyt-Reduktase (Fe) . . .	−0,0
Butyryl-CoA-Dehydrogenase (Cu)	+0,187

Radikalketten, Einelektronenvorgänge; Hauptvalenzkatalysen

Das differente Verhalten der Häminfermente und die Bildung der verschiedenen Komplexe demonstriert die Weite der Möglichkeiten, mit der die katalytischen Funktionen der Wirkgruppe vom Protein aus beeinflußbar sind. Andererseits kann jedoch auch auf Grund ihres Verhaltens zu allgemeinen Vorstellungen über den Ablauf von Fermentreaktionen Stellung genommen werden. Die große Geschwindigkeit der Umsetzungen an den Hydroperoxydasen ließ die Vermutung aufkommen, daß freie Radikale auch im Lösungsraum in Form von *Radikalketten* reagieren würden. Bei der technischen Knallgasreaktion können, nachdem durch thermische Reaktion Spuren freier H-Atome entstanden sind, Reaktionsfolgen mit

Verzweigung und mit Abbruch stattfinden:

$$H \cdot + O_2 \rightarrow OH \cdot + O \cdot$$

Verzweigung:
$$OH \cdot + H_2 \rightarrow H_2O + H \cdot \qquad\qquad O \cdot + H_2 \rightarrow OH \cdot + H \cdot$$

. . . .

Abbruch: $O \cdot + H_2 \rightarrow H_2O$ $OH \cdot + H \cdot \rightarrow H_2O$

$$2\,H \cdot \rightarrow H_2; \qquad 2\,O \cdot \rightarrow O_2$$

Die Geschwindigkeit der Reaktion wird durch das Verhältnis der Radikalbildung bei der Kette und *Verzweigung* zu der des *Abbruches* bestimmt. (Beispiel: Kettenabbruch an der Wand von Behältern für Gasreaktionen.) So wichtig die Radikalstabilisierung am Ferment ist, so wenig scheint der Ablauf einer Kette in Lösung den Anforderungen einer guten Steuerungsmöglichkeit gerecht zu werden. Es bestehen namentlich nach den Untersuchungen von B. CHANCE auch keine Anhaltspunkte für das Auftreten gelöster freier Radikale bei der biologischen Oxydation und bei den Peroxydspaltungen.

Die schrittweise Aufnahme von Elektronen durch das Sauerstoff-Atom oder die O_2-Molekel wird daher auch nicht die auf S. 462 dargestellten radikalischen freien Stufen durchlaufen. Wie die an der Cytochromoxydase entstehenden Zwischenverbindungen beschaffen sind, ist zur Zeit noch nicht zu übersehen. GEORGE (1955) gibt dazu ein Schema, in dem wiederum höhere Wertigkeitsstufen des Eisens angenommen werden, welche Verbindungen mit den einzelnen radikalischen Zwischenprodukten eingehen.

Bei allen diesen Reaktionen werden Einzelelektronen bewegt. Das entspricht der Michaelisschen Vorstellung der biologischen Oxydationen (one step-Reaction). Betrachtet man jedoch die Vorgänge bilanzmäßig, so muß immer mit einer paarweisen Übertragung gerechnet werden, solange keine Radikale mit einsamen Elektronen über längere Zeit stabilisiert werden. Sie sind für biologische Abläufe nicht nachgewiesen. Es ist sogar schwer, sie für einfache organische und anorganische Reaktionen sicherzustellen (WESTHEIMER). Daß sie als Intermediärprodukte formuliert werden müssen, trifft für alle derartigen Prozesse zu. Jene sind aber als aktivierte Zustände entsprechend der reaction rate-Theorie nur in physikalisch und chemisch nicht nachweisbar geringer Konzentration vorhanden, d. h. das zeitliche Vorauseilen eines Einelektronenvorganges vor den kompensierenden zweiten liegt im Bereich weit unter einer Mikrosekunde (CHANCE 1955), ist also mit der jetzt anwendbaren Methodik noch nicht zu erfassen.

Aus diesem Grunde wird man auch die meisten fermentativ katalysierten Reaktionen als *Hauptvalenzkatalysen* beschreiben können (LANGENBECK). Man muß sich aber darüber klar sein, daß auch bei vielen anderen organischen Reaktionen intermediär auftretende Radikale oder nucleophile und elektrophile Gruppen wirksam sind. Als Hauptvalenzkatalysen wird man daher nur solche hervorheben, bei denen präparativ erfaßbare organische Zwischenstoffe definierter Zusammensetzung auftreten. Ihre Isolierung gibt gute Einblicke in den Verlauf dieser Katalysen. Sie sind deswegen als *Fermentmodelle* (LANGENBECK 1953) wertvoll geworden und haben in diesem Zusammenhang besonders die Bewertung des Einflusses aktivierender Gruppen ermöglicht.

Ein Beispiel ist die Oxydation von α-Aminosäuren mit Chinonen oder Isatin. Der Katalysator, welcher zunächst den Wasserstoff übernommen hat, wird dann durch Dehydrierung mit Luftsauerstoff wieder zur Chinon- bzw. Diketoform zurückverwandelt. — In Anwesenheit von primären Aminen zerfallen α-Ketosäuren leicht in Aldehyd und CO_2. Aus ihrer primär mit dem Katalysator eingegangenen Verbindung wird unter Einwirkung einer zweiten Substratmolekel CO_2 abgespalten und gleichzeitig aus dem so entstandenen Aldehydimin eine neue spaltungsbereite α-Iminosäure gebildet:

$$\begin{matrix} R_1-C-\ \vdots COO\ \vdots H \\ \| \\ R_2-N \end{matrix} \ + \ R_1\cdot CO\cdot COOH \rightarrow CO_2 + R_1C\diagup\!\!\diagdown{}^{O}_{H} + \begin{matrix} R_1-C-COOH \\ \| \\ R_2-N \end{matrix}$$

Primäre Amine, z. B. Anilin können auch Ketonalkohol-(Acyloin-)bildung aus Aldehyden katalysieren (s. S. 48). Bei der Entstehung von Benzoin aus Phenylglyoxylsäure fängt der Benzaldehyd den Synthesezwischenstoff so ab, daß daraus unter Einwirkung der Ketosäure das Endprodukt entsteht. Diese durch Isolierung der Zwischenprodukte als Hauptvalenzkatalyse gesicherte Reaktion macht die Carboligasewirkung der Carboxylase verständlich. Tatsächlich entsteht aus Brenztraubensäure an diesem Ferment auch Acetoin. Es wird angenommen, daß diese Reaktion um so leichter eintritt, je stabiler die Aldehydverbindung mit der Aminogruppe des Thiamins am Ferment ist. In diesem Fall können also verschiedene Substanzen am gleichen Enzym aus demselben Substrat gebildet werden (SINGER).

Elektronenleitung; Halbleiter-, Austauscher-, Chlathrat-Katalysatoren

Verschieden gebundene Aminogruppen zeigen auch unterschiedliche Carboxylasewirkungen, wobei die Geschwindigkeiten sich um Faktoren bis zu 10^4 unterscheiden können. Amine heterocyclischer Verbindungen sind — dem Beispiel des Thiamins entsprechend — am wirksamsten. Dabei dürfen die aktivierenden Gruppen nicht zu weit von den aktivierten entfernt stehen. Allerdings können π-Elektronensysteme von aromatischen oder konjugierten Doppelbindungen eine Weiterleitung übernehmen. Die Übertragung dieser Beobachtungen auf Enzyme führt zur Frage der *Energieleitung durch ihre Peptidstruktur*. Die Möglichkeit einer Weiterleitung am Protein kann grundsätzlich bejaht werden (s. S. 532). Ihr Vorkommen ist — von Spezialfällen abgesehen — nicht erwiesen. Ihre Bedeutung für die Aufnahme von Aktivierungsenergie aus dem Wärmevorrat der Lösung kann daher noch nicht beurteilt werden. Es ist möglich, daß die Kuppelung von Oscillatoren gleicher Frequenz, wie sie von PATAT und von G. WEBER vorgeschlagen wurde, tatsächlich eine solche Übertragung von Energie zustande kommen läßt. Sicher kann sie sich nicht, wie die Kontinuums-Halbleitertheorie verlangt, in einem Leitfähigkeitsband bewegen, denn nach den Berechnungen von EVANS und GERGELY reicht die thermische Energie nicht dazu aus, die Elektronen auf das notwendige Energieniveau zu heben (s. S. 535).

Dagegen legt es die besondere Struktur der Cytochrome nahe, eine *Leitfähigkeit* für Elektronen mindestens in dem Fe-katalysierten Teil *der Atmungskette* anzunehmen. Denn nach THEORELLs Auffassung erfolgt die Wertigkeitsänderung am Fe durch Elektronentausch über die Leitstruktur des Imidazols (s. S. 626). In diese könnte dann eine irgendwie beschaffene Elektronenleitung des Proteins einmünden. Weiter wird mit einer bestimmten und strukturell fixierten Reihenfolge der Cytochrome zu rechnen sein, welche untereinander in Kontakt zu treten hätten. Tatsächlich lassen sich aus den Elektronentransportsystemen der Mitochondrien durch Zerlegung mit Ultraschall oder auf chemischem Wege Partikelchen (ETP) mit unterschiedlicher oxydativer Leistungsfähigkeit gewinnen, unter ihnen sogar solche, welche noch eine Phosphatbindung vollziehen (PETP) (GREEN 1956). Wie aber die Übertragung von einer Molekel der Cytochrome auf die nächsten erfolgt, ist unsicher. Man hat an eine geringfügige Rotation gedacht, durch welche die aktiven Eisenzentren einander näher geführt werden können (CHANCE 1956). Vielleicht werden nicht einzelne Moleküle, sondern größere Molekülaggregate als Halbleiter wirken, wobei die Elektronen durch die Unterschiede im Redoxpotential der Störstellen, d. h. der elektronenbindenden Häminproteine bewegt werden. Ihre Fe-Zentren würden dann als Fallen verschiedener Tiefe wirken und die Elektronen müßten der Wahrscheinlichkeit entsprechend jenen mit tiefstem Niveau, d. h. höchsten Redoxpotential zustreben.

Bei der *technischen* heterogenen Katalyse besitzt die *Halbleitereigenschaft* insofern Bedeutung für den eigentlichen Vorgang, als die Elektronenaustrittspotentiale je nach dem Energieniveau ihrer Leitfähigkeitsbänder verschieden hoch liegen (s. S. 534). Sie sind für die Elektronenaffinität der Oberflächenschicht maßgeblich. Dementsprechend kann das Wandmaterial durch Übergang von Elektronen auf den zu adsorbierenden Stoff, z. B. O_2, an ihnen unter Abnahme der Oberflächenleitfähigkeit verarmen (n-Halbleiter als Katalysatoren und nucleophile Partner der Donatorreaktionen). Bei einem p-Leiter (Defektleiter, s. S. 534, als Katalysator und elektrophiler Partner der Acceptorreaktionen) würden aus geeigneten Substraten bei der Adsorption Elektronen aufgenommen. Sie erhöhen die meßbare Randschichtleitfähigkeit (HAUFFE 1957 u. a.). Mit diesen Elektronenübergängen kann aber gleichzeitig die Katalyse beginnen. Zum Beispiel wird ein Defektleiter wie Kobalt(II)-Oxyd Elektronen von CO aufnehmen und dadurch die Oxydation zum Dioxyd einleiten. Dieser Übergang ist geschwindigkeitsbestimmend. Er ist auch durch Änderung der Oberflächenleitfähigkeit verfolgbar und vollzieht sich um so leichter, je größer die Defektelektronendichte ist (G. M. SCHWAB 1956).

Auch bei den technischen Katalysatoren spielen *sterische Verhältnisse* eine entscheidende Rolle. Käfigverbindungen können nur von räumlich gut eingepaßten Molekeln gebildet werden. Wird als Gastmolekel eine besonders leicht umwandelbare Form bevorzugt festgehalten, dann kann allein durch den Einschluß die Umwandlungsgeschwindigkeit erheblich gesteigert werden. So werden Acyloine in der gewöhnlichen Form nicht, wohl aber als Endiolate leicht oxydiert:

$$R \cdot \underset{\underset{O^-}{|}}{C} = \underset{\underset{O^-}{|}}{C} - R + 2\,H^+ \leftrightarrow R - CO \cdot CHOH \cdot R$$

Gerade aber das Endiol wird vom α-Cyclodextran eingeschlossen und damit der Ketonalkoholform gegenüber angereichert (CRAMER 1956). Daß außerdem die Redoxpotentiale von Gastverbindungen verändert werden können, wie es auch mit ihren elektrolytischen Dissoziationskonstanten geschieht, muß sich auch in der Umsatzgeschwindigkeit äußern. Bemerkenswert und kennzeichnend für die Güte der räumlichen Einpassung ist die Möglichkeit, optische Antipoden durch Einschluß in Wirtsverbindungen auszuwählen. Hexagonaler Harnstoff kann in einem Rechts- und einem Links-Gitter kristallisieren. Aus einem Razemat asymmetrischer Paraffinderivate wird ein Antipode von der einen Gitterform bevorzugt eingeschlossen (SCHLENK). CRAMER weist darauf hin, daß dieser Befund einen Beitrag zur Frage der ,,optischen Urzeugung'' darstellt. Denn hier wird eine primäre Auswahl zwischen beiden Antipoden getroffen, ohne daß schon vorher durch optisch auswählend geprägte Fermente eine asymmetrische Synthese abläuft.

Katalysatoren können in vieler Beziehung als Fermentmodelle angesehen werden; jedoch versagen sie oft darin, daß sie wenige Analogien zu den katalytischen Leistungen der Eiweißkomponenten liefern. Ihre Struktur ist zu wenig spezifisch geprägt, so daß das Prinzip der Angleichung (s. S. 604) nicht anwendbar ist. Aber sie lassen sich verfeinern. Einlagerungen von Wirkgruppen in die Netze von *Austauschermolekeln* geben Modelle zu ihrer räumlichen Fixierung in einer Makromolekel. Derartige Austauscher können z. B. in der H-Form protonenkatalysierte Hydrolysen insofern spezifisch gestalten, als die durch das Netzwerk eindringenden Substratmoleküle eine bestimmte Größe nicht überschreiten dürfen und eine geeignete Form besitzen müssen. Auch optisch spezifische Katalyseorte lassen sich einbauen (s. S. 271). DIMROTH (1956) konnte durch Verwendung verschieden stark basischer Anionentauscher Ribonucleinsäurespaltungen so lenken, daß mit den stark basischen nur Mononucleotide und mit den schwächeren vorwiegend Oligonucleotide erhalten wurden. Die Einlagerung von Redoxsystemen führt zu *Fermentmodellen* der Oxydoreduktion. Sie lassen sich natürlich auch *in Membranform* gewinnen und können so als Beispiele für die fixierte Anordnung der Cytochrome in der Mitochondrienwand dienen. Man weiß heute, daß sie und auch andere Fermente in der Zellmembran zugegen sind und mit der besonderen Funktion dieser Gebilde in Zusammenhang stehen. Ob Membranenzyme mit denen im Lösungsraum identisch sind oder nicht und ob Membranen umgekehrt als zweidimensional angeordnete Enzymmolekeln aufgefaßt werden können, ist eine offene Frage. Sie aber leitet zu den histologisch oder elektronenmikroskopisch strukturell erfaßbaren Systemen über, in welchen die Fermente ihre eigentliche Funktion zu vollziehen haben.

Anhang

Lösung der Differentialgleichung (12):

$$\frac{dy}{dt} = a\,k_1\,e^{-k_1 t} - k_2\,y \tag{a}$$

durch die Methode des Koeffizientenvergleichs nach LAGRANGE.

Das allgemeine Integral ist von der Form:

$$y = C_1\,e^{-k_2 t} + C_2\,e^{-k_1 t}. \tag{b}$$

Differentiation dieser allgemeinen Form der Lösung gibt:

$$\frac{dy}{dt} = -\,C_1\,k_2\,e^{-k_2 t} - C_2\,k_1\,e^{-k_1 t}. \tag{c}$$

Einsetzen von (b) und (c) in (a) liefert:

$$-\,C_1\,k_2\,e^{-k_2 t} - C_2\,k_1\,e^{k_1 t} = a\,k_1\,e^{-k_1 t} - C_1\,k_2\,e^{-k_2 t} - C_2\,k_2\,e^{-k_1 t}$$

bzw.:

$$(C_1\,k_2 - C_1\,k_2)\,e^{-k_2 t} = (C_2\,k_1 + a\,k_1 - C_2\,k_2)\,e^{-k_1 t} = 0.$$

Da k_1 und t und damit das Exponentialglied endliche Größen sind, muß der Klammerausdruck im Produkt auf der rechten Seite vorstehender Gleichung ebenfalls den Wert 0 haben. Dann lassen sich aus ihm die zunächst unbestimmten Koeffizienten C_1 und C_2 ermitteln, welche bei der Gewinnung des allgemeinen Integrationsausdruckes so gewählt waren, daß der Gleichung (a) genügt wird. Nach Nullsetzen des rechten Klammergliedes erhält man:

$$C_2 = \frac{a\,k_1}{k_2 - k_1};$$

mit (b) wird:

$$y = C_1\,e^{-k_2 t} + \frac{a\,k_1}{k_2 - k_1}\,e^{-k_1 t};$$

für $y = 0$ bei $t = 0$ wird:

$$C_1 = -\,\frac{a\,k_1}{k_2 - k_1}.$$

Einsetzen der Werte für C_1 und C_2 in (b) ergibt die Lösung:

$$y = \frac{a\,k_1}{k_2 - k_1}\,(e^{-k_1 t} - e^{-k_2 t}). \tag{13}$$

X. Dynamische und strukturelle Funktionseinheiten

Allgemeines

Daß das Lebendige über die Fähigkeit verfügt, den toten unbelebten Stoff in seine Organisation zu zwingen, ist eine Erfahrungstatsache; zu verstehen, in welcher Beziehung sie zu den verschiedenen biologischen Leistungen steht, ist ein fundamentales naturwissenschaftliches Problem. Der Einbau des Assimilationsmaterials kann als Zusammenfassung der Bausteine zur Struktur der Zellen und Organe beobachtet werden. Er ist gleichzeitig ein Teilausdruck des dynamischen Zustandes, der zusammen mit der Dissimilation als Stoffwechsel ein entscheidendes Charakteristikum des Lebendigen bedeutet. Wie es unter bekannten Umweltbedingungen entstanden ist und sich erhalten konnte, ist eine Frage interessanter biologisch-geologisch-historischer Spekulationen. Daß es sich aber den physikalisch-chemischen Gesetzen ohne jede Ausnahme fügt, ermöglicht seine Untersuchung vom Standpunkt der exakten Naturwissenschaften. Thermodynamisch gesehen erhält der Strom der Stoffe die Mechanismen der Zelle unter Aufbietung von Energie im arbeitsfähigen Zustand, d. h. in Entfernung vom Gleichgewicht der Ruhe: ein Pendel vermag nur dann Arbeit zu leisten, wenn es der Ruhelage zustreben kann, und die scheinbar im Strome des Springbrunnens ruhende Kugel gibt erst nach dem Vorbeileiten des Strahles ihre Fallenergie frei. Jeder arbeitsfähige Teilmechanismus muß nun an eine Struktur gebunden sein, über die sich seine Leistungen äußern. So vollzieht sich auch der Chemismus der Zelle in entscheidender Abhängigkeit vom Feinbau der Reaktionsorte, und so ist die Struktur allgemein nicht von der Funktion zu lösen, wie sie umgekehrt selber eine nur durch die Umsetzungen erhaltene dynamische Erscheinung ist.

Die Beziehung zwischen Dynamik und Struktur vollständig im einzelnen zu beschreiben, hieße eine fertige *kausale* Physiologie bringen. Sie existiert nicht. Aber jeder Theorie einer kardinalen Lebensäußerung wie der Muskeltätigkeit, Sekretion, Nervenleitung usw. liegt mindestens unausgesprochen das Problem der Verknüpfung von Struktur und Stoffwechsel zugrunde. Es ist auf den vorangegangenen Seiten häufig berührt worden. Ehe es unter dem Gesichtspunkt der strukturellen Bindung der Vorgänge an Organellen und Membranen allgemein betrachtet wird, muß auf die Existenz von *Funktionseinheiten* eingegangen werden, ohne daß dabei zunächst das mikromorphologische Strukturproblem beachtet wird. Denn die bisher gegebene kinetische und thermodynamische Analyse konnte nur Einzelvorgänge behandeln. Die Gesetzmäßigkeiten komplexer biochemischer Abläufe ergeben sich aus einer ergänzenden thermodynamischen und kinetischen Betrachtung stationärer Systeme.

Thermodynamik stationärer Systeme

Für den Ablauf irgendwelcher Vorgänge in einzelnen geschlossenen Systemen gilt die Aussage des 2. Hauptsatzes, nach der hierbei die Entropie anwächst und im statischen Gleichgewicht, d. h. nach Abschluß aller freiwillig möglichen Prozesse, ein Maximum erreicht hat. Organismen sind jedoch 1. keine abgeschlossenen Systeme und befinden sich 2. nicht im physikalischen Gleichgewicht. Aber die Konzentrationen ihrer Inhaltsstoffe und damit ihre physikalisch-chemischen Systeme werden während des Ruhezustandes in gleichbleibendem Abstand vom statistischen Gleichgewicht erhalten; sie sind im dynamischen (DuBois-Reymond) oder Fließgleichgewicht (v. Bertalanffy 1953) oder in einem sog. steady-state-Zustand. Es wurde bereits (s. S. 411) darauf hingewiesen, daß die *Lebewesen* offenbar die Fähigkeit besitzen, das *Anwachsen der Entropie* trotz der sich in ihnen vollziehenden Vorgänge zu verhindern, bzw. sie niedrig zu halten oder — auf den Komplex Lebewesen und bestimmt ausgewählte Umwelt bezogen — ihre Zunahme *zu verlangsamen*. Es läßt sich nun zeigen, daß jene Fähigkeit kein Reservat der Lebewelt ist, sondern daß sie allgemein in Systemen mit steady-state-Charakter auftreten kann. Da sich die klassische Thermodynamik nur mit Gleichgewichten befaßt, ist eine *Erweiterung* ihrer Lehren *auf Nicht-Gleichgewichtssysteme* notwendig. Sie gelingt *durch Beachtung der Zeit*, also z. B. der Geschwindigkeiten von Reaktionen oder der Größe der Energieumsetzungen in der Zeiteinheit. Diese wiederum sind im steady-state-Zustand, welcher weiterhin hier nur interessiert, konstant. Sie werden durch die schon früher eingeführte Dissipation (s. S. 403) pro Grad: $\Theta = dS/dt$ gekennzeichnet. Letztere besitzt, multipliziert mit der Temperatur, die Dimension einer Leistung (cal $\cdot\, t^{-1}$). Weil sich nun der Gesamtenergieinhalt des inneren Anteils beim „offenen" System im stationären Zustand nicht ändert, ist die *Dissipation dem Energiewert der es durchfließenden Ströme pro Zeit, d. h. ihrer Leistung gleichzusetzen* (s. S. 379).

Wechselwirkung stationärer Flüsse

Die Umsatzgeschwindigkeit läßt sich ganz allgemein als Produkt einer Triebkraft (X) mit einem Koeffizienten (L) so ausdrücken wie etwa die elektrische Stromstärke (J_{el}) als reziproker Widerstand $(L = 1/w)$ multipliziert mit der Spannungsdifferenz in der Stromrichtung (Spannungsgradient, E):

$$J_{el} = L \cdot E, \quad \text{bzw. allgemein:} \quad J_i = L_i \cdot X_i. \tag{1}$$

Damit werden die Flüsse (Fluxes) allgemein als die in der Zeiteinheit durch die Einheit des Querschnittes gehenden Stoff- oder Energiegrößen definiert. Bei einem Wärmefluß ist X der Temperaturgradient und L die Wärmeleitfähigkeit. Werden Stoffverwandlungen ausgeschlossen, dann ist unter L der Diffusions- oder Permeabilitätskoeffizient in dem System zu verstehen, während X den Gradienten des chemischen Potentials, d. h. die Triebkraft bedeutet. Für den chemischen Umsatz ist die in der Zeiteinheit und im Einheitsvolumen verwandelte Stoffmenge einer Funktion der Konzentration und der im System gültigen Geschwindigkeitskonstanten proportional. Allerdings gilt diese Aussage nur bei Annahme einer Reaktionsmechanismus erster Ordnung und — wie weiter unten zu zeigen sein wird — nur für Vorgänge, welche sich in der Nähe der Gleichgewichtslage vollziehen.

Die Leitung von Wärme, die Diffusion von Nichtleitern und von Elektrolyten und der mit letzteren verbundene elektrische Strom, auch die *Ströme* von chemischer Energie durch ein mit der Umwelt als Lieferanten verbundenes System gehen *mit Wärmeverlusten* einher. Daher sind sie weitgehend irreversibel. Sie gehorchen dem Entropiesatz etwa in der Form obiger Dissipationsbeziehung oder der Gl. (VI, 19). Darüber hinaus lassen sich aber dann weitergehende Aussagen machen, wenn die Einzelflüsse nicht unabhängig voneinander sind. Tatsächlich werden sie alle z. B. in vivo von dem Strom der chemischen Energie unterhalten. Einfachere Zusammenhänge bieten die Diffusion in einem Temperaturgefälle und die Erzeugung eines solchen Gefälles durch Diffusion, bei Bewegung des Wassers als Thermosmose bekannt, oder die Erzeugung einer elektrischen Spannung durch Aufrechterhaltung eines Temperaturunterschiedes sowie die reziproke Herstellung von Temperaturdifferenzen durch Stromdurchgang usw. Reziproke Phänomene sind auch die Elektroosmose und der Strömungsstrom bzw. die Elektrophorese und die Ströme durch bewegte Teilchen (s. S. 261).

Die *Verknüpfung der reziproken Ströme* kommt in der Größe der Koeffizienten für die Einzelströme zum Ausdruck. Es sei z. B. X_t der Temperaturgradient und X_s der des chemischen Potentials; der Wärmetransport sei J_t, der des Stoffes J_s. Dann muß erwartet werden, daß beide Ströme von beiden Gradienten abhängen, so daß gilt:

$$J_t = L_{tt} \cdot X_t + L_{ts} \cdot X_s \quad \text{und} \quad J_s = L_{st} \cdot X_t + L_{ss} \cdot X_s. \tag{2}$$

Die Koppelung beider Ströme kommt in den Koeffizienten mit verschiedenen Indices zum Ausdruck. So beschreibt L_{ts} die Abhängigkeit des Wärmestroms vom Stoffgradienten und L_{st} die des Stoffstroms von dem Temperaturgefälle in der Strömungsrichtung. Die *Onsagerschen Reziprozitätsbeziehungen* verlangen nun die *Gleichheit beider Koppelungskoeffizienten*:

$$L_{ts} = L_{st}, \quad \text{bzw.} \quad \left(\frac{\partial J_t}{\partial X_s}\right)_{X_t} = \left(\frac{d J_s}{d X_t}\right)_{X_s}, \tag{3}$$

d. h. die Strömung ist je von beiden Kräften symmetrisch abhängig. Mit Hilfe der Onsagerschen Beziehungen ist eine vollständige und quantitativ befriedigende Theorie jener Strömungsvorgänge möglich geworden. Sie lassen sich auch auf chemische Umsetzungen anwenden. Sie sind sogar von ihnen aus am einfachsten in ihrem Wesen zu verstehen. Sie beruhen auf einem zusätzlichen *Prinzip*, welches die Thermodynamik der Gleichgewichte nicht benötigt, nämlich auf dem *der mikroskopischen Reversibilität*. Es sagt aus, daß sich stets Zustands-, hier also Konzentrations-Schwankungen vollziehen, welche im Gleichgewicht nach beiden Richtungen hin gleich sind; d. h. die Frequenz der Übergänge vom Zustand A in den Zustand B ist jener gleich, welche von B zu A übergehen. Prüfbar wird seine Gültigkeit erst bei der Einstellung eines Gleichgewichtes zwischen mindestens 3 Substanzen, bzw. deren isomeren Zuständen:

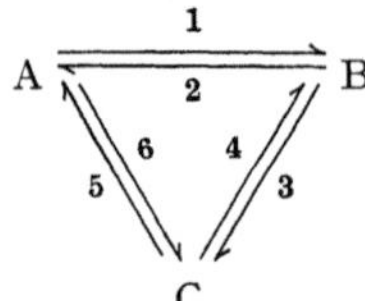

Im Gleichgewicht sei:

$$\frac{[A]}{[B]} = K_1; \quad \frac{[B]}{[C]} = K_2; \quad \frac{[C]}{[A]} = K_3. \tag{4a}$$

Kinetisch erhält man mit Hilfe der in der Figur numeriert eingetragenen Geschwindigkeitskonstanten für das Gleichgewicht:

$$\frac{d[A]}{dt} = -(k_1 + k_6) \cdot [A] + k_2 \cdot [B] + k_5 \cdot [C] = 0 \tag{4}$$

$$\frac{d[B]}{dt} = -(k_2 + k_3) \cdot [B] + k_4 \cdot [C] + k_1 \cdot [A] = 0,$$

bzw. nach Elimination von [C]:

$$\frac{[A]}{[B]} = \frac{k_2 (k_5 + k_4) + k_3 \cdot k_5}{k_1 (k_5 + k_4) + k_4 \cdot k_6}. \tag{4b}$$

Entsprechende Ausdrücke ergeben sich für B/C und C/A.

Es wäre nun möglich, daß ein zirkulierendes Gleichgewicht bestünde, in dem die Strömung der Materie von *A* über *B* und *C* nach *A* zurück sich mit anderer Geschwindigkeit als die entgegengesetzte von *A* über *C* und *B* zu *A* vollzöge.

Auch in diesem Fall würden die bisherigen Formulierungen zutreffen. Die Zirkulargleichgewichte werden jedoch durch das Prinzip der mikroskopischen Reversibilität ausgeschlossen, nach dem die Geschwindigkeit beider Ströme untereinander gleich ist, also vollkommene thermodynamische Gleichgewichte vorliegen. Bei chemischen Reaktionen wird vom detaillierten Gleichgewicht gesprochen (HAASE 1952). In ihm gilt: $k_1 \cdot [A] = k_2 \cdot [B]$ und $k_2/k_1 = K_1$ usw. Es wird damit:

$$K_1 \cdot K_2 \cdot K_3 = 1, \quad \text{d.h.} \quad k_1 k_3 k_5 = k_2 k_4 k_6 \text{ usw.} \tag{4c}$$

Ersetzt man z. B. in Gl. (4b) k_3 aus vorstehender Bedingung, dann erhält man $\dfrac{[A]}{[B]} = \dfrac{k_2}{k_1} = K_1$ usw. Dieses Resultat für vollkommenes Gleichgewicht angewandt, d. h. für $RT (\ln K_1 + \ln K_2 + \ln K_3) = 0$ besagt, daß die freie Energie, welche aus einer oder zwei Reaktionen gewonnen werden kann, durch die übrige oder die beiden übrigen wieder aufgebraucht wird. Es handelt sich dann um solche Reaktionen, welche von einer Substanz aus über den Zwischenstoff B den Stoff C bilden und in reversibler Reaktion von C aus wieder direkt zu A zurückführen. Hier teilt der Zwischenstoff B die freie Energie des Überganges in C auf, die insgesamt auf dem Rückweg mit entgegengesetztem Vorzeichen bewegt wird (vgl. S. 477). Da die Einstellung dieser Gleichgewichte von den kinetischen Möglichkeiten abhängt, trifft das gleiche auch für die energetische Koppelung zwischen solchen Reaktionen zu. Praktisch wird daher öfter eine zeitlich asymptotisch und aperiodisch erfolgende Erreichung der Ruhelage beobachtet. Abklingender Rhythmus, d. h. gedämpfte Periodizität (SKRABAL 1941) ist jedoch nur in offenen heterogenen Systemen möglich (EIGEN).

Nach Eintritt dieses Zustandes ist kein Fluß chemischer Energie mehr vorhanden. Er findet aber in der stationären Ruhelage bei aufrechterhaltener Zulieferung statt, d. h. bei *gleichbleibender Abweichung von Ruhegleichgewicht.* Seine Größe und mithin die Geschwindigkeit der Stoffumsetzung (v_a, v_b, v_c) errechnet sich unter Benutzung der Gl. (4) nach DENBIGH folgendermaßen:

Die Abweichung der stationären Konzentration c_a von der im echten Gleichgewicht [A] sei

$$y_a = c_a - [A]; \quad \frac{d y_a}{dt} = \frac{d c_a}{dt} = v_a; \quad \text{entsprechend für } v_b \text{ und } v_c. \tag{5a}$$

Die Differenz der chemischen Potentiale beider Konzentrationen ist:

$$\mu_a - \mu_A = R \cdot T \cdot \ln \frac{c_a}{[A]} = RT \cdot \ln \left(1 + \frac{y_a}{[A]}\right), \tag{5b}$$

In Gleichgewichtsnähe ist y_a sehr klein gegen [A]. Dann kann nach $\ln (1+x) = x - \dfrac{x^2}{2} + \dfrac{x^3}{3} \cdots$ gesetzt werden:

$$\mu_a - \mu_A = RT \frac{y_a}{[A]} \quad \text{bzw.} \quad y_a = \frac{(\mu_a - \mu_A)\,[A]}{RT}; \quad \text{entsprechend für } y_b, y_c. \tag{5c}$$

Es läßt sich zeigen, daß nach Einführung von $y_a = c_a - [A]$ usw. in Gl. (4) unter Beachtung, daß $d\,[A]/dt = 0$ ist, resultiert:

$$v_a = -(k_1 + k_6)\, y_a + k_2 \cdot y_b + k_5 y_c \quad \text{usw. für } v_b \text{ und } v_c. \tag{5d}$$

Einsetzen von y_a, bzw. y_b, y_c aus Gl. (5c) in die 3 Gleichungen für v_a, v_b, v_c ergibt:

$$\left. \begin{aligned} v_a &= \frac{(k_1 + k_6)\,[A]}{RT} (\mu_A - \mu_a) - \frac{k_2\,[B]}{RT} (\mu_B - \mu_b) - \frac{k_5\,[C]}{RT} (\mu_C - \mu_c) \\ &= L_{11} X_a - L_{12} X_b - L_{13} X_c. \end{aligned} \right\} \tag{6a}$$

Die Differenz der chemischen Potentiale entspricht dem früher eingeführten Kraftgradienten (X) und ihr Faktor den Geschwindigkeitskoeffizienten (L). Analog wird:

$$v_b = - L_{21} X_a + L_{22} X_b - L_{23} X_c = - \frac{k_1 [A]}{RT} (\mu_A - \mu_a) + \cdots \qquad (6b)$$

$$v_c = - L_{31} X_a - L_{32} X_b + L_{33} X_c = - \frac{k_6 [A]}{RT} (\mu_A - \mu_a) - \cdots . \qquad (6c)$$

Wenn nun beachtet wird, daß $k_1 [A] = k_2 [B]$; $k_3 [B] = k_4 [C]$ und $k_5 [C] = k_6 [A]$, kann z. B. für das zweite Glied in (6a) $k_1[A]/RT$ bzw. für das letzte $k_6 [A]/RT$ stehen, d. h. $L_{12} = L_{21}$ und $L_{13} = L_{31}$ usw.

Die Vertauschbarkeit der Koppelungsfaktoren folgt also hier unmittelbar aus dem im Gleichgewicht gültigen kinetischen Prinzip der mikroskopischen Reversibilität. Im übrigen ist aber die gegebene Behandlung *chemischer Reaktionen nur bei relativ geringer Abweichung* der steady-state- *von der Gleichgewichtslage möglich*, da nur dann die Reihe für ln $(1 + x)$ nach dem 1. Glied abgebrochen werden darf. Die Größe des Stoffdurchsatzes kann also bei erhalten bleibendem Fließgleichgewicht auch nur unter jener Bedingung, d. h. bei geringer Entfernung vom echten Gleichgewicht der Differenz der chemischen Potentiale für beide Zustände direkt proportional sein. Nach den Überlegungen von NORD darf der Unterschied der beiden μ-Werte für eine enzymatisch gesteuerte Reaktion etwa 1 kcal/Mol betragen. Das würde bedeuten, daß vorstehende Gleichungen noch ihre Gültigkeit besitzen, wenn die steady-state-Konzentration von der Gleichgewichtskonzentration nach beiden Seiten um einen Faktor von nahezu 5 verschieden ist.

Die *Onsagerschen Beziehungen* gelten nicht nur für die chemischen, sondern *für alle reziproken Flüsse*, welche untereinander durch die vertauschbaren Koeffizienten verbunden werden können. Multiplikation der Flußgrößen mit den Kraftgradienten liefert ein Produkt, welches wie die Entropieerzeugung $T \cdot \Theta$ die Dimension einer Leistung, d. h. einer Energieänderung pro Zeit besitzt (Beispiel: Ampere $\times$ Volt = Watt). Im anhaltenden Fließgleichgewicht ändert das innere System seine Zusammensetzung und damit seinen Energieinhalt nicht, aber der stattfindende Umsatz verwandelt Energie, welche als freie Enthalpie aus dem System abgegeben wird. Ihre Abgabe ist hier der Entropiezunahme des inneren Systemanteils gleich:

$$T \cdot \Delta S_i = - \Delta G_i; \quad \text{bzw.} \quad \frac{T \cdot d \Delta S_i}{dt} = - \frac{d \Delta G_i}{dt} . \qquad (7)$$

Es gehe nur Wärme und keine Arbeit vom inneren in das äußere mit in die Betrachtung einbezogene System über, welches aber dann weiter nach außen abgeschlossen ist. Dann ist nach dem Grundsatz der Thermodynamik irreversibler Vorgänge die Geschwindigkeit der *Entropieerzeugung* der Summe der mit den Flüssen multiplizierten Kraftgrößen gleich:

$$T \cdot \Theta = \sum_i J_i \cdot X_i = \frac{T \cdot d S_i}{dt} = - \frac{d G_i}{dt} . \qquad (8)$$

Die rechten Glieder geben die banale Aussage, daß die freie mit den Stoffen oder den anderen Strömen zugeführte Enthalpie ihrerseits in Entropie verwandelt und als solche abgegeben wird. Die aufgenommene Energie der Nahrungsstoffe ist im Fließgleichgewicht mit der zugehörigen und nun, da sie abgegeben wird, negativ zu nehmenden Entropie numerisch identisch (s. S. 413). Mit der schon früher gegebenen Fassung des Entropiesatzes für irreversible Vorgänge (s. S. 403) erhält man weiter:

$$\frac{d\,S_{\mathrm{irr}}}{dt} = \frac{dS_a}{dt} + \frac{dS_i}{dt} = \frac{d\,S_a}{dt} + \sum_i J_i \cdot X_i \cdot T^{-1};\qquad(9)$$

d. h. die Entropiebildung des ganzen Systems setzt sich aus der im Innern erzeugten und durch die Größe der Flüsse bestimmten Entropiemenge und aus ihrem *Transport* zusammen (Entropieerzeugung und -strömung).

Entropieänderungen offener Systeme

Wird nun das *innere System* berücksichtigt und dazu als *geschlossen* angesehen, so kann bei vollständig reversibler und isothermer Führung sowohl die Summe von $\varDelta G$ mit beiden Vorzeichen wie auch $\varDelta S$ unter denselben Bedingungen im Idealfall, in dem keine Arbeit abgegeben wird, gleich null bleiben. Bei irreversiblen Anteilen wächst aber die Summe von $-\varDelta G$ stets an, bzw. die von $\varDelta G$ nimmt ab und die von $\varDelta S$ zu. Auch bei einzelnen chemischen Reaktionen muß $\varDelta G$ abnehmen, während $\varDelta H$ sowohl abnehmen wie bei endothermen Reaktionen auch zunehmen kann. Das gleiche gilt für $\varDelta S$: bei einer Reaktion, in der die Abgabe von $\varDelta H$ größer ist als die von $\varDelta G$ (z.B. Knallgasreaktion), nimmt $\varDelta S$ ab (s. S. 405). Zwecks Aufrechterhaltung der Isothermie muß in diesen Fällen aus der Umgebung Wärme zugeführt werden. Das bedeutet aber 1. den *Übergang zu einem mindestens thermisch offenen System*, da es schon die calorische Ersetzung der Entropieabnahme erlaubt. Sie ist nur durch Wärmeleitung möglich, welche grundsätzlich von einem irreversiblen Wärmeverlust begleitet ist und daher 2. eine Zunahme der Entropie bedeutet, die das Gesamtsystem erfährt. Ihre Geschwindigkeit wird durch die der Wärmeflüsse bestimmt.

In den meisten Fällen wird Wärme bei konstanter Temperatur und damit $Q/T = S$ aus dem offenen System abgegeben; dS_a/dt, d. h. die Entropieströmung erhält daher negatives Vorzeichen, so daß über die Geschwindigkeit der Entropieänderungen auszusagen ist: ihr Zuwachs im Gesamtsystem vermindert um die Abgabe ist ihrer Erzeugung im inneren Systemteil gleich. Wenn der stationäre Zustand erreicht ist, muß die Entropieänderung des offenen Gesamtsystems verschwinden, d. h. $d\,S_{\mathrm{irr}}/dt = 0$.

Da aber nach dem Entropiesatz ihre Erzeugung im inneren System nur positiv sein kann, muß jetzt die Entropieströmung in gleicher Größe, aber negativ auftreten. Das heißt *nur thermisch offene Systeme können im stationären Zustand vorliegen*: sie werden durch Abführung der im Innern erzeugten Entropie möglich. Für das gesamte System verschwindet im stationären Zustand die Summe der Aufnahme- und Abgabegeschwindigkeit von Energie. Ihr Transport ist in beiden Richtungen gleich.

Ausbildung statischer und dynamischer Strukturen

Wenn aber in einem mindestens thermisch offenen System die Entropieströmung nach außen größer ist als die Entropiebildung im inneren, nimmt die Gesamtentropie ab. Es wird:

$$d\,S_{\mathrm{irr}}/dt < 0.\qquad(10)$$

Das System ist jetzt jedoch nicht mehr stationär. Diese Feststellung ist von großer Bedeutung, denn die Tatsache, daß die Entropie eines abgeschlossenen Systems nur eine Zunahme erfahren kann, schließt danach nicht aus, daß in einem offenen Teil desselben eine *Entropieabnahme erfolgt*. HAASE (1947) führt das einfache Beispiel einer Kristallbildung aus der gesättigten Lösung oder beim Abkühlen einer Schmelze an: überwiegen die Kräfte der Anziehung zwischen den Gitterbausteinen die ihrer Trennung, so wird unter Abnahme der Entropie die Struktur errichtet. Der Kristall ist geordnet und kann als offenes System angesehen werden, das mit der Schmelze im Stoff- und Wärmeaustausch steht. Das Gesamtsystem erfährt aber dennoch bei diesem irreversiblen Vorgang eine Entropiezunahme, denn der Ordnungsvorgang ist mit Abgabe der Kristallisationswärme an die Umgebung verknüpft. Sie ist das thermodynamische Kriterium dafür, daß der Zustand des geschlossenen Gesamtsystems nach der Kristallisation wahrscheinlicher als vorher wird. Die potentielle Energie der Molekeln ist unter Betätigung der Gitterkräfte in die kinetische, d. h. die Wärmeenergie der Umgebung übergegangen. Es widerspricht also keineswegs dem 2. Hauptsatz, wenn Teilsysteme eine höhere Ordnung annehmen und trotzdem einen wahrscheinlicheren Zustand erreichen. Die Ausbildung geordneter *statischer Strukturen* ist daher kein Reservat der Lebewesen und steht durchaus im Einklang mit dem 2. Hauptsatz.

Als physikalisches Beispiel für die Möglichkeit der Bildung *dynamischer Strukturen* wird von PRIGOGINE (1947) und von HAASE der Knudsen-Effekt herangezogen.

Zwei auf verschiedener Temperatur gehaltene Räume werden durch eine Wand mit engen Öffnungen getrennt, deren Durchmesser klein im Vergleich zur mittleren Weglänge der Molekeln des in beiden Räumen vorhandenen Gases sind. Dann strömt gleichzeitig mit der Wärme auch Materie von höherer zu niedrigerer Temperatur; denn die Geschwindigkeit der Molekülbewegung steigt mit ihr an und damit auch der Druck. Es läßt sich nun zeigen, daß unter diesen Umständen der behinderten Diffusion zwischen beiden Räumen beim Durchtreten eines Mols in einer Richtung die Energie eines Freiheitsgrades als Wärme an das System abgegeben werden muß. Hierauf beruht es, daß sich nicht ein Gleichgewicht mit beiderseits gleichen Drucken, aber geringerer Dichte bei höherer Temperatur wie bei unbehinderter Diffusion einstellt, sondern ein stationärer Zustand mit höherem Druck bei der höheren Temperatur. Dieser Druckunterschied kann als eine Art Strukturbildung angesehen werden. Wäre keine Materieströmung möglich, so wären die Drucke den Temperaturen beiderseits proportional, bei freier Diffusion wären sie beiderseits gleich. Für den hier in Betracht kommenden Fall der molekularen Effusion, d. h. der beschriebenen Bewegungsbehinderung läßt sich zeigen, daß sich die Drucke wie die Wurzeln aus den Quotienten beider Temperaturen verhalten. Im ersten Falle der völlig trennenden Membran liegt eine statische Struktur und im letzteren eine dynamisch erhaltene vor. Wie bei der Kristallbildung würde die Wärmeabgabe hier beim Übertritt durch die Poren eine Entropiezunahme des Gesamtsystems bedingen. Sie kommt aber nicht zur Auswirkung, da es thermisch offen ist. Es muß beachtet werden, daß eine Entropieerzeugung stattfindet, und daß sie in dem Maße abnimmt, wie eine Annäherung an dem stationären Zustand erfolgt; in ihm selbst besitzt sie aber immer noch eine positive Minimalgröße.

Es ist Aufgabe der Thermodynamik irreversibler Systeme zu untersuchen, wieweit und unter welchen Bedingungen der Satz von der *spontanen Erreichung eines Minimums der Entropieerzeugung* verallgemeinert werden darf. Die Untersuchung hat hierzu folgendes ergeben. Man kann die Änderung der Entropieerzeugung in eine solche aufgliedern, welche bei konstanten Kräften mit Änderung der Flußgröße, und eine solche, welche mit Änderung der Kräfte bei konstanten Flüssen einhergeht. Es läßt sich nun zeigen, daß die Entropie in einem offenen System nur bei konstantem I durch Einstellung von X abnehmen muß, bis ein stationärer Zustand erreicht wird, in dem die zeitliche Änderung von Θ verschwindet. Dieses Gesetz für die Gesamtänderung von Θ zu beweisen, gelingt nur unter den Grenzbedingungen, daß die Flüsse den Onsagerschen Ansätzen gehorchen und daß konstante reziproke Koppelungskoeffizienten das Zusammenwirken der Flüsse beherrschen. Letztere Voraussetzung ist nicht für alle Transportphänomene zutreffend, und die erstere gilt nur ausnahmsweise für chemische

Reaktionen (R. Haase). Bei diesen sind auch Kombinationen denkbar, welche unter Zunahme der Entropiebildung einen stationären Zustand anstreben. Daß aber überhaupt offene Systeme thermodynamisch möglich sind, in welchen sich spontan ein stationärer Zustand mit einem Minimum an Entropiebildung einstellt, ist für die Bewertung biologischer Erscheinungen ebenso wichtig wie die Tatsache, daß sich in ihnen Teilsysteme mit lokaler Abnahme der Entropie, d. h. Zustände erhöhter Ordnung bilden können.

Demnach kann eine Reihe von solchen *allgemein-biologischen Gesetzmäßigkeiten* einem physikalischen Verständnis zugeführt werden, deren Erklärbarkeit aus der Thermodynamik von Gleichgewichtssystemen nicht ableitbar ist. Im einzelnen tragen die meisten der Konsequenzen für die Biologie zur Zeit noch spekulativen Charakter. Da sie aber grundsätzliche Erscheinungen betreffen, welche bisher als ,,Ganzheitskausalität'' oder mit ähnlichen Begriffen zusammengefaßt wurden, sollen die nunmehr prinzipiell physikalisch zugänglich gewordenen Gebiete in kurzen Leitsätzen angegeben werden. Die Tatsache, daß die lokale Entropieerzeugung im stationären Zustand einen Minimalwert annimmt, würde bedeuten, daß ein Organismus in Ruhe die zugeführte Energie optimal verwertet. Eine von innen oder von außen erzwungene Verschiebung aus diesem Zustande heraus verschlechtert ihre Verwertung (Krankheit, Fehlregulation, z. B. Hyperthyreose, s. S. 495). Eine Erholung nach Arbeit oder vorübergehender Störung kann bei offenen Systemen in spontanem Ausgleich erfolgen, da sie die Einstellung von Fließgleichgewichten anstreben. Die *Ausbildung ökonomischer Stoffwechselmechanismen* beruht danach auf der Möglichkeit, die Tendenz offener Systeme zur Dissipationsverminderung optimal durchführbar zu gestalten. Dazu dient ein anpassungsfähiger Fermentapparat in geeignetem Struktursystem. Die Reversibilität seiner Einzelreaktionen kontrastiert nur scheinbar mit der Irreversibilität des Gesamtablaufes. Letztere ist durch die Stoffströmung bedingt, welche die Einstellung auf den Arbeitspunkt der Reversibilität oft verhindert. Diese selber aber gestattet, eine gute Energieübertragung für Arbeitsleistungen und die sich anschließende Reversion zum Ruhezustand ökonomisch zu vollziehen.

Die den offenen Systemen eigene Tendenz zur Verminderung der Entropiebildung geht mit der Möglichkeit zur Ausbildung von Strukturen einher. Sie liefert so eine physikalische Grundlage für das Verständnis des *Wachstums*. Die früher erwähnte (s. S. 411) Verlangsamung der Entropiezunahme im Bereich der Lebewelt hat ihre Grundlage in der Koppelung von Stoff- und Energieströmung in einem offenen System, in dem sich infolge der Reziprozitätsbeziehungen der Wert von Θ vermindert. Jung betrachtet daher die ,,Assimilations- und Wachstumstendenz der Lebewesen als Konsequenz ihrer Eigenschaft, offene Systeme in Annäherung an einen stationären Zustand zu sein''.

Da alle Stoffwechselabläufe dem strukturgebundenen Steuerungssystem unterliegen und auch diese *Steuerungen nicht ideal reversibel* verlaufen können, ist mit ihrer Betätigung ebenfalls immer eine Dissipation verbunden. Jung (1956) vermutet wahrscheinlich mit Recht, daß ihre Größe von der des Stoffumsatzes abhängt und daß in ihr die Ursache für die grundsätzliche Irreversibilität des Lebensablaufs erblickt werden kann. Diese Auffassung würde sich mit der Annahme von Fermentschäden oder der Minderbildung einzelner Katalysatoren im Stoffwechsel decken, welche letzten Endes auch substanziierteren Alterstheorien, z. B. der von W. Kuhn, zugrunde liegen (s. S. 546). Eine oft diskutierte Übertragung ähnlicher Gedanken auf die Evolutionsgesetze in der Biologie ist zu hypothetisch, um hier berührt werden zu können.

Zur Kinetik biochemischer Reaktionszüge

Der allgemeine Charakter vorstehender Ausführungen erlaubt nur in seltenen Fällen eine Prüfung an isolierten biochemischen Reaktionsabläufen. Er gibt aber dennoch Veranlassung, die Gesetzmäßigkeiten größerer Reaktionszüge zusammenzufassen, welche sich unter der Voraussetzung der Einstellung stationärer Flüsse ergeben. Dabei wird es darauf ankommen, Aussagen über die *Konzentration der Zwischenprodukte* zu erhalten. Diese werden für einzelne Stoffe sehr verschieden groß sein, müssen aber unter der genannten Bedingung konstant bleiben. Bei Änderung der Abbauwege können sie fallen oder wachsen, werden sich aber wieder auf ein für den geänderten Stoffwechseltyp charakteristisches Niveau einstellen. Nur in dem Fall, in dem ein neuer stationärer Zustand noch nicht erreicht ist oder gar nicht eintritt, soll von einem Anstauungsvorgang (*Anstau*), etwa wie dem des Wassers vor einer sperrenden Schleuse, gesprochen werden. Eine Konzentrationserhöhung, welche im Vergleich zu einem anderen stationären Zustand eintritt, wird allgemein als Stau bezeichnet.

Das Querschnitts-Gesetz

Im *steady-state gilt für jeden Querschnitt des Stoffstromes,* daß die Differenz der Geschwindigkeiten für die Reaktion oder Stoffbewegung in beiden Richtungen die gleiche Größe besitzt (s. S. 591). Sie ist identisch mit der Menge der pro Zeiteinheit umgewandelten Ausgangs- (*S*) oder der entstandenen Endprodukte (*P*), also mit der Geschwindigkeit der metabolischen Umsetzung (v_m).

Für den einfachen Ansatz:

$$S \underset{k_{-1}}{\overset{k_1}{\rightleftharpoons}} A \underset{k_{-2}}{\overset{k_2}{\rightleftharpoons}} B \underset{k_{-3}}{\overset{k_3}{\rightleftharpoons}} C \underset{k_{-4}}{\overset{k_4}{\rightleftharpoons}} P$$

gilt daher z. B.:

$$v_m = k_1 \cdot [S] - k_{-1}[A] = k_3[B] - k_{-3}[C].$$

Hiermit wird die Tatsache ausgedrückt, daß durch jeden Querschnitt der Stoffströmung in der Zeiteinheit die gleiche Stoffmenge tritt, welche ihrerseits als Differenz zwischen der in beiden Richtungen bewegten Menge mindestens theoretisch erfaßbar ist (Netto-Transport). Damit ist auch die Geschwindigkeit für jeden Teilschritt im stationären Fluß gleich groß. Andererseits bestimmt dann die Flußgeschwindigkeit über die Partialkonstanten die zugehörigen Konzentrationen.

Bei einer Verzweigung nach:

$$S \underset{k_{-1}}{\overset{k_1}{\rightleftharpoons}} \left\{ \begin{array}{l} A \underset{k_{-2}}{\overset{k_2}{\rightleftharpoons}} \left\{ \begin{array}{l} B_1 \underset{k_{-31}}{\overset{k_{31}}{\rightleftharpoons}} C_1 \\ B_2 \underset{k_{-32}}{\overset{k_{32}}{\rightleftharpoons}} \begin{array}{l} C_{21} \\ C_{22} \end{array} \end{array} \right. \\ A_1 \underset{k_{-21}}{\overset{k_{21}}{\rightleftharpoons}} B_3 \underset{k_{-33}}{\overset{k_{33}}{\rightleftharpoons}} C_3 \end{array} \right.$$

wäre zu schreiben:

$$v_m = k_1[S] - k_{-1}[A] \cdot [A_1] = k_2[A] - k_{-2}[B_1] \cdot [B_2] + k_{21}[A_1] - k_{-21} \cdot [B_3]. \tag{11}$$

Für das konkrete Beispiel der Glykolyse würde nach dem Schema der Abb. 206 für einige Schritte (4, 6, 9), bei (6) unter Vernachlässigung von $[HPO_4^{2-}]$ folgen:

$$\left. \begin{array}{l} v_m = k_4[FDP] - k_{-4}[A] \cdot [B] \\ = 2\left(k_6 \cdot [B] \cdot [Py] - k_{-6}[C] \cdot [PyH]\right) = 2\left(k_9[E] - k_{-9}[F]\right). \end{array} \right\} \tag{11a}$$

Wie bei jeder Reaktionsfolge wird auch hier die Gesamtgeschwindigkeit, d. h. v_m, *nicht unter der des langsamsten Teilprozesses liegen* können, und sie muß ihr dann gleich sein, wenn alle übrigen eine wesentlich größere Geschwindigkeitskapazität besitzen. Dadurch, daß sich vor diesem Schritt die Geschwindigkeit der Rückreaktionen durch Vermehrung der Produktkonzentration erhöht, wird hier die Differenz des Durchganges in beiden Richtungen verkleinert, so daß ihre Gleichheit für alle Querschnitte resultieren kann. Stromabwärts erfolgt die Einstellung im wesentlichen durch die geringere Anlieferung der Substrate für die Hinreaktionen.

Die Partialgeschwindigkeiten werden von den im katalytischen Zellmilieu *wirksamen Reaktionskonstanten* und den Konzentrationen der Reaktionspartner abhängen müssen. Erstere entsprechen der realisierbaren Maximalgeschwindigkeit in dem Michaelis-Menten-Ansatz, welche sich bei Substratsättigung des Fermentes einstellen würde. Sie ist das Produkt aus aktiver Fermentkonzentration und Wechselzahl (k_3). Die effektive Geschwindigkeit hängt in bekannter Weise von der *Substratkonzentration* und der Michaeliskonstanten ab. Ist [S] sehr viel größer als K_m, so wird v vom Substrat unabhängig, d. h. $v = T \cdot k_3$. Dann wird die entsprechende Teilreaktion in vorstehenden Gleichungen von nullter Ordnung. Im übrigen gilt der Michaelisansatz, nach dem die halbe Maximalgeschwindigkeit bei $[S] = K_m$ vorliegt. Die stationäre Konzentration vieler Zwischenstoffe scheint diesem Wert oft höchstens nahe zu kommen (s. S. 582). Daher ist die vorangegangene Benutzung des monomolekularen Ansatzes noch vertretbar; denn er beschreibt die Fermentreaktionen nur dann mit zulässiger Annäherung, wenn $[S] < K_m$. Für einen bestimmten Querschnitt kann auch die Michaeliskonstante der Rückreaktion (K_r) von Interesse sein. Bei bekannter Maximalgeschwindigkeit (V_r) läßt sich K_r aus der Gleichgewichtskonstanten nach der Haldane-Gleichung (IX, 50d) entnehmen.

Die stationären Konzentrationen

Einige Vorgänge können als *praktisch irreversibel* angesehen werden, so daß die Rückreaktion nicht in Frage kommt. Zu ihnen gehört die Phosphorylierung der Glucose an der Hexokinase, also jener Vorgang, durch den die Zucker in den Zellstoffwechsel einbezogen werden. Allerdings wird in der Leber eine Reversion praktisch dadurch erreicht, daß eine besondere Glucose-6-Phosphatase die Glucose aus dem Ester wiederum freigibt. Dieser Vorgang dient der Versorgung der Körpersäfte mit Traubenzucker; er kommt aber für die peripheren Zellen und z. B. auch für die Hefe nicht in Betracht. Für letztere fand HOLZER bei stationärer Gärung eine ATP-Konzentration von etwa 1 mMol/Liter und damit eine Konzentration in der Größenordnung von K_m für die ATP-Bindung an Hexokinase. Danach wäre für die Hefe die halbe Maximalgeschwindigkeit des Fermentes zu erwarten. Mit den bekannten Wechselzahlen ergibt sich hieraus die notwendige Fermentmenge. HOLZER (1953) zeigte, daß der von KUNITZ (1948) bestimmte Fermentgehalt mit dieser Forderung übereinstimmt (vgl. S. 570). Wie für die Hexokinase braucht auch für die Decarboxylierung des Pyruvates zu Acetaldehyd in der Hefe eine Rückreaktion selbst unter extremen Bedingungen nicht in Frage gezogen zu werden. Den Reaktionen nun, bei denen der Konzentrationsquotient der beteiligten Partner sich der Gleichgewichtskonstanten annähert oder sie erreicht, wird auch bei einem relativ großen Durchgang der entsprechenden Stoffmenge naturgemäß nahezu keine oder *gar keine Energie direkt entnommen*. Umgekehrt ist für die eigentlichen energieliefernden Vorgänge eine solche Abweichung vom Gleichgewicht zu fordern, daß sie mindestens den Wert der freigemachten Energie decken kann.

Im ganzen gesehen wird die Größe der Energieentnahme pro Zeiteinheit durch den Energiebedarf der Zelle bestimmt. Er regelt damit auch die Geschwindigkeit des Stoffstromes. An den Stellen aber, an denen die Energie entnommen wird, ist der Unterschied der stationären Konzentrationen von denen im thermodynamischen Gleichgewicht um so größer, je größer die Entnahme, bzw. die Strömungsgeschwindigkeit ist. Der Zusammenhang zwischen diesen Größen und der Abweichung der Konzentrationen in beiden Gleichgewichtszuständen ist bereits hergeleitet worden (IX, 23). Die Abgabe der Energie wird durch eine Reihe von Stufen so unterteilt, daß diese Abweichungen durchschnittlich *nicht allzu groß* werden. Auf diese Weise wird eine ökonomische, d. h. *reversible Reaktionsführung* jedenfalls grundsätzlich möglich.

Dementsprechend kommen die Konzentrationen mancher Stoffe in steady-state der *thermodynamischen Gleichgewichtsanlage nahe*. Für die Aldolase gilt bei pH 7 und 20°:

$$K_4 = \frac{[\text{PGA}] \cdot [\text{DAP}]}{[\text{FDP}]} = 0{,}68 \cdot 10^{-4} \quad \text{und für die Isomerase:} \quad K_5 = \frac{[\text{DAP}]}{[\text{PGA}]} = 22.$$

Hiermit ist: $[\text{DAP}] = 3{,}86 \cdot 10^{-2} \sqrt{[\text{FDP}]}$ und: $[\text{PGA}] = 1{,}76 \cdot 10^{-3} \sqrt{[\text{FDP}]}$.

HOLZER (1952) fand, daß die experimentell bestimmten Werte für beide Triosen etwa um 50%, d.h. relativ wenig unterhalb der so errechneten Werte lagen, wobei FDP für den aeroben bzw. anaeroben Zustand von Hefe $25 \cdot 10^{-4}$ bzw. $17 \cdot 10^{-4}$ betrug. PGA verhält sich zu DAP im stationären Zustand wie 1:22, also so, wie es das thermodynamische Gleichgewicht fordert. Die Vorgänge 4 und 5 werden auch als *Zymohexasereaktion* zusammengefaßt. Ihre Gleichgewichtskonstante ist: $K_4 \cdot K_5 = K_{zy} = 1{,}50 \cdot 10^{-3}$. MEYERHOF (1943) hat auch die Temperaturabhängigkeit der Konstanten in vitro untersucht, und HOLZER (1956) fand, daß die chemisch bestimmten stationären Konzentrationen an FDP und DAP sowohl für Hefe wie für Ascites-Tumor-Zellen annähernd die gleiche Größe und vor allen Dingen dieselbe Temperaturabhängigkeit ergeben, wie sie MEYERHOF feststellte. Danach kommt für den Zymohexasekomplex das stationäre dem thermodynamischen Gleichgewicht nahe. Eine Voraussetzung für diese Tatsache ist allgemein, daß die Reaktion nicht geschwindigkeitsbestimmend ist, also relativ schnell abläuft.

Bei manchen *Redoxvorgängen* liegen die cellularen Konzentrationen offenbar ebenfalls unweit von den thermodynamischen Gleichgewichten, so daß auch aus ihnen wenig Energie gewonnen werden kann. Als Beispiel diene die Pyruvatreduktion zu Milchsäure (MS):

$$K = \left(\frac{\text{BTS}}{\text{MS}}\right) \cdot \left(\frac{\text{DPNH}}{\text{DPN}^+}\right) = 4 \cdot 10^{-5} \quad \text{bei pH 7 (pK = 4,4)} \quad \text{(vgl. S. 450).}$$

Man kann für BTS/MS etwa 0,1 setzen und erhält dann einen DPNH/DPN$^+$ Quotienten von $4 \cdot 10^{-4}$. Es ist damit zu rechnen, daß er — auf das freie DPN-Paar bezogen — nicht sehr stark vom tatsächlichen cellularen Wert abweicht. Jedenfalls würde er mit $E_h = -0{,}22$ V einem Zell-r_H von rund 7 entsprechen. Bei $[\text{BTS}] = [\text{MS}]$ wäre $r_H = 8$. Da hier die Hydrierung exergonisch verläuft, wird bei gleichbleibendem BTS/MS-Verhältnis um so mehr Energie frei, je höher die Konzentration des DPNH, bzw. je niedriger der r_H ist. Würden beide Quotienten auf dem Wert 1 gehalten, dann wäre die freie Energie pro Mol $-4{,}4 \cdot 1{,}37 = -6$ kcal. Die Umsatzkapazität der Alkoholdehydrase in der Hefe ist nach HOLZER im Vergleich zum Kohlenhydratverbrauch so groß, daß auch das Aldehyd-Alkoholpaar sich nahezu mit dem DPN-Paar im Gleichgewicht befinden muß.

Die Tatsache andererseits, daß der r_H in den Zellen meistens so hoch ist, daß weniger als der tausendste Teil des DPN in reduzierter Form vorliegt, und jene, daß die überwiegende Menge des Substratwasserstoffes auch über die Pyridinstufe geht, zeigt, daß er vom DPN aus sehr schnell an elektropositivere Systeme, z. B. die Atmungskette oder an die reduzierbaren Ketosäuren bzw. Aldehyde weitergeleitet wird. Zweifellos besteht also *hier* ein Gefälle, welches den Stoffstrom unterhält. Auf diese Weise wird z. B. erreicht, daß sich die Aldolase in der Gefällerichtung auswirkt, obwohl sie in der entgegengesetzten exergonisch ist, also im Gleichgewicht auf der Seite des FDP die höhere Konzentration besitzt. Für die in der Abbaurichtung exergonischen Reaktionen nehmen die Konzentrationen jedoch in dieser Richtung zu, falls nicht der stationäre Zustand eine andere Einstellung verlangt. Nach den Schritten der Zymohexase und der Triosephosphatdehydrogenase erfolgt die Abgabe der Energie in der Richtung der Bildung der Stoffwechselprodukte.

Konzentration der Endprodukte und die chemische Triebkraft

Wenn der Stoffwechsel aus einer einfachen thermodynamisch eingestellten Folge von monomolekularen Reaktionen bestehen würde, müßte sich für die Endprodukte eine Anreicherung ergeben, welche sich aus der Ausgangskonzentration durch Multiplikation mit dem Produkt der Gleichgewichtskonstanten aller Teilschritte ableitet. Selbstverständlich stellt sie sich deswegen aber nicht ein, weil das Fließgleichgewicht auf einer ständigen Verarbeitung der Metabolite und somit auf ihrer Entfernung aus dem Reaktionsmilieu beruht. Immerhin ist eine gewisse Tendenz in dieser Richtung feststellbar, denn die stationäre BTS-Konzentration dürfte mit etwa 1 mMol/Liter etwa eine Zehnerpotenz höher als die der Triosephosphate liegen. Auch die Konzentration der Teilnehmer am Citronensäurecyclus kommt der der Brenztraubensäure nahe. Der für den Abtransport der Stoffwechselendprodukte benötigte Energieaufwand ist relativ klein. Die zugehörigen Mechanismen sind für den Energiegewinn aus dem Stoffwechsel nicht grundsätzlich, sondern nur technisch erforderlich. Denn die *thermodynamische Gleichgewichtskonzentration der Endprodukte*, deren Erreichung das Geschehen zum Stillstand bringen oder deren Überschreitung die Reaktion umkehren würde, sind *physikalisch unerreichbar hoch*. Mit den ΔG-Werten für die Kohlenhydratoxydation (688 kcal) und für die Glykolyse (etwa 55 kcal) erhält man über Gl. (VI, 32) für die summarischen Gleichgewichtskonstanten 10^{504} bzw. 10^{40} und hiermit z. B., wenn man von einer 0,01 molaren Konzentration des Substrates ausgeht, für die Konzentration der Endprodukte:

$$[MS] = \sqrt{10^{40} \cdot 0{,}01} = 10^{19}\,\text{m} \quad \text{und} \quad [CO_2]^6 \cdot [H_2O]^6 = 10^{504} \cdot [Gluc] \cdot [O_2]^6;$$

$$\text{mit} \quad [O_2] = 1 \quad \text{und} \quad [H_2O] = 55 \quad \text{folgt:} \quad [CO_2] = 10^{84} \cdot \sqrt[6]{0{,}01/55^6} = 0{,}85 \cdot 10^{82}\,\text{m}.$$

Das Gleichgewicht liegt so vollständig auf Seiten der Spaltprodukte, daß es nicht realisierbar ist. Dabei ist es energetisch gesehen nicht sehr wesentlich, ob die Endkonzentrationen um eine oder zwei Größenordnungen verschieden sind (s. S. 420). Entscheidend ist nur, daß ein katalytischer Apparat gegeben ist, welcher den Ablauf der Reaktionen bis zum Endprodukt erlaubt. Ihn stellt das Fermentsystem der Zelle. Ist es vollständig, dann werden die sonst kinetisch stabilen Nahrungsstoffe ihrem thermodynamischen Zwange folgend die *Gleichgewichtskonzentrationen der Endprodukte anstreben*, ohne ihnen je auch nur andeutungsweise praktisch näherkommen zu können. Hierin liegt die eigentliche chemische Triebkraft der Zellen begründet, welche sich immer dann auswirken muß, wenn das katalytische Milieu in Ordnung ist. Sie ermöglicht das Leben der Zellen, d. h. die Aufrechterhaltung ihrer physikalisch-chemischen Ungleichgewichte grundsätzlich so lange, wie die Gleise der Fermentlinien die Bewegung der Stoffe auf ihren Endpunkt zu gestatten. Wenn sie nicht auf Nebengleisen umgangen werden kann, ist der Ausfall oder die Einschränkung auch nur einer Stufe in der Linie zum Endprodukt mit der Unterbrechung oder Reduzierung des Stoffstromes verknüpft. Die Wirkungen selektiver Vergiftungen an einzelnen Fermenten belegen diese Gesetzmäßigkeit.

Bei einem zügigen Strom der Glykolyse wird man — von den schon genannten Reaktionen (Aldolase, TPD) abgesehen — in erster Annäherung die Gegenreaktionen vernachlässigen können. Unter dieser Voraussetzung folgt aus dem allgemeinen Querschnittsgesetz, daß die stationäre *Konzentration der Zwischenstoffe um so kleiner sein wird, je größer die Menge und Wechselzahl des Fermentes ist, welches diesen Stoff umsetzt, und je kleiner jene ist, die ihn bildet.* Einige Enzyme wie Hexokinase und Carboxylase liegen in hoher Konzentration vor. Sie haben eine relativ niedrige Wechselzahl. Das Gegenteil trifft für die Fermente des Elektronentransportes zu. Sie sind dementsprechend zwar absolut genommen wenig konzentriert, aber im Vergleich zur Dichte des Elektronenflusses, welchen sie unterhalten, sind sie ebenfalls im Überschuß vorhanden. Das geht schon daraus hervor, daß gesunde Zellen über eine wesentlich größere Kapazität zur Atmung verfügen, als sie normalerweise ausgenutzt wird. Sie kann aber bei extremen Leistungen voll eingesetzt werden. Daher liegt entweder der geschwindigkeitsbegrenzende Schritt („bottleneck") nicht an dieser Stelle oder die vorhandene Fermentmenge ist in teilweise inaktivem Zustand zugegen. Die letztere Alternative ist theoretisch unwahrscheinlich und auf Grund der experimentellen Gesamterfahrungen über die Schlußglieder der Atmungskette auszuschließen.

Im Zuge der abbauenden Reaktionen operieren als entscheidende Mechanismen die schon S. 476 zusammenhängend erörterten *Stoffcyclen.* Sie beteiligen sich, da sie die aus dem Abbau der verschiedenen Stoffe entstandenen einheitlichen Produkte umsetzen, an der Durchführung des Prinzips der gemeinsamen Endstrecke. Auch die Cyclen sind dem allgemeinen Querschnittsprinzip einzuordnen. Dazu ist nur die Menge der in der Zeiteinheit in den Kreis eintretenden Stoffe als Geschwindigkeitsgröße einzusetzen. Oft ist die Zahl der aus einem Cyclus abführenden Wege größer (Citrat-Cyclus), manchmal auch geringer (Harnstoffcyclus) als die der einmündenden. Damit wird ein Cyclus zu einem Verzweigungspunkt (s. S. 482).

Verzweigungen der Reaktionswege

Die Leistungs- und Anpassungsfähigkeit des Zellstoffwechsels wird nicht nur durch die Reversibilität der Teilreaktionen, sondern durch die Möglichkeit der *Verzweigung ihrer Wege* sichergestellt. Sie ist wiederum nach energetischen und stofflichen Gesichtspunkten zu werten. Die soeben herangezogenen statischen Endkonzentrationen sind Extremwerte, welche für einen unverzweigten Reaktionszug Gültigkeit haben. Wenn aus dem glykolytischen Reaktionsweg *Energie abgezweigt* und in den verschiedenen Nucleosidoligophosphaten vom Typ des ATP zurückgehalten wird, ist die freie Energie des Restvorganges um diesen Teil verringert. Er beträgt bei der Glykolyse mit etwa 22 kcal rund 40% des Gesamtumsatzes. In diesem Fall wäre die Gleichgewichtskonzentration der Milchsäure unter vorgenannten Bedingungen etwa 10^{11} m/Liter. Wollte man beim Angebot dieser Energie aus 2 ATP-Äquivalenten eine Reversion nur durch Massenwirkung erreichen, so müßte jene Konzentration überschritten werden. Tatsächlich ist sie ebenso unerreichbar wie die zuerst genannte. Wenn aber eine größere Zahl von ATP-Äquivalenten zur Verfügung steht und energetisch für die Reversion eingesetzt werden kann, ist auch bei der in der Zelle gegebenen Milchsäurekonzentration eine Revertierung der Glykolyse, d.h. eine Resynthese aus den Zwischenprodukten möglich. Die Anlieferung einer dazu bilanzmäßig ausreichenden ATP-Menge besorgt der aerobe Stoffwechsel im Zuge der oxydativen Phosphorylierung. Der Gesamtenergieumsatz der Gärung wird also in den *hochwertigen, in der ATP-Falle gefangenen und in den treibenden Teil gegliedert*, der die Reaktionskette eigentlich unterhält. Die Energie des letzteren geht im wesentlichen zu Verlust. Namentlich bei den abschließenden Schritten findet notwendigerweise eine so entscheidende Entfernung von den Gleichgewichtskonzentrationen statt, daß eine thermodynamische Reversibilität nicht mehr gegeben ist. Dieser Anteil entspricht der mit dem Fluß verbundenen Entropiegröße. Je geringer er ist, um so größer wird die „primäre Stoffwechselökonomie“:

$$-\Delta G = \Sigma\,(\mathrm{ATP} - \mathrm{ADP}) - T \cdot \Sigma \Delta S. \tag{12}$$

Einer solchen Abzweigung von Energie entspricht gleichzeitig eine *Verzweigung der Stoffwege*. Sie kann durch besondere Fermente katalysiert werden oder ohne sie nur *durch Änderungen wirksamer Zwischenstoffkonzentrationen* zustande kommen. Allein die Verlangsamung einer Reaktion, welche sich an das Auftreten eines labilen Produktes anschließt, muß dessen Zerfallsrate in Richtung eines Nebenweges vergrößern. Denn sie wächst mit der Konzentration dieses Stoffes. Tatsächlich ist die Konzentration zerfallsbereiter Zwischenstoffe im allgemeinen sehr niedrig. So weist Bücher (1947) darauf hin, daß der Negelein-Ester (1,3 Diphosphoglycerinsäure) unter Energieverlust eine geschwinde, nicht enzymatische Spontanhydrolyse seiner 1-P-Anhydridbindung erfährt. Die Konzentration dieses Esters ist sehr gering, weil das thermodynamische Gleichgewicht an der TPD sehr weit auf Seiten des Triosephosphates liegt. Außerdem ist K_m für die anschließend wirksame Phosphoglyzeratkinase sehr niedrig ($1{,}8 \cdot 10^{-6}$ M/Liter), so daß das Ferment schon bei dieser Substratkonzentration mit halber Maximalgeschwindigkeit arbeitet. Es verfügt weiter über eine hohe Wechselzahl ($3{,}2 \cdot 10^5$) und liegt in hoher Konzentration in derZelle vor. Aus diesen Gründen kann die Spaltung und damit der Energieverlust an dieser Stelle sehr niedrig gehalten werden. Holzer hat die Pyruvatkonzentration ($0{,}8 \cdot 10^{-4}$ M/Liter) nach abgestufter Ausschaltung der Triosephosphatdehydrase mit MJE auf etwa $^1/_{50}$ der bei der anaeroben und $^1/_{15}$ der der aeroben Gärung erniedrigt gefunden (1955). Unter diesen Umständen beträgt die Decarboxylasewirkung ($K_m = 1 \cdot 10^{-3}$) nur noch $^1/_{13}$ der Maximal- und etwa $^1/_{25}$ der Normalgeschwindigkeit. Daher kommt die Gärung zum Stillstand, während die Oxydation praktisch weiter verläuft, vermutlich weil die allerdings spärlichen Fermente der oxydativen Decarboxylierung des Pyruvats eine niedrigere K_m besitzen. Ob unter diesen Umständen möglicherweise der Citronensäurecyclus umgangen und der Horecker-Weg (Abb. 206) eingeschlagen wird, ist zur Zeit noch nicht entschieden. Die Michaeliskonstante für das „Zwischenferment“, welches diesen Weg einleitet, liegt in der Größenordnung von $2 \cdot 10^{-4}$ M/Liter, ist also relativ niedrig.

Der Horeckersche Oxydationscyclus scheint sich früher als der Gärungsweg nach Embden-Meyerhof herausgebildet zu haben. Jedenfalls findet er sich in der Natur sehr weit verbreitet. Allerdings wird er in der Muskulatur und im Gehirn der Säugetiere kaum beschritten, dagegen aber in Leber, Niere, Nebenniere, Cornea. In der Leber von Diabetikern ist er gegenüber dem Gärungsweg stark eingeschränkt (Fels u. Mitarb.). Vielleicht steht die Verminderung des

Ribonucleinsäuregehaltes mit dieser Stoffwechselumschaltung im Zusammenhang (vgl. KÜHNAU und v. HOLT). Ob es sich bei ihr um eine direkte Wirkung des Insulinausfalles — eventuell verknüpft mit dessen Fähigkeit zur Zn-Bindung — handelt, ist unbekannt.

In vielen Fällen wird die *Verzweigung* von Reaktionszügen ebenfalls *durch Fermente gelenkt*. Diese Kontrolle vollzieht sich — wie DIXON zeigte (1951) — allgemein nach seinem Schema (b):

$$AX + B \xrightarrow{E_1} BX + A; \qquad BX + C \xrightarrow{'E_2} B + CX$$

Hier mag X ein H_2-Paar bedeuten (*Redox-Verzweigung*) oder einen Phosphatrest darstellen (*phosphorylierende Verzweigung*). Das Bindeglied zwischen beiden

a) $\text{Gluc-6 P(Gl 6 P)} \xrightarrow{1} \text{Gluconat-6 P} \xrightarrow[-2\,H,\ -CO_2]{2} \text{Xylulose-5 P(Xu 5 P)} \xrightarrow{3}$

$\text{Ribulose-5 P(Ru 5 P)} \xrightarrow{4} \text{Ribose-5 P(R 5 P).}$

b)

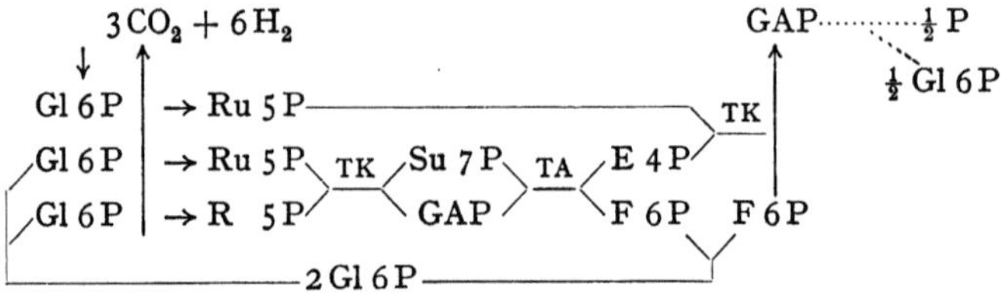

$$
\begin{array}{l}
3\,CO_2 + 6\,H_2 \\[2pt]
\text{Gl 6 P} \rightarrow \text{Ru 5 P} \longrightarrow\!\!\!\!\!\!\!\! \text{TK} \qquad \text{GAP}\cdots\!\cdots\tfrac{1}{2}\,\text{P} \\[2pt]
\text{Gl 6 P} \rightarrow \text{Ru 5 P} \ \text{TK}\ \text{Su 7 P}\ \text{TA}\ \text{E 4 P} \qquad \tfrac{1}{2}\,\text{Gl 6 P} \\[2pt]
\text{Gl 6 P} \rightarrow \text{R 5 P} \quad\ \ \text{GAP} \qquad\qquad \text{F 6 P}\quad \text{F 6 P} \\[2pt]
 2\,\text{Gl 6 P}
\end{array}
$$

c)   anaerob: $\text{Gl 6 P} + 3\,H_2O \rightarrow 3\,CO_2 + 6\,H_2 + \text{GAP};$

         aerob: $\text{Gl 6 P} + 3\,O_2 \rightarrow 3\,CO_2 + 3\,H_2O + \text{GAP}.$

Mit Gl 6 P-Resynthese aus 2 GAP:

$2\,\text{Gl 6 P} + 6\,O_2 = 6\,CO_2 + 6\,H_2O + \text{Gl 6 P} + \text{P},$ bzw.: $\text{Gl 6 P} + 6\,O_2 = 6\,CO_2 + 6\,H_2O + \text{P}.$

Abb. 206. Warburg-Dixon-Horecker-Zyklus mit Bilanz (c). Abkürzungen: GAP Glycerinaldehydphosphat. Su 7 P Sedo - heptulose-7-phosphat. F 6 P Fructose-6-phosphat. TA Transaldolase. TK Transketolasewirkung. 1 6-Phosphoglucose - dehydrogenase (TPN-gebunden). 2 6-Phosphogluconsäuredehydrogenase (TPN-gebunden). 3 Pentosephosphatepimerase. 4 Pentosephosphatisomerase

Fermenten ist der Stoff B. Er gehört, da er nach Ablauf beider Schritte wieder unverändert vorliegt, zum katalytischen System und ist nichts anderes als ein Coferment der Wasserstoffübertragung oder ein solches der Phosphorylierung, z. B. ADP. Eine Verzweigung kann von einer zu einer anderen Kette führen und auf diese Weise die Verbindung übernehmen oder sie kann von späteren Stadien des gleichen Zuges auf frühere zurückgreifen und in dieser Art z. B. durch Zulieferung des Phosphates oder des Wasserstoffes von geeignetem Potential erst das Fortschreiten der Reaktion kinetisch ermöglichen (Prinzip der Rückkoppelung, feedback).

Steuerungen mit H_2-übertragenden Cofermenten

Im Verlauf der Glykolyse wird der Aldehydwasserstoff am oxydierenden Gärungsferment unter Aufnahme von anorganischem Phosphat auf DPN übertragen (Abb. 207) und dem oxydierten Vorprodukt BTS oder Acetaldehyd übergeben. Dieser entscheidende Weg des Gärungswasserstoffs ermöglicht den Gesamtablauf. Er demonstriert gleichzeitig die Verknüpfung verschiedener Stufen des glykolytischen Reaktionszuges. Allerdings ist das H_2-übertragende Coferment *DPN sehr zahlreichen Dehydrierungssystemen gemeinsam.* DIXON vergleicht diese mit Dominosteinen, von denen die eine Hälfte eine der über 30 Nummern von substratspezifischen Apoenzymen tragen kann, während die andere nur eine der drei dem DPN, TPN oder FAD zukommenden Zahlen trägt. Der Gesamtvorrat der letzteren verteilt sich auf die verschiedenen Substrate, so wie es deren Redox-Normalpotential verlangt. Je größer aber die Konzentration der katalytisch aktivierten Substanzen mit negativem Potential im Vergleich zu den positiven ist, um so mehr wird das Redoxpotential des Milieus und damit das Redoxverhältnis der Cofermente negativiert oder umgekehrt. Der *Quotient DPNH/DPN*

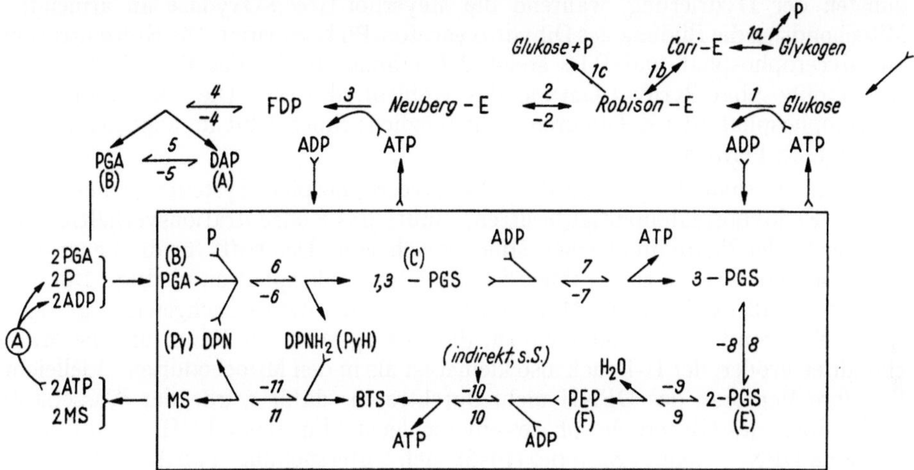

Abb. 207[1]. Schema der Glykolyse (EMBDEN-MEYERHOF). *1* Hexokinase, *1a* Phosphorylase, *1b* Phosphoglucomutase, *1c* Glucose-6-Phosphatase, *2* Hexosephosphatisomerase, *3* Phosphohexokinase, *4* Aldolase, *5* Triosephosphatisomerase, *6* Glycerinaldehyddehydrogenase (GAPDH), *7* Phosphoglyceratkinase, *8* Phosphoglyceratmutase, *9* Enolase, *10* Pyruvatkinase, *11* Lacticodehydrogenase (LDH), Ⓐ ATP-Verbrauch bei der Zellarbeit

usw. wird daher praktisch von dem des bei den verschiedenen Redoxpotentialen aktivierten Wasserstoffes abhängen und somit einen Einblick in den summarischen Ablauf der Dehydrierungen geben. Bei der Bewertung des experimentell gefundenen DPNH/DPN-Quotienten ist jedoch zu beachten, daß analytisch nicht der entscheidende Quotient der freien Coenzyme gewonnen, sondern oft auch der an die Fermentproteine gebundene Anteil mitbestimmt wird. Bei Vorherrschen der ADH oder LDH ist aber der gebundene Anteil für die reduzierte Form um Größenordnungen höher als für die oxydierte (s. S. 450). Dennoch dürfte die gefundene Erniedrigung des DPNH/DPN-Quotienten bei Diabetes (HOLZER 1956) durch die Verminderung des Glucoseumsatzes, also durch verringerte Anlieferung des Gärungswasserstoffs aus dem Triosephosphat zu erklären sein. Wenn er weiterhin tatsächlich als Ausdruck einer Positivierung der Redoxlage angesehen werden kann, gibt dieser Befund eine Erklärung für das *Auftreten der Ketonkörper*: die Hydrierung des Acetoacetyl-CoA an der β-Ketohydrase würde nicht mehr mit genügender Geschwindigkeit erfolgen, so daß statt der Fettsynthese die Abspaltung des Coenzyms A unter Bildung von Acetessigsäure und den weiteren Ketonkörpern in den Vordergrund träte. Eine Anstauung von Acetoacetyl-CoA könnte weiterhin die beim Diabetiker *vermehrte Cholesterinsynthese* erklären, da die Bildung des Steringerüstes wahrscheinlich schon an jener Stelle von dem Wege der Fettsynthese abzweigt — ein weiteres Beispiel für die Änderung der Reaktionswege durch Konzentrationsänderungen von Zwischenstoffen, und zwar hier verbunden mit Verschiebungen des Zell-r_H-Wertes.

---

[1] In Abb. 207 ist statt PGA GAP zu setzen.

Die Abhängigkeit des Hydrierungsweges vom gegebenen Fermentapparat wird besonders eindrucksvoll durch Büchers (1957) Untersuchungen über die Dehydrasen der *Insektenmuskeln* dargelegt. Diese Muskeln besitzen nämlich bei im übrigen normalen Fermentbesteck für die Glykolyse eine *äußerst geringe Aktivität der Laktikodehydrogenase*. Der Gärungswasserstoff wird hier über DPNH am Baranowski-Ferment (Glycerophosphat-dehydrogenase) auf Ph-Dihydroxyaceton übertragen. Von dem gebildeten Glycerophosphat wird der Wasserstoff dann durch eine spezifische strukturgebundene Oxydase (Meyerhof-Green) der Atmungskette übergeben. Am gelösten Baranowski-Ferment liegt das Gleichgewicht zugunsten der Hydrierung, während die Meyerhof-Green-Oxydase an atmenden Mitochondrien die Bildung des Dihydroxyaceton-Ph begünstigt. Die Konzentration an Glycerophosphat und BTS steigt daher anaerob, die des Phosphates sinkt (Glycerophosphat-Pyruvat-Gärung des Kohlenhydrates). Die Oxydation über Glycerophosphat ist bei Tumoren nicht möglich; ihnen fehlt im allgemeinen das Baranowski-Ferment.

Da das Pyruvat/Lactat- und das DAP/Glycerophosphat-System annähernd das gleiche Redoxnormalpotential besitzen, müßte das Konzentrationsverhältnis der Partner beider Paare im gleichen Milieu gleich sein. Das trifft für die Leber eher als für andere Organe zu; in ihnen ist das Glycerophosphat zu niedrig. Bücher vermutet, daß es durch die Meyerhof-Oxydase aus dem Gleichgewicht gezogen wird. Man muß hier damit rechnen, daß der r_H-Wert im Raum um die Mitochondrien größer, der H-Druck also kleiner ist als in den Mitochondrien. Vielleicht läßt ihre Membran das DPNH nicht durchtreten; dafür würde der Wasserstoff in der Form des Glycerophosphates eingeschleust. Für das DPNH — im Gegensatz zum DPN — kommt Shapiro (1956) nach Untersuchungen an Ascites-Tumorzellen zu einem ähnlichen Schluß auf die Permeabilität für DPNH.

Eine *auswählende Steuerung* von Hydrierungen und Dehydrierungen *mit Hilfe der Cofermente* wird dadurch erreicht, daß einige Reduktionen nur mit TPN vollzogen werden. Das trifft für das Zwischenferment, die Phosphogluconatdehydrogenase, die iso-Citricodehydrogenase und das Malic-enzyme zu. Bei diesen Redoxsystemen liegt das Normalpotential bemerkenswerterweise auf der negativen Seite von dem der Pyridinnucleotide. Auf DPN sprechen ihre Fermente nicht oder kaum an. Das Umgekehrte gilt für die DPN-abhängigen Enzyme. Vom $DPNH_2$ aus wird der Wasserstoff zur Hauptsache auf die Atmungskette oder die Gärungsendprodukte übertragen, während es scheint, daß er für die Hydrierung der Fettsäuren und die Reduktion der Carbonsäuren zu Aldehyden aus TPN übernommen wird. Eine Steuerung seines Weges ist dadurch möglich, daß eine *Transhydrogenase* die Umhydrierung beider Coenzyme vollziehen kann (Colowick, Kaplan u. Mitarb. 1952).

$$TPN^+ + DPNH \rightleftharpoons TPNH + DPN^+$$

Wird also in Gegenwart der Dehydrogenase der Wasserstoff aus iso-Citrat auf begrenzte Mengen TPN^+ übertragen, dann kann Zugabe von DPN^+ eine weitere Extinktionszunahme bei 340 mμ durch Bildung von DPNH bewirken, wenn die Transhydrogenase den Übergang des Wasserstoffs aus TPNH auf DPN ermöglicht hat.

Es ist nicht feststehend, ob die Transhydrogenase im Säugetierorganismus eine Rolle spielt. Man wird daher mit folgender Tatsache rechnen müssen. Die Fettsäuresynthese benötigt für die Hydrierung der Ketoform an der β-Oxyacyldehydrogenase hydriertes DPN, aber hydriertes TPN für die folgende Aufhebung der Doppelbindung, welche schließlich zur reinen Fettsäure-CoA-Verbindung führt. Die Synthese kann daher vollständig nur beim äquivalenten Vorliegen beider

Pyridin-Co-Fermente vollzogen werden (SEUBERT u. LYNEN). TPNH aber entsteht durch Dehydrierung der Isocitronensäure oder beim ersten Schritt des Horeckerweges. Für beide Reaktionen ist ein genügender Umsatz von Kohlenhydrat erforderlich. Ist er zu gering, so wird die Fettsynthese einem Abbau weichen, der vor allem beim Mangel an Oxalacetat (vgl. S. 485) die Bildung von Ketonkörpern begünstigt. (Über deren Beseitigung s. S. 483.)

Im Diabetes ist die Fettsynthese herabgesetzt oder aufgehoben, dafür aber die des Cholesterins gesteigert (HOTTA u. CHAIKOFF). Ob die Steuerung beider Vorgänge nur vom wechselnden Hydrierungsverhältnis beider Pyridin-Cofermente abhängt, ist noch nicht zu übersehen, da nicht bekannt ist, ob die Endhydrierungen bei der Cholesterinbildung auch $TPNH_2$ benötigen. Vielleicht ist es wichtig, daß der Kondensationsvorgang aus den Polyprenoidbausteinen sich unter Decarboxylierung und Dehydrierung vollziehen muß. Nach LYNEN (1956) ist β-Hydroxy-β-Methyl-Glutakonyl-CoA-Halbaldehyd jener Baustein. Er entsteht durch Reduktion und Dehydratisierung an der Methylglutakonase (HILZ, LYNEN u. Mitarb., 1958) aus dem β-Hydroxy-β-Methyl-Glutaryl-CoA (HMG-CoA), welches seinerseits durch Anlagerung von 1 Molekel aktiver Essigsäure an Acetacetyl-CoA entsteht. Aus HMG-CoA wird auch erst die freie Acetessigsäure abgespalten, welche sich also schon aus einem Vorprodukt der Cholesterin- und nicht mehr der Fettsynthese bildet (LYNEN 1958) (Weiteres s. Nachtrag S. 744).

$$\text{HMG—CoA:} \qquad \overset{\displaystyle CH_3}{\underset{\displaystyle \underset{OH}{|}}{HOOC \cdot CH_2 - \overset{|}{C} - CH_2 \cdot CO - CoA}} \longrightarrow Ac-CoA + \text{Acetessigsäure}$$

$$\text{Isoprenoid-Baustein:} \qquad O{=}C - C{=}C - CH_2 - CO - CoA \xleftarrow[-2H]{} \text{Mevalonsäure (RUDNEY)}$$

Bei Hefen und im Pflanzenreich existieren zwei verschiedene Glutaminsäuredehydrasen, welche je auf TPN oder DPN eingestellt sind. Ob die erstere für den Aufbau und die zweite für den Abbau der Aminosäuren unter anaeroben Bedingungen eingesetzt wird, ist unsicher (HOLZER u. SCHNEIDER).

Die *Mitwirkung des geeigneten Cofermentes*, welche ein Ausdruck der spezifischen Affinität des Enzymproteins ist, kann auch die Entscheidung über den Verlauf der Reaktion in einer bestimmten Richtung bringen. Die oxydative *Desaminierung der Aminosäuren* bzw. ihre Umkehr nach:

$$R \cdot CO \cdot COOH + NH_3 + AH_2 = RCHNH_2 \cdot COOH + A + H_2O$$

kann mit FAD als Wasserstoffacceptor verlaufen und ist unter diesen Umständen schwach exergonisch, da das Redoxpotential des Keto-Aminosäurepaares ($-0{,}03$ V) nur wenig positiver als das des gelben Fermentes ($-0{,}06$ V) ist ($K = 10$). Wird aber statt des Flavins das wesentlich negativere DPN ($-0{,}32$ V) eingesetzt, dann ergibt sich mit $K = 6{,}3 \cdot 10^9$ bzw. $\Delta G = -13{,}4$ kcal eine so entscheidende Bevorzugung der Hydrierung, daß die Gegenreaktion praktisch nicht mehr zur Wirkung kommt. Auf diese Weise entsteht in nahezu allen Geweben aus der Ketoglutarsäure die Glutaminsäure, welche bei der *Aminosäuresynthese* ihrerseits die NH_2-Gruppe auf die entsprechenden Ketosäuren überträgt.

Im *Gehirngewebe* spielt auch die Aufgabe der DPN-abhängigen Glutaminsäuredehydrase eine Rolle, mit der Tätigkeit anfallendes *NH_3 zu entgiften*. Denn bei der Glutaminsäurebildung wird Ammoniak gebunden (WEIL-MALHERBE,

1953). Die zweite Phase der NH_3-Bindung erfolgt anschließend unter Energielieferung aus ATP und führt zum Glutamin. Diese Substanz ist ihrerseits wiederum erst in der Lage, die Blutgehirnschranke zu passieren und der allgemeinen Zirkulation übergeben zu werden. Die Weiterverarbeitung des NH_3 geschieht also an anderen Stellen.

Zurückkommend auf die Aminosäuredesaminierung soll weiter ausgeführt werden, daß sie sich *normalerweise* nach dem Brutto-Schema:

$$\text{Aminosäure} + \tfrac{1}{2} O_2 \rightleftharpoons \text{Ketosäure} + NH_4^+$$

vollzieht.

Das Gleichgewicht dieser Gesamtreaktion, bei der durch die direkte Oxydation 43 kcal freiwerden, liegt natürlich jetzt ganz auf der Seite der desaminierenden Ketosäurebildung. Ihr Energiewert ist von der Art des eingesetzten Wasserstoffüberträgers unabhängig. Im einzelnen dürfte sich zunächst nach dem Prinzip von BRAUNSTEIN und KRITZMANN eine *Umaminierung* sämtlicher Aminosäuren mit α-Ketoglutarsäure vollziehen und die dabei gebildete Glutaminsäure unter Mitwirkung von DPN und H_2O wieder zur Ketosäure oxydiert werden. Der Ablauf dieser Reaktion wird aber nur *durch Koppelung mit der Atmungskette* ermöglicht, durch die das intermediär gebildete $DPNH_2$ dehydriert wird.

Die Reaktionslenkung durch die *Coenzyme* wird dadurch besonders wirksam unterstützt, daß sie selbst einem regen *Stoffwechsel* unterliegen, in dessen Ablauf sie abgebaut, umgebaut oder neu gebildet werden können. So erfolgt die Überführung von TPN in DPN und umgekehrt durch die DPN-Kinase-Reaktion (s. S. 488)[1]. Bei ihr, wie bei den meisten dieser Vorgänge, ist das Adenosintriphosphat wesentlich beteiligt. Es ermöglicht nicht nur die Phosphorylierung des DPN zum TPN oder die Übertragung eines Pyrophosphatrestes auf Thiamin. Es ist auch in der Lage, unter Freigabe von Pyrophosphat mit seinem Adenylsäurerest entweder in Fermente einzutreten, Fettsäuren zu aktivieren (s. S. 488) oder zum Aufbau von Cofermenten beizutragen. Hierzu gehören die reversiblen *Kornberg-Reaktionen*, bei denen aus dem Mononucleotid wie FAM oder Nicotinsäureribosephosphat (NMN) die wirksamen Dinucleotide FAD bzw. DPN werden:

$$NMN + ATP \rightleftharpoons DPN + PP; \qquad FAM + ATP \rightleftharpoons FAD + PP$$

Auch die Bildung des aktiven Methionins (CANTONI 1953) gehört in diese Gruppe. In allen diesen Fällen wird die Reaktion durch die Spaltung des Pyrophosphats an der weit verbreiterten *Pyrophosphatase* beschleunigt. Hierin und vielleicht in der Entfernung eines wirksamen Metallkomplexbildners — namentlich für Cu — ist die Hauptaufgabe des zuletzt genannten Fermentes zu sehen (vgl. S. 488 und A. KORNBERG 1957)

Reaktionslenkung durch das ATP/ADP-System

Im ganzen muß festgestellt werden, daß eine Aufrechterhaltung des notwendigen *Bestandes an Cofermenten vom Nucleotidtyp nur bei ausreichender Anlieferung von ATP* zu ermöglichen ist. Schon in diesem Zusammenhang dient jene Substanz direkt oder indirekt der Reaktionslenkung. Zweifellos ist aber ihre bekannte Fähigkeit der Energieübertragung auch unter dem Gesichtspunkt der Rückkoppelung im eigenen Reaktionszug besonders wichtig. Aber sie ist hier weniger als sonst von der stofflich-kinetischen Bedeutung zu trennen. Die Hexound Phosphohexokinase-Reaktionen ermöglichen den *abbauenden Angriff* auf das Betriebsmaterial, und schon sie sind von dem ATP-Gehalt bzw. der Geschwindigkeit seiner Nachlieferung entscheidend abhängig. Die ATP-Bildung ist also in

---

[1] WANG u. KAPLAN (1954).

noch mehr direktem Sinn als nur zur Erhaltung der Cofermente für den Ablauf des Gesamtstoffwechsels erforderlich. Das Adenylsäuresystem ist ein zwischen den Zuständen ADP und ATP pendelnder *Katalysator*. Dessen Verhalten ist typisch: er ermöglicht den Ablauf jener Reaktion, durch den er selbst regeneriert wird. Nachdem die Glucose durch ATP zunächst angegriffen wurde, wird das entstandene ADP durch Intermediärprodukte mit genügend hohem Gruppenpotential im weiteren Verlauf wieder zum Triphosphat verwandelt. Dabei benötigt die TPD-Reaktion die Gegenwart von freiem Phosphat. Damit aber heben sich gleichzeitig als kinetische Schlüsselvorgänge 1. die an den Zuckern stattfindenden Kinase-, 2. die TPD- und 3. die Phosphoglycerat- und Pyruvatkinase-Reaktionen heraus. Ihre Geschwindigkeit wächst bei 1 mit der ATP-, bei 2 mit der Phosphat- und bei 3 mit der ADP-Konzentration. Darauf, daß auch die Glykogensynthese aus Coriester mit fallendem P-Gehalt steigt, sei hier nur verwiesen (s. S. 420). Diese Reaktionen werden vom Zustand des ATP-Systems gesteuert. Der Angriff benötigt ATP, das Fortschreiten über die Anfangsstadien der Triosestufe P und ADP. Ein vollständiger Übergang in das Triphosphat würde den Stoffstrom absperren. Erst sein Verbrauch zu energetischen oder Synthesezwecken außerhalb der eigentlichen Abbaulinie gibt den Weg wieder frei und bewirkt gleichzeitig seine Neubildung und damit die weitere Nachlieferung spaltungsbereiter Hexoseformen. So wird ATP-ADP zum Regulator des Abbaues.

Der Abbau wird unter der Einwirkung der *Hexokinase* eingeleitet. Es ist daher verständlich, daß die Regulation ihrer Aktivität von entscheidender Bedeutung für die Organtätigkeit ist. Es soll hier nur kurz daran erinnert werden, daß mindestens einer der Angriffspunkte des Insulins an dieser Stelle gelegen ist. Der Gehalt der verschiedenen Organe an Hexokinase ist recht unterschiedlich. Auffallend hoch ist er im Gehirn (LONG 1951). Tatsächlich ist ja auch der Stoffwechsel des Gehirns nicht klein (s. S. 391), und er wird fast ausschließlich durch Verbrennung der Glucose betrieben. Die Aktivität der Hexokinase ist hier etwa 4fach höher als in der Skelettmuskulatur. Es hat sich gezeigt, daß ihre Wirkung durch die Reaktionsprodukte Glucose-6-Phosphat und ADP spezifisch gehemmt wird; das erstere wirkt nicht-kompetitiv, während ADP ein stark wirksamer kompetitiver Hemmstoff ist (SOLS 1954). Das bedeutet, daß der Umsatz der Glucose durch das Verhältnis ATP/ADP reguliert wird. Dadurch aber wird die Hexokinase auch besonders empfindlich gegen die ATP-spaltenden Reaktionen, welche man als ATP-asefunktion zusammenfaßt. ATP-ase kommt im Gehirn reichlich vor und ist an dessen Struktur geknüpft (MEYERHOF 1947). Ein optimaler Ablauf der Glykolyse erfordert daher eine empfindliche Einstellung des Gleichgewichts zwischen beiden Reaktionen. Sie ist nur bei intakter Struktur des Organs gewährleistet (vgl. Hefehexokinase S. 656).

Eine hormonale Beeinflussung steuerbarer Intermediärvorgänge ist an der Wirkung des Adrenalins auf den Blutzuckergehalt gut zu übersehen. Durch Umwandlung der inaktiven Phosphorylase-b in die aktive a-Form bewirkt Adrenalin eine Steigerung des Glykogenabbaues, die zur Anhäufung von Glucose-6-P und Fructose-6-P führt (SUTHERLAND u. CORI). Da diese Ester die Hexokinase hemmen, wird die Verarbeitung von freier Glucose eingeschränkt, nicht aber die des Glykogens. Die Abgabe von Glucose aus der Leber an die Körpersäfte wird dadurch gesteigert, ihre periphere Verwendung wie im Diabetes herabgesetzt (vgl. KÜHNAU u. VON HOLT). Dagegen wird in der Peripherie, speziell in der Muskulatur vermehrt Glykogen in Milchsäure verwandelt, die hauptsächlich in der Leber zu Glykogen resynthetisiert und bei weiter bestehender Adrenalinwirkung erneut als Blutzucker abgegeben wird (CORI u. CORI 1928).

Von besonderem Interesse werden die Teilhaber am *ATP/ADP-System* dadurch, daß sie *dem oxydativen Abbauweg* in gleicher Weise funktionell angehören. Denn in seinem Verlauf vollziehen sich die Substrat- und Atmungskettenphosphorylierungen, welche wie die Gärung stets erneut anorganisches Phosphat in ATP überführen können. Die Schlüsselreaktionen der Glykolyseregelung sind daher gleichzeitig auch Regulatoren der Atmungsvorgänge. Im Experiment und besonders deutlich an Mitochondrien steigert die Zugabe von anorganischem Phosphat oft das Ausmaß der Oxydationen. In gleicher Weise und gelegentlich ebenso überzeugend wirkt ADP (B. CHANCE und B. HESS). Diese Stoffe lösen die Nachlieferung von Energie auf dem Wege über die oxydative Phosphorylierung aus. Das Substrat wird der Atmung mindestens zum größten Teil, wenn man vom Horecker-Weg absieht, wie bei der Gärung über Triosephosphate zur Verfügung gestellt; nur wird der an der TPD aktivierte *Wasserstoff über DPN der Atmungskette übergeben.* Aber während bei der Gärung für ein halbes Glucose-Äquivalent nur 1 ATP entsteht, werden bei der Atmung etwa 18 ATP-Moleküle gebildet, so daß letztere auch das Phosphat bei gleichem Substratumsatz etwa 18fach schneller binden müßte.

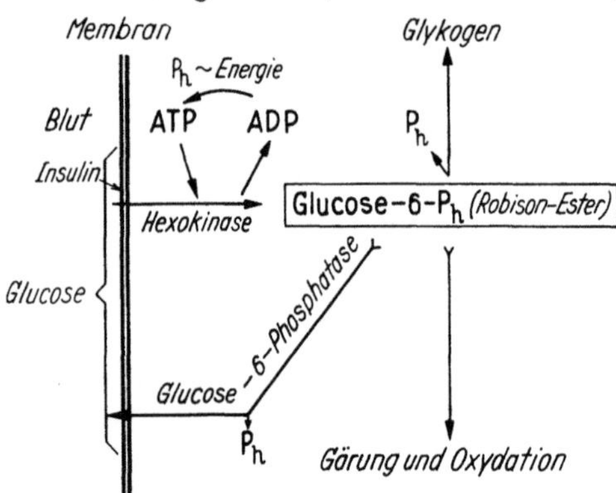

Abb. 208. Glucose-6-Phosphat als Verzweigungsstelle für Einschleusung, Aufbau, Abbau und Abgabe von Glucose

Wenn die Atmungsvorgänge unterbrochen oder anaerobe Bedingungen hergestellt werden, würde sich bei weitergehender oder durch Tätigkeit, bzw. durch den Eingriff selbst gesteigerter ATP-Spaltung das anorganische Phosphat und das ADP schnell anhäufen. Tatsächlich treibt jedoch die Energie der Nahrungsstoffe bei fehlendem O_2 oder verminderter O_2-Wirkung den Abbau über den fermentativ gebahnten Glykolyseweg. Dabei wird das ATP zurückgebildet. Der Wasserstoff aber geht nun vom DPN auf die Carbonyle der Aldehyde oder der Ketosäuren und erscheint in den Gärungsprodukten.

Die relative Vermehrung der DPNH-Stufe — verglichen mit der Aerobiose — führt zu einer Negativierung des Redoxpotentials und damit zur Bevorzugung jener Hydrierungen. Die *Verzweigungsstelle zwischen Atmung und Glykolyse* ist jetzt DPNH. Die Aerobiose setzt die Konzentration der reduzierten Stufe herab, ebenso tut es die verminderte Anlieferung von H_2-Donatoren wie Glucose. Auch bei gleichbleibender Atmungsgröße muß z. B. ein vermindertes DPNH — wie im Diabetes — das stationäre Verhältnis BTS/MS zugunsten der BTS so verschieben, wie es der Positivierung des Redoxpotentials entspricht. Hierbei handelt es sich um die Einstellung eines Konzentrationsverhältnisses, aber nicht notwendigerweise um die der Menge des durchgehenden Stoffes. Die Redoxlage entscheidet über den Reaktionsweg; die *Intensität des Stoffstromes jedoch wird durch den weiterlaufenden Energiebedarf bestimmt.* Von ihm soll zunächst angenommen werden, daß er unter aeroben und anaeroben Bedingungen gleich bleibt. Das Redoxpotential selbst hängt allerdings auch von der Umsatzgröße ab.

Der Pasteur-Effekt

Wenn man die *ATP-Bildung als Regelgröße des Stoffwechsels* betrachtet, ist das durch Glykolyse umgesetzte Kohlenhydrat wesentlich weniger wertvoll als das oxydierte: um die gleiche Menge an ATP aus ADP zu bilden, wird im letzteren

Fall nur der achtzehnte Teil an Glucose benötigt. Die Tatsache, daß die Atmung den glykolytischen Umsatz zurückdrängt, und eine entsprechende Menge von Kohlenhydrat an der Umsetzung verhindert, wurde von MEYERHOF und von WARBURG zu Ehren des ersten Erforschers anaerober Stoffwechselvorgänge als *Pasteur-Effekt* (1926) bezeichnet.

Beide sahen in dem Oxydationsquotienten der Milchsäure (O.Q.; s. S. 475) ein Maß für die Wirksamkeit der Atmung im Vergleich zur Gärung, also für die „Pasteur-Reaktion". Es wird dabei angenommen, daß die in der oxydativen Phase der Erholung des Muskels verschwundene Milchsäuremenge bis auf ein oxydiertes Äquivalent derjenigen gleich sei, welche unter aeroben Anfangsbedingungen gar nicht erst entstanden wäre. Mit einem praktisch erreichbaren Maximalwert des O.Q. von 6 wäre dann die am Entstehen verhinderte Milchsäure 5mal größer als dasjenige Glucoseäquivalent, welche im Experiment oxydiert wurde. Das bedeutet, daß die Reversion der Glykolyse, welche durch die Atmung bewirkt wird, mit einem energetischen Nutzeffekt von $140/344 = 0{,}41$, bzw. $175/344 = 0{,}51$ arbeitet, wenn man für die Bildung einer Milchsäuremolekel unter Zellbedingungen aus Glucose 28, bzw. aus Glykogen 35 kcal einsetzt. Dabei würden im ersteren Falle $18/5 = 3{,}6$mal, im zweiten Falle $18/7{,}5 = 2{,}4$mal mehr ATP-Molekeln durch die Atmung verfügbar als bei dem entsprechenden Gärungsumsatz. Diese Verhältnisse gelten zunächst für die aerobe Umkehrung einer anaeroben Phase mit Anhäufung von Gärungsprodukten, oder sie sind aus dem Vergleich der Atmung mit der Differenz zwischen anaerober und aerober Gärungsgröße (Meyerhof-Quotient nach WARBURG 1926) abgeleitet worden. Sie sind also aus Umsatzgrößen bei Zuständen gewonnen, für die nicht angenommen werden muß, daß das katalytische System völlig vergleichbar ist.

Sieht man aber von der Revertierung ab und berechnet den Kohlenhydratverbrauch für den stationären Zustand, so ergibt sich natürlich auch hierbei die *Forderung eines Mehrumsatzes* um das 18fache für die Gärung der Glucose und *um das 12fache*, wenn vom vorgebildeten (s. S. 492) Glykogen ausgegangen und die ATP-Bildung als Energiemaß benutzt wird. Beim Vergleich der freien Energien von Atmung und Glykolyse würde jedoch mit dem 12,5- bzw. 10fachen Wert eine etwas geringere Umsatzvermehrung für die Glykolyse zu fordern sein. Diese energetischen Überlegungen können nur zur Angabe von Größenordnungen führen. Vor allem ist die Zahl der tatsächlich von der intakten Zelle bei der oxydativen Phosphorylierung gebildeten Phosphatbindungen unsicher, da fast alle Zahlenangaben aus Atmungsversuchen an Mitochondrien gewonnen wurden. Für die endogene Atmung von intakten *Hefezellen* in glucosearmen Medien kann man einen gut gesicherten durchschnittlichen *P:O-Quotienten* von 2,1 — entsprechend der Bildung von 25 P-Bindungen pro Molekül-Glucose — einsetzen (LYNEN 1956). Wenn diese Zahl verallgemeinert werden könnte, würde für den Umsatz von Glykogen aus ein 8,3facher, von Glucose aus ein 12,5facher Mehrumsatz bei der Glykolyse zu erwarten sein.

Tatsächlich aber wird während der Anaerobiose im Durchschnitt *weniger als die Hälfte des so geforderten glykolytischen Umsatzes gefunden*, so daß der O.Q. — Hefen und Krebsgewebe eingeschlossen — in der Größenordnung von 3—6 liegt. Der Befund sagt aus, daß sich die Anaerobiose zwar mit einem größeren Stoff-, aber mit einem geringeren Energieumsatz als die Aerobiose vollzieht. Mit dieser Aussage ist zunächst keine Entscheidung darüber getroffen, ob der Bedarf im ersteren Fall verringert oder die Ökonomie der Energieübertragung aus dem ATP im zweiten verschlechtert ist. Es hat sich jedoch im Gegensatz zur letztgenannten Annahme ergeben, daß mindestens bei der Hefe (LYNEN und KÖNIGSBERGER 1950) kein greifbarer Unterschied zwischen der ATP-Spaltungsrate im aeroben und anaeroben Zustand besteht. Auch findet sich kein oder nur ein etwas höherer ATP-Gehalt während der Atmung. Diese Befunde lassen es berechtigt erscheinen, das *ATP-System* in den Mittelpunkt der Mechanismen zu stellen, welche die Umschaltung der Atmung auf die Gärung, d. h. den *Pasteur-Effekt ermöglichen*.

Daß für die *Regulierung des ersten Angriffs* auf die Glucose die Aktivität der Hexokinase entscheidend ist, wurde bereits betont, wobei auch auf die kompetitive Hemmung durch ADP und die nichtkompetitive durch das Reaktionsprodukt Glucose-6-P hingewiesen wurde. Durch sie wird zweifellos eine übersteigerte Mobilisierung der Glucose vermieden, welche zur Verarbeitung an der Phosphohexokinase noch ein weiteres ATP benötigen würde. Beide Vorgänge vollziehen sich demnach in dem Maße geregelt, wie entweder die Vergärung oder die Oxydation der Triosephosphate das durch die Phosphorylierung herabgesetzte ATP/ADP-Verhältnis wieder gehoben hat. Daß die *Hexokinase der Hefe* durch beide Stoffe nicht gehemmt wird, dürfte mit ihrer Fähigkeit zur kräftigen aeroben Gärung zusammenhängen, denn da die ATP-Bildung hier überwiegend durch Gärung, also mit sehr geringer Ausbeute — bezogen auf das umgesetzte Glucosemolekül — erfolgt, erfordert sie ständig einen großen Zuckerumsatz. Namentlich untergärige Hefe zeigt bei geringer Atmung eine kräftige aerobe Gärung, welche unter anaeroben Bedingungen nur noch wenig ansteigt. Die aerob und anaerob gebildeten Calorien und die umgesetzten Glucosemengen sind hier praktisch gleich. Bäckerhefe dagegen atmet kräftig und gibt auch einen starken Pasteur-Effekt. Aber schon hier ist die verbrauchte Glucosemenge aerob beträchtlich kleiner, jedoch wieder nicht so gering, wie es bei gleicher Calorienbildung zu erwarten wäre. Sie ist aerob um 50% größer (s. Tabelle 115). (MEYER-HOF 1925).

Tabelle 115

Gärung (Q_{CO_2}) und Atmung (Q_{O_2}) der Hefe; Glucoseumsatz in μg pro mg Trockengewicht. Nach MEYERHOF aus F. DICKENS (1951).

	Atmung	Gärung		Glucoseumsatz		Calorienumsatz (cal)	
		aerob (O_2)	anaerob (N_2)	O_2	N_2	O_2	N_2
Bäcker- } Hefe	90	10	250	160	1000	460	310
Untergärige }	10	150	170	620	680	230	210

Danach bildet die Hefe keine Ausnahme von dem an anderen Zellen und Geweben erhobenen Befund. Dann aber kann auch die Regulation der Hexokinasetätigkeit, welche das Hefeferment nicht zeigt, mindestens nicht allein für das Eintreten des Pasteur-Effektes verantwortlich sein.

Wenn die ATP-Konzentration aus energetischen Gründen als Regelgröße angesehen werden muß, so trifft das gleiche für die Spaltprodukte ADP und Phosphat zu. Da die *Triosephosphatdehydrase anorganisches Phosphat* benötigt, und ohne ihre Funktion keine Glykolyse erfolgt, muß das bei der ATP-Spaltung entstandene Phosphat hier wieder gebunden werden. Damit wird aber gleichzeitig auf eine Molekel P eine Molekel Triosephosphat verarbeitet. Sie regeneriert das verbrauchte ATP und stellt das zweite für die Vorbereitung der Hexose zur Spaltung in weiteres Triosephosphat zur Verfügung. Dieser von LYNEN (1941) und von JOHNSEN (1941) herangezogene *Phosphatkreislauf* ist prinzipiell zum Ablauf der Gärungs- und Atmungsvorgänge *erforderlich.* Daß er auch der übergeordnete Steuerungsprozeß ist, d.h. jener mit der geringsten regulierten Schwankungsbreite, ist wahrscheinlich. Als Teilfaktor für die Auslösung der Regulation kommt neben dem Phosphat mindestens an den Mitochondrien nach den Erfahrungen namentlich von B. CHANCE und B. HESS mehr das bei der Spaltung des ATP auch entstandene ADP in Betracht. Es ist noch *unsicher, ob* das anorganische *Phosphat in der Zelle stets die kritische untere Grenze erreicht,* welche den Regulierungsvorgang auslöst (OCHOA und STERN 1952). LARDY zeigte, daß die Mitochondrienatmung erst dann erlischt, wenn das anorganische Phosphat unter dem Wert von $2 \cdot 10^{-4}$ M/Liter absinkt. Bei $2 \cdot 10^{-3}$ M/Liter wird schon die halbmaximale Atmungsgröße erreicht. Nach DUBOISSON u. a. (1954) liegt das freie Phosphat im Muskel wenig unter 7 mMol/Liter. Die Tatsache, daß bei DNP-, Isonitril-, Azid- und anderen entkuppelnden Vergiftungen, also bei herabgesetzter oder fehlender Atmungskettenphosphorylierung, die Gärung trotz erhaltener Atmung auf die anaerobe Höhe anwächst, ist mit beiden — sich im Grunde nicht widersprechenden — Vorstellungen vereinbar.

Denn Phosphat und ADP wirken auf zwei sich folgende Stufen der Glykolyse fördernd ein. Nach STICKLAND (1956) kann aber unter Propionnitril-Vergiftung der aerobe Glucoseabbau vervierfacht sein, ohne daß das freie Phosphat ansteigt oder die Glykogensynthese fällt.

TREVILYAN u. Mitarb. (1954) und LYNEN u. Mitarb. (1958) fanden, daß ein Glykogenabbau in der Hefe noch nicht stattfindet, wenn das analytisch bestimmte freie Zellphosphat 5— 10fach konzentrierter ist, als nach der Gleichgewichtseinstellung an der Phosphorylase zu erwarten wäre. Falls nicht noch eine unbekannte, sehr labile Phosphatverbindung existiert, muß man damit rechnen, daß die Aktivität des Phosphates an dem Ort der Glykogenbildung entsprechend niedriger ist. Welche Elemente der Feinstruktur aber hierfür verantwortlich zu machen wären, ist zur Zeit nicht zu übersehen.

B. CHANCE zeigte, daß schon bei Anwesenheit relativ geringer Phosphatmengen die *DPNH-Oxydation* an isolierten Mitochondrien spezifisch durch die Zugabe *von ADP gefördert* wird und gleichzeitig die Cytochrome b und c reduziert werden. Umgekehrt verhindert ADP-Mangel den Elektronentransport durch die Atmungskette: d. h. die biologische *Oxydation ist vom Verhältnis ATP/ADP abhängig*, welches sich bei intakter Phosphorylierung selber steigert und sich schließlich auf eine durch den ATP-Verbrauch bestimmte Höhe bringt, bei der eine weitere Erhöhung nicht mehr erfolgt. Diese relative Atmungsdrosselung geht solange nicht mit einer Anstauung von hydriertem DPN einher, wie die Verminderung des anorganischen Phosphates gleichzeitig die TPD und die des ADP die Glycerophosphatkinase hemmt. Allgemein bestimmt jedoch eine Änderung des prozentischen Oxydationsgrades der wasserstoff- bzw. elektronenübertragenden Gruppen oder Cofermente direkt das wirksame Redoxpotential. Es steht daher wiederum in Beziehung zum ATP-Quotienten (LARDY 1956, CHANCE 1956). Beim Angebot von durch Hexokinase vorbereitetem Substrat und bei voll wirksamer TPD, also genügend hohem freien Phosphat, wird das *Redoxpotential in dem Maße negativiert, wie ADP vermindert, d. h. die Atmung blockiert wird.* Dann steht der Wasserstoff für Reduktionen z. B. von BTS oder von Disulfiden oder Dehydroascorbinsäure zur Verfügung, und der Stoffwechsel der Fettsäuren würde in die Richtung der hydrierenden Fettsynthese gelenkt. Es ist zu erwarten, daß eine Herabsetzung des P:O-Quotienten, also eine partielle Entkuppelung, das Gegenteil bewirkt. Denn jetzt wird der Wasserstoff schneller durch die Atmungskette strömen müssen, wenn die gleiche ADP-Menge phosphoryliert wird. Die Redoxlage wird positiviert und damit die Synthese der Fettsäuren z. B. gehemmt oder ihr Abbau beschleunigt (Steigerung des Grundumsatzes und Fettabbaues unter Thyroxin, MARTIUS und HESS 1951). Bei intaktem mitochondrialem Atmungssystem besteht also eine Beziehung zwischen Redoxpotential, ATP/ADP und P:O-Quotient, welche für das Verständnis der Regulationen im intermediären Stoffwechsel entscheidend werden kann. Sie ist zahlenmäßig noch nicht genau festgelegt. Aus den Experimenten von CHANCE und WILLIAMS ergibt sich das beistehende Diagramm, welches die Verhältnisse zur Zeit am besten wiedergeben dürfte. In ihm ist die Differenz der Potentiale zwischen den in Betracht kommenden Redoxpaaren der Atmungskette den beiden genannten Quotienten zugeordnet (Abb. 209a).

Die spektrophotometrischen Registriermethoden von B. CHANCE gestatten eine einwandfreie Messung des *Redoxzustandes aller Teilhaber an der Atmungskette.* Sie ergab, daß die Tendenz zur Reduktion, welche unter ADP-Mangel eintritt, sich vom DPN bis zum Cytochrom c erstreckt. Cytochrom a liegt dagegen oxydiert vor. Der „crossover" Punkt liegt also zwischen beiden genannten Cytochromen. Bei der Antimycinvergiftung befindet er sich zwischen Cytochrom b und c, bei Amytal-Narkose zwischen den Flavoproteinen und DPNH. Mitochondrien-Suspensionen wie Hefezellen zeigen in dieser Beziehung die gleichen Verhältnisse.

An Hefen ist auch ein Phänomen feststellbar, welches noch ausgesprochener an Tumorzellen zu beobachten ist: der *inverse Pasteur-Effekt*. Er besteht in einer Hemmung der Atmung, die auf Glucose-Zusatz erfolgt (CRABTREE 1929). Dieser führt, ausgehend vom ATP-reichen, also atmungshemmenden Zustand infolge der Hexokinasereaktion zur ADP-Bildung, d. h. zur verstärkten Anfangs-atmung, welche innerhalb einer Minute in eine Atmungslähmung, eben den inversen Pasteur-Effekt umschlägt. Mit der gleichzeitigen Reduktion des Cyto-chrom-b geht eine verminderte Utilisation der Glucose einher (B. HESS). Der Zelle scheint ATP für die Hexo-kinase und ADP für die At-mung zu fehlen. Die Ursache dieses Effektes ist zwar nicht völlig klargestellt. Wahrschein-lich aber hängt sie mit der Ver-teilung des ATP auf die Mito-chondrien und die plasmati-sche Flüssigkeit zusammen (B. CHANCE). Denn die in den Mitochondrien gebildete ATP wird hier retiniert. Die bei der Glykolyse entstandene aber steht dem Zellplasma in voller Konzentration für die Hexoki-nasereaktionen zur Verfügung, und in jenem sind auch sämt-liche Fermente der Glykolyse frei gelöst vorhanden. Schon LYNEN (1951) hat auf diesen Unterschied im Verteilungszu-stand der ATP hingewiesen. Die Tumorzelle ist besonders arm an Mitochondrien. Nach dieser Auffassung ist der in-verse Pasteur-Effekt dann darauf zurückzuführen, daß

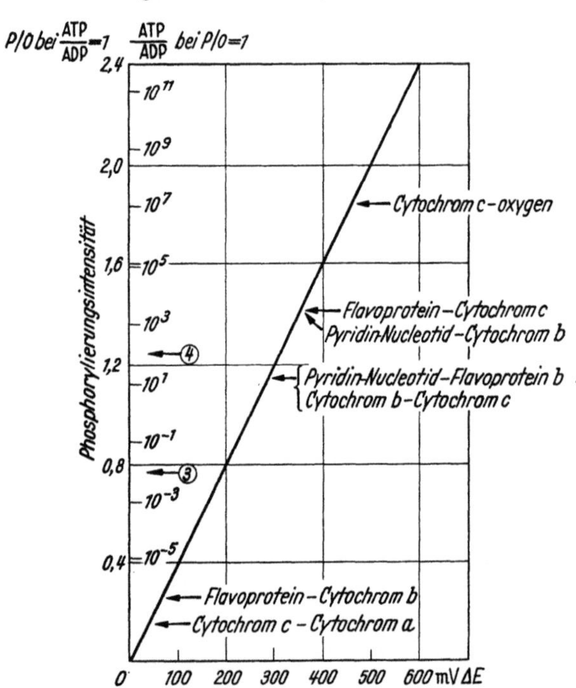

Abb. 209 a. *ΔE*-Differenz der Potentiale zwischen 2 Redoxpaaren und oxydative Phosphorylierung (*P/0*) bei verschiedenen ATP/ADP-Quo-tienten (nach CHANCE und WILLIAMS 1956). (*3*) und (*4*) beziehen sich auf die in Abb. 209 b gekennzeichneten Zustände

das ATP der Mitochondrien hier besonders verlangsamt zur Zuckerphosphorylie-rung bereitgestellt und damit auch nur wenig ADP gebildet wird. Gleichzeitig wird damit aber auch verständlich, warum bei der Umschaltung von Atmung auf Gä-rung, dem eigentlichen Pasteur-Effekt, nicht ein derartig hoher Gärungsumsatz gefunden wird, wie er der ursprünglichen Atmungsgröße energetisch entsprechen würde. Denn die Mononucleotide der Mitochondrien würden nur teilweise an der Glykolyse beteiligt sein. Sie wären daher für die Gärung weniger wertvoll. Man müßte dann folgern, daß das ATP der Mitochondrien, welches hier oxydativ entstanden ist, und somit auch die Atmung für die Leistungen der Zelle, soweit es sich nicht um die direkte chemische Tätigkeit in den Mitochondrien selbst handelt, weniger gut eingesetzt werden kann als das durch Glykolyse gebildete ATP des Lösungsraumes.

Zusammenfassend ergibt sich für den Pasteur-Effekt, also den wichtigsten Schaltungsvorgang an Verzweigungen im intermediären Stoffwechsel: die Atmung verbraucht 1. soviel Phosphat, daß die TPD-(GAPDH-)Reaktion, und sie phos-phoryliert 2. soviel ADP, daß die Bücher-Reaktion und mit beiden die Gärung weitgehend oder vollständig zurückgedrängt werden muß.

Bis zu einem gewissen Grade läßt sich die Gärung im Hefepreßsaft als Modell zu den Schaltvorgängen beim Pasteur-Effekt betrachten, obwohl hierbei die Oxydationen keine Rolle spielen. Aber die Tatsache, daß zwischen dem Phosphatgehalt und der Gärungsgeschwindigkeit eine eindeutige Beziehung bestehen kann, ist seit HARDEN und YOUNGS klassischen Untersuchungen über die Zymasegärung bekannt (1906).

Autolysierte oder Trocken-Hefe gebraucht als nicht mehr lebende Zelle keine Energie. Sie spaltet daher praktisch kein ATP. Damit wird auch kein freies Phosphat gebildet. Die Gärung kommt zum Stillstand und kann nun durch Zugabe von Phosphat in Gang gebracht werden, jedoch nur so lange es noch frei vorliegt. Sie sistiert wiederum, wenn es durch Übergang in das Fructosediphosphat (FDP) erschöpft ist. Weil Phosphat jetzt in dem Diester gefangen bleibt, kann es nicht von der freien zur ATP-Form kreisen, d. h. es kann seine katalytische Funktion nicht mehr entfalten. Sie wird aber dann ermöglicht, wenn ATP-spaltendes Ferment hinzugefügt wird (MEYERHOF). Denn jetzt steht ADP zur Aufnahme energiereichen Phosphates aus Substraten mit hohem Gruppenpotential wiederum zur Verfügung. Letztere

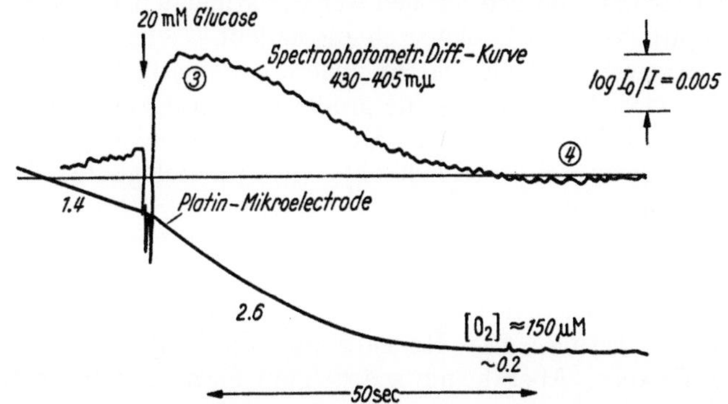

Abb. 209 b. Atmung und Redoxverhältnis von Cytochrom b nach Glucose-Zugabe zu einer Suspension von Ascites-Tumorzellen. Oxydation von Cytochrom b gibt Aufwärtsbewegung der oberen Kurve, Abnahme von O_2 Abwärtsbewegung der unteren. Zustand (3) ist durch maximale mitochondriale ADP-Konzentration, (4) durch minimales ADP definiert. Bei (3) limitiert die Atmungskette, bei (4) das ADP den O_2-Verbrauch. Nach Glucose ↓ zunächst Zunahme des O_2-Verbrauches und des Cyt-(Fe^{3+}), dann Abnahme des Verbrauches und Reduktion zu Cyt-(Fe^{2+}) (nach CHANCE und HESS 1956)

aber wurden aus anorganischem Phosphat gebildet. Während des Ablaufs der Harden-Young-Gärung entsteht das für den Umsatz notwendige ADP nur durch den phosphorylierenden Angriff des ATP auf den Zucker. Die Gleichung der Harden-Young-Gärung ergibt sich also zu:

$$\text{a)} \qquad 2\ \text{Glucose} + 4\ \text{ATP} = 4\ \text{ADP} + 2\ \text{FDP}$$
$$\text{b)} \qquad 4\ \text{ADP} + 2\ \text{P} + 2\ \text{FDP} = 4\ \text{ATP} + \text{FDP} + 2\ CO_2 + 2\ C_2H_5OH$$
$$\overline{\text{Sa.} \qquad 2\ \text{Glucose} + 2\ \text{P} \qquad = \qquad \text{FDP} + 2\ CO_2 + 2\ C_2H_5OH}$$

Hier tritt Phosphat stöchiometrisch in die Reaktion ein, während es im Zellstoffwechsel katalytisch wirkt (O. WARBURG 1948. Über die Arsenatwirkung s. S. 497).

Atmungs- und Glykolyse-Kapazität; Wachstum

Das Eintreten des Pasteur-Effektes setzt die *Fähigkeit der Zelle zu einer solchen Steigerung der Glykolyse* voraus, daß sie der Herabsetzung der Atmung in dem beschriebenen Maße entspricht. Umgekehrt muß für die Umschaltung vom anaeroben zum aeroben Stoffwechsel eine ausreichende Kapazität *zur Atmung* vorhanden sein. Das würde namentlich auch in dem Fall zutreffen, wenn im Tätigkeitsstoffwechsel keine Endprodukte der Glykolyse entstehen, sondern nur die der Oxydation. Im Gegensatz zu den obligaten Anaerobiern, welchen das System der Atmungskette fehlt, sind jedoch Lebewesen nicht bekannt, in denen kein glykolytischer Fermentapparat wirkt, obwohl auch er verschiedene Abweichungen vom Normaltyp zeigen kann (vgl. S. 650). Dagegen ist das Ausmaß der Fähigkeit, den Einsatz beider Reaktionswege zu steigern, außerordentlich verschieden. Es wird jeweils durch die niedrigste vorhandene Aktivität eines im betrachteten

Reaktionszug notwendigen Fermentes bestimmt. Das Verhältnis der Kapazität der Atmung zu der Glykolysekapazität steht im Zusammenhang mit der Fähigkeit der Zelle zur Leistung und zur Selbsterhaltung unter extremen Umständen und bedingt bis zu einem gewissen Grade den Stoffwechseltyp. Gehirnzellen z. B. verbrauchen sehr viel Sauerstoff; sie glykolysieren auch kräftig. Aber die Glykolyse reicht nicht zur Aufrechterhaltung der Zellstruktur aus, obwohl zwischen Atmungs- und Gärungsgröße jene quantitative Beziehung besteht, wie sie der Pasteur-Effekt fordert. Das gleiche gilt noch ausgesprochener für Nierenzellen. Sie aber haben einen geringeren Energiebedarf für die Aufrechterhaltung der Struktur, so daß die anaerobe Überlebenszeit bei ihnen mit einigen Stunden wesentlich größer ist (vgl. S. 519). Länger kann der Sauerstoffmangel selbst bei aufgehobener Leistung von den übrigen weniger atmenden Körperzellen — wenn man Flimmerepithelien und Leukocyten ausschließt — ebenfalls kaum vertragen werden. Tumorgewebe jedoch scheint anaerob mindestens tagelang überleben zu können. Es wird dazu durch seine große Kapazität zur Glykolyse befähigt, welche es ihm gestattet, innerhalb 24 Std das Mehrfache des Eigengewichtes an Glukose — und zwar hauptsächlich ohne den physiologischen Weg über das Glykogen — umzusetzen.

Tumorzellen glykolysieren — wie WARBURG 1924 fand — auch unter voll aeroben Bedingungen (*aerobe Glykolyse*). Sie verhalten sich darin wie Gewebekulturen oder Hefezellen. Im Gegensatz aber besonders zu den ersteren ist ihre Atmungskapazität gering. Die Ruheatmung allerdings liegt im Bereich der von normalem Gewebe. Aber die nur spärlich mit Fermenten bestückte Atmungskette ist bei ihnen aerob schon maximal ausgenutzt. Es ist von höchstem Interesse, daß umgekehrt ein dosierter und monatelang regelmäßig wiederholter periodisch angewandter Sauerstoffmangel in der Gewebekultur zur Bildung von überimpfbaren Carcinomzellen aus Normalgewebe führt (CAMERON und GOLDBLATT 1935). Es kann also unter solchen Bedingungen jene Eigenschaft erzeugt werden, welche diese Gewebe auszeichnet: eine im Verhältnis zum Energiebedarf *verringerte Atmungskapazität*. Sie hat ihre Ursache in der herabgesetzten Mitochondrienzahl und ihrem etwa auf den fünften Teil verringerten Gehalt an Warburgschem Atmungsferment. Da ihre Menge stärker vermindert ist, als die Zahl bzw. das Volumen der Mitochondrien, ist auch deren Zusammensetzung zu ungunsten jener Fermente verändert. Die Folge ist, daß die überlebende Zelle ihren über die Atmungsleistung hinausgehenden Energiebedarf durch die nun aerobe Glykolyse deckt, und nur solche Zellen, die dazu fähig sind, sie in genügendem Ausmaß durchzuführen, können überleben (WARBURG 1926).

Der besondere Energiebedarf der Tumoren wird weitgehend durch ihre bezeichnende *Wachstumstendenz* diktiert. Das Wachstum selbst aber entzieht allgemein dem Fluß des abbauenden Stoffwechsels Material, welches der Struktur wachsender Zellen in makromolekularer Form einverleibt wird. Der Weg dazu ist in erster Linie die Aminierung zu Aminosäuren und damit die Bildung der Eiweiße. Die mit Ammoniak zu vereinigenden Stoffe — besonders Ketosäuren, aber auch der Cyclisierung anheimfallende Grundgerüste — werden den Zwischenprodukten der Glykolyse und des Tricarbonsäurecyclus entnommen. Zur Hauptsache handelt es sich um die α-*Ketoglutarsäure, die Oxalessigsäure und die Brenztraubensäure*, welche auch zum Aufbau unentbehrlich sind. Die letztere (BTS) fällt in um so größerer Menge an und liegt *in um so höherer* stationärer *Konzentration* vor, *je größer der glykolytische Umsatz* ist. Er verwandelt sie zwar je nach der Redoxlage auch zur Milchsäure. Andererseits wird jene mit dem Schritt der dehydrierenden Decarboxylierung (s. S. 479) in den oxydativen Stoffwechsel einbezogen. Dieser vermindert daher ihre Konzentration so, daß ihre reduktive

Aminierung zu Alanin erschwert wird. So steht die BTS im Kreuzungspunkt beider abbauender und eines Teils der aufbauenden Stoffwechselwege. Da *aber auch die Teilnehmer des Citratcyclus für die Synthese notwendig* sind, wird es ohne weiteres verständlich, daß die Bedingungen für geschwindes Wachstum beim Vorliegen *aerober Glykolyse* besonders günstig sind (WARBURG 1926: „kein Wachstum ohne Glykolyse"). Dieser Beziehung entsprechend beobachtet man sowohl bei Krebszellen wie bei Hefen eine besonders hohe Wachstumsintensität, bei letzteren vor allem in Gegenwart genügender Ammoniummengen (HOLZER u. a. 1958). Wenn eine beachtliche Bildung von Glutaminsäure als Vorstufe von weiteren Aminosäuren auf NH_3-Zugabe hin einsetzt, tritt in der Hefe gleichzeitig eine starke Herabsetzung der stationären Konzentration an ihrer Vorstufe, der α-Ketoglutarsäure, ein. Durch den dabei erfolgenden Verbrauch an Wasserstoff aus DPNH wird das Redoxpotential positiviert. Gleichzeitig scheint weniger Brenztraubensäure oxydiert zu werden. Ihr Spiegel steigt an.

Auch embryonales Gewebe verfügt über eine große Glykolysekapazität. Jedoch existiert *weder bei ihm noch bei anderen gesunden Zellen in vivo und unter guten Bedingungen auch in vitro eine aerobe Glykolyse* (O. WARBURG 1955). Geschädigte Körperzellen, namentlich embryonale Gewebe, Retina, auch zerschnittene Muskulatur gären dagegen auch in O_2-Gegenwart stark. In diesem Zustand zeigen sie natürlich kein Wachstum: sie können die Oxydationsenergie nicht genügend verwerten. Vielleicht ist gelegentlich eine echte Atmungsentkupplung die Ursache; in vielen Fällen aber wird die Anlieferung von weiter gebildetem ATP infolge einer Schädigung der energieaufnehmenden Mechanismen unwirksam. Wirken z. B., wie es vom Myosin und vom Gehirngewebe bekannt ist, die strukturgebundenen ATP-asen weiter, dann wird ohne Arbeitsleistung erneut gärungsbeschleunigendes P und ADP gebildet und damit derselbe Zustand erreicht, welcher auch bei primärer Entkopplung die Glykolyse im Rahmen der gegebenen Fermentkapazität steigert.

Tabelle 116

	Embryonale Zellen	Ascites-Tumor	Explantat niedrig virulent	Tumor hoch virulent
Q_M^{Argon}	$+36$	$+75$	$+25$	$+70$
$Q_M^{O_2}$	0	$+25$	$+10$	$+30$
Q_{O_2}	-16	-8	$-12{,}5$	$-7{,}5$
Q_{Meyerhof}	$2{,}3$	$6{,}3$	$1{,}2$	$5{,}3$

Anaerobe $\left(Q_M^{\mathrm{Argon}}\right)$, aerobe $\left(Q_M^{O_2}\right)$ Glykolyse und Atmung $\left(Q_{O_2}\right)$ von Amnion $+$ Chorion und von Krebszellen (Maus) nach O. WARBURG (1956), für die aus normalem Mäusegewebe gezüchteten Tumorzellen nach D. BURK. Q_M bzw. Q_{O_2} bedeutet CO_2 bzw. O_2 in mm^3 pro mg Trockengewicht und Stunde.

$$Q_{\mathrm{Meyerhof}} = \frac{Q_M^{\mathrm{Argon}} - Q_M^{O_2}}{Q_{O_2}} = \frac{1}{3}\,O \cdot Q.$$

Suspensionsmedium: Mäuseserum.

Wachstum ist für aerobe Lebewesen nur möglich bei erhaltener Mitochondrienfunktion, d. h. strukturfixierter Atmung und ATP-Bildung in einem sich durch diese Vorgänge selbst erhaltendem und während des Wachstums vermehrendem Gebilde. Das energieliefernde Substrat ist aber auch für diesen Vorgang das des Citratcyclus, der gleichzeitig zwei der soeben genannten Ketosäuren dem Aufbau zur Verfügung stellt.

Netter, Theoretische Biochemie

42 a

Bei Hefen und Krebsgewebe besteht aerobe Glykolyse. Hier wird dauernd ein wesentlicher Teil des Energieumsatzes durch die Gärung gedeckt. Aber völlig ohne Atmung würden auch diese Zellen nicht dauernd leben können. Sie ermöglicht ihnen mindestens die Erhaltung ihrer — wenn auch beim Tumor qualitativ veränderten — Mitochondrien und damit die eines essentiellen Strukturbestandteiles der Zellen. Der in Betracht gezogenen energetischen Minderwertigkeit der ATP-Bildung durch die Atmung im Vergleich zur Glykolyse muß also ihre morphologische Höherwertigkeit gegenübergehalten werden (WARBURG 1955). Die Deckung eines Minimalbedarfes an derartiger strukturfixierter Energie entscheidet über das Schicksal der Zelle.

Bei Tumorzellen gelang es HOLZER (1955), die Gärung und damit die stationäre BTS-Konzentration durch Monojodessigsäurevergiftung der Triosephosphatdehydrase herabzusetzen, ohne die Atmung zu vermindern. Da die Giftwirkung auf das Ferment irreversibel ist und längere Zeit, nämlich bis zur Neubildung der Enzymmolekel anhält, gelang auf diese Weise eine Herabsetzung der Wachstumsgeschwindigkeit. Daß der Tumor gegen etwas höhere MJE-Konzentrationen empfindlich ist, war seit längerer Zeit bekannt (z.B. LUNDSGAARD 1931).

Umgekehrt gelingt es durch atmungshemmende Stoffe, welche die Gärung nicht herabsetzen, eventuell sogar steigern, das Tumorwachstum einzuschränken. Im Experiment sind dazu phenylsubstituierte Diketone und α-Naphthylessigester geeignet (NETTER, OHLENBUSCH u. Mitarb.).

Ganz allgemein ist also ein genügendes *Angebot der* genannten *Zwischenprodukte* des Kohlenhydrat- und Fettabbaues die Voraussetzung für das Eintreten des Wachstums. Es besteht in einem je nach der Wachstumsgeschwindigkeit mehr oder weniger schwachen Überwiegen der Assimilations- gegenüber den Dissimilationsvorgängen. Als weiterer Faktor kommt neben der hydrierenden Amidierung und der Übertragung von C_1- und C_2-Körpern die Bereitstellung von ATP hinzu. Sie dient der Energielieferung für die Eiweißsynthese und wird auch bei Teilschritten des Aufbaues der Lipoide benötigt (s. S. 522). Im ganzen dürfte für die Synthesetendenz eine gewisse Negativierung des Redoxpotentials bei genügender Gärungskapazität entscheidend sein.

Die Beziehungen zwischen dem Redoxpotential und dem ATP-Gehalt wurden bereits erörtert. Sie ermöglichen auch die zum Wachstum und *zur Stoffsynthese erforderliche Hydrierung* ohne eine weitgehende Negativierung des effektiven Potentials. Schon bei der Kohlenhydratbildung im Verlaufe der Photosynthese wird angenommen, daß das *Gleichgewicht zwischen den Partnern zweier Redoxsysteme durch ATP in der Richtung zur Hydrierung verschoben werden kann* (vgl. S. 508). KREBS rechnet in diesem Zusammenhang mit der Umkehr des ersten Schrittes der Atmungskettenphosphorylierung, bei dem TPN in folgender Weise hydriert würde:

$$FADH_2 + TPN + ATP \rightleftharpoons FAD + TPNH_2 + ADP + P.$$

Mit Hilfe dieser Reaktion könnte durch ATP eine Energiebarriere überwunden werden, welche der Resynthese von Kohlenhydrat aus BTS entgegensteht. Es ist die Bildung des Enolphosphopyruvates (PEP), deren Gleichgewicht sehr weit auf seiten der Spaltung liegt. Sie ist unter Einsatz des „malic enzyme" zu umgehen, wobei intermediär Oxalacetat gebildet würde:

a) $\qquad$ $BTS + TPNH_2 + CO_2 \rightarrow Malat + TPN$

b) $\qquad$ $Malat + DPN \rightarrow Oxalacetat + DPNH_2$

c) $\qquad$ $Oxalacetat + ITP \rightarrow PEP + CO_2 + IDP$ (UTTER und KURAHASHI 1953)

Ges.: $BTS + TPNH_2 + DPN + ITP \rightarrow PEP + DPNH_2 + TPN + IDP$ ($\Delta G \simeq + 4$ kcal)

Der ständige Ablauf dieser Bruttoreaktion wird dadurch ermöglicht, daß 1. ITP durch ATP in der Reaktion von KREBS und HEMS (1953) regeneriert wird:

$$IDP + ATP \rightleftharpoons ITP + ADP$$

2. wird durch den Verbrauch eines weiteren Moleküls an ATP nach der zuvor genannten Reaktion $TPNH_2$ erneuert;

3. kann der Gesamtvorgang dadurch exergonisch gehalten werden, daß das $DPNH_2$ aus Reaktion b) über die Atmungskette zu DPN oxydiert wird.

Die Bildung von PEP wird also durch die Atmung und die Bereitstellung von ATP gefördert, während für die Übertragung von P aus dem FDP auf ADP, d. h. für die Bildung des Fructose-6-P eine niedrige ATP-Konzentration günstig wäre. Das gleiche gilt für die Bildung der freien Glucose aus G-6-P in den Geweben ohne Robisonester-Phosphatase. Auch sie ist oft, namentlich im Lebergewebe vorhanden und dient nicht nur der Bereitstellung von freier Glucose aus dem Glykogenvorrat. Sie ermöglicht auch dessen Synthese aus der Triosestufe durch Abspaltung des Phosphates bei hohen ATP-Konzentrationen, welche eine Reversion der Hexo- und der Phosphohexokinase-Reaktion nicht erlauben würden. Der gleichen Aufgabe dient eine FDP-Phosphatase, die F-6-P liefert. Diese Fermente ermöglichen erst die K.H.-Synthese, weil nur ein hoher ATP-Gehalt mit dem für den Endschritt erforderlichen niedrigen P-Spiegel einhergeht (s. S. 420). Dieser Übergang des G-1-P (Cori-E) in ein Glykogenäquivalent erfordert 7 kcal; da er aber mit der Bereitstellung der Energie einer ATP-Bindung durch die Hexokinasereaktion gekoppelt ist, wird der Gesamtvorgang mit etwa 4 kcal exergonisch.

Im Zusammenhang mit der Bildung der Eiweiße während des Wachstums soll hier unter Hinweis auf ihre bereits besprochene Energetik (s. S. 524f.) nur kurz die Frage der stofflichen Versorgung der Zelle mit dem zugehörigen Baumaterial gestreift werden. Denn nur wenige *Aminosäuren* werden im höheren Organismus von den Körperzellen selbst bereitet. Die übrigen werden vom Blut aus zugeführt. Dabei werden sie im Zellplasma offenbar durch eine aktive Tätigkeit der Zellmembranen *angereichert* (H. N. CHRISTENSEN 1952). HEINZ (1954) fand, daß die Anreicherung bei Mäuseascites-Tumorzellen zu einer 20fachen Konzentrierung der freien Aminosäuren gegenüber dem Außenmedium führt. Auch hierin zeigt sich eine Verknüpfung des Wachstums mit den strukturellen Bedingungen einzelner Zellen.

An welchen der für das Wachstum in Betracht kommenden Faktoren die *regulierend wirkenden Hormone* (STH, Corticoide, Sexualhormone) angreifen, ist trotz vieler darauf gerichteter Untersuchungen nicht generell auszusagen. Es ist aber wahrscheinlich, daß mindestens die zuletzt genannten ihre Wirkung an Grenzflächen feinerer Zellstrukturen entfalten. Man muß jedoch bei allen Wachstumserscheinungen als wesentlich berücksichtigen, daß es sich beim natürlichen harmonischen Individualwachstum in erster Linie um *gengesteuerte Prozesse* handelt. Das bedeutet, daß nicht nur die Konzentrationsänderungen von Metaboliten oder die des funktionellen Grenzflächenaufbaues hereinspielen, sondern daß auch Fermente für besondere, am Wachstum teilhabende Synthesevorgänge unter der Kontrolle der Erbfaktoren vermehrt oder neugebildet werden können. Es ist auch möglich, daß manche speziell auf das Wachstum gerichteten Hormone (wie STH) gleichfalls eine derartige Kontrolle ausüben können. Darüber hinaus ist der besondere Bedarf an essentiellen Aminosäuren und anorganischen oder organischen Wachstumsstoffen zu beachten. Das Wachstum ist ein biologisches Phänomen, für dessen Ablauf neben anderen Faktoren auch die Konzentrationsänderung von Zwischenstoffen entscheidend und erforderlich ist, welche den sich einstellenden oder experimentell einstellbaren und das Wachstum begünstigenden Stoffwechseltyp begleiten bzw. ermöglichen.

Strukturelle Voraussetzungen biochemischer Funktionen

Die Regulation des Chemismus der Zelle kann nicht ohne Beachtung ihrer Struktureinheiten verstanden werden. Denn der Ablauf der meisten Einzelreaktionen im Stoffwechsel ist mehr oder weniger direkt an den Feinbau der Zelle gebunden. Erst diese Bindung ermöglicht die cellulare Organisation des Ausbaus der chemischen Reaktionszüge und Stoffcyclen zu biologischen Funktionseinheiten. Die Analyse ihrer gegenseitigen Beziehungen hat sich mit grundsätzlich ähnlichen Fragen zu befassen, wie sie der Wechselwirkung zwischen Substrat und Fermentstruktur auf der einen und Thermodynamik und Kinetik des chemischen Vorganges auf der anderen Seite zugrunde liegen. Aber der Übergang von der molekularen Dimension auf die mikromorphologische Ebene bietet zusätzliche Probleme des experimentellen und gedanklichen Vorgehens, die besonders in dem heterogenen und dennoch voll durchorganisierten Aufbau histologischer Grundgefüge bestehen. Dabei kommt es wesentlich darauf an, die *chemischen Leistungen der morphologisch gegebenen Struktureinheiten* eingehend zu analysieren. Dazu ist es erforderlich, sie mit Hilfe geeigneter Verfahren so abzutrennen (M. Behrens, Hogeboom, Schneider, Potter u. a.), daß die Katalyse bestimmter chemischer Vorgänge mit einzelnen Zellelementen verknüpft werden kann. Um aber diese Fähigkeiten im einzelnen zu verstehen, ist es notwendig, auch die morphologischen Gebilde experimentell etwa durch Ultraschallwirkung, Vergiftung, Netzmitteleinfluß oder einfach mechanische Zerkleinerung weiter zu zergliedern oder die erhaltenen Fraktionen zu kombinieren (D. E. Green u. a.). Denn nur auf diese Weise wird es möglich, bei parallel gehender Untersuchung ihrer Leistungsfähigkeit den funktionellen Anteil und die funktionelle Anordnung mit dem morphologischen Aufbau zu vergleichen.

Die allgemein gegebenen Zellabschnitte sind die *Außenmembran*, das *Zellplasma* mit dem lockeren *endoplasmatischen Reticulum*, die *Mikrosomen*, die *Mitochondrien* und der *Zellkern*. Nachdem man gelernt hatte, in geeigneter Weise gewonnene Zellhomogenate durch fraktioniertes Zentrifugieren (seit O. Warburg, 1914) in die genannten Fraktionen — von der Zellmenbran abgesehen — zu zerlegen, ergab sich für ihre enzymatischen Leistungen auf Grund zahlreicher Einzelarbeiten folgendes Gesamtbild (vgl. z. B. Lang 1954). Dem Zellkern und den Organellen fehlt die Fähigkeit zu glykolysieren; sie findet sich nur in der Zellflüssigkeit. Vielleicht ist der Zellkern aber auch mit Zellplasma einschließlich der Glykolysefermente durchtränkt (s. S. 456). Die Poren der Kernmembranen scheinen sehr weit zu sein (S. 671). Die Oxydationsvorgänge einschließlich des Citratcyclus (Cyclophorasesystem, Green) und der Atmungskette sowie der Fettsäureoxydation sind in den Mitochondrien lokalisiert. Je nach der Provenienz enthalten sie in wechselnden Mengen verschiedene spezifische Dehydrogenasen, einschließlich der für Aminosäuren und der Cytochrom c-Reduktase. Ein histologisches Äquivalent der durch Zentrifugieren gewonnenen Mikrosomenfraktion ist auch nach elektronenmikroskopischen Untersuchungen nicht sichergestellt. Möglicherweise handelt es sich um Teile des endoplasmatischen Reticulums. Die Eiweißbildung dürfte sich in diesen relativ nucleinsäurereichen (etwa 10%) „Mikrosomen" allein oder im Zusammenwirken mit dem Kern vollziehen. Sie enthalten Hydrolasen wie Phosphatase, Protease, Glucuronidase. Glucose-6-Phosphatase ist vielleicht ausschließlich an die Mikrosomen gebunden (Leber, Niere). In vielen Pflanzenzellen übernehmen die letzteren auch die Fettsäureoxydation. Oxydationsfermente finden sich nicht im Kern, wohl aber ATP-asen, welche die Energie der außerhalb seiner Grenzen erzeugten Phosphatbindung freizumachen bzw. zu übertragen haben. Seine Funktion als Steuerungssystem der Eiweißbildung und damit der Fermenterzeugung ist an anderer Stelle erörtert worden.

Für das Verständnis des Zellchemismus beanspruchen die *Mitochondrien* das größte Interesse. Sie werden je nach der Dichte des Mediums bei einer Zentrifugalbeschleunigung zwischen 7000—15000 × g abgetrennt, während die Mikrosomen dazu noch stärkere Fliehkräfte benötigen. Dieser Unterschied beruht wesentlich auf der Größendifferenz und nur zum Teil auf dem etwas höheren Glycerid- und Lipoidgehalt der Mikrosomen (40% gegenüber gut 30% bei den Mitochondrien).

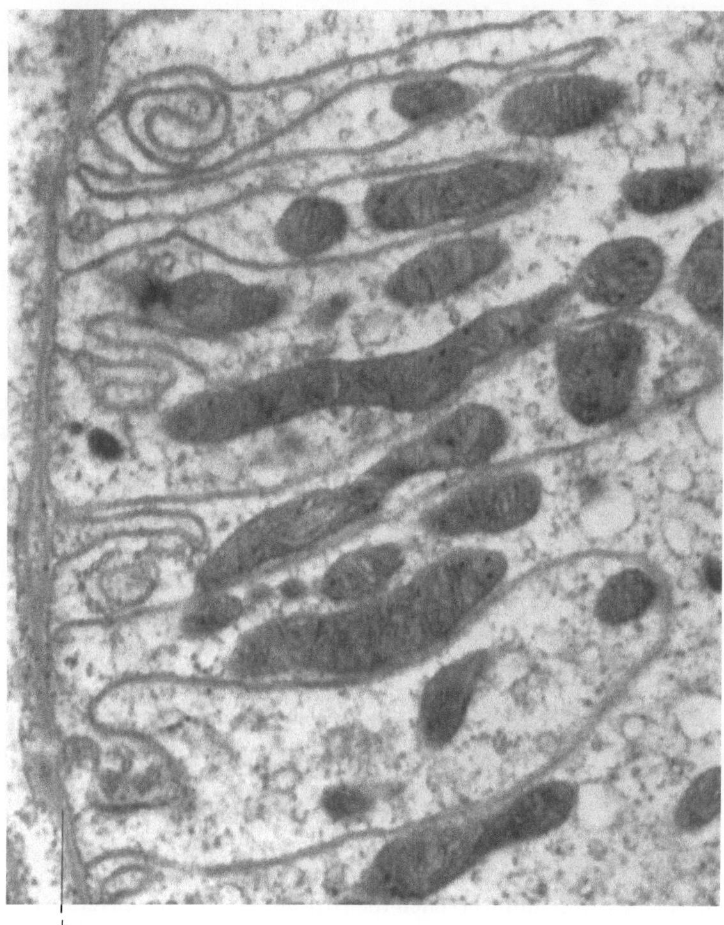

Abb. 210. Basaler Abschnitt einer Hauptstückzelle der Niere (Krallenfrosch). Einfaltungen des Plasmalemms; Mitochondrien mit lamellärer Struktur; + Basalmembran (BARGMANN u. Mitarb.)

Mitochondrien überschreiten selten die Länge von 2μ. Sie sind meistens von gestreckter Form und enthalten eine charakteristische Struktur. Denn sie sind von einer Membran umgeben, welche sie vollständig gegenüber dem Plasma abzugrenzen scheint. Im Innern zeigen sie eine quere, aber gewöhnlich nicht völlig durchgehende Teilung. Die dadurch gebildeten Kammern sind eng, ihr Querdurchmesser mag gegen 200—300 Å betragen. Bei den männlichen Gonaden der Schnecken und bei Infusorien findet sich eine Lamellierung in der Längsrichtung. Die Außen- und Innenmembranen sind von gleicher Dicke und völlig gleichmäßig ausgebildet (PALADE 1956). Elektronenoptisch zeigt sich eine zwei- oder dreifache Lamellierung bei einem Querdurchmesser von nur maximal 160 Å (SJÖSTRAND

1957). Eine vergleichbare Dicke besitzen auch die Blätter des endoplasmatischen Reticulums, über dessen Bedeutung in biochemischer Beziehung noch keine Daten vorliegen (Abb. 210 und 211).

Die Anhäufung von Membranen in den Mitochondrien erklärt zweifellos ihren relativ hohen Gehalt an Fetten und Lipoiden. Lichtoptisch sind diese Organellen nur gut mit dem Phasenkontrastverfahren darstellbar. Allerdings konnte man die spezifische Anfärbbarkeit mit dem lipoidlöslichen und gut fluorescierenden Azofarbstoff Janusgrün B auf sie beziehen. Janusgrün ist ein reversibler Redox-indicator ($E_0' = -0{,}225$ V, rH $= 6{,}6$), der bei niedriger O_2-Spannung zur farblosen Leukobase reduziert wird. Aerob wird er an den Orten der Atmungsfermente oxydiert. Bei hohen Konzentrationen des Farbstoffes kann er mit der normalen Oxydation interferieren.

Die Mitochondrien werden mit Recht als *Polyenzymsysteme* angesehen. Dabei kommt es aber nicht nur auf die Anwesenheit, sondern vor allem auf die räumliche Anordnung der strukturell fixierten Fermente an. GREEN (1956) konnte durch partielle Desintegration der Mitochondrien kleinere Partikel erhalten, welche die Fähigkeit zur Elektronenübertragung auf den Sauerstoff noch besaßen (electrontransfer-particle, ETP). Ihr Durchmesser liegt unter einem zwanzigstel μ. Die ETP-Teilchen enthalten etwa gleich viel Cu- wie Hämin-Eisenatome, während außerdem noch die etwa 7fache Menge an nicht Hämin-Eisen zugegen ist. Dieser Gehalt an Metallen ist zu hoch, um nur für die

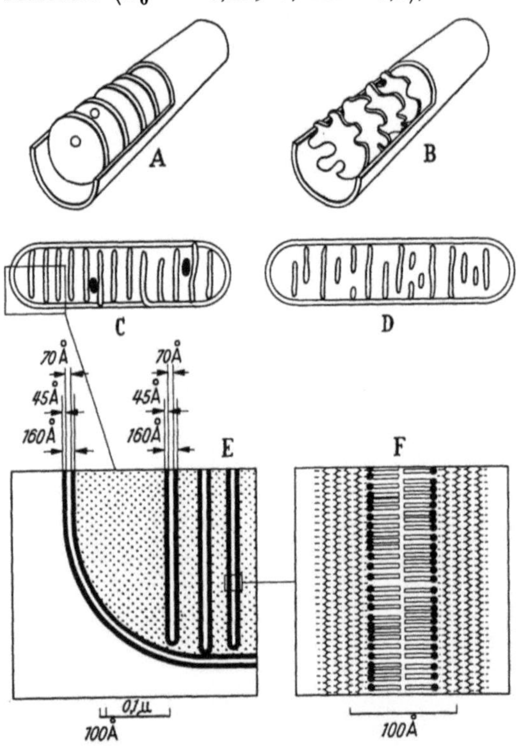

Abb. 211. Schema eines Mitochondrions (nach SJÖSTRAND 1957)

Bildung von Metalloflavinen in Betracht zu kommen (s. S.628). Unter Einwirkung von Desoxycholsäure verlieren die ETP die Eigenschaft, noch mit Sauerstoff zu reagieren. Solche Stoffe unterbrechen die Atmungskette durch Herauslösen einiger ihrer Fermente. Succinat wird nicht mehr durch O_2 oxydiert, wohl aber durch hinzugefügtes Cytochrom c, das nun allerdings seine Elektronen wieder an den molekularen Sauerstoff abgeben kann. Es sieht danach so aus, daß eine Trennung in einen Komplex erfolgt, der unter anderen Fermenten des Citratcyclus noch Succinodehydrogenase enthält (SDC), und in einen zweiten mit Cytochrom a und Cytochromoxydase. Der Kupfergehalt der Mitochondrien kommt offenbar nur dem letzteren zu. Das Cytochrom c übernimmt durch den Lösungsraum die Vermittlung zwischen beiden Bruchstücken. Bemerkenswert ist, daß die Fähigkeit zur Dehydrierung der Bernsteinsäure nun mehrfach größer als im intakten Mitochondrion ist. Im SDC-Komplex kommen auf 1 Flavin 4 Häme und 20 Nicht-Häm-Eisenatome. Der Gehalt an Lipoiden ist mit 60% sehr hoch, so daß die genannten Komponenten den fettartigen Membranmaterialien näherstehen dürften als die übrigen Konstituenten der Mitochondrien. Für viele ihrer Funktionen ist die Gegenwart von

Phosphat erforderlich. Eine oxydative Phosphorylierung wird aber nur in besonderen Präparaten (PETP) und natürlich bei intakten Mitochondrien beobachtet. GREEN stellt sich vor, daß die von den Elektronen zu durchlaufenden Bindungsstufen und damit die einzelnen Bestandteile der Atmungskette in parallelen Schichten aufeinander gelagert sind, und daß ihre Eiweißkomponenten durch die auffallend reichlich vorhandenen Metallatome zusammengehalten werden. Dagegen würden die Hämoproteide in den einzelnen Schichten untereinander durch lipoide Bausteine verbunden sein. Möglicherweise eignet sich eine solche Struktur auch für die Verknüpfung von Oxydation und ATP-Bildung.

Schon das Vorhandensein der sie völlig *umschließenden zweischichtigen Außenmembranen* veranlaßt die Diskussion ihrer Funktion und ihrer Durchlässigkeitseigenschaften. Es haben sich zahlreiche Hinweise dafür ergeben, daß sie mindestens annähernd semipermeabel sind. Allein die Erfahrung, daß Mitochondrien nur in nahezu isotonischen Salz- oder noch besser in Zucker- speziell Rohrzuckerlösungen (0,25 m) ihre Funktion bewahren, deutet in diese Richtung. Ob sie generell die Fähigkeit zum aktiven Transport von Wasser gegenüber dem osmotischen Druck besitzen, ist mindestens nicht als erwiesen anzusehen. Daß die gleiche Eigenschaft für Salze besteht, ist sehr wahrscheinlich (BARTLEY und DAVIES 1954).

Die *Bildung und Lieferung von ATP an das Zellplasma* ist höchst charakteristisch und kann als sekretorische Leistung angesehen werden, die an die Intaktheit ihrer Hauptfunktion gebunden ist. Sie ist empfindlich gegen Änderungen des osmotischen Druckes. So zeigte LEHNINGER (1956), daß die Entkupplung durch Thyroxin bei isolierten Mitochondrien erst dann gut gelingt, wenn die Mitochondriensuspensionen von Rattenlebern kurze Zeit mit hypotonischer Mg-armer Zuckerlösung vorbehandelt wurden. Im Gegensatz zur Entkupplung durch DNP wurde die Thyroxinwirkung durch erhöhte Mg-Konzentrationen verhindert. Dieses Gegenspiel wird durch Änderungen in der Feinstruktur der Mitochondrien hervorgerufen, welche sich z. B. nach RAAFLAUB durch Messung der Lichtstreuung ihrer Suspensionen verfolgen lassen. Dabei ergaben sich die Gruppen der schwellungshemmenden und schwellungsfördernden Stoffe, wie sie in Tabelle 117 nach

Tabelle 117. *Schwellungsbeeinflussung von Lebermitochondrien. In 0,30 M Saccharose mit 0,02 M Tris-Puffer pH 7,4, optisch gemessen (nach* LEHNINGER)

Schwellungsfördernd	Schwellungshemmend
Phosphat　$(5 \cdot 10^{-3}$ M)	ADP, UDP, IDP $\left.\right\}$ $5 \cdot 10^{-3}$ M
Ca^{2+} $\left.\right\}$ 10^{-4} M Succinat Fumarat	ATP, UTP, ITP
	Pyrophosphat　$5 \cdot 10^{-3}$ M
Ag^{+}; Hg^{2+}　10^{-5} M	Mg^{2+}, Co^{2+}　10^{-4} M
Thyroxin　10^{-6} M	Mn^{2+}　10^{-5} M
Trijodothyroacetat*	EDTA $\left.\right\}$ 10^{-4} M Citrat
	DPN, Dikumarol, Stilböstrol*

* Nach DICKENS (1956); (Trijodothyroacetat = 3,5 dijodo-4-3′,5′-dijodo-4-′hydroxyphenoxyphenylessigsäure). Nach FONNESU und DAVIES (1956) ist AMP als schwellungshemmende Substanz wirksamer als ADP und ATP.

LEHNINGER u. a. wiedergegeben werden. Physiologisch bedeutungsvoll ist der Antagonismus von Ca- und Mg-Ionen. Er erinnert an ganz ähnliche Verhältnisse beim Actomyosin (s. S. 514f.). Wichtig ist, daß wie dort auch das Pyrophosphat (Weichmacherwirkung!) die Aufrechterhaltung des Normalzustandes ermöglicht. RAAFLAUB (1953) deutet den Effekt als Einfluß auf die Membran, welche so verfestigt wird, daß eine Abdiffusion wichtiger Cofermente und Nucleotidspaltprodukte aus den Mitochondrien bei der Aufarbeitung nicht zustande kommt.

Wie schon LINDBERG und ERNSTER (1954) fanden, wirkt das Ca entkuppelnd auf die Atmungskettenphosphorylierung durch die Mitochondrien.

Wieweit der schwellungsfördernde Einfluß von Thyroxin und ähnlich wirkenden Stoffen mit den physiologischen Wirkungen zu koordinieren ist, steht dahin. Er liegt jedenfalls in der gleichen Richtung und macht sich schon bei 10^{-6} M/Liter bemerkbar (LEHNINGER), also bei niedrigeren Konzentrationen als der entkuppelnde Effekt in vitro. Man hat gegen die Entkupplungstheorie eingewandt, daß die Effekte nur durch unphysiologisch hohe Dosen an Thyroxin erreicht werden. Es ist aber bisher nicht nachgeprüft worden, ob die Zellmembranen in der Lage sind, das Thyroxin im Zellplasma zu relativ hohen Konzentrationen anzureichern, etwa zu solchen, in denen an Mitochondrien schon eine Wirkung beobachtet wird, namentlich dann, wenn sie sich in wirklich physiologischem — und nicht nur in einem teilweise konservierenden Milieu wie Rohrzucker — befinden. Letzteres scheint allerdings die bei der Aufarbeitung entstandenen Membranschäden am wirkungsvollsten zu verdecken.

Diese Bemerkung führt zusammen mit schon referierten Beobachtungen (s. S. 657) zur Frage nach den Stoffkonzentrationen am Wirkort innerhalb der Zelle. Über jene können zur Zeit keine exakten generellen Angaben gemacht werden. Das elektronenmikroskopische Bild (Abb. 210) über die Beziehungen der Mitochondrien zum endoplasmatischen Reticulum und zur Zellmembran kann auch nur in eine bestimmte Richtung weisen und eine Vorstellung von der Heterogenität des Protoplasmas einzelner Zellen geben.

Es wurde schon von der Erfahrung berichtet, daß ATP selbst die Mitochondrien relativ langsam verläßt und in ihnen wahrscheinlich höher konzentriert als außen vorliegt. Für DPNH hat sich gezeigt, daß auch dieses Coferment die Mitochondrien-Membran nur mit Mühe durchdringt, mindestens jedoch nicht nur nach den Gesetzen der Diffusion (vgl. S. 650). Wenn diese Befunde zusammengefaßt und die weiteren soeben gegebenen Hinweise berücksichtigt werden, so wird man schon bei den Mitochondrien auf ein ganz besonderes Strukturproblem geführt: *auf Grund welcher Eigenschaften erlaubt die Feinstruktur der Zelle oder ihrer Organellen die stoffliche Versorgung ihrer chemisch aktiven Zentren?* Diese Frage ist von allgemeiner Bedeutung. Ihre Beantwortung ist nur zum Teil und nur mit Hilfe jener Erfahrungen und Theorien möglich, welche sich aus dem Studium der Zellpermeabilität ergeben haben.

Die Probleme des cellularen Stofftransportes

Die Zellmembran

Daß mit Hilfe von Trennwänden und Phasengrenzen oder durch eine aktive Leistung der Zelle in ihrem Inneren eine besondere Zusammensetzung nicht nur aus festen Strukturbildern, sondern gerade aus gelösten Stoffen aufrechterhalten wird, ist eine Tatsache und eine fast selbstverständliche Forderung. Denn allein zum geregelten Ablauf der katalytischen Funktionen wird ein bestimmtes Milieu aus regelnden und energieliefernden Stoffen benötigt. Der *stofflichen Emanzipation von der Umgebung* dienen Einrichtungen und Vorgänge, welche unter dem *Oberbegriff Permeabilität* zusammengefaßt zu werden pflegen. Die Aufrechterhaltung der stofflichen Sonderzusammensetzung wird durch passive Hindernisse mit selektiver Durchgängigkeit für benötigte oder abzuführende Stoffe erreicht, oder sie kommt durch aktive Aufnahme einzelner Materialien zustande und durch ebenso aktive Herausbeförderung anderer, in beiden Fällen sehr häufig entgegen dem Gefälle der Konzentrationen. Darüber hinaus ist zu erwarten, daß Änderungen im Zellgeschehen sich auch im stofflichen Austausch zwischen Zelle und Umgebung äußern. Dementsprechend gehen Tätigkeits- und Erregungszustände allgemein mit einer Durchlässigkeits-Veränderung der Zellgrenzschichten, meistens mit einer Steigerung einher. Man könnte vermuten, daß solche Änderungen nur ein Teilausdruck der erhöhten Zelltätigkeit seien, denn zweifellos stehen die Zellgrenzschichten in fließendem Zusammenhang mit dem Inneren. Dennoch weisen die Ergebnisse weitverzweigter Forschungsgebiete zwingend nach, daß gerade das *Geschehen an den Zellmembranen*, welches als sog. Permeabilitätsänderung faßbar ist, ein entscheidendes Glied in der Kette der Zell- und vornehmlich der Erregungsvorgänge darstellt. Diese Tatsache in erster Linie begründet die Wichtigkeit von Permeabilitätsstudien.

Es scheint, daß die *Emanzipation der Zelle* von der Umgebung schon *frühzeitig in der Entwicklung* der Lebewesen beginnt. Denn daß Algen, Bakterien und Hefen eine andere Zusammensetzung aus löslichen Stoffen als die Umgebung zeigen, ist bereits den älteren Protoplasmaforschern (Reinke, Pfeffer) geläufig gewesen. Es gehört ohne Zweifel zu den primären Aufgaben der plasmatischen Organisation, stoffliche Selektion zu treiben. Schon in primitiven Lebensstadien wird jenes Dilemma irgendwie gemeistert, welches darin besteht, die stoffliche Reinhaltung des Plasma durch Abschluß nach außen zu wahren und sich dabei gleichzeitig einer Einrichtung zu bedienen, welche den Ein- und Austritt zellwichtiger Stoffe gestattet und regelt. Dieser Mechanismus ist in die Zellgrenzschichten zu verlegen.

Die Forderung Pfeffers nach einer Plasmahaut, einem Plasmalemm, muß vom Standpunkt unserer heutigen Kenntnisse als eine geniale und fruchtbare Hypothese angesehen werden. Ihre zunächst zur Deutung des osmotischen Verhaltens geforderte Existenz ist in der Folgezeit zwar oft in Frage gezogen worden. Jedoch gibt es außer den osmotischen Erscheinungen und denen der Ionenverteilung auf Zelle und Umgebung so zahlreiche physikalische Hinweise auf ihr Vorhandensein, daß das allgemeine Vorkommen einer Plasmahaut als wichtigem Zellteil nicht mehr bestritten werden kann. Wenn man von dem immerhin teilweise noch mehrdeutigen elektrischen Verhalten absieht, beweist die Tatsache ihrer *Sichtbarmachung mit Hilfe des Elektronenmikroskops* ihr Vorliegen unmittelbar (Wolpers 1956, Sjöstrand 1957, Palade 1956, Lehmann 1952). Die ersten beweiskräftigen Bilder wurden an hämolysierten und mit OsO_4-fixierten Erythrocyten erhalten (Wolpers 1941). Sie entschieden zwischen der Auffassung einer Ballonstruktur mit Plasmahaut und einer Schwammstruktur der Blutkörperchen — ohne Plasmahaut — ganz eindeutig zugunsten der ersteren. Sie war allerdings nach dem Studium der Ionengleichgewichte an ihren Membranen schon weitgehend gesichert (van Slyke 1922, Netter 1929).

Jedoch wird heute niemand mehr jene Trennungsschichten mit Pfeffer als Niederschlagsbildungen auffassen — etwa entstanden als Eiweißpräzipitat bei der Berührung des Zellinnern mit der Außenflüssigkeit. Die Analogie zur Ferrocyankupferhaut, deren Bestandteile sich in dem von Ferrocyanid- und Kupferlösung umgebenden Pfefferschen Tonzylinder treffen, ist viel zu grob. Es liegt vielmehr ein gut und spezifisch durchstrukturiertes Gebilde schichtenförmigen Aufbaues vor, welches inzwischen auch an den meisten anderen Zellen elektronenmikroskopisch dargestellt werden konnte. Dabei hat sich eine sehr bemerkenswerte Gleichförmigkeit ihres Bildes und ihrer Ausmaße, speziell ihrer Dicke ergeben. Trotzdem bestehen noch Differenzen in der Auffassung von ihrem stofflichen Aufbau, zwischen denen zur Zeit nicht definitiv entschieden werden kann. Sie lassen sich durch die beiden Schlagworte „Schichten" und „Mosaik"-Struktur charakterisieren. Beide sagen nicht nur etwas über die Anordnung, sondern auch über ihr Material aus, denn Schichten kommen bevorzugt den Lipoiden und Globula den Eiweißen zu. Zweifellos sind beide und wahrscheinlich noch Mukopolysaccharide am Membranaufbau beteiligt.

Die älteren Vorstellungen hatten mit lipoiden Filmen gerechnet, welche sich auf einem fibrillären Trägergerüst befinden (FREY-WYSSLING 1938). Das letztere sollte sich als Verdichtung der plasmatischen Fadenmolekeln unterhalb der eigentlich sperrenden Lipoidlamellen bilden. Die Elastizität und Doppelbrechung der Plasmamembranen würde hierdurch eine Erklärung finden. Außerdem würde das Membranorgan als kontinuierlicher Übergang aus dem Plasma aufzufassen sein. Die elektronenmikroskopischen Bilder geben keine Anhaltspunkte für diese Annahme. Sie zeigen vielmehr eine *klar abgegrenzte gleichförmige Schicht* von sehr geringer Dicke, welche *für einfache Membranen in der Größenordnung von 70—80 Å gelegen* ist. Ein derartiges Grundelement findet sich in den doppelgeschichteten Wänden der Mitochondriensepten (160 Å) und in den konzentrischen Lamellen der Nervenmarkscheiden wieder. Ein grundsätzlicher Unterschied zu diesen ist auf den Querschnitten des Plasmalemms nicht erkennbar. Die Einförmigkeit und die gleichmäßige Ausbildung dieser lamellaren Grundelemente ist besonders eindrucksvoll. Die beste quantitative Analyse gestatten die röntgenographischen und elektronenoptischen Vermessungen der Einzelblätter in den Markscheiden, deren Zahl bis gegen 200 betragen kann. FERNANDEZ-MORAN (1954) gibt eine Periode von 80 Å für die Grundlamellen an. Sie würde aus einer Lipoiddoppelschicht mit 55 Å bestehen, welche beiderseits von einer Eiweißlamelle mit je 25 Å Dicke flankiert wird.

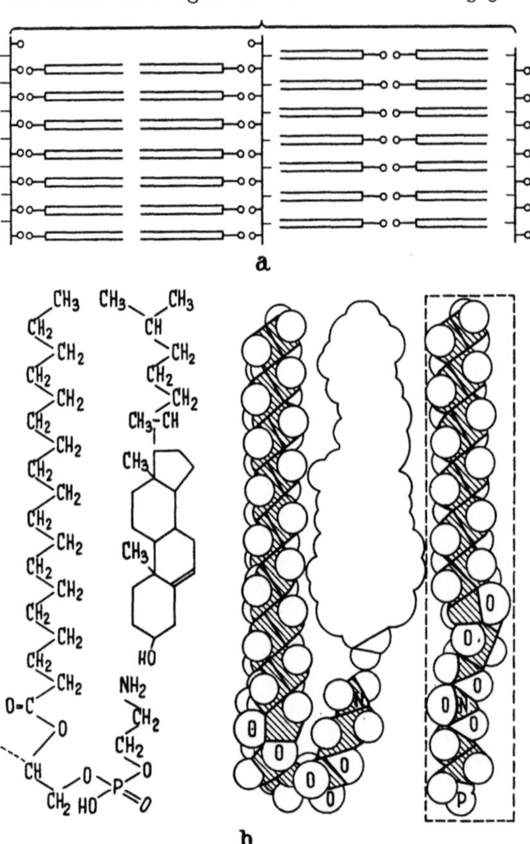

Abb. 212a u. b. a Molekelanordnung in der Myelinscheide. b Cholesterin-Phosphatid-Komplex in der Membran (nach FINEAN)

Da Cholesterin und Paraffinreste mengenmäßig in den Nervenlipoiden annähernd gleich stark vertreten seien, glaubt FINEAN (1953), daß beide parallel zueinander liegend die Schichten quer durchsetzen. Die von ihm entworfenen Bilder sind solange hypothetisch wie die chemische Grundstruktur der lipoiden Bestandteile noch nicht feststeht. Die größte Längenausdehnung einer Cholesterinmolekel beträgt 18 Å, während für ein Esterphosphatid bei symmetrischer Anordnung mit 18-C-Ketten im gestreckten Zustand 32 Å gesetzt werden können. FINEAN diskutiert eine Faltung des Kephalins, bei der der Phosphorsäurerest den Umschlagspunkt am hydrophilen Ende darstellt. Unter diesen Umständen würde die Länge 27 Å betragen und damit das optisch gefundene Maß von 55 Å für eine Lipoiddoppelschicht erklären (Abb. 212).

Der Grundplan der Plasmamembran, welche aus einer zentralen Doppelschicht von Lipoiden und beiderseits angelagerten Proteinen besteht, läßt *genügend Möglichkeiten zur Variation molekularer Anordnungen* offen, welche ihre individuellen Eigenschaften berücksichtigen. Sie können sich auf die Dichte und die Anordnung der Paraffinreste im gesättigten und ungesättigten Zustand erstrecken. Außerdem haben sie die räumliche Verteilung der kationischen Stickstoffreste und der Phosphationen zu berücksichtigen und schließlich die Natur der beteiligten Eiweiße zu beachten. Unter letzteren ist auch den zur Membran gehörenden Fermenten Aufmerksamkeit zu schenken.

Das entworfene Bild wird von manchen Seiten abgelehnt, welche im Anschluß an die Beobachtungen von LEHMANN an AMÖBEN eine *granuläre Struktur* auch *für die Membranen anderer Zellen* bevorzugen. Es besteht ebenso die Möglichkeit, daß die für Spirillen nachgewiesene regelmäßige granuläre Anordnung für eine bestimmte Art von Grenzschichten charakteristisch ist, nämlich für Membranen mit ausgesprochenem Porencharakter, wie ihn die RUHLANDsche Ultrafiltriertheorie fordert. Auch für Kernmembranen muß mit ihrem Vorkommen gerechnet werden. Nach LEHMANN (1952) können hier Poren auftreten, deren Durchmesser nicht weit unterhalb der Grenze lichtmikroskopischer Sichtbarkeit liegt (vgl. HORSTMANN 1957). Nach FREY-WYSSLINGS Deutung der Doppelbrechung müßte die Erythrocytenmembran im unfixierten Zustand 5000 Å Dicke besitzen, während die elektronenoptischen Bilder ihr wie allen Zellmembranstrukturen nur etwa den 50. Teil dieses Durchmessers zugestehen. Obwohl die Präparate im letzteren Falle wasserfrei gemacht werden, ist es außerordentlich unwahrscheinlich, daß ein derartig starkes Schrumpfen sich nur an den Zellmembranen bemerkbar machen würde. Außerdem ist auf das Beispiel der Mitochondrien zu verweisen, welche nachweislich sehr membranreich sind und dementsprechend einen hohen Gehalt an Trockensubstanz besitzen. Werden Membrantrümmer aus ihnen hergestellt (ETP; s. S. 666), so weisen diese einen Lipoidgehalt bis 60% auf. Ein derartig hoher Anteil macht eine granuläre Struktur sehr unwahrscheinlich.

Einer Untersuchung der Membranwiderstände gegenüber Wechselströmen verschiedener Frequenz oder ihres Verhaltens gegenüber kurz dauernden Rechteckströmen (HODGKIN und RUSHTON 1946) lassen sich nicht nur die Ohmschen und die Scheinwiderstände, sondern auch die *Kapazitäten* entnehmen. Sie liegen nach der Zusammenstellung von COLE für pflanzliche und tierische Zellen zwischen 0,6—1,5 μ Farad pro cm², können aber noch wesentlich größer sein (6—8 μ-Farad $\cdot$ cm^{-1} am Froschmuskel). Allgemein zeigen sie aber doch eine beachtenswerte Übereinstimmung, welche auf einen gleichartigen Grundaufbau der Membranen schließen läßt. Sie selbst sind in diesem Zusammenhang als Plattenkondensatoren zu betrachten. Für die Kapazität eines solchen von der Fläche A, der Dielektrizitätskonstanten ε und dem Plattenabstand d gilt:

$$C = \frac{\varepsilon \cdot A}{4\pi d}. \quad \text{(vgl. IV 32)} \tag{13}$$

Setzt man für die Flächeneinheit 1 cm², dann erhält man mit dem Wert 1 μ-Farad ($= 9 \cdot 10^5$ cm) bei $\varepsilon = 3$ für den Abstand: $d = 27$ Å. Nimmt man nun statt der für Öle geltenden Konstanten 3 den Wert 6 an, so wird mit 54 Å der doppelte Wert und auch damit jener erhalten, welcher sich aus den röntgenographischen Untersuchungen der Lipoiddoppelschichten ergab. Die beiderseits solcher Doppelschichten vorhandene Solvatation, welche mit der im Vergleich zur kondensierten Ölphase lockeren Anordnung verbunden ist, könnte eine derartige Steigerung der Dielektrizitätskonstanten ohne weiteres zulassen. Das Einsetzen der Konstanten für Wasser würde allerdings auch zu der von FREY-WYSSLING geforderten sehr erheblichen Dicke führen. Eine solche Membran könnte aber als lockeres Gel keine Rechenschaft von den sperrenden Eigenschaften geben, welche z. B. die Durchtrittsgeschwindigkeit des Wassers fast auf den 10000. Teil seiner Selbstdiffusion in der Flüssigkeit herabsetzen. Außerdem hat sich zeigen lassen, daß die Summe der Erythrocyten-Lipoide ausreicht, um die Zellmembran mit einer doppelten Lipoidschicht zu umkleiden (GORTER und GRENDEL 1926). Wenn das eiweißhaltige Material der Erythrocytenschatten mitbeachtet wird und beide Bestandteile nur auf die Membran bezogen werden, ergeben sich $120 \cdot 10^{-8}$ g pro cm² Körperchenoberfläche. Das bedeutet bei einer durchschnittlichen Dichte von $D \approx 1$ eine Dicke von ebenfalls 120 Å.

Passive Durchlässigkeitseigenschaften

Die seit vielen Jahren intensiv betriebene *Untersuchung der Zelldurchlässigkeit* hat erst allmählich zur Beachtung eines Grundproblems geführt, welches wohl zunächst von HÖBER durch die Gegenüberstellung von „physikalischer" und „physiologischer" Permeabilität formuliert wurde. Es besteht in der *Abgrenzung passiver Durchlässigkeitseigenschaften* einer gegebenen Membranstruktur *von den aktiven Stoffbewegungen*, welche nur unter Energieaufnahme aus dem Stoffwechsel zustande kommen können. In dem gleichen Maße wie diese Aufgabe als technische Kernfrage der Permeabilitätsstudien erkannt wurde, ergab sich aber auch die Schwierigkeit ihrer Lösung, d. h. sogar nur die der exakten Abgrenzung beider Erscheinungen.

Ohne daß zunächst auf die Komplikation durch „aktiven Transport" geachtet wird, hat jede quantitative Untersuchung cellularer Transportvorgänge ihren *Ausgang von einfachen Diffusionsansätzen* zu nehmen. Danach ist im Gleichgewicht eine Substanzwanderung nicht feststellbar, wohl aber im Ungleichgewicht, d. h. dann, wenn eine Differenz der Konzentration, mithin also der chemischen Potentiale, an verschiedenen Orten vorliegt. Die Wanderung vollzieht sich in der Richtung des Gefälles. Ihre Geschwindigkeit entspricht dem Gradienten der chemischen oder elektrochemischen Potentiale. Sie nimmt quadratisch mit der Kürze der zu überwindenden Strecke zu (s. S. 77) und wird daher für die Dimensionen der Zellen so groß, daß hier alle Fragen nach der Stoffbewegung gegenstandslos würden, wenn die freie Diffusion als alleinige Bewegungsform in Betracht käme. Tatsächlich muß man für das homogene Plasma mit einer sofortigen Durchmischung rechnen. Daher kann man zunächst eine gleichmäßige Konzentration, d. h. mindestens theoretisch ein einheitliches chemisches Potential für die im Cytoplasma gelösten Stoffe angeben, welches mit dem äußeren zu vergleichen ist. Unter diesen Umständen läßt sich auch die Durchtrittsgeschwindigkeit in beiden Richtungen nach dem Diffusionsgesetz durch eine Permeabilitätskonstante (P) kennzeichnen. Sie gibt die mMole Stoff an, welche bei der Einheit des Konzentrationsgefälles in Mol/Liter zwischen beiden Seiten pro Flächen- und Zeiteinheit übertreten würden. Man wählt oft die Minute als Zeitmaß und bezieht auf ein μ^2 als Oberfläche. Für Wasser wird die Menge in μ^3 angegeben, welche pro Atmosphäre Druckdifferenz in der Minute 1 μ^2 Zelloberfläche passieren würde. Seien a_a und a_i die Aktivitäten außen und innen, D' der auf die entsprechenden Einheiten bezogene Diffusionskoeffizient, d die Dicke der Membran und q ihr Querschnitt in μ^2, dann gilt:

$$\frac{dn}{dt} = D' q' \cdot \frac{a_a - a_i}{d} = P \cdot q' (a_a - a_i), \quad \text{wo} \quad P = \frac{D'}{d} \tag{13 a}$$

als *Permeabilitätskonstante* die beiden unbekannten Zellkonstanten zu einem Ausdruck von der Dimension $l \cdot t^{-1}$, d. h. der einer Geschwindigkeit, zusammenfaßt. Sie wird neuerdings auch in cm $\cdot$ sec^{-1} angegeben (ZWOLINSKY u. Mitarb.). Im allgemeinen können statt der Aktivitäten die Konzentrationen gesetzt werden. Vorstehende Gleichung gilt für die passive Bewegung von Stoffen, soweit ihre Diffusionsgeschwindigkeit klein im Vergleich zu der des Wassers ist. Die Überlagerung mit osmotisch bedingten Konzentrationsveränderungen erfordert kompliziertere Ansätze.

Die *empirische Permeabilitätsforschung* hat zunächst festzustellen, was die Plasmahaut abfängt und was sie hindurchtreten läßt, und wieweit solche Sperreigenschaften konstant oder mit dem Milieu und der Funktion veränderlich sind. Dabei hat sich die in osmotischen Versuchen schon *früh erkannte Gesetzmäßigkeit, daß die Zellmembranen sich semipermeabel verhalten*, immer wieder bestätigt. Diese Eigenschaft ist bei Pflanze und Tier ein Grundzug ihres physikalisch-chemischen Aufbaues. Wegen des häufigen Vorhandenseins einer großen, mit Zellsaft gefüllten Vacuole ist sie bei Pflanzenzellen der Untersuchung besonders leicht zugänglich. Bei solchen Zellen wie denen der oft untersuchten *Rhoeo discolor* oder der Wasserpest bildet das Protoplasma häufig nur einen schmalen, die Vacuole umgebenden Saum, so daß der Stoffaustausch praktisch nur mit ihrem Inhalt und der Umgebung durch die Außen- (Plasmalemm-) und Innen-Membran (Tonoplastenmembran) hindurch stattfindet. HÖFLER (1934) reserviert den Ausdruck Permeabilität für den Durchtritt der Stoffe in den Zellsaftraum, während er den Eintritt in das Cytoplasma Intrabilität nennt. Diese Bezeichnung hat sich bei den deutschen Botanikern eingebürgert, und sie erscheint deswegen sinnvoll, weil das größere Durchtrittshindernis im allgemeinen in der Tonoplastenhaut liegt (Abb. 213). Wasseraufnahme in den Protoplasmaschlauch wird als Kappenplasmolyse bezeichnet. Sie zeigt also eine Intrabilität an. Für Zellen, welche keine Vakuolen besitzen, sind Intrabilität und Permeabilität identisch. Namentlich bei den tierischen Zellen pflegt man nur von Permeabilität zu sprechen. Auch die Zellen

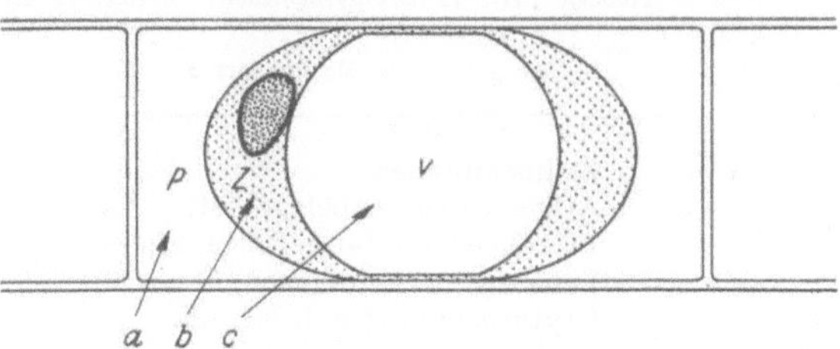

Abb. 213. Zelle mit Kappenplasmolyse zur Demonstration der verschiedenen Arten der Stoffdurchlässigkeit. *a* Membrandurchlässigkeit (*P* Plasmolyse-Vorraum), *b* Intrabilität (*Z* Zytoplasma), *c* Permeabilität (*V* Vakuole). (Nach HÖFLER)

der tierischen Organe erweisen sich oft als annähernd ideal semipermeabel. Das gilt in besonderem Maße für die sehr exakt durchuntersuchten Erythrocyten der Säugetiere. Ihre infolge der osmotischen Wasserbewegung eintretenden Volumänderungen lassen sich mit optischen oder Zentrifugalmethoden (Hämatokrit) sehr genau verfolgen (vgl. S. 109).

Kinetik der Osmosen

Die Untersuchung ihres zeitlichen Ablaufes hat von folgendem Ansatz auszugehen:

$$\frac{dv}{dt} = k\,(p - p_a) = k\left(\frac{v_0 \cdot p_0}{v} - p_a\right) = k\,p_0\,v_0\left(\frac{1}{v} - \frac{p_a}{p_0\,v_0}\right). \tag{14}$$

Für $p_a = 0$, d. h. für die Geschwindigkeit der Volumenzunahme in destilliertem Wasser, liefert die Integration für das Volumen v zur Zeit t:

$$k t = \frac{v^2}{2\,p_0\,v_0} + C = \frac{v^2 - v_0^2}{2\,p_0\,v_0} \quad [\text{JACOBS (1935)}]. \tag{14a}$$

Hier ist p_0 der osmotische Innendruck, v_0 das Volumen im isotonischen Ausgangszustand. Die Konstante bezieht sich nicht auf die Flächeneinheit, sondern auf die gesamte hier in erster Annäherung als konstant angesehene Oberfläche. Diese Voraussetzung trifft für die Ausdehnung der bikonkaven Säugetiererythrocyten annähernd zu. Für endliche Außenwerte des osmotischen Druckes (p_a) gibt die Integration:

$$t = \frac{1}{c} \int_{v_0}^{v} \frac{v \cdot dv}{z - v} = \frac{z}{c} \ln \frac{z - v_0}{z - v} + \frac{v_0 - v}{c}. \tag{14b}$$

Hier ist $z = \dfrac{p_0\,v_0}{p_a}$ und $c = k \cdot p_a$; benutzt wird: $\dfrac{v}{z - v} = \dfrac{z}{z - v} - 1$.

JACOBS wertete mit Hilfe dieser Gleichung seine experimentell gewonnenen Volumenveränderungen bei Erythrocyten aus und folgerte aus den so erhaltenen k-Werten, daß 3 μ^3 in der Minute durch 1 μ^2 der Membran bei einem Unterschied des osmotischen Druckes von 1 Atm passieren. Bei Seeigeleiern (Arbacia) ist die Geschwindigkeit noch 30fach geringer, während LANDIS für den Wasserübertritt aus den Capillaren des Froschmesenteriums 360 μ^3 unter gleichen Bedingungen fand (1927).

Durchlässigkeit poröser Membranen

Die Tabelle 118 gibt weitere Filtrationswerte für verschiedene Capillargebiete und Zellen. Ihre sehr unterschiedliche Größe legt die Frage nach einer Verschiedenheit des Durchtrittsmechanismus nahe. Sie läßt sich an Modellmembranen

Tabelle 118. *Hydrodynamische Strömung durch verschiedene Membranen*

Membranart	μ^3 pro μ^2 und Minute bei 1 Atm Δp
a) Zellmembranen:	
Arbacia-Eier (unbefruchtet)	0,1
Fibroblasten (Maus, Ratte, Huhn)	0,36 — 1
Leukocyten (Kaninchen, Mensch)	0,30 — 1,2
Erythrocyten (Rind, Mensch)	2,4 — 3
	6 — 7,8
b) Capillarmembranen:	
Muskel (Katze, Hund)	15
Mesenterium (Frosch)	336
Glomerulus (Frosch)	1 320
Glomerulus (Warmblüter)	1 800 — 3600
c) Kollodiummembranen: Dicke 0,3 μ):	
r_p etwa 30 Å (hält Eieralbumin zurück) . .	14 400
r_p etwa 40 Å (hält Hämoglobin zurück) . .	27 600
r_p etwa 50 Å (hält Serumalbumin zurück) .	48 000

r_p bedeutet Porenradius. Zusammengestellt nach RENKIN u. PAPPENHEIMER.

prüfen. Dabei ergab sich, daß der Wasserübertritt *an Porenmembranen* durch eine hydrostatische Druckdifferenz oder durch Diffusion der Wasserteilchen zustande kommen kann. Es zeigt sich, daß die letztere in engporigen Membranen vorherrscht oder nahezu allein ausschlaggebend ist. Bei einem Porenradius von 10 bzw. 20 Å werden aber bereits 86 bzw. 96% des *Wasserdurchtrittes durch Filtration* und nur der Rest *durch Diffusion* getätigt [PAPPENHEIMER]. Die durch Diffusion pro Einheit der summierten Porenquerschnitte in der Zeiteinheit durchtretende Wassermenge (m) ist der Differenz des angelegten hydrostatischen und des osmotischen Druckunterschiedes zu beiden Seiten proportional:

$$m = \frac{D \cdot V}{RT} \cdot \frac{\Delta P - \Delta \pi}{d}. \tag{15}$$

D ist der Selbstdiffusionskoeffizient des $H_2^{18}O$ mit $4{,}5 \cdot 10^{-5}$ cm²/sec bei 37° (WANG 1951), V das Molvolumen des H_2O. Der erste Faktor vorstehender Gleichung trägt nach CHINARD der Tatsache Rechnung, daß die durch den Druck gesteigerte thermodynamische Aktivität der Wassermolekel in der Pore auch eine Diffusion von Wasser in der Strömungsrichtung verursacht.

Die Menge des im *hydrostatischen Druckgefälle* bei Poren vom Radius r durch die Einheit der summierten Porenflächen hindurchgehenden Wassers ist:

$$M = \frac{r^2}{8\eta} \cdot \frac{\Delta P - \Delta \pi}{d}. \tag{16}$$

$\dfrac{m}{m+M}$ ergibt den durch Diffusion getätigten Anteil an der Gesamtwasser-bewegung. Die Rechnung zeigt, daß sich beide Komponenten schon bei einem $r = 5\,\text{Å}$ gleich stark beteiligen (Abb. 214a).

Für reine Druckströmung durch eine Membran mit der Fläche A_m und der gesamten Querschnittsfläche von n vorhandenen Poren: $A_p = n\pi r^2$ gilt mit dem experimentell an Membranen gewinnbaren Darcy-Koeffizient K_f und nach POISEUILLE (s. S. 312):

$$Q = \frac{K_f}{\eta} \cdot \frac{\Delta P}{d} = \frac{n\pi r^4}{8\eta} \cdot \frac{\Delta P}{d} = \frac{A_p \cdot r^2}{8\eta} \cdot \frac{\Delta P}{d} \quad \text{und} \quad r = \sqrt{\frac{8 K_f}{A_p/A_m}}. \tag{17}$$

Aus diesen Formulierungen ergeben sich 2 Konsequenzen:

1. Die Diffusionspermeabilität einer Membran für Wasser ist bei gleichbleibendem A_p konstant und zunächst unabhängig vom Radius der Poren, während die Strömungspermeabilität bei gleicher Querschnittssumme der Poren mit dem Quadrat ihres Radius anwächst.

2. Mit Hilfe der letzten Beziehung ist die Porengröße zu errechnen, wenn gleicher Radius für alle angenommen wird, und die wirksame Gesamtporenfläche A_p bekannt ist. Sie kann z. B. aus dem Wassergehalt der Membran erschlossen werden, wenn man annimmt, daß das Wasser nur die noch dazu als senkrecht stehend angesehenen Porenräume durchsetzt. Am sichersten ist ihre Gewinnung durch Diffusionsmessung mit markiertem H_2O (RENKIN 1955). Auf diesem Wege sind die schon erwähnten Porenanteile der Capillarmembranen mit rund 0,1 % und die des Glomerulums mit etwa 5 % der Endothelfläche gewonnen worden. Für Zellmembranen vgl. PRESCOTT u. ZEUTHEN, NEVIS (1958).

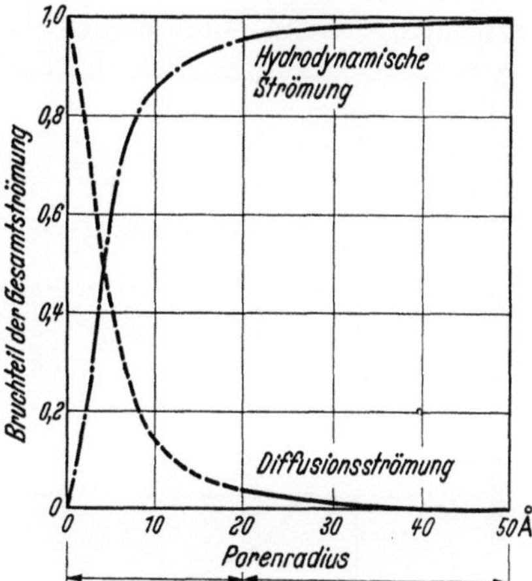

Abb. 214 a. Hydrodynamische Strömung und Nettodiffusion von H_2O als Funktion des Porenradius während des Durchtrittes durch eine Membran infolge hydrostatischer oder osmotischer Druckdifferenz (PAPPENHEIMER)

Die Größe der Poren kann auch aus der Durchtrittsgeschwindigkeit gelöster Stoffe erschlossen werden (vgl. S. 69). Bei einer Konzentrationsdifferenz ΔC ist im unkomplizierten Fall für die in der Zeiteinheit durchgetretene Menge zu erwarten:

$$M_{(d)} = D \cdot A_p \cdot \frac{\Delta C}{d}. \tag{18}$$

PAPPENHEIMER konnte aus MANEGOLDS (1937) Messungen entnehmen, daß die Diffusionsraten dieser Gleichung gehorchen und damit vom Radius der Poren unabhängig sind, solange diese oberhalb einer gewissen Grenzweite liegen. Sie beträgt für Rohrzucker 150 Å und damit etwa den 30fachen Molekülradius. *Bei kleinerem Porenradius findet eine molekulare Siebung statt.* Halbierung der erwarteten Geschwindigkeit erhält man bei etwa 6fach größerem Radius der Poren im Vergleich zu dem der Molekel.

An der Siebung sind ein *viscöser* und ein *sterischer Effekt* beteiligt. Wenn Teilchen mit dem Radius a in Zylindern mit dem Radius r sedimentieren oder hineindiffundieren, ist ihre Reibung (f) größer als die in freier Flüssigkeit (f_0):

$$\frac{f}{f_0} = 1 + 2{,}4\left(\frac{a}{r}\right) \quad (\text{LADENBURG});$$

$$\frac{f}{f_0} = \left(1 - 2{,}104\left(\frac{a}{r}\right) + 2{,}09\left(\frac{a}{r}\right)^3 + \cdots\right)^{-1} \quad (\text{FAXEN}). \tag{18a}$$

Wenn weiterhin die Partikel mit dem gleichen Radius a in die Öffnung mit dem von r eintreten, ist die wirksame Durchtrittsfläche verkleinert. Sie beträgt, wenn die ganze geometrische

Fläche gleich 1 gesetzt wird: $(1 - a/r)^2$ (FERRY 1936). Nach PAPPENHEIMER ist dann, wenn D' die Diffusionskonstante in der Pore bedeutet:

$$\frac{D'}{D} = \left(1 - \frac{a}{r}\right)^2 \cdot \frac{f_0}{f} \qquad \text{(vgl. ,,solvent drag'', s. S. 731).} \qquad (19)$$

Abb. 214b zeigt den sich hiernach ergebenden Abfall der Porendiffusion, d. h. die erwartete molekulare Siebung in Abhängigkeit vom Verhältnis des Partikel- zum Porenradius. Es ist beachtlich, daß seine Ableitung, welche die Form der Teilchen und der Poren sowie die Hydratation nicht berücksichtigt, schon die Verhältnisse z. B. für die Capillarmembranen recht gut wiedergibt. Für diese errechnet sich ein durchschnittlicher Porenradius von 31 Å, so daß verständlich wird, daß Hb mit $a \simeq 30$ und Albumin mit einem kleinen Radius von etwa 19 und einem großen von 75 Å vergleichsweise sehr stark zurückgehalten werden. Dagegen wird Myoglobin ($a = 15$ Å) vor allem von der Glomerulummembran mit $r = 38$ Å noch gut durchgelassen. Nach Abb. 214b würde im letzteren Fall die Diffusionsgeschwindigkeit in der Pore durch molekulare Siebung nur auf $^1/_{20}$ gegenüber der freien Diffusion herabgesetzt sein. Wegen der sehr großen Fläche des Capillarbettes werden aber immer auch einige der höher molekularen Eiweiße hindurchtreten. Die *Permeabilität für Serumalbumin* ist zwar 1000fach geringer als die für Glucose. Trotzdem würde das gesamte Albumin des Plasma in weniger als einem Tag die Capillarwand verlassen

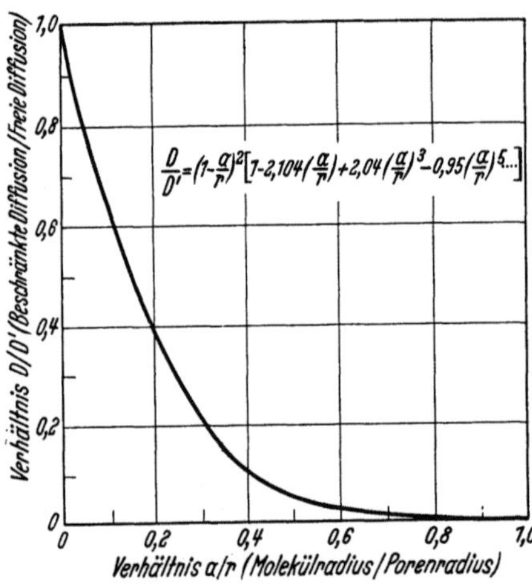

$$\frac{D}{D'} = \left(1 - \frac{a}{r}\right)^2 \left[1 - 2{,}104\left(\frac{a}{r}\right) + 2{,}04\left(\frac{a}{r}\right)^3 - 0{,}95\left(\frac{a}{r}\right)^5 \ldots\right]$$

Abb. 214b. Beschränkung der freien Diffusion mit wachsender Molekülgröße im Verhältnis zur Porenweite (PAPPENHEIMER)

(PAPPENHEIMER). Es ist Aufgabe des *Lymphgefäßapparates*, diese Menge aus dem Interstitium dem Blut wieder zuzuführen.

Es nimmt nicht wunder, daß auch gewisse *Proteinmengen* obligatorisch *in das Glomerulum-Ultrafiltrat* übergehen. Sie werden für den Menschen zu etwa 30 g pro Tag geschätzt. Im Tubulussystem werden sie wieder aufgesaugt und dem Plasma — wohl größtenteils in Form von Peptiden und Aminosäuren — zurückgegeben. Mit dieser Auffassung steht der Befund von HANSON (1956) im Einklang, nach dem die Nierenzellen besonders reich an proteolytischen Enzymen, speziell an Leucylaminopeptidase sind (1955).

Lipoid- und Filter-Theorie der Zelldurchlässigkeit

Die *Poren der Zellmembranen müssen*, allein um die wesentlich geringere Wasserbewegung zu erklären, *etwa um eine Größenordnung* kleiner sein. MULLINS rechnet mit einem Radius von 4,2 Å (1956). NEVIS findet für die Nerven wirbelloser Meerestiere etwa den doppelten Wert (1958). Ein Durchtritt von Eiweiß auf dem Porenwege ist daher, falls ihm nicht einige besondere Kanäle dienen, unmöglich. Die Hemmung des Durchtritts auch der übrigen Stoffe — verglichen mit der Capillarmembran — führt zu der Frage, ob bei der Plasmahaut überhaupt noch eine einfache Porenvorstellung anwendbar ist. Die starke Diffusionsverzögerung ist nämlich notwendigerweise physikalisch mit einem Sperr- oder Pumpmechanismus verknüpft, der an den gelösten Stoffen angreifen soll. Er kann seine Wirkung nur über ein engstrukturiertes System von Molekülen, Molekelzwischenräumen und irgendwie fixierten Ionenladungen entfalten, welches seinerseits auch dem Übertreten von Wasser sehr erheblichen Widerstand bieten muß.

Je nach dem Aufbau der Schichten ist das Sperrsystem wechselnd selektiv, denn es werden recht zahlreiche spezielle Durchlässigkeitseigenschaften beobachtet. Dennoch ist es gelungen, das *Gesamtbild* der Permeabilität für Nichtleiter *durch die Kombination zweier* beherrschender *Prinzipien* zu zeichnen. Beim Studium des Permeationsverhaltens verschiedener relativ kleinmolekularer organischer Stoffe wies OVERTON (1899) um die Jahrhundertwende auf eine bemerkenswerte Regelmäßigkeit hin, welche etwa gleichzeitig auch von H. H. MEYER (1899) für die spezielle Gruppe der Narkotica aufgefunden wurde. Es zeigte sich nämlich, daß die Stoffe ein um so intensiveres Eindringungsvermögen besitzen, je besser sie in Ölen löslich sind. Dabei ist nicht die absolute *Öllöslichkeit* entscheidend, sondern entsprechend dem Henryschen Verteilungsgesetz (S. 98) die Fettlöslichkeit im Vergleich zu der im Wasser, d. h. der sog. Teilungskoeffizient (S. 209). Der Parallelismus dieses Koeffizienten mit der Permeationsstärke ist oft recht auffallend. Im einzelnen hängt er von der Art des verwendeten Öls ab, und es gelingt, durch entsprechendes Zusammensetzen der Öle, wie durch Lösen von fettlöslichen Säuren (z. B. Ölsäure) und Basen (z. B. Diamylamin) in ihm, recht passende Modelle (Nirenstein) zu finden. Sie geben zum Teil auch von dem Verhalten saurer und basischer Vitalfarbstoffe Rechenschaft. Derartige Versuche begründen die *Lipoidtheorie der Permeabilität, der Narkose, der Vitalfärbung.* Der Parallelismus zwischen dem Verhalten am Objekt und am Modell ist im allgemeinen so eng, daß er von keiner Theorie übersehen werden darf.

Wenn ihm irgendein physikalischer Vorgang zugrunde liegt, dann kann es nur der sein, daß auch *in der Zellgrenze* die Öllöslichkeit über den Durchtritt entscheidet. Es muß also *auch lipoides Material* an dieser Stelle vorhanden sein.

Tatsächlich lassen die Analysen sämtlicher Zellen und Zellteile diese Annahme zu. Zudem bietet sein Vorhandensein die einzige Möglichkeit, sich den abgehandelten Schichtbau des Plasmalemms vorzustellen, wie er auch aus allen Erfahrungen über die Doppelbrechung an Nerven und Blutkörperchen oder aus der elektronenmikroskopischen Untersuchung der Sehstäbchen (W. J. SCHMIDT 1935) und der Chloroplasten (GRANICK 1947, PERNER 1956, STRUGGER 1957) zu entnehmen ist. Die Ergebnisse der Filmforschung und der Spreitungsversuche orientieren über die Dimensionen der meistens uni- oder pauci-molekularen Schichten. Hierbei hilft die Tatsache schon sehr weit, daß die Länge einer zickzackförmigen Paraffinkette für jedes neu hinzukommende homologe C-Atom um 1,27 Å zunimmt. So betrachtet, erlaubt die Erythrocytenmembran in ihrer Doppelhaut eine 4fache Lipoidschichtung unterzubringen.

Es dürfte zunächst nicht einleuchtend sein, wenn man bei derartig wenigen unimolekularen Schichten von einer Verteilung der Stoffe zwischen öligen und wäßrigen „Phasen" spricht. Man muß jedoch in Betracht ziehen, daß auch bei dieser Lagerung die Dispersionskräfte (van der Waals-Kräfte) zwischen den Molekülen des Lipoids und des durchgehenden Stoffes mindestens annähernd dieselben sind, wie sie es in der vollen Phase wären. Es kommt daher zunächst eine diesen Kräften zu verdankende Einlagerung in den Film zustande. Ihr muß dann auch die der Gleichgewichtseinstellung entsprechende Abgabe nach der von dem gelösten Stoff zunächst freien wäßrigen Seite folgen. Es handelt sich also eigentlich um einen durch spezifische Kräfte des Filmmaterials ermöglichten Durchtritt durch die Lücken zwischen den Molekülen einer oder weniger deckender unimolekularer Schichten (s. S. 241). Festzuhalten ist dabei gegenüber einer einfachen Porenpenetration immer das Vorhandensein eben jener spezifischen Affinitäten, die ihren allgemeinen Ausdruck in der Lipophilie finden.

Auch die Capillarwandung ist für kleinere lipoidlösliche Molekeln wesentlich durchlässiger als für lipoidunlösliche gleicher Größe. Das trifft schon für die Atemgase zu, welche einen relativ hohen Teilungskoeffizienten zugunsten der Öllöslichkeit besitzen (P. Eggleton, Lawrence 1946). Nur auf Grund dieser Eigenschaft kann der Gewebegaswechsel in der bekannten Größe unterhalten werden. Die alleinige Benutzung des Porenweges wäre hierfür unzureichend. Urethane, Paraldehyd, Glycerinester niedriger Fettsäuren u. a. durchdringen die Capillarwand außerordentlich schnell (Renkin, Pappenheimer), und zwar entscheidend viel schneller als der schon gut diffusible Harnstoff. Die Fettkomponente der Lipoproteine wandert dagegen wahrscheinlich mit den Eiweißen, ohne von ihnen abgehängt zu werden, während nach Morris (1955) die Neutralfettemulsionen in so kleine Partikelchen aufgeteilt werden, daß diese auf dem Lipoidweg durch die Endothelzellen gehen.

Bei zahlreichen Objekten treten die lipophilen Kräfte zurück, und es bleibt nur die einfache *Sieb- oder Porenwirkung* einer irgendwie gegebenen Struktur der Membran bestehen. Demnach verhält sich die Plasmahaut *wie ein Ultrafilter* (Ruhland 1925). Besser würde man sagen, sie wirke wie eine Dialysehülle von abgestufter, im ganzen aber sehr geringer Porenweite. Wenn nun das reine Porenfilterprinzip Geltung hat, muß erwartet werden, daß die Permeationsfähigkeit der Stoffe dem Volumen ihrer Moleküle umgekehrt proportional ist. Namentlich Collander hat sowohl an künstlichen Membranen (Kollodium) wie an geeigneten Pflanzenzellen gezeigt, daß eine solche Forderung häufig sehr weitgehend erfüllt ist. Stets aber ergeben sich an den biologischen Objekten einige charakteristische Ausnahmen, und zwar meistens in dem Sinne, daß lipoidlösliche Stoffe schneller einzudringen vermögen, als nach ihrem Molekularvolumen zu erwarten ist. Es kommen also beide Prinzipien gleichzeitig in Frage. Collander spricht mit einem kurzen Ausdruck von der *Lipoidfilter-*, besser der Lipoid- *und* Filterhypothese der Permeabilität. Es ist von vornherein wahrscheinlich, daß bei den einzelnen Zellen der eine oder der andere Faktor mehr hervortritt. Man findet dementsprechend gelegentlich eine relativ stärkere Permeabilität für Harnstoff als für Glycerin oder umgekehrt. Die Lipoidlöslichkeit beider Stoffe ist gleich gut. Aber das um 50% höhere Molekularvolumen läßt für Glycerin eine entsprechend geringere Porenpermeation erwarten. Gelegentlich finden sich bei der Prüfung mit verschiedenen anderen Nichtleitern charakteristische Unterschiede, die auch im Laufe der Entwicklung einzelner Pflanzen beobachtet werden (Ruge). Weitreichende Schlüsse lassen sich jedoch vorerst aus derartigen spezifischen Permeabilitätsreihen nicht ziehen (Bogen). Es ist nicht zu sagen, ob hinter folgenden Tatsachen mehr Sinn steckt, als daß sie gewisse Differenzen im molekularen Aufbau des Membranmaterials enthüllen: z.B. dringt Glycerin in die Blutzellen der Knochenfische schneller ein als Harnstoff. Bei den Säugern passiert wiederum Harnstoff 10mal so schnell wie Glykol, obwohl beide annähernd die gleiche Molekulargröße haben, aber Glykol etwa 10fach höhere Lipoidlöslichkeit besitzt. Die Erythrocytenpermeabilität für Thioharnstoff ist nach Jacobs bei Negern und Weißen signifikant verschieden. Einen Permeabilitätstyp, bei dem die Lipoideigenschaften weitgehend zurücktreten und nur das Gesetz der Reihenfolge nach dem Molekularvolumen gilt, fanden Ruhland und C. Hoffmann (1925) in dem Schwefelbakterium *Beggiatoa*.

Die *Methodik der Permeabilitätsmessung* muß je nach den biologischen Objekten und den Stoffen verschieden gewählt werden. Bei einzelligen Algen mit sehr großer Vacuole wie *Nitella* und *Valonia* kann man den Übertritt von Stoffen *direkt durch chemische Analyse des z.B. durch Punktion gewonnenen Zellsaftes* verfolgen. Auch bei Suspensionen gleichartiger Zellen, wie Hefen oder Blutkörperchen läßt sie sich mit Vorteil anwenden, obwohl besonders bei den letzteren auch die *osmotische Methode* sehr oft benutzt wird. Sie geht auf die Plasmolyseversuche PFEFFERS zurück und ist namentlich von FITTING zu einem empfindlichen Verfahren ausgebaut worden, welches folgende Gesetze verwertet. Nicht eindringende Stoffe erzeugen aus hypertonischen Konzentrationen durch Wasserentzug *Plasmolyse* (Abb. 213). Das so verkleinerte Zellvolumen bleibt nach Erreichen des Wassergleichgewichtes stabil, wenn die plasmolysierenden Stoffe nicht in die Zelle übertreten. Eindringende Substanzen dagegen verursachen, sofern sie im Innern frei und daher osmotisch aktiv bleiben, eine der Vermehrung des osmotischen Zelldrucks entsprechende Wasser-, also auch Volumenzunahme. Praktisch kann man sagen, daß aus isotonischer Lösung eindringende Stoffe als isotonische Lösung übertreten, so daß die *wieder eintretende Volumenvermehrung der übergetretenen Stoffmenge entspricht.* Aus leicht hypertonischen Lösungen schwach permeierender Stoffe eindringende Substanz verursacht dementsprechend einen exakt meßbaren und auswertbaren (*Plasmometrie,* HÖFLER) Plasmolyserückgang (*Deplasmolyse*), bzw. eine Vermehrung des normalen Ausgangsvolumens. Auf diese Weise wird die Geschwindigkeit des Übertritts permeabler Stoffe meßbar.

Die Volumenänderung führt an Erythrocyten bei sehr geschwind übertretenden Stoffen wie Glycerin, Glykol, Harnstoff u. a. zur osmotischen Hämolyse. Die zeitliche Entwicklung beider ist mit Hilfe von Photoelementen sehr genau messend zu verfolgen (NETTER und ÖRSKOV 1932, WILBRANDT ab 1938). Bei der Schwellung der Körperchen nimmt die Lichtdurchlässigkeit zu. Eine empirische Eichung mit anisotonischen, nicht permeierenden Medien ist zur Messung sowohl der Schwellung wie der Hämolyse erforderlich.

Die *Kinetik der Volumenvermehrung bei Zugabe eines permeierenden Stoffes* in der Konzentration C_s zur Lösung eines nicht eindringenden mit C_m läßt sich in analoger Weise wie Gl. (14 b) behandeln (WILBRANDT 1938). Es sei S die zur Zeit t eingedrungene Menge und v das Volumen der Zelle mit $v_0 = 1$ als ihrem Ausgangsvolumen, dann ist dem osmotischen Gleichgewicht zwischen außen und innen entsprechend das relative Zellvolumen:

$$\frac{v}{v_0} = \frac{S + 1}{C_m + C_s}; \quad \text{außerdem ist:} \quad \frac{dS}{dt} = k\left(C_s - \frac{S}{v}\right). \tag{19}$$

v_0 und v beziehen sich hier nur auf den lösenden Raum, dessen Änderungen auch allein registriert werden. Einsetzen des Wertes von v in die Differentialgleichung führt nach Integration zu:

$$kt = \frac{C_m + C_s}{C_m^2} \ln \frac{C_s}{(C_s - C_m \cdot S)} - \frac{S}{C_m}. \tag{19a}$$

Substitution von S durch v aus der vorstehenden Gleichung für das relative Zellvolumen ergibt die Beziehung des zur Zeit t beobachteten relativen v-Wertes zu den benutzten Stoffkonzentrationen. Wird der Prüfstoff allein ($C_m = 0$) in isotonischer ($C_s = 1$) oder nichtisotonischer Lösung ($C_s \neq 1$) angeboten, so erhält man für $C_s = 1$ aus (19):

$$kt = \frac{1}{2}(v^2 - 1) \quad \text{und für} \quad C_s \neq 1: \quad kt = \frac{1}{2 C_s}(v^2 C_s^2 - 1). \tag{19b}$$

Unter den drei genannten Bedingungen werden im allgemeinen gut konstante Werte für k gewonnen, wenn die Permeation relativ niedrig-molekularer Nichtleiter untersucht wird. Bei den Monosacchariden aber ergeben sich bereits Abweichungen, welche eine gesonderte Deutung erforderlich machen.

Allgemeine Theorie der Permeation

Auch für das einfache Durchtreten durch einen Film ist eine Wechselwirkung der Substanz mit den Zellgrenzen nach Art einer Adsorption in Betracht zu ziehen. Man muß dazu von beiden Seiten aus je die Adsorption (k_1), die Desorption (k_2)

und die Diffusion (k_3) in Rechnung stellen und wird dann, wenn das *Adsorbat als Zwischenverbindung* angesehen wird, *formal nach* MICHAELIS-MENTEN (Gl. IX, 39) vorgehen können (LAIDLER und SHULER 1949). Die Maximalgeschwindigkeit V würde bei Sättigung der Phasengrenzflächen durch den permeierenden Stoff erreicht. Die Michaelis-steady-state-Konstante wäre für die Reaktion in beiden Richtungen ($k_2 + k_3$)$:k_1 = K$. Dabei wird symmetrisches Verhalten nach beiden Seiten vorausgesetzt (Abb. 215). Unter gleichen Bedingungen ergeben sich die verschiedenen Geschwindigkeiten in beiden Richtungen aus den beiderseitigen Konzentrationen des permeierenden Stoffes. Die Differenz jener wäre die Netto-Geschwindigkeit des realen Übertrittes (v_n):

$$\frac{V \cdot C_a}{C_a + K} - \frac{V \cdot C_i}{C_i + K} = v_n = \frac{V \cdot K (C_a - C_i)}{(K + C_a) \cdot (K + C_i)} \simeq \frac{V}{K} (C_a - C_i). \qquad (20)$$

Es läßt sich zeigen, daß dieser einfache Ansatz nur dann gilt, wenn $k_3 \ll k_2$ ist. Die rechtsstehende Annäherung ergibt sich natürlich nur, wenn K gegenüber beiden Konzentrationen groß ist. Bei eingetretener Grenzflächensättigung auf einer Seite würde allerdings die Übertrittsgröße von der Konzentration auf dieser Seite unabhängig werden. Ein Vergleich mit dem im allgemeinen als gültig befundenen einfachen Diffusionsansatz (S. 69) zeigt nun, daß der auf die Flächeneinheit bezogene Permeabilitätskoeffizient P durch das Verhältnis der Maximalgeschwindigkeit zur Michaelis-Konstanten des Adsorptions-Desorptions-Diffusions-Geschehens an der Grenzschicht bestimmt wird; denn man erhält: $P = V/K$. Die Tatsache der Gültigkeit der einfachen Diffusionsbeziehung würde daher im Bilde der Überlegungen von LAIDLER bedeuten, daß noch keine Grenzflächensättigung vorliegt, die Reaktionen sich also nicht nach nullter, sondern nach der ersten Ordnung vollziehen.

Zweifellos wird P besonders mit k_1 wachsen; es steigt auch, wenn k_2 ihm gegenüber klein ist, d. h. wenn starke Adsorption oder gute Verteilung zugunsten einer Ölphase besteht. Das zugehörige Gleichgewicht stellt sich um so leichter ein, je kleiner k_3, d. h. der dann allerdings geschwindigkeitsbestimmende Anteil der Diffusion ist (vgl. S. 577).

Die *reziproke thermodynamische Konstante* $k_1/k_2 = K_N$ ist in diesem System *mit dem Teilungskoeffizienten nach* NERNST *identisch*. Für die Diffusion durch dünne ölige Membranen gilt dann:

$$P = \frac{K_N \cdot D_m}{d},$$

wo D_m der Diffusionskoeffizient in dieser Membran (m) ist.

$\xrightarrow{v}$:	$\xrightarrow{k_1}$	$\xrightarrow{k_3}$	$\xrightarrow{k_2}$	
	$\xleftarrow{k_2}$	$\xleftarrow{k_3}$	$\xleftarrow{k_1}$	: $\xleftarrow{v}$
	a	$\xleftrightarrow{m}$	i	

Eine Bestimmung der Temperaturabhängigkeit der Adsorption, der Verteilung und der Diffusion würde es erlauben, die Aktivierungswärme und — unter kritischer Anwendung der „reaction rate"-Theorie — auch die *Aktivierungsenergien der* beiden *entsprechenden Schritte* zu erhalten (DANIELLI 1943, EYRING u. Mitarb. 1949). Um die Beteiligung der Aktivierungsvorgänge bei der Permeation beurteilen zu können, hat man von einem Bild der molekularen Einzelprozesse auszugehen. Die freien Teilchen mit einer definierten minimalen kinetischen Energie stehen immer in einem Boltzmannschen Verteilungsgleichgewicht mit denen anderer Energiegruppen. Um eine gegebene Sperre zu überwinden, wird eine bestimmte minimale Aktivierungsenergie erforderlich sein. Die Membran mit den angrenzenden Lösungen kann als System von aufeinanderfolgenden Potential-hügeln aufgefaßt werden, welche bei der Diffusion zu überwinden sind. λ bedeutet den Abstand je zweier Potentialmulden (Abb. 215). Der Elementarraum habe diese Dicke λ und den Querschnitt 1 cm². Die Zahl (z) der Teilchen mit der Aktivierungsenergie ΔG_i^x in diesem Volumenelement ist bei gegebener Konzentration c_i pro ml an der betrachteten Stelle i:

$$z = \lambda\, c_i \cdot e^{-\frac{\Delta G_i^x}{RT}} = \lambda\, c_i\, e^{\frac{\Delta s_i}{R}} \cdot e^{-\frac{\Delta H_i^x}{RT}}. \tag{21}$$

$v = k \cdot T/h$ sei nach der Eyringschen Theorie (s. S. 565) die zugehörige Frequenz. Der Stofffluß ist — wie die Reaktionsgeschwindigkeit — der Konzentration und

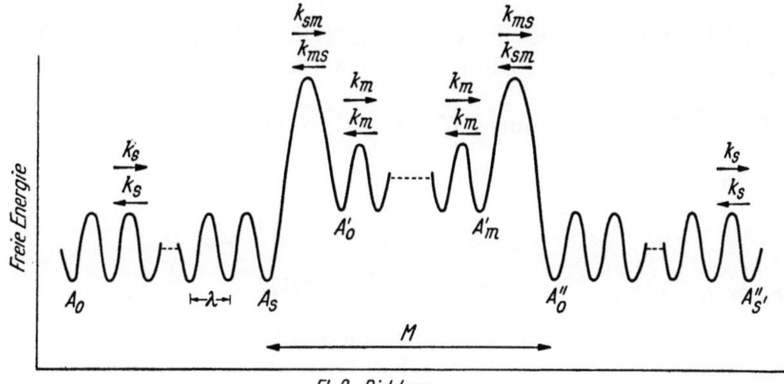

Abb. 215. Potentialwellen beim Passieren einer Membran (M) nach Eyring u. Mitarb.

der Frequenz der aktivierten Teilchen proportional:

$$\Phi = v \cdot z = c_i\, \lambda\, k^x \quad \text{in Mol} \cdot \text{cm}^{-2} \cdot \text{sec}^{-1}, \quad \text{wo} \quad k^x = v \cdot e^{-\frac{\Delta G_i^x}{RT}} \text{ ist.} \tag{21 a}$$

Die vom Ort 1 zum Ort 2 in der Zeiteinheit übergetretene Menge ist der Differenz der von beiden ausgehenden Flüsse gleich:

$$Q\; \Phi_1 - \Phi_2 = \lambda\, k^x\, (c_1 - c_2) = k^x\, \lambda^2 \left(\frac{c_1 - c_2}{\lambda}\right). \tag{21 b}$$

Da nun der Konzentrationsbegriff in Räumen mit geringerer Breite als λ seinen physikalischen Sinn verliert, kann für den Konzentrationsgradienten gesetzt werden:

$$\frac{dc}{dx} = \frac{c_1 - c_2}{\lambda}, \quad \text{hiermit wird:} \quad Q = k^x\, \lambda^2 \cdot \frac{dc}{dx} = D\, \frac{dc}{dx}; \quad \text{d.h.} \quad D = k^x\, \lambda^2. \tag{22}$$

Diese Theorie des ersten Fickschen Gesetzes (s. S. 68) und der Diffusionskonstanten nach Eyring (1936) erlaubt die Ermittlung des Abstandes der gedachten Energieminima aus der Diffusionskonstanten und den Aktivierungsenergien. Sie sind über ΔH aus der Temperaturabhängigkeit von D mit Hilfe der Grundgleichung der „absolute rate"-Theorie (s. S. 565) zu erhalten. Die sich ergebenden Abstände der Potentialtäler liegen mit 5 Å in der Größenordnung des Abstandes hydratisierter anorganischer Ionen oder Atomgruppen in wäßrigen Lösungen oder Ölen. Ist m die Zahl dieser Gleichgewichtslagen in der Membran in der Durchtrittsrichtung der Stoffe, dann ist ihre Dicke $d = m \cdot \lambda$ und der

Diffusionskoeffizient für homogene Membranen:

$$D_m = k_m \cdot \lambda^2 = \frac{k_m \cdot d^2}{m^2} \,. \tag{23}$$

Beim Übertritt von einer Phase in die nächste wechselt die Höhe der Potentialhügel und damit der Bedarf an Aktivierungsenergie. Der Höchstwert dieser Differenz ist für die Gesamtgeschwindigkeit ausschlaggebend.

Da nun die Permeabilitätskonstante (in cm $\cdot$ sec^{-1}) mit der Dicke der Membran (d) durch folgende Beziehungen verknüpft ist:

$$P = \frac{D}{d} = \frac{K_N \cdot D_m}{d} \,,$$

gilt auch:

$$P = \frac{\lambda^2}{d} \cdot v \cdot e^{-\frac{\Delta G'}{RT}} = \frac{K_N \lambda^2}{d} \cdot v \cdot e^{-\frac{\Delta G^x}{RT}} \,. \quad \text{(I)} \tag{24}$$

Diese leicht zu verstehende Formulierung ergibt sich auch aus der allgemeinen Grenzgleichung, welche hier nicht abgeleitet werden soll:

$$P = \frac{k_{sm} \cdot k_m \cdot \lambda}{2\,k_m + m\,k_{ms}} \quad \text{mit} \quad K_N = \frac{k_{sm}}{k_{ms}} \quad \text{(vgl. S. 680 u. Abb. 215)}.$$

Sie führt zu:

$$\frac{1}{P} = \frac{2}{k_{sm} \cdot \lambda} + \frac{m}{K_N \cdot k_m \cdot \lambda} = \frac{2\lambda}{D_{sm}} + \frac{d}{K_N \cdot D_m} \,; \tag{24a}$$

für $\quad k_m \approx k_{ms} \gg k_{sm} \quad$ ist: $\quad P = D_{sm} \dfrac{\lambda}{d} \,. \quad$ (III)

Ist k_{sm} groß gegenüber k_m, dann fällt der linke Addend neben dem rechten fort. Das trifft für den zuvor formulierten Fall I zu, in dem der Widerstand in der Membran am größten ist. Jetzt wird k_m geschwindigkeitsbestimmend gegenüber k_{ms}, der Konstanten für den Austritt aus der Membran, welche wiederum größer als die des Eintritts (k_{sm}) ist. Hier ist der Stoff mehr im Wasser als in der ölig gedachten Membran löslich.

Es kann aber auch bei einem Teilungskoeffizienten unter 1 ($K_N < 1$) k_m größer als k_{ms} und k_{sm} sein (II). Dann besteht der langsamste Schritt in der Überwindung der Grenzphase, und es gilt:

$$P = \frac{D_{sm}}{2\lambda} = \frac{\lambda}{2d}\, v \cdot e^{-\frac{\Delta G'}{RT}} \,. \quad \text{(II)} \tag{24b}$$

P wird also unabhängig von der Öllöslichkeit und der Membrandicke. Der Fall mit $K_N > 1$ ist offenbar selten verwirklicht und auch schwer aus den experimentellen Daten über die Zellpermeabilität zu erkennen. Sieht man von ihm ab, dann ergibt das von EYRING gesichtete Material, daß die Fälle I, II und III in der Natur verwirklicht sind. Danach ist der Widerstand von pflanzlichen Zellen und von Seeigeleiern für mehrwertige Alkohole (Glykol, Glycerin, Erythrit) am größten in der Membran (I), für Urethane ist der langsamste Schritt nach (II) und für aliphatische Amine nach (III) am Übergang von der Lösung zur Membran gelegen. Nach der Tabelle 119 sind die Aktivierungsenergien hoch im Vergleich zu denen bei der Diffusion in wäßriger Lösung. Sie sind aber klein im Verhältnis zu den Aktivierungswärmen, so daß die Aktivierungsentropie für den Übergang durch eine Membran relativ hohe Werte besitzt.

Die für den Übertritt aus der wäßrigen in die ölige Phase erforderliche Aktivierungsenergie wird hauptsächlich zur Aufhebung der H-Brücken zwischen den gelösten Stoffen und dem Wasser benötigt.

Tabelle 119. *Permeabilität unbefruchteter Arbacia-Eier*

Permeans	$P\left(\frac{cm}{sec}\right) \cdot 10^6$	$K = \frac{c_{Öl}}{c_{H_2O}} \cdot 10^3$	$D\left(\frac{cm^2}{sec} \cdot 10^8\right)$	$\Delta H'$	$\Delta G'$	$\Delta S'$	ΔG^x
Acetamid . . .	9,7	0,83	2,3		12,1		7,9
Propionamid .	23,7	3,6	1,32	21,6	11,5	34	8,2
Butyramid . .	60	9,5	1,3	22,8	11,0	40	8,2

$\Delta H'$ Aktivierungswärme der Permeation; $\Delta G'$ Aktivierungsenergie der Permeation; ΔG^x die der Aktivierung für die Diffusion durch die Membran in kcal. $\Delta S'$ die Entropie der Permeationsaktivierung in cal/Grad. Nach Zwolinski u. Mitarb. (1949).

Zu denjenigen Stoffen, bei denen der geschwindigkeitsbestimmende Schritt in der Permeation durch die eigentliche Membran zu sehen ist, gehören die Elektrolyte, soweit es sich nicht um solche mit organischen Ionen handelt, welche ausgesprochen gute Lipoidlöslichkeit besitzen. Die Allgemeingültigkeit der Transition-state-Theorie (S. 565) läßt ihre Anwendung auch auf die Permeabilität für Elektrolyte zu. Sie erfordert jedoch die Berücksichtigung weiterer Faktoren, welche sich aus den Erfahrungen über die Ionendurchlässigkeit der Zelle ergeben haben.

Ionenverteilung und Ionenpermeabilität

Seitdem Claude Bernard den *Satz von der Konstanz des inneren Milieus* ausgesprochen hat, weiß man, daß die Salze eine bestimmte Funktion im Pericellularraum zu erfüllen haben. Wenn man von der Temperaturregulation und der durch sie erreichten Homoiothermie absieht, sind es die Elektrolyte, welche in erster Linie sowohl für den gesamtosmotischen Druck (Homoiosmie) aufkommen, wie sie auch diejenigen Einzelionen stellen, deren Aktivität in einem ganz bestimmten Verhältnis zueinander aufrechterhalten wird (Isoionie, speziell Isohydrie, s. S. 184).

Allein die Anwesenheit der Ionen in einer bestimmten Mischung, etwa der der Ringerlösung, erhält die normale Erregbarkeit der Zellen und ihre normalen Permeabilitätseigenschaften. Ihr teilweiser oder auch vollkommener Ersatz durch isotonische Nichtleiterlösungen führt nicht nur zur Unerregbarkeit bei direkter oder bei indirekter Reizung über den Nervenweg; er verändert auch die Durchlässigkeit. Sie wird unter diesen Umständen dann verringert, wenn gering lipoidlösliche Stoffe wie Monosaccharide, Hexite und andere Polyalkohole benutzt werden.

Die Analyse dieses sog. Salzeffektes (J. Loeb) hat damit zu rechnen, daß sich der Potentialabfall an den Phasengrenzen mit sinkender Ionenstärke im Sinne einer Zunahme der Dicke der elektrischen Doppelschicht verändert. Die mechanische Grenzflächenspannung lipoider Filme — besonders solcher mit Carboxylen — wird gewöhnlich durch Salzentzug gesteigert, was oft mit einer Abnahme der Hydratation gleichbedeutend ist (s. S. 222). Eine allgemeine Erklärung beider Einflüsse, d. h. der Erregbarkeits- und Permeabilitätsminderung kann auf diese Weise versucht werden.

Wesentlicher ist der Hinweis auf die speziellen Ionenwirkungen, welche im Zusammenhang mit dem Zustand der Biokolloide, mit den Fragen der Fermentfunktion und denen der Erregbarkeit und mit den bioelektrischen Eigenschaften mehrfach erwähnt wurden.

Die *Bedeutung des Ionenmilieus* für die Erhaltung der Funktion des physikalisch-chemischen Systems der Zelle überhaupt ist nun aber gar nicht *zur Hauptsache in der Wahrung des Grenzflächenzustandes zu sehen. Sie garantieren vielmehr die osmotische Stabilität der Zellen.* In erster Annäherung läßt sich hier folgender Sachverhalt feststellen: während für die organischen Bau- und Betriebsstoffe und die Abfallprodukte des Stoffwechsels prinzipiell eine mehr oder weniger regulierbare Permeabilität gefordert werden muß und auch besteht, bedeutet die

Undurchlässigkeit für Salze eine Grundbedingung zur Aufrechterhaltung des normalen Zellvolumens. Inwieweit sie vorliegt und erforderlich ist, wurde erst bei genauerem Studium der Ionendurchlässigkeiten und der Anwendung der Donnangesetze erkannt (WILBRANDT 1941, NETTER 1928). Die Zellen sind nämlich immer wesentlich kolloidreicher als ihre oft fast kolloidfreie Umgebung. Ihr Kolloiddruck wäre leicht durch Wasseraustausch regulierbar, wenn die Kolloide nicht praktisch zu einem sehr großen Anteil als Polyelektrolyte, also im wesentlichen als Eiweißanionen vorlägen. Für diesen wohl bei jedem Zellsystem verwirklichten Fall gelten die (S. 275) dargelegten Gesetze, nach denen sich die diffusiblen Ionen in ungleicher Konzentration auf beide Seiten einer salzdurchlässigen Membran verteilen müssen. Es stellt sich, wie die Abb. 118 demonstriert, ein kristalloid-osmotischer Überdruck auf der Seite des Kolloidelektrolyten ein, der von der Größe der Donnankorrektur ist und auf der Ungleichheit der Konzentration von diffusiblem Anion und Kation auf der Kolloidseite beruht. Diese Differenz des osmotischen Druckes wird natürlich durch Einstrom von Wasser ausgeglichen werden. Aber wenn, was praktisch meistens zutrifft, der osmotische Druck außen zu einem ganz überwiegenden Anteil durch diffusible Elektrolyte aufrechterhalten wird, muß die Wasseraufnahme so lange vor sich gehen, bis die Konzentration des Kolloidions verschwindend klein gegenüber den übrigen Ionen geworden ist. Denn erst dann wird auch die Donnankorrektur verschwinden und damit der kristalloidosmotische Überdruck. Die Zelle ist also unter solchen Umständen instabil, da sie bestrebt ist, ihren Inhalt auf Grund der Donnanverteilung dauernd zu verdünnen, bis sie entweder gesprengt wird oder, bis sich ein Gleichgewicht zwischen dem osmotischen Druck und der mechanischen Festigkeit, d.h. dem Gegendruck ihrer Struktur einstellt.

Es existieren grundsätzlich 5 *Möglichkeiten, um die Zelle* gegenüber diesem kolloidosmotisch bedingten Wassereinstrom *zu stabilisieren.*

1. Die Impermeabilität für Salze, 2. der osmotische Gegenzug durch einen nicht permeierenden Nichtleiter, 3. der Gegenzug durch ein entgegengesetzt geschaltetes Donnansystem, 4. eine aktive Wassersekretion aus der Zelle (vgl. S. 111 und 730) und 5. rein mechanische Faktoren; diese dürften nicht selten von Bedeutung sein, z. B. bei der Erzeugung eines Zellturgors.

Ist die Zellmembran *impermeabel für Salze* und gestattet daher keinen Übertritt von osmotisch aktiven Stoffen, dann wird sich das Wasser leicht bis zum osmotischen Gleichgewicht verteilen können: die Zelle ist durch Verhinderung der ungleichen Donnanschen Elektrolytverteilung osmotisch stabilisierbar. In diesem Sinne ist die in der Regel anzutreffende Semipermeabilität der Zellwände zu verstehen.

Wie aber wird die Halbdurchlässigkeit für Salze realisiert? Schon seit GÜRBER und ZUNTZ (1894) ist bekannt, daß sie bei den roten Blutzellen dadurch zustande kommt, daß nur eine Ionenart zurückgehalten wird, die Kationen, während die Anionen die Zellmembranen frei passieren können. Salzübertritt ist so unmöglich, da Anion und Kation bilanzmäßig nicht getrennt werden können. Andererseits aber tauschen sich die Anionen bis zur Erreichung des gleichen Verteilungsverhältnisses für alle beteiligten diffusiblen Anionenarten aus. Es liegt also eine *selektive Ionenpermeabilität*, und zwar hier eine solche für Anionen vor.

Selektive Ionendurchlässigkeit; partielle Gleichgewichte

Die bei den Erythrocyten in Frage kommenden Ionen sind HCO_3^- und Cl^-. Wird z. B. durch Steigerung der CO_2-Spannung HCO_3^- innen vermehrt (s. S. 184), dann tritt es im Tausch gegen Cl^- nach außen, bis ein neues Gleichgewicht erreicht ist. Der biologische Sinn gerade dieses Austausches ist der, daß das Anion Cl^- einer total dissoziierten, also nicht puffernden Säure, in entsprechendem Ausmaß durch HCO_3^-, also ein Pufferanion, ersetzt wird. Dieser Mechanismus ist ein *wesentlicher Bestandteil des physiko-chemischen Regulationssystems im Blut.*

Es selbst wird durch die Einstellung eines Gleichgewichtes zwischen den diffusiblen Ionen einschließlich der OH^- beherrscht. Nach ihm gilt folgende Beziehung:

$$\frac{[Cl_i]}{[Cl_a]} = \frac{[HCO_{3\,i}]}{[HCO_{3\,a}]} = \frac{[OH_i]}{[OH_a]} = \frac{[H_a]}{[H_i]} = r = \frac{A_i}{A_a}. \tag{25}$$

Eine Erhöhung der Binnenkonzentration an Hydrogenkarbonat, welche im Innern durch die Bindung von CO_2 an das Alkali der Hämoglobinate erfolgt, führt dementsprechend zu einem Übertritt von HCO_3^- in das Plasma. Er ist aber in nennenswertem Maße nur im Gegentausch gegen Cl^- möglich. Der umgekehrte Vorgang verläuft bei der Abgabe von CO_2.

Je saurer es im Innern wird, d. h. je mehr CO_2 auch als Hydrogenkarbonat gebunden ist, um so größer wird der Salzgehalt im Innern. Denn nunmehr ist nach der Gleichung:

$$n \cdot HHCO_3 + nK^+ + Hb^{n-} = nK^+ + nHCO_3^- + HHb$$

die Zahl der Teilchen durch die n gebundenen Kohlensäuremoleküle vermehrt worden. Daher findet bei der CO_2-Bindung im Körperchen ein osmotischer Wassereinstrom nach innen statt (s. S. 686). Nach Erreichung des isoelektrischen Punktes kann kein weiteres Alkali vom Hb zur Verfügung gestellt werden: es fungiert nicht mehr als Anion und führt daher auch nicht mehr zu einer Störung der Ionenverteilung; das Donnanverhältnis wird $r = 1$. Es besteht nun auch kein Unterschied in der H-Ionenkonzentration beiderseits, während bei $r < 1$ immer eine entsprechend höhere H-Ionenkonzentration innen vorliegt. Der Unterschied steigt mit fallendem r-Wert, d. h. mit zunehmender Alkalität. Denn jetzt entstehen mehr indiffusible Hb-Anionen. Wie mit dem pH fällt r auch mit dem O_2-Sättigungsgrad des Hb (s. S. 185).

Die quantitative Beziehung zwischen der Hämoglobin-Dissoziation und dem Donnanverhältnis r stellt sich folgendermaßen dar. Es seien:

$$B_i = K_i + Na_i \quad und \quad B_a = K_a + Na_a$$

die entsprechenden Basensummen und

$$A_i = Cl_i + HCO_{3\,i}; \quad A_a = Cl_a + HCO_{3\,a}$$

die Summen der Anionenkonzentrationen. Außen sollen nur binäre Elektrolyte vorliegen. Da der osmotische Druck praktisch nur durch die diffusiblen Ionen hervorgerufen wird, gilt bei Fehlen einer osmotischen Druckdifferenz:

$$A_i + B_i = A_a + B_a.$$

Da aber außerdem die Ionensumme noch durch Hb^- zu vervollständigen ist, ergibt sich, daß sie innen um die Summe der Anionenäquivalente des Hb größer als die der diffusiblen außen ist.

$$Hb^- + A_i + B_i = A_a + B_a + Hb^-.$$

Weil nun $B_i = Hb^- + A_i$ und $B_a = A_a$, folgt:

$$A_i + Hb^- = A_a + \frac{Hb^-}{2} \quad bzw. \quad A_i = A_a - \frac{Hb}{2}.$$

Die Summe der Anionenkonzentrationen ist innen um $Hb^-/2$ größer, die der diffusiblen Anionen alleine ist hingegen innen um den gleichen Wert kleiner als die Anionenkonzentration außen. Für r folgt daher:

$$r = \frac{A_i}{A_a} = 1 - \frac{Hb^-}{2 A_a}. \tag{26}$$

r fällt also mit steigender Hämoglobindissoziation und fallender Anionen-, d. h. Salzkonzentration außen. Der kompliziertere Ansatz von van Slyke berücksichtigt außerdem die Dissoziation der Serumproteine.

Mit zunehmender CO_2-Spannung des Blutes steigt die nach der unteren Gleichung auf S. 184 in den Körperchen als Hydrogenkarbonat gebundene Kohlensäuremenge an. Dafür verschwinden der pH-Abnahme entsprechend ebenso viele anionische Ladungen des Hb, wie HCO_3^--Ionen im Inneren zugenommen haben. Insgesamt ist die Zahl der diffusiblen anorganischen Ionen angewachsen. Sie erreicht beim IP des Hb ihren Höchstwert. Es schließt sich 1. der Prozeß des Ionenaustausches bis zur Erreichung einer Gleichverteilung der Cl⁻- und der HCO_3^--Ionen beiderseits der Zellmembran, bzw. bis zur Neueinstellung der Donnanverteilung an. Mit der Zunahme der Konzentration an diffusiblen Ionen im Zellinnern geht 2. der Ausgleich des Wassers einher, welches bis zur Erreichung der Gleichheit des osmotischen Druckes in die Zellen einströmt (''water shift'', van Slyke 1924). Damit wird das Erythrocytenvolumen im Serum eine eindeutige lineare Funktion des pH-Wertes. Seine Größe steht nach van Slyke in Übereinstimmung mit den Berechnungen, welche auf den geschilderten Grundlagen basieren.

Der Einstrom des Wassers bei pH-Verminderung des Blutes führt zu einer Konzentrierung der gelösten Plasmabestandteile einschließlich der Eiweiße. Gleichzeitig aber würde wegen der Annäherung der Reaktion an den isoelektrischen Punkt der Proteine eine gesetzmäßige Abnahme ihres osmotischen Druckes stattfinden. Die Verminderung des kolloidosmotischen Druckes wird jedoch durch die Eindickung des Plasmas infolge des Wassereinstromes in die Körperchen bei normaler Blutzusammensetzung nahezu ideal ausgeglichen, so daß der kolloidosmotische Druck des Plasmas im Gesamtblut praktisch unabhängig von der CO_2-Spannung ist (Hepp; Heinz u. Netter, 1949).

An der Membran der Erythrocyten besteht immer ein *Gleichgewicht der Verteilung* sowohl *des Wassers wie der diffusiblen Ionen*. Die Einstellung der letzteren kann sich in isotonischen Lösungen deswegen ungestört durch osmotische Wasserverschiebungen vollziehen, weil die Zellen praktisch semipermeabel sind. Daher sind sie mit verschiedenen Elektrolytkonzentrationen und Elektrolytarten in Gleichgewicht zu bringen, vorausgesetzt, daß die Anionen eine genügend hohe Permeationsgeschwindigkeit besitzen. *Auch Kationen* verteilen sich dann dem Donnangleichgewicht entsprechend, wenn ihre Übertrittsgeschwindigkeit seine Einstellung zuläßt. Für *H^+-Ionen* ist, auch ohne daß sie als solche hinüber zu wechseln brauchen, die Einstellung schon deswegen selbstverständlich, weil das Ionenprodukt des beiderseits in praktisch gleicher Aktivität vorhandenen Wassers sie fordert. Denn in wäßrigen Lösungen verhalten sich die H^+-Ionenkonzentrationen immer umgekehrt proportional zu den jeweiligen OH⁻-Ionenkonzentrationen. Diese Überlegung gilt unabhängig vom Permeationsmechanismus bei allen Verteilungen der Ionen des Wassers. Für die Ammoniumionen trifft das gleiche zu (Jacobs 1926). Ohne Rücksicht auf die Frage, ob nur die ungeladene Base NH_3 bis zur Gleichgewichtseinstellung eindringt, oder ob tatsächlich NH_4^+-Ionen selbst diffundieren, ergibt sich ein Gleichgewicht der Verteilung für die Ionen, in welchem gilt:

$$r = \frac{[NH_4^+]_a}{[NH_4^+]_i} \quad \text{(Netter 1929)}.$$

Zwischen beiden Mechanismen ist tatsächlich experimentell nicht zu unterscheiden. Das gleiche trifft für die Verteilung lipoidlöslicher *Farbkationen und Farbanionen* auf die Körperchen und ihre Umgebung zu: ihre Variation mit dem pH erfolgt nach den Forderungen des Donnangleichgewichtes (Bruch und Netter 1930).

Daß hier für die Verteilung permeierender Ionen tatsächlich der Quotient der H-Ionen bzw. die *pH-Differenz zwischen außen und innen* entscheidend ist, läßt sich bei dessen *willkürlicher Veränderung* zeigen. Sie wiederum ist wegen der selektiven Ionenpermeabilität *experimentell in beliebigem Ausmaß* durchführbar. Ersetzt man nämlich die binären Elektrolyte der Außenlösung zum Teil durch isotonische Nichtleiterlösung, so läßt sich das Verhältnis der Anionenkonzentrationen und damit auch das der H-Ionen auf einen gewünschten Wert einstellen (NETTER 1930). Nach der Abbildung von VAN SLYKE u. Mitarb. (Abb. 216a) gehört z. B. zu einem pH 7,6 außen ein Binnen-pH von 7,47 im reduzierten und 7,41 im oxygenierten Blut, bzw. $r_{red} = 0,74$ und $r_{ox} = 0,65$ (log $1/r = \Delta$ pH). Werden

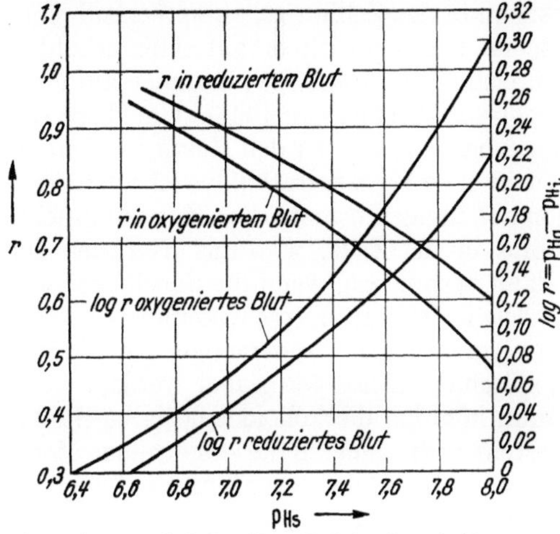

Abb. 216a. r und $\Delta pH = pH_a - pH_i$ beim Säugetierblut für verschiedenes pH (nach VON SLYKE)

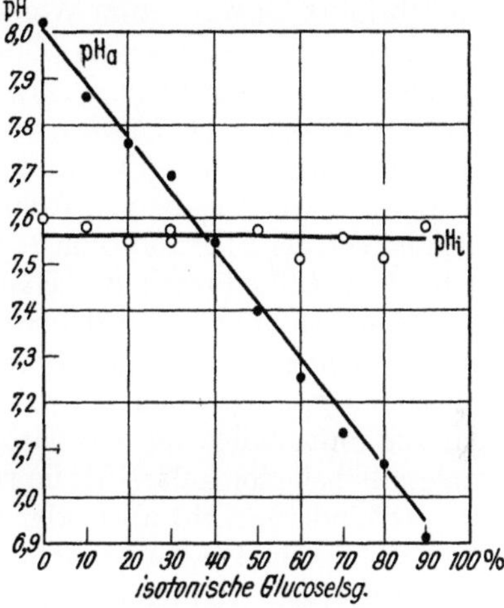

Abb. 216b. Erythrocyten- und Serum-pH bei variiertem Ersatz der Außenelektrolyte durch Nichtleiter (BRUCH u. NETTER)

jetzt, da $1 - 0,65 = 0,35$ ist, 35% der Salzlösung außen durch isotonische Nichtleiterlösung gedeckt, dann ist die Konzentration der diffusiblen Anionen bei erhaltenem Binnen-pH für oxygeniertes Blut beiderseits gleich, wenn die Außenlösung eine gegenüber dem Inneren zu vernachlässigende Pufferkapazität besitzt; also ist es auch das pH. Wird aber ein größerer Teil durch Nichtleiterlösung substituiert, so wird das Innere in dem Maße alkalischer, wie die Anionenkonzentration außen kleiner als innen ist, die Konzentration der OH-Ionen einbegriffen. Diese auf Grund der Membrangleichgewichte gebotene Möglichkeit der pH-Einstellung wird durch Abb. 216b demonstriert.

Die *Gleichgewichtseinstellung* der Ionen vollzieht sich an den Körperchen mit großer *Geschwindigkeit*; sie ist auch bei extremer Veränderung der Konzentration einfacher diffusibler Anionen in etwa 100 msec beendet (MOND 1938, LUCKNER 1948). Die sich während der Blutzirkulation im respiratorischen Cyclus vollziehenden Änderungen dürften in noch geringerer Zeit ausgeglichen sein. Einem *langsamen Ionentausch* unterliegen die mehrwertigen, speziell die Sulfationen, welche immerhin noch schneller als die des Phosphates übertreten. Durch Messung der Cl-Aktivitäten mit der Ag/AgCl-Elektrode ist dieser Ionentausch zeitlich gut zu verfolgen. An Rindererythrocyten fanden DUNKER und PASSOW (1953) folgende relative Geschwindigkeiten des Austausches langsamer Anionen gegen Cl⁻ · SO_4:Phosphat:Lactat wie $1:^1/_3:6,5$. Während der Zeit, innerhalb derer das SO_4/Cl-Gleichgewicht angestrebt wird, stellen sich die leicht beweglichen H- und OH-Ionen praktisch momentan auf das jeweils vorherrschende Ionenverhältnis der im Überschuß vorhandenen Cl-Ionen ein. Es bildet sich ein „partielles

Gleichgewicht" zwischen allen schnell permeierenden Ionen aus, obwohl ihre Summe noch nicht den Beziehungen genügt, welche bei Erreichung des Endzustandes unter Mitbeteiligung des Sulfates für das Gesamtgleichgewicht zu erwarten sind (Passow 1956) (vgl. S. 280).

Hämolysen; Ursache der Selektivität

Die Voraussetzung für die Erreichung der besprochenen Ionengleichgewichte ist die Einstellung eines Wassergleichgewichtes bei erhaltenem Zellvolumen. *Aufhebung der selektiven Ionenpermeabilität* bei bestehenbleibender Undurchlässigkeit für Hb führt hingegen zum Wassereinstrom in das Zellinnere, entsprechend einer geänderten Einstellung des Donnanschen Gleichgewichtes auf einen erhöhten Binnenelektrolytgehalt (s. S. 277). Zahlreiche *Hämolyseformen* kommen auf diese Weise zustande (*kolloidosmotische* Hämolyse, Wilbrandt 1941). Um diese Art von anderen Hämolysen zu unterscheiden, hat Wilbrandt den *Kompensationstest* angegeben: Die Zugabe von Rohrzucker in einer Konzentration, welche dem vom pH und von der Elektrolytkonzentration abhängigen osmotischen Zug entspricht, d. h. dem Kolloiddruck des Hämoglobins in der Zelle, wird das Eintreten der zur Hämolyse führenden Schwellung dann verhindern, wenn die Saccharose von der Zellmembran zurückgehalten wird. Die meisten in Betracht kommenden und zur Hämolyse führenden Einwirkungen verursachen keine derartige Schädigung, daß die roten Zellen für Saccharose in störender Weise permeabel werden. Auch andere höher molekulare Stoffe wie Inulin könnten die kolloidosmotische Hämolyse verhindern, nicht aber oder mindestens nicht generell die eingetretene Membranschädigung. Die zur Kompensation notwendige Rohrzuckerkonzentration liegt zwischen 5 und 10 mMol/Liter, d. h. zwischen 0,2—0,4%, also wesentlich unter dem für die Mitochondrienkonservierung benutzten Wert.

Auch aus isotonischen Glucose- und weniger aus Saccharoselösungen tritt eine gewisse Stoffmenge langsam über. Der Übertritt ist im kompensierten oder praelytischen Stadium vermehrt. Im letzten Fall tritt nach Einbringen in isotonische Salzlösung nunmehr eine *beschleunigte Hämolyse* auf. Auch normale, in Glucose aufbewahrte Zellen zeigen in schwach hypotonischen Lösungen wegen des erhöhten osmotischen Binnendruckes, also vergrößerter Druckdifferenz, eine verringerte osmotische Resistenz, d. h. die Hämolyse beginnt schon bei relativ gering erniedrigter Tonizität.

Nach dem kolloidosmotischen Typ vollziehen sich Hämolysen durch Einwirkung von Wärme, UV, Licht, speziell bei Sensibilisierung durch Farbstoffe, Röntgenstrahlen, Alkohole (z. B. Isobutylalkohol), Äther, Aceton, Alkali, Säuren, Salicylat und anderem mehr. Auch unter der Einwirkung von Stoffwechselgiften wie Fluorid und Monojodessigsäure in genügend hohen Konzentrationen verlieren die Blutzellen ihre Fähigkeit Kationen zurückzuhalten, d. h. sie büßen ihre selektive Ionenpermeabilität ein. Viele Toxin-Hämolysen, wie die durch Hämolysine des Serums mit Amboceptor, die durch Ultraschall und wahrscheinlich durch Digitonin tragen *nichtosmotischen Charakter*. Sowohl bei den durch Hypotonie wie den durch Eindringen permeierender Stoffe zustande kommenden (*Permeations*-Hämolysen) und den kolloidosmotischen Hämolysen wird der Austritt des Blutfarbstoffes nach Überschreiten des sog. hämolytischen Grenzvolumens erfolgen. Durch bestimmte Einwirkungen, vor allem durch Detergentien, kann dieses kritische Volumen herabgesetzt werden (*Grenzvolumenhämolyse*, Wilbrandt 1953). Es ist wahrscheinlich, daß die lipoide Membran als solche wenig elastisch ist. Eine Volumenvergrößerung ohne Veränderung des kondensierten Filmzustandes wird vielleicht durch Ausbeulung der eingedellten Körperchen möglich, welche sehr leicht aus der Biskuitform in die Kugelform übergehen (PONDER 1948). Dabei muß sich allerdings eine Verschiebung der Einzelblätter im Doppelfilm der Membran vollziehen (WILBRANDT). Wieweit die film-penetrierenden Lytica (s. S. 241) an beiden Blättern verschieden angreifen, ist quantitativ noch nicht zu übersehen. Daß primär eine Differenz in der Grenzflächenspannung beider Schichten besteht, ist wegen der Unterschiede im angrenzenden Milieu wahrscheinlicher als auf Grund der gerade im Mittelteil geringfügigen Krümmung der Membranen.

Als Ursache für die selektive Ionenpermeabilität muß das *Ladungsmuster der Membran* oder des Filmes diskutiert werden. Die gleichnamigen Ladungen verhindern dabei die Annäherung der abzuschirmenden Ionen an die für den Übertritt entscheidenden Stellen. Andererseits werden die entgegengesetzt geladenen an diesen Ort adsorbiert und den Konzentrationsverhältnissen, d. h. der Wahrscheinlichkeit entsprechend durch Tausch oder Platzwechsel nach der einen oder anderen Richtung wieder abgegeben. Ist das Ladungsmuster so eng, daß sich der Ladungseinfluß von allen Seiten an der entscheidenden Stelle wirksam überschneidet, dann besteht eine derartig *hohe Potentialschranke, daß die gleichnamigen Ionen* der mittleren kinetischen Energie sie *nicht zu überwinden vermögen* (Siebwirkung, K. H. MEYER, Abb. 93). Die fixierten Ladungen einer Gerüststruktur, also etwa einer Membran, verändern also das Verhältnis der Wanderungsgeschwindigkeiten bei der Penetration der Ionen im Vergleich zur freien Ionendiffusion grundlegend. Besteht die Membran aus eiweißartigem Material, dann wird sie bevorzugt kationendurchlässig auf der alkalischen und anionendurchlässig auf der sauren Seite des IP. Sinn und Güte der Selektivität werden durch die Membranladung bestimmt (vgl. die Selektivitätskonstante S. 285).

Diese Vorstellung wurde zunächst an künstlichen Membranen auf ihre Richtigkeit geprüft. Die experimentellen Grundlagen hierfür gab die Feststellung von MICHAELIS, daß getrocknete Kollodiumhäute selektiv kationenpermeabel sind. Sie haben also entgegengesetzte Permeabilitätseigenschaften wie die Blutkörperchen, welche praktisch nur Anionen passieren lassen. Wurde nun die Porenwandung in den Kollodiummembranen z. B. mit basischen Farbstoffen positiv aufgeladen, dann ließ sie nur einen Anionentausch zustande kommen (MOND 1928). Soweit es den Ladungssinn an den entscheidenden Stellen betrifft, dienen heute künstliche basische Anionentauscher-Harze bzw. -Membranen als Modell der Erythrocytengrenzschichten.

Daß das beiderseits der Blutkörperchenmembran bestehende *Potential für den Tauschvorgang von Bedeutung* ist, konnte PASSOW bei Verfolgung des langsamen Ionentausches zeigen (1956). Es ergab sich zunächst, daß die Geschwindigkeit des Sulfatüberganges zu jeder Zeit dem Quadrat des jeweiligen Abstandes von der Gleichgewichtskonzentration, bei manchen Tieren aber, z. B. dem Schwein, auch jenem Abstand selbst proportional ist. Mit einer einfachen Modellvorstellung ist daher die passive Ionenpermeabilität nicht vollständig beschreibbar. Die Untersuchung der Flußgrößen in beiden Richtungen mit Hilfe von $^{35}SO_4$ führte aber weiter zu dem Resultat, daß die Permeabilitätskonstante für den Influx dem Membranpotential proportional ist. Dieses selbst wird als Donnanpotential aus der jeweils bestehenden pH-Differenz entnommen. Es zeigte sich, daß bei Variation der pH-Differenzen nach der oben angegebenen Nichtleiter-Methode (s. Abb. 216b) die eindeutige Beziehung zwischen Flux und Potential erhalten bleibt. Es gilt also unter diesen Umständen die Teorell-Ussing-Gleichung (s. S. 286 und 708), so daß dieser Vorgang als *passiver Tausch angesehen* werden muß.

Osmotische Stabilisierung durch Gegenzug

Im Gegensatz zu den Blutzellen *lassen die Körperzellen Kalium-Ionen durchtreten*. Erniedrigt man seine Konzentration in ihrer Umgebung, z. B. in der Lösung, mit welcher ein Läwen-Trendelenburg-Frosch durchströmt wird, dann tritt Kalium aus den Zellen der Muskulatur heraus; steigert man seinen Gehalt außen, dann geht es in die Zellen hinein. Bei der physiologischen Konzentration dieses Ions in den Körpersäften besteht ein Gleichgewicht zwischen den Außen- und Innenkonzentrationen. Analytisch ergibt sich, daß z. B. das unter Berücksichtigung des pericellularen Raumes berechnete Faserkalium der Muskulatur in etwa 40fach höherer Konzentration als außen vorliegt. Es sprechen alle Überlegungen und experimentellen Tatsachen dafür, daß auch das Binnenkalium wie in den Körpersäften (s. S. 341) mindestens zum ganz überwiegenden Teil, wahrscheinlich jedoch vollständig ionisiert ist. Ein wichtiges Argument für das Vorliegen des Kaliums in Ionenform brachten die Versuche von HARRIS (1954) über die Bewegung von $^{42}K^+$ in einem in der Längsrichtung an den Sartorius angelegten elektrischen Felde. Die Wanderungsgeschwindigkeit besaß nahezu die gleiche Größe wie in wäßriger Lösung. K^+ steht als wichtigstes Zellkation den strukturfixierten Anionen der Eiweiße und der hauptsächlich organisch gebundenen Phosphate gegenüber. Die Zellwandung läßt auch nachweislich H-Ionen gut passieren. Einwendungen gegen die Deduktion dieser Aussage wurden entkräftet (MEVES und NETTER 1956).

Die Geschwindigkeit ihres Durchganges hängt jedoch von der Permeabilität entweder für die mitgehenden Säureanionen oder für die im Gegentausch bewegten Kationen ab. Ist sie für beide gering oder praktisch nicht vorhanden, dann ist auch die Durchgängigkeit für H^+-Ionen nicht zu demonstrieren. Solche Fälle sind selten; häufig jedoch diejenigen, bei denen der Übertritt des H^+-Ions sehr langsam vor sich geht (Seeigeleier, O. WARBURG 1910). In diesen Fällen werden organische lipoidlösliche Säuren oft sehr leicht aufgenommen (Tabelle 120). Sie passieren die Membran in undissoziierter Form (BETHE 1909).

Die *Körperzellen* müssen allgemein als *durchgängig für einwertige Kationen* angesehen werden. Dennoch sind sie arm oder manchmal *angenähert frei an Natrium-Ionen*. Es ist das typische Kation der Körpersäfte und vermag nicht ohne weiteres in die Zellen einzutreten. Diese Tatsache hängt sicher mit dem großen Hydratationsmantel zusammen, welcher es bedingt, daß seine Ionenbeweglichkeit im elektrischen Felde rund 50% kleiner ist als die des Kaliums (s. S. 120). Aber es ist heute ebenso sicher geworden, daß die einfache Vorstellung eines Mißverhältnisses zwischen Porenweite und Hydratvolumen keine ausreichende Erklärung für das unterschiedliche Verhalten der K- und Na-Ionen bieten kann (s. S. 272). Unsicher ist auch, ob die Ursache auf eine verschiedene Komplex-

Tabelle 120. *Ionisationszustand von Rattenmuskelbestandteilen bei verschiedenem pH (nach* CONWAY 1950)

Bestandteile	Milliäquivalent pro kg Zellwasser	
	pH 6	pH 6,5
Kationen		
K	152	152
Na.	16	16
Mg	32	32
Ca	4	4
Basische Gruppen von Anserin und Carnosin	29,8	25,4
Total	233,8	229,4
Anionen		
Cl, HCO_3, Lactat . .	8	12
Phosphagen	110,7	110,7
ATP	33,2	35,8
Hexosephosphat. . .	22,2	26,2
Andere säurelösliche Phosphate	15,2	18
CO_2-Verbindungen* .	15	15
Myosin und Myogen .	19	32
Total	223,3	249,7

* Zweifelhaft

affinität der beiden verschieden hydratisierten Ionen zurückgeführt werden kann. Jedenfalls aber ist zwischen beiden eine kritische Grenze der Hydratgröße gelegen, deren Existenz es verstehen läßt, daß die effektive Impermeabilität für Na leicht aufgehoben werden kann. Das geschieht bei der Erregung. Will man aber zunächst einmal das in der Ruhe vorliegende Verteilungssystem herausarbeiten, so genügt es, von der praktisch vorhandenen Undurchlässigkeit für Na-Ionen auszugehen.

Die Körperzellen weisen nun einen so *geringen Gehalt an Chlorid* auf, daß man sie vorübergehend in erster Annäherung auch als frei von Cl^- ansehen durfte. Der analytisch gefundene Cl-Gehalt konnte mit gutem Grund auf den extracellularen Raum bezogen werden, zumal da die Froschmuskulatur nach Perfusion mit Cl^--freier isotonischer Zuckerlösung ihr gesamtes Chlorid abgab, während noch ein gewisser Natrium-Exzeß zurückbehalten wurde (MOND und NETTER 1932). Aus diesem Grunde wurde im Gegensatz zu den Blutkörperchen für die Muskel-, Nerven- und Drüsenzellen zunächst die Hypothese einer selektiven Permeabilität für Kationen aufgestellt (1928). Danach sollte die Muskelzelle aus dem gleichen Grunde wie der Erythrocyt in osmotisches Gleichgewicht kommen, denn ein Salzübertritt wäre auch hier nicht möglich.

Dazu paßt erstens, daß die Anionen an der Nervenfaser elektromotorisch praktisch unwirksam sind: der *Ruhestrom* ist von ihnen kaum abhängig (NETTER 1928). Er wird dagegen durch die permeablen Kationen, speziell *durch das Verhältnis der Kaliumionenaktivitäten beiderseits bestimmt*: Das Potential steht nach der Nernst-Gleichung bei konstanter Binnenzusammensetzung in logarithmischer Beziehung zur veränderten Außenkonzentration.

$$E = 59 \log \frac{[K_i^+]}{[K_a^+]} \, \mathrm{mV} \, .$$

Diese von MACDONALD 1902 gefundene und von NETTER 1928 bestätigte Gesetzmäßigkeit ist auch an der einzelnen Muskelfaser von CONWAY 1955 und R. H. ADRIAN erhärtet worden. Dabei wurde das Innere durch eine eingeführte Mikroelektrode direkt abgeleitet (1956). Beide Autoren fanden 92 mV bei physiologischem K_a (2,5 mMol/Liter). ADRIANs Versuche ergaben dann eine Gültigkeit vorstehender Beziehung, wenn $[K_i^+]$ den Wert von 139 mMol K/Kg H_2O besitzt. Dieses ist aber mit großer Annäherung der analytisch gefundene Wert, welcher nach CONWAY um 130 mMol/Liter liegt. Nach den Analysen von ADRIAN ist $[K_i^+]$ größer; etwa 140 mMol/Liter. Der aus der Potentialabhängigkeit von K_a entnommene Nernstfaktor betrug 52 mV. Dieser Wert paßt zum analytisch gefundenen K_i, denn 92/log 140/2,5 = 52,5. Die Erniedrigung des F_N gegenüber 57 mV dürfte auf der Beeinflussung durch andere ebenfalls, aber nur wenig permeierende Ionen beruhen.

Neben den K-Ionen konnten nach der älteren Forderung einer selektiven Kationen-Permeabilität nur die H^+-Ionen an einer Gleichgewichtseinstellung teilhaben:

$$\frac{[K_i]}{[K_a]} = \frac{[H_i]}{[H_a]} \simeq 50 \, .$$

Sie würde dementsprechend auch im Innern eine 50fach höhere H^+-Ionenkonzentration, also etwa ein pH von 5,9 verlangen. Natürlich war zu erwarten, daß NH_4^+ sich in gleicher Weise einstellt. In Durchströmungsversuchen mit NH_3-haltiger Ringerlösung wurde analytisch eine NH_4^+-Anreicherung auf das 6fache bei Verwendung relativ niedriger NH_{4a}^+-Konzentrationen gefunden (NETTER 1934, FENN 1944, CONWAY 1945). Daß hier nicht der Anreicherungsfaktor von 50 angetroffen wird, mag entweder daran liegen, daß sich weder das partielle, noch das H^+-Ionengleichgewicht einstellt, also ein stoffwechselbedingter steady-state besteht. Oder es hat seinen Grund in einer nicht vollständig eingetretenen Verteilung. Danach muß diskutiert werden, ob zwei oder mehrere ineinander übergehende Abschnitte der Zellen zu unterscheiden sind, von denen der eine mit seinem Ioneninhalt nur indirekt an der Einstellung des Membrangleichgewichtes teilnimmt. Für die zuletztgenannte Annahme sprechen Befunde über die Geschwindigkeit der Aufnahme von ^{42}K, welche die Unterscheidung einer schnell und einer langsam bewegten K-Portion erlauben (FENN 1941, v. HEVESY 1941). Nach v. HEVESY u. HAHN tauscht zwar die tätige Muskulatur ihr Kalium fast 5mal schneller als die ruhende aus, aber sowohl beim ruhenden Tier wie bei maximaler Tätigkeit kann am Tausch niemals mehr als $^{1}/_{3}$ des gesamten Muskelkaliums teilhaben. Nach HARRIS (1956) kann man dies nicht austauschbare Kalium kaum auf einen derartig bestimmten Anteil limitieren. Vielleicht wird die langsam diffundierende Fraktion über die Z-Scheiben getauscht. Man wird daher auch kaum von einem gleichmäßigen pH-Wert der Muskelfaser — der NH_4^+-Verteilung nach etwa von pH 6,8 — sprechen können, sondern annehmen müssen, daß er mindestens in beiden Abschnitten verschieden sei und in unmittelbarer Nähe der Membran tatsächlich den Forderungen des Membrangleichgewichtes entsprechend um pH 6 gelegen sein mag. Wahrscheinlich handelt es sich um ein steady-state, bei dem die Gleichgewichtsforderung nur in unmittelbarer Nähe der Membran erfüllt ist. Sie aber wirkt sich nicht auf die H^+-Ionenkonzentration des gesamten Cytoplasmas aus, da diese von der Summe der Anionen- und Kationenäquivalente und ihrer Einstellung durch den Stoffwechsel abhängt. Für die Kaliumionen des Zellinnern aber kann eher von einer Gleichverteilung gesprochen werden, die durch ihre etwa 10^6fach höhere Teilchenzahl in der Raumeinheit ihre Gesamtaktivität besser fixiert hält. Der relativ zum Gesamtgehalt in der Zelle bewegte Anteil ist bei den Wasserstoffionen gewaltig, bei den K-Ionen dagegen sehr klein, so daß sich das Fließgleichgewicht zwischen den Membrangleichgewichten und dem Stoffwechselgeschehen nur bei ersteren zeigt. Die Tauschgeschwindigkeit der Kationen mit der Umgebung ist übrigens bei der Muskulatur gering im Vergleich zu den anderen Organen. So erklärt es sich, daß injiziertes ^{42}K z. B. zunächst von der Leber aufgenommen wird und erst allmählich in die Muskulatur übertritt. Hier aber finden sich beim Kaninchen nach 15 Std. 60% des markierten Kaliums (FENN).

Die soeben getroffenen Feststellungen über die Potentialentstehung und die Binnenreaktion bleiben auch für die *erfolgreiche Erweiterung der Theorie* gültig, welche *durch* CONWAY 1941 gegeben wurde. Er griff auf die Beobachtung von OVERTON zurück, nach der ausgeschnittene Muskeln in isotonischer KCl-Lösung osmotisch schwellen, während sie in K_2SO_4-Lösungen ihr Volumen beibehalten. Die Schwellung wird durch Übertritt von Cl^- erklärt, während SO_4^{2-} nicht eindringt. Danach müßte eine *Cl-Permeabilität* bestehen. Die quantitativen Versuche am ausgeschnittenen Muskel bestätigten diese Annahme vollständig. Sie ließen jedoch einen Einwand bestehen. Denn es ergab sich, daß die benutzten Sartorien mit einer K-Konzentration der Außenlösung im Gleichgewicht waren, welche um das 10fache gegenüber der Norm erhöht war. Es ist aber eine alte Erfahrung, daß geschädigte Muskeln sehr leicht Kalium abgeben. Durchströmungsversuche zeigten nun, daß auch beim Bestehen eines normalen K-Gleichgewichtes die Forderungen der Conway-Theorie voll erfüllt sind (KÜSEL und NETTER 1952, MOND 1955). Unter Berücksichtigung des Donnangleichgewichtes wird dann die osmotische Zellstabilität durch Gegenzug folgendermaßen ermöglicht.

Da sowohl Cl^-- wie K^+-Ionen permeieren, muß sich für KCl ein Donnangleichgewicht einstellen, an dem beide Ionenarten beteiligt sind:

$$[K_i^+] \cdot [Cl_i^-] = [K_a^+] \cdot [Cl_a^-].$$

Das *Cl⁻ verhält sich dementsprechend umgekehrt wie das K⁺*, d. h. seine Konzentration ist außen etwa 50fach größer als innen; hier ist sie also sehr klein und für den Frosch in der Größenordnung von 90/50 $\simeq$ 2 mMol/Liter, entsprechend 7 mg-% gegenüber 320 mg-% außen zu erwarten. Es ist daher auch aus dem geringeren Cl-Gehalt der eigentlichen Fasern zu verstehen, daß der Gesamtchloridgehalt eines Gewebes früher allein in den Raum um die Zellen verlegt wurde (Cl-Spatium, HASTINGS).

Gibt man dem Spatium den gleichen Cl-Gehalt wie der pericellulären Flüssigkeit, dann errechnet sich tatsächlich aus dem Gesamt-Cl-Gehalt der Organe eine morphologisch vernünftige Größe für den Zwischengewebsraum. Die Cl-Menge in den eigentlichen Zellen ist eben so gering, daß sie dieses an sich nicht korrekte Resultat kaum verändert. Der Zwischenzellraum beträgt nach diesen Überlegungen unter Einbeziehung des Zell-Cl für die Muskeln 13—15% des Gewebsvolumens[1].

Dem Schema (Abb. 217) ist nun zu entnehmen, daß das Kation Na⁺ in der Ruhe nicht von außen nach innen gelangen kann. Umgekehrt werden auch die organisch gebundenen Phosphatanionen oder die der Eiweiße im Innern festgehalten. Beide Stoffgruppen verhalten sich also wie indiffusible Kolloidionen mit verschiedenem Ladungssinn beiderseits der Membran. Ihnen stehen K⁺ und Cl⁻ als diffusible Ionen gegenüber, welche beide nur als Elektrolyte, also als Ionenpaare übertreten, nicht aber im Ionentausch wie bei der selektiven Permeabilität. Für sich alleine betrachtet müßte die Außenlösung ein Donnangleichgewicht veranlassen, welches Wasser von innen nach außen zieht, ebenso Cl⁻, aber K⁺ abstößt (vgl. S. 276). Das Umgekehrte bewirken die Phosphate des Inneren: sie ziehen K⁺ als Gegenion und ebenfalls Wasser an, lassen aber Cl⁻ draußen. Für Cl⁻ und K⁺ kann sich also ein wirkliches Donnangleichgewicht, für Wasser ein osmotisches Gleichgewicht einstellen. Es handelt

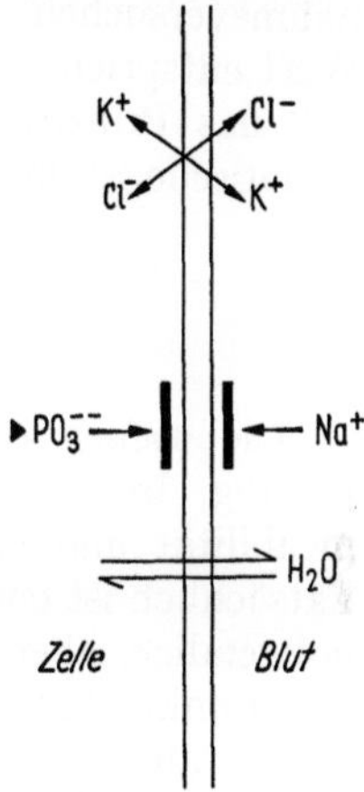

Abb. 217. Schema der Ionenverteilung an der Muskelmembran

sich hier um *zwei in entgegengesetzter Richtung wasseranziehende Donnansysteme*. Diese Anordnung wahrt ebenfalls die Zellstabilität. Aber nur in der Ruhe, denn mit dem Eintreten einer Permeabilität für Na⁺ muß nun auch eine Störung im Wassergleichgewicht verbunden sein, welche zu einem Einstrom in die Zelle führt.

Die Durchströmungsversuche zum Beweis der Conway-Theorie ergaben nach KÜSEL und NETTER: a) bei Cl⁻-freier isotonischer Durchströmungslösung ohne K⁺-Gehalt wird — stets unter Beachtung des K⁺ im Zwischenzellgewebe — nur soviel K⁺ abgegeben wie dem Cl⁻-Gehalt der Muskulatur entspricht, b) die Geschwindigkeit der K⁺-Aufnahme aus Durchströmungslösungen mit bis zum 4fachen der Norm vermehrten K⁺-Gehalt ist um so geringer, je niedriger der Cl⁻-Gehalt der Lösung ist. Wie Cl verhält sich auch Nitrat und wahrscheinlich auch Rhodanid. c) Eine K⁺-Aufnahme findet auch aus Lösungen mit gesteigertem K⁺ nicht statt, wenn das Produkt $K_a^+ \cdot Cl_a^-$ durch gleichzeitige Herabsetzung der Cl⁻-Konzentration unverändert gehalten wird. Denn nunmehr befindet sich das System wiederum im Donnangleichgewicht, wie es z. B. bei verdoppeltem K_a^+ und halbiertem Cl_a^- zutrifft. d) Bei wechselndem K_a^+, aber konstantem physiologischem Cl-Gehalt der Lösung ergibt sich eine lineare Abhängigkeit der K⁺-Aufnahme von der Außen-K⁺-Konzentration, wie sie schon von CONWAY am ausgeschnittenen Muskel gefunden wurde. MOND (1955) beobachtete im Durchströmungsexperiment weiterhin, daß die K⁺-Aufnahme mit einer Wasseraufnahme in die Fasern einhergeht, deren Größe durchaus der nach CONWAY zu erwartenden entspricht, wenn man annimmt, daß die übergetretene KCl-Menge osmotisch voll wirksam bleibt.

---

[1] Für das Zentralnervensystem vgl. ELLIOT.

Es sei ΔK_a die Steigerung der $[K_a]$ und ΔK_i der Zuwachs an Faserkalium, d. h. an $[K_i]$, dann ergibt der Versuch, da Cl äquivalent mit K übertritt, $a = \Delta K_i/\Delta K_a$ bzw. $\Delta Cl_i = a \cdot \Delta K_a$.

Seien Cl_s und K_s die physiologischen Ausgangswerte außen und K_m und Cl_m die Binnenwerte am Anfang, dann gibt das Donnangleichgewicht:

$$(K_m + \Delta K_a) \cdot (Cl_m + a \cdot \Delta K_a) = (K_s + \Delta K_a) \cdot (Cl_s - a \cdot \Delta K_a).$$

Die Vermehrung von K_m und die Verminderung von Cl_s um $a \cdot \Delta K_a$ können beide vernachlässigt werden, da sie wegen $K_m = 50 \cdot K_s$ höchstens 2% der Werte, in den Versuchen noch weniger, betragen. Mit einem konstanten a folgt dann:

$$a = \frac{Cl_s}{K_m}; \quad \text{experimentell: } 0{,}57 = \frac{74{,}7}{K_m}.$$

K_m ist danach auf Grund der Conway-Theorie zu 131 mMol/Liter aus Aufnahmeversuchen ermittelt worden (LUKOWSKY und NETTER 1952). Dieser Wert entspricht etwa dem analytisch gefundenen Gehalt. Es ist wahrscheinlich, daß das Prinzip der Gegeneinanderschaltung zweier Donnansysteme auch die osmotische Stabilität der meisten übrigen Körperzellen garantiert.

Endergonische Transportphänomene
Zum Begriff des aktiven Transportes

Die soeben entwickelten Vorstellungen entstammen einer statischen Auffassung, bzw. sie geben das Bestreben wieder, eine physikalische Grundpermeabilität und eine aus ihr folgende Gleichgewichtsverteilung herauszuheben. Tatsächlich ist ein solcher Versuch nur mit Zwang durchführbar: er ist eine zwar notwendige, aber doch nur schematisierende Approximation. Die Eigenschaften und Funktionen einer Zellmembran sind nicht durch einen Vergleich mit künstlichen, auch katalytisch aktivierten Austauscher-Membranen in ihrem Wesen ausreichend beschreibbar. Denn es hat sich erwiesen, daß die *Selektivität biologischer Membranen* im allgemeinen durch energieliefernde Vorgänge ermöglicht und aufrechterhalten wird. Sie ist wie die gesamte Zellstruktur *ein dynamisches Phänomen* (NETTER 1949).

Schon die Eigenschaft der roten Blutzellen, Na nicht herauszulassen, ist keine statische Erscheinung. Die Impermeabilität ihrer Membran ist im physikalischen Sinne keineswegs absolut. Denn es ist durchaus nicht zu verhindern, daß einzelne schnelle Na^+-Ionen diejenige kinetische Energie besitzen, welche benötigt wird, um die beschriebene Potentialbarriere zu überwinden. Jene würden daher zusammen mit den ohnehin permeationsfähigen Cl^--Ionen dem Konzentrationsgefälle entsprechend als NaCl in das Innere eindringen können und so nach dem oben über die Donnankorrektur Abgeleiteten (s. S. 277) die osmotische Stabilität tatsächlich gefährden. Eine solche *Kationendurchlässigkeit* ist nun tatsächlich *für die Körperchen* nachzuweisen. In vivo und in vitro wird z. B. $^{24}Na^+$, das dem Serum oder einer Salzlösung zugesetzt wurde, nach gut einem halben Tag zur Hälfte in den Körperchen angetroffen (COHN und COHN 1939). In dieser Zeit hat also das aktive Na^+ im Inneren 50% jenes Anteils erreicht, der bei gleicher prozentischer Verteilung des zugesetzten Indicators auf die sehr niedrige innere und die hohe äußere Na-Fraktion zu erwarten ist. Entsprechend wird auch Zellkalium durch $^{42}K^+$ ersetzt (HAHN und HEVESY 1941). Andererseits weiß man schon seit längerer Zeit, daß Blutkörperchen in der Kälte in vitro Kalium an das Serum abgeben (HARRIS 1941). Eine Hämolyse findet dabei nicht statt, vielmehr wird K^+ in äquivalenten Mengen gegen Na^+ eingetauscht (DAVSON und DANIELLI), oder es wird nur Kalium von dem Inneren im Gegenzug gegen K^+ von außen bewegt. Ein solcher Vorgang ist natürlich nur mit Hilfe von markiertem K feststellbar. Diese Tauschprozesse vollziehen sich sehr langsam; während die

Anionen in Bruchteilen von $^1/_{10}$ sec bewegt werden, benötigen die Kationen mehrere Stunden zu einer analytisch feststellbaren Konzentrationsänderung beiderseits. Ein Salzübertritt erfolgt solange nicht, wie der Tausch in äquivalenten Mengen vollzogen wird. Erst stärkere Veränderungen der funktionellen Membranstruktur bewirken dann einen Elektrolytübergang mit kolloidosmotischer Hämolyse, wenn die Geschwindigkeit des Kationenwechsels vergleichbar groß mit dem der Anionen geworden ist.

Da, wie gezeigt wurde, bei den gegebenen Strukturen keine absolute statische Sperre besteht, kann *der vom Gleichgewicht abweichende Verteilungszustand nur unter Energieaufwand aufrechterhalten* werden. Daß der Stoffwechsel hier ein-

Tabelle 121. *Alkali- und Chlorid-Konzentrationen in roten Blutzellen und Plasma*

	Milliäquivalent/Liter Zellwasser			Milliäquivalent/Liter Plasma		
	K	Na	Cl	K	Na	Cl
Mensch . .	136	19	78	5,0	155	112
Kaninchen .	142	22	80	5,5	150	110
Pferd . . .	140	16	85	5,2	152	108
Schaf . . .	46	98	78	4,8	160	116
Rind . . .	35	104	85	5,1	150	109
Katze . . .	8	142	84	4,6	158	112
Hund . . .	10	135	87	4,8	153	112

Tabelle 122. *Kationenbewegungen an menschlichen Erythrocyten*

	pH	Na_i	Na_i	K_i	K_i	$Na_i + K_i$
Ausgangswert .		74,9		52,6		127,6
Glucose . . .	7,4	24,3	$-50,6$	95,7	$+43,1$	120
Glucose . . .	7,0	27,1	$-47,8$	88,3	$+35,7$	115,4
Fructose . . .	7,4	21,9	-53	95,8	$+43,2$	117,7

Ausgangswerte nach 5 Tagen in isotonischer Krebs-Ringer $+0,01$ mol/Liter Resorcin bei 4°. Waschen mit Citratplasma $+$ Zucker $+$ Phosphat. Gehalt in mMol/Liter Zellen. Werte nach 20 Std im Plasma bei 37°. (NETTER und KÜSEL, unpubliziert, 1949 vgl. NETTER, 1953.)

greift und daß er in der Lage ist, Konzentrationsdifferenzen hervorzubringen und zu erhalten, beobachtete zuerst HARRIS. Der in der Kälte eingetretene Kaliumverlust wird nach Verbringen auf Körpertemperatur durch Aufnahme von K^+ aus dem umgebenden Plasma wieder ausgeglichen. Dabei findet eine Beförderung gegen das Konzentrationsgefälle statt. Die später von PONDER u. a. wiederholten Versuche enthüllen eine bedeutende Transportleistung. Sie kann auch einer durch Resorcinvergiftung in der Kälte hervorgerufenen starken K-Erniedrigung folgen und dabei besonders hohe Werte annehmen (vgl. Tabelle 122). Nach Zurückbringen in resorcinfreie Lösung von 37° wird K aufgenommen und Na abgegeben — beides gegen einen hohen Konzentrationsgradienten. Diese sich über mehrere Stunden hinziehenden aktiven Ionenbewegungen sind jedoch nur möglich, wenn Glucose als energielieferndes Material und außerdem genügend Phosphat zur Verfügung steht.

Da die betreffenden Ionen gegen das Gefälle bewegt werden, muß hier ein nicht freiwillig verlaufender Vorgang durch Koppelung mit einem energieliefernden ermöglicht werden. Ohne etwas über die Natur der herangezogenen Energien und erst recht nicht über den Mechanismus auszusagen, spricht man bei einer Stoffbewegung, welche gegen den Gradienten des chemischen und elektrischen Potentials, d. h. gegen das elektrochemische Potential und gegen ein hydrodynamisches Gefälle erfolgt, von „*aktivem Transport*" (KROGH, DEAN u. a. 1941). Dabei ist nicht der bewegte Stoff aktiv, sondern die Anordnung, welche ihn bewegt. Ein Teil des Systems, das aus dem Raum mit den beiden Konzentrationen besteht, erfährt hierbei eine Abnahme an Entropie und einen Gewinn an freier Energie. Ihm steht eine mindestens gleich große Entropiezunahme und ein mindestens gleich starker Abfall an Arbeitsfähigkeit in anderen Teilen des Gesamtsystems gegenüber. Im gegenwärtigen Stadium kann die Abgrenzung des aktiven Transportes von den passiven Verteilungsvorgängen nur dadurch vollzogen werden, daß im Einzelfall die Teilnahme anderer als Diffusions- oder elektrostatischer Kräfte bewiesen wird. Dazu genügt, wenn von elektrischen und hydrodynamischen Potentialgradienten abgesehen wird, der Nachweis des Transportes in Richtung zum höheren chemischen Potential (bergauf-, „uphill"-Transport, ROSENBERG 1948, 1954). Die Beteiligung der übrigen Kräfte zu kennzeichnen, ist die sich anschließende Aufgabe.

Im stationären Zustande besteht auch kein Netto-Transport von Stoffen einschließlich des Wassers. Dann muß jede Verteilung, welche nicht der Gleichheit der elektrochemischen Potentiale beiderseits der Zellmembranen entspricht, durch den Stoffwechsel aufrechterhalten werden. Er liefert jene Energie, welche die durch die Differenz der elektrochemischen Potentiale veranlaßten „Fluxes" zum Verschwinden bringt. Die sich im Stoffwechsel vollziehende *Entropiezunahme pro Zeiteinheit* (s. S. 638) ermöglicht die Leistung, welche in der *Aufrechterhaltung jener stationären Ströme besteht, die als aktiver Transport beobachtet werden.*

Die durch Vernachlässigung der Donnanverteilung an der Membran und unter Außerachtlassung hydrodynamischer Strömungen vereinfachte Teorell-Ussing-Gleichung beschreibt die Ionenflüsse in Abhängigkeit von den chemischen und elektrischen Potentialen (IV, 51). Ihre Erfüllung wird so zu einem Prüfstein für die Abwesenheit von aktiven Transportphänomenen. Nach ihr ist der Flußquotient dem der treibenden Ionenaktivitäten, multipliziert mit der treibenden elektrischen Potentialdifferenz $\Delta\varphi$ in der Form der Planckschen Größe ξ gleich. Es gilt für ein Kation, wenn η_a und η_i die entsprechenden elektrochemischen Potentiale sind:

$$\text{bzw.} \qquad -\frac{\Phi_i^+}{\Phi_a^+} = \frac{c_a^+}{c_i^+}\cdot\xi\,; \qquad \left(\xi = e^{\frac{\Delta\varphi\cdot F}{RT}}\right);$$

$$R T \ln\left(-\frac{\Phi_i^+}{\Phi_a^+}\right) = \Delta\varphi\cdot F + (\mu_a - \mu_i) = \eta_a - \eta_i. \tag{27}$$

Aus der Nichterfüllung dieser Beziehung kann nun aber auch nicht immer, wie z. B. in den beiden folgenden Fällen, auf das Vorliegen eines aktiven Transportes geschlossen werden:

1. Wenn das wandernde Ion in der Membran etwa mit einem Transporteurstoff (carrier, s. S. 718) spontan einen Komplex bildet und dieser hindurchwandert, dann ist für dessen Bewegung nicht mehr die Differenz der elektrochemischen Potentiale der freien Ionen maßgeblich. USSING nennt diesen Vorgang die *Austauschdiffusion* (carrier exchange diffusion, s. S. 725). Man findet in diesem Fall, daß der Flußquotient kleiner als die treibende Differenz der Potentiale ist. Der Vorgang selbst ist kein aktiver Transport.

2. Am Cephalopodennerven fanden umgekehrt HODGKIN und KEYNES (1955) den Logarithmus des Flußquotienten etwa 4fach größer als die Differenz der Potentiale, bzw. die letztere entspricht der 4. Potenz der Flußquotienten. Wenn man dieses Verhalten so deutet, daß nur je 4 Kaliumionen an den in Betracht kommenden Orten gleichzeitig diffundieren können, ist jener Befund erklärbar,

ohne eine zusätzliche endergonische Reaktion heranziehen zu müssen. Diese Beispiele erläutern die Schwierigkeit, einen speziellen Transportvorgang als aktiv zu kennzeichnen (vgl. auch den solvent drag, s. S. 731).

In dem dargestellten Sinn können *grundsätzlich alle Stoffe transportiert* werden. Die Bewegung der Elektrolyte ermöglicht die selektive Permeabilität und damit die Stabilität aller Zellen. Sie bildet aber außerdem ein unentbehrliches Glied in der Kette der Erregungsvorgänge. Im cellularen Transport aller Stoffe jedoch — einschließlich des Wassers und der hochmolekularen oder lipoiden Körper — besteht das Wesen der sekretorischen und exkretorischen Vorgänge. Damit wird die Biochemie des aktiven Transportes zu einem Zentralproblem der kausalen Biologie.

Aufrechterhaltung des Kationengehaltes der Zellen

Als Modellzellen mit der Fähigkeit zur Durchführung des aktiven Transportes können die *Erythrocyten* angesehen werden. Schon bei ihnen war es nicht von Anfang an klar, welche von beiden bewegten Ionenarten, K^+ oder Na^+, aktiv gefördert werden. Denn das Interesse richtete sich vor allem im Vergleich zu den Vorgängen bei der Erregung auf den Transport des Na^+ nach außen. Dafür, daß K^+-Ionen nicht nur passiv für die herausgeschafften Na^+ eintreten, brachten SOLOMON und PASSOW experimentelle Hinweise. Tatsächlich ist ein alleiniger Transport von Na^+ nicht denkbar, weil dann das nun permeierende K^+ am Donnangleichgewicht teilnehmen müßte. Da das Produkt der K- und Cl-Ionen des Plasmas rund 560 mMol/Liter beträgt, müßte beim gleichen Produkt innen, wie es das Donnangleichgewicht fordert, mit den vorhandenen 78 mMol/Liter an Cl^- für K^+ hier ein Wert von 7,2 mMol/Liter bestehen. Der Erythrocyt würde demnach schrumpfen, bis der kolloidosmotische Zug der Hämoglobinate dem der nicht permeierenden Na-Ionen außen gleich geworden wäre. Das Zellvolumen wird dadurch erhalten, daß K auf 136 mMol/Liter konzentriert wird. Wegen der Diffusibilität der Anionen würde das Zellvolumen durch die Na-Bewegung nach außen verkleinert, durch die Bewegung des K nach innen jedoch vergrößert werden. Die normale Zellgröße kann daher wie die Elektrolytzusammensetzung nur durch eine Abstimmung beider Bewegungen erhalten werden. Wenn durch sie erreicht wird, daß beide Ionen aktiv und äquivalent getauscht werden, findet bei wechselnder Leistung des Fördersystems keine Veränderung des Volumens, sondern nur eine wechselnd starke Durchmischung des Zellinneren mit Kationen statt.

Die Forderung einer *Verbindung beider Ionenbewegungen* ist für die Erythrocyten von HARRIS und MAIZELS (1954) und für die Nerven von HODGKIN und KEYNES (1954) erhoben worden (linked-transport-theory). Sie erfährt dadurch eine experimentelle Unterstützung, daß die Entfernung des Na aus den Erythrocyten beim Fehlen von K in der Außenflüssigkeit stark verlangsamt wird. Der K-Einstrom (K-influx) ist also danach irgendwie mit dem Na-Ausstrom (Na-efflux) verbunden (FLYNN und MAIZELS 1949). Muskeln und Sepiaaxone zeigen hierin prinzipiell gleiches Verhalten. Bei letzteren ergibt sich ein hoher Temperaturkoeffizient für den K-influx und den Na-efflux ($Q_{10}=3,3$), während er für die umgekehrte Bewegung beider Ionen sehr niedrig ($Q_{10} \simeq 1$) ist. Nur die zuerst genannte Bewegung ist durch Stoffwechselgifte wie HCN, HN_3 und DNP aufzuheben (HODGKIN und KEYNES 1953; Abb. 218).

An der Muskulatur ist auch Sulfat als Inhibitor mindestens des K-Transportes anzusehen. Hier entspricht zwar wie bei den Nerven, aber im Gegensatz zu den K-reichen Erythrocyten, der hohe Binnengehalt an K etwa den Forderungen des Donnangleichgewichtes. Aber dessen Einstellung scheint sich noch eine aktive

Komponente zu überlagern, welche allerdings nur in Gegenwart von Cl⁻, aber unabhängig von dessen Konzentration, eine Aufnahme von K⁺ vollzieht. Sie findet bei Vergiftung mit DNP und atmungslähmenden Giften, aber auch in Sulfatgegenwart nicht statt. Aus diesem Grunde gehorcht die K-Verteilung in sulfathaltigen Durchströmungs-Lösungen dem Donnangleichgewicht (NETTER 1957).

DISCHE fand eine starke Hemmung der Glykolyse im Lysat kernhaltiger roter Blutzellen unter dem Einfluß von Sulfat (1955) und OHLENBUSCH beobachtete einen ebensolchen Einfluß auf die saure Hefephosphatase (1958).

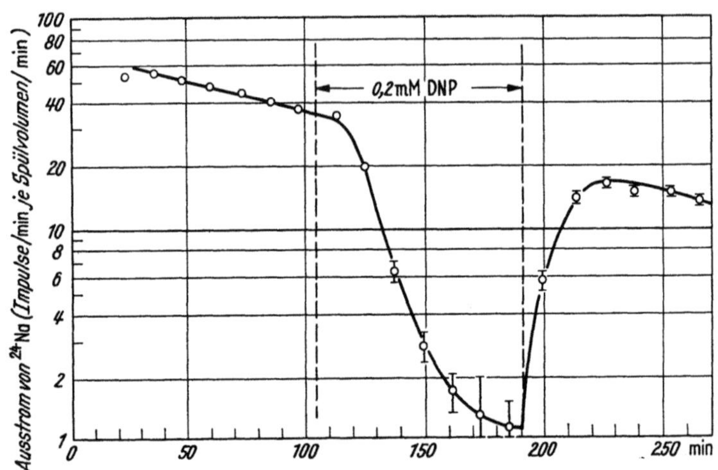

Abb. 218. Na-Ausstrom bei Nerven von Sepia officinalis unter Vergiftung mit DNP (HODGKIN und KEYNES)

Auch die aktive Wasserresorption aus dem Darm wird durch 0,01 m Sulfat unterdrückt (SMYTH 1955). Eine obligate Verbindung dieses aktiven K-Transportes mit dem Na-efflux ist für die Muskulatur nicht als bewiesen anzusehen. Das gleiche gilt nach HODGKIN für den Nerven. Fest steht aber, daß die Entfernung des Natriums aus Muskelzellen und Nervenfasern, welche in der dargelegten Weise allein für die Erhaltung der osmotischen Zellstabilität garantiert, ein dauernd spielender aktiver Vorgang ist. Er ermöglicht den *Zellmembranen das „Als-Ob" Verhalten einer Semipermeabilität, welche auf einer aktiv erhaltenen Ionenselektivität beruht.*

Es ist wegen ihrer biologischen Bedeutung wichtig zu wissen, ein wie großer *Energiebetrag allein für die Aufrechterhaltung der normalen Ionenverteilung* aufzuwenden ist. Er ergibt sich aus der Größe der zu überwindenden Konzentrationsunterschiede und aus dem Umfang des in der Zeiteinheit im steady-state vor sich gehenden Austausches. Letzterer kann nur aus Messungen des Übertritts von Isotopen erhalten werden. Außerdem muß das elektrische Potential beiderseits bekannt sein. Es folgt nach der Donnanverteilung aus r zu $\varphi = 61 \cdot \log r$ mV bei 37°. Der zugehörige Energiewert ist für $r = 0,7$; $A_e = 23,06 \cdot \varphi = -220$ cal/Äquivalent. Wir setzen für menschliches Blut $K_i = 136$ mMol/Liter Wasser und für den Gleichgewichtswert, über den K_i gehoben wird, 7,2 mMol/Liter ein und errechnen damit die erforderliche osmotische Arbeit in bekannter Weise zu:

$$A_0 = 1,42 \cdot \log 136/7,2 = 1,82 \text{ kcal} \quad (37°).$$

Für Na ergibt sich ebenfalls aus der Differenz der chemischen Potentiale unter Gleichsetzung der Aktivitätsfaktoren beiderseits:

$$A_0 = 1,42 \cdot \log 150/12 = 1,56 \text{ kcal}.$$

Da Cl_a eine höhere Aktivität als Cl_i besitzt, ist das Körpercheninnere negativ. Der Übertritt von Kationen wird demnach durch das elektrische Zusatzglied gefördert, die Bewegung nach außen in gleichem Maße gehemmt. Im ersten Fall verkleinert es also die benötigte osmotische Arbeit und im zweiten vergrößert es sie, so daß die für beide Bewegungen erforderliche Arbeit pro g-Äquivalent ist:

$$A_K = A_0 - A_e = 1,60 \text{ kcal}; \quad A_{Na} = A_0 + A_e = 1,78 \text{ kcal}.$$

Über die Größe der tatsächlich gewechselten g-Äquivalente sind folgende Angaben zu machen. Wie PONDER (1951) leitete auch SOLOMON (1955) aus der Abgabekurve von ^{42}K aus den Körperchen die Existenz zweier verschieden leicht zugänglicher Portionen ab, von denen die kleinere (a) nach Meinung SOLOMONs auf die Bindung an einen lipoidlöslichen K-Träger zurückgeführt werden könnte.

Die Abb. 219 gibt ein Schema beider Abschnitte und der zwischen ihnen vorhandenen Austauschmöglichkeiten. Es ist durch elektronische Lösungen der entsprechenden Differentialgleichungen gewonnen worden und deckt sich am besten mit den Befunden. Die analoge 2. Na-Komponente ist klein, aber auch nachweisbar, z. B. über das Zilversmit-Kriterium (s. S. 547). Experimentell ergab sich der Eintransport bei einem K-Gehalt außen von 5 mMol/Liter für K zu 2,13 und für Na zu 2,37 mMol pro Liter Blutzellen und Stunde. Die Zahlen sagen aus, daß in 1 Std rund 2% des normalen Kaliumbestandes der Körperchen gewechselt wird.

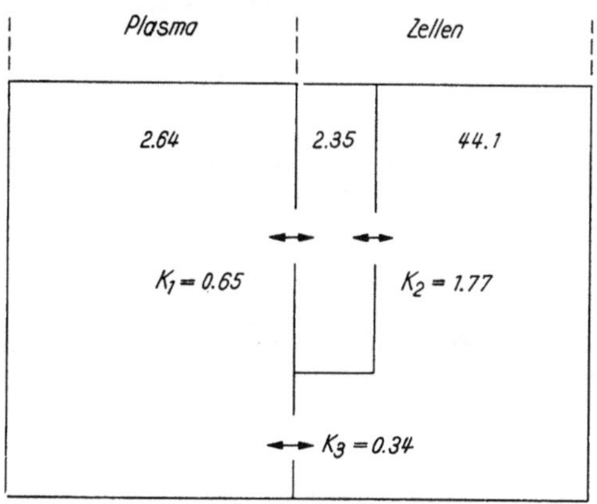

Abb. 219. Größe der Kompartimente und der Austauschkonstanten für K^+ an menschlichen Erythrocyten, gewonnen durch Lösung der Versuchsdaten mit Analogie-Rechenmaschinen (SOLOMON und GOLD)

Mit diesen Werten ergibt sich für die beiden Transportleistungen ein minimaler Energiebedarf von $A_K \cdot 2,13 = 3,42$ cal für K und $A_{Na} \cdot 2,37 = 4,22$ für Na, zusammen 7,64 cal pro Liter Zellen und Stunde. Der gleichzeitig erfolgende Glucoseverbrauch liegt bei 2 mMol. Wenn er nur seine glykolytisch über die beiden gewonnenen P-Bindungen freigemachte Energie zur Verfügung stellen würde, betrüge der Nutzeffekt: $N = 7,64/2 \cdot 11 \cdot 2 = 0,18$, also rund 20%. Wahrscheinlich besteht neben der dauernd erfolgenden Reduktion des Hämiglobins zum funktionstüchtigen Hb die Hauptaufgabe des Stoffwechsels bei den Körperchen darin, die Ionenverteilung in der beschriebenen Weise aufrechtzuerhalten.

Der Energiebedarf beim Zurückholen des etwa in der Kälte verlorengegangenen Kaliums dürfte nicht wesentlich größer sein. Zwar wird im Anfang mehr als das doppelte des Ruheumsatzes gefördert, aber die Förderung geschieht auch gegen ein zunächst geringeres und sich erst im Laufe der Anhäufung steigerndes Konzentrationsgefälle. Ist c die End-, c_0 die Anfangskonzentration, dann gilt unter Berücksichtigung der sich vollziehenden Konzentrationsänderungen (vgl. FLEKKENSTEIN 1955):

$$A_0 = RTV \int_{c_0}^{c} \ln \frac{c}{c_0} \, dc = RTV \left[c \left(\ln \frac{c}{c_0} - 1 \right) + c_0 \right]. \tag{28}$$

Für $V = 1$ Liter ist nach $RT \ln c/c_0$ bei der Förderung von 122,5 mMol K^+ von einem konstant bleibenden $c_0 = 2,5$ mMol/Liter auf ein ebenfalls konstant bleibendes $c = 125$ mMol/Liter: $A_0 = 284$ cal. Wird aber die Konzentration von 2,5 auf 125 mMol/Liter gesteigert, so folgt bei 25° für den Übertritt der gleichen Menge in den geschlossenen Raum mit vorstehender Formel eine minimal benötigte osmotische Energie von: $A_0 = 215$ cal. Setzt man den Gehalt der Außenflüssigkeit an Na^+ mit dem gleichen Wert wie das Binnen-K ein, dann würde bei vollständiger Hämolyse durch Aufhebung der Ionensperre die doppelte Energiemenge, d. h. 0,0043 cal $= 183$ gcm pro ml Blutzellen als Wärme frei (vgl. S. 379).

Die *Geschwindigkeit* der jeweiligen Konzentrationsänderungen ergibt sich nach HARRIS (1954) aus folgenden Ansätzen. Es läßt sich aus der Flux-Beziehung für ein Kation nach der konstanten Feld-Gleichung (s. S. 706) unter der Bedingung kleiner Membranpotentiale, d. h. $F\varphi < RT$, ableiten, daß mit $f = 1 - 1/2 F \cdot \varphi/RT$ ist:

$$\text{influx} = c_a \cdot P/f \quad \text{und} \quad \text{efflux} = c_i \cdot P \cdot f.$$

Für den steady state ist dann $f^2 = c_i/c_a$; für Anionen gilt:

$$f^2 = \frac{c_a}{c_i} = \frac{[Cl_a]}{[Cl_i]} = r.$$

Ist die Zelloberfläche der Körperchen konstant, und sei k' die Proportionalitätskonstante für den aktiven Transport, dann erhält man für die Geschwindigkeit der Änderung der Na-Menge in der Zelle, wenn V das Volumen zur Zeit t und V_0 das zur Zeit $t = 0$ ist[1]:

$$\frac{dV \cdot [Na_i]}{V_0 \cdot dt} = f \cdot k [Na_a] - \frac{k}{f} [Na_i] - k' [Na_i]. \tag{29a}$$

Der aktive K-influx sei über die Konstante d mit dem aktiven Na-efflux verbunden. Die Konstante für die passive K-Bewegung sei e, dann gilt:

$$\frac{dV [K_i]}{V_0 \cdot dt} = f \cdot e [K_a] - \frac{e}{f} [K_i] + d (k' \cdot [Na_i]). \tag{29b}$$

Die Tracer-Experimente von SOLOMON u. a. geben nach HARRIS:

$$d \simeq 0,5 \quad \text{und} \quad e \simeq 0,5 \, k.$$

Die Energiequelle des aktiven Transportes. Die K-Förderung in das Zellinnere ist durch Gifte und Hormone beeinflußbar. Desoxycorticosteron wirkt hemmend, ebenso Digitalis-Glucoside (SCHATZMANN). Stark wirksam ist Pb, welches in Gegenwart von CO_2 schon bei 10^{-6} äqu/Liter die K-Aufnahme hemmt (ÖRSKOV 1935). Dagegen fördert Adenosin. Charakteristisch ist die Hemmung durch Fluorid und Monojodacetat; denn sie demonstriert, daß die Energiequelle des aktiven Ionentransportes bei den Säugetiererythrocyten in der Glykolyse zu suchen ist. Eigene Erfahrungen und die von MAIZELS (1954) zeigten, daß dabei sowohl Anaerobiose wie Atmungsgifte (Cyanid, 10 mMol, DNP 1 mMol/Liter) unwirksam sind. Tatsächlich ist auch die Atmung der roten Zellen sehr klein. Ihr Stoffumsatz erfolgt weitgehend glykolytisch, denn es wird viel mehr Glucose umgesetzt als oxydiert. Galaktose ermöglicht keinen aktiven Transport. Sie wird von den Erythrocyten nicht verbraucht; das Galaktokinase-Waldenase-System scheint ihnen zu fehlen. Auch Lactat und Pyruvat sind unwirksam; jedoch können letztere die Fluorid-Hemmung aufheben. Fluorid vergrößert obendrein in höheren Konzentrationen die passive Durchlässigkeit für K^+ stärker als für Na^+, so daß die Körperchen schrumpfen (WILBRANDT 1940). Für die kernhaltigen Erythrocyten der Vögel und Reptilien wird der aktive Transport durch die Atmung ermöglicht. Bei ihnen existiert physiologischerweise keine aerobe Glykolyse. Es zeigt sich, daß die Atmung in Abwesenheit von Ca^{2+} bei Schildkröten und Fischen nicht zur Wiederherstellung der Ionengleichgewichte führt, während die atmenden

---

[1] k ist die Konstante für die passive Na-Bewegung, auch bezogen auf das Verhältnis der Oberfläche zum Anfangsvolumen.

Erythrocyten der Vögel und Schlangen dazu auch in Abwesenheit von Ca in der Lage sind (MAIZELS).

Wie die kernhaltigen Blutkörperchen verhalten sich auch *die Körperzellen*: im Gegensatz zu den Säugetiererythrocyten ist die Aufrechterhaltung der biologischen Ionenselektivität enger mit dem Atmungsvorgang verbunden. Als Kriterium hierfür wurde oft das Verhalten des Ruhepotentials bei O_2-Mangel benutzt. Es sinkt bei Nerven und Muskeln im Vergleich zur Oxybiose ab, aber keineswegs auf den Nullwert, wie es bei völliger Aufhebung des aktiven Transportes zu erwarten wäre (E. KOCH 1927, FURUSAWA 1929, GERARD 1930). Dementsprechend wird unter O_2-Mangel auch ein K-Verlust beobachtet; für Säugetiernerven fand v. HARREVELD eine Abgabe von 26% des Faserkaliums in 2 Std. Bei Amphibiennerven und -muskeln ist der Verlust wesentlich geringer. Ihr Verhalten bei der Vergiftung mit Monojodessigsäure und Fluorid läßt an eine stärkere Beteiligung der Glykolyse denken, ein biologisch verständliches Verhalten. Denn beim Überwintern unter Wasser besteht eine relative Anaerobiose, während derer dennoch die Ionenverteilung aufrechtzuerhalten ist. Es ist beachtlich, daß auch während des Winterschlafes der Säugetiere wahrscheinlich kein K-Verlust aus den Zellen stattfindet. Jedenfalls ist der K-Gehalt des Blutes nicht erhöht (SUOMALAINEN 1939). Der Grundumsatz ist aber in dieser Zeit auf den 10.—20. Teil herabgesetzt. Die Erfahrungen über die Höhe der normalen Austauschrate an der Muskulatur zeigen unter Benutzung der an den Erythrocyten gewonnenen Temperaturkoeffizienten der Kationenbewegungen (SOLOMON 1952), daß auch die bei einer derartig starken Stoffwechselherabsetzung gelieferte Energie bei der entsprechenden Temperatur zur Deckung der osmotischen Arbeit an den Zellmembranen noch ausreichen würde. Denn man kann damit rechnen, daß bei einer Reduktion der Körpertemperatur um 30° eine Verminderung des Energiebedarfs für den aktiven Ionentransport auf mindestens $^1/_4$ erfolgt.

KEYNES und MAIZELS (1954) geben an, daß der Na-Efflux für den Sartorius bei 18° zwischen 6—16% der Energie des Ruheumsatzes beansprucht. Der Flux ist hier größer als bei den Blutkörperchen, aber der Grundumsatz der Muskulatur ist auch entsprechend höher. Außerdem muß bedacht werden, daß die Arbeit gegen das elektrische Feld rund 10fach größer als bei den Erythrocyten ist. Denn das direkt gemessene Ruhepotential der Einzelfaser erreicht fast 100 mV. Allerdings hebt sich bei der Berechnung der an K und Na vollzogenen Leistung die Arbeit gegen das elektrische Feld heraus, wenn man für beide Ionenarten denselben Konzentrationsquotienten beiderseits einsetzt. Jedoch kann es sich hierbei nur um eine Annäherung handeln.

Die Zuverlässigkeit der Berechnung des Energiebedarfs wird dadurch beeinträchtigt, daß eine genaue Angabe der *Binnenaktivität von Na^+* kaum vorgenommen werden kann. Denn dessen *Lokalisation ist nicht einheitlich*. Ein Teil des nicht im flüssigen Interstitium sich befindenden Natriums mag besonders den sehnigen Partien des Muskels zukommen (CONWAY 1954, HARRIS und STEINBACH 1954); ein anderer Teil wird nach MOND und NETTER (1928) auf der äußeren Grenzfläche der Fasern adsorbiert sein. Dieser Anteil würde nicht oder nicht vollständig gegen K^+, sondern teilweise wie bei der Gabe massiver NaCl-Dosen gegen H^+-Ionen getauscht werden (acidotische Wirkung der NaCl-Vergiftung, MALORNY und NETTER 1940). Andererseits nimmt ein ausgeschnittener Sartorius aus K^+-armer Lösung Na^+ auf, welches in K^+-reicherer Flüssigkeit zum Teil wieder gegen K^+ getauscht werden kann. STEINBACH verlegt den Sitz dieses austauschbaren Anteils ebenfalls in die Nähe der Zellmembranen. Durch K-arme Ernährung läßt sich bei wachsenden Tieren ein Teil des Zellkaliums durch Na^+ ersetzen (HEPPEL 1939). Hier erfolgt die Restitution bei K-reicherer Nahrung in der Weise, daß K^+ sehr viel, etwa 100fach schneller eintritt, als Na^+ abgegeben wird

(CONWAY und HINGERTY 1948). Auch das Verhalten bei Nebennierenrinden-Mangel, bei dem Na in der Muskulatur ab-, aber Kalium keineswegs zu-, sondern eher ebenfalls abnimmt, zeigt an, daß zwischen beiden nicht immer ein äquivalenter Austausch stattfinden muß (WOODBURY). Unter Desoxycorticosteronwirkung nimmt Na^+ in der Muskulatur zu. Nach seinen Erfahrungen bei den Erythrocyten vermutet SCHATZMANN, daß DOC den passiven Na-Eintritt beschleunigt[1].

Kationenbewegungen bei Erregung und Erholung

Ein *Gegentausch von Na^+ und K^+ findet während des Erregungsvorganges* an allen erregbaren Zellen *statt*. Es muß festgestellt werden, daß Kationenbewegungen grundsätzlich als Elektrolytwanderung zusammen mit den äquivalenten Anionenmengen oder bei fehlender Anionenbewegung im Gegentausch entweder gegen H^+-Ionen oder gegen andere Kationen stattfinden können.

Für die Muskulatur wurde 1932 gefunden, daß nach intensiver direkter (ERNST 1928) und länger dauernder indirekter Reizung eine analytisch sehr imponierende Vermehrung des Fasernatriums erfolgt (MOND und NETTER). Sie ist reversibel; denn während der Erholung wird allmählich wieder die Größe des Ruhenatriumwertes erreicht (MALORNY und NETTER 1936). Die entsprechende K-Abgabe ist bei der Durchströmung von Froschmuskulatur nicht sicherzustellen (MOND und NETTER 1930), so daß den Versuchen über die Na-Bewegung zunächst eine andere Deutung gegeben wurde. Seit den Untersuchungen von FENN (1936) an der Säugetiermuskulatur steht jedoch die Existenz eines mindestens nahezu äquivalenten obligaten Na-K-Tausches bei der Erregung der Muskulatur fest.

Die *Größe der analytisch gefundenen K-Abgabe* ist zuerst von VERZAR (1943) an der Katzenmuskulatur mit der gleichzeitig vollzogenen Arbeitsleistung verglichen worden. Dabei ergab sich, daß der Abgabe von 1,5 mg eine Leistung von 4000 gcm = 0,094 cal Arbeit entsprach. FLECKENSTEIN setzt $1\,\gamma$ K mit 3 gcm Arbeit äquivalent. Hiermit würde 1 mMol K-Übertritt bei einer Arbeitsleistung von 2,8 cal erfolgen.

Bei der *Herztätigkeit* geht das Austreten von ^{42}K, welches dem Tier vorher in großen Dosen gegeben wurde, nach WILDE (1952) rhythmisch vor sich. Die Abgabe von ^{42}K ist als Effluogramm auf Grund der wechselnd starken Radioaktivität des im tropfenweise getrennt aufgefangenen Kranzgefäß-Perfusates bei dem Schildkrötenherzen registrierbar und zeitlich der Systole zuzuordnen. Danach gibt das Schildkrötenherz in einer Systole $1/_{400}$ seines K-Bestandes an die Außenflüssigkeit ab.

Die bei dem freiwillig verlaufenden Na-Eintritt und K-Austritt gewinnbare Energie ist auf Grund der soeben gegebenen Zahlen beachtlich hoch. Wie besonders FLECKENSTEIN betont hat, liegt dieser *Energiewert in der Größenordnung des Wertes der mechanischen Muskelleistung*. Diese Tatsache fordert zur Diskussion zweier Konsequenzen auf.

1. Wird die in jener Weise verfügbare Energie auf das kontraktile System übertragen und ist sie demnach als die eigentliche und unmittelbare *Energiequelle der Kontraktion zu betrachten?* Diese von FLECKENSTEIN vertretene Auffassung ist nicht grundsätzlich zu widerlegen; aber sie ist thermodynamisch unwahrscheinlich. Denn die bei diesem Vorgang freiwerdende Energie kann nur dann in arbeitsfähiger Form gewonnen werden, wenn sie zunächst in elektrische Energie übergeht. Andernfalls würde sie durch den irreversiblen Diffusionsprozeß direkt in Wärme verwandelt. Nach den vorliegenden Zahlen müßte dann eine 100%ige Umwandlung eines elektrischen Stromes, d. h. einer durch eine Potentialänderung hervorgerufenen Ionenströmung in mechanische Energie erfolgen. Eine Modellvorstellung hierzu fehlt. Auch wenn man damit rechnen würde, daß leicht be-

---

[1] Zur Kinetik des Ionentausches vgl. weiter: LEAF.

wegliche Protonen an den entscheidenden Stellen kurzzeitige Konzentrationsänderungen erfahren und damit über Dissoziationsänderungen einen Kuhn-Hargitay-Prozeß (s. S. 510) auslösen würden, wäre die notwendige vollständige Verwandlung der Energie des Na-K-Tausches wegen des großen Anteils der dabei zu erwartenden irreversiblen Diffusionsverluste sehr unwahrscheinlich. Derartige Schwierigkeiten bestehen aber nicht, wenn die Membranvorgänge in bekannter Weise auf die Erregungspropagation bezogen werden. Die Intensität der Ionenumsetzungen dürfte mit der Größe des dabei von der Membran aus elektrisch zu beherrschenden Faserbereiches zusammenhängen.

2. Bei der Energiebilanz der Vorgänge während der Erholung ist neben der Restitution der Aktionssubstanzen im chemischen Arbeitscyclus auch der *Energieverbrauch für die Wiederherstellung der Ionenverteilung* beiderseits der Membranen zu berücksichtigen. Der Bedarf hierfür liegt in der Größenordnung der geleisteten mechanischen Arbeit und beansprucht damit $1/5$ bis $1/3$ des gesamten Arbeitsumsatzes. Die zur Restitution der Ionenverteilung geforderte Arbeit wird schließlich als Wärme abgegeben. Es ist danach sicher, daß ein großer Teil der bisher als Verlustwärme angesehenen Energieanteile vorher Arbeit zur Wiederherstellung des erregungsbereiten Zustandes geleistet hat. Er ist bei der Aufstellung der Wärmebilanzen des Muskelcyclus entsprechend einzusetzen (NETTER 1953). Da der überwiegende Teil der sog. Verlustwärme dem aeroben Stoffwechsel entstammt, ist zu erwarten, daß die Energie für die Entfernung des Na aus der Muskulatur und für die anschließende K-Bewegung aerob zur Verfügung gestellt wird.

Die zunächst am Muskel erarbeiteten Erkenntnisse über den Na-K-Wechsel bei der *Erregung* sind in sehr konsequenter Weise durch die Schule von HODGKIN auf die analogen Vorgänge *beim Nerven* übertragen worden. Die dabei gewonnenen Einzelheiten geben heute die Grundlagen für das Studium des Erregungsvorganges. Als Objekt diente ihnen zunächst das marklose Axon der Riesenfasern von Sepia- und anderen Tintenfischarten. Es hat sich dann gezeigt, daß die Ergebnisse weitgehend auf die markhaltigen und experimentell nach TASAKI u. a. isolierbaren Einzelfasern übertragen werden können.

Wenn man davon absieht, daß der Tätigkeitsumsatz der Muskulatur unvergleichlich viel größer als der des Nerven ist, findet man hier *grundsätzlich ähnliche Austauschvorgänge der Kationen*. Nur sind die getauschten Mengen sehr klein. Der Kaliumaustritt und der Natriumeintritt sind daher am Nerven nur, aber auch besonders genau mit Hilfe von Tracern meßbar. Beide Übergänge liegen in der Größenordnung von 10^{-12} Mol pro cm^2 Nervenoberfläche und wirksamem Einzelreiz. Obwohl der Eintritt des Na des öfteren merklich höher als der K-Austritt war, müssen beide Bewegungen als praktisch gleich groß angesehen werden. Die in bekannter Weise durchzuführende Berechnung ergibt, daß die Stoffwechselsteigerung im Anschluß an eine 20 min währende Erregung mit 100 Imp/sec (HODGKIN) in erster Linie zur Restitution der Ionenverteilung dienen muß. Ein 25 %-Nutzeffekt dieses Vorganges würde eine Steigerung auf das 3fache der Ruheatmung erforderlich machen (FLECKENSTEIN). Diese selbst liegt in der Größenordnung von 100 mm^3 O_2 pro g Nerv und Stunde. Die *Na-Pumpe* fördert beim Sepia-Axon etwa $3 \cdot 10^{-5}$ Mol pro g und Stunde gegen ein Potential von 115 mV. Die sich daraus ergebende minimale Konzentrationsarbeit würde *wiederum etwa 10% der Ruhestoffwechselgröße benötigen*.

Beim Nerven und beim Muskel stellt sich das Problem der *Verknüpfung beider aktiven Ströme* erneut. Es ergibt sich experimentell eine Abhängigkeit der Na-Bewegung vom Gehalt der Außenlösung an K in dem Sinne, daß erstere bei völligem Fehlen von K bis über die Hälfte vermindert, aber nicht vollkommen aufgehoben wird. Möglicherweise kann dieses Ergebnis durch einen Cyclus der

K-Bewegung an der Membran vorgetäuscht werden. Eine absolute Koppelung beider scheint jedoch praktisch nicht zu bestehen. Es kann also auch Na aktiv aus den Zellen herausgepumpt werden, ohne daß K gleichzeitig hineingeschafft wird. In diesem Fall können entweder H-Ionen getauscht oder solche Anionen mitgenommen werden, für die die Membran durchlässig ist.

Eine Änderung des Durchlässigkeitsverhaltens mit *Aufhebung der K-Na-Koppelung findet während der Erregung statt.* Es scheint kein Erregungsvorgang zu bestehen, welcher nicht mit einer Veränderung der Sperreigenschaften an Membranen einherginge. Sie äußert sich in einer Verminderung des Membranpotentials. Dabei verhält sich die erregte Stelle stets negativ gegenüber der unerregten, so daß ein mit der Flüchtigkeit der Erregung vorübergehender Aktionsstrom dem Erregungsort zufließt. Wird das Potential bei einem langfaserigen Gebilde wie dem Muskel von innen über den Querschnitt und außerdem von der

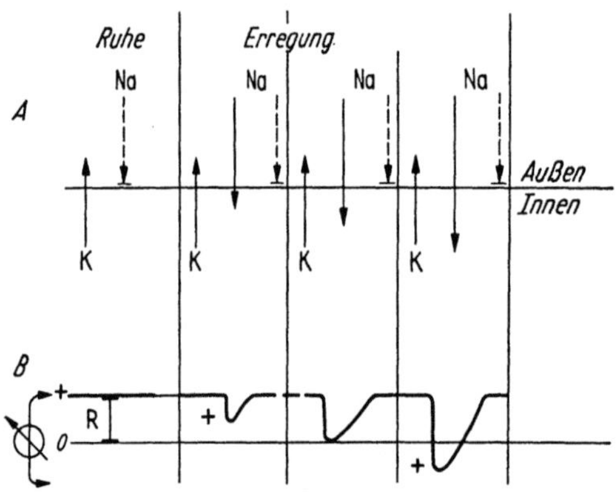

Abb. 220 a u. b. Zur Membrantheorie der Aktionsspannungen. a Hypothetische Membranvorgänge. b Zugehörige Potentialänderungen bei monophasischer Ableitung (zwischen außen und innen). Bei Erregung erfolgt Verkleinerung oder Umkehr der Ruhespannung. Die K+-Permeation ist als konstant eingesetzt

unverletzten Außenseite abgeleitet, dann wird das an der Zellmembran bestehende Ruhepotential gemessen. Es wird je nach den Ableitebedingungen mehr oder weniger vollständig erfaßt. Die über die Faser hineilende Erregung vermindert das Ruhepotential (negative Schwankung, Du Bois-Reymond) in dem Moment, in dem sie die äußere Ableitelektrode erreicht. Danach besteht das Aktionspotential in einer Abnahme der Ruhespannung. Sie geht allgemein mit einer Widerstandsherabsetzung einher. So fanden Curtis und Cole am marklosen Nerven der Seespinnen bei der Erregung eine Abnahme von 1000 auf 25 Ω cm². Als Ursache wurde allgemein eine auf Hydratationssteigerung beruhende Vermehrung der Membrandurchlässigkeit angesehen. Jedoch ist die *„Lochtheorie" der Erregung in dieser einfachen Form nicht mehr aufrechtzuerhalten* (Abb. 220).

Die feinere Analyse des Potentialverlaufs enthüllt ein komplizierteres Bild. Sie zeigt, daß nur der *Anstieg der Aktionsspannung* vom Quotienten des Na-Gehalts beiderseits der Membran bestimmt wird. Nur in dieser Phase verhält sie sich wie eine für Na spezifisch reversible Membranelektrode (s. S. 282). Die effektive Förderung durch die Na-Pumpe ist ausgeschaltet. Denn gleichzeitig ist die Durchlässigkeit für Na, das sich in der Richtung zum Zellinnern bewegt, so stark angestiegen, daß sie die Ruhedurchlässigkeit für K übersteigt. Danach wäre die *Beweglichkeit des Na in der Membran größer als die für K geworden.* Da aber der Hydratationsmantel des Na größer und daher seine Ionenbeweglichkeit in wäßriger Lösung kleiner als die des K ist (s. S. 355), kann der Weg des Na durch die Membran nicht der gleiche wie der des K sein.

Eine Umkehrung der Hydratation beider Ionen im wäßrigen Milieu einer Pore kann nicht in Betracht gezogen werden. Deshalb machen Hodgkin und Katz die Annahme, daß sich lipoidlösliche Na-Verbindungen bilden, welche wegen der dadurch ermöglichten spezifischen Permeabilitätsförderung eine größere Durchdringungsfähigkeit durch die Membran besitzen als die nicht geförderten K+-Ionen. Demnach müssen spezifische Kräfte, die nur durch die Lipoid- bzw.

Phasengrenztheorie der Stromentstehung erfaßt werden können, im Moment der Erregung entscheidend werden. Eine substantielle Stützung dieser Vorstellung ist leider noch nicht möglich.

Ob eine Erklärung hierfür in der *Annahme lipoid-löslicher Na-Komplexe* gefunden werden kann, steht dahin. Die gesteigerte Beweglichkeit des Na muß aber unter anderem aus der Tatsache entnommen werden, daß das *Zellinnere während des „spike" positiviert wird* (HODGKIN und HUXLEY 1952). Es handelt sich also um ein kurzzeitig auftretendes biionisches Potential (s. S. 283) zwischen praktisch gleich konzentrationsaktiven K- und Na-Lösungen beiderseits mit höherer Überführungszahl für Na in der Membran. Beim Fehlen von Na in der Außenlösung kommt, wie schon OVERTON wußte, keine Erregung zustande.

Das Auftreten oder Anlegen einer *depolarisierenden Spannung*, welche also ihre Kathode an der Zellaußenseite besitzt, ist als *Ursache für die Durchlässigkeitsänderungen* anzusehen.

Experimentell konnte HODGKIN durch Anlegung einer variablen, aber mit sinnreicher Methodik an der Membran jeweils konstant gehaltenen erregenden Depolarisierungsspannung die von ihr abhängige Na- und K-Leitfähigkeit in der Membran der Loligo-Nerven zeitlich verfolgen (Abb. 221 und 222). Sie steigt für Na schnell an, um

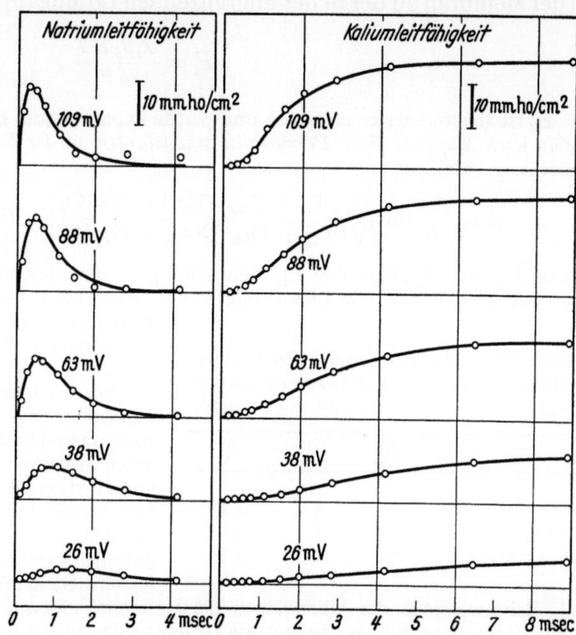

Abb. 221. Na⁺- und K⁺-Leitfähigkeit bei Depolarisation mit den angegebenen Potentialen, welche durch gekoppelte Gegenschaltung an der Membran konstant gehalten werden (aus STÄMPFLI 1955)

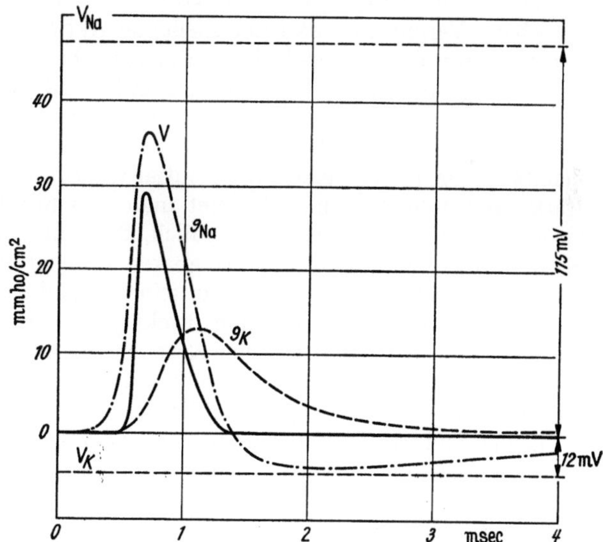

Abb. 222. Membranpotential (V), Natriumleitfähigkeit (g_{Na}), Kaliumleitfähigkeit (g_K), theoret. K⁺-Potential (V_K) (aus STÄMPFLI 1955)

nur wenig langsamer wieder abzusinken. Die Steigerung für K setzt nach Abfallen der Na-Leitfähigkeit ein. Die Bewegungsfähigkeit des Cl bleibt unverändert. Die Permeabilitätskonstanten für Na (P_{Na}), K (P_K) und Cl (P_{Cl}) sind in der Tabelle 123 wiedergegeben. Sie entsprechen nicht den allgemeinen Permeabilitätskonstanten

(s. S. 69), sondern ergeben sich als zusammengefaßte Rechengrößen aus der Beweglichkeit des betreffenden Ions (λ_i), dem Quotienten der Ionenbeweglichkeit in der Membran zu der in der angrenzenden Lösung (β) und der Membrandicke d zu:

$$P_i = \frac{\lambda_i \beta_i R T}{d F} .\tag{30a}$$

Es ist theoretisch zu erwarten und wurde experimentell bestätigt, daß sich die genannten Ionen *nach Maßgabe ihrer Permeabilitätskonstanten an der Erzeugung des Potentials* nach der Beziehung beteiligen:

$$E = \frac{RT}{F} \ln \frac{P_K [K_i] + P_{Na} \cdot [Na_i] + P_{Cl} [Cl_a]}{P_K [K_a] + P_{Na} \cdot [Na_a] + P_{Cl} [Cl_i]} \quad \text{(Hodgkin und Katz)}.\tag{30b}$$

Wenn P_{Na} und P_{Cl} gegenüber P_K klein sind, geht die Gleichung in die bekannte Nernst-Form über. Abweichungen von dieser zeigen sich aber dann, wenn der Nenner in vorstehender Beziehung bei kleinem K außen nicht mehr allein durch das Produkt $P_K \cdot [K_a]$ bestimmt wird.

Tabelle 123. *Änderungen der Permeabilitätskonstanten bei der Erregung von Loligo-Nerven (nach* Hodgkin *und* Katz *1949)*

	P_{Na}	P_K	P_{Cl}
Ruhe	0,04	1	0,45
Erregung . . .	20	1	0,45
Refraktärzeit .	0	1,8	0,45

Vorstehender Ausdruck ist aus der Flußgleichung des konstanten Feldes (s. S. 286) dadurch abgeleitet worden, daß sie für alle Ionenarten ausgewertet und unter der Annahme eines steady-state der Ionenflüsse an der Membran zusammengefaßt wurde. Da sie die kinetischen Größen der Ionenbeweglichkeit als Faktoren enthält, beschreibt sie im Grunde wie die einfachere Gleichung (III, 14) ein Diffusionspotential. Beim weitgehenden Überwiegen der Beweglichkeit nur eines Ions geht sie in jene allgemeine Formulierung über, die sich als Differenz der zeitunabhängigen chemischen Potentiale für die Spannung einer Einzelelektrode ergibt.

Dem Aktionspotential selbst muß eine Rolle bei der *Propagierung der Erregung* zugeschrieben werden. Die von Hermann in seiner Strömchentheorie ausgesprochene Vermutung, daß der fließende Aktionsstrom die angrenzenden Teile der Membran durch Depolarisation erregte, bietet seit 70 Jahren eine tragende Vorstellung über diesen Vorgang. Dabei kommt es auf die *Änderung des elektrischen Feldes an*, in dem sich der neu zu erregende Membranteil befindet. Die in Betracht zu ziehenden Felder sind nicht gering. Herrsche z. B. an einer Muskelmembran von 100 Å Dicke ein Potential von 0,1 V, so entspräche das einer Feldstärke von 100000 V/cm. Rechnet man nun mit Feldstärkeänderungen dieser Größenordnung, so ist es verständlich, daß angrenzende oder auch entferntere Membranteile, wie sie an den erregbaren Ranvierschen Schnürringen der markhaltigen Nerven vorliegen, in ihrem feineren Ladungsaufbau umgeordnet werden müssen. Die Folge würde schon direkt jene Permeabilitätsänderung sein oder vielleich doch die Einleitung einer Kette chemischer Vorgänge, die zur Freisetzung einer Aktionssubstanz führen, welche dann ihrerseits die Na-Pumpe ausschalten und die Potentialänderung herbeiführen würde.

Leider sind die bei der Nervenerregung umgesetzten Energien so gering, daß auch die zugrunde liegenden chemischen Vorgänge schwer zu erfassen sind. Das trifft besonders für die *saltatorische Erregungsübertragung* bei den markreichen Nerven zu. Das Potential, welches durch Depolarisation an einem Schnürring entsteht, wird über die internodale Strecke dem nächsten Ringe zugeleitet. Dabei dient der Kondensator der Markscheide als sich aufladender und entladender Kabelmantel. Die Hintereinanderschaltung der bis zu 200 (n) aufgewickelten Kondensatorscheiben (C) gibt eine sehr starke Herabsetzung der Gesamtkapazität (C_s) nach:

$$\frac{1}{C_s} = \sum_n \frac{1}{C} , \quad \text{bzw.} \quad C_s = \frac{C}{n} .\tag{31}$$

In dem Maße aber, wie die Kapazität sinkt, steigt bei gleichbleibendem Lade-widerstand (W) des Kondensators seine Auflade- oder Entladegeschwindigkeit von einem Potential E_0 zur Zeit $t = 0$ auf E zur Zeit t:

$$E = E_0 \cdot e^{-t/C \cdot W}; \qquad \text{Halbentladungszeit:} \quad \tau = 0,693 \cdot C \cdot W \qquad \text{(vgl. S. 537, 3 b).}$$

Für einen Kernleiter (Kabel) mit dem Außenwiderstand W_1 und dem Innen-widerstand (W_2), der Kapazität C und dem Abstand der einzelnen Schnürringe (l) ist die Leitungsgeschwindigkeit nach HUXLEY und STÄMPFLI (1949):

$$v = ((W_1 + W_2) \cdot l \cdot C)^{-1} \cdot \text{const.}, \tag{32}$$

d. h. die Nervenleitungsgeschwindigkeit wächst linear mit fallender Kapazität bzw. steigender Zahl der Markscheidenfilme.

Diese Überlegung ist für die funktionelle Bewertung des chemischen Aufbaus der Markscheide aus Lipoiden grundlegend. Sie zeigt aber andererseits, daß die mit der Erregung verknüpften Vorgänge auf die Schnürringe beschränkt sind, d. h. auf Membranen mit nur etwa $10\,\mu^2$ Fläche, also etwa $^1/_{10}$ der Erythro-cytenoberfläche beim Menschen, in einem Abstand von $1-3$ mm für eine Nervenfaser.

Obwohl das relative Volumen der aktivierten Membranen äußerst klein ist, hat sich ziemlich allgemein die Beteiligung mindestens einer *Aktionssubstanz*, näm-lich des *Acetylcholins* nachweisen lassen. Seine Mittlerrolle bei der Überleitung der Nervenerregung an der Synapse steht seit LÖWIS klassischen Versuchen sicher. Sie erwiesen die Freimachung der Substanz und ihre Abgabe an die Speise-flüssigkeit des Herzmuskels („humorale Übertragbarkeit der Herznervenwirkung"). Darüber hinaus wird Ac.Chol. auch während der Nervenleitung freigesetzt. NACH-MANSOHN vermutet, daß es durch die Potentialänderung aus einer gebundenen inaktiven Form freigemacht wird, um dann auf eine Struktur zu wirken, deren Veränderung die Permeabilitätserhöhung für Na bedingt. Die reichlich vorhandene Cholinesterase zerstört den Wirkstoff innerhalb so kurzer Zeit, daß der Nerv die hohen Erregungsfrequenzen leiten kann, welche ihm von den Receptoren oder den Synapsen zufließen. Die Lähmung des Fermentes durch Physostigmin ließe danach die Acetylcholin-, speziell also die Vaguswirkung nicht nur an der Synapse weiterbestehen. Daß Physostigmin und der Esterasehemmer DFP (Diisopropyl-fluorophosphonat) die Entwicklung der Aktionsspannung am synapsenfreien Nerven hemmen kann (NACHMANSOHN), spricht in der gleichen Richtung, wie viel-leicht auch das alleinige Vorkommen des Fermentes in den Hüllen, nicht aber im Axon bei den Nerven der Seespinne.

Die Theorie ist jedoch in dieser Form zur Zeit schwer beweisbar. Namentlich ihr Kernpunkt, die *depolarisierende Wirkung* des Acetylcholins auf die Nerven-faser ist experimentell *nicht sichergestellt*. Direkte Applikation auch höherer Konzentrationen von Acetylcholin auf die Nervenfasern führt nicht zu deutlichen Verminderungen des Aktionspotentials (LORENTE DE Nó). Von STÄMPFLI wird sogar gezeigt, daß die Substanz in geeigneter Versuchsanordnung einen entgegen-gesetzten Effekt auslösen kann (1955).

An der Muskulatur (Rattenzwerchfell) wird allerdings eine Herabsetzung des Ruhepotentials um etwa 10% gefunden (LÜLLMANN 1957).

Daß aber die Wirkung des Acetylcholins doch in irgendeiner Weise an der Ausbreitung der Erregung beteiligt und mit den elektrischen Erscheinungen ver-knüpft ist, muß angenommen werden. Besonders eindrucksvoll wird diese Ver-bindung durch den exzessiv hohen Cholinesterasegehalt im *elektrischen Organ der*

Fische (NACHMANSOHN 1951). Es spaltet in 1 Std das 2—4fache seines Eigengewichtes an Acetylcholin (vgl. Tabelle 124). Daß der Gehalt an diesem Ferment mit der vom Organ erzeugten — oft einige 100 V betragenden — Spannung proportional geht, ist nicht schwer verständlich, wenn man berücksichtigt, daß letztere um so größer ist, je mehr einzelne umgebildete Muskelplatten hintereinandergeschaltet sind und bei einer Entladung vom Nerven aus erregt werden. Diese Muskelelemente entsprechen den Synapsen, für die die Beteiligung des Acetylcholins an der Erregungsübertragung feststeht. Aber die Art, wie auch diese sich vollzieht, muß noch als ungeklärt angesehen werden. Der Hinweis auf die chemisch-konstitutiven Beziehungen zu den Membranphosphatiden kann zur Zeit aber eben nur als solcher gewertet werden. Beim Studium dieser Verhältnisse wird man niemals die charakteristische Wirkung der Ca-Ionen außer acht lassen können. Sie setzen die Na-Permeabilität herab, ihr Entzug steigert sie. Die Wirkung der Narkotica und Lokalanaesthetica ist ähnlich (vgl. S. 231). Ihr Mechanismus ist wohl nicht der gleiche, da man bei der Ca-Wirkung wahr-

Tabelle 124. *Cholinesterase-Konzentration in verschiedenen Geweben (nach* NACHMANSOHN)

	Gewebe	mg ACh gespalten pro g/Std
Säuger	Muskeln	5— 10
	Nervenfasern	10— 30
	Gehirn	20— 100
Frosch	Muskeln	3— 6
	Nervenfasern	5— 10
	Gehirn	40— 80
	Elektrisches Organ von Electrophorus electricus	2000—4000
	Menschliche Niere . . .	0
	Menschliche Leber. . . .	0

scheinlich mehr mit spezifischer Komplexbildung im Gegensatz zu dem allgemein dehydratisierenden Einfluß der Narkotica an Grenzflächen zu rechnen hat.

Daß es sich bei der aktiven Pumpwirkung, speziell der nach außen schaffenden *Na-Pumpe in erster Linie um einen chemischen Vorgang* handelt, wird nicht nur durch die Vergiftbarkeit, sondern auch dadurch bewiesen, daß dieser Vorgang *unabhängig vom Membranpotential* ist. Es zeigt sich, daß bei Abwesenheit einer Pumpwirkung und alleine auf Grund des vorhandenen Membranpotentials ganz andere Austauschraten zu erwarten sind, als sie tatsächlich gefunden werden. Die Ussing-Teorell-Gleichung (s. S. 286) liefert das Verhältnis von Influx zu Efflux direkt aus dem Potential. Sie läßt schon bei einem Konzentrationsquotienten von 10 und einem Potential von 0,09 V einen mehrhundertfach größeren Einstrom gegenüber dem Ausstrom erwarten:

$$-\frac{\Phi_i}{\Phi_a} = \frac{c_a}{c_i} \cdot \exp\left(\frac{\Delta\varphi F}{RT}\right) = 10 \cdot \exp\left(\frac{0{,}09 \cdot 96\,500}{2 \cdot 298 \cdot 4{,}18}\right) = 10 \cdot 33{,}1.$$

Im steady-state sind aber beide Ströme tatsächlich gleich groß. Die Unabhängigkeit derartiger Förderwirkungen vom Potential demonstrierte USSING an der *Froschhaut.* Ihr Ruhepotential wurde durch eine angelegte Spannung auf Null kompensiert. Dabei blieb die sekretorische Leistung bestehen, welche Na$^+$ zusammen mit Cl$^-$ von der Außenseite der Haut in die Flüssigkeit auf der Innenseite schafft. Auch der sich in gleicher Richtung vollziehende aktive Wassertransport blieb bestehen. Diese Bewegungen sind durch Atmungs- und Glykolysegifte vollständig zu unterdrücken (HUF u. a. 1957). Gleichzeitig mit ihrer Einwirkung sinkt auch das Ruhepotential der Haut ab, deren negativer Pol auf der Außenseite liegt. Es ist nicht Bedingung, aber Indicator für eine gute Förderleistung. Seine Richtung zeigt an, daß das Kation aktiv einwärts bewegt wird, dort also positiviert, und daß das Cl passiv folgt. Durch Cu-Vergiftung läßt sich die Beweglichkeit in der Membran herabsetzen. Das Potential erfährt dadurch eine Steigerung (Ussing). Der Na-Transport wird durch antidiuretisches Hormon verdoppelt, der des Wassers kaum geändert, ebensowenig verändert sich das Potential (Ussing 1954).

An anderen Organen läßt sich der aktive Transport nicht so ungestört durch die Funktion oder die mit der Isolierung verbundenen Schäden verfolgen wie bei der Froschhaut, den Nerven und roten Blutzellen. Aber er ist zweifellos überall nachweisbar. Schon an *Schnitten von Gehirn- und Nieren-Gewebe* lassen sich einwandfreie K-Anreicherungen feststellen, wenn geeignete Metabolite zugegen sind. Bei Gehirnschnitten war die Glutaminsäure am wirksamsten, an der Niere war ihr die α-Ketoglutarsäure noch überlegen [Krebs 1951, nach Mudge (1951)

Tabelle 125

	Influx	Efflux	Netto-Flux
1. Erythrocyten (Mensch)	0,15	0,15	—
2. Musculus sartorius	—	14	—
Musculus sartorius	16	—	—
3. Nerven (Sepia-Axon)	61	31	30
4. a) Froschhaut mit Gegenspannung .	115	115	—
4. b) Froschhaut kurz geschlossen. . .	500	20	480
Nierentubulus (Mensch)	—	—	3000

Versuchswerte für Influx, Efflux und Netto-Flux von Natrium-Ionen durch verschiedene lebende Membranen in $\mu\mu$mol cm^{-2} sec^{-1} nach Ussing.

auch Malat]. Eine im wesentlichen als passiv anzusehende Na-Aufnahme führt in den Schnitten immer zu einer Vermehrung der Kationen; ein Teil des zunächst eingedrungenen Natriums wird aber durch die nach nur vorübergehendem Verlust an K einsetzende K-Aufnahme mit Hilfe der offenbar dann noch funktionierenden Na-Pumpe nach außen zurückgegeben (Wittham und Davies 1953). Nach Krebs kann im Gehirn 4% des K-Gehaltes in einer Minute gegen ^{42}K getauscht werden. An beiden Organen wird *K^+ zusammen mit der zugesetzten Substanz aufgenommen*. Sie dient wahrscheinlich nicht oder nicht zur Hauptsache als Energielieferant. Denn gleichzeitig findet auch eine Anhäufung von Glutaminsäure im Gehirn statt, bei der die Konzentration im Zellinnern etwa den 5fachen Wert der Außenlösungen erreichen kann. Es ist wahrscheinlich, daß jetzt das Glutamat zunächst aktiv angereichert wird. K würde in diesen Fällen als komplettierendes Kation wegen des Weiterlaufens der Na-Pumpe bevorzugt aufgenommen. Auf jeden Fall fördert Glutaminsäure die K-Anreicherung im Gehirn.

Dieser Befund wird besonders durch den Vergleich mit der Ionenzusammensetzung des *Nervenplasmas von Meeresinvertebraten* verallgemeinert. Lewis fand 1952, daß gegen 25% des Trockengewichts bei diesen großen Nervenfasern durch freie Aminosäuren und Isäthionsäure ($CH_2OH \cdot CH_2 \cdot SO_3H$) gedeckt werden. Da das Axoplasma relativ arm an Eiweiß und an strukturfixiertem Phosphat ist, aber dennoch wie der Muskel wenig Chloride und viel K enthält, fehlt es einmal an Anionen zur Abdeckung des K, zweitens aber auch an osmotisch wirksamer Substanz, um die Isotonie zum Meerwasser herzustellen. Die notwendigen Gegenionen werden hier also durch die Anionen der 2-basischen Aminosäuren gestellt. Es errechnet sich, daß $^2/_3$ der Binnenkationen durch Asparaginsäure und Isäthionsäure abgedeckt werden. Der Gehalt an Anionenäquivalenten pro Liter verteilt sich folgendermaßen: Isäthionat 230, Aspartat 65, Glutaminat 10, Fumarat 20, Cl 150, PO_4 35 (Köchlin 1954). Alanin, Glycin und Prolin befinden sich nahe dem IP und dienen so nur dem osmotischen Ausgleich, da sie bei dieser Reaktion keine Anionen oder Kationen binden. Der Carcinus*muskel* dagegen enthält kaum freie Dicarbonsäuren; ihm fehlt es offenbar nicht an Phosphaten und Eiweiß als Partner für K-Ionen. Dagegen sind zur Auffüllung des osmotischen Druckes auch große Mengen freier Aminosäuren und Taurin vorhanden. Für die vertretene Auffassung von der Bedeutung der Anionen bei zweibasischen Aminosäuren spricht, daß jene Nerven im Milieu mit unphysiologisch geringem osmotischen Druck außerordentlich rasch ihre freien Dicarbonsäuren abgeben. Im ganzen muß hier also eine aktive Hineinbeförderung der Aminosäuren stattfinden. Das Elektrolytsystem dieser Nerven, die sich wie perfekte Osmometer verhalten, kann nur auf diese Weise aufrechterhalten werden. Daß die Beförderung von Aminosäuren allgemein gegen ein Konzentrationsgefälle in die Zelle hinein stattfindet, haben CHRISTENSEN und HEINZ gezeigt. Der Mechanismus dürfte von allgemeiner Bedeutung für den Eiweißwechsel sein, denn eine Anhäufung der Aminosäuren ist eine Voraussetzung für die Eiweißsynthese. Bei den Invertebratennerven liegt also der Spezialfall einer Koppelung mit dem Kalium vor.

Zur Theorie der Transporterscheinungen

Die soeben herangezogene Verbindung zweier Transportvorgänge lenkt die Aufmerksamkeit auf die aktiv getätigten Bewegungen der organischen Stoffe, deren Elektrolytcharakter zunächst nicht ausschlaggebend sein soll. Ihre Besprechung führt gleichzeitig zur Diskussion möglicher Mechanismen des aktiven Transportes und damit auch zur Theorie spezieller Sekretions- und Resorptionsleistungen der Gewebe — ohne Rücksicht darauf, ob sie beim Transport von Ionen oder Nichtleitern zum Ausdruck kommen (vgl. LINDERHOLM 1952).

a) Die katalysierte Diffusion (facilitated diffusion)

Die Permeation folgt keineswegs bei allen Nichtleitern ohne weiteres dem Diffusionsgesetz. Namentlich das Studium der Zuckeraufnahme durch menschliche Erythrocyten offenbarte 3 Erscheinungen, welche nicht ohne Zusatzannahme mit ihm in Einklang zu bringen sind. Wie zuerst WILBRANDT zeigte, ist die Aufnahme durch Phloridzin *vergiftbar*. Es ergab sich weiter, daß auch Hg, I, PCMB sowohl auf die Glucose wie die Glycerinaufnahme wirken, bei dieser außerdem noch Cu^{2+}. Die zuletzt genannten Stoffe besetzen Thiogruppen, während Phloridzin auf Phosphorylase und Phosphatase, nicht aber auf Hexokinasen hemmend einwirkt. Nach LE FEVRE (1954) ist die Phloridzinlähmung bei den Erythrocyten als direkte und kompetitive Reaktion des Inhibitors mit dem für die Glucose-Förderung verantwortlichen Membranort oder als indirekte Affinitätsbeeinflussung durch Wirkung aus der Nachbarschaft zu deuten.

Zweitens weiß man seit EGES Untersuchungen (1919), daß die *Aufnahmegeschwindigkeit* bei hohem Zuckerangebot *exponentiell* etwa nach einer Sättigungskurve *absinkt* und drittens ist seit MASING (1914) bekannt, daß die Aufnahme des Zuckers an jenem Objekt einen so *hohen Temperaturkoeffizienten* besitzt, daß sie nicht als einfache Diffusion angesehen werden kann.

Alle 3 Effekte weisen auf eine *chemische Wechselwirkung* des diffundierenden Stoffes mit dem Membranmaterial hin. Sie konnte bisher nur *durch kinetische Untersuchungen präzisiert* werden (WILBRANDT und ROSENBERG 1955, LE FEVRE 1954, WIDDAS 1954). Da die Michaelis- oder die analoge Langmuir-Gleichung eine Wechselwirkung durch Eingehen einer Zwischenverbindung beschreibt, ist von ihr in jener Formulierung auszugehen, welche für Permeationsfragen bereits auf S. 680 gegeben wurde. Ihre Auswertung führt je nach der Größe der Konstanten K im Vergleich zu den beiderseitigen Konzentrationen zu verschiedenen Typen des

Verlaufes. Setzt man die Konstante der Komplexdissoziation (K) als klein oder als groß im Vergleich zu den Konzentrationen an, dann erhält man leicht mit $V \cdot K = k'$ und $V/K = k$ folgende Annäherungen, wo V wiederum die Maximal-geschwindigkeit ist:

$$\text{für} \quad c_a > K < c_i \quad v = k'\left(\frac{1}{c_i} - \frac{1}{c_a}\right) \quad (E) \tag{33a}$$

$$\text{für} \quad c_a < K > c_i \quad v = k\,(c_a - c_i) \quad (D). \tag{33b}$$

Die Übereinstimmung der letzten Beziehung (D) mit den Forderungen aus dem Diffusionsgesetz wurde bereits betont. Hier kommt wegen der starken Dissoziation eines Membrankomplexes die Wechselwirkung mit dem Membranmaterial nicht zum Ausdruck. Im ersten Fall ist sie stark wirksam. v fällt mit wachsendem c_a und wird bei hohen Außenkonzentrationen einer Sättigungskurve entsprechend konstant (vgl. Abb. 223). Einen ähnlichen Verlauf erhält man auch, wenn die Geschwindigkeit nicht der Differenz, sondern ihr im Verhältnis zur Außenkonzentration proportional ansteigt (Z_1-Kinetik), während ein linearer Verlauf resultiert, wenn sie mit der Innenkonzentration verglichen wird. Bei dieser Z_2-Kinetik fällt aber die Geschwindigkeitskonstante im Gegensatz zum reinen Diffusionsvorgang mit zunehmender

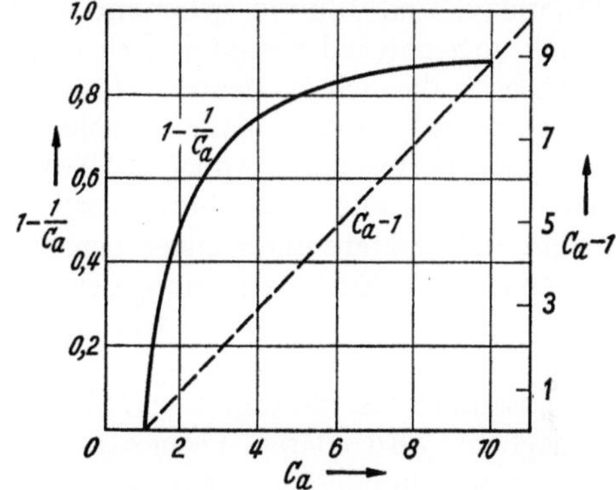

Abb. 223. Verlauf der Funktionen $f = \dfrac{1}{c_i} - \dfrac{1}{c_a}$ im Vergleich zu $f = c_a - c_i$ bei $c_i = 1$

Innenkonzentration ab. Bei Z_1 ist $c_a > K > c_i$, d. h. die Membran ist an der Außenseite mit dem betrachteten Stoff gesättigt. Bei Z_2 trifft das an der Innenseite mit $c_a < K < c_i$ zu. Es gilt dann:

$$\text{für } Z_1: \quad v = V \cdot \frac{c_a - c_i}{c_a}; \qquad \text{für } Z_2: \quad v = V \cdot \frac{c_a - c_i}{c_i}. \tag{33c}$$

Bei menschlichen Erythrocyten erfolgt die Penetration der *Glucose nach dem E-Typ* von Wilbrandt und Rosenberg mit den Konstanten für den Eintritt bzw. den Austritt aus den Körperchen von $7 \cdot 10^{-2}$ bzw. $4 \cdot 10^{-2}$. Park u. Mitarb. finden unter analytischer Berücksichtigung der freien Zuckerkonzentration in der Zelle gleiche Konstanten für die Maximalgeschwindigkeit in beiden Richtungen ($V_{\max} = 6{,}5 \cdot 10^{-2}$ mol pro 100 ml Zellen und Stunde; $K_m = 4 \cdot 10^{-3}$ Mol/Liter). Nach ihm ist die Aufnahmegeschwindigkeit einzelner Zucker im Vergleich zu der als Einheit genommenen Glucose: Ribose 6, Fructose 2,5, Xylose 2, Mannose und Galaktose 1,2, Sorbit 0. Die Fructose und Sorbose jedoch diffundieren nach der unkomplizierten D-Kinetik. Dennoch ist damit eine Zwischenreaktion nicht auszuschließen. Sie wird vielmehr dadurch wahrscheinlich gemacht, daß die Inhibitoren wie PCMB, welche die Penetration der Glucose hemmen, auch die Eintrittsgeschwindigkeit der Ketozucker herabsetzen. Außerdem wirkt die Glucose-Gegenwart auf die Sorbose-Penetration nach Art einer kompetitiven Hemmung ein. Für diese Typen kommt also der gleiche Transportmechanismus in Frage; nur ist die Komplexdissoziations-konstante bei den Ketosen größer, d. h. die Affinität zum wirksamen Membran-material geringer.

Eine solche scheint aber für den Durchtritt notwendig zu sein, denn der mit der Glucose isomere Inosit permeiert überhaupt nicht. Da aber Erythrit, Glycerin,

Pentaerythrit nach dem Ausfall der Hemmungsversuche das gleiche System wie die Glucose benutzen, kann das Vorhandensein einer Halbacetalform nicht entscheidend sein. In diesem Zusammenhang ist auch die Feststellung (CRANE und KRANE 1956) wichtig, daß 3-Methyl- und 1- und 6-Desoxyglucose vom Darm selektiv, d. h. bevorzugt vor Mannose, Galaktose und Pentosen resorbiert werden, obwohl sie nicht die typische einwertige Oxydationsstufe der Monosaccharide besitzen. Die *Resorption der Desoxyzucker schließt* aber gleichzeitig auch einen solchen Mechanismus aus, der *eine intermediäre Phosphorylierung des Zuckers* an C_1 oder C_6 benötigen würde. Er ist für die Theorie der Permeation oft herangezogen worden, namentlich, nachdem durch WILBRANDT und VERZAR gezeigt war, daß die selektive Resorption wie die Zuckeraufnahme durch die Blutzellen mit Phloridzin und Fluorid gehemmt wird. Das gesamte inzwischen vorliegende Erfahrungsmaterial zwingt jedoch heute zur Ablehnung der Phosphorylierungshypothese, die sich als heuristisch wertvolle Anregung erwiesen hat. Es hat sich im Gegenteil gezeigt, daß phosphorylierte Zucker vor ihrer Resorption dephosphoryliert werden. Außerdem besteht kein obligater Zusammenhang zwischen der Glucose- und Phosphat-Resorption im Säugetierdarm. RUMMEL (1958) zeigte, daß letztere unter anaeroben Bedingungen gesteigert ist, während erstere dabei sistiert. Eine Steigerung der Phosphataufnahme in die Mukosazelle ist auffällig, weil der Gehalt an freiem Phosphat in der Zelle anaerob ohnehin zunimmt (vgl. Pasteur-Effekt).

Zusammenfassend ergibt sich für die erleichterte Diffusion, daß sie für Stoffe ermöglicht wird, deren Permeation auf Grund der Sperreigenschaften einer Membran nicht oder nicht in der beobachteten hohen Geschwindigkeit zu erwarten ist. Die Förderung ist in niedrigen Stoffkonzentrationen immer vorhanden, während sie in höheren bei einigen wichtigen Typen (Z_1 und E) zurücktritt, so daß eine Sättigungskurve resultiert. Sie beschreibt die spezifisch strukturelle Beziehung des diffundierenden Stoffes zum Membranmaterial. Die Wahrscheinlichkeit einer Reaktion zwischen beiden wird durch den hohen Temperaturkoeffizienten der Zuckeraufnahme unterstrichen.

Ihm ist zu entnehmen, daß eine bestimmte Aktivierungsenergie aufzubieten ist, welche auf jeden Fall zur Lösung von H-Brückenbindungen ausreichend wäre. Sie könnte bei einem Übertritt in eine ölige Phase alle Brücken lösen, welche von den Hydroxylgruppen zum Wasser reichen. Wenn aber eine vorgebildete kanalartige Struktur von Stoffen mit erhaltenen Wasserstoffbrücken besteht, wäre nach DANIELLI (1956) nicht eine Lösung sämtlicher Wasserstoffbrücken für den Durchtritt erforderlich. Zwei einander gegenüberliegende und *quer durch die Lipoidmembran reichende Proteinfilme* von wenigen Å Dicke (s. S. 246) könnten durchaus geregelt aufgebaute Mikroporen bilden, deren besondere Form für die Spezifität entscheidend wäre, während ihre Sauerstoff- und Stickstoffatome die vom Wasser ausgehenden H-Brücken gegen die von den Hydroxylen der permeierenden Zucker oder der Hemmstoffe kommenden tauschen müßten. Die Tatsache, daß Narkotica als kompetitive Hemmer des Glycerintransportes fungieren, wird von DANIELLI in diesem Bilde so gedeutet, daß sie, ihrem Teilungskoeffizienten entsprechend, mit zunehmender Wirksamkeit die Fähigkeit zur H-Brückenbildung der quer gestellten Proteinlage von der unmittelbar anliegenden lipoiden Phase aus herabsetzen (Abb. 224).

Für die Belegung derartiger spezifisch gebauter Spalten mit Proteinfilmen spricht die — kinetisch komplizierte — Hemmungswirkung des Dinitrofluorbenzols auf die entsprechenden Permeationsvorgänge an Erythrocyten (WIDDAS). Dieser Stoff kuppelt sich mit den freien Aminogruppen des Eiweißes. Cu^{2+}-Ionen (10^{-5} m) wirken reversibel hemmend nach dem *nicht-kompetitiven* Typ, d. h. der permeierende Stoff konkurriert nicht um die mit dem Inhibitor belegten Stellen oder Poren. Die durch reversible Veränderung dieser Orte zustande kommende Hemmung ist von der Konzentration des permeierenden Stoffes unabhängig. Demgegenüber hemmen strukturverwandte Molekeln *kompetitiv:* die relative Hemmung hängt von der Konzentration beider Stoffe ab, wie es z. B. für das Paar Propylenglykol und Glycerin zutrifft (DANIELLI).

Von besonderem Interesse ist der *Einfluß des Insulins auf die Zuckerdurchlässigkeit der Zellen.* Schon O. LOEWI und R. HÖBER haben bald nach der Entdeckung des Inselhormons das Wesen seiner Wirkung in einer Permeationserhöhung der Zellen für Zucker gesehen. Eine oft angenommene Steigerung der Glucoseaufnahme bei Erythrocyten ist jedoch mindestens als nicht erwiesen zu

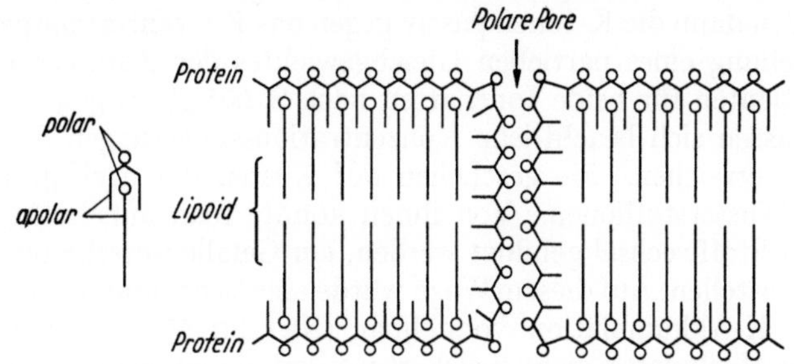

Abb. 224. Schema einer hydrophilen Pore in einem Lipoproteinfilm (nach DANIELLI 1956)

betrachten (WILBRANDT u. a.). Allgemein muß natürlich die durch Insulin hervorgerufene Steigerung des Glucoseumsatzes auch mit einer gesteigerten Aufnahme in die Zellen einhergehen. Sie wurde von LUNDSGAARD an der Muskulatur experimentell gesichert (1939). Darüber hinaus zeigten nun PARK u. Mitarb. am Rattendiaphragma, daß unter Insulin eine erhebliche Steigerung des Gehaltes an freier Glucose in der Muskelfaser auftritt (1955). Bei Verwendung von ^{14}C-markierter Glucose war die spezifische Aktivität außen und innen gleich, so daß der Zucker weder neugebildet noch verbraucht sein konnte. Die Aufnahme der Galactose wird in gleicher Weise gefördert, was schon durch GOLDSTEIN für diesen Zucker und für Arabinose und Xylose an der Muskulatur eviscerierter Tiere festgestellt war. Dieser Insulineffekt liegt experimentell trennbar vor der Hexokinasereaktion. Sie hält ohne Insulin den Gehalt an Glucose in der Zelle sehr niedrig. Der langsamste Schritt ist die Permeation. Unter großen Insulindosen aber ist es die Hexokinasereaktion, denn jetzt steht ihr der hineingelangte freie Zucker zur Verfügung. Im Gehirn wirkt das Insulin nicht in diesem Sinne. Wahrscheinlich ist der ATP-Vorrat so groß und die Hexokinase so aktiv, daß die Permeationserleichterung durch Insulin demgegenüber kaum ins Gewicht fällt.

Nach diesen Erfahrungen ist *Insulin* mindestens primär *ein an der Membran wirksamer,* für Glucosen wenig spezifischer *Eiweißkörper.* Im zuvor herangezogenen Bilde von DANIELLI ist eine Beeinflussung der die Membran als Mikroporen quer durchsetzenden Proteindoppellamellen durch das Insulin-Molekül sehr wohl vorstellbar. An einer solchen Proteinwechselwirkung können aber außer den an die Membran gebundenen auch frei gelöste Fermentproteine teilhaben. Unter ihnen wird nach CORI die Hexokinase mancher Gewebe gefördert und die Glucose-6-Phosphatase nach HASTINGS 1956 gehemmt. Es ist heute nicht mit Sicherheit zu sagen, welcher von den drei genannten Faktoren das Bild der Insulinwirkung bestimmt. Daß aber jene Enzyme nur an der Membran oder in ihrer Nähe wirken, ist schon deswegen nicht wahrscheinlich, weil das erstere frei gelöst und die Glucose-6-Phosphatase an die Mikrosomen gebunden ist.

Dafür, daß sich noch Vorgänge abspielen, welche vor der Hexokinasereaktion liegen, spricht auch die Tatsache, daß der Umsatz von Glucose durch Galaktose bei intakten Ascites-Tumorzellen gehemmt wird, während eine solche Hemmung im Homogenat nicht zustande kommt. Die Hexokinase wird hier nicht durch Galaktose beeinflußt. Es handelt sich offenbar um eine Konkurrenz am „Transferort" der Glucose (NIRENBERG und HOGG 1956).

Mechanismus aktiver Transportleistungen

Welche Möglichkeiten bestehen nun, das Zustandekommen einer aktiven Transportleistung zu verstehen? Man kann dazu von einem zur Klärung ihres Mechanismus angestellten Modellversuch ausgehen (vgl. S. 280). Elektrolytlösungen mit gleicher K-Ionen-, aber verschiedener H-Ionenkonzentration werden voneinander durch eine selektiv kationenpermeable Membran getrennt. Im Austausch gegen H-Ionen werden dann die K-Ionen passiv gegen das Konzentrationsgefälle bewegt, bis die Einstellung eines partiellen Gleichgewichtes der Kationen erfolgt ist, in dem die Quotienten für beide Ionenarten nach S. 691 gleich geworden sind. Auf diese Weise lassen sich beachtliche Konzentrationssteigerungen des K, etwa bis zum 50fachen erreichen. Sie geschehen auf Kosten des noch größeren Unterschiedes der Wasserstoffionen. Von ihnen könnte man annehmen, daß sie, da sie ständig im Stoffwechsel gebildet werden, ein Gefälle unterhalten, in dem sich die K-Ionen einstellen. Auf diesem Wege würde eine Verbindung von Stoffwechselleistung und K-Akkumulation vorstellbar (NETTER 1928). Diese Vorstellung konnte für die Muskulatur nicht gesichert werden, da ein Nachweis der Aufrechterhaltung eines entsprechenden, d. h. mindestens dem der K-Ionen gleichen, Gefälles der H-Ionen auch in Membrannähe nicht zu erbringen ist. Der in jenen Versuchen realisierte Tausch von K^+- oder Na^+ gegen H^+-Ionen spielt aber dennoch an den Zellmembranen vieler Organe eine bedeutende Rolle.

Daß die Muskulatur infolge einer durch Tätigkeit vermehrten Milchsäurebildung K aufnimmt, hat sich bisher nicht zeigen lassen; vielmehr geschieht bei der Erregung das Gegenteil (s. S. 702f.). Eine besonders starke Abgabe von K an die Durchströmungslösung findet man bei der Reizung der Giftdrüsen von Tintenfischen (NETTER 1929). Andererseits ist die Aufnahme von K schon aus einer nur 5 mMol/Liter betragenden Konzentration in die ruhende Muskulatur mit einer auch unter gut aeroben Bedingungen sich vollziehenden Steigerung der Milchsäurebildung verbunden. Sie wird aber durch die erhöhte K-Konzentration von der Membran aus ausgelöst und tritt nach eigenen Erfahrungen auch ein, wenn der K-Übergang durch Herabsetzung der Cl-Ionenkonzentration außen verhindert wird.

Zellstoffwechsel, Ionenaustausch und Sekretionsleistung

Umfangreiche *Ionenaustauschvorgänge* vollziehen sich *in der Niere* zwischen dem Primärurin und den Zellen des Tubulusepithels. Schon die Tatsache, daß das Verhältnis von K zu Na im Urin etwa 1:3 gegenüber 1:30 im Serum beträgt, demonstriert ihren Umfang. Unter den gewechselten Ionen spielen die H^+-Ionen eine besondere Rolle. Bei der NH_4Cl-Acidose erfolgt eine verzögerte Ausscheidung des NH_4^+ im Vergleich zu der schnell ansteigenden des Cl^-. Dessen Gegenkation ist nicht allein Na^+, sondern es wird die Pufferung des Urins auch durch vermehrte H^+-Ausscheidung belastet. Die Absonderung der sauren Valenzen vollzieht sich in den distalen Tubulusabschnitten (MONTGOMERY und PIERCE 1937).

Eine Säuerung kann prinzipiell durch Rückresorption a) des Hydrogenphosphates, b) des Hydrogenkarbonates oder c) durch Sekretion der Säuren, speziell durch Na^+-Tausch gegen H^+-Ionen erfolgen. Nach der Analyse von PITTS und ALEXANDER kann die beobachtete Säuerung nur zu 10% durch Rückresorption des HPO_4^{2-} und zu 20% durch die des HCO_3^- vor sich gehen. Der Rest entfällt auf den *Eintausch der Kationen gegen H^+ aus den Tubuluszellen*. Die nach 15 g NH_4Cl je Tag beobachtete Acidose beim Menschen entspricht einer zusätzlichen Exkretion von etwa 5 Liter $n/10$ HCl. Die Fähigkeit zur Säurebildung wird durch Sulfonamide, speziell durch Diamox (2-Acetylamino, 1,3,4-thiodiazol-5-Sulfonamid) stark herabgesetzt. Seit KEILIN und MANN weiß man, daß sie die Carboanhydratase ausschalten. An der Niere wurde ein alkalisierender Einfluß dieser Stoffe zuerst von HÖBER beschrieben (1942). Da das Ferment OH^- mit CO_2 zu HCO_3^- vereinigt, läßt es OH^- verschwinden, d. h. es wirkt säurend. Gleichzeitig werden Anionen geschaffen, welche den übrigbleibenden H^+-Ionen Gelegenheit zum Austausch gegen andere Kationen geben (vgl. Abb. 225). Umgekehrt kann die Sekretion der H^+-Ionen als die Ursache der Rückresorption des HCO_3^- angesehen werden; die durch H^+ freigemachte CO_2 würde in der Zelle wieder zu HCO_3^- gebunden. Daß kein niedrigerer pH als 4,6 im menschlichen Urin gefunden wird, bedeutet verglichen mit dem Blut-pH (7,4) die Fähigkeit der Niere, H-Ionen fast

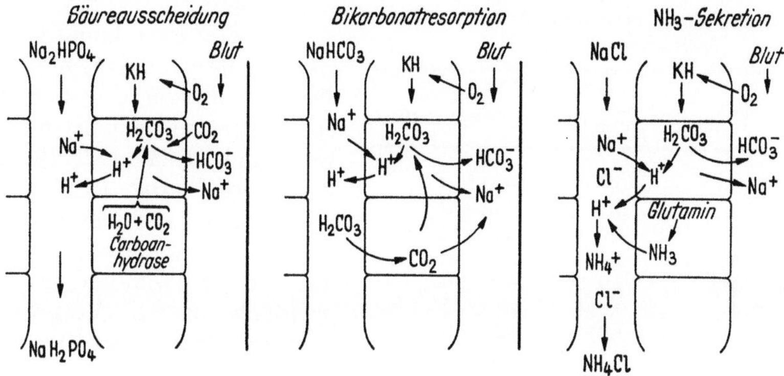

Abb. 225. Tubuläre Ausscheidungsmechanismen von Ionen (nach PITTS 1948)

1000fach zu konzentrieren. Es ist aber damit nicht gesagt, daß diese Leistung in einem Querschnitt vollzogen wird. Sie könnte bei der Passage durch die distalen Tubuli in kontinuierlicher Folge vonstatten gehen.

Seit NASH und BENEDIKT (1921) weiß man, daß die *Bildung von NH₃* von der Niere zur Regelung der Säureausscheidung eingesetzt, und seit ARCHIBALD (1944), daß es aus Glutamin an der Glutaminase bereitgestellt wird. Bei normalem Phosphat- und Bicarbonat-Gehalt, also guter Pufferung, werden die erwähnten großen Mengen an H^+-Ionen getauscht. *Bei niedrigem Puffergehalt,* bzw. höherer $[H^+]$ im Primärurin, diffundiert NH_3 in das Lumen. Es bindet das Proton zu NH_4^+: die Niere stellt ihren eigenen Puffer „NH_3" zur Verfügung (PITTS, s. Abb. 225).

Während von den Na^+-Ionen des Primärharnes 99% wieder resorbiert werden, sind es beim K^+ nur 90%. Diese relative Anreicherung geschieht zur Hauptsache in den distalen Abschnitten, vielleicht sogar durch echte Sekretion (BERLINER 1952, MUDGE 1954). MUDGE vermutet, daß praktisch alles K zurückresorbiert und dann um so mehr aktiv secerniert wird. Als Mechanismus der Sekretion wird ein Tausch gegen Na^+ angenommen, der die Abgabe der H^+-Ionen ermöglicht. Bei hohem K^+-Angebot tritt aus den jetzt besonders kaliumreichen Tubuluszellen statt des H^+ das K^+ als Gegenion zum Na^+ aus, so daß der Urin alkalischer wird. Bei K-Mangel wird er umgekehrt saurer, wobei eine bemerkenswerte hypokalämische Alkalose im Blut resultieren kann. Hier wird Na^+ gegen H^+ getauscht (BERLINER). Umgekehrt wird durch eine Alkalose die K^+-Ausscheidung gesteigert (MUDGE).

Die Hauptleistung vollzieht die Niere durch die *aktive Wasserresorption*, welche im proximalen Abschnitt des Tubulussystems etwa 80% des Wassers aus dem

Primärurin befördert. Hier wird auch NaCl zurückgeholt, gelegentlich langsamer als das Wasser. Dabei scheint das Chlorid primär aktiv bewegt zu werden. An dieser Stelle greifen die Hg-Diuretika an, ebenso das Coffein. Dieses beeinflußt jedoch den Transport des Kaliums nicht — im Gegensatz zu den Hg-Verbindungen, welche seine Sekretion hemmen. Die Mineralocorticoide, speziell das Aldosteron, fördern die Rückresorption des Na und bewirken K-Verlust mit Alkalose. Nebennniereninsuffizienz führt zu Na-Verlust und K-Retention.

Insgesamt ist das Bild der Nierenfunktion im Bereich der Elektrolyte im jetzigen Zeitpunkt dadurch zu zeichnen, daß die in Betracht kommenden Ionenaustauschprozesse gegeneinander abgegrenzt werden. Welche von ihnen sich nur passiv vollziehen, ist kaum festzulegen. Im Vordergrund stehen zweifelsohne auch hier die aktiven Ionenbewegungen.

Bei der Hefe konnte CONWAY einen nahezu äquivalenten *Tausch der* im Stoffwechsel gebildeten H^+-*Ionen gegen* K^+ demonstrieren (CONWAY und O. MALLEY 1946; CONWAY und BRADY 1950). Die Geschwindigkeit der Bewegung dieser einfachen anorganischen Ionen ist jedoch gering. Während der Gärung nach einer anaeroben Vorperiode wird Bernsteinsäure bis zu 30 mäqu/Liter produziert. Bei Gegenwart von K-Salzen wird das H^+-Ion ausgetauscht und kann den Außen-pH bis auf

Tabelle 126. *Säurepermeation und Teilungskoeffizient* (M. MALM)

Säure	Teilungskoeffizient Äther/H_2O	(pH 2—3) Permeation in Hefe
Ameisensäure . . .	0,16	sehr gut
Essigsäure	0,5	sehr gut
Propionsäure . . .	1,7	sehr gut
Buttersäure . . .	6,8	sehr gut
Isobuttersäure . .	5,9	sehr gut
Milchsäure	0,091	guter Umsatz
β-Oxybuttersäure .	1,27	sehr gut
Bernsteinsäure . .	0,167	gering
Weinsäure	0,0039	gering
Citronensäure . .	0,065	gering

Werte von 1,6 herabdrücken. Es entsteht also statt KCl außen HCl. Aus *ammoniumreichen* Medien kann auch dieses Kation eingetauscht werden. Durch Vorzucht in K-armen, aber Na-reichen Flüssigkeiten wird besonders in Gegenwart von Citrat *auch Na aufgenommen*. Es wird dann in Na-freier Lösung mit relativ großer Geschwindigkeit wieder abgegeben, besonders schnell im Tausch gegen K-Ionen. Die Abgabegeschwindigkeit wächst mit dem K_a^+-Gehalt bis zum Wert von etwa 0,04 Mol/Liter an. Die aerobe Säureproduktion wird durch Azid herabgesetzt und gleichzeitig mit ihr die K-Aufnahme, nicht aber die Na-Abgabe. Es handelt sich also nicht um einen rein passiven Ionentausch. MALM fand die Geschwindigkeit des Eintrittes in die Hefe für die 2- und 3-basischen Säuren des Citratcyclus sehr gering, auch wenn sie bei pH 2—3 zum überwiegenden Teil in undissoziierter Form vorliegen. Dagegen dringen niedere Fettsäuren und Oxysäuren wie Milchsäure und β-Hydroxybuttersäure etwa ihrem Teilungskoeffizienten entsprechend schnell ein. Eine nennenswerte K-Abgabe wird dabei nur durch HF und Ameisensäure hervorgerufen. α-Ketosäuren werden von Hefe um so schneller decarboxyliert, je mehr lipoidlöslich sie sind (SUOMALEÏNEN u. OURA).

Sowohl die zugegebenen wie die bei der Gärung entstandenen Säuren verändern das *Binnen-pH der Hefe* nicht erheblich. CONWAY zeigte jedoch, daß man eine unter der Membran gelegene Außenschicht von etwa 10% des Gesamtvolumens abtrennen muß, deren pH den Schwankungen der Umgebung folgt.

Zur Messung *des Binnen-pH* wurde von CONWAY (1950) die cellulare Aufnahme von Essigsäure aus niedriger Konzentration von Acetatpuffern mit bekanntem pH bestimmt. Bei der folgenden Überlegung soll der Einfluß des nichtlösenden Raumes unberücksichtigt bleiben. Die Konzentration der undissoziierten Essigsäure innen sei $[HA_i]$. Die Konzentration des undissoziierten Anteils außen (HA_a) ergibt sich aus der Gesamtkonzentration außen (G_a) und der H-Ionenkonzentration außen (H_a). Für die entsprechenden Binnenwerte gelten die Bezeichnungen G_i und H_i. Mit der Formel für den Dissoziationsrest (s. S. 157) folgt jeweils:

$$[G_a] = [HA_a]\left(1 + \frac{K'_a}{[H_a]}\right) \quad \text{und} \quad [G_i] = [HA_i]\left(1 + \frac{K'_i}{[H_i]}\right). \tag{34}$$

Unter der Bedingung, daß der undissoziierte Anteil beiderseits gleich konzentriert sei, daß also $HA_a = HA_i$ ist, erhält man dann für die Binnenreaktion:

$$[H_i] = \frac{[G_a] \cdot K'_i}{[G_i]\left(1 + \dfrac{K'_a}{[H_a]}\right) - [G_a]}. \tag{34a}$$

Die Dissoziationskonstante des Zellinnern (K'_i) läßt sich mit Hilfe der annähernd bekannten cellulären Ionenstärke angeben; für die Außenlösung ist sie bekannt (K'_a). Diese Methode ist sinngemäß auch für andere geeignete Säuren anwendbar. Nur muß stets ausgeschlossen werden, daß diese sich in nennenswertem Maße im Stoffwechsel umsetzen oder durch Adsorption aus dem wäßrigen Lösungsraum der Zelle verschwinden. Es gelang CONWAY zu zeigen, daß Glycerinsäure sich nur auf eine äußere Schicht der Hefe verteilt, die auch mit anderen Methoden abgrenzbar ist und etwa 10—12% des Zellvolumens beträgt. Setzt man dieses Volumen als konstant voraus, dann ist man in der Lage, aus der Aufnahme von Glycerinsäure in diese Region auch den pH in diesem Raum zu errechnen. Bei nicht gärender Hefe stimmt der pH in beiden Raumteilen überein, während er bei gärender außen saurer, innen alkalischer wird. CONWAY gibt dazu folgende Zahlen für das Binnen-pH: 5,5—5,6 in der Ruhe und 5,8—6,2 bei fermentierender Hefe.

Unter guten Bedingungen wird bei der Gärung auch Polysaccharid gebildet. Die *Anlagerung von Glykogen* geht nach PULVER und VERZAR mit einer fast der Zahl der Glucosemoleküle äquivalenten *K-Vermehrung* in der Hefe einher. Auch in tierischen Zellen, speziell in der Leber (vgl. KUTSCHER 1943) muß mit vermehrter K-Anhäufung bei der Glykogenanlagerung gerechnet werden. Ob beide Vorgänge nur Ausdruck einer vorwiegend assimilatorischen Zelltätigkeit bei relativ hohem ATP-Gehalt sind, oder ob zwischen ihnen engere Beziehungen bestehen, ist zur Zeit nicht zu entscheiden. Eine direkte Bindung des K an das Glykogen ist jedenfalls weder nachgewiesen, noch zu erwarten, wenn man von der ionalen Absättigung der wenigen Phosphatanionen im Glykogen absieht.

Auch *zweiwertige Ionen* werden in Abhängigkeit vom Stoffwechsel bewegt. Für *Phosphat* sind die Zellen im allgemeinen nur sehr wenig durchlässig. Bei der Hefe findet in Abwesenheit von Gärungssubstrat kein merklicher Übergang statt. Auch mit Glucose erreicht ^{32}P-markiertes Phosphat in der Zelle nicht die spezifische Aktivität des Phosphates in der Außenlösung (JUNI, SPIEGELMANN u. Mitarb.). Dieses Verhalten steht nur scheinbar im Kontrast zu der bekannten katalytischen Funktion des anorganischen Phosphates im Stoffwechsel: sein Verlust wird so verhindert. Der *Gehalt an Magnesium* steigt dagegen, und zwar nur aerob mit einsetzender Hefegärung von 23 mMol/Liter sehr schnell auf 32 mMol/Liter an (NETTER und SACHS).

Für *Bakterien* (E. coli) ergeben sich kompliziertere Verhältnisse, wenn die gleichzeitige Einwirkung von Ca und Mg untersucht wird. Bei Stoffwechselruhe werden beide bis zu einem Sättigungswert nach Art einer Adsorptionskurve aufgenommen, wobei das Ca zunächst stärker gebunden wird, während das Magnesium erst bei höherer Konzentration die Sättigungsgrenze erreicht. Bei gleichzeitigem Phosphatangebot werden die Sättigungsprodukte früher erreicht, ihre Höhe jedoch nicht viel verändert. Nach Zugabe assimilierbarer Substanz wie Glucose wird die vorher gesättigte Innenkonzentration an Mg progressiv bis praktisch auf den Ausgangsgehalt herabgesetzt, wie er in Mg-armen Züchtungsmedien gefunden wird. Ob hierbei ein echter aktiver Transport vorliegt, ist noch nicht entschieden. Auch der Sättigungswert an Ca wird durch die Stoffwechseltätigkeit verringert (HOPPE und NETTER). Gegenüber den einwertigen Ionen zeigt

Escherichia ein ähnliches Verhalten wie die Hefe (Cowie und Roberts). Für Phosphat und Phosphorsäureester der Zucker steht etwa $^3/_4$ des Zellvolumens zur Aufnahme in gleicher Konzentration wie in dem Außen-Medium zur Verfügung. Adsorptive Anreicherung findet auch beim Sulfat und den einwertigen Kationen nicht statt. Dagegen werden K und Rb bei der Stoffwechseltätigkeit im Gegensatz zum Natrium angereichert (Cowie). Kistner und Netter fanden eine Binnenkonzentration von ^{86}Rb, welche mit einer 40fach geringeren Außenkonzentration im Gleichgewicht stand. Schon bei den Bakterien zeigt sich demnach ein verschiedenes Verhalten von K und Na im Stoffwechsel. Es wird *im Pflanzenbereich* nicht nur durch die ebenfalls verschiedenartige Verteilung unterstrichen, sondern auch durch die Bewegungen bei Stoffwechselleistungen, wie sie besonders unter Lichteinfluß beim Einsetzen der Photosynthese hervortreten. Hierbei findet eine K-Anreicherung statt (Scott und Haywood 1955). Alle diese Vorgänge können aber keineswegs nur durch einen einfachen K^+-H^+-Tausch erklärt werden, auch wenn durch Stoffwechselreaktionen eine Produktion oder ein Verbrauch von H^+, HN_4^+ oder Säureanionen zustande kommt, welche jene Ionenübergänge nach den Regeln der Membrangleichgewichte einleiten.

Die Carrier-Hypothese

Im Rahmen der Träger-Theorien wird die Stoffwechselenergie nicht auf dem Wege über die Schaffung von Konzentrationsänderungen an Ionen, sondern durch *Bildung und Lösung von Komplexverbindungen* für den Transport nutzbar gemacht. Diese Vorstellung hat zunächst den Vorteil, daß sie sich auf Elektrolyte und Nichtleiter anwenden läßt. Ihre gedankliche Begründung ist früh versucht worden. Um die schnelle Resorption der Zucker aus dem Darm erklären zu können, hat Höber 1899 angenommen, daß sie in der Epithelzelle eine chemische Verbindung eingehen müßten. Dadurch würde die Zuckerkonzentration auf der Zellseite der aufnehmenden Membran herabgesetzt und auf diese Weise die treibende Differenz, d. h. das Konzentrationsgefälle hochgehalten. Die bekannten Anschauungen von Verzar u. a. über die intermediäre Phosphorylierung sind als Fortsetzung dieser Konzeption zu betrachten, bei der die Komplexbildung mindestens zunächst in das Zellinnere verlegt wurde. Um die mit steigender Konzentration sich verlangsamende Aufnahmegeschwindigkeit von lipoidunlöslichen Farbstoffen zu erklären, wurde angenommen, daß die lipoide Zellmembran ein „Aufnahmelipoid" gelöst enthalte. Es solle sich bis zur Sättigung mit dem Stoff beladen, durch veränderte Grenzflächenspannung sich von der Grenze lösen und den adsorbierten Stoff zur anderen Membranseite transportieren (Netter 1923). Osterhout hat in zahlreichen Modellversuchen über die vermittelnde Lösefunktion öliger Membranen — namentlich des Guajakols — die biologischen Verhältnisse meisterhaft imitiert und damit der Carrier-Vorstellung Geltung verschafft. Man hat zwischen dem *cytoplasmatischen und dem Membran-Carrier* zu unterscheiden (Wilbrandt 1954). Ersterer kann für die bei der Resorption erfolgende Stoffwanderung durch die Zellen in Frage kommen und durchaus als Beschleuniger einer Diffusion fungieren, wenn der Komplex an der Blutseite der Zellen in Membrannähe wieder gelöst oder hier ein aktiver *Membrantransport* hinzugezogen wird. Der letztere *steht an Bedeutung voran.*

Komplexe, welche sich außerhalb der Membran bilden und als solche besser eindringen als beide oder einer ihrer Bestandteile, werden im allgemeinen nicht als Träger-Substanzen angesehen. Ihre Entstehung kann aber zweifellos eine wichtige Rolle bei der Permation spielen. Sie wurde zur Erklärung der Resorption im Darm mehrfach herangezogen. Man braucht nur an die Choleinsäuren bzw. an die Cholesterin-Fettsäure-Ester zu denken, durch deren Bildung die Resorption der Fettsäure zustande kommen kann. Die Entstehung nichtpermeabler Komplexe beeinträchtigt demgegenüber die Resorption. So wird weinsaures und zitronensaures Fe schlecht resorbiert; gefördert wird seine Resorption jedoch durch Cystein, Ascorbinsäure und Komplexon (JACOBI, RUMMEL u. Mitarb. 1956). Häufig wird aber die im Organismus nicht abbaubare Äthylendiamintetraessigsäure zur Entfernung von solchen Schwermetallen aus dem Organismus benutzt, die ein großes Atomgewicht besitzen (Plutonium und andere strahlende Isotope).

Die formale Theorie für die *Kinetik* der Diffusion mit Hilfe von Carriern ist identisch mit der S. 711 *für die katalysierte Diffusion* gegebenen. Das bedeutet, daß aus dem experimentell gewonnenen kinetischen Typ des Stoffdurchtrittes nicht entnommen werden kann, ob ein diffundierender Carrier beteiligt ist. Es wird zunächst nur etwas über die formale Größe der Komplexdissoziation ausgesagt. Auf Grund einer Komplexaffinität zur Membran chemisch durch sie hindurch zu reagieren, bedeutet in gleicher Weise wie die Diffusion eine Strömung, welche durch Überwindung eines Widerstandes zustande kommt. Denn wenn die Reaktion zwischen einem bewegten Stoff und feststehendem Membranmaterial freiwillig erfolgt, wird sie sich auch in der Richtung zum niedrigeren chemischen Potential des freien Partners vollziehen. — Bei mono- und paucimolekularen Schichten wird man nicht mehr von einem „diffundierenden" Carrier-Komplex sprechen. Hier reicht es aus, wenn seine Fixierung an die Nachbarmoleküle so gering ist, daß allein die Wärmebewegung eine Schwingung oder Drehung des Komplexes zuläßt. Diese würde schon die an beiden Seiten verschiedenen Reaktionsmöglichkeiten zur Auswirkung gelangen lassen (shutler; rotating Carrier; DANIELLI 1954). Für einen beweglichen Carrier muß nach Art eines Fährschiffes der Rücktransport des entladenen Bootes beachtet werden. Die Konzentration des Carriers ist nach der Stoffabgabe auf der Innenseite höher: er diffundiert daher zurück. Das Kreisen des Trägers wird durch die Energie der Komplexreaktion betrieben, letzten Endes also aus der Konzentrationsdifferenz des transportierten Stoffes, genauer der seiner chemischen Potentiale entnommen. Das trifft hei den endergonischen Transportmechanismen nicht mehr zu.

Da der *aktive Transport* gegen das Potential arbeitet, muß ein zweiter *energieliefernder Strom* mit ihm über das Membransystem *gekoppelt* sein. Ohne Rücksicht auf die verbindende Reaktion oder ein physikalisch koppelndes Substrat muß die Frage aufgeworfen werden, ob das Gesetz der Vertauschbarkeit der Koppelungskoeffizienten für die verknüpften Ströme hier Gültigkeit hat (s. S. 638). Daß das für Membranvorgänge wie den Soreteffekt[1] oder die Elektroosmose zutrifft, ist bekannt (s. S. 261). Ob es aber auf den aktiven Transport anwendbar ist, bleibt wegen der Beteiligung energieliefernder chemischer Reaktionen solange zweifelhaft, wie ihrem Ablauf keine bestimmte räumliche Richtung, d. h. eine vektorielle Energieströmung zugeordnet werden kann. Diese Voraussetzung dürfte nur annähernd erfüllt sein. Aber auch hiervon abgesehen ist, wie seinerzeit ausgeführt, das Koppelungsgesetz für chemische Reaktionen nur in Nähe ihrer Gleichgewichtslage benutzbar, wird also für die exergonischen Reaktionen beim aktiven Transport oft nicht mehr anwendbar sein.

Immer aber wird tatsächlich ein einsinniger Stoffstrom unterhalten, der als Treibwerk zu dienen vermag. Seine Richtung kann innen oder außen parallel, oder sie kann senkrecht zur Membran liegen. Daher ergeben sich 3 Schemata der Energieübertragung (s. Abb. 226 und 227). Nach ihnen kann die *Aufnahme der Energie in verschiedenen Stadien des Carrier-Cyclus* erfolgen: bei der Komplexbildung außen, bei seiner Spaltung innen und bei der Regenerierung eines veränderten

[1] Thermodiffusion (s. S. 92).

Carriers, welche ebenfalls an beiden Seiten vollzogen werden kann. Die sich so ableitenden Schemata sind noch in keinem Falle realisiert. Das häufig für die Darstellung der Glucoseresorption benutzte Diagramm von DRABKIN (Abb. 230)

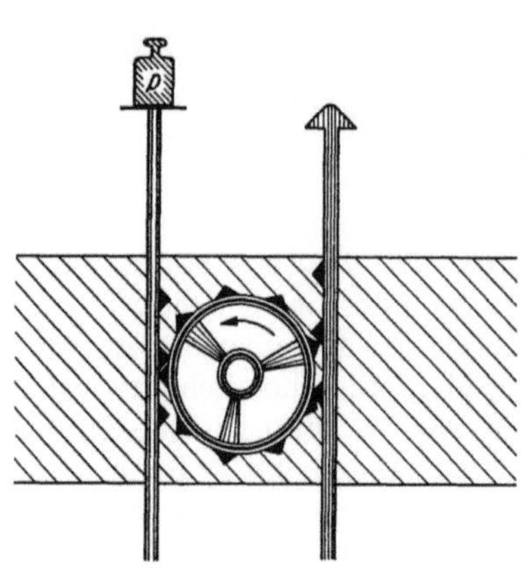

Abb. 226. Energieübertragung in der Membran.

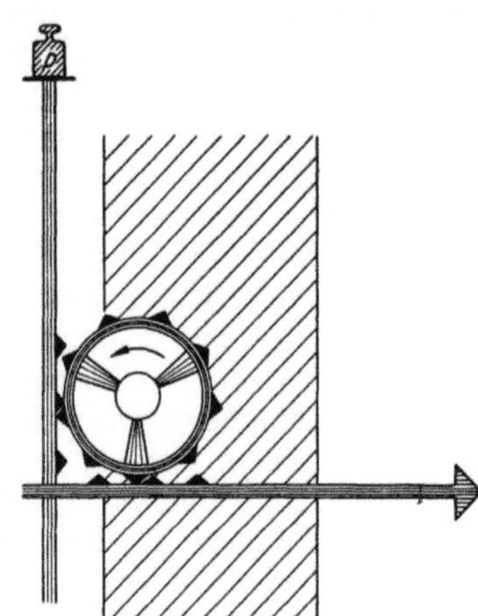

Abb. 227. Energieübertragung an einer Membranseite

fügt sich dem Typ 228 I ein. Auf der Aufnahmeseite würde mit ATP an der Hexokinase der Robison-Ester entstehen, welcher durch die Membran diffundiert und

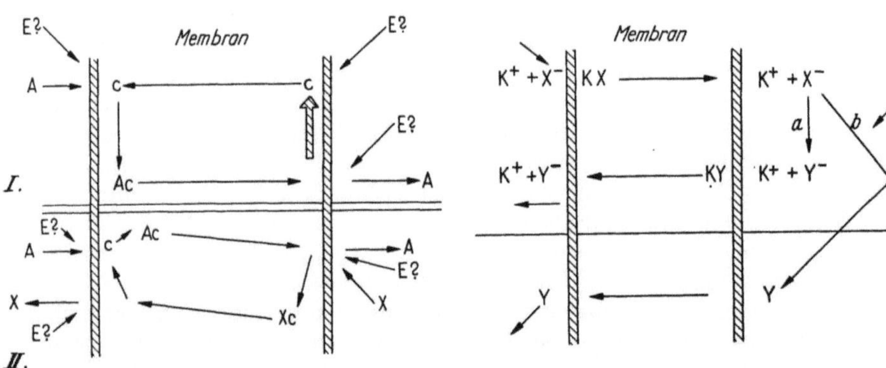

Abb. 228. Die Beteiligung eines Carriers bei der Energieaufnahme für den aktiven Membrantransport. E? Möglichkeiten der Energieaufnahme; c Carrier; A transportierter Stoff; X Hilfsstoff; X' veränderter Hilfsstoff

Abb. 229a u. b. Hypothese über den K^+-Transport durch die Erythrocytenwand. a Unter Benutzung des Hilfsanions X^- und Y^- für die Gegenrichtung, b unter Verwandlung von X^- in den diffusiblen Nichtleiter Y

auf ihrer Innenseite durch Phosphatase gespalten wird. Gleichzeitig würde hier ATP regeneriert, welches als leerer Carrier wieder zum Anfangsort gelangt. Alle Erfahrungen sprechen jedoch gegen Glucose-6-P als diffusiblen Carrier-Komplex. Außerdem ist es sehr unwahrscheinlich, daß ATP sich in der Membran löst.

In beiden Fällen ist die Anhäufung der anionischen Ladungen nicht mit irgendeiner Lipoidaffinität verträglich. Namentlich ROSENBERG hat daher Zucker-Metaphosphat-Verbindungen als Carrier-Stoffe vorgeschlagen (1950). Sie könnten über ATP gebildet werden und enthalten keine ionische Ladung:

$$-\overset{|}{\underset{|}{C}}-O-PO_3^{2-} \qquad\qquad -\overset{|}{\underset{|}{C}}-O-PO_2$$

ortho-Phosphorsäureester   meta-Phosphorsäureester

Ob der Zucker jedoch als Metaphosphat besser als in freier Form gefördert wird, ist nicht erwiesen. Daß hingegen benzoylierte Glucose trotz des wesentlich vergrößerten Molekularvolumens leichter eindringt als freie (ROSENBERG), wird durch die gesteigerte Lipoidlöslichkeit verständlich.

Es ist für den jetzigen Stand der logisch aufgebauten Carrier-Hypothese bezeichnend, daß ein wirklicher Membranträger noch in keinem Fall chemisch sichergestellt werden konnte. Auch Acetylcholin, welches für den Ionentransport bei den Erythrocyten (GREIG u. Mitarb. 1949) und der Froschhaut (USSING 1949) verantwortlich gemacht wurde, wird nicht mehr als Carrier diskutiert. Denn man weiß, daß die Cholinacetylase-Aktivität der Blutkörperchen nur ausreicht, um den 50. Teil des für den Transport der Kationen zu spaltenden Acetylcholins wieder aufzubauen (SHEPPARD u. Mitarb. 1954). Man hat bei der Suche nach Träger-Stoffen das Augenmerk vor allem auf die Eigenschaft der Lipoidlöslichkeit gerichtet, ohne die Möglichkeiten zu beachten, welche der Proteinanteil der Membran bietet (s. S. 669).

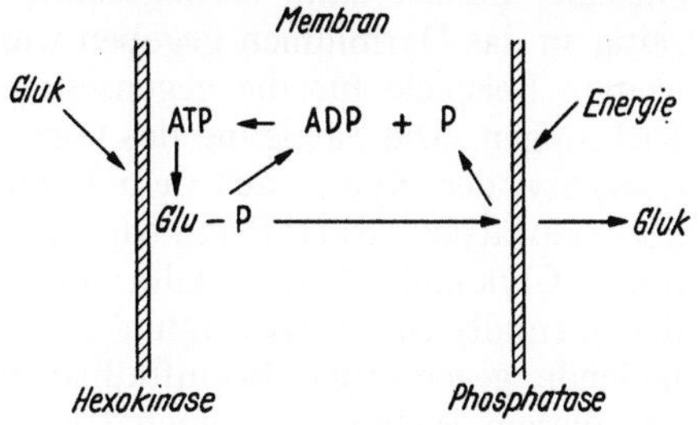

Die Lipoïd-Hypothese gewinnt zwar an Wahrscheinlichkeit, wenn man an das Vorkommen von Kalium in lipoiden Phasen denkt. Sie würde noch mehr gefestigt, wenn es gelänge, z. B. aus Blutzellen lipoidlösliche Zucker-Komplexe zu erhalten. Aber der Hinweis auf Metallkomplexe, welche sich gut in organischen Lösungsmitteln lösen, dient letzten Endes nur zur Illustration einer gedanklich ohnehin fundierten Vorstellung.

Abb. 230. Glucose-Transport nach DRABKIN (1948)

Zu jenen gehören die analytisch oft verwerteten Schwermetallkomplexe wie die des Dithizons, die sich in CCl_4 lösen, oder die in Aceton löslichen K-Tetraphenylborate, die Kupferchelate der β-Diketone und einige andere (vgl. HEIN). Nach NIELSEN und ROSENBERG bildet der Ester der Oxalessigsäure lipoidlösliche K-, aber keine solchen Na-Komplexe. An dieser Stelle sei auch auf die für K^+ spezifischen Ionenaustauscher hingewiesen, die durch Einlagerung des K-Komplexbildners Dipikrylamin (Hexanitrodiphenylamin) hergestellt wurden [SKOGSEID (1948)]. Unter BONHOEFFER gelang auch die Herstellung von Austauschermembranen, die zwischen Cl- und Br-Ionen unterscheiden können (1956).

In den zuletzt genannten Fällen liegt allerdings kein Carriersystem im engeren Sinne vor.

In der Elektrophysiologie wird zum Teil mit recht *detaillierten Vorstellungen über die Zustände eines Carriers* für Na gerechnet. Man versucht auf diese Weise, verschiedene Feinheiten im Ablauf des Aktionspotentials und seine Beziehungen zum Refraktärstadium und zur Wiederherstellung der normalen Erregbarkeit zu beschreiben. LÜTTGAU modifiziert ein von WEIDMANN angegebenes Schema, welches einen ruhenden und aktiven Normalzustand von einem inaktiven Zustand des hypothetischen Na-Carriers unterscheidet. Die Na-Leitfähigkeit der Membran während der Erregung wächst nach den Erfahrungen am markhaltigen und marklosen Nerven (HODGKIN und HUXLEY) mit der Größe des Membranpotentials, welches z. B. durch angelegte Rechteckströme verändert wird. Die relativ langsam, d. h. innerhalb 20 msec, erfolgende Erhöhung der Leitfähigkeit wird durch Bereitstellung von *normalem Carrier aus einer inaktiven Bereitschaftsform* erklärt, die selbst kein Natrium transportieren kann. Das Gleichgewicht zwischen der ruhenden und aktiven Normalform wird ebenfalls durch das Membranpotential bestimmt: seine Erniedrigung verursacht den Na-Einstrom. Dadurch würde aber das Gleichgewicht von der Normalstufe zur inaktiven verschoben werden und damit schließlich das Na-Potential sich selbst vernichten, so daß wieder das Ruhe-K-Potential bestimmend wird. Von diesem Augenblick an würden die aktiven Träger in den Ruhezustand überführt werden, ein Vorgang, der durch die Zunahme des K-Potentials beschleunigt wird. In der anschließenden Refraktärzeit würde die inaktive wiederum in die erregungsbereite Normalform verwandelt. Die Tatsache, daß auch für die Repolarisation der Membran ein Alles- oder Nichtsgesetz gilt, jene also nur nach Überschreiten eines Schwellenpotentials, danach aber gleichförmig erfolgt, ist mit diesem Schema im Einklang. Eine auch nur hypothetische Beziehung zu irgendwelchen biochemischen Eigenschaften des Na-Transportsystems kann es aber zunächst noch nicht bieten.

Nach Hodgkin, Huxley u. Katz (1949) soll auch das Ca^{2+} am Carrier um Na^+ konkurrieren und dadurch nicht nur den Na-Transport, sondern auch die mit ihm verknüpften K-Bewegungen einschränken. Die Minderung des Na^+-Stromes erkläre die Hyperpolarisation bei Ca^{2+}-Erhöhung, d. h. die Steigerung des Membranpotentials, und die Verminderung eines Kalium-Austritts aus der Muskelfaser. Da aber beide Erscheinungen nicht quantitativ zusammenhängen, lehnen Gossweiler, Rummel u. Mitarb. (1954) die Auffassung von Hodgkin u. Mitarb. ab und ziehen allgemeine kolloidchemische Einflüsse der Ionen auf das Membranmaterial in Betracht. Beide Ansichten schließen sich jedoch nicht aus, wenn man, wie es häufig geäußert wurde (Söllner 1954, Huf 1957), die Carriersubstanzen als Polyelektrolyte ansieht.

Gemeinsame aktive Membranorte lassen sich *durch gegenseitige Verdrängung der zu befördernden Substrate feststellen.* Schon Cori fand 1926 die Größe der Resorption einzelner Zucker dann herabgesetzt, wenn verschiedene Monosaccharide gleichzeitig in das Darmlumen gegeben wurden. Der *Tubulusapparat* der Niere bietet weitere Beispiele für die gegenseitige Beeinflussung des Transportes in beiden Richtungen. Die Sättigung des Carriersystemes durch Glucose hemmt die *Rückresorption* der Xylose aus dem Lumen vollständig, die der Fructose ebenfalls, aber schwächer. Nach Pitts wird der Übertritt von Kreatin aus dem Ultrafiltrat durch Glykokoll, Alanin, Glutaminsäure blockiert. Von dieser Gruppe ist die der ebenfalls rückaufgesaugten basischen Aminosäuren und des Leucins durch fehlende gegenseitige Beeinflußbarkeit abtrennbar (Pitts 1955). Unbeeinflußt von diesem System mit seinen 3 Untergruppen und dem des Glucosetransportes arbeitet das der Ionenbewegung. Auch bei der Froschniere wurde von John keine Beziehung zwischen dem tubulären Glucose- und Elektrolyttransport gefunden (1957).

Die Apparate der *Sekretion* in den Tubulis sind einheitlicher zusammengesetzt. Wenn man von der bis zum 1000fachen gehenden Konzentrierung der H-Ionen und der Übernahme des an der Glutaminase entstandenem NH_4^+ in den sauren Harn absieht, scheinen sich alle sekretorisch stark angereicherten Stoffe gegenseitig zu hemmen. Neben der Hippursäure, dem Diodrast, einigen Farbstoffen wie Phenolrot gehören viele Antibiotika in diese Gruppe. Sie alle wie auch die Sulfonamide werden im Urin stark konzentriert. Die Verlangsamung der Ausscheidung des Penicillins durch das Caronamid [1] beruht auf einer Verdrängung. Der Hemmstoff wird selbst vom Tubulusapparat konzentriert.

Nach Foulkes (1955) hemmt Azid die K-Aufnahme nicht durch Blockierung der Atmung, sondern bei der Hefe durch direkte Reaktion mit dem Carrier. Aus den Hemmungsdaten ergibt sich die Dissoziationskonstante des Azid-Carrier-Komplexes. Die nur mit Phosphat und Glucose erfolgende K-Aufnahme ist sekundär und nicht azidempfindlich.

Erst in wenigen Fällen ist es gelungen, den *Ort der Energieübertragung* bei einem Carrier-Transportsystem festzulegen. Gale (1954) fand, daß in protein- und glucosearmen Medien vorgezüchtete Staphylokokken nur dann Glutaminsäure aufnehmen, wenn Glucose zugegeben wird. Die Anreicherung kann nun bis über das 100fache steigen. Nach Christensen sind auch Ascites-Tumorzellen in der Lage, Glykokoll anzureichern. Heinz sah eine Konzentrierung auf das 20fache des Außengehaltes. Da es sich nach seinen Versuchen frei gelöst im Cytoplasma befindet, liegt ein aktiver Transport beachtlicher Leistungsfähigkeit vor. Bei Steigerung der Konzentration des ^{14}C-markierten Glykokolls nimmt die Aufnahmegeschwindigkeit bis zu einem Grenzwert ab, der der Sättigung des Membransystems entspricht. Unter O_2-Mangel oder Einwirkung von Stoffwechselinhibitoren bleibt diese Maximalgeschwindigkeit erhalten, jedoch steigt jetzt die Außenkonzentration an, bei welcher der Influx die gleiche Größe wie im ungehemmten Zustand besitzt.

---

[1] ⬡NHSO$_2$CH$_2$⬡COOH.

Die Konzentration der halben Maximalgeschwindigkeit, d. h. die Michaelis-konstante wächst. Das bedeutet, daß die Affinität des Komplexbildners zum Glycin sich mit der Herabsetzung der Energiezufuhr verringert. Eine Abnahme des Koppelungspotentials muß sich, wenn die Energie bei der Bildung des Carrier-Substrat-Komplexes benötigt wird, in der gefundenen Weise äußern. Der Efflux aus glycinbeladenen Zellen wird durch die Stoffwechselgifte nicht beeinflußt. Man hat sich danach in diesem Fall vorzustellen, daß sich der energieübertragende Vorgang auf der Außenseite der Membran abspielt. Da Azid und DNP wirksam sind, dürfte die Energie der Phosphatbindung benutzt werden. In welcher Bindungsform der Transport geschieht, ist jedoch auch hier unbekannt.

Fermente der Zellmembran

Die Carrier-Vorstellung benötigt in fast allen ihren Formen den Ablauf und damit auch die *katalytische Steuerung chemischer Reaktionen an oder in der Membran*. Sie muß daher mit der *Anwesenheit von Fermenten* in ihrem Bereich rechnen. Die Beteiligung von Proteinen am Aufbau läßt es von der morphologischen Seite aus zu, daß Fermente ihr unmittelbar angehören. Ob sie mit bekannten gelösten Enzymen identisch sind und mit ihnen ausgetauscht werden können, oder ob schon bestimmt angeordnete Membranproteine solche katalytischen Wirkungen entfalten, wie sie während des aktiven Transportes auftreten, ist heute nicht zu entscheiden. Denn man ist bisher kaum in der Lage, Membranen — von der Zelle abgetrennt — einer chemischen Analyse zuzuführen[1]. Dafür aber, daß Fermentwirkungen funktionell an der Membran lokalisierbar sind, gibt es eine große Zahl von Hinweisen mit unterschiedlicher Beweiskraft. Es muß nämlich immer die Frage gestellt werden, wieweit die durch die Membranstruktur gesteuerten und für die katalysierten Transportvorgänge verantwortlichen Komplexaffinitäten bereits als die Wirkung eines etwa zweidimensional ausgebreiteten Fermentsystems zu betrachten sind, das sich auch formal der Michaelis-Menten-Beziehung fügt.

Nach THOMAS (1956) würde das Enzym selbst als Carrier anzusehen sein, da es als Enzym-Substratverbindung die Substanz transportieren und bei der Spaltung sie als Produkt — nunmehr nach einer Seite ausgerichtet — wieder abgeben würde. Eine geeignete räumliche Anordnung könnte einen hohen Nutzeffekt der Transportleistung ermöglichen.

Für das Vorkommen von Fermenten in klassischem Sinne sprechen die umfangreichen Erfahrungen von ROTHSTEIN (1954). Die Lokalisation an der Oberfläche ist am leichtesten aus der *Wirkung auf nicht eindringende Substrate* zu entnehmen. Zum Beispiel ist sehr leicht zu demonstrieren, daß die pH-Abhängigkeit der Invertasewirkung genau die gleiche ist, ob das Ferment gelöst oder an der Hefe gebunden vorliegt. Da durch die pH-Veränderungen außen in dem entsprechenden pH-Bereich keine Änderung des Binnen-pH zustande kommt, kann die Identität beider pH-Kurven nur durch die Wirksamkeit des Fermentes an der Außenseite, d. h. durch seine oberflächliche Lage erklärt werden (WILKES und PALMER 1932). Die gleichen Befunde und Überlegungen gelten für Lactase, Trehalase (MYRBÄCK 1937) und Amylase bei Streptococcus bovis (RAHN und LEET 1949). ROTH-STEIN fügte die Beobachtung hinzu, daß die Hydrolyse durch Invertase 300fach schneller abläuft, als die Aufnahme oder Abgabe der Monosaccharide erfolgt. Nach einer Spaltung im Innern der Hefe hätte also nur der 300. Teil der Monosen außen erscheinen können.

Histochemische Methoden erlauben die Lokalisation von Phosphatasen an der Außenseite der *Darmwand- und Tubulusepithelzellen*. Vielleicht spielen sie bei vielen sekretorischen Vorgängen eine Rolle. Sie sind auch auf der Oberfläche von Hefe vorhanden. ^{32}P-markiertes

---

[1] Vgl. jedoch S. 733.

ATP wird von ihr so gespalten, daß kein markiertes freies Phosphat in das Zellinnere gelangt, sondern in der Außenflüssigkeit verbleibt (Rothstein und Meier 1949). Das gleiche trifft für die Spaltung phosphorylierter Zucker zu. Diese Wirkungen können bei der Hefe als Vorbereitung des geeigneten Gärungssubstrates, also als *Analogon zur Verdauung* betrachtet werden. Derartige Funktionen sind im Bereich der Einzeller und Kleinlebewesen sehr verbreitet. Sie erstrecken sich auch auf Proteolysen. Auf der Oberfläche der Erythrocyten befinden sich ebenfalls Phosphatasen. ^{32}P aus hier gespaltenem ATP dringt nicht nachweislich in das Zellinnere (Herbert, Maizels 1954). Allerdings befindet sich hier auch wenig ATP-ase. Sie ist gegenüber Cu^{2+} empfindlich, das vornehmlich von außen angreift. Die oberflächlich gelagerten Phosphatasen der Darmepithelien werden von Rothstein als Verdauungsenzyme angesehen.

Libet fand, daß 99% der ATPase-Aktivität der marklosen Sepiaaxone in das Neurilemm zu lokalisieren sind. Dessen Aufgabe wird hier nicht allein in der ständigen Erneuerung von Acetylcholin bestehen, sondern sie wird wie an anderen Zelloberflächen Energie für die *Erhaltung der Membranstrukturen* bereit zu stellen haben. Eine ähnliche Bedeutung werden auch andere oberflächengebundene Fermente besitzen. Dennoch dürfte ihre Hauptaufgabe in der Katalyse der Transportvorgänge bestehen. Bei Hefe sind Uranylionen besonders stark, etwa bei $2 \cdot 10^{-5}$ m/Liter wirksame Inhibitoren der Glucoseaufnahme. Sie greifen nur an der Oberfläche an. Rothstein vermutet, daß die hohe Affinität des UO_2^{2+} zur Zelloberfläche durch Bildung eines ternären Komplexes mit ATP und Protein zustande kommt.

Die Veratmung bzw. Vergärung von Acetat, Alkohol, Lactat und Pyruvat wird dagegen kaum durch UO_2^{2+} beeinträchtigt. Das trifft auch für die Eigengärung glykogenreicher Hefe zu.

Die Gültigkeit der Michaelis-Menten-Beziehung für die Gärung der intakten Hefe bei variierter Zuckerkonzentration außen, aber nachweislich unveränderter im Innern, läßt die Permeation als geschwindigkeitsbestimmenden Schritt erkennen. Es ist also der mit der Glucose reagierende Oberflächenort mit ihr im Bereich der Gültigkeit der Reaktion nullter Ordnung (s. S. 582) abgesättigt. In Gegenwart von UO_2^{2+} gilt der Michaelis-Menten-Typ weiter. Der Verlauf entspricht dem einer nicht-kompetitiven Hemmung. Daraus muß mit Rothstein geschlossen werden, daß Glucose und UO_2^{2+} an verschiedenen Orten reagieren, daß aber die mit dem Hemmstoff besetzte Stelle trotz erhaltener Reaktionsfähigkeit mit Glucose nicht mehr in der Lage ist, ihr Weiterreagieren zu katalysieren. Nach der Analyse Rothsteins kann auch folgender Effekt der K-Ionen nur auf eine Oberflächenreaktion zurückzuführen sein: eine Erniedrigung des pH setzt die Gärungsgeschwindigkeit stark herab, bei Gegenwart jedoch genügend hoher K-Konzentrationen außen kommt der verlangsamende H^+-Einfluß nicht zustande. Da der geschwindigkeitsbestimmende Schritt die Permeation ist, und da die Binnenkonzentration an K^+ und H^+ dabei kaum verändert wird, ist jener Schluß begründbar. Gelöste Hexokinase zeigt weiterhin den gleichen fördernden Einfluß der K-Ionen bei niedrigem pH. Es spricht daher vieles dafür, daß das erste Ferment der Zuckerverarbeitung auf der Außenseite der Zelle wirkt. Ob allerdings etwa bei der Hefe, im Gegensatz zu tierischen Zellen, Glucose-6-P die permeationsfähige Glucoseform sei, ist damit noch nicht gesagt.

Nach Rothstein finden allgemein *im Vorfelde der Membranen fermentative Reaktionen statt*, welche die Aufnahme durch sie hindurch ermöglichen, ohne daß Carrierstoffe im bekannten Sinne interferieren müssen. Das von ihm entworfene Bild rechnet bei der Hefe mit einer bevorzugt kationendurchlässigen Außen- und einer lipoiden zweiten Membran. Nur in das Feld zwischen beide wird der Kationentausch verlegt, welcher an diesem Objekt zweifellos wenig ausgeprägt ist und das Zellinnere nicht mit erfaßt. Wie es den Conwayschen Befunden und Vorstellungen entspricht, kann hier im Gegensatz zum Zellinnern der pH-Wert durch das Medium stark beeinflußt werden. Zwischen beiden Membranen findet auch schon eine Glykolyse statt, während die Na- und K-Pumpen in die Lipoidmembran verlegt werden. Das Schema ist in dieser Form schon wegen der bekannten morphologischen und elektrisch-kapazitativen Eigenschaften nicht auf andere Zellen unmittelbar zu übertragen. Aber die Bedeutung der mit der Membran verbundenen Enzyme dürfte überall groß sein und die Dynamik jener und ihre Tiefenwirkung verstehen helfen. Letztere wird schon durch die Tatsache belegt, daß das aus dem Vorfelde wirkende Kalium den Verlauf der Hefegärung beeinflußt: bei neutralem Medium wird in K^+ und NH_4^+-Gegenwart ein bemerkenswerter Anstieg der Glycerinbildung und ein Abfall des Polysaccharidgehaltes beobachtet.

Redoxpumpen und Redox-Carrier-Mechanismus

Die ursprüngliche Carriervorstellung operiert mit einer Komplexbildung und anschließender Freigabe der unveränderten Stoffe. Die Doppelmembrantheorie von ROTHSTEIN läßt tiefergehende chemische Veränderungen beim Transport zu. Beide rechnen mehr oder weniger ausgesprochen mit dem Eingreifen des ATP-Systems als Energieüberträger. Da aber eine sehr wirksame energetische Reaktionskoppelung durch *Zusammenschalten von Redoxsystemen* möglich ist (s. S. 464 und 483), ist die Frage nach ihrer Bedeutung *beim aktiven Transport* zu stellen. Man wird einen derartigen Mechanismus vor allen Dingen deshalb in Betracht ziehen, weil die energetische Kuppelung zwischen zwei reversiblen Redoxsystemen — wie das Beispiel der galvanischen Elemente lehrt — mit sehr geringem Energieverlust vollzogen werden kann.

Die bei früherer Gelegenheit berechneten Nutzeffekte des aktiven Transportes wurden ohne Berücksichtigung der *Energieverluste* erhalten. Tatsächlich ist aber auch bei optimaler Koppelung immer mit irreversiblen, also zu Verlust gehenden Anteilen zu rechnen. Ihr Minimalwert kann auf Grund folgender Überlegung angegeben werden. Reversible Vorgänge setzen einen unendlich langsamen Ablauf voraus, da sie die Einstellung eines Gleichgewichtes aller beteiligten Kräfte für jeden Zeitpunkt verlangen. Ein Transport mit endlicher Geschwindigkeit benötigt auch ein endliches treibendes Energiegefälle, das um so größer sein muß, je geschwinder der Prozeß abläuft. Allein mit der Aufrechterhaltung dieses Gefälles, die der Ausdruck eines Energiestromes ist, gehen grundsätzlich irreversible Anteile, die als Entropiezunahme erscheinen, einher. Sie treten auch auf, wenn ein Membranleck oder andere Unvollkommenheiten des Systems ausgeschlossen sind. Von ihnen sei zunächst abgesehen.

Der Flux einer Substanz werde in Mol pro Fläche und Zeit ausgedrückt. Der *Nettotransport* (*NT*) wird in gleichem Maß angegeben. Er ist die *Differenz beider entgegenlaufender Flüsse*, die in bekannter Weise mit markierten Stoffen gemessen werden. HEINZ (1956) hat gezeigt, daß sich nach den Regeln der irreversiblen Thermodynamik für den Fluß von Nichtleitern ein Energieverlust ergibt von:

$$\Delta G_{\mathrm{irr}}^{\mathrm{osm}} = RT \ln \frac{\mathrm{Influx}}{\mathrm{Influx} - NT} = RT \ln \frac{\mathrm{Influx}}{\mathrm{Efflux}}. \tag{35}$$

Die Bewegung geladener Teilchen erfordert eine zusätzliche Energie, welche dem Verlust bei der Ionenreibung eines elektrochemischen Äquivalentes, gebunden an ein Teilchen mit der Ionenleitfähigkeit in der Membran von λ, entspricht. Dieser Anteil ist:

$$\Delta G_{\mathrm{irr}}^{\mathrm{el}} = NT \cdot F^2/\lambda. \tag{35a}$$

Beide Angaben gelten pro Mol bzw. Äquivalent; sie sind den vorstehenden Werten für den Energiebedarf hinzuzuschlagen. Bei Nichtleitern fällt der letzte Zusatz-Term fort. Andererseits steigern Nebenschlüsse in der Membran den Energiebedarf.

Ein Isotopentausch ist in dem Falle kein Indicator für einen endergonischen Vorgang, wenn er sich allein am Carrier vollzieht. Seine Größe ist dann nur Ausdruck der Wechselgeschwindigkeit zwischen markiertem und nicht markiertem Stoff im Komplex an der Außenseite (*Carrier-Exchange-Diffusion*). Letztere ist oft klein. Ihr Anteil läßt sich dann bestimmen, wenn die Größe der außerdem am Efflux beteiligten Querdiffusion durch die Membran bekannt ist. Nach Blockierung des Carriers mit hohen Substratkonzentrationen außen kann der gemessene Efflux auf reine Diffusion bezogen werden, da der Carrier auch für den Rücktransport nicht frei ist. Mit diesem Verfahren fand HEINZ für Glykokoll beim Ascites-Tumor eine geringere Diffusion, d. h. einen größeren Carrier-Exchange-Anteil am Efflux (1957).

Ein Vorgang mit relativ geringem Energieverlust ist die *Bildung der Salzsäure* in den Parietal-Zellen der Fundusschleimhaut des Magens. Es steht sicher, daß sie auf *Kosten von Oxydationsenergie* erfolgt. Die Steigerung des O_2-Verbrauchs, die dabei stattfindet, konnte gemessen, in ihrer Größe statistisch abgesichert und mit der gebildeten HCl-Menge in Beziehung gesetzt werden. Dabei ergab sich, daß auf eine zusätzlich aufgenommene O_2-Molekel maximal 4 H^+-Ionen gebildet werden können. Bei ihrer Sekretion wird die Aktivität der H^+-Ionen von der im Blut zu der im Magensaft vorhandenen gehoben. Eine pH-Differenz von 6,5 für beide Flüssigkeiten würde eine Steigerung der Aktivität auf das 3 000 000-fache bedeuten und dem Intensitätsfaktor der im Minimum einzusetzenden Energie entsprechen. Theoretisch würde eine $3 \cdot 10^6$fache Konzentrationssteigerung eines Äquivalentes eine Energiezufuhr von $1,37 \cdot \log 10^{6,5} = 8,9$ kcal erfordern. Hinzu kommt der Bedarf für die etwa 1,6fache Cl^--Anreicherung mit etwa 0,3 kcal. Die Bildung von 4 Mol HCl benötigt daher ohne Einbeziehung der irreversiblen Verluste 37 kcal. Da die Veratmung von 1 Mol O_2 mit Glucose 115 kcal liefert, ist der thermodynamische Nutzeffekt mit $37/115 = 0,32$ relativ, aber nicht auffällig groß (DAVENPORT 1952), wie es zeitweilig angenommen wurde.

Ein *einfaches Schema der HCl-Bildung* konnte annehmen, daß durch Spaltung des Wassers OH^- und H^+-Ionen entstehen. Die OH^--Ionen würden an der Carboanhydratase durch CO_2 gebunden und in einem einfachen Anionentausch gegen Cl^- zur Blutseite abgeführt. Auf diese Weise erfolge eine Cl^--Anreicherung. Die Cl^- und die aus der Wasserspaltung übriggebliebenen H^+-Ionen sollten dann als HCl an der Lumenseite abgegeben werden. Diese Vorstellung wirft 3 Probleme auf: das der H^+-Bildung und das des Cl^-- und des H^+-Transportes. Es hat sich gezeigt, daß diese 3 Vorgänge aktiv betrieben werden. Alle drei können in der Redoxhypothese miteinander verbunden werden (vgl. HEINZ u. ÖBRINK).

Der Energiebedarf für die Konzentrierung der H^+-Ionen steht völlig im Vordergrund. Um ihn durch eine Redoxreaktion zu decken, ziehen sowohl CONWAY (1953) wie DAVIES (1950) die *Kombination eines Fe-haltigen, pH-unabhängigen Systems mit einem vom pH* in bekannter Weise *abhängigen organischen Redoxpaar* heran. Das Fe-haltige sei positiver als das zweite. Dann spielen sich folgende Reaktionen ab:

$$Fe^{3+} + e \leftrightarrow Fe^{2+}; \qquad XH \leftrightarrow X + e + H^+$$

$$XH + Fe^{3+} \rightleftharpoons X + Fe^{2+} + H^+$$

Der Vorgang verläuft in der Richtung nach rechts, wenn das Metallsystem positiver, nach links, wenn es negativer als das organische ist. Steigerung der H^+-Konzentration positiviert das letztere, so daß die Spannung und damit die freie Energie der Reaktion zwischen beiden, welche die Protonen bildet, vermindert wird. Wenn sie noch bei pH 1 Wasserstoffionen liefern soll, muß auch hier das organische System noch negativer sein. Um bei dem normalen Gang des Redoxpotentials einer Säure von 60 mV pro pH-Stufe durch eine Redoxreaktion bei pH 1 noch H^+-Ionen entstehen zu lassen, muß das organische System bei pH 7 im Minimum 360 mV negativer als das des Fe sein (entsprechend $0,36 \cdot 23 = 8,3$ kcal). Als Partner etwa für Cytochrom c kommen daher sowohl DPN wie auch noch FAD in Frage (s. S. 447, Abb. 231).

Um der Reaktion einen kontinutierlichen Verlauf zu geben, ist es nötig, das Material zu reoxydieren. Dazu diene ein zweites elektronenaufnehmendes System usw., so daß schließlich das Elektron, welches dem Wasserstoff bei der H^+-Bildung entzogen wurde, auf O_2 übergeht. In dem Entzug des Elektrons aus XH ist die eigentliche energetische Kupplung zu sehen. Das Schema der Abb. 232 gibt gleichzeitig Rechenschaft von der *Konzentrierung und der Leitung der Protonen.*

Die Salzsäure wird in die Canaliculis der Belegzellen abgegeben. Da ihr Cytoplasma keineswegs saure Reaktion zeigt, muß die Bildung jener an der Grenzmembran der Kanälchen erfolgen.

Im Gegensatz zu vielen anderen sind diese Zellen Cl-reich. Es ist außerdem unbestritten, daß der hohe Gehalt des Fundusepithels an *Carboanhydratase* (HOLLANDER 1952) auf die Belegzellen zu beziehen ist. Schon weniger sicher ist es, ob die Vergiftung mit Sulfonamiden, speziell mit Diamox (S. 715) die Säurebildung in erster Linie oder alleine dadurch hemmt, daß jenes Ferment ausgeschaltet wird. Allgemein jedoch schreibt man ihm bei der HCl-Bildung die Funktion zu, OH^--Ionen mit der freien CO_2 des Blutes zu HCO_3^- zu

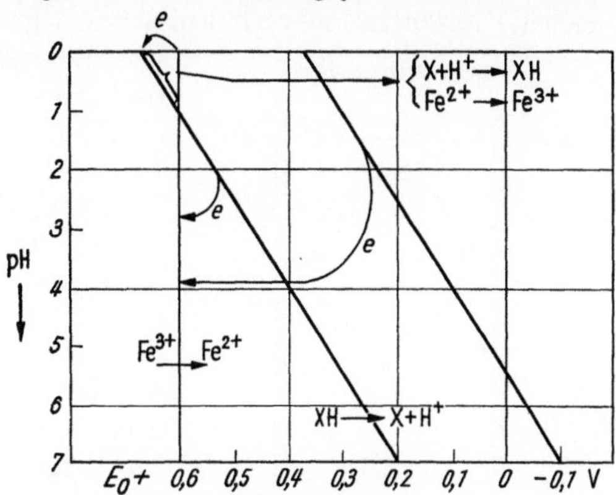

Abb. 231. Protonenbildung in Redoxsystemen. Durch Elektronenübernahme setzen positivere aus negativen protolytischen Systemen H^+-Ionen frei. Die pH-Abhängigkeit beider bestimmt den Umkehrpunkt dieses Vorganges

binden und so dem Blut zuzuführen, wobei es als wahrscheinlich angesehen wird, daß sich dieser Vorgang auf der Blutseite der Zellmembran abspielt.

Die Tatsache aber, daß die Säureproduktion auch in Abwesenheit von CO_2 verlaufen kann und dennoch durch Diamox inhibiert wird, läßt an weitere Wirkungen

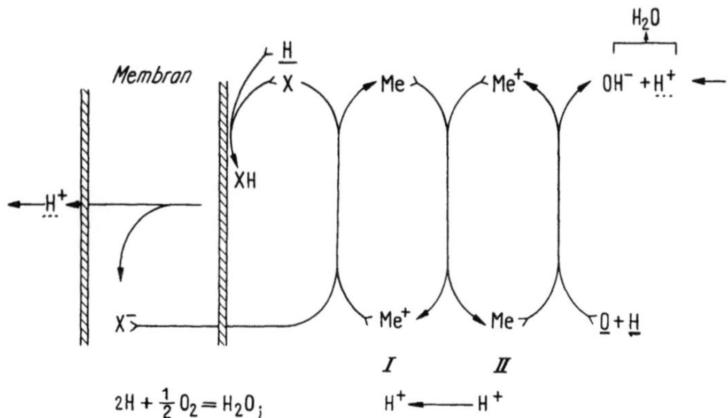

Abb. 232. Redox-Carriersystem für den oxydativen Transport von H^+-Ionen

dieses Giftes denken. Sie betreffen den Cl-Flux: er wird herabgesetzt, nicht aber der *Flux der H^+-Ionen.* Dieser *kann weiter bestehen*bleiben, *obwohl das Potential der Schleimhaut verringert oder sogar* wegen des anhaltenden H^+-Fluxes *umgekehrt werden kann* (HEINZ und DURBIN 1957). Das Bestands- und Aktionspotential der Schleimhaut wird durch den aktiven Cl-Transport bestimmt, welcher nach außen gerichtet ist. Rhodanide schalten den H^+-Transport aus (REHM 1945), ohne den Cl^--Flux und zunächst das Potential zu beeinflussen (HEINZ 1956). Histamin steigert den Cl^--Flux, ist aber unwirksam, wenn der H^+-Flux durch Rhodanid ausgeschaltet wird. Trotzdem ist nach REHM anzunehmen, daß der Flux beider Ionen über einen gemeinsamen Carrier gekoppelt ist.

Auch der Cl⁻-Transport geschieht aktiv. HOGBEN (1953) zeigte, daß die aus der gemessenen Fluxgröße berechnete Cl⁻-Leitfähigkeit der Schleimhaut 3fach größer als die auf elektrischem Wege direkt gemessene Leitfähigkeit ist. Es muß daher der Hauptteil des Cl in gebundener, nicht elektrisch leitender Form bewegt werden. Weiterhin ist der Flux, bzw. die Übertrittsgeschwindigkeit in den Magensaft, für Br^- bei gleichen Konzentrationsverhältnissen 60% größer als für Cl^-, obwohl die elektrolytischen Beweglichkeiten beider Ionen praktisch gleich sind (HEINZ, ÖBRINK und ULFENDAHL 1954).

HOGBEN kombiniert in der *Anionen-Redox-Pumpe* den Transport der Protonen mit dem der Cl-Ionen. Der Fe^{3+}-Carrier transportiert mindestens ein Cl-Äquivalent, welches er bei seiner Reduktion auf der Lumenseite abgeben muß. Da ein Wasserstoffatom hierbei ein Elektron auf das Fe überträgt, wird ein Proton gleichzeitig frei. Auf der Blutseite liefert das Fe wieder ein Elektron ab, um erneut ein Cl aufnehmen zu können. An dieser Stelle müßte die Energieübertragung aus einem anderen System vor sich gehen (s. Abb. 233). Ein grundsätzlich ähnliches Schema hatte LUNDEGARDH (1952) schon vor einiger Zeit zur Deutung der *Anionenatmung der* pflanzlichen *Wurzelhaare* gegeben. Es handelt sich dabei um die Tatsache, daß bei der Salzaufnahme durch die Wurzeln offenbar die Anionen aktiv mit Hilfe von Oxydationsenergie aus dem Boden aufgenommen werden.

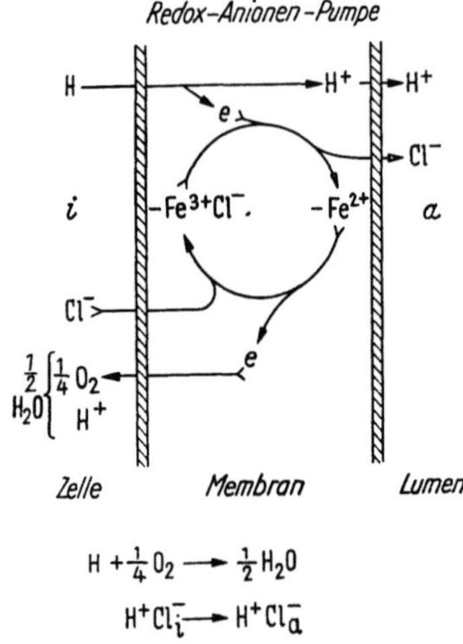

Abb. 233. Anionen-Redox-Pumpe. Sie wird durch die cyclische aber räumlich getrennte Oxydation und Reduktion eines Fe-Komplexes betätigt, dessen positive oxydierte Form durch Cl⁻-Ionen abgesättigt wird

Nach den Erfahrungen CONWAYs 1950 muß der vorhergehend beschriebenen *Ionenaufnahme durch Hefe* ein ähnlicher energetischer Mechanismus wie der HCl-Bildung zugrunde liegen. Der K^+-H^+-Tausch, welcher aus neutraler KCl-Lösung eine HCl-Konzentration von m/40 schaffen kann, erfolgt aktiv. Er kann durch Azid und DNP zum Stillstand gebracht werden, Gifte, welche die Gärung selbst kaum beeinflussen. Nicht ganz gleichartig operiert der Transport, welcher aus an Na-angereicherter Hefe dieses Kation gegen K^+ aus einer KCl-Lösung tauscht: Er kann auch von anaerob gärenden Hefen vollzogen werden (1954). Sie bieten die Möglichkeit, das Redoxpotential in Glucose zu messen und durch geeignete Redoxindicatoren auch zu beeinflussen. Der bei pH 4,5 gleichzeitig gemessene K^+-H^+-Tausch zeigt eine geradlinige Abhängigkeit von E_h: unter 180 mV nimmt er ab, um bei 100 mV zu erlöschen. Durch Positivierung wird er erheblich gesteigert. Eine exakte Einordnung dieses Befundes in das gegebene Redoxschema für den Na-Transport bereitet noch Schwierigkeiten (s. Abb. 234). Der Nutzeffekt der Atmung ist beim Na-Transport durch die Froschhaut größer, als es nach dem gegebenen Redox-Schema möglich ist. HUF (1957) hat es unter Berücksichtigung der Lähmung des Transportes durch Fluoressigsäure modifiziert. Unter ihrer Einwirkung wird die normale Ionenverteilung zwischen den Epithelzellen und ihrer Umgebung nicht beeinflußt.

Als *Energiequelle der Redoxcyclen* kommt energiereiches Phosphat kaum in Betracht, es sei denn, daß mit seiner Hilfe eine Verschiebung des Potentials erreicht würde (s. S. 662). Die Möglichkeit der Energielieferung wird durch die *Differenzen der Normalpotentiale* bestimmt. Auf diese Weise kann wahrscheinlich auch der von der normalen Glykolyse abweichende Abbau in den Erythrocyten zur Unterhaltung der Kationenpumpen eingesetzt werden. RAPOPORT (1955) zeigte, daß die Pyruvatkinase in den roten Zellen kaum in Funktion tritt, denn hier wird 1,3-Diphosphoglycerinsäure zu mindestens 90% des Umsatzes in 2,3 PGA verwandelt, ohne daß Energie für die Bildung des ATP auf dieser Stufe entnommen werden kann. Da die beiden an der Pyruvatkinase gebildeten ATP-Molekeln schon für die Unterhaltung des Glucoseumsatzes gebraucht werden, stellt also

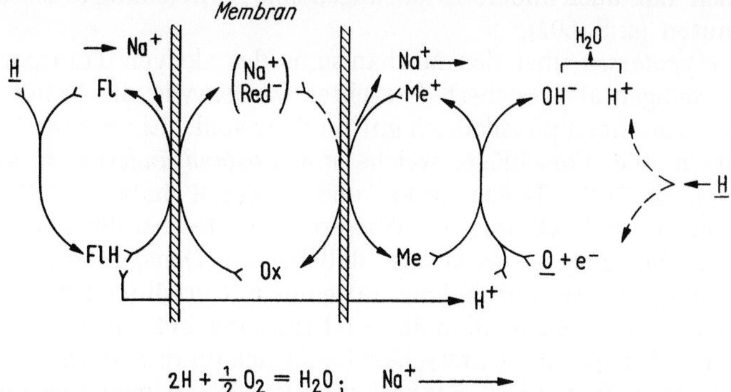

Abb. 234. Oxydative Na⁺-Redoxpumpe. Das Salz Na⁺ Red⁻ passiere die Membran. Die Abgabe des Na⁺ erfolge durch Oxydation von Red⁻ auf einer Seite, während es auf der anderen wieder reduziert würde

hier die Gärung kein ATP zur Verfügung. Die Wasserstoffübertragungen vollziehen sich jedoch in üblicher Weise. Daß BTS-Zugabe nach Monojodessigsäurevergiftung die Zuckerdiffusion nicht wieder katalysiert, wohl aber nach Fluoridvergiftung (WILBRANDT), ist mit dieser Auffassung im Einklang, da nur im letzten Fall eine Hydrierung der BTS mit Hilfe des PGA möglich ist.

Aktiver Transport ohne Carrier?

Da die Mehrzahl der gegenwärtig diskutierten Hypothesen über den aktiven Transport die Vorstellung eines Carriers verwenden muß, und da bisher die Existenz eines solchen Stoffes nicht direkt erwiesen werden konnte, müssen alle *Theorien*, welche ihn nicht heranziehen, mit besonderem Interesse verfolgt werden. SCHLÖGL (1957) hat eine Möglichkeit des *selektiven Na-Transportes* gedanklich entwickelt und eingehend quantitativ formuliert. Sie *benötigt nichts weiter als eine Mosaikmembran* von bestimmten Dimensionen ihrer positiven und negativen Poren. Eine im Stoffwechsel gebildete Säure kann eine solche Membran mit Hilfe von elektrischen Kreisströmen passieren, welche sich zwischen beiden Arealen dann ausbilden, wenn ihre Bereiche so klein sind, daß sie durch die Außenlösung kurz geschlossen, d. h. auf das gleiche Potential gebracht werden können. Dabei treten die Kationen durch die negative, die Anionen durch die positiv geladene Pore. Die Produktion der Säure unterhält den Kreisstrom. Er seinerseits aber verursacht eine elektroosmotische Flüssigkeitsbewegung (s. S. 287) durch die Poren, wobei in den negativ geladenen das Wasser den hier passierenden Na- und K-Ionen entgegenströmt. Bei genügend enger Dimensionierung kann auf diese Weise das leichter bewegliche K⁺ noch in der Richtung des elektrochemischen Potentialgefälles passieren, während das stärker hydratisierte Na⁺ in der engen Pore durch die Gegenströmung schon zurückgehalten wird (,,Sortiereffekt'' nach TOMAN). Es liegt also die Kombination eines hydrodynamischen mit einem elektrischen Effekt vor. Beide dabei erzeugten Ströme sind nach den Regeln der irreversiblen Thermodynamik zu behandeln. Insbesondere kann auf beide die Onsagersche Vertauschungsbeziehung angewandt werden (s. S. 638). Die Rechnung ergibt, daß die Anreicherung unter physikalisch realisierbaren Verhältnissen soweit getrieben werden kann, wie sie in den Zellen beobachtet wird. Andererseits zeigt sich, daß bei Systemen mit den für einen geforderten Sortiereffekt notwendigen engen Poren vom Durchmesser etwa des Hydratmantels der Ionen nur dann eine genügende Anreicherung erfolgt, wenn eine höhere H-Ionenkonzentration an der Membran aufrechterhalten wird, als sie dem Zellinnern entspricht. Es muß aber betont werden, daß auch andere Erfahrungen eine Abweichung in dieser Richtung fordern könnten (s. S. 692).

Weitere Hypothesen über den Mechanismus des aktiven Transportes können heute noch weniger als gesichert betrachtet werden wie die bisher genannten, obwohl einige von ihnen physikalisch gut fundiert sind. Ein breites Anwendungsgebiet besitzen alle Vorschläge, welche mit *Zustandsänderungen an Eiweißen* arbeiten (vgl. S. 732). HOLZLÖHNER und SEELICH haben 1938 progressive Denaturierungen zur Erklärung des Wassertransportes bei der Speichelsekretion herangezogen. Sie gingen davon aus, daß bei der Denaturierung ein Stadium mit Erniedrigung der Wasserbindung auf eines mit erhöhter Bindung folgt, wie es von ihnen für das Serumalbumin bei Erhitzung auf 61° bereits festgestellt werden konnte. Ein gleicher Unterschied findet sich für das Myosin im erschlafften und kontrahierten Zustand (v. SZENT-GYÖRGY). Wenn man sich nun vorstellt, daß Eiweiß in das Sekret übertritt, ist es möglich, auf Grund der sich gleichzeitig vollziehenden Zustandsänderung einen Wassertransport gegen den osmotischen Druck und damit die Hypotonie des Speichels zu verstehen. Nach den vorliegenden dilatometrischen Versuchen sind die entsprechenden Hydratationseffekte dazu ausreichend.

Ein anderes Prinzip zur Erklärung aktiver Wasserbewegungen liegt der *osmotischen Diffusionspumpe* von J. FRANK und MEYER (1947) zugrunde. Im steady-state wird das in der Ruhe vorhandene Gleichgewicht zwischen monomeren Grundkörpern und einem hochpolymeren Stoff durch Abbau und Anbau dauernd gestört. Dabei sollen die Monomeren auf der einen und die Polymeren auf der anderen Seite im Vergleich zum Ruhegleichgewicht angereichert sein. Die Diffusionsrichtung beider ist daher entgegengesetzt. Da sich aber die kleinen Teilchen mehr mit dem Lösungsmittel reiben als die gleiche Masse der großen Polymeren, führt die gleiche Substanzmenge im monomeren Zustand mehr Wasser mit sich als die in entgegengesetzter Richtung tendierenden Polymeren. Daher findet der gesamte Stoff- und der mit ihm verknüpfte Flüssigkeitsstrom in der Richtung von den Monomeren zu den Polymeren solange statt, wie sich die chemischen Vorgänge des Aufbaues, Abbaues und der Nachlieferung vollziehen. Daß die Aufrechterhaltung lokaler Unterschiede im osmotischen Druck zu einem Transport von Wasser durch Zellen führt, konnte OSTERHOUT an Nitella zeigen. — Wie Wasser durch elektrische Kräfte bewegt werden kann, wurde bei der Besprechung der anomalen Osmose ausgeführt (s. S. 287).

Zur Erklärung von Konzentrierungen, speziell in den Ausführungsgängen der Nieren, führten KUHN und RYFFEL (1942) einen entscheidenden Modellversuch durch. Ihre Anordnung benutzt das *Gegenstromprinzip*. Sie verwenden parallel verlaufende Membranen bestimmter Durchlässigkeit. Dabei wird die freie *Energie*, die bei *der Vermischung* isotonischer Lösungen von Rohrzucker und Phenol auftritt, mit Hilfe geeigneter Membrankombinationen dazu verwendet, einen Teil des Rohrzuckers auf höhere Konzentrationen zu bringen. Die mit einer weder für Wasser noch für Zucker wohl aber für Phenol durchlässigen Membran an eine Rohrzuckerlösung grenzende Phenollösung gibt an erstere Phenol ab und kann so deren osmotischen Druck unter Voraussetzung stetiger Erneuerung der Phenollösung auf den doppelten Wert der untereinander isotonischen Ausgangslösungen erhöhen. Grenzt nunmehr an eine auf diese Weise im osmotischen Druck gesteigerte, in den Partialkonzentrationen jedoch noch gleichgebliebene Lösung über eine nur für Wasser durchgängigen Membran ein kleineres Volumen Rohrzuckerlösung, so wird ihr osmotisch Wasser entzogen und sie wird dadurch konzentriert (Abb. 235 und 236).

Diese im Einzelversuch zu erzielende Konzentrationssteigerung läßt sich durch geeignete Hintereinanderschaltung nach dem Gegenstromprinzip noch vervielfältigen. Die treibende Kraft für die Konzentrierung einer Substanz wird hier aus der Differenz der chemischen Potentiale einer anderen entnommen. Es läßt sich aber auch *durch mechanische Kräfte* unter Verwendung semipermeabler Membranen eine Konzentrierung wie mit einem osmotischen Stempel durchführen. Die dazu gebrauchten Kräfte können dann klein sein, wenn es gelingt, ihre Wirkungen in einem geeigneten langgestreckten System hintereinanderzuschalten (*Multiplikationsprinzip*, KUHN und MARTIN 1941). HARGITY und KUHN (1951) konnten eine Modellanordnung schaffen, von der Polyacrylat an den für es impermeablen Cellophanröhren gut konzentriert wurde. Benutzt wurde das Umkehrgegenstrom-Prinzip in einer *Haarnadel-Gegenstromvorrichtung* (Abb. 237). Die Berechnung hat ergeben, daß die me-

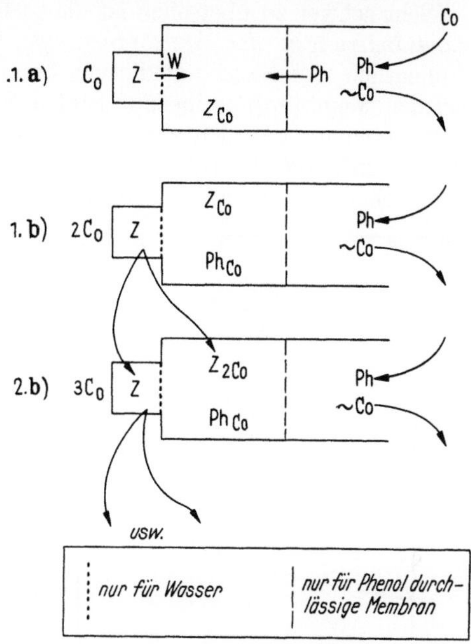

Abb 235. Konzentrierung einer Rohrzuckerlösung mit einer gleich konzentrierten Phenollösung nach KUHN und RYFFEL. Z Zuckerlösung, Ph Phenollösung. Ausgangskonzentration beider ist c_0. Wasser wird osmotisch aus Z bis zur Erreichung von $2c_0$ entfernt; das gleiche geschieht beim nächsten Schritt mit der so angereicherten Lösung im linken Raum, nachdem sie in die beiden linken übertragen und wieder von rechts mit Ph durchströmt wurde. So wird $3c_0$ für die reine Zuckerlösung erreicht usw.

chanischen Kräfte der Blutströmung noch nicht ausreichen, um die Konzentrierung in den Sammelgefäßen der Niere zu bewerkstelligen. KUHN zieht daher unter Beibehaltung seines Prinzips elektroosmotisch wirkende Kräfte heran, die dem Energieumsatz der Epithelzellen entstammen könnten.

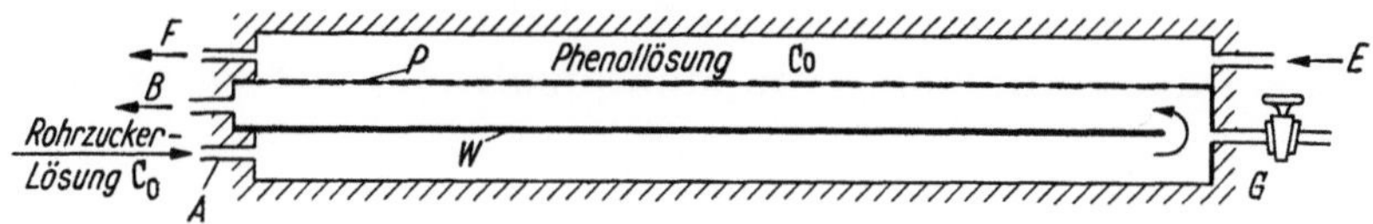

Abb. 236. Konzentrierung einer Rohrzuckerlösung mit Hilfe einer fließenden Phenollösung unter Benutzung einer nur für Wasser (W) und einer nur für Phenol durchgängigen Membran (P). Bei G ist die Konzentrierung am stärksten (Gegenstromanordnung von KUHN und RYFFEL)

USSING (1956) wies auf einen besonderen Effekt hin, der bei der osmotischen Wasserbewegung durch enge Poren entsteht. Unter der hydrostatischen Druckdifferenz, welche zwischen anisotonischen Lösungen besteht, wird Wasser dann nicht nur durch Diffusion, sondern durch laminare Strömungen bewegt, wenn die Pore genügend weit ist. Durch diese Bewegung werden gelöste Teilchen passiv und unter gegebenen Verhältnissen auch gegen ihre Diffusionsrichtung bewegt. Hier liegt kein aktiver Transport vor; sondern es handelt sich um Zusatzphänomene, bei denen eine Bewegung gegen die Richtung des chemischen Potentials erfolgt (*solvent drag*). Ihre Größe läßt sich duch den Flux und das Membranpotential leicht bestimmen, wenn kein aktiver Transport besteht. Die Abweichung der Fluxgrößen von den Forderungen der Teorell-Ussing-Gleichung sind dann auf den solvent drag zurückzuführen.

Sehr schwer zu übersehen ist die soeben schon gestreifte Bedeutung von *Zustandsänderungen der Membraneiweiße* für die cellularen Transportvorgänge. Namentlich GOLDACRE hat die viel besprochene Vorstellung entwickelt, daß die gleichen Membranproteine auf beiden Seiten in verschiedenen Zuständen vorliegen können, die sich durch ihre Bindungsfähigkeit gegenüber bestimmten Substraten unterscheiden. In der gestreckten Form ergeben sich schon aus räumlichen Gründen andere Adsorptionsmöglichkeiten im Vergleich zum gefalteten Zustand. Der letztere könnte wie bei den verschiedenen kontraktilen Proteinen z. B. durch ATP auf einer Seite der Membran — hier unter Einwirkung eines Fermentes — erzeugt werden. Dabei würde der transportierte Stoff freigegeben. Eine im Bilde von DANIELLI (s. S. 719) vielleicht nur thermisch bedingte Bewegung würde die reagierende Stelle auf die Aufnahmeseite zurückbringen und den Cyclus von neuem spielen lassen.

Daß Proteine spezifische Aufgaben bei der Aufnahme von Stoffen zu erfüllen haben, geht aus Befunden MONODS (1952) über die *Permeasen* hervor, d. h. spezifische adaptativ entstandene eiweißartige Hilfsstoffe der Permeation. Sie befinden sich in den Membranen bei Bakterien, speziell E. coli, oder in den Außenschichten und sind auf den inneren Enzymapparat abgestellt. Bakterien ohne Permeasen sind nicht fähig, Glucose zu verarbeiten, obwohl sie das innere Enzymsystem hierfür besitzen. Derartige

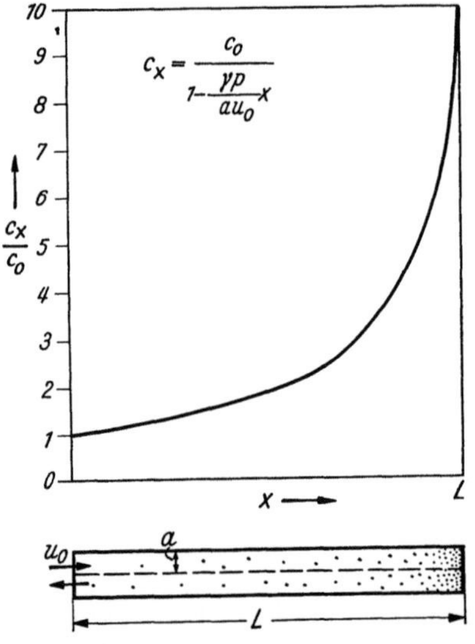

$$c_x = \frac{c_0}{1 - \dfrac{\gamma p}{a u_0} x}$$

Abb. 237. Verlauf der Konzentration im stationären Zustand einer Haarnadei-Gegenstrom-Anordnung p hydrostatischer Druck, γ Wasserpermeabilität (HARGITAY 1951)

unter Stoffkontrolle gebildete spezifische Permeationskatalysatoren sind offenbar auch für die Katalyse des Transportes von Aminosäuren, speziell des Valins gefunden worden (COHEN und RICKENBERG 1955).[1]

Die celluläre Aufnahme von Makromolekeln und Farbstoffen

Schon bei den Mikroorganismen erweist sich die Membran als ein Teil, der voll in die Dynamik des Zellgeschehens eingebaut ist. Sie ist offenbar auch mechanisch in Bewegung und in der Lage, gröbere Strukturwandlungen zu erfahren und zu reparieren. Ein Beispiel dafür bietet bereits die *Phagocytose*, d. h. die Fähigkeit der Plasmamembran, feste Partikelchen zu umkleiden, um sie schließlich in den Verband einiger dazu besonders befähigter Zellen aufzunehmen. Seit altersher werden Grenzflächenspannungskräfte zur Erklärung herangezogen. Tatsächlich wird auch im allgemeinen eine relativ hohe initiale Spannung zwischen Kohlepartikelchen, Niederschlägen oder denaturierten Eiweißen gegenüber der umgebenden Flüssigkeit bestehen. Ihre Erniedrigung bedeutet die Adsorption einer grenzflächenaktiven Schicht, und es ist durchaus vorstellbar, daß sie durch die Spreitung eines lipoiden Filmes zustandekommt. Er würde dem gleichartigen, hier gewissermaßen zunächst als Detergens wirkenden Material der Zellmembran entnommen (s. S. 671). In gleicher Weise wird man sich das Zustandekommen

---

[1] Galactosid-Permeasen wurden besonders eingehend untersucht (MONOD).

der *Pinocytose* vorstellen müssen. Dabei handelt es sich um die Erscheinung, daß kleinste Flüssigkeitsmengen der Umgebung tropfenartig von der beweglichen Zellmembran aufgenommen werden. Ihr weiteres Schicksal ist in den zugehörigen Mikrofilmen nicht mehr zu erkennen. Sie demonstrieren im übrigen besonders die schon seit längerer Zeit bekannte Beweglichkeit der Zellen in der Gewebekultur. Die Pinocytose selbst scheint auf wenige Zellarten — vor allem Sarkomzellen — beschränkt zu sein (W. H. LEWIS 1931).[1]

Über die Aufnahme von Desoxyribonucleinsäuremolekeln aus Bacteriophagen durch die Membran von Bakterien orientieren Versuche von KOTZLOFF u. Mitarb. (1957). Es zeigte sich, daß Zink für diesen Vorgang erforderlich ist, obwohl eine einfache Phagenadsorption auch ohne dieses Metall erfolgt. Man kann Bakterienmembranen einigermaßen isolieren (vgl. CUMMINS, SHOCKMAN). Sie enthielten bei dem untersuchten Escherichia-Stamm 3100 Zn-Atome pro Zelle. Der Phagenschwanz tritt wahrscheinlich zunächst mit einem Zn-Protein der Membran in Kontakt. Dadurch würden im distalen Schwanzabschnitt vorhandene Thioester zur Spaltung aktiviert und dabei das proteolytische Phagenferment freigesetzt werden, welches durch seine Tätigkeit den Weg zur Übergabe der DNS in den Bakterienleib freimacht.

Allgemein verbreitet ist das Phänomen, daß *Eiweißkörper die Aufnahme* mancher Stoffe durch die Membran *ermöglichen* können oder sie fördern. Das ist besonders leicht mit Farbstoffen zu zeigen (HÖBER, MÖLLENDORFF, HERTZ). Für die Phagocytose im Reticuloendothel der Leber bewies es von JANCZO in Durchströmungsversuchen. Nach BENNHOLD ist die *Bindung von Trypanblau an Albumin* die Vorbedingung für den Übergang des Farbstoffes aus der Blutbahn in die Tubuluszellen der Amphibienniere oder in die Kupfferschen Sternzellen der Säugetierleber. Seine Schüler brachten auch experimentelle Anhaltspunkte dafür, daß chemisch und serologisch unverändertes Eiweiß mindestens in die Kupfferschen Sternzellen eintreten kann. Nach Versuchen mit ^{131}J-markiertem Insulin werden die Mitochondrien dieser Zellen als besondere Speicherorte für das Eiweiß betrachtet (KALLEE und SEYBOLD). Über den Mechanismus seiner Aufnahme lassen sich auch von der Vorstellung des dynamischen Charakters der Zellmembran aus nur Vermutungen äußern. Mit Sicherheit liegt keine einfache Diffusion vor.

Auch die Klärung der soeben gestreiften *Speicherungsprozesse* mit Hilfe künstlich zugeführter Stoffe, meistens Vitalfarben, kann sich nur auf allgemeine Prinzipien stützen. Nachdem diese Körper meistens auf Grund ihrer Lipoidlöslichkeit — wie die Farbbasen — in das Zellinnere gelangt sind, werden sie von bestimmten Zellen granulär gespeichert, und zwar hauptsächlich durch die Mitochondrien (KALLEE und SEYBOLD). Nur ein kleiner Teil von ihnen ist im Zellinnern gelöst. Seine Konzentration steht mit der außen nach Maßgabe der Ionenverteilung im Gleichgewicht, d. h. Farbanionen verteilen sich auf Zelle und Umgebung wie die OH^--Ionen, Farbkationen wie H^+-Ionen (BRUCH und NETTER). Der größte Teil wird jedoch *elektrostatisch an entgegengesetzt geladene Zellorte gebunden* (BETHE 1950, GICKLHORN 1931). Dabei treten häufig Flockungserscheinungen mit dem Farbstoff auf (v. MÖLLENDORF). So werden Farbanionen (Trypanblau, Eosin) von Strukturen mit überschüssigen Kationenvalenzen und Farbkationen (Neutralrot, Methylenblau) von solchen mit überschüssigen Anionenvalenzen (Nucleinsäuren) fixiert (s. S. 268). Da diese *Fixierung* von der Stärke der Ladungsgegensätze bestimmt wird, ist sie *stark pH-abhängig*. Verringerung des pH führt bei den eiweißartigen, strukturell fixierten Ampholyten zum Zurücktreten negativer und Hervortreten positiver Ladungen. *Säuerung*, besonders über den IP hinaus, wird daher *die Reaktion mit Farbanionen fördern und die mit Farbkationen hemmen*. Daß Alkalisierung das Gegenteil bewirkt, ist selbstverständlich.

---

[1] Nach BENNETT ist sie jedoch als Membran-Vesiculation (Zytopempsis) weit verbreitet.

Diese Gesetze gelten allgemein für die Färbungen, sowohl am vitalen wie am abgestorbenen und fixierten Präparat. Wieweit sie in vivo aber tatsächlich eintreten, hängt von der Diffusionsfähigkeit, Lipoidlöslichkeit, kolloiden Stabilität und dem Ladungsverhalten des Farbstoffes einerseits und andererseits vom Bau- und dem Funktionszustand der Zelle und der zu färbenden Granula ab. Das Geschehen ist also durchaus komplex und für die Untersuchung von Sekretions- und Akkumulationsleistungen der Zelle nur nach sehr eingehender Analyse der einzelnen Beobachtungen zu verwenden (v. MÖLLENDORF, HÖBER u. a.).

Mit Sicherheit lehrt die alte Erfahrung seit EHRLICH, daß *totes Plasma sich gegenüber Vitalfarbstoffen völlig anders als lebendes* verhält. So sind z. B. die Kerne gesunder Zellen färberisch so gut wie nicht darstellbar, während sie nach dem Tode mit basischen Vitalfarbstoffen gut tingiert werden. Auch Farbsäuren wie Trypanblau können das Plasma nun diffus anfärben. Nach STRUGGERs Erfahrungen an einem großen Versuchsmaterial färbt der basische Farbstoff *Akridin-orange* den *lebenden* Zelleib so schwach, daß die Färbung nur durch die *schwach grüneFluorescenzfarbe* bei Bestrahlung mit UV-Licht zu erkennen ist. *Abgestorbenes* Cytoplasma leuchtet unter diesen Umständen jedoch kräftig *kupferrot* auf. Dieser Effekt beruht auf der sehr viel *stärkeren elektrostatischen Konzentrierung* des Farbstoffes *an den eiweißartigen inneren Grenzflächen* der abgestorbenen Zelle. Der Zelltod geht demnach mit Freigabe von anionischen Gruppen einher, welche vorher andersartig besetzt waren und wahrscheinlich bei einem der Denaturierung ähnlichen Vorgang frei werden.

Bis zu einem gewissen Grade wird an der Färbbarkeitssteigerung natürlich auch der Fortfall fast jeglicher Permeabilitätsschranken beim Zelltod beteiligt sein, welche die stoffliche Selektion während des Lebens ermöglichen und schon unter pathologischen Umständen mehr oder minder stark versagen. Ihre Aufrechterhaltung ist eine Grundbedingung und gleichzeitig auch eine Grundleistung der Lebensvorgänge.

Schlußwort über die Zellorganisation

Die Aufgabe des Zellstoffwechsels ist allgemein die Schaffung und Erhaltung einer unter spontaner Abgabe von Energie vergänglichen — teleologisch gefaßt aber optimalen — Anordnung der Stoffe. Kolloidchemisch gesehen könnte man von der Aufrechterhaltung eines optimalen Zerteilungsgrades sprechen. Da er physikalisch unwahrscheinlich ist, bedeutet seine Herstellung eine Abnahme an Wahrscheinlichkeit, d. h. auch eine Verminderung der Entropie. Die biologische Organisation kann dieses Ziel nur durch Entropievermehrung der sich hierbei zersetzenden energieliefernden Betriebsstoffe verwirklichen. Das Schrödinger-sche Wort: „Schaffung von Ordnung aus Unordnung" bedeutet: *Niedrighalten der Entropie biologischer Strukturen auf Kosten der Entropievermehrung ihrer Betriebsstoffe.*

Nach diesem Grundgesetz wirkt eine sich selbst erhaltende Organisation von Vorgängen, die allein als Leben bezeichnet werden kann. Ihre morphologischen *Untereinheiten* sind selbständig nicht lebensfähig. Die dynamischen Grundeinheiten sind niemals nur einzelne Eiweißmoleküle. Erstere werden zu Organen und Organismen mit Hilfe besonderer Regulationssysteme wie Blut, Nerven, Hormonen zusammengefaßt und geben ihre individuelle Selbständigkeit dabei in entsprechendem Maße auf.

Die *physikalischen und chemischen Einzelvorgänge* sind, herausgelöst aus der lebenden Materie, mit Hilfe isolierter Fermente oder Strukturen prinzipiell darstellbar. Ob sie sich aber durch unsere Hand und unseren Verstand zu komplexeren, den biologischen näherkommenden oder ihnen gleichenden Vorgängen zusammenfügen lassen, kann mit Hilfe unserer erkenntnistheoretischen Mittel *nicht entschieden* werden. Unsere elementare Kenntnis von den biologischen Prozessen ist aber die, daß die regulierte Zusammenfassung der Grundvorgänge zu einer höheren funktionellen Organisationsform der Materie mit charakteristischer Eigengesetzlichkeit führt. Sie erhält sich selber und bildet ein so fein gefügtes Gewebe von Abläufen, daß es kaum je durch die Unbestimmtheit des mikrophysikalischen Geschehens am Einzelmolekül gestört wird. Erst dann, wenn fermentbildende Zentren durch Strahlen oder Strahlungsdosen getroffen werden, welche in der biologischen Stammesgeschichte bisher völlig fremd waren, können charakteristische zu Defektmutationen oder zum Tode führende Wirkungen erzielt werden. Unter solchen seltenen Umständen kann das in der Evolution bewährte und durch identische Reduplikation an den zugehörigen Fermentbildungsorten immer erneut erzeugte und damit aufrechterhaltene und weitergegebene Funktionssystem versagen. Es scheint, als ob in der Biologie das Prinzip der *regulierenden Organisation* dem Prinzip mikrophysikalischer Akausalität gegenüberstehe und *im dynamischen Erhaltungsbetrieb* vollständig obsiege.

Für die *stammesgeschichtliche Entwicklung jedoch sind die progressiven Mutationen*, denen molekulare Schwankungserscheinungen oder auch äußere Einwirkungen zugrunde liegen mögen, allein ausschlaggebend.

Die Gesetzmäßigkeit, mit der die Naturforscher der ganzen Erde zu ihren Schlüssen gelangen, spricht dafür, daß auch im Bereiche der am höchsten entwickelten organischen Struktur, in den zur Gnosis befähigten Teilen unserer Gehirnrinde, die dynamische Organisation der Vorgänge bestimmend ist. Daß sie die Forscher befähigt, über ihr eigenes Grundprinzip Informationen zu erhalten, auszutauschen und zu verwerten, ist ein verheißungsvolles Wunder.

Anhang

I. Formelmäßige Zusammenhänge thermodynamischer Größen

1. *Totales und partielles Differential.* Sind x, y die Koordinaten eines Punktes, dann bedeutet $z = f(xy)$ die Gleichung einer Fläche, bezogen auf ein rechtwinkliges Koordinatensystem. Es sei nun $z = x \cdot y$ (1), also ein Rechteck, gegeben. Läßt man die Veränderlichen um dx und dy auf $x + dx$ und $y + dy$ zunehmen, dann wird die Größe des Rechtecks:

$$z + dz = xy + x\,dy + y\,dx + dx \cdot dy. \tag{1a}$$

Hier ist der letzte Summand ein Produkt zweier Differentiale und als unendlich klein zu vernachlässigen. Zieht man die kleinere (z) von der größeren Fläche $(z + dz)$ ab, dann ergibt sich die Gesamtänderung von z zu:

$$dz = y\,dx + x\,dy. \tag{2}$$

Sie setzt sich aus den Teiländerungen dx bei konstantem y und dy bei konstantem x zusammen. Die Partialänderungen werden mit ∂ bezeichnet und sind $\partial z = y \cdot \partial x$ und $\partial z = x \cdot \partial y$ bzw.:

$$\left(\frac{\partial z}{\partial x}\right)_y = y \quad \text{und} \quad \left(\frac{\partial z}{\partial y}\right)_x = x. \tag{3}$$

Hier bezeichnet der Index die konstant gehaltenen Variabelen. Setzt man diese partiellen Differentialquotienten in (2) ein, dann erhält man:

$$dz = \left(\frac{\partial z}{\partial x}\right)_y \cdot dx + \left(\frac{\partial z}{\partial y}\right)_x \cdot dy. \tag{4}$$

Wenn sich die Gesamtänderung dz eindeutig aus den Zustandsvariablen x und y über die partiellen Koeffizienten ergibt, liegt ein vollständiges Differential vor.

2. *Die Zustandsänderungen der Gase* oder der molaren Größen in Mischphasen assen sich analytisch als vollständige Differentiale beschreiben. Beispiele a) und b):

$$\text{a)} \qquad dv = \left(\frac{\partial v}{\partial T}\right)_p \cdot dT + \left(\frac{\partial v}{\partial p}\right)_T \cdot dp. \tag{5}$$

Das erste Glied beschreibt die Volumenänderung mit der Temperatur bei konstantem Druck, das zweite seine Änderung bei variiertem Druck mit konstantem T. Hält man nun das Volumen konstant, so daß also $dv = 0$ wird, dann ergibt sich aus (5):

$$\left(\frac{\partial v}{\partial p}\right)_T \cdot dp = -\left(\frac{\partial v}{\partial T}\right)_p \cdot dT; \qquad \left(\frac{\partial p}{\partial T}\right)_v = -\frac{\left(\frac{\partial v}{\partial T}\right)_p}{\left(\frac{\partial v}{\partial p}\right)_T}. \tag{6}$$

Der neue Koeffizient gibt den Druck beim Volumen v, Gl. (6) seine Beziehung zu den beiden Volumenkoeffizienten. Teilt man die partiellen Quotienten durch die entsprechenden Ausgangsgrößen, dann erhält man den kubischen Ausdehnungskoeffizienten α mit der Temperatur, den Spannungskoeffizienten β mit der Temperatur, den Kompressibilitätskoeffizienten χ mit dem Druck:

$$\alpha \equiv \frac{1}{v_0}\left(\frac{\partial v}{\partial T}\right)_p \quad (7a); \qquad \beta \equiv \frac{1}{p_0}\left(\frac{\partial p}{\partial T}\right)_v \quad (7b); \qquad \chi \equiv -\frac{1}{v_0}\left(\frac{\partial v}{\partial p}\right)_T. \tag{7c}$$

b) Die innere Energie läßt sich nach der Abhängigkeit von den Zustandsvariablen in partielle Größen zerlegen:

$$dU = \left(\frac{\partial U}{\partial T}\right)_v \cdot dT + \left(\frac{\partial U}{\partial v}\right)_T \cdot dv. \tag{8}$$

Das erste Glied gibt die Änderung von U mit der Temperatur, das zweite mit dem Volumen. Ebenso ist:

$$dH = \left(\frac{\partial H}{\partial T}\right)_p \cdot dT + \left(\frac{\partial H}{\partial p}\right)_T \cdot dp. \tag{9}$$

Die Energieänderungen bestehen aus 2 Teilen, dem temperaturabhängigen ersten und dem von v bzw. p abhängigen zweiten. Läßt man nun dv in (8) bzw. dp in (9) Null werden, erwärmt also unter konstantem Volumen oder konstantem Druck, dann gibt der erste partielle Quotient direkt c_v bzw. c_p (s. S. 384):

$$\left(\frac{\partial U}{\partial T}\right)_v = c_v; \qquad \left(\frac{\partial H}{\partial T}\right)_p = c_p. \tag{10}$$

3. Eine Beziehung zwischen diesen beiden Größen (10) ergibt sich aus dem *ersten Hauptsatz*:

$$dU = \delta A + \delta Q = -p \cdot dv + \delta Q. \tag{11}[1]$$

dU ist das vollständige Differential, das sich aus den partiellen Gliedern der Gleichung zusammensetzt, die nicht vom Wege unabhängig sind, auf dem die Änderung vorgenommen wird. Da $H = U + p \cdot v$ [II(2)], ist mit (11):

$$dH = dU + p \cdot dv + v \cdot dp = v \cdot dp + \delta Q. \tag{12}$$

Aus (11) und (8) folgt:

$$\delta Q = \left(\frac{\partial U}{\partial T}\right)_v \cdot dT + \left[\left(\frac{\partial U}{\partial v}\right)_T + p\right] \cdot dv. \tag{13}$$

---

[1] δ Zeichen für Variationen.

Ist $dv = 0$, erfolgt also nur Erwärmung und keine Volumenarbeit, so ist:

$$\left(\frac{\delta Q}{dT}\right)_v = \left(\frac{\partial U}{\partial T}\right)_v \equiv c_v; \tag{14}$$

analog:

$$\left(\frac{\delta Q}{dT}\right)_p = \left(\frac{\partial H}{\partial T}\right)_p \equiv c_p. \tag{15}$$

Division von (13) durch dT ergibt:

$$\left(\frac{\delta Q}{dT}\right)_p - \left(\frac{\partial U}{\partial T}\right)_v = \left[\left(\frac{\partial U}{\partial v}\right)_T + p\right]\left(\frac{\partial v}{\partial T}\right)_p = c_p - c_v. \tag{16}$$

$\left(\frac{\partial U}{\partial v}\right)_T$ hat hier die Bedeutung eines Druckes (innerer Druck). Er ist ein Ausdruck der zwischenmolekularen Kraftwirkungen (Kohäsion) und ergibt sich in seiner Größe als Summe der wirksamen Anziehungs- und Abstoßungskräfte. Nur bei sehr dichter Packung überwiegen die letzteren. Beide sind mit dem Druckglied der v. d. Waals-Gleichung (S. 740) in Beziehung zu setzen. Größe und Vorzeichen von $\left(\frac{\partial U}{\partial v}\right)_T$ bestimmen die Temperaturänderungen beim Ausströmen von realen Gasen (Joule-Thomson-Effekt). Bei *idealen* Gasen zeigt sich keine Wärmeänderung (Überströmungsversuch). In (8) und (16) ist dann $\left(\frac{\partial U}{\partial v}\right)_T = 0$ (17a): bei gleicher Temperatur ist die innere Energie einer gegebenen Gasmenge vom Volumen unabhängig (2. Gay-Lussacsches Gesetz). Ebenso gilt: $\left(\frac{\partial H}{\partial p}\right)_T = 0$ (17b). Da sich aus der Gasgleichung bei konstantem Druck ergibt: $\left(\frac{\partial v}{\partial T}\right)_p = \frac{R}{p}$, folgt aus (16) für ein Mol Gas: $c_p - c_v = R$ (S. 384).

4. *II. Hauptsatz.* (vgl. S. 396—409).

5. *Folgerungen aus der Gleichung für das thermodynamische Potential* (VI, 25):

$$dG_2 = \left(\frac{\partial G_2}{\partial p}\right)_{T,\gamma_2} \cdot dp + \left(\frac{\partial G_2}{\partial T}\right)_{p,\gamma_2} \cdot dT + \left(\frac{\partial G_2}{\partial \gamma_2}\right)_{p,T} \cdot d\gamma_2, \tag{17}$$

$$= v_2 \cdot dp - S_2 \cdot dT + RT\, d\ln\gamma_2. \tag{18}$$

Im Gleichgewicht sind die thermodynamischen Potentiale der Phasen und ihrer Partner einander gleich. Unter isotherm-isobaren Bedingungen, d. h. bei $dp = 0$ und $dT = 0$, braucht nur die Gleichheit der chemischen Potentiale berücksichtigt zu werden.

a) *Die molekulare Gefrierpunktserniedrigung.* Für das Lösungsmittel gilt im Eiszustand:

$$dG_1'' = v_1'' \cdot dp - S_1'' \cdot dT,$$

in der Flüssigkeit:

$$dG_1 = v_1 \cdot dp - S_1 \cdot dT + RT\, d\ln\gamma_1$$

$$dG_1 - dG_1'' = 0 = (v_1 - v_1')\, dp - (S_1 - S_1'')\, dT + RT\, d\ln\gamma_1. \tag{19}$$

Bei konstantem Druck ist $dp = 0$. Im Gefrierpunkt ist der Entropieunterschied des Lösungsmittels in beiden Phasen die molare Schmelzentropie: L/T, wo L die Schmelzwärme bezeichnet. Dann folgt:

$$\frac{d\ln\gamma_1}{dT} = \frac{L}{RT^2}. \tag{20}$$

Da bei gegen eins kleinem γ_2 für $\ln\gamma_1$ nach S. 100 $-\gamma_2$ gesetzt werden kann, ergibt sich:

$$\frac{d\gamma_2}{dT} = -\frac{L}{RT^2}. \tag{21}$$

Es ist $m_2 = \gamma_2\,(m_1 + m_2)$. Setzt man statt der Kg-Molarität die Litermolarität c, dann gilt für kleine γ_2-Werte in guter Annäherung: $c = \gamma_2 \cdot 1000/18$. Ist nun $L_e = L/18$ die Schmelzwärme pro g Wasser (80 cal), dann kann geschrieben werden:

$$\frac{dT}{dc} = -\frac{RT^2}{80 \cdot 1000}. \tag{22}$$

Wird c von Null auf eins geändert, dann ergibt der gefundene Zahlenwert die zugehörige Erniedrigung von T, d. h. die molare Gefrierpunktserniedrigung: $\frac{1,98 \cdot 273^2}{80\,000} = 1,86 = \Delta_m$. Lösungsmittel mit kleinem L wie Kampfer u. a. haben ein sehr großes Δ_m (s. S. 102).

b) *Das Gleichgewicht zwischen der Wasser- und Dampfphase.* Die Dampfphase besteht nur aus verdampftem Lösungsmittel.

$$dG_1' = v_1' \cdot dp - S_1' \cdot dT,$$
$$dG_1 = v_1 \cdot dp - S_1 \cdot dT + RT\,d\ln\gamma_1,$$

folglich:

$$(v_1' - v_1) \cdot dp - (S_1' - S_1) \cdot dT - RT\,d\ln\gamma_1 = 0.$$

$S_1' - S_1 = \frac{L_s}{T}$, wo L_s die molare Verdampfungswärme bedeutet.

$$(v_1' - v_1) \cdot dp - \frac{L_s}{T} \cdot dT - RT\,d\ln\gamma_1 = 0. \tag{23}$$

I. Ist kein gelöster Stoff vorhanden, also $\gamma_1 = 1$ und $RT\,d\ln\gamma_1 = 0$, dann ergibt sofort:

$$\frac{dp}{dT} = \frac{L_s}{T(v_1' - v_1)} \tag{24}$$

die Temperaturabhängigkeit des Dampfdruckes (CLAUSIUS-CLAPEYRON). Die Auswertung vernachlässigt v_1 und setzt:

$$v_1' = \frac{RT}{p}.$$

Es wird:

$$\frac{dp}{dT \cdot p} = \frac{d\ln p}{dT} = \frac{L_s}{RT^2}. \tag{24a}$$

II. Bei konstanter Temperatur ($dT = 0$) und reiner Wasserphase ist mit Gl. (23):

$$(v_1' - v_1) \cdot dp = 0,$$

d. h., zu gegebener Temperatur gehört ein konstanter Dampfdruck.

III. Für den Dampfdruck über einer Lösung gilt statt dessen bei T^0:

$$(v_1' - v_1) \cdot dp = RT\,d\ln\gamma_1;$$

vernnachlässigt man wieder v_1, und setzt auch hier für v_1' den Wert $\frac{RT}{p}$ aus der Gasgleichung ein, dann wird über

$$\frac{RT\,dp}{p} = RT\,d\ln\gamma_1, \quad d\ln p = d\ln\gamma_1, \tag{25}$$

d. h. der Dampfdruck ändert sich wie der Molenbruch des Wassers in der wäßrigen Lösung. Er nimmt also mit zunehmender Molarität des gelösten Stoffes ab. Dieses Resultat wurde bei der elementaren Ableitung des Raoultschen Gesetzes bereits benutzt (s. S. 91).

6. *Die Beziehung von f_0 und f_a* (vgl. S. 136)

Nach (II, 2b) ist die gemessene Erhöhung des osmotischen Druckes $(\Delta \pi_r)$ über den Wert des Nichtleiters im Vergleich zur erwarteten Erhöhung $(\Delta \pi_{th})$ für vollständige binäre $(n = 2)$, ternäre $(n = 3)$ usw. Dissoziation ohne Coulomb-Wechselwirkung der osmotische Faktor:

$$f_0 = \frac{i-1}{n-1} = \frac{\Delta \pi_r}{\Delta \pi_{th}},$$

Der osmotische Druck einer Lösung (L) steht in folgender Beziehung zur Aktivität (a_1) des Lösungsmittels (W); hier ist: $a_1 = \gamma_1 \cdot f_1$.

$$dG_1 = v_L \cdot d\pi + RT\, d \ln \gamma_1 f_1 = 0$$

v_L ist das Molvolumen des Wassers in der Lösung; es folgt:

$$d\pi = -\frac{RT}{v_L} d \ln \gamma_1 f_1;$$

integriert zwischen den Grenzen von π_0 bis π für $a_1 = 1$ und $a_1 = \gamma_1 f_1$ ergibt sich:

$$\pi = -\frac{RT}{v_L} \ln \gamma_1 f_1 + C.$$

Da aber $\pi_0 = C$ ist, folgt:

$$\Delta \pi = -\frac{RT}{v_L} \ln \gamma_1 f_1. \tag{26a}$$

Nun kann wie bei 5a auch hier für $\ln \gamma_1$ gesetzt werden: $-\gamma_2$. Man erhält dann für $\Delta \pi_r$ aus (26a):

$$\pi_0 - \pi = \Delta \pi_r = \frac{RT}{v_L} \gamma_2 - \frac{RT}{v_L} \ln f_1. \tag{26b}$$

Für $\Delta \pi_{th}$ mit $f_1 = 1$ folgt weiter:

$$\Delta \pi_{th} = \frac{RT}{v_L} \gamma_2.$$

Der Quotient beider $\Delta \pi$-Werte ergibt f_0:

$$\frac{\Delta \pi_r}{\Delta \pi_{th}} = 1 - \frac{\ln f_1}{\gamma_2} = f_0, \tag{27}$$

f_1 ist der Aktivitätskoeffizient des Lösungsmittels in einer Lösung mit dem Molenbruch γ_2 des Gelösten.

8. Wird in (26b) das partielle Molvolumen des Lösungsmittels v_L in der Lösung bei sehr kleinen Konzentrationen durch das mittlere Molvolumen eines Liters Wasser, also durch $V = 18$, ersetzt, dann folgt das bekannte *Gesetz für den osmotischen Druck*:

$$\pi = \frac{RT}{18} \cdot \frac{n_2}{55,5 + n_2} \cong RT\, \frac{n_2}{1000} = RT \cdot c_2.$$

Hier bedeutet c_2 die Litermolarität des Gelösten (vgl. S. 100).

9. *Grundzüge der kinetischen Theorie idealer Gase*

Es befinden sich N-Molekeln in 1 ml Gas. Daher bewegen sich in jedem Zeitpunkt $N/6$-Teilchen auf eine Seitenfläche des Würfels zu. Beträgt ihre Geschwindigkeit 1 cm/sec, dann prallen $N/6$ pro Sekunde auf 1 cm²; bei der Geschwindigkeit c dementsprechend $\dfrac{N \cdot c}{6}$ Molekeln. Da es sich um elastische Stöße handelt, erhält die Wand einschließlich der Rückstöße pro Teilchen den Impuls $i = 2\,m\,c$, wenn m ihre Masse ist. In der Zeit dt ist der Impuls bei einem Würfel vom Volumen v und der Oberfläche O: $di = 2mc \cdot \dfrac{Nc}{6} \cdot \dfrac{O}{v} \cdot dt$.

Da die Kraft K_r nach dem 2. Newtonschen Axiom die Impulsänderung pro Zeit ist, und da Kraft pro Flächeneinheit gleichbedeutend mit dem Druck p ist, gilt:

$$\frac{di}{dt} = K_r; \quad \text{und:} \quad \frac{K_r}{O} = \frac{N}{3v}\,mc^2 = p; \quad \text{bzw.:} \quad p \cdot v = \frac{1}{3}\,N\,m\,c^2,$$

und für ein Mol Gas:

$$p \cdot V = RT = \frac{1}{3}\,m\,c^2 \cdot N_L. \tag{28}$$

Für die mittlere Molekülgeschwindigkeit folgt daraus:

$$\bar{c} = \sqrt{\frac{3\,RT}{m \cdot N_L}}; \quad \text{bzw., da} \quad \frac{m \cdot N_L}{V} = \varrho: \quad \bar{c} = \sqrt{\frac{3\,RT}{\varrho \cdot V}} = \sqrt{\frac{3\,p}{\varrho}}. \tag{28a}$$

Für die mittlere kinetische Energie aller Molekeln im Mol eines 1-atomigen Gases gilt: $W = \dfrac{1}{2}\,m\,c^2 \cdot N_L$. Daraus folgt mit (28):

$$2W = 3\,RT, \quad \text{bzw.} \quad W = \frac{3}{2}\,RT \simeq 3\,T\,\text{cal} \cdot \text{mol}^{-1}. \tag{29}$$

10. Die *van der Waals-Gleichung* für reale Gase lautet:

$$\left(p + \frac{a}{V^2}\right) \cdot (V - b) = RT. \tag{30}$$

Um also die Form der idealen Gasgleichung zu erhalten, muß der gemessene Druck um einen nach innen ziehenden (Binnen-) Druck vermehrt werden [vgl. (16)], der umgekehrt proportional dem Quadrat des vom Gas eingenommenen Volumens ist. Andererseits ist das gemessene Volumen um eine Größe b zu verkleinern, welche etwa gleich dem 4fachen Wert des Eigenvolumens aller vorliegenden Gasmolekeln ist. Der Wert von a ist bei verschiedenen Gasen sehr verschieden groß. Er entspricht der Stärke der zwischenmolekularen Anziehung und ist sowohl der kritischen (T_R) — wie der Siedetemperatur T_S proportional; $T_S/T_R \simeq 0{,}6$.

Anhang II *(zu S. 70 u. S. 267)*

Das *Schlierenverfahren* gestattet, den Ort eines Gradienten des Brechungsindex und die Größe dieses Gradienten zu ermitteln. Das aus einem engen Spalt vor der Cüvette kommende Licht fällt bei gleichmäßigem Index des Flüssigkeitsinhaltes, also bei Abwesenheit von Gradienten, auf einen zum ersten parallel liegenden zweiten Spalt im Brennpunkt einer Linse, welche das den Trog durchsetzende Licht hier vereinigt. Jeder Gradient an einer Stelle in der Flüssigkeit (Schliere) führt zu einer Ablenkung des Strahles, der somit auf die Schneiden des zweiten Spaltes fällt und dessen Ausfall damit eine dunkle Linie im Spaltbild erzeugt. Sie liegt an einer *Stelle*, welche *der Höhe der Schliere in der Cüvette* entspricht (vgl. Ultrazentrifugenbild Abb. 100). Die *Größe der Ablenkung*, welche zunächst photographisch nicht erfaßt wird, ist das Produkt aus der Schichtdicke der Zelle

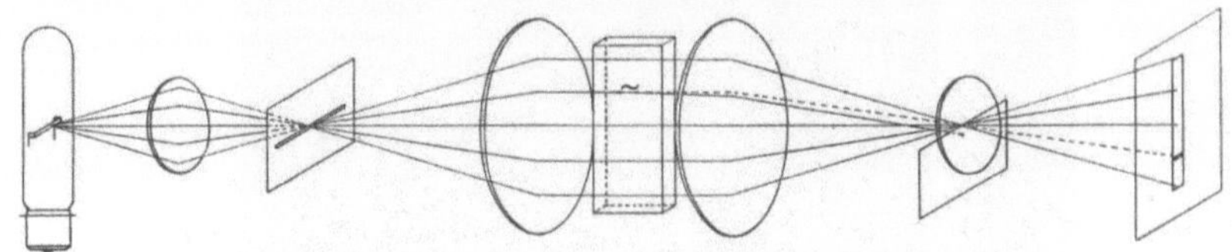

Abb. 238. Strahlengang bei der Schlierenmethode nach Toepler. Horizontaler Spalt links, horizontale Schneide rechts im Brennpunkt der Linsen; ∼ gibt die erfaßte Höhe in der Cuvette an

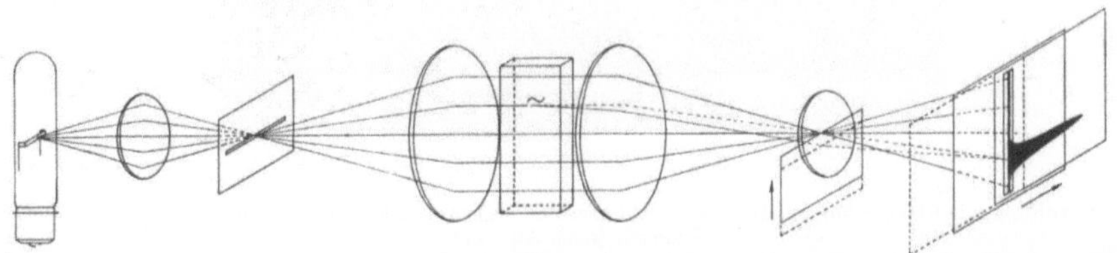

Abb. 239. Strahlengang und Bildaufzeichnung bei der Schlieren-scanning-Methode

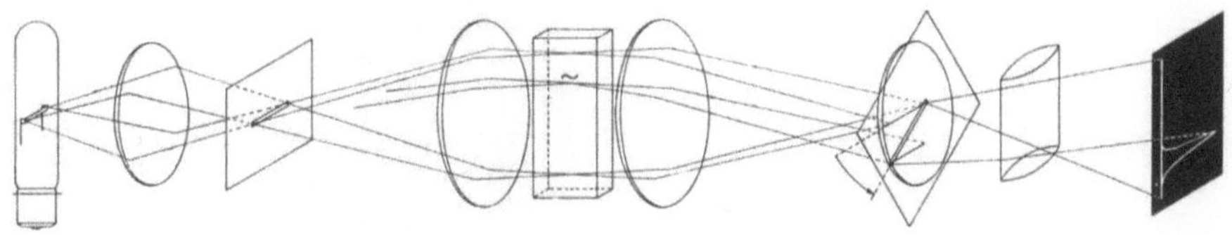

Abb. 240. Svensson-Methode (mit schrägem Spalt rechts)

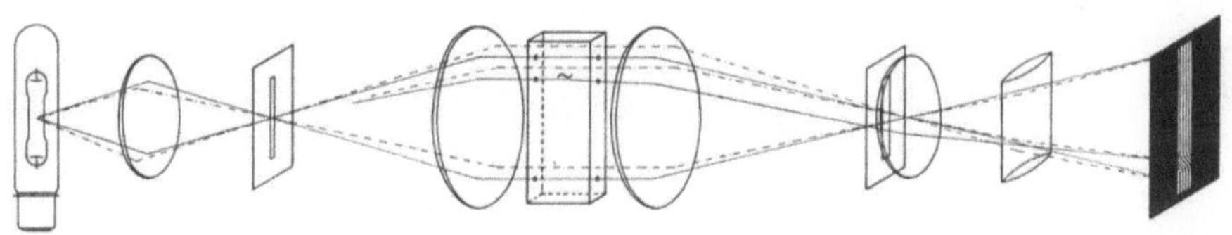

Abb. 241. Interferometrische Messung des Gradienten des Brechungsindex; Prinzip Young-Rayleigh. Anordnung nach Wiedemann 1952, vgl. die Methode von Antweiler 1949 (Abb. 238—241 aus Wiedemann 1953)

und der *Größe des Gradienten*, während die Bildverschiebung dazu noch der möglichst großen Brennweite der zweiten Linse proportional ist. Die Breite des Dunkelstreifens wächst mit der Spaltbreite, wobei die Veränderung der unteren Schneide maßgeblich ist.

Die *Auswertung der Ablenkungsgröße* wird in verschiedener Weise vorgenommen. a) nach Longsworth (*Schlieren-scanning*) durch Vorbeiführen eines photographischen Filmes mit gleichzeitiger Spaltverengerung durch Bewegung der unteren Backe. Man erhält dabei direkte Gradientenkurven (knife-edge-Schlieren) nach dem Typ der Abb. 238 und 239, da auf diese Weise die Veränderung des Ablenkungswinkels mit der Schichthöhe abgetastet wird. Die Kurve entspricht der Begrenzungslinie zwischen hell und dunkel. b) Ein direktes Verfahren für

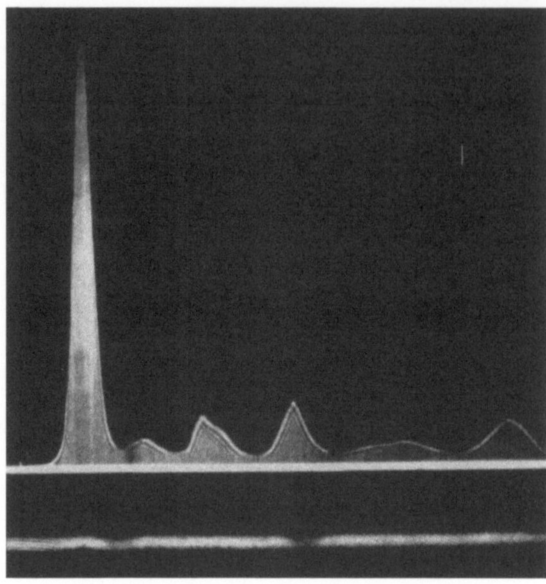

Abb. 242. Aufsteigende Elektrophorese. Knife-edge-Schlieren-Bild (vgl. Abb. 238); darunter einfaches Interferenzbild der Schlieren (nach Abb. 241)

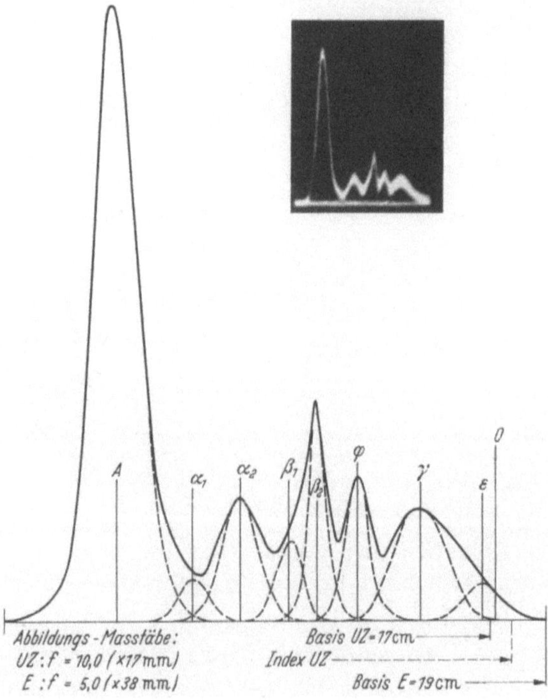

Abb. 243. Beispiel der Analyse einer Philpot-Svensson-Aufnahme des Plasmas (aus WUHRMANN-WUNDERLY)

die Abbildung des Gradientenverlaufes in der Meßzelle ist das mit Schrägspalt und Zylinderlinse arbeitende von PHILPOT und SVENSSON (Abb. 240). Ohne

Strahlablenkung wird hier nur der Mittelpunkt des Schrägspaltes ausgeleuchtet. Die Strahlen werden von diesem Punkt aus durch eine Zylinderlinse zu einer senkrechten Linie vereinigt. Eine Ablenkung durch einen Gradienten mit Zunahme des Index gegenüber dem Medium führt zu einer Verschiebung des Punktes im Schrägspalt nach unten. Sie zieht eine seitliche Abbildung (im Schema rechts) nach sich. Die Auslenkung ist der Gradientengröße über den Tangens des Winkels proportional, der zwischen dem horizontalen und dem Schrägspalt besteht.

Daß sich aus den Gradientenkurven bei bekanntem Brechungsindex der Stoffe ihre Konzentration erhalten läßt, wurde bereits ausgeführt (S. 267). Wie sich ein Elektropherogramm aus einzelnen Gradientenkurven von Typ einer Gaußverteilung zusammensetzt, zeigt das Bild 243. Die elektrophoretische Beweglichkeit ergibt sich aus dem Potentialgradienten in der Zelle, der Wanderungsstrecke der entsprechenden Schliere und der Beobachtungszeit. Um einheitliche Bilder zu erhalten, müssen der pH, die Ionenstärke und die Temperatur (etwa 5°) konstant gehalten werden.

c) Die Indexgradienten in einer Lösung führen zu einer Verziehung des Bildes einer gleichmäßigen Strichskala, welche sich hinter der Cuvette befindet (Abb. 241). Auf der Auswertung von Photographien einer solchen Skala durch eine Flüssigkeit mit und ohne Gradienten beruht die sehr genaue *Skalenmethode von* O. LAMM, welche besonders für die Analyse von Diffusions- und Ultrazentrifugenversuchen geeignet ist. Die Verschiebung der Skalenteile ist dem Gradienten des Index an der betreffenden Stelle proportional.

Nachtrag zu S. 300 nach Zeile 6 von oben

Die Auswertung von Röntgeninterferenzbildern hat im Zusammenhang mit elektronenmikroskopischen Beobachtungen inzwischen zu folgenden Vorstellungen vom Aufbau des Tabak-Mosaik-Virus geführt (WATSON u. CRICK, vgl. The nature of viruses, Ed. WOLSTENHOLME, G. E. W., and E. C. P. MILLER, London 1957). Es besitzt ein Molekulargewicht von etwa $4 \cdot 10^7$ und besteht zu 95% aus offenbar gleichartig gebauten Proteinmolekeln mit einem Molekulargewicht von 17000. Ihre Zahl beträgt etwa 2300 pro Virusteilchen. Den einzelnen Proteinteilchen liegt eine einzige Peptidkette zugrunde, welche zu einem Ellipsoid gefaltet ist. Ihre freie Säuregruppe wird von Methionin, die Aminoendgruppe durch Prolin gebildet [SCHRAMM, G., u. G. BRAUNITZER: Z. Naturforsch. 8b, 61 (1953); BRAUNITZER, G.: Z. Naturforsch. 9b, 675 (1954)]. Die Ellipsoide sind in der zylindrischen Molekel radiär einschichtig und in einer schwach ansteigenden Spiralwindung angeordnet. Das TMV ist gut 3000 Å lang und im feuchten Zustand 170 Å breit. Die Längsachse der wahrscheinlich gleichartig gebauten Grundproteine liegt um 60 Å. Das ganze Teilchen bildet einen Hohlzylinder mit einem Lumen von 40 Å Durchmesser. Um das Lumen windet sich eine einzige lange Kette von Ribonucleinsäure, welche aus etwa 8000 Mononucleotiden besteht und bis zur Tiefe von etwa 20 Å in den Eiweißmantel eintaucht. Die Ganghöhe ihrer Windungen ist etwa 23 Å. Der Nucleinsäuregehalt des Virusteilchens beträgt nur 5%. SCHRAMM (1958) hat gefunden, daß sich das Protein z.B. mit Phenol vollständig von der Nucleinsäure abtrennen läßt und daß die letztere auch dann noch biologische Aktivität besitzt. Das gilt allerdings nur solange sie ihre ursprüngliche Molekulargröße beibehält. Wird jedoch ohne Spaltung eine Veränderung an den Basen vorgenommen, z.B. Adenin durch salpetrige Säure in Hypoxanthin verwandelt, dann erhält man Mutationen des Virus.

Nachtrag zu Seite 651

In Ergänzung und teilweiser Richtigstellung der Ausführungen über die *Polyprenoidsynthese* auf S. 651 ist darauf hinzuweisen, daß der Weg zu den Isoprenoiden von dem HMG-CoA durch zweifache Hydrierung mit TPNH zur Mevalonsäure und von dort mit ATP zu ihrem 5-Phosphorsäureester führt. Aus ihm entsteht unter Dehydratisierung und mit einem weiteren ATP der 3-Methyl-Δ^3-Butenyl-1-Pyrophosphorsäureester. Diese Substanz ist als das „aktive Isopren" anzusehen, das bei der Cholesterinsynthese zunächst durch dreifache Zusammenlagerung in Farnesylpyrophosphat und dann in Squalen übergeht [(LYNEN, F., H. EGGERER, U. HENNING u. I. KESSEL: Angew. Chem. **70**, 738 (1958)]. Die Aufgabe der Glutaconase besteht vielleicht nur darin, die aus dem Abbau von Leucin stammende β-Methylcrotonsäure (Dimethylacrylsäure) in den Isoprenoidstoffwechsel einzubeziehen. Denn das aus ihr durch Carboxylierung gebildete Methylglutaconyl-CoA wird durch jenes Ferment in HMG-CoA verwandelt.

Tabelle 127. *Ioneneinfluß auf einige Fermentreaktionen*
Zusammengestellt von G. KISTNER

Ferment: Katalysierte Reaktion:	Wirksames Ion		Isoliert aus	Literatur
	Förderung	Hemmung		
Aldehyddehydrogenase: $R{-}COH + H_2O + DPN^+ \rightarrow R{-}COOH + DPN{-}H + H^+$	K^+, Rb^+, NH_4^+	Na^+, Cs^+ Li^+	Hefe	(13)
„malic" Enzyme: Äpfelsäure $+ TPN^+ \rightarrow BTS + TPN{-}H + H^+ + CO_2$	Mn^{++} K^+		L. arabinosus, gereinigt	(8, 9, 10, 21)
Pyruvatkinase (Phosphopyruvattransphosphorylase): Brenztraubensäure $+ ATP \rightarrow$ 2-Phospho(enol)-BTS $+ ADP$	Mg^{++}, Mn^{++} K^+, NH_4^+	Ca^{++}	Kaninchenmuskel angereichert	(4, 5, 6, 7, 11, 12)
Phosphofructokinase: Fructose-6-Phosphat $+ ATP \rightarrow$ Fructose-1,6-diphosphat $+ ADP$	Mg^{++} K^+, NH_4^+ zur Bildung eines Cofaktors nötig		Leber, Hefe Gehirn	(20) (18, 19) (12)
Transacetylase (Phosphotransacetylase): Acetyl-Phosphat $+ CoA\text{-}S\text{-}H \rightarrow$ Acetyl-S-CoA $+$ anorg. Phosphat	K^+, NH_4^+	Na^+, Li^+	Cl. kluyv. E. coli, Str. faecalis und andere Bakterien	(1, 2, 3)
Acetat „aktivierendes" Enzym Acetat $+ ATP + CoA\text{-}S\text{-}H \rightarrow$ Acetyl-S-CoA $+ AMP +$ anorg. PP	K^+, Rb^+ NH_4^+	Na^+, Li^+	Schweineherz und -leber, Hefe	(15)
Cholinacetylase: Acetat $+$ Cholin $\xrightarrow[\text{ATP, CoA}]{Mg^{++}}$ Acetylcholin	Mg^{++} K^+, Rb^+	Ca^{++} Na^+, Li^+	Muskel	(26, 27, 28)

Tabelle 127. Fortsetzung

Ferment: Katalysierte Reaktion:	Wirksames Ion		Isoliert aus	Literatur
	Förderung	Hemmung		
Glutaminsäure + Cystein $\xrightarrow[\text{ATP}]{\text{Mg}^{2+}}$ Glutamylcystein $\xrightarrow[\text{ATP}]{\text{Glycin, Mg}^{2+}}$ Glutathion	Mg^{++} K^+		Schweineleber, Weizenkeim	*(14, 31)*
α, γ-Dioxy-β-dimethylbuttersäure + β-Alanin $\xrightarrow[\text{ATP}]{\text{Mg}^{++}}$ Pantothensäure	$\text{Mg}^{++}, \text{Mn}^{++}$ $\text{K}^+, \text{NH}_4^+$	Na^+	E. coli, Hefe angereichert	*(29, 30)*
$R-CH \cdot NH_2-COOH$ + Glutaminsäure $\xrightarrow[\text{ATP}]{\text{Mg}^{++}}$ Glutamyl-Peptid	Mg^{++} K^+	Na^+, Li^+ $\text{NH}_4^+, \text{Rb}^+$	Erbsenkeim	*(16)*
Acetylcholinesterase (AChE): Acetylcholin $\rightarrow$ Acetat + Cholin	K^+, Na^+		elektr. Org. von Torpedo marmorata, Serum, Erythrocyten	*(22, 23, 24, 25)*
umarase Fumarat + $H_2O \rightleftharpoons$ Malat	$\text{SO}_4^{2-}, \text{HPO}_4^{2-}$ Citrat, Borat u.a.	$\text{Cl}<\text{Br}<$ $\text{SCN}<\text{J}$	kristallisiert aus Schweineherz	*(17)*

Literatur zur Tabelle: Ioneneinfluß auf einige Fermentreaktionen.

1. STADTMANN, E. R.: J. biol. Chem. **196**, 527 (1952).
2. STERN, J. R. u. S. OCHOA: J. biol. Chem. **191**, 161 (1951).
3. KATZ, J., J. LIEBERMANN u. H. A. BARKER: J. biol. Chem. **200**, 417 (1953)
4. LARDY, H. A.: Phosphorus metabolism, Vol. I, p. 477. Baltimore: John Hopkins Press 1951.
5. BOYER, P. D., H. A. LARDY u. P. H. PHILLIPS: J. biol. Chem. **149**, 529 (1943).
6. BOYER, P. D., H. A. LARDY u. P. H. PHILLIPS: J. biol. Chem. **146**, 673 (1942).
7. KACHMAR, J. F., u. P. D. BOYER: J. biol. Chem. **200**, 669 (1953).
8. NOSSAL, P. M.: Biochem. J. **49**, 407 (1951).
9. NOSSAL, P. M.: Biochem. J. **50**, 591 (1952).
10. KORKES, S., A. DEL CAMPILLO u. S. OCHOA: J. biol. Chem. **187**, 891 (1950).
11. OHLMEYER, P., u. S. OCHOA: Biochem. Z. **293**, 338 (1937).
12. MUNTZ, J. A. u. J. HURWITZ: Arch. Biochem. **32**, 124, 137 (1951).
13. BLACK, S.: Arch. Biochem. **34**, 86 (1951).
14. SNOKE, J. E., S. JANARI u. K. BLOCH: J. biol. Chem. **201**, 573 (1953).
15. KORFF, R. W. v.: J. biol. Chem. **203**, 265 (1953).
16. WEBSTER, G. C.: Biochim. biophys. Acta **20**, 565 (1956).
17. MASSEY, V.: Biochem. J. **53**, 67 (1952).
18. CORI, G. T. u. M. W. SLEIN: Fed. Proc. **6**, 245 (1947).
19. HERS, H. S.: Biochim. biophys. Acta **8**, 424 (1952).
20. MUNTZ, I. A.: J. biol. Chem. **171**, 653 (1947).
21. LWOFF, A. u. H. IONESCO: C. R. hebd. Séances, Acad. Sci. **224**, 1664 (1947).
22. NACHMANSOHN, D.: Nature (Lond.) **145**, 513 (1940).
23. GLICK, D.: Nature (Lond.) **148**, 662 (1941).
24. ALLES, G. A., u. R. C. HAWES: J. biol. Chem. **133**, 373 (1940). — J. Lab. clin. Med. **26**, 845 (1941).
25. AUGUSTINSSON, K.-B.: Acta scand. physiol. **15**, Suppl. 52 (1948).
26. NACHMANSOHN, D. u. H. M. JOHN: Science **102**, 250, 359 (1945). — J. biol. Chem. **158**. 157 (1945).
27. FELDBERG, W., u. T. MANN: J. Physiol. **104**, 411 (1946); **104**, P 17 (1945).
28. NACHMANSOHN, D., H. M. JOHN u. H. WAELSCH: J. biol. Chem. **150**, 485 (1943).
29. MAAS, W.: J. biol. Chem. **198**, 23 (1952).
30. WIELAND, T., u. E. F. MÜLLER: Z. physiol. Chem. **272**, 232 (1942).
31. WEBSTER, G. C., u. J. E. WARNER: Arch. Biochem. **52**, 22 (1954).

Tabelle 128. *Elektronengruppierung im Aufbau der chemischen Elemente bis zur Ordnungszahl 36*

Niveau	K	L		M			N			
Hauptquantenzahl (n)	1	2	2	3	3	3	4	4	4	4
Nebenquantenzahl (l)	0	0	1	0	1	2	0	1	2	3
Elektronenzustand	s	s	p	s	p	d	s	p	d	f
1 Wasserstoff	1									
2 *Helium*	2									
3 Lithium	2	1								
4 Beryllium	2	2								
5 Bor	2	2	1							
6 Kohlenstoff	2	2	2							
7 Stickstoff	2	2	3							
8 Sauerstoff	2	2	4							
9 Fluor	2	2	5							
10 *Neon*	2	2	6							
11 Natrium	2	2	6	1						
12 Magnesium	2	2	6	2						
13 Aluminium	2	2	6	2	1					
14 Silizium	2	2	6	2	2					
15 Phosphor	2	2	6	2	3					
16 Schwefel	2	2	6	2	4					
17 Chlor	2	2	6	2	5					
18 *Argon*	2	2	6	2	6					
19 Kalium	2	2	6	2	6		1			
20 Kalzium	2	2	6	2	6		2			
21 Skandium	2	2	6	2	6	1	2			
22 Titan	2	2	6	2	6	2	2			
23 Vanadium	2	2	6	2	6	3	2			
24 Chrom	2	2	6	2	6	5	1			
25 Mangan	2	2	6	2	6	5	2			
26 Eisen	2	2	6	2	6	6	2			
27 Kobalt	2	2	6	2	6	7	2			
28 Nickel	2	2	6	2	6	8	2			
29 Kupfer	2	2	6	2	6	10	1			
30 Zink	2	2	6	2	6	10	2			
31 Gallium	2	2	6	2	6	10	2	1		
32 Germanium	2	2	6	2	6	10	2	2		
33 Arsen	2	2	6	2	6	10	2	3		
34 Selen	2	2	6	2	6	10	2	4		
35 Brom	2	2	6	2	6	10	2	5		
36 *Krypton*	2	2	6	2	6	10	2	6		

Literatur

I. Zusammenfassende Werke und wichtige Monographien

1. LEHNARTZ, E.: Chemische Physiologie, 10. Aufl. Berlin-Göttingen-Heidelberg 1952.
2. LEUTHARDT, F.: Lehrbuch der physiologischen Chemie, 13. Aufl. Berlin 1957.
3. FRUTON, J. S., and S. SIMMONDS: General biochemistry. New York 1958.
4. BALDWIN, E.: Biochemie. Deutsche Ausgabe. Weinheim 1957.
5. LANG, K.: Der intermediare Stoffwechsel. Berlin-Göttingen-Heidelberg 1952.
6. LEHNARTZ, E., u. B. FLASCHENTRÄGER: Physiologische Chemie. Ein Lehr- und Handbuch, Berlin-Göttingen-Heidelberg 1951—1957.
7. Colloquien der Gesellschaft für Physiologische Chemie in Mosbach (Mosbach-Colloquien), 7 Hefte. Berlin-Göttingen-Heidelberg 1952—1958.
8. HOPPE-SEYLER-THIERFELDER: Handbuch der physiologisch- und pathologisch-chemischen Analyse, 10. Aufl., Bd. I u. II. Berlin-Göttingen-Heidelberg 1953—1955.
9. RAUEN, H.: Biochemisches Taschenbuch. Berlin-Göttingen-Heidelberg 1956.
10. JOOS, G.: Lehrbuch der theoretischen Physik, 4. Aufl. Leipzig 1942.
11. FINKELNBURG, W.: Einführung in die Atomphysik, 4. Aufl. 1956.
12. PAULING, LINUS: Chemie, eine Einführung, 2. Aufl. Weinheim 1958.
13. HOLLEMANN, A. F., u. E. WIBERG: Lehrbuch der anorganischen Chemie, 34.—36. Aufl. Berlin 1955.
14. FIESER, L. F., u. M. FIESER: Lehrbuch der organischen Chemie, 2. Aufl. Weinheim 1955.
15. WELLS, A. F.: Structural inorganic-chemistry, 2. Aufl. Oxford 1950.
16. BARNETT, E. DE BARRY: Mechanism of organic chemical reactions. London 1957.
17. PAULING, L.: The nature of the chemical bond, 2. Aufl. Ithaca 1950.
18. KETELAAR, I. A. A.: Chemical constitution. Amsterdam-New York-London 1953.
19. HARTMANN, H.: Theorie der chemischen Bindung auf quantentheoretischer Grundlage. Berlin-Göttingen-Heidelberg 1953.
20. HARTMANN, H.: Die Chemische Bindung. 3 Vorlesungen. Berlin-Göttingen-Heidelberg 1955.
21. HÜCKEL, W.: Theoretische Grundlagen der organischen Chemie, 6. Aufl. Leipzig 1949.
22. MÜLLER, EUGEN: Neuere Anschauungen der organischen Chemie, 2. Aufl. 1957.
23. WHELAND, G. W.: Resonance in organic chemistry. New York 1955.
24. KLAGES, F.: Lehrbuch der organischen Chemie, Bd. II. Theoretische und allgemeine organische Chemie. Berlin 1954.
24 a. STAAB, H. A.: Einführung in die theoretische organische Chemie. Weinheim 1959.
24 b. KARAGOUNIS, G.: Einführung in die Elektronentheorie organischer Verbindungen. Berlin-Göttingen-Heidelberg 1959.
25. EUCKEN, A., u. E. WICKE: Grundriß der physikalischen Chemie, 8. Aufl. Leipzig 1956.
26. SCHÄFER, KL.: Physikalische Chemie. Ein Vorlesungskurs. Berlin-Göttingen-Heidelberg 1951.
27. NERNST, W.: Theoretische Chemie, 10. Aufl. Stuttgart 1921.
28. KUHN, W.: Physikalisch-chemische Grundlagen biologischer Vorgänge in: LEHNARTZ-FLASCHENTRÄGER, Physiologische Chemie, Bd. I, 8. 1951.
29. EGGERT, J.: Lehrbuch der Physikalischen Chemie. Leipzig 1944.
30. STAUDE, H.: Physikalisch-chemisches Taschenbuch, I. u. II. Leipzig 1945 u. 1949.
31. KORTÜM, G.: Einführung in die Chemische Thermodynamik. Göttingen 1949.
32. HAASE, R.: Thermodynamik der Mischphasen. Berlin-Göttingen-Heidelberg 1956.
33. BETHE, A.: Allgemeine Physiologie. Berlin-Göttingen-Heidelberg 1952.
34. SCHEER, B. T.: General physiology. New York u. London 1953.
35. MITCHELL, PH. H.: General physiology, 4. Aufl. New York-London-Toronto 1948.
36. HÖBER, R.: Physikalische Chemie der Zellen und Gewebe, 6. Aufl. Leipzig 1926.
37. HÖBER, R. u. Mitarb.: Physikalische Chemie der Zellen und Gewebe. Deutsche Ausgabe. Bern 1947.
38. BLADERGROEN, W.: Einführung in die Energetik und Kinetik biologischer Vorgänge. Basel 1955.
39. BRAY, H. G., and K. WHITE: Kinetics and thermodynamics in biochemistry. London 1957.
40. BULL, H. B.: Physical biochemistry, 2. Aufl. New York u. London 1951.
41. WEST, E. S.: Textbook of biophysical chemistry. New York 1956.
42. JOHLIN, J. M.: Introduction to physical biochemistry, 2. Aufl. New York 1949.
43. EDSALL, J. T., and J. WYMAN: Biophysical chemistry, Bd. I. New York 1958.

44. BERTALANFFY, L. v.: Theoretische Biologie, I u. II. Berlin 1932 u. 1942.
45. NETTER, H.: Biologische Physikochemie. Berlin 1951.
46. SCHADE, H.: Die physikalische Chemie in der inneren Medizin, 3. Aufl. Dresden 1923.
47. KORTÜM, G.: Lehrbuch der Elektrochemie, 2. Aufl. Weinheim 1957.
48. SHEDLOVSKY, Th. (edit.): Electrochemistry in biology and medicine. New York 1955.
49. JIRGENSONS, B., and M. E. STRAUMANIS: Colloid-chemistry. London 1954.
50. KRUYT, H. R., Edit.: Colloid-science, Bd. I. u. II. Amsterdam-Houston-New York-London 1952, 1949.
51. ADAM, N. K.: The physics and chemistry of surfaces, 3. Aufl. Oxford u. London 1952.
52. THIELE, H.: Praktikum der Kolloidchemie. Frankfurt 1950.
53. STUART, H. A.: (Herausg.): Die Physik der Hochpolymeren, Bd. II. Berlin-Göttingen-Heidelberg 1953.
54. HANLE, W.: Künstliche Radioaktivität, 2. Aufl. Stuttgart 1952.
55. KAMEN, M. D.: Radioactive tracers in biology. New York 1948.
56. SCHWIEGK, H.: Künstliche radioaktive Isotope in Physiologie, Diagnostik und Therapie. Berlin-Göttingen-Heidelberg 1953.
57. NEURATH, H., and K. BAILEY: The proteins, Bd. I_A, I_B, II_A, II_B. New York 1953.
58. COHN, E. J., and J. T. EDSALL: Proteins, amino acids and peptides. New York 1943.
58a. GREENBERG, D. M. (edit.): Amino acids and proteins. Springfield, Ill.: Thomas 1951.
59. PAULI, W., u. E. VALKO: Elektrochemie der Kolloide. Wien 1929.
60. SUMNER, J. B., and K. MYRBÄCK: The enzymes, Bd. I_1, I_2, II_1, II_2. New York 1950—1952.
61. GAEBLER, O. H.: Enzymes: Units of biological structure and function. International Symposion, New York 1956.
62. MYRBÄCK, K.: Enzymatische Katalyse. Berlin 1953.
63. BERSIN, TH.: Kurzes Lehrbuch der Enzymologie, 3. Aufl. Leipzig 1951.
64. HOFFMANN-OSTENHOF, O.: Enzymologie. Wien 1954.
65. AMMON, R., u. W. DIRSCHERL: Fermente, Hormone, Vitamine. Leipzig 1948.
66. McELROY, W. D., and B. GLASS: Phosphorus metabolism, Bd. I 1951. Bd. II 1952. Baltimore.
67. McELROY, W. D., and B. GLASS: The mechanism of enzyme action. Baltimore 1954.
67a. McELROY, W. D., and B. GLASS: Amino acids metabolism. Baltimore 1955.
68. McELROY, W. D., and B. GLASS: Inorganic nitrogen metabolism. Baltimore 1956.
69. BAMANN, E., u. K. MYRBÄCK: Methoden der Fermentforschung, Bd. 1—4. Leipzig 1941.
70. COLOWICK, S. P., and N. O. KAPLAN: Methods in enzymology, Bd. I—IV. New York 1955—1957.

II. Originalarbeiten

(Die in Klammern gesetzten Kursiv-Ziffern beziehen sich auf die in Teil I aufgeführten Bücher)

ABELS, J. C.: Amer. Soc. **58**, 2609 (1936).
ABITZ, W., O. GERNGROSS u. K. HERRMANN: Naturwiss. **18**, 754 (1930).
ABRAMSON, H. A.: Electrokinetic phenomena. New York 1934.
— L. S. MOYER and M. H. GORIN: Electrophoresis of proteins. New York 1942.
ADAIR, G. S.: J. biol. Chem. **63**, 529 (1925).
—, and M. E. ROBINSON: Biochem. J. **24**, 1864 (1930).
ADAM, N. K.: Endeavour **17**, 37 (1958).
ADRIAN, R. H.: J. Physiol. (Lond.) **133**, 631 (1956).
AEBI, H.: Helv. physiol. pharmacol. Acta **10**, 184 (1952); **11**, 96 (1953).
AGNER, K., and H. THEORELL: Arch. Biochem. **10**, 321 (1946).
AIRTH, R. L., W. C. RHODES and W. D. McELROY: Biochim. biophys. Acta **27**, 519 (1958).
AISENBERG, A. C., and V. R. POTTER: J. biol. Chem. **224**, 1115 (1957) (zum Pasteur-Effekt).
ALBERT, A.: Biochem. J. **47**, 531 (1950); **50**, 690 (1952).
ALBERTY, R. A.: In (*57*), Bd. I_A, S. 462—548, 1953.
— Enzyme kinetics. Advanc. Enzymol. **17**, 1 (1956a).
— J. cell. comp. Physiol. **47**, Suppl. S. 245 (1956b) (pH und Fermente).
—, and V. MASSEY: Biochim. biophys. Acta **13**, 347 (1954).
— R. M. SMITH and R. M. BOCK: J. biol. Chem. **193**, 425 (1951).
ALEXANDER, P., u. K. A. STACEY: Experientia (Basel) **13**, 307 (1957).
ALLEN, M. B.: J. gen. Physiol. **33**, 205 (1949/50).
ANDERSON, E., R. L. SCHUCK, J. D. PERRINGS and W. H. LANGHAM: Nucleonics **14**, 26 (1956).
— L., and G. W. PLAUT: Table of oxidation-reduction potentials. In: LARDY, H. A., Respiratory enzymes, S. 71. Minneapolis 1950. — HOLZER, H.: Tabelle der Redoxpotentiale. In (*9*), S. 674.
ANFINSEN, C. B., R. R. REDFIELD, W. L. CHOATE, J. PAGE and W. R. CARROLL: J. biol. Chem. **207**, 201, (1954).

ANSON, M. L.: Advanc. Protein Chem. **2**, 361 (1945) (Protein denaturation and the properties of protein groups).
—, and A. E. MIRSKY: J. gen. Physiol. **17**, 393 (1933).
ANTWEILER, H. J.: Kolloid-Z. **115**, 130 (1949).
ARCHIBALD, R. M.: J. biol. Chem. **154**, 643 (1944).
ARNDT, U. W., and D. P. RILEY: Trans. roy. Soc. A **247**, 409 (1955).
ARNOLD, V.: Hoppe-Seylers Z. physiol. Chem. **70**, 300, 314 (1911).
ARNON, D. I.: In (*61*), S. 279, 1956.
—, and G. WESSEL: Nature (Lond.) **172**, 1039 (1953).
ARTMANN, K.: Z. Elektrochem. **61**, 860 (1957).
ASCHOFF, J.: Naturwiss. **35**, 235 (1948).
ASTBURY, W. T.: Proc. roy. Soc. B **134**, 303 (1947).
AUGENSTINE, L.: In: Information theory (ed. H. QUASTLER), S. 75. Urbana 1953.
AUTRUM, H. J.: Naturwiss. **35**, 361 (1948).
BADDILEY, J.: Nature (Lond.) **170**, 711 (1952).
BAILEY, K.: Structure-proteins. II. Muscle. In (*57*), Bd. II_B, S. 951—1055, 1954.
BAMANN, E., u. A. SCHUEGRAF: Biochem. Z. **326**, 507 (1954).
— H. TRAPMANN u. F. FISCHLER: Biochem. Z. **326**, 89, 161, 237 (1954).
BARANOWSKY, T.: Biochim. biophys. Acta **25**, 16 (1957) (Pyridoxalphosphat als Bestandteil der Phosphorylase).
BARCROFT, J.: Features in the architecture of physiological function, S. 86. Cambridge 1934.
BARGER, G.: Handbuch der Biochemischen Arbeitsmethoden, Bd. 8, S. 1. Berlin 1915.
BARGMANN, W.: Histologie und mikroskopische Anatomie des Menschen, 2. Aufl. Stuttgart: Georg Thieme 1956.
— Bau und Werden des Organismus. Hamburg 1957.
— TH. SCHIEBLER u. A. KNOOP: Z. Zellforsch. **42**, 386 (1955). Vgl. POTTS, B. P., and S. G. TOMLIN: Biochim. biophys. Acta **16**, 66 (1955) (Feinstruktur der Zilien).
BARKER, H. A.: Phosphor. Metab., I, S. 204. 1951.
BARNARD, M. L., and K. J. LAIDLER: Amer. Soc. **74**, 6099 (1952).
BARNELL, H. R.: Proc. roy. Soc. B **123**, 321 (1937). — FINK, H., R. LECHNER u. J. KREBS: Biochem. Z. **299**, 28 (1938). — FINK, H., u. J. KREBS: Biochem. Z. **299**, 1 (1938).
BARNETT, E. DE BARRY: Mechanism of organic chemical reactions. London u. Glasgow 1957.
BARRON, E. S. G., and S. LEVINE: Arch. Biochem. **41**, 175 (1952).
— M. VILLAVICENCIO and D. W. KING: Arch. Biochem. **58**, 500 (1955).
BARTELS, H.: Pflügers Arch. ges. Physiol. **254**, 107 (1951).
BARTLEY, W., and R. E. DAVIES: Biochem. J. **57**, 37 (1954). — AMOORE, J. E., and W. BARTLEY: Biochem. J. **69**, 223 (1958).
BATTERSBY, A. R., and L. CRAIG: Amer. Soc. **73**, 1887 (1951).
BAUR, E.: Z. physik. Chem. **106**, 157 (1923).
— H.: Z. ges. exp. Med. **119**, 143, 189 (1952).
BEAR, R. S.: The structure of collagen-fibrils. Advanc. Protein Chem. **7**, 69 (1952).
BEAUFAY, H., H. HERS, J. BERTHET et C. DE DUVE: Bull. Soc. Chim. biol. (Paris) **36**, 1539 (1954)
BECKER, F.: Hyperkonjugation. Fortschr. chem. Forsch. **3**, 187 (1955).
BELEHRADEK, J.: Temperature and living matter. Berlin 1935.
BELL, R. P.: Die Hydratation von Ionen in wäßrigen Lösungen. Endeavour **17**, 31 (1958).
BENDALL, I. R.: Proc. roy. Soc. B **139**, 523 (1952).
BENNETT H. ST.: J. biophys. biochem. Cytol. **2**, 99 (1956). Vgl. CAESAR, R., G. A. EDWARDS u. H. RUSKA: J. biophys. biochem. Cytol. **3**, 867 (1957) u. W. BARGMANN: Dtsch. med. Wschr. **1958**, 1704.
BENNHOLD, H.: Verh. 59. Kongr. für innere Med., S. 135. München 1953.
— E. KYLIN u. ST. RUSZNYAK: Die Eiweißkörper des Blutplasmas, S. 220—303. Dresden u. Leipzig 1938.
—, u. R. SCHUBERT: Z. ges. exp. Med. **113**, 722 (1944). — SCHUBERT, R.: Klin. Wschr. **1948**, 143.
—, u. G. SEYBOLD: Z. ges. exp. Med. **118**, 407 (1952).
BENTLER, M., u. H. NETTER: Hoppe-Seylers Z. physiol. Chem. **295**, 362 (1953).
BENZINGER, T., C. KITZINGER u. T. BENZINGER: Z. Naturforsch. **10**b, 375 (1955). — BENZINGER, T., and R. HEMS: Proc. nat. Acad. Sci. (Wash.) **42**, 856 (1956). Siehe auch LEVINTOW, bzw. PODOLSKY: Zit. unter MORALES.
BERG, P.: Amer. Soc. **77**, 3163 (1955). — J. biol. Chem. **222**, 991, 1015 (1956). Vgl. auch die zu seiner Reduktion erforderliche Aktivierung des Sulfates als Adenosin-3′-phosphat-5′-phosphosulfat (PAPS): HILZ, H., and F. LIPMANN: Proc. nat. Acad. Sci. (Wash.) **41**, 880 (1955). — ROBBINS, P. W., and F. LIPMANN: Amer. Soc. **78**, 2652, 6409 (1956). — PAPS und Mucinsynthese: KENT, P. W., and C. A. PASTERNAK: Biochem. J. **69**, 453 1958). — Chondroitin-SO_4-Bildung, s. LIPMANN 1958.

BERGMANN, F.: Disc. Faraday Soc. Nr. **20**, 126 (1955).
— M., and C. NIEMANN: Ann. Rev. biol. Chem. **7**, 99 (1938).
— — J. biol. Chem. **122**, 577 (1938).
BERGMEYER, H. U.: Biochem. Z. **323**, 163 (1952) (Kinetik der Glykolyse).
BERGOLD, G.: Z. Naturforsch. **1**, 100 (1946). — SCHRAMM, G., u. G. BERGOLD: Z. Naturforsch.
    2b, 108 (1947).
BERLINER, R. W., and J. ORLOFF: Pharmacol. Rev. **8**, 137 (1956) (Nierenwirkung von Diamox).
BERNAL, J. D., and R. H. FOWLER: J. chem. Physics **1**, 515 (1933).
BERNHARD, S. A., and H. GUTFREUND: Biochem. J. **63**, 61 (1956).
BERSIN, TH.: Z. Elektrochem. **57**, 213 (1953).
BERTALANFFY, L. v.: Theoretische Biologie, Bd. 2. Berlin: Gebrüder Borntraeger 1942.
— Physik des Fließgleichgewichts. Braunschweig 1953.
— Das biologische Weltbild. Bern 1947.
BETHE, A.: Naturwiss. **37**, 177 (1950).
—, u. TH. TOROPOFF: Z. physik. Chem. **88**, 686 (1914); **89**, 597 (1915).
BEUTNER, R.: Entstehung elektrischer Ströme im lebenden Gewebe. Stuttgart 1920.
— Fed. Proc. **13**, 13 (1954); **15**, 19 (1956).
—, and T. C. BARNES: Science **94**, 211 (1941).
BIELIG, H. J., u. E. BAYER: Naturwiss. **42**, 125, 466 (1955) u. Pubbl. Staz. zool. Napoli **25**,
    26 (1953) (Hämovanadin-Komplex).
BIKERMAN, J. J.: Phil. Mag. **33**, 384 (1942).
— Surface chemistry. New York 1958.
BILTZ, H.: J. prakt. Chem. (2) **145**, 65 (1936) (Dissoziation der Harnsäure).
BJERRUM, N.: Z. physik. Chem. **104**, 147 (1923).
BLACK, S., and N. G. WRIGHT: J. biol. Chem. **213**, 27, 39, 51 (1955) (Aspartokinase).
BLADERGROEN, W.: Physikalische Chemie in Medizin und Biologie. Basel 1945.
BLEIBTREU, M.: Pflügers Arch. ges. Physiol. **85**, 345 (1901).
BLODGETT, K. B., and J. LANGMUIR: Phys. Rev. **51**, 964 (1937).
BOGEN, H. J.: Biol. Zbl. **62**, 511 (1942).
BONHOEFFER, K. F.: Fermentreaktionen in schwerem H_2O. Ergebn. Fermentforsch. **6**, 47
    (1937).
— In: Membrane phenomena. Disc. Faraday Soc. Nr. **21**, 219 (1956).
— mit U. SCHINDEWOLF: Z. Elektrochem. **57**, 216 (1953).
BOOTH, F.: Ionic double layer, in: Progr. Biophysics **3**, 131 (1953).
BORRIES, B. v., u. G. A. KAUSCHE: Kolloid-Z. **90**, 132 (1940).
BORSOOK, H.: Sympos. sur la biogenèse des proteins, 2. Congr. Internat. de Biochem., S. 37,
    1952.
— Advanc. Protein Chem. **8**, 127 (1953).
— Biosynthesis of proteins, in: Proc. 3. Internat. Congr. Biochem., S. 92, New York 1956
    u. J. cell. comp. Physiol. **47**, Suppl. S. 35 (1956).
—, and J. W. DUBNOFF: J. biol. Chem. **132**, 307 (1940); **141**, 717 (1941); **168**, 397 (1947).
— E. L. ELLIS and H. M. HUFFMAN: J. biol. Chem. **117**, 281 (1937).
BOTTS, E., and M. MORALES: Trans. Faraday Soc. **49**, 696 (1953).
BOWYER, FR.: Int. Rev. Cytol. **6** 469 (1957).
BOYD, E. S., and W. F. NEUMAN: J. biol. Chem. **193**, 243 (1951). — NEUMAN, W. F., and
    B. J. MULRYAN: J. biol. Chem. **195**, 843 (1952).
— G. E., u. B. A. SOLDANO: Z. Elektrochem. **57**, 162 (1953). Vgl. GREGOR, H. P., and
    H. FREDERICK: Ann. N. Y. Acad. Sci. **57**, 87 (1953) (Thermodynamik der Austauscher).
BOYER, J. H.: Amer. Soc. **74**, 6274 (1952) (Imidazolacetylierung). — WAGNER-JAUREGG, T.,
    and B. E. HACKLEY: Amer. Soc. **75**, 2125 (1953).
— P. D.: Amer. Soc. **73**, 733 (1951). — FARBER, M. C., A. E. MILMAN u. A. T. MILHORAT:
    Hoppe-Seylers Z. physiol. Chem. **295**, 318 (1953). — MARTIUS, C., u. H. EILINGSFELD:
    Biochem. Z. **328**, 507 (1957).
—, u. H. L. SEGAL: In (67), S. 520, 1954. — KACHMAR, J. F., and P. D. BOYER: J. biol.
    Chem. **200**, 669 (1953) (Bindung von K^+ an Enzyme).
BOYLE, P. J., and E. J. CONWAY: J. Physiol. (Lond.) **100**, 1 (1941).
BRAGG, W. L.: The crystalline state, Bd. 1. London: Wiley & Sons 1933.
BRANSON, H.: Arch. Biochem. **36**, 48 (1952).
BRAUNSTEIN, A. E.: Advanc. Protein Chem. **3**, 1 (1947).
— A. E., u. M. G. KRITZMANN: Enzymologia **2**, 129 (1937).
BRESLER, S. E., P. A. FINOGENOFF i S. Y. FRENKEL: C. R. Acad. Sci. URSS. **72**, 555 (1950). —
    PORTER, K. R., and P. VANAMEE: Proc. Soc. exp. Biol. (N. Y.) **71**, 513 (1949) (Embryo-
    nales Kollagen). Vgl. BEAR, R. S.: Advanc. Protein Chem. **7**, 69 (1952).
BRICE, B. A., M. HALVER and G. C. NUTTING: Amer. Soc. **73**, 2786 (1951) (light-scattering-
    Methode).

BRIEGLEB, G.: Naturwiss. **31**, 62 (1943).
— Z. Elektrochem. **53**, 350 (1949).
— Zwischenmolekulare Kräfte. In: Biophys. Arbeitstagg. Mosbach, Karlsruhe, 1949.
—, u. W. STROHMEIER: Zur Keto-Enol-Umwandlung: Angew. Chem. **64**, 409 (1952).
BRIGGS, G. E., and I. B. S. HALDANE: Biochem. J. **19**, 338 (1925).
BRIN, G. P., i A. A. KRASNOWSKI: Biochimija **16**, 453 (1951).
BRINKMANN, R., u. E. VAN DAM: Proc. kon. med. Akad. Wet. **22**, 762 (1920).
— — Münch. med. Wschr. **1921**, 1550.
—, u. A. V. SZENT-GYÖRGYI: Biochem. Z. **139**, 261 (1923). Vgl. VOLMER, M., u. G. ADHI-
    KARI: Z. physik. Chem. **119**, 46 (1926); VOLMER, M.: Kinetik der Phasenbildung. Dresden
    u. Leipzig 1939.
BRODA, E.: Radioaktive Isotope in der Biochemie. Wien 1958.
BROOKS, S. C.: J. cell. comp. Physiol. **7**, 163 (1935). — PARPART, A. K.: J. cell. comp. Physiol.
    7, 153 (1935).
BROSER, W., u. W. LAUTSCH: Z. Naturforsch. **11**b, 453 (1956).
— —, u. V. GÖDICKE: Z. Naturforsch. **12**b, 303 (1957).
BRUCH, H., u. H. NETTER: Pflügers Arch. ges. Physiol. **225**, 403 (1930).
BRUNAUER, S., P. H. EMMETT and E. TELLER: Amer. Soc. **60**, 309 (1938). Vgl. auch die
    Sips-Isotherme: SIPS. R. J.: Chem. Physics **16**, 490 (1948).
BRUNNER, E.: Z. physik. Chem. **47**, 56 (1904).
BUCHANAN, T. J., G. H. HAGGIS, J. B. HASTED and B. G. ROBINSON: Proc. roy. Soc. A **213**,
    379 (1952).
BÜCHER, TH.: Biochim. biophys. Acta **1**, 292 (1947).
— Probleme des Energietransports innerhalb lebender Zellen. Advanc. Enzymol. **14**, 1
    (1953).
— 4. Mosbach-Coll., S. 32, 1953.
—, and K. H. GARBADE: Biochim. biophys. Acta **8**, 219, 220, 222 (1952).
—, u. J. KASPERS: Biochim. biophys. Acta **1**, 21 (1947).
— — Naturwiss. **33**, 93 (1946).
—, u. M. KLINGENBERG: Angew. Chem. **70**, 552 (1958) (Intracelluläre Metabolitverteilung,
    Wege des Wasserstoffs, Wasserzyklus).
—, u. D. MOHRING: In (*8*), Bd. II₂, S. 115—183, 1955.
— mit H. ZEBE u. A. DELBRÜCK: Ber. ges. Physiol. **189**, 115 (1957).
BÜRGER, M.: Altern und Krankheit. Leipzig 1954.
BULL, H. B.: J. biol. Chem. **137**, 143 (1941).
— Spread monolayers of protein. Advanc. Protein Chem. **3**, 95 (1947).
— Symp. on proteins. J. cell. comp. Physiol. **47**, Suppl. 123 (1956).
—, and J. W. HAHN: Amer. Soc. **70**, 2132 (1948).
BUNGENBERG DE JONG, H. G.: In (*50*), II, S. 232, 335 u. 433, 1949.
BURCK, H. C.: Diss. Kiel 1958.
BURK, D.: J. physic. Chem. **36**, 268 (1932). — Ergebn. Enzymforsch. **3**, 23 (1934) (Azoto-
    bakter).
—, u. O. WARBURG: Z. Naturforsch. **6**b, 12 (1951).
BURNET, F. M., J. F. MCCREA and J. D. STONE: Brit. J. exp. Path. **27**, 228 (1946).
BURTON, K.: Biochem. J. **59**, 44, 1955. Vgl. LYNEN, F.: Angew. Chem. **67**, 463 (1955).
— Ergebn. Physiol. **49**, 275 (1957).
—, and H. A. KREBS: Biochem. J. **54**, 94 (1953).
BUTENANDT, A.: Naturwiss. **42**, 141 (1955).
BUTLER, J. A. V.: Electrical phenomena at interfaces. London 1951.
CALDWELL, P. C.: Intracellular pH. In: Int. Rev. Cytol. **5**, 229 (1956).
CALVIN, M.: Chelation and katalyses. Mechanism of enzyme action, S. 221. 1954.
— Fed. Proc. **13**, 697 (1954). — GRISEBACH, H.: Angew. Chem. **68**, 554 (1956) (Thioctan-
    säure).
— Photosynthetic carbon-cycle. Proc. 3. Internat. Congr. Biochem., S. 211, 1956. Vgl.
    MARTELL u. CALVIN.
CAMPBELL jr., L. L.: Amer. Soc. **76**, 5256 (1954) (α-Amylase aus thermophilen Bakterien).
CANTONI, G. L.: J. biol. Chem. **204**, 403 (1953).
—, and J. DURELL: Fed. Proc. **15**, 229 (1956). Vgl. SHAPIRO, S. K.: Biochim. biophys. Acta
    29, 405 (1958) (Transmethylase).
CANTOW, H. J.: Dechema-Monogr. **27**, 124 (1956).
CARR, C. W.: Arch. Biochem. **62**, 476 (1956) (K-Bindung an Proteine). Vgl. SAROFF, H. A.:
    Arch. Biochem. **71**, 194 (1957).
— H. P. GREGOR and K. SÖLLNER: J. gen. Physiol. **28**, 179 (1945).
CASSIDY, H. G.: Amer. Soc. **71**, 402 (1949).
CHAIKOFF, I. L., and D. B. ZILVERSMIT: Advanc. biol. med. Phys. **1**, 322 (1948).

Chambers, R.: J. cell. comp. Physiol. **1**, 65 (1932).
— Cold Spr. Harb. Symp. quant. Biol. **1**, 205 (1933).
Chance, B.: J. biol. Chem. **151**, 553 (1943).
— Advanc. Enzymol. **12**, 153 (1951).
— Enzyme mechanisms in living cells, S. 399, 1954, in: Mechanism of enzyme action (*67*).
— ATP und Atmungskette, in (*61*), S. 447, 1956.
—, and B. Hess: Ann. N. Y. Acad. Sci. (Wash.) **63**, 1008 (1956). Vgl. die Analyse von Konzentrationsabläufen in einem Vielkomponentensystem mit Hilfe von Analog-Rechenmaschinen (analog-computer). Naturwiss 1959 (im Erscheinen).
—, and G. R. Williams: Advanc. Enzymol. **17**, 65 (1956).
Chantrenne, H.: J. biol. Chem. **189**, 227 (1951). — Cohen, P. P., and R. W. McGilvery: J. biol. Chem. **166**, 261 (1946).
Chanutin, A., S. Ludewig and A. V. Masket: J. biol. Chem. **143**, 737 (1942).
Cheesman, D. F., and J. T. Davies: Advanc. Protein Chem. **9**, 439 (1954).
Christensen, H. N., and T. R. Riggs: J. biol. Chem. **194**, 57 (1952).
Christophersen, J., u. W. Kaufmann: Naturwiss. **39**, 67 (1952).
— — Kiel. milchwirtsch. Forschgsber. **7**, 323 (1955).
—, u. H. Thiele: Kiel. milchwirtsch. Forschgsber. **4**, 683 (1952).
Clark, S. M., and J. Iball: The X-ray crystal-analysis of bone. Progr. Biophysics **7**, 225 (1957).
— W. M.: The determination of hydrogen ions, 3. Aufl. Baltimore 1928.
Clarke, H. T., Edit.: Ion transport across membranes. New York 1954.
Cohen, G. N., et H. V. Rickenberg: C. R. Soc. Biol. (Paris) **240**, 2086 (1955).
— I. A., R. A. Oosterbaan, M. G., P. J. Warringa and H. S. Jansz: Disc. Faraday Soc. Nr. **20**, 114 (1955).
—, P. P., and M. Hayano: J. biol. Chem. **166**, 239, 251 (1946).
Cohn, E. J.: Ergebn. Physiol. **33**, 781 (1931).
— Naturwiss. **20**, 663 (1932).
— Physiol. Rev. **5**, 349 (1935).
— Experientia (Basel) **3**, 125 (1947). — Edsall, J. T.: Protein fractionation. Advanc. Protein Chem. **3**, 384 (1947). — Mulford, D. J.: Ann. Rev. Physiol. **9**, 327 (1947).
— W. E., ard C. E. Carter: Amer. Soc. **72**, 4273 (1950).
—, and E. R. Cohn: Proc. Soc. exp. Biol. (N. Y.) **41**, 445 (1939).
Cole, K. S., and H. J. Curtis: Medical physics (ed. O. Glasser), S. 82. Chicago 1944.
—, and H. J. Curtis: Bioelectric-measurements. In: Biophys. Res. Meth. (ed. F. M. Uber), S. 33. New York 1950.
Collander, R., u. H. Bärlund: Acta bot. fenn. **5**, 1 (1929); **11**, 1 (1933).
Colowick, S. P.: The enzymes (*60*), Bd. II$_1$, S. 114, 1951.
— mit N. O. Kaplan and E. Neufeld: J. biol. Chem. **195**, 107 (1952).
— — — and M. Ciotti: J. biol. Chem. **195**, 95, (1952).
Conway, B. E.: Electrochemical data. Amsterdam-Houston-London-New York: Elsevier Publ. Comp. 1952.
— E. J.: Biochemistry of gastric acid secretion. Springfield, Ill. 1953.
— Int. Rev. Cytol. **2**, 419 (1953).
— Symp. Soc. exp. Biol. **8**, 297 (1954).
— Abstr. 3. Internat. Congr. Biochem., Brüssel 1955.
—, and T. G. Brady: Biochem. J. **47**, 360 (1950).
— — and E. Carton: Biochem. J. **47**, 369 (1950).
—, and M. Downey: Biochem. J. **47**, 355 (1950).
—, and F. Duggan: Biochem. J. **69**, 265 (1958) (Cation-carrier bei Hefe).
—, and D. Hingerty: Biochem. J. **42**, 372 (1948).
—, and E. O'Malley: Biochem. J. **40**, 59 (1946).
—, and P. T. Moore: Nature (Lond.) **156**, 270 (1945).
— — Biochem. J. **57**, 523 (1954).
Cori, C. F.: Proc. Soc. exp. Biol. (N. Y.) **24**, 125 (1926).
—, and G. T. Cori: J. biol. Chem. **79**, 309 (1928).
— G. Schmidt and G. T. Cori: Science **89**, 464 (1939). Vgl. die Möglichkeit der Glykogensynthese über UDPG: Leloir, L. F., and C. E. Cardini: Amer. Soc. **79**, 6340 (1957) u. Villar-Palasi, C., and J. Larner: Biochim. biophys. Acta **30**, 449 (1958).
Corten, M. H., u. J. Estermann: Z. physik. Chem. **136**, 228 (1928).
Cowie, D. B., R. B. Roberts and I. Z. Roberts: J. cell. comp. Physiol. **34**, 243 (1949). — In: Shanes, A. M.: Electrolytes in biol. Systems, S. 1. Washington 1955.
Crabtree, H. G.: Biochem. J. **23**, 536 (1929). Vgl. Seelich, F., W. Weigert u. K. Letnansky: Z. Krebsforsch. **61**, 368 (1956); Chance, B., u. B. Hess 1956.
Craig, L.: J. biol. Chem. **155**, 519 (1944).

CRAMER, F.: Papierchromatographie, 2. Aufl. Weinheim 1953.
— Angew. Chem. **68**, 115 (1956) (Einschlußverbindungen).
—, u. B. PROSKE: Angew. Chem. **68**, 120 (1956) (CO_2-Anlagerung).
CRANE, R. K., and ST. M. KRANE: Biochim. biophys. Acta **20**, 568 (1956). Vgl. TAYLOR, W. R., and R. G. LANGDON: Biochim. biophys. Acta **21**, 384 (1956).
—, and F. LIPMANN: J. biol. Chem. **201**, 235 (1953) (Zur Arsenatwirkung).
CREMER, H. D., u. A. TISELIUS: Biochem. Z. **320**, 273 (1950).
— M.: Handbuch der Physiologie, Bd. VIII/2, S. 999. 1927.
CRICK, F. C. H.: Nature (Lond.) **170**, 882 (1952).
CROWFOOT-HODGKIN, D. C., A. W. JOHNSON and A. TODD: Structure of vit. B_{12}. London: The Chemical Soc. 1955.
CROZIER, W. I.: J. gen. Physiol. **7**, 123 (1924); **9**, 531 (1926). Vgl. MORALES, M. F.: J. cell. comp. Physiol. **30**, 303 (1947).
CRUSE, K., u. R. HUBER: Angew. Chem. **66**, 625 (1954).
— — Hochfrequenztitration. Weinheim 1957.
CUMMINS, C. S.: Int. Rev. Cytol. **5**, 25 (1956).
—, and H. HARRIS: J. gen. Microbiol **14**, 583 (1956).
DALLEMAGNE, M. J.: Acta biol. belg. **1**, 95 (1942) (Ca/PO_4).
— La nature chimique d. l. subst. minérale osseuse. Lüttich 1943. Vgl. TRAUTZ, O. R.: Ann. N. Y. Acad. Sci (Wash.) **60**, 696 (1955) (weitere Lit.).
DANIELLI, J. F.: Proc. roy. Soc. B **122**, 155 (1937).
— Biochem. J. **35**, 470 (1941).
— Cell physiology and pharmacology. Amsterdam-Houston-New York-London: Elsevier 1950.
— Symp. Soc. exp. Biol. **8**, 502 (1954).
—· W. D. STEIN and J. F. DANIELLI: In: Membrane phenomena. Disc. Faraday Soc. Nr **21**, 238 (1956).
DARCY, H.: Les fontaines publiques de la ville de Dijon. Zit. nach RENKIN 1957.
DAVENPORT, H. W.: The ABC of acid-base chemistry, 3. Aufl. Chicago 1950.
— Fed. Proc. **11**, 715 (1952); **12**, 31 (1953).
DAVIE, E. W., and H. NEURATH: Amer. Soc. **74**, 6305 (1952).
DAVIES, R. E., and A. G. OGSTON: Biochem. J. **46**, 324 (1950).
— J. T.: Z. Elektrochem. **55**, 559 (1951).
DAVSON, H., and J. F. DANIELLI: Biochem. J. **32**, 991 (1938).
— — The permeability of natural membranes. Cambridge: Univ. Press London 1943.
DEBYE, P.: Polare Molekeln. Leipzig 1929.
— J. appl. Physics **15**, 338 (1944).
— J. physic. Chem. **51**, 18 (1947).
—, u. E. HÜCKEL: Physik. Z. **24**, 185, 305 (1923). — HÜCKEL, E.: Ergebn. exakt. Naturwiss. **3**, 199 (1924).
DECKER, P.: Naturwiss. **45**, 464, 465 (1958) (R_f-Werte und Konstitutionsermittlung).
DELBRÜCK, M.: Angew. Chem. **66**, 391 (1954).
DENBIGH, K. G.: The thermodynamics of the steady-state. London 1951.
DERVICHIAN, D. G.: J. Phys. Radium (Paris) **6**, 221, 429 (1935).
— Z. Elektrochem. **59**, 290 (1955).
DESNUELLE, P., and A. CASAL: Biochim. biophys. Acta **2**, 64 (1948).
—, u. M. ROVERY: 4. Mosbach-Coll., S. 133, 1953.
DEVAUX, H.: C. R. Acad. Sci (Paris) **201**, 109 (1935).
DICKENS, F.: In (60), Bd. II_1, S. 624. New York 1951.
—, and D. SALMONY: Biochem. J. **64**, 645 (1956).
DIEUDONNÉ, A.: Zbl. Bakt., I. Abt. Orig. **16**, 965 (1893).
DIMROTH, K., H. WITZEL u. W. MATTHAEUS: Z. angew. Chem. **68**, 579 (1956).
DISCHE, Z., u. G. ASHWELL: Biochim. biophys. Acta **17**, 56 (1955).
DIXON, M.: Multienzyme systems. Cambridge: Cambridge Univ. Press. 1949.
— Biochem. J. **55**, 161, 170 (1953).
— Disc. Faraday Soc. Nr **20**, 9, 301 (1955).
DOBROWSKY, A.: Kolloid-Z. **104**, 87 (1943); **105**, 56, 149 (1943); **110**, 34 (1948).
DONNAN, F. G.: Z. Elektrochem. **17**, 572 (1911). Vgl. HÜCKEL, E.: Kolloid-Z. **36**, Erg.-Bd. 204 (1925).
DOST, F. H.: Der Blutspiegel. Leipzig 1953.
DOTY, P., and J. T. EDSALL: Advanc. Protein Chem. **6**, 35 (1951).
DRABKIN, D. L.: Proc. Amer. Diab. Assoc. **8**, 171 (1948).
DRAPER, M. H., and A. J. HODGE: Nature (Lond.) **163**, 576 (1949).
DRINKER, N., and H. H. ZINSSER: J. biol. Chem. **148**, 187 (1943).
DRUCKREY, H., u. K. KUPFMÜLLER: Dosis und Wirkung. Aulendorf i. Württbg. 1949.
DUBUISSON, M.: Muscular contraction. Springfield, Ill. 1954.

DUKE-ELDER, ST.: Biochem. J. **21**, 66 (1927).
DUNKER, E., u. H. PASSOW: Pflügers Arch. ges. Physiol. **256**, 446 (1953).
EADIE, G. S.: J. biol. Chem. **146**, 85 (1942).
EDSALL, J. T.: Plasmaproteins and their fractionation. Advanc. Protein Chem. **3**, 383 (1947).
— In (*57*), Bd. I$_B$, S. 549—726, 1953.
— J. cell. comp. Physiol. **47**, Suppl. S. 163 (1956).
EGE, R.: Biochem. Z. **130**, 99 (1922).
EICHLER, O.: Naunyn-Schmiedeberg's Arch. exp. Path. Pharmak. **198**, 442 (1941). — Die Hofmeistersche Reihe: Handbuch der experimentellen Pharmakologie, Bd. XX. Berlin-Göttingen-Heidelberg 1950.
EIGEN, M., u. L. DE MAEYER: Z. Elektrochem. **60**, 1037 (1956).
—, u. E. WICKE: Z. Elektrochem. **55**, 354 (1951).
EINSTEIN, A.: Ann. Physik (4) **19**, 289 (1906).
EISENBERG, M. A., and G. W. SCHWERT: J. gen. Physiol. **34**, 583 (1951).
EISENBRAND, J., u. F. WEGEL: Hoppe-Seylers Z. physiol. Chem. **268**, 26 (1941).
ELFORD, W. J.: Trans. Faraday Soc. **33**, 1094 (1937).
ELLIOT, K. A. C.: Canad. J. Biochem. **33**, 466 (1955); mit H. M. PAPPIUS: Canad. J. Biochem. **34**, 1007, 1053 (1956).
ENDER, F.: Redoxpotentiale. In (*8*), Bd. I, Teil 1, S. 628—715, 1953.
— Wasserstoffionenkonzentration. In (*8*), Bd. I, Teil 1, S. 527, 1953.
ENGELHARDT, V. A.: Advanc. Enzymol. **6**, 147 (1946).
ERICHSEN, L. V.: Das Wasser, Eigenschaften und physiologische Bedeutung; ERICHSEN, L. V., u. P. J. CRAMER: Zustand des Wassers in der Zelle. In Handbuch der Pflanzenphysiologie, Bd. I. Berlin-Göttingen-Heidelberg 1955.
ERNST, E., u. L. HOMOLA: Acta physiol. Acad. Sci. hung. **3**, 487 (1952).
—, u. L. SCHEFFER: Pflügers Arch. ges. Physiol. **220**, 655 (1928).
EUCKEN, A.: Lehrbuch der chemischen Physik, S. 479. Leipzig 1932.
— Z. Elektrochem. **52**, 255 (1948); **53**, 102 (1949). Vgl. MECKE, R.: Z. Elektrochem. **52**, 269 (1948).
—, u. M. EIGEN: Z. Elektrochem. **55**, 343 (1951).
EULER, H. V., u. H. CRAMÉR: Hoppe-Seylers Z. Physiol. Chem. **89**, 272 (1914).
EVANS, M. G., and I. GERGELY: Biochim. biophys. Acta **3**, 188 (1949).
EYRING, H.: J. chem. Physics **4**, 283 (1936).
— R. LUMRY and J. D. SPIKES: In (*67*), S. 123, 1954. — LUMRY, R., and H. EYRING: J. physic. Chem. **58**, 110 (1954).
FAJANS, K.: Z. physik. Chem. **73**, 25 (1910).
FALKENHAGEN, H., u. M. DOLE: Physik. Z. **30**, 611 (1929).
— — Z. physik. Chem. B **6**, 159 (1929).
FELLER, D. D., E. H. STRISOWER and I. L. CHAIKOFF: J. biol. Chem. **187**, 571 (1950).
FELTS, J. M., R. G. DOELL and I. L. CHAIKOFF: J. biol. Chem. **219**, 473 (1956).
FENN, W. O.: J. Physiol. (Lond.) **58**, 373 (1924).
— Physiol. Rev. **16**, 450 (1936); **20**, 377 (1940).
— L. HAEGE, E. SHERIDAN and J. FLICK: J. gen. Physiol. **28**, 53 (1944).
— I. R. NOONAN, L. J. MULLINS and L. HAEGE: Amer. J. Physiol. **135**, 93, 149 (1941).
FERNÁNDEZ-MORÁN, H.: The submicroscop. structure of nerve fibres. Progr. Biophysics **4**, 112 (1954).
— F. O. SCHMITT and N. GESCHWIND: The axon surface. Progr. Biophysics **8**, 166 (1957).
FERRY, J. D.: J. gen. Physiol. **20**, 95 (1936); Chem. Rev. **18**, 373 (1936); Advanc. Protein Chem. **4**, 1 (1948) (Protein-Gele).
FIKENTSCHER, H., u. H. MARK: Kolloid-Z. **49**, 135 (1929).
FINEAN, J. B.: Exp. Cell. Res. **5**, 202 (1953).
— Biochim. biophys. Acta **10**, 371 (1953).
FISCHER, A.: Gewebezüchtung, 3. Aufl. München 1930.
FISHER, R. B., D. S. PARSONS and G. A. MORRISON: Nature (Lond.) **161**, 764 (1948).
FITTING, H.: Jb. wiss. Bot. **56**, 1 (1915).
FLASCHKA, H.: Fortschr. chem. Forsch. **3**, 253 (1955).
FLAVIN, M., H. CASTRO-MENDOZA and W. S. BECK: Fed. Proc. **15**, 252 (1956).
— — and S. OCHOA: Biochim. biophys. Acta **20**, 591 (1956).
FLECKENSTEIN, A.: Pflügers Arch. ges. Physiol. **250**, 643 (1948) u. Der Kalium-Natriumaustausch. Berlin-Göttingen-Heidelberg 1955.
—, u. J. JANKE: Pflügers Arch. ges. Physiol. **265**, 237 (1957).
— — R. E. DAVIES and H. A. KREBS: Nature (Lond.) **174**, 1081 (1954).
FLORY, P. J., and T. G. FOX: Amer. Soc. **73**, 1904 (1951). — FOX, T. G., and P. J. FLORY: Amer. Soc. **73**, 1915 (1951).
FLYNN, F., and M. MAIZELS: J. Physiol. (Lond.) **110**, 301 (1949).

FÖRSTER, H., L. WIESE u. G. BRAUNITZER: Z. Naturforsch. **11**b, 315 (1956) (Gynogamone).
— TH.: Z. Naturforsch. **2**b, 174 (1947).
— Fluorescenz organischer Verbindungen. Göttingen 1951.
FOLK, B. P., K. L. ZIERLER and L. LILIENTHAL: Amer. J. Physiol. **153**, 381 (1948).
FOLLEY, S. J., and H. D. KAY: Biochem. J. **29**, 1837 (1935).
FONER, S. N., and R. L. HUDSON: J. chem. Physics **23**, 1974 (1955). — NORRISH, R. G. W.:
    Z. Elektrochem. **56**, 705 (1952).
FONNESU, A., and R. E. DAVIES: Biochem. J. **64**, 769 (1956).
FORSSANDER, D.: Soc. Sci. Fenn. Comm. Physicomathemat. **19**, No 22 (1956). Vgl. STEYN-
    PARVÉ, E. P.: Biochim. biophys. Acta **8**, 310 (1952) (Thiaminokinase).
FOULKES, E. C.: J. gen. Physiol. **38**, 425 (1955); **39**, 687 (1956).
FOX, H. N., and E. I. BALDES: J. exp. Biol. **12**, 174 (1935).
FRANCK, J.: Handbuch der Pflanzenphysiologie; Photosynthese (in Vorbereitung). Vgl.
    BRUGGER, J. E., and J. FRANCK: Arch. Biochem. **75**, 465 (1958).
—, and J. E. MAYER: Arch. Biochem. **14**, 297 (1947).
FRANKE, W.: Zur Thunberg-Methodik. In (*8*), Bd. I$_2$, S. 311, 1955; hier auch Tetrazolium-
    Methode.
FRAZER, A. C., et W. POVER: Resumé II. Internat. Congr. de Biochém., S. 157, 1952.
FREISE, V.: Z. Elektrochem. **56**, 822 (1952).
FREUNDLICH, H.: Z. Elektrochem. **22**, 27 (1916).
— Kapillarchemie, 4. Aufl. Leipzig 1932.
—, u. E. POSNJAK: Kolloidchem. Beih. **3**, 443 (1912).
—, u. P. RONA: Ber. Akad. preuß. Wiss. **20**, 397 (1920).
—, u. E. SCHALEK: Z. physik. Chem. **108**, 153 (1924). — OSTWALD, W.: Z. physik. Chem. **111**,
    62, (1924).
— — Thixotropie. Paris 1935. — FREUNDLICH, H., u. F. JULIUSBERGER: Trans. Faraday
    Soc. **31**, 920 (1935) (Zur Rheopexie).
—, u. W. SEIFRIZ: Z. physik. Chem. **104**, 233 (1923).
— mit STAPELFELDT, F., u. H. ZOCHER: Z. physik. Chem. **114**, 161 (1924).
FREY-WYSSLING, A.: Protoplasmatologia, Bd. 2, Liefg. A2. Wien 1955. — Submikroskopische
    Morphologie des Protoplasmas und seiner Derivate. Berlin 1938. 2. Aufl. (englisch).
    New York u. Amsterdam 1948.
FRIEDENWALD, J. S., and G. D. MAENGWYN-DAVIES: In (*67*), S. 154 u. 191, 1954.
FRIEDRICH-FREKSA, H.: Naturwiss. **28**, 376 (1940).
— Stammesgeschichtliche Stellung der Virusarten und dem Problem der Urzeugung. Jena:
    Gustav Fischer 1954.
—, u. C. MARTIUS: Z. Naturforsch. **6**b, 296 (1951).
FRÖHLICH, P., u. H. MISCHUNG: Kolloid-Z. **108**, 30 (1944).
FRUMKIN, A.: Z. physik. Chem. **116**, 485, 498 (1925).
— J. chem. Physics **4**, 624 (1936).
FRUNDER, H.: Die Wasserstoffionenkonzentration im Gewebe lebender Tiere. Jena 1951.
FÜRTH, R.: Handbuch physikalisch-technischer Mechanik, Bd. 7, S. 664. 1930. — NISTLER, A.:
    Protoplasma **13**, 517 (1931).
FULMER, E., and E. BUCHANAN: Physiology and biochemistry of bacteria. II. London 1930. —
    NIEL, C. B. VAN: The enzymes. In: Sumner-Myrbäck, Bd. II$_2$, S. 1074. 1952. — SUMNER,
    J. B.: Advanc. Enzymol. **1**, 163 (1941).
FURCHGOTT, R. F., and E. PONDER: J. gen. Physiol. **24**, 447 (1941).
FURUSAWA, K.: J. Physiol. (Lond.) **67**, 325 (1929).
GAFFRON, H., u. K. WOHL: Naturwiss. **24**, 81, 103 (1936).
GALE, E. F.: Protein synthesis in subcellular systems. Symp. 6, 1, IV. Internat. Congr.
    Biochem., Wien 1958.
—, and H. M. R. EPPS: Biochem. J. **36**, 624 (1942). — GALE, E. F.: Symp. Soc. exp. Biol. **8**,
    242 (1954).
—, and J. P. FOLKES: Biochem. J. **53**, 493 (1953) (Chloraminophenicol als Hemmstoff der
    Proteinsynthese). — GROS, F., u. F. GROS: Biochim. biophys. Acta **22**, 200 (1956).
—, and K. MCQUILLON: Ann. Rev. Microbiol. **11**, 283 (1957).
GAMBLE, J. L.: Proc. Amer. phil. Soc. **88**, 151 (1944). — Chemic. Anatomy, Physiol. and Pathol.
    of extracell. Fluid. Cambridge, Mass. 1949.
GAMOW, G., u. C. G. H. TOMPKINS: Zit. nach DELBRÜCK 1954.
GAZA, W. V., u. B. BRANDI: Klin. Wschr. **1926**, 1123.
GEISSMANN, T. A.: Quart. Rev. Biol. **24**, 309 (1949).
GEORGE, P.: Disc. Faraday Soc. Nr. 20, 291 (1955).
—, and G. I. H. HANANIA: Disc. Faraday Soc. Nr. 20, 216 (1955).
—, and D. H. IRVINE: Biochem. J. **58**, 188 (1954); **60**, 596 (1955). — Disc. Faraday Soc.
    Nr. 20, 297 (1955).

GERARD, R. W.: Amer. J. Physiol. **82**, 381 (1927); **92**, 498 (1930).
— Bull. Mar. biol. Lab. Wood's Hole **60**, 245 (1931).
GEREN, B. B.: Exp. Cell. Res. **7**, 558 (1954).
GEST, H.: Bact. Rev. **18**, 43 (1954).
GICKLHORN, J.: Ergebn. Physiol. **31**, 388 (1931).
GIERER, A., u. K. WIRTZ: Ann. Physik. **6**, 257 (1949). — GIERER, A.: Biochim. biophys. Acta **17**, 111 (1955) (Fermentaktivierung über H-Brücken).
GLASSTONE, S., K. J. LAIDLER and H. EYRING: The theory of rate processes. New York: McGraw Hill 1941.
GLYNN, I. M.: The ionic permeability of the red cell membrane. Progr. Biophysics **8**, 242 (1957).
GOLDACRE, R. J., and I. J. LORCH: Nature (Lond.) **166**, 497 (1950).
— Int. Rev. Cytol. **1**, 135 (1952).
GOLDBLATT, H., and G. CAMERON: J. exp. Med. **97**, 525 (1935).
GOLDMAN, D. E.: J. gen. Physiol. **27**, 37 (1943). Vgl. FALK, G., and R. W. GERARD: J. cell. comp. Physiol. **43**, 393 (1954).
GOLDSTEIN, M. S.: R. LEVINE and GOLDSTEIN: Recent Progr. Hormone Res. **11**, 343 (1945). — LEVINE, R.: J. biol. Chem. **179**, 985 (1949).
GORIN, M. H.: J. physic. Chem. **45**, 371 (1941).
GORINI, L., and L. AUDRAIN: Biochim. biophys. Acta **8**, 702 (1952); **9**, 180 (1952); **10**, 570 (1953).
—, and M. CREVIER: Biochim. biophys. Acta **7**, 291 (1951).
—, and F. FELIX: Biochim. biophys. Acta **11**, 535 (1953).
GORTER, E., and F. GRENDEL: Trans. Faraday Soc. **22**, 477 (1926).
— T. M. MEIJER u. G. T. PHILIPPI: Proc. kon. ned. Acad. Wet. **37**, 355, 788 (1934). — PHILIPPI, G. T.: Diss. Leyden 1936.
GOSSWEILER, N., K. KIPFER, G. PORETTI u. W. RUMMEL: Pflügers Arch. ges. Physiol. **260**, 154 (1954).
GOUY, G.: J. de phys. (4) **9**, 457 (1910). — CHAPMAN D. L.: Phil. Mag. (6) **25**, 475 (1913). — OVERBEEK, J. TH. G.: In (*50*), I, S. 115, 1952.
GRABAR, P., u. S. NIKITINE: J. Chim. physique **33**, 721 (1936).
—, and C. A. WILLIAMS: Biochim. biophys. Acta **10**, 193 (1953); **17**, 67 (1955) (Immunelektrophorese im Gel).
GRAHAME, D. C.: Chem. Rev. **41**, 441 (1947).
— Z. Elektrochem. **59**, 773 (1955).
GRANICK, S.: Amer. J. Bot. **34**, 545 (1947).
— Handbuch der Pflanzenphysiologie, Bd. I, S. 507. 1955.
GRASSMANN, W., u. K. HANNIG: Naturwiss. **37**, 496 (1950) (Elektrophorese).
—, u. K. KÜHN: Hoppe-Seylers Z. physiol. Chem. **301**, 1 (1955).
GREEN, A. A.: J. biol. Chem. **93**, 517 (1931).
— Amer. Soc. **55**, 2331 (1933).
— D. E.: In (*61*), S. 465, 1956.
— D. S. GOLDMAN, S. MII and H. BEINERT: J. biol. Chem. **202**, 137 (1953) (Succ.-CoA-Transferase).
— R. L. LESTER and D. M. ZIEGLER: Biochim. biophys. Acta **21**, 80 (1956); **23**, 516; **24**, 155 (1957) (ETP und PETP).
GREENBERG, D. M.: Advanc. Protein Chem. **1**. 121 (1944).
GREENWALD, I.: J. biol. Chem. **143**, 703 (1942); **161**, 697 (1945).
GREIG, M. E., and W. C. HOLLAND: Arch. Biochem. **23**, 370 (1949); **39**, 77 (1952). — GREIG, M. E., J. S. FAULKNER and TH. C. MAYBERRY: Arch. Biochem. **43**, 39 (1953).
GREVILLE, G. D., and D. M. NEEDHAM: Biochim. biophys. Acta **16**, 284 (1955). — SHACTER, B.: Arch. Biochem. **57**, 387 (1955) (Dinitrophenol spaltet unter Umst. ATP).
GRIESSBACH, R.: Z. Elektrochem. **57**, 147 (1953).
— Austauschadsorption in Theorie und Praxis. Berlin 1957.
GROSS, W., H. NETTER u. H. D. OHLENBUSCH: Z. Krebsforsch. (im Druck).
GROOT, S. R. DE: Thermodynamics of irreversible processes. Amsterdam: North Holland Publ. Comp. 1952.
GUASTALLA, J.: C. R. Acad. Sci. (Paris) **208**, 973, 1078 (1939).
GUGGENHEIM, E. A.: Thermodynamics. An advanced treatment. Amsterdam 1957.
GUNSALUS, I. C.: Fed. Proc. **13**, 715 (1954). — In (*67*), S. 545, 1954.
GUTFREUND, H.: Disc. Faraday Soc. Nr **20**, 167 (1955).
— Endeavour **16**, 217 (1957).
GUTMAN, A. B., and E. B. GUTMAN: J. clin. Invest. **16**, 903 (1937).
HAARMANN, W.: Biochem. Z. **314**, 1 (1943).
HAASE, R.: Z. Elektrochem. **55**, 566 (1951).
— Ergebn. exakt. Naturwiss. **26**, 56 (1952).

HAASE, R.: Naturwiss. **44**, 409 (1957).

HAGENBACH, E.: Poggend. Ann. **109**, 385 (1860). Zit. nach UMSTETTER, H.: Einführung in die Viscosimetrie. Berlin-Göttingen-Heidelberg 1952.

HALDANE, I. B. S.: Enzymes. Longmans, Green & Co. London: 1930.

—, u. K. G. STERN: Allgemeine Chemie der Enzyme. Dresden 1932.

HALL, L. M., R. L. METZENBERG and P. P. COHEN: J. biol. Chem. **230**, 1013 (1958) (Acetyl-Glutaminsäure ist Co-Faktor der Carbamyl-P-Bildung).

HAMBURGER, H. J.: Osmotischer Druck und Ionenlehre. Wiesbaden 1902—1904.

HANSON, H.: Klin. Wschr. **1956**, 560.

HARBERS, E.: Klin. Wschr. **1954**, 392.

HARDEN, A., and W. J. YOUNG: Proc. roy. Soc. B **77**, 405 (1906); B **80**, 299 (1908).

HARDY, W. B.: J. Physiol. **33**, 251 (1905).

HARKINS, W. D.: Science **102**, 294 (1945).

—, and H. K. LIVINGSTON: J. chem. Pyhsics **10**, 342 (1942).

HARNAPP, G. O.: Klin. Wschr. **1938** II, 1731; **1939** I, 891.

HARNISCH, O.: Hydrophysiologie der Tiere. Stuttgart 1951.

HARPUDER, K., u. H. ERBSEN: Biochem. Z. **148**, 344 (1924). Vgl. MICHAELIS, L.: 1922; HIS, W., u. T. PAUL: Hoppe-Seylers Z. physiol. Chem. **31**, 1, 64 (1900) u. KOHLER, R.: Ergebn. inn. Med. Kinderheilk. **17**, 474 (1919).

HARREVELD, A. VAN: Fed. Proc. **5**, 41 (1946).

HARRIS, E. J.: J. Physiol. (Lond.) **124**, 248 (1954). Siehe auch HODGKIN, A. L., and R. D. KEYNES: J. Physiol. (Lond.) **119**, 513 (1953).

— J. Physiol. (Lond.) **117**, 278 (1952); **120**, 246 (1953). — CAREY, M. J., and E. J. CONWAY: J. Physiol. (Lond.) **125**, 232 (1954); dagegen: KEYNES, R. D.: Proc. roy. Soc. B **142**, 359 (1954).

— Transport and Accumulation in biological systems. London 1956.

—, and M. MAIZELS: Symp. Soc. exp. Biol. **8**, 202, 228 (1954).

HARTLEY, G. S., and J. W. ROE: Trans. Faraday Soc. **36**, 101 (1940).

HARTMANN, H., u. H. L. SCHLÄFER: Angew. Chem. **70**, 155 (1958).

HARTRIDGE, H., and F. J. W. ROUGHTON: J. Physiol. (Lond.) **64**, 405 (1928).

HARVEY, E. N.: J. gen. Physiol. **11**, 469 (1928).

— Tension at the cell surface. Protoplasmatologia, II. Liefg. E 5. Wien 1954.

HASE, E.: J. biol. Chem. (Tokyo) **39**, 259 (1952).

HASSELBACH, W.: Biochim. biophys. Acta **20**, 355 (1956).

HASTINGS, A. B.: Harvey lectures, S. 91. Lancaster, Pa. 1941 (Electrol. of tiss. and body-fluids).

— A. E. RENOLD, J. ASHMORE and A. B. HASTINGS: Vitam. and Horm. **14**, 139 (1956) u. ASHMORE, J., A. B. HASTINGS and F. B. NESBETT: Proc. nat. Acad. Sci. (Wash.) **40**, 673 (1954).

— mit C. D. MURRAY and J. SENDROY: J. biol. Chem. **71**, 723, 783, 797 (1927).

— D. D. VAN SLYKE, J. M. NEILL, M. HEIDELBERGER and C. R. HARINGTON: J. biol. Chem. **60**, 89 (1924).

HAUFFE, K., G. MICUS u. E. G. SCHLOSSER: Z. Elektrochem. **61**, 163 (1957).

HAUGAARD, G.: C. R. Lab. Carlsberg, Sér. chim. **22**, 199 (1938).

HAUROWITZ, F.: Hoppe-Seylers Z. physiol. Chem. **188**, 161 (1930).

— Kolloid-Z. **71**, 198 (1935) mit F. MARX: Kolloid-Z. **77**, 65 (1936).

— Chemistry and biology of proteins. New York 1950.

— J. biol. Chem. **193**, 443 (1951) (H_2O-Bindung an Fe im Hb)

— Proteins synthesis and immunochem. In: Information theory (ed. H. QUASTLER), S. 125. Urbana 1953.

— The mechanism of protein biosynthesis. Proc. 3. Internat. Congr. Biochem., S. 104, New York 1956.

— P. BOUCHER and M. DICKS: Fed. Proc. **12**, 215 (1953).

— R. L. HARDIN and M. ZIMMERMAN: Fed. Proc. **13**, 225 (1954).

—, u. P. SCHWERIN: Enzymologia **9**, 193 (1940).

HAVEMANN, R.: Biochem. Z. **314**, 118 (1943); **316**, 138 (1944). — WYMAN, J., and E. N. INGALLS: J. biol. Chem. **139**, 877 (1941); **147**, 297 (1943).

HEARON, I. Z.: Physiol. Rev. **32**, 499 (1952).

HECKER, E.: Verteilungsverfahren im Laboratorium. Weinheim 1954. — KARLSON, P., u. E. HECKER: Z. Naturforsch. 5b, 237 (1950).

HEILBRONN, A.: Jb. wiss. Bot. **54**, 357 (1914) (Nickelstaubmethode). — Jb. wiss. Bot. **61**, 284, (1922).

HEILBRUNN, L. V.: Protoplasma **8**, 58, 65 (1929). — Colloid-chemistry of protoplasm. Berlin 1928.

— An outline of general physiology. Philadelphia u. London 1937. Dtsche. Ausg. Berlin 1958.

HELLBRUNN, L. V.: The dynamics of living protoplasm. New York 1956. Vgl. WIERCINSKI, F. J.: Fed. Proc. **15**, 199 (1956).

HEIN, F.: Chemische Koordinationslehre. Leipzig 1950.

HEINZ, E.: Biochem. Z. **319**, 482 (1949); **321**, 314 (1951).

— Biochim. biophys. Acta **6**, 434 (1951).

— Klin. Wschr. **1956**, 419.

— J. biol. Chem. **211**, 781 (1954); **225**, 305 (1957).

—, and R. P. DURBIN: Fed. Proc. **15**, 272 (1956).

—, — J. gen. Physiol. **41**, 101, 1035 (1957).

—, u. F. HOLTON: Z. Naturforsch. **7b**, 386 (1952).

—, and H. A. MARIANI: J. biol. Chem. **228**, 97 (1957).

—, u. H. NETTER: Klin. Wschr. **1947**, 491.

— — Biochem. Z. **319**, 529 (1949).

— — Handbuch der Zoologie, Bd. 8, Wasserhaushalt, S. 1—46. 1956.

—, and K. J. ÖBRINK: Physiol. Rev. **34**, 643 (1954).

— — and H. ULFENDAHL: Gastroenterology **27**, 98 (1954).

—, and P. M. WALSH: J. biol. Chem. (im Druck).

HELFFERICH, F.: Disc. Faraday Soc. Nr. 21, 83 (1956) u. HELFFERICH, F., and R. SCHLÖGL: Disc. Faraday Soc. Nr. 21, 113 (1956).

HELLER, W., u. E. VASSY: J. chem. Physics **14**, 565 (1946).

HELLMANN, M., and A. ROE: J. Chem. Physics **19**, 660 (1952). Vgl. WEYGAND, F.: Naturwiss. **44**, 169 (1957).

HENDERSON, L. J.: The fittnes of the environment. New York 1913.

— Blut, seine Pathologie und Physiologie. Deutsche Ausgabe. Dresden u. Leipzig 1932.

HENRI, V.: Loix générale de l'action des diastases. Paris 1903.

HENRIQUES, O. M.: Biochem. Z. **200**, 1 (1928). — JANZEN, R., u. H. NETTER: Pflügers Arch. ges. Physiol. **232**, 349 (1933).

HENRY, D. C.: Proc. roy. Soc. A **133**, 106 (1931).

HEPP, O.: Z. exp. Med. **99**, 709 (1936).

— Z. Biol. **99**, 230 (1938).

HEPPEL, L. A.: Amer. J. Physiol. **127**, 385 (1939); **128**, 449 (1940).

HERBERT, E.: Thesis. Univ. of Pennsylv. 1952.

HERMANS, I. I.: (*50*), II, S. 49, 1949 (Thermodynamik der Kettenmolekeln).

— P. H.: Gele in (*50*), II, S. 483—652, 1949.

HERRIOTT, R. M.: J. cell. comp. Physiol. **47**, Suppl. 239 (1956).

HERS, H. G.: Biochim. biophys. Acta **8**, 416, 424 (1952).

HERSHEY, A. D., and M. CHASE: J. gen. Physiol. **36**, 39 (1952).

HERTZ, W.: Pflügers Arch. ges. Physiol. **196**, 444 (1922).

HERZOG, R. O., R. ILLIG u. H. KUDAR: Z. physik. Chem. **167**, 329 (1934).

HESS, B.: Zwischenstoffwechsel in THANNHAUSERS Lehrbuch des Stoffwechsels und der Stoffwechselkrankheiten, 2. Aufl., S. 89. Stuttgart 1957. Siehe weiter unter CHANCE, B.

HESSE, G., u. O. SAUTER: Naturwiss. **34**, 250, 277 (1947).

HEVESY, G. v.: Kolloid-Z. **21**, 129 (1917) (ζ-Potential von Ionen und Kolloiden).

—, u. L. HAHN: Kgl. dansk. Vidensk. Selsk. Biol. Medd. **16**, 1 (1941). — HAHN, L., u. G. v. HEVESY: Acta physiol. scand. **2**, 51 (1941); **3**, 193 (1942).

HEWITT, L. F.: Oxydation-reduction-potentials in bacteriology and biochemistry, 6. Aufl. Edinburgh 1950.

HEYMANN, E.: Biochem. J. **30**, 127 (1936).

HEYROVSKY, I.: Polarographie. Wien 1941.

HILL, A. V.: Proc. roy. Soc. B **104**, 31 (1928); B **126**, 136 (1938); B **136**, 420 (1949).

— Rev. canad. de Biol. **10**, 103 (1951).

— Nature (Lond.) **167**, 377 (1951).

—, and P. S. KUPALOV: Proc. roy. Soc. B **106**, 445 (1930). — FOX, M. M., and E. J. BALDES: J. exp. Biol. **12**, 174 (1935). — RAMSAY, J. A.: J. exp. Biol. **26**, 57 (1949).

— R., H. E. DAVENPORT u. R. HILL: Proc. roy. Soc. B **139**, 327 (1951). Zum Cytochrom f: PAUL, K. G.: Arch. Biochem. **12**, 441 (1947); HILL, R.: Advanc. Enzymol. **12**, 1 (1951).

— Proc. roy. Soc. B **127**, 192 (1939); dagegen: WARBURG, O., G. KRIPPAHL u. W. SCHRÖDER: Naturwiss. **43**, 237 (1956).

—, and C. P. WHITTINGHAM: Photosynthesis. London: Methuen Comp. Lim. 1955.

— T. L.: Disc. Faraday Soc. Nr. 21, S. 31 (1956).

—, and M. F. MORALES: Arch. Biochem. **29**, 450 (1950).

— — Amer. Soc. **73**, 1656 (1951).

HILZ, H., J. KNAPPE, E. RINGELMANN u. F. LYNEN: Biochem. Z. **329**, 476 (1958). Vgl. unter BERG, P. Vgl. POPJAK, G., L. GOSSELIN, J. Y. GORE and R. G. GOULD: Biochem. J. **69**, 238 (1958).

HINSHELWOOD, C. N.: Proc. roy. Soc. A **113**, 230 (1927).
— The chemical kinetics of the bacterial cell. Oxford 1947.
HIRT, R., u. R. BERCHTOLD: Arzneimittelforsch. **3**, 297 (1953); **4**, 372 (1954).
— — u. R. FISCHER: Biochem. Z. **325**, 497 (1954).
HODGKIN, A. L., and A. F. HUXLEY: Cold Spr. Harb. Symp. quant. Biol. **17**, 43 (1952).
—, and B. KATZ: J. Physiol. (Lond.) **108**, 37 (1949).
—, and R. D. KEYNES: J. Physiol. (Lond.) **120**, 45 P (1953); **128**, 61 (1955).
— — Symp. Soc. exp. Biol. **8**, 423 (1954).
HÖBER, R.: Biochem. Z. **60**, 253 (1914).
— Physikalische Chemie der Zellen und Gewebe, 6. Aufl. 1926.
— Proc. Soc. exp. Biol. (N. Y.) **49**, 87 (1942).
HÖFLER, K.: Ber. dtsch. bot. Ges. **35**, 706 (1918).
— Z. Mikrosk. (Küster Festschr.) **51**, 70 (1934).
HOFFMANN-BERLING, H.: Biochim. biophys. Acta **14**, 182 (1954); **27**, 247 (1958).
HOFFMANN-OSTENHOF, O., K. KECK u. J. KENEDY: Mh. Chem. **86**, 616 (1955).
— — — u. A. KLIMA: Mh. Chem. **86**, 604 (1955).
— J. KENEDY, K. KECK, O. GABRIEL and H. W. SCHÖNFELLINGER: Biochim. biophys. Acta **14**, 285 (1954).
HOFMEISTER, F.: Naunyn-Schmiedeberg's Arch. exp. Path. Pharmak. **28**, 210 (1891). Weitere Lit.: HÖBER 1926 u. EICHLER 1950.
HOGBEN, C. A. M.: Fed. Proc. **12**, 69 (1953); u. in Electrolytes in biol. systems (ed. A. SHANES), S. 176. Washington 1955.
HOGEBOOM, G. H., and W. C. SCHNEIDER: J. biol. Chem. **197**, 611 (1952) (DPN-Bildung).
— — and M. J. STRIEBICH: J. biol. Chem. **196**, 111 (1952). (Cytochromoxydase fehlt im Rattenleberkern).
HOLLANDER, F., H. D. JANOWITZ, H. COLCHER and F. HOLLANDER: Amer. J. Physiol. **171**, 325 (1952).
HOLLEY, R. W.: Science **117**, 23 (1953).
HOLT, L. E., V. K. LaMER and H. B. CHOWN: J. biol. Chem. **64**, 509, 567, 579 (1925).
HOLZER, H.: Z. Naturforsch. **6**b, 424 (1951).
— Fermentketten. 4. Mosbach-Coll., S. 89, 1953.
— Tabelle stationärer Stoffkonzentrationen: MARSHALL, L. M., u. K. O. DONALDSON: Experientia (Basel) **12**, 472 (1956).
— Ergebnisse der medizinischen Grundlagenforschung, herausgeg. v. K. FR. BAUER, S. 191. Stuttgart 1956.
— 8. Mosbach-Coll., S. 65. Berlin: Springer 1958.
— J. HAAN u. D. PETTE: Biochem. Z. **327**, 195 (1955a).
— — u. S. SCHNEIDER: Biochem. Z. **326**, 451 (1955).
— E. HELMREICH, H. HOLZER, W. LAMPRECHT u. S. GOLDSCHMIDT: Hoppe-Seylers Z. physiol. Chem. **297**, 113 (1954). Siehe dagegen GLOCK, G. E., and P. McLEAN: Biochem. J. **61**, 397 (1955).
—, u. E. HOLZER: Hoppe-Seylers Z. physiol. Chem. **291**, 67 (1952); **292**, 232 (1953).
—, u. F. LYNEN: Justus Liebigs Ann. Chem. **569**, 138 (1950).
—, u. S. SCHNEIDER: Biochem. Z. **329**, 361 (1957). Siehe auch JACOBI, G.: Planta (Berl.) **49**, 1, 561 (1957); Biochem. Z. **330**, 240 (1958) (H_2 von TPN auf DPN mit Glu DH und MDH). Vgl. die Transhydrogenasewirkung des Enzymsystems zur Verwandlung von Chinasäure in Shikimisäure: MITSUHASHI, S., and B. D. DAVIS: Biochim. biophys. Acta **15**, 54, 268 (1954).
— G. SCHULTZ u. F. LYNEN: Biochem. Z. **328**, 252 (1956).
— — C. VILLAR-PALASI u. J. JÜNTGEN-SELL: Biochem. Z. **327**, 331 (1956).
HOLZLÖHNER, E., u. F. SEELICH: Klin. Wschr. **1938**, 1169. — WILENSKY, B. A., u. G. WEISSBERG: Kolloid-Z. **76**, 191 (1936).
HOPPE, KL.: Diss. Kiel 1955.
HOPPE-SEYLER-THIERFELDER: Das Arbeiten mit Isotopen. In (*8*), Bd. II, Teil 2, S. 594—930, 1955.
HORECKER, B. L.: Phosphorus Metab., I, S. 117. 1951. — DISCHE, Z.: Phosphorus Metab., I, S. 171, 1951. — RACKER, E.: Advanc. Enzymol. **15**, 141 (1954).
— The metabolism of pentosephosphat. J. cell. comp. Physiol. **41**, Suppl. 1, 137 (1953). — 8. Mosbach-Coll., S. 29, 1958.
HORSTMANN, E., u. A. KNOOP: Z. Zellforsch. **46**, 100 (1957). — WATSON, M. L.: Biochim. biophys. Acta **15**, 475 (1954).
HOTTA, S., and I. L. CHAIKOFF: J. biol. Chem. **198**, 895 (1952). Siehe auch BRADY, R., and S. GURIN: J. biol. Chem. **187**, 589 (1950).
HUDOFFSKY, B., G. MALORNY u. H. NETTER: Pflügers Arch. ges. Physiol. **243**, 388 (1940).

HUENNEKENS, F. M., R. W. CAFFREY, R. E. BASFORD and B. W. GABRIO: J. biol. Chem. **227**, 261 (1957) (Methb.-Reduktase).
HUF, E. G.: J. gen. Physiol. **41**, 397 (1957).
HUGGINS, M. L.: J. physic. Chem. **43**, 439 (1939).
— Amer. Soc. **64**, 2716 (1942).
HUGHES, W. L.: Amer. Soc. **69**, 1836 (1947).
— Cold Spr. Harb. Symp. quant. Biol. **14**, 79 (1950).
HUMMEL, J. N.: Der natürliche Ablauf der Entropievermehrung und die Lebenserscheinungen. Leipzig 1942.
HUNGERLAND, H.: Wasserhaushalt. Biologische Daten für den Kinderarzt, Bd. II, S. 480. Berlin-Göttingen-Heidelberg 1954.
HUNTER, M. J., and F. C. McDUFFIE: Zit. nach EDSALL: J. cell. comp. Physiol. **47**, Suppl. 163 (1956).
HUSEMANN, E.: J. prakt. Chem. **158**, 163 (1941).
HUXLEY, A. F.: Progr. Biophysics **7**, 255 (1957).
—, and R. STÄMPFLI: J. Physiol. (Lond.) **108**, 315 (1949).
— H. E.: Endeavour **15**, 177 (1956).
INGRAHAM, L., and B. MAKOWER: J. physic. Chem. **58**, 266 (1954).
JACOBI, H., K. PFLEGER u. W. RUMMEL: Naunyn-Schmiedeberg's Arch. exp. Path. Pharmak. **229**, 198 (1956).
JACOBS, M. H.: Harvey Lect. **22**, 145 (1926).
— Ergebn. Biol. **7**, 1 (1931); **12**, 1 (1935).
—, and D. R. STEWART: J. cell. comp. Physiol. **30**, 79 (1947) (Kolloidosm. Hämolyse).
— D. R. STEWART, W. J. BROWN and L. J. KIMMELMAN: Amer. J. med. Sci. **217**, 47 (1949).
JAMES, T. W., and D. MAZIA: Biochim. biophys. Acta **10**, 367 (1953).
JANCSO, N. v.: Z. exp. Med. **61**, 63 (1928); **64**, 256 (1929).
JARDETZKY, O., and E. WERTZ: Arch. Biochem. **65**, 569 (1956). Vgl. JARDETZKY, O.: Science **125**, 931 (1957).
JOHN, H.: Klin. Wschr. **1957**, 264.
JOHNSON, F. H., D. E. BROWN and D. A. MARSLAND: Science **95**, 200 (1942).
—, and D. H. CAMPBELL: J. cell. comp. Physiol. **26**, 43 (1945) (Druckeinwirkung auf Denaturierung).
— H. EYRING and M. J. POLISSAR: The kinetic basis of molecular Biology. New York: Wiley & Sons 1954.
— M. T.: Science **94**, 200 (1941).
— M. J.: Oxydation-reduction potentials. In: LARDY, H. A., Respiratory enzymes, S. 58. Mineapolis 1950.
JOLY, M.: Reversible denaturation. Progr. Biophysics **5**, 168 (1955).
JONES, M. E., L. SPECTOR and F. LIPMANN: Carbamyl-phosphat. Proc. 3. Internat. Congr. Biochem., New York 1956, S. 278. Vgl. REICHARD, P.
JONXIS, J. H. P.: Biochem. J. **33**, 1743 (1939).
JORDAN, P.: Naturwiss. **32**, 20 (1944).
JOSEPH, N. R.: J. biol. Chem. **130**, 203 (1939).
JOST, W.: Diffusion. New York 1952.
JUNG, F.: Naturwiss. **43**, 73 (1956).
JUNI, E., M. D. KAMEN, J. M. REINER and S. SPIEGELMAN: Arch. Biochem. **18**, 387 (1948). Vgl. HOLZER, H.: Biochem. Z. **324**, 144 (1953); PRANKERD, T. A. J., and K. I. ALTMAN: Biochem. J. **58**, 622 (1954).
KACHMAR, J. F., and P. D. BOYER: J. biol. Chem. **200**, 669 (1953) (K-Bindung an Enzyme).
KALCKAR, H. M.: Chem. Rev. **28**, 71 (1941).
KALLE, K.: Der Stoffhaushalt des Meeres. Leipzig 1943.
KALLEE, E.: Arch. Biochem. **60**, 265 (1956).
—, u. G. SEYBOLD: Zit. nach BENNHOLD 1953 u. mit E. WOLLENSAK: Z. Naturforsch. **10**b, 582 (1955).
KANDLER, O.: Z. Naturforsch. **5**b, 423 (1950); **12**b, 271 (1957).
KANIG, K.: Diss. Kiel 1954.
— E. HEINZ u. K. KANIG: Biochem. Z. **325**, 351 (1954).
KANITZ, A.: Temperatur und Lebensvorgänge. Berlin: Gebrüder Borntraeger 1915 u. Handbuch der Biochemie, Bd. 2. 1925.
KAPLAN, N. O., and M. M. CIOTTI: J. biol. Chem. **201**, 785 (1953).
KARLSON, P., u. E. HECKER: Z. Naturforsch. **5**b, 237 (1950).
KARUSH, F., and M. SONENBERG: Amer. Soc. **71**, 1369 (1949).
KATCHALSKY, A.: Polyelectrolyt-Gele. Progr. Biophys. **4**, 1 (1954).
—, and S. LIFSON: J. polymer. Sci. **11**, 409 (1953); **13**, 43 (1954). — KATCHALSKY, A., N. SHAVIT and H. EISENBERG: J. polymer. Sci. **13**, 69 (1954).

KATCHALSKY, A., and M. PAECHT: Amer. Soc. **76**, 6042 (1954) [AMS-PO$_4$ Anhydride; vgl. die nichtfermentative Carboxylaktivierung durch ATP: LOWENSTEIN, J. H.: Biochim. biophys. Acta **28**, 206 (1958)].

KAUTSKY, H., u. U. FRANCK: Biochem. Z. **315**, 207 (1943).

KAUZMANN, W.: J. cell. comp. Physiol. **47**, Suppl. 113 (1956) u. Denaturation of proteins and enzymes. In (*67*), S. 70, 1954.

KAY, H. D.: Biochem. J. **22**, 855 (1928).

KEDEM, O., and A. KATCHALSKY: Biochim. biophys. Acta **27**, 229 (1958) (Permeabilitätskonstanten und Onsager-Prinzip).

KEILIN, D., and T. MANN: Nature (Lond.) **146**, 164 (1940).

KENDREW, I. C.: Crystalline-protein X-ray-studies. Progr. Biophysics **4**, 244 (1954).

— Structure-Proteins. I. In (*57*), Bd. II$_B$, S. 845—950, 1954.

—, u. M. F. PERUTZ: Hämoglobin, S. 161. Barcroft Memorial Conf. London 1949. — KENDREW, I. C.: Hämoglobin, S. 148. Barcroft Memorial Conf. London 1949.

KERN, W.: Biochem. Z. **301**, 338 (1939).

— Makromol. Chem. **2**, 279 (1948).

KEYS, A. B.: Z. vgl. Physiol. **15**, 364 (1931).

— Proc. roy. Soc. B **112**, 184 (1933).

KELLER, E. B., and P. C. ZAMECNIK: J. biol. Chem. **221**, 45 (1956) (pH 5-Enzym mit GTP zur Aminosäureaktivierung).

— H.: Habil. Aachen 1956.

— H. NETTER u. B. NIEMANN: Hoppe-Seylers Z. physiol. Chem. (im Druck).

KIESE, M.: Biochem. Z. **307**, 400 (1940); **316**, 264 (1944).

— Klin. Wschr. **1946**, 81.

— G. HÜBSCHER, M. KIESE u. R. NICOLAS: Biochem. Z. **325**, 223 (1954). — DANNENBERG, H., u. M. KIESE: Biochem. Z. **322**, 395 (1952). Vgl. WARBURG, GEWITZ u. VÖLKER.

—, u. C. SCHNEIDER: Biochem. Z. **326**, 209 (1955).

KIESSLING, W.: Biochem. Z. **302**, 50 (1939).

KISTIAKOWSKY, G. B., and R. LUMRY: Amer. Soc. **71**, 2006 (1949) (Urease).

KISTNER, G., u. H. NETTER: Erscheint demnächst. Diss. KISTNER, Kiel 1956.

KITCHING, J. A.: Symp. Soc. exp. Biol. **8**, 63 (1954).

KITZINGER, C., u. T. BENZINGER: Z. Naturforsch. **10**b, 375 (1955).

KLAARENBEEK, F. W.: Thesis Utrecht 1946.

KLEIBER, M.: Physiol. Rev. **27**, 4 (1947).

KLEMENT, R.: Naturwiss. **21**, 662 (1933); **26**, 145 (1938); **37**, 211 (1950).

KLEMM, W.: Magnetochemie. Leipzig 1936.

KLENK, E., H. FAILLARD u. H. LEMPFRID: Hoppe-Seylers Z. physiol. Chem. **301**, 235 (1955). — FAILLARD, H.: **305**, 145 (1956).

KLING, W.: Z. Elektrochem. **59**, 260 (1955).

KLINGMÜLLER, G.: Diss. Kiel 1943.

— V., u. G. GEDENK: Angew. Chem. **69**, 275 (1957).

KLOTZ, I. M.: Properties of metal-protein-complexes in (*67*), S. 257, 1954.

— Science **128**, 815 (1958) (Proteinhydratation, Eisstruktur).

— Protein-interaction. In (*57*), Bd. I$_B$, S. 728—806, 1953. Vgl. WAUGH, D. F.: Protein-Interactions. Advanc. Protein Chem. **9**, 325 (1954).

KNAPPWOST, A.: Programmheft der Bunsentagg. Kiel, 1957 (Ges. für Physik. Chem.).

KOCH, E.: Pflügers Arch. ges. Physiol. **216**, 100 (1927).

KOECHLIN, A. B.: Proc. nat. Acad. Sci. (Wash.) **40**, 60 (1954).

KOLTHOFF, I. M.: Säure-Basen-Indikatoren. Berlin 1932.

—, and G. G. LINGARNE: Polarography, 2. Aufl., Bd. I u. II. New York 1952.

KOMAGATA, S.: Zit. nach BULL, Physical Biochem., 2. Aufl., S. 165.

KORNBERG, A.: Pyrophosphorylases and phosphorylases. Advanc. Enzymol. **18**, 191 (1957).

— S. R. KORNBERG and E. S. SIMMS: Biochim. biophys. Acta **20**, 215 (1956).

—, and W. E. PRICER: J. biol. Chem. **204**, 345 (1953).

— H. L., and H. BEEVERS: Biochim. biophys. Acta **26**, 531 (1957) (Glyoxylat-Cyclus).

— S. R., and A. KORNBERG: Fed. Proc. **13**, 244 (1954); Biochim. biophys. Acta **26**, 294 (1957) (Polyphosphat → Gl-6-P).

KOSHLAND, D. E.: Group transfer as substitution mechanism. In (*67*), S. 608, 1954.

— Discus. Faraday Soc. Nr. **20**, 142 (1955).

— M. DOUDOROFF, H. A. BARKER u. W. Z. HASSID: J. biol. Chem. **168**, 725 (1947).

—, and M. J. ERWIN: Amer. Soc. **79**, 2657 (1957).

KOSSEL, W.: 6. Mosbach-Coll., S. 25, 1956.

KOYENUMA, N.: Biochem. Z. **317**, 204 (1944).

KOZLOFF, L. M., and M. LUTE: J. biol. Chem. **228**, 529, 537 (1957). Vgl. SCHRAMM 1958.

— — and K. HENDERSON: J. biol. Chem. **228**, 511 (1957).

KRASNY-ERGEN, W.: Kolloid-Z. **74**, 172 (1936).

KRATKY, O.: Naturwiss. **42**, 237 (1955); mit G. POROD in (*53*), S. 515; mit H. JANESCHITZ-KRIEGL: Z. Elektrochem. **57**, 42 (1953); mit I. PILZ u. A. SEKORA: Z. Naturforsch. **10**b, 510 (1955). — KREUTZ, W., u. O. KRATKY: Mh. Chem. **89**, 169 (1958) (Hb).

KRATZ, L.: Die Glaselektrode und ihre Anwendungen. Darmstadt 1953.

KREBS, H. A.: Biochim. biophys. Acta **4**, 249 (1950).

— Der Zitronensäurezyklus. Z. angew. Chem. **66**, 313 (1954).

— L. V. EGGLESTON and C. TERNER: Biochem. J. **48**, 530 (1951).

—, u. R. HEMS: Biochim. biophys. Acta **12**, 172 (1953).

—, u. K. HENSELEIT: Hoppe-Seylers Z. physiol. Chem. **210**, 33 (1932). — KREBS, H. A.: Ergebn. Enzymforsch. **3**, 247 (1934). — In (*60*), Bd. II$_2$, S. 866, 1952.

— mit H. L. KORNBERG: Nature (Lond.) **179**, 988 (1957).

— — Ergebn. Physiol. **49**, 212 (1957).

KREUZER, F.: Habil.-Schr. Fribourg 1953.

KROGH, A.: Anatomie und Physiologie der Kapillaren, 2. Aufl. Berlin 1929.

— Osmotic regulation in aquatic animals. Cambridge 1939.

—, u. F. NAKAZAWA: Biochem. Z. **188**, 241 (1927).

KROMPHARDT, H.: Biochem. Z. **327**, 20 (1955).

—, u. D. LÜBBERS: Biochem. Z. **330**, 342 (1958).

KUBY, ST. A., mit L. NODA and H. A. LARDY: J. biol. Chem. **209**, 191 (1954); **210**, 65, 83 (1954) (Kreatinkinase).

KÜHN, K., W. GRASSMANN u. U. HOFMANN: Z. Naturforsch. **13**b, 154 (1958) (Kollagenstruktur im Elektronen-Mikroskop).

KÜHNAU, J.: Antagonismen und Konkurrenzen um den Platz am Ferment. 4. Mosbach-Coll., S. 115, 1953.

—, u. C. v. HOLT: Biochemie des Diabetes. In: THANNHAUSERS Lehrbuch des Stoffwechsels und der Stoffwechselkrankheiten, 2. Aufl. Stuttgart 1957.

KÜNZLE, O.: Rec. Trav. chim Pays-Bas **68**, 699 (1949).

KÜSEL, H., u. H. NETTER: Biochem. Z. **323**, 39 (1952).

KUGELMASS, I. N.: J. biol. Chem. **60**, 237 (1924); mit A. T. SHOHL: J. biol. Chem. **58**, 649 (1924).

KUHN, H.: Habil.-Schr. Basel 1946.

—, u. W. KUHN: Helv. chim. Acta **28**, 97 (1945).

— R., u. C. OPPENHEIMER: Die Fermente und ihre Wirkungen, 5. Aufl., Bd. 1. Leipzig: Georg Thieme 1925.

—, u. H. J. BIELIG: Ber. dtsch. chem. Ges. **73**, 1080 (1940).

—, u. P. BOULANGER: Ber. dtsch. chem. Ges. **69**b, 1557 (1956).

—, u. P. JACOB: Z. physik. Chem. **113**, 389 (1924).

—, u. D. JERCHEL: Ber. deutsch. chem. Ges. **74**, 949 (1941). — JERCHEL, D., u. W. MÖHLE: Ber. dtsch. chem. Ges. **77**, 591 (1944).

— W.: Kolloid-Z. **68**, 2 (1934); **76**, 258 (1936).

— Ergebn. Enzymforsch. **5**, 1 (1936).

— Handbuch der Enzymologie, Bd. I, S. 187. Leipzig 1940.

— Experientia (Basel) **1**, 1 (1945). Vgl. auch KUHN, W.: Kolloid-Z. **68**, 2 (1934) u. KUHN, W., u. B. HARGITAY: Z. Elektrochem. **55**, 490 (1951) (Muskelmodell).

— Experientia (Basel) **13**, 301 (1957).

— Angew. Chem. **51**, 640 (1938); **70**, 58 (1958). — Advanc. Enzymol. **20**, 1 (1958) (Alterstheorie).

—, u. H. MAJER: Angew. Chem. **68**, 345 (1956).

—, u. H. MARTIN: Z. physik. Chem. A **189**, 317 (1941) u. HARGITAY, B., u. W. KUHN: Z. Elektrochem. **55**, 539 (1951). Vgl. auch ROSENBERG, TH., u. W. WILBRANDT: J. gen. Physiol. **41**, 289 (1957). — Bestätigung für die Niere: GOTTSCHALK, G. W., and M. MYLLE: Science **128**, 594 (1958) u. LASSEN, N. A., J. B. LONGLEY and L. S. LILIENFELD: Science **128**, 720 (1958).

—, u. K. RYFFEL: Hoppe-Seylers Z. physiol. Chem. **276**, 145 (1942).

KUNITZ, M.: J. gen. Physiol. **32**, 241 (1948).

—, and McDONALD: In Crystalline Enzymes. New York: Columbia Univ. Press 1948.

KURMIES, B.: Über die Bildung von Ca-Phosphaten und den Reaktionsverlauf bei der Bildung von Apatiten. Essen: Tellus-Verlag 1953.

KUTSCHER, W., u. W. SARREITHER: Naturwiss. **31**, 210 (1943).

LABAW, L. W., and R. W. G. WYCKOFF: Arch. Biochem. **67**, 225 (1957).

LAIDLER, K. J.: Arch. Biochem. **30**, 226 (1951) (Druckabhängigkeit von Fermentreaktionen).

— Introduction to the chemistry of enzymes. New York: McGraw Hill 1954.

— Disc. Faraday Soc. Nr. **20**, 83 (1955). — In (*67*), S. 608, 1954.

—, and M. C. ETHIER: Arch. Biochem. **44**, 338 (1953).

—, and K. E. SCHULER: J. chem. Physics **17**, 851, 856 (1949).

Lakon, G.: Ber. dtsch. chem. Ges. **60**, 299 (1942).

Lamm, O.: In (*69*), Bd. I, S. 659, 1941.

Lang, K., in: Künstliche radioaktive Isotope in Physiologie, Diagnostik und Therapie. Berlin-Göttingen-Heidelberg 1953.

— 2. Mosbach-Coll., S. 24, 1952. — Siebert, G.: 9. Mosbach-Coll. 1958.

—, u. G. Siebert: Die chemischen Leistungen der morphologischen Zellelemente. In Flaschenträger-Lehnartz, Physiologische Chemie, 2 B, S. 1064. Berlin: Springer 1954.

Langdon, R. I.: J. biol. Chem. **226**, 615 (1957) (Fettsynthese mit TPNH im Cytoplasma, nicht wie beim Fettsäureabbau im Mitochondrialraum). Vgl. Popjak, G., and A. Tietz: Biochem. J. **60**, 147, 155 (1955).

Lange, E.: Z. Elektrochem. **55**, 76 (1951); **56**, 94 (1952).

Langenbeck, W.: Advanc. Enzymol. **14**, 163 (1953).

Langmuir, J.: Amer. Soc. **38**, 2221 (1916). — Hermans, P. H.: In (*50*), II, S. 515, 1949.

— Chem. Rev. **13**, 147 (1933); **24**, 181 (1939) (Spreitungstechnik).

— Molecular layers: Pilgrim trust lecture A **170**, 1 (1939) (weitere Literatur).

—, u. K. Blodgett: Kolloid-Z. **73**, 257 (1935) (Schichtfilme).

—, and V. J. Schäfer: Amer. Soc. **59**, 1406 (1937).

— — Chem. Rev. **24**, 181 (1939).

Lanman, J. T.: J. Pediat. **47**, 509 (1955).

Lardy, H.: Phosphorus Metabolism, Bd. 1, S. 477. Baltimore 1951 (Ioneneinfluß auf Phosphorylierungen).

— H. A.: Proc. 3. Internat. Congr. Biochem., S. 287, 1956.

—, u. R. E. Parks: In (*61*), S. 584, 1956.

Latimer, W. M.: Oxydation-potentials. New York: Prentice-Hall 1952.

Lauffer, M. A., and W. M. Stanley: J. biol. Chem. **123**, 507 (1938). — Lauffer, M. A.: Amer. Soc. **61**, 2412 (1939).

Lawrence, J. H., W. F. Loomis, C. A. Tobias and F. H. Turpin: J. Physiol. **105**, 197 (1946).

Leach, S. J.: The mechanism of enzymic oxydo-reduction. Advanc. Enzymol. **15**, 1 (1954).

Leaf, A.: Biochem. J. **62**, 241 (1956). — McLennan, H.: Biochim. biophys. Acta **21**, 472 (1956); **24**, 1, 333 (1957); **27**, 624 (1958) (K im Muskel).

Lederer, E., u. M.: Chromatography, 2. Aufl., Amsterdam-London-New York-Princeton 1957.

Lefevre, P. G.: Symp. Soc. exp. Biol. **8**, 118 (1954).

Lehmann, F. E., u. H. R. Wali: Z. Zellforsch. **39**, 618 (1954). — Lehmann, F. E.: 2. Mosbach-Coll., S. 1, 1952.

— G.: Das Gesetz der Stoffwechselreduktion (Oberflächengesetz). In Handbuch der Zoologie, Bd. 8, Liefg. 4, S. 1—32. Berlin 1956.

Lehninger, A. L.: Physiol. Rev. **30**, 393 (1950). — Stufen der oxydativen Phosphorylierung; K-Transport durch Mitochondrien: Science **128**, 450 (1958); dazu weiter: Gamble, J. L.: J. biol. Chem. **228**, 955 (1957).

— Enzymes Units of biology structure and function, (*61*), S. 217. 1956.

Lembke, A., u. W. Kaufmann: Kiel. milchwirtsch. Forschgsber. **6**, 379 (1954).

Lepeschkin, W. W.: Protoplasma **27**, 351 (1935); **28**, 175, 529 (1937).

Leuthardt, F.: Biochem. Z. **306**, 399 (1940); Symp. sur le cycle tricarboxylique. 2. Internat. Congr. de Biochem., Paris, S. 89, 1952.

—, u. H. Netter: Die Reaktion der Zellen und Gewebe. In Flaschenträger-Lehnartz, Bd. I$_{1b}$, S. 1156. 1954. (Regionales und integrales Zell-pH).

Lewis, P. R.: Biochem. J. **52**, 330 (1952).

— W. H.: Bull. Johns Hopkins Hosp. **49**, 17 (1931).

Libet, B.: Fed. Proc. **7**, 72 (1948).

Lichtenstein, J.: Biochem. Z. **303**, 13 (1939).

Lieberman, I.: J. biol. Chem. **219**, 307 (1956).

Lindberg, O., and L. Ernster: Chemistry and physiology of mitochondria and microsomes. Protoplasmatologia, Bd. 3, A 4. Wien: Springer 1954. Vgl. Siekevitz, P., H. Löw, L. Ernster and O. Lindberg: Biochim. biophys. Acta **29**, 378, 392 (1958) (Phosphattausch an Mitochondrien).

Linderholm, H.: Acta physiol. scand. **27**, Suppl. 97 (1952).

Linderström-Lang, K.: C. R. Lab. Carlsberg, Sér. chim. **15**, 7 (1924); **28**, 281 (1953) (Aktiv. Fakt. multipol. Ionen).

— C. R. II. Congr. de Biochem. Paris, S. 100, 1953. — Linderström-Lang, K., and M. Ottesen: Nature (Lond.) **159**, 807 (1947). — Perlmann, G. E.: J. gen. Physiol. **35**, 711 (1952).

— Lane Medic. Lectures, Stanford 1952. Vgl. auch Lumry, R., and H. Eyring: J. physic. Chem. **58**, 110 (1954); mit Hvidt, A.: Biochim. biophys. Acta **16**, 168 (1955) (Deuteriumaustausch am Insulin).

LINDERSTRÖM-LANG, K., et A. V. GÜNTELBERG: C. R. Lab. Carlsberg, Sér. chim. I, **27**, Nr. 1 (1949).
—, u. S. KODAMA: C. R. Lab. Carlsberg, Sér. chim. **16**, 1 (1925).
—, and J. A. SCHELLMAN: Biochim. biophys. Acta **15**, 156 (1954) (α-Helix im Insulin und optische Drehung, dazu weiter YANG, J. T., and P. DOTY: Amer. Soc. **79**, 761 (1957); HARRINGTON, W. F., and M. SELA: Biochim. biophys. Acta **27**, 24 (1958); MOFFITT, W.: J. chem. Physics **25**, 467 (1956); HARRINGTON, W. F., and J. A. SCHELLMAN: C. R. Lab. Carlsberg, Sér. chim. **30**, 21 (1956).
LINDLEY, H.: Biochim. biophys. Acta **18**, 194 (1955).
—, and J. S. ROLLETT: Biochim. biophys. Acta **18**, 183 (1955). Vgl. WAUGH, D. F.: Ciba Coll. Endocrin. **9**, 122 (1956), u. HODGKIN, D. C., and B. OUGHTON: Ciba Coll. Endocrin. **9**, 133 (1956).
LINEWEAVER, H., and D. BURK: Amer. Soc. **56**, 658 (1934).
LINZBACH, A. J.: Zit. nach OPITZ u. SCHNEIDER 1950.
LIPMANN, F.: Advanc. Enzymol. **1**, 99 (1941); **6**, 231 (1946).
— Metabolic Process Patterns. In: Currents in Biochem. Res., (ed. D. E. GREEN), S. 137. New York 1946. — STADTMAN, E. R., and H. A. BARKER: J. biol. Chem. **180**, 1117 (1949).
— Phosphorus Metabolism, Bd. 1, S. 521. 1951. — Science **128**, 575 (1958) (aktives SO_4).
— M. E. JONES et S. BLACK: Symp. cycle tricarboxyl. II. Internat. Congr. de Biochem., Paris, S. 55, 1952.
— — — and R. M. FLYNN: Amer. Soc. **74**, 2384 (1952).
— mit W. F. LOOMIS: J. biol. Chem. **173**, 807 (1948).
—, and L. C. TUTTLE: J. biol. Chem. **159**, 21 (1945).
LOEB, J.: Biochem. Z. **19**, 534 (1909).
— Die Eiweißkörper und die Theorie des kolloidalen Zustandes. Deutsche Übersetzung. Berlin 1924.
LOGAN, M. A., and H. L. TAYLOR: J. biol. Chem. **125**, 377 (1938).
LOHMANN, K.: Biochem. Z. **282**, 120 (1935).
LONG, C.: Biochem. J. **49**, 34 (1951).
LONGSWORTH, L. G.: Ann. N. Y. Acad. Sci. **41**, 267 (1941).
— J. physic. Colloid Chem. **51**, 171 (1947).
—, and C. F. JACOBSEN: J. physic. Chem. **53**, 126 (1949).
LORENTE DE NÓ, R.: J. cell. comp. Physiol. **33** Suppl. 1 (1949). — Stud. Rockefeller Inst. med. Res. **131** u. **132** (1947).
LOTFIELD, R. B.: Biosynthesis of Proteins. Progr. Biophysics **8**, 347 (1957). Vgl. KONINGS-BERGER, V. V., CHR. O. VAN DER GRINTEN and J. TH. G. OVERBEEK: Biochim. biophys. Acta **26**, 483 (1957); (Carboxylaktivierte Peptide) u. HOAGLAND, M. B., P. C. ZAMECNIK and M. L. STEPHENSON: Biochim. biophys. Acta **24**, 215 (1957). Vgl. GALE.
Low, B. W.: Structure and configuration. In (57), Bd. I_A, S. 235—391, 1953.
—, and J. T. EDSALL: Current Biochem. Res., Bd. 2, S. 378. New York: Intersci. Publ. 1956 (Insulin-Struktur).
LOWENSTEIN s. unter KATCHALSKY u. PAECHT.
LUCKÉ, B., and M. McCUTCHEON: Physiol. Rev. **12**, 68 (1932) (Zelle als osmotisches System).
LÜBBERS, D.: Habil.-Schr. Kiel 1956. Handbuch der allgemeinen Pathologie, Bd. IV_2, S. 395. Berlin-Göttingen-Heidelberg 1957.
LÜLLMANN, H., u. W. PRACHT: Experientia (Basel) **13**, 288 (1957).
LÜTTGAU, M. C.: Experientia (Basel) **12**, 482 (1956). Vgl. FRANCK, U. F.: Progr. Biophysics **6**, 171 (1956).
LUKOWSKY, G., u. H. NETTER: Biochem. Z. **323**, 53 (1952).
LUNDEGÅRDH, H.: Nature (Lond.) **169**, 1088 (1952) u. Symp. Soc. exp. Biol. **8**, 262 (1954).
LYNEN, F.: Justus Liebigs Ann. Chem. **546**, 120 (1941).
— Naturwiss. **30**, 398 (1942).
— Fed. Proc. **12**, 683 (1953).
— Angew. Chem. **67**, 463 (1955); **69**, 509 (1957).
— 3. Internat. Congr. of Biochem., Proc. Acad. Press, S. 294, 1956.
— 8. Mosbach-Coll., S. 155, 1958.
—, u. K. DECKER: Ergebn. Physiol. **49**, 327 (1957).
— U. HENNING, L. BUBLITZ, BO SÖRBO u. L. KRÖPLIN-RUEFF: Biochem. Z. **330**, 269 (1958).
—, u. R. KOENIGSBERGER: Justus Liebigs Ann. Chem. **569**, 129 (1950).
— mit C. MARTIUS: Advanc. Enzymol. **10**, 167 (1950).
MAAS, W. K., and G. D. NOVELLI: Arch. Biochem. **43**, 236 (1953).
MACKLER, B., u. D. E. GREEN: Biochim. biophys. Acta **21**, 1, 6 (1956).
MAHLER, H. R.: Advanc. Enzymol. **17**, 233 (1956).

MAHLER, H. R., u. I. GLENN: In (*67* a), S. 575, 1956. — WESTERFELD, W. W., and D. A. RICHERT: Science **109**, 68 (1949). — J. biol. Chem. **184**, 203 (1950).
MALM, MIGNON: Ark. Kemi A **25**, No 1 (1947).
— Physiol. Plantarum (Cph.) **3**, 376 (1950).
MALORNY, G.: Vgl. HUDOFFSKY 1940.
—, u. H. NETTER: Pflügers Arch. ges. Physiol. **238**, 153 (1936).
MANECKE, G.: Z. Elektrochem. **57**, 189 (1953).
MANEGOLD, E.: Kolloid-Z. **49**, 372 (1929); **81**, 164 (1937).
MARCELIN, A.: Oberflächenlösungen. Deutsche Übersetzung. Dresden u. Leipzig 1933.
MARSH, B. B.: Biochim. biophys. Acta **9**, 247 (1952).
MARSLAND, D. A.: Protoplasmatic streaming in relation to gelstructure in cytoplasm. In: The structure of protoplasm (ed. WILLIAM SEIFRIZ), S. 127. Ames: Iowa State Coll. Press 1942.
MARTELL, A. E., u. M. CALVIN: Die Chemie der Metallchelatverbindungen. Deutsche Auflage. Weinheim 1958.
MARTIN, A. J. P.: Ann. Rev. Biochem. **19**, 517 (1950).
— Endeavour **6**, 21 (1947).
—, and R. L. M. SYNGE: Advanc. Protein Chem. **2**, 1 (1945).
— — Biochem. J. **35**, 91, 1358 (1941).
— G. J.: Biological antagonism. New York 1951.
— H.: Siehe STORJOHANN, A.: Diss. Kiel 1954.
MARTIUS, C.: Thyroxin und oxydative Phosphorylierung. Proc. 3. Internat. Congr. Biochem. Brüssel, New York, S. 1, 1956. — Vortrag Physiol. Chem. Ges., Basel 1957. — Abstr. 4. Internat. Congr. Biochem. Wien, S. 59. 1958.
—, and B. HESS: Arch. Biochem. **33**, 486 (1951) u. C. MARTIUS, in: 5. Mosbach-Coll., S. 143, Berlin-Göttingen-Heidelberg 1955.
—, u. F. LYNEN: Probleme des Zitronensäurezyklus. Advanc. Enzymol. **10**, 167 (1950).
—, u. G. SCHORRE: Z. Naturforsch. **5b**, 170 (1950).
MARX, H.: Der Wasserhaushalt des gesunden und kranken Menschen. Berlin 1935.
MASCHMANN, E.: Naturwiss. **28**, 765 (1940)
— Ergebn. Enzymforsch. **9**, 155 (1943).
MASSEY, V.: Biochem. J. **53**, 72 (1953); **55**, 172 (1953).
MATTENHEIMER, H.: Z. Physiol. **303**, 107, 115, 125 (1956). — Siehe auch SCHMIDT, G.: Phosphorus Metabolism, Bd. I, S. 443. 1951.
McBAIN, J. W., and A. P. BRADY: Amer. Soc. **65**, 2072 (1943); weiter STAUFF, J.: Kolloid-Z. **96**, 244 (1941) u. PHILIPPOFF, W.: J. Colloid Sci. **5**, 169 (1950).
McCANCE, R. A., and E. M. WIDDOWSON: Proc. roy. Soc. B **138**, 115 (1951).
McELROY, W. D.: Phosphorus metabolism **1**, 585 (1951). — GREEN, A. A., and W. D. McELROY: Biochim. biophys. Acta **20**, 170 (1956).
—, and A. A. GREEN: The enzymatic basis of light emission. In (*61*), S. 369, 1956.
McINNES, D. A.: The principles of electrochemistry. New York 1939.
McLEAN, F. C., and A. B. HASTINGS: Amer. J. med. Sci. **189** ,606 (1935). — J. biol. Chem. **107**, 337 (1934); **108**, 285 (1935). — McLEAN, F. C., and M. R. URIST: Bone.. Chicago 1955.
McMEEKIN, T. L., E. J. COHN and J. H. WEARE: Amer. Soc. **57**, 626 (1935).
—, u. K. MARSHALL: Science **116**, 142 (1952) (Spez. Vol. der Proteine).
—, and D. POLIS: Advance Protein Chem. **5**, 201 (1950) (Milch-Proteine).
McMILLAN, W. G., and J. E. MEIER: J. chem. Physics **13**, 276 (1945).
MEDWEDEW, G.: Enzymologia **2**, 1, 31, 53 (1937).
MEIDINGER, F.: Bull. Soc. Chim. biol. (Paris) **29**, 411 (1947).
MELCHIOR, N. C.: J. biol. Chem. **208**, 615 (1954).
MELLANBY, J.: J. Physiol. **33**, 338 (1905).
MELLON, E. F., A. H. KORN and S. R. HOOVER: Amer. Soc. **69**, 827 (1947). — BULL, H. B.: J. Amer. chem. Soc. **66**, 1499 (1944). — LEA, C. H., and R. S. HANNAN: Biochim. biophys. Acta **3**, 313 (1949).
LA MER, V. K., and M. D. BARNES: J. Colloid Sci. **1**, 71, 79 (1946).
MEVES, H., u. H. NETTER: Naturwiss. **43**, 110, (1956).
MEYER, H. H.: Naunyn-Schmiedeberg's Arch. exp. Path. Pharmak. **42**, 109 (1899).
— K. H.: Proc. roy. Soc. B **139**, 498 (1952).
—, u. H. MARK: Makromolekulare Chemie. Leipzig 1950. Siehe auch HOUWINK, R.: In (*50*), Bd. II, S. 652—680, 1949.
—, and J. F. SIEVERS: Helv. chim. Acta **19**, 649, 987 (1936).
MEYERHOF, O.: Zur Energetik der Zellvorgänge. Göttingen 1913.
— Pflügers Arch. ges. Physiol. **175**, 20 (1919) (Glycerophosphatoxydase); dazu weiter: GREEN, D. E.: Biochem. J. **30**, 629 (1936); (mit J. G. DEWAN) Biochem. J. **31**, 1069, 1074 (1937); SACKTOR, B., and R. ESTABROOK: Fed. Proc. **17**, 301 (1958).
— Biochem. Z. **162**, 43 (1925).

MEYERHOF, O.: Die chemischen Vorgänge im Muskel und ihr Zusammenhang mit der Arbeitsleistung und Wärmebildung. Berlin 1930.
—, and H. GREEN: J. biol. Chem. **178**, 655 (1949).
—, and R. JUNOWICZ-KOCHOLATY: J. biol. Chem. **149**, 71 (1943).
—, u. K. LOHMANN: Biochem. Z. **185**, 113 (1927).
— P. OHLMEYER u. W. MÖHLE: Biochem. Z. **297**, 90, 113 (1938) (Zusammenhang zwischen GAPDH und PGA-Kinase).
—, u. W. SCHULZ: Pflügers Arch. ges. Physiol. **217**, 546 (1927).
—, and J. R. WILSON: Arch. Biochem. **14**, 71 (1947).
MICHAELIS, L.: Biochem. Z. **24,** 79 (1910); **30**, 143 (1910); **103**, 225 (1920).
— Die Wasserstoffionenkonzentration, 2. Aufl. Berlin 1922.
— Naturwiss. **14**, 33 (1926).
— Oxydo-Reduktionspotentiale, 2. Aufl. Berlin: Springer 1933.
— Reversible step reactions. Advanc. Enzymol. **9**, 1 (1949). — Ann. N. Y. Acad. Sci. **40**, Art. 2, 39 (1940).
— Oxydation-Reduction-Potentials. In WEISSBERGER, A.: Physical methods of organic chemistry, Bd. 2, S. 1753. New York 1949.
— Theory of oxydation-reduction. In (*60*), Bd. II$_1$, S. 1, 1950.
— Cold Spr. Harb. Symp. quant. Biol. **7**, 33 (1939); dagegen WESTHEIMER, F. H.: In (*67*), S. 321, 1954.
—, u. H. DAVIDSOHN: Biochem. Z. **35**, 386 (1911).
—, u. M. L. MENTEN: Biochem. Z. **49**, 333 (1913).
—, u. P. RONA: Biochem. Z. **103**, 19 (1920).
MILLAR, W. G.: Proc. roy. Soc. B **99**, 264.(1926). — PONDER, E., and W. G. MILLAR: Quart. J. exp. Physiol. **15**, 1 (1925).
Mitochondria and other cytoplasmatic inclusions. Symp. Soc. exp. Biol. **10** (1957).
MÖGLICH, F., R. ROMPE u. N. W. TIMOFÉEFF-RESSOVSKY: Naturwiss. **30**, 409 (1942).
MÖLLENDORF, W. V.: Ergebn. Physiol. **18**, 141 (1920).
MOELWYN-HUGHES, E. A.: Chem. Rev. **10**, 241 (1932) u. Z. Elektrochem. **55**, 518 (1951) (Theorie des osmotischen Druckes).
MOMMAERTS, W. F.: Nature (Lond.) **174**, 1083 (1954).
MOND, R.: Pflügers Arch. ges. Physiol. **261**, 243 (1955).
—, u. KL. AMSON: Pflügers Arch. ges. Physiol. **220**, 69 (1928).
—, u. F. HOFFMANN: Pflügers Arch. ges. Physiol. **220**, 194 (1928); **221**, 460 (1929).
—, u. H. NETTER: Pflügers Arch. ges. Physiol. **212**, 558 (1926); **230**, 42 (1932).
MONK, C. B.: Trans. Faraday Soc. **47**, 297 (1951).
MONOD, J., A. M. PAPPENHEIMER u. G. COHEN-BAZIRE: Biochim. biophys. Acta **9**, 648 (1952). — COHEN, G. N., and J. MONOD: Bacterial Permeases. Bact. Rev. **21**, 169 (1957). — RICKENBERG, H. V., G. N. COHEN, G. BUTTIN et J. MONOD: Ann. Inst. Pasteur **91**, 829 (1956) (Galactosid-Permeasen). Vgl. KEPES, A.: Abstr. IV. Internat. Kongr. Biochem., Wien, S. 78, 1958.
MONTGOMERY, H., and J. A. PIERCE: Amer. J. Physiol. **118**, 144 (1937).
MORALES, M. F.: In (*61*), S. 325, 1956.
— O. J. BOTTS, J. J. BLUM and T. L. HILL: Physiol. Rev. **35**, 475 (1955). — LEVINTOW, L., and A. MEISTER: J. biol. Chem. **209**, 265 (1954). — PODOLSKY, R. J., and J. M. STURTEVANT: J. biol. Chem. **217**, 603 (1955). Vgl. auch MARTELL, A. E., and G. SCHWARZENBACH: Helv. chim. Acta **39**, 453 (1956).
MORRIS, B., and F. C. COURTICE: Quart. J. exp. Physiol. **40**, 127 ,149 (1955).
MORTON, R. K.: Thesis, Cambridge Univ. 1952.
MOYER, L. S.: J. biol. Chem. **122**, 641 (1938).
MUDD, ST.: J. Histochem. Cytochem. **1**, 248 (1953) (Mitochondrien in Bakterien).
MUDGE, G. H.: In: Ion transport across membranes (ed. H. T. CLARKE), S. 75. New York 1954.
— Amer. J. Physiol. **165**, 113 (1951); **167**, 206 (1951).
MÜHLETHALER, K.: Makromolekulare Chem. **2**, 143 (1948) u. Biochim. biophys. Acta **3**, 527 (1949).
MÜLLER, E. W.: Z. Naturforsch. **5a**, 473 (1950).
MUIR, H. M., A. NEUBERGER and J. C. PERRONE: Biochem. J. **52**, 87 (1952) (Biosynthese von Globin). — ASKONAS, B. A., P. N. CAMPBELL and T. S. WORK: Biochem. J. **58**, 326 (1954) (Biosynthese von Lactoglobulin).
MULLINS, L. J.: Abstr. Internat. Physiol. Congr., Brüssel 1956.
MURALT, A. L. V.: Amer. Soc. **52**, 3518 (1930).
— Zusammenhänge zwischen physikalischen und chemischen Vorgängen bei der Muskelkontraktion. Ergebn. Physiol. **37**, 406 (1935).
—, and J. T. EDSALL: J. biol. Chem. **89**, 315, 351 (1930).

MURALT, A. L. v.: Neue Ergebnisse der Nervenphysiologie, 6 Vorträge. Berlin-Göttingen-Heidelberg 1958.

MYRBÄCK, K., u. B. ÖRTENBLAD: Biochem. Z. **291**, 61 (1937); mit E. VASSEUR: Hoppe-Seylers Z. physiol. Chem. **277**, 171 (1943).

— Acta chem. scand. **1**, 142 (1947) (Urease).

— Enzymatische Katalyse, S. 68. Berlin: W. de Gruyter 1953.

—, u. B. PERSSON: Ark. Kem. **4**, 495 (1952).

—, u. E. WILLSTAEDT: Ark. Kem. **3**, 443 (1951) (Amylase).

NACHMANSOHN, D., and I. B. WILSON: Advanc. Enzymol. **12**, 259 (1951) u. WILSON, I. B.: In (*67*), S. 642, 1954; Disc. Faraday Soc. Nr. **20**, 119 (1955).

NASH, T. P., and S. R. BENEDICT: J. biol. Chem. **48**, 463 (1921).

NASON, A., and H. J. EVANS: Arch. Biochem. **37**, 234 (1952).

NEILANDS, J. B.: J. biol. Chem. **199**, 373 (1952). Vgl. PFLEIDERER 1957.

—, and P. K. STUMPF: Outlines of enzyme chemistry, 2. Aufl. New York u. London 1958.

NERNST, W., u. E. H. RIESENFELD: Ann. d. Phys. (4) **8**, 600 (1902).

NETTER, H.: Pflügers Arch. ges. Physiol. **198**, 225 (1923); **208**, 16 (1925); **210**, 450 (1925); **215**, 373 (1927); **218**, 310 (1928); **220**, 107 (1928); **222**, 724 (1929); **224**, 121 (1930); **234**, 680 (1934).

— Verh. der Dtsch. Ges. für Pathol., 33. Tagg, S. 8, 1949 (Zellstruktur als dynamisches Phänomen).

— Naturwiss. **40**, 260 (1953).

— Denaturierung und Strukturwandlung am Eiweiß. V. Histochem. Symp. Acta histochem. (Jena) Suppl. **1958**.

— Das zellulare Princip in der Biochemie. Dtsch. med. Wschr. **1958**, 364.

—, u. CH. HEIMANN: Erscheint demnächst; Diss. Kiel 1958.

—, u. H. NOLL: Naturwiss. **39**, 262 (1952). — NOLL, H.: Biochem. Z. **324**, 6 (1953).

—, u. S. L. ÖRSKOV: Pflügers Arch. ges. Physiol. **231**, 135 (1932).

—, u. H. D. OHLENBUSCH: Naturwiss. **41**, 570 (1954).

—, mit J. POHLMANN: Naturwiss. **26**, 138 (1938). — POHLMANN, J.: Pflügers Arch. ges. Physiol. **240**, 377 (1938). Siehe dazu MULLINS, L. J., and K. ZERAHN: J. biol. Chem. **174**, 107 (1948).

—, u. L. SACHS: Erscheint demnächst. Diss. SACHS, Kiel 1958.

— K. J.: Biochem. Z. **325**, 54, 64 (1953).

NEUGEBAUER, TH.: Ann. Physik **42**, 509 (1942). Vgl. CONWAY, E. I., and M. E. BEARY: Biochem. J. **69**, 275 (1958).

NEUMAN, W. F., and M. W. NEUMAN: Nat. of min. phase of bone. Chem. Rev. **53**, 1—45 (1953).

NEURATH, H., and H. B. BULL: Chem. Rev. **23**, 391 (1938).

NEVIS, A. H.: J. gen. Physiol. **41**, 927 (1958).

NICHOLAS, D. I. D., and H. M. STEVENS, in (*68*), S. 178, 1956.

NIEDIECK, B.: Diss. Kiel 1956 (Trypaflavinwirkung).

— Naturwiss. **45**, 163 (1958) (Detergenzwirkung).

NIELSEN, S. O., et TH. ROSENBERG: C. R. Lab. Carlsberg, Sér. chim. **27**, 437 (1951).

NIRENBERG, M. W., and J. F. HOGG: Amer. Soc. **78**, 6210 (1956).

NIRENSTEIN, E.: Pflügers Arch. ges. Physiol. **179**, 233 (1920).

NOLLER, H.: Angew. Chem. **68**, 761 (1956). — NOLLER, H., u. K. OSTERMEIER: Z. Elektrochem. **60**, 921 (1956).

NORD, H.: Acta chem. scand. **6**, 1431 (1952).

NORDBÖ, R.: Biochem. Z. **301**, 58 (1939).

— J. biol. chem. **128**, 745 (1939).

NORMANN, R. W. v., and A. A. BROWN: Plant Physiol. **27**, 691 (1952).

NORTHROP, J. H.: Naturwiss. **11**, 713 (1923).

—, and M. L. ANSON: J. gen. Physiol. **12**, 543 (1929); **20**, 575 (1937).

DU NOUY, LECOMTE, P.: J. gen. Physiol. **6**, 625 (1924).

NYGAARD, A. P. mit H. THEORELL and R. BONNICHSEN: Acta chem. scand. **8**, 1490 (1954); **9**, 1148 (1955).

OCHOA, S.: In GREEN, D. E.: Currents in biochem. Research. New York 1946.

— In (*60*), Bd. II, 2, S. 929, 1951 u. Physiol. Rev. **31**, 56 (1952). — Carbon dioxyde fixation. In: C. R. 2. Congr. Internat. de Biochem., Paris, S. 83, 1952.

— Enzymic mechanisms in citric acid cycle. Advanc. Enzymol. **15**, 183 (1954).

—, and J. R. STERN: Ann. Rev. Biochem. **21**, 547 (1952).

—, and W. VISHNIAC: Science **115**, 297 (1952).

O'CONNOR, M.: Proc. roy. Irish Acad. B **45**, 355 (1939); **48**, 83 (1942).

ÖRSKOV, S. L.: Biochem. Z. **279**, 250 (1935).

— Acta physiol. scand. **12**, 202 (1946).

OESPER, P.: Arch. Biochem. **27**, 255 (1950); (*66*), Bd. I, S. 523, 1951.
OGSTON, A. G.: Nature (Lond.) **162**, 963 (1948).
OHLENBUSCH, H. D.: Unpublizierte Versuche.
— Z. Elektrochem. **60**, 603, 607 (1956); Kolloid-Z. **159**, 32 (1958); Biochem. Z. **331**, 18 (1958).
ONCLEY, J. L.: Ann. N. Y. Acad. Sci. **41**, 121 (1941).
ONSAGER, L.: Physic. Rev. **38**, 2265 (1931).
OPARIN, A. J.: Die Entstehung des Lebens auf der Erde, 3. Aufl. Berlin 1957 (Koazervat-theorie des Protoplasmas).
OPIE, E. L.: J. exp. Med. **87**, 425 (1948) u. Harvey Lect. Ser. **50**, 292 (1954/55); dagegen u. a. A. LEAF.
OPITZ, E.: Energieumsatz des Gehirns. In: 3. Mosbach-Coll., S. 66, 1952.
—, u. M. SCHNEIDER: Ergebn. Physiol. **46**, 126 (1950).
OPPENHEIMER, C.: Chemische Grundlagen der Lebensvorgänge. Leipzig 1933.
OSTER, G., P. M. DOTY and B. H. ZIMM: Amer. Soc. **69**, 1193 (1947).
OSTWALD, Wo.: Kolloid-Z. **49**, 60 (1929); **73**, 301 (1935); **88**, 1 (1939); **94**, 169 (1941).
OVERBEEK, J. TH. G.: Stability of hydrophobic colloids and emulsions. In (*50*), Bd. I, S. 302, 1952.
— The Donnan-Equilibrium. In (*50*), Bd. I, S. 188, 1952. — HILL, T. L.: Disc. Faraday Soc. Nr. **21**, 31 (1956).
— Donnan-Equilibrium. In: Progr. Biophysics **6**, 57 (1956).
—, et J. J. HERMANS: Rec. Trav. chim. Pays-Bas **67**, 761 (1948).
OVERTON, E.: Naturforsch. Ges. Zürich **44**, 88 (1899).
— Pflügers Arch. ges. Physiol. **92**, 115 (1902).
PALADE, G. E.: Electron mikrosk. of mitoch. a. other cytoplasm. structures. In (*61*), S. 185, 1956. — J. biophys. biochem. Cytol. **2**c, 85 (1956) (Endoplasmat. Reticulum).
PAPPENHEIMER, J. R.: Physiol. Rev. **33**, 387 (1953).
— Rev. Sci. Instrum. **25**, 912 (1954).
—, and A. SOTO-RIVERA: Amer. J. Physiol. **152**, 471 (1948).
PARDEE, A.: J. biol. Chem. **179**, 1085 (1949).
PARK, C. R., and L. H. JOHNSON: Amer. J. Physiol. **182**, 17 (1955). — PARK, C. R.: Fed. Proc. **13**, 108 (1954).
PARKS, G. S., and M. H. HUFFMANN: The free energies of some organic compounds. New York 1932.
PASSOW, H.: Habil.-Schr. Hamburg 1956.
—, u. L. SCHÜTT: Pflügers Arch. ges. Physiol. **262**, 193 (1955).
—, u. K. TILLMANN: Pflügers Arch. ges. Physiol. **262**, 23 (1955).
PASTEUR, L.: Etudes sur la bierre. Paris: Gauthier-Villars 1876.
PATAT, F.: Österr. Chemiker-Ztg. **48**, 213 (1947).
— Naturwiss. **40**, 325 (1953).
PAUL, K. G.: In Enzymes v. SUMNER-MYRBÄCK, Bd. II₁, S. 357. 1951.
PAULI, W., u. P. FENT: Kolloid-Z. **67**, 288 (1934).
PAULING, L.: Proc. nat. Acad. Sci. (Wash.) **21**, 186 (1935).
— Amer. Soc. **67**, 555 (1945).
— Electronic structure of haemoglobin: In Hämoglobin, S. 57. London 1949.
—, and R. B. COREY: Proc. Nat. Acad. Sci. (Wash.) **37**, 205, 235, 729 (1951).
— — Nature (Lond.) **171**, 59 (1953).
— — Arch. Biochem. **65**, 164 (1956).
—, and C. D. CORYELL: Proc. nat. Acad. Sci. (Wash.) **22**, 210 (1936). — CORYELL, C. D., and L. PAULING: J. biol. Chem. **132**, 769 (1940).
PEPPER, K. W., u. D. REICHENBERG: Z. Elektrochem. **57**, 183 (1953).
— — u. D. K. HALE: J. chem. Soc. **74**, 3129 (1952).
PERKINS, D. J.: Biochem. J. **57**, 702 (1954).
PERLMANN, G. E.: Advanc. Protein Chem. **10**, 1 (1955) u. J. cell. comp. Physiol. **47**, Suppl. 194 (1956).
PERNER, E. S.: Z. Naturforsch. **11**b, 560, 567 (1956).
PERRIN, F.: J. Phys. Radium (Paris) **7**, 1 (1936).
PETERS, R.: Z. physik. Chem. **26**, 193 (1898).
— R. A.: Endeavour **13**, 147 (1954).
—, and T. H. WILSON: Biochim. biophys. Acta **9**, 310 (1952).
PFLEIDERER, G., u. D. JECKEL: Biochem. Z. **329**, 370 (1957) (MDH-Unterschiede).
— — u. TH. WIELAND: Biochem. Z. **330**, 296 (1958) (ADH ohne Zn wirksam).
PFEIFFER, H. H.: Das Polarisationsmikroskop als Meßinstrument in Biologie und Medizin. Braunschweig 1949.
PICHOTKA, J.: Z. Biol. **195**, 181 (1952).
— Naunyn-Schmiedeberg's Arch. exp. Path. Pharmak. **222**, 450, 464 (1954).

Pigón, A.: Bull. Acad. pol. Sci. (Krakow), Sér. B **2**, 13 (1950).

Pinson, E. W.: Physiol. Rev. **32**, 123 (1952).

Piper, W.: Acta haemat. (Basel) **18**, 414 (1957); dagegen siehe Baugham, A. D., B. A. Pethica and G. V. Seaman: Biochem. J. **69**, 12 (1958) (Halten PO_4-Reste für potentialbestimmend).

—, u. G. Ruhenstroth-Bauer: Klin. Wschr. **1956**, 11.

Pitts, R. F.: Fed. Proc. **7**, 418 (1948). — Pitts, R. F., and R. S. Alexander: Amer. J. Physiol. **144**, 239 (1945). — Pitts, R. F.: Klin. Wschr. **1955**, 365. — Berliner, R. W.: Fed. Proc. **11**, 695 (1952).

Polanyi, M.: Biochem. Z. **104**, 250 (1920).

Ponder, E.: J. gen. Physiol. **29**, 89 (1945); **34**, 359 (1951); **36**, 507 (1953).

— Hemolysis and related phenomena. New York 1948.

—, and J. F. Yeager: J. exp. Biol. **7**, 390 (1930). Vgl. auch Morales, M. F.: J. cell. comp. Physiol. **30**, 303 (1947).

Porod, G.: Kolloid-Z. **124**, 83 (1951); **125**, 51 (1952).

Porter, R.: Biochim. biophys. Acta **2**, 105 (1948).

Portzehl, H.: Biochim. biophys. Acta **24**, 474, mit F. N. Briggs 482 (1957) (relaxing-factor).

Potter, V. R.: Advanc. Enzymol. **4**, 201 (1944). — Aisenberg, A. G., and V. R. Potter: J. biol. Chem. **224**, 1115 (1957) (zum Pasteur-Effekt).

—, and C. Heidelberger: J. biol. Chem. **164**, 180 (1949).

— R. O. Recknagel and V. R. Potter: J. biol. Chem. **191**, 263 (1951). — Herbert, E., and V. R. Potter: J. biol. Chem. **222**, 453 (1956) (Cytidintriphosphat-Bildung nicht in Mitochondrien; ATP als Intermediärstufe).

Prankerd, T. A. J.: Enzymes in red cell metabolism and transport. Int. Rev. Cytol. **5**, 279 (1956).

Precht, H., J. Christophersen u. H. Hensel: Temperatur und Leben. Berlin-Göttingen-Heidelberg 1955.

Prescott, D. M., u. E. Zeuthen: Acta physiol. scand. **28**, 77 (1953).

Prigogine, Fr.: Études thermodynamiques des phénomènes irréversibles. Paris u. Lüttich 1947.

Procter, H. R., and J. A. Wilson: J. chem. Soc. **109**, 307 (1916). Vgl. auch Küntzel, A.: Kolloid-Z. **91**, 152 (1940).

Pütter, A.: In Bethes Handbuch der Physiologie, Bd. 1 A, S. 322. Berlin 1925.

Pulver, R., and F. Verzar: Nature (Lond.) **145**, 823 (1940).

Putnam, Fr. W.: Advanc. Protein Chem. **4**, 79 (1948) (The interactions of proteins and synthetic detergents).

— Protein denaturation. In (*57*), Bd. I_B, S. 807—892, 1953.

— The chemical modification of proteins. In (*57*), Bd. I_B, S. 893—973, 1953.

Raaflaub, J.: Helv. physiol. pharmacol. Acta **11**, 157 (1953).

Racker, E.: In (*67*), S. 464, 1954; J. biol. Chem. **184**, 313 (1950) (K der ADH-Reaktion); **190**, 685 (1951) (Glyoxalase) u. Krimsky, I.: J. biol. Chem. **198**, 731 (1952) (GAPDH); dagegen: Boyer u. Segal.

Rackow, B.: Z. Elektrochem. **58**, 523 (1954); mit Pröger, H., u. G. Junghähnel: Z. Elektrochem. **61**, 1335, 1339 (1957).

Rahn, O.: J. gen. Physiol. **13**, 179 (1929).

—, and M. Leet: J. Bact. **58**, 714 (1949).

Rall, T. W., E. W. Sutherland and J. Berthet: J. biol. Chem. **224**, 463 (1957) u. Amer. Soc. **79**, 3608 (1957) (Mechanismus der Phosphorylaseaktivierung).

Ramsey, G. A.: J. exp. Biol. **26**, 57 (1949) (Mikro-Δ-Bestimmung).

Rapoport, S.: Biochem. Z. **326**, 231 (1955).

Rashewsky, N. v.: Physics **6**, 943 (1935); **7**, 260 (1936).

Rast, K.: Hoppe-Seylers Z. physiol. Chem. **126**, 100 (1923).

Ratner, S.: Fed. Proc. **8**, 603 (1949).

— Advanc. Enzymol. **15**, 319 (1954).

Rauen, H. M.: Biochem. der C_1-Körper. In: 6. Mosbach-Coll., S. 132, 1956.

—, u. W. Stamm: Gegenstromverteilung. In Hoppe-Seyler-Thierfelder, Bd. I, S. 260. 1953.

Redfield, R. R., W. L. Choate, I. Page and W. R. Carroll: J. biol. Chem. **207**, 201 (1954).

Reed, L. J., and B. G. DeBusk: Fed. Proc. **13**, 723 (1954).

— Advanc. Enzymol. **18**, 319 (1957).

Rehm, W. S., and A. J. Enelow: Amer. J. Physiol. **144**, 701 (1945).

Reichard, P.: Acta chem. scand. **11**, 523 (1957). — Acetyl-glutaminsäure als Co-Faktor der Carbamylphosphatsynthese: Hall, L. M., R. L. Metzenberg u. P. P. Cohen: J. biol. Chem. **230**, 1013 (1958). — Carbamylphosphatase im Gehirn: Grisolia S., I. Caravaca and B. K. Joyce: Biochim. biophys. Acta **29**, 432 (1958).

Reichmann, M. E., and J. R. Colvin: Canad. J. Chem. **33**, 163 (1955).

Rein, H.: Pflügers Arch. ges. Physiol. **247**, 576 (1944).

REINER, J. M.: Arch. Biochem. **46**, 53 (1953).
RENKIN, E. M.: Amer. J. Physiol. **183**, 125 (1955).
—, u. J. R. PAPPENHEIMER: Ergebn. Physiol. **49**, 59 (1957).
RENZO, E. C. DE: Advanc. Enzymol. **17**, 293 (1956).
RICKENBERG, H. V.: Biochim. biophys. Acta **25**, 206 (1957).
RIDEAL, E. K. mit R. J. FOSBINDER: Proc. roy. Soc. A **143**, 61 (1934).
RIEHL, N.: Naturwiss. **28**, 601 (1940); **31**, 590 (1943); **43**, 145 (1956).
RIGGS, A. F.: J. gen. Physiol. **36**, 1 (1952).
RITTINGHAUS, F. W.: Biochem. Z. **320**, 146 (1950).
ROBINSON, Sir R.: (Anionoide und kationoide Umsetzungen) Endeavour **13**, 173 (1954).
— R. A., and M. L. WATSON: Ann. N. Y. Acad. Sci. **60**, 598 (1955).
RONA, P., u. R. AMMON: Biochem. Z. **249**, 446 (1932).
— L. MICHAELIS u. P. RONA: Biochem. Z. **14**, 476 (1908). — Kompensationsschnelldialyse:
  RONA, P., F. HAUROWITZ u. H. PETOW: Biochem. Z. **149**, 393 (1924).
—, u. D. TAKAHASHI: Biochem. Z. **49**, 370 (1913).
ROSENBERG, TH.: Acta chim. scand. **2**, 14 (1948).
— Repr. of Steno Memor. Hospit. Copenhagen **4**, 59 (1950).
— In: Symp. Soc. exp. Biol. **8**, 27 (1954).
—, and W. WILBRANDT: Exp. cell. Res. **9**, 49 (1955).
ROTHEN, A.: Amer. Soc. **70**, 2732 (1948).
ROTHSTEIN, A.: Symp. Soc. exp. Biol. **8**, 165 (1954). — Protoplasmatologia, Bd. II E$_4$. Wien
  1954. — Electrolytes in biol. systems (ed. A. SHANES), S. 65, 1955.
—, and R. MEIER: J. cell. comp. Physiol. **32**, 77 (1948); **34**, 97 (1949).
ROUGHTON, F. J. W.: Hämoglobin, S. 83. London: Butterworth Sci. Publ. 1949.
— J. Physiol. **126**, 359 (1954). — GIBSON, Q. H., and F. J. W. ROUGHTON, in: Disc. Faraday
  Soc. Nr. **20**, 195 (1955).
RUBEN, S., M. RANDALL, M. D. KAMEN and J. L. HYDE: Amer. Soc. **63**, 877 (1941); dagegen:
  KAMEN, M. D., and H. A. BARKER: Proc. nat. Acad. Sci. (Wash.) **31**, 8 (1945) u. WAR-
  BURG, O., u. G. KRIPPAHL: Z. Naturforsch. **10**b, 301 (1955). Zur Kritik: BROWN, A. H.,
  and A. W. FRENKEL: Ann. Rev. Biochem. **22**, 423 (1953).
RUBINSTEIN, D. L.: Pflügers Arch. ges. Physiol. **216**, 82 (1927).
RUDALL, K. M.: The proteins of the mammalian epidermis. Advanc. Protein Chem. **7**, 253 (1952).
RUDNEY, H.: J. biol. Chem. **227**, 363 (1957) (HMG-Biosynthese) u. Fed. Proc. **17**, 219 (1958)
  mit I. I. FERGUSON u. I. F. DURR. Vgl. PHILLIPS, A. H., T. T. TCHEN and K. BLOCH:
  Fed. Proc. **17**, 289 (1958) (Mevalonsäurephosphorylierung).
RUHLAND, W.: Jb. Bot. **63**, 321 (1924).
—, u. C. HOFFMANN: Planta (Berl.) **1**, 1 (1925).
RUMMEL, W.: 8. Mosbach-Coll., S. 184. 1958.
— K. PFLEGER u. E. SEIFEN: Biochem. Z. **330**, 310 (1958).
RUSKA, H.: Virus. Eine kurze Zusammenfassung. Potsdam 1950.
SAGER, C. A.: Biochem. Z. **321**, 44 (1950).
SALMONY, D.: Biochem. J. **62**, 411 (1956).
SAMUELSON, O.: Z. Elektrochem. **57**, 207 (1953).
SANGER, F., u. L. F. SMITH: Endeavour **16**, 48 (1957).
SANSONI, B.: Angew. Chem. **66**, 143 (1954).
SCATCHARD, G., A. G. BATCHELDER and A. BROWN: J. clin. Invest. **23**, 459 (1944).
—, and E. S. BLACK: J. physic. Colloid Chem. **53**, 88 (1949).
—, and R. C. BRECKENRIDGE: J. physic. Chem. **58**, 596 (1954) (Aktivität von Phosphat-
  puffern); dazu weiter: ENDER, F., W. TELTSCHIK u. K. SCHÄFER: Z. Elektrochem. **61**,
  775 (1957).
SCHAAFFS, W.: Kolloid-Z. **128**, 92 (1952).
SCHACHTER, D., and J. V. TAGGART: J. biol. Chem. **211**, 271 (1954).
SCHADE, H.: Ergebnisse der inneren Medizin, Bd. 32, S. 427. 1927.
—, u. E. BODEN: Hoppe-Seylers Z. physiol. Chem. **83**, 347 (1913).
SCHÄFFNER, A.: Naturwiss. **27**, 195 (1939).
SCHATZMANN, H. J.: Helv. physiol. pharmacol. Acta **11**, 346 (1953).
— Experientia (Basel) **10**, 189 (1954).
SCHAUENSTEIN, E., u. D. STANKE: Makromolekulare Chem. **5**, 262 (1951); **8**, 7 (1951); mit
  HOCHENEGGER, M.: Z. Naturforsch. **8**b, 473 (1953).
SCHEIBE, G.: Z. Elektrochem. **47**, 73 (1941); **49**, 372, 383 (1943).
— FR. BAUMGÄRTNER u. M. GENZER: Angew. Chem. **67**, 502 (1955).
SCHELLMANN, I. A.: C. R. Lab. Carlsberg, Ser. chim. **29**, 223, 230 (1955).
SCHERAGA, H. A., and L. MANDELKERN: Amer. Soc. **75**, 179 (1953).
SCHLENK jr., W.: Experientia (Basel) **8**, 337 (1952).
— Angew. Chem. **67**, 762 (1955).

SCHLICHTING, E.: Acta agricult. scand. **4**, 313 (1955).

SCHLIEPER, C.: Z. vergl. Physiol. **19**, 68 (1933).

— Biol. Zbl. **69**, 216 (1950); **71**, 449 (1952).

SCHLÖGL, R.: Z. physik. Chem., N. F. **3**, 73 (1955).

— Zum Materietransport durch Porenmembranen. Habil.-Schr. Göttingen 1957.

SCHMID, G.: Z. Elektrochem. **54**, 424 (1950); **55**, 229 u. H. SCHWARZ 295, 684 (1951).

SCHMIDT, W. I.: Z. Zellforsch. **21**, 224 (1934). — Zool. Anz. **109**, 245 (1935).

— Die Bausteine des Tierkörpers im polarisierten Licht. Bonn 1924.

— Neuere polarisationsoptische Arbeiten auf dem Gebiete der Biologie. Protoplasma **37**, 86 (1943).

— Polarisationsoptische Analyse des submikroskopischen Baues von Zellen und Geweben. In: Handbuch der biologischen Arbeits-Methoden, herausgeg. von E. ABDERHALDEN, Abt. V, Teil 10, erste Hälfte. Berlin 1938.

SCHMIDT-NIELSEN, K., and B. SCHMIDT-NIELSEN: Physiol. Rev. 32, 135 (1952).

SCHMIDTMANN, M.: Biochem. Z. **150**, 253 (1924).

SCHMITT, W., u. R. PURRMANN: Z. Naturforsch. **3**b, 411 (1948).

SCHNEIDER, W. C.: J. Histochem. Cytochem. **1**, 212 (1953).

SCHRAMM, G.: Biochemie der Viren. Berlin-Göttingen-Heidelberg 1954.

— Bedeutung der Nukleinsäuren bei der Vermehrung der Viren. Naturforscher Tagg. Wiesbaden 1958.

—, u. H. FRIEDRICH-FREKSA: Hoppe-Seylers Z. physiol. Chem. **270**, 233 (1941).

SCHREIER, K.: 7. Mosbach-Coll., S. 99, 1956; siehe bes. DZIEWIATKOWSKI, D. D.: J. exp. Med. **93**, 451 (1951); **95**, 489 (1952).

SCHRÖDINGER, E.: Was ist Leben? Bern 1946.

SCHUELER, F. W.: Science **103**, 221 (1946); dagegen KOCH, H. P.: Nature (Lond.) **161**, 309 (1948).

SCHÜTTE, E.: Wasserstoffwechsel. In FLASCHENTRÄGER-LEHNARTZ, Bd. 2A, S. 589. 1954. Vgl. VOLHARD u. SCHÜTTE.

— 7. Mosbach-Coll., S. 77, 1956.

SCHÜTZ, E.: Hoppe-Seylers Z. physiol. Chem. **9**, 577 (1885).

SCHULMAN, J. H.: Trans. Faraday Soc. **33**, 1116 (1937).

—, and A. H. HUGHES: Proc. roy. Soc. A **138**, 430 (1932).

— — Biochem. J. **29**, 1236, 1243 (1935).

— B. A. PETHICA, A. V. FEW and M. R. J. SALTON: Physic. chem. of Haemolysis. Progr. Biophysics **5**, 41 (1955).

— E. K. RIDEAL and E. STENHAGEN: Proc. roy. Soc. B **126**, 356 (1938).

SCHULTZE, H. E.: Z. Elektrochem. **60**, 262 (1956). Vgl. GRABAR, 1953 u. 1955.

— Angew. Chem. **69**, 616, 617 (1957).

— Biochem. Z. **329**, 490 (1958) (mit SCHMIDTBERGER, R., u. H. HAUPT).

SCHULZ, G. V.: Z. physik. Chem. A **176**, 317 (1936); **182**, 127 (1938).

— Z. Naturforsch. **2**a, 27 (1947).

— Naturwiss. **37**, 196, 223 (1950).

— Z. Elektrochem. **55**, 569 (1951).

SCHWAB, G. M.: Angew. Chem. **67**, 433 (1955).

—, u. J. BLOCK: Z. Elektrochem. **58**, 756 (1954).

—, u. L. WANDINGER: Z. Elektrochem. **60**, 929 (1956). Siehe auch NOLLER, H.

SCHWABE, K.: Polarographie und chemische Konstitution organischer Verbindungen. Berlin 1957.

—, u. G. GLÖCKNER: Z. Elektrochem. **59**, 504 (1955).

SCHWARZENBACH, G.: Die komplexometrische Titration, 3. Aufl. Stuttgart 1957.

—, E. KAMPITSCH u. R. STEINER: Helv. chim. Acta **28**, 828, 1133 (1945).

SCOTT, G. T., and H. R. HAYWOOD, in: Electrolytes in biolog. systems, S. 35 (ed. A. SHANES). Washington 1955.

SEELICH, F.: Fette u. Seifen **46**, 139 (1939); **48**, 15 (1941).

— Pflügers Arch. ges. Physiol. **242**, 275 (1939).

— Pflügers Arch. ges. Physiol. **243**, 283 (1940); Ergebn. Physiol. **44**, 425 (1941); dazu: TAMMELIN, L. E., u. N. LÖFGREN: Acta chem. scand. **1**, 871 (1947) (Narkose-Theorie).

— Mh. Chem. (Wien), I u. II. **79**, 338, 348 (1948). Siehe auch HOLZLÖHNER u. SEELICH 1938 (Denaturierung).

SEIFRIZ, W. A.: The structure of protoplasma. Iowa 1942.

— Advanc. Enzymol. **7**, 35 (1947).

— Mikroskopische und submikroskopische Struktur des Protoplasmas. In Handbuch der Pflanzenphysiologie, Bd. I. S. 301, 340, 383. Berlin-Göttingen-Heidelberg 1955.

SELWOOD, P. W.: Magnetochemistry, 2. Aufl. New York: Interscience Publ. 1956.

SENDROY, J.: J. biol. Chem. **120**, 335, 405 (1937). — SLYKE, D. D. VAN, and A. HILLER: J. biol. Chem. **167**, 107 (1947).

SEUBERT, W., G. GREULL u. F. LYNEN: Angew. Chem. **69**, 359 (1957).

SHAPIRO, B., and S. AVINERI-SHAPIRO: Bull. Res. Counc. Israel 6 E, 49 (1956).

SHEAR, M. J., and B. KRAMER: J. biol. Chem. **79**, 105 (1928); **86**, 677 (1930).

SHEMIN, D.: Proc. 3. Internat. Congr. of Biochem., Brüssel 1955, Acad. Press., New York 1956, S. 197. — Ergebn. Physiol. **49**, 299 (1957).

SHEPPARD, C. W.: P. S. MATHIAS and C. W. SHEPPARD: Proc. Soc. exp. Biol. (N. Y.) **86**, 69 (1954).

SHOCKMAN, G. D., J. J. KOLB and G. TOENNIES: Fed. Proc. **16**, 247 (1957).

SHOPPEE, C. W.: II. Congr. Internat. de Biochim. Symp. Biochim. d. steroides, S. 1, Paris 1952.

SIEKEVITZ, P., and V. R. POTTER: J. biol. Chem. **215**, 221, 237 (1955). — Schema des ADP-Durchtritts in Mitochondrien; Hexokinase auf ihrer Außenfläche; Modification des Schemas: IBSEN, K. H., E. L. COE and R. W. McKEE: Biochim. biophys. Acta **30**, 384 (1958).

SIGNER, R.: In (*8*), Bd. II$_2$, S. 83, 1955 (Maxwell-Effekt).

SIMHA, R.: J. physic. Chem. **44**, 25 (1940).

SINGER, T. P., and E. S. G. BARRON: Proc. Soc. exp. Biol. (N. Y.) **56**, 120 (1944).

—, and J. PENSKY: Arch. Biochem. **31**, 457 (1951).

SIPS, R.: J. chem. Physics **18**, 1024 (1950).

SIZER, I. W.: Advanc. Enzymology **3**, 35 (1943).

SJÖLIN, STIG: Acta physiol. scand. **4**, 365 (1942).

— Biochem. Z. **314**, 82 (1943).

SJÖSTRAND, FR. S.: Klin. Wschr. **1957**, 237.

SKOGSEID, A.: Diss. Oslo 1948.

SKRABAL, A.: Homogen-Kinetik. Dresden u. Leipzig 1941.

SLATER, E. C.: Biochem. J. **45**, 14 (1949); **46**, 484 (1950); in (*7*), S. 64, 1953.

—, and W. D. BONNER: Biochem. J. **52**, 185 (1952); Disc. Faraday Soc. Nr. **20**, 231 (1955); dagegen DIXON, M.: Disc. Faraday Soc. Nr. **20**, 301 (1955).

SLYKE, D. D. VAN: J. biol. Chem. **52**, 525 (1922). — PETERS, I. P., and D. D. VAN SLYKE: Quantitative clinical chemistry. I. u. II. London I, S. 892, 1931.

— H. WU and F. C. McLEAN: J. biol. Chem. **56**, 765 (1923).

SMALL, J.: pH and plants. New York 1946.

SMITH, E. L., N. C. DAVIS, E. ADAMS and D. H. SPACKMAN: Mechanism of enzyme action, S. 291. 1954.

— H. W.: The kidney. New York 1951. Vgl. SPÜHLER, O.: Zur Physio-Pathologie der Niere. Bern 1946.

— mit N. DEANE: J. biol. Chem. **227**, 101 (1957) (pK$_1$ für CO_2 in Erythr.).

SMOLOCHOWSKI, M. v.: Anz. Akad. Wiss. Krakau, S. 182. 1903. — GRAETZ, R.: Handbuch der Elektrizität, Bd. II, S. 366. Leipzig 1921.

SMYTH, D. H., and C. B. TAYLOR: Abstr. Intern. Physiol. Kongr. Brüssel 1956.

SNELL, E. E.: Physiol. Rev. **33**, 509 (1953).

— Amer. Soc. **67**, 194 (1945).

SOBEL, A. E., and A. HANOK: J. biol. Chem. **197**, 669 (1952). — HIRSCHMAN, A., A. E. SOBEL and I. FANKUCHEN: J. biol. Chem. **204**, 13 (1953).

SÖLLNER, K.: J. physic. Chem. **53**, 1211, 1226 (1949).

— S. DRAY, E. GRIM and R. NEIHOF, in: Ion transport across membranes (ed. H. T. CLARKE), S. 144. New York 1954.

—, and R. NEIHOF: Disc. Faraday Soc. Nr. **21**, 94 (1956).

SÖRENSEN, S. P. L.: Biochem. Z. **21**, 131 (1909).

— Ergebn. Physiol. **12**, 393 (1912).

— Hoppe-Seylers Z. physiol. Chem. **106**, 1 (1919).

SOLOMON, A. K.: J. gen. Physiol. **36**, 57 (1952).

— Advanc. biol. med. Phys. **3**, 65 (1953).

—, and G. L. GOLD: J. gen. Physiol. **38**, 371 (1955).

SOLS, A., u. R. K. CRANE: J. biol. Chem. **206**, 925 (1954).

SPANNER, D. C.: Symp. Soc. exp. Biol. **8**, 76 (1954).

SRPETER V. KREUDENSTEIN, TH.: Dtsch. zahnärztl. Z. **8**, 143 (1953); **10**, 473 (1955). Siehe auch HENDRICKS, S. B., and W. L. HILL: Proc. nat. Acad. Sci. (Wash.) **36**, 731 (1950).

SRERE, P. A., and F. LIPMANN: J. Amer. chem. Soc. **75**, 4874 (1953). — SANADI, D. R., D. M. GIBSON and P. AYENGAR: Biochim. biophys. Acta **14**, 434 (1954) (Succinyl-CoA-Spaltung durch GDP).

STADIE, W. C., and H. O'BRIEN: J. biol. Chem. **117**, 439 (1937). — MARGARIA, R., and A. A. GREEN: J. biol. Chem. **102**, 611 (1933). — HERMANN, H., B. HUDOFFSKY, H. NETTER u. L. TRAVIA: Pflügers Arch. ges. Physiol. **242**, 311 (1939). Vgl. zur Kritik: WYMAN, J. 1948.

STÄMPFLI, R.: Naunyn-Schmiedeberg's Arch. exp. Path. Pharmak. **228**, 29 (1955). — 3. Mosbach-Coll., S. 109, 1952.

STAIB, W., u. F. TURBA: Biochem. Z. **327**, 473 (1956). — KUSCHINSKY, G., and F. TURBA: Biochim. biophys. Acta **6**, 426 (1951).
STARKEY, L.: J. Bact. **10**, 165 (1925). — MEYERHOF, O.: Pflügers Arch. ges. Physiol. **165**, 229 (1916).
STARR, M. P., and N. R. C. WILLIAMS: J. Bact. **63**, 701 (1952).
STAUDINGER, H.: Organische Kolloidchemie. Braunschweig 1950. — PETERLIN, A.: In (*53*), S. 280, 1953.
— Ber. dtsch. chem. Ges. **65**, 267 (1932) u. Naturwiss. **42**, 221 (1955).
STAUFF, J.: In HOPPE-SEYLER-THIERFELDER, Bd. II$_2$, S. 1. 1955.
— Kolloid-Z. **146**, 48 (1956).
STEARN, A. E.: Kinetics of biol. reactions. Advanc. Enzymol. **9**, 25 (1949).
STEIN, W. H., and S. MOORE: Ann. N. Y. Acad. Sci. **49**, 265 (1948).
STEINBACH, H. B.: Amer. J. Physiol. **167**, 284 (1951).
STEINBERGER, R., and F. H. WESTHEIMER: Amer. Soc. **73**, 429 (1951) (Me-Katalyse der Decarboxylierung).
STEINHARDT, J., and E. M. ZAISER: J. biol. Chem. **190**, 197 (1951).
— — H$^+$-equilibr. Advanc. Protein. Chem. **10**, 151 (1955).
STERN, H., and S. TIMONEN: J. gen. Physiol. **38**, 41 (1954).
— I.: In (*70*), Bd. I, S. 574, 1955. — GREEN, D. E., D. S. GOLDMAN, S. MII and H. BEINERT: J. biol. Chem. **202**, 137 (1953) (CoA-Transpherase).
— K.: Pflanzenthermodynamik. Berlin 1933.
— O.: Z. Elektrochem. **30**, 508 (1924).
STICKLAND, L. H.: Biochem. J. **64**, 515 (1956).
STOKES, A. R.: Theory of X-ray-fibre-diagrams. In: Progr. Biophysics **5**, 140 (1955); weiter zur Theorie: HOPPE, W.: Angew. Chem. **69**, 659 (1957); Elektronenresonanz-Studien am Hämoglobin: BENNETT, J. E., J. F. GIBSON u. D. J. INGRAM: Proc. roy. Soc. A **240**, 67 (1957); zur Theorie dazu: HAUSSER, K. H.: Angew. Chem. **68**, 729 (1956) u. RICHARDS, R. E.: Endeavour **16**, 185 (1957).
STOTZ, E., M. MORRISON and G. MARINETTI: Enzymes units of biol. structure and function, S. 401. 1956. — MORRISON, M., and E. STOTZ: J. biol. Chem. **213**, 373 (1955).
STREHLER, B. L.: Luminecence of biol. systems. Amer. Ass. Adv. Sci. S. 199, Washington D. C. 1955.
STREHLOW, H. mit H. J. OEL: Z. physik. Chem., N. F. **1**, 241 (1954). — BONHOEFFER, K. F.: Angew. Chem. **67**, 1 (1955).
STRUGGER, S.: Naturwiss. **34**, 267 (1947). — Vitalfluorochromierung. Z. Naturforsch. **12b**, 280 (1957) (Chloroplastenstruktur).
SUHRMANN, R.: Adv. in Katalysis, Bd. 7, S. 303. New York 1955.
SULLIVAN, C. O., and F. W. TOMPSON: J. chem. Soc. **57**, 834 (1890).
SUOMALAINEN, H., u. E. OURA: Biochim. biophys. Acta **28**, 120 (1958) (Decarboxylierung von Ketosäuren durch Hefe).
— P.: Ann. Acad. Sci. fenn. A **53**, Nr. 7 (1939); weitere Lit. Triangel II, Nr. 6, 1956; dazu weiter: HERTER, K.: Winterschlaf. In Handbuch der Zoologie, Bd. VIII. 1,4 (4). Berlin 1956.
SUTHERLAND, EARL. W., and C. F. CORI: J. biol. Chem. **188**, 531 (1951). Siehe auch RALL u. Mitarb.
SVEDBERG, THE., u. K. O. PEDERSEN: Die Ultrazentrifuge. Dresden u. Leipzig 1940.
SWALLOW, A. J.: Biochem. J. **60**, 443 (1955). Vgl. YARMOLINSKY.
SWOBODA, P. A. T.: Disc. Faraday Soc. Nr. 20, 275 (1955). — BEERS, R. F.: Über Pre-Steady-State. J. physic. Chem. **58**, 197 (1954).
SYNGE, R. L. M.: Biochem. J. **44**, 542 (1949); **48**, 429 (1951); **49**, 642 (1951).
SZABÓ, Z. G.: Z. Elektrochem. **61**, 1083 (1957) (mit Tabellen der Bindungsinkremente).
SZEGVARI, A.: Z. physik. Chem. **108**, 175 (1924).
v. SZENT-GYÖRGYI, A.: Muscular contraktion, 1. Aufl. New York 1947.
— Biol. Bull. **96**, 140 (1949). — VARGA, L.: Acta physiol. hung. **1**, 1 (1946).
— Chemistry of muscular contraction, 2. Aufl. New York 1951.
— Bioenergetics. New York: Acad. Press 1957.
— Adv. Enzymol. **16**, 313 (1955).
v. SZYSZKOWSKI, B.: Z. physik. Chem. **64**, 385 (1908).
TAMIYA, H.: Acta phytochim. (Tokyo) **7**, 27 (1933).
TANFORD, C.: Proc. Iowa Acad. Sci. **59**, 206 (1952).
— Hydrogen ion titration of proteins. In (*48*), S. 248, 1955.
TAUSS, J., u. P. DONATH: Hoppe-Seylers Z. physiol. Chem. **190**, 141 (1930).
TEORELL, T.: J. gen. Physiol. **19**, 917 (1936); **23**, 263 (1939).
— Z. Elektrochem. **55**, 460 (1951) u. Progr. Biophysics **3**, 305 (1953).
TERROINE, E. F., C. HATTERER et P. RÖHRIG: Bull. Soc. Chim. biol. (Paris) **12**, 682 (1930).

TEŽAK, B.: J. physic. Chem. **57**, 301 (1953).

THEORELL, H.: Ergebn. Emzymforsch. **9**, 231 (1943).

— Mitt. naturforsch. Ges. Bern, N. F. **1**, 73 (1944).

— Katalases and Peroxydases. In: The Enzymes (SUMNER-MYRBÄCK), Bd. II, Teil 1, S. 397. 1951.

— Disc. Faraday Soc. Nr. **20**, 224 (1955).

— Advanc. Enzymol. **20**, 31 (1958) (Kinetik des ADH).

—, and Å. ÅKESSON: Amer. Soc. **63**, 1804 (1941).

—, u. B. CHANCE: Acta chem. scand. **5**, 1127 (1951).

—, u. K. G. PAUL: Arch. Chem. Mineral. Geol. A **18**, Nr. 12 (1944).

THEWS, G.: Acta biotheor. (Leiden) **10**, 105 (1953).

— Naturwiss. **43**, 160 (1956).

— Pflügers Arch. ges. Physiol. **265**, 138, 154 (1957).

THIELE, H., u. G. ANDERSEN: Kolloid-Z. **140**, 76 (1955) u. Naturwiss. **43**, 34 (1956).

—, u. L. LANGMAACK: Naturwiss. **43**, 56 (1956).

—, u. H. MICKE: Kolloid-Z. **111**, 73 (1948).

THILO, E.: Angew. Chem. **67**, 141 (1955).

THOMAS, C. A.: Science **123**, 60 (1956).

THORN, W., G. PFLEIDERER, R. A. FROHWEIN u. I. ROSS: Pflügers Arch. ges. Physiol. **261**, 334 (1955).

Thunberg-Methode: LEHMANN, J.: In (69), Bd. I, S. 834. Siehe auch FRANKE, W.

TIMOFÉEFF-RESSOVSKY, N. W., u. K. G. ZIMMER: Das Trefferprinzip in der Biologie. Leipzig 1947.

TISELIUS, A.: Kolloid-Z. **85**, 192 (1938).

— Advanc. Protein Chem. **3**, 67 (1947).

TOUSSON, W. O.: Planta (Berl.) **7**, 735 (1929).

TREVELYAN, W. E., P. F. E. MANN and J. S. HARRISON: Arch. Biochem. **39**, 419 (1952) (Phosphorylasegleichgewicht). — Arch. Biochem. **50**, 81 (1954).

TRURNIT, H. J.: Fortschr. Chem. organ. Naturstoffe **4**, 347 (1945) (Referat über Filme).

— Science **111**, 1 (1950). — KARUSH, F., and B. M. SIEGEL: Science **108**, 107 (1948).

— Arch. Biochem. **47**, 251 (1953); **51**, 176 (1954).

—, u. G. BERGOLD: Kolloid-Z. **100**, 177 (1942) (Zur optischen Schichtdickenmessung).

TULLIS, J. L., ed.: Blood and plasma proteins, Kap. 4, S. 43. New York 1953.

TURBA, F.: Chromatographische Methoden in der Proteinchemie. Berlin-Göttingen-Heidelberg 1954.

—, u. H. J. ENENKEL: Naturwiss. **37**, 93 (1950).

—, u. H. ESSER: Biochem. Z. **327**, 93 (1955).

USSING, H. H.: Acta physiol. scand. **17**, 1 (1949).

— Z. Elektrochem. **55**, 470 (1951).

— Advanc. Enzymol. **13**, 21 (1952).

— In CLARKE, H. T., Ion transport across membranes, S. 3. New York 1954.

—, u. B. ANDERSEN: Proc. 3. Internat. Kongr. Biochem., New York 1956, S. 434 u. KOEFOED-JOHNSEN, V., u. H. H. USSING: Acta physiol. scand. **28**, 60 (1953).

UTTER, F. M., and K. KURAHASHI: J. biol. Chem. **188**, 847 (1951).

VALLEE, B. L.: Zinc and metalloenzymes. Advanc. Protein Chem. **10**, 318 (1955). Vgl. dagegen PFLEIDERER u. Mitarb. 1958.

VAND, V.: J. physic. Chem. **52**, 277, 300 (1948).

VEIBEL, ST.: In SUMNER-MYRBÄCK, Bd. I, Teil 1, S. 583, 621. 1950.

VELICK, S.: ADH und GAPDH von Hefe und Säugetieren. In (67), S. 491, Baltimore 1954.

VENNESLAND, B.: Disc. Faraday Soc. Nr. **20**, S. 240, 1955.

—, u. F. H. WESTHEIMER: H-Transport und sterische Spezifität bei DPN-Fermenten. In (67), S. 357, 1954.

VERZAR, F.: Theorie der Muskelkontraktion. Basel 1943.

VIGNEAUD, V., DU, C. RESSLER, J. M. SWAN, C. W. ROBERTS and P. G. KATSOYANNI: Amer. Soc. **76**, 3115 (1954).

VIRTANEN, A. I., and H. K. KERKKONEN: Nature (Lond.) **161**, 888 (1948). — Naturwiss. **37**, 139 (1950).

VOIGTLÄNDER, F.: Z. physik. Chem. **3**, 316 (1898).

VOLHARD, F., u. E. SCHÜTTE: Dtsch. med. Wschr. **1950**, 1425.

VOLMER, M., u. H. MAHNERT: Z. physik. Chem. **115**, 239 (1925). Siehe auch BRINKMANN.

WACHHOLDER, K.: Verh. dtsch. Ges. inn. Med. **1949**, 336.

WAINIO, W. W.: J. biol. Chem. **212**, 723 (1955). — WAINIO, W. W., and S. J. COOPERSTEIN: Advanc. Enzymol. **17**, 329 (1956).

WALAAS, O., u. E. WALAAS: Acta chem. scand. **8**, 1104 (1954).

WALD, G.: Biochemistry of vision. Ann. Rev. Biochem. **22**, 497 (1953).

WALDSCHMIDT-LEITZ, E., u. K. KÜHN: Hoppe-Seylers Z. physiol. Chem. **285**, 23 (1950).

WALLENFELS, K.: Gruppenübertragung im Bereich der Carbohydrasen. 4. Mosbach-Coll., S. 160, 1953.

— Angew. Chem. **67**, 787 (1955).

—, u. H. SCHÜLY: Angew. Chem. **70**, 471 (1958). Siehe auch SWALLOW u. YARMOLINSKY.

—, u. H. SUND: Biochem. Z. **329**, 17, 31, 41, 48 (1957). Vgl. dagegen PFLEIDERER u. Mitarb. 1958.

WANG, J. H.: Amer. Soc. **73**, 4181 (1951).

— T. P., and N. O. KAPLAN: J. biol. Chem. **206**, 311; **211**, 465 (1954) (DPN-Kinase).

WARBURG, O.: Biochem. Z. **119**, 134 (1921).

— Stoffwechsel der Tumoren. Berlin 1926. — Biochem. Z. **142**, 317 (1923).

— Schwermetalle als Wirkungsgruppen von Fermenten. Berlin: Sänger 1948.

— Wasserstoffübertragende Fermente, S. 46. Berlin 1948.

— Z. Elektrochem. **55**, 447 (1951).

— Naturwiss. **42**, 401 (1955).

—, u. W. CHRISTIAN: Biochem. Z. **303**, 40 (1939); **310**, 384 (1942).

— K. GAWEHN u. A. W. GEISSLER: Z. Naturforsch. **11**b, 657 (1956).

— H. S. GEWITZ u. W. VÖLKER: Z. Naturforsch. **10**b, 541 (1955). Vgl. KIESE u. DANNENBERG.

— H. KLOTZSCH u. G. KRIPPAHL: Z. Naturforsch. **12**b, 622 (1957) u. WARBURG, O., u. G. KRIPPAHL: Z. Naturforsch. **13**b, 63 (1958) (Glutaminsäure).

— — Z. Naturforsch. **11**b, 52 (1956b).

— — u. W. SCHRÖDER: Z. Naturforsch. **9**b, 667 (1954); **10**b, 631, 639 (1955).

— — — Naturwiss. **43**, 237 (1956a).

—, u. E. NEGELEIN: Biochem. Z. **110**, 66 (1920).

— — Z. physik. Chem. **106**, 191 (1923).

—, u. W. SCHRÖDER: Z. Naturforsch. **12**b, 716 (1957).

— — u. H. W. GATTUNG: Z. Naturforsch. **11**b, 654 (1956).

— — G. KRIPPAHL u. H. KLOTZSCH: Angew. Chem. **69**, 627 (1957).

WATSON, J. D., and F. H. C. CRICK: Nature (Lond.) **171**, 737, 964 (1953).

WEBER, A.: Biochim. biophys. Acta **7**, 214 (1951).

— G.: Biochem. J. **47**, 114 (1950); **51**, 145, 155 (1952).

— Advanc. Protein Chem. **8**, 415 (1953). — Disc. Faraday Soc. Nr. **20**, 156 (1956). Vgl. FÖRSTER, TH.: Fluorescenz organischer Verbindungen. Göttingen 1951.

— H. H.' Biochem. Z. **189**, 381 (1927) (Massenwirkungsgesetz und Kolloide).

— Naturwiss. **27**, 33 (1939).

— Eiweißkörper als Riesenionen. Schr. Königsberg. gelehrte Ges., Naturwiss. Kl. **18**, 45 (1942).

— Biochim. biophys. Acta **4**, 12 (1950).

— Ber. 16. Internat. Physiol. Kongr., S. 62, 1950.

— Nova Acta Leopoldina, N. F. **17**, Nr 122, 483 (1955); Proc. of 3. Internat. Congr. of Biochem, S. 356, New York 1956.

—, u. H. PORTZEHL: Makromolekulare Chem. **3**, 132 (1949).

— — Progr. Biophysics **4**, 60 (1954).

— — (Kontraktion und ATP-Zyklus) Ergebn. Physiol. **47**, 369 (1952); zur K-Bindung an Myosin: LEWIS, M. S., and H. A. SAROFF: Amer. Soc. **79**, 2112, (1957).

—, u. R. STÖVER: Biochem. Z. **259**, 269 (1933).

—, u. H. VERSMOLD: Biochem. Z. **234**, 62 (1931). — NETTER, H.: Protoplasma **2**, 554 (1927) (Nichtlösender Raum).

WEBSTER, G. C., and J. E. VARNER: J. biol. Chem. **215**, 91 (1955); Arch. Biochem. **52**, 22 (1954). Vgl. WIELAND, TH., G. PFLEIDERER u. B. SANDMANN: Biochem. Z. **330**, 198 (1958).

WEIL-MALHERBE, H.: 3. Mosbach-Coll., S. 41, 1952 u. Naturwiss. **40**, 545 (1953).

— In (8), Bd. III₁, S. 457, 1955.

WEISS, S. B., and E. P. KENNEDY: Fed. Proc. **15**, 381 (1956).

WEISSBACH, A., B. L. HORECKER and J. HURWITZ: J. biol. Chem. **218**, 795 (1956). Vgl. MOSES, V., and M. CALVIN: Proc. nat. Ac. Sci. (Wash.) **44**, 260 (1958) (Carboxy-Keto-pentitdiphosphat als 1. CO_2-Anlagerungsprodukt).

WEITZEL, G., A. M. FRETZDORFF u. S. HELLER: Hoppe-Seylers Z. physiol. Chem. **288**, 189, 200 (1951); **301**, 17, 26 (1955).

— Angew. Chem. **68**, 566 (1956).

WESTHEIMER, F. H.: In (67), S. 321, 1954.

WESTPHAL, O., u. D. JERCHEL: Kolloid-Z. **101**, 213 (1942); WESTPHAL, O., u. G. WERNER: Angew. Chem. **67**, 251 (1955) (Hochspannungselektrophorese).

WHITTAM, R., and R. E. DAVIES: Biochem. J. **55**, 880 (1953); **56**, 445 (1954).

WIBERG, E.: Die chemische Affinität. Berlin 1951.

WICKE, E.: Naturwiss. **35**, 335 (1948).
—, u. M. EIGEN: Z. Elektrochem. **56**, 551 (1952); **57**, 319 (1953).
— — u. TH. ACKERMANN: Z. physik. Chem., N. F. **1**, 340 (1954).
WIDDAS, W. F., in: Active transport etc. Symp. Soc. exp. Biol. **8**, 162 (1954) u. BOWYER, F.,
    and W. F. WIDDAS, in: Membrane phenomena. Disc. Faraday Soc. Nr. **21**, 251 (1956).
WIEDEMANN, E.: Helv. chim. Acta **35**, 82 (1952).
— Elektrophorese. In (*8*), Bd. I, S. 54, 1953.
WIEGAND, W. B., u. I. W. SNYDER: Trans. Inst. Rubber Industr. **10**, 234 (1934).
WIEGNER u. CERNESCU: Zit. nach GRIESSBACH 1953.
WIELAND, H.: Ber. dtsch. chem. Ges. **46**, 3327 (1913).
— O.: 8. Mosbach-Coll., S. 86, 1958.
— TH.: Fortschr. chem. Forsch. **1**, 211 (1949).
— Peptidsynthesen. Angew. Chem. I. **63**, 7 (1951); II. **66**, 507 (1954); III. **69**, 362 (1957).
— E. NIEMANN u. G. PFLEIDERER: Angew. Chem. **68**, 305 (1956). — WIELAND, TH., B.
    HEINKE, E. NIEMANN u. G. PFLEIDERER: Angew. Chem. **68**, 389 (1956); Vgl. FROMM, H. J.:
    Biochim. biophys. Acta **29**, 255 (1958) (Adenylbernsteinsäure) u. VIGNAIS, P. V., and
    J. ZABIN: Biochim. biophys. Acta **29**, 263 (1958) (Palmityladenylat). Vgl. auch WIELAND,
    TH., u. G. SCHNEIDER: Justus Liebigs Ann. Chem. **580**, 159 (1953)(Acetylimidazol).
WILBRANDT, W.: Ergebn. Physiol. **40**, 204 (1938).
— Pflügers Arch. ges. Physiol. **241**, 289, 302 (1939); **243**, 519 (1940); **245**, 22 (1942).
— Helv. physiol. pharmacol. Acta **11**, C 32 (1953); **12**, 184 (1954).
— Symp. Soc. exp. Biol. **8**, 136 (1954).
—, and B. HEINKE: J. gen. Physiol. **18**, 933 (1935).
— mit W. RUMMEL: Pflügers Arch. ges. Physiol. **253**, 194 (1951).
WILDE, W. S., and J. M. O'BRIEN: Ann. Rev. Physiol. **17**, 17 (1955).
— — Science **116**, 193 (1952).
WILHELMY, L.: Ann. Physik **119**, 177 (1863).
WILKIE, D. R.: Facts and theories about muscle. Progr. Biophysics **4**, 288 (1954).
WILLIAMS, H. B., and L. T. CHANG: J. physic. Chem. **55**, 719 (1951) (Goldzahl).
— J. N.: J. biol. Chem. **195**, 629 (1952) (Dehydrogenasehemmung durch ATP).
WINTERSTEIN, H.: Naturwiss. **11**, 625, 644 (1923).
— Die Narkose, 2. Aufl. Berlin 1926.
— Ergebn. Physiol. **48**, 328 (1955).
— Klin. Wschr. **1958**, 356.
WINZLER, R. J.: J. cell. comp. Physiol. **21**, 229 (1943).
— R. J., and J. P. BAUMBERGER: J. cell. comp. Physiol. **12**, 183 (1938).
WIRTZ, H., B. HARGITAY u. W. KUHN: Helv. physiol. pharmacol. Acta **9**, 196 (1951).
— — — Experientia (Basel) **7**, 276 (1951).
— K.: Z. Naturforsch. **2a**, 264; **2b**, 94 (1947); **3b**, 131 (1948).
WITT, H. T., R. MORAW u. A. MÜLLER: Z. Elektrochem. **60**, 1148 (1956).
WÖHLISCH, E.: Kolloid-Z. **89**, 239 (1939).
WOLPERS, C.: Naturwiss. **29**, 416 (1941).
— Klin. Wschr. **1943**, 624; **1944**, 169; **1947**, 424; **1956**, 61; **1957**, 57; mit H. RUSKA: **1939**, 1077.
WOOD, H. G., and C. H. WERKMAN: Biochem. J. **30**, 48 (1936); **34**, 129 (1940).
WOODBURY, J. W., and L. A. WOODBURY: Fed. Proc. **9**, 139 (1950).
WOOLLEY, D. W.: Biol. Antag. between structurally related compounds. Advanc. Enzymol.
    6, 129 (1946).
— J. biol. Chem. **185**, 293 (1950); **191**, 43 (1951).
WU, H.: Chin. J. Physiol. **5**, 321 (1931).
WUHRMANN, F., u. CH. WUNDERLY: Die Bluteiweißkörper des Menschen. Basel 1947; 3. Aufl.
    1957.
WURMSER, R.: In NORD-WEIDENHAGEN, Handbuch der Enzymologie. Bd. 1, S. 289. Leipzig
    1940.
WYCKOFF, R. W. G.: Crystal-structures; Sammelwerk ab 1948. New York: Intersc. Publ.
WYMAN, J.: Chem. Rev. **19**, 236 (1936).
— Heme-Proteins. Advanc. Protein Chem. **4**, 407 (1948). Siehe dagegen ROUGHTON, F. J. W.:
    Harvey Lect. **34**, 96 (1943/44); GERMAN, B., and J. WYMAN: J. biol. Chem. **117**, 533 (1937).
YARMOLINSKY, M. B., and S. COLOWICK: Biochim. biophys. Acta **20**, 177 (1956).
ZAHN, H.: Z. Naturforsch. **2b**, 104 (1947). — MIZUSHIMA, S., and M.: Nature **164**, 918 (1949).
— Chemiker-Ztg **1953**, 8, 313, 352.
ZEILE, K.: Angew. Chem. **66**, 729 (1954).
ZILVERSMIT, D. B., C. ENTENMAN and M. C. FISHLER: J. gen. Physiol. **26**, 325 (1943).
ZIMM, B., R. STEIN and P. DOTY: Polymer Bull. **1**, 90 (1945).
ZSIGMONDY, R.: Kolloidchemie, 5. Aufl. Leipzig 1925.
ZWOLINSKI, B. I., H. EYRING and C. E. REESE: J. physic. Colloid Chem. **53**, 1426 (1949).

Sachverzeichnis

Formelberichtigung: Auf S. 583 muß auf der rechten Seite der rechten Formel (46b) K_m statt V_m stehen.

S. 120. 8. Zeile des 3. Absatzes: statt Δ steht Λ.

MIX
Papier aus verantwortungsvollen Quellen
Paper from responsible sources
FSC® C105338

If you have any concerns about our products,
you can contact us on
ProductSafety@springernature.com

In case Publisher is established outside the EU,
the EU authorized representative is:
**Springer Nature Customer Service Center GmbH
Europaplatz 3, 69115 Heidelberg, Germany**

Printed by Libri Plureos GmbH
in Hamburg, Germany